精细化学品辞典

朱洪法　主编

中国石化出版社

内 容 提 要

本辞典收集了精细化学品约 4500 种。所选词目包括医药、农药、胶黏剂、涂料、染料、颜料、表面活性剂、催化剂、皮革化学品、造纸化学品、油田化学品、水处理化学品、食品及饲料添加剂、功能高分子材料、电子化学品及各种工业助剂等，每条词目按中文名、英文名、化学式或结构式、理化性质、主要用途及简要制法等予以说明。

本辞典可供从事精细化工研究、技术开发、生产管理、营销人员及广大工程技术人员、大专院校师生阅读，也可供电子、机械、冶金、建筑、轻工、食品等行业使用精细化学品的生产、管理及营销人员参考。

图书在版编目(CIP)数据

精细化学品辞典/朱洪法主编．
—北京：中国石化出版社，2015.10
ISBN 978-7-5114-3474-6

Ⅰ.①精… Ⅱ.①朱… Ⅲ.①精细化工－化工产品－词典 Ⅳ.①TQ072－62

中国版本图书馆 CIP 数据核字(2015)第 170796 号

未经本社书面授权，本书任何部分不得被复制、抄袭，或者以任何形式或任何方式传播。版权所有，侵权必究。

中国石化出版社出版发行

地址：北京市东城区安定门外大街 58 号
邮编：100011　电话：(010)84271850
读者服务部电话：(010)84289974
http://www.sinopec-press.com
E-mail:press@sinopec.com
北京科信印刷有限公司印刷
全国各地新华书店经销

*

850×1168 毫米 32 开本 34.875 印张 1253 千字
2016 年 1 月第 1 版　2016 年 1 月第 1 次印刷
定价：180.00 元

精细化学品辞典

朱洪法 主编

中国石化出版社

内 容 提 要

本辞典收集了精细化学品约 4500 种。所选词目包括医药、农药、胶黏剂、涂料、染料、颜料、表面活性剂、催化剂、皮革化学品、造纸化学品、油田化学品、水处理化学品、食品及饲料添加剂、功能高分子材料、电子化学品及各种工业助剂等,每条词目按中文名、英文名、化学式或结构式、理化性质、主要用途及简要制法等予以说明。

本辞典可供从事精细化工研究、技术开发、生产管理、营销人员及广大工程技术人员、大专院校师生阅读,也可供电子、机械、冶金、建筑、轻工、食品等行业使用精细化学品的生产、管理及营销人员参考。

图书在版编目(CIP)数据

精细化学品辞典/朱洪法主编.
—北京:中国石化出版社,2015.10
ISBN 978-7-5114-3474-6

Ⅰ.①精… Ⅱ.①朱… Ⅲ.①精细化工－化工产品－词典 Ⅳ.①TQ072－62

中国版本图书馆 CIP 数据核字(2015)第 170796 号

未经本社书面授权,本书任何部分不得被复制、抄袭,或者以任何形式或任何方式传播。版权所有,侵权必究。

中国石化出版社出版发行

地址:北京市东城区安定门外大街 58 号
邮编:100011 电话:(010)84271850
读者服务部电话:(010)84289974
http://www.sinopec-press.com
E-mail:press@sinopec.com
北京科信印刷有限公司印刷
全国各地新华书店经销

*

850×1168 毫米 32 开本 34.875 印张 1253 千字
2016 年 1 月第 1 版 2016 年 1 月第 1 次印刷
定价:180.00 元

前 言

精细化学品或称精细化工产品,是用来与通用化工产品或大宗化学品相区分的一种专用术语,前者是指具有特定应用性能或功能的一类化学品,诸如医药、颜料、胶黏剂、催化剂等;后者指一些应用广、产量大的化工产品,如硫酸、盐酸、合成树脂、合成纤维等。精细化学品涉及面广,包括的门类很多,世界主要工业化国家对精细化学品的定义及包括范畴,在认识上也存有一定差别,划分的宽窄范围也有所不同。我国为统一精细化工产品的称谓,有利于调整产品结构和发展精细化工,1986年,原化学工业部对精细化工产品分类作了暂行规定,将精细化工产品分为11大类,即:农药、染料、涂料(包括油墨及油漆)、颜料、试剂和高纯物、信息用化学品(包括感光材料、磁性材料等)、食品和饲料添加剂、胶黏剂、催化剂和各种助剂、化学药品(原料药)和日用化学品、功能高分子材料(包括功能膜、偏光材料等)。其中催化剂及各种助剂的类别,则涉及炼油、化工、印染、塑料、橡胶、纺织、皮革、造纸、油田、水处理、机械、冶金、电子及混凝土等行业,包括各种用途的催化剂、引发剂、活化剂、抗氧剂、增塑剂、柔软剂、乳化剂、分散剂、破乳剂、阻燃剂、抗静电剂、荧光增白剂、絮凝剂、缓蚀剂、合成鞣剂、增白剂、杀菌灭藻剂、表面活性剂等。

可见,精细化学品几乎涵盖了国民经济各行各业,所涉及的产品在数万种至数十万种。无论在工农业、交通运输、建筑、医药、食品及日常生活中,无不使用各种形式及牌号的精细化学品,以满足各种用途的需要。

精细化学品不仅品种多、应用广、附加值高,而且更新换代也快,一些老产品不断被一些高效、环保及功能性强的新产品所取代,为适应我国经济的高速发展,反映精细化工产品发展的新成果,有利于从事精细化工科研、生产、经营的技术人员及各行各业了解及选用精细化学品,特编写本书。

本辞典收集了医药、农药、胶黏剂、涂料、染料、颜料、表面活性剂、催化剂、皮革化学品、造纸化学品、油田化学品、水处理化学品、食品及饲料添加剂、功能高分子材料、电子化学品及各种工业助剂等精细化学品约 4500 种。收集的词目以化学成分明确,并具有新颖、实用及代表性为主,每个词目按中文名、英文名、化学式或结构式、理化性质、主要用途及简要制法加以说明。

参加本书编写的还有朱玉霞、蒲延芳、刘畅、朱剑青、朱旭东、茅胜媛等。

精细化学品的品种繁多、涉及面很广,由于编者水平所限,书中错误及不妥之处在所难免,敬请读者批评指正。

编辑说明

一、本辞典主要解释现代精细化学品。因精细化学品往往有多个名称,限于辞典篇幅所限,故主词目一般采用通用名,对十分常见的产品也适量列出别名。

二、词目按汉语拼音字母顺序排列,遵循新华词典拼音标准进行排序。

三、词目的词首或词中间的阿拉伯数字、罗马数字(如Ⅰ)、希腊字母(如 α)、或代表基(如 N、P、$tert$ 等),均不排序,仍以这些字后的汉语拼音字母顺序排列,如 γ-丁内酯,按"丁内酯"排序。

四、凡遇一词多义,则用①、②……等分别叙述。

五、词目的释义或别名需参阅的其他词条,采用参见的方式,用"见×××"表示。

六、相对密度一般指20℃时液体或固体的密度与4℃水的密度之比,特殊情况加以注明;气体(蒸气)相对密度指在标准状态下气体(蒸气)的密度与空气密度的比值;沸点指在标准状态下的数值,特殊情况加以注明;温度采用摄氏温度(℃)表示;闪点分开杯及闭环,未注明者为开杯;爆炸极限一般用可燃气体或蒸气在混合物中的体积分数表示。

目　录

词目目录 …………………………………………… 1

辞典正文 …………………………………………… 1

主要参考文献 …………………………………… 1050

词目目录

A

吖啶橙	1
吖啶染料	1
吖嗪染料	1
阿苯达唑	1
阿伐斯汀	1
阿拉伯半聚乳糖	1
阿拉伯胶	2
阿拉伯胶胶黏剂	2
阿仑膦酸钠	2
阿霉素	2
阿莫西林	2
阿米卡星	3
阿米替林	3
阿那格雷	3
阿帕西林钠	3
阿普唑仑	3
阿屈非尼	4
阿司咪唑	4
阿司匹林	4
阿斯巴甜	4
阿糖胞苷	4
阿托品	5
阿魏酸	5
阿维菌素	5
阿维A酯	5
阿昔洛韦	6
阿西美辛	6
阿佐塞米	6
艾地苯醌	6
艾司洛尔	7
艾司唑仑	7
安非拉酮	7
安乃近	7
安赛蜜	7
安妥	7
安息香	8
安息香丁醚	8
安息香甲醚	8
安息香双甲醚	8
安息香树脂	8
安息香乙醚	9
安息香异丙醚	9
桉叶油	9
桉叶油素	9
氨苯胂酸	9
γ-氨丙基三乙氧基硅烷	9
氨苄西林	10
氨茶碱	10
氨合成催化剂	10
氨基醇酸烘漆	11
4-氨基丁酸	11
5-氨基-3H-1,2,4 二噻唑-3-硫酮	11
氨基改性硅油	11
氨基磺酸	12
氨基磺酸铵	12
6-氨基己酸	12
氨基甲酸酯类杀虫剂	12
氨基葡萄糖	13
6-氨基青霉烷酸	13
氨基三亚甲基膦酸	13
氨基树脂	13
氨基树脂胶黏剂	13
氨基树脂鞣剂	14
氨基树脂涂料	14
5-氨基水杨酸	14
氨基糖苷类抗生素	14
7-氨基头孢霉烷酸	14
氨甲苯酸	15
氨甲环酸	15
氨精制脱硫剂	15
氨来呫诺	15
氨力农	15
氨氯地平	16
氨气脱硫剂	16
氨曲南	16
氨燃烧制氮催化剂	16
氨氧化制硝酸催化剂	17
N-β-(氨乙基)-γ-氨丙基三甲氧基硅烷	17
N-氨乙基哌嗪	17
2-氨乙基十七烯基咪唑啉	17
氨酯油	18
胺苯黄隆	18
胺碘酮	18
胺-环氧乙烷缩合物	18
胺盐型表面活性剂	18
昂丹司琼	19
螯合剂	19
螯合树脂	19
奥拉西坦	19
奥美拉唑	19
奥沙氟生	20
奥沙拉秦	20
奥沙利铂	20
奥沙米特	20

奥沙普嗪	21	班布特罗	27	1,2-苯并噻唑啉-3-酮	33
奥沙西泮	21	斑蝥黄	27	苯并三唑	33
奥昔布宁	21	斑蝥素	27	苯达松	33
奥昔膦酸钠	21	半干性油	27	苯代三聚氰胺	33
奥扎格雷	21	半胱氨酸	28	苯丁锡	33
薁	22	半合成分子筛催化裂化催		苯噁洛芬	34
澳洲坚果油	22	化剂	28	苯二甲胺	34
		半合成青霉素	28	苯酚	34
B		半乳糖低聚糖	28	苯酚加氢制环己醇催化剂	
八氯二丙醚	22	拌种剂	28		34
八氢番茄红素	22	包皮纤维	28	苯海拉明	35
八羰基二钴	23	胞磷胆碱	29	苯海索	35
八乙基卟啉	23	饱和树脂涂料	29	苯黄隆	35
钯催化剂	23	保湿剂	29	苯磺酰肼	35
钯炭催化剂	23	保泰松	29	2-苯基并咪唑-5-磺酸	36
白虫胶	23	保险粉	29	2-苯基咪唑	36
白蛋白	23	苊四甲酸二酐	30	N-苯基-α-萘胺	36
白桦焦油	24	苊系颜料	30	N-苯基-β-萘胺	36
白蜡	24	贝凡洛尔	30	苯加氢制环己烷催化剂	36
白兰花油	24	贝螺杀	30	苯甲雌二醇	36
白兰叶油	24	贝诺酯	30	苯甲曲秦	37
白千层油	24	倍氟沙星	30	苯甲酸	37
白雀木醇	25	2-苯胺基-3-甲基-6-二乙胺		苯甲酸铵	37
白色颜料	25	基荧烷	31	苯甲酸钙	37
白炭黑	25	苯胺甲基三甲氧基硅烷	31	苯甲酸钠	37
白消安	25	苯胺甲基三乙氧基硅烷	31	苯甲酸锌	38
白油	25	苯巴比妥	31	苯甲酰氯	38
白油膏	26	苯并噁唑酮	31	苯甲酰脲类杀虫剂	38
百菌清	26	苯并咪唑酮颜料	31	苯甲酰无色亚甲蓝	38
百里(香)酚	26	苯并咪唑类杀菌剂	32	4-苯甲酰氧基-2,2,6,6-四	
百里(香)油	26	苯并咪唑烯丙基硫醚	32	甲基哌啶	38
柏木脑	26	L-苯丙氨酸	32	苯膦酸二甲酯	39
柏木油	27	苯丙酸诺龙	32	苯硫苯咪唑	39

词目	页	词目	页	词目	页
苯偶酰	39	吡拉西坦	45	槟榔碱	51
苯噻酰草胺	39	吡咯他尼	45	冰毒	51
苯三唑十八胺盐	39	吡罗昔康	45	冰花油墨	51
苯三唑衍生物	40	吡洛芬	45	冰片	51
苯霜灵	40	吡螨胺	45	冰染染料	51
苯妥英钠	40	吡哌酸	46	冰乙酸	51
苯烷基化催化剂	40	吡柔比星	46	L-丙氨酸	52
苯氧化制顺酐催化剂	40	吡噻旺	46	丙氨酸甲酯盐酸盐	52
苯氧乙醇	41	吡扎地尔	46	丙胺	52
苯乙双胍	41	蓖麻酸丁酯硫酸三乙醇胺盐	47	丙胺太林	52
苯乙酸睾酮	41	蓖麻油单乙醇酰胺磺基琥珀酸单酯二钠	47	丙草胺	52
苯乙烯化苯酚	41			丙虫磷	52
苯乙烯磺酸钠	41	蓖麻油聚氧乙烯(n)醚	47	1,2-丙二醇	53
苯乙烯类热熔胶	41	蓖麻油磷酸酯盐	47	丙二醇单丁醚	53
苯乙烯类热塑性弹性体	42	蓖麻油酸	47	丙二醇单甲醚	53
苯乙烯-马来酸高级酯共聚物	42	蓖麻油酸丁酯硫酸钠	48	丙二醇单乙醚	53
苯乙烯-马来酸酐-丙烯酸二十二酯共聚物	42	避蚊胺	48	丙二醇聚氧丙烯聚氧乙烯嵌段聚醚	53
		扁桃酸	48		
苯乙烯-马来酸酐共聚物鞣剂	42	6-苄氨基嘌呤	48	丙磺舒	54
		苄基二甲胺	48	丙硫硫胺	54
苯乙烯-马来酰十八亚胺共聚物	42	苄基甲苯	49	丙硫氧嘧啶	54
		苄基三丁基氯化铵	49	丙咪嗪	55
苯扎贝特	42	苄基三乙基氯化铵	49	丙帕他莫	55
苯唑西林	43	N-苄基-2-十七烷基苯并咪唑二磺酸钠	49	丙炔醇	55
泵送剂	43			丙酸	55
比沙可啶	43	苄基乙基醚	49	丙酸苄酯	55
吡虫啉	43	苄普地尔	49	丙酸钙	56
吡啶	44	变调剂	50	丙酸睾酮	56
吡啶甲酸铬	44	变性淀粉	50	丙酸甲酯	56
吡啶-氯化锌配合物	44	表面活性剂	50	丙酸钠	56
吡啶盐型表面活性剂	44	表面施胶剂	50	丙酸松油酯	56
				丙酸香茅酯	56
吡喹酮	44	别嘌醇	50	丙酸香叶酯	57

丙酸(正)丁酯 57	丙烯酸-丙烯酰胺共聚物	丙烯酸-乙烯基磺酸共聚
丙酮基丙酮 57	钠盐 62	物 67
丙酮肟 57	丙烯酸-2-丙烯酰胺基-2'-	丙烯酸酯类密封胶 67
丙烯氨氧化制丙烯腈催化	甲基丙基磺酸共聚物 62	丙烯酸酯马来酸酐-乙酸
剂 57	丙烯酸-2-丙烯酰胺-2'-甲	乙烯酯共聚物 68
丙烯和苯烷基化制异丙苯	基丙烷磺酸-丙烯酸羟	丙烯酸酯乳液 68
催化剂 58	丙酯共聚物 62	丙烯羰基合成催化剂 68
丙烯精脱硫剂 58	丙烯酸二甲氨基乙酯 63	丙烯脱砷剂 68
丙烯聚合DQ催化剂 58	丙烯酸改性松香 63	2-丙烯酰氨基-2-甲基丙基
丙烯聚合N催化剂 58	丙烯酸钙-丙烯酸钠-丙烯	膦酸 68
丙烯聚合络合Ⅱ型催化剂	酰胺共聚物 63	2-丙烯酰胺基-2-甲基丙基
59	丙烯酸钙-丙烯酰胺共聚	膦酸-丙烯酸酯共聚物
丙烯腈 59	物 63	69
丙烯腈-丙烯酸钾共聚物	丙烯酸高碳醇酯-乙烯-乙	2-丙烯酰胺基-2-甲基丙基
59	酸乙烯酯共聚物 64	膦酸-丙烯酰胺共聚物
丙烯醛 59	丙烯酸-甲基丙烯酸共聚	69
丙烯醛氧化制丙烯酸催化	物羧酸盐 64	2-丙烯酰胺基-2-甲基丙基
剂 59	丙烯酸甲氧基乙酯 64	膦酸-丙烯酰基吗啉共
丙烯水合制异丙醇催化剂	丙烯酸甲酯 64	聚物 69
60	丙烯酸-马来酸酐共聚物	2-丙烯酰胺基-2-甲基丙基
丙烯酸 60	64	膦酸-甲基丙烯酸共聚
丙烯酸-丙烯磺酸钠共聚	丙烯酸-马来酸酐衍生物	物 69
物 60	共聚物鞣剂 65	2-丙烯酰胺基-2-甲基丙磺
丙烯酸-丙烯酸甲酯共聚	丙烯酸-2-羟基丙酯 65	酸 70
物 60	丙烯酸-2-羟基乙酯 65	2-丙烯酰氨基十二烷基磺
丙烯酸-丙烯酸甲酯共聚	丙烯酸十八烷基酯 66	酸 70
物钠盐 61	丙烯酸十二烷基酯 66	丙烯酰胺 70
丙烯酸-丙烯酸羟丙酯共	丙烯酸十六烷基酯 66	丙烯酰胺-丙烯基磺酸钠
聚物 61	丙烯酸树脂 66	共聚物 70
丙烯酸-丙烯酸酯-磺酸盐	丙烯酸树脂胶黏剂 66	丙烯酰胺-丙烯腈共聚物
共聚物 61	丙烯酸树脂鞣剂 66	71
丙烯酸-丙烯酰胺共聚物	丙烯酸树脂涂料 67	丙烯酰胺-丙烯酸钾共聚
61	丙烯酸-2-乙基己酯 67	物 71

丙烯酰胺-二烯丙基二甲基氯化铵共聚物	71	布洛芬吡甲酯	76	超细银粉	83
2-丙烯酰胺-2-甲基-1-丙烷磺酸	71	布洛芬愈创木酚酯	77	超氧化钠	83
		布美他尼	77	超氧化物歧化酶	83
丙烯酰胺-马来酸酐共聚物	72	布替萘芬	77	车前子胶	83
		部分贵金属型汽车尾气净化催化剂	77	成核剂	83
丙烯酰胺-乙烯基磺酸钠共聚物	72			成核剂 3988	84
		C		成核剂 NA-10	84
4-丙烯酰基吗啉	72			成核剂 NA-11	84
丙烯氧化制丙烯醛催化剂	72	菜油脂肪酸二乙醇酰胺磺基琥珀酸单酯二钠盐	77	成核剂 NA-21	84
				成核剂 NC-4	84
丙烯氧化制丙烯酸催化剂	72	蚕蛹油	78	成核剂 TM-1	84
		藏花酸	78	成核剂 TM-2	84
丙线磷	73	层状硅酸钠	78	成膜物(质)	84
丙溴磷	73	插层纳米复合材料	78	成膜助剂	84
丙氧基化甲基葡萄糖苷	73	L-茶氨酸	79	橙花醇	84
玻璃基载银抗菌剂	74	茶多酚	79	橙皮苷	84
玻璃膜	74	茶碱	79	赤霉酸	85
玻璃酸酶	74	茶皂素	79	赤藓醇	85
玻璃微珠	74	茶籽油	79	重整保护催化剂	85
玻璃纤维	74	柴油加氢精制催化剂	80	重整生成油后加氢精制催化剂	85
菠萝蛋白酶	74	柴油降凝催化剂	80		
菠萝酯	75	柴油临氢降凝催化剂	80	重整油脱硫剂	86
博来霉素	75	长春胺	80	冲击改性剂	86
补骨脂提取物	75	长春花碱	81	虫酰肼	86
补伤剂	75	长春新碱	81	抽余油加氢精制催化剂	86
不饱和聚酯胶黏剂	75	超低容量制剂	81	臭氧	86
不饱和聚酯密封胶	76	超分散剂	81	除草剂	87
不饱和聚酯树脂涂料	76	超滤膜	82	除虫菊素	87
不干性油	76	超强酸	82	除虫脲	87
不透明聚合物	76	超稳稀土 Y 型分子筛	82	除臭剂	87
布罗波尔	76	超稳 Y 型分子筛催化裂化催化剂	82	除氧剂	88
布洛芬	76			触变剂	88
		超细轻质碳酸钙	82	触变性涂料	88

触杀剂	88	促进剂 D	94	醋酸可的松	96
穿心莲内酯	88	促进剂 DETU	94	醋酸氢化可的松	96
船舶涂料	89	促进剂 DIBS	94	催产素	97
春雷霉素	89	促进剂 DM	94	催肥类饲料添加剂	97
纯丙烯酸酯共聚乳液	89	促进剂 DOTG	94	催干剂	97
纯沥青涂料	89	促进剂 DOTU	94	催化重整催化剂	97
醇溶耐晒黄 CGG	89	促进剂 DE	94	催化固化型聚氨酯涂料	98
醇溶耐晒黄 GR	90	促进剂 H	95	催化固化型涂料	98
醇酸树脂	90	促进剂 M	95	催化剂	98
醇酸树脂涂料	90	促进剂 M2	95	催化剂用氢氧化铝	98
磁场响应性凝胶	90	促进剂 MDB	95	催化裂化催化剂	99
磁漆	91	促进剂 MH	95	催化裂化原料加氢处理催化剂	99
磁性涂料	91	促进剂 NA-11	95	催化裂化助剂	99
磁性油墨	91	促进剂 NA-22	95	催化膜	99
雌二醇	91	促进剂 NOBS	95	催冷剂	99
雌激素	91	促进剂 NS	95		
雌三醇	92	促进剂 OTOS	95	**D**	
雌酮	92	促进剂 PX	95		
次氨基三乙酸	92	促进剂 SBX	95	玳玛树脂	99
次磷酸	92	促进剂 SIP	95	哒螨酮	100
次磷酸钠	93	促进剂 TBTD	95	哒嗪硫磷	100
次氯酸	93	促进剂 TETD	95	达曲班	100
次氯酸钙	93	促进剂 TMT	95	大豆低聚糖	100
次氯酸钠	93	促进剂 TMTM	95	大豆膳食纤维	101
次氯酸氧化淀粉	93	促进剂 TP	95	大豆皂苷	101
刺柏油	94	促进剂 TS	95	大分子单体	101
促黄体激素	94	促进剂 ZBX	95	大分子红 BR	101
促进剂	94	促进剂 ZDC	95	大环内酯类抗生素	102
促进剂 808	94	促进剂 ZDMC	95	大茴香腈	102
促进剂 BE	94	促卵泡激素	95	大隆	102
促进剂 CA	94	猝灭剂	95	β-大马酮	102
促进剂 CBS	94	醋酸地塞米松	96	β-大马烯酮	102
促进剂 CE	94	醋酸甲地孕酮	96	大庆全减压渣油裂化催化	

剂	103	氮化锆	110	地高辛	117
大蒜素	103	氮化硅	110	地喹氯铵	117
代森铵	103	氮化铝	111	地拉普利	117
代森环	103	氮化硼	111	地西泮	118
代森锰	103	氮化钛	111	地昔帕明	118
代森锰锌	104	氮芥类药物	111	第二代丙烯酸酯胶黏剂	
代森钠	104	氮卓斯汀	112		118
代森锌	104	当归根油	112	第二代头孢菌素	118
带锈涂料	104	当归籽油	112	第三代丙烯酸酯胶黏剂	
玳玳叶油	105	导磁胶黏剂	112		119
丹曲林钠盐	105	导电高分子材料	112	第三代头孢菌素	119
单氟磷酸钠	105	导电硅橡胶	113	第四代头孢菌素	119
单甘膦	105	导电胶黏剂	113	第一代丙烯酸酯胶黏剂	
单剂	105	导电涂料	113		119
单宁	106	导电油墨	113	第一代头孢菌素	119
单宁酶	106	导热胶黏剂	114	碲	120
单偶氮颜料	106	低毒农药	114	点焊胶黏剂	120
单葡糖苷酸基甘草酸	106	低分子量聚丙烯酸酯	114	碘	120
单十二烷基磷酸酯	106	低聚糖	114	碘苯腈	120
单烯基丁二酰亚胺	107	低铝分子筛催化裂化催化		碘海醇	120
单硬脂酸甘油硫酸酯钠盐		剂	114	碘化铵	121
	107	低压合成甲醇催化剂	115	碘化钙	121
单硬脂酸三乙醇胺酯	107	2,4-滴	115	碘化钾	121
单油酸三乙醇胺酯	107	2,4-滴丙酸	115	碘化钠	121
胆红素	108	2,4-滴丁酯	115	碘化银	122
胆酸	108	敌草胺	115	碘解磷定	122
胆甾醇	108	敌草腈	116	3-碘-炔丙基丁基氨基甲酸	
胆汁酸	109	敌鼠	116	酯	122
蛋氨酸	109	底胶	116	碘酸	122
蛋白多糖	109	底漆	116	碘酸钙	122
蛋白酶	109	底涂剂	116	碘酸钾	123
蛋白质胶黏剂	110	地虫硫磷	116	碘酸钠	123
蛋膜素	110	地尔硫䓬	117	电场响应性凝胶	123

电光材料 123	靛蓝 128	丁咯地尔 134
电荷控制剂 123	靛蓝二磺酸钠 128	丁腈胶乳 134
电渗析膜 124	靛玉红 128	丁螺环酮 134
电泳涂料 124	吊白块 128	丁腈橡胶改性环氧树脂胶
电致变色材料 124	调吡脲 128	黏剂 134
电子束固化油墨 124	调环酸 129	丁腈橡胶胶黏剂 135
淀粉-丙烯腈-丙烯酰胺-2-	叠氮化钠 129	丁腈橡胶密封胶 135
甲基丙磺酸接枝共聚物	叠氮酸 129	丁醛肟 135
124	蝶酸 129	丁炔二醇加氢制1,4-丁二
淀粉-丙烯酸-丙烯酸酯接	丁胺 129	醇催化剂 135
枝共聚物 125	丁苯吡胶乳 129	丁酸苯乙酯 136
淀粉-丙烯酸-丙烯酰胺接	丁苯胶乳 129	丁酸芳樟酯 136
枝共聚物 125	丁苯羟酸 130	丁酸环己酯 136
淀粉-丙烯酸甲酯接枝共	丁苯橡胶胶黏剂 130	丁酸香茅酯 136
聚物 125	丁苯橡胶涂料 130	丁酸香叶酯 136
淀粉-丙烯酰胺接枝共聚	丁草胺 130	丁酸乙酯 137
物 125	1,4-丁二醇 131	2-丁酮肟 137
淀粉-环氧氯丙烷-丙烯腈	1,3-丁二醇-3-甲醚乙酸酯	丁烯氧化脱氢催化剂 137
接枝共聚物 125	131	丁溴乐葭菪碱 137
淀粉黄原酸酯 125	丁二酸二异辛酯磺酸钠	丁子香酚 137
淀粉胶 126	131	丁子香酚甲醚 137
淀粉-聚乙烯接枝共聚物	丁二酸酯型分散剂 131	丁(子)香茎油 138
126	2,3-丁二酮 132	丁(子)香叶油 138
淀粉磷酸酯 126	丁二烯胶乳 132	丁(子)香油 138
淀粉酶 126	丁二烯亚胺型分散剂 132	顶花防己碱 138
α-淀粉酶 126	1-丁基吡啶氯盐 132	啶斑肟 138
β-淀粉酶 127	1-丁基吡啶六氟磷酸盐	啶嘧黄隆 139
γ-淀粉酶 127	132	东莨菪碱 139
淀粉糖 127	1-丁基吡啶溴盐 133	冬青油 139
淀粉系高吸水树脂 127	丁基羟基茴香醚 133	动物源农药 139
淀粉衍生物 127	丁基橡胶胶黏剂 133	豆胶 140
淀粉乙酸酯 127	丁基橡胶密封胶 133	豆棵威 140
淀粉脂肪酸酯 128	丁硫克百威 133	豆酪素 140

豆油酰胺丙基甜菜	对羟基苯甲酸庚酯 146	多香果油 153
碱 140	对羟基苯甲酸甲酯 147	多西环素 153
毒扁豆碱 140	对羟基苯甲酸戊酯 147	多烯基丁二酰亚胺 154
毒草胺 141	对羟基苯甲酸乙酯 147	多效唑 154
毒杀芬 141	对叔丁基苯酚甲醛树脂	多元醇磷酸酯 154
毒鼠磷 141	147	多氧菌素 154
毒死蜱 141	对叔丁基邻苯二酚 148	多乙烯多胺 155
杜松油 141	对叔辛基苯酚甲醛树脂	多乙烯多胺-2-羟丙基三甲
杜仲胶 142	148	基氯化铵 155
端羟基液体丁腈橡胶 142	对硝基苯甲醛 148	**E**
端羧基液体丁腈橡胶 142	对硝基苄基二乙基羟乙基	
端羧基液体聚丁二烯橡胶	溴化铵 148	鹅(脱氧)胆酸 155
142	对乙酰氨基酚 148	恶霉灵 155
对苯二胺 142	L-多巴 149	噁草醚 155
对苯二酚 142	多巴胺 149	噁唑烷鞣剂 156
对苯二酚二苄基醚 143	多巴酚丁胺 149	鳄梨酊 156
对苯二甲酸二辛酯 143	多产柴油催化裂化催化剂	鳄梨油 156
对苯醌 143	150	恩氟沙星 156
对二苯甲酰苯醌二肟 143	多产液化气催化裂化助剂	恩氟烷 157
对甲苯磺酸 143	(CA系列) 150	恩卡尼 157
对甲苯磺酸钠 144	多金属配合鞣剂 150	蒽磺酸钠甲醛缩合物 157
4-(对甲苯磺酰胺基)-2,2,	多聚甲醛 150	蒽醌染料 157
6,6-四甲基哌啶 144	多菌灵 150	蒽醌颜料 157
对甲苯磺酰肼 144	多硫化钡 151	儿茶酚 157
对甲苯氧乙酸 144	多硫化钙 151	儿茶精 157
对甲酚 145	多硫化钠 151	3,3′-二氨基二苯砜 158
对醌二肟 145	多磷酸 151	4,4′-二氨基二苯砜 158
对氯苯酚 145	多黏菌素B 152	4,4′-二氨基二苯甲烷 158
对氯苯氧基乙酸 145	多黏菌素E 152	4,4′-二氨基二苯醚 158
对氯间二甲酚 145	多柔比星 152	2,4-二氨基甲苯 159
对羟基苯甲醚 146	多沙唑嗪 152	二苯胺 159
对羟基苯甲酸苄酯 146	多索茶碱 153	二苯胍 159
对羟基苯甲酸丙酯 146	多萜醇 153	N,N′-二苯基对苯二胺
对羟基苯甲酸丁酯 146		159

2,4-二苯基-4-甲基-1-戊烯 159	二(对乙基亚苄基)山梨醇 164	酯 169
N,N'-二苯基硫脲 160	二噁嗪类颜料 164	二甲基丙烯酸二丁基锡酯 170
二苯基辛基亚磷酸酯 160	二噁烷 165	二甲基丙烯酸镁 170
二苯甲酮 160	二(3,4-二甲基亚苄基)山梨醇 165	二甲基丙烯酸乙二醇酯 170
2,2'-二苯甲酰氨基二苯基二硫化物 160	二氟尼柳 165	二甲基丙烯酸锌 170
二苯美仑 160	二甘醇 165	N,N-二甲基丙烯酰胺 170
二苯醚 161	二甘醇单丁醚 165	N'-(1,3-二甲基丁基)N'-苯基对苯胺 171
二苄基二硫 161	二甘醇单甲醚 166	二甲基二硫 171
二丙氨基乙醇 161	二甘醇单乙醚 166	二甲基二硫代氨基甲酸钠 171
二丙胺 161	二甘醇二苯甲酸酯 166	二甲基二硫代氨基甲酸锌 171
二丙二醇二苯甲酸酯 161	N,N-二环己基-2-苯并噻唑次磺酰胺 166	二甲基二烯丙基氯化铵 171
二丙酮醇 162	4-二甲氨基吡啶 167	
二丙烯酸-1,4-丁二醇酯 162	3-二甲氨基丙胺 167	N,N'-二甲基-N,N'-二亚硝基对苯二甲酰胺 172
二次加工汽柴油加氢精制催化剂 162	N-(3-二甲氨基丙基)甲基丙烯酰胺 167	(E)-2-[1-(2,5-二甲基-3-呋喃)亚乙基]-3-亚异丙基丁二酸酐 172
1,8-二氮杂二环-7-十一碳烯 162	N,N-二(二甲氨基丙基)-N-异丙醇胺 167	二甲基硅油 172
二淀粉磷酸酯 163	2-二甲氨基乙醇 167	N,N-二甲基环己胺 172
二丁基二硫代氨基甲酸钠 163	二甲氨基乙氧基乙醇 168	N,N-二甲基肼 173
二丁基二硫代氨基甲酸铅 163	二甲胺 168	1,3-二甲基-2-咪唑啉酮 173
二丁基二硫代氨基甲酸氧钼 163	二甲苯树脂 XF 168	1,4-二甲基哌嗪 173
二丁基二硫代氨基甲酸锌 163	二甲苯异构化催化剂 168	N,N-二甲基十八胺 173
二(对甲基亚苄基)山梨醇 164	N,N-二甲基苯胺 168	N,N-二甲基十二胺 173
二(对氯亚苄基)山梨醇 164	1,2-二甲基-4-(1-苯乙基)苯 169	N,N-二甲基(十六烷基)胺 174
	二甲基吡啶氯化苄季铵盐 169	O,O-二甲基-N,N-双(2-羟
	N,N-二甲基苄胺 169	
	二甲基苄甲醇 169	
	二甲基丙烯酸-1,3-丁二醇	

词目目录

乙基)氨甲基膦酸酯 174
2,5-二甲基-2,5-双(叔丁基过氧基)己烷 174
2,4-二甲基-3-戊酮 174
二甲基亚砜 174
二甲基乙醇胺 175
5,5-二甲基乙内酰脲 175
二甲硫 175
二甲醚 175
二甲氧基二苯基硅烷 176
二甲唑 176
二碱式邻苯二甲酸铅 176
二碱式亚磷酸铅 176
二碱式硬脂酸铅 176
二聚甘油硬脂酸酯 177
二聚酸 177
二邻甲苯胍 177
N,N'-二邻甲苯硫脲 177
二磷酸果糖 177
二硫代二吗啉 178
二硫化二苯并噻唑 178
二硫化二异丙基黄原酸酯 178
二硫化钼 178
二硫化四丁基秋兰姆 179
二硫化四甲基秋兰姆 179
二硫化四乙基秋兰姆 179
二硫化碳 179
二硫化钨 180
二硫化硒 180
二(2-卤代乙基)(3-溴代-2,2-二甲基丙基)磷酸酯 180
5,6-二氯苯并噁唑酮 180

2,4-二氯苯酚 181
二氯醋酸二异丙胺 181
3,3'-二氯-4,4'-二氨基二苯基甲烷 181
二氯二甲基海因 181
二氯氟乙烷 182
2,4-二氯过氧化苯甲酰 182
二氯化硫 182
二氯化钛 182
二氯萘醌 182
二氯三氟乙烷 183
二氯异氰尿酸 183
二氯异氰尿酸钠 183
二吗啉二乙基醚 183
二茂钴 183
二茂基二苯基钛 184
二茂基二氯化钛 184
二茂铁 184
N,N'-二(β萘基)对苯二酚 184
二硼化钛 184
二羟丙茶碱 184
2,4-二羟基二苯甲酮 185
2,2'-二羟基-4-甲氧基二苯甲酮 185
4,4'-二羟基联苯 185
2,2'-二羟基-1,1'-联萘 185
二氢查尔酮 185
二氢茉莉酮 186
二氢香芹醇 186
4-二氰基亚甲基-2-甲基-6-对N,N'-二甲基氨基苯

乙烯基-4H吡喃 186
二硫基丙磺酸钠 186
2,5-二巯基-1,3,4-硫代二氮唑 187
2,5-二巯基噻二唑二钠 187
二壬基萘磺酸钡 187
二壬基萘磺酸钙 187
二壬基萘磺酸锂 187
二十八醇 188
二十二碳六烯酸 188
二(十二烷基硫)二丁基锡 188
二十六醇 188
二十碳五烯酸 188
2,6-二叔丁基对甲酚 189
β(3,5-二叔丁基-4-羟基苯基)丙酸十八酯 189
3,5-二叔丁基-4-羟基苄基磷酸二乙酯 189
1,4-二酮吡咯并吡咯颜料 189
二烷基二硫代氨基甲酸盐 189
二烷基二硫代磷酸锑 190
二烷基二硫代磷酸氧钼 190
二烷基二硫代磷酸锌 190
二烷基二卤硅烷 190
二戊基二硫代氨基甲酸铅 190
二戊基二硫代氨基甲酸锑 191

二戊基二硫代氨基甲酸锌 191	二氧化钛 196	二油酰基钛酸乙二醇酯 202
二溴苯基缩水甘油醚 191	二氧化硒 197	二月桂酸二丁基锡 202
2,3-二溴-1-丙醇 191	二氧化锡 197	二月桂酸二正辛基锡 203
2,2-二溴-3-次氮基丙酰胺 191	3-二乙氨基丙胺 197	N,N'-二正丁基二硫代氨基甲酸镍 203
二溴二甲基海因 192	二乙醇胺 197	
2,2-二溴-2-氰基乙酰胺 192	N,N'-二乙基苯胺 197	**F**
二溴三苯基锑 192	N,N-二乙基丙烯酰胺 198	发泡促进剂 203
二溴新戊二醇 192	二乙基二硫代氨基甲酸钠 198	发泡促进剂 YA220-2、YA220-7 203
二亚苄基山梨醇 193	二乙基二硫代氨基甲酸锌 198	发泡促进剂 YA-230 203
二亚磷酸季戊四醇二硬脂酸 193	N,N'-二乙基硫脲 198	发泡剂 204
N,N'-二亚肉桂基-1,6-己二胺 193	N,N'-二乙基羟胺 198	发泡剂 AC 204
	3,3'-二乙基噻唑三碳菁碘盐 199	发泡剂 BSH 204
N,N'-二亚硝基五亚甲基四胺 193	O,O'-二乙基-N,N'-双(2-羟乙基)氨甲基膦酸酯 199	发泡剂 H 204
		发泡剂 K_{14} 204
二亚乙基三胺 193	二乙基锌 199	发泡剂 OBSH 204
二亚乙基三胺五亚甲基磺酸盐 194	二乙烯三胺五乙酸双环酐 199	发泡剂 TML 204
	二乙酸二丁基锡 200	发泡剂 TSH 204
二亚乙基三胺五亚甲基膦酸 194	二乙酸纤维素 200	发泡灵 204
	二乙烯基苯 200	发泡抑制剂 204
二亚乙基三胺五乙酸钠 194	二乙氧基二苯基硅烷 201	发泡油墨 205
二氧化铂 195	二异丙醇胺 201	发泡助剂 205
二氧化锆 195	二异丙醇胺聚氧丙烯聚氧乙烯醚 201	伐昔洛韦 205
二氧化硅 195		法莫替丁 205
二氧化硫 195	N,N'-二异丙基-2-苯并噻唑次磺酰胺 201	法呢醇 205
二氧化硫氧化用钒催化剂 195		番木鳖己碱 206
	二异丙基萘 201	番茄红素 206
二氧化氯 196	4,4'-二异辛基二苯胺 202	凡士林 206
二氧化锰 196	二硬脂酸乙二醇酯 202	钒酸铋 207
		反丁烯二酸 207
		反渗透膜 207

词目	页码	词目	页码	词目	页码
反应染料	207	防老剂 BLE	213	仿金属蚀刻油墨	219
反应型丙烯酸酯胶黏剂	207	防老剂 CMA	213	纺织品粘贴胶黏剂	219
反应性低聚物	207	防老剂 CPPD	213	放线菌素 D	219
反应性拒水剂	208	防老剂 D	213	非布丙醇	219
反应性乳化剂	208	防老剂 DBH	213	非蛋白氮饲料添加剂	219
反油酸	208	防老剂 DDM	214	非尔氨脂	220
芳烃改性萜烯树脂	208	防老剂 DNP	214	非贵金属型汽车尾气净化催化剂	220
芳烃脱烷基制苯催化剂	208	防老剂 DOD	214	非晶态合金	220
芳烃油	208	防老剂 DPPD	214	非晶态合金催化剂	221
芳香族合成鞣剂	208	防老剂 H	214	非离子聚丙烯酰胺	221
防沉淀剂	209	防老剂 IPPD	215	非离子表面活性剂	221
防冻剂	209	防老剂 MB	215	非洛地平	221
防浮色发花剂	209	防老剂 RD	215	非诺洛芬	222
防辐射线涂料	209	防老剂 SP	215	非偶氮颜料	222
防腐剂	210	防老剂 TNP	215	非膨胀型防火涂料	222
防腐蚀涂料	210	防霉剂	215	非膨胀型阻燃涂料	222
防灰雾剂	210	防霉涂料	216	非水分散涂料	222
防火乳胶漆	210	防黏剂	216	非银无机抗菌剂	222
防火涂料	210	防漂移剂	216	非甾体抗炎药	222
防焦剂	211	防晒剂	216	非转化型涂料	223
防绞剂	211	防水剂	216	菲尼酮	223
防结露涂料	211	防水涂料	217	废纸脱墨剂	223
防结皮剂	211	防水整理剂	217	沸石膜	223
防静电涂料	212	防缩孔剂	217	沸石载银抗菌剂	223
防老剂	212	防塌剂	217	分离膜	223
防老剂 264	212	防碳化涂料	217	分散剂	224
防老剂 300	212	防伪油墨	218	分散剂 BZS	224
防老剂 2246	212	防污涂料	218	分散剂 DDA881	224
防老剂 4020	212	防雾剂	218	分散剂 DAS	224
防老剂 A	212	防锈剂	218	分散剂 CNF	225
防老剂 AW	213	防锈颜料	218	分散剂 HY-200	225
		防粘膜	218	分散剂 HY-302	225
		防蛀整理剂	218		

分散剂 IW	225	酚醛-缩甲醛型胶黏剂	233	氟化钡	241
分散剂 MF	225	酚醛-缩丁醛型胶黏剂	233	氟化铬	241
分散剂 M 系列	226	粉剂	233	氟化镧	241
分散剂 NNO	226	粉末丁腈橡胶	233	氟化锂	241
分散剂 PD	226	粉末涂料	234	氟化铝	241
分散剂 S	227	奋乃静	234	氟化镁	242
分散剂 WA	227	枫香树脂	234	氟化钠	242
分散剂 SS	227	封闭型聚氨酯涂料	234	氟化氢铵	242
分散染料	227	蜂胶酸	235	氟化氢钾	242
分散松香胶	228	呋喃硫胺	235	氟磺胺草醚	242
分提卵磷脂	228	呋喃树脂胶黏剂	235	氟磺酸	243
分子量调节剂	228	呋喃唑酮	235	氟卡尼	243
分子筛	228	呋塞米	236	氟康唑	243
3A 分子筛	229	氟胺氰菊酯	236	氟喹酮	243
4A 分子筛	229	氟胞嘧啶	236	氟铃脲	243
5A 分子筛	229	氟苯咪唑	236	氟铝酸钠	244
β-分子筛	229	氟吡汀	237	氟氯氰菊酯	244
SAPO 分子筛	230	氟表面活性剂	237	氟氯烷(烃)	244
10X 分子筛	230	氟虫胺	237	氟罗沙星	245
ZSM-5 分子筛	230	氟虫腈	237	氟马西尼	245
分子筛膜	231	氟虫脲	237	氟尿嘧啶	245
吩噻嗪	231	氟地西泮	238	氟哌啶醇	245
芬布芬	231	氟伐他汀(钠)	238	氟硼酸	246
芬替康唑	231	氟奋乃静	238	氟硼酸铵	246
酚磺乙胺	231	氟锆酸钾	239	氟硼酸钾	246
酚醛导电胶	232	氟硅菊酯	239	氟硼酸钠	246
酚醛-丁腈结构胶黏剂	232	氟硅酸	239	氟硼酸铜	246
酚醛-环氧型胶黏剂	232	氟硅酸铵	239	氟硼酸锌	247
酚醛-聚乙烯醇缩醛结构		氟硅酸钾	240	氟硼酸亚锡	247
胶黏剂	232	氟硅酸钠	240	氟轻松	247
酚醛氯丁胶黏剂	232	氟硅酸锌	240	氟氰戊菊酯	247
酚醛树脂胶黏剂	233	氟桂利嗪	240	氟鼠灵	247
酚醛树脂涂料	233	氟化铵	240	氟他胺	248

词目	页码	词目	页码	词目	页码
氟托溴铵	248	改性酚醛树脂胶黏剂	254	感光材料	260
氟烷	248	改性环氧树脂胶黏剂	254	感光乳剂	261
氟西汀	248	改性烷基酚醛树脂	254	高碘酸	261
氟橡胶胶乳	249	钙离子拮抗剂	255	高碘酸钾	261
氟橡胶密封胶	249	钙皂分散剂	255	高毒农药	261
氟蚜螨	249	干酪素	255	高分子表面活性剂	262
氟酯菊酯	249	干酪素胶	255	高分子分离膜	262
辐射固化型聚丙烯酸酯压敏胶	250	干扰素	255	高分子化学反应试剂	262
辐射固化型涂料	250	干洗剂	256	高分子量丁二酰亚胺	262
辐射固化型压敏胶黏剂	250	干性油	256	高分子量聚丙烯酸钠	263
L-脯氨酸	250	干性油改性沥青涂料	256	高分子卤代反应试剂	263
辅酶 Q	251	甘氨酸	256	高分子凝胶	263
辅酶 Q_{10}	251	甘草苷	256	高分子吸附树脂	263
辅助增塑剂	251	甘草抗氧化物	257	高分子氧化还原反应试剂	264
腐殖酸-栲胶磺化交联木质素磺酸盐	251	甘草甜(素)	257	高固含量聚丙烯酸钠	264
腐殖酸减水剂	251	甘露醇	257	高哈林通碱	264
腐殖酸铬	251	甘珀酸	257	高碱度磺酸钙	265
负载型贵金属钯催化剂	252	甘羟铝	258	高铝催化裂化催化剂	265
复合膜	252	甘油单月桂酸酯	258	高铝分子筛催化裂化催化剂	265
复配乳化剂	252	甘油单乙酸酯	258	高氯酸	265
富勒烯	252	甘油单硬脂酸酯	258	高氯酸铵	265
富马酸	253	甘油单油酸酯	258	高氯酸钾	266
富马酸苄酯	253	甘油二乙酸酯	259	高氯酸锂	266
富马酸二甲酯	253	甘油 EO/PO 嵌段共聚醚	259	高氯酸镁	266
富马酸奈拉西坦	253	甘油葡萄糖苷硬脂酸酯	259	高氯酸钠	266
覆盖云母珠光颜料	253	甘油三乙酸酯	259	高锰酸钾	267
覆盆子酮	254	甘油三硬脂酸酯	259	高锰酸钠	267
G		甘油三油酸酯	260	高密度聚乙烯催化剂	267
		杆菌肽	260	高取代羟丙基纤维素	267
		肝素	260	高渗农药	268
改性大豆磷脂	254	肝素钠	260	高铁酸钾	268

词目	页码	词目	页码	词目	页码
高吸水性树脂	268	功夫菊酯	275	胍那决尔	282
ASP 高效减水剂	268	功能表面活性剂	275	胍乙啶	282
BW 高效减水剂	268	功能材料	276	冠醚	283
BS 高效减水剂	269	功能矿物材料	276	光固化涂料	283
NF 高效减水剂	269	功能乳胶膝	276	光亮剂	283
SM 高效减水剂	269	功能色素材料	276	光敏胶黏剂	284
FDN 高效减水剂系列	270	功能陶瓷	277	光敏剂	284
高效氯氰菊酯	270	功能有机颜料	277	光敏性凝胶	284
高辛烷值催化裂化催化剂	270	C_5/C_9 共聚(型)石油树脂	277	光屏蔽剂	284
				光稳定剂	284
睾酮	270	谷氨酸	277	光稳定剂 744	285
锆鞣剂	271	L-谷氨酸一钠	277	光稳定剂 770	285
戈洛帕米	271	L-谷氨酰胺	278	光稳定剂 944	285
格拉司琼	271	谷氨酰色氨酸	278	光稳定剂 1084	285
格列吡嗪	271	谷胱甘肽	278	光稳定剂 AM−101	285
格隆溴铵	272	谷维素	278	光稳定剂 GW−310	285
隔离剂	272	谷甾醇	278	光稳定剂 GW−508	285
隔离纸	272	骨化三醇	279	光稳定剂 GW−540	285
镉红	272	骨架催化剂	279	光稳定剂 HPT	285
镉黄	273	骨架镍催化剂	279	光稳定剂 NBC	285
各向异性导电胶	273	骨胶	280	光稳定剂 NL-1	285
铬黄	273	固定剂	280	光稳定剂 2002	285
铬鞣剂	273	固化促进剂	280	光纤保护涂料	285
铬酸铵	273	固化剂	280	光学塑料	285
铬酸钙	274	固色剂	280	光学字符判读油墨	286
铬酸钾	274	固体碱	281	光泽剂	286
铬酸钠	274	固体磷酸催化剂	281	光致变色色素	286
铬酸铅	274	固体硫化剂	281	光致导电聚合物	286
根皮苷	274	固体酸	281	光致发光油墨	287
更昔洛韦	275	瓜氨酸	281	胱氨酸	287
工业杀菌剂	275	瓜尔豆胶	282	规整结构催化剂	287
公主岭霉素	275	胍法辛	282	规整式催化剂载体	287
				硅表面活性剂	288

硅化铬	288	癸二酸二钠	293	过氧化二碳酸二环己酯	
硅胶	288	癸二酸二辛酯	294		301
硅溶胶	288	癸二酸二异辛酯	294	过氧化二碳酸二(十四烷	
硅鞣剂	289	癸二酸二(正)丁酯	294	基)酯	301
硅树脂	289	癸二酸二仲辛酯	294	过氧化二碳酸二(2-乙基	
硅酸	289	癸氟奋乃静	295	己基)酯	301
硅酸钾	289	δ-癸内酯	295	过氧化二碳酸二异丙酯	
硅酸铝	290	癸酸	295		302
硅酸钠系列防水剂	290	贵金属萃取剂	295	过氧化二碳酸二正丙酯	
硅酸铅	290	贵金属型汽车尾气净化催			302
硅酸盐类胶黏剂	290	化剂	296	过氧化二碳酸二正丁酯	
硅酸乙酯	290	桂皮提取物	296		302
硅酮	291	果胶	296	过氧化二碳酸二仲丁酯	
硅酮表面活性剂 JSY-168		果胶酶	296		302
	291	果胶酸	297	过氧化二碳酸双(2-苯基	
硅酮表面活性剂	291	果酸	297	乙氧基)酯	302
硅烷偶联剂	291	果糖低聚糖	297	过氧化二碳酸双十六烷基	
A-150 硅烷偶联剂	291	过硫酸铵	297	酯	303
A-151 硅烷偶联剂	291	过硫酸钾	297	过氧化二碳酸双(4-叔丁	
A-171 硅烷偶联剂	291	过硫酸钠	298	基环己酯)	303
A-172 硅烷偶联剂	291	过氯乙烯树脂涂料	298	过氧化二乙酰	303
A-1160 硅烷偶联剂	291	过敏性染料	298	过氧化二异丙苯	303
KH-550 硅烷偶联剂	291	过硼酸钠	298	过氧化(二)异丁酰	303
KH-560 硅烷偶联剂	291	过碳酸钠	299	过氧化(二)异壬酰	304
KH-570 硅烷偶联剂	292	过氧化钡	299	过氧化(二)正辛酰	304
硅钨酸	292	过氧化苯甲酸叔丁酯	299	过氧化环己酮	304
硅橡胶胶黏剂	292	过氧化二苯甲酰	299	过氧化甲乙酮	304
硅油	292	过氧化二丙酰	300	过氧化钾	305
硅脂	292	过氧化(二)丁二酸	300	过氧化硫脲	305
癸醇	293	过氧化(二)癸酰	300	过氧化镁	305
1,10-癸二胺	293	过氧化二(4-氯苯甲酰)		过氧化钠	305
癸二酸	293		300	过氧化脲	305
癸二酸二苄酯	293	过氧化二叔丁基	300	过氧化氢	306

过氧化氢(对)蓋烷 306
过氧化氢二异丙苯 306
过氧化氢酶 306
过氧化氢蒎烷 307
过氧化氢异丙苯 307
过氧化-3,5,5-三甲基己酸叔丁酯 307
过氧化十二酰 307
过氧化双(3,5,5-三甲基己酰) 307
过氧化锌 308
过氧化新癸酸叔丁酯 308
过氧化新癸酸异丙基苯酯 308
过氧化新戊酸叔丁酯 309
过氧化新戊酸叔戊酯 309
过氧化乙酸叔丁酯 309
过氧化乙酰磺酰环己烷 309
过氧化异丙基碳酸叔丁酯 309
过氧戊二酸 310
过氧乙酸 310

H

哈拉西泮 310
海藻酸 310
海藻酸丙二醇酯 311
海藻酸钠 311
海藻糖 311
含苯有机废气净化催化剂 311
含氮磷酸酯淀粉 311
含磷极压抗磨剂 312
含硫废气净化催化剂 312
含硫极压抗磨剂 312
含氯极压抗磨剂 312
含氰硅油 312
含漱剂 313
航空涂料 313
航煤脱硫剂 313
航天器热控涂料 313
合成胶黏剂 313
合成抗菌药 314
合成吗啉催化剂 314
合成松香中性施胶剂 314
合成橡胶胶乳 314
合纤油剂 314
核酸酶 314
D-核糖 315
核糖核酸 315
黑色素-1 315
黑色颜料 315
黑油膏 315
红根鞣剂 315
红霉素 315
红曲色素 316
红外线辐射涂料 316
后整理助剂 316
胡椒醛 316
胡椒酸 316
胡芦巴碱 317
β-胡萝卜素 317
糊精 317
琥珀酸二仲辛酯磺酸钠 317
花生四烯酸 317
花色素苷 318
花生酸 318
滑爽剂 318
化肥催化剂 318
化学发光材料 319
化学反应试剂 319
化学脱毛剂 319
化学增塑剂 319
槐豆胶 319
还原染料 319
还原艳橙 GR 320
环孢菌素 A 320
环吡酮胺 320
环丙沙星 320
环庚草醚 320
环糊精 321
环己胺 321
环己醇脱氢催化剂 321
环己基氨基磺酸钠 322
N-环己基-2-苯并噻唑次磺酰胺 322
N-环己基-*N'*-苯基对苯二胺 322
N-环己基对甲氧基苯胺 322
N-环己基硫代邻苯二甲酰亚胺 322
环己酮肟 322
环境保护催化剂 323
环磷酰胺 323
环烷酸 323
环烷酸钙 323

环烷酸钴	323	环氧树脂密封胶	330	磺化酚醛树脂	336
环烷酸铅	324	环氧树脂涂料	330	磺化琥珀酸二仲辛酯钠盐	
环烷酸锰	324	环氧四氢邻苯二甲酸二辛			336
环烷酸咪唑啉	324	酯	330	磺化褐煤酚醛树脂共聚物	
环烷酸咪唑啉冰乙酸盐		环氧乙烷	330		336
	324	环氧乙酰蓖麻油酸甲酯		磺化栲胶酚醛树脂共聚物	
环烷酸铁	324		331		336
环烷酸铜	325	环氧硬脂酸丁酯	331	磺化沥青	336
环烷酸稀土	325	环氧硬脂酸辛酯	331	磺化木质素磺甲基酚醛树	
环烷酸锌	325	缓聚剂	331	脂共聚物	337
环烷油	325	缓凝剂	331	磺化三聚氰胺甲醛树脂	
环戊烷	325	CA-H 缓凝剂	332		337
环腺苷酸	326	缓凝减水剂	332	磺化油 DAH	337
环氧丙基三甲基氯化铵		缓蚀剂	332	磺基琥珀酸蓖麻油酯钠盐	
	326	缓蚀剂 M	332		337
环氧丙酸	326	黄豆苷原	332	磺甲基化栲胶	337
1,2-环氧丙烷	326	黄蒿油	333	磺甲基化聚丙烯酰胺	337
环氧丙烯酸树脂	327	黄葵内酯	333	磺酸盐	338
环氧蚕蛹油酸丁酯	327	黄蓍胶	333	磺酸盐型表面活性剂	338
环氧大豆油	327	黄体酮	333	磺乙基淀粉	338
环氧大豆油酸辛酯	327	黄原胶	334	茴拉西坦	338
环氧导电胶	327	黄樟油	334	混合氯化二烷基二甲铵	
环氧改性硅油	328	黄樟油素	334		338
β-(3,4-环氧环己基)乙基		磺胺甲噁唑	334	混合型农药乳化剂	338
三甲氧基硅烷	328	磺胺喹噁啉	334	N-混合脂肪酰基-L-谷氨	
环氧糠油酸丁酯	328	磺吡酮	335	酸钠	339
环氧氯丙烷-二甲胺缩聚		磺酰类抗菌剂	335	混剂	339
物	328	磺化苯氧乙酸酚醛树脂共		活性染料	339
环氧氯丙烷-多亚乙基多		聚物	335	活性炭脱硫剂	339
胺缩聚物	328	磺化蓖麻油二乙醇胺盐		活性碳酸钙	339
环氧树脂	329		335	活性稀释剂	340
环氧树脂粉末涂料	329	磺化丙酮甲醛缩聚物	335	活性氧化铝	340
环氧树脂胶黏剂	329	磺化单宁	336	活性氧化铝脱硫催化剂	
					340

活性氧化镁	340
活性支撑剂	340
霍加拉特催化剂	341

J

肌醇	341
5′-肌苷酸	341
肌酸	341
L-肌肽	342
激动素	342
激光染料	342
激活剂	342
激素	342
激素类饲料添加剂	343
吉非贝齐	343
吉西他滨	343
极压抗磨剂	343
急性毒性染料	343
1,6-己二胺	343
1,6-己二醇	344
己二醇脱水制己二烯催化剂	344
1,6-己二硫醇	344
己二酸二辛酯	344
己二酸二异丁酯	344
己二酸二异辛酯	345
己二酸二正丁酯	345
3,4-己二酮	345
4-己基间苯二酚	345
3-己烯-1-醇	346
己烯雌酚	346
季铵化聚丙烯酰胺	346
季铵盐型表面活性剂	346
季戊四醇三丙烯酸酯	346
加氢保护剂	347
加氢精制催化剂	347
加氢裂化催化剂	347
加氢裂化预精制催化剂	348
加氢石油树脂	348
加氢脱硫催化剂	348
加氢脱砷催化剂	348
加氢脱铁催化剂	349
甲氨喋呤	349
甲胺	349
甲苯胺红	349
甲苯胺蓝	350
甲苯二异氰酸酯	350
甲苯-2,4-二异氰酸酯二聚体	350
甲苯磺丁脲	350
甲苯磺酸英丙舒凡	351
甲苯咪唑	351
甲苯歧化与烷基转移催化剂	351
甲醇合成催化剂	351
甲醇钠	352
甲醇气相胺化制甲胺催化剂	352
甲醇脱氢制甲酸甲酯催化剂	352
甲醇脱水制二甲醚催化剂	352
甲地孕酮	352
甲芬那酸	353
甲砜霉素	353
甲睾酮	353
甲磺酸	353
甲磺酸达氟沙星	353
甲磺酰氯	354
甲壳素	354
N-甲基苯丙胺	354
N-甲基斑蝥胺	355
5-甲基苯并三唑	355
甲基苯基硅油	355
α-甲基苯乙烯	355
2-甲基吡啶	355
1-甲基-2-吡咯烷酮	356
2-甲基吡嗪	356
3-甲基吡唑	356
甲基丙烯酸	356
甲基丙烯酸二甲氨基乙酯	356
甲基丙烯酸甲酯	357
甲基丙烯酸钠	357
甲基丙烯酸-2-羟基丙酯	357
甲基丙烯酸-2-羟基乙酯	357
甲基丙烯酸-2-乙基己酯	357
甲基丙烯酸异冰片酯	357
甲基丙烯酸异丁酯	358
γ-(甲基丙烯酰氧基)丙基三甲氧基硅烷	358
甲基丙烯酰氧乙基三甲基氯化铵	358
1-甲基-1-丁基吡咯三氟甲磺酸盐	358

1-甲基-1-丁基吡咯溴盐	359
1-甲基-3-丁基咪唑六氟磷酸盐	359
1-甲基-3-丁基咪唑氯盐	359
1-甲基-3-丁基咪唑四氟硼酸盐	359
1-甲基-3-丁基咪唑溴盐	359
2-甲基-2-丁酮	360
甲基毒死蜱	360
N-甲基二环己胺	360
1-甲基-3,3-二甲基吲哚啉-6′-硝基螺苯并吡喃	360
N-甲基二乙醇胺	360
2-甲基-3-呋喃甲醇	361
甲基含氢硅油	361
1-甲基-3-己基咪唑氯盐	361
2-甲基喹啉	361
4-甲基喹啉	361
甲基膦酸二甲酯	361
甲基硫菌灵	362
甲基硫酸-2-羟丙基三甲基铵化淀粉醚	362
甲基硫酸月桂酰胺丙基三甲基铵	362
甲基铝氧烷	362
N-甲基吗啉	363
2-甲基咪唑	363
甲基纳迪克酸酐	363
甲基葡萄糖苷硬脂酸酯	363
甲基羟基硅油	364
甲基三氟丙基硅油	364
甲基叔丁基醚裂解制异丁烯催化剂	364
甲基叔戊基醚	364
甲基四氢苯酐	364
甲基萜烯树脂	365
4-甲基氧化吗啉	365
N-甲基-N-椰子油酰基牛磺酸钠	365
1-甲基-3-乙基咪唑六氟磷酸盐	365
1-甲基-3-乙基咪唑四氟硼酸盐	365
1-甲基-3-乙基咪唑溴盐	366
甲基乙基纤维素	366
2-甲基-3(2H)-异噻唑酮	366
N-甲基-N-油酰氨基乙基磺酸钠	366
甲基纤维素	366
甲硫醇	367
甲氯芬酯	367
甲咪酯	367
甲醚	367
甲萘威	367
甲羟孕酮	367
甲氰菊酯	368
甲醛合次硫酸氢钠	368
甲霜灵	368
甲缩醛	369
甲酸	369
甲酸钙	369
甲酸乙酯	369
甲瓦龙酸	369
甲烷化催化剂	370
N-甲酰溶肉瘤素	370
甲硝唑	370
甲溴东莨菪碱	370
甲基苄啶	370
甲氧基丙胺	371
2-甲氧基-3-甲基吡嗪	371
甲氧氯普胺	371
甲乙酸酐	371
甲乙酮肟	371
甲状腺素	372
假麻黄碱	372
坚牢洋红FB	372
间苯二胺	373
间苯二酚	373
间苯二酚单苯甲酸酯	373
间苯二酚-甲醛树脂胶黏剂	373
间苯二酚双(羟乙基)醚	373
间苯二甲酸二甲酯-5-磺酸钠	374
间苯二甲酸二异辛酯	374
间苯二甲酸二辛酯	374
间二甲苯氨氧化制间苯二(甲)腈催化剂	374
间甲酚	375
间甲酚烷基化制2,3,6-三	

甲基苯酚催化剂	375
2-(间三氟甲苯氨基羰基)苯甲酸钠	375
间戊二烯石油树脂	375
减薄剂	375
减水剂	376
减水剂 AF	376
减阻剂	376
碱保持剂	376
碱式硅铬酸铅	377
碱式硫酸镁晶须	377
碱式硫酸铅	377
碱式碳酸镁	377
碱式碳酸铅	377
碱式碳酸铜	378
碱式碳酸锌	378
碱性蛋白酶	378
碱性染料	378
健美剂	378
姜油树脂	379
浆料	379
降冰片烯二酸酐	379
降低汽油烯烃含量的催化裂化催化剂	379
降滤失剂	379
降黏剂	380
降凝剂	380
降(血)钙素	380
降血脂药	380
交联淀粉	380
交联剂	381
交联型橡胶压敏胶黏剂	381
交沙霉素	381
胶姆糖基础剂	381
胶黏剂	382
胶凝剂	382
胶乳	382
胶体五氧化二锑	382
胶原蛋白	382
胶原蛋白酶	383
焦谷氨酸	383
焦磷酸	383
焦磷酸二氢钠	383
焦磷酸钙	383
焦磷酸钾	384
焦磷酸钠	384
焦磷酸三聚氰胺	384
焦磷酸铁	384
焦磷酸铜	385
焦磷酸亚铁	385
焦磷酰氯	385
焦炉煤气净化分解催化剂	385
焦棓酸	385
焦锡酸锌	386
焦亚硫酸钾	386
焦亚硫酸钠	386
角蛋白酶	386
角鲨烷	386
角鲨烯	387
绞股蓝皂苷	387
接触型防污漆	387
接枝淀粉	388
揭阳霉素	388
结构胶黏剂	388
结构陶瓷	388
结晶紫内酯	389
结冷胶	389
解絮凝剂	389
介孔分子筛	389
芥酸	389
芥酰胺	390
界面膜	390
金刚烷胺	390
金光红 C	390
金霉素	390
金水	391
金属钝化剂	391
金属减活剂	391
金属膜	391
金属配位偶氮染料	391
金属颜料	392
金属皂类防水剂	392
金属装饰功能油墨	392
浸种剂	392
浸渍绝缘漆	392
浸渍制品	392
菁染料	393
β 晶型成核剂	393
β 晶型成核剂 TMB-5	393
L-精氨酸	394
精炼助剂	394
精细高分子化学品	394
精细陶瓷	394
精油	394
鲸蜡醇	395
井岗霉素	395
肼	395

净洗剂		395	聚丙烯酸	402	聚合终止剂	408
净洗剂 6501		395	聚丙烯酸钠	402	聚环氧琥珀酸钠	409
净洗剂 6502		395	聚丙烯酸酯系压敏胶黏剂		聚己二酸-1,2-丙二醇酯	
净洗剂 6503		396		403		409
静电复印材料		396	聚丙烯酰胺	403	聚季铵盐 TS 系列杀菌剂	
静电复印油墨		396	聚丙烯酰胺-丙烯酰胺基			409
静电植绒胶黏剂		396	二甲胺	403	聚 α-甲基苯乙烯树脂	409
九里香油		397	聚丙烯酰胺微胶乳	403	聚甲基丙烯酸	409
九水偏硅酸钠		397	聚丙烯酰胺-N,N-亚甲基		聚甲基丙烯酸酯	410
酒石酸		397	双丙烯酰胺	404	聚磷硫酸铁	410
柏油		397	聚丁烯	404	聚磷腈	410
橘铬黄		397	聚二烯丙基二甲基氯化铵		聚磷酸铵	410
拒食剂		397		404	聚磷酸三聚氰胺	411
拒水整理剂		398	聚甘油脂肪酸酯	404	聚磷酸盐	411
剧毒农药		398	聚硅硫酸铝	405	聚硫胶乳	411
聚氨酯改性环氧树脂胶黏			聚硅硫酸铁	405	聚硫橡胶胶黏剂	411
剂		398	聚硅酸	405	聚氯乙烯胶乳	412
聚氨酯		398	聚硅氧烷	406	聚氯乙烯树脂粉末涂料	
聚氨酯粉末涂料		399	聚硅氧烷聚烷氧基醚共聚			412
聚氨酯改性油涂料		399	物	406	聚氯乙烯树脂密封胶	412
聚氨酯胶黏剂		399	聚癸二酸-1,2-丙二醇酯		聚马来酸	412
聚氨酯沥青涂料		399		406	聚醚改性硅油	412
聚氨酯密封胶		400	聚癸二酸酐	406	聚葡萄糖	413
聚氨酯热熔胶		400	聚合硫酸铝	406	聚 β-羟基丁酸酯	413
聚氨酯热塑性弹性体		400	聚合硫酸铁	407	聚羟甲基丙烯酰胺	413
聚氨酯树脂鞣剂		400	聚合氯化硫酸铁	407	聚壬二酸酐	413
聚氨酯树脂涂料		401	聚合氯化铝	407	聚乳酸	413
聚氨酯弹性涂料		401	聚合氯化铝铁	408	聚酸酐	414
聚氨酯硬泡用匀泡剂		401	聚合氯化铁	408	聚羧酸有机胺盐	414
聚苯乙烯磺酸钠		401	聚合松香	408	聚天冬氨酸	414
聚丙二醇		401	聚合物复合型结构胶黏剂		聚酮树脂	414
聚丙二醇缩水甘油醚		402		408	聚酰胺	414
聚丙烯热熔胶		402	聚合物基纳米复合材料		聚酰胺热熔胶	415
				408		

聚烯烃类热塑性弹性体	415
聚亚甲基双甲基萘磺酸	415
聚氧丙烯甘油醚	415
聚氧丙烯聚氧乙烯丙二醇醚	415
聚氧丙烯聚氧乙烯甘油醚	416
聚氧化乙烯	416
聚氧乙烯甘油醚单硬脂酸酯	416
聚氧乙烯甲基葡萄糖苷硬脂酸酯	417
聚氧乙烯聚氧丙烯单丁基醚	417
聚氧乙烯醚丙三醇磷酸酯	417
聚氧乙烯(4)山梨醇酐单硬脂酸酯	417
聚氧乙烯(20)山梨醇酐单硬脂酸酯	418
聚氧乙烯(5)山梨醇酐单油酸酯	418
聚氧乙烯(20)山梨醇酐单油酸酯	418
聚氧乙烯(4)山梨醇酐单月桂酸酯	418
聚氧乙烯(20)山梨醇酐单月桂酸酯	419
聚氧乙烯(20)山梨醇酐单棕榈酸酯	419
聚氧乙烯(20)山梨醇酐三硬脂酸酯	419
聚氧乙烯(20)山梨醇酐三油酸酯	419
聚氧乙烯山梨醇酐脂肪酸酯	419
聚氧乙烯月桂酸酯	420
聚乙二醇	420
聚乙二醇(400)单硬脂酸酯	420
聚乙二醇(6000)双硬脂酸酯	421
聚乙酸乙烯酯及其共聚物胶黏剂	421
聚乙酸乙烯酯乳液	421
聚乙烯吡咯烷酮	421
聚乙烯醇	422
聚乙烯醇胶黏剂	422
聚乙烯醇缩丁醛	422
聚乙烯醇缩醛胶黏剂	422
聚乙烯醇缩醛树脂	423
聚乙烯及乙烯共聚物热熔胶	423
聚乙烯蜡	423
聚异丁烯	423
聚异丁烯丁二酸季戊四醇酯	424
聚异丁烯胶黏剂	424
聚异丁烯系压敏胶	424
聚酯粉末涂料	424
聚酯热熔胶	424
聚酯树脂涂料	425
绝育剂	425
绝缘涂料	425
均苯四酸二酐	425
均苯四酸四辛酯	425

K

咔唑	426
咖啡醇	426
咖啡酸	426
咖啡因	427
卡巴胆碱	427
卡巴多司	427
卡巴胂	427
卡比多巴	427
卡比马唑	428
卡泊酸	428
卡铂	428
卡波树脂	428
卡拉胶	428
卡拉明	429
卡藜油	429
卡洛芬	429
卡马西平	429
卡莫氟	429
卡莫司汀	430
卡那霉素	430
卡南加油	430
卡托普利	430
卡维地洛	431
开孔剂	431
揩光浆	431
莰菲醇	431
莰烯	432
糠胺	432
糠硫醇	432

糠醚	432	抗静电剂 PK	439	抗氧剂 ODP	446
糠偶酰二肟	432	抗静电剂 SN	439	抗氧剂 TNP	446
糠偶姻	432	抗静电剂 SP	439	抗氧剂 TPL	446
糠酸	433	抗静电剂 TM	439	抗再沉积剂	446
抗病毒药	433	抗静电剂 XFZ-03	440	抗蒸腾剂	446
抗尘剂	433	抗静电整理剂	440	栲胶	447
抗胆碱药	433	抗菌剂	440	柯因	447
抗倒胺	433	抗菌增效剂	440	颗粒剂	447
抗癫痫药	434	抗乳化剂	440	壳聚糖	447
抗钒重油催化裂化催化剂		抗生素	441	壳聚糖-丙烯酰胺接枝共	
	434	抗蚀油墨	441	聚物	448
抗高血压药	434	抗氧抗腐剂	441	可剥涂料	448
抗坏血酸	434	抗氧剂	441	可待因	448
抗坏血酸-2-磷酸酯镁盐		抗氧剂 121	442	可可碱	448
	434	抗氧剂 168	442	可乐定	449
抗坏血酸棕榈酸酯	435	抗氧剂 245	442	可溶性粉剂	449
抗碱氮催化裂化催化剂		抗氧剂 246	443	可湿性粉剂	449
	435	抗氧剂 264	443	克拉维酸	449
抗结核药	435	抗氧剂 300	443	克林霉素	449
抗静电剂	435	抗氧剂 330	443	克林沙星	450
抗静电剂 609	435	抗氧剂 618	443	克伦特罗	450
抗静电剂 AEP	436	抗氧剂 626	443	克霉唑	450
抗静电剂 AM-A	436	抗氧剂 702	444	孔版印刷油墨	451
抗静电剂 ASA-150	436	抗氧剂 736	444	枯茗醛	451
抗静电剂 A-2ST	436	抗氧剂 1010	444	苦木提取物	451
抗静电剂 ATS-1	437	抗氧剂 1076	444	苦杏仁油	451
抗静电剂 BS-12	437	抗氧剂 1222	445	矿化剂	451
抗静电剂 CAS	437	抗氧剂 2246	445	矿物源农药	452
抗静电剂 G	437	抗氧剂 2246-S	445	奎尼丁	452
抗静电剂 HKD 系列	438	抗氧剂 3114	446	奎宁	452
抗静电剂 KJ-200	438	抗氧剂 CA	446	喹吖啶酮	452
抗静电剂 MGS-20	438	抗氧剂 DLTP	446	喹吖啶酮红	453
抗静电剂 P	438	抗氧剂 DSTP	446	喹吖啶酮类颜料	453

喹那普利	453	离子交换膜	459	两性表面活性剂	467
喹酞酮类颜料	453	离子交换树脂	459	两性酚醛树脂	467
昆布氨酸	453	离子液体	460	两性聚丙烯酰胺	467
扩链剂	454	里哪醇	460	L-亮氨酸	467
扩散剂	454	里哪油	460	亮肽素	467
		锂皂系硅酯	460	裂解催化剂	468

L

		立德粉	461	裂解汽油二段加氢催化剂	
拉开粉	454	立索尔宝红 BK	461		468
拉伸半结晶体膜	454	立索尔紫红 2R	461	裂解汽油一段加氢催化剂	
拉坦前列素	454	利巴韦林	461		468
蜡感剂	455	利多卡因	462	邻苯二甲醛	468
辣椒碱	455	利福霉素 SV	462	邻苯二甲酸丁苄酯	469
来氟米特	455	利福霉素类抗生素	462	邻苯二甲酸丁·十四酯	
L-赖氨酸	455	利福平	462		469
赖诺普利	455	利美尼定	462	邻苯二甲酸丁辛酯	469
兰索拉唑	456	利血平	463	邻苯二甲酸二苯酯	469
莨菪碱	456	沥青密封胶	463	邻苯二甲酸二苄酯	470
L-酪氨酸	456	沥青涂料	463	邻苯二甲酸二丁氧基乙酯	
酪胺	456	连二亚硫酸钠	463		470
酪蛋白磷酸肽	456	连二亚硫酸锌	463	邻苯二甲酸二癸酯	470
酪蛋白酸钠	456	联氨	464	邻苯二甲酸二庚酯	470
雷米邦 A	457	联苯	464	邻苯二甲酸二环己酯	471
雷米封	457	联苯胺黄 G	464	邻苯二甲酸二甲氧基乙酯	
雷米普利	457	联苯胺黄 10G	464		471
雷尼替丁	457	2-(4-联苯基)-5-(对乙基		邻苯二甲酸二甲酯	471
类肝素	457	苯基)噁唑	465	邻苯二甲酸二壬酯	471
类黄酮	458	联苯乙酸	465	邻苯二甲酸二(十三酯)	
类萜	458	联醇催化剂	465		472
冷杉香胶	458	9,9′-联二蒽	466	邻苯二甲酸二(十一)酯	
冷杉油	458	链道酶	466		472
冷制淀粉胶	459	链激酶	466	邻苯二甲酸二戊酯	472
离子淀粉	459	链霉素	466	邻苯二甲酸二烯丙酯	472
离子交换剂	459	链佐星	466	邻苯二甲酸二辛酯	473

邻苯二甲酸二乙酯 473	磷蛋白 479	磷酸三钾 486
邻苯二甲酸二异丁酯 473	磷地尔 479	磷酸三(2-氯丙基)酯 486
邻苯二甲酸二异癸酯 473	磷化铝 479	磷酸三(2-氯乙基)酯 486
邻苯二甲酸二异壬酯 474	磷化氢 479	磷酸三钠 486
邻苯二甲酸二异辛酯 474	磷化锌 479	磷酸三异丙基苯酯 486
邻苯二甲酸二(正)丁酯 474	磷柳酸 480	磷酸三辛酯 487
	磷霉素 480	磷酸四钠 487
邻苯二甲酸二正己酯 475	磷霉素氨丁三醇 480	磷酸铁 487
邻苯二甲酸二正辛酯 475	磷钼酸 480	磷酸锌 487
邻苯二甲酸二($C_7 \sim C_9$)酯 475	磷钼酸铵 480	磷酸盐类胶黏剂 487
	磷酸二氢铵 481	磷酸酯盐型表面活性剂 488
邻苯二甲酸二($C_8 \sim C_{13}$)酯 475	磷酸二氢钙 481	
	磷酸二氢钾 481	磷钨酸 488
邻苯二甲酸二($C_9 \sim C_{11}$)酯 476	磷酸二氢铝 481	磷脂 488
	磷酸二氢钠 481	膦甲酸钠 488
邻苯二甲酸二仲辛酯 476	磷酸钙 482	2-膦酰基丁烷-1,2,4-三羧酸 489
邻苯二甲酸酐 476	磷酸锆载银抗菌剂 482	
邻苯二甲酸辛·十三酯 476	磷酸化二淀粉磷酸酯 482	铃兰毒苷 489
	磷酸邻三甲苯酯 482	铃兰醛 489
邻苯二甲酸乙酸纤维素 476	磷酸铝 483	流变添加剂 489
	磷酸铝钠 483	流滴剂 489
邻苯二甲酸仲辛·异辛酯 477	磷酸镁 483	流滴剂 ATF-1 490
	磷酸脲 483	流滴剂 SGW-02 490
邻苯基苯酚 477	磷酸氢二铵 483	流滴剂 SPN-3 490
邻二甲苯氧化制苯酐催化剂 477	磷酸氢二钾 484	流平剂 490
	磷酸氢二钠 484	流平剂 DE 系列 490
邻甲氧基苯酚 477	磷酸氢钙 484	流平剂 HX 系列 491
邻氯苯酚 478	磷酸三苯酯 484	留兰香油 491
邻硝基甲苯加氢制邻甲基苯胺催化剂 478	磷酸三丁酯 485	硫代二丙酸二硬脂酸酯 491
	磷酸三(二氯丙基)酯 485	
林可霉素 478	磷酸三(2,3-二溴-1-丙基)酯 485	硫代二丙酸二月桂酯 492
林可霉素类抗生素 478		L-硫代脯氨酸 492
临氢异构降凝催化剂 478	磷酸三甲苯酯 485	硫代糠酸甲酯 492

硫代磷酸三苯酯	492	硫回收催化剂	497	硫酸锌	505
硫代硫酸铵	492	硫菌灵	497	硫酸纤维素	505
硫代硫酸钠	492	硫康唑	498	硫酸亚铁	506
2,2'-硫代双(对叔辛基苯酚)镍	493	硫磷丁辛基锌盐	498	硫酸亚铁铵	506
		硫磷化聚异丁烯钡盐	498	硫酸氧钒	506
2,2'-硫代双(对叔辛基苯酚)镍-正丁胺配合物	493	硫磷双辛基锌盐	498	硫酸酯盐型表面活性剂	506
		硫磷仲醇基锌盐	498		
2,2'-硫代双(4-甲基-6-叔丁基苯酚)	493	硫脲	499	硫糖铝	506
		硫氢化钠	499	硫酰氯	507
4,4'-硫代双(2-甲基-6-叔丁基苯酚)	493	硫氰酸铵	499	硫辛酸	507
		硫氰酸钙	499	硫乙拉嗪	507
4,4'-硫代双(3-甲基-6-叔丁基苯酚)	493	硫氰酸钾	499	硫转移剂	507
		硫氰酸钠	500	六氟化硫	507
硫代异丁烯	493	硫氰酸亚铜	500	六甲基二硅脲	508
硫靛类染料	493	硫双威	500	六甲基磷酰三胺	508
硫靛类颜料	494	硫酸阿托品	500	六甲氧基甲基三聚氰胺树脂	508
硫回收尾气加氢催化剂	494	硫酸钡	501		
		硫酸钙晶须	501	六氢苯酐	508
硫化钡	494	硫酸锆	501	六偏磷酸钠	509
硫化促进剂	494	硫酸铬钾	502	六溴苯	509
硫化钙	495	硫酸钴	502	六溴环十二烷	509
硫化镉	495	硫酸钾	502	六亚甲基二胺四亚甲基膦酸	509
硫化活性剂	495	硫酸肼	502		
硫化剂	495	硫酸铝	503	六亚甲基二异氰酸酯	510
硫化钾	495	硫酸铝铵	503	六亚甲基四胺	510
硫化钠	495	硫酸铝钠	503	龙胆根提取物	510
硫化染料	496	硫酸锰	503	龙胆酸	510
硫化烯烃棉籽油	496	硫酸锰铵	504	芦丁	511
硫化锌	496	硫酸镍	504	芦氟沙星	511
硫化银	496	硫酸羟胺	504	颅通定	511
硫化脂肪油	496	硫酸氢钠	504	卤化银感光材料	512
硫化植物油	497	硫酸软骨素	505	铝粉浆	512
硫黄	497	硫酸铁	505	铝鞣剂	512

铝酸钙	512	氯化-2-羟丙基三甲基铵化		氯喹	526
铝酸钠	512	淀粉醚(中含氮量)	520	氯雷他定	527
铝酸酯偶联剂	513	氯化氢中乙炔加氢催化剂		氯膦酸二钠	527
绿氧	513		520	氯霉素	527
氯胺-T	513	氯化石蜡-42	521	氯美扎酮	527
氯贝丁酯	513	氯化石蜡-52	521	氯米芬	527
5-氯化苯并三氮唑	514	氯化石蜡-70	521	氯嘧黄隆	528
氯苯基甲基硅油	514	氯化铈	521	氯尼达明	528
氯苯那敏	514	氯化铜	522	氯普噻吨	528
氯苯扎利	514	氯化锌	522	氯普唑仑	529
氯吡醇	514	氯化稀土	522	3-氯-2-羟丙基三甲基氯化	
氯铂酸	515	氯化锡	522	铵	529
氯醋共聚树脂涂料	515	氯化橡胶胶黏剂	523	氯氰菊酯	529
氯氮平	515	氯化溴	523	Z-氯氰菊酯	529
氯氮䓬	515	氯化亚汞	523	氯沙坦	530
氯丁胶乳	516	氯化亚锡	523	氯鼠酮	530
氯丁橡胶胶黏剂	516	氯化银	524	氯酸	530
氯丁橡胶密封胶	516	氯化硬脂酰胺乙基二乙基		氯酸铵	530
氯氟氰菊酯	516	苄基铵	524	氯酸钾	531
氯化铵	517	氯化油酰胺丙基-2,3-二羟		氯酸镁	531
氯化钯	517	丙基二甲基铵	524	氯酸钠	531
氯化钡	517	氯化脂肪油	524	氯硝胺	531
氯化二乙基铝	518	氯化猪油	524	氯硝柳胺	532
氯化钙	518	氯磺丙脲	525	氯氧化锆	532
氯化钴	518	氯磺化聚乙烯密封胶	525	氯乙酸	532
氯化钾	518	氯磺化聚乙烯橡胶胶黏剂		氯乙酸钠	532
氯化镧	519		525	氯乙烯及其共聚树脂胶黏	
氯化锂	519	氯磺酸	525	剂	532
氯化硫硫化植物油	519	γ-氯甲基三甲氧基硅烷		氯原酸	533
氯化铝	519		525	氯唑沙宗	533
氯化铝钛	520	氯甲烷合成催化剂	526	氯唑西林	533
氯化镁	520	氯金酸	526	卵黄高磷蛋白	533
氯化镍	520	氯菌酸酐	526	卵磷脂	534

罗贝胍	534	酰亚胺	540	咪唑啉聚氧乙烯醚	547
罗汉果提取物	534	麦迪霉素	540	咪唑啉磷酸盐	547
罗沙替丁	535	麦角甾醇	541	2-咪唑啉酮	547
罗望子胶	535	麦芽糊精	541	咪唑啉阳离子化合物	547
螺内酯	535	麦芽糖醇	541	咪唑啉乙酸盐	548
螺旋霉素	535	毛果芸香碱	542	咪唑啉油酸盐	548
螺佐呋酮	536	毛皮染料	542	咪唑烷基脲	548
洛伐他汀	536	玫瑰醇	542	咪唑烟酸	549
洛美沙星	536	玫瑰油	542	迷迭香提取物	549
洛哌丁胺	536	媒介染料	542	醚化淀粉	549
洛索洛芬	537	酶	542	醚菊酯	549
落叶松鞣剂	537	酶解卵磷脂	543	米糠蜡	549
		酶制剂	543	米糠油二乙醇酰胺混合二	
M		霉克净	543	元酸酯钠盐	550
麻黄碱	537	美白祛斑剂	543	米兰花油	550
马来松香	537	美罗倍南	544	米力农	550
马来酸-丙烯酸甲酯共聚		美普他酚	544	米诺地尔	550
物	538	美沙拉嗪	544	米诺环素	550
马来酸二丁基锡	538	美沙酮	544	米托蒽醌	551
马来酸二辛酯	538	美他环素	544	米吐尔	551
马来酸二(正)丁酯	538	美西律	545	密封胶黏剂	551
马来酸酐-苯乙烯磺酸共		蒙囿剂	545	嘧菌胺	552
聚物	539	蓋基邻氨基苯甲酸酯	545	眠纳多宁	552
马来酸酐-丙烯酸共聚物		蓋氧基乙酸	545	棉酚	552
	539	锰酸钾	545	棉隆	552
马来酸酐-乙酸乙烯酯共		咪达普利	546	棉子糖	553
聚物	539	咪达唑仑	546	面粉处理剂	553
马洛替酯	539	咪唑	546	面漆	553
马尼地平	539	咪唑啉	546	灭多威	553
吗啉	540	咪唑啉季铵盐 IS-130		灭生性除草剂	553
2-(4'-吗啉基二硫代)苯并			546	灭瘟素	553
噻唑	540	咪唑啉季铵盐表面活性剂		敏感膜	554
N-(吗啉基硫代)邻苯二甲			547	明胶	554

魔酸	554	钼酸锌	561	2-萘胺	568
魔芋粉	554			萘丁美酮	568
茉莉净油	555	**N**		1-萘酚	568
茉莉醛	555	纳布啡	561	2-萘酚	568
茉莉酮	555	纳迪克酸酐	561	2-萘酚甲醛甲醛缩合物磺	
茉莉酯	555	纳米材料	561	酸盐	568
没食子儿茶精	555	纳米二氧化硅	562	2-萘酚类颜料	568
没食子酸	556	纳米二氧化钛	562	萘呋胺	569
没食子酸丙酯	556	纳米复合材料	562	萘磺酸甲醛缩聚物钠盐	
没食子酸异戊酯	556	纳米复合生物材料	562		569
没食子酸月桂酯	556	纳米复合塑料	563	萘磺酸左丙氧芬	569
没食子酸辛酯	557	纳米复合涂料	563	萘莫司他	569
没药醇	557	纳米复合纤维	563	萘普生	569
没药树脂	557	纳米复合橡胶	563	萘替芬	570
没药油	557	纳米复合阻燃材料	563	萘氧化制苯酐催化剂	570
莫达非尼	557	纳米碳酸钙	564	1-萘乙酸	570
莫诺苯宗	558	纳米氧化铝	564	1-萘乙酸甲酯	570
墨粉	558	纳米氧化锌	564	楠叶油	570
母药	558	纳曲酮	564	脑白金	571
木瓜蛋白酶	558	奈达铂	564	内墙乳胶漆	571
木焦油	558	奈多罗米钠	565	内润滑剂	571
木麻黄鞣剂	558	奈韦拉平	565	内吸剂	571
木糖醇	558	耐低温胶黏剂	565	内吸性除草剂	571
木糖醇酐单硬脂酸酯	559	耐碱胶黏剂	565	β-内酰胺类抗生素	571
木糖低聚糖	559	耐碱双氧水稳定剂 KRD		内增塑剂	571
木犀草素	559	－3	566	尼泊金丙酯	572
木质素	559	耐磨涂料	566	尼泊金丁酯	572
木质素磺酸钙	560	耐热胶黏剂	566	尼泊金庚酯	572
木质素磺酸镁	560	耐热涂料	566	尼泊金甲酯	572
木质素磺酸钠	560	耐晒黄 G	566	尼泊金乙酯	572
钼酸	560	耐晒黄 3G	567	尼伐地平	572
钼酸铵	560	耐晒黄 10G	567	尼卡巴嗪	572
钼酸钠	561	1-萘胺	567	尼卡地平	572

尼可刹米	573	柠檬铬黄	580	浓染剂	588
尼可占替诺	573	柠檬黄	581	诺氟沙星	588
尼龙改性环氧胶黏剂	573	柠檬醛	581	诺西肽	589
尼鲁米特	573	柠檬酸	581		

O

尼美舒利	574	柠檬酸钙	581	偶氮二甲酸钡	589
尼莫地平	574	柠檬酸钠	582	偶氮二甲酸二异丙酯	589
尼纳尔	574	柠檬酸三乙酯	582	偶氮二甲酰胺	589
尼群地平	574	柠檬烯	582	偶氮二异丁腈	590
尼素地平	574	柠檬酸三(正)丁酯	582	偶氮二异庚腈	590
尼扎替丁	574	柠檬油	582	偶氮染料	590
拟除虫菊酯杀虫剂	575	凝胶	583	偶氮色淀类颜料	590
黏度指数改进剂	575	凝血酶	583	偶氮双氰基戊酸	590
黏多糖	575	牛磺酸	583	偶氮缩合颜料	591
黏附剂	576	牛至油	583	偶氮颜料	591
黏土载银抗菌剂	576	农乳 100 号	584	偶联剂	591
5′-鸟苷酸	576	农乳 300 号	584		

P

尿苷	576	农乳 500 号	584		
尿黑酸	577	农乳 600 号	584	帕米膦酸	592
尿激酶	577	农乳 700 号	585	L-哌啶酸	592
尿刊酸	577	农乳 1600 号	585	哌拉西林	592
尿囊素	577	农乳 2000 号	585	哌嗪	592
尿酸	578	农药	586	哌唑嗪	592
尿酸酶	578	农药掺合剂	586	泮托拉唑	593
γ-脲基丙基三乙氧基硅烷		农药喷雾助剂	586	抛射剂	593
	578	农药乳化剂	587	泡敌 MPE	593
脲酶	578	农药乳化剂 56 系列	587	泡沫硅橡胶	593
脲醛树脂	579	农药乳化剂 600# 系列	587	泡沫软化改性剂	594
脲醛树脂胶黏剂	579	农药渗透剂 CT901 主剂		泡沫稳定剂	594
脲醛树脂鞣剂	579		587	泡沫稳定剂 AK 系列	594
宁乳 33 号	579	农药稳定剂	587	泡沫稳定剂 YAP-1、YAP-	
宁乳 37 号	580	农药助剂	587	3	594
柠檬桉油	580	农药展着剂	588		
柠檬草油	580	农用杀菌剂	588	泡丝剂	594

词目	页码	词目	页码	词目	页码
喷射剂	594	偏苯三酸三辛酯	601	破乳剂	606
硼表面活性剂	594	偏苯三酸三异癸酯	601	破乳剂 AE 系列	606
硼化丁二酰亚胺	595	偏苯三酸三异辛酯	601	破乳剂 AF 系列	607
硼化锆	595	偏钒酸铵	601	破乳剂 AP	607
硼化铬	595	偏钒酸钠	601	破乳剂 AR 系列	607
硼化钼	595	偏磷酸钾	602	破乳剂 BH 系列	608
硼化钛	595	偏磷酸铝	602	破乳剂 BP 系列	608
硼化钨	595	偏磷酸钠	602	破乳剂 DQ-125	608
硼氢化钾	596	偏氯乙烯胶乳	602	破乳剂 EG-2530B	608
硼氢化钠	596	偏硼酸钡	602	破乳剂 M-501	609
硼砂	596	偏硼酸钙	603	破乳剂 M-502	609
硼酸	596	偏硼酸钠	603	破乳剂 N-220 系列	609
硼酸铝晶须	597	偏钛酸	603	破乳剂 PE 系列	609
硼酸三丁酯	597	偏钨酸铵	603	破乳剂 PPG	609
硼酸锌	597	漂白活化剂	603	破乳剂 SP 系列	610
硼纤维	597	漂白剂	604	破乳剂 PR-23	610
膨胀剂	597	漂白稳定剂	604	破乳剂 SPX－8603	611
膨胀型防火涂料	598	漂白助剂	604	破乳剂 ST 系列	611
膨胀型阻燃涂料	598	漂粉精	604	破乳剂 TA 系列	611
皮革防绞剂	598	嘌呤	604	破乳剂 ZP 8801	611
皮革防水剂	598	平版印刷油墨	604	破乳剂酚醛 3111	611
皮革化学品	598	平平加	605	扑尔敏	612
皮革加脂剂	598	平光剂	605	葡聚糖酶	612
皮革浸灰助剂	598	平平加 O	605	葡立见	612
皮革浸水助剂	599	平平加 O－10	605	葡萄糖淀粉酶	612
皮革喷涂染料	599	平平加 O－15	605	葡萄糖酸	612
皮革鞣剂	599	平平加 O－20	605	葡萄糖酸钙	612
皮革填充剂	599	平平加 O－25	605	葡萄糖酸钾	613
皮革涂饰剂	600	平平加 O－30	605	葡萄糖酸锰	613
皮革脱脂剂	600	平平加 O－35	605	葡萄糖酸镁	613
皮胶	600	苹果酸	605	葡萄糖酸钠	613
匹莫苯	600	泼尼松	606	葡萄糖酸-δ-内酯	613
片状银粉	600	破胶剂	606	葡萄糖酸铜	613

葡萄糖酸锌	613	强化松香施胶剂	620	羟基磷灰石载银抗菌剂	
葡萄糖酸亚铁	614	强力霉素	621		626
葡萄糖氧化酶	614	羟苯磺酸钙	621	2-羟基膦酰基乙酸	626
葡萄糖异构酶	614	羟丙基淀粉	621	2-羟基-3-木质素亚丙基三	
普伐他汀钠	614	羟丙基二淀粉甘油酯	621	甲基氯化铵	626
普拉洛芬	615	羟丙基二淀粉磷酸酯	621	羟基脲	626
普拉西坦	615	羟丙基瓜尔胶	621	2-羟基-4-十二烷氧基二苯	
普鲁本辛	615	羟丙基甲基纤维素	622	甲酮	626
普罗布考	615	羟丙基羧甲基田菁胶	622	α-羟基酸	627
普罗卡因胺	615	羟丙基田菁胶	622	2-(2-羟基-5-叔辛基苯基)	
普罗帕酮	616	羟丙基纤维素	622	苯并三唑	627
普萘洛尔	616	2-羟基-4-苄氧基二苯甲酮		羟基喜树碱	627
Q			623	4-羟基香豆素	627
		2-(2′-羟基-3′,5′-二叔丁		4-羟基-3-硝基苯胂酸	628
七氟烷	616	基苯基)-5-氯代苯并三		羟基亚乙基二膦酸	628
七水硫酸镁	617	唑	623	12-羟基硬脂酸	628
漆酶	617	2-(2′-羟基-3′,5′-二叔戊		2-羟基-4-正辛氧基二苯甲	
漆树酸	617	基苯基)苯并三唑	623	酮	628
齐墩果酸	617	L-羟基脯氨酸	623	N-羟甲基丙烯酰胺	628
齐多夫定	618	羟基固化型聚氨酯涂料		羟甲基硬脂酰胺	629
奇通红	618		624	羟乙基淀粉	629
歧化松香	618	羟基硅油乳液	624	β-羟乙基间苯二胺	629
气溶胶	619	2-羟基-3-磺酸基丙基淀粉		羟乙基十五烷基咪唑啉甜	
气雾剂	619		624	菜碱	629
气相白炭黑	619	羟基化磷脂	624	羟乙基纤维素	630
汽车尾气净化催化剂	619	2-羟基-2-甲基苯丙酮	624	羟乙基纤维素乙基醚	630
汽油无碱脱臭催化剂	619	2-(2-羟基-5-甲基苯基)苯		N-羟乙基乙二胺	630
汽油辛烷值增进剂	620	并三唑	625	鞘磷脂酶	630
前脱丙烷前加氢催化剂		2-羟基-4-甲氧基二苯甲酮		茄替胶	630
	620		625	芹菜酮	631
潜热储能材料	620	2-羟基-4-甲氧基-二苯甲		青储饲料添加剂	631
浅铬黄	620	酮-5-磺酸	625	青蒿素	631
浅色松香脂	620	8-羟基喹啉	625	青霉素 G	631

氢碘酸	632	氰化钾	639	曲克芦丁	646
氢化蓖麻油	632	氰化纳	639	曲马多	646
氢化钙	632	氰化亚金钾	639	曲马唑嗪	646
氢化锆	632	氰化亚铜	639	曲尼司特	647
氢化甲基纳迪克酸酐	633	氰化银钾	639	曲匹布通	647
氢化可的松	633	α-氰基丙烯酸甲酯	640	曲酸	647
氢化锂	633	α-氰基丙烯酸酯	640	曲昔匹特	647
氢化铝	633	α-氰基丙烯酸酯胶黏剂		驱避剂	648
氢化铝锂	634		640	取代二(亚苄基)山梨醇	
氢化钠	634	氰熔体	640		648
氢化葡萄糖浆	634	氰酸	641	去甲万古霉素	648
氢化松香	634	氰酸钾	641	去氢甲睾丸素	648
氢化松香甘油酯	634	氰酸钠	641	全氟辛酸	648
氢化松香季戊四醇酯	635	氰戊菊酯	641	醛鞣剂	649
氢化松香甲酯	635	S-氰戊菊酯	641	炔雌醇	649
氢化羊毛脂	635	氰乙基纤维素	642	炔诺酮	649
氢醌双(2-羟乙基)醚	635	庆大霉素	642	炔诺孕	649
氢氯噻嗪	635	琼脂	642	炔氧甲基季铵盐	649
氢溴酸	636	秋水仙碱	643	群青	650
氢溴酸东莨菪碱	636	γ-巯丙基三甲氧基硅烷		**R**	
氢氧化铋	636		643		
氢氧化钴	636	2-巯基苯并咪唑	643	染发剂	650
氢氧化锂	636	2-巯基苯并噻唑	643	染料	650
氢氧化铝	637	2-巯基苯并噻唑环己铵盐		染料移除剂	651
氢氧化铈	637		643	热处理保护涂料	651
氢氧化锶	637	2-巯基苯并噻唑钠盐	644	热固性树脂胶黏剂	651
氢氧化铜	637	2-巯基苯并噻唑锌盐	644	热固性油墨	651
轻油蒸汽转化催化剂	637	3-巯基-1,2-丙二醇	644	热敏剂	652
轻质馏分油加氢精制催化		巯基蛋白酶	645	热熔胶	652
剂	638	巯基改性硅油	645	热熔型压敏胶黏剂	652
清净分散剂	638	2-巯基乙醇	645	热塑性树脂胶黏剂	652
清净剂	638	巯基乙酸	645	热塑性弹性体	652
氰化钙	638	巯嘌呤	645	SBS 热塑性弹性体	653

SEBS 热塑性弹性体	653
SEPS 热塑性弹性体	653
SIS 热塑性弹性体	653
热稳定剂	653
热致变色色素	654
热致变色油墨	654
人工牛黄	654
人工麝香	654
人尿促性腺激素	654
人参皂苷	655
人造胶乳	655
壬苯醇醚	655
壬二酸	655
壬二酸二辛酯	656
壬二酸二异辛酯	656
壬基苯氧基乙酸	656
壬基酚	656
壬基酚聚氧乙烯(4)醚	656
壬基酚聚氧乙烯(7)醚	657
壬基酚聚氧乙烯(8)醚	657
壬基酚聚氧乙烯(9)醚	657
壬基酚聚氧乙烯(10)醚	657
壬基酚聚氧乙烯(15)醚	658
壬基酚聚氧乙烯(40)醚	658
壬基酚聚氧乙烯醚丙烯酸酯	658
壬基酚聚氧乙烯(12)醚磷酸单酯	658
壬基酚聚氧乙烯醚硫酸钠	659
壬基酚聚氧乙烯醚硫酸三乙醇胺盐	659
绒促性素	659
溶剂型聚丙烯酸酯压敏胶	659
溶剂型涂料	659
溶剂型橡胶压敏胶	660
溶解型防污漆	660
溶菌酶	660
溶血磷脂	660
溶液型有机硅隔离剂	661
柔软剂 SG 系列	661
柔软整理剂	661
柔性版印刷油墨	661
鞣花酸	661
鞣剂	661
鞣酸	661
肉豆蔻醛	662
肉豆蔻酸	662
肉豆蔻酸甲酯	662
肉豆蔻酸异丙酯	662
肉豆蔻油	662
肉桂醇	662
肉桂醛	663
肉桂酸	663
肉桂油	663
L-肉碱	663
乳氟禾草灵	664
乳化剂	664
乳化硅油	664
乳化剂 7501	665
乳化剂 A105	665
乳化剂 AH	665
乳化剂 DPE	665
乳化剂 EL 系列	665
乳化剂 4H	665
乳化剂 LAE-9	665
乳化剂 LS-60M	665
乳化剂 OPE-3	665
乳化剂 OPE-4	665
乳化剂 OPE-6	665
乳化剂 OPE-7	665
乳化剂 OPE-8	665
乳化剂 OPE-9	665
乳化剂 OPE-10	665
乳化剂 OPE-12	665
乳化剂 OPE-13	665
乳化剂 OPE-14	665
乳化剂 OPE-15	665
乳化剂 OPE-18	665
乳化剂 OPE-20	665
乳化剂 OPE-30	665
乳化剂 SI	666
乳化剂 SAS	666
乳化松香施胶剂	666
乳剂	666
乳胶漆	666
乳清酸	666
乳酸	666
乳酸铝	667
乳酸锌	667
乳糖酶	667
乳液聚合分散剂 PR	667
乳液胶黏剂	667
乳液稳定剂	667
乳液型聚丙烯酸酯压敏胶	668

乳油	668	1,3,5-三(二甲氨基丙基)		三甲基己二胺	680
软化剂	668	六氢三嗪	674	三甲基铝	680
L-108 软泡硅油	668	2,4,6-三(二甲氨基甲基)		1,1,3-三(2-甲基-4-羟基-	
软皮白油	668	苯酚	675	5-叔丁基苯基)丁烷	680
软药	669	三(2,4-二叔丁基苯基)亚		三甲基羟乙基丙二胺	680
润版液	669	磷酸	675	三甲基羟乙基乙二胺	680
润滑剂	669	三(2,3-二溴丙基)异氰尿		三甲基脒	680
润滑涂料	669	酸酯	675	2,2,4-三甲基-1,3-戊二醇	
润滑油加氢脱蜡催化剂		三(二辛基焦磷酰氧基)钛		单异丁酸酯	681
	670	酸异丙酯	675	三碱式硫酸铅	681
润湿剂	670	三芳(基)甲烷类颜料	676	三碱式马来酸铅	681
若丹明101	670	三氟化硼	676	三聚磷酸钾	681
S		三氟化硼-单乙胺配合物		三聚磷酸铝	682
			676	三聚磷酸钠	682
撒滴剂	670	三氟化硼-丁醚配合物	676	三聚氰胺	682
塞克硝唑	671	三氟化硼-乙醚配合物	677	三聚氰胺甲醛树脂	682
塞利洛尔	671	三氟化硼-乙酸配合物	677	三聚氰胺尿酸酯	683
塞来昔布	671	三氟三氯乙烷	677	三聚氰胺树脂胶黏剂	683
塞替派	671	三氟羧草醚	677	三聚氰胺树酯鞣剂	683
噻苯咪唑	672	三氟乙酸	677	三聚氰胺三烯丙酯	683
噻洛芬酸	672	三硅酸镁	678	三(磷酸二辛酯)钛酸异丙	
噻氯匹定	672	三光气	678	酯	684
噻吗洛尔	672	三(癸酰基)钛酸异丙酯		三磷酸腺苷	684
噻螨酮	672		678	三硫化二砷	684
噻嗪酮	673	三环唑	678	2,4,5-三氯苯酚	684
赛庚啶	673	三甲胺	678	三氯硅烷	684
三苯基铋	673	三甲基苄基氯化铵	679	三氯化铬	684
三苯基甲烷三异氰酸酯		三甲基苄基氢氧化铵	679	三氯化磷	685
	673	三甲基丙烯酸铝	679	三氯化铑	685
三苯基膦	674	三甲基丙烯酸三羟甲基丙		三氯化硼	685
三苯基氯化锡	674	烷酯	679	三氯化钛	685
三苯基脒	674	2,2,4-三甲基-1,2-二氢喹		三氯甲苯	686
三丁基脒	674	啉聚合体	680	N-三氯甲基硫代-N-苯基	

磺酰胺	686	2,4,6-三溴苯酚	692	桑树皮提取物	698
三氯硫磷	686	三溴新戊醇	692	L-色氨酸	698
三氯氧钒	686	三溴氧磷	692	色淀	698
三氯氧磷	687	三亚乙基二胺	692	色酚	698
三(2-氯乙基)亚磷酸酯	687	三亚乙基四胺	693	色酚 AS	699
		三氧化二铋	693	色粉	699
1,1,1-三氯乙烷	687	三氧化二铬	693	色浆	699
1,1,2-三氯乙烷	687	三氧化二镍	693	色漆	699
三氯乙酸	687	三氧化二砷	693	色素	699
三氯乙烯	688	三氧化二锑	694	色素炭黑	699
三氯异氰尿酸	688	三氧化铬	694	杀虫剂	700
三氯蔗糖	688	三氧化钼	694	杀虫双	700
三偏磷酸钠	688	三氧化钨	694	杀虫畏	700
2,4,6-三(2-羟基-4-丁氧基苯基)-1,3,5-三嗪	689	1,3,5-三氧杂环己烷	695	杀菌剂	700
		三(一缩二丙二醇)亚磷酸酯	695	杀铃脲	701
三羟甲基丙烷	689			杀卵剂	701
三羟甲基丙烷三丙烯酸酯	689	三乙胺	695	杀螨剂	701
		三乙醇胺	695	杀螟丹	701
三羟乙基甲基季铵甲基硫酸盐	690	三乙基铋	695	杀扑磷	701
		三乙基镓	696	杀软体动物剂	702
1,3,5-三羟乙基均三嗪	690	三乙基铝	696	杀鼠剂	702
		三乙基脒	696	杀鼠灵	702
三十烷醇	690	三乙酸纤维素	696	杀鼠醚	702
2,4,6-三叔丁基苯酚	690	三乙烯二胺	696	杀线虫剂	703
三(C$_{8\sim10}$烷基)甲基氯化铵	690	三乙烯四胺	696	沙蚕毒素杀虫剂	703
		三乙氧基铝	696	沙丁胺醇	703
三(C$_{9\sim11}$烷基)甲基氯化铵	691	三异丙醇胺	696	沙棘油	703
		三异丁基铝	697	砂壁状涂料	704
三(1,2,2,6,6-五甲基-4-哌啶基)亚磷酸酯	691	三油酰基钛酸异丙酯	697	山苍子油	704
		三正丁基铝	697	山达树脂	704
三相相转移催化剂	691	伞形酸	697	山梗碱	704
三效催化剂	691	桑葚红	697	山胡椒油	704
三辛基甲基氯化铵	692	桑色素	697	山莨菪碱	705

山梨醇	705	生物烷化剂	713	十二烷基苷	717
山梨醇酐倍半油酸酯	705	η-生育酚	713	十二烷基硫酸二乙醇胺盐	718
山梨醇酐单硬脂酸酯	705	生长促进剂	713	十二烷基硫酸钠	718
山梨醇酐单油酸酯	706	生长抑制剂	713	十二烷基三丁基氯化鏻	
山梨醇酐单月桂酸酯	706	声光材料	713		718
山梨醇酐单棕榈酸酯	706	施胶剂	713	十二烷基三甲基氯化铵	
山梨醇酐三硬脂酸酯	707	湿固化聚氨酯类涂料	714		718
山梨醇酐三油酸酯	707	十八烷胺	714	N-十二烷基双季铵盐	719
山梨酸	707	十八醇	714	十二烯基丁二酸	719
山梨酸钾	707	十八烷胺乙酸盐	714	十二烯基丁二酸酐	719
山梨酸乙酯	707	十八烷基二甲基苄基氯化		十六胺	719
山嵛酸	708	铵	714	十六醇乳酸酯	720
山楂酸	708	十八烷基三甲基氯化铵		十六～十八烷基二羟乙基	
杉木油	708		715	甜菜碱	720
上光油	708	十八烷基异氰酸酯	715	十六(烷)醇	720
烧蚀涂料	708	十二醇聚氧乙烯醚(3)硫		十六烷基二甲基苄基溴化	
砷化氢	709	酸钠	715	铵	720
砷酸	709	十二硫醇	715	十六烷基三甲基氯化铵	
肾上腺受体阻滞剂	709	十二烷基胺乙酸盐	715		720
肾上腺素	710	十二烷基苯磺酸铵	715	N-十六烷基双季铵盐	720
渗透剂	710	十二烷基苯磺酸钙	716	十七烯基咪唑啉丁二酸盐	
渗透剂 1108	710	十二烷基苯磺酸钠	716		721
渗透剂 BX	710	十二烷基苯磺酸三乙醇胺		十三烷基硬脂酸酯	721
渗透剂 JFC 系列	710		716	十四醇	721
渗透剂 M	710	十二烷基丙基甜菜碱	716	十四烷基二甲基苄基氯化	
渗透剂 S	711	十二烷基二甲基苄基氯化		铵	721
渗透剂 T	711	铵	716	十四烷基二甲基苄基溴化	
生漆	711	十二烷基二甲基苄基溴化		铵	722
生物表面活性剂	711	铵	717	十四烷基聚氧乙烯(5)醚	
生物催化剂	712	十二烷基二甲基甜菜碱		琥珀酸单酯磺酸钠	722
生物碱	712		717	十四烷基三丁基氯化鏻	
生物降解聚合物	712	十二烷基酚聚氧乙烯醚			722
生物农药	713		717		

十四(烷)酸	722	食品鲜味剂	729	树脂整理剂	735
十溴联苯醚	723	食品香精	730	树脂整理剂 CH	736
10-十一碳烯酸	723	食品香料	730	1,4-双(苯乙烯基)苯	736
十一烷基咪唑啉磷酸盐		食品消泡剂	730	双变性淀粉	736
	723	食品营养强化剂	730	双丙酮丙烯酰胺	736
γ-十一烷酸内酯	723	食品增稠剂	731	双(对叔丁基苯氧基)磷酸钠	
石蜡加氢精制催化剂	724	食品着色剂	731	钠	736
石栗子油	724	食品助色剂	731	1,1-双[(二苯基膦)甲基]	
石墨粉	724	示温涂料	731	二茂铁	737
石蒜碱	724	示温油墨	731	双(二甲氨基乙基)醚	737
石油化工催化剂	724	手感剂	732	双二十烷基二甲基氯化铵	
石油磺酸钡	725	瘦肉精	732		737
石油磺酸钠	725	莳侧素	732	双(3,5-二叔丁基-4-羟基苄基膦酸单乙酯)镍	737
石油磺酸盐	725	叔丁酚醛树脂	732	苄基膦酸单乙酯)镍	737
石油炼制催化剂	725	N-叔丁基-2-苯并噻唑次磺酰胺		双(3,5-二叔丁基-4-羟基苄基)硫醚	
C_5 石油树脂	725	磺酰胺	732	苄基)硫醚	737
C_9 石油树脂	726	叔丁基对苯二酚	733	双(2,3-二溴丙基)反丁烯二酸酯	
石竹素	726	2-叔丁基-4,6-二硝基苯酚		二酸酯	738
β石竹烯	726		733	双酚 A	738
食品被膜剂	726	叔丁基过氧化氢	733	双酚 A 型环氧树脂	738
食品代盐剂	727	2-(3-叔丁基-2-羟基-5-甲基苯基)-5-氯苯并三唑		双酚 F	739
食品防腐剂	727	基苯基)-5-氯苯并三唑		双酚 F 型环氧树脂	739
食品护色剂	727		733	双酚 S	739
食品抗结剂	727	叔十二硫醇	733	双酚 S 型环氧树脂	739
食品抗氧化剂	727	叔戊醇	734	双癸基二甲基氯化铵	739
食品凝固剂	728	舒必利	734	双癸基二甲基溴化铵	740
食品漂白剂	728	舒芬太尼	734	双环戊二烯石油树脂	740
食品乳化剂	728	舒洛芬	734	双季铵盐 TS-826	740
食品水分保持剂	728	树脂改性沥青涂料	735	双季铵盐杀菌剂 BQN 系列	
食品疏松剂	728	树脂和油改性沥青涂料		列	740
食品酸味剂	729		735	双季戊四醇酯	741
食品添加剂	729	树脂控制剂	735	双(NN'-甲基-丁基亚甲基)二乙烯三胺	
食品甜味剂	729	树脂鞣剂	735	基)二乙烯三胺	741

双氯芬酸钠	741	基)癸二酸酯	746	水溶性涂料	752
双氯酚	741	双(1,2,2,6,6-五甲基-4-哌啶基)癸二酸酯	746	水溶液胶黏剂	752
双偶氮颜料	742			水乳型防水涂料	752
N,N′-双(2-羟乙基)乙二胺	742	双烯基丁二酰亚胺	747	水乳型有机硅隔离剂	752
		双辛基二甲基溴化铵	747	水乳液型橡胶压敏胶黏剂	753
双氰胺	742	双辛基甲基氯化铵	747		
双氰胺树脂鞣剂	742	双氧水	747	水下胶黏剂	753
双醛淀粉	743	双氧水漂白稳定剂S	748	水性凹版油墨	753
双乳酸双异丙基钛酸铵	743	双氧威	748	水性酚醛树脂胶黏剂	753
		双乙酸钠	748	水性聚氨酯胶黏剂	753
双三丁基氧化锡	743	双硬脂酸甘油酯	748	水性涂料	753
双(2,2,4-三甲基-1,3-戊二醇单异丁酸)己二酸酯	743	双硬脂酸铝	748	水性油墨	754
		双组分聚氨酯涂料	749	水悬剂	754
		双组分涂料	749	水杨醛	754
双(2,4,6-三氯苯基)草酸酯	744	水飞蓟素	749	水杨酸	754
		水分散涂料	749	水杨酸苯酯	754
1,2-双(2,4,6-三溴苯氧基)乙烷	744	水果酸	749	水杨酸对叔丁基苯酯	755
		水合肼	749	水杨酸咪唑	755
双三乙醇胺双异丙基钛酸酯	744	水化白油	749	水杨酸铅	755
		水基胶黏剂	749	水杨酸(2-乙基己基)酯	755
双十八烷基二甲基氯化铵	744	水基涂料	750		
		水解聚丙烯腈铵盐	750	水杨酰胺	756
双十八烷基甲基叔胺	745	水解聚丙烯腈钙盐	750	水杨酰苯胺	756
双十二烷基二甲基氯化铵	745	水解聚丙烯腈钾铵盐	750	顺铂	756
		水解聚丙烯腈钾盐	750	顺铂二醋酸盐	756
双十二烷基甲基叔胺	745	水解聚丙烯腈钠盐	750	顺丁烯二酸酐	756
双十六胺	745	水解马来酸酐	750	顺氯氨铂	757
双十六烷基二甲基氯化铵	745	水芹烯	751	顺式氯氰菊酯	757
		水溶胶型聚丙烯酸酯压敏胶	751	L-丝氨酸	757
双十四烷基二甲基氯化铵	745			丝蛋白	757
		水溶性氨基树脂	751	丝素	757
双水杨酸双酚A酯	746	水溶性硅油	751	丝肽	758
双(2,2,6,6-四甲基哌啶		水溶性树脂	751	丝网印刷油墨	758

司帕沙星		758	四氯化硅	763	醚		769
司他夫定		758	四氯化钛	764	四亚甲基二砜四胺		770
斯盘-20		759	四氯化碳	764	四亚乙基五胺		770
斯盘-40		759	四氯邻苯二甲酸二辛酯		四氧化三钴		770
斯盘-60		759		764	四氧化三锰		770
斯盘-65		759	四氯邻苯二甲酸酐	764	四氧化三铅		770
斯盘-80		759	四氯双酚A	765	四乙基溴化铵		771
斯盘-83		759	四(2-氯乙基)-2,2-二氯甲		四乙酰乙二胺		771
斯盘-85		759	基-1,3-亚丙基二磷酸酯		饲料保存剂		771
锶铬黄		759		765	饲料风味添加剂		771
四苯基铅		759	四(2-氯乙基)二亚乙基醚		饲料粘接剂		771
四苯基锡		759	二磷酸酯	765	饲料添加剂		772
四丁基胺二(甲基苯二硫			四氯乙烯	766	饲料增色剂		772
络镍		759	四螨嗪	766	松焦油		772
四丁基氯化铵		760	四硼酸钾	766	松罩酸		772
四丁基氯化鏻		760	四(4-羟基-3,5-二叔丁基		松香		773
四丁基溴化铵		760	苯基丙酸)季戊四醇酯		松香胺聚氧乙烯(n)醚		773
四丁基溴化鏻		760		766	松香甘油酯		773
四氟化锆		760	四氢苯酐	766	松香改性酚醛树脂		773
四氟化硅		760	四氢化硅	766	松香季戊四醇酯		774
1,1,2,2-四氟乙烷		761	四氢邻苯二甲酸二辛酯		松香胶		774
四环素		761		767	松香热聚物引气剂		774
四环素类抗生素		761	四氢帕马丁	767	松香酸		774
四甲基丙二胺		761	四(三苯基膦)合钯	767	松香酸钙		774
N,N,N',N'-四甲基对苯			四(三苯基膦)合铂	768	松香酸钠		775
二胺		762	四溴苯酐	768	松香皂引气剂		775
四甲基己二胺		762	四溴双酚A	768	松香酯涂料		775
四甲基氯化鏻		762	四溴双酚S	768	松针油		775
四甲基铅		762	四溴双酚A双(2,3-二溴		L-苏氨酸		775
四甲基亚氨基二丙胺		762	丙基)醚	769	苏木精		775
四甲基乙二胺		763	四溴双酚A双(羟乙氧		苏木色素		776
四氯对苯醌		763	基)醚	769	苏云金杆菌		776
四氯甘脲		763	四溴双酚A双(烯丙基		速凝剂		776

速溶高相对分子质量聚丙烯酸钠	776	缩聚染料	782	酞菁蓝BX	788
速溶硅酸钠	777	γ-缩水甘油醚氧丙基三甲氧基硅烷	782	酞菁绿G	788
速溶偏硅酸钠	777	索吗啶	782	酞菁染料	789
塑化剂	777			酞菁素	789
塑解剂	777	**T**		酞菁颜料	789
塑料红B	778			弹性蛋白	789
塑料棕	778	他克林	783	弹性蛋白酶	790
酸变性淀粉	778	他克莫司	783	檀香油	790
酸化用化学剂	778	塔格糖	783	弹性乳胶漆	790
酸性黏多糖	778	胎盘水解液	783	檀香醇	790
酸性染料	778	太阳能选择吸收涂料	784	炭黑	790
羧基丁苯胶乳	778	肽类抗生素	784	炭膜	791
羧基丁腈胶乳	779	肽类激素	784	炭素材料	791
羧基橡胶胶黏剂	779	钛白粉	784	碳铂	791
羧基液体丁腈橡胶	779	钛鞣剂	784	碳二馏分选择加氢催化剂	791
羧甲基淀粉钠	779	钛酸钡	785	碳化锆	791
羧甲基葡萄糖	780	钛酸钙	785	碳化铬	792
羧甲基羟丙基瓜尔胶	780	钛酸钾	785	碳化硅	792
羧甲基氰乙基纤维素	780	钛酸钾晶须	785	碳化硅纤维	792
羧甲基田菁胶	780	钛酸钾晶须载银抗菌剂	785	碳化铝	792
羧甲基纤维素	780	钛酸锂	786	碳化铌	792
羧甲基纤维素-丙烯腈接枝共聚物	781	钛酸铝	786	碳化硼	793
羧甲基纤维素-丙烯酸接枝共聚物	781	钛酸铅	786	碳化钛	793
羧甲基纤维素钙	781	钛酸锶	786	碳化钽	793
羧甲基纤维素胶	781	钛酸四丁酯	786	碳化钨	793
羧甲基纤维素钠	781	钛酸四乙酯	786	碳青霉烯类抗生素	794
羧甲司坦	781	钛酸四异丙酯	787	碳三馏分选择加氢催化剂	794
羧酸改性硅油	782	钛酸四正丙酯	787	碳四馏分选择加氢催化剂	794
羧酸盐型表面活性剂	782	钛铁木质素磺酸盐	787	碳酸钡	794
缩二脲	782	酞菁	787	碳酸钙晶须	795
		酞菁蓝	787		
		酞菁蓝BS	788		

碳酸钴	795	提高采收率化学剂	802	铁红	808
碳酸环己胺	795	体质颜料	802	铁黄	808
碳酸锂	795	替米哌隆	802	铁蓝	808
碳酸锰	795	替尼达普	802	铁锰脱硫剂	809
碳酸镍	796	替诺昔康	803	铁钼加氢精制催化剂	809
碳酸氢钾	796	替硝唑	803	铁氰化钾	809
碳酸氢钠	796	天冬氨酸	803	铁氰化钠	809
碳酸锶	796	天冬氨酰苯丙氨酸甲酯		铁鞣剂	809
碳酸乙烯酯	796		803	铁棕	810
碳纤维	797	天冬蛋白酶	804	烃类二段蒸汽转化催化剂	
羰基硫水解催化剂	797	L-天冬酰胺	804		810
糖醇	797	天冬酰胺酶	804	烃类有机废气处理催化剂	
糖蛋白	797	天甲橡胶胶黏剂	804		810
糖钙缓凝减水剂	798	天然表面活性剂	804	烃类蒸汽转化催化剂	810
糖钙减水剂	798	天然气一段蒸汽转化催化		通用天然胶乳	810
糖胶树胶	798	剂	805	酮咯酸氨丁三醇	811
糖精	798	天然染料	805	酮洛芬	811
糖蜜尿素	798	天然树脂涂料	805	酮醛树脂	811
糖原	799	天然橡胶胶乳	805	酮色林	811
糖脂	799	甜菜碱	805	桶混剂	811
烫发剂	799	甜蜜素	806	头孢氨苄	811
桃胶	799	甜味素	806	头孢菌素类抗生素	812
陶瓷膜	799	甜叶菊苷	806	头孢硫脒	812
陶瓷添加剂	800	甜叶菊苷A型	806	头孢哌酮	812
陶瓷纤维	800	填充剂	806	头孢羟氨苄	812
特比萘芬	800	填充纳米复合材料	807	头孢曲松	813
特非那定	800	调墨油	807	头孢噻吩	813
特拉唑嗪	801	萜品醇	807	头孢噻肟	813
特种表面活性剂	801	萜烯-苯乙烯树脂	807	头孢他美酯	814
特种胶黏剂	801	萜烯-酚醛树脂	808	头孢唑啉钠	814
特种天然胶乳	801	萜烯酚树脂	808	头发漂白剂	815
特种涂料	802	萜烯树脂	808	透明质酸	815
锑酸钠	802	铁黑	808	透明质酸酶	815

凸版印刷油墨	816	脱糖缩合木质素磺酸钠		醚	825
涂层整理剂	816		821	C_{8-9}烷基酚聚氧乙烯(14)	
涂覆绝缘漆	816	脱氧剂	821	醚	825
涂料	816	脱叶灵	821	C_{8-9}烷基酚聚氧乙烯(15)	
涂料色浆	816	妥尔油	821	醚	825
涂料印花交联剂	817	妥尔油沥青磺酸钠	821	C_{8-9}烷基酚聚氧乙烯(18)	
涂料印花胶黏剂	817	妥卡尼	821	醚	825
涂料印花助剂	817	妥洛特罗	822	烷基酚盐	826
涂料印花增稠剂	817	**W**		烷基磺酸苯酯	826
土耳其红油	817			烷基磺酸钠	826
吐纳麝香	818	外墙乳胶漆	822	烷基聚葡萄糖苷	826
吐温	818	外润滑剂	822	烷基磷酸咪唑啉盐	827
吐温-20	818	外增塑剂	822	烷基磷酸酯二乙醇胺盐	
吐温-21	818	完全生物降解聚合物	822		827
吐温-40	818	烷化剂	822	烷基磷酸酯钾盐	827
吐温-60	818	烷基苯酚苯酯二磺酸钠		烷基水杨酸盐	827
吐温-61	818		823	烷基烯酮二聚体	827
吐温-65	818	烷基吡嗪合成催化剂	823	万艾可	828
吐温-80	818	烷基醇酰胺	823	万古霉素	828
吐温-81	818	烷基二苯胺	823	微胶囊化红磷	828
吐温-85	818	烷基二甲基季铵盐	823	微胶囊化聚磷酸铵	828
褪黑素	818	烷基酚聚氧乙烯(n)醚	823	微胶囊剂	828
托瑞米芬	818	C_{8-9}烷基酚聚氧乙烯(4)醚		微胶囊结构油墨	828
脱臭催化剂	819		824	微晶纤维素	829
脱氯剂	819	C_{8-9}烷基酚聚氧乙烯(7)醚		微滤膜	829
脱毛剂	819		824	微乳剂	829
脱模剂	819	C_{8-9}烷基酚聚氧乙烯(8)醚		微生物聚酯	830
脱氢催化剂	819		824	微生物絮凝剂	830
N-脱氢松香基季铵盐	820	C_{8-9}烷基酚聚氧乙烯(9)醚		微生物源农药	830
脱氢乙酸	820		824	微纤维化纤维素	830
脱砷剂	820	C_{8-9}烷基酚聚氧乙烯(12)		维拉帕米	830
脱水蓖麻油	820	醚	825	维生素	831
脱糖木质素磺酸钠	820	C_{8-9}烷基酚聚氧乙烯(13)		维生素 B_1	831

词目	页码	词目	页码	词目	页码
维生素 B_2	831	无花果叶精油	840	戊二醛	847
维生素 B_6	832	无灰分散剂	840	戊二酸二辛酯	847
维生素 B_{12}	832	无机分离膜	840	戊二酸二异癸酯	847
维生素 C	832	无机高分子絮凝剂	840	戊二酸酐	847
维生素 E	832	无机抗菌剂	840	戊烷	847
维生素 H	833	无机胶黏剂	840		
维生素 P	833	无机密封胶	841	**X**	
维生素 A 醋酸酯	833	无机耐热胶黏剂	841	西苯唑啉	848
维生素 A 类	834	无机着色剂	841	西地那非	848
维生素 D 类	834	无溶剂涂料	841	西氯他宁	848
维生素 K 类	835	无溶剂型有机硅隔离剂		西马特罗	848
维生素 A 酸	835		842	西咪替丁	848
维生素 A 油	836	无水偏硅酸钠	842	西诺沙星	849
伪装涂料	836	五氟丙烷	842	西司他丁	849
卫生整理剂	836	五氟丁烷	842	西替考马	849
味精	836	五甲基二亚丙基三胺	842	西替利嗪	849
胃胺	836	五甲基二亚乙基三胺	843	吸附树脂	849
胃蛋白酶	836	五硫化二磷	843	吸入性麻醉药	850
胃毒剂	837	五硫化二砷	843	吸水性树脂	850
胃膜素	837	五硫化二锑	843	吸血纤维	850
温控涂料	837	五氯苯酚	843	息斯敏	850
温敏性凝胶	837	五氯酚钠	844	烯丙基磺酸钠	851
文拉法辛	838	五氯化磷	844	烯丙尼定	851
蚊蝇醚	838	五氯硫酚	844	烯虫磷	851
乌索酸	838	五氯硫酚锌盐	844	烯烃叠合催化剂	851
乌头酸	838	五羟黄酮	845	α-烯烃磺酸盐	851
钨酸	838	五水偏硅酸钠	845	烯酰吗啉	852
钨酸钙	839	五水四硼酸钠	845	烯效唑	852
钨酸镁	839	五羰基铁	845	硒	852
无定形硅铝催化裂化催化剂	839	五溴二苯醚	846	硒酸	852
		五氧化二钒	846	硒酸钠	853
无纺布胶黏剂	839	五氧化二锑	846	稀土复合磷酸盐载银抗菌剂	853
无花果蛋白酶	839	1,5-戊二醇	846		

锡酸钾	853	香根油	860	硝呋烯腙	866
锡酸钠	853	香菇多糖	861	硝基苯加氢制苯胺催化剂	
锡酸锌	853	香兰素	861		867
洗必泰乙酸盐	854	香茅醛	861	硝基胍	867
洗涤剂酶	854	香茅油	861	硝基脲	867
喜树碱	854	香芹酚	862	5-硝基愈创木酚钠	867
细胞色素 C	855	香芹酮	862	硝酸钙	867
虾青素	855	香树油	862	硝酸甘油	868
先锋霉素类抗生素	855	香味油墨	862	硝酸锆	868
纤维素胶黏剂	855	香叶醇	862	硝酸镉	868
纤维素酶	855	香叶油	863	硝酸钴	868
纤维素涂料	856	橡胶胶黏剂	863	硝酸钾	868
纤维素系高吸水树脂	856	橡胶软化剂	863	硝酸铝	869
纤维素衍生物	856	橡胶树种子油	863	硝酸锰	869
N-$C_{12\sim18}$酰基谷氨酸钠	856	橡胶塑料黄	863	硝酸镁	869
N-酰基肌氨酸	856	橡胶涂料	863	硝酸钠	869
显影剂	856	橡胶型压敏胶黏剂	864	硝酸镍	870
腺苷	857	橡椀鞣剂	864	硝酸铈	870
腺苷三磷酸	857	消毒剂	864	硝酸铁	870
相容剂	857	消光补份剂	864	硝酸尾气净化催化剂	870
相转变材料	858	消光剂 TYS 系列	864	硝酸纤维素	871
相转移催化剂	858	消光剂 SD 系列	865	硝酸纤维素涂料	871
香豆胶乳	858	消光剂 XG 系列	865	硝酸氧铋	871
香豆素	858	消泡剂	865	硝酸异山梨酯	871
香豆素-1	859	消泡剂 BAPE	866	硝西泮	871
香豆素-4	859	消泡剂 GP	866	小檗碱	872
香豆素-6	859	消泡剂 GPE	866	小麦麸纤维	872
香豆素-102	859	消泡剂 MPE	866	L-缬氨酸	872
香豆素-120	859	消泡剂 XD-4000	866	缬草油	872
香豆素-151	860	消蚀涂料	866	心乐宁	872
香豆素类激光染料	860	硝苯地平	866	辛醇	873
香豆酮-茚树脂	860	硝呋肼	866	辛醇磷酸酯钠盐	873
香附油	860			β-辛基吡喃葡萄糖苷	873

辛基丁基二苯胺	873	溴苯腈	880	雪松叶油	887
辛基酚聚氧乙烯(3)醚	873	溴丙胺太林	880	血卟啉	887
辛基酚聚氧乙烯(6)醚	874	α-溴代肉桂醛	880	血管紧张素转换酶抑制剂	
辛基酚聚氧乙烯(10)醚		溴敌隆	881		887
	874	溴化铵	881	血管舒缓素	887
辛基酚聚氧乙烯(20)醚		溴化钙	881	血红素	888
	874	溴化钾	882	血胶	888
辛基酚聚氧乙烯(30)醚		溴化锂	882	血纤维蛋白胶黏剂	888
	874	溴化铝	882	熏蒸剂	889
辛基酚醛树脂	875	溴化钠	882		
辛酸	875	溴化氢	882	**Y**	
辛酸三丁胺	875	溴化氰	883	压裂液用化学剂	889
辛酸亚锡	875	溴化锌	883	压敏标签	889
辛烯基琥珀酸淀粉钠	875	溴化银	883	压敏胶带	889
锌钡白	876	溴甲阿托品	883	压敏胶基材	889
锌铬黄	876	溴甲基对叔辛基酚醛树脂		压敏胶黏剂	889
新霉素	876		883	压敏胶制品	890
新戊二醇	876	溴联苯杀鼠萘	884	压延型橡胶压敏胶	890
新戊基多元醇脂肪酸酯		溴氯二甲基海因	884	牙科胶黏剂	890
	876	溴氰菊酯	884	亚氨基二亚甲基二膦酸	
新洋茉莉醛	877	溴杀灵	884		891
形状记忆材料	877	溴鼠灵	885	亚甲基丁二酸-苯乙烯磺	
形状记忆高分子	877	溴酸	885	酸钠共聚物	891
形状稳定相转变材料	878	溴酸钾	885	亚甲基丁二酸-丙烯醇共	
P 型分子筛	878	溴酸钠	885	聚物	891
杏核油	878	β-溴-β-硝基苯乙烯	885	亚甲基丁二酸-丙烯基磺	
杏仁油	878	2-溴-2-硝基-1,3-丙二醇		酸钠共聚物	891
胸腺素 F_5	878		886	亚甲基丁二酸-丙烯酸-2-	
雄激素	879	絮凝剂	886	羟丙酯共聚物	891
熊果苷	879	悬浮分散剂	886	亚甲基丁二酸-2-丙烯酰	
休菌清	879	悬浮剂	887	基-2-甲基丙基膦酸共聚	
修饰剂	879	悬浮稳定剂	887	物	892
溴	880	选择性除草剂	887	亚甲基丁二酸反丁烯二酸	

共聚物	892	亚硫酰氯	897	岩白菜宁	904
亚甲基双苄基萘磺酸钠盐	892	亚氯酸钠	897	岩蔷薇油	904
		α-亚麻酸	897	岩芹酸	904
亚甲基双丙烯酰胺	892	γ-亚麻酸	897	盐酸阿米替林	904
亚甲基双(二丁基二硫代氨基甲酯)	892	亚麻籽胶	898	盐酸氨溴索	905
		亚砷酸钠	898	盐酸吡硫醇	905
4,4′-亚甲基双(2,6-二叔丁基苯酚)	893	亚铁氰化钾	898	盐酸吡酮洛芬	905
		亚铁氰化钠	898	盐酸丙卡特罗	905
2,2-亚甲基双(4,6-二叔丁基苯氧基)磷酸铝盐	893	亚硒酸	899	盐酸布那唑嗪	906
		亚硒酸钠	899	盐酸氮芥	906
亚甲基双(2,4-二叔丁基苯氧基)磷酸钠	893	N-亚硝基二苯胺	899	盐酸地匹福林	906
		亚硝酸二环己胺	899	盐酸多巴胺	906
2,2′-亚甲基双(4-甲基-6-叔丁基苯酚)	893	亚硝酸二异丙胺	899	盐酸二氟沙星	907
		亚硝酸钙	900	盐酸二甲双胍	907
亚甲基双硫氰酸酯	893	亚硝酸钾	900	盐酸甲氟喹	907
亚甲基双磺酸钠	893	亚硝酸钠	900	盐酸利达脒	907
亚甲基双硬脂酰胺	893	亚硝酰氯	900	盐酸氯丙嗪	907
亚磷酸	894	亚溴酸钠	900	盐酸洛菲西定	908
亚磷酸二正丁酯	894	亚叶酸钙	901	盐酸莫西赛利	908
亚磷酸三苯酯	894	亚乙基二胺四亚甲基膦酸	901	盐酸尼莫司汀	908
亚磷酸三甲酯	894			盐酸哌替啶	908
亚磷酸三(壬基苯基)酯	894	亚乙基硫脲	901	盐酸羟胺	909
		N,N′-亚乙基双芥酸胺	902	盐酸左旋咪唑	909
亚磷酸三乙酯	895			颜料	909
亚磷酸双酚 A 酯	895	N,N′-亚乙基双硬脂酰胺	902	颜料膏	909
亚硫酸化鱼油	895			颜料艳红 6B	910
亚硫酸化植物油	895	亚油酸	902	颜料紫酱 BLC	910
亚硫酸钾	895	亚油酸乙酯	902	掩蔽剂	910
亚硫酸金钾	896	烟剂	903	厌氧胶黏剂	911
亚硫酸钠	896	烟碱	903	羊毛脂	911
亚硫酸氢铵	896	烟酸	903	羊毛脂镁皂	911
亚硫酸氢钾	896	烟酸肌醇	903	阳离子表面活性剂	911
亚硫酸氢钠	896	烟酰胺	903	阳离子淀粉	911

阳离子-非离子表面活性剂	912
阳离子改性水解聚丙烯腈钾盐	912
阳离子聚丙烯酰胺	912
阳离子聚丙烯酰胺共聚物絮凝剂	912
阳离子聚合物 SJR-400	912
阳离子染料	913
阳离子乳化剂 SPP-200	913
阳离子型皮革加脂剂	913
杨梅苷	913
杨梅黄酮	914
杨梅鞣剂	914
洋地黄毒苷	914
4,4′-氧代双苯磺酰肼	914
氧氟沙星	914
氧化胺	915
氧化钡	915
氧化淀粉	915
氧化高钴	915
氧化汞红	916
氧化聚乙烯蜡	916
氧化镧	916
氧化铝	916
氧化铝纤维	917
氧化硼	917
氧化镨	917
氧化铅	917
氧化十八烷基二甲基胺	917
氧化十二烷基二甲基胺	918
氧化石蜡皂	918
氧化石油脂钡皂	918
氧化铈	918
氧化铁黑	918
氧化铁红	919
氧化铁黄	919
氧化铁脱硫剂	919
氧化铁棕	920
氧化铜	920
氧化铜无机胶黏剂	920
氧化锌	920
氧化锌晶须	920
氧化锌晶须载银抗菌剂	921
氧化锌脱硫剂	921
氧化锌脱硫剂(高温型)	921
氧化锌脱硫剂(中、低温型)	921
氧化亚铜	921
氧化银	922
氧化铕	922
N-氧联二亚乙基-2-苯并噻唑次磺酰胺	922
N-氧联二亚乙基硫代氨基甲酰-N′-氧联二亚乙基次磺酰胺	922
氧氯化铋	923
氧氯化锑	923
氧漂稳定剂 102	923
氧漂稳定剂 106	923
氧漂稳定剂 A	923
氧漂稳定剂 OS	924
椰油胺	924
椰油醇	924
椰油基单乙醇酰胺聚氧乙烯醚磷酸酯	924
椰油羟乙基磺酸钠	924
椰油酸单乙醇酰胺磷酸酯钾盐	925
椰油酰胺丙基甜菜碱	925
椰油酰二乙醇胺氧化胺	925
N-椰油酰基-L-谷氨酸钠	925
椰子油酰胺磺基琥珀酸单酯二钠盐	925
椰子油(脂肪)酸	926
野麦敌	926
野麦枯	926
野麦畏	926
叶黄素	926
叶酸	927
叶甜素	927
页岩抑制剂	927
液化气脱硫剂	928
液晶	928
液晶油墨	928
液态无机抗菌剂	928
液体丁腈橡胶	929
液体二氧化碳	929
液体聚丁二烯橡胶	929
液体聚合物胶黏剂	929
液体聚硫橡胶	929

词目目录

液体聚硫橡胶密封胶 930	衣康酸 937	乙二胺四亚甲基磺酸钠 943
液体密封垫料 930	衣兰油 937	乙二胺四亚甲基膦酸钠 943
液体膜 930	医用高分子材料 937	
一硫化四甲基秋兰姆 930	医用胶黏剂 937	乙二胺四乙酸 943
一氯丙酮 931	依立替康 938	乙二胺四乙酸二钠 944
一氯化碘 931	依那普利 938	乙二醇单硬脂酸酯 944
一氯化硫 931	依诺昔酮 938	乙二醇丁醚乙酸酯 944
一氯杀螨砜 931	依帕司他 938	乙二醇二甲醚 944
一水硫酸镁 932	依普黄酮 938	乙二醇葡萄糖苷 945
一缩二丙二醇 932	依他尼酸 939	乙二醇葡萄糖苷硬脂酸酯 945
一缩二丙二醇一丁醚 932	依托红霉素 939	
一缩二丙二醇一乙醚 932	依托咪酯 939	乙二醇乙醚乙酸酯 945
一氧化氮 932	伊昔苯酮 939	乙二醛 945
一氧化二氮 933	胰蛋白酶 939	N,N-乙基苯基二硫代氨基甲酸锌 945
一氧化钴 933	胰岛素 940	
一氧化硅 933	胰激肽原酶 940	1-乙基吡啶溴盐 946
一氧化氯 933	胰加漂 T 940	乙基大蒜素 946
一氧化锰 934	胰酶 940	1-乙基-3,3-二甲基螺{吲哚啉-2,3′-[3H]-萘[2,1-B](1,4)噁嗪} 946
一氧化镍 934	胰凝乳蛋白酶 940	
一氧化钛 934	乙胺 941	
一氧化碳 934	乙胺丁醇 941	
一氧化碳低温变换催化剂 935	乙苯脱氢制苯乙烯催化剂 941	乙基硅油 946
		乙基含氢硅油 947
一氧化碳宽温(耐硫)变换催化剂 935	N-乙醇基十二烷基苯磺酸盐 941	2-乙基己基对甲氧基肉桂酸酯 947
一氧化碳中(高)温变换催化剂 935	乙醇气相胺化制乙胺催化剂 942	2-乙基己基磷酸单-2-乙基己酯 947
一氧化碳助燃剂 935	乙醇酸 942	2-乙基己酸 947
一叶萩碱 936	乙醇脱水制乙烯催化剂 942	2-乙基己酸钠 948
一乙醇胺 936		2-乙基己酸铅 948
一乙酸纤维素 936	1,2-乙二胺 942	2-乙基-4-甲基咪唑 948
伊索拉定 936	乙二醇(单)丁醚 943	乙基膦酸二乙酯 948
伊索昔康 937	乙二醇(单)己醚 943	2-乙基咪唑 948

乙基纤维素	949
乙基纤维素丙烯酸接枝共聚物	949
乙基乙二胺	949
4-乙基愈创木酚	949
乙硼烷	949
乙羟肟酸乙酯	950
乙炔加氢催化剂	950
乙炔炭黑	950
乙炔与甲醛缩合制1,4-丁炔二醇催化剂	950
乙水杨胺	950
乙酸	951
乙酸冰片酯	951
乙酸丁酸纤维素	951
乙酸钙	951
乙酸钠	951
乙酸肉桂酯	952
乙酸松油酯	952
乙酸香叶酯	952
乙酸乙烯酯	952
乙酸乙烯酯-四氯化碳调聚物	953
乙酸异丁酸蔗糖酯	953
乙蒜素	953
乙羧氟草醚	953
乙烷三甲酸	953
乙烯基类聚合物鞣剂	953
乙烯基三甲氧基硅烷	954
乙烯基三(β-甲氧乙氧基)硅烷	954
乙烯基三氯硅烷	954
乙烯基三乙酰氧基硅烷	954
乙烯基三乙氧基硅烷	954
乙烯基树脂涂料	955
乙烯加氢催化剂	955
乙烯利	955
乙烯气相氧化制乙酸乙烯酯催化剂	955
乙烯水合制乙醇催化剂	955
乙烯脱一氧化碳催化剂	956
乙烯氧化制环氧乙烷银催化剂	956
乙烯氧氯化制1,2-二氯乙烷催化剂	956
乙烯-乙酸乙烯酯共聚乳液	956
乙烯-乙酸乙烯酯共聚热熔胶	956
乙烯-乙酸乙烯酯共聚物	957
N-乙酰苯胺	957
乙酰丙酸	957
乙酰丙酮	957
乙酰胆碱	958
乙酰化单硬脂酸甘油酯	958
乙酰化二淀粉甘油酯	958
乙酰化二淀粉己二酸酯	958
乙酰化二淀粉磷酸酯	958
乙酰磺胺酸钾	959
2-乙酰基-5-甲基呋喃	959
乙酸螺旋霉素	959
乙酰柠檬酸三乙酯	959
乙酰柠檬酸三正丁酯	959
乙酰砷胺	960
乙酰水杨酸	960
乙酰唑胺	960
乙氧氟草醚	960
乙氧基化甲基葡萄糖苷	961
乙氧基化氢化羊毛脂	961
乙氧基化羊毛脂	961
6-乙氧基-2,2,4-三甲基-1,1-二氢化喹啉	961
异阿魏酸	961
异丙胺	962
异丙胺合成催化剂	962
异丙苯催化脱氢催化剂	962
N-异丙基-N-苯基对苯二胺	962
异丙基黄原酸钠	962
异丙氧基三异辛酰基钛酸酯	962
异丙氧基三异硬脂酰基钛酸酯	963
异噁草松	963
异佛尔酮二胺	963
异黄樟油素	963
异抗坏血酸	964
L-异亮氨酸	964
异麦芽低聚糖	964
异氰酸酯	964
异噻唑啉酮	964
异戊醇	965

6-(异戊烯基氨基)嘌呤		银杏黄素	971	荧光增白剂 CBS-X	977
	965	银杏内酯 B	971	荧光增白剂 DCB	978
异辛醇	965	银杏叶提取物	971	荧光增白剂 DT	978
异辛酸钙	965	银朱 R	971	荧光增白剂 EBF	978
异辛酸钴	965	引发剂	971	荧光增白剂 ER	979
异辛酸锰	966	引气剂	972	荧光增白剂 FP	979
异辛酸铅	966	HPS 引气剂	972	荧光增白剂 JD-3	979
异辛酸铈	966	引气减水剂	972	荧光增白剂 KCB	979
异辛酸稀土	966	AE 引气减水剂	972	荧光增白剂 KSN	979
异辛酸锌	966	BLY 引气减水剂	972	荧光增白剂 OB	980
异辛酸(氧)锆	966	引诱剂	972	荧光增白剂 OB-1	980
异烟肼	967	吲达品	973	荧光增白剂 PEB	980
异吲哚啉酮系颜料	967	吲哚布芬	973	荧光增白剂 R	981
异吲哚啉系颜料	967	吲哚红	973	荧光增白剂 VBA	981
抑灌膦	967	吲哚洛尔	973	荧光增白剂 VBL	981
抑霉唑	967	吲哚美辛	974	荧光增白剂 VBU	981
抑肽酶	968	吲唑乙酯	974	荧光增白剂 WG	982
抑芽丹	968	隐匿剂	974	荧光增白剂 WJM	982
抑制剂	968	印刷用胶黏剂	974	荧光增白剂 WS	982
易分散颜料	968	应变胶黏剂	974	营养补充剂	982
益多酯	969	罂粟碱	975	硬药	983
益生素	969	荧光橙 ROR-4	975	硬脂酸	983
阴离子表面活性剂	969	荧光粉	975	硬脂酸钡	983
阴离子淀粉	969	荧光红 6B	975	硬脂酸丁酯	983
阴离子-非离子表面活性剂		荧光黄 G1003	975	硬脂酸钙	984
	969	荧光黄 YG-51	976	硬脂酸甘露(糖)醇酐酯	
阴离子聚丙烯酰胺	969	荧光染料	976		984
阴离子-阳离子表面活性剂		荧光塑料	976	硬脂酸镉	984
	970	荧光涂料	976	硬脂酸类消泡剂	984
阴离子型聚丙烯酸铵盐水溶液		荧光颜料	976	硬脂酸锂	985
	970	荧光油墨	977	硬脂酸铝	985
阴离子型皮革加脂剂	970	荧光增白剂	977	硬脂酸铅	985
银浆	970	荧光增白剂 31	977	硬脂酸镁	985
银杏酚酸	970	荧光增白剂 AD	977	硬脂酸铜	985

硬脂酸锌	985	油墨连结料	993	有机氟涂料	998
硬脂酸异辛酯	986	油墨色料	993	有机分离膜	999
硬脂酰胺	986	油墨助剂	993	有机高分子絮凝剂	999
硬脂酰胺丙基二甲胺乳酸盐	986	油品脱砷剂	993	有机硅	999
		油气开采用化学剂	994	有机硅防水剂	999
N-硬脂酰基-L-谷氨酸钠	986	油气集输用化学剂	994	有机硅改性丙烯酸乳液	999
		油溶绿 601	994		
硬脂酰氯	986	油酸	994	有机硅隔离剂	1000
硬脂酰乳酸钙	987	油酸丁酯	995	有机硅扩散泵油	1000
硬脂酰乳酸钠	987	油酸二乙醇胺	995	有机硅绝缘涂料	1000
永固橙 G	987	油酸聚氧乙烯(n)酯	995	有机硅聚合物	1000
永固橙 HSL	987	油酸钠皂	995	有机硅密封胶	1000
永固红 2BL	988	油酸三异丙醇胺酯	996	有机硅耐候涂料	1001
永固红 F4R	988	油酸四氢呋喃甲酯	996	有机硅耐热涂料	1001
永固红 F5R	988	油酸乙二醇酯	996	有机硅泡沫稳定剂	1001
永固黄 G	989	油酸正丁酯硫酸酯钠盐	996	有机硅树脂	1001
永固黄 GG	989			有机硅树脂涂料	1001
永固黄 GR	989	油田化学品	996	有机硅脱模涂料	1001
永固黄 HR	989	油田水处理用化学剂	996	有机硅消泡剂	1001
永固枣红 FRR	990	油田通用化学品	997	有机硅压敏胶	1002
永固紫 RL	990	油酰氨基(多肽)羧酸钠		有机磷杀虫剂	1002
永久性染发剂	990		997	有机硫加氢转化催化剂	
优托品	991	油酰胺	997		1002
油醇	991	油酰胺基丙基甜菜碱	997	有机硫水解硫黄回收催化剂	1002
油罐内壁防腐涂料	991	N-油酰肌氨酸钠	997		
油剂	991	N-油酰肌氨酸十八烷胺盐		有机氯杀虫剂	1003
油井水泥外加剂	992		997	有机耐热胶黏剂	1003
油墨	992	N-油酰基-N'-N'-二乙基乙二胺盐酸盐	998	有机膨润土	1003
油墨冲淡剂	992			有机鞣剂	1003
油墨防干剂	992	油性剂	998	有机钛聚合物涂料	1004
油墨防脏剂	992	油悬剂	998	有机颜料	1004
油墨反胶化剂	992	油脂涂料	998	有机云母钛珠光颜料	1004
油墨干燥剂	993	柚苷	998	有机着色剂	1004
油墨减黏剂	993	柚柑鞣剂	998	诱虫烯	1004

鱼胶	1005	云母钛珠光颜料	1010	增塑剂 BBP	1017
鱼藤酮	1005	云母氧化铁	1011	增塑剂 BMP	1017
鱼油酸丁酯磺酸钠	1005	匀泡剂	1011	增塑剂 BOP	1017
玉米素	1005	匀染剂	1011	增塑剂 COP	1017
玉米纤维	1006	匀染剂 1277	1011	增塑剂 DAP	1017
育发剂	1006	芸苔素内酯	1011	增塑剂 DBEP	1017
育亨宾	1006			增塑剂 DBP	1017
愈创醇	1006	**Z**		增塑剂 DCHP	1017
愈创木酚	1006	杂醇油	1011	增塑剂 DCP	1017
愈创木酚甘油醚	1006	杂多酸	1012	增塑剂 DDP	1017
愈创木油	1007	杂多酸催化剂	1012	增塑剂 DEP	1017
愈创树脂	1007	杂多纳米复合材料	1012	增塑剂 DHP	1017
原药	1007	杂环聚合物胶黏剂	1012	增塑剂 DIBP	1017
月桂醇	1007	甾醇	1013	增塑剂 DIDP	1017
月桂醇聚氧乙烯醚硫酸三乙醇铵盐	1007	甾体激素	1013	增塑剂 DINP	1017
		载荷添加剂	1013	增塑剂 DIOP	1017
月桂氮䓬酮	1007	载银无机-有机抗菌剂	1013	增塑剂 DMEP	1017
月桂基羧甲基钠型咪唑啉乙酸盐	1008	暂溶性染料	1013	增塑剂 DMP	1017
		早强剂	1014	增塑剂 D-n-HP	1017
月桂酸	1008	藻蓝素	1014	增塑剂 DNP	1017
月桂酸单乙醇酰胺	1008	皂苷	1014	增塑剂 DOIP	1017
月桂酸二乙醇酰胺(1∶1型)	1008	造纸化学品	1014	增塑剂 DOP	1017
		增产胺	1015	增塑剂 DOTP	1017
月桂酸二乙醇酰胺(1∶2)型	1009	增产灵	1015	增塑剂 DPP	1017
		增产素	1015	增塑剂 DTDP	1017
月桂酸甲酯	1009	增稠剂	1015	增塑剂 DUP	1017
月桂酸钾	1009	增光剂	1015	增塑剂 n-DOP	1017
月桂烯	1009	增黏剂	1015	增塑剂色浆	1018
N-月桂酰基谷氨酸双十八(烷)醇酯	1009	增强剂	1016	增效胺	1018
		增韧剂	1016	增效环	1018
N-月桂酰基肌氨酸钠	1010	增溶剂	1016	增效剂	1018
N-月桂酰-L-天冬氨酸钠	1010	增塑剂	1016	增效剂 GY-1	1018
月桂油	1010	增塑剂 79	1017	增效磷	1019
				增效醚	1019

词目	页码	词目	页码	词目	页码
增效酯	1019	C_{12}脂肪醇聚氧乙烯(8)醚	1025	剂	1028
扎罗特罗	1019			脂肪酸甲酯磺酸钠	1028
樟脑油	1020	C_{12}脂肪醇聚氧乙烯(9)醚	1025	脂肪酸聚氧乙烯醚	1028
照相明胶	1020			脂肪酸聚氧乙烯酯SG系列	1028
遮蔽功能油墨	1020	$C_{12\sim18}$脂肪醇聚氧乙烯(10)醚	1025	脂肪酸蔗糖酯	1028
蔗糖八乙酸酯	1020	$C_{12\sim18}$脂肪醇聚氧乙烯(15)醚	1025	脂肪族醚多硫化物	1029
蔗糖硬脂酸酯	1020			脂环族环氧树脂	1029
珍珠粉	1021	$C_{12\sim18}$脂肪醇聚氧乙烯(20)醚	1025	直接染料	1029
真空胶黏剂	1021	$C_{12\sim18}$脂肪醇聚氧乙烯(25)醚	1026	pH值响应性凝胶	1029
真石漆	1021			植酸	1030
整体式催化剂	1021	$C_{12\sim18}$脂肪醇聚氧乙烯(30)醚	1026	植酸钙镁	1030
整体式催化剂载体	1021			植酸酶	1030
正丁基黄原酸钠	1021	$C_{12\sim18}$脂肪醇聚氧乙烯(35)醚	1026	植物鞣剂	1030
正丁基黄原酸锌	1021			植物生长调节剂	1030
正丁醛苯胺缩合物	1022	脂肪醇聚氧乙烯醚磺基琥珀酸单酯二钠盐	1026	植物源农药	1031
正丁烷氧化制顺酐催化剂	1022	脂肪醇聚氧乙烯(30)醚甲基硅烷	1026	植物甾醇	1031
正锆酸四乙酰丙酮酯	1022			酯化淀粉	1031
正十二硫醇	1022	脂肪醇聚氧乙烯醚磷酸钾盐	1026	制鞋用胶黏剂	1031
支持体	1023			质子泵抑制剂	1032
芝麻素	1023	脂肪醇聚氧乙烯醚磷酸酯钠盐	1026	致癌性染料	1032
织物涂层整理胶黏剂	1023			致密膜	1032
织物整理剂	1023	C_{12}脂肪醇聚氧乙烯醚硫酸铵	1027	智能材料	1032
脂多糖	1023	$C_{12\sim14}$脂肪醇硫酸铵	1027	中草药饲料添加剂	1033
脂肪胺聚氧乙烯醚磺基琥珀酸单酯二钠盐	1023	$C_{13\sim14}$脂肪醇硫酸钠	1027	中堆比催化裂化催化剂	1033
脂肪醇聚氧乙烯(n)醚	1024	脂肪酶	1027	中铬黄	1033
C_{12}脂肪醇聚氧乙烯(3)醚	1024	脂肪酸单乙醇酰胺磺基琥珀酸单酯二钠盐	1027	中和剂	1033
C_{12}脂肪醇聚氧乙烯(4)醚	1024	脂肪酸单乙醇酰胺聚氧乙烯醚硫酸盐	1028	中性染料	1033
C_{12}脂肪醇聚氧乙烯(7)醚	1024	脂肪酸加氢制脂肪醇催化		种衣剂	1033
				仲丁威	1034
				仲烷基硫酸钠	1034
				仲钨酸铵	1034
				重氮氨基苯	1034

重铬酸铵	1035	着色颜料	1041	自沉积漆	1043
重铬酸钾	1035	紫草素	1041	自由基捕获剂	1043
重铬酸钠	1035	紫胶	1041	棕榈蜡	1044
重烷基苯磺酸钠	1035	紫杉醇	1042	棕榈酸	1044
重油催化裂化催化剂	1035	紫苏荸	1042	棕榈酸氯霉素	1044
重质馏分油加氢精制催化剂		紫苏醛	1042	棕榈酸异丙酯	1044
剂	1036	紫外线固化油墨	1042	棕榈酰胺	1044
重质碳酸镁	1036	紫外线显色油墨	1042	棕榈酰氯	1045
珠光剂	1036	紫外线吸收剂	1042	阻垢剂	1045
珠光油墨	1036	紫外线吸收剂 BAD	1043	阻聚剂	1045
猪脱氧胆酸	1036	紫外线吸收剂 RMB	1043	阻尼涂料	1045
竹子提取物	1037	紫外线吸收剂 TBS	1043	阻燃剂	1046
主增塑剂	1037	紫外线吸收剂 UV-0	1043	阻燃剂 APP	1046
助燃剂	1037	紫外线吸收剂 UV-9	1043	阻燃剂 FR-2	1046
助拔剂	1037	紫外线吸收剂 UV-13		阻燃剂 FR-3B	1046
助留剂	1038		1043	阻燃剂 FR-10	1046
助滤剂	1038	紫外线吸收剂 UV-24		阻燃胶黏剂	1046
助凝剂	1038		1043	阻燃涂料	1046
助鞣剂	1038	紫外线吸收剂 UV-326		阻燃整理剂	1046
助溶剂	1038		1043	L-组氨酸	1047
助熔剂	1038	紫外线吸收剂 UV-327		组胺受体拮抗剂	1047
助洗剂	1039		1043	钻井液	1047
苎烯	1039	紫外线吸收剂 UV-328		钻井液处理剂	1047
柱晶白霉素	1039		1043	钻井用化学剂	1047
专用涂料	1039	紫外线吸收剂 UV-531		左炔诺孕酮	1048
转光剂	1040		1043	左舒必利	1048
转化型涂料	1040	紫外线吸收剂 UV-5411		左旋丙哌嗪	1048
茁霉多糖	1040		1043	左旋多巴	1048
茁长素	1040	紫外线吸收剂 UV-P	1043	左氧氟沙星	1048
着色剂	1041	紫外线吸收剂三嗪-5	1043	唑螨酯	1049

吖啶橙 acridine orange　具有吖啶结构的橙色染料。橙红色粉末。易溶于水、乙醇、苯、丙酮，溶于稀酸。水溶液及醇溶液为橙黄色带绿色荧光。1%水溶液的 pH 值为 6.5。用于皮草、纸张、棉纱、丝绸等的着色。医学上用于细菌及肿瘤细胞等染色剂及移码突变的诱变剂。分析上用作荧光指示剂。还用作烯烃悬浮聚合时的防黏剂。由 N,N-二甲基苯胺经硝化、还原、乙酰化、缩合、闭环等反应制得。

吖啶染料 acridine dyes　又名氮蒽染料。分子中有吖啶（氮杂蒽）结构的染料。在吖啶结构氮碳原子的间位上引入—OH—NR_2 等给电子基后可制得一系列黄、橙、棕、红色的碱性染料及溶剂染料。主要用于羊毛、皮草、蚕丝及纸张等染色。因光密度较差，较少用于织物染色，个别吖啶碱性染料（如吖啶黄素）还具杀菌性，医药上用作外伤药物。

吖嗪染料 azine dyes　又名对氮杂蒽型染料。

分子中具有吩嗪或二氮蒽结构的染料。在吩嗪环或二氮蒽两侧苯环中引入—NH_2、—NR_2 等给电子基可得一系列橙、紫、红、蓝色的碱性染料及溶剂染料。再引入磺酸基或羧基可制得酸性染料。典型品种有苯胺黑、碱性桃红 T、弱酸蓝 BL 等。主要用于油墨和油蜡的着色。

阿苯达唑 albendazole　又名丙硫咪唑、肠虫清、[(5-丙硫基)-1H-苯并咪唑-2-基]氨基甲酸甲酯。白色或类白色粉末。熔点 208～210℃。不溶于水，溶于多数有机溶剂，为苯并咪唑类广谱驱肠虫药。其作用是抑制寄生虫肠壁细胞浆微管系统的聚合，阻断虫体对营养成分和葡萄糖的吸收，导致虫体糖原耗竭。对钩虫、鞭虫、蛔虫及蛲虫等都有较强驱除作用。以苯并咪唑-2-氨基甲酸酯及硫氰酸钠等为原料经多步反应制得。

阿伐斯汀 acrivastine　又名欣民立、3-[6-[1-对甲苯基-3-(1-吡咯烷基)-1-丙烯基]-2-吡啶基]丙烯酸。白色结晶性粉末。熔点 222℃（分解）。溶于水，为组胺 H_1 受体拮抗剂。用于治疗过敏性鼻炎、过敏性皮肤病、花粉病、慢性原发性荨麻疹、特异性风冷型荨麻疹、枯草热及皮肤潮红等疾病。以 2,6-二溴吡啶为原料经多步反应制得。

阿拉伯半聚乳糖 arabinogalactan　又名落叶松胶，以半乳糖及阿拉伯糖为主要成分的多糖类。D-半乳糖和L-阿拉伯糖之比为(5~6):1。白色至浅黄色粉末。有微臭。溶于水,微溶于乙醇。10%~40%水溶液的pH值为4.5。与其他胶类比较,其黏度较低。10%水溶的黏度为5×10^{-3} Pa·s(25℃)。具有较好的乳化、增稠性能,可用作食品乳化剂、增稠剂、上光剂及调味料的基料等。由落叶松的薄片经热水与乙醇抽提制得。

阿拉伯胶 Arabic gum 又名阿拉伯树胶、金合欢胶,是由阿拉伯、非洲及澳大利亚等地区生长的胶树所得树脂的总称,是阿拉伯胶素酸($C_{10}H_{18}O_9$)的钙、镁、钾盐等转变成半乳糖、阿拉伯糖和葡萄糖醛酸而形成的长链聚合物。相对分子质量22万~30万。为无色至淡黄褐色半透明块状或白色至淡黄色粒状或粉状。相对密度1.30~1.45。在水中可逐渐溶解成呈酸性的黏稠状透明液体,不溶于乙醇等有机溶剂,溶于乙醇水溶液、氨水、盐酸。其水溶液呈酸性,有极高的黏性及较低的表面张力,干燥后形成坚硬的薄膜,但脆性较大,阿拉伯胶有良好的亲水亲油性,是优良的天然水包油型(O/W)乳化剂。广泛用作增稠剂、乳化剂、成膜剂、上光剂、胶黏剂、保护胶体等。适用于食品、医药、日化、油墨、造纸等行业。由阿拉伯胶树割取的胶状渗出物,经除杂净化、干燥、粉碎而制得。

阿拉伯胶胶黏剂 adhesives of Arabic gum 是以阿拉伯胶为基质,加入适量水调制而得的一种植物胶黏剂。可由阿拉伯胶单独用水调制,也可适量加入增塑剂、淀粉、黄蓍胶等调配而得。有较高的黏性,形成的干燥膜十分坚硬,但脆性较大,如加入适量乙二醇、丙二醇及聚乙二醇等增塑剂,可以改善其脆性。用于邮票上胶、商标标签粘贴、食品包装及光学镜片粘接。也用作药物赋形剂及潜性固化剂微胶囊的外膜材料。

阿仑膦酸钠 alendronate sodium

$$\begin{bmatrix} & & O & OH \\ & & \| & | \\ & HO & P & OH \\ H_2N & & | & \\ & & OH & OH \\ & & | & \\ & & P & \\ & \| & \\ & O & ONa \end{bmatrix} \cdot 3H_2O$$

又名福善美、固邦、4-氨基-1-羟基亚丁基-1,1-二膦酸一钠盐三水合物。白色结晶性粉末。熔点233~235℃(分解)。溶于水。为甲状旁腺及钙代谢调节剂,用于治疗妇女绝经期后骨质疏松、癌症骨转移性骨痛、癌症引起的高钙血症等。副作用有消化道黏膜刺激、溃疡性食管炎等。一般不推荐用于男性患者。由亚磷酸与4-氨基丁酸反应制得。

阿霉素
见"多柔比星"。

阿莫西林 amoxicillin 又名羟氨苄青霉素、阿莫仙、弗莱莫星。白色或类白色结晶性粉末。味微苦。熔点195℃(分解)。微溶于水,不溶于乙醇。水溶液在pH为6时较稳定。为β-内酰胺类抗生素。对革兰阳性菌的抗菌作用与青霉素相近,对革兰阴性菌如淋球菌、流感杆菌、百日咳杆菌、大肠杆菌、布氏杆菌等的作用较强，但使用后易产生耐药性，主要用于敏感菌所致呼吸道、尿道、胆道等的轻中度感染。由大肠杆菌酰胺酶与N-(3-乙氧羰基-1-甲氧乙烯基)对羟基苯甘氨酸钠盐经缩合制得。

阿米卡星 amikacin 又名丁胺卡那霉素、阿米卡霉素。一种半合成氨基糖苷类抗生素。是由卡那霉素A经化学结构改造，即在结构中脱氧链霉胺的C_1氨基位置接上γ-羟基氨基丁酸而制得。其硫酸盐为白色结晶粉末，无臭、无味。熔点203～204℃。易溶于水，难溶于乙醚、丙酮、甲醇、氯仿。对革兰阳性、阴性菌及分枝杆菌有强抗菌活性。对某些细菌的作用不及庆大霉素。对厌氧菌无效。能耐受大部分可钝化其他氨基糖苷类抗生素的失活酶。用于治疗革兰阴性菌，特别是绿脓杆菌引起的感染，包括骨及关节感染等。

阿米替林 见"盐酸阿米替林"。

阿那格雷 anagrelide 又名6,7-二氯-1,2,3,5-四氢咪唑并[2,1-6]喹唑啉-2(3H)-酮。灰白色固体。熔点278～280℃。不溶于水，溶于苯、氯仿。为抗血栓形成的血小板凝聚抑制剂。用于治疗与血小板增多有关的病症，如心肌梗死、血栓闭塞性脉管炎等，以间氯苯胺与盐酸羟胺等为原料制得。

阿帕西林钠 apalcillin sodium 又名萘啶青霉素钠。白色结晶，溶于水。一种广谱抗生素，为青霉素衍生物，对革兰阳性菌、沙门菌属、梭状菌属、志贺菌属、大肠杆菌、肺炎杆菌及绿脓杆菌等均有较强抑制作用。用于敏感菌所引起的感染，包括呼吸道感染、胆道感染、泌尿系统感染、腹部和手术后感染等。以3-氨基吡啶、乙氧亚甲基丙二酸二乙酯等为原料制得。

阿普唑仑 alprazolam 又名佳静安定、甲基三唑安定、桂乐定、8-氯-1-甲基-6-苯基-4H-[1,2,4]三唑并[4,3-a][1,4]苯并二氮杂䓬。白色针状结晶。熔点228～228.5℃。不溶于水,溶于乙醇。为苯二氮䓬类镇静催眠药及抗焦虑药。用于治疗焦虑、忧郁、失眠及循环系统疾患引起的精神神经症状,还具有抗癫痫作用。以对氯硝基苯与苯乙腈及氯乙酰氯等为原料制得。

阿屈非尼 adrafinil 又名2-[(二苯基甲基)亚硫酰基]-N-羟基乙酰胺。白色结晶粉末。熔点150～160℃。微溶于水。为抗抑郁药,可通过调节脑内去甲肾上腺素含量,激活中枢激动系统的突触后 $α_1$ 肾上腺素能受体,治疗忧郁症。以二苯甲基硫代甲烷、氯乙酸等为原料制得。

阿司咪唑 astemizole 又名息斯敏、1-[(4-氟苯基)甲基]-N-[1-[2-(4-甲氧苯基)乙基]-4-哌啶基]-1H-苯咪唑-2-胺。白色结晶。熔点149.1℃。不溶于水,与常用有机溶剂混溶。为非镇静抗过敏药,对组胺 H_1 受体选择性高,无镇静作用及抗胆碱作用。用于治疗过敏性鼻炎、结膜炎、慢性荨麻疹和季节性过敏性鼻炎等。由2-氨基苯并咪唑经水解、脱羧后与(2-溴乙基)苯甲醚缩合制得。

阿司匹林 aspirin 又名乙酰水杨酸、2-(乙酰氧基)苯甲酸。白色针状或板状结晶或粉末。无臭或微带乙酸臭,味微酸。熔点135～140℃。微溶于水,溶于乙醇、乙醚、氯仿。遇湿气缓慢分解成乙酸及水杨酸。具有较强的解热镇痛和消炎抗风湿作用,临床上用于感冒发烧、头痛、牙痛、神经痛、肌肉痛和痛经等,是风湿热及活动型风湿性关节炎的首选药物。对血小板也有特异性的抑制作用,可抑制血小板中血栓素的合成,预防血栓,故可用于心血管系统疾病的预防和治疗。

阿斯巴甜
见"天冬氨酰苯丙氨酸甲酯"。

阿糖胞苷 cytarabine hydrochlorlie 又名阿糖胞嘧啶、盐酸阿糖胞苷。白色细小针状结晶或粉末。熔点190～195℃(分解)。易溶于水，略溶于乙醇，不溶于乙醚。为急性粒细胞白血病的首选药物之一。主要抑制DNA聚合酶而抑制DNA的合成，也能溶入DNA中，干扰DNA的复制，使细胞死亡。与其他抗瘤药物合用还可治疗一些实体瘤。由D-阿拉伯糖在甲醇中与氰胺作用，生成乙胺基-D-阿糖噁唑啉，再与丙炔腈环合生成环胞苷，最后用氨水处理经成盐而得。

阿托品 atropine 又名颠茄碱、龙葵碱。白色结晶性粉末。无臭，味苦。熔点114～116℃。易溶于水，溶于苯、稀酸。是从茄科植物颠茄、曼陀罗或莨菪等提取的颠茄生物碱。为抗胆碱药，能抑制腺体分泌、扩大瞳孔、解除胃肠和支气管等平滑肌痉挛、加快心率。主要用于治疗腹绞痛、胃和十二指肠溃疡病等，也用于眼科检查和治疗，以及锑剂引起的阿斯综合征、有机磷农药中毒等。可由托品醇与α-甲酰基苯乙酸甲酯经酯交换、还原等反应制得。

阿魏酸 ferulic acid 又名4-羟基-3-甲氧基肉桂酸。有顺式及反式两种结构。顺式为黄色油状物，反式为正方棱形结晶。熔点174℃（反式）。溶于乙醇、热水、乙酸乙酯，稍溶于乙醚，难溶于苯、石油醚。有良好的耐热性及防止油脂酸败作用。主要用作抗氧化剂，适用于肉类及面粉加工制品，与卵磷脂合用，有协同抗氧化作用。还可用作光稳定剂用于防晒护肤品。由米糠油提取的γ-谷维素经硫酸消化水解制得。

阿维菌素 avermectins 又名阿威菌素、阿弗菌素、齐墩螨素。系链霉菌产生的一组十六元环内酯类抗生素。有8个组分，分别为A_{1a}、A_{2a}、B_{1a}、B_{2a}、A_{1b}、A_{2b}、B_{1b}、B_{2b}。前4个组分为主要组分，占总量的80%以上，后4个组分为次要组分。其中又以B_{1a}的活性最强，是防治农、畜害虫的最主要有效成分。B_{1a}为无色至黄色结晶，熔点150～155℃，溶于水，易溶于丙酮、氯仿。对螨类和昆虫具有胃毒和触杀作用。制剂阿巴菌素（abamectin）是B_{1a}与B_{1b}为8:2的混合物，为农用杀虫剂；依维菌素（ivermectin）是双氢B_{1a}与双氢B_{1b}以8:2的混合物，用作动物驱虫药及抗感染药物，对治疗人类螨尾丝虫病与拟圆虫病等有效。

阿维A酯 etretinate 又名依曲替酯、银屑灵。白色结晶。熔点104～105℃。不溶于水，溶于丙酮、氯仿。为角质促成及角质松懈剂,能通过诱导细胞分化,起到抑制皮肤细胞角化、抑制皮脂分泌的作用,并有抗炎作用,用于治疗严重顽固性银屑病、局部及全身性脓疱病、先天鳞癣和毛囊角化病等。由9-(4-甲氧基-2,3,6-三甲基苯基)-3,7-二甲壬-2,4,6,8-四烯-1-酸丁酯,经水解后与碘乙烷反应制得。

阿昔洛韦 aciclovir 又名无环鸟苷、

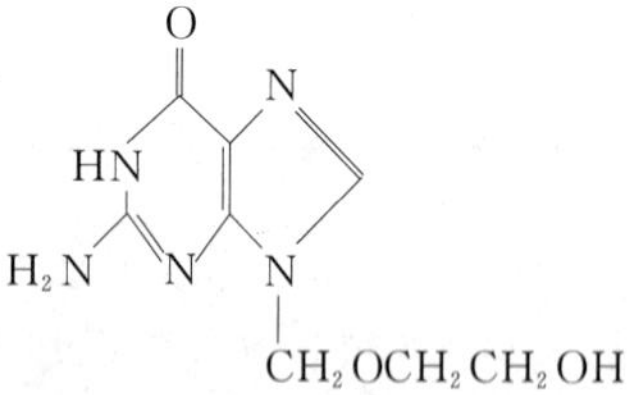

9-[(2-羟乙氧基)甲基]鸟嘌呤。白色结晶粉末。无臭,无味。熔点256.5~257℃(甲醇中)。不溶于水,溶于甲醇、乙醇。为核苷类抗病毒药。主要用于治疗单纯疱疹脑炎、疱疹性角膜炎、生殖器疱疹、全身性带状疱疹等,长期使用可出现耐药性。由鸟嘌呤与乙酸酐反应得到N,N-二乙酰鸟嘌呤,再与二氧杂环反应、胺解而制得。

阿西美辛 acemetacin 又名优妥、高顺

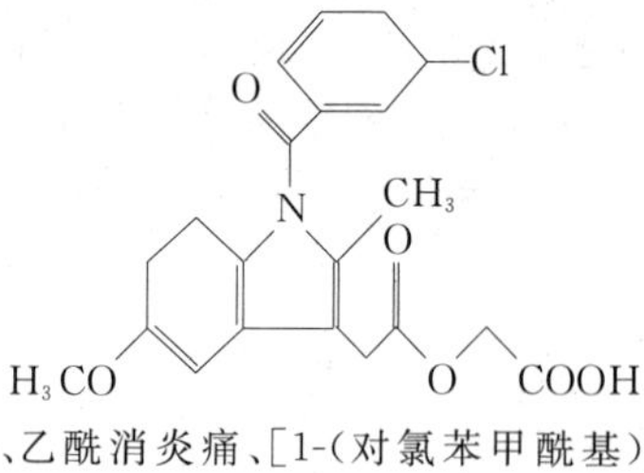

松、乙酰消炎痛、[1-(对氯苯甲酰基)-5-甲氧基-2-甲基吲哚-3-乙酰氧基]-乙酸。浅黄色结晶,熔点150~153℃。为抗炎镇痛药,在体内代谢成吲哚莫辛而发挥作用。用于治疗风湿性关节炎、类风湿性关节炎、强直性脊椎炎、骨性关节炎及痛风急性发作等。对胃肠道及中枢神经系统的副反应低于吲哚美辛。由N,N-二甲基酰胺、溴乙酸苄酯等原料反应制得。

阿佐塞米 azosemide 白色至黄白色结晶性粉末。无臭,味苦。熔点225℃(分解)。不溶于水,难溶于乙醚、甲醇、乙醇,易溶于二甲基甲酰胺。见光后逐渐变成黄色。一种含磺酰氨基结构的利尿剂。主要用于其他利尿药效果不好而又急需利尿的情况,如急性肾衰竭早期的无尿期或急性肺水肿。以4-氯-2-氟-5-氨磺酰基苯甲酸为原料经多步反应制得。

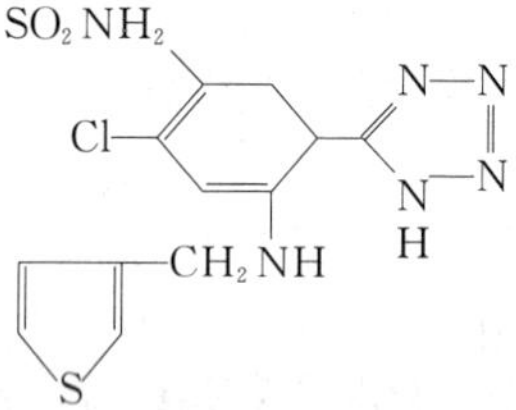

艾地苯醌 idebenone 又名雅伴、6-(10-

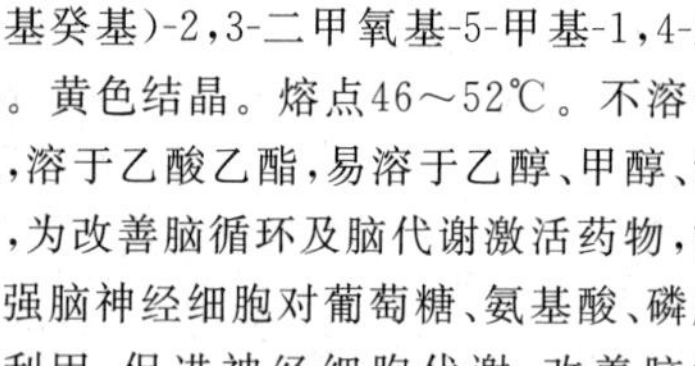

羟基癸基)-2,3-二甲氧基-5-甲基-1,4-苯醌。黄色结晶。熔点46~52℃。不溶于水,溶于乙酸乙酯,易溶于乙醇、甲醇、氯仿,为改善脑循环及脑代谢激活药物,能增强脑神经细胞对葡萄糖、氨基酸、磷脂的利用,促进神经细胞代谢,改善脑循

环。适用于脑动脉硬化、脑梗死及脑出血后遗症等的情绪及语言障碍,也可用于阿尔茨海默病、早老性痴呆和儿童智力缺陷。由 3,4,5-三甲氧基甲苯经弗-克反应引入 10-乙酰氧基癸酰基,再经水解、还原、氧化制得。

艾司洛尔 esmolol 白色固体。其盐酸盐熔点 85～86℃。溶于异丙醇,不溶于乙醚。一种选择性 β_1 受体阻滞剂。内在拟交感活性较弱,作用为普萘洛尔的 1/30 倍,但作用迅速而短暂,一旦发生不良反应,停药后可立即消失,用于迅速控制手术后高血压及室上性快速性心律失常的紧急状态。对急性心肌梗死、不稳型性心绞痛有明显疗效。由对羟基苯丙酸甲酯、环氧氯丙烷等原料制得。

艾司唑仑 estazolam 又名舒乐安定、6-苯基-8-氯-4H-[1,2,4]-三氮唑[4,3-a][1,4]苯并二氮杂草。一种新型苯并二氮杂草类镇静催眠药。白色或类白色结晶性粉末。无臭,味微苦。熔点 230～231℃。不溶于水,略溶于乙醇、乙酸乙酯,溶于甲醇,易溶于氯仿。具有较强镇静催眠及抗焦虑作用。由 2-氨基-5-氯二苯甲酮与氨基乙腈环合后,再与肼反应及甲酸处理制得。

安非拉酮 amfepramone 又名二乙胺苯酮、丽姿片。白色结晶性粉末。其盐酸盐熔点 168℃(分解)。为苯丙胺类食欲抑制剂,用于治疗单纯性肥胖症,不良反应有心悸、血压升高、头痛、失眠、口干等。由溴苯丙酮与二乙胺反应后分离、提纯制得。

安乃近 metamizole sodium (analgin)

又名诺瓦经、诺静。白色或略带黄色结晶性粉末。无臭,味微苦。易溶于水,略溶于乙醇、不溶于乙醚、苯、氯仿。水溶液放置后渐变黄。是一种解热、镇痛抗炎药。由 4-氨基安替比林经甲酰化、甲基化、水解、缩合而制得。

安赛蜜
见"乙酰磺胺酸钾"。

安妥 antu 又名 α-萘硫脲。纯品为白色棱柱形结晶。无臭,味微苦。熔点 198℃。工业品为灰白色结晶性粉末,有效成分大于 95%,熔点 187℃。难溶于水、酸及一般溶剂,溶于热乙醇及碱液,剧毒!用作灭鼠药。属慢性中毒型,中毒后72h鼠出现死亡高峰。安妥商品中往往会含致癌杂质萘胺,有些国家已停止使用。由α-萘胺与硫氰酸铵反应制得。

安息香 benzoin 又名苯偶姻、二苯乙醇酮、二苯羟乙酮。$C_6H_5CH(OH)COC_6H_5$。无色或淡黄色棱柱状结晶。相对密度1.310。熔点137℃。沸点344℃(0.102kPa)。微溶于冷水、乙醚,溶于热水、沸乙醇、丙酮、氯仿等。与浓硫酸作用时会生成联苯酰。受热分解或燃烧时放出剧毒刺激性气体,吸入或皮肤接触会中毒。安息香光分解后产生两个初级自由基,它们都可以引发单体聚合。但如初级自由基扩散太慢,则会导致其偶合而降低引发效率。由于安息香在光聚合体系中易发生暗聚合,使存放稳定性下降,故常用安息香衍生物。用作光敏胶黏剂的光敏剂,也用作医药中间体及用于制造涂料及染料等。由苯甲醛在热氰化钾的乙醇溶液中反应制得。

安息香丁醚 benzoin butyl ether 又名苯偶姻丁醚、丁氧基苯偶姻。玫瑰色或浅黄色油状液体。相对密度1.06。沸点128～130℃(0.4kPa)。不溶于水,溶于丙酮、苯、乙醚等多数有机溶剂。用作光敏剂,用于配制光敏胶、光固化涂料,印刷工业用于配制感光树脂板等。由安息香与正丁醇反应制得。

安息香甲醚 benzoin methyl ether 又名苯偶姻甲醚、甲氧基苯偶姻。相对密度1.1276(14℃)。熔点49～50℃。沸点188～189℃(1.99kPa)。不溶于水,溶于醇、醚、芳烃及氯代烃等。在相同体系中,安息香甲醚的光固化速率是安息香的2倍左右。低毒!储存稳定性较差。用作光敏剂,用于配制光敏胶、光固化涂料及印刷工业的感光树脂板。由安息香与甲醇缩合制得。

安息香双甲醚 benzoin bis-methyl ether 又名2,2-二甲氧基-2-苯基苯乙酮,白色至淡黄色结晶。熔点67～70℃。不溶于水,溶于醇、醚、酮及芳烃等多数有机溶剂。具有较高的光引发活性及长的使用寿命。最佳紫外线吸收范围为340～350nm。其主要缺点是使用时会使聚合体系变色。变色原因是其自由基会结合生成醌式结构所致。用作光敏胶,用于配制油墨、光敏胶及光固化涂料等。由苯偶姻与甲醇反应制得。

安息香树脂 benzoin resinoids 又名安息香提取物。是安息香树茎用刀割伤后分泌的树脂用苯或乙醇提取所得的提取物。主要成分是安息香酸及其酯类(约占75%)。香兰素(约5%)。为淡褐色至棕红色液体或膏状物,有桂甜膏香和豆香。对细菌、酵母等有较强抑制繁殖作用,而对霉菌的作用较弱。可用作食品防腐剂及定香剂,用于百花、紫罗兰、香豆竹等香型的香水中。医药上有驱风、开窍、祛痰之功效。也用作胶姆糖基础剂。

安息香乙醚 benzoin ethyl ether 又名苯偶姻乙醚、乙氧基苯偶姻。白色至淡黄色针状结晶。相对密度1.1016(17℃)。熔点58～60℃。沸点194～195℃(2.67kPa)。不溶于水,溶于醇、醚、酮及芳烃等溶剂。是烯类单体光聚合中应用较广的光敏剂,具有近紫外吸收较高及光裂解产率高的特点。低毒。用作光敏剂,用于配制光敏胶及印刷工业制作感光树脂板,在涂料工业中配制溶剂时用作光敏剂起光固化作用。也用于制造耐晒黄类和联苯胺类有机颜料。在盐酸存在下,由安息香与无水乙醇缩合制得。

安息香异丙醚 benzoin isopropyl ether 又名苯偶姻异丙醚,白色至浅黄色结晶。熔点72～75℃。微溶于水,溶于醇、醚、酮及芳烃等多数有机溶剂。其光固化速率比安息香,而且使用寿命长、储存稳定性好。最高紫外线吸收范围为240～260nm。用作光敏剂,用于配制光敏胶、光固化涂料及印刷工业用于配制感光树脂板等。由安息香与异丙醇反应制得。

桉叶油 eucalyptus oil 又名桉树油、蓝桉油。无色至淡黄色油状液体;有冰片及樟脑样清香凉气味。主要成分为桉叶油素(70%～90%),还含有少量蒎烯、莰烯、异戊醛、香芳醛、水芹烯等。相对密度0.905～0.930(25℃)。熔点-15.4℃。折射率1.4580～1.4700。难溶于水,溶于乙醇、乙醚、氯仿及非挥发性油。多为药用,有杀菌防腐作用,用于配制除虫剂、漱口剂、牙膏、油膏等。也用于化妆品、剃须后用品、香皂、空气清新剂、清洁剂等。医药上用于制造止咳剂。由桉树叶经水蒸气蒸馏制得。

桉叶油素 eucalyptol 又名桉叶素、桉树脑、白千层脑。无色至淡黄色油状液体。有樟脑样香气和清凉味。天然存在于桉树油、樟脑油等中。相对密度0.921～0.923(25℃)。熔点1.3～1.5℃。沸点174～177℃。折射率1.4584(15℃)。微溶于水,溶于乙醇、乙醚、氯仿、丙二醇及非挥发性油等。主要用于杀菌除臭和医药,可用于皮肤消毒及治疗烧伤等,也用于止咳糖、人造薄荷及牙膏等,还可用于制造烯烃聚合催化剂及制备烯烃聚合物。由桉叶油、樟脑油等精油经分馏、冷冻制得。

氨苯胂酸 arsanilic acid 又名对氨基苯胂酸、阿散酸。白色针状结晶。熔点232℃。

溶于热水、浓矿酸、碱液及戊醇,微溶于冷水、乙酸,不溶于丙酮、苯、氯仿及稀矿酸。用作猪、鸡等动物饲料添加剂,具有促进机体循环代谢、杀死肠道寄生虫等作用。也用作医药中间体,用于合成卡巴肿、乙酰肿酸等。由对硝基苯砷酸经还原反应制得。

γ-氨丙基三乙氧基硅烷 γ-aminopropyl triethoxysilane 又名KH-550硅烷偶联剂。

$H_2N(CH_2)_3Si(OC_2H_5)_3$ 无色至微黄色透明液体。相对密度 0.946。沸点 217℃。闪点 96℃（闭杯）。折射率 1.4175～1.4200（25℃）。溶于水、苯、醇及脂肪烃类溶剂。广泛用作无机物填充的复合高分子材料的偶联剂，可提高制品的机械强度、抗老化性及电性能。适用的树脂有聚氯乙烯、酚醛树脂、环氧树脂、三聚氰胺树脂、聚丙烯及聚碳酸酯等；适用的无机填充剂有玻璃纤维、白炭黑、滑石粉、高岭土及云母粉等。也用作涂料、胶黏剂的偶联剂及砂型增强剂等。由 γ-氨丙基三氯硅烷与乙醇经醇解反应制得。

氨苄西林 ampicillin 又名氨苄青霉素、安比西林、氨苄青。白色或类白色结

$$\begin{array}{c}\text{结构式}\end{array}$$

晶。无臭。味苦。无水物熔点 199～202℃（分解）。微溶于水，难溶于乙醇、乙醚、氯仿。其钠盐为白色吸湿性粉末，易溶于水，稍溶于乙醇，不溶于乙醚。水溶液置室温中逐渐变黄、浑浊，效价逐渐下降，是一种半合成的口服广谱青霉素，对酸稳定，不耐酶，作用机制与青霉素 G 相似。但对青霉素 G 耐药菌及革兰阴性菌有较强抑制作用，而对青霉素 G 敏感菌及流感杆菌、肠球菌等作用一般。主要用于治疗敏感的革兰阳性菌及阴性菌所引起的感染，如支气管炎、心内膜炎、脑膜炎、败血症、伤寒、尿路或肠道感染等。由 6-氨基青霉烷酸和苯甘氨酸的培养基，接种黑色假单胞菌进行培养而得。

氨茶碱 aminophylline 又名乙二胺茶碱。白色或淡黄色颗粒或粉末。微有恶臭。味苦。熔点 269～274℃。溶于水，不溶于乙醇、乙醚。露置于空气中易吸收二氧化碳并分解成茶碱。水溶液呈碱性反应，放置后变浑浊。是一种茶碱与乙二胺的复合物，作用与茶碱相同，但水溶性增强。具有强心、利尿、松弛支气管平滑肌、兴奋中枢神经系统作用。用于治疗支气管哮喘、哮喘型慢性支气管炎、心源性哮喘、胆绞痛等。由茶碱与乙二胺成盐而得。

氨合成催化剂 ammonia synthesis catalyst 指由氢气和氮气直接合成氨所采用的催化剂。是以磁铁矿为主要原料，经熔融法制得的熔铁催化剂。主要组分为 Fe_3O_4，总 Fe 含量为 66%～73%。以 K_2O、Al_2O_3、CaO 为主要促进剂，有的还含有 MgO、CeO、Ba 等助剂。氧化态催化剂产品主要以 Fe_3O_4 形式存在，适用于 400～500℃，15～30MPa 下使用，产品牌号以 A1 表示，如 A110-1～A110-6 等；含 Co 1%～5.3% 的双活性

组分熔铁催化剂可在较低温度（380～460℃）及8MPa压力下使用，产品牌号以 A2 表示，如 A201、A202、A203 等。近来研究认为，具有维氏体（Wustite）结构的 $Fe_{1-x}O$ 比 Fe_3O_4 有更高的活性，并开发了氧化态的结晶相为 $Fe_{1-x}O$、Fe^{2+}/Fe^{3+} 为 4～9 的催化剂，产品牌号以 A_3 表示，如 A301 系列。其组分中氧含量低、铁含量较高，易于还原，催化活性有大幅度提高。

氨基醇酸烘漆 amino-alkyd resin baking paint 是以氨基树脂和醇酸树脂为成膜物质的烘漆。有氨基醇酸烘干透明漆、氨基醇酸烘干绝缘漆、氨基醇酸烘干锤纹漆等。透明漆是由氨基树脂、醇酸树脂、透明颜料、丁醇及二甲苯等配制而成的黏性液体，涂于物件表面后需加热至 110～120℃ 进行烘干。用于涂装自行车、缝纫机、文教器件、热水瓶等表面作保护涂层；绝缘漆是将干性油改性的醇酸树脂溶于二甲苯和丁醇的混合溶剂中，加入氨基树脂配制而成的黄褐色透明液体，涂装后也需在 100～110℃ 下烘干，用于浸渍电器、电机、变压器线圈，作抗潮绝缘用；锤纹漆是将氨基树脂、干性油改性醇酸树脂溶于二甲苯及丁醇溶剂中，再加入色浆、铝粉等配制而成的黏性液体，涂装后也需在 90～100℃ 温度下烘干。漆膜表面有类似锤击铁板留下的锤痕花纹，花纹美观，坚韧耐久。用于涂饰仪器仪表、医疗器材、缝纫机等各种金属制品表面作装饰保护涂层。

4-氨基丁酸 4-aminobutyric acid $H_2NCH_2CH_2CH_2COOH$ 又名 γ-氨基丁酸、氨酪酸、氨丁酸，天然存在于半夏、蔓荆子等植物中。白色片状或针状结晶。味微苦，略有臭味。熔点 203℃（分解）。易溶于水，不溶于醇、醚等常用有机溶剂。4-氨基丁酸是人体生化反应的中间体，在脑组织中浓度较高，是中枢神经系统的一种抑制性神经递质，可介导约 40% 的抑制性神经传导。具有降低血氨及促进脑代谢的作用，临床上用于治疗肝昏迷、记忆障碍、儿童智力发育迟缓等，在化妆品中可与多种活性物配伍，如与亚麻酸配伍可作护肤调理剂，与维生素 E 配伍有抗老化作用，与生发助剂如甲氰咪胺、椰色木酸等配伍有协同作用，也可与紫外线吸收剂共用于防晒、增白护肤品。可由 γ-氯代丁腈与邻苯二甲酰亚胺钾反应后经水解制得。

5-氨基-3H-1,2,4-二噻唑-3-硫酮 5-amino-3H-1,2,4-dithiazole-3-thione 又名硫化促进剂 ADT。黄色棱柱状结晶。熔点 202℃（分解）。微溶于水，溶于乙醇、丙酮、苯、氯仿，易溶于二甲基亚砜、二甲基甲酰胺。用作氯丁橡胶及其他混合胶料的硫化促进剂。也用作不锈钢及黑色金属的酸洗缓蚀剂、卤化银照相乳液的敏化剂及照片去翳剂、防污涂料的活性组分等。由硫氰酸缩聚制得。

氨基改性硅油 amino-modified silicone 一种在侧链或端基具有氨基丙基或 N-(β-氨基乙基)氨基丙基的二甲基聚硅氧烷。氨基可以是仲胺、叔胺、芳香族胺和铵盐。不溶于水，溶于乙醚、丙酮、甲乙酮等，有良好的憎水性、润滑性、耐候性。主要用作织物处理剂，可显著提高柔软性、防皱性、弹性和撕裂强度,并可赋予似羊毛或丝绸样的手感。还可用作皮革柔软处理剂、汽车车身抛光添加剂。用于发油及发蜡等头发用品时,可使头发柔软并具有光泽。

氨基磺酸 aminosulfonic acid $NH_2SO_2(OH)$ 无色或白色斜方晶系结晶。无臭,无味。相对密度2.126。熔点205℃(开始分解)。折射率1.5530。溶于水、吡啶,难溶于热水、液氨,难溶于甲醇、乙醇。是一种强酸,1%水溶液的pH值为1.18。常温下稳定,260℃以上时分解成SO_2、SO_3、氮和水等。与金属氧化物、氢氧化物及碳酸盐等反应生成相应的盐。无毒。用于制造甜味剂、除草剂、表面活性剂、杀菌剂、阻燃剂等。也用作游泳池水中氯的稳定剂、氧化亚氮发生剂、pH值调节剂、不锈钢板材的酸性液体清洗剂等。由尿素与发烟硫酸反应制得。

氨基磺酸铵 ammonium aminosulfonate $NH_4SO_3NH_2$ 无色片状结晶。熔点131~133℃。易溶于水、液氨,稍溶于乙醇,微溶于甘油、乙二醇。空气中易潮解。加热至160℃开始分解,与醛类形成加成产品。也易被氯及溴氧化。5%水溶液的pH值为5.2。对钢有腐蚀性。粉末或溶液对皮肤、黏膜和眼睛有刺激性。用作织物、纸张、木材的阻燃剂、非选择性除草剂、氧化亚氮发生剂,以及用于制造表面活性剂、杀菌剂等。由氨基磺酸与氨水或液氨反应制得。

6-氨基己酸 6-aminocaproic acid $NH_2(CH_2)_5COOH$ 白色片状结晶。无臭,味苦。熔点204~207℃(分解)。易溶于水,微溶于甲醇,不溶于乙醇、乙醚、氯仿。其3.52%水溶液为导渗溶液。为促凝溶液,能加速血凝固或降低毛细血管通透性,促进出血停止,本品通过抑制纤维蛋白溶解系统而止血。用于治疗及预防血纤维蛋白溶解亢进引起的各种出血,如咯血、消化道出血、妇产科出血性疾病等。由己内酰胺水解制得。

氨基甲酸酯类杀虫剂 carbamates insecticide 指由氨基甲酸(H_2NCOOH)分子中的羧基氢原子被不同基团取代后的生成物,其结构通式为:

$$\underset{R_3}{\overset{R_2}{N}}-\overset{O}{\underset{}{C}}-OR_1$$

这类杀虫剂的毒性作用在于使胆碱酯酶氨基甲酰化,失去水解乙酰胆碱的能力。常用品种有甲萘威、仲丁威、杀螟丹、克百威、抗蚜威、速灭威、涕灭威、异丙威、残杀威、灭多威、丙硫威、丁硫威、硫双威等。由于这类杀虫剂的化学结构类型较多,品种性能相差较大,从防治害虫角度看,大体有以下特点:①不同结构类型品种的毒力及防治对象差别很大。多数品种对飞虱、叶蝉、蓟马等防效好,对螨类和介壳虫类无效。②对害虫作用机理是抑制胆碱酯酶活性,阻断正常神经传导。但这种抑制是可逆的,半恢复时间约20~60min,全恢复时间为数天。③不同品种的毒性差异大。④增效性能多样。拟除虫菊酯杀虫剂用的一些增效剂品种对这类杀虫剂也有增效作用。而这类杀虫剂也可用作某些有机磷杀虫剂的增效剂。

氨基葡萄糖 glucosamine 又名2-

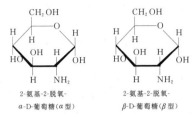

2-氨基-2-脱氧-α-D-葡萄糖(α型)　　2-氨基-2-脱氧-β-D-葡萄糖(β型)

氨基-2-脱氧己醛糖、氨基葡糖、葡糖胺、葡立、维骨力。葡萄糖的一个羟基被氨基取代的化合物。自然界存在于黏蛋白、黏多糖中。有α型及β型。α型为白色结晶粉末,有先甜后苦味,熔点88℃,极易溶于水,微溶于乙醇,不溶于乙醚。β型为针状结晶,有甜味及鲜味,熔点110℃(分解),易溶于水,难溶于乙醇,不溶于乙醚。氨基葡萄糖盐酸盐为白色晶体,略带甜味,熔点190～210℃,易溶于水。氨基葡萄糖能促进人体黏多糖合成,提高关节滑液的黏性,改善关节软骨的代谢,有利于关节软骨的修复。临床用于关节退行性病变、骨关节炎等。还用于制造皮肤保湿剂、毛发保护剂等。由甲壳素经盐酸水解、分离制得。

6-氨基青霉烷酸 6-aminopenicillanic acid 简称6-APA。白色至微黄色结晶性粉末。熔点208～209℃(分解)。微溶于水,不溶于乙醇、丙酮等常用有机溶剂。对酸较稳定,遇碱则分解。在6-氨基青霉烷酸分子上,将6-位氨基变成酰胺或甲胺化成脒基,或在3位羧基上反应成酯均可得到青霉素类产品。医药上用于合成半合成青霉素,如苄基青霉素、甲氧青霉素、苄唑西林、氯苄西林、阿莫西林、美洛西林、羧苄西林、氨苄西林等。可由固相酶法或化学裂解法制取。

氨基三亚甲基膦酸 amino trimethylene phosphonic acid 又名氨基三甲烷膦酸。无色至淡黄色液体,或白色颗粒状固体。相对密度1.3～1.4。易溶于水,不溶于一般有机溶剂。干品分解温度200～212℃。化学性质稳定,与稀盐酸煮沸也不分解,对水中多种金属离子有络合能力。是一种阴极型缓蚀剂,对钢铁有缓蚀作用,适用于高硬度、高pH值和高温下运动的冷却水系统。也用作过氧化物稳定剂、泡沫塑料阻燃剂、金属脱脂剂、金属离子遮蔽剂及贵金属萃取剂等。由氯化铵、甲醛及亚磷酸反应制得。

氨基树脂 amino resin 由含有氨基或酰胺基的单体与甲醛经缩聚反应而制得的热固性树脂。包括脲醛树脂、三聚氰胺甲醛树脂、苯胺甲醛树脂及尿素三聚氰胺甲醛树指等。其中最常用的是三聚氰胺甲醛树指及脲醛树脂。氨基树脂可用与酚醛树指相似的方法制成氨基塑料粉、压层材料及纤维增强材料。广泛用于制造涂料、胶黏剂等。也用作织物及纸张处理剂、混凝土塑化剂及污水处理用絮凝剂等。

氨基树脂胶黏剂 amino resin adhesive 以氨基树脂为基料的胶黏剂的总称,主要有脲醛树脂胶黏剂及三聚氰胺胶黏剂两类。它们在胶黏剂中的消费量占有相当大的比例，广泛应用于木材、装饰板、刨花板、织物及纸张等的粘接。分别参见"脲醛树脂胶黏剂"及"三聚氰胺胶黏剂"。

氨基树脂鞣剂 amino resin tanning agent 一种皮革复鞣材料。是以脲、硫脲、三聚氰胺和双氰胺等为原料与甲醛反应而制得的鞣剂。主要有脲醛树脂鞣剂、三聚氰胺树脂鞣剂及双氰胺树脂鞣剂等。这类鞣剂对皮革的填充性好，尤对皮革松软部位（腹肷部）填充性更佳，从而可缩小皮革的部位差，使皮革粒面紧实，革身丰满。

氨基树脂涂料 amino resin coatings 以氨基树脂为主要成膜物质的涂料，由于氨基树脂性脆，而且附着力差，用于涂料的氨基树脂要用脂肪醇改性，改善其在烃类溶剂中的溶解性能，并常用来和其他树脂混合，作为它们的交联剂使用。经改性的氨基树脂广泛与其他涂料树脂（如醇酸树脂、丙烯酸树脂、环氧树脂）配制成氨基醇酸涂料、氨基丙烯酸涂料等。这些涂料的涂膜光亮平整、硬度高、具有较高的装饰性和保护性，并且耐化学药品性、耐水性突出。广泛用于汽车、自行车、家用电器、仪器仪表及医疗器械等的涂装。

5-氨基水杨酸 5-aminosalicylic acid 又名美沙拉嗪、艾迪莎。白色至淡红色结晶。约280℃分解。难溶于冷水，溶于热水、盐酸。用作抗结肠溃疡药，能抑制引起炎症的前列腺素合成和炎性介质白三烯的生成，对肠黏膜的炎症起显著抑制作用。用于治疗溃疡性结肠炎、溃疡性直肠炎及克隆氏病。也用于制造光敏纸、偶氮染料及硫化染料等。由水杨酸经硝化、还原制得。

氨基糖苷类抗生素 aminoglycoside antibiotics 是由氨基醇或氨基糖与糖以苷键连接成的一类抗生素。是抑制蛋白质合成、静止期杀菌性抗生素。按其来源分为两类：①链霉菌产生：主要包括链霉素类、卡那霉素类；②小单胞菌产生：包括庆大霉素类、西梭霉素类、福提霉素类。按抗菌作用分为三代：第一代包括链霉素、新霉素、巴龙霉素、卡那霉素及核糖霉素等，由于毒性较大，耐药菌较多，已少用于临床；第二代包括庆大霉素、小诺米星、妥希霉素、地贝卡星、西索米星等，而以庆大霉素及妥布霉素为代表；第三代都是氨基醇上的N位取代衍生物，主要包括阿米卡星、阿贝卡星、异帕米星、奈替米星、阿司米星、达地米星等。其特点为都是耐酶品种。这类抗生素以抗革兰阴性杆菌、假单孢菌属、结核菌病和葡萄菌病为特点，对厌氧菌无效。抗菌谱广、抗菌活性强。可用作化疗药物，部分作为农作物病害的防治药剂或畜禽驱虫药，但长期使用易产生耐药性。

7-氨基头孢霉烷酸 7-aminocephalosporanic acid 简称7-ACA。结晶体。等电

点 3.5。其作用相当于青霉素中的 6-氨基霉青烷酸。以各种不同侧链酸与 7-ACA 经化学酰化法或微生物酶酰化法缩合可制得一系列具有不同特点的半合成头孢菌素类抗菌药物。如头孢噻吩钠（先锋霉素Ⅰ号）、头孢噻啶（先锋霉素Ⅱ号）、头孢噻肟、头孢孟多、头孢克罗等。可由头孢菌素 C 出发，用三甲基氯硅烷酯化后，经五氯化磷氯化，丁醚醚化，再经水解制得 7-ACA。

氨甲苯酸 aminomethylbenzoic acid

$H_2NCH_2--COOH$ 又名对氨甲基苯甲酸、止血芳酸、对羧基苄胺。白色至类白色鳞片状结晶或结晶性粉末。无臭，味微苦。熔点 340～350℃。溶于沸水，不溶于乙醇、乙醚、氯仿及苯。为促凝血药，通过抑制纤维蛋白溶解系统而止血，主要用于因原发性纤维蛋白溶解过度所引起的出血。比氨基己酸抗纤溶活性强 5 倍。也用作医药中间体，用于合成氨甲环酸。由对氰基苯甲酸催化氢化或对氯甲基苯甲酸胺化制得。

氨甲环酸 tranexamic acid 又名止血环酸、抗血纤溶环酸、血速宁、反-4-(氨甲基)环己烷羧酸。无臭，味微苦。270℃ 软化，但至 280℃ 仍不熔化。易溶于水。不溶于乙醇、苯、氯仿。化学性质稳定。其盐酸盐熔点 247～251℃（分解）。为抗凝血液，通过抑制纤维蛋白溶解系统而止血。用于治疗急性或慢性、局限性或全身性原发性纤溶亢进所致的各种出血，如尿道损伤出血、前列腺肥大出血、手术后创伤出血等。可由氨甲苯酸加氢制得。

氨精制脱硫剂 ammonia purification desulfuring agent 用于炼厂氨精制系统中高精度地脱除硫化氢。产品牌号 YHS－213，外观为 $\phi 2.5～3.5mm$ 的黄褐色柱状。活性组分为含铁复合金属氧化物。堆密度 0.75～0.95g/mL。比表面积 $\geq 85m^2/g$。在操作温度 10～150℃、常压或加压、空速 $\leq 1000h^{-1}$（常压）的条件下，脱硫精度 $\leq 0.5 \times 10^{-6}$。由特制载体浸渍活性组分溶液后，经干燥、焙烧制得。

氨来咕诺 amlexanox 又名 2-氨基-7-(1-甲基乙基)-5-氧代-5H-1-苯并吡喃-[2,3-6]吡啶-3-羧酸。白色至黄白色结晶性粉末。无臭，无味。熔点 $>300℃$。不溶于水，溶于丙酮、氯仿、二甲基甲酰胺。为白三烯受体选择性拮抗剂，可改善通气功能，减少哮喘发作次数，主要用作轻中度慢性哮喘的预防及治疗支气管哮喘。以 4-异丙基苯酚为原料制得。

氨力农 amrinone 又名氨砒酮、氨利酮、安诺可。黄色针状结晶。熔点 294～297℃。溶于水、二甲基甲酰胺。为非强心苷类正性肌力药,用于治疗各种原因引起的急慢性心力衰竭。对洋地黄、利尿药或血管扩张剂无效的顽固性心力衰竭也有疗效。以4-甲基吡啶为原料制得。

氨氯地平 amlodipine 又名络活喜、2-[(2-氨基乙氧基)甲基]-4-(2-氯苯基)-1,4-二氢-6-甲基-3,5-吡啶二甲酸-3-乙酯-5-甲酯。白色结晶粉末。熔点178~179℃。微溶于水。为钙离子拮抗剂。既作用于Ca^{2+}通道的1,4-二氢吡啶类结合位点,也作用于硫氮䓬类结合位点,起效较慢,但作用时间较长,可直接舒张血管平滑肌,具有抗高血压作用。可扩张外周小动脉,使外周阻力降低,从而降低心肌耗氧量。还可以扩张缺血区的冠状动脉及冠状小动脉,使冠心病的心肌供氧量增加,用于治疗高血压和缺血性心脏病。由氯代苯甲醛与乙酰乙酸酯缩合形成的中间体再与巴豆酸酯缩合制得。

氨气脱硫剂 ammonia desulfurizing agent 用于合成气及工业气体的净化处理,尤适用于炼油厂从酸性水蒸气中提取副产氨气的脱硫处理。产品牌号NT-03、NT-13等,NT-03为$\phi 2.7$~3.3mm的黑色条状,活性组分为特制改性活性炭浸渍氧化铁及其他助剂,堆密度0.6~$0.7g/mL$,径向抗压强度$\geqslant 60N/cm$;NT-13为$\phi 4$~$4.5mm$的红褐色圆柱体,活性组分为氧化铁与其他助剂的复合物。NT-13是NT-03的改进型产品,更适用于氨气精脱硫处理。

氨曲南 aztreonam 又名氨噻羧单胺菌素、噻肟单酰胺菌素、胺菌素、君刻单。白色至微黄色结晶性粉末。无臭。难溶于水、甲醇、乙醇,不溶于乙醚,易溶于二甲基亚砜。为单环β内酰胺抗生素。对革兰阴性杆菌包括铜绿假单胞菌呈现强大抗菌作用,用于治疗敏感菌引起的败血症、慢性支气管炎、支气管扩张感染、慢性呼吸道疾病二次感染、肺炎、前列腺炎、淋球菌尿道炎等。以溴化异丁酸、二苯重氮甲烷、2-羟基酞酰亚胺等为原料制得。

氨燃烧制氮催化剂 catalyst for ammonia combustion to nitrogen 又名制氮催化剂。用于氨在空气中催化燃烧以制取氮气。其制氮过程通过两段燃煤炉使用两种催化剂组合来实现。如$300m^3/h$氮气发生装置工艺操作条件:

一段炉,投氨量 $30m^3$/单炉·h,炉壁温度 $600\sim700℃$;二段炉,炉壁温度 $400\sim700℃$;脱氧器,炉壁温度 $<45℃$。出口气中氮气组成:$N_2\geqslant99.5\%$,$H_2\leqslant0.5\%$,$O_2<10\times10^{-6}$。两段使用的催化剂分别为 D101Q、D201Q,均为 $\phi3\sim5mm$ 灰色小球。D101Q 的活性组分为 Pt、Rh,是一种高效氨燃烧及分解催化剂,主要促进氨与空气中的氧气发生燃烧反应和氨分解反应生成氢、氮气及水;D201Q 的活性组分为 Pt,是一种高效燃烧氢及脱氧剂,主要促进一段炉分解产生的氢燃烧成水并脱除空气中的氧。

氨氧化制硝酸催化剂 catalyst for ammonia oxidation to nitric acid 用于氨与氧气反应生成 NO 的催化剂,分为贵金属及非贵金属催化剂。贵金属催化剂是以 Pt 为主活性组分,并适量添加 Rh 或 Pd 制成金属网。我国通用的铂网催化剂型号为 S201 型,它是由 Pt、Pd、Rh 三元合金丝织成的圆形网,其中 Pt 含量$\geqslant92\%$,Pd 含量 $3.8\%\sim4.2\%$,Rh 含量$\geqslant3.4\%$。根据网径尺寸不同,有 8 种规格。非贵金属催化剂有 Fe_2O_3-Cr_2O_3 系、Fe_2O_3-Al_2O_3 系、Fe_2O_3-Bi_2O_3 系。贵金属铂网催化剂是由 Pt、Pd、Rh 三元合金经热轧、冷轧、拉丝制成细丝后,再用织机编制成网;非贵金属钴催化剂由硝酸钴与碱液经中和沉淀、洗涤、干燥、成型、焙烧制得。

N-β-(氨乙基)-γ-氨丙基三甲氧基硅烷 N-β-(aminoethyl)-γ-aminopropyl trimethoxysilane 又名 A-1120、KH-792 偶联剂。无色至浅黄色透明液体。相对密度 1.04。沸点 $259℃$。闪点 $138℃$(闭杯)。折射率 1.448。不溶于水,易与水反应。易溶于乙醇、乙醚、丙酮、四氯化碳。用作酚醛树脂、环氧树脂、三聚氰胺树脂、聚酰胺等增强塑料的偶联剂。用其处理玻璃纤维,可改善其与树脂的润湿性,提高制品的物理机械性能及电性能,也用作丁苯橡胶、乙丙橡胶及聚氨酯橡胶等的偶联剂。由 N-β-氨乙基-γ-氨丙基三氯硅烷与甲醇经醇解反应制得。

N-氨乙基哌嗪 N-aminoethylpiperazine 无色至淡黄色透明液体。相对密度 $0.963\sim0.989(25℃)$。熔点 $-17.6℃$。沸点 $222℃$。闪点 $93℃$。折射率 1.4999。溶于水、甘油。呈碱性。可燃。低毒。用作环氧树脂固化剂,固化物热变形温度 $110\sim120℃$。主要用于制造塑料工具等制品。也用于制造聚氨酯树脂、医药及用作醇酸树脂改性剂。由二氯乙烷与氨水反应制造乙二胺及多胺时的副产物回收而得。

2-氨乙基十七烯基咪唑啉 2-aminoethyl heptadecyl imidazoline 棕黄色黏稠液体。凝固点 $0\sim20℃$。1%水溶液 pH 值 6.15。溶于酸性溶液及油类。有良好的缓蚀性,并兼有杀菌作用,用作设备、管道等酸洗缓蚀剂,工业循环水缓蚀阻垢剂、杀菌剂。也用作织物柔软剂。由油酸、二亚乙基三胺在催化剂作用下反应制得。

氨酯油 见"聚氨酯改性油涂料"。

胺苯黄隆 ethametsulfuron 又名菜王星、2-[(4-乙氧基-6 甲胺基-1,3,5-三嗪-2-基)氨基甲酰基氨基磺酰基]苯甲酸甲酯。无色结晶。熔点 194℃。蒸气压 7335Pa(25℃)。微溶于水、丙酮。一种磺酰脲类除草剂,为内吸性,具有杂草谱广、持效期长、使用方便等特点。用于油菜苗后土壤处理除草,可防除繁缕、雀舌草、碎米荠、野芥菜、苋、看麦娘等杂草。在高剂量下对春播作物有危害,秋天应停止施用。以三聚氯氰为原料制得。

胺碘酮 amiodarone hydrochloride 又名乙胺碘呋酮、安律酮、盐酸胺碘酮、(2-丁基-3-苯并呋喃基)[4-[2-(二乙胺基)乙氧基]-3,5-二碘苯基]甲酮盐酸盐。白色至微带黄白色结晶性粉末。无臭,无味。熔点 156～162℃(分解)。不溶于水,溶于乙醇,易溶于丙酮。为广谱抗心律失常药,对钠、钙通常均有一定阻滞作用。用于治疗室性和室上性心动过速和早博、阵发性心房扑动和颤动、预激综合症及心绞痛等。由苯并呋喃经酰化、还原、引入甲氧基苯甲酰基、引入碘及氧烃化反应制得。

胺-环氧乙烷缩合物 amine-ethylene oxide condensate 深棕红色液体。闪点 [(CH$_2$CHO)$_n$H]$_4$(CH$_3$)$_4$NRN 110℃。运动黏度 14 ～ 23mm^2/s (100℃)。氮含量 0.40%～0.65%。用作润滑油抗乳化剂,具有良好的抗乳化性、水萃取性及降解性。对新鲜或降解润滑油均有效,与十二烯基丁二酸混合物有协同增效作用。主要用于齿轮油、汽轮机油、透平油、抗磨液压油、压缩机油及其他工作时会与水接触的润滑油。由胺和环氧化物为原料,经缩合后精制而得。

胺盐型表面活性剂 amine salt surfactant 通式为(Ⅰ)的阳离子表面活性剂。由脂肪胺与酸(如盐酸、硫酸、乙酸等)反应生成。一般为不挥发的无臭固体。易溶于水而不溶于有机溶剂醚、烃等。

$$\begin{bmatrix} R_2 \\ R_1-N-H \\ R_3 \end{bmatrix} X \begin{Bmatrix} R_1 = 烃基; \\ R_2、R_3 = H 或烃基 \\ X = 阴离子 \end{Bmatrix}$$
(Ⅰ)

具有优良的表面活性。在碱性条件下,

这类表面活性剂会生成相应的不溶于水的胺,从而失去表面活性。可在酸性介质中用作乳化剂、分散剂、润湿剂及浮选剂等。

昂丹司琼　ondansetron　又名恩丹西酮、奥一麦、枢复宁、翁丹西隆、1,2,3,9-四氢-9-甲基-3-[(2-甲基-1H-1-咪唑基)甲基]-4H-咪唑-4-酮。微黄色结晶。熔点231～232℃。其盐酸盐二水物($C_{18}H_{19}N_3O·HCl·2H_2O$)为白色结晶,熔点178.5～179.5℃,易溶于水,不溶于氯仿。一种强效、高选择性的外周及中枢5-HT_3受体拮抗剂。有强止吐剂作用,且无其他止吐剂的副作用,如锥体外系反应、过度镇静。临床用于缓解由顺铂、非顺铂和放射治疗引起的恶心呕吐。也用于预防手术后恶心呕吐。以1,2,3,9-四氢-咔唑-4-酮为原料,经甲基化、缩合、成盐等反应制得。

螯合剂　chelant　分子中含有两个以上电子给予体,可通过配位键与金属离子形成一个特殊的蟹螯状结构化合物(螯合物),称其为螯合剂。而金属离子与螯合剂形成螯合物的作用称为螯合作用。螯合作用广泛用于溶剂萃取分离、沉淀分离、防老剂合成、比色定量及生化等领域。如制造肥皂时,微量金属存在会使肥皂自动氧化,加入少量螯合剂螯合肥皂中的金属,使金属失去活性,从而防止肥皂变质;药物制剂中加入少量螯合剂可以增加制剂的稳定性;食品中加入少量螯合剂用于消除易引起有害氧化作用的金属离子,可提高食品的储存稳定性。常用螯合剂有乙二胺四乙酸、次氮基三乙酸等。

螯合树脂　chelate resin　具有螯合官能团,对特定离子具有选择性螯合能力的树脂,能将离子交换与螯合反应结合起来,既有生成离子键,又有形成配价键的能力。其螯合官能团是一类含有多个配位原子的功能基团,最常见的配位原子是具有给电子性质的第Ⅴ到第Ⅶ族元素,主要为O、N、P、S、As及Se等。它可以从含有多种金属的溶液中有选择地捕集并分离特定金属离子,如从废水中分离稀有金属离子,回收稀有金属等。也可用作催化剂、光敏材料及抗静电剂等。螯合树脂的制备主要有两种方法:一是先制备含有螯合基团的单体,再通过均聚、共聚及缩聚等方法制得;二是利用接枝反应等方法将螯合基团引入天然或合成高分子骨架上而得。

奥拉西坦　oxiracetam　又名奥拉酰胺、脑复智、健朗星、4-羟基-2-氧-1-吡咯烷酰胺。白色结晶性粉末。熔点165～168℃。溶于甲醇、二氯甲烷、异丙醚等。一种改善脑功能治疗老年性痴呆药。以亚氨二乙酸乙酯、2-乙氧羰基乙酰氯、三乙胺等为原料制得。

奥美拉唑　omeprazole　又名洛赛克、洛凯、5-甲氧基-2[[(4-甲氧基-3,5-二甲基-2-吡啶基)甲基]亚硫酰基]-1H-苯并咪唑。为第一个上市的质子泵抑制剂药物。对基础胃酸分泌和由组胺、五肽胃泌素、乙酰胆碱、食物及刺激迷走神经等引起的胃酸分泌都有强而持久的抑制作用。用于治疗胃、十二指肠溃疡,返流性食管炎、卓-艾综合征、消化性溃疡出血等。也可与其他药物合用根除幽门螺杆菌感染。由 2-巯基-5-甲氧基苯并咪唑与 3,5-二甲基-2-氯甲基-4-甲氧基吡啶反应后再经氧化制得。

奥沙氟生 oxaflozane 又名 4-(1-甲基乙基)-2-[3-(三氟甲基)苯基]吗啉。油状液体。沸点 99℃(400Pa)。折射率 1.4751(24℃)。其盐酸盐熔点 164℃。溶于水。一种抗焦虑药。用于治疗抑郁症、神经官能症所致的焦虑不安、植物神经症状及失眠等。以 3-(三氟甲基)苯乙酮、氯仿、N-(1-甲基乙基)乙醇胺等为原料制得。

奥沙拉秦 olsalazine 又名奥柳氮、地泊坦、5,5′-偶氮双水杨酸。暗紫色固体。熔点 > 278℃。其钠盐熔点 > 300℃。溶于水。一种抗结肠溃疡药。是前体药物,服用后结肠中的细菌使重氮键分裂,释出氨基水杨酸而起作用。由于不含磺胺成分,不良反应少见。尤适合于长期维持治疗及不能耐受柳氨氮磺嘧啶的结肠炎患者。以 5-氨基乙酰水杨酸重氮盐酸盐、水杨酸、冰乙酸等为原料制得。

奥沙利铂 oxaliplatin 又名草酸铂、奥沙力铂、乐沙定、艾恒、奥铂、草酸-(反式-L-12-环己二胺)合铂。白色粉末。易溶于水。化学性质稳定。为 1996 年第一个上市的抗肿瘤手性铂配合物。属第三代铂类抗癌药。在水中溶解度介于顺铂和碳铂之间。对转移性结肠癌、直肠癌、大肠癌、非小细胞肺癌、卵巢癌、乳腺癌等多种动物和人肿瘤细胞株,包括对顺铂和碳铂耐药肿瘤株都有显著抑制作用。常见副作用是血象改变、恶心、呕吐、口腔炎等。

奥沙米特 oxatomide 又名苯咪唑

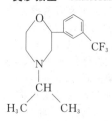

嗪、天赐特、1-[3-[4-(二苯甲基)-1-哌嗪基]丙基]苯并咪唑啉-2-酮。白色粉末。熔点153.6℃。不溶于水，溶于苯、氯仿。一种免疫抑制性抗变态反应类药物，有抗组胺作用，用于过敏性鼻炎、结膜炎、荨麻疹、皮肤瘙痒、食物过敏及小儿支气管哮喘等。由 N-二苯甲基哌嗪、1-(3-氯丙基)-1,3-二氢-苯并咪唑-2-酮、三乙胺反应制得。

奥沙普嗪 oxaprozin 又名噁丙嗪、诺松、诺德伦、4,5-二苯基-2-噁唑丙酸。白色结晶性粉末。熔点160.5～161.5℃。不溶于水、乙酸，溶于热甲醇、苯。一种长效非甾体抗炎镇痛药。用于治疗风湿性、类风湿性关节炎、骨性关节炎等，疗效优于阿司匹林、消炎痛等。以安息香、琥珀酸酐、吡啶等为原料制得。

奥沙西泮 oxazepam 又名舒宁、去甲羟安定、5-苯基-3-羟基-7-氯-二氢-2H-1,4-苯并二氮杂䓬-2-酮。一种苯二氮䓬类催眠镇静药。白色或类白色结晶性粉末。几乎无臭。熔点198～202℃(分解)。不溶于水，微溶于乙醇、氯仿。对光稳定。本品是地西泮的代谢产物，毒性低，副作用小，对焦虑、紧张、失眠均有疗效。还能控制癫痫的大发作和小发作。

奥昔布宁 oxybutynin 又名尿多灵、奥宁、α-环己基-α-羟基苯乙酸-4-二乙氨基-2-丁炔酯。白色固体。熔点129～130℃。一种泌尿道平滑肌解痉剂。具有直接解痉和抗胆碱双重作用，能增加膀胱容量及每次排尿量，减少不自主的膀胱收缩，延长两次排尿间隔时间。用于治疗膀胱炎、尿道炎、尿路感染等引起的尿急、尿频、尿失禁等。以苯酰甲酸乙酯、氯环己烷、乙醇4-(二乙氨基)-2-丁炔酯等为原料制得。

奥昔膦酸钠 oxidronic acid sodium 又名单羟基亚甲基二膦酸二钠。白色固体。熔点297～300℃。溶于水。一种骨显像剂。将核素^{99m}TC与其螯合后用于单光子发射计算机断层摄影(SPECT)的骨骼显像。除奥昔膦酸盐的TC螯合物外，这类放射性药物还有多聚磷酸盐、羟乙基二膦酸、亚甲基二膦酸等的TC螯合物。以亚磷酸三异丙酯、二溴甲烷、四氯乙烷等为原料制得。

奥扎格雷 ozagrel 又名丹奥、(E)-对(1-咪唑甲基)肉桂酸。白色结晶。熔点223～224℃。其钠盐熔点308℃(分解）。溶于乙醇、乙醚。一种脑血管病用药。为血栓烷合成酶抑制剂，能抑制血小板聚集。由溴甲基肉桂酸甲酯与咪唑反应后再经氧氯化钠水解制得。

薁 azulene 又名甘菊环烃。天然存在于春黄菊、千叶蓍草、樟树叶等植物中。为从春菊油中提取红没药醇时的副产物，可收集115～135℃(1.33kPa)之间的馏分而取得。深蓝色叶片状或单斜片状结晶。有萘样气味。不溶于水，溶于乙醇、乙醚及丙酮。紫外吸收特征波长273nm。有强烈抗炎及抗菌性。内服可治疗溃疡性胃肠炎。用于肤用品能防治多态性痤疮及抗变态反应或过敏性疾病。用于防晒制品可预防阳光灼晒伤或治疗因阳光曝晒所引起的伤害。

澳洲坚果油 Macadamia nut oil 取自澳洲坚果核的植物油，干核含油质量分数为75%～79%。为淡黄色油状液体，略有油脂芬芳气味。相对密度0.909～0.915(25℃)。折射率1.467～1.470(25℃)。熔点约−12℃。不溶于水、甘油、丙二醇、山梨醇及聚二甲基硅氧烷，溶于矿物油、豆油、葵花油及肉豆蔻酸异丙酯等。其脂肪酸组成为：油酸57.8%、棕榈油酸21.4%、豆油酸2.7%、亚麻酸3.4%、棕榈酸8.8%、肉豆蔻酸0.8%。是唯一含大量棕榈油酸的天然植物油，其脂肪酸组成与人体皮脂相似，具有无毒安全、易乳化、对皮肤渗透速度快，并具有抗氧化、抗紫外辐射保护细胞膜等作用。

八氯二丙醚 octachlorodipropyl ether

$Cl_3CCH(Cl)CH_2OCH_2CH(Cl)CCl_3$

又名双(2,3,3-四氯丙基)醚。淡黄色液体，有香味。相对密度1.7。沸点144～155℃(0.133kPa)。闪点177℃，折射率1.5282。不溶于水，溶于乙醇、乙醚、丙酮、苯、煤油、柴油等。在碱性介质中不稳定。低毒。用作农药增效剂，对拟除虫菊酯、氨基甲酸酯及有机磷等杀虫剂均有增效作用。可与大多数杀虫剂及其他增效剂混合使用，也可加入气雾剂、喷射剂、电热蚊香片等制剂中。但不能与碱性物质混用。由三氯乙烯与聚甲醛反应制得。

八氢番茄红素 phytoene 又名植烯。一种多萜类化合物。广泛存在于南瓜、番茄、柠檬及海藻等植物中。是生物体合成番茄红素或β-胡萝卜素时的中间产物。淡黄色结晶。不溶于水、酸、碱，难溶于甲醇、乙醇，稍溶于乙醚、石油醚，溶于苯、氯仿、二硫化碳。有强抗氧化性，对羟基自由基、臭氧、过氧化氢及其他

自由基均有清除作用,除用作食用色素外,在护肤品中可用作抗氧化剂及防紫外线剂。可由海藻洗涤除盐后,将干燥粉末用溶剂萃取、分离制得。

八羰基二钴 octacarbonyl dicobalt 橙红色至棕黑色结晶粉末。相对密度1.87。熔点51℃。高于52℃时开始分解为$[Co(CO)_3]_4$及CO,但分解不完全,在60℃下需经两天才能完全分解。不溶于水,溶于乙醇、乙醚、苯、石油醚及四氯化碳等。暴露于空气中分解成碱式碳酸钴。与卤素反应分解成二价钴卤化物及一氧化碳。高毒。是羰基合成醇和醛的重要催化剂。也用作高分子聚合催化剂、汽油抗爆燃剂,以及用于制备高纯钴盐。由金属钴粉与一氧化碳在高温高压下反应制得。

八乙基卟啉 octaethylporphyrin 又名2,3,7,8,12,13,17,18-八乙基-21H,23H-卟吩。紫色结晶。熔点324~325℃。不溶于甲醇,溶于二氯甲烷。一种具有芳香性大环四吡咯结构的化合物,是一个大的平面共轭体系。在卟啉化学中,常用作天然产物叶绿素、血红蛋白等结构性能研究的模拟物。其高度的对称性及良好的反应性,可用于制造光、电、磁等特种性能的材料。由丙酰乙酸乙酯及乙酰丙酮为起始原料制得5-甲基-3-乙基-4-乙酰基-2-乙氧羰基吡咯,再经溴化、氨解、成环及还原而制得。

钯催化剂 palladium catalyst 以钯为主要活性组分的催化剂。钯对H_2、O_2、CO、C_2H_2、C_2H_4等气体均有较强吸附作用,尤其对氢具有巨大的亲和力,能比任何其他金属吸附更多的氢。海绵状或粉状钯能吸附其体积900倍的氢气。是优良的加氢、脱氢催化剂,广泛用于不饱和烃加氢,也用于催化氧化、聚合、裂化和不对称催化反应等。品种较多,可分为负载型钯催化剂、胶体钯催化剂、钯黑催化剂、氧化钯催化剂等。

钯炭催化剂 palladium-carbon catalyst 以钯为活性组分,活性炭为催化剂载体的一类催化剂。广泛用于不饱和烃和其他不饱和化合物的加氢过程。其制备方法是将含钯溶液与活性炭混合,使活性炭饱和吸附含钯水溶液,再用适当的还原剂将吸附在活性炭上的钯离子还原成金属钯,并同时被活性炭吸附住,经脱水和干燥后制得钯炭催化剂。采用不同含钯化合物和还原剂,选用具有不同结构及比表面积的活性炭载体,可制得不同用途及规格的催化剂。

白虫胶
见"紫胶"。

白蛋白 albumin 又名清蛋白。血浆蛋白中数量最多的一种蛋白质,几乎存在于所有动植物组织中。卵白蛋白、乳白蛋白、肌白蛋白、血清白蛋白等都属于此类。自人血浆分离的白蛋白有人血清白蛋白和胎盘血白蛋白。溶于水,对酸较稳定,受热会聚合变性。溶液中加入氯化钠或脂肪酸盐能提高其稳定性,主要功能是维持血浆胶体渗透性,可作为血容量扩充剂,提高胶体渗透压,增加血容量,也可补充机体蛋白,治疗机体低蛋白血症。对预防或抢救失血性休克、严重烧伤有疗效,食品工业中也用作人造香肠的粘接剂。

白桦焦油 betula alba tar oil 又名桦焦油。浅黄色至深棕色澄清液体(粗油为棕黑色)。主要成分为水杨酸甲酯(90%以上),还含有 2-甲氧基-4-甲基苯酚、甲酚、愈创木酚、儿茶酚及其他非酚类化合物。相对密度 0.886~0.950。闪点 85℃。含酚量 5%~20%。不溶于水、甘油、矿物油,溶于乙醇、乙醚、氯仿、苯等。属植物天然香料,用于调配皮革、烟草及药皂香精。用于制革,能掩盖皮革的不良气息,并有防腐作用;用于医药,具有消毒作用,对慢性湿疹等皮肤病有一定疗效。由桦木科植物白桦树树皮及树干经干馏得到粗油后再经精制而得。

白蜡 white wax 又名中国蜡、虫蜡、川蜡。一种动物蜡,白色或淡黄色结晶固体。有光泽,质硬而脆。是白蜡虫分泌于所寄生的白蜡树和女贞树嫩枝上的蜡,为我国特产。主要成分是二十六碳脂肪酸与二十六碳脂肪醇所构成的酯类。相对密度 0.952~0.975(15℃)。熔点 80~85℃。酸值 3~15mgKOH/g。皂值 mgKOH/g。不溶于水、乙醇、乙醚,溶于苯、氯仿等。用于制造蜡烛、鞋油、地板蜡、家具上光剂、汽车上光蜡、油墨等。也用作糖果与水果上光剂及用于医药、化妆品等。

白兰花油 michelia oil 又名玉兰花油。淡黄色至棕黄色澄清液体。具有白兰花香气,略带花蕊气息。主要成分为芳樟醇、柠檬烯、吲哚、桉叶油素、石竹烯、异戊酸甲酯、丁香酚甲醚等。相对密度 0.870~0.910,折射率 1.460~1.490。含醇量(以芳樟醇计)≥50%。不溶于水、甘油,溶于乙醇、乙醚。属植物类天然香料,主要用于调配高档化妆品、香皂及花香型香精。由木兰科植物白兰的鲜花经水蒸气蒸馏制得。

白兰叶油 michelia leaf oil 淡黄色至浅橄榄黄或黄绿色油状液体,具有芳樟醇及白兰花似香气。主要成分为芳樟醇、丁香酚甲醚、桉叶油素、石竹烯、月桂烯等。相对密度 0.860~0.890。折射率 1.455~1.480,不溶于水,以 1∶3 溶于70%乙醇中,也溶于乙醚、氯仿。为植物类香料,主要用于调配花香型日化香精,用于香水、香皂及化妆品等。由木兰科植物白兰的叶子经水蒸气蒸馏制得。

白千层油 cajuput oil 又名玉树油。无色或绿色或黄色油状液体,具有芳香气味,味苦。主要成分为桉叶素(56%~65%)、戊醛、松油醇、蒎烯、苧烯、倍半萜烯等。相对密度 0.908~0.925。折射率 1.466~1.472。不溶于水,以 1∶1 溶于80%乙醇中,也溶于乙醚、氯仿等。主要用于提取桉叶油素。也用于医药及食品工业,医药上可用作祛痰剂、兴奋剂及防腐剂;食品中用于焙烤食品、饮料及糖果等加香。由桃金娘科植物白千层树嫩枝叶经水蒸气蒸馏制得。

白雀木醇 quebrachitol 又名橡醇。

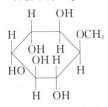

无色晶体或粉末,易吸湿结合为结晶水。溶于水、甲醇,微溶于乙醇。天然存在于天然橡胶及白雀木等中。有良好的保湿性能。用作浴用品及香皂的保湿剂,与皮肤有较好亲合力,用后有滋润、柔和及新鲜的洁净感。可由橡胶乳浆残留物喷粉干燥、溶剂洗涤、干燥、脱色而制得。

白色颜料 white pigment 指在可见光的全范围内,几乎能等强度地反射所有波长的可见光的颜料。白色颜料的散射能很大,而吸收能则很小。主要为无机颜料,如钛白粉、锌钡白、氧化锌、铅白、锑白等。广泛用于涂料、塑料、橡胶、陶瓷、美术水泥等的着色。

白炭黑 white carbon black 又名沉淀二氧化硅。白色无定形粉末,质轻而松散。$SiO_2 \cdot nH_2O$。SiO_2 含量 $\geqslant 90\%$。相对密度 1.9～2.3,熔点 1750℃。pH 值 5～8。不溶于水及普通酸,溶于氢氧化钠及氢氟酸。吸湿后形成聚合细颗粒,电绝缘性高,耐高温,不燃烧,对其他化学药品稳定,具有多孔性及大的比表面积,平均粒径 11～110nm,比表面积 35～380m^2/g。对维生素、酶制剂、抗生素及化妆品常用活性成分有良好的相容性。用作橡胶补强剂、合成树脂及新闻纸填充剂、涂料及胶黏剂的增稠剂、牙膏及化妆品面膜的摩擦剂、粉末灭火剂的防结块剂、金属抛光剂、颜料防沉淀剂及催化剂载体等。由硅酸钠与稀盐酸或硫酸反应制得。

白消安 busulfan 又名马利兰、二甲磺酸丁酯。白色结晶粉末。无臭。熔点 115～118℃。
$$CH_2CH_2OSO_2CH_3 \\ | \\ CH_2CH_2OSO_2CH_3$$
不溶于水,微溶于乙醇,溶于丙酮。为一细胞周期非特异性药物,与盐酸氮芥同属烷化剂,作用机理亦是与 DNA 结合。对多种肿瘤有抑制作用。主要用于治疗慢性粒细胞白血病及真性红细胞增多症、原发性血小板增多症、骨髓纤维化等。偶也用作免疫抑制剂,治疗某些自身免疫性疾病。但用量过大或给药时间过长可引起严重骨髓再生障碍。由 1,4-丁二醇与甲磺酰氯经缩合反应制得。

白油 white oil 一种无色透明、无臭、不发萤光的液体油料,分工业白油、食品机械专用白油、食品级白油及化妆品级白油。工业白油适用于作化学纤维纺织的柔软剂和润滑剂,合成树脂及塑料加工中的润湿剂和溶剂,乙烯聚合引发剂的溶剂等;食品机械专用白油适用于与食品非直接接触的食品加工机械设备的润滑;食品级白油用于食品上光、防粘、脱模、消泡、密封、抛光和食品机械、手术器械的防锈、润滑;化妆品级白油适用作化妆品工业原料,制造护肤霜、发油、发乳及唇膏等。白油生产工艺分为磺化法及加氢法两种。磺化法是将白油基础油与磺化剂反应后经白土补充精制而得,加氢法是将白油基础油经催化加氢除去油品中的硫、氮、氧及金属杂质等而制得。

白油膏 white factice 又名冷法油膏。白色蓬松粉末状海绵体。游离态硫≤0.5%,汽油抽出物≤30%。相对密度1.10～1.36。不溶于水。主要用作橡胶软化剂,有利于橡胶制品在成型加工时的压延及压出,也用作橡胶填充剂,多用于制造擦字橡皮和皮球。由菜籽油或蓖麻油等植物油和矿物油与碳酸钙混匀后,与一氯化硫反应制得。

百菌清 chlorothalonil 又名2,4,5,6-四氯-1,3-苯二甲腈、达克宁、大克灵。纯品为无色结晶。熔点250～251℃。沸点350℃。工业品原药为稍带黄色而略带

气味的结晶,几乎不溶于水,溶于苯、二甲苯、二甲基甲酰胺。对一般酸碱水溶液及紫外线稳定,在强碱下分解。pH值大于9时会发生水解。对人、畜低毒,而对鱼类毒性较大,是一种高效、广谱、低毒的杀菌剂及防霉剂,用于木材、皮革、涂料、磁记录材料及塑料等的防霉。也用于防治小麦、水稻、果树、蔬菜、茶叶等作物的病害及蚕体消毒。它通过分子结构中的CN基与菌体的原生质和酶蛋白中的-SH基进行作用而致药。由间二甲苯与液氨反应生成间二苯腈后,再用氯气氯化制得。

百里(香)酚 thymol 又名麝香草酚、1-甲基-3-羟基-4-异丙基苯。白色晶体。有特有苯酚样的气味,带有百里香油样的草香香气。相对密度0.972～0.979,熔点48～51℃。沸点233℃。折射率1.523。闪点102℃。微溶于水、甘油,溶于乙醇、乙醚及常用有机溶剂。与薄荷脑、樟脑等固体香料一起放置时会缓慢变成液体。为酯类合成香料,用于调配牙膏、爽身粉、香皂、胶姆糖及某些化妆品用香精。也大量用于合成薄荷脑。由百里香基胺与亚硝酸钾经重氮化反应制得。

百里(香)油 thyme oil 又名麝香草油。深红棕色至深绿色油状液体,有强烈药草香气,略带酒味。主要成分为百里(香)酚、香芹素、里哪醇、乙酸冰片酯、蒎烯、莰烯、倍半萜烯等。相对密度0.911～0.954(21℃)。折射率1.4940。不溶于水、甘油,溶于乙醇、乙醚、非挥发性油。为天然芳香精油,主要用于配制牙膏、爽身粉等日化香精及糖果、调味品、软饮料等食用香精。也用作防腐剂、消毒剂。由唇形科植物百里香草的叶经水蒸气蒸馏制得。

柏木脑 cedrol 又名柏木醇、柏木油醇。白色针状晶体。有温和的柏木香气。天然存在于柏木、雪松等精油中。相对密度0.970～0.990。熔点85.5～87℃。沸点290～294℃。折射率1.506～1.514。不溶于水,微溶于甘油、矿物油,溶于乙醚、苯甲酸苄酯、乙醇。属醇类香料,具有膏香、木香,香气持久,用于调配檀香、木香、花香、辛香等花香型日化香精。也用作卫生用品增香剂、防腐剂。由柏木油或丝柏油经分馏、结晶而制得。

柏木油 cedar wood oil 又名刺柏木油、雪松油。淡黄色至棕红色油状液体。具有柏木特有的柔和而持久的香气。主要成分为柏木烯、柏木醇、柏木脑、松油醇、松油烯等。相对密度 $0.938\sim0.953$。折射率 $1.495\sim1.510$。难溶于水,以 $1:5$ 溶于 95% 乙醇中,也溶于乙醚、氯仿。化学性质较活泼,能在一定条件下进行氢化、酯化、加成等反应,生成甲基柏木烯酮、乙酸柏木酯等高档香料,属植物类天然香料,作为定香剂、协调剂,用于调配檀香型、东方型等香水香精、皂用香精及化妆品香精,也用于提取柏木烯、柏木脑等多种单离香料。由柏科植物刺柏的树干、树根经水蒸气蒸馏制得。

班布特罗 bambuterol 又名帮备、5-[2-[1,1-(二甲基乙基)氨基]-1-羟乙基]-1,3-亚苯基二甲基氨基甲酸酯。白色结晶。其盐酸盐熔点 $224\sim226℃$。溶于水。为 β-受体激动剂的平喘药,用于治疗支气管哮喘、喘息性支气管炎、肺气肿患者的支气管痉挛。由 $3',5'$-二羟基苯乙酮经酯化、溴化、缩合、还原、成盐制得。

斑蝥黄 canthaxanthin 又名 β_1,β-胡萝卜素-4,4'-二酮。紫色针状结晶。熔点 $206\sim208℃$。不溶于水,溶于甲醇、乙醚、苯、氯仿。天然存在于蛋黄中。用作食品添加剂,可用于饮料、冰淇淋、饼干、调味酱、肉类加工品等。也用于化妆品着色。由 β-胡萝卜素经氯酸钠氧化制得。

斑蝥素 cantharidin 又名六氢-3a,7a-二甲基-4,7-亚氧基异苯并呋喃-1,3-二酮。是由鞘翅类地胆科斑蝥属昆虫斑蝥中提取的一种单萜类化合物。白色结晶,无臭,有剧毒。熔点 $216\sim218℃$。不溶于冷水,溶于热水、丙酮、氯仿、乙酸乙酯及油类,微溶于乙醇。具有抑制癌细胞的蛋白质和核酸合成的作用,从而控制其大量增殖。对治疗原发性肝癌有一定疗效。常与其他抗肿瘤药配合使用。此外,对食道癌、乳腺癌、肺癌及白细胞下降等也有疗效。

半干性油
见"干性油"。

半胱氨酸 cysteine 又名巯基丙氨酸。$HSCH_2CH(NH_2)COOH$ 一种最简单的含硫氨基酸。白色片状结晶,有微臭。熔点240℃(分解)。溶于水、乙醇、乙醚及氨水,不溶于乙醚、丙酮、苯、乙酸乙酯。在中性或微碱性溶液中能被空气氧化成胱氨酸。分子中的巯基比较活泼,易脱氢生成不溶于水的二硫化物胱氨酸。医药上多用于治疗肝炎、锑剂中毒、放射性药物中毒及预防肝坏死等。日化工业用于配制持久性冷烫剂,对发丝有营养护理作用。半胱氨酸盐酸盐可用作面包发酵促进剂,可加速谷蛋白形成,防止老化。并有治疗支气管炎和化痰作用。可由毛发等蛋白质水解提纯制得,或由胱氨酸还原而得。

半合成分子筛催化裂化催化剂 semi-synthetic molecular sieve catalytic cracking catalyst $\phi 20 \sim 100mm$ 微球形催化剂。主要组成为分子筛(REY)/Al_2O_3-白土。$Al_2O_3 \geqslant 50\%$。孔体积$\geqslant 0.23$。比表面积$\geqslant 170m^2/g$,磨损指数$\leqslant 1.5\%$。中国产品牌号有CRC-1、Y-7等。催化剂具有抗重金属污染能力较强、焦炭选择性好、催化裂化活性高等特点。适用于提升管式催化裂化装置。用于掺渣油的重油裂化。也可与其他催化剂混合使用。由高岭土、一水软铝石经混合打浆、成胶、老化后与稀土Y型分子筛浆液混合,再经喷雾干燥、洗涤、过滤、干燥制得。

半合成青霉素 semisynthetic penecilins 是以生物合成的青霉素为原料,由化学合成法制造其部分结构所得到的系列抗生素产品。天然青霉素G经酰胺酶裂解得到6-氨基毒霉烷酸,在其分子上将6-位氨基变成酰胺或甲酰化成脒基,或在3位羧基上反应成酯均可得到青霉素类产品,如经酰氯法制造苯唑西林、混合酸酐法制造氨苄西林等,工业化生产并广泛应用的半合成青霉素有氨苄西林、氯唑西林、苯唑西林、氧哌嗪青霉素等。半合成青霉素由于改善了天然青霉素的缺点,其用途更为广泛,而一些半合成青霉素还可再修饰得到其他一些产品,如氨苄西林经加工可制得呋氨西林、哌拉西林等。

半乳糖低聚糖 galacto-oligosaccharide 主要成分为$4'$-半乳糖基乳糖,是含有一个葡萄糖基以β-1,4链相连,有1~4个直链糖苷基相结合的三糖至六糖的混合物。商品有低聚半乳糖含量为50%~70%的浅黄色糖浆状液体和白色粉末两种。甜度约为蔗糖的25%~35%。有良好的耐热(180℃)及pH值稳定性。为不消化糖,不能被人体消化吸收,可直接到达大肠为肠道细菌利用。能调节肠内菌群、抑制腐败菌生长,促进钙、钾吸收。适用于加入面包等焙烤制品、果冻、清凉饮料和酸乳等中。由乳糖水溶液经β'-半乳糖苷酶作用制得。

拌种剂
见"种衣剂"。

包皮纤维 clad fibre 一种对表层进行改性的功能化纤维,即在表面处部分或全部嵌入粒子而改变一种或多种性能的纤维。纤维的比表面积很大,其性能往往取决于表面的物理化学性质,通过改变表皮也就可改变纤维的性质,以获得纤维的特殊功能或改善纤维表面的其他功能。在纤维表面嵌入粒子(如金属粉、磁粉、磨料、颜料等)的方法有树脂粘接法、加热及加入增塑剂使表面软化黏附法、双组分纤维(混丝)加热软化嵌入法等,包皮纤维能改善纤维的印染性、抗静电性,以及赋予光导、催化等性能。

胞磷胆碱　citicoline　又名尼可林、二

$$\underset{\substack{\text{OH OH}}}{\underset{H}{\overset{NH_2}{\bigcirc}}}\text{—CH}_2\text{—O—}\overset{O}{\underset{OH}{P}}\text{—O—}\overset{O}{\underset{OH}{P}}\text{—O—CH}_2\text{CH}_2\text{N}^+(\text{CH}_3)_2$$

磷酸胞苷胆碱、胞二磷胆碱。易吸湿性白色粉末。无臭。易溶于水,不溶于乙醇、苯、丙酮。为核苷衍生物。通过减轻脑血管阻力,增加脑血流量,改善脑代谢,增强脑干与意识形态相关的上行激活系统的功能,因而可促进大脑功能恢复和苏醒。适用于脑外伤、中风后遗症等意识障碍,也用于中枢神经系统急性损伤所致意识障碍。无明显毒性作用,偶有一过性血压下降、失眠、头痛、恶心等症状。可以胞苷-5'-二磷酸盐为原料制取而得。

饱和树脂涂料
见"聚氨酯树脂涂料"。

保湿剂　humectant　一类具有能从潮湿空气中吸取水分的吸湿性物质。在护肤化妆品中能保持皮肤中水分的添加剂,也是加入化妆品水相中的重要组分。在牙膏中,保湿剂作为研磨剂、增味剂等的载体介质,形成平滑、均匀的膏体,当牙膏暴露在空气时,能保持牙膏不干燥发硬和防止当牙膏管口开启时因干硬受阻塞,经常保持牙膏呈可自由挤出的浆状。保湿剂常是一些吸湿性强的水溶性物质,如甘油、丙二醇、丁二醇、聚乙二醇、乳酸钠、吡咯烷酮羧酸钠、氢化葡萄糖等,选用时应能与其他化妆品原料配伍,凝固点低,并能在一般温度下保持水分,无毒、无味、无刺激性。

保泰松　phenylbutazone　又名布他唑

$$\text{CH}_3(\text{CH}_2)_2\text{CH}_2\underset{O}{\overset{}{\underset{}{\bigcirc}}}$$

立丁、布他酮。白色至类白色结晶性粉末。无臭,味略苦。熔点 104～107℃。不溶于水,溶于乙醇、乙醚及碱液,易溶于苯、丙酮、氯仿。一种吡唑酮类解热镇痛药。解热镇痛作用较乙酰水杨酸为弱,而抗炎作用较强,抗炎机制与水杨酸相似,同时有轻度的促尿酸排泄作用。主要用于治疗风湿性及类风湿性关节炎、痛风等。由硝基苯为起始原料,经还原环合、酸析而制得。

保险粉
见"连二亚硫酸钠"。

苝四甲酸二酐 3,4,9,10-perylenetetracarboxylic dianhydride 红棕色粉末。熔点>300℃。溶于无机碱溶液。

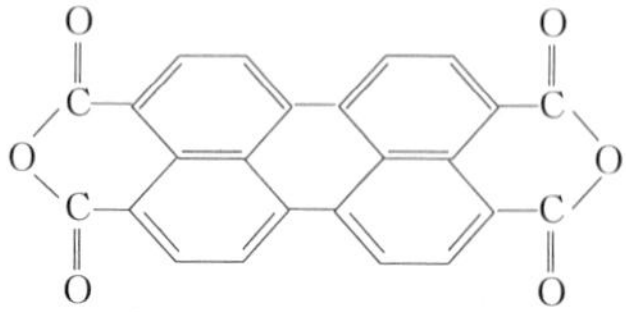

用于制造苝系颜料及合成树脂等。由1,8-萘二甲酸酐与氨反应生成1,8-萘二甲酰亚胺后，经氢氧化钾碱熔制得苝四甲酰亚胺，再经浓硫酸脱氨成酐而得。

苝系颜料 perylene pigment 由苝四甲酸酐合成的颜料。色谱主要为红～红棕色，有大红、枣红、紫红和棕色等，在《染料索引》中收录的苝系颜料品种有C.I 颜料红 123、149、178、179、190、224、C.I 颜料紫 29、C.I 颜料黑 32 等。这类颜料有很高的耐热、耐候、耐晒及耐有机溶剂性。在塑料中有很强的耐迁移牢度，在油漆中有较好的耐再涂性能，耐晒及耐候性与喹吖啶酮颜料接近，但着色力更强。主要用于高档金属漆、透明漆，尤适用于汽车原始面漆和修补漆，也用于塑料纤维原液着色。

贝凡洛尔 bevantolol

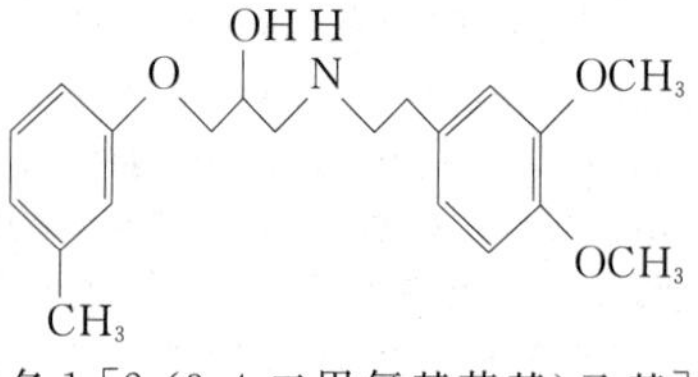

又名 1-[2-(3,4-二甲氧基苯基)乙基]氨基-3-间苯氧基-2-丙醇。其盐酸盐（又名卡理稳）为白色结晶，熔点 137～138℃（乙腈中），溶于水。为 β 受体阻滞剂，对 β_1 及 β_2 受体都有阻滞作用，作用是普萘洛尔的 1/3～1/2。用于治疗高血压，也用于治疗心绞痛、心律失常等。由间甲苯酚经醚化、胺解、成盐而制得。

贝螺杀
见"氯硝螺胺"。

贝诺酯 benorylate 又名扑炎痛、2-乙酰氧基苯甲酸-4′-乙酰氨基苯酯。白色结晶性粉末。熔点 175～176℃。不溶于水，易溶于热乙醇、丙酮、氯仿。为解热镇痛药。用于治疗感冒发热、头痛、

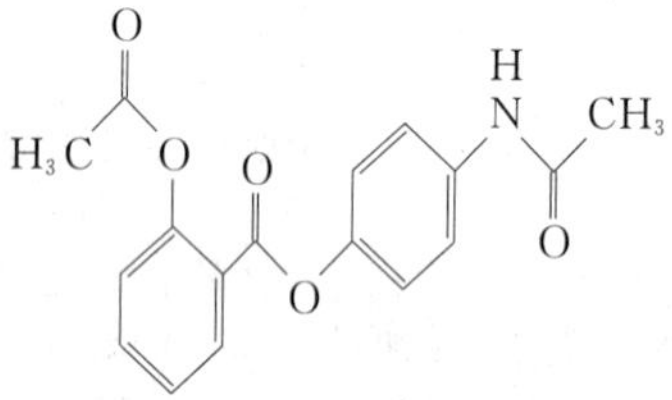

神经痛、手术后疼痛、风湿性关节炎、类风湿性关节炎及肌肉痛等。具有对胃刺激小、毒性低等特点。由乙酰水杨酸经氯化亚砜酰氯化后，再与对乙酰氨基酚的钠盐反应制得。

倍氟沙星 pefloxacin 又名培氟新、甲

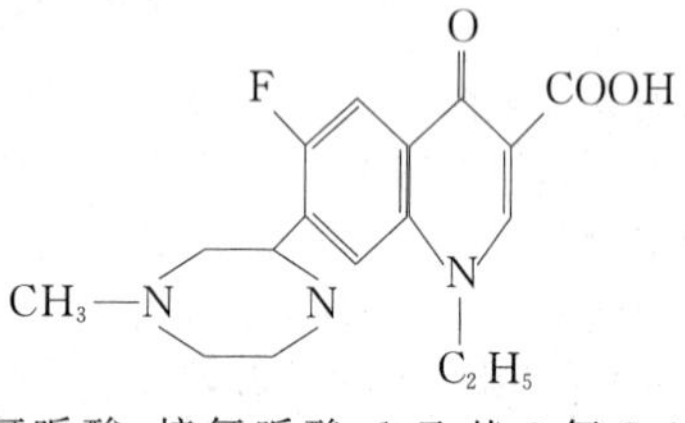

氟哌酸、培氟哌酸、1-乙基-6-氟-7-(4-甲基-1-哌嗪基)-1,4-二氢-4-氧代喹啉-3-羧酸。白色针状结晶。熔点 272～274℃。溶于乙醇。一种第三代喹诺酮类抗菌药，分子中引入氟原子，对肠杆菌、枸橼酸杆菌、沙雷杆菌、葡萄球菌等均有抗菌作用。用于淋病或淋球菌尿道

炎等。由诺氟沙星经甲基化制得。

2-苯胺基-3-甲基-6-二乙胺基荧烷 2-anilno-3-methyl-6-diethylamino fluoran 又名黑色素-1、黑N102、压敏黑TF-BL1、热敏黑TF-BL1。稍带红光的灰白色粉末。熔点199～201℃。遇酸迅速发色。发色后耐光牢度好，但耐油、耐碱及耐增塑性稍差。为单一品种黑色，用于黑色压敏记录纸对树脂发色。以间甲酚、N-溴代丁二酰亚胺、邻苯二甲酸酐等为原料制得。

苯胺甲基三甲氧基硅烷 anilinomethyltrimethoxysilane 又名南大-73硅烷偶联剂。淡黄色油状液体。相对密度1.09。沸点135～147℃。溶于醇、酮、醚、酯及烃类等有机溶剂。不溶于水，遇水变质。用作环氧树脂、酚醛树脂、三聚氰胺及聚氨酯等玻璃纤维增强塑料的偶联剂。也用作室温硫化硅橡胶的增塑剂。由甲基三氯硅烷经甲醇醇解后与苯胺反应制得。

苯胺甲基三乙氧基硅烷 anilinomethyltriethoxysilane 又名南大-42硅烷偶联剂。淡黄色油状液体。相对密度1.0210。沸点132℃（0.533kPa）。不溶于水，溶于醇、酮、醚、酯及烃类等多数有机溶剂。用作酚醛树脂、环氧树脂、三聚氰胺、聚氨酯等聚合物体系复合材料的偶联剂，可提高制品的机械强度。也用作室温硫化硅橡胶的增黏剂及塑料增塑剂。由甲基三氯硅烷经乙醇醇解后再与苯胺反应制得。

苯巴比妥 phenobarbital 又名鲁米那、5-乙基-5-苯基-2,4,6-($1H,3H,5H$)嘧啶三酮。白色带光泽的结晶或结晶性粉末。无臭，味微苦。熔点174.5～178℃。不溶于水，溶于乙醇、乙醚、氯仿、碱溶液。由于具有弱酸性，可与氢氧化钠反应生成苯巴比妥钠后制成水溶性的注射用药。露置于空气中，易吸潮及发生水解反应。为第一代催眠药，主要用于镇静、催眠、抗惊厥、抗癫痫。长期用药可导致成瘾，用量大时可抑制呼吸中枢而造成死亡。由苯乙酸、乙酯在醇钠催化下与草酸二乙酯缩合，经酸析、脱羰、乙基化，最后与脲环合制得。

苯并噁唑酮 2-benzoxazolinone 又名2-羟基苯并噁唑。白色结晶，熔点137～139℃。不溶于水，溶于苯、氯仿，用作植物生长保护剂。也用于合成医药、染料。由邻氨基苯酚、邻氯苯酚、邻硝基苯酚及水杨酰胺等原料制得。

苯并咪唑酮颜料 benzimidazolone

pigment 分子结构中含有 5-酰氨基苯并咪唑酮基的一类颜料。被《染料索引》登录的品种有：黄色的是 C.I. 颜料黄 120、151、154、175、180、181、194；橙色的是 C.I. 颜料橙 36、60、62；红色的是 C.I. 颜料红 171、175、176、185、208；紫色的是 C.I. 颜料紫 32；棕色的是 C.I. 颜料棕。是一类高性能颜料，其色泽非常坚牢，有优良的耐溶剂性、化学惰性和耐迁移性。主要用于制造高级印刷油墨及其他高档场合，如轿车原始面漆和修补漆、高层建筑的外墙涂料、高档塑料制品等。

苯并咪唑类杀菌剂 benzimidazole fungicides 苯并咪唑类杀菌剂是以有杀菌活性的苯并咪唑环为母体的一类化合物，几乎所有这类化合物均显示内吸杀菌活性，其中有代表性的化合物有多菌灵、苯菌灵、青菌灵、甲基硫菌灵、硫菌灵、噻菌灵、麦穗宁、唑菌灵。它们对苹果、梨、枫树、球根等的核盘菌属、链核盘菌属、小核菌属等菌核病菌有效，对麦类、蔬菜、果树叶白粉菌科的白粉病菌有效，对苹果、梨的黑星菌属黑星病菌有效，对果实、黄瓜、番茄、豌豆、玉蜀黍等的葡萄孢属灰霉病菌有效。

苯并咪唑烯丙基硫醚 2-(allylthio)benzimidazole 又名 2-烯丙硫基苯并咪唑。白色针状结晶。熔点 139～141℃。溶于水。为金属缓蚀剂。对铜、铝、不锈钢制品均有较强防蚀效果。用作金属酸洗时的缓蚀添加剂，在高温下也具有较高缓蚀率。以 2-巯基苯并咪唑、四丁基溴化铵、烯丙基氯等为原料制得。

L-苯丙氨酸 L-phenylalanine 又名 L-2-氨基-3-苯丙酸。一种芳香族氨基酸，为构成人体蛋白质的 8 种必需氨基酸之一。白色结晶或粉末。无臭，味微苦。熔点 283℃（分解）。难溶于乙醇、稀无机酸及碱溶液，溶于热水、10％盐酸。对光、热及空气稳定，碱性环境中不稳定，与葡萄糖一起加热会着色。医药上用于配制氨基酸输液及综合氨基酸制剂；食品工业用作营养强化剂，用于焙烤食品，可改善食品香味。也是生产甜味剂阿斯巴甜的原料。由淀粉、糖蜜等经发酵、分离而得。

苯丙酸诺龙 nandrolone phenylpropionate 又名苯丙酸去甲睾酮、17β-羟基雄甾-4-烯-3-酮苯丙酸酯。白色或乳白色结晶性粉末。有特殊臭味。熔点93～99℃。不溶于水，溶于乙醇、植物油。为最早使用的同化激素类药，具有促进蛋白质合成及钙质吸收的作用。用于慢性消耗性疾病、严重灼伤、骨折不易愈合、骨质疏松症、儿童发育不良、功能性子宫出血等疾病的治疗。主要副作用是男性化及对肝脏的毒性。以雌甾-4-烯-3,17-二酮为原料制得。

1,2-苯并噻唑啉-3-酮 1,2-benzothiazoline-3-one 棕色或浅棕色透明液体。相对密度1.05～1.06。pH值8～10。溶于水，用作乳胶漆及合成纤维油剂防腐剂。具有不释放甲醛、不含卤素、不挥发、稳定性好等特点。对酸碱稳定，180℃才开始轻微失重。与胺类相容，对金属无腐蚀性，但遇强氧化还原剂时，防腐能力降低。防霉性较差，对皮肤有刺激性。

苯并三唑 1,2,3-benzotriazole 又名1,2,3-苯并三氮唑、苯并三氮杂茂。无色至浅粉色针状结晶或粉末。熔点90～95℃。在98～100℃时升华。沸点204℃(2.0kPa)。微溶于水，溶于乙醇、苯、氯仿、二甲基甲酰胺。水溶液呈弱酸性。在空气中易氧化而逐渐变红，与碱金属离子可生成稳定的金属盐。低毒。为水处理中优良的铜缓蚀剂，添加到汽车防冻液和涂料中，可起防腐蚀及抑制铜金属变色的作用。对铝、铸铁、镍、锌等金属材料也有同样的防蚀作用。也用作照相防灰雾剂、紫外线吸收剂、催化剂，以及测定银、铜和锌等离子的试剂。由邻苯二胺经亚硝酸钠重氮化、环合而得。

苯达松 bentazone 又名灭草松、百草克、3-异丙基-(1H)-苯并-2,1,3-噻二嗪-4-酮-2,2-二氧化物。白色结晶性粉末。熔点137～139℃。难溶于水，微溶于苯，溶于乙醇、丙酮、氯仿。属内吸性除草剂，具有广谱、高效、低毒、无药害等特点。用于防治水稻、小麦、玉米、大豆等田地中单双子叶和阔叶杂草。由靛红酸酐、异丙胺经酰胺化后，与氯磺酸、2-甲基吡啶磺化成复盐，再经环合制得。

苯代三聚氰胺 benzoquanamine 又名2,4-二氨基-6-苯基-1,3,5-三嗪。白色结晶粉末。相对密度1.40。熔点227～228℃。溶于乙醇、乙醚、稀盐酸，稍溶于丙酮、二甲基甲酰胺，微溶于水、苯、乙酸乙酯。过热时会分解出有毒气体。可燃。用作交联剂，用于制造热固性树脂、氨基涂料及塑料等。也用于制造农药、染料、医药等。在金属钠或氢氧化钠催化下，由苯甲腈与双氰胺反应制得。

苯丁锡 fenbutatin oxide 又名螨完锡、克螨锡、杀螨锡、双[三(2-甲基-2-苯基丙基)锡]氧化物。白色结晶性粉末。熔点138～139℃。不溶于水，微溶于丙酮，溶于苯、二氯甲烷。对光、热稳定。

$$\left[\underset{\underset{CH_3}{|}}{\overset{\overset{CH_3}{|}}{\underset{|}{C}}}-CH_2\right]_3 SnOSn \left[CH_2-\underset{\underset{CH_3}{|}}{\overset{\overset{CH_3}{|}}{\underset{|}{C}}}\right]_3$$

属有机锡杀螨剂。杀菌谱广、对害螨具有触杀作用,但无内吸作用。对若螨、幼螨和成螨的杀伤力强,但对螨卵无效、药性缓慢。对人畜低毒。主要用于防治柑橘、葡萄等果树及观赏植物的多种活动期食植性螨类。由1-氯-2-甲基-2-苯基丙烷与镁反应生成格氏试剂,再与四氯化锡反应后与氢氧化钠作用制得。

苯噁洛芬 benoxaprofen 又名苯噁布洛芬、3-(4-氯苯基)-α-甲基-5-苯并噁唑乙酸。白色结晶粉末。熔点189～190℃。不溶于水,溶于乙醇、丙酮。用作抗炎镇痛药,用于治疗风湿性关节炎、类风湿性关节炎、骨性关节炎等。由2-(3-氨基-4-羟苯基)丙酸经乙醇酯化,再与对氯苯甲酰氯缩合、水解制得。

苯二甲胺 m-xylylene diamine 又名间苯二甲胺、1,3-二氨基二甲苯。一种苯二甲胺的间位、对位异构体的混合物,主要成分为间苯二胺,含对苯二甲胺约30%。为无色透明至微黄色液体,有杏仁味。相对密度1.055。凝固点14.1℃。沸点265℃(99kPa)。闪点134℃。折射率1.5700。溶于水、乙醇、苯,难溶于己烷、石油醚。易吸湿。低毒。对皮肤、黏膜有刺激性,可致敏。用作环氧树脂、胶黏剂、涂料等的固化剂,橡胶交联剂,金属螯合剂、防锈剂及纤维处理剂等。也用于制造聚氨酯树脂、尼龙、表面活性剂等。由间、对二甲苯混合物经氨氧化及催化加氢制得。

苯酚 phenol 又名石炭酸、酚。无色或白色结晶,有特殊气味。不纯品在光和空气作用下变为粉红色。相对密度1.0576。熔点42～43℃。沸点181.7℃。折射率1.5418(41℃)。溶于水,与乙醇、乙醚、丙酮、苯等互溶。易氧化生成苯醌,与金属锌作用被还原为苯。苯酚芳环上可进行卤化、硝化、磺化、烷基化及重氮盐的偶合反应,生成相应的化合物。呈弱酸性、可燃。有毒!对皮肤、黏膜的腐蚀性强。吞服3g以上可致死。是重要化工原料,用于生产酚醛树脂、染料、医药、香料、增塑剂及表面活性剂等,也用于污染物品表面消毒及保存疫苗等。由异丙苯氧化生产氢过氧化异丙苯,再用稀硫酸分解为苯酚及丙酮后分离而得。

苯酚加氢制环己醇催化剂 catalyst for phenol hydrogenation to cyclohexanol 环己醇是制造尼龙的中间体,也用于制造增塑剂、引发剂。生产环己醇的方法有苯酚加氢法、环己烷氧化法等。由于苯环上有取代羟基,因此,苯酚加氢比较容易,反应平稳。所用催化剂的中国产品牌号有 0501(氧化态)、0501(预还原态)等。0501(氧化态)催化剂为浅绿色圆柱体,Ni 含量为 28%～31%,氧化铝含量 18%～20%,堆密度 1.0g/mL;0501(预还原态)催化剂为黑色圆柱状,Ni 含量为 42%～47%,氧化铝含量为 20%～30%,堆密度 0.85～0.90g/mL。可由硝酸镍溶液与偏铝酸钠经中和、沉淀、洗涤、干燥、成型制得氧化态产品,经还原及钝化可制得还原态产品。

苯海拉明 diphenhydramine 又名 2-二苯甲氧基-N,N-二甲基乙胺。其盐酸盐为白色结晶性粉末。无臭,味苦。熔点 167～171℃。易溶于水、乙醇、氯仿,微溶于乙醚、苯。纯品对光稳定。遇酸易水解,为组胺 H_1 受体拮抗剂,能减弱或对抗组胺对血管、胃肠、支气管平滑肌的作用,对中枢神经系统有较强抑制作用。用于荨麻疹、枯草热、过敏性鼻炎、皮肤瘙痒等皮肤、黏膜变态性疾病。也用于预防晕动病及治疗妊娠呕吐。由二苯甲醇与二甲氨基氯乙烷直接醚化制得。

苯海索 benzhexol hydrochloride 又名安坦、盐酸苯海索、1-环己基-1-苯基-3-哌啶基-1-丙醇盐酸盐。白色结晶性粉末。无臭,味微苦。微溶于水,溶于甲醇、乙醇、氯仿,不溶于乙醚。熔点 250～256℃(分解)。为合成抗胆碱药,主要用于治疗震颤麻痹,改善僵直、运动障碍等。由苯乙酮与甲醛、盐酸哌啶缩合,与氯化环己镁加成,再经盐酸水解制得。

苯黄隆 tribenuron 又名阔叶净、麦乐禾、2-[[4-甲氧基-6-甲基-1,3,5-三嗪-2-基]甲基氨基甲酰氨基磺酰基]苯甲酸甲酯。固体。熔点 141℃。微溶于水。在 45℃ 以下稳定。一种磺酰脲类选择性内吸传导型除草剂。能抑制乙酰乳酸酶合成,阻碍细胞分裂,抑制芽梢和根生长。植株的根和叶吸收后,14 天内死亡。适用于小麦、大麦、元麦田,防除多数一年生及多年生阔叶杂草。适当添加表面活性剂可提高防治功效。由邻甲酸甲酯苯磺酰基异氰酸酯与 2-甲氨基-4-甲氧基-6-甲基均三嗪缩合制得。

苯磺酰肼 benzene sulfonyl hydrazide 又名发泡剂 BSH,白色至微黄色结晶粉末。相对密度 1.43～1.48。分解温度 103～104℃。在树脂中分解温度为 95～100℃。分解时主要放出氮气及少量水蒸气。不溶于水,溶于无机酸及碱液,微溶于一般有机溶剂。用作聚氯乙烯、聚苯乙烯、聚烯烃、聚酯、聚酰胺、环氧树脂等的发泡剂,尤适用作制造海绵橡胶的发泡剂。因分解过程伴有发热,会使制品内部温度升高,一般与碳酸氢钠混用。由苯磺酰氯与水合肼反应制得。

2-苯基并咪唑-5-磺酸 2-benzimidazole-5-sulfonic acid 白色至淡黄酸液体。无臭。稍溶于水,溶于乙醇、乙二醇、异丙醇,不溶于煤油、橄榄油、棕榈酸异丙酯等。有良好的稳定性。用作紫外线吸收剂,用于配制防晒霜、防晒油及防晒护发素等。当加入基质后可形成水溶性盐,具有良好的防晒作用。

2-苯基咪唑 2-phenylimidazole 白色至淡粉红色粉末。熔点137～147℃。沸点197～200℃(0.9kPa)。呈弱碱性。溶于水、乙醇。低毒。用作环氧树脂固化剂及酸酐固化剂的促进剂,适用于粉末成型制品及粉末涂装。也用于制造农药、染料、荧光增白剂等。由邻苯二胺与甲酸或氯仿反应后再经碱中和而得。

N-苯基-α-萘胺
见"防老剂 A"。

N-苯基-β-萘胺 N-phenyl-β-naphthylamine 又名防老剂 J、防老剂 D、尼奥

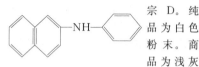

宗 D。纯品为白色粉末。商品为浅灰色粉末,在空气或日光下渐渐变成灰红色或棕色。相对密度1.18。熔点108℃。沸点395.5℃。不溶于水、汽油,溶于乙醇、四氯化碳,易溶于苯、丙酮、二硫化碳。易燃。有毒! 对皮肤、黏膜有刺激性。广泛用作天然及合成橡胶的通用型防老剂,对氧、热和挠曲引起的橡胶老化有防护作用。也用作各种合成橡胶后处理和储存时的稳定剂,聚乙烯、聚甲醛等塑料的抗热老化剂,乳液聚合终止剂。由苯胺与β-萘酚经缩合反应制得。

苯加氢制环己烷催化剂 catalyst for benzene hydrogenation to cyclohexane 工业用催化剂主要有两种,分别是非贵金属的镍系催化剂及贵金属 Pt 催化剂。中国产品牌号有 NCG 及 Pt 催化剂。NCP 以 Ni 为主活性组分,以氧化铝为载体,外观为45mm 的黑色或灰黑色圆柱体,堆密度为 $0.9～1.3g/mL$,孔体积约 $0.2mL/g$,比表面积 $80～170m^2/g$。Pt 催化剂的 Pt 含量为 $0.05\%～0.55\%$,载体为 $\gamma\text{-}Al_2O_3$,外观为浅灰色圆柱体,堆密度 $0.9～1.0g/mL$,孔体积 $0.45mL/g$,比表面积 $150m^2/g$。催化剂活性高、使用寿命长,硫中毒后还可再生使用。

苯甲雌二醇 estradiol benzoate 又名苯甲酸求偶二醇。白色结晶性粉末,无

臭。熔点191~196℃（分解）。不溶于水，微溶于乙醇，稍溶于丙酮。一种雌激素药物。用于因雌激素不足引起的功能性子宫出血、闭经、子宫发育不全、退奶等症状。作用与雌二醇相同，但肌内注射吸收慢，作用可持续2~5天。以雌酚酮为原料，经还原、成盐、酰化而制得。

苯甲曲秦 phendimetrazine 又名3,4-二甲基-2-苯基吗啉。白色结晶。熔点130~133℃。其酒石酸盐熔点182~185℃。溶于二醇。一种苯丙胺类厌食剂。作为减肥药已收集于美国药典。以盐酸麻黄碱、氯乙醇、酒石酸、硫酸等为原料制得。

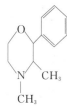

苯甲酸 benzoic acid 又名安息香酸。最简单的芳香酸。以游离 C_6H_5COOH 或酯的形式存在于各种动植物体中。白色鳞片状或针状晶体。有苯或甲醛的气味。相对密度1.266(15℃)。熔点122℃。沸点249℃。折射率1.5397。100℃时开始升华，370℃时分解为苯及 CO_2。微溶于冷水、石油醚，溶于热水，易溶于乙醇、乙醚、苯、挥发或非挥发性油，呈弱酸性。用于制造各种苯甲酸盐、苯甲酸酯及苯甲酸衍生物、香料、增塑剂、医药等。也用作聚苯乙烯固化促进剂、聚酯聚合引发剂、金属防锈剂等，食品及化妆品工业用作防腐剂及杀菌剂。可在乙酸钴等催化剂存在下，由甲苯氧化制得。

苯甲酸铵 ammonium benzoate 又名安息香铵。白色结晶性粉末。微有苯甲酸气味。相对密度1.26。熔点198℃。溶于水、甘油及沸醇。水溶液呈微酸性，接触空气会逐渐释出氨。用作丙烯酸酯橡胶的硫化剂，尤适用于不含氯的胶品，硫化速度快，硫化胶强度好。也用作防腐剂、消毒剂及测定铝的试剂。由苯甲酸与氨反应制得。

苯甲酸钙 calcium benzoate 又名安息香酸钙。白色结晶 $(C_6H_5COO)_2Ca$ 粉末。相对密度1.44。熔点190℃。钙含量13.45%~14.05%。微溶于水，易溶于沸水。无毒。用作聚氯乙烯热稳定剂，适用于半硬质、软质制品，如儿童玩具、医疗器械及食品包装袋等。也用作食品防腐剂及抗微生物剂。由苯甲酸与碳酸氢钙反应制得。

苯甲酸钠 sodium benzoat 又名安息香酸钠。白色颗粒或 C_6H_5COONa 结晶性粉末。无臭或略带安息香气味。味微甜而有收敛性。溶于水、乙醇、甘油、甲醇等。潮湿空气中会潮解。水溶液呈碱性，在酸性条件下可水解生成溶解度较小的苯甲酸。用作食品、化妆品、洗涤剂、涂料、牙膏、胶黏剂等的防腐剂。也用作浆糊、橡胶溶液、合成树脂、化纤及造纸等的防霉剂。可单独使用,也可与苯甲酸混合使用。1g苯甲酸钠相当于0.847g苯甲酸。低毒。由苯甲酸与碳酸氢钠反应制得。

苯甲酸锌 zinc benzoate 又名安息香锌。$(C_6H_5COO)_2Zn$。白色微细粉末。表观密度0.501。熔点118℃。锌含量20.8%~22%。溶于4份水,易溶于沸水。无毒。用作聚氯乙烯热稳定剂,与树脂相容性好。常作为复合热稳定剂的复配组分之一。用于软制品,如软管、片材、包装用薄膜及儿童玩具等,由苯甲酸与氯化锌反应制得。

苯甲酰氯 benzoyl chloride 又名氯化苯甲酰。无色透明液体,有刺激性臭味。相对密度1.212。熔点-1℃。沸点197.2℃。闪点88℃。折射率1.5537。溶于乙醚、苯、氯仿等。遇水、乙醇及氨水逐渐分解,生成苯甲酸、苯甲酸乙酯及苯甲酰胺。与氢氧化钠反应生成苯甲酸钠。与苯反应生成二苯甲酮。受热时放出有毒的光气。有毒!对皮肤、黏膜及眼睛等有强刺激性。用于制造二氧化苯甲酰、过氧化苯甲酰叔丁酯及染料、医药、农药、紫外线吸收剂等。也用于非离子型植物胶与两性金属含氧酸盐交联的冻胶压裂液中,与过硫酸盐配合作用,用作破胶剂。由苯甲酸与光气反应制得,或由三氯甲苯在酸性介质中水解制得。

苯甲酰脲类杀虫剂 benzoyl urea insecticide 又名几丁质合成抑制剂。一类能抑制靶标害虫的几丁质合成而导致其死亡或不育的昆虫生长调节剂。由于其独特的作用机制、较高的环境安全性、广谱高效的杀虫活性而被誉为第三代杀虫剂,其主要成分是苯甲酰脲类化合物。主要品种有氟铃脲、氟啶脲、氟虫脲、氟苯脲、噻嗪酮、灭蝇胺等。

苯甲酰无色亚甲蓝 benzoylated leuco methylene blue 白色粉末。熔点190℃。难溶于水,溶于苯、石油醚。一种功能性色素。遇酸发黄光蓝色,色泽鲜艳,发色浓度高,发色后耐光性好。但发色速度慢,以树脂为显色剂时几乎不发色。发色后λ_{max}为652nm。主要用作压敏纸成色剂,常与结晶紫内酯混合使用。由亚甲基蓝用锌片还原后,再与苯甲酰氯反应制得。

4-苯甲酰氧基-2,2,6,6-四甲基哌啶 4-benzoyloxy-2,2,6,6-tetramethyl piperidine 又名光稳定剂744。白色结晶粉末。熔点96~98℃,分解温度>280℃。不溶于水,溶于丙酮、苯、乙醇及乙酸乙酯等。本身几乎无吸收紫外线的能力,但能有效地捕获聚合物在紫外线作用下产生的活性自由基,从而起到光稳定效果。用作聚烯烃、聚氨酯、聚酯、聚酰胺等的光稳定剂,用于聚乙烯、聚丙烯中效果更好。光稳定性能比一般紫外线吸收剂高数倍。与抗氧剂及其他紫外线吸收剂并用有较强协同作用。以丙酮、氨及苯甲醚等为原料制得。

苯膦酸二甲酯 dimethyl phenyl phosphonate 又名二甲基苯基膦酸酯。无色透明液体。相对密度1.190。沸点247℃。不溶于水,溶于乙醇、丙酮、苯、氯仿等常用有机溶剂。一种不含卤素的添加型阻燃剂,热稳定性好,兼有阻燃及降低黏度的双重作用。适用于合成纤维、环氧树脂、酚醛树脂、不饱和聚酯等。由苯膦酰二氯与甲醇经醇解反应制得。

苯硫苯咪唑 fenbendazole 又名芬苯达唑、苯硫苯丙咪唑、5-苯硫基-2-氨基甲酸甲酯苯并咪唑。淡灰色结晶粉末。无臭、无味。熔点233℃(分解)。不溶于水,微溶于乙醇、乙醚、丙酮,易溶于二甲基亚砜。一种人、兽两用的广谱驱虫药。低毒。对动物胃肠道线虫有较强驱虫活性,对网线虫、双腔吸虫、片形吸虫和绦虫有高度驱虫活性。对牛、马、猪、羊的胃肠线虫、幼虫和成虫均有驱虫效果。由4-苯硫基邻苯二胺与N-(甲氧羰基)氨基甲亚胺酸缩合制得。

苯偶酰 benzil 又名联苯甲酰、二苯基乙二酮、联苯酰。白色至黄色晶体。相对密度1.230(15℃)。熔点95℃。沸点345~346℃(分解)。不溶于水,溶于醇、醚、芳烃及氯代烃等。储存稳定性较好,用作制造光敏胶、光固化涂料等的光敏剂。也用作有机合成中间体,用于生产抗癫痫药苯妥英钠及光敏剂安息香双甲醚等。由安息香用三氯化铁或乙酸铜等催化氧化制得。

苯噻酰草胺 mefenacet 又名苯噻草胺、2-(1,3-苯并噻唑-2-基氧)-N-甲基乙酰苯胺。白色结晶。熔点134.8℃。难溶于水。溶于丙酮、甲苯、二氯甲烷、二甲基亚砜,微溶于己烷。对光、热、酸、碱均稳定。一种酰胺类稻田除草剂。为内吸剂,主要通过芽鞘和根吸收,传导至幼芽和嫩叶,抑制生长点细胞分裂,致杂草死亡。适用于移栽稻田防除稗草、鸭舌草、水苋菜、牛毛草等。以乙酰氧基乙酰氯、N-甲基苯胺为原料制得。

苯三唑十八胺盐 benzothiazole octadecylamine salt 微黄色固体。熔点55~

63℃。不溶于水，溶于润滑油基础油。用作润滑油多效添加剂，具有良好的油性、抗磨、防腐、防锈等性能，对有色金属防锈效能更佳。与含硫极压抗摩剂复合使用有明显增效作用。用于调制齿轮油、双曲线齿轮油、抗磨极压油、油膜轴承油和润滑脂等。也作为防锈剂及气相缓蚀剂用于防锈油脂。

苯三唑衍生物 benzothiazole derivative 棕红色透明液体。相对密度 0.91～1.04。闪点 130℃。热分解温度 180℃。运动黏度 10～14 mm^2/s，碱值 210～230 $mg\ KOH/g$。不溶于水，溶于矿物油及酯类。用作润滑油抗氧化剂，具有良好的抗氧化性及油溶性，能以配位键在金属表面形成惰性膜或与金属离子形成螯合物，从而抑制金属对氧化反应的催化加速作用。与其他添加剂复合使用，有抗氧增效作用，但不能与氨基甲酸盐复合使用，以防发生沉淀。用于配制汽轮机油、油膜轴承油、工业齿轮油及变压器油等。

苯霜灵 benalaxyl 无色固体。相对密度 1.27(25℃)。熔点 78～80℃。蒸气压 0.67mPa (25℃)。微溶于水，溶于丙酮、二氯甲烷、氯仿、二甲基甲酰胺。水溶液对光稳定，在浓碱介质中发生水解。一种防治卵菌纲病菌的内吸杀菌剂。与甲霜灵、呋霜灵等 N-酰基丙氨酸类杀菌剂相比，具有活性高、毒性小、残留量低、病菌抗药性低等特点。用于防治马铃薯、草莓、番茄的疫霉菌，烟草、洋葱、大豆的黑霉菌，葡萄的单轴霉菌，观赏植物、黄瓜的丝囊霉菌及腐霉菌等。由 N-(2,6-二甲苯基)丙氨酸甲酯与苯乙酰氯反应制得。

苯妥英钠 phenytoin sodium 又名大伦丁钠、5,5-二苯基-2,4-咪唑烷二酮钠盐。白色粉末。无臭，味苦。在空气中会吸收 CO_2 而析出苯妥英。易溶于水并因部分水解呈混浊，溶于乙醇，不溶于乙醚、氯仿。水溶液呈碱性反应。为抗癫病药及抗心律失常药。为治疗癫痫大发作和部分性发作的首选药。但对癫痫小发作无效。也能治疗心律失常和高血压。主要被肝微粒体酶所代谢，用药量过大或短时内反复用药，可使代谢酶饱和，代谢将显著减慢，并易产生毒性反应。常见不良反应有行为改变、笨拙或步态不稳、思维混乱、震颤等。由苯甲醛与安息香缩合生成二苯乙醇酮，再经硝酸氧化、与尿素缩合而得。

苯烷基化催化剂 benzene alkylation catalyst 又名催化裂化干气与苯烃化制乙苯催化剂。一种由催化裂化干气与苯直接烃化生产乙苯的催化剂。中国产品牌号为 3884。可由高硅沸石粉与一水氧化铝混捏、挤条、干燥后，再浸渍稀土金属镧，经干燥、活化、水蒸气处理制得。

苯氧化制顺酐催化剂 catalyst for

benzene oxidation to maleic anhydride 用于固定床苯氧化制顺丁烯二酸酐(即顺酐)的催化剂。中国产品牌号有 BC-116、BC-118、TH-2 等。是以 V_2O_5 及 MoO_3 为主活性组分,添加 P、Ni、Er 的氧化物助剂,以刚玉为催化剂载体的空心环状或球状催化剂。用喷淋浸渍法将活性组分溶液喷浸在刚玉载体后,经干燥、熔烧活化制得。

苯氧乙醇 phenoxyethanol 又名乙二醇苯醚。无色油状液体,有芳香气味,相对密度 1.1094。熔点 14℃。沸点 245.2℃。闪点 121℃。折射率 1.534。pH 值 7.0。微溶于水,溶于乙醇、乙醚、丙二醇及碱液。用作消毒防腐剂及杀菌剂,有广谱抗菌活性。在较广 pH 值及温度范围内使用稳定,与其他抗菌成分组合,可增强其活性,加入金属工作液中,能抑制微生物生长繁殖。由苯酚与环氧乙烷在碱性条件下缩合制得。

苯乙双胍 phenformin 又名降糖灵。其盐酸盐为白色结晶性粉末。无臭,味苦。熔点 175~178℃。易溶于水、乙醇,稍溶于乙醚、氯仿。一种双胍类降血糖药。因不良反应多,目前已很少使用,欧美一些国家已停用。可由苄基氯经氰化、氢化、成盐、缩合等反应制得。

苯乙酸睾酮 testosterone phenylacetate 又名苯乙酸睾丸素。白色结晶性粉末,稍有异臭。熔点 129~131℃。不溶于水,溶于乙醇及脂肪油。一种雄激素药,作用与丙酸睾酮相似,但效力较强。用于男性因睾丸内分泌机能下降所致各种疾病,对女性月经过多也有抑制作用。对中、老年人及神经衰弱者的脑衰有一定恢复健全的功效。可由睾酮与半乙酰氯在吡啶中反应制得。

苯乙烯化苯酚
见"防老剂 SP"。

苯乙烯磺酸钠 sodium p-styrenesulfonate 棕黄色液体。活性物含量≥30%。溶于水,易发生聚合,应在低温、干燥环境中储存。长时间储存应加入阻聚剂。与丙烯酸、丙烯腈、丙烯酰胺等共聚制得的共聚物可用作水处理阻垢剂、絮凝剂、污泥脱水剂,也作热交换器防结垢剂,冷却水系统防蚀剂及金属表面处理剂等。由浓硫酸与苯乙烯在催化剂存在下反应后,再用氢氯化钠中和制得。

苯乙烯类热熔胶 styrene hot melting adhesive 以苯乙烯-丁二烯-苯乙烯嵌段共聚物(SBS)或苯乙烯-异戊二烯-苯乙烯嵌段共聚物(SIS)等为基料的热熔胶黏剂。制备时加入增黏剂、增塑剂、抗氧剂、溶剂及填料等。SBS 树脂溶解性好,与许多聚合物相容性好,无需塑炼与混炼,强度高、韧性好、固化快、耐低温,适合制备热熔胶;SIS与SBS相比较,低温柔软性更好,制胶透明度更高,黏性更强。SBS因分子中含有双键,其热稳定性和耐候性较差,使应用受到一定限制。SBS经加氢改性的苯乙烯-乙烯-丁烯-苯乙烯嵌段共聚物(SEBS)也可用作热熔胶的基料。苯乙烯类热熔胶可用于纸张、木材、纤维、玻璃及金属等的粘接。

苯乙烯类热塑性弹性体 thermoplastic styrene elastomer 又名苯乙烯嵌段共聚物。是以聚苯乙烯链段(S)为硬段、以聚二烯烃为软段(D)的三嵌段共聚物(SDS)或多嵌段共聚物。按嵌段单体二烯烃不同,有苯乙烯-丁二烯-苯乙烯嵌段共聚物(SBS)及苯乙烯-异戊二烯-苯乙烯嵌段共聚物(SIS),按分子结构不同又可分为线型和星型结构。此外,还有苯乙烯(S)-乙烯(E)-丁烯(B)-苯乙烯(S)嵌段共聚物(SEBS)及苯乙烯(S)-乙烯(E)-丙烯(P)-苯乙烯(S)嵌段共聚物(SEPS)。主要用于制造压敏胶黏剂、热熔胶、密封胶、橡胶制品、塑料及沥青改性等。

苯乙烯-马来酸高级酯共聚物 styrene-higher alkyl maleate copolymer 一种非离子表面活性剂。白色粉末。降凝值$\geqslant 10$℃,防蜡率$\geqslant 20\%$。具有降凝作用。用作含蜡原油集输储运中的防蜡降凝剂。对原油感受性好,降凝、降黏效果明显,适应范围广。由马来酸酐、苯乙烯及高级混合酯在对甲苯磺酸催化剂存在下反应制得。

苯乙烯-马来酸酐-丙烯酸二十二酯共聚物 styrene-maleic anhydride-docosyl acrylate copolymer 一种非离子表面活性剂。白色粉末。降凝值$\geqslant 14$℃。降黏率$\geqslant 60\%$。不溶于水,溶于苯、甲苯、二甲苯及柴油等有机溶剂。用作含蜡原油集输储运的防蜡降凝剂,降凝、降黏效果好,适用范围广。由丙烯酸二十二酯、马来酸酐及苯乙烯在引发剂存在下反应制得。

苯乙烯-马来酸酐共聚物鞣剂 styrene-maleic anhydride copolymer tanning agent 氨基树脂鞣剂的一种。是苯乙烯和马来酸酐在甲苯中经非均相沉淀聚合制得的共聚物。外观为白色粉末。不溶于水、甲苯,溶于氢氧化钠溶液及氨水。也可进一步改性,制成含共聚物20%～25%的水溶液。这类鞣剂分子结构中活性基团多,可用作白色革、浅色革及绒面革的复鞣剂。所得革粒面紧实,可增加皮革的丰满性。商品KS-1鞣剂、DLT-14鞣剂等均属此类产品。

苯乙烯-马来酰十八亚胺共聚物 styrene-octadecanyl maleimide copolymer 一种非离子表面活性剂。白色粉末。不溶于水,溶于苯、甲苯、二甲苯及柴油等有机溶剂。有降凝作用。凝固点降低值$\geqslant 10$℃。防蜡率$\geqslant 10\%$。用作原油集输储运的降凝剂。对含蜡原油感受性好,可显著改变原油中蜡的结晶形态,降低原油凝点,而且适应范围广。由马来酸酐、苯乙烯及二甲基甲酰胺在催化剂存在下共聚制得。

苯扎贝特 bezafibrate 又名心降脂、降脂苯酰、2-[4-[2-(4-氯苯甲酰胺基)乙基]苯氧基]-2-甲基丙酸。白色结晶。熔点186℃。不溶于水,溶于丙酮、氯仿。为贝特类调节血脂药。适用于高甘油三酯、高胆固醇血症。由 N-(4-氯苯甲酰)酪胺与丙酮反应制得。

苯唑西林 oxacillin 又名苯唑青霉素、苯甲异噁唑青霉素钠、新青霉素Ⅱ。白色结晶或结晶性粉末。无臭或微臭。熔点 188℃（分解）。易溶于水，微溶于无水乙醇、氯仿，难溶于丁醇、丙酮。为半合成的耐酸耐酶青霉素，可口服或注射给药。对革兰阳性菌作用不及青霉素，但对耐青霉素的金葡菌有杀菌作用。对耐药金葡菌、链球菌和肺炎球菌作用不如氯唑西林强。临床主要用于耐药金葡菌感染，如肺炎、败血症、骨髓炎及化脓性脑膜炎等。

泵送剂 pumping aid for concrete 能改善混凝土拌和物泵送性能的外加剂。通常是由减水剂、缓凝剂、引气剂、保水组分及矿物超细掺合料等组成，按其在混凝土中的作用分为以下几类：①天然和合成的有机聚合物，如纤维素酯、海藻酸盐、角叉胶、聚丙烯酰胺及聚乙烯醇等，它们可以提高拌和水的黏度；②可吸附在水泥上的水溶性有机絮凝剂，如带羧基的苯乙烯共聚物、合成的多元电解质和天然水溶胶，它们可促进水泥粒子间的相互吸附而提高黏度；③能提高粒子间相互吸附力的有机物质，如聚丙烯乳液、石蜡乳液；④比表面积较大、可提高拌和物保水性的无机材料，如石棉粉、硅灰、微细硅藻土等；⑤向砂浆体提供补充细颗粒的无机材料，如粉煤灰、高岭土、氢氧化钙及各种石粉等。

比沙可啶 bisacodyl 又名便塞停、4,4′-(2-吡啶亚甲基)-二苯酚二乙酸酯。白色结晶。熔点 138℃。不溶于水及碱溶液，溶于乙醇、丙酮及酸溶液。用作缓泻药。由 2-吡啶甲醛为原料制得。

吡虫啉 imidacloprid 又名咪蚜胺、

一遍净、大功臣、1-(6-氯-3-吡啶基甲基)-N-硝基-2-咪唑啉亚胺。白色结晶。熔点134～135℃。蒸气压2×10^{-9}Pa(20℃)。微溶于水。溶于丙酮、乙腈、二氯甲烷。是一种广谱、高效、低毒、残效期长、内吸性烟碱类杀虫剂。用于防治刺吸式口器害虫,如蚜虫、叶蝉、飞虱、蓟马、粉虱等。对鞘翅目、双翅目害虫也有效。对水稻、棉花、玉米等作物安全。由2-氯-5-氯甲基吡啶与N-硝基亚氨基咪唑烷反应制得。

吡啶 pyridine 又名氮杂苯。无色液体,有恶臭。天然存在于煤焦油、煤气及石油中。相对密度0.9831。熔点-42℃。沸点115℃。爆炸极限1.8%～2.4%。与水、乙醇、乙醚、苯及油类混溶。是许多有机化合物的优良溶剂,并能溶解许多无机盐类。与盐酸、苦味酸、氢溴酸等反应生成盐。有毒!用于制造烟碱、异烟酰肼、维生素、农药及表面活性剂等。也用作橡胶促进剂、催化剂、盐酸酸洗缓蚀剂。由乙醛、甲醛及氨在催化剂存在下反应制得。

吡啶甲酸铬 chromium picolinate 又名吡啶羧酸铬、烟酸铬。紫红色结晶性微细粉末,有良好流动性。微溶于水,不溶于乙醇、苯、丙酮。用作猪、鸡、鸭等动物饲料添加剂,具有

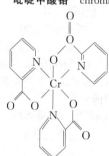

促进动物生长、增强机体免疫力、提高瘦肉比例、减少脂肪等作用。还可提高母猪产仔率、降低乳猪死亡率。由吡啶甲酸与三氯化铬反应制得。

吡啶-氯化锌配合物 pyridine-zinc chloride complex 又名活性剂711。白色粉末或结晶。表观密度1.2～1.4g/cm³。熔点136～157℃。易溶于水。储存稳定。易吸湿,吸湿后于70～80℃烘干仍可继续使用。用作硫黄混炼型不饱和聚酯橡胶的硫化活性剂,纯胶胶料或含炭黑胶料均可使用,在胶料中易分散。还可替代氧化锌用于天然橡胶及聚氨酯的并用胶,使两种胶统一硫化体系,提高硫化胶的力学性能。由吡啶与氯化锌在二甲苯溶剂中反应制得。

吡啶盐型表面活性剂 pyridine salt surfactant 通式为(Ⅰ)的阳离子表面活性剂。由吡啶与烃基卤化物反应制得。这类表面活性剂在常温下为黑色油状或膏状物,且稍有臭味,故不能用于洗涤剂,但耐酸、耐碱、耐钙镁离子,作为酸洗缓蚀剂优良。适用作化工设备和管道的酸性除锈、锅炉的酸洗除垢及油井酸化过程中缓蚀剂等。

吡喹酮 praziquantel 又名2-(环己甲酰基)-1,2,3,6,7,11b-六氢-4H-吡嗪并[2,1-a]异喹啉-4-酮。白色至微红色结晶性粉末。味

苦。熔点 136～141℃。不溶于水、乙醚，溶于乙醇，易溶于冰乙酸。为抗血吸虫病药，用于急性及慢性血吸虫病、肺吸虫病、肝吸虫病、姜片血病、囊虫病等。具有疗效高、代谢快、毒性低等特点。口服后，易由肠道吸收，1～3h 血中浓度达峰值，其体内分布以肝中浓度最高，经肝脏的首过效应后被代谢为羟基化合物而失去活性。以异喹啉为原料经多步反应制得。

吡拉西坦 piracetam 又名吡乙酰胺、思泰、脑复康、乙酰胺吡咯烷酮。白色结晶性粉末。无臭，味酸苦。熔点 151.5～152.5℃。易溶于水，略溶于乙醇，不溶于乙醚。一种改善脑功能治疗老年性痴呆药。具有 α 受体阻滞作用，能扩张脑血管、增加脑血流量、改善脑微循环，从而改善脑功能障碍。用于脑动脉硬化及脑血管意外所致的记忆和思维活动减退等，也用于阿尔茨海默病、早老性痴呆、儿童智力缺陷等。由 2-吡咯烷酮与甲醇钠成盐后，与氯代乙酸乙酯缩合，再经氨化制得。

吡咯他尼 piretanide 又名苯氧吡酸、苯吡磺苯酸、3-(氨基磺酰基)-4-苯氧基-5-(1-吡咯烷基)苯甲酸。淡黄色片状结晶。熔点 225～227℃。一种髓袢利尿药，主要作用于髓袢升支粗段，抑制 Na^+-K^+-Cl^- 的转运过程，促进 Na^+、K^+、Cl^- 的大量排出。用于治疗心源性、肝源性和肾源性水肿、高血压症等。以对氯磺酰胺苯甲酸、二甲基甲酰胺等为原料制得。

吡罗昔康 piroxicam 又名炎痛喜康、希普康、2-甲基-4-羟基-N-(2-吡啶基)-2H-1,2-苯并噻嗪-3-甲酰胺-1,1-二氧化物。白色结晶性粉末。熔点 198～200℃。有酸性。为非甾体抗炎药。在体内代谢方式有芳环的氧化及水解，随后和葡萄糖醛酸结合，所有代谢物都无活性。其抗炎活性略强于吲哚美辛，镇痛作用比布洛芬、萘普生、保泰松强，与阿司匹林相似。副作用轻微。用于治疗风湿性及类风湿性关节炎。由糖精钠与 α-代乙酸乙酯反应后，经重排扩环、甲基化、酰胺化而制得。

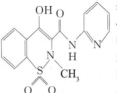

吡洛芬 pirprofen 又名吡丙芬、2-[3-氯-4-(3-吡咯啉-1-基)苯基]丙酸。白色结晶。熔点 98～100℃。溶于苯、乙醚、正己烷。一种非甾体抗炎镇痛药。对治疗痛风及少年型类风湿性关节炎的疗效较好。对关节软骨不产生有害作用。尤适用于需长期治疗的骨关节病患者。由顺-1,4-二氯-2-丁烯在无水碳酸钠存在下，与二甲基甲酰胺反应制得。

吡螨胺 tebufenpyrad 又名 N-(4-叔丁基苄基)-4-氯-3-乙基-1-甲基-5-吡啶甲酰胺。白色结晶。熔点 61～62℃。蒸气压 0.0108mPa(40℃)。难溶于水，溶于甲醇、丙酮、氯仿、苯等。在 37℃、

pH3～11的水中可稳定4周。属酰胺类杀螨剂。为线粒体呼吸抑制剂。作用机制是抑制电子传递。对害螨以触杀作用为主,对植物组织有渗透性,但无内吸性。对螨类各生育期均有效。可用于果树、茶树、棉花、蔬菜防治叶螨、诱螨、须螨等,对蚜虫、粉虱也有一定效果。特效期可达40天以上。以草酸二乙酯、丁酮、硫酸二甲酯、水合肼等为原料制得。

吡哌酸 pipemidic acid 又名吡卜酸、哌乙酸三氮萘。微黄色或淡黄色结晶或粉末。无臭,味苦。有吸湿性。熔点251～255℃(分解)。微溶于水、甲醇、氯仿,易溶于无机酸及碱液,不溶于乙醇、乙醚及苯。为第二代喹诺酮类抗菌药。对绿脓杆菌、痢疾杆菌等革兰阴性菌有较强杀灭作用,用于治疗细菌性痢疾、肠道感染及尿道感染等。也用作畜禽用药,防治沙口杆菌、大肠杆菌等引起的猪痢疾、猪肠炎及鸡白痢等。以尿素、丙二酸二甲酯、三氯氧磷及盐酸哌嗪等为原料制得。

吡柔比星 pirarubicin 又名吡喃阿霉素、4′-O-四氢吡喃阿霉素。红色固体。熔点188～192℃(分解)。微溶于水、正己烷、石油醚,溶于乙醇、氯仿、乙酸乙酯。一种肿瘤抗生素。能迅速进入癌细胞,通过抑制核酸的合成,在细胞分裂的G_2期阻断细胞周期,从而杀灭癌细胞。对头颈部癌、乳癌、尿路上皮癌、卵巢癌、子宫癌、恶性淋巴瘤及急性白血病等有缓解作用。其毒性与烷化剂相似,可有骨髓移植、消化道反应、脱发及肝、肾毒性。以盐酸阿霉素、原甲酸三甲酯、二甲基甲酰胺、二氢吡喃等为原料制得。

吡噻旺 pyrithione 又名2-吡啶硫醇-1-氧化物。淡黄色结晶。熔点69～72℃。常用其钠盐或锌盐。吡噻旺钠的熔点250～253℃。因易氧化,可加入亚硫酸钠作抗氧化剂。不溶于水,可分散于乳化体中。用作工业防霉防腐剂,对各种细菌、真菌、病毒有较强杀灭作用,能抗皮脂溢出。医药上曾用于治疗花斑癣。吡噻旺锌在日化制品中用作止痒、去头屑剂和杀菌剂,配制洗发香波等。以2-溴吡啶N-氧化物、硫脲、丙酮等为原料制得。

吡扎地尔 pirozadil 又名3,4,5-三

$$\text{CH}_3\text{O}-\underset{\underset{\text{OCH}_3}{|}}{\text{C}_6\text{H}_2}-\overset{\text{O}}{\underset{}{\text{C}}}-\text{O}-\text{CH}_2-\underset{}{\text{C}_5\text{H}_3\text{N}}-\text{CH}_2-\text{O}-\overset{\text{O}}{\underset{}{\text{C}}}-\underset{\underset{\text{OCH}_3}{|}}{\text{C}_6\text{H}_2}-\text{OCH}_3$$

甲氧基苯甲酸-2,6-吡啶联二(亚甲基)酯。白色结晶性粉末。熔点 119～126℃。不溶于乙醚、水,溶于乙腈、二氧六环,易溶于氯仿。一种抗血小板药,具有抗血小板聚集和血管扩张作用。用于降血脂及血栓栓塞性疾病。由 2,6-二羟甲基吡啶、3,4,5-三甲氧基苯甲酰氯及吡啶反应制得。

蓖麻酸丁酯硫酸三乙醇胺盐
见"磺化油 DAH。"

蓖麻油单乙醇酰胺磺基琥珀酸单酯二钠 disodium ricinolemido monoethanol amine sulfosuccinate 又名蓖麻油基磺基

$$\begin{array}{l}\text{CH}_2\text{—COOR}\\|\\\text{CH—COONa}\\|\\\text{SO}_3\text{Na}\end{array}\quad(\text{R}=\text{蓖麻油基})$$

丁二酸酯、蓖麻油基磺基琥珀酸酯。略显混浊的淡黄色液体。固含量≥39%。pH 值 6.5～7.0。无刺激性。属阴离子型表面活性剂,泡沫适中,脱脂适度,性能温和。与其他表面活性剂有良好的配伍性,并具协同效应。主要用作洗涤剂的活性物,与其他非离子型表面活性剂复配使用,制造棉、毛织物洗涤剂及家用洗涤剂、金属清洗剂、餐具洗涤剂、洗发香波及浴液等产品。以蓖麻油与单乙醇胺、顺酐等为原料,经酰胺化、酯化、磺化过程制得。

蓖麻油聚氧乙烯(n)醚
见"乳化剂 EL 系列。"

蓖麻油磷酸酯盐 castor oil phosphate salt 又名磷酸化蓖麻油。一种阴离子表

$$\underset{\text{(单酯盐)}}{R'-\underset{\underset{\text{OM}}{|}}{\overset{\overset{\text{O}}{\|}}{P}}-\text{OM}} \qquad \underset{\text{(双酯盐)}}{R'\text{O}-\underset{\underset{\text{OM}}{|}}{\overset{\overset{\text{O}}{\|}}{P}}-\text{OR}'}$$

(M=K、Na 等碱金属)

面活性剂。黄色透明液体。固含量 50%～70%。酸值 10～45mgKOH/g。可以任意比例与水稀释。具有良好的乳化、润湿、分散、防污、抑泡、抗静电等性能,用于纺织、印染、医药、日化等行业,用作净洗剂、乳化剂、防锈剂及加脂剂等。由蓖麻油与五氧化二磷经酯化、水解、中和等反应制得。

蓖麻油酸 ricinoleic acid 又名顺-12-羟基十八碳-9-烯酸。无色至棕红色黏稠状液体。相对密度 0.94(25℃)。熔点 4～5.5℃。沸点 245℃(1.33 kPa)。折射率 1.4716。酸值 165～175mgKOH/g。

$$\text{CH}_3(\text{CH}_2)_5\text{CH(OH)CH}_2\text{CH}=\text{CH}(\text{CH}_2)_7\text{COOH}$$

碘值 80~90gI₂/100g。难溶于水，溶于乙醇、乙醚、丙酮及氯仿等有机溶剂。分子结构中含有羟基、羧基及双键，化学性质活泼。用于制备蓖麻油酸皂、土耳其红油、庚醛、葵二酸等，也用作表面活性剂、增塑剂、润滑油添加剂等的生产原料。由蓖麻油皂化水解而制得。

蓖麻油酸丁酯硫酸钠 sodium butyl castor oil acid sulfate 一种阴离子型表面活性剂。

$$CH_3(CH_2)_5-CH-CH_2-CH=CH-(CH_2)_7COOC_4H_9$$
$$|$$
$$OSO_3Na$$

棕色浓稠液体。磺化物有效含量≥30%。溶于水。具有良好的润湿性、乳化性及渗透性，耐硬水，稳定性好。用作润湿剂、乳化剂、渗透剂、柔软剂等。适用于纺织、印染、制革、农药、造纸、金属加工等行业。由蓖麻油水解，再经丁醇酯化、硫酸磺化及碱中和而制得。

避蚊胺 deet 又名 N,N-二乙基间甲基苯甲酰胺。无色液体。相对密度 0.996。沸点 110℃ (0.133kPa)。折射率 1.5206。不溶于水，溶于乙醇、乙醚、苯、氯仿。一种广谱、低毒驱虫剂，可制成专用驱蚊药剂，也可添加至其他制品中作为驱虫组分。由间甲基苯甲酸经氯化制得间甲基苯甲酰氯后再经氨解制得。

扁桃酸 mandelic acid 又名 α-羟基苯乙酸，α-羟基苯甲酸。白色斜方晶系片状结晶。相对密度 1.30。熔点 119~123℃。达到沸点前分解。溶于水、乙醇、乙醚。长时间光照下颜色变深分解。医药上用于合成头孢孟多、氢溴酸后马托品等。是具有芳环的 α-羟基酸，有 α-羟基酸的功能，但对皮肤刺激性小，用于护肤化妆品，有抑制皮肤色素沉着的作用。可由苯乙酮经氯化、水解反应制得。

6-苄氨基嘌呤 6-benzylaminopurine 又名 N-苄基腺苷、6-苄基腺嘌呤。白色结晶性粉末。熔点 230~233℃。溶于稀碱及稀酸溶液，不溶于乙醇、甲醇。一种细胞激动素类植物生长调节剂。用于水稻、果蔬、茶叶等作物，可提高品质及产量。也用于果蔬菜、茶叶等的保鲜保藏等。由6-巯基嘌呤或腺嘌呤与苄胺反应制得。

苄基二甲胺 benzyl dimethylamine 又名 N,N-二甲基苄胺。无色至浅黄色液体。有氨气味。相对密度 2.894(27℃)。熔点-75℃。沸点 180~182℃。闪点 54℃。折射率 1.5011。微溶于冷水，溶于热水、乙醇、乙醚。能随水蒸气蒸发。暴露于空气中会吸收二氧化碳而形成碳酸盐。毒性比苯胺强。对皮肤及黏膜有强刺激性及腐蚀性。易燃。用于制造季铵盐及杀菌消毒剂新洁而灭等。也用作环氧树脂固化剂、酸酐固化剂的促进剂、电子显微镜切片包埋用加速剂、防腐剂及脱氢催化剂等。由氯化苄与二甲胺反应制得。

苄基甲苯 benzyl toluene 无色液体。

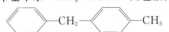

沸点 185～190℃。不溶于水,溶于丙酮、苯、氯仿。在烷基化催化剂(如 $FeCl_3$、$AlCl_3$)存在下,由氯化苄与甲苯反应生成单苄基甲苯和二苄基甲苯。将单苄基甲苯与双苄基甲苯以一定比例(1:2.5～3.5)复配,并加入抗氧剂等助剂,可用作电力电容器的浸渍剂,具有黏度低、热稳定性好、凝固点低、绝缘性能好等特点。

苄基三丁基氯化铵 benzyltributylammonium chloride 又名三丁基苄基氯化铵,白色结晶,熔点 155～163℃。易溶于水。为阳离子表面活性剂,具有润湿、杀菌、柔软等性能。有机合成中用作相转移催化剂,也用作织物润湿剂、匀染剂及医药杀菌剂等。由氯化苄与三正丁胺反应制得。

苄基三乙基氯化铵 benzyltriethylammonium chloride 又名三乙基苄基氯化铵。白色结晶。熔点 180～191℃(分解)。易溶于水,呈碱性。为阳离子表面活性剂,有良好的润湿及抗静电性能。利用其阳离子的亲油性及阴离子与有机化合物的离子交换能力,有机合成中用作相转移催化剂。用于烷基化反应、置换反应、缩合反应、加成反应及羰基化反应等。也用作织物润湿剂、抗静电剂及医药杀菌剂等。由氯化苄与三乙胺反应制得。

N-苄基-2-十七烷基苯并咪唑二磺酸钠

见"分散剂 BZS"。

苄基乙基醚 benzyl ethyl ether 又名苄乙醚、乙氧基甲基苯。油状液体。相对密度 0.949。沸点 186℃。折射率 1.4955。不溶于水,与乙醇、乙醚等多数有机溶剂混溶。能随水蒸气挥发。有菠萝样水果香气。用作合成香料,调配果香型日化香精。也用作有机合成试剂。由氯化苄与乙醇钠在乙醇溶液中反应制得。

苄普地尔 bepridil 又名苄丙洛、苯吡乙胺、[(2-甲基丙氧基)甲基]-N-苯基-N-(苯甲基)-1-吡咯烷乙胺。黏性液体。沸点 184℃。折射率 1.5538。呈碱性。为长效钙通道阻滞剂,具有抑制心脏传导、延长不应期、减慢心跳频率等作用。用于治疗慢性稳定性心绞痛、高血压。可单独使用,也可与 β 受体拮抗剂联合使用。由于存在潜在的不良作用,宜对其他治疗药物不耐受或未达到最佳回应的病人服用。由环氧氯丙烷与 2-甲基丙醇反应,与四氢吡咯烃化、经氯化亚砜氯化、与 N-苯基苄胺缩合制得。

变调剂
见"修饰剂"。

变性淀粉 modified starch 为改善淀粉性能和扩大应用范围,利用物理、化学或酶法处理,改变淀粉的天然性质,增加其某些功能性,以更适合于一定应用要求,这种经二次加工的产品统称为变性淀粉。品种很多。按变性处理方法分为:①物流变性,如预糊化淀粉、超高频辐射处理淀粉、湿热处理淀粉等;②化学变性如糊精、氧化淀粉、交联淀粉、接枝淀粉等;③酶法变性,如麦芽糊精、直链淀粉等;④复合处理变性。如氧化交联淀粉、交联酯化淀粉等。而按生产工艺可分为干法(如酸解淀粉、羧基淀粉)、湿法、有机溶剂法、挤压法及滚筒干燥法等生产的淀粉。广泛用于食品、造纸、医药、纺织、日化及化工等领域。

表面活性剂 surfactant 分子由亲水的极性基团和亲油的非极性基团组成,少量存在就能大大降低表面张力的物质。当溶于水中时,其亲水基与水相吸引而溶于水,其亲油基与水排斥而离开水,结果使表面活性剂分子吸附在两相界面上,导致两相的表面张力降低。由于具有界面吸附、定向排列和生成胶束等基本性质,从而使表面活性剂具有润湿、分散、乳化、增溶、渗透、去污、起泡、消泡、杀菌、柔软、固色、匀染、润滑及抗静电等多方面功能。其应用几乎涉及国民经济各个部门。种类很多,按溶解度不同,分为油溶性及水溶性两类。按亲水基团结构分为离子型和非离子型两大类。离子型又可分为阳离子、阴离子及两性表面活性剂。而将有特殊化学结构并有特殊性能的产品称为特殊型表面活性剂。

表面施胶剂 surface sizing agent 一种或多种物质的水分散液。用于表面施胶装置中,对纸或纸板的两面进行施胶。一般是在纸机干燥部适当位置,使纸或纸板在未完全干燥时涂上一层施胶剂,并渗入纸表层的纤维间隙,经干燥后使纸表面形成疏水层或者覆膜,从而提高纸的表面强度及耐折度,增强耐水性,减少透气度、增加挺度和平滑度,改善纸的耐溶剂性和印刷性等。品种较多,按离子性可分为阴离子性、阳离子性及非离子性;按原料来源分为天然或合成聚合物类、石蜡类;按产品形态分为水溶液型及乳液型表面施胶剂。用于表面施胶的化学品有阿拉伯胶、鱼胶、骨胶、淀粉及其衍生物、石蜡、聚乙烯醇、羧甲基纤维素、聚丙烯酰胺及聚氨酯等。

别嘌醇 allopurinol 又名别嘌呤醇、1,5-二氢-4H-吡啶并[3,4-α]嘧啶-4-醇。白色或类白色结晶性粉末。几乎无臭。熔点

$>350℃$。微溶于水,溶于碱液,不溶于乙醚、氯仿。在 pH3.1~3.4 时最稳定,pH 值升高时会分解成 3-氨基吡唑-4-羧酸胺。用于痛风、痛风性肾病、尿酸结石等治疗。由氰乙酸乙酯与原甲酸三乙酯缩合得到 2-氰基-3-乙氧丙烯酸乙酯,再依次与水合肼

甲酰胺二次环合而成。

槟榔碱 arecoline 一种含六氢吡啶的生物碱。油状液体。相对密度1.0495。沸点209℃。折射率1.4302。呈强碱性,与水、乙醇、乙醚混溶,溶于丙酮、氯仿。为拟胆碱药,是一种具有与乙酰胆碱相似作用的药物,其分子中不含季铵碱,对平滑肌作用强。临床用于治疗青光眼。但因其毒副反应较大,现已少用。本品存于槟榔种子中,可从种子中提取,或由人工合成。

冰毒 见"N-甲基苯丙胺。"

冰花油墨 ice flower ink 用于冰花印刷工艺的油墨。在具有金属光泽的承印物表面,采用丝网印刷工艺将冰花油墨覆印其上,经紫外光固化后,可呈现晶莹剔透、疏密有致、犹如"冰花"的块状图案,在光照条件下,闪闪发亮,使包装更显新颖别致,富丽华贵。目前,主要用于高档烟酒包装,所用承印物大多为金银卡纸。由低聚物、单体、光敏剂及其他助剂组成,外观呈浅色、透明的黏稠液体。

冰片 borneol 又名龙脑、2-莰醇。白色叶片状结晶。有樟脑样气味。天然品有左旋体、右旋体及外消旋体。左旋体主要存在于肉豆蔻、生姜等植物精油中;右旋体主要存在于芫荽子、香茅等植物精油中;外消旋体主要存在于樟脑、迷迭香等植物精油中。大多数是化学合成物。相对密度1.011。熔点208℃。沸点212℃。几乎不溶于水,溶于乙醇、乙醚及石油醚等,用作香料,用于调配皂用、熏香及卫生用品香精。也用作合成樟脑的原料。由蒎烯在催化剂存在下,先经草酸酯化再经水解制得。或将樟脑溶于乙醇中,用金属钠还原制得。

冰染染料 ice dyes 又名不溶性偶氮染料、冰染料、纳夫妥染料。是由重氮组分(称为色基)的重氮盐和偶合组分(称为色酚)在纤维上生成的偶氮染料。染色时先用色酚溶液将纤维打底,然后用色基的重氮盐偶合显色。打底指色酚与纤维结合,显色即色基的重氮盐与色酚发生偶合作用。显色时需加冰冷却,显色后在纤维上生成不溶于水的偶氮染料,故得名冰染染料。属于显色染料类。商品不是成品染料,而是色酚和色基两类商品。用户往往需要自行进行色基重氮化,尔后再与色酚偶合,在织物上形成不溶性偶氮染料。色泽鲜艳、色谱齐全、水洗及日晒牢度较好。主要用于棉织物的印花及染色。

冰乙酸 glacial acetic acid 又名冰醋酸、无水乙酸。98%~100%的乙酸在16℃时成冰状物,故名。16℃以上时为无色透明液体,具有刺激性特殊气味,用水充分稀释则呈酸味。16℃以下为吸湿性叶状固体,因结晶时体积膨胀,常会将玻璃瓶胀

CH_3COOH

裂,而在炎热天气,因乙酸蒸溢出,会使瓶内压力增高而致瓶塞跳落,宜存放于17～32℃的室内,与氨接触产生白烟。皮肤接触有刺激感及灼烧感。参见"乙酸。"

L-丙氨酸 L-alanine 丙氨酸又名氨基丙酸,是生物体中最常见的氨基酸之一,因氨基位置不同而有 α-丙氨酸及 β-丙氨酸。α-丙氨酸的左旋 L-丙氨酸为白色无臭结晶性粉末,有特殊甜味,是最甜的氨基酸。熔点 297℃(分解)。200℃以上升华。易溶于水,微溶于乙醇,不溶于乙醚、丙酮。5%水溶液的 pH 值为 5.5～7.0。对热稳定,广泛用于医药、化工及食品等行业。医药用于合成维生素 B_6 及用作氨基酸输送成分;食品工业用作增香剂及调味剂;化妆品中用作营养添加剂及保湿剂,具有护肤、防皱及抗老化等作用。由绢丝、明胶、玉米蛋白等蛋白质水解、精制而得。

丙氨酸甲酯盐酸盐 alanine ethyl ester hydrochloride 白色结晶。D-型熔点 108～110℃。L-型熔点 109～111℃。溶于水。用作工业防霉剂,具有广谱、低毒、pH 值适用范围广等特点。适用于皮革、纸张及建筑材料等防霉。由丙氨酸、甲醇、氯化亚砜等反应制得。

丙胺 propylamine 无色透明液体,有强烈的氨气及鱼腥样气味。相对密度 0.7173。熔点 -83℃。沸点 48℃。闪点 -30℃。折射率 1.389。爆炸极限 2%～10.4%。与水混溶,易溶于乙醇、乙醚、丙酮,溶于苯、氯仿。呈强碱性,与酸反应生成易溶于水的盐。用作合成 ZSM-5 分子筛的模板剂、油品添加剂、橡胶硫化促进剂、防腐剂等。也是有机合成原料,用于制备农药、医药、表面活性剂、染料等。由正丙醇与氨反应制得。

丙胺太林
见"溴丙胺太林"。

丙草胺 metolachlor 又名杜耳、屠莠胺、α-氯代-2′,6′-二乙基-N-(2-丙氧乙基)乙酰苯基胺。无色液体。沸点 100℃(0.133Pa)。折射率 1.5301。蒸气压 1.73mPa。微溶于水,溶于乙醇、丙酮、苯等多数有机溶剂。低毒。对皮肤有刺激性。为芽前除草剂,主要用于防除禾本科杂草。对大豆、花生、玉米等作物有选择性。由 2-甲基-6-乙基苯胺先后与 2-氯丙醇、氯乙酰氯、甲醇反应制得。

丙虫磷 propaphos 又名 O,O-二丙基-O-对甲硫基苯基磷酸酯。无色油状液体。无味。沸点 175～177℃(113Pa)。微溶于水,溶于丙酮、苯、甲苯、氯仿。在中性和酸性介质中稳定,在碱性介质中缓慢分解。一种选择性农用杀虫剂。能防治对氨基甲酸酯及其他有机磷农药产生抗性的害虫,尤对稻田害虫如黑尾叶蝉、稻飞虱、稻象甲幼虫、稻负泥虫、稻黄潜蝇等害虫有特效。由三氯化磷、对甲硫基苯酚、正丙醇等原料合成制得。

1,2-丙二醇 1,2-propanediol 又名1,2-二羟基丙烷、甲基乙二醇。无色透明黏稠液体。微有辛辣味。

$$CH_3CHCH_2OH$$
$$|$$
$$OH$$

相对密度1.0381。熔点$-60℃$。沸点187.3℃。闪点99℃(闭杯)。折射率1.4310。蒸气与空气形成爆炸性混合物,爆炸极限$2.6\%\sim12.5\%$。与水、乙醇、乙醚、丙酮等混溶。对烃类、油脂及氯化烃的溶解度不大。有吸湿性。易燃。用于制造不饱和聚酯、醇酸树脂、增塑剂、表面活性剂等。医药上用作调和剂、防腐剂、软膏、油膏及维生素等的溶剂,食品工业用作香料、调味品及食用色素的溶剂。还用作乳胶漆防冻剂、烟草润湿剂、水果催熟防腐剂、涂料成膜助剂、化妆品润湿剂等。由环氧丙烷与水经水合反应制得。

丙二醇单丁醚 propylene glycol monobutyl ether 又名1,2-丙二醇-1-单丁醚、1-丁氧基-2-丙醇。无色透明液体。

$$CH_3—CHCH_2OC_4H_9$$
$$|$$
$$OH$$

相对密度0.8843。沸点170℃。闪点68℃。折射率1.4174。玻璃化温度低于$-100℃$。相对蒸发速率约9(水为31)。溶于水、乙醇、乙醚、苯、四氯化碳。有毒!用作涂料、农药、染料等的溶剂、乳胶漆成膜助剂、防冻剂、萃取剂及清洗剂等。由环氧丙烷与正丁醇在催化剂存在下反应制得。

丙二醇单甲醚 1,2-propylene glycol-1-methyl ether 又名1-甲氧基-2-丙醇、2-羟丙基甲基醚。无色透明挥发性液体。

$$CH_3—O—CH_2—CH—OH$$
$$|$$
$$CH_3$$

相对密度0.9234。熔点$-95℃$。沸点123℃。闪点39℃。折射率1.4036。与水混溶,能溶解油脂、橡胶、天然树脂、硝酸纤维素、醇酸树脂等。易燃。蒸气对眼睛及黏膜有刺激性。用作溶剂、分散剂,广泛用于涂料、油墨、印刷、农药、印染、电子化学品等工业。也用作燃料抗冻剂、萃取剂、选矿剂、清洗剂等。由环氧丙烷与甲醇在催化剂存在下反应制得。

丙二醇单乙醚 propylene glycol monoethyl ether 又名1-乙氧基-2-丙醇。无色透明液体。

$$CH_3CHCH_2OC_2H_5$$
$$|$$
$$OH$$

相对密度0.8979。沸点132.8℃。闪点43℃。折射率1.4066。蒸气压0.96kPa(25℃)。与水混溶。溶于乙醇、乙醚。可溶解乙基纤维素、硝酸纤维素、聚乙酸乙烯酯等。易燃。用作涂料、油墨、印染、农药等的溶剂、稀释剂、分散剂等。也用作燃料防冻剂、清洗剂、选矿剂、萃取剂等。由1,2-环氧丙烷与乙醇在催化剂存在下反应制得。

丙二醇聚氧丙烯聚氧乙烯嵌段聚醚 polyoxyethylene polyoxypropylene propylene glycol ether 又名泊洛尼克

$$HO(CH_2CH_2O)_m(CH_3CHCH_2O)_nH$$

（Plurolic 聚醚），一种非离子型表面活性剂。根据产品相对分子质量不同而有一系列牌号：L-42（相对分子质量约 1630）、L-43（相对分子质量约 1850）、L-44（相对分子质量约 2200）、L-61（相对分子质量约 2000）、L-62（相对分子质量约 2500）、L-64（相对分子质量约 2900）。无色至淡黄色液体。pH 值 5～7.5。溶于水、乙醇、甲苯。与皂类、羧甲基纤维素及一般碱式盐相容性好。具有优良的乳化、润湿、净洗、分散、破乳及抗静电性能。用作润湿剂、分散剂、消泡剂、控泡剂、匀染剂、乳化剂、抗静电剂等。适用于农药、制药、纺织、印染、金属加工及水处理等行业。在催化剂存在下，由环氧乙烷与环氧丙烷经加成反应制得。

丙磺舒 probenecid 又名羧苯磺胺、对[(二丙氨基)磺酰基]苯甲酸。白色结晶性粉末。无臭，味微苦。熔点 198～201℃。不溶于水，略溶于乙醇、氯仿，易溶于丙酮。为抗痛风药，主要用于慢性痛风的治疗。由对羧基苯磺酰胺经丙基化制得。

丙硫硫胺 thiamine propyldisulfide 又名优硫胺。白色结晶性粉末。有苦味及特异臭。熔点 134～136℃。溶于水，易溶于乙醇及多数有机溶剂。一种维生素 B_1 的前药，是维生素 B_1 中噻唑环开环得到的二硫衍生物，避免了不稳定噻唑环的存在，在体内可转化成硫胺，结构变化使药物脂溶性增大，吸收效果加强，在血液和组织中硫胺的浓度增高，作用较维生素 B_1 迅速而持久。用于缺乏维生素 B_1 而致的营养障碍及疾病。由维生素 B_1 经开环、缩合而制得。

丙硫氧嘧啶 propylthiouracil 又名丙基硫氧嘧啶、乐力、丙赛优、2,3-二氢-6-丙基-硫氧-4(1H)嘧啶酮。白色至微黄色结晶性粉末。无臭，味苦。熔点 219～221℃。微溶于水、乙醇、丙酮，不溶于乙醚、苯、氯仿，溶于氨水及碱液。一种抗甲状腺药。能抑制甲状腺激素的合成。用于治疗甲状腺机能亢进，甲状腺机能亢进症的手术前的准备等。以丁酰乙酸乙酯、硫脲、乙醇钠等为原料制得。

丙咪嗪 imipramine 又名米帕明。

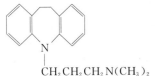

其盐酸盐为白色结晶性粉末。无臭,味苦且有麻木感。熔点 174～175℃。易溶于水,不溶于乙醇,微溶于丙酮。遇光渐变为红黄色。一种三环类抗抑郁药,通过抑制神经末梢对去甲肾上腺素及5-羟色胺的再摄取,促进神经传递,而产生抗抑郁作用。但显效慢,多数患者在使用一周后才可观察到疗效。它在体内脱甲基生成活性代谢物(地昔帕明)的抗抑郁作用比原药强,而且副作用少、生效快,现已作为药品地昔帕明上市。由邻硝基甲苯经缩合、还原、环合、成盐等反应而制得。

丙帕他莫 propacetamol 又名 N,N-二乙基甘氨酸-4-(乙酰氨基)苯酯。白色针状结晶。熔点 118～120℃。其盐酸盐熔点 228℃。溶于水。为扑热息痛的前体药物,注射给药后可迅速而完全地转变为扑热息痛而起作用。用于治疗感冒发热、头痛、神经痛、关节痛等。以扑热息痛、氯乙酰氯等为原料制得。

丙炔醇 propargyl alcohol 又名 2-丙炔-1-醇、炔丙醇。
$CH\equiv C-CH_2OH$
无色或微黄色液体。有挥发性及刺激性气味。相对密度 0.9715。熔点 -48～-52℃。沸点 114～115℃。折射率 1.4306。与水、乙醇、苯、吡啶等混溶,部分溶于四氯化碳,不溶于脂肪烃溶剂。久放遇光会泛黄,遇热或碱引起聚合。用作金属酸洗缓蚀剂及除锈剂,与氯化钠、氯化钙、溴化钾并用,缓蚀效果更好。医药上用于合成磺胺嘧啶、碘苷、阿糖胞苷、磷霉素等药物。由乙炔与甲醛高压法制丁炔二醇的副产物回收而得。

丙酸 propanoic acid 又名初油酸、乙基甲酸。
CH_3CH_2COOH
无色澄清油状液体,有辛辣刺激性气味。相对密度 0.9934。熔点 -21.5℃。沸点 141.1℃。折射率 1.3848 (25℃)。爆炸极限 2.9%～12.1%。与水混溶。溶于乙醇、乙醚、丙酮、氯仿等。丙酸为食品的正常成分,牛奶及奶制品中含有少量丙酸,也是人体的代谢产物。可与辅酶 A 结合形成琥珀酸盐(或酯)而参加三羧酸循环,代谢生成 CO_2 和水。用于合成丙酸盐及其衍生物,也用作硝酸纤维素的溶剂及增塑剂。是安全的防腐剂,在食品加工中主要使用丙酸钠或丙酸钙。也是谷物、饲料储藏中有效的有机酸类防腐剂。可在羰基镍催化剂存在下,由乙烯、一氧化碳及水反应制得。

丙酸苄酯 benzyl propionate 无色透明液体。相对密度 1.036。沸点 220～222℃。闪点 101℃。折射率 1.498。不溶于水、甘油,微溶于丙二醇,溶于乙醇及多数非挥发性油。天然存在于甜瓜、草莓等中。具有类似桃、杏、甜水果香气。为酯类合成香料,用于配制食品、香皂、烟及化妆品香精,如果香、素馨香精等。由丙酸与苄醇经酯化反应制得。

丙酸钙 calcium propionate 有无水$(CH_3CH_2COO)_2Ca$ 或 $(CH_3CH_2COO)_2Ca·H_2O$ 物及一水物两种,无水物为白色结晶性粉末或轻质鳞片状结晶。一水物为白色结晶颗粒或粉末。均为无臭、无味、无毒物质。易溶于水,微溶于甲醇、乙醇,不溶于苯、乙醚、丙酮。对光、热稳定。400℃以上分解为碳酸钙。食品工业中用作防腐剂及防霉剂。在酸性条件下,产生游离丙酸,具有抗菌作用。用于面包、食醋、酱油、糕点、豆制品等。抗菌作用比山梨酸弱,而比乙酸强。也用作饲料添加剂,医药上用于消毒、杀菌。由丙酸与氢氧化钙反应制得。

丙酸睾酮 testosterone propionate 又名丙酸睾丸素、17β-羟基雄甾-4-烯-3-酮丙酸酯。白色或类白色结晶性粉末。无臭。熔点 118~123℃。不溶于水,溶于乙醇,易溶于氯仿。为雄激素药物,用于治疗男性雄激素缺乏症、再生障碍性贫血、功能性子宫出血、月经过多或子宫肌瘤等。由睾酮经酯化制得。

丙酸甲酯 methyl propionate 无色$CH_3CH_2COOCH_3$ 液体。有似朗姆酒样的果味及黑醋栗样的甜的风味。相对密度 0.9148。熔点 -87℃。沸点 79.7℃。闪点 -2℃(闭杯)。折射率 1.3775。自燃点 469℃。爆炸极限 2.5%~13%。稍溶于水,与乙醇、乙醚、丙二醇等混溶。用作树脂及涂料等的溶剂。也用作香料,用于调配食用香精及日化香精。由丙酸与甲醇在浓硫酸存在下经酯化反应制得。

丙酸钠 sodium propionate 无色透明颗粒状结晶或白色CH_3CH_2COONa 结晶性粉末。溶于水、乙醇。在潮湿空气中易水解。对石蕊试纸呈中性或微碱性。无毒。用作食品、饲料防腐、防霉剂。也用作化妆品防腐剂,对细菌、霉菌均有抗菌作用,在酸性介质中抗菌作用更强。由丙酸与氢氧化钠反应制得。

丙酸松油酯 terpinyl propionate 又名1-萜烯-8-醇-丙酸酯。味甜,有甜热带水果及薰衣草的香气。无色至淡黄色油状液体。相对密度 0.944~0.950。沸点 240℃。闪点 100℃。折射率 1.4620。不溶于水,溶于酒精、植物油。天然存在于芹菜、柑橘中。为酯类合成香料,用于调配果香型食用香精及花香型日化香精。由丙酸与松油醇经酯化反应制得。

丙酸香茅酯 citronellyl propionate 又名 3,7-二甲基-6-辛烯-1-醇-丙酸酯。无色液体,有玫瑰及草莓样香气。味苦

甜。相对密度 0.877～0.886。沸点 242℃。闪点 99℃。折射率 1.443。几乎

$$CH_3-CH=C(CH_3)-CH_2-CH_2-CH(CH_3)-CH_2-O-\overset{O}{\underset{\|}{C}}-C_2H_5$$

不溶于水，与乙醇、乙醚及多数非挥发性油混溶。天然存在于玫瑰、番茄等精油中。用作香料，主要用于调配柑橘香型、蔬菜香型及果香型等食用香精。由香茅醇与丙酸在催化剂存在下经酯化反应制得。

丙酸香叶酯 geranyl propionate 又

$$CH_3-C(=CH-)CH_2-CH_2-C(CH_3)=CH-CH_2-O-\overset{O}{\underset{\|}{C}}-C_2H_5$$

名 2,6-二甲基-2,6-辛二烯-8-醇-丙酸酯。无色液体。有类似玫瑰、葡萄样果香气。味微苦。相对密度 0.896～0.913。沸点 253℃。闪点 99℃。折射率 1.4570。不溶于水、甘油，溶于乙醇、乙醚、植物油。为酯类合成香料，用于调配果香型食品香精及花香型化妆品香精。由香叶醇与丙酸在催化剂存在下经酯化反应制得。

丙酸（正）丁酯 butyl propionate $CH_3CH_2COO(CH_2)_3CH_3$ 无色透明液体，有杏样的花果香气。相对密度 0.8754。熔点 -89.5℃。沸点 145.5℃。闪点 32℃。自燃点 42.7℃。折射率 1.4014。微溶于水，与乙醇、乙醚、丙酮及烃类溶剂混溶，能溶解硝酸纤维素、树脂、动植物油、矿物油等。易燃。用作树脂、涂料、喷漆等的溶剂。也用作香料，用于果香型食用香精及烟用香精的调配，较少用于日化香精。由丙酸与正丁醇在硫酸催化下反应制得。

丙酮基丙酮 acetonylacetone 又名

$$CH_3\overset{O}{\underset{\|}{C}}CH_2CH_2\overset{O}{\underset{\|}{C}}CH_3$$

2,5-己二酮、双丙酮。无色液体。相对密度 0.97。熔点 -9℃。沸点 192～194℃。折射率 1.449。闪点 85℃。与水、乙醇、乙醚混溶。久置时逐渐变黄。用作合成树脂、乙酸纤维素、喷漆、印刷油墨等的高沸点溶剂。也用于制造鞣革剂、橡胶硫化促进剂、杀虫剂及医药等。由 2,5-二甲基呋喃水解制得。

丙酮肟 acetone oxime 又名二甲基

$$\underset{CH_3}{\overset{CH_3}{\diagdown}}C=N-OH$$

酮肟。无色至白色棱柱状结晶，有芳香味。相对密度 0.9113(62℃)。熔点 61℃。沸点 136℃。折射率 1.4156。在空气中易挥发。易溶于水、乙醇、乙醚，溶于酸、碱。在烯酸中易水解。是一种强还原剂，常温下能使高锰酸钾褪色。用作中、高压锅炉给水除氧剂，易与水中溶解氧反应而将氧除去，对锅炉无腐蚀性。也可用于亚临界锅炉的停用保护及钝化处理。作为化学试剂，可用于钴的测定。由盐酸羟胺与丙酮经肟化反应制得。

丙烯氨氧化制丙烯腈催化剂 catalyst for propylene ammoxidation to acrylonitrile 生产丙烯腈的方法有乙炔法、丙烷氨氧

化法及丙烯氨氧化法等,其中丙烯氨氧化制丙烯腈是主要生产方法,是以丙烯、氨为原料,以空气或氧气为氧化剂,于流化床内一步合成丙烯腈。丙烯氨氧化催化剂是一种复杂组合体,主要包括:形成催化剂活性组分的二元氧化物(如 Mo、Bi 氧化物)、少量助剂(如 P、Fe、Ce、K 等的氧化物)及硅胶载体。中国产品牌号有 MB-82、MB-86、DB-83、MB-96、MB-98 等。催化剂均为微球形。其中 MB-82、MB-86 及 DB-83 三种催化剂,在 $400 \sim 500℃$、氨/烯比 $1.15 \sim 1.25$(摩尔比)、线速度 $0.54 \sim 0.65 m/s$ 的条件下,丙烯转化率分别为 97.5%、98.3% 及 >95%,丙烯腈单程收率分别为 75%、80%、74%~76%。而 MB-96、98 催化剂的单程收率更高,并可在较高的压力及负荷下操作。可由特制微球硅胶浸渍多组分活性组分及助剂后,再经干燥、焙烧制得。

丙烯和苯烷基化制异丙苯催化剂 catalyst for propylene and benzene alkylation to isopropylbenzene 生产异丙苯的方法有固体磷酸催化法、均相三氯化铝配位催化法及分子筛催化法等。由于分子筛催化剂液相烃化技术在抗积炭性能及稳定性方面有突出优点,发展较快。所用催化剂牌号有 FX-01、M-92 等,外观为三叶草形或小珠。反应工艺条件为:反应温度 $140 \sim 200℃$、反应压力 $0.5 \sim 3.5 MPa$、苯/烃(摩尔比)$4 \sim 8$,采用固定床反应器。其中 FX-01 的烃化反应选择性 $\geqslant 92\%$,烷基转移反应选择性 $\geqslant 94\%$,异丙苯总选择性 $\geqslant 99\%$;M-92 丙烯转化率为 100%,异丙苯选择性为 99.5%。可以硫酸铝、水玻璃为原料经水热合成、晶化、水洗、过滤、干燥、焙烧而制得。

丙烯精脱硫剂 propylene precise desulfurizing agent 粗丙烯中含有无机硫和有机硫,后者以 COS 为主。由于 COS 与丙烯的沸点只相差 $3 \sim 4℃$,难以用分馏方法将丙烯中的 COS 含量降至 0.1×10^{-6} 以下。目前深度净化方法是先将 COS 转化为 H_2S,再用氧化锌脱硫剂脱除 H_2S。YHC-228、YHS-218 的活性组分均为氧化锌或复合金属的氧化物。两者还可用于天然气、合成气、炼厂气等原料气的净化脱硫处理。

丙烯聚合 DQ 催化剂 propylene polymerization DQ catalyst 一种第 4 代丙烯聚合高效催化剂。中国产品牌号为 DQ 系列。外观为土灰色、黄色、浅紫色接近球形颗粒,粒径随牌号不同而有所不同。化学组成为钛、镁、氯、酯类化合物及少量挥发物等。用于釜式及环管连续本体法、气相法等聚合工艺,能生产均聚物、无规共聚物、嵌段共聚物等聚丙烯产品,也可生产高乙烯含量的共聚物。催化剂具有颗粒形态好、堆密度高、流动性好、氢调敏感、立体定向能力可调性强等特点。所得聚合物熔体指数在 $0.2 \sim 150 g/10 min$ 的范围内可调,聚合物等规度最高可达 99.8%,表观密度 $>0.45 g/mL$。

丙烯聚合 N 催化剂 propylene polymerization N catalyst 一种第 4 代丙烯聚合高效催化剂。中国产品牌号为 N 催化剂系列(N-Ⅰ、N-Ⅱ、N-Ⅲ、NG、NA、NA-Ⅱ、BCNX)。外观为土黄色、浅紫色的细微颗粒(粒径随牌号不同而变化)。化学组成为钛、镁、氯、酯类化合物及少量挥发组分等。用于浆液法、环管本体法、气相法等各种丙烯聚合工艺,能生产均聚物、无规共聚物及多相共聚物。催化剂具有颗粒形态好、流动性强、催化活性高、氢调敏感、立体定向能力可调性强等特点。所得粉料耐老化及耐辐射性好,机械性能优良。

丙烯聚合络合Ⅱ型催化剂 propylene polymerization complex Ⅱ catalyst 一种钛系丙烯聚合催化剂。中国产品牌号为络合Ⅱ型催化剂。外观为紫色至紫黑色细粒,粒度主要为 $20\sim40\mu m$。化学组成为三氯化钛、烷基铝、正丁醚等。比表面积 $100\sim150m^2/g$。主要用于溶剂法、淤浆法及液相本体法生产聚丙烯。催化活性为工业常规三氯化钛的 $3\sim5$ 倍,定向性高,全等规度可达 97%。制得的聚丙烯具有表观密度高、流动性好的特点。

丙烯腈 acrylonitrile 又名乙烯基氰。$H_2C=CHCN$ 无色透明液体。有桃仁气味。易挥发。可燃。相对密度 0.806。熔点 $-83.55℃$。沸点 77.3℃。闪点 $-5℃$。折射率 1.3888。爆炸极限 $3.05\%\sim17\%$。微溶于水,与丙酮、苯、乙醚、四氯化碳、甲醇及煤油等互溶。化学性质活泼,易自聚成白色粉末。也可与丙烯酸、苯乙烯、氯乙烯、乙酸乙烯酯等单体共聚。极毒!吸入蒸气及附着于皮肤都能引起中毒。用于生产聚丙烯腈纤维(腈纶)、ABS树脂、己二腈及医药、农药、染料等。也用作谷类熏蒸剂及用作非质子极性溶剂。由丙烯、氨及空气经氨氧化反应制得。

丙烯腈-丙烯酸钾共聚物 acrylonitrile-potassium acrylate copolymer

$$-[CH_2-CH]_n-[CH_2-CH]_m-$$
$$\quad\quad\quad | \quad\quad\quad\quad\quad\quad | $$
$$\quad\quad\quad CN \quad\quad\quad\quad\quad COOK$$

一种阴离子型聚合物。白色至淡黄色流动性粉末。1% 水溶液的 pH 值 $7\sim9$。易溶于水,水溶液呈弱碱性。用作钻井液处理剂,有良好的抑制黏土水化膨胀分散能力和降滤失性能,可有效防止井壁坍塌。适用于两性离子型及阴离子型水基钻井液体系。由丙烯酸钾及丙烯酸在过硫酸盐引发剂存在下反应制得。

丙烯醛 acrolein 又名败脂醛。常温下为无色透明液体。$CH_2=CHCHO$ 有能催泪的刺激性气味。易挥发。相对密度 0.8410。熔点 $-86.9℃$。沸点 53℃。闪点 $-17.8℃$。燃点 277℃。爆炸极限 $2.8\%\sim30\%$。溶于水、乙醇、乙醚、丙酮、苯等。化学性质活泼。氧化时生成丙烯酸。光照或有氧存在时易聚合成二聚丙烯醛。通常加入少量苯二酚作稳定剂。有毒!对眼睛、皮肤有强刺激性。误服或吸入蒸气会中毒!用于制造丙三醇、戊二醛、蛋氨酸、丙烯酸、吡啶、医药、农药及丙烯醛聚合物。也用作造纸、纺织、鞣革助剂,羊毛防蛀剂,工业循环冷却水杀生剂,油田水的硫化氢异味抑制剂等。由丙烯催化氧化或甘油脱水制得。

丙烯醛氧化制丙烯酸催化剂 catalyst for acrolein oxidation to acrylic acid 用于固定床丙烯醛氧化制丙烯酸的催化剂。中国产品牌号有 8002、8202、LY-A-8802 等,是以 Mo、V、W 为催化剂主活性组分,并添加适量 Cu、Sr、Mn、Co 等组分为助催化剂,以 $\alpha\text{-}Al_2O_3$ 为载体。在反应温度 275～285℃、常压、空速 1600h^{-1} 的条件下，丙烯转化率≥95%，丙烯酸收率 78%～84%。这类催化剂还可用作丙烯氧化制丙烯酸固定床工艺的二段反应催化剂。可由特制 α-Al_2O_3 载体用喷淋法浸渍预先配制的活性组分溶液，再经干燥、焙烧活化制得。

丙烯水合制异丙醇催化剂 catalyst for propylene hydration to *iso*-propanol 又名丙烯水合催化剂。用于丙烯气相直接水合制异丙醇的催化剂。直接水合法制异丙醇所用催化剂有磷酸硅藻土、阳离子交换树脂等。磷酸硅藻土催化剂的化学组成为：游离磷酸 40%，SiO_2 60%。在反应温度 190～200℃、压力 1～3MPa、水/烯（摩尔比）0.65～0.70 条件下使用时，丙烯转化率为 5.2%，异丙醇产率 85g/(L·h)。由于丙烯单程转化率低，气体循环量大，适合用于高纯丙烯作原料的场合。阳离子交换树脂法是以 XD 型树脂为催化剂，交换容量 1.3～1.4mol/L，堆密度 0.8～0.9g/mL，孔体积 0.07～0.1mL/g，比表面积 14～20m^2/g。可在较低反应温度及较高水/稀比下进行反应，丙烯单程转化率比磷酸硅藻土催化剂高 10 倍以上，乙烯单程转化率接近 60%。

丙烯酸 acrylic acid 又名乙烯基甲酸、败脂酸。$H_2C{=}CHCOOH$ 具刺激性及腐蚀性的无色液体。易燃。熔点以下成针状结晶。相对密度 1.0511。熔点 13.5℃。沸点 141.6℃。闪点 68.3℃。与水、乙醇、乙醚及酯类混溶，溶于丙酮、苯。化学性质活泼，遇光、热、过氧化物等容易发生聚合，可以共聚及均聚，其羧基也可以生成酯、酰胺、酰氯、酸酐等。商品丙烯酸都添加少量阻聚剂，用它制备高聚合度或无色产品时，应除去所含的阻聚剂。常用于制造丙烯酸酯或盐类产品，或与苯乙烯、氯乙烯、丁二烯、丙烯腈等单体共聚，其聚合物用于合成树脂、橡胶、涂料、胶黏剂、高吸水性树脂、皮革等。可由丙烯氧化制得。

丙烯酸-丙烯磺酸钠共聚物 acrylic acid-allyl sulfonic acid sodium copolymer
$$\mathrm{{\displaystyle{\left[CH{-}CH_2\right]}_n{-}{\left[CH{-}CH_2\right]}_m}}$$
$$\mathrm{\quad\ \ COOH\qquad\quad\ CH_2SO_3Na}$$
一种含磺酸基的低相对分子质量聚合物。相对分子质量 5000～50000。白色或淡黄色粉末。常温降黏率≥10%。高温老化后降黏率≥50%。易吸潮。极易溶于水。用作水基钻井液的降黏剂，尤适用于不分散聚合物钻井液，兼具降滤失、改善泥饼质量作用。无毒、无污染，还具有较强抗温、抗盐和抗钙污染能力。由丙烯酸与丙烯磺酸钠在过硫酸铵引发剂作用下聚合制得。

丙烯酸-丙烯酸甲酯共聚物 acrylic acid-methyl acrylate copolymer 丙烯酸
$$\mathrm{{\displaystyle{\left[CH_2{-}CH\right]}_n{-}{\left[CH_2{-}CH\right]}_m}}$$
$$\mathrm{\qquad\qquad\ \ C{=}O}$$
与丙烯酸甲酯共聚时，摩尔比不同制得的产品性质有所不同。摩尔比为（4:1）～（5:1）的丙烯酸-丙烯酸甲酯共聚物是亮黄色至水白色的黏性液体，固含量 26%～32%，相对密度 1.10～1.20，闪点高于 49℃，1% 水溶液的 pH 值 2～3。溶于水及盐水。不溶于烃类溶剂。用作水处理阻垢剂，具有抑制钙盐、磷酸锌、铁氧化物结垢和分散悬浮物、泥沙等多种功能。适用于锅炉水、工业循环冷却水及油田回注水系统的阻垢缓蚀。也用作颜料分散剂及瓷砖清洁剂等。在过硫酸铵引发剂存在下,由丙烯酸、丙烯酸甲酯及巯基乙酸反应制得。

丙烯酸-丙烯酸甲酯共聚物钠盐 AA-MA copolymer sodium salt 又名AA-

$$-[CH_2-CH]_m-[CH_2-CH]_n-$$
$$\qquad |\qquad\qquad\qquad |$$
$$\quad COONa\qquad\quad COOCH_3$$

MA共聚物钠盐、AM-C分散剂。属阴离子型表面活性剂。无色透明黏稠液体。相对密度1.25～1.30。固含量>4%。黏度90～150mPa·s(25℃)。pH值7～8。易溶于水,具有较好的分散性及稳定性。对颜料分散具有高效、稳定、低泡等特点,适用作油漆颜料、纸张涂料、釉料及油田钻井泥浆等的分散剂。在引发剂存在下,由丙烯酸与丙烯酸甲酯共聚后再经碱中和制得。

丙烯酸-丙烯酸羟丙酯共聚物 acrylic acid-2-hydroxypropyl acrylate copolymer

$$-[CH_2-CH]_m-[CH_2-CH]_n-$$
$$\qquad |\qquad\qquad\qquad |$$
$$\quad C=O\qquad\qquad C=O$$
$$\qquad |\qquad\qquad\qquad |$$
$$\quad OH\qquad\quad OCH_2CHCH_3$$
$$\qquad\qquad\qquad\qquad\qquad\quad |$$
$$\qquad\qquad\qquad\qquad\qquad OH$$

又名丙烯酸-丙烯酸-β-羟丙酯共聚物。一种非离子表面活性剂,根据丙烯酸与丙烯酸羟丙酯共聚时的摩尔比不同,共聚物的性质也有所不同。两者摩尔比为(1:4)～(36:1),共聚物的平均相对分子质量为500～1000000时,溶于水,水溶性随羟丙基含量增大而降低。用作水处理阻垢剂的共聚物,两者摩尔比以(11:1)～(1:2),共聚物的平均相对分子质量为1000～5000为宜。商品常为无色至微黄色黏稠液体,固含量26%～32%,相对密度1.10～1.20。溶于水,不溶于烃类溶剂。对碳酸钙、硫酸钙、磷酸钙及膦酸钙等结垢有良好抑制作用,并具分散氧化铁、悬浮物、泥砂等功能。适用于循环冷却水系统、锅炉水、油田回注水的阻垢。可在引发剂存在下,由丙烯酸或其钠盐与丙烯酸羟丙酯反应制得。

丙烯酸-丙烯酸酯-磺酸盐共聚物 acrylic acid-acrylate-sulfonate copolymer 一种阴离子表面活性剂,外观为淡黄色

$$-[CH_2-CH]_n-[CH_2-CH]_m-RSO_3M$$
$$\qquad |\qquad\qquad\qquad |$$
$$\quad COOH\qquad\quad COOR$$

(M=金属离子)

透明液体。固含量≥30%。相对密度1.0～1.2。与水混溶。用作工业循环冷却水、锅炉水及油田注水系统的阻垢分散剂。分子结构中含有羧基、羟基、膦酸基及磺酸基等基团,对硫酸钙、碳酸钙、磷酸钙等有良好的抑制作用,并能有效地分散悬浮物、氧化铁。可单独使用,也可与其他阻垢剂复配使用。可在引发剂存在下,由丙烯酸、丙烯酸酯及磺酸盐经共聚反应制得。

丙烯酸-丙烯酰胺共聚物 acrylic acid-acrylamide copolymer 一种阴离子聚合

$$-[CH_2-CH]_n-[CH_2-CH]_m-$$
$$\qquad |\qquad\qquad\qquad |$$
$$\quad COOH\qquad\quad CONH_2$$

物。白色粉末。易吸潮。pH值7～9(1%水溶液)。降黏率≥80%。溶于水,水溶液呈弱碱性。用作高温深井的钻井

液降黏剂，并有较强抗盐作用，适用于各种水基钻井液。也可用作水处理阻垢分散剂。由丙烯酸与丙烯酰胺在过硫酸胺引发剂存在下反应制得。

丙烯酸-丙烯酰胺共聚物钠盐 AA-AM copolymer sodium 又名 AA-AM 共聚物钠盐、DA 分散剂。

$$\{CH_2-CH\}_m-\{CH_2-CH\}_n$$
$$\quad\quad |\quad\quad\quad\quad\quad\quad |$$
$$\quad\quad COONa\quad\quad\quad CONH_2$$

一种阴离子型表面活性剂。浅黄色黏稠性液体。相对密度 $1.15\sim1.25$。固含量 $38\%\sim42\%$。pH 值 $7\sim8$。黏度 $250\sim350$ mPa·s。

$$\left[\begin{array}{c}CH_2-CH\\|\\C=O\\|\\OH\end{array}\right]_m\left[\begin{array}{c}H\ \ H\\|\ \ |\\C-C\\|\ \ |\quad\quad CH_3\\H\ \ |\quad\quad |\\C-N-C-CH_2SO_3H\\\|\quad\quad\ \ |\\O\quad\quad\ \ CH_3\end{array}\right]_n$$

面活性剂。淡黄色透明液体。固含量 $\geqslant 30\%$。相对密度 $1.05\sim1.15$。1% 水溶液的 pH 值 $2.5\sim3.5$。与水混溶。用作水处理阻垢分散剂。高温深井的钻井液降黏剂。分子结构中含有强阴离子性、水溶性的磺酸基团，对 Ca、Ba、P、S、$CaCO_3$、$Mg(OH)_2$ 等盐垢，特别是磷酸钙垢有良好的抑制作用，并能有效地分散悬浮物、氧化铁、泥砂等。适用作工业循环冷却水、油田回注水的阻垢剂。可在引发剂存在下，由丙烯酸、2-丙烯酰胺基-2′-甲基丙基磺酸聚合制得。

溶于水，不溶于一般有机溶剂。具有优良的分散性及稳定性，用作颜料分散剂，适用于多种颜料分散，尤对轻质碳酸钙、重质碳酸钙等白色颜料有强的分散力。适用于制造水性乳胶漆、内外墙涂料、纸张涂布用涂料等。在引发剂存在下，由丙烯酸与丙烯酰胺反应后经碱中和制得。

丙烯酸-2-丙烯酰胺基-2′-甲基丙基磺酸共聚物 acrylic acid-2-acrylamide-2′-methylpropyl sulfonic acid copolymer 又名 AA/AMPS 共聚物。一种阴离子表

丙烯酸-2-丙烯酰胺-2′-甲基丙烷磺酸-丙烯酸羟丙酯共聚物 AA-AMPS-HPA copolymer 一种阴离子表面活性剂。

$$\{CH_2-CH\}_m-\{CH_2-CH\}_n-\{CH_2-CH\}$$
$$\ \ |\quad\quad\quad\quad\quad\quad\quad\quad\quad\quad |$$
$$COOH\quad\quad\quad\quad\quad\quad\ COOCH_2CHCH_3$$
$$\quad\quad\quad\quad\quad\quad\quad\quad\quad\quad\quad\quad\quad |$$
$$\quad\quad\quad\quad\quad\quad\quad\quad\quad\quad\quad\quad\quad OH$$
$$\quad\quad\quad\quad\quad\quad\quad\quad\quad\quad CH_3$$
$$\quad\quad\quad\quad\quad\quad\quad\quad\quad\quad\ |$$
$$\quad\quad\quad\quad\quad\quad\quad CONH-C-CH_2SO_3H$$
$$\quad\quad\quad\quad\quad\quad\quad\quad\quad\quad\ |$$
$$\quad\quad\quad\quad\quad\quad\quad\quad\quad\quad CH_3$$

淡黄色黏稠性液体。相对密度 1.15。固含量 ≥ 28%。1% 水溶液的 pH 值 2.5～3.0。可与水混溶。用作水处理阻垢剂,阻垢性优于丙烯酸-有机磺酸共聚物,可阻碳酸钙、磷酸钙垢,而且抑制锌盐沉积力较强。适用于石油化工、电力、化肥等行业的高碱、高 pH 值、高钙工业循环冷却水、锅炉水及油田注水系统的阻垢处理。也用作钙皂分散剂及洗涤助剂等。可在引发剂存在下,由丙烯酸、2-丙烯酰胺基-2′-甲基丙烷磺酸及丙烯酸羟丙酯经共聚反应制得。

丙烯酸二甲氨基乙酯 dimethylaminoethyl acrylate 无色至淡黄色淡明液体。

$$CH_2=CH-\overset{O}{\overset{\|}{C}}-O-CH_2CH_2N(CH_3)_2$$

相对密度 0.943。熔点 -75℃。沸点 90℃(6.66kPa)。闪点 63℃(闭杯)。折射率 1.4380。溶于水、乙醇、苯,不溶于正己烷、石油醚。化学性质活泼,易聚合及共聚。易燃。对皮肤有一定刺激性。用于制造阳离子型絮凝剂、抗静电剂、降滤失剂、酸化压裂稠化剂、胶黏剂及涂料等。由丙烯酸与二甲氨基乙醇经酯化反应制得。

丙烯酸改性松香 acrylic acid modified rosin 又名亚克力改性松香。微黄色透明状固体,软化点 97～125℃。酸值 200～245mgKOH/g。不溶于水、乙醇,溶于甲苯、丙酮、异丙醇、氯仿、乙酸乙酯、松节油等。可燃。无毒。用作热熔胶、压敏胶及溶剂型胶黏剂的增黏剂,也用作乳化剂、稳定剂。由松香与丙烯酸经双烯加成反应制得。

丙烯酸钙-丙烯酸钠-丙烯酰胺共聚物 calcium acrylate-sodium acrylate-acrylamide copolymer 白色粉末。溶于

$$\underset{COONa}{\underset{|}{[CH-CH_2]_n}}-\underset{COO}{\underset{|}{[CH-CH_2]_m}}-\underset{CONH_2}{\underset{|}{[CH-CH_2]_p}}$$
$$\overset{|}{Ca}$$
$$\underset{[CH-CH_2]_m}{\overset{|}{COO}}$$

水。水溶液呈弱碱性。是一种阴离子聚合物。主要用作油田钻井泥浆的降滤失剂,对盐水泥浆及饱和盐水泥浆均有较强降滤失能力,并具有较强抗温性能。可直接加入泥浆中,也可与适量碳酸钠配成 2% 溶液使用,效果更好。由丙烯酸、丙烯酰胺、氢氧化钠、石灰等,在过硫酸铵引发剂存在下聚合制得。

丙烯酸钙-丙烯酰胺共聚物 calcium acrylate-acrylamide copolymer 白色粉末。

$$\underset{COO}{\underset{|}{[CH-CH_2]_m}}-\underset{CONH_2}{\underset{|}{[CH-CH_2]_n}}$$
$$\overset{|}{Ca}$$
$$\underset{[CH-CH_2]_m}{\overset{|}{COO}}$$

pH 值 8~10。易吸湿。溶于水，水溶液呈弱碱性。是一种阴离子型聚合物。用作油田钻井泥浆降滤失剂，有较强降滤失能力，同时还具有增黏、絮凝、控制地层造浆、抑制黏土分散及抗钙、抗镁能力。由丙烯酸、氧化钙、丙烯酰胺等在过硫酸铵存在下反应制得。

丙烯酸高碳醇酯-乙烯-乙酸乙烯酯共聚物 EVA modified higher alcohol acrylate copolymer 又名 EV 改性丙烯酸高碳醇酯降凝剂、原油降凝剂 AEVA。

$$\{CH_2-CH\}_m-\{CH_2-CH_2\}_n-\{CH_2-CH\}_p$$
$$\qquad |\qquad\qquad\qquad\qquad\qquad\qquad |$$
$$\quad COOR\qquad\qquad\qquad\qquad\qquad O$$
$$\qquad\qquad\qquad\qquad\qquad\qquad\qquad |$$
$$\qquad\qquad\qquad\qquad\qquad\qquad\qquad C-CH_3$$
$$\qquad\qquad\qquad\qquad\qquad\qquad\qquad \|$$
$$\qquad\qquad\qquad\qquad\qquad\qquad\qquad O$$

一种非离子高分子表面活性剂。米色粉末。不溶于水，溶于苯、甲苯、二甲苯。具有优良的降凝作用。原油降凝值≥21℃。可显著改善原油的低温流动性能。以丙烯酸、高碳醇（C_{16}、C_{18}、C_{22}）、乙烯、乙酸乙烯酯等为原料，对甲苯磺酸为催化剂进行共聚反应制得。

丙烯酸-甲基丙烯酸共聚物羧酸盐 copolymer carboxylate of acrylate with methyl acrylate 又名 AA/MAA 共聚物羧酸盐、DC-8 分散剂。属阴离子型表面活性剂。淡黄色黏稠性透明液体。固含量 24%~26%。pH 值 8。黏度 10000mPa·s(25℃)。易溶于水，不溶于一般有机溶剂。具有优良的分散性、耐热性及防霉性。用作颜料及涂料分散剂，对无机及有机颜料均适用。用于涂料时，具有较好的调色性及防沉降性，并具有一定增稠性，可减少涂料施工时产生流挂及刷痕现象。在引发剂存在下，由丙烯酰与甲基丙烯酸共聚制得。

丙烯酸甲氧基乙酯 2-methoxyethyl acrylate 无色透明液体。有特殊臭味。

$H_2C=CHCOOCH_2CH_2OCH_3$

沸点 155℃。相对密度 1.012。闪点 60℃。折射率 1.4270。不溶于水，溶于丙酮、苯、氯仿。易聚合。用作耐寒型丙烯酸酯橡胶的单体。也可与苯乙烯、丙烯腈单体共聚用于制造胶黏剂、涂料、油田化学品及用于树脂改性等。由丙烯酸与甲氧基乙醇在酸催化剂存在下经酯化反应制得。

丙烯酸甲酯 methyl acrylate 丙烯酸酯中最简单的同

$CH_2=CHCOOCH_3$

系物。无色透明易挥发液体。有很强的辛辣气味。易燃。相对密度 0.9535。熔点-76℃。沸点 80.3℃。闪点-3℃。折射率 1.4040。爆炸极限 2.8%~25%。微溶于水，溶于乙醇、乙醚、丙酮、苯等。化学性质活泼，易自聚，也易与苯乙烯、丙烯腈及丙烯酸酯类其他单体共聚。是制造腈纶的第二单体，与丙烯酸丁酯共聚的乳液是优良的皮革涂饰剂。也用于制造合成树脂、胶黏剂、涂料等。由丙烯腈与硫酸及甲醇反应制得。

丙烯酸-马来酸酐共聚物 acrylic acid-maleic anhydride copolymer 又名

$$\left[\begin{array}{cc} CH-CH \\ | \quad | \\ C=O \quad C=O \\ | \quad\quad | \\ OH \quad OH \end{array}\right]_p \left[\begin{array}{cc} CH-CH \\ | \quad | \\ C \quad C \\ \diagdown \quad \diagup \\ O \quad O \end{array}\right]_m \left[\begin{array}{c} CH_2-CH \\ \quad\quad | \\ \quad\quad C=O \\ \quad\quad | \\ \quad\quad CH \end{array}\right]_n$$

丙烯酸-顺丁烯二酸酐共聚物。一种阴离子表面活性剂。黄色脆性固体。溶于水、乙醇。商品常为浅黄色或浅棕色透明黏稠液体。固含量≥48%。相对密度1.18～1.22。平均相对分子质量≥300。1%水溶液pH值2～3。具有良好的分散性及高温稳定性。用作水处理阻垢剂,对碳酸盐有良好的分散性,可在300℃的高温下使用。适用于低压锅炉、集中采暖、油田输油及输水管线、工业循环冷却水系统等的阻垢。可在过氧化苯甲酰引发剂存在下,由马来酸酐与丙烯酸共聚反应制得。

丙烯酸-马来酸酐衍生物共聚物鞣剂 acrylic acid-maleic anhydride derivatives copolymer tanning agent 氨基树脂鞣剂的一种,是由丙烯酸类单体与马来酸酐衍生物(如马来酸、马来酸单酯、马来酸单酰胺)直接在水性体系中进行自由基共聚制得的共聚物。这类鞣剂水溶性好、黏度低、使用方便、生产过程无三废排放,可用于皮革的预鞣、复鞣和填充。鞣制的革,革身丰满、弹性好、部位差小、染色性好。它既克服了丙烯酸树脂鞣剂易使皮革变得僵硬、粒面发脆的缺点,又不像苯乙烯-马来酸酐共聚物鞣剂存在着水溶性差的弊端,是这两类鞣剂的升级产品。如商品PT系列树脂鞣剂就属于此类产品。

丙烯酸-2-羟基丙酯 2-hydroxy propyl acrylate 又名丙烯酸-β-羟丙酯。无

$$CH_2=CHCOOCH_2CH(OH)CH_3$$

色透明液体。易燃。相对密度1.0536。熔点−60℃。沸点77℃。闪点100℃。与水混溶,溶于一般有机溶剂。在pH≤9的水溶液中有抗水解性,pH＞9时则迅速水解。在引发剂存在下能发生聚合,也可与丙烯酸酯等其他单体共聚。还能促进不易共聚的两种单体(如苯乙烯与氯乙烯)发生共聚。属丙烯酸类树脂的主要交联性官能团单体之一,用于制造合成树脂、胶黏剂、热固性涂料、油墨、皮革及织物处理剂等。由丙烯酸与环氧丙烷经加成反应制得。

丙烯酸-2-羟基乙酯 2-hydroxy ethyl acrylate 又名丙烯酸-β-羟乙酯。无色

$$CH_2=CHCOOCH_2CH_2OH$$

透明液体。易燃。相对密度1.1098。熔点−70℃。沸点82℃(0.667kPa)。闪点77℃。与水混溶,溶于乙醇、乙醚等一般有机溶剂。极易聚合,也易与丙烯酸、苯乙烯、乙酸乙烯酯及丙烯腈单体共聚。中等毒性。对皮肤及眼睛有刺激性。用于制造胶黏剂、涂料、皮革及纸加工用乳液。是溶剂型及乳液型丙烯酸酯

胶黏剂的交联单体。由丙烯酸与环氧乙烷经加成反应制得。

丙烯酸十八烷基酯 octodecyl acrylate 淡黄色至棕黄色蜡状固体。熔点

$$CH_2=CH-COO-C_{18}H_{37}$$

$25\sim 26℃$。沸点 $180\sim 182℃$。酸值≤10mgKOH/g。酯化度 $92.95\sim 100℃$。不溶于水,溶于常用有机溶剂。能自聚,也可与苯乙烯、马来酸酐等单体共聚。其共聚物广泛用于制造胶黏剂、水处理剂、原油降黏剂、油品流动性改进剂。也用于制造功能高分子材料。由十八醇与丙烯酸在催化剂对甲苯磺酸存在下经酯化反应制得。

丙烯酸十二烷基酯 dodecyl acrylate 淡黄色透明液体。沸点 $158\sim 160℃$。

$$CH_2=CH-COO-C_{12}H_{25}$$

酯化度 $92.95\sim 100℃$。不溶于水,溶于常用有机溶剂。能自聚,或与苯乙烯、马来酸酐等单体进行共聚。其共聚物广泛用于制造胶黏剂、水处理剂、原油降黏剂及油品流动性改进剂。也用于制造功能高分子材料。由十二醇与丙烯酸在催化剂对甲苯磺酸存在下,经酯化反应制得。

丙烯酸十六烷基酯 hexadecyl acrylate 淡黄色透明液体。沸点 $209\sim 211℃$

$$CH_2=CH-COO-C_{16}H_{33}$$

(1.33kPa)。酯化度 $92.95\sim 100℃$。不溶于水,溶于常用有机溶剂。能自聚,也能与苯乙烯、马来酸酐单体等共聚。其共聚物广泛用于制造胶黏剂、水处理剂、原油降黏剂、油品流动性改进剂,也用于制造功能高分子材料。由十六醇与丙烯酸在催化剂对甲苯磺酸存在下反应制得。

丙烯酸树脂 acrylic resin 指丙烯酸和甲基丙烯酸及其衍生物,如酯类、腈类、酰胺类经聚合所得产品的总称。其单体结构为 $CH_2=\underset{R}{C}-COOR'$,式中 R 为—H、—CN、烷基、芳基及卤素等;R' 为—H、烷基、芳基、羟烷基等,其中—COOR' 也可被—CN、—CONH$_2$、—CHO等基团所取代。该类产品具有无色、耐光、耐老化等特征,有固体、溶液、分散液等类型。有均聚及共聚等产品,如聚甲基丙烯酸甲酯、聚丙烯腈、聚丙烯酰胺等,广泛用于合成纤维、橡胶、塑料、皮革、胶黏剂、建筑、涂料、采油及水处理等行业。

丙烯酸树脂胶黏剂 acrylic resin adhesives 以丙烯酸树脂为基料的胶黏剂,丙烯酸酯衍生物很多,还有与其共聚的许多共聚物,因而能制成多种有不同功能的胶黏剂,如乳液型、溶液型、热熔胶、压敏胶、厌氧胶等。通常是以丙烯酸乙酯、丁酯及异辛酯为主体,与甲基丙烯酸类、丙烯腈、苯乙烯及乙酸乙烯酯等共聚制得。这类胶黏剂有良好耐水性、柔韧性、耐候性。胶液有溶液型、乳液型及无溶剂液体等类别。溶液型如将甲基丙烯酸甲酯溶于氯仿即得,可用于粘接有机玻璃;乳液型一般都是采用丙烯酸酯与其他单体的共聚乳液,用于无纺布、织物、植绒、聚氨酯泡沫材料及地毯背衬等的粘接;无溶剂型有 α-氰基丙烯酸酯胶黏剂、厌氧胶黏剂、丙烯酸结构胶黏剂等。

丙烯酸树脂鞣剂 acrylic resin tanning agent 氨基树脂鞣剂的一种。主要

组分是丙烯酸和(或)甲基丙烯酸与其他乙烯基单体的共聚物。其大分子侧链上的羧基能与皮胶原肽链上的多种基团以及鞣革中结合的铬盐发生结合,是一种填充效果好、结合力强、耐光、耐老化、能赋予皮革柔软、弹性的高分子鞣剂。一般丙烯酸树脂均带阴电荷,用它处理的坯革,阴离子染料不易上染,染深色时更为突出。为改善其染色性能,可在丙烯酸树脂分子中引入阳电荷,市场上已有许多这类产品。

丙烯酸树脂涂料 acrylic resin coatings 以丙烯酸树脂为主要成膜物质的涂料,按聚合单体性质不同,可分为热塑性及热固性丙烯酸树脂涂料两大类;按涂料的形态分为溶剂型涂料及水性涂料。溶剂型涂料有丙烯酸清漆、底漆、磁漆、透明漆等。漆膜有优良的耐候、耐光、耐热、耐腐蚀性,保色保光性强,漆膜丰满。用于涂覆汽车、飞机、家用电器、自行车、食品器皿等表面,起装饰保护作用。水性涂料包括丙烯酸乳胶漆、电泳漆等。乳胶漆用于各类建筑物内外墙的涂装,成本低,污染少。电泳漆用于家用电器、汽车、飞机及建筑物等铝合金表面的保护涂装。

丙烯酸-2-乙基己酯 2-ethylhexyl acrylat 又名丙烯酸异辛酯、丙烯酸辛酯。$CH_2=CHCOOCH_2CH(C_2H_5)(CH_2)_3CH_3$ 无色透明液体,略有芳香味,相对密度 0.8852。熔点 $-70℃$。沸点 216℃。闪点 87℃(闭杯)。自燃点 230℃。聚合物玻璃化温度 $-70℃$。爆炸极限 0.6%～1.8%。脆化点 $-55℃$。不溶于水,与醇、醚混溶。易自聚,也能与苯乙烯、丙烯腈、乙烯乙酸酯等单体进行共聚、交联、接枝等制得丙烯酸类产品,用于纤维织物加工,制造胶黏剂、涂料、皮革加工助剂等。由丙烯酸与2-乙基己酯经酯化反应制得。

丙烯酸-乙烯基磺酸共聚物 acrylic acid-vinyl sulfonic acid copolymer 无色

$$\left[CH_2-CH \atop \underset{OH}{C=O} \right]_m \left[CH_2-CH \atop SO_3H \right]_n$$

透明或淡黄色透明黏性液体。相对分子质量 1000～15000。固含量≥30%。pH 值 3～5。与水、乙二醇及 50% 碱液混溶。具有良好的分散、缓蚀及螯合金属阳离子的能力。用作冷却水处理系统缓蚀剂、锅炉水阻垢剂、螯合剂、钻井泥浆添加剂、金属清洗剂等。由丙烯酸与乙烯基磺酸在引发剂存在下聚合制得。

丙烯酸酯类密封胶 acrylates sealant 以丙烯酸酯类聚合物为基料的密封胶黏剂。常用的有以聚甲基丙烯酸酯为主组成的灌封胶和厌氧性丙烯酸酯密封胶。聚甲基丙烯酸酯灌封胶是以甲基丙烯酸甲酯或丁酯在引发剂存在下进行预聚合,制得低相对分子质量黏稠预聚物,预聚物黏度随引发剂用量和聚合时间而变化。由聚合体与单体制成浆料,加入引发剂后即可进行灌封和聚合固化成型。厌氧性丙烯酸酯密封胶以多缩乙二醇的双甲基丙烯酸酯、三羧甲基丙烷三甲基丙烯酸酯或其他丙烯酸改性聚氨酯和改性环氧树脂为基料,再加入氧化剂、还原剂、促进剂、增黏剂及稳定剂等制成。储存时,空气中的氧能阻止胶液中单体的聚合。使用时密封胶注入细小间隙中,由于缺少空气,催化剂起作用而聚合固化。用于封装电器设备、无线电电子元件、生物标本等。

丙烯酸酯马来酸酐-乙酸乙烯酯共聚物 acrylate-maleic anhydride-vinyl acetate copolymer 一种非离子表面活性剂。

$$-\!\!\!\!-\!\!\text{CH}_2\!-\!\text{CH}\!-\!\!\!\!-_n\!\!-\!\!\!\!-\!\!\text{CH}\!-\!\text{CH}\!-\!\!\!\!-_m$$
$$\begin{array}{ccc} | & | & | \\ \text{C}\!-\!\text{OR} & \text{C} & \text{C} \\ \| & \| & \| \\ \text{O} & \text{O} & \text{O} \end{array}$$

($R = C_nH_{2n+1}$, $n = 18 \sim 30$)

乳黄色固体。不溶于水,溶于苯、甲苯、二甲苯及柴油等有机溶剂,具有降凝作用。凝固点下降值$\geq 10℃$。表观黏度下降值$\geq 60\%$。主要用于含蜡原油集输中的降凝、降黏,可使原油的低温流动性及流变性能得到明显改善,但降凝效果对原油品种有一定选择性。由丙烯酸混合酯、马来酸酐及乙酸乙烯酯在引发剂存在下共聚制得。

丙烯酸酯乳液 acrylate emulsion 一种其聚合物主要成分为丙烯酸或甲基丙烯酸的酯类,也包括苯乙烯/丙烯酸在内的水分散体。通常由乳液聚合法制备,所用单体主要是丙烯酸乙酯、丙烯酸正丁酯、甲基丙烯酸甲酯等,也可使用丙烯酸甲酯、丙烯酸2-乙基己酯、异丁基丙烯酸酯。丙烯酸酯乳液的胶膜透明,耐热性、耐水性及耐候性均较好,与颜料粘接性能好。用它制得的涂料有良好的光泽保持性、柔韧性及耐碱性,也用于胶黏剂、皮革加工、织物背涂及处理、无纺布粘接、纸张表面涂覆和浸渍、水性油墨制造等领域。

丙烯羰基合成催化剂 propylene oxo-synthesis catalyst 又名羰基合成丁辛醇催化剂。羰基合成是指一氧化碳、氢与烯烃在催化剂的作用和一定压力下,生成比原料烯烃多一个碳原子的脂肪醛的过程。用于一氧化碳与丙烯合成制丁醇和2-乙基己醇,以及丁醛和丁醛缩合产物加氢反应。Rh系羰基合成催化剂的中国产品牌号有BC-2-007。主要组成为由三苯基膦改性的铑配合物,以铑为活性中心,三苯基膦为配位体。Rh含量为$19\% \sim 21\%$。反应过程中起催化作用的催化剂形态为ROPAC与一氧化碳及氢接触形成的羰基氢三苯基膦铑复合物。

丙烯脱砷剂 propylene dearsenifing agent 用于脱除丙烯原料中微量砷的催化剂。丙烯原料中含微量砷会引起后续催化剂中毒。一般要求丙烯中的砷化物含量低于30×10^{-9}。TAS-19、YHA-280脱砷剂主要用于液相丙烯原料中微量砷的脱除。在操作温度$0 \sim 60℃$、操作压力$0.1 \sim 4.0$ MPa、液空速$0.5 \sim 5.0 h^{-1}$的条件下,原料丙烯中砷化合物含量在1000×10^{-9}时,脱砷后,液相丙烯中砷化物含量$\leq 30 \times 10^{-9}$。具有脱砷效率高、脱砷容量大的特点。可由氧化锌、氧化铜、氧化钼等组分,经混碾、成型、焙烧制得。

2-丙烯酰氨基-2-甲基丙基膦酸 2-acryloylamino-2-methylpropyl phosphonic acid 白色针状结晶或粉末。熔点147~

$$\text{CH}_2\!=\!\text{CH}\!-\!\text{CO}\!-\!\text{NH}\!-\!\text{C(CH}_3)_2\!-\!\text{CH}_2\!-\!\overset{\overset{\displaystyle O}{\|}}{\underset{\underset{\displaystyle OH}{|}}{P}}\!-\!\text{OH}$$

150℃。溶于水,可与丙烯酸等多种单体聚合,用于制取水处理药剂如阴离子聚合物阻垢分散剂、絮凝剂、缓蚀剂等。由五氯化磷与异丁烯反应制得异丁基磷酸后,再与丙烯腈反应制得。

2-丙烯酰胺基-2-甲基丙基膦酸-丙烯酸酯共聚物 2-acryloylamino-2-methyl propyl phosphonic acid-acrylate copolymer 水白色至淡黄色水溶液。总固含

$$\begin{array}{c} {-\!\!\!\!\!\!-\!\!\text{[CH}_2\!\!-\!\!\text{CH]}_n\!\!-\!\!\text{[CH}_2\!\!-\!\!\text{CH]}_m\!\!-}\\ |\quad\quad\quad\quad\quad | \\ C=O \quad\quad\quad C=O \\ |\quad\quad\quad\quad\quad | \\ OH \quad\quad\quad\quad NH \\ \quad\quad\quad\quad\quad\quad | \\ \quad\quad\quad\quad\quad C(CH_3)_2 \\ \quad\quad\quad\quad\quad\quad | \\ \quad\quad\quad\quad\quad CH_2 \\ \quad\quad\quad\quad\quad\quad | \\ \quad\quad\quad\quad\quad P-(OH)_2 \\ \quad\quad\quad\quad\quad\parallel \\ \quad\quad\quad\quad\quad O \end{array}$$

量约30%。pH值约2.0,溶于水。分子结构中含有羧酸根,对 Ca^{2+}、Mg^{2+} 等有强螯合作用。用作水处理阻垢分散剂、缓蚀剂、絮凝剂等。由2-丙烯酰基-2-甲基丙基膦酸与丙烯酸在过硫酸铵引发剂作用下聚合制得。

2-丙烯酰胺基-2-甲基丙基膦酸-丙烯酰胺共聚物 2-acryloylamino-2-methyl propyl phosphonic acid-acrylamide copolymer 水白色至淡黄色透明水溶液。固含量约30%。pH值约5.0。溶于水。分子结构中含有膦酸基,有良好的阻垢、缓蚀等性能。用作水处理阻垢分散剂、絮凝剂、缓蚀剂等。由2-丙烯酰基-2-甲基丙基膦酸与丙烯酰胺在过硫酸铵作用下反应制得。

$$\begin{array}{c} {-\!\!\!\!\!\!-\!\!\text{[CH}\!\!-\!\!\text{CH}_2\text{]}_n\!\!-\!\!\text{[CH}\!\!-\!\!\text{CH}_2\text{]}_m\!\!-}\\ |\quad\quad\quad\quad\quad | \\ C=O \quad\quad\quad C=O \\ |\quad\quad\quad\quad\quad | \\ NH_2 \quad\quad\quad\quad NH \\ \quad\quad\quad\quad\quad\quad | \\ \quad\quad\quad\quad\quad C(CH_2)_2 \\ \quad\quad\quad\quad\quad\quad | \\ \quad\quad\quad\quad\quad CH_2 \\ \quad\quad\quad\quad\quad\quad | \\ \quad\quad\quad\quad\quad P-(OH)_2 \\ \quad\quad\quad\quad\quad\parallel \\ \quad\quad\quad\quad\quad O \end{array}$$

2-丙烯酰胺基-2-甲基丙基膦酸-丙烯酰基吗啉共聚物 2-acryloylamino-2-methyl propyl phosphonic acid-acryloyl morpholine copolymer 淡黄色透明水

$$\begin{array}{c} {-\!\!\!\!\!\!-\!\!\text{[CH}_2\!\!-\!\!\text{CH]}_m\!\!-\!\!\text{[CH}_2\!\!-\!\!\text{CH]}_n\!\!-}\\ |\quad\quad\quad\quad\quad | \\ C=O \quad\quad\quad C=O \\ |\quad\quad\quad\quad\quad | \\ NH \quad\quad\quad\quad\quad N \\ |\quad\quad\quad\quad\quad\quad\diagup\quad\diagdown \\ C(CH_3)_2 \\ | \\ CH_2 \\ | \\ P-(OH)_2 \\ \parallel \\ O \end{array}$$

溶液。总固含量约30%。pH值约为4.0。溶于水。由于分子结构中含有膦酸基,具有良好的阻垢分散、缓蚀能力,可用作水处理阻垢分散剂、絮凝剂,冷却水系统缓蚀剂。并兼有杀菌灭藻作用。由2-丙烯酰基-2-甲基丙基膦酸与丙烯酰基吗啉在过硫酸铵引发剂作用下聚合制得。

2-丙烯酰胺基-2-甲基丙基膦酸-甲基丙烯酸共聚物 2-acryloylamino-2-methyl propyl phosphonic acid-methacrylic acid copolymer 水白色至淡黄色透明水溶液。总固

含量约30%。pH值2～3。溶于水。分子结构中含有羧酸根,对Ca^{2+}、Mg^{2+}等有强螯合作用。是一种多功能水处理剂,用作水处理阻垢分散剂、絮凝剂、缓蚀剂等。由2-丙烯酰基-2-甲基丙基膦酸与甲基丙烯酸在过硫酸铵作用下

$$\begin{array}{c} CH_3 \\ | \\ -[C-CH_2]_n-[CH-CH_2]_m- \\ | \qquad\qquad | \\ C=O \qquad\quad C=O \\ | \qquad\qquad | \\ OH \qquad\quad NH \\ \qquad\qquad | \\ \qquad\quad C(CH_3)_2 \\ \qquad\qquad | \\ \qquad\quad CH_2 \\ \qquad\qquad | \\ \qquad\quad P-(OH)_2 \\ \qquad\qquad \| \\ \qquad\quad O \end{array}$$

反应制得。

2-丙烯酰胺基-2-甲基丙磺酸 2-acryloylamino-2-methyl propane sulfonic acid

$$CH_2=CHC\overset{O}{\overset{\|}{N}}HC(CH_3)_2CH_2SO_3H$$

又名碳四乳化剂、YS-01杀菌灭藻剂。一种阴离子表面活性剂。有液体及固体两种产品。液体产品又分为含50%水-乙醇溶液,含58%水-乙醇的氯化钠溶液及含50%水-乙醇的铵盐溶液。固体产品为白色结晶状粉末,表观密度0.48～0.54g/cm³。熔点185℃。酸值270～300mgKOH/g。易溶于水、二甲基甲酰胺,微溶于乙醇,不溶于丙酮、甲苯。有较好的乳化性、分散性及热稳定性。用作反应性乳化剂,用于合成高耐水性丙烯酸乳液压敏胶。也用作大型石油化工装置水处理的杀菌灭藻剂,还用作增稠剂。

2-丙烯酰氨基十二烷基磺酸 2-acryloylamino-dodecyl sulfonic acid 白色结晶

$$CH_2=CHCONHCHCH_2SO_3H \\ \qquad\qquad\qquad | \\ \qquad\qquad\quad C_{10}H_{21}$$

或粉末。酸值176～177mgKOH/g。溶于水,水溶液呈酸性。是一种丙烯酰胺长链烷基磺酸,属表面活性剂。用作聚合物合成单体,其均聚物或与丙烯酸、丙烯腈、丙烯酰胺等的共聚物可用作废水处理的絮凝剂、污泥脱水剂、热交换器防结垢剂及冷却水系统防蚀剂。用作乳液聚合中的内乳化剂,与烯类单体共聚制得共聚物,可用作高温高盐地层的驱油剂、钻井液处理剂及采油用化学剂等。以1-十二烯、丙烯腈及发烟硫酸等为原料反应制得。

丙烯酰胺 acrylamide 无色无臭片状

$$CH_2=CHCONH_2$$

结晶。相对密度1.122(30℃)。熔点84.5℃。沸点125℃(3.33kPa)。溶于水、乙醇、乙醚,微溶于甲苯,不溶于苯。常温下稳定,受紫外线照射或达熔点温度时易聚合,也可与丙烯酸、苯乙烯及卤代乙烯等进行共聚。与硫酸反应生成盐。在酸性催化剂存在下水解生成丙烯酸。高毒! 易通过皮肤及黏膜被人体吸收和累积,引起神经系统中毒症状。主要用于制造丙烯酰胺的均聚物及共聚物,这些聚合物广泛用作高吸水性树脂、絮凝剂、增稠剂以及制造乳液胶黏剂、压敏胶及涂料等。可由丙烯腈经水合反应制得。

丙烯酰胺-丙烯基磺酸钠共聚物 acrylamide-allyl sulfonic sodium copolymer

种阴离子型聚合物。白色粉末。易溶于

$$\text{—}[\text{CH}_2\text{—CH}]_n\text{—}[\text{CH}_2\text{—CH}]_m\text{—}$$
$$\qquad\quad|\qquad\qquad\qquad|$$
$$\quad\text{CH}_2\text{SO}_3\text{Na}\qquad\text{CONH}_2$$

水。用作深井泥浆的降滤失剂,有良好的降滤失性能,并有较高抗温(150~180℃)、抗盐和抗钙能力。适用于高温深井泥浆。由丙烯酰胺与丙烯磺酸钠在过硫酸钾引发剂作用下反应制得。

丙烯酰胺-丙烯腈共聚物 acrylamide-acrylonitrile copolymer 一种非离子型聚合物。白色粉末。1%水溶液的pH值

$$\text{—}[\text{CH}_2\text{—CH}]_n\text{—}[\text{CH}_2\text{—CH}]_m\text{—}$$
$$\qquad\quad|\qquad\qquad\qquad|$$
$$\qquad\text{CN}\qquad\qquad\quad\text{CONH}_2$$

6~7。溶于水,水溶液呈中性。用作钻井液处理剂,具有良好的分散及抑制黏土水化膨胀能力,并具有较高的热稳定性、抗盐性及剪切稀释性。适用于两性离子型及阴离子型钻井液体系。由丙烯酰胺与丙烯腈在过硫酸盐引发剂存在下聚合制得。

丙烯酰胺-丙烯酸钾共聚物 acrylamide-potassium acrylate copolymer

$$\text{—}[\text{CH}_2\text{—CH}]_n\text{—}[\text{CH}_2\text{—CH}]_m\text{—}$$
$$\qquad\quad|\qquad\qquad\qquad|$$
$$\quad\text{CONH}_2\qquad\qquad\text{COOK}$$

一种低相对分子质量阴离子聚合物。白色或浅黄色流动性粉末。水解度27%~35%。钾含量11%~15%。易溶于水,水溶液呈弱碱性。用作钻井液处理剂,具有较强的抑制黏土和钻屑分散能力,并有良好的抗温、抗盐性能及降滤失能力,防塌效果好,与阴离子及两性离子型处理剂有较好配伍性,适用于淡水、盐水、饱和盐水钻井液及不同相对密度的水基钻井液体系。由丙烯酸钾与丙烯酰胺在引发剂过硫酸铵存在下反应制得。

丙烯酰胺-二烯丙基二甲基氯化铵共聚物 acrylamide-dimethyl diallylammonium chloride copolymer 又名二甲基二烯丙基氯化铵-丙烯酰胺共聚物。一种阳离子有机高分子絮凝剂。液体为无色至淡黄色黏稠状,固体为白色粉末。极易溶于水,不溶于乙醇、乙醚、丙酮。用作造纸、印染、纺织及油田等工业废水及生活污水处理的絮凝剂。分子结构中的阳离

$$\text{—}\left[\begin{array}{c}\text{CH}_2\text{—CH—CH—CH}_2\\|\qquad\quad|\\\text{CH}_2\quad\text{CH}_2\\\backslash\;/\\\text{N}^+\text{Cl}^-\\/\;\backslash\\\text{CH}_3\quad\text{CH}_3\end{array}\right]_n\left[\begin{array}{c}\text{CH}_2\text{—CH}\\|\\\text{CONH}_2\end{array}\right]_m$$

子占共聚物的10%~15%,电荷密度范围大,相对分子质量高,对胶体颗粒及悬浮物有很强的电荷作用及桥连絮凝作用。由二烯丙基二甲基氯化铵与丙烯酰胺经共聚反应制得。

2-丙烯酰胺-2-甲基-1-丙烷磺酸 2-acrylamide-2-methyl-1-propanesulfonic acid 白色结晶。熔点195℃(分解)。溶于水、二甲基甲酰胺,稍溶于甲醇、乙醇,难溶于丙酮。水溶液呈酸性。易自聚或与

$$CH_2=CH-\overset{O}{\underset{}{C}}-NH-\underset{CH_3}{\overset{CH_3}{\underset{|}{\overset{|}{C}}}}-CH_2SO_3H$$

其他烯类单体共聚。作为水溶性阴离子型单体,可与丙烯腈、丙烯酰胺等单体共聚制备油田化学品及高吸水性树指。用作腈纶纤维的改性单体,可显著提高纤维的可纺性、染色性、耐磨性及透明性等。由异丁烯、丙烯腈经 SO_3 磺化后再经水合制得。

丙烯酰胺-马来酸酐共聚物 acrylamide-maleic anhydride copolymer 一种阴离

$$\underset{CONH_2}{\overset{}{[CH_2-CH]_n}}\underset{\underset{O}{\overset{}{C}}\underset{O}{\overset{}{C}}}{[CH-CH]_m}$$

子型低分子电解质。相对分子质量 1000~5000。黏稠性液体,有效物≥30%,pH 值 4~5。溶于水。水溶液呈弱酸性。主要用作油井水泥降滤失剂,兼有缓凝效果。与单宁及分散剂的配伍性良好。适用于不同类型的油井水泥。由丙烯酰胺及马来酸酐在过硫酸盐引发剂存在下聚合制得。

丙烯酰胺-乙烯基磺酸钠共聚物 acrylamide-vinyl sulfonic sodium copolymer 一种阴离子聚合物。无色透明或淡黄色

$$\underset{SO_3Na}{[CH_2-CH]_n}\underset{CONH_2}{[CH_2-CH]_m}$$

透明黏性液体,易溶于水。分子结构中含有负电性很强的磺酸钠基团,在水中电离后生成钠离子及磺酸根阴离子,具有很强絮凝作用。可用作水处理有机高分子絮凝剂。与无机絮凝剂并用,絮凝效果更强。由丙烯酰胺与乙烯基磺酸钠在过硫酸铵引发剂作用下聚合制得。

4-丙烯酰基吗啉 4-acryloylmorpholine 无色透明液体。相对密度 1.122。熔点<-35℃。沸点 240~249℃。折射率 1.5120。溶于水、乙醇、丙酮、苯、氯仿。商品常加入 0.1% 氢醌单甲醚作抗氧剂,用作水溶性聚合物改性剂,可与丙烯腈、丙烯酰胺、丙烯酸酯等单体共聚。也用作紫外光固化树脂的稀释剂及照相用银乳化剂。由 3-甲氧基丙酸甲酯与吗啉反应制得。

丙烯氧化制丙烯醛催化剂 catalyst for propylene oxidation to acrolein 生产丙烯醛的方法有甘油脱水法、甲醛-乙醛缩合法、丙烯催化氧化法等。目前工业上主要使用丙烯催化氧化法。催化剂是以 Mo、Bi 为主活性组分,以 Fe、Co、Ni、P、W、Sn、Mn 等为助催化剂,以 α-Al_2O_3 为载体。中国产品牌号有 8001、8201、LY-A-8801 等。在反应温度 320~340℃,压力为常压,空速 $1500h^{-1}$ 的条件下反应,三种催化剂的丙烯转化率分别为 89% (8001 型)、>93% (8201 型)、>94.5% (LY-A-8801 型),丙烯醛收率均≥78%。由特制 α-Al_2O_3 载体浸渍 Mo-Bi 及其他助剂后,经干燥、焙烧活化制得。

丙烯氧化制丙烯酸催化剂 catalyst for propylene oxidation to acrylic acid 丙烯氧化法制丙烯酸可分为固定床法及流化床法。本催化剂用于流化床丙烯氧

化制丙烯酸工艺。它由两组流化床反应器组成。工艺过程是将丙烯、空气和水进入第一组流化床反应器后,在一段催化剂作用下生成丙烯醛,然后将丙烯醛通入第二组反应器中,在二段催化剂作用下生成丙烯酸。一段催化剂为 $\phi 80\sim 215\mu m$ 的土黄色微球,采用七元组分(Mo、Bi、Fe、Ni、P、Co、K),以微球硅胶为载体,反应温度 $370\sim 390℃$,丙烯转化率$\geqslant 90\%$,丙烯醛单程收率$\geqslant 60\%$;二段催化剂采用三元组分(Mo、V、W),以微球硅胶为载体,反应温度 $270\sim 320℃$,丙烯酸单程收率$\geqslant 60\%$。可由特制微球硅胶载体浸渍活性组分溶液后,经干燥、分解、活化制得。

丙线磷 ethoprophos 又名灭线磷、

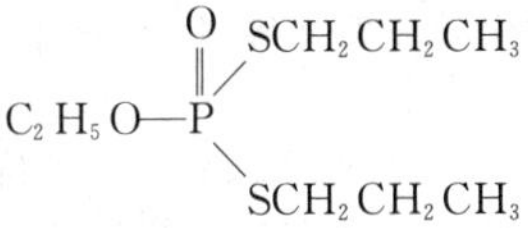

灭克磷、O-乙基-S,S-二丙基二硫代磷酸酯。淡黄色透明液体。相对密度1.094。沸点 $86\sim 91℃$。蒸气压 46.5mPa($26℃$)。微溶于水,溶于多数有机溶剂。对光稳定,在碱性介质中迅速水解,中性及酸性介质中稳定,为非内吸性、非重蒸性杀线虫剂和土壤杀虫剂。由三氯氧磷与无水乙醇反应生成乙氧基磷酰二氯后,再与二硫醇反应制得。

丙溴磷 profenofos 又名 O-(4-溴-2-氯苯基)-O-乙基-S-正丙基硫代磷酸酯。淡黄色液体。相对密度 1.455。沸点 $110℃$(0.133kPa)。折射率 1.5466。蒸气压 1.336mPa($20℃$)。微溶于水,溶于乙醇、丙酮、苯等多数有机溶剂。为非内吸性农用杀虫剂,有触杀及胃毒作用。用于防治棉花、蔬菜有害昆虫及螨类。以 4-溴-2-氯苯酚、氯苯、O,O-二乙基硫代磷酰氯等为原料制得。

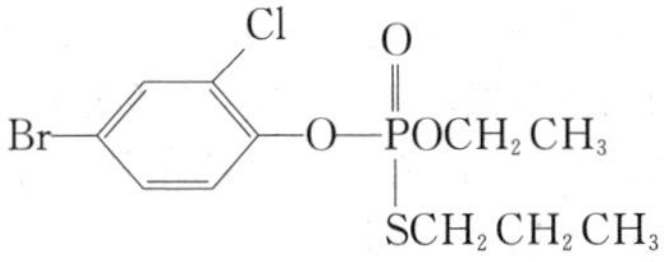

丙氧基化甲基葡萄糖苷 propoxylated methyl glucoside 一种非离子表面活

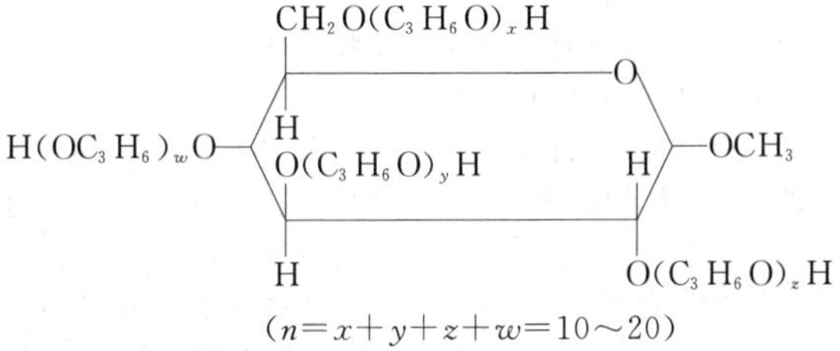

$(n=x+y+z+w=10\sim 20)$

性剂。浅黄色黏稠状液体。酸值$\leqslant$1.0mgKOH/g。碘值$\leqslant 1.0 gI_2/100g$。皂化值$\leqslant$1.0mgKOH/g。溶于水、95%乙醇、丙二醇、蓖麻油,不溶于己烷、矿物油。具有良好的表面活性及分散、润湿、增溶、稳泡及定香等作用。用作膏霜及乳液类化妆品的保湿剂、稳定剂及润滑剂。也用作发用化妆品调理剂、香精的定香剂、肥皂和洗涤剂的稳泡剂等。由甲基葡萄糖苷与环氧乙烷反应制得。

玻璃基载银抗菌剂 glass basic carrier Ag anti-bacteria agent 采用磷酸盐、硼酸盐、氧化还原剂和金属盐制成含氧化银和氧化铜的可溶性玻璃，并将其制成粉末或玻璃微珠，即为无机玻璃基抗菌剂。这种能使银离子缓释的水溶性玻璃抗菌剂与其他载银抗菌剂相比，具有载银量能精确控制、释银速度能方便地调节的特点。按玻璃的网络形成体分类，有磷酸盐、硼酸盐、硅酸盐及硅硼、硅磷等玻璃。如载银磷酸盐玻璃抗菌剂的主要成分为：五氧化二磷 $40\%\sim60\%$，碱金属氧化物和碱土金属氧化物总量 $40\%\sim50\%$，Ag_2O 引入量 $0.035\%\sim5\%$，可通过缓慢地释放 Ag^+ 而产生抗菌效果。用于制造抗菌塑料制品(如厨房用具、垃圾箱)、抗菌纤维制品(如卫生巾、鞋袜)。使用时可将抗菌剂制成超细粉末添加到制品中，也可直接喷涂在制品表面而起到抗菌作用。参见"沸石载银抗菌剂"。

玻璃膜 glassy membrane 以玻璃为主要材料制成的具有分离功能的半透膜。它制得单位体积过滤面积大，具有超细孔径的分离膜，应用较多的有：由酸沥法制备的多孔玻璃膜；用无机物或有机物进行表面改性的玻璃膜；以多孔玻璃、陶瓷、金属为基体，利用溶胶、凝胶等等将另一种非晶态膜涂在它们表面的复合膜等。

玻璃酸酶
见"透明质酸酶"。

玻璃微珠 glass microsphere 又名玻璃微球、空心玻璃微球。一种直径几微米至几十微米的实心或空心玻璃小球。有无色及有色制品。形状光滑平整，具有等向性，有较大冲击强度及光洁度，对光有定向反射性，并有耐腐蚀、耐老化、抗渗透等特性。用作塑料填充剂，分散性好，热膨胀系数小，适用于聚烯烃、聚氯乙烯、聚苯乙烯等。也用作胶黏剂的耐腐蚀、阻燃性填充剂，以及用于交通安全标志、金属工作研磨介质、日用装饰及反射屏幕等。由熔融玻璃液用高速气流喷吹制得。

玻璃纤维 glass fiber 是在高温下使玻璃熔融并拉成或吹成的纤维，直径几微米至几十微米。按纤维形状有长、短纤维之分，按化学成分可分为硅酸盐与硼硅酸盐玻璃纤维两大类。硅酸盐玻璃又可分为无碱电绝缘玻璃纤维(通称E玻璃纤维)、碱玻璃纤维(A玻璃纤维)、耐化学玻璃纤维(C玻璃纤维)、高强度玻璃纤维(S玻璃纤维)、含钴玻璃纤维(L玻璃纤维)、低介电玻璃纤维(D玻璃纤维)及高模量玻璃纤维(M玻璃纤维)等。玻璃纤维的主要组成是硅、铝、铁、硼、钙、镁等氧化物及少量钾和钠的氧化物。相对密度 $2.3\sim2.7$。不吸水，不燃，化学稳定性及电绝缘性好，抗霉、抗蛀。缺点是脆性大、耐磨性差，与树脂黏合性不好，使用时需加入偶联剂。用作复合增强材料、电绝缘及绝热材料、过滤材料、吸音材料、高负荷软胎帘子线、传送带骨架材料及光导纤维等。

菠萝蛋白酶 bromelin 简称菠萝酶，由菠萝汁或加工菠萝削下的废皮中提取的一种蛋白水解酶。为巯基蛋白酶，其作用类似于木瓜蛋白酶，能使多肽类水解成低相对分子质量的肽类，也有水解酰胺基键及酯类的作用。白色至浅黄色无定形粉末。微有异臭。相对分子质量33000。略溶于水,水溶液有时有乳白光,不溶于乙醇、乙醚、丙酮。最适pH值6～8。最适温度55℃。食品行业用于啤酒防浑浊、肉类嫩化及蛋白质水解;医药上用于支气管炎、乳腺炎、视网膜炎等炎症及水肿等治疗。也用作饲料添加剂,提高饲料转化率。

菠萝酯 allyl phenoxy acetate

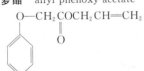

又名苯氧基乙酸烯丙酯。油状液体,相对密度1.102。沸点265～266℃。折射率1.1535。微溶于水,溶于乙醇、丙酮、苯。有苹果及梨样蜜香香气。用于调配苹果、草莓、凤梨等果香香精及日化香精。由苯酚与氯乙酸反应生成苯氧乙酸后再与烯丙醇反应而得。

博来霉素 bleomycin 又名争光霉素。从轮枝链霉菌分离的一组糖肽类抗肿瘤抗生素,含13种成分(A_1、A_2、A'_{2-a}、A'_{2-b}、A'_{2-c}、A_5、A_6、B'_1、B_2、B_4、B_5、DMA、NK631)。商品博来霉素为博来霉素A_2、A_5及B_2一定比例范围的混合物。为弱碱性物质。其盐酸盐为白色或微黄色粉末。无臭。易溶于水、甲醇,微溶于乙醇,不溶于乙醚、丙酮。极易吸湿,吸潮后不影响其疗效。有抗肿瘤作用,并抗革兰阳性菌及阴性菌。易被酰胺酶水解失活,皮肤、鳞状上皮中酰胺酶活力很低,不易被水解,故可选择性抑制鳞癌,包括头颈癌、皮肤癌、食道癌、宫颈癌、甲状腺癌及肺癌等。对脑癌、恶性黑色素瘤及纤维肉瘤等也有疗效。

补骨脂提取物 psoralea corylifolia extract 褐色半透明糊状物,有特殊香气。主要成分为萜烯类和黄酮类化合物。不溶于水,溶于乙醇,在温水中呈悬浮状。对细菌特别是革兰氏阳性菌的繁殖有抑制作用,对革兰氏阴性菌也有一定抑制效力,但对酵母及霉菌的作用不明显。耐热性较差,水溶液长时间煮沸时可降低其功效。与油脂共存也会降低其抑菌作用,用作食品保鲜剂及用于医药制品。由补骨脂(又名黑故子)的果实经乙醇萃取、浓缩制得。商品常为含补骨脂提取物1%～5%的乳浊液或乙醇制剂。

补伤剂 scar-repairing agent 一种皮革涂饰助剂。原料皮常带有伤痕,为提高其使用价值,在涂饰之前需采用补伤剂进行修补。修补后的皮革粒面光滑、纹路清晰、光泽一致,可有效提高皮革的质量和档次,补伤包括补里和补面。补里是将立德粉、皮粉、淀粉糊配制成浆进行补伤;革面补伤剂是由丙烯酸树脂或聚氨酯树脂加定浆组成,具有黏合、成膜、填充、消光、乳化等功能。填充后可在表面成膜,因含有消光成分,补伤部位无亮斑和色差,可达到消光补伤效果。一般补伤剂都会有消光组分,故又称为消光补伤剂。

不饱和聚酯胶黏剂 unsaturated polyester adhesive 由不饱和聚酯树脂溶于不饱和单体(苯乙烯)中,加入引发剂后可在常温或加热下固化的胶黏剂。有常温固化及加热固化两种类型。加入过氧化甲乙酮-环烷酸钴促进剂可于常温下固化;采用过氧化苯甲酰作引发剂则需加热固化。这类胶黏剂的特点是黏度低,粘接强度高,透明性好,可常温固化,耐磨性及耐候性好,电绝缘性及耐酸碱性较好,配制容易,固化时不产生副产物等;缺点是胶层脆性大,抗冲击性差,固化时收缩率大,易开裂,耐湿热老化性能差。通过加入适量热塑性高聚物及与粘接材料线膨胀系数接近的填充剂可以减少胶层收缩率和提高粘接强度。用于金属、硬质或增强塑料、有机玻璃、陶瓷、玻璃及水泥制品等的粘接。

不饱和聚酯密封胶 unsaturated polyester sealant 以不饱和聚酯为基料的密封胶。通常将不饱和聚酯溶解在烯类单体(如用作交联剂的苯乙烯或甲基丙烯酸甲酯)中,配入引发剂、促进剂及其他助剂混合制成。常用引发剂为过氧化苯甲酰、过氧化环己酮,促进剂为钴的有机酸盐和叔胺类化合物。产品一般制成双组分,即将促进剂加入到树脂中,引发剂单独包装。也有将引发剂、促进剂分开的三组分形式。主要用于灌注和包封电器设备,如互感器、变压器、整流器、汽车点火线圈及无线电电子元件等。

不饱和聚酯树脂涂料
见"聚酯树脂涂料"。

不干性油
见"干性油"。

不透明聚合物 opaqut polymer 一种相对比较新的有机体质颜料,也属有机颜料。主要是苯丙共聚乳液,外观为乳白色液体,固含量 50%～52%,粒子呈中空球状,其中充满水,是一种不成膜的乳液聚合物。用于制备涂料或乳胶漆时,当涂料成膜时,随着粒子中水分不可逆地挥发,中空部分被空气填充,不透明聚合物和空气的折射率分别为 1.55 和 1.0,因而产生光的散射,使聚合物具有一定遮盖力,故称为不透明聚合物。根据乳胶粒子的大小均匀与否,它又可分为两类:一类是单分散不透明聚合物,粒子大小均匀,外径约为 $0.4\mu m$,内径约为 $0.3\mu m$;另一类是多分散不透明聚合物,粒子大小不均匀,粒径较大,呈多分散性。

布罗波尔
见"2-溴-2-硝基-1,3-丙二醇"。

布洛芬 ibuprofen 又名异丁苯丙酸、

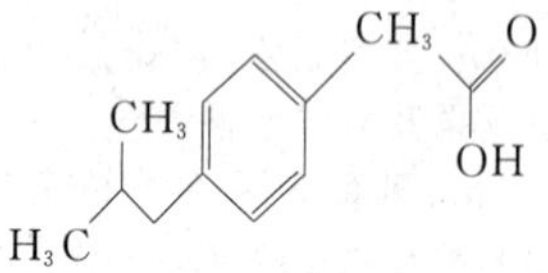

异丁洛芬、芬必得。白色结晶性粉末。稍有特异臭。熔点 75～77℃。不溶于水,溶于乙醇、丙酮、乙醚及氢氧化钠溶液。为有效的前列腺素合成酶抑制剂,非甾体抗炎药。消炎、镇痛和解热作用大于阿司匹林,是阿司匹林的 16～32 倍,胃肠道副作用少,对肝、肾及造血系统无明显副作用。用于风湿性关节炎、类风湿性关节炎、神经炎等。由异丁基苯乙酮与氯乙酸乙酯经缩合、水解、分子重排、氧化、盐酸中和等过程制得。

布洛芬吡甲酯 ibuprofen piconol

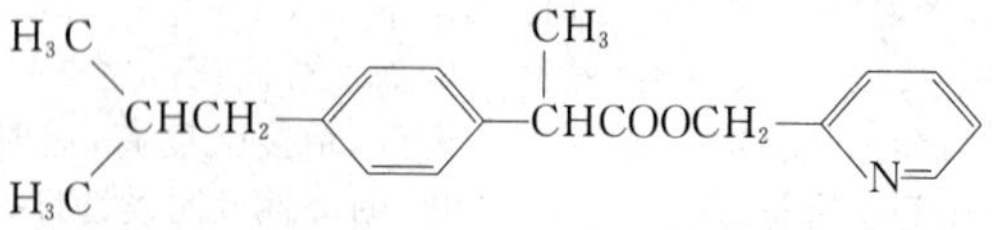

又名匹美诺芬、α-甲基-4-(2-甲基丙基)苯乙酸α-吡啶甲酯。透明液体。无臭,味苦。沸点178℃(0.133kPa)。折射率1.529～1.532。不溶于水,溶于甲苯、稀盐酸。一种外用消炎镇痛药。由布洛芬、α-羟甲基吡啶在甲苯中反应制得。

布洛芬愈创木酚酯 ibuprofen guaiacol ester 又名α-甲基-4-(2-甲基丙基)苯乙酸-2-甲氧基苯酯。白色结晶。熔点36～36℃。不溶于水,溶于苯、甲苯、丙酮。一种抗炎镇痛药。用于风湿性关节炎、类风湿性关节炎的镇痛。但胃肠道对本品的耐受性优于布洛芬。以布洛芬、氯化亚砜、愈创木酚等为原料制得。

布美他尼 bumetanide 又名丁苯氧酸、丁尿胺、3-(氨基磺酰基)-5-(丁胺基)-4-苯氧基苯甲酸。白色结晶性粉末。熔点230～231℃。溶于水、乙醇及碱溶液,难溶于酸性溶液。为髓袢高效利尿药,主要作用于髓袢升支粗段,抑制Na^+-K^+-Cl^-的转运过程,促进Na^+、K^+、Cl^-的大量排出。用于治疗左心衰及急性肺水肿、顽固性水肿等。由对氯苯甲酸经氯磺化、硝化、胺化、还原、丁基化及水解等过程制得。

布替萘芬 butenafine 又名N-4-叔丁基苄基-N-甲基-1-萘甲胺。无臭或有微臭,味苦。其盐酸盐为白色结晶性粉末。熔点210～217℃。微溶于水,易溶于甲醇、乙醇、甲酸、氯仿。烯丙胺类广谱抗真菌药,因在体内潴留时间较长,24h仍可保持较高浓度,局部应用后,经皮肤角质层渗透迅速。用于浅表真菌感染,如足部白癣、臀部白癣、体部白癣、花斑糠疹等的治疗。由N-甲基-1-萘甲胺盐酸盐与叔丁基溴苄反应制得。

部分贵金属型汽车尾气净化催化剂 noble metal containing catalyst for decontamination of auto-exhaust 又名汽车排气净化催化剂。是以贵金属及稀土氧化物的混合体为主要活性组分,加入适量其他助剂,以堇青石蜂窝陶瓷为载体的一类催化剂。在活性组分中加入非贵金属或稀土金属氧化物是为减少贵金属的用量。产品牌号有HR、KS-2、KYQJ/BLJQ、NC3401-2等,用于汽油或柴油机动车尾气及有机废气的处理,不同牌号的产品要与相应的用途相匹配。

菜油脂肪酸二乙醇酰胺磺基琥珀酸单酯二钠盐 rapic acid diethanolamide sulfosuccinate disodium salt 又名菜籽油酸二

RCONCH₃CH₂OOCCHCH₂COONa
　　　　｜　　　　｜
　　CH₂CH₂OH　SO₃Na

烷醇酰胺琥珀酸酯、结合型加脂剂 RCF。乳白色至乳黄色浆状物。属阴离子表面活性剂。有效物含量 50%～55%。pH 值(1:9)7。有良好的乳化性能。用作皮革加脂剂，与天然植物油脂加脂剂相比，具有分子小、渗透快、分布均匀、用量少等特性。适用于绒面革、猪蓝湿革。由菜油脂肪酸甲酯、二乙醇胺经酰胺化、酯化、磺化而制得。

蚕蛹油　chrysalis oil　又名蛹油。深棕色油状液体。有腥臭气味。主要成分为脂肪酸甘油三酯，其脂肪酸组分为：棕榈酸 20%、油酸 35%、亚麻酸 25%、亚油酸 12%、硬脂酸 4%、十六烯酸 2%。相对密度 0.918～0.928(15℃)。脂肪酸凝固点 6～10℃。碘值 129～138gI₂/100g。皂化值 190.6～195mgKOH/g。用于制造脂肪酸、肥皂，也用作皮革加脂剂。由蚕蛹烘干后用溶剂抽提而得。

藏花酸　crocetin　又名藏红花酸。
HOOC～～～～～～COOH
一种双萜类化合物。是藏红花中色素藏红花素的水解产物。砖红色正交结晶(乙酐中)。熔点 285℃。难溶于水及常用有机溶剂，溶于吡啶及稀碱液。紫外最大吸收波长为 448nm、317nm。用作化妆品色素，可调出美丽的金典色泽。用作化妆品抗氧剂，对氧自由基有捕获功能。也用于制取藏花酸酯类。由栀子果粉用甲醇萃取出色素后，再经水解制得。

层状硅酸钠　layered sodium silicate　Na_2SiO_5 或 $Na_2O \cdot 2SiO_2$ 又名层状结晶二硅酸钠。是以硅酸根络阴离子为配体与钠离子结合的一种晶体。是由模数为 2 的水玻璃干燥脱水形成无定形固态二硅酸钠后，再经高温脱水结晶转化成有序排列的层状晶体。在不同结晶条件下，可形成 α、β、γ、δ 四种同质异相结晶。其中 δ 结晶的助洗效果最好，其外观为白色粉末，表观密度 0.6～0.8g/cm³，软化点 513℃。稍溶于水，在去离子水中，会分解成小分子，转化为可溶性硅酸钠。有较强的 pH 值缓冲性、去污性、抗再沉积性及吸水性。对非离子及阴离子型表面活性剂的吸附能力优于 4A 分子筛。主要用作洗涤助剂，可替代三聚磷酸钠用于无磷或低磷洗衣粉。洗涤污水对江河湖泊的水质不会造成像磷酸盐所造成的水质富营养化现象。

插层纳米复合材料　intercalation nanometer composite materials　纳米复合材料的一类。是以黏土层状硅酸盐矿物剥离的二维纳米片层为插层主体分散在聚合物基体中所制成的纳米复合材料。如尼龙 6/黏土、聚丙烯/黏土、聚苯乙烯/黏土、环氧树脂/黏土、聚氨酯/黏土、聚亚胺/黏土、聚甲基丙烯酸甲酯/黏土等插层复合材料。所用黏土是其颗粒能分散成细小晶层的层状矿物，如蒙脱土、高岭土、海泡石等，也可使用石墨；所用聚合物基体材料是高相对分子质量的聚合物，如聚苯乙烯、聚甲基丙烯酸甲酯、环氧树脂、丁苯橡胶等。当将经有机化改性处理过的黏土与聚合物基材混合时，黏土的层状结构及其特有的吸附性和膨胀性，使聚合物分子向黏土的层间迁移并插入层间,使黏土层间距进一步扩大,从而形成插层纳米复合材料。具有高强度、高模量、高韧性及高热变形温度等特点。

L-茶氨酸 L-theanine 又名 N-乙基-

$$CH_3-NH-\underset{O}{\overset{\|}{C}}-CH_2CH_2\underset{NH_2}{\overset{|}{C}}HCOOH$$

γ-谷氨酰胺。白色针状结晶。无臭。呈略带甜味的特有滋味。熔点 217～218℃(分解)。易溶于水,不溶于乙醇、乙醚。大量存在于茶树的嫩茎和茶叶等中,是茶中的主要活性成分之一,在其他植物中尚未发现。水溶液呈微酸性,能缓解苦涩味,增加茶汤的鲜甜味。可用作食品添加剂,用于绿茶作风味增强剂;在化妆品中可用作保湿剂及营养添加剂。可以茶树幼嫩组织或成品茶叶为原料分离提取制得;或由L-谷氨酸、无水氨基乙烷等经高压、加热制得。

茶多酚 tea polyphenols 又名维多酚、抗氧灵。茶叶中约含 20%～30% 的多酚类化合物(如儿茶素类、黄酮类、虾青素类等),其中儿茶素类占总量的 60%～80%,其抽混合物称茶多酚。为淡黄至茶褐色略带茶香的水溶液,或灰白色粉状固体或结晶。易溶于水、甲醇、乙醇,微溶于油脂,难溶于苯、石油醚。对酸、热较稳定,遇铁变绿黑色络合物。有很强的抗氧化能力及消除氧自由基的能力。广泛用于动植物油脂的抗氧化、肉类、鱼类及乳制品的防腐保鲜,作食用色素的稳定剂;日化行业用于制备防晒霜、花露水、唇膏;医药上,茶多酚具有降血脂、抗动脉粥样硬化等作用。由茶及副产物经提取、精制而得。

茶碱 theophylline 又名 1,3-二甲基黄嘌呤。是一种存在于茶叶或咖啡中的生物碱。熔点 270～274℃。微溶于冷水、乙醇、氯仿,稍溶于热水,易溶于酸、碱溶液。临床上用于支气管哮喘、心绞痛及急性心功能不全等疾病。与海藻的含水甘油萃取物并用可治疗蜂窝组织炎症。茶碱也具有提高黑色素细胞活性,加速黑色素形成的作用,用于发水则能防止灰发生成。与奇数碳原子的长链脂肪酸或醇配位效果较好。可从茶叶和咖啡中提取,或由氰基乙酸乙酯与二甲脲合成而得。

茶皂素 tea soap material 一种从山茶科植物种子中提取的天然产物。基本结构是由几种三萜类苷元配体的结构糖、结构酸形成的一组混合组分的天然产物。苷元配体结构属于五环三萜类化合物,其碳链结构为齐墩果烷(组分是相似的 5～7 种苷类化合物),其中的结构糖部分均由葡萄糖醛、阿拉伯糖、木糖和半乳糖组成。具有一般皂角苷化合物的通性,具有非离子表面活性剂的综合性能。溶于水,有很强发泡能力,耐硬水,乳化能力超过油酸皂、聚氧乙烯脂肪醇醚及烷基磺酸盐。适用于医药、农药、日化、纺织、印染等行业制造乳化剂、净洗剂、杀菌剂等。

茶籽油 teaseed oil 又名茶油。由油茶籽所得的不干性油。淡黄色透明油

$$\begin{array}{l}CH_2-COOR_1\\ CH-COOR_1\\ CH_2-COOR_2\end{array} \left(\begin{array}{l}R_1-\text{油酸}\\ R_2-\text{亚油酸}\end{array}\right)$$

状液体。略带苦味。不溶于水，溶于乙醇、氯仿。相对密度 0.9104～0.9205。凝固点 $-5\sim-12℃$。主要成分是脂肪酸甘油三酯，其中含油酸 74%～87%，亚油酸 7%～14%，还含有少量硬脂酸、亚麻酸、棕榈酸等。非甘油脂成分为甾醇、三萜烯醇等。茶籽油对防止血管硬化及治疗高血压有一定作用，也用于制造色拉油、润滑油、皮革加脂剂、乳化油剂等。用它制造的润发制品具有润滑、杀菌、止痒等作用。由干茶籽用压榨法或浸出法制得。

柴油加氢精制催化剂 diesel oil hydrofining catalyst 以 Mo、Ni、W 等为活性组分，以含硅氧化铝为载体的球形或三叶草形催化剂。堆密度 0.9～4.10g/mL。中国产品牌号有 FH-5、FH-5A、FH-DS、FH-UDS 等。适用于高硫柴油的加氢精制，生产低硫柴油。该催化剂具有加氢脱硫和加氢脱氮活性高、机械强度高、装填堆比小及精制油安定性好等特点。由特制氧化铝载体浸渍活性组分后，再经干燥、焙烧而得。

柴油降凝催化剂 catalyst for lowering condensation point of diesel oil 一种圆柱形柴油非临氢降凝催化剂。中国牌号为 CTL-1。主要组成为 AF-5 沸石及适量铝胶黏合剂。堆密度约 0.7g/mL。比表面积 $\geqslant 250m^2/g$。可用于无氢气来源的中小型炼厂处理柴油，能将油品中长链正构烷烃和少侧链烷烃发生裂解反应，而保留环烷烃、多侧链烷烃及芳烃不变，使高凝点的重质含蜡油转化为低凝点的轻柴油，从而达到降低馏分油凝点的目的。但由于是在不临氢条件下操作，反应过程中催化剂积炭可能会比临氢操作严重些。可先用水热合法制得 AF-5 沸石后，再与氧化铝胶经混捏、挤条、干燥、焙烧、水蒸气处理而制得。

柴油临氢降凝催化剂 hydrogenation catalyst for lowering condensation point of diesol oil 适用于柴油、加氢裂化尾油的处理，用于生产低凝点柴油、润滑油基础油的催化剂。临氢降凝又称临氢催化脱蜡，是通过特殊催化剂的作用，将原料中凝点高的正构烷烃及类正构烷烃选择性地裂解为低相对分子质量的烃类，而维持其他组分不变，从而降低柴油的凝点，并副产汽油及少量液化气。中国产品牌号有 FDW-1、FDW-2、NDZ-1 及 HIDW-1 等。FDW-1 及 FDW-2 催化剂是以 Ni 为活性组分，以氧化铝分子筛为载体；NDZ-1 及 HIDW-1 催化剂的主要成分是 ZSM-5 沸石和适量金属镍。由特制载体经浸渍活性组分后干燥、焙烧制得。

长春胺 vincamine 从夹竹桃科植

物中分离出的一种生物碱。淡黄色结晶。熔点 232～233℃。紫外最大吸收波长 226nm, 279nm。不溶于水，溶于甲醇、乙醇、丙酮、苯。具有扩张血管、增加血流量、改善微循环等作用。临床上用于脑血管障碍、脑栓塞所引起的后遗症,可增强脑血管失常病人的智力。用于生发剂,有协助生长效果。用于外用愈伤油膏中,能促进纤维细胞快速增生、减弱瘢痕色泽等作用。由小长春花为原料提取制得。

长春花碱 vinblastine 又名长春碱、文拉亭。由夹竹桃科植物长春花提取的一种生物碱,也可由生物合成或化学合成。白色针状结晶。熔点 $211\sim216℃$。最大紫外吸收波长 214nm、259nm。难溶于水、石油醚,溶于乙醇、丙酮、氯仿。其硫酸盐熔点 $284\sim285℃$,易溶于水,溶于甲醇、氯仿。为抗肿瘤药,可通过与微管蛋白特异性结合,使微管发生溶解,导致细胞有丝分裂停留于中期。适用于治疗恶性淋巴瘤、绒毛膜上皮癌、何杰金氏病、睾丸癌等。

长春新碱 leurocristine 又名硫酸醛基长春碱、硫酸长春新碱。由夹竹桃科植物长春花提取的一种生物碱,为长春花碱衍生物。分子内含吲哚环,环上带醛基。为白色至类白色结晶性粉末。无臭。有吸湿性。易溶于水,微溶于乙醇,溶于甲醇、氯仿。主要用于何杰金氏病、绒毛膜上皮癌、急性粒细胞白血病,尤对急性淋巴细胞性白血病疗效较好。

超低容量制剂 ultra-low volume preparation 农药的一种剂型。可分为:①超低容量液剂。是原药的有效成分与沸点较高的油类组成的透明均相液体制剂。原药可溶解在少量溶剂油中。有时可加入适量助剂调制而成。②超低容量微囊悬浮剂。是将固体农药以悬浮剂的颗粒分散在沸点较高的油类中制成。其特点是可以直接喷洒使用。用于超低容量喷雾(航空、机动和电动超低量喷雾)和静电喷雾等漂移性喷雾。这些喷雾方法产生的雾滴直径小($50\sim120\mu m$),如采用水作为稀释剂则在沉降过程中易被蒸发而飘失。而这类制剂具有良好的黏附性和渗透性,使用时喷液量小,在作物上沉降后基本不会流失,因此利用率高。而且细粒子和对蜡质层的强亲和性能够完全发挥药剂的生物活性,提高药剂的防治效果。

超分散剂 hyperdispersants 对非水体系有独特分散效果的聚合物型分散剂。采用经典的表面活性剂一般难于将低能表面的有机粒子稳定地分散于非水介质中,其原因是由于表面活性剂的极性基团作为吸附基团在低能表面上的吸附强度差,易发生脱附。超分散剂与经典表面活性剂相似之处是也具有亲水亲油性,不同之处则是在非水介质中能使颜料粒子完全稳定分散于介质中。超分散剂的相对分子质量一般在 $1000\sim10000$ 之间,分子结构上含有功能不同的两个部分:一部分为锚固基团,可通过离子对、氢键、范德华力等形式紧密结合在颗粒表面上;另一部分为亲介质的溶剂化聚合链,它通过空间位阻效应对颗粒的分散起稳定作用。其锚固段和溶剂化段可以分段合成,再按一定方法将其组合在一起。如将脂肪酸与羟基酸缩合可制得端羧基聚酯,将脂肪醇与羟基酸缩合可制得端羟基聚酯。端羧基聚酯与聚乙烯亚胺反应可制得梳型聚合物分散剂;端羟基聚酯与异氰酸酯反应可得到聚氨酯型分散剂。

超滤膜 ultrafiltration membrane 一种非对称膜。是由起分离作用的一层极薄表皮层和起支撑作用的海绵状多孔层组成的膜。按形式有管式、板框式、螺旋式、毛细管式及空心纤维式等。按材料性质分为乙酸纤维素膜、聚砜树脂衍生物膜、矿物膜、离子交换膜等。表皮层厚度仅为 $0.1\sim 1\mu m$，多孔层厚度为 $125\mu m$ 左右，能分离的溶质相对分子质量为 100 万～500 万，分子大小为 $300nm\sim 10\mu m$。用于药物及生物制剂的分离、纯化，超纯水制备，血液处理等。

超强酸 superacid 又名超酸、魔酸。指酸性比 100％硫酸更强的酸。其酸度通常用酸度函数 H_0 表示。H_0 越小，酸性越强，如 100％硫酸的 H_0 为 -11.93，而超强酸氟硫酸的 H_0 为 -15.6，其酸性比 100％硫酸强 10^4 倍。种类很多，常用者有含氟系列（如 S_bF_5、HSO_3F/S_bF_5）、含 SO_4^{2-} 系列（如 SO_4^{2-}/TiO_2、SO_4^{2-}/ZrO_2 等）、杂多酸系列（如 $H_3PMo_{12}O_{40}$）等。超强酸是有机合成及石油化工的重要催化剂，可用作烷基化、异构化、聚合及烃类裂解等反应过程的催化剂。超强酸也是一种强溶剂，几乎所有的有机化合物都可在超强酸中离子化。

超稳稀土 Y 型分子筛 ultrastable rareearth Y-zeolite 一种经高温热处理或脱铝补硅等处理而得的稀土 Y 型分子筛。比稀土 Y 型分子筛具有更好的结构稳定性及水热稳定性。作为固体酸催化剂使用具有较高活性，是催化裂化催化剂的基本组分。不仅用于重质油的催化裂化，也是较重馏分油的中压加氢催化剂的酸性组分。用于生产优质柴油、航空煤油及石脑油等。先由硅酸钠、偏铝酸钠、硫酸铝及导向剂经水热合成法制得结晶，再用稀土盐进行离子交换制得。

超稳 Y 型分子筛催化裂化催化剂 superstable Y-type zeolite molecular sieve cracking catalyst $\phi 20\sim 100\mu m$ 微球形催化剂。主要组成为超稳 Y 型分子筛/Al_2O_3-白土。Al_2O_3 含量 44％～46％。孔体积 $\geqslant 0.30mL/g$。比表面积 $\geqslant 187m^2/g$。磨损指数 $\leqslant 1.4％$。中国产品牌号有 ZCM-5、ZCM-7 等。由于催化剂制备时脱除了结构中的部分铝原子，提高了硅铝比，因而具有水热稳定性好、抗污染能力强、焦炭选择性好及轻油产率高等特点。用于重油催化裂化装置，也可用于以渣油或其他馏分油混合作原料的催化裂化装置。由分子筛浆液与硅铝胶混合打浆、喷雾干燥、洗涤、过滤、干燥而制得。

超细轻质碳酸钙 ultra-fine light calcium carbonate $CaCO_3$ 一种特别结晶形的白色微细粉末。结晶形状有针形、链锁形、立方形等。相对密度 $2.45\sim 2.50$。粒径 $0.01\sim 0.08\mu m$。比表面积 $10\sim 70m^2/g$。不溶于水。遇稀酸分解，并放出 CO_2 生成氧化钙。在空气中稳定。用作橡胶填充剂及补强剂，配合胶的抗张强度、耐撕裂强度比使用轻质碳酸钙有大幅度提高。用作塑料填充剂，可提高制品的电性能、耐老化性能及抗挠曲性。也用作涂料及油墨的体质颜料，用于调节色泽及流变性。用于密封胶及胶黏剂可提高胶膜耐水性及强度。可在石灰乳中通入二氧化碳进行碳化反应时，加入脂肪酸及表面活性剂进行粒子表面处理而得。

超细银粉 superfine silver powder 指颗粒度为 $0.1\sim 1\mu m$ 的球形或近似球形的金属银粉末。按颗粒度的不同其颜色从灰色至灰黑色不等,颗粒越小,颜色越黑。按粒径尺寸不同,国家标准(GB/T 1774—2009)中将超细银粉分为3种产品牌号:PAg-G0.2、PAg-G2.0、PAg-G7.0,银含量均$\geqslant$99.95%,其比表面积(m^2/g)分别为:>2.5、>1.2~2.5、<1.2。超细银粉除广泛用于电子元件加工上,也用于电镀、首饰及用作特定催化剂的催化材料。可由白银制成硝酸银后,加入适量还原剂(如水合肼、草酸、抗坏血酸等),将 Ag^+ 还原成单质银粉。

超氧化钠 sodium superoxide NaO_2 含有超氧基(O_2^-)的氧化物,表观密度 $0.87\sim 0.9g/mL$。常温时为黄色颗粒状固体,低温时发生相转变而成白色。有效成分大于35%。易溶于水,生成过氧化氢水溶液,并放出氧气。暴露在空气中可吸收 CO_2 而放出氧气,最终变成过氧化钠、氢氧化钠及碳酸钠的混合物。难溶于有机溶剂,但能以悬浮胶体形式溶于苯及四氢呋喃中。为强氧化物,与易燃物、有机物能形成爆炸性混合物。用作供氧剂,广泛用于煤矿、潜水、救护及有毒环境等场合发生氧气。一些隔绝式生氧面具多采用超氧化物作为生氧药剂。由熔融金属钠与空气混合喷入氧化炉,在高温下经氧化燃烧而得。

超氧化物歧化酶 superoxide dismutase 简称SOD。一种相对分子质量为3万~3.3万的含金属的酶。广泛存在于动植物、真核微生物和部分原核微生物等需氧细胞中。其活性中心结合的金属离子有 Cu、Zn、Mn、Fe 及 Ni 等。酶制剂为蓝绿色或淡绿色粉末状、粒状或块状,成为透明至深褐色液体。溶于水,不溶于乙醇、乙醚。pH 为 7.6~9.0 时稳定,pH$\leqslant$6 或 pH$\geqslant$12 时不稳定。有捕捉活性氧的能力,可除去诱发脂质过氧化作用的超氧阴离子自由基,具有抗衰老及吸收紫外线的作用。用作化妆品添加剂,有去皱、使皮肤变白的效果,对皮肤瘙痒、痤疮、日光皮炎等有治疗作用。医学上用于治疗硬皮病、皮肌炎、白内障、骨关节炎及心肌缺氧等疾病;食品工业中作为抗氧剂防止食品氧化变质。以牛血、猪血及刺梨等为原料提取而得。

车前子胶 psyllium seed gum 一种植物胶。淡黄褐色粉末,稍有特殊气味。主要成分为由呋喃阿拉伯糖、吡喃木糖、吡喃鼠李糖和吡喃半乳糖醛酸所组成的高分子多糖。溶于水,不溶于乙醇、乙醚。溶于水成高黏度、有拉丝性的透明溶液。当将水溶液加热到90℃时,则形成有黏弹性的凝胶。但持水能力较弱,易干燥。遇水后先膨润,再逐步水化,如水化时间或速度不够,易成粒状。食品工业用作增稠剂、稳定剂、胶凝剂及粘接剂,主要用于巧克力、冰淇淋等食品。由车前子或同类植物的种子外皮经粉碎而得。

成核剂 nucleating agent 又称部分结晶聚合物助剂,是一类改变不完全结晶(如聚烯烃、聚甲醛)的结晶行为,提高制品透明性、刚性、表面光泽、抗冲击韧性、热变形温度,缩短制品成型周期的物质。其作用机理主要是:在熔融状态下,由于成核剂提供大量的非均相晶核,聚合物由原来的均相成核转变成异相成核,从而加速了结晶速度,使晶粒结构微细化并产生大量微细球晶,从而提高制品的刚性,改善透明性和表面光泽。种类很多,按其在树脂中的存在形式可分为熔融型及分散型;按其使用对象可分为聚丙烯成核剂、聚酰胺成核剂、聚甲醛成核剂、聚对苯二甲酸乙二醇酯成核剂;按化学结构可分为无机成核剂、有机成核剂、高分子成核剂及 β 晶型成核剂等。

成核剂 3988
见"二(3,4-二甲基苄基)山梨醇。"

成核剂 NA-10
见"双(对叔丁基苯氧基)磷酸钠"。

成核剂 NA-11
见"亚甲基双(2,4-二叔丁基苯氧基)磷酸钠"。

成核剂 NA-21
见"2,2'-亚甲基双(4,6-二叔丁基苯氧基)磷酸铝盐"。

成核剂 NC-4
见"二(对乙基亚苄基)山梨醇。"

成核剂 TM-1
见"二亚苄基山梨醇"。

成核剂 TM-2
见"二(对氯亚苄基)山梨醇"。

成膜物(质) film former 涂料中具有成膜性能的物质。主要由合成及天然树脂、合成橡胶、硝酸纤维素及油脂等组成,还包括部分不挥发的活性稀释剂。它是使涂料牢固附着于被涂物面上形成连续薄膜的主要物质,是构成涂料的基础,决定涂料的基本性质。油脂及天然树脂(如松香)是古老的成膜物,而目前最主要的成膜物是各种合成树脂。

成膜助剂 film coalscing aid 又名聚结助剂。是添加到乳胶漆中能促进乳胶粒子的塑性流动和弹性变形,改进其聚结性能,帮助高聚物成膜的一类高沸点溶剂。成膜助剂一般是沸点高、挥发极慢的极性溶剂,大都是醚醇类溶剂,一般应具备以下特性:①是聚合物的强溶剂,能降低聚合物的玻璃化温度;②在水中溶解性小,但乳化性好,既能吸附在乳胶微粒表面,又与水有良好的相容性;③挥发速率低于水,而在成膜后又能全部挥发;④不应影响乳胶体系的稳定性,无气味或低气味,对环境无不良影响。成膜助剂的加入方式有直接加入、预混合加入及预乳化加入等方法。

橙花醇 nerol 又名 β 柠檬醇、3,7-二甲基-2,6-辛二烯-1-醇。是香叶醇的顺式异构体。天然存在于橙花油、香柠檬油等精油中。有玫瑰香气,存在 α 及 β 两种异构体,商品为二者混合物。相对密度 0.876。熔点 -15℃。沸点 $225\sim227$℃。折射率 1.4748。闪点 >91℃。微溶于水,溶于乙醇、乙醚等多数有机溶剂。氧化时生成柠檬醛,加氢时生成香茅醇,与羧酸反应生成酯。用作香料,主要用于配制果香和花香型香精。由柠檬醛催化氢化后分离制得,或由橙花油分馏而得。

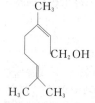

橙皮苷 hesperidin 又名橘皮苷、陈皮苷。维生素 P 黄酮类化合物之一。天然存在于柑橘类果实中。白色至淡黄色针状结晶或粉末。无味。熔点 257～260℃(250℃软化)。几乎不溶于水、乙醚,微溶于甲醇、热乙酸,溶于甘油、吡啶、热碱溶液。溶于碱液呈黄色,加酸至一定 pH 值,又沉淀析出。在稀酸中水解,生成橙皮素、葡萄糖等。具有降低毛细血管脆性、保护毛细血管、防止微血管破裂出血的作用。用于防治高血压、心肌梗塞等疾病。也用作食品、医药及化妆品的抗氧化剂。用于牙膏中可抑制齿斑生成。用于指甲油可防止指甲黄变及预防指甲发脆发软。以柠檬、柑橘、代代花等果实皮为原料提取而得。

赤霉酸 gibberellic acid 又名赤霉素。

含有赤霉烷结构的一种植物激素,主要成分为赤霉素 A_3。在许多植物种子的胚胎中均有存在。为白色结晶粉末(乙酸乙酯)。熔点 233～235℃。微溶于水、乙醚,溶于乙酸乙酯,易溶于乙醇、甲醇、丙酮。其钾盐、钙盐易溶于水。在弱酸及中性溶液中稳定,在碱性溶液中不稳定。有雌激素样活性,能刺激细胞分裂和延长它们的寿命。农业上用作植物生长调节剂,能促进生长、发芽、开花、结果。啤酒工业用作浸渍大麦的添加剂,可加速发芽,缩短制麦周期。用于发制品能加速头皮部位的血液循环,促进生发和减少头屑。可由发酵法制得。

赤藓醇 erythritol 又名 1,2,4-丁四醇、苏糖醇。一种四碳醇。是食用糖醇中相对分子质量较小的糖醇。天然存在于海藻、地衣及瓜类中。白色结晶粉末,有三种光学异构体。熔点 121℃。沸点 329～331℃。溶于水,微溶于乙醇,不溶于乙醚。对酸、碱稳定,不分解、不变色、不易吸湿。有甜味,为 10%蔗糖溶液甜度的 60%～70%,口味与蔗糖相似,有清凉感,无后苦味。与其他糖醇相似,有低热量、防龋齿及糖尿病人可食用等共性。进入人体后,不被酶所降解,只能透过肾从尿中排出,是低热量甜味剂及高甜度甜味剂的稀释剂。也可替代山梨醇及甘油用于制造醇酸树脂等化工产品,加入牙膏中,对牙周炎有预防作用,还可用作化妆品的保湿剂。由淀粉经酶解成葡萄糖后再经发酵制得。

重整保护催化剂 catalyst for reforming process safeguard 一种以 Ni 为主要活性组分,以氧化铝为载体的灰黑色圆柱体形催化剂。中国产品牌号为 NCG-5。堆密度 0.9～1.3g/mL。孔体积约 0.3mL/g。比表面积 70～150m^2/g。穿透硫容≥6.0%。用于脱除重整原料油中的微量硫(包括有机硫化物及硫化氢等),并脱除微量氯、砷等杂质,以保护重整催化剂的活性。由金属镍及铝锭经熔化、沉淀、过滤、干燥、焙烧、压片、还原等过程制得。

重整生成油后加氢精制催化剂 post-hydrofining catalyst for reformed oil 以贵金属为活性组分、氧化铝为载体的圆柱条形催化剂。中国产品牌号有 FDO-18。堆密度 $0.8\sim1.2g/mL$。孔体积 $\geqslant 0.45mL/g$。比表面积 $\geqslant 170m^2/g$。适用于半再生及连续重整生成油,如苯、甲苯、二甲苯或全馏分等的加氢精制,生产苯类及溶剂油产品。具有较高的选择性及加氢脱烯烃活性。是换代产品,主要用于取代目前使用的 Mo-Ni 系及 Mo-Co 系常规催化剂或白土吸附精制催化剂。由特制载体浸渍贵金属活性组分后,经干燥、焙烧制得。

重整油脱硫剂 reforming feed oil desulfurization agent 一种炼油厂催化重整原料油脱硫剂。中国产品牌号有 TL-18H、YHS-211 等。TL-18H 为灰黑色圆柱体,主要组分为氧化铜、氧化铝及适量助剂,堆密度 $1.1\sim1.3g/mL$,径向抗压强度 $\geqslant 110N/cm$。可用于各种重整原料,不但能脱除无机硫,也可脱除微量有机硫,并对微量氯、砷等有害杂质也有脱除能力;YHS-211 为黑红色条状物。堆密度 $0.95\sim1.05g/mL$。比表面积 $\geqslant 50m^2/g$。主要用于低温下脱除重整预加氢蒸发脱水操作后油品中残留的微量硫化物,以保护重整催化剂不被硫毒化,提高重整催化剂使用性能,延长催化剂寿命。由特制载体浸渍活性金属溶液后,经干燥、焙烧制得。

冲击改性剂 impact moditier 又称抗冲击剂。指以改进塑料抗冲击性能为目的而添加的助剂。在热塑性塑料中,通过加入冲击改性剂可显著提高其抗冲击性能。其作用原理是在受到外力冲击时,由极细的微丝汇聚成的微裂纹结构来吸收冲击能。目前,冲击改性剂主要用于硬质聚氯乙烯,而在聚烯烃塑料中的应用也在扩展。选用聚氯乙烯冲击改性剂时,其性能应满足下列要求:①与聚氯乙烯有适当的亲和性,相容性过小或过大都不好;②相对分子质量高,最好有一定的交联度,交联度过高或过低也不好;③有尽可能低的玻璃化转变温度;④掺混于聚氯乙烯中时不降低聚氯乙烯的表观性能和物理机械性能;⑤加工使用方便,与树脂易共混;⑥耐候性好,高模膨胀性小。

虫酰肼
见"蜕皮激素类杀虫剂。"

抽余油加氢精制催化剂 hydrofining catalyst for raffinate oil 以 Ni 或贵金属 Pt 为活性组分,以氧化铝为载体的催化剂。牌号 NCG 为 $\phi 5\times 5mm$,黑色或灰黑色圆柱体,堆密度 $1.0g/mL$,孔体积 $0.32mL/g$,比表面积 $130m^2/g$。牌号 PA-750 为 $\phi 1.8\times(2\sim 8)mm$ 的浅黄色条形,堆密度 $0.7g/mL$,孔体积 $0.36mL/g$,比表面积 $150m^2/g$。催化剂具有使烯烃及芳烃加氢饱和能力强,活性稳定等特点。由特制载体浸渍活性金属组分溶液后,经干燥、焙烧制得。

臭氧 ozone 又名三原子氧、富氧。氧的同素异构体。常温常压下较低浓度时为无色气体。浓度达到 15% 时,呈淡蓝色,有臭味。$-250℃$ 时凝集成深蓝色液体。$-250℃$ 时冻成黑紫色固体。气体相对密度 $2.144(0℃)$。液体相对密度 1.614 $(-195.4℃)$。常温下分解缓慢,高温下迅速分解,生成氧气。受到撞击、摩擦时发生爆炸而分解。冷水中溶解度比氧气约大 10 倍。溶于碱溶液和油类中。不稳定。

液体臭氧容易爆炸,含臭氧的溶液加热也会爆炸。有水存在时臭氧为一种强力漂白剂,作用比过氧化氢、氯气或 SO_2 还快。空气中含微量的臭氧(低于 $1×10^{-6}$)对人体的健康有益。用作漂白剂、脱臭剂、消毒剂、净化剂及烃类氧化催化剂等。可用于空气的消毒、杀菌、除臭,饮用水的消毒、解毒等。工业上是将氧气或空气通入高压放电装置而得。

除草剂 herbicide 用以消灭或控制杂草生长的农药。按作用方式及作用性质分为:①内吸性除草剂。药剂施于植物上或土壤中,可被杂草的根、茎、叶、胚等部位吸收,并能在杂草体内传导到整个植株各部位,使杂草的生长发育受抑制而死,如苄磺隆、草甘膦等。②触杀性除草剂。药剂不能被植物体吸收、传导,只是在植物的绿色部位接触药剂后使其枯杀,如百草枯、灭草松等。③选择性除草剂。它对植物具有选择性,即在一定剂量和浓度范围内灭杀某种或某类杂草,但对作物安全无害,如丁草胺、吡氟氯禾灵等。④灭生性除草剂。在施用药剂后,所有接触药剂的植物均能被杀死,如百草枯、单甘膦等。这类药剂虽无选择性,但仍可利用作物与杂草之间存在的各种生理差异及药剂特效期长短或进行保护性施药等方式,达到除草不伤苗的目的。

除虫菊素 pyrethrin 指菊科菊属除虫菊亚属的若干种杀虫植物除虫菊和花中存在的杀虫活性物质。包括除虫菊素 Ⅰ、Ⅱ,瓜叶除虫菊素 Ⅰ、Ⅱ,苯酮菊素 Ⅰ、Ⅱ 等,因除虫菊素 Ⅰ、除虫菊素 Ⅱ 是上述 6 种杀虫成分中的主要成分,习惯上除虫菊素主要指除虫菊素 Ⅰ 和除虫菊素 Ⅱ。除虫菊花可制成粉剂,或用有机溶剂提取杀虫有效成分,制成乳油、气雾剂、蚊香等用于室内防蚊蝇及卫生害虫。它具有强大触杀作用,击倒能力强,易降解,使用安全。但它在空气和阳光中极不稳定,易分解失活。在对天然除虫菊素化学结构研究的基础上,经人工模拟合成出一类高效、安全的拟除虫菊酯类新型杀虫剂。

除虫脲 diflubenzuron 又名伏虫脲、敌灭灵、1-(4-氯苯基)-3-(2,6-二氟苯甲酰基)脲。纯品为无色结晶,熔点 230～232℃。工业品为浅黄色结晶,熔点 210～230℃(分解),蒸气压 $0.12\mu Pa$ (25℃)。不溶于水,溶于二甲基甲酰胺及部分极性溶剂,难溶于非极性溶剂。固体物对光稳定,其溶液对光不稳定。为广谱、高效、低毒的苯甲酰脲类杀虫剂。对害虫有触杀及胃毒作用。用于防治玉米、小麦、果树、蔬菜等作物上的黏虫、潜叶蛾、菜青虫、松毛虫等。以环己醇、氯气、氰化钠、对氯苯基异氰酸酯等为原料制得。

除臭剂 deodorants 指能防止散发和掩盖或能除去体臭的一类物质。人的体臭可分成:头皮、口腔、足、阴部和腋窝等臭味,体臭的生成是皮肤上的微生物与人体腺体分泌的有机物相互作用产生的挥发性小分子所引起。一般除臭剂主要用于除腋下体臭,多数含有三种组分:①收敛抑汗剂,如氯化羟铝、硫酸铝钾、柠檬酸、4-羟基苯磺酸锌,具有收敛汗腺口、减少排汗量等作用;②杀菌剂,如硼酸、氧化锌、季铵盐类阳离子化合物,可抑制细菌繁殖,防止因大汗腺分泌的汗液有机成分氧化酸败而引起体臭;③芳香剂,选择适宜的香精以掩盖体臭。

除氧剂 oxygen scavenging compound 指为除去水中溶解氧的一种助剂。工业用水及锅炉给水中常含有一定量的溶解气体,其中溶于水的氧具有高度腐蚀性。在油田产出的水中,溶解氧也是促进腐蚀的有害成分。除去水中溶解氧的方法有机械除氧、热力除氧、电化学除氧及化学除氧等。其中化学除氧法是在锅炉给水系统中用机械或热力除氧等方法稳定地控制住水中的溶解氧量后,再加入除氧剂与水中残留溶解氧进行化学反应而加以除去。而对油田产出水中的溶解氧则可直接在水中投入适量除氧剂加以除去。除氧剂是一类能与水中溶解氧反应的物质,常用品种有亚硫酸盐类(如亚硫酸钠、亚硫酸氢铵)、联氨类(如联氨、水合肼)及其他类(如单宁、酰肼等)。

触变剂 thixotropic agent 又名流变添加剂。能增加油墨、涂料、胶黏剂、陶瓷釉浆等液体的黏度,并使其具有触变性的一种助剂,常为一些活性固体微粒,如白炭黑、有机膨润土、硅藻土等。如在一些胶黏剂中加入适量触变剂后,在涂胶时可保持低黏度,便于施工,而加压叠合时,则具有高黏度,以减少胶层边缘的渗胶现象。釉浆中加入触变剂后,在高剪切应力下,釉浆达到低黏度,而在低剪切应力时釉浆具有高黏度,从而能很好控制釉浆的流变性及屈服点,使施釉后能快速干燥并防止釉面缺陷,提高釉面质量。

触变性涂料 thixotropic paint 又称触变性漆。所谓触变性,即在静止时呈胶冻状,但当受到剪切力如搅拌、涂刷时,又变成低黏度液体,剪切力停止又逐渐恢复为胶冻状。触变性涂料含有触变剂,能在受剪切力或刷涂时黏度暂时下降,而刷涂停止后在短时间内又能恢复到原有的黏度。用于水溶型触变性涂料的触变剂,主要有聚乙烯醇、羟乙基纤维素及聚丙烯酸酯等水溶性树脂,用于溶剂型触变性涂料的触变剂有气相白炭黑、聚乙烯醇、氢化蓖麻油、有机膨润土等。触变性涂料储存时不发生颜料沉淀,涂装时不大会像其他涂料那样会从刷子上滴下,即使涂膜较厚也不发生流挂。

触杀剂 contact insecticide 又名触杀性杀虫剂。具有触杀作用的杀虫剂。害虫接触到药剂时,药剂通过虫体表皮渗入虫体内,使害虫正常生理受到干扰或破坏某些组织使害虫致死。如氰戊菊酯、氯氰菊酯、马拉硫磷、对硫磷等。适合于防治刺吸口器、咀嚼口器等各种活动性较强的害虫,如蚜虫、食叶虫等。

穿心莲内酯 andrographolide 又名穿心莲素、雄茸内酯。无色长方形或棱柱结晶。无臭、味极苦。相对密度1.2317(21℃)。熔点230~231℃(分解)。不溶于水,微溶于甲醇、乙醇、氯仿,溶于热乙醇、冰乙酸。遇 50% 氢氧化钾-甲醇溶液呈紫红色，遇硫酸呈橙红色。对酸、碱均不稳定。有抗菌、抗病毒、消炎等作用。用于治疗红菌性痢疾、急性肠胃炎、扁桃体炎、肺炎及咽炎等。由穿心莲茎叶经干燥、粉碎后用乙醇浸提、浓缩、结晶制得。

船舶涂料 marine coatings 船舶用各种涂料的总称。不仅对船舶具有保护、装饰和伪装作用，也关系到船舶的使用效率和寿命。品种较多，包括预涂底漆、船底防锈漆、船底防污漆、水舱涂料、船底漆、甲板漆及甲板防滑漆及水线漆等。各部位的涂料性能要求不尽相同，但因船长期处于腐蚀性的海洋环境中，其性能要求比在陆上要苛刻得多，其中最主要的是防腐蚀性，特别是船舶水线以下部位的涂料应具有优良的耐腐蚀性和防污损性。

春雷霉素 kasugamycin 又名春日霉素。由小金色放线菌代谢产物提取而得的农医两用抗生素，既可防治绿脓杆菌的感染，又可防治稻瘟病。纯品为白色针状结晶，熔点 236～239℃（分解）。溶于水，不溶于有机溶剂。其盐酸盐为白色针状或片状结晶，熔点 202～204℃（分解），易溶于水，不溶于甲醇、乙醇。在酸性及中性溶液中较稳定，遇碱性溶液易失效，原粉为棕色粉末。其作用是干扰酯酶系统，影响氨基酸代谢，从而影响蛋白质合成，抑制菌丝体发育。对人畜低毒，对鱼虾无害，无植物药害。

纯丙烯酸酯共聚乳液 pure acrylate copolymerization emulsion 简称纯丙乳液。是由丙烯酸酯类单体在引发剂存在下共聚制得。常用的硬单体是甲基丙烯酸甲酯等，软单体是丙烯酸丁酯、丙烯酸乙酯等。共聚乳液中加入少量丙烯酸或甲基丙烯酸可以提高乳液的附着力和冻融稳定性。纯丙乳液具有很好的耐水性、耐碱性、耐候性、成膜性和低气味等特点。广泛用于制造乳胶漆、压敏胶、涂料、皮革涂饰剂、涂料印花胶黏剂等。

纯沥青涂料 pure bituminous coatings 由天然沥青、石油沥青、焦油沥青三种沥青单独或混合使用，直接溶于 200 号溶剂油或焦油溶剂中制成，靠挥发溶剂而成膜。主要用于不和日光接触的金属器材、地下水管及船底等的涂装，耐水性优良，但耐候性、保光性差，用于户外容易产生龟裂。参见"沥青涂料"。

醇溶耐晒黄 CGG spirit light fast yellow CGG 化学式 $C_{29}H_{27}N_7O_4S$。又名醇溶黄 CGG，淡黄色至深黄色粉末。耐热温度 160℃。耐晒性 4～5 级。极易溶于水、乙醇，溶于丙酮，微溶于苯，于浓硫酸中呈黄色。用作有机玻璃、橡胶、透明漆、铝箔、油墨、涂料印花浆等的黄色着色剂。耐酸、耐晒性较好，耐热性稍差。由酸性嫩黄 G 与二苯胍反应制得。

醇溶耐晒黄 GR　spirit light fast yellow GR　又名 410 醇溶耐晒黄 GR。

$$\text{结构式：含 } HO_3S\text{—}, O_2N\text{—苯环—O—Cr—O—CH(CH}_3\text{)—CONH—苯环, —N=N—CH—}$$

黄色至棕色粉末，耐热温度 200℃。耐晒性 6～7 级。在乙醇中溶解度较高，遇浓硫酸呈黄光棕色，稀释后为浅棕色溶液，属溶剂型颜料，用作塑料、有机玻璃、铝箔及透明漆等的黄色着色剂。耐热性、耐晒性均较好，耐酸及耐碱性良好。由 2-羟基-3-氨基-5-硝基苯磺酸经重氮化后，与双乙酰苯胺偶合，再经铬络合而制得。

醇酸树脂　alkyd resin　是由多元醇、多元酸和单元酸经酯化缩聚制得的热固性树脂的统称。由多元醇和多元酸缩聚而不用单元酸(植物油)改性的树脂称为聚酯树脂，也称无油醇酸；多元酸中含部分不饱和多酸的聚酯称为不饱和聚酯，两者都属于醇酸树脂的重要品种。醇酸树脂约 95% 用于制造涂料，通常它与干性油混合作为涂料的成膜物质。漆膜有优良的耐热、耐候、耐盐水、耐脂肪族溶剂等性能，也有较高光泽，但不耐碱，也不耐酯类、酮类溶剂。主要用于配制醇酸树脂涂料、防锈漆、绝缘漆、快干漆等。也用于制造胶黏剂、增塑剂、油墨等。

醇酸树脂涂料　alkyd resin coatings　以醇酸树脂为主要成膜物质的涂料。涂料中(醇酸树脂组分中)油所占的百分含量称为油度。醇酸树脂按油度有长、中、短之分。长油度含油量在 60% 以上，中油度含油量在 50%～60% 之间，短油度含油量在 50% 以下。长油度和中油度醇酸树脂的干燥主要靠控制含油量，因此需使用催干剂。短油度多靠控制溶剂挥发，常用于烘漆。为了改进醇酸树脂涂料的性能，还可用松香、环氧、酚醛、丙烯酸、苯乙烯等树脂或单体进行改性。产品类型很多，有底漆、清漆、磁漆、调合漆、电泳漆、电阻漆、半光漆、无光漆等。

磁场响应性凝胶　magnetic field responsive gel　一种智能材料。指包埋有磁性粒子的高吸水性树脂。当预埋有铁磁性材料的凝胶置于磁场中时，铁磁材料被加热而使凝胶的局部温度上升，导致凝胶膨胀或收缩；磁场撤开时，凝胶又恢复至原先状态。例如，将微细镍针状结晶置于预先形成的凝胶中；或是以聚乙烯醇涂于微米级镍薄片上，与单体溶液混合后再聚合成凝胶。无论将哪一种凝胶用于植入型药物释放体系，在电源和线圈构成的手表大小的装置内均产生磁场，可使凝胶收缩而释放一定剂量的药物。这类智能凝胶还能用于制造人工肌肉型驱动器及作光开关和图像显示板等。

磁漆 enamel 又名瓷漆。以各种树脂为成膜物质的色漆。一般是以清漆为基础加入各色颜料,经研磨分散而制得。涂装后经干燥能形成坚硬、光亮的漆膜,因像搪瓷上的瓷釉而得名。品种很多,常用的有醇酸、环氧、酚醛、聚氨酯、氨基等合成树脂磁漆,以及酯胶磁漆、硝基磁漆等。广泛用于家具、仪器仪表、机器及车辆等装饰性涂装。参见"面漆"。

磁性涂料 magnetic coatings 磁带、磁盘、磁卡片、磁鼓、磁泡等磁性记录材料用的涂料。是由作颜填料的磁粉、树脂成膜基料、助剂及溶剂等配制而成。其中磁粉是磁性涂料的核心组分,是决定磁性记录材料的主要因素,直接关系到录音、录像效果,常用磁粉有 $\gamma\text{-}Fe_2O_3$、含钴 $\gamma\text{-}Fe_2O_3$ 和 CrO_2 等;用作成膜物质的树脂基料是决定磁性涂层对底材的附着力和耐磨性能的主要因素,不同品种的磁带所用成膜基料是不一致的,有乙烯基树脂、聚氨酯等,多数采用共混体系,如聚氨酯、环氧树脂、聚氨酯-丙烯酸酯、氯乙烯-丙烯腈等。所用助剂有分散剂、偶联剂、润滑剂、抗静电剂等。

磁性油墨 magnetic ink 具有磁性的油墨。由磁性颜料(如黑色四氧化三铁、棕色三氧化二铁)作为色料,与连结料(如醇酸树脂)及助剂配制而成。可用凸版或平版印刷。多用来印刷信用卡上的编码、银行票据和邮政文件。由于磁性油墨字母可运用电子技术或磁性文字识读装置自动辨认,从而实现银行票据的自动分类、邮政文件的自动处理等。

雌二醇 estradiol 又名诺坤复、松奇、雌甾-1,3,5(10)-三烯-3,17-二醇(结构式参见雌激素)。白色或乳白色结晶性粉末。无臭。熔点 173~180℃。不溶于水,略溶于乙醇,溶于二氧六环、丙酮。体内为卵巢成熟滤泡分泌的天然雌激素,为雌激素类药物,进入体内后主要储存于脂肪组织,或与性激素球蛋白或白蛋白结合后再释放起作用。其活性很高,$10^{-8} \sim 10^{-10}$ mol/L 浓度时就可产生生理作用。用于治疗绝经期综合征、功能性子宫出血、原发性闭经、萎缩性阴道炎、骨质疏松症及男性前列腺癌等。可由 19-羟甲基雄甾-4-烯二酮用简单节杆菌发酵转化成雌酮后,经还原制得。

雌激素 estrogen 由卵巢颗粒细胞

雌酮　　　　雌二醇　　　　雌三醇

和黄体细胞分泌的一类含 18 个碳的类固醇激素。主要有雌酮、雌二醇及雌三醇:雌酮及雌二醇是直接由卵巢分泌,雌三醇是它们的代谢产物,而以雌二醇的活性最强,雌酮和雌三醇的活性分别是雌二醇的 1/3 和 1/10。这些天然雌激素是一类雌甾烷化合物,3 位有酚羟基,17 位氧代或 β-羟基,雌三醇在 16 位有 α-羟基。临床用的雌激素药物主要是依据雌二醇的结构进行修饰加工而成的衍生物。用于治疗更年期综合征、卵巢功能不全、闭经、晚期乳腺癌、骨质疏松症等。与孕激素合用能抑制排卵,是女性避孕药的组分之一。

雌三醇 estriol 又名欧维婷、雌甾-1,3,5-(10)-三烯 $3\beta,16\alpha,17\beta$ 三醇(结构式参见雌激素)。白色或类白色结晶性粉末。无臭,无味。熔点 282℃。不溶于水,溶于乙醇、乙醚、氯仿、二氧六环,易溶于吡啶。主要存在于尿中的天然激素之一。是妊娠时由胎盘和胎儿肾上腺皮质合成的类固醇激素。工业上由雌酮经烯醇化、环氧化及还原反应制得。为雌激素药,具有较好的分化作用,对中枢神经作用较小,而局部作用较强,副作用小。用于治疗妇女绝经期综合征,男子前列腺肥大,人工流产或绝育术出血,月经过多的止血等。

雌酮 estrone 又名雌酚酮、卵泡素、3-羟基雌甾-1,3,5(10)-三烯-17-酮(结构式参见雌激素)。白色或微黄色结晶性粉末。无臭。熔点 251~256℃。几乎不溶于水,微溶于醚类、植物油,略溶于乙醇、氯仿,易溶于丙酮。存在于孕妇或妊娠尿中的天然雌激素。工业上可以薯芋皂素或胆甾醇为原料,先用化学方法制成 19-羟甲基雌甾-4-烯二酮,再用简单节杆菌发酵转化成雌酮。也可用胆甾醇为原料,以限制诺卡氏菌等突变菌种发酵制成雌酮,雌酮的雌激素活性为雌二醇的 1/10,但比雌三醇强 3 倍。主要用作合成雌激素中间体,也用作合成炔诺酮等避孕药及用于治疗妇科疾病。

次氮基三乙酸 nitrilotriacetic acid

$$N\begin{matrix}CH_2COOH\\-CH_2COOH\\CH_2COOH\end{matrix}$$

又名次氨基三乙酸、氨三乙酸,简称 NTA。白色结晶性粉末。熔点 230~235℃。242℃分解。微溶于水及乙醇,溶于氨水及氢氧化钠溶液,不溶于乙醚、丙酮、苯。饱和水溶液呈酸性。具有与各种金属离子形成配合物的特性。用作螯合剂,用于络合金属离子和分离金属。也用作金属离子检测用络合剂、聚氨酯发泡剂、彩色照相显影剂、电镀添加剂及替代三聚磷酸钠用作洗涤助剂等。可由氯乙酸钠与氯化铵反应,再经盐酸酸化制得。

次磷酸 hypophosphorous acid H_3PO_2 又名次亚磷酸。无色油状液体或片状、棱柱状结晶。有酸味,易潮解,相对密度 1.493(19℃)。熔点 26.5℃。100℃以上缓慢分解。130℃以上快速分解。灼烧时分解为磷酸及磷化氢气体。溶于水、乙醇、乙醚。为强还原剂。商品常为 10%~50% 溶液,50% 浓度次磷酸的相对密度 1.294。常温下,在空气中会缓慢氧化,用于制造次磷酸盐、制冷剂、医药等。也用作树脂稳定剂、酯化催化剂及作为还原剂用于化学镀。由黄磷与氢氧化钡反应后再与硫酸反应制得。

次磷酸钠 sodium hypophosphite 又名次亚磷酸钠。$NaH_2PO_2 \cdot H_2O$ 无色单斜晶系结晶或白色粉末,有珍珠样光泽。味咸,相对密度1.388。熔点26.5℃。加热至200℃时失去结晶水,并分解生成 $Na_4P_2O_7$ 及 $NaPO_3$,同时释出磷化氢。极易溶于水、液氨,溶于热乙醇、甘油,不溶于乙醚。为强还原剂,可将金、银、镍等的盐还原成金属态。与硝酸盐、铬盐酸盐等强氧化剂混合可引起爆炸。常压下加热蒸发次磷酸钠溶液也会引起爆炸。用于制造其他次磷酸盐,也常用作镀镍及制药的还原剂,食品工业用作防腐剂、抗氧化剂。由黄磷与氢氧化钠反应制得。

次氯酸 hypochlorous acid HClO 仅存在于稀的水溶液中,为淡黄色溶液,呈弱酸性。因含有 Cl_2O 故呈黄色。极不稳定,0℃时1mol/L次氯酸水溶液在暗处存放时,每天约有0.3%的次氯酸分解,而在20℃时,分解率会增大10倍。具有强氧化性,能将硫、磷等氧化为含氧酸。与氨反应生成氯胺,氯胺分解后可再生成次氯酸,此特性可应用于卫生消毒。也能将甲酸、草酸等有机物完全氧化成水和 CO_2。用于制造氯乙醇、三聚异氰尿酸钠、二氯异氰尿酸钠等,也用作消毒剂、漂白剂等。用于水处理及杀菌时,一般使用现场配制的次氯酸。可将氯气通入强碱性溶液中,先形成次氯酸盐,进一步通氯则生成次氯酸。

次氯酸钙 calcium hypochloride $Ca(ClO)_2$ 白色片状结晶或粉末。有强烈氯的气味。相对密度2.35。100℃时分解,加热至150℃以上时产生氧气并可能引起爆炸。易溶于冷水,并放出大量的热和初生态氧,具有强氧化性。在热水和乙醇中分解,遇光会加剧分解而引起爆炸。与酸反应放出氯气,遇有机物及油类会引起燃烧。有漂白、消毒、杀菌能力及腐蚀性。有多种商品出售,如漂白粉、漂白液、漂粉精等的主要成分是次氯酸钙。主要用作漂白剂及消毒剂,如用于纸浆及棉、麻、丝等织物纤维的漂白,城市饮用水及游泳池水等的杀菌消毒、饲养场及畜舍等的除臭消毒等。还用作羊毛防缩剂及用于制造氯仿等。由石灰乳与氯气反应制得。

次氯酸钠 sodium hypochlorite NaClO 又名次亚氯酸钠、漂白水,固态次氯酸钠(无水物)为白色结晶粉末,极不稳定,受热后迅速分解。商品常为无色至淡黄色液体,含有效氯为100~140g/L。易溶于水,生成次氯酸及氢氧化钠,故是强氧化剂。无水次氯酸钠遇空气中二氧化碳分解,因而易爆炸,在混入有机物及还原性物质时十分危险。次氯酸钠对很广范围的微生物都有破坏或杀死能力,对病毒、耐酸性细菌、霉菌及藻类均有效。用作纺织、化学纤维、纸浆、淀粉及油脂等的漂白剂,饮用水、游泳池水、蔬果等的消毒剂。也用于生产水合肼、氯胺、染料及用作去臭剂等。由氯气与烧碱溶液反应制得。

次氯酸氧化淀粉 hypochloric acid oxidation starch 白色或微黄色粉末。无臭,无味。易分散于冷水中。6%水溶液黏度4~40mPa·s。约65℃开始糊化。糊化后具有阴离子性,糊液稳定,成膜性好。淀粉糊的黏度低于同浓度的同类原淀粉糊,在一定温度冷却时形成凝胶。用作增稠剂、食品表面成膜剂、胶冻及软糖类食品稳定剂,以及用作阿拉伯树胶和琼脂的替代品等。也用作纸张表面施胶剂。由淀粉浆用氢氧化钠溶液调节 pH 为 8～11 后,再用次氯酸钠氧化制得。

刺柏油 juniper berries oil 又名杜松子油。无色或浅黄绿色挥发性液体,有特殊的针叶香气和芳香苦辣味。主要成分有蒎烯、月桂烯、莰烯、松油醇、杜松烯、杜松醇等。相对密度 0.867～0.882。折射率 1.472～1.484。不溶于水、甘油、丙二醇,以 1∶4 溶于 95% 乙醇中,也溶于乙醚、氯仿。为植物类天然香料,可作为协调剂,调配古龙、香薇、素心兰、木香、龙涎香等化妆品香精及皂用香精,也用于男用香水及剃须后制品。由柏科植物杜松树的果实经水蒸气蒸馏制得。

促黄体激素 luteinizing hormone 又名促间质细胞激素,简称 LH。由脑垂体前叶嗜碱性细胞分泌的促性腺蛋白质激素,是一种糖蛋白,相对分子质量约 30000,含有岩藻糖、甘露糖、半乳糖、乙酰氨基葡萄糖和乙酰氨基半乳糖等,还含有唾液酸。其生理功能是对女性刺激排卵和黄体形成,对男性刺激睾酮分泌。临床上用于治疗不排卵妇女的不孕症、男子精子减少症、习惯性流产及性机能障碍等。可由猪垂体用溶剂萃取分离而得,也可由绝经期妇女尿中提取的促性腺激素中分离而得。

促进剂 accelerator 指能加快化学反应速度或促进反应进行的物质的总称。在橡胶工业中,指加入橡胶胶料中后能缩短硫化时间及降低硫化温度的物质,如秋兰姆类、噻唑类;涂料工业中指能促进树脂休系固化或交联的物质,如有机胺、对甲苯磺酸盐等;照相显影中,指为提高显影速度加入的添加剂,如碳酸钠、硼砂等;在建筑工业中,指能促进混凝土凝固的物质,如硫酸钾、三乙醇胺等。

促进剂 808
见"正丁醛苯胺缩合物"。

促进剂 BE
见"二丁基二硫代氨基甲酸锌"。

促进剂 CA
见"N,N'-二苯基硫脲"。

促进剂 CBS
见"N-环己基-2-苯并噻唑次磺酰胺"。

促进剂 CE
见"N-环己基-2-苯并噻唑次磺酰胺"。

促进剂 D
见"二苯胍"。

促进剂 DETU
见"$N'N'$-二乙基硫脲"。

促进剂 DIBS
见"$N'N'$-二异丙基-3-苯并噻唑次磺酰胺"。

促进剂 DM
见"二硫化苯并噻唑"。

促进剂 DOTG
见"二邻甲苯胍"。

促进剂 DOTU
见"$N'N'$-二邻甲苯硫脲"。

促进剂 DE
见"$N'N'$-二环己基-2-苯并噻唑次磺酰胺"。

促进剂 H
见"六亚甲基四胺"。
促进剂 M
见"2-巯基苯并噻唑。"
促进剂 M2
见"2-巯基苯并噻唑锌盐"。
促进剂 MDB
见"2-(4′-吗啉基二硫代)苯并噻唑"。
促进剂 MH
见"2-巯基苯并噻唑环己胺盐"。
促进剂 NA-11
见"4,4′-二氨基二苯甲烷"。
促进剂 NA-22
见"亚乙基硫脲"。
促进剂 NOBS
见"N-氧联二亚乙基-2-苯并噻唑次磺酰胺"。
促进剂 NS
见"N-叔丁基-2-苯并噻唑次磺酰胺"。
促进剂 OTOS
见"N-氧联二亚乙基硫代氨基甲酰-N′-氧联二亚乙基次磺酰胺"。
促进剂 PX
见"N,N′-乙基苯基二硫代氨基甲酸锌"。
促进剂 SBX
见"正丁基黄原酸钠"。
促进剂 SIP
见"异丙基黄原酸钠"。
促进剂 TBTD
见"二硫化四丁基秋兰姆"。
促进剂 TETD
见"二硫化四乙基秋兰姆"。
促进剂 TMT
见"二硫化四甲基秋兰姆"。

促进剂 TMTM
见"一硫化四甲基秋兰姆"。
促进剂 TP
见"二丁基二硫代氨基甲酸钠"。
促进剂 TS
见"一硫化四甲基秋兰姆"。
促进剂 ZBX
见"正丁基黄原酸锌"。
促进剂 ZDC
见"二乙基二硫代氨基甲酸锌"。
促进剂 ZDMC
见"二甲基二硫代氨基甲酸锌"。

促卵泡激素 follicle-stimulating hormone 又名促滤泡激素、成熟激素,简称FSH。由脑垂体前叶分泌的促性腺激素,是一种糖蛋白。相对分子质量24000～25000。含有岩藻糖、甘露糖、半乳糖、乙酰氨基葡萄糖、海藻二糖、N-乙酰神经氨酸等。其生理功能对女性是促使卵巢发育,促进卵泡成长;对男性是促进精巢发育,促进精子生成。临床上用于治疗不排卵妇女的不孕症,男子精子减少症等。也用于畜牧业及淡水鱼养殖业。由猪垂体用溶剂萃取、分离制得。也可由绝经期妇女尿中提取的促性腺激素(是黄体激素和促卵泡激素的混合品)中分离而得。

猝灭剂 quencher 又名激发态能量消除剂,光稳定剂的一种。它通过猝灭被紫外线激发的分子或基团的激发态,使其恢复到基态,从而排除或减缓高分子材料发生光反应的可能性,使制品免受紫外线破坏。猝灭剂主要有镍的有机配合物,它主要适用于聚乙烯、聚丙烯、聚苯乙烯、聚氯乙烯及聚乙酸乙烯酯等。

醋酸地塞米松 dexamethasone acetate 又名醋酸氟美松、16α-甲基-11β,17α,21-三羟基-9α-氟-孕甾-1,4-二烯-3,20-二酮-21-醋酸酯。白色或类白色结晶性粉末。无臭,味微苦。熔点223～233℃(分解)。不溶于水,难溶于乙醚,溶于甲醇、乙醇,易溶于丙酮。为肾上腺皮质激素药物,可口服及外用。口服主要用于治疗风湿热、类风湿性关节炎、红斑狼疮和白血病等;外用主要用于皮炎、湿疹等皮肤病。由醋酸妊娠双烯醇酮为原料制得。

醋酸甲地孕酮 megestrol acetate 又名妇宁、美可治、6-甲基-17α-羟基孕甾-4,6-二烯-3,20-二酮-17-醋酸酯。白色或淡黄色结晶或结晶性粉末。无臭。熔点216～219℃。不溶于水,溶于甲醇、乙醇、苯、氯仿。为强效口服孕激素,注射也有效。可通过皮肤、黏膜吸收。常是各种长效、缓释、局部使用的避孕药的主药。无雌激素、雄激素或固化激素活性。也用于功能性子宫出血、子宫内膜异位症或增生过度以及晚期乳腺症、前列腺癌、卵巢癌等治疗。由17α-羟基黄体酮为原料制得。

醋酸可的松 cortisone acetate 又名醋酸考的松。白色结晶性粉末,无臭。初无味,随后有持久的苦味。熔点238～248℃(分解)。不溶于水,微溶于乙醇、乙醚,易溶于氯仿。一种肾上腺皮质激素药。其用途与氢化可的松相同。由醋酸双烯醇酮为原料制得16,17α-环氧黄体酮后,再经霉菌氯化、氧化、开环、脱溴、碘化、置换等反应制得。

醋酸氢化可的松 hydrocortisone acetate 又名可的素。白色结晶性粉末。无臭。味苦。有右旋光性。不溶于水,微溶于乙醇、乙醚、丙酮、氯仿。一种肾上腺皮质激素药。用途与氢化可的松相同。可由氢化可的松与乙酸酐在吡啶溶剂中反应制得。

催产素 oxytocin 又名缩宫素。由高等动物下丘脑分泌并储存在脑下垂体后叶的一种环状多肽激素，由9个氨基酸组成。白色无定形粉末，微有异臭。易溶于水及酸性溶液，溶于丙酮、丁醇、稀乙酸，不溶于乙醚、石油醚。干燥状态稳定。90℃加热30min或50℃以下较长时间加热均不失活。pH为3.5～4.4的溶液中最稳定，碱性溶液中不稳定。对平滑肌有刺激作用，能使子宫平滑肌收缩，故有催产作用。医药上用作催产药和产后止血药。滴鼻可促使排乳，也有轻微止血作用。由动物垂体后叶分离提取或由苄氧羰醛亮氨酸对硝基苯酯经化学合成。

催肥类饲料添加剂 fatten feed additives 指用于加速动物催肥的饲料添加剂。人们在获得动物性肉食品时，使动物自然生长称为育肥。而通过物理或化学方法使饲料中的能量物质更多地在动物内积累，促使动物加速育肥，称作催肥。常用催肥类饲料添加剂分为：①激素和类激性作用物质，如性激素、生长激素、拟甲状腺素；②运动抑制类。如利血平(蛇根草碱)和其他镇静剂；③同化作用类，如莫能菌素、合成洗涤剂等。这类添加剂的作用途径是：①提高动物机体的同化(合成)代谢作用，使碳水化合物更多地转化为体脂，使氮源物质更多地转化成体蛋白；②协调内分泌系统功能，改变动物体内不同激素浓度的比例，提高垂体后叶生长激素分泌量，加速肥育；③控制动物机体代谢速度，降低动物活动量，减少能量消耗，使更多的能量蛋白质在体内沉积，增加体重。

催干剂 drier 又称干料、燥油、快干剂。是能加速油、油漆、油墨及清漆等氧化、聚合而干燥成膜的一类物质。是油漆或油墨的重要助剂之一。可分为金属氧化物、金属盐、金属皂三类，而金属氧化物和金属盐都是在熬漆过程中加入，形成油酸皂后才呈现催干作用。因催干剂都是由有机酸根与金属两部分组成，故属皂类，可用通式R-COOM表示，其中金属部分决定干燥剂的性能，而干燥剂的效果则与有机酸根部分有关。具有催干性的金属以钴、锰、铅为主，常用作主催干剂的金属；有机酸根来自有机酸，主要有环烷酸、2-乙基己酸、亚麻酸、松香酸、异壬酸等，其中又以2-乙基己酸为最优，环烷酸次之，亚麻酸又次之。按催干剂的作用又可分为氧化催干和聚合催干两种类型。钴催干剂、锰催干剂等属氧化催干剂；铅催干剂、铁催干剂等属于聚合催干剂。

催化重整催化剂 catalytic reforming catalyst 又名重整催化剂。指能在石脑油重整过程中加速烃类分子重新排列成新的分子结构，而并不发生变化的物质。现代重整催化剂由基本活性组分、助催化剂及酸性载体所组成。基本活性组分是铂、钯、铱、铑等金属。铂有很强的吸附氢原子能力，催化剂的脱氢活性、稳定性及抗毒能力随铂含量增加而增强。工业催化剂的含铂量大多为0.2%～0.3%；所用助催化剂主要是铼、锡。铼可以提高催化剂的容炭能力和稳定性。铼与铂的含量比一般为 1~2；酸性载体由含卤素（Cl、F）的 $\gamma\text{-}Al_2O_3$ 所组成。卤素为催化剂提供酸性中心，可以增强催化剂对异构化和加氢裂化等酸性反应的催化活性。目前，半再生重整催化剂多以铂、铼为主要成分，连续重整催化剂则多以铂、锡为主要成分，载体多为氧化铝，催化剂采用浸渍法制备。

催化固化型聚氨酯涂料 catalytic curing polyurethane coatings 一种双组分涂料。是以异氰酯预聚体为 A 组分，催化剂为 B 组分，二者分开包装，使用时将两组分按比例混合均匀后再施工，其固化机理与湿固化聚氨酯涂料相同，所不同的只是固化速度太慢，故常需加入催化剂以加速其干燥成膜。所用催化剂又可分为反应性及非反应性催化剂，反应性催化剂的分子中含有能与 NCO 基反应的活性羟基，主要是胺类化合物；非反应性催化剂中一般不含与 NCO 基反应的活性基团，主要是叔胺和金属的羧酸盐。这类催化剂具有干燥快、除膜附着力强、耐水性及耐磨性强、光泽好等特点。适用于木材和金属罩光及混凝土表面涂装。

催化固化型涂料 catalytic curing coatings 通过催化作用引起交联反应而固化成膜的涂料。如通过漆酶的催化作用使大漆成膜，以三氟化硼为催化剂，使胺配合物与环氧树脂交联固化的环氧树脂涂料，以胺类或金属皂为催化剂使聚氨酯固化成膜，都是催化固化型涂料。

催化剂 catalyst 又称触媒。一类能改变化学反应速度而在反应中自身并不消耗的物质。催化剂通过若干个基元步骤不间断地重复循环，参加并加速热力学可行反应的速率，不改变该反应的平衡常数，而在循环的最终步骤恢复为其原始状态。多数具有工业意义的化学转化过程都是在催化剂作用下进行的。生物体内的化学转化也是利用酶作为催化剂来实现的。按催化剂与反应物所处的状态不同，分为多相催化剂及均相催化剂两大类；按催化剂的作用机理分为酸碱型催化剂、氧化还原型催化剂、配合物催化剂、双功能催化剂等；按工业应用领域不同，大致可分为石油炼制、石油化工（基本有机原料）、高分子合成、精细化工、化肥（无机化工）、环境保护及其他催化剂等类别。而每一工业类型的催化剂又可按催化的单元反应（如氧化、加氢、烷基化、水合等）分成若干个分类，催化剂可以有固态、液态及气态等形式，既可由单一组分构成，又可由多种组分构成。工业上使用最多的是多相固体催化剂。

催化剂用氢氧化铝 aluminium hydroxide for catalyst $Al(OH)_3$ 白色无定形粉末，纯度高、杂质含量少。晶型可以是三水铝石或一水软铝石。相对密度 2.42。不溶于水，溶于酸、碱。控制不同中和成胶工艺条件及焙烧温度，可获得具有不同比结构的氧化铝载体，在 400℃下焙烧可制得 $\gamma\text{-}Al_2O_3$，更高温度焙烧，可制得 $\delta\text{-}Al_2O_3$，高于 1000℃ 焙烧，制得 $\alpha\text{-}Al_2O_3$，制得的 $\alpha\text{-}Al_2O_3$ 比表面积 150~280m^2/g，孔容 0.3~0.7mL/g。适用于制造氧化铝催化剂及催化剂载体。也可用作油墨及纸张填充剂、吸附剂等。由工业氢氧化铝粉与偏铝酸钠、硝酸（或硫酸、盐酸）经中和成胶、过滤、干燥、粉碎而制得。

催化裂化催化剂 catalytic cracking catalyst 用于石油烃类原料裂化反应转化为低分子烯烃等产品过程所使用的催化剂。早期使用的催化裂化催化剂是天然白土催化剂。近期广泛采用的催化剂分为无定形硅酸铝催化剂及结晶形硅酸铝催化剂两大类。无定形硅酸盐催化剂又称作普通硅酸铝催化剂,其主要成分是 SiO_2 及 Al_2O_3。按 Al_2O_3 含量多少又分为低铝和高铝催化剂。用于早期的床层反应器流化催化裂化装置;结晶形硅酸铝催化剂又称沸石催化剂或分子筛催化剂,它比无定形硅酸铝催化剂有更高的活性及选择性,可大幅度提高汽油产率和装置处理能力,已逐步取代了无定形硅酸铝催化剂。目前使用的分子筛主要是 Y 型分子筛,其中又分为 ReY、ReHY、HY、USY 等类型,主要用于现代提升管催化裂化装置。

催化裂化原料加氢处理催化剂 FCC feed pre-hydrotreating catalyst 一种以 Mo、Ni、Co、W 等为活性组分,有的加入适量助剂 P,以 Al_2O_3 为载体的三叶草形催化剂。中国产品牌号有 FF-14、FF-16、FF-18 等。用于减压瓦斯油、催化瓦斯油、脱沥青油、重循环油等加氢处理,用于生产催化裂化原料。催化剂脱硫活性好,并兼有脱氮性能。由三叶草形载体浸渍 Mo、Vi、Co、W 等金属活性组分溶液后,再经干燥、焙烧制得。

催化裂化助剂 catalytic cracking additive 又名催化裂化添加剂。以少量添加于催化裂化过程中,用以提高主催化剂再生性能、抗金属污染能力及产品选择性等使用性能的物质。广泛采用的有一氧化碳助燃剂、金属钝化剂、油浆阻垢剂、汽油辛烷值助剂、结焦抑制剂、降烯烃助剂、硫转移助剂等。

催化膜 catalytic membrane 一种功能性膜。将催化剂固定在膜内部或表面,使其成为具有催化反应活性的膜,催化膜不仅具有催化活性,还具有分离功能。反应物在催化膜的作用下反应而产生生成物,并使反应物和另一侧的生成物分离开。膜本身既为反应的催化剂或催化剂的载体。对于高分子化合物,虽然它无法通过膜,但可在表面催化剂的作用下使之分解,产生的低分子物质则可通过膜,从而可将高分子反应物与低分子产物分离。

催冷剂 colder 一种能提高金属热处理油冷却速度的添加剂。热处理油是金属零件在热处理时所用的冷却介质,要求具有良好的冷却性及热氧化安定性、高闪点及燃点、水含量低及黏度小、淬火工作表面光亮等特性。为了提高油品的冷却速度,需要加入催冷剂。它由无灰分中、低分子油溶性高聚物组成,能最大限度地提高淬火油的淬火冷却能力,是调配快速、快速光亮淬火油的基本原料。可有效提高淬火油的高温冷却能力,减少淬火不均匀畸变、提高工件淬火表面硬度及淬硬层深度。常用的有无规聚丙烯、三元乙丙共聚物、丙烷脱沥青油等。

哒玛树脂 dammar gum 一种天然树脂。粗制品为白色至黄色或浅棕色透明固体,断面为贝壳状。亦可为碎块或粉状,有时杂有树皮。精制品呈白色至淡黄色,基本上无臭,但可带有精制过程中挥发性油的气味。主要成分为酸性或中性萜类化合物及多聚糖类,还含有挥发性油、树脂及苦味物质。相对密度 1.05~1.09。熔点约 120℃。不溶于水,溶于乙醇、乙醚,易溶于苯、石油醚及氯仿。具有优良的保色性,可用来制取清漆,漆膜光泽好,但膜软,耐久性较差。也用作胶姆糖基础剂、涂釉剂及稳定剂等。由贝壳杉属和萑草属植物哒玛树的分泌物经精制而得。

哒螨酮 pyridaben 又名哒螨灵,2-特丁基-5-(4-特丁基苄硫基)-4-氯哒嗪-3-(2H)-酮。纯品为无色结晶。熔点 111~112℃。相对密度 1.20。蒸气压 0.25mPa(20℃)。工业品为淡黄色或灰白色粉末。不溶于水,易溶于丙酮、二甲苯、氯仿,溶于乙醇、苯。对光及在强酸、强碱中不稳定,在中性溶液中稳定,是一种广谱、高效杀螨、杀虫剂。中等毒性。无内吸性。用于防治果树、棉花、茶、烟叶、蔬菜等作物的螨类,对作物安全。由哒嗪酮与硫氢化钠经硫基化后,再与对叔丁基氯苄反应制得。

哒嗪硫磷 pyridaphenthion 又名达净松、苯哒嗪硫磷、打杀磷,O,O-二乙基-O-(2,3-二氢-3-氧代-2-苯基-6-哒嗪基)硫代磷酸酯。纯品为白色结晶。熔点 54.5~56℃。工业品为淡黄色固体。相对密度 1.325。熔点 53~54.5℃。蒸气压 25.3Pa(48℃)。难溶于水,易溶于甲醇、乙醚、丙酮,微溶于汽油、石油醚。对热及酸稳定,遇强碱易分解。一种有机磷杀虫、杀螨剂。具有触杀、胃毒作用,兼有杀卵作用,用于防治棉花红蜘蛛、稻螟虫及螨类。以顺酐、苯肼及 O,O-二乙基硫代磷酰氯等为原料制得。

达曲班 daltroban 又名 4-[2-(4-氯苯磺酰氨基)乙基]苯乙酸。白色结晶。熔点 138~140℃。溶于水、乙醇。为抗血栓药,具有抑制血小板聚集,减少血栓形成、防止猝死等作用。用于治疗各种与心血管有关的疾病。由氰甲基苯乙酸经催化加氢后与对氯苯磺酰氯反应制得。

大豆低聚糖 soybean oligosaccharide 无色透明糖浆,主要成分为棉子糖、水苏四糖、蔗糖及葡萄糖,并含有少量来自大豆的右旋肌醇甲醚、半乳糖右旋肌醇甲醚及毛蕊花五糖等。甜度为蔗糖的 70%~75%。甜感爽口,近似蔗糖。热量约为蔗糖的 50%。耐酸及耐热性优于蔗糖。其中的水苏四糖和棉子糖不能被消化酶消化,属难消化性糖。可促进结肠内双歧杆菌调整增殖,促进肠道微生物群落正常分布,净化肠内内容物,改善便秘,但在肠下段经微生物发酵,可产生小分子气体而引起腹部胀气。以醇法制大豆浓缩蛋白时的醇液为原料,经盐析、离子交换等分离、提纯制得。

大豆膳食纤维 soybean fiber 白色或淡褐色粉末或颗粒。主要成分为纤维素(20%)、半纤维素(75%)、水溶性难消化多糖(主要为果胶等,5%)。其中膳食纤维(干基计)≥40%,粗脂肪(干基计)≤2%。不溶于水,能吸收2~8倍的水或油脂,主要用于保健食品,有调节血脂及降低胆固醇的作用,并可缩短食物残渣在肠道内通过时间。由脱皮大豆经溶剂抽提脱脂得到的豆粕,经稀碱溶液及乙醇等精制后,再杀菌、干燥、粉碎而制得。

大豆皂苷 soybean saponin 又名大豆皂角苷。由豆粕中提取的含有糖配体的多环类化合物,主要组成为大豆皂苷Ⅰ、Ⅱ、Ⅲ型及大豆皂苷酚A、B等。黄色至淡黄褐色粉末,有特殊臭味,味略苦。熔点212~242℃。溶于水、甲醇、乙醇,不溶于乙醚、四氯化碳、己烷。天然存在于大豆中,总大豆皂苷的量约0.25%。大豆皂苷能结合胆固醇,降低人体对胆固醇的吸收,防止过氧脂质的生成,延迟机体及组织老化,预防高血脂症,防止肥胖及调节血糖等。主要用作功能性食品添加剂。由大豆粕经含水乙醇抽提后经浓缩、喷雾干燥制得。

大分子单体 macromonmer 一类具有化学功能的精细高分子化学品。是一种分子链一端或两端带聚合性基团的低聚物。相对分子质量在2000~4000之间。聚合性基团可以是乙烯基、炔基、丙烯基、环氧基、苯乙烯基等。利用大分子单体可获得结构明确的接枝共聚物,它们可以具有完全相反的性能,例如硬/软、结晶/非结晶、亲水/疏水、极性/非极性及刚性/柔性等。由大分子单体与其他单体共聚得到的产物具有独特的功能,是制备功能性高分子材料的主要途径。利用双端活性的大分子单体可以制备光刻胶、光固化涂料、印刷树脂版、厌氧胶、非银盐成像材料等。大分子单体的合成主要是在低聚物链末端引入可聚合的活性基团。单端聚合活性的大分子单体一般采用先调聚后终止的方法,包括阴离子聚合、阳离子聚合、自由基聚合、基团转移聚合等,双端聚合活性的大分子单体一般采用缩聚的方法。

大分子红 BR large molecular red BR 又名3403大分子红BR、坚固红HLG。红色粉末,为中等色度微带蓝光的红色颜料,是偶氮缩合颜料的重要品种。耐热温度180℃,耐晒性7~8级。

因颜料粒径大小及分布不同而有多种商品牌号。用作塑料、油漆、橡胶、油墨及合成纤维原浆等的红色着色剂,具有着色力强、耐热性及耐晒性好、耐溶剂性强等特点。油漆中主要用于调制面漆及建筑漆。由2,5-二氯苯氨经重氮化后,与3-羟基-2-萘甲酸偶合,再经盐酸酸化、与氯化亚砜反应后,再与邻氯对苯二胺缩合制得。

大环内酯类抗生素 macrolides antibiotics 是由大内酯环与糖通过氧桥连接而成的苷类抗生素,配糖部分一般含有1~3个糖或脱氧糖、氨基糖,非糖部分一般具有12~16个碳的骨架。是难溶于水的碱性抗生素。它们的药物动力学特征是组织浓度高于血浓度,是向组织高浓度分布的抗生素。按化学结构,大环内酯类抗生素可分为14元环、15元环和16元环三类。14元环大环内酯(红霉素类)的第一代产品即为红霉素,第二代产品包括克拉霉素、罗红霉素、氟红霉素、地红霉素等;15元环大环内酯(氮红霉素类)的代表是阿奇霉素;16元环大环内酯的第一代产品包括吉他霉素、交沙霉素、麦迪霉素、螺旋霉素、罗沙米星。第二代产品包括罗他霉素、醋酸麦迪霉素。这类抗生素是抑制蛋白质合成的快效抑菌剂,毒性较低。不仅对革兰阳性菌、部分阴性菌有抗菌作用,也对衣原体、支原体、军团菌等有广谱抗菌作用。临床上用于化脓性球菌引起的轻、中度感染,特别是青霉性抗性菌和过敏病例。

大茴香腈 anisonitrile 又名对甲氧基苯甲腈、对氰基苯甲醚。白针状结晶,熔点58.2~59℃。沸点256~257℃。

溶于热水、乙醇、丙酮,不溶于冷水。对碱稳定。具有浓郁、持久而细腻的山楂子和香英兰香气。用于调配皂类、洗涤剂及烟用香精。也用于合成农用除草剂。以茴香醛及对甲氧基苯甲酰胺等为原料制得。

大隆
见"溴鼠灵"。

β-大马酮 β-damascone 又名β-突厥酮、4-(2,6,6-三甲基-1,2-环己二烯)-2-丁烯-4-酮。无色至淡黄色液体。有木香及薄荷样香气。相对密度0.932。沸点52℃(0.13kPa)。折射率1.4957。不溶于水,溶于乙醇、乙醚及非挥发性油。属酮类合成香料,用于调配芒果、洋李、杏等果香型食品香精及高档化妆品香精,由β-紫罗兰醇经氧化、酸处理制得。

β-大马烯酮 β-damascenone 又名β-突厥烯酮。无色至淡黄色油状液体。有强烈玫瑰样香气。相对密度0.942。沸点 57℃(0.13kPa)。折射率 1.5123。难溶于水,溶于乙醇,易溶于乙醚、丙酮、乙酸乙酯等。属酮类合成香料,用于调配果香型食用香精及高档化妆品香精。以 β-环柠檬醛为原料经合成制得。或由玫瑰精油分离而得。

大庆全减压渣油裂化催化剂 Da Qing vacuum reside cracking catalyst 平均粒径为 $65\sim78\mu m$ 的微球催化剂。主活性组分为稀土氧化物改性的超稳分子筛。载体为改性高岭土。Al_2O_3 含量 $\geqslant43\%$。孔体积 $\geqslant0.38mL/g$。比表面积 $\geqslant270m^2/g$。磨损指数 $\leqslant3.5\%$。中国产品牌号有 DVR-1、改进型 DVR-1 等。适用于各种重油催化裂化装置,与加工大庆生产的全减压渣油的流化催化裂化技术配套使用效果更好。与现有的渣油催化裂化原料相比较,大庆生产的减压渣油中大分子烃类含量相对较高。因此,催化剂具有裂化大分子烃类,满足大分子扩散、吸附及反应需要的功能。由活性组分、载体及粘接剂经混合、成胶、喷雾干燥、洗涤、过滤、干燥制得。

大蒜素 allicin 又名大蒜辣素、蒜辣素、烯丙基硫代亚磺酸烯丙酯。淡黄色至黄色油状液体,有强烈大蒜气味。相对密度 1.112。沸点 $80\sim85℃(0.2kPa)$。折射率 1.561。10℃时水中溶解度为 2.5%,其水溶液 pH 值为 6.5,静置时有油状沉淀物形成。易溶于乙醚、乙醇、氯仿及乙酸乙酯等。对酸稳定,对碱及热不稳定。具有抗癌作用,是大蒜的抗癌成分。为强力广谱抗菌药,用于治疗消化道、呼吸道、肺结核、阴道滴虫及头癣等症。也用作杀菌剂、兽药及饲料添加剂等。由大蒜的鳞茎经干燥粉碎后经蒸汽萃取而得。

代森铵 amobam 亚乙基双(二硫代氨基甲酸铵)。橙黄色液体。有氨及硫化氢臭味。易溶于水,微溶于甲醇、乙醇、丙酮,不溶于苯。空气中不稳定,高于 40℃ 易分解。水溶液性质较稳定,中等毒性。对皮肤、黏膜有刺激性。为有机硫广谱杀菌剂。农业上用于防治水稻白叶枯病、甘薯黑斑病、棉花炭疽病、黄瓜霜霉病及果树病害等。也用作涂料、胶黏剂的防霉剂。由乙二胺、氨水及二硫化碳反应制得。

代森环 milneb 又名 $3,3'$-亚乙基双(四氢-4,6-二甲基-$2H$-1,3,5-噻二嗪-2-硫酮)。白色结晶。不溶于水及大多数有机溶剂。遇水逐渐分解,在碱溶液中易分解,为有机硫杀菌剂。主要通过本品分解物抑制菌体中巯基(—SH)代谢及抑制菌体的铜酶、铁酶的活性而致效。主要用作农用杀菌剂,也可用作涂料、胶黏剂的防霉剂。由乙醛、氨及亚乙基双(二硫代氨基甲酸)反应制得。

代森锰 maneb 又名亚乙基双(二硫代氨基甲酸)锰。黄色至淡黄色粉末。相对密度 1.92。难溶于水,不溶于多数

$$\begin{bmatrix} CH_2NHC(=S)S \\ | \\ CH_2NHC(=S)S \end{bmatrix} Mn$$

有机溶剂。对光、热不稳定。遇酸、碱易分解。为有机硫杀菌剂。对真菌、细菌、酵母菌及藻类均有杀灭作用。其杀菌作用是由于本品的分解物能抑制菌株中巯基(—SH)的代谢,并与菌体的微量重金属络合,从而使菌株金属匮缺而致效。用作工业用水杀菌灭藻剂、造纸工业黏泥杀菌剂、涂料防霉剂及杀螨剂等。由代森钠与硫酸锰反应制得。

代森锰锌 mancozeb 又名亚乙基双

$$\begin{bmatrix} CH_2NHC(=S)S \\ | \\ CH_2NHC(=S)S \end{bmatrix}_x Mn \cdot Zn_y$$

(二硫代氨基甲酸)锰锌盐、叶斑清。一种代森锰和代森锌的络合物。灰黄色粉末。相对密度 2.03。熔点 136℃(熔点前分解)。闪点 137.8℃。不溶于水及大多数有机溶剂。在高温、高湿及湿性环境下易分解。为有机硫杀菌剂。农业上用作叶部病害的保护性杀菌剂,对麦类、玉米的条纹病、大斑病、苹果赤星病、蔬菜炭疽病、烟草立枯病、黄瓜霜霉病等均有较好防效。也用作工业水处理杀菌剂、涂料防霉剂等。由代森钠与硫酸锰、硫酸锌反应制得。

代森钠 nabam 又名亚乙基双(二硫代氨基甲酸钠)。无色结晶或白色至浅黄色粉末。熔点 230℃(分解)。易溶于水。为有机硫杀菌剂。对真菌、细菌、酵

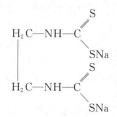

母菌及藻类均有杀抑作用。农业上用作杀真菌剂,工业水处理中用作杀菌剂及黏泥防止剂。也用作胶乳、涂料、造纸、织物、橡胶等的防腐防霉剂,还是制造其他代森盐(如铜、锌盐等)的中间体。由乙二胺与二硫化碳在氢氧化钠存在下反应制得。

代森锌 zineb 又名亚乙基双(二硫代氨基甲酸)锌。

$$\begin{matrix} CH_2-NH-C(=S)S \\ | \\ CH_2-NH-C(=S)S \end{matrix} Zn$$

白色至浅黄色粉末。熔点 138~143℃。几乎不溶于水,不溶于多数有机溶剂,溶于吡啶。对光、热、湿气不稳定,易分解释出二硫化碳。中等毒性。为有机硫杀菌剂。农业上用于防治稻瘟病、麦锈病、玉米大斑病、茶叶赤星病、烟草立枯病、花生褐斑病、马铃薯疫病、葡萄霜霉病等。由代森钠与氯化锌或硫酸锌反应制得。

带锈涂料 on rust coatings 一种可直接涂刷于残余锈蚀钢铁表面的涂料。是采用渗透性较好的树脂为漆基,借助于渗透剂、极性溶剂的配合,使涂料具有好的渗透性,从而浸润和渗透锈层并将其封固。此外,树脂的反应性基团、活性颜料或锈的转化剂与锈层中有害成分反应,生成稳定的抑制化合物,从而使整个锈层成为涂料中具有保护性的稳定填料。根据锈蚀作用原理,可分为以树脂

来稳定锈层的渗透型带锈涂料、以活性颜料来稳定锈层的稳定型带锈涂料及利用锈的转化剂来转化锈层的转化型带锈涂料等。

玳玳叶油 daidai leaf oil 又名酸橙叶油。淡黄色至淡绿色油状液体。主要成分为乙酸芳樟酯(约44%)、里哪醇、松油醇、乙酸香叶酯、香叶醇、月桂烯及石竹烯等。具有玳玳叶油特有的清香香气及粗放的橙花气息,呈清香滋味。相对密度0.883～0.890。折射率1.4650～1.4695。一种重要的植物类天然香料,用于调配橙花香型香水、香皂、化妆品等日化香精,可提高产品的天然感。也用于调配高档茉莉、古龙、薰衣草等香精。由芸香料柑橘属植物玳玳树枝叶经水蒸气蒸馏制得。

丹曲林钠盐 dantrolene sodium 橙

$$O_2N-\underset{}{\bigcirc}-\underset{O}{\bigcirc}-CH=N-N\underset{O}{\overset{O}{\bigcirc}}N-Na \cdot 3\frac{1}{2}H_2O$$

红色结晶性粉末。熔点200℃(分解)。微溶于水,易溶于碱溶液。一种直接作用于骨骼肌的肌肉松弛药。用于脑外伤、骨髓损伤、脑卒中风及其他影响中枢神经系统的疾病所引起的肌肉痉挛。由5-(对硝基苯基)糠醛与氨基乙内酰脲盐酸盐反应后再与甲醇钠反应而得。

单氟磷酸钠 sodium monofluorophosphate Na_2PO_3F 又名一氟磷酸钠。白色粉末或固体。为偏磷酸钠与氟化钠的一种复盐($NaPO_3 \cdot NaF$)。熔点625℃。溶于水,2%水溶液的pH值6.5～8。从0℃水溶液中所得结晶为十水合物。因易水解,通常系由乙醇或其他溶剂多次萃取才能获得无水物。用作防龋剂、牙脱敏剂,对金色葡萄球菌、黑曲菌、沙门氏菌及绿浓杆菌等的生长有抑制作用。毒性只为单体氟化物的1/3。也用于制造特种玻璃及用作金属表面清洗剂,加入缺氟饮水中可防治龋齿。由聚磷酸盐或偏磷酸盐与氟化钠反应制得。

单甘膦 glyphosate 又名农达、农民

$$\underset{HO}{\overset{HO}{\underset{}{\bigvee}}}\overset{O}{\underset{}{P}}-CH_2NHCH_2COOH$$

乐、草克灵、万锄、N-(膦酰基甲基)甘氨酸。白色结晶。熔点230℃(分解)。微溶于水,不溶于乙醇、乙醚等多数有机溶剂。一种有机磷除草剂,为灭生性除草剂。对植物没有选择性,几乎所有绿色植物,不论是作物还是杂草,着药后都会被杀伤。广泛用于森林、橡胶园、农田、果园、机场、仓库等农林牧、工业交通等各方面的除草。由于对作物有药害,不可直接喷洒到作物植株或绿色部位上,通常使用水剂喷雾。由亚氨基二乙酸与甲醛、三氯化磷缩合生成双甘膦后,再经氧化制得。

单剂 single dosage 农药的一种剂

型。指只含有一种有效成分的药剂或仅标示一种有效成分的药剂。大多数农药,特别是人工合成农药,都可以加工成单剂的形式来使用,仅少数农药品种需要加工成混剂才具有良好的效果(如性信息素)。在生物提取物中,往往同时含有多种有效成分,而一般以某种最主要的成分来标示,因而也可视为单剂。至于目前开发出的立体异构的手性农药产品也越来越多,但仍存在着很多有立体混合物的农药,这类混合物农药也属于单剂。

单宁 tannin 又名鞣酸、鞣质、单宁酸。是相对分子质量在 500~3000 之间的多元酚类衍生物的总称。通常指天然单宁。存在于植物的皮、果实、叶等中。其成分和性质随原料种类而有所不同。外观为淡黄色无定形粉末或疏散有光泽的鳞片状固体。210℃熔融分解。有强烈涩味。溶于水、丙酮、乙醇及甘油,几乎不溶于乙醚、苯。遇金属盐、明胶、淀粉及多种生物碱会产生沉淀。在空气或光中颜色变深。在酸及酶作用下易水解,产生棓酸、鞣花酸等,是最重要的植物鞣料,用于印染、医药及制造没食子酸、固色剂、除氧剂、阻垢剂及油井水泥缓凝剂。也是常用的收敛剂,对蛋白质有极强凝集作用,用于洗涤剂、洗发香波,可有效抑制脂质的过氧化。由五棓子热水浸泡后经分离、干燥制得。

单宁酶 tannase 又名鞣酸酶。一种对带有两个苯酚基的酸(如鞣酸)具有水解作用的酶。淡黑色粉末。最适 pH 值 5.5~6.0,最适作用温度 33℃。用于生产速溶茶时分解其中的鞣质,以提高成品的冷溶性和避免热熔后在冷却时产生浑浊;用于处理啤酒中的单宁、蛋白质,可使啤酒澄清无色。也可用于除去柿子等食品的涩味。由黑曲霉在含有 2%鞣酸和 0.2%酪蛋白水解物的蔡氏培养基中受控培养后,取出菌丝,再经丙酮沉淀后干燥而得。

单偶氮颜料 monoazo pigment 颜料分子中只含有一个偶氮基(—N═N—),而它们的色谱为黄色和橙色的有机颜料,组成这类颜料的偶合组分主要为乙酰乙酰苯胺及其衍生物和吡唑啉酮及其衍生物。以前者为偶合组分的单偶氮颜料一般为绿光黄色,而以后者为偶合组分的单偶氮颜料一般为红光黄色和橙色。这类颜料制造工艺简单、品种很多,大多具有较好的耐晒牢度,但因相对分子质量较小及其他原因,它们的耐溶剂性和耐迁移性稍差。主要用于一般品质的气干漆、乳胶漆、印刷油墨及办公用品等的着色。典型品种有耐晒黄 10G。

单葡糖苷酸基甘草酸 monoglucuronyl glycyrrehetic acid 又名甘草酸-3-葡糖苷酸。一种酶水解甘草提取物。白色至淡黄色粉末。易溶于水,溶于乙醇、乙二醇、甘油等。有很强的持续性甜味,甜度约为蔗糖的 1000 倍,但甜感的出现滞后于砂糖。有良好的耐热、耐光及耐酸性能。与食盐配合应用可增强其甜度。用作天然甜味剂,可克服应用蔗糖引起的发酵、酸败等缺陷,并有增强风味作用。由甘草浸液经 β-葡糖苷酶水解后精制而得。

单十二烷基磷酸酯 monododecyl phosphate 又名十二烷磷酸单酯。白色

$$CH_3(CH_2)_{11}OP\begin{matrix}O\\\|\\-OH\\|\\OH\end{matrix}$$

至浅黄色固体。一种阴离子表面活性剂,具有良好的乳化、洗涤、增溶、发泡及抗静电性能。与人体皮肤有较好亲和力。用于配制洗面乳、淋浴露、洗手液等皮肤清洁剂,也用于制造洗涤剂、废纸脱墨剂。由十二醇与五氧化二磷或三氯氧磷反应制得。

单烯基丁二酰亚胺 monoolefin succinimide 又名单聚异丁烯丁二酰亚胺。

$$\begin{matrix}R-CH-C\\|\quad\quad\ \ \|\\ \quad\quad\ \ O\\|\quad\quad\ \ \diagdown\\ \quad\quad\quad\quad N(CH_2CH_2NH)_nH\\|\quad\quad\ \ \diagup\\CH_2-C\\ \quad\quad\ \ \|\\ \quad\quad\ \ O\end{matrix}$$

($R=$聚异丁烯,$n=3\sim4$)

属非离子型表面活性剂。棕色黏稠液体。按生产厂家不同分为几种牌号产品,其统一代号为 T151 分散剂、T151A 分散剂、T151B 分散剂。相对密度 $0.89\sim0.93$。氮含量不小于 2.0%。运动黏度约 $200mm^2/s(100℃)$。总碱值 $40\sim55mgKOH/g$。能与发动机油泥中的羰基、羟基、硝基、硫酸酯等直接作用,与上述不溶于油的物质形成胶束,并与它们络合成油溶性的液体而分散于油中。用作高档汽油机油的分散去垢剂,具有优良的抑制低温油泥、高温积炭生成能力,与其他添加剂复合有协同作用。对高温烟灰也有分散及增溶作用。由低分子聚异丁烯与马来酸酐在氯气作用下生成烯基丁二酸酐,再与多烯多胺反应制得。

单硬脂酸甘油硫酸酯钠盐 sodium sulfate of glyceryl monostearate 又名泡丝剂。属阴离子表面活性剂。白色均匀膏状乳液。pH 值 $6.5\sim7.0$。

$$\begin{matrix}CH_2OOC_{17}H_{35}\\|\\CHOH\\|\\CH_2OSO_3Na\end{matrix}$$

易溶于 $60℃$ 以上的热水,并可稀释至任意浓度。有良好的分散、润湿、渗透、乳化等性能。用于真丝纤维浸泡,使真丝具有优良的平滑性及弹性。可取代含石蜡的乳化剂浸泡丝纤维,使丝质松散、柔软、爽滑、染色均匀。由发烟硫酸与甘油反应生成甘油单硫酸酯后,再经硬脂酸酯化、碱中和制得。

单硬脂酸三乙醇胺酯 triethanolamine sterate 又名乳化剂 4H、乳化剂 FM。一种阳离子表面活性剂。棕色黏稠状液体。溶于

$$N\begin{matrix}-CH_2CH_2OOC_{17}H_{35}\\-CH_2CH_2OH\\-CH_2CH_2OH\end{matrix}$$

动植物油及多数有机溶剂。不溶于水,能分散于水中。酯含量$\geqslant75\%$。pH 值 <10。具有优良的乳化、润湿、分散及渗透性能。用作乳化剂,适用于印染、油墨、日化、金属加工等行业。也用于配制毛皮加脂剂、金属加工润滑乳状液等。在催化剂存在下,由硬脂酸与三乙醇胺缩合制得。

单油酸三乙醇胺酯 triethanolamine oleate 又名乳化剂 AH、三乙醇胺单油酸酯。一种阳离子表面活性剂。黄色黏稠状液体。溶于

$$N\begin{matrix}-CH_2CH_2OOC_{17}H_{33}\\-CH_2CH_2OH\\-CH_2CH_2OH\end{matrix}$$

动植物油及多数有机溶剂,不溶于水,能分散于水中。酯含量$\geqslant75\%$。pH 值$\leqslant$

10。具有良好的乳化、润湿、渗透等性能。用于制备油包水型(W/O)乳液,如配制化妆品膏霜及乳液、印染乳化剂,有较高的稳定性。也用于配制金属加工液、切削液、纤维柔软整理剂。还可与阴离子型或非离子型乳化剂并用。在催化剂存在下,由油酸与三乙醇胺经酯化反应制得。

胆红素 bilirubin $C_{33}H_{36}N_4O_6$ 自动物胆汁提取或人工合成的一种胆色素,为一种线型开链四吡喃衍生物,是胆汁中的主要色素。橙色至暗红棕色的粉末或结晶体。熔点192℃。不溶于水,微溶于乙醇、乙醚,溶于苯、氯仿、二硫化碳、酸和碱。加热时渐渐变黑。血液中胆红素是不溶于水的非结合型胆红素。在新鲜胆汁中,它与一个或两个分子的葡萄糖醛酸结合成复合物而存在,它可保护维生素A和亚油酸在肠道中不被氧化破坏,是制造人工牛黄的主要原料。干燥固体较稳定,在碱溶液中或遇Fe^{3+}等则不稳定,易氧化成胆绿素。有多种药理作用,有镇静、镇惊、降压及促进红细胞新生等作用,对乙型脑炎病毒有较强灭活率,也是一种有效的肝脏疾病治疗药物。由猪胆汁中提取,也可由全合成法及以血红素为原料的半合成法制取。

胆酸 cholic acid 又名3,7,12-三羟甾代异戊酸。一种具有类固醇结构的有机酸,主要存在于牛、羊、猪等动物的胆汁中,为无色片状物或白色结晶性粉末。味苦,后味发甜。熔点196～198℃。溶于水、乙醚、氯仿及碱金属氢氧化物溶液,易溶于乙醇。易与其他物质形成分子化合物,具有乳化脂肪及促进脂肪消化和吸收的作用,还有溶血作用,是人工牛黄的主要成分。可采用乙醇结晶法或乙酸乙酯分离法由牛、羊胆汁中提取制得。

胆甾醇 cholesterol 俗称胆固醇。碳氢化合物的含氧衍生物,属于醇类。由胆石中发现的固体状醇,故得名,是机体内主要的固醇物质。胆甾醇在稀己醇中结晶得一水合物,为珍珠色针状或片状结晶。70～80℃时变为无水物,其熔点148～150℃,相对密度1.052。难溶于水,微溶于乙醇,易溶于热乙醇,溶于乙醚、丙酮、乙酸乙酯及植物油等。人体主要在肝细胞合成,在体内可转化成多种具生物活性物质,但未吸收的胆甾醇会在血管上沉积,是导致动脉粥样硬化的主要成因,也可引起高脂血症等。胆甾醇也是一种医药化工原料,是人工牛黄的成分之一,用于合成其他甾类化合物,如维生素D_3等,也可用作表面活性剂用于药物制剂,以及用于化妆品工业等。可由新鲜动物脑及脊经粉碎、干燥、溶剂萃取制得。

胆汁酸 bile acid 是胆汁中一大类胆烷酸的总称。包括胆酸、鹅(脱氧)胆酸、脱氧胆酸等。它们都是24碳胆烷酸的羟基衍生物,由胆固醇转变而成。为白色粉末。无臭,味苦。其碱金属盐均易溶于水及乙醇。天然胆汁酸通常与甘氨酸或牛磺酸结合存在于胆汁中。胆汁酸分子具有界面活性的特征,能降低油、水之间的界面张力,使疏水性脂类在水中乳化成细小的微团,有利于脂类的吸收和维持胆汁中胆固醇的溶解状态。也可用于制造防止胆石生成的药物。由猪、羊、牛的胆汁提取而得。

蛋氨酸 methionine 又名甲硫氨酸,为人体必需氨基酸之一。

$$CH_3SCH_2CH_2\underset{NH_2}{\overset{|}{C}H}COOH$$

有 d-蛋氨酸、l-蛋氨酸及 dl-蛋氨酸三种类型。天然的为 l-蛋氨酸。d-蛋氨酸在动物体内也转变为 l-蛋氨酸而起作用。而 l-蛋氨酸是由 dl-蛋氨酸转变而成,故两者效果相同。l-蛋氨酸为无色或白色六角形结晶,微甜,有特殊气味,熔点283℃(分解),低于熔点时升华,溶于水和热的稀醇,不溶于无水乙醇、乙醚、苯;dl-蛋氨酸为白色片状结晶,微甜,有特殊气味,相对密度1.340,熔点218℃(分解),溶于水、稀乙醇、稀酸及碱溶液,不溶于乙醚。用作营养增补剂、饲料添加剂、化妆品添加剂等。以丙烯醛、甲硫醇、氰化钠等为原料制得。

蛋白多糖 proteoglycan 又名蛋白聚糖。一种糖含量高于蛋白的糖蛋白。

糖链是由硫酸软骨素和硫酸角质素组成的糖胺聚糖。通过糖胺聚糖上负电荷,聚糖单体与胶原蛋白结合,相互交叉形成网状结构,构成结缔组织或体内黏液物质的主要成分。在结缔组织内,蛋白多糖与透明质酸以非共价链结合,并连接蛋白质、硫酸软骨素等多种成分。对皮肤细胞的再生有促进作用。可用作护肤化妆品的营养剂和保湿剂。蛋白多糖主要存在于高等动物的结缔组织内。可由牛的结缔组织经溶剂提取制得,由软骨提取的蛋白多糖的相对分子质量为 $(0.5\sim4)\times10^6$。

蛋白酶 protease 又名肽酶,能催化蛋白质水解成肽和氨基酸的酶的总称。不同来源的蛋白质,其性质不同,具有不同的用途,如胶原蛋白酶只能分解胶原蛋白,而不能分解弹性蛋白。品种很多,按来源分为动物、植物及微生物蛋白酶;按酶作用最适 pH 值分为酸性、碱性及中性蛋白酶；按其对蛋白质作用位置不同，分为内肽酶及外肽酶；按起作用的活性中心不同，可分为丝氨酸蛋白酶、巯基蛋白酶、金属蛋白酶及羧基蛋白酶等。是重要的一种工业酶制剂。外观为白色、棕黄色或褐色无定形粉末或液体，溶于水，几乎不溶于乙醇、乙醚及氯仿等。用于制造加酶洗衣粉或洗涤剂。毛皮行业用作脱毛剂、软化剂。酿造行业用于生产啤酒、二肽甜味剂。日化行业用于生产牙膏、化妆品等。由黑曲霉、米曲霉等变种细菌于液体或固体培养基中培养繁殖后，再用硫酸铵盐析、乙醇沉淀精制而得。

蛋白质胶黏剂 protein adhesive 是以含蛋白质物质为基料的胶黏剂的总称。按所用蛋白质原料的来源不同，分为动物性蛋白质胶（如血胶、干酪素胶、皮骨胶等）和植物性蛋白胶（如豆胶）。属天然胶黏剂，其特点是制法简单、粘接速度快、施工方便、价格便宜，多数为水溶性，无毒或低毒。其主要缺点是原料来源受限制，粘接力较低。目前仍广泛应用于日常生活、家具生产、工艺美术及文教用品等领域。蛋白质胶黏剂除了皮骨胶可不加成胶剂直接使用外，其他胶黏剂均需在蛋白质原料中加入成胶剂（如水、氢氧化钙、氢氧化钠、硅酸钠、甲醛等），经调制后才能使用。

蛋膜素 egg membrane element 从蛋壳内膜提取的白色粉末物质，含有人体易吸收的18种氨基酸及N-乙酰氨基葡萄糖、半乳糖、透明质酸、葡萄糖醛酸及硫酸软骨素等多种营养成分，并含有少量微量元素。总氮量11.32%，总糖（以转化糖计）6.4%。溶于水。由于是半透膜，具有空气和水分的流通性。具有柔软皮肤，促进老化表皮脱落，加速新表皮生长，防止皮肤粗糙及粉刺、黄褐斑生成等作用。可作为营养添加剂用于医药、化妆品及食品中。由新鲜蛋壳的蛋膜经干燥、精制而得。

氮化锆 zirconium nitride ZrN 淡黄色立方晶系结晶，具有氯化钠晶型的离子晶体。相对密度7.09。熔点2960℃。热导率10.9W/m·K。电阻率21μΩ·cm。具有超导性，9.8K下为超导体。不溶于水，微溶于稀盐酸、稀硫酸，溶于浓硫酸、浓氢氟酸、王水及热碱液。化学性质稳定。空气中加热至700℃会氧化成氧化锆。用于制造金属锆、氧化锆、压电陶瓷、坩埚、耐火材料、研磨材料及储酸容器等。由四氯化锆与氨在高温下反应制得。

氮化硅 silicon nitride Si_3N_4 立方晶系结晶，有α、β两种晶型。α-Si_3N_4为白色或灰白色针状结晶；β-Si_3N_4的颜色稍深，为致密颗粒状或短棱柱状结晶。二者都是由三个结构单元[SiN_4]四面体共用一个N原子而形成的三维网状结构。α→β相转变开始于1400℃，至1800℃基本完成。相对密度3.18。莫氏硬度9，仅次于碳化硅。化学稳定性好，能耐所有无机酸（氢氟酸除外）及多种有机酸、弱碱的腐蚀，但对多数强碱及熔盐不稳定。具有优良的抗氧化性、电绝缘性及较低的热膨胀系数。加热至1900℃时分解为硅和氮。用于制造氮化硅工程陶瓷材料，具有高强度、高硬度、抗耐磨蚀性及高耐冲击性。可用于制造高温燃气轮机用部件、车用发动机部件、耐磨轴承陶瓷切削刀及导弹和飞机的雷达天线罩。由硅粉在氮-氨混合气中于1200~1400℃下氮化制得。

氮化铝 aluminium nitride AlN 有立方晶系及六方晶系两种晶体结构。常见为六方晶系结构。纯品为蓝白色,一般为灰色或灰白色。相对密度3.26。莫氏硬度7~8。热膨胀系数 3.5×10^{-6}/K。电阻率 2×10^{11} Ω·cm(25℃)。分解温度2200~2250℃。具有导热性好、热膨胀系数小、抗热震性强、电绝缘性高等特点,其导热率为 Al_2O_3 的2~3倍。是优良的耐热抗冲击材料,但耐氧性较差,在空气中易吸潮。与湿空气或水接触会放热并发生分解。用于生产微电子技术用高导热陶瓷及复合材料、热交换器材料、坩埚材料、红外线及雷达透过材料、氮化铝晶须、透明陶瓷等,也用作耐高温涂层。由氮气和铝在高温下反应制得。

氮化硼 boron nitride BN 有类似石墨的六方结构及类似金刚石的立方结构的结晶性粉末。六方氮化硼为白色或灰白色结晶粉末。相对密度2.34。熔点3000℃。为层状结构的物质,易剥离,许多性质具有方向性,硬度低,莫氏硬度约为2,摩擦系数小,自润滑性好,是良好的固体润滑剂及电绝缘体。立方氮化硼为淡红色至黑色结晶,纯品为无色至白色。相对密度2.43。是一种人工合成的,硬度仅次于金刚石的超硬材料,莫氏硬度9.8,耐热温度2000℃。用于制造等离子体焊接工具的高温绝缘部件、火箭燃烧室衬里、宇宙飞船热屏蔽材料、加热器衬套、热电偶保护套管、石油钻探的钻头、原子反应堆结构材料及固体润滑剂等。六方氮化硼可由无水硼砂、氯化铵及氨反应制得,也可以立方氮化硼为原料,在催化剂存在下经高温高压转化而制得。

氮化钛 titanium nitride TiN 青铜色、黄古铜色或红古铜色立方晶系结晶粉末,相对密度5.43。熔点2930~3290℃。莫氏硬度8~9。热膨胀系数 9.35×10^{-6}/℃。热导率 19.3W/m·K(20℃)。不溶于水及普通酸,微溶于热王水与氢氟酸混合液。具有优良的耐热、耐蚀、耐磨性。用于粉末冶金,制造精细陶瓷、硬质刀具及导电材料等。广泛用于耐高温、耐磨耗及航空航天等领域。氮化钛烧结体呈金黄色,具有金属光泽,是一种潜在的代金装饰材料。由金属钛与氮气在高温下反应制得。

氮芥类药物 chlomethines drugs 氮芥类是 β-氯乙胺类化合物的总称。氮芥类药物是一类抗恶性肿瘤的细胞毒类药物,可用于淋巴肉瘤和何杰金氏病的治疗。最早用于临床的是盐酸氮芥和盐酸氧氮芥。氮芥类药物的结构可分为两部分,即烷化基部分和载体部分。烷化基

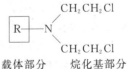

载体部分　烷化基部分

部分是抗肿瘤活性的功能基,主要通过和 DNA 上鸟嘌呤和胞嘧啶碱基发生烷基化,产生 DNA 链内、链间交联或 DNA 与蛋白质交联而抑制 DNA 合成,阻止细胞分裂;载体部分可用以改善药物在体

内的吸收、分布等药物代谢动力学性质,提高选择性和抗肿瘤活性,也会影响药物的毒性。按载体结构不同,氮芥类药物又可分为脂肪氮芥、芳香氮芥、氨基酸及多肽氮芥和杂环氮芥等。

氮卓斯汀 azelastine 又名爱赛平。

白色结晶性粉末。无臭,味苦。微溶于水、乙醇,稍溶于甲醇,溶于氯仿、二氯甲烷、冰乙酸。其盐酸盐熔点 $225\sim229℃$,溶于水。为抗组胺药。用于治疗支气管哮喘、过敏性鼻炎等。以对氯苯乙酸为原料制得。

当归根油 angelica root oil 又名圆叶当归根油、独活(酊)油。淡黄至深琥珀色液体。具有麝香和胡椒样香气及苦甜滋味。相对密度 $0.850\sim0.876$。折射率 $1.473\sim1.487$。主要成分为水芹烯、萜烯、漆烯、丁二酮、当归酸、糠醇等。不溶于水、甘油、丙二醇,以 $1:1$ 溶于 90% 乙醇,也溶于非挥发性油、矿物油等。属植物型天然香料。广泛用于调配日化、食品、软饮料及酒类香精,用于烟用香精可增强烟香、矫正气味。由伞形科植物圆当归的干根经水蒸气蒸馏制得。

当归籽油 angelica seed oil 又名圆叶当归籽油。无色至淡黄色液体。略带芹菜籽似香气和酒香气。主要成分为水芹烯、十四内酯、十五内酯、糠醇、丁二酮、当归酸等。相对密度 $0.853\sim0.876$。折射率 $1.480\sim1.488$。不溶于水、甘油、丙二醇,以 $1:4$ 溶于 90% 乙醇,也溶于非挥发性油。属植物型天然香料。主要用于调配酒类及食品香精,少量用于素心兰、桂花、紫罗兰等香型的日化香精,有一定的提香和定香作用。由伞形科植物当归的种子经水蒸气蒸馏制得。

导磁胶黏剂 magnetic adhesive 又名导磁胶。指具有一定粘接强度,并且有良好导磁性能的胶黏剂。一般是以粘接性能较好的环氧类胶黏剂为基料,加入固化剂、增韧剂、羰基铁粉等配制而成。也可以用高分子材料(如聚苯乙烯、聚乙烯、聚丙烯等),加入粉状铁氧体、羰基铁粉、增韧剂及增黏剂等制成。主要用于无线电和仪器仪表等行业,粘接导磁性元器件,如变压器、线圈的铁芯、磁带机磁头及导磁件等。

导电高分子材料 conductive polymeric material 又名导电聚合物。指具有聚合物重复单元结构特征且在电场作用下能显示电流通过的高分子材料。赋予高聚物导电的方法有:一是将小分子聚合成有一维或二维的大共轭体系高分子,π 电子在高分子内重叠;二是利用共轭分子 π 电子云的分子间重叠,而显示较高的电导性。按产生导电机制,导电高分子材料可分为:①具有共轭双键的高聚物,如聚乙炔、聚苯乙炔,它们的电子云在高分子内重叠;②电荷转移复合物,如顺式或反式聚乙炔与碘溴或 AsF_5 形成的电子转移复合物有较高的导电率;③含有金属原子的共轭结构高聚物。它主要是螯合物,如在聚酞菁铜的聚合链中引入金属原子可增加电导率。导电高分子材料可用于制备有机可充电电池材料、光电显示材料、信息记忆材料等。

导电硅橡胶 conductive silicone rubber 是以硅橡胶为基胶,加入导电填料、交联剂等配炼硫化而制得的特殊用途橡胶。常用的胶料为甲基乙烯基硅橡胶等,常用的填料为碳纤维、乙炔炭黑、石墨、铜粉、银粉、锌粉等。与一般导电橡胶比较,导电硅橡胶具有体积电阻率小、硬度低、耐高低温($-70\sim200$℃)、耐老化、加工制造工艺性好等特点。按基料品种和加工方法不同,可制得高温硫化导电硅橡胶、室温硫化硅橡胶、低温导电硅橡胶、压敏导电硅橡胶及各向异性导电硅橡胶等。用于电子、电气、印刷电路、无线电集成电路等领域。

导电胶黏剂 conductive adhesive 又名导电胶。指兼具导电和粘接双重性能的胶黏剂。它可将多种导电材料连接在一起,使被接材料间形成电的通路。通常由黏料(合成树脂、合成橡胶或无机盐等)、导电粒子(金粉、银粉、铜粉、铝粉等)及配合剂(增韧剂、固化剂、偶联剂等)组成,品种很多。按应用特点分为一般导电胶及特种导电胶;按固化方式分为固化反应型、热熔型、高温烧结型、溶剂型和压敏型导电胶;按导电粒子种类,分为金系、银系、铜系及炭系导电胶;按黏料性质分为无机导电胶和有机导电胶。无机导电胶的黏料主要是硅酸盐及磷酸盐。有机导电胶的黏料有环氧树脂、酚醛树脂、聚氨酯及聚酰亚胺等。广泛用于电子及光敏元件、波导元件、印刷线路板、电位器、导线引接、液晶器件等的粘接。

导电涂料 conductive coatings 电导率在 10^{-3} S/cm 以上的涂料。为半导电涂料与导电涂料的总称。其主要成膜物质是聚合物,一般的聚合物多是绝缘体,只有在其中掺入导电微粒(如炭黑、石墨粉、金属粉后)后才能导电,导电作用是靠掺入的导电微粒来实现,可分为:①添加型(或称掺合型)导电涂料,是通过添加炭黑等导电微粒而赋予涂料以导电性;②本征型(或称结构型)导电涂料。聚合物本身就具有导电性,由分子结构本身提供载流子来输送电离子,这类聚合物有共轭聚合物及电解质聚合物。导电涂料主要用于显像管、阴极射线管、调谐器、雷达等部件的涂装,用于消除电磁辐射、静电干扰,也可用作放热涂料及制导电纸等。

导电油墨 conductive ink 指印刷于非导电体承印物上,使之具有传导电流和排除积累静电能力的油墨,主要由导电材料(Au、Cu、Ag、Al、石墨及无定形碳等)、连结料(环氧、酚醛及丙烯酸树脂等)、溶剂及油墨助剂组成,是将导电材料分散在连结料中制成的糊状油墨,俗称糊剂油墨。按导电材料性质可分为无机系及有机系导电油墨,无机导电油墨又可分为金属导电油墨和非金属导电油墨;按干燥固化条件不同,可分为低温干固型、高温烧结型和紫外线或电子束固化型导电油墨。导电油墨用于电子零部件的制造,可用于网印、凸印、凹印、平印等,可根据膜厚的要求而选用不同印刷方法。

导热胶黏剂 heat conductive adhesive 又名导热胶。指具有优良热传导性能的胶黏剂。一般是以粘接性能较好的液体丁腈橡胶改性环氧树脂类作为基料,加入导热系数较高的导热材料(如银粉、铜粉、铝粉等)或无机材料(如石墨、炭黑、氧化铍等),以及其他配合剂配制而成。根据导热材料不同,导热胶可分为金属粉导热胶、石墨炭黑导热胶及氧化铍导热胶。考虑价格因素时,多选用价廉质轻的铝粉作为导热材料,考虑绝缘性能时则选用氧化铍(毒性较大)作导热材料。主要用于金属导热构件或零件的粘接及维修。

低毒农药 low toxical pepticide 根据农业生产上所用农药(原药)的毒性综合评价(急性口服、经皮毒性、慢性毒性等),属低毒农药的品种有:敌百虫、马拉硫磷、乙酰甲胺磷、辛硫磷、三氯杀螨醇、多菌灵、硫菌灵(托布津)、克菌丹、代森锌、福美双、萎锈灵、异稻瘟净、乙磷铝、百菌清、除草醚、敌稗、阿特拉津、去草胺、甲草胺(拉索)、禾草丹、2甲4氯、绿麦隆、敌草隆、氟禾果、灭草松(苯达松)、茅草枯、草甘膦等。参见"剧毒农药"。

低分子量聚丙烯酸酯 low molecular weight polyacrylate 又名造纸涂料分散剂CW-885。属阴离子型表面活性剂。淡黄色黏稠性透明液体。相对分子质量600~8000。相对密度1.30。固含量38%~42%。pH值7~8。易溶于水,不溶于一般有机溶剂。具有优良的分散性及稳定性,并有一定增稠作用。用作颜料分散剂,主要用于造纸及涂料行业,与涂料中其他组分有良好相容性。在引发剂存在下,以丙烯酸与丙烯酸酯经自由基聚合制得。

低聚糖 oligosaccharide 又名寡糖。指2~10个糖单元(单糖)以糖苷键连结的聚糖。根据糖单元结合位置和结合类型不同,低聚糖种类繁多,已知达千种以上。按组成单糖分子多少,冠以二糖、三糖、四糖……十糖。市售制品中,低聚糖常冠以原料名称,如麦芽低聚糖、大豆低聚糖、蔗糖低聚糖等;为了强调制品中的主要成分,也有称为果糖低聚糖、半乳糖低聚糖等。两种以上的单糖构成的低聚糖则称为杂低聚糖。有些低聚糖(如低聚果糖、低聚半乳糖)食用后不被人体消化吸收而可直入大肠,被大肠中人体有益细菌双杆菌所利用,却不能被大多数腐败细菌利用,从而使大肠中双歧杆菌处于优势而产生有益健康的各种功能,对这些低聚糖称为功能性低聚糖,亦称双歧因子。

低铝分子筛催化裂化催化剂 low-aluminium molecular sieve catalytic cracking catalyst $\phi 20 \sim 100 \mu m$ 微球形催化剂。活性组分为稀土Y型分子筛,载体为硅酸铝。Al_2O_3含量$\geqslant 13.5\%$。孔体积$\geqslant 0.58 mL/g$。比表面积$\geqslant 600 m^2/g$。中国产品牌号有CDY-1、LWC-23、Y-9。适用于床层裂化,分子筛含量低,具有中等催化裂化活性,可用于以蜡油或催化蜡油等为原料的提升管反应器,生产汽油、煤油、柴油等轻质油品。也可与无定形硅铝催化剂掺混使用,用于流化床反应装置。由稀土分子筛浆液与硅酸铝经混合、喷雾成型、洗涤、干燥而制得。

低压合成甲醇催化剂 low-pressure methanol synthesis catalyst 低压合成甲醇是指以 CO 及 H_2 为原料,在催化剂存在下,于 235~275℃、5~10MPa 压力下生产甲醇的方法。早期使用 Cu-Zn-Cr 系催化剂,近来使用较多的是 Cu-Zn-Al 系催化剂。品种较多,产品牌号有 C301、C301-1、C302、C303、C303-1、CVJ502、LC302、LC308、NC501-1 等。外观为片状或圆柱状。堆密度 1.25~1.70g/mL。比表面积 $>45m^2/g$。主要活性组分为 CuO、ZnO 及 Al_2O_3。可由硝酸铜、硝酸锌混合溶液与碱液进行沉淀、洗涤、干燥,再加入氢氧化铝粉,经碾压、造粒、干燥、焙烧,然后与石墨混合成型制得成品催化剂。

2,4-滴 2,4-D 又名2,4-二氯苯氧基乙酸。无色晶体。无臭。熔点 141℃。沸点 160℃(53.3Pa)。工业品为稍带酚气味的白色晶体,熔点 138℃。不溶于水,溶于乙醇,乙醚,丙酮。化学性质稳定。通常以盐或酯的形式使用。其钠盐为针状结晶,熔点 215℃(分解),溶于水;其酯类不溶于水。2,4-滴是测定钍的化学试剂。但主要加工成钠盐、铵盐或酯类的粉剂、乳剂及液剂等,用作植物生长调节剂及除草剂。由 2,4-二氯酚与氯乙酸反应制得。

2,4-滴丙酸 dichlorprop 又名2,4-二氯苯氧丙酸。无色结晶。熔点 117.5~118.1℃。微溶于水,溶于乙醇、乙醚、丙酮、苯、氯仿。遇碱分解。低毒,能内吸进入植物体内并传导至其他部位,低浓度时能刺激生长,可作植物生长调节剂;较高浓度则抑制生长,更高浓度可使植物畸形发育而致死。由 2,4-二氯苯酚钠盐与2-氯代丙酸缩合制得。

2,4-滴丁酯 2,4-D butylate 又名2,4-二氯苯氧乙酸丁酯。无色油状液体。相对密度 1.2428。熔点 9℃。沸点 169℃(266.4Pa)。难溶于水,易溶于丙酮、苯等多数有机溶剂。有强挥发性,遇碱分解。低毒。为内吸选择性除草剂。有良好的展着性,不易被水冲刷,药效持久。主要用于防除禾木科作物田中的双子叶杂草、莎草及某些恶性杂草。由2,4-D 钠盐酸化后与丁醇酯化制得。

敌草胺 napropamide 又名草萘胺、大惠利、N,N-二乙基-2-(α-萘氧基)丙酰胺。纯品为白色结晶。熔点 75℃。蒸气压 0.53Pa(25℃)。工业品为棕色固体,熔点 69.5℃。微溶于水,溶于乙醇、丙酮、二甲苯。对稀酸较稳定,遇碱分解。低毒。一种酰胺类芽前土壤处理型除草剂。杂草的根和芽鞘吸收淋入土壤中的药剂,使根芽不能生长而死亡。可用于蔬菜、果树、烟草、油菜田防除大多数禾本科杂草及阔叶杂草。而对以地下茎繁殖的多年生禾本科杂草无效,因而可用于绿化草地。以甲萘酚、二乙胺、丙酸、三氯氧磷等为原料制得。

敌草腈 dichlobenil 又名2,6-二氯苯基氰。无色结晶。稍有芳香味。熔点144～145℃。沸点270℃。蒸气压 0.4×10^{-6} kPa。微溶于水,溶于苯、甲苯、氯仿。用作作物芽前除草剂。防除杂草对象广、药效高、毒性低,主要用于多年生禾草作物地芽前除草。也用于合成除草剂草克乐、杀虫剂伏虫脲等。由2,6-二氯甲苯氨氧化法或2-氯-6-硝基苯甲腈法制得。

敌鼠 diphacinone 又名2-二苯基乙酰基-1,3-茚二酮、双苯杀鼠酮。淡黄色结晶。无臭。熔点146～147℃。不溶于水,溶于丙酮、乙酸,微溶于苯、热乙醇。其钠盐(称为敌鼠钠)稍溶于水,加热至208℃时由黄色变为红色,325℃分解。为第一代抗凝血广谱杀鼠剂。具有用量少、杀鼠率高、无拒食等特点。有较强胃毒作用,主要破坏血液中的凝血酶原,使其失去活力,使摄食该药的老鼠内脏出血不止而死亡。对人、畜有剧毒!由偏二苯基丙酮在甲醇钠催化剂存在下与苯二甲酸甲酯反应制得。

底胶
见"底涂剂"。

底漆 primer 多层涂装时,直接涂到物体表面上作为面漆坚实基础的涂料。要求附着牢固、防锈、防腐蚀性好,对物件起保护作用,同时应具有与其上的面漆相适应和粘接性好的性能。底漆中又分为头道底漆、腻子、二道底漆和防锈漆。防锈漆也属头道底漆的一种。底漆的常用成膜物质是酯胶、酚醛、醇酸、环氧等树脂,而以环氧树脂附着力好、耐腐蚀性强。主要用于涂覆金属和木材物件表面。

底涂剂 primer 又名底胶。指在涂布压敏胶之前在基材的表面上所涂的薄层。其作用是增强压敏胶的基材的粘接力,提高压敏胶黏带和被黏物之间的粘接力,并提高基材的强度。底涂剂应具有以下性能:①它的表面能处在压敏胶和基材的中间;②底胶的效果应不受温度、湿度的变化影响,不受压敏胶及基材中成分迁移的影响;③底胶成分不能进入压敏胶中,不溶解在压敏胶的溶剂中;④对压敏胶化学上无活性,不会促使压敏胶性能变劣;⑤浸渍基材时能对基材的性能无影响。根据压敏胶及基材种类不同,所用底胶也各不相同。可分为混合型及共聚型底涂剂。常用者有橡胶乳液、天然橡胶、丁腈橡胶、氯化聚丙烯、甲基丙烯酸甲酯的共聚物、聚二甲基硅氧烷等。

地虫硫磷 fonofos 又名地虫磷、大风雷，O-乙基-S-苯基二硫代磷酸乙酯。淡黄色液体。相对密度1.16。沸点130℃(13.33Pa)。折射率1.5883。蒸气压2.79×10^{-2}Pa(25℃)。不溶于水，溶于乙醇、乙醚、丙酮、氯仿、苯。常温下稳定。一种有机磷触杀性广谱杀虫剂。用于防治多种作物的地下害虫，如玉米食根虫、金针虫、地老虎、百足虫、花生蛴螬、小麦沟金针虫等。

地尔硫䓬 diltiazem 又名硫氮䓬酮、合心爽。本品盐酸盐为针状结晶，熔点207.5～212℃。易溶于水、甲醇、氯仿，不溶于苯。有旋光性。为高选择性钙离子拮抗剂，具有扩血管作用，尤对大的冠状动脉和侧支循环均有较强扩张作用。用于治疗包括变异心绞痛在内的各种缺血性心脏病。也有减缓心率作用。长期服用可预防心血管病意外发生。副作用较少。由2-氨基硫酚与4-甲氧苯基缩水甘油酸酯反应制得。

地高辛 digoxin $C_{41}H_{64}O_{14}$ 又名狄戈辛、强心素、强毛地黄、异羟基洋地黄毒苷。白色透明斜片状结晶性粉末。味苦。约265℃分解。难溶于水、乙醚，微溶于稀乙醇，易溶于吡啶。为强心药，用于治疗急性或慢性心力衰竭、心房纤维性颤动、阵发性心动过速等。本品在体内可迅速吸收并分布于组织中，生物利用度约为40%～80%，治疗血药浓度为0.5～1.5ng/mL，而中毒血药浓度为2ng/mL，治疗窗狭窄，应严格控制药品使用剂量并检测其生物利用度。不宜与酸、碱类药物配伍。由毛花洋地黄叶粉经发酵、水解、提取、分离而得。

地喹氯铵 dequalinium chloride 又名泰乐奇、克菌定、1,1′-(癸烷-1,10-亚基)双(4-氨基-2-甲基喹啉)氯化物。白色粉末。无臭，味苦。熔点326℃(分解)。微溶于水，溶于沸水。一种局部抗微生物的药物，用作咽喉部抗感染药及抗炎药，治疗急性咽喉炎、口腔炎、扁桃体炎等，也用于牙科疾病的局部治疗及外伤、阴道炎等。由4-氨基喹哪啶与双碘癸烷成季铵盐反应后再与盐酸作用制得。

地拉普利 delapri 又名压得克、(S)-

以 3-苯-5-氯嗯呢为原料经多步反应制得。

地昔帕明 desipramine 又名去甲丙咪嗪。白色结晶性粉末。由丙咪嗪的含氯侧链经氯化脱一个甲基,生成去甲丙咪嗪。为三环类抗抑郁药。用于内源性抑郁症、更年期抑郁症及反应性抑郁症等。

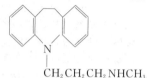

第二代丙烯酸酯胶黏剂 second-generation acrylate adhesive 又名室温快固型丙烯酸酯胶黏剂。是反应型丙烯酸酯胶黏剂的一种,由丙烯酸酯或低聚物、催化剂、弹性体等配合制成。在固化过程中,弹性体与单体发生化学反应,生成接枝聚合型化学键,能室温快速固化。为双组分型,将主剂和底涂剂(或称固化催化剂)分别包装,主剂是丙烯酸酯单体、弹性体(如含氯磺基的聚合物)、过氧化物引发剂及稳定剂的混合物;底涂剂为氧化还原催化剂,如丁醛与苯胺的混合物。使用时,两组分别涂敷于两被黏体表面,当被黏体表面对合时,在底涂剂作用下,引发剂引发主剂的单体与弹性体发生聚合而固化,其胶接力优于第一代丙烯酸酯胶黏剂。适用于汽车、船舶、机械等组装工业上的金属与金属、金属与非金属等的粘接。

第二代头孢菌素 second-generation cephalosporins 头孢菌素抗生素中的一个亚类,主要有头孢尼西、头孢呋辛、头孢丙烯、头孢雷特、头孢替坦、氯碳头孢

N-(2,3-二氢-1H-茚-2-基)-N-[N-[1-(乙氧碳基)-3-苯基丙基]-L-丙氨酰]甘氨酸。无色片状结晶。其盐酸盐熔点166~167℃(分解)。易溶于水、甲醇、乙醇,不溶于乙醚、乙酸、乙酯。为长效血管紧张素转换酶抑制剂。能减少血管紧张素Ⅱ的生成,同时减少舒张血管的缓激肽水解,引起血管舒张、血压下降。用于治疗轻至重度原发性高血压、肾性高血压等。作用持续时间长,一日只需给药一次。以2-茚满酮、甘氨酸乙酯盐酸盐等为原料制得。

地西泮 diazepam 又名安定,1-甲基-5-苯基-7-氯-1,3-二氢-2H-1,4-苯并二氮䓬-2-酮。一种苯二氮䓬类催眠镇静药。白色至类白色结晶性粉末。无臭,味微苦。熔点130~134℃。几乎不溶于水,溶于乙醇、乙醚、氯仿。遇酸碱或受热易水解。能进行生物碱的一般反应,加碘化铋钾试液,则产生橙红色沉淀。主要用于抗焦虑、镇静、催眠、抗惊厥、抗癫痫。为癫痫持续状态首选药。不良反应有嗜睡、头昏、乏力,大剂量可有共济失调、震颤。老年人用药易引起精神失常,需慎用。

等。在化学结构上与第一代头孢菌素无明显区别。它们对革兰阳性菌的作用比第一代稍差或接近，对革兰阳性菌的作用比第一代强，但对铜绿假单胞菌无效，对β-内酰胺酶比第一代稳定，对肾脏毒性小于第一代头孢菌素。

第三代丙烯酸酯胶黏剂 third-generation acrylate adhesive 一种由紫外光或电子束固化的反应型丙烯酸酯胶黏剂，它是由丙烯酸酯光固化树脂、光敏剂、交联剂等组成。光固化树脂中的乙烯基团在光敏剂存在下，经特定波长紫外光线，或经一定能量的电子束辐射后，产生自由基，进而发生链引发、链增长、链终止反应，使胶黏剂快速固化成胶膜，它具有无溶剂、毒性小、常温快速固化、胶接强度高等特点，但必须有紫外线发射或电子束发生装置。广泛用于光学仪器、液晶显示板、印刷线路、光导纤维、工艺制品等的胶接和固化。

第三代头孢菌素 third-generation cephalosporins 头孢菌素类抗生素的一个亚类，主要有头孢噻肟、头孢唑肟、头孢曲松、头孢他啶、头孢哌酮、头孢克肟、头孢布烯、头孢地尼、头孢泊肟酯、头孢他美酯、头孢特仑新戊酯等。这类抗生素的抗菌谱更广，对革兰阳性菌的作用较第一、第二代头孢菌素弱，对革兰阴性菌的作用活性强，对β内酰胺酶的稳定性大大加强，部分药物抗铜绿假单胞杆菌活性较强，对肾脏毒性也很低，还具有良好的渗透性，可渗入炎症脑脊液中。

第四代头孢菌素 fourt-generation cephaloporins 头孢菌素类抗生素的一个亚类。主要有头孢匹罗、头孢吡肟、头孢唑兰、头孢噻利、头孢匹胺等。这类抗生素的抗菌谱更广、抗菌作用更强，对包括铜绿假单胞菌在内的大多数格兰阴性菌具有很强的抗菌性，对革兰阳性菌如金黄色葡萄球菌的作用也较强，并且对β-内酰胺酶（尤其是超广谱质粒酶和染色体酶）稳定、穿透力强。

第一代丙烯酸酯胶黏剂 first generation acrylate adhesive 反应型丙烯酸酯胶黏剂的一种。是由丙烯酸或甲基丙烯酸与带有活性基团的骨架聚合物进行反应制得基料，再加入其他助剂配制而成。所用骨架聚合物有聚酯及环氧树脂等。反应基团分布在分子末端，具有很高的反应活性。在过氧化物引发剂及促进剂存在下，能在室温固化成交联型分子结构。胶层有良好的耐热、耐候、耐水及耐化学介质性能。用于食品包装袋薄膜复合，金属、木材、玻璃、陶瓷、皮革等的粘接，以及用于制造压敏胶等。

第一代头孢菌素 first-generation cephalosporins 头孢菌素是一类具有头孢烯母核的β-内酰胺类抗生素，具有抗菌作用强、耐青霉素酶、过敏反应较少等特点。按其抗菌谱、抗菌活性、对β-内酰胺酶的稳定性、肾毒性、发明年代的先后通常分为第一、第二、第三、第四代头孢菌素类；第一代头孢菌素主要有头孢唑林、头孢噻啶、头孢匹林、头孢噻吩、头孢乙腈、头孢氨苄、头孢羟氨苄、头孢拉定等。主要对革兰阳性菌（包括产青霉素酶的金葡菌）有一定活性，仅对少数革兰阴性菌，如流感嗜血杆菌、奇异变形杆菌、痢疾杆菌、大肠杆菌及伤寒杆菌有一定活性，对β-内酰胺酶稳定性差，对肾脏有一定毒性。

碲 tellurium Te 有两种同素异形体:棕色的无定形碲,相对密度6.0,熔点449.5℃,沸点989.9℃;银灰色金属状碲,相对密度6.25,熔点450℃,沸点1396℃。不溶于水、盐酸、苯、二硫化碳,溶于浓硝酸、浓硫酸、王水、氢氧化钾及氰化钾溶液。在空气中燃烧成 TeO_2。易与金属形成碲化物,也能和卤素直接反应生成卤化物,是能与金化合的少数元素之一。能传热、导电,电导随光强度增大而增加。是一种稀散元素,分散于金、银、铋、汞等的硫化物矿石中。有毒!用于制造碲化合物、半导体材料,也用作橡胶助硫化剂、陶瓷及玻璃着色剂、石油裂化催化剂、电镀光亮剂等。由炼金的副产物分离而得。

点焊胶黏剂 spot welding adhesive 又名点焊剂,用于胶接点焊工艺的结构胶黏剂。根据不同工艺特点,胶接点焊时,也可先点焊再涂胶,或先涂胶再点焊。具有胶接和点焊的各自特点,使金属板与金属板的连接既有较高的连接强度,又有良好的密封性,并可减少应力集中。目前点焊胶主要以环氧树脂为基料,添加固化剂、增塑剂及其他配合剂所制成,各种型号环氧树脂均可使用;固化剂多为胺、咪唑、酸酐类化合物;增塑剂有聚硫橡胶、聚酯树脂及一般塑料用增塑剂。主要用于航空、电子工业,如用于铝合金胶接点焊,金属与非金属材料的胶接等。

碘 iodine I_2 室温下为固体的唯一卤素元素。为带有金属光泽的紫黑色鳞晶或片晶。性脆。室温下可升华变成气体,蒸气呈紫色,有刺激性气味。相对密度4.93。熔点113.5℃。沸点184.3℃。微溶于水。溶于甲醇、乙醇、乙苯等有机溶剂。有毒及腐蚀性。与氨接触可引起爆炸。碘对人类及其他动植物的生命都是重要物质,人体缺碘会产生甲状腺肿大。人口服2~3g则可引起死亡。蒸气刺激眼睛、皮肤及呼吸器官。碘也是广谱杀菌剂,对大部分细菌、病毒、真菌、原生动物及细菌芽孢有杀灭作用。是制造无机及有机碘化物、染料、胶片感光剂等的基本原料。也用作杀菌剂、消毒剂、防腐剂、除臭剂、放射物质解毒剂、甲状腺肿大治疗剂及有机合成催化剂等。可从海带浸出液中用离子交换法提取碘。

碘苯腈 inoxynil 又名3,5-二碘-4-羟基甲苯腈。白色针状结晶。熔点205～206℃。不溶于水,溶于丙酮、氯仿。一种苯腈类触杀型除草剂,主要通过抑制光合作用,促进叶片退绿和产生枯斑而逐渐死亡。用于麦田、玉米、高粱和亚麻等旱田防除一年生阔叶杂草,如播娘蒿、麦家公、荠菜、苍耳、曼陀罗等。对后茬作物安全。以对羟基苯甲腈、碘、氯等为原料制得。

碘海醇 iohexol 又名碘苯六醇、欧乃派克、三碘三酰苯。白色结晶性粉末,熔点 174～180℃。溶于水,微溶于乙醇。在水溶液中稳定。一种非离子型造影剂,低渗,毒副反应较小,显影效果好,使用范围广。用于心血管、动脉、静脉、脑血管、尿路、椎管、关节腔及子宫输卵管造影及 CT 增强等各种检查,所用剂量依个体情况、检查部位、采用技术而定。以异酞酸、甲醇、3-氨基-1,2-丙二醇、二氯碘化钠为原料制得。

碘化铵 ammonium iodide NH_4I 无色立方晶系结晶或白色粉末,味咸,相对密度 2.514(25℃)。熔点 551℃(升华并分解)。沸点 220℃(真空中)。折射率 1.7031。溶于水,溶解度大于氯化铵。也溶于乙醇、丙酮、乙酸、氨水,微溶于乙醚。加热时部分升华。有潮解性及感光性。遇光及空气能析出游离碘而呈黄色或褐色,蒸气对眼睛、皮肤及黏膜有刺激性。用于制造其他碘化物、感光乳剂,医药上用作祛痰剂及利尿剂。由氨或碳酸铵中和氢碘酸而得。

碘化钙 calcium iodide $CaI_2 \cdot 6H_2O$ 又名结晶碘化钙。黄色六方晶系针状或块状结晶或粉末。相对密度 2.55。易溶于水,溶于乙醇、丙酮,不溶于乙醚。水溶液呈中性。暴露于空气中会吸收二氧化碳而分解,并逐渐变黄。与碘化铵一起在氮气流中加热脱水,可得到无水碘化钙,为无色或浅黄色六方结晶或粉末,相对密度 3.956(25℃),熔点 763℃。沸点 1100℃,易溶于水,溶于甲醇、乙醚,溶于酸而分解,游离出碘或生成氢碘酸。用于制造药物、感光乳剂、灭火剂等。医药上常用作碘化钾的代用品,也是一种强干燥剂,如用于碘化氢的干燥。由碘化氢与碳酸钙或氧化钙反应制得。

碘化钾 potassium iodide KI 无色或白色立方晶系结晶。味咸而苦。相对密度 3.13。熔点 681℃。沸点 1330℃。折射率 1.677。易溶于水,溶于乙醇、丙酮、甘油与液氨等,微溶于乙醚。水溶液呈微碱性或中性。长期放置时,因氧化而变黄,并析出碘。见光分解。有还原性,可被次氯酸根、亚硝酸根及三价铁离子等氧化剂氧化而析出游离的碘。用于制造碘化物、农药、染料、感光乳剂。也用作聚合催化剂、饲料添加剂、煤染剂、难溶金属碘化物的助溶剂。医药上用作祛痰剂、利尿剂。食品工业用作营养增补剂等。由铁屑与碘反应生成八碘化三铁后,与碳酸钾反应制得。

碘化钠 sodium iodide NaI 无色立方晶系结晶或粉末。味咸而苦。相对密度 3.667(25℃)。熔点 661.5℃。沸点 1304℃。折射率 1.7745。易溶于水,水溶液呈微碱性,溶于乙醇、甲醇、丙酮、甘油等。受光照或与空气接触,渐渐析出碘而呈棕色。有还原性,可被氧化剂氧化而游离出碘。碘化钠水溶液在低于 65.6℃时,可生成水分子数目不等的水合物。常温时析出二水合物($NaI \cdot 2H_2O$),为无色单斜系晶体,相对密度 2.448,熔点 752℃。加热到 64.3℃时溶解在自身结晶水中。用于制造有机及无机碘化物,也用作照相胶片感光剂及碘的助溶剂。医药上用作祛痰剂和利尿剂,临床用作膀胱、逆行尿路、胆道等造影剂。12.5%溶液可用作灭菌剂。由碘与铁屑反应生成八碘化三铁后,与碳酸氢钠反应制得。

碘化银 silver iodide AgI 亮黄色微晶形粉末。有感光性,见光逐渐变为带绿的灰黑色。存在 α 及 β 两种变体,α 型为立方晶系,相对密度 5.683(30℃),折射率 2.02,加热至 146℃ 时转变为 β 型。β 型为六方晶系,相对密度 6.01(14.6℃),熔点 558℃,沸点 1506℃。不溶于水及稀无机酸,溶于碘化钾、硫代硫酸钠溶液、甲胺及热浓硝酸。与浓氨水一起加热时,由于形成碘化银-氨配合物而转变成白色。受热分解释出有毒的碘化物烟气。用于制造照相底片、感光纸,是卤化银感光乳剂的主要组分。也用作热电电池的原料及人工降雨的冰核形成剂。由硝酸银与碘化钾反应制得。

碘解磷定 pralidoxime iodide 又名解磷定、磷敌、派姆。黄色颗粒状结晶或结晶性粉末。无臭,味苦。熔点 220~227℃(分解)。溶于水、热乙醇,不溶于乙醚。遇光易变质。为有机磷农药解毒剂,能与有机磷酸酯类直接作用,结合成无毒的化合物由尿中排出。但难通过血脑屏障,对中枢神经系统的解毒作用效果差。由 2-甲基吡啶与碘甲烷反应后,再经亚硝酸甲酯亚硝化和酰代反应制得。

3-碘-炔丙基丁基氨基甲酸酯 3-iodopropagxl butyl carbamate 白色晶体。熔点 65~68℃。易溶于水,溶于丙二醇、甲醇。用作防腐防霉剂,用于颜料中,可防止储存因霉菌生长而使颜色变化;添加于涂料中,可防止老化变色,也用作皮革、塑料、水包油或油包水乳化体系防腐防霉剂。由丁基氨基甲酸与溴丙炔反应制得丁基氨基甲酸溴丙酯后,再与碘反应制得。

碘酸 iodic acid HIO_3 无色斜方晶系结晶或白色粉末。有涩酸味。遇光变暗。相对密度 4.629(0℃)。熔点 110℃(分解)。70℃ 时开始转化成二缩三碘酸,220℃ 时完全转化为五氧化二碘。易溶于水,溶于稀乙醇、硝酸,不溶于无水乙醇、乙醚、乙酸、氯仿。为中等强酸。碘酸水溶液为强氧化剂,与可燃物结合会引起燃烧。有腐蚀性。蒸气有毒。对皮肤、黏膜及眼睛有刺激性。误服会中毒!用于制造医药、消毒剂。也用作氧化剂、分析试剂及用于有机合成。由硝酸与碘反应制得。

碘酸钙 calcium iodate $Ca(IO_3)_2 \cdot 6H_2O$ 无色斜方晶系结晶或白色粉末。相对密度 2.55。微溶于水,溶于硝酸、盐酸并分解。110~160℃ 失去 5 个结晶水而形成一水碘化钙,160℃ 以上成为无水物。无水碘化钙的相对密度 4.519(15℃),溶于水、硝酸及热盐酸,不溶于乙醇,540℃分解,放出碘及氧。有氧化性,与还原剂、可燃物混合经撞击、摩擦有着火或爆炸危险。对皮肤有腐蚀性,用作加碘饲料的碘源以提高鸡的产蛋量及奶牛的产奶量,生产高碘鸡蛋及高碘牛奶。食品工业用作小麦粉处理剂、面团调节剂。高碘保健食品可防治碘缺乏病,但摄取过量碘易诱发甲状腺功能亢进等疾病。医药上用作碘仿代用品、口腔洗涤剂及脱臭剂等。由氯化钙或硝酸钙溶液与碘酸钾溶液反应制得。

碘酸钾 potassium iodate KIO_3 无色单斜晶系结晶或白色粉末。相对密度 3.93(32℃)。熔点 560℃(部分分解)。溶于水、稀无机酸、乙二胺、乙醇胺及碘化钾水溶液,易溶于沸水,微溶于二硫化碳、液氨,不溶于乙醇。加热至 500℃ 开始分解成碘化钾和氧气。在酸性溶液中是较强的氧化剂,可与 SO_2、H_2S、H_2O_2 等还原性物质反应,本身被还原,并游离出碘。在碱性介质中,能被氯气、次氯酸等强氧化剂氧化成高碘酸钾。其晶体在 163~212℃ 之间有铁电性。与可燃物、金属硫化物等混合时,经撞击或摩擦能引起着火或爆炸。用作氧化剂、饲料添加剂、单晶体可用于激光设备。食品工业中用作小麦处理剂、面粉改质剂,以及用于加碘食盐或防治甲状腺肿大药剂。由氯酸钾在稀硝酸介质中直接氧化碘制得。

碘酸钠 sodium iodate $NaIO_3$ 无色或白色正交晶系棱形结晶或粉末。相对密度 4.277。熔融时分解。稍溶于冷水,溶于热水,水溶液呈中性,不溶于乙醇。遇还原性物质会析出碘变成粉红色至紫红色。有时也可含 1 分子或 5 分子结晶水,其多少随结晶温度而异。本身不燃,而与双氧水、磷、钾及金属硫化物等接触时会剧烈反应。有毒!对皮肤、眼睛有刺激性。用作氧化剂、饲料添加剂、医药消毒剂、防腐剂等。碘酸钠单晶也用于激光设备。由氯酸钠和碘在硝酸存在下反应制得。

电场响应性凝胶 electric field responsive gel 一种智能材料。当高聚物凝胶的结构上带有电荷时,在直流电场作用下,荷电基团的抗衡离子在电场中迁移,使凝胶网络内外离子浓度发生变化,导致凝胶体积或形状改变,并将电能转化为机械能。利用这种性质可望作为人工肌肉的候选材料,在机器人驱动元件或假肢方面得到应用,而目前距人工肌肉的商品化还存在很大差距。

电光材料 electro-optical material 在电场作用下,光学材料的光学性质可能会发生变化,由外加电场(直流或射频电场)所引起光学材料折射率的变化称为电光效应,具有电光效应的材料称作电光材料。传统的电光材料多为无机电光晶体,近来开发的非线性有机晶体和聚合物(如聚苯乙炔)也具有电光效应,成为有应用前景的电光材料。用于制造光调制器、光显示器、光波导器件及光开关等。

电荷控制剂 charge control agent 添加于色粉中用于调节色粉荷质比的添加剂。色粉的荷质比(q/m),即单位质量的电荷,是色粉质量的一个重要指标,要求色粉在短时间内达到预期的电荷数量,并且经过相当长的时间电荷保持不变,对温度及湿度的影响不敏感。由于各种复印机及激光打印机的工作过程不同,可以有带正电荷或带负电荷的色粉,并使用相应的电荷控制剂。为色粉提供正电荷的有碱性染料(如苯胺黑、三芳甲烷染料)、季铵盐等;提供负电荷的有 2∶1 型偶氮金属配位染料,芳香羟基羧酸的金属配位物等。参见"色粉。"

电渗析膜 electrodialysis membrane 以电场力为驱动力完成带电物质渗析分离的膜。通常是由聚乙烯、聚砜等高分子材料制成的阴、阳离子交换膜。通过阴、阳离子交换膜对水溶液中阴、阳离子的选择透过性来分离离子。能将电解质与非电解质分离,大体积与小体积电解质分离,用于电解质溶液稀释和浓缩等。主要用于浓缩海水制盐、苦咸水脱盐、水溶液脱矿物质及脱酸、工业废水处理等。

电泳涂料 electrophoretic coatings 又名电沉积涂料、电泳漆。系应用电泳原理施工的水溶性涂料。是在直流电场作用下,带电荷的高分子成膜物质能向着带相反电荷的电极移动(电泳),在电极上失去电荷而沉积在电极上(电沉积)形成涂膜的涂料。高分子成膜物质为阴离子树脂时是阴离子电泳涂料,又称为阳极电泳涂料。反之,则为阳离子电泳涂料,又称阴离子电沉积涂料。实际上,电泳涂料的漆液中或电极表面所发生的反应,包括电泳、电解、电沉积、电渗等复杂过程。电泳涂料具有涂装效率高、涂膜厚薄均匀、附着力强、耐碱及耐盐雾性好、大气污染小、毒性低等特点;缺点是涂装设备复杂、投资大。一般用于汽车、仪表、家电等使用同一涂料的大批量涂装。

电致变色材料 electrochromic material 在电场作用下物质内部发生电化学氧化还原反应,引起物质颜色发生可逆变化的材料。其机理是由于电荷迁移引起变色分子的产生和湮灭以及自由基氧化-还原所致。分为无机及有机电致变色材料。无机电致变色材料有 $BaTiO_3$、AgI、$Fe[Fe(CN)_5CO]$(五氰羰基铁酸铁)等,已用于太阳眼镜、调光玻璃、显示板、遮阳板等商品上;有机电致变色材料主要是一些有色素,如吡啶鎓类、芳香胺类、含氮杂环类、螺吡喃类、萤烷类、蒽醌类及一些导电有机聚合物(如多聚吡咯、多聚噻吩等),可用于印刷制品及图像显示器等。

电子束固化油墨 electron beam curing ink 采用电子束放射线固化的油墨。电子束主要通过电子加速器来发生并决定其能量的穿透力。电子束对颜料及填料等固体成分有很强的穿透力,其能量比紫外线更高,不会出现紫外线固化油墨被颜料或填料阻碍及吸收的情况,墨膜内部的干燥不会受影响。油墨配方中不必像紫外线干燥那样要加入光敏剂或光引发剂,其他成分则与紫外线固化油墨相似。但由于需要使用昂贵的照射防护装置,限制了它的使用。

淀粉-丙烯腈-丙烯酰胺-2-甲基丙磺酸接枝共聚物 starch-acrylonitrile-acrylamide-2-methyl propane sulfonic acid graft copolymer 一种酸性高吸水性树

脂。白色粉末,具有强吸水性,吸水倍率高达 5300g/g,吸尿倍率 73g/g。吸水量会随水中金属离子含量增加而下降。用作土壤改良剂、水土保湿剂、工业脱水剂、油田钻井增稠剂、化妆品增黏剂等。由淀粉乳糊化后,在硝酸铈铵引发剂存在下,与丙烯腈、丙烯酰胺-2-甲基丙磺酸经接枝反应制得。

淀粉-丙烯酸-丙烯酸酯接枝共聚物 starch-acrylic acid-acrylate graft copolymer 白色至浅黄色粉末。有较强吸水性,对盐水也有良好吸收性。吸水倍率 518mL/g,吸 1% NaCl 溶液为 98mL/g。吸水量随水中金属离子含量增加而下降。用作干燥剂、吸水剂、增稠剂等,用于制造卫生巾、婴幼儿尿布等。由淀粉乳与丙烯酸、丙烯酸-2-羟丙酯在硝酸铈铵引发剂存在下进行接枝共聚反应制得。

淀粉-丙烯酸-丙烯酰胺接枝共聚物 starch-acrylic acid-acrylamide graft copolymer 白色粉末。有良好的吸水性及吸尿性。吸水倍率为 296g/g。吸水量随水中金属离子含量增加而下降。用于制造吸水薄膜、卫生巾、老年人尿袋及医疗绷带等。由淀粉糊与丙烯酸、丙烯酰胺在过硫酸钾引发剂存在下经接枝共聚反应制得。

淀粉-丙烯酸甲酯接枝共聚物 starch-methyl acrylate graft copolymer 一种高吸水性树脂。白色粉末。有良好的吸水性及较快的吸水速度,吸水倍率可达 2000g/g。吸水量随水中金属离子含量增加而降低。用作增稠剂、保湿剂、吸尿剂、絮凝剂等。由酸性淀粉乳在引发剂及交联剂存在下与丙烯酸甲酯经接枝反应制得。

淀粉-丙烯酰胺接枝共聚物 starch-acrylamide graft copolymer 一种阳离子表面活性剂。外观为黄色半透明胶状黏稠液体或白色纤维状粉末。液体产品固含量 5%～10%,pH 值 7.5～8.5,黏度 0.1～0.3Pa·s;固体产品的糊化温度 50～55℃,易溶于水,可生物降解。用作油田、印染、造纸、采矿及含汞废水处理的絮凝剂,生活用水澄清剂。是以淀粉亲水的刚性链为骨架,接上以柔性的聚丙烯酰胺支链而形成的网状大分子结构,对悬浮物及胶体颗粒有强的絮凝沉淀作用。也用作造纸助留剂、助滤剂及纸张增强剂等。可在引发剂存在下,由淀粉与丙烯酰胺经接枝共聚反应制得。

淀粉-环氧氯丙烷-丙烯腈接枝共聚物 starch-epoxy chloropropane-acrylonitrile graft copolymer 白色至淡黄色粉末。有强吸水性及絮凝性。能吸附 Ca^{2+}、Cu^{2+} 等重金属离子。主要用作污水处理剂,处理含重金属污水。可先由淀粉、环氧氯丙烷、氯化钠溶液及氢氧化钠溶液反应,再加入稀盐酸中和制得交联淀粉,再在硝酸铈铵引发剂存在下与丙烯腈进行接枝反应制得。

淀粉黄原酸酯 starch xanthate 是在氢氧化钠存在下,由淀粉与二硫化碳经黄原化反应制得的酯化淀粉。产品为深黄色带有浓重硫味的黏滞性溶液或粉末。由于空气的氧化作用及黄原酸酯会转化成多种含硫单体,淀粉黄原酸酯的水溶液是不稳定的,即使干燥的产品,其所含的水分也会造成不稳定。采用在喷雾干燥前减低黄原酸酯中的碱含量可以提高储藏稳定性。用作电镀及采矿废水的重金属离子絮凝沉淀剂,橡胶增强剂,纸张干、湿强度增强剂,农药包胶剂等。

淀粉胶 starch glue 淀粉是由葡萄糖组成的高分子多糖化合物,为无色无臭白色粉末,按来源的植物品种,分为玉米淀粉、小麦淀粉、木薯淀粉、土豆淀粉等。淀粉胶是以淀粉为主要原料,按不同要求加入交联剂、增塑剂、表面活性剂、稀释剂、消泡剂及防腐剂等助剂调制而成的植物性胶黏剂。由于一般淀粉都是直链和支链淀粉的混合物,用它配制的胶黏剂存在粘接强度低、易凝沉的缺点。但利用淀粉分子结构上2,3,6-位上三个羟基具有较大反应活性的特点,用不同的化学基团进行取代,就可提高胶接强度和胶液稳定性。故目前淀粉胶黏剂大都是以改性淀粉为基料配制而成,如氧化淀粉胶黏剂、糊精胶黏剂、磷酸酯淀粉胶黏剂、羧烷基淀粉胶黏剂等,用于瓦楞纸箱、标牌纸、信封、牛皮纸袋等的粘接。

淀粉-聚乙烯接枝共聚物 starch-polyethylene graft copolymer 一种淀粉基塑料。白色固态物。淀粉含量10%～40%。有吸水性。在自然环境,如土壤、海洋中能逐步降解,最终分解为小分子物质,减少环境污染。由淀粉糊在引发剂存在下,先与有机单体进行接枝共聚制得接枝共聚物后,再按一定配比加入聚乙烯、添加剂等,经混合、熔融、造粒、冷却制得淀粉塑料母粒。采用吹塑、注塑或压延等工艺可将母粒进一步加工成板、容器、农用地膜及食品袋等生物降解制品。

淀粉磷酸酯 starch phosphate 又名淀粉磷酸酯钠、磷酸淀粉钠。白色粉末或颗粒,为淀粉与磷酸盐经酯化反应制得的阴离子淀粉衍生物。无臭,无味。溶于水,不溶于乙醇等有机溶剂。糊化温度50～60℃。4%的糊液pH值为6,25℃时4%糊液黏度为0.05Pa·s。广泛用作纸张表面涂布剂及施胶剂,食品乳化剂,增黏剂及稳定剂,经纱上浆剂,饲料添加剂,砂芯粘接剂及药物填充剂等。由磷酸二氢钠水溶液与淀粉反应制得。

淀粉酶 amylase 是催化淀粉和糖元中的糖苷键水解成糊精、麦芽糖和葡萄糖等的一类酶。它广泛存在于动物(唾液、胰脏)、植物(大豆、山芋、谷芽)及微生物中。根据来源不同分为植物淀粉酶(如麦芽淀粉酶)及微生物淀粉酶(如细菌淀粉酶)两类;按水解淀粉方式不同,可分为α-淀粉酶、β-淀粉酶、糖化酶、解支酶、环状麦芽糊精葡萄糖基转移酶、麦芽寡糖生成酶等。洗涤剂工业是工业酶的最大用户,用于洗涤剂并具有商业价值的淀粉酶主要为α-淀粉酶及β-淀粉酶。淀粉酶也广泛用于食品、酿造、医药、纺织及饲料添加剂等领域。

α-淀粉酶 α-amylase 又名α-1,4-葡聚糖-4-葡萄糖水解酶、液化淀粉酶、糊精化酶等。是一种内切酶。它作用于淀粉时,可从分子内部切开α-1,4糖苷键,而使淀粉液化并生成低相对分子质量的糊精及还原糖(单糖及低聚糖)。产物末端葡萄糖第一位碳原子的光学性质呈α型,故称α-淀粉酶。一般为淡黄色非结晶粉末或半透明鳞片。在水中呈浑浊溶液，乙醇中几乎不溶。pH 值 5～10 范围内稳定，pH 值 4.0 以下失活，最适反应 pH 值 6 左右。广泛用于食品、酿造、纺织、医药、饲料添加剂等领域。用于洗涤剂时，可使含淀粉污垢，如面条、巧克力等造成的污斑容易清除，也能防止溶胀的淀粉黏附在衣物表面。可由麦芽、解淀粉芽孢杆菌及米曲霉等的培养物中提取而得。

β-淀粉酶 β-amylase 又名 α-1,4-葡聚糖麦芽糖水解酶、糖化淀粉酶。它作用于淀粉时，可从淀粉分子的非还原性末端顺次水解 α-1,4-糖苷键而切下麦芽糖单体，可将直链淀粉分解成麦芽糖或水解淀粉成 β 极限糊精。当酶在水解 α-1,4 链时，使葡萄糖分子构型转变为 β 型，故称 β-淀粉酶。一般为类白色粉末。溶于水和稀缓冲液溶液，几乎不溶于乙醇。植物来源的 β-淀粉酶其最适反应 pH 值为 5～6，细菌来源的 β-淀粉酶最佳反应 pH 值为 6～7。其热稳定性比 α-淀粉酶要差些。用于制造麦芽糖浆、面包、啤酒及用作洗涤助剂等，医药上用作消化剂。

γ-淀粉酶
见"葡萄糖淀粉酶"。

淀粉糖 starch sugar 淀粉经深加工的产品之一，指由淀粉经化学法或酶法生产的糖品。产品种类很多，有结晶葡萄糖、葡萄糖浆、麦芽糖饴、全糖等。其基本生产过程是通过酸或酶的催化作用，将淀粉逐渐水解成麦芽糊精、低聚糖，最终水解为葡萄糖。葡萄糖又可通过异构化制备不同品种的葡萄糖浆。淀粉糖是一种重要的食用糖源，除广泛用于食品及医药工业外，也是重要化工原料，可制取多种化工产品。

淀粉系高吸水树脂 starch hygroscopicity resin 白色或浅黄色粉末。有很强吸水性及快速吸水能力，吸水倍率达 1200g/g，吸尿倍率为 61g/g。吸水量与水中所含离子数量有关，离子含量越高，吸水量越低。吸水后部分会溶解，强度有所降低，而且防霉性能较差。用于油水分离及制造卫生材料、建筑材料、涂料等。由淀粉加水升温糊化后，在引发剂存在下与丙烯腈进行接枝共聚反应，再经氢氧化钠水解、酸中和、洗涤、干燥而制得。

淀粉衍生物 starch derivatives 广义上说，凡是以淀粉为原料，经过物理、化学加工或生物技术加工，改变了其原有的性质，或经过分解、复合产生的产品，均可称作淀粉衍生物。而通常所说的淀粉衍生物是指淀粉经一次反应及二次反应生成的产品，主要包括淀粉糖、低聚糖、糖醇及变性淀粉等几类。常见的有氧化淀粉、交联淀粉、磷酸酯淀粉、乙酸酯淀粉、羟烷基淀粉、阳离子淀粉、接枝共聚淀粉等。广泛用于纺织、医药、食品、日用化工、造纸及石油化工等领域。

淀粉乙酸酯 starch acetate 又名乙酰化淀粉。酯化淀粉的常用品种。在氢氧化钠存在下，由淀粉乳与乙酰剂（乙酸酐、乙酸乙烯酯）反应所得淀粉衍生物。白色粉末，易吸潮。由于在淀粉分子中引入少量酯基团，阻止或减少了直链分子氢键缔合，与原淀粉比较，具有糊化温度低、糊化速度快、稳定性好、凝析性差、透明度高、膜柔软光亮等特点,广泛用作经纱上浆剂、食品增稠剂及稳定剂、纸张表面施胶剂及涂布剂、胶黏剂等。

淀粉脂肪酸酯 starch fatty acid ester 乳白色至淡黄色固体。取代度≤0.5。pH值6~7。游离酸含量≤6%。用作食品增稠剂,适用于烘烤、冷冻和干燥食品。也用作食品保鲜剂。由淀粉与脂肪酸在催化剂存在下,经酯化反应制得。

靛蓝 indigo 又名还原靛蓝、还原深蓝BG。深蓝色粉末,带有铜的光泽。熔点392℃(分解)。约在300℃升华。不溶于水、乙醇、乙醚、稀酸和碱溶液;溶于苯胺、酚等极性溶剂显蓝色;在浓硫酸中呈黄绿色,稀释后成蓝色沉淀;在浓硝酸中呈靛红色,后转变为红光黄色;在酸性溶液中呈白色;在碱性保险粉还原液中的隐色体呈淡黄色。在密闭容器中加热,分解为苯胺,能与铁、铜等形成配合物。为靛族还原染料,主要用于棉布、棉纱染色,可用于丝、羊毛及塑料着色。也可加工成颜料及用作氧化还原指示剂、食用蓝色素。可由天然植物靛蓝中提取,或由吲哚酚缩合而得。

靛蓝二磺酸钠 sodium indigotin disulfonate 又名靛蓝胭脂红、酸性靛蓝、食用蓝色2号。深蓝色粉末或颗粒,有铜的光泽。微溶于水,呈青紫色,溶于甘油、丙二醇,不溶于油脂。对光及氧化钠敏感,易被硝酸、氯酸盐褪色。吸湿性强,耐碱性差。用作食品蓝色素,因其染色性弱,不稳定,主要用于调色,可调制成巧克力色、绿色、茶色等。也用于羊毛、蚕丝染色,但着色力差。还用作氧化还原指示剂及生物染色剂。由靛蓝用浓硫酸磺化、碳酸钠中和及氯化钠盐析制得。

靛玉红 indirubin 又名3-(1,3-二氢-3-氧代-2H-吲哚-2-亚基)-1,3-二氢-2H-吲哚-2-酮。紫红色针状结晶。熔点348~353℃。难溶于乙醇、乙醚、丙酮、氯仿,不溶于水、碱液,溶于乙酸。一种抗肿瘤药。用于治疗慢性粒细胞白血病。以吲哚酸钾盐、吲哚醌、磺酸钠为原料制得。

吊白块
见"次硫酸氢钠甲醛"。

调吡脲 forchlorfenuron 又名吡效隆、施特优、1-(2-氯-4-吡啶)-3-苯基脲。白色至奶白色结晶。熔点165~167℃。蒸气压46mPa(25℃)。不溶于水,溶于乙醇、乙醚、苯、氯仿。对光、热稳定,不易水解。一种植物生长调节剂,低毒。

可促进苹果、葡萄等果树的果实生长，提高结果率、坐果率，减少落花及增产。用于烟草种植可使叶片肥大而增产。由异氰酸苯酯与4-氨基-氯吡啶反应制得。

调环酸 prohexadione-calcium 又名

$$\left[CH_3CH_2C \underset{O}{\overset{O}{\underset{\|}{\|}}} \underset{O}{\overset{}{\bigcirc}} COO^- \right]_2 Ca^{2+}$$

3,5-二氧代-4-丙酰基环己烷羧酸钙。淡黄色固体。熔点＞300℃。微溶于水，20℃下每升水可溶解调环酸158mg。一种植物生长调节剂，用于大麦、水稻、小麦、草皮等，可使植株矮化、茎秆变粗、叶面积增大。以顺丁烯二酸酐、乙醇、磺酸钠、氢氧化钙等为原料制得。

叠氮化钠 sodium azide NaN_3 又名叠氮钠、三氮化钠。无色至白色六方晶系结晶。相对密度1.846。275℃时分解为钠和氮，但不熔化。遇高热或剧烈震动会强烈爆炸。溶于水、液氨，微溶于乙醇，不溶于有机溶剂，水溶液呈弱酸性。与酸类剧烈反应产生有刺鼻臭味的叠氮酸（HN_3）。叠氮酸很不稳定，常因震动而引起爆炸，和有机卤素化合物、有机过氧化物反应生成叠氮化合物。剧毒！毒性比亚硝酸更大，中毒症状常与氰化物相似。用于制造叠氮酸、重金属叠氮化物、医药制剂、感光树脂发泡剂、农药、军用起爆剂、汽车安全气囊等。也用作气体发生剂。由水合肼、碱金属亚硝酸盐及氢氧化钠反应制得。

叠氮酸
见"叠氮化钠"。

蝶酸
见"叶酸"。

丁胺 butyl amine $CH_3(CH_2)_3NH_2$ 又名正丁胺、1-氨基丁烷。无色透明易挥发液体，有刺激性氨臭味。可燃。相对密度0.7392。熔点－50.5℃。沸点77℃。闪点－14℃。折射率1.401。爆炸极限1.7%～9.8%。与水、乙烯、乙醚及脂肪烃类混溶。有强碱性及腐蚀性。用作合成ZSM-5分子筛模板剂、裂化汽油防胶剂、汽油抗氧化剂、橡胶阻聚剂、彩色照片显影剂、硅氧烷弹性体硫化剂、有色金属浮选剂等。也用作溶剂及用于制造医药、农药、染料等。由丁醇与氨在催化剂存在下反应制得。

丁苯吡胶乳 styrene-butadiene vinyl pyridine copolymer latex 是乙烯基吡啶类胶乳的主要品种。为苯乙烯、丁二烯及2-乙烯基吡啶的三元共聚物。是在丁苯共聚物中引入2-乙烯基吡啶作为第三单体制备的。丁二烯∶苯乙烯∶2-乙烯基吡啶的配料比为70∶15∶15，引发剂为过硫酸盐，乳化剂为松香酸盐和萘磺酸-甲醛缩合物的钠盐，聚合温度40～70℃。单体转化率接近100%。这种胶乳因含有极性很高的乙烯基吡啶单体，是合成纤维与橡胶的优良粘接剂。其黏着力比天然胶乳和其他合成胶乳高。与天然胶乳比较，对人造丝黏着力可提高0.5倍，对尼龙和聚酯纤维的黏着力可提高2倍。广泛用作轮胎、胶管等橡胶制品用的帘线浸渍。

丁苯胶乳 styrene-butadiene rubber latex 丁二烯和苯乙烯的共聚橡胶胶乳。其结合苯乙烯含量可以从23%到85%不等。根据丁苯胶乳的结合苯乙烯含量、总固体含量、有无羧酸改性、乳化剂种类等特性参数划分为多种商品牌号。高苯乙烯丁苯胶乳为结合苯乙烯80%～85%的产品。一般大批量生产的丁苯胶乳其结合苯乙烯量为23%～25%，总固体含量一般为30%～35%，某些产品要求总固体含量为40%～50%。高固丁苯胶乳要求总固体含量在63%～69%以上。主要用作纸张、纤维及建材等的粘接材料，也用来制作海绵。用低含量苯乙烯的低温丁苯胶乳制得的海绵，具有良好的耐低温性及耐老化性能，耐多次压缩性能比天然胶有所提高。

丁苯羟酸 bufexamac 又名丁苯乙肟、皮炎灵、对丁氧基-N-羟基苯乙酰胺。无色针状结晶。熔点153～155℃。不溶于水，溶于甲醇、丙酮。为非甾体消炎镇痛药。用于类风湿性关节炎及髋关节炎等，也外用治疗湿疹、过敏性皮炎、神经性皮炎、日光性皮炎及银屑病等。由对羟基苯乙酰胺经醚化、水解、酯化及羟胺化制得。

丁苯橡胶胶黏剂 styrene-butadiene rubber adhesive 以丁苯橡胶为基料的合成胶黏剂，由丁苯橡胶、促进剂、防老剂、填料、溶剂等配制而成。丁苯橡胶是丁二烯与苯乙烯经乳液或溶液共聚制得。用于制取丁苯橡胶胶黏剂时，共聚物的苯乙烯含量高，易获得较强的初黏力，但苯乙烯含量过高又会降低胶层强度。制备胶黏剂时常用丁苯橡胶-30。分为通用型及胶乳型丁苯橡胶胶黏剂，可用于橡胶、金属、织物、木材及纸张等材料粘接。

丁苯橡胶涂料 butadiene styrene rubber coatings 以丁二烯与苯乙烯共聚物为主要成膜物质的涂料。丁二烯含量占75%时成膜较软，苯乙烯含量高时成膜较硬。它能溶于芳香烃、酮及酯类等溶剂，涂布之后能产生无臭、无味的透明膜，能抵抗酸、碱、醇、水及植物油等的侵蚀。丁苯橡胶涂料通常有两种类型，一种是水乳胶型，专用于室内水泥、木材及灰墙的装饰涂装，具有快干、耐洗刷及抵抗水泥灰墙碱性的特点；另一种是溶液型，其附着力比水乳胶型强，但涂刷能力差，并含有溶剂，较不安全。一般用作墙面漆、平光漆、银粉漆、水泥漆及金属底漆等。由于丁苯橡胶分子中存在双键及苯基，有变硬发黄倾向，不宜用作外用漆。

丁草胺 butachlor 又名N-丁氧甲基-N-氯乙酰基-2,6-二乙基苯胺、灭草特、去草胺。淡黄色油状液体。相对密度1.07。熔点<-5℃。沸点156℃。

分解温度165℃。水中溶解度0.002%。溶于乙醇、乙醚、苯、丙酮等。pH值7～10时稳定。抗光解性好，常温下不挥发。用作水田除草剂，用于除稻田一年生禾本科杂草、阔叶草杂草及莎草科杂草等。由2,6-二乙基苯胺与多聚甲醛亚甲胺化、与氯乙酰氯酰氯化、再与正丁醇醚化而制得。

1,4-丁二醇 1,4-butanediol 又名1,4-二羟基丁烷。无色黏稠液体,低温

$$HOCH_2CH_2CH_2CH_2OH$$

时为白色蜡状固体,相对密度 1.0171。熔点 20.1℃。沸点 229℃。闪点＞121℃。折射率 1.4461。与水、乙醇、丙酮混溶,难溶于苯、乙醚、环己烷、卤代烃等。在催化剂存在下,脱水生成醚;与二异氰酸酯反应生成聚氨酯;与二元羧酸反应生成聚酯树脂;脱氢环化生成 γ-丁内酯。是一种基本的化工及精细化工原料,广泛用于生产四氢呋喃、聚对苯二甲酸乙醇酯、γ-丁内酯、聚醚型高性能弹性体、氨纶弹性纤维、不饱和聚酯树脂、N-甲基吡咯烷酮、丁二醇醚溶剂等,也用于制造维生素 B_6、农药、化妆品等。可由乙炔与甲醇催化加氢制得,也可由丁炔二醇或顺酐加氢制得。

1,3-丁二醇-3-甲醚乙酸酯 1,3-butylene glycol-3-methyl ether acetate 又名乙
$$CH_3COOCH_2CH_2CHOCH_3$$
$$|$$
$$CH_3$$
酸-3-甲氧基丁酯。无色液体,稍有苦味。相对密度 0.956(20℃)。沸点 173℃。闪点 77℃。干燥时稳定,苛性碱存在下易发生水解。溶于水及多数有机溶剂。能溶解松香、聚苯乙烯、酚醛树脂、三聚氰胺树脂、乙基纤维素。对乙酸纤维素不溶解而溶胀。用作多种树脂及涂料的溶剂,也用作油墨及胶黏剂的溶剂及稀释剂。由甲氧基丁醇与乙酸进行乙基化反应制得。

丁二酸二异辛酯磺酸钠 sodium butanedioic acid diisooctyl ester sulfonate 又名琥珀酸二辛酯磺酸钠、表面活性剂1292。一种阴离子表面活性剂。无色透

$$ROOC—CH_2—CH—SO_3Na（R 一般为 C_8H_{17}）$$
$$|$$
$$COOR$$

明黏稠液体。易溶于水及低级醇、醚、酮等亲水性溶剂,也溶于苯、四氯化碳、石油醚。1%水溶液 pH 值 4.5～5.5。耐酸及耐硬水性好,耐电解质性较差,能耐弱碱。主要用作清洗剂,适用于金属制品、储槽、输油管等的清洗。也用作冷却水系统的除垢剂。由脂肪醇与顺丁烯二酸反应生成丁烯二酸酯后,再与亚硫酸氢钠反应制得。

丁二酸酯型分散剂 succinate dispersant 一种润滑油无灰分散剂。是用相

$$\begin{array}{c} O \\ \| \\ R—CH—C—OCH_2C(CH_2OH)_3 \\ | \\ CH_2—C—OCH_2C(CH_2OH)_3 \\ \| \\ O \end{array}$$

（聚异丁烯丁二酸季戊四醇酯）

对分子质量约为 1000 的聚异丁烯与马来酸酐反应得到的聚异丁烯丁二酸酐,再与多元醇反应制得。其代表性产品是多元醇采用季戊四醇反应得到的聚异丁烯丁二酸季戊四醇酯。具有良好的抗氧及高温稳定性。用于高强度发动机油中

可有效控制沉淀物生成。可与丁二酸亚胺型分散剂复合使用于汽油机油中,也可用于一些柴油机油中。

2,3-丁二酮 2,3-butanedione 又名

$$CH_3-\underset{\underset{O}{\|}}{C}-\underset{\underset{O}{\|}}{C}-CH_3$$

双乙酰、二甲基乙二酮。黄色至浅绿色液体。有类似氯醌气味,稀释时有奶油香气。蒸气似氯气味。相对密度 0.990(15℃)。熔点 −4～−3℃。沸点 87～91℃。闪点 87～88℃。折射率 1.3933(18℃)。溶于水、乙醇、甲醇及多数有机溶剂。易挥发。用作香料,主要用作增香剂,用于咖啡、牛酪、蜂蜜等。也用于有机合成。由甲乙基甲酮与亚硝酸钠经亚硝化、再经亚硝酸分解制得。

丁二烯胶乳 butadiene rubber latex 是由丁二烯乳液聚合制得的均聚橡胶胶乳。根据丁二烯胶乳的总固体含量、乳化剂类型、相对密度、黏度等特性参数,各生产厂都有自己的丁二烯胶乳商品名。丁二烯胶乳主要用作 ABS 树脂的基础胶乳。制造 ABS 树脂时,将苯乙烯、丙烯腈单体接枝到丁二烯主链上。也可用作其他胶乳体系的组分,以获得刚性或补强性能。如单独使用,一般要配入增塑剂。

丁二烯亚胺型分散剂 succinimide dispersant 一种润滑油无灰分散剂的主要品种。是由相对分子质量约 1000 的低分子聚异丁烯与顺丁烯二酸酐反应,生成聚异丁烯丁二酸酐,再与三乙烯四胺反应的缩合物。按性能及用途不同分为单聚异丁烯丁二酰亚胺、双聚异丁烯丁二烯亚胺、多聚异丁烯丁二酰

$$R-\underset{\underset{|}{CH_2}}{CH}\underset{\underset{\underset{O}{\|}}{\overset{\overset{O}{\|}}{C}}}{\overset{\overset{O}{\|}}{C}}N(CH_2CH_2NH)_nH$$

(单聚异丁烯丁二酰亚胺)

亚胺等。单聚异丁烯丁二酰亚胺的低温分散性能特别好,多用于汽油机油和 API CC 级以下的柴油机油。双和多聚异丁烯丁二酰亚胺的热稳定性能好,更多地用于增压柴油机油中。

1-丁基吡啶氯盐 1-butylpyridinium chloride 又名氯化 1-丁基吡啶鎓。白

$$\left[\underset{\underset{C_4H_9}{|}}{\overset{}{\bigcirc}}N^+\right]Cl^-$$

色固体。纯度 ≥98.0%。熔点 162℃。对眼睛、皮肤及呼吸系统有刺激作用。一种吡啶型离子液体。用作化学反应溶剂、催化剂、氯化反应介质、离子液体合成等。由吡啶与 1-氯丁烷反应后精制而得。

1-丁基吡啶六氟磷酸盐 1-butylpyridinium hexafluorophosphate 又名六氟

$$\left[\underset{\underset{C_4H_9}{|}}{\overset{}{\bigcirc}}N^+\right]PF_6^-$$

磷酸 1-丁基吡啶鎓。易燃固体。纯度 ≥98.0%。熔点 76℃。黏度 35mPa·s(80℃)。有腐蚀性,对眼睛、皮肤及呼吸系统有刺激作用。一种吡啶型离子液体。用作催化反应介质及催化剂、化学反应溶剂等。由 1-丁基吡啶溴盐与 $NaPF_6$ 反应后精制而得。

1-丁基吡啶溴盐 1-butylpyridinium bromide 又名溴化1-丁基吡啶鎓。无色固体,熔点105℃。纯度≥98.0%。对眼睛、皮肤及呼吸系统有刺激作用。一种吡啶型离子液体。用作催化反应溶剂、催化剂、溴化反应介质、离子液体合成。由吡啶和1-溴丁烷反应后精制而得。

丁基羟基茴香醚 butyl hydroxy anisol 又名叔丁基-4-羟基茴香醚,简称BHA。有两种异构体:2-叔丁基-4-羟基茴香醚(2-BHA)及3-叔丁基-4-羟基茴香醚(3-BHA)。商品为两者的混合物。无色至微黄色蜡状固体或粉末。略有气味。熔点57～65℃。沸点264～270℃。不溶于水,溶于乙醇、丙酮、丙二醇及动植物油。用作食品、油脂、化妆品及饲料等的抗氧剂。能提供氢原子,使其与油脂氧化而产生的过氧化自由基结合并转化为惰性物质,从而终止自由基连锁反应,防止油脂自动氧化。其中3-BHA的抗氧化效能比2-BHA强1.5～2倍。在硫酸催化剂存在下,由对羟基苯甲醚与叔丁醇反应制得。

丁基橡胶胶黏剂 butyl rubber adhesive 以丁基橡胶为基料的合成胶黏剂。由丁基橡胶、溶剂、填料、增黏剂及其他辅料配制而成。丁基橡胶是异丁烯与少量异戊二烯或丁二烯的共聚物。具有高弹性和良好的耐寒、耐老化、耐油、低的透气性等性能。分子中的少量双键,能用硫黄硫化体系硫化而成交联结构,故宜作胶黏剂用。为了提高胶黏剂的黏附性,可将丁基橡胶氯化或溴化。主要用于粘接织物、硫化或未硫化丁基胶、热塑性塑料及其他橡胶。不固化型丁基腻子多用于船舶甲板和建筑,具有良好的气密性和动态扭变的适应性。

丁基橡胶密封胶 butyl rubber sealant 是以异丁烯及异戊二烯(0.5%～2.5%)的共聚物为黏料,加入增塑剂聚丁烯、增黏树脂、溶剂、防老剂、硬化剂及颜填料等配制而成的密封胶黏剂。有一液溶剂型和对醌二肟硬化二液型胶种。也可由部分交联的丁基橡胶和热塑性树脂组合成密封腻子或带状密封材料。具有优良的耐动植物油、耐酸、耐寒性,电绝缘性及化学稳定性好,并具有突出的不透气性,可单独使用,也可与其他弹性密封胶配合使用。适用于汽车、门窗玻璃、管道连接法兰及混凝土构件等的密封,盛油容器的应急堵漏等。

丁硫克百威 carbosulfan 又名好年冬、2,3二氢-2,2-二甲苯并呋喃-7-基(二丁基氨基硫)甲基氨基甲酸酯。褐色黏稠性液体。相对密度1.256。沸点124～128℃。蒸气压0.041mPa。难溶于水,与丙酮、甲醇、乙醇、氯仿、己烷等互溶。在水介质中分解。为氨基甲酸酯类广谱杀虫剂,有内吸性,在生物体内代谢成呋喃丹再发挥其药效作用使昆虫致死,能防治蚜虫、金针虫、马铃薯甲虫、高粱盲角蝽、地老虎及螨等害虫。由二丁胺与二氯化硫反应制得二丁氨基氯化硫,再与呋喃丹反应制得。

丁咯地尔 buflomedil 又名活脑灵、乐福调、4-(1-吡咯烷基)-1-(2,4,6-三甲氧基苯基)-1-丁酮。其盐酸盐为白色结晶,熔点 192～193℃。溶于水、乙醇。为周围血管扩张药及脑血管病用药。用于治疗脑供血不足、末梢血管病、雷诺氏病、耳蜗前庭病等。以间三甲氧基和4-(1-四氢吡咯)丁腈为原料制得。

丁螺环酮 buspirone 又名布斯哌隆、8-[4-[4-(2-嘧啶基)-1-哌嗪基]丁基]-8-氮杂螺[4,5]癸烷-7,9-二酮。白色结晶。熔点 104～106℃。其盐酸盐熔点 201.5～202.5℃,溶于水。为新型氮杂螺环癸烷双酮类抗焦虑药。口服吸收后在肝脏代谢,体内经氧化脱烃,生成的1-(2-嘧啶)-哌嗪仍具有抗焦虑活性。本品因没有镇静催眠作用,不会引起嗜睡副作用,尤适合于驾驶、高空作业等人员使用。以环戊酮为原料制得。

丁腈胶乳 acrylonitrile-butadiene latex 丁二烯与丙烯腈经乳液聚合制得的共聚橡胶胶乳。按结合丙烯腈含量不同,分为低腈(25%)、中腈(33%)及高腈(45%)三个品级。结合丙烯腈含量增加时,共聚物的极性增大。但丙烯腈结合量过高时,耐寒性、耐水性及介电性能都会下降。丁腈胶乳具有良好的耐油性、耐化学药品性。与纤维、皮革等极性物质有良好的结合力。与淀粉、干酪素、乙烯基树脂、酚醛树脂、脲醛树脂等极性高分子有良好的相容性。为了提高生凝胶体和硫化胶的粘接强度和机械性能,多数丁腈胶乳用羧基、氨基及胺类衍生物进行改性,其中最常用的是甲基丙烯酸。广泛用于无纺布、纸张加工、涂料、胶黏剂、耐油浸渍制品等领域。

丁腈橡胶改性环氧树脂胶黏剂 nitrile rubbber modified epoxy resin adhesive 在丁腈胶中加入如过氧化异丙类的硫化剂、如氧化锌等硫化促进剂及白炭黑等填料,经混炼后,再与环氧树脂、固化剂一起制成的复合型胶黏剂。按所用丁腈橡胶不同，分为固体丁腈橡胶改性环氧胶黏剂及液体丁腈橡胶改性环氧胶黏剂，后者又可分为用液体羧基丁腈橡胶改性环氧胶黏剂、液体端硫醇基丁腈橡胶改性环氧胶黏剂、液体端羧基聚异丁烯橡胶改性环氧胶黏剂、液体丁腈橡胶改性环氧胶黏剂。这类胶黏剂主要随航空工业发展的需要而逐渐发展起来。有较好的综合性能，对铝合金、钢、铜及玻璃增强塑料有较好的粘接强度。

丁腈橡胶胶黏剂 acrylonitrile-butadiene rubber adhesive 以丁腈橡胶为基料的合成胶黏剂，是由丁腈橡胶、增黏剂、增塑剂、防老剂及溶剂等成分配制而成。丁腈橡胶是由丁二烯与丙烯腈经乳液共聚制得的弹性高聚物，按丙烯腈质量分数不同，分为高腈（35%~42%）、中腈（25%~35%）及低腈（18%~25%）三类。丙烯腈含量越高，胶层的耐油性、耐磨性、耐热性、耐水性和拉伸强度越好，但耐寒性、弹性及透气性会降低。配制丁腈橡胶胶黏剂大多采用丁腈-40橡胶。分为溶剂型及乳液型两类，适用于合成橡胶、塑料、皮革、木材、织物等的粘接，也用于聚氯乙烯板、薄膜及其他软质材料的粘接。

丁腈橡胶密封胶 nitrile rubber sealant 以丁腈橡胶为黏料的密封胶。丁腈橡胶多用于制造干性剥离型密封胶。所用丁腈橡胶有高相对分子质量固体橡胶、低相对分子质量液体橡胶和带活性端基的液体橡胶等类型。主要品种有：①固体丁腈橡胶密封胶，是将丁腈橡胶与酚醛树脂等改性剂及其他助剂按一定顺序进行混炼后溶于溶剂中制成；②液体丁腈橡胶密封胶，是由低相对分子质量液体丁腈橡胶与环氧树脂、胺类、氧化锌等配制而成的弹性密封胶，能在室温下和固化剂反应而交联固化。有良好的耐油、耐水、耐候性，成膜好，易剥离。适用于汽车、机车、船舶、拖拉机等齿轮箱、油缸、变速箱及管接头等的密封。

丁醛肟 butyraldehyde oxime 又名 $CH_3CH_2CH_2CH=NOH$ 正丁醛肟。无色油状液体，有特殊气味。相对密度0.923。熔点-29.5℃。沸点152℃。闪点69℃。折射率1.435~1.437。不溶于水，易溶于醇、醚、芳烃及矿物油等。用作油基漆及油墨等的防结皮剂，能阻止漆的氧化聚合而成膜，并能与催干剂的金属形成配合物，使催干剂失去催干性而延long其结皮，而在成膜过程中，丁醛肟挥发而使配合物分解，使催干剂又恢复其催干性。

丁炔二醇加氢制1,4-丁二醇催化剂 catalyst for butynediol hydrogenation to 1,4-butanediol 一种以氧化镍为主活性组分，并添加适量其他助剂的黑色圆柱形催化剂。中国产品牌号有BA-1。外形尺寸为$\phi 3.0\times(2.8\sim3.5)mm$。堆密度$1.0\sim1.5g/mL$。孔体积$0.2\sim0.3mL/g$。比表面积$100\sim150m^2/g$。抗压强度$40\sim70N$/粒。加氢工艺操作条件为：反应温度$100\sim150℃$，反应压力$1\sim5MPa$，液空速$0.1\sim0.5h^{-1}$，氢/丁炔二醇摩尔比$>10$。由镍盐及其他助剂经溶解、沉淀、洗涤、过滤、干燥、造粒制得。

丁酸苯乙酯 phenylethyl butyrate 无色或淡黄色油状液体，有玫瑰样水果香气。天然存在于热带水果、葡萄、薄荷、草莓等中。相对密度 0.9910。沸点 238℃。折射率 1.4880～1.4905。几乎不溶于水，溶于乙醇、乙醚及非挥发性油。为酯类合成香料。用于调配玫瑰、素馨等花香型日化香精及苹果、桃等果香型食用香精，也用作烟用香精。由丁酸与苯乙醇经酯化反应制得。

丁酸芳樟酯 linalyl butyrate 又名里哪醇丁酸酯、3,7-二甲基-1,6-辛二烯-3-醇丁酸酯。无色至淡黄色油状液体，有香柠檬样水果香气。天然存在于薰衣草油、香紫苏油等中。相对密度0.8896。沸点232℃。折射率1.4520。不溶于水，溶于乙醇、乙醚及非挥发性油。为酯类合成香料，用于调制菠萝、桃等果香型食用香精及薰衣草、铃兰等花香型日化香精。由丁酸或丁酐与芳樟醇经酯化反应制得。

丁酸环己酯 cyclohexyl butyrate 无色至微黄色透明液体。有苹果及鲜花的香味。天然存在于金橘皮油中。相对密度 0.9410～0.9450。沸点 212℃（99.9kPa），折射率 1.4410～1.4490。几乎不溶于水，溶于乙醇、乙醚及非挥发性油，用作香料，用于调配香蕉、苹果等果香型食用香精及日化香精。由丁酸与环己醇在催化剂存在下经酯化反应制得。

丁酸香茅酯 citronellyl butyrate 又名3,7-二甲基-6-辛烯醇丁酸酯、丁酸玫瑰酯。无色油状液体。有强烈玫瑰花香气及苹果香味。天然存在于香茅油中。相对密度 0.873～0.883。沸点 245℃。折射率 1.4458～1.4489。几乎不溶于水，与乙醇、乙醚、氯仿及非挥发性油混溶。为酯类合成香料，用以调制香蕉、李子等果香型食用香精及玫瑰、薰衣草等花香型日化香精。由丁酸与香茅醇在催化剂存在下经酯化反应制得。

丁酸香叶酯 geranyl butyrate 又名牻牛儿醇丁酸酯。无色至浅黄色透明液体。有玫瑰样水果香气。天然存在于薰衣草油、香茅油等中。相对密度0.9008（17℃）。沸点 151～153℃（2.4kPa）。折射率 1.4560～1.4620。不溶于水、甘油、丙二醇，溶于乙醇、乙醚、矿物油及多数非挥发性油。化学性质稳定,不易水解。属酯类合成香料,用于调配桃、梨等果香型食用香精及玫瑰、薰衣草等花香型日化香精。由丁酸与香叶醇在硫酸催化下反应制得。

丁酸乙酯 ethyl butanoate 又名酪酸乙酯。$CH_3CH_2CH_2COOC_2H_5$ 无色至浅黄色透明液体。有凤梨、苹果样水果香味。相对密度0.8788。熔点-93.3℃。沸点120~121℃。闪点19℃。折射率1.3910~1.3940。难溶于水,与乙醇、乙醚、丙酮混溶。易燃。一种合成香精,用于调配化妆品香精、食品及烟用香精、酒用香精等。也常用作硝化纤维素、天然及合成树脂、酯类等的溶剂。由丁酸与乙醇在催化剂存在下经酯化反应制得。

2-丁酮肟
见"甲乙酮肟"。

丁烯氧化脱氢催化剂 catalyst for butene oxidative dehydrogenation 一种氧化脱氢制丁二烯催化剂。较早使用的是以钼铋氧化物为基础的多组分催化剂,它又可分为三元型及六元型。三元型:Mo、Bi、P/SiO_2,为白色至淡黄色球;六元型:Mo、Bi、P、Fe、Ni、K/SiO_2,为灰黄色至深褐色球。这类催化剂可用于流化床或固定床丁烯氧化脱氢装置。目前工业上使用的主要为铁系无铬催化剂,其活性组分主要为$ZnFeO_4$尖晶石和α-Fe_2CO_3。中国产品牌号有H-198、W-201、R-109等,其特点是反应时生成有害的含氧化合物(如醛、酮、酸等)较少,生成丁二烯的选择性较高。特别是R-109具有较宽的操作弹性及对非正常操作条件的耐受性。在高温及缺氧条件下,催化剂的活性及选择性会下降,但恢复到正常操作条件后,催化剂活性又能恢复。三元型及六元型钼铋催化剂采用流化床浸渍法制备;铁系无铬催化剂采用共沉淀法制得。

丁溴东莨菪碱
见"东莨菪碱"。

丁子香酚 eugenol 又名丁香酚、4-烯丙基-2-甲氧基苯酚。无色至淡黄色液体。有强烈丁子香的香气,辛香辛辣的味道。相对密度1.053~1.064℃。熔点-9.2~-9.1℃。沸点255℃(分解)。折射率1.5410。几乎不溶于水,以1:2溶于60%乙醇中,与乙醇、乙醚、氯仿、丙酮及挥发油等混溶。用作香料,用于调配石竹花香、香薇、木香等日化香精。医药上用作局部镇痛药,用于龋齿,兼有局部防腐作用。还用作香兰素的合成原料。由含丁子酚的油经稀碱液处理、乙醚萃取、酸化及减压分馏制得。

丁子香酚甲醚 eugenyl methyl ether 又名丁香基甲基醚、1,2-二甲氧基-4-烯丙基苯。无色至浅黄色液体。相对密度1.032。沸点245℃。折射率1.5320。极难溶于水,溶于乙醇、乙醚、植物油。天然存在于胡椒、圆叶当归子、细叶芹及高山植物中。主要用于调配丁香、胡椒、茴香、樱桃、啤酒、草莓等香型,也用作丁香香气的提调剂。由丁香酚与硫酸二甲酯经甲基化反应制得。

丁(子)香茎油 clove stem oil 黄色至褐色油状液体。有丁香香气和特殊辛辣香气。主要成分是丁香酚、石竹烯、甲基戊基酮。酚含量(以丁香酚计)89%~95%。相对密度1.048~1.056。折射率1.534~1.538。难溶于水,溶于乙醇、乙醚、乙酸乙酯、氯仿等有机溶剂。用于配制食用香精及皂用香精等。由丁香树芽茎皮经水蒸气蒸馏制得。

丁(子)香叶油 clove leaf oil 浅黄色油状液体,有丁香酚和糠醛的气味。易挥发,主要成分是丁香酚、乙酸丁香酚酯、石竹烯、甲基戊基酮等。相对密度1.036~1.046。酚含量(以丁香酚计)84%~88%。折射率1.531~1.535。微溶于水,溶于乙醚、乙酸乙酯、苯甲酸苄酯、邻苯二甲酸二乙酯等。用于配制花香型香精,也是非花香型香精的常用原料,用于化妆品、牙膏、香皂、漱口水香精,也可用于食用及烟用香精。由丁香树叶子经水蒸气蒸馏制得。

丁(子)香油 clove 又名丁子香花蕾油。由桃金娘科植物丁子香的干花蕾,经水蒸气蒸馏得到的黄色至棕色液体。主要成分为丁香酚、石竹烯、乙酸丁香酚酯、甲基戊基甲酮等。具有浓烈的丁香花蕾香气,略有酸甜和焦糖气息。相对密度1.044~1.057。折射率1.528~1.538。以1:2溶于70%乙醇中。遇铁时颜色变暗紫色,是一种重要的天然芳香精油,广泛用于化妆品、香皂、牙膏、漱口水及烟用香精的调配。也用于食品香精及提取丁香酚。还因其有杀菌及防腐性能,也用于医药行业。

顶花防己碱 cepharanthine 又名金钱吊乌龟碱、千金藤素。淡黄色或黄色粉末。熔点145~155℃。比旋光度+277°(氯仿2%)。溶于酸性水溶液及乙醇、乙醚等有机溶剂,不溶于石油醚。用作白细胞增生药,用于防治化疗或放疗引起的白细胞减少症。由植物地不容根粉经碱液及苯浸泡、盐酸萃取、碳酸钠液碱化、氯仿萃取等步骤制得。

啶斑肟 pyrifenox 又名1-(2,4-二氯苯基)-2-(3-吡啶基)乙烯酮-O甲基肟。稍带芳香气味的液体。相对密度1.20。沸点>150℃(13.33Pa)。折射率1.586。蒸气压1.9mPa(25℃)。微溶于水、己烷,溶于丙酮、乙醚、甲苯、氯仿。一种肟类杀菌剂,用于防治苹果黑星病及白粉病,葡萄白粉病,花生叶斑病等。以 2,4-二氯-2-(3-吡啶基)苯乙醇、盐酸羟胺、磺甲烷等为原料制得。

啶嘧黄隆 flazasulfuron 又名秀百宫、N-{[(4,6-二甲氧基-2-嘧啶基)氨基]羰基}-3-(三氟甲基)-2-吡啶磺酰胺。白色结晶性粉末。熔点 166～170℃。蒸气压 4132.9mPa。难溶于水,微溶于丙酮、乙酸。一种磺酰脲类除草剂。产品为 25% 水分散粉剂,是内吸剂,主要通过叶片吸收,传导到根部及其他组织部位,使杂草生长停止。对哺乳动物低毒。在土壤中可迅速降解。主要用于暖季型结缕草坪和狗牙根草坪防除禾本科等杂草。由 3-三氟甲基吡啶-2-磺酰胺与 4,6-二甲氧基嘧啶基异氰酸酯反应制得。

东莨菪碱 scopolamine 又名莨菪胺、天仙子碱。是由茄科植物莨菪分离莨菪碱后剩余母液中提取制得。游离碱为黏稠液体。市售品为氢溴酸的三水合物(即氢溴酸东莨菪碱),为白色结晶性粉末,无臭,味苦,熔点 195～199℃(分解),易溶于水,溶于乙醇,微溶于氯仿。氢溴酸东莨菪碱(sopolamine hydrobromide)为 M 胆碱受体阻断剂,具中枢抑制作用,可代替阿托品用于麻醉前给药、眩晕病、震颤麻痹、精神病和狂躁症等;东莨菪碱的 N-氧化物为氧化东莨菪碱(genoscopolamine),进入体内转变成东莨菪碱,效用相似,但毒性较小;甲溴东莨菪碱和丁溴东莨菪碱分别为东莨菪碱与溴甲烷和溴丁烷所成的季铵盐。前者用于溃疡和胃肠道痉挛等,后者可作胃肠道内窥镜检查的术前用药。

冬青油 wintergreen oil 又名白珠木油。无色至淡黄色挥发性液体。有药草的特殊气味和柠檬醛香气。遇铁会变成深褐色。相对密度 1.176～1.186。沸点 219～224℃(分解)。折射率 1.535～1.538。几乎不溶于水,以 1∶7 溶于 70% 乙醇中,也溶于乙醚、氯仿、冰乙酸。用于单离水杨酸甲酯,也用于医药、日化及食品工业。医药上用于祛风药等卫生用品的加香;日化行业主要用于牙膏及口腔卫生用品;食品行业主要用于沙士型、可乐型香精及胶姆糖等。由杜鹃花科植物白株木(俗称冬青)的枝叶经水蒸气蒸馏制得。

动物源农药 zooid pesticide 生物源农药的一类,由动物资源开发的农药,按性能分为:①动物毒素。动物产生的对有害生物具有毒杀作用的活性物质,如按沙蚕产生的沙蚕毒素化学结构衍生合成的沙蚕毒类杀虫剂,如杀虫环、杀螟丹等。②昆虫激素。由昆虫内分泌腺体产生的具有调节昆虫生长发育功能的微量活性物质,如由保幼激素衍生合成的杀虫剂,如烯虫酯。③昆虫信息素。由昆虫产生的作为种内或种间个体之间传递信息的微量活性物质,能引起其他个体的某些行为反应,包括引诱、刺激、交配、产卵、控制取食等。每种信息素有其特定的立体化学结构,按其化学结构衍生合成的昆虫信息素已达数十种,其中应用最多的是性信息素。④天敌动物。对有害生物有寄生或捕食作用的天敌动物进行繁殖、施放起防治作用,如赤眼蜂。

豆胶 bean glue 蛋白质胶黏剂的一种。是以大豆粉为基质,加入其他成胶剂配制而成。所用大豆粉一般是油脂厂榨油所得副产品,蛋白质含量应在40%以上,细度为100目,含水率不大于7%,色泽为黄色。制备时先在豆粉中加入适量水调匀,然后加入石灰乳、氢氧化钠、硅酸钠等搅匀即得。加入适量干酪素可提高豆胶强度,加入适量十二烷基苯磺酸钠可提高胶的耐水性。豆胶属植物蛋白胶,其基本组成单位是氨基酸,分子结构中含有氨基和羧基等极性基团,因而对木材、玻璃、金属等材料有良好的粘接能力,但耐水性及耐腐蚀性差。主要用于生产包装胶合板,少量用于刨花板生产。

豆棵威 amiben 又名3-氨基-2,5-二氯苯甲酸。白色结晶性粉末。熔点200~201℃。易溶于水,溶于丙酮、乙醇、甲醇、氯仿。其铵盐熔点194~197℃(分解)。用作大豆田的选择性芽前除草剂,具有药害小、不受气候影响等特点。作用对象主要是稗草、狗尾草、看麦娘及马唐等一年生杂草。也可用于玉米、小麦、蕃茄及蔬菜田除杂草。由对二氯苯经氯甲基化、水解、氧化、混酸硝化及还原等反应制得。

豆酪素 soya protein 白色粉末。无臭,无味。主要成分为大豆蛋白。pH 值6.6(10%水溶液)。可分散于水中,溶于苯、石油醚。用于配制蛋白质胶。造纸工业中用于生产涂布纸,尤适用于制造特级纸品及白板纸。经精制加工,可用作蛋白类食品添加剂。由蛋白质含量约为40%~50%的大豆脱脂饼粕,经稀碱液浸出蛋白质后,再用盐酸中和至等电点即可。

豆油酰胺丙基甜菜碱 soya oil alkanoylamide propyl betaine 又名豆油烷基酰胺丙基甜菜碱。属两性表面活性剂。淡黄色透明黏稠性液体。活性物含量19%~21%。1%水溶液 pH 值5~7。具有良好的调理性及增黏性。性能温和,对皮肤刺激性小。主要用于配制高黏稠度香波、浴液及其他洗涤剂,对皮肤及头发的柔软性、调理性都较好。也易于制成凝胶型产品。由豆油脂肪酸和 N,N-二甲丙二胺在碱催化剂存在下缩合后,再与氯乙酸钠反应制得。

毒扁豆碱 physostigmine 又名依色林。无色斜方形柱状或片状结晶。无臭。熔点105~106℃。微溶于水,溶于乙醇、苯、氯仿及油类,对热、光、碱不稳定。是西非洲出产的毒扁豆中提取的一种生物碱,为最先发现的抗胆碱酯酶药,拟胆碱作用比乙酰胆碱大300倍,临床上用其水杨酸盐治疗青光眼和缩瞳。但因天然资源有限,合成又困难,且其水溶液不稳定,会逐渐水解成毒扁豆酚而失去活性,又因其毒性较大,并有成瘾性而限制其临床应用。

毒草胺 propachlor 又名 N-异丙基-氯-N-乙酰苯胺。淡黄褐色固体。熔点67～76℃。蒸气压4.0Pa(110℃)。难溶于水,溶于乙醇、丙酮、苯、二甲苯、氯仿。常温下稳定,在酸、碱中受热易分散。为酰胺类广谱、低毒、选择性除草剂,主要用于水稻、玉米、花生、豆类及甘蔗田和苗圃中,防除一年生禾本科杂草和某些阔叶杂草,如稗草、狗尾草、龙葵、马唐、牛毛草等。由 N-异丙基苯胺与氯乙酰氯反应制得。

毒杀芬 camphechlor 又名八氯莰烯、氯化莰烯。淡黄色蜡状固体。有轻微松节油气味。相对密度1.65(25℃)。熔点65～90℃。蒸气压26.7～53.3Pa(25℃)。难溶于水,溶于苯、氯仿、石油醚。不易挥发。无水条件下稳定。受热易分解。为非内吸性的触杀和胃毒杀虫剂,并具一定的杀螨活性。主要用于防治棉花铃期害虫,也可用于防治水稻、玉米、果树、蔬菜等作物的害虫。一般无药害。对鱼虾、青蛙毒性大。不能与强碱性农药混用,由莰烯与氯气反应制得。

毒鼠磷 phosazetim 又名 O,O-二(4-氯苯基)-N-亚氨基乙酰基硫代磷酰胺。白色粉末。无臭,无味。熔点107～109℃。不溶于水,易溶于丙酮、二氯甲烷,微溶于乙醇、苯。室温下稳定。高毒!用作灭鼠剂,用于杀灭家鼠、野鼠。能抑制胆碱酯酶而破坏神经系统功能而使鼠死亡。以对氯苯酚、二氯硫磷、盐酸乙脒等为原料制得。

毒死蜱 chlorpyrifos 又名 O,O-二乙基-O-3,5,6-三氯-2-吡啶基硫代硫酸酯、氯吡硫磷。白色结晶。略有硫醇气味。相对密度1.398(43.5℃)。熔点42～43℃。蒸气压2.52mPa(25℃)。难溶于水,溶于丙酮、苯、氯仿等多数有机溶剂。酸性介质中稳定,碱性介质中易分解。对铜有腐蚀性,中等毒性,为广谱杀虫、杀螨剂,具有胃毒及触杀作用。用于防治大豆、花生、玉米、棉花、蔬菜、果树等作物害虫。也用于杀灭家庭及粮仓害虫、家畜体外寄生虫。由2-羟基-3,5,6-三氯吡啶与 O,O-二乙基硫代磷酰氯反应制得。

杜松油 cade oil 又名刺柏焦油。黏稠性红棕色液体。有烟熏样香气。主要成分为杜松烯、杜松醇、倍半萜、二甲基萘等。相对密度 0.952～0.961。折射率 1.5110～1.5200。难溶于水、甘油，以 1∶5 溶于 95％乙醇中，也溶于乙醚、氯仿等。主要用于日用香精，可赋予烟熏香味。有时也用于肉罐头、鱼罐头的加香。由柏科植物刺柏的木质、细枝经热解干馏、真空分馏而制得。

杜仲胶 gutta percha 又名胶木胶、古塔波胶。褐色或近于红色的大理石纹理块状物质。主要成分为异戊烯的反式聚合体。在 25～30℃ 时具有弹性，60℃ 时有可塑性，100℃ 时部分分解并熔融，在空气中或太阳光照射下，可吸收氧气而变脆。相对密度约 0.92。不溶于水，微溶于热乙醇，溶于氯仿及石油醚。属天然树脂，可用作胶姆糖基础剂、脱模剂及被膜剂等。由山榄科植物胶木及同属种树木的树干割伤后，将流出乳胶经凝固后用温水洗去杂物，再经干燥制得。

端羟基液体丁腈橡胶 hydroxyl-terminated liquid nitrile rubber 又名液体溶聚端羟基丁腈橡胶。浅黄色透明黏稠液体。相对分子质量 2000～3000。根据丙烯腈结合量不同而有多种商品牌号，具有良好的耐老化性、耐低温性、耐腐蚀性、热稳定性及机械稳定性。与环氧树脂、酚醛树脂的相容性好，用作环氧树脂增韧剂，可降低固化物脆性，提高粘接部位承载强度。单独作用时增韧效果较差，常与甲苯二异氰酸酯或异氰酸酯并用。在过氧化氢引发剂存在下，由丁二烯与丙烯腈经溶液共聚制得。

端羧基液体丁腈橡胶 carboxyl-terminated liquid nitrile rubber 又名液体溶聚端羧基丁腈橡胶。琥珀色透明液体。根据丙烯腈结合量不同，可分为中腈聚合物及高腈聚合物，并有不同的商品牌号。不溶于水，溶于氯苯、甲乙酮、乙酸丁酯等。与环氧树脂、酚醛树脂等的相容性好。有良好的耐腐蚀、耐老化、耐低温性及机械稳定性等。用作环氧树脂增韧剂，可降低固化物脆性，提高冲击强度及断裂伸长率。也用于复合固体的粘接。在过氧化戊二酸存在下，由丁二烯与丙烯腈经溶液共聚制得。

端羧基液体聚丁二烯橡胶 carboxyl-terminated liquid polybutadiene rubber 浅棕色至琥珀色黏稠液体。相对分子质量 1000～2500。黏度 25～80Pa·s（40℃），不溶于水，溶于甲乙酮、氯仿等，具有良好的耐水性、耐寒性、弹性、介电性及较强的粘接性。与环氧树脂、酚醛树脂及多数橡胶有较好相容性，用作环氧树脂增韧剂、橡胶改性剂，也用于制造密封材料、涂料涂层及浇铸橡胶制品。在引发剂存在下，由丁二烯聚合制得。

对苯二胺
见"永久性染发剂"。

对苯二酚 p-dihydroxy benzene 又名氢醌、1,4-二羟基苯、1,4-苯二酚。

HO—⟨⟩—OH

白色或略带色泽的针状结晶。相对密度 1.328(15℃)。熔点 170～171℃。沸点 288～287℃。闪点 165℃。易溶于热水、乙醇、乙醚，微溶于苯。水溶液在空气中因氧化而变成褐色，在碱性介质中氧化更快。温度稍低于熔点时，能升华而不分解。有还原性。遇三氯化铁水溶液呈绿色。具有二元酚的化学性质。中等毒性。蒸气、粉尘及烟雾对皮肤、黏膜及眼睛有刺激性。用作苯乙烯、丙烯酸酯类、丙烯腈等单体的阻聚剂、汽油阻凝剂、照相及电影胶片显影剂、橡胶防老剂、油脂抗氧剂、涂料稳定剂、氯丁胶终止剂、锅炉水除氧剂等，也用于制造蒽醌及偶氮染料、医药、染发剂等。由苯胺氧化成对苯醌后，再经铁粉还原而得。

对苯二酚二苄基醚
见"防老剂 DBH"。

对苯二甲酸二辛酯 dioctyl terephthalate 又名对苯二甲酸二(2-乙基己基)酯、1,4-苯二甲酸二辛酯，增塑剂 DOTD。

$$CH_3(CH_2)_3CHCH_2OOC-\phi-COOCH_2CH(CH_2)_3CH_3$$
$$\qquad\qquad C_2H_5 \qquad\qquad\qquad\qquad C_2H_5$$

无色透明油状液体。相对密度 0.9835。熔点 −48℃。沸点 383℃。闪点 238℃。不溶于水，溶于苯、丙酮及氯代烃类溶剂。是20世纪80年代开发生产和使用的新型增塑剂，具有耐热、耐寒、耐抽出、电绝缘性能优良的特性。物理机械性能更优于邻苯二甲酸二辛酯。可用作耐温 70℃ 的电缆料及耐挥发聚氯乙烯制品的增塑剂，用于轿车内的 PVC 制品，能解决玻璃车窗的起雾问题。也用作合成橡胶软化剂、涂料及精密仪器优质润滑剂、纸张软化剂等。由对苯二甲酸与2-乙基己醇反应制得。

对苯醌 p-benzoquinone 又名1,4-苯醌。金黄色单斜晶系棱柱状晶体。有特殊刺激性气味。易升华。相对密度 1.318。熔点 115.7℃。微溶于水，溶于乙醇、乙醚、苯、石油醚及碱溶液。易还原转变为苯二酚，与酮反应生成肟和脒。光照下会缓慢分解。可燃。高毒！刺激皮肤、黏膜及眼睛，高浓度时可使眼睛失明。用作苯乙烯、乙酸乙烯酯、不饱和聚酯等的阻聚剂，其阻聚性及耐热性优于对苯二酚，也用作天然及合成橡胶、食品及其他有机物的抗氧剂，照相显影剂，皮革鞣制剂，还用于制造染料、医药及化妆品。由苯胺用二氧化锰氧化制得。

对二苯甲酰苯醌二肟 p-dibenzoylquinonedioxime 又名硫化剂 DBQD。灰褐色或紫灰色粉末。相对密度 1.37。加热至 200℃ 以上时不熔融而分解。溶于氯仿，不溶于水、乙醇、苯及汽油，难溶于丙酮。储存稳定。用作天然橡胶、丁苯橡胶及丁基橡胶等的硫化剂。性能与对醌二肟相似。在胶料中易分散，抗焦性能好，尤适用于丁基橡胶制造内胎、水胎、电线电缆绝缘层等。因有污染性且易变色，不宜用于白色或色制品。由对醌二肟与苯甲酰氯反应制得。

对甲苯磺酸 p-toluene sulfonic acid 又名4-甲基苯磺酸。无色叶片状或棱柱状结晶。有吸湿性。分子中有时可含 1～4 个结晶水。熔点分别为：106～107℃（无水物）、104～105℃（一水合物）、93℃（三水合物）。沸点 140℃（2.67kPa）。真空加热至 56℃时，失去结晶水，并变为紫色。易溶于水、乙醇、乙醚，难溶于苯、甲苯。可燃。有毒！用作邻苯二甲酸二甘醇 $C_{5\sim9}$ 酯等增塑剂的合成催化剂、丙烯酸酯乳液交联催化剂。也用于制造甲酚、甲苯磺酰胺、对甲苯磺酰氯及医药、农药等。由甲苯与硫酸反应制得。

对甲苯磺酸钠 sodium *p*-toluene sulfonate 又名 4-甲苯磺酸钠。白色结晶粉末或黄色液体，属阴

$CH_3-\underset{}{\bigcirc}-SO_3Na$

离子表面活性剂。固体产品一般含两个结晶水，易溶于水，对甲苯磺酸钠含量≥85%，硫酸钠含量≤5，1%水溶液 pH 值 9；液体产品的对甲苯磺酸钠含量≥40%，硫酸钠含量≤3，1%，水溶液的 pH 值 8.5。用作洗涤助剂，在重垢及轻垢洗涤剂配方中起增溶、黏度改性、降低浊点等作用，并可提高洗衣粉流动性、防止结块及降低洗衣粉料浆黏度，也用作化肥结晶添加剂、洗发香波调理剂、金属清洗剂，以及用于电镀、胶黏剂等行业。由甲苯磺酸与氢氧化钠反应制得。

4-(对甲苯磺酰胺基)-2,2,6,6-四甲基派啶 4-(*p*-toluene sulfonamide)-2,2,6,6-tetramethyl piperidine 又名光稳定剂 GW-310。白色结晶粉末。熔点 179～180℃。难溶于水，溶于苯、丙酮、氯仿、二甲苯及乙酸乙酯等。与树脂相容性好。用作聚乙烯、聚丙烯、聚氨酯及 ABS 树脂等的光稳定剂，具有耐抽提、耐水解、不着色等特点。光稳定效果优于常用紫外线吸收剂。与二苯甲酮类紫外线吸收剂 UV-531 并用，能提高制品的耐候性。

对甲苯磺酰肼 *p*-toluene sulfonyl hydrazide 又名发泡剂 TSH。白色结

$H_3C-\underset{}{\bigcirc}-SO_2-NH-NH_2$

晶粉末。相对密度 1.40～1.42。熔点 100～110℃（熔融同时分解，并放出氮气和少量水）。分解发气量 110～125mL/g。微溶于水及醛类，不溶于苯、甲苯，溶于甲醇、乙醇、甲乙酮，易溶于碱。在热水中水解，生成磺酸同时放出氮气。可燃。用作塑料、天然或合成橡胶的低温发泡剂。可在 70℃以下混炼，发生的气体和分解残渣无毒、无臭、无污染，泡孔结构细密均匀，尤适用于制造闭孔泡沫塑料及海绵橡胶。由对甲苯磺酰氯与水合肼在苯中缩合制得。

对甲苯氧乙酸 (4-methylphenoxy) acetic acid 白色结晶。熔点 140～142℃。微溶于水，溶于乙醚、丙酮、苯等有机溶剂。一种苯氧乙酸类除草剂。为内吸传导型除草剂，可通过茎叶根植物吸收，根系吸收的药剂可随蒸腾流沿木质部导管向上传导并带到植物体各部位。适用于水稻田、麦田及玉

米田防除一年生及多年生阔叶杂草及莎草。由对甲苯酚与氯乙酸缩合制得。

对甲酚 *p*-cresol 又名对甲基苯酚、4-甲酚。无色块状结晶,有苯酚气味。相对密度 1.0347。熔点 34.7℃。沸点 201.9℃。闪点 86℃。折射率 1.5359。稍溶于水,溶于大多数常用有机溶剂及苛性碱溶液。易氧化,与空气接触时颜色变深。可燃。有毒! 蒸气对皮肤、黏膜有强刺激性及腐蚀性。用于制造 2,6-二叔丁基对甲苯酚抗氧剂、橡胶防老剂、增塑剂、酚醛树脂、香料、农药、染料等,也用作环氧树脂固化促进剂、磺胺药增效剂等。以甲苯及硫酸为原料,经磺化、中和、碱溶及酸化而得。

对醌二肟 *p*-quinonedioxime 又名对苯醌二肟。纯品为浅黄色针状结晶。熔点 243℃(分解)。工业品为深褐色或紫褐色粉末。相对密度约为 1.40。溶于碱液、乙醇、乙酸乙酯及醚类,微溶于丙酮,不溶于水、汽油及苯。易燃。粉尘与空气混合物有爆炸危险。有毒! 用作天然橡胶、丁基橡胶及丁苯橡胶等硫化剂,尤适用于丁基橡胶。在胶料中易分散、硫化速度快、定伸应力高。主要用于制造胶囊、水胎及电线电缆的绝热层。因有变色性,不适用于白色及浅色制品。也用作丁基橡胶的热处理剂。由苯酚经亚硝化生成对亚硝基苯酚后,经转位成对醌单肟,再与盐酸羟胺反应制得。

对氯苯酚 *p*-chlorophenol 又名对氯酚。纯品为白色结晶,工业品为黄色或粉红色结晶。有特殊刺激性气味。相对密度 1.2651。熔点 42～44℃。沸点 220℃。闪点 121℃。折射率 1.5579(40℃)。难溶于水,溶于乙醇、乙醚、甘油、苯及苛性碱溶液。遇明火及高热会着火,毒性较大! 蒸气对皮肤、黏膜等有刺激性及腐蚀性。用于制造医药、农药、染料、抗氧剂等。也用作乙醇变色剂及矿物油精炼用选择性溶剂等。是早期用于工业循环冷却水处理的非氧化型杀菌剂,但因毒性较大,不易生物降解,其应用受到限制。由苯酚与亚硫酰氯在催化剂存在下反应制得。

对氯苯氧基乙酸 *p*-chlorophenoxyacetic acid 白色结晶,有清香味。熔点 157～159℃。微溶于水,溶于乙醇、丙酮、苯、氯仿。一种植物生长调节剂。可制成溶于水的钠盐、铵盐及钾盐等。对氯苯氧乙酸钠也称保果灵、防落素;对氯苯氧基乙酸钾可提高番茄的坐果率,使果形美观,畸形果少,并增加生长速度。用于烟草,能降低尼古丁含量。用于观赏花卉,能使花卉长势旺盛,花期延长。由苯酚与氯乙酸缩合后,经氧化制得。

对氯间二甲酚 *p*-chloro-*m*-xylenol 又名 4-氯-3,5-二甲基苯酚、防霉剂 PC。纯品为白色粉末或结晶,稍有苯酚气味。工业品为浅黄色结晶,熔点114～115℃,沸点246℃。会随水蒸气挥发。不溶于水,溶于碱溶液、乙醇、异丙醇,稍溶于苯、甘油。一种低毒、广谱、高效防霉杀菌剂。对革兰氏阳性或阴性菌、霉菌、酵母菌等都有较强抑制能力。对人、动物及鱼类无毒。其油溶性药剂能与化妆品及皮革制品的加脂剂相溶,故常用作化妆品、皮革、塑料、涂料、医药、油墨、胶黏剂及织物等的防霉剂。医药上也用作皮肤消毒剂。由3,5-二甲基苯酚与二氯硫酰反应制得。

对羟基苯甲醚 *p*-hydroxyanisole 又名对羟基茴香醚、对甲氧基苯酚。白色至

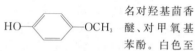

淡褐色片状结晶或蜡状固体。相对密度1.55。熔点53℃。沸点243℃。微溶于水,溶于乙醇、丙酮、苯、乙酸乙酯。能吸收部分紫外线。化学性质稳定。可燃。低毒。对呼吸系统有刺激性。用于制造增塑剂、防老剂、抗氧化剂及染料等,也用作苯乙烯、丙烯腈、丙烯酸酯类单体的阻聚剂,紫外线抑制剂。由对苯二酚与硫酸二甲酯经甲基化反应制得。

对羟基苯甲酸苄酯 benzyl-4-hydroxybenzoate 白色粉末。熔点109～112℃。不溶于水,溶于乙醇、丙酮、苯、氯仿。化学性质稳定。一种与无色染料呈色剂在热熔融时产生变色反应的显色剂。用于生产压敏或热敏记录纸、心脑电图记录纸、电话传真记录纸等。显色剂

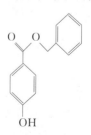

本身不具压敏性或热敏性,而需以微胶囊形式涂布在记录纸上,受压或受热后才可显出颜色。由苄醇与对羟基苯甲酸或对羟基苯甲酰氯反应制得。

对羟基苯甲酸丙酯 propyl *p*-hydroxybenzoate 又名尼泊金丙酯。无色或白色

HO—⟨⟩—COOCH$_2$CH$_2$CH$_3$

结晶性粉末。无臭,稍有涩味。相对密度1.063。熔点96～97℃。微溶于水。易溶于乙醇、乙醚、丙酮、丙二醇等。毒性极低,对人体皮肤无刺激性。用作化妆品、食品、医药、香料等的防腐剂及防霉剂。抗菌作用大于对羟基苯甲酸乙酯,其抑菌作用几乎为后者的4～5倍。但价格较高,主要用于高档营养型化妆品中。可在硫酸催化剂作用下,由对羟基苯甲酸与正丙醇反应制得。

对羟基苯甲酸丁酯 butyl *p*-hydroxybenzoate 又名尼泊金丁酯。无色或白

HO—⟨⟩—COOCH$_2$CH$_2$CH$_2$CH$_3$

色结晶性粉末。几乎无臭。稍有涩味。熔点69～72℃。易溶于乙醇、丙酮、丙二醇、氯仿等。难溶于水。毒性极低。对人体皮肤无刺激性。尼泊金酯类的抗菌力强弱为:尼泊金丁酯＞尼泊金丙酯＞尼泊金乙酯＞尼泊金甲酯。但尼泊金丁酯价格较高,使用不广泛,仅用于高档营养型化妆品中。也可用于药品、食品、印染、胶片等的防腐剂。用于营养型高档化妆品时,常与尼泊金甲酯复配使用。在硫酸催化剂存在下,由对羟基苯甲酸与正丁醇反应制得。

对羟基苯甲酸庚酯 heptyl *p*-hydroxy

benzoate 又名尼泊金庚酯。无色或白色

HO—⟨ ⟩—COO(CH$_2$)$_6$CH$_3$

结晶性粉末。无臭或略有特殊气味及焦糊味。熔点 48.5℃。稍溶于水,易溶于乙醇、乙醚、丙二醇。毒性极低。对皮肤无刺激性。对乳酸菌有较强的抑菌作用。用作食品、饮料、化妆品及药品等的防腐杀菌剂。作为含酒精饮料的防腐剂,具有防腐效果好、毒性小、用量少等特点。与尼泊金丙酯配合作用可用于酒类的防腐。在硫酸或氧化亚锡催化剂存在下,由对羟基苯甲酸与正庚醇反应制得。

对羟基苯甲酸甲酯 methyl *p*-hydroxy benzoate 又名尼泊金甲酯。无色细小针

HO—⟨ ⟩—COOCH$_3$

状结晶或结晶性粉末。无臭或稍有刺激性气体。熔点 131℃。沸点 270～280℃(分解)。易溶于乙醇、乙醚、丙酮、丙二醇,微溶于甘油、苯,难溶于水。毒性较低。对人体皮肤无刺激性。用作化妆品、食品、医药、香料、胶片等的防腐剂及防霉剂,对多种霉菌、酵母菌、细菌有效。它是尼伯金酯类中杀菌力最低的品种,抑制同一微生物所需的量也最大。常与对羟基苯甲酸乙酯并用。可在硫酸催化剂作用下,由对羟基苯甲酸与甲醇反应制得。

对羟基苯甲酸戊酯 pentyl 4-hydroxy-benoate 又名尼泊金戊酯。白色结晶粉

HO—⟨ ⟩—COO(CH$_2$)$_4$CH$_3$

末或细小晶体。无臭。难溶于水,易溶于乙醇、乙醚、丙酮、氯仿。对皮肤无刺激性。对乳酸菌有较强抑菌作用。用作食品、化妆品及医药品等的防腐杀菌剂。具有毒性低、用量少、防腐效果好等特点。由对羟基苯甲酸与正戊醇在杂多酸盐催化剂存在下反应制得。

对羟基苯甲酸乙酯 ethyl *p*-hydroxy benzoate 又名尼泊金乙酯。无色或白色

HO—⟨ ⟩—COOC$_2$H$_5$

结晶性粉末。有轻微特殊香味,稍有涩味。熔点 116～118℃。沸点 297～298℃(分解)。微溶于水,易溶于乙醇、乙醚、丙酮、丙二醇。对光及热稳定。无吸湿性。毒性极低,对人体皮肤无刺激性。对霉菌、细菌及酵母有一定抑制作用,用作化妆品、药品、香料等的杀菌防腐剂,食品保鲜剂,医疗器械清洗消毒剂。抗细菌性能优于苯甲酸及山梨酸,但抑菌效果不及对羟基苯甲酸丁酯及丙酯。在硫酸催化剂存在下,由对羟基苯甲酸与乙醇反应制得。

对叔丁基苯酚甲醛树脂 *p*-tert-butylphenolformaldehyde resin 又名酚醛树脂 2402、酚醛树脂 101。淡黄色至深棕色半透明无定形固体,质脆。软化点(环球法)85～105℃。燃烧温度 270℃。不溶于水,溶于苯、甲苯、汽油、丙酮及乙酸乙酯等。微毒。粉尘与空气的混合物有爆炸危险。用作丁基、丁苯、丁腈橡胶及天然橡胶等的硫化剂。主要用于丁基橡胶,硫化胶耐热性好、压缩变形小,常配以含卤化合物(如三氯化铁)作活性剂。也用作胶黏剂及涂料的交联剂。由对叔丁基苯酚与甲醛缩聚制得。

对叔丁基邻苯二酚 *p-tert*-butylcatechol 又名对叔丁基儿茶酚、4-叔丁基-1,2-二羟基苯。

$(CH_3)_3C\text{—}\underset{}{\underset{}{\bigcirc}}\text{—OH, OH}$

无色或浅黄色晶体。相对密度1.049(60/25℃)。熔点53℃。沸点285℃。闪点130℃(闭杯)。不溶于水、石油醚,微溶于90℃热水,溶于甲醇、乙醚、四氯化碳及芳烃。在低温下是有效的阻聚剂,高温时会分解而失去阻聚作用,但在60℃时的阻聚效率比对苯二酚高25倍。有毒!直接与皮肤接触可引起烫伤及起泡。用作苯乙烯、氯乙烯、氯丁二烯等烯类单体的高效阻聚剂,聚烯烃、己内酰胺、油脂等的抗氧化剂,聚氨酯的钝化剂,乳液聚合反应终止剂,杀虫剂的稳定剂等。也用于制造医药、农药、香料等的中间体。由叔丁醇与邻苯二酚经缩合反应制得。

对叔辛基苯酚甲醛树脂 *p-tert*-octylphenol formaldehyde resin 又名叔辛基苯酚甲醛树脂。浅黄色至棕黄色树脂状透明固体。质脆。相对密度1.04。软化点65～75℃。不溶于水,溶于苯、甲苯、乙醚、丙酮、汽油等。可燃。微毒。用作丁基、丁苯、丁腈橡胶及天然橡胶等的硫化剂,主要用于丁基橡胶。硫化性能与酚醛树脂2402相似,但硫化速度较快,硫化胶的物理机械性能更好。也用作胶黏剂及涂料的交联剂。由对叔辛基苯酚与甲醛在碱性催化剂存在下缩聚制得。

对硝基苯甲醛 *p*-nitrobenzaldehyde 又名4-硝基苯甲醛。白色至淡黄色结晶或粉末。能升华,可随水蒸气挥发。

$O_2N\text{—}\underset{}{\bigcirc}\text{—CHO}$

熔点101～107℃。微溶于水、乙醚,溶于乙醇、苯、冰乙酸等。常温下稳定。用作光学仪器、器械等防霉剂。通常加工成2～5mm的片料,放入仪器适当部位,通过逐渐挥发出杀菌气体而起到防霉作用。对黑曲霉、黄曲霉、木霉、橘青霉、灰绿曲霉等多种霉菌有抑制作用,对金属及光学零件无腐蚀性。可在三氧化铬存在下,由对硝基苯与乙酐反应制成硝基苄亚基二乙酸酯后,再经硫酸水解制得。

对硝基苄基二乙基羟乙基溴化铵 *p*-nitrobenzyldiethylhydroxyethyl ammonium bromide 白色固体。熔点149～151℃。

$$\left[O_2N\text{—}\underset{}{\bigcirc}\text{—}CH_2\text{—}\underset{C_2H_5}{\overset{C_2H_5}{N}}\text{—}CH_2CH_2OH\right]^+ Br^-$$

溶于水、乙醇。一种季铵盐阳离子表面活性剂,具有良好的渗透、杀菌性能,并具生物活性,对植物生长有促进作用。可用作相转移催化剂、植物生长调节剂及杀菌剂等。由二乙氨基乙醇与对硝基苄基溴在无水丙酮中反应制得。

对乙酰氨基酚 paracetamol 又名扑热息痛、N-(4-羟基苯基)乙酰胺。无色

HO—⟨⟩—NHCOCH₃ 单斜棱形结晶。无臭,味微苦。相对密度1.293(21℃)。熔点168～172℃。溶于甲醇、乙醇,微溶于热水、乙醚,难溶于冷水、石油醚。在潮湿条件下易水解成对氨基酚。遇三氯化铁试液产生蓝紫色。具有解热、镇痛作用,但无抗炎作用。其解热镇痛效果与阿司匹林基本相同,对关节炎、风湿症、头痛和神经痛有镇痛作用。长期应用可导致肾损害。由氯苯经硝化、碱水解、酸化、还原成对氨基苯酚,再经乙酸酰化制得。

L-多巴 L-dopa 又名左旋多巴。

HO—⟨⟩—CH₂CHCOOH
HO   NH₂

一种非蛋白氨基酸。是人体内生化合成肾上腺素的中间体,也存在于蚕豆等植物中。无色至白色针状结晶。熔点276～278℃(分解)。易溶于稀盐酸、甲酸,溶于水,不溶于乙醇、苯、乙酸乙酯。在动物体内,多巴经多巴脱羧酶的作用转化为多巴胺。多巴胺在酶的作用下经一系列氧化脱羧反应,最终获得皮肤和毛发的黑色色素。在化妆品中添加多巴可提高多巴胺的水平,达到头发增黑的目的。可用作乌发剂或发用染料,防止灰发及刺激头发生长。也具有提高冠状动脉血压输出量、升高血压等生理功能。可以龙爪黧豆为原料,经酸浸、浓缩、精制而得。

多巴胺 dopamine 又名3,4-二羟苯基乙胺、羟酪胺。

HO—⟨⟩—CH₂CH₂NH₂
HO

白色有光泽针状晶体。无臭,味微苦。熔点241℃(分解)。易溶于水,溶于乙醇,微溶于乙醚、氯仿、甲苯。对光敏感,在碱性溶液中不稳定。为体内合成肾上腺素的前体,在大脑基神经节中的尾状核和豆状核构成的纹状体内含量丰富。具有调节驱体运动,参与精神情绪活动,调节垂体分泌功能和心血管活动等作用。能增强心肌收缩力,增加心血输出量,扩张肾和肠系膜的血管。医药上用于治疗出血性和心源性休克及用作升压药。由香兰醛与硝基甲烷经缩合、还原、水解制得。

多巴酚丁胺 dobutamine 又名杜丁

          OH   CH₃
HO—⟨⟩—CH₂CH₂NHCHCH₂CH₂—⟨⟩—OH·HCl

胺、盐酸多巴酚丁胺。白色或类白色结晶性粉末。无臭,味微苦。熔点184～186℃。略溶于水、无水乙醇,不溶于氯仿。遇光颜色变深。为选择性兴奋心脏的β₁受体激动剂,可增加心肌收缩力和心博量,而不影响动脉压和心率。用于治疗心排血量低和心率慢的心力衰竭,也用于治疗急性循环功能不全。缺点是作用时间短,口服无效,易产生耐受性和增加心肌耗氧量。由茴香醛与丙酮缩合制得4-(4-甲氧基苯基)丁酮-2,再与3,4-二甲氧基苯乙胺缩合,再经氢化、去甲基、酸化制得。

多产柴油催化裂化催化剂 catalytic cracking catalyst for producing more diesel oil 粒度主要为 $45\sim111\mu m$ 的微球形催化剂。主活性组分为超稳分子筛,载体为复合铝粘接高岭土基质。Al_2O_3 含量 $\geqslant 43\%$。孔体积 $\geqslant 0.35mL/g$。比表面积 $\geqslant 240m^2/g$。磨损指数 $\leqslant 13.0\%$。中国商品牌号有 LRC-00、LRC-99BC 等。用于要求提高柴油收率的各类重油催化裂化装置及要求减少塔底油产率的各类重油催化裂化装置。具有重油裂化能力强、柴油产率高、焦炭选择性好等特点。由活性组分及载体材料经成胶、喷雾干燥、涤涤、过滤、干燥而制得。

多产液化气催化裂化助剂(CA 系列) catalytic cracking catalyst promotor for producing more LPG(CA Series) 一种以稀土磷硅铝分子筛(RPSA)为择形活性组分,并加入适量其他超稳分子筛的微球。其中 $0\sim40\mu m\leqslant 28\%,40\sim 80\mu m\geqslant 50\%$。$Al_2O_3$ 含量 $\geqslant 45\%$。$SO_4^{2-}\leqslant 1.50\%$。孔体积 $\geqslant 0.15mL/g$。比表面积 $\geqslant 190m^2/g$。磨损指数 $\leqslant 3.5\%$。用于各种催化裂化装置,可提高液化气收率,同时可提高汽油辛烷值,加入助剂量一般占系统藏量的 10% 左右。由 RPSA 分子筛、超稳分子筛及载体基质材料经成胶、喷雾干燥、洗涤、过滤、干燥而制得。通过调节 RPSA 分子筛的硅铝比,可制得 CA 系列产品。

多金属配合鞣剂 multimetal coordination tanning agent 一种皮革复鞣材料。是由两种或两种以上有鞣性的金属盐配制成的双核或多核配合物。一般是由铬、锆、铝三者的盐类在硫酸酸化下或直接用三者的硫酸盐按一定配比配制而成,其配位体都是 SO_4^{2-}、OH^-、H_2O 及有机酸根。主要品种有铬铝配合鞣剂和铬锆铝配合鞣剂,用其复鞣的革具有铬鞣革的柔软、丰满、弹性好及耐湿热性高的特点,又具有铝鞣革粒面细致的优点,更具有锆鞣革填充性强、部位差小、边腹部利用率高的特点。可用于猪、牛、羊皮服装革、软鞋面革和沙发革等产品的复鞣。

多聚甲醛 paraformaldehyde 又名 $H(CH_2O)_nOH(n=6\sim 100)$ 仲甲醛、固体甲醛。一种低相对分子质量的聚甲醛。白色至淡黄色可燃结晶粉末或片状、颗粒状。甲醛含量 93%~99%。分子结构中甲醛结构单元(n)的数目不等,平均为 30 个左右。$n<12$ 的多聚甲醛可溶于水、丙酮和乙醚等,在水溶液中放出甲醛。相对分子质量大的多聚甲醛则不溶于水。加热至 160~200℃ 时解聚,生成甲醛气体。燃点 300℃。闪点 71.1℃。有毒!用于制造人造象牙、人造角、胶黏剂等。也用作杀菌剂、杀虫剂。用作熏蒸消毒剂时,可在密闭状况下消毒病房、实验室,或在密闭消毒箱中,用甲醛处理生活用品及医疗器械。可在减压下将甲醛液蒸发后在催化剂作用下缩合制得。

多菌灵 carbendazim 又名 N-(2-苯

并咪唑)-氨基甲酸酯、棉萎灵。纯品为白色结晶粉末。无臭无味。相对密度1.455。熔点 307～312℃（分解）。216～217℃升华。工业品为浅棕色粉末。溶于稀无机酸及乙酸等有机酸，并生成相应的盐。难溶于水，微溶于丙酮、氯仿。化学性质稳定。一种高效、低毒、低残留的内吸杀菌剂及工业防霉剂。可用于木材、纸张、涂料、皮革、塑料、乳胶、胶黏剂、漆布及水果等的防霉，尤其对青霉防治效果更佳。也可用于防治谷类黑瘟病、稻瘟病、甘薯黑斑病等。由石灰氮的水解产物与氯酸甲酯经氰胺化反应制得氰胺基甲酸甲酯，再与邻苯二胺缩合制得。

多硫化钡 barium polysulfide BaS_x 又名硫钡粉、硫钡合剂、聚硫化钡。深灰色细微粉末。是硫化钡熔体和硫黄细粉的机械混合物。约含硫化钡40％、硫黄20％，其他为硫酸钡、碳酸钡、硅石及煤屑等。相对密度约1.137。在酸中分解出单质硫和硫化氢气体。溶于水，水溶液呈黄色至棕红色或黑褐色，有很强恶臭气味。与水溶性脂肪酸钠盐及钾盐作用可生成不溶于水的钡皂，有毒！对皮肤有腐蚀作用，误服会中毒。农业上用作杀菌剂及杀螨剂，可防治螨类、柑橘壁虱、棉红蜘蛛。也用于防治小麦锈病、马铃薯疫病、黄瓜白粉病、炭疽病及各种果树病害。由重晶石粉、无烟煤粉混合焙烧后，加入硫黄研磨均匀而得。

多硫化钙 calcium polysulfide CaS_x 暗灰色或棕色粉末，或褐色液体。有强烈的臭蛋气味。主要成分为多硫化钙，并含有多种多硫化物及少量硫酸钙、亚硫酸钙。呈碱性反应，遇酸易分解。受高温及阳光照射易被氧化，生成游离的硫黄及硫酸钙。有毒！误食时，会在肠胃中释出硫化氢气体，造成中毒。对皮肤有强腐蚀性。用作杀虫剂、杀菌剂。可防治多种植物病害，尤对锈菌及白粉菌引起的病害防治效果好，对红蜘蛛、锈壁虱也有较好防治效果。由生石灰、硫黄及水熬煎制得。

多硫化钠 sodium polysulfide 黄色 $Na_2S_n (n=2.8～3.5)$ 或灰黄色结晶粉末。相对密度1.23～1.28(25℃)。吸湿性很强。易溶于水，加热变成红色，而远在熔点以下的温度即已分解为 $Na_2S_2 + Na_2S_4$。工业品为多硫化钠水溶液，呈橙红色，硫化钠含量28％～34％，硫代硫酸钠含量<6.0％，总硫量>40％。用作丁苯橡胶聚合终止剂，与二甲基二硫代氨基甲酸钠配用可增强终止效果，且不会使聚合物变色。也用作制造2-硫醇基苯并噻唑（促进剂M）的中间体。由氢氧化钠溶液或硫化钠溶液与硫黄反应制得。

多磷酸 polyphosphoric acid 又名多聚磷酸、四磷酸。无色透明黏稠液体。$H_6P_4O_{13}$，P_2O_5 含量≥80％。相对密度约8.1。60℃以上有流动性，低温时凝固成玻璃状。易潮解。与水混溶并水解成磷酸。一般多磷酸为混合酸，随聚合工艺及聚合度不同而含正、偏、焦、聚等各种组分的磷酸，含 P_2O_5 大于76％，又称为聚磷酸、过磷酸、结合磷酸等。其黏度及凝固点较低，腐蚀性较小。用作有机合成环化剂、酰化剂、络合剂及螯合剂等，也用于制造高浓度肥料。由磷酸与五氧化二磷加热

多黏菌素 B polymixin B 由多黏杆菌培养液提取的 B_1、B_2 混合多肽类抗生素。白色至淡黄色粉末。易溶于水,微溶于乙醇,pH 值 5.7~7.5 时稳定,碱性溶液中不稳定。抗菌谱和抗菌机制与多黏菌素 E 相同,但较后者抗菌力强,尤适用于绿脓杆菌引起的泌尿系统感染、败血症、脑膜炎等。细菌对本品和多黏菌素 E 之间有完全交叉耐药性。口服不吸收,只用于胃肠道感染。肾毒性较大。用作饲料添加剂,能促进畜禽生长和提高饲料利用率。

多黏菌素 E polymixin E 又名多

$$C_{53}H_{100}O_{13}N_{16} \cdot 2\frac{1}{2}H_2SO_4$$

多黏菌素 E_1

$$C_{52}H_{98}O_{13}N_{16} \cdot 2\frac{1}{2}H_2SO_4$$

多黏菌素 E_2

黏菌素 E 硫酸盐、抗敌素、硫酸抗敌素、黏菌素、可利迈仙。白色结晶性粉末,无臭,味苦。主要成分是多黏菌素 E_1,含少量多黏菌素 E_2。易溶于水,微溶于乙醇、甲醇,不溶于乙醚、丙酮。酸性溶液中稳定,碱性溶液中不稳定。对革兰阴性菌有强杀菌作用,对绿浓杆菌、大肠杆菌、沙门氏菌、痢疾杆菌、百日咳杆菌等有较强抑菌活性,主要用于上述敏感菌感染,如败血症、急性肠炎、菌痢、百日咳、尿路感染、胆道感染等。用作饲料添加剂,能促进畜禽生长和提高饲料利用率。由多黏杆菌培养液提取、分离制得。

多柔比星 doxorubicin 又名阿霉素、14-羟正定霉素、羟基红比霉素。由

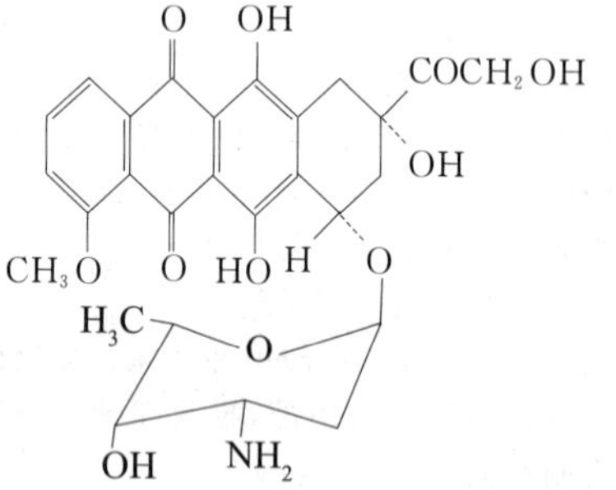

松链霉菌浅灰色变株的培养液提制的蒽环抗肿瘤抗生素。其盐酸盐为橘红色针状结晶。熔点 204~205℃(分解)。易溶于水、甲醇,不溶于丙酮、苯、乙醚、氯仿。本品可直接与 DNA 结合,使双螺旋链分开,阻止 DNA 及 RNA 合成,使癌细胞不能分裂增殖。主要用于急、慢性白血病、恶性淋巴瘤,也用于胃癌、肺癌、乳腺癌、鼻咽癌、黑色素瘤、甲状腺癌。常与其他抗癌药合用,以增效。副作用有骨髓抑制、脱发、消化道反应、肝功损害等。

多沙唑嗪 doxazosin 其盐酸盐为白

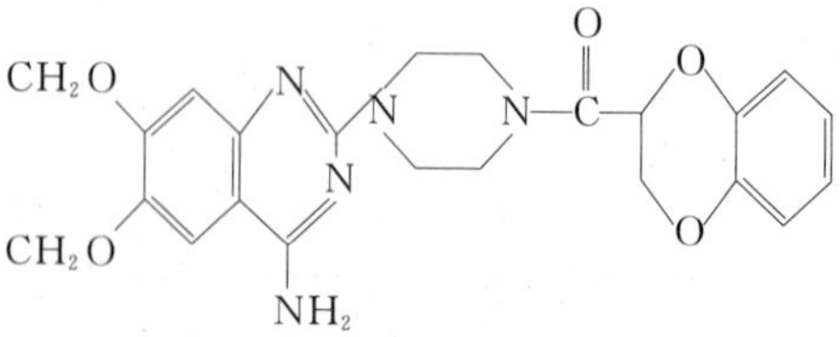

色结晶。熔点 289~290℃。溶于水、二甲基甲酰胺,不溶于乙醚。为 α 受体阻滞剂,能选择性阻断外周 $α_1$ 受体,抑制交感神经递质对血管平滑肌的作用,使血管扩张,血压下降,用于治疗高血压,其半衰期较长,血药浓度较低。以 3,4-二甲氧基苯甲醛、氰酸钠等为原料制得。

多索茶碱 doxofylline 又名安赛玛、舒维新、2-(7-茶碱甲基)-1,3-二氧戊环。淡黄色结晶。熔点 144~145.5℃。溶于水、丙酮、苯、热乙醇,不溶于乙醚、石油醚。为茶碱类平喘药,除有扩张支气管平滑肌作用外,还有兴奋心肌、加强心肌收缩力和利尿作用。用于治疗支气管哮喘及伴有支气管痉挛的肺部疾病。由 7-(β,γ-二羟丙基)茶碱经氧化生成茶碱乙醛,再与乙二醇缩合制得。

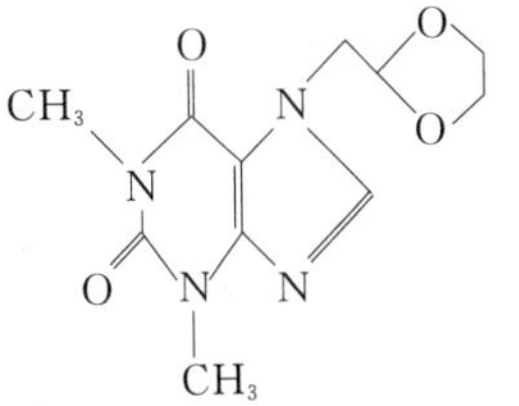

多萜醇 dolichol 一种长链聚戊二烯的多萜类化合物。天然存在于雪松叶、烟叶、银杏叶等植物中。是一种不等聚合度的混合物,如从银杏叶中分离的多萜醇,n 为 12、13、14、15、16、17 的分别占 1.2%、6.7%、24.6%、40.4%、20.4%、5.9%。不溶于水、甲醇、乙醇,溶于氯仿、苯、乙酸乙酯。可治疗高尿酸血症、血脂过高及磷脂新陈代谢方面等疾病。局部外用能防治皮炎。用于生发酊有促进毛发生长的作用。由雪松叶用石油醚及丙桐混合溶剂萃取、浓缩、皂化、酸化等过程制得。

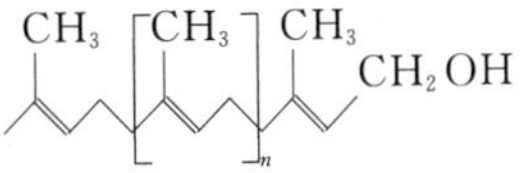

多香果油 pimenta oil 又名众香子油。黄色至微红黄色液体。有多香果所特有的香气及滋味,有温和辛辣味。相对密度 1.018~1.048(25℃)。折射率 1.5270~1.5400。主要成分为丁香酚(60%以上)、桉叶油素、水芹烯、石竹烯等。储存或受光颜色会变深。微溶于水,以 1:21 溶于 70%乙醇中,也溶于乙醚、乙酸。为植物类天然香料,主要用于调配辣酱油、泡菜、肉类制品等食用香精,兼有抗氧化及防腐作用。少量用于皂用及化妆品香精。由桃金娘科植物多香果树的半成熟果实干燥后经水蒸气蒸馏制得。

多西环素 doxycycline 又名去氧土

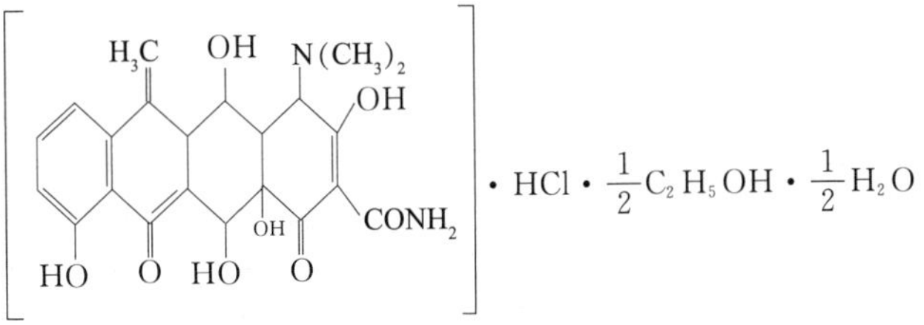

$\cdot HCl \cdot \frac{1}{2}C_2H_5OH \cdot \frac{1}{2}H_2O$

(盐酸多四环素)

霉素、强力霉素。一种半合成四环素类抗生素。由土霉素经氯代、脱水、氢化、成盐、精制而得。制品为半乙醇合半水合盐酸盐。黄色或淡黄色结晶性粉末。无臭,味苦。易溶于水、甲醇,微溶于乙醇,不溶于丙酮、氯仿。抗菌谱与抗菌机理与四环素相同,但抗菌活力优于四环素、土霉素,而略低于米诺环素。主要用于呼吸道感染、胆道感染、尿道感染、皮肤软组织感染和菌痢等。也可治疗沙眼,并有止咳作用。

多烯基丁二酰亚胺 polyolefin succinimide 又名多聚异丁烯丁二酸亚胺。属非离子型表面活性剂。棕色油状液体。按生产厂不同分为 T-153、T-155、T155A 等牌号。相对密度 $0.90 \sim 0.93$。氮含量 $0.8\% \sim 1.0\%$。运动黏度 $300 \sim 400 mm^2/s(100℃)$。闪点 $\geqslant 170℃$。具有较好的分散性及高温稳定性,对酸性燃烧物有一定增溶能力。用作润滑油清净剂,用于调制中、高档内燃机油,尤适用于柴油机油。与其他添加剂复合有较好协同作用,改善油品性能,也用于制造防水炸药。由聚异丁烯与马来酸酐在氯气作用下生成烯基丁二酸酐,再与多烯多胺反应制得。

多效唑 paclobutrazol 又名(2RS,3RS)-1-(4-氯苯基)-4,4-二甲基-2-(1H-1,2,4-三唑-1-基)戊-3-醇。白色结晶。相对密度 1.22。熔点 $165 \sim 166℃$。蒸气压 0.001mPa。难溶于水,溶于甲醇、丙酮、环己酮、二氯甲烷,稍溶于二甲苯,微溶于己烷。常温及在 pH 值为 $7 \sim 9$ 的水溶液中稳定。低毒。一种三唑类植物生长调节剂,是内源赤霉素合成的抑制剂,用于水稻秧田,可控制秧苗生长,促进粮食发育,增加分蘖,提高产量。也具有保护细胞膜与细胞器膜,提高植物抗逆能力,减少倒伏的作用。以一氯频哪酮、1,2,4-三氮唑、对氯苄等为原料制得。

多元醇磷酸酯 polyhydric alcohol phosphate 一种阴离子型表面活性剂。

$$H_2O_3P-O-[CH_2-CH_2-O]_n-C$$
$$H_2O_3P-O-[CH_2-CH_2-O]_n-C$$

外观为棕色黏稠性膏体。有机磷酸酯含量(以 PO_4^{3-} 计)$\geqslant 32\%$。无机磷酸酯含量(以 PO_4^{3-} 计)$\leqslant 10\%$。1% 水溶液 pH 值 $1.5 \sim 2.5$。稍溶于水。在高温及碱性条件下易发生水解。分子结构中含有多个聚氧乙烯基,有良好的阻钙垢能力及对泥砂的分散性。广泛用于炼油厂、化工厂、化肥厂的空调系统和铜质换热器等循环冷却水中作阻垢缓蚀剂,尤适用作油田注水的阻垢剂。由多元醇与环氧乙烷反应生成多元醇聚氧乙烯醚后,再与五氧化二磷反应制得。

多氧菌素 polyoxin 又名多抗霉素、多效霉素。由金色产色链霉菌培养液分离得到的肽嘧啶核苷类抗生素,是含有 $A \sim N$ 14 种不同同系物的混合物,主要成分是多氧菌素 A 和多氧菌素 B。为无色针状结晶。熔点 $>190℃$。溶于水,不溶于乙醇、丙酮、苯、氯仿。酸性及中性溶液中稳定,碱性溶液中不稳定。对小麦白粉病、烟草赤星病、黄瓜霜霉病、人参叶黑斑病、水稻纹枯病、梨黑斑病、林木枯梢病等多种真菌性病害有良好防治效果。不仅能治病害,还能刺激植物生长。

多乙烯多胺 polyethylene polyamine $NH_2(CH_2CH_2NH)_nCH_2CH_2NH_2$ ($n \geqslant 4$) 又名多亚乙基多胺。淡黄至橘黄色黏稠液体,有氨味。是五乙烯六胺及九乙烯十胺混合物的总称。相对密度 $1.000 \sim 1.025$。熔点 $-26℃$。沸点 $>100℃$。易溶于水、乙醇,不溶于苯、乙醚。有强碱性,与酸反应生成相应的盐。在空气中易吸收水分及二氧化碳。低温时凝固。对皮肤及黏膜有腐蚀性及刺激性。用于制造阴离子交换树脂、离子交换膜。也用作环氧树脂固化剂、原油破乳剂、矿物浮选剂、润滑油添加剂等。由二氯乙烷与氨水反应制得。

多乙烯多胺-2-羟丙基三甲基氯化铵 polyethylene-polyamine-2-hydroxypropyl trimethyl ammonium chloride 又名ZB有机絮凝剂。一种有机高分子絮凝剂,属阳离子表面活性剂。外观为棕色透明黏稠液体。相对密度 $1.1 \sim 1.3$。pH值 $2 \sim 5$。黏度 $1000 \sim 4000 \text{ mm}^2/\text{s}$。溶于水,可生物降解。用作炼油厂含油废水、城市生活污水、食品工业废水处理的絮凝剂,对带负电荷胶体颗粒或阴离子型悬浮物具有很强的吸附能力和电中和作用,可明显改变胶体颗粒表面的界面状态及表面能。由有机胺与环醚反应生成中间产物取代胺后,再加入扩链剂反应制得。

鹅(脱氧)胆酸 chenodeoxycholic acid

又名二羟基胆烷酸。是哺乳动物和人类胆汁中的胆酸之一,以游离和结合的形式存在。白色或淡黄色结晶性粉末。味苦。熔点 $141 \sim 142℃$。难溶于水及石油醚、苯,溶于乙醇、丙酮、氯仿及氯乙酸。用作预防和治疗胆固醇性胆结石和高脂血症的药物,对胆色素性结石和混石结石也有一定疗效。由鸡、鸭、鹅等的胆汁中提取而得。

恶霉灵 hymexazol 又名土菌消、3-羟基-5-甲基异噁唑。纯品为白色针状结晶。熔点 $86℃$。蒸气压 $133.3 \text{mPa} (25℃)$。溶于水,易溶于甲醇、乙醇、苯、丙酮。工业品为淡黄色针状结晶。对酸、碱稳定。低毒。一种农用内吸杀菌剂及土壤消毒剂,能被植物的根吸收及在根系内移动,在植株内代谢产生糖苷,能促进作物根部生长,提高幼苗抗寒性。还对土壤中的腐霉菌、镰刀菌有高效杀灭作用。用于防治稻苗及甜菜立枯病、西瓜枯萎病、烟草猝倒病等。以盐酸羟胺、乙酸、乙酸乙酯等为原料制得。

噁草醚 isoxapyrifop 又名(RS)-2-[2-[4-(3,5-二氯-2-吡啶基氧)苯氧基]丙酰]-1,2-噁唑烷。无色晶体。熔点 $121 \sim$

122℃。微溶于水,溶于丙酮、甲苯、氯仿。一种芳氧基苯氧基链烷酸酯类除草剂。是内吸传导型茎叶处理除草剂,被杂草吸收、传导到整株,在幼芽分生组织内迅速水解成酸,抑制脂肪酸的合成。适用于作物田和阔叶蔬菜田防除稗草、看麦娘、马唐等一年生和多年生禾本科杂草。以异噁唑烷盐酸盐与 2-氯丙酰氯、三乙胺等为原料制得。

噁唑烷鞣剂 oxazolidine tanning agent 噁唑烷是醛与 β-氨基醇类的缩合物,是醛的衍生物。为具有弱碱性的液体或固体。不稳定,放置时会树脂化,遇水易水解为原来的醛、醇胺等。噁唑烷与皮胶原上的氨基、胍基等碱性基结合而具有鞣制性能,使复鞣后的革丰满度增加并明显增厚,可在很宽的 pH 值范围内发挥鞣性,复鞣的革易于用阴离子染料染色。鞣制后的绒面革,柔软,有丝光感。商品噁唑烷鞣剂有噁唑烷 A、噁唑烷 E、噁唑烷 T 及 OX-2 噁唑烷鞣剂等。

鳄梨酊 avocadin 是由鳄梨油不皂化物提取的脂肪状物质,呈淡黄色,约含质量分数为 3% 的植物甾醇和少量的胆固醇、生育酚、三萜醇等。主要植物甾醇为谷甾醇、菜油甾醇及豆甾醇,是优良的护肤剂,对皮肤无不良作用。可作为润湿剂加入护肤品及防晒膏霜中。添加至各类乳液中,能有效改善油包水型(W/O)乳液的稳定性,改进乳液的稠度和黏度,与杏仁油、橄榄油及玉米油等植物油比较,它对皮肤的渗透速度更快。

鳄梨油 avocado oil 取自鳄梨果肉的植物油,其干果肉含油质量分数为 40%~80%。为带荧光的油状液体,其反射光呈深红色,透射光呈绿色。也可漂白成无色。某些化妆品也选用绿色油赋予制品天然的颜色。相对密度 0.910~0.916(25℃)。折射率 1.461~1.465(40℃)。熔点 7~9℃。其脂肪酸组成为:油酸 42%~81%、亚油酸 6%~18.5%、棕榈油 0~8.5%、棕榈酸 7.2%~25%、硬脂酸 0.6%~1.3%、月桂酸 0~0.2%、癸酸 0~0.1%。其不皂化物(含量为 0.8%~1.6%)中富含生育酚、植物甾醇、类胡萝卜素、角鲨烯及肌醇六磷酸钙镁等微量成分。是优良的皮肤润滑剂,对皮肤渗透性强,有助于活性物传输至皮肤内,并有防晒作用,除用于护肤品外,也用于香波、剃须膏及肥皂等。

恩氟沙星 enrofloxacin 又名 1-环丙基-7(4-乙基派嗪基)-6-氟-1,4-二氢-4-氧化-3-喹啉羧酸。淡黄色结晶。熔点 219~221℃。

微溶于水。为喹诺酮类抗菌药。用于治疗敏感菌引起的呼吸道、肠道及泌尿道感染。由 1-环丙基-6-氟-7-氯-1,4-二氢-4-氧化-3-喹啉羧酸与乙基哌嗪反应制得。

恩氟烷 enflurane 又名2-氯-1,1,2-三氟乙基二氟甲基醚。无色液体。沸点56.5℃。相对密度1.5167(25℃)。折射率1.3025。不溶于水。为吸入性全麻药。有较好的麻醉作用。麻醉诱导及苏醒均较快。麻醉加深时对呼吸有显著抑制作用。高浓度时可抑制脑功能，引起脑电图抽搐样改变，还可产生心律减慢、血压下降。用于各种手术的全身麻醉。以三氟三氯乙烷为原料制得。分子式 CHF_2OCF_2CHClF。

恩卡尼 encainide 又名恩卡胺、英卡胺。其盐酸盐为淡黄色固体。熔点131.5～132.5℃。易溶于水，稍溶于乙醇，不溶于乙酸。为抗心律失常药，用于治疗室性早搏、室性心动过速、室颤及室上性心动过速。由1-甲基-2-(2-邻氨基苯乙基)哌啶与对甲氧基苯甲酰氯反应制得。

蒽磺酸钠甲醛缩合物
见"分散剂AF"。

蒽醌染料 anthraquinone dyes 具有蒽醌结构的各类染料的总称。是一类蒽醌的取代物或衍生物。根据结合基团的性质及染色特点，有酸性染料、分散染料、还原染料及活性染料等，大多数色泽鲜艳、耐光牢度优良、色谱齐全，特别是深色品种，在蒽醌染料中占有重要地位。

蒽醌颜料 anthraquinone pigment 具有蒽醌结构的某些还原染料经适当颜料化处理得到的颜料。结构上主要是蒽醌衍生物。品种有蒽嘧啶黄(颜料黄108)、靛蒽醌黄(颜料黄-112)、皮蒽醌橙(颜料橙-10)、蒽酰胺橙(还原橙-15的衍生物)、二溴代蒽绕蒽酮橙(颜料红-168)、蒽醌红(颜料红-177)等。这类颜料具有很好的耐渗性、耐化学溶剂性，着色力及遮盖力均好，光坚牢度高。可用于高档油漆及印刷油墨的着色。

儿茶酚 catechol 又名邻苯二酚、焦性儿茶酚。单斜晶片状或棱形结晶。遇光变色。相对密度1.1493(21℃)。熔点105℃。沸点245.5℃。折射率1.604。可升华。溶于水、乙醇、乙醚、苯，易溶于吡啶、碱液。水溶液变褐色。是强还原剂。能进行加氢、卤化、磺化、酯化、硝化等反应。医药上用于合成肾上腺素、盐酸小檗碱、心得平等，用于生产染料、光稳定剂、抗氧剂、阻聚剂、促进剂、香料等。也用作收敛剂、防腐剂等。由苯酚经氯化、水解、酸化制得。或由苯用双氧水直接氧化而得。

儿茶精 catechin 又名儿茶素、儿茶酸。一种黄烷醇类化合物。天然存在于豆科植物儿茶的茎和叶、茶叶等中。从水/乙酸中得到含结晶水的针状结晶。

熔点 93~96℃。不含结晶水的结晶,其熔点 175~177℃。微溶于冷水、乙醚,溶于热水、乙醇,不溶于苯、氯仿。在含水体系及有氧条件下,易发生降解。有维生素 P 样作用,可降低毛细血管的通透性及脆性。对链球菌、金黄色葡萄球菌等有抑制作用,还能有效抑制脂肪酸败。可用作食品及化妆品的抗氧剂、护肤品的增白剂。用于口腔卫生用品可预防牙周炎及消除口臭,用于唇膏可预防唇的干裂等。由干茶叶粉碎后用溶剂萃取、分离制得。

3,3′-二氨基二苯砜 3,3′-diaminodiphenyl sulfone 又名 3,3′-磺酰基二苯胺。白色至浅黄色结晶粉末。熔点 171~172℃。难溶于冷水、乙醇,溶于热水、热乙醇及稀无机酸。不溶于碱。分子中存在两个氨基,化学性质活泼。有毒!对呼吸道有刺激性。主要用作环氧树脂的固化剂,也用于制造耐高温树脂、电绝缘材料及医药等。由二苯砜经混酸硝化制得 3,3′-二硝基二苯砜后再用锌或电解还原制得。

4,4′-二氨基二苯砜 4,4′-diaminodiphenyl sulfone 又名 4,4′-磺酰基二苯胺、氨苯砜。白色至微黄色结晶粉末。相对密度 1.33。熔点 175~179℃。微溶于水,溶于乙醇、丙酮、氯仿及盐酸等。常温下及空气中稳定。加热至 280℃ 开始分解。用作环氧树脂固化剂,可提高固化物高温特性及电绝缘性能,适用于层压器、浇铸品及胶黏剂等。也用于制造苯丙砜、乙酰胺苯砜,是治疗麻风病的基本药物之一,对麻风杆菌有抑制作用,适用于各种麻风病,疗效好。但毒性也较大。由对硝基氯苯与硫化钠反应生成二硝基二苯硫化物后,再经氧化及还原反应制得。

4,4′-二氨基二苯甲烷 4,4′-diaminodiphenyl methane 又名 4,4′-亚甲基二苯胺、防老剂 DDM、促进剂 NA-11。白色至淡褐色片状或针状结晶。相对密度 1.15。熔点 92~93℃。沸点 232℃ (1.2kPa)。闪点 221℃。微溶于冷水,易溶于热水、乙醇、乙醚、苯等,在空气中易被氧化而色泽变深。有毒!对肝脏有毒害作用。用作聚氨酯胶黏剂快速交联剂,制造浇注制品及涂层;用作环氧树脂高温固化剂,用于层压品及涂料等;也用作氯丁橡胶及胶乳的硫化促进剂、天然橡胶及通用橡胶的防老剂,以及用于制造二异氰酸盐、聚酰胺等。可在盐酸存在下,由苯胺与甲醛反应制得。

4,4′-二氨基二苯醚 4,4′-diaminodiphenly ether 又名 4,4′-双(苯氨基)醚。无色至浅黄色结晶粉末。无臭。相对密度 1.315。熔点 189~191.5℃。沸点>300℃。闪点 219℃。微溶于水,稍溶于乙醇,溶于盐酸。见光或暴露于空气中变成红褐色。可燃。有毒!对神经有损害,有致癌性。用作制造聚酰亚胺树脂、聚酰胺树脂及聚酯-酰亚胺树脂等的原料及交联剂。也用作环氧树脂固化剂,固化物热变形温度高、耐水性及耐化学药品性好。由 4,4′-二硝基二苯醚加氢还原制得。

2,4-二氨基甲苯　2,4-diaminotoluene

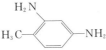

又名 2,4-甲苯二胺、间甲苯二胺。无色至白褐色针状或立方结晶。熔点 97～99℃。沸点 284℃。易溶于热水、乙醇、乙醚及热苯。水溶液久置会逐渐变成深色。受热时放出有毒气体。可燃。对皮肤有刺激性,吸入其蒸气会中毒。用于制造 2,4-甲苯二异氰酸酯、染料、染发剂等,也用作环氧树脂固化剂。由 2,4-二硝基甲苯在盐酸溶液中用铁粉还原制得。

二苯胺　diphenylamine　又名 N-苯基苯胺。白色单斜晶系晶体,遇光变灰色或黄色。有香味。相对密度 1.160。熔点 54～55℃。沸点 302℃。闪点 153℃(闭杯)。难溶于水,溶于乙醇、丙酮、吡啶,易溶于乙醚、苯、二硫化碳及无机酸。遇弱酸水解,遇强酸形成盐。氮原子上的氢能被金属取代,也可被芳基取代而生成三苯胺。高毒!能刺激皮肤及黏膜,中毒症状类似苯胺,毒性比苯胺稍低,用作烯烃及一些不饱和单体的阻聚剂及抗氧化剂,无烟炸药的稳定剂,塑料及橡胶防老剂等。用本品处理后的纸包装水果,可防止水果病变。还用于制造染料及吩噻嗪。在催化剂存在下由苯胺缩合制得。

二苯胍　diphenyl guanidine　又名促

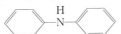

进剂 D、促进剂 DPG。白色单斜晶系针状结晶或粉末。无臭,有苦甜味。相对密度 1.13。熔点＞144℃。170℃ 分解。微溶于水、乙醇,水溶液呈碱性。不溶于汽油,溶于乙醇、苯、二硫化碳及稀酸。空气中稳定。有毒!用作天然及合成橡胶的中等硫化促进剂,也是胍类促进剂中最常用的品种。也用作秋兰姆类、次磺酰胺类促进剂的活性剂。较少单独使用,常用作第二促进剂。用于制造轮胎、胶板、鞋底、硬质或厚壁制品。因有苦味及污染性,不适用于接触食品的制品及白色制品。由二硫化碳与苯胺缩合制得二苯基硫脲后再经催化氧化而得。

N,N′-二苯基对苯二胺
见"防老剂 H"。

2,4-二苯基-4-甲基-1-戊烯　2,4-diphenyl-4-methyl-1-pentene　淡黄色黏稠

液体。无臭。闪点 100℃。不溶于水,溶于乙醇、丙酮、苯等。可燃。无毒。一种非硫醇相对分子质量调节剂,用于合成树脂、胶黏剂及合成橡胶等的乳液聚合,可等摩尔替代正十二硫醇或叔十二

硫醇,且价格低廉。在催化剂存在下,由 2-甲基苯乙烯聚合制得。

N,N'-二苯基硫脲 N,N'-diphenylthiourea 又名均二苯硫脲、促进剂 CA。

白色至灰白色结晶粉末。略带特殊气味。味苦。相对密度 1.32。熔点 154～156℃。不溶于水、二硫化碳、汽油,微溶于苯、氯仿,易溶于乙醇、乙醚及碱液。在酸性溶液中析出。易燃。低毒。用作天然及合成橡胶的中速硫化促进剂。硫化临界温度 80℃,硫化促进效能与二苯胍相似,但焦烧倾向性大。所得制品坚韧、抗张强度及屈挠疲劳强度优良,但有一定污染性,使制品变色,主要用于制造水胎、胶鞋、电缆等。也用作矿物浮选剂、防酸剂、氯乙烯聚合的热稳定剂,以及用于制造染料等。由苯胺与二硫化碳经缩合反应制得。

二苯基辛基亚磷酸酯 见"抗氧剂 ODP"。

二苯甲酮 diphenyl ketone 又名苯酮、二苯酮、苯酰苯。白色片状或斜方晶系结晶。有甜味及类似玫瑰香气。相对密度 1.108(23℃)。熔点 48.5℃。沸点 305.4℃。折射率 1.5975(42.2℃)。不溶于水,溶于醇、醚、酮及氯代烃等有机溶剂。对碱比较稳定。有毒!用作光敏胶、光固化涂料的光敏剂,但单独用于光固化涂料或光敏胶时无光引发作用,必须与含有活泼氢的化合物(如脂肪胺)并用才有效。也用于制造香皂,用作定香剂和东方型香精的调和香料。由苯与氯化苯甲酰经缩合反应制得。

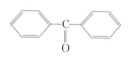

2,2'-二苯甲酰氨基二苯基二硫化物 2,2'-dibenzamido diphenyl disulfide 又名塑解剂 ICI、二(邻苯甲酰氨基苯基)二

硫化物。白色至黄灰白色或深黄色粉末。相对密度 1.35～1.39。熔点 136～143℃。不溶于水、汽油,稍溶于丙酮,溶于苯、乙醇、氯仿。低毒。皮肤接触时会引起炎症。用作天然橡胶、丁苯橡胶、顺丁橡胶及异戊橡胶等的高温塑解剂,适用于 120℃ 以上的塑炼作业,尤适用于高温密炼加工。不喷霜、不污染,对制品老化性能无影响。由一氯化硫与苯胺反应生成双(邻氨基苯基)二硫化物后,再与苯甲酰氯反应而得。

二苯美仑 bifemelane 又名 4-邻苄基苯氧基-N-甲基丁胺。其盐酸盐为白色结晶性粉末,无臭,味苦。熔点 117～121℃。易溶于水、甲醇、氯仿、乙醇、冰乙酸,难溶于丙酮,不溶于乙醚。为改

善脑功能药。用于改善脑梗死后遗症、脑出血后遗症伴随的意识低下及情绪障碍。以邻苄基苯酚、一甲胺、二溴丁烷等为原料制得。

二苯醚 diphenyl ether 又名联苯醚、氧化二苯。无色结晶或淡黄色液体。相对密度1.086。熔点27℃。沸点259℃。折射率1.5795。不溶于水,溶于乙醇、乙醚、苯、精油。天然存在于葡萄、烤牛肉、绿茶等中。主要用作有机高温盐载体,与联苯、甲基联苯组合用作高温传热介质。二苯醚具有香叶和洋海棠的香气,青草香韵,也用于调配皂用香精及化妆品用花香型香精,还用于合成十溴联苯醚阻燃剂。由苯酚钠与氯苯在铜催化剂存在下反应制得。

二苄基二硫 dibenzyl disulfide 白色片状结晶。熔点68~72℃。分解温度270~300℃。硫含量24%~26%。不溶于水,易溶于乙醚、苯、热甲醇。用作润滑油极压抗磨添加剂,具有优良的抗磨损、抗擦伤及抗氧化性能。与其他添加剂复合使用,可用于调制双曲线齿轮油及其他极压型润滑油,但因油溶性差,在油内易产生沉淀,其应用受到限制。

二丙氨基乙醇 dipropylaminoethanol 又名N,N-二正丙基乙醇胺。无色液体。相对密度0.858。沸点195~196℃。折射率1.4402。溶于水、乙醇、乙醚、丙酮、苯。有吸湿性。用作聚氨酯催化剂,对促进异氰酸酯与水反应较有效,一般用于制备聚氨酯泡沫塑料,也用作纤维助剂及乳化剂。由环氧乙烷与二正丙胺反应制得。

二丙胺 dipropylamine 又名N-丙基-1-丙胺。无色透明液体。有氨臭味。相对密度0.7401。熔点-63.6℃。沸点110℃。闪点17℃。折射率1.4045。蒸气相对密度3.5。蒸气压2.679kPa(25℃)。易溶于水,溶于乙醇、乙醚等。水溶液呈碱性。用作合成ZSM-5分子筛的模板剂、发动机冷却剂、抗蚀润滑剂、除碳剂等。也是有机合成原料,用于制造医药、农药、表面活性剂、消泡剂、乳化剂等。由丙醇经催化脱氢、氨化、脱水及加氢制得。

二丙二醇二苯甲酸酯 dipropylene glycol dibenzoate 又名二苯甲酸二丙二醇酯。微具气味的透明液体。相对密度1.126。凝固点<-12℃。沸点234℃(0.667kPa)。闪点221℃。折射率1.530。不溶于水,溶于酮、醚、芳香烃等多数有机溶剂。一种单体型增塑剂,是

$$\text{benzene-C(=O)-O-CH(CH}_3\text{)-CH}_2\text{-O-CH}_2\text{-CH(CH}_3\text{)-O-C(=O)-benzene}$$

聚氯乙烯的强力溶剂,与许多聚合物相容,挥发性低,耐矿物油抽出。适用于制造乙烯基地板、异型挤塑、薄膜、涂布织物及电缆护套等。用于铸塑聚氨酯弹性体,能赋予制品较好的柔软性及较低的硬度。也用作胶黏剂、胶乳漆等的增塑剂。由一缩二丙二醇与苯甲酸经酯化反应制得。

二丙酮醇 diacetone alcohol 又名甲

$$CH_3-\underset{\underset{OH}{|}}{\overset{\overset{CH_3}{|}}{C}}-CH_2-\overset{O}{\overset{\|}{C}}-CH_3$$

基戊酮醇、4-羟基-4-甲基-2-戊酮、双丙酮醇。无色至浅黄色液体。有香味。相对密度 0.9387。熔点 −44℃。沸点 164℃。折射率 1.4213。闪点 61℃。与水、乙醇、乙醚、芳香烃及酯类混溶。蒸馏或遇碱易分解。低毒。长期反复接触可引起皮炎。用作金属清洗剂、木材防腐剂、织物整理剂、抗冻剂、萃取剂及液压油溶剂等,也用于制取甲基异丁基酮、佛尔酮、异佛尔酮等。由丙酮在碱性条件下缩合制得。

二丙烯酸-1,4-丁二醇酯 1,4-butylene glycol diacrylate 又名1,4-丁二醇

$$\begin{array}{l} CH_2CH_2OOCCH=CH_2 \\ | \\ CH_2CH_2OOCCH=CH_2 \end{array}$$

二丙烯酸酯。无色透明液体。相对密度 1.057。沸点 275℃。折射率 1.4518。不溶于水,溶于乙醇、乙醚、苯、丙酮等,易聚合。易燃。有毒!接触皮肤易产生炎症。用作丙烯酸酯类交联剂、紫外光固化树脂的活性稀释剂,对塑料有良好的附着性,提高树脂的耐水性、耐冲击性及可控性。由丙烯酸与1,4-丁二醇经酯化反应制得。

二次加工汽柴油加氢精制催化剂 hydrofining catalyst for secondary processing gasoline and diesel oil 一种三叶草形催化剂。以 W、Mo、Ni 等为活性组分,并添加适量助剂,载体为 Al_2O_3。堆密度 0.90~1.02。孔体积 ≥0.25mL/g。比表面积 ≥110 m²/g。适用于二次加工汽油、柴油及焦化全馏分油的加氢精制处理,生产石脑油、柴油。催化剂具有加氢脱硫、脱氮活性高、装填堆比小及精制油安定性好等特点。由特制氧化铝载体浸渍金属活性组分溶液后,再经干燥、焙烧制得。

1,8-二氮杂二环-7-十一碳烯 1,8-diazabicyclo[5,4,0]undec-7-ene 无色液体。相对密度 1.02。沸点 80~83℃(79.99Pa)。折射率 1.5220。溶于多数有机溶剂。一种强有机碱催化剂。由于在有机溶剂中的溶解度较大,特别适用于官能团反应性较高的化合物及不稳定化合物的反应,如消除反应、缩合反应、环合反应等。例如,将2,4,6-三甲苯基二苯甲

基膦氯化物在四氢呋喃中和本品室温反应1h,即几乎完全脱去氯化氢。也用作聚氨酯泡沫塑料的凝胶催化剂、环氧树脂固化剂。由己内酰胺经加成、加压氢化、还原、环合制得。

二淀粉磷酸酯　distarch phosphate

$$\text{淀粉—O}-\overset{\overset{O}{\|}}{\underset{ONa}{P}}-\text{O—淀粉}$$

又名磷酸酯双淀粉。一种淀粉无机酸酯。白色粉末。糊化温度较高,有良好的热稳定性及较低的湿度,分散性好。安全无毒。主要用作食品增稠剂、稳定剂及黏合剂,用于罐头食品、冷冻牛乳及甜食。由淀粉乳与三偏磷酸钠或磷酰氯,或三聚磷酸钠加三偏磷酸钠在碱性条件下进行交联反应制得。

二丁基二硫代氨基甲酸钠　sodium dibutyl dithiocarbamate　又名促进剂 TP、

$$(C_4H_9)_2N-\overset{\overset{}{\underset{\|}{S}}}{C}-S-Na$$

促进剂 SDBC。商品为橙黄色至红褐色黏性半透明液体,促进剂 TP 含量 40% 以上。相对密度 1.075~1.09。pH 值 8~10。与水混溶,溶于乙醇,不溶于烃类和卤代烃溶剂。无毒,但稍有气味,不宜储存于铁制容器。用作天然橡胶、丁苯橡胶、异戊橡胶及丁腈橡胶等的超促进剂,主要用于胶乳制品,比二乙基二硫代氨基甲酸钠的促进效能高,硫化胶柔软透明。用于制造气球、胶布、胶浆、医疗用品及薄膜浸渍制品等。由二丁胺与二硫化碳在氢氧化钠存在下缩合制得。

二丁基二硫代氨基甲酸铅　lead dibutyl dithiocarbamate　白色或浅灰色粉

$$\underset{C_4H_9}{\overset{C_4H_9}{\diagdown}}N-\overset{\overset{S}{\|}}{C}-S-Pb-S-\overset{\overset{S}{\|}}{C}-N\underset{C_4H_9}{\overset{C_4H_9}{\diagup}}$$

末。熔点 60~70℃。不溶于水,溶于苯、二硫化碳等。用作润滑油脂抗磨添加剂,具有抗极压、抗磨和抗氧化等多种功能,对润滑脂结构无破坏作用。适用于调制航空润滑脂、极压锂基脂、复合锂基脂、复合铝基脂、极压膨润土脂等润滑脂产品。

二丁基二硫代氨基甲酸氧钼　oxy-molybdenum dibutyl dithiocarbamate　黄色粉

$$\underset{C_4H_9}{\overset{C_4H_9}{\diagdown}}N-\overset{\overset{S}{\|}}{C}-S-\underset{\underset{O}{\diagup}}{\overset{\overset{O}{\diagdown}}{Mo}}-\underset{}{Mo}-S-\overset{\overset{S}{\|}}{C}-N\underset{C_4H_9}{\overset{C_4H_9}{\diagup}}$$

末。熔点 200℃。不溶于水,溶于苯、氯仿。用作润滑油脂极压抗磨添加剂,具有抗极压、抗磨及抗氧化等性能,对润滑脂结构无破坏作用。适用于调制航空润滑脂、极压锂基脂、复合锂基脂、复合铝基脂、极压膨润土脂等润滑脂产品。

二丁基二硫代氨基甲酸锌　zinc dibutyl dithiocarbamate　又名促进剂 BZ。

$$(C_4H_9)_2N-\overset{\overset{S}{\|}}{C}-S-Zn-S-\overset{\overset{S}{\|}}{C}-N(C_4H_9)_2$$

白色至浅黄色粉末。相对密度1.24。熔点104～108℃。不溶于水、稀碱液,溶于苯、乙醚、氯仿、二硫化碳等。无吸湿性。有毒!用作天然及合成橡胶、胶乳的超硫化促进剂。活性比二乙基二硫代氨基酸锌更高,因在有机溶剂中的溶解度较大,常用于低温硫化胶浆。用于干胶时也用作噻唑类促进剂的良好活性剂。还用作胶黏剂及胶泥的稳定剂。由二丁基二硫代氨基甲酸钠与氯化锌反应制得。

二(对甲基亚苄基)山梨醇 di(*p*-methyl benzylidene) sorbitol 一种第二代二亚苄基山梨醇类有机熔融型成核剂。略带气味的白色结晶性粉末。表观密度0.32g/cm³。熔点240～250℃。不溶于水、甲醇、乙醇、丙酮、芳烃及环烷烃。对多数溶剂有凝胶化作用。低毒。也可用于食品包装材料,用于聚丙烯、聚乙烯等片材、薄膜、注塑制品的成核改性。与二亚苄基山梨醇相比,可赋予聚丙烯更优异的透明效果及加工性能,在透明聚丙烯中的用量一般为0.2%～0.3%,量太少则透明效果差,过多时效果不明显而会增加成本。可在催化剂存在下,由对甲苯甲醛与山梨醇经醇醛缩合反应制得。

二(对氯亚苄基)山梨醇 di(*p*-chlorobenzylidene) sorbitol 又名成核剂TM-2。白色结晶粉末。熔点约250℃。不溶于水、烷烃、环烷烃、芳烃,溶于N-甲基-2-吡咯烷酮。对多数溶剂有良好的凝胶化作用。有较重醛臭味,不能用于与食品接触的包装材料。一种第二代二亚苄山梨醇类有机成核剂,适用于聚烯烃树脂制品的成核改性,能赋予聚丙烯树脂良好的成核效率和增透改性效果,提高片材、薄膜及模塑制品的透明性、刚度、拉伸强度及弯曲模量等。也用作油墨、涂料及胶黏剂的黏度调节剂等。可在催化剂存在下,由对氯苯甲醛与山梨醇经醇醛缩合反应制得。

二(对乙基亚苄基)山梨醇 di(*p*-ethylbenzylidene) sorbitol 又名成核剂NC-4。白色结晶粉末。表观密度0.37g/cm³。熔点240℃。不溶于水、甲醇、乙醇、芳烃、环烷烃等。对多数有机溶剂有凝胶化作用。低毒。可用于食品包装材料。属第二代二亚苄山梨醇类有机熔融型成核剂,适用于聚烯烃树脂的成核改性,增透改性效果强、热稳定性好,在加工温度下制品泛黄现象少,气味也较低,可以直接与树脂配合使用。可在酸性催化剂存在下,由对乙基苯甲醛与山梨醇经醇醛缩合反应制得。

二噁嗪类颜料 dioxazine pigment 分子结构中含有三苯二噁嗪母体结构

(Ⅰ)

(Ⅰ)的一类颜料。多为紫色谱。在两侧苯环上可有不同的取代基或进一步在上述母体中引入杂环,制得不同品种的颜料。品种有C.I.颜料紫23、24、35、37等。这类颜料有优异的染色强度及光亮度,有很高的耐热、耐渗性及良好的耐光牢度。可用于纤维织物的印花、高档涂料、油墨及塑料树脂等的着色。合成三苯二噁嗪母体化合物的主要原料中间体是 3-氨基-N-乙基咔唑及四氯对苯醌。

二噁烷 dioxane 又名二氧杂环己烷、二氧六环。无色液体。有醚样气味。相对密度 1.0336。熔点 11.8℃。沸点 101.3℃。折射率 1.4224。闪点 12℃。爆炸极限 2.0%～22.2%。与水、乙醇、乙醚、丙酮混溶。遇明火、高热易燃烧爆炸。无水时易形成爆炸性过氧化物。是潜在致癌物,动物致癌阳性。是最好的溶剂之一,广泛用作树脂、油溶染料、矿物油、乙酸纤维素等的溶剂,用于制造增塑剂、喷漆、乳化剂、去垢剂等。也用作 1,1,1-三氯乙烷的稳定剂、染料分散剂、木材着色剂的分散剂。还可与三氧化硫形成配合物,用作有机合成的硫酸化剂。由乙二醇在硫酸或磷酸催化下脱水制得。

二(3,4-二甲基亚苄基)山梨醇 di(3,4-dimethly benzylidene)sorbitol 一种第三代二亚苄基山梨醇类有机熔融型成核剂。白色结晶粉末。表观密度 0.37g/cm³。熔点约 275℃。不溶于水、甲醇、乙醇、丙酮、芳烃及环烷烃。对多数溶剂有凝胶化作用,无毒。可用于食品包装材料。用于高透明的聚烯烃制品的成核改性。具有成核能力强、透明性好、对热稳定及不沉析等特点,尤其对聚丙烯的增透增亮效果显著,由于本品熔点较高,只有当加工温度高于 230℃ 时,才能在熔融聚丙烯树脂中达到良好分散。加工温度过低时,不但增透效果不显著,还会使制品产生鱼眼。可在酸性催化剂存在下,由 3,4-二甲基苯甲醛与山梨醇经醇醛缩合反应制得。

二氟尼柳 diflunisal 又名氟苯水杨酸、二氟苯水杨酸、双氟尼酸。白色粉末。熔点 210～211℃。难溶于水,溶于乙醚、丙酮。为解热、镇痛、抗炎药,用于治疗骨性关节炎、各种轻中度疼痛,是阿司匹林的优良替代品。以 2,4-二氟苯胺为原料,经偶联、酰化、水解、羧化等反应制得。

二甘醇 diglycol 又名一缩二乙二醇、二乙二醇。无色无臭透明黏稠液体,具辛辣的甜味及吸湿性。相对密度 1.1184。熔点 $-6.5℃$。沸点 244～245℃。闪点 143℃(闭杯)。与水、乙醇、乙醚、丙酮、乙二醇混溶,不溶于苯、甲苯、四氯化碳。具有醇和醚的性质。与酸酐生成酯,与烷基硫酸酯作用生成醚,易燃。低毒。对中枢神经有抑制作用,对肝、肾有损害,避免与皮肤长期接触。用于制造不饱和聚酯、增塑剂等,是油脂、树脂、纤维素等的常用溶剂。也用作气体脱水剂、芳烃抽提剂、卷烟润湿剂、纺织品润滑剂、浆糊及各种胶的防干剂、还原染料吸湿助溶剂、橡胶硫化活性剂等。由环氧乙烷与乙二醇反应制得。

二甘醇单丁醚 diethylene glycol monobutyl ether 又名二乙二醇丁醚、丁基卡必醇。无色液体。相对密度 0.9536。沸点 230.4℃。闪点 93℃。

折射率1.4316。溶于水、油类,易溶于醇、醚。能溶解天然树脂、染料、硝酸纤维素,不溶解乙酸纤维素、聚苯乙烯、聚甲基丙烯酸甲酯,部分溶解聚乙酸乙烯酯。用作乳胶漆成膜助剂,能降低最低成膜温度。也用作油墨、树脂、清漆、油类等的溶剂,液压制动器液体稀释剂,聚合调节剂,以及用于制造表面活性剂、增塑剂等。由乙二醇与丁醇在催化剂存在下缩合制得。

二甘醇单甲醚 diethylene glycol monomethyl ether 又名二乙二醇单甲醚、甲基卡必醇。无色液体。$HO(CH_2)_2O(CH_2)_2OCH_3$。相对密度1.027。沸点194.1℃。闪点93℃。折射率1.4264。相对蒸发速率1.5～2.0(水为31)。与水、醇、醚、丙酮、甘油等混溶,能溶解油脂、天然树脂、染料、乙酸纤维素、硝酸纤维素、聚乙酸乙烯酯、聚烯-乙酸乙烯酯共聚物等。用作乳胶漆成膜助剂,可降低最低成膜温度,并易于涂刷和流平。也用作烃的萃取剂,矿物皂的互溶剂,纤维印染剂,以及树脂、染料、橡胶、纤维素等的溶剂及稀释剂。由乙二醇与甲醇在催化剂存在下缩合制得。

二甘醇单乙醚 diethylene glycol monoethyl ether 又名二乙二醇乙醚、卡必醇。无色透明微呈黏性液体。$C_2H_5OCH_2CH_2OCH_2CH_2OH$。相对密度0.9885。沸点202.7℃。闪点96℃。折射率1.4273。相对蒸发速率1.2～1.39(水为31)。与水、乙醇、乙醚、丙酮及苯等混溶。也能溶解油脂、树脂、染料、油墨及硝酸纤维素等,但不能溶解乙酸纤维素。一种高沸点溶剂,用作树脂、树胶、染料、油墨、油漆等的溶剂,矿物油-皂和矿物油-硫化油混合物的互溶剂,纤维及皮革染色剂,乳液稳定剂,维生素B_{12}精制溶剂等。由二甘醇与乙醇在催化剂存在下缩合制得。

二甘醇二苯甲酸酯 diethylene glycol dibenzoate 又名二乙二醇二苯甲酸酯。

$$\underset{\|}{C}-OCH_2CH_2OCH_2CH_2O-\underset{\|}{C}$$
(结构式,两端为苯环,含两个C=O)

微具气味液体,低温时为固体。相对密度1.176～1.178。凝固点15.9℃。沸点232℃。折射率1.5424～1.5449。不溶于水,溶于醚、酮、芳香烃等多数有机溶剂。用作聚氯乙烯、聚乙酸乙烯酯及纤维素树脂等的增塑剂,具有挥发性小、耐抽出性、耐候性及耐污染性好等特点。用它生产的乙烯基地板料不易被沥青渗透和玷污,用其配制的增塑剂黏度大,有利于蘸涂加工。也用作合成橡胶及胶黏剂的增塑剂。由二甘醇与苯甲酸经酯化反应制得。

N,N-二环己基-2-苯并噻唑次磺酰胺 N,N-dicyclohexyl-2-benzothiazole sulfenamide 又名促进剂DZ。浅黄色至黄棕

(结构式:苯并噻唑-S-N(环己基)₂)

色粉末或粒状物。无臭,有苦味。相对密度1.2。熔点>90℃。不溶于水,易

溶于苯、二氯乙烷、四氯化碳,溶于乙醇、汽油、乙酸乙酯。低毒。对皮肤及眼睛有刺激性。用作天然橡胶及合成橡胶的迟延性促进剂。在胶料中分散性能好、焦烧时间长、硫化胶力学性能好。多与秋兰姆类、胍类促进剂并用,以增加其活性。主要用于轮胎、胶带及减震材料等制品。不适用于与食物接触的制品。由次氯酸钠与二环己胺反应制得氯代二环己胺后再与2-巯基苯并噻唑的钠盐反应制得。

4-二甲氨基吡啶 4-dimethylaminopyridine 无色至淡黄色晶体。熔点112～114℃。难溶于水、环己烷,易溶于甲醇、苯、氯仿。由于分子中给电子的二甲氨基与吡啶环的共轭作用,使环上的氮原子有较强亲核作用,可用作亲核反应的高效催化剂,如用作高活性酰化催化剂,可用于甾体、萜及核苷等的合成。

3-二甲氨基丙胺 3-dimethylaminopropylamine 又名N,N-二甲基-1,3-丙二胺。无色透明液体。相对密度0.8100。沸点123℃。凝固点-70℃(低于此温度凝固成玻璃体)。闪点35℃(闭杯)。折射率1.4328(25℃)。溶于水及普通有机溶剂。在空气中发烟并发黑。遇明火燃烧。高毒!对皮肤有强刺激性。用于制造离子交换树脂、染料等,也用作环氧树脂固化剂、无氰电镀添加剂、皮革及纤维处理剂。由二甲氨基丙腈催化加氢制得。

N-(3-二甲氨基丙基)甲基丙烯酰胺 N-(3-dimethylaminopropyl) methacrylamide 无色透明液体,有胺的臭味。相对密度0.9419(25℃)。沸点111℃(0.267kPa)。闪点140℃。折射率1.4763(25℃)。溶于水。与乙醇、乙醚等多数有机溶剂混溶。用作纤维改性剂,改善丙烯酸纤维对酸性染料的易染性及热稳定性;也用作造纸过程的脱水促进剂、纸张上胶剂、成膜剂;还用作润滑油添加剂、蔗糖脱色剂以及用于制造离子交换树脂等。由甲基丙烯酸甲酯与二甲氨基丙胺反应制得。

N,N-二(二甲氨基丙基)-N-异丙醇胺 N,N-bis(dimethylamine propyl)-N-isopropanol amine 又名双(3-二甲基氨丙基)氨基-2-丙醇。无色至淡黄色液体。相对密度0.89。熔点-50℃。闪点141℃。溶于水,乙醇。用作聚氨酯泡沫塑料反应型凝胶催化剂。适用于聚醚型聚氨酯软泡沫、微孔聚氨酯弹性体、反应注射成型聚氨酯硬泡沫等泡沫塑料的生产。对凝胶反应有较强的催化作用,而且胺散发性低。

2-二甲氨基乙醇 2-(dimethylamino)ethanol 又名二甲基乙醇胺、二甲基-2-羟基乙胺。无色液体。有氨味。相对密度0.8879。熔点-59℃。沸点135℃。

$$\text{H}_3\text{C}\diagdown\text{NCH}_2\text{CH}_2\text{OH}$$
$$\text{H}_3\text{C}\diagup$$

折射率1.4300。闪点40℃。与水、乙醇、乙醚、丙酮、苯等混溶。用于制造离子交换树脂、聚氨酯催化剂,也用作纺织助剂、涂料及染料溶剂,医药上用于制造局部麻醉剂盐酸丁卡因、抗组胺剂、镇痉剂等药物。由二甲胺与环氧乙烷反应制得。

二甲氨基乙氧基乙醇 dimethylaminoethoxyethanol 无色至淡黄色液体。相对

$$(\text{CH}_3)_2\text{N}\diagdown\diagup\text{O}\diagdown\diagup\text{OH}$$

密度0.96。熔点<-40℃。沸点201～205℃。闪点86℃(闭杯)。蒸气压<6.7Pa(21℃)。黏度5mPa·s。溶于水,水溶液呈碱性。一种生产聚氨酯泡沫塑料用羟基叔胺类催化剂。为反应型催化剂。气味较小,可用于制造硬质包装用泡沫塑料、模塑软泡沫塑料及聚醚聚氨酯软块泡沫塑料等。

二甲胺 dimethyl amine 无色气体,$(\text{CH}_3)_2\text{NH}$ 有氨的气味。冷却及加压下易变成无色液体。易燃。相对密度0.68(0℃)。熔点-96℃。沸点6.9℃。爆炸极限2.8%～14.4%。极易溶于水,溶于乙醇、乙醚及低极性溶剂。水溶液呈强碱性。与无机酸、有机酸等作用生成盐。对皮肤、黏膜及眼睛有刺激性,并有催化作用。商品40%二甲胺水溶液的相对密度0.898(15℃)。沸点51.5℃。闪点-99.4℃。广泛用于制造农药、医药、表面活性剂、抗氧剂、橡胶硫化剂等。也用作皮革脱毛剂、汽油稳定剂、电镀添加剂等。由氨与甲醇在催化剂存在下反应制得。

二甲苯树脂XF xylene-formaldehyde resin XF 又名二甲苯-甲醛树脂XF、XF树脂。一种改性二甲苯树脂,商品牌号有2600、2601、2602等。淡黄色至棕色透明黏稠性液体。酸值<0.3mgKOH/g。黏度70～150mPa·s。不溶于水,溶于苯、甲苯、氯仿、环己酮等。具有良好的耐水、耐化学药品及电绝缘性能。与橡胶及各种树脂的相容性好,对炭黑、陶土等填充料有较好的润湿作用,能促进胶料分散。用作胶黏带、压敏胶及橡胶型胶黏剂的增黏剂,也用作天然及合成橡胶的增黏剂、增塑剂,兼有抗胶料表面氧化作用。由混合二甲苯在酸催化剂存在下缩合制得。

二甲苯异构化催化剂 xylene isomerization catalyst 在临氢条件下催化间二甲苯和乙苯异构化为邻二甲苯和对二甲苯的催化剂。中国产品牌号有3814、3861、3864、3941及SKI系列等。是以铂为加氢脱氢活性组分,以ZSM-5型分子筛及氢型丝光沸石为酸性组分的双功能催化剂。所用载体为氧化铝。二甲苯异构化一般在375～450℃、0.7～2.3MPa的条件下进行。在循环操作条件下,可将C_8芳烃混合进料中100%间二甲苯和60%～70%的乙苯转化为邻二甲苯和二甲苯。可由分子筛与氧化铝混捏、成型、干燥、焙烧制成催化剂载体,经浸渍铂金属活性组分后,再经干燥、焙烧制得。

N,N-二甲基苯胺 N,N-dimethylaniline 又名二甲基替苯胺。黄色至浅茶

C₆H₅-N(CH₃)₂ 色油状液体。有特殊不愉快气味。相对密度0.9555。熔点2.45℃。沸点193℃。闪点74℃(闭杯)。折射率1.5582(20℃)。微溶于水,与醇、醚、苯、氯仿等混溶,也能溶解多种有机化合物。可燃。有毒！毒性与苯胺相似,能通过皮肤吸收而中毒,有致癌性。用于制造偶氮染料、三苯基甲烷染料、香料等,也用作环氧树脂、聚酯树脂及厌氧胶的固化促进剂、丙烯酸酯快固胶黏剂的促进剂、乙烯类化合物聚合时的助催化剂、化妆品紫外线吸收剂、光增敏剂等。由苯胺、甲醇及硫酸在高压下反应制得。

1,2-二甲基-4-(1-苯乙基)苯 1,2-dimethyl-4-(1-phenylethyl)benzene 又名1-苯基-1-二甲苯乙烷。无色液体。沸点135～150℃(0.399kPa)。不溶于水,溶于丙酮、苯、氯仿。对热稳定,有良好的电绝缘性及耐高压性能,可用作电气绝缘油及浸渍材料。以烷苯和苯乙烯或C₈～C₉芳烃混合馏分为原料在固体酸催化剂存在下反应制得。

二甲基吡啶氯化苄季铵盐 benzyl dimethyl pyridine chloride 一种阳离子季铵盐。棕色至棕黑色油状液体,有刺激性气味。相对密度0.965～0.975。溶于水,水溶液呈酸性。低毒。对皮肤有一定刺激性。主要用作油气井酸化压裂工艺操作中盐酸、土酸及其他工业酸洗缓蚀剂。由二甲基吡啶与氯化苄经季铵化反应制得。

N,N-二甲基苄胺 N,N-dimethyl-benzylamine 又名N-苄基二甲胺。无色至浅黄色透明液体。相对密度0.894(27℃)。熔点-75℃。沸点180～182℃。折射率1.4985～1.5011(25℃)。闪点54℃。黏度90mPa·s(25℃)。蒸气压200Pa(20℃)。溶于热水,微溶于冷水,与醇、醚等溶剂混溶。用作有机药物合成脱卤化氢催化剂。也用作聚酯型聚氨酯块状软泡沫塑料及硬泡沫塑料的催化剂,可使氨酯泡沫塑料具有良好的前期流动性及均匀的泡孔,泡沫体与基材间有较好粘接力。还用作酸中和剂、环氧树脂固化剂和用于合成季铵型、阳离子型表面活性剂。由氯化苄与二甲胺反应制得。

二甲基苄基甲醇 dimethylbenzyl carbinol 又名二甲基苯甲基醇、苄基二甲基甲醇。无色至微带黄色液体(或针状结晶)。相对密度0.9805。熔点23～25℃。沸点214～217℃。折射率1.5145。不溶于水,溶于乙醇、精油,熔点较低,能以过冷的白色油状液体存在。有药草花香及玫瑰样香气。为合成香料,用于配制百合、水仙、铃兰、紫丁香等花香型香精,用于高级香水、化妆品及肥皂等的调香。由溴化苄基镁与丙酮经格氏反应制得。

二甲基丙烯酸-1,3-丁二醇酯 1,3-butylene glycol dimethacrylate 又名1,

3-丁二醇双甲基丙烯酸酯。纯品为淡黄色透明液体。相对密度1.013(25℃)。沸点110℃(0.4kPa)。闪点130℃。折射率1.4500。不溶于水,溶于醇、醚、酮等有机溶剂。易聚合,易燃。用作合成树脂交联剂、合成橡胶及合成树脂的改性剂。用于制造增强塑料、涂料、高尔夫球等。

二甲基丙烯酸二丁基锡酯 dibutyl tin dimethacrylate 白色晶体。熔点50℃。

$$CH_2=C(CH_3)-C(O)-O-Sn(C_4H_9)_2-O-C(CH_3)=CH_2$$

不溶于水,溶于丙酮、苯等。可用作制造船底防污漆的毒料,对防止生物污损有较强作用。由甲基丙烯酸钠与二氯丁基锡反应制得。

二甲基丙烯酸镁 magnesium dimethacrylate 又名甲基丙烯酸镁。白色粉末。溶于水。主要用作橡胶硫化剂、橡胶及塑料助交联剂、纸加工助剂等。由甲基丙烯酸与磷酸镁反应制得。

二甲基丙烯酸乙二醇酯 ethylene glycol dimethacrylate 又名乙二醇二甲基丙烯酸酯、交联剂G。无色透明液体。

$$CH_2=C(CH_3)-CO-O-CH_2-CH_2-O-OC-C(CH_3)=CH_2$$

$$\begin{array}{l} CH_2-O-CO-C(CH_3)=CH_2 \\ CH_2-O-CO-C(CH_3)=CH_2 \end{array}$$

相对密度1.054。熔点-40℃。沸点97℃。折射率1.4522。不溶于水,溶于乙醚、丙酮、苯等。易聚合。易燃。用作合成树脂、胶黏剂及涂料等的交联剂,过氧化物交联时的助交联剂及固化剂。尤适用于乙丙橡胶之类难以用硫黄硫化的橡胶,可提高交联效率,缩短交联时间。由乙二醇与甲基丙烯酸在硫酸存在下反应制得。

二甲基丙烯酸锌 zinc dimethacrylate

$$Zn[O-C(=O)-C(CH_3)=CH_2]_2$$

又名甲基丙烯酸锌。溶于水。主要用作橡胶硫化剂、塑料及橡胶的助交联剂、制造有机锌玻璃的第二单体。由甲基丙烯酸与硫酸锌反应制得。

N,N-二甲基丙烯酰胺 N,N-dimethyl acrylamide 无色透明黏稠液体。

$$CH_2=CH-CO-N(CH_3)_2$$

相对密度0.9653。熔点-40℃。沸点171~172℃。闪点71℃。折射率1.4730。溶于水、乙醇、丙酮、甲苯,不溶于正己烷。

易自聚,也易与丙烯酸等单体共聚。其水溶性共聚物可用作水处理阻垢剂、耐温抗盐的钻井液降滤失剂及聚合物驱油剂、油井水泥降滤失剂等,也用于纤维材料改性及制取医药卫生材料等。由二甲基甲酰胺与丙烯酰胺在催化剂存在下反应制得。

N'-(1,3-二甲基丁基) N'-苯基对苯胺
见"防老剂4020"。

二甲基二硫 dimethyl disulfide 又名二甲基二硫醚、二硫化甲基。$(CH_3)_2S_2$。无色至淡黄色液体。有恶臭气味。相对密度1.063。熔点$-84.7℃$。沸点109.6℃。折射率1.525。闪点24℃。热分解温度200℃。蒸气压4kPa(40℃)。易燃。有毒!液体与蒸气对眼睛、皮肤等有刺激性。用作加氢精制及加氢裂化催化剂的预硫化剂。催化剂经硫化后,活性金属组分(如Mo、W、Ni等)由氧化态转化为硫化态,可提高催化剂的加氢活性及活性稳定性,也用作工业溶剂、结炭抑制剂,以及用于制造农药、香料等。由硫酸二甲酯与二硫化钠反应制得。

二甲基二硫代氨基甲酸钠 sodium N,N-dimethyl dithiocarbamate 又名福美钠、促进剂S。

$$\begin{matrix} H_3C \\ & \diagdown \\ & N-C-S-Na \\ & \diagup \parallel \\ H_3C & S \end{matrix}$$

纯品为白色或近白色结晶。工业品含量为40%,琥珀色至淡绿色结晶或淡黄至橘黄色液体。相对密度1.17~1.20(25℃)。熔点$-1.5℃$。燃点110℃。易溶于水。有毒!对皮肤及眼睛有刺激性,其粉尘与空气的混合物遇明火有爆炸危险。有吸湿性,应储存在低温干燥环境,不宜储于铁制容器中。用于制造杀菌剂福美双、福美铁、促进剂TMTD等。也用作丁苯橡胶聚合及烯类单体低温乳液聚合的终止剂、丁苯及氯丁橡胶胶乳促进剂。以二甲胺、氢氧化钠及二硫化碳等为原料经缩合反应制得。

二甲基二硫代氨基甲酸锌 zinc dimethyl dithiocarbamate 又名福美锌、促进剂PZ、促进剂ZDMC。白色至淡黄色粉末。相对密度1.66(25℃)。熔点246℃。溶于苯、二氯乙烷、二硫化碳

$$[(CH_3)_2N-\overset{S}{\underset{\parallel}{C}}-S-]_2Zn$$

及稀碱液,难溶于乙醇、丙酮,不溶于水、汽油,在水中有较好的润湿性。中等毒性。用作天然橡胶、合成橡胶的超促进剂及胶乳的一般促进剂,尤适用于要求压缩变形小的丁基胶料、耐老化性好的丁腈胶料及三元乙丙橡胶。但因本品焦烧倾向大、易引起早期硫化,多作为第二促进剂,与噻唑类、次磺酰胺类促进剂并用。也用作农用杀菌剂。由二甲基二硫代氨基甲酸钠与硫酸锌经复分解反应制得。

二甲基二烯丙基氯化铵 dimethyl diallyl ammonium chloride 又名二烯丙基

$$\begin{matrix} CH_2=CH-CH_2 & CH_2-CH=CH_2 \\ & \diagdown \quad \diagup \\ & \overset{+}{N}Cl^- \\ & \diagup \quad \diagdown \\ H_3C & CH_3 \end{matrix}$$

二甲基氯化铵。白色或微黄色结晶。易吸潮。商品多为60%水溶液,呈中性。溶于水、乙醇、异丁醇,不溶于丙酮、苯、二氯甲烷。是一种阳离子单体,可与其他乙烯基单体均聚或共聚。共聚物在水溶液中带有正电荷,生成阳离子型或两

性离子型聚合物。可用作水处理用絮凝剂、钻井液降滤失剂、油井水泥降滤失剂、酸化压液稠化剂等。也用作抗静电剂、造纸助剂等。由三甲胺与烯丙基氯反应制得。

N,N'-二甲基-N,N'-二亚硝基对苯二甲酰胺 N-N'-dimethyl-N,N'-dinitroso-terephthalamide 黄色结晶或粉末。相对

$$CH_3-N-\overset{O}{\underset{NO}{C}}-\text{〈苯环〉}-\overset{O}{\underset{NO}{C}}-N-CH_3$$

密度 1.14～1.20。熔点 110～114℃。溶于有机溶剂,易从乙醇与丙酮的混合物中重结晶。纯品为爆炸物,对冲击和摩擦敏感。商品常为 70% 本品及 30% 惰性填料的混合物。熔化时分解,放出氮气,发气量 126～216mL/g,分解残渣为对苯二甲酸二甲酯。有毒!用作天然及合成橡胶、聚氯乙烯、聚氨酯、聚苯乙烯等的发泡剂,尤适用于聚氯乙烯糊,不使用助剂即可制得开孔和闭孔的泡沫体。由于发热量少,适用于厚制品的发泡。由对苯二甲酰胺与亚硝酸钠反应制得。

(E)-2-[1-(2,5-二甲基-3-呋喃)亚乙基]-3-亚异丙基丁二酸酐 (E)-2-[1-(2,5-dimethyl-3-furyl)-ethylene]-3-isopropylidene succinic anhydride 又名俘精酸酐。淡黄色晶体。溶于苯、二甲苯、氯仿等有机溶剂。一种俘精酸酐类光致变色材料,通过开环-闭环反应引起光变色。开环体为无色,经紫外光照射变成有色闭环体,用可见光照射又可逆到无色开环体,具有较好热稳定性及抗疲劳

性。可用于光信息记录材料、防伪材料等。由丁二酸二乙酯经酮醛缩合、脱水制得。

二甲基硅油 dimethyl silicone oil 又

$$H_3C-\underset{\underset{CH_3}{|}}{\overset{\overset{CH_3}{|}}{Si}}-O-[\underset{\underset{CH_3}{|}}{\overset{\overset{CH_3}{|}}{Si}}-O]_n-\underset{\underset{CH_3}{|}}{\overset{\overset{CH_3}{|}}{Si}}-CH_3$$

$(n=3～650)$

名二甲基硅氧烷、聚二甲基硅醚、硅树脂。一种以硅氧烷为骨架的直链状聚合物。无色透明油状液体。无毒无味。随聚合度 n 不同,其物性也有所不同。相对密度在 0.761～0.977 之间。折射率 1.390～1.410(25℃)。闪点 150～300℃。黏度在 1.0～100000mPa·s 之间,随相对分子质量增大黏度升高。不溶于水、甲醇、乙醇,溶于乙醚、苯、氯仿、汽油。有优良的耐热性、疏水性、润滑性、抗泡消性及电绝缘性,能在各种物体表面形成防水膜。用作脱模剂、消泡剂、热载体、高低温润滑剂、汽车仪表减震液、绝缘油、玻璃纤维处理剂等,也用于制造防晒霜、护肤霜及抗汗剂等。由二甲基二氯硅烷、三甲基氯硅烷经水解、调聚制得。

N,N-二甲基环己胺 N,N-dimethyl-cyclohexylamine 无色至浅黄色透明液体,有氨味及苦味。相对密度 0.85～

0.57(25℃)。熔点<-77℃。沸点159℃。折射率1.4522。自燃点200℃。蒸气与空气形成爆炸性混合物,爆炸极限0.79%~7.0%。微溶于水,溶于醇、醚、丙酮及苯等溶剂。溶液呈碱性。主要用作硬质聚氨酯泡沫塑料的发泡催化剂,是一种低黏度中等活性的胺类催化剂,可单独使用,也可与其他催化剂并用。也可用作模塑软泡沫塑料及半软泡沫塑料等的辅助催化剂。由 N,N-二甲基苯胺催化加氢制得。

N,N-二甲基肼 N,N-dimethylhydrazine 又名1,1-二甲基肼、偏二甲肼。无色液体,有氨的气味及吸湿性。相对密度0.7914(22℃)。熔点-58℃。沸点63℃。折射率1.4075(22℃)。与水、乙醇、乙醚混溶。在空气中发烟。易燃。爆炸极限2%~95%。有极强还原性,与氧化剂接触燃烧、爆炸。用作有机过氧化物稳定剂、酸性气体吸收剂及高能燃料。也用于生产植物生长调节剂比久。由二甲胺经亚硝化制得。

1,3-二甲基-2-咪唑啉酮 1,3-dimethyl-2-imidazolidinone 无色透明液体。相对密度1.044。沸点225.5℃。折射率1.4720。闪点104℃。对热、光、酸、碱均较稳定。为高沸点、低毒性的极性非质子溶剂,对无机物、有机物及各种树脂具有优良的溶解性。用作醚化、氰化、氨化、氟化等亲核取代性反应中的溶剂时,反应条件温和,并可提高反应速率和产品收率。作为高功能性反应溶剂,广泛用于相传递反应、亲核取代反应、还原反应及氧化反应等。由2-咪唑啉酮与硫酸二甲酯反应制得。

1,4-二甲基哌嗪 1,4-dimethylpiperazine 又名 N,N'-二甲基哌嗪。无色至浅黄色液体。相对密度0.86。熔点-1℃。沸点130~133℃。闪点22℃(闭杯)。蒸气压1.47kPa(21℃)。溶于水、乙醇。水溶液呈碱性。用作聚氨酯反应催化剂。是一种聚氨酯发泡/凝胶平衡性催化剂,适用于生产硬泡沫塑料、软泡沫塑料及聚氨酯涂料、胶黏剂等,也用作医药中间体。

N,N-二甲基十八胺 N,N-dimethyloctadecylamine 又名 N,N-二甲基硬脂胺、十八烷基二甲基叔胺。浅棕色黏稠液体。低温时为浅草黄色软质固体。相对密度0.840。熔点22.9℃。沸点202℃。不溶于水,溶于乙醇、乙醚等常用溶剂。可燃。蒸气有刺激性。可与环氧乙烷、硫酸二甲酯、硫酸二乙酯、氯甲烷和氯苄等反应,制造不同性能及用途的季铵盐阳离子表面活性剂。也用作抗蠕虫药。由十八胺、甲醛及甲酸经缩合反应制得。

N,N-二甲基十二胺 N,N-dimethyldodecylamine 又名二甲基十二叔胺、N,N-二甲基十二烷基胺。无色液体。相对密度0.775。熔

点 −20℃。沸点 247℃、110～112℃ (400Pa)。折射率 1.4375。不溶于水,易溶于醇类。可燃。可与环氧乙烷、硫酸二甲酯、氯甲烷、氯苄等反应制取不同性能的季铵盐阳离子表面活性剂,与氯乙酸钠反应制造烷基甜菜碱两性离子表面活性剂。也用于制造环氧树脂固化剂、抗蚀剂及矿物浮选剂等。由十二醇及二甲胺经液相催化反应制得。

N,N-二甲基(十六烷基)胺 N,N-dimethylhexadecylamine 无色至淡黄色液体。相对密度 0.79(25℃)。沸点＞197℃。闪点 65℃。黏度 9mPa·s (25℃)。蒸气压 2.34kPa。不溶于水,溶于乙醚、苯、四氯化碳等。用作聚氨酯催化剂,可促进聚酯型聚氨酯软块泡沫塑料的交联,改善整幅泡沫塑料表面固化情况。也用于制造季铵盐阳离子型表面活性剂。

O,O-二甲基-N,N-双(2-羟乙基)氨甲基膦酸酯 O,O-dimethyl-N,N-bis(2-hydroxyethyl)aminomethyl phosphonate 又名 N,N-二(羟乙基)氨甲基膦酸二甲酯。深黄色透明液体。相对密度 1.16。黏度 170mPa·s(25℃)。磷含量 13.6%。氮含量 6.2%。溶于水及低级醇,不溶于脂肪烃溶剂。是一种分子结构中同时含磷及氮的反应型阻燃剂,阻燃效能高。主要用于聚氨酯硬泡,它参与聚氨酯泡沫反应,能保持持久阻燃性。由二乙醇胺、甲醛及亚磷酸酯等反应制得。

2,5-二甲基-2,5-双(叔丁基过氧基)己烷 2,5-dimethyl-2,5-bis(*tert*-butyl peroxy) hexane 又名硫化剂25。浅黄色油状液体,有特殊臭味。相对密度 0.8650。熔点 8℃。沸点 86℃。折射率 1.4185 (28℃)。分解温度 140～150℃。不溶于水,溶于醇、醚、酮、芳烃等有机溶剂。易燃。有毒!用作硅橡胶、聚氨酯橡胶、乙丙橡胶及其他橡胶的硫化剂。是乙烯基硅橡胶的高温硫化剂。硫化胶的抗张强度及硬度均高,而压缩变形及伸长率较低。也用作聚乙烯交联剂。以乙炔、丙酮、过氧化氢及叔丁醇等为原料制得。

2,4-二甲基-3-戊酮 2,4-dimethyl-3-pentanone 又名二异丙基酮。无色液体。相对密度 0.801。熔点 −69℃。沸点 122～124℃。折射率 1.400。闪点 15℃。不溶于水,与乙醇、乙醚、丙酮、苯等混溶。遇高热、明火及强氧化剂易引起燃烧。对多种稀贵金属及放射元素有较高溶解力,可作为萃取剂分离铌、钼、钽、硒、铑、钋、镎等金属。也用作蒽醌法双氧水生产、润滑油脱蜡、氢醌提纯的溶剂。还用于制备合成香料及用作化工中间体。由异丁酸在催化剂存在下缩聚制得。

二甲基亚砜 dimethyl sulfoxide 又名甲基亚砜。无色透明液体。无臭、味微苦。相对密度 1.1014。

熔点 18.5℃。沸点 189℃。闪点 95℃。折射率 1.4795。与水、乙醇、苯、甘油、乙二醇、吡啶及乙醛等混溶，也能溶解油脂、色素、樟脑、糖类及二氧化硫、二氧化氮、丙烯酸树脂等，有万能溶剂之称。与金属离子能形成稳定的配合物。呈弱碱性，对酸不稳定，遇酸生成盐。是用途广阔的非离子极性溶剂，用于制造合成树脂、染料、医药、颜料等。也用作渗透剂、防冻剂、脱漆剂、酸性气体吸收剂、稀有金属萃取剂、农药及医药增效剂等。由二甲基硫醚与二氧化氮反应制得。

二甲基乙醇胺 dimethylethanolamine 又名 2-二甲氨基乙醇、N,N-二甲基-2-羟基乙胺。$(CH_3)_2NCH_2CH_2OH$ 无色至微黄色液体，有氨的气味。相对密度 0.8879。熔点 -59℃。沸点 134.6℃。折射率 1.4296。闪点 40.5℃。爆炸极限 1.6%～11.9%。与水、乙醇、乙醚、丙酮及苯等混溶。可燃。低毒。用作水性环氧树脂基团反应催化剂、单组分湿固化聚氨酯热熔胶的热固化催化剂、聚氨酯泡沫塑料的反应型催化剂及辅助催化剂、环氧树脂固化促进剂、水性环氧树脂乳液中和剂、燃料油淤浆防止剂等。也用作制造阳离子絮凝剂、阴离子交换树脂及抗组胺药等的原料。由环氧乙烷与二甲胺经氨化反应制得。

5,5-二甲基乙内酰脲 5,5-dimethyl-hydantoin 又名 5,5-二甲基海因。白色棱柱状结晶或结晶性粉末。无臭。熔点 175℃，能升华。溶于水、乙醇、二甲醚，微溶于丙酮、异丙醇，不溶于三氯乙烯、

脂肪烃。用作水溶性树脂、防腐剂、杀菌剂等，也用于氨基酸合成。由丙酮氰醇与碳酸铵水溶液反应制得。

二甲硫 dimethyl sulfide 又名二甲基硫醚、甲硫醚。无色透明油状液体。有难闻气味。相对密度 0.8458。熔点 -83℃。沸点 37.3℃。折射率 1.4438。闪点 -17.8℃(闭杯)。爆炸极限 2.2%～19.7%。微溶于水，溶于乙醇、乙醚、苯等。易燃。自燃点 206℃。有毒！用作加氢精制及加氢裂化催化剂的预硫化剂。催化剂经硫化后，金属活性组分由氧化态转化为硫化态，可提高催化剂的加氢活性及活性稳定性。用作有机合成及聚合反应的溶剂、城市煤气赋臭剂、涂料脱模剂。也用作生产二甲基亚砜的中间体等。由甲醇与二硫化碳反应制得。

$H_3C—S—CH_3$

二甲醚 dimethyl ether CH_3OCH_3 又名甲醚。常温下是无色气体，有轻微醚香味。相对密度 1.617。熔点 -141.5℃。沸点 -24.9℃。闪点 -41.4℃。燃点 340℃。爆炸极限 3.45%～26.7%。蒸气压 0.53MPa(20℃)。溶于水、四氯化碳、苯、汽油等。遇强热或氧化剂有着火危险。在氧气存在下长期放置或受日光照射能产生不稳定的过氧化物，受热会引起爆炸。有轻度麻醉性。用作溶剂、甲基化剂、冷冻剂、杀虫剂等。也是新一代气雾剂产品的抛射剂，具有对人体无毒害、对臭氧层破坏的 ODP 值为零、对生态环境无破坏性等特点。可由

甲醇气相或液相脱水制得。

二甲氧基二苯基硅烷 dimethoxydiphenylsilane 无色液体。沸点169～173℃（2.4kPa）。

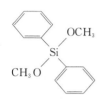

不溶于水，溶于甲醇、苯、丙酮、氯仿。用作丙烯聚合高效催化体系的助催化剂（即第三组分）。其主要作用是提高催化体系的定向能力，进而提高聚丙烯的等规度，改善聚丙烯的理化性能。

二甲唑 dimetridazole 又名达美素、1,2-二甲基-5-硝基咪唑。

淡黄色结晶或结晶性粉末。无味。熔点138～142℃。不溶于水、乙醚，溶于氯仿、稀酸及稀碱。遇光色变深。其盐酸盐溶于水、乙醚，微溶于丙酮。用作饲料添加剂的驱虫剂，对原虫（滴虫、鞭毛虫）及许多细菌有显著抑制作用，是治疗火鸡黑头病及猪赤痢的有效药物。也用作鸡、猪的生长促进剂，改善饲料转化率。由2-甲基咪唑经硝化、甲基化制得。

二碱式邻苯二甲酸铅 dibasic lead phthalate 又名二盐基邻苯二甲酸铅。

白色或微黄色微细晶粉末。相对密度4.5。折射率1.99。不溶于水及普通溶剂，溶于硝酸、乙酸。为弱酸盐，碱式部分易碳酸化。105℃下稳定，有良好的热稳定性、光稳定性及电绝缘性。有毒！用作聚氯乙烯通用性热稳定剂。不仅吸收氯化氢能力强，还有吸收紫外线的作用，是90℃及105℃等级电缆料的标准稳定剂。适用于高温电绝缘料、泡沫制品及压延制品。在着色增塑糊制品中有良好的色调保持性。不宜用于食品包装材料。在乙酸存在下，由苯酐与氧化铅反应制得。

二碱式亚磷酸铅 dibasic lead phosphite 又名二盐基亚磷酸铅。白色或微

$$2PbO \cdot PbHPO_3 \cdot \frac{1}{2}H_2O$$

黄色细微针状结晶粉末。带甜味。相对密度6.10。折射率2.25。不溶于水及有机溶剂，溶于盐酸、硝酸。不稳定，能自行分解。200℃左右变为灰黑色，450℃变为黄色。能吸收紫外线，有较好的热稳定性、电绝缘性及分散性。有毒！用作聚氯乙烯及氯乙烯-乙烯共聚物的热稳定剂，兼具有氧化、屏蔽紫外线功能，用于制造硬质及软质制品、电缆、板材、管材等，不宜用于食品包装材料。在乙酸催化下，由氯化铅与亚磷酸反应制得。

二碱式硬脂酸铅 dibasic lead stearate 又名二盐基硬脂酸铅。白色粉末。

$$2PbO \cdot Pb(C_{17}H_{35}COO)_2$$

相对密度2.15。熔点>280℃（伴有分解）。折射率1.60。100℃以上高温时易结块。不溶于水，溶于乙醚。稳定性、耐水性及电绝缘性都优于硬脂酸铅，无腐蚀性。有毒！用作聚氯乙烯热稳定剂，兼有优良的润滑性、电绝缘性及耐水性，与二碱式亚磷酸铅、三碱式硫酸铅并用可改善加工性。用于硬质及软质制品，如塑料管、唱片、波纹

管、电缆及注射制品等。主要缺点是硫化污染性大,初期着色性较强。与镉皂配合使用时可改善上述缺点。由硬脂酸钠与氧化铅、乙酸反应制得。

二聚甘油硬脂酸酯 dimeric glycerine stearate 聚甘油脂肪酸酯的一种。

$HOCH_2CHCH_2OCH_2CHCH_2OOCC_{17}H_{35}$
　　　　$|$　　　　　　$|$
　　　OH　　　　　OH

外观为浅黄色固体,精制品为白色透明状固体。熔点 $>40℃$。HLB 值 7.5。不溶于水,溶于常用有机溶剂。具有脂肪酸的通性及可燃性。是一种非离子型表面活性剂,用作水包油型(O/W)乳化剂、稳定剂、黏胶纤维油剂。也用作外添加型流滴剂,适用于聚氯乙烯及聚乙酸乙烯酯农用薄膜。由硬脂酸与甘油先合成二聚甘油后再经酯化反应制得。

二聚酸 dimerising acid 又名油性剂。HOOCRCOOH (R=烷基或烯烃基) 402。无色透明油状液体。相对密度 0.95。闪点 $280\sim305℃$。燃点 $305\sim344℃$。酸值 $188\sim195mgKOH/g$。皂化值 $195\sim201mgKOH/g$。不溶于水,溶于丙酮、乙醇、乙醚及石脑油等。具有良好的热稳定性、润滑性,并具有防腐作用。主要用于制造聚酰胺树脂,也用于制造燃料油、润滑油、液压油、切削油等,还用作航空煤油防锈添加剂、油墨添加剂等。由玉米油或棉籽油等经皂化、酸化或直接水解制得。

二邻甲苯胍 di-o-tolylguanidine 又名促进剂 DOTG。白色粉末。无臭,味微苦。相对密度 $1.01\sim1.02$。熔点 $171\sim179℃$。不溶于水、汽油,微溶于苯,溶于丙酮、氯仿、乙酸乙酯。用作天然橡胶及二烯类合成橡胶的硫化促进剂。硫化临界温度 $141℃$,硫化平坦性及焦烧安全性较好。与噻唑类、秋兰姆类或次磺酰胺类并用可增加其活性,提高硫化效果,主要用于胎面胶、缓冲层及厚壁制品,不适用于接触食品的制品。用于氯丁橡胶时有塑解剂的功能。由邻甲苯胺与二硫化碳反应生成二邻甲苯硫脲后,再用氧化锌脱硫制得。

N,N'-二邻甲苯硫脲 N,N'-di-o-tolylthiourea 又名促进剂 DOTU。白色至灰白色粉末。熔点 $165\sim166℃$。沸点 $216\sim218℃$(升华)。不溶于水、乙醇、汽油,微溶于苯、氯仿、二硫化碳,溶于丙酮、二甲基甲酰胺,能随水蒸气蒸发。用作天然橡胶及氯丁橡胶硫化促进剂,促进效能与二苯基硫脲相似,但焦烧倾向小、加工安全性好。在天然橡胶中与噻唑类促进剂并用,可提高硫化速度。因稍有污染性,不宜于白色橡胶制品。由邻甲苯胺与二硫化碳经缩合反应制得。

二磷酸果糖 fructose diphosphate 又名依福那、1,6-二磷酸果糖。

一种葡萄糖代谢中间产物,由果糖第1,6位碳原子上的羟基磷酸化而成。其三钠盐为白色结晶粉末,无臭。熔点71～74℃。易溶于水,不溶于常用有机溶剂。它具有稳定细胞膜和溶酶体膜的作用,并可抑制氧自由基的产生,保护组织在缺氧、缺血情况下不受损伤,改善心肌细胞在缺氧时的能量代谢,提高心肌工作效率。用于充血性心衰、急性心梗及心肌缺血,尤适用于不宜使用洋地黄类强心剂的患者。

二硫代二吗啉 dimorpholine disulfide 又名硫化剂 DTDM、硫化剂 DM。灰棕色或白色针状结晶。有鱼腥气味。相对密度 1.32～1.38。熔点 124～125℃。

$$\begin{array}{c} CH_2-CH_2 \qquad\qquad CH_2-CH_2 \\ O\diagup \qquad \diagdown N-S-S-N \diagup \qquad \diagdown O \\ CH_2-CH_2 \qquad\qquad CH_2-CH_2 \end{array}$$

不溶于水、脂肪烃,难溶于乙醇,溶于苯、四氯化碳。遇无机酸或无机碱分解。常温下储存稳定,干燥时有着火危险。自燃温度 290℃。中等毒性,触及皮肤或黏膜能引起强而持久的辛辣感。用作天然及合成橡胶的硫化剂及促进剂,因在硫化温度下能释放出活性硫,故又称为"硫黄给予体"。有效硫含量为 27%。用于制造轮胎、内胎、胶带和耐热橡胶制品。由吗啡啉、一氯化硫及氢氧化钠等反应制得。

二硫化二苯并噻唑 dibenzothiazyl disulfide 又名 2,2′-二硫联二苯并噻唑、促进剂 DM、促进剂 MBTS。白色至浅黄色针状结晶或粉末。无臭。略有苦味。相对密度 1.50。熔点 180℃。不溶于水、汽油及稀碱溶液,微溶于苯、乙醇、乙醚、二氯甲烷及四氯化碳等。可燃。低毒!对皮肤及黏膜有刺激性。用作天然及合成橡胶、再生胶的通用型硫化促进剂,不焦烧、不污染,在胶料中易分散,但有苦味,不宜用于与食物接触的制品。主要用于制造胶管、轮胎、胶鞋等工业制品。也用作氯丁橡胶硫化延缓剂及增塑剂。由 2-硫基苯并噻唑氧化制得。

二硫化二异丙基黄原酸酯 diisopropyl xanthogenate disulfide 又名连二异丙基黄原酸酯、调节剂 T、促进剂 DIP。淡

$$(CH_3)_2CHO-\underset{\underset{S}{\|}}{C}-S-S-\underset{\underset{S}{\|}}{C}-OCH(CH_3)_2$$

黄色至黄绿色粒状结晶。相对密度 1.28。熔点不低于 52℃。不溶于水,溶于乙醇、丙酮、苯、汽油。有毒!触及时可引起皮肤过敏肿胀。受热分解时会产生窒息性气体 CS_2。用作丁苯、丁腈橡胶及烯类单体乳液聚合的相对分子质量调节剂,橡胶加工促进剂,润滑油添加剂,矿物浮选剂等。也用于制造杀菌剂、除草剂。由异丙基黄原酸钠与过硫酸钾经氧化反应制得。

二硫化钼 molybdenum disulfide MoS_2 有金属光泽的灰黑色粉末,六方晶系或斜方晶系结晶。相对密度 4.80(14℃)。熔点 1185℃。高于 1300℃分解。不溶于水、稀酸及有机溶剂,可与热硫酸、热硝酸及王水反应。能被浓盐酸、纯氧、氟和氯侵蚀。常态下于 400℃开始氧化,540℃急剧氧化成三氧化钼。摩擦系数小,容易沿水平方向滑动而分层

用作机械及汽车工业运动部件的固体润滑材料,在高温、低温、高负荷、高转速及高真空等工况下都具有优良的润滑性。可与润滑油、润滑脂、石蜡等混用,提高润滑效果。也用作有色金属脱模剂、加氢催化剂及半导体材料。由辉钼精矿石用盐酸、氢氟酸处理而得。或由三硫化钼热分解制得。

二硫化四丁基秋兰姆 tetrabutyl thiuram disulfide 又名双(二丁基硫代氨基

$$(C_4H_9)_2N-\underset{\underset{S}{\|}}{C}-S-S-\underset{\underset{S}{\|}}{C}-N(C_4H_9)_2$$

甲酰)二硫化物、促进剂 TBTD。暗褐色蜡状黏稠液体,低温时为固体。无臭。相对密度 $1.05 \sim 1.10$。熔点 $>20℃$。不溶于水,溶于苯、丙酮、乙醇、乙醚。无吸湿性。对皮肤及眼睛稍有刺激性。用作天然及合成橡胶超硫化促进剂,促进效能与促进剂 TMTD、TETD 类似。具有焦烧性小、不喷霜、分散性好、操作安全等特点。主要用于制造内胎、胶布、胶鞋等制品。也用作橡胶硫化剂。由二丁胺、二硫化碳及碳酸钠反应生成二丁基二硫代氨基甲酸钠后再经氧化而得。

二硫化四甲基秋兰姆 tetramethyl thiuram disulfide 又名双(二甲基硫氨

$$(CH_3)_2N-\underset{\underset{S}{\|}}{C}-S-S-\underset{\underset{S}{\|}}{C}-N(CH_3)_2$$

基甲酰基)二硫化物、福美双、促进剂 TMTD、促进剂 TMT。白色至浅灰色结晶粉末或粒状物。无臭、无味。相对密度 1.29。熔点 $155 \sim 165℃$。不溶于水,微溶于乙醇、乙醚、汽油、稀碱液,溶于热乙醇、苯、丙酮。与水共热生成二甲胺和二硫化碳,遇酸易分解。有毒!对皮肤、黏膜及呼吸道有刺激性,也有很强的杀虫灭菌性能。用作天然及合成橡胶、胶乳的超促进剂,是秋兰姆类硫化促进剂应用最广的一种,用于制造轮胎、胶鞋、电缆、医疗制品、白色或彩色制品,以及用于与食物接触的橡胶制品。农业上用作杀虫剂、杀菌剂。还用作乳液聚合终止剂及润滑油添加剂。由二甲胺、二硫化碳及氢氧化钠反应生成二甲基二硫代氨基甲酸钠后,再经氧化制得。

二硫化四乙基秋兰姆 tetraethyl thiuram disulfide 又名双(二乙基硫代氨基甲酰基)二硫化物、促进剂 TETD。白色

$$(C_2H_5)_2N-\underset{\underset{S}{\|}}{C}-S-S-\underset{\underset{S}{\|}}{C}-N(C_2H_5)_2$$

至浅白色结晶粉末、颗粒或片状物。无臭。相对密度 $1.17 \sim 1.30$。熔点 73℃。不溶于水、稀碱液,微溶于乙醇、汽油,溶于乙醚、苯酮、苯。对皮肤有刺激性。用作天然橡胶、丁基橡胶、丁腈橡胶及乙丙橡胶等的非吸湿性超硫化促进剂。硫化促进效能与促进剂 TMTD 相似。用于制造胶布、胶鞋、电缆及彩色制品。也用作橡胶硫化剂、氯丁橡胶改性剂、聚合相对分子质量调节剂、农用杀菌剂、种子消毒剂及酒精中毒的解药等。由二乙胺、二硫化碳与氢氧化钠反应生成二乙基二硫代氨基甲酸钠后,再经空气氧化制得。

二硫化碳 carbon disulfide CS_2 无色或微黄色透明液体。易燃。相对密度 1.3506。熔点 $-111.6℃$。沸点 46.2℃。闪点 $-30℃$(闭杯)。折射率 1.6295(18℃)。爆炸极限 $1.3\% \sim 50\%$。临界温度 279℃。临界压力 7.9MPa。蒸

气相对密度2.64。微溶于水,与乙醇、乙醚、苯、氯仿及四氯化碳等混溶。也能溶解油脂、蜡、沥青、橡胶、树脂及硫、磷等。在空气中会逐渐氧化而显黄色。并产生臭味。受日光作用会发生分解,与铝、锌、钾、氟、氯等反应剧烈,并有着火危险。吸入高浓度蒸气会产生麻醉作用。用于制造黏胶纤维、玻璃纸、黄原酸酯、四氯化碳及橡胶促进剂等,也用作羊毛去脂剂、衣物去渍剂、农用杀虫剂、杀菌剂、土壤消毒剂、脱漆剂及常用溶剂。由赤热木炭与硫黄蒸气反应制得。

二硫化钨 tungsten disulfide WS_2 黑灰色六方晶系结晶或粉末。有金属光泽。相对密度7.5(10℃)。熔点1250℃(分解)。不溶于水、乙醇,溶于硝酸和氢氟酸的混酸及熔融碱。在759～1065℃下能被氢气还原成金属钨。在空气或氧气中加热可转化为三氧化钨。具有层状结构,易解离。对金属表面有良好吸附性。有与石墨类似的润滑性质。一种优良固体润滑剂,有较低摩擦系数、较高抗压及抗氧化性能,适用于高温、高压、高真空及高负荷下的润滑。也可与尼龙或聚四氟乙烯等配制成润滑部件,或与某些溶剂混合后喷涂金属或模具表面,提高耐磨性及光洁度。也用于制造含钨催化剂。由钨酸与氨水反应生成钨酸铵,再与硫化氢反应生成四硫化钨酸铵后经高温煅烧制得。

二硫化硒 selenium disulfide SeS_2 红色至黄色结晶或粉末。为多种分子组成的固溶体。熔点<100℃。加热至100℃软化,继续加热则分解,并释出有毒气体。几乎不溶于水及有机溶剂。可被硝酸及王水所分解。高毒,误服会中毒。医药上用作抗真菌剂,用于治疗头部脂溢性皮炎、脸部粉刺及躯体汗斑。由于具有较好的止痒去屑特性,也用于化妆品香波中,但因溶解性差并可能有致癌性,现已很少用于化妆品中。也用于治疗狗及猪的湿疹及细菌感染。还用于电子、仪器仪表行业。由硒粉与硫黄熔融反应制得。

二(2-卤代乙基)(3-溴代-2,2-二甲基丙基)磷酸酯 mixed 3-bromo-2,2-dimethyl propyl and 2-bromoethyl 2-chloroethyl phosphate 淡黄色透明液体。磷含量7.5%、氯含量9%、溴含量36%。相对

$$\text{BrCH}_2\overset{\text{CH}_3}{\underset{\text{CH}_3}{\text{C}}}\text{CH}_2-\text{O}-\overset{\text{O}}{\underset{\text{OCH}_2\text{CH}_2\text{Br}}{\text{P}}}-\text{OCH}_2\text{CH}_2\text{Cl}$$

密度1.578。黏度147mPa·s。不溶于水,溶于常用有机溶剂。用作添加型阻燃剂。分子结构中同时含磷、氯、溴三种具有阻燃性的元素,阻燃效能高、耐水解稳定性好,广泛用于聚氯乙烯、不饱和聚酯、聚苯乙烯泡沫、聚甲基丙烯酸甲酯及各类聚氨酯的阻燃,也适用于涂料及胶黏剂。以环氧乙烷、三氯化磷、新戊二醇及溴(或氯)等为原料制得。

5,6-二氯苯并噁唑酮 5,6-dichlorobenzoxazolinone 又名噁唑酮、防霉剂O。纯品为白色粉末。熔点186～192℃。工业品为淡米色或米黄色粉末。无臭。溶于香蕉水及乙醇,有较强的抗菌作用。含氯量越高,杀菌

效果越好,含氯量低于65%时,几乎无杀菌功效。主要用作电工材料及其制品的防霉剂,如用于蜡克线、蜡克漆、涂蜡橡皮线以及合成革制品等的防霉。可用于替代酸性硫柳汞、三乙基硫酸锡等高毒防霉剂。由邻硝基对二氯苯经水解、还原、光氧化及氯化等制得。

2,4-二氯苯酚 2,4-dichlorophenol 又名2,4-二氯酚。白色针状结晶。有酚的气味。易挥发。相对密度1.383(60℃)。熔点40~45℃。沸点210℃。闪点114℃。微溶于水,溶于乙醇、乙醚、苯、氯仿及四氯化碳。受热分解。可燃。有毒!蒸气对黏膜、皮肤等有强刺激性及腐蚀性。用于制造医药、农药等。也是一种非氧化性杀菌灭藻剂,用作工业水处理及油田水处理的杀菌剂。对多种霉菌、细菌及酵母菌有良好抑制效果,对水中的硫酸盐还原菌、铁细菌也有杀灭作用。杀菌率高于邻氯苯酚,但不及三氯苯酚及五氯苯酚。由苯酚与氯在催化剂存在下反应制得。

二氯醋酸二异丙胺 diisopropylamine dichloroacetate 又名理倍奥、肝乐、二异丙胺二氯醋酸盐。白色结晶。熔点119~121℃,易溶于水,一种肝炎辅助用药,具有改善肝肌机能、减少肝脂肪沉积、促进损伤肝再生等作用。用于治疗慢性及迁延性肝炎、肝肿大、脂肪肝及早期肝硬化等。可由二氯乙酸与二异丙胺反应制得。

3,3′-二氯-4,4′-二氨基二苯基甲烷 3,3′-dichloro-4,4′-diaminodiphenylmethane

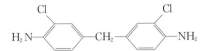

又名亚甲基双邻氯苯胺,简称MOCA。纯品为白色至浅黄色针状结晶或粉末。熔点100~109℃。固态密度1.44g/cm³(25℃),液态密度1.26g/cm³(107℃)。分解温度约296℃。难溶于水,溶于丙酮、二甲基亚砜、甲苯、乙醇、四氢呋喃等,也溶于热的聚醚多元醇。有轻微吸湿性。粗品为黄色粉末,熔点较纯品稍低。在使用时需加热熔化,但加热时间不宜过长,不然会因氧化而颜色变深。有毒!对呼吸道有刺激性。用作聚氨酯弹性体和胶黏剂的扩链剂及交联剂,环氧树脂的固化剂。由邻氯苯胺与盐酸反应生成邻氯苯胺盐酸盐后,再加入甲醛反应制得。

二氯二甲基海因 dichlorodimethyl hydantoin 又名二氯二甲基乙内酰脲。白色结晶粉末。有漂白粉样气味。有效氯含量≥70%。相对密度1.5。熔点132℃。100℃开始升华。212℃时变为棕色

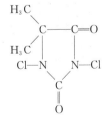

并迅速燃烧。稍溶于水。在水中会缓慢释出次氯酸,当pH值大于9时会迅速水解。溶于乙醇、苯、氯仿及浓硫酸。干燥时稳定。用作植物种子消毒剂、织物漂白剂、橡胶氯化剂、聚氯乙烯稳定剂等。用于游泳池水消毒、循环冷却水杀菌灭藻,具有稳定

性高、刺激性小、释放缓慢等特点。由5,5-二甲基海因与氯气反应制得。

二氯氟乙烷 dichlorofluoroethane 又名1,1-二氯-1-氟代乙烷。CCl_2F—CH_3 无色透明液体,稍有醚味。相对密度1.23。沸点32℃。熔点-103.5℃。临界温度206℃。临界压力4.25MPa。蒸气压64kPa(20℃)。微溶于水,与乙醇、乙醚混溶。无可燃性。蒸气与空气形成爆炸性混合物,爆炸极限5.6%~17.7%(体积)。用作发泡剂,多用于硬质聚氨酯泡沫塑料。与异氰酸酯及多元醇相容性好,工艺操作方便,发泡效率较高。添加稳定剂的本品也用作溶剂及脱脂剂。

2,4-二氯过氧化苯甲酰 2,4-dichlorobenzoyl peroxide 又名过氧化双(2,4-二氯苯甲酰)、双"2,4"硫化剂,简称DCBP。白色至浅黄色结晶粉末,或片状有滑感粉末。相对密度1.18。热分解温度45℃。理论活性氧含量4.21%。不溶于水,溶于苯、甲苯、氯仿,微溶于丙酮。室温下较稳定,干燥后有强烈爆炸性,为强氧化剂。商品一般用硅油稀释成50%糊状物。常用作硅橡胶硫化剂,适合于硅橡胶的无模硫化、热空气硫化,用于制造医用橡胶制品。由2,4-二氯苯甲酸与亚硫酰氯反应制得2,4-二氯苯甲酰氯后,再与过氧化钠反应制得。

二氯化硫 sulfur dichloride SCl_2
红棕色液体,在湿空气中发烟,有刺激性的氯气臭味。相对密度1.621(15℃)。熔点-78℃。沸点59℃(分解)。折射率1.557(11℃)。加热至40℃时部分分解。溶于苯、四氯化碳。遇水时分解生成连多硫酸、硫酸,并析出硫和释放氯化氢气体。遇醇及醚亦发生分解,受潮时对多数金属有腐蚀性。有毒!蒸气和液体对皮肤、眼睛及呼吸系统有强刺激性及腐蚀性。用作橡胶及胶乳的硫化剂、有机化合物氯化剂、高压润滑剂、切削油添加剂、消毒剂及杀虫剂等,也用于溶解硫黄、精制糖汁及处理植物油等。可由氯通入一氯化硫溶液中至饱和,再用二氧化碳除去过量的氯后而得。

二氯化钛 titanium dichloride $TiCl_2$
黑色六方晶系结晶。相对密度3.13。熔点1035℃。沸点1500℃。在氢气流中加热则升华。溶于乙醇,不溶于乙醚、氯仿、二硫化碳。在空气中和水中分解,有强还原性。空气中加热生成$TiCl_4$及TiO_2。可被Cl_2氧化成$TiCl_4$,被Na、Ca、Mg等还原成Ti。有毒!用作烯烃聚合催化剂、织物漂白后脱氯剂。也用于制造有机及无机钛化合物。可由三氯化钛在氢气中加热制得。

二氯萘醌 dichlone 又名2,3-二氯-1,4-萘醌。黄色结晶。熔点194~195℃。沸点275℃(0.267kPa)。能升华、不溶于水,微溶于丙酮、乙醚、苯,溶于邻二甲苯、邻二氯苯、热乙醇。对酸稳定,遇碱会水解。为非内吸性农用杀菌剂,主要用于种子处理和叶面喷洒,防治苹果黑星病、豆类炭疽病、番茄晚疫病等。也可用作橡胶及木、棉纤维的防腐剂。由1,4-萘醌氯化制得。

二氯三氟乙烷 dichloro-1,1,1-trifluoroethane 又名三氟二氯乙烷,R_{123}。无色透明液体。相对密度1.46(25℃)。沸点27.9℃。蒸气压90kPa(25℃)。微溶于水,溶于乙醇、乙醚、芳香烃及精油等有机溶剂。不燃、不爆。化学性质稳定。用作制冷剂、灭火剂、聚氨酯发泡剂、清洗剂及低压液化抛射剂等,是氟里昂的替代品。由氟氯乙烷或氟氯乙烯经气相催化氟化反应制得。

二氯异氰尿酸 dichloroisocyamuric acid

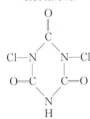

白色结晶粉末。有氯气味。熔点225～235℃(伴有分解)。理论有效氯含量71.7%。工业品有效氯含量≥65%。溶于水,并水解为次氯酸。干燥时稳定,遇酸或碱易分解。对金属有腐蚀性。对细菌繁殖体、真菌孢子、细菌芽孢及病毒等有较强杀灭作用。主要用作杀菌灭藻剂,杀菌力为次氯酸钠的100倍。广泛用于游泳池水、饮用水、污水、餐具、医院病房等的消毒。也用于农、林业防治病害虫,以及用作织物漂白剂、羊毛防缩剂及橡胶氯化剂等。由尿素与氯化铵反应制得异氰尿酸后,再分别与液碱及液氯反应制得。

二氯异氰尿酸钠 sodium dichloroisocyanurate 又名优氯净。白色结晶粉末。有浓的氯气味。熔点230～240℃(分解)。含有效氯60%～64%,工业品一般为62%。易溶于水,微溶于丙酮。1%水溶液的pH值5.8～6.5。干燥的产品稳定,遇水、稀酸和碱分解成氰尿酸及次氯酸。是一种高效低毒的消毒、杀菌灭藻剂。对细菌繁殖体、病毒、真菌孢子及细菌芽孢都有杀灭作用,商品有粉剂、片剂及复方制剂等多种形式。广泛用于城市污水、工业循环水及油田注水等领域,也用于饮用水、餐具、食品与化妆品生产设备等的消毒。还可用作羊毛、布匹、纸浆、化纤、棉麻等的漂白剂及防缩剂。由二氯异氰尿酸与碱中和制得。

二吗啉二乙基醚 dimorpholinediethylether 又名双(2,2-吗啉乙基)醚。无色至淡黄色液体。相对密度1.06(25℃)。熔点<-28℃。沸点>225℃。闪点146℃(闭杯)。黏度8mPa·s(25℃)。溶于水、乙醇。水溶液呈碱性。用作聚氨酯泡沫生产的胺类催化剂,具有强发泡性,适合于水固化体系。主要用于单组分硬质聚氨酯泡沫塑料以及聚醚型和聚酯型聚氨酯软泡沫塑料、半硬泡沫塑料等发泡。

二茂钴 cobaltocene 又名双环戊二烯基钴、钴茂。一种茂金属配合物。紫黑色结晶。相对密度1.49。熔点173～174℃。在真空中40℃(13Pa)升华。溶于烃类溶剂,溶液呈深紫色。遇水反应生成二茂钴阳离子及氧气。对氧气敏感,易氧化成稳定的$[(C_5H_5)_2Co]^+$钴鎓离子。在空气中能自燃。一般放在芳烃溶剂中保存。用作炔烃与腈合成吡啶类催化剂、烯烃聚合反应抑制剂、氧气解吸剂及油漆催干剂等。由环戊二烯基钠在四氢呋喃中与无水氯化钴反应制得。

二茂基二苯基钛 bis(cyclopentadienyl)diphenyl titanium 又名双(环戊二烯基)二苯基钛。一种茂金属配合物。橙黄色晶体。熔点146～148℃。不溶于水,溶于乙醚、丙酮、氯仿、苯、四氯化碳等多数有机溶剂。与醇类反应生成二茂基钛及苯。与氯化汞反应生成二茂基二氯化钛及苯基氯化汞。与铝基铝化合物或金属卤化物配位后用作烯烃聚合催化剂,也用于镀钛。由四氯化钛经苯基锂(1∶4)在-70℃的乙醚溶液中处理后,再与环戊二烯反应制得。

二茂基二氯化钛 bis(cyclopentadienyl) titanium dichloride 又名双(环戊二烯基)二氯化钛。一种茂金属化合物。亮红色针状晶体(甲苯中析出)。相对密度1.60。熔点287～289℃。真空中于170℃时升华。微溶于水、乙醚、苯、四氯化碳、二硫化碳。溶于氯仿、乙醇、甲苯。固态下在干燥空气中稳定,在潮湿空气中缓慢水解。与苯基锂反应生成$(C_5H_5)_2Ti(C_6H_5)_2$。用作齐格勒-纳塔聚合催化剂的组分,也用作硫化促进剂、石油燃烧促进剂、抗爆燃剂,还用于镀钛。可在四氢呋喃或乙二醇二甲醚溶剂中由四氯化钛与茂基溴化镁反应制得。

二茂铁 ferrocene 又名双(环戊二烯基)铁。一种茂金属配合物。橙黄色结晶。晶体中两个环戊二烯环呈交错结构。熔点173～174℃。沸点249℃。具抗磁性,能升华。不溶于水,溶于乙醚、苯、石油醚。具有芳香族化合物的特性,易进行磺化等亲核取代反应,而难发生加成和氧化反应。对热碱、盐酸、湿气及400℃以上高温仍稳定,并耐紫外光。用作有机合成催化剂、紫外线吸收剂、硅橡胶硫化剂、火箭燃料添加剂等。也用作汽油抗爆燃剂,用于替代有公害的四乙基铅。由环戊二烯基钠与氯化亚铁在四氢呋喃中反应制得。

N-N′-二(β萘基)对苯二胺
见"防老剂DNP"。

二硼化钛 titanium diboride 白色六方晶系结晶。相对密度4.52。熔点2900℃。硬度9～9.5。热导率25.1W/(m·K)(25℃)。线膨胀系数$2.5×10^{-6}$/℃(25～200℃)。电阻率12mΩ·cm。不溶于水及盐酸、氢氟酸,溶于硝酸及过氧化氢混合酸及硫酸与硝酸的混合酸。与热硫酸会发生反应。有良好的热稳定性及电性能。用于制造喷嘴、坩埚、电极、高温导电体等耐高温材料及轴承、铁砧、量规等耐磨器件。由钛与硼经高温固相反应制得。

二羟丙茶碱 diprophylline 又名喘定、甘油茶碱、羟丙茶碱、7-(2,3-二羟丙基)-3,7-二氢-1,3-二甲基-1H-嘌呤-二酮。白色结晶性粉末。无臭,味苦。熔点158℃。

易溶于水,微溶于乙醇、丙酮、氯仿。为广泛应用的一种平喘药,有扩张支气管平滑肌、兴奋心肌、加强心肌收缩力及利尿等作用。用于治疗支气管哮喘、慢性阻塞性肺气肿及心绞痛下心脏性水肿等疾病。由茶碱钠盐与一氯丙二醇缩合制得。

2,4-二羟基二苯甲酮 2,4-dihydroxybenzophenone 又名紫外线吸收剂 UV—O。

白色、淡黄色或橘黄色针状结晶粉末。相对密度 1.2743。熔点 142.6～144.6℃。沸点 194℃(133Pa)。难溶于水、甘油、苯,溶于乙醇、乙醚、丙二醇、甲乙酮及二噁烷等。能吸收 280～340nm 的紫外线。由本品衍生的 UV-9、UV-531 等二苯甲酮类,以及其他单羟基、双羟基、三羟基的此类化合物,是应用最广的吸收型光稳定剂,适用于聚氯乙烯、聚苯乙烯、不饱和聚酯、环氧树脂及纤维素树脂等。也用作光敏胶及光固化涂料等的光敏剂。在三氯化铝催化剂存在下,由间苯二酚缩合制得。

2,2′-二羟基-4-甲氧基二苯甲酮 2,2′-dihydroxy-4-methoxybenzophenone 又名紫外线吸收剂 UV-24。浅黄色粉末。相对密度 1.382。熔点 68～70℃。沸点 170～175℃(0.133kPa)。不溶于水,微溶于正庚烷,溶于乙醇、苯、甲乙酮、四氯化碳。能强烈吸收波长为 330～370nm 的紫外线。与树脂相容性好。用作紫外线吸收剂,适用于聚氯乙烯、纤维素树脂、丙烯酸树脂及聚氨酯等。由于也能部分吸收可见光,会使制品略带黄色。也用作涂料白光稳定剂。由水杨酰氯与间苯二酚反应制得。

4,4′-二羟基联苯
见"防老剂 DOD"。

2,2′-二羟基-1,1′-联萘 2,2′-dihydroxy-1,1′-binaphthyl 又名 1,1′-联-2-萘酚、β,β′-联萘酚。白色针状结晶。熔点 218℃。不溶于水,溶于乙醚、碱液,微溶于乙醇,难溶于氯仿。

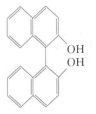

一种典型的手性化合物,具有很强的面不对称性,且易于拆分成高纯度的对映体。用作拆分剂,可用于制造染料、农药及医药等,其分子中的两个羟基可与某些化合物以氢键形成分子配合物,利用形成的一对非对映异构体的分子配合物的性质差异达到拆分异构体的目的。如与四氢化铝锂的配合物可用作不对称还原剂。由β-萘酚经催化氧化偶合制得。

二氢查尔酮 dihydrochlcone 二氢查

尔酮种类很多，其通式如（Ⅰ）。如柚皮苷二氢查尔酮为白色针状结晶或粉末。相对密度 0.8104（25℃）。熔点 166～168℃。微溶于水，25℃时的饱和水溶液的 pH 值 7.20。这类化合物的结构特点是含有酚羟基，因而在碱水溶液中的溶解度都较大，难溶于无机酸。它们都有很强水果样甜味。甜度达 100～2000。最甜二氢查尔酮的甜度为蔗糖的 2000 倍。且甜味清爽、持续时间长，能降低人体对饮料或医药品中异味的敏感性。主要用作无营养型甜味剂，适用于低 pH 值及低温加热制品，也用于制药。

二氢茉莉酮 dihydrojasmone 又名 2-戊基-3-甲基-2-环戊烯-1-酮、四氢除虫菊酮。无色至浅黄色液体。相对密度 0.917。沸点 230℃。折射率 1.4767。微溶于水，溶于乙醇、油，稍溶于丙二醇。有强烈而持久的茉莉香气及浓而温和的果香。为酮类合成香料，具有香气高雅清淡、留香久远、易与其他香料调配等特点，并具一定杀菌作用。用于调配茉莉、百合、晚香玉、香柠檬、柑橘等花香及果香型香精。由茉莉酮催化还原制得。

二氢香芹醇 dihydrocarveol 又名二氢香芹酚、6-甲基-3-异丙烯基环己-1-醇。无色或稻草色液体。相对密度 0.9202。沸点 224～225℃。折射率 1.4748。闪点 91℃。天然存在于各种薄荷油中。有留兰香似香气和胡椒香味。为香芹系合成香料，可用于调配高级食品香精和高级化妆品香精，用于啤酒、饮料、糖果、烘烤食品等。可由香芹酮还原、分离制得。

4-二氰基亚甲基-2-甲基-6-对 N,N'-二甲基氨基苯乙烯基-$4H$ 吡喃 4-dicyanomethylene-2-methyl-6-p-N,N'-dimethylaminostyryl-$4H'$-pyran 黄绿色结晶。熔点 212℃。一种苯乙烯类激光染料。本品在二甲基亚砜中的介电常数 ε 为 46.7，吸收峰值波长 λ_{max} 为 480nm，荧光峰值波长为 605nm，激光峰值波长为 652nm，激光调谐范围为 628～685nm，激光转换效率为 18.7%。在红光区域，可达到和若丹明 6G 相当的效率。以 4-二氰基亚甲基-2,6-二甲基吡喃、二甲氨基苯甲醛、哌啶等为原料制得。

二硫基丙磺酸钠 sodium 2,3-dimercapto-1-propanesulfonate 又名乌尼基尔钠。

$$\text{HSCH}_2\text{CHCH}_2\text{SO}_3\text{Na}$$
$$|$$
$$\text{SH}$$

白色叶片状结晶或结晶性粉末。有类似葱蒜气味。熔点235℃。易溶于水,不溶于乙醇、乙醚。有引湿性。用作砷、汞、铬、铋等重金属的解毒剂。也用作合成胶乳的分散剂。由烯丙基磺酸钠与溴加成得二溴丙烷磺酸钠,再与硫氢化钾反应、酸化、环合,与硫化氢反应,最后经中和成盐制得。

2,5-二巯基-1,3,4-硫代二氮唑 2,5-dimercapto-1,3,4-thiodiazole 又名二硫酚硫代二氮唑、铋试剂Ⅰ。黄色结晶性粉末。熔点173℃(分解)。不溶于水,微溶于乙醇,溶于乙醚及碱溶液。对光不稳定。在碱性溶液中久置会析出硫。用作测定铋、锑、铜、铅的特效灵敏试剂。也用作感光材料还原剂、防灰雾剂及植物杀菌剂。由二硫化碳与硫酸肼或水合肼反应制得。

2,5-二巯基噻二唑二钠 2,5-dimercapto-thiodiazole disodium 淡黄色至棕色透明液体,活性成分30%。相对密度1.22。主要用作含水体系的非铁金属腐蚀抑制剂和金属钝化剂,对焊点、金属铝、铜及铜合金等有保护作用。在低pH值条件下,比只含单个SH基团的腐蚀抑制剂更稳定有效。

二壬基萘磺酸钡 barium dinonylnaphthalene sulfonate 又名T705防锈剂。

$$\left[\begin{array}{c} H_{19}C_9 \quad\quad C_9H_{19} \\ \text{(naphthalene)} \\ SO_3^- \end{array} \right]_z Ba^{2+}$$

一种阴离子表面活性剂。外观为棕色或深棕色黏稠性液体。相对密度约1.099。闪点高于165℃。钡含量12%~14%。黏度250~270Pa·s(100℃)。呈碱性。有良好的油溶性、润滑性、抗盐雾及盐水侵渍性。用作金属缓蚀剂,对钢、铁、铜等金属有良好缓蚀性。常用于配制各种类型的防锈油。如用作抗磨极压油的防锈剂及破乳剂、润滑脂防锈剂、发动机燃料防锈添加剂等。由二壬基萘经磺化,再用氢氧化钡中和制得。

二壬基萘磺酸钙 calcium dinonyl naphthalene sulfonate 棕色至褐色黏稠性液

$$\left[\begin{array}{c} H_{19}C_9 \quad\quad C_9H_{19} \\ \text{(naphthalene)} \\ SO_3^- \end{array} \right]_z Ca^{2+}$$

体。相对密度约0.98。闪点165℃。钙含量1.9%~2.1%。酸值1.0~1.5mgKOH/g。总碱值1~2mgKOH/g。有良好的油溶性及抗乳化性,毒副作用小。用作润滑油防锈剂及金属缓蚀剂。用于配制各类防锈油,尤适用于液压油及润滑脂。由二壬基萘经磺化,再用氢氧化钙中和制得。

二壬基萘磺酸锂 lithium dinonyl naphthalene sulfonate 棕色黏稠性液体。相对密度0.97(15.6℃)。闪点165℃。运动黏度2100mm²/s(40℃)。锂含量0.76%。不

溶于水，溶于合成基础油及多数常用溶剂油。用作低灰分润滑油防锈剂，具有良好的高温稳定性，用于调制润滑油、润滑脂，能有效防止润滑脂的流失，特别在锂基脂中，具有良好的渗透稳定性及抗流失性。由二壬基萘经磺化，再用氢氧化锂中和制得。

二十八醇　octacosanol　白色结晶、无臭、无味。熔点83.2~83.4℃。不溶于水，微溶于乙醇，溶于丙酮、仲丁醇等极性溶剂，天然以脂肪酸酯形式存在于小麦胚芽、甘蔗、苹果、葡萄等果皮中。具有促进脂肪代谢、提高肌肉耐力、增强人体精力和体力，提高人的反应灵敏度等生理功能。用于制造保健食品，如运动饮料等。由小麦胚芽、苹果、葡萄等果皮用溶剂萃取或超临界萃取法制得。

化学式：$CH_3(CH_2)_{26}CH_2OH$

二十二碳六烯酸　docosahexenoic acid　又名4,7,10,13,16,19-二十二碳六烯酸，简称DHA。一种多烯不饱和脂肪酸，为人体必需脂肪酸之一。自然界存在于深海鱼油中，也存在于海洋藻类及某些陆地植物中。无色透明油状液体。相对密度0.95。熔点-44℃。闪点62℃。折射率1.5049。对光、热、氧不稳定，易氧化、裂解。通常加入维生素E及儿茶酚等抗氧剂。用作营养强化剂，能促进脑细胞生长、改善脑机能、益智健脑，故俗称脑黄金。对血液有抗凝作用。对糖尿病、高血压病有辅助疗效。对帕金森氏症、哮喘、甲状旁腺亢进等疾病有一定治疗作用。由金枪鱼制罐头的废弃物（头、内脏）经压榨、分离精制而得，或由双鞭甲藻等藻类经超临界萃取法提取后精制而得。

二(十二烷基硫)二丁基锡　dibutyltin dilaurylmercaptide　又名二丁基锡二月桂基硫醇。油状液体。相对密度1.02。沸点185℃。闪点121℃（闭杯）。黏度20mPa·s(25℃)。蒸气压1.3kPa。微溶于水，溶于乙醇、乙醚、苯等有机溶剂。用作聚氨酯催化剂，是一种良好水解稳定性的强凝胶催化剂。适用于硬泡及微孔弹性体生产。也用作塑料稳定剂。

二十六醇　hexacosyl alcohol　白色片状结晶或蜡状固体。熔点78.8~79.8℃。羟值146.75mgKOH/g。不溶于水，微溶于乙醇，溶于丙酮、苯，为不皂化物。天然存在于米糠蜡、蜂蜡、褐煤蜡及甘蔗表皮中。具有降低和抑制血清胆固醇和肝固醇，调节血脂等作用。主要用作营养增补剂用于保健食品。由米糠蜡、甘蔗蜡、蜂蜡、虫白蜡等皂化物经溶剂抽提得。

化学式：$CH_3(CH_2)_{25}OH$

二十碳五烯酸　eicosapentanenoic acid　又名5,8,11,14,17-二十碳五烯酸。简称EPA。一种多烯不饱和脂肪酸。是人体必

$$\text{\huge \textasciitilde\textasciitilde\textasciitilde\textasciitilde\textasciitilde COOH}$$

需脂肪酸之一，无色至浅黄色油状液体。无臭、无味。氧化后有鱼腥味。相对密度 0.94。熔点 $-54℃$。闪点 $93℃$。折射率 1.4987。对氧、光、热敏感。氧化后色变深。天然品存在于海洋哺乳动物和海洋鱼类中，与二十二碳六烯酸（DHA）共同存在。用作营养强化剂及食品添加剂，具有降血脂、降血糖，预防和改善动脉硬化，保护脑血管，抗过敏等作用。医药上常制成片剂、丸剂、胶囊剂、栓剂等复方制剂。由精制鱼油用 CO_2 超临界萃取法分离制得。

2,6-二叔丁基对甲酚 2,6-di-*tert*-butyl-4-methyl phenol 又名抗氧剂 264、防老剂

$$(CH_3)_3C-\underset{CH_3}{\underset{|}{C_6H_2}}-C(CH_3)_3\text{（OH）}$$

264。纯品为白色结晶粉末。工业品常因遇光氧化而呈淡黄色。相对密度 1.048。熔点 $68\sim71℃$。沸点 $257\sim265℃$。折射率 1.4859（75℃）。不溶于水、甘油和稀碱溶液，溶于乙醇、苯、丙酮、石油醚及汽油等。低毒，通用型酚类抗氧剂之一。用作合成树脂及塑料的抗氧剂及热稳定剂，天然及合成橡胶的防老剂及防劣化剂，石油制品、涂料及热熔胶等的抗氧剂。也用作油脂、油炸食品及化妆品、香料的抗氧剂。在硫酸催化剂存在下，由对甲酚与异丁烯经烷基化反应制得。

β-(3,5-二叔丁基-4-羟基苯基)丙酸十八酯
见"抗氧剂 1076"。

3,5-二叔丁基-4-羟基苄基磷酸二乙酯
见"抗氧剂 1212"。

1,4-二酮吡咯并吡咯颜料 1,4-diketo-pyrrolo-[3,4-c]pyrroles pigment 简称 DPP 颜料。母体含有 1,4-二酮吡咯并吡咯（Ⅰ）结构的颜料。颜料分子具有很好的对称性，并呈平面排列，其中羰基氧原子具有较强的电负性，使分子中亚氨基有一定的酸性，可溶于强碱性溶液。根据芳环上取代基的不同，可制得有不同颜色的品种。典型品种有 C.I. 颜料橙 71、73，C.I. 颜料红 254、255、264、270、272 等。有优良的耐光、耐热、耐溶剂性能，分散性好，色光鲜艳，着色力强。适用于调制各类油漆、水性及油性涂料，尤适用于高档汽车涂层及树脂着色用。

二烷基二硫代氨基甲酸盐 dialkyl dithiocarbamate 简称 MDTC。一种润滑

$$R_2N-\overset{S}{\overset{\|}{C}}-S-M-S-\overset{S}{\overset{\|}{C}}-NR_2$$

（$R-C_6$ 烷基；M—锌、钼、铅、锑、镉等）油多效添加剂。具有抗氧作用，兼有一定的抗腐性，还具有较好的极压性。耐高温

性能优于二烷基二硫代磷酸盐,用于合成油,可耐300℃高温。但价格较高,常与二烷基二硫代磷酸盐复合用于内燃机油。也广泛用于齿轮油及润滑脂中。MDTC的R为C_4烷基时,金属M可被—CH_2—代替,得到无灰抗氧抗腐剂。

二烷基二硫代磷酸锑 antimony dialkyl-dithiophosphate 琥珀色液体。相对密度1.03(15.6℃)。闪点165℃。黏度6.6mm^2/s(100℃)。硫含量13.2%。

$$\left[\begin{array}{c}ROS\\ \backslash\|\\ P—S\\ /\\ RO\end{array}\right]_3 Sb$$

磷含量6.2%。锑含量7.0%。不溶于水,溶于各类基础油及常用有机溶剂。用作润滑油极压抗磨剂,具有良好的抗极压、抗磨及抗氧化性能。用于调配曲轴箱油、润滑脂、汽车及工业齿轮油、液压油等。

二烷基二硫代磷酸氧钼 oxy-molybdenum dialkyl dithiophosphate 绿色至褐色透明液体。相对密度1.0~1.08,闪点

$$\begin{array}{c}ROSSOSSOR\\ \backslash\|\|\|\|/\\ P—S—MoMo—S—P\\ /\|\backslash\\ ROOOR\end{array}$$

150℃,钼含量6%~9%。磷含量4%~7%。硫含量8%~16%。用作润滑油脂的抗氧化及摩擦改进剂,具有优良的抗氧化及减摩性能,可延长设备使用寿命。用于配制内燃机油、齿轮油、液压油、金属加工油及润滑脂等。由醇与五硫化磷经硫磷化后,再与钼盐反应制得。

二烷基二硫代磷酸锌 zinc dialkyldithiophosphate 简称ZDDP。一种润滑油多效添加剂,具有抗氧、抗腐作用,并

$$\begin{array}{c}R_1OSSOR_1\\ \backslash\|\|/\\ P—S—M—S—P\\ /\backslash\\ R_2OOR_2\end{array}$$

(R_1,R_2—烷基、芳基;M—金属,以锌为主)有一定的抗磨性能。用于内燃机油,可抑制润滑油的氧化,减少沉淀漆膜和油泥的生成,从而抑制润滑油的黏度增长,防止轴承、活塞、气缸等的腐蚀及磨损。ZDDP分子结构中的R基可为烷基及芳基;按醇的结构可分为伯醇及仲醇。对热稳定性而言,芳基比烷基好,伯醇比仲醇好,而对抗磨性和水解安定性的作用,仲醇比伯醇好。可由醇或烷基酚与P_2S_5反应制得硫磷酸,再经氧化锌中和制得。

二烷基二卤硅烷 dialkyl dihalosilane 一类合成有机硅高分子材料的主要单

$$\begin{array}{c}R\\ |\\ R—Si—X\\ |\\ X\end{array}\begin{cases}R=CH_3、C_2H_5、\\ C_3H_7\text{ 等};\\ X=Cl、F、Br、I_0\end{cases}$$

体,最常见的是二甲基二氯硅烷、二乙基二氯硅烷等。溶于苯、二甲苯、乙醚。这类化合物极易水解,遇水游离出氯化氢,生成相应的二烷基硅醇缩合物。它们可由硅粉在铜催化剂存在下,与相应的卤代烷烃反应制取。用于制取各种有机硅油、硅树脂、硅橡胶、密封材料、医用高分子材料等。

二戊基二硫代氨基甲酸铅 lead diamyl dithiocarbamate 琥珀色液体。相对密度1.12(15.6℃)。闪点171℃。黏度8mm^2/s(100℃)。含铅量15.7%。含硫量9.5%。用作润滑油极压抗磨

$$\begin{array}{c}C_5H_{11}\\C_5H_{11}\end{array}\!\!N\!-\!\overset{S}{\overset{\|}{C}}\!-\!S\!-\!Pb\!-\!S\!-\!\overset{S}{\overset{\|}{C}}\!-\!N\!\!\begin{array}{c}C_5H_{11}\\C_5H_{11}\end{array}$$

剂,具有良好的抗极压、抗氧及抗磨性能。可与铅皂或硫化物配伍使用。用于调制润滑脂及工业齿轮油等。

二戊基二硫代氨基甲酸锑 antimony diamyl dithiocarbamate 深褐色液体。

$$\left[\begin{array}{c}C_5H_{11}\\C_5H_{11}\end{array}\!\!N\!-\!\overset{S}{\overset{\|}{C}}\!-\!S\right]_3\!\!Sb$$

相对密度 1.03(15.6℃)。闪点 171℃。黏度 $11mm^2/s$。含锑量 6.8%。含硫量 11.1%。不溶于水,溶于各类基础油及常用有机溶剂。用作润滑油极压抗磨剂,具有良好的抗极压、抗氧及抗氧化性能。用于调制润滑脂及工业齿轮油。

二戊基二硫代氨基甲酸锌 zinc diamyl dithiocarbamate 一种润滑油抗氧抗腐添加剂。淡黄色透明液体。相对密度 0.985。黏度(100℃)$9.4\ mm^2/s$。闪点

$$\begin{array}{c}C_5H_{11}\\C_5H_{11}\end{array}\!\!N\!-\!\overset{S}{\overset{\|}{C}}\!-\!S\!-\!Zn\!-\!S\!-\!\overset{S}{\overset{\|}{C}}\!-\!N\!\!\begin{array}{c}C_5H_{11}\\C_5H_{11}\end{array}$$

171℃。硫含量 12.1%。锌含量 6.2%。有良好的抗氧、抗磨及防腐性能。是非铁金属有效的钝化剂,能为重载、高温条件下的铜-铅轴瓦提供很好的保护。可用于汽车柴油发动机油、汽油发动机油、船舶及固定柴油发动机油、各类工业油、皂基和黏土润滑脂中。在发动机油中常与二硫代磷酸锌类添加剂复配使用。

二溴苯基缩水甘油醚 dibromophenyl glycidyl ether 又名缩水甘油二溴苯基

<chemical structure: dibromophenyl-O-CH₂-CH-CH₂ with epoxide O>

醚、1-二溴苯氧基-2,3-环氧丙烷。淡黄色至棕色透明液体。溴含量 46%~52%。是含有不同分子结构的混合物。相对密度 1.76。黏度约 $150mPa\cdot s$(25℃)。不溶于水、甲醇、石油醚,溶于苯、丙酮。用作反应型阻燃剂。分子结构中的活性环氧基团可参与环氧及酚醛树脂、不饱和聚酯等的固化反应。适用于制造阻燃型环氧树脂玻璃钢、酚醛塑料及聚氨酯泡沫塑料等。也可用作涂料、胶黏剂等的添加型阻燃剂。由苯酚与溴反应制得二溴苯酚后,再与环氧丙烷反应制得。

2,3-二溴-1-丙醇 2,3-dibromo-1-propanol 无色至淡黄色油状透明液体。相

$$BrCH_2CH(Br)CH_2OH$$

对密度 2.1197。沸点 219℃(轻微分解)。闪点 >100℃。折射率 1.5577 (25℃)。微溶于水,溶于甲苯、异丙醇、甲乙酮、氯仿,用作反应型阻燃剂,分子结构中的羟基能与聚氨酯、聚丙烯酸酯等聚合物结合,参与聚氨酯泡沫反应,呈现阻燃性。也用作医药中间体,用于合成二疏基丙醇。由丙烯醇溴化制得。

2,2-二溴-3-次氮基丙酰胺 2,2-dibromo-3-nitrilopropionamide 白色结晶固体。熔点 125℃。微溶于水,溶于乙醇、丙酮、苯、二甲

$$N\!\equiv\!C\!-\!\overset{Br}{\underset{Br}{C}}\!-\!\overset{O}{\overset{\|}{C}}\!-\!NH_2$$

基甲酰胺。最适合的溶剂是聚乙

二醇200。其水溶液在酸性条件下较稳定,在碱性条件下易水解。加热、受紫外线或荧光光照射可加快水解速度。一种具有表面活性的有机胺类广谱杀生剂,兼有杀生作用及黏泥剥离作用。常用作工业水处理的杀生剂,可防止细菌、真菌、酵母菌及藻类在造纸工业用水、循环冷却水、油田注水及空调用水等系统中生长,控制和清除黏泥。也用于润滑油、水基乳液、纸浆、木材、涂料、胶黏剂等的防腐防霉。由氯乙酸钠与氰化钠反应生成氰乙酰胺后,再与溴、双氧水反应制得。

二溴二甲基海因 dibromodimethyl hydantoin 又名1,3-二溴-5,5-二甲基乙内酰脲、二溴海因。纯品为白色固体或粉末,熔点196～198℃。工业品呈黄色,熔点194～197℃。微溶于水。

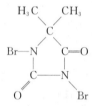

溶于乙醇、丙酮、氯仿等有机溶剂。遇强酸或强碱易分解。遇水时因水解而不断释出Br^-,形成次溴酸而具强氧化性。在碱性条件下比氯气具有更高、更快的杀菌活性。一种高效消毒杀菌剂,可杀灭细菌、病毒、真菌及细菌芽孢。具有腐蚀性及刺激性弱、安全性高、适用范围广、残留少等特点。适用于家具、餐具、衣物及工业用水、游泳池水、卫生系统等的消毒。由5,5-二甲基海因与碱反应生成钠盐后,再与溴素反应制得。

2,2-二溴-2-氰基乙酰胺 2,2-dibromo-2-cyanoacetamide 又名2,2-二溴-3-次氮基丙酰胺。白色结晶。熔点125℃。微溶于水,溶于一般有机溶剂。

水溶液在酸性条件下稳定,碱性条件下易水解。受热、光照或提高pH值会加速分解。易被还原,如遇硫化氢则分解成无毒氰乙基胺。是一种广谱高效杀菌剂,其分子能穿透微生物细胞膜,并作用于蛋白质基团,使细胞正常的氧化-还原功能终止,从而引起细菌死亡。可用作工业循环冷却水、造纸工业黏泥及金属加工油的杀菌防霉剂,尤对铁细菌和硫酸盐还原菌有优良杀灭能力。与多种其他杀菌剂并用有协同增效作用。由氰基乙酰胺经溴化反应制得。

二溴三苯基锑 dibromotriphenyl antimony 白色粉末。熔点214～216℃。不溶于水,溶于卤代烃、酮及芳香族溶剂。一种含溴阻燃剂,除溴外,还含有阻燃元素锑。用作聚乙烯、聚丙烯、聚苯乙烯、不饱和聚酯及聚氨酯等的阻燃剂,阻燃效果好,也不影响材料的力学性能及透明度。

二溴新戊二醇 dibromoneopentyl alcohol

白色至灰白色粉末。相对密度2.23(25℃)。熔点109～110℃。溴含量60～61%。5%热失重温度225℃。微溶于水,难溶于二甲苯,易溶于丙酮、异丙醇、甲醇。用作反应型阻燃剂。具有反应性大、阻燃效率高、光稳定性好、制品透明性强等特点。适用于不饱和聚酯、环氧树脂、酚醛树脂、聚氨酯硬泡及涂料等的阻燃。也用作合成溴系阻燃剂的中间体。由季戊四醇溴化制得。

二亚苄基山梨醇 dibenzylidene sorbitol 又称成核剂 TM-1。白色结晶粉末。表观密度 $0.32g/cm^3$。纯品熔点 225℃。商品常含有少量单酯或三酯,其熔点为 200～225℃。不溶于水、烷烃、环烷烃及芳烃,微溶于甲醇、丙酮,易溶于 N-甲基-2-吡咯烷酮,对多数有机溶剂有良好的凝胶化作用。基本无异味,可用于与食品接触的包装材料。用作聚丙烯、线型低密度聚乙烯等树脂的片材、薄膜和注塑品制品加工的成核剂。用于聚丙烯树脂,可显著提高聚丙烯的结晶速率,改善透明性、光泽度及力学性能。也可用作化妆品的胶凝剂,油墨、涂料、胶黏剂的黏度调节剂、油水分离剂等。可在催化剂存在下,由山梨醇与苯甲醛经缩合反应制得。

二亚磷酸季戊四醇二硬脂酸
见"抗氧剂 618"。

N,N'-二亚肉桂基-1,6-己二胺 N,N'-dicinnamylidene-1,6-hexanediamine 又名

$$C_6H_5CH=CHCH=N(CH_2)_6N=CHCH=CHC_6H_5$$

N,N'-双肉桂醛缩-1,6-己二胺。灰黄色至褐色粉末。有肉桂味。相对密度 1.09。熔点 82～88℃。溶于醇、醚等溶剂。有毒! 不宜用于与食品接触的制品,用作氟橡胶及丙烯酸酯橡胶的硫化剂,操作安全,硫化胶性能优良。

N,N'-二亚硝基五亚甲基四胺 N,N'-dinitrosopentamethylene tetramine 又名发泡剂 H。淡黄色结晶粉末。干品无臭,吸潮后有甲醛味。相对密度 1.40～1.45。熔点 207℃。稍溶于水、乙醇、乙醚、苯,溶于乙腈、丙酮。空气中于190～200℃分解。在树脂中或使用水杨酸、己二酸等助剂时分解温度为 130～190℃。发气量 260～270mL/g。分解气体主要为氮气,并有少量 CO_2 及 CO。与酸或酸雾接触会迅速着火燃烧。广泛应用的发泡剂之一,主要用于制造海绵橡胶。塑料中用作聚氯乙烯、聚烯烃、聚苯乙烯、聚酯等的发泡剂,具有发气量大、发泡效率高、无污染等特点,但分解温度较高,分解产物有臭味。加尿素可消除臭味。在硫脲存在下,由六亚甲基四胺与亚硝酸钠反应制得。

二亚乙基三胺 diethylenetriamine 又名二乙烯三胺。$H_2NCH_2CH_2NHCH_2CH_2NH_2$ 无色或淡黄色透明油状液体,有氨味及刺激性。相对密度 0.9542。熔点 -39℃。沸点 207℃。闪点 94℃。溶于水、乙醇、丙酮,不溶于乙醚。有强碱性,与酸作用生产相应的盐。吸湿性强,易吸收空气中的水分和二氧化碳而形成白色烟雾。可燃。低毒。对皮肤、黏膜及呼吸道有强刺激性及腐蚀性。用于制造农药、聚酰胺树脂、橡胶硫化促进剂、表

面活性剂、离子交换树脂等。也用作溶剂、环氧树脂固化剂、气体净化剂、金属离子螯合剂、纸张增强剂、润滑油添加剂等。由1,2-二氯乙烷与氨水反应制得。

二亚乙基三胺五亚甲基磺酸盐 diethylene triamine pentamethylene sulfonate

$$NaO_3SH_2C\diagdown\ \ \diagup CH_2SO_3Na$$
$$NCH_2CH_2NCH_2CH_2N$$
$$NaO_3SH_2C\diagup\ CH_2SO_3Na\ \diagdown CH_2SO_3Na$$

又名新型无磷水处理剂 DTPS。一种阴离子表面活性剂。淡黄色固体。有良好的阻垢缓蚀性,其中的磺酸基团可使本品在水中有良好的分散性。尤对冷却水及锅炉给水中的碳酸钙垢和磷酸钙垢有极好的阻垢能力。阻垢性能优于有机磷酸。也用作颜料分散剂、洗涤助剂等。由羟甲基磺酸盐和二乙烯三胺经缩合反应制得。

二亚乙基三胺五亚甲基膦酸 diethylene triamine pentamethylene phosphonic acid 又名二乙烯三胺五亚甲基膦酸,简称 DETMP。淡棕色固体。分解温度220~228℃。

$$H_2O_3P-CH_2\diagdown\ \ \ \ \ \ \ \ \ \ \ \ \ \ PO_3H_2\ \ \ \ \ \ \ \ \ \ \ \ \ \diagup CH_2-PO_3H_2$$
$$N-(CH_2)_2-N-(CH_2)_2-N$$
$$H_2O_3P-CH_2\diagup\ \ \ \ \ \ \ \ \ \ \ \ \ \ CH_2\ \ \ \ \ \ \ \ \ \ \ \ \ \diagdown CH_2-PO_3H_2$$

极难溶于水,仅溶于强酸溶液。商品常为溶于9%盐酸中,含50%DETMP的液体,外观为棕红色黏稠液体,相对密度1.4。1%水溶液的 pH 值为1.4~1.7。是一种阴极型缓蚀剂,适用作循环冷却水系统、油田注水、锅炉给水的缓蚀阻垢剂。也用作双氧水稳定剂、二氧化氯杀菌剂的稳定剂、混凝土改性剂、金属离子遮蔽剂、无氰电镀添加剂、贵金属萃取剂、颜料分散剂及洗涤助剂等。由二乙烯三胺、甲醛及三氯化磷反应制得。

二亚乙基三胺五乙酸钠 diethylene triamine pentaacetic acid sodium salt 白色微细结晶粉末。溶于水,饱和水溶液 pH 值2.1~2.5。螯合值(以 $CaCO_3$ 计)≥230mg/g。是一种重要的氨基螯合剂,对金属离子,特别对钙、镁、铁等成垢离子有很强的螯合能力。溶垢性能较强。可用作锅炉及换热设备清洗剂,可在

$$NaOCOCH_2\diagdown\ \ \ \ \ \ \ \ \ \ \ CH_2COONa\ \ \ \ CH_2COONa$$
$$NCH_2CH_2NCH_2CH_2N$$
$$NaOCOCH_2\diagup\ \diagdown CH_2COONa$$

停车或不停车时进行清洗操作。由氯乙酸与氢氧化钠中和后，与二亚乙基三胺反应制得。

二氧化铂 platinum dioxide PtO_2 又名氧化铂。黑色立方晶系结晶或粉末。相对密度10.2。熔点450℃。是最稳定的铂氧化物。不溶于水，溶于浓酸、稀碱。加热至620℃分解成铂和氧气。用作催化剂，通常称为亚当斯（Adams）催化剂。用于常温常压下有机物液相催化加氢，除能使碳-碳双键及三键加氢外，还能使其他不饱和功能团（羧基除外）加氢。广泛用于制药及化工行业。可由氯铂酸与硝酸钠在500℃下共熔制得。

二氧化锆 zirconium dioxide ZrO_2 又名氧化锆、锆酸酐。白色或略带黄、灰色粉末，常温下为单斜晶系，约在1175℃时转变为四方晶系，2350℃时则成为立方晶系。相对密度5.85（单斜晶体）、6.10（四方晶体）、6.27（立方晶体）。熔点2715℃。沸点约5020℃。不溶于水。加热时溶于熔融硼砂中。稍溶于无机酸，为两性氧化物。与碱共熔可生成相应的锆酸盐，与酸反应生成相应酸的盐（如硫酸盐、硝酸盐），这些盐又可水解成锆酰基化合物。用于制造金属锆、锆化合物、有机合成催化剂、燃料电池、坩埚、陶瓷、特种玻璃、研磨材料及高温绝热纤维等，也用作陶瓷色料稳定剂、瓷釉及搪瓷乳浊剂等。由锆英石用烧碱分解后，经盐酸酸化、浓缩、结晶、焙烧而制得。

二氧化硅 silicon dioxide SiO_2 又名硅石、硅酐、石英砂。无色结晶或无定形粉末。有无水物及水合物两类。无水物为无定形，相对密度2.20，晶态有白硅石（立方或正方晶系）、石英（六方或三方晶系）、鳞硅石（六方或斜方晶系），沸点均为2230℃；市售水合物有硅胶、白炭黑、硅溶胶等。二氧化硅的结构都是以Si为中心原子的SiO_4四面体为结构单元。广泛用于制造光学玻璃、吸附剂、干燥剂、催化剂及载体、压电元件、显像管、滤波器、玻璃纤维及耐火材料等。

二氧化硫 sulfur dioxide SO_2 又名亚硫酸酐、无水亚硫酸。无色气体。有强烈刺激性臭味，相对密度2.927。于常压、-10℃或常温、0.405MPa下即可液化成无色液体。熔点-72℃。沸点-10℃。溶于水部分成亚硫酸。也溶于乙醇、乙醚、氯仿。在催化剂存在下，易被氧化成三氧化硫，为强还原剂。有毒！用于制造三氧化硫、硫酸、亚硫酸盐、保险粉、农药、染料等。液体二氧化硫也是多种化合物的良好溶剂。食品级二氧化硫可用作食品漂白剂、防腐剂、杀菌剂及抗氧化剂，用于配制葡萄酒、果酒等。由焙烧黄铁矿或硫黄等矿石制得。

二氧化硫氧化用钒催化剂 SO_2 oxidation vanadium catalyst 又名钒催化剂。用于接触法生产硫酸中将SO_2氧化成SO_3时催化剂。以V_2O_5为主活性组分，并加入助剂硫酸钾、硫酸钠等，载体为硅藻土或硅胶。基本组成是$V_2O_5 \cdot K_2SO_4 \cdot SiO_2$体系，其中$K_2SO_4$为助催化剂，K/V（$KOH/V_2O_5$）的比值对催化剂活性有很大影响。品种很多，产品牌号有S101、S101-2H、S102、S105、S106、S107、S107·1H、S107Q、S108、S109-1、

S109-2、FV-1、FV-7。其中 FV-1、FV-7 催化剂为微球形,用于流化床反应器,其他牌号用于固定床反应器。可由一定比例的 K/V 混合溶液与硫酸进行中和反应,生成的胶体沉淀物再与精制硅藻土进行混捏、成型、干燥、焙烧制得。

二氧化氯 chlorine dioxide 又名过氧化氯。化学式 $O=Cl=O$。绿黄色或橙黄色气体。有类似氯气或臭氧样的刺激臭味。低温下呈红棕色液体、橙色固体。相对密度 1.642(0℃,液体)。熔点 −59℃。沸点 11℃。气体密度 3.09g/L(11℃)。易溶于水、碱液、硫酸及有机溶剂。遇热水则分解成次氯酸、氯气及氧气。受热及光照极易分解,生成氯和氧。与碱反应时生成亚氯酸盐及氯酸盐。受撞击或与可燃物、有机物、一氧化碳接触时易发生爆炸。有极强氧化性,氧化能力是氯的 2.6 倍。也有极强腐蚀性及刺激性。用作油脂脱色和纸浆、面粉、淀粉等的漂白剂,其效果优于过氧化苯甲酰、双氧水、氯及亚硫酸盐,且漂白后不产生致癌物。也用作消毒剂、食品保鲜剂、洗涤剂添加剂及用于精制鱼油、蜂蜜等。可在二氧化硫、盐酸等还原剂存在下,由氯酸盐在酸性介质中还原制得。

二氧化锰 manganese dioxide MnO_2 黑色正交晶系结晶或棕黑色粉末。相对密度 5.026。加热至 535℃ 失去一部分氧而转变成 Mn_2O_3。不溶于水、硝酸,溶于盐酸、草酸、丙酮。高温下遇碳还原成金属锰。在氢气中加热至 200℃ 时生成 Mn_2O_3 及 MnO。MnO_2 有活性及人造之分,活性 MnO_2 是由天然二氧化锰矿煅烧活化制得。人造 MnO_2 是由电解法或化学法生产,质量优于活性二氧化锰。MnO_2 在晶体结构上又可分为 α、β、γ、δ、ρ、ε 型。人造 MnO_2 多为 γ 或 α 型;活性 MnO_2 多为 γ 型,加热时转变为 β-MnO_2。MnO_2 是两性氧化物,为强氧化剂。用作氧化剂、催化剂、CO 吸收剂、助燃剂、陶瓷及玻璃着色剂、干电池去极化剂等,也用于制造焰火、磁性材料及医药制剂等。由硫酸锰溶液电解制得,或由一氧化锰与硝酸反应制得。

二氧化钛 titanium dioxide TiO_2 又名氧化钛、钛白粉。白色粉末,有金红石型、锐钛型及板钛型三种晶型。工业用主要为前两种。金红石型为四方晶系,相对密度 4.75,熔点 1830~1850℃,折射率 2.7,有较好的耐候性、耐水性,且不易变黄,但白度稍差;锐钛型也属四方晶系,相对密度 3.84,折射率 2.52,在 915℃ 转变为金红石型,其耐光性差,易变黄,但白度较高;板钛型属斜方晶系,相对密度 3.9~4.17,折射率 2.55,属不稳晶型,650℃ 即转化成金红石型。二氧化钛是一种两性氧化物,以酸性为主,化学性质稳定,不溶于水、弱无机酸及有机酸,微溶于碱及浓硝酸。长时间煮沸能全部溶于浓硫酸及氢氟酸,有良好的遮盖力、着色力,可以吸收近紫外线。用于制造海绵钛、铁钛合金。化纤工业中用作消光剂,搪瓷工业中用作乳浊剂,电焊条生产中用作造渣剂、稳弧剂及脱氧剂。也用作涂料、油墨、玻璃、塑料、橡胶等的白色着色剂,有机合成催化剂及载体。日化工业用于制造香粉、防晒霜等化妆品。锐钛型钛白粉可由钛铁矿经浓硫酸分解制得；金红石型钛白粉是由金红石矿氯化成四氯化钛后再经高温氧化制得。

二氧化硒 selenium dioxide SeO_2 又名亚硒酸酐、氧化硒。白色或淡黄色四方晶系或单斜晶系结晶，相对密度3.950（15℃）。熔点340～350℃。315℃升华。气体黄绿色，液体为黄色。与空气接触时，因被还原出单质硒而变为红色。溶于水、乙醇、丙酮、苯及乙酸等。对光及热稳定。吸湿时形成亚硒酸。易被有机物或碳还原成硒。高毒！水溶液接触皮肤会产生剧烈疼痛。用于制造高纯硒、硒化合物、含硒催化剂。也是一种重要的选择性氧化剂，可氧化醛、酮的甲基或α-亚甲基成为羰基，生成邻二羰基化合物。也用于整流器、复印机等。由硒粉在空气中燃烧而得。

二氧化锡 tin dioxide SnO_2 又名氧化锡、锡灰。白色、浅灰色或浅黄色四方晶系或斜方晶系结晶。相对密度6.95。熔点1127℃。1800～1900℃升华。折射率1.9968。不溶于水、乙醇，缓慢溶于热和浓碱溶液，溶于浓硫酸。不被一般酸和碱侵蚀。在空气中加热稳定。与碱共熔时生成可溶性锡酸盐。高温下能被炭还原成金属锡，用于制造锡酸盐、颜料、含锡催化剂、液晶元件的透明电极、气体传感器、红色景泰蓝釉、金色玻璃等。也用作陶瓷乳浊剂及着色剂，织物媒染剂，阻燃剂，增重剂。由金属锡与稀硝酸氧化制得。

3-二乙氨基丙胺 3-diethylaminopropylamine
$(CH_3CH_2)_2NCH_2CH_2CH_2NH_2$
又名N,N'-二乙基-1,3'-丙二胺。无色黏稠液体。有氨味。相对密度0.823。沸点164～168℃。凝固点-100℃。闪点59℃。折射率1.4416。与水混溶。毒性较强，对皮肤及黏膜有强刺激性。遇明火、强氧化剂可燃。用作环氧树脂固化剂，黏度低、使用方便，也用作酸酐、聚酰胺等固化剂的固化反应促进剂，还用作萃取剂、溶剂及有机合成中间体。由二乙氨基腈催化加氢制得。

二乙醇胺 diethanolamine 又名$2,2'$-$NH(CH_2CH_2OH)_2$。二羟基二乙胺。无色或淡黄色透明液体，冷冻时为白色结晶体。相对密度1.0919。熔点28℃。沸点269.1℃。折射率1,4276。溶于水、甲醇、乙醇，微溶于苯、乙醚。有吸湿性，呈碱性。能吸收空气中的二氧化碳或其他气体中的酸性气体。用于制造医药、农药、染料中间体及表面活性剂等，也用作酸性气体吸收剂、皮草软化剂、润滑剂、洗涤剂、混凝土早强剂、油类或蜡类的乳化剂等。由环氧乙烷与氨经缩合反应制得。

N,N'-二乙基苯胺 N,N'-diethylaniline 又名二乙替苯胺。无色至淡黄色油状液体。有胺样气味。相对密度0.9351。

⌬—$N(C_2H_5)_2$

熔点-38.8℃。沸点216.3℃。闪点85℃（闭杯）。折射率1.5421。难溶于水，溶于乙醇、乙醚、氯仿等多数有机溶剂。与酸作用生成盐，与卤代烷作用生成季铵盐。有毒！液体或其蒸气可经皮肤和黏膜而进入体内，能改变血色素和破坏红血球，有致癌性。用于不饱和聚酯树脂胶黏剂及厌氧胶的固化促进剂、乙烯类化合物聚合促进剂、环氧丙烯酸酯合成催化剂、金属防腐剂、化学反应脱酸剂、彩色胶片显影剂等。也用于制造染料、医药等。由苯胺、氯乙烷在碱

N,N-二乙基丙烯酰胺 N,N-diethyl acrylamide 无色透明黏稠液体。为丙

$$CH_2=CH-CO-N\begin{array}{c}C_2H_5\\|\\C_2H_5\end{array}$$

烯酰胺的衍生物。不溶于水,溶于常用有机溶剂。易自聚,也能与丙烯酸等单体进行共聚。用本品制得的水溶性聚合物可用作处理阻垢分散剂、耐温抗盐的钻井液降滤失剂及聚合物驱油剂、油井水泥降滤失剂等,还用于制造涂料、油墨及日化用品。由二乙胺与丙烯酰氯在催化剂存在下反应制得。

二乙基二硫代氨基甲酸钠 sodium diethyl dithiocarbamate 又名乙硫氮、铜试剂。

$$(C_2H_5)_2N-\underset{\underset{S}{\|}}{C}-S-Na$$

白色至淡灰色结晶粉末。无臭、无味。相对密度 1.30～1.36。熔点 90～95℃。溶于水、乙醇,微溶于苯、汽油、氯仿。水溶液呈碱性。遇酸分解,并释出二硫化碳。商品也有二乙基二硫代氨基甲酸钠含量为 18%～25% 的淡黄色水溶液。用作天然橡胶、丁腈橡胶、氯丁橡胶及异戊橡胶等的超硫化促进剂。以水溶液形态使用更为方便。硫化胶耐老化及透明性好,无毒,无污染。可用于接触食品的乳胶制品,也用于制造促进剂 EZ 及用作矿物浮选剂。临床上用于急性羰基镍中毒的治疗。由二乙胺与二硫化碳在氢氧化钠存在下反应制得。

二乙基二硫代氨基甲酸锌 zinc diethyl dithiocarbamate 又名促进剂 EZ、促进剂

$$\left[(C_2H_5)_2N-\underset{\underset{S}{\|}}{C}-S\right]_2Zn$$

ZDC。白色至浅黄色粉末。相对密度 1.49。熔点 175℃。不溶于水、乙醇、汽油,溶于苯、氯仿、二硫化碳及稀碱液,难溶于丙酮、四氯化碳。无吸湿性及着色性。低毒。用作天然及合成橡胶超硫化促进剂及胶乳通用硫化促进剂。单独使用时活性较差,故作为第二促进剂,与噻唑类、次磺酰胺类促进剂并用。除主要用于胶乳发泡制品外,也用于制造白色或浅色制品、医疗制品及与食物接触的制品,还用于制造轮胎、胶布等。由二乙胺与二硫化碳在碱性溶液中缩合生成二乙基二硫代氨基甲酸钠后,再与硫酸锌反应而得。

N,N'-二乙基硫脲 N,N'-diethyl thiourea $(C_2H_5NH)_2C=S$ 又名促进剂 DETU。白色至微黄色片状结晶。相对密度 1.10。熔点 74～76℃。有吸湿性。难溶于水、汽油,溶于乙醇、丙酮、苯、氯仿。低毒。用作氯丁橡胶、丁基橡胶、三元乙丙橡胶等的硫化促进剂。尤适用于压出制品的连续硫化,制品压缩变形小,耐老化性好。也用作噻唑类、次磺酰胺类促进剂的活性剂。对天然橡胶、丁腈橡胶、丁苯橡胶及氯丁橡胶兼有抗臭氧化作用。在胶料中易分散,不喷霜。一般用于工业制品、海绵制品及特种电缆等,还用作配制缓蚀剂的原料。由乙二胺与二硫化碳加热反应制得。

N,N'-二乙基羟胺 N,N'-diethylhydroxyamine $(C_2H_5)_2NOH$ 略带黄色液体。有氨臭味。相对密度 0.867。熔点 -25℃。沸点 130～135℃。闪点 45℃,折射率 1.4195。与水、乙醇等混溶。水溶液呈弱碱性。加热至 570℃ 因氧化分解,生成乙醛、乙醛肟、二烷基胺、氨、硝酸盐等。低毒。有挥发性。用作

蒸汽锅炉用水系统除氧剂。因受热易挥发,故也适用于高温蒸汽凝结水循环水系统的除氧,除氧效果优于联氨。也用作缓蚀剂、碳钢表面钝化剂、抗氧剂、阻聚剂及链转移剂等。在镉盐催化剂存在下,由过氧化氢与二烷基胺经氧化反应制得。

3,3′-二乙基噻唑三碳菁碘盐 3,3′-diethyl-thiazotricarbocyanine iodide 墨绿色针状结晶。熔点211℃。最大吸收波长 λ_{max} 为 765nm。微溶于水,溶于醇类、吡啶。一种多次甲基类红外微光染料,用于红宝石、闪光灯、氩离子、氮分子等为泵浦光源的可调谐染料激光器,如以红宝石激光器为泵浦源,甲醇为溶剂时,其激光波长为816nm,调谐范围为 803~865nm,能量转换效率为 14%。以 2-甲基苯并噻唑碘乙烷、戊二烯醛缩双苯胺、乙醇钠等为原料制得。

O,O'-二乙基-N,N'-双(2-羟乙基)氨甲基膦酸酯 O,O'-diethyl-N,N'-bis(2-hydroxyethyl)aminomethyl phosphonate 又名 N,N'-二(2-羟乙基)氨甲基膦酸二乙酯。黄色至褐色透明液体。磷含量 12.2%~12.6%。氮含量 5.2%~5.8%。相对密度 1.155~1.165。折射率 1.465(25℃)。黏度 150~200mPa·s(25℃)。热失重20%时的温度为230℃。溶于水、低级醇、酮,稍溶于聚醚多元醇、邻苯二甲酸二辛酯,不溶于脂肪烃溶剂。用作反应型阻燃剂,适用于聚氨酯、环氧树脂、不饱和聚酯等。也可作为多元醇替代部分聚醚用于聚氨酯泡沫塑料生产。由二乙醇胺、甲醛及亚膦酸二乙酯等反应制得。

二乙基锌 diethyl zinc 无色液体。相对密度 1.2065。熔点 −28℃。沸点 118℃。折射率 1.4936。在空气中自燃发出蓝色火焰,并伴有特殊的大蒜样气味。溶于乙醚、苯、石油醚及其他烃类溶剂。遇水发生剧烈分解,生成氢氧化锌及乙烷。用作链烯烃聚合、共轭二烯聚合反应催化剂,也用作高能航空和火箭燃料,用于制造乙基氯化汞等。可由锌与碘代乙烷或二乙基汞反应制得。

二乙烯三胺五乙酸双环酐 diethylenetriamine pentaacetic acid dianhydride 又名螯合剂 DTPAA。白色粉末。熔点182~184℃。微溶于水,不溶于乙醇、乙醚。用作螯合剂,分子中含有两个以上电子给予

$$\text{结构式}:\quad \underset{O}{\overset{O}{\bigcirc}}\!\!\!\diagup\!\!\!N\!-\!CH_2CH_2\!-\!\underset{CH_2COOH}{N}\!-\!CH_2CH_2\!-\!N\!\diagdown\!\!\!\underset{O}{\overset{O}{\bigcirc}}$$

体,可通过配位键与金属离子形成特殊的蟹螯状结构化合物。本品可用作标记螯合物,如与甲状腺素(T_4)抗体偶合反应,再与$EuCl_2$螯合反应,分别经纯化处理,就可制得T_4抗体的Eu^{2+}标记物,该标记物在体内或体外稳定,可进行复疫测定。由二乙三胺五乙酸与乙酐在吡啶中反应制得。

二乙酸二丁基锡 dibutyltin diacetate 又名二乙酸二丁基锡。无色至微黄色油状液体。

$$\begin{matrix} C_4H_9 & & OCOCH_3 \\ & \diagdown\!\!Sn\!\!\diagup & \\ C_4H_9 & & OCOCH_3 \end{matrix}$$

锡含量 32%~33.8%。相对密度约 1.30(25℃)。熔点 8~10℃。沸点 142~145℃(1.33kPa)。闪点 146℃。折射率 1.46~1.47(25℃),蒸气压约 173Pa。不溶于水,溶于苯、丙酮、石油醚等有机溶剂。可燃。剧毒!一种凝胶性催化剂。可用作常温下硫化硅橡胶的固化催化剂,尤适用于脱乙酸型有机硅制品。其特点是催化反应速度比二月桂酸二丁基锡要快。也用作聚氨酯泡沫塑料合成催化剂、含氯有机化合物的稳定剂等。由氧化二丁基锡与乙酸反应制得。

二乙酸纤维素 cellulose diacetate 又名二醋酸纤维素。疏松的白色小颗粒或纤维状碎粉。结合乙酸值 53%~56%。无臭无味。相对密度 1.36。溶于冰乙酸、氯仿、乙酸甲酯、丙酮等有机溶剂。加热至 260℃时开始熔融,并伴有分解。在弱酸及油脂中稳定,遇强酸或碱则分解成纤维素,具有良好的热塑性、成膜性及可纺性。主要用于纺丝制造醋酸纤维,用于制造香烟过滤嘴、超滤膜、反渗透膜、细菌过滤膜等;也用于制造塑料制品及用作玻璃纤维胶黏剂、涂料等的成膜组分。由三乙酸纤维素水解至所需取代度而制得。

二乙烯基苯 divinyl benzene 又名乙烯基苯乙烯、苯二乙烯。无色至浅黄色透明液体。有臭味。有三种异构体。

$$\begin{matrix} CH\!=\!CH_2 \\ \bigcirc\!\!-CH\!=\!CH_2 \end{matrix}$$

邻二乙烯基苯,相对密度 2.9322(22℃),沸点 76℃(1.87kPa),折射率 1.5760(21℃);间二乙烯基苯,相对密度 0.926(22℃),沸点 121℃(10.1kPa),折射率 1.5745(21℃);对二乙烯基苯,相对密度 2.913(40℃),沸点 34℃(0.0267kPa),折射率 1.5835(25℃)。工业品为邻、间、对二乙烯基苯三种异构体的混合物,而多数为间、对二乙烯基苯的混合物。相对密度 0.910~0.912,熔点-45.7℃,沸点 195℃。不溶于水,溶于甲醇、乙醚。易燃、有毒!常温下易自聚,通常加入 0.2%的 2,4-二氯-6-硝基苯酚或 0.1%叔丁基邻苯二酚作稳定剂。

用于制造离子交换树脂、不饱和聚酯树脂、ABS树脂、聚苯乙烯树脂等。也用作苯乙烯、丁二烯、丙烯腈、甲基丙烯酸甲酯等共聚交联剂,丙烯酸酯乳液聚合交联剂,以及制造阻燃剂等。由乙烯与苯制乙苯的副产混合二乙基苯,经催化脱氢制得邻、间、对二乙烯基苯混合物。

二乙氧基二苯基硅烷 diethoxydiphenylsilane 又名二苯基二乙氧基硅烷。无色液体。相对密度1.0329。沸点302～304℃(102.3kPa)。闪点154℃。折射率1.5250。不溶于水,溶于乙醇、乙醚、苯等有机溶剂。具有有机官能团的硅烷偶联剂,可用于特种橡胶、热塑性聚合物与天然填充剂的偶联,提高制品的机械性能、加工性能及电性能。由氯苯与硅粉加热制得二苯基二氯硅烷后再与乙醇反应制得。

二异丙醇胺 diisopropanolamine 又名$2,2'$-二羟基二丙胺。白色结晶。相对密度0.9890(45℃)。熔点44.5～45.5℃。沸点249～250℃(99.3kPa)。闪点126℃。蒸气相对密度4.59。与水混溶,溶于乙醇、乙醚等常用有机溶剂。可燃。遇高热、明火有燃烧危险。对皮肤、黏膜有刺激性。用作酸性气体吸收剂、电泳涂料中和剂、腐蚀抑制剂、鞣革剂、杀虫剂、乳化剂以及用于制造医药等。由环氧丙烷与氨反应制得。

二异丙醇胺聚氧丙烯聚氧乙烯醚 diisopropanolamine polyoxypropylene polyoxyethylene ether 又名消泡剂BAPE。一种非离子活性剂,无色至淡黄色油状透明液体。相对分子质量3000～4000。浊点14～18℃。羟值40～56mgKOH/g。酸值≤0.5mgKOH/g。低温下溶于水,高于浊点温度时呈扩散状。具有良好的消泡、抑泡作用。用作抗菌素、抗生素及味精生产过程中的消泡、抑泡剂。由环氧丙烷、环氧乙烷及氨缩合制得。

N,N'-二异丙基-2-苯并噻唑次磺酰胺 N,N'-diisopropyl-2-benzothiazole sulfenamide 又名促进剂DIBS。浅黄色粉末或鳞片状物。相对密度1.21～1.23。熔点55～60℃。不溶于水、稀酸及稀碱溶液,微溶于汽油,溶于苯、丙酮、乙醇、四氯化碳及二硫化碳等。用作天然橡胶、丁腈橡胶、异戊橡胶等的迟延性硫化促进剂。具有硫化速度快、硫化平坦性宽、可在较高硫化温度(130～160℃)下操作等特点。也可与胍类或二硫代氨基甲酸盐类促进剂并用,以增加其活性。主要用于轮胎、胶带、胶管等制品。由二异丙胺与次氯酸钠反应生成氯代二异丙胺后再与二硫化二苯并噻唑、二异丙胺反应制得。

二异丙基萘 diisopropylnaphthalene 无色液体。沸点126～130℃(1.33kPa)。

$\text{[naphthalene]}(C_3H_7)_2$

不溶于水，溶于苯、丙酮、氯仿。用作高温载热体、电力容器浸渍剂，也用作无碳复写纸用的染料溶剂。由萘与丙烯在硅酸铝催化剂存在下反应制得。

4,4′-二异辛基二苯胺 4,4′-diisooctyl diphenylamine 白色至灰白色粉状固体。

$(CH_3)_3CH_2C-C(CH_3)_2-\text{[C}_6H_4\text{]}-NH-\text{[C}_6H_4\text{]}-C(CH_3)_2-CH_2C(CH_3)_3$

熔点 100～101℃。自燃点 498℃。不溶于水，稍溶于醇、醚等溶剂。用作合成油脂及橡胶的抗氧剂，合成润滑油的无灰耐高温抗氧剂。具有油溶性好、低毒、纯度高等特点，可延长油在高温下的使用寿命，减少结焦。

二硬脂酸乙二醇酯 ethylene glycol distearate 又名乙二醇硬脂酸酯、珠光剂。

$C_{17}H_{35}COOCH_2CH_2OOCH_{35}C_{17}$

一种非离子型表面活性剂。无色至淡黄色蜡状固体。熔点 58～64℃。皂化值 194～204mgKOH/g。酸值≤10mgKOH/g。不溶于水，溶于丙酮、苯、氯仿等有机溶剂。混合于水或表面活性剂时，有明显的珍珠光泽，还兼有增稠、调理及抗静电等作用。化妆品中用作珠光剂、增稠剂，如用作洗发香波、沐浴液的珠光剂，也用作聚氯乙烯热熔体的降黏剂。由硬脂酸加热熔化后，加入乙二醇及氢氧化钾进行酯化反应制得。

二油酰基钛酸乙二醇酯 dioleoylethylene glycol titanate 又名 OL-T671 钛酸

$\begin{matrix} CH_2-O \\ \\ CH_2-O \end{matrix} Ti[O-\underset{O}{\overset{\|}{C}}-(CH_2)_7CH=CH(CH_2)_7CH_3]_2$

酯偶联剂。红棕色油状液体。相对密度 0.9796。闪点＞120℃。黏度低于 0.5Pa·s。不溶于水，溶于丙酮、苯、异丙醇、汽油及石油醚等。用作聚氯乙烯、聚乙烯、聚丙烯等增强塑料及合成橡胶的偶联剂，对无机填料有较好的润湿性，可提高制品的熔融流动性及切口冲击强度、拉伸强度等。也用于涂料、制革，可改善颜料在体系中的分散性及流动性，增强着色效果。由钛酸四异丙酯与乙二醇、油酸反应制得。

二月桂酸二丁基锡 dibutyl tin dilaurate 又名二丁基二月桂酸锡、十二酸二

$\begin{matrix} H_9C_4 & & O-CO-C_{11}H_{23} \\ & \diagdown\hspace{-6pt}Sn\hspace{-6pt}\diagup & \\ H_9C_4 & & O-CO-C_{11}H_{23} \end{matrix}$

丁基锡。淡黄色油状透明液体。相对密度 1.066。凝固点 22～24℃。闪点

227℃。折射率1.468～1.470(25℃)。不溶于水,溶于乙醇、苯等通用溶剂及大部分增塑剂。常温下稳定,200℃以上分解。有毒!用作聚氯乙烯热稳定剂,有良好的润滑性、透明性及耐候性,主要用于软质透明制品及半软质制品,也用作硅橡胶熟化剂、聚氨酯泡沫塑料合成催化剂。由氧化二丁基锡与月桂酸反应制得。

二月桂酸二正辛基锡 di-n-octyltin dilaurate 又名辛基稳定剂-2。无色或

$$n\text{-}C_8H_{17} \diagdown \qquad OOC(CH_2)_{10}CH_3$$
$$Sn$$
$$n\text{-}C_8H_{17} \diagup \qquad OOC(CH_2)_{10}CH_3$$

黄色油状液体。相对密度1.01～1.02。凝固点16.5℃。折射率1.46～1.47(25℃)。不溶于水,易溶于苯、甲苯、醚等多数有机溶剂。低毒。用作聚氯乙烯热稳定剂,有优良的润滑性、耐候性、耐硫化污染性。耐热性优于二月桂酸二丁基锡。主要用于硬质透明制品,不可用于接触食品的软质制品以及接触牛奶、无酒精碳酸饮料等的包装材料。由氧化二正辛基锡与月桂酸经缩合反应制得。

N,N'-二正丁基二硫代氨基甲酸镍 N,N'-di-n-butyl dithiocarbamate nickel

$$\qquad\quad S\qquad\quad S$$
$$\qquad\quad \|\qquad\quad \|$$
$$(C_4H_9)_2N-C-S-Ni-S-C-N(C_4H_9)_2$$

又名光稳定剂NBC。深绿色粉末。相对密度1.26。熔点>86℃。闪点263℃。不溶于水,微溶于乙醇、丙酮,溶于苯、氯仿、二硫化碳等,用作合成树脂及橡胶的光稳定剂及抗臭氧剂。对聚丙烯纤维、薄膜等制品有优良的光稳定作用。用于氯丁、丁苯等合成橡胶,有防止臭氧龟裂的作用,也能提高氯磺化聚乙烯及氯氰橡胶等的耐热性。因本品颜色较深,会使制品带棕绿色。由二丁胺、二硫化碳及二氯化镍等反应制得。

发泡促进剂 blowing accelerant 指可以降低发泡剂分解温度的一类物质,常用的有:①有机酸,如水杨酸、月桂酸、硬脂酸;②尿素及其衍生物和氨基化合物,如尿素、氨水、乙醇胺、二乙基脲;③锌化合物,如氧化锌、乙酸锌、辛酸锌、脂肪酸锌;④铅化合物,如碳酸铅、亚磷酸铅、月桂酸铅、氧化铅、邻苯二甲酸铅;⑤镉化合物,如氧化镉、己酸镉、辛酸镉、月桂酸镉、肉豆蔻酸镉、脂肪酸镉皂。

发泡促进剂 YA220-2、YA220-7 blowing accelerant YA220-2、YA220-7 一种钡镉锌复合物。淡黄色透明油状液体。YA220-2的锌含量5.1%～5.5%,镉含量4.2%～4.5%,钡含量0.4%～0.8%;YA220-7的总金属含量≥9.7%。用作发泡促进剂,兼有热稳定作用。与偶氮二甲酰胺发泡剂并用,能降低发泡温度、加快发泡速度,适用于生产泡沫人造革、地板革、壁纸及鞋底等软质泡沫塑料,制品的泡孔细而均匀。既可用于涂覆又可用于压延加工。

发泡促进剂 YA-230 blowing accelerant YA-230 一种锌化合物的复合物。外观为黄色透明黏稠性液体。相对密度1.15。折射率1.46(25℃)。黏度1.13Pa·s(25℃)。用作发泡促进剂。与偶氮二甲酰胺发泡剂并用时,催发泡速度更快,可获得更高的发泡效率。适用于生产泡沫人造革、地板革等软质泡沫

塑料；与泡沫稳定剂并用可得到泡孔匀细而无塌陷的高发泡制品；与阻燃剂并用可提高制品的阻燃效果，生产阻燃发泡制品。

发泡剂 foaming agent 又称起泡剂，指能促成气泡或泡沫生成的物质。塑料及橡胶加工中，是指使塑料和橡胶形成泡孔结构而添加的一些助剂。发泡剂也用于香波、泡沫浴液、牙膏、洗涤剂、灭火剂、浮选剂、混凝土加气剂、食品及污水处理等方面，根据物质形态，发泡剂可分为固体、液体及气体三类；按作用或产气方式分为物理发泡剂及化学发泡剂两类。物理发泡剂包括压缩惰性气体（空气、氮气、CO_2 等）、低沸点挥发性液体（如戊烷、己烷）及可溶性固体（如聚乙烯醇）。化学发泡剂又可分为无机发泡剂（如碳酸氢钠、碳酸氢铵、硼氢化钠等）及有机发泡剂。有机发泡剂是塑料工业常用的发泡剂，其特点是在聚合物中分散性好、泡孔细密、发泡效率高，缺点是价格较高、分解时放热且分解温度窄，有些品种有毒。有机发泡剂种类很多，主要有亚硝基化合物、偶氮化合物及黄酰肼化合物等。

发泡剂 AC
见"偶氮甲酰胺"。

发泡剂 BSH
见"苯磺酰肼"。

发泡剂 H
见"N,N'-二亚硝基五亚甲基四胺"。

发泡剂 K_{14} foaming agent K_{14} 又名
$$C_{13\sim16}H_{27\sim33}OSO_3Na$$
$C_{13\sim16}$ 脂肪醇硫酸钠，K_{14}。白色膏状物。固含量 39%～41%。无机盐≤6%。不皂化物≤5%。pH 值 7～9。溶于水成半透明溶液。对碱、弱酸及硬水都很稳定。高温时会分解、燃烧。用作牙膏发泡剂、乳液聚合乳化剂、纺织助剂、羊毛洗净剂、医药分散剂、表面活性剂及用于制造泡沫灭火剂等。由月桂醇经氯磺酸化后再经碱中和制得。

发泡剂 OBSH
见"4,4'-氧代双苯磺酰肼"。

发泡剂 TML foaming agent TML

$$\begin{array}{c}CH_2\\N\diagup\diagdown\\\parallelCH_2\\R-C-N-CH_2CH_2OH\end{array}$$

又名咪唑啉两性化合物。棕黄色液体，属两性表面活性剂，pH 值 8～9。溶于水、乙醇。无毒、无异味，对皮肤无刺激。具有良好的起泡、稳泡及乳化性能，用作高倍数、多用途泡沫灭火剂的发泡和稳泡原料，也用作金属去锈清洗剂、织物柔软剂等。由胺与有机酸制得咪唑啉后，再经烷基化制得。

发泡剂 TSH
见"对甲苯磺酰肼"。

发泡灵
见"聚硅氧烷-聚烷氧基醚共聚物"。

发泡抑制剂 blowing inhibitor 指能使发泡剂钝化、延长发泡起始时间的一类物质，常用品种有：①有机酸；如马来酸、富马酸；②酸酐，如马来酸酐、苯二甲酸酐；③酰卤，如硬脂酰氯、苯二甲酰氯；④多元醇，如丙三醇、乙二醇；⑤多元酚，如对苯二酚、萘二酚；⑥含氮化合物，如脂肪族胺、酰胺、异氰酸酯；⑦含硫化合物，如硫醇、硫脲、砜、硫化物；⑧磷酸盐及亚磷酸盐;⑨其他,如丙酮、环己酮。

发泡油墨 foaming ink 是在连结料中添加胶囊状发泡剂所制成的油墨,印刷时通过加热而发泡,使着墨部分的体积增大形成浮雕状的图像。是由连结料、发泡剂、溶剂、颜料及助剂等组成。按所用连结料,有采用聚氯乙烯、丙烯酸等树脂的塑胶型和采用聚乙酸乙烯酯、聚偏二氯乙烯乳胶的水乳型两类;按发泡机理,可分为加热致使溶胶自身发泡型、因化学反应致使热塑性树脂发泡型及加热使微胶囊体膨胀型3类。一般所用发泡剂为酰肼系化合物,分解温度为$100\sim200℃$。一般使用温度为$100\sim150℃$,如承印物是布或纸,其发泡倍率可达$100\sim500$倍。广泛应用于服装、纺织品的点缀,具有图案泡孔均匀、立体感强、耐磨、耐水洗等特点。也用于印刷图书封面、盲文点字、商标装潢等。

发泡助剂 blowing prometer 又称助发泡剂,是一类活化发泡剂的物质。与发泡剂并用,可以降低发泡剂的分解温度、提高发气量、改善发泡剂的分散性、稳定泡沫结构。根据作用不同,可分为发泡促进剂、发泡抑制剂、泡沫稳定剂、开孔剂及泡沫软化改性剂等。分别参见各项。

伐昔洛韦 valaciclovir 又名法昔洛韦、万乃洛韦、L-缬氨酸 2-[(2-氨基-1,6-二氢-6-氧-9H-嘌呤-9-基)甲氧基]乙酯。白色固体,熔点$155\sim157℃$。其盐酸盐为白色粉末状固体,熔点$150\sim152℃$。溶于乙醇。一种治疗疱疹病毒感染的药物,用于生殖器疱疹、带状疱疹等治疗。以阿昔洛韦与N-苄氧羰基-L-缬氨酸为原料,经酰化、催化氢解而制得。

法莫替丁 famotidine 又名高舒达、信法丁、3-[[[2-[(二氨基亚甲基)氨基]-4-噻唑基]甲基]硫基]-N-2-氨磺酰丙咪。白色至黄白色结晶。无臭,味微苦。熔点$163\sim164℃$。难溶于水、乙醇、氯仿,溶于乙酸、二甲基甲酰胺。是一种H_2受体拮抗剂抗溃疡病药。能明显抑制基础胃酸和夜间胃酸分泌,也能抑制由组胺、五肽胃泌素等刺激的泌酸作用。用于治疗胃及十二指肠溃疡、反流性食管炎、卓-艾综合征及上消化道出血等。由氨基磺酰胺与 3-[(2-胍基-4-噻唑)甲基硫基]丙亚胺酸甲酯反应制得。

法呢醇 farnesol 又名金合欢醇、3,7,11-三甲基-2,6,10-十二碳三烯-12-醇。无色油状液体。有弱的柑橘-白柠檬香气。相对密度$0.887\sim0.889$。沸点$263℃$。折射率$1.489\sim1.491$。闪点

100℃。不溶于水,溶于乙醇等多数有机溶剂。属醇类合成香料,用于调配铃兰、金合欢、紫丁香、玫瑰、茉莉、玉兰等花香型日化香精,主要起协调剂的作用。也用于调配杏、桃、草莓等果香型食用香精。由橙花叔醇与乙酸加热异构化生成金合欢乙酸酯后,再经皂化制得。

番木鳖己碱 brucine 又名二甲氧基马钱子碱、士的宁。白色针状结晶(丙酮-水)。有强烈苦味。熔点 275～285℃。微溶于水、乙醚,溶于乙醇、氯仿。有一定毒性。为中枢神经兴奋剂,用于治疗偏瘫和局部止痛。外用对敏感皮肤及抵抗力较弱的皮肤有护理作用。用于护发产品,对因日晒、洗涤或整烫引起的头发破损有修补作用。用于透明皂,可提高皂基透明度。由马钱子科植物马钱的根、皮、叶及种子经溶剂萃取制得。

番茄红素 lycopene 又名番茄烯。系类胡萝卜化合物之一。为一直链型碳氢化合物,一般含 11 个共轭和 2 个非共轭碳-碳双键,大约有 72 种顺反异构体,而以全反式番茄红素是应用最广的一种。为深红色针状结晶。熔点 172～175℃。不溶于水,微溶于甲醇、乙醇,溶于苯、氯仿,易溶于二硫化碳、油脂等。色泽为红色。在光照下易发生异构化及降解。具有强抗氧化作用,其抗氧化能力是维生素 E 的 100 倍。可通过淬灭单线态氧预防脂类氧化、保护生物膜免受自由基伤害,具有调节血脂、延缓衰老的作用。番茄红素在植物体中较稳定,制成的制品易氧化,也可由氧、光线、高温、酸碱而破坏其功效。主要用作食用红色素,也用于配制抗紫外线护肤品。由番茄皮用超临界提取或溶剂提取法制得。

凡士林 vaseline 一种外观为白色或浅黄色半透明油膏状石油产品,具有一定的拉丝性和黏附性。是由石蜡、微晶蜡蜡膏与机械油按一定比例调配后,经白土或硫酸精制而成,也可由石油脂与低黏度矿物油调和制得。按精制程度分为普通凡士林、医药凡士林、工业凡士林、化妆用凡士林、电容器用凡士林及专用工业凡士林等。普通凡士林用作橡胶制品软化剂及玻璃纤维拉丝成型用乳液;医药凡士林用于配制医用药膏及皮肤保护剂油膏;工业凡士林用于配制金属器件防锈剂、防锈脂,也用作橡胶软化剂;化妆用凡士林用于配制润肤露、香脂、发蜡、唇膏、眼影膏及头发调理剂等;

电容器凡士林用于浸渍和浇铸电容器；专用工业凡士林主要作为植物保护防冻、炸药填料及橡胶软化用，也用作金属零件的封存防蚀。

钒酸铋 bismuth vanadate $BiVO_4 \cdot nBi_2MoO_4$（$n=0.2\sim2$）又名钒酸铋/钼酸铋黄、颜料黄184。一种复相氧化物颜料，在注册颜料索引时没有确定的化学组成。绿黄色粉末。相对密度7.69。吸油量9.0g/100g。比表面积$5m^2/g$。其中钒酸铋（$BiVO_4$）呈四方晶系结构，是颜色载体，钼酸铋（Bi_2MoO_4）呈亚稳态的斜方晶系结构，是发色体，为调节相的成分，改变两者的比例，可改变钒酸铋的色相，如增大Bi_2MoO_4的比例，色调偏绿，用于高档明亮单色工业涂料和汽车漆，具有优良的耐候性、保光性及高遮盖力。由硝酸铋、钒酸钠及钼酸钠等为原料经沉淀—煅烧法制得。

反丁烯二酸 fumaric acid 又称富马酸、延胡索酸。单斜晶系无色针状或小叶状结晶。无臭、有水果酸味。相对密度1.635。熔点$286\sim287℃$。290℃时升华，300℃时失水而成顺丁烯二酸酐。

$$\underset{H}{\overset{HOOC}{>}}C=C\underset{COOH}{\overset{H}{<}}$$

微溶于水、乙醚、丙酮、氯仿，溶于乙醇。化学性质十分活泼，能进行聚合、酰化、卤化、水合及异构化等反应。用于制造不饱和聚酯、光学漂白剂、胶黏剂、医药等。也用作酸味剂、增香剂、抗氧化助剂及油田水基压裂液的pH值调节剂。在硫脲催化剂作用下，由顺丁烯二酸经异构化反应制得。

反渗透膜 reverse osmosis membrane 一种不能通过溶质，只能通过水或溶剂的半透膜，反渗透是以压力差为主要推动力的膜过程，在浓溶液一侧施加一外加压力（$1000\sim10000$kPa），当此压力大于溶液渗透压时，就会迫使溶液中的溶剂反向透过孔径为$0.1\sim1$nm的半透膜流向稀溶液一侧。反渗透膜主要分为两大类：①乙酸纤维素及其衍生物膜，其特点是透水量大、耐氯性能好，但耐酸碱、耐温及耐压性能稍差，且易被微生物分解；②以芳香聚酰胺为主的芳香族含氮高分子的复合膜及中空纤维膜，其特点是通量大、脱盐率高、操作压力要求较低、耐微生物降解，可在较宽pH范围内使用。反渗透过程可用于低相对分子质量组分的浓缩、水溶液中溶解的盐类脱除及海水淡化等。

反应染料
见"活性染料"。

反应型丙烯酸酯胶黏剂 reactive acrylate adhesive 单纯的（甲基）丙烯酸酯单体制成的胶黏剂是热塑性高聚物，受热软化，耐抗冲击性及耐溶剂性都较差。为此，通过对聚合单体进行改性，或添加高分子弹性体增韧，相继开发出第一代丙烯酸酯胶黏剂、第二代丙烯酸酯胶黏剂及第三代丙烯酸酯胶黏剂，上述统称为反应型丙烯酸酯胶黏剂，参见相应各条目。

反应性低聚物 reactive oligomer 一类具有化学功能的精细高分子化学品。为分子链一端带化学反应基团的低聚物，相对分子质量一般在$2000\sim4000$之间,化学基团可以是羧基、羟基、胺基、环氧基及异氰酸酯基等。如环氧树脂丙烯酸酯、聚氨酯丙烯酸酯、聚酯丙烯酸酯及酚醛环氧丙烯酸酯等。广泛用于接枝共聚物的合成、辐射光固领域和其他功能性材料的合成等,如制造厌氧胶、光固化涂料、纸上光及非银盐成像材料等。

反应性拒水剂
见"拒水剂"。

反应性乳化剂
见"壬基酚聚氧乙烯丙烯酸酯"。

反油酸 elaidic acid 又名反(式)-9-十

$$CH_3(CH_2)_7H$$
$$C=C$$
$$H(CH_2)_7COOH$$

八碳烯酸。最简单的不饱和脂肪酸之一,大量存在于橄榄油中,在其他植物油脂中,反油酸含量远低于油酸。白色固体。相对密度 0.8505(79℃)。熔点 44~45℃。沸点 288℃(13.3kPa)。不溶于水,溶于乙醇、乙醚,有较好的皮肤渗透性及抗微生物性能,用于发水中,有软化头皮、防治头屑多及头皮痒等功效。可由油酸转化而得。

芳烃改性萜烯树脂 arene modified terpene resin 一种改性萜烯树脂。淡黄色块状或片状固体。软化点 90~119℃。酸值≤1.0mgKOH/g。不溶于水、乙醇。溶于苯、丙酮、氯仿、乙酸乙酯及溶剂汽油等。与天然及合成橡胶、乙烯-乙酸乙烯酯树脂、SBS 树脂、SIS 树脂等有较好的相容性。可燃。无毒。用作压敏胶、热熔胶、覆膜胶及 SBS 型胶黏剂等的增黏剂,具有热稳定性好、持黏力及剥离强度高等特点。

芳烃脱烷基制苯催化剂 catalyst for aromatics dealkylation to benzene 一种用于裂解汽油中 $C_6 \sim C_8$ 高芳烃含量馏分加氢脱烷基制高纯苯的催化剂。中国产品牌号有 NCY-102。是以 Cr_2O_3 为催化剂主活性组分,并加入适量助催化剂,以 $\gamma\text{-}Al_2O_3$ 为载体。外观为 $\phi 3.2 \times (5\sim 10)$mm 草绿色圆柱体。堆密度 0.85~1.05g/mL。孔体积 0.35mL/g。比表面积 130m²/g。由特制 $\gamma\text{-}Al_2O_3$ 载体浸渍含铬活性组分溶液后,经干燥、焙烧而制得。

芳烃油 aromatic hydrocarbon oil 又名芳香烃油。深色黏稠液体。相对密度 0.9529~1.0188。凝固点低于 5℃。闪点 170~220℃。折射率 1.5700~1.5800。芳烃含量 70%~85%。饱和烃含量 20%~35%。沥青烯含量<0.5%。不溶于水,溶于醚、酮、氯代烃等溶剂。用作天然及合成橡胶的软化剂、填充剂,橡胶型密封胶的软化剂。加工性能优于环烷油,橡胶中的配合量也较环烷油要高。因有一定污染性,宜用于深色橡胶制品。由石油炼制所得重质油馏分经溶剂精制及蒸馏后制得。

芳香族合成鞣剂 aromatic synthetic tanning agent 一种皮革复鞣材料。指用萘、萘酚、苯酚、二甲酚、双酚 A 等为原料,通过磺化、缩合等反应生成可溶于水的磺酸化树脂化合物。简单的芳烃磺酸没有或只有极小的鞣制作用,经过缩合反应成为多环的高分子化合物,鞣性就显著增加,填充能力提高。分子中的酚羟基可与蛋白质氨基结合并可与多肽键形成氢键结合而发挥鞣性。这类鞣剂可代替有机酸或无机酸,调整植物鞣液的酸碱值。与植物鞣剂混合使用,可减少植物鞣剂的沉淀。与铬鞣剂联合使用,可以制得白色革,使成革丰满、粒面细致、延伸性减少、面积增大等,商品合成鞣剂1号、6号、28号及合成鞣剂ERA、ERI、PA等都属于此类产品。

防沉淀剂 anti-settle agent 又称悬浮剂,是一种能改进颜、填料在涂料中的悬浮性能,防止沉降的助剂。防沉淀剂大致分为两大类。一类是低相对分子质量阴离子或电中性羧酸盐。它对多数无机颜、填料有分散、润湿作用,可通过排斥作用或空间位阻作用避免颜料或填料粒子附聚,但无法有效地控制高密度的颜、填料下沉;另一类防沉淀剂是流变改性增稠剂,它使涂料具有触变性,从而显著提高体系的黏度。这类防沉淀剂又可分为以下几类:①气相二氧化硅、有机改性膨润土;②聚乙烯蜡、聚酰胺蜡、氢化蓖麻油等;③纤维素醚类、大相对分子质量原羧酸盐、碱溶胀乳液等;④聚氨酯、聚醚类缔合型增稠剂等。

防冻剂 antifreezing agent 又名抗冻剂,是能使含水物质(如涂料、胶黏剂、冷却液等)在负温下不结冰或不凝胶的一类助剂。广泛用于混凝土、汽车、飞机等领域。如混凝土使用防冻剂可以降低混凝土的冰点,使混凝土在负温下硬化,并在规定养护条件下达到预期性能。工业上使用的防冻剂主要分为无机盐类、有机化合物类及复合型防冻剂等。无机盐类是一类强电解质的无机盐,它又可分为氯盐类(如氯化钠、氯化钙、氯化镁等)及无氯盐类(如亚硝酸盐、硝酸盐、碳酸盐等);有机化合物类又分为醇类、醇醚类、氯代烃类等;复合型防冻剂是有机化合物与无机盐复合,或是添加其他相关助剂复合制得的。

防浮色发花剂 anti-flood and anti-float agent 防止涂料涂装时涂膜产生浮色及发花的助剂。浮色及发花总称为颜料漂浮,是涂料施工后漆膜仍处于湿态时所发生的颜色变化。其中浮色是涂料施工后湿膜中的颜料呈水平方向层状分离,而发花是新涂成的涂膜中存在多种颜料的不均匀分布。造成浮色发花现象的原因是混合颜料润湿分散不好,产生絮凝。聚集的大粒子运动变缓慢,与未絮凝的颜料粒子形成运动速度差,颜色分布不匀,形成浮色发花。防止涂膜浮色发花,首先要选择好树脂及溶剂,混容性要好,黏度合适。同时可加入颜料润湿剂、流平剂、增黏剂及触变剂等助剂也能有效地防止浮色发花。

防辐射线涂料 radiation protective coatings 指能吸收或消散辐射能,对人或仪器起到防护作用的涂料。分为防X射线涂料、原子核反应堆炉壁用涂料、放射线污染涂料等。涂料主要由聚合物和填料组成。聚合物主要起粘结作用,其耐辐射程度有限,耐辐射性能较好的高聚物有聚酰亚胺、聚噁二唑、有机硅酸盐等;填料能吸收和消散γ射线,主要是钛、铬、铅、钡、锌、钙或它们的氧化物,其中以铅及其化合物应用最广。防辐射线涂料的防护效果与涂料的涂布量及涂布均匀性密切相关。涂布量少时防护效果差,但涂布量过多时效果也会恶化。涂布不均匀也会影响效果,施工时应注意涂布状况。

防腐剂 antiseptic 指在工业领域中抑制、阻碍（或杀死）微生物的生长与繁殖，防止保护对象腐败变质的一类添加剂。工业材料及其制品因含有水分和微生物生长的营养物质，较容易受到微生物污染而发生腐烂、变色、变臭及黏度下降等变质现象。在制品中加入适量防腐剂是防止由微生物引起的腐败变质的有效手段之一。按使用对象不同，工业防腐剂可分为食品、化妆品、涂料及木材防腐剂等。常用防腐剂有苯甲酸（钠）、山梨酸、双乙酸钠、丙酸、硼砂、五氯苯酚、尼泊金酯类等。

防腐蚀涂料 anti-corrosive coatings 又名防腐漆。用于抑制或延缓金属腐蚀，尤其是防止钢铁生锈而配制的一类涂料。防腐蚀涂料有底漆和面漆的配套。底漆要有防锈作用，附着牢固。面漆与腐蚀介质接触，要求有防腐蚀的作用。面漆、底漆按保护对象不同可选一成膜物质，而颜填料可以不同。也可以底、面漆采用不同成膜物质。成膜物质对防腐蚀涂料起关键作用，常用成膜物质有环氧树脂、聚氨酯、酚醛树脂、乙烯类树脂、氯化橡胶等。还含有各种防锈颜料，通常以偏碱性的氧化物为主，如钛白粉、铁红、氧化铬绿等。施工可以用浸涂或喷涂，又分为自干型及烘干型两种类型。

防灰雾剂 anti-fogging agent 又名抑制剂。防止感光材料灰雾，提高感光材料稳定性的物质。银盐感光材料在制造、加工及储存过程中，会因为乳剂的卤化银不稳定，在未曝光处经显影后有极少量金属银还原出来，形成一定量的灰雾。当灰雾密度大于一定值时，感光材料便失去使用价值。在普通显影液中可使用溴化钾或有机抑制剂作防灰雾剂。常用有机抑制剂有苯并三氮唑、四氮唑、双四氮唑、1-苯基-5-硫醇基四氮唑、6-硝基苯并咪唑硝酸盐等。

防火乳胶漆 fire-retarding emulsion paint 以合成树脂乳液为基料的功能性涂料。以它施涂成膜后，具有隔离火焰、延缓火焰传播速度、推迟可燃基材着火时间。分为膨胀型及非膨胀型防火乳胶漆两类。而以膨胀型防火乳胶漆应用更广，它由合成树脂乳液（丙烯酸乳液、苯丙乳液等）、成炭剂（季戊四醇、淀粉等）、成炭催化剂（聚磷酸铵、三聚氰胺等）、发泡剂（双氰胺、氯化胺苯等）、颜填料及其他助剂等组成。在涂膜受到高温时，会膨胀和炭化而形成热导率比原来约小一个数量级、厚度比原来大两个数量级的海绵状炭化层，起到隔热和隔绝空气作用，从而抑制燃烧蔓延。

防火涂料 fire-retarding coatings 又称阻燃涂料。涂膜不易燃烧或能延缓燃烧的功能涂料。除具有一般涂料所具有的装饰及保护性能外，还具两个特殊性能：一是涂膜本身具有不燃性或难燃性；二是在一定时间内能阻止燃烧和抑制燃烧的扩展。按组成和防火原理可分为膨胀型防火涂料和非膨胀型防火涂料。膨胀型防火涂料由水性树脂或含氮树脂、脱水成炭催化剂、成炭剂、发泡剂、防火添加剂及颜填料等组成。当漆膜受火焰或高温作用时会发生膨胀炭化，形成比原来膜厚大几十甚至上百倍的难燃炭质层,隔断外界火焰对基材的加热而起到阻燃作用。非膨胀型防火涂料由含卤素、氮、磷之类难燃性有机树脂、无机颜填料及防火添加剂等组成。它是通过涂层自身的难燃性或不燃性,或是在火焰或高温下能释放出灭火性气体并形成不燃性釉状保护层隔绝空气,起到阻燃作用。通常,膨胀型防火涂料的防火效果优于非膨胀型防火涂料。

防焦剂 scorch retarder 橡胶在储存或加工过程中因受热的作用会发生早期硫化(交联)并失去流动性和再加工的能力,这种现象称为焦烧。而将能防止胶料过早硫化,又不影响硫化促进剂在硫化温度下正常作用的物质,称为防焦剂,或称作硫化延缓剂。按化学结构分,防焦剂主要分为有机酸、亚硝基化合物及 S—N 结构化合物三类。有机酸(如苯酐、苯甲酸)是应用最早的一类防焦剂,因污染少可用于白色或浅色胶料,但因防焦烧效果小,近来已很少应用;亚硝基化合物(如 N-亚硝基苯胺)的防焦烧效能较有机酸高,对多数促进剂的硫化体系都有效,但它对橡胶有污染性,不适用于浅色胶料,而且还有一定毒性,其应用也逐渐减少;S—N 结构化合物的特征是分子结构中都含有 S—N 骨架,(如 N-环己基硫代邻苯二甲酰亚胺),防焦烧效果高于有机酸及亚硝基化合物,成为防焦剂的主要品种。

防绞剂 mince-proofing agent 防止皮革在湿操作过程中打绞、折叠和撕裂的一种辅助材料,其主要成分是高分子蜡剂、石蜡、合成蜡、有机硅化合物、硬脂酸盐及无机高分子物质等。防绞剂对于减少革面擦伤、克服染色色花、提高皮革等级及设备利用率等具有重要意义。如用于转鼓湿操作过程,利用其降低表面的摩擦因数,可防止皮张缠结和撕裂、减少折痕及擦伤等。

防结露涂料 antidewing coatings 一种能防止或延缓物体表面发生结露的涂料。物体表面温度等于或低于周围环境空气露点温度是结露的主要原因,通过提高物体表面温度,使其超过露点温度可以防止结露。防结露涂料具有一定的吸湿性,涂膜是多孔的,可以吸附表面凝结的水,如防结露乳胶漆是由乳液、颜料、填料、助剂和水组成。所用乳液是亲水性的,可降低与水的接触角,避免水珠形成,同时能较好地吸水;所用填料是珍珠岩、蛭石、沸石等多孔材料,具有吸水性及透气性。通常涂膜较厚,温度低的涂膜,由于透气性好,通过分子的热运动,使温度提高而达到防止结露目的。

防结皮剂 anti-skining agent 又名抗结皮剂,是能延迟涂料结皮时间的助剂。气干型涂料在储存或使用过程中的结皮,首先是溶剂的挥发,而后是表面氧化聚合而产生胶凝,逐渐结膜,以致结厚皮及全部凝结成固态而无法使用。使用防结皮剂,既能在涂料储存期间防止结皮,又不损害涂料的基本性能,如延迟干性、改变涂料色泽及气味等。常用防结皮剂分为酚类及肟类。酚类防结皮剂实际上是抗氧化剂,本身易氧化成醌式,使涂料的氧化结膜受阻,以延迟其表面结膜,常用的有邻甲氧基苯酚、邻异丙基苯酚等;肟类防结皮剂常用的有甲乙酮肟、丁醛肟、环己酮肟等,这些化合物具有抗氧化作用,能阻止漆氧化聚合成膜,又能与催干剂的金属部分形成配合物,使催干剂失去催干性而延迟其结皮。而在成膜过程中肟类挥发又使配合物分解,使催干剂又恢复其催干性。此外,液态的肟类化合物也是强溶剂,也能延迟胶凝体的形成而防结皮。

防静电涂料 antistatic coatings 能赋予涂层导电性,使带电荷的涂层表面迅速放电,防止静电积累的一种涂料。防静电涂料通常有2种制法,一是在成膜树脂中加入抗静电剂,如加入0.1%～10%的季铵盐类抗静电剂,涂于聚乙烯塑料表面,具有永久还原积累静电荷的能力;二是在树脂中加入炭黑、银粉等导电物质。防静电涂料广泛用于非金属输油或输气管道、纤维增强复合材料、输送带、飞机表面、纺织品、录音磁带等的防静电涂装。

防老剂 antiager 又名防老化剂。能抑制或延缓高分子材料老化的物质。使高分子材料发生老化的因素包括氧、臭氧、热、光、机械应力及有害金属离子等,防老剂品种很多,按其作用分为抗氧剂、抗臭氧剂、抗紫外线剂、抗疲劳剂、有害金属离子抑制剂等;按外观可分为污染型和非污染型;按结构形态分为化学防老剂及物理防老剂;按化学结构分为胺类、酚类、杂环类、亚磷酸酯类及其他类。由于高分子材料在加工、使用过程中一直受氧的作用而发生氧化降解,因而抗氧剂是最重要的防老剂,用于塑料、橡胶、电线电缆及油脂等产品。

防老剂264
见"2,6-二叔丁基对甲酚"。

防老剂300
见"抗氧剂300"。

防老剂2246
见"抗氧剂2246"。

防老剂4020 antiager 4020 又名

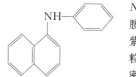

N-(1,3-二甲基丁基)-N'-苯基对苯二胺、防老剂 DMBPPD。白色至灰黄色固体,相对密度 0.986～1.00。熔点 45～52℃。沸点 380℃。不溶于水,微溶于乙醚,溶于苯、丙酮、二氯乙烷、乙酸乙酯。空气中因氧化而色变深。用作天然橡胶、顺丁及氯丁橡胶等的防老剂,除有良好的抗氧效能外,还有抗臭氧、抗曲挠龟裂和抑制铜、锰等有害金属的作用,用于轮胎、胶带等工业制品,因有污染性,不适用于浅色或艳色制品。也可用作聚烯烃及丙烯酸树脂等的抗氧剂。由4-氨基二苯胺与甲基异丁酮经催化加氢缩合反应制得。

防老剂A antiager A 又名防老剂甲、N-苯基-$α$-萘胺。淡黄色或紫色片状物或粒状物。相对密度 1.16～1.22。熔点 62℃。沸点 62℃(34kPa)。难溶于水,溶于汽油,易溶于丙酮、苯、乙醇及氯仿等。用作橡胶防老剂,用于制造轮胎、胶管、胶鞋等制品,不适用于浅色及艳色制品。也用作聚烯烃、聚氯乙烯等的热稳定剂,制造电线电缆等制品。还用作丁苯橡胶胶凝抑制剂及制造维多利亚蓝 B 等染料。在催化剂存在下,由苯胺与 α-萘酚反应制得。

防老剂 AW antiager AW 又名 6-乙氧基-2,2,4-三甲基-1,2-二氢化喹啉、乙氧喹。浅褐色黏稠性液体。相对密度 1.029～1.031。沸点 169℃ (1.47kPa)。折射率 1.569～1.672 (25℃)。不溶于水,溶于乙醇、乙醚、丙酮、苯及汽油等。用作天然及合成橡胶防老剂,尤适用于丁苯橡胶,具有优良的耐热氧化性、耐候性、耐臭氧性及耐曲挠龟裂性,用于制造轮胎、胶带等制品。但不适用于浅色或艳色制品。在苯磺酸催化剂存在下,由氨基苯乙醚与丙酮反应制得。

防老剂 BLE antiager BLE 又名丙酮-二苯胺缩合物。暗褐色黏稠性液体。相对密度 1.09～1.10(30℃)。不溶于水,微溶于汽油,溶于苯、丙酮、乙醇、氯仿及二硫化碳等。一种通用型橡胶防老剂,适用于天然及合成橡胶,对热、氧、臭氧及屈挠疲劳老化有良好防护效应,用于制造轮胎、胶袋、胶管等制品,因有污染性,不宜

用于浅色制品。也用作聚烯烃树脂的抗热氧化剂。在苯磺酸催化剂存在下,由二苯胺与丙酮反应制得。

防老剂 CMA antiager CMA 又名 N-环己基对甲氧基苯胺。白色结晶,

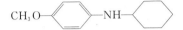

熔点 41～42℃。极难溶于水,溶于 75℃ 热乙醇。在空气及日光下稳定。遇酸生成易溶于水的盐。其盐酸盐的熔点 220℃。用作橡胶及胶乳制品防老剂,有良好的防臭氧老化、防辐射老化性能,不污染、不着色,不影响透明度。广泛用于制造各种工业橡胶制品及浅色橡胶制品。在骨架镍催化剂存在下,由对甲氧基苯胺与环己醇反应制得。

防老剂 CPPD antiager CPPD 又名 N-

环己基-N'-苯基对苯二胺、防老剂 4010。白色至浅黄色粉末,暴露于空气中颜色变深。相对密度 1.29。熔点 115℃。不溶于水,微溶于汽油、庚烷,溶于苯、丙酮、二氯甲烷。低毒。用作天然及合成橡胶的高效防老剂,对硫化胶或未硫化胶均适用,具有优良的抗曲挠疲劳、抗臭氧及抗热氧化性能,用于汽车轮胎、胶辊、胶带等制品。因有污染性,不适用于浅色或艳色制品。也用作聚丙烯、聚酰胺树脂及燃料油的热稳定剂。由 4-氨基二苯胺与环己酮经缩合反应制得。

防老剂 D
见"N-苯基-β-萘胺"。

防老剂 DBH antiager DBH 又名对苯二酚二苄基醚,银白色片状结晶。熔

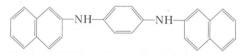

点 130℃。微溶于水、冷乙醇、汽油,溶于热乙醇、苯及氯苯。低毒。易燃。用作天然及合成橡胶、胶乳的非污染性防老剂,防护效能中等。使用中无刺激性、不变色,可用于浅色及艳色制品,与防老剂 MB、TNP 等并用,可提高制品的抗热氧化及耐候性。在氢氧化钠及乙醇存在下,由对苯二酚与氯化苄反应制得。

防老剂 DDM

见"4,4′-二氨基二苯甲烷"。

防老剂 DNP antiager DNP 又名 N,N'-

二(β-萘基)对苯二胺、防老剂 DNPD。纯品为灰色亮片状结晶,工业品为浅灰色粉末,受光照渐变为暗灰色。相对密度 1.20～1.32。熔点 225～235℃。不溶于水、汽油、四氯化碳,溶于热乙酸,易溶于热苯胺、硝基苯,微溶于乙醇、乙醚、苯。低毒。是胺类防老剂中污染最小的品种,适用于合成及天然橡胶、胶乳等。有优良的耐热老化及耐候性能。用于丁苯橡胶有防紫外线功能,也用作聚甲醛、聚酰胺及 ABS 树脂等的抗氧剂。由苯二胺与 β-萘酚经缩合反应制得。

防老剂 DOD antiager DOD 又名 4,4′-

二羟基联苯、联苯酚。灰白色粉末或鳞片状结晶。相对密度 1.22。熔点 274～275℃。不溶于水、汽油,微溶于苯、氯甲烷,易溶于乙醇、乙醚、丙酮、乙酸乙酯及碱液。用作天然及合成橡胶、胶乳等的防老剂,可用于浅色及艳色橡胶制品,食品包装用胶及医用乳胶制品,也用作聚氨酯、聚酯、聚碳酸酯及环氧树脂等的耐热改性单体、染料中间体、润滑油热稳定剂等。由硫酸与联苯胺反应生成联苯胺硫酸盐后,再与亚硝酸钠经重氮化反应及水解制得。

防老剂 DPPD

见"防老剂 H"。

防老剂 H antiager H 又名 N,N'-二苯基对苯二胺、防老剂 DPPD。浅灰色片状结晶或粉末,空气中易氧化变色。相对密度 1.18～1.22。熔点 150～152℃。沸点 282℃(1.066kPa)。不溶于水,微溶于乙醇、汽油,溶于丙酮、苯、氯仿。遇热稀盐酸变绿色,与硝酸、二氧化氮及亚硫酸钠作用变成棕红色。有毒! 有致癌性。用作天然橡胶、丁苯及丁腈橡胶、聚异戊二烯橡胶及胶乳的通用防老剂。因有污染性,不适用于浅色及艳色制品。也用作聚烯烃、聚甲醛、聚酰胺及 ABS 树脂等的污染性抗氧剂及

防老剂 IPPD antiager IPPD 又名 N-异丙基-N'-苯基对苯二胺、防老剂 4010NA。白色结晶粉末,受光会变成紫灰色。相对密度 1.14。熔点 75～80.5℃。不溶于水,微溶于汽油,溶于乙醇、苯、丙酮、乙酸乙酯及油类溶剂。可燃,低毒。属通用型高效防老剂,对臭氧、风蚀及机械应力引起的曲挠疲劳有优良防护效能,适用于天然橡胶、丁苯及顺丁橡胶、胶乳等。因有污染性,不适用于浅色及艳色制品。在铜-铬催化剂存在下,由对氨基二苯胺与丙酮反应制得。

防老剂 MB antiager MB 又名 α-硫基苯并咪唑、2-硫醇基苯并咪唑。白色至浅黄色 粉末或片状结晶,有苦味。相对密度 1.42～1.43。熔点 298～303℃。不溶于水、苯、四氯化碳,微溶于二氯甲烷、石油醚,溶于乙醇、丙酮、乙酸乙酯。低毒。用作天然胶乳、合成橡胶及胶乳的防老剂,防护效能中等,适用于制造透明、浅色或艳色制品,不宜用于与食品接触的橡胶制品。也用作聚乙烯、聚酰胺树脂等的抗氧剂。医药上用作抗麻风病药麻风宁。由邻硝基苯胺经硫化钠还原成邻苯二胺后,再与二硫化碳进行环化反应制得。

防老剂 RD antiager RD 又名 2,2,4-三甲基-1,2-二氢化喹啉聚合体。淡黄色至琥珀色粉末或树脂状物。相对密度 1.02～1.10。熔点 75～100℃。不溶于水,微溶于汽油,溶于丙酮、苯、氯仿及二硫化碳。可燃。低毒。用作天然及合成橡胶、胶乳等的抗热氧化防老剂,挥发性低、无迁移性、对铜等离子的催化氧化有较强抑制作用,但抗曲挠性较差。主要用于耐热性高的制品,如轮胎、电线、电缆及坦克履带垫等。在苯磺酸催化下,由苯胺与丙酮反应制得。

防老剂 SP antiager SP 又名苯乙烯化苯酚。浅黄色至琥珀色黏稠液体。相对密度 1.08。沸点高于 250℃。折射率 1.5785～1.6020。闪点 182℃。不溶于水,溶于乙醇、丙酮、苯、氯仿。有毒。用作天然及合成橡胶及橡胶型胶黏剂的防老剂,具有良好的抗氧、抗臭氧、抗龟裂及抑制铜、锰等有害金属的性能。也适用于浅色及艳色制品。还可用作聚烯烃、丙烯酸树脂等的抗氧剂。在催化剂存在下,由苯酚与苯乙烯单体经芳烷化反应制得。

防老剂 TNP
见"亚磷酸三(壬基苯基)酯"。

防霉剂 mildew-proof agent 指对霉

菌具有抑制或杀灭作用,防止保护对象产生霉变的一类添加剂。实际上防霉剂与防腐剂对微生物的作用并没有严格界限,有些防霉剂既有防霉作用,同时又有防腐效能。防霉剂按来源分为合成防霉剂及微生物防霉剂;按溶解性可分为水溶性及油溶性防霉剂;按用途可分为木材、涂料、皮革、塑料、橡胶、黏合剂、饲料、化妆品及包装材料用防霉剂;按化学结构可分为酚类、醛类、酯类、酰胺类、有机酸类、杂环化合物、有机硫化物及有机金属化合物等。

防霉涂料 mildew-proof coatings 又名防霉漆。能抑制或防止涂膜表面上霉菌生长的一类涂料,这些涂料中加有防霉剂。所用防霉剂应无毒或低毒。常用防霉剂有二月桂酸二丁基锡、双三丁基氧化锡、五氯苯酚、环烷酸铜、邻苯基苯酚等。防霉涂料主要用于发酵厂、饮料厂、食品厂、日化厂、医院、仪器仪表及通讯设备等的防霉涂装。

防黏剂
见"隔离剂"。

防漂移剂 drift-proof agent 又名农药防漂移剂。是防止和减轻农药施用中和加工工艺中因药粒漂移引起危害的助剂总称。就其作用分为:①农药制剂生产过程中的防漂移。用于减轻各种粉剂、细粒剂在加工过程中起粉尘,防止污染环境及损害工作者健康。所用防尘防漂移剂有二乙二醇、丙三醇、烷基磷酸酯及植物油脂等。②农药喷施中的防漂移。在喷液中加入减缓气化、防止蒸发的抗蒸腾剂(如聚丙烯酸钠),提高黏度、增加滴径、减少细滴比例的增稠剂(如黄原酸胶)等可不同程度地减轻漂移。此外加入发泡剂及采用泡沫喷雾技术也可减轻漂移。

防晒剂 sun protection agent 一种防止紫外线照射或吸收紫外线的药剂。其用途在于减少太阳辐射的伤害作用,防止皮肤晒黑,或防止因日晒引起皮肤疼痛或皮炎,市售的防晒制品或多或少都含有不同类型的防晒剂。防晒剂按用途分为:①晒伤防护剂。指能吸收等于或大于95%的波长范围在290~320nm的太阳辐射。②晒黑剂。指能吸收85%的波长范围在290~320nm的太阳辐射,并能透过波长比320nm长的紫外线,皮肤能产生浅的晒黑,但不引起疼痛。③不透明阳光阻挡剂,如TiO_2能反射和散射全部紫外范围的辐射。防晒剂按作用机理可分为:①物理阻挡剂(又称紫外线屏蔽剂)。主要由能反射或散射紫外线的物质组成,如TiO_2、ZnO、滑石粉、红凡士林、TiO_2-云母等。②化学吸收剂。指能吸收有伤害作用的紫外线的有机物质,又称紫外线吸收剂。能吸收320~360nm紫外辐射的物质有二苯酮、邻氨基苯甲酸酯、二苯甲酰甲烷类化合物等;能吸收290~320nm紫外辐射的物质有氨基苯甲酸酯、水杨酸酯、肉桂酸酯等。此外,海藻、芦丁、沙棘、芦荟等天然产物中也含有一定吸收紫外线的物质。

防水剂 water-proofing agent 广义上讲,防水剂是指能防护物料不被水渗透或润湿的一类物质,如油脂、硅油、石蜡、明胶等抗水性物质,可用于纸张、木材、皮草、织物等的防水防潮。这里所指防水剂，是系用于降低混凝土在静水压力下透水性的外加剂。在搅拌混凝土过程中加入防水剂，混凝土硬化后可以提高密实性，改善混凝土的抗渗及吸水性能。分为减渗类防水剂及憎水性防水剂两类。减渗类防水剂，大多是氯化铁、氯化铝、硅酸钠等无机化合物。通过自身或它所与水泥水化过程中生成的产物反应形成的化合物填充毛细管通道和减少空隙而实现抗渗效果。憎水性防水剂多为有机物质，它们又可分为脂肪酸盐、有机硅氧烷、高分子乳液及水溶性树脂等。如硬脂酸铵、有机硅氧烷能使毛细管由亲水表面变为憎水表面，从而使混凝土表面也成为憎水表面而达到抗渗性。

防水涂料 water-proofing coatings 是一种以合成树脂乳液、橡胶胶乳或改性沥青等为基质的稠状液体。涂刷在建筑物或防水底质表面，经溶剂或水分的挥发，或两种组分的化学反应或交联固化而形成薄膜，起到防水及密封作用。防水薄膜有一定的延伸性、抗渗性、抗裂性、弹塑性及耐候性。涂刷于各种异型构筑部位形成整体防水层，起到防渗、防水及保护作用。根据地区、工程环境不同，选用不同防水涂料材质。防水涂料的低温柔韧性可在 $7\sim-40$℃ 范围内，在高温 80℃ 以下，不发生开裂或起泡，并具有施工方便、易于检修等特点。

防水整理剂 water-proofing finishing agent 又名防水剂。用于织物防水整理的一种助剂。防水整理是在织物表面涂上一层不透水的连续薄膜，使织物孔隙堵塞，防止水的浸透，并可经受较长时间雨淋和一定的水压，但同时也阻挡了空气的通过。所以又称为不透气防水整理。较早使用的防水整理剂是某些植物油（如桐油、亚麻仁油）及沥青、焦油等，近来广泛使用的是以聚乙烯、聚丙烯、聚乙酸乙烯酯等合成树脂及硅油等为原料制得的防水剂。主要用于帆布、帐篷及防雨布等的防水整理。

防缩孔剂 anticratering agent 能防止涂料产生缩孔，提高涂膜流平性的添加剂。产生缩孔的原因是涂料表面张力大于底材的临界表面张力，使得涂膜不能完全润湿底材，并且不能展布成均匀的涂膜。底材受油污、水分、尘埃等污染导致受污染区的表面张力降低，涂膜会从受污染的点或区域向四周回缩而形成缩孔。防止涂膜缩孔的有效方法是使用能强力降低涂料表面张力的防缩孔剂。常用的有改性聚二甲基硅氧烷类、丙烯酸酯类均聚物、氟改性的丙烯酸酯类共聚物、以高沸点溶剂为主要成分的流平剂等。

防塌剂
见"页岩抑制剂"。

防碳化涂料 anti-carbonizing coatings 一种能延缓或防止混凝土碳化的乳胶涂料。由于大气中 CO_2 的存在，混凝土会因碳化而发生体积变化，并在其表面产生微裂缝。这种微裂缝成为水和空气通道，碳化一旦进展到钢筋表面，钢筋就会因锈蚀而缩短混凝土结构寿命。防止混凝土碳化的有效方法之一是在混凝土表面施涂防碳化涂膜。防碳化乳胶漆在国外已是使用了 20 多年的成熟产品。而国内尚少见应用报道，随着高层建筑的增多，混凝土防碳化问题已引起人们关注。防碳化涂料是由对 CO_2 气密性好的聚合物、颜料、填料及助剂等制成,所用聚合物有聚甲基丙烯酸酯等。性能好的防碳化涂料,除能防止混凝土碳化外,还具有好的拒水性和透水性,既能阻止液态水进入,又能让墙体内湿气顺利排出。

防伪油墨 antiforgery ink 又名安全油墨、保险油墨。专用于印刷支票等有价证卷之底纹,防止涂改及伪造的油墨。通过凸版或雕刻凹版印出底纹图案。当用钢笔在这种支票上写字后,如用褪色灵涂改,底纹会与文字一起褪去。如果伪造支票,也易用化学品进行鉴别。防伪油墨可分为无色、机读、光致变色、热致变色等类型。各种防伪油墨除了能正常表达色相外,还可在外来光、热、试剂或磁性等刺激下发生特征变化,以此作为识别手段。如发色型防伪油墨,是由有机胺类、二苯胍等发色剂与树胶或糊精等胶黏剂配制而成,它一接触褪色灵就会产生颜色反应,使涂改数字无法进行。

防污涂料 antifouling coatings 又名防污漆。能防止海洋生物在船底或被涂物上附着孳生的涂料。其主要作用是防止海洋生物,如藤壶、石灰虫等附着污损,保持浸水结构如船舰、码头、声纳上光洁无物。防污涂料由漆料、毒料、颜料、溶剂及助剂等组成,所用毒料有氧化亚铜、氧化汞、有机锡、有机铅等。其作用机理是漆膜中的毒料与海水接触后,以离子(如 Cu^{2+}、Hg^{2+} 等)或分子形式向海水渗出,在漆膜表面形成有毒溶液薄层,用以抵抗或杀死企图停留在漆膜上的海洋生物或幼虫。按漆膜内部结构和毒料渗出机理,可分为漆料溶解型防污漆、接触型防污漆及扩散型防污漆等。

防雾剂
见"流滴剂"。

防锈剂 anti-rust additive 又名防锈添加剂。指能防止金属生锈,延迟或限制生锈时间,减轻生锈程度的添加剂。尤指用于润滑油脂、防锈油脂、乳化切削油等用来防止金属生锈的添加剂。一般分为两种:一是在汽轮机油、液压油、齿轮油、内燃机油中增强防锈性而使用的防锈剂;二是在金属制品保管、封存、运输、维修中使用的防锈油脂。防锈剂主要包括:①磺酸盐,如石油磺酸钡、二壬基萘磺酸钡;②有机羧酸,如烯基丁二酸或半酯;③皂类,如环烷酸锌、环烷酸铅、羊毛脂镁皂;④酯类,如羊毛脂、山梨糖醇单甘油酯、氧化石油脂;⑤胺类,油酸十八胺、硬脂酸环己胺;⑥硫氮杂环。如十七烯基咪唑啉烯基丁二酸盐、苯并三氮唑等。

防锈颜料 anti-rust pigment 能阻滞或延缓金属发生化学或电化学腐蚀而与纯隔离或屏蔽作用不同的颜料。如红丹、锌铬黄、铁氰化钾、铬酸钾钡、铅粉、锶钙黄、磷酸锌等。主要用于配制底漆和防锈漆等。

防粘膜
见"隔离纸"。

防蛀整理剂 antimoth finishing agent 指对羊毛及其制品进行加工整理而提高防蛀能力的助剂。羊毛及其制品防蛀方法有物理性预防法、羊毛化学改性法、抑制蛀虫生殖法等,而效果较好的工业方法则是化学驱杀法,它是以有杀虫、防虫能力的防蛀整理剂,对羊毛织物进行加工整理,通过对羊毛纤维的吸附作用固着于纤维上而产生杀虫、防虫效果。防蛀整理剂主要有酸性染料结构的防蛀剂,合成驱虫菊酯类防蛀剂,氯化联苯醚防蛀剂,樟脑、萘、对二氯苯等升华性防蛀剂。防蛀剂虽然种类较多,使用时除考虑防蛀效果外,还需注意其毒性高低、污染大小。

仿金属蚀刻油墨 metal etching-like ink 具有金属蚀刻效果的油墨。金属蚀刻是装饰效果极强的表面加工方法,但工艺复杂、成本高。而将半透明的仿金属蚀刻油墨印在承印物表面,经固化后可形成类似于金属蚀刻或表面磨砂的效果,使印刷品显得高档、庄重、华贵,多用于一些高档的包装印刷,如卷烟、名酒、营养品及各类礼品盒。按干燥方式不同分为紫外线固化油墨及非紫外线固化油墨两种。后者由于采用高温干燥,会引起纸张变形,故已极少使用。紫外线固化仿金属蚀刻油墨由主剂和连结料组成,主剂主要起砂的作用,而连结料中又包括光固化剂、光敏剂、交联剂及阻聚剂等。

纺织品粘贴胶黏剂 textile attaching adhesive 指各种服装加工用胶、服装修补胶、衬布加工胶及喷棉胶等的总称。纺织品与金属、塑料、木材、橡胶、陶瓷等的粘贴用胶也属于此类。按外观形式可分为热熔胶、溶液胶及乳液胶等三类,其中用量最大的是热熔胶,特别是服装加工、衬布制造基本上全用热熔胶;溶液胶一般用于织物或其他材料的粘接;喷棉胶目前基本上由乳液胶所替代。胶黏剂所用黏料主要是热塑性树脂、天然与合成橡胶、蛋白质、纤维素衍生物等。

放线菌素 D actinomycin D 化学式 $C_{62}H_{86}N_{12}O_{16}$ 又名更生霉素。由抗生素链霉菌或金羊毛链霉菌产生的多肽抗生素。鲜红色或橙红色结晶性粉末。无臭。熔点 243~248℃(分解)。难溶于水,微溶于乙醇,稍溶于甲醇,易溶于丙酮、氯仿。遇热、光或氧化剂均可降低其效价。本品可嵌入 DNA 双螺旋的鸟嘌呤-胞嘧啶核碱对中,形成共价结合,阻断依赖于 DNA 的 mRNA 合成,导致癌细胞死亡。对恶性葡萄胎疗效显著,对宫颈癌、卵巢癌、乳腺癌、消化道癌等也有疗效。毒副作用有骨髓抑制、消化道反应,脱发、肝功损害等。

非布丙醇 febuprol 又名舒胆灵、

苯丁氧丙醇、1-丁氧基-3-苯氧基丙醇。无色油状液体。相对密度 1.027。沸点 165℃(1.467kPa)。折射率 1.5004。不溶于水,易溶于乙醇、乙醚、丙酮、氯仿。为利胆药,可松弛胆道括约肌,促进胆汁分泌,有利胆和轻微解疼作用。用于慢性胆囊炎、胆石症、胆囊切除后综合征、胆囊及胆道功能失调、胆道感染等。以正丁基缩水甘油醚、异丙醇、苯酚等为原料制得。

非蛋白氮饲料添加剂 nonprotein nitrogen feed additives 指用作饲料添加剂的非蛋白质状态的含氮化合物。从动物营养学角度讲,非蛋白氮既包括氮化合物,也包括只对反刍动物有一定营养价值,但对其他动物无营养价值的含氮化合物。作为饲料添加剂的非蛋白氮主要是指后者,其特点是在反刍动物的瘤胃内可以被一些瘤胃微生物分解成NH_3,又被动物瘤胃内的另一些微生物同化利用合成菌体蛋白,再进一步变成可代谢蛋白而被动物消化吸收利用。这类非蛋白氮的含氮化合物可分为:①尿素及其衍生物,包括尿素、缩二脲、糠醛尿素、葡糖基尿素、叶酸尿素、碳铵尿素等;②氨及铵盐,包括氨水、磷酸铵、氯化铵、硝酸铵、碳酸氢铵等;③酰胺化合物,如谷酰胺、双氰胺、天门冬酰胺等。上述这些化合物水解后都可产生氨或离子铵,因而可作为反刍动物的非蛋白氮饲料资源,但需注意合理利用,使用过量或方法不当则可引起动物氨中毒。

非尔氨脂 felbamate 又名2-苯基-1,

3-丙二醇二氨基甲酸酯。白色结晶。熔点151~152℃。难溶于水、乙醇、甲醇、丙酮、氯仿,易溶于二甲基亚砜、二甲基甲酰胺。一种新型抗癫痫药。用于全身性强直阵挛发作、失神发作、肌阵挛发作等。由2-苯基丙二酸二乙酯还原为2-苯基-1,3-丙二醇后,再与氨基甲酸乙酯反应制得。

非贵金属型汽车尾气净化催化剂 non-noble metal catalyst for decontamination of auto-exhaust 我国稀土资源丰富,利用稀土替代贵金属用于制造汽车尾气净化催化剂有良好的经济效益。本催化剂主要以稀土氧化物及非贵金属为主活性组分,载体为堇青石蜂窝陶瓷或颗粒状氧化铝。按活性组分含量不同,含稀土催化剂可分为稀土等贱金属氧化物和稀土等贱金属氧化物加微量贵金属两种类型。常用稀土元素有Ce、La、Pr、Nd、Y及Sm等,而以氧化铈应用最广。产品牌号有XLC-1001、KHW、WK-89等,这类催化剂除用于汽车尾气净化外,也可用于工业有机合成的排气处理,对CO及芳烃有较好净化效果。

非晶态合金 amorphous state alloy 又名玻璃态合金、金属玻璃。金属及合金一般都呈结晶状态。而在特定条件下,某些金属及合金可以获得类似于玻璃样的非晶态结构,这样得到的材料统称为非晶态合金。晶态合金的原子排列是长程有序,而非晶态合金的原子排列是长程无序而短程有序。后者的原子处于热力学的亚稳态,与相应结晶相比具有较高的内能,在低于结晶转变温度之下也会发生原子重排,引起原子的电子组态、配位数等变化,从而使电、磁、热、光等性质变化,使得某些非晶态合金有较高的电阻率、具有半导及超导的特性,有良好的抗腐蚀性及抗辐射性等。非晶态合金还具有不完整的晶面、不同晶面的晶阶、晶界、棱边和结点空位上的偏析及位错等,这些缺陷有可能成为某种催化作用的活性中心。除用作催化剂外,还可用于传感器、太阳能电池、火箭外壳及核技术等。非晶态合金可采用熔体急冷法、离子注入法、化学气相沉积法等方法制得。

非晶态合金催化剂 amorphous state alloy catalyst 由非晶态合金材料制得的催化剂。主要分为两类：一类是Ⅷ族过渡金属和类金属的合金，如Ni-P、Ni-B、Mo-Si、Co-B-Si等；另一类是金属与金属的合金，如Ni-Zr、Ni-Ti、Cu-Zr、Pd-Rh等，还可以加入适量稀土元素（如Ce、Y等）使之改性，或将非晶态合金负载在某些载体上制成负载型非晶态合金催化剂。可用作加氢、脱氢、异构化及电极催化等反应的催化剂，如用于烯烃加氢、环戊二烯加氢、苯加氢、葡萄糖加氢等反应。还可用作甲醇燃料电池的电极催化剂。

非离子聚丙烯酰胺 nonionic polyacrylamide 一种非离子表面活性剂。外观为白色固体粉末或透明黏稠液体。固体产品的固含量≥88%，相对分子质量200万～1000万；液体产品的固体含量≥2%，相对分子质量500万～700万。易溶于水，几乎不溶于一般有机溶剂。固体产品易吸潮。无毒。用作水处理絮凝剂，其絮凝速度比阴离子聚丙烯酰胺更快，絮凝颗粒大、沉降速度快、滤水速度快，尤对污泥的絮凝沉淀及脱水效果更好。广泛用于造纸、印染、选煤、采油、化工等工业废水及污水的处理。也用作钻井泥浆处理剂。可在引发剂存在下，由丙烯酰胺聚合制得。

非离子表面活性剂 nonionic surfactant 在水溶液中不离解生成离子的一类表面活性剂。常用的有：聚乙烯二醇类、吐温类、斯盘类、平平加O、乳化剂OP、脂肪醇聚氧乙烯醚类、蔗糖脂肪酸酯等。在水中不解离，在分子结构上，构成亲水基团的主要是一定数量的含氧基团（一般为醚基和羟基）；亲油基团则是长链脂肪酸或长链脂肪醇及烷芳基类。它们以酯键或醚键相结合，因在溶液中不是离子状态，因而稳定性好，不受电解质、酸及碱的影响，与其他类型表面活性剂的相容性好，毒性及溶血作用小。大多具有良好的乳化、润湿、渗透、起泡、稳泡、洗涤、抗静电等性能，而且生物降解性好。广泛用作纺织、化妆品、食品、药物等的乳化剂、分散剂、混悬剂、消泡剂、增稠剂、萃取剂等。

非洛地平 felodipine 又名费乐地平、联环尔定、二氯苯吡啶、波依定、4-(2,3-二氯苯基)-1,4-二氢-2,6-二甲基-3,5-吡啶二羧酸乙基甲基酯。浅黄色结晶。熔点144～145℃。难溶于水，溶于丙酮、异丙醚。一种钙通道阻滞剂，酯选择性抑制细胞外钙离子内流，而影响细胞功能。能松弛血管平滑肌细胞，舒张血管而降压，用于治疗高血压、心绞痛、充血性心力衰竭等。由2,3-二氯亚苄基乙酰乙酸甲酯与β-氨基巴豆酸乙酯反应制得。

非诺洛芬 fenoprofen 又名苯氧布洛芬、非诺克、苯氧苯丙酸。黏稠性油状物。沸点 168～171℃(14.6Pa)。折射率 1.5742(25℃)。其钙盐二水物为白色结晶性粉末。无臭、无味。溶于水、甲醇,易溶于己醇。为抗炎镇痛药,其消炎作用比阿司匹林强 50 倍。用于治疗风湿性关节炎、类风湿性关节炎、骨性关节炎、各种炎性疼痛及发热等。由间苯氧基苯丙酮、原甲酸三乙酯反应制得。

非偶氮颜料 non-azo pigment 指多环类或稠环类等不含偶氮基的颜料。这类颜料一般为高级颜料,具有很高的各项应用牢度,主要用于高品位的场合。主要品种有酞菁颜料、喹吖啶酮颜料、苝系和蒽酮系颜料、硫靛系颜料、蒽醌颜料、二噁嗪类颜料、异吲哚啉酮颜料和异吲哚啉系颜料、吡咯并吡咯二酮系颜料、喹酞酮类颜料等。上述颜料中,除酞菁颜料外,它们的制造工艺十分复杂,价格也较高。

非膨胀型防火涂料
见"防火涂料"。

非膨胀型阻燃涂料
见"防火涂料"。

非水分散涂料 non-aqueous dispersion coating 是将成膜物质(高相对分子质量的聚合物)以胶态质点(0.1～0.8μm)分散在非极性有机稀释剂中制成的涂料,分为热塑性及热固性两类,而以氨基树脂作交联剂的热固性涂料占多数。由于相对分子质量较高的非水分散聚合物不是以单个大分子链的形式,而是以不溶解的微粒形式分散在非极性有机溶剂中,因此可制得高固含量、低黏度、低溶剂含量的涂料,降低了涂料中有机溶剂含量,减少对环境的污染,而且涂装性能和漆膜性能也优于一般溶剂型涂料。

非银无机抗菌剂 inorganic antibacteria agent Agfree 一种以氢氧化钙、氢氧化镁及氧化铝等为基料,加入铜、锌金属盐后于高温下焙烧制得的固溶体。其中的基料也是一种固体碱,在水中有一定溶解度,能使结合的抗菌金属离子快速溶出,使抗菌剂具有速效特征。而铜、锌离子对细菌、霉菌、酵母菌以及藻类都具有优良的杀抑功效。与载银抗菌剂比较,具有价格低、稳定、安全等特点,但抗菌活性为银系的 30%～50%。用于塑料、涂料、陶瓷、油墨、洗涤剂、水泥、合成纤维等领域。用于制造各种抗菌塑料制品、抗菌日用餐具、抗菌涂料、抗菌水泥等。也用作水处理的杀菌剂。

非甾体抗炎药 nonsteroidal antiinflammatory drugs 一类在化学结构上不同于甾体类的肾上腺皮质激素的药物。是全球用量最大的一类药物。它以抗炎作用为主,兼有解热、镇痛作用。如吡罗昔康兼具有抗炎和镇痛作用,布洛芬、萘普生等具有抗炎、镇痛及解热三作用。炎症产生的一种机理与花生四烯酸的代谢过程有关。按作用机制分析,非甾体抗炎药的作用特点与甾体抗炎药不同,前者是阻断花生四烯酸继续代谢的过程,而后者是阻断花生四烯酸的生成。

非转化型涂料 non-convertible coatings 涂料涂装干燥后形成可溶于原来溶剂的涂膜的一类涂料。其在固化过程中不发生化学变化,而是靠有机溶剂挥发后固化成膜。热塑性丙烯酸树脂和聚氨酯树脂涂料、硝基纤维素涂料、纤维素涂料、乙烯类树脂涂料、过氯乙烯树脂涂料及橡胶涂料等都属于非转化型涂料。这类涂料大多采用酯类、酮类及芳烃等强溶剂,并添加增塑剂以改善性能,一般采用喷涂施工。

菲尼酮 phenidone 又名1-苯基-3-吡唑烷酮。白色针状或片状结晶。熔点121℃。溶于沸水、热乙醇,微溶于苯,不溶于乙醚、石油醚。易溶于碱性及稀无机酸溶液。主要用作黑白感光材料的显影剂。但它单独用作显影剂时,得到的影像密度小,几乎没有实用价值,而将其与其他显影剂配合使用时,显影速度快,影像颗粒细腻。特别是与对苯二酚配合使用时,呈现叠加的优良性能。这种组合的显影液也称为 P-Q 显影液(菲尼酮-对苯二酚显影液)。由苯肼醇钠在催化剂存在下与丙烯腈缩合后再经水解制得。

废纸脱墨剂 waste paper deinking agent 用于废纸的回收再制浆中的脱墨,提高纸浆的白度、消除各种杂质的造纸助剂。主要组分为表面活性剂、分散剂、油墨吸附剂、浮选剂、漂白剂及螯合剂等。通常多为复配产品,按脱墨方法,分为浮选法脱墨剂和洗涤法脱墨剂;按形态分为水基型脱墨剂及乳液型脱墨剂。水基型脱墨剂又分为水基型碱性脱墨剂及水基型酸性脱墨剂。

沸石膜 zeolite membrane 由沸石材料制成的具有特异性能的膜。具有无机晶体结构,孔径与小分子尺寸相近,可耐高温及化学降解,有离子交换、催化、吸附及分子筛分等性能。能有效地用于气体分离,分离直链烷烃、支链烷烃、环状化合物及芳香烃,但目前连续无缺陷沸石膜仅能在实验室制备,还难以实现大规模工业生产。

沸石载银抗菌剂 zeolite carrier Ag anti-bacteria agent 又名分子筛载银抗菌剂。指将银、铜、锌等金属离子通过配位吸附、沉淀、离子交换等方法负载在沸石载体制成的抗菌剂。金属组分含量在0.05%～5%之间。是一种离子溶出接触型抗菌剂,对金黄色葡萄球菌、大肠杆菌、铜绿假单胞菌、白假丝酵母等都有良好的抗菌性。当金属离子接触微生物时,可与微生物体内蛋白质上的巯基(—SH)反应使蛋白质结构破坏而致效。用于制造抗菌塑料、抗菌纤维等。可添加到聚乙烯、聚丙烯、聚氯乙烯、聚酯等塑料中制造洗衣机壳体、地板、电线电缆、壁纸、室内装饰物等抗菌材料。其中以银沸石抗菌剂的效果最佳。

分离膜 separation membrane 膜分离过程中的核心材料。膜分离技术是借助膜的选择渗透作用,在外界能量或化学位差的作用下,对多组分化合物(气体或液体)进行分离、分级、提纯和富集。按结构可分为对称膜、非对称膜及复合膜。对称膜又称均质膜,指各自均匀的致密或多孔膜;非对称膜在沿膜厚的方向上是不均匀的,由软薄而致密的一层逐渐过渡到较疏松的多孔层,致密层起分离作用,厚度在 0.25～1mm 之间,多孔层仅起机械支撑作用;复合膜由起分离功能的超薄皮层(表面活性层)和起支撑作用的多孔层二者复合而成,与非对称膜相比,复合膜的皮层更薄,一般<0.1μm,而且皮肤和多孔支撑层可分别选用不同的材料,分离膜按推动力分类可分为压力差推动膜、浓差推动膜、电推动膜及热推动膜。

分散剂 dispersing agent 又名扩散剂。指能降低分散体系中固体或液体粒子聚集的一类物质。它可吸附于液-固或液-液界面并能显著降低界面自由能和微滴黏合力,致使固体颗粒能均匀分散于液体中,使之不再聚集,或防止微滴发生附聚,广泛用于涂料、农药、颜料、染料、油墨、润滑剂等行业。分散剂品种很多,按基本性能分为水溶性高分子物和不溶性无机物等两类;而按组成及性质可分为天然高分子化合物(如明胶、瓜尔胶)、合成高分子化合物(如聚乙烯醇、聚乙烯吡咯烷酮)、无机高分子化合物及金属氧化物(如膨润土、滑石粉)、难溶性无机盐(如碳酸钡、磷酸钙)及表面活性剂等。

分散剂 BZS dispersant BZS 又名 N-苄基-2-十七烷基苯并咪唑二磺酸钠、染色匀染剂 BZS。一种阴离子型表面活性剂。红色粉末。双磺酸钠含量79%～80%。硫酸钠含量 0.1%～0.5%。溶于水,具有良好的分散性及高温匀染性,用作毛皮染色的分散剂、匀染剂、洗涤剂,也用于配制羊毛、黏胶纤维用的柔软剂。由邻苯二胺与硬脂酸缩合后与氯化苄反应,再经硫酸磺化、碱中和而制得。

分散剂 DDA881 dispersant DDA881 又名邻甲酚磺酸-萘磺酸-甲苯萘磺酸甲醛缩聚物钠盐。一种缩聚物阴离子型表面活性剂。淡黄色粉末。硫酸钠含量≤0.1%。pH 值 7.5～8.5。溶于水,具有良好的分散性及热稳定性。在130℃下仍有良好的分散能力。用作染料分散剂,主要适用于分散染料。以邻甲酚、甲基萘及萘为原料,分别经浓硫酸磺化后,再在催化剂存在下与甲醛缩合制得。

分散剂 DAS dispersant DAS 又名烷基苯酚苯酯二磺酸钠。一种阴离子型表面活性剂。深棕色液体。固含量30%～35%。pH 值 7～8(1% 水溶液)。具有优良的分散性、润湿性及乳化性。可与其他阴离子及非离子型分散剂并用,但不能与阳离子型分散剂混用。用作乳液聚合分散剂,常与烷基酚聚氧乙烯醚类乳化剂配合作用,可使乳液粒子细小均匀、储存稳定。也用作印染分散剂。由烷基联苯醚经硫酸酸化、碱中和而制得。

分散剂 CNF dispersant CNF 化学式 $C_{35}H_{26}Na_2O_6S_2$ 又名亚甲基双苄基萘磺酸盐、苄基萘磺酸甲酸缩合物、扩散剂 CNF。一种阴离子型表面活性剂。米黄色至棕褐色粉末。有效物含量≥90%。硫酸钠含量≤5%。pH 值 7～9(1%水溶液)。耐热稳定性(130℃) 4～5 级。易溶于水,具有优良的分散性及扩散性,无渗透性及起泡性。耐硬水、酸碱及无机盐。可与阴离子及非离子型助剂并用,但不能与阳离子型助剂混用。主要用作分散染料及还原染料等的分散剂。也用作匀染剂、皮革助鞣剂、水泥减水剂、乳胶阻凝剂等。由萘与氯化苄经缩合、磺化后与甲醛缩聚制得。

分散剂 HY-200 dispersant HY-200 又名纸浆专用分散剂 HY-200。一种阴离子型有机高分子聚合物。相对分子质量＞2000 万。外观为白色颗粒。松堆密度 0.6～0.7g/cm³。易溶于水,有良好分散性而无起泡性。与造纸用任何染料均有极佳的相容性。溶于水,可形成高黏度溶液。在添加量 0.05%～0.10%的浓度下,能促使造纸纤维良好分散,并有较佳的纸张成型效果。适用于抄造中、高档卫生纸、餐巾纸、面巾纸及其他高档薄页纸。

分散剂 HY-302 dispersant HY-302 一种水溶性低相对分子质量聚羧酸盐溶液。外观为无色或淡黄色液体。黏度 16～25mPa·s。非挥发成分 25%～27%。pH 值 6～8。具有良好的分散性。泡沫少,稳定性好。一种广谱型分散剂,对多种无机颜料(如钛白粉、氧化锌、碳酸钙、滑石粉、高岭土等)均有良好的分散作用。适用于造纸、涂料及乳胶漆等行业。可单独使用,也可与无机磷酸盐复配使用,能促进颜料表面润湿,降低颜料黏度,改善涂料流平性。

分散剂 IW dispersant IW 又名脂肪醇聚氧乙烯醚 IW。一种非离子型表面活性剂。白色至微黄色片状物。溶于水形成透明状溶液。1%水溶液的 pH 值 6～7。耐酸、耐碱、耐硬水及无机盐。具有优良的分散性、润湿性、乳化性及稳定性。可与各类表面活性剂混用。用作毛/腈混纺或绒线一浴法染色中酸性染料及阳离子染料的分散剂及防沉淀剂,乳液聚合乳化分散剂。也用于制备各种有机乳化液。由脂肪醇与环氧乙烷经加成聚合制得。

分散剂 MF dispersant MF 又名聚亚甲基双甲基萘磺酸钠、扩散剂 MF、减水剂 MF。一种阴离子表面活性剂。半棕色或棕褐色粉末。硫酸钠含量≤5%。pH 值 7～9(1%水溶液)。分散力(为标准的)100%。耐热稳定性不低于 120℃。易溶于水,易吸潮。具有优良的分散性,无渗透性及起泡性。耐硬水、酸碱及无机盐。对蛋白质及锦纶纤维有亲和性,对棉、麻等纤维无亲和性。可与阴离子及非离子型助剂并用,而不能与阳离子型助剂混用。用作还原染料及分散染料的分散剂及匀染剂、混凝土的早强减水剂、航空喷雾农药的分散剂等。由甲基萘经硫酸磺化后,再与甲醛缩合、碱中和制得。

分散剂 M 系列 dispersant M-series

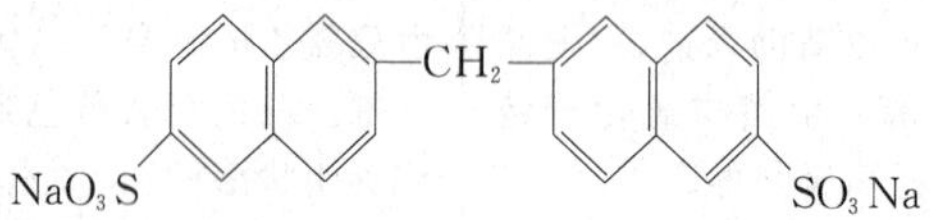

名亚甲基双萘磺酸钠、扩散剂 NNO、分散剂 M。一种阴离子表面活性剂。浅棕色粉末。pH 值 7～9(1%水溶液)。易溶于任何硬度硬水。具有优良的分散性、扩散性及胶体保护性能,但无渗透性及起泡性。耐硬水、酸碱及无机盐。可与阴离子型及非离子型助剂并用,但不能与阳离子型助剂混用。用作分散剂及

又名脱糖缩合木质素磺酸钠。一类木质素磺酸钠的改性系列产品,属阴离子表面活性剂。有 M-9、M-10、M-11、M-13、M-15、M-16、M-17、M-18 等商品牌号。外观为棕色或浅棕色粉末。总还原物≤4%。水不溶物≤0.2%。pH 值 6.5～7.5、8.5～10.0、10.5～11.0 不等。易溶于水,有良好的高温分散性及稳定性。主要用作染料分散及填充剂,适用于分散染料及还原染料。也适用于多菌灵、三环锡、百菌清等农药可湿性粉剂加工,还用作橡胶耐磨剂及用于铝电解精炼。由亚硫酸钠纸浆废液经脱糖、转化、缩合等加工过程制得。

分散剂 NNO dispersant NNO 又

匀染剂,主要用于还原染料悬浮体轧染、隐色酸法染色、丝毛交织物染色、分散染料与可溶性还原染料染色。也用作制造色淀时的扩散剂、印花色浆稳定剂、橡胶乳液稳定剂、皮革助鞣剂等。由精萘经磺化、水解后与甲醛缩合,再经中和制得。

分散剂 PD dispersant PD 又名萘磺

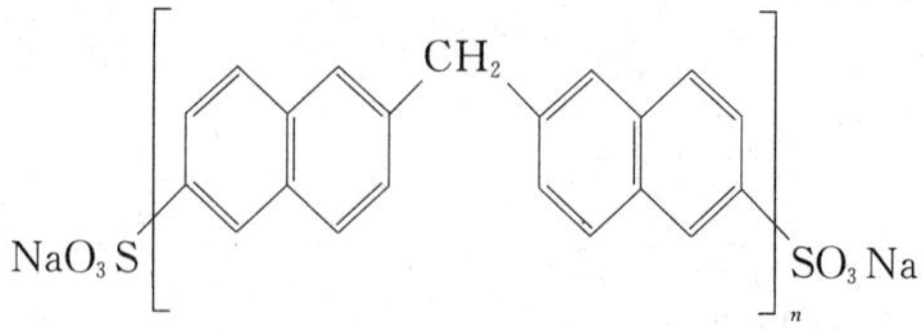

酸甲醛缩合物钠盐。一种阴离子表面活性剂。棕色粉末。相对密度 0.65～0.75。pH 值 8～10（1％水溶液）。易溶于水。稳定性好，有良好的分散能力，尤对炭黑有独特的润湿性及分散性。用作水性涂料、颜料色浆、乳胶漆色浆等的分散剂。也用作纸浆稀释剂、密封胶防水改性剂等。由萘磺化后与甲醛缩合制得萘磺酸甲醛缩聚物，再经碱中和制得。

分散剂 S dispersant S 又名分散剂 HN、扩散剂 HN。一种酚衍生物磺酸盐甲醛缩合物，属阴离子表面活性剂。棕褐色黏稠液体。无臭。固含量38％～42％。pH 值 9～11（2％水溶液）。耐硬水、酸碱及无机盐，也耐高温、耐冻。有良好的分散性。可与阴离子或非离子型表面活性剂并用，但不能与阳离子型助剂混用。用作还原染料及分散染料的分散剂及高温匀染剂。用作染料砂磨与拼混助剂，可缩短研磨时间，提高染料分散性和上色力。由甲酚与 α-萘酚经磺化后与甲醛缩合制得。

分散剂 SS dispersant SS 又名 β-萘酚甲酚甲醛缩合物磺酸盐、扩散剂 SS。属阴离子表面活性剂。棕色液体。pH 值 7～9（1％水溶液）。易溶于水，具有良好的分散性及稳定性。用作颜料分散剂，尤适用于红色及有色颜料的分散。与阳离子型及非离子型表面活性剂并用有协同效应。也用作分散及还原染料等不溶性染料的扩散剂，水泥减水剂等。由 β-萘酚、甲酚、甲醛及亚硫酸钠等经磺化缩合制得。

分散剂 WA dispersant WA 又名脂肪醇聚氧乙烯(30)醚甲基硅烷、扩散剂

$$RO(C_2H_4O)_{30}$$
$$RO(C_2H_4O)_{30}-Si-CH_3$$
$$RO(C_2H_4O)_{30}$$

WA。一种非离子表面活性剂。有特殊荧光的黄棕色透明或半透明液体。固含量 $\geqslant 23％$。浊点不低于 90℃。pH 值 6～8（1％水溶液）。扩散力 $\geqslant 100％$（与标准比）。易溶于水。耐酸、耐碱。分散力强，并具有一定的洗涤力及抗静电性。能与各种离子型表面活性剂复配使用。用作酸性染料和阳离子染料一浴法染色分散剂，可防止染料沉淀、聚集，适用于合成纤维织物及丝绸等同浴染色。也用作涤/棉、丝绸的匀染剂。由脂肪醇聚氧乙烯(30)醚与甲基三氯硅烷缩合制得。

分散染料 disperse dyes 染色过程中的初始阶段呈分散状态进行染色的非离子型染料。染料分子中通常不含强

水溶性基团（如磺酸基），其颗粒细度在 $1\mu m$ 左右，借助于分散剂的存在，很均匀地分散于水中。按分子结构不同，主要有偶氮型（包括单偶氮和双偶氮）及蒽醌型，也有部分为苯乙烯型、硝基二苯胺型、喹酞酮型、苯并咪唑型及其他非偶氮杂环型等。主要用于涤纶及其混纺织物、醋酸纤维的染色，还可用于锦纶、氯纶、丙纶、腈纶等合成纤维的染色。某些分散染料在商品化加工时采用颜料加工工艺后，也可作颜料应用。

分散松香胶 dispersed rosin size 是用马来松香采用特殊工艺方法制得的一种纸张施胶剂，其游离松香为 75%～100%。通常以固含量为 30%～50% 的乳液形式出售。用于纸张施胶具有以下特点：①适用性强。可在 pH 值 4.5～6.0 范围内施胶。打字纸、书写纸、凸版纸、牛皮纸等使用分散松香胶，比使用白色松香胶可节省松香 30%～64%，节约硫酸铝 20%～58%。②用分散松香胶施过胶的纸料，泡沫少，操作容易，由于松香用量减少，还可提高纸张白度和强度。③采用阳离子淀粉或阳离子树脂等作胶料留着剂时，在 pH 值 6～7 的纸料中进行弱酸性或中性施胶，可以少用或不用硫酸铝作沉淀剂。

分提卵磷脂 fractional lecithin 又名无油卵磷脂。主要成分为磷脂酰胆碱、磷脂酰乙醇胺、磷脂酰肌醇及植物糖脂。淡黄色至褐色黏稠液体、膏糊状或固体，稍有异味。可分散于水中，乳化性能相似于蛋黄磷脂，而优于大豆油脂，溶于植物油，用作食品乳化剂，用于饮料、面包、巧克力、蛋糕、饼干及调味油等。

也具有一定抗氧化能力，用于保健食品中。由大豆磷脂经丙酮脱油后浓缩制得。

分子量调节剂 molecular weight modifier 又称聚合调节剂、链长调节剂、链转移剂。是一种能在聚合反应中控制、调节聚合物相对分子质量和减少聚合物链支化作用的物质。通常是一类链转移常数较大的高活性物质，容易和自由基发生链转移反应、终止活性链，使之变成具有特定相对分子质量的终聚物。从结构上讲都是一些含有弱共价键的化合物，如偶氮键、二硫键以及苯氢、烯丙氢等碳氢键等。根据组成与结构可分为脂肪族的硫醇类、黄原酸二硫化合物类、卤化物、多元醇、硫黄及各种硝基化合物等。对于多数单体的乳液聚合反应，硫醇是最常用的相对分子质量调节剂。

分子筛 molecular sieve

$$M_{2/n}O \cdot Al_2O_3 \cdot xSiO_2 \cdot yH_2O$$

（M—金属阳离子或有机胺；n—M 的价数；x—SiO_2 的摩尔数；y—H_2O 的分子数）

一类具有骨架结构的硅铝酸盐晶体。其基本结构单元是硅氧和硅氧四面体。四面体通过氧桥连接成环，环上的四面体再通过氧桥相互连接，便构成三维骨架空穴。其均一的微孔结构能将比孔径小的分子分开，故称分子筛。有天然的，更多是人工合成的。各种分子筛的区别，首先是化学组成不同，如 M 可以是 Na、K、Li、Ca、Mg 或复合金属离子、有机胺；其次是硅铝比（SiO_2/Al_2O_3）的不同；再次是 x 数值不同时，分子筛的抗酸性、热稳定性及催化活性等都不相同。分子筛无臭、无味，比表面积大，吸附性能高，骨架存在很多活性位，能进行选择性吸附及催化转化，并具有离子交换性能。广泛用于炼油、石油化工、有机合成等行业，用于干燥、分离、精制及催化反应等过程。合成分子筛主要采用水热合成法和碱处理法制得。

3A 分子筛 3A type molecular sieve $0.4K_2O \cdot 0.6Na_2O \cdot Al_2O_3 \cdot 2SiO_2 \cdot 4.5H_2O$ 又名 KA 型分子筛，钾 A 型分子筛，3A 沸石。具有立方晶格及微孔结构的白色粉末或颗粒。无臭、无味。有效孔径 $0.32nm$。粉末堆密度 $>0.5\ g/cm^3$。成型后外形有条形、球形等。具有丰富而均匀的微孔结构，比表面积可达 $800\ m^2/g$。不溶于水及有机溶剂，溶于强酸、强碱。能吸附 H_2O、He、Ne、O_2、N_2、H_2 等分子，对极性分子和饱和分子有优先吸附性。被吸附的气体和液体能解吸，使用后可再生，反复使用。用于石油裂解气、炼厂气、油田气及烯烃等的干燥。也用作石油炼制及有机合成反应的催化剂载体、色谱分析担体、建筑中空玻璃的吸湿干燥剂等。以水玻璃、偏铝酸钠及烧碱等为原料，经水热合成法制得。

4A 分子筛 4A type molecular sieve $Na_2O \cdot Al_2O_3 \cdot 2SiO_2 \cdot 4.5H_2O$ 又名 4A 沸石、NaA 型分子筛、钠 A 型分子筛。白色或灰白色结晶粉末或颗粒。有效孔径 $0.42\sim 0.47nm$。不溶于水及有机溶剂，溶于强酸、强碱。有良好的耐热性能，在 $600\sim 700℃$ 温度下晶体结构不发生变化。除能吸附 3A 分子筛所能吸附的物质外，还能吸附 Ar、Kr、Xe、CO、CO_2、NH_3、CH_4、C_2H_2、C_2H_4、CH_3CN、CH_3OH、CH_3NH_2、C_2H_5OH、CS_2、CH_3Cl、CH_3Br 等物质。对硬水中的 Ca^{2+}、Mg^{2+} 有较强去除能力，并有较强抗沉积作用。用于甲烷、乙烷及丙烷的分离。用作各种气体及液体的高效干燥剂、催化剂载体及色谱担体等。用作洗涤助剂，代替磷酸盐用于洗衣粉可减少洗涤剂废水排放造成的江河湖泊水富营养化现象，防止产生磷污染。以水玻璃、偏铝酸钠及烧碱等为原料经水热合成制得。

5A 分子筛 5A type molecular sieve $0.7CaO \cdot 0.3Na_2O \cdot Al_2O_3 \cdot 2SiO_2 \cdot 4.5H_2O$ 又名 CaA 型分子筛、钙 A 型分子筛。具有均一微孔结构的白色粉末或颗粒。无臭、无味。有效孔径 $0.5nm$。不溶于水及有机溶剂，溶于强酸、强碱。具有较强吸附能力及离子交换能力，除能吸附 3A、4A 分子筛能吸附的分子外，还能吸附 $C_3\sim C_4$ 正构烷烃、$C_1\sim C_2$ 卤代烷烃、$C_1\sim C_2$ 胺等分子，可吸附气体混合物。常温下 1g 5A 分子筛可吸附 240 mg 以上的饱和水蒸气。用于多种气体及液体的深度干燥及精制，石油和石油气脱硫，异构烷烃分离，氧和氮的分离，天然气脱水及脱硫化氢。也用作催化剂、载体及色谱担体。用 5A 分子筛制成的分子筛泵，可以在不用油、不用机械泵的无声操作中获得真空。由 Na-A 型分子筛用氯化钙进行离子交换制得。

β-分子筛 β-zeolite $Na_n[Al_nSi_{64-n} \cdot O_{128}](n>7)$ 又名 β-沸石。一种大孔高硅沸石，属立方晶系。一般合成产品的 SiO_2/Al_2O_3 为 $30\sim 50$。是由三个互成直角的多晶

体通过十二元环相互连接的三维体系。其孔道是十二元环组成的椭圆形结构，孔道直径 $0.64nm\times 0.76nm$，介于八面沸石与丝光沸石之间，沸石中的阳离子可以被完全交换。是高硅沸石中唯一具有大孔三维结构、十二元环孔道系统的沸石。具有良好的热稳定性及水热稳定性，耐酸性及抗结焦性好。可用作加氢裂化、异构化、烷基化及烯烃水合等的催化剂及催化剂载体。可由硅源、铝源的水溶液加入模板剂（如四乙基氢氧化铵）经水热合成法制得。

SAPO 分子筛 SAPO zeolite 一种晶体 $(0\sim 0.3)R(Si_xAi_yP_z)O_2$ (x、y、z 分别代表 Si、Al、P 的摩尔分数，其中：$x=0.01\sim 0.98$，$y=0.01\sim 0.60$，$z=0.01\sim 0.52$，$x+y+z=1$；R 代表有机胺或铵离子）硅铝酸盐系列产品。是将 Si 原子引入磷酸铝骨架中而得。其骨架由 PO_4^-、AlO_4^- 及 SiO_4 的四面体构成，因而可得负电性骨架。具有可交换的阳离子，并且有质子酸性，是一种非沸石型分子筛。具有优良的热稳定性及水热稳定性，在 $400\sim 600℃$ 下焙烧，可以脱除模板剂而形成有规则的空腔骨架结构，成为吸附及催化的内晶空间场所。目前，合成出的 SAPO-n 分子筛已有十几种三维微孔的骨架结构，并根据合成条件及含 Si 量不同，分别呈现中强酸性到酸性的催化性能。可用作催化剂、催化剂载体及吸附剂。可在 $SiCl_4$ 蒸气中处理磷酸铝分子筛而得，或由水热合成法制得。

10X 分子筛 10X type mlecular sieve $0.7CaO\cdot 0.3Na_2O\cdot Al_2O_3\cdot (2\sim 3)SiO_2\cdot 6H_2O$ 又名 CaX 型分子筛。灰白色粉末或颗粒。有效孔径 $0.8\sim 0.9nm$。无臭、无味。不溶于水及有机溶剂，溶于强酸、强碱。有很强的抗毒性能及高效吸附性能。除能吸附 A 型分子筛的物质外，还能吸附 $CHCl_3$、$CHBr_3$、CCl_4、CBr_4、C_8H_6、SF_6、环己烷、仲丁醇、呋喃、吡啶、萘、苯、甲苯、二甲苯、异构烷烃、三丁胺等。也有较强的离子交换能力及催化活性。用于气体与液体的干燥、脱硫、脱二氧化碳及芳烃分离等。可吸附小于 $0.8nm$ 的各种分子。还可用作非正碳离子型反应的催化剂及载体。以偏铝酸钠、水玻璃、氢氧化钠等为原料经成胶、晶化、过滤洗涤及离子交换而制得。

ZSM-5 分子筛 ZSM-5 zeolite $(0.9\pm 0.2)M_{2/n}\cdot Al_2O_3\cdot (5\sim 100)SiO_2\cdot (0\sim 40)H_2O$（M 为 Na^+ 和有机铵离子，n 为阳离子价数） 一种含有机铵阳离子的结晶硅铝酸盐。为斜方晶系晶体。晶格常数 $a=2.01nm$，$b=1.99nm$，$c=1.34nm$。主孔洞的开口由十元氧环构成，呈椭圆形，长轴为 $0.51\sim 0.57nm$，短轴为 $0.54nm$。ZSM-5 分子筛有较高硅铝比（>5，甚至达 3000 以上）和阳离子骨架密度，结构十分稳定，在 $1100℃$ 时焙烧，晶体结构无明显破坏。不溶于水、有机溶剂及酸，溶于碱。具有择形催化作用及选择吸附作用，可用作催化剂及吸附剂。如用于二甲苯异构化制对二甲苯，乙烯与苯或甲苯烷基化制乙苯，甲苯歧化制对二甲苯及苯，甲醇气相脱水制二甲醚等反应。由于能吸附酒精，可使发酵液的酒精浓度下降，从而使发酵过程保持较高的反应速率。可由硅酸钠、硫酸铝、溴化四丙基铵(模板剂)在一定温度下经晶化、洗涤、干燥而制得。

分子筛膜 molecular sieve membrane 一种无机分离膜。主要分为填充分子筛膜和支撑分子筛膜。填充分子筛膜是将已制备好的分子筛晶体嵌入到非渗透性基质(如有机聚合物、金属等)中；支撑分子筛膜是使分子筛在具有一定强度的多孔载体(如多孔陶瓷、金属及玻璃等)表面上生长并形成一层致密、连续的膜层，由它进行物质的分离。另外也有一种自支撑膜，即没有支撑体，仅由分子筛晶体构成膜片。分子筛膜具有耐高温、抗化学侵蚀、机械强度高及通量大等特点，具备分子筛分性能、吸附力强，适用于渗透汽化、气体分离、膜反应等多种膜过程。

吩噻嗪 phenothiazine 又名二苯并噻嗪、硫代二苯胺。黄色或黄绿色棱柱状或叶片状结晶。熔点 186～189℃。沸点 371℃，能升华。不溶于水、石油醚、氯仿，

微溶于乙醇、矿物油，易溶于苯、热乙酸，溶于乙醚、丙酮。置于空气中易氧化而颜色变深，储存时可加 0.3% 甲胺作保护剂。遇酸或酸蒸气分解，并产生有毒的氧化氮及氧化硫气体。对皮肤有刺激性，用作烯类单体阻聚剂、果树和旱田的杀虫剂、兽用驱虫药。医疗上用于治疗尿道感染及安神药。也用于制造合成树脂、噻嗪染料。在碘催化剂存在下，由二苯胺与硫黄反应制得。

芬布芬 fenbufen 又名联苯丁酮酸、喜宁保、宝泰清风。结晶性粉末。熔点约 180℃。不溶于水。一种抗炎、解热、镇痛药。为酮酸类的前体药物，在体内代谢生成联苯乙酸而发挥作用。镇痛效果与阿司匹林相似。临床用于风湿性关节炎、类风湿性关节炎、强直性脊椎炎、痛风急性发作等。以丁二酸为原料，经消除、酰化等反应制得。

芬替康唑 fenticonazole 其硝酸盐

(硝酸芬替康唑)为白色结晶性粉末。熔点 136℃。微溶于水、乙醚，溶于乙醇，易溶于甲醇、氯仿。一种广谱抗真菌药，对皮真菌、酵母菌及引起皮真菌病的其他真菌均有抗菌活性，用于治疗皮肤真菌病，尤对花斑糠疹、体癣及其他皮真菌、酵母菌引起的其他感染均有效。由 1(2′,4′-二氯苯基)-2-咪唑乙醇、4-苯硫基氯苄反应制得。

酚磺乙胺 etamsylate 又名止血敏、止血定、羟苯磺乙胺、2,5-二羟基苯磺酸二乙胺盐。白色结晶性粉末。无

臭,味苦。熔点127～131℃。易溶于水,溶于乙醇,微溶于丙酮,不溶于乙醚。有引湿性,遇光易变质。为促凝血药,能增加血小板的数量及凝附性,促使凝血活性物质从血小板中释放。也可加速血液凝固或降低毛细血管通透性,促使出血停止,用于防治各种手术前后的出血,以及血小板功能不良、血管脆性增加而引起的出血,如脑出血、胃肠道出血等。由亚硫酸二乙胺盐与对苯醌反应制得。

酚醛导电胶 phenolic resin conductive adhesive 由酚醛树脂、导电粒子、增韧剂及溶剂等调制而成的导电胶黏剂。按固化方式分为热固化型酚醛导电胶(如301导电胶)及室温固化型酚醛导电胶(如303导电胶)。这类导电胶一般都有良好的导电性和较高耐热性,对多种材料有较好的粘接强度。酚醛导电胶含有溶剂,涂布后需晾置,固化过程中需施加较大的压力,因而应用受到一定限制。多用于要求耐老化性能好、耐热性能高的场合。

酚醛-丁腈结构胶黏剂 phenolic-butadiene acrylonitrile structural adhesive 是以酚醛树脂及丁腈橡胶两种高分子材料为基料的复合型结构胶黏剂。由于酚醛和丁腈橡胶之间在加热时会发生化学反应而生成交联产物,因此,胶黏剂既具有酚醛树脂的耐热性,又兼有丁腈橡胶的弹性、耐腐蚀性。是一种高强度、高弹性的结构胶。广泛用于要求结构稳定,使用温度范围广、耐湿热老化、耐化学介质、耐油、抗震动及耐疲劳的场合,如航空、航天工业中用作板金、蜂窝构件的粘接以及胶接-铆接,汽车制动材料与制动蹄铁的胶接,耐磨硬质合金与钢的粘接等。

酚醛-环氧型胶黏剂 novolac epoxy resin adhesive 是以酚醛树脂中的酚羟基经环氧化制得的产物为基料的复合胶黏剂。在这一体系中,酚醛和环氧树脂都属热固型硬树脂,它们借助化学上镶嵌共聚反应使新体系既保持了环氧树脂的高黏附性又有酚醛树脂的耐高温性能。用于环氧改性的酚醛树脂是碱催化的甲阶酚醛树脂和氨酚醛树脂,这类胶黏剂具有高温下蠕变小、热扭变温度高、高温强度好等特点,并且有良好的热老化性能,缺点是剥离和冲击强度低。加入金属粉末如铝粉等,有利于提高胶黏剂的高低温剪切强度。用于金属、塑料、陶瓷、玻璃等材料的粘接。

酚醛-聚乙烯醇缩醛结构胶黏剂 phenolic-polyvinylacetal structural adhesive 又名酚醛-缩醛结构胶黏剂。是以酚醛树脂及聚乙烯醇缩醛两种高分子材料为基料的复合型结构胶黏剂。兼具有酚醛树脂和聚乙烯醇缩醛树脂两者的优点,具有较高的剪切、剥离等机械强度性能,并有良好的耐老化、耐疲劳、耐介质等性能。主要分为酚醛-缩丁醛型胶黏剂(商品牌号有JSF-2、JSF-3、JSF-4、JSF-5、JSF-6等)及酚醛-缩甲醛型胶黏剂(商品牌号有201、202、203等)。主要用于金属-金属、金属-塑料、金属-木材、汽车刹车等的粘接。

酚醛氯丁胶黏剂 phenolic-chloroprene adhesive 是以酚醛树脂及丁腈橡胶两种高分子材料为基料的复合型胶黏剂,按硫化温度不同,分为结构型及非结构型胶黏剂。结构型胶黏剂需经高温硫化,使氯丁橡胶与酚醛树脂和硫化剂进行充分交联反应,以提高其结构强度和耐热性。这类胶黏剂具有良好的剥离强度、冲击强度、抗震动和耐低温性能。耐溶剂、耐油及耐水性也较好。缺点是耐热性能差,使用温度不超过80℃。主要用于要求耐振动、耐疲劳和耐低温条件下工作的金属、塑料、陶瓷等构件的粘接。随着改性酚醛—氯丁橡胶型胶黏剂的发展,这类胶黏剂的应用受到限制。

酚醛树脂胶黏剂 phenolic resin adhesive 以酚醛树脂为基料的热固性胶黏剂。是合成胶黏剂的大品种之一。酚醛树脂具有良好的耐热性、抗蠕变性、耐水性、耐酸性并耐一般有机溶剂。未改性的酚醛树脂胶黏剂品种很多,常用的有钡酚树脂胶、醇溶性酚醛树脂胶、水溶性酚醛树脂胶。它们主要采用甲阶树脂为黏料,在室温与酸性催化剂作用下能固化成坚固的、有黏附性的胶层,常用酸性催化剂有石油磺酸、对甲苯磺酸、磷酸的乙二醇溶液、盐酸的乙醇溶液等。水溶性酚醛树脂胶是用量最大、用途最广的酚醛树脂胶黏剂。它是由苯酚与甲醛在氢氧化钠作用下缩聚制成的深棕色透明黏稠液体,固含量为45%～50%。其特点是以水为溶剂,游离甲醛低于2.5%,对人体危害小,不加固化剂,加热即固化。用于生产耐水胶合板、纤维板、碎料板、船舶板及航空板等。

酚醛树脂涂料 phenolic resin coatings 以酚醛树脂为主要成膜物质的涂料。大多用干性植物油或松香加以改性。所用酚醛树脂品种主要有:热塑性和热固性的醇溶性酚醛树脂,油溶性和松香改性酚醛树脂,纯酚醛树脂及其他类酚醛树脂(如丁醇醚化的酚醛树脂)等。酚醛树脂赋予涂料以硬度、光泽、快干、耐水、耐酸碱及电绝缘等性能。种类很多,按用途可分为底漆、清漆、磁漆、电泳漆、防锈漆及绝缘漆等。广泛用于木器、家具、机械、船舶、建筑、电气及防化学腐蚀等方面。其主要缺点是色深、涂膜易老化泛黄,不宜制白色或浅色涂料。

酚醛-缩甲醛型胶黏剂
见"酚醛-聚乙烯醇缩醛结构胶黏剂"。

酚醛-缩丁醛型胶黏剂
见"酚醛-聚乙烯醇缩醛结构胶黏剂"。

粉剂 powder 农药剂型的一种。是将杀虫剂原药、填料和适量助剂混合并粉碎至一定细度的粉状制剂。常用填料有高岭土、陶土、滑石粉、碳酸钙、玉米芯粉及木薯粉等。我国对粉剂的要求是:细度95%过200目标准筛,即粉粒直径在$74\mu m$以下,平均粒径为$30\mu m$左右。大于$70\mu m$则药效较差,高效粉剂的粉粒直径在$20\mu m$以下,粉剂使用方便、散布效率高,使用时不用水稀释,特别适合于缺水或供水困难地区使用。其缺点是有效成分分布均匀性及药效发挥不如液剂,易飞扬在空气中污染环境。

粉末丁腈橡胶 powdered acrylonitrile-butadiene rubber 白色至微黄色粉末。结合丙烯腈37%～40%。具有特定的立体结构,含有特种热稳定剂、隔离剂及少量其他成分。不溶于水,溶于丙酮、苯、乙酸乙酯等。与聚氯乙烯、环氧树脂等有较好的相容性。用作聚氯乙烯加工改性剂,能提高加工性、耐磨性、柔韧性、热稳定性及耐低温性等;与环氧树脂共混可制成结构型胶黏剂;对酚醛树脂有增塑作用,可提高抗冲击性和伸长率。由丁二烯及丙烯腈共聚后加入隔离剂制得。

粉末涂料　powder coatings　一种含有100％固体分的、以粉末形态进行涂装并形成涂层的涂料。它与普通溶剂型涂料和水性涂料不同,不是使用溶剂或水作为分散媒介,而是借助于空气作为分散媒介,因此具有省能源、省资源、低污染的特点。可避免由于使用溶剂引起的火灾及空气污染事故,而且涂装时不会产生"流挂"及气泡等不良现象。分为热塑性和热固性粉末涂料两大类,热塑性粉末涂料是以聚乙烯、聚氯乙烯等热塑性树脂作为主要成膜物质,有较好的耐化学性、柔韧性和弯曲性,但熔融时是黏稠的,流动和流平性稍差,主要用于防护和防腐蚀;热固性粉末涂料由较低聚合度的预聚体树脂,在固化剂存在下,经烘烤、固化、交联成网状结构的聚合物,有较好的流平性及附着力。其品种有环氧、聚酯、环氧/聚酯、聚氨酯、聚丙烯酸、氟树脂等粉末涂料。目前使用的粉末涂料主要是热固性粉末涂料,其中又以环氧/环氧/聚酯粉末涂料产量最大。

奋乃静　perphenazine　又名氯吩嗪、4-[3-(2-氯吩噻嗪-10基)-丙基]-1-哌嗪乙醇。白色或类白色结晶性粉末。无臭,味微苦。熔点94～100℃。难溶于水,溶于乙醇、氯仿,易溶于稀酸。对光敏感,在空气中易氧化而变为红棕色。为抗精神病药,有安定作用,抗精神病作用比氯丙嗪强6～8倍。主要用于慢性精神分裂症、躁狂症、焦虑症及精神失常等,也有镇吐作用。但可产生严重的锥体外系副作用,忌与肾上腺素合用,否则会引起严重的低血压。由六水哌嗪与环氧乙烷反应,与溴氯丙烷缩合,再与2-氯吩噻嗪缩合制得。

枫香树脂　liquidamber resinoid　俗称芸香树脂。棕黄色黏性半固体,具有松脂芳香气味。主要成分为肉桂醇、冰片、苯丙醇、桂皮素、桂酸酯、萜二烯等。相对密度0.8954(15℃)。折射率1.4795。属植物型天然香料。是较好的定香剂,可用于配制日化香精。用于烟草香精,可增加焦甜香、烘烤香。医药上具有解毒止痛、化血生肌之功效。由金缕梅科植物枫香树树干割切一条斜沟所渗出的树液收集而得。将此树脂经酒精浸提后可制得枫香浸膏,可用于调配花香型日化香精及薰香香料。

封闭型聚氨酯涂料　blocked polyurethane coatings　这种聚氨酯涂料的成膜

原料与双组分聚氨酯涂料相似,是由多异氰酸酯组分和含羟基组分两部分组成。所不同的是多异氰酸酯被苯酚或其他含单官能团的活性氢原子的化合物所封闭。因此,两种组分可以合装而不反应,成为单组分涂料,室温下可长期储存。由于苯酚封闭的聚氨酯键不稳定,受热(130～170℃)即解封放出苯酚,两种组分即发生反应固化成膜。涂膜的耐水性、耐溶剂性、电绝缘性和物理机械性能都较好。主要作电绝缘涂料用以涂覆漆包线,也可用作轿车用聚氨酯烘漆。

蜂胶酸 artepilline 白色结晶,熔点95℃。不溶于水,溶于甲酸、乙酸乙酯,在235nm、313nm处有最大吸收,天然存在于蜂胶及菊科植物茵陈蒿等中,蜂胶酸是蜂胶中的消炎和抗菌的主要成分,用于发乳等发制品具有促进毛发生长及去头屑等作用。由蜂胶经溶剂萃取、浓缩、分离制得。

呋喃硫胺 fursultiamine 又名长效维生素 B_1。白色或微黄色结晶性粉末。无臭或略有蒜臭样气味。熔点 130～136℃(分解)。微溶于水、丙酮,易溶于甲醇、乙醇、氯仿及稀硫酸,不溶于乙醚。为维生素 B_1 衍生物,作用同维生素 B_1,具有作用持久而毒性低等特点。用于缺乏维生素 B_1 所引起的神经系统疾病,以及各种神经痛、偏头痛、多发性神经炎、小儿麻痹后遗症及消化不良等。可口服或肌肉注射。由维生素 B_1 在碱溶液中开环后,再与四氢呋喃甲基硫代硫酸钠反应制得。

呋喃树脂胶黏剂 furan resin adhesive 以呋喃树脂为基料的胶黏剂。呋喃树脂是组成中含呋喃环的树脂的统称,它包括糠醛树脂、糠醛-酚醛树脂、糠醛-糠醇树脂、糠酮树脂等,其中广为应用的是糠醛树脂,它具有优良的耐化学药品性,在 50℃下用 35%盐酸、40%硫酸浸泡 72h 性能无变化,也有较高的耐热性,缺点是脆性较大,常与其他热塑性和热固性高聚物掺用,以提高胶黏剂的综合性能。粘接时需加入对甲苯磺酸、苯磺酰氯及盐酸等酸类固化剂。胶黏剂中也常加入陶瓷粉、石墨、玻璃粉及石棉等填料后用于耐酸砖、石墨成型材料及陶器等的粘接。

呋喃唑酮 furazolidone 又名痢特灵、泻速灵、3-(5-硝基糠亚氨基)-2-噁唑烷酮。黄色结晶性粉末。熔点 256～

257℃。难溶于水,溶于丙酮、氯仿。一种广谱杀菌剂,对多种革兰阳性及阴性的大肠杆菌、炭疽杆菌、副伤寒杆菌和痢疾杆菌等有杀菌活性。用于治疗细菌性痢疾、肠炎及尿道感染等。由羟乙基脲经亚硝化、环合、还原,再与 5-硝基糠二醇二乙酸酯缩合制得。

呋塞米 furosemide 又名速尿、呋喃苯胺酸、5-(氨磺酰基)-4-氯-2-[(2-呋喃甲基)氨基]苯甲酸。白色或类白色结晶性粉末。无臭、无味。熔点 206℃。不溶于水,溶于乙醇、甲醇、丙酮,略溶于乙酸、氯仿。呈酸性。为含磺酰氨基结构的高效利尿药。主要用于治疗心因性水肿、肝硬化引起的腹水、肾性浮肿、机能障碍或血管障碍引起的周围性水肿等。由 2,4-二氯苯甲酸经氯磺化、氨化、酸化,再与糠胺缩合制得。

氟胺氰菊酯 tau-fluvalinate 又名马扑立克、氟胺氰戊菊酯。原药为黄色黏稠油状液体。相对密度 1.29。沸点 >450℃。折射率 1.541。闪点 120℃。蒸气压 >0.013mPa(25℃),难溶于水,溶于甲醇、丙酮、氯仿,易溶于乙醚、二氯甲烷。中等毒性。大鼠经口 LD_{50} 为 260~280mg/kg,为拟除虫菊酯类杀虫剂。对害虫有触杀及胃毒作用,对作物叶螨的成若螨和螨卵有较好杀灭效果。主要用于棉花、蔬菜、果树、烟草、茶等作物防治鳞翅目、双翅目、半翅目等害虫及害螨、蜂螨等。由 α-溴代异戊酰氯与 α-氰基-3-苯氧基苄醇反应后,再与 2-氯-4-三氟甲基苯胺反应制得。

氟胞嘧啶 flucytosine 又名 5-氟胞嘧啶、安确治、4-氨基-5-氟-2-嘧啶酮。白色结晶性粉末。无臭。熔点 295~297℃(分解)。溶于水,易溶于乙醇。干燥时稳定,在酸或碱液中易分解。是 20 世纪 50 年代合成的抗白血病药,但对肿瘤细胞的活性并不高,而对真菌的曲霉菌、念珠菌、分支孢子菌属、隐球菌有抑制作用。目前主要用作抗真菌药,一般不单独使用,常与两性霉素 B 合用以提高疗效。由 5-氟尿嘧啶经氯化、氨化、水解制得。

氟苯咪唑 flubendazole 又名[5-(4-氟苯甲酰基)-1H-苯并咪唑-2-基]氨基甲

酸甲酯。白色固体,熔点 301～304℃（分解）。难溶于水,溶于丙酮、氯仿、甲醇,一种广谱驱虫药。抗虫效力高,毒副作用小。对棘球蚴病和脑囊虫病有较好疗效,对多种蠕虫、钩虫和蛔虫性皮肤幼虫移行征及疥螨病均有效。由 3,4-二氨基-4′-氟二苯酮与闭环剂氰氨基甲酸甲酯反应制得。

氟吡汀 flupirtine 又名 2-氨基-6-[（对氟苄基）氨基]-3-吡啶氨基甲酸乙酯。无色至淡黄色结晶。熔点 115～116℃。难溶于水,溶于甲醇、乙醇。其 5% 乙醇溶液无色。暴露于空气中 20h 变绿色。其盐酸盐熔点 214～215℃。一种解热镇痛药。其镇痛作用居于强效镇痛药（如美沙酮）及弱效镇痛药（如扑热息痛）之间。适用于手术、外伤、烧伤所致的疼痛,以及肌肉痛、神经痛、牙痛等。以 2-氨基-6-氯-3-硝基吡啶、4-氟苯甲胺、三乙胺等为原料制得。

氟表面活性剂 fluorinated surfactant 又名氟碳表面活性剂,是以氟原子取代普通表面活性剂中碳氢键上的氢,而形成碳氟键亲油基的表面活性剂。按氢被氟原子的取代程度,可构成全氟取代型或部分取代型,并可根据极性基性质的不同分为阳离子、阴离子及非离子型。常用的是全氟取代的离子型产品,如全氟辛酸钠、全氟辛基磺酸钠等。与普通表面活性剂相比,氟表面活性剂具有高表面活性、高耐热稳定性、高化学惰性,既憎水又憎油等特点。在使用浓度很小的情况下,能使水的表面张力降到很低数值。如一般碳氢键表面活性剂的应用浓度约为 0.1%～1.0%,水溶液的最低表面张力只能降到 30～35mN/m,而氟表面活性剂的一般用量为 0.005%～0.1%,水溶液的最低表面张力可达 20mN/m 以下。但氟表面活性剂与碳氢表面活性剂的相溶性差,给使用带来不便。

氟虫胺 sulfluramid 又名 N-乙基全氟辛烷-1-磺酰胺。$CF_3(CF_2)_7SO_2NHCH_2CH_3$ 无色晶体。熔点 96℃。沸点 196℃。蒸气压 0.057mPa（25℃）。不溶于水,微溶于己烷、二氯甲烷,溶于甲醇。一种有机氟杀虫剂。用于防治蚂蚁、蛀螬。配制成灭蟑毒饵,可用于防治蟑螂。由全氟辛烷磺酰氯与乙胺反应制得。

氟虫腈 fipronil 又名锐勃特。白色固体。熔点 200～201℃。蒸气压 $3.7×10^{-4}$ mPa（25℃）。微溶于水,溶于丙酮。一种苯基吡唑类杀虫剂,具胃毒、触杀及内吸作用。其杀虫机理是通过与害虫神经中枢细胞膜上的 P-氨基丁酸受体结合而阻塞神经细胞的氯离子通道,从而干扰害虫神经系统的正常功能而导致死亡。杀虫谱广,用于水稻、玉米、棉花、大豆、甘蔗、香蕉等多种作物,防治半翅目、鳞翅目、鞘翅目、缨翅目等多种害虫。

氟虫脲 flufenoxuron 又名卡死克、

N-[[[4-[2-氯-4-[三氟甲基]苯氧基]-2-氟苯基]氨基]羰基]-2,6-二氟苯甲酰胺。无色结晶。熔点 169～172℃（分解）。不溶于水，微溶于二甲苯、二氯甲烷，溶于丙酮。为苯甲酰脲类杀虫剂。用于柑橘、棉花、葡萄、大豆、果树、玉米等，防治鳞翅目害虫及多种螨类。对除虫脲能防治的害虫，使用氟虫脲也有效。以 3-氟-4-氨基苯酚、3,4-二氯三氟甲苯为原料制得。

氟地西泮 fludiazepam 白色结晶粉末。熔点 88～92℃。不溶于水，易溶于甲醇、丙酮、氯仿、乙酸乙酯。为苯二氮䓬类抗焦虑药。对中枢神经有抑制作用，使患者安静、解除焦虑及烦恼。其抗焦虑效力为地西泮的 8 倍，镇静催眠作用则为地西泮的 1/4。长期应用会产生依赖性，包括精神及躯体依赖，应避免长期使用。以 2-氟苯甲酰氯、对甲氨基氯苯等为原料制得。

氟伐他汀（钠） fluvastatin 又名来适可、富伐他汀。白色粉末。溶于水、甲醇、乙醇。有吸湿性，对光敏感，为羟甲戊二酰辅酶 A 还原酶抑制剂类的降血脂药，能抑制胆固醇合成。口服吸收迅速而完全，与蛋白结合率较高。在肝脏中被代谢为 5-羟基和 6-羟基衍生物。除具有强降血脂作用外，还具有抗动脉硬化的潜在功能，降低冠心病发病率及死亡率。不良反应主要为胃肠功能紊乱。

氟奋乃静 fluphenazine 又名羟哌氟丙嗪。其盐酸盐为白色或类白色结晶性粉末，无臭、味微苦，熔点 226～233℃

(分解)。易溶于水,稍溶于乙醇,不溶于乙醚、苯,遇光易变色,一种吩噻嗪类抗精神病药。用于治疗慢性精神分裂症,也用于老年精神病、中毒性精神病。其活性比氯丙嗪强十几倍到几十倍,但作用时间只能维持一天。而利用其侧链上的伯醇基,制备其长链脂肪酸酯类的前药,前药在注射部位储存并缓慢释放出氟奋乃静,可使药物维持作用时间延长。如氟奋乃静癸酸酯。氟奋乃静可由三氟甲基苯胺经缩合、消除(脱羧)、环合、成盐而制得。

氟锆酸钾 potassium fluozirconate K_2ZrF_4 又名氟化锆钾、锆氟化钾。无色或白色斜方晶系菱柱状结晶。工业品有时呈淡黄色。相对密度 3.48。熔点约 840℃。折射率 1.466。微溶于冷水,溶于热水,不溶于乙醇、氨水。空气中稳定,赤热时不失重。遇水部分水解生成 KF、$Zr(OH)_4$ 及 HF。遇碱或氨水即分解成 $Zr(OH)_4$、KF、NaF(或 NH_4F)。也能被金属钠还原生成锆。有毒!用于制造金属锆、锆化合物、镁锆合金、含锆催化剂、高级电器材料、陶瓷釉料、玻璃、焰火等。由锆英石与氟硅酸钾高温烧结制得。

氟硅菊酯 silafluofen 又名施乐宝。浅黄色液体,相对密度 1.08。高于 170℃以上分解。蒸气压 $2.5×10^{-3}$ mPa(20℃)。不

$$CH_3CH_2O-\!\!\!\bigcirc\!\!\!-\underset{\underset{CH_3}{|}}{\overset{\overset{CH_3}{|}}{Si}}-(CH_2)_3-\!\!\!\bigcirc\!\!\!-F$$

溶于水,溶于丙酮、苯等多数有机溶剂。大鼠急性经口 $LD_{50}>5000$ mg/kg。为含硅拟除虫菊酯类杀虫剂,对害虫有胃毒及触杀作用。为神经毒剂,对人畜低毒,对蜜蜂有毒。制剂为 80%乳油,主要用于防治水稻害虫,也用于防治其他作物害虫,对白蚁有较强的驱避作用。

氟硅酸 fluorosilicic acid H_2SiF_6 又名硅氟酸、氢氟硅酸、六氟硅酸。无水氟硅酸为无色气体,不稳定,易分解为四氟化硅及氟化氢。市售商品均为氟硅酸水溶液,为无色透明发烟液体,有刺激性气味。为强酸。相对密度 1.20～1.32(15℃)。沸点 108.5℃。溶于水,由于氟硅酸不能制得无水氟硅酸,最高浓度为 60.92%。组成为 13.3%的氟硅酸溶液最稳定,蒸馏时不分解。浓氟硅酸溶液冷却时能析出二水氟硅酸($H_2SiF_6·2H_2O$),其熔点为 19℃,能与水混溶,有消毒性能,对多数金属及玻璃有腐蚀性。用于制造氟硅酸盐、四氟化硅等。也用作电解铅、锡的电解液、木材防腐剂、金属表面处理剂、媒染剂、啤酒及酿造设备消毒剂、水泥硬化剂等。由氢氟酸与硅石粉反应制得。

氟硅酸铵 ammonium fluorosilicate $(NH_4)_2SiF_6$ 又名硅氟化铵、六氟硅酸铵。无色结晶性粉末。有 α、β 两种晶型。α 型为立方晶系,具有萤石型结构,相对密度 2.011;β 型为三斜晶单柱状结晶,相对密度 2.152。在空气中稳定,β 型长时间加热时转变为 α 型,高温时分

解,二者均溶于水,微溶于乙醇,不溶于丙酮。有毒! 用于制造人造冰晶石、氯酸铵。也用作木材防腐剂、织物防蛀剂、玻璃蚀刻剂、金属焊接助熔剂、酿造设备消毒剂等。由萤石粉与硫酸反应制得氟硅酸,再经氨水中和蒸发浓缩,13℃以上结晶得到 α 型,较低温度结晶得到 β 型。

氟硅酸钾 potassium fluorosilicate K_2SiF_6 又名硅氟化钾、六氟硅酸钾、白色六方或立方晶系结晶或粉末。无臭、无味。呈微酸性。六方晶体相对密度 3.08。折射率 1.3991。立方晶体相对密度 2.665(17℃)。灼热时分解成四氟化硅及氟化钾。微溶于水、乙醇及氨,溶于盐酸。热水中分解成硅酸、氟化钾及氟化氢。有毒! 误服或吸入粉尘会中毒,用于制造氟氯酸钾、光学玻璃、电焊条、合成云母、陶瓷釉料、农药等。也用作冶炼铝及镁的助熔剂、木材防腐剂及杀虫剂等。由硫酸钾或氯化钾与氢氟酸反应制得。

氟硅酸钠 sodium fluorosilicate Na_2SiF_6 又名硅氟化钠、六氟硅酸钠。无色立方晶系结晶。无臭、无味。相对密度 2.679。折射率 1.312。加热至 300℃ 以上时分解成四氟化硅及氟化钠。微溶于水,不溶于乙醇,溶于乙醚。冷的水溶液呈中性。在酸中的溶解度比水中要大。碱性溶液中分解成二氧化硅及氟化物。误服会中毒。用于制造其他氟硅酸盐、搪瓷釉料、人造大理石、医药制剂。也用作冶金助熔剂、杀虫剂、灭鼠剂、洗涤助剂、皮革及木材防腐剂、洁厕剂,以及用作低氟地区饮用水的氟化。由碳酸钠中和氟硅酸制得。

氟硅酸锌 zinc fluorosilicate $ZnSiF_6 \cdot 6H_2O$ 又名硅氟化锌、六氟硅酸锌,无色六方晶系棱形结晶或粉末。相对密度 2.104。折射率 1.3824。加热至熔点(100℃)时分解为氟化锌、四氟化硅及水。易溶于水,溶于甲醇及无机酸,不溶于乙醚。水溶液呈酸性。与酸类作用产生腐蚀性及刺激性的氟化氢及四氟化硅气体。有毒! 误服或吸入粉尘会中毒。用作混凝土快速硬化剂、木材防腐剂、植物防蛀剂、有机合成催化剂、熟石膏增强剂,以及用于配制锌的电解液等。由碳酸锌或氧化锌与氟硅酸反应制得。

氟桂利嗪 flunarizine 又名氟桂嗪、

西比灵、(E)-1-[双(对氟苯基)甲基]-4-[3-苯基-2-丙烯基]哌嗪。其盐酸盐为白色结晶。熔点 251.5℃。溶于水,不溶于乙醚、苯。一种周围血管扩张药及血管病用药,具有直接扩张小血管平滑肌及改善脑部血液循环的作用。用于治疗脑动脉硬化,眩晕及椎动脉供血不足,特发性耳鸣,间歇性跛行及预防偏头痛。由 4,4-二氟二苯基氯甲烷与肉桂基哌嗪缩合制得。

氟化铵 ammonium fluoride NH_4F 无色透明针状结晶。易升华得到六角柱状结晶。相对密度 1.009 (25℃)。对热不稳定,在 40～100℃ 之间即分解为氟化氢及 $NH_4F \cdot HF$,进一步加热则升华。易溶于水,微溶于乙醇,不溶于丙酮和液氨。在热水中分解为氨及氟化氢铵。水溶液呈酸性,遇碱类释出氨。能腐蚀玻璃。有毒!对皮肤及黏膜有刺激性及腐蚀性。用作玻璃蚀刻剂、木材防腐剂、酿酒设备消毒剂、织物媒染剂、金属表面化学抛光剂、硅片蚀刻剂等。也用于提取稀有元素。由液氨气化后与氢氟酸反应制得。

氟化钡 barium fluoride BaF_2 无色立方晶系结晶。相对密度 4.893。熔点 1368℃。沸点 2260℃。微溶于热水,溶于盐酸、硝酸、氢氟酸、乙酸及氯化铵溶液。有毒及强腐蚀性。误食或经常接触会引起中毒。用于制造电机电刷、光导纤维、光学玻璃、涂料、激光发生器。也用作木材及尸体防腐剂、助熔剂、陶瓷乳浊剂、杀虫剂、固体润滑脂添加剂等。由碳酸钡与氢氟酸反应制得。

氟化铬 chromium fluoride CrF_3 又名三氟化铬、氟化高铬。暗绿色斜方晶系菱形结晶。相对密度 3.78。熔点 1400℃。不溶于水、乙醇、氨水,溶于碱及盐酸溶液。与氢氟酸及多种氟化物形成氟铬酸及氟铬酸盐。从溶液中结晶的氟化铝有三水合物、四水合物、六水合物及九水合物等多种水合物。它们都溶于水,对皮肤、黏膜有腐蚀性。用作有机合成氟化剂、木材防腐剂、毛织物防蛀剂、羊毛媒染剂、大理石着色剂、金属铝表面处理剂,以及用于制造光学晶体等。由氢氧化铬与氢氟酸反应制得。

氟化镧 lanthanum fluoride LaF_3 又名三氟化镧。无色或白色六方晶系晶或粉末。相对密度 5.936。熔点 1493℃。沸点 2330℃。不溶于水,难溶于盐酸、硝酸及硫酸。溶于高氯酸及磷酸三丁酯。有吸湿性。用于制造金属镧、激光材料、特种合金、催化剂、光导纤维、特种玻璃、碳弧电极及图像显示的闪烁体等。由三氧化二镧与氢氟酸反应制得。或由镧盐与可溶性氟化物作用而得。

氟化锂 lithium fluoride LiF 白色立方结晶。相对密度 2.635。熔点 845℃。沸点 1676℃。折射率 1.3915。加热至 1100~1200℃时会挥发。微溶于水,难溶于乙醇及其他有机溶剂。溶于硝酸、硫酸,但不溶于盐酸。与氢氟酸作用生成氟化氢锂。化学性质稳定,但在高温时能水解生成氟化氢。有毒!用于电解铝时,可提高电导率及电解效率。航天技术中用作储存太阳辐射热能的载热剂。也用作陶瓷及釉料助熔剂、中子屏蔽材料,以及用于制造锂电池、医药制剂等。由碳酸锂与氢氟酸反应制得。

氟化铝 aluminium fluoride AlF_3 又名无水氟化铝、三氟化铝。白色立方晶系结晶或粉末。相对密度 2.882(25℃)。熔点 1040℃。1272℃升华。折射率 1.376。微溶于水,难溶于酸及碱溶液,不溶于多数有机溶剂。化学性质稳定。与液氨、浓硫酸加热至发烟仍不起反应,也不被氢气还原。加热不分解但升华。在 300~400℃下,可被过热水蒸气部分水解为氟化氢和氧化铝。氟化铝还存在半水合物、一水合物、三水合物、九水合物等。工业生产中主要得到的是三水合物($AlF·3H_2O$),为白色易吸潮结晶粉末,相对密度 1.914,微溶于水,100℃时失去两分子水,250℃成为无水物。有毒!大量用于电解铝中使熔点降低并提高导电率。也用作有机合成催化剂、非铁金属熔剂、陶瓷釉助熔剂、酒精生产中副发酵作用抑止剂,以及用于合成冰晶石等。由氢氟酸与氯化铝水溶液加热反应制得。

氟化镁 magnesium flouride MgF_2 又名二氟化镁。无色四方晶系结晶或粉末。具有金红石型晶体结构。电光加热时呈现弱紫色荧光。其晶体有良好偏振作用。相对密度3.148。熔点1261℃。沸点2239℃。折射率1.378。难溶于水、乙醇,微溶于稀无机酸。溶于硝酸,并分解放出氟化氢。能和碱金属氟化物作用生成含MgF_4^{2-}的氟镁酸盐。有毒!用于制造陶瓷、阴极射线屏、荧光材料、激光玻璃、光学镜头或滤光片的增透涂层。也用作冶金助熔剂、钛颜料添加剂、电解铝添加剂等。由碳酸镁或氧化镁与氢氟酸反应制得。

氟化钠 sodium fluoride NaF 无色四方晶系带光泽结晶或白色粉末。相对密度2.558。熔点993℃。沸点1695℃。折射率1.3258。易溶于水,水溶液因部分水解而呈碱性。微溶于乙醇。溶于氢氟酸而生成氟化氢钠。与硫酸等酸类作用时,生成腐蚀性很强的氢氟酸。有毒!能腐蚀皮肤,长期接触会侵害神经系统。水溶液能腐蚀玻璃,但干品可储存于玻璃瓶中。用于制造其他氟化物、搪瓷等。也用作铝冶炼及焊接助熔剂、木材及医用防腐剂、氟化物牙膏防龋剂、酿造业设备杀菌剂、农业杀虫剂、饮水氟化处理剂等。由纯碱或烧碱溶液中和氢氟酸而制得。

氟化氢铵 ammonium hydrogen fluoride NH_4HF_2 又名酸式氟化铵、氟氢化铵。无色或白色透明状、正方晶系结晶。为氟化铵的酸式盐。商品呈片状。略带酸性,易潮解。相对密度1.50。熔点125.6℃。沸点240℃。折射率1.390。高温时升华。易溶于冷水,微溶于乙醇。热水中分解。潮湿空气中会吸收水分而释出有毒的氟化氢气体。有腐蚀性,误服会中毒。用作玻璃蚀刻剂、硅钢板表面处理剂、金属铝消光剂、油田地层酸化处理剂、灯泡内表面消光剂、化工设备清洗剂、发酵工业用消毒剂及有机合成催化剂等。由无水氢氟酸与氨水反应制得。

氟化氢钾 potassium hydrogen fluoride KHF_2 无色四方晶系结晶,略带酸臭味。相对密度2.37。熔点238.7℃。为双晶化合物,低于195℃为α型,高于195℃为β型。加热至310℃以上分解并逸出氟化氢,400℃分解成氟化钾及氟化氢。易溶于水,水溶液呈酸性。不溶于酸、乙醇。干燥空气中稳定,在潮湿空气中则吸收水分而放出氟化氢。熔融时活性比氟化钾更强。有毒!对许多金属、瓷器及玻璃有腐蚀性。用于制造氟化氢、元素氢、光学玻璃、雕刻玻璃等。也用作焊接助熔剂、木材防腐剂、四氢呋喃聚合及苯烷基化催化剂等。由氢氟酸与氢氧化钾中和制得氟化钾后,经氢氟酸酸化制得。

氟磺胺草醚 fomesafen 又名虎威、龙威、N-甲磺酰基-5-[2'-氯-4'-(三氟甲基)苯氧基]-2-硝基苯甲酰胺。纯品为白色结晶。熔点220～221℃。相对密度1.28。蒸气压$<1×10^{-4}$Pa。难溶于水,溶于丙酮、环己酮,稍溶于二氯甲烷、二甲苯。常温下稳定,见光缓慢分解。在酸性或碱性介质中不易水解。是一种二苯醚类选择性除草剂,为原卟啉氧化酶抑制剂。低毒。用于防除大豆田、果树园、桑园、橡胶种植园等中的阔叶杂草

如茼麻、苋、苍耳、龙葵等。由 3,4-二氯三氟甲苯、间羟基苯甲酸、甲基磺酰胺等为原料制得。

氟磺酸 fluorosulfonic acid HSO_3F 无色至黄色发烟液体。在湿空气中会产生白色烟雾状强刺激性气体氟化氢。相对密度 1.726。熔点 $-88.98℃$。沸点 $162.7℃$。溶于乙酸、乙酸乙烯酯、硝基苯,不溶于二硫化碳及氯仿。与水发生爆炸性剧烈反应,并生成氟化氢。许多无机及有机化合物可溶于氟磺酸,是一种强酸,具有与硫酸及氢氟酸同样的腐蚀性,能很快地破坏橡胶、软木及火漆等。用作烷基化、异构化、磺化、酰化、聚合等有机合成催化剂,铝制品光亮剂,玻璃蚀刻剂,消毒剂,防腐剂等。由氢氟酸与液氨反应制得。

氟卡尼 flecainide 又名氟卡律、氟卡胺、N-(2-哌啶基甲基)-2,5-双(2,2,2-三氟乙氧基)苯甲酰胺。白色颗粒状固体。无臭。熔点 $105\sim107℃$。有较强酸性,能与盐酸或醋酸成盐。醋酸氟卡

尼为白色结晶固体。熔点 $145\sim147℃$。溶于水,易溶于乙醇。为广谱抗心律失常药,有稳定心肌细胞膜,延长复极化作用。用于治疗室上性心动过速、房颤动。但这类药物有相当严重的致心律失常作用,不良反应有感觉异常、嗜睡、恶心、低血压及心动过缓等。

氟康唑 fluconazol 又名大抹康、麦尼芬、三维康、2-(2,4-二氟苯基)-1,3-双(1H-1,2,4-三氮唑-1-基)-2-丙醇。白色或类白色结晶性粉末。无臭或微带异臭。味苦。熔点 $137\sim141℃$。微溶于水、乙酸,溶于乙醇,不溶于乙醚,易溶于甲醇。为氟代三唑类广谱长效抗真菌药。用于新型隐球菌、念珠菌等深部真菌所致的全身播散性感染,阴道念珠菌病以及皮肤、毛发和指(趾)甲浅部真菌感染。对癌症患者的口咽念珠菌感染也有效。由 1-二氯甲基-1-(2,4-二氟苯基)-甲醇与 1,2,4-三唑反应制得。

氟喹酮 afloqualone 又名 6-氨基-2-(氟甲基)-3-(2-甲基苯基)-4-(3H)-喹唑酮。浅黄色棱状结晶。熔点 $195\sim196℃$。不

溶于水、乙醇,溶于苯、甲苯、氯仿。为肌肉松弛药,作用于脊上位中枢部位而缓解肌肉紧张性亢进状态。用于治疗肌萎性硬化症、脑血管障碍、脑性麻痹、脊髓血管障碍、后纵韧带骨化症、外伤及术后后遗症等。由 5-硝基邻氨基苯甲酸、氯化亚砜、氯化钾、邻甲基苯胺等原料制得。

氟铃脲 hexaflumuron 又名六伏隆、

$$\text{F}\text{—}\underset{\text{F}}{\bigcirc}\text{—CO—NH—CO—NH—}\underset{\text{Cl}}{\underset{|}{\bigcirc}}\text{—O—CF}_2\text{CHF}_2$$

盖虫散、抑杀净、果蔬保、1-[(3,5-二氯-4-(1,1,2,2-四氟乙氧基)苯基)]-3-(2,6-二氟苯甲酰基)脲。纯品为白色固体。熔点 202～205℃。蒸气压 0.059mPa (25℃)。工业品略呈粉红色。熔点>200℃。微溶于水,稍溶于二甲苯,溶于甲醇。在酸或碱中煮沸时分解。一种苯甲酰脲类昆虫几丁质合成抑制剂。可阻碍昆虫表皮几丁质合成,使表皮变薄,体液渗出,或不能蜕皮而死亡。对益虫及害虫天敌影响很小,对作物无药害。对防治棉蚜虫、甜菜夜蛾、玉米黏虫、柑橘潜叶蛾及菜青虫等有很高杀虫、杀卵活性。由氟化钾、环丁砜、二甲基甲酰胺、草酰氯等原料制得。

氟铝酸钠 sodium fluoroaluminate Na_3AlF_6 又名氟化铝钠、冰晶石。无色单斜晶系或立方晶系晶晶。常因含杂质而呈灰白色、淡黄色或黑色。有玻璃光泽。单斜晶系结晶的相对密度 2.90～3.0。熔点 1012℃。折射率 1.3385。微溶于水及稀盐酸,溶于浓硫酸并放出氟化氢气体,也溶于热的浓碱液。水溶液呈酸性。天然矿物为冰晶石。低毒。用作炼铝助熔剂,搪瓷及玻璃制造的助熔剂及乳浊剂,树脂及橡胶粘接砂轮的填充剂,制造焊条的助熔涂层,农作物的杀虫剂,以及用作电灯泡中的吸气剂的组分。由氢氟酸与氢氧化铝反应后再加入纯碱制得。

氟氯氰菊酯 beta-cyfluthrin 又名

$$\text{Cl}_2\text{C=CH—}\underset{\underset{\text{CH}_3}{|}}{\overset{\overset{\text{H}_3\text{C}}{|}}{\text{C}}}\text{—}\overset{\text{O}}{\overset{\|}{\text{C}}}\text{—O—}\underset{\underset{\text{CN}}{|}}{\text{CH}}\text{—}\underset{\text{F}}{\bigcirc}\text{—O—}\bigcirc$$

百树菊酯、百树得。纯品为琥珀色黏稠性油状物。相对密度 1.27～1.28。熔点 60℃(工业品)。不溶于水。微溶于异丙醇、己烷,溶于甲苯、二氯甲烷。在酸性介质中稳定,碱性介质中不稳定。中等毒性。大鼠经口 LD_{50} 为 450mg/kg。一种拟除虫菊酯类杀虫剂。对多种害虫有强触杀及胃毒作用,对红蜘蛛有一定抑制作用,产品为 5%、5.7% 乳油。适用于防治棉花、果树、蔬菜、烟草、茶树等害虫。由 3-(2,2-二氯乙烯基)-2,2-二甲基环丙烷羧酰氯与氰化钠、3-苯氧基-4-氟苯甲醛在环己烷溶液中反应制得。

氟氯烷(烃) fluorochloroparaffin 俗称氟里昂。甲烷、乙烷等低碳烃中的部分或全部氢原子被卤原子置换后的卤代烷的总称。因取代原子以氟、氯居多,故名氟氯烷(烃)。常见的有氟里昂-11、12、13、14、21、22、113、114 等。常温下均为易挥发的液体或无色易液化气体。化学性质稳定,无毒、无味、无腐蚀性,不燃。用作制冷剂、抛射剂、塑料发泡剂、清洗剂及灭火剂等。早期广泛用于各种气雾剂产品的抛射剂,但氟氯烷(烃)在大气层中受到紫外线照射时会破坏臭氧层,我国从1997年底全行业淘汰氟氯烷烃,从1998年开始所有气雾剂产品的企业(医用除外),不得使用氟氯烷(烃)作抛射剂。

氟罗沙星 fleroxacin 又名6,8-二氟-1-(2-氟乙基)-1,4-二氢-7-(4-甲基-1-哌嗪基)-4-氧代-3-喹啉羧酸。其盐酸盐为白色结晶。熔点269～271℃(分解)。溶于水、乙醇。为第三代喹诺酮类抗菌药,具有抗革兰阳性菌及阴性菌活性,对支原体、衣原体、军团菌及分枝菌也有抗菌活性。作用与氧氟沙星相似,用于呼吸道、泌尿道、肠道及皮肤软组织感染。由2,3,4-三氟苯胺与乙氧亚甲基丙二酸二乙酯缩合、环合、氟乙基化后,再与N-甲基哌嗪缩合而得。

氟马西尼 flumazenil 又名安易醒、安乃醒、莱易、8-氟-5-甲基-6-氧代-5,6-二氢-4H-咪唑并[1,4]苯并二氮杂草-3-羧酸乙酯。白色针状结晶。熔点201～203℃。难溶于水,溶于乙醇、氯仿。为苯二氮䓬类选择性拮抗药,主要用于逆转苯二氮䓬的中枢镇静作用,终止苯二氮䓬诱导和维持的全身麻醉作用,以及苯二氮䓬类药物中毒的的诊断与解毒。以6-氟靛红酸酐、肌氨酸、二甲基苯胺等为原料制得。

氟尿嘧啶 fluorouracil 又名5-氟尿嘧啶。白色或类白色结晶或粉末。熔点281～284℃(分解)。略溶于水,微溶于乙醇,不溶于氯仿,溶于稀盐酸及氢氧化钠溶液。为嘧啶类抗代谢药,在体内先转变为5-氟-2-脱氧尿嘧啶核苷酸,抑制脱氧胸苷酸合成酶,阻止脱氧嘧啶核苷酸转变成胸腺嘧啶核苷酸,干扰DNA的合成,导致细胞损伤和死亡。对绒毛膜上皮癌及恶性葡萄胎疗效显著,对胃癌、结肠癌、直肠癌、食管癌、肝癌、乳腺癌、宫颈癌等也有一定疗效。由氟乙酸乙酯与甲酸乙酯缩合制得氟代甲酰乙酸乙酯烯醇型钠盐,再与甲基异脲缩合制得2-甲氧基-4-羟基-5-氟嘧啶,最后用稀盐酸水解制得。

氟哌啶醇 haloperidol 又名氟哌丁

苯、卤吡醇、1-(4-氟苯基)-4-(4-氯苯基)-4-羟基-1-哌啶基）]-1-丁酮。白色或类白色结晶性粉末。无臭、无味。熔点147～149℃。难溶于水,微溶于乙醚,溶于氯仿。对光敏感。为抗精神病药,通过阻断脑内多巴胺受体而发挥作用,可抑制多巴胺神经元的效应,增强多巴胺的转化。药效持久而强,用于治疗各种急慢性精神分裂症及躁狂症。也有止吐作用。本品的锥体外系副作用高达80%,并有致畸作用。由 4-(4-氯苯基)哌啶-4-醇与 4-氯-1-(4-氟苯基）丁酮-1 缩合制得。

氟硼酸 fluoboric acid HBF_4 又名四氟硼酸。无色透明液体,呈强酸性。相对密度1.84。沸点130℃(分解)。无游离的纯氟硼酸存在。商品常为42%～48%的水溶液。42%水溶液的相对密度1.37。与水、强酸及乙醇混溶。在水中逐渐水解生成羟基氟硼酸[$HBF_3(OH)$]。常温下稳定,受热时生成氟氧硼酸(HBF_3OH)或分解成三氟化硼。为一元强酸,与金属元素和氨反应生成相应的盐类。对多数金属有腐蚀性。有机合成中用作烷基化剂及聚合反应等的催化剂。也用作电镀铝光亮剂、金属表面清洗剂、铝及铝合金等助熔剂、防腐剂,以及用于制造氟硼酸盐、重氮盐等。由硼酸或硼砂与氢氟酸反应制得。

氟硼酸铵 ammonium fluoroborate NH_4BF_4 又名氟硼化铵。无色单斜晶系针状结晶或粉末。相对密度 1.871(17℃)。熔点 487℃(分解)。加热至220℃升华。溶于水,水溶液呈弱酸性,对玻璃有腐蚀性。也溶于氨水、氢氟酸,不溶于乙醇。有毒! 用作焊接助熔剂、铝镁铸造防氧化剂、织物及纸张阻燃剂、农田杀虫剂、印染时树脂整理催化剂等。由氟硼酸反应制得,或由三氟化硼与氟化铵共熔制得。

氟硼酸钾 potassium fluoroborate KBF_4 又名氟硼化钾、四氟硼酸钾。无色斜方或立方晶系结晶或粉末。相对密度 2.498。熔点 530℃。折射率 1.324。微溶于冷水、乙醇、乙醚,溶于热水,不溶于液碱。与碱金属碳酸盐熔融时生成相应的硼酸盐及氟化物。与硫酸等强酸作用分解生成三氟化硼。熔融时分解出有毒的三氟化硼气体,吸湿时也会水解产生白色烟雾。粉尘对皮肤、黏膜及眼睛有刺激作用。用于制造三氟化硼及其他氟盐。也用作焊接助熔剂、热固性树脂重型砂轮的填充剂、铝镁铸造的模料、电化学抗氧剂,以及制造合金和配制低铬酸镀铬的电解液等。由碳酸钾与氟硼酸反应制得。

氟硼酸钠 sodium fluoroborate $NaBF_4$ 又名氟硼化钠、四氟硼酸钠。无色或白色正交晶系柱状结晶或粉末,有苦酸味。相对密度 2.47。熔点 384℃(部分分解)。遇热分解。溶于水,微溶于乙醇。10%水溶液的 pH 值为 2～4。有毒! 用作非铁金属助熔剂、中长纤维等织物的整理剂、电化学氧化阻滞剂、有机合成氟化剂、焊接助熔剂、杀虫剂,以及用于配制低铬酸镀铬电解液等。由碳酸钠与氟硼酸反应制得。

氟硼酸铜 copper fluoroborate $Cu(BF_4)_2 \cdot 6H_2O$ 又名四氟硼酸铜。亮蓝色针状结晶。相对密度 2.175。极易溶于水,微溶于乙醇、乙醚。加热至40℃左右时迅速分解为 BF_3、CuF_2、H_2O。长时间用 P_2O_5 干燥,可逐步脱去结晶水。由于在水中易形成配合物,因而难以制取无水物。有毒！主要用于配制铜及铜合金电镀液、印染用滚筒和照像印刷用滚筒的电镀电介质。也用作焊接助熔剂、陶瓷着色剂、杀虫剂等。由碱式碳酸铜与氟硼酸反应制得。

氟硼酸锌 zinc fluoroborate
$Zn(BF_4)_2 \cdot 6H_2O$ 又名六水氟硼酸锌。白色六方晶系结晶。相对密度2.12。易溶于水、乙醇。与氨生成类似水合物的氨合物。受热时易分解,60℃时失去结晶水,也易潮解。有毒！对皮肤、黏膜及眼睛有刺激性及腐蚀性。用于制造杀虫剂、电焊材料、电镀液等。也用作耐洗、耐磨织物的树脂固化剂、阻燃剂、织物树脂后整理剂等。由碳酸锌与氟硼酸反应制得。

氟硼酸亚锡 stannous fluoroborate
$Sn(BF_4)_2$ 又名四氟硼酸亚锡。无色透明液体。相对密度1.65。纯品呈微碱性,溶于水,水溶液因含少量游离酸而呈酸性。受热或遇水易分解或水解。长期暴露于空气中易氧化。有毒！对皮肤、黏膜及眼睛有腐蚀性及刺激性。用于镀锡铜丝及配制锡或锡合金的电镀浴,也是多种有机合成的催化剂及用于粮食类商品防有机酸侵蚀。由金属锡与氟硼酸反应制得,或由锡片在HBF及H_3BO_3的电解液中电解制得。

氟轻松 fluocinolone acetonide 又名肤轻松、氟西奈德、仙乃乐。白色至近白色结晶性粉末。熔点265～266℃。不溶于水,溶于丙酮、氯仿。一种外用皮质激素类制剂。用于过敏性皮炎、接触性皮炎、脂溢性皮炎、湿疹、皮肤瘙痒症、银屑病及神经性皮炎等。长期使用可出现色素沉着、皮肤萎缩、皮肤继发感染、多毛症等副作用。由甾体激素引入氟原子制得。

氟氰戊菊酯 flucythrinate 又名氟氰菊酯、甲氟菊酯、好保鸿、(RS)-α-氰基-3-苯氧基苄基(S)-2-(4-二氟甲氧基苯基)-3-甲基丁酸酯。纯品为琥珀色黏稠液体。相对密度1.19(22℃)。沸点108℃(46.7Pa)。闪点46℃。蒸气压32μPa。不溶于水,易溶于丙酮、二甲苯,稍溶于汽油。易燃。中等毒性。一种拟虫菊酯类杀虫剂,具有触杀和胃毒作用,持效期长,对作物安全,主要用于防治棉花、茶树、果树、蔬菜等作物上的鳞翅目、双翅目、鞘翅目等多种害虫。对叶螨也有效。以对氯氰苄、氯代异丙烷、二氧六环、二氟一氯甲烷等为原料制得。

氟鼠灵 flocoumafen 又名氟鼠酮。灰白色固体。难溶于水,溶于丙酮、氯仿、二氯甲烷。不水解。属第二代抗凝血杀鼠剂,其化学结构和生物活性与溴鼠灵类似,特性与用法也与溴鼠灵较接近。适口性好,急性毒力大,鼠一次取食即可达到防治目的。对非靶标动物较安全,仅对狗毒性较大,对室内外和农、牧、林区的各种害鼠均有很好防治效果,一次投药即可。因毒性较高,使用时须注意安全,严防儿童及狗、鹅接近毒饵。发生中毒的特效解毒剂是维生素 K_1。以 3-[4-(4-三氟甲基苄氧基)苯基]-1,2,3,4-四氢-1-萘酚与 4-羟基香豆素为原料制得。

氟他胺 flutamide 又名氟他米特、氟硝丁酸胺、福至尔、2-甲基-N-[4-硝基-3-(三氟甲基)苯基]丙酰胺。淡黄色针状结晶。熔点 111.5～112.5℃。难溶于水,溶于苯、丙酮。一种非甾体抗雄性激素药物,可抑制雄性激素对前列腺生长的刺激作用,使其萎缩。用于治疗不能进行手术或放射性治疗的晚期前列腺癌和前列腺肥大症。也可用于畜牧业预防动物球虫病。由间氨基三氟甲苯与异丁酰氯反应后,再经硝化制得。

氟托溴铵 flutropium bromide 又名 8-(2-氟乙基)-3-[(羟基二苯乙酰基)氧]-8-甲基-8-氮阳离子双环[3,2,1]辛烷。白色结晶。熔点 192～193℃（分解）。溶于水、乙醇,不溶于丙酮、苯、氯仿。一种 M 胆碱受体拮抗剂类的平喘药,用于治疗支气管哮喘、慢性阻塞性肺部疾病。以 N,N'-羰基二咪唑与二苯羟乙醇胺为原料制得。

氟烷 halothane 又名三氟氯溴乙烷。无色液体,有类似氯仿的臭味及烧灼性甜味。相对密度 1.86。沸点 50.2℃。折射率 1.3691。微溶于水,与乙醇、乙醚、丙酮、苯等混溶。为吸入性全麻药。用于各种手术的全身麻醉。但其产生心律失常及血压下降的发生率高于恩氟烷、七氟烷。由三氟三氯乙烷经消除、加成、重排、还原制得。

氟西汀 fluoxetine 又名奥贝汀、奥麦位、百忧解、N-甲基-3-苯基-3-(对三氟甲基)丙胺。其盐酸盐为白色固体。熔点 158.4～158.9℃。溶于水、乙腈、丙酮、氯仿,易溶于甲醇、乙醇,不溶于甲苯、环己烷,为新一代非三环类抗抑郁药,临床上常用其盐酸盐。是一种 5-羟色胺再摄取抑制剂。口服吸收好、生物利用度 100%、半衰期长达 70h,是长效口服抗抑郁药。尤适用于老年患者。也用于强迫症及暴食症。以苯乙酮、一甲胺等为原料制得。

氟橡胶胶乳 fluoroelastomer latex 是由含氟烯经类单体以过氧化物为引发剂,经乳液聚合制得的弹性体胶乳。已商品化的氟橡胶胶乳有三氟氯乙烯-偏氯乙烯共聚弹性体胶乳、偏氟乙烯-全氟丙烯共聚弹性体胶乳、偏氟乙烯-四氟乙烯-全氟丙烯三元共聚弹性体胶乳等。具有优异的热稳定性、化学稳定性及抗氧性。可以在 300℃ 以下连续使用,不受氧、臭氧及紫外线等影响,也不吸水。但熔融碱金属会破坏胶乳结构而放出氟。主要用作金属及其他材料的防腐耐磨涂层。也用作纤维粘接剂,浸渍石棉垫片、盘根等。

氟橡胶密封胶 fluororubber sealant 以氟橡胶为黏料的密封胶黏剂。所用氟橡胶为 26 型氟橡胶,系偏氟乙烯与六氟丙烯的乳液共聚物,按单体配比不同可制成一系列的 26 型氟橡胶。这类密封胶主要由氟橡胶、硫化剂(过氧化物、二元胺等)、补强剂(炭黑、白炭黑及石墨等)及吸酸剂等组成。氟橡胶在硫化过程中会因逸出氟化氢而阻碍硫化交联的进行,故须加入适量吸酸剂(如氧化镁、氧化锌等)。为增加密封胶的弹性,有时还加入低黏度的氟硅油。氟橡胶密封胶具有优良的耐高温燃料油、耐蒸汽性能及化学稳定性,胶液的黏度较低、涂布性好。主要用作飞机油箱的密封。但对钛合金有一定腐蚀性,如需用于钛合金接合表面,需用哌嗪或二硫醇作硫化剂。

氟蚜螨 N-methyl-N-(1-naphthyl) fluo-roacetamide 又名氟乙酰甲萘胺。白色固体。熔点 88～89℃。溶于水。受热易分解。一种杀虫杀螨剂,对柑橘红蛛、锈壁虱等有效强杀灭效果。对现有杀虫杀螨剂产生抗性的螨类,也有很高活性。除对若螨、成螨有毒杀作用外,对螨卵也有较强活性。由氯乙酰甲萘胺与氟化钾反应制得。

氟酯菊酯 acrinathrin 原药为无色结

晶。难溶于水,微溶于乙醇、己烷,易溶于丙酮、二氯甲烷、氯仿、乙酸乙酯。对光及酸性介质稳定,碱性介质中会水解。低毒。大鼠经口>5000mg/kg。为拟除虫菊酯类杀螨剂,有触杀及胃毒作用。用于防治柑桔、果树、棉花、大豆、蔬菜、烟草、葡萄等作物上的食植性螨类,对刺吸口器害虫和鳞翅目害虫也有杀虫活性。以1,1-二甲基乙基-2,2-二甲基-3-(2,2-二溴乙烯基)环丙羧酸酯、六氟异丙醇、对甲苯磺胺等为原料制得。

辐射固化型聚丙烯酸酯压敏胶 radiation curable type polyacrylate pressare sensitiue adhesive 指将一定比例的丙烯酸、丙烯酸酯等单体预聚到可涂布的黏度,再加入光引发剂、活化剂、链转移剂等助剂,配成胶液,然后经过涂布光敏固化制成压敏胶,此胶带粘接物件后再通过热、紫外线或电子束照射等方法,使其达到永久性粘接的效果。目前辐射固化压敏胶主要为以下三种组分搭配体系:①增黏树脂和无机填料与各种丙烯酸酯单体的混合物;②将丙烯酸酯聚合物溶解于一定配比的丙烯酸酯单体中;③反应性丙烯酸酯预聚物与丙烯酸酯单体的混合物。这类压敏胶具有不使用溶剂、涂布及固化速度快、室温即能固化、胶黏剂储存期长、基材适用性广等特点。缺点是照射时间短时单体转化率低,残留单体气味大,涂布时单体有挥发性,较强电子束照射会损害基材等。

辐射固化型涂料 radiation curable coatings 指受到紫外线或电子束等电磁波的辐射,吸收其能量而聚合固化的涂料。但不包括红外加热固化的涂料。就紫外线固化而言,是光引发剂吸收一定能量后生成自由基而进行引发聚合;而电子束固化是通过具有足够能量的电子束使树脂中不饱和基团作用生成自由基(或离子)进行聚合。涂料由低聚物、光引发剂、光敏剂、活性稀释剂、颜料及其他添加剂等组成。低聚物决定漆膜的硬度、强度、柔软性及耐溶剂性等基本性质,常用的有环氧丙烯酸、不饱和聚酯、丙烯酸聚酯、丙烯酸聚醚、丙烯酸聚氨酯等。用作光引发剂和光敏剂的有苯偶姻醚类、乙酰苯衍生物等。辐射固化型涂料具有无溶剂、在环境温度下固化速度快、能耗低、固化后漆膜性能好等特点。广泛用于塑料、木材、金属、皮革、织物、玻璃、印刷电路板及油墨等的涂装。

辐射固化型压敏胶黏剂 radiation curable type pressure sensitine adhesive 是将可聚合单体、低聚体或聚合物弹性体以及增黏树脂、光引发体系和防老剂等其他添加剂组成的混合物均匀地涂布于基材或隔离纸上,再用一定剂量的高能量射线(如紫外光、电子束)辐照涂层使其聚合、交联、固化,从而获得各种性能的压敏胶制品。它既具溶剂型压敏胶的优良性能,又没有溶剂而不污染环境;既保持了热熔压敏胶能耗小、涂布快的优点,又克服了耐热性及耐氧化性差等缺点;也不存在像乳液压敏胶那样因乳化剂存在而耐水性差的缺陷。是颇有发展前景的"绿色"压敏胶。用于配制辐射固化型压敏胶黏剂的低聚体或聚合物弹性体有丙烯酸酯低聚体和共聚体,液体聚酯及聚氨酯低聚体、异戊二烯低聚体等。

L-脯氨酸 L-proline 又名L-吡咯烷-2-羧酸。组成蛋白质的主要成分之一,也是胶原的一种主要成分。无色至白色结晶或粉末。无臭,有较强甜味。熔点 220℃(分解)。极易溶于水,溶于乙醇,不溶于乙醚、异丙醇。医药上用作氨基酸药物,用于蛋白质缺乏症、严重胃肠道疾病、烫伤及外科手术后的蛋白质补充;食品工业用作营养增补剂及风味剂,与糖共热可生成特殊的香味物质。由糖类发酵后分离制得。

辅酶 Q coenzyme Q 结构上为苯醌

$$CH_3O\underset{O}{\overset{O}{\bigcirc}}CH_3 \atop CH_3O \quad (CH_2-CH=\overset{CH_3}{C}-CH_2)_nH$$

$(n=6\sim 10)$

的衍生物,并带有 n 个异戊二烯单位组成的侧链,n 一般为 $6\sim 10$,即 Q_6、Q_7、Q_8、Q_9 及 Q_{10}。它们具有相似的物理和化学性质,具有相同的母环,仅是异戊二烯侧链长度有差异。广泛存在于酵母、植物叶片和种子,以及动物的心脏、肾脏及肝脏中。具有烃的通性,如熔点低、于常见的非极性溶剂中溶解度大等。可以被还原为氢醌型,两者组成氧化还原体系,组成呼吸链的成员,在生物氧化过程中,作为电子受体,起传递电子的作用。如辅酶 Q_6 可从酵母或猪心中分离制得,在临床上用于肌肉萎缩等治疗。

辅酶 Q_{10} coenzyme Q_{10} 又名泛醌、

$$CH_3O\underset{O}{\overset{O}{\bigcirc}}CH_3 \atop CH_3O \quad (CH_2-CH=\overset{CH_3}{C}-CH_2)_{10}H$$

万有醌、葵烯醌。黄色至橙黄色结晶性粉末,无臭,无味。熔点 $48\sim 52℃$。不溶于水、甲醇,微溶于乙醇,溶于乙醚、苯、丙酮。遇光颜色变深,并会分解。在还原剂存在下,能转化为无色的还原型辅酶 Q_{10},后者又能被氧化成氧化型辅酶 Q_{10}。辅酶 Q_{10} 是组成线粒体呼吸链的成分之一,传导电子、质子的氢递体,也在氧化磷酸化中起重要作用。可用于治疗心肌梗死、狭心症等心脏病。作为机体非特异性免疫增强剂,广泛用于治疗细菌或病毒性感染,如病毒性肝炎、亚急性肝坏死所致的脑水肿,也可用于肿瘤病人的综合治疗,以改善其免疫功能。由猪心肌中分离提取制得。

辅助增塑剂
见"主增塑剂"。

腐殖酸-栲胶磺化交联木质素磺酸盐 humate-tannin extract lingosulfonate 又名褐煤栲胶改性木质素。黑色粉末。pH 值 $7\sim 8$。降黏率$\geqslant 70\%$。溶于水,水溶液呈黑褐色,是一种天然材料的改性产品,无毒、无污染。用作钻井液降黏剂,具有较好的耐温、抗盐性能,既能赋予钻井液理想的流变性,又具有一定降滤失作用,适用于水基钻井液。以腐殖酸、栲胶、木质素磺酸盐、亚硫酸钠等为原料制得。

腐殖酸减水剂 humic acid water reducing agent 又名磺化腐殖酸钠。一

$$\underset{CH_3}{\underset{|}{\bigcirc}}\text{苯环,}NH_2,SO_3,COONa$$

种阴离子表面活性剂。深褐色黏稠状液体或深咖啡色固体粉末。腐殖酸含量$>35\%$。pH 值 $9\sim 12$。减水率 $5\%\sim 8\%$。

对钢筋无腐蚀性。用作混凝土减水剂,可改善混凝土和易性,增加强度及节约用水量,延缓水泥初期水化速度。适用于普通混凝土、大体积混凝土、防水混凝土及夏季施工混凝土等。由草炭或泥炭经烘干、碱熬、分离浓缩、硫酸钠磺化等过程制得。

腐殖酸铬 chromium humic acid 又名铬腐殖酸络合物。棕褐色粉末。有效物含量$\geqslant 85\%$。铬含量$\geqslant 4\% \sim 5\%$。pH值$10\sim 11$。易溶于水。水溶液呈碱性。用作淡水或咸水钻井液的降黏剂,并有降滤失量作用。能在$180\sim 200℃$高温下使用。由重铬酸钾与腐殖酸反应制得。

负载型贵金属钯催化剂 support noble-metal Pd catalyst 一种用于蒽醌法生产过氧化氢工艺过程中加氢部分的催化剂。产品牌号有SC-AO3、SC-AO5。金属Pd为催化剂活性组分,载体为Al_2O_3。SC-AO3为$\phi 2.5\sim 3.5mm$的棕色球。堆密度$0.57\sim 0.63g/mL$。Pd含量$0.28\%\sim 0.32\%$。在反应温度$45\sim 75℃$、压力$0.1\sim 0.35MPa$、空速$5\sim 12h^{-1}$的条件下,催化活性$\geqslant 3.3kgH_2O_2$ $(100\%)/kgcat \cdot d$;SC-AO5为$3.5\times(5\sim 15)$棕色三叶草形。堆密度$0.51\sim 0.59g/mL$。Pd含量$0.28\%\sim 0.32\%$。在反应温度$45\sim 75℃$、压力$0.1\sim 0.35MPa$、空速$7\sim 15h^{-1}$的条件下,催化活性$\geqslant 3.8kgH_2O_2(100\%)/(kgcat \cdot d)$。由氧化铝载体浸渍氯化钯溶液,经干燥、焙烘制得。

复合膜 composite membrane 一种由两种膜材料组成的非对称分离膜。制造时一般是先制造多孔支撑膜层,然后再在其表面形成一层极薄的具有分层功能的皮层(表面活性层)。两层材料一般是不同的高聚物。多孔支撑膜层常用材料是聚砜、聚丙烯及聚丙烯腈等。皮层厚度一般为50nm左右,最薄可达到30nm。制备方法有浸涂法、界面聚合法及等离子体聚合法等。广泛用于食品、医药、废水处理、气体分离及石油化工等膜分离装置上。

复配乳化剂 blended emulsifiers 是对给定的应用目的而专门设计的两种或两种以上的表面活性剂乳化剂单体,经过一定加工工艺制得的复合物,并可含有乳化剂单体以外的必要辅助组分(主要为溶剂及稳定剂)。复配乳化剂主要类型是采用两类表面活性剂组成的产品,其中应用较广的是非离子-阴离子复配乳化剂。细分还可分为二元、三元及多元配方复配乳化剂。复配乳化剂主要用于农药加工,也用于日化产品。

富勒烯 fullerene 又名球碳、巴基球、富勒碳。笼状碳原子簇的总称。包括C_{28}、C_{32}、C_{50}、C_{60}、C_{70}、C_{76}、…、C_{240}、C_{540}等。是除金刚石、石墨以外的碳的第三种同素异形体,也是一类新型全碳分子。其中,最具代表性及最稳定的富勒烯分子是C_{60}。球碳C_{60}的分子形状如空心足球,为32面体,由12个五边形环与20个六边形环所构成。五边形环仅为单键,两个六边形环的公共棱边则为双键,共有12个双键。因而C_{60}分子具有缺电子芳香烃的某些性质,能发生环加成反应,亲核、亲电加成,自由基加成,光化学反应及氧化还原反应等。C_{60}不溶于水、二甲基亚砜等极性溶剂,溶于苯、二硫化碳等非极性及弱极性溶剂。其独特结构性能,在超导、微电子、光电子等领域有广泛应用。也可用作流化剂载体及作为催化剂组成部分用于催化聚合反应。由激光蒸发石墨法或石墨电弧放电法制得。

富马酸 见"反丁烯二酸"。

富马酸苄酯 benzyl fumarate 又名富马酸二苄酯、反丁烯二酸二苄酯。白色结晶粉末。熔点 58.5～59.5℃。沸点 210～211℃(0.665kPa)。不溶于水,溶于乙醇、乙醚、苯、氯仿及油类。对热及紫外线稳定。具有优良的杀菌除臭性能及增塑性能。可用作室内喷雾除臭杀菌剂及塑料加工增塑剂。以苯作型水剂,硫酸为催化剂,由苄醇及富马酸直接酯化制得。

结构式：
CHCOOCH₂C₆H₅
C₆H₅CH₂OOCCH

富马酸二甲酯 dimethyl fumarate 又名反丁烯二酸二甲酯、霉克星。白色结晶粉末。相对密度1.37。熔点 103～104℃。沸点 193℃。微溶于水,溶于乙醇、丙酮、乙醚、苯等有机溶剂。热稳定性好,对紫外线、氧化剂及还原剂均稳定。但其水溶液对热的酸、碱稳定性差。是一种高效、低毒、广谱防霉剂,具有接触杀菌及熏蒸杀菌的双重作用。防霉性优于苯甲酸、山梨酸、脱氢乙酸及尼泊金酯类。用作粮食、饲料、皮草、书藉、烟草、织物、纸张、磁带及电器等的防霉剂、食品及化妆品的防腐剂、餐具消毒剂等。由富马酸与甲醇在硫酸催化剂作用下反应制得。

富马酸奈拉西坦 nebracetam fumarate 又名(±)-4-氨甲基-1-苄基-2-吡咯烷酮富马酸盐。白色结晶。熔点 192～194℃。溶于甲醇。一种 γ-内酰胺类益智药,具有拟胆碱作用,增强脑细胞对氨基酸、葡萄糖、磷脂的利用,改善老年性、脑血管性痴呆及出血或栓塞后遗症的症状。由 1-苄基-4-氯甲基吡咯烷-2-酮、邻苯二甲酰亚胺钾盐反应制得奈拉西坦,再与富马酸作用而得。

覆盖云母珠光颜料 coated mica pearl pigment 又名钛云母珠光颜料、云母钛珠光颜料。一种以片状云母粉为基底,表面用化学方法覆盖一层云母或其他材料构成的复合颜料。TiO_2 有高的折射率,但难以使它形成片状结晶。在云母表面覆盖一层 TiO_2 构成片状的 TiO_2-云母珠光颜料,通过光的干涉现象可呈现出柔和的珠光或闪光光泽。商品钛云母珠光颜料有金色、银色、天蓝色、浅红色、玉色、紫色等。TiO_2 含量一般为 20%～60%。颜料的珍珠光泽和干涉色的差异与粒度分布和二氧化钛含量有关。除 TiO_2 外,红色氧化铁、亚铁氰化铁、氧化铬、胭脂红等都可与 TiO_2 一起覆盖在白云母上,通过光的干涉现象而产生浅色发亮的珠光泽。广泛用作涂料、油墨、塑料、皮草、纸张、陶瓷、纺织及日用化妆品的着色剂。制备方法有多种,按 TiO_2 在云母片表面的沉积方法可分为加碱法、热水解法、酸溶性缓冲剂法及气相包覆法等。

覆盆子酮 raspberry ketone 又名

$$HO-\underset{}{\bigcirc}-CH_2CH_2\overset{O}{\underset{\|}{C}}CH_3$$

4-(4-羟苯基)-2-丁酮。结晶状固体。熔点82～83℃。沸点16℃(0.67kPa)。不溶于水,溶于乙醇、乙醚、丙酮。天然存在于覆盆子、欧黑莓、罗甘莓中,有甜的浆果香。一种合成香料,日化香精中多用作修饰剂,调配覆盆子、晚香玉、茉莉等香精;食用香精中多用于草莓、菠萝、桃子等香精。由苯酚与甲基乙烯酮或4-羟基-2-丁酮在催化剂作用下反应制得。

改性大豆磷脂 modified soybean lecithin 又名乙酰化大豆磷脂、乙酰化卵

$$\begin{array}{l} CH_2OCOR_1 \\ | \\ CHOCOR_2 \\ | \\ CH_2OOPOCH_2CH_2NHCOCH_3 \\ \quad\quad | \\ \quad\quad OH \end{array}$$

磷脂。黄色或黄棕色粉状物或颗粒。丙酮不溶物≥95%。酸值≤38mgKOH/g。碘值60～80mgI$_2$/g。过氧化值≤50meg/kg。易溶于动、植物油,部分溶于乙醇,不溶于水,能分散于水中呈乳浊液。是一种天然两性表面活性剂。有良好的乳化、分散性能。用作乳化剂,适用于食品、医药、日化、涂料、制革等行业。也用作饲料添加剂。由天然大豆磷脂经适度乙酰化、羟基化及脱脂而制得。

改性酚醛树脂胶黏剂 modified phenoic resin adhesive 酚醛树脂胶黏剂具有粘接强度高、耐水、耐热及化学稳定性好等特点,但存在耐磨性较低、内压力大易龟裂、热压温度高、耐压时间长等缺点。通过将柔韧性好的线型高聚物(如合成橡胶、聚乙烯醇缩醛、聚酰胺树脂等)混入酚醛树脂中,或将某些黏附性强、耐热性好的高分子化合物或单体与酚醛树脂进行接枝或共聚,可制得各种综合性能很强的胶黏剂。目前常用的改性剂有三聚氰胺、尿素、木质素、丁腈橡胶、间苯二酚及聚乙烯醇缩醛等。如用聚乙烯醇缩醛改性的酚醛树脂胶可显著提高胶黏剂的初黏性、黏附性及耐水性,并可提高胶层弹性、降低内应力及老化龟裂现象。

改性环氧树脂胶黏剂 modified epoxy resin adhesive 以改性环氧树脂为基料的合成胶黏剂。未经改性的环氧树脂胶黏剂有较高的拉伸和剪切强度,但剥离强度低、冲击韧性差、耐热性低,应用受到限制。通过加入一些高聚物进行改性,可显著提高胶黏剂的剥离强度、韧性及耐高、低温性能。用于改性的高分子化合物有液体聚硫橡胶、丁腈橡胶、聚乙烯醇缩醛树脂、酚醛树脂、有机硅树脂及聚砜等。改性环氧树脂胶黏剂品种有:环氧热塑性树脂胶黏剂(如环氧－低分子聚酰胺胶黏剂、环氧尼龙胶黏剂、环氧－聚砜胶黏剂、环氧－缩醛胶黏剂)、环氧－热固性树脂胶黏剂(如环氧－聚氨酯胶黏剂、环氧－酚醛胶黏剂)及环氧－橡胶胶黏剂(环氧－聚硫胶黏剂、环氧－丁腈胶黏剂)等。

改性烷基酚醛树脂 modified alkylpoenol resin 是由不同结构的烷基酚与甲醛和改性剂经缩聚反应制得的系列产品。商品牌号有TKM-M、TKM-T、TKM-O等。为黄色至深褐色颗粒状固体。相对密度1.02～1.05。软化点85～140℃。不溶于水,溶于乙醚、丙酮、苯、氯仿及松节油等。具有长效、耐湿、粘附性高等特点。无毒。用作溶剂型胶

黏剂的增黏剂,天然及合成橡胶的增黏剂及软化剂等。

钙离子拮抗剂 calcum blockers 又名钙通道阻滞剂。一类抗高血压药。通过阻滞 Ca^{2+} 内流和细胞内 Ca^{2+} 移动,使心肌收缩力减弱,外周血管扩张,血压下降。在有效降低血压并使血压达标,减少心血管事件方面的作用十分突出。按化学结构可将钙离子拮抗剂分为 1,4-二氢吡啶类(如硝苯地平、非洛地平、尼卡地平、尼莫地平、氨氯地平等)、苯基烷基胺类(如锥拉帕米、戈洛帕米、依莫帕米等)、苯并噻唑类(如地尔硫䓬、尼克硫䓬等)及二氨基丙醇醚类(如苄普地尔)。

钙皂分散剂 lime soap dispersing agent 能防止钙(镁)皂沉淀生成的表面活性剂。肥皂作为洗涤剂具有去污力强且易生物降解的特点,但肥皂的抗硬水作用差,水中的钙、镁离子会与肥皂作用生成沉淀而再沉积于纤维上,影响肥皂的使用性能。肥皂中加入钙皂分散剂则可防止肥皂与硬水作用生成沉淀。可用作钙皂分散剂的表面活性剂有:有较长直链型疏水链、在链末端有作为亲水基的双功能极性基的阴离子表面活性剂,有一个极性较强的亲水基,而在疏水链中有一个以上酯基、酰氨基、磺基和醚基的阴离子表面活性剂,多数两性表面活性剂,以聚氧乙烯酰作为亲水基团的非离子表面活性剂等。

平酪素 gasein NH_2-R-COOH 又名酪蛋白、酪素、乳酪素。一种等电点为4.6的高分子含磷蛋白质,是乳汁及干酪的主要成分。相对分子质量约 7.5 万～37.5 万,构造极为复杂,主要组分为 α 酪蛋白、β 酪蛋白及 γ 酪蛋白的混合体。外观为白色至淡黄色颗粒、粉末或片状物,无臭、无味或有轻微香气。相对密度 $1.25\sim1.31$。熔点 280℃ (分解)。不溶于水、乙醇,溶于稀碱液及浓酸,在弱酸中沉淀。有乳化、增稠、成膜、黏合及保护胶体等性能,化妆品中用作唇霜、乳液的增稠剂、乳化稳定剂;食品加工中用作营养强化剂及填充剂;制革工业用作成膜剂及上光剂。还用作纸张上光剂、织物上浆剂、印花固定剂、水溶性防黏剂,以及用于制造水解蛋白、鞣酸蛋白等。由凝乳酶使脱脂乳凝结、沉淀后再经洗涤、干燥、粉碎而制得。

干酪素胶 casein glue 又名酪蛋白胶,蛋白质胶黏剂的一种,是由干酪素为基质,加入硅酸钠、碳酸钠、氢氧化钙、氨水、硼砂、甲醛及水等调制而成。加入甲醛是为了提高胶黏剂的耐水性,可用于木材、乐器、体育用品、纸张、陶瓷等的粘接。参见"蛋白质胶黏剂"。

干扰素 interferon 简称IFN。是由病毒进入机体后诱导宿主细胞产生的一类高活性、多功能含糖蛋白质,相对分子质量在 19000～160000 之间,是 20 世纪 50 年代后期发现的一类细胞因子家族,具有广谱抗病毒活性和潜在的抗肿瘤活性。目前已发现三种存在量较少的天然干扰素:①白细胞干扰素(IFN-α),由淋巴细胞和巨噬细胞产生;②成纤维细胞干扰素(INF-β),由成纤维细胞、上皮细胞和巨噬细胞产生;③免疫干扰素(IFN-γ),由活化的 T 淋巴细胞产生。这三种干扰素均为糖蛋白。以前,只有通过化学合成或分离才能得到少量的蛋白。目前,这三种干扰素都能利用基因工程技术生产,称为重组干扰素。一些重组干扰素药物也已上市,包括三种 INF-α 产品、两种 INF-β 药物和一个 IFN-γ 药物。

干扰素不含核酸,抗原性弱,对蛋白酶敏感,抗病毒谱广,有明显的抗病毒、抗肿瘤、免疫调节等功能。

干洗剂 dry cleaner 指非水系以有机溶剂为主要成分的液体洗涤剂,通常由有机溶剂、表面活性剂、少量水(或不加水)及乳化剂等组成。是一种有机溶剂-表面活性剂配合的洗涤剂,用于毛、丝等高档织物的干洗,它可以将吸附于基质材料上的油性污垢溶解,同时将污垢分散使其容易从基质材料上脱离。在溶剂中可以发挥表面活性剂的渗透、增溶、润湿、分散及乳化等表面活性,使水溶性污垢及固体污垢从基质材料上去掉,并可防止溶剂中的污垢再沉积到基质材料上。干洗剂的主要成分是石油烃系及卤代烃有机溶剂,常用的是四氯乙烯、三氯乙烯;所使用的表面活性剂是阴离子及非离子表面活性剂,其 HLB 值以 $3 \sim 6$ 为宜,常用的是石油磺酸盐、重烷基苯磺酸盐、脂肪醇聚氧乙烯醚、烷基芳基聚氧乙烯醚等。为提高干洗效果,在干洗剂配方中还加入少量稳定剂、抗静电剂、抗再沉积剂及柔软剂等。

干性油 drying oil 涂料行业习惯将油分子中含有 6 个双键的油称为干性油,如桐油、亚麻油、梓油、苏籽油等;含 $4 \sim 5$ 个双键的油如豆油、葵花籽油称为半干性油;含 4 个以下的双键的油称为不干性油,如蓖麻油等。干性油可以在空气中氧化干燥结成固体膜,半干性膜氧化成膜性能次之,不干性油不能氧化成膜。如用碘值来表征时,碘值超过 140 称为干性油,碘值<125 为不干性油,碘值在 $125 \sim 140$ 之间为半干性油。干性油广泛用于制造涂料、油毡、油布及油墨等。

干性油改性沥青涂料 drying oil-modified bituminous coatings 一种由天然沥青或石油沥青或它们的混合物加入干性油改性制得的沥青涂料。其耐候性、耐光性比无油沥青好,但干燥性能差,耐水性也有所降低。如经过烘干性能会有所提高。但因沥青在油中的抗作用,对常温干的漆常需加入大量催干剂,以使涂膜得到适当的干燥,其用量往往为油性漆的数倍。所用催干剂常为铅锰的环烷酸盐。参见"沥青涂料"。

甘氨酸 glycine H_2NCH_2COOH 又名氨基乙酸。人体非必需氨基酸,天然存在于动物筋肉、蛋白及明胶中。白色单斜晶系结晶或粉末。无臭,有特殊甜味。存在 $\alpha、\beta、\gamma$ 三种异构体。相对密度 1.1607。熔点 $232 \sim 236℃$(分解)。易溶于水,微溶于吡啶及乙醇,不溶于乙醚及其他有机溶剂。水溶液呈酸性。其盐酸盐为易吸湿结晶,熔点 182℃。用于制造甘氨酸盐、马尿酸及医药、农药等。也用作食品调味剂、抗氧剂、防腐剂及二氧化碳吸收剂、饲料添加剂等,可作为糖精的去苦剂。由氯乙酸与氨水反应制得。

甘草苷 liguiritin 又名甘草黄酮、甘草黄苷。是常用中药甘草根茎中的药效成分。其一水合物为无色针状结晶(稀乙醇中)。熔点 $212 \sim 213℃$。难溶于水,溶于乙醇、乙酸乙酯。紫外特征吸收波长为 249mm。具有抗炎、杀菌、抗贫血及抑制酪氨酸酶活性等作用。用于牙膏或漱口水可防止牙溃疡。用于护肤品有抗皮肤肿瘤及减慢皮肤中黑色素形成等作用,如用于配制除老年色斑乳液。由甘草根或已提取甘草酸的药渣经溶剂萃取制得。

甘草抗氧化物 licorice oil antioxidant 又名甘草油性提取物。黄褐色至红褐色粉末,稍有甘草的特殊香味,主要成分为甘草黄酮类、甘草异黄酮类、甘草香豆酮类、甘草查尔酮类等。总酮含量≥27%。熔点70~90℃。不溶于水、甘油,溶于乙醇、乙醚、乙酸乙酯等。有良好的耐热、耐光及抗氧化性能。在碱性条件下稳定性下降。主要用作食品抗氧化剂。由甘草粉碎后经溶剂浸提后浓缩制得。

甘草甜(素) glycyrrhizin 化学式 $C_{42}H_{62}O_{16}$ 又名甘草酸、甘草皂苷、甘草精。无色至白色柱状结晶。熔点220℃(分解)。易溶于热水、乙醇,几乎不溶于乙醚,也不溶于油脂。天然存在于甘草的根及根茎中。味甜,甜度约为蔗糖200倍。但要在入口略过片刻才有甜味感,甜味留存时间长。虽无香气,但有增香效能。作为天然甜味剂,可以克服应用蔗糖引起的发酵、酸败等缺陷,广泛用于各类食品,并具有增强风味等作用。动物实验表明,甘草甜还具有抗肿瘤降胆固醇、抗变态反应等生理活性,可用于抗炎、治疗胃溃疡。与其他药物并用可用作高效止汗剂。可由甘草根粉碎后用水抽提后经浓缩、精制而得。

甘露醇 mannitol 又名甘露糖醇、

$$HOCH_2(CHOH)_4CH_2OH$$

己六醇。为山梨醇的立体异构体。白色或无色的结晶粉末。无臭。相对密度1.489。熔点166~168℃。沸点290~295℃。有爽口甜味,甜度约为蔗糖的57%~72%。溶于水、乙醇,微溶于吡啶,不溶于乙醚。水溶液呈微酸性。不吸湿。可被人的胃肠吸收,但在体内不积蓄,部分在体内被代谢,部分从尿中排出。具有多元醇的通性,可进行酯化、醚化及缩合等反应。用于制造表面活性剂、增塑剂及利尿药。也用作食品无糖甜味剂、增稠剂,医药赋形剂,植物生长调节剂,饲料添加剂、烟草尼古丁过滤剂等。由葡萄糖或蔗糖用氢气还原制得。

甘珀酸 carbenoxolone 又名生胃酮。乳白色结晶。熔点291~294℃。不溶于水,溶于甲醇、丙酮、氯仿。为皮肤病治疗药。其甘珀酸钠是一种高效经口抗溃疡药,也用于治疗癌症。由甘草次酸与丁二酸酐在4-二甲氨基吡啶催化剂存在下反应制得。

甘羟铝 aluminium glycinate 又名二羟氨基乙酸铝。白色至类白色粉末。无臭、无味。不溶于水及有机溶剂。溶于稀矿酸及碱溶液。受高温分解放出氨气,并生成氧化铝。用作抗酸药,用于治疗胃溃疡、慢性浅表性胃炎、十二指肠溃疡、幽门管溃疡等。以氧化铝与氢氧化钠为原料合成活性氢氧化铝后再与甘氨酸钠反应制得。

甘油单月桂酸酯 glyceryl monolaurate 又名月桂酸单甘油酯。白色至奶白色软固体。相对密度 $0.97 \sim 0.98$。熔点 $62 \sim 63℃$。闪点 $\geqslant 18℃$。5%水溶液 pH 值 $7.5 \sim 8.5$。HLB值 6.8。能在水中分散,溶于甲醇、乙醇、甲苯、石脑油、矿物油、溶剂汽油及棉籽油等。用于调制香波、化妆品护肤膏霜、浴液及水果保鲜等。也用作消泡剂、抗静电剂、抗菌剂、防腐剂等。由月桂酸或椰子油与甘油反应制得。

甘油单乙酸酯 glyceryl monoacetate 又名乙酸甘油酯、醋酯。无色至浅黄色黏稠液体,有特殊气味。相对密度 1.206。凝固点-30℃。沸点 149℃(1.33kPa)。闪点 148℃。折射率 1.4535(40℃)。溶于水、乙醇,微溶于醚,不溶于苯。主要用作纤维素树脂、乙酸乙烯酯的增塑剂,具有耐石油及油脂性好的特点。也用于鞣革及制造染料,以及用作溶剂等。由甘油与乙酸经酯化反应制得。

甘油单硬脂酸酯 glyceryl monostearate 又名硬脂酸单甘油酯、单甘酯。白色粉末、片状或块状固体。非精制品为微黄色蜡状固体。相对密度 0.97。熔点 $56 \sim 58℃$。不溶于水,溶于热乙醇、丙酮、苯、植物油及矿物油。无毒。用作膏霜类化妆品基质原料、食品乳化剂及抗黏剂、胶乳分散剂、食品保鲜膜的流滴剂、硝酸纤维素的增塑剂、聚氯乙烯内润滑剂、豆浆消泡剂及热塑性树脂抗静电剂。在催化剂存在下,由硬脂酸与甘油直接酯化制得。

甘油单油酸酯 glyceryl monooleate $C_{17}H_{33}COOCH_2CH(OH)CH_2OH$ 又名油酸甘油酯。白色至微黄色蜡状固体或液体。相对密度 $0.951 \sim 0.955$。熔点 35℃。折射率 $1.4625 \sim 1.4645$。不溶于水,溶于乙醇、丙酮、甲苯、植物油、矿物油等。用作乳化剂、润湿剂、增稠剂、分散剂、消泡剂等。可用于化妆品基料,用作护肤剂、护发剂,也用作添加型流滴剂,适用于聚乙烯或聚氯乙烯食品包装膜。由油酸与甘油经酯化反应制得。

甘油二乙酸酯 glyceryl diacetate
又名二乙酸甘油酯、二醋精。一般为异构体混合物。无色无味吸湿性液体。相

$$\begin{array}{cc} CH_2OCOCH_3 & CH_2OCOCH_3 \\ | & | \\ CHOCOCH_3 & CHOH \\ | & | \\ CH_2OH & CH_2OCOCH_3 \end{array}$$

(1,2-酰化物)　　(1,3-酰化物)

对密度 1.184（16℃）。凝固点低于-30℃。沸点 259～260℃。闪点 146℃。折射率 1.4395。易溶于水，溶于乙醇、乙醚、苯，不溶于汽油、矿物油及大豆油。有毒！对皮肤、黏膜有刺激作用。用作纤维素树脂、虫胶、库马龙树脂及一些天然树脂等的增塑剂，耐水解、耐吸湿性一般。也用作樟脑、紫胶、染料中间体及油墨等的溶剂。由甘油与乙酸经酯化反应制得。

甘油 EO/PO 嵌段共聚醚 glycerine EO/PO block copolymer 又名甘油 EO-PO-EO 型嵌段共聚醚。一种非离子表

$$\begin{array}{l} CH_2O(CH_2CH_2O)_m(C_3H_6O)_n(CH_2CH_2O)_p \\ | \\ CH_2O(CH_2CH_2O)_m(C_3H_6O)_n(CH_2CH_2O)_p \\ | \\ CH_2O(CH_2CH_2O)_m(C_3H_6O)_n(CH_2CH_2O)_p \end{array}$$

面活性剂。浅黄色黏稠状液体。相对分子质量约5000。羟值34～37mgKOH/g。酸值0.04～0.06mgKOH/g。难溶于水，溶于乙醚、苯、氯仿。具有良好的消泡、抑泡、分散、润湿等性能。用作消泡剂、润湿剂，适用于造纸、发酵、农药等行业。在碱催化剂存在下，由甘油与环氧乙烷、环氧丙烷进行加成反应制得。

甘油葡萄糖苷硬脂酸酯 glyceryl glucoside stearate 又名丙三醇葡萄糖苷硬脂酸酯。属非离子表面活性剂。白色固体。熔点 58～60℃。羟值 201mgKOH/g。酸值≤1.0mgKOH/g。皂化值≤145mgKOH/g。不溶于水，溶于乙醚、植物油、矿物油等。能

$$\begin{array}{c} CH_2OOC_{17}H_{35} \\ H \diagup O \diagdown H \\ HO \diagup H \diagdown OCH_2-CHOH-CH_2OH \\ H \quad OH \end{array}$$

生物降解，无毒。用作油包水型（W/O）乳化剂，乳化性能比单甘酯高。适用作食品、医药及化妆品的乳化剂。由硬脂酸甲酯与甘油葡萄糖苷经酯化反应、精制制得。

甘油三乙酸酯 glyceryl triacetate
$(CH_3COOCH_2)_2CHOCOCH_3$
又名三乙酸甘油酯、三醋精。无色油状液体，微有脂肪气味。相对密度 1.156（25℃）。凝固点 3℃。沸点 258～260℃。闪点 133℃。折射率 1.4307。稍溶于水，溶于醇、酮、苯、乙酸乙酯，不溶于矿物油。用作硝酸纤维素、乙酸纤维素等的增塑剂，用于制造纤维素塑料。与邻苯二甲酸二丁酯、硬脂酸丁酯等配合使用，可制得耐水、耐紫外线、有韧性的制品。也用作乙酸酯类化合物的溶剂、香精定香剂、医药赋形剂等。还用于汽油添加剂、家用漂白剂、油墨溶剂、香烟过滤嘴等。由甘油与乙酸经酯化反应制得。

甘油三硬脂酸酯 glyceryl tristearate
又名三硬脂酸甘油酯、硬脂精。属非离子表现面活性剂。无色结晶或粉末。无

$$\begin{array}{l}CH_2OOCC_{17}H_{35}\\CHOOCC_{17}H_{35}\\CH_2OOCC_{17}H_{35}\end{array}$$

臭。有甜味。相对密度 0.862（80℃）。熔点约 55℃。不溶于水、乙醚、冷乙醇、石油醚，溶于植物油。有良好的乳化性能。用作食品及化妆品膏霜的乳化剂，皮革加脂助剂，织物上浆剂等，也用于制造肥皂、蜡烛、防水纸等。由甘油与硬脂酸经酯化反应制得。

甘油三油酸酯 glyceryl trioleate 又名三油酸甘油酯、三油精。

$$\begin{array}{l}CH_2OOCC_{17}H_{33}\\CHOOCC_{17}H_{33}\\CH_2OOCC_{17}H_{33}\end{array}$$

无色至淡黄色油状液体。相对密度 0.915。熔点 32℃（α 型）、3.8℃（β 型）。沸点 235～240℃。闪点 293℃。折射率 1.4581（60℃）。属非离子表面活性剂。HLB 值 0.6～1.0。不溶于水，溶于乙醇、乙醚、苯及矿物油等。用作润滑剂、乳化剂、润肤剂、加脂剂及遮光剂等。由甘油与油酸经酯化反应制得。

杆菌肽 bacitracin 又名枯草菌肽、枯草菌素。一种含有噻唑环的肽类抗生素。至少有 9 种同系物。为类白色至淡黄色粉末。无臭，味苦。易溶于水，溶于乙醇，不溶于乙醚、丙酮、氯仿。干燥的较稳定，水溶液在室温下易失效，可与多种金属离子形成配合物，其中杆菌肽锌是广为应用的饲料添加剂。主要对革兰阳性菌如溶血性链球菌、肺炎球菌、白喉杆菌、破伤风芽孢梭菌等有强抑菌作用。用于敏感菌引起的各种感染，如败血症、肺炎、心内膜炎等。对肾脏毒性较大，局部应用于革兰阳性菌的皮肤、伤口感染。由枯草杆菌或地衣形芽孢杆菌的发酵液提取而得，为至少有 9 种杆菌肽组成的多组分混合物，其中以杆菌肽 A 为主。

肝素 heparin 一种硫酸酯的黏多糖。为动物体内的天然抗凝血物质，存在于肝、肌肉、血管壁、肺及肠黏膜等组织中，但正常血液中几乎不存在。是由 D-氨基葡萄糖和 L-艾杜糖醛酸或 D-葡萄糖醛酸构成的聚糖。相对分子质量 10^3～10^4。白色或类白色粉末，有吸湿性，易溶于水，不溶于乙醇、丙酮。主要用于输血时的血液抗凝剂，临床上也常用于防止血栓形成，加入美容制品中，具有消除黑眼圈及调节皮肤色泽的作用。可由猪十二指肠黏膜及猪胰脏提取制得。

肝素钠 heparin sodium 肝素的硫酸酯钠盐形式。为自猪或牛的肠黏膜中提取的硫酸氨基葡聚糖的钠盐。为白色或类白色粉末，无臭、无味。有吸湿性。易溶于水，不溶于乙醇、丙酮、氯仿。pH 值 5～7.5。为抗凝血药，能阻抑血液的凝结，可用于防止血栓形成。还具有降血脂、抗动脉粥样硬化、抗炎、抗过敏等作用。用肝素钠配合治疗暴发性流脑败血症和肾炎有较好疗效。由新鲜猪肠黏膜提取制得。

感光材料 photographic material 在光照下发生物理或化学变化，经过适当的显影、定影处理后，能够形成记录影像的材料。如常用的照相胶片、印像纸、电影胶片、X 射线胶片等。其基本结构都是由乳剂层、支持体和一系列辅助层所构成。乳剂层的主要成分是卤化银、照相明胶和多种补加剂(如光谱增感剂、防灰雾剂、坚膜剂、稳定剂、表面活性剂等);支持体分为纸基、片基及玻璃底基三种,其中片基是高分子化合物制成的薄膜,如纤维素酯片基、聚酯片基等;辅助层包括底层、防卷曲层、防静电层、防光晕层、滤色层及隔层等。感光材料有多种分类方法:①按生成影像的色彩,分为黑白及彩色感光材料;②按感光度,分为高、中、低感光度几类;③按感色性,分为全色片、正色片、色盲片、红外片、紫外片、X 光片等;④按片基,分为硬片、软片、相纸三大类;⑤按反差系数高低,分软性片、中性片、硬性片和特硬性片;⑥按用途,分为校色用、分色用、拷贝用、网线版及转写感光材料。

感光乳剂 photographic emulsion 又名照相乳剂。卤化银微晶在明胶溶液中的悬浮体,是卤化银感光材料的基本组成部分,将感光乳剂均匀涂布在支持体上即构成银盐感光材料。乳剂制备分为:①单注法。即将硝酸银按预定流速注入到含卤化物、照相明胶及其他成分的溶液内。②双注法。是将硝酸银和卤化物溶液分别由二个流液管在搅拌下同时加到明胶卤化物溶液中,通过对乳化过程的控制可以制备出各种乳剂。

高碘酸 periodic acid $HIO_4 \cdot 2H_2O$ 又名仲高碘酸、过碘酸。无色或白色单斜晶体,暴露于空气中易吸湿变成淡黄色。熔点 122℃。极易溶于水,溶于乙醇、硝酸,微溶于乙醚。水溶液在室温时挥发后会产生 H_5IO_6 结晶。约 100℃ 于真空中失水成偏高碘酸(HIO_4)。130～140℃ 分解为 I_2O_5、氧和水。酸性比高氯酸弱。具氧化性,可氧化有机物质。易被亚硝酸、亚硫酸甚至硫酸、盐酸还原成碘酸。有腐蚀性。用作氧化剂、色层分析试剂及测定碘的试剂等。由低温电解浓碘酸制得。

高碘酸钾 potassium periodate KIO_4 无色或白色四方晶系结晶或粉末。相对密度 3.618(15℃)。熔点 582℃。300℃ 时开始分解。微溶于水,溶于热水、氢氧化钾,不溶于乙醇。有强氧化性。在酸性溶液中能将 2 价或 4 价锰氧化成高锰酸根离子。也可被过氧化氢还原并放出氧气。其水溶液也能被 H_2S 或 SO_2 还原。有毒! 粉尘对皮肤、黏膜及眼睛等有腐蚀及刺激性。用作液相强氧化剂、锰的着色剂及分析试剂。由高碘酸钠与硝酸钾经复分解反应制得。

高毒农药 highly toxical pesticide 按农业生产上所用农药(原药)的毒性综合评价(急性口服、经皮毒性、慢性毒性等),属于高毒农药的品种有:3911、苏化 203、1605、甲基 1605、1059、杀螟威、六效磷、磷胺、甲胺磷、异丙磷、三硫磷、氧乐果、磷化锌、磷化铝、氰化物、呋喃丹、氟乙酰胺、砒霜、杀虫脒、西力生、赛力散、溃疡净、氯化苦、五氯酚、二溴氯丙烷、401 等(1982 年 6 月 5 日农牧渔业部、卫生部发布)。高毒农药只要接触极少量就会引起中毒或死亡。不准用于蔬菜、茶树、果树、中药材等作物,不准用于防治卫生害虫与人、蓄皮肤病。除杀鼠剂外,也不准用于毒鼠。氟乙酰胺禁止在农作物上使用,不准做杀鼠剂。3911乳油只准用于拌种,严禁喷雾使用。呋喃丹颗粒只准用于拌种、用工具沟施或带手套撒毒土,不准浸水后喷雾。参见"剧毒农药"。

高分子表面活性剂 polymeric surfactant 指相对分子质量在2000~3000以上同时具有表面活性的两亲高分子化合物。按其亲水基团的性质可分为阳离子型(如聚乙烯吡咯烷酮)、阴离子型(如木质素磺酸盐)及非离子型(如聚氧乙烯聚氧丙烯嵌段共聚物);按其来源又分为天然类、半合成类及合成类。与常见低分子表面活性剂相比,具有分散能力强、品种多、低毒、乳化稳定性好等特点。尤其是非离子型对电解质及pH值不敏感,还能与各种表面活性剂相容,又可用于非水体系,广泛用作分散剂、乳化剂、增黏剂、絮凝剂、胶体保护剂、保湿剂、抗静电剂、消泡剂及食品添加剂等。

高分子分离膜 polymeric separation membrane 由聚合物或高分子材料制成的具有分离混合物功能的薄膜。与筛网分离的推动力只有压力差的区别是,膜分离过程除压力差外,浓度差、分压差、电位差、温度差等均可作为分离过程的推动力。种类很多,按分离功能分为:用于混合物分离的分离膜,用于药物定量释放的缓释膜,起分隔作用的保护膜及具有催化功能的分离膜;按分离物质性质不同可分为:气体分离膜、液体分离膜、固体分离膜、离子分离膜及微生物分离膜;按被分离物的粒度大小可分为:超细膜、超滤膜、微滤膜;按膜形成方法可分为沉积膜、熔融拉伸膜、溶剂注膜、界面膜和动态形成膜;按膜的性质可分为致密膜、乳化膜、多孔膜及相变形成膜等。广泛用于分子级混合物的分离、气体分离及富集、盐析、电解质分离与传递、海水淡化、化工蒸馏等领域。

高分子化学反应试剂 polymer chemical reaction reagent 又名高分子试剂,是在高分子骨架或侧链上引入小分子试剂,或是将某些聚合物功能化而制得的具有化学试剂功能的高分子化合物。利用它在反应体系中的不溶性、立体选择性、稳定性及可分离性等特点,可在多种化学反应中获得应用,也可用作化学反应载体,用于固相合成反应。按其反应性质,可分为高分子氧化还原试剂、高分子卤化试剂、高分子烷基化试剂、高分子磷试剂,以及用于多肽和多糖等合成的固相合成试剂等。由于它们具有诸多小分子试剂不可比拟的优点,目前已渗透至医药、生物化工、精细化工、石油化工及日用化工等行业。

高分子量丁二酰亚胺 high molecular weight succinimide 棕褐色黏稠液体。按含氮量不同分为高氮及低氮两个品种,其统一代号为T161A及T161B。相对密度0.90~0.93。闪点≥160℃。T161A的运动黏度为$350\sim450mm^2/s(100℃)$,氮含量不小于1.0%;T161B的运动黏度为$450\sim600mm^2/s(100℃)$,氮含量不小于0.5%。具有优良的低温及高温分散性、高温清净性,对防治黑油泥特别有效,用作分散剂及清净剂,用于配制高档内燃机油。与一般的分散剂复合后,再与高碱清净剂用于内燃机油,可降低总的添加量。其中 T161A 多用于汽油机机油,T161B 多用于柴油机机油。由聚异丁烯与马来酸酐在氯气作用下生成烯基丁二酸酐,再与多烯多胺反应制得。

高分子量聚丙烯酸钠 high molecular weight sodium polyacrylate 又名 CW-0702 絮凝剂。一种阴离子线型高分子聚合物,无色至淡黄色黏稠性液体。固含量 $\geqslant 8\%$。特性黏度 $\geqslant 225\mathrm{dL/g}(25℃)$。结构式为 $\mathrm{\text{—}[CH_2\text{—}CH]_n\text{—}}$ 带 COONa 基。易溶于水,并呈真溶液。用作工业给水、氯碱工业含盐水、工业废水及废液等净化处理的絮凝剂。在水溶液中能离解出钠正离子,分子链上则生成带负电荷的羧基负离子,对带异号电荷的胶体颗粒会产生电荷中和或压缩双电层的作用,使得胶体体系脱稳,促进其凝聚沉降。也用作增稠剂、分散剂、阻垢剂等。在引发剂存在下,由丙烯酸聚合后,再经碱中和制得。

高分子卤代反应试剂 polymer halogeno-reaction reagent 小分子卤代试剂经高分子化的化学反应试剂。卤代烃是重要化工原料及中间体。工业上常用选择性高的小分子卤代试剂制备卤代烃,其主要缺点是强腐蚀性、沸点低、易挥发、毒性大。高分子卤代反应试剂则克服了上述弊端,不仅简化反应过程及分离步骤,还可提高反应选择性。已工业应用的高分子卤代反应试剂有二氯代磷型、N-卤代酰亚胺型及三价碘型等。如二氯化磷型高分子氯代反应试剂用于从羧酸制酰氯和将醇转化为氯代烃,不仅反应条件温和、收率较高,而且试剂回收后经再生可重复使用。参见"高分子化学反应试剂"。

高分子凝胶 polymeric gel 由某些天然的或合成的高分子网络与液体组成的凝胶体系。在高分子凝胶中,水凝胶占有重要地位,绝大多数天然或合成的高分子凝胶均为水凝胶,天然高分子水凝胶如生物体内的血管、细胞膜、筋键、血液等;合成高分子水凝胶如以丙烯酰胺、丙烯酸酯、乙烯吡咯烷酮等单体为基础的交联型共聚物所制得的水凝胶等。高分子凝胶是一种三维交联网络,在其良溶剂的作用下会发生溶胀。其溶胀过程实质上是两种相反趋势的平衡过程:溶剂力图渗入到网络内使体积膨胀,导致三维分子网络的伸展。同时,分子网络的弹性力力图使分子网络收缩。当这两种相反的倾向相互抵消时,就达到溶胀平衡。温度、电解质浓度、pH 值及溶剂的性质均会对其平衡溶胀产生影响。高分子凝胶在柔性执行元件、微机械、药物缓释系统、人造肌肉以及水土保湿等领域有广泛的应用。

高分子吸附树脂 polymeric adsorption resin 一类具有吸附及分离功能的功能高分子材料,可分为:①非离子型高分子吸附树脂,在分子结构上不含有离子性基团、可配位的原子或原子群和螯合基团。按聚合物骨架不同分为聚苯乙烯型及聚丙烯酸型。按其极性不同,可分为非极性、中极性及强极性吸附树脂。

它对非极性和弱极性有机化合物有特殊吸附作用,如高分子吸油树脂可用于吸附分离气相或液相中的有机物。②亲水性高分子吸附树脂,是在交联的聚合物骨架上带有亲水基团的功能高分子,主要指高吸水性树脂。③金属阳离子配位型吸附树脂,又称高分子螯合树脂。分子结构上带有像乙酰丙酮基、多羧基或多胺基的基团,可与金属阳离子的空轨道进行配位,由于多个原子的参与,像蟹爪子一样,将被分离的金属螯合。④离子型高分子吸附树脂。其制备方法与离子交换树脂相同,只是根据吸附物质不同,对孔径、孔隙率及引入的离子基团进行调整。主要用于各种阴离子或阳离子的分离或富集。

高分子氧化还原反应试剂 polymer redox reaction reagent 既有氧化作用,又有还原功能,自身具有可逆氧化还原特性的一类高分子化学反应试剂。其特点是反应结束后,经过氧化或还原反应易于再生使用。按小分子部分活性中心结构特征,可分为含醌式结构高分子氧化还原试剂、含硫醇结构高分子氧化还原试剂、含吡啶结构高分子氧化还原试剂、含二茂铁结构高分子氧化还原试剂及含杂原子的多环芳烃结构高分子氧化还原试剂。它们在结构上都有多个可逆氧化还原中心与高分子骨架相连接,在化学反应中氧化还原活性中心与起始物发生反应是试剂的主要活性部分,聚合物骨架只起对活性中心的负载作用,常用于有机化学反应中的选择性氧化或还原反应。参见"高分子化学反应试剂"。

高固含量聚丙烯酸钠 high solid content sodium polyacnylate 又名 KS-01

$$\{CH_2-CH\}_m \quad \{CH_2-CH\}_n$$
$$\quad\quad | \quad\quad\quad\quad\quad\quad |$$
$$\quad\text{COONa} \quad\quad\quad \text{COOR}$$

絮凝剂。一种阴离子表面活性剂。外观为白色至微黄色透明胶体。固含量 35%～37%。相对分子质量 800 万～1000 万。pH 值 10～12。水中溶解速度 <4h。溶于水,不溶于一般有机溶剂。用作工业给水、工业盐水的高分子絮凝剂,对污泥的絮凝沉淀及脱水效果较好。在制备氧化铝工艺中可用于分离赤泥,在氯碱厂可用于精制盐水。也用作分散剂、阻垢剂等。由丙烯酸经中和后,再加入引发剂在水中聚合制得。

高哈林通碱 homoharringtonine 又名高三尖杉酯碱、高粗榧碱。白色结

晶或无定形粉末,味苦。熔点 143～146℃。微溶于水,易溶于乙醇、乙醚、氯仿等有机溶剂。天然存在于粗榧科植物三尖杉中。为细胞周期特异性药物,有抗癌作用,对急性粒细胞性白血病、急性早幼粒细胞白血病、急性原核细胞性白血病疗效较好,对恶性淋巴瘤及真红细胞增多症也有疗效。与其他抗癌药合用

高碱度磺酸钙 high alkalinity calcium salfonate 一种润滑油极压润滑剂。相对

$$\left[R-\bigcirc-SO_3\right]_2 Ca \cdot (CaCO_3)_n$$

（R-烷基）

密度 $1.15\sim1.20$。闪点 220℃。钙含量 $14.5\%\sim15.2\%$。总碱值 $385\sim405$mgKOH/g。运动黏度 60mm²/s（100℃）。不溶于水，溶于矿物油、白油及合成油，主要用于金属加工液、乳化或半合成水基切削液中作极压添加剂。可替代氯化石蜡，特别是与硫化极压剂复配使用，有明显协同作用。与其他添加剂配伍性好，并有良好的防锈性及清净分散性。由磺酸与氢氧化钙反应制得。

高铝催化裂化催化剂 high-aluminium catalytic cracking catalyst 白色微球。主要组成为非结晶结构的硅酸铝。Al_2O_3 含量 $\geqslant20\%$。孔体积 $\geqslant0.50$mL/g。比表面积 $\geqslant350$m²/g。初活性（500℃,1h）$\geqslant35\%$。用于流化催化裂化装置。比低铝硅酸铝催化剂机械强度高、稳定性及流化性能好，裂化性能高于天然白土催化剂。由硅酸钠、硫酸铝经成胶、打浆、喷雾干燥、洗涤、干燥而制得。

高铝分子筛催化裂化催化剂 high-aluminium molecular sieve catalytic cracking catayst $\phi 20\sim100\mu m$ 微球形催化剂。活性组分为稀土 Y 型分子筛，载体为硅酸铝。氧化铝含量 $\geqslant4.2\%\sim27\%$。SO_4^{2-} $1.3\%\sim1.73\%$。孔体积 0.57mL/g。比表面积 $\geqslant440$m²/g。分子筛含量中等，具有较好的催化裂化活性。主要用于提升管反应器的催化裂化装置，生产汽油、煤油、柴油等轻质油品。积炭失活的催化剂可以再生。中国产品牌号有 CGY-1、CHY-2、LWC-33、LWC-34、Y-4 等。由分子筛浆液与硅铝胶经混合打浆、喷雾干燥、洗涤、过滤、干燥而制得。

高氯酸 perchloric acid $HClO_4$ 又名过氯酸。无色透明发烟液体，极易湿。相对密度 1.768（22℃）。熔点 -112℃。沸点 16℃（2.4kPa）。一水物为针状结晶，相对密度 1.88，熔点 50℃，沸点 110℃（爆炸）。三水物为透明液体，相对密度 1.5967（25℃），熔点 -18℃，沸点 200℃。高氯酸是一种强酸，反应性极强，不稳定。受热分解产生氧、二氧化氯及水蒸气。常压下 90℃时可爆炸。常压下不能制得，一般只能制得水合物。溶于水、乙醇、氯仿。一般水溶液含本品 $60\%\sim70\%$。商品 $70\%\sim72\%$ 的高氯酸溶液能与有机物形成爆炸性混合物。是一种强脱水剂，但遇到更强的脱水剂（如 P_2O_5、浓硫酸），能生成无水高氯酸。无水高氯酸配好后如不及时使用，10min 左右会变黑爆炸。用于制造高氯酸盐（或酯）、炸药、烟花、电影胶片、医药等。也用作有机合成催化剂、强氧化剂、金属表面处理剂、电池电解液等。由盐酸从高氯酸钠中取代出高氯酸而得。

高氯酸铵 ammonium perchlorate NH_4ClO_4 又名过氯酸铵。白色针状结晶。相对密度 1.952。200℃时开始分解，350℃以上分解释出 NO、Cl_2 及 O_2。在 345℃以上时，分解剧烈，并会带有爆

炸现象。因而难测定其熔点及沸点。有NH_3、NH_4Cl、$PdCl_2$等存在时,其分解会受到抑制。易溶于水、丙酮,微溶于乙醇,不溶于乙醚。为强氧化剂,与易燃物、有机物及还原性物质混合时能形成爆炸性混合物。粉末或溶液对皮肤、眼睛及呼吸道有刺激性。用于制造无烟火药、焰火、火箭推进剂、摄影药剂、人工防冰雹用药剂等。也用作氧化剂、饲料添加剂、便携式氧发生器的固体氧发生剂等。由高氯酸钠与磷酸氢铵反应制得。

高氯酸钾 potassium perchlorate $KClO_4$ 又名过氯酸钾。无色晶体或白色结晶粉末。相对密度 2.524(10℃)。折射率 1.4717。有 α 和 β 两种晶型。α 型为无色透明立方晶系结晶,在约 300℃时,β 型转变为 α-型。600～610℃时分解成氯化钾,并放出氧气。稍溶于冷水,易溶于沸水,微溶于乙醇、甲醇、丙酮,不溶于乙醚。为强氧化剂。与有机物、还原剂及金属粉混合时会形成爆炸性混合物。粉尘对皮肤、黏膜有刺激性。用于制造炸药、焰火、照明源、鞭炮及火箭推进剂等,也用作氧化剂、摄影药剂、利尿剂及解热镇痛剂等。由高氯酸钠与氯化钾经复分解反应制得。

高氯酸锂 lithium perchlorate $LiClO_4 \cdot 3H_2O$ 又名过氯酸锂,无色六方结晶或粉末。相对密度 1.841。熔点 95℃。溶于水、乙醇、丙酮,微溶于乙醚。加热至 100℃时失去二分子结晶水,145.7℃时成无水物。无水高氯酸锂为白色或无色潮解性结晶。相对密度 2.828。熔点 236℃。沸点 430℃(分解为氯化锂及氧气)。溶于水、乙醇、丙酮。具氧化性,与可燃物、有机物、还原剂等混合时形成爆炸性混合物,粉末对皮肤、黏膜及眼睛有刺激性。用于制造胶体炸药、火箭推进剂、焰火、锂电池电解液。也用作固体状氧发生剂、高氯酸锂-聚化乙烯高分子电解质湿敏材料等。由高氯酸与氯化锂反应制得。

高氯酸镁 magnesium perchlorate $Mg(ClO_4)_2$ 又名过氯酸镁。白色多孔性粒状或片状结晶。相对密度 2.21(16℃)。熔点 251℃(分解)。易溶于水并放热,溶于乙醇、甲醇、丙酮。极易吸水,吸水量可达自身重量的 60%。高氯酸镁还存在二水合物、三水合物、四水合物及六水合物等。市售品多为六水合物,为斜方晶系白色针状结晶。相对密度 1.97(25℃)。熔点 185℃。溶于水、乙醇、甲醇。为强氧化剂,受热分解释出氧,与易燃物、有机物混合会形成爆炸性混合物。有毒!对皮肤、黏膜及眼睛有刺激性。用作气体干燥剂。可吸收乙醇、甲醇、丙酮、氨等蒸气。用作脱水剂、催化剂、干电池的电解质等。也用于制造焰火、烟花爆竹等。由高氯酸钠溶液与硫酸镁反应制得。

高氯酸钠 sodium perchlorate $NaClO_4$ 又名过氯酸钠。无色或白色斜方晶系结晶。相对密度 2.5357。熔点 482℃(同时分解)。折射率 1.4617。在空气中会吸收水分逐渐转变为一水合物,加热至 50℃时失去结晶水又成无水物。易溶于水、乙醇,不溶于乙醚。有强氧化性,与浓硫酸接触会发生爆炸。与可燃物、硫黄、碳粉等混合会形成爆炸性混合物。溶液及粉尘对皮肤、黏膜及眼睛有刺激性及腐蚀性。用于制造高氯酸、高氯酸盐、炸药等。也用作氧化剂、发烟剂、肉牛饲料添加剂、氧气发生器的氧源药剂、钾离子沉淀剂等。由氯酸钠溶液电解制得。

高锰酸钾 potassium permanganate $KMnO_4$ 又名灰锰氧、过锰酸钾。深紫色斜方晶系柱状结晶,有金属光泽。相对密度2.703。难溶于冷水,易溶于热水。浓溶液呈紫红色,稀溶液为略带紫色的浅红色。也溶于甲醇、丙酮、液氨及吡啶。水溶液不稳定,会缓慢分解生成二氧化锰沉淀。加热至200～240℃时分解并放出氧气。为强氧化剂,在酸性介质中被还原成Mn^{2+},在碱性介质中则生成MnO_2。无论在中性、酸性或碱性溶液中,当有还原剂或有机物存在时,都会放出活性氧。与有机物接触时会引起燃烧,与浓硫酸、磷等接触易发生爆炸。误服会中毒! 能使口腔、消化道迅速腐蚀。浓溶液对皮肤有腐蚀性。广泛用作氧化剂、漂白剂、消毒剂、防腐剂、除臭剂、毒气吸收剂、催化剂及印染助剂等。由软锰矿粉先用氢氧化钾氧化成锰酸钾,再经电解氧化制成高锰酸钾。

高锰酸钠 sodium permanganate $NaMnO_4 \cdot 3H_2O$ 又名过锰酸钠。紫红色至棕红色晶体或粉末。相对密度2.47。易溶于水,溶于乙醇、乙醚、液氨。在碱中分解。加热至170℃时分解并放出氧气。化学性质与高锰酸钾相似,有强氧化性,商品常为含$NaMnO_4$ 13%～14%的溶液,为紫红色高锰酸钠液体。浓溶液对皮肤及黏膜有腐蚀性。误服会中毒! 用作消毒剂、氧化剂、杀菌剂、除臭剂、磷及吗啡的解毒剂及含酚废水处理剂等。也用作高锰酸钾的代用品。由高锰酸钾、氟硅酸钾溶液经复分解反应生成锰酸钠后经蒸发结晶制得。

高密度聚乙烯催化剂 high-density polyethylene catalyst 生产高密度聚乙烯的催化剂。中国产品牌号BCE。外观为浅黄色粉末,粒径$6\sim 8\mu m$。主要组成为钛、镁、氯及少量挥发组分。为Ziegler-Natta钛系载体型高效乙烯聚合催化剂,适用于釜式淤浆法高密度及中密度生产装置,能生产乙烯均聚物、乙烯与其他α-烯烃的共聚物以及注塑、挤塑、吹塑等各种牌号的产品。催化剂具有催化活性高、氢气响应平稳、共聚性能好、粒径分布窄、低聚物生成量少等特点,制得的聚合物具有堆密度高、细粉少、颗粒形态及流动性好、不易发黏等特点。

高取代羟丙基纤维素 high hydroxypropyl substituting cellulose 一种非离子型纤维素醚。白色至类白色粉末。无臭、无味。相对密度1.2224。羟基含量60%～70%。pH值5.0～8.5。软化温度130℃。变色温度195～210℃。炭化温度260～275℃。溶于冷水,38℃以下在水中呈清晰透明溶液,高于40℃时形成凝胶。用作聚氯乙烯分散剂,可提高增塑剂的吸收性能。也用作陶瓷黏合剂、水和乙醇的凝结剂、油墨及干电池增稠剂、纤维处理剂、纸张涂敷剂、化妆品的香味缓释剂等。由碱纤维素与环氧丙烷进行加成制得。

高渗农药 highly osmotic pesticide 一种乳油加工制剂。是在农药乳油中，加入渗透剂、润湿剂等助剂，以提高乳油的渗透力及润湿性。使药液易于附着在生物体上，增大溶解虫体表皮蜡质层的能力，药液能较快地渗透到虫体内，从而提高农药的毒力及药效。与一般同类农药比较，高渗农药具有杀虫效果好、降低农药对人畜危害及对农副产品的残留污染、有利于环境保护等优点。

高铁酸钾 potassium ferrate K_2FeO_4 深紫色带光泽的结晶性粉末。易溶于水而形成类似于高锰酸钾溶液的紫红色溶液。不溶于乙醇。水溶液不稳定，放置时会分解，放出分子态氧，析出氢氧化铁生成 OH^- 而呈碱性。加热至250℃时分解成绿色亚铁氰酸钾，并可进一步分解成氢氧化铁及氢氧化钾。是一种比高锰酸钾氧化性更强的氧化剂。在中性 pH 条件下有很强的消毒杀菌作用。用作无氯高效消毒杀菌的饮用水处理剂，处理后的水无臭、无味、口感好。用于含酚、含镉等工业污水处理及除臭。也用于制造氧化淀粉、香烟过滤嘴。由高铁酸钠与氢氧化钾反应制得。或由铁粉与硝酸钾混合灼烧而得。

高吸水性树脂
见"吸水性树脂"。

ASP 高效减水剂 high effective water reducing agent ASP 又名氨基磺酸系减水剂、对氨基苯磺酸和苯酚的甲醛缩聚物钠盐。一种阴离子表面活性剂。棕红色液体。有效物含量约35%。易溶于水。是继萘系、三聚氰胺系高效减水剂之后开发的新型减水剂。因其分子空间结构庞大、空间位阻大、极性基团多，掺用后对水泥净浆的减水分散作用强。用作混凝土高效、缓凝减水剂，不仅减水率高，而且对混凝土有明显增强及缓凝作用，适用于配制高强、超高强混凝土，应用于原子能发电厂等。由对氨基苯磺酸与苯酚加热溶解后，再与甲醛缩聚、碱中和制得。

BW 高效减水剂 high effetive water reducing agent BW 又名萘磺酸盐甲醛

缩合物。一种阴离子表面活性剂。棕黄色粉末。易溶于水。用作混凝土减水剂,具有减水率高、坍落度损失小、混凝土和易性好、使用方便等特点,可显著改善混凝土抗冻、抗渗、强度及弹性模量等性能,对钢筋无腐蚀性。适用于配制早强、高抗渗、大流动性自密实及泵送混凝土。由萘经磺化、甲醛缩合、碱中和而制得。

BS 高效减水剂 high effective water reducing agent BS 又名氧茚树脂磺酸钠。一种阴离子表面活性剂。棕褐色粉末。易溶于水。对水泥颗粒有强烈吸附及分散作用。对钢筋无锈蚀作用。用作混凝土高效减水剂,可明显改善混凝土和易性,提高强度和节约水泥用量。适用于配制高流动性、具有自流平性的现浇混凝土、钢筋混凝土、预应力混凝土构件等。由煤焦油分离所得古马隆树脂经磺化、碱中和而制得。

NF 高效减水剂 high effective water reducing agent NF 又名 β-萘磺酸甲醛缩合物钠盐。一种非引气型阴离子表面活性剂。棕褐色粉末。活性物含量 $28\% \sim 32\%$。pH 值 $7 \sim 9$。硫酸盐含量 $\leqslant 5\%$。减水率 $15\% \sim 30\%$。易溶于水。用作混凝土减水剂,具有扩散力强、起泡力低、引气量小、减水率高、早强效果好等特点,对钢筋无腐蚀作用。适用于配制高强、超高强、早强、流动性混凝土、各种现浇和预制混凝土及现场拌合的泵送混凝土。由萘与硫酸经磺化反应生成萘磺酸,再与甲醛缩合、碱中和而制得。

SM 高效减水剂 high effective water reducing agent SM

$$RO\!\!-\!\![CH_2C_3H_3N_6(CH_2SO_3Na)CH_2]_n\!\!-\!\!OR$$

又名磺化三聚氰胺甲醛树脂。一种阴离子表面活性剂。白色粉末或液体。pH 值 $7 \sim 9$(5% 水溶液)。硫酸钠含量 $3\% \sim 4\%$。砂浆减水率 $11\% \sim 29\%$。易溶于水,对水泥颗粒有强吸附及分散作用,用作混凝土减水剂,具有减水率高、触变性好、坍落度损失小等特点。可明显改善混凝土和易性,提高强度并节约水泥用量,适用于建筑施工配制、泵送和流态化混凝土以及普通水泥配制高标号混凝土、地下工程配制抗渗混凝土。也用作建筑涂料、装饰石膏板、人造大理石、水磨石等的高强分散结晶剂,高压电瓷环的黏合剂等。由三聚氰胺、甲醛及亚硫酸氢钠经缩聚反应制得。

FDN 高效减水剂系列 high effective water reducing agent FDN series 一种 β-萘磺酸盐甲醛缩合物,属阴离子表面活性剂。不同生产厂有不同商品牌号,如 FDN-2、FDN-2001、FDN-2002、FDN-3000 等。分为液体及粉末状产品。对水泥颗粒具有高分散性及低起泡性等特点,是非引起性高效混凝土减水剂,具有减水、增塑、早强、调凝等特性,可与混凝土其他外加剂配合使用,适用于大体积混凝土、防水混凝土、泵送混凝土、预应力钢筋混凝土及高性能混凝土等。由萘经磺化、甲醛缩合、碱中和而制得。

高效氯氰菊酯 beta-cypemethrin 又名高效顺反式氯化氰菊酯、卫害净、高灭灵、三敌粉。是将含有 8 个异构体的工业氯氰菊酯原药中的无效体,经催化异构化转位为高效体,从而获得高效顺式异构体和高效反式异构体两对外消旋体的混合物,即含有 4 个异构体,顺式和反式的比例约为 40∶60。制剂有乳油、水乳剂、微乳剂、可湿性粉剂、悬浮剂、片剂及烟剂等。其杀虫特点、作用机理和防治对象与氯氰菊酯相同,但杀虫效力比氯氰菊酯高 1 倍,对人畜毒性却低 2～3 倍。可用于蔬菜、大豆、麦类、果树、茶树、烟草、棉花等作物。参见"氯氰菊酯"。

高辛烷值催化裂化催化剂 octane enhancement heavy oil catalytic cracking catalyst 粒度主要为 $\leqslant 80\mu m$ 的微球形催化剂,主活性组分为富硅分子筛及稀土超稳 Y 型分子筛。载体是以铝胶粘接的高岭土基质。Al_2O_3 含量 $\geqslant 40\%$。孔体积 $\geqslant 0.25mL/g$。比表面积 $\geqslant 200m^2/g$。中国产品牌号有 DOCP、DOCR-1 等。用于重油催化裂化装置,加工石蜡基类原油,直接生产 90 号汽油。催化剂水热稳定性好,异构化能力强,在增加汽油中的烯烃、芳烃和提高辛烷值的同时,可以降低轻质油的损失,提高重油转化能力。由活性组分及载体基质材料经成胶、喷雾干燥、洗涤、过滤、干燥而制得。

睾酮 testosterone 又名睾丸酮、睾丸素、17-β-羟基-雄甾-4-烯-3-酮。白色针状结晶或结晶性粉末。熔点 152～160℃。不溶于水,溶于乙醇、乙醚、氯仿等多数有机溶剂。一种雄性激素,能促进雄性及第二性征发育,促进机体蛋白质合成代谢作用,使肌肉发达,增进骨骼发育。适用于男性因睾丸内分泌机能下降所引起的疾病，女性功能性子宫出血、再生障碍性贫血、痛经及不宜手术的乳腺癌等。以醋酸孕甾双烯醇酮为原料，经肟化、重排、水解、氧化还原、氧化等反应制得。

锆鞣剂 zirconium tanning agent 一种皮革复鞣材料。白色粉末。主要成分是硫酸锆，但组成复杂。硫酸锆的水解产物是二氧化锆（$ZrO_2 \cdot nH_2O$），系白色凝胶，具有胶体特性。锆鞣剂性能相似于铝鞣剂，但因分子团大于铝盐，所形成的配合物渗透性差，又易水解，故对粒面填充作用强，能增加皮革粒面的紧实性及耐磨性。由于颜色浅淡，主要适用于鞣制浅色革和白色革。可由锆石英砂与纯碱经烧结、酸解、分离、浓缩等过程制得。

戈洛帕米 gallopamil 又名甲氧戊脉安、甲氧异博定、心钙灵。淡黄色黏稠性油状液体。折射率 1.5402。难溶于水，溶于异丙醇，易溶于苯、甲苯。其盐酸盐为白色疏松状结晶性粉末。熔点 $145\sim148℃$。难溶于苯、甲苯、异丙醇。为芳烷基胺类钙通道阻滞剂。用于治疗阵发性室上性心动过速、心房扑动、心房颤

动、房性早搏、慢性冠脉功能不全等疾病。以三甲氧基苯乙腈、氨基钠、3-氯丙醛二乙缩醛等为原料制得。

格拉司琼 granisetron 又名凯特瑞、枢星。其盐酸盐为白色结晶性粉末。熔点 $290\sim292℃$。易溶于水，难溶于甲醇、乙醇，不溶于乙醚。一种止吐药，为强效、高选择性的外周及中枢神经系统中 5-羟色胺受体拮抗剂。有强止吐作用，对细胞毒药物或放疗引起的恶心、呕吐有良好预防及治疗作用。主要用于化疗及放疗引起的恶心与呕吐。由 1-甲基吲唑-3-羧酸与 9-甲基-9-氮杂双环［3,3,1］壬-3-胺反应制得。

格列吡嗪 glipizide 又名美吡达、瑞易宁、N-[2-[4-[[[环己氨基]羰基]氨基]磺酰基]苯基]乙基]-5-甲基-吡嗪甲酰胺。白色或类白色结晶性粉末。无臭，无味。熔点 $203\sim206℃$。不溶于水、乙醚，略溶于氯仿。为第二代磺酰脲类口服降糖药，主要作用于胰岛细胞，促进内源性胰岛素分泌，抑制肝糖原分解并促进肌肉利用葡萄糖。主要用于轻、中度 2 型糖尿病。常见不良反应有胃肠不适、恶心、腹泻等，但不良反应较小。

由5-甲基吡嗪-2-甲酰胺与4-氨磺酰基苯乙胺反应后再与环己基异氰尿酸缩合制得。

格隆溴铵 glycopyrronium bromide 又名胃长宁、甘罗溴铵、溴环扁吡酯。白色结晶性粉末。无臭,味微苦。熔点193.2～194.5℃。易溶于水、乙醇、甲醇,难溶于丙酮。一种季铵类抗胆碱药。具有抑制胃酸分泌和调节胃肠蠕动作用,而对胃肠道解痉作用不明显。适用于胃及十二指肠溃疡、慢性胃炎、胃酸分泌过多等。由苯乙烯经氧化,甲醇酯化,与环戊二烯反应、氢化、酯交换等制得。

隔离剂 separant ①橡胶加工时,防止胶片或半成品表面互相粘接的加工助剂。分为有机物及无机物两类。有机隔离剂如甘油、凡士林、脂肪酸盐、油酸钠皂等;无机隔离剂如滑石粉、云母粉、塑混炼胶片隔离剂(主要成分为陶土、拉开粉、中性皂及水等)。②又称防黏剂,压敏胶黏带的卷盘中处于基材和压敏胶层之间的背面处理剂。它涂于基材表面,可使压敏胶带容易解卷。所用隔离剂分为:①长链烷基的化合物、共聚物或共混物,如丙烯酸十八烷基酯与丙烯腈或丙烯酸甲酯的无规共聚物、硬脂酸乙烯酯与马来酸酐的共聚物、马来酸单十八基酯和丙烯酸乙酯的共聚物、硬脂酸酰胺和醇酸树脂、氨基树脂的混合物等;②有机硅聚合物;③含全氟化烷基的聚合物,如甲基丙烯酸全氟烷基酯的均聚物和共聚物;④其他聚合物,如丙烯腈和偏氯乙烯共聚物、丙烯腈—丙烯酸乙酯共聚物与酚醛树脂的混合物。

隔离纸 release paper 又称防粘纸、离型纸。是由适当的防粘剂涂布于各种纸张基材上经固化后制得的防粘材料。是压敏胶制品生产中的一类重要材料。压敏胶粘标签、双面压敏胶带、粘贴胶纸等类压敏胶制品都是由压敏胶粘剂、基材和防粘纸或防粘膜所制成。防粘纸的作用是保护压敏胶层、防止被污染或粘住其他物品或胶层相互粘住后失去使用价值。隔离纸一般采用各种牛皮纸、透明玻璃纸、沥青纸等作基材涂上一薄层有机硅隔离剂制成。以牛皮纸作基材时多数先用聚乙烯、聚乙烯醇、羧甲纤维素等进行复合或涂敷,再用有机硅隔离剂处理。而玻璃纸、沥青纸的平滑性好、渗透性小,可以直接进行有机硅隔离剂处理。如果所用基材采用聚酯、双向拉伸聚丙烯或聚乙烯等薄膜代替纸张时,所得产品则称为隔离膜,或称防粘膜、离型膜。

镉红 cadmium red 又名大红色素、硒红。由硫化镉(CdS)、硒化镉($CdSe$)及硫酸钠组成的红色颜料。按(镉+锌+硒+硫)总量不同而分为Ⅰ型、Ⅱ型、Ⅲ型等几种规格。色光随硒化镉含量而变化,硒化镉含量越大,红色色光越强。当含量进一步增高时,色泽转为深酱色,通常有橙红色、纯红色、暗红色及光红色等品种。是最坚牢的红颜料,色彩极鲜艳,耐光性、耐热性、耐碱性及着色力皆优。不溶于水、碱及有机溶剂,溶于酸并放出硒化氢及硫化氢。有毒!用作橡胶、塑料、陶瓷、玻璃及涂料等的红色着色剂,尤适用于耐热制品。也用于绘画颜料及彩色工艺品。由硫酸镉溶液与硫化钠在硒存在下经共沉淀反应制得。

镉黄 cadmium yellow CdS 又名硫化镉。有 α、β 两种晶型,α-CdS 为柠檬黄色六方晶系结晶,相对密度 4.82;β-CdS 为橘红色立方晶系结晶,相对密度 4.50,熔点 1750℃(9.8MPa),折射率 2.506。α-CdS 为低温稳定型,β-CdS 为高温稳定型,在硫的气氛中,β-CdS 转化为 α-CdS 的温度为 750℃。微溶于水、乙醇,在热水中形成胶体。溶于无机浓酸、稀硝酸,易溶于氨水。为潜在致癌物及环境有害物质。用于制造焰火、玻璃釉、瓷釉、发光材料等。也用作塑料、油漆、纸张、橡胶及玻璃等的黄色着色剂,具有颜色鲜艳、耐光及耐热性好等特点,但不耐酸、着色力及遮盖力不太高。由硫化氢通入用硫酸酸化的硫酸镉水溶液中可制得 α-CdS;将用盐酸酸化处理的氯化镉与硫代乙酰胺反应可制得 β-CdS。

各向异性导电胶 anisotropic conductive adhesive 一种只在一方向导电而在另一个方向电阻很大或几乎不导电的特殊导电胶黏剂。在电子零件制造和装配过程中,当两个导电连接点间距很近时,采用一般导电胶连接易产生线路间短路。使用各向异性导电胶可预防发生短路。使导电胶具有各向异性的方法有:①使导电粒子(银粉、铜粉等)均匀分散,加压固化;②使导电粒子在磁力线作用下偏移;③使用比导电粒子粒径小的绝缘粒子;④使用弹性导电粒子并加压固化等。各向异向导电胶主要用印刷电路板导电接点以粘接。

铬黄
见"铬酸铅"。

铬鞣剂 chrome tanning agent $Cr(OH)_nSO_4$ 一种皮革复鞣材料。铬鞣是所有轻革的主要鞣法,虽然铬盐有较强的毒性,对环境有污染,但是铬鞣革具有耐湿热、耐曲挠、丰满、柔软的特性,至今,铬鞣法还不能为其他鞣法所代替。可分为铬液和粉状铬鞣剂,有些商品中配有自动提碱剂、交联剂及填充剂等。铬液主要成分是碱式硫酸铬,Cr 含量 21%~25%,碱度 38%~42%。为深绿色浓溶液,易溶于水,能与丁二酸、对苯二甲酸等二元酸交联,形成交联鞣剂,与胶原的活性基羧基作用,将皮变成革。粉状铬鞣剂(铬盐精)的主要成分是三价铬化合物及 Na_2SO_4,Cr_2O_3 含量 24%~26%,盐基度 33%~38%,为墨绿色颗粒状固体,溶于水,具有铬液的性能,但使用更方便。铬鞣剂可用于鞋面革、手套革、服装革的主鞣、复鞣。

铬酸铵 ammonium chromate $(NH_4)_2CrO_4$ 黄色单斜晶系结晶,有氨的气味。相对密度 1.886。加热至 180℃ 以上时分解出细小的 Cr_2O_3。溶于冷水,在热水中分解,微溶于氨水、丙酮,不溶于乙醇。长期放置时可分解释出氨,并部分转变成重铬酸铵,有毒!对皮肤及黏膜有腐蚀性,用作织物媒染剂、照相涂层增感剂、防锈剂、鞣革剂及有机合成催化剂等。由氨水中和重铬酸铵制得，或由铬酸钾与硫酸铵反应制得。

铬酸钙 calcium chromate $CaCrO_4 \cdot 2H_2O$ 又名钙铬黄。黄色正交晶系或四方晶系结晶。常以水合物形式存在，有半水、一水、二水物及无水物。二水铬酸钙又存在 α、β 两种晶型。$\alpha\text{-}CaCrO_4 \cdot 2H_2O$ 与石膏（$CaSO_4 \cdot 2H_2O$）为异质同晶，为单斜晶系黄色结晶，溶于水；$\beta\text{-}CaCrO_4 \cdot 2H_2O$ 为正交晶系黄色结晶，稍溶于水。两者均溶于稀酸，稍溶于乙醇，加热至200℃时失水成无水物。无水铬酸钙为四方晶系黄色粉末，稍溶于水。加热至1000℃时熔融分解，为强氧化剂。属人类致癌物。用作防锈颜料，用于配制带锈底漆，也用于制造抗腐蚀剂、信号弹药，以及用作氧化反应的活化剂、电池活化剂及去极化剂等。由铬酸钠水溶液与氯化钙反应制得。

铬酸钾 potassium chromate K_2CrO_4 柠檬黄色斜方晶系结晶。相对密度2.732(18℃)。熔点968.3℃。加热至670℃以上转变成红色。溶于水，水溶液呈碱性。不溶于乙醇。有氧化性。毒性与铬酸钠相似。为人类致癌物。用于制造染料、颜料、医药、墨水及铬酸盐等。也用作氧化剂、媒染剂、金属防腐剂，以及用于农药滴滴涕及五氯酚钠的含量测定。由铬酸钠与氯化钾经复分解反应制得。

铬酸钠 sodium chromate $Na_2CrO_4 \cdot 4H_2O$ 黄色半透明单斜晶系结晶或粉末。相对密度2.732。68℃时失去结晶水形成无水物。无色铬酸钠为黄色正交或六方结晶，相对密度2.723。熔点794℃。易溶于水，微溶于乙醇。水溶液呈碱性。易潮解，有氧化性。用于制造铬盐、颜料、油漆、墨水及用作鞣革剂、媒染剂等。也用作缓蚀剂，能在金属表面形成一种致密的氧化薄膜，对碳钢有较强缓蚀作用，常用作循环冷却水系统缓蚀剂配方的主要组分。由铬铁矿、纯碱、石灰石在空气流中灼烧后，再用水浸取、浓缩、结晶制得。

铬酸铅 lead chromate $PbCrO_4$ 又名铬黄、铅铬黄。黄色或橙黄色单斜晶系结晶。一种重要黄色颜料。相对密度6.12(15℃)。熔点844℃。温度更高时分解并放出氧气。难溶于水和油，溶于无机强酸及强碱溶液，色泽鲜艳、着色力及遮盖力强。耐光性及耐候性较差，遇硫化氢气体易变黄。色光随制造条件而异，随原料配比和生产工艺条件不同而有柠檬铬黄（组成为 $3PbCrO_4 \cdot 2PbSO_4 + Al(OH)_3 + AlPO_4$）、浅铬黄（组成为 $5PbCrO_4 \cdot 2PbSO_4 + Al(OH)_3 + AlPO_4$）、中铬黄（组成为 $PbCrO_4 + PbSO_4$）、深铬黄（组成为 $PbCrO_4 + PbCrO_4 \cdot PbO$）、橘铬黄（组成为 $PbCrO_4 \cdot PbO$）等5种，色泽有所不同。有毒！是人类致癌物。用作塑料、橡胶、油墨、水彩、油彩、色彩等的黄色着色剂。由硝酸铅（或乙酸铅）与重铬酸钠以不同比例反应制得。

根皮苷 phlorizin 一种二氢查尔酮化合物。广泛存在于苹果、花红等植物中。白色针状结晶，味先甜而后苦。熔点109℃。相对密度1.4298。溶于热水、甲醇、乙醇、丙酮、乙酸乙酯等,不溶于苯、乙醚、氯仿。有抗肿瘤活性及抗氧化性,可用于因日光过分暴晒所引起的皮肤癌及皮脂分泌过多引起的痤疮的治疗,用于护肤品可抑制黑色素形成、减少光敏作用。可由苹果皮经溶剂萃取、分离制得。

更昔洛韦 ganciclovir 又名甘昔洛尔、丙氧鸟苷、赛美维、丽科乐。白色粉末。熔点250℃。难溶于冷水,微溶于热水,溶于碱液。一种用于巨细胞病毒感染的药物。其作用机制与阿昔洛韦相似,而对巨细胞病毒的作用比后者强,在抗脑脊髓炎和肠道炎方面疗效显著,但毒性较大,不良反应较多。主要用于治疗免疫功能缺陷病人的巨细胞病毒感染。以1,3-二-O-苄基-2-O-氯甲基丙三醇、乙酸钾、丙酮等为原料制得。

工业杀菌剂
见"杀菌剂"。

公主岭霉素 gongzhulingmycin 又名公主霉素、农抗109。一种高效、低毒、无残留、对人畜安全、使用方便的种子消毒剂。由不吸水链霉菌公主岭新变种发酵提取而得,含有脱水放线菌、异放线酮、制霉菌素、奈良霉素B和苯甲酸等多种有效成分。原药为无定形淡黄色粉末。易溶于甲醇、乙醇、二甲基甲酰胺,溶于丙酮、氯仿,微溶于乙酸乙酯、吡啶。主要用于种子处理,防治由种子传染的高粱散黑穗病、小麦光腥和网腥黑穗病、谷子粒黑穗病等。一般采用药液浸种的施药方法。

功夫菊酯 cyhalothrin 又名3-(2-氯-3,3,3-三氟-1-丙烯基)-2,2-二甲基环丙基甲酸氰基(3-苯氧基苯基)甲酯。白色至米色固体。熔点49.2℃。蒸气压2.7×10^{-8}Pa(20℃)。微溶于水,溶于乙醇、丙酮、苯等多数有机溶剂。为拟除虫菊酯类杀虫剂。具有触杀、胃毒及拒避作用。中等毒性,杀虫谱广,药效快。用于防治棉铃虫、小菜蛾、棉蚜、菜青虫、苹果潜叶蛾等害虫。由环丙基甲酸、对甲苯磺酰氯、苯氧基苯甲醛等制得。

功能表面活性剂 functional surfactant 指在现有表面活性剂基础上,研制开发的有特殊功能的新一代表面活性剂。主要有以下类型:杂化型含氟表面活性剂、阴-阳离子表面活性剂、有机硅表面活性剂、有机硼表面活性剂、新型脂肪酸盐阴离子表面活性剂、可形成脂质体的表面活性剂、聚合型表面活性剂、发色性表面活性剂、新型高分子表面活性剂、具有抗菌功能可固定化的表面活性剂等。

功能材料 functional material 指材料本身受外界环境（化学或物理）刺激表现出特定功能的材料。按其显示功能的过程分为一次功能和二次功能。一次功能指当向材料输入的能量和从材料输出的能量属于同种形式时，材料起能量传送部件作用，主要功能包括力学功能（如黏性、润滑性、超塑性）、声功能（如吸音性）、热功能（如蓄热性）、电功能（如超导性、绝缘性）、磁功能（如软磁性）、光功能（如透光性、偏振性）、化学功能（如催化作用、酶反应）及其他功能（如放射性）等；二次功能是当向材料输入的能量和输出的能量属于不同形式时，材料起能量转换的作用，主要功能包括：光能转换（如光化反应、感光反应、光合作用）、电能转换（如电磁效应、热电效应）、磁能转换（如热磁效应、磁性转变）及机械能转换（如压电效应、形状记忆效应）等。目前常用功能材料有三类：①信息功能材料（如集成电路材料、记忆合金材料、光导纤维）；②能源功能材料（如永磁材料、太阳能转换材料、分离膜）；③生物材料与智能材料。

功能矿物材料 functional mineral materials 指以非金属矿物为基本或主要原料，通过物理、化学等方法制得的、具有机械结构强度的力学功能以外的所有其他功能的材料。如具有电、磁、光、热、表面化学效应、胶体性能、填充密封性能等功能化材料。品种很多，应用极广。如机械及航天工业所用的石墨润滑剂、石墨密封材料、耐高温和耐辐射涂料；电子工业用的石墨导电涂料、显像管石墨乳；以硅藻土、膨润土、凹凸棒土、沸石等制备的吸附环保材料；以高岭土为原料制备的煅烧高岭土、分子筛材料等。将非金属矿物从原料加工成具有特定功能的材料，需经过初加工、深加工及制品三个阶段，其核心加工技术包括矿物材料的超微细化及改性、矿物颗粒的形状处理、掺杂复合及热加工处理等。

功能乳胶漆 functional emulsion paint 乳胶漆具有环保、低毒不燃、成本低、配制灵活、施工方便等特点，目前已为建筑内外墙的主要涂料。所谓功能性乳胶漆是指除具有一般保护和装饰功能外，还具有某些特殊功能的乳胶漆，如弹性乳胶漆、防霉乳胶漆、防结露乳胶漆和防止混凝土碳化乳胶漆等。

功能色素材料 functional dye material 又名功能性染料。指具有特殊性能的有机染料和颜料。其特殊性能表现为光的吸收和发射性（如红外吸收、荧光）、光导性及可逆变化性（如光氧化），即具有热变、光变、电变及能量转换等功能。这些特殊功能来自与色素分子结构有关的各种物理及化学性能。类别较多，按功能原理，将功能性有机色素分为：①色异构功能色素，如光变色色素、热变色色素、电变色色素、湿变色色素、压敏色素等；②能量转换与储存用功能色素，如电致发光材料、化学发光材料、激光染料、有机非线性光学材料、太阳能转化用色素；③信息记录及显示用功能色素，如液晶显示用色素、滤色片用色素、光信息记录用色素、电子复印用色素、喷墨打印用色素、热传移成像用色素；④生物医学用色素，如医用色素、生物标识与着色色素、光动力疗法用色素、亲和色谱基用色素；

⑤化学反应用色素材料,如催化用色素、链终止用色素等。

功能陶瓷 functional ceramics 精细陶瓷的一类,指具有电、光、磁、声、热、弹性及部分化学功能的陶瓷材料。主要分为绝缘装置瓷、电容器瓷、磁性瓷、压电陶瓷、热释电陶瓷、半导性陶瓷、气及湿敏感瓷、离子导电陶瓷及智能材料等。主要用于电子技术、空间技术、汽车、航天、传感技术、计算机、国防军工等领域。

功能有机颜料 functional organic pigment 指具有特殊性能的一类有机颜料,其特性表现在对光的吸收与发射及分子在光、热、电的作用下而产生的特殊功能。如双偶氮、多偶氮颜料由于发色共轭体系长,分子平面性较强,不仅能吸收可见光,还显示特殊的光电导性能,可作为电子照相中的电荷发生层材料;酞菁类颜料由于分子对称性、平面性及整体的 π-电子共轭特性,除用作颜料外,还可作为半导体及催化功能材料;苝四甲酸衍生物及苝系颜料,因其特定的光电性能,而被用作太阳能电池材料。

AA-AM 共聚物钠盐

见"丙烯酸-丙烯酰胺共聚物钠盐"。

AM-MA 共聚物钠盐

见"丙烯酸-甲基丙烯酸共聚物钠盐"。

AA-MAA 共聚物羧酸盐

见"丙烯酸-甲基丙烯酸共聚物羧酸盐"。

C_5/C_9 **共聚(型)石油树脂** C_5/C_9 copolymer of petroleum resin 又名混合石油树脂。棕黄色片状或颗粒状固体。相对密度 0.96～1.02。软化点 90～120℃。酸值＜1.0mgKOH/g。不溶于水,溶于丙酮、苯、甲苯、氯仿及溶剂汽油等。兼具有 C_5 石油树脂及 C_9 石油树脂的优良性能,综合性能好,可改善与极性聚合物的相容性,提高制品的耐热性及耐候性。用作热熔胶、热熔路标漆、压敏胶及橡胶型胶黏剂的增黏剂,油墨连接料及展色剂,橡胶增强剂等。由石油 C_5 及 C_9 馏分在酸性催化剂存在下经共聚反应制得。

谷氨酸 glutamic acid 又名麸氨酸、
$$HOOC(CH_2)_2CH(NH_2)COOH$$
2-氨基戊二酸,一种酸性氨基酸。有 L-谷氨酸、D-谷氨酸及 DL-谷氨酸三种异构体。白色片状结晶或粉末。无臭,有特殊滋味及酸味。相对密度 1.538。熔点 247～249℃(分解)。溶于水,微溶于乙醇,不溶于乙醚、丙酮。加热至 160℃时失去一分子结晶水,同时熔融,转变为焦谷氨酸。L-谷氨酸用于生产谷氨酸钠,香料,也用作癫痫病治疗剂、鲜味剂、代盐剂及营养增补剂;DL-谷氨酸用于制造药物及用作生产丙烯腈的原料。以淀粉或糖蜜等为原料经发酵、分离制得。

L-谷氨酸一钠 monosodium L-glutamate 又名谷氨酸钠,习称味精。左
$$HOOCCHCH_2CH_2COONa \cdot H_2O$$
$$|$$
$$NH_2$$
旋谷氨酸的一钠盐。无色至白色结晶或粉末。无臭,微有甜味或咸味,有特有的鲜味。相对密度 1.635。熔点 195℃。易溶于水,微溶于乙醇,不溶于乙醚、丙酮。120℃时开始失去结晶水,150℃时完全失去结晶水,210℃时发生吡咯烷酮化,生成焦谷氨酸,270℃时分解。对光稳定。有强烈肉类鲜味,在酸性溶液中

味更鲜,用水稀释至3000倍,仍能感觉出其鲜味,鲜味阈值为0.014%。天然品以蛋白质组成成分或游离状态存在于动植物组织中,进入胃后,受胃酸作用生成谷氨酸,被消化吸收后构成人体组织中的蛋白质,可参与体内其他代谢过程。由发酵所得左旋谷氨酸用碱中和制得。

L-谷氨酰胺 L-glutamine L-谷氨酸的

$$NHOCH_2CH_2CH(NH_2)COOH$$

γ-羧基酰胺化的产物,天然存在于许多植物中。白色斜方晶系结晶或粉末。熔点185～186℃(分解)。溶于水,难溶于乙醇,不溶于甲醇、乙醚、丙酮、苯等。水溶液呈酸性。结晶状态下稳定,遇酸、碱及热水不稳定。医药上用作治疗消化器官溃疡、醇中毒、神经衰弱,改善脑出血后遗留的记忆障碍等;食品工业用作营养强化剂及改善食品风味的增味剂等。以葡萄糖等糖类为原料,经黄色短杆菌培养、发酵、分离制得。

谷氨酰色氨酸 thymogen 一种二肽

类化合物,存在于小牛的胸腺组织中。白色结晶性粉末。易吸湿,易溶于水、二甲基甲酰胺,不溶于乙醚、氯仿。紫外线吸收特征波长为275nm±5nm。对免疫功能缺乏、免疫功能障碍有治疗作用。用于护肤化妆品,有抗老化及抗过敏作用。并对酪氨酸酶有抑制作用,0.4mmol/L的浓度对酪氨酸酶的抑制率为41.9%,用于增白霜有显著增白作用。可由牛的胸腺经溶剂萃取后,经浓缩、精制而得。

谷胱甘肽 glutathione 化学式$C_{10}H_{17}O_6N_3S$ 是由谷氨酸、半胱氨酸及甘氨酸构成的三肽,纯品为无色透明细长柱状结晶。熔点189～193℃。溶于水、稀乙醇、液氨,不溶于乙醇、乙醚、丙酮。纯品稳定,水溶液易被氧化而形成氧化型谷胱甘肽,并失去其生理活性。只有还原型谷胱甘肽有生理活性。具有保护生物体内蛋白质的巯基进而维护蛋白质正常生物活性的功能。医学上用于清除自由基、保护细胞、抑制脂质过氧化,治疗一氧化碳、重金属等中毒症;食品工业中用于奶制品、肉制品的抗氧化,防止奶制品的酶促或非酶促的褐变;化妆品工业用于制造护肤及美白产品,有防止皮肤老化、减少黑色素形成等功效。与阳离子聚合物共用于烫发剂,可减少毛发组织的破坏。由微生物发酵法或固定酶法制得。

谷维素 oryzanol 又名谷维醇。是以三萜(烯)醇为主体的阿魏酸酯的混合物。天然存在于米糠油中。无色至微黄色粉末。无臭。熔点138.7～140℃。难溶于水,微溶于碱水,溶于乙醇、乙醚、丙酮及植物油等。为抗焦虑药,用于植物神经功能失调、周期性精神病、更年期综合征、脑震荡后遗症、精神分裂症等,但疗效不够明显。由低酸值米糠油提取而得。

谷甾醇 sitosterol 又名β-谷甾醇、

麦固醇。白色片状结晶或粉末（乙醇中结晶）。熔点 140℃。比旋光度 $-37°$（25℃,2％氯仿中）。不溶于水,微溶于乙醇,溶于热乙醇、氯仿、乙醚。为高等植物中普遍存在的一种甾醇,存在于玉米油、小麦胚芽油、棉籽油、水稻胚芽及中药黄柏、人参等中。用于高血脂症治疗及预防动脉粥样硬化,并有止咳、抗癌活性,如用于皮肤鳞状细胞癌、宫颈癌等的治疗。由米糠油皂脚提取谷维素后的皂渣中用溶剂抽提制得。

骨化三醇 lalcitriol 又名钙化三醇、罗钙全、罗盖全、盖三醇。白色结晶性粉末。熔点 111～115℃。不溶于水,微溶于乙醇、甲醇、丙酮,是维生素 D_3 的体内活性代谢物,是维生素 D 类药物中作用最强者。制剂为胶囊剂,内含黄色或淡黄色油状液体。临床用于绝经后和老年骨质疏松、慢性肾功能衰竭尤其是接受血液透析病人之骨性营养不良症、术后甲状旁腺功能低下,特发性或假性甲状旁腺功能低下、维生素 D 依赖性佝偻病等。由于本品是现有最有效的维生素 D 代谢产物,故不需其他维生素 D 制剂与其合用,从而避免高维生素 D 血症。但本品不能用于与高血钙有关的疾病。可以猪胆酸甲酯为原料制得。

骨架催化剂 skeletal catalyst 又名雷尼(Raney)催化剂、阮尼催化剂,一种特殊制法的多孔催化剂。系先将催化剂的金属组分(如 Ni、Co、Fe、Cu 等)与一可溶于碱的金属(如 Al 等)制成合金,然后用碱溶液除去无催化活性的金属,余下的金属组分呈分散结构形式,具有多孔和大比表面积。最常用的是骨架镍催化剂,是由 Raney 用 NaOH 溶液处理 Ni·Si 合金制得,故得名雷尼镍,现多用 Ni-Al 制备合金。其他还有骨架钴催化剂、骨架银催化剂、骨架钌催化剂、骨架铜催化剂等。这类催化剂与空气接触易着火而失去活性,故应储存于无水乙醇或其他惰性有机溶剂中。骨架催化剂主要用于加氢反应,也可用于脱氢、脱卤、脱水等反应。

骨架镍催化剂 skeletal nickel catalyst 又名雷尼(Raney)镍催化剂、阮尼镍催化剂。一种常用于液-固加氢反应的多孔金属催化剂。活化前为银灰色无定形灰末,活化后为黑色粉末。镍含量 25％～48％(通用型),其余为 Al,也可根据反应条件加入 Fe、Cr、Mn 等其他元素。粒度为 20～200 目、200～300 目(可按用户要求提供)。堆密度 500～5000g/mL(由 Ni、Al 配比而定)。用于烯烃加氢、芳基化合物加氢、油脂加氢、腈加氢制胺、羰基化合物加氢、杂环化合物加氢等。也可用于脱氢、脱硫、脱卤及脱水等反应。由镍铝合金在一定温度下用一定浓度的氢氧化钠溶液溶去合金中的铝,再经水洗、酸洗、钝化制得活化的催化剂。

骨胶 bone glue 一种以脊椎动物的软骨、结缔组织为基质的动物胶,是蛋白质胶黏剂的一种。将脊椎动物的软骨和结缔组织用石灰浆浸渍,以将脂肪和杂质等溶解出来,然后水洗、中和,再用温水浸泡,或在水中加热蒸煮,则骨中所含蛋白质逐渐溶于水中变成胶液,经浓缩、冷却、干燥后即制得成品胶。不溶于有机溶剂,但可溶于乙酸、硝酸等酸性水溶液中。可用于金属、皮革、木材、织物、乐器、体育用品等的粘接。固化速度快,粘接强度较高,但耐水性及耐腐蚀性较差,尤当胶层较厚时,由于干燥速度不匀,会引起内应力而影响使用耐久性。

固定剂 fixing agent 一种皮革涂饰助剂。用于提高成膜坚牢度、改善涂层粘接力及耐水性的添加剂。涂饰剂中的蛋白质材料因易溶于水,使涂层抗水性差,不耐湿擦,为此需使用固定剂对其固定,常用固定材料为甲醛,它能与蛋白质结合,使蛋白质改性而难溶于水,从而达到固定。铬盐也能起到固定作用,但会影响涂层光泽,不宜用于浅色革。甲醛易挥发、刺激性大,一些无甲醛树脂交联剂(固定剂)也有商品出售。如异氰酸酯预聚物,能提高膜坚牢度及耐水性。

固化促进剂 curing accelerator 凡能加速胶黏剂、密封剂等固化反应速度的物质统称为固化促进剂。促进剂与催化剂在功能上有一些相同之处,它们在系统中的加入量都很少,但起的作用非常重要。加入少量促进剂可以大大加速固化反应、降低固化温度、缩短固化时间,并显著改善制品的物理力学性能。两者的区别是,催化剂不参与反应,即不进入最后产物结构之中,而促进剂有的则参与形成结构的反应。固化促进剂品种很多,对环氧树脂、酚醛树脂、聚氨酯、不饱和聚酯及橡胶型等胶黏剂有不同的适用性。如固化促进剂可以加速脂肪族胺类与环氧基的固化反应,而对脂肪族胺类的促进效果如下:苯酚＞三苯基膦＞羧酸＞醇＞叔胺＞聚硫醇。所以,要根据不同基体树脂及固化剂体系选择有效的促进剂。

固化剂 curing agent 是促进可溶的线型结构高分子化合物互相交联,固化成不溶的体型结构高分子化合物的一类助剂。它也是一种交联剂。如在涂料中加入胺类固化剂或成膜树脂发生交联反应,促进固化,加速干燥成膜过程。有些树脂(如酚醛树脂)不加固化剂只加热也能发生固化,但要在室温固化,则必须加入固化剂。固化品种很多,不同树脂需选用不同的固化剂。按固化温度可分为低温、室温、中温及高温固化剂,按用途分为通用型及特种固化剂;按化学结构分为胺类、有机酸酐类及咪唑类固化剂;丙烯酸树脂选用氨基树脂固化剂;不饱和聚酯则常用过氧化物固化剂。

固色剂 colour-fixing agent 指能提高染色织物湿处理牢度的助剂,主要用于直接染料、酸性染料等阴离子水溶性染料。固色剂主要有阳离子表面活性剂、无表面活性季铵盐型固色剂、交联型固色剂及阳离子树脂型固色剂。它们的作用原理是与染料阴离子生成不溶性盐,在纤维上生成色淀,或使染料分子增大而难溶于水,从而提高染料的湿牢度。目前使用量最大的固色剂是树脂型固色剂,它是具有立体结构的水溶性树脂,由苯酚、尿素、三聚氰胺和甲醛类缩合即可制得。

固体碱 solid base 指具有 B 碱(Bronsted 碱)或 L 碱(Lewis 碱)的固体物质。如氧化镁、阴离子交换树脂、混合氧化物、负载于氧化铝或硅胶上的碱、用碱金属或碱土金属交换的分子筛等。固体碱也可用作催化剂,其催化性能决定于碱中心类型、碱浓度及强度等,常用于双键转移、异构化、烷基化、烃的部化氧化及聚合等反应。

固体磷酸催化剂 solid phosphoric acid catalyst 一种固体催化剂,可用于催化裂化、异构化、聚合、水合、水解等反应,采用固体酸替代液体酸的催化工艺,有利于减轻对设备的腐蚀及减少环境污染。中国产品牌号 T-49 是一种具有表面酸性中心的固体磷酸催化剂,主要用于丙烯低聚制壬烯或十二烯以及苯-丙烯烃化制异丙苯,也可用于水合、烃化、叠合等反应。为 $\phi 4.6 \sim 4.8$ mm 白色圆柱形,主要由聚磷酸、磷酸硼活性组分及硅藻土载体组成,其中总磷含量(以 P_2O_5 计)为 $63\% \sim 65\%$,游离磷含量(以 P_2O_5 计)为 $12\% \sim 18\%$。当用于丙烯低聚反应时,在反应温度 $160 \sim 195$℃、压力 $4.5 \sim 5.5$ MPa、空速 $2 \sim 5 h^{-1}$ 的条件下,丙烯单程转化率 $\geqslant 76\%$,壬烯或十二烯选择性 $\geqslant 80\%$。可由特制硅藻土载体与聚磷酸等活性组分经混捏、成型、干燥、焙烧而制得。

固体硫化剂 solid sulfurization agent 一种替代二硫化碳用作催化剂硫化的新型固体硫化剂。中国产品牌号为 GLJ-B。外观为灰黄色圆柱体。主要组成为多硫化物及适量助剂。堆密度 $0.9 \sim 1.3$ g/mL。抗压强度 >70 N/cm。操作温度 $180 \sim 300$℃。操作压力 $0.1 \sim 1.0$ MPa。适用于钴钼系、镍钼系、钨钼系等加氢脱硫、加氢脱砷催化剂,宽温域耐硫变换催化剂及油品加工精制催化剂使用前的预硫化。可由多硫化物及各种助剂经混碾、挤条、干燥、焙烧制得。

固体酸 solid acid 指具有 B 酸(Bronsted 酸或质子酸)或 L 酸(Lewis 酸或非质子酸)的固体物质,如沸石分子筛、酸性白土、阳离子交换树脂、硫酸盐、磷酸盐等。无机酸负载于某些载体上也能形成固体酸。固体酸用作催化剂,广泛用于催化裂化、烷基化、异构化、酯化、水合、环合、缩合及聚合等反应。与使用硫酸、氢氟酸、磷酸等液体酸催化剂比较,使用固体酸催化剂,具有对反应器腐蚀性小、催化剂易分离并可重复使用等特点。

瓜氨酸 citrulline 白色结晶或结晶性粉末,味苦。熔点 222℃(分解)。溶于水,不溶于甲醇、乙醇。仅存在于人肝脏中的非蛋白氨基酸,脲循环的重要中间物。人体内瓜氨酸的减少与皮肤及毛发的老化有关。可用作护肤品的营养性

$$\underset{H_2N}{\overset{O}{\underset{\|}{C}}}-NH-CH_2-CH_2-CH_2-\underset{COOH}{\overset{NH_2}{\underset{|}{CH}}}$$

调理剂，治疗皮肤干燥和皮屑过多，一般与有保湿功能的多糖类共用以增强疗效，与叶酸或其衍生物类维生素配伍可防瘙痒性化妆品皮炎。医药上可与精氨酸、鸟氨酸等合用于治疗高氨血症。可由微生物发酵制得，或以鸟氨酸盐为原料，用化学法制得。

瓜尔豆胶 guar gum 由豆科植物瓜尔豆的种子加工所得的胶粉，是由 β-D-吡喃甘露糖基元组成的主链，单个的 α-D-半乳糖均匀接枝在主链上形成的多糖，两者之比为 2∶1，平均分子量为 20 万～30 万。商品为白色至浅黄褐色自由流动粉末，几乎无臭、无味。能分散在热或冷的水中形成黏稠液，1％水溶液的黏度为 3～5Pa·s。分散于冷水中约 2h 后显现很高黏度，以后逐渐增大，24h 达到最高点，黏稠力为淀粉糊的 5～8 倍，pH6～8 时的黏度最高，pH＞10 时则迅速降低。用作增稠剂、保护胶体、持水剂、悬浮剂、分散剂、黏合剂及稳定剂等。用于护肤，可增加皮肤柔软性；用于护发制品，可赋予头发光泽及良好的手感；用于水基胶黏剂，有增稠及提高黏性的作用。具有形成亲水胶体、增稠、乳化、成膜、稳定分散等特性。

胍法辛 guanfacine 又名胍法新、氯苯醋氨胍、氯苯乙胍。白色固体。熔点 225～227℃。其盐酸盐为白色针状结晶，熔点 213～216℃。溶于乙醇、乙醚。为抗高血压药。通过选择性的激动位于延髓孤束核次级神经元突触后膜的 α_2-受体和位于延髓腹外侧网状结构的咪唑啉受体，使外周交感神经活性降低，从而导致血压下降。主要用于治疗轻、中度原发性高血压。以 2,6-二氯苯乙腈、甲醇、盐酸胍等为原料制得。

胍那决尔 guanadrel 又名胍环定。

其硫酸盐为白色结晶。熔点 213.5～215℃。易溶于水，不溶于乙醚、氯仿、乙腈等有机溶剂。一种抗高血压药。通过干扰交感神经末梢去甲肾上腺素的释放，耗竭去甲肾上腺素的储存而起降压作用。主要用于治疗轻、中度原发性高血压。以 2,6-二氯苯乙腈、甲醇、盐酸胍等为原料制得。

胍乙啶 guanethidine 又名依斯迈林。

其硫酸盐为白色结晶性粉末。无臭。熔点 251～256℃。易溶于水，微溶于乙醇,不溶于乙醚、氯仿。一种抗高血压药。其降压机理为干扰交感神经末梢去甲肾上腺素的释放,也耗竭去甲肾上腺素的储存。用于中度和重度舒张压高的高血压以及由肾盂肾炎、肾炎及肾动脉狭窄引起的高血压。由于不能通过血脑屏障,没有利舍平的镇静、忧郁等症状,但能导致起立性低血压、血流不足等副反应。以环己酮为原料,经还原、重氮化、扩环、重排、缩合、水解等反应过程制得。

冠醚 crown ether 一种含有多个氧原子的大环化合物。分子中有$+CH_2-CH_2-O+_n(n>2)$的重复单元。由于其立体结构形状似外国王冠,故称冠醚。冠醚的命名可用通式"X-冠-Y"表示。其中 X 表示组成环的总原子数,Y 代表环上的氧原子数。当环上连有烃基时,则烃基的名称和数目作为词头,如:冠醚中

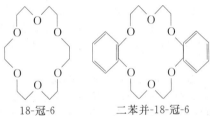

18-冠-6　　　二苯并-18-冠-6

的 O 原子可以被 S 或 N 原子所取代,生成硫杂冠醚或氮杂环醚。冠醚是一类螯合配体,能和金属离子形成稳定的配位化合物,热稳定性和化学稳定性较高,但毒性较大。由于具有和各种离子或分子生成配合物的特性,是重要的相转移催化剂,可催化含氮有机化合物和金属有机化合物的两相反应。也用作三相催化剂、离子选择性电极及合成分子筛的模板剂等。可由卤代烷与醇钠反应制得对称的或不对称的冠醚。

光固化涂料 photocurable coatings 能在底材上施涂薄涂膜,并通过暴露于辐射光(电子束射线、紫外线等)下快速交联固化的一类涂料。主要由反应性低聚物(如不饱和聚酯、丙烯酸改性环氧树脂)、活性交联稀释剂(如乙二醇系丙烯酸酯、三羟甲基丙烷三丙烯酸酯等)、光敏引发剂(如安息香醚)、阻聚剂及少量颜料组成。外观虽是液态,但因组成涂料各组分均参与成膜,是 100% 固体分,又由于采用光固化,具有能耗低、无环境公害、漆膜平整、光泽好、耐溶剂及易自动化连续涂装等特点。广泛用于木质地板、木器家具、纸上光等涂装。其缺点是因辐射光不能穿透颜料和厚膜,难以制取厚质或带色涂层。

光亮剂 bright agent ①一种提高金属工件淬火后表面光洁度、避免工件表面沉积黑色斑点的添加剂。常用的有甲基萜烯树脂、咪唑啉油酸盐等。将其加入热处理油中,能分散淬火油中积炭大分子,防止炭黑等杂质在工件表面沉积,降低淬火油对工件表面的附着力,提高

淬火工作表面光亮度。同时能降低后续清洗除油难度，改善后续表面处理性能，避免电镀处理中出现灰色斑点。②皮革光泽剂的一种，参见光泽剂。

光敏胶黏剂 photo-sensitive adhesive 又名光敏胶。是在光敏剂存在下，经特定波长紫外光辐射后将含不饱和键的光敏树脂迅速交联固化的一类胶黏剂。主要由光敏树脂、光敏剂(或称增感剂)、交联剂、阻聚剂及某些促进剂等组成。光敏树脂是光敏胶的主体材料，主要有含双酚 A 型环氧树脂或六氢邻苯二甲酸环氧树脂的丙烯酸酯类、不饱和聚酯树脂及聚氨酯等；常用光敏剂有联苯甲酰、二苯甲酮、安息香甲醚或乙醚等。所用交联剂是能与光敏树脂分子结构中双键共聚的含有活性双键的单体，常用的是含丙烯酸基、甲基丙烯酸基、乙烯基、丁烯二酸基、乙炔基等活性官能团的单体。光敏胶可用于玻璃和有机玻璃等透明材料与金属或塑料的粘接，印刷品上光，光刻板的制造，透镜和棱镜的粘接等。

光敏剂 sensitizer 又称敏化剂、增感剂、光引发剂。是一类能吸收一定波长的紫外线而产生自由基或离子并引发光聚合的化合物，光敏剂是光学光敏胶、光交联水分散性聚氨酯、光刻胶及光固化涂料等的重要组分之一。在光敏胶中，含有光敏树脂、交联剂、光敏剂及阻聚剂等。当光敏剂吸收适量光能后，发生光物理过程到某一激发态，若此时能量大于断裂所需的能量，就能产生活性种，如自由基或阳离子，从而引发聚合反应。光敏剂种类很多，常用的有安息香及其醚类、苯乙酮衍生物(如二乙氧基苯乙酮)、二苯甲酮类、苯偶酰类及硫杂蒽类(如硫代丙氧基硫杂蒽酮)。应根据光敏树脂的性质选用适当的光敏剂，同时考虑光敏剂的引发效率要高、用量要少、无毒害及环境污染。

光敏性凝胶 light sensitive gel 一种智能材料。是指经光辐射(光刺激)而发生体积变化的凝胶。如受紫外线辐照时，凝胶网络中的光敏性基团会发生光异构化或光解离，因基团构象和偶极矩改变而使凝胶溶胀，通过将光敏性基团引入至大分子凝胶中，可制得光敏性凝胶。如由少量无色三苯基甲烷氢氧化物与丙烯酰胺共聚制得的凝胶体系，经紫外线照射时，1h 内凝胶溶胀增重达 3 倍，而膨胀了的凝胶可在黑暗中 20h 退溶胀至原先的质量。这种智能凝胶可望用于流量控制阀及光能－机械能的执行元件。

光屏蔽剂 light screener 又称遮光剂、筛光剂，光稳定剂的一种。是一类能吸收和反射紫外线的物质。在聚合物材料中加入光屏蔽剂后，可起到滤光器的作用，减少紫外线透入到材料内部，使其不受紫外线的危害，有效抑制制品的光老化。具有这种功能的主要是一些无机填料或颜料，如二氧化钛、氧化锌、炭黑等。

光稳定剂 light stabilizer 指能抑制塑料、橡胶、合成纤维及涂料等制品的光氧化或光老化过程而加入的物质。光稳定剂能屏蔽或吸收紫外线，按作用机理可分为光屏蔽剂、紫外线吸收剂、淬灭剂及自由基捕集剂；按化学结构可分为水杨酸酯类、二苯甲酮类、苯并三唑类、三嗪类、取代丙烯腈类、草酰胺类、有机镍配合物类、受阻胺类及其他等类；而按光稳定剂能否与聚合物反应键合，又可分为反应型及非反应型光稳定剂。选择光稳定剂的因素是：①能有效地吸收290～400nm波长的紫外线，或能淬灭激发态分子的能量,或具有捕获自由基的能力；②自身的光稳定性及热稳定性好；③相容性好,使用过程中不渗出；④耐水解、耐水和其他溶剂的抽出；⑤挥发性低、污染性小；⑥无毒或低毒，价廉易得。

光稳定剂 744
见"4-苯甲酰氧基-2,2,6,6-四甲基哌啶"。

光稳定剂 770
见"双(2,2,6,6-四甲基哌啶基)癸二酸酯"。

光稳定剂 944 light stability agent 944 属4-氨基哌啶受阻胺类光稳定剂的衍生物之一。聚合体为白色或微黄色粉末。有效氮含量4.6%。相对分子质量＞2500。相对密度1.01。软化温度100～135℃。300℃时的热失重为1%，375℃时的热失重为10%。不溶于水，微溶于甲醇,溶于苯、丙酮、氯仿等。无毒。用作光稳定剂,适用于聚烯烃树脂,尤对于高密度聚乙烯、线型低密度聚乙烯,其光稳定性优于其他受阻胺类光稳定剂,并有良好的热稳定性、耐油抽出性及低挥发性,与其他光稳定剂并用有良好的协同效应。以三聚氯氰、叔辛胺、1,6-亚己基二(2,2,6,6-四甲基哌啶胺)等为原料制得。

光稳定剂 1084
见"2,2'-硫代双(对叔辛基苯酚)镍正丁胺配合物"。

光稳定剂 AM-101
见"2,2'-硫代双(对叔辛基苯酚)镍"。

光稳定剂 GW-310
见"4-(对甲苯磺酰胺基)-2,2,6,6-四甲基哌啶"。

光稳定剂 GW-508
见"双(1,2,2,6,6-五甲基-4-哌啶基)癸二酸酯"。

光稳定剂 GW-540
见"三(1,2,2,6,6-五甲基-4-哌啶基)亚磷酸酯"。

光稳定剂 HPT
见"六甲基磷酰三胺"。

光稳定剂 NBC
见"N,N-二正丁基二硫代氨基甲酸镍"。

光稳定剂 NL-1
见"水杨酸苯酯"。

光稳定剂 2002
见"双(3,5-二叔丁基-4-羟基苄基膦酸单乙酯)镍"。

光纤保护涂料 optical fiber protecting coatings 指能保护光学玻璃纤维免受外界环境影响,保持其足够机械强度和光学性能的涂料。分为有机涂料和无机涂料两类。有机涂料的主要成膜物质有热固化材料(如聚硅氧烷、聚丁二烯及环氧丙烯酸酯等)、热熔热塑性弹性体(如聚乙烯-乙酸乙烯酯共聚物、聚偏二氯乙烯－四氟乙烯共聚物)及紫外光辐射固化材料(如丙烯酸酯-氨基甲酸酯复合物)；无机涂料的成膜物质有氮化硅等,但不如有机涂料应用更广泛。

光学塑料 optical plastic 指用作光

学介质的塑料。在加热加压条件下,能产生塑性流动并能成型的透明有机合成材料,可以用作光学材料。塑料眼镜片、隐形眼镜、一些照相机镜头中的透镜片、有机光导纤维等都属光学塑料。按加工性能分为热塑性及热固性两类。热塑性光学塑料可以反复加热软化而不发生成分变化,可重复使用;热固性光学塑料受热后发生化学变化,固化后不能反复使用。光学塑料的优点是:可模压成型,无需切割研磨或抛光,色散比相同折射率光学玻璃高,紫外及红外透过性能好,质量轻、不易破碎;缺点是硬度及强度低,易划伤起毛,膨胀系数和折射率温度系数大,均匀性及高温性能差,使用寿命短,不宜用于高级精密仪器。

光学字符判读油墨 optical character recognition ink 一种反射率极低的油墨。主要由低相对分子质量改性酚醛树脂与干性油为连结料,加入炭黑及添加剂所制成。用于胶版或凸版印刷。在票据或商品包装上印成字符、条码,可借其与底基色的反射对比度,供光学扫描阅读器判读。这类印刷品油墨有两种:一种是能为阅读器准确读取的;另一种是不为阅读器读取的。后者用于印刷文字记入框,可被人眼识别,但不为光学阅读器识别,这种油墨需根据所用光学阅读器采用的光源选择相应的颜色。

光泽剂 gloss agent 指能增加或降低皮革革面光泽性的涂饰材料。可分为光亮剂及消光剂两类:①光亮剂,是提高革面光泽的材料,主要是一些成膜性的物质,如硝化纤维素、酪素等。可分为溶剂型及水乳型光亮剂两种。溶剂型光亮剂适于制造光亮度较高的皮革制品,水乳型光亮剂光泽低于溶剂性光亮剂,并可根据需要调出亚光型光亮剂。常用光亮剂有乳酪素光亮剂、硝化纤维光亮剂、有机硅光亮剂、改性丙烯酸树脂光亮剂及其他光亮剂(漆片、蛋白干、蜡类物质)。②消光剂,指能降低革面光泽的材料。消光剂除具有消光作用即使涂层光泽自然柔和之外,还兼有增加涂层遮盖力的作用,提高皮革产品等级率。是由硅溶胶或蜡类与丙烯酰胺类聚合物制成,其形成的涂膜具有微观不平整的表面,从而降低了反射光的强度。消光剂也可配合补伤剂用于修补革面伤残。

光致变色色素 photochromic colorant 化合物在受光照射后,其吸收光谱发生改变的可逆过程称为光致变色现象,具有这种性质的物质称为光致变色色素,或称光致变色材料。常见的有:①螺吡喃类;②螺噁嗪类;③俘精酸酐类;④二甲基芘类;⑤硫靛类;⑥联吡啶类;⑦氮丙啶类;⑧芳香稠环化合物类;⑨偶氮类;⑩亚水杨基苯胺类;⑪咕吨类;⑫噁嗪类。

光致导电聚合物 photoconductive polymer 又名光导聚合物、光致导电高分子材料。指在无光照射下呈绝缘体性质,而在光照射下其电导率迅速增加变为电导体的一类聚合物。其光导电功能源于其特定的化学结构,研发最多的是以下三种结构的聚合物:①高分子主链中具有较高的共轭结构,有类似于电子导电型聚合物的分子构型,其载流子为自由电子;②高分子侧链为萘基、蒽基、芘基等多环芳烃,其导电的载流子为电子、空穴,导电具有跳转性;③高分子侧链为各种芳香胺基,其中以咔唑基的导电性能最好。主要用于静电复印,在静电复印中光致导电体在光的作用下收集和释放电荷,通过静电作用吸附带相反电荷的油墨。因此有望取代硒和硫化锌-硫化镉无机光导电材料而用于静电复印机鼓。

光致发光油墨 photoluminescence ink 以发光粉(含硫化锌颜料、磷光物质等)为着色料制成的油墨,其特点是:当受到自然光和灯光的照射时,即吸收并储存部分光能量,并可以在黑暗中再次以可见光的形式缓缓释放。经光照5min后,在黑暗中可自动发光12h以上,发光油墨不仅适用于印制各种有发光效果的图案文字,如标牌、玩具、玻璃画、不干胶等,而且还因其具有透明度高、成膜性好、涂层薄等特点,可在各种浮雕、灯箱画、灯筛等工艺品上喷涂或网印。

胱氨酸 cystine 又名双硫代氨基丙

$$\text{HOOC—CH—CH}_2\text{S—SCH}_2\text{—CH—COOH}$$
$$\quad\quad\quad|\quad\quad\quad\quad\quad\quad\quad\quad|$$
$$\quad\quad\text{NH}_2\quad\quad\quad\quad\quad\quad\text{NH}_2$$

酸、双巯基丙氨酸。白色六角形片状结晶或粉末。无臭、无味。难溶于水,易溶于酸、碱溶液,不溶于乙醇、乙醚。熔点258~261℃(分解)。为人体必需氨基酸之一,在干头发中,胱氨酸占17%左右,在体内转化为半胱氨酸后可参与蛋白质合成和各种代谢过程,可促进毛发生长和防止皮肤老化。用作营养添加剂具有防止皮肤过敏、防治湿疹及治疗伤口等作用。医疗上用于治疗秃顶脱发、神经痛、先天性同型半胱氨酸尿症、各种原因引起的巨细胞减少症及药物中毒。日化工业用于配制永久性烫发剂。由猪毛或人发经酸性水解后分离制得。

规整结构催化剂 regular structure catalyst 又名整体式催化剂。指催化活性组分被制成极薄的涂层结构(10~150μm)负载在规整式载体孔道内壁所制成的催化剂。是由活性组分、助催化剂、分散担体和骨架基体组成。活性组分、助催化剂和分散担体以涂层结构负载在骨架基体的内部孔道壁表面上,充当骨架基体的是规整结构载体。这类催化剂具有特殊蜂窝状结构,装入反应器时,具有低压力降、床层分布均匀、无催化剂磨损、操作灵活等特点。能克服常规颗粒型固定床反应器中所产生的问题,规整结构催化剂主要用于环保及燃烧领域所涉及的气固相催化反应。其中汽车尾气净化的应用量最大,技术最成熟。在电厂、炼厂尾气和化工厂烟道气排放,沸腾炉、加热器等的燃料燃烧尾气处理等方面也有商业化应用。此外机舱内臭氧的破坏也大量使用规整结构催化剂。

规整式催化剂载体 regular structured catalyst support 又名整体式催化剂载体。指具有许多小的平行孔道、孔道截面可以是方形、六角形、三角形、环形或者正弦曲线形等规整形状的催化剂载体。载体截面的直径从几厘米至几十厘米不等,孔道截面的直径为几毫米(一般为1～6毫米）。通常将具有六角形孔道的规整式载体称为蜂窝状载体。此外，还有泡沫状（有三维相互连接孔道的海绵结构）和交叉流动状（相邻孔道层相互成十字交叉）规整式载体。按所制作材料性质的不同，又可分为陶瓷规整载体和金属规整载体。前者所用材料有堇青石、氮化硅、氧化铝、莫来石等；后者常用材料为耐热不锈钢。规整式载体主要用于制备汽车尾气净化催化剂，以除去尾气中的 CO、NO_x 及碳氢化合物。可由波纹法或挤压成型法制作。

硅表面活性剂 silicon surfactant 又名有机硅表面活性剂。一种特种表面活性剂。亲油基以硅氧烷为主体（含硅烷、硅亚甲基）的表面活性剂。其亲水基与碳氢表面活性剂相似，也有阳离子型、阴离子型及非离子型各种基团。由于分子结构中，既含有硅元素，又含有有机基团，因而除具有二氧化硅的耐高温、耐候、无毒、无腐蚀及生理惰性等特点外，还具有碳氢表面活性剂的较高表面活性、乳化、分散、润湿、抗静电、消泡、稳泡等性能。广泛用于纺织、日用化工、造纸、炼油、印刷、金属加工等行业。

硅化铬 chromium silicide $CrSi_2$、Cr_2Si、Cr_3Si_2 一组具有高熔点、高硬度、耐高温及耐氧化的金属间化合物，有多种结构形态。$CrSi_2$ 为灰色六方晶系结晶粉末，相对密度5.0，熔点1570℃，洛氏硬度76～89；Cr_3Si 为灰色立方晶系结构粉末，相对密度6.52，熔点1710℃，洛氏硬度76～89；Cr_3Si_2 为灰色正方晶系结晶，相对密度5.5，熔点1710℃，洛氏硬度76～89。性质均硬而脆，有极强耐氧化性。不溶于水、硝酸、硫酸，溶于盐酸、氟氟酸，用于制造高温耐磨部件、精细陶瓷、高电阻薄膜材料。高温裂解时可制取聚硅碳烷。由金属铬粉与硅在氢气中高温焙烘制得。

硅胶 silica gel $mSiO_2 \cdot nH_2O$ 又名硅（酸）凝胶、氧化硅胶。一种具有链状和网状结构的无定形硅酸聚合物颗粒，呈透明或乳白色。无臭，不溶于水、耐酸、耐碱、耐溶剂。溶于氢氟酸和热的碱金属氢氧化钠溶液。有丰富的孔结构，比表面积可从几十 m^2/g 至几百 m^2/g，细孔半径 1～10nm。吸附能力很强，可自非极性或极性小的溶剂中吸附极性物质。品种很多，按用途可分为干燥剂硅胶、吸附剂硅胶、分析用硅胶、催化剂载体用硅胶及特种专用硅胶等。商品硅胶多为半透明或乳白色球形或不规则颗粒，用作干燥剂、吸附剂、催化剂及载体、离子交换剂、环境相对湿度指示剂等，如用于气体净化脱水、石油精制、食品防潮等。由硅酸钠与硫酸或盐酸经胶凝、洗涤、干燥制得。

硅溶胶 silica sol $mSiO_2 \cdot nH_2O$ 又名胶体二氧化硅、硅酸溶胶。一种由硅酸的多分子聚合物形成的胶体溶液，为直径数 nm 至数十 nm 的超细颗粒分散于水中的乳白色胶体溶液，SiO_2 含量20%～40%，平均粒径 10～20nm。无毒。不燃，在胶体 SiO_2 粒子表面的离子为水合型，因水分子覆盖而有亲水性。与有机物相容性差，溶于氢氟酸和氢氧化钠溶液，不溶于其他无机酸。黏度一般小于 10mPa·s，稳定期在一年以上，其稳定性受 pH 值及温度高低、粒子大小及电解性质等影响。能在1500～1600℃的高温下使用。用作耐火材料及精密铸造等的黏合剂、催化剂载体、铅蓄电池凝固剂等。也用作纱上浆剂、纸张平滑剂、成膜剂及研磨剂等。由稀释的水玻璃经离子交换制得。

硅鞣剂 silica tanning agent 以硅化合物为主要成分的皮革复鞣材料。所用硅鞣剂主要是硅酸钠，俗称水玻璃。它具有制造方便、价格低廉、无毒、不污染环境等特点，但它与铁鞣剂一样，硅鞣革不耐储存，在储存过程中成品革会变脆。其原因是储存过程中生皮所吸收的硅酸盐会继续聚合，并脱水凝聚，因而使革变脆变硬。为提高硅鞣剂的鞣性，一般采用结合鞣法，即用硅酸钠与铬鞣剂、锆鞣剂、铁鞣剂或植物鞣剂结合鞣制，但硅酸钠的用量不宜过大，否则会出现硅鞣革的性质。

硅树脂 silicone resin 又名有机硅树脂、硅氧烷树脂。一种含有活性基团(如 Si—OH、Si—OR 等)，在加热或催化剂作用下能进一步固化成三维交联结构的支链聚硅氧烷。其骨架是以硅-氧

$$\left[-\underset{|}{\overset{|}{\text{Si}}}-\text{O}-\right]$$

键接成的主链。可由二官能团和三官能团的有机硅单体经水解、缩聚而制得。硅树脂的性能与 R/Si 的比值有关(R 为甲基或苯基)。根据不同原料及 R/Si 值，可以制得一系列性质不同的树脂。外观从液状至高黏度油状，直至固体状。硅树脂有优良的耐热性、疏水性、电绝缘性，但耐溶剂性较差。按固化条件不同，可分为加热固化、常温固化及光固化等类型。用于制造清漆、色漆、磁漆、胶黏剂、脱模剂、层压板及复合材料等。

硅酸 silicic acid H_2SiO_3 又名偏硅酸。一种组成复杂的白色固体，其组成随形成条件不同而异，常以 $xSiO_2 \cdot yH_2O$ 表示。各种硅酸以偏硅酸($x=y=1$)的组成最简单，并以 H_2SiO_3 来表示反应中产生的硅酸。是一种二元弱酸，相对密度 2.1～2.3。易溶于氢氟酸，溶于氢氧化钠或氢氧化钾溶液，不溶于水或其他无机酸。可溶性的硅酸盐，加任何弱酸都可以得到硅酸，游离出来的单分子硅酸不稳定，只能在 pH=3.2 的水溶液中短时间存在，久置在溶液中逐渐缩合为二聚硅酸($H_6Si_2O_7$)、三聚硅酸($H_8Si_3O_{10}$)、聚三聚硅酸($H_6Si_3O_9$)等。最后形成不溶解的多分子聚合物，为胶体溶液，称为"硅酸溶胶"，缓慢脱水时可制得白色略透明的硅胶。用于制造含硅催化剂、催化剂载体、硅胶及硅酸盐等，也用作钨丝加工中的熔剂及用于油脂、蜡等脱色。由细孔球形硅胶用盐酸浸泡数小时后，再用去离子水洗涤、干燥制得。

硅酸钾 potassium metasilicate $K_2O \cdot nSiO_2$ 又名偏硅酸钾、钾水玻璃。无色或微绿色块状或粒状固体，有类似玻璃状的一定透明度。熔点 976℃。溶于水后其性质与液体硅酸钾相同。液体硅酸钾为无色或微绿色黏稠液体。相对密度 1.318～1.526。波美度(°Be)35～50(20℃)。模数(SiO_2/K_2O)2.5～4.0。易溶于水，并游离出游离硅酸，不溶于乙醇，物化性质与液体硅酸钠相似。用作洗涤剂、粘接剂、防火

剂、肥皂填充剂、混凝土速凝剂等。也用于制造电视显像管荧光膜、白色硅胶、焊接用电极及电焊条等。硅酸钾由硅砂与碳酸钾熔融反应制得。液体硅酸钾可由硅砂与碳酸钾在熔融炉中熔融后,再经加压蒸汽溶解制得。

硅酸铝 aluminium silicate $mAl_2O_3 \cdot nSiO_2$ 无色斜方晶系结晶或粉末,组成中 Al_2O_3 及 SiO_2 的比例不恒定。$m:n=1:1$ 时的分子式为 $Al_2O_3 \cdot SiO_2$,其相对密度3.247,熔点1545℃(并转变为 $Al_2O_3 \cdot 2SiO_2$);$m:n=3:2$ 时的分子式为 $3Al_2O_3 \cdot 2SiO_2$,其相对密度3.156,熔点1920℃。不溶于水、强酸及氢氟酸。无定形硅酸铝($Al_2O_3 \cdot nSiO_2 \cdot xH_2O$)为松散白色粉末,是一种可改善颜料的着色强度及遮盖性能等增效作用的功能性物质,其原级粒子大小为35nm,二次粒子直径在 $0.1\sim1.0\mu m$ 之间。结晶硅酸铝用于制造陶瓷、玻璃、耐火纤维制品,以及用作塑料、纸张、橡胶等的填料。无定形硅酸铝用作催化裂化催化剂及催化剂载体,也用于油漆、粉末涂料、马路标线漆等。结晶硅酸铝可由 Al_2O_3 及 SiO_2 混合后烧结而得;无定形硅酸铝由水玻璃与硫酸铝经中和反应制得。

硅酸钠系列防水剂 sodium metasilicate series waterproof admixture 是以硅酸钠(水玻璃)为基料辅以硫酸铜、硫酸铝钾、硫酸亚铁、重铬酸钾等配制而成的油状液体。有二矾防水剂、四矾防水剂、五矾防水剂等。如二矾防水剂是由水玻璃442份、硫酸铜2.87份、重铬酸钾1份、水221份配制而成。主要用作混凝土防水剂,是利用硅酸钠与水泥水化产物氢氧化钙生成不溶性硅酸钙,堵塞水的通道,从而提高混凝土或砂浆的抗渗性。而辅料硫酸盐类则促进水泥产生凝胶状物质,增强混凝土的水密性,这类防水剂也具有速凝作用,可用于引水渠道、地下室、屋面及水池等的防水堵漏。

硅酸铅 lead siliate $3PbO \cdot SiO_2$ 淡黄色至金黄色重质玻璃状固体。相对密度6.42。熔点720℃。不溶于水、乙醇,微溶于一般碱液,溶于氢氟酸。常温下基本无毒,粉尘或蒸气对人体器官有伤害作用,严重时会损害神经系统、血液系统,用于制造铅玻璃、显像管、光导纤维、颜料、陶瓷、耐火纺织品及日用器皿等。也用作聚氯乙烯、聚酰胺及聚碳酸酯等的热稳定剂。由硝酸铅与硅酸钠熔融制得,或由二氧化硅与氧化铅经高温反应制得。

硅酸盐类胶黏剂 silicates adhesive 以碱金属硅酸盐为黏料,加入固化剂和填料制得的胶黏剂,碱金属硅酸盐可用通式 $M_2O \cdot nSiO_2$ 表示。除Na、K、Li的盐类外,还可采用季铵、叔胺及胍等的硅酸盐,其粘接性一般为:钠盐>钾盐>锂盐;耐水性则为:锂盐>钾盐>钠盐,所用固化剂有 SiO_2、MgO、ZnO、氢氧化铝、硼酸盐、磷酸盐等;所用填料有氧化硅、碳化硅、莫来石及云母等,可用于电热设备、炼油设备及发动机等高温工作条件的设备及零部件粘接,金属、玻璃、陶瓷、石料等同种或异种材料间的粘接,还可用作堵补铸件、烧结合金渗漏的浸渗剂。

硅酸乙酯 ethyl silicate $Si(OC_2H_5)$ 又名硅酸四乙酯、原硅酸四乙酯、四乙氧基硅烷。无色透明液体。熔点$-77℃$。相对密度0.9320。沸点168.8℃。折射率1.3928。闪点46℃。不溶于水,与乙醇、乙醚混溶。无水时稳定。蒸馏时不分解。遇水逐渐分解成氧化硅。在潮湿空气中变浑浊。静置后又澄清而析出硅酸沉淀。用作精密铸造砂型黏合剂、金属表面渗硅剂。也用于制造耐热及耐蚀涂料、有机油及荧光粉等。由四氯化硅与无水乙醇经酯化反应制得。

硅酮 silicone 又称硅酮油,是聚硅氧烷类产品的不严格称谓。如聚硅氧流体(silicone fluid),简称硅油;聚硅氧烷油(silicone oil),简称硅油;聚硅氧烷树脂(silicone resin)简称硅树脂等。

硅酮表面活性剂 JSY-168 siloxan surfactant JSY-168 又名JSY-168鞋底用硅油。外观为黄色液体。相对密度1.06~1.08。黏度300~700mPa·s(25℃)。折射率1.4475~1.4540(25℃)。溶于水、乙醇、乙醚、丙酮。用作泡沫稳定剂。适用于微孔鞋底用聚氨酯泡沫的制造。本品具有较强亲水性,使体系能形成均匀的乳液,所得泡沫制品的开孔性好,泡孔结构匀细。由含氢硅油与其他单体反应制得。

硅酮表面活性剂 JSY-6504,6505 siloxan surfactant JSY-6504、6505 又名JSY-6504、6505高回弹硅油。无色至淡黄色透明液体。相对密度1.013~1.033。黏度200~400mPa·s(25℃)。不溶于水,溶于乙醚、丙酮、芳烃。用作泡沫稳定剂,适用于高回弹模塑聚氨酯泡沫,其中JSY-6505更适合于低密度泡沫。具有较低的活性及较宽的加工范围。在高回弹组合料中能增加材料的相容性、改善泡孔结构,所得泡沫制品具有开孔性好、泡沫匀细、回弹高的特点。由含氢硅油、有机硅单体及相关助剂聚合制得。

硅烷偶联剂 silane coupling agent 一类具有有机官能团的硅烷,分子中同时具有能和无机质材料(如玻璃、金属)及有机质材料(如合成树脂)化学结合的反应基团。其通式为$Y(CH_3)_n SiX_3$。式中$n=0~3$;X为连在Si原子上的水解基团(如甲氧基、氯基);Y为能与树脂相容的有机官能团(如乙烯基、氨基)。品种很多,常用的有乙烯基三氯硅烷、乙烯基三乙氧基硅烷、苯基三乙氧基硅烷、甲基三甲氧基硅烷等。硅烷偶联剂在两种物质表面起架桥作用,形成的化学键将两种不同性质的物质偶联起来。主要用作玻璃纤维等填料的表面处理剂,涂料、胶黏剂及油墨等的添加剂。由氯硅仿及不饱和烯烃在催化剂存在下反应后再经醇解制得。

A-150 硅烷偶联剂

见"乙烯基三氯硅烷"。

A-151 硅烷偶联剂

见"乙烯基三乙氧基硅烷"。

A-171 硅烷偶联剂

见"乙烯基三甲氧基硅烷"。

A-172 硅烷偶联剂

见"乙烯基三(β-甲氧乙氧基)硅烷"。

A-1160 硅烷偶联剂

见"γ-脲基丙基三乙氧基硅烷"。

KH-550 硅烷偶联剂

见"γ-氨丙基三乙氧基硅烷"。

KH-560 硅烷偶联剂

见"γ-缩水甘油醚氧丙基三甲氧基硅烷"。

KH-570 硅烷偶联剂

见"γ-(甲基丙烯酰氧基)丙基三甲氧基硅烷"。

硅钨酸 silicotungstic acid 有多种水合物，以 $H_4[SiW_{12}O_{40}] \cdot nH_2O$ ($n=5,7,14,29,30,31$) 水合物较为常见。是一种杂多酸。中心结构单元为 SiO_4 四面体，四周有 12 个 WO_6 八面体，每 3 个 WO_6 八面体共边连接一个公共点，此点即为 SiO_4 四面体顶点上的氧原子。存在 α、β 两种变体，α 型为白色结晶，熔点 53℃，易溶于水、乙醇等极性有机溶剂，呈强酸性；β 型为微黄色结晶，不稳定，易转变成 α 型。用作烯烃水合、苯酚与丙酮缩合、乙酸异丙酯合成等的催化剂，碱性苯胺染料的媒染剂及测定生物碱的沉淀剂等。由钨酸钠与硅酸钠的混合物水解制得。

硅橡胶胶黏剂 silicone rubber adhesive 以硅橡胶(线型聚硅氧烷)为基料，加入填料、增黏剂、抗氧剂、热稳定剂、固化剂及着色剂等制得的胶黏剂。所用硅橡胶有甲基硅橡胶、苯基硅橡胶、甲基乙烯基硅橡胶、氟硅橡胶等，因为线型硅氧烷的分子主链由硅氧原子交替组成，硅氧键的键能要比其他高分子化合物高得多。因此，制得的胶黏剂具有良好的热稳定性、耐寒性及耐候性。能在 -65~250℃ 的温度范围长期使用，缺点是内聚强度低，粘接力弱，但可通过加入填料进行补强以提高粘接强度和内聚强度。商品有室温硫化双组分胶及单组分胶。而以单组分胶使用方便，粘接性能好。主要用于硅橡胶、金属、玻璃、陶瓷和塑料等多种材料互黏和自黏。

硅油 silicone oil 又名聚硅氧烷油。相对分子质量较低的液态聚硅氧烷。

$$\left[\!\!\begin{array}{c}|\\-\!\!Si\!\!-\!\!O\!\!-\!\!Si\!\!-\\|\end{array}\!\!\right]_n$$

是由含有活性官能团的有机硅单体，经水解缩聚制得的线型结构油状物，分子主链是无机结构，侧链可以是甲基、苯基、乙氧基、羟基、氯代苯基等有机基团或氢原子。按化学结构分为甲基硅油、乙基硅油、苯基硅油、甲基含氢硅油、甲基苯基硅油、甲基氯苯基硅油、甲基乙氧基硅油、甲基含氢硅油、含氰硅油等。而按用途分为阻尼硅油、扩散泵硅油、液压油、绝缘油、热传递油及刹车油等。硅油一般无色、无味、无毒。不溶于水、甲醇、乙二醇，与苯、二甲醚、甲乙酮、四氯化碳及煤油混溶，稍溶于乙醇、丙酮。具有优良的耐热性、憎水性、耐候性、电绝缘性、生理惰性及较小的表面张力，黏度随聚合度而定。广泛用作润滑剂、消泡剂、脱模剂、热载体、绝缘油、化学纤维处理剂、打光剂及化妆品添加剂等。

硅脂 silicone grease 又名二甲基聚硅氧烷润滑剂。是硅油与填充剂的机械混合脂状物。白色、黄色或驼色等半透明油脂。按用途不同，分为热润滑脂、耐寒润滑脂、绝缘脂、脱模脂、密封用油复合物、真空用脂、减震用脂等。按所用增稠剂不同，分为皂系和非皂系两大类。皂系主要用锂皂作增稠剂；非皂系常用气相二氧化硅或氟树脂、石墨、氧化铝、黏土等作增稠剂。绝缘及防水用硅脂，使用二甲基硅油，或是二甲基硅油与甲基苯基硅油、甲基三氟丙基硅油等共聚的聚硅氧烷；润滑用硅脂使用甲基苯基硅油、氯苯基甲基硅油等。硅脂可在 $-50\sim200$℃ 范围内使用。对金属无腐蚀性，对塑料、橡胶、木材、金属等都有良好的润滑性。广泛用于润滑、脱模、防水、防锈、防震、绝缘等目的。

癸醇 1-decyl alcohol 又名正癸醇、十醇。$CH_3(CH_2)_8CH_2OH$ 无色黏稠状液体。相对密度 0.8297。熔点 6℃。沸点 232.9℃。闪点 82.2℃。折射率 1.4358。不溶于水，与乙醇、乙醚混溶。有强折射性，用于制造增塑剂、表面活性剂。也用作消泡剂、油基压裂料添加剂，以及用于铀的精制及配制柑橘类香精。由癸醛经催化氢化制得，或由格氏试剂与环氧乙烷反应制取。

1,10-癸二胺 1,10-decamethylene diamine 又名 1,10-二氨基癸烷、十亚甲基二胺。$NH_2(CH_2)_{10}NH_2$ 白色至浅黄色结晶或固体。熔点 $62\sim63$℃。沸点（0.667kPa）。溶于乙醇、乙醚，呈强碱性。与无机酸或有机酸反应生成盐，有吸湿性，能与空气中的二氧化碳反应而迅速变成盐。可燃。有毒！对皮肤、黏膜及眼睛有刺激性。用于制造药物及有机中间体，与癸二酸反应可制得尼龙 1010 盐。也用作环氧树脂固化剂，用于层压及浇铸制品。由癸二腈催化加氢还原制得。

癸二酸 sebacic acid 又名皮脂酸、辛烷二羧酸。$HOOC(CH_2)_8COOH$ 白色鳞片状或针状结晶。天然存在于蓖麻油中。相对密度 1.207（25℃）。熔点 134.5℃。沸点 294.5℃（13.3kPa）。折射率 1.422（133.3℃）。脱羧温度 $350\sim370$℃。工业品为白色粉末，略具脂肪酸气味。微溶于水，易溶于醇、酮、酯等有机溶剂。具有二元饱和羧酸的通性，与醇反应生成二元酸酯，与碱反应生成盐。用于制造癸二酸酯类增塑剂、表面活性剂、香料、高温润滑油及醇酸树脂等。也用作粉末涂料交联剂、聚乙烯改质剂等。由蓖麻油经皂化、酸化、中和、酸析而制得。

癸二酸二苄酯 dibenzyl sebacate

结构式：苄基-O-CO-(CH_2)_8-CO-O-苄基

简称 DBS。琥珀色清亮液体，在 25℃ 以下是固体。微有水果香味。相对密度 1.05（25℃）。沸点 265℃（0.533kPa）。凝固点 $25\sim28$℃。闪点 236℃。不溶于水，稍溶于丁醇，溶于多数通用有机溶剂。具有蒸气压低、挥发性小、低温柔软性好、高温持久性强等特点，常用作天然及合成橡胶增塑剂。也可与其他增塑剂并用，用作聚氯乙烯、硝酸纤维素的增塑剂，但不能使乙酸纤维素增塑。低毒。由癸二酸与苯甲醇经酯化反应制得。

癸二酸二钠 disodium sebacate $NaOOC(CH)_8COONa$ 白色粉末。pH 值 $7\sim9$。易溶于水，难溶于矿物油。有良好的金属缓蚀性能。用作润滑脂及液相体系的腐蚀抑制剂,能防止金属机件生锈,延迟或限制生锈时间。润滑脂特别是膨润土脂的加剂量为2%～3%、水基冷却体系的加剂量为0.3%～0.4%均可达到有效缓蚀效果。由癸二酸与氢氧化钠反应制得。

癸二酸二辛酯 dioctyl sebacate 又名

$$\begin{array}{c} \text{COOCH}_2\text{CH(CH}_2)_3\text{CH}_3 \\ | \\ \text{C}_2\text{H}_5 \\ | \\ (\text{CH}_2)_8 \\ | \\ \text{COOCH}_2\text{CH(CH}_2)_3\text{CH}_3 \\ | \\ \text{C}_2\text{H}_5 \end{array}$$

癸二酸二(2-乙基己基)酯,简称DOS。无色至淡黄色透明油状液体。相对密度0.912～0.916。熔点-50～-42℃。沸点212℃(0.133kPa)。闪点235～246℃。微溶于水,稍溶于多元醇及某些胺类,溶于醇、醚、酮、芳香烃等有机溶剂。用作聚氯乙烯、氯乙烯共聚物、纤维素树脂及合成橡胶等的耐寒增塑剂。具有增塑效率高、挥发性低、耐寒性及耐光性好等特点,适用于制作电线电缆、薄膜、片材及人造革。但因迁移性较大,耐抽出性差,常与邻苯二甲酸酯类增塑剂配合使用。低毒。可用于食品包装材料。由癸二酸与2-乙基己醇反应制得。

癸二酸二异辛酯 diisooctyl sebacate

$$\begin{array}{c} \text{CH}_2\text{CH}_2\text{COO(CH}_2)_3\text{CHCHCH}_3 \\ | \quad\quad\quad\quad\quad\quad\quad\quad\quad | \quad | \\ (\text{CH}_2)_4 \quad\quad\quad\quad\quad\quad\quad \text{H}_3\text{C} \ \text{CH}_3 \\ | \\ \text{CH}_2\text{CH}_2\text{COO(CH}_2)_3\text{CHCHCH}_3 \\ \quad\quad\quad\quad\quad\quad\quad\quad\quad | \quad | \\ \quad\quad\quad\quad\quad\quad\quad\quad\quad \text{H}_3\text{C} \ \text{CH}_3 \end{array}$$

简称DIOS。微具气味的清亮液体。相对密度0.912～0.916。熔点-50～-42℃。沸点256℃(0.667kPa)。闪点235℃。微溶于水及二元醇,溶于醇、醚、酮、酯类及芳香烃溶剂。用作聚氯乙烯、氯乙烯共聚物及合成橡胶等的耐寒增塑剂,具有增塑效率高、挥发性低、耐光性及电绝缘性好等特点,特别适用于制作耐寒电线电缆、薄膜、片材及人造革等。主要缺点是塑化效率低、耐抽出性差。低毒。可用于食品包装材料。由癸二酸与异辛醇经酯化反应制得。

癸二酸二(正)丁酯 di-n-butyl sebacate 简称DBS。无色至浅黄色透明液体,微

$$\begin{array}{c} \quad\quad\quad\quad\quad\quad\quad \text{O} \\ \quad\quad\quad\quad\quad\quad\quad \| \\ \text{CH}_2\text{CH}_2\text{COCH}_2\text{CH}_2\text{CH}_3 \\ | \\ (\text{CH}_2)_4 \\ | \\ \text{CH}_2\text{CH}_2\text{COCH}_2\text{CH}_2\text{CH}_3 \\ \quad\quad\quad\quad\quad\quad\quad \| \\ \quad\quad\quad\quad\quad\quad\quad \text{O} \end{array}$$

具气味。相对密度0.934～0.936。熔点-11℃。沸点200℃(0.667kPa)。闪点177℃。微溶于水,溶于醇、醚、酮及苯等多数有机溶剂。用作乙烯基树脂、纤维素树脂等的耐寒增塑剂,增塑效率高,光及热稳定性好,赋予制品良好的低温柔软性及手感。但因本品挥发性大、耐水及皂水抽出性差,常与邻苯二甲酸酯类增塑剂并用,以提高其耐久性。低毒。可用于食品包装材料。由癸二酸与正丁醇反应制得。

癸二酸二仲辛酯 dicapryl sebacate 简称DCS。油状液体。相对密度

$$\text{H}_{17}\text{C}_8\text{OC(CH}_2)_8\text{COC}_8\text{H}_{17}$$
$$\quad\ \| \quad\quad\quad\quad\quad \|$$
$$\quad\ \text{O} \quad\quad\quad\quad\quad \text{O}$$

0.917。沸点231.5～239℃（0.533kPa）。不溶于水，溶于醇、醚、酮及芳香烃等有机溶剂。其他性能与癸二酸二辛酯相近。用作乙烯基树脂、纤维素树脂及天然橡胶等的耐寒增塑剂，具有挥发性小、耐寒和耐光性好、耐抽出性及耐老化性良好等特点，在$-24℃$时仍有很好的低温柔软性。用于乙烯基树脂时，与邻苯二甲酸酯类及磷酸酯类增塑剂配合使用，效果更佳。由癸二酸与仲辛醇经酯化反应制得。

癸氟奋乃静 fluphenazine decanoate

又名4-[3-[2-(三氟甲基)-10H-吩噻嗪-10-基]丙基]-1-哌嗪乙醇癸酸酯。一种抗精神病药，为氟奋乃静与癸酸的酯。淡黄色或黄棕色黏稠性液体。性质与奋乃静相似，易氧化。一般以灭菌的油溶液注射给药。作用机理与盐酸氯丙嗪相同，用于治疗精神分裂症，对幻觉、妄想和紧张性兴奋的疗效较好。尤适用于对口服治疗不合作和需要巩固疗效的患者。

δ-癸内酯 δ-decanolactone 又名5-羧基癸酸δ-内酯、γ-癸内酯。无色油状透明液体。相对密度0.954。熔点$-27℃$。沸点281℃。折射率1.4584。不溶于水，溶于乙醇、丙二醇、植物油。天然存在于桃子、覆盆子、芒果、木薯等中。有牛奶的脂肪香韵及椰子香。味道似甜牛奶，稀释后呈椰子香、奶香、内酯香。用于调制桃、杏、椰子、热带水果等食用香精。用于冰淇淋、冰制食品、奶制品及烘烤食品等。由2-戊基环戊酮经氧化扩环制得。

癸酸 decanoic acid $CH_3(CH_2)_8COOH$ 又名羊蜡酸、十碳烷酸。白色针状结晶，有腐败样哈喇味，天然以甘油酯的形式存在于椰子油、棕榈油等中。相对密度0.895(30℃)。熔点31.4℃，沸点270℃。折射率1.4288(40℃)。难溶于水，易溶于乙醇、乙醚、苯及稀硝酸。用于制造癸酸酯类、香料、增塑剂、润滑剂及乳化剂等，也用作消泡剂、杀菌剂等。由椰子油、月桂油、山苍子油经水解制取月桂酸时副产癸酸所得。

贵金属萃取剂 noble metallic extractant 一种能将贵金属离子通过配位化学反应从水相选择性地转入有机相，又能通过另一类配位化学反应从有机相转到水相，借以达到贵金属的纯化与富集的有机化合物。贵金属包括金、银、铂、钯、铑、铱、锇、钌8种元素，具有独特的化学性质。实际上，贵金属萃取剂绝大多数都是从稀有金属、稀土金属、有色金属萃取借用而来，只有少数萃取剂是为贵金属萃取分离而筛选并专门合成的。如萃取分离金、钯、铂的常用萃取剂有二丁基卡必醇、二异戊基硫醚、二异辛基硫醚、石油硫醚、二异辛基亚砜、石油亚砜、正辛基苯胺、三烷基氧化膦等。

贵金属型汽车尾气净化催化剂 noble metallic catalyst for decontamination of auto-exhaust 又名贵金属型汽车排气净化催化剂。是以 Pt、Rh、Pd 为主活性组分,以 Ce、La 等稀土元素作助剂,有些催化剂中还加入少量 Cr、Co、Cu、Mn 等非贵金属组分。Pt 在催化剂中主要起氧化 CO 和烃类的作用。Rh 起催化氮氧化物还原的作用,还协同 Pt 起到降低 CO 起燃温度的作用。Pd 的作用是转化 CO 和烃类,高温下还与 Pt、Rh 形成合金,提高催化剂的热稳定性。稀土氧化物的作用是储存氧及释放氧,并提高贵金属组分的分散性。抑制贵金属晶粒与氧化铝形成无活性的固体。产品牌号有 NC3401-1、PTX、P470、PC413、PC416 等。可用于汽油及柴油机动车尾气处理,可将汽车尾气中的 CO、NO_x 及碳氢化合物转化为 CO_2、N_2 及 H_2O。

桂皮提取物 cinnamon extract 由肉桂树皮提取的油状液体,呈淡黄色或淡黄褐色。主要成分是丁香酚、桂醛,另外还含有少量芳樟醇、石竹烯、百里香素及蒎烯等。具有特殊香气。微溶于水,溶于乙醇、丙酮、氯仿等有机溶剂,久置时会因氧化而颜色加深。具有抗氧化性及抑制细菌生长的特性。用作食用香料及配制日用香精,也用于提取丁香酚。由唇形科植物肉桂树皮经乙醇萃取、浓缩而制得。

果胶 pectin 由 D-半乳糖醛酸的衍生物以 α-4-(1,4)糖苷键聚合而成的多糖,平均相对分子质量为 5 万~30 万。多存在于植物细胞壁和细胞内层,大量存在于柑橘、柠檬、柚子等果皮中。白色或淡黄色粉末。无味,口感黏滑。无固定熔点及溶解度。不溶于乙醇、乙醚等有机溶剂。溶于 20 倍水,形成黏稠性溶液,通常按其酯化度分为高酯果胶及低酯果胶。常将甲氧基化度(DM 值)高于 50% 的果胶称为高酯果胶,反之称为低酯果胶。果胶在应用过程中会发生降解,pH 为 3.5 左右时最稳定。与其他植物胶比较,果胶溶液的黏度较低。主要用作食品胶黏剂、稳定剂及乳化剂,化妆品中用作化妆水、面膜等的粘接剂,医药上用作增稠剂。由柑橘类水果的果皮中萃取而得。

果胶酶 pectinase 指能分解果胶质的多种酶的总称。主要由果胶甲酯酶、果胶裂解酶、聚半乳糖醛酸酶、β-葡萄糖酶、β-糖苷酶及木聚糖酶等组成,广泛存在于植物及微生物中,许多植物致病菌和引起水果霉烂的微生物具有较强的果胶酶活性,而动物细胞则不能合成这类酶。为白色至微黄色粉末或棕黄色液体。易溶于水,不溶于乙醇。最适 pH 值 3~3.5,最适作用温度 45~50℃。可对果胶质起分解作用,生成甲醇和果胶酸,主要用于食品及水果加工,能有效地分解果肉组织中的果胶质,提高果汁过滤速度及果汁得率,防止果泥和浓缩汁凝胶化;也用于木材防腐及麻纤维酶法脱胶。用霉菌在含有豆粕、苹果渣等固体培养基中培养、深层保温发酵而制得。

果胶酸 pectic acid 白色至黄色片状结晶或粉末。相对分子质量 15 万～30 万。溶于水,不溶于乙醇、乙醚等有机溶剂。易吸湿,加水会形成胶体。用于食品添加剂可用作果冻增稠剂。用于膏霜、香粉、粉饼等化妆品中,可用作保湿剂,有良好的保水性能。用于洁齿品中,与其他药物配合,可增强抗龋齿活性。还可用作水包油(O/W)体系的乳化剂及制造面膜。由柑橘、苹果、柠檬等果皮中提取制得。

果酸 fruit acid 又名水果酸。是一类从甘蔗、柠檬、越橘、甜橙、苹果等水果中提取的 α-羟基酸。主要成分为羟基乙酸、L-乳酸、酒石酸、柠檬酸、苹果酸、葡萄糖醛酸、半乳糖醛酸等。其中羟基乙酸是相对分子质量最小的果酸,渗入皮肤的能力强,具有软化表皮角质层、剥落老化死细胞、滋润皮肤、增加肌肤弹性的作用;而 L-乳酸作为天然保湿因子存在于人体肌肤中,有去除皮肤细纹的作用。果酸用于护肤品有清洁皮肤毛孔、去除因毛孔堵塞而造成的面疱,对粉刺也有治疗作用,但使用果酸有可能减弱皮肤正常的保护功能。因此许多果酸护肤品常加入某些天然营养活性物质如磷脂蛋白质,以充分营养活化皮肤、增加皮肤弹性。

果糖低聚糖 fructo-oligosaccharide 又名蔗果低聚糖。浅棕色糖浆。属非还原糖,是蔗果三糖、蔗果四糖、蔗果五糖及蔗糖等的混合物。溶于水。pH 值为中性时稳定,加热至 140℃也难分解;在 pH=3 时,90℃以上即易分解成果糖,在 10℃以下或低浓度下长时间放置也会产生一定程度的分解。甜度约为蔗糖的 60%,属不消化糖,食用后不会增高血糖和胰岛素,进入大肠后可被微生物发酵而排出体外。具有调节肠道菌群,促进钙、镁吸收等作用。由蔗糖经果糖转移酶所产生的 β-D-呋喃果糖苷酶作用制得。

过硫酸铵 ammonium persulfate $(NH_4)_2S_2O_8$ 又名过二硫酸铵、高硫酸铵。无色单斜晶系结晶或白色粉末。相对密度 1.982。120℃分解并放出氧气而形成焦硫酸铵。温度及溶液的 pH 值对分解速度有影响。pH>4 时,半衰期 $t_{1/2}$=38.5h(60℃)、2.1h(80℃);pH=3 时,半衰期 $t_{1/2}$=25h(60℃)、1.62h(80℃)。干品有良好稳定性,湿空气中易受潮结块。易溶于水,水溶液在室温下会缓慢分解放出氧气而形成硫酸氢铵。有强氧化性,与有机物、金属及盐类接触产生分解,与还原性强的有机物混合可燃烧或爆炸。用作乙酸乙烯酯、苯乙烯、丙烯腈、丙烯酸酯等单体聚合或共聚引发剂,尤多用于乳液或悬浮聚合,也用作脲醛树脂固化剂、油类脱色及脱臭剂、硫化蓝染料氧化剂、啤酒酵母防霉剂等。由硫酸铵和硫酸配制的酸性溶液经电解制得。

过硫酸钾 potassium persulfate $K_2S_2O_8$ 又名过二硫酸钾、高硫酸钾。无色或白色三斜晶系片状结晶或粉末。相对密度 2.477。折射率 1.4610。100℃时完全分解放出氧而形成焦硫酸钾。溶于水,不溶于乙醇,水溶液在室温下会缓慢分解生成过氧化氢。温度及溶液 pH 值对分解速度有影响。温度越高，pH 值对分解速度影响越小。有乳化剂及硫醇存在能加速分解。在碱性溶液中能使 Ni^{2+}、Co^{2+}、Pb^{2+} 及 Mn^{3+} 等金属离子形成黑色氧化物沉淀。有强氧化性，与有机物混合易引起燃烧或爆炸。无毒。粉末对鼻黏膜有刺激性。用作乙酸乙烯酯、丙烯腈、苯乙烯、氯乙烯等单体乳液聚合引发剂、合成树脂聚合促进剂、油脂及肥皂漂白剂、医用消毒剂、染料氧化剂等。由过硫酸铵与硫酸钾经复分解反应制得。

过硫酸钠 sodium persulfate $Na_2S_2O_8$ 又名过二硫酸钠、高硫酸钠。白色晶体或粉末。无臭、无味。易溶于水。常温下会缓慢分解，加热或在乙醇中则加速分解，放出氧变成焦硫酸钠。在 200℃ 时急剧分解而放出过氧化氢。低温干燥条件下有较好的储存稳定性，遇潮易分解。有 Fe^{2+}、Cu^{2+}、Ni^{2+}、Ag^+ 等离子存在时会促使其分解。为强氧化剂。粉末刺激眼睛、皮肤及呼吸道。用作乙酸乙烯酯、丙烯酸酯、苯乙烯等单体乳液聚合引发剂、油脂漂白剂、金属表面处理剂、石油钻井稳定剂、有机合成氧化剂、金属蚀刻剂及杀菌消毒剂等。由过硫酸铵与氢氧化钠经复分解反应制得。

过氯乙烯树脂涂料 chlorinated polyvinyl chloride resin coatings 以过氯乙烯-氯化聚氯乙烯树脂为主要成膜物的挥发干燥型热塑性树脂涂料。主要品种有防腐漆、美术漆、可剥漆、外用磁漆、机床用漆及二道底漆等。耐化学腐蚀性及阻燃性好，还具有良好的耐大气曝晒、防霉、耐潮及低温力学性能。但对光和热的稳定性较差，一般使用温度不宜超过 60℃。添加丙烯酸树脂、松香改性酚醛树脂等合成树脂，增塑剂及助溶剂等进行改性能改善其性能，主要用于厂房和设备的防腐保护、车辆及机电产品涂装。

过敏性染料 anaphylaxis dyes 染料的过敏性是指某些染料会对人体或动物体的皮肤和呼吸器官等引起过敏作用的性质，当这种作用严重到一定程度会影响人体的健康，这种染料称之为过敏性染料。按直接接触人体的过敏性接触皮炎发病率和皮肤接触试验状况，将染料的过敏性分成强过敏性染料（如 C.I. 分散黄 3，C.I. 分散黄 9，C.I. 分散橙 1 等），较强过敏性染料（如 C.I. 分散黄 39，分散红 11 等），稍强过敏性染料（如 C.I. 分散黄 1，C.I. 分散黄 49 等），一般过敏性染料（如 C.I. 分散黄 64，C.I. 酸性黄 36 等），轻微过敏性染料（如 C.I. 分散黄 4，C.I. 分散黄 54 等），很轻微过敏性染料（如 C.I. 酸性红 22，C.I. 活性黄 56 等），无过敏性染料（如 C.I. 分散红 4，C.I. 分散红 9 等）。其中前三类由于其过敏性会影响人体的健康，属于过敏性染料，初步确认的过敏性染料有 27 种，其中分散染料 26 种和酸性染料 1 种。目前国际市场上严格规定纺织品上过敏染料的含量必须控制在 0.006% 以下。

过硼酸钠 sodium perborate $NaBO_3 \cdot 4H_2O$ 或 $NaBO_2 \cdot H_2O_2 \cdot 3H_2O$ 又名高硼酸钠。无色单斜晶体或白色粉末。无臭。熔点 63℃。溶于酸、碱及甘油，微溶于冷水，易溶于热水。水溶液不稳定，极易放出活性氧。一分子过硼酸钠能放出一分子过氧化氢，含有效氧

10.3%，是温和的氧化剂。在游离碱存在下易分解，与稀酸作用生成过氧化氢，与浓硫酸作用放出氧和臭氧。用作氧化剂、漂白剂、杀菌剂、除臭剂等。印染工业中用作染料染色后的氧化发色剂、活性染料沾色后的剥色剂、还原染料印花后的氧化显色剂等，可替代双氧水漂白羊毛、柞蚕丝、油脂、蜡及动物胶等。加入肥皂粉或合成洗涤剂中可提高洗涤效果及织物白度。还用作聚合催化剂、电镀添加剂等。由偏硼酸钠与双氧水反应制得。

过碳酸钠 sodium carbonate peroxide $2Na_2CO_3 \cdot 3H_2O_2$ 又名过氧化碳酸钠。白色粉末或颗粒状固体，是过氧化氢与碳酸钠的加成化合物。活性氧理论含量15.28%。3%水溶液的pH值10~11。在水中溶解度为14g/100g(20℃)，并离解为过氧化氢和碳酸钠。具有氧化性及吸湿性。稳定性较差。有少量Fe、Mn、Cu等杂质离子存在时易分解。100℃时直接分解而放出氧气。在酸性介质中有还原性，低温下有漂白作用。可替代过硼酸钠用作氧化剂、漂白剂、消毒杀菌剂及洗涤助剂等，用于日化、印染、造纸、医药、食品等行业，其作用与过硼酸钠相似。由过氧化氢水溶液与碳酸钠反应制得。

过氧化钡 barium superoxide BaO_2 又名二氧化钡。白色至灰白色四方晶系结晶粉末。无臭、无味。相对密度4.958。熔点450℃。840℃时失去部分氧而成氧化钡。溶于稀酸，不溶于乙醇、丙酮，极微溶于水。在空气中或与水接触会缓慢分解。在酸的作用下生成相应的钡盐和过氧化氢。具有顺磁性，与磁粉共热时能起去极剂的作用。为强氧化剂，与有机物接触、摩擦或撞击能引起燃烧。有毒！用作漂白剂、媒染剂、消毒剂、铝焊引火剂、碳氢化合物热裂解催化剂、铅及碲玻璃褪色剂等。也用于制造燃烧弹、过氧化氢及其他过氧化物。由氢氧化钡溶液与过氧化氢反应制得。

过氧化苯甲酸叔丁酯 tert-butyl peroxybenzoate 又名叔丁基过氧化苯甲酸酯，引发剂C，引发剂CP-02，简称TBPB。无色至淡黄色透明液体。略带芳香气味。相对密度1.036~1.045(25℃)。熔点8.5℃。沸点112℃（分解）。活性氧含量8.2%。

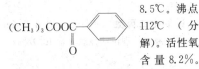

活化能145.3kJ/mol。溶于醇、酮、醚、酯及烃类等多数有机溶剂。遇水分解。常温下稳定。对钢、铝等无腐蚀性。有氧化性，对撞击不太敏感，可燃。低毒。用作乙烯、丙烯、苯乙烯等单体聚合的引发剂，也用作橡胶硫化剂、不饱和聚酯固化引发剂、油漆催干剂等。由叔丁基过氧化氢与苯甲酰氯反应制得。

过氧化二苯甲酰 benzoyl peroxide $C_6H_5COOOCOC_6H_5$ 又名过氧化苯甲酰、过氧化苯酰，简称BPO。含量98%以上为白色结晶，50%为糊状物。稍有甲醛气味。纯品相对密度1.3440(25℃)，熔点103~106℃(分解，并可引起爆炸)。理论活性氧含量6.62%，活化能125.6kJ/mol。极微溶于水，微溶于甲醇，稍溶于乙醇，溶于乙醚、苯、丙酮、乙酸乙酯等。常温下稳定，在碱性溶液中缓慢分解。干品极不稳定,遇热、摩擦、撞击或还原剂可引起爆炸。储存时可加入碳酸钙等不溶性盐类稀释至20%;或以水作稳定剂,使含水量为30%左右,使用时应将水脱除,可晾干,也可用无水乙醇洗或烘干(50～60℃,温度过高会引起爆炸)。有毒!对皮肤、黏膜有刺激性。用作丙烯酸系、苯乙烯系、乙酸乙烯系等单体的聚合引发剂,不饱和聚酯、丙烯酸酯的交联剂,硅橡胶硫化剂,油脂精炼漂白剂、面粉漂白剂及医药杀菌清洁剂等。可由过氧化氢与氢氧化钠反应生成 Na_2O_2 后,再与苯甲酰氯反应制得。

过氧化二丙酰 dipropionyl peroxide 无色液体。理论活性氧含量 10.97%。

$$C_2H_5-\overset{O}{\overset{\|}{C}}-O-O-\overset{O}{\overset{\|}{C}}-C_2H_5$$

半衰期 10h、1min 时的分解温度分别为 65℃、115℃。不溶于水,溶于多数有机溶剂。有强氧化性。与有机物、还原剂、易燃物、酸及胺类等混合时会剧烈反应,并有着火及爆炸危险。用作乙烯基单体聚合引发剂、聚烯烃的固化交联剂等。

过氧化(二)丁二酸 disuccinic acid peroxide 又名过氧化(二)琥珀酸。白色 $HOOC(CH_2)_2COOOCO(CH_2)_2COOH$ 结晶或粉末,有酸味。熔点 125℃(分解)。理论活性氧含量 6.83%。半衰期 6.9h、1.6h 及 0.4h 的分解温度分别为 70℃、85℃ 及 100℃。微溶于水,溶于有机溶剂。遇光或受热易分解。与还原剂、有机物、易燃物、酸及胺类混合时剧烈反应,并有着火及爆炸危险。蒸气有毒!商品常含过氧化(二)丁二酸 95%、72%(其余为水)。用作烯烃聚合引发剂及不饱和聚酯固化剂。

过氧化(二)癸酰 didecanonyl peroxide 白色粉末或片状物。理论活性氧含量

$$C_9H_{19}-\overset{O}{\overset{\|}{C}}-O-O-\overset{O}{\overset{\|}{C}}-C_9H_{19}$$

4.67%。半衰期 10h、1min 的分解温度分别为 62℃、120℃。受光照能加速分解。不溶于水,溶于常用有机溶剂。有强氧化性。与有机物、还原剂、易燃物、酸类及胺类混合时会剧烈反应,并有着火及爆炸危险。用作聚合引发剂及不饱和聚酯固化剂。

过氧化二(4-氯苯甲酰) di-4-chlorobenzol peroxide 又名对氯过氧化苯甲酰。

$$Cl-\text{C}_6H_4-\overset{O}{\overset{\|}{C}}-O-O-\overset{O}{\overset{\|}{C}}-C_6H_4-Cl$$

白色粉末或糊状物。半衰期 10h 的分解温度为 75℃。理论活性氧含量 5.2%。不溶于水,有强氧化性。与有机物、可燃物、还原剂等混合会剧烈反应,并有着火、爆炸危险。商品一般为含本品 70%(其余为水)的白色潮湿粉末,或含本品 50% 的糊状物。用作乙烯、乙酸乙烯酯及丙烯酸酯等单体聚合引发剂、不饱和聚酯固化剂及硅橡胶交联剂等。

过氧化二叔丁基 di-*tert*-butyl peroxide $(CH_3)_3COOC(CH_3)_3$ 又名二叔丁基过氧化物、过氧化二特丁基、引发剂A。无色至微黄色透明液体。相对密度 2.794。熔点 −40℃。沸点 111℃(0.1MPa)。燃点 182℃。分解温度 126℃。理论活性氧含量 10.94%。不溶于水,溶于乙醇、丙酮,与苯混溶。其

蒸气与空气形成爆炸性混合物。室温下稳定。对撞击不敏感。对钢和铝无腐蚀。无明显毒性。对皮肤、眼睛有刺激性。用作乙烯、苯乙烯聚合引发剂,厌氧胶引发剂,烯烃的环氧化剂,天然橡胶及硅橡胶的交联剂,柴油及干性油添加剂,变压器油防凝剂等。由叔丁醇与硫酸反应生成硫酸氢叔丁酯后,再与过氧化氢反应制得。

过氧化二碳酸二环己酯 dicyclohexyl peroxydicarbonate 又名引发剂 DCPD。白色固体粉末。熔点 44~46℃(含量大

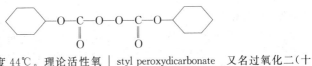

于97%)。分解温度44℃。理论活性氧含量 5.6%。商品含量常为 85%~90%。不溶于水,微溶于乙醇、脂肪烃,溶于酯、酮类,易溶于氯代烃、芳烃。室温下会引起缓慢分解,而且纯度越低或含水量越高越不稳定。受光照或与稳定剂、催化剂及铁、铜等接触时会加速分解。但对撞击和摩擦不敏感。低毒。对皮肤及眼睛有刺激性。用作乙烯、氯乙烯、丙烯酸酯类、乙酸乙烯酯类及环氧树脂等的聚合或共聚高效引发剂。也用作不饱和聚酯生产的催化剂。先由环己醇与光气反应生成氯甲酸环己酯后,再与过氧化钠反应制得。

过氧化二碳酸二(十四烷基)酯 dimyristyl peroxydicarbonate 又名过氧化二(十

$$C_{14}H_{29}-O-\overset{O}{\underset{\|}{C}}-O-O-\overset{O}{\underset{\|}{C}}-O-C_{14}H_{29}$$

四烷基)二碳酸酯、过氧化二(肉豆蔻基)二碳酸酯。片状白色结晶。理论活性氧含量 3.11%。半衰期 10h、1min 时的分解温度分别为 41℃、90℃。不溶于水,溶于常用有机溶剂。与有机物、还原剂、易燃物及强酸等混合时剧烈反应,并有着火及爆炸危险。商品有白色片状物及低黏度水分散白色悬浮液等。用作乙烯基单体聚合引发剂或催化剂。

过氧化二碳酸二(2-乙基己基)酯 di(2-ethylhexyl) peroxycarbonate 又名过氧化

$$C_4H_9CH(C_2H_5)CH_2O\overset{O}{\underset{\|}{C}}OO\overset{O}{\underset{\|}{C}}OCH_2CH(C_2H_5)C_4H_9$$

二碳酸辛酯、引发剂 EHP。无色透明液体。有特殊气味。纯品相对密度0.964。熔点低于 −50℃。分解温度49℃。折射率 1.4310。理论活性氧含量 4.62%。受热或光照易分解。一般商品配制成含 EHP50%~65%的甲苯、二甲苯或矿物油溶液。有氧化性。低毒。对皮肤、眼睛有刺激性。用作氯乙烯本体或悬浮聚合引发剂,也用作乙烯、丙烯酸酯、丙烯腈、偏氯乙烯等的高效引发剂。由 2-乙基己醇与光气反应生成氯甲酸-2-乙基己酯后,再经与过氧化钠反应制得。

过氧化二碳酸二异丙酯 diisopropyl peroxydicarbonate 又名引发剂 IPP。低温

$$(CH_3)_2CH-O-\underset{O}{\overset{O}{C}}-O-\underset{O}{\overset{O}{C}}-O-CH(CH_3)_2$$

下为白色粉状晶体，常温下为无色液体。相对密度1.080(15.5℃)。熔点8～10℃。折射率1.4034。分解温度47℃。理论活性氧含量7.76%。微溶于水，溶于脂肪烃、芳香烃、氯代烃、酯、醚等有机溶剂，有强氧化性。对温度、撞击及酸、碱等敏感，极易分解并发生爆炸，故须用二甲苯等溶剂稀释后储存。对眼睛及皮肤有强刺激性，为自由基型引发剂，用作烯类单体或其他单体聚合或共聚时的低温引发剂。由过氧化钠与氯代甲酸异丙酯反应制得。

过氧化二碳酸二正丙酯 di-n-propyl peroxydicarbonate 又名过氧化二正丙基

$$C_3H_7-O-\underset{O}{\overset{O}{C}}-O-O-\underset{O}{\overset{O}{C}}-O-C_3H_7$$

碳酸酯。无色液体。理论活性氧含量7.76%。半衰期10h时的分解温度为40.5℃。不溶于水，溶于常用有机溶剂。纯品在常温下会迅速分解。对震动及受热敏感。与有机物、还原剂、易燃物及酸类混合时会剧烈反应，并引起燃烧或爆炸。商品有含本品95%、85%、50%等规格。用作聚合引发剂及不饱和聚酯固化剂。

过氧化二碳酸二正丁酯 di-n-butyl peroxydicarbonate 无色液体。理论活性

$$CH_3(CH_2)_3O-\underset{O}{\overset{O}{C}}-O-O-\underset{O}{\overset{O}{C}}-O(CH_2)_3CH_3$$

氧含量6.83%。半衰期1min时的分解温度为90℃。不溶于水，溶于有机溶剂。易燃。有强氧化性。常温下会剧烈分解，与有机物、易燃物、还原剂、酸类等混合时会剧烈反应，并引起燃烧及爆炸。商品有含本品≥73%、27%～52%及<27%等规格。用作聚合引发剂及不饱和聚酯固化剂等。

过氧化二碳酸二仲丁酯 di-sec-butyl peroxydicarbonate 又名过氧化二仲丁基

二碳酸酯。无色液体。理论活性氧含量6.83%。半衰期1min时的分解温度为90℃。不溶于水，溶于常用有机溶剂。有强氧化性。纯品在常温下会剧烈分解。与有机物、易燃物、还原剂及酸类混合时会剧烈反应，并引起着火及爆炸。商品有含本品52%～100%的多种规格。用作聚合引发剂及不饱和聚酯固化剂。

过氧化二碳酸双(2-苯基乙氧基)酯 bis(2-phenyl ethoxy) peroxydicarbonate

$$\underset{}{\bigcirc}-OCH_2CH_2OCOOCOCH_2CH_2O-\underset{}{\bigcirc}$$
$$\qquad\qquad\qquad\quad \underset{O}{} \ \underset{O}{}$$

又名引发剂 BPPD。白色或微黄色结晶颗粒,熔点 97～100℃。92～93℃ 开始分解。理论活性氧含量 4.42%。不溶于水,微溶于苯、甲苯及乙醚等,易溶于三氯甲烷、二氯甲烷。有氧化性。对皮肤和眼睛有刺激性。纯度低于85%、水分含量越高,或与铁铜等接触会加速分解。用作乙烯、丙烯、丙烯酸酯、氯乙烯、丙烯腈及不饱和树脂等的高效聚合引发剂。也用作氯乙烯-乙酸乙烯酯的共聚引发剂及橡胶硫化促进剂。由苯酚钠与氯乙醇反应生成 2-苯氧基乙醇后,与光气反应生成氯代甲酸-2-苯氧基乙醇,再与过氧化钠反应制得。

过氧化二碳酸双十六烷基酯 biscetyl-peroxydicarbonate 简称DCP。白色结晶粉末。

$$CH_3(CH_2)_{15}OCOOCO(CH_2)_{15}CH_3$$
$$\quad\quad\quad\quad\;\; \overset{\|}{O}\;\;\;\overset{\|}{O}$$

熔点54℃。活性氧含量2.8%。不溶于水,微溶于乙醇,溶于丙酮、芳烃、酯。有氧化性。对眼睛及皮肤有刺激性。用作悬浮法氯乙烯聚合引发剂,也用作其他烯类单体聚合的引发剂。先由十六烷醇与光气反应生成氯甲酸十六烷酯后,再与过氧化钠反应制得。

过氧化二碳酸双(4-叔丁基环己酯) bis(4-tert-butylcyclohexyl) peroxy dicarbonate 简称TBCP。白色粉末。理论活性氧含量 4.02%。分解温度42℃。半衰期 $t_{1/2}=3h(50℃)$、14h(40℃)、80h(30℃)。不溶于水,溶于酮类、酯类有机溶剂,微溶于乙醇及脂肪烃,易溶于芳烃及氯化烃。用作不饱和聚酯交联剂及聚合引发剂。由氯甲酸对叔丁基环己酯与过氧化钠反应制得。

过氧化二乙酰 diacetyl peroxide 又名二酰基过氧化物、过氧化乙酰。

$$CH_3\overset{O}{\overset{\|}{C}}-O-O-\overset{O}{\overset{\|}{C}}CH_3$$

无色结晶或液体,有刺激性恶臭气味。熔点30℃。沸点65℃(3.066kPa)。半衰期10h的分解温度为69℃。易溶于水,同时发生分解生成乙酸及过氧化氢乙酰。遇光也发生分解。商品常为浓度25%的邻苯二甲酸二甲酯溶液。有强氧化性。易燃。用作链烯烃、氯乙烯、二氯乙烯及丙烯酯类单体聚合引发剂,聚酯固化交联剂等。由乙酰氯与过氧化钠反应制得。

过氧化二异丙苯 dicumyl peroxide 又名二异丙苯过氧化物、二枯基过氧化物。简称DCP。白色至微粉红色粉末。遇光颜色加深。相对密度1.082。熔点39～41℃。分解温度120～125℃。活性氧含量5.92%。半衰期(苯溶液) $t_{1/2}=1min(171℃)$、10h(117℃)、100h(101℃)。不溶于水,微溶于冷乙醇,易溶于苯、甲苯乙醚、石油醚等。与浓硫酸及高氯酸相遇则分解,对振动和摩擦不敏感,是有机过氧化物中最安全的一种。对皮肤有弱刺激性。用作聚合反应引发剂,不饱和聚酯、聚烯烃、硅橡胶等的交联剂,天然及合成橡胶等的硫化剂。可用亚硫酸钠将氢过氧化异丙苯还原成苯基二甲基甲醇后,再在高氯酸存在下,与氢过氧化异丙苯缩合制得。

过氧化(二)异丁酰 diisobutyryl peroxide 无色液体。理论活性氧含量9.18%。半衰期10h、1min的分解温度分别为35℃、90℃。不溶于水,溶于有机溶剂。有强氧

$$(CH_3)_2CH-\overset{O}{\underset{\|}{C}}-O-O-\overset{O}{\underset{\|}{C}}-CH(CH_3)_2$$

化性。常温下快速分解。与还原剂、有机物、易燃物、酸及胺类混合时剧烈反应,有着火及爆炸危险。商品是以溶剂稀释的溶液,以提高其安全性。用作氯乙烯单体聚合引发剂及合成树脂固化剂。

过氧化(二)异壬酰 isononanoyl peroxide

$$(CH_3)_3CCH_2\overset{CH_3}{\underset{|}{C}}HCH_2\overset{O}{\underset{\|}{C}}OO\overset{O}{\underset{\|}{C}}CH_2\overset{CH_3}{\underset{|}{C}}HCH_2C(CH_3)_3$$

又名过氧化二(3,5,5-三甲基己酰)。无色液体,有刺激性气味。理论活性氧含量3.8%。半衰期10h、1min的分解温度分别为59℃、115℃。不溶于水,溶于有机溶剂。常温下迅速分解,光照能加速分解。有强氧化性。与还原剂、有机物、易燃物、酸及胺类等物品混合时会剧烈反应,并有着火及爆炸危险。商品一般用水或溶剂稀释至52%浓度以下,以提高其安全性。用作聚合引发剂及不饱和树脂固化剂。

过氧化(二)正辛酰 di-n-octanonyl peroxide 又名过氧化二辛酰。白色结晶、

$$C_7H_{15}-\overset{O}{\underset{\|}{C}}-O-O-\overset{O}{\underset{\|}{C}}-C_7H_{15}$$

薄片或糊状物,或带有刺激性气味的棕黄色液体。理论活性氧含量5.6%,半衰期10h、1min的分解温度分别为62℃、120℃。不溶于水,溶于有机溶剂,有强氧化性。与还原剂、有机物及易燃剂等接触会剧烈反应,并有着火、爆炸危险。用作聚合引发剂及不饱和聚酯固化剂。

过氧化环己酮 peroxy cyclohexanone

简称CHP。白色至浅黄色结晶性粉末。熔点76~78℃。理论活性氧含量12.99%。50%的白色糊状物的活性氧含量为6%左右。不溶于水,溶于乙醇、丙酮、苯、乙酸乙酯等。化学性质活泼,易燃、易爆。商品常加水或惰性溶剂作稳定剂,或与邻苯二甲酸二丁酯配成安全性较高的50%糊状物,低毒。对眼睛、皮肤、黏膜及呼吸道有刺激性。用作橡胶及合成树脂的聚合引发剂、不饱和聚酯胶黏剂的交联剂等。在盐酸催化剂存在下,由环己酮与过氧化氢反应制得。

过氧化甲乙酮 methyl ethyl ketone peroxide 又名过氧化-2-丁酮,简称MEKP。

$$\overset{CH_3}{\underset{C_2H_5}{|}}\overset{OH}{\underset{|}{\underset{|}{C}}}-O-O-\overset{HO}{\underset{C_2H_5}{\underset{|}{\underset{|}{C}}}}\overset{CH_3}{\underset{|}{|}}$$

无色透明液体。相对密度1.091。闪点50℃。熔点-20℃。不溶于水,溶于醇、醚、酯、芳烃等有机溶剂。室温下稳定,温度高于100℃时会发生爆炸。对摩擦、撞击十分敏感。理论活性氧含量18.20%。实际使用的是含MEKP为50%~60%的邻苯二甲酸二甲酯溶液。低毒。蒸气对黏膜及皮肤有刺激性。用作不饱和聚酯室温固化引发剂、丙烯酸

酯胶黏剂引发剂、丙烯酸酯涂料催干剂及不饱和聚酯的交联剂等。在硫酸催化剂存在下，由丁酮与过氧化氢反应制得。

过氧化钾 potassium superoxide KO_2 含有超氧基（O_2^-）的氧化物，纯品为金黄色立方片状体。商品在常温下为黄色粉末。低温时因发生相变而成白色。相对密度 2.14。表观密度 $<0.6g/mL$。有效氧含量 $>31\%$。具有顺磁性。遇水或酸会水解生成氢氧化钾、过氧化氢及氧气。置于空气中，与 CO_2 及水反应生成碳酸盐，并放出氧气。145℃分解生成过氧化钾（K_2O_2）及氧气。溶于二乙醚、二甲基亚砜、乙腈等有机溶剂。为强氧化剂，与易燃物、有机物接触会引起燃烧或爆炸。用作生氧剂，用于化工、矿山、潜水及有毒环境的救护。也用作潜艇、宇宙飞船、地下掩蔽所等密闭系统的净化及空气再生药剂。由熔融金属钾与空气喷入氧化炉，在高温下经氧化燃烧制得。

过氧化硫脲 thiourea peroxide 又名过氧化尿素、二氧化硫脲、甲脒亚磺酸。白色针状结晶或粉末。熔点 144℃（分解）。微溶于水，水溶液呈酸性。不溶于乙醚、苯。遇热易分解。100℃时缓慢分解，110℃时迅速分解为二氧化硫。在微碱性溶液中分解为次硫酸和尿素。能被生物降解。用作聚氯乙烯稳定剂、照相胶片乳胶敏化剂、氯丁二烯聚合催化剂、合成纤维色泽改善剂，以及用于分离稀有金属铑、铱等。由硫脲与过氧化氢反应制得。

结构式：
$$H_2NCSO_2H,\ NH$$

过氧化镁 magnesium peroxide MgO_2 又名二氧化镁。白色粉末。无臭无味。相对密度 3.3。不溶于水，溶于稀酸生成过氧化氢。常温下稳定。100℃时逐渐分解而放出氧，300℃时快速分解，375℃时完全分解成氧化镁及氧。为强氧化剂，与可燃物接触会引起燃烧。用作氧化剂、漂白剂、防腐剂以及用于饮用水消毒和废水处理。也用作医用解酸剂，适宜用于消化不良、胃酸过多等症状。由氧化镁与过氧化氢反应制得。

过氧化钠 sodium peroxide Na_2O_2 又名过氧化碱。纯品为白色粉末，商品多带黄色。相对密度 2.805。熔点 460℃。沸点 657℃（分解）。易溶于水。遇潮分解成烧碱及双氧水，不溶于醇，但能和醇、酸反应，与一氧化碳反应生成碳酸钠。遇热则放出氧气。本身不会燃烧或爆炸，而与可燃物或有机物混合则可能燃烧或爆炸，长期储存会分解成氢氧化钠、水和氧，与空气接触会很快吸湿而使有效成分消失。用作漂白剂、氧化剂、杀菌剂、去臭剂、防腐剂等，印染业中作为双氧水代用品，用于漂白丝、棉、毛等。也用作二氧化碳吸收剂、矿石熔融剂及用于制造过氧化物、过氧酸等。由金属钠高温氧化生成氧化钠，再在富氧气氛中氧化而得。

过氧化脲 urea peroxide 一种过氧化氢加合尿素的晶体加合物。白色结晶性粉末。一般含 H_2O_2 34%～35%，活性氧含量约 17%。溶于 2.5 份水。水溶液呈弱酸性。溶于乙醇、乙醚、甘油等有机溶剂。稳定性好，在水溶液中可缓慢放出氧气，

结构式：$NH_2CNH_2 \cdot H_2O_2$，$\overset{\|}{O}$

且作用时间较长。受热至 65～75℃ 时会变软熔化,变成黏稠状液体,并开始分解,活性氧迅速下降。存在 Fe、Co、Cu、Mn 等金属会加速其分解,是一种高效、广谱、安全的消毒剂、增稠剂及漂白剂。具有过氧化氢所具有的一切杀菌、消毒、漂白及增氧等性能,但比过氧化氢稳定。具有杀菌力强、使用浓度低、消毒时间短、消毒后不留残毒等特点。有干法及湿法两种生产方法。干法是将尿素与双氧水在搅拌和喷雾条件下混合制得;湿法是用饱和尿素溶液与双氧水反应制得。

过氧化氢 hydrogen peroxide 又名双氧水。纯品为无色透明黏稠液体,有苦味。相对密度 1.4422。熔点 −89℃。沸点 150.2℃。市售品浓度为 3%～90%,多数为 30%。其相对密度 1.196。沸点 106.2℃。溶于乙醇、乙醚,与水混溶。不溶于苯、汽油。是一种极性分子。既有氧化性,又有还原性,而以氧化性为主。在水溶液中可微弱地解离出 H^+,显弱酸性。能与碱发生中和反应,生成过氧化物。也易分解成水并放出新生态氧。高浓度(>65%)时,与易燃物或有机物接触会引起燃烧,浓溶液会烧伤皮肤。140℃ 时分解并会引起爆炸。用作氧化剂、消毒剂、漂白剂、除氧剂、聚合引发剂、催化剂、保鲜剂、淀粉改性剂、胶乳发泡剂等。广泛用于制造无机或有机过氧化物,也用于铀的提取、金属分离、污水处理等。由 2-乙基蒽醌在钯催化下氢化后,再经氧化制得。

过氧化氢(对)蓋烷 p-menthyl hydroperoxide 又名对蓋基过氧化氢。无色至淡黄色液体。相对密度 0.910～0.925(15.5℃)。闪点 71.1℃。理论活性氧含量 9.29%。半衰期 10h、1min 时的分解温度分别为 133℃、216℃。不溶于水,溶于多数有机溶剂。与有机物、还原剂、硫、磷等混合时会剧烈反应,并有着火及爆炸危险。商品中一般加入蓋烷作稳定剂,为浅黄色液体,相对密度 0.920～0.950,有效氧含量 4.84%。用作 ABS 树脂、合成橡胶聚合引发剂,不饱和聚酯交联剂等。

过氧化氢二异丙苯 diisopropyl benzene hydroperoxide 又名 2-(4-异丙苯基)过氧氢。无色至淡黄色油状透明液体。含量 50%～60% 时的相对密度为 0.935～0.960,折射率 1.4882～1.510。有氧化性。遇酸、碱及受热易分解。受强热、明火、撞击及接触硫酸时会有燃烧及爆炸危险。用作自由基悬浮聚合引发剂,主要用于丁苯橡胶低温聚合,其引发速度比过氧化氢异丙苯快 30%～50%,但比过氧化氢叔丁基异丙苯及过氧化氢三异丙苯要慢。也用作不饱和聚酯固化剂、丙烯酸结构胶黏剂的快速固化引发剂等。可由丙烯与苯反应制得二异丙基苯后经空气氧化制得。

过氧化氢酶 catalase 又名过氧化氢氧化还原酶、接触酶、氧化酵素、过氧化氢放氧酶。它能将过氧化氢氧化为氧,同时将另一过氧化氢还原为水。广泛存在于植物和动物细胞中,常从牛肝、血液、微生物中提取。一般商品为结晶、水悬浮液、甘油乙醇溶液、冷冻干燥品与干燥粉末等。活力范围 pH4～9,最适 pH6.8,最适温度 40℃。此酶可分解牛乳、干酪等杀菌残存的过氧化氢,用于防腐。也可和葡萄糖氧化酶配合使用,用于蛋白脱糖,食品、罐头等脱氧。还用作测定葡萄糖的诊断用酶。

过氧化氢蒎烷 pinanyl hydroperoxide

$$C_6H_8CH_3\!-\!\underset{\underset{CH_3}{|}}{\overset{\overset{CH_3}{|}}{C}}\!-\!OOH$$

又名蒎烷基过氧化氢、氢过氧化蒎烷。无色液体。相对密度 1.019。理论活性氧含量 9.41%。半衰期 10h、1min 时的分解温度分别为 141℃、229℃。不溶于水,溶于多数有机溶剂。有强氧化性,与还原剂、有机物、易燃物、硫、磷等混合时会引起燃烧或爆炸。商品一般加入不挥发性溶剂作稳定剂。用作聚合引发剂、不饱和聚酯交联剂等。

过氧化氢异丙苯 cumyl hydroperoxide

又名异丙苯过氧化氢、枯基过氧化氢。无色至淡黄色液体,有特殊臭味。相对密度 1.5242。熔点 -37℃。沸点 53℃ (13.3Pa)。折射率 1.5210。闪点 56℃。理论活性氧含量 7.66%。微溶于水,易溶于乙醇、乙醚、丙酮。有强氧化性。与有机物、易燃物、还原剂混合能引起燃烧及爆炸,有毒。用作聚合引发剂、不饱和聚酯固化剂、天然胶乳硫化剂等。

过氧化-3,5,5-三甲基己酸叔丁酯 *tert*-butyl peroxy-3,5,5-trimethyl hexanoate 又名叔丁基过氧化-3,5,5-三甲

$$(CH_3)_3COO\overset{O}{\underset{\|}{C}}\!-\!CH_2\!-\!\overset{CH_3}{\underset{|}{C}H}\!-\!C(CH_3)_3$$

基己酸叔丁酯。无色液体,稍有气味。理论活性氧含量 6.87%。半衰期 10h、1min 时的分解温度分别为 100℃、160℃。不溶于水,溶于常用有机溶剂。与还原剂、有机物、易燃物、强酸等混合时剧烈反应,并有着火及爆炸危险。商品为含本品 97% 的无色液体,活性氧含量 6.77%。用作烯烃聚合引发剂及不饱和聚酯的交联剂。

过氧化十二酰 lauroyl peroxide 又名

$$CH_3(CH_2)_{10}\!-\!\overset{O}{\underset{\|}{C}}\!-\!O\!-\!\overset{O}{\underset{\|}{C}}\!-\!(CH_2)_{10}CH_3$$

过氧化月桂酰、过氧化双十二酰、引发剂 B,简称 LBO。白色粒状固体,熔点 53～55℃。分解温度 70～80℃,理论活性氧含量 4.02%。活化能 128.54kJ/mol。不溶于水,溶于丙酮、氯仿及矿物油类。无毒无臭。常温下稳定,有氧化作用。干品遇有机物或受热会爆炸。储存时需用水覆盖,密封存放于阴凉处。用作高压聚乙烯、聚氯乙烯等聚合引发剂,常与过氧化二叔丁基并用。也用作发泡剂、油脂漂白剂及不饱和聚酯交联剂等。由月桂酸与三氯化磷反应生成月桂酰氯后再与过氧化氢反应制得。

过氧化双(3,5,5-三甲基己酰) bis-3,5,5-trimethyl hexanoyl peroxide 又名引

$$\left[CH_3-\underset{\underset{CH_3}{|}}{\overset{\overset{CH_3}{|}}{C}}-CH_2-\underset{}{\overset{\overset{CH_3}{|}}{CH}}-CH_2-\overset{\overset{O}{\|}}{C}-O \right]_2$$

发剂 K、引发剂 CP-10。无色至微黄色液体。相对密度 0.926。熔点 <－70℃。分解温度 78～83℃。折射率 1.443。理论活性氧含量 5.09%。不溶于水，可溶于大多数有机溶剂。有强氧化性，受撞击或摩擦有燃烧、爆炸危险。使用时用白油配成溶液。25%溶液储存温度低于 15℃；75%溶液储存温度低于 5℃；97%以上产品储存温度应低于 0℃。用作低密度聚乙烯聚合的中高温引发剂。以甲醇、二聚异丁烯、三氯化磷及过氧化钠等为原料，经羰基化、酰氯化及过氧化等反应制得。

过氧化锌 zinc peroxide ZnO_2 又名二氧化锌。白色至淡黄色粉末。无臭。相对密度 1.571。加热至 150℃ 分解成 ZnO 及 O_2。212℃ 时会发生爆炸。微溶于水，并水解成 $Zn(OH)_2$ 及 H_2O_2。遇稀酸会分解出 H_2O_2。在潮湿空气中很快会起水合作用。不溶于氨水。有强氧化性，与有机物接触会引起燃烧。用作合成橡胶促进剂、固化剂，橡胶制品研磨剂、硅氧烷弹性体的填料，ABS树脂发泡剂等。也用作脱臭剂、防腐剂、伤口收敛剂及化妆品辅料等。由过氧化钡与硫酸锌反应制得。

过氧化新癸酸叔丁酯 tert-butyl peroxyneodecanoate 又名过氧化叔丁基新

$$(CH_3)_3C-O-O-\overset{\overset{O}{\|}}{C}-C(R_1, R_2)CH_3$$
$$(R_1+R_2=C_7H_{16})$$

癸酸酯。无色液体。理论活性氧含量 6.55%。半衰期 10h、1min 时的分解温度分别为 53℃、110℃。不溶于水，溶于多数有机溶剂。蒸气与空气能形成爆炸性混合物。常温下会快速分解。与还原剂、易燃物、酸类等混合时会剧烈反应，并可能引起燃烧及爆炸。商品为含本品 98.5%工业纯(有效氧含量 6.5%)及含本品 50%的用脂肪烃稀释的溶液(有效氧含量 4.9%)。用作乙烯基单体聚合引发剂及合成树脂固化剂等。

过氧化新癸酸异丙基苯酯 cumyl peroxyneodecanoate 无色液体。理论活性氧

$$C_6H_5C(CH_3)_2-O-O-\overset{\overset{O}{\|}}{C}-C(R_1, R_2)CH_3$$
$$(R_1+R_2=C_7H_{16})$$

含量 5.22%。半衰期 10h、1min 时的分解温度分别为 38℃、90℃。不溶于水，溶于多数有机溶剂。蒸气与空气能形成爆炸性混合物。常温下会分解。与可燃物、还原剂、有机物及酸类混合时会剧烈反应，并引起燃烧及爆炸。商品常为含本品 75%、70%的用脂肪烃稀释的无色液体。用作乙烯基单体聚合引发剂及合成树脂固化剂。

过氧化新戊酸叔丁酯 tert-butyl peroxypivalate 又名叔丁基过氧化新戊酸酯、引发剂 PV，简称 BPP、TBPP。无色液体。具有酯的香味。相对密度 0.854(25℃)。熔点 -19℃。闪点 68~71℃。分解温度（苯溶液中）55℃。纯品活性氧含量 9.18%。不溶于水、乙二醇，溶于多数有机溶剂。商品一般为含 BPP75%的己烷溶液。有氧化性，须在 0℃以下储存。用作氯乙烯单体的悬浮聚合引发剂。也用作乙烯、丙烯、乙酸乙烯酯等的自由基引发剂及厌氧胶制备引发剂。由新戊酸与三氯化磷反应生成新戊酰氯后，再与叔丁基过氧化氢反应制得。

$$(CH_3)_3CCOOC(CH_3)_3$$
$$\parallel$$
$$O$$

过氧化新戊酸叔戊酯 *tert*-amyl peroxypivalate 又名过氧化叔戊基新戊酸

$$(CH_3)_3CC\overset{O}{\overset{\parallel}{-}}O-O-C(CH_3)_2C_2H_5$$

酯。无色液体。商品为含本品 75%的脂肪烃溶液混合物，有效氧含量 6.3%。半衰期 10h、1min 时的分解温度分别为 53℃、110℃。不溶于水，溶于多数有机溶剂。其蒸气与空气能形成爆炸性混合物。与可燃物、有机物、还原剂等混合时剧烈反应，并引起燃烧或爆炸。用作氯乙烯、苯乙烯及乙烯等单体聚合引发剂。

过氧化乙酸叔丁酯 *tert*-butyl peroxyacetate 又名过氧化叔丁基乙酸酯。

$$H_3C-\underset{\underset{CH_3}{\overset{CH_3}{|}}}{C}-O-O-\overset{O}{\overset{\parallel}{C}}-CH_3$$

无色透明液体，有令人愉快的气味。闪点因所用溶剂不同，为 26~64℃。自催化分解温度为 93℃。理论活性氧含量 12.11%。半衰期 10h、1min 的分解温度分别为 102℃、106℃。不溶于水，溶于苯、醇、醚及酯等有机溶剂。蒸气与空气能形成爆炸性混合物，与有机物、易燃物、强酸混合时剧烈反应，有着火及爆炸危险。商品常为含活性氧 15%或 50%的苯溶液。用作聚合催化剂及不饱和聚酯交联剂。

过氧化乙酰磺酰环己烷 acetyl cyclohexane sulfonyl peroxide 又名乙酰基过氧化环己烷磺酰。白色粉末，稍有刺激性气味。理论活性氧含量 7.2%。半衰期 1min、10h 时的分解温度分别为

$$CH_3-\overset{O}{\overset{\parallel}{C}}-O-O-\overset{O}{\overset{\parallel}{\underset{\underset{O}{\parallel}}{S}}}-C_6H_{11}$$

80℃、31℃。不溶于水，溶于苯、醚、酯。易燃。常温下会分解。与有机物、可燃物、还原剂、酸类及胺类等混合会剧烈反应，并引起燃烧及爆炸。商品有粉状及液状等。用作苯乙烯、氯乙烯等单体聚合的高效引发剂。

过氧化异丙基碳酸叔丁酯 *tert*-butyl peroxy isopropyl carbonate 又名叔丁基过

$$(CH_3)_3CO\overset{O}{\overset{\parallel}{C}}-O-O-CH(CH_3)_2$$

氧化异丙基碳酸酯。无色液体。理论活性氧含量 9.08%。半衰期 10h、1min 时的分解温度分别为 97℃、160℃。不溶于水，溶于常用有机溶剂。有强氧化性。受热或受震动有着火及爆炸危险。与还原剂、有机物、易燃物及酸类混合时会剧烈反应，并引起燃烧及爆炸。商品有含

本品95%、75%等规格。用作聚合引发剂、不饱和聚酯固化剂及聚合物交联剂等。

过氧戊二酸 glutaric acid peroxide

$$\mathrm{H_2C}\begin{array}{c}\mathrm{CH_2COOOH}\\ \mathrm{CH_2COOOH}\end{array}$$

白色松散粉末,有轻度刺激性气味。熔点89～90℃。90℃开始分解。不溶于水。溶于乙醇、丙酮、乙酸、氯仿等有机溶剂。也溶于双氧水,但不溶于烃类溶剂。活性氧含量5.61%～6.61%。室温下稳定,可燃。一种高效消毒剂,其水溶液或乙醇溶液都可有效杀灭包括细菌芽孢在内的各种微生物。因其难溶于水,可用乙醇溶解后再用水稀释。50～100mg/L浓度的本品水溶液,室温下作用5～10min可杀灭细菌繁殖体99.99%以上。也用作合成树脂及橡胶聚合用引发剂。由戊二酸酐经过氧化氢氧化制得。

过氧乙酸 peracetic acid　CH_3COOOH　又名过醋酸、过乙酸。无色透明液体。有乙酸气味。相对密度1.2665。沸点105℃。熔点0.1℃。折射率1.3924。呈弱酸性,易挥发。溶于水、硫酸及乙醇、乙醚等。性质不稳定,温度稍高,即分解放出氧气,生成乙酸。加热至110℃时猛烈爆炸。通常制成30%的水溶液存放。市售品过氧乙酸一般是18%～25%的溶液。为强氧化剂,对皮肤有腐蚀性。用作消毒剂,可杀灭各种细菌繁殖体、真菌、结核分支杆菌、细菌芽孢及各种病毒。用于餐具、家具、房屋、门窗等的消毒。一般使用浓度为0.2%～0.5%。未经稀释的过氧乙酸不能接触皮肤、衣服及金属容器。由过氧化氢与乙酸在硫酸催化剂存在下反应制得。

哈拉西泮 halazepam　又名7-氯-1,3-二氢-5-苯基-1-(2,2,2-三氟乙基)-2H-1,4-苯并二氮杂䓬-2-酮。白色结晶。熔点164～166℃。不溶于水,溶于乙醚、丙酮、氯仿、二氯甲烷、苯等。一种抗焦虑药,对中枢神经有抑制作用。用于抗焦虑及镇静。长期应用可产生依赖性。以2-氨基-5-氯二苯酮、三氯甲磺酸-2,2,2-三氟乙酯等为原料制得。

海藻酸 alginic acid　白色至黄色纤维状颗粒或粉末。无臭,或有轻微特殊气味。是由聚甘露糖醛酸链段、聚葡萄糖醛酸链段和这两种糖醛酸的交替链段按不同比例构成的高相对分子质量线型糖醛酸。与碱反应生成盐,与醇类反应生成酯。微溶于水,不溶于多数有机溶剂。3%水分散液的pH值为2.0～3.4。与钙等两价以上的离子结合生成凝胶,与钠、钾、镁等离子结合而成黏稠液,具有优良的保水性及增稠作用。食品加工中用作增稠剂、乳化剂、软饮料悬浮剂、凝胶形成剂;制药工业用作崩解剂、缓释剂及防肥胖剂;化妆品及牙膏中用作稳定剂、粘接剂、保水剂等。也用于生产海藻酸丙二醇酯、海藻三乙胺等。由褐藻经酸洗后,用氢氧化钠或碳酸钠溶液浸取制得。

海藻酸丙二醇酯 propylene glycol alginate 又名褐藻酸丙二醇酯。白色或浅黄色纤维状粉末或粗粉状。

$$AlgCOO \cdot CH_2CH_3CHOH$$
（AlgCOO 为海藻酸基）

不溶于甲醇、乙醇及苯等有机溶剂，溶于水成胶状黏性溶液，也溶于稀有机酸。水溶液在 60℃ 以下稳定，煮沸时黏度快速下降。在 pH 值为 3～4 的酸性溶液中形成凝胶，pH 值高于 7 时则皂化，大于 10 时因解聚而失去黏性。亲油性很强，并具有独特的胶体特性、增稠性、悬浮性、成膜性、乳化性及形成凝胶的能力。用途与海藻酸钠相似，用作增稠剂、乳化剂、悬浮剂及稳定剂等。由海藻酸与环氧丙烷在碱催化剂存在下反应制得。

海藻酸钠 sodium alginate 又名褐藻酸钠、藻胶。白色至浅黄色纤维状粉末或颗粒。几乎无臭。是水合力很强的亲水性高分子物质，溶于水形成黏稠胶体溶液。不溶于浓度 30% 以上的乙醇、乙醚及酸（pH<3）。1% 水溶液的 pH 值为 6～8。pH 值在 5.8 以下会凝胶化。有较强胶体保护作用，对油脂有乳化功能。与聚乙烯醇、甲基纤维素不同之处是本品能形成真溶液，并呈现出特有的柔软性、均匀性等特性。还可与天然或合成水溶性聚合物混溶。食品加工中用作增稠剂、稳定剂及凝固剂；化妆品中用作乳化稳定剂、稳泡剂及发类制品定型剂；医药上用于制血浆代用品、牙科咬印材料；牙膏中用作增黏剂。还用作纸张施胶剂、钻井泥浆添加剂等。由海带等海藻经纯碱消化、氯化钙钙化、沉淀、脱钙、碱中和等过程制得。

海藻糖 trehalose 又名 *D*-海藻糖。

为两个葡萄糖分子结合的糖。无色结晶。易吸湿形成带二分子水的水合物。无臭。味微甜。甜度为蔗糖的 45%。加热至 130℃ 时失去结晶水。无水物熔点 210.5℃。二水合物熔点 97℃。易溶于水，不溶于乙醚、溶于热乙醇。食后口中不留后味，易消化吸收，不与氨基酸发生褐变反应，无龋齿作用。用作食品甜味剂、保湿剂、医药稳定剂、化妆品唇膏的香味剂及甜味剂、饲料添加剂等。由淀粉经 α-淀粉酶发酵、糖化及精制而得。

含苯有机废气净化催化剂 catalyst for benzene containing organic effluent gas purification 用于处理含苯有机废气的催化剂，产品牌号 Q101 为 $\phi5 \times (5\sim10)$mm 的条或片状。活性组分为 Cu 等过渡金属的复合氧化物。载体为 Al_2O_3。堆密度 0.9～1.4g/mL。孔体积 0.2～0.45mL/g，比表面积 40～120m^2/g。催化剂呈钙钛矿（ABO_3）或尖晶石（AB_2O_4）型结晶。可用于印刷、自行车、漆包线、缝纫机、家用电器等行业所用烘箱、烘房排放的有机废气进行催化燃烧净化。可由特制载体浸渍活性组分溶液后，经干燥、焙烧制得。

含氮磷酸酯淀粉 nitrogen-containing phosphate starch 一种阴离子淀粉，淡黄色粉末。10% 溶液的 pH 值 6.5～7.5。

含氮 0.6%～1.2%,含磷 0.45%～0.90%。溶于热水,不溶于乙醇、丙酮、苯等有机溶剂。具有良好的分散、助滤作用。主要用作造纸湿部添加剂,可提高纸张干、湿强度,并具有助留作用,减少纤维及填料流失。对松香施胶有协同效应,提高施胶效果,改善印刷性能。由氮试剂及磷试剂在溶液中配成阴离子试剂后,与淀粉反应制得。

含磷极压抗磨剂 phosphorus-containing EP-antiwear agent 润滑油极压抗磨剂的一类。常用品种有烷基磷酸酯、磷酸酯、酸性磷酸酯、酸性磷酸酯胺盐(磷-氮剂)及硫代磷酸酯胺盐(硫-磷-氮剂)等。其极压抗磨作用是先在金属表面上吸附,经水解生成酸性磷酸酯,与金属形成有机金属磷酸盐。最后,在极压摩擦条件下进一步水解后,生成无机亚磷酸铁膜,起到极压抗磨作用。其极压抗磨性与水解稳定性有关,抗水解好的则极压性差。抗极压性能大小顺序为:磷酸酯胺盐＞磷酸酰胺＞亚磷酸酯＞磷酸酯＞膦酸酯＞次膦酸酯。

含硫废气净化催化剂 catalyst for sulfur containing waste gas removing 又名含硫有机废气净化催化剂。是以V_2O_5为主要活性组分,并添加少量过渡金属氧化物为助催化剂,以改性无烟丝光沸石或氧化铝载体。产品牌号有RS-1、V_1、V_2、V_3等。RS-1 催化剂为 3～5mm 黄色无定形颗粒,堆密度 0.85g/mL,比表面积 $100m^2/g$。用于含硫有机废气净化,可将有机硫化物完全氧化成 SO_x;V_1、V_2、V_3 催化剂为黄色圆柱状或环柱状,堆密度 0.55～0.65g/mL,比表面积 3～$6m^2/g$。用于烟道气脱硫,可将 SO_2 氧化成 SO_3。可由特制载体浸渍含矾及助剂溶液,再经干燥、焙烧制得。

含硫极压抗磨剂 sulfur-containing EP-antiwear agent 润滑油极压抗磨剂的一类。常用品种有硫化油脂、硫化烯烃、多硫化物、二硫化二苄及二硫化氨基甲酸盐等有机硫化物。其极压抗磨作用是先在金属表面上吸附,减少金属面间的摩擦;随着负荷增加,金属面之间接触点的温度瞬时升高,有机硫化物先与金属反应形成硫醇铁覆盖膜(S—S键断裂)而起抗磨作用;随着负荷进一步提高,C—S键开始断裂,生成硫化铁固体膜而起极压作用。硫化铁膜熔点高、耐热性好,但膜较脆抗磨性较差。

含氯极压抗磨剂 chlorine-containing EP-antiwear agent 润滑油极压抗磨剂的一类。应用最广的含氯极压抗磨剂是含氯量为 42%～70%的氯化石蜡,它在极压条件下先发生分解,Cl—Cl 键断裂,在金属表面生成氯化铁膜,这种膜有类似于石墨和二硫化钼的层状结构,剪切强度低,摩擦系数小。但其耐热温度低,在 300～400℃时会破裂,遇水产生水解反应,生成盐酸和氢氧化铁,失去润滑作用,并引起金属的腐蚀及锈蚀。针对以上缺点,以六氯环戊二烯为原料合成的非腐蚀性含氯极压抗磨剂,如六氯环戊二烯、四氯苯二甲酸与脂肪胺的反应产物等,具有抗氧、耐热、水解安定性及极压抗磨性好等特点。

含氰硅油 cyanide-containing silicone 是由 β-氰乙基甲基二氯硅烷与二甲基二

氯硅烷在水中共水解后加入止链剂六甲基二硅氧烷,经浓硫酸催化调聚制得。根据止链剂用量不同,共聚物分子链的长度也有所不同,最高可达1000个链节,但平均约为20个链节。为淡黄色透明黏性液体。溶于甲苯、丙酮、乙醚、环己烷、松香水、煤油及汽油等,与水不混溶,但在水中稳定,不水解。与二甲基硅油比较具有高的极性及优良的介电性能。适用作电子、电气工业的介电液体,特别是小型电容器的介电液。也用作石油加工的非水体系的消泡剂及抗油材料。

含漱剂 oral rineses 是指为消除由于细菌或酵母菌分解食物残渣所引起的口臭,清洁口腔,使口气清新的一类漱口水。由于一些含漱剂内含杀菌剂和一些对牙齿疾病有预防或治疗作用的活性物,这类产品常被列为处方药品或非处方药。含漱剂品种较多,按功能可分为:防止不愉快口腔气味、抑制龋齿、抑制或除去牙菌斑生成、抑制牙垢或牙石生成、促进软组织健康或作为专业牙齿护理辅助剂等。按照剂型,含漱剂包括水溶液、气雾剂、浓集物、粉末或片剂等。其基本组成为香精、甜味剂、乙醇、表面活性剂等。

航空涂料 aircraft coatings 主要用于飞机的涂料。按飞机使用部位不同,分为飞机蒙皮涂料、飞机舱室涂料、飞机零部件涂件、飞机发动机涂料、飞机复合材料防护涂料等。飞机在全工作过程中要经历地面环境、上升环境、高空环境及下落环境等,涂层会受湿气、雨水、砂石、日光及紫外线等的侵蚀。所以航空涂料要求的保护及装饰作用很高。目前使用较广的是丙烯酸酯涂料及聚氨酯涂料等。

航煤脱硫剂 jet kerosene desulfurization agent 用于深度脱除航空煤油中微量硫化氢的催化剂。产品牌号JX-7。外观为$\phi 4\times(5\sim20)$mm的褐色三叶草。活性组分为复合金属氧化物。堆密度$0.9\sim1.0$g/mL。颗粒径向抗压碎力平均值$\geqslant 120$N/cm。使用条件及技术指标为:温度$0\sim50$℃、压力常压~ 4.0MPa、空速$4h^{-1}$、入口H_2S含量$\leqslant 1000\mu g/g$、穿透硫容$\geqslant 20\%$。适用于加氢裂化及加氢精制后航煤的精脱硫,可解决由于微量活性硫造成的航煤"银片腐蚀"不合格的问题,对航煤的其他技术指标无不良影响。

航天器热控涂料 spacecraft temperature controlling coatings 指能对航天器进行外部热控和内部热控的涂料。航天器发射进入轨道后,会经受正负200℃的温度交变。热控涂料的作用是在轨道运行段对上述交变温度进行调控。实质上,它是一种光散射材料,借助于涂料中分散的颜料对于太阳光的漫反射作用和涂料对于红外波段的辐射特性,调节涂料的a值(航天器外表面对太阳能的吸收率)和ε值(航天器表面的热发射率),以达到热控的目的。涂料所用颜料,要求是白色、高发射和光学稳定性好,如氧化铝、氧化钛、氧化锌及硅酸盐、钛酸盐等;所用粘接剂有环氧树脂、有机硅、丙烯酸树脂及一些无机盐。

合成胶黏剂 synthetic adhesive 以高分子合成材料为基料的一类胶黏剂,

是品种最多、应用最广、发展最快的胶黏剂品种，按主体成分的化学结构和性能特点，分为热塑性树脂胶黏剂、热固性树脂胶黏剂及橡胶胶黏剂；按胶接工艺特点，分为热固性胶黏剂、热熔胶黏剂、溶液胶黏剂、乳液胶黏剂及压敏胶等；按受力角度分为结构胶和非结构胶两大类，前者用于胶接受力部位上，后者用于非用力部位上；按应用性质分为一般胶黏剂及特种用途胶黏剂。

合成抗菌药 synthetic antibacterial agents 指除抗生素以外的抗菌化合物。如磺胺类抗菌药物、喹诺酮类抗菌药物及噁唑烷酮类抗菌药物等。它们能有效地抑制和杀灭病原性微生物，用于治疗细菌感染性疾病，是一类广为应用的药物。

合成吗啉催化剂 catalyst for synthetic morpholine 吗啉用于生产橡胶硫化促进剂、抗氧剂、荧光增白剂及甲基吗啉等。生产吗啉的方法有二乙醇胺法及二甘醇法两种。本催化剂主要用于二甘醇法制吗啉，即由二甘醇和氨经催化环化而制得吗啉，催化剂产品牌号为SC-M。是以NiO、CuO为主要活性组分，以氧化铝为载体。外观为 $3\times(4\sim15)$ mm 的三叶草形。堆密度 $\leqslant 0.75$ g/mL。孔体积 >0.45 mL/g。比表面积 >200 m²/g。在反应温度 $180\sim260$ ℃，反应压力 $1.5\sim2.0$ MPa 的条件下，单程转化率 99%，吗啉收率 $\geqslant 70\%$。由氯化铝载体浸渍硝酸镍、硝酸铜活性组分溶液后，再经干燥、焙烧制得。

合成染料
见"有机着色剂"。

合成松香中性施胶剂 synthetic rosin neutral size 又名中性造纸施胶剂。是以松香酸与二乙烯三胺反应后经硬脂酸酰胺化，再以水为溶剂与环氧氯丙烷反应得到的铵盐。浅黄色乳状液。固含量 $10\%\sim11\%$。黏度 $80\sim120$ mPa·s（25℃），pH值 $6\sim7$。真空干燥后固体物的软化点为 $106\sim109$ ℃。主要用作造纸施胶剂，尤适用于中性施胶及需要采用高温干燥法造纸的工艺。

合成橡胶胶乳 synthetic rubber latex 又称合成胶乳。是单体在水介质中经乳液聚合制得的胶乳。是一种高分子化合物或橡胶粒子的水分散体。胶粒直径一般小于 $1\mu m$。胶乳的稳定性取决于聚合物粒子与水相间的表面活性物质。聚合时一般需加入引发剂及乳化剂。几乎所有合成橡胶都可制得相应的合成胶乳。常用品种有丁苯胶乳、丁腈胶乳、苯丙胶乳、氯丁胶乳、聚硫胶乳、氟橡胶胶乳、硅橡胶胶乳、丙烯酸酯胶乳等。合成胶乳粒子小、稳定性高，有良好的耐油、耐候、耐燃等性能，但黏性比天然胶乳稍差。广泛用于纺织、造纸、涂料、胶黏剂等领域。

合纤油剂
见"油剂"。

核酸酶 nuclease 催化核酸水解生成核苷酸及多核苷酸的一类酶的总称。存在于一切细胞内，是由微生物细胞中提取或用发酵法制备的一类磷酸二酯酶。按作用方式不同，又有核酸内切酶及核酸外切酶之分。前者可水解分子链内部的磷酸二酯键生成寡核苷酸；后者能从核酸分子链的游离末端顺次水解磷酸二酯键生成单核苷酸。核酸酶的相对分子质量为 5000～140000，适宜 pH 值为 4～9，适宜温度为 37～70℃。主要用于水解核酸制取单核苷酸。用于美容化妆品中，核酸酶具有将不需要的胞外核酸水解为水分子的核苷或寡核苷，并防止它们重新聚合，对清除或预防老年斑及皱纹有一定功效。

D-核糖 D-ribose 又名呋喃核糖。戊醛糖的一种，为核酸和核糖体的组成成分，广泛存在于各种生物体内。白色晶体或结晶性粉末，微有芳香味。熔点 86～87℃。溶于水、甲醇、乙醇，不溶于乙醚、丙酮、苯。易吸潮。在水中有过饱和趋势。医药上用作生化试剂及医药中间体；食品工业中用作甜味剂及调味品。也用作饲料添加剂及植物生长调节剂，由 D-葡萄糖发酵、分离制得。

$$HOH_2C-\underset{OH}{\underset{|}{C}}H-\underset{OH}{\underset{|}{C}}H-\underset{OH}{\underset{|}{C}}H-\underset{O}{\overset{H}{C}}$$

核糖核酸 ribonucleic acid 简称 RNA。纯品为白色粉末或结晶。微溶于水，水溶液呈酸性，具旋光性。不溶于乙醇、乙醚、氯仿等有机溶剂。其钠盐比游离酸易溶于水，在水中溶解度可达 4%。临床用作肝炎辅助用药及免疫调节剂。具有促进肝细胞蛋白质合成、促进病变肝细胞恢复、提高机体细胞免疫功能等作用。用于慢性肝炎、肝硬化的辅助治疗，恶性肿瘤和免疫功能低下疾病的辅助治疗。可由啤酒酵母、面包酵母、酒精酵母等提取而得，或从哺乳动物肝脏中提取制得。

黑色素-1
见"2-苯胺基-3-甲基-6-二乙氨基荧烷"。

黑色颜料 black pigment 能非选择性地吸收大部分可见光谱范围波长的颜料。最常用的黑色颜料是炭黑及氧化铁黑。炭黑主要用于橡胶工业，第二大用途是用作涂料、油墨、塑料及纸张的着色剂；氧化铁黑因遮盖力、着色力强、耐光性能好而用于涂料及油墨外，还由于耐碱能和水泥混合而广泛用于水泥着色，如磨光地面、人造大理石等。

黑油膏 black factice 又名热法油膏、硫化油。一种由不饱和植物油与硫反应制得的复杂混合物。黑色半透明半硬弹性固体。相对密度 1.08～1.20。含硫量 14%～20%。游离硫 ≤2.5%。丙酮抽出物 30%～37%。用作橡胶软化剂、填充剂。也用作橡胶助发泡剂，但耐老化性较差。主要用于制造海绵鞋底及蓄电池隔板等。由菜籽油或亚麻仁油等不饱和植物油在加热下与硫黄反应制得。

红根鞣剂 wild rose root extract 又名红根栲胶。一种植物鞣剂。粉状或块状物。鞣质>66%。非鞣质<21%。纯度>75%。pH 值 3.2～3.95。易溶于水、乙醇、丙酮。属混合型皮革鞣剂。具有渗透速度快，结合性尚好，收敛性较强，鞣成的革丰满、坚实等特点。适于鞣制底革、装具革等。由野蔷薇根皮经粉碎、浸提、浓缩、干燥制得。

红霉素 erythromycin 由红霉素链霉菌的发酵培养液中发现的 14 元环的碱性抗生素。含 A、B、C 三种组分。主要组分红霉素A为白色结晶性粉末。无臭。味苦。熔点130～140℃（分解）。微溶于水，溶于甲醇、乙醇、乙醚、丙酮。干燥空气中稳定，遇酸不稳定。对革兰阳性菌、肺炎支原体、分枝杆菌、立克次体等有较强抗菌活性。主要用于治疗对青霉素耐药的金葡菌、溶血性链球菌等引起的肺炎、创伤感染及其他细菌感染性疾病。对支原体引起的肺炎及大叶肺炎也有效。毒性极低，使用安全，副作用少而轻，有时可发生恶心、腹痛、呕吐、皮疹等。

红曲色素 monascournarin 又名红曲红、红曲红色素。一种由传统发酵制剂红曲制取的天然色素，一般粗制品含有十几种成分，其中已知呈色物质有：潘红（红色色素）、梦菲红（黄色色素）、梦菲玉米（红色色素）、安卡素（黄色色素）、潘红胺（紫色色素）及梦菲红胺（紫色色素）。红色或暗红色油状粉末或液体。无味，略有异臭。熔点165～190℃。溶于水，微溶于乙醇、乙醚，不溶于丙酮。耐热性强，加热至100℃仍稳定。遇氯易褪色。对蛋白质的着色性好，一旦染着后经水洗也不褪色。用于肉制品着色，也用于糖果、糕点、香肠、酒、腐乳、酱类等着色。由红曲米用乙醇抽提制得。

红外线辐射涂料 infrared radiation coatings 指能吸收热物体的辐射能，并将其转变为红外线，以提供热源的涂料。主要由粘接剂及填料所组成。所用粘接剂有水玻璃、硅溶胶、有机硅酸盐、磷酸二氢铝等，是涂料的主要成膜物质，起粘接填料的作用；填料是发射红外线的主要材料，常用的有碳化硅、碳化硼、氧化铁、氧化铬等。红外辐射涂料具有以下特点：①工艺过程与普通油漆接近，比较简便；②涂料可涂覆在金属或陶瓷等非金属上；③可提高加热效率，节省能源。涂料可采用刷涂、浸涂或喷涂方法施工。

后整理助剂

见"织物整理剂"。

胡椒醛 piperonal 又名3,4-亚甲二氧基苯甲醛、洋茉莉醛。白色有光泽结晶。有甜的花香气味。熔点37℃。沸点263℃。微溶于水，溶于乙醇、乙醚、丙酮等有机溶剂。暴露于空气中，或受光照射会逐渐变成黄色。与吲哚同时使用会产生粉红色。天然存在于刺槐、紫罗兰花、香荚兰豆等植物中，用作香料，用于调制果香型食用香精及紫罗兰等花香型化妆品香精。也用于医药上。由异黄樟素用重铬酸钾氧化后再经蒸馏制得。

胡椒酸 piperic acid 胡椒属植物种子中的一种芳香酸，常与其他芳香酸衍生物伴存。天然提取物为顺式结构。白色针状结晶。熔点216～217℃。不溶于水、乙醚、丙酮、苯，溶于沸乙醇及无水乙醇。紫外线最大吸收波长为340nm。有强抗氧化性，能宽范围吸收紫外线，吸收强度大、光稳定性好。用于配制防晒乳液或膏霜，有较好的紫外线吸收作用。由胡椒果实用溶剂萃取后分离制得。

胡芦巴碱 trigonelline 一种内盐型生物碱。主要存在于豆科植物胡芦巴（俗称苦豆）中，内含胡芦巴碱0.13%。可由溶剂萃取、分离制得，为白色菱形结晶，味苦。紫外特征吸收波长为265nm。易溶于水，溶于乙醇，不溶于乙醚、氯仿。加入发水中具有促扩张血管、增加发根毛囊部位营养物供给等作用，使头发增黑、变密。与其他营养性助剂配合用于护肤品，对调理干性皮肤有效。而主要成分为胡芦巴碱、胆碱的胡芦巴油可用作增香剂，用于食用及烟用香精。

β-胡萝卜素 β-carotene 又名维生素A原、β-叶红素。为四萜类化合物，广泛存在于动植物中，也是一种天然色素。有多种异构体，主要为α、β、γ胡萝卜素，外观为红紫至暗红色结晶，稍有异臭味。相对密度1.0。熔点172～182℃（分解）。不溶于水、甘油、酸及碱液，微溶于乙醇、乙醚，溶于苯、氯仿。对热及弱碱稳定，对酸及光不稳定。遇铁离子会褪色。可用作食品及化妆品色素，能表现维生素A样性能，对维生素A缺乏症如皮肤干燥、粗糙等有效。常与其他功能成分配合制成去皱、缩小毛孔等美容制品。本品也能显著吸收紫外线，是理想的防晒剂。也用作饲料添加剂。可由胡萝卜及其他含胡萝卜素的植物用石油醚萃取制得。

糊精 dextrine 一种淀粉不完全水解$(C_6H_5O_5)_n \cdot xH_2O$（$n$-聚合度）产物。白色或微带淡黄色粉末。熔点178℃（分解）。易溶于热水，微溶于冷水，不溶于乙醇、乙醚。溶于沸水形成黏性溶液，有较好稳定性及粘接性。其中成分除糊精外，还含有少量可溶性淀粉及葡萄糖。用作粘接剂、填充剂、增稠剂，如用于制备片剂、丸剂、颗粒剂、混悬剂等。加入陶瓷粉料中可提高坯料可塑性。以糊精为主要原料加入硼砂、亚硫酸钠等添加剂的糊精胶可用于纸张、皮革、木材、织物等的胶接。一般由淀粉与低浓度的强酸混合后经加热分解制得。

琥珀酸二仲辛酯磺酸钠
见"渗透剂S"。

花生四烯酸 arachidonic acid 又名5，

8,11,14-二十碳四烯-1-酸。一种ω6多不饱和脂肪酸。天然存在于某些苔藓、海藻中,也存在于猪、牛的肾上腺、肝中。为动物体内必需脂肪酸。淡黄色油状液体。相对密度0.922。熔点约49℃。沸点169～171℃(19.99kPa)。折射率1.4824。不溶于水,溶于乙醇、丙酮、苯等有机溶剂。用作营养强化剂,能调节人体细胞膜的通透性,对婴幼儿的大脑神经发育有重要作用。对治疗或预防冠心病、糖尿病及脑血管疾病有辅助疗效。也是合成前列腺素的重要原料。由猪肾上腺匀浆经溶剂抽提制得。

花色素苷 anthocyanic 天然存在于水果、蔬菜中的一类水溶性色素。大部分以花生素糖苷的配基形式存在。一般为红色至深红色膏状或粉末,有特殊香味。溶于水、乙醇,不溶于无水乙醇、丙酮、氯仿。溶液色泽随pH值的变化而变化,酸性条件下呈红色,碱性条件下呈橙黄色至紫青色。易与铜、铁等离子结合而变色,遇蛋白质也会变色。耐热性较好,但对光敏感。具有保护毛细血管,促进视红细胞再生,增强对黑暗适应能力的功效,能减轻视觉疲劳、提高低亮度视觉适应能力。以杜鹃花科植物欧洲越橘或普通越橘为原料用溶剂提取而得。

花生酸 arachic acid 又名二十烷酸。$CH_3(CH_2)_{18}COOH$ 白色有光泽叶状结晶。相对密度0.8240(100℃)。熔点75.5℃。沸点328℃(部分分解)。折射率1.4250。几乎不溶于水,稍溶于乙醇,溶于热乙醇、乙醚、苯、氯仿、石油醚。用作润滑剂,在非极性塑料中能很好地润湿金属表面,在塑料挤出加工中都具有中期至后期润滑效果。当初期或后期润滑效果不足时,可加入少量硬脂酸丁酯等以改善润滑效果。也用作通用试剂及有机合成。由花生油水解制得。也可由氧化石蜡制得。

滑爽剂
见"手感剂"。

化肥催化剂 chemical fertilizer catalyst 指在生产化学肥料的前加工工业中,所使用的各类催化剂及固体净化剂。品种繁多,升级换代很快,国产化水平较高,主要分为原料气净化催化剂、烃类转化催化剂、一氧化碳变换催化剂、甲烷化催化剂、甲醇合成催化剂、氨合成催化剂、制酸催化剂及其他催化剂等8类。原料气净化催化剂又分为脱硫剂、脱氯剂、脱砷剂、脱氧剂、脱氢剂、脱HCN剂及分子筛净化剂等;烃类转化催化剂包括烃类一段转化催化剂、二段转化催化剂、轻油制富甲烷预转化催化剂;一氧化碳变换催化剂包括一氧化碳中温变换、低温变换及宽温变换催化剂;甲烷化催化剂包括合成氨工艺甲烷化催化剂及城市煤气甲烷化催化剂;甲醇合成催化剂包括低压合成、中压合成及高压合成甲醇催化剂;制酸催化剂又可分为生产硫酸及硝酸用催化剂等。对于具有一定规模的合成氨厂而言,即使使用相同的原料,由于所采用的工艺技术不同,所用催化剂品种及数量也会不同。

化学发光材料 chemiluminescence material 化学发光是一种伴随有化学反应的化学能转化为光能的过程,若化学反应中生成处于电子激发的中间体,而该电子激发态的中间体回复到基态时以光的形式将能量放出,这时在化学反应的同时就有发光现象。发光化学反应大多是在氧化反应过程中发生能量转换所引起。化学发光材料主要由发光体(发光化合物)、氧化剂、荧光体(荧光化合物)组成。常用化学发光体有草酸醌、草酰胺、芳基取代蒽、对二苯乙炔基苯、荧烷及多省稠环类等。主要用于制造各种化学发光器。

化学反应试剂 chemical reaction reagent 一类专用反应试剂,如魏梯希(Wittig)试剂(羰基转化为碳-碳双键)、菲林(Fehling)试剂(醛基氧化试剂)、格利雅(Grignard)试剂(烷基化反应)等。这些化学反应试剂能和特定的化学物质发生特定反应,生成某种物质,不仅直接参与合成反应,且自身的化学反应性强,广泛应用于多种有机合成。如格利雅试剂能与一些金属卤化物反应生成金属有机化合物。

化学脱毛剂 chemical depilatory 脱毛剂是一种不需要利用剃刀而能除去皮肤上柔毛的化妆品。脱毛的方法包括剃毛、电解除毛和脱毛剂除毛。脱毛剂包括拔毛剂、化学脱毛剂和磨毛剂。商品脱毛剂主要是化学脱毛剂,其他类型脱毛剂已少见。化学脱毛剂是一种能使毛变软、毛强度变低、在2~6min内即可将毛抹去或冲洗掉的脱毛剂。其形态有液态、软膏状和粉状等。而以软膏状产品为多。化学脱毛剂的脱毛机理是,在碱性(pH值为11~13)条件下,利用还原剂将构成体毛的主要成分角蛋白胱氨酸链段中的二硫键还原成半胱氨酸,从而切断体毛,达到脱毛目的。用作还原剂的主要是巯基乙酸盐(钙、钠及钾盐等)。由于化学脱毛剂难免会对皮肤有损伤,故脱毛剂列为特殊用途化妆品。

化学增塑剂
见"塑解剂"。

槐豆胶 locust bean gum 又名角豆胶、刺槐豆胶。白色至黄白色粉末、颗粒或扁平状。无臭或带微臭。主要成分为由D-半乳糖和D-甘露糖为构成单元的高分子多糖,相对分子质量约31万。能分散于冷或热水中形成溶胶,冷水中仅部分溶解,80℃时完全溶解成黏稠液,pH值5.4~7.0,添加少量硼砂则转变成凝胶,在pH3.5~9.0范围内,黏度不发生变化。在此pH值之外,黏度下降。食盐、氯化钙等溶液对黏度无影响,但无机酸及氧化剂会使其盐析,黏度降低。本身不能形成凝胶,但与琼脂、卡拉胶之间相互作用,则可形成或加强凝胶作用。用作增稠剂、持水剂、黏合剂、乳化剂等,广泛用于制备各种食品,其中大量用于制造乳制品及冷冻甜食。由豆科植物角豆的种子胚乳部分经焙炒、热水抽提、浓缩、干燥制得。

还原染料 vat dyes 早期称瓮染料,又名士林染料。是在碱性溶液中以强还原剂(如低亚硫酸钠)进行还原后才能染色的染料。分子结构中不含水溶性基团,但至少含有两个处于共轭系统中的羰基,在还原剂作用下,羰基能被还原成具有烯醇结构的隐色酸,隐色酸可溶于碱水溶液中而被纤维吸附。在酸和氧化剂作用下隐色体再恢复到原来不溶于水的羰基状态而固着在纤维上。按化学结构分类,还原染料可分为靛族染料及蒽醌类染料,其中又以后者的品种较多。广泛用于棉、黏胶和麻等纺织品及合成纤维的染色、印花，具有色谱齐全、色光鲜艳、各项坚牢度，特别是耐晒牢度优良的特点。

还原艳橙 GR vat brilliant orange GR

橙红色粉末，耐晒性 6～7 级，不溶于乙醇、苯、丙酮、氯仿，微溶于邻二甲苯、吡啶、邻氯苯酚。在酸性液中为红光棕色。在浓硫酸中呈暗红光黄色，在碱性保险粉还原液中为微带红色荧光的橄榄绿色。用作聚烯烃塑料的橙色着色剂，也用于棉、涤/棉、维/棉等织物的染色，色泽鲜艳、耐热、耐晒、耐溶剂及耐迁移性均较好。由邻苯二胺与萘四甲酸经缩合、氧化等反应制得。

环孢菌素 A cyclosporin A 一种强效免疫抑制剂。在人体血液、尿液中都有存在，是新陈代谢的产物。为白色针状结晶。熔点 148～151℃。微溶于水、石油醚，溶于甲醇、乙醇、乙醚及氯仿等有机溶剂。用作药物或药助剂，有抗炎、免疫抑制和杀寄生虫等功效。用于器官或组织移植病人抑制免疫排斥反应，可显著提高移植物的存活率。也用于治疗自身免疫性疾病。其主要副作用是会出现肾毒性、高血压及高血脂症。环孢菌素 A 也与人体控制毛发生长的激素有关，能加速角蛋白的形成和增粗毛发直径来促进毛发生长，可用于生发酊配方中。可由柱盘孢菌发酵、分离制取。

环吡酮胺 ciclopirox olamine 又名巴特芬、环匹罗司、环己吡酮氨乙醇。白色结晶。熔点 97～99℃。不溶于氯仿、乙腈、乙酸乙酯。为外用抗真菌药，对皮癣菌、酵母菌、放线菌和其他真菌以及各种革兰阳性和阴性菌均有明显抑制活性，且渗透力强，能穿透皮肤趾甲，对浅表真菌及白色念珠菌感染，如手癣、足癣、体癣、股癣、指（趾）甲癣，尤对皮肤增厚的手、足癣有疗效。以 4-甲基-3-戊烯-2-酮为原料制得。

环丙沙星 ciprofloxacin 又名环丙氟哌酸、世普欢、特美力、1-环丙基-6-氟-1,4-二氢-4-氧-7-(1-哌嗪基)-3-喹啉羧酸。微黄色或黄色结晶性粉末，熔点 255～257℃。不溶于水、乙醇，溶于冰乙酸。其盐酸盐熔点 308～310℃，溶于水。为第三代喹诺酮类药物。对大肠杆菌、绿脓杆菌、流感嗜血杆菌、淋球菌、军团菌、金黄色葡萄球菌等均有抗菌作用。用于治疗感敏引起的呼吸道、泌尿道、肠道、皮肤软组织感染。由 2,4-二氯-5-氟-苯甲酰氯与 β-环丙胺基丙烯酸乙酯缩合后，经环合、水解、与哌嗪缩合制得。

环庚草醚 cinmethylin 又名环庚草烷。是由桉树脑（风油精主要成分）仿生合成的一种除草剂。无色液体。沸点313℃。相对密度1.015。蒸气压$1.013×10^{-2}$kPa(20℃)。微溶于水,与乙醇、丙酮、苯等多数有机溶剂互溶。为内吸剂,由杂草的根和幼芽吸收,抑制分支组织生长,使杂草死亡。用于稻田可防除稗草、鸭舌草、矮慈姑、眼子菜等杂草。以α-蒎烯、丙二胺等为原料制得。

环糊精 cyclodextrin 又名环状糊精、环链淀粉。由6～12个葡萄糖分子通过α-1,4葡萄糖苷连接的呈环状结合的非还原性低聚糖。由6、7、8个葡萄糖分子组成的分别称为α-、β-、γ-环糊精。它是一种晶体,分子的主体结构像一个中空圆筒,两端直径大小不同,上部宽口一侧连接—OH基,下部窄口一侧连接有—CH_2OH基,因而呈现强亲水性,可溶于水。筒体内部含有—CH和糖苷结合的—O—原子而呈憎水性。油性物质进入空腔可形成包结配合物,由于成环状,不具有还原性末端。利用环糊精分子空隙的包结作用,可除去被包合物的臭味、苦味,赋予其缓释性。可用作稳定剂、抗氧剂、乳化剂、消泡剂、除臭防腐剂等。由淀粉经碱性淀粉酶作用生成α-、β-、γ-环糊精混合物,再经分离而得。

环己胺 cyclohexylamine 又名六氢苯胺、氨基环己烷。无色油状液体。有鱼腥气味。相对密度0.8647。凝固点-17.7℃。沸点134.5℃。折射率1.4565。蒸气与空气形成爆炸性混合物,爆炸极限1.6%～9.4%。与水、乙醇、乙醚及烃类溶剂混溶。呈强碱性。易吸收空气中二氧化碳生成碳酸盐。与任何酸反应均能生成盐。有毒!用于制造环己醇、环己酮、染料、抗静电剂、橡胶促进剂、增塑剂、杀虫剂及环己烷氨基磺酸盐甜味剂等。也用作溶剂、酸性气体吸收剂、锅炉给水及防冻液缓蚀剂等。由苯胺催化加氢制得。

环己醇脱氢催化剂 catalyst for dehydrogenation of cyclohexanol 一种由环己醇脱氢制环己酮的催化剂。中国产品牌号有Zn-Ca催化剂(1101型、1102型)及Ca-Mg系催化剂等。Zn-Ca系催化剂是传统的环己醇脱氢催化剂,是以ZnO、CaO及MgO为活性组分。为45×(5～6)mm灰黑色圆柱体。它的使用温度较高(350～400℃),使用寿命约一年,单程转化率70%～80%,环己酮选择性

96%;Cu-Mg 系催化剂是以 Cu 为主活性组分,并适量引入 Pd 及其他金属组分以促进 Cu 的分散,以提高催化剂活性及选择性。反应可在 300℃ 以下操作,环己酮选择性接近 100%。Zn-Ca 系催化剂的制法是将各种金属盐配制成金属盐溶液,经沉淀、水洗、干燥、成型、焙烧制得;Ca-Mg 系催化剂的制法是先将 MgO 载体浸渍 $Cu(NO_3)_2$、H_2PdCl_4 或其他金属硝酸盐溶液,再经干燥、压片、焙烧制得。

环己基氨基磺酸钠
见"甜蜜素"。

N-环己基-2-苯并噻唑次磺酰胺 N-cyclohexyl-2-benzothiazosulfenamide 又名促进剂 CZ、促进剂 CBS、促进剂 CM。浅白色或米色粉末,略有臭气,味苦。相对密度 $1.27\sim1.30$。熔点 $90\sim108℃$。不溶于水、微溶于乙醇、汽油,溶于苯、丙酮、乙醚、二硫化碳等。易吸潮结块,长期受热会逐渐分解。可燃。低毒。对皮肤及黏膜有刺激性。用作橡胶迟延性硫化促进剂,适用于使用炉黑的胶料,如天然橡胶、丁苯橡胶、乙丙橡胶等,有不喷霜、耐老化、抗焦烧性能优良等特点,用于制造轮胎、胶鞋、胶管、电缆等黑色或暗黑色制品。因有苦味,不适用于与食品接触的制品。也用作润滑油添加剂。以 2-巯基苯并噻唑、环己胺为原料,经次氯酸钠氧化而得。

N-环己基-N′-苯基对苯二胺
见"防老剂 CPPD"。

N-环己基对甲氧基苯胺
见"防老剂 CMA"。

N-环己基硫代邻苯二甲酰亚胺 N-cyclohexylthiophthalimide 又名防焦剂

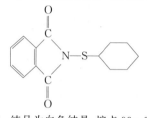

CTP。纯品为白色结晶,熔点 $93\sim94℃$。工业品为淡黄色粉末,相对密度 $1.25\sim1.35$,熔点 $>90℃$。不溶于水、煤油,微溶于汽油,易溶于乙醚、丙酮、苯,溶于乙醇、庚烷。可燃。低毒。对皮肤及眼睛有刺激性。用作天然及合成橡胶防焦剂,防焦效能好,与次磺酰胺或噻唑类促进剂并用,防焦效果更好。广泛用于可硫黄硫化的弹性体,与各种通用促进剂并用均有良好的防焦效能。因可使白色制品轻微变色,不适用于白色或浅色制品,也不适用于与食物接触的制品。由环己基磺酰氯与邻苯二甲酰亚胺经缩合反应制得。

环己酮肟 cyclohexanone oxime 白色棱柱状结晶或浅灰红色粉末。相对密度 0.981。熔点 $89\sim91℃$。沸点 $204℃$。闪点 $112℃$。溶于水、乙醇、甲醇及乙醚等。不溶于汽油,用作气干型油基漆、醇酸漆、环氧树脂漆及油墨等的防结皮剂,尤适用于含桐油制品的储存。使用时需先溶解于适当溶剂中。在室温较低时,易结晶析出,应在加入催干剂后再调入。由亚硝酸钠与亚硫酸氢钠反应制得羟胺亚硫酸二钠盐,再与环己酮反应而得。

环境保护催化剂 catalyst for environment protection 指用催化转化的方式处理有毒、有害的气体、液体或固体废弃物,使之无害化或减量化的催化活性物质。它与其他化工工艺用催化剂的区别表现在:①环保催化剂所处理的气体或液体的浓度低而处理量大;②被处理物料中常含有粉尘、重金属、卤化物、硫、砷等易使催化剂中毒的物质。因此要求催化剂具有良好的抗毒性及稳定性。目前,按用途主要分为汽车尾气净化催化剂及工业环保催化剂两大类。前者包括柴油机车尾气净化催化剂及各种机动车尾气净化催化剂;后者包括工厂烟道气脱硫及脱硝用催化剂、挥发性有机化合物催化燃烧用催化剂、硝酸尾气处理催化剂、废水湿式氧化处理催化剂等。而广义的环保催化剂也包括多种化工产品和原料的脱硫、脱砷、脱氯、脱氮等脱毒催化剂及室内空气净化剂等。

环磷酰胺 cyclophosphamide 又名

$$\left[\begin{array}{c}ClCH_2CH_2 \\ \\ ClCH_2CH_2\end{array}\right. N-P \begin{array}{c}O \\ \\ O\end{array} \left.\begin{array}{c}NH \\ \\ \end{array}\right] \cdot H_2O$$

道生、环磷氮芥、癌得散。白色结晶或结晶性粉末。无臭,味微苦。熔点 48.5～52℃。溶于水、丙酮,易溶于乙醇。水溶液不稳定。为一种潜伏型氮芥类药物。未经代谢时无抗肿瘤活性。进入体内经肝脏代谢,氧化后其代谢物之一为 4-醛磷酰胺,在癌组织中很快分解成磷酰胺氮芥,发挥其选择性抗癌作用。对恶性淋巴瘤的疗效突出。对肺癌、乳腺癌、卵巢癌、膀胱癌及急性白血病等也有较好疗效。由二乙醇胺与氯氧磷在无水吡啶中反应生成氮芥磷酰二氯后,再在二氯乙烷中与 3-氨基丙醇缩合制得。

环烷酸 naphthenic acid 又名环烷烃

$$C_nH_{2n-1}COOH \quad (n=6～12)$$

羧酸、萘酸。存在于石油中的一种酸性化合物,其碳环以五碳环为主。由煤和柴油碱洗的皂液经酸化而得。相对分子质量 180～350。外观从液态至固态。工业品为深色油状混合物,有特殊霉臭气味。精制后为透明的淡黄色或橙色油状液体。几乎不溶于,溶于乙醇、苯、石油醚及烃类。环烷酸多数是一元酸,具有羧基的通性,与金属反应生成盐,称为环烷酸皂。对某些金属,特别是铅和锌,有腐蚀作用。主要用于制造环烷酸盐,也用于制造表面活性剂、橡胶促进剂、杀虫剂等。也用作木材防腐剂、润滑油添加剂等。

环烷酸钙 calcium naphthenate 又名

$$\left[\bigcirc-(CH_2)_nCOO\right]_2 Ca$$

萘酸钙、石油酸钙。浅黄色半固体状黏稠物。不溶于水。溶于乙醚、苯、甲苯、乙酸乙酯及 200 号溶剂汽油,微溶于乙醇。对皮肤有轻微刺激性。市售环烷酸钙催干剂为深黄色透明液体。金属钙含量(%)有:(2±0.1)、(3±0.1)、(4±0.2)、(6±0.2)等多种。用作油漆助催干剂,可以提高钴催干剂的催干效果,并使表干与底干平衡,消除起皱、起霜等弊病,在醇酸漆中,可阻止白铅干料析出而导致清漆浑浊和磁漆起雾发光。也用作颜料润滑剂、胶黏剂和织物防水剂等。由环烷酸与氢氧化钠反应生成钠皂,再与氯化钙反应制得。

环烷酸钴 cobalt naphthenate

$$\left[\bigcirc-(CH_2)_nCOO\right]_2 Co^2 \, (n=0～15)$$

又名萘酸钴、石油酸钴。一种存在于石油中的酸性化合物,为紫色半固体黏稠物。相对密度约1.14。组成不定,其熔点决定于与环烷基相连的脂肪酸的碳原子数,碳原子越多,熔点不高。不溶于水,溶于苯、甲苯、松节油,稍溶于乙醇、乙醚。用作不饱和聚酯胶黏剂的固化促进剂、油漆及油墨主催干剂、定向聚合催化剂。是催干活性最强的氧化型催干剂,促进表干。也用作油漆的紫色颜料。可由环烷酸经碱皂化后,再与硫酸钴反应制得。

环烷酸铅 lead naphthenate 又名萘酸
$$\left[\bigcirc\!\!-\!(CH_2)_n COO\right]_2 Pb$$
铅。黄色半透明树脂状黏稠物。熔点约100℃。不溶于水,溶于乙醇、苯、松节油、松香水。有毒!市售环烷酸铅催干剂是红棕色透明液体,金属铅含量(%)有:(10 ± 0.2)、(20 ± 0.2)、(30 ± 0.2)等多种,是一种聚合型催干剂,能促进涂膜底层干燥。单独使用时涂膜表面干燥速度慢,常与钴、锰催干剂并用。也用作颜料分散剂、木材防腐剂、润滑油分散剂等。由环烷酸与氢氧化钠反应生成钠皂,再与乙酸铅反应制得。

环烷酸锰 manganese naphthenate 又
$$\left[\bigcirc\!\!-\!(CH_2)_n COO\right]_2 Mn$$
名萘酸锰、石油酸锰。褐色树脂状固体。熔点130～140℃。不溶于水,微溶于乙醇,溶于乙醚、苯、松节油、汽油、200号溶剂油。市售环烷酸锰催干剂是棕黄色透明液体,金属锰含量(%)有:(2 ± 0.1)、(4 ± 0.2)、(6 ± 0.2)、(9 ± 0.2)等多种。用作含醇酸、酚醛、环氧树脂、单组分聚氨酯等类涂料或油漆的催干剂,也用作木材防腐剂、织物防水剂、杀虫剂、杀菌剂等。由环烷酸与氢氧化钠反应生成钠皂后与硫酸锰反应制得。

环烷酸咪唑啉 naphthenic imidazoline 一种阳离子表面活性剂。棕色黏稠性
$$\begin{array}{c} N \\ \parallel \\ R-C-N-CH_2CH_2NH_2 \end{array}$$
(R 为环烷基)

半透明液体。相对密度0.85～0.95。呈碱性。不溶于水,溶于油类。分子结构中含有孤对电子,能与冰乙酸反应生成溶于水的环烷酸咪唑啉冰乙酸盐,也可与氯乙酸反应制得有两性表面活性性质的环烷酸咪唑啉氯乙酸盐。有良好的缓蚀、去垢、抗乳化及杀菌性能。由脂肪酸与二乙烯三胺经缩合反应生成烷基咪唑啉,再与环烷酸反应制得。

环烷酸咪唑啉冰乙酸盐 naphthenic imidazoline acetic acid salt 一种阳离子
$$\left[\begin{array}{c} N \\ \parallel \\ R-C-N-CH_2CH_2\overset{H}{\underset{|}{N}H_2} \end{array}\right]^+ CH_2COO^-$$
(R 为环烷基)

表面活性剂。外观为棕褐色透明液体,稍带刺激性气味,相对密度0.85～0.95。活性物含量(以环烷酸咪唑啉计)≥50%。1%水溶液的pH值7～8。能以任何比例与水混溶。用作水溶性金属缓蚀剂。适用作工业循环冷却水系统、冷凝水系统、乙烯裂解工艺水循环系统等的缓蚀剂及杀菌剂。由环烷酸咪唑啉与冰乙酸反应制得。

环烷酸铁 ferric naphthenate 又名萘
$$\left[\bigcirc\!\!-\!(CH_2)_n COO\right]_3 Fe$$

酸铁、石油酸铁。深褐色油状液体。金属铁含量(%)有：(3 ± 0.7)、(7 ± 0.2)等多种。不溶于水，微溶于乙醇，溶于乙醚、丙酮、苯、松节油及汽油。有毒！用作油漆、油墨等的催干剂，主要用于深色烘漆、沥青烤漆、黑氨基烤漆等。也用作润湿剂，对炭黑有润湿、分散作用。由环烷酸与氢氧化钠反应生成钠皂，再与铁盐反应制得。

环烷酸铜 copper naphthenate 又名萘

$$\left[\bigcirc\!\!\!\!\!\triangleright -(CH_2)_nCOO \right]_2 Cu$$

酸铜、石油酸铜。绿色至深绿色蜡状固体。不溶于水，溶于乙醚、苯、甲苯、矿物油、汽油、松节油及松香水，微溶于乙醚。中等毒性！具有较强杀菌作用。市售环烷酸铜催干剂的金属铜含量(%)有：(3 ± 0.1)、(4 ± 0.2)、(5 ± 0.2)、(8 ± 0.2)等多种。用作船舶防腐涂料、电缆漆及硝基漆等的催干剂，具有抑制霉菌、细菌及海洋生物的作用。也用作防污漆渗出助剂、木材及帆布等的防腐剂，以及用于制造杀真菌剂等。由环烷酸经碱皂化制得环烷酸钠后再与硝酸铜反应制得。

环烷酸稀土 rare earth naphthenate 又名石油酸稀土。一种由镧、铈、钇等

$$\left[\bigcirc\!\!\!\!\!\triangleright -(CH_2)_nCOO \right]_m Re$$

环烷酸盐为主的混合物。外观为棕色至棕黄色黏稠液体。不溶于水，溶于苯、甲苯、丙酮、溶剂汽油等。市售催干剂稀土含量(%)有：(4 ± 0.2)、(6 ± 0.2)、(8 ± 0.2)等多种。一种新型无毒涂料催干剂，主要用于醇酸清漆、磁漆等气干型涂料制品。在油膜干燥速率、耐溶剂性、硬度等方面均优于传统催干剂，可替代钴盐以外的全部催干剂，在醇酸漆中使用效果比在酯胶漆、酚醛漆中要好。由氯化轻稀土金属与环烷酸经皂化、络合反应制得。

环烷酸锌 zinc naphthenate 又名萘

$$\left[\bigcirc\!\!\!\!\!\triangleright -(CH_2)_nCOO \right]_2 Zn$$

酸锌、石油酸锌。琥珀色黏稠液体或固体。不溶于水，溶于苯、丙酮、汽油、松节油。低毒。市售环烷酸催干剂是深黄色透明液体，金属锌含量(%)有：(2 ± 0.1)、(3 ± 0.1)、(4 ± 0.2)、(9 ± 0.2)等多种。用作油墨、油漆的催干剂，能保持漆膜具有较长的开放时间，使漆膜彻底干燥。也用作金属制品防锈缓蚀剂、颜料润湿剂、丙烯酸酯及不饱和聚酯胶黏剂的固化剂、木材防腐剂、织物防水剂、防霉剂、杀菌剂等。由环烷酸经皂化制得的环烷酸钠溶液与硫酸锌反应制得。

环烷油 naphthenic oil 又名环烷烃油。浅棕色油状液体。相对密度$0.8858\sim0.9200(20℃)$。凝固点不高于$-18℃$。流动点$-40\sim-12℃$。闪点$>190℃$。折射率$1.4860\sim1.5050$。饱和烃含量$35\%\sim65\%$。沥青烯含量$<0.3\%$。不溶于水，溶于醇、醚、芳烃等溶剂。是一种非污染性，对光、热稳定的橡胶操作油，用作合成橡胶软化剂及填充剂，橡胶型密封胶，苯乙烯-丁二烯-苯乙烯(SBS)型热熔压敏胶的软化剂，丁苯橡胶的填充剂等。由低硫环烷基原油炼制后的重质馏分油经减压蒸馏、精制而得。

环戊烷 cyclopentane 无色透明易挥发液体。相对密度0.7460。熔点$-94.4℃$。沸点$49.3℃$。闪点$-37℃$。折射率1.4068。

蒸气与空气形成爆炸性混合物,爆炸极限 1.5%～8.7%(体积)。不溶于水,与醇、醚等有机溶剂混溶。环戊烷的臭氧损耗潜能(ODP 值)及地球暖化潜能(GWP 值)均为零。可替代对大气臭氧层有破坏作用的氯氟烃(CFC-11),用作硬质聚氨酯泡沫的发泡剂,主要用于无氟冰箱、冷库及管线保温等领域。也可与异戊烷混合使用。由环戊烯催化加氢制得。

环腺苷酸 cyclic adenosine monophosphate

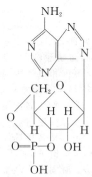

又名环磷腺苷。简称 cAMP。由腺苷酸环化酶催化腺苷三磷酸生成的一种环状核苷酸。其末端磷酸根以两个氧桥与核糖部分联结成环状。广泛存在于动植物细胞中。体内多种激素作用于细胞时,可促使细胞内生成此物,转而调节细胞的生理活动与物质代谢,有时称其为第二信使物质,而称激素为第一信使物质。为白色或类白色粉末。无臭。熔点 219～220℃。紫外吸收特征波长为 258nm。微溶于水,不溶于乙醇、乙醚。为防治心绞痛药,有改善心肌缺氧、增强心肌收缩力等作用。皮肤科外用作治疗牛皮癣、溃疡等助剂。肤用品中可用作其他活性组分增效剂,有润肤、抗皱的辅助疗效。可由微生物发酵法制取。

环氧丙基三甲基氯化铵 2,3-epoxypropyl trimethyl ammonium chloride

$$CH_2-CH-CH_2-N^+(CH_3)_3\ Cl^-$$
（环氧基）

无色至淡黄色溶液,固含量 40%～50%。属阳离子型有机化合物。可用于制备阳离子淀粉、阳离子纤维素、阳离子瓜尔胶等。也用作采油、注水用黏土防膨剂,其防膨率达 60%。钻井用黏土相对膨胀抑制率达 70%。由环氧氯丙烷与三甲胺反应制得。

环氧丙酸 2,3-epoxypropanoic acid

$$CH_2-CH-COOH$$
（环氧基）

又名缩水甘油酸。淡黄色液体或结晶。熔点 36～38℃。沸点 55～60℃(66.66Pa)。易溶于水、乙醇、乙醚。一种光呼吸抑制剂。光呼吸是植物绿色细胞在光照条件下,吸收氧气和释放二氧化碳的过程。光呼吸使光合作用效率降低,造成能量浪费。光呼吸剂具有抑制植物光呼吸、提高净光合率的作用。目前在农业上的应用正在开展中。以丙烯酸、氯气、氢氧化钾等为原料制得。

1,2-环氧丙烷 1,2-epoxypropane

$$CH_3-CH-CH_2$$
（环氧基 O）

又名氧化丙烯。无色易燃液体。有醚样气味。工业品为两种旋光异构体(D-体及 L-体)的混合物。相对密度 0.826(25℃)。熔点 -112.13℃。沸点 34.24℃。折射率 1.3664。爆炸极限 1.9%～24%。溶于水,与乙醇、乙醚等多数有机溶剂混溶。能溶解硝酸纤维素及乙酸纤维素等,对橡胶、虫胶、亚麻子油也有一定溶解能力。化学性质活泼。与水反应生成 1,2-丙二醇。用于生产丙二醇、丙烯醇、异丙醇胺、表面活性剂、增塑剂、医药、农药及香料等。也是各种树脂、纤维素树脂等的溶剂及氯乙烯树脂和含氯溶剂的稳定剂、硝基喷漆褪色防止剂。还用作杀菌剂、熏蒸剂、消毒剂及润湿剂等。由丙烯、氯气及水在常压下经次氯酸酸化生成氯丙醇后经碱皂化制得。

环氧丙烯酸树脂 epoxy acrylate resin 又名丙烯酸环氧树脂。由环氧基团与丙烯(或甲基丙烯酸)反应制得的浅黄色透明状黏稠液体。理论上所有的环氧基都能与丙烯酸反应,而实际上环氧丙烯酸主要有:环氧树脂系列的双酚A二缩水甘油醚的丙烯酸酯,环氧化油(如豆油或亚麻油)的丙烯酸酯,环氧酚醛丙烯酸酯,其他含环氧的丙烯酸酯。这些树脂有良好的粘接力和化学稳定性,耐热性好。可在室温或加热固化,可用过氧化物引发固化,也可用紫外线或电子束固化。如采用这类树脂制得的涂料用紫外线固化时,固化后漆膜硬度高,光亮丰满,附着力和耐化学性好。除用于制造涂料外,还用于制造光固化油墨、补牙及镶牙材料、胶黏剂及薄膜层压材料等。

环氧蚕蛹油酸丁酯 butyl epoxy-chrysalicate 淡黄色油状液体。平均相

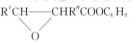

$$R'+R''\approx 15\sim 16$$

对分子质量 $340\sim360$。相对密度 $0.92\sim0.93$。酸值 $\leqslant 1mgKOH/g$。环氧值 $\geqslant 3\%$。闪点 190℃。主要用作聚氯乙烯的增塑剂及热稳定剂,与聚氯乙烯相容性好。低毒。适用于聚氯乙烯薄膜、人造革等制品。由蚕蛹油与丁醇经酯化反应生成蚕蛹油酸丁酯后,再与双氧水进行环氧化反应制得。

环氧大豆油 epoxidized soybean oil 简称 ESO。一种脂肪酸甘油酯的混合物。浅黄色油状液体。相对密度 $0.985\sim1.000$。沸点 150℃($0.533kPa$,伴有分解)。凝固点 $-10\sim5℃$。闪点 $280\sim310℃$。折射率 $1.472(25℃)$。环氧值 $6.0\%\sim7.0\%$。不溶于水,溶于烃类、醇类、酮类、酯类等溶剂,微溶于乙醇。是一种广泛用于聚氯乙烯及其共聚物的环氧酯类主增塑剂、增效剂及稳定剂。环氧大豆油由于其味小、色泽浅、对热和光稳定、挥发度低、无毒,广泛用于制造薄膜、片材、地板砖、食品包装容器、婴儿尿布、垫圈、儿童玩具及医用软管等制品。还用作胶黏剂、氯化橡胶的稳定剂,颜料的分散剂等。可在硫酸及冰乙酸存在下,由精制大豆油与过氧化氢经过氧化反应制得。

环氧大豆油酸辛酯 2-ethylhexyl ester of epoxy soyabean 又名环氧大豆油酸2-乙基己基酯。浅黄色油状液体。相对密度 $0.92\sim0.98(25℃)$。凝固点 $-15℃$。闪点 200℃。折射率 $1.4580\sim1.4585(25℃)$。不溶于水,溶于醇、酮、醚、酯等多数有机溶剂。用作聚氯乙烯的增塑剂及稳定剂,低温柔软性及耐寒性均较好,透明性较高,迁移性小。与镉、钡或有机稳定剂并用有较强协同作用。广泛与其他增塑剂并用,用于制造薄膜、片材、人造革等要求耐寒性和耐候性的制品。无毒!可用于食品包装材料。由大豆油与辛醇反应制得大豆油酸辛酯后再与过氧化氢反应制得。

环氧导电胶 epoxy resin conductive adhesive 由环氧树脂、导电粒子、固化剂、增韧剂及其他配合剂调制而成的导

电胶黏剂。可以配制成一液型(单组分)和多液型(多组分),可配制成室温固化型、中温固化型和高温固化型,还可配制成含有溶剂和无溶剂的产品。是目前导电胶中应用最广的类型。按所使用导电粒子不同,可分为银粉环氧导电胶、铜粉环氧导电胶及镀银粒子环氧导电胶等。广泛用于电子元件、波导元件、电位器及印刷线路板等的粘接。

环氧改性硅油 epoxy modified silicone 是在铂催化剂存在下,由不饱和环氧化合物与含 Si—H 的硅油起加成反应制得的产品。也可由含—OH 的环氧化合物与含 Si—Cl 的有机硅反应制得,生成的副产物 HCl 用胺吸收。为非离子表面活性剂,有优良的润滑性,能赋予织物优良的柔软、平滑手感。主要用作织物柔软剂。涤纶或聚丙烯纤维经环氧改性硅油处理后,可以赋予近乎羽毛的平滑性及柔软性。经处理的涤纶缝纫机线,可提高缝纫速度和色泽牢度。

β-(3,4-环氧环己基)乙基三甲氧基硅烷 β-(3,4-epoxycyclohexyl)ethyltrimethoxysilane 又名 A-186、KBM-303、

$$\underset{O}{\triangle}\!\!-\!\!CH_2CH_2Si(OCH_3)_3$$

Y-4086。无色至淡黄色液体。相对密度 1.65。沸点 310℃。闪点 146℃。折射率 1.449(25℃)。溶于乙醇、丙酮、苯及汽油等。调制水溶液时可使用水和乙醇的溶剂。用作复合材料制造的偶联剂。既适用于环氧树脂、酚醛树脂、不饱和聚酯等热固性相树脂,也适用于聚烯烃、聚氯乙烯、聚酰胺等热塑性树脂。用于聚氨酯密封材料中可改善与玻纤的黏合性能。由三甲氧基硅烷与 1-2 烯基-3,4-环氧基环己烷反应制得。

环氧糠油酸丁酯 butyl ester of epoxy rice oil acid 又名环氧脂肪酸丁酯。环氧

$$R_1CH\overset{O}{\underset{\triangle}{-\!\!\!-\!\!\!-}}CH\!-\!R_2COOC_4H_9$$
$$(R_1+R_2=15)$$

脂肪酸丁酯为系列产品,从米糠油、棉籽油及菜籽油等得到的脂肪酸均能制得,统称为环氧脂肪酸丁酯。以米糠油为原料制得的为浅黄色油状透明液体。相对密度 0.900～0.912。闪点高于 180℃。折射率 1.4560～1.4570。环氧值 ≥3%。不溶于水,溶于醚、酮、芳香烃及氯化烃类溶剂。用作聚氯乙烯的辅助增塑剂及热稳定剂,塑化温度较低,耐热及耐候性较好。用于制造薄膜、片材及人造革等。由米糠油与丁醇反应制得米糠油酸丁酯后,再与过氧化氢反应而得。

环氧氯丙烷-二甲胺缩聚物 epichlorohydrindimethylamine polymer 一种阳离子型聚电解质。相对分子质量大于

$$\left[\begin{array}{c}CH_3\\|\\N^+\!-\!CH_2\!-\!CH\!-\!CH_2\\|\quad\quad\quad\quad|\\CH_3\quad\quad\quad OH\end{array}\right]_n Cl^-$$

100000。浅黄色黏稠状液体。相对密度 1.18～1.20。固含量 ≥60%。pH 值 7～8。黏度 500～2000mPa·s。防膨率 ≥60%。主要用作采油、注水作业的黏土防膨剂、增黏剂,与氯化铵配合使用,对黏土矿有较好稳定效果。适用于各种接触产层的油水井作业。也用作阳离子型钻井液的页岩抑制剂、污水处理絮凝剂。由二甲胺与环氧氯丙烷反应制得。

环氧氯丙烷-多亚乙基多胺缩聚物

epichlorohydrinpolyethylene polyamine 一种阳离子型聚电解质。浅黄色至棕

$$\left[\begin{array}{c} -N- \\ | \\ CH_2 \\ | \\ CH_2 \\ | \\ -N^+-CH_2-CH-CH_2- \\ | \quad\quad\quad | \\ CH_2 \quad\quad OH \\ | \\ CH_2 \\ | \\ -N- \end{array} \right]_n Cl^-$$

红色黏稠液体。固含量≥50%。防膨率≥70%。溶于水。用作采油、注水作业的长效黏土稳定剂、阳离子型钻井液防塌剂、钻井液增黏剂、页岩防膨胀剂等。可单独使用，也可与氯化铵配合使用。还可用作污水处理絮凝剂。由多乙基多胺与环氧氯丙烷反应制得。

环氧树脂 epoxy resin 是分子主链上含有醚键和仲醇基，同时两端含有环氧基团的一类聚合物的总称。系由环氧氯丙烷与双酚A或多元醇、多元酚、多元酸、多元胺经缩聚反应制得。按其化学结构大体上可分为缩水甘油醚型环氧树脂、缩水甘油酯型环氧树脂、缩水甘油胺型环氧树脂、脂环族环氧树脂及元素改性环氧树脂等。因化学结构和相对分子质量不同，可由液态到固态，能溶于丙酮、甲苯、乙二醇、环己酮等。未固化前的环氯树脂是一种线型热塑性树脂，加入多胺、芳族二胺等固化剂后，即交联成网状体型结构而固化，并成为热固性树脂。环氧树脂与金属或无机物都有良好的粘接性，并有优良的电绝缘性、耐热性、耐化学药品性、收缩率低、吸水率少，固化时不产生副产物。广泛用于制造涂料、胶黏剂、电绝缘材料、灌封材料及增强材料等。

环氧树脂粉末涂料 epoxy resin powder coatings 以环氧树脂为主要成膜物质的热固性粉末涂料。是由环氧树脂、固化剂、颜填料及添加剂经熔融混合、粉碎、过筛而制得。所用环氧树脂为双酚A型环氧树脂，环氧当量500~2000，软化点64~105℃；固化剂常用咪唑、双氰胺及芳香族胺。颜填料可用金属氧化物及金属盐类（如二氧化钛、氧化铁黑、硫酸钡、氧化锌等），其品种和用量对涂料的稳定性、耐化学药品性和物理机械性能均有影响；添加剂有胶体二氧化硅及乙酸丁酯纤维素等。可用喷涂、静电喷涂及静电振荡等方法施工。涂膜具有优良的附着力、耐磨性、耐水性、耐化学药品性。用于汽车及集装箱外壳、大口径防腐钢管、变压器外壳及农机具等的涂装。

环氧树脂胶黏剂 epoxy resin adhesive 以环氧树脂为基料的合成胶黏剂。用作胶黏剂的所有环氧化物都含有两个或两个以上环氧基团。使用前，将环氧树脂与固化剂按一定配比混合，经化学作用而形成粘接。用作固化剂的物质也有数十种，主要是胺类及酸酐类物质。环氧树脂胶黏剂分类方法很多，按接头受力情况分为结构胶和非结构胶；按组成分为单组分和双（或多）组分胶黏剂；按胶接工艺可分为室温固化、低温固化和加热固化型胶黏剂；按用途分为导电胶、耐低温胶、耐高温胶、水下固化胶及胶接点焊胶等。环氧树脂胶黏剂具有胶接强度高、胶层收缩率少、耐化学介质及电绝缘性好、使用温度范围宽（-60~150℃）、施工工艺简便等特点。缺点是

脆性较大、耐热性低、个别固化剂对人体有害。广泛用于金属、陶瓷、玻璃、木材、塑料、混凝土等材料的粘接,也可用于灌注、密封、嵌缝、堵漏等场合。

环氧树脂密封胶 epoxy resin sealant 以环氧树脂为基料的密封胶。所用环氧树脂主要为双酚A缩水甘油醚环氧树脂。固化剂有胺类、酸酐类及酸酐改性物等。所选用的固化剂不同,固化温度、固化时间及固化胶的性能会有所不同。酸酐类固化剂与环氧树脂的固化速度慢,一般需加入叔胺、季铵盐等固化促进剂。为了提高密封胶的粘接强度,通常还加入增韧剂、填料、偶联剂等,环氧树脂密封胶具有优良的密封性能,并兼具较高的胶接强度,广泛用于航天、航空、汽车、机械、电子、船舶等高气密性部位的胶接密封。

环氧树脂涂料 epoxy resin coatings 以环氧树脂为主要成膜物质的涂料,种类众多,性能各具特点。按涂料形态分为溶剂型、无溶剂型及水性涂料;按施工方式可分为滚涂用、流涂用、浸涂用、静电用、电泳用和刷涂用涂料等;按固化方法分为自干型涂料,单组分、双组分和多组分液体涂料,烘烤型涂料,辐射固化涂料;按固化剂不同分为胺固化型、酸酐(或酸)固化型、合成树脂固化型涂料;按用途可分为建筑、汽车、木器、机器、标志、电气绝缘、耐药品性、防腐蚀、导电及半导电、防火、示温及润滑等涂料。环氧树脂涂料有优异的粘接力、耐化学药品、耐腐蚀和耐水等性能,涂膜附着力强,热稳定性和电绝缘性较好。但耐候性差、易粉化、涂膜丰满度稍差,不太适宜用作户外及高装饰性涂料。有的品种是双包装,制造及使用都不方便。

环氧四氢邻苯二甲酸二辛酯 di(2-ethyl-hexyl)-4,5-epoxy tetrahydrophthalate 又名 4,5-环氧四氢邻苯二甲酸二(2-乙基

$$\text{结构式}$$

己基)酯,简称 EPS。无色或淡黄色油状液体。相对密度 1.007。凝固点低于 -30℃。沸点 220℃(0.133kPa)。闪点 217℃。折射率 1.4656(25℃)。不溶于水,溶于乙醇、丙酮、苯等溶剂。用作聚氯乙烯的主增塑剂及稳定剂。增塑效率与邻苯二甲酸二辛酯相似。光、热稳定性好,耐细菌能力强,挥发性及抽出性较小。用于生产薄膜、人造革、电缆料和各种成型品。是环氧增塑剂中较佳品种,尤适用于制作色浅、透明的制品。可由四氢邻苯二甲酸酐与2-乙基己醇制得四氢邻苯二甲酸(2-乙基己基)酯后再与过氧化氢反应制得。

环氧乙烷 ethylene oxide 又名氧化乙烯。一种最简单的环醚。室温下为无色气体,低温时为无色易流动液体。相对密度 0.8711。熔点 -111.3℃。沸点 10.73℃。闪点 <-17.7℃。折射率 1.3597。爆炸极限 3.6%~78%。易溶于水、乙醇、乙醚、氯仿。化学性质活泼,能与许多化合物起加成反应,经水合生成乙二醇;与脂肪醇反应生成脂肪醇聚氧乙烯醚;也可聚合生成直链化合物。毒性较大!吸入体内可变成甲醛、乙二醇及乙二酸,对中枢神

经系统起麻醉作用。用于制造乙二醇、聚乙二醇、乙二醇醚、增塑剂、表面活性剂、防冻剂等。也用作酸性气体吸收剂、火箭喷气燃料。用作消毒剂时,可用于其他消毒剂难以消毒的物质,如皮革、化纤制品、生物制品、文件、书画、香料及药物等。由乙烯在银催化剂作用下经气相氧化制得。

环氧乙酰蓖麻油酸甲酯 epoxidized methyl acetoricinoleate 浅黄色油状液体。

$$CH_3(CH_2)_5 \underset{OCOCH_3}{CHCH_2CH} \underset{O}{-\!\!\!-\!\!\!-} CH(CH_2)_7COOCH_3$$

相对密度 $0.95 \sim 0.97$。闪点 $>190℃$,折射率 1.458。不溶于水,溶于醇、醚、酮及芳香烃等多数有机溶剂,用作聚氯乙烯、聚苯乙烯、聚乙酸乙烯酯等的耐寒性增塑剂。低温性能优良,耐热及耐光性好,透明度高,适用于薄膜、人造革、塑料鞋及日常生活用品等。低毒。由蓖麻油与甲醇进行醇解制得蓖麻油酸甲酯后,再经乙酰化和环氧化制得。

环氧硬脂酸丁酯 butyl epoxy stearate 又名环氧十八酸丁酯,淡黄色油状

$$CH_3(CH_2)_7\underset{O}{CH-\!\!\!-\!\!\!-CH}(CH_2)_7\underset{\parallel}{C}-OC_4H_9$$

透明液体。相对密度 $0.910 \sim 0.912$。沸点 $275 \sim 280℃$。闪点 $>180℃$。折射率 1.4520。环氧值 $3\% \sim 4\%$。不溶于水,溶于乙醚、丙酮、苯、氯仿等有机溶剂。可燃。低毒。用作聚氯乙烯的耐寒及耐热性增塑剂,具有良好的耐热、耐寒、耐油、耐光及耐烃类溶剂抽出性。与聚氯乙烯相容性好。适用于制造农用透明薄膜、人造革、凉鞋及软管等。由油酸丁酯与双氧水经环氧化反应制得。

环氧硬脂酸辛酯 octyl ester of epoxy stearic acid 又名环氧硬脂酸2-乙基己

$$CH_3(CH_2)_7\underset{O}{CH-\!\!\!-\!\!\!-CH}(CH_2)_7COOCH_2\underset{C_2H_5}{CH}(CH_2)_7CH_3$$

基酯。浅黄色油状透明液体。相对密度 $0.900 \sim 0.910$。凝固点 $-13.5℃$。闪点 $256℃$。折射率 $1.4537(25℃)$。环氧值 $3.5\% \sim 3.9\%$。不溶于水,溶于醚、酮、芳香烃及氯化烃类溶剂。用作聚氯乙烯的增塑剂及热稳定剂,具有良好的热稳定性、耐寒性及透明性。与其他环氧类耐寒增塑剂相比,具有耐抽出性好、挥发性小、电绝缘性强等特点。常与其他增塑剂并用,用于耐寒性、耐候性要求较高的制品。由硬脂酸与辛醇反应制得硬脂酸辛酯后,再与过氧化氢反应而得。

缓聚剂
见"阻聚剂"。

缓凝剂 set retarder 一种能延长混凝土初、终凝时间的外加剂,目的是用来调节新拌混凝土的凝结时间,以根据要求使混凝土在较长时间内保持塑性,便于灌注或延缓水化放热效率,减少因集中放热产生的温度应力造成混凝土的结构裂缝,保证混凝土施工质量。缓凝剂

按其生产来源分为工业副产品及纯化学品类;按其化学成分可分为无机盐类及有机物类缓凝剂。无机盐类缓凝剂主要有磷酸盐、硼砂、硫酸锌、氟硅酸钠等;有机物类缓凝剂按其组成及分子结构又可分为羟基羧酸及其盐类(如柠檬酸、马来酸及其盐类)、多羟基化合物(如葡萄糖、糖蜜)、多元醇及其衍生物(如丙三醇、聚乙烯醇)、纤维素类(如甲基纤维素、羧甲基纤维素)等。缓凝剂也常与减水剂复配后使用,如缓凝减水剂、缓凝引气减水剂等。

CA-H 缓凝剂 CA-H type retarder 一种亲水性高分子阴离子表面活性剂。外观为黄色透明液体。相对密度 $1.05\sim1.15$。pH 值$\leqslant 5$(1%水溶液)。总磷含量(以 PO_4^{2-} 计)$\geqslant 2.0\%$。溶于水,用作混凝土缓凝剂,具有高温下延缓混凝土凝结时间,延缓放热温峰,对混凝土有分散及减水效果好的特点,对钢筋无腐蚀性。适用于水坝、基础工程、矿山、码头、公路及商品混凝土等工程施工。在一般混凝土施工规范要求时间内坍落度损失小,有利于集中搅拌,长距离运输。

缓凝减水剂 set retarding and water reducing admixture 指同时具有缓凝和减水作用的混凝土外加剂。主要有木钙、木钠、糖钙以及由高效减水剂与缓凝组分复配制成的品种。由于缓凝组分的分子结构中都含有羟基(—OH),对水泥粒子有强烈吸附作用,产生较强的缓凝性。缓凝减水剂对混凝土性能的主要影响有:降低水灰比,减少用水量,提高强度、抗渗性、抗冻性和易性,推迟水泥水化热峰值出现时间,减少混凝土泌水与沉降等。尤适用于高强、高水泥用量的大体积混凝土浇筑及需要长距离运输的混凝土。

缓蚀剂 corrosin inhibitor 又名腐蚀抑制剂。是一种以适度浓度或形式存在于介质或环境中时,可延缓或防止材料腐蚀的化学物质。一般常指那些用在金属表面而起防护作用的物质。缓蚀剂按应用介质分类,可分为用于酸性介质、碱性介质、中性水溶液、盐水溶液、气相腐蚀介质以及用于采油、炼油、化工、混凝土、防冻剂等;按保护的金属分类,可分为铁、铜、铝、锌、镁、钛、锡及其合金的缓蚀剂;按化学组成不同,可分为无机缓蚀剂及有机缓蚀剂。常用无机缓蚀剂有硝酸盐、亚硝酸盐、铬酸盐、重铬酸盐、硅酸盐、钼酸盐、磷酸盐及多磷酸盐等。有机缓蚀剂分为胺类、醛类、炔醇类、有机硫或有机磷化合物、羧酸及其盐类、磺酸及其盐类等。

缓蚀剂 M corrosion inhibitor M 又名酸性缓蚀剂 IS-129。一种咪唑啉两性化合物,属两性表面活性剂。棕黄色液体。有效物含量$>38\%$。pH 值 $8\sim9$。溶于水。无毒,无异味,对皮肤无刺激。能在金属表面形成定性排列的分子膜,阻止介质对管道的腐蚀,尤对高硬度、高硫化氢含量的矿水有较好的防腐效果,与其他药物配伍性良好。主要用于油田二次采油注水系统管道及设备的防蚀,也用于原油输送管道及设备的防腐,其他封闭无氧系统的防腐等。由脂肪胺与脂肪酸反应生成咪唑啉后,再经烷基化制得。

黄豆苷原 daidzein 又名大豆黄素、$4',7$-二羟基异黄酮。淡黄色棱柱状结晶(稀乙醇中)。熔点 $315\sim325℃$。微溶于水,溶于乙醇、乙醚,易溶于稀碱液。

紫外吸收特征波长248nm。有弱的雌激素作用,与雌酮比较其相对强度为0.75:6900。有补充雌激素功效,但又不会产生大的副作用。与维生素类成分、胶原蛋白等配伍性好,常用于配制女用抗老化化妆品。可由大豆发酵粉经溶剂萃取后分离而得。

黄蒿油 caraway oil 又名页蒿油、香芹籽油、藏茴香籽油。无色至淡黄色液体,具有香芹所特有的辛香和草香。相对密度0.903～0.910。折射率1.484～1.493。以1:8溶于80%乙醇中,也溶于乙醚、植物油。主要成分为香芹酮、苧烯、香芹醇、糠醛等。属植物型天然香料。主要用于调配面品、干酪、蛋糕、糖果、调味品、肉类及酒等食用香精。也用于调配花香型日化香精。由伞形科植物香芹的果实经水蒸气蒸馏制得。

黄葵内酯 ambrettolide 又名环十六烯-7-内酯、葵子内酯。天然存在于黄葵油中。无色至淡黄色黏稠液体。具有强烈麝香香气,并伴有花香香韵。相对密度0.955～0.957。沸点300℃。闪点>100℃。折射率1.481。不溶于水、甘油,溶于乙醇、乙酸及非挥发性油。属大环类合成香料,主要用于调配高档日化香精及美容用品、洗烫护用品。也用于食用香精,特别是含乙醇的加香饮料。以溴代十六烯酸或桐油酸等为原料经多步骤合成制得。

黄蓍胶 tragcanth gam 又名黄芪胶、西黄蓍(树)胶、龙须胶。一种从豆科黄蓍属灌木渗出物提炼的天然植物胶,是含钾、镁、钙的多糖混合物。平均相对分子质量84万。未经磨碎的黄蓍胶为白色至浅黄色薄片。半透明、无臭、无味。不溶于冷水、乙醇,易溶于沸水。1%溶液的黏度为3～4Pa·s,具有假塑流变特性,静止时比流动时有更大表观黏度。有乳化性能,HLB值为12。用作乳化剂、增稠剂、悬浮剂、黏合剂及流变性调节剂。日化工业用于制造头发定型乳液;牙膏中用于调节牙膏黏度及流变性;食品工业用于配制各种油/水乳状液及用作冰淇淋稳定剂;制药工业用作片剂或液体药剂的增稠剂、悬浮剂及黏合剂等。

黄体酮 progesterone 又名孕酮、助孕素、黄体素。白色至浅黄色结晶性粉末。无臭,无味。熔点127～131℃。不溶于水,溶于乙醇、乙醚及植物油,易溶于氯仿。一种天然孕激素药物。可降低子宫和输卵管的兴奋性及收缩力,抑制其活动,使胚胎安全生长,并在雌激素共同作用下,促使乳房发育,为产乳作准备。临床用于习惯性流产、痛经、经血过多、血崩症及闭经等。因会在肝脏快速灭活,口服无效。制剂为注射剂。不良反应有头晕、恶心、抑郁、乳房胀痛等。长期应用可致子宫内膜萎缩、月经量减少、阴道霉菌感染等。可由乙酸双烯醇酮经催化还原、水解、氧化而制得。

黄原胶 xanthan gum 又名汉生胶。一种由2.8份D-葡萄糖、3份D-甘露糖及2份D-葡萄糖醛酸组成的多糖类高分子化合物。外观为浅黄色至淡棕色粉末,稍有臭味。易溶于水,不溶于大部分有机溶剂。水溶液呈中性,为半透明体。有独特的剪切稀释性能,良好的乳化稳定性,对酸、碱、温度、反复冻融有高度稳定性。与其他水溶液比较,即使在很低的浓度下,溶液黏度仍很高。用作增稠剂、乳化剂、悬浮剂、稳定剂等,适用于纺织、印染、涂料、胶黏剂、医药、化妆品、食品加工及采油等行业。以玉米淀粉蔗糖为原料,以鱼粉、豆饼粉为氮源,经发酵、沉淀、干燥等过程制得。

黄樟油 sassafras oil 黄色至黄褐色油状液体,具有强烈黄樟油素的辛甜香气。主要成分为黄樟油素(84%～90%)、丁香酚、莰烯、水芹烯、松油醇、肉桂醛等。相对密度1.082～1.094。折射率1.533～1.537。凝固点7.5～9.5℃。主要用于单离黄樟油素,也用作加香剂,用于洗衣皂、药皂、祛臭剂、防腐剂及卫生日用品。有毒!不能用于食用香精。由樟科植物黄樟或其他富含黄樟油的猴樟等树的根、干、枝叶经水蒸气蒸馏制得。

黄樟油素 safrole 又名黄樟脑、4-丙烯基-1,2-亚甲二氧基苯。无色至微黄色油状液体,有樟木气味。相对密度1.096。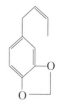熔点11℃。沸点232～234℃。折射率1.5383。难溶于水,溶于乙醇、乙醚等多数有机溶剂。主要用于配制皂用香精,能消除肥皂中的油脂臭味。从黄樟油、大叶樟油等天然植物精油中单离而制得。

磺胺甲噁唑 sulfamethoxazole 又名磺胺甲基异噁唑、4-氨基-N-(5-甲基异噁唑-3-基)-苯磺酰胺。白色结晶性粉末。无臭,味微苦。熔点168～172℃。不溶于水,易溶于稀盐酸、碱液及氨水等。为磺胺类抗菌药,常与抗菌增效剂甲氧苄啶合用制成复方制剂(即复方新诺明),其抗菌作用可增强数倍至数十倍。用于泌尿道和呼吸道感染,外伤及软组织感染、伤寒、脑膜炎、布氏杆菌病等。由对乙酰氨基苯磺酰氯与3-氨基-5-甲基异噁唑缩合制得。

磺胺喹噁啉 sulfaquinoxaline 又名磺胺喹沙啉、2-(对氨基苯磺酰胺基)喹啉。浅黄色结晶或粉末。熔点248～255℃。难溶于水、乙醇、丙酮,溶于碱液。其钠盐为无定形粉末,易溶于水。属磺胺类抗菌药物,用作畜禽药及饲料添加剂。主要用于防治肉鸡、火鸡、牛、羊、兔等的球虫病。对鸡巨型艾美耳球虫、布氏艾美耳球虫等的杀灭作用最强。与氨丙啉合用,抗球虫效果更佳。代谢性较好,不易在畜禽肠胃中积蓄。也可用作灭鼠药的添加剂。由2-氨基喹噁啉与乙酰胺基苯磺酰氯缩合制得。

磺酰类抗菌药 sulfonamides antibiotics 一类具有对氨基苯磺酰胺结构的合成抗菌药物,其主要作用是通过抑制细菌繁殖达到抗菌目的,而不是直接杀灭细菌。这类药物抗菌谱广,对多种球菌,如脑膜炎球菌、溶血性链球菌、肺炎球菌及某些杆菌,如痢疾杆菌、大肠杆菌都有抑制作用。可用于治疗流行性脑膜炎、脊髓炎及上呼吸道、泌尿道等细菌性感染。由于磺胺类药物只能抑菌而不能杀灭细菌,使其应用受到限制。目前多数磺胺类药物已不再使用,仍在使用的有:磺胺醋酰钠,用于眼科疾病治疗,如治疗细菌性结膜炎、睑腺炎、眼睑炎;磺胺嘧啶,用于敏感菌引起的呼吸道、尿道、肠道感染,也是流脑的首选药;磺胺甲噁唑,它和抗菌增效剂甲氧苄啶合用,用于肺炎球菌、流感杆菌、大肠杆菌等引起的呼吸道、尿道、肠道感染等。

磺吡酮 sulfinpyrazone 又名硫氧唑酮、苯磺唑酮、1,2-二苯基-4-[2-(苯亚磺酰基)乙基]-3,5-吡唑烷二酮。白色结晶。熔点 136～137℃。难溶于水、乙醇、乙醚、矿物油,溶于氯仿、乙酸乙酯。一种抗痛风药。能竞争性抑制尿酸在肾小管的重吸收,降低血尿酸浓度。以丙二酸二乙酯、2-氯乙基硫酚、二苯肼等为原料制得。

磺化苯氧乙酸酚醛树脂共聚物 sulfonated acetic phonolic resin copolymer 又名磺化乙酸化酚醛树脂共聚物。属

阴离子水溶性电解质。粉状产品为棕红色粉末,活性物含量≥90%。液体产品为棕红色液体,干基含量≥35%。易溶于水,水溶液呈弱碱性,用作钻井液耐温抗盐降滤失剂。与磺化酚醛树脂相比,分子结构中增加了羧甲基,具更强的抗盐能力。可适用于各种水基泥浆体系。以氯乙酸钠、苯酚、甲醛、焦亚硫酸钠等为原料制得。

磺化蓖麻油二乙醇胺盐 castor oil diethanolamine sulfate 又名匀染剂P、锦纶匀染剂P。一种阴离子表面活性剂。棕色透明黏稠液体。1%水溶液呈中性。易溶于水,耐酸、耐碱。具有良好的渗透、润滑、乳化及匀染性能。主要用作锦纶织物匀染剂,也可用作印染及制革的润湿剂。可与阴离子与非离子表面活性剂并用。由蓖麻油磺化后与二乙醇胺成盐制得。

磺化丙酮甲醛缩聚物 sulfonated acetone-formaldehyde copolymer 一种阴离子

$$\left[\begin{array}{c} OH \\ CH_3-C-CH_2 \\ SO_3Na \end{array} -O-CH_2-\begin{array}{c} OH \\ C-CH_2 \\ SO_3Na \end{array} \right]_n$$

型聚电解质。橘黄色流动性粉末。2%水溶液pH值8～9。易溶于水，水溶液呈弱碱性。用作油井水泥减阻剂及混凝土减水剂，具有耐温、抗盐及分散能力强等特点。与其他外加剂相容性好，适用于多种类型的油井水泥。可用作水泥浆分散剂，可加入配浆水中使用，也可直接干混在水泥中。由丙酮、甲醛、亚硫酸氢钠在催化剂存在下反应制得。

磺化单宁 sulfonated tannin 又名磺甲基单宁酸钠配合物。一种阴离子表面活性剂。外观为黑褐色粉末。有效成分≥80%。pH值7～9(1%水溶液)。溶于水，水溶液呈微碱性。分子结构中含有磺酸基团，有较好的分散性及抗盐能力。用作油井水泥缓凝剂，改善水泥浆的流动性，并有一定降滤失作用。也可用于高温深井的固井，配制固井隔离液。用作钻井液降黏剂，适用于各种水基钻井液，有较好的耐温抗盐能力。由五倍子浸泡提取的单宁酸钠水溶液与甲醛、亚硫酸氢钠反应后，再与重铬酸钾反应制得。

磺化酚醛树脂 sulfonated phenolic resin 又名磺甲基酚醛树脂。有粉状及液体

$$\left[HO-CH_2-\begin{array}{c} OH \\ \\ CH_2SO_3Na \end{array}-CH_2-OH \right]_n$$

两类产品。粉状产品为棕红色粉末。液体产品为玫瑰红透明液体，活性物含量42%左右。易溶于水，水溶液呈弱碱性。用作钻井泥浆处理剂，具有降滤失、耐高温、防塌、抗盐和控制黏度等作用。粉状产品可直接加入钻井液中使用。液体产品能与磺化褐煤、磺化单宁及磺化沥青等复配使用。配制的"三磺泥浆"体系，是高温深井泥浆体系之一。由苯酚与甲醛经缩合后，用亚硫酸氢钠磺化，再与水经树脂化制得。

磺化琥珀酸二仲辛酯钠盐 见"渗透剂T"。

磺化褐煤酚醛树脂共聚物 sulfonated lignite-phenolic resin copolymer 又名磺甲基酚醛树脂磺化褐煤腐殖酸聚合物。黑褐色粉末。易吸湿。有效物含量≥80%。易溶于水，水溶液呈弱碱性。用作水基钻井液体系的高温抗盐降滤失剂，兼有一定降黏及防塌作用，适用于高温深井泥浆体系。由磺化酚醛树脂、磺化褐煤、腐殖酸钾及甲醛等缩聚制得。

磺化栲胶酚醛树脂共聚物 sulfonated tannin extract-phenolic resin copolymer 棕褐色流动性粉末。易吸湿。pH值8.0～10.0。易溶于水，水溶液呈弱碱性。属阴离子水溶性聚合电解质。用作钻井液的耐温抗盐降滤失剂，兼有防塌及降黏作用。适用于各种水基泥浆体系，也可与其他处理剂配合使用。由栲胶、焦亚硫酸钠的碱性溶液与磺化酚醛树脂反应制得的液体产品，经喷雾干燥制得。

磺化沥青 sulfonated asphalt 一种水分散性阴离子型改性沥青产品。黑色粉末。软化点高于80℃。pH值8～9。是常规沥青用发烟硫酸或SO_3进行磺化后制得的产品。沥青经过磺化，引入了水

化性能很强的磺酸基,使之从不溶于水变为可溶于水。可用作水基钻井液或油基钻井液的处理剂,能有效封堵地层微裂缝,防止剥落性页岩坍塌,抑制页岩水化,同时还具有良好的润滑、乳化、降低滤失量和高温稳定等作用。

磺化木质素磺甲基酚醛树脂共聚物 sulfonated lingo-sulfomethylated phenolic resin copolymer 简称SLSP。棕褐色粉末。易吸湿。pH值9.0～9.5。易溶于水,水溶液呈弱碱性。属阴离子水溶性电解质,用作水基钻井液降滤失剂,具有耐高温、抗盐及防塌等作用。因在钻井液中较易起泡,常需配合加入消泡剂。由磺化木质素盐与磺甲基酚醛树脂共聚所得液体产品经喷雾干燥制得。

磺化三聚氰胺甲醛树脂 见"SM高效减水剂"。

磺化油DAH sulfonated oil DAH

$$CH_3(CH_2)_5CHCH_2CH=CH(CH_2)_7COOC_4H_9$$
$$|$$
$$OSO_3H \cdot N(CH_2CH_2OH)_3$$

又名蓖麻酸丁酯硫酸三乙醇胺盐。一种阴离子型表面活性剂。棕色浓稠状液体。磺化油有效物含量≥30%。溶于水,具有良好的润湿、渗透、乳化及增溶性能。用作润湿剂、渗透剂、分散剂、助溶剂、乳化剂及匀染剂等。适用于纺织、印染、制革、农药等。金属加工行业用于配制切削油,也用作玻璃纤维上油剂的基剂。由蓖麻油酸丁酯经硫酸磺化、三乙醇胺中和而制得。

磺基琥珀酸蓖麻油酯钠盐 sodium sulfosuccinic castor oil ester 又名蓖麻油顺丁烯二酸酯磺酸钠、亚硫酸化蓖麻油、WF-10皮革加脂剂。一种阴离子型表面活性剂。透明油状液体。含油量70%～80%。pH值6～7。具有良好的润湿性、渗透性及乳化性。对酸及无机盐溶液稳定。用作皮革加脂剂,适用于各种软革和植物鞣革的加脂,处理后的皮革手感柔软。也用作润湿剂、渗透剂,适用于印染、纺织。由顺丁烯二酸酐与蓖麻油经酯化、磺化、碱中和而制得。

磺甲基化栲胶 sulfomethylated tannin extract 又名磺甲基化单宁、SMT-88钻井液降黏剂。黑褐色粉末。有效物含量≥80%。pH值(1%水溶液)7～9。溶于水,水溶液呈弱碱性。是一种天然材料栲胶的改性产品,属阴离子型。有良好的耐温抗盐能力。用作钻井液降黏剂,适用于各种水基钻井液。还可用作油井水泥的缓凝剂及用于配制隔离液。以栲胶、甲醛、亚硫酸氢钠及重铬酸钠等为原料制得。

结构式(R=多元酚):

含-OH、-CH_2SO_3Na、R取代基的苯环结构

磺甲基化聚丙烯酰胺 sulfomethylated polyacrylamide 白色或灰白色粉末。有效物含量85%。溶于水。为一种阴离子型聚合物。

$$-[CH_2-CH]_n-$$
$$|$$
$$O=C$$
$$|$$
$$NH-CH_2OSO_3N$$

用作油井水泥外加剂,具有较强的抗温、抗盐能力。在多种类型的水泥浆

体系中均有较显著降滤失作用及分散作用,并兼有一定缓凝作用。由聚丙烯酰胺、甲醛、亚硫酸氢钠等在碱性条件下反应制得。

磺酸盐 sulfonate 由磺酸生成的盐

$$\left[R \underset{R}{\overset{}{\bigcirc}} SO_3 \right]_2 M$$

(M-金属离子)

类。广泛用作润滑油清净剂。品种很多,按原料来源分为石油磺酸盐及合成磺酸盐;按碱值分为中性或低碱值磺酸盐、中碱值磺酸盐、高碱值磺酸盐;按金属的种类分为磺酸钙盐、磺酸镁盐、磺酸钠盐及磺酸钡盐等。磺酸盐具有高温清净性好、中和能力强、防锈性好的特点,并有一定的分散性,原料易得,价格便宜,可与其他添加剂复合配制各种内燃机油,也用于船用气缸油及发动机油。

磺酸盐型表面活性剂 sulfonate surfactant 通式为 RSO_3M 的阴离子表面活性剂。式中 R 为烃基,M 为金属离子。如石油磺酸钠、α-烯基磺酸盐、十二烷基苯磺酸钠、二壬基磺酸钡、壬基酚聚氧乙烯醚硫酸钠等。广泛用作乳化剂、润湿剂、匀染剂、洗涤剂、增稠剂、减水剂、防锈剂等。

磺乙基淀粉 sodium ethylene sulfonate starch 一种含磺酸基团的淀粉醚。微黄色粉末。活性物含量≥85%。易吸湿、溶于水,水溶液呈弱碱性。分子结构中含有磺酸基,用作钻井液降滤失剂,能有效降低淡水泥浆、盐水泥浆及饱和盐水泥浆的滤失量,并具有抗钙污染的能力。由淀粉经氢氧化钠糊化后,与 2-氯乙基磺酸钠反应制得。

茴拉西坦 aniracetam 又名阿尼西坦、三喜乐、1-(4-甲氧基苯甲酰)-2-吡咯烷酮。白色结晶粉末。熔点 121~122℃。不溶于水,溶于乙醇。从而改善脑功能。用于治疗中老年记忆功能衰退、阿尔茨海默病、早老性痴呆等。由对甲氧基苯甲酰氯与 2-吡咯烷酮钠盐缩合制得。

混合氯化二烷基二甲铵 mixed dialkyl dimethyl ammonium chloride 又名氯化辛癸基二甲铵。无色或淡黄色液体。相对密度 0.92~0.93。活性物含量≥50%。闪点 43℃。pH 值 6~9(10%水溶液)。一种阳离子表面活性剂,属季铵盐杀菌剂的第三代产品之一,具有良好的抑菌、杀菌作用,兼有消毒、洗涤作用,是工业水处理的优良杀生剂,可单独使用,也可与其他杀菌剂复配使用。由辛癸基甲叔胺与氯甲烷经季铵化反应制得。

$$\left[C_8H_{17} \underset{C_{10}H_{21}}{\overset{CH_3}{\underset{|}{N^+}}} CH_3 \right] Cl^-$$

混合型农药乳化剂 mixed pesticide emulsifier 是由阴离子表面活性剂、非离子表面活性剂及溶剂按不同的比例复配制得的农药乳化剂。商品牌号有农乳 0201、农乳 02D1B、农乳 0202、农乳 0202C、农乳 0203A、农乳 0203B、农乳 0204、农乳 0204C、农乳 0205、农乳 0206、农乳 0206B、农乳 0207、农乳 0208、农乳 0265、农乳 1201、农乳 1204、农乳 2201、农乳 6201、农乳 6201C、农乳 6202B、农乳 8201~农乳 8206 等。外观为黄色、棕色或红棕色黏稠液体。pH值5~7（1%水溶液）。溶于水及多种有机溶剂，有良好的乳化、分散性能。主要用作农药乳化剂，如配制对硫磷、辛硫磷、杀螟威、甲胺磷、治螟磷、敌百虫、氧乐果等农药乳油，其中有些商品（如农乳0204）还可用作合成纤维油剂的乳化剂、抗静电剂及印花染料扩散剂。

N-混合脂肪酰基-L-谷氨酸钠 sodium mixed fatty N-acylglutamate 一种阴离子

$$HOOCH_2CH_2—CH—COONa$$
$$|$$
$$NHCOR$$

（R＝C_{14}~C_{18}烷基）

表面活性剂，白色至浅黄色粉末，活性物含量≥85%，溶于水。1%水溶液pH值5~7。有良好的分散、润湿、去污、乳化及起泡等性能。生物降解性好，对皮肤作用温和，耐硬水，有优良的钙皂分散能力。用于制造膏霜及乳液类化妆品、微酸性洗涤剂、高档皂等。由天然混合脂肪酸制得脂肪酰氯后，再与谷氨酸钠反应制得。

混剂 mixture dosage 农药的一种剂型，指含有两种或两种以上不同有效成分的药剂。混剂在标示上必须同时标明各种有效成分。广义的混剂有两种，一种是各有效成分已经混合在一起的，称为混剂；另一种是各有效成分分开包装但一起提供，在使用时混在一起，称为桶混剂。

活性染料 reactive dyes 又名反应染料。分子结构中含有能与纤维分子发生反应的活性基团，使染色或印花时，在一定条件下与纤维分子形成共价键的染料。是由染料母体、活性基团和连接这两者的连接基（又称桥基）组成。染料母体主要有偶氮型、酞菁型、蒽醌型、三苯二噁嗪型、金属配位型等。其活性基团能与棉纤维的醇羟基、羊毛和丝的氨基、聚酰胺纤维的氨基和酰胺基等反应。按其所含活性基团的不同，分为X型、K型、KD型、KE型、KN型、KM/M型、R型、P型、SX型、W型活性染料等多种品种。主要用于纤维素纤维（如棉、麻）、蛋白质纤维（如羊毛）的染色和印花，也可用于聚酰胺等合成纤维的染色。

活性炭脱硫剂 active carbon desulfurizer 主要由活性炭或改性活性炭构成的脱硫剂。其主要组分是呈不规则排列的石墨微晶，属无定形炭，其孔隙大小不均。它可以吸附、脱附H_2S，对有机硫则可通过吸附、氧化及催化转化加以脱除。吸附脱除对噻吩最有效，CS_2次之，COS最难。品种很多，可分为粗脱硫及精脱硫两大类。粗脱硫剂主要通过活性炭的吸附能力脱除大量H_2S，对噻吩、CS_2也有效。产品牌号有RS系列、BRS系列、TA系列等。使用时装填量大、空速低、再生频繁。一般是以煤为原料，经成型、炭化、水蒸气活化制得；精脱硫剂是将有机硫转化成H_2S后再经吸附除去。可单独使用或与氧化锌脱硫剂串联使用。产品牌号有KC-1、KC-2、KT-3/2、T101、T102、T103、SN-3等。是由成型活性炭浸渍活性金属（如Cu、Cr、Fe等）盐后，再经干燥、焙烧制得。

活性碳酸钙 activated calcium carbonate $CaCO_3$ 又名胶体碳酸钙、白艳华。白色细腻轻质粉末。相对密度1.99~2.01。平均粒径0.03~0.1μm。比表面积25~85m^2/g。pH值8.0~11.0。白度≥90。不溶于水，遇酸分解。灼烧时

变黑，并放出 CO_2 而生成氧化钙。活性比轻质碳酸钙强，并兼有补强作用，使用时易分散。用作橡胶、涂料、胶黏剂、塑料、油墨、人造革、电线电缆、纸张等的填充剂。用于橡胶时，其补强性能高，而且粒径越小，补强效果越好，并可改善橡胶的色泽及表面光泽。可在生产轻质碳酸钙时，在碳酸钙浆液中加入活化剂（硬脂酸、太古油）进行施胶处理后干燥制得。

活性稀释剂 reactive dilluent 在稀释过程中同时会参加反应的稀释剂。一般是低分子、低黏度、含有活性基团能参与交联固化的物质。如丁醇、异辛醇、甲酚、烷基酚和高级一元醇的缩水甘油醚及脂肪酸缩水甘油脂是单官能度的活性稀释剂；聚丙二醇和聚乙二醇的缩水甘油醚是双官能度活性稀释剂；三羟甲基丙烷三缩水甘油醚是三官能度活性稀释剂。用于配制无溶剂环氧树脂涂料、胶黏剂及高固体分涂料等。

活性氧化铝 activated alumina 用作催化剂、催化剂载体及吸附剂的多孔性 Al_2O_3，一般称其为"活性氧化铝"。它是一种多孔、有高分散度的固体物料。有很高的比表面积，其微孔结构具有吸附性、表面酸性及热稳定性，外观为白色或微红色粉末或颗粒，微溶于酸或碱，不溶于水。催化领域中所指的"活性氧化铝"有两种含义：一种是指 $\gamma\text{-}Al_2O_3$；另一种则是泛指 $x\text{-}Al_2O_3$、$\eta\text{-}Al_2O_3$ 及 $\gamma\text{-}Al_2O_3$ 的混合物。它们是氧化铝水合物在 200～600℃ 温度下加热生成的产物。$\gamma\text{-}Al_2O_3$ 在催化领域中使用最多，控制其制备条件，可制得比表面积及孔容都很大的产品，并可制得多种型号产品；$\eta\text{-}Al_2O_3$ 在催化反应中也使用较多，但其孔结构的多分散性（小孔太多）而影响其应用，它主要用作重整催化剂载体；$x\text{-}Al_2O_3$ 的比表面积可大至 350～400 m^2/g，常用于气相催化反应需要大比表面积的催化剂。活性氧化铝广泛作各种反应的催化剂载体，也用作催化剂、吸附剂、干燥剂等。

活性氧化铝脱硫催化剂 activated alumina desulfurization catalyst 用于石油化工厂克劳斯硫黄回收工艺及含 H_2S 酸性气体处理、电厂烟道气脱硫用催化剂。是一种催化还原脱硫剂。主要组分为活性氧化铝，并适当添加 Cu、Co、Mo 等金属氧化物作为促进剂。产品牌号有 AA332-1、AA332-2、AA335、GL-H3、RS100、RS103、TZ-01～03、TZ-13、WHA-201A、WHA-201B 等。可由铝酸钠与无机酸经中和沉淀、过滤、干燥、成型、焙烧制得活性氧化铝后，浸渍适量 Cu、Co、Mo 等盐的溶液，经干燥、活化制得。

活性氧化镁 activated magnesium oxide MgO 白色无定形粉末。无臭、无味。其化学组成、物理形态与轻质氧化镁相似。其不同之处是：活性氧化镁要有适宜的粒度分布，平均粒径 <2μm，微观形态为不规则颗粒或近球形颗粒或片状晶体。比表面积 5～20 m^2/g，孔体积 6～8.5mL/g。在磁、光、电、声、热等方面具有与普通氧化镁所不具有的特殊性质，是制备高功能精细无机材料、电子元件、精细陶瓷、耐高温及耐腐蚀材料等的重要原料。具有优良的分散性，可用作油墨、油漆、纸张及化妆品的填充剂。也可与氧化铝、氧化锆等超细材料并用而用作合成树脂的填充剂、增强剂、加工改性剂等。由碱式碳酸镁经煅烧、分解制得。

活性支撑剂 active support 主要组成为 WO_3、NiO、Al_2O_3 的三叶草形催

化剂。中国产品牌号为 RP。外形尺寸 $\phi 3.6$。堆密度 $0.9g/mL$。孔体积 $0.3mL/g$。比表面积 $140m^2/g$。抗压强度 $>300N/cm$。置于加氢反应器顶部瓷球部位，可使烯烃尤其是双烯烃加氢饱和后再与主催化剂接触，防止主催化剂结焦失活及床层阻力增大，从而可延长开工周期。用于二次加工油，尤其是热加工汽油、柴油和减压瓦斯油加氢催化裂化反应。可由特制载体浸渍 W、Ni 等活性组分溶液后经干燥、焙烧制得。

霍加拉特催化剂 Hopcalite catalyst 又名防毒面具用催化剂。一种具有氧化一氧化碳作用，可用于防毒面具及通风系统的催化剂，产品牌号有 DB-75、DB-83、MC-15 等。活性组分为 $MnO 60\%$、$CuO 40\%$，并含有少量钴、银等化合物。可在室温和常压下使用，遇水蒸气会中毒。可由湿法制得的活性二氧化锰先制成悬浊液，再在悬浊液中加入硝酸铜和硝酸银溶液，经加入碳酸钠使其沉淀，将沉淀物于 $130℃$ 下干燥而制得本品。

肌醇 inositol 又名环己六醇。B 族维生素的一种。广泛存在于动植物中。白色结晶性粉末。有甜味，甜度约为蔗糖的 50%。相对密度 1.752。熔点 $224\sim 227℃$。沸点 $319℃$（2.0kPa）。溶于水、乙酸，微溶于乙醇，不溶于无水乙醇、乙醚、氯仿。水溶液呈中性。含 2 个分子结晶水的肌醇，熔点 $218℃$。相对密度 1.524。$100℃$ 时成为无水物。肌醇是动物及微生物必需的营养素之一，是脂质代谢的必需维生素，具有促进细胞生长及降低血液中胆固醇的作用。医药上用于治疗肝炎、脂肪肝及脱皮症；用于化妆品添加剂可防止脱发及皮肤病；用作食品添加剂可防止油脂酸败，也用作饲料添加剂。由米糠或玉米浸提液水解、浓缩、结晶制得。

5′-肌苷酸 5′-inosinic acid 又名次黄嘌呤核苷酸。肌苷的磷酸酯。无色结晶或白色结晶性粉末。无臭，有特殊滋味。易溶于水、甲酸，极微溶于乙醇、乙醚。中性及碱性时稳定，酸性不稳定，易被氧化剂破坏，商品多为其二钠盐。5′-肌苷酸二钠为结晶性颗粒或白色粉末。无臭，具有特殊鲜味。易溶于水，微溶于乙醇、乙醚、丙酮。医药上用于治疗肝脏疾病、风湿性心脏病及白细胞、血小板减少症；食品工业用作增鲜剂，与味精复配可制得超鲜或特鲜味精。并称之为"强力味精"或第二代味精。由酵母中所得核酸分解、分离制得，或由淀粉酶水解液经发酵制得。

肌酸 creatine 又名甲脒基乙酸。由精氨酸、甘氨酸及蛋氨酸为前体在人体肝脏、肾脏及胰腺中合成，为储有高能磷酸键的物质。

$$HOOC-CH_2-N(CH_3)-C(=NH)-NH_2$$

约 95% 存在于骨骼肌中。一水物为白色单斜晶系结晶，$100℃$ 脱水，$303℃$ 分解。微溶于水、乙醇，不溶于乙醚、丙酮。肌酸的生理功能是满足人体在运动时对高能量的需要，可作用于毛囊的线粒体细胞，促进角蛋白合成，预防和治疗男性脱发。用于护肤化妆品，能有效地预防和治疗因紫外线照射而引起的皮肤老化和损伤，促进皮肤再生，防止皮肤干燥。

由肌肉组织提制而得。

L-肌肽 L-carnosine 又名β-丙氨酰-L-组氨酸。

$$\text{H-N} \begin{array}{c} \\ \end{array} \text{CH}_2\text{CHNHCOCH}_2\text{CH}_2\text{NH}_2 \\ \text{COOH}$$

纯品为白色粉末或无色结晶。熔点246～250℃(分解)。比旋光度＋21.9°(1%水溶液)。溶于水,水溶液呈碱性,不溶于醇。用作抗氧剂,肌肽侧链上的组氨酸残基可作氢的受体,具有捕捉羟基自由基、单质氧和过氧化自由基的能力。用于肉制品可抑制自由基引起的脂肪氧化作用,并改善肉的风味;用于化妆品,有促进细胞新陈代谢、防止蛋白质类氧化的作用;医药上与尿苷酸并用,可预防光敏性皮炎。由冷冻牛肉或带肉骨头提取而得。

激动素 kinetin 又名N^6-呋喃甲基腺嘌呤、6-糠基氨基嘌呤。一种细胞分裂激素,存在于植物种子的胚胎及酵母中,具有腺嘌呤的结构。是植物生长调节剂,能促进

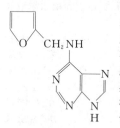

细胞有丝分裂和细胞分化。合成品为白色片状结晶(无水乙醇中)。熔点266～267℃。220℃时升华。难溶于水、乙醇、乙醚、丙酮,易溶于稀盐酸及稀碱液。紫外最大吸收波长为268nm。通常用于细胞、组织培养,农业上用于单倍体育种。用于护肤品,能加速损伤组织愈合,预防和治疗粉刺。与维生素C配合使用,可增强维生素C的稳定性和生理活性。

激光染料 laser dyes 激光的含义是"受激辐射所产生的光放大"。如果分子在激发态状态下,与能量相匹配的光量子相互作用,可以诱发受激发射。激光染料是能受激励光源的激发而产生可调谐激光的一种功能性色素。在染料激光器中,用不同的激光染料,产生的不同波长的激光,可用于特定光化学反应、同位素分离、彩色全息摄影、光生物学、光通信、大气污染监测及血管疾病治疗等。能产生激光的染料应符合以下要求:①染料的荧光量子效率高;②在激光发射波长处,染料未吸收或吸收很少;③染料分子荧光光谱与三线态吸收光谱不发生重叠;④在溶剂中有足够的溶解度;⑤光化学稳定性好。能符合上述要求的重要激光染料有噁唑类、香豆素类、若丹明类、噁嗪类、联苯类、多次甲基类等。

激活剂 activator 指能提高酶活性和加快酶反应速度的物质。其中大部分是无机离子或简单的有机化合物。激活剂按分子大小可分为3类:①无机离子,如H^+、K^+、Na^+、Ca^{2+}、Mg^{2+}、Zn^{2+}、Fe^{2+}、Br^-、Cl^-等;②有机分子,如半胱氨酸、谷胱甘肽、乙二胺四乙酸等;③蛋白质等生物大分子,如对酶原激活。

激素 hormone 又名荷尔蒙。是由人和动物的内分泌腺或内分泌细胞分泌的一类有机化合物,它直接进入血液或淋巴液到达靶部位而起作用,具有调节机体的新陈代谢、生长发育、生殖等重要生命活动过程的作用。激素的分泌过多或不足,均使机体生理活动的平衡失调而得病。一种激素只能作用于某一或某些特定的器官或组织(即激素受体),通过与受体结合而产生生理作用,激素本身则通过体内代谢而失活,人体内激素种类很多,而激素类药物按化学结构分

为肽类激素及甾类激素。按药理作用可将激素类药物分为两大类:拟似激素作用的药物,或称拟激素药;拮抗激素作用的药物,或称抗激素药。

激素类饲料添加剂 hormones feed additives 激素是动物体内分泌的生理效应很强的活性物质,能调节、控制动物的新陈代谢和生理过程。在畜禽饲养上,激素除了用于治疗性机能失调外,更多地用于畜禽的繁殖控制、催肥、催乳、催蛋及促进毛皮生长等。激素目前仅在少数国家作为添加剂使用,使用较多的是性激素类(雌激素、雄激素、孕激素)及生长激素、甲状腺等。在使用激素添加剂时应十分注意的问题是:①为保证人畜安全,要选择合适的激素类产品,根据动物种类、年龄、营养状况及生理阶段选择不同的添加剂和添加量;②同一激素对不同的动物的影响不同,要严格选择使用对象,如种牛、种羊不宜使用激素类添加剂,否则会对产奶量产生严重影响;③应根据应用对象选择适当的使用方法;④注意激素的配合使用。

吉非贝齐 gemfibrozil 又名吉非罗齐、博利脂、5-(2,5-二甲基苯氧基)-2,2-二甲基戊酸。白色固体。熔点61~63℃。难溶于水及酸性溶液,溶于碱性溶液。为贝特类降血脂药,通过激活脂蛋白酯酶,使甘油三酯分解为脂肪酸及甘油。可降低总胆固醇和甘油三酯水平,减少冠心病发病率。适用于高甘油三酯及高胆固醇血症,以及由糖尿病引起的高血脂。由1-(2,5-二甲基苯氧基)-3-溴丙烷与2-甲基丙二酸二乙酯反应后,经水解脱羧、甲基化、酸化制得。

吉西他滨 gemcitabine 又名健择、双氟阿糖胞苷、2′-脱氧-2′,2′-二氟胞苷。其盐酸盐熔点287～292℃(分解)。溶于水。一种胞苷类抗代谢药,可在体内取代有关代谢物质的位置,从而干扰DNA的合成,阻止增长旺盛的癌细胞分裂增殖。对结肠、乳房、肺、胸腺部位的肿块,显示良好的抗肿瘤活性。以2,2-二甲基-1,3-二氧戊环-4-甲醛与溴二氟乙酸乙酯为原料制得。

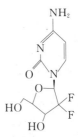

极压抗磨剂
见"载荷添加剂"。

急性毒性染料 acute toxicity dyes 指对人体或动物体的半数致死量LD_{50}<100mg/kg的染料。由于这些染料对人体或动物体的危害很大,因此它们也是禁用的对象。目前市场上禁用的急性毒性染料有13种,其中碱性染料6种,酸性染料2种,直接染料1种,冰染色基3种和酞菁素1种。它们是C.I.碱性黄21,C.I.碱性红12,C.I.碱性紫16,C.I.碱性蓝3,C.I.碱性蓝7,C.I.碱性橙81,C.I.酸性橙56,C.I.酸性橙165,C.I.直接橙62,C.I.冰染色基20,C.I.冰染色基24,C.I.冰染色基41及Ingrain蓝2:2等。这些染料具有的特点是:水溶性染料占绝大多数,易溶解在乙醇等极性溶剂中,分子结构中含有氨基或取代氨基等强给电子取代基。

1,6-己二胺 1,6-hexane diamine 又

$H_2NCH_2(CH_2)_4CH_2NH_2$ 名 1,6-二氨基己烷、六亚甲基二胺。一种脂肪族二胺。白色片状结晶。有吡啶样臭味。可燃。相对密度 0.883（30℃）。熔点 42℃。沸点 205℃。易溶于水，微溶于苯、乙醇。能升华成长针状晶体。易潮解，空气中易变色吸湿。水溶液呈碱性。与盐酸作用生成盐。毒性较大，皮肤接触低浓度本品可引起皮炎和湿疹。用作丙烯酸酯橡胶、氟橡胶、氯化聚乙烯的硫化剂，密封胶有机交联剂，环氧树脂固化剂，铝合金腐蚀抑制剂，氯丁橡胶乳化剂，矿物乳化剂。大量用于生产尼龙 66、610，也用于制造聚氨酯树脂及离子交换树脂等。由己二腈催化加氢，或由己二醇氨化制得。

1,6-己二醇 1,6-hexanediol 白色蜡状固体。$HOCH_2CH_2CH_2CH_2CH_2CH_2OH$ 20℃固体密度 1.116g/cm³，50℃液体密度 0.960g/cm³。熔点 41～42℃。沸点 250℃。闪点 137℃（闭杯）。折射率 1.4579（25℃）。易溶于水、甲醇、正丁醇、乙酸丁酯，微溶于乙醚，不溶于甲苯。是一种含两个伯羟基端基的线型二醇，具有较多的碳原子，主要用于制造聚酯二醇及合成聚氨酯弹性体，也用于制造不饱和聚酯、聚碳酸酯、增塑剂及涂料等。还用作聚氨酯树脂制备中的扩链剂。可由苯酚催化加氢制得。

己二醇脱水制己二烯催化剂 catalyst for hexanediol dehydrating to hexadiene 己二烯主要用作乙丙橡胶的第三单体。催化剂牌号有 NC1302。活性组分为氧化铝并添加少量其他助剂。外观为白色至微黄色条或球形颗粒。堆密度 0.5～0.9g/mL。孔体积 0.3～0.4mL/g。反应条件为：温度 200～400℃、压力为常压或低压、液空速 1～3h⁻¹。由铝盐与无机酸经中和、沉淀、洗涤、干燥制得活性氧化铝后，再添加少量助剂，经干燥、焙烧制得。

1,6-己二硫醇 1,6-hexanedithiol 又名 1,6-巯基己烷。$HSCH_2(CH_2)_4CH_2SH$ 无色透明液体。相对密度 0.9900。沸点 242～243℃。折射率 1.5120。闪点 90℃。不溶于水，溶于丙酮、油脂。天然存在于烹调过的牛肉的香气成分及鸡肉香气成分中。是一种天然等同香料，具有独特的肉香及蘑菇香气。用于调配鸡肉、蘑菇、芝麻等食品香精。可以硫脲、1,6-二溴己烷为原料制得。

己二酸二辛酯 dioctyl adipate 又名己二酸二（2-乙基己基）酯，简称 DOA。
$$\begin{matrix} COOCH_2CH(CH_2)_3CH_3 \\ | \quad\quad\quad\quad C_2H_5 \\ (CH_2)_4 \\ | \\ COOCH_2CH(CH_2)_3CH_3 \\ | \quad\quad\quad\quad C_2H_5 \end{matrix}$$
无色至淡黄色油状液体，微有气味。相对密度 0.922（25℃）。熔点 -67.8℃。沸点 214℃（0.667kPa）。闪点 192℃。不溶于水，微溶于乙二醇，溶于甲醇、苯、汽油及矿物油。常温下稳定，在光和热作用下易发生聚合反应。用作聚氯乙烯、聚苯乙烯、纤维素树脂及合成橡胶等的典型耐寒增塑剂，赋予制品良好的低温柔软性、耐光性及耐热性。用于制作户外用塑料管、冷冻食品包装膜、合成革及电线电缆等，也用作橡胶型胶黏剂及涂料等的增塑剂。其主要缺点是挥发性较大、耐迁移性及电绝缘性等较差。由己二酸与 2-乙基己醇反应制得。

己二酸二异丁酯 diisobutyl adipate

$$\begin{array}{l}\text{CH}_2\text{CH}_2\overset{\text{O}}{\overset{\|}{\text{C}}}\text{OCH}_2\text{CH}(\text{CH}_3)_2\\ \text{CH}_2\text{CH}_2\overset{\|}{\underset{\text{O}}{\text{C}}}\text{OCH}_2\text{CH}(\text{CH}_3)_2\end{array}$$

简称 DIBA。无色无味透明液体。相对密度 0.950～0.957。熔点-20℃。沸点 135℃。闪点 160℃。不溶于水,溶于醇、醚、酮及苯。用作乙烯基树脂、丁苯及丁腈橡胶、硝基纤维素、乙酸纤维素等的增塑剂。加工性能优良,增塑效率高,可改善制品低温柔性。多用于低温用软管、冷冻食品包装材料、模制机械零件及垫片等。主要缺点是耐久性较差、挥发性较大。低毒。可用于食品包装材料。由己二酸与异丁醇经酯化反应制得。

己二酸二异辛酯 diisooctyl adipate 简称 DIOA。无色透明油状液体,微

$$\begin{array}{l}\text{CH}_2\text{CH}_2\overset{\text{O}}{\overset{\|}{\text{C}}}-\text{O}(\text{CH}_2)_5\text{CH}(\text{CH}_3)_2\\ \text{CH}_2\text{CH}_2\overset{\|}{\underset{\text{O}}{\text{C}}}-\text{O}(\text{CH}_2)_5\text{CH}(\text{CH}_3)_2\end{array}$$

具特殊气味。相对密度 0.928。熔点-70～-40℃。沸点 215～218℃(0.667kPa)。闪点 195～210℃。不溶于水,溶于甲醇、丙酮、苯、矿物油。用作聚氯乙烯及氯乙烯共聚物的耐寒增塑剂,增塑效率高,低温柔软性、耐热及耐光性较好,制品手感好。也用作天然及合成橡胶的增塑剂及软化剂。用于增塑糊制品时,糊料的黏度低,用于硝酸纤维素及乙酸纤维素时,可制得富有弹性的透明薄膜。低毒。可用于食品包装材料。由己二酸与异辛醇反应制得。

己二酸二正丁酯 di*n*-butyl adipate $C_4H_9OCO(CH_2)_4COOC_4H_9$ 又名二酸二丁酯,简称 DBA。无色透明液体。相对密度 0.961～0.965。熔点-37.5℃。闪点 150～175℃。不溶于水,溶于乙醇、乙醚、苯等。用作聚氯乙烯、氯乙烯共聚物,聚乙酸乙烯酯等乙烯基树脂、硝酸纤维素、聚乙烯醇缩丁醛及合成橡胶等的增塑剂,具有耐寒性强、黏度低的特点,但易挥发,耐久性差,配方中不宜加入过多。也用作硝基纤维素涂料的胶凝剂、有机合成的溶剂。由己二酸与正丁醇反应制得。

3,4-己二酮 3,4-hexanedione 又名二

$$\text{CH}_3\text{CH}_2\overset{\text{O}\ \text{O}}{\overset{\|\ \|}{\text{C}-\text{C}}}\text{CH}_2\text{CH}_3$$

丙酰、3,4-二氧代己烷、二乙基-α,β-二酮。无色至黄色油状液体。熔点-10℃。沸点 188～192℃。相对密度 0.9410。折射率 1.4130。闪点 29℃。不溶于水,溶于乙醇、乙醚,易溶于丙二醇。有似黄油的气味。一种合成香料,用于调配饮料、冰冻食品、糖果、布丁等食用香精及日化香精。也用作乙酸纤维素的溶剂及用于制造医药、照相药剂等。由丙酸乙酯与金属钠反应制得丙偶姻后,再经乙酸铜氧化制得。

4-己基间苯二酚 4-hexylresorcinol

$$\text{HO}-\underset{\text{OH}}{\bigcirc}-\text{CH}_2(\text{CH}_2)_4\text{CH}_3$$

又名己雷锁辛、4-己基-1,3-二羟基苯、虾鲜宝。白色或黄白色针状结晶或粉末,有刺激性臭味,收敛性极强。对舌头产

生麻木感。熔点 67.5～69℃。沸点 333～335℃。遇光或空气变淡粉红色。微溶于水、石油醚,溶于乙醇、丙酮、乙醚、苯及植物油。用作抗氧剂,可保持虾、蟹等甲壳水产品在储存过程中色泽良好不变黑,也用作治疗蛔虫、钩虫、蛲虫等的驱虫药。在无水氯化锌存在下,由己酸与间苯二酚经缩合、还原制得。

3-己烯-1-醇 3-hexen-1-ol 又名青叶
$$CH_3CH_2CH=CHCH_2CH_2OH$$
醇。无色液体。有顺、反两种异构体。顺式:相对密度 0.8478(21.6℃)、沸点 156～157℃,折射率 1.4384;反式:沸点 153～156℃,折射率 1.4374。天然存在于茶叶、薄荷、柚子、葡萄等多数绿色植物中。天然物多为顺式结构,易溶于乙醇,溶于水、乙醚。具有绿色嫩叶清香气味,香气浓郁自然。高度稀释时有绿叶的气味。是一种清香型香料,用于调配食品及日化香精。可由天然提取物(精油)中分离而得,也可由 3-己炔-1-醇选择催化加氢制得。

己烯雌酚 diethyl stilbestrol 又名乙底酚、$4,4'$-(1,2-二乙基-1,2-亚乙烯基)双苯酚。白色结晶性粉末。无臭。熔点 169～172℃。不溶于水,溶于乙醇、乙醚、氯仿及脂肪中。为非甾体雌性激素,其药理作用与雌二醇相同,但活性更强,在肝脏中失活很慢。可促使女性性器官及副性征正常发育,并有抗雌激素作用。用于妇女因激素分泌不足引起的各种疾病,如闭经、老年阴道炎、月经周期延长及子宫发育不全、绝经期综合征等。有时用作事后应急避孕药。由对甲基苯甲醛经安息香缩合、还原、烷基化等反应制得。

季铵化聚丙烯酰胺 quaternary ammonium polyacrylamide 又名胺乙基化聚丙烯酰胺季铵盐。一种两性表面活性剂,是兼有阴、阳离子亲水基的高分子化合物。阳离子部分具有季铵盐的亲水基,阴离子部分具有磺酸盐亲水基,所显的两性随其溶液的 pH 值而变,在酸性介质中,显示阳离子型性质;在碱性介质中,显示阴离子型性质;在中性介质中显示非离子表面活性剂的性质。在很宽的 pH 值范围内都有良好的表面活性,并具有较强杀菌作用。用作工业废水及生活污水的絮凝剂,尤对污泥的絮凝沉淀及脱水效果良好,并兼有阻垢性及杀菌灭藻功效。由丙烯酰胺经聚合、羟甲基化、胺乙基化及季铵化等过程制得。

季铵盐型表面活性剂 quaternary ammonium salt surfactant 通式为(Ⅰ)

$$\left[R_1-\overset{R_2}{\underset{R_4}{N^+}}-R_3 \right] X$$

(Ⅰ)

(R_1、R_2、R_3、R_4=烃基;X=阴离子)的阳离子表面活性剂。由烃的卤代物与叔胺反应制得。市售商品大多是含有长链烷基的脂肪族季铵盐。主要包括烷基三甲基卤化铵、二烷基二甲基卤化铵、烷基二甲基苄基卤化铵及非烷基季铵盐类等。具有优良的乳化、润湿、杀菌、消毒、抗静电等性能。广泛用作杀菌剂、乳化剂、调理剂、抗静电剂、石油钻井助剂、缓蚀剂等。

季戊四醇三丙烯酸酯 pentaerythritol

triacrylate 浅黄色黏稠性液体。相对密度

$$\text{CH}_2=\text{HCCOCH}_2\underset{\underset{\text{CH}_2\text{OCCH}=\text{CH}_2}{|}}{\overset{\overset{\text{CH}_2\text{OCCH}=\text{CH}_2}{|}}{\text{CCH}_2\text{OH}}}$$

1.180。折射率1.4840。不溶于水,溶于丙酮、氯仿、苯等多数有机溶剂。分子结构中双键含量高,用作辐射固化的多官能团活性稀释剂,具有固化速度快、固化膜耐溶剂性及耐磨性好等特点。广泛用于制造胶黏剂、涂料及用于印刷、制革、电子等领域。由丙烯酰氯与季戊四醇经酯化反应制得。

加氢保护剂 hydrogenation protectant 又名加氢保护催化剂。指在加氢装置的反应器催化剂床层顶部,装填不同粒度、形状、空隙率和反应活性低的催化剂。在主催化剂前装填保护剂,可以改善加氢进料质量、脱除原料中的结垢物,抑制杂质对主催化剂孔道的堵塞和对活性中心的覆盖,保护主催化剂的活性和选择性,延长催化剂的运行周期。国内大型加氢装置一般都采用具有较大孔隙率和较低活性的大颗粒催化剂作保护剂。产品牌号很多,形状各异,有三叶草形、七孔球、拉西环形、齿轮、圆柱形等。一般是先制成所需形状的载体,再浸渍金属活性组分后经干燥、焙烧制得。

加氢精制催化剂 hydrofining catalyst 加氢精制是各种油品在氢压下进行催化改质的一种统称。是在一定温度、压力、氢油比和空速条件下,原料油、氢气通过反应器内催化剂床层,在催化剂作用下,将油品中所含的硫、氮、氧等非烃类化合物转化为相应的烃类及易于除去的硫化氢、氨和水。加氢精制主要反应有加氢脱硫、加氢脱氮、加氢脱氧及加氢脱金属以及稀烃和芳烃的加氢饱和反应。加氢精制催化剂是加氢精制技术的关键,它决定着加氢产品的质量和收率。中国产品牌号很多,有481系列、CH系列、RN系列及3722、3761、3822、3926、3936等。催化剂主要由金属活性组分、助催化剂及载体组成。主金属除铂、钯等贵金属外,主要是周期表ⅥB族中的铬、钼、钨及Ⅷ族的镍、钴、铁等;助催化剂可以是金属或非金属,如铁、磷、氯等;载体主要为活性氧化铝,在其中加入少量二氧化硅可提高催化剂的脱氮活性和稳定性等。

加氢裂化催化剂 hydrocracking catalyst 具有加氢、脱氢和酸性功能,常称为双功能催化剂。加氢功能由贵金属(Pt、Pd)或非贵金属(W、Mo、Ni、Co等)及其氧化物或硫化物提供;酸性功能由无定形硅铝或晶型硅铝载体提供,并具有裂化和异构化活性。按金属组分可分为贵金属催化剂及非贵金属催化剂;按酸性载体组分可分为无定形硅铝载体催化剂及晶型分子筛载体催化剂;按操作压力可分为高压及中压加氢裂化催化剂;按所采用工艺流程不同可分为单段催化剂、一段串联的裂化催化剂、两段法中的第二段催化剂、三段法中的第二段催化剂等;按生产目的产品不同,分为液化气型、石脑油型、中油型、高中油型及重油型催化剂等;按催化剂形状不同,又可分为固体催化剂、浆液催化剂等。国内开发生产的加氢裂化催化剂品种很多,用户可根据不同的工艺过程、所加工

原料油的性质、所希望得到的目的产品等因素选择使用不同牌号的加氢裂化催化剂。

加氢裂化预精制催化剂 hydrocracking pre-hydrotreating catalyst 一种以 W、Mo、Ni 等为主活性组分,以 Al_2O_3 为载体的三叶草形催化剂。堆密度 $0.8\sim1.0g/cm^3$。中国产品牌号有 FF-20、FF-26、FF-36 等。用于加氢裂化预处理段处理减压瓦斯油、焦化瓦斯油、脱沥青油、轻质循环油、重循环油等。也可用于馏分油加氢处理及中压加氢改质等工艺。具有孔分布集中、孔体积及比表面积大、堆密度适中、强度高、金属分散性好、脱氢活性及稳定性高等特点。由特制氧化铝载体浸渍金属活性组分溶液后,再经干燥、焙烧制得。

加氢石油树脂 hydrogenated petroleum resin 又名氢化石油树脂。石油树脂未经加氢处理时,因聚合物链节中含有不饱和键,故外观带色。石油树脂经催化加氢后,可使树脂中的不饱和键变为饱和键,得到无色或近于无色的加氢石油树脂,软化点不低于 $95℃$,酸值 $\leqslant 0.5mgKOH/g$。具有耐热、耐氧化及品质稳定等特点。可燃。无毒。用作热熔胶、压敏胶、热熔路标漆及橡胶型胶黏剂的增黏剂。可单独使用,也可与其他增黏树脂并用。也用作油墨连料及展色剂,纸张施胶剂,橡胶增强剂等。由石油 C_5 馏分经聚合、催化加氢制得。

加氢脱硫催化剂 hydrodesulfurization catalyst 又名加氢转化脱硫(催化)剂。一类用于各种烃类原料中有机硫加氢为 H_2S 而达到脱硫目的的催化剂。一般是以 Mo、Ni、Co 等金属氧化物为催化剂活性组分,以氧化铝(或加入少量 TiO_2、ZrO_2)为载体。形状有片、圆柱、三叶草及齿球等。产品牌号很多。T201、T203、T204、T205、T206、T207 及 NCT201-2 等催化剂可用于天然气、油田气、液化石油气、石脑油等气态、液态烃中的有机硫化物的加氢转化,适用于合成氨装置、甲醇厂等;JT-1、JT-1G 催化剂适用于水煤气、合成气等加氢转化过程,也适用于石油馏分、天然气、油田气等原料气的加氢转化。可用于炼油厂、化肥厂等以焦化干气为原料的加氢装置中;JT-2 催化剂对原料气中的有机硫化物、烯烃、氧及有机碱性氮有较高加氢转化能力,适用于大型合成氨厂、炼油厂等原料气的加氢脱硫;JT-4/4B 催化剂对原料气中的烯烃、有机硫化物有较高加氢转化能力,适用于炼厂焦化干气及天然气、油田气等原料的加氢精制过程。

加氢脱砷催化剂 hydrogenation dearsenication catalyst 一类以 Ni、Mo 等为活性组分,以 Al_2O_3 或 SiO_2-Al_2O_3 为载体的催化剂,主要用于催化重整装置的临氢预脱砷反应器中。在氢气存在及催化剂作用下,将原料中的有机砷化物(如三甲基胂、三乙基胂等)转化为砷化镍、二砷化镍或二砷化五镍等不同价态的金属砷化物并沉积在催化剂上,而将砷脱除,避免重整催化剂因砷中毒而失活。还可用于液化石油气、丙烯等的脱砷。中国产品牌号有 JNM-2、JT-2、KH-O3、3642、3665 等。外观为球、条或片状。NiO 含量 $2\%\sim5\%$、MoO_3 为 $10\%\sim17\%$,堆密度 $0.7\sim0.9g/mL$。由特制载体浸渍活性金属组分后,再经干燥、焙烧制得。

加氢脱铁催化剂 hydrogenation iron removing catalyst 用于脱除加氢裂化等过程中的原料油品中溶解的含铁有机化合物及悬浮无机铁合物的催化剂。中国产品牌号有3921、3922、3923等。以Mo、Ni、Mg等金属为活性组分，以Al_2O_3为载体。外形为七孔环形及拉西环形。堆密度$0.5\sim0.75g/mL$。脱铁率$\geqslant95\%$。采用分级装填方式装在加氢精制催化剂上，起到延长加氢裂化催化剂寿命及装置运转周期的作用。由特制氧化铝载体浸渍金属活性组分后再经干燥、焙烧制得。

甲氨喋呤 methotrexate

$$\text{结构式}$$

又名氨甲叶酸、甲氨基叶酸。橙黄色结晶性粉末。熔点$185\sim194℃$。难溶于水，不溶于乙醇、乙醚，微溶于盐酸，易溶于稀碱、碱金属碳酸盐溶液。一种叶酸拮抗剂，通过抑制二氢叶酸还原酶，阻止四氢叶酸的生成，从而抑制核苷酸与核酸的合成，使癌细胞生长受抑制。适用于急性淋巴白血病、恶性淋巴瘤、绒毛膜上皮癌、乳腺癌、恶性葡萄胎、卵巢癌、睾丸癌、宫颈癌及各种软组织肉瘤。也可用于牛皮癣治疗。由四氨基嘧啶双盐酸盐与2,3-二溴丙醛环合制得6-溴甲基喋啶后，与对甲胺基苯甲酰麸氨酸缩合制得。

甲胺 methylamine CH_3NH_2 又名一甲胺、氨基甲烷。常温下为无色可燃性气体，有氨的气味。液化后为发烟液体，浓度极低时，具有鱼油样的恶臭味。相对密度$0.699(11℃)$。熔点$-93.5℃$。沸点$-6.7\sim-6.3℃$。闪点$0℃$。自燃点$430℃$。蒸气与空气形成爆炸性混合物，爆炸极限$4.95\%\sim20.75\%$。易溶于水，溶于乙醇、乙醚，不溶于丙酮、乙酸、氯仿及乙酸乙酯。有弱碱性。与无机酸反应生成易溶于水的盐。具有伯胺的典型反应，可进行烷基化反应、酰基化反应、加成反应、氧化反应及格氏反应等。对皮肤、黏膜及眼睛有刺激性。急性毒性：小鼠吸入2h LC_{50} $2400mg/kg$。用于制造农药、医药、染料、表面活性剂、炸药、橡胶硫化促进剂、照相化学品等。液态甲胺是多种无机和有机物的优良溶剂。可在催化剂存在下，由氨与甲醇反应生成一甲胺、二甲胺及三甲胺混合物，再经分离制得。

甲苯胺红 toluidine red 又名甲苯胺红R、人漆朱。鲜艳的红色粉末。熔点$258℃$。吸油量$40\%\sim50\%$。耐热温度$180℃$。耐晒性7级。不溶于水，微溶于乙醇、丙酮及苯。在浓硝酸中为暗朱红色,在稀氢氧化钠中不变色,为偶氮有机颜料。广泛用作涂料、塑料、橡胶、油墨、蜡笔、工艺美术品及日用化妆品的红色着色剂。着色力及遮盖力强,耐热性优良。耐酸碱性及耐候性也较好,但耐溶剂性较差。由邻硝基对甲基苯胺经重氮化后,与 2-萘酚钠盐偶合制得。

甲苯胺蓝 toluidine blue 又名 3-氨基-7-(二甲基氨基)-2-甲基噻吩-5-嗪氯化物。深绿色粉末,具有古铜色光泽。溶于水呈蓝紫色溶液,微溶于乙醇呈蓝色,不溶于乙醚,难溶于氯仿。耐热性较好。用作有机染料及氧化还原指示剂。医学上用于眼科检查角膜缺陷和损伤部分,诊断白喉。组织化学中用于测定脱氧核糖核酸及核糖核酸。以 N,N-二甲基苯胺、亚硝酸钠、硫化硫酸钠、氯化锌等为原料制得。

甲苯二异氰酸酯 toluene diisocyanate 又名二异氰酸甲苯,简称 TDI。无色(甲苯-2,6-二异氰酸酯)(甲苯-2,4-二异氰酸酯)或淡黄色透明液体,有刺激性气味。相对密度 1.2244。熔点因产品纯度而异,纯品为 19.5~21.5℃。沸点 251℃。闪点 132℃。阳光下颜色变暗。加热时能燃烧,受高热放出有毒气体。有强烈反应性,能与水、胺及有活泼氢的化合物反应,生成氨基甲酸酯、脲及氨基脲等。溶于乙醚、苯、丙酮、氯苯、煤油,工业品常为 2,4-异构体与 2,6-异构体的混合物,常用的是 2,4-异构体占 80%,2,6-异构体占 20% 的甲苯二异氰酸酯。毒性较大,对皮肤、眼睛及黏膜有强刺激性。用于生产聚氨酯泡沫塑料、聚氨酯橡胶及聚酰亚胺纤维等,也用作聚乙烯醇水基胶黏剂的交联剂。由甲苯硝化、还原得二胺,再与光气反应或由甲苯二硝基化合物与一氧化碳反应制得。

甲苯-2,4-二异氰酸酯二聚体 dimer of toluene-2,4-diisocyanate 又名 TDI 二聚体、硫化剂 TD。白色至微黄色结晶性粉末。相对密度 1.48。熔点>145℃。分解温度 150℃。不溶于水、四氯化碳,溶于热氯苯,微溶于乙醇、苯、汽油。主要用作混炼型聚氨酯橡胶的高温硫化剂,在胶料中分散均匀、焦烧小,并可防止早期硫化。也用作聚氨酯弹性体和胶黏剂的高温交联剂。由甲苯-2,4-二异氰酸酯在三烷基膦存在下,经加热二聚制得。

甲苯磺丁脲 tolbutamide 又名甲磺丁脲、甲糖宁、甲磺宁。白色晶体或结晶性粉末。无臭,无味。熔点 126~130℃。不溶于水,溶于乙醇、碱液、稀盐酸,易溶于乙醚、丙酮。一种口服降血糖药,为胰岛素分泌促进剂。能选择性地作用于胰岛β细胞,促进胰岛素的分泌,并可促进肌肉葡萄糖的氧化,使血糖降低。适用于稳定型轻、中度型糖尿病患者。不良反应有肝功能损害、白细胞减少及骨髓抑制等,如发生应立即停药。可由1-氯丁烷经胺化、成盐、缩合等反应制得。

甲苯磺酸英丙舒凡 improsulfan tosylate

$$H_3C-\underset{\underset{O}{\|}}{\overset{\overset{O}{\|}}{S}}-O\diagdown\diagdown\diagdown\underset{H}{N}\diagdown\diagdown\diagdown O-\underset{\underset{O}{\|}}{\overset{\overset{O}{\|}}{S}}-CH_3 \cdot HO_3S-\!\!\!\diagup\!\!\!\!\diagdown\!\!\!-CH_3$$

又名NSC-140117、864T。白色结晶,略有特殊气味和苦味。熔点113～118℃。溶于水、乙醇、乙腈,微溶于丙酮、氯仿。为抗肿瘤药,用于治疗慢性粒细胞白血病,有蓄积作用,不宜长期、大量服用。以3,3′-亚氨基-双-1-丙醇、吡啶、三乙胺、甲磺酰氯等为原料制得。

甲苯咪唑 mebendazole 又名甲苯哒唑。白色或微黄色结晶性粉末,无臭无味。熔点285～287℃。不溶于水、乙醇,微溶于甲醇、二甲亚砜,溶于甲酸、苯甲醛、冰乙酸。在空气中稳定,不吸湿。用作抗寄生虫病药物,对蛔、蛲、鞭、钩等多种肠道蠕虫均有效,抑制虫体对葡萄糖的摄取,导致糖元耗竭,影响蠕虫的生长繁殖,使其活动逐渐减弱,最后死亡。也用作饲料添加剂。由3,4-二氨基二苯酮与腈尿反应生成苯甲酰基苯并咪唑-2-氨基化合物,再与氯化碳酸甲酯缩合制得。

甲苯歧化与烷基转移催化剂 toluene disproportionation and transalkylation catalyst 甲苯歧化是指两分子甲苯转化为一分子二甲苯的反应,烷基转移则是指两个不同芳烃分子之间的烷基发生转移的过程。本催化剂主要用于甲苯歧化或甲苯与C_9芳烃烷基转移反应制苯及二甲苯的工艺过程。中国产品牌号有ZA-2、ZA-3、ZA-92、ZA-94、HAT-095等。均为白色圆柱体。ZA-2及ZA-3型催化剂是以氢型丝光沸石为活性组分,以氧化铝为粘接基质及载体;ZA-92、ZA-94型催化剂是在ZA-2、ZA-3型的基础上,改进氧化铝的性能,采用以中孔为主的特制氧化铝作粘接剂,提高催化剂的活性及稳定性;HAT-095型催化剂是在制备中添加了助催化剂,通过调变催化剂的酸性及酸量,提高催化剂活性及抗结焦性能。可先制得丝光沸石后,再与氧化铝及助剂经混捏、挤条、干燥、活化制得。

甲醇合成催化剂 methanol synthesis catalyst 催化甲醇合成气(一种含CO、H_2和CO_2的混合气)合成甲醇的催化剂。按工艺不同,可分为高压法、中压法及低压法等。高压法(340～420℃、21～35MPa)主要使用Zn-Cr催化剂;中压法(235～315℃、10～27MPa),采用铜基催化剂;低压法(230～275℃、5～10MPa)采用铜基催化剂;中压联醇法(220～280℃、10～

13MPa)采用铜基催化剂。高压法具有生产能力大、单程转化率较高的特点,缺点是合成压力及反应温度高,设备投资及操作费用大,能耗高,副产物多,后逐渐被中、低压合成法所取代。

甲醇钠 sodium methylate CH_3ONa 又名甲氧基钠。白色粉末。溶于甲醇、乙醇,不溶于苯、甲苯,易溶于丁醇。对空气与湿气敏感,遇水分解成甲醇及氢氧化钠。在126.6℃以上的空气中发生分解。工业品分为甲醇钠的甲醇溶液,或以溶剂化合物形式($CH_3ONa·2CH_3OH$)存在。用作豆油、椰子油等食用油和脂肪处理的催化剂,克莱森缩合、酯交换、环状化合物开环等有机反应的催化剂。本品也为强碱性催化剂,可催化甲醇及一氧化碳的羰基化反应生成甲酸甲酯、尿素和二氯乙酸反应生成尿囊素等,也用于制造维生素A、B及磺胺嘧啶等药物。由金属钠与无水甲醇反应制得。

甲醇气相胺化制甲胺催化剂 catalyst for methanol gas phase amination to methylamine 一种用于甲醇与氨气相胺化制甲胺的催化剂。其反应产物有甲胺、二甲胺及三甲胺。中国产品牌号有 A-2、A-6、SC-BO2、SC-BO3等。外观为白色圆柱体或三叶草形,催化剂主要组成为丝光沸石及 γ-Al_2O_3。在反应温度400℃、压力2~4MPa、氨/甲醇(摩尔比)为1.5~3.0的条件下,甲醇转化率可达96%~98%。本催化剂也可用于乙醇与氨气相胺化制二胺工艺,反应产物为乙胺、二乙胺及三乙胺等。可以硅酸钠、硫酸铝等为原料制得丝光沸石后,再与 γ-Al_2O_3 混捏、挤条、干燥制得。

甲醇脱氢制甲酸甲酯催化剂 catalyst for methanol dehydrogenation to methyl formate 又名甲醇脱氢催化剂,以 Cu 为催化剂主活性组分,以 Li、K、Cr 等氧化物为助剂,以氧化铝或硅胶为载体的催化剂。中国产品牌号有NC35-01。外观为 ϕ(3.5~4.8)×(5.2~5.5)mm 的黑棕色圆柱体,堆密度 1.1~1.5g/mL。催化剂可在220~280℃、常压~0.2MPa 的操作条件下使用。由特制载体材料浸渍活性组分及助剂溶液后,经过滤、干燥、焙烧制得。

甲醇脱水制二甲醚催化剂 catalyst for methanol dehydration to dimethylether 用于甲醇催化脱水制二甲醚的分子筛催化剂。主要成分为 SiO_2 及 Al_2O_3,外观为球、条或齿球状。骨架密度 1.80g/mL,比表面积 400~600m^2/g,抗压强度≥10N/mm。在反应温度 160~180℃,反应压力为常压,空速为$1.05h^{-1}$的条件下,甲醇转化率约80%,二甲醚选择性>99%。可在有机胺或无机氨模板剂存在下,先将硫酸铝及水玻璃水热合成制得分子筛后,再与氧化铝粉混捏、成型、干燥、焙烧制得。

甲地孕酮 megestrol 又名去氢甲孕

酮。白色至微黄色结晶性粉末。无臭、无味。熔点 213～220℃。不溶于水,微溶于乙醚,略溶于乙醇,溶于丙酮。一种孕酮类孕激素,除与雌激素配伍用作口服避孕药外,单独用本品作为速效避孕药(探亲避孕)。也用于治疗痛经、功能性子宫出血,闭经等。可见头晕、恶心、呕吐、不规则出血等副作用。可以 16、17α-次氧黄体酮为原料制得。

甲芬那酸 mefenamic acid 又名甲灭酸、扑湿痛、泰诺通停、2-[(2,3-二甲基苯基)氨基]苯甲酸。类白色结晶。熔点 230～231℃。难溶于水,溶于甲苯、丙酮、乙醇。一种解热镇痛药。用于治疗风湿性关节炎、类风湿关节炎、轻中度疼痛等。以邻氯苯甲酸、二甲基苯胺等为原料制得。

甲砜霉素 thiamphenical 又名甲砜氯霉素、帅克星因、赛美欣。白色结晶性粉末。熔点 164～166℃。微溶于水,溶于甲醇,微溶于乙醇、丙酮,不溶于乙醚、氯仿。一种酰胺醇类抗生素。通过抑制细菌蛋白质的合成而发挥抗菌作用。对革兰阳性及阴性菌、立克次体、支原体、衣原体均有抑制作用。用于敏感菌引起的呼吸道、尿路及胆道感染。由对甲砜基苯甲醛与甘氨酸经缩合、酯化、拆分、还原及乙酰化制得。

甲睾酮 methyltestosterone 又名甲基睾丸素,甲基睾丸酮。白色或乳白色结晶性粉末。无臭、无味。熔点 163～167℃。不溶于水,略溶于乙醚,易溶于乙醇、丙酮、氯仿。遇光易变性。为雄激素药物,口服,吸收快,生物利用度好,不易在肝脏内被破坏。用于治疗男性雄激素缺乏症、再生障碍性贫血、月经过多或子宫肌瘤及子宫内膜异位症等。由醋酸去氢表雄酮经碘化钾格氏加成、水解、氧化制得。

甲磺酸 methane sulfonic acid CH_3SO_3H 又名甲烷磺酸。白色至微黄色油状液体,低温下为固体。相对密度 1.4812(18℃)。熔点 20℃。沸点 167℃(0.133kPa)。折射率 1.4317(16℃)。溶于水、醇、醚,微溶于苯、甲苯,不溶于烷烃。遇沸水、热碱液不分解。对铁、铜、钢等金属有强腐蚀作用。与氧化剂接触时会激烈反应,对皮肤、黏膜有刺激性,用作酯化、烷化及聚合反应催化剂,涂料固化促进剂,纤维处理剂,脱水剂,溶剂,电镀添加剂等。也是生产多环芳烃的环化促进剂。由硫氰酸甲酯经硝酸氧化制得。

甲磺酸达氟沙星 danofloxacin mesilate 白色粉末。熔点 337～339℃。溶于水、乙醇。为美国辉瑞公司开发的兽用氟喹喏酮类抗菌药,对治疗兽肺部感染有很高疗效。由 1-环丙基-6-氟-7-氯-1,4-二氢-4-氧代喹啉-3-羧酸(环丙沙星的中间体)与 2-甲基-2,5-二氮杂双环[2,2,1]庚烷二氢溴酸盐反应生成达氟沙星(熔点 274～276℃),再与甲磺酸反应制得本品。

甲磺酰氯 methane sulfonyl chloride CH_3SO_2Cl 又名甲烷磺酰氯、氯化磺酰甲烷。无色或淡黄色液体,有刺鼻的气味。相对密度 1.4805(18℃)。熔点 －32℃。沸点 164℃。闪点 110℃。折射率 1.4573。溶于多数有机溶剂。不溶于冷水,在冷水中缓慢分解,热水中快速分解。与碱、氨剧烈反应。高毒。可燃。用作酯化、聚合等有机合成催化剂。聚酯染色改良剂,干性油墨快速固化剂,彩色照片色调调节剂,羊毛助染剂,液体硫铵稳定剂等。由甲硫醇经湿法氯化制得。

甲壳素 chitin 又名甲壳质、几丁质、壳多糖、N-乙酰基葡萄糖胺。一种聚氨基葡萄糖,是龙虾和蟹壳的主要成分,虾壳中含 15%～30%,蟹壳中含 15%～20%。化学结构与纤维素相似。外观为白色至淡黄色或微红色粉状或鳞片状或无定形粉末。含氮约 7%。不溶于水、烯酸、稀碱、醇和其他常用有机溶剂,溶于浓无机酸及无水甲酸。能吸水胀润及有较强吸附脂肪的能力,也能通过络合、离子交换等作用,对染料、蛋白质、氨基酸、酚类及卤素等有吸附作用,可生物降解,化妆品中用作阳离子增稠剂及成膜剂。用于配制面膜、摩丝、发胶等。医药上用作缓释剂、包衣剂、润滑剂。食品加工中用作粘接剂、增稠剂及稳定剂。也用作卷烟填充料、皮革整理剂及水处理絮凝剂等。由虾壳、蟹壳等含甲壳素原料经盐酸浸泡、碱处理而制得。

N-甲基苯丙胺 N-methamphetamine 俗称冰毒、摇头丸。一类拟交感胺药。属国家管制的精神药物。服后产生十分强烈的欣快作用,降低对饮食、睡眠的需求,并产生幻觉和导致激动不安等情绪。通常制成盐酸盐,有苦味,熔点 170～175℃。易溶于水,溶于乙醇、氯仿,不溶于乙醚。是全球范围内广泛使用的毒品,因其外观呈透明结晶似冰故得名冰毒,也常被添加到摇头丸中,有成瘾性,长期滥用可引起各类感染并合症,包括肝炎、细菌性心内膜炎、败血病和艾滋病等。严重时也会产生高血压危象,导致脑血管意外等。

N-甲基斑蝥胺 N-methylcantharidimide

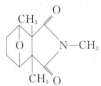

又名肝康灵。白色针状结晶。熔点124～125℃。微溶于水、石油醚,溶于热水、乙醇,易溶于丙酮、氯仿、乙酸乙酯、甲苯。一种抗肿瘤药,主要用于治疗原发性肝癌。由斑蝥素与氢氧化钠反应后再经酸化制得。

5-甲基苯并三唑 5-methylbenzotriazole

又名5-甲基苯并三氮唑。黄色或淡黄色结晶粉末。熔点82.83℃。闪点200℃。对热稳定,在300℃下不发生热分解。难溶于水,溶于乙醇、乙醚、苯及稀碱液。水溶液呈弱碱性,与碱金属离子可生成稳定的金属盐。中等毒性,用作铜、铜合金及黑色金属的缓蚀剂。其缓蚀机理与苯并三唑相似,但缓蚀能力比苯并三唑更好,而价格却更低。用于循环水冷却系统,可单独使用,也可复配于有机缓蚀剂中使用。也用作有机合成中间体、催化剂及用于生产摄影用的化学品等。由甲基邻苯二胺与亚硝酸钠或亚硝酸乙基己酯反应制得。

甲基苯基硅油 polymethyl phenyl siloxane fluid 又名苯甲基硅油、聚甲基苯甲基硅氧烷液体。无色至淡黄色透明油状液体。相对密度1.01～1.11。熔点-40℃。闪点>240℃。折射率1.425～1.533(23℃)。相对密度及

$$CH_3-\underset{\underset{R}{|}}{\overset{\overset{R}{|}}{Si}}-O-\left[\underset{\underset{CH_3}{|}}{\overset{\overset{C_6H_5}{|}}{Si}}-O\right]-\left[\underset{\underset{CH_3}{|}}{\overset{\overset{CH_3}{|}}{Si}}-O\right]_n-\underset{\underset{R_1}{|}}{\overset{\overset{R}{|}}{Si}}-CH_3$$

(R、R_1为苯基或甲基)

折射率随分子结构中苯基含量增多而随之增大。不溶于水,溶于乙醚、苯、氯仿,与矿物油及植物油混溶。有较高的抗氧稳定性、耐辐射性,在压力下黏度变化较快。用作耐高、低温及抗辐射的塑料脱模剂,有优良的润滑性、脱模性及电绝缘性。也用作绝缘油、热载体、电容器浸渍剂、高温润滑脂基础油、仪表阻尼油及玻璃纤维处理剂等。由甲基苯基二乙氧基硅烷经水解、调聚而制得。

α-甲基苯乙烯 α-methylstyrene 又名

异丙烯基苯、2-苯基丙烯。无色透明液体。易燃。相对密度0.9082。熔点-23.2℃。沸点165.4℃。闪点57.8℃。微溶于水,溶于乙醚、苯、氯仿等多数有机溶剂。受热或催化剂作用下易聚合,也易自聚,能与苯乙烯、丁二烯、丙烯腈等共聚。毒性中等。用作聚氯乙烯、ABS等的加工改性剂,不饱和树脂的交联剂,润滑剂及热载体等,也用于合成橡胶、农药等。以异丙苯法制苯酚、丙酮的副产物经精馏后制得。

2-甲基吡啶 2-methylpyridine 又名皮考林。无色油状液体,有吡啶的强烈刺激性气味。相对密度0.9455。熔点-64℃。沸点128～129℃。闪点27℃(闭杯)。

自燃点535.8℃。折射率1.4957。溶于水,与醇、醚混溶。呈碱性,与无机酸、有机酸生成盐。毒性与吡啶相似。用于制造医药、农药、染料、合成树脂等,也用作环氧树脂固化剂、橡胶硫化促进剂、油气井酸化工艺中盐酸等酸洗缓蚀剂等。由乙炔和氨在催化剂存在下反应制得。

1-甲基-2-吡咯烷酮 1-methyl-2-pyrrolidinone 又名N-甲基吡咯烷酮。无色透明液体。稍有氨的气味。相对密度1.0260。熔点－24.4℃。沸点204℃。折射率1.4684。闪点95℃。与水、醇、醚、酮、酯及芳烃互溶,可溶解无机化合物,天然及合成高分子化合物,化学性质稳定。在酸、碱介质中可发生水解。一种极性溶剂,具有沸点及闪点高、熔点低、无腐蚀性、毒性小、生物降解容易等特点。广泛用于高级润滑油精制、聚合物合成、涂料涂装及农药、油墨等的溶剂。也用作树脂增塑剂、烯烃萃取剂、润滑油抗冻剂、清洗剂及制造聚乙烯吡咯烷酮等。由γ-丁内酯与甲胺反应制得。

2-甲基吡嗪 2-methylpyrazine 又名2-甲基-1,4-二嗪。无色至淡黄色液体。相对密度1.029。熔点－29℃。沸点136～137℃。折射率1.5067。

与水、乙醇、乙醚混溶,溶于丙酮。天然存在于咖啡、土豆片中,有坚果、烘烤的烤香。用作食用香料,用于配制巧克力、花生、可可、爆玉米花及肉汤等食用香精,也用作医药及农药合成的中间体。由丙二醇及乙二胺经脱水、脱氧、合环而制得。

3-甲基吡唑 3-methylpyrazole 无色液体,有特殊气味。相对密度1.020。沸点204℃。折射率1.4960。闪点93℃。呈弱碱性。有麻醉作用。与水及常用有机溶剂混溶,与酸形成盐,与金属能形成配合物,用于制造催化剂、酸性气体吸收剂、缓蚀剂、贵金属萃取剂、氮肥硝化抑制剂及纤维素溶胀剂等。由丁二炔与水合肼反应制得。

甲基丙烯酸 methacrylic acid 又名异丁烯酸。常温下为无色透明液体,有刺激性气味。低于14℃时呈棱柱状结晶。相对密度1.013。熔点16℃。沸点159～163℃。闪点77℃。折射率1.4314。爆炸极限2.1%～12.5%。溶于温水,易溶于乙醇、乙醚。加热或有过氧化物存在时易聚合。也可与丙烯酸、苯乙烯、乙酸乙烯酯等单体进行共聚,对皮肤及黏膜有较强刺激性。用于制造有机玻璃、热固性涂料、合成橡胶、离子交换树脂、皮革及织物处理剂等。由丙酮和氢氰酸反应生成丙酮氰后再与硫酸作用而得。

甲基丙烯酸二甲氨基乙酯 dimethylaminoethyl methacrylate 无色透明黏稠

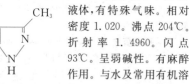

液体。相对密度0.933(25℃)。沸点68.5℃(1.33kPa)。闪点64℃。折射率1.4391(25℃)。溶于水及醇、酮、醚、酯及卤代烃等有机溶剂。水溶液呈碱性。具有烯烃、酯、胺类化合物的特性,在一定条件下可进行水解、加成、聚合等反应。易燃。有强催泪性，对皮肤、眼睛、黏膜等有刺激性。用于制造阳离子高分子絮凝剂、离子交换树脂、高分子分离膜、油井水泥降滤失剂、聚合物驱油剂、涂料、胶黏剂、纤维及皮革处理剂等。由甲基丙烯酸甲酯与二甲氨基乙醇经酯交换反应制得。

甲基丙烯酸甲酯 methyl methacrylate
$CH_2=C(CH_3)COOCH_3$
无色透明易挥发液体。有强烈臭味。易燃。相对密度0.9440。熔点－40℃。沸点100～101℃。闪点13℃。折射率1.4142(25℃)。爆炸极限2.12%～12.5%。微溶于水、乙二醇、甘油，与乙醇、乙醚及丙酮混溶。易自聚，也可与乙酸乙烯酯及丙烯酸酯类其他单体共聚。有毒！对皮肤、眼睛及黏膜有刺激性。用于制造有机玻璃、牙科材料、胶黏剂、皮革浸渍剂、纸张涂层剂、织物整理剂、阻垢分散剂、印染助剂及绝缘漆柱材料等。由异丁烯催化氧化制得。

甲基丙烯酸钠 sodium methacrylate

$$CH_2=C\underset{\underset{CH_3}{|}}{}-\underset{\underset{O}{||}}{C}-ONa$$

白色粉末。溶于水。具有良好的分散性能。是一种水溶性单体，主要用于制造合成树脂及其他甲基丙烯酸衍生物，也用作纸加工助剂、纤维处理剂。由甲基丙烯酸甲酯与氢氧化钠反应，或由固体氢氧化钠与甲基丙烯酸酯共同研磨至中性而制得。

甲基丙烯酸-2-羟基丙酯 2-hydroxypropyl methacrylate 又名甲基丙烯酸-β-
$CH_2=C(CH_3)COOCH_2CH(OH)CH_3$
羟丙酯。无色透明液体。易燃。相对密度1.035(15℃)。熔点－55℃。沸点96℃(1.33kPa)。闪点104℃。折射率1.4456(25℃)。稍溶于水，溶于乙醇、乙醚、丙酮等常用有机溶剂。易聚合，也能与其他丙烯酸单体共聚。用于制造医用材料、牙科材料、感光性影像材料、热固性涂料等。也用作丙烯酸酯胶黏剂的交联单体、印墨改性剂等。由甲基丙烯酸与环氧丙烷经加成反应制得。

甲基丙烯酸-2-羟基乙酯 2-hydroxyethyl methacrylate 又名甲基丙烯酸-β-羟
$CH_2=C(CH_3)COOCH_2CH_2OH$
乙酯。无色透明液体。相对密度1.074。熔点－12℃。沸点95℃(1.33kPa)。闪点108℃。折射率1.4505(25℃)。与水混溶。溶于乙醇、乙醚、苯等常用有机溶剂。化学性质活泼，易聚合，也易与丙烯酸酯类单体共聚。本品均聚时可制成具有优良光泽性、透明性、耐候性及柔软性树脂，可用作隐形眼镜材料，用于制造感光树脂、医用高分子材料、热固性涂料等，也用作丙烯酸酯胶黏剂的交联剂。由甲基丙烯酸与环氧乙烷经加成反应制得。

甲基丙烯酸-2-乙基己酯 2-ethyl-hexyl methacrylate 又名异丁烯酸-2-乙基

$$CH_2=C\underset{\underset{CH_3}{|}}{}-\underset{\underset{O}{||}}{C}-O-CH_2-\underset{\underset{C_2H_5}{|}}{CH}(CH_2)_3CH_3$$

己酯。无色易燃液体。相对密度0.884。沸点229℃。折射率1.4383(25℃)。闪点102℃(闭杯)。聚合物玻璃化温度－10℃。不溶于水，溶于醇、醚。易与苯乙烯、丙烯腈等单体进行共聚、交联。用于合成胶黏剂、涂料、润滑油添加剂、牙科材料、纤维处理剂及被覆材料等。由甲基丙烯酸与2-乙基己醇反应制得。

甲基丙烯酸异冰片酯 isobornyl

methacrylate 又名异冰片甲基丙烯酸酯、甲基丙烯酸莰醇酯。无色至淡黄色液体。相对密度0.980（12℃）。沸点117℃（0.93kPa）。折射率1.4753（25℃）。黏度0.0062Pa·s（25℃）。不溶于水，溶于乙醇、乙醚等多数有机溶剂。与天然油脂、合成树脂、甲基丙烯酸环氧酯等有良好相容性。可与许多单体形成性能独特的聚合物，用于耐热性塑料光导纤维、胶黏剂、石印墨载色剂、改性粉末涂料、压敏胶黏剂等。还可用作活性稀释剂，提高共聚物的颜料分散性。由甲基丙烯酸与莰烯在含锆催化剂存在下反应制得。

甲基丙烯酸异丁酯 isobutyl methacrylate 无色液体。相对密度0.882（25℃）。

$$CH_2=C(CH_3)-COOCH_2CH(CH_3)_2$$

沸点155℃。折射率1.4172。闪点49℃。不溶于水，易溶于乙醇、乙醚、丙酮、苯。可燃。用作共聚单体，用于合成树脂、塑料、印刷油墨、胶黏剂、涂料、牙科材料、润滑油添加剂、纤维处理剂、纸张涂饰剂等。由甲基丙烯酸与异丁醇经酯化反应制得。

γ-(甲基丙烯酰氧基)丙基三甲氧基硅烷 γ-methacryloyloxypropyltrimethoxysilane 又名KH-570硅烷偶联剂。无色至淡黄色透明液体。相对密度1.045。沸点255℃。闪点108℃（闭杯）。折射率1.429（25℃）。溶于丙酮、苯、乙酸乙酯、四氯化碳，不溶于水，在pH值为3.5～4的酸性溶液或碱性溶液中，经搅拌可全部水解。广泛用作增强塑料的偶联剂，适用于不饱和聚酯、环氧树脂、聚烯烃、聚氯乙烯、聚甲基丙烯酰甲酯等树脂。可显著改善制品润湿状态时的物理机械性能、电性能及透光性。也用作橡胶型及丙烯酸酯等胶黏剂的偶联剂。由γ-(甲基丙烯酰氧基)丙基三氯硅烷与甲醇经醇解反应制得。

甲基丙烯酰氧乙基三甲基氯化铵 methacryloyl oxyethyl trimethyl ammonium chloride 无色结晶，在湿空气中迅

$$CH_2=C(CH_3)-COOCH_2CH_2-N^+(CH_3)_3 Cl^-$$

速潮解。溶于水、甲醇、乙醇，不溶于丙酮、烃、酯等有机溶剂。商品常为无色或淡黄色液体，活性物含量＞70%。分子结构中含有不饱和双键，在光、热及自由基引发剂存在下易发生聚合。如与丙烯酰胺共聚制得的阳离子型聚合物，广泛用于污水处理、纸张增强、抄纸助留及提高石油采收率，也用作抗静电剂、钻井完井时地层稳定剂等。还用于制造耐酸性及耐盐性高吸水性树脂。由甲基丙烯酸二甲基氨基乙酯与一氯甲烷经季铵化反应制得。

1-甲基-1-丁基吡咯三氟甲磺酸盐 1-methyl-1-butylpyrrolidinium trifluoromethane sulfonate 又名三氟甲磺酸1-甲基-1-丁基吡咯烷鎓。有恶臭液体。纯度≥95%。相对密度1.292。折射率1.434。

$$\left[\begin{array}{c}\underset{\underset{H_3C}{N^+}}{\bigcirc}\\ C_4H_9\end{array}\right] CF_3SO_3^-$$

易分解。需在氮气保护下密闭容器中储存。与皮肤接触有毒，有催泪作用。一种吡咯型离子液体，用作催化反应介质及催化剂、化学反应溶剂、有机合成试剂。由 1-甲基-1-丁基吡咯溴盐与 CF_3SO_3Na 反应制得。

1-甲基-1-丁基吡咯溴盐 1-methyl-1-butyl pyrrolidinium bromide 又名溴化

$$\left[\begin{array}{c}\underset{\underset{H_3C}{N^+}}{\bigcirc}\\ C_4H_9\end{array}\right] Br^-$$

1-甲基-1-丁基吡咯烷鎓。熔点 215℃。纯度≥99%。有毒！需在氮气保护下密闭容器中储存。一种吡咯型离子液体，用作催化反应介质及催化剂、化学反应溶剂、有机合成试剂等。由 N-甲基吡咯与溴丁烷反应后精制而得。

1-甲基-3-丁基咪唑六氟磷酸盐 1-methyl-3-butyl imidazolium hexafluorophosphate 又名吡咪磷氟六、六氟磷酸

$$\left[C_4H_9-N\underset{CH_3}{\overset{\frown}{\bigvee}}N^+\right] BF_6^-$$

1-甲基-3-丁基咪唑鎓。无色油状物。相对密度 1.3727(30℃)。熔点 6.5℃。折射率 1.41。黏度 312mPa·s(30℃)。高纯级：纯度≥99%，水分≤1%，卤含量≤0.08%；合成级：纯度 97%～99%，水分≤1%，卤含量≤0.10%。一种咪唑型离子液体，用作有机合成反应的溶剂、矿物萃取剂、电池电解液、酶催化介质等。由乙脒氯与 NH_4PF_6 反应制得。

1-甲基-3-丁基咪唑氯盐 1-methyl-3-butyl imidazolium chloride 又名吡咪氯、

$$\left[C_4H_9-N\underset{CH_3}{\overset{\frown}{\bigvee}}N^+\right] Cl^-$$

氯化 1-甲基-3-丁基咪唑鎓。白色固体。相对密度 1.080。熔点 73℃。高纯级：纯度≥99%，水分≤1%；合成级：纯度 97%～99%，水分≤1%。有毒，对眼睛及皮肤有刺激性。一种咪唑型离子液体，用作溶剂、催化剂及萃取剂等。由 1-氯丁烷与 1-甲基咪唑反应后经纯化、重结晶制得。

1-甲基-3-丁基咪唑四氟硼酸盐 1-methyl-3-butyl imidazolium tetrafluoroborate 又名吡咪硼氟四、四氟硼酸 1-甲基-3-

$$\left[C_4H_9-N\underset{CH_3}{\overset{\frown}{\bigvee}}N^+\right] BF_4^-$$

丁基咪唑鎓。无色液体。相对密度 1.2077(30℃)。熔点 －71℃。折射率 1.52。高纯级：纯度≥99%，水分≤1%，卤含量≤0.08%；合成级：纯度 97%～99%，水分≤1%，卤含量≤0.10%。一种咪唑型离子液体，用作溶剂、萃取剂、催化剂等。由吡咪溴与 $NaBF_4$ 反应制得。

1-甲基-3-丁基咪唑溴盐 1-methyl-3-butyl imidazolium bromide 又名吡咪溴、

$$\left[C_4H_9-N\underset{CH_3}{\overset{\frown}{\bigvee}}N^+\right] Br^-$$

溴化 1-甲基-3-丁基咪唑鎓。无色液体。折射率 1.54。高纯级：纯度≥99%，水分≤1%；合成级：纯度 97%～99%，水分≤1%。一种咪唑型离子液体。对眼睛及皮肤有刺激作用。由 N-甲基咪唑与溴化正丁烷反应制得。

2-甲基-2-丁酮 2-methyl-2-butanone

$$CH_3COCHCH_3$$
$$\quad\quad\quad |$$
$$\quad\quad\quad CH_3$$

又名甲基异丙基甲酮。无色液体。相对密度 0.8051。熔点 $-92℃$。沸点 $94\sim95℃$。折射率 1.3880。闪点 $7℃$(闭杯)。难溶于水,易溶于乙醇、乙醚、丙酮、苯。主要用于制造阳离子染料、信息用光敏剂、压敏染料、高效除草剂,也用作高档溶剂及制造胶黏剂、羊毛防缩剂、医药等,还用于润滑油脱蜡,萃取分离钽、铌等贵重金属。由叔戊醇与溴反应生成 2,3-二溴异戊烷后,再经水解制得。

甲基毒死蜱 chlorpyrifos-methyl 又名 O,O-二甲基-O-3,5,6-三氯-2-吡啶基硫代磷酸酯、甲基氯砒硫磷。白色结晶,略有硫醇气味。熔点 $45.5\sim46.5℃$。难溶于水,易溶于丙酮、苯、氯仿等多数有机溶剂。在中性介质中稳定,在酸性及碱性介质中会水解。低毒,广谱杀虫剂。触杀、胃毒和熏蒸均有效,但无内吸性。用于防治储藏谷物及各种叶类作物上的害虫,也用于防治蚊成虫、蝇类、水生幼虫及卫生害虫。由 2-羟基-3,5,6-三氯吡啶与 O,O-二甲基硫代磷酰氯反应制得。

N-甲基二环己胺 N-methyldicycolhexylamine 又名 N-环己基-N-甲基环己胺。无色透明液体。相对密度 0.91。沸点 $265℃$。闪点 $101℃$。蒸气压 517Pa(21℃)。微溶于水,水溶液呈碱性。可与其他催化剂并用作聚氨酯模塑泡沫塑料及聚氨酯硬泡沫塑料的凝胶共催化剂。适用于水量较多的配方,可提高聚醚聚氨酯泡沫塑料硬度。用作低密度软泡沫塑料、模塑泡沫塑料的催化剂及硬泡沫塑料的助催化剂。也可与二甲基环己胺并用,用作高回弹模塑泡沫塑料及半硬泡沫塑料等的催化剂。

1-甲基-3,3-二甲基吲哚啉-$6'$-硝基螺苯并吡喃 1-methyl-3,3-dimethylindolino-$6'$-nitrobenzospiropyran 黄色晶体。熔点 $170\sim180℃$。不溶于水,溶于醇类、苯、氯仿等。一种螺吡喃类光致变色材料。在有机溶剂中,用紫外光照射,开环变成红色部花菁。而用可见光照射或加热,开环的部花菁又可逆地闭环变成无色的螺环结构。利用这一可逆光致变色性能,可以制成非感光材料、光存储材料、光致变色涂料等。可以吲哚啉与硝基水杨醛等为原料制得。

N-甲基二乙醇胺 N-methyldiethanolamine 又名 N,N-双(2-羟乙基)甲胺。无色液体。熔点 $-21℃$。相对密度 1.0418。沸点 $247.2℃$。闪点 $126℃$。折射率 1.4699。与水、苯混溶,微溶于乙醚。用作脱硫剂,用于天然气及炼厂气的脱硫,油田气和煤气的脱硫净化,克劳斯原料气提浓,斯特科硫黄尾气处理等。具有对 H_2S 选择性好、能耗低、易降解等特点。由甲醛与二乙醇

2-甲基-3-呋喃甲醇 2-methyl-3-furanthiol 无色至淡黄色液体。相对密度1.145。沸点57～60℃(5.87kPa)。闪点36℃。折射率1.5180。天然存在于罐装脂肪鱼及生鸡中,有类似烤鸡或烤肉香韵。是一种合成硫代呋喃类香料,稀释后具有天然烤肉香,香味持久,阈值低,极少用量即可赋予食品独特香味。用于调配烤肉、贝类、咖啡及牛肉汤等香精。以2-甲基呋喃为起始原料制得。

甲基含氢硅油 methyl hydrogen polysiloxane fluid 又名聚二甲基含氢硅氧烷液体。无色至浅黄色透明液体。相对密度0.98～1.10。折射率1.390～1.410(25℃)。含氢量0.8%～1.4%。不溶于水、乙醇,溶于苯、乙醚、氯仿,与矿物油混溶。分子结构中含有活泼的Si—H键,能参与多种化学反应及进行低温交联,可在各种基材表面形成疏水性防水膜。具有疏水性强、化学稳定性好、介电性能强等特点。用作塑料及橡胶脱模剂、纸张及包装材料防粘剂、织物及皮革防水剂、金属防锈剂等。由三甲基氯硅烷与甲基二氯硅烷经水解、调聚而制得。

1-甲基-3-己基咪唑氯盐 1-methyl-3-hexyl imidazolium chloride 又名氯化1-甲基-3-己基咪唑鎓。无色液体。相对密度0.0337。熔点－85℃。折射率1.515(25℃)。黏度716mPa·s(25℃)。高纯级:纯度≥99%,水分≤1%;合成级:纯度97%～99%,水分≤1%。一种咪唑型离子液体。用作化学反应溶剂、分离萃取剂、催化剂等。由N-甲基咪唑与1-氯己烷反应制得。

2-甲基喹啉 2-methylquinoline 又名α-甲基喹啉、喹哪啶。无色油状液体。相对密度1.0585。熔点2℃。沸点247℃。折射率1.6116。闪点79℃。微溶于水,溶于乙醇、丙酮等多数常用有机溶剂。暴露于空气中易变成红棕色。有碱性,可发生氧化、还原及亲电取代反应,用于制造彩色电影胶片增感剂、橡胶硫化促进剂、润滑油抗氧剂、杀虫剂、染料等。加入硝酸纤维中可防止紫外线照射,也用作铜、锌、镉、铀的半微量分析试剂。由2,3-二溴丁醛与苯胺在催化剂存在下反应制得。也可由煤焦油提取而得。

4-甲基喹啉 4-methylquinoline 又名γ-甲基喹啉、勒皮啶。无色油状液体。相对密度1.086。熔点9～10℃。沸点261～264℃。折射率1.6116。闪点≥112℃。微溶于水,溶于乙醇、乙醚、苯。见光变成红棕色。用作彩色电影胶片增感剂、照相增感剂及有机合成溶剂。也用于生产喹宁系抗疟药、光敏染料等。由2-氯-4-甲基喹啉与无水乙酸钠在催化剂存在下反应制得。

甲基膦酸二甲酯 dimethyl methylphosphonate 无色至淡黄色透明液体。

$$\begin{array}{c}\text{O}\\\|\\\text{H}_3\text{C}-\text{P}-\text{OCH}_3\\|\\\text{OCH}_3\end{array}$$

相对密度1.155~1.165。熔点-50℃。沸点180~181℃。折射率1.410~1.416(25℃)。磷含量≥25%。能与水及多种有机溶剂混溶。在弱碱或酸性条件下会缓慢水解。一种不含卤素的添加型阻燃剂,具有含磷量高、阻燃性好、添加量少、价格较低等特点,并具助燃及降低黏度的双重作用。热稳定性优于含卤阻燃剂。适用于环氧树脂、酚醛树脂、不饱和聚酯、聚氨酯及呋喃树脂等。可用于透明或浅色制品。由三氯化磷与甲醇反应制得亚磷酸三甲酯后,再经异构化反应制得。

甲基硫菌灵 thiophanate-methyl 又名甲基托布津、1,2-双(3-甲氧基羰基-2-硫脲基)苯。

[结构式:苯环带两个 NH—C(=S)—NH—C(=O)—OCH₃ 基团]

纯品为无色结晶。工业品为黄色结晶。相对密度1.30(25℃)。熔点177~178℃。蒸气压9.6MPa(25℃)。难溶于水,溶于氯仿、丙酮、乙酸乙酯,易溶于二甲基甲酰胺。对酸、碱稳定。一种广谱、高效、低毒、内吸性硫脲基苯类杀菌剂,适应范围与多菌灵相似,但药效高于多菌灵。用于防治粮、棉、油料、瓜果等作物的白粉病、菌核病、炭疽病及灰霉病等,也能与多数杀虫剂、杀菌剂及杀螨剂混用。对人、畜、作物及害虫的天敌安全。由氯甲酸甲酯与硫氰酸钠反应生成硫氰基甲酸甲酯后,再与邻苯二胺反应制得。

甲基硫酸-2-羟丙基三甲基铵化淀粉 methylsulfate-2-hydroxypropyl trimethyl ammonium starch 一种阳离子淀粉。

$$\left[\text{淀粉OCH}_2\text{CHCH}_2\text{N(CH}_3)_3\atop|\atop\text{OH}\right]^+\text{CH}_3\text{SO}_4^-$$

白色粉末。糊化温度50~55℃。取代度0.040~0.045。含氮量0.35%~0.38%。具有良好的分散作用。用作造纸湿部添加剂,可提高纤维及填料留着率,提高纸张强度。用于胶印书刊纸,可提高纸张表面强度,改善印刷性能。用作涂布加工纸,可促进颜料与纤维的结合。由三甲胺与环氧氯丙烷反应生成3-氯-2-羟丙基三甲基铵后,在碱性催化剂作用下与淀粉反应,最后与硫酸二甲酯经季铵化反应制得。

甲基硫酸月桂酰胺丙基三甲基铵 lauroylamino propyl trimethyl ammonium methyl sulfate 又名3-月桂酰胺丙基抗静

$$\left[\text{C}_{11}\text{H}_{23}\text{CONH(CH}_2)_3\text{N}\begin{array}{c}\text{CH}_3\\|\\\text{CH}_3\\|\\\text{CH}_3\end{array}\right]^+(\text{CH}_3\text{SO}_4)^-$$

电剂。属阳离子表面活性剂。白色结晶性粉末。相对密度1.121(25℃)。熔点99~103℃。235℃分解。易溶于水、乙醇,稍溶于丙酮。有良好的热稳定性及抗静电性。主要用作内添加型抗静电剂,用于涂料、聚烯烃、聚氯乙烯、聚苯乙烯等。由N,N-二甲基丙二胺与月桂酰氯反应后,用硫酸二甲酯进行季铵化反应制得。

甲基铝氧烷 methyl aluminium oxane 简称MAO。一种低相对分子质量低聚

$$(\text{CH}_3)_2\text{Al}-\left[\text{OAl}\begin{array}{c}\text{CH}_3\\|\\\end{array}\right]_n\text{OAl(CH}_3)_2$$

$$(n=6\sim20)$$

物,具有线型或环状结构。组成 MAO 的主要结构单元为 $[Al_4O_3Me_6]$(Me 为甲基),即由 4 个铝原子、3 个氧原子和 6 个甲基组成。由于铝原子配位不饱和,而使每 4 个铝原子组成单元相互结合,形成相对分子质量为 1200～1600 的笼状簇合物或网状结构。常温常压下,MAO 是白色无定形粉末。溶于苯、甲苯、二甲苯等芳香烃溶剂,稍溶于戊烷、己烷、庚烷等烷烃溶剂。对空气及水分十分敏感。用作茂金属催化剂的活化剂及助催化剂,用于烯烃聚合。在聚合作用中的功能是:使茂金属化合物烷基化;与茂金属化合物相互作用,产生阳离子活性中心,并使阳离子活性中心稳定化;清除催化剂毒物等。可由三甲基铝与水在铝/水分子比不小于 1/3 的条件下,通过脱甲烷化反应制得。

N-甲基吗啉 N-methylmorpholine 又名 4-甲基吗啉。无色透明液体,有氨的气味。相对密度 0.9051(23℃)。熔点 −66℃。沸点 115℃。闪点 23℃。折射率 1.4332。爆炸极限 2.2%～11.8%。溶于水、乙醇、乙醚、苯。有毒! 用作有机合成及聚氨酯塑料发泡催化剂、合成氨基苄青霉素的催化剂、橡胶硫化促进剂、腐蚀抑制剂、人造丝的溶剂、氯代烃稳定剂等。由吗啉与甲醛、甲酸反应制得。

2-甲基咪唑 2-methylimidazole 又名 2-甲基-1,3-氮杂茂。白色至淡黄色柱状结晶或粉末。熔点 137～145℃。沸点 267～268℃。闪点 160℃。能升华。有吸湿性。易溶于水、乙醇、丙酮,难溶于乙醚、冷苯。有毒! 皮肤对其过敏。用于制造甲硝唑、灭滴灵等药物及饲料促长剂二甲唑。用作环氧树脂中温固化剂时,固化物的耐热氧化性、耐药品性及耐酸性等均优于间苯二胺固化剂。也用作粉末涂装的固化促进剂。由乙二胺、乙腈在硫黄存在下环合,再用活性镍加热脱氢而得。

甲基纳迪克酸酐 methyl Nadic anhydride 又名甲基内亚甲基四氢邻苯二甲酸酐、甲基降冰片烯二酸酐。有内式及外式两种空间异构

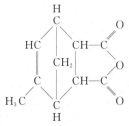

体。商品是内式和外式两种异构体的混合物。为浅黄色透明液体。相对密度 1.20～1.25(25℃)。熔点低于 −15℃。沸点 >250℃。溶于丙酮、苯、乙醇、氯仿、乙酸乙酯。遇水反应生成相应的酸。用作环氧树脂固化剂,室温下易混合,固化物耐高温老化性优良,热变形温度 150～170℃。适用于浇铸、层压及浸渍制品。也用作树脂改性剂。由顺丁烯二酸酐与甲基环戊二烯经双烯加成反应制得。

甲基葡萄糖苷硬脂酸酯 methylglucoside sesquistearate 一种非离子表面活性剂。淡黄色片状物。皂化值 150～170mgKOH/g。酸值 <20mgKOH/g。

HLB值6。不溶于水。有较好的分散、乳化、润湿性能。生物降解性好。用作油包水型(W/O)乳化剂,用于配制膏霜或乳液型化妆品、杀虫剂乳剂等。由甲基葡萄糖苷与倍半分子的硬脂酸经酯化反应制得。

甲基羟基硅油 methyl hydroxy silicone 一种以羟基二甲基甲硅氧基为端基的聚二甲基硅氧烷。淡黄色透明油状液体。羟基含量≥5%。折射率1.40～1.41(25℃)。具有良好的憎水性、润滑性及化学稳定性。在硅橡胶制品中用它替代二苯基二羟基硅烷作为结构控制剂,可以简化橡胶加工工艺,提高加工性能及制品透明度。也用作织物、皮革、纸张的防水、防黏处理及柔软剂,乳液聚合的柔软剂等。由二甲基二氯硅烷经聚合、水解、碱中和等过程制得。

甲基三氟丙基硅油 methyl trifluoropropyl silicone 是由三氟丙烯和甲基氢基二氯硅烷加成制得甲基三氟丙基二氯硅烷后再经水解制得三环体,再加入止链剂六甲基二硅氧烷,经碱催化调聚制得有一定黏度的硅油。相对密度1.25～1.30(23℃)。凝固点<-32℃。不溶于油、溶剂及水,但溶于酮类。有很高的耐溶剂性、化学稳定性、润滑性及热氧化稳定性。在开放系统中,耐温范围为-40～204℃,在密闭系统中为-40～288℃。用作真空泵、压缩机及曲轴箱等的润滑剂,纤维织物防污、憎水处理剂,非水相体系的消泡剂,以及配制润滑脂等。

甲基叔丁基醚裂解制异丁烯催化剂 MTBE cracking catalyst for isobutylene 甲基叔丁基醚(MTBE)裂解法是生产高纯异丁烯的常用方法,裂解采用管式固定床反应器。催化剂装于管内,管间用导热油供热。中国产品牌号有WT-3-1,其主要组成为氧化硅/氧化铝。外观为$\phi 1.6 \times (5 \sim 10)$ mm的条。堆密度0.75g/mL。孔体积0.42mL/g。比表面积233m^2/g。在反应温度170～178℃、反应压力0.5MPa、液体空速2h^{-1}的反应条件下,甲基叔丁基醚转化率>90%,异丁烯选择性接近100%。可由特制载体浸渍活性组分溶液后,经过滤、干燥、焙烧制得。

甲基叔戊基醚 tert-amylmethyl ether 又名叔戊基甲醚。无色液体。相对密度0.770。沸点86℃。折射率1.3885。雷德蒸气压10.3kPa。辛烷值(R+M)/2为104.5。微溶于水,与乙醇、乙醚、苯等混溶。与汽油相溶性好。是优良的汽油抗爆剂,既可提高汽油的辛烷值,同时又能有效地降低汽油中C$_5$烯烃的含量。也用作有机合成原料。由甲醇与2-甲基-1-丁烯反应制得。

甲基四氢苯酐 methyl tetrahydrophthalic anhydride 又名3-(或4)-甲基-1,2,3,4-四氢邻苯二甲酸酐。有两种异构体,即3-甲基四氢苯酐及4-甲基四氢苯酐,熔点分别为63℃及65℃。商品为不同异构体的混合物。外观为淡黄色透

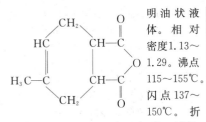

明油状液体。相对密度1.13～1.29。沸点115～155℃。闪点137～150℃。折射率1.4960(25℃)。不溶于水,溶于丙酮、乙醇、苯。在空气中稳定。低毒。用作环氧树脂固化剂,适用于浇铸、浸渍及层压制品。由异戊二烯及间戊二烯与顺酐反应制得。

甲基萜烯树脂 methyl terpene resin 黄色透明的脆性固体。平均相对分子质量1200～1250。相对密度0.97～1.0。软化点70～135℃。酸值1.0mgKOH/g。皂化值1.8 mgKOH/g。不溶于水。用作金属热处理油的光亮剂,有良好的油溶性、耐老化性及耐火性。对改善淬火件的表面光亮性有良好作用,可提高淬火件表面光洁度,降低后续清洗除油难度,改善后续表面处理性能,避免电镀处理中出现灰色斑点。

4-甲基氧化吗啉 4-methylmorpholine N-oxide 黄白色结晶。相对密度1.130。折射率1.4201。其一水合物熔点76.3℃。二倍半水合物熔点40.5℃。其50%水溶液的熔点 −20℃。沸点118.5℃。一种能与水形成强烈氢键的杂环叔胺氧化物,与纤维素能形成牢固的溶剂化层,可使纤维素的氢键破坏,使之进入溶剂中生成黏性的纤维素溶液。用于生产人造纤维,过程无毒、无污染,远优于用二硫化碳作溶剂生产人造纤维过程。还可用于纺丝、制造人造棉、玻璃纸及肠衣等制品。由N-甲基吗啉与过氧化氢在催化剂存在下反应制得。

N-甲基-N-椰子油酰基牛磺酸钠 sodium N-methyl-N-cocoacyl taurinate 又名依捷邦TC。一种阴离子表面活性剂。白色膏状物。活性物含量35%～40%。相对密度1.08。10%水溶液pH值7.0～8.5。易溶于水。有良好的分散、去污、起泡等性能,用于制造香波、洗面奶、浴液、洗涤皂等。由椰油脂肪酸与三氯化磷反应制得脂肪酰氯,再与N-甲基牛磺酸钠反应制得。

1-甲基-3-乙基咪唑六氟磷酸盐 1-methyl-3-ethyl imidazolium hexafluorophosphate 又名乙咪磷氟六、六氟磷酸1-甲基-3-乙基咪唑鎓。无色至淡黄色固体。熔点34℃。高纯级:纯度≥99%,水分≤1%;合成级:纯度97%～99%,水分≤1%。一种咪唑型离子液体,用作溶剂、萃取分离剂、催化剂等。由乙咪氯与NaPF$_6$反应后精制而得。

1-甲基-3-乙基咪唑四氟硼酸盐 1-methyl-3-ethyl imidazolium tetrafluoroborate 又名乙咪硼氟四、四氟硼酸1-甲基-3-乙

基咪唑鎓。无色至淡黄色液体。熔点15℃。相对密度1.296。折射率1.41。液体导电率1.4S/m(293.1℃)。一种咪唑型离子液体，用作溶剂、萃取剂、催化剂及脱硫剂等。由乙咪氯与 $AgBF_4$ 在水中反应后经浓缩、纯化制得。

1-甲基-3-乙基咪唑溴盐 1-methyl-3-ethyl imidazolium bromide 又名乙咪溴、

[C₂H₅—N⎯⎯N⁺—CH₃]Br⁻

溴化1-甲基-3-乙基咪唑鎓。高纯级：纯度≥99%，水分≤1%；合成级：纯度97%～99%，水分≤1%。熔点55℃。一种咪唑型离子液体，用作溶剂、萃取剂、催化剂。由1-甲基咪唑与溴乙烷在氮气保护下反应、精制、乙腈重结晶制得。

甲基乙基纤维素 methyl ethyl cellulose 又名纤维素甲乙醚。一种混合纤维
$$\{C_6H_7O_2(OH)_x(OCH_3)_y(OC_2H_5)_z\}_n$$
$$(z=0.57\sim0.8; y=0.2\sim0.4;$$
$$x=3-(y+2); y+2=取代度)$$
素醚。其中甲基及乙基都由醚键与无水葡萄糖单元结合。为白色或浅奶油色纤维状固体或粉末。几乎无臭、无味。乙氧基($-OC_2H_5$)含量14.5%～19%。甲氧基($-OCH_3$)含量3.5%～6.5%。有吸湿性，分散于水中溶胀成透明至乳白色。当加热和冷却时发生从溶胀至凝胶的可逆变化。不溶于乙醇、乙醚。有良好的增稠、悬浮、分散性能。用作乳化剂、增稠剂、泡沫稳定剂、悬混剂及分散剂等。由硫酸二甲酯、氯乙烷及碱与纤维素反应后精制而得。

2-甲基-3(2H)-异噻唑酮 2-methyl-3(2H)-isothiazolone 又名卡松、凯松。国外商品名KathonCG。淡琥珀色透明液体。无臭、无味。一种广谱防霉杀菌剂，对曲霉、青霉、链霉菌、大肠杆菌、金黄色葡萄球菌、沙门氏菌及酵母菌等均有良好抑制效果。密度为400～600mg/L时即有活性。可用作化妆品、香波、工业洗涤剂、医药产品的防腐防霉剂，是传统的尼泊金酯类、苯甲酸钠的更新换代产品。也可用作涂料、工业循环水、金属切削油等的杀菌防腐剂。由丙烯酸甲酯与一甲胺反应制得丙烯甲酰胺后，再与二硫化钠反应制得。

N-甲基-N-油酰氨基乙基磺酸钠 sodium N-methyl-N-oleoylamino ethyl sulfonate 又名胰加漂T、净洗剂209、依捷
$$C_{17}H_{33}CON-CH_2CH_2SO_3Na$$
$$|$$
$$CH_3$$
邦。一种阴离子型表面活性剂。淡黄色胶状液体。有效物含量≥18%。氯化物≤6.0%。脂肪酸皂≤2.0%。pH值7.2～8.0(1%水溶液)。缓慢溶于水，易溶于热水，具有优良的润湿、分散、渗透、乳化及净洗等性能。耐硬水、耐酸和碱，对一般电解质耐煮沸。泡沫稳定性好，钙皂扩散力优于土耳其红油。用作润湿剂、渗透剂、净洗剂、除垢剂、煮炼助剂、匀染剂等，适用于印染、纺织、制革等行业，也用于配制洗发精、清洗剂。由N-甲基-N-亚乙基氨基磺酸钠与油酰氯及氢氧化钠反应制得。

甲基纤维素 methyl cellulose 又名纤维素甲醚。一种非离子型纤维素醚。白色至灰白色粉末。相对分子质量4×

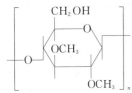

$10^4 \sim 1.8 \times 10^5$。平均取代度 $1.5 \sim 2.0$。相对密度 $1.26 \sim 1.31$。溶于冷水、醇类、烃类,不溶于热水而形成凝胶。水溶液为无色透明黏稠液,加热会引起凝胶现象($50 \sim 55℃$),冷却则凝胶现象消失。遇火燃烧,炭化温度 $280 \sim 300℃$。与各种水溶液、多元醇、淀粉、糊精、天然树脂等有良好的混合性,广泛用作增稠剂、成膜剂、分散剂、乳化剂、稳定剂、黏合剂、赋形剂及悬浮剂等,适用于医药、化工、食品、日化、油墨、造纸等行业。也用作水泥泵送剂。由碱纤维素与氯甲烷反应制得。

甲硫醇 methyl mercaptan CH_3SH 又名硫氢甲烷。无色易燃气体,有极强的臭味。相对密度 0.8665。熔点 $-123 \sim -121℃$。沸点 $5.9℃$。闪点 $-18℃$。爆炸极限 $3.9\% \sim 21.8\%$。稍溶于水,溶于乙醇、乙醚、石油醚等。用于制造饲料添加剂蛋氨酸、农药倍硫磷及医药等。也用作天然气等无臭气体的加臭剂,以作为气体泄漏的警报器。由氯甲烷与硫氢化钠作用制得。

甲氯芬酯 meclofenoxate 又名氯酯醒、遗尿丁。其盐酸盐又名特维如、脑瑞苏。白色至类白色结晶性粉末,略有特异臭、味酸苦。熔点 $137 \sim 142℃$。易溶于水,微溶于乙醇,不溶于乙醚。一种中枢神经兴奋药。用于颅脑外伤后的昏迷、酒精及一氧化碳中毒、脑动脉硬化所致的意识障碍、儿童遗尿症等。但作用缓慢、反复用药后效果较显著,尚未发现不良反应。以苯酚为起始原料,经氯化、缩合、酸析、成盐等过程制得。

甲咪酯 metomidate 又名 1-(1-苯乙基)-1H-咪唑-5-羧酸甲酯。白色结晶。其盐酸盐熔点 $173 \sim 174℃$。溶于水。一种兽用麻醉催眠药。用药后,动物迅速入睡,肌肉松弛,痛感消失,对心血管系统不产生影响。常用于麻醉猪、狗、马、鸟等动物。以 α-苯乙胺、氯乙酸甲酯、三乙胺为原料制得。

甲醚
见"二甲醚"。

甲萘威 carbaryl

又名西维因、1-萘基-N-甲基氨基甲酸酯、胺甲萘。纯品为白色结晶固体。熔点 $145℃$。工业品略带灰色或粉红色。熔点 $142℃$。相对密度 1.232。蒸气压 $0.667Pa(26℃)$。微溶于水,易溶于丙酮、苯、氯仿等。对水、热、光都较稳定。遇碱(pH 值$\geqslant 10$ 时)迅速水解成甲萘酚。低毒。为高效低毒广谱杀虫剂,用于防治水稻飞虱、稻叶蝉、棉花红铃虫、大豆食心虫及果树害虫等,也是军用快速饮用水消毒剂及医用消毒剂。用于工业循环水的杀菌效果优于洗必泰。由 1-萘胺与光气反应制得氯甲酸-1-萘酯后,再与甲胺反应制得。

甲羟孕酮 medroxy progesterone 又名

甲孕酮、安宫黄体酮。白色至类白色结晶性粉末。无臭、无味。熔点 202～208℃。不溶于水,微溶于乙醇,溶于丙酮,易溶于氯仿。为作用较强的孕激素。无雌激素活性。用于治疗先兆流产、习惯性流产、痛经、闭经、功能性子宫出血,也用于癌症的辅助治疗。其针剂用作女用长效避孕药,于月经第 2～7 日注射 150mg,可避孕 3 个月。以 17α-羟基黄体酮为原料制得。

甲氰菊酯 fenpropathrin 又名灭扫利、韩乐村,2,2,3,3-四甲基环丙烷羧酸 (R,S)-α-氰基-3-苯氧基苄基酯。纯品为白色结晶。相对密度 1.153(25℃)。熔点 49～50℃。蒸气压 7.33×10^{-4} Pa (20℃)。闪点 205℃。原药为棕黄色液体或固体,熔点 45～50℃。不溶于水,溶于甲醇,易溶于丙酮、二甲苯、环己酮、氯仿。在常温及烃类溶剂中稳定,碱性水中不稳定。是一种广谱、高效、低残留的拟除虫菊酯类杀虫、杀螨剂。毒性中等,对害虫有触杀作用,能引起害虫高度兴奋,并有拒食及驱避作用。可防治果树、蔬菜、棉花、各类作物的鳞翅目、双翅目、缨翅目及螨类害虫,但对家蚕、蜜蜂、鱼类毒性较大。由间苯氧基苯甲醛、氰化钠及 2,2,3,3-四甲基环丙烷羧酸酰氯反应制得。

甲醛合次硫酸氢钠 sodium sulfoxylate formaldehyde Na[HOCH₂SO₂]·2H₂O 又名次硫酸氢钠甲醛、吊白块、雕白粉。半透明白色斜方晶系结晶或小块状物。无臭或略存韭菜气味。是一种成分复杂的化合物。化学成分大致为 NaHSO₃·NaHCO₃·CH₂O·2H₂O 及 NaHSO₃·CH₂O·2H₂O。易溶于水,微溶于乙醇。80℃开始分解,并放出硫化氢。110℃完全分解,并放出新生氢,此时还原力最强。高温下能使所染色消失,故称雕白粉。在极性介质中较稳定,对酸十分敏感,耐酸限度为 pH 值≤3,超过此限值即分解,放出硫化氢。稀溶液在 60℃以上开始分解。主要用作棉、人造丝、短纤维织物的拔染剂。也用作糖类漂白剂、洗涤剂、除垢剂、乙烯化合物的聚合催化剂。医药上用作金属汞、铋、钡的解毒剂以及用于制造染料等。由连二亚硫酸锌经甲醛加成、锌粉还原及氢氧化钠复分解反应制得。

甲霜灵 metalaxyl 又名甲霜安、氨丙

$$\text{结构式:} \quad \underset{\substack{CH_3 \\ |}}{\text{2,6-(CH}_3\text{)}_2\text{C}_6\text{H}_3}-N(COCH_2OCH_3)-CH(CH_3)COOCH_3$$

灵、N-(2,6-二甲基苯基)-N-(2-甲氧基乙酰)丙氨酸甲酯。无色至黄色结晶或固体。熔点 71~72℃。微溶于水,溶于多数有机溶剂。中性或酸性介质中稳定,遇碱易分解。低毒。为高效、低残留内吸性杀菌剂。对作物霜霉病、马铃薯晚疫病、甜菜疫病、烟草黑茎病、橡胶树割面溃疡病等有良好防治效果。由 2,6-二甲基苯胺与 2-溴丙酸甲酯反应后,再用甲氧基乙酰氯酰化制得。

甲缩醛 methylal 又名甲醛缩二甲醇、二甲氧基甲烷。$CH_3-O-CH_2-O-CH_3$。无色液体,有类似氯仿的气味。相对密度 0.860。熔点 -104.8℃。沸点 42.3℃。折射率 1.3544。闪点 17.8℃。溶于水,与乙醇、乙醚等多数有机溶剂混溶。对油脂及树脂的溶解能力比乙醚、丙酮强。与甲醇的共沸混合物能溶解含氮量高的硝化纤维素。用于生产离子交换树脂、人造树脂及香料。也用作格利雅反应及雷帕合成反应的反应介质。因其蒸气有较强麻醉性,不宜作一般溶剂使用,常用作特殊场合的溶剂。由甲酸、甲醛在浓硫酸催化下反应制得。

甲酸 formic acid HCOOH 又名蚁酸。最简单的脂肪酸,无色而有刺激性气味的液体。发烟、易燃。相对密度 1.220。熔点 8.6℃。沸点 100.8℃。闪点 68.9℃。折射率 1.3714。溶于水、乙醇、乙醚、甘油,不溶于烃类,微溶于苯。易被氧化成水和二氧化碳。与硫酸共热分解成水和一氧化碳。80%~90% 的甲酸水溶液在寒冷天气下易结冰。有腐蚀性,能刺激皮肤起泡,且痊愈很慢。用于合成甲酸盐、甲酸酯、甲酰胺等。也用作助染剂、水泥促凝剂、饲料保藏剂及防腐剂等。由甲醇或甲醛氧化制得,或由甲酸钠经硫酸酸化而得。

甲酸钙 calcium formate (HCOO)$_2$Ca 又名蚁酸钙。无色结晶性粉末。相对密度 2.015。熔点 120℃。折射率 1.514。易溶于水。用作混凝土早强剂,可加速铝酸三钙水化,促进水泥凝结。甲酸钙与亚硝酸钠、三乙醇胺相复合的早强剂可显著提高混凝土的早期强度及各龄期强度。也用作饲料添加剂,有激活胃蛋白酶、促进消化的作用,并有抑菌作用。由甲酸(或一氧化碳)与石灰乳反应制得。

甲酸乙酯 ethyl formate 无色易燃液体,有类似于乙酸乙酯的辣的刺激味及甜酒样香味。$HC(=O)-O-C_2H_5$。相对密度 0.9168。熔点 -80.5℃。沸点 54.2℃。折射率 1.3599。闪点 -20℃(闭杯)。爆炸极限 2.75%~16.5%。稍溶于水,并会水解生成甲酸与乙醇。与醇、醚、苯等溶剂混溶。能溶解多数常用天然树脂。有麻醉及刺激作用。用作硝酸纤维素、乙酸纤维素等的溶剂,食品、谷类、干果等的杀菌剂、杀幼虫剂及熏蒸剂。作为合成香料,可用于配制朗姆酒、杏、桃、菠萝等果香型食用香精。医药上用于维生素 B$_1$ 及其他多种药物。由甲酸与乙醇在硫酸或三氯化铝催化下反应制得。

甲瓦龙酸 mevalonic acid 又名 3,5-

$$\text{HOCH}_2\text{CH}_2\overset{\text{CH}_3}{\underset{\text{OH}}{\text{C}}}\text{CH}_2\text{COOH}$$

二羟基-3-甲基戊酸、袂瓦龙酸。广泛存在于各种生物体内。常以内酯形式存在。内酯的熔点 28℃。沸点 110℃ (0.133kPa)。易溶于水、乙醇、乙醚,溶于氯仿。甲瓦龙酸是生物合成中胆甾醇类化合物的母体,是细胞生长发育的必需生物活素,在细胞分裂、DNA 复制、成纤细胞形成上都有重要作用。用于护肤化妆品,具有抑制酪氨酸酶和黑色素活性,预防及治疗皮肤老化的作用。可由合成或发酵的方法制取。

甲烷化催化剂 methanation catalyst 指能催化 CO、CO_2 与 H_2 作用、转化成高热值甲烷气体的催化剂。按用途分为三类:①合成氨、制氢原料中少量碳氧化物($CO+CO_2$)的甲烷作用催化剂。是以 Ni 为主要组分,Ni 含量在 $10\%\sim30\%$ 之间,并加入适量助剂,以 Al_2O_3、SiO_2、ZrO_2、铝酸钙水泥等为载体。产品牌号有 J101、J101Q、J103H、J105、J106、J107、J111 等。②制取代用天然气或城市煤气用一氧化碳甲烷化催化剂。是以 NiO 或 MoS_2、WS_2 为活性组分,并加入适量 MgO、La_2O_3 等助剂,载体为 Al_2O_3。产品牌号有 J201、J301、JRE、SDM、SG-100、3411A、RHM-266 等。这类催化剂具有耐高温、热稳定性高、抗积炭能力强等特点。③己内酰胺生产中苯甲酸加氢生成环己烷羧酸时副产的少量碳氧化物甲烷化用催化剂,产品牌号 SRNA-5,是含 Ni90% 的 Ni-Al-Fe 非晶合金催化剂。

N-甲酰溶肉瘤素 N-formyl sarcolysin 又名氮甲。白色或淡黄色结晶性粉末。遇光变色。熔点 $150\sim155$℃。不溶于水,略溶于乙醇,微溶于丙酮。一种溶肉瘤素的衍生物。对肿瘤细胞有较高选择性。对精原细胞瘤、多发性骨髓瘤、霍奇金氏病、淋巴肉瘤等有明显疗效。对肺癌、乳腺癌、卵巢癌等也有一定疗效。由苯甲醛氮芥噁唑酮在锌粉存在下于冰乙酸和盐酸溶液中还原和水解制得溶肉瘤素,再在乙酐中以甲酸酰化而制得。

甲硝唑 metronidazole 又名甲硝达唑、灭滴灵、灭滴唑、耐瑞、2-甲基-5-硝基咪唑-1-乙醇。白色或乳白色结晶性粉末。味苦而略咸。熔点 $158\sim160$℃。微溶于水、氯仿,稍溶于乙醇,溶于热水。一种硝基咪唑类抗菌物。抗菌谱包括脆弱类杆菌、梭杆菌属等厌氧菌,不易产生耐药性。但对需氧菌无效。用于治疗肠道和肠外阿米巴病、阴道滴虫病、小袋虫病、皮肤利什曼病、麦地那龙线虫感染等,也用于术后厌氧菌感染。由 2-甲基-5-硝基咪唑与环氧乙烷反应制得。

甲溴东莨菪碱
见"东莨菪碱。"

甲基苄啶 trimethopim 又名甲氧苄氧嘧啶、5-[(3,4,5-三甲氧基苯基)甲基]-2,4-嘧啶二胺。白色至类白色结晶性粉末。无臭,味苦。熔点 $199\sim203$℃。不溶于水,微溶于乙醇、丙酮,易溶于冰乙酸。一种抗菌增效剂。很少单独使用,常与磺胺药或抗生素联用。如与磺胺甲噁唑或磺胺嘧啶合用,可使抗真菌作用增强数倍或几十倍,甚至有杀菌作用。也可增强四环素、庆大霉素等抗生素的抗菌作用。以没食子酸或香兰醛为原料合成制得。

甲氧基丙胺 methoxy propylamine
$CH_3OCH_2CH_2CH_2NH_2$ 无色透明液体,有氨味。相对密度0.8729。熔点低于$-70℃$。沸点118℃。折射率1.4159(25℃)。溶于水、乙醇、乙二醇、甘油,微溶于乙醚、苯及脂肪烃溶剂。能吸收水及二氧化碳,长期暴露于空气中会变色。微毒。用于制造药品、染料、谷物防护剂等,也用作催化剂、润湿剂、乳化剂、冷却水系统缓蚀剂等。由β-甲氧基丙腈经催化加氢制得。

2-甲氧基-3-甲基吡嗪 2-methoxy-3-methylpyrazine 淡黄色液体。相对密度1.075。沸点87℃(8kPa)。闪点55℃。折射率1.5070。一种吡嗪类合成香料。天然存在于焙炒咖啡、啤酒等中。有炒坚果香气。用于调配榛子、杏仁、花生、核桃等香型香精。加入炒坚果中可使土腥味消失,改善速溶咖啡的味道。以2-甲基-3-氯代吡嗪与甲醇为原料制得。

甲氧氯普胺 metoclopramide 其盐酸盐又名胃复安、灭吐宁、氯普胺、甲氧普胺。为白色结晶性粉末。无臭,味苦。熔点145℃(分解)。易溶于水、甲醇,略溶于乙醇。在酸性溶液中稳定。一种催吐药。可阻滞多巴胺受体而具有强大的中枢性镇吐作用,并能促进胃蠕动,使幽门舒张,缩短食物通过胃和十二指肠时间。用于治疗恶心呕吐、消化不良、嗳气等消化功能障碍等疾病,也用于胆道疾病和慢性胰腺炎的辅助治疗。但本品仅对药物、尿毒症和放射治疗等引起的呕吐有效,而对前庭功能紊乱引起的呕吐无效。不良反应有嗜睡、倦怠、头晕等。由对氨基水杨酸经酯化、酰化、甲基化、氯化、缩合、水解等反应制得。

甲乙酸酐 acetic-formic anhydride 又名甲乙酐。透明液体。沸点27~28℃(1.33kPa)。溶于乙醇、乙醚、苯、丙酮等有机溶剂。遇水分解为乙酸及一氧化碳。用作有机合成甲酰化剂。医药上用于合成抗肿瘤药甲酰四氢叶酸钙。由乙酰氯与甲酸钠反应制得。

甲乙酮肟 methyl ethyl ketoxime 又名2-丁酮肟。无色至淡黄色油状液体。相对密度0.9232。熔点

−29.5℃。沸点 152～153℃。折射率 1.4410。溶于 10 份水中，与醇、醚及多种有机溶剂混溶。用作气干型油基漆、醇酸漆、环氧树脂漆等的防结皮剂，能与锰、铅等催干剂形成配合物，使其暂时失去催干性，使油漆在储存中不结皮。而当油漆涂布成膜时，甲乙酮肟挥发，催干剂功能又恢复，油漆干燥成膜。也是生产硅酮类交联剂的主要原料。在锅炉水系统中用作脱氧剂及钝化剂。由甲乙酮与盐酸羟胺或在硫酸羟胺水溶液中与氨反应制得。

甲状腺素 thyroxine 又名四碘甲状腺原氨酸。白色针状结晶。无味。熔点 231～233℃（分解）。不溶于水、乙醇、乙醚，溶于含无机酸或碱的乙醇及碱液。为甲状腺所分泌的激素。可用作甲状腺激素替代药及生化试剂。临床可用于治疗呆小病、黏液性水肿及其他甲状腺功能减退症。由猪、牛、羊等食用动物的甲状腺体脱脂、干燥、研碎而得。也可以 3,5-二碘-L-酪氨酸为原料制取。

假麻黄碱 pseudo-ephedrine 又名盐酸伪麻黄碱、盐酸右旋麻黄碱。麻黄碱的一种旋光异构体。白色或近白色结晶性粉末。无臭、味苦。熔点 181～182℃。易溶于水，溶于乙醇、氯仿。游离碱为斜方形结晶，熔点 119℃。微溶于水，易溶于乙醇、乙醚、丙酮。药理作用与麻黄碱相同。但不良反应较轻。常用于治疗支气管哮喘、慢性支气管炎、肺气肿等。尤对不能耐受麻黄碱的病人更适用。也用于治疗单纯性鼻炎、急性鼻炎、副鼻窦炎、耳咽炎等。由木贼麻黄及草麻黄提取分离制得。

坚牢洋红 FB fast carmine FB 又名永固桃红 FB。艳红色粉末。色光呈蓝光红色。熔点 306℃。耐热温度 130～140℃。耐晒性 5 级。吸油量 40%～50%。不溶于水，易溶于乙醇，微溶于丙酮。耐晒牢度高，耐溶剂性较好，用作油漆、油墨、橡胶、塑料、文教用品、涂料印花浆及化妆品的红色着色剂。油漆中用于调制汽车漆及工业漆，油墨中主要用于调制胶版油墨,化妆品中可用于唇膏、眼影粉及指甲油等着色。由3-氨基-4-甲氧基-N,N-二乙基苯磺酰胺经重氮化后,与N-(2-羟基-3-萘甲酰基)-2,4-二甲氧基-5-氯苯胺偶合制得。

间苯二胺 *m*-phenylenediamine 又名间二氨基苯、1,3-二氨基苯。无色或白色针状结晶。工业品略带灰色。相对密度1.139。熔点62℃。沸点282～284℃。折射率1.6339(58℃)。溶于水、乙醇、丙酮,微溶于乙醚,不溶于苯。水溶液呈碱性。与无机酸反应生成易溶于水的盐类。空气中易被氧化而使颜色变深,加入适量还原剂可防止其氧化。用于制造偶氮染料、噁嗪染料、活性染料,医药上用于合成治障宁。也用作环氧树脂固化剂、水泥促凝剂、石油添加剂等。由间二硝基苯经铁粉还原或经催化加氢制得。

间苯二酚 resorcinol 又名雷锁辛、1,3-苯二酚。白色针状或板状结晶,有甜味。暴露于光及湿空气中或与铁接触时变为粉红色,相对密度1.272(15℃)。熔点109～111℃。沸点281℃。闪点127℃。高温升华,能与蒸气一起蒸发。是强还原剂。溶于水、甘油、乙醇、乙醚及碱溶液,微溶于氯仿、二硫化碳,稍溶于苯。受高热散发出有腐蚀性气体。中等毒性,对皮肤有刺激性,并易为皮肤吸收而中毒!用于制造合成树脂、染料、医药、涂料、炸药及紫外线吸收剂等。也用作环氧树脂固化促进剂,能促进酚醛树脂固化。由间苯二磺酸经碱溶、酸化而得,或由间苯二胺水解制得。

间苯二酚单苯甲酸酯 resorcinol monobenzoate 又名单苯甲酸间苯二酚酯、紫外线吸收剂RMB。白色至淡黄色棱柱状结晶粉末。熔点132～135℃。沸点140℃(20Pa)。微溶于水及苯,溶于乙醇、丙酮、氯仿、乙酸乙酯等。在邻苯二甲酸二辛酯中的溶解度随温度上升而急剧增大。受光照时,分子结构发生重排,形成2,4-二羟基二苯甲酮结构,可吸收部分紫外线,最大吸收波长340nm。用作聚氯乙烯及纤维素树脂的光稳定剂及抗氧剂。也用作医药中间体。由间苯二酚与苯甲酰氯反应制得。

间苯二酚-甲醛树脂胶黏剂 resorcinol-formaldehyde resin adhesive 又名间苯二酚树脂胶黏剂,是由间苯二酚与甲醛以摩尔比1:(0.6～0.7),在酸或碱性催化剂存在下反应,或不用催化剂在100～150℃下反应,反应结束后冷却,并用乙醇稀释的胶液。市售品为50%～60%醇溶液或水溶液。使用时加入甲醛或六亚甲基四胺,可在室温迅速固化。胶液具有优良的耐候性、耐热性、耐水性。用于制造高级胶合板,粘接金属、木材、皮革、橡胶、纤维及其他无机材料等。也可用作天然或合成橡胶胶乳的改性剂。室温储存期约半年。

间苯二酚双(羟乙基)醚 resorcinol bis (hydroxyethyl) ether 简称HER。纯品为

白色至灰白色结晶或粉末。熔点87～89℃。羟值约560mgKOH/g。工业品为灰白色固体。熔点80～90℃。HER是氢醌双(羟乙基)醚的同分异构体,可用作硬质聚氨酯弹性体的扩链剂。由于可在较低温度下熔融、结晶较慢,可改进制品的拉伸性,降低收缩率,提高脱模性能。也用于生产聚酯塑料,增加聚酯塑料的阻燃性。由间苯二酚与亚乙基碳酸酯反应制得。

间苯二甲酸二甲酯-5-磺酸钠 dimethyl-5-sulfoisophthalate sodium 淡黄色固体,熔点>300℃。溶于水,不溶于乙醇、乙醚。为阴离子表面活性剂,有良好的润湿、分散性能。用作聚酯纤维的染色改性剂,能使改性后的聚酯纤维染色更为鲜艳浓厚,色谱齐全,并具有抗起球作用。由间苯二甲酸与发烟硫酸反应制得间苯二甲酸-5-磺酸后再与甲醇反应制得。

间苯二甲酸二异辛酯 diisooctyl isophthalate 又名1,3-苯二甲酸二异辛酯,简称DIOIP。透明油状黏稠液体,微具气味。相对密度0.983(25℃)。熔点-44℃。沸点240℃(0.667kPa)。闪点232℃。不溶于水,溶于丙酮、苯、氯烃类等溶剂。用作聚氯乙烯、氯乙烯共聚物、硝酸纤维素等的增塑剂。也可替代邻苯二甲酸二辛酯用于制造聚氯乙烯软制品,具有迁移性小,挥发性低、耐抽出性好等特点。用于增塑糊可保持糊料的低黏度。由苯二甲酸与异辛醇反应制得。

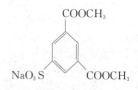

间苯二甲酸二辛酯 dioctyl isophthalate 又名间苯二甲酸二(2,2基己酯)、1,3-苯二甲酸二(2-乙基己基)酯、增塑剂DOIP。无色透明油状液体。相对密度0.982～0.983(25℃)。熔点-44℃。沸点241℃(0.667kPa)。闪点232℃。难溶于水,溶于丙酮、苯、乙酸乙酯等。低毒。用作聚氯乙烯、硝酸纤维素、乙基纤维素等的增塑剂,具有迁移性小、挥发性低、耐热及耐低温性好、电性能优良等特点,且价格较低,但增塑效率较差,可作邻苯二甲酸二辛酯代用品,制作电线、桌布、餐具垫布等软制品。也用作氯化橡胶、氯丁橡胶等的增塑剂。由间苯二甲酸与2-乙基己醇反应制得。

间二甲苯氨氧化制间苯二(甲)腈催化剂 catalyst for m-xylene ammoxidation to m-dicyanobenzene 间二甲苯氨氧化制间苯二(甲)腈有流化床及固定床工艺。流化床法所用催化剂有NC-2型,为V_2O_5/SiO_2系微球形细颗粒。堆密度0.8～1.0g/mL。孔体积0.6mL/g。比表面积180m²/g。在400～430℃,常压～0.04MPa,间二甲苯:氨:空气=1:(6~8):(30~41)(摩尔比)的反应条件下,间苯二(甲)腈收率>88%。固定床催化剂有M-500,是以矾为活性组分、硅胶为载体的圆柱体,堆密度 0.62g/mL,比表面积约 250m²/g,在 668℃、氨/间二甲苯比为 7.5,空气/间二甲苯比为 50,空速为 450h⁻¹ 的条件下反应,间二甲苯转化率达 99.8%,间苯二(甲)腈收率为 70.4%。

间甲酚 *m*-cresol 又名间甲苯酚、3-甲酚。无色至淡黄色液体,低温时为结晶。有苯酚样气味。相对密度 1.034。熔点 10.9℃。沸点 202℃。闪点 86℃(闭杯)。折射率 1.5438。微溶于水,溶于多数常用有机溶剂及苛性碱液。呈弱酸性。可进行硝化、磺化及烷基化等反应。易氧化,与空气接触时颜色变深。可燃。有毒!蒸气对皮肤、黏膜有强刺激及腐蚀作用。吸入时对神经及肾有损害。用于制造高效低毒农药(如倍硫磷、杀螟松等)、增塑剂、香料、彩色胶片、染料等。也用作环氧树脂固化促进剂。由甲苯与丙烯反应生成异丙基甲苯后,再经空气氧化及硫酸酸解而制得。

间甲酚烷基化制 2,3,6-三甲基苯酚催化剂 catalyst for *m*-cresol alkylation to 2,3,6-trimethyl phenol 2,3,6-三甲基苯酚是合成维生素 E 主环 2,3,5-三甲基对苯氢醌的基本原料。本催化剂用于以间甲酚为原料、甲醇为甲基化剂、经气固相反应一步合成 2,3,6-三甲基苯酚。中国产品牌号为 MTC-01,是以铁系复合氧化物为催化剂活性组分,并加入适量助剂。外观为 φ5×5mm 棕褐色圆柱体。堆密度 1.5g/mL。孔体积约 0.18mL/g。比表面积约 70m²/g。在反应温度 360℃、反应压力 0.2MPa、空速 0.8h⁻¹ 的条件下,间甲酚单程转化率 >99.89%,2,3,6-三甲基苯酚选择性 >90.8%。可由金属活性组分经溶解、沉淀、过滤、洗涤、干燥、成型、活化等过程制得。

2-(间三氟甲苯氨基羰基)苯甲酸钠 2-[[[3-(trifluoromethyl)phenyl]amino]carbonyl]benzoic acid monosodium salt

又名邻苯二甲酰替-3′-三氟甲基胺钠盐。白色结晶。溶于水。一种大豆生长调节剂。被根、茎、叶吸收后,可抑制营养生长。对大豆植株生长有控制调节作用,可将养分集中到籽粒增多和饱满上,有利于抗倒伏、抗旱涝灾害等。以间三氟甲基苯胺、邻苯二甲酸酐等为原料制得。

间戊二烯石油树脂 *m*-pentadiene pentroleum resin 浅黄色颗粒状树脂。软化点 >95℃。酸值 ≤1.0mgKOH/g,溴值 20～45gBr/100g。不溶于水、乙醇,溶于丙酮、甲苯、氯仿、乙酸乙酯、溶剂汽油及松节油等。可燃。无毒。用作热熔胶、压敏胶、溶剂型胶黏剂的增黏剂,具有黏持力强、热稳定性好、耐老化、与树脂相容性好等特点。也用作油墨连接料及展色剂,橡胶增强剂等。由间戊二烯经阳离子催化聚合制得。

减薄剂 photographic reducer 指能部分溶解感光胶片影像上的银粒,减低正片或负片中的影像密度或改变影像反差的化学药剂。具有补救曝光或显影过度和减去灰雾的作用。常用的药剂有：①铁氰化钾和硫代硫酸钠，可对整影像减去相等的密度，称等量减薄；②过硫酸铵和硫酸，对密度大的减得多，对密度小的减得少，称超比例减薄；③高锰酸钾和硫酸，可按比例将影像密度减薄，称等比例减薄。

减水剂 water decreasing agent 又称塑化剂或分散剂，是指能保持混凝土和易性不变而显著减少其拌水量的外加剂。由于其具有多种功能，是混凝土常用外加剂。一般分为普通减水剂、高效减水剂、低坍落减水剂三类。普通减水剂又称塑化剂，要求减水率≥5%，龄期3～7d的混凝土压缩强度提高10%，28d的混凝土压缩强度提高5%以上；高效减水剂又称超塑化剂，要求减水率≥10%，龄期1d的混凝土压缩强度提高30%以上，3d、7d及28d的混凝土压缩强度分别提高25%、20%及15%以上。低坍落度损失减水剂能保持混凝土的坍落度在一定时间内损失量为最少。有的减水剂与其他外加剂复配后，具有多种功能，故又有缓凝减水剂、引气减水剂及早强减水剂等。品种及牌号很多。普通减水剂主要分为木质素、腐殖酸及糖钙减水剂；高效减水剂多数是化工合成产品，按合成原料分为萘系、蒽系、甲基萘系、古马隆系、三聚氰胺系、氨基磺酸盐系、黄化煤焦油系、脂肪酸系及聚羧酸盐系减水剂等类别。

减水剂 AF water reducing agent AF

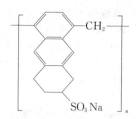

又名蒽磺酸钠甲醛缩合物、多环芳烃磺酸盐甲醛缩合物。属阴离子表面活性剂。棕褐色粉末。聚亚甲多环含量≥54.5%。硫酸钠含量＜38%。pH值7～8。易溶于水，水溶液呈碱性。对钢筋无腐蚀性。用作低引气型混凝土高效减水剂。对水泥凝体有良好分散性，促进水泥水化反应进行，提高混凝土强度。特别适用于滑模施工，大模板，泵送混凝土等工艺。由煤焦油分离的粗蒽经硫酸磺化，甲醛缩合及碱中和等过程制得。

减阻剂 drag reducer 一种可降低流体在管道的流动阻力，提高输送速度和射程的添加剂。可分为水溶性及油溶性两大类，以水溶性减阻剂品种较多。水溶性减阻剂有人工合成的聚氧化乙烯、聚丙烯酰胺、天然的瓜尔豆胶、田菁粉、皂角粉等。可应用于循环冷却水系统、消防水系统等。如在水中加入25mg/kg聚氧化乙烯，可使水在管道中所受阻力下降约75%。油溶性减阻剂有聚异丁烯、烯烃共聚物、聚甲基丙烯酸酯等，可用于原油及石油产品的管道输送，如在原油中加入60mg/kg聚异丁烯，可大大提高原油的管输能力，起到增输节能的效果。

碱保持剂 alkali retention agent 能使水基润滑液保持一定碱性的物质。其作用是使流体保持一定碱性，防止发生酸败和腐蚀,延缓生物性变质等。常用的有碳酸钠、焦磷酸钾、三乙醇胺、烷基醇胺等。

碱式硅铬酸铅 basic lead silicochromate $PbSO_4 \cdot 3PbO \cdot PbCrO_4 \cdot PbO \cdot SiO_2$ 黄色粉末。为二氧化硅核表面包覆碱式铬酸铅及 γ-三盐基硅酸铅的复合物,其内核和外层经高温固相反应而紧密结合,二氧化硅含量 $45.5\% \sim 48.5\%$,氧化铅含量 $46\% \sim 49\%$,三氧化铬含量 $5.1\% \sim 5.7\%$。具有优良的防锈效能、保色性及抗粉化性,是一种金属防锈颜料,含铅量比红丹少,毒性低。可替代中铬黄使用。用于制造面漆、中涂层、水性涂料及各种防锈底漆,也用于路标涂料。由黄丹、硅微粉、铬酸酐溶液反应制得。

碱式硫酸镁晶须 basic magnesium sulfate whisker 白色粉末或粒状物。化学组成为 $MgSO_4 \cdot 5Mg(OH)_2 \cdot 3H_2O$。相对密度约 2.3。松堆密度 $0.2 \sim 0.3$ g/mL。晶须长度 $0.5 \sim 15 \mu m$。比表面积 $< 15 m^2/g$,使用温度低于 $250°C$。易溶解成液体,与有机溶剂的亲和性好。分子结构中存在结晶水,有优良的阻燃性,与树脂易复合。用作塑料的增强材料,可单独使用或与滑石粉并用。也用作胶黏剂或涂料的增强、增韧材料。由氢氧化镁与硫酸进行水热反应制得。

碱式硫酸铅 basic lead sulfate $PbSO_4 \cdot 3PbO \cdot H_2O$ 白色或淡黄色粉末。铅含量 $> 80\%$。相对密度 $4.2 \sim 4.5$。不溶于水及有机溶剂。溶于碱类和乙酸铵水溶液。用作聚氯乙烯热稳定剂,能赋予制品良好的耐热性、耐水性及耐光性。主要用于电线电缆制品,也用于制造户外用漆、瓷砖等。由硫酸铵与氧化铅反应制得。

碱式碳酸镁 basic magnesium carbonate $3MgCO_3 \cdot Mg(OH)_2 \cdot 3H_2O$ 又名轻质碳酸镁。白色单斜晶系或无定形疏松粉末。无毒、无味。相对密度 2.16。折射率 1.543。加热至熔点时分解,放出水及 CO_2,$700°C$ 时转变成氧化镁。不溶于水、乙醇,易溶于酸及铵盐溶液。水中长时间煮沸时,部分分解为氢氧化镁,使水呈弱碱性。用于制造镁盐、氧化镁、防火涂料、油墨、陶瓷、爽身粉、牙膏等。也用作橡胶填充剂及补强剂,塑料、纸张、涂料等的填充剂,食盐防结块添加剂,面粉改良剂,医药上用作解酸剂。由白云石与镁粉混合煅烧后,再经化浆、碳化、干燥而制得。

碱式碳酸铅 basic lead carbonate $2PbCO_3 \cdot Pb(OH)_2$ 又名铅白、白铅粉。无色六方晶系结晶或粉末。相对密度 6.14。熔点约 $400°C$。纯品含碳酸铅 68.9%。工业品含碳酸铅 $62\% \sim 80\%$。通常有 $2PbCO_3 \cdot Pb(OH)_2$、$4PbCO_3 \cdot Pb(OH)_2 \cdot PbO$ 及 $PbCO_3$ 等三种形式,$150°C$ 开始失水,$220°C$(4h)有 $9\% CO_2$ 分解,有 95% 转变为 $PbCO_3 \cdot PbO$。不溶于水、乙醇,溶于稀硝酸、氢氧化钾溶液,与含硫化氢气体接触时变黑,并生成 $4PbCO_3 \cdot PbS \cdot Pb(OH)_2$。有良好的耐候性。有毒! 天然矿物为水白铅矿,用于制造瓷釉、彩釉、防锈漆、珠光漆料、绘画颜料,也用作聚氯乙烯、氯乙烯共聚物及聚乙烯的热稳定剂。由碳酸铅在硫酸

碱式碳酸铜 basic cupric carbonate $CuCO_3 \cdot Cu(OH)_2$ 孔雀绿色无定形粉末。相对密度3.85。是铜表面上绿锈的主要成分。不溶于冷水、乙醇,溶于酸并形成相应的盐,也溶于氰化物、铵盐和碱金属碳酸盐的水溶液而形成铜的配合物。在热水中分解,在碱金属碳酸盐溶液中煮沸时,形成褐色氧化铜。加热至200℃时分解。碱式碳酸铜也存在$2CuCO_3 \cdot Cu(OH)_2$的形式,在空气中长时间放置时,吸湿放出CO_2,转变成$CuCO_3 \cdot Cu(OH)_2$。用于制造颜料、焰火、油漆、铜催化剂及其他铜化合物。也用作农用种子杀菌剂、杀虫剂、饲料添加剂、原油储存时的脱碱剂、磷毒的解毒剂等。由硫酸铜与碳酸氢钠溶液反应制得。

碱式碳酸锌 basic zinc carbonate 又名次碳酸锌。$ZnCO_3 \cdot 2Zn(OH)_2 \cdot H_2O$ 无定形白色微细粉末。无臭、无味。相对密度4.42~4.45。不溶于水、乙醇、丙酮,微溶于氨水、铵盐溶液,溶于稀酸及烧碱溶液。与30%浓度的双氧水反应释出二氧化碳,形成过氧化物。140℃开始分解。按不同时间段加热至250~500℃时,冷却至常温后可发生荧光现象。用于制造人造丝、颜料、脱硫剂、陶瓷制品及其他锌盐。也用作天然及合成橡胶的硫化活性剂。医药上用作轻度收敛剂,用于配制炉甘石洗剂,皮肤病药膏等。由硫酸锌溶液与碳酸钠溶液反应制得。碱式碳酸锌中ZnO与CO_2的比例与制造时的溶液浓度及温度有关,通常$ZnO/CO_2 > 3$时,为碱式碳酸锌。

碱性蛋白酶 alkaline proteinase 最适反应pH值在碱性范围内的蛋白质。褐色透明液体。相对密度约为1.06。酶活力(相当于标准值)85%~115%。最适pH值9.5~10.5,pH值为6~10时较稳定。最适作用温度50~60℃。用于配制加酶洗涤剂,重垢型餐具及工业洗涤剂,能有效除去蛋白质污迹、汗迹及蛋白质类食物污迹。也用于制革和丝绸脱胶,可消除传统工艺硫化钠脱毛的污染,变废水为农肥。由地衣状芽孢杆菌经深层发酵制得。

碱性染料 basic dyes 又名盐基染料。在水溶液中能解离生成阳离子色素的染料,是阳性电荷色素和盐酸、草酸组成的盐,或是与氯化锌组成的复盐,其结构有二苯甲烷、三苯甲烷、二苯基萘基甲烷、氧杂蒽、噻嗪、吖嗪、噁嗪、喹啉等类型。碱性染料色谱齐全、色泽鲜艳,但上染纤维后耐光色牢度及耐洗色牢度较差,故在纤维制品染色使用上受到限制。主要用于文教用品,如复写纸、圆珠笔油、印台油及纸张的着色及色淀制造。

健美剂 health care and beauty additives 指有助于人体形体健美的一类添加剂。这类物质经透皮吸收后,可促进脂肪代谢,抑制脂肪合成,协助排出脂肪分解物,以达到瘦身健美目的。健美化妆品又称为抗脂肪团产品、减肥产品等。具有健美瘦身作用的添加剂有:①促使脂肪分解的物质。如环—磷酸腺苷可刺激脂肪细胞,促使脂肪酶活化,使甘油三脂分解,还可阻碍其代谢物沉积。而咖啡因、萘碱、可可碱等活性成分有助于细胞内环一磷酸腺苷生成。②促进代谢作用的物质,如黄酮类化合物可直接对静脉和淋巴毛细微循环系统发生作用,有利于维持良好的排泄功能,清除脂肪。③促进结缔组织再生的物质,如各种糖苷、胆固醇、水解弹性蛋白、细胞生长因子等。此外,一些海洋生物藻类提取物及中草药活性成分等也具有健美瘦身效果。

姜油树脂 ginger oleoresin 又名生姜浸膏。黄色至棕褐色黏稠液体,具生姜特有的强烈辛辣味。与姜油相比,精油成分要低,含精油约30%～40%。主要功能性成分为姜酮、姜烯、姜醇、龙脑、柠檬醛及桉叶醛等,也含有少量醇溶蛋白、油脂及碳水化合物。微溶于水及油脂,溶于乙醇有沉淀。用作香料,有辛香、姜香味,较精油辣味重、后味凉。用于烘焙食品、姜汁、糖果及肉汁等。由生姜块茎粉碎后经乙醇浸提、浓缩而制得。

浆料 pasty stock 又名经纱上浆剂。为改善经纱的可织性,降低经纱断头率,消除布面上的庇点,在经纱或织物整理过程中施加的能成膜的高分子物质。基本组成为黏料、分散剂、填充剂、柔软剂、防腐剂等,对于高密织物、合成纤维的上浆,还需加入渗透剂、吸湿剂及防静电剂等。根据所用的黏料不同,可分为:①天然浆料,又可分为植物性(主要为各种淀粉及海藻类)、动物性(白明胶、骨胶等)及油脂性(如亚麻仁油、桐油等);②半合成浆料(如糊精、改性淀粉等);③合成浆料,主要有聚乙烯醇、聚丙烯酸酯类、聚丙烯酰胺等。

降冰片烯二酸酐 endic anhydride 又名3,6-内亚甲基-1,2,3,6-四氢化邻苯二甲酸酐。白色柱状结晶。相对密度1.417。熔点164～165℃。

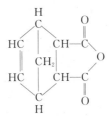

难溶于水,溶于苯、甲苯、乙醇、丙酮、氯仿,微溶于石油醚。有潮解性,受热升华。用作环氧树脂固化剂,适用于浇铸、层压及粉末成型。也用于制造聚酯树脂、醇酸树脂、增塑剂、杀虫剂等。由环戊二烯与顺丁烯二酸酐反应制得。

降低汽油烯烃含量的催化裂化催化剂 depress gasoline olefin content catalytic cracking catalyst 粒度主要为20～149μm的微球催化剂。主活性组分为磷及稀土改性的Y型分子筛。载体为改性高岭土。Al_2O_3含量≥43%。孔体积0.32～0.40mL/g。比表面积≥230m²/g。表观松密度0.62～0.75g/mL。磨损指数≤3.5%。适用于需要降低催化汽油中烯烃含量的催化裂化装置。中国商品牌号有GOR-Q、GOR-DQ等。由高岭土、一水软铝石、磷酸经混合、成胶反应,再加入铝溶胶、分子筛混匀后,经喷雾干燥、洗涤、过滤、干燥而制得。

降滤失剂 filtrate reducers 又名降失水剂、滤失控制剂。用于降低水基钻井液滤失量的一类助剂。主要分为纤维素类(如羟甲基纤维素钠)、腐殖酸类(如硝基腐殖酸钠、铬腐殖酸、磺甲基褐煤)、丙烯酸类聚合物(如水解聚丙烯腈、聚丙烯酸盐聚合物)、树脂类(如磺甲基酚醛树脂、磺化木质素磺甲基酚醛树脂缩合物）及淀粉类（如羧甲基淀粉、羧丙基淀粉等）。加入降滤失剂的作用是，通过在井壁上形成低渗透率、柔韧、薄而致密的滤饼，从而使钻井液的滤失量降低。

降凝剂 pour point pepressant 又名倾点下降剂。能降低油品凝点、改善其低温流动性能的一类添加剂。主要用于润滑油，也用于柴油、重油及原油。用于润滑油的降凝剂有长链烷基酚、烷基萘、聚甲基丙烯酸十二烷基酯、聚丙烯酸酯等；用于柴油的降凝剂有乙酸乙烯酯-α-烯烃共聚物；用于重油的降凝剂有高级饱和脂肪酸铝等；用于原油的降凝剂有乙烯-乙酸乙烯共聚物、苯乙烯-马来十八亚胺共聚物、丙烯酸酯-马来酸酐-乙酸乙烯酯共聚物等。

降黏剂 thinner 又名解絮凝剂、稀释剂。能降低钻井液黏度和切力，改变钻井液流变性能的一类助剂。用于增加钻井液的可泵性、降低流体阻力及压力损耗。根据其作用机理不同，分为两种类型，即分散型和聚合物型，分散型降黏剂主要有丹宁类（如磺化单宁、单宁酸钠）及木质素磺酸盐类（如铁铬木质素磺酸盐）；聚合物型降黏剂包括共聚型及低分子聚合物降黏剂（如磺化苯乙烯-马来酸酐共聚物、聚丙烯酸钠、丙烯酸钠与丙烯磺酸钠共聚物等）。

降（血）钙素 calcitonin 一种降低血浆中钙水平的多肽激素。是由哺乳动物甲状腺或副甲状及低等脊椎动物的支气管末稍傍体、终鳃板所分泌。化学本质是相对分子质量约3000的32肽。为白色粉末或类白色粉末。溶于水及碱液，不溶于乙醇、乙醚、丙酮，难溶于无机酸溶液。胰蛋白酶、胰凝乳蛋白酶、胃蛋白酶及多酚氧化酶等能破坏其活力。是用于治疗钙、磷代谢紊乱的药物，主要靶器官是骨。作用是降低破骨细胞和骨细胞对钙的通透性，并降低破骨细胞的数量和抑制其活动，因而抑制溶骨作用。治疗高血钙症、变形性骨炎、骨质疏松症、高磷酸盐血症等。还可用作甲状腺的髓细胞癌和肺癌等的诊断用药。由猪甲状腺、鳗类心脏等提取而得。

降血脂药 hypolipidemic drugs 指使血中过高的脂肪和类脂质，特别是甘油三酯和胆固醇降低的药物。根据药物的作用效果降血脂药可分为：①主要降低胆固醇和低密度脂蛋白的药物，包括胆酸螯合剂（如考来酰胺，考来替泊）、羟甲戊二酰辅酶A还原酶抑制剂（如洛伐他汀、普伐他汀）及植物胆固醇等；②主要降低甘油三脂及低密度脂蛋白的药物，包括苯氧乙烯类（如氯贝丁酯、吉非贝齐、非诺贝特）和烟酸类。

交联淀粉 crosslinked starch 淀粉与具有两个或多个官能团的化学试剂起反应，使不同淀粉分子的羟基间联结在一起，所得的淀粉衍生物称为交联淀粉。使淀粉分子间发生交联反应的含多元官能团的化合物称为交联剂，常用的有环氧氯丙烷、甲醛、三氯氧磷、三聚磷酸钠等。淀粉的交联形式有酰化交联、酯化交联及醚化交联等。与原淀粉比较，交联淀粉的颗粒形状变化不大，但具有糊化温度高、膨胀性小、黏度大及耐高温等性能。糊液对热、酸及剪切力影响具有高稳定性。交联作用降低了烧煮时淀粉的膨胀度,使淀粉颗粒增强剂能抵抗分裂而形成油膏状结构,很适合于用作增稠剂。用作织物上浆剂、表面施胶剂、瓦楞纸黏合剂、赋形剂、稳定剂、电池阻漏材料、石油钻井泥浆添加剂等。

交联剂 crosslinking agent 将线型或轻度支链型聚合物转化为三维网状结构高分子的作用称为交联。凡能在分子间起桥架作用,促使上述作用发生或加速的物质称为交联剂。交联剂在不同行业中有不同叫法。如在橡胶行业习惯称为"硫化剂",在塑料行业称为"固化剂"、"硬化剂";在胶黏剂或涂料行业称为"固化剂",以上称呼都有所不同,但反映的化学本性是相同的。交联剂种类很多,常用的有硫、硫化物、有机过氧化物、甲基丙烯酸酯类、胺类、醌类、有机二元酸及多元醇等。由于聚合物的结构和化学性质不同,而且交联反应与成型、成膜、固化等过程有关,交联剂的选择应视聚合物品种、加工工艺及制品性能而定。一般要求交联剂加入量少、交联效率高、交联结构稳定、无毒、使用方便、不影响制品使用性能及价格低廉等。

交联型橡胶压敏胶黏剂 crosslinking type rubber pressure sensitive adhesive 橡胶型压敏胶黏剂的一类。是在溶剂型橡胶压敏胶黏剂配方中加入交联剂(又称硫化剂)和交联促进剂(又称硫化促进剂)制得的压敏胶。通过交联,可提高压敏胶的耐热、耐水、耐溶剂等性能。所用交联剂有4类:①硫黄和传统的橡胶硫化促进剂并用,常用的硫化促进剂是二丁氨基二硫化甲酸锌,适用于天然橡胶压敏胶的交联;②多异氰酸酯及其与多元醇的加成物类,适用于天然橡胶和羧基化合成橡胶压敏胶的交联;③烷基酚树脂类,适用于天然橡胶和丁基橡胶压敏胶的交联;④有机过氧化物类,代表性的有过氧化苯甲酰、异丙苯过氧化物等,适用于丁苯橡胶、顺式异戊二烯橡胶和天然橡胶等的交联。交联型橡胶压敏胶可用于制造特种用途的胶黏制品,如喷漆保护用压敏胶黏片,重包装用压敏剂带,电绝橡胶黏带等。

交沙霉素 josamycin 一种大环内酯抗生素,即柱晶白霉素 A_3。为白色至淡黄色结晶性粉末。味苦。熔点 130～135℃。难溶于水,易溶于甲醇、乙醇、丙酮、氯仿,溶于乙醚、苯,抗菌作用及抗菌谱与红霉素相似,对呼吸道感染、各种皮肤软组织感染和口腔感染等疗效突出。口服吸收少,不良反应小,对于肝、肾功能基本无影响。抗菌活性与组织移行性均较乙酰螺旋霉素强,且不易产生耐药性。为消除苦味,适于儿童用药,常用其衍生物交沙霉素丙酸酯。

胶姆糖基础剂 chewing gum base compoments 又名胶基、基料、底胶。一种赋予胶姆糖起泡、增塑、耐咀嚼作用的添加剂。胶姆糖是唯一经咀嚼而不吞咽的食品,其类型有口香糖、泡泡糖及非甜味营养口嚼片等。它们是由胶基、糖、香精等制成,其中胶基占 20%～30%。胶基一般以高分子胶状物质如天然橡胶、合成橡胶等为主,加上软化剂、填充剂、抗氧化剂和增塑剂等组成。其中天然橡胶状物质有糖胶树脂、达马树脂、马来乳胶、节路顿胶、羊毛脂和萜烯树脂等;合成的有聚乙酸乙烯酯、丁苯橡胶、异丁橡胶、聚乙烯、聚异丁烯等。其中以聚乙酸乙烯酯应用最广。

胶黏剂 adhesives 又名黏合剂、胶接剂。是以黏料(或称基料)为主剂,配合各种固化剂、增塑剂、稀释剂、填料及助剂等配制而成的黏性物质,能使两个同质或不同的物体胶接在一起。黏料是胶黏剂的主要组分,包括合成树脂及合成橡胶、天然高分子物质(如淀粉、蛋白质等)。胶黏剂品种很多,按化学成分分为无机胶黏剂及有机胶黏剂(又分为天然系及合成系);按形态分为水溶液、溶液、乳液、无溶剂型、固态型、膏状胶黏剂等;按应用方法分为室温固化型、热固型、热熔型、压敏型、再湿型胶黏剂;按组分分为单组分、双组分及多组分胶黏剂;按用途分为结构用、非结构用、特种用胶黏剂等。广泛用于建筑、机械、电子、轻工、化工等行业。

胶凝剂
见"增稠剂"。

胶乳 latex 指聚合物颗粒分散在水介质中所形成的相对稳定的胶体分散体系的总称。根据聚合物在室温下的力学特性,习惯上将胶乳分为橡胶胶乳和树脂乳液。通常所能获得的胶乳主要包括天然橡胶胶乳、合成橡胶胶乳、合成树脂乳液和高聚物通过再分散所得的再分散乳液、胶乳。通过掺混、共混还可获得一些各有特性的橡胶-树脂胶乳、橡胶-橡胶胶乳、树脂-橡胶乳液、树脂-树脂乳液等,而几乎所有合成橡胶都有相应的胶乳品种,胶乳广泛用于制造海绵及浸渍的制品、压出制品、铸模制品、水基胶黏剂、水基涂料、水基油墨及地面上光、无纺布制造、纸张加工等。

胶体五氧化二锑 colloid antimony pentoxide $Sb_2O_5 \cdot 3.5H_2O$ 又名胶态氧化锑。高度分散、颗粒粒径极小的白色流动性粉末。相对密度 $1.23\sim1.30$。粒径 $0.015\sim0.04\mu m$。与水混溶并加入适量稳定剂后可获得白色稳定乳液或胶体,黏度 $0.10\sim0.12Pa\cdot s$,pH 值 $4\sim6$。不溶于硝酸溶液,溶于氢氧化钾溶液。具有较大的比表面积。用作阻燃剂,常用于棉、涤棉、腈纶及各种合成纤维织物的阻燃。干粉可用于聚氯乙烯树脂阻燃,并提高制品的热稳定性及透明性。也可与卤素阻燃剂并用,用于纸张、涂料、覆铜薄板及其他塑料的阻燃。由三氧化二锑与双氧水经回流氧化方法制得。

胶原蛋白 collagen 又名胶原。一类不溶于水、稀酸、稀碱及盐类的纤维状硬蛋白。是支持和保护机体的结缔组织的重要蛋白质成分,是高等动物内含量最丰富的结构蛋白质。胶原分子是由三条 α-肽链相互盘绕成三股螺旋构象。每条肽链约有 1000 个左右的氨基酸组成,其分子中含有大量脯氨酸及羟脯氨酸,赋予胶原分子有坚固性及稳定性。按所含 α-肽链结构组成的差别又有多种类型:胶原蛋白Ⅰ型,存在于真皮、肌腱等;胶原蛋白Ⅱ型,存在于软骨;胶原蛋白Ⅲ型,存在于婴儿的皮肤、大血管、胃肠;胶原蛋白Ⅳ型,存在于胎盘、晶状体等。在人体中,胶原是创伤复原过程中的重要物质,某些先天性畸形、肝硬化、关节炎等病变与胶原纤维变硬变脆、胶原增生或变性等有关。胶原蛋白水解物对皮肤有良好的亲合性、保湿性及渗透力,在化妆品中可用作抗皱、皮肤粗糙及愈疤等的调理品。一般使用相对分子质量为1000～1500的制品。工业上用猪、牛、羊皮或骨中的胶原熬制成的明胶,广泛用于医药、轻工及食品工业。

胶原蛋白酶 collagenase 又名胶原酶。一种能分解胶原蛋白的酶,在细菌中的溶组织梭状杆菌中存在较多,动物胰脏中也含有胶原蛋白酶。对胶原蛋白有很高的专一性,能作用于天然的胶原蛋白纤维、骨胶蛋白、骨胶纤维及明胶等,但对酪蛋白、卵清清蛋白及角蛋白等不起作用。其作用最适 pH 值为 6.5～7.8,钙、镁、锰及钴等离子对胶原蛋白酶有抑制作用。由溶组织梭状菌发酵制取的胶原蛋白酶能将胶原蛋白分子水解为若干条肽链,但不作用于其他蛋白质纤维。临床上可用于溃疡、创口及坏血组织的清理,也可用于预防疤痕生成的愈伤制品,与磷脂配合用于活肤乳液,有助于皮肤角质层的剥离,而对皮肤无刺激性。

焦谷氨酸 pyroglutamic acid 又名吡咯烷酮羧酸。是由谷氨酸分子内 α-碳原子上氨基与自身 γ-碳原子上羧基失

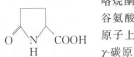

去一个水分子而缩合形成的环状化合物。由于其氨基已被掩盖,不能像普通氨基酸那样进行反应,在生物体内可以游离存在,有时构成肽链的末端。为易潮解晶体,熔点 183～185℃。商品主要为钠盐的形式。焦谷氨酸是皮肤角质层中的所谓天然调湿因子中的重要组成部分,其保湿能力约为甘油的一倍。对皮肤渗透性强,并可增进其他活性物质在皮肤、毛发上的吸收,用作护肤品添加剂,对皮肤有调理作用。在冷烫液中用作护发成分,指甲用品中用作保护剂。可由 L-谷氨酸溶于甲醇后与氨气反应制得。

焦磷酸 pyrophosphoric acid $H_4P_2O_7$ 无色针状晶体或黏稠液体。熔点 61℃。溶于水、乙醇、乙醚。用水稀释时转变成正磷酸。含焦磷酸根($P_2O_7^{4-}$)的盐有正盐(如 $Na_4P_2O_7$)及二氢盐(如 $Na_2H_2P_2O_7$),都有毒性。固体焦磷酸是 P_2O_5 含量在 79.6%～80% 的连多磷酸混合物自然晶化而形成的。市售品几乎没有纯的。加热至熔点以上时分解成正磷酸、三偏磷酸、多偏磷酸等的液体酸。用于制造焦磷酸盐或酯,也用作有机合成催化剂、有机过氧化物稳定剂,以及用于电镀及金属精炼。由正磷酸加热至 250～260℃ 时制得。

焦磷酸二氢钠 sodium dihydrogen pyrophosphate $Na_2H_2P_2O_7$ 又名酸式焦磷酸钠、焦磷酸二氢钠。无色单斜晶系结晶或粉末。相对密度 1.86。溶于水,水溶液呈酸性。水溶液与稀无机酸共同加热时,水解生成正磷酸。不溶于乙醇。加热至 220℃ 以上时分解成偏磷酸钠,有吸湿性。吸水后形成六水合物($Na_2H_2P_2O_7 \cdot 6H_2O$),为无色单斜晶系结晶,相对密度 1.80。与 Fe^{2+}、Mg^{2+} 等金属离子能形成配合物。用于电镀、电解及制药等,也用作洗涤助剂。食品工业用作防腐剂、膨松剂、发酵剂及营养剂等。

焦磷酸钙 calcium pyrophosphate $Ca_2P_2O_7$ 无色四方晶系或单斜晶系结

晶或白色粉末。相对密度3.09。熔点1230℃。在不同焙烧温度下可生成γ、β、α三种晶型。530～750℃时为γ型，750～900℃时为β型，1210℃时为α型。不溶于水、乙醇，溶于稀盐酸及硝酸。10%的悬浮水溶液的pH值为5.5～7.0。食品工业中用作缓冲剂、中和剂、营养增补剂及酵母养料等。γ型常用作高级牙膏的摩擦剂，其磨损值比碳酸钙低，用于防龋牙膏可提高氟的稳定性，也用作塑料薄膜开口剂、涂料填充剂、电工器材荧光体。由磷酸氢钙高温煅烧脱水、粉碎而得。

焦磷酸钾 potassium pyrophosphate $K_4P_2O_7$ 又名磷酸四钾。白色粉末或晶体。相对密度2.534。熔点1100℃。除无水物外，其含水结晶体还有一水合物、三水合物、及$3\frac{1}{2}$水合物等三种。极易吸湿潮解。易溶于水，不溶于乙醇。在水中溶解度是无水焦磷酸钠的30倍，水溶液呈弱碱性，1%水溶液的pH值为10.3。用作洗涤助剂，具有螯合碱金属离子（尤其是镁离子）、软化硬水及油脂乳化等功能，尤适用于制取液体重垢洗涤剂。也用于无氰电镀，代替氰化钾作电镀铬合剂。还是双氧水的优良稳定剂。由磷酸与氢氧化钾反应生成磷酸二氢钾溶液后，再经喷雾干燥及高温焙烘制得。

焦磷酸钠 sodium pyrophosphate 无色单斜晶系结晶或白色粉末。$Na_4P_2O_7 \cdot 10H_2O$ 相对密度1.824。溶于水，不溶于乙醇，水溶液呈碱性。水溶液加热煮沸时水解成磷酸氢二钠。有吸湿性。加热至93.8℃时失去结晶水生成无水物（$Na_4P_2O_7$）。无水焦磷酸钠又名磷酸四钠，为白色粉末或块状固体。相对密度2.534。熔点880℃。溶于水，易溶于酸，不溶于醇及液氨，煮沸时水解成磷酸氢二钠。能与碱土金属离子形成配合物，与Ag^+相遇生成白色焦磷酸银沉淀。具有较强的pH缓冲性，对金属离子有一定螯合作用。用作螯合剂、除垢剂、分散剂、洗涤助剂及金属表面处理剂。由磷酸氢二钠熔融、脱水制得无水焦磷酸钠，再经溶解、结晶而制得。

焦磷酸三聚氰胺 melamine pyrophosphate 又名焦磷酸蜜胺、三聚氰胺

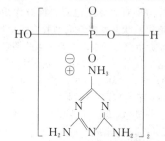

焦磷酸盐。白色结晶或固体状粉末。P_2O_5含量约33%，氮含量约38%。熔点320℃。5%热失重温度300℃。pH值3～5（25%水悬浮液）。几乎不溶于水，溶于乙醚、丙酮、苯。用作添加型阻燃剂，可单独使用，或作为辅助型阻燃剂与其他助燃剂并用。加工温度可达到300℃，燃烧时产生的烟密度很低。广泛用于各种工程塑料及热塑性塑料、合成橡胶及防火涂料等的阻燃。以焦磷酸与三聚氰胺为原料制得。

焦磷酸铁 ferric pyrophosphate $Fe_4(P_2O_7)_3$ 黄白色至黄褐色结晶粉

末,略有铁腥味。除无水物外还存在水合物,常含9个结晶水[Fe$_4$(P$_2$O$_7$)$_3$·9H$_2$O]。微溶于水、乙酸,溶于无机酸、氨水、碱溶液及柠檬酸。主要用作铁质营养增补剂,用于强化奶粉、婴儿食品及一般食品,是一种新型铁源,含铁量高达24%～30%,强化成本低、对肠胃刺激性小,无不良反应和副作用。也用于制造催化剂、防腐蚀涂料及合成纤维助燃剂等。由精制氯化铁或硝酸铁溶液与焦磷酸钠反应制得。

焦磷酸铜 cupric pyrophosphate 淡绿色粉末。不溶于水,溶于无机酸。Cu$_2$P$_2$O$_7$ 溶液呈铜离子本身的颜色。也溶于氨水及焦磷酸钾溶液。与氢氧化钾溶液煮沸生成CuO及K$_3$PO$_4$。可与焦磷酸钠生成水溶性较大的配盐Na$_2$Cu(P$_2$O$_7$)$_2$·16H$_2$O。也能与焦磷酸钾配位生成水溶性焦磷酸铜钾配盐。它对金属离子有较强的配位能力,故可用作金属离子封闭剂。主要用于无氰电镀,是供给镀液中铜离子的主盐,适用于装饰性电镀保护层的铜底层,用于镀铜、镀青铜、镀铜锡合金及镀镍等。也可用于配制磷酸盐颜料。由硫酸铜与焦磷酸钠反应制得。

焦磷酸亚铁 ferrous pyrophoshpate Fe$_2$P$_2$O$_7$ 新沉淀物为白色无定形固体,暴露于空气后转变为褐色,稍有铁腥味。溶于水,水溶液为浅绿色或暗灰绿色。通常用其水溶液,含焦磷酸亚铁1.7%～2.5%。主要用作铁质营养增补剂,用于强化奶粉、婴儿食品及饼干等食品。由精制氯化亚铁溶液与食用焦磷酸钠反应制得。

焦磷酰氯 pyrophosphoryl chloride

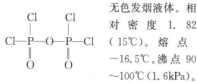

无色发烟液体。相对密度1.82(15℃)。熔点-16.5℃。沸点90～100℃(1.6kPa)。极易吸潮并分解。遇水会发生激烈反应。溶于乙醚、苯、三氯化磷、三氯氧磷、亚硫酰氯等。有毒!并有强腐蚀性。用于制造医药、农药、电子元件、激光材料等。由三氯氧磷与五氧化二磷反应制得。

焦炉煤气净化分解催化剂 catalyst for coke-oven gas purification and decomposition 又名氨分解催化剂。用于焦炉煤气净化工艺中氨、氰、苯类气体的催化分解,或氨分解制富氢保护气。产品牌号有NCA-1、NCA-2等。外观为φ19×15mm的灰色或黑色车轮状或球状。活性组分为氯化镍,载体为Al$_2$O$_3$。堆密度1.1～1.5g/mL。孔体积0.20～0.22mL/g。比表面积约5m^2/g。操作条件为:温度1000～1150℃、常压、空速500～750h^{-1}。用于焦炉煤气净化和回收装置中的氨分解炉、克劳斯炉内,将煤气中的氨等有毒气体分解成N$_2$、H$_2$和CO$_2$等,并制备富氢气。由特制氧化铝载体浸渍镍盐溶液后,经干燥、焙烧制得。

焦棓酸 pyrogallic acid 又名焦性没食子酸、焦棓酚、1,2,3-苯三酚。白色有光泽结晶。有苦味。暴露于光和空气中颜色逐渐变灰。相对密度1.453(4℃)。熔点131～

133℃。沸点 309℃（分解）。折射率 1.5610(114℃)。缓慢加热时升华。易溶于水、乙醇、乙醚，微溶于苯、氯仿。剧毒！对黏膜、皮肤的刺激性极强。经口摄入时会严重损伤消化道、肝、肾等。用作苯乙烯的阻聚剂、红外照相热敏剂、显影剂、还原剂及吸氧剂等。也用于制造偶氮及蒽醌染料、媒染剂及金属胶体溶液等。由没食子酸加热脱羟制得。

焦锡酸锌 zinc pyrostannate $ZnSn(OH)_6$ 白色立方晶系结晶或粉末。不溶于水。加热至400℃以上分解成氧化锌、二氧化锡及水。是聚丙烯、聚氯乙烯等合成树脂的新型无机阻燃剂。与氢氧化锡、氧化镁等比较，具有加入量少、产生烟雾小等特点，并对制品的机械性能有一定提高。对其他多数聚合物也有良好的阻燃抑烟等性能，与卤素型阻燃剂并用时效果更好。由焦锡酸钾与氯化锌溶液反应制得。

焦亚硫酸钾 potassium pyrosulfite $K_2S_2O_3$ 又名偏重亚硫钾。白色单斜晶系结晶性颗粒或粉末，有二氧化硫的气味。相对密度2.34。熔点190℃。加热至熔点时分解，并生成硫酸钾、硫及二氧化硫。易溶于水及稀酒精，微溶于乙醇，不溶于乙醚。1%水溶液的pH值3.4~4.5。在湿空气中易释放出二氧化硫，呈强还原性。遇酸则生成二氧化硫，用作漂白剂、杀虫剂、杀菌剂、抗氧剂、显影剂、食品保存剂、护色剂等。主要用于新鲜果蔬、肉类、饮料及葡萄酒等。由硫酸氢钾溶液通入二氧化硫反应制得。

焦亚硫酸钠 sodium pyrosulfite $Na_2S_2O_5$ 又名偏重亚硫酸钠、重硫氧。白色或微黄色结晶粉末。有强烈二氧化硫气味。相对密度1.4。高于150℃时分解出二氧化硫。溶于水，并生成稳定的亚硫酸氢钠。也溶于甘油，不溶于乙醇。遇强酸放出二氧化硫并生成相应的盐。有强还原性。用于制造氯仿、苯甲醛、苯丙砜、盐酸羟胺等化工及医药中间体。也用作橡胶凝固剂、媒染剂、脱氯剂、皮革柔软处理剂、杀菌防腐剂等。食品级焦亚硫酸钠用作防腐剂、疏松剂、护色剂、抗氧剂及食糖漂白剂等。由二氧化硫通入亚硫酸钠溶液制得。

角蛋白酶 keratinase 一种能分解角蛋白的碱性蛋白酶。在一些微生物，如细菌、链霉菌、蛾的幼虫的肠中都存在这种酶。可由发酵法制取。角蛋白酶溶于水，不溶于有机溶剂，常温下稳定，最适pH值为8.5~9.5。在100℃下5min会失活。角蛋白酶分解蛋白质中的二硫键，能将动物的角、蹄、毛发等转化为营养性的饲料蛋白。加入洗发香波中，能修饰和调整头发表面的角蛋白，增加头发光泽和柔软性。在护肤品中与维生素、卵磷脂等配合使用，有调理皮肤、抑制酪氨酸酶的作用。用于护齿品能协助除去齿151。还可用于食品中调节食品风味。

角鲨烷 squalane 又名异三十烷。无色透明油状液体，无臭、无味。相对密度0.8115(15℃)。熔点-38℃。沸点350℃。闪点218℃。折射率1.4530(15℃)。不溶于水，微溶于乙醇、丙酮，易溶于乙醚、苯、石油醚、氯仿及汽油。空气中稳定，阳光照射下会缓慢氧化。对人体皮肤有良好的渗透性、润滑性及

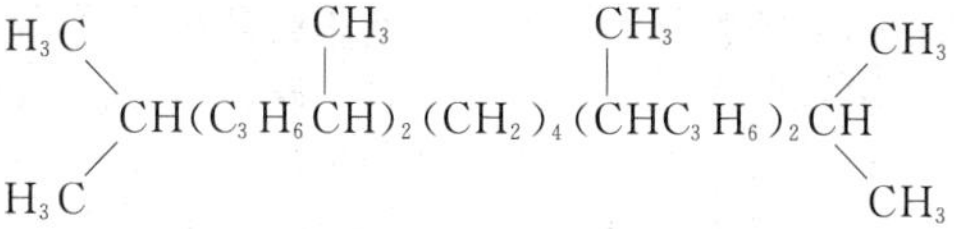

$$H_3C\text{-}CH(C_3H_6CH)_2(CH_2)_4(CHC_3H_6)_2\text{-}CH\text{-}CH_3$$
(with CH$_3$ branches)

透气性,与多数化妆品油性原料相容,用作高档化妆品的油性基质原料,用以制造润肤膏霜、乳液等。也用于合成异叶绿醇及用作精密机械润滑油。由角鲨烯经高压催化加氢制得。

角鲨烯 sgualene 又名三十碳六烯。

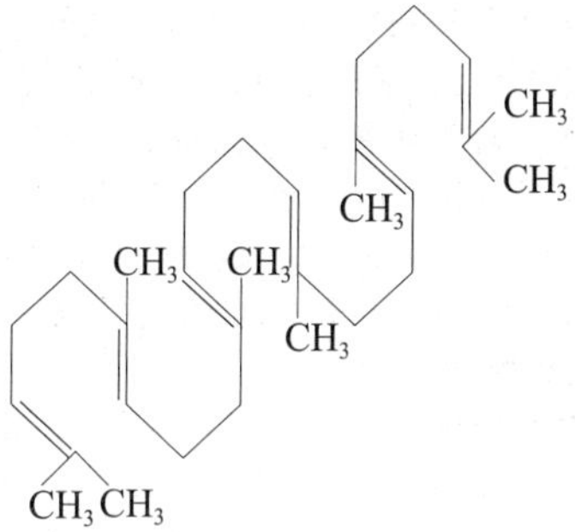

(structural formula of squalene)

一种三萜类化合物。天然存在于多种动植物油脂中,尤在深海鲨鱼的肝油中含量丰富,常温下为无色或微黄色油状液体,有特殊鱼肝油气味。相对密度0.8592。熔点 $-75℃$。折射率1.4954。常压下350℃沸腾,并有部分分解。不溶于水,难溶于乙醇,易溶于乙醚、丙酮、氯仿。空气中易氧化,久置时会产生特殊臭气。易在催化剂作用下加氢形成角鲨烷。人体皮肤分泌物皮脂中常因含角鲨烯及甾醇而维护皮肤的柔软滑润,在人体内还参与胆固醇的生物合成及多种生化反应。医药中用作口服营养药,可治疗高血压、贫血、糖尿病、肝硬化等疾病,也用作高级化妆品油性原料,制备各种护肤膏霜及乳液。由切碎的鲨鱼肝脏经减压蒸馏、脱酸等精制过程制得。

绞股蓝皂苷 gypenoside 一种四环三

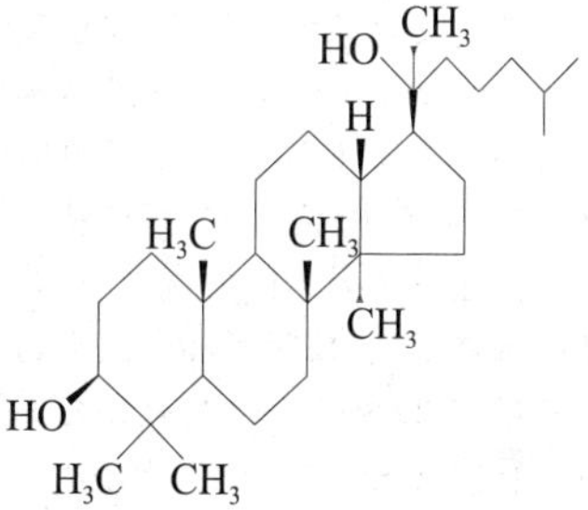

(structural formula)

萜类化合物。天然存在于葫芦科植物绞股蓝中。从绞股蓝中可分离出80余种与人参皂苷有类似骨架结构的绞股蓝皂苷。所以,绞股蓝皂苷有人参样作用,也具有降低体内脂质过氧化物含量、延长细胞寿命、增强超氧化物歧化酶活性、抗衰老及抗疲劳等作用,但效力比人参皂苷稍差。可用作食品及保健品添加剂。绞股蓝皂苷还具有良好的润湿、乳化、分散、去污起泡等能力,是一种天然表面活性剂。用于发水,对头发有护理和灰发转乌作用。可由绞股蓝全草用溶剂萃取制得。

接触型防污漆 comtact leaching antifouling paint 防污涂料的一种,是以不溶性氯乙烯-乙酸乙烯酯共聚物、丙烯酸酯等为基料,与氧化亚铜、氧化汞等毒料所组成。基料将毒料氧化亚铜颗粒粘住,毒粒颗粒之间与可溶物在漆膜内呈连续接触状,溶解后成蜂窝式孔隙或通道,以保持漆膜内部毒料与外界海水接触,连续地从孔隙中间向漆膜外输出释放,以防止海洋生物附着孳生。这类防污漆,由于漆膜内毒料含量高,防污期限要比溶解型防污漆长,涂二道一般可达2年左右,但其制造成本比后者要高。

接枝淀粉 graft starch 指以亲水性的、半刚性链的淀粉大分子为骨架,与烯类单体接枝共聚,引入不同功能团和调节亲水(极性)-亲油(非极性)链段结构的比例所得到的一类变性淀粉。所用烯类单体有乙烯、苯乙烯、丙烯酸、丙烯腈及丙烯酰胺等。通过选择不同的接枝单体,控制适当的接枝率、接枝频率和支链平均相对分子质量,可以制得各种具有独特性能的产品。它们既有多糖化合物的分子间的作用力与反应性,又有合成高分子的机械与生物作用稳定性和线型链展开能力。在高分子絮凝剂、高吸水材料、油田化学助剂、造纸工业助剂、可降解地膜和塑料等方面的应用中具有优异的性能。

揭阳霉素 jieyangmycin 又名灭虫丁、爱福丁、7051杀虫素。由$135^{\#}$、$43^{\#}$菌株发酵培养提取分离制得的农畜用广谱高效杀虫剂,是含有A_{1a}、A_{1b}、A_{2b}、A_2、B_{1a}、B_{1b}、B_{2a}及B_{2b} 8个组分的混合物,而以B_{1a}的活性最高,通常以B_{1a}的组分量计算该药的有效组分。原药B_{1a}为白色结晶粉末,无臭。熔点153~157℃。难溶于水,溶于一般有机溶剂。对热较稳定,易被酸碱水解。对各类害螨、鞘翅目害虫、蚜虫、鳞翅目害虫、畜禽体内外寄生虫(如蛔虫、线虫、蝇、蛆、虱、钩虫等)均有较强杀灭效果。也可用于杀灭蔬菜、果树、棉花、花卉及园林作物的害螨。

结构胶黏剂 structural adhesive 又名结构胶。指用于承受强力部位的构件所使用的胶黏剂。一般要求有较高的剪切强度和剥离强度,在经受高低温作用和介质浸渍后,物理机械性能没有大幅度的下降。又有耐热结构型和一般结构型之分。多为聚合物复合型胶黏剂。这是由两类主体高分子材料组成,一类是可起交联作用的热固性树脂(如环氧、酚醛树脂),起着抗蠕变、高强度、耐热、耐介质等作用;另一类是具有可挠性和柔性聚合物(包括热塑性高聚物及橡胶弹性体),起着高剥离、抗弯曲、抗冲击、耐疲劳等韧性作用。常见结构胶品种有环氧-丁腈型、环氧-羧丁型、环氧-尼龙型、酚醛-尼龙型、酚醛-缩醛型、环氧-聚酰胺型、环氧-聚硫型等。

结构陶瓷 structural ceramics 又名高温结构陶瓷、工程陶瓷。精细陶瓷的一类。主要发挥机械、热、化学等效能的一类陶瓷材料。按使用领域分为:①机械陶瓷,主要利用其高硬度、高耐磨特性,如机械零件、切削刀具材料、模具等;②热机陶瓷,又称发动机用陶瓷,主要利用其耐热、耐磨损及高强、高韧特性,如燃气轮机叶片、活塞顶等;③生物化工陶瓷,利用耐腐蚀特性及与生物酶接触化学稳定性好等特性,如冶炼有色金属坩埚、热交换器等;④核陶瓷及其他,利用其特有的俘获和吸收中子特性可用作各种核反应堆的结构材料,以及用于制造陶瓷剪刀、高尔夫球杆及陶瓷阀片等。如按组分分类,结构陶瓷又可分为氧化物陶瓷、氮化物陶瓷、碳化物陶瓷及硼化物陶瓷等。

结晶紫内酯 crystal violet lactone
米灰色粉末。熔点 181～183℃（苯中结晶）。不溶于水、乙醇，溶于苯、氯仿。一种功能性色素。与酸性白土接触时，即产生十分明亮而高浓度的钴蓝色。最大吸收波长 λ_{max} 为 608nm。发色迅速，溶解性好，不升华，缺点是发色后耐光性较差，遇碱性气体或湿气易褪色。主要用作热压敏记录纸的成色剂。以 N,N-二甲基苯胺、甲醛、间二甲氨基安息香酸等为原料制得。

结冷胶 gellan gum 又名凯可胶。一种由葡萄糖、葡萄糖醛酸及鼠李糖以 2∶1∶1 的比例重复连接而成的线型多聚糖胶体。相对分子质量约 50 万。白色至米黄色非结晶性粉末。无特别滋味或气味。熔点约 150℃（分解）。溶于热水，不溶于非极性有机溶剂。水溶液呈中性，在 0.05% 的低浓度下即可形成凝胶。凝胶对热呈可逆性，但在适当控制阳离子种类及浓度下，可使凝胶在较高温度下保持凝胶状态，并具有良好的耐热、耐酸性能。用作增稠剂、稳定剂、胶凝剂、粘接剂等，用于食品、医药及日化等行业。由葡萄糖、玉米糖浆等碳水化合物、蛋白质、微量元素及硝酸盐等组成的液体培养基接种伊禾藻假单胞杆菌，经发酵、分离制得。

解絮凝剂
见"降黏剂"。

介孔分子筛 mesospore molecular sieve 又名中孔分子筛。指孔径在 2～5nm 范围内，具有有序介孔孔道结构的多孔材料。与一般微孔分子筛相比具有以下特点：①具有较大孔径，并有规则的孔道结构；②孔径分布窄，且可在 1.5～10nm 之间调变；③颗粒具有规则外形，且可在微米尺度内保持高度的孔道有序性；④孔隙率高，比表面积可高达 $1000m^2/g$ 以上；⑤表面富含不饱和基团，热稳定性及水热稳定性好。按化学组成不同，可分为硅基和非硅基组成的介孔材料两大类，后者主要包括过渡金属氧化物、磷酸盐和硫化物等。在众多结构的介孔分子筛中，尤以 MCM-41 及 MCM-48 的应用更为突出。可用作吸附分离材料、介孔薄膜材料及光学材料。作为催化剂，可用于催化烃类加氢裂化反应，催化烃类烷基化及酰基化反应，催化氧化及催化聚合反应等。可由水热合成法制得。

芥酸 erucic acid 又名顺式-13-二十二碳烯酸。
$$CH_3(CH_2)_7CH=CH(CH_2)_{11}COOH$$
含有一个双键的不饱和脂肪酸。其甘油酯是芥子油的主要成分。无色结晶状固体。相对密度 0.853。熔点 33～34℃。沸点 281℃。碘值 $75gI_2/100g$。酸值 160～170mgKOH/g。是工业上使用的最长碳链的单体酸。经加氢饱和后生成山嵛酸。用山嵛酸制成的酰胺具有耐热性,且高温下与有机溶剂相溶,而冷却后又极易析出在树脂表面。主要用于生产芥酸酰胺。芥酸加氢后制得的山嵛酸及其衍生物,也广泛用于制造表面活性剂、润滑剂、摄影及记录材料、医药及化妆品等。由富含芥酸的菜籽油等经水解、分离制得。

芥酰胺 erucyl amide 又名芥酸酰胺。$CH_3(CH_2)_7CH=CH(CH_2)_{11}CONH_2$ 白色蜡状粉末或片状固体。熔点 $81\sim82℃$。不溶于水,溶于乙醇、乙醚、丙酮、氯仿。用作合成树脂的润滑剂,改善树脂的流动性。尤适用作聚烯烃高温加工的爽滑剂及防粘连剂。具有挥发性小、热稳定性高、不影响制品的印刷及黏合性等特点,是制作包装袋的良好添加剂。也用作聚氯乙烯硬制品的外润滑剂。由芥酸与氨反应制得。

界面膜
见"液体膜"。

金刚烷胺 amantadinum 又名金刚胺、盐酸金刚烷胺。其盐酸为白色结晶性粉末。无臭,味苦。熔点 $160\sim190℃$(封管)。易溶于水、乙醇,溶于氯仿。为抗病毒药物,主要通过阻止病毒穿入宿主细胞,及抑制病毒颗粒在宿主细胞内脱壳,从而在病毒复制的早期阶段进行抑制,起到抗病毒作用。用于防治亚洲甲Ⅱ型流感病毒感染,也用于早期轻症帕金森病及其他原因所致的帕金森综合征。由金刚烷经溴代后与尿素反应,再经盐酸酸化成盐制得。

金光红 C lake red C 又名橡胶大红 LC、油墨大红、色淀红 C。红色带黄光粉末。耐热温度 $130℃$。耐晒性 4 级,吸油量 $50\%\sim60\%$。微溶于水、乙醇及 10% 热碱液。于浓硫酸中呈樱桃红色,稀释后呈棕红色沉淀,于浓氢氧化钾溶液中呈砖红色沉淀。水溶液遇盐酸呈红色沉淀,为色淀有机颜料。颜色鲜艳,具有显示强烈彩色金光的特点。用作塑料、涂料、橡胶、皮革、文教用品等的红色着色剂。着色力强,耐水及耐溶剂性好,但耐光及耐热性一般。由 2-氨基-4-甲基-5-氯苯磺酸与氢氧化铵成盐后,再经重氮化,与 2-苯酚钠盐偶合、松脂化及钡盐沉淀制得。

金霉素 chlortetracycline 又名氯四

(盐酸金霉素)

环素。一种四环素类广谱抗生素。常用其盐酸盐。盐酸金霉素为黄色或金黄色结晶。无臭，味苦。微溶于水、乙醇，不溶于乙醚、丙酮、氯仿。空气中稳定，遇光色变暗。pH 值 7 以上或热的强酸或强碱中不稳定。其作用和用途与四环素相同，对金葡萄的作用较土霉素和四环素强，用于治疗由敏感菌引起的感染，特别是金葡萄引起的严重感染，也是用于饲料添加最多的一种抗生素。能抑制有害微生物生长，加强小肠吸收养分的能力，促进畜禽生长发育和提高饲料利用率。由金色链霉素培养液提取分离而得。

金水 gold water 又名亮金水。一种含有纯金 10%～12% 并添加有少量铑、铬、铋等金属的化合物，是在油性介质中分散的棕黑色黏稠液体。它可以用涂刷、印花等方式施于陶瓷釉面上，经约 300℃ 弱火加热，油质被蒸发和燃烧，含金化合物分解而遗留下光彩夺目的极薄金层，再加热至 750℃ 时可牢固粘接在釉面上。是价廉物美的黄金装饰方法之一。金水的传统制造工艺包括 4 个方面：制备硫化香脂及高氯酸铵金；制备树脂酸金；制备树脂酸铬、树脂酸铋、树脂酸铑和酯（溶剂）；配制必要稠度或浓度的金水。

金属钝化剂 metallic passivator 又名钝化剂：①是抑制活性金属（如铜、铁、镍、锰等）对汽油、喷气燃料等轻质油品氧化起催化作用的物质。作用机理是金属钝化剂与金属离子反应形成螯合物，使金属处于不能促进氧化作用的钝化状态。常用的金属钝化剂是 N,N'-二亚水杨基-1,2-丙二胺。②又名催化裂化催化剂的金属钝化剂。在重油催化裂化中，用来抑制油中所含重金属（镍、钒、铜等）影响催化剂活性的物质。常用的是锑的有机化合物。通过金属锑与平衡剂上镍的相互作用，生成锑镍合金，从而抑制镍的活性，降低镍等金属的有害作用。中国产品牌号有 LMP-1、4、7、MP-25、AD-CA-3000、N-5005 等。使用金属钝化剂可提高催化装置的轻油收率，降低焦炭及氢气产率。

金属减活剂 metal deactivator 添加于润滑油中能使金属钝化失去活性的添加剂。是由含 S、P、N 或其他一些非金属元素组成的有机化合物，常用品种有苯三唑衍生物、噻二唑衍生物及杂环硫氮化合物等。其作用机理有：一是金属减活剂在金属表面生成化学膜，阻止金属形成离子进入油中，减弱其对油品的催化作用，而化学膜还可保护金属表面，防止活性硫、有机酸对铜表面的腐蚀；二是配位作用，它能与金属离子结合，使之成为非催化活性物质。金属减活剂通常不单独使用，常和抗氧剂复合使用，不仅有协效作用，还能降低抗氧剂的用量。

金属膜 metal membrane 由金属材料制成的具有分离功能的半透膜。所用金属主要是稀有金属，以钯、银及其合金为代表。主要用于氢的分离，因为纯钯在解吸循环中有变脆趋势，故以钯合金的使用更为广泛。在一些小型特殊用途超纯氢制备装置中所使用的多数是钯/银合金。此外，钯膜也已用于加氢、脱氢及氢氧化等反应过程。

金属配位偶氮染料 metal complexes

azo dyes 能与过渡金属元素(镍、钴、铜、铁等)生成内配合物的偶氮染料。由于这类染料含有一定的金属离子,染色时能在纤维上形成不溶性的色淀,因而被染物具有较好的耐洗、耐缩绒、耐晒牢度及耐气候牢度。它们广泛分布在酸性、冰染、分散、直接及活性等各类染料中,主要作为酸性染料用于锦纶、羊毛、蚕丝及皮革等的染色。

金属颜料 metallic pigment 由金属或合金经物理加工制得的颜料,常用的有铝粉、锌粉、铝粉、铜锌粉、锌铝粉及不锈钢粉等。大多是极微细的粉末,形状有规则的球型、水滴型、树枝状、鳞片状或切屑状。与其他颜料比较,金属颜料具有金属的色相和光泽,有良好防腐能力。色浅、高光泽的金属粉还有保湿能力,能将可见光、红外光、紫外光及热辐射反射回去,因而可用于需要保温、防止光和热辐射的设备,如储油罐、反应塔、冷藏车等的涂饰。

金属皂类防水剂 metallic soap waterproof admixture 一种混凝土防水剂,是由属于憎水性表面活性剂的高级脂肪酸和不饱和有机酸及它们的碱金属水溶性盐所组成。使用最多的是硬脂酸、棕榈酸、油酸、环烷酸混合物、松香酸以及它们的皂类。例如,硬脂酸 4.13 份、氢氧化钾 0.82 份、碳酸钠 0.21 份、氟化钠 0.005 份、氨水 3.1 份、水 91.735 份所配制的防水剂,掺于水泥砂浆或混凝土中时,通过有机酸中的羧酸基(—COOH 或—COONa)与水泥浆中的氢氧化钙作用,形成不溶性钙皂的配合物吸附层,可使混凝土的毛细孔隙及混凝土表面成为憎水表面而达到防水目的。

金属装饰功能油墨 gold-silver decorative ink 具有金银装饰功能的包装装潢印刷油墨。主要用于名烟、名酒、高级化妆品、珠宝首饰、画册等包装装潢印刷。与一般彩色油墨相比,具有闪光的金属色泽、富丽堂皇。这类常用油墨分为两类:一类是在使用前将金粉、银粉与适当的连结料和辅料调和,随调随用;另一类是用中性连结料和辅料制成金、银墨成品,随时用于生产。所用金属主要是铜粉及铝粉。连结料采用酸值和胺值极低的树脂,以免影响油墨的光泽,常用的有乙基纤维素、硝酸纤维素、聚酰胺树脂等。并加入一些蜡类物质以改善金属颜料的悬浮性。

浸种剂
见"种衣剂"。

浸渍绝缘漆 impregnating insulating varnish 借助于真空加压浸渍或浸涂在施涂电器设备的绝缘漆,分为溶剂漆和无溶剂漆两种,主要用于浸渍电机、电器浅圈、绝缘零部件,以填充其空隙或微孔,当漆固化后使被浸物结成一个坚实整体,不仅提高绝缘强度及机械性能,还具有耐热、耐潮、抗氧化等性能,常用溶剂型浸渍漆有沥青漆、油改性醇酸漆、丁基酚醛醇酸漆、三聚氰胺醇酸漆、聚酯漆、环氧酯漆、有机硅漆、聚酰亚胺漆等;无溶剂型浸渍漆有环氧无溶剂漆、环氧聚酯酚醛无溶剂漆、环氧聚酯无溶剂漆等。

浸渍制品 impregnated product 使用一定的模型浸入配合(或预硫化)胶料

中,停留一定时间后将模型提起、移出,在模型表面形成均匀的橡胶胶膜,而后经硫化、干燥处理后所得制品称作浸渍制品。浸渍方法可分为直接浸渍法、凝固剂浸渍法、热敏浸渍法和电沉积浸渍法等。浸渍制品分为避孕用具、外科及防护手套、各种气球、奶瓶奶嘴、无缝球胆类、胶靴和套鞋、动物阉割套等。多数浸渍品是以天然胶乳为基料,可用未硫化胶料或预硫化胶料,但以预硫化胶料用得最多。

菁染料 cyanine dyes 又名花菁染料、

$$\begin{array}{c} \overset{\displaystyle -C-Y}{\underset{\displaystyle -C}{|}} Z\!\!-\!\![CH=CH]_n\!\!-\!\!CH=Z' \overset{\displaystyle Y'-C-}{\underset{\displaystyle C-}{|}} \\ \underset{\displaystyle R}{N} \quad X \quad \underset{\displaystyle R'}{N} \end{array}$$

多次甲基染料。上述结构通式中,Y,$Y'=S$、Se、O、NR 等;Z,$Z'=C$ 或 $C-C=C$;R,$R'=H$ 或烷基;$X=Cl^-$、Br^-、I^-、CO^-、NO_3^-、SO_4^{2-} 等;$n=0、1、2\cdots\cdots$。通式中$-CH=CH-$称为插烯基,n表示其数量,n的多少直接影响菁染料的稳定性,通常是n越多,稳定性越差。根据插烯基所带电荷不同,菁染料分为:①阳离子亚甲基链=花菁和半花菁;②阴离子亚甲基链=氧杂菁;③中性亚甲基链=部花菁;④两性的羧酸菁。菁染料最初的用途是作为光谱增感剂应用于卤化银照相乳剂中,扩大卤化银的感光范围并提高感光能力,目前已广泛用于光盘存储、生物荧光检测分析、有机太阳能电池,以及用作红外聚合引发剂、热敏材料等。

β晶型成核剂 TMB-4 β crystallized nucleating agent TMB-4 又名成核剂

$$\text{RNHC}\underset{\underset{O}{\|}}{-}\!\!\!\!\!\!\!\!\!\bigcirc\!\!\!\bigcirc\!\!\!\!\!-\!\!\underset{\underset{O}{\|}}{\text{CHNR}}$$

TMB-4。白色结晶性粉末。熔点$>380℃$(分解)。不溶于水,稍溶于甲醇、异丙醇。无毒。可用于食品包装材料。属聚丙烯的β晶型成核剂,组成为取代芳酰胺,能使聚丙烯的结晶形态由α型转化为β型,转化率可达97%以上,从而提高制品的韧性、热变形温度及冲击强度。还能赋予聚丙烯薄膜、片材多孔率及不透明性,改善制品的可印刷性和涂饰性。可在催化剂存在下,由萘二甲酸与脂肪胺经酰胺化反应制得。

β晶型成核剂 TMB-5 β-crystallized nucleating agent TMB-5 又名成核剂

$$\text{RNHC}\underset{\underset{O}{\|}}{-}\text{Ar}\underset{\underset{O}{\|}}{-}\text{CNHR} \quad (\text{Ar 为芳基})$$

TMB-5。白色结晶性粉末。熔点$>340℃$(分解)。不溶于水,稍溶于甲醇。无毒。可用于食品包装材料。属聚丙烯的β晶型成核剂,组成为取代芳酰胺,能使聚丙烯的结晶形态由α型转化为β型,转化率可达90%以上。可显著提高制品的热变形温度、冲击强度及表面光泽度,适用于聚丙烯汽车保险杠、热水管、仪表盘、空调器散热片及合成纸等制品。可在催化剂存在下,由芳香族二元酸与脂肪胺经酰胺化反应制得。

L-精氨酸 L-arginine 又名2-氨基-5-胍戊酸。

$$H_2N-C(NH)-NHCH_2CH_2CH_2CH(NH_2)COOH$$

一种碱性氨基酸。白色斜方结晶或结晶性粉末(醇中析出)。在水中析出时为白色棱形结晶。含2分子结晶水,105℃失去结晶水,230℃时变棕色,244℃时分解。溶于水,微溶于乙醇,不溶于乙醚。水溶液呈强碱性。是维持婴幼儿生长发育不可缺少的氨基酸,也是精子蛋白的主要成分,有促进精子生成、提供精子运动能量的作用。医药上用氨基酸类药物,用于治疗肝昏迷等症;食品工业用作营养增补剂,主要用于水产品加工及绿茶风味增加剂;化妆品中用于干性皮肤调理及营养性助剂。由猪毛、猪血水解后分离而得。

精炼助剂 scouring agent 织物精炼工序所用助剂的统称。精炼是指采用化学或生物化学方法去除纺织纤维材料及其制品中杂质的过程。如能使纤维洁白、提高吸水性,从而有利于后续的漂白、染色和印花加工,是整个染整工艺的第一道工序,又称前处理。精炼助剂有退浆助剂、煮炼助剂、润湿剂及渗透剂等,退浆助剂及煮炼助剂有纯碱、烧碱、硅酸钠、亚硫酸钠及表面活性剂等,润湿剂及渗透剂主要是一些阴离子及非离子表面活性剂。

精细高分子化学品 fine polymeric chemicals 凡能增进或赋予一种(或一类)产品以专用性能或功能,或本身具有特定性能或功能、且批量小、相对分子质量高的化学品。可分为特殊性能和特殊功能两大类,前者强调某一方面的突出性能,后者则强调某一方面的突出功能。品种很多,包括新型高分子类助剂、新型高分子药物、医用高分子材料、高分子反应试剂、高分子类催化剂、感光高分子材料、离子交换树脂、高分子功能膜材料、智能高分子材料、高分子表面活性剂、高分子型阻燃剂及皮革鞣剂等。精细高分子化学品可通过单体聚合、高分子材料化学改性及通过特殊的加工成型实现材料的功能化等方法制取。

精细陶瓷 fine ceramics 又名高性能陶瓷。具有各种功能—机械、热、声、电、磁、光、超导等的陶瓷的统称。是由人工合成的超纯原料经特殊工艺成型、和在适当温度下烧结的一类具有特定组分和显微结构的材料。按其应用领域及其主要性能又可分为结构陶瓷和功能陶瓷两大类。前者以力学、热学、化学性能为主,后者则以电、磁、光等功能为主。广泛用于光通信、激光、生物、医学、宇航、新能源、机器人等尖端技术领域。

精油 essential oil 又名香精油、芳香油、挥发油。由植物蒸馏或萃取而得的有香味油状物,存在于芳香植物的花、根、茎、叶、果实及种子等中。主要成分为萜烯烃类、芳香烃类、醇类、酮类、醚类、酯类、酚类等化合物,还含有少量香树脂及树胶等,多数不溶于水或微溶于水,溶于乙醇及常用有机溶剂。品种很多,如月桂油、丁香油、玉兰油等,用于配制各种香精,用于化妆品及食品。现也大量直接或者调配成复配精油用于芳香疗法及芳香养生。种植有香花草、森林浴、精油按摩或沐浴等都是芳香养生的一些方式。

鲸蜡醇 cetyl alcohol 又名十六(烷)醇、棕榈醇。天然存在于鲸蜡油中。
$CH_3(CH_2)_{14}CH_2OH$
白色片状或块状物,有微弱玫瑰香味。相对密度 0.8176。熔点 49.3℃。沸点 344℃。不溶于水,溶于沸腾的 95%乙醇及乙醚、氯仿、油脂和矿物油。工业品为几种异构体的混合物。与硫酸发生磺化反应,用于制造表面活性剂、纤维调理剂、润滑剂、石油添加剂、加脂剂等。化妆品生产中用作乳液调节剂、软化剂、助乳化剂,赋予皮肤以柔软、平滑感觉。也用作医药乳化剂及聚氯乙烯润滑剂等。由油脂高压加氢或用硼氢化钠还原十六酰氯制得。

井冈霉素 jinggangmycin 一种高效农用抗生素。是由吸水链霉菌井冈变种产生的水溶性抗生素-葡萄苷类化合物。由 A、B、C、D、E、F 等 6 种组分组成,其主要活性成分是井冈霉素 A,其次是井冈霉素 B。一般产品均以 A 组分含量标示产品的规格及质量。井冈霉素 A 为白色易吸水性粉末。熔点 135℃(分解)。易溶于水,溶于甲醇、二甲基甲酰胺,微溶于乙醇,不溶于乙醚。中性及碱性溶液中稳定,酸性溶液中稳定性较差。制剂有水剂、粉剂等,也能与多数农药混配。对人、畜、鱼类等基本无毒。用于防治水稻及小麦纹枯病、玉米大斑病、棉花、豆类立枯病、白绢病,人参立枯病等。

肼
见"联氨"。

净洗剂 detergents 指在纺织工业中所用的洗涤剂。在纺织染整各个工序中,织物的退浆和煮炼、合成纤维去除油剂、毛纺工业中的脱脂、洗毛和洗呢、生丝的精炼脱胶、织物染色和印花后洗除未固色的染料等都需使用净洗剂。肥皂是较早使用的净洗剂,随后已逐渐为合成洗涤剂所取代。所用净洗剂主要是阴离子和非离子表面活性剂。阴离子表面活性剂主要有烷基磺酸盐、烷基苯磺酸盐、脂肪醇硫酸盐、油酰甲胺乙磺酸盐等;非离子表面活性剂主要有烷基酚聚氧乙烯醚、烷基聚氧乙烯醚、脂肪酰乙醇胺等。

净洗剂 6501 detergent 6501 又名椰子油二乙醇酰胺
$RCON(CH_2CH_2OH)_2$
(RCO 为椰油酰基)
(1:1 型)、椰子油烷醇酰胺(1:1)。淡黄色至棕褐色黏稠液体或膏状物。1%水溶液 pH 值 9.0~10.7。易溶于水,也溶于乙醇、乙醚、丙酮等有机溶剂。为非离子表面活性剂。具有使水液变稠的特性,能稳定其他洗涤液的泡沫。对动植物油及矿物油有良好的脱油力。还具有净洗、润湿及抗静电等特性。用于配制液体洗涤剂、医药及牙膏乳化剂、玻璃纤维去垢剂、化纤纺丝油剂、泡沫稳定剂、增稠剂、缓蚀剂、油田防蜡剂等。可在碱催化剂存在下,由等摩尔数的椰子油与二乙醇胺反应制得。

净洗剂 6502 detergent 6502 又名椰
$$RCON\begin{array}{c}CH_2CH_2OH\\ \\CH_2CH_2OH\end{array}$$
(RCO 为椰油酰基)
子油二乙醇酰胺(1:2 型)、椰子油烷醇酰胺(1:2 型)。1%水溶液 pH 值为 9.5~10.7。易溶于水。一种非离子表面活性剂。具有净洗、润滑、抗静电等性能,也有较好的稳泡性及柔软性。与其他表面活性剂配伍使用具有良好的分散污垢及增溶作用。与肥皂一起使用,耐硬水性好。可用于配制中性洗涤剂、洗发剂、液体肥皂、洗面奶等;用作膏霜类制剂的乳化稳定剂,可用于调制鞋油、油墨及蜡笔等。也用作纤维和织物柔软处理剂、金属洗净剂、防锈剂及涂料剥离剂等。可在碱催化剂存在下,由椰子油与二乙醇胺反应制得。

净洗剂 6503 detergent 6503 又名椰

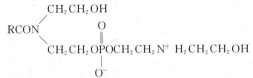

子油烷基醇酰胺磷酸酯盐、烷基二乙醇酰胺磷酸酯。一种两性表面活性剂。琥珀色黏稠液体。有效物含量 77%～83%。1%水溶液 pH 值 7～8,溶于水。耐硬水及电解质。在硬水及盐类电解质溶液中仍有优良的去污、乳化及稳定泡沫等性能。主要用作洗涤剂,适用于钢铁制品热处理后的盐类污垢净洗。也用作工业洗涤剂。由椰子油烷基醇酰胺与五氧化二磷进行酯化反应,再用二乙醇胺中和而得。

静电复印材料 xerographic material 一种非银感光材料。是借助光导敏感材料在曝光时按影像发生电荷转移而存留静电潜影,再以热塑性色料涂覆,当覆盖白纸经充电即可将影像转移到纸上而得到影像。静电复印过程概括为:①使敏感层充电;②用原稿进行反射曝光并形成静电潜影;③用热塑性色料作覆盖干法显影处理;④将白纸覆盖在敏感层上再经充电使影像转移到纸上;⑤经瞬时加热使色料固定在纸上得到复印件。静电复印可以有很高的复印速率,还可进行彩色复印。常用的静电复印材料有硒化合物和硫化锌-硫化镉等无机光导体及聚乙烯咔唑、三硝基芴酮等有机光导体。尤以聚乙烯咔唑为代表的光导电聚合物性能更好,有望不久会在静电复印设备中取代无机光导材料。

静电复印油墨 electrostatic printing ink 用于静电复印的专用油墨。可分为干式及湿式静电复印油墨两类。干式静电复印油墨又分单组分及双组分复印油墨。按显影方法不同,单组分复印油墨还可分为粉雾法墨粉和磁刷法墨粉。双组分复印油墨也可分为瀑布法静电显影剂和磁刷显影静电复印油墨;湿式静电复印油墨也分为直接法氧化锌静电复印油墨液和间接法静电复印油墨液。前者用于硫化锌静电复印机或制版机,后者用于以普通纸为复印件的静电复印机。

静电植绒胶黏剂 electrostatic flocking adhesive 用于植绒加工的一种特种胶黏剂。用胶黏剂使短的单纤维在织物、无纺布、塑料、纸张等基材表面垂直固定,使具有天鹅绒、丝绒、羊绒等外观和手感的操作称为植绒加工。它可分为机械植绒和静电植绒,而以后者为主。静电植绒大多用来做人造毛皮、仿天鹅绒等衣料以及地毯、提包、沙发布等。静电植绒胶黏剂分为溶剂型和乳液型两类,溶剂型胶黏剂仅在一定条件下将胶料的各组分溶解混匀即可;乳液型胶黏剂是由各种单体经乳液聚合制得,主要有聚乙酸乙烯酯、聚氯乙烯、乙烯-乙酸乙烯酯共聚物及共聚丙烯酸酯类乳液,合成橡胶胶乳等,其中又以聚丙烯酯乳液型胶黏剂用量最大。

九里香油 murraya paniculata oil 又名千里香油、月橘油。淡黄色透明油状液体。有冬青油样特殊气味。相对密度 0.896～0.903(15℃)。折射率 1.496。主要成分为水芹烯、桧烯、蒎烯、石竹烯、松油醇、水杨酸甲酯等,难溶于水、乙醚。以 1:10 溶于 90%乙醇中,也溶于冰乙酸。属植物型天然香料,主要用于果香型食用香精及花香型日化香精。也具有抗病毒、祛痰、镇咳、平喘等功效,医药上用于治疗慢性气管炎。由九里香属植物九里香的新鲜枝叶经水蒸气蒸馏制得。

九水偏硅酸钠 sodium metasilicate nonahydrate $Na_2SiO_3 \cdot 9H_2O$ 正交双锥体结晶。松堆密度 0.7～0.9。熔点 40～48℃,玻璃化温度-46℃。100℃时失去 6 分子结晶水。易溶于水及稀碱液。1%水溶液的 pH 值为 12.4。不溶于醇和酸。商品多为固含量(以 Na_2SiO_3 计)≥40%溶液。具有分散、润湿、去污、乳化、渗透及 pH 值缓冲性能。浓溶液对皮肤及织物有腐蚀性。可作为三聚磷酸钠的替代品用作洗涤助剂,适用于制造洗衣粉、液体洗涤剂及工业洗涤剂等。也用于棉纱蒸煮、废纸脱墨、植物油回收及用作过氧化氢漂白的稳定剂等。由液体泡花碱与液碱反应后经浓缩、干燥制得。

酒石酸 tartaric acid 又名 2,3-二羟基丁二酸。$HOOC(CHOH)_2COOH$ 无色结晶或白色结晶性粉末。味酸。是等量左旋和右旋酒石酸的混合物,常含有一个或两个结晶水。相对密度 1.697。熔点 200～206℃。空气中稳定,加热至 110℃时失去结晶水。溶于水、乙醇,微溶于乙醚,不溶于苯。具有较强吸湿性及还原性。用作金属离子螯合剂、酸味剂、鞣革剂、金属表面处理剂、抛光剂、媒染剂,以及用于制造药物、酒石酸盐。也用作混凝土及油井水泥缓凝剂,能与水泥中 Ca^{2+} 形成不稳定配合物,在水泥颗粒表面形成无定形配合物膜层,起到缓凝作用。由酿造葡萄酒的粗酒石与石灰乳反应生成酒石酸钙,再经硫酸酸化制得。

柏油 Chinese vegetable tallow 又名皮油、柏脂。白色至深绿色固体脂肪。质硬而脆。主要成分为脂肪酸甘油三酯,其脂肪酸组成为:棕榈酸约 57.6%、油酸约 34.5%、豆蔻酸约 4.1%。相对密度 0.915～0.920(15℃)。熔点 52～54℃。碘值 27～35gI_2/100g。皂化值 200～210mgKOH/g。不溶于水,溶于氯仿、二硫化碳。易皂化水解,用于制造肥皂、蜡烛、硬脂酸、脂肪醇及润滑脂等。由乌桕树果实的果皮经压榨或溶剂抽提制得,是我国特产。

橘铬黄
见"铬酸铅"。

拒食剂 food-repellent agent 能使害虫拒绝取食的药剂。害虫在接触或取食此类药剂后,会消除食欲,拒绝取食产生饥饿而死亡。大多数具有拒食作用的物质至今主要从植物中分离制得,品种多达数百种,如糖苷类、萜烯类、香豆素等都有较强而广谱的拒食作用,人工合成的化学农药,如吡蚜酮也有拒食作用。

拒水整理剂 water-repelling finishing agent 又名拒水剂。用于织物拒水整理的一种助剂。拒水整理是在织物纤维上施加一层水不能浸润性薄膜,但不封闭织物的孔隙而使织物具有既拒水而又透气的特性,但防水性能要比防水整理差,不能经受长期雨淋,故又称作透气性防水整理。石蜡-铝皂是价格低廉的拒水剂,适用于不常洗的工业用布,但它不耐洗涤。为使织物具有耐久的拒水性,必须使拒水剂能和纤维的官能团发生反应而牢固地结合,这类拒水剂称作反应性拒水剂,如吡啶季铵盐衍生物、有机硅油乳液、N-羟甲基十八酰胺乳液等。拒水整理主要用于雨衣、滑雪杉等透气性防水服装材料的加工。

剧毒农药 extremely toxical pesticide 急性毒性很大的农药,按现行农药毒性分级标准,其急性毒性指对大白鼠一次经口致死中量(LD_{50})小于$5mg/kg$体重,经皮毒性致死中量(LD_{50})小于$20mg/kg$体重,吸入2h致死中浓度(LC_{50})小于$20mg/m^3$,即称为剧毒农药。如涕灭威的急性毒性经口致死中量(LD_{50})为$0.98mg/kg$体重,属剧毒农药。我国的农药毒性分级是以世界卫生组织推荐的农药危害分级标准为模板,结合我国实际情况制定(表1)。

表1 农药毒性分级标准

毒性分级	级别符号语	经口半数致死量/(mg/kg)	经皮半数致死量/(mg/kg)	吸入半数致死浓度/(mg/m³)
Ⅰa级	剧毒	≤5	≤20	≤20
Ⅰb级	高毒	>5~50	>20~200	>20~200
Ⅱ级	中等毒	>50~500	>200~2000	>200~2000
Ⅲ级	低毒	>500~5000	>2000~5000	>2000~5000
Ⅳ级	微毒	>5000	>5000	>5000

聚氨酯改性环氧树脂胶黏剂 polyurethane modified epoxy resin adhesive 以含有氨基酸酯(—NH—CO—O—)的聚合物对环氧树脂进行改性所制得的胶黏剂。根据所使用固化剂不同,分为:①双氰胺固化的聚氨酯-环氧胶体系。它具有良好的剪切强度和剥离强度。双氰胺既是环氧树脂固化剂,又是环氧树脂与聚氨基甲酸酯预聚体端羟基反应的催化剂。②4,4′-二氨基二苯基甲烷固化的聚氨酯-环氧胶体系。这类胶黏剂在较宽温度范围(—196~205℃)内都有较好粘接性能。③3,3′-二氯4,4′-二氨基二苯甲烷固化的聚氨酯-甲基丙烯酸缩水甘油酯等所组成的体系。它具有较好的综合强度性能,可用作金属结构胶。④多乙烯多胺固化的聚氨酯-环氧胶体系。它具有良好的挠曲性能及耐低温性,且固化时间较短。

聚氨酯 polyurethane 又名聚氨基甲酸酯。大分子主链上含有氨基甲酸酯基团(—HN—CO—O—)重复结构单元的聚合物的统称。是由二元或多元异氰酸酯与二元或多元羟基化合物制得的软硬段嵌段聚合物。一般由聚醚或聚酯型多元醇构成软段,多异氰酸酯及扩链剂构成硬段。在聚氨酯中软段占大部分，软段与硬段虽有一定混容，但也存在着微观相分离，软段相区主要影响材料的弹性及低温性能，硬段相区则对抗拉强度、硬度及抗撕裂强度有重要影响。根据所使用原料不同，聚氨酯有多种形态及性质的产品，其中以聚氨酯软硬泡沫塑料的产量最大，其他用于制造涂料、胶黏剂、人造革、弹性纤维、建材及防水材料等。

聚氨酯粉末涂料 polyurethane powder coatings 是由粉末状聚氨酯树脂、固化剂、颜料、填料等组成的彩色粉末混合物。其平均粒径为 $40\sim60\mu m$，是由各种物料经高速混合后，于 $100\sim200℃$ 挤出、冷却、粉碎、筛分所制得。除具有常规粉末涂料的特性外，还具有优良的机械性能和防腐蚀性能，涂膜具有光亮丰满、耐磨、耐划伤、耐溶剂等特点。它又有以下三大系列产品：封闭型聚氨酯粉末涂料系列，带羧基、羟基、环氧基、氨基的聚氨酯粉末涂料系列，含—NCO基的聚氨酯粉末涂料系列。涂装方法有刷涂、静电粉末喷涂法、流化床法、静电流化床法、火焰喷涂法等。以静电粉末喷涂法为常用，用于飞机、船舶、车辆、家具、运动器材、仪器仪表等的涂装。

聚氨酯改性油涂料 polyurethane modified oil coatings 由甲苯二异氰酸酯与干性油的醇解物反应所制得的涂料。又称作氨酯油或氨基甲酸改性油。在其分子中不含活性异氰酸酯基，主要靠干性油中的不饱和双键，在钴、锰、铅等金属催干剂的作用下氧化聚合成膜。涂膜的硬度、光泽、丰满度及耐水、耐油、耐化学腐蚀性等均比醇酸树脂涂料好，但耐候性稍差，户外用易泛黄，流平性较差。一般用于室内木器家具、地板、水泥表面的涂装及船舶等防腐蚀涂装。

聚氨酯胶黏剂 polyurethane adhesive 是分子链中含有氨酯基（—NHCOO—）和（或）异氰酸酯基（—NCO）的合成胶黏剂。对各种材料具有很高黏附性能，能常温固化，胶膜坚韧、挠曲性好，剥离强度高，耐油和耐磨，是合成胶黏剂的重要品种，大致分为4类：①多异氰酸酯类胶黏剂，是将多异氰酸酯直接作为胶黏剂使用，是聚氨酯胶黏剂的早期产品。②封闭型聚氨酯胶黏剂。是将活泼的端异氰酸酯基用苯酚、酮肟等封闭剂暂时封闭，常温下多异氰酸酯组分与固化剂包装在一起也不反应。粘接时，在加温或催化剂作用下，重新分解为游离的异氰酸酯而起粘接作用。③预聚体型聚氨酯胶黏剂。是由多异氰酸酯与聚醚或聚酯等反应生成有端羟基或端异氰酸酯基的聚氨酯预聚体。既可制成单组分湿气固化型的胶黏剂，也可制成双组分反应型胶黏剂。④热塑性聚氨酯胶黏剂。是由等量的二羟基化合物与二异氰酸酯反应生成的高分子聚氨酯弹性体。分为溶剂型和热熔型两种，前者是将聚氨酯弹性体溶于有机溶剂中制得，后者是制成带状或薄膜状产品。

聚氨酯沥青涂料 polyurethane asphalt coatings 由聚氨酯与煤焦油混合制得的双组分或单组分潮气固化型涂料，工业品多数为双组分型，甲组分是含NCO基的多异氰酸酯预聚物，乙组分是沥青和多元醇组分（聚酯、聚醚、环氧树脂等)。如需户外暴晒,可加入铝粉、铁红等颜料。煤焦油沥青具有价廉而防水性好的优点,加入聚氨酯树脂后可提高其耐油性,改善热塑和冷裂的缺点。这种涂料适用于水利工程、原油储罐、船舶及化工设备的防腐涂装,如海港的钢板桩防锈、高压输水管内壁的耐磨防锈等。

聚氨酯密封胶 polyurethane sealant 是以异氰酸酯基的化学反应为基础制成的一类密封胶。根据所用原料、配制工艺条件的不同可得不同性质的胶种。它可在不同条件下固化,生成性能各异的胶层,几乎对所有物件都有较好的粘接力,而且在低温(如-250℃)下仍有很高的粘接强度。所用原料有多异氰酸酯(如二苯甲烷二异氰酸酯、甲苯二异氰酸酯)、多羟基化合物(如聚酯树脂、聚醚树脂、环氧树脂及蓖麻油等)及催化剂、扩链剂、溶剂等。密封胶有二液型和由空气中的水分未硬化的一液型两种形式。广泛用于航空、航天、汽车、建筑及电子等工业领域。

聚氨酯热熔胶 polyurethane hot melting adhesive 以聚氨酯为基料的热熔胶,分为两类:①热熔型聚氨酯热熔胶。是由聚酯、二苯甲烷-1,4-二异氰酸酯及1,4-丁二醇制成。产品为粉末,将其撒在织物上,经加热熔融黏敷于织物上,冷却后成为聚氨酯弹性体涂层。使用时将另一织物覆盖于上,经热压、冷却将两层织物粘接在一起,能耐干洗或水洗。也可用于粘接金属或玻璃。②反应型聚氨酯热熔胶。又可分为两类。一类是热熔加热反应型,例如将二(氨基酰亚胺)和聚酯或聚醚二醇混合组成稳定的单包装,加热时反应生成聚氨酯预聚体。另一类是热熔湿固化型,为无溶剂、一液型。热熔及湿气可使聚氨酯热熔胶交联固化。这类热熔胶的熔融温度、初黏性、固化时间及粘接强度等都可按需要进行设计及调节,适用于纸张、织物、皮草、金属、塑料、木材、玻璃等的快速粘接。

聚氨酯热塑性弹性体 thermoplastic polyurethane elastomer 又名热塑性聚氨酯橡胶,简称TPU。是一种$(AB)_n$型嵌段线型聚合物。A为高相对分子质量(1000~6000)的聚酯或聚醚,B为含2~12个直链碳原子的二醇。AB链段间化学结构是二异氰酸酯,通常是由低聚物多元醇、多异氰酸酯和扩链剂反应制得。根据使用原料和配比、反应条件等不同而形成不同结构和品种类型。分聚酯型和聚醚型两类。为白色无规则球状或柱状颗粒,相对密度1.10~1.25,脆性温度低于-62℃。聚醚型及聚酯型玻璃化温度分别为100.6~106.1℃及108.9~122.8℃。无毒、无味,溶于甲乙酮、环己酮、四氢呋喃、甲苯等。有良好的耐磨、耐臭氧、耐低温、耐油、耐化学药品性,硬度大,强度高,弹性好,用于制造热熔胶、单组分或双组分聚氨酯胶、密封圈、油封、传动带、耐磨材料及鞋类等。

聚氨酯树脂鞣剂 polyurethane resin tanning agent 聚氨酯在皮革生产中主要用作涂饰剂,用于皮革复鞣和填充的系脂肪族聚氨酯的水溶液,属于氨基甲酸乙酯的低聚物,相对分子质量低于30000,为阳离子型。主要用于铬鞣革的复鞣、匀染和助染。如商品UT-101聚氨酯复鞣剂为无色或浅黄色液体,总固含量20%,pH值5~9。与皮革结合力强,使革坯身骨柔软、粒面平细,并具有良好的染色性和助染性。

聚氨酯树脂涂料 polyurethane resin coatings 又名聚氨酯涂料。以聚氨酯树脂为主要成膜物质的涂料。按其组成及成膜机理不同,可分为聚氨酯改性油涂料、湿固化聚氨酯涂料、封闭型聚氨酯涂料、催化固化型聚氨酯涂料及羟基固化型聚氨酯涂料等五大类。除此以外,还有聚氨酯沥青涂料、弹性涂料、水性涂料及粉末涂料等。按干燥方式可分为固化型和挥发型两种;按介质不同,分为溶剂型、无溶剂型、水分散型、粉末型等;按所用异氰酸酯品种,又分为芳族异氰酸酯及脂肪族异氰酸酯。作为工业产品,习惯上则以包装方式来分类。聚氨酯涂料综合性能优良,涂膜坚硬、柔软、光亮、丰满、附着力强,并有良好的耐油、耐酸、耐化学药品、耐水及耐久性。广泛用于家具、电器、仪表、机械、车辆、飞机、塑料及皮革等涂装。

聚氨酯弹性涂料 polyurethane elastic coatings 聚氨酯涂料大多用于涂覆钢、木等刚性底材,漆膜坚硬,弹性伸长率不大。而对皮革、纺织品、泡沫塑料等涂覆则需要高弹性涂料,以适应变形扭曲。聚氨酯弹性涂料可分为固化型和挥发型两种,固化型可用长链低支化度聚酯与多异氰酸酯反应或长链预聚体与芳胺反应、长链聚酯-氨酯二醇与多异氰酸酯反应制得;挥发型可用长链预聚体与二元醇扩链或长链预聚物与二元胺扩链来制得。弹性聚氨酯漆的伸长率可达300%~600%。涂膜的玻璃化温度低,在常温下处于高弹态。可用于人造革、袋包、汽车座垫、充气船等的装饰涂装。

聚氨酯硬泡用匀泡剂 foam stabilizer for PU solid foam 又名PU泡沫稳定剂、聚醚改性有机硅。淡黄色透明状黏稠液体。黏度800~1000mPa·s。具有稳定泡沫结构、提高发泡质量、降低发泡物料表面张力的特点。用作泡沫稳定剂,适用于聚氨酯硬泡发泡时的匀泡剂。在催化剂存在下,由硅油与聚醚反应制得。

聚苯乙烯磺酸钠 sodium polystyrene sulfonate 又名聚磺基苯乙烯。无色透明至淡黄色透明黏稠性液体或白色松软粉末。

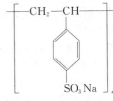

溶于水,不溶于有机溶剂。用作工业废水及生活污水的高分子絮凝剂及阻垢分散剂。是聚苯乙烯苯环上氢原子被磺酸基取代的水溶性聚合物,属阴离子型。结构中大分子链上的磺酸基团具有很强的浸润分散作用,能将较大的污垢颗粒分散成微小颗粒并悬浮于水中。可在过硫酸铵存在下,由苯乙烯磺酸钠聚合制得。

聚丙二醇 polypropylene glycol 又名聚氧亚丙基醇。

H$-$[OCH(CH$_3$)CH$_2$]$_n$$-$OH

因相对分子质量不同而有不同的产品,如相对分子质量425、1000、1025、2025等。外观为无色至淡黄色黏稠性透明液体。微溶于水,易溶于烃类及脂肪醇、酮、酯、

醚类。分子两端的羟基能经酯化生成单酯及双酯。用于制造醇酸树脂、增塑剂、聚氨酯及非离子表面活性剂等。也能用作消泡剂、润滑剂、乳化剂及用作树脂、石蜡、植物油的溶剂。在催化剂存在下，由丙二醇与环氧丙烷缩聚制得。

聚丙二醇缩水甘油醚 polypropylene glycol glycidyl ether 又名EPG增韧剂。

$$CH_2\text{—}CHCH_2O\text{—}[CH_2CHO]_n(CH_2CH)\text{—}CH$$
$$\quad\diagdown O\diagup \qquad\qquad CH_3 \qquad\quad \diagdown O\diagup$$

无色至浅黄色透明液体。相对密度 1.02～1.07。黏度 40～250 mPa·s(25℃)。不挥发。无毒。用作环氧树脂增韧剂及稀释剂。参考用量为环氧树脂的 5%～30%，与环氧树脂相容性好，能和环氧树脂一样与固化剂一起反应形成网络状结构，赋予环氧树脂固化物柔韧性，提高冲击强度及剥离强度。由聚丙二醇与环氧氯丙烷反应制得。

聚丙烯热熔胶 polypropylene hot melting adhesive 以聚丙烯为基料，加入增黏剂、增塑剂、抗氧剂及填料等配制而成的热熔胶黏剂。所用聚丙烯主要是无规聚丙烯，由于无规聚丙烯热熔胶固化速度稍慢、耐热性差，常与低分子聚乙烯、结晶型聚丙烯、乙烯-乙酸乙烯酯共聚树脂、硫化橡胶及酚醛树脂等掺混，以提高其固化速度及粘接性能。聚丙烯热熔胶可用于纸、聚丙烯、聚乙烯、铝箔等粘接，如用于纸包装、瓦楞纸箱、无纺布、地毯背衬、纸张复合、电视机显像管偏转线圈固定等。

聚丙烯酸 polyacrylic acid 简称PAA。

$$[CH_2\text{—}CH(COOH)]_n$$

由丙烯酸经自由基聚合制得的聚合物。低相对分子质量 PAA 外观为无色或淡黄色黏稠液体。固含量≥30%。相对密度 1.09。易溶于水，可用水无限稀释。也溶于甲醇、乙醇、乙二醇、二噁烷等极性溶剂。呈酸性，pH 值≤2(10%水溶液)。可与各种碱发生中和反应。加热至 300℃以上易发生分解。能与水中金属离子（Ca^{2+}、Mg^{2+}等）形成稳定的配合物。用作水基胶黏剂及油墨的增稠剂及分散剂。化妆品中用作护肤-护发制品的增稠剂及悬浮剂。利用其阻垢性，可用作循环冷却水、油田注水及锅炉水系统的阻垢剂。也用作纺织上浆剂、皮革及涂料的展色剂、成膜剂等。由丙烯酸在过硫酸铵引发剂存在下聚合制得。

聚丙烯酸钠 sodium polyacrylate 又名丙烯酸钠共聚物，DC 分散剂。有粉状品及液状产品。

$$[CH_2\text{—}CH(COONa)]_n$$

粉状品为无色至白色粉末。吸湿性很强，遇水膨润，经过透明的凝胶态而变成黏稠液体。是一种具有亲水和疏水基团的高分子电解质，水溶液呈碱性。0.5%溶液的黏度约为羧甲基纤维素、海藻酸钠的 15～20 倍。有机酸类对其黏性影响很小，碱性时黏性增大。遇二价以上金属离子会产生凝胶化沉淀。液体产品为无色或淡黄色黏稠液体，呈微碱性，易溶于水，不溶于乙醇、丙酮，其水溶液大量用作乳液、塑料、橡胶、胶黏剂及化妆品等的增黏剂、增稠剂。利用其凝聚性，用作水处理阻垢剂、糖液澄清促进剂。利用其分散性,用作抄纸剂及颜料、农药分散剂。利用其高吸水性,可用作高吸水性树脂及土壤保水剂等。可在过硫酸铵引发剂存在下,由丙烯酸聚合、碱中和而制得。

聚丙烯酸酯系压敏胶黏剂 polyacrylate type pressure sensitive adhesive 又名丙烯酸系树脂压敏胶黏剂。是由各种丙烯酸酯单体共聚合得到的共聚物为基料,加入交联剂、增黏树脂、引发剂、乳化剂、消泡剂及聚合介质(水或溶剂)经聚合反应制得。所用单体有丙烯酸、丙烯酸甲酯、丙烯酸乙酯、丙烯酸丁酯、甲基丙烯酸及丙烯酰胺等。聚丙烯酸酯系压敏胶黏剂有溶剂型、乳液型、水分散型、光固化型等,这类胶黏剂具有良好的耐热、耐候及抗氧化性。配方中多数是单组分。广泛用于包装、标签、粘接、电绝缘、医用等压敏胶黏带的制造。

聚丙烯酰胺 polyacrylamide 简称 PAM。由丙烯酰胺单体聚合得到的线型聚合物,常温下为坚硬的玻璃态固体,按制法不同,产品有白色粉末、胶液、胶乳、半透明珠粒和薄片等。固体 PAM 的相对密度 1.302 (23℃)。玻璃化温度 153℃。溶于水形成透明液体,除乙酸、甘油、乙二醇等外,一般不溶于有机溶剂。PAM 按其大分子链上的功能基不同,分为阳离子型、阴离子型及非离子型。阳离子型 PAM 为电解质,带正电荷,对悬浮的有机胶体可有效地凝聚;阴离子型 PAM 在中性和碱性介质中呈高聚物电解质的特征,与高价金属离子能交联成不溶性凝胶体;非离子型 PAM 的大分子链上不含离子基团,但酰胺基能吸附黏土、纤维素等物质而絮凝。广泛用作增稠剂、絮凝剂、阻垢剂、黏合剂、成膜剂、湿强剂及稳定胶体等,适用于纺织、造纸、涂料、油墨、日化及水处理等行业。可在过硫酸钠引发剂存在下,由丙烯酰胺聚合制得。

聚丙烯酰胺-丙烯酰胺基二甲胺 acrylamide-N,N-dimethylamine methyl acrylamide copolymer 无色至淡黄色黏

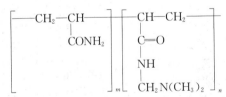

稠液体。相对分子质量>100万。易溶于水,不溶于一般有机溶剂。用作工业给水及废水、生活污水处理的高分子絮凝剂,具有相对分子质量大、阳离子密度高、对胶体粒子及悬浮物有很强的电荷作用及桥连絮凝作用,可加快悬浮物和胶体粒子絮凝及污泥沉降速度,造纸工业中用作助留剂、助滤剂等。可在引发剂存在下,由聚丙烯酰胺、二甲胺及甲醛反应制得叔胺化聚丙烯酰胺后,再经季铵化反应制得。

聚丙烯酰胺微胶乳 polyacrylamide

microemulsion gel 又名 PAM 微胶乳。一种采用反相微乳化技术制得的非离子表面活性剂。外观为透明或半透明微胶乳。胶粒直径 3～50nm。固含量≥32%。相对分子质量≥800万。极易溶于水,不溶于一般有机溶剂,用作钢厂转炉废水、造纸白水、泥砂水等工业废水处理的高分子絮凝剂,具有溶解迅速、不降解、稳定性高等特点。絮凝效果优于高相对分子质量聚丙烯酰胺干粉产品。也用于铜、铝、锰、镍等金属湿法冶炼过程的浆液分离。可在表面活性剂存在下,由丙烯酰胺经反相微乳化技术聚合制得。

聚丙烯酰胺-N,N-亚甲基双丙烯酰胺 polyacrylamide N,N-methylenediacrylamide 无色透明黏稠状液体。无臭、无味。不溶于乙醚、丙酮等有机溶剂。在水中呈分散性溶解。对光、热稳定。遇氧化剂可发生断链降解。在酸性条件下,能与铬矾、铝钒等发生交联而形成网状结构凝胶体。在碱性水溶液中也能水解。由于产物中 N,N-亚甲基双丙烯酰胺含量较低,其主要性质仍与聚丙烯酰胺相似,但水溶速度缓慢、胶体黏度增高及抗剪切能力增强。其水冻胶可用于低、中、高温度,中、低渗透率砂岩、灰岩油气层的压裂液增稠剂。由丙烯酰胺与 N,N-亚甲基双丙烯酰胺在过硫酸盐引发剂存在下聚合而得。

聚丁烯 polybutene 又名合成不干性油,无色透明黏稠液体或凝胶状物。相对密度 0.85～0.91。闪点 150～240℃。其主要物理性质随相对分子质量大小不同而有所差异,不溶于水,溶于丙酮、苯、氯仿及乙酸乙烯酯等,具有化学稳定性好、电性能优良、对光和热稳定、耐水性及耐蒸气透过性好等特点,与多数合成树脂有良好的相容性。无臭、无毒。用作溶剂型胶黏剂及密封胶的增黏剂,油墨的连接料及展色剂,橡胶、树脂及沥青等的改性剂,皮革柔软剂及防水剂,胶姆糖添加剂等。在催化剂存在下,由丁烷-丁烯混合物聚合制得。

聚二烯丙基二甲基氯化铵 dimethyl diallyl ammonium chloride polymer 又

$$\left[\begin{array}{c}CH_2-CH\quad CH-CH_2\\ \quad |\qquad |\\ CH_2\quad CH_2\\ \diagdown\;\diagup\\ N^+\;Cl^-\\ \diagup\;\diagdown\\ CH_3\quad CH_3\end{array}\right]_n$$

名聚氯化二甲基二烯丙基铵。一种聚季铵型阳离子有机高分子,属水溶性阳离子表面活性剂。无色至淡黄色黏稠性透明液体。固含量 9%～11%。易溶于水,不溶于乙醇、丙酮、苯等有机溶剂。分子结构中阳离子单体占共聚物的 10%～58%,电荷密度范围大、相对分子质量高,对胶体颗粒及悬浮物有很强的电荷中和作用及桥连作用。用作工业废水处理絮凝剂、印染无醛型固色剂、防垢剂、地层黏土稳定剂等,日化工业用于制造护发素、喷发胶、去臭剂、防汗剂及调理剂等。可在过硫酸铵存在下,由氯丙烯、二甲胺与氢氧化钠反应制得二氯丙烯二甲基氯化铵单体,再经聚合制得。

聚甘油脂肪酸酯 polyglycerine fatty acid

$$\begin{array}{c} \text{CH}_2-\text{CH}-\text{CH}_2-\text{O}\!\!\left[\text{CH}_2-\text{CH}-\text{CH}_2-\text{O}\right]_n\!\!\text{CH}_2-\text{CH} \\ |\quad\quad|\quad\quad\quad\quad\quad\quad|\quad\quad\quad\quad\quad\quad\quad\quad|\quad\quad| \\ \text{OR}\quad\text{OR}\quad\quad\quad\quad\quad\quad\text{OR}\quad\quad\quad\quad\quad\quad\quad\text{OR}-\text{CH}_2 \\ \quad\quad\quad\quad\quad\quad\quad\quad\quad\quad\quad\quad\quad\quad\quad\quad\quad\quad\quad\quad\quad\quad\quad\quad\quad\quad\quad\quad| \\ \quad\quad\quad\quad\quad\quad\quad\quad\quad\quad\quad\quad\quad\quad\quad\quad\quad\quad\quad\quad\quad\quad\quad\quad\quad\quad\quad\quad\text{OR} \end{array}$$

($n=0,1,2,3,\cdots$;R=H 或脂肪酸残基)

又名聚甘油酯,是由聚甘油及脂肪酸直接酯化制得的一类非离子型表面活性剂。白色、米黄色至褐色固体、半固体或黏稠状液体(取决于所用脂肪酸性质及聚合度)。以饱和脂肪酸与低聚合度聚甘油制得的为塑性蜡状物;以饱和脂肪酸和较高聚合度聚甘油制得的为脆性硬蜡状;而不饱和脂肪酸聚甘油酯是塑性黏滞的蜂蜜状液体。不溶于水,溶于一般有机溶剂。具有脂肪酸的通性及可燃性,用作乳液聚合乳化剂、稳定剂、淀粉改性剂、黏度调节剂、抗静电剂等。也用作内添加型流滴剂,适用于聚氯乙烯、聚烯烃等塑料薄膜。由聚甘油与脂肪酸经酯化反应制得或由动植物油脂进行酯交换反应制得。

聚硅硫酸铝 polymeric aluminium silicate sulfate 又名聚合硅酸硫酸铝、聚合
$$[\text{Al}_2(\text{OH})_m(\text{SiO}_x)_n(\text{SO}_4)_o(\text{H}_2\text{O})_p]$$
($m=0.75\sim2.0, n=0.005\sim0.10,$
$o=0.3\sim1.12, p\geq4.4\geq x\geq2$)
硫酸硅酸铝。一种高分子无机化合物。无色透明液体。易溶于水。用作生活用水及工业给水净化处理的高效絮凝剂。在水溶液中形成多种配离子,与原水中悬浮物及胶体颗粒经吸附、交联作用而形成粗大絮团而沉降。是一种低温低浊度的净水剂,对废水中的 COD、浊度等有较高的去除率。也用作中性纸的抄纸剂。由水玻璃溶液与硫酸铝混合后,再加入铝酸钠溶液聚合制得。

聚硅硫酸铁 polymeric ferric silicate sulfate 又名聚合硅酸硫酸铁。
$$[\text{Fe}_2(\text{SiO}_2)_n(\text{SO}_4)_{3-n}]_m$$
一种无机高分子化合物。灰绿色或红褐色液体。固含量 $2\%\sim5\%$。经浓缩干燥为淡黄色无定形粉末。易溶于水。是一种无机含硅多核高分子絮凝剂,既具有无机高分子絮凝剂的电荷吸附作用,又具有有机高分子絮凝剂的卷扫絮凝作用。絮凝效果优于聚合硫酸铁,既具有絮凝性能好,矾花密实,沉降速度快,净水效果高,无毒无害,不含铝、氯及重金属离子等有害物等特点,又具有脱油、脱色、脱臭、除菌等功效。适用于饮用水及工业用水的净化处理,尤适用于含油废水、油田回注污水及工业水的净化处理。由稀硫酸与水玻璃溶液反应使硅酸聚合后,再加入硫酸铁制得。

聚硅酸 polysilicate 又名活性硅酸。一种阴离子无机高分子化合物。外观为球状颗粒。玻璃化度 $70\%\sim90\%$。pH 值 $6\sim11$。溶于水。用作天然水、工业废水净化处理用的无机高分子絮凝剂。水解时能提供大量 $\text{Si}(\text{OH})_2^{2+}$ 聚合离子及羟基桥连形成的多核配合物,具有较高的絮凝能力,絮体沉降速度快。可单独使用,也可与其他

$$\begin{array}{c}\text{OH}\quad\text{OH}\\|\quad\quad|\\\text{HO}-\text{Si}-\text{O}-\text{Si}-\text{OH}\\|\quad\quad|\\\text{OH}\quad\text{OH}\end{array}$$

絮凝剂配合使用。由水玻璃溶液与硫酸混合溶解后再加入硫酸铝经搅匀、老化制得。

聚硅氧烷 polysiloxane 又名聚有机硅氧烷、有机硅聚合物。

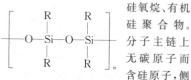

分子主链上无碳原子而含硅原子,侧基为有机基团组成的聚合物。品种很多,根据形态及用途分为三大类:聚硅氧烷油(或液体)(简称硅油)、聚硅氧烷树脂(简称硅树脂)、聚硅氧烷橡胶(简称硅橡胶)。线型低相对分子质量的聚硅氧烷为液体,而线型高相对分子质量的则为胶状的半固体或固体。具有优良的耐热性、憎水性、耐寒性、耐氧化性、电绝缘性及生理惰性,无毒,表面张力低。广泛用于制造涂料、胶黏剂、表面活性剂、日化产品,也用于医学及其他特殊领域。以二氯硅氧烷或烷基烷氧基硅烷等为单体水解缩聚制得。

聚硅氧烷聚烷氧基醚共聚物 copolymer of polysioxane and polyalkoxyl ether 又名发泡灵、水溶性硅油。淡黄色至棕黄色黏稠透明液体。相对密度 $1.04\sim 1.08$。酸值 <0.2mgKOH/g。黏度 $0.15\sim 0.51$Pa·s($50℃$)。溶于水、乙醇、乙酮。是一种水溶性有机硅表面活性剂,用作聚醚型聚氨酯泡沫塑料的泡沫稳定剂。也用作聚氨酯类、丙烯酸酯类等涂料的流平剂,在彩色胶片防晕层涂布上用作表面活性剂。还用作乳化剂、润滑剂及脱模剂等。由氯硅烷酯化水解成聚硅氧烷后,再与聚醚聚合制得。

聚癸二酸-1,2-丙二醇酯 poly(1,2-propylene glycol sebacate) 又名癸二酸丙二醇聚酯。浅黄色透明黏稠液体(相对分子质量为 2000)。相对密度 1.06($25℃$)。闪点约 $290℃$。折射率 1.4670($25℃$)。相对分子质量为 5000 的产品外观为黄色透明状半固体物,相对密度 1.06($25℃$),凝固点 $13\sim 15℃$,闪点 $>316℃$。不溶于水,部分溶于乙醇、丁醇及脂肪烃,溶于乙醚、丙酮、苯。用作氯乙烯耐久性增塑剂。高相对分子质量品种适用于高温耐久制品,如医疗器械、高温电缆材料等;低相对分子质量品种适用于耐油、耐溶剂的制品,如电缆护套、垫片、玩具及地板料等。由癸二酸与丙二醇缩聚制得。

聚癸二酸酐 polysebacic acid anhydride

$$HO\text{-}[CO\text{-}(CH_2)_8\text{-}COO]_n H$$

微黄色至褐色蜡状物。相对密度 1.10($80℃$)。熔点 $72\sim 80℃$。黏度 $380\sim 800$mPa·s($90℃$)。酸值 603mgKOH/g。不溶于水,溶于丙酮、苯、氯仿等。用作环氧树脂固化剂,可不添加叔胺等固化促进剂也可固化。固化物有较好的电性能及韧性。适用于浇铸、层压制品。可由癸二酸缩合制得,或由癸二酸与乙酸酐反应而得。

聚合硫酸铝 aluminium polysulfate

$$[Al_2(OH)_n(SO_4)_{3-\frac{n}{2}}]_m$$
$$(1\leqslant n\leqslant 5, m<10)$$

又名碱式硫酸铝。一种阳离

子无机高分子化合物。有液体及固体两种产品。液体产品为无色至浅褐色的透明液。固体产品为白色粉末。易溶于水，不溶于醇。水溶液呈碱性。对水中微细悬浮物和胶体粒子有较强的絮凝性，其絮凝速度和絮凝效果是硫酸铝的2～3倍。对金属材料及设备的腐蚀性小，但稳定性较差，易发生水解。商品中常添加 $AlCl_3$ 作稳定剂。用于自来水、工业给排水等的净化处理，低温状态下仍有很好的絮凝除浊率。对去除废水中的重金属及处理含氟废水效果明显。也用作油脂澄清剂、混凝土防水剂及用于涂料、医药等行业。由硫酸铝溶液与铝酸钠溶液在催化剂存在下反应制得。

聚合硫酸铁 polymerized ferrous sulfate $[Fe_2(OH)_n \cdot (SO_4)_{3-n/2}]_m$ $(n \leqslant 2, m > 10)$ 又名聚铁、硫酸聚铁。一种无机高分子化合物。有液体及固体两产品。液体产品呈红褐色或深红色黏稠液体。全铁含量$\geqslant 11\%$。相对密度 1.45。黏度$>11 mPa \cdot s(20℃)$。1%水溶液 pH 值 2～3。固体产品是一种淡黄色至浅灰色树脂状颗粒，全铁含量$\geqslant 18.5\%$。具有脱色、除重金属离子、降低水中 COD、BOD 浓度和提高加氯杀菌效果等作用。广泛用作自来水、饮用水、工业用水及废水等净化处理的高效絮凝剂。聚铁水解后可产生多种高价多核配离子，如$[Fe(OH)_4]^{2+}$、$[Fe_3(OH)_6]^{3+}$等，这些配离子的正电荷可与原水中溶胶及悬浮物的负电荷结合，通过吸附、交联作用，促使水中胶体微粒与悬浮物形成粗大絮团而沉降，从而使水净化。在催化剂存在下，由稀硫酸与硫酸亚铁经空气氧化后水解可制得液体聚铁，再经浓缩并加入晶种则可制得固体聚铁。

聚合氯化硫酸铁 polymeric ferric chloride sulfate $[Fe_2Cl_n(SO_4)_{3-n/2}]_m$ 一种无机高分子化合物。棕黄色透明黏稠液体。相对密度$\geqslant 1.45$。三氯化铁含量$\geqslant 10\%$。氯化度 18%～22%。1%水溶液 pH 值 0.5～0.7。易溶于水。用作生活用水及工业给水净化处理的高效絮凝剂，是铝盐絮凝剂的替代产品，水解后可产生多种高价多核离子，与原水中悬浮物及胶体颗粒经吸附、交联而形成粗大絮团而沉降。具有形成絮体大、成型快、适用 pH 值范围广、处理后水的 pH 值变化不大等特点。由硫酸亚铁与次氯酸钠在催化剂存在下反应制得。

聚合氯化铝 aluminium polychloride $[Al_2(OH)_nCl_{6-n} \cdot xH_2O]_m (m \leqslant 10, n = 1～5)$ 又名聚合铝、羟基氯化铝。是介于氯化铝和氢氧化铝之间的一种水解产物，通过羟基架桥聚合而成的无机高分子化合物。铝是中心离子，氢氧根和氯是配位体。有液体及固体产品。液体产品是淡黄色或无色透明体，因含杂质有时显灰黑色或黄褐色黏液，氧化铝含量$\geqslant 8\%$。固体产品为无色或黄色树脂状，氧化铝含量 20%～40%。易溶于水，并发生水解，生成$[Al(OH)_3(OH)_3]$沉淀，同时发生电化学凝聚、吸附及沉淀等过程。110℃以上时分解，放出氯化氢，最后分解为氯化铝。用作工业给水、饮用水及工业废水处理的絮凝剂，具有形成絮体速度快、沉淀性能好等特点，同时还能除去水中浮油、氟化物及重金属等。由废铝或铝灰与盐酸经缩聚反应制得液体聚合氯化铝,经浓缩、干燥可制得固体产品。

聚合氯化铝铁 polymeric aluminium ferric chloride 又名碱式氯化铝铁。一种 $[Al(OH)_nCl_{6-n}]_m \cdot [Fe_2(OH)_nCl_{6-n}]_m$ ($n \leqslant 5, m \leqslant 10$) 无机高分子化合物。黄色至黄褐色透明液体或粉状固体。固体产品三氯化铝含量≥27%、三氧化二铁含量3%~6%、盐基度≥70%。易溶于水,水溶液呈酸性。用作饮用水、工业给水及废水及煤气洗涤水处理的高效絮凝剂,是聚铁及聚铝的替代产品。在水解时可产生多种高价多核配离子,具正电荷,能与原水中悬浮物及胶体粒子的负电荷结合,通过吸附、交联等作用而形成粗大絮团而沉降。由铁矿石经盐酸浸取、回流加热、冷却、过滤等工序制得。

聚合氯化铁 polyferric chloride 又名 $[Fe_2(OH)_nCl_{6-n}\cdot H_2O]_m$ ($n \leqslant 3, m \leqslant 10$) 聚合三氯化铁。一种无机高分子化合物,外观为棕黄至黄褐色黏稠性透明液体。相对密度1.30~1.45。氯化铁含量≥14%。易溶于水,水溶液呈酸性。用作生活用水及工业用水净化处理的絮凝剂。水解时形成各种形态的水合配离子而起絮凝作用。具有形成的矾花致密度大、结构紧凑、内聚系数大的特点,其絮凝效果比三氯化铁要高得多。由六水氯化铁稀溶液与氢氧化钠反应制得。

聚合松香 polymerized rosin 是松香中的共轭双键在卤代烷、金属卤化物或无机酸的作用下聚合所得的产物。主要是二聚物,占20%~50%。聚合反应后使松香的不饱和性降低、酸值减小、软化点及抗氧化性提高。聚合松香外观为淡黄色透明硬质固体。易溶于苯、甲苯、汽油及松节油等。在空气中不易氧化、稳定性好、不结晶,与成膜物质有良好的混溶性。用作溶剂胶、热熔胶、压敏胶的增黏剂。油墨工业中用作连接料,制造胶印、凹印、铅印、彩印油墨等,具有光泽好、固着性及立体感强、颜色稳定等特点。也用于制造金属松香皂、油漆及热塑性塑料等。由松香溶于溶剂后经催化缩合反应制得。

聚合物复合型结构胶黏剂 polymer complex type structural adhesive 又名复合型结构胶黏剂。是以两类主体高分子材料为基料的胶黏剂。一类是可起交联作用的热固性树脂(如环氧、酚醛树脂等),另一类是具有可挠性和柔性的聚合物(如聚乙烯醇缩醛、丁腈橡胶)。制得的胶黏剂既有A组分所固有的高强度、耐热、耐介质、抗蠕变等特性,又有B组分所固有的高剥离、抗弯曲、抗冲击、耐疲劳等韧性性质。典型的产品有环氧-丁腈型、环氧-羧丁型、环氧-酚氧型、环氧-尼龙型、环氧-丁腈型、环氧-缩醛型等,适用于航空、航天工业的超声速飞机、导弹、卫星和飞船等结构的粘接。

聚合物基纳米复合材料
见"纳米复合材料"。

聚合终止剂 terminator 又名链终止剂或终止剂,是能与引发剂(或催化剂)或增长链迅速反应,从而有效地破坏其活性,使聚合反应终止的物质,适时终止聚合反应,可获得相对分子质量均匀、分子结构稳定的高品质聚合物产品。终止剂除起着消除体系活性中心的作用外,还兼有防止老化的作用,因此,工业上许多防老剂往往也是终止剂。种类很多,一般是能与自由基结合生成稳定化合物的一类物质,如醌、硝基、亚硝基、芳香多羟基化合物以及许多含硫化合物。如高温乳液聚合中常用对苯二酚、对叔丁基邻苯二酚、木焦油等作终止剂;低温乳液聚合常用二甲基二硫代氨基甲酸钠、多硫化钠等作终止剂;溶液聚合一般用水和醇作聚合终止剂。

聚环氧琥珀酸钠 sodium polyepoxysuccinate 又名绿色阻垢剂 PESA。一种阴离子表面活性剂。白色固体。溶于水。是无磷、非氮的新型绿色阻垢剂,生物降解性好。具有良好的分散及螯合多价金属阳离子的性能。用作冷却水处理的阻垢分散剂,适用于高碱度、高温及高硬水场合,与氯的相容性好,阻垢性能不受氯浓度影响。由顺酐经碱化、催化环氧化及聚合而制得。

聚己二酸-1,2-丙二醇酯 poly(1,2-propylene glycol adipate) 又名己二酸丙二醇聚酯。浅黄色透明黏稠液体。相对密度 1.112(25℃)。闪点 274℃。折射率 1.4633(25℃)。不溶于水,与乙醇、丁醇部分相溶,与丙酮、甲乙酮、苯等混溶。用作聚氯乙烯、乙酸纤维素等的耐久性增塑剂。其性能随相对分子质量大小而有很大差别。相对分子质量高者耐迁移性好、挥发度极低,适用于医疗器械、高温绝缘材料及室内装饰制品;相对分子质量低者适用于制造电缆料、地板料、耐油软管及玩具等。也用作氯丁、丁腈橡胶等耐油性增塑剂。由己二酸与丙二醇缩聚制得。

聚季铵盐 TS 系列杀菌剂 polyquaterium salt TS series bactericide 一类水溶性阳离子型聚季铵盐杀菌剂,是分子结构中含有多个氮阳离子的聚合物。商品有 TS-801、TS-802、TS-805、TS-807 等牌号。浅黄色至黄色或褐色黏稠性液体。略有苦味。易溶于水。是一种广谱、高效、低毒、药效持久的杀菌灭藻剂。它能选择性地吸附在带负电荷的菌体上,在细菌表面形成高浓度的离子团而影响细菌细胞正常功能,并直接破坏控制细胞渗透性的原生质膜,使之干枯或充胀死亡而致效。适用于炼油、化工、化纤、化肥、冶金等工业循环冷却水的处理。可根据不同产品牌号采用多胺和多卤代烷烃缩聚反应制得。

聚 α-甲基苯乙烯树脂 poly-α-methyl styrene resin 又名 PaMS 树脂。白色粉状或块状固体。软化点 83～143℃。不溶于水、汽油,溶于丙酮、甲苯、乙酸乙酯、氯仿及四氢呋喃等。与多数合成橡胶、天然橡胶、SBS 树脂、SIS 树脂、聚氯乙烯、聚苯乙烯、ABS 树脂等有较好的相容性,用作热熔胶、压敏胶的胶黏剂,具有较好的初黏性及粘接强度。也用作油墨连接料及展色剂,橡胶增强剂。由 α-甲基苯乙烯聚合制得。

聚甲基丙烯酸 polymethacrylic acid 又名甲基丙烯酸聚合物。白色硬而脆的固体。加热后逐渐失水。300～350℃时迅速分解成甲基丙烯酸单体、二氧化碳及挥发性烃类。溶于水、乙醇、甲醇、乙二醇,不溶于乙醚、苯、丙酮。商品常为无色或淡黄色清澈液体。是一种聚羧酸型阻垢分散剂,能与水中钙、镁等金属离子形成稳定的络合物,对污垢有优良分散作用。适用于锅炉水及循环冷却水的阻垢处理。也可利用其分散悬浮性能、粘接性能及成膜性能等,用于涂料、医药、食品、日化、纺织等行业。可在过硫酸铵存在下,由甲基丙烯酸单体经水溶液聚合制得。

聚甲基丙烯酸酯 polymethacrylate 指由不同碳数的甲基丙烯酸烷基酯单体,在引发剂和相对分子质量调节剂存在下,通过溶液聚合所得的均聚物。外观为淡黄色黏稠性液体,是一类多功能润滑油黏度指数改进剂,兼有增稠及降凝双重功能,热稳定性及抗剪切安定性均较好。根据碳链不同,分为 A（$C_{12} \sim C_{14}$）、B（C_{14}）、C（C_{12}）、D（C_{10}）等牌号,如 T602A、T602B、T602C、T602D。用于调制航空液压油、液力传动油、低凝液压油、多级内燃机油、车用齿轮油等。也可用作工业白油增黏剂。

聚磷硫酸铁 polymeric phosphate ferric $[Fe_3(PO_4)(SO_4)_3]_m$ 又名聚合磷酸硫酸铁。一种无机高分子化合物,外观为深红棕色液体,经浓缩、干燥后为红棕色固体。易溶于水,用作生活用水及工业用水净化处理的无机高分子絮凝剂。水解时通过铁盐水解的阳离子对胶体颗粒的电中和作用以及有较高相对分子质量的聚磷酸对脱稳胶粒的吸附架桥作用达到净化目的。不仅可以用于 pH 值范围较广的水质,而且其水解、沉降速度快,净化效率高,对废水中的 S^{2-}、COD、浊度等有较高去除率。由硫酸亚铁经氧化制成聚合硫酸铁后,再与磷酸钠反应制得。

聚磷腈 polyphosphazene 又名磷腈聚合物。一类主链结构由磷和氮原子交替组成,侧链为两个有机化合物的高相对分子质量聚合物。常用合成方法是用六氯环三磷嗪开环聚合生成中间体聚二氯偶磷氮化合物,再与含氨基或烷氧基的化合物进行大分子置换反应,生成稳定的高相对分子质量聚磷腈。它易水解,降解机理主要是侧链水解,因而可通过选择不同的侧基制取所需降解速率的聚合物。用作药物释放载体时,降解速率快慢可控制药物释放速度。还用于制造阻燃纤维。

聚磷酸铵 ammonium polyphosphate

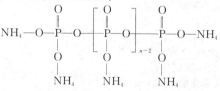

又名阻燃剂 APP。白色粉末。相对密度 1.74。按聚合度 n 不同,分为低聚、中聚及高聚三种产品。$n = 10 \sim 20$ 时,为短链 APP,相对分子质量为 $1000 \sim 2000$,

具水溶性；$n>20$ 时，为长链 APP，相对分子质量在 2000 以上，难溶于水。n 越大，水溶性越小。工业 APP 含磷量高达 30%～32%，含氮为 14%～16%，微溶于水。热分解温度>250℃。750℃时全部分解，并放出氮、水，生成磷酸。用于添加型阻燃剂及膨胀型防火涂料，有膨胀阻燃功能。燃烧时生烟量极低，不产生卤化氢，受热分解时生成的氨及聚合磷酸可成为聚合物的保护层而将氧隔绝。适用作纯棉及涤棉织物、塑料及橡胶制品、木材、涂料、纸张等的阻燃剂。也用作肥料及制造干粉灭火剂。由尿素与磷酸经高温聚合反应制得。

聚磷酸三聚氰胺 melamine polyphosphate 又名聚磷酸蜜胺。白色结晶或

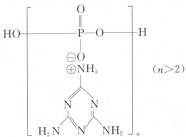

固体状粉末。磷含量 12%～14%。氮含量 42%～44%。相对密度 1.85。分解温度高于 250℃。微溶于水，溶于乙醚、丙酮等。一种无卤添加型阻燃剂，适用于不同加工温度的树脂、聚氨酯清漆、醇酸树脂及丙烯酸漆等的阻燃。与溴系阻燃剂、三氧化二锑等并用有协同效应。以多聚磷酸、三聚氰胺等为原料制得。

聚磷酸盐 polyphosphate 又名缩聚磷酸盐。是聚正磷酸盐及聚偏磷酸盐的总称。其中三聚磷酸钠、六偏磷酸钠常用作洗涤助剂及水处理阻垢剂。聚磷酸盐在水中能离解出具有—O—P—O—P—链的阴离子，离子中的磷原子连着含有一对未共用电子对的氧原子，与金属离子共同形成配价键，能捕捉水中金属离子生成溶解度大的螯合物，因而有良好的阻垢性能，尤对抑制磷酸钙垢效果明显。广泛用作循环冷却水系统的阻垢剂。聚磷酸盐的主要缺点是在水中易水解，水解产生的磷酸根离子会与钙结合生成难溶性磷酸钙，在传热面上形成致密的垢层而影响传热性能。此外，磷酸盐类在水中又是多种菌类的营养物质，含磷酸盐的工业废水若不加处理排入江河中，会造成水域水质的富营养化，导致菌藻大量繁殖生长，造成生态污染。目前，这类阻垢剂的用量在逐渐减少。

聚硫胶乳 polysulfide rubber latex 是二氯乙烷、1,2-二氯丙烷与多硫化钠在以氢氧化镁为分散剂的水体系中进行悬浮聚合制得的聚硫水分散体。偏于碱性，粒子较大，约为 200～600nm。可以成膜，但胶膜强度低。聚硫胶乳有良好的耐油、耐臭氧、耐化学药品及耐低温性能，但耐水性稍差。对硅酸盐水泥、玻璃和木材等有良好的粘接性。它还可以与许多合成树脂乳液（如环氧、聚烯烃、聚酯、酚醛、聚氨酯树脂等）以任何比例混合，以提高其粘接性和耐水性。主要用于制造耐油涂料、防腐涂层、密封材料等。也可用作非金属油罐的防渗涂料。

聚硫橡胶胶黏剂 polysulfide rubber adhesive 以液体聚硫橡胶为基料的合

成胶黏剂。聚硫橡胶是一种类似橡胶的多硫乙烯基树脂,是处于合成橡胶与热塑性塑料之间的物质。具有良好的耐油、耐溶剂、耐水和气密特性。液体聚硫橡胶的分子链上带有活性反应基团硫醇基,能与硫化剂发生交联反应,具有很好的弹性和黏附性。为了提高其黏附力,还可在组分中加入二异氰酸酯、其他橡胶或合成树脂等。聚硫橡胶胶黏剂由聚硫橡胶、溶剂、填料、增黏剂及其他辅料组成。主要用作织物与金属、皮革、橡胶等的粘接。也用于制造胶黏带及作为结构胶黏剂的改性组分。

聚氯乙烯胶乳 polyvinyl chloride latex 聚氯乙烯的胶态分散体。常采用种子聚合半连续法制得。引发剂一般用水溶性氧化还原体系如过硫酸铵-亚硫酸氢钠。乳化剂一般为烷基芳基磺酸盐、十二烷基硫酸钠。聚氯乙烯均聚物坚硬、不成膜,要在150℃下增塑才能熔融。为降低其熔融温度,常加入丙烯酸酯、马来酸酯、富马酸酯或乙烯进行共聚,并可提高其柔韧性和软化程度。主要用于纤维加工、纸及纸板涂胶、纸张浸渍、地毯背涂、胶黏剂、水基油墨等。也用于制造各种阻燃制品。

聚氯乙烯树脂粉末涂料 PVC resin powder coatings 以聚氯乙烯树脂为主要成膜物质的涂料。制法是将聚氯乙烯树脂、增塑剂、稳定剂、颜填料及其他助剂一起热熔融后混和,挤出冷却,经粉碎至要求的细度而成。施工采用静电喷涂,经高温烘烤,粉末粒子热熔融流平形成涂膜。具有原料易得,抗化学性、耐大气腐蚀性优良等特点。

聚氯乙烯树脂密封胶 polyvinyl chloride resin sealant 以聚氯乙烯树脂为黏料的密封胶黏剂。所用聚氯乙烯树脂为聚氯乙烯及其改性过氯乙烯、氯乙烯-乙酸乙烯酯共聚物等,并加入增剂、稳定剂及填料后经混合制成。所用增塑剂多为增塑糊。产品多为糊状、浆状或膏状物。有良好的耐水、耐油、耐候及耐磨性能,电性能好。广泛用于电线电缆包装、机车焊缝密封、汽车底板的抗石击密封等。

聚马来酸 polymaleic acid 又名马来酸均聚物、水解马来酸酐。乳白色硬质固体。热分解温度高于300℃。

$$\begin{bmatrix} CH-CH \\ | \quad \quad | \\ COOH \quad COOH \end{bmatrix}_n$$

溶于水、甲醇、乙二醇。商品常为棕黄透明液体。平均相对分子质量>450。固含量48%~50%。相对密度1.15~1.22。1%水溶液pH值2~3。用作阻垢剂,能与水中钙、镁等离子螯合,在175℃下长期使用不影响阻垢效果。尤适用于锅炉水等高温水系统的阻垢,也用作海水淡化闪蒸装置、循环冷却水、油田输水管线的阻垢。由马来酸酐水解成马来酸后再经聚合制得。

聚醚改性硅油 polyether modified silicone oil 一种非离子表面活性剂,不同生产厂有多种商品牌号。外观为黄色液体。可与水、醇互溶,也溶于甲苯、二甲苯丙酮。除具有表面张力低和有机硅表面活性剂所具有的特性外,并有优良的消泡、流平、润滑、抗静电及破乳等性能,而且耐酸、耐碱,使用方便。用作工业消泡剂、织物整理剂、油漆及聚氨酯制品的流平剂、聚氨酯硬泡发泡的匀泡剂、化妆品润肤剂、农用无滴膜防雾剂,以及用于制取高效切削液、高档金属清洗剂

聚葡萄糖 polydextroses 一种以葡萄糖、山梨糖醇及柠檬酸为原料，按89:10:1比例调配后加热熔融，再经真空浓缩制成的D-葡萄糖多聚体。呈淡棕黄色粉末，经精制后为白色流动性粉末。无臭、易溶于水，10%水溶液的pH值约5.5。有吸湿性，耐热性好。其发热量仅为蔗糖的1/4，无龋齿性。在食品工业中用作增溶剂、稳定剂、增稠剂、保水剂及组织改良剂等。常用于配制功能性饮料。

聚β-羟基丁酸酯 poly β-hydroxybutyrate

$$\mathrm{\left[-OCH-CH_2-\overset{O}{\overset{\|}{C}}-\right]_n}$$
$$\mathrm{\ \ \ \ \ \ \ CH_3}$$

一种微生物聚酯，是由微生物发酵得到的热塑性聚合物。相对分子质量在 $10^5 \sim 10^6$ 范围。相对密度1.25。平均结晶度80%。熔点177～179℃。玻璃化温度0～5℃。热变形温度143℃。室温冲击强度低、性脆。当温度高于其熔点时，易发生降解，生成巴豆酸和低聚物。为改善其加工性能，可与聚β-羟基戊酸酯形成共聚物。具有良好的生物降解性，可耐辐射并有压电性。是细菌和藻类的储存物质，有良好的生物相容性，在人体内可发生缓慢降解，降解产物为人体血液正常成分，可吸收骨钉、外科缝合线及制作生物医学复合材料，也用作药物缓释载体。

聚羟甲基丙烯酰胺 polyhydroxymethylacrylamide 无色透明胶状液体。

$$\mathrm{\left[-CH-CH_2-\right]_n}$$
$$\mathrm{\ \ \ \ \ \ C=O}$$
$$\mathrm{ONH-CH_2OCH_2-NHO}$$
$$\mathrm{\ C=O}$$
$$\mathrm{\left[-CH_2-CH-\right]_n}$$

不溶于一般有机溶剂，在水中呈分散状溶解。基本性质与聚丙烯酰胺相似，但水溶液和冻胶的耐温、抗剪切性比聚丙烯酰胺强，破胶降黏难度也较大。有良好的增稠性及储存稳定性。其水冻胶可用于中、高温度，中、低渗透率的砂岩、灰岩油层的压裂液增稠剂。由聚丙烯酰胺、甲醛在氢氧化钠溶液中反应制得。

聚壬二酸酐 polyazelaic acid anhydride

$$\mathrm{HO\left[-CO(CH_2)_7COO-\right]_nH}$$

白色至浅黄色粉末，工业品为黄褐色碎块状固体。熔点55～65℃。相对分子质量为2000～5000。黏度800～1000mPa·s(60℃)、310mPa·s(100℃)。溶于丙酮、苯、氯仿等溶剂。易吸湿，空气中久置时因吸收壬二酸而表面发白，熔点明显升高。用作环氧树脂固化剂。固化物在中温(100～150℃)下的电性能及力学性能优良，耐冲击性好。适用于浇铸制品。由壬二酸分子间脱水缩合制得。

聚乳酸 polylatic acid 又名聚丙交酯。

$$\mathrm{\left[-CH-\overset{O}{\overset{\|}{C}}-\right]_n}$$
$$\mathrm{\ \ CH_3}$$

由乳酸二聚形成环状化合物后，再经聚合制得。相对分子质量可以几千至百万。分子结构中有不对称碳原子，可有右旋(L-型)、左旋(D-型)及外消旋(DL-型)等旋光异构体。不溶于水、乙醇、石油醚，溶于二氯甲烷及氯仿等。常温下性质稳定，在温度高于55℃或富氧及高湿条件下会被微生物降解,先水解成单体乳酸,而后可分解为水和二氧化碳。如用它制成的酸奶杯,不但有良好的防潮、耐油脂及密封性,用过废弃后约 60 天便可完全降解。也可制成纤维、薄膜、棒材等材料。由于具有良好的生物相容性,医学上可用作手术缝合线及器官置换。

聚酸酐 polyanhydride 分子主链中含许多重复酸酐基团的一类聚合物。

$$-[-\overset{O}{\underset{\|}{C}}-R-\overset{O}{\underset{\|}{C}}-O-]_n-$$

(R 为脂肪烃基或芳香烃基)

可由二羧酸与乙酸酐在一定温度下回流制得二酸酐预聚物,再经纯化后加热缩合制得。相对分子质量约 10 万～20 万。具有高结晶度、脂肪族聚酸酐的熔点较低,能溶于多数有机溶剂,芳香族聚酸酐是高熔点及难溶解聚合物。聚酸酐属于非均相降解材料,降解机理为酸酐基团的水解,而非酶性水解。特别适用作药物均衡释放控制材料,释放速度可由药物浓度及材料外表面积进行调节。用于药物缓释的聚酸酐,主要有 1,3-双(聚对羧基苯氧基)丙烷癸二酸,聚芥酸二聚体-癸二酸、聚富马酸-癸二酸等。这些酸酐溶于氯仿、二氯甲烷、熔点较低、易于加工成型,并有良好的机械强度及韧性。

聚羧酸有机胺盐 polycarboxylic acid organic amine salt 又名分散防沉剂 DA-50。一种阳离子表面活性剂,橙色黏稠性液体。闪点不低于 100℃(闭杯)。pH 值 6～8。用作涂料防沉淀剂,具有促进颜料分散、防沉、抑制浮色发花、增加涂料流动性、减少刷痕等作用。适用于油基漆、天然树脂漆、合成树脂漆等体系,不适用于潮气固化聚氨酯漆及水性漆。适用颜料为无机颜料、氧化铁颜料、铬黄系颜料及钛白粉等。由聚羧酸和有机胺经中和反应制得。

聚天冬氨酸 polyaspartic acid 亮黄色水溶液,一种水溶性聚合物。相对分子质量 1000～5000。pH 值 9.5。具有优良的分散水中有机及无机离子的性质。并易生物降解为无毒性物质。10d 的降解率为 18％～44％,28d 的降解率为 73％～83％。几乎与葡萄糖的生物降解性相接近。用作高效阻垢缓蚀剂,可分散水中的 $CaCO_3$、$CaSO_4$、Fe_2O_3、$Mg(OH)_2$ 等,适用于工业冷却水、油田回注水等的阻垢,农业上可用作植物养分促进剂,可通过它富集氮、磷、钾及微量元素供给植物体。还用作洗衣粉无磷助剂、涂料及水煤浆分散剂。由 L-天冬氨酸在高温下热缩合制得聚琥珀酰亚胺,再经液碱水解制得。

聚酮树脂 polyketone resin 又名环己酮树脂,是在甲醇钠催化剂存在下,由环己酮聚合得到的增黏树脂。无色至浅黄色片状固体。相对密度 1.24。软化点 95～125℃。酸值 $\leqslant 1.0\text{mgKOH/g}$。不溶于水,但稍有吸湿性,溶于乙醇、乙醚、丙酮、苯、氯仿及环己酮等。具有良好的耐光、耐老化及耐化学药品性。与其他树脂有良好的相容性,主要用作热熔胶、溶剂型胶黏剂及压敏胶的增黏剂。

聚酰胺 polyamide 是分子主链中含有许多重复酰胺基的聚合物的总称,是由二元胺与二元酸或分子链末端含氨基的氨基酸经缩聚或环内酰胺经开环聚合制得。其中由脂肪酸与多胺缩聚而得的低相对分子质量聚酰胺（如 200、203、300、351、600、650、651 低分子聚酰胺）为浅黄色至红褐色黏稠液体，溶于醇、酯、酮等溶剂。反应性高，与环氧树脂相容性好，可在室温下固化环氧树脂，在环氧树脂固化剂中占有相当大的比例。不同低相对分子质量聚酰胺品种的含胺量有所不同，胺值越高，活性越大，黏度较低，与环氧树脂反应速度快，可用于浇铸及层压制品。胺值低的品种黏度高，多用于涂料及黏合剂。聚酰胺分子结构中含有脂肪族多胺结构，因而可与丙烯腈、丙烯酸酯、环氧乙烷、环氧丙烷等进行加成反应而加以改性，改性制品除用作固化剂外，还可用于胶黏剂、密封胶、塑溶胶等。

聚酰胺热熔胶 polyamide hot melting adhesive 以聚酰胺树脂为基料的热熔胶。所用聚酰胺树脂分为两类：一类是二聚酸型，是由大豆油脂肪酸、妥尔油脂肪酸或棉子油酸的二聚酸与二胺缩聚成的生成物；另一类为尼龙型，是由二元酸和二胺缩聚生成的聚合物，常用共聚、三聚尼龙。所用聚酰胺树脂的相对分子质量一般在 3000～9000 之间。聚酰胺热熔胶具有优良的耐热、耐寒、耐油、耐化学溶剂性能及电性能，能快速固化，与多种金属和非金属有良好粘接力。常用于外皮及皮革黏合衬、鞋帽及装饰黏合衬、塑料层压复合材料、人造革、箱包等制造，也用于粘接金属、汽车部件、木材等。

聚烯烃类热塑性弹性体 olefinic thermoplastic elastomer 是由橡胶和聚烯烃树脂组成的，连续相与分散相呈两相分离的聚合物掺混物。当橡胶为连续相时，呈现近似硫化胶的性能，而以树脂为连续相时，则性能近于塑料。可分为三种类型：①物理掺混型，是由聚烯烃和未硫化或轻度硫化的聚烯烃弹性体（如三元乙丙橡胶）机械掺混制成，具有优良的耐极性流体性能；②动态硫化型，是由两种或两种以上能产生协同效应的聚合物在动态全硫化共混中借官能团作用产生交联而制成，兼有各组分的性能，有良好的耐压缩永久变形和耐屈挠疲劳性能；③反应器型，是指在连续反应器内制造而得，这类弹性体有良好的耐热、耐油、耐候性，而且密度小、价格低。用于制造汽车零部件、传动带、运动器械、密封条、医疗器具及橡胶制品等。

聚亚甲基双甲基萘磺酸
见"分散剂 MF"。

聚氧丙烯甘油醚 polyoxypropylene glycerol ether 又名消泡剂 GP、甘油聚

$$\begin{array}{l}CH_2O\!\!-\!\!\!\!-\!\!\!\!\left[CH_2CH(CH_3)O\right]\!\!\!\!-\!\!\!\!\!-_{n_1}\\ CHO\!\!-\!\!\!\!-\!\!\!\!\left[CH_2CH(CH_3)O\right]\!\!\!\!-\!\!\!\!\!-_{n_2}\\ CH_2O\!\!-\!\!\!\!-\!\!\!\!\left[CH_2CH(CH_3)O\right]\!\!\!\!-\!\!\!\!\!-_{n_3}\end{array}$$

醚，无色至淡黄色黏稠液体，有苦味，是一种非离子表面活性剂，分子结构中末端有羟基，能发生羟基所能进行的反应。溶于乙醇、苯、丙酮，不溶于水，但能分散于水中。有吸湿性。是一种极性很强的消泡剂，用于油墨、酵母、味精、链霉素、生物农药等过程中的稀发酵液消泡或消沫。也用作聚氨酯泡沫塑料的生产原料。在碱催化剂存在下，由环氧丙烷与甘油经缩聚反应制得。

聚氧丙烯聚氧乙烯丙二醇醚

polyoxypropylene polyoxyethylene glycol ether 又名丙二醇聚氧丙烯聚氧乙烯醚、

$$\begin{array}{l}CH_2O(CH_2CH_2O)_m(C_3H_6O)_nH\\CHO(CH_2CH_2O)_{m_1}(C_3H_6O)_{n_1}H\\CH_3\end{array}$$

消泡剂 LG4。一种非离子表面活性剂。低聚合度产品为无色或淡黄色黏稠液体；高聚合度产品为膏状物或固体。pH值 $6.5\sim7.5$。浊点不低于 $80℃$。溶于水，易溶于乙醇等多数有机溶剂，具有良好的消泡、抑泡及净洗作用。在液体洗涤剂、低泡洗衣粉中用作低温消泡剂。也用作原油破乳剂、金属洗净剂、纤维油剂、分散剂及制取机械润滑剂、切削冷却液及医药栓剂基质等。由丙二醇与环氧丙烷及环氧乙烷在催化剂存在下经嵌段共聚制得。

聚氧丙烯聚氧乙烯甘油醚 polyoxypropylene polyoxyethylene glycerol ether 又名消泡剂 HPE、泡敌。一

$$\begin{array}{l}CH_2O\!\!-\!\![CH_2CH(CH_3)O]_{\overline{n}}[CH_2CH_2O]_mH\\CHO\!\!-\!\![CH_2CH(CH_3)O]_{\overline{n_1}}[CH_2CH_2O]_{m_1}H\\CH_2O\!\!-\!\![CH_2CH(CH_3)O]_{\overline{n_2}}[CH_2CH_2O]_{m_2}H\end{array}$$

种非离子表面活性剂。无色透明液体。羟值 $45\sim60$ mg KOH/g。酸值 $\leqslant 0.5$ mgKOH/g。浊点 $17\sim25℃$。溶于乙醇、乙醚、丙酮、苯。在冷水中较热水易分散。具有良好的润滑性及抗氧性，并有很强的极性及消泡、抑泡性能。用作医药、农药及发酵工业的消泡剂，消泡效率比使用大豆油、玉米油等要强几倍至几十倍。常用于生产四环素的发酵液及生物农药井岗霉素等发酵过程的消泡、抑泡，也用于油田钻井泥浆的消泡。由甘油与环氧丙烷、环氧乙烷经催化缩聚制得。

聚氧化乙烯 polyethylene oxide 又名 $[CH_2CH_2O]_{\overline{n}}$ （$n>300$）聚环氧乙烷。由环氧乙烷聚合而成的线型高相对分子质量均聚物，相对分子质量 $>3.5\times10^6$。易流动白色粉末。相对密度 $1.15\sim1.22$。熔点 $63\sim67℃$。热分解温度 $423\sim425℃$。与水混溶，溶于甲醇、甲乙酮、二氯甲烷。属非离子表面活性剂，分子中含有亲水、疏水基团，具有表面活性，可降低表面张力，化学稳定性好，耐酸碱及细菌侵蚀。对皮肤无刺激性。用作织物上浆剂、水溶性黏合剂、纸张增强剂、钻井泥浆处理剂、聚合分散剂、土壤稳定剂、沸石改性剂、牙膏润滑剂、涂料或采油增稠剂、消防水减阻剂等。由环氧乙烷在催化剂存在下经开环聚合制得。

聚氧乙烯甘油醚单硬脂酸酯 polyoxyethylene glycerine ether monostearate 又名乙氧基化甘油醚单硬脂酸

$$\begin{array}{l}H_2C\!-\!OOCC_{17}H_{35}\\HC\!-\!O(CH_2CH_2O)_nH\ (n+m=5\sim25)\\H_2C\!-\!O(CH_2CH_2O)_mH\end{array}$$

酯。白色至淡黄色蜡状物。酸值 $\leqslant 3.0$ mgKOH/g。浊点 $\geqslant 40℃$。溶于水。属非离子表面活性剂。有良好的分散、乳化、发泡及渗透性能。适用于制造高级雪花膏、洗面奶、奶液、胭脂等。也用

作净洗剂、渗透剂。由甘油与环氧乙烷在碱催化剂存在下缩聚后,再与硬脂酸经酯化反应制得。

聚氧乙烯甲基葡萄糖苷硬脂酸酯 polyoxyethylene methyl glucoside sesquistearate 又名乙氧基化甲基葡萄糖苷

$$\text{H}(\text{OC}_2\text{H}_4)_z\text{O} \underset{\text{O}(\text{C}_2\text{H}_4\text{O})_y\text{H}}{\overset{\text{CH}_2\text{OOCC}_{17}\text{H}_{35}}{\bigcirc}} \text{H} \; \text{OCH}_3$$

$$\text{O}(\text{C}_2\text{H}_4\text{O})_x\text{H}$$

$(x+y+z=10,20,30)$

倍半硬脂酸酯。淡黄色蜡状物。溶于水,属非离子表面活性剂。浊点$\geq 70^\circ\text{C}$。皂化值 $60\sim70\text{mgKOH/g}$。酸值 $<5\text{mgKOH/g}$。HLB值15。有良好的乳化性及触变性。无毒。对皮肤刺激性小。用作水包油型(O/W)乳化剂。用于配制膏霜及蜜类化妆品。也用作润湿剂、分散剂。由甲基葡萄糖苷硬脂酸酯与环氧乙烷在碱催化剂存在下缩聚制得。

聚氧乙烯聚氧丙烯单丁基醚 polyoxyethylene polyoxypropxlene monobutylether $\text{C}_4\text{H}_9\text{O}-[\text{C}_3\text{H}_6\text{OC}_2\text{H}_4\text{O}]_n\text{H}$ 又名消泡剂XD-4000。一种非离子表面活性剂。淡黄色透明黏稠性液体。相对密度1.06。熔点-31°C。浊点$50\sim54^\circ\text{C}$(1%水溶液)。黏度$2.0\sim2.8\text{Pa}\cdot\text{s}(20^\circ\text{C})$。闪点$210^\circ\text{C}$(闭杯)。pH值$6\sim7$。易溶于水。具有消泡力强、闪点高、抗氧化性及润滑性优良等特点,用作合成氨及小型化肥脱碳系统的消泡剂,也用于染料生产重氮化过程中一氧化氮的消泡,还用作分散剂、润滑剂、破乳剂及合成润滑油的基础油。由丁醇与双氧乙烷及环氧丙烷经催化开环聚合制得。

聚氧乙烯醚丙三醇磷酸酯 polyoxyethylated glycerol phosphate 又名丙三

$$\text{CH}_2-\text{O}-[\text{CH}_2\text{CH}_2\text{O}]_n-[\text{CHCH}_3\text{CH}_2\text{O}]_m\text{PO}_3\text{H}$$
$$\text{CH}-\text{O}-[\text{CH}_2\text{CH}_2\text{O}]_n-[\text{CHCH}_3\text{CH}_2\text{O}]_m\text{PO}_3\text{H}$$
$$\text{CH}-\text{O}-[\text{CH}_2\text{CH}_2\text{O}]_n-[\text{CHCH}_3\text{CH}_2\text{O}]_m\text{PO}_3\text{H}$$

醇聚氧乙烯醚磷酸酯、甘油聚氧乙烯醚磷酸酯。一种阴离子表面活性剂。外观为棕色黏稠状膏体。有机磷酸酯含量(以PO_4^{3-}计)$\geq 35\%$,无机磷酸盐含量(以PO_4^{3-}计)$\leq 6.5\%$。稍溶于水。呈酸性。用作阻垢剂,可阻碳酸钙垢、硫酸钙垢及其他污垢。适用于油田注水系统、循环冷却水系统及低压锅炉水等的阻垢处理。也用作聚氨酯含磷阻燃剂及用于制造表面活性剂等。由甘油与环氧乙烷催化缩聚制得甘油聚氧乙烯醚,再与五氧化二磷反应制得。

聚氧乙烯(4)山梨醇酐单硬脂酸酯 polyoxyethylene(4) sorbitan monostearate 又名吐温-61、乳化剂T-61。结构式见吐温,$x+y+z+m=4$,$\text{R}=\text{C}_{17}\text{H}_{35}$。

黄色蜡状固体。皂化值 90～110mgKOH/g。酸值≤2mgKOH/g。羟值 165～195 mgKOH/g。HLB 值 9.6。溶于甲醇、乙醇、甲苯、硫酸、稀碱。分散于水中。不溶于矿物油,有良好的乳化、分散及去污能力。用作乳化剂、分散剂、增溶剂、润滑剂及稳定剂等。适用于医药、食品、轻工、纺织、采油等行业。由山梨醇酐单硬脂酸酯与环氧乙烷缩合制得。

聚氧乙烯(20)山梨醇酐单硬脂酸酯 polyoxyethylene(20) sorbitan monostearate 又名吐温-60、乳化剂 T-60。结构式见吐温,$x+y+z+m=20$,R 为 $C_{17}H_{35}$。一种非离子表面活性剂。相对密度 1.05～1.10。黏度 0.55～0.60Pa·s。闪点＞148.7℃。HLB 值 14.9～15.6。5%水溶液的 pH 值 5.7～7.7。溶于水、烯酸、稀碱及多数有机溶剂。不溶于动植物油、矿物油。具有良好的乳化、分散、渗透及去污能力。可生物降解,用于医药、轻工、纺织、涂料、印染等行业,用作水包油型乳化剂、分散剂、润湿剂、柔软剂、纺丝油剂、渗透剂、增稠剂、防锈剂、黏度调节剂等,也用作内添加型流滴剂,适用于聚氯乙烯、聚乙酸乙烯酯等薄膜。在碱催化剂存在下,由山梨醇酐单硬脂酸酯与环氧乙烷缩合制得。

聚氧乙烯(5)山梨醇酐单油酸酯 polyoxyethylene(5) sorbitan monooleate 又名吐温-81、乳化剂 T-81。结构式见吐温,$x+y+z+m=5$,R=$1C_{17}H_{33}$。一种非离子表面活性剂。琥珀色油状液体。相对密度 0.95～1.05。皂化值 90～105mgKOH/g。酸值≤2mgKOH/g。羟值 135～165mgKOH/g。碘值 40～50mgI$_2$/g。黏度 0.04～0.60Pa·s。HLB 值 10。溶于稀酸、稀碱、玉米油、矿物油及多数常用溶剂。在水中呈分散状。在医药、日化、纺织、制革、采油等行业用作乳化剂、增溶剂、分散剂、稳定剂、润滑剂等。由山梨醇酐单油酸酯与环氧乙烷反应制得。

聚氧乙烯(20)山梨醇酐单油酸酯 polyoxyethylene(20) sorbitan monooleate 又名吐温-80、乳化剂 T-80。结构式见吐温,$x+y+z+m=20$,R 为 $C_{17}H_{35}$。一种非离子表面活性剂。棕色膏状或琥珀色油状液体。相对密度 1.05～1.15。闪点 110℃。折射率 1.4756。黏度 0.4～0.7Pa·s(25℃)。HLB 值 15～15.9。易溶于水,溶于乙醇、甲苯、稀酸、稀碱。不溶于植物油及矿物油。低温时呈胶状,受热后复原。具有良好的乳化、分散、润湿等性能。可用作固体乳化剂、润湿剂、渗透剂、增溶剂、洗涤剂、黏度调节剂、抗静电剂,纺织油剂等,也用作内添加型流滴剂,用于聚氯乙烯,聚乙酸乙烯酯等塑料薄膜。在碱催化剂存在下,由山梨醇酐单油酸酯与环氧乙烷缩合制得。

聚氧乙烯(4)山梨醇酐单月桂酸酯 polyoxyetlylene(4) sorbitan monolaurate 又名吐温-21、乳化剂 T-21。结构式见吐温,$x+y+z+m=4$。R 为 $C_{11}H_{23}$。一种非离子表面活性剂。琥珀色油状液体,相对密度 1.05～1.15。皂化值100～115mgKOH/g。酸值≤3mg KOH/g,HLB 值 13.3。溶于甲醇、乙醇、乙醚、乙二醇、矿物油、棉籽油等。在水中分散,在石油醚中混浊。用作乳化剂、分散剂、增溶剂、润滑剂、稳定剂、抗静电剂等。适用于医药、化妆品、食品、纺织、制革、石油等行业。由山梨醇酐单月桂酸酯与环氧乙烷反应制得。

聚氧乙烯(20)山梨醇酐单月桂酸酯
polyoxyethylene(20) sorbitan monolaurate 又名吐温-20、乳化剂 T-20。结构式见吐温，$x+y+z+m=20$，R 为 $C_{11}H_{23}$。一种非离子表面活性剂。琥珀色油状液体，微有脂肪气味。相对密度1.08～1.13。熔点<0℃。沸点321℃。HLB值15.7～16.9。溶于水、稀酸、稀碱及多数有机溶剂。不溶于动植物油及矿物油，有良好的乳化、润湿、分散去污能力，可生物降解，用作水包油型乳化剂、分散剂、稳定剂、柔软剂、消泡剂、增稠助剂、洗涤剂、黏度调节剂等。也用作内添加型流滴剂，用于聚乙烯、聚乙酸乙烯酯等塑料薄膜。在催化剂存在下，由山梨醇酐单月桂酸酯与环氧乙烷缩合制得。

聚氧乙烯(20)山梨醇酐单棕榈酸酯
polyoxyethylene(20) sorbitan monopalmitate 又名吐温-40、乳化剂 T-40。结构式见吐温，$x+y+z+m=20$，R 为 $C_{15}H_{31}$。一种非离子表面活性剂。琥珀色油状液体，有脂肪味。相对密度1.05～1.10。折射率1.470。黏度0.4～0.6Pa·s。HLB值15.6～16.8。溶于水、稀酸、稀碱及多数有机溶剂。不溶于动植物油、矿物油，具有良好的乳化、润湿、分散等性能。可生物降解，用于医药、轻工、农药、纺织、化妆品等行业。用作乳化剂、增溶剂、稳定剂、分散剂、润滑剂、黏度调节剂、防锈剂、抗静电剂等。在碱催化剂存在下，由山梨醇酐单棕榈酸酯与环氧乙烷缩合制得。

聚氧乙烯(20)山梨醇酐三硬脂酸酯
polyoxyethylene(20) sorbitan tristearate 又名吐温-65、乳化剂 T-65。结构式见吐温，$x+y+z+m=20$，R = $C_{17}H_{35}$。一种非离子表面活性剂。琥珀色半胶状或黄色蜡状固体。相对密度1.05。熔点27～31℃。皂化值85～100mgKOH/g。酸值<2mgKOH/g。HLB值40.5。溶于硬水、稀酸、稀碱、异丙醇、矿物油及菜籽油等。具有良好的润湿、乳化、分散等性能，用于医药、日化、食品、纺织、采油、制革等行业，用作乳化剂、润湿剂、分散剂、增溶剂、稳定剂及润滑剂等。由山梨醇酐三硬脂酸酯与环氧乙烷在催化剂存在下缩合制得。

聚氧乙烯(20)山梨醇酐三油酸酯
polyoxyethylene(20) sorbitan trioleate 又名吐温-85、乳化剂 T-85。结构式见吐温，$x+y+z+m=24$，R = $C_{17}H_{33}$。一种非离子表面活性剂。琥珀色油状黏稠液体。相对密度1.0～1.05。皂化值83～98mgKOH/g。酸值≤2 mgKOH/g。羟值40～60 mgKOH/g。黏度0.2～0.4Pa·s(25℃)。HLB值11.0。溶于低碳醇、乙酸乙酯、丙酮、苯、矿物油及菜籽油等，在水中呈分散状态。有良好的乳化、分散、增溶、渗透等性能，是一种水包油型(O/W)乳化剂。在医药、化妆品、纺织、制革、采油等行业中用作分散剂、增溶剂、防蜡剂、稳定剂、润滑剂等。由山梨醇酐三油酸酯与环氧乙烷经加成聚合制得。

聚氧乙烯山梨醇酐脂肪酸酯
polyoxyethylene sorbitan fatty acid ester

$$HO-[CH_2CH_2O]_m\text{-(ring with O)}-CH_2-[OCH_2CH_2]_x-OOCR$$
$$-[OCH_2CH_2]_y-OH$$
$$-[OCH_2CH_2]_z-OH$$

($R-C_{11\sim}C_{18}$烷基,$x+y+z+m=4\sim20$)

又名吐温、聚氧乙烯失水山梨醇脂肪酸酯。一类非离子表面活性剂。是由山梨醇酐脂肪酸酯(斯盘)与环氧乙烷反应制得的醚类化合物。根据酯化反应所采用的脂肪酸不同,常见市售品有吐温-20、吐温-21、吐温-40、吐温-60、吐温-61、吐温-80、吐温-81、吐温-85等。这类产品有较高的亲水性和HLB值,稳定性好,表面活性作用不受pH值影响。有良好的助溶性,能使难溶于水的油脂性物质转变为假溶胶。广泛用作乳化剂、分散剂、增溶剂、稳定剂、润滑剂、抗静电剂等。

聚氧乙烯月桂酸酯 polyoxyethylene laurate $C_{11}H_{23}COO(CH_2CH_2O)_9H$ 又名乳化剂LAE-9、月桂酸聚氧乙烯(9)酯。茶色油状液体。属非离子表面活性剂。活性物含量≥99%。皂化值90~100mgKOH/g。1%水溶液pH值6~8。易溶于水,溶于脂肪酸、矿物油、蜡及多数有机溶剂。可耐酸、碱、无机盐及硬水。有较强的洗净、乳化及平滑性能,对纤维有柔软、抗静电等作用。主要用作合成纤维油剂,也用作乳化剂、洗涤剂、润滑剂、分散剂、增稠剂等。由月桂酸与环氧乙烷在碱催化剂存在下经加成聚合制得。

聚乙二醇 polyethylene glycol 又名 $HO-[CH_2-CH_2-O]_n-H$ (n为聚合度)聚乙二醇醚、聚二醇、聚甘二醇,简称PEG。是平均相对分子质量为200~20000的乙二醇高聚物的总称。按相对分子质量大小不同,可从无色透明黏稠液体(相对分子质量200~700)到白色蜡状半固体(相对分子质量1000~2000)直至坚硬的蜡状固体(相对分子质量3000~20000)。工业品因平均相对分子质量不同而有各种牌号,其性质也有所不同。液体聚乙二醇与水混溶,固体聚乙二醇在水中溶解度随温度升高而增大。可溶于乙腈、氯仿、二氯乙烷,不溶于脂肪烃、乙二醇、甘油及矿物油。室温下不溶于苯、甲苯,可溶于热的甲苯、苯。低相对分子质量聚乙二醇有吸湿保水性及增塑作用,随相对分子质量增大,吸湿保水性迅速下降。120℃以上会氧化,300℃以上会热裂解。广泛用作增塑剂、软化剂、保湿剂、缓释剂、增溶剂、润滑剂、赋形剂、乳化剂、脱模剂等。用于制造医药、化妆品、胶黏剂、食品、皮革、油墨及表面活性剂等,由环氧乙烷或乙二醇经逐步反应制得,控制聚合度n,可制得不同相对分子质量的产品。

聚乙二醇(400)单硬脂酸酯 polyethylene glycol(400) monostearate $C_{17}H_{35}COO-[CH_2CH_2O]_9-H$ 白色蜡状固体。熔点35~37℃。酸值116~125mgKOH/g。皂化值116~125mgKOH/g。HLB值8.1。溶于异丙

醇、甘油、汽油及矿物油等,分散于水中,属非离子表面活性剂。具有良好的乳化、分散、增稠等性能,用作油乳化剂、纸张上浆的润滑剂及稳定剂、织物柔软剂及润滑剂、洗涤剂及化妆品的增稠剂等。由聚乙二醇400与硬脂酸经酯化反应制得。

聚乙二醇(6000)双硬脂酸酯 polyoxyethylene glycol(6000) bisstearate $C_{17}H_{35}COO(CH_2CH_2O)_nOCC_{17}H_{35}$ 白色粉状或块状物。熔点55℃。酸值$\leqslant 9.0mgKOH/g$。1%水溶液pH值6~7。溶于异丙醇、甘油、汽油等。分散于水中。属非离子表面活性剂。具有较强的乳化、分散、增稠及对乳液的稳定作用。对皮肤刺激性小,用作乳化剂、增稠剂,适用于香波、淋浴液、洗面奶等。也用于制造固体清洁剂、除臭剂,以及用作合成树脂的增塑剂及抛光膏的组分等。由聚乙二醇6000与硬脂酸在对甲苯磺酸催化下经酯化反应制得。

聚乙酸乙烯酯及其共聚物胶黏剂 polyvinyl acetate and copolymer adhesive 热塑性树脂胶黏剂中产量最大的品种,分为溶剂型、乳液型及共聚物胶黏剂三类。聚乙酸乙烯酯溶液胶黏剂可由乙酸乙烯单体在溶剂中进行溶液聚合制得,或由聚合度为500~1500的聚乙酸乙烯酯树脂溶于丙酮、甲苯等溶剂中制得,胶液树脂含量可高达50%~70%,它对非极性材料的粘接性好,胶层透明,但含易燃溶剂;聚乙酸乙烯酯乳液胶黏剂是乙酸乙烯酯单体经乳液聚合制得的乳液(参见聚乙酸乙烯酯乳液),其产量及应用远大于溶液胶黏剂;聚乙酸乙烯酯共聚物胶黏剂是为了改善聚乙酸乙烯酯的粘接性、柔韧性及耐水性等,而用烯类单体与乙酸乙烯酯进行共聚而制得,如乙酸乙烯酯与乙烯共聚制得的乙烯-乙酸乙烯酯共聚乳液,乙酸乙烯酯与丙烯酸酯、马来酸酯、羟甲基丙烯酰胺等共聚乳液,以及作为热熔胶的固体共聚物等。

聚乙酸乙烯酯乳液 polyvinyl acetate emulsion 又名聚醋酸乙烯乳液,是以乙酸乙烯酯为单体,聚乙烯醇为保护胶体,在引发剂存在下,经乳液聚合制得的白色均聚物乳液。按制备方法及制备条件不同,可分为通用型乳液、专用型均聚物乳液、自由膜型均聚物乳液、高胶体含量型乳液等,其中通用型乳液又名白乳胶。固含量为55%左右,pH值4~5,平均粒径小于$1\mu m$。其特点是与增塑剂、润湿剂、增稠剂等改性剂有良好相容性,易配制成多种不同的胶黏剂,用于木材、纸张、皮革、水泥、织物等材料的粘接。也可以与颜料、填料结合用作室内装饰涂料。

聚乙烯吡咯烷酮 polyvinylpyrrolidone

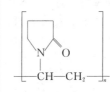

又名聚-N-乙烯基丁内酰胺,简称PVP。一种非离子型水溶性高分子化合物。商品为白色、乳白色或略带黄色的固体粉末,也有30%~36%水溶液产品。通常按相对分子质量大小分成若干等级,并按Fikentscher法的K值表示,如K15、K30、K90等。PVP分子中含有亲水基团及亲油基团,既能与水互溶,又能溶于乙醇、羧酸、胺类、卤代烷等强极性有机溶剂,还可与多数无机盐和多种树脂相溶。具有优良的成膜性、增溶性、络合性、表面活性及胶体保护作用。还具有优良的生理惰性及生物相容性,对皮肤、黏膜无任何刺激。用作增稠剂、缓释剂、成膜剂、保湿剂、助溶剂、赋形剂、包衣剂、润滑剂、增黏剂等。广泛用于化妆品、医药、油墨、农业、涂料、采油等行业。可在碱催化剂存在下,由 N-乙烯基吡咯烷酮经聚合、交联反应制得。

聚乙烯醇 polyvinyl alcohol 一种不由单体聚合而通过聚乙酸乙烯酯部分或完全醇解制得的水溶性聚合物。

$$\mathrm{\{CH_2CH_2OH\}_n}$$

白色粉末状、絮状或片状固体。相对密度 1.21~1.31。熔融温度 228~256℃。玻璃化转变温度 60~85℃。聚合度分为超高聚合度、高聚合度、中聚合度及低聚合度。醇解度一般为 78%、88% 及 98% 三种。产品牌号中,常取平均聚合度的千、百位数放在前面,将醇解度的百分数放在后面。如聚乙烯醇17-88,即表示聚合度为1700,醇解度为88%。溶于热水、热甘油、液氨,不溶于苯、甲醇、丙酮及汽油。加热至 130~140℃ 时色泽变黄,200℃时脱水而失重,约 300℃ 时分解成水、乙酸、乙醛及巴豆醛等。1%~5%水溶液稳定,浓度更高时,静置后会形成凝胶,加热可使凝胶消失,广泛用于纺织、轻工、日化、化工等行业,用作分散剂、稳定剂、织物上浆剂、水泥改性剂、药物缓释剂及黏合剂等。由聚乙酸乙烯酯经皂化制得。

聚乙烯醇胶黏剂 polyvinyl alcohol adhesive 由聚乙烯醇配制的水基胶黏剂。方法是将聚乙烯醇 5~10 份与水 95~90 份混合,在搅拌下加热至 80~90℃直至呈浅黄白色的透明液体即成。聚乙烯醇对水的溶解度随树脂的水解程度而定,通常采用的聚乙烯醇水解度为 86%~90%。聚乙烯醇配成低浓度胶黏剂仍显示良好的粘接力,适用于粘接纸张、木材、皮革,也用于制备办公用品胶黏剂。聚乙烯醇含量为 5% 以上时难溶于水,因而难以配成高含量的胶黏剂。

聚乙烯醇缩丁醛 polyvinyl butyral 聚乙烯醇缩醛的一种,白色或浅黄色流动性粉末。相对密度 1.107。软化温度 60~65℃。溶于醇类、甲乙酮、环己酮、氯仿等。与酚醛、环氧、脲醛等树脂及乙酸纤维素等相混,改善它们的性能,有良好的耐日光暴晒、耐臭氧、耐无机酸及耐湿性,并有高度透明性及对玻璃、金属、陶瓷、木材等的粘接性。广泛用于制造汽车及飞机的挡风玻璃、胶黏剂、涂料、太阳能电池、机电部件及管件。也用于处理纸张、织物,提高其耐水性、耐磨性及阻燃性等。可在盐酸催化剂存在下,由乙烯醇与丁醛缩合制得。

聚乙烯醇缩醛胶黏剂 polyvinyl acetal adhesive 是聚乙烯醇在盐酸等催化剂存在下与醛类进行缩醛化反应制得的胶黏剂。主要有聚乙烯醇缩甲醛及聚乙烯醇缩丁醛两类。缩醛度为 50% 时可溶于水配制成水溶液胶黏剂,缩醛度很高时不溶于水而溶于有机溶剂中。低缩醛度的聚乙烯醇缩甲醛在水中的溶解度很高,掺入水泥中能增进黏附力,并已成为建筑装修工程中的常用胶黏剂（107胶），缩醛度为70%～80%的高相对分子质量聚乙烯醇缩丁醛，加入邻苯二甲酸酯和癸二酸酯增塑剂后，可制成无色透明胶膜，加热后即可粘接无机玻璃，制造多层安全玻璃。

聚乙烯醇缩醛树脂 polyvinyl acetal resin 聚乙烯醇缩醛化产物的总称。是聚乙烯醇侧链上的部分羟基，在强酸催化剂存在下和醛类缩合剂生成的一类热塑性树脂，其性能与醛的种类、聚乙烯醇的相对分子质量、水解度及缩醛化程度等有关，常用的有聚乙烯醇缩甲醛、聚乙烯醇缩乙醛、聚乙烯醇缩甲乙醛、聚乙烯醇缩丁醛等。其中又以聚乙烯醇缩丁醛树脂最为重要。广泛用于制造涂料、胶黏剂、电绝缘材料、安全玻璃等。

聚乙烯及乙烯共聚物热熔胶 polyethylene and ethylene copolymer hot melting adhesive 以聚乙烯及乙烯共聚物为基料，加入增塑剂、增黏剂、抗氧剂及填料等配制而成的热熔胶黏剂，所使用的聚乙烯为白色或微黄色粉末或颗粒，相对分子质量500～5000，外观呈蜡状，故又称其为聚乙烯蜡或合成蜡，增黏剂常用萜烯树脂。聚乙烯也能与其他酸类接枝共聚，使之极性化，改善其粘接性能。常用极性单体之一是马来酸酐。乙烯共聚物热熔胶品种有：乙烯-丙烯酸酯共聚物热熔胶、乙烯-丙烯酸共聚物热熔胶、乙烯-氯乙烯共聚物热熔胶、乙烯-乙酸乙烯酯-乙烯醇三元共聚树脂热熔胶等。聚乙烯热熔胶主要用于纸箱、纸盒包装，食品包装容器热封，无纺布制作，汽车地毯衬背、服装衬布粘接等。

聚乙烯蜡 polyethylene wax 又名合成蜡、低相对分子质量聚乙烯。白色或微黄色粉末或颗粒。相对分子质量500～5000。相对密度0.920～0.936。软化点60～120℃。常温下不溶于多数溶剂，加热时溶于芳烃及三氯乙烯。与石蜡、微晶蜡、蜂蜡、石油树脂及矿物油等混溶。与蜡类似，有优良的电性能及耐化学药品性。与聚烯烃、乙丙橡胶、丁基橡胶及聚酸乙烯酯有良好的相容性。聚乙烯蜡一般不作塑料用，而用作聚氯乙烯、聚烯烃等塑料的润滑剂、橡胶加工的分散剂。也用作涂料流变剂及防沉淀剂，以及用于制造热熔胶、地板蜡、蜡烛、油墨及铸铁模脱模剂等。由乙烯聚合制得，或由高密度聚乙烯树脂生产过程中的副产物分离精制而得。

$$-\!\!\left[CH_2-C\underset{CH_3}{\overset{CH_3}{|}}\right]_n\!\!-$$

聚异丁烯 polyisobutylene 一种合成非干性油。按数均相对分子质量（$\overline{M}_n$）高低分为两种：$\overline{M}_n<1000$的称低相对分子质量聚异丁烯，为无色或浅黄色黏稠液体或膏状物，相对密度0.83～0.91，熔点-54～-21℃，闪点165～263℃；$\overline{M}_n>1000$的称为中高相对分子质量聚异丁烯，为无色、无臭的无定形固体，相对密度0.84，软化点42～44℃，玻璃化温度-75～-30℃。易溶于石油烃、芳烃、氯化烃及乙酸乙酯等，不溶于醇、酮、醚及干性油。无毒。用作压敏胶及密封胶的增黏剂，皮革柔软剂及防水剂，橡胶及沥青增稠剂，压裂液的油溶性增稠降阻剂,电容器浸渍油等。由异丁烯催化聚合制得。

聚异丁烯丁二酸季戊四醇酯 polyisobutylene pentaerythritol succinate 属非离子型表面活性剂。黏稠性液体。闪点

$$R-\underset{CH_2}{\overset{O}{\overset{\|}{CH}}}-\overset{O}{\overset{\|}{C}}-OCH_2C(CH_2OH)_3$$
$$CH_2-\overset{O}{\overset{\|}{C}}-OCH_2C(CH_2OH)_3$$

(R 为聚异丁烯)
>170℃。具有优良的抗氧性及高温稳定性。在高强发动机运转中可有效控制沉淀物生成。用作无灰分散剂,用于调制汽油机机油及柴油机机油。常与丁二酰亚胺分散剂并用,具有协同作用,可改善油品性能。由聚异丁烯与马来酸酐反应生成聚异丁烯丁二酸酐,再与季戊四醇反应制得。

聚异丁烯胶黏剂 polyisobutene adhesive 是以聚异丁烯为基料的橡胶胶黏剂。聚异丁烯是以异丁烷为溶剂、由异丁烯在三氟化硼催化剂存在下经溶液聚合得到的无色透明弹性体。具有耐老化及耐寒等性能。由于分子结构中缺少极性基团及双键,因此内聚强度对极性材料的黏附性都较差。但它有良好的自黏性,因而可用来制造透明压敏胶带、密封腻子。也可制成胶接聚乙烯、聚丙烯、蜡纸等非极性难黏材料用的胶黏剂。

聚异丁烯系压敏胶 polyisobutene type pressure sensitive adhesive 是一种以聚异丁烯或聚异丁烯与丁基橡胶为基料,加入增黏剂、交联剂、填料、溶剂及其他添加剂所配制而成的压敏胶黏剂。聚异丁烯及丁基橡胶由于老化性能好,老化后仍能保持胶层的完整,而且使用相对分子质量较高的聚合物时有较好的模切性,因此是制造可剥性压敏标签和保护胶带用压敏胶时首选的弹性材料。聚异丁烯的低毒性使它适合于制造医用压敏胶及压敏胶制品,其良好的耐低温性,适于制造低温用标签纸和标签帖。

聚酯粉末涂料 polyester powder coatings 是由带羟基或羧基的饱和聚酯(相对分子质量 3000～5000),经粉碎到要求粒度,和颜料、填料、流平剂、固化剂等添加剂混合,热熔融挤出,冷却后再粉碎,球磨分散到指定细度,使用时采用静电喷涂,烘烤时熔融流平成平整光滑的涂膜。有良好的耐候性、防蚀性、电性能。用于涂装金属制件、建筑材料、家用电器及汽车部件等。聚酯粉末分为热塑性及热固性两大类。热塑性聚酯粉末受热变软后易划伤,耐候性差,不耐溶剂及碱等,故聚酯粉末涂料主要为热固性聚酯粉末涂料,有良好的耐候性、力学性能,耐腐蚀性优良,在汽车工业和建筑材料方面的应用有广阔前景。

聚酯热熔胶 polyester hot melting adhesive 是以聚酯为基料,加入增黏剂、增塑剂、抗氧剂、填料等配制而成的热熔胶黏剂。聚酯分为不饱和聚酯及热可塑性聚酯。用作热熔胶基料的是热可塑性聚酯,即线型饱和聚酯,它有一定的结晶度、刚性,弹性好。聚酯热熔胶以共聚物单独使用为主,具有优良的耐热、耐寒及耐介质性,电性能、热稳定性好,由于对羊毛、棉、木棉、麻等天然纤维和涤丝、尼龙等合成纤维均有良好粘接性,常

用于服装、地毯、垫片、车辆内装饰等纤维制品层压及薄膜、无纺布等制作,也用于木工、包装、制鞋及建筑等行业。聚酯热熔胶的缺点是熔体黏度高,需发展高黏度涂胶器,或添加无定形聚烯烃降低黏度。

聚酯树脂涂料 polyester resin coatings 以聚酯树脂为主要成膜物质的涂料,分为饱和聚酯涂料及不饱和聚酯料两大类。饱和聚酯树脂亦称无油醇酸树脂,是由多元醇、多元酸缩聚而成的线型树脂,广泛用于氨基、环氧、聚氨酯等中高档涂料中,可以自干,综合性优良,广泛用于工业涂装,起装饰保护作用。不饱和聚酯树脂是由不饱和的二元酸和多元醇所组成的不饱和线型聚酯树脂。由不饱和聚酯树脂溶于可共聚单体(如苯乙烯)中所制成的涂料,即为不饱和聚酯涂料,它靠自由基引发成膜,常温下固化,是无溶剂醇酸树脂涂料,所得涂膜丰满度高、色浅、透明、耐磨及耐热性好,耐化学品性优良。缺点是多组分包装,使用不便,涂膜收缩较大,硬而脆。使用最多的是清漆,大量用于木制家具。

绝育剂 chemosterilant 药剂被昆虫食入后,能破坏其生殖功能,使害虫失去繁殖能力的物质。雄性昆虫虽经交配也不会产卵或虽能产卵也不能孵化,按作用分为三类:①影响生殖细胞的成熟分裂或细胞分裂的药剂,如氮芥;②影响受精过程的药剂,如双(对氯苯基)三氟乙醇;③影响生殖细胞生长成熟中代谢过程的药剂,如β-细辛脑。绝育剂一般只对那些造成危害的目标害虫起防治作用,而对同一生态环境中的无害或有益昆虫无不良影响。

绝缘涂料 insulating coatings 具有良好电绝缘性能的涂料,也即电导率为 $10^{-22} \sim 10^{-12}$ S/cm 的涂料,多为清漆,其绝缘性及耐热性、机械性能取决于所用成膜物质的组成、结构及相对分子质量。根据工作温度的不同,其耐热等级可分为:Y级(90℃)、A级(105℃)、E级(120℃)、B级(130℃)、F级(155℃)、H级(180℃)及C级(180℃)等,按用途不同可分为浸渍绝缘漆、硅钢片漆、漆包线漆、覆盖绝缘漆、黏合绝缘漆及特种绝缘漆等。主要用于浸渍电器线圈、电工钢片和导线涂装,云母及层压板的黏合,以及制备绝缘纸、绝缘漆布等。

均苯四酸二酐 pyromellitic dianhydride

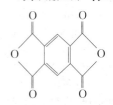

又名 1,2,4,5-苯四甲酸二酐。白色结晶粉末。相对密度1.68。熔点286℃。沸点397~400℃。能升华。暴露于湿空气中水解变成均苯四酸。熔于丙酮、四氢呋喃、二甲基甲酰胺、乙酸乙酯,不溶于苯、乙醚、氯仿、己烷。有毒!对皮肤及黏膜有刺激性。用于制造染料、聚酯树脂、聚酰亚胺、增塑剂、表面活性剂、杀菌剂等。也用作环氧树脂高温固化剂、脲醛树脂稳定剂、固体润滑剂及缓蚀剂。由均四甲苯或偏三甲苯氧化制得。

均苯四酸四辛酯 tetraoctyl pyromelltate 又名均苯四酸四(2-乙基己

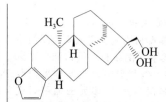

基)酯。淡黄色至棕黄色油状液体。相对密度0.987。闪点254℃。折射率1.4840。不溶于水,溶于醚、酮、芳香烃等多数有机溶剂。分子结构中含有4个酯基,相对分子质量比偏苯三酸三辛酯更大,故与聚氯乙烯相容性更好,耐高温性及电绝缘性也好。可用作聚氯乙烯超耐热增塑剂,用于105~120℃电缆料及有特殊耐热要求的聚氯乙烯制品。低毒。也可用作医用增塑剂,用于制造导液管、护套、薄膜及人体器官代用品等制品。由均苯四酸酐与2-乙基己醇经酯化反应制得。

咔唑 carbazole 无色鳞片状晶体。

相对密度1.10。熔点245℃(升华)。沸点355℃。不溶于水,稍溶于乙醇、乙醚、丙酮、苯及石油醚,微溶于盐酸、冰乙酸,溶于浓硫酸。易升华。露置于紫外光下显现强荧光及长时间的磷光。对皮肤有强烈刺激作用。为重要染料中间体,用于生产海昌蓝染料及对紫外光敏感的照相底片,也用于生产乙烯卡唑塑料、杀虫剂四硝基咔唑等。由2-氨基联苯环合制得,或由粗制蒽中分离制得。

咖啡醇 cafestol 一种四环双萜类化合物。天然存在于咖啡豆中。无色针状结晶(己烷中)。溶点158~160℃。不溶于水,溶于乙醇、乙醚、苯。紫外最大吸收波长为222nm。医药上用于治疗高尿酸血症及磷脂新陈代谢方面的疾病。外用时对人皮肤的成纤细胞的生长有促进作用,局部施用可防治皮炎。用于减肥产品,可调节低密度脂蛋白和极低密度脂蛋白受器的功能,减慢这些受器将三甘酯在脂肪细胞中的储存,起到抑制肥胖的作用。由咖啡豆用溶剂萃取分离制得。

咖啡酸 caffeic acid 又名3,4-二羟

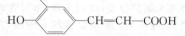

基肉桂酸、3,4-二羟基苯基-2-丙烯酸。天然存在于柠檬果皮、败酱科缬草根等植物中,常与其他芳香族有机酸共存。黄色结晶。194℃软化。223~225℃分解。微溶于冷水,易溶于热水、乙醇及碱液。遇碱液溶液会从黄色变为橙色。在紫外光下显蓝色荧光。紫外吸收特征波长为243nm及326nm。有较强抗氧化性及广泛的抑菌、抗病毒活性,对腺病毒和副流感病毒有抑制作用。有防龋齿功效。用于护肤品,可抑制酪氨

酸酶活性而减少黑色素形成,有增白效果。还可用作氧化型发用染料助剂,增加染色色泽强度。可由含咖啡酸植物水提取液经脱脂后用离子交换树脂纯化而得。

咖啡因 caffeine 又名咖啡碱、茶素、1,3,7-三甲基黄嘌呤。通常以无结晶水与一个结晶水的形式存在。白色粉末或有光泽针状结晶。

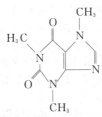

相对密度1.23(18℃)。熔点234～238℃。具升华性(178℃)。含水物易风化,约80℃时失去结晶水。溶于水、乙醇、乙醚、丙酮、氯仿,微溶于石油醚,易与酸形成盐。天然存在于茶叶、咖啡豆、可乐果等植物的茎及果实中。有刺激中枢神经的功能,有成瘾性,也具有强心、利尿和抗病毒等作用。用作兴奋剂、苦味剂及香料,用于可乐等饮料中。医药上用于脑清片、去痛片等复方制剂中。由氰乙酸与尿素缩合后,经环合、酸化、亚硝化、还原、酰化、甲基化等过程制得。

卡巴胆碱 carbachol 又名卡巴可、氯化氨甲酰胆碱、氯化-2-(氯甲酰基)-N,N,N-三甲基乙铵。无色棱柱状结晶。有脂肪胺气味。熔点200～203℃。溶于水、乙醇、甲醇,不溶于氯仿、酯类。为拟胆碱药,具有缩小瞳孔、增加腺体分泌、增强胃肠运动、收缩支气管等作用,临床上用于降低平滑肌张力,治疗青光眼、血管痉挛等疾病。由氯化胆碱与尿素、亚硝酸钠反应制得。

$H_2NCOOCH_2CH_2N^+(CH_3)_3Cl^-$

卡巴多司 carbadox 又名2(2-喹噁啉基亚甲基)肼基甲酸甲酯。黄色微细结晶。熔点239～240℃。不溶于水,溶于丙酮、氯仿。一种饲料添加剂,与噻嘧啶合用,可治疗猪痢疾性肠炎和寄生虫感染症。对人、畜低毒。由2-甲酰基喹噁啉-1,4-二氧化物与肼基甲酸甲酯经缩合反应制得。

卡巴胂 carbarsone 又名对脲基苯胂酸。白色粉末。无臭,味微酸。熔点174℃。微溶于水、乙醇,不溶于乙醚、氯仿、丙酮,溶于碱液。为抗阿米巴病药。能抑制虫体巯基酶系的活性,杀灭阿米巴滋养体,治疗阿米巴痢疾。也可局部应用于阴道滴虫病及丝虫病等。由对氨基苯胂酸与氰酸钠经加成反应制得。

卡比多巴 carbidopa 又名卡别多巴、甲基多巴肼、L-α-肼基-α-甲基-β-(3,4-二羟基苯基)丙酸一水合物。白色结晶。熔点203～205℃。一种外周多正胺脱羧酶抑制剂。与左旋多巴合用组成的心美宁用于治疗帕金森病、帕金森综合征。可降低左旋多巴的剂量，减少毒副作用。

卡比马唑 carbimazole 又名甲亢平、3-甲基-2-硫代咪唑啉-1-羧酸乙酯。白色至类白色结晶。味苦，有特臭。熔点 $122\sim125℃$。溶于水、乙醇、乙醚、丙酮、氯仿，为抗甲状腺药。是一种甲巯咪唑的衍生物，在体内转化成甲巯咪唑而发挥作用。临床用于治疗甲状腺功能亢进。由氯代乙醛缩二乙醇经胺化、环合、缩合而制得。

卡泊酸 capobenic acid 又名克冠酸、三甲氧基苯甲酰胺基己酸。白色粉末。无臭、无味。熔点 $121\sim123℃$。不溶于水、乙醚，溶于乙醇、丙酮、氯仿及碱液。为抗心律失常药及抗心绞痛药。具有增强心收缩力、扩张冠脉及抗心律失常等作用。用于治疗急性心肌梗塞所导致的心律失常。由氨基己酸与3,4,5-三甲氧基苯甲酰氯经缩合反应制得。

卡铂 carboplatin 又名碳铂、卡波铂、伯尔定、1,1-环丁二羧酸二氢合铂（Ⅱ）。白色粉末。易溶于水。对光敏感，易分解。是铂的同类物，属第二代铂类配合物。为广谱抗癌药。作用机制与顺铂相同。临床用作睾丸肿瘤、卵巢癌、小细胞和非小细胞肺癌、头颈部癌、子宫颈癌等的联合化疗主要成分。不良反应主要为消化道反应和骨髓抑制反应，其他还有肾毒性、耳毒性、血液等方面毒性及过敏反应。除造血系统外，其他毒副作用低于顺铂。可替代顺铂用于癌瘤治疗，但与顺铂交叉耐药，而与非铂类抗癌药无交叉耐药性，可与多种抗癌药物联合使用。

卡波树脂 carbopol resin 又名羧基乙烯聚合物、丙烯酸聚合物。一种经交联的丙烯酸聚合物的系列产品，是水溶性增稠树脂。稍带微酸性的白色粉末。表观密度 $0.21g/cm^3$。pH值$2.7\sim3.5$（0.5%水溶液）。玻璃化温度 $100\sim125℃$。溶于水、乙醇及甘油，不同型号的卡波树脂性能有所不同，有良好的增稠及成膜性能，均质性好，吸水性强，并有较好抗菌能力。化妆品中用作高效增稠剂、悬浮剂及分散剂，用于护肤或护发制品，能有效地稳定水包油型乳液，使不溶或不混溶的组分持久悬浮；医药上用作软膏基剂及缓释材料。也用于液状、膏状和乳状各类洗涤产品及水基胶黏剂，用作悬浮剂、增稠剂及黏度调节剂等。可在引发剂存下由丙烯酸聚合制得。

卡拉胶 carrageena 又名角叉胶、鹿叉菜胶、鹿角藻胶。一种由1,3-苷键键合的β-D-吡喃半乳糖基元和1,4-苷键键合的α-D-吡喃半乳糖基元交替地连接而成的线型多糖。两种基元不同变体的组合连接构成多种结构的卡拉胶,常见的有 κ-型、ι-型及 λ-型。外观为白色至浅棕色粉末,无臭或微臭。溶于约80℃热水,形成黏性、透明或轻微乳白色的易流动溶液。不溶于有机溶剂,如先用工业乙醇/甘油浸湿,则易分散于水中。加30倍的水煮沸10min后冷却形成凝胶。具有形成亲水胶体、增稠、乳化、成膜及稳定分散等特性。医药中用作赋形剂、药膏剂,牙膏中用作悬浮剂、粘接剂,食品加工中用作增稠剂、胶凝剂、乳化剂等,日化工业中用作乳液乳化剂、洗涤助剂等。以角叉菜等为原料,经用热水或稀碱液加热萃取、沉淀、干燥等过程制得。

卡拉明 calamine 又名炉甘石。淡红色至红色粉末。无臭。主要成分为碳酸锌,并含有少量氧化镁、氧化钙、氧化铁及氧化锰等,稍溶于水,具有收敛、止痒、防腐等作用,用于治疗皮肤炎症及表面创伤。外用退翳、去腐、止痒、敛疮,适用于肝热目赤、肿痛赤烂、多泪羞光或翳膜胬肉等征。亦可用于湿疹、疮疡多脓,久不收口等征。外用适量,不作内服。化妆品中可用于痱子粉及其他止痒产品。天然物为菱锌矿石。

卡藜油 cascarilla bark oil 又名香苦木油。黄色至青绿色挥发性液体,具有枯木辛香香气。主要成分为丁香酚、双戊烯、倍半萜、香兰素、对异丙基甲苯等。相对密度 0.892～0.914。折射率 1.488～1.496。不溶于水、丙二醇、甘油,以 1:0.5 溶于90%乙醇中,也溶于乙醚及非挥发性油。为植物型天然香料。用作烟用香精的高档香料,常与安息香膏等同用于雪茄、卷烟及斗烟香精,也用于高档日化香精及酒用香精等。由大戟科植物巴豆树的干树皮经水蒸气蒸馏而得。

卡洛芬 carprofen 又名卡布洛芬、炎易妥、6-氯-α-甲基-$9H$-咔唑-2-乙酸。白色结晶。熔点 197～198℃。不溶于水,溶于乙醇、氯仿。为抗炎镇痛药,用于抗风湿、急慢性轻中度疼痛及痛风急性发作等,以 2-环己烯-1-酮与甲基丙二酸二乙酯为原料制得。

卡马西平 carbamazepine 又名酰胺咪嗪、$5H$-二苯并[6.5]氮杂䓬-5-甲酰胺。是由两个苯环与七元杂环并合而成的并氮杂䓬类化合物。加硝酸加热,显橙红色。用作抗癫痫药,具有抗惊厥、抗神经性疼痛,抗狂躁-抑郁症、改善某些精神疾病症状等作用。由于水溶性差,口服后从胃肠道吸收较慢。其作用机理是对外周苯二氮䓬受体有激活作用,阻断 Na 通道而产生抗癫痫作用。对精神运动性发作最有效。也具有增加抗利尿激素对肾小管的作用,用于治疗尿崩症。

卡莫氟 carmofur 又名嘧福禄、氟脲乙胺。白色至类白色结晶粉末。稍溶于水。一种嘧啶类抗代谢抗肿瘤药物。在体内缓慢释放出 5-氟尿嘧啶而发挥抗肿瘤作用,抗瘤谱较广,化疗指数大。临床用于胃癌、结肠癌、直肠癌、乳腺癌等的治疗,尤对结肠癌、直肠癌的疗效较高。

卡莫司汀 carmustine 又名卡氮芥、1,3-双(α-氯乙基)-1-亚硝基脲,简称 BCNU。无色至微黄色结晶或结晶性粉末,无臭。熔点 30~32℃。不溶于水,溶于乙醇、聚乙二醇。酸性条件下稳定,碱性条件下不稳定,分解时放出氮和二氧化碳,为具有 β-氯乙基亚硝基脲结构的广谱抗肿瘤药。由于结构中的 2-氯乙基具有较强亲脂性,易通过血脑屏障进入脑组织,适用于脑瘤及转移性脑瘤、恶性淋巴瘤、多发生骨髓瘤、急性白血病及何杰金氏病等,与其他抗肿瘤药合用可增强疗效。主要副作用为迟发型和累积性的骨髓抑制。由氨基乙醇与脲反应生成 2-唑烷酮,再与相应的胺反应,经开环氯代、亚硝化而制得。

卡那霉素 kanamycin 由卡那霉素链霉菌产生的一种氨基糖苷类广谱抗菌素。含 A、B、C 三种成分,A 为主要成分。其硝酸盐为白色结晶性粉末。无臭、味苦。熔点 260℃。易溶于水,难溶于乙醇、苯、丙酮。对金葡菌、结核杆菌、大肠杆菌、产气杆菌、痢疾杆菌有强抑制作用。对结核杆菌作用虽好,但易产生耐药性,因毒性较大,对听神经及肾有损害,临床趋向少用。用于饲料添加剂有促进动物生长、改善饲料利用率的作用。

卡南加油 canaga oil 淡黄色至深黄色挥发性液体,具有强烈伊兰花香和涩味。主要成分为香叶醇、里哪醇、苯乙醇、苯甲酸苄酯、苯甲酸、水杨酸、石竹烯、橙花醇等。相对密度 0.904~0.920(25℃)。折射率 1.495~1.505。不溶于水、甘油、丙二醇,溶于邻苯二甲酸二乙酯、苯甲酸苄酯及非挥发性油。对弱酸及弱碱较稳定。主要用于调配花香型化妆品、洗涤剂及香皂等日化香精,在香皂中比依兰油稳定持久。也用于配制果香型食品香精。由番荔枝科植物依兰树的鲜花经水蒸气蒸馏制得。

卡托普利 captopril 又名开博通、开富林、1-(3-巯基-2-D-甲基-1-氧丙基)-L-脯氨酸、巯基丙氨酸。白色或类白色结晶粉末,略有大蒜气味。熔点 105.2~105.9℃。易溶于水、乙醇、氯仿,易被氧化。为血管紧张素转化酶抑制剂的代表药物,具有舒张外周血管,降低醛固酮分泌,影响钠离子的重吸收,降低血容量的作用。使用后无反射性心率加快,不减少脑、肾的血流量,无中枢副作用。用于治疗高血压、心肌梗死。由 2-甲基丙烯酸与硫羟乙酸经加成、氯化反应转化为酰氯后,再与 L-脯氨酸反应,加入二环己基胺成盐而制得。

卡维地洛 carvedilol 又名金络、1-(9H-咔唑-4-氧基)-3-[2-(2-甲氧苯氧基)乙基氨基]-2-丙醇。白色结晶。熔点 114～115℃。不溶于水,溶于苯、甲苯、乙酸乙酯。为 α、β 受体阻滞剂,对 β 受体阻滞作用较强。其 β 受体阻滞作用是拉贝洛尔的 33 倍,是普萘洛尔的 3 倍。用于治疗轻、中度原发性高血压。以环己二酮、苯肼等为原料制得。

开孔剂 open agent 指制造开孔泡沫塑料所用的一类发泡助剂。一般的聚氨酯硬泡由于交联密度高,发泡中泡孔壁膜强度大,一般是闭孔的泡孔结构。使用开孔剂则可制得开孔硬质聚氨酯泡沫塑料,用于消声、过滤等制品。开孔剂也是一类表面活性剂,含有疏水性和亲水性链段或基团,其作用是降低泡沫的表面张力,促使泡沫破裂,形成开孔的泡沫结构,改善因闭孔造成的软质、半硬质、硬质泡沫塑料制品收缩等问题。开孔剂的组成较为复杂,石蜡分散液、二甲基硅油、聚氧化乙烯等都可用作开孔剂,而更为常用而有效的则是有特殊化学组成的聚氧化丙烯-氧化乙烯共聚物、聚氧化烯烃-聚硅氧烷共聚物。

揩光浆 casein finishes 又名盖浆。以酪素、硫酸化油及颜料等为主要原料制成的水溶性皮革涂饰剂。选择不同着色剂,可制得不同颜色的揩光浆。有很好的黏合性,可将着色材料牢固地黏附于革面,涂饰层明亮有光泽,并有良好的透水、透气性。因含颜料较少,遮盖力较弱。可直接用于涂饰,也可与其他涂饰材料(如聚氨酯、丙烯酸树脂)一起用于皮革涂饰。在以酪素为成膜剂的揩光浆涂膜需用甲醛固定。主要用作皮革的顶层着色剂,也用作轻革的填充材料。由硫酸化蓖麻油与颜料拌浆研磨后,与酪素、硼砂及氨水等配制而成。

莰菲醇 kaempferol 又名 4′,5,7-三羟黄酮醇、山奈黄素、山奈酚。黄色针状结晶。熔点 276～278℃。微溶于水,易溶于碱性水溶液、热乙醇、乙醚、氯仿、丙酮等。在硫酸中显蓝绿色荧光。可还原费林溶液及银氨溶液。与 Al^{3+}、Sn^{4+}、Ti^{4+}、Tn^{4+} 等生成黄色配合物。为药用植物提取物,具有镇咳及祛痰作用。也用作光度法测定 Zr^{4+}、Sn^{4+} 及 Sc^{3+} 的显色剂。以槐角为原料用溶剂

莰烯 camphene 又名2,2-二甲基-3-亚甲基降莰烷。一种二环萜烯，是蒎烯的同分异构体，有樟脑样气味，天然存在于樟脑、冷杉油、香茅油等精油中。有左旋体、右旋体及外消旋体三种光学异构体，常见的是外消旋体。无色针状结晶。相对密度0.8422(54℃)。熔点51～52℃。沸点158.5℃。折射率1.4551(50℃)。易挥发、易燃，不溶于水，微溶于乙醇，溶于乙醚、氯仿、石油醚。毒性较小，约为樟脑的1/30。属烃类合成香料，用于调配薄荷及辛香型香精，也用于合成樟脑、龙脑、硫氰乙酸异莰酯及毒杀芬等。由松节油减压蒸馏、催化、异构化制得。

糠胺 furfurylamine 又名2-呋喃甲胺、麸胺。淡草黄色液体，有刺激性气味。相对密度1.0502(25℃)。沸点145～146℃。折射率1.4900。凝固点－70℃。闪点46℃。与水混溶，溶于乙醇、乙醚。在空气中会吸收CO_2而变质。易燃。遇高温、明火有燃烧危险。对皮肤、眼睛有刺激性，用作腐蚀抑制剂、助焊剂。医药上用于合成强效利尿药速尿。由糠醛氨化、催化氢化制得。

糠硫醇 furfuryl mercaptan 又名2-呋喃基甲硫醇、咖啡醛、咖啡硫醇。无色至浅黄色油状液体。相对密度1.132。沸点155℃。折射率1.5320。闪点45℃。不溶于水，溶于乙醇、乙醚、苯及稀碱液。天然存在于咖啡、鸡肉、香油等中。具有芝麻、咖啡及肉香香味。用作合成食品香料，用于调配咖啡、牛肉、大蒜及烤香食品等香精，用作烟草香精的赋香剂。也用于合成其他含有糠硫基的合成香料。由糠醇与硫脲反应制得。

糠醚 difurfuryl ether 又名二糠基醚。无色至淡黄色油状液体。受光照时颜色变深。相对密度1.405。沸点101℃(0.267kPa)。折射率1.5088。不溶于水，溶于乙醇、乙醚、氯仿等有机溶剂。天然存在于咖啡、洋葱等中。用作生物碱、脂肪、金属氢化物及香料等的溶剂。也用于调配食用香精及烘烤食品、肉汁汤类的加香。由糠醇和糠基氯在氢氧化钾催化剂存在下反应制得。

糠偶酰二肟 2,2′-furil-dioxime 又名呋喃二肟、新镍试剂。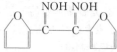白色或淡黄色针状结晶。有顺式、反式、顺反式三种异构体，其熔点分别为192、152及183℃。难溶于水，微溶于石油醚、苯，易溶于乙醇、乙醚、丙酮、三氯甲烷。可与铂、镍、钯、铼等形成稳定的非水溶性配合物。可用作螯合萃取剂分离铂、镍等，用于光度法测定镍、钯、铼等。也用作杀菌剂、溶剂等。由糠醛制成糠偶酰，再与盐酸羟胺反应制得。

糠偶姻 furoin 又名联糠醛、对称二

呋喃羟基乙酮。亮棕色针状结晶。熔点138～139℃。不溶于水,溶于甲醇、热乙醇、乙醚、丙酮。可进行氧化、氢化等反应。用作还原剂及用于制造医药、合成树脂等。由糠醛在氰化钾催化下经安息香缩合制得。

糠酸 furoic acid 又名呋喃甲酸、β-呋喃羧酸、焦酸。无色单斜菱形结晶。熔点133～134℃。沸点230～232℃。微溶于冷水,溶于热水、乙醇、乙醚、丙酮。用作杀菌剂、防腐剂。也用于合成四氢呋喃、糠酰胺、糠酸酯及香料、医药。由糠醛经空气氧化制得。

抗病毒药 anti-viral agents 防止病毒所致感染的药物。病毒是一类非细胞微生物,主要由外部蛋白质和内部核酸等组成,由病毒引起的疾病有流行性感冒、腮腺炎、水痘、脊髓灰质炎、病毒性肺炎、巨细胞病毒视网膜炎、带状疱疹等。抗病毒药物按作用机制分为:①阻止病毒在细胞内吸附的药物,如丙种球蛋白;②抑制病毒核酸复制的药物,如碘苷;③阻止病毒穿入细胞的药物,如金刚烷胺;④影响核糖体复制的药物,如美替沙腙;⑤其他。按其抗病毒类型,抗病毒药又可分为:①抗人体免疫缺陷病毒药物;②抗巨细胞病毒药物;③抗疱疹病毒药物;④抗流感病毒药物;⑤抗乙肝病毒药物;⑥抗非典型性肺炎药物;⑦抗肿瘤病毒药物。而按药物的结构,抗病毒药又可分为金刚烷胺类、核苷类、非核苷类及其他等。

抗尘剂 anti-dusting agent 农药加工中用于减轻各种粉剂、可湿性粉剂、母粉、粉粒剂、细粒剂、微粒剂、油分散性粉剂及干胶悬剂等固体制剂加工工艺过程中起粉尘,防止生产和施粉中粉尘污染环境、损害工作者健康所使用的一类助剂。对于各种固体物料干燥粉碎时,缺乏良好通风和防尘设备的场所,使用防尘剂也有重要意义。低浓度粉剂用的防尘剂有二乙二醇、丙三醇、烷基磷酸酯、聚乙二醇、液体石蜡及植物油等。

抗胆碱药 anticholinergic agents 通过抑制乙酰胆碱的生物合成或释放,及阻断乙酰胆碱与受体的作用,来治疗胆碱能神经过度兴奋引起的疾病的一类药物。按作用部位和阻断受体亚类的不同分为3类:①抗副交感药,如阿托品等,能扩大瞳孔、加快心率、抑制腺体分泌、解除胃肠和支气管等平滑肌痉挛;②神经节阻断药,如美卡拉明,能在神经节内阻断从中枢传向内脏的神经冲动,导致血管扩张,血压降低;③神经肌肉阻断药,或称骨骼肌肉松弛药,如氯唑沙宗,能阻碍神经冲动的传递,引起骨骼肌的松弛。用于治疗肌肉疼痛、痉挛或肌肉劳损等肌松药及辅助麻醉药。

抗倒胺 inabenfide 又名N-[4-氯-2-

(羟苯基甲基)苯基]-4-吡啶碳酰胺。无色至淡黄色结晶。熔点 210～212℃。蒸气压 0.063mPa(30℃)。难溶于水,微溶于甲醇、丙酮、二甲基甲酰胺、乙酸乙酯。小鼠急性经口 LD_{50} >15000mg/kg。一种植物生长调节剂,对水稻有很强的选择抗倒伏作用。以异烟酸与 2-氨基-5-氯二苯甲酮为原料制得。

抗癫痫药 antiserizure 癫痫是一种由多种原因引起的脑内异常放电而导致的神经系统疾病。抗癫痫药用于减少和防止癫痫发作,其作用机理大致与四方面的靶点有关:①与离子通道有关,抗癫痫药可阻断电压依赖性的 Na^+ 通道,降低或防止过度的放电;②通过提高脑内组织受刺激的兴奋阀,减弱来自病灶的兴奋扩散,防止癫痫发作;③与 GABA(γ-氨基丁酸)系统的调节有关,部分抗癫痫药是 GABA 转氨酶的抑制剂,可延长 GABA 失活过程,从而使 GABA 含量增加;④通过对钙离子第二信使的调节,控制癫痫发作频率。目前临床上常用的抗癫痫药按结构类型,分为苯巴比妥类及其同型物、苯二氮䓬类、乙内酰脲类及其同型物、二苯并氮杂䓬类、γ-氨基丁酸类似物、脂肪羧酸类及磺酰胺类等。

抗钒重油催化裂化催化剂 vanadium-tolerant heavy oil catalytic cracking catalyst 粒度主要为<80μm 的微球形催化剂。主活性组分为骨架富硅分子筛及稀土超稳分子筛。载体为以大孔氧化铝作粘接剂的高岭土基质。中国产品牌号有 CHV。Al_2O_3 含量≥45%。孔体积≥0.25mL/g。比表面积≥230m^2/g。磨损指数≤3.5%。表观密度 0.64～0.75g/mL。用于在正常催化剂耗损时,平衡剂钒含量为(2000～10000)×10^{-6} 的重油催化裂化装置。对重油裂化能力强、焦炭选择性好、对直链烷烃有一定选择裂化能力,并具有抗钒及抗其他金属污染的能力。可提高汽油辛烷值及增加液化气产率。由活性组分及载体基质材料经混合成胶、喷雾干燥、洗涤、过滤、干燥而制得。

抗高血压药 antihypertensive agents 又名降压药。能扩张血管而使血压下降的一类药物。按作用部位不同分为:①血管紧张素转换酶抑制剂,如卡托普利、贝那普利、依那普利等;②血管紧张素Ⅱ受体拮抗剂,如氯沙坦钾、缬沙坦、厄贝沙坦等;③肾上腺受体阻滞剂,又分为β-受体阻滞剂,如普萘洛尔、噻吗洛尔、美托洛尔,α-受体阻滞剂,如哌唑嗪、多沙唑嗪,α,β受体阻滞剂,如拉贝洛尔;④钙通道阻滞剂,又称钙拮抗剂,如硝苯地平、尼卡地平、非洛地平、拉西地平等;⑤利尿药,如氢氯噻嗪、氯噻酮等;⑥其他降压药,如利血平、复方降压制剂等。

抗坏血酸
见"维生素 C"。

抗坏血酸-2-磷酸酯镁盐 ascorbic acid-2-phosphate sesquimagnesium salt

一种维生素 C 的酸性产品。是在维生素 C 的 2 位烯醇羟基进行改性成磷酸酯镁盐,以克服维生素 C 易氧化失效的缺点。可用于食品、医药及化妆品,在体内广泛存在的磷酸酯酶的作用下转化为维生素 C 而发挥作用。由抗坏血酸与丙酮反应生成异亚丙基-L-抗坏血酸后,再分别与三氯氧磷、氧化镁反应制得。

抗坏血酸棕榈酸酯 ascorbyl palmitate

$$CH_3(CH_2)_{14}COOCH_2-\underset{H}{\overset{OH}{C}}-\underset{HO}{\overset{}{\underset{|}{C}}}\diagdown\diagup\overset{O}{\underset{OH}{\diagup}}$$

又名抗坏血酸软脂酸酯。白色至黄白色结晶粉末,稍有柑橘气味。熔点 107～117℃。不溶于水,溶于乙醇、乙醚,微溶于丙二醇、植物油。是一种安全无毒、高效的脂溶性抗氧剂。常与维生素 E、卵磷脂、没食子酸辛酯等组成混合抗氧剂,对保护动物油、植物油、香精油、坚果及糖果的抗氧化能力很强。也用作药物软膏和胶囊制剂的稳定剂。添加于化妆品中可防止色素沉着,添加于热敏纸中可增加纸张稳定性。在硫酸催化下,由抗坏血酸与棕榈酸反应制得。

抗碱氮催化裂化催化剂 anti-basic nitrogen catalytic cracking catalyst 粒度为 45～111μm 的微球形催化剂。主活性组分为复合超稳 Y 型分子筛,载体为复合铝粘接高岭土基质。Al_2O_3 含量 $\geqslant 43\%$。孔体积 $\leqslant 0.35 mL/g$。比表面积 $\geqslant 180 m^2/g$。磨损指数 $\leqslant 4.0\%$。中国商品牌号有 LANK-98、LANK-98B/C。适用于重油催化裂化装置,加工掺炼焦化蜡油或碱金属及碱氮含量较高的原料。催化剂具有抗碱性污染能力强、选择性好及活性稳定性高等特点。由活性组分及载体材料经成胶、喷雾干燥、洗涤、过滤、干燥而制得。

抗结核药 tuberculostatics 抑制或治疗结核分支杆菌所致结核病的药物。结核杆菌为一种有特殊细胞壁的耐酸杆菌,其细胞上富有类脂,具有高度亲水性,因此对醇、酸碱和某些消毒剂高度稳定。按化学结构不同,抗结核药可分为 2 类:①合成抗结核药,主要有异烟肼、对氨基水杨酸、盐酸乙胺丁醇等;②抗结核抗生素,主要有氨基糖苷类的链霉素、卡那霉素,大环内酰胺类的利福平、利福喷汀,其他类抗生素如环丝氨酸、紫霉素、卷曲霉素等。

抗静电剂 antistatic agent 指能防止静电积蓄及防止纤维等材料因摩擦而产生静电荷的一类化学助剂。目前,使用抗静电剂是防止静电最广而又简单有效的方法,品种很多,常用的有金属粉、炭黑、硅化合物、有机高分子及表面活性剂等。其中成为主流而应用最广的抗静电剂是表面活性剂,其分子中含有亲水基(Y)、亲油基(R)、连接基(X),分子构型应具有 R-X-Y 模式,并具有适当的亲水-亲油平衡值(HLB)。按化学结构分为阳离子型、阴离子型、非离子型及两性离子型;而按作用方式分为涂布型(外用型)及混入型(内用型)两类。涂布型抗静电剂是通过喷涂、浸涂等方式涂敷于纤维或制品表面,见效快,但因摩擦、溶剂或水的侵蚀而损失,难以持久;混入型是在配料时加入树脂或纤维中,它通过不断地向表面迁移来保持完整的泄漏电荷通道,效能持久。

$$\left[C_{12}H_{25}OCH_2\overset{OH}{C}HCH_2-\overset{CH_2CH_2OH}{\underset{CH_2CH_2OH}{N^+}}-CH_3 \right] CH_3SO_4^-$$

又名甲基硫酸 N,N'-双(羟乙基)-N-(3-十二烷氧基-2-羟丙基)甲基铵。一种阳离子型季铵盐涂布型或混入型抗静电剂。商品为活性物50%的异丙醇-水溶液,淡黄色透明液体。相对密度0.96。pH值(10%溶液)4～6。溶于水、乙醇、丙醇及其他低相对分子质量极性溶剂,加热时可溶于部分非极性有机溶剂。热稳定性好、着色性小。适用于聚氯乙烯、ABS树脂、丙烯酸酯类塑料及纤维、涂料及造纸等。以环氧氯丙烷、月桂醇、二乙醇胺及硫酸二甲酯等为原料制得。

抗静电剂 AEP　antistatic agent AEP

$$RO(CH_2CH_2O)_n-\overset{O}{\underset{OK}{P}}-OK$$

又名脂肪醇聚氧乙烯醚磷酸酯钾盐、抗静电剂 N。一种阴离子型抗静电剂。淡黄色或米白色膏状物。有效成分48%～52%。pH值(1%水溶液)7～7.5。溶于水及一般有机溶剂。有吸湿性,耐低温性及耐热性较好,能使织物具有优良抗静电性、润湿性及平滑性,用于涤纶、锦纶、维纶、丙纶等织物加工中。也用于配制低刺激性浴液、洗发及洗面产品,还用作纸浆分散剂、废纸脱墨剂等。由脂肪醇聚氧乙烯醚与磷酸反应后,再用氢氧化钾中和制得。

抗静电剂 AM-A　antistatic agent AM-A

$$R-C\overset{N-CH_2}{\underset{N-CH_2}{\Big\langle}}$$
$$(CH_2CH_2NH)_n-CH(CH_2)_mCOOM$$

(R 为 $C_{17\sim21}$ 脂肪烃基;n,m 为 0～3 整数,M 为 H、K、Na、NH_4^+ 等)

又名抗静电柔软剂 AM-A。一种两性离子型表面活性剂抗静电剂。橙红色至浅黄色液体。固含量10%～12%。pH值(1%水溶液)8～9。可与水以任何比例稀释,耐酸、耐碱、耐硬水。有优良的抗静电及再润湿性能。在强酸性介质中(pH值≤4),本品呈阳离子性,为半透明状;在中性及碱性介质中(pH值≥7),呈阴离子性,为透明液体;在 pH 值为5～6的微酸性介质中,生成内盐,由半透明转变为白色溶液。可单独用于织物抗静电和柔软整理,也可用于处理毛巾等衣物,使其获得抗静电效果。由高碳胺与多烯多胺缩合后,再与 α-氯乙酸钠反应制得。

抗静电剂 ASA-150　antistatic agent ASA-150　一种混入型表面活性剂抗静电剂,外观为微黄色或黄色膏状物。熔点59～68℃。微溶于水,溶于苯、二甲苯、丙酮、氯仿。低毒。用作塑料、橡胶等混入型抗静电剂,适用于聚氯乙烯、聚烯烃等各种包装制品及天然或合成橡胶制品,可用于食品包装材料。由非离子型表面活性剂与阳离子型表面活性剂按一定比例复配制得。

抗静电剂 A-2ST　antistatic agent A-2ST

$$H\!\!-\!\!\!\left[\!OCH_2CH_2\!-\!\!\overset{O}{\overset{\|}{C}}\!\!-\!\!\!\bigcirc\!\!\!-\!\!\overset{O}{\overset{\|}{C}}\!-\!O(CH_2CH_2)_n\!-\!\overset{O}{\overset{\|}{C}}\!\!-\!\!\bigcirc\!\!\!-\!\overset{O}{\overset{\|}{C}}\!\right]_{\!m}\!\!OH$$

淡黄色黏稠液体。活性物含量32%～35%。溶于水及常用有机溶剂。分子结构的前半部分与涤纶分子结构相似，常温不可被涤纶纤维吸附，在玻璃化温度以上可进入分子内部形成共结晶；分子结构的后半部为聚氧乙烯结构，对水分子有强的吸附力，从而赋予涤纶织物外层强吸水性，具有逸散电荷和降低表面电荷的作用，呈现出抗电性及去污性。由对苯二甲酸、对苯二甲酸酯及乙二醇经嵌段共聚反应制得。

抗静电剂 ATS-1 antistatic agent ATS-1 又名丝绸抗静电剂。一种表面活性剂复配型抗静电剂。乳白色膏状体，稍有清香味，有效物含量53%～57%。pH值(1%水溶液)5.5～7.5。溶于40～50℃热水。用作织物抗静电剂，可与各种离子型助剂并用，尤适用于真丝织物，可赋予织物抗静电、柔软、滑爽等性能，防止织物在退卷、卷绕等加工过程中发生紊乱缠绕等现象，及在裁剪中易漂逸和熨烫困难等倾向。由多种非离子型表面活性剂复配制成，含有硬脂酸、石蜡等成分。

抗静电剂 BS-12 antistatic agent BS-12

$$C_{12}H_{25}\!-\!\!\overset{\overset{\displaystyle CH_3}{|}}{\underset{\underset{\displaystyle CH_3}{|}}{N^+}}\!\!-\!CH_2COO^-$$

又名两性表面活性剂BS-12。一种两性离子型表面活性剂抗静电剂。无色或淡黄色透明液体，活性物含量28%～30%。pH值(1%水溶液)6～7.5。与水可以任何比例稀释。耐酸碱、耐硬水，100℃以下稳定。在水分挥发或低温时会形成胶状物，稀释加热后仍能恢复原状。具有抗静电、柔软、分散、去污、防锈及杀菌灭藻等功能，用作织物抗静电剂、柔顺剂、钙皂分散剂等。也用于配制洗发香波、水质稳定剂、杀菌消毒剂、柔软洗涤剂及防锈剂等。由氯乙酸钠与十二烷基二甲基叔胺反应制得。

抗静电剂 CAS antistatic agent CAS 主要成分为聚酯-聚醚嵌段共聚物的非离子型表面活性剂复配物。固含量28%～32%。pH值6～7。能与水以任何比例稀释。具有抗静电、柔软、防尘等作用，与多数染料相容性好，对染色织物的色光不产生影响。用作抗静电剂，适用于纯涤纶、涤/毛及涤/棉混纺织物、低弹涤纶针织品、涤纶仿毛织物、涤纶仿真丝织物等的抗静电整理。赋予织物抗静电、抗玷污和易去污等性能，并使织物柔软易于加工。由对苯二甲酸与聚醚进行嵌段共聚后再经复配制得。

抗静电剂 G antistatic agent G 又名易去污整理剂G。一种非离子型抗静电剂。淡黄色或浅灰色悬浊液。活性物含量11%～13%。pH值6～7。不溶于水，在水中形成悬浊液。不耐冻，但耐酸碱，有良好的化学稳定性。对涤纶织物有良好的抗静电性及耐洗性，用作涤纶、涤棉混纺或其他织物的抗静电处理剂和易去污整理剂，使织物具有抗静电、柔软、耐洗、持久等效果，在液化剂存在下，由对苯二甲酸、乙二醇及聚二醇经嵌段共聚制得。

抗静电剂 HKD 系列 antistatic agent HKD series 表面活性剂抗静电剂系列产品。HKD-100 型为白色至淡黄色粉状物,不溶于水,溶于乙醇等常用有机溶剂,是一种非离子复合型抗静电剂,适用于聚乙烯、聚丙烯及尼龙;HKD-151 型为乳白色至淡黄色粉末,不溶于水,溶于乙醇,也是一种非离子复合型抗静电剂,适用于聚乙烯及聚丙烯制品;HKD-170P 型为白色粉状物或黄色蜡状固体,不溶于水,溶于乙醇,适用于聚烯烃作抗静电剂;HKD-200 型为淡黄色透明液体,与水相溶,溶于乙醇、甲苯,适用于溶剂型油墨及涂料的抗静电处理;HKD-300 型为白色粉末或鳞片状物,不溶于水,溶于甲醇、甲乙酮,用作高密度聚乙烯、聚苯乙烯及聚丙烯的混入型抗静电剂;HKD-321 型为淡黄色透明液体,溶于水、乙醇、异丙醇,是一种阳离子型抗静电剂,可用作聚氯乙烯、聚苯乙烯、ABS 树脂等的抗静电处理;HKD-510 型为琥珀色透明液体,溶于乙醇、苯、异丙醇,可用于聚苯乙烯、ABS 树脂等的抗静电处理。

抗静电剂 KJ-200 antistatic agent KJ-200 又名脂肪酸烷醇酰胺和脂肪酸单甘酯的复配物。乳白色蜡状固体。熔点 45~55℃。闪点＞280℃。不溶于水,溶于乙醇、异丙醇、丙酮。是一种非离子型抗静电剂,常以混入型方式使用,适用于聚乙烯、聚丙烯、聚苯乙烯及聚氯乙烯等制品的抗静电处理,尤对双向拉伸聚丙烯薄膜及聚丙烯纤维等有良好的抗静电效果。由脂肪酰胺和环氧乙烷的反应物与脂肪酸单甘酯复配制得。

抗静电剂 MGS-20 antistatic agent MGS-20 又名抗静电水溶性硅油 MSG-20。一种硅氧烷类非离子型表面活性剂抗静电剂。外观为淡黄色液体。固含量 ≥20%。折射率 1.3570~1.3630。与水混溶。在 90℃ 以上易发生凝胶,存在无机盐或有机酸类物质时也易凝胶。耐光、耐酸碱。对纤维有较强亲合力。用作织物抗静电整理剂。结构中含有改善纤维性能的成分及起匀染作用的基团,能赋予织物持久的抗静电、柔软性能,适用于涤纶、棉、涤/棉交织物的抗静电整理及合成化纤纺织、印染工艺消除静电的前处理和后整理。由氯代硅烷经水解、缩合反应制得。

抗静电剂 P antistatic agent P 一种

$$R-PO \begin{matrix} OH \cdot NH \\ \\ OH \cdot NH \end{matrix} \begin{matrix} CH_2CH_2OH \\ CH_2CH_2OH \\ CH_2CH_2OH \\ CH_2CH_2OH \end{matrix}$$

(R 为 C_8H_{17}~$C_{12}H_{25}$)

阴离子型抗静电剂。淡黄色至酒红色黏稠液体或膏状物。有机磷含量 6.5%~8.5%。pH 值为 9。溶于水及一般有机溶剂。与酸、碱作用则分解。热稳定性较好,除阴离子型表面活性剂外,与其他助剂配伍性好。用作涤纶、锦纶、丙纶等织物的抗静电整理剂,具有抗静电及润滑、柔软等作用。也用作合成树脂及塑料的抗静电剂。由脂肪醇用 P_2O_5 磷酸化后,再与二乙醇胺缩合制得。

抗静电剂 PK　antistatic agent PK

$$R-O-\overset{\overset{O}{\|}}{\underset{OK}{P}}-OK \quad R-O-\overset{\overset{O}{\|}}{\underset{OR}{P}}-OK \quad (R\text{-烷基})$$

（单酯）　　　　（双酯）

又名脂肪醇磷酸酯钾盐、烷基磷酸酯钾盐阴离子型抗静电剂,为单酯和双酯的混合物。淡米色膏状物,活性物含量48%~52%。pH 值（1%水溶液）为7~9。溶于水及一般有机溶剂。耐热性较好。用作锦纶、涤纶等合成纤维的卷绕油剂组分即抗静电整理剂,具有抗静电、柔软、平滑等性能。也用作涤/棉织物印花前处理助剂,可减少断头,使花形清晰。由脂肪醇与磷酸酯化反应后再经氢氧化钾中和制得。

抗静电剂 SN　antistatic agent SN　又

$$\left[C_{18}H_{37}-\overset{\overset{CH_3}{|}}{\underset{\underset{CH_3}{|}}{N}}-CH_2CH_2OH \right]^+ NO_3^-$$

名硬脂酰胺丙基二甲基-β-羟基铵硝酸盐、二甲基十八烷基羟乙基季铵硝酸盐。一种季铵盐类阳离子抗静电剂。商品为50%~60%的异丙醇水溶液。外观呈淡黄色至琥珀色。相对密度0.95。pH 值4~6。180℃以上开始轻微分解,250℃剧烈分解。溶于水、醇类、丙酮及苯等溶剂。对5%的酸、碱稳定,用作塑料、橡胶、纤维及纸品的涂布型或混入型抗静电剂。也用作涤纶、锦纶、氯纶等合成纤维纺丝和织时的抗静电剂,丁腈橡胶制品的静电消除剂及腈纶染色用阳离子染料的匀染剂。由十八烷基二甲基叔胺与硝酸经硝化反应后再与环氧乙烷反应制得。

抗静电剂 SP　antistatic agent SP　又

$$\left[C_{17}H_{35}CDNH(CH_2)_3^+\overset{\overset{CH_3}{|}}{\underset{\underset{CH_3}{|}}{N}}(CH_2)_2OH \right] H_2PO_4^-$$

名硬脂酰胺丙基二甲基-β-羟乙基铵二氢磷酸盐。一种季铵盐阳离子抗静电剂。商品为35%的异丙醇-水溶液。淡黄色透明液体。相对密度0.94。pH 值6~8。溶于水、醇类、丙酮。对5%的酸、碱稳定。用作塑料及纤维的涂布型或混入型抗静电剂。适用于聚乙烯、聚烯烃树脂、ABS 树脂及锦纶,涤纶等。由硬脂酸与 N,N-二甲基丙二胺经酰胺化反应生成硬脂酰及二甲基胺后,再与磷酸及环氧乙烷反应制得。

抗静电剂 TM　antistatic agent TM

$$\left[CH_3-\overset{\overset{CH_2CH_2OH}{|}}{\underset{\underset{CH_2CH_2OH}{|}}{N^+}}-CH_2CH_2OH \right] CH_3SO_4^-$$

又名三羟乙基甲基季铵甲基硫酸盐。一种季铵盐阳离子抗静电剂。淡黄色黏稠透明液体。相对密度1.30~1.36。pH 值6~8。易溶于水。对纤维有较强亲合力,可与其他阳离子及非离子型抗静电剂并用。用作塑料、纤维等的抗静电剂。适用于聚氯乙烯、聚苯乙烯、ABS 树脂等合成树脂及腈纶、锦纶、涤纶等合成纤维。也用作合成纺丝油剂及地毯、装饰物喷涂用抗静电剂。由三乙醇胺与硫酸二甲酯进行季铵化反应制得。

抗静电剂 XFZ-03 antistatic agent XFZ-03 一种弱阳离子抗静电剂,主要成分为聚乙二醇聚醚多胺衍生物。淡黄色乳状液体,活性物含量 15%~20%,pH 值 6~7。结构中含有亲水及疏水基团。疏水基团与合成纤维有较强亲合力,可吸附于纤维分子上而形成极薄的薄膜,减少织物因摩擦而引起带电;亲水基团可吸附空气中的水分,也使表面形成薄的导电层,构成静电泄漏通道,达到防静电目的。用于腈纶、丙纶、锦纶织物的抗静电整理,尤适用于阳离子染料染色的腈纶纤维及混纺纤维,能使织物具有良好的静电性及耐洗性、柔软性。由环氧氯丙烷与聚乙二醇的缩合物与有机胺和高级脂肪酸的酰胺化物经缩合反应制得。

抗静电整理剂 antistatic finishing agent 对纤维或织物进行抗静电整理的助剂。它能赋予纤维表面一定的吸湿性和离子性,从而提高导电度,并能中和电荷,达到防止或消除静电的目的。按纤维加工工序区分,可分为纤维织造用抗静电剂和后整理用抗静电剂;按抗静电剂作用时间区分,可分为暂时性和耐久性抗静电剂。暂时性抗静电剂是一些水溶性的表面活性剂,如烷基磷酸盐、脂肪醇聚氧乙烯醚等,抗静电性能好,毒性低,但洗涤后易于除去;耐久性抗静电剂大多是含有离子和吸湿性基团的高分子树脂,可通过交联作用在纤维表面形成不溶性聚合物导电层。常用的有丙烯酸或丙烯酯衍生物、丙烯酰胺衍生物、聚醚型聚氨酯等。

抗菌剂 anti-basiterial agent 指一些对微生物高度敏感、少量添加到材料中即可赋予材料抗微生物性能的化学物质,也即抗菌剂是能使细菌、真菌等微生物不能发育或抑制微生物生长的物质。工业抗菌剂是一种制备抗菌材料(如抗菌纤维、抗菌塑料)的添加剂,以这种添加剂制备的抗菌材料对接触其表面的致病细菌有持久抑杀作用。大致可分为无机抗菌剂及有机抗菌剂两大类。无机抗菌剂是利用银、铜、锌、钛等金属及其离子的杀菌能力制得的一类抗菌剂。根据所用载体不同,又分为沸石抗菌剂、磷酸复盐抗菌剂、膨润土抗菌剂、硅胶抗菌剂、可溶性玻璃抗菌剂等;有机抗菌剂又可分为化学合成抗菌剂(如胺类、季铵盐类、酚类、吡啶类、有机砷类等)及天然抗菌剂(如壳聚糖)。目前应用较广的是无菌抗菌剂。

抗菌增效剂 antibacterial synergists 指抗菌药物和其他药物在一起使用时,所产生的治疗作用长于二个药物分别给药的作用总和。抗菌增效剂的类型较多,作用机制也各不相同。磺胺类药物的抗菌增效剂主要作用于叶酸合成途径中的不同酶。在和磺胺药物合用时,对细菌代谢途径产生双重阻断作用,从而使磺胺药的抗菌作用增强数倍至数十倍。如将抗菌增效剂甲氧苄啶和磺胺甲噻唑组成的复方新诺明,广泛用于治疗呼吸道感染、菌痢及泌尿道感染。

抗乳化剂 emulsion inhibitor 指加入润滑油中,用以加速油水分离、防止乳化形成的添加剂。油品的抗乳化性能是润滑油的重要性能之一。如齿轮油除要求良好的极压抗磨、抗氧及防锈性能外,还要求有良好的抗乳化性。齿轮油因遇水机会较多,如抗乳化性差,油品乳化将降低润滑性和流动性,从而引起机械的腐蚀及磨损。抗乳化剂大多是水包油型(O/W)表面活性剂,吸附在油水界面上,改变界面的张力,破坏乳化剂亲水-亲油平衡,使油包水型(W/O)转变成水包油型,在转相过程中油水便分离。抗乳化剂主要品种有胺-环氧乙烷缩合物、乙二醇酯、环氧丙烷-环氧乙烷共聚物等。

抗生素 antibiotics 曾称抗菌素。由放线菌、细菌、真菌或其他微生物在生命活动过程中所产生的具有抗病原体或其他活性的一类天然有机化合物。其中大部分为选择性地抑制或杀死特定的某些类别微生物的物质,有些也可产生免疫调节、抗癌或其他药理作用。可从某些动物或植物中提取,多数已可化学合成。品种很多,按化学结构分为大环内酯类、β-内酰胺类、氨基糖苷类、多肽类、四环类抗生素等。而按作用性质及对象,分为抗细菌、抗真菌、抗病毒、抗肿瘤、抗寄生虫、抗原虫抗生素等。最常用的抗生素有青霉素类、头孢菌素类、四环素类、多黏菌素类、红霉素、庆大霉素、灰黄霉素、氯霉素、卡那霉素等。广泛用于人、畜疾病的防治、工业防霉剂、食品保鲜剂及植物病虫害防护剂等。

抗蚀油墨 anti-resistant ink 具有耐化学腐蚀特性的油墨。其作用是在工件不需处理(腐蚀、电镀、焊接等)的部分预先进行印刷,形成耐腐蚀(或耐电镀、阻焊)膜层。有些油墨在加工后需除去,有些加工后不需除去。主要品种有:①耐腐蚀油墨。是一种耐酸性抗蚀油墨。承印材料为铜、铝、不锈钢等。印刷上线路图后,一般用三氯化铁、硫酸铵等溶液腐蚀去除未被油墨覆盖处的金属,油墨应具有耐药剂能力。连结料常采用松香改性顺丁烯二酸树脂及酸溶性酚醛树脂。②耐电镀油墨。制作印刷电路板时,在不需电镀的部分印刷耐电镀油墨。油墨膜必须耐工序中的电镀液。连结料主要为氯乙烯与乙酸乙烯酯共聚物、氯化橡胶、氯化聚丙烯等。③阻焊油墨。是在做好线路图形的电路板上印刷的油墨,其作用是防止电路腐蚀,防止由于潮湿而引起的绝缘性能下降,防止焊锡黏附在不需要的部分。它又可分为热固化、光固化及感光成像阻焊油墨。油墨应具有耐溶剂性及耐焊性。

抗氧抗腐剂 anti-oxidation and corrosion inhibitor 防止或延缓氧化和腐蚀过程的物质。是石油产品的重要添加剂。具有抗氧化、抗腐蚀性能,兼有抗磨作用,主要用于内燃机油,其次用于齿轮油、液压油等工业润滑油。其作用是抑制润滑油的氧化过程、钝化金属的催化作用,减少油品氧化腐蚀,延长油品使用寿命,同时还能减轻发动机凸轮和挺杆的磨损和腐蚀,保护机件金属表面不受酸的腐蚀等。主要品种有二烷基二硫代磷酸盐、二烷基二硫代氨基甲酸盐等。

抗氧剂 antioxidiant 又名抗氧化剂。指能清除氧自由基,抑制或消除或减缓氧化及自动氧化过程的一类物质。橡胶工业中又称防老剂。除用于橡胶、塑料、涂料、胶黏剂等行业外,也广泛应用于医药、食品、化妆品、油脂等行业,品种很多，按来源可分为人工合成抗氧剂及天然抗氧剂；按功能可分为链终止型抗氧剂（或称自由基抑制剂）及预防型抗氧剂（包括过氧化物分解剂、金属离子钝化剂等）；按化学结构分为胺类、酚类、含硫化合物、含磷化合物及有机金属盐等类别；按溶解性可分为油溶性及水溶性抗氧剂。选择理想抗氧剂的要求是：①低浓度有效、抗氧化降解效能高；②与基础物质相容性要好，对食品或其他制品的感官性质（嗅、味、颜色等）没有影响；③对塑料、橡胶等的物理-机械性能无不良影响；④热稳定性高、耐热性好、挥发性小、耐溶剂抽提性好；⑤无毒、无异味、污染小；⑥价廉易得。

抗氧剂 121　antioxidant 121　又名环

$$HO-\underset{C(CH_3)_3}{\underset{|}{\overset{C(CH_3)_3}{\overset{|}{\bigcirc}}}}-CH_2-CH_2-\overset{O}{\overset{\|}{C}}-O-\bigcirc$$

己基-β-(3,5-二叔丁基-4-羟基苯基)丙酸酯。白色粉末。熔点 75～76 ℃。不溶于水，溶于苯、甲苯、乙醇、甲醇及溶剂汽油等。用作聚乙烯、聚丙烯、聚苯乙烯、ABS树脂及聚酰胺等抗氧剂及热稳定剂，与抗氧剂 DLTP、三烷基亚磷酸酯等并用有协同效应，也可与其他抗氧剂、紫外线吸收剂或热稳定剂并用，不影响树脂本身的物理-机械性能。在催化剂存在下，由 3,5-二叔丁基-4-羟基苯基丙酸与环己醇反应制得。

抗氧剂 168　antioxidant 168　又名三

$$\left[(CH_3)_3C-\underset{C(CH_3)_3}{\underset{|}{\bigcirc}}-O-\right]_3 P$$

(2,4-二叔丁基苯基)亚磷酸酯。白色松散状结晶粉末。熔点 183～186℃。闪点 257℃。不溶于水、冷乙醇，溶于甲苯、丙酮、氯仿、石油醚及溶剂汽油等。低毒。用作聚丙烯、聚苯乙烯、聚碳酸酯及聚酰胺等的抗氧剂，具有加工稳定性好、吸水性小、抗水解能力强、对聚合物色泽有良好保护作用等特点。其性能优于其他亚磷酸酯类抗氧剂。常与抗氧剂 1010 等酚类抗氧剂复配使用。由 2,4-二叔丁基酚与三氯化磷反应制得。

抗氧剂 245　antioxidant 245　又名三

$$\left[HO-\underset{C(CH_3)_3}{\underset{|}{\overset{CH_3}{\overset{|}{\bigcirc}}}}-CH_2-CH_2-\overset{O}{\overset{\|}{C}}OCH_2CH_2OCH_2-\right]_2$$

甘醇双[3-(3-叔丁基-4-羟基-5-甲基苯基)丙酸酯。白色至淡黄色粉末。相对密度 1.14。熔点 76～79℃。不溶于水，溶于丙酮、苯、氯仿、乙酸乙酯等。毒性极低。是一种非污染性受阻酚抗氧剂，具有挥发性小、抗热氧效能高、与聚合物相容性好的特点。可用作高冲击聚苯乙烯、聚氯乙烯、聚酰胺、聚氨酯及ABS等的抗氧剂,与硫醚类抗氧剂或含磷抗氧剂并用有较强协同效应,也用作丁苯橡胶胶乳的抗氧剂。以邻甲酚、异丁烯、丙烯酸甲酯及三甘醇等为原料制得。

抗氧剂246
见"2,4,6-三叔丁基苯酚"。

抗氧剂264
见"2,6-二叔丁基对甲酚"。

抗氧剂300 antioxidant 300 又名4,4'-硫代双(3-甲基-6-叔丁基苯酚)、防老剂300。白色、淡黄色或褐色粉末。相对密度1.06~1.12。熔点158~164℃。不溶于水,微溶于石油醚,溶于乙醇、乙醚、苯、石脑油等。低毒。是一种非污染性硫代双酚类抗氧剂,适用于聚烯烃、聚苯乙烯、ABS等热塑性树脂。也用作天然及多数合成橡胶的非污染性防老剂,尤适用于白色、艳色或透明制品。由间甲酚与异丁烯反应生成3-甲基-叔丁基苯酚后再与二氧化硫反应制得。

抗氧剂330 antioxidant 330 又名1,3,5-三甲基-2,4,6-三(3,5-二叔丁基-4-羟基苄基)苯。白色结晶粉末,熔点244℃。不溶于水,微溶于甲醇、异丙醇,溶于苯、丙酮、二氯甲烷。属高相对分子质量多元受阻酚抗氧剂,具有耐热性好、不着色、挥发性低等特点,是高密度聚乙烯的优良抗氧剂。也用于聚氯乙烯、聚苯乙烯、聚丙烯、尼龙、ABS树脂及聚酯等塑料制品,还用作合成橡胶防老剂及植物油脂抗氧剂。由2,6-二叔丁基苯酚与多聚甲醛反应生成3,5-二叔丁基-羟基苄醇后,再与均三甲苯反应制得。

抗氧剂618 antioxidant 618 又名二

$$C_{18}H_{37}O-P\underset{O}{\overset{O}{\bigcirc}}C\underset{O}{\overset{O}{\bigcirc}}P-OC_{18}H_{37}$$

亚磷酸季戊四醇二硬脂酸酯、双十二烷基季戊四醇双亚磷酸酯。白色蜡状固体。相对密度0.940~0.960(50℃)。熔点54~56℃。折射率1.4610~1.4660(50℃)。不溶于水,微溶于甲醇、丙酮、溶于苯、氯仿。用作辅助抗氧剂,适用于聚乙烯、聚丙烯、聚氯乙烯、聚苯乙烯、聚碳酸酯及ABS树脂等。与紫外线吸收剂并用有协同效应。在三乙胺存在下,由二氯代季戊四醇亚磷酸酯与十八醇反应制得。

抗氧剂626 antioxidant 626 又名双(2,4-二叔丁基苯基)季戊四醇二亚磷酸,白色结晶粉末或颗粒。松堆密度0.43g/mL。熔点170~180℃。闪点168℃。不溶于水,微溶于乙醇,溶于苯、甲苯、二氯甲烷等。是一种高性能亚磷酸酯抗氧剂,与其他亚磷酸酯抗氧剂相比,具有含磷量高、聚合物色泽保护性好、挥发性低的特点。一般不单独使用,常与抗氧剂264、1010等酚类主抗氧剂并用,适用于聚丙烯、聚苯乙烯、聚碳酸酯及ABS等热塑性树脂,也用作苯并三唑、二苯甲酮等光稳定剂的增效剂。由季戊四醇与三氯化磷反应生成季戊四醇双亚磷酸酯二氯化物后,再与2,4-二叔丁基苯酚反应制得。

抗氧剂 702　antioxidant 702　又名 4,

$$\text{HO}-\underset{\underset{\text{C(CH}_3)_3}{|}}{\overset{\overset{\text{C(CH}_3)_3}{|}}{\bigcirc}}-\text{CH}_2-\underset{\underset{\text{C(CH}_3)_3}{|}}{\overset{\overset{\text{C(CH}_3)_3}{|}}{\bigcirc}}-\text{OH}$$

4′-亚甲基双(2,6-二叔丁基苯酚)、抗氧剂 KY-7930。白色至淡黄色结晶粉末。相对密度 0.99。熔点 149～154℃。沸点 250℃(1.33kPa)。闪点＞204℃。不溶于水、稀碱液,溶于甲苯、苯、丙酮及酯类等,微溶于乙醇。用作聚烯烃、聚苯乙烯、聚酯、ABS 树脂等的抗氧剂,具有热稳定性好、挥发性低等特点。用作天然及合成橡胶、胶乳及石蜡等的抗氧剂,可用于白色及浅色制品。还用作导热油、淬火油及特种润滑油等的添加剂。由 2,6-叔丁基苯酚与甲醛经缩合反应制得。

$$\left[\text{HO}-\underset{\underset{\text{C(CH}_3)_3}{|}}{\overset{\overset{\text{C(CH}_3)_3}{|}}{\bigcirc}}-\text{CH}_2-\text{CH}_2-\text{COO}-\text{CH}_2\right]_4\text{C}$$

四(4-羟基-3,5-二叔丁基苯基丙酸)季戊四醇酯、抗氧剂 KY-7910。白色结晶粉末,是高相对分子质量受阻酚抗氧剂的代表性品种。无臭。熔点 116～123℃。不溶于水,微溶于乙醇,易溶于丙酮、苯、氯仿等。是目前酚类抗氧剂中性能最优良的品种之一,用于聚烯烃、聚氯乙烯、聚甲醛、ABS 树脂及热熔胶等制品,具有

抗氧剂 736　antioxidant 736　又名 4,

$$\text{HO}-\underset{\underset{\text{CH}_3}{|}}{\overset{\overset{\text{C(CH}_3)_3}{|}}{\bigcirc}}-\text{S}-\underset{\underset{\text{CH}_3}{|}}{\overset{\overset{\text{C(CH}_3)_3}{|}}{\bigcirc}}-\text{OH}$$

4′-硫代双(2-甲基-6-叔丁基苯酚)。白色至淡黄色结晶粉末,相对密度 1.084。熔点 127℃。沸点 312℃(5.3kPa)。闪点＞204℃。不溶于水、稀碱液,溶于乙醇、丙酮、甲苯、汽油等。一种非污染性抗氧剂,具有热稳定性好、挥发性低、易分散等特点。适用于聚烯烃及聚氯乙烯等热塑性塑料、合成橡胶、胶黏剂、乳胶及石油制品等。由 2-甲基-6-叔丁基苯酚与二氧化硫反应制得。

抗氧剂 1010　antioxidant 1010　又名

不污染、耐抽出、不易挥发、赋予制品优良抗热氧稳定性等特点,与亚磷酸酯、硫代酯类辅助抗氧剂并用有显著协同效应。也用作合成橡胶、石油产品的稳定剂。由 2,6-二叔丁基苯酚与丙烯酸甲酯反应制得 3,5-二叔丁基-4-羟基苯基丙酸甲酯后,与季戊四醇反应制得。

抗氧剂 1076　antioxidant 1076　又名

$$\text{HO}-\underset{\underset{\text{C(CH}_3)_3}{|}}{\overset{\overset{\text{C(CH}_3)_3}{|}}{\bigcirc}}-\text{CH}_2-\text{CH}_2-\overset{\overset{\text{O}}{\|}}{\text{C}}-\text{O}-\text{C}_{18}\text{H}_{37}$$

β-(3,5-二叔丁基-4-羟基苯基)丙酸十八酯、抗氧剂 KY-7920。白色结晶粉末。无臭、无味。熔点 50～55℃。不溶于水,微溶于甲醇、矿物油,溶于苯、丙酮、乙酸乙酯及环己烷。微毒!是一元受阻酚抗氧剂品种之一,用作乙烯基树脂、ABS树脂、尼龙、聚酯、聚氨酯及纤维素塑料的抗氧剂及热稳定剂,具有不着色、不污染、耐抽出、挥发性低、抗热氧效果好等特点,可用于食品包装材料。与亚磷酸酯、硫代酯等辅助抗氧剂并用有显著协同效应,也用作石油产品及合成橡胶的抗氧剂及稳定剂。以苯酚、异丁烯、丙烯酸甲酯及十八碳醇等为原料制得。

抗氧剂 1222 antioxidant 1222 又名 3,5-二叔丁基-4-羟基苄基磷酸二乙酯。白色至微黄色结晶粉末。熔点 159～161℃。不溶于水,微溶于己烷,溶于甲醇、丙酮、苯、乙酸乙酯等。低毒。是一种含磷受阻酚抗氧剂,适用于聚酯、聚酰胺、ABS树脂等高分子材料,有良好的抗热氧老化性及耐抽出性。与紫外线吸收剂并用有协同效应。由 2,6-二叔丁基苯酚、二甲胺及甲醛反应生成 3,5-二叔丁基-4-羟基苄基二甲胺后,再与亚磷酸二乙酯反应制得。

抗氧剂 2246 antioxidant 2246 又名 2,2′-亚甲基双(4-甲基-6-叔丁基苯酚)、防老剂 2246。纯品为白色粉末,稍带酚味,相对密度 1.04。熔点 125～133℃。不溶于水,溶于苯、丙酮、矿物油等。是通用型强力酚类抗氧剂之一,对塑料、橡胶因热引起的老化和日光造成的表面龟裂有防护作用,适用于聚烯烃、聚苯乙烯、聚甲醛、ABS树脂、氯化聚醚等合成树脂及天然与合成橡胶。与亚磷酸酯类、硫醚类抗氧剂并用有显著协同作用,与紫外线吸收剂并用可提高制品耐候性。由对甲酚与异丁烯反应生成 2-叔丁基-4-甲酚后,再与甲醛反应而得。

抗氧剂 2246-S antioxidant 2246-S 又名 2,2′-硫代双(4-甲基-6-叔丁基苯酚)。纯品为白色粉末,工业品为微黄色粉末。相对密度 1.01。熔点 82～88℃。不溶于水,稍溶于醇类,易溶于苯、氯仿、石油醚、汽油等。用作聚烯烃、聚氯乙烯、聚氨酯、聚酰胺及氯化聚醚等的抗氧剂,与亚磷酸酯类并用有协同效应。也用作天然橡胶、丁基及丁腈橡胶、胶乳等的防老剂,可用于浅色制品及乳胶制品。由2-叔丁基-4-甲酚与二氯化硫反应制得。

抗氧剂 3114 antioxidant 3114 又名1,3,5-三(3,5-二叔丁基-4-羟基苄基)均三嗪-2,4,6-($1H,3H,5H$)三酮、异氰尿酸三(3,5-二叔丁基-4-羟基苄基酯)。白色结晶粉末。相对密度1.03。熔点212～213。闪点289.4。不溶于水,微溶于甲醇、乙醇、己烷,溶于丙酮、氯仿、二甲基甲酰胺等。是一种三官能团的大分子型受阻酚抗氧剂,不污染、不着色,耐抽出性好,适用于聚烯烃、聚酯、聚氨酯、ABS树脂及尼龙等。与辅助抗氧剂并用有显著的协同效应。也用作合成橡胶的防老剂。由2,6-二叔丁基苯酚、甲醛及异氰尿酸在碱性条件下经缩合反应制得。

抗氧剂 CA antioxidant CA 又名1,1,3-三(2-甲基-4-羟基-5-叔丁基苯基)丁烷。白色结晶粉末。松堆密度0.5g/mL。熔点185～188℃。不溶于水,易溶于乙醇、丙酮、乙酸乙酯,溶于甲醇、苯等。系高效酚类抗氧化剂,具有挥发性低、不污染、毒性小、抗热氧效能高等特点,适用于聚烯烃、聚氯乙烯、聚甲醛、ABS树脂及纤维素树脂等。与硫代二丙酸二月桂酯并用有协同效应。也用作浅色橡胶制品的防老剂,热熔胶及动植物油脂的抗氧剂。由间甲酚与异丁烯反应生成3-甲基-6-叔丁基苯酚后,再与丁烯醛反应制得。

抗氧剂 DLTP
见"硫代二丙酸二月桂酯"。

抗氧剂 DSTP
见"硫代二丙酸二硬脂酸酯"。

抗氧剂 ODP antioxidant ODP 又名

$$\begin{array}{c} C_6H_5O \\ \diagdown \\ P-O-CH_2-CH-C_4H_9 \\ \diagup | \\ C_6H_5O C_2H_5 \end{array}$$

二苯基辛基亚磷酸酯。无色至微黄色油状透明液体,有酯的气味。相对密度1.050。熔点-5℃。沸点148～156℃。折射率1.5207～1.5288(27℃)。不溶于水,溶于甲醇、乙醇、丙酮、苯等。一种辅助抗氧剂,与酚类抗氧剂复配用于聚丙烯、聚氯乙烯等热塑性树脂。也可与金属盐或皂并用,提高制品耐光性及耐候性。还可用作丁基橡胶的非污染性热稳定剂、环氧树脂的改性剂及稀释剂等。在甲醇钠催化剂存在下,由2-乙基己醇与亚磷酸三苯酯反应制得。

抗氧剂 TNP
见"亚磷酸三(壬基苯基)酯"。

抗氧剂 TPL
见"硫代二丙酸二月桂酯"。

抗再沉积剂 anti-redeposition agents 具有防止重金属的无机盐沉积、提高洗涤液中污垢的分散性及悬浮性、避免污垢再沉积到洗涤物品上的助洗剂。多属于聚合物,如羧甲基纤维素钠、羟丙基纤维素钠、聚乙烯醇、聚乙烯吡咯烷酮等。它们一般都带有较多的负电荷,能吸附在污垢粒子及织物的表面上,从而提高污垢在洗涤液中的分散性和悬浮稳定性,使污垢不再沉积到洗涤物上。

抗蒸腾剂 anti-transpirating agent 农药防喷雾漂移剂中的一种添加剂。喷雾中细雾滴的存在和发展是最易漂移的部分,而雾滴在运行传递过程中,水分和可挥发组分的蒸发是造成大量的细雾滴的重要原因。抗蒸腾剂的主要作用是减缓汽化,抑制蒸发,防止雾滴迅速变细而产生漂移。所用抗蒸腾剂有脂肪酸(硬脂酸、花生油酸)的烷基铵盐、水溶性聚丙烯酸钠、丙烯酸钠-丙烯酰胺共聚物、失水山梨醇油酸酯聚氧乙烯醚及水溶性聚乙二醇等。

栲胶 tanning extract 又名植物鞣剂。棕黑色膏状、粉状或块状固体。主要成分是鞣质(占70%~80%)。一般是多元酚酸及其衍生物与葡萄糖或多元醇经酯键或苷键形成的化合物。其余为有机酸、无机盐、植物蛋白、树胶、色素及木质衍生物等。溶于水、乙醇、丙酮,不溶于苯、氯仿。水溶液呈酸性,并有苦涩味。在碱性溶液中易氧化变黑,能与钙、钡、铬、铝、铁等金属盐作用生成相应的金属沉淀物。广泛用于制革、造纸、印染及化工等行业,用作鞣剂、防蚀剂、匀染剂、固色剂、着色剂等。也用作锅炉阻垢剂,能与水中致垢金属离子(Na^{2+}、Mg^{2+}等)形成配合物,阻止钙、镁水垢形成,并能对已生成的碳酸盐水垢产生溶解作用,使垢脱落。由含鞣质原料(如柚柑、橡碗、坚木)经用水浸提、蒸发、干燥等工序制得。

柯因 chrysin 又名5,7-二羟基黄酮、白杨素。浅黄色棱柱状结晶(甲醇中)。熔点285℃。不溶于水,稍溶于冷乙醇、乙醚、氯仿。溶于碱液呈棕黄色。柯因有抗病毒活性及抗氧化性,对各种含氧自由基的俘获能力强,可防止油脂的氧化降解,尤对花生四烯酸等不饱和酸的保护作用很强。用于护发剂有促进头发生长作用。用于防晒制品,对A区及B区的紫外线有吸收效能。柯因存在于黄芩、蜂胶等中,可由黄芩用溶剂萃取、分离制得。

颗粒剂 granules 农药剂型的一种。农药在固体的载体中分散后形成一定颗粒大小的固体剂型。按颗粒直径大小不同,又可分为细粒剂或微粒剂(直径300μm以下)、颗粒剂(直径300~1700μm)及大粒剂(直径大于1700μm)。颗粒剂具有以下特点:①使高毒农药低毒化,涕灭威、克百威等高毒农药不准喷雾施药,加工成颗粒剂后经皮毒性降低,可直接手施;②可控制有效成分释放速度,延长持续期;③使液态药剂固态化,便于包装、储运;④减少环境污染,避免伤害有益昆虫及天敌昆虫。

壳聚糖 chitosan 又名脱乙酰甲壳素、聚氨基葡萄糖。一种β-D-氨基葡萄糖(1—4)结合的链状多糖,为甲壳素的N-脱乙酰化合物。外观为白色或灰白色、略有珍珠光泽的半透明片状固体。不溶于水、碱液、磷酸、硫酸,溶于多数无机稀酸及有机稀酸。在酸性介质中是优良的增稠剂及黏度调节剂。由于分子中含氨基及羧基,是天然的高分子螯合剂及絮凝剂,可与许多金属离子生成配合物。用作增稠剂、胶凝剂、黏合剂、润滑剂、成膜剂等,用于医疗、食品、化妆品、香料、染料等行业。也用作活性污泥絮凝剂、植物种子涂覆剂及固定化酶载体等。由甲壳素用碱液脱去乙酰基后,经过滤、水洗、干燥制得。

壳聚糖-丙烯酰胺接枝共聚物 acrylamide copolymer with chitrosan 又名壳聚糖交联丙烯酰胺。淡黄色黏稠状液体。固含量2%~4%。pH值3~6。易溶于水,不溶于一般有机溶剂。是一种阳离子高分子絮凝剂,比壳聚糖有更强的架桥絮凝能力,对重金属离子有较强的螯合能力。适用于工业废水处理,尤适用于含重金属离子的废水处理,与硫酸铝等无机絮凝剂配合使用有很强的协同效应,可显著降低无机絮凝剂用量,造纸工业中用作助留剂及助滤剂,可提高纤维和填料的单程留着率。可在引发剂存在下,由壳聚糖与丙烯酰胺单体经聚合反应制得。

可剥涂料 strippable coatings 用于临时性防划痕、防污染、防腐蚀的暂时性保护层,不需要时容易清除剥离的涂料。可用于化学铣切工艺过程起暂时保护作用,或对施工完成的涂膜或加工过程的金属表面在加工组装、运输、储存过程中进行暂时性保护。可剥涂料主要由基料、颜填料、固化剂、助剂、防老剂及溶剂等组成。所用基料有氯丁、丁苯、丁基橡胶及合成树脂等弹性体;颜填料主要用炭黑、滑石粉及陶土等;固化剂一般采用硫和硫化物、金属氧化物等。可剥涂料施涂前应先对被涂物表面进行脱脂除油及除去表面氧化膜,以保证涂层对底材附着的均匀性。

可待因 codeine 又名甲基吗啡。自罂粟科罂粟植物分离的生物碱。白色棒状结晶。相对密度1~32。熔点154~156℃。有升华性(140~145℃,1.99kPa)。微溶于水、乙醇。药用多为其磷酸盐,为白色微细针状结晶或粉末,无臭、味苦,对光敏感,在空气中迅速风化,熔点235℃。易溶于水,微溶于乙醇,难溶于乙醚、氯仿。能抑制延脑的咳嗽中枢,并有止咳镇痛作用。其作用强度约为吗啡的1/4,镇痛作用约为吗啡的1/12~1/7,而呼吸抑制及成瘾性等副作用较吗啡弱。由吗啡经甲基化制得。

可可碱 theobromine 又名3,7-二甲基黄嘌呤。可可豆中的主要生物碱,巧克力的主要苦味成分。白色针状结晶或粉末。熔点357℃,有升华性(290~295℃)。极微溶于冷水、乙醇,不溶于乙醚、苯、氯仿,溶于热水、浓酸及碱液。甲基化后即为咖啡因。能抑制肾小管的再吸收。有强心作用及利尿作用,也有弱的刺激中枢神经作用。食品工业用作苦味剂,用于饮料。医药上用作利尿剂,用于心脏性水肿病的治疗。由可可豆提取而得。也可由 4-氨基-5-甲酰氨基脲嗪与甲酰胺环合,再甲基化制得。

可乐定 clonidine 又名氯压定、可乐宁、2-(2,6-二氯苯氨基)-2-咪唑啉。白色结晶性粉末。无臭,略有甜味。熔点 305℃。溶于水、乙醇,微溶于氯仿,不溶于乙醚。为中枢性降压药,能直接激动延髓和下丘脑前区与视前区的 α_2 受体,使外周交感神经的张力降低,心率减慢,心输出量减少,外周阻力略有降低,从而导致血压下降。用于治疗中度高血压,常与利尿药或其他降压药合用。副作用有口干、嗜睡、乏力、便秘等。由 2,6 二氯苯胺经甲酰化、氯化、环合制得。

可溶性粉剂 water soluble powders 农药的一种剂型。可以加水溶解而供喷雾使用的一种药剂。是由原药、可溶性载体及助剂调和而得的流动性粉粒体。其细度必须 98% 通过 320 目筛,这样在稀释时可迅速分散并悬浮于水中,喷雾时不致堵塞喷头。其药效比可湿性粉剂高,与乳油相近。能加工成可溶性粉剂的农药,大多是常温下在水中有一定溶解度的固体农药,如敌百虫、乐果等;也可用于加工成一些在水中溶解度较小,但转变成盐后能溶于水的农药,如多菌灵盐酸盐、杀虫双等。由于加工时不使用有机溶剂,乳化剂或湿润剂等助剂的用量也较乳油少,包装运输方便,生产成本较低。

可湿性粉剂 wettable powders 农药的一种剂型,指可以用水稀释后喷雾使用的一种粉状制剂。是由原药与润湿剂、分散剂、稳定剂、警色剂及填料经混合粉碎加工而成。其质量标准是 99.5% 通过 200 目筛,即药粒直径小于 $74\mu m$,平均粒径 $25\mu m$,润湿时间 15min,悬浮率 40% 左右。目前由于加工机械普遍使用气流粉碎机,平均粒径达到 $5\mu m$ 左右,悬浮率大多在 60%~70%。可湿性粉剂在作物上黏附性好,药效比同种原药的粉剂好,但不及乳油,产品便于储存及运输。缺点是产品引起粘接,不易在水中分解,造成喷洒不匀,易使植物局部产生药害。

克拉维酸 clavulanic acid 又名棒酸、3-(2-羟乙烯基)-7-氧代-4-氧杂-1-氮杂双环[3,2,0]庚烷-2-甲酸。由棒酸链霉菌代谢物分离的一种 β-内酰胺抗生素,也是第一个用于临床的 β-内酰胺酶抑制剂。对无论是革兰阳性菌或阴性菌产生的 β-内酰胺酶均有抑制作用,但单独使用无效。常与青霉素类药物合用提高疗效。如用克拉维酸与阿莫西林组成的复方制剂称为奥格门汀,可使阿莫西林增效 130 倍,用于治疗耐阿莫西林细菌引起的感染。克拉维酸也可与其他 β-内酰胺类抗生素合用,可使头孢菌素类增效 228 倍。

克林霉素 clindamycin 又名氯林可霉

(盐酸克林霉素)

素、氯洁霉素。由发酵产品林可霉素经亚硫酰氯处理而得的半合成抗生素,常用其盐酸盐。白色结晶性粉末,无臭、味苦。易溶于水、甲醇、吡啶,微溶于乙醇,难溶于丙酮、氯仿。抗菌谱与抗菌机制与林可霉素相同,但抗菌活性比后者强。对各种厌氧菌作用突出,对青霉素、林可霉素、四环素、红霉素等耐药菌有效。适用于敏感菌所致各种感染,尤对骨髓炎和各种厌氧菌引起的感染效果显著。

克林沙星 clinafloxacin 又名7-(3-氨基-1-吡咯烷基)-8-氯-1-环丙基-6-氟-1,4-二氢-4-氧-3-喹啉羧酸。乳白色结晶或粉末,熔点253～258℃(分解)。溶于水。为氟喹诺酮类广谱抗菌药。对革兰阳性菌、厌氧菌及肺炎支原体等有较强活性。用于敏感菌引起的呼吸道、泌尿道、肠道感染等。以2,4,5-三氟溴苯为原料制得。

克伦特罗 clenbuterol 又名双氯醇胺、氨哮素、克喘素。俗称瘦肉精。白色结晶性粉末。无臭、无味。熔点174～175℃。溶于水、热乙醇,微溶于丙酮,不溶于乙醚。为强效选择性 β_2 受体激动剂,是一种平喘药,用于治疗支气管哮喘、喘息性支气管炎。我国禁止克仑特罗用于动物饲养。由对硝基苯乙酮经还原、氯化、溴化、与叔丁胺缩合,再经还原、成盐制得。

克霉唑 clotrimazole 又名三苯甲咪唑、双苯基-(2-氯苯基)-1-咪唑基甲烷。白色到微黄色结晶性粉末。无臭、无味。熔点145～149℃。微溶于水,溶于丙酮、氯仿、乙酸乙酯、无水乙醇,难溶于乙醚。呈弱碱性,在稀酸中加热则迅速分解。一种广谱、低毒防霉剂,能杀死或抑制工业污染霉菌和病原真菌。用于纺织、轻工、手工艺等制品的防霉处理。医疗上用于皮肤、黏膜、腔道等部位真菌感染的治疗。由邻氯苯甲酸乙酯与苯基溴化镁反应生成二苯基-(2-

氯苯基）甲氧基溴化镁，再经水解、氯化、与咪唑缩合而制得。

孔版印刷油墨 stencil printing ink 用于孔版印刷的油墨。孔版印刷是在压力作用下使油墨从印刷的网孔中通过而转移到承印物表面的印刷方法。誊写油墨、普通丝网油墨都属于孔版油墨的范畴。油墨应具有流动性好、黏度低、通过网孔快、转印到吸收性承印物表面后能迅速渗透干燥，而在非吸收性承印物表面有很好的附着力等特点。根据承印物不同，又可分为用于纸张、纺织品、塑料、金属、玻璃、陶瓷等不同材料印刷的孔版印刷油墨。

枯茗醛 cumaldehyde 又名对异丙基苯甲醛、枯醛、莳萝醛。无色至淡黄色液体，有强烈茴香香气。相对密度 0.975～0.980。沸点 232℃。折射率 1.528～1.534。露置于空气中易氧化变色。不溶于水，溶于乙醇、丙酮等多种有机溶剂。天然存在于枯茗油、肉桂油、白柠檬油等中，属醛类香料，用于调制花香型日化香精及调味品的调和香精。由对异苄基氯与六甲基四胺经合成制得。或由含量＞30％的枯茗油精馏分离而得。

苦木提取物 quassia extract 从苦木树皮提取的提取物。淡黄色液体或粉末，略有特殊气味，味极苦，苦味主要成分为苦木素。苦木素纯品为淡黄色结晶，熔点 221～222℃。溶于水，易溶于甲醇、乙醇、乙醚等有机溶剂，苦味阈值为 1：6000。商品的苦度约为奎宁的 60 倍。主要用作苦味剂，用于焙烤食品、饮料等，也用作医药原料。由苦木的树皮经溶剂萃取制得。

苦杏仁油 bitter almond oil 无色至微黄色透明液体，具坚果香兼有豆香香气，有强烈杏仁味。相对密度 1.040～1.050。沸点 179℃。折射率 1.5420～1.5460。主要成分为苯甲醛（85％以上）、苯氧乙腈等。微溶于水、矿物油，不溶于甘油，以 1：21 的比例溶于 70％的乙醇，也溶于乙醚、丙二醇及非挥发性油。用于医药及食品工业，医药上用于软膏剂、涂布剂及注射药的溶剂等；食品工业用于调配果香型香精及烟用香精。也少量用于化妆品及香皂调香，由蔷薇科植物扁桃、杏、桃、洋李及其他含苦杏仁苷植物果实中的核仁经水蒸气蒸馏制得。

矿化剂 mineralization agent 促进陶瓷色料合成反应效果而引入的添加剂。陶瓷色料是陶瓷的重要装饰材料，色料的合成主要通过固相反应完成。矿化剂的作用有：①促进少量液相在较低温度下产生，或降低液相黏度，促进固相反应进行；②与反应物形成固溶体或中间化合物，促使晶格活化并加速晶体生长；③通过添加剂的氧化还原作用调节气氛，或改变着色元素化合物的蒸气分压，起到矿化作用。按矿化作用和组成，陶瓷合成色料用矿化剂可分为三类：①只发挥矿化作用的物质（如氟化钠、氟化钾、氟化铵、硼砂、硝酸钾等）；②发挥矿化作用，其阳离子或阴离子构成着色矿物的物质（如氟化钙、氯化镁、氧化锌、氟硅酸盐等);③发挥矿化作用,其阳离子或阴离子构成着色离子的物质(如三氯化铬、二氯化锰、重铬酸钾、铬酸铅等)。矿化剂应根据工艺需要而加入,因它们加入有时会降低色料的高温稳定性。

矿物源农药 mineral pesticide 起源于天然矿物原料的无机化合物和石油的一类农药,包括砷化物、硫化物、磷化物、氟化物及铜化物等。可以用作杀虫剂、杀菌剂、除草剂及杀鼠剂等。矿物源农药历史悠久,为农药发展初期的主要品种。随着化学合成农药的发展,这类农药的用量逐渐下降,其中有些品种如砷酸铅、砷酸钙等已停止使用。用矿物源农药防治有害生物的浓度与对作物可能产生药害的浓度较接近,稍有不慎会引起药害。

奎尼丁 quinidine 又名异奎宁、(9B)-6′-甲氧基辛可宁-9-醇。白色无定形粉末,味苦。微溶于水,溶于乙醇、乙醚、氯仿。其硫酸盐为白色针状结晶,无臭。稍溶于水,溶于沸水、乙醇、氯仿,不溶于乙醚、苯。为抗心律失常药,用于阵发性心动过速、心房颤动及早搏等。能降低细胞膜的钠离子通透性而起作用,但不影响钾离子和钙离子的通透。但大量服用会发生蓄积而中毒。由金鸡纳树皮提取分离制得。

奎宁 quinine 又名金鸡纳霜。天然存在于茜草科植物红色金鸡纳树的树皮根茎中,为喹啉族生物碱。苯中结晶的奎宁为针状结晶,含有溶剂,在空气中缓慢失去溶剂变为无水结晶,味极苦。难溶于水,易溶于乙醇、氯仿、苯、不溶于石油醚。遇酸可形成盐。盐酸奎宁为针状结晶,遇光渐变色,溶于水、乙醇,水溶液呈酸性反应;硫酸奎宁为针状或棒状结晶,无臭,溶于热水、热乙醇,遇光变色。为抗疟药,对恶性疟的红细胞内型症原虫有抑制其繁殖或杀灭作用。但对疟疾的传播、复发、病因性预防无效。也有抑制心肌收缩力及增加子宫节律性收缩的作用。分析化学中用作外消旋化合物的析解剂,铂、铋等金属离子的析出剂。也用于育发类化妆品。由金鸡纳树皮或根茎经溶剂萃取制得。

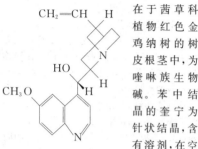

喹吖啶酮 quinacridone 一种由5个六员环组成的稠环芳烃。其中第1、3、5三个环是苯环,第2、4个环是吡啶酮环。这5个环存在角型和线型两种排列方式,并可形成角型和线型顺反4种异构体(未示出)。均为针状结晶,熔点394℃,而具有上述线型反式结构的物质呈深红色,其他结构呈淡黄色。前者可作颜料使用。可由丁二酸二乙酯自身缩合成环,经酸化后与苯胺反应,再在较高温度下环化制得。

喹吖啶酮红 quinacridone red 又名酞菁红。红色粉末。耐热温度 400℃。耐晒性 7～8 级。吸油量 45%～55%。为酞菁有机颜料。色泽鲜艳。耐热、耐晒、耐有机溶剂性优良,即使高度稀释也不降低其牢度。与聚四氟乙烯混合时,经 430℃ 高温挤压也不变色。用作塑料、涂料、油墨、橡胶、有机玻璃及合成纤维原浆等的红色着色剂。由丁二酸二乙酯经自身缩合后,再与苯胺盐酸盐经缩合、闭环而制得。

喹吖啶酮类颜料 quinacridone pigment 具有喹吖酮结构的有机颜料。多为深色谱,橙红至紫色,其色光和特性与晶型种类、粒径大小、环上取代基的引入以及喹吖酮醌形成的混晶有直接关系。根据后处理条件不同,结晶形态有 α 型(红色)、β 型(紫红色)及 γ 型(红色)等。典型商品有 C.I. 颜料紫 19、C.I. 颜料红 122 及 202 等。这类颜料色光鲜艳、着色力强,有优良的耐光、耐候、耐热及耐迁移性,广泛用于聚乙烯、聚丙烯、聚氯乙烯等塑料的着色,以及高档油墨、油漆和合成纤维原浆的着色。

喹那普利 quinapril 又名 2-[2-[[1-(乙氧基羰基)-3-苯丙基]氨基]-1-氧代丙基]-1,2,3,4-四氢-3-异喹啉羧酸。常用其盐酸盐,为白色结晶,熔点 120～130℃。溶于乙醚、甲苯、乙酸乙酯。一种强效和不含巯基的血管紧张素转换酶抑制剂,能减少血管紧张素Ⅱ的生成,同时减少舒张血管的缓激肽水解,引起血管舒张,血压下降。适用于对标准疗法无效或有副作用的各级原发性高血压。也可与强心苷和/或利尿剂联用治疗充血性心衰。以(S,S)-[2-(1-羧乙基)氨基]丁苯丁酸乙酯盐酸盐、三乙胺、1-羟基苯并三唑、二环己基碳二亚胺等为原料制得。

喹酞酮类颜料 quinophthalone 母体含有喹酞酮(Ⅰ)结构的颜料。是由 2-甲基喹啉与卤代苯或硝基苯等于有机溶剂中加热缩合制得。典型品种是 C.I. 颜料黄,绿光黄色,有优异的耐光、耐候牢度及耐热稳定性,熔点 480℃,不溶于二甲苯、氯萘等有机溶剂,主要用于涂料与塑料着色,适用于烘焙涂料及汽车涂料。

昆布氨酸 laminine 一种碱性甜菜碱

$$H_3C-\overset{\underset{\displaystyle CH_3}{|}}{\underset{\underset{\displaystyle CH_3}{|}}{N^+}}-CH_2CH_2CH_2CH_2\overset{\displaystyle NH_2}{\underset{\displaystyle COO^-}{\diagdown\diagup}}$$

型氨基酸。天然存在于褐藻、海带及动物蛋白质中。溶于水、碱液及酸溶液，难溶于乙醇。与酸结合成盐，其二草酸盐为无色针状结晶。曾用作降血压药，毒性很小。其化学结构与甜菜碱相似，有良好的保湿能力，保湿功能与透明质酸相似，对皮肤有调理作用，可用作干性皮肤护肤品的添加剂。加入洗发水中有抑制脱发及头屑、刺激生发的作用。可由干燥褐藻经酸性溶液浸提、碱中和、纯化、浓缩等工序制得。

扩链剂 chain extender 又名链延伸剂或链增长剂，是能与线型聚合物链上的官能团作用而使分子链扩展、相对分子质量增大的物质。通常指专用于制备聚氨酯时使链延伸扩展的化合物。这对聚氨酯胶黏剂、密封胶产品的合成十分重要，它会影响聚氨酯硬段和软段的关系，影响产品的机械物理性能。扩链剂为含羟基或氨基的低相对分子质量多官能团的醇类和胺类化合物。如用于聚氨酯弹性体的扩链剂常分为二元胺和二元醇两类。浇注型聚氨酯弹性体工艺中普遍使用二胺扩链剂，用量最大的扩链剂是 3,3′-二氯-4,4′-二氨基二苯甲烷，其他常用的二胺扩链剂有乙二胺、哌嗪等；二元醇扩链剂多用于热塑性聚氨酯弹性体及其他弹性体，常用的二元醇扩链剂有乙二醇、丙二醇、1,4-丁二醇、新戊二醇等。

扩散剂
见"分散剂"

拉开粉 nekal 阴离子型表面活性剂的一类。为一种烷基（二丁基或二异丙基）萘磺酸盐·萘磺酸-甲醛缩合物，如拉开粉 BN。是纺织、印染、农药中常用的润湿剂，工业上用作分散剂，药物分析中用作增敏剂、洗脱剂等。

拉伸半结晶体膜 stretched semi-crystal membrane 一种多孔分离膜，是将半晶态聚合物经低挤出率、高牵伸率拉伸形成结晶，然后在比熔融温度稍低的情况下退火，扩大晶区，提高聚合物分子链间的作用力，聚合物膜形成晶状区和非晶状区的交替分布，然后比退火温度稍高，但仍未超过熔融温度下，沿与挤出方向垂直的方向对膜进行拉伸，非晶态区就变成孔隙，结果形成具有裂缝状的多孔互联网络，孔的尺寸决定于拉伸后的微丝，常用的制膜材料有聚丙烯、聚乙烯、聚四氟乙烯等。可用于气-液分离、电池隔膜、透气防水材料等。

拉坦前列素 latanoprost 又名适利达、莱它诺、7-[3,5-二羟基-2-(3-羟基-5-苯基戊基)环戊基]-5-庚烯酸 1-甲基乙基酯。无色油状液体。一种治疗青光眼的药物。用于治疗各型青光眼、高眼压症。由科瑞醇经氧化、还原、水解、氢化等反应制得。

蜡感剂
见"手感剂"。

辣椒碱 capsaicine 又名辣椒素。一

$$\text{H}_2\text{CO}-\underset{\text{HO}}{\bigcirc}-\text{CH}_2-\underset{\text{H}}{\text{N}}-\underset{\text{O}}{\overset{\|}{\text{C}}}-(\text{CH}_2)_4-\text{CH}=\text{CH}-\text{CH}(\text{CH}_3)_2$$

种辛辣的香草酰胺类生物碱，存在于茄科植物辣椒的果实中，为单斜长方形片状结晶（石油醚中）。熔点 64～65℃。沸点 210～220℃（1.33Pa）。紫外吸收最大波长为 227nm、281nm。不溶于冷水，易溶于乙醇、乙醚、苯、氯仿。有炙热性辣味，十万分之一浓度就可用舌头检出其辣味。具有消炎、镇痛、促进脂肪代谢、催泪催嚏等作用，是一种选择性疼痛阻断剂，对化学物质引起的疼痛有止痛作用。对神经纤维有刺激作用，可刺激皮肤生长，对过敏性皮肤有治疗和调理作用。但长期使用，特别对婴儿，对辣椒素敏感细胞会产生毒理作用。临床上用于治疗慢性神经痛、坐骨神经痛、风湿性关节炎及银屑病等。也用于配制护肤乳液及用作食品香辣调节剂。由鲜红干辣椒粉用溶剂萃取制得。

来氟米特 leflunomide 又名爱若华、5-甲基-N-(对三氟甲基苯基)-4-异噁唑甲酰胺。白色结晶性粉末。熔点 166～167℃。不溶于水，溶于石油醚、氯仿、乙酸乙酯。一种免疫功能调节药，具有抗增殖及抗代谢作用，临床上用于治疗类风湿性关节炎关节疼痛、肿胀及关节性延迟性损害，也具有抗癌作用。由 2-乙氧亚甲基乙酰乙酸乙酯、盐酸羟胺、对三氟甲基苯胺等为原料制得。

L-赖氨酸 L-lysine 又名 2,6-二氨基己酸。

$$\text{H}_2\text{N}(\text{CH}_2)_4\text{CH}(\text{NH}_2)\text{COOH}$$

一种人体必需的碱性氨基酸，是组成生物体内蛋白质的脂肪族氨基酸之一。从水中析出者为无色针状结晶，从稀乙醇中析出者为六边形片状结晶。有特殊甜、苦滋味。263～264℃熔化并分解。易溶于水，微溶于乙醇，不溶乙醚。碱性条件下与还原糖存在下加热易分解。商品多为 L-赖氨酸的盐酸盐。大量用作饲料添加剂；食品工业用作强化食品的营养增补剂；化妆品中用作营养滋补剂，可与硅油、植物萃取剂等协同作调理剂。L-赖氨酸及其衍生物有辅助增白作用，临床上是调制氨基酸补液的组分之一。以糖类为原料经发酵、分离制得。

赖诺普利 lisinopril 又名捷赐瑞、苯丁酸赖脯酸。白色结晶性粉末。熔点 160℃（分解）。易溶于水，难溶于甲醇、乙醇、丙酮、氯仿。一种血管紧张素转换酶抑制剂，具有长效抗高血压作用。在

体内不经肝脏代谢,主要由尿液排出体外。食物不影响其吸收。用于治疗高血压和充血性心力衰竭。以赖氨酸、叔丁氧甲酸间甲苯酯、L-脯氨酸苄酯等为原料制得。

兰索拉唑 lansoprazole 又名达克普隆、郎索那唑、2-[[[3-甲基-4-(2,2,2-三氟乙氧基)-2-吡啶基]甲基]亚磺酰基]-1H-苯并咪唑。白色结晶。熔点 178~182℃(分解)。一种质子泵抑制剂,通过抑制胃酸分泌的一种抗溃疡病药。用于治疗胃、十二指肠溃疡、反流性食管炎、卓-艾综合征等。

莨菪碱
见"东莨菪碱"。

L-酪氨酸 L-tyrosine 又名 α-氨基-β-对羟基苯基丙酸。人体非必需氨基酸,但参与蛋白质的组成。分子中含有酚羟基,是一种芳香族极性 α-氨基酸。为白色针状结晶或粉末。相对密度 1.456。熔点 342℃(分解)。溶于水、热的稀乙醇、酸及碱溶液,难溶于乙醇,几乎不溶于乙醚。在与烃类共存时易分解。可用作调制儿童及老年人食品和植物叶面的营养添加剂。酪氨酸及其衍生物在紫外的 B 区有强吸收,但在 A 区无吸收,故可用于防晒但却能晒黑的护肤品。可由干酪素经酶或酸水解再经精制得得。

酪胺 tyramine 又名对羟基苯乙胺。白色针状结晶。熔点 164~165℃。沸点 205~207℃(3.33kPa)。微溶于水,溶于乙醇,难溶于苯、二甲苯。本品为酪氨酸脱羧产物,存在于成熟的干酪、麦角及腐败的动物组织中。医药上具有收缩子宫、收缩末梢神经及升高血压的生理作用。也用于合成血小板聚集抑制剂重氮前列腺烷酸、抗休克及强心利尿药多巴胺、降血脂药物苯扎贝特等。还用作生化试剂及有机合成中间体。由对羟基苯甲醛与硝基甲烷缩合制得对羟基-β-硝基苯乙烯经还原制得。

酪蛋白磷酸肽 casein phosphopeptides 白色至浅黄色粉末。主要成分为富含磷酸丝氨酸的多肽。蛋白质含量(干基)≥90%。酪蛋白磷酸肽(干基)≥12%。10%水溶液 pH 值 6~8。用作营养强化剂,具有促进婴儿骨骼形成,预防和改善骨质疏松的作用。摄食后进入小肠时,磷可与小肠内的钙结合而使钙保持可溶性状态,从而促进钙的吸收,并能提高铁的吸收率。由酪蛋白水解后与磷酸盐作用制得。

酪蛋白酸钠 sodium caseinate 又名酪蛋白钠,一种两性离子表面活性剂。白色至淡黄色粒状粉末或片状。无臭、无味,或稍有特异香味。蛋白质含量≥90%。pH 值 6~7。易溶于或分散于水中,不溶于乙醇。水溶液加酸则产生酪蛋白沉淀。有良好的乳化、发泡、稳定及增黏等作用。用作食品乳化剂及蛋白质强化剂。由脱脂乳加酸沉淀生成酪蛋白,再经加碱处理制得。

雷米邦 A Lamepon A 又名 613 洗 $C_{17}H_{33}CONHR_1(CONHR_2)_nCOONa$
（R 为多肽中的烃基）
涤剂、油酰氨基（多肽）羧酸钠。一种阴离子型表面活性剂。黏稠性棕色液体。有氨基酸气味。固含量 35%～40%。含水量 55%～60%。NaCl 含量≤3%。pH 值 6～7。与热水混溶。对硬水、碱及弱酸性溶液稳定。pH<5 时会析出沉淀。有优良的钙皂分散能力及保护胶体性、润湿性、乳化性。脱脂性较差,对皮肤刺激性小。用作润湿剂、洗涤剂、匀染剂等。可替代土耳其红油、渗透剂 BX、肥皂等用于毛纺、印染、丝绸、化纤等行业。也用作农药润湿剂,用于制备农药粉剂及乳剂。由皮屑废料水解制得的多肽化合物与油酰氯进行缩合反应制得。

雷米封
见"异烟肼"

雷米普利 ramipril 又名瑞泰、1-[2-

[[1-(乙氧羰基)-3-苯丙基]氨基]-1-氧代丙基]八氢环戊并吡咯-2-羧酸。无色针状结晶。熔点 103℃。溶于乙酸乙酯、环己烷、氯仿。一种抗高血压药,为血管紧张素转化酶抑制剂。具有起效快、持续时间长、组织特异性高、毒副作用低等特点。适用于中度和重度原发性高血压及中度和恶性充血性心力衰竭患者。也适用于有肾损害或糖尿病的高血压患者。由 N-(1-乙氧羰基-3-苯丙基)-丙氨酸与 2-氮杂双环[3,3,0]辛烷-3-羧酸苄酯盐酸盐缩合后经氢化脱苄基制得。

雷尼替丁 ranitidine hydrochloride

又名善胃得、甲硝呋胍、胃安泰。类白色至淡黄棕色结晶性粉末,有异臭,味微苦带涩。熔点 127～143℃。易溶于水、甲醇,略溶于乙醇,不溶于丙酮。易潮解。为组胺 H_2 受体拮抗剂,抑制胃酸分泌的强度约为西咪替丁的 4～10 倍,治疗消化性溃疡优于西咪替丁。对 H_1 受体和胆碱受体均无拮抗作用。也无抗雄激素作用,对内分泌影响小,副作用很小。用于胃及十二指肠溃疡、返流性食管炎、消化道出血等。由 2-氯甲基-5-二甲氨基甲基呋喃与 N-甲基-N-(2-巯乙基)-2-硝基乙烯胺直接缩合制得。

类肝素 heparinoid 由动物十二指肠黏膜或胰脏提取的一种黏多糖。其中单糖主要为氨基葡萄糖、葡萄糖醛酸、N-乙酰氨基半乳糖及葡萄糖等。为白色或淡黄色无定形粉末,无臭,味微咸,有吸湿性。部分溶于水呈浑浊状,不溶于乙醇、乙醚、丙酮。其结构虽与肝素有一定程度的类似,但其抗凝血活性较低,可较长期用于冠心病防治。主要用于制取心血管药物,有降低肌耗氧量、缓和抗凝血和减少动脉粥样硬化斑块等作用,能改善和消除心绞痛、心悸、胸闷、气短等症状。适用于治疗冠状动脉粥样硬化性心脏病、脑血管硬化等症。用于护肤化妆品有保湿、防晒及预防过敏的功效。由猪十二指肠提取而得。

类黄酮 flaronoids 也即黄酮类化合物。指由两个苯环(A、B环)通过中央三碳链相互连接而成的一类化合物。广泛存在于植物界,尤在双子叶植物中更为常见。

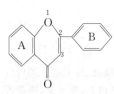

其结构类型较多,但基本以 C_6-C_3-C_6 为主骨架,不同之处在于中间3个碳原子的不同氢化程度、苯取代的位置及 γ-吡啶酮环等的异构变化。由于苯环上可连有不同数目的羟基而使它们的能级发生变化,从而能俘获不同的氧自由基。因此这类化合物特别适用于防止类脂、不饱和酸等物质的氧化。黄酮类化合物品种很多,药理作用多种多样,有抗菌、抗过敏、降血脂、抗病毒、抗氧化等作用。用于医药、食品、保健品及化妆品等领域。

类萜 terpenoid 又名萜类化合物。萜$(C_5H_8)_n$原指松节油和许多挥发油中含有的一些不饱和烃,是分子式为异戊二烯$(C_{15}H_8)$的整倍数的烯烃类化合物。类萜是指具有$(C_5H_8)_n$通式以及含有氧或硫氮和不同不饱和程度的衍生物的总称。自然界分布很广,多存在于植物精油或树脂中。按其分子的碳架有几个 C_5H_8 的组成成分为:①单萜类化合物,通式是 $C_{10}H_{16}$。室温下多为芳香性液体,沸点 150~200℃,如柠檬烯。②倍半萜类,通式 $C_{15}H_{24}$,它们常以烃、醇、酮、内酯等形式存在于挥发油中,如没药醇。③二萜类化合物,通式是 $C_{20}H_{32}$,多以内酯、苷、树脂的形式存在,沸点都较高,如甜叶菊苷。④三萜类化合物,其分子组成符合萜类一般规则,而其性质和功能与小分子萜类化合物有许多不同,如人参皂苷。⑤多萜化合物,超过三萜的化合物,如番茄红素、胡萝卜素、角鲨烯等。许多类萜具有生理活性,广泛用于医药、食品、化妆品等领域。

冷杉香胶 fir balsam 淡黄色至绿黄色半透明黏稠性液体或膏体,接触空气或储存时,可逐渐干燥聚合成透明树脂状物。具有松节油气味及甜香香气。主要成分为双萜类化合物、蒎烯、水芹烯、乙酸冰片酯等。相对密度 0.960~0.975。折射率 1.519~1.524。皂化值 128~141mgKOH/g。不溶于水,部分溶于乙醇,溶于乙醚、氯仿。属植物型天然香料。主要用作胶姆糖基础剂及用于肥皂、洗涤剂等的加香,也可作为胶黏剂用于医药制品。由松科冷杉属植物冷杉的树干分泌物经蒸馏除去低沸点物后,再用乙醇提取制得。

冷杉油 abies oil 又名冷杉针叶油。无色至微黄色液体,具有针叶的香脂气息。主要成分为乙酸龙脑酯、蒎烯、水芹烯、三环烯、柠檬烯、双戊烯、莰烯、松油烯等。相对密度 0.895~0.915。折射率 1.4690～1.4720。不溶于水、甘油、丙二醇，与邻苯二甲酸二乙酯、苯甲酸苄酯、非挥发性油混溶。属植物型天然香料。用于肥皂、洗涤剂、消毒剂、脱臭剂及化妆品等的加香。也用于药剂、酒类以及合成樟脑。由杉科植物冷杉树的枝、叶经水蒸气蒸馏制得。

冷制淀粉胶 cold made starch adhesive 主要成分为氧化淀粉的胶黏剂。淡黄色至米色不透明黏稠状可流动的液体。pH 值 8～12。无毒。主要用于瓦楞纸板粘接，粘接强度高，使用方便。由淀粉与次氯酸钠反应生成氧化淀粉后，加入轻质碳酸钙、高岭土等填充剂搅匀，再加入氢氧化钠溶液进行糊化，最后加入适量硼砂制得。

离子淀粉 ion starch 是在淀粉结构中引入阴离子或阳离子官能团，从而使淀粉分子带上阴离子或阳离子的淀粉衍生物。引入的阴离子基团主要包括羧基、磷酸基、硫酸基、磺酸基等。引入的阳离子淀粉应用较多的是磷酸淀粉及羧甲基淀粉。阳离子淀粉品种较多，而以季铵型阳离子淀粉应用最广。

离子交换剂 ion exchanger 具有离子交换能力的物质的总称，分为无机质类及有机质类两种。无机质类，又可分为天然离子交换剂（如泡沸石、黏土等）及人造离子交换剂（如合成沸石）；有机质类又分为碳质离子交换剂（如磺化煤）及合成树脂，合成树脂又分为阳离子型、阴离子型、氧化还原型、两性树脂及螯合树脂等。离子交换剂是由骨架与可交换基团组成，交换基团在溶液中电离出可交换离子与阴、阳离子进行交换，交换后会逐渐失去交换能力，经再生后可反复使用。广泛用于工业用水脱盐、制备纯水、海水淡化、抗生素及稀土元素的分离及提纯等。

离子交换膜 ion exchange membrane 一种带活性交换基团功能的高分子薄片或薄膜材料。对离子有选择透过性，故又称离子选择性透过膜。品种很多，按结构分为均相膜、异相膜及半均相膜；按作用分为阳离子交换膜、阴离子交换膜、两性离子交换膜及特种性能离子交换膜；按用途分为反渗透膜、电渗析膜、超滤膜等。制造方法有辊压法、涂布法、化学浸渍法、相转化法等。常用的膜材料有聚乙烯、聚丙烯、聚氯乙烯、聚酰胺、聚酯及纤维素衍生物等，广泛用于海水淡化、卤水浓缩、食盐电解、抗生素及稀有金属的分离及提纯等。

离子交换树脂 ion exchange resin 分子中含有活性基团而能与其他物质进行离子交换的树脂。它由高分子骨架、与骨架以化学键相连的固定离子及可交换的反离子组成。其功能基团为固定离子与反离子组成的离子化基团。可交换离子与外来离子完成交换后，又可再生为原有的反离子。品种很多。按合成方式分为缩聚型及加聚型离子交换树脂；按结构形态分为凝胶型、大孔型及载体型离子交换树脂；按离子化基团不同，分为阳离子及阴离子交换树脂，其中阳离子交换树脂又可分为强酸性、弱酸性；阴离子交换树脂可分为强碱性及弱碱性。此外还有两性离子交换树脂、氧化还原树脂、螯合树脂等。多数离子交换树脂的骨架为苯乙烯或丙烯酸与二乙烯苯的交联产物。外观为透明或半透明状球形颗粒,颜色随其组成而异,有白色、黄色、赤褐色及黑色等。广泛用于水处理、海水淡化、纯水制造、物质分离及提纯等。

离子液体 ionic liquid 又名室温离子液体、室温熔融盐、非水离子液体、液态有机盐。是在室温及相邻温度下完全由离子组成的有机液体物质。由庞大的有机阳离子和相对小型的无机或有机阴离子组成。如硝酸乙基铵[(EtNH$_3$)NO$_3$](Et为乙基)。品种很多,大体可分为AlCl$_3$型离子液体、非AlCl$_3$型离子液体及其他特殊离子液体等3类。前两类的区别主要是阴离子不同。最后一类是指对某一性能和应用设计而有特殊结构的离子液体。离子液体的阳离子主要有咪唑离子、吡啶离子、季铵离子等几类。离子液体溶解力强,可溶解极性、非极性的有机物及无机物,对热稳定,不氧化、不爆炸、不挥发、不会造成对环境的污染,因而被誉为绿色溶剂。在分离工程中,可用作气体吸收剂及液体萃取剂;在聚合、烷基化、酰基化、酯化等反应中作反应介质或催化剂;在电化学中作电解质。还可用作质谱基质、色谱固定相及用作润滑剂等。

里哪醇 linalool 又名芳樟醇、沉香醇。无环单萜化合物。有左旋体、右旋体及外消旋体三种光学异构体。自然界中都存在。均为无色透明状液体,其中以左旋体为最多。左旋体:相对密度0.862,沸点198℃,折射率1.4604,天然存在于芳樟油、玫瑰木油等中;右旋体:相对密度0.873,沸点198℃,折射率1.4673,天然存在于甜橙油、芫荽油中;外消旋体:相对密度0.865(15℃),沸点197℃,折射率1.4627,天然存在于茉莉、紫苏等精油中。里哪醇无毒,不溶于水,与乙醇、乙醚及非挥发性油等混溶。在碱性介质中稳定,在酸性介质中易发生异构化。用于制造里哪醇的各种酯类产品及维生素E、维生素K$_{10}$。也用作香料,用于调制日用香精及精油。由芳樟油、玫瑰木油等天然精油中分离而得,得到的是左旋体。也可由合成方法制得,得到的是外消旋体。

里哪油 linaloe wood oil 又名芳樟油、芳油、沉香油。淡黄色油状液体,具有里哪醇、桉油叶素、樟脑相杂的花香香气。主要成分为里哪醇(40%~90%)、乙酸里哪酯、丁香酚、黄樟素、香叶醇、桉叶油素、樟脑等。相对密度0.860~0.865。折射率1.4613~1.4621。闪点约70℃,不溶于水、甘油,以1:5溶于50%乙醇中,也溶于丙二醇及多数非挥发性油。用于提取里哪醇等单离香料及制取乙酸里哪酯等合成香料。也是用量较大的天然植物香料,用于调香。少量用于清洁剂等日用香精。由樟科植物芳樟树的叶、干、根经水蒸气蒸馏制得。

锂皂系硅酯 以锂皂作增稠剂的硅脂,常用硬脂酸锂与甲基苯基硅油或氯苯基甲基硅油、氟硅油调制而得,与石油系润滑脂比较,具有以下特点:①达到最高使用温度标准的滴点高;②氧化稳定性好。耐水性及耐化学药品性优良;③油分离、蒸发量少;④界限润滑性较差。锂皂系硅脂对铁、铜、钢及合金无腐蚀性,对天然或合成橡胶、醋酸纤维、合成树脂等的表面涂覆不会引起外观变化。广泛用于绝缘、防潮、润滑、脱模等操作。

立德粉

见"锌钡白"。

立索尔宝红 BK lithol rubine BK 又名罗滨红。蓝光深红色粉末。耐热温度 140℃。耐晒性 5~6 级,吸油量 45%~55%。不溶于乙醇。溶于热水呈黄光红色。于浓硫酸中呈品红色,稀释后呈红色沉淀。水溶液遇盐酸呈棕红色沉淀。于浓氢氧化钠溶液中呈棕色。为色淀有机颜料。用作油墨、塑料、涂料、橡胶及日用化学制品的红色着色剂。也是国内主要塑料着色剂之一。具有着色力强,透明性较好,耐晒、耐迁移及耐硫化性较好等特点。由 4-甲基苯胺-2-磺酸经重氮化后,与 2-萘酚-5-甲酸偶合,再经树脂化及钙盐沉淀制得。

立索尔紫红 2R lithol bordeaux 2R 红酱色粉末,耐热温度 140℃,耐晒性 6 级。吸油量 40%~50%。不溶于水,微溶于乙醇。于浓硫酸中呈蓝光紫红色,稀释后呈棕光紫红色沉淀。于浓硝酸中呈暗紫红色,遇氢氧化钠呈棕红色溶液。为色淀有机颜料。用作塑料、涂料、油墨、橡胶、人造革、皮革、漆布及文教用品等的红色着色剂。具有较好的着色力、耐晒性及耐热性。由 2-萘胺-1-磺酸经重氮化后,与 2-萘酚-3-甲酸偶合,再经树脂化及钙盐沉淀而得。

利巴韦林 ribavirin 又名病毒唑、三氮唑核苷、奥佳、威利灵。无色固体。熔点 166~168℃。溶于水。一种广谱抗菌药。在细胞内抑制鸟苷酸的生物合成,对多种 DNA 病毒和 RNA 病毒有抑制作用。临床用于感冒、腺病毒性肺炎、甲型肝炎、疱疹、麻疹及流行性出血热(早期)的防治。也用于流行性出血性结膜炎及角膜结膜炎等防治。由肌苷或鸟苷经酰化、缩合、氨解而制得。也可由酶法制取。

利多卡因 lidocaine 又名利度卡因、

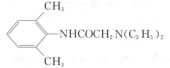

赛罗卡因。其盐酸盐为白色结晶性粉末。熔点76～79℃。易溶于水、乙醇,不溶于乙醚,溶于氯仿,一种抗心律失常药。为钠通道阻滞剂,也是局部麻醉药。主要用于心脏手术时或心肌梗塞引起的室性心律失常的紧急处理,也可用于洋地黄苷类诱发的期外室性收缩。口服后很快被肝脏代谢,故一般经静脉给药。用于麻醉时,因弥散快而广,麻醉平面难以掌握,一般不作腰麻。由间二甲苯经硝化、还原、乙酰化、胺化、成盐而制得。

利福霉素SV rifamicin SV 又名力复霉素SV、利福霉素SV钠。由地中海链霉菌培养液分离得到的一种广谱抗生素。橙黄色结晶粉末,难溶于水。其钠盐可溶于水,为粉红色澄清液体,水溶液较稳定。属全效杀菌药,毒性较低,口服吸收不良,供肌注或静注,但血液浓度较低。由于抗菌活力不太强,主要作为一系列合成利福霉素品种的起始原料,如利福平为本品的半合成衍生物。

利福霉素类抗生素 rifamycin antibiotics 又名安莎环类抗生素。一种广谱抗微生物药。口服利福霉类抗生素包括利福平、利福定及利福喷汀。它们对多数革兰阳性及阴性菌、厌氧菌、结核杆菌、麻风杆菌等都有抗菌活性,高浓度时,对衣原体和病毒也有抑制作用。已成为治疗结核病的重要药物。尤以利福平的抗菌谱广、抗菌作用强、疗效好。由微生物产生的天然利福霉素类抗生素一般可采用深层发酵法制得。而有些半合成衍生物有较强的抑制逆转录酶(DNA聚合酶)的作用,表现为具有抗某些病毒或肿瘤的活性,可作为分子生物学及遗传学的研究工具,并有望成为抗病毒、抗肿瘤药物。

利福平 rifampin 又名力复平、甲哌利福霉素、威福仙。一种半合成广谱利福霉素。砖红色结晶性粉末。无臭、无味。熔点183～185℃(分解)。难溶于水,微溶于乙醇、乙醚,易溶于甲醇、氯仿。对热稳定,遇光易变质。对结核杆菌、分支杆菌、革兰阳性或阴性菌均有强杀菌作用。其抗结核菌作用与异烟肼作用相似,但强于其他常用抗结核药。作用机制是抑制细菌RNA的合成,阻断RNA转录过程,使DNA和蛋白的合成停止。单独应用时结核菌可缓慢产生耐药性,常与其他抗结核药合用。由利福霉素SV经氢化、甲酰化、还原、缩合等过程制得。

利美尼定 rilmenidine 又名瑞曼尼定、N-(二环丙基甲基)-4,5-二氢-2-噁唑胺。白色结晶。熔点106～107℃。溶于乙醚、己烷。一种抗高血压药。为肾上腺素受体激动剂,是化学结构与肾上腺素相似的胺类药物,能产生与肾上腺素神经兴奋相似的效果。适用于中、轻度高血压,副作用小,不抑制心脏收缩,不改变肾功能。以盐酸羟胺、二环丙基甲酮、氯甲酸苯酯等为原料制得。

利血平 reserpine 又名血安平、蛇根碱。是由热带植物萝芙木的根经氯仿萃取、分离制得的生物碱。为白色或淡黄褐色结晶或粉末。无臭、无味。熔点267～273℃。难溶于水、甲醇、乙醇,微溶于丙酮,易溶于氯仿。遇光色渐变深。广泛应用于轻度和中度高血压的治疗,降压作用起效慢,但作用持久。通过消耗组织中储存的儿茶酚胺,使周围血管阻力降低,心率减慢,心排血量减少,从而使血压下降。常与噻嗪类药合用以增加疗效。

沥青密封胶 asphalt sealant 以石油沥青为黏料的密封胶。具有疏水性,对多种物质有较强黏附性能。广泛用于建筑防水密封。沥青用于密封有以下几种方式:①直接作密封胶使用,是将有一定软化点的沥青溶于轻柴油、煤油等溶剂后涂布于密封面上达到密封效果;②制成密封胶使用,是将沥青熔融脱水后加入滑石粉、云母粉等粉状填料后混匀即成;③制成乳化沥青使用,将石油沥青加入至乳化剂水溶液中,经乳化机强烈搅拌可制成乳化沥青。在乳化沥青中加入粉状填料也可制成密封胶。

沥青涂料 bituminous coatings 又称沥青树脂涂料。以纯沥青或用沥青、干性油及合成树脂作为主要成膜物的涂料。沥青有天然沥青、石油沥青及焦油沥青之分。按所用沥青及其他成分不同,沥青涂料有很多品种,大致可分为纯沥青涂料、树脂改性涂料、干性油改性沥青涂料、树脂和油改性沥青涂料等类别。沥青涂料的共同特点是:①耐水性强;②有良好的耐酸性和一定的耐碱性,对其他化学介质也有较好的抵抗能力;③有较好的绝缘性能,对水及潮湿作用的稳定性好;④装饰和保护性良好;⑤原料来源多,价格较便宜。沥青涂料属油基涂料,列为"低档"产品之列,但树脂改性的沥青涂料,如环氧沥青、聚氨酯沥青涂料是中、高档的防腐涂料。

连二亚硫酸钠 sodium dithionite $Na_2S_2O_4$ 或 $Na_2S_2O_4 \cdot 2H_2O$ 又名保险粉、低亚硫酸钠、次硫酸钠。有无水物及二水物两种,二水物不稳定,在碱性介质中加热至一定温度时脱水,转变成无水物。无水连二亚硫酸钠为无色无定形粉末,有时因含少量二水物而略带黄色或灰色。表观密度 $1.2～1.3g/cm^3$。易溶于水,不溶于乙醇。在水溶液中不稳定,水解可释放出新生态氧。具强还原性,加热至 75～80℃时分解并释放出二氧化硫,190℃时完全分解为二氧化硫、亚硫酸钠及硫代硫酸钠。在碱性介质中较稳定。遇无机酸剧烈分解。是亚硫酸类漂白剂中还原力及漂白力最强者,用于制造硫脲、雕白粉、医药制剂等,印染业中用作还原性漂白剂、染色织物剥色剂、还原染料染色还原剂。制革时用作毛皮浸水的助软剂。也用作肥皂、油脂、纸浆及食品等的漂白剂、聚合反应的链调节剂、抗氧化剂等。由锌粉悬浮液中通入二氧化硫生成连二亚硫酸锌后,再经加入烧碱复分解制得。

连二亚硫酸锌 zinc dithionite ZnS_2O_4 又名低亚硫酸锌、次硫酸锌。白色斜方晶系细针状结晶或粉末。有二氧化硫气味,易溶于水而成饱和溶液,也易溶于液氨。在热水中分解,不溶于乙醇。有强还原性,置于空气中分解并释放出二氧化硫而失去还原力。受潮时也发热分解,遇无机酸则剧烈分解,空气中加热时可生成 $Zn(HSO_3)_2$ 及 $Zn(HSO_4)_2$,用作织物、纸浆、木材、植物油、动物胶及黏土等的漂白剂,矿物浮选抑制剂,毛皮浸水助软剂,以及用于橡胶生产和制造甲醛次硫酸氢钠等。由锌粉的水-乙醇悬浮液中通往二氧化硫制得。

联氨 hydrazine　H_2N-NH_2　又名肼、无水肼。无色油状液体或单斜晶系白色至黄色结晶。有氨样气味,相对密度 1.011(15℃)。熔点 1.4℃。沸点 113.5℃。闪点 32℃。折射率 1.4644。有吸湿性,空气中能发白烟。与水、乙醇、丙酮混溶,不溶于苯、氯仿。液体为二聚物,加热至 250℃ 以上会分解,生成氨、氮、氢,呈弱碱性,在碱性溶液中是强还原剂。腐蚀性极强,能侵蚀橡胶、玻璃、软木等。剧毒! 有致癌性。用于制造医药、染料、农药、发泡剂、抗氧化、交联剂等。也用作火箭燃料及燃料电池、油井压裂液破胶剂、高压锅炉水除氧剂,但不能用于饮水锅炉的除氧。可以氢氧化钾为脱水剂,将水合肼在氮气流中经真空蒸馏脱水制得。

联苯　diphenyl　又名联二苯、苯基苯。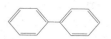单斜晶系白色或略带黄色鳞片状结晶。相对密度 0.992(73℃)。熔点 71℃。沸点 255℃。闪点 113℃(闭杯)。不溶于水,溶于乙醇、乙醚、甲醇、苯等有机溶剂。具升华性。化学性质与苯相似,可进行氯化、硝化、磺化等取代反应。遇高温、氧化剂有着火危险。用于制造染料、高能燃料、工程塑料及对苯基苯酚等。由于热稳定性高、蒸气压低、毒性小,也常用作有机热载体,并常与烷基对联苯及二苯醚混合使用。联苯有防止青霉、灰霉等效用,能部分地抑制微生物体内胡萝卜素的合成,可用作柑橘、柠檬等水果的保鲜防霉剂。由苯蒸气通过炽热(750～850℃)的铁管,经缩合脱氢制得。

联苯胺黄 G　benzidine yellow G　又名联苯胺黄,1138 联苯胺黄。淡黄色粉末。熔点 317℃。吸油量 45%～55%。耐热温度低于 180℃。耐晒性 5～6 级。不溶于水,微溶于乙醇。在浓硫酸中为红光橙色,稀释后成棕光黄色沉淀。在浓硝酸中为棕光黄色,色光十分鲜艳。为偶氮有机颜料。用作油墨、油漆、塑料、橡胶、涂料、印花浆及文教用品等的黄色着色剂。具有着色力强、耐晒性好、透明度高、价格较低等特点。由 3,3'-二氯联苯胺在盐酸存在下,与亚硝酸钠进行双重氮化后,再与双乙酰苯胺偶合制得。

联苯胺黄 10G　benzidine yellow 10G

$$\left[CH_3 \underset{CH_3}{\underset{|}{\bigcirc}} NHCOCH \underset{COCH_3}{\overset{|}{-}} N=N \underset{Cl}{\overset{Cl}{\bigcirc}} \right]$$

又名联苯胺黄 H10G、永固黄 H10G。柠檬黄色粉末。耐热温度 180℃（不超过 30min）。耐晒性 6 级。吸油量 45%～55%。为偶氮有机颜料。色泽鲜艳，着色力及遮盖力较高，耐晒性及耐溶剂性良好。其他性能与联苯胺黄相似，但耐光性更好。用作油墨、塑料、橡胶、涂料、印花浆等的黄色着色剂。由 3,3′,5,5′-四氯联苯胺经双重氮化后，与 2,4-二甲基双乙酰苯胺偶合反应制得。

2-(4-联苯基)-5-(对乙基苯基)噁唑 2-(4-biphenylyl)-5-(4-ethylphenyl)oxazole

$$C_2H_5-\bigcirc-\underset{O}{\overset{N}{\diagdown}}-\bigcirc-\bigcirc$$

淡黄色结晶性粉末。熔点 104～105℃。不溶于水，溶于乙醇、二氧六环、环己烷、氯仿等。一种功能性色素。用作闪烁计数器及可调染料激光器的工作介质，可调范围在 300～400nm。如将其配成浓度为 1×10^{-5} mol/L 的二氧六环溶液，测试其紫外光谱和荧光光谱，最大吸收波长 λ_{max} 为 328.2nm。由 2-联苯基-5-噁唑酮、无水三氯化铝、三氯氧磷等为原料制得。

联苯乙酸 felbinac 又名(1,1′-二苯基)-

$$\bigcirc-\bigcirc-CH_2-COOH$$

4-乙酸。白色结晶粉末。熔点 164～165℃。不溶于水、乙醚，溶于二氯甲烷、氯仿、二甲基甲酰胺。一种非甾体抗炎新药，用于治疗风湿性、类风湿性关节炎及骨性关节炎等。由联苯与乙酰氯或乙酐经傅-克反应制得联苯乙酮后，再经重排、水解制得。

联醇催化剂 combined methanol catalyst 我国自行研发的一种甲醇与合成氨配套的新工艺,在合成氨生产的同时联产甲醇,故得多联醇。联醇生产是在 10.0～13.0MPa 压力下,采用铜基催化剂,串联在合成氨工艺中,用合成原料气中的 CO、H_2、CO_2 合成甲醇。其特点是能充分利用现有合成氨装置,只需增添甲醇合成与精馏两套设备就可生产甲醇。因此投资省、经济效益好。联醇催化剂产品牌号有 C207、JC21、LC210、NC208、WC-1、WC-2、WC-3 等。其组成与单独生产甲醇的催化剂相似,主要为 CuO、ZnO、Al_2O_3 及少量助剂,其存在问题是不耐硫、热稳定性差、寿命短。新开发的催化剂主要针对上述缺点进行改进,如 LC210 催化剂在强度、耐热性等方面有很大的改进和提高。

9,9′-联二蒽 9,9′-bianthryl 淡黄色结晶。熔点 312℃。不溶于水,溶于苯、甲苯。能与有机分子形成包接化合物,用于分离化合物和异构体。如本品与邻二氯苯生成包接化合物,可从二氯苯的混合物中分离出邻二氯苯。然后对分离出的包接化合物进行减压蒸馏,就可使其释出高纯邻二氯苯,而 9,9′-联二蒽则可回收使用。由蒽酮或蒽醌还原制得。

链道酶 streptodornase 又名链球菌脱氧核糖核酸酶、链脱酶。由 β-溶血性链球菌培养液分离而得的一种脱氧核糖核酸酶。冻干粉末,味咸,易溶于水。最适 pH 值 7.0。需镁离子作激活剂。在 Mg^{2+} 存在下,能促使退变的白细胞和受伤组织细胞中的脱氧核糖核酸和脱氧核糖核蛋白解聚,分离为小单位,从而使化脓性分泌物的黏稠性下降,易于清除。主要用于胸膜腔纤维蛋白膜块沉积或黏性渗出物堵塞及其他部位的血肿或脓疡,用于治疗支气管扩张、肺脓肿、其他呼吸道感染痰液黏稠等。也可配合其他抗菌药物治疗脑膜炎。

链激酶 streptokinase 又名溶栓酶、链球菌纤溶酶。是由 β-溶血性链球菌培养液提纯和精制而得的高纯冻干酶制剂。白色至类白色无定形粉末。相对分子质量 47000。易溶于水及生理盐水,最适 pH 值为 7.3~7.6。稀溶液中很不稳定。溶液在 pH5.0 时可发生可逆失活,pH9.0 以上时发生不可逆失活。本身无酶活性,它与血液中纤溶酶原前激活物互相作用形成一个复合物后,才具有蛋白酶性质,使纤维蛋白酶原转变为纤维蛋白溶酶,既可因血浆内纤维蛋白溶解系统激活而使血栓外部溶解,也可渗入新鲜血栓内部使血凝块内的纤维蛋白溶解而致血栓崩解。临床用于血栓栓塞疾病、急性心肌梗塞、中心视视网膜血管阻塞、中风和动脉慢性闭塞等。

链霉素 streptomycin 一种氨基糖苷类抗生素,常用其硫酸盐,白色或类白色结晶性粉末。无臭,味微苦。易溶于水,不溶于乙醇、氯仿,有引湿性,对空气及光稳定。链霉素由链霉胍、链霉糖和 N-甲基葡萄糖组成,在其分子结构中有三个碱性中心,可以和各种酸成盐,其盐类均易溶于水。用于治疗各种结核病,尤对结核性脑膜炎和急性浸润性肺结核的疗效好,对尿道及肠道感染、败血症等也有效,与青霉素合用有协同作用。缺点是易产生耐药性,对第八对脑神经有损害,对肾脏也有毒性。由灰色链丝菌的发酵液经提取、分离制得。

链佐星 streptozocin 又名链硝脲、链唑霉素、链脲霉素、2-脱氧-2-[[(甲基亚硝基氨基)羰基]氨基]-D-吡喃葡萄糖。白色薄片状或棱柱状结晶。熔点 115℃。溶于水、乙醇、甲醇、丙酮。一种抗肿瘤药,能干扰 DNA 合成,从而抑制肿瘤细胞的生存和复制所必需的代谢途径,导致肿瘤细胞死亡。以 N-羟基丁二酰亚胺、三乙胺、吡啶、异氰酸甲酯等为原料制得。

两性表面活性剂 ampholitic surfactant 具有两个或多个官能团,可以依据水溶液介质 pH 的不同而表现为阳离子型、阴离子型或非离子型的一类表面活性剂。其分子结构与蛋白质的氨基酸相似,疏水基分子上同时具有正、负电荷,即同时存在酸性基和碱性基。两性表面活性剂中的酸性基主要是羧基、磺酸基及磷酸基;碱性基主要是胺基或季铵基等。它可以是由阴离子和阳离子组成的狭义的两性表面活性剂,或由阴离子和非离子组成与由阳离子和非离子组成的广义的两性表面活性剂。其性质与等电点相关。当溶液 pH 值小于等电点时,表现像阳离子表面活性剂;当溶液 pH 大于等电点时,表现像阴离子表面活性剂;接近等电点时,以两性离子形式存在。所以,在酸性水溶液中有很强的杀菌、防腐性能;在碱性水溶液中有良好的起泡、去污及乳化能力。

两性酚醛树脂 amphoteric phenolic resin 分子结构中引入阳离子基团而制得的两性离子型磺化酚醛树脂。固体产品为棕红色粉末,活性物含量≥90%。液体产品为棕红色液体,固含量≥35%。易溶于水,水溶液呈弱碱性。用作高温深井的钻井液处理剂,具有降低泥浆的高温压滤失量,抑制黏土分散和控制地层造浆等作用,适用于各种水基泥浆体系。以苯酚、甲醛、环氧氯丙烷及焦亚硫酸钠等为原料制得。

两性聚丙烯酰胺 amphoteric polyacrylamide 一种两性表面活性剂。外观为白色固体粉末,固含量≥88%,相对分子质量 200 万～1500 万。溶于水,不溶于一般有机溶剂。用作水处理剂,具有电解质溶液性质及良好的吸附性能,易于在悬浮颗粒及胶体粒子间架桥,使粒子聚集而沉降。尤对于稠油热采污水,由于形成的水包油乳状液十分稳定,可获得较好的絮凝效果。也用作油田堵水调剖剂、煤浆助滤脱水剂等。在引发剂及相对分子质量调节剂存在下,由丙烯酰胺、丙烯酸钠及阳离子单体经共聚制得。

L-亮氨酸 L-leucine 又名白氨酸、异己氨酸。
$$(CH_3)_2CHCH_2CH(NH_2)COOH$$
一种人体必需氨基酸。白色六方形结晶或粉末。无臭、味微苦。熔点 293～295℃。145～148℃升华。微溶于水,难溶于乙醇,易溶于稀酸、稀碱,不溶于乙醚。在烃类存在下,在无机酸溶液中稳定。幼儿体内缺乏时会引起突发性高血糖症,过多时会干扰 L-色氨酸及烟酸代谢而引起糙皮病。医药上用作氨基酸药物及营养增补剂,用于配制氨基酸输液及降血糖剂。亮氨酸在头发中含量较高,易为毛发吸收,故常用于护发制品。还用作饲料添加剂。由酶解蛋白水解液或微生物发酵液中分离制得。

亮肽素 leupeptin 由玫瑰链霉菌等链霉菌产生的一种蛋白酶抑制剂。是由 2 个亮氨酸和 1 个精氨酸衍生物组成的三肽。纯品为白色粉末。熔点 110～140℃。溶于水、甲醇、乙醇,不溶于丙酮、氯仿、乙酸乙酯等。可抑制胰蛋白酶、血浆蛋白酶、组织蛋白酶、激肽释放酶等。具有抗炎作用及抗血液凝固作用,用于防止辐射烧伤、治疗胰腺炎等。在液体洗涤剂中加入的蛋白酶和脂肪酶等,可通过加入亮肽素来抑制以延长其储存时间,加入抗炎牙膏中也可通过对蛋白酶的抑制以预防牙龈炎。用于护肤品则有增白及调理作用。可由玫瑰链霉菌发酵提取。

裂解催化剂 cracking catalyst 以含烯土分子筛或多组分分子筛组合物为活性组分的催化剂。催化裂解工艺是以重质馏分油为原料,采用特制的催化裂解催化剂,生产以丙烯为主,丁烯及乙烯为副产品的气体烯烃的技术。可分为Ⅰ型催化裂解及Ⅱ型催化裂解,中国产品牌号有CHP-1、CRP-1及CIP-1等。CHP-1及CRP-1用于Ⅰ型催化裂解。该工艺采用提升管加密相床反应器,以高温低压、大剂油比、大注水量、低空速为操作条件,最大量生产以丙烯为主的气体烯烃,并得到高辛烷值汽油馏分和芳烃等化工原料。CIP-1催化剂用于Ⅱ型催化裂解,其目的是在生产高辛烷值汽油和丙烯的同时,兼顾异丁烯及异戊烯的生产,在高温、大注水量、大剂油比的操作条件下有较高的催化活性及水热稳定性。可由分子筛与基质经成胶、打浆、喷雾干燥、洗涤、干燥而制得。

裂解汽油二段加氢催化剂 catalyst for second stage hydrogenation of pyrolysis gasoline 以Mo、Ni、Co等为主活性组分,以氧化铝为载体的催化剂。中国产品牌号有LY-8602、NCY106-3802等。外观为圆柱或条形。堆密度0.7~0.9mL/g。孔体积0.34~0.40mL/g。比表面积$150\sim200m^2/g$。抗压强度$>18N/mm$。用于乙烯加氢装置中$C_6\sim C_8$裂解汽油一段加氢后,进一步加氢并脱除硫、氮、氧等有机化合物,制取芳烃抽提原料或合格的加氢汽油。可由特制氧化铝载体浸渍金属活性组分后,经干燥、焙烧制得。

裂解汽油一段加氢催化剂 catalyst for first stage hyfrogenation of pyrolysis gasoline 裂解汽油是乙烯工业的重要副产物,是裂解产物中切割出的$C_6\sim C_8$馏分,其中富含芳烃,是芳烃抽提的重要来源。工业上常采用两段加氢方法加以处理,即先经一段低温液相加氢选择性地除去高度不饱和烃,再经二段高温气相加氢,除去其中所含硫、氮、氧等有机杂质,并使其余单烯烃加氢后作芳烃抽提原料。裂解汽油一段加氢催化剂有贵金属钯催化剂及非钯催化剂。贵金属钯催化剂牌号有341、LY-7501、LY-7701、LY-8601、LY-9801、DLI-1等,是以氧化铝为载体,负载少量Pd(0.05%~0.5%)为活性组分。使用前需用氢气还原处理,具有加氢活性高、负荷大、操作条件温和、选择性好的特点。非钯催化剂牌号有NCY105、3801等,是以氧化铝为载体,以Mo、Ni等氧化物为活性组分。

邻苯二甲醛 o-phthalaldehyde 又名邻苯二醛。淡黄色针状结晶。熔点56~57℃。闪点高于110℃。溶于水、乙醇、乙醚,微溶于石油醚。室温下稳定。用作消毒杀菌剂,对细菌繁殖体、结核分支杆菌、真菌及细菌芽孢等有很强杀灭作用。具有戊二醛杀灭微生物的能力及腐蚀性低的特点,又没有戊二醛的刺激性及毒性。可用作戊二醛的替代品,由邻二甲苯经溴化及水解反应制得。

邻苯二甲酸丁苄酯 butyl benzyl phthalate 又名增塑剂BBP。无色透明油状液体。微具芳香味。相对密度 $1.111 \sim 1.119(25℃)$。熔点$-35℃$。沸点$307℃$。闪点$210℃$。难溶于水,溶于一般有机溶剂。用作聚氯乙烯、氯乙烯共聚物、纤维素树脂、天然及合成橡胶的增塑剂,具有耐热、耐光性好、耐污染、挥发性低,对水和油的抽出性小,制品耐磨性好等特点,但耐寒性较差。用于制造地板、瓦楞板、管材等高填充塑料制品,也可与其他增塑剂并用,用于制造人造革、薄膜等。可燃。低毒。可用于接触食物的制品。由苯酐与丁醇经酯化反应生成邻苯二甲酸单丁酯后,再与氯化苄反应而得。

邻苯二甲酸丁·十四酯 butyl myristyl phthalate 又名1,2-苯二甲酸丁·十四酯。增塑剂BMP。无色至淡黄色透明油状液体。相对密度0.963。酸值$\leqslant 0.3mgKOH/g$。皂化值$270 \sim 300mgKOH/g$。难溶于水,溶于醇、酮、苯及烃类溶剂。本品为分子内混合酯,可用作聚氯乙烯增塑剂。用它增塑的制品,初期热挥发性大于使用邻苯二甲酸二辛酯(DOP)的制品,但长期热挥发性要比DOP制品小,约为DOP制品的1/3,而加工塑化性能则不及DOP。由苯酐与十四碳醇反应生成邻苯二甲酸单十四酯后,再与丁醇反应制得。

邻苯二甲酸丁辛酯 butyloctyl phthalate 又名邻苯二甲酸2-乙基己酯、1,2-苯二甲酸丁辛酯、增塑剂BOP。无色或浅黄色透明油状液体。相对密度$0.993 \sim 0.999(25℃)$。熔点$-44℃$。沸点$210℃(0.667kPa)$。闪点$188℃$。不溶于水,溶于甲醇、苯、丙酮、矿物油。用作聚氯乙烯、聚苯乙烯、硝基纤维素、聚甲基丙烯酸甲酯等的增塑剂,增塑性能介于邻苯二甲酸二辛酯及邻苯二甲酸二丁酯之间。综合性能优于邻苯二甲酸二辛酯,价格也较低,而挥发性较邻苯二甲酸二丁酯小。具有较好的抗污染性,适用于低成本的地板料等建材制品,也用于塑胶膜塑品。低毒。由苯酐与辛醇反应制成邻苯二甲酸单辛酯后,再与丁醇反应制得。

邻苯二甲酸二苯酯 diphenyl phthalate 又名1,2-苯二甲酸二辛酯、增塑剂DPP。白色结晶粉末。熔融后呈黄褐色。相对密度$1.281(25℃)$,熔点$69 \sim$

73℃。沸点 225℃（1.9kPa）。闪点 229℃。不溶于水,溶于醇、苯、酮类、酯类及氯代烃类。用作聚氯乙烯及合成橡胶的增塑剂及软化剂。用于聚氯乙烯可提高高温压延性及挤塑操作性。用于硝酸纤维素,可提高漆膜的耐候性、耐水性及光泽性。与其他增塑剂并用可提高产品的柔软性。低毒。在三乙胺及三氯氧磷存在下,由苯酐与酚直接反应制得。

邻苯二甲酸二苄酯 dibenzyl phthalate

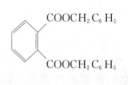

又名1,2-苯二甲酸二苄酯、增塑剂 DBP。白色结晶。微具芳香气味。相对密度1.17(28℃)。熔点42～44℃。沸点261℃(0.667kPa)。微溶于水、石油醚,易溶于乙醇、苯、丙酮。可与多数漆用溶剂混溶。主要用作硝酸纤维素及合成橡胶的增塑剂,耐热性好,挥发性低,制品的低温柔性较好。可在碱性条件下,由苯酐与氯苄缩合制得。

邻苯二甲酸二丁氧基乙酯 dibutoxyethyl

又名1,2-苯二甲酸二丁氧基乙酯、增塑剂 DBEP。无色透明液体。相对密度1.057～1.060。熔点－47℃。沸点335℃(0.1MPa)。闪点204℃。难溶于水,微溶于甘油、乙二醇及部分胺类,溶于乙醚、丙酮、苯、矿物油。用作乙烯基树脂、纤维素树脂、合成橡胶等的增塑剂,增塑效率高、耐水抽出性好、挥发性低,可赋予制品良好的低温柔软性及光稳定性。用于有机溶胶及增塑糊中,可降低初始黏度及塑化温度。由环氧乙烷与丁醇反应制得丁氧基乙醇后,再与苯酐反应而得。

邻苯二甲酸二癸酯 didecyl phthalate

又名1,2-苯二甲酸二癸酯、增塑剂 DDP。无色或微黄色透明液体。相对密度0.960～0.966。熔点－37℃。沸点249～256℃(0.533kPa)。闪点232℃。不溶于水,溶于乙醚、苯、丙酮,其挥发性仅为邻苯二甲酸二辛酯的1/4。用作乙烯基树脂及纤维素树脂的增塑剂,具有抽出性低、耐老化及高温性好等特点。用于生产漆时,其脱模性能和脆点与由邻苯二甲酸二辛酯生产的漆相同。由苯酐与支链伯癸醇经酯化反应制得。

邻苯二甲酸二庚酯 diheptyl phthalate

又名1,2-苯二甲酸二庚酯、增塑剂 DHP。无色或淡黄色油状液体。相对密度0.992～0.995。熔点－46℃。沸点235～240℃(1.33kPa)。难溶于水,溶于苯、丙酮、酸乙酯及矿物油。用作聚氯乙烯的主增塑剂,制品的透明性及光泽性好。与邻苯二甲酸二辛酯相比,本品的挥发性及水抽出性较大,但胶黏性、增塑效率、加工性能及柔软性较好,且价格较低,可作为邻苯二甲酸二辛酯的代用品,用于制造人造革、薄膜及软管,但不能用于制造农用薄膜及电线包皮。低毒。有些国家容许用于制造食品包装材料。由苯酐与庚醇经酯化反应制得。

邻苯二甲酸二环己酯 dicyclohexyl phthalate 又名1,2-苯二甲酸二环己酯、增塑剂DCHP。棱柱状白色结晶粉末,微有芳香味。相对密度1.148。熔点58～66℃。沸点218℃(0.667kPa)。闪点207℃。难溶于水,微溶于乙二醇及某些胺类,溶于乙醚、苯、丙酮,完全溶于热汽油、矿物油。用作聚氯乙烯、聚苯乙烯、丙烯酸树脂及硝化纤维素的主增塑剂,与其他增塑剂并用,可使塑料表面收缩致密而无空隙,还起防潮和防止增塑剂挥发的作用。也用作合成树脂胶黏剂的增黏剂,天然或合成橡胶的增塑剂及软化剂,纸张防水助剂。低毒。可用于食品包装材料,但有些国家不容许用于接触食品的包装材料。由苯酐与环己醇经酯化反应制得。

邻苯二甲酸二甲氧基乙酯 dimethoxyethyl phthalate 又名1,2-苯二甲酸二甲氧基乙酯、增塑剂DMEP。无色至浅黄色油状液体。微具芳香气味。相对密度1.169～1.172。熔点-45℃。沸点350℃。闪点194℃。难溶于水,微溶于甘油、乙二醇及胺类,溶于乙醇、丙酮、苯、矿物油。主要用作乙酸纤维素的增塑剂,用于制造漆包线、电影胶片、胶黏剂、清漆等,也用作感光材料的中间体及乙烯基树脂、合成橡胶的增塑剂。由环氧乙烷与甲醇反应制得甲氧基乙醇后,再与苯酐反应制得。

邻苯二甲酸二甲酯 dimethyl phthalate 又名1,2-苯二甲酸二甲酯、驱蚊油、增塑剂DMP。无色透明油状液体。微具芳香味。相对密度1.188～1.192。熔点0～2℃。沸点280～285℃。闪点149～157℃。微溶于水,溶于甲醇、丙酮,与乙醇、乙醚混溶,不溶于矿物油。遇碱水解,与聚氯乙烯、氯化橡胶、乙酸纤维素、乙酸乙烯酯等有较好相容性。用作天然及合成橡胶、纤维素树脂、乙烯基树脂等的增塑剂、溶剂,有优良的成膜性、黏着性及防水性,缺点是低温下易结晶、挥发性大,常与邻苯二甲酸二乙酯等并用,主要用于乙酸纤维素薄膜、玻璃纸、清漆及模塑粉等,也用作防蚊油及驱避剂,对蚊、白蚁、蚂等吸血昆虫有驱避作用。对黏膜及眼睛有刺激性,吸入和摄入均有毒,在人体内会水解产生甲醇。不能用于直接接触食品的制品。由苯酐与甲醇经酯化反应制得。

邻苯二甲酸二壬酯 dinonyl phthalate 又名1,2-苯二甲酸二壬酯、增塑剂DNP。无色或浅黄色液体。相对密度0.979(25℃)。熔点低于-25℃。沸点230～238℃。闪点203℃。不溶于水,与乙醇、苯、丙酮等多数溶剂混溶。主要用作聚氯乙烯、苯乙烯等乙烯基树脂的通用型增塑剂,挥发性低、迁移性小、耐热及耐光性好、耐水抽出性比邻苯二甲酸二辛酯好,但增塑效率稍差。因耐寒性差,不适用于低温用制品。也用作合成橡胶及纤维素树脂的增塑剂。低毒。由苯酐与壬醇经酯化反应制得。

邻苯二甲酸二(十三酯) ditridecyl phthalate 又名1,2-苯二甲酸二(十三)酯、又名邻苯二甲酸双十三烷酯、增塑剂DTDP。透明黏稠状液体。相对密度0.950～0.956。熔点-35℃。沸点433℃(0.1MPa)。闪点243℃。不溶于水、乙二醇、山梨糖醇,溶于乙醇、甲苯、石油烃类溶剂。用作聚氯乙烯、纤维素树脂及合成橡胶的主增塑剂,耐迁移性、耐挥发性及电绝缘性优于邻苯二甲酸二异癸酯。可用于高温用聚氯乙烯电缆料及增塑糊,以及其他高温用制品。但本品在加工时有受热变色倾向,需与抗氧剂并用来克服。低毒。由苯酐与十三醇经酯化反应制得。

邻苯二甲酸二(十一)酯 diundecyl phthalate 又名1,2-苯二甲酸二(十一)酯、邻苯二甲酸双十一烷酯、增塑剂DUP。无色至微黄色透明油状液体。相对密度0.950～0.954(25℃)。熔点低于-10℃。沸点262℃(1.33kPa)。闪点>220℃。不溶于水,溶于乙醇、丙酮、环己烷等。用作聚氯乙烯的主增塑剂,具有耐寒性及耐挥发性优良,电性能较好等特点。主要用于电线电缆料和汽车内装饰用品、耐油制品、高速路弯道标牌。由苯酐与十一醇经酯化反应制得。

邻苯二甲酸二戊酯 diamyl phthalate 又名1,2-苯二甲酸二戊酯、增塑剂DAP。无色透明液体。相对密度1.022～1.026。沸点205℃(1.47kPa)。闪点118.3℃。折射率1.487～1.489(25℃)。几乎不溶于水,与乙醇、乙醚、苯等多数有机溶剂混溶。用作纤维素树脂、乙烯基树脂、聚甲基丙烯酸甲酯、聚苯乙烯及氯化橡胶等的增塑剂,能赋予薄膜制品良好的耐候性、弹性及抗张强度。也用作溶剂及润滑剂。对皮肤及黏膜有刺激性。由苯酐与戊醇经酯化反应制得。

邻苯二甲酸二烯丙酯 diallyl phthalate 又名1,2-苯二甲酸二烯丙酯、增塑剂DAP。无色或淡黄色油状液体。相对密度1.120。熔点-70℃。沸点158～165℃(0.53kPa)。闪点165.5℃。不溶于水,溶于乙醇、丙酮、苯等,部分溶于甘油、矿物油。是一种反应型增塑剂,可用作乙烯基树脂、纤维素酯及聚氯乙烯等的可聚合增塑剂。也用作多种单体和不饱和化合物的共聚单体、聚酯树脂的催化剂、不饱和聚酯的交联剂、纤维素树脂的增强剂及颜料载体等。低毒。有催泪性,对黏膜及皮肤有刺激性。由邻苯二甲酸钠盐与氯丙烯经酯化反应制得。

邻苯二甲酸二辛酯 dioctyl phthalate

又名 1,2-苯二甲酸二辛酯、邻苯二甲酸二(2-乙基己基)酯、增塑剂 DOP。无色透明液体。有特殊气味。相对密度 0.9861 (25℃)。熔点 -55℃。沸点 386℃ (0.1MPa)。闪点 219℃。不溶于水、甘油、乙二醇及某些胺类,溶于多数有机溶剂及烃类。高温下分解成苯酐及烯烃。是目前应用最广的通用型增塑剂,综合性能好,挥发性及迁移性低,增塑效率高。广泛用于聚氯乙烯、氯乙烯共聚物、纤维素树脂的加工,制造薄膜、薄板、电线电缆、食品包装材料及医用血袋等,也用作合成胶黏剂及密封剂的增塑剂、丁腈橡胶及油墨的软化剂等。毒性低,容许用于接触食品(脂肪性食品除外)的制品。由苯酐与 2-乙基己酯经酯化反应制得。

邻苯二甲酸二乙酯 diethyl phthalate

又名 1,2-苯二甲酸二乙酯、苯乙酯油、增塑剂 DEP。无色透明油状液体。微具芳香味。相对密度 1.1175。熔点 -40℃。沸点 298℃。闪点 152℃。微溶于水,易溶于乙醇、苯及油类,与脂肪烃部分相容。用作聚氯乙烯、乙酸乙烯酯、醇酸树脂、氯丁橡胶及乙酸纤维素等的增塑剂。尤多用作纤维素树脂的增塑剂,低温柔软性和耐久性优于邻苯二甲酸二甲酯。因其热挥发性较大、耐久性较差,仅用于人造革、地板及薄膜等一般性制品,也用作天然及合成橡胶、油漆、油墨、胶黏剂等的增塑剂,酒精变性剂,织物润滑剂及杀虫剂和染料的溶剂。毒性很低,对皮肤有轻度刺激。可用于接触食品的制品。由苯酐与乙醇经酯化反应制得。

邻苯二甲酸二异丁酯 diisobutyl phthalate

又名 1,2-苯二甲酸二异丁酯、增塑剂 DIBP。无色透明液体,微有芳香味。相对密度 1.040。熔点 -50℃。沸点 327℃。闪点 174℃。微溶于水,溶于乙醇、苯、丙酮、乙酸乙酯。用作乙烯基树脂、纤维素树脂、氯丁橡胶及丁腈橡胶等的增塑剂,增塑效能与邻苯二甲酸二丁酯类似,但发挥性及水抽出性更大些,也可用作胶黏剂及涂料等的增塑剂。可燃。低毒。对皮肤有刺激性,因本品对农作物有毒害作用,不宜用于农用聚氯乙烯薄膜。由苯酐与异丁醇经酯化反应制得。

邻苯二甲酸二异癸酯 diisodecyl phthalate
又名 1,2-苯二甲酸二异癸酯、增塑剂 DIDP。无色或淡黄色黏稠液体。相对密度 0.967。沸点 252～257℃(0.533kPa)，熔点-50℃。闪点 232℃。难溶于水，微溶于甘油、乙二醇及胺类，溶于乙醇、苯、丙酮及烃类溶剂。用作聚氯乙烯、聚苯乙烯、硝酸纤维素等的主增塑剂，增塑性仅次于邻苯二甲酸二辛酯。具有挥发性小、耐迁移性、耐抽出性及电绝缘性好等特点，但耐寒性及高温电性能稍差，受热易变色。也用作合成橡胶增塑剂及制造塑溶胶等。低毒。可用于制造食品包装材料。由苯酐与异癸醇经酯化反应制得。

邻苯二甲酸二异壬酯 diisononyl phthalate

又名 1,2-苯二甲酸二异壬酯、增塑剂 DINP。无色透明油状液体。微有气味。相对密度 0.973～0.977 25℃。沸点 403℃。闪点 228℃。不溶于水，溶于苯、丙酮、汽油等多数有机溶剂。用作聚氯乙烯、苯乙烯等乙烯基树脂、纤维素树脂及丁腈橡胶等通用型增塑剂。其性能优于邻苯二甲酸二辛酯，能赋予制品良好的耐光、耐热、耐老化及电绝缘性能。也用于油漆工业制造减震涂料及制作牙齿胶黏剂及氟化物释放剂。低毒。可用于食品包装材料。由苯酐与异壬醇经酯化反应制得。

邻苯二甲酸二异辛酯 diisooctyl phthalate

又名 1,2-苯二甲酸二异辛酯、增塑剂 DIOP。无色透明液体。稍具气味。相对密度 0.987。熔点-45℃。沸点 229℃(0.667kPa)。闪点 219℃。不溶于水，溶于乙醇、丙酮、苯及矿物油，难溶于甘油、乙二醇。用作聚氯乙烯、纤维素树脂及合成橡胶的主增塑剂，增塑性能与邻苯二甲酸二辛酯相近，但其耐寒性、热稳定性及耐挥发性稍差。因其黏性及电性能好，故是增塑糊制品的优良增塑剂。也用于制造电线电缆、薄膜、片材、挤塑品等。低毒。可用于食品包装材料。由苯酐与异辛醇经酯化反应制得。

邻苯二甲酸二(正)丁酯 di-n-butyl phthalate 又名 1,2-苯二甲酸二丁酯、增塑剂 DBP。无色透明油状液体。微具芳香味。相对密度 1.042～1.049(25℃)。熔点-35～-40℃。沸点 340℃。闪点 171℃。微溶于水，易溶于乙醇、苯及油类。高温下能分解成苯二甲酸酐及丁烯。用作聚氯乙烯、纤维素树脂、聚乙酸乙烯酯、氯丁橡胶、醇酸树脂等的增塑剂，尤多用作聚氯乙烯及纤维素主增塑剂。是应用最广的增塑剂之一。也用作天然及合成橡胶、油漆、油墨、胶黏剂等的增塑剂，染料、杀虫剂、香料的溶剂及织物润滑剂等。可燃。

低毒。可用于接触食物的制品。由苯酐与丁醇经酯化反应制得。

邻苯二甲酸二正己酯 di-n-hexyl phthalate 又名1,2-苯二甲酸二正己酯,简称D-n-HP。具有微香气味的透明液体。相对密度1.0074。熔点-33℃。沸点220℃(0.667kPa)。闪点193℃。不溶于水,溶于乙醇、乙醚、苯等多数有机溶剂。用作溶剂型主增塑剂,常与邻苯二甲酸二辛酯以3:7(质量比)的比例用于聚氯乙烯、氯乙烯-乙酸乙烯酯共聚物,可改善加工性,提高制品的稳定性及低温柔性。也用作油墨、合成胶黏剂的溶剂及增塑剂,用于硝酸纤维素漆可提高漆膜的光稳定性及耐久性。低毒。可用于食品包装材料。由苯酐与正己醇经酯化反应制得。

邻苯二甲酸二正辛酯 di-n-octyl phthalate 又名1,2-苯二甲酸二正辛酯,简称n-DOP。微具气味的透明油状液体。相对密度0.978。熔点-25℃。沸点230℃(0.533kPa)。闪点219℃。不溶于水,溶于苯、丙酮、乙醚及矿物油,微溶于甘油、乙二醇。用作乙烯基树脂、合成橡胶及乙基纤维素等的增塑剂。增塑效率与邻苯二甲酸二辛酯相同,耐候性、耐挥发性及对增塑糊黏度的稳定性均比邻苯二甲酸二辛酯好,但电绝缘性稍差,价格较高。低毒。可用于食品包装材料。由苯酐与正辛醇经酯化反应制得。

邻苯二甲酸二($C_7 \sim C_9$)酯 mixed phthalate of $C_7 \sim C_9$ alcohols 又名1,2-苯二甲酸二($C_7 \sim C_9$)酯、邻苯二甲酸$C_7 \sim C_9$醇混合酯、增塑剂79。无色或浅黄色油状液体。有特殊气味。相对密度0.980~0.989。熔点-60℃。沸点>350℃。闪点208~215℃。不溶于水,微溶于甘油,溶于乙醇及高级脂肪醇。在碱性介质中加热则分解。可作为邻苯二甲酸二辛酯的替代品,用作聚氯乙烯的主增塑剂,具有优良的低温性能、耐抽出性、耐挥发性及电绝缘性,适用于电绝缘制品。缺点是色泽较深,气味较大。由苯酐与$C_7 \sim C_9$混合脂肪醇经酯化反应制得。

邻苯二甲酸二($C_8 \sim C_{13}$)酯 mixed phthalate of $C_8 \sim C_{13}$ alcohols 又名1,2-苯二甲酸二($C_8 \sim C_{13}$)酯、邻苯二甲酸$C_8 \sim C_{13}$醇混合酯。无色油状液体。闪点>210℃。其他性质与邻苯二甲酸二($C_7 \sim C_9$)酯相似。用作聚氯乙烯、氯乙烯共聚物等的增塑剂。具有耐寒性、耐热性、耐水抽出性好、挥发性低等特点。适用于电线电缆等制品。用于增塑糊时,可赋予良好的黏度稳定性。由苯酐

与 $C_8 \sim C_{13}$ 混合脂肪醇经酯化反应制得。

邻苯二甲酸二($C_9 \sim C_{11}$)酯 mixed phthalate of $C_9 \sim C_{11}$ alcohols 又名1,2-苯二甲酸二($C_9 \sim C_{11}$)酯、邻苯二甲酸 $C_9 \sim C_{11}$ 醇混合酯。

$$\text{COOC}_n\text{H}_{2n+1} \quad (n=9\sim11)$$
$$\text{COOC}_n\text{H}_{2n+1}$$

无色油状液体。相对密度 $0.965 \sim 0.967$。熔点 -18℃。沸点 250℃(0.667kPa)。不溶于水，微溶于甘油，溶于醇、酮及氯代烃等。与多数工业树脂有较好相容性。用作聚氯乙烯、氯乙烯共聚物等的增塑剂，增塑性能优于邻苯二甲酸二辛酯，具有耐热性、耐寒性、耐水抽出性好、挥发度低等特点。用于增塑糊时，能赋予糊料良好的黏度稳定性。由苯酐与($C_9 \sim C_{11}$)混合脂肪醇经酯化反应制得。

邻苯二甲酸二仲辛酯 dicapryl phthalate 又名1,2-苯二甲酸二仲辛酯、增塑剂DCP。

$$\text{COOCH(CH}_3)(\text{CH}_2)_5\text{CH}_3$$
$$\text{COOCH(CH}_3)(\text{CH}_2)_5\text{CH}_3$$

无色或淡黄色黏稠透明液体。相对密度 0.966。熔点 -60℃。沸点 235℃(0.667kPa)。闪点 213℃。难溶于水，溶于多数有机溶剂。用作聚氯乙烯、硝酸纤维素的增塑剂，是所用增塑剂中制备增塑糊最好的增塑剂，黏度稳定性好。也用作电缆原料及其他塑料的增塑剂，有较好的耐光、耐候及耐热性，但耐汽油抽出性较低，色泽较深。低毒。由苯酐与仲辛醇经酯化反应制得。

邻苯二甲酸酐 phthalic anhydride 又名苯酐、苯二甲酸酐。

无色针状至小片状斜方或单斜晶体。易升华。有特殊气味。相对密度 1.527（4℃）。熔点 130.8℃。沸点 284.5℃。闪点 151.7℃（闭杯）。易溶于热水并水解为邻苯二甲酸。溶于乙醇、苯、吡啶，微溶于乙醚，溶于碱形成无色透明液体。与邻苯二甲酸的化学性质相似，能进行酯化、磺化、氯化等反应。有毒！对皮肤、黏膜及呼吸道有刺激性。应用广泛，用于制造染料、增塑剂、醇酸树脂、聚酯树脂、农药、医药、香料、糖精等。也用作环氧树脂固化剂、橡胶通用型防焦烧剂。由萘或邻二甲苯气相催化氧化制得。

邻苯二甲酸辛·十三酯 octyl C_{13}-alkyl phthalate 又名1,2-苯二甲酸辛·十三酯。

$$\text{COOC}_8\text{H}_{17}$$
$$\text{COOC}_{13}\text{H}_{27}$$

淡黄色油状透明液体。相对密度 0.974。闪点 210℃。酸值 $\leqslant 0.3$mgKOH/g。皂化值 $245 \sim 265$mgKOH/g。难溶于水，溶于醇、酮、苯及氯代烃类溶剂。一种耐热性增塑剂，可用作聚氯乙烯的主增塑剂。适用 80℃ 的耐热电缆等制品。用它增塑的制品，长期热挥发量只有使用邻苯二甲酸二辛酯制品的 $1/3$。耐寒性也较好，但加工性能略差。由苯酐与十三碳醇反应生成邻苯二甲酸单十三酯后，再与辛醇反应制得。

邻苯二甲酸乙酸纤维素 cellulose aceltate-phthalate 又名乙酸纤维素邻苯二甲酸酯。白色纤维状粉末。略有微臭。邻苯二甲酰基含量30%～36%。乙酰基含量21.5%～26%。不溶于水、乙醇、烃类及氯化烃类。稍溶于酮、酯、醚类及其混合溶剂。溶于pH值低于6的缓冲溶液及碱液。在高温高湿环境中会缓慢水解,导致酸度及黏度增大,并引起醋臭味增强。有良好的成膜性。可用作药物的肠溶包衣材料、微胶囊膜材料、缓释材料等。由纤维素的乙酸酯在有机碱(如吡啶)存在下与邻苯二甲酸酐反应制得。

邻苯二甲酸仲辛·异辛酯 capryl octyl phthalate 又名1,2-苯二甲酸仲辛·

$$\begin{array}{c}CH_3\\|\\COOCH-C_6H_{13}\\\\COOCH_2-CH-C_4H_9\\|\\C_2H_5\end{array}$$

异辛酯、增塑剂COP。淡黄色油状液体。相对密度0.96。闪点>175℃。酸值<0.5mgKOH/g。挥发速度<1%(125℃,3h)。不溶于水,溶于丙酮、苯等多数有机溶剂。用作聚氯乙烯、纤维素树脂等的增塑剂,相容性好,挥发性低。由苯酐与仲辛醇反应生成邻苯二甲酸单酯后,再与2-乙基己醇反应制得。

邻苯基苯酚 o-phenylphenol 又名联苯酚、邻羟基联苯。白色至粉红色结晶。有特殊气味。熔点56～58℃。沸点286℃。闪点138℃。难溶于水,稍溶于乙醇、异丙醇,易溶于苯、松节油及氢氧化钠溶液。用作皮革、胶黏剂、纤维、涂料、塑料薄膜、切削油、纸张、木材及果蔬等的防霉剂。对霉菌、细菌、酵母菌等多种微生物有抑制作用,能抑制微生物中的胡萝卜素合成。其抗菌作用随pH值的升高而增强,对人体有中等毒性。其钠盐在使用浓度下对皮肤无刺激性,并具有良好的生物降解性。可由磺化法生产苯酚的蒸馏残液分离而得。

邻二甲苯氧化制苯酐催化剂 catalyst for the oxidation of o-xylene to phthalic anhydride 苯酐又名邻苯二甲酸酐。生产苯酐的方法有邻二甲苯氧化法及萘氧化法等。其中,用邻二甲苯固定床气相氧化技术占有主要地位。所用催化剂一般是在无孔载体表面涂上V_2O_5/TiO_2薄层活性组分,并通过黏合剂将活性组分与载体结合在一起。同时添加适量碱金属及稀土氧化物作为助催化剂,以提高TiO_2的稳定性及降低副产物生成。中国产品牌号有BC-2-25AB、BC-2-28SX、BC-2-38AB及BC-239等。其中前三种催化剂分别用于60g、70g及80g工艺,即在进料浓度分别为$60g/m^3$、$70g/m^3$及$80g/m^3$的条件下(反应热点温度450～470℃),三种催化剂的粗酐收率达到108%～111%。BC-239为改进型催化剂,适用于80～90g工艺,可在高空速、高收率下操作。可由特制环形载体喷涂活性组分及助剂后,经干燥、焙烧制得。

邻甲氧基苯酚 o-methoxy phenol 又名愈创木酚、甲基儿茶酚。白色至淡黄色结晶或淡黄色液体。有特殊臭味。遇空气或见光色变暗。相对密度1.129、1.112（液体）。熔点32℃。沸点205℃。折射率1.5429。稍溶于水，与乙醇、乙醚、苯、氯仿及冰乙酸等混溶。用作油漆及油墨的防结皮剂，化妆品抗氧剂。也用于医药及香料工业，用于制取愈创木酚衍生物类药品、人工麝香及香兰素等。由邻氨基苯甲醚经重氮化、水解制得。

邻氯苯酚 o-chlorophenol 又名邻氯酚、邻羟基氯苯。无色至黄棕色液体。有苯酚气味。相对密度1.257(25℃)。熔点8.7℃。沸点175℃。闪点64℃。折射率1.5565(25℃)。微溶于水，易溶于乙醇、乙醚、甘油、氯仿、挥发性油及氢氧化钠溶液。受高热放出有毒及腐蚀性气体。有毒！用于制造医药、农药、染料、抗氧剂等。也用作工业循环冷却水的非氧化性杀菌灭藻剂。由于毒性较大及污染环境，其使用受到限制。由苯酚经碱解、氯化、酸化制得。

邻硝基甲苯加氢制邻甲基苯胺催化剂 catalyst for o-nitrotoluene hydrogenation to o-toluidine 又名铜硅胶催化剂。一种用于硫化床邻硝基甲苯加氢制邻甲基苯胺的催化剂。外观为蓝绿色微球。主活性组分为铜，载体为改性硅胶。铜含量15%～20%。堆密度0.5～0.6g/mL。孔体积0.65～0.70mL/g。比表面积350～450m²/g。在反应温度250～300℃，反应压力常压，氢油比＞9的条件下，邻硝基甲苯胺转化率达100%，邻甲基苯胺选择性99.5%，收率＞98.5%。可由特制硅胶浸渍铜组分后经干燥、焙烧制得。

林可霉素 lincomycin 又名洁霉素。由林肯链霉菌林肯变种等产生菌培养液以丁醇萃取、分离而得。其盐酸盐为白色结晶性粉末。有微臭或特臭。味苦。熔点145～147℃。易溶于水、甲醇，稍溶于乙醇。不溶于低极性有机溶剂。抗菌谱与抗菌机制与红霉素相似，主要抑制革兰阳性菌，特别是葡萄球菌。主要用于革兰阳性菌感染，如葡萄球菌、链球菌和肺炎球菌所致的败血症、呼吸道感染、骨髓炎、皮肤组织感染等。

林可霉素类抗生素 lincomycins antibiotics 一类毒性较小的抗革兰阳性菌有效的窄谱抗生素，包括林可霉素及克林霉素。其抗菌谱、抗菌活性和对细菌的作用方式都与大环内酯类抗生素相似，并有部分交叉耐药性，其特点是对厌氧菌的作用强且抗菌谱广，毒性低，口服易吸收，注射剂没有刺激性，对组织渗透性强，骨髓炎疗效较突出等。抗菌谱与红霉素基本相似，对革兰阳性菌的抗菌力强，尤对耐青霉素金葡菌的抗菌作用明显，适用于金葡菌、溶血性链球菌、肺炎球菌和其他敏感菌所致的各种感染。尤对金葡菌所致的急性、慢性骨髓炎是首选药物。

临氢异构降凝催化剂 iso-dewaxing hydrogenation catalyst 一种以贵金属为活性组分、氧化铝分子筛为载体的圆柱形催化剂。中国产品牌号为FTW-1。临氢催化脱蜡可分为异构化脱蜡及择形性裂解脱蜡两种工艺。FTW-1用于异构化脱蜡。适用于处理加氢裂化尾油、加氢精制蜡油,以生产润滑油基础油、白油及橡胶填充油。具有异构降凝活性高、选择性好、稳定性好等特点。由预制载体浸渍贵金属活性组分后,再经干燥、焙烧制得。

磷蛋白 phosphoprotein 一种由蛋白质和磷酸结合而成的结合蛋白质。磷酸基通过酯键与蛋白质的丝氨酸或苏氨酸残基侧链相连接而成为含磷蛋白质,广泛存在于心脏肌质网、骨骼肌质网、哺乳动物乳汁、腺体及脂肪组织。如乳中的酪蛋白、卵黄中的卵高磷蛋白及胃蛋白酶等。如酪蛋白是主要来源于牛乳的磷蛋白,其中的磷以全磷脂化形式与丝氨酸相连。酪蛋白广泛用作化妆品的保湿剂、调理剂及营养剂,可改善皮肤的粗糙度,使皱纹细化。与番木鳖碱配伍可修复头发的破损。

磷地尔 fostedil 又名[4-(2-苯并噻唑基)苯基甲基]膦酸二乙酯。一种含磷的钙拮抗剂。白色晶体。熔点 96~97℃。不溶于水,溶于己烷、氯仿。具有扩张血管和抗高血压作用。其活性与地尔硫䓬相似,但毒副作用小。用于治疗高血压、心律失常与脑血管疾病等。以邻硝基氯苯、硫化钠、对甲基苯甲酰氯为原料制得。

磷化铝 aluminium phosphide AlP 又名磷毒。浅黄色或灰绿色立方晶结晶或粉末。纯品为黄色。松堆密度 0.82g/mL。1100℃升华。微溶于冷水,溶于乙醇、乙醚。与水或稀碱反应可产生磷化氢。与无机酸剧烈反应。与王水混合则可发生爆炸。空气中易潮解。加热至700℃以上时,会氧化成氧化铝及磷酸铝。有半导体特性。剧毒!用作熏蒸杀虫剂。将磷化铝和氨基甲酸铵压成片状,可用于熏蒸原粮、成品粮、种子粮及各种仓储器材,防治谷象、谷皮蠹、米象等的成虫、幼虫和卵等。也可用于其他密闭场所杀虫、灭鼠等。由红磷与铝粉混合后经点火燃烧反应制得。

磷化氢 hydrogen phosphide PH_3 又名膦、磷烷、磷化三氢。无色气体,有大蒜或电石样气味。相对密度 1.183。熔点 -133.8℃(结晶为固体)。沸点 -87.4℃(凝为液体)。临界温度 51.3℃。临界压力 4.33MPa。爆炸极限 1.3%~98%。稍溶于冷水,不溶于热水,溶于乙醇、乙醚及丙酮等。干燥磷化氢约150℃即燃烧,与氧接触会引起爆炸。为较强的还原剂,与氢卤酸反应生成磷盐,与烯烃可进行加成反应,可与多种金属形成有催化作用的配合物。剧毒!用于制造有机磷化合物、杀虫剂、农药熏蒸剂。电子工业用作半导体制造中硅掺杂工艺的磷源。磷化氢因具有老鼠喜闻的大蒜气味,配成毒饵,易诱鼠取食。由白磷与氢氧化钾或磷化钙与盐酸反应制得。

磷化锌 zinc phosphide Zn_3P_2 淡黄色四方晶系结晶粉末。相对密度 4.55(13℃)。熔点≥420℃。1100℃升华(在氢气流中)。难溶于水、乙醇,微溶于碱及油类,溶于苯、二硫化碳。与稀无机酸反应并放出磷化氢气体。浓硝酸及王水能使磷化锌氧化,并发生爆炸。干燥状态下稳定,遇水或湿空气会缓慢分解,遇酸雾会剧烈反应并释出磷化氢。有毒! 误服或吸入可致中毒。硫酸铜对误服中毒有解毒作用。用作速效杀鼠剂,可在鼠胃中被胃酸水解生成磷化氢而致毒。也用作粮食仓库熏蒸杀虫剂及有机磷化剂等。由红磷与锌粉在隔绝空气下经高温反应制得。

磷柳酸 fosfosal 又名磷酰水杨酸、2-(膦酰氧基)苯甲酸。白色固体。熔点168～170℃。溶于水、乙醇、丙酮,不溶于非极性有机溶剂。一种解热、镇痛抗炎药。对关节炎、肌肉骨骼和关节痛的镇痛作用优于阿司匹林、赖氨匹林。用于治疗头痛、牙痛、肌肉痛、神经痛及骨性关节炎等。以水杨酸、五氯化磷、三氯甲烷为原料制得。

磷霉素 phosphonomycin 一种磷霉素类广谱抗生素。磷霉素钠盐为白色粉末。

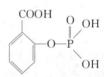

熔点94℃。溶于水。对葡萄球菌、大肠杆菌、变形杆菌、绿脓杆菌都有一定抑制作用。主要抑制早期细胞壁的形成而起杀菌作用。用于这些细菌引起的泌尿系统感染及肺炎、脑膜炎等其他一些感染性疾病的治疗。与青霉素、氨基糖苷类抗生素联合应用有协同作用。毒性较低、副作用较小。可由多种链霉菌培养液分离而得,现以异丁醇为原料合成制得。

磷霉素氨丁三醇 fosfomycin trometamol 又名磷霉素三羟甲基甲胺盐。白色结晶。熔点116℃。溶于乙醇。一种广谱抗生素,其生物利用度为磷霉素钙的3～6倍。用于金葡萄、大肠杆菌、痢疾杆菌及部分链球菌等敏感菌引起的肠道、泌尿系统、皮肤软组织的感染。以丙二烯磷酰二氯、α-苯乙胺等为原料制得。

磷钼酸 phosphomolybdic acid 又名 $H_3PO_4 \cdot 12MoO_3 \cdot 30H_2O$ 或 $H_3PO_4 \cdot 12MoO_3$ 十二磷钼酸。黄色至橘黄色菱形结晶或结晶粉末。相对密度3.15(无水物)、2.53(水合物)。熔点70～80℃。溶于酸、乙醇、乙醚。是一种杂多酸。其酸性比原酸强,只能存在于酸性或中性溶液中,在碱性溶液中常分解为原酸离子。用作甲烷氧化制甲醛、丙烯氧化制丙烯醛、丙烯水合制异丙醇等催化剂,也用作丝及皮革的加重剂、缓蚀剂,以及制造有机颜料等。由三氧化钼的水分散液与95%的磷酸经加热反应制得。

磷钼酸铵 ammonium phosphomolybdate $(NH_4)_3PO_4 \cdot 12MoO_3$ 黄色重质结晶性粉末。是一种半径较大的阳离子(NH_4^+)所形成的杂多酸盐,酸强度高,几乎不溶于水、硝酸、硫酸,溶于碱液。用作固体酸催化剂,用于水合、酯化、脱水等有机合成反应。也用作测定生物碱的试剂及阴离子交换剂。由含有过量氨的磷钼酸溶液结晶得到。

磷酸二氢铵 ammonium dihydrogen phosphate $NH_4H_2PO_4$ 又名磷酸一铵。无色透明四方系结晶或白色粉末。相对密度1.803(19℃)。熔点190℃,同时分解并失去氨和水,生成偏磷酸铵和磷酸的混合物。易溶于水,1%水溶液的pH值4.3～5.0。微溶于乙醇,不溶于丙酮。与氢氧化铵反应生成磷酸二铵及磷酸三铵等。用作木材、纸张及织物的阻燃剂,干粉灭火剂,纤维加工分散剂,食品膨松剂,氮磷复合肥等。在锅炉水及循环水处理中用作水侧金属的阳极缓蚀剂,污水处理中用作生物培养剂,也用于制药、搪瓷等行业。由磷酸与氨中和制得。

磷酸二氢钙 calcium dihydrogen phosphate $Ca(H_2PO_4)_2·H_2O$ 又名磷酸一钙。无色或白色三斜晶系结晶或粉末。相对密度2.22(18℃)。109℃时失去结晶水而成无水物,203℃分解成偏磷酸盐。无水物的相对密度2.546。微溶于冷水。与热水反应生成磷酸、磷酸氢钙及磷酸钙。溶于稀盐酸、稀硝酸及柠檬酸溶液。用于制造搪瓷、玻璃等,也用作植物营养盐、塑料稳定剂、肥料、酿造发酵促进剂。食品工业用作膨松剂、螯合剂、缓冲剂及固化剂等。由磷酸与氢氧化钙或碳酸钙反应制得。

磷酸二氢钾 potassium dihydrogen phosphate KH_2PO_4 又名磷酸一钾。无色或白色斜方(或四方)晶系结晶。相对密度2.338。熔点252.6℃。加热至200℃时开始脱水,240～260℃时转变成偏磷酸钾(KPO_3),400℃时熔融成透明状液体,冷却后固化为不透明的玻璃状偏磷酸钾。溶于水,水溶液呈酸性。不溶于乙醇。易吸湿潮解。用于制造偏磷酸钾及高效磷钾复合肥料。作为非线性光学材料,用于激光调制及倍频。也用作细菌培养剂、饲料添加剂、合成清酒调味剂、食品膨松剂、缓冲剂、螯合剂、发酵助剂及酵母食料等。由磷酸与氢氧化钾或碳酸钾反应制得。

磷酸二氢铝 aluminium dihydrogen phosphate $Al(H_2PO_4)_3$ 又名酸式磷酸铝,双氢磷酸铝,有无水物及液体两种。无水物为粉状晶体,纯品为六方晶系针状或棒状结晶,相对密度2.19;液体为无色黏稠性糖浆状液体,相对密度1.44～1.47。易溶于水,常温下易固化。固化物有良好的红外线吸收能力及绝缘性能。加热至236℃时生成焦磷酸二氢铝,300～400℃时生成三聚磷酸二氢铝,900℃以上生成偏磷酸铝。用作高温窑炉、电炉等的粘接剂,纤维或木材等的膨胀型阻燃剂,陶瓷制品及水泥制品增强剂,耐高温绝缘材料等。由磷酸与氢氧化铝加热反应制得。

磷酸二氢钠 sodium dihydrogen phosphate $NaH_2PO_4·2H_2O$ 又名磷酸一钠。有无水物、一水合物及二水合物三种结晶。常见为二水合物。无色斜方晶系结晶。相对密度1.91。熔点60℃。易溶于水。不溶于乙醇,微溶于氯仿。湿空气中易吸水结块。60～100℃时失去一个水分子,100℃时失去结晶水而生成无水物。无毒。用于制造六偏磷酸钠、缩聚磷酸盐及焙粉等。也用作食品添加剂、金属洗净剂、软水剂、酸中和剂、缓冲剂、油田水基压裂液的pH值调节剂等。由纯碱或磷酸氢二钠中和磷酸制得。

磷酸钙 calcium phosphate $Ca_3(PO_4)_2$ 又名磷酸三钙、正磷酸钙、原磷酸钙。有$\alpha、\beta、\alpha'$三种晶型及一种无定形结构。α型为无色至白色单斜晶系结晶,相对密度2.81~2.87,在1180~1430℃稳定;β型为无色至白色三斜晶系结晶,相对密度3.14,在1180℃以下稳定,属常温稳定态;α'型为无色至白色单斜晶系结晶,在1430℃以上稳定。结晶型的熔点为1720℃。β型加热至1180℃时可转变成α型,加热至1430℃则变成α'型。无定形为白色粉末,无臭、无味,相对密度3.14,熔点1670℃,折射率1.63。溶于水,不溶于乙醇。用于制造磷酸、乳白玻璃、骨灰瓷等。也用作塑料稳定剂、磨光粉、牙科粘接剂、饲料添加剂、医用制酸剂及肥料等。食品工业用作抗结块剂、pH值调节剂、钙强化剂、增香剂等。由氯化钙溶液与磷酸三钠溶液反应制得。

磷酸锆载银抗菌剂 zirconium phosphate carrier Ag anti-bacteria agent 指在有机胺存在下,用可溶性银化合物使银离子进入至磷酸锆$[Zr_3(PO_4)_2]$层间进行离子交换制得的载银磷酸锆无机抗菌剂。粒径范围为0.3~0.5μm。有优良的耐热性能,经1000℃灼烧,抗菌活性无明显变化。具有广谱、高效抗菌性,对革兰氏阴性或阳性菌、霉菌、大肠杆菌、金黄色葡萄球菌等都有明显的抑制及杀灭效果,并具有持久抗菌性能。将它加入至塑料、陶瓷、涂料等中,可制取抗菌塑料、抗菌陶瓷及抗菌涂料等。参见"沸石载银抗菌剂"。

磷酸化二淀粉磷酸酯 phosphated distarch phosphate 一种变性淀粉。白色或近白色粉末或颗粒。无臭无味。溶于水,极难溶于乙醇,不溶于乙醚和氯仿。溶解性及膨润性均优于原淀粉。透明度为18%~25%。主要用作食品添加剂,如食品增稠剂、稳定剂及黏合剂。可单独使用也可与其他增稠剂并用。由淀粉与磷酸盐在碱性催化剂作用下生成淀粉磷酸酯后,再经交联制得。

磷酸邻三甲苯酯 tri-o-cresyl phosphate

又名磷酸邻三甲酚酯。无色至浅黄色油状透明液体。相对密度1.183(25℃)。沸点410℃(部分分解)。凝固点-30℃。闪点>225℃。难溶于水,溶于醇、醚、酮及芳香烃。用作聚氯乙烯主增塑剂,具有挥发性低、电性能、阻燃性及防霉性好等特点,用于制造电线电缆、人造革、薄板等。也用作胶黏剂的增塑剂及防腐剂,硝酸纤维素及氯丁橡胶的增塑剂及软化剂。有毒!对中枢神经有毒害作用,不能用于食品及医药包装材料、儿童玩具等。由亚磷酸邻三甲苯酯与氯气反应生成磷酰氯邻三甲苯酯后,再经水解制得。

磷酸铝 aluminium phosphate $AlPO_4$ 无色或白色六方晶系结晶或无定形粉末。相对密度 2.56。折射率 1.546。熔点>1500℃(分解)。高温下不熔融而成胶体,584℃以下生成稳定的 α-$AlPO_4$。不溶于水,溶于硝酸、盐酸、乙醇。磷酸铝也存在二水合物($AlPO_4 \cdot 2H_2O$),为无色正交晶系结晶,相对密度 2.54,加热至 200～300℃时成无水磷酸铝。用于制造防火涂料、陶瓷、医药制剂等。也用作特种玻璃助熔剂、有机合成催化剂、导电水泥添加剂、牙科材料粘接剂、织物抗污剂等。由磷酸与偏铝酸钠反应制得。

磷酸铝钠 sodium aluminium phosphate $NaAl_2H_4(PO_4)_8 \cdot 4H_2O$ 又名酸式磷酸铝钠。白色粉末。微溶于水,溶于盐酸。水溶液呈酸性。加热至 130～170℃时失去结晶水而成无水物。无水物发生晶体结构重排,即使再水合时,也不能恢复其原有晶体结构。用作食品发酵膨松剂,具有提供大容积、高白度和粘接弹性物成饼状的性能。也用作饲料添加剂,可抑制家禽家畜脂肪的生长,从而控制肉类的脂肪。由精制磷酸与碳酸钠、氢氧化铝反应制得。

磷酸镁 magnesium phosphate $Mg_3(PO_4)_2$ 又名磷酸三镁。无色或白色正交晶系结晶或粉末。相对密度 2.20。熔点 1184℃。不溶于水、氨水,易溶于无机酸。存在多种水合物,四水磷酸镁为白色单斜晶系结晶,相对密度 1.64(15℃),微溶于水,溶于无机酸;八水磷酸镁为无色单斜晶系结晶或白色片状结晶,相对密度 2.41,不溶于水,溶于无机酸,加热至 400℃脱水形成无水磷酸镁。$Mg_3(PO_4)_2 \cdot 22H_2O$ 为无色粒状结晶,不溶于水,溶于无机酸,100℃时脱水成八水磷酸镁。用作塑料阻燃剂及稳定剂,牙膏摩擦剂及磷酸氢钙的稳定剂,饲料添加剂,骨移植黏合剂。食品工业用作 pH 值调节剂、营养增补剂及抗结剂。由磷酸与氧化镁或氢氧化镁反应制得。

磷酸脲 urea phosphate $H_3PO_4 \cdot CO(NH_2)_2$ 又名尿素磷酸盐。无色透明棱柱状晶体。相对密度 1.74。熔点 117.3℃。具有平行层状结构,层与层间由氢键连接。易溶于水、乙醇。水溶液呈酸性,1% 水溶液的 pH 值为 1.8～1.9。不溶于乙醚、甲苯、四氯化碳。受热易分解。用作氮磷复合肥料、饲料添加剂。也用作湿法磷酸净化剂、塑料阻燃剂、金属表面处理剂、洗涤助剂等。还用作青贮饲料保藏剂,可有效保存饲料营养成分,特别是保护胡萝卜素的含量。由磷酸与尿素反应制得。

磷酸氢二铵 diammonium hydrogen phosphate $(NH_4)_2HPO_4$ 又名磷酸二铵。无色透明单斜晶系结晶或白色粉末。味咸。相对密度 1.619。155℃分解成磷酸二氢铵。216℃以上转变成偏磷酸铵。露置于空气中逐渐失去氨而成磷酸二氢铵。易溶于水,不溶于乙醇、丙酮。用作纸张、织物及木材的阻燃剂,干粉灭火剂,食品膨松剂,饲料添加剂,锅炉软水剂及缓蚀剂等。也用作铜、锡、锌等的焊接熔料,酵母培养养料,以及用于毛织物铬染、制药、陶瓷、印刷制版等领域。由磷酸与氨或氢氧化铵中和至第二氢离子被取代而得。

磷酸氢二钾 potassium hydrogen phosphate K_2HPO_4 又名磷酸二钾、二盐基磷酸钾。无色或白色四方晶系板状或针状结晶。溶于水、乙醇。水溶液呈碱性。1%水溶液的pH值为9。从反应液析出结晶时,其所含结晶水会因析出温度而变化:$K_2HPO_4 \cdot 6H_2O \xrightarrow{14.3℃} K_2HPO_4 \cdot 3H_2O \xrightarrow{48.3℃} K_2HPO_4$;在45~54℃时会混有少量 $K_2HPO_4 \cdot H_2O$;更高温度析出的结晶为无水物。灼烧时变成焦磷酸钾。用作锅炉软水剂、滑石粉脱铁剂、饲料添加剂及pH值调节剂等。医药及发酵工业上用作磷、钾调节剂及细菌培养剂。食品工业用作膨松剂、缓冲剂及螯合剂等。由磷酸与碳酸钾反应制得。

磷酸氢二钠 sodium hydrogen phosphate Na_2HPO_4 又名磷酸二钠。在不同温度下从溶液中可获得1、2、7、8、12水合物及无水物等6种结晶,工业品主要为七水合物、十二水合物及无水物。十二水合物为无色半透明单斜晶系结晶,相对密度1.52,熔点34.6℃,易溶于水,水溶液呈碱性,不溶于乙醇。在常温下风化或在35.1℃下熔融,会失去5个分子结晶水而成七水合物。七水合物相对密度1.679,在48℃下失去5个分子结晶水成二水合物,在约100℃时成无水物,250℃时生成焦磷酸钠。用作食品及饲料添加剂、缓蚀剂及锅炉水软化剂、阻燃剂、脱铁剂、丝的增重剂、洗涤助剂等。由磷酸或磷酸氢二钙与纯碱反应制得。

磷酸氢钙 calcium hydrogen phosphate $CaHPO_4 \cdot 2H_2O$ 又名磷酸二钙、二水合磷酸钙。白色单斜晶系结晶粉末。无臭、无味。相对密度2.306。白度>90。微溶于水、稀乙酸,溶于稀盐酸及硝酸,不溶于乙醇。20%悬浮水溶液的pH值为7.8~8.3。109℃失去结晶水,400℃以上形成焦磷酸钙。牙膏中用作摩擦剂,是一种温和而摩擦力低的原料。医药上用作药片填充剂、吸附剂及钙和磷的补充剂,塑料生产中用作填充剂、稳定剂及薄膜开口剂。食用级磷酸氢钙用作饼干疏松剂、酵母培养剂、面包改良剂等。也用作饲料添加剂。由磷酸二氢钠与氯化钙经复分解反应制得。

磷酸三苯酯 triphenyl phosphate 简称TPP。

$$\begin{matrix} C_6H_5O \\ C_6H_5O-P=O \\ C_6H_5O \end{matrix}$$

白色针状结晶或粉末。无臭。相对密度1.185(25℃)。熔点48.4~49℃。沸点245℃(1.467kPa)。闪点223℃。不溶于水,溶于乙醇,易溶于乙醚、苯、丙酮、氯仿。有阻燃性。用作工程塑料、酚醛树脂层压板、纤维素树脂、天然及合成橡胶的阻燃增塑剂。具有挥发性低、阻燃性好、能赋予制品柔软性及强韧性,但耐光性差,不宜用于白色或浅色制品。毒性中等,不能用于接触食品的制品。还用作合成橡胶耐汽油剂、黏胶纤维樟脑的不燃性代用品,以及用于制造磷酸三甲酯等。由苯酚与三氯化磷及氯气反应生成二氯代磷酸三苯酯后,再经水解制得。

磷酸三丁酯 tributyl phosphate 又名磷酸正丁酯。无色透明液体。相对密度 0.978。熔点低于 $-80℃$。沸点 $289℃$（分解）。闪点 $146℃$。折射率 1.4215（$25℃$）。黏度 $4.1mPa·s$（$25℃$）。微溶于水,溶于多数有机溶剂,不溶或微溶于甘油、乙二醇及胺类。中等毒性! 对皮肤、黏膜有刺激作用。用作纤维素树脂、聚氯乙烯及氯化橡胶等的增塑剂、橡胶阻燃剂,乳液涂料、胶黏剂及墨水等的消泡剂,稀有金属萃取剂,润滑油添加剂,以及用于制造除草剂、杀菌剂等。由正丁醇与三氯氧磷反应制得。

$$\begin{matrix} C_4H_9O \\ C_4H_9O-P=O \\ C_4H_9O \end{matrix}$$

磷酸三（二氯丙基）酯 tri(dichloropropyl) phosphate 淡黄色透明黏稠液体。磷含量 7.2%。氯含量 49.4%。

$$\begin{matrix} OCH_2CHClCH_2Cl \\ O=P-OCH_2CHClCH_2Cl \\ OCH_2CHClCH_2Cl \end{matrix}$$

相对密度 1.5129。熔点 $5℃$。沸点 $>200℃$（$0.533kPa$）。折射率 1.5019（$25℃$）。起始分解温度 $230℃$。黏度 $1700\sim1900mPa·s$（$25℃$）。不溶于水,溶于乙醇、苯、四氯化碳、氯仿等。一种含磷及氯的添加型磷酸酯类阻燃剂。阻燃效能高、挥发性小、耐油及耐水解性好,适用于各种聚氨酯泡沫塑料、聚氯乙烯、环氧树脂、不饱和聚酯及各种纤维的阻燃。也用作防火涂料的添加剂,阻燃效果明显。由环氧氯丙烷及三氯氧磷在三氯化铝催化剂存在下反应制得。

磷酸三（2,3-二溴-1-丙基）酯 tri(2,3-dibromo-1-propyl) phosphate 又名三（二溴丙基）磷酸酯。淡黄色透明黏稠性液体。相对密度 $2.10\sim2.3$。熔点 $-8\sim-3℃$。沸点 $110\sim130℃$（$0.13kPa$）。折射率 1.5790。黏度 $1400\sim1700mPa·s$（$25℃$）。磷含量 4.4%。溴含量 68.7%。不溶于水,溶于乙醇、丙酮、苯。有毒! 一种含磷及溴的添加型阻燃剂,具有显著阻燃作用及持久性,并兼有增塑作用。适用于聚氯乙烯、聚苯乙烯、聚氨酯、不饱和聚酯、丙烯酸树脂及纤维素树脂等。在三氯化铝催化剂存在下,由三氯氧磷与 2,3-二溴丙醇反应制得。

$$\begin{matrix} CH_2Br-CHBr-CH_2O \\ CH_2Br-CHBr-CH_2O-P=O \\ CH_2Br-CHBr-CH_2O \end{matrix}$$

磷酸三甲苯酯 tricresyl phosphate 又名磷酸三甲酚酯,简称 TCP。为甲酚各种异构体混合物的磷酸酯。无色至淡黄色透明油状液体。无臭,略有荧光。相对密度 1.162（$25℃$）。熔点 $-34℃$。闪点 $230℃$。不溶于水,与醇、醚、苯等有机溶剂混溶。有阻燃性。用作乙烯基树脂、硝酸纤维素等的阻燃性主增塑剂,用于制造人造革、薄膜、片材、电线电缆等,可改善产品的加工性、抗污染性、阻燃性、防霉性及耐磨性等。有毒! 对人体中枢神经有毒害作用,不能用于食品及医药包装材料、儿童玩具。还用作合成橡胶及树脂漆的

$$\left[\begin{matrix} \\ CH_3 \end{matrix}\right]_3 -O-P=O$$

阻燃增韧剂、汽油及润滑油添加剂等,其主要缺点是低温性能较差。由混合甲酚与氯化磷反应生成亚磷酸三甲苯酯后,与氯气反应生成二氯代磷酸三甲苯酯,再经水解制得。

磷酸三钾 tripotassium phosphate K_3PO_4 又名磷酸钾。无色斜方晶系结晶或白色粉末。相对密度 2.56(17℃)。熔点 1340℃。微溶于冷水,易溶于热水,水溶液呈强碱性。不溶于乙醇、丙酮。在结晶析出过程中,可形成 3、7、8、9 等多种水合物。其中 $K_3PO_4 \cdot 3H_2O$ 为六方晶系结晶,在 45.1℃时自溶于结晶水中。有强腐蚀性。用于制造液体肥皂、优质纸张、医药制剂及磷钾肥料。也用于汽水精制及用作锅炉软水剂。食品工业用作乳化剂、调味剂、钾强化剂、肉类粘接剂等。由磷酸与氢氧化钾反应制得。

磷酸三(2-氯丙基)酯 tri(2-chloropropyl)phosphate 又名三(2-氯丙基)磷酸酯。无色至淡黄色油状液体。

$$(CH_3-CH-O)_3-P=O$$
$$\quad\quad\quad |$$
$$\quad\quad\; CH_2Cl$$

磷含量约 9.5%。氯含量约 32.5%。相对密度 1.28～1.30。熔点 -42℃。沸点不低于 200℃(2.533kPa)。分解温度不低于 230℃。折射率 1.461～1.466。微溶于水,溶于乙醇、丙酮、氯仿及酯类溶剂。一种含有磷及氯的添加型阻燃剂,有较好的阻燃效能,并兼有增塑、抗静电、抗紫外线及防潮等作用。主要用于聚氨酯泡沫塑料阻燃,也适用于聚氯乙烯、不饱和聚酯、橡胶、纤维等阻燃,由环氧丙烷与三氯氧磷反应制得。

磷酸三(2-氯乙基)酯 tri(2-chloroethyl) phosphate 又名磷酸三(β-氯乙基)酯、三氯乙基磷酸酯。无色至淡黄色透明液体。

$$ClCH_2CH_2O$$
$$ClCH_2CH_2O-P=O$$
$$ClCH_2CH_2O$$

相对密度 1.423～1.428。熔点 -64℃。沸点 194℃(1.33kPa)。折射率 1.414。分解温度 240～280℃。黏度 38～47mPa·s(20℃)。磷含量 7.2%。氯含量 49.1%。微溶于水,溶于醇、醚、酮、酯、芳烃等有机溶剂。是应用较早而又价廉的添加型阻燃剂,广泛用于合成树脂及纤维素树脂等的阻燃,也用作聚氯乙烯阻燃增塑剂、硝酸纤维素涂料阻燃剂、金属萃取剂、汽油添加剂及聚酰亚胺加工助剂等。由三氯氧磷与环氧乙烷在偏钒酸钠催化剂存在下反应制得。

磷酸三钠 trisodium phosphate 又名磷酸钠。无色六方晶系针状结晶。无臭。相对密度 1.62。熔点 73.4℃。折射率 1.446。溶于水,水溶液呈碱性,不溶于乙醇。加热至 55～65℃脱水而成十水合物,65～100℃脱水成六水合物,100～120℃脱水成半水合物,212℃以上即变为无水物(Na_3PO_4)。无水物相对密度 2.537(17.5℃),熔点 134℃。用作水软化剂、洗涤剂、脱脂剂、金属防锈剂、乳液聚合分散剂、显影剂、织物丝光增强剂、牙科黏合剂、缓冲剂、钻井液降黏剂及食品品质改良剂等。由磷酸氢二钠与氢氧化钠反应制得。$Na_3PO_4 \cdot 12H_2O$

磷酸三异丙基苯酯 isopropylated triphenyl phosphate 又名异丙基化三苯基

$$\left[\underset{R}{\underset{|}{\bigcirc}}-O\right]_3 P=O$$

（R 为 CH_3 或异丙基）

磷酸酯。无色至浅黄色透明油状液体。磷含量 $7.4\%\sim8.6\%$。相对密度 $1.165\sim1.185$。燃点 550℃。闪点 >220℃。黏度 43mPa·s(43℃)。不溶于水，溶于甲苯、甲乙酮、甲醇。是一种不含卤素的添加型阻燃剂，具有挥发性低、耐水解稳定性及耐变色性好等特点。适用于聚氯乙烯、软质聚氨酯、合成橡胶及纤维素树脂。也用作工程塑料的阻燃操作助剂及阻燃增塑剂。

磷酸三辛酯 trioctyl phosphate 又名磷酸三(2-乙基己基)酯，简称 TOP。

$$[CH_3(CH_2)_3\underset{|}{\overset{C_2H_5}{C}}HCH_2O]_3PO$$

无色至浅黄色透明黏稠液体。相对密度 0.926。熔点低于 −90℃。沸点 216℃(0.533kPa)。闪点 215.6℃。微溶于水，溶于丙酮、苯，与汽油、矿物油混溶。用作乙烯基树脂、纤维素树脂及合成橡胶等的阻燃性增塑剂，耐寒性、耐光性、防霉性及电绝缘性均良好。低毒。可用于与食品接触的包装材料，还用作塑料糊的阻燃增塑剂。本品主要缺点是塑化性能较差、迁移性大、热稳定性也稍差，故常与磷酸三苯酯及磷酸二辛酯等并用，适用于模塑、挤塑、压延及涂料等制品。由三氯氧磷与 2-乙基己醇反应制得。

磷酸四钠
见"焦磷酸钠"。

磷酸铁 ferric phosphate 白色至浅黄 $FePO_4 \cdot 2H_2O$ 色单斜晶系结晶或粉末。相对密度 2.74。加热至 140℃时脱去结晶水成无水物。难溶于水、乙醇、硝酸，溶于盐酸、硫酸。在磷酸中可形成无色的配离子[Fe(PO_4)_3]^{6-}，磷酸可使 $FeCl_3$ 溶液脱色即源于此。除二水合物外，磷酸铁还存在 3、8 水合物。用作微量元素肥料、饲料添加剂、钢材防腐涂层添加剂及制造瓷釉等，也用作食品铁质强化剂、医药补铁剂。由磷酸与三氯化铁反应制得。

磷酸锌 zinc phosphate 又名磷锌白。$Zn_3(PO_4)_2 \cdot 2H_2O$ 无色斜方晶系结晶或浅白色微细粉末。松密度 $0.8\sim1.0$。几乎不溶于水，溶于无机酸、氨水及铵盐溶液。不溶于乙醇。105℃时失去结晶水而成无水物。无水物相对密度 3.998。熔点 900℃。用作防锈涂料、水溶性涂料、醇酸涂料、环氧及酚醛涂料、环氧胶黏剂等的防腐及阻燃性填充剂。能与涂料中的羟基、羧基络合，使颜料与基料及金属之间形成化合结合而提高涂膜的抗渗性，抑制腐蚀电池的形成。也用作牙料黏合剂及氯化橡胶、合成高分子材料的阻燃剂。还用于陶瓷配方，提高制品耐落裂性能。由稀磷酸与氧化锌反应制得。

磷酸盐类胶黏剂 phosphates adhesive 无机胶黏剂的一种，是以酸式磷酸盐、偏磷酸盐、焦磷酸盐或直接以磷酸与金属氧化物、氢氧化物、卤化物、硅酸盐等的反应物为基料组成，并根据使用要求加入适量填料。磷酸盐胶黏剂可用通式 MO·nP$_2$O$_5$ 表示,金属 M 中,离子半径小的金属(如 Al)的粘接性能较好。这类胶黏剂可分为硅酸盐磷酸、酸式磷酸盐、氧化物-磷酸等胶黏剂类型。与硅酸盐类胶黏剂比较,具有耐水性好、固化收缩率小、高温强度大及可在较低温度下固化等特点。用于金属、玻璃、陶瓷、石料等同种或异种材料的粘接。

磷酸酯盐型表面活性剂 phosphate surfactant 通式为(Ⅰ)或(Ⅱ)的阴离子

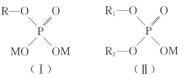

表面活性剂,式中 R、R$_1$、R$_2$ 为烃基,M 为金属离子。分子中有酯和盐的结构。包括烷基磷酸酯盐类、烷基醚硫酸酯盐类、烷基酚磷酸酯盐类、酰胺醚磷酸酯盐类等。一般具有良好的乳化、洗涤、发泡、柔软及抗静电性能。用作分散剂、润湿剂、乳化剂、防锈剂、柔软剂、抗静电剂等。由醇与五氧化二磷反应再经中和制得。

磷钨酸 phosphotungstic acid 一种杂多酸化合物。H$_3$(PW$_{12}$O$_{40}$)·nH$_2$O 白色至微带黄色结晶或粉末。晶体中心结构单元是 PO$_4$ 四面体,通过氧桥和 WO$_6$ 八面体连接。熔点 89℃。溶于冷水、乙醇、乙醚。在酸溶液中稳定,与碱共沸时分解为磷酸盐和钨酸盐。无论在溶液中或在固体中都是很强的 B 酸。其生成的盐既具有 B 酸中心,又有 L 酸中心。水溶液对光不稳定,会缓慢地变为蓝色。可用作均相或多相催化剂,如用作烯烃水合、烷烃异构化及相转移催化剂等。也用作媒染剂、织物抗静电剂、丝或皮革的加重剂、胶黏剂的抗水剂,以及用于制造颜料、定影液等。由钨酸钠与磷酸在盐酸存在下反应制得。

磷脂 phospholipid 含磷酸的脂类物质的总称,结构上为含一个或多个磷酸基的单脂衍生物。为生物细胞中不可缺少的组成部分,广泛存在于动植物及微生物中。动物以脑、肝、卵中的含量较高,植物以种子含量较多,微生物主要存在于细胞膜中。根据其组成和存在部位不同,分为卵磷脂、脑磷脂、心磷脂、肌醇磷脂、缩醛磷脂、鞘氨醇磷脂、磷脂酰甘油等。磷脂是构成生物膜的主要脂质,其脂质体可与细胞膜融合,可将预先封闭在脂质体内的物质输入细胞,它既能携带油溶性成分,又能携带水溶性成分。磷脂类化合物都有良好和稳定的乳化能力。它们之中,有的可作为治疗药物,有的可作为食品或化妆品的增稠剂、增溶剂、乳化剂、润湿剂及营养添加剂等。

膦甲酸钠 foscarnet sodium 又名可耐、宇虹、膦羧基甲酸三钠。白色固体。其六水物(CN$_3$O$_5$P·6H$_2$O)熔点>250℃。

NaO—P(=O)(—ONa)—CO$_2$Na

溶于水。一种主要用于巨细胞病毒感染的药物。有广泛抗病毒作用,能竞争性地抑制多种病毒 DNA 聚合酶,对人巨细胞病毒、乙肝病毒及乙型流感病毒等也有非竞争性的抑制作用。临床用于细胞巨病毒性视网膜炎、单纯疱疹、水痘、带状疱疹等。由亚磷酸二乙酯与氯甲酸乙酯反应后水解制得。

2-膦酰基丁烷-1,2,4-三羧酸 2-phosphonobutane-1,2,4-tricarboxylic acid 简称PBTC。白色玻璃状晶体。溶于水、50%氢氧化钠、浓硫酸、浓盐酸、85%磷酸及乙酸。商品常为无色至淡黄色透明液体。PBTC含量≥50%。相对密度>1.27。pH值1.5～2.0（1%水溶液）。易溶于水，在高温、高碱度、高硬度、高pH值的水质中对二价金属离子有良好的稳定性。用作循环冷却水系统、油田输水管线及污水处理用的缓蚀阻垢剂。与其他水处理药剂有良好的配伍性，也有耐氯、优氯净、强氯精等强氧化剂的氧化分解作用。还用作颜料及钻井泥浆分散剂、金属表面处理剂的添加剂等。由亚磷酸二甲酯与马来酸二甲酯经加成反应后，再与丙烯酸甲酯反应制得。

铃兰毒苷 convallatoxin 又名波各糖苷。一种二糖苷类化合物。白色结晶性粉末。无臭，味苦。熔点235～242℃。难溶于水，溶于乙醇、丙酮，不溶于乙醚、石油醚，具有强心作用，主要用于急性及慢性心力衰弱。口服不易吸收，多注射给药，在体内消除较快，蓄积作用极少。由百合科植物铃兰的叶或花中提取分离而得。

铃兰醛 lily aldehyde 又名百合醛、α-甲基对叔丁基苯丙醛。无色至淡黄色液体。相对密度0.941～0.947。沸点258℃。折射率1.504～1.507。闪点90℃。不溶于水，溶于乙醇、油。具有铃兰、仙客来、紫丁香等香气的醛类合成香料，香气清新幽雅、留香时间持久。广泛用于调配百合、茉莉、铃兰、紫丁香、素心兰香型的化妆品、洗涤剂、香皂用香精。由叔丁基苯甲醛与丙醛经缩合、催化加氢制得。

流变添加剂
见"触变剂"

流滴剂 flow dropping agent 又称防雾剂。聚乙烯或聚氯乙烯等透明薄膜用于农用温室时，由于土壤、植株等表面水分的蒸腾，水蒸气在薄膜表面遇冷凝结成水滴，水滴会减少光照强度，使棚温难以升高、湿度增大，影响植物生长；在包装行业，包装膜内产生雾珠也会导致商品受损或食品腐烂变质。流滴剂就是为防止上述雾害而使用的一类助剂。添加流滴剂的薄膜在一定期限内具有流滴性，当水与膜表面接触时，水会在膜面润湿铺展成连续而均匀的水膜，并沿倾斜的膜面流下，达到防滴效果。流滴剂按加入塑料中的方式，可分为内添加型及外涂型两类；按其起效环境温度可分为低温及高温流滴剂；按流滴持效时间分为短效及长效流滴剂；按化学组成分为高级脂肪酸多元醇及其聚氧乙烯醚或聚氧丙烯醚、高相对分子质量聚醚或聚醚多元醇脂肪酸酯、高级脂肪（酰）胺及其环氧乙烷或环氧丙烷加成物、磷酸酯或其他磷化合物、硼酸酯或其他含硼化合物、聚合物接枝改性材料等。

流滴剂 ATF-1 anti-fogging agent ATF-1 又名防雾剂 ATF-1。淡黄色片状或粒状固体。无味。熔点>50℃。酸值<6mgKOH/g。羟值 295~345mgKOH/g。皂化值 130~160mgKOH/g。不溶于水，溶于多数有机溶剂。用作内添加型流滴剂，用于制造聚乙烯食品包装膜。与聚乙烯相容性好，不影响聚乙烯膜的透明度，尤适用于制造防雾膜母料。

流滴剂 SGW-02 anti-fogging agent SGW-02 又名防雾剂 SGW-02。一种非离子型表面活性剂。外观为黄色或棕黄色粉末。熔点 54~58℃。酸值<10mgKOH/g。羟值 200~400mgKOH/g。皂化值 130~170mgKOH/g。不溶于水，微溶于沸水，溶于乙醇、乙醚、苯等多数有机溶剂。用作内添加型流滴剂。有良好的热稳定性，可提高棚膜温度、增加光照、促进植物光合作用。适用于聚氯乙烯及聚乙烯薄膜。

流滴剂 SPN-3 anti-fogging agent SPN-3 又名防雾剂 SPN-3。象牙色至淡黄色固体。熔点 41~45℃。总酸值 35~45mgKOH/g。皂化值 90~105mgKOH/g。挥发分≤1.2%。不溶于水，溶于乙醇、丙酮、苯、氯仿等。用作内添加型流滴剂，尤适用于聚乙烯塑料薄膜。具有流滴性优良、流滴持效期长、流滴效果均衡等特点，而且加工过程中烟雾较小、热稳定性好。

流平剂 levelling agent 能使涂料充分流动形成均匀、平整、光滑涂膜的涂料添加剂。涂料能否达到平整光滑的特性，称为流平性，是反映涂料质量优劣的重要技术指标。流平剂是一类表面张力很低的表面活性剂，其作用机理为：①降低涂料与底材之间的表面张力，使涂料与底材有良好的润湿性；②在涂膜表面形成极薄的单分子层，以提供均匀的表面张力；③调整溶剂蒸发速度及体系黏度，延长流平时间。常用流平剂分为三种类型：①以高沸点溶剂为主要成分的流平剂，主要成分是高沸点的芳烃类、酯类、酮类、醚类及醚酯类等组成的混合溶剂；②改性聚二甲基硅氧烷型流平剂，主要有聚甲基硅氧烷、聚甲基苯基硅氧烷、聚醚改性聚甲基硅氧烷等；③相容性受限制的长链树脂型流平剂，常用的有丙烯酸酯均聚物或共聚物、改性聚丙烯酸酯、丙烯酸碱溶树脂等。

流平剂 DE 系列 levelling agent DE series 一类主要组分为改性聚硅氧烷或有机硅的涂料流平剂，有多种牌号。DE1811、DE1829、DE1856 流平剂主要组分为改性聚硅氧烷或反应性有机硅，外观为琥珀色液体或膏状物，相对密度 0.92~1.04，闪点分别为 7℃、101℃、67℃，黏度分别为 0.7~1.4mPa·s、1500mPa·s、310mPa·s，与丙烯酸、环氧、聚酯、聚氨酯等涂料体系相容性好，适用作溶剂型涂料及油墨等流平剂；DE2845、DE2856、DE2859、DE2886 流平剂的主要组分是改性反应型有机硅，外观为无色至浅黄色透明液体,相对密度 0.97～0.99,黏度分别为 500 mPa·s、45 mPa·s、100 mPa·s、80 mPa·s,它们可与涂料树脂交联,参与成膜反应,促进涂膜流平。DE2845 适用于溶剂型、无溶剂型及水性涂料和油墨体系。DE2856、2859、2866 适用于聚氨酯、丙烯酸等涂料体系。DE8220、DE8230、DE8246、DE8260、DE8270、DE8275 的主要组分为改性聚硅氧烷,为无色至微黄色或琥珀色透明液体,相对密度 0.97～1.03,活性成分 100%,适用于溶剂型、无溶剂型涂料及油墨系统。

流平剂 HX 系列 levelling agent HX series 一类改性聚二甲基硅氧烷或聚丙烯酸酯涂料流平剂,有多种商品牌号。HX-3010、HX-3020、HX-3040、HX-3140、HX-3110、HX-3080、HX-3180、HX-3390 的主要组分为聚二甲基硅氧烷溶液,浅黄色透明液体,相对密度 0.88～1.04,溶于甲苯,具有优良的流平、增光效果,适用于溶剂型或无溶剂型涂料;HX-3030、HX-3130、HX-3230 的主要组分为芳烷基改性的聚甲基烷基硅氧烷溶液,浅黄色透明液体,相对密度 0.88。闪点约 10℃,溶于甲苯,适用于亚光涂料、金属涂料等;HX-3070、HX-3170、HX-3270 的主要组分为烷基苯改性聚二甲基硅氧烷,浅黄色透明液体,相对密度 0.99～1.03,是一种具有消泡作用的有机硅型流平剂,在 250℃ 以下不分解,适用于非极性至高极性的溶剂型或无溶剂型涂料;HX-3110、HX-3200、HX-3300、HX-3400 的主要组分是聚丙烯酸酯溶液,浅黄色透明液体,相对密度 0.95～0.96,溶于甲苯,热稳定性及重涂性好,适用于溶剂型涂料及无溶剂型涂料。

留兰香油 spearmint oil 又名薄荷草油、绿薄荷油。无色至黄色或黄绿色透明液体,有清凉的留兰香草香。主要成分为香芹酮、薄荷酮、异薄荷酮、二氢香芹酮、柠檬烯、蒎烯、桉叶油素、辛醇等。相对密度 0.920～0.937。折射率 1.485～1.491。以 1∶1 溶于 80% 乙醇中。也溶于乙醚、丙酮及非挥发性油。为天然食用香味料,存在于留兰香中,大量用于牙膏、漱口水等口腔卫生制品。也用于调配清新的青香型及凉味食品,用作胶姆糖赋香剂。还可作为薄荷油的修饰剂及祛风药物。由唇形科植物绿薄荷(俗称留兰香)的茎、叶经水蒸气蒸馏制得。

硫代二丙酸二硬脂酸酯 distearyl thiodipropionate 又名抗氧剂 DSTP。白色结晶粉末或絮状体。相对密度 1.027。熔点 63～69℃。

$$CH_2-CH_2-COOC_{18}H_{37}$$
$$|$$
$$S$$
$$|$$
$$CH_2-CH_2-COOC_{18}H_{37}$$

不溶于水,溶于乙醇、丙酮、苯、氯仿等,是一种硫代酯类辅助抗氧剂,适用于聚乙烯、聚丙烯、聚氯乙烯、聚苯乙烯及 ABS 树脂等,常与受阻酚类抗氧剂并用,具有挥发性小、分解氢过氧化物能力强、抗氧能力强等特点,但与树脂相容性稍差。与紫外线吸收并用可提高制品耐候性,但不宜与受阻胺类光稳定剂并用。也用作合成橡胶防老剂及油脂抗氧剂。由硫代丙酸水解生成硫代二丙酸后与硬脂酸反应制得。

硫代二丙酸二月桂酯 dilauryl thiodipropionate 又名抗氧剂 DLTP、抗氧剂 TPL。白色粉末或鳞片状结晶固体。相对密度 0.965。熔点 38～41℃。

$$\begin{array}{l} CH_2-CH_2-\overset{O}{\underset{\|}{C}}-OC_{12}H_{25} \\ S \\ CH_2-CH_2-\overset{O}{\underset{\|}{C}}-OC_{12}H_{25} \end{array}$$

不溶于水,溶于苯、丙酮、汽油及石油醚等。低毒。是一种硫代酯类辅助抗氧剂。常用于聚烯烃、聚苯乙烯、聚氯乙烯、ABS等热塑性树脂,具有不着色、不污染等特点。与受阻酚等主抗氧剂并用有显著协同效应。也用作橡胶防老剂,油脂及焙烤食品的抗氧剂。由丙烯腈与硫化钠反应生成硫代丙二酸,水解后生成硫化二丙酸,再与月桂醇反应制得。

L-硫代脯氨酸 L-thiaproline 又名噻唑烷-4-甲酸。白色结晶。熔点 196～197℃(分解)。溶于水、乙醇,难溶于丙酮。一种氨基酸类药物。具有使癌细胞逆转为正常细胞的功能,对肺部转移的头颈部鳞状细胞癌具有显著疗效。对乳腺癌、卵巢癌、甲状腺癌及肾癌也有一定疗效。在治疗剂量范围内,毒副作用很小。还可用于肝肠功能紊乱、肝硬化及肝皮脂腺病等的治疗。以 L-半胱氨酸、甲醛及吡啶等为原料制得。

硫代糠酸甲酯 methyl-2-thiofuroate 浅黄色液体。相对密度 1.196。沸点 66℃(1.995kPa)。天然存在于咖啡中,有硫黄气息及轻微干酪香、烤肉香。用作食用香料,用于调配花椰菜、芦笋用蔬菜香精,奶酪、咖啡、肥猪肉及肉肠类香精。由甲乙酐与糠硫醇在无水甲酸钠存在下反应制得。

硫代磷酸三苯酯 triphenyl thiophosphate 白色片状固体。相对密度 1.19。熔点 51～54℃。闪点 200℃。磷含量 8.9%。硫含量 9.3%。不溶于水,溶于多数有机溶剂。用作润滑油无灰极压抗磨添加剂,具有优良的抗磨性、抗氧性、热稳定性及颜色安定性,对铜金属无腐蚀。用于调制抗磨液压油、油膜轴承油、液力传动油及汽轮机油等。

硫代硫酸铵 ammonium thiosulfate $(NH_4)_2S_2O_3$ 又名铵海波。无色单斜晶系结晶。相对密度 1.641(23℃)。极易溶于水,稍溶于丙酮,不溶于乙醇、乙醚。水溶液呈酸性。空气中极不稳定。工业品中常加入少量铵盐,以减缓分解过程。加热至 150℃分解生成亚硫酸铵、氨、硫化氢、硫黄及水等。水溶液久置时析出硫。56℃以上的浓水溶液会逐渐分解成硫酸盐及硫黄。用照相高温快速定影剂、无氰镀银的络合剂、金属表面清净剂、铝镁合金浇铸保护剂、有机合成还原剂及鞣革剂等。由亚硫酸铵与硫黄反应制得。

硫代硫酸钠 sodium thiosulfate $Na_2S_2O_3 \cdot 5H_2O$ 又名大苏打、海波。无色透明单斜晶体。无臭,具吸湿性,有清凉而带苦性的味道。相对密度 1.729(17℃)。熔点 40～

45℃。在干燥空气中超过33℃即产生风化,热至18℃以上即溶于它本身的结晶水中,100℃时失去结晶水成无水物。灼烧时分解成硫化钠和硫酸钠。易溶于水,溶于松节油、液氨,不溶于乙醇。具强还原性,水溶液有溶解卤素及卤化银的特性。用作显影剂、还原剂、纤维漂白后的脱氧剂、饮用水净化剂、混凝土早强剂、聚合反应终止剂、食品抗氧及脱氯剂,以及用于治疗皮肤瘙痒症等。以硫黄、亚硫酸钠及烧碱等为原料制得。

2,2′-硫代双(对叔辛基苯酚)镍 2,2′-thiobis(*p*-tert-octylphenolate) nickel

$$\begin{array}{c}\text{O}\text{—}\text{—}\text{C}(\text{CH}_3)_2\text{CH}_2\text{—}\text{C}(\text{CH}_3)_3\\ \text{N}\diagdown\text{S}\diagup\\ \text{O}\text{—}\text{—}\text{C}(\text{CH}_3)_2\text{CH}_2\text{—}\text{C}(\text{CH}_3)_3\end{array}$$

又名光稳定剂AM-101。绿色粉末。相对密度1.06。不溶于水,在醇、醚、酮、芳烃等常用溶剂中溶解度较低。最大紫外线吸收波长为290nm(氯仿中)。是一种猝灭型光稳定剂,对聚烯烃薄膜及纤维的光稳定性效果优良,用于纤维制品有良好的洗涤性,与紫外线吸收剂并用有较强协同作用。因分子结构中含有硫原子,高温加工时会使制品变黄,故不适用于透明制品。以二异丁烯、苯酚、二氧化硫及乙酸镍等为原料制得。

2,2′-硫代双(对叔辛基苯酚)镍-正丁胺配合物 2,2′-thiobis(*p*-tert-octylphenolate)-*n*-butylamine nickel 又名光稳定剂1084。淡绿色粉末。相对密度1.367。熔点258~261℃。不溶于水,微溶于乙醇、甲乙酮,溶于甲苯、氯仿、四氢呋喃等。能吸收波长为270~330nm的紫外线。最大紫外线吸收波长296nm(氯仿中)。用作聚乙烯、聚丙烯等的优良光稳定剂,光稳定效果及高温加工性能好,制品着色性小,还兼有抗氧作用。因对聚烯烃所用染料有螯合作用,故可改善染色性能。以对叔辛基苯酚、二硫化碳、正丁胺及乙酸镍等为原料制得。

2,2′-硫代双(4-甲基-6-叔丁基苯酚)
见"抗氧剂2246-S"。

4,4′-硫代双(2-甲基-6-叔丁基苯酚)
见"抗氧剂736"。

4,4′-硫代双(3-甲基-6-叔丁基苯酚)
见"抗氧剂300"。

硫代异丁烯 sulfurized isobutylene

$$\begin{array}{c}\text{CH}_3\text{CH}_3\\ \text{H}_3\text{C}\text{—}\underset{|}{\text{C}}\text{—}\text{CH}_2\text{—}\text{S}\text{—}\text{S}\text{—}\text{CH}_2\text{—}\underset{|}{\text{C}}\text{—}\text{CH}_3\\ \underbrace{}_{\text{S}}\end{array}$$

桔黄色至琥珀色透明油状液体,相对密度1.10~1.20。闪点120℃。运动黏度(100℃)5.5~8.0mm²/s。硫含量40%~46%。油溶性好。是一种广为应用的润滑油极压抗磨剂。有良好的极压抗磨性及抗冲击负荷性。对铜腐蚀性小。是硫磷型齿轮油中必用的含硫主剂。用于调配齿轮油、金属加工用油及润滑脂、抗磨液压油等。以异丁烯、一氯化硫、硫化钠等为原料反应制得。

硫靛类染料 thioindigoid dyes 靛蓝分子中的亚氨基被硫原子取代后的衍生物称为硫靛。硫靛本身的工业价值并不大,它的氯代或甲基取代的衍生物则是优良的还原染料。用作染料或颜料的硫靛类化合物,其分子结构既有顺式的,又有反式的。通常是由带有相应取代基的中间体合成制得。如还原桃红 R(又名硫靛玫瑰红),是以邻甲苯胺为原料,与一氯化硫作用在氨基对位上引进氯原子,然后注碱水解,与氯乙酸缩合,再经重氮化、氰化、氧化制得。主要用于棉织物的印花、染色,也用于锦纶、黏胶、蚕丝的染色及印花。

硫靛类颜料 thioindigoid pigment 以硫靛为主干的各种衍生物。在《染料索引》上收录的主要品种有 C.I. 颜料红 86、87、88、181,颜料紫 36、38,颜料棕 27 等。这类颜料的特点是色光鲜艳、着色力强,可用于塑料、涂料、印刷油墨等的着色,也可用于香皂、指甲油、唇膏等日用化学品着色。将硫靛经氯代反应,制得 4,7,4′,7′-四氯硫靛,即制成带红光紫色的硫靛枣红。

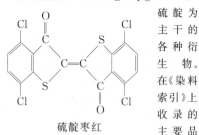

硫靛枣红

硫回收尾气加氢催化剂 sulfur recovery catalyst for exit gas hydrogenation 用于克劳斯法脱硫尾气的加氢水解(如斯科特工艺过程)。在本催化剂作用下,将克劳斯法脱硫尾气中残余的 SO_2 及其他硫化合物加氢还原成 H_2S,再用醇胺溶液吸收 H_2S,吸收富液经再生释放出 H_2S,返回克劳斯装置,回收硫黄。产品牌号为 $\phi 4\sim 6$ 灰蓝色小球,主要组成为 Co、Mo/Al_2O_3。操作条件:床层进口温度 $260\sim 320℃$、压力 $\leqslant 29kPa$、空速 $1500h^{-1}$。由特制氧化铝载体浸渍 Co、Mo 金属盐溶液经干燥、焙烧制得。

硫化钡 barium sulfide BaS 又名一硫化钡。纯品为无色立方晶体,有 NaCl 型晶体结构。相对密度 4.25($15℃$)。熔点 $1200℃$。折射率 2.155。工业品为灰色或浅棕色粉末。溶于水时水解生成氢氧化钡和硫氢化钡。水溶液呈强碱性。不溶于乙醇。遇酸类放出硫化氢,与硫共热生成多硫化物。在干燥空气中会氧化,潮湿空气中易水解及氧化,并释出硫化氢。于暗处可见磷光。有毒及腐蚀性。用于制造各种钡盐、立德粉、发光涂料等。也用作皮革脱毛剂、杀螨剂、灭菌剂、增重剂,经铜、铋掺杂后可用作 X 射线计量荧光剂。由硫酸钡同煤粉在高温下还原制得。

硫化促进剂 vulcanization accelerator 在橡胶硫化时,添加于胶料中,能加快胶料硫化速度、降低硫化温度、缩短硫化时间、减少硫化剂用量,并能改善硫化胶物理-机械性能的物质,统称为硫化促进剂。它是现代橡胶工业不可缺少的加工助剂之一,可以极大地提高橡胶加工生产效率,使原制品质量均匀、外观好看而色泽鲜艳。种类很多。按硫化促进剂的促进效能可分为超促进剂、半超促进剂、中等促进剂、弱促进剂;按硫化促进剂的酸碱性分为酸性、碱性及中性硫化促进剂;按化学结构可分为噻唑类促进剂、次磺酰胺类促进剂、秋兰姆类促进剂、二代氨基甲酸盐类促进剂、胍类促进剂、黄原酸盐类促进剂、醛胺类促进剂及硫脲类促进剂等。选择硫化促进时应考虑的性能有：焦烧时间长、硫化时间短、无污染性、分散性好、硫化胶性能优良、无毒、无臭、价格低廉等。

硫化钙 calcium sulfide CaS 无色至浅灰色或黄色立方晶系结晶或粉末。相对密度 2.59。熔点约 2400℃。折射率 2.137。微溶于水并会发生水解，溶于酸及铵盐溶液，不溶于乙醇。在空气中易氧化而变成硫代硫酸钙，遇潮湿或二氧化碳会产生有毒的硫化氢气体。含有微量杂质时则成磷光体。有腐蚀性。用于制造发光涂料、硫脲、石灰硫合剂、不含砷的硫化氢、农药、医药制剂等。也用作脱毛剂及荧光粉的基质。由硫酸钙粉与焦炭或木屑在高温下强热还原而制得。

硫化镉
见"镉黄"。

硫化活性剂 vulcanization activator 又称硫化助促进剂。配入橡胶后可增加硫化促进剂活性，因而可减少硫化促进剂用量，提高硫化速度。加入少量活性剂也可提高硫化胶的硫化度，从而改善硫化胶的耐热性能。主要分为无机活性剂及有机活性剂两类，但一些配合物也可用于特种橡胶制品。无机硫化活性剂主要是金属氧化物、氢氧化物及碳酸盐等物质，其中以氧化锌的用量最大。可用于天然及合成橡胶、胶乳等，对噻唑类、次磺酰胺类、秋兰姆类及胍类等硫化促进剂均有活化作用；有机硫化活性剂主要有脂肪酸、弱胺、多元醇及氨基醇等，其中又以硬脂酸最为重要。可用于天然及合成橡胶、胶乳等。配合物硫化活性剂主要有吡啶-氯化锌配合物、二硫化二苯噻唑-氯化锌或硫化镉配合物。主要用作硫黄硫化聚氨酯橡胶的硫化活性剂。

硫化剂
见"交联剂"。

硫化钾 potassium sulfide K_2S 纯品为无色立方晶系结晶。空气中易变成红色或红棕色。有吸湿性。相对密度 1.24。熔点 912℃。易溶于水，水溶液呈碱性。也溶于乙醇、甘油，不溶于乙醚，遇酸释出有毒的硫化氢气体。有强还原性。遇重金属离子可形成相应的硫化物沉淀。高温下能燃烧产生 SO_2 气体。粉末能与空气形成爆性炸混合物。用于制造杀虫剂、脱毛剂及医药制剂等。由金属钾与硫黄在液氨中反应制得。

硫化钠 sodium sulfide Na_2S 又名硫化碱、臭碱、臭苏打。无水物为白色结晶，见光和在空气中会变成黄色或砖红色。有硫化氢气味。极易潮解。相对密度 1.856(14℃)。熔点 1180℃。工业品一般是带有不同结晶水的混合物，因含杂质，其色泽呈粉红、棕红、土黄色等。常见的是 $Na_2S \cdot 9H_2O$，为无色或微紫色的棱柱形晶体。相对密度 1.427（16℃）。熔点 50℃，920℃ 分解。溶于水，微溶于乙醇，不溶于乙醚。水溶液呈强碱性。遇酸分解并释出硫化氢。遇空气中的氧时会被氧化成硫代硫酸钠。有强还原性，能被 F、Cl、I 等定量氧化生成硫。粉末能与空气形成爆炸性混合物。有腐蚀性及刺激性。用于制造硫代硫酸钠、硫氢化钠、多硫化钠及硫化染料等。也用作助染剂、缩聚染料固色剂、生皮脱毛剂及干皮助软剂、纸浆蒸煮剂及油墨、颜料等的添加剂。由硫酸钠与硫化钡经复分解反应制得。

硫化染料 sulfur dyes 又名含硫染料。是芳香族有机化合物和硫黄及多硫化钠经相互作用而生成的染料。分子中存在硫醚。是一类与还原染料相似的不溶性染料。染色时需用硫化钠还原,变为可溶性的具有羟基的隐色体的盐,从而被纤维素纤维所吸收,再在空气中氧化,恢复成原来的不溶性状态而固着于纤维上,从而使纤维染色。有较好的耐洗牢度,日晒牢度仅次于还原染料。主要用于染各类色布,如灯芯绒、劳动布、鞋面布、家具布等。但色谱不全、色光不够鲜艳,以蓝、黑、草绿、棕等为主色。染黑色的棉布储存过久,易脆损,染色时需作防脆处理。

硫化烯烃棉籽油 sulfurized olefin cotton seed oil 又名405油性剂。深棕红色透明黏稠液体。相对密度<0.84。闪点140℃。运动黏度 $28\sim29mm^2/s$ (100℃)。酸值 5 mgKOH/g。硫含量 $7.5\%\sim9.5\%$ 。用作润滑油添加剂,具有抗极压、抗磨及降低摩擦的性能。适用于配制导轨油、切削油、工业齿轮油及极压钙基润滑脂等。由棉籽油及重烯烃经硫化反应制得。

硫化锌 zinc sulfide ZnS 白色粉末,遇光变暗,是金属硫化物中唯一白色者,有 α 及 β 两种晶型。α-ZnS 为六方晶系结晶,相对密度 4.087,熔点 1700℃,升华温度 $1180\sim1185℃$,折射率 2.356;β-ZnS 为立方晶系结晶,相对密度 4.102,折射率 2.368。由 α-ZnS 转变为 β-ZnS 的转变温度为 1170℃。不溶于水、乙酸及碱液,溶于盐酸。在硫化锌中加入微量铜或银离子时可产生荧光颜色。毒性很低,但对皮肤有一定腐蚀性。用于无机颜料、荧光颜料、搪瓷、玻璃、滤光片、半导体材料及激光窗口镀膜等。用它制得的颜料可产生美丽的光泽,且对光稳定,对紫外线反射率高。由硫酸锌溶液与硫化氢反应制得。

硫化银 silver sulfide Ag_2S 浅灰黑色正交晶系结晶或粉末。相对密度 7.234。熔点 845℃。有 α 及 β 两种变体。由硫黄蒸气通入熔融银时所得的为黑色立方晶系 α-Ag_2S;由硫化氢通入硝酸银溶液所得到的是黑色正交晶系 β-Ag_2S。在 179℃ 时,β-Ag_2S 转化为 α-Ag_2S。硫化银不溶于水、硫代硫酸钠溶液及氨水,微溶于热水,溶于硝酸、硫酸及氰化钾溶液。在空气中,H_2S 与金属银缓慢作用生成 Ag_2S,这也是暴露在空气中的银器表面变黑的主要反应。银器表面的 Ag_2S 在碱性溶液中与铝接触后可还原为金属银。用于制造合金、陶瓷及银镶嵌术。农业上用以测定土壤中的 S、Br、Cl、I 等离子。由硝酸银与硫化氢反应制得。

硫化脂肪油 sulfonated fatty oil 深褐色液体。相对密度 0.97。闪点 204℃。硫含量 $10\%\sim17\%$ 。中和值 $7.5\sim8.0mgKOH/g$。赛氏黏度 $1775\sim2900s(37.8℃)$ 。用作润滑油极压润滑剂,具有优良的极压性及润滑性,黏度较低,适用于攻牙、攻丝、打头、车削、自动螺机等各种不同黑色金属加工,也适用于有色金属及铁合金的加工。由动物油经硫化制得。

硫化植物油 vulcanized vegetable oil 又名硫化油,黑油膏。棕褐色非热塑性弹性固体。相对密度 $1.08\sim1.20$。丙酮抽出物 $15\%\sim30\%$。不溶于水,溶于芳烃、氯代烃溶剂,但溶解很慢。有轻微污染性。用作橡胶硫化剂,能使填充剂在胶料中易分散,并使胶料表面光滑、收缩率小,有助于压延、压出及注压操作。还具有耐日光、耐臭氧龟裂及良好的电绝缘性能。因容易皂化,不能用于耐碱及耐油橡胶制品。由菜油、亚麻仁油等不饱和植物油与硫黄反应制得。

硫黄 sulfur 黄色粉末。由硫黄块粉碎而得。硫黄块有结晶型及无定形两种。结晶型又有两种晶型,一种是 α-硫(或斜方硫),为黄色晶体,95.6℃以下稳定,相对密度 2.07(20℃),熔点 112.8℃,折射率 1.957;另一种是 β-硫(或单斜硫),为淡黄色针状晶体,95.6℃以上稳定,相对密度 1.96,熔点 119.25℃,折射率 2.038。不溶于水,微溶于乙醇、乙醚,溶于苯、二硫化碳。α-硫和 β-硫均为 8 个硫原子组成的折皱冠状环形分子结构,纯品在 159℃时其八员环开裂变成线型双自由基,进而生成链状硫黄。无定形硫主要是弹性硫,是将熔融硫注入冷水中制得,不稳定,很快转变为 α-硫。硫黄粉自燃点 190℃,与空气或氯酸钾、高锰酸钾等氧化剂混合易发生爆炸或燃烧。用于制造硫酸、硫化物、荧光粉、杀虫剂、焰火、火柴、药物等。硫黄粉是橡胶最主要的硫化剂,广泛用于制造轮胎、胶管胶鞋等。由自然硫矿提取或加热黄铁矿而得,也可由含硫天然气、石油废气经燃烧回收而得。

硫回收催化剂 sulfur recovery catalyst 又名克劳斯催化剂。用于催化克劳斯反应($2H_2S+SO_2\longrightarrow 3/2S_2+H_2O$)的一种催化剂。主要活性组分为 $\gamma\text{-}Al_2O_3$,并适当加入 MgO、NiO、CuO、TiO_2 等助剂。产品牌号有 NCA-2、NCT-10、TS2-1、YHC-221、LS-811、WHA-201A、AA332-1 等。用于石油化工厂、天然气加工含 H_2S 酸性气体处理过程回收硫黄,也用于焦炉煤气、城市煤气的净化脱硫等。由铝酸钠与无机酸经中和成胶、沉淀、过滤、干燥、成型、焙烧而制得。

硫菌灵 thiophanate 又名托布津,1,2-二-(3-乙氧羰基-2-硫代脲基)苯。无色结晶。熔点 $194\sim195℃$(分解)。几乎不溶于水,溶于丙酮、甲醇、氯仿、环己酮、二甲基甲酰胺,不溶于苯、二甲苯及乙醚。与碱作用生成不稳定的盐溶液,与二价过渡金属(如铜)作用生成配合物。一种广谱内吸性杀菌剂,用于防治各种作物的白粉病、小麦赤霉病、西红柿叶霉病等。也用作工业防霉剂及果蔬消毒剂。由氯甲酸乙酯与硫氰酸钾反应后再与邻苯二胺反应制得。

硫康唑 sulconazole 又名 1-[2-(4-氯苯基甲硫基)-2-(2,4-二氯苯基)乙基]咪唑。临床常用其硝酸盐。硝酸硫康唑为白色结晶。熔点 130.5～132℃。溶于丙酮、乙酸乙酯。一种外用抗真菌药。对发癣菌、白色念珠菌、金黄色葡萄球菌、溶血性链球菌等均有抑制作用。用于治疗手足癣、股癣、体癣的作用优于克霉唑、咪康唑、益康唑，且复发率较低。由 1-(2,4-二氯苯基)-2-2(咪唑-1-基)乙醇经氯化后与对氯苯硫醇反应，再与硝酸成盐而得。

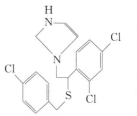

硫磷丁辛基锌盐 sulfur-phosphorus butyl octyl Zinc salt 又名丁辛基二硫代磷酸锌。一种润滑油抗氧抗腐添加剂。浅黄色油状黏稠液体。相对密度（R、R′—丁基、辛基）1.08～1.13。闪点 7180℃。pH 值 5.5。硫含量 12%～18%。磷含量 6.0%～8.5%。锌含量 8.0%～10.0%。有良好的抗氧、抗腐性及一定抗磨性，能有较地防止轴承腐蚀和因高温氧化而导致的油品黏度增大。主要适用于汽油机油，也用于调制齿轮油、液压油等工业用油。与清净剂及无灰分散剂有良好配伍性。不能用于含有银部件的系统中。

硫磷化聚异丁烯钡盐 barium poly-isobutylene thiophosphate 一种硫磷酸盐润滑油清净分散剂，清净性能好，并有一定的抗氧抗腐及低温分散性能，但热稳定性稍差。用于配制中、低档发动机油，不宜用于增压柴油机油中。是在硫黄和硫化烷基酚催化剂存在下，由聚异丁烯与五硫化二磷反应生成无水聚异丁烯的硫磷酸酐，经水解后与氢氧化钡反应制得。

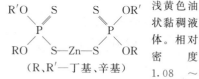

(M—Ba，X—S 或 O，R—$C_{60\sim70}$ 聚异丁烯)

硫磷双辛基锌盐 sulfur-phosphorus bisoctyl zinc salt 又名双辛基二硫代磷酸锌。一种润滑油抗氧抗腐添加剂。黄色至琥珀色透明液体。相对密度 1.06～1.15。闪点＞180℃。pH 值＞5.8。硫含量 14%～18%。磷含量 7.2%～8.8%。锌含量 8.0%～10.5%。热分解温度 230℃。有良好的抗氧、抗腐性及抗磨性，并有较高的热稳定性。常与金属清净剂、无灰分散剂复合用于配制热负荷高的中高档级内燃机油、船用油及抗磨液压油等。

硫磷仲醇基锌盐 sulfur-phosphorus secondary alcohol zinc salt 又名仲醇基二硫代磷酸锌。一种润滑油抗氧抗添加剂。黄色或棕色透明液体。相对密度 1.08～1.15（15.6℃）。闪点 > 100℃。pH 值 5.5。锌含量 9.0。硫含量 15%～19%。磷含量 7.5%。热分解温度 190℃。有良好抗氧、抗腐及耐磨性能，能有效地抑制发动机凸轮及挺杆的腐蚀及磨损。适用于配制高档汽油机油。

硫脲 thiourea 又名硫代碳酰二胺、硫代尿素。白色至浅黄色有光泽晶体。有氨臭气味。相对密度 1.405。熔点 180～182℃。高于熔点时分解。熔融后部分起异构化作用而形成硫氰酸铵。溶于水、乙醇、甲醇、吡啶，难溶于乙醚。有还原性，能使游离态碘还原成碘离子，与金属反应生成盐，也能与多种氧化剂反应生成脲、硫酸及其他有机物。空气中易潮解。可燃。低毒。用于制造甲基脲、二乙基硫脲等硫脲衍生物、染料及磺胺噻唑类药物，也用作环氧树脂胶黏剂的固化促进剂及黏度调节剂，三聚氰胺甲醛树脂胶黏剂的增韧剂，橡胶硫化促进剂，有机合成催化剂，偶氮感光纸还原剂，金属防锈剂等。由石灰乳吸收硫化氢气体生成硫氢化钙后与氰氨化钙反应而得。

$S=C(NH_2)_2$

硫氢化钠 sodium hydrosulfide 又名氢硫化钠。无色针状结晶。味苦。相对密度 1.79。熔点 350℃（分解）。易溶于水、乙醇、乙醚。水溶液呈强碱性。有潮解性。置于空气中易氧化生成硫化硫酸钠。加热分解释出硫化氢气体。工业品常为硫氢化钠溶液，呈橙色或黄色。浓度 36% 及 22% 的氢硫化钠溶液的相对

$NaHS \cdot 2H_2O$

密度分别为 1.25 及 1.17。有毒！用于制造染料中间体、显色剂硫化铵及乙硫醇等。也用于鞣革及生皮脱毛、黏液丝脱硫、铜矿选矿及人造纤维染色助剂等。由烧碱溶液或硫化钠溶液吸收硫化氢气体后经浓缩制得。

硫氰酸铵 ammonium thiocyanate NH_4CNS 又名硫氰化铵。无色单斜晶系叶片状或柱状结晶。相对密度 1.305。熔点 149.6℃。溶于水，易溶于乙醇、液氨、丙酮、吡啶等，不溶于氯仿，水溶液呈弱酸性。与铁盐反应生成血红色硫氰化铁。与浓硫酸反应生成碳酰硫。水溶液在日光作用下呈红色，加热到 70℃ 即有部分转变为硫脲。172℃ 分解为氨、二硫化碳及硫化氢。毒性与硫氰酸钠相近。用于制造杀虫剂、除草剂、医药、染料、氰化物、聚合催化剂、洗印胶片冲洗剂。也用作制造双氧水的辅助原料。由二硫化碳与液氨在加压反应器内反应制得。

硫氰酸钙 calcium thiocyanate 又名硫氰化钙、四水硫氰酸钙。无色或白色结晶或粉末。含杂质铁时呈淡黄色或淡粉红色。易溶于水，溶于乙醇、甲醇及丙酮。160℃ 以上分解，有吸湿性。有毒！摄入剂量大时，能引起黄视症及甲状腺机能损伤。用作媒染剂、杀虫剂、消毒剂、造纸及织物增泡剂、纤维素及丙烯酸酯的溶剂、醋酸纤维处理剂及织物硬化处理剂等。由硫氰酸铵与氢氧化钙经复分解反应制得。

$Ca(CNS)_2 \cdot 4H_2O$

硫氰酸钾 potassium thiocyanate KCNS 又名硫氰化钾。无色单斜晶系

结晶,味咸而苦。见光易分解。相对密度1.886(14℃)。熔点173.2℃。易溶于水,并大量吸热而降温。也溶于乙醇、丙酮、吡啶。低温时稳定。熔融时由棕色转变成绿色至蓝色,冷却后又变为白色。500℃时分解,放出有毒的氰化物和硫化物烟气。与铁盐反应生成血红色硫氰化铁。用于制造硫氰化物、硫脲、农药、芥子油及药物等。也用作制冷剂、电镀作业退镀剂、照相抑制剂及定性检出铁的灵敏试剂。由硫氰酸铵与碳酸钾反应制得。

硫氰酸钠 sodium thiocyanate NaCNS 又名硫氰化钠。无色或白色斜方晶系结晶或粉末。相对密度1.735。熔点287℃。易溶于水、乙醇、丙酮。水溶液呈中性。对光敏感。空气中易潮解。与铁盐反应生成血红色硫氰化铁。与铜盐及银盐反应分别生成黑色硫氰化铜和白色硫氰化银沉淀。与钴盐反应生成深蓝色的硫氰化钴。遇浓硫酸生成黄色硫酸氢钠,并放出有毒气体。用于印染、镀镍黑及制药等。也用于制造电影胶片冲洗剂、人造芥子油、植物脱叶剂、机场道路除莠剂及其他硫氰酸盐。还用作 Fe^{3+} 的定性分析试剂及聚丙烯腈纤维抽丝溶剂。由氰化钠水溶液与硫黄煮沸制得。

硫氰酸亚铜 cuprous thiocyanate CuCNS 白色或灰白色无定形粉末。相对密度2.846。熔点1084℃。不溶于水、乙醇、稀酸,溶于氨水、乙醚、浓酸,易溶于浓的碱金属硫氰酸盐溶液。在浓硫酸中分解,空气中加热至140℃以上时会着火。中等毒性。用作白色颜料,有良好的杀菌、防霉及杀虫活性。可替代氧化亚铜作防污剂,配制彩色船底防污涂料及防污漆。也用作聚氯乙烯的阻燃剂及消烟剂、润滑油添加剂、聚硫橡胶稳定剂、聚合反应调节剂、果树杀虫剂、非银盐系感光材料及玻璃纤维染色载体等。由硫酸铜用亚硫酸钠在碱性条件下还原后,再与硫氰酸钠反应制得。

硫双威 larvin 又名硫双灭多威、拉维因、3,7,9,13-四甲基-5,11-二氧-2,8,14-三硫-4,7,9,12-四氮杂十五烷-3,12-二烯-6,10-二酮。纯品为白色针状结晶。相对密度1.40。熔点173.4℃。蒸气压5.1mPa(20℃)。工业品为淡黄色粉末,稍有硫黄气味。微溶于水,稍溶于甲醇、丙酮,易溶于二氯甲烷。在强酸、强碱中发生水解。一种广谱、高效、内吸性氨基甲酸酯类杀虫、杀螨剂。为灭多威的低毒化衍生物。杀虫活性与灭多威相当,但毒性为灭多威的1/10。对杀灭鳞翅目、鞘翅目及双翅目害虫有效,对杀灭棉铃虫有高效。但对人畜毒性仍较高,对家蚕有高毒,仍要注意施药安全。由吡啶、二氯化硫及灭多威反应制得。

硫酸阿托品 atropine sulfate 又名阿

$$\left[\begin{array}{c}CH_2-CH-CH_2\\ |\\ NCH_3C-O-C-CH-C_6H_5\\ \quad\quad\ \parallel\quad\ \ |\\ \quad\quad\ O\ \ \ \ CH_2OH\\ |\\ CH_2-CH-CH_2\end{array}\right]H_2SO_4\cdot H_2O$$

托平、迪善。含一分子结晶水的无色或白色结晶性粉末。无臭，味苦。熔点 190～194℃。易溶于水、乙醇，不溶于乙醚、丙酮、氯仿。遇光易变质。一种抗胆碱药。为选择性 M 受体阻断剂，能对抗乙酰胆碱及其拟胆碱药的 M 受体有激动作用，能解除平滑肌痉挛、抑制腺体分泌，散大瞳孔，临床上主要用于各种内脏绞痛（如胃痛、肠绞痛、肾绞痛）、散瞳检查、麻醉前给药等，对有机磷杀虫剂中毒能迅速解救。可有口干、眩晕、皮肤潮红、烦躁等副作用。可由呋喃经氧化、氢化、水解、环合、成盐、酯化等多种步骤制得。

硫酸钡 barium sulfate $BaSO_4$ 又名沉淀硫酸钡。无色斜方晶系结晶或白色无定形粉末。相对密度 4.499（15℃）。熔点 1500℃。折射率 1.637。在 1149℃时，由斜方晶体转变为单斜晶体。800℃时可被碳还原成 BaS。1400℃左右开始分解。几乎不溶于水，微溶于沸盐酸，溶于发烟硫酸及熔碱，溶于碳酸碱金属溶液生成碳酸钡。化学性质稳定。天然矿物有重晶石。用于制造陶瓷、搪瓷、颜料及其他钡盐。也用作塑料、橡胶及涂料等的耐燃填充剂，纺织品上浆剂，纸张表面涂布剂，玻璃制品澄清剂，镀镍盐的导电盐等。医药上用作病人做 X 光透视肠胃时的药剂（钡餐）。由氯化钡与硫酸钠经复分解反应制得。

硫酸钙晶须 calcium sulfate whisker 指半水硫酸钙和无水硫酸钙的纤维状单晶体。为在特殊条件下以单晶形式生长的纤维状晶须，原子结构排列高度有序，具有亚微米和纳米级的尺寸。相对密度 2.96。熔点 1450℃。晶须直径 1～4μm，长度 100～200μm。耐热温度 1000℃，具有强度及韧性好、耐高温、耐腐蚀及电绝缘性好等特点。易进行表面处理，与合成树脂及橡胶的相容性好，用作塑料、橡胶等中等强度的增强剂。用于聚丙烯增强可提高抗拉及抗弯强度、热变形温度。用于环氧树脂，可提高胶黏剂的耐高温及耐磨性能。也用于制造摩擦材料。由二水石膏经水热反应转化成 α 型半水石膏过程中生成纤维状、针状晶须。

硫酸锆 zirconium sulfate $Zr(SO_4)_2\cdot 4H_2O$ 无色或白色正交晶系结晶或粉末。相对密度 3.22（16℃）。易溶于水，不溶于乙醇及烃类溶剂。水溶液久置时产生沉淀。在碱性条件下产生白沉淀。加热至 135～150℃时失去三分子结晶水，380℃时失水成无水物。380℃以上时分解并产生 SO_3。除四水合物外，也存在一水、五水及七水等水合物。用于制造其他锆化合物、颜料、锆催化剂及载体等。也用作白色皮革鞣革剂、减摩剂、润滑剂及鱼油脱臭剂等。由于能从溶液中沉淀出钾离子及氨基酸,故可用作蛋白质沉淀剂。由浓硫酸与二氧化锆反应制得。

硫酸铬钾 potassium chromium sulfate $KCr(SO_4)_2·12H_2O$ 又名钾铬矾、铬明矾、铬矾。深紫色或绿色晶体,微显红玉色。相对密度 1.826(25℃)。熔点 89℃。折射率 1.4814。易溶于水,溶于稀酸,不溶于醇。在真空干燥器用硫酸干燥或加热至 25~35℃时可得到紫色的六水合物,加热至 100℃失去部分结晶水而变绿色。110℃时变成二水合物。350℃变成浅黄绿色的无水物,并失去水溶性。用作中性染料的铬络合剂及印染媒染剂、面革鞣制剂、采油压裂液的交联剂、照相胶卷定影坚膜剂、防水剂等。也用于制造搪瓷、玻璃及釉药等。由二氧化硫和重铬酸钾与硫酸的混合液反应制得。

硫酸钴 cobaltous sulfate $CoSO_4·7H_2O$ 粉红色至红色单斜晶系结晶。相对密度 1.948(25℃)。熔点 96.8℃。折射率 1.477。易溶于水、甲醇,稍溶于乙醇。可形成一系列水合物($n=1,2,4,5,6$ 等)。暴露在干燥空气中生成 $CoSO_4·6H_2O$,加热至 100℃时生成 $CoSO_4·H_2O$。用硫酸作干燥剂脱水生成 $CoSO_4·2H_2O$,而用 P_2O_5 作干燥剂在真空中脱水生成 $CoSO_4·H_2O$。加热至 420℃时失去全部结晶水而成无水物($CoSO_4$)。无水硫酸钴为深蓝色立方晶系结晶,相对密度 3.71(25℃),熔点 735℃,并分解为氧化钴、二氧化硫和氧气。用于制造钴颜料、染料、含钴催化剂、蓄电池、陶瓷等。也用作油漆催干剂、泡沫稳定剂、土壤改良剂及饲料添加剂等。由金属钴或氧化钴与硫酸反应制得。

硫酸钾 potassium sulfate K_2SO_4 有 α 及 β 两种晶型。α 型为无色六方晶系结晶,β 型为无色斜方晶系结晶。有苦咸味。相对密度 2.662。熔点 1689℃。α 型与 β 型的转变温度为 588℃。溶于水、甘油,不溶于乙醇、丙酮、二硫化碳。5% 水溶液的 pH 值 5.5~8.5。用于制造钾盐、炸药、染料中间体、玻璃等。农业上用作无氯钾肥。医学上用作缓泻剂。食品级硫酸钾用作通用食品添加剂。由硫酸与氯化钾反应制得。

硫酸肼 hydrazine sulfate $N_2H_4·H_2SO_4$ 又名硫酸联氨。无色或白色斜方晶系结晶或鳞状晶体。相对密度 1.378。熔点 254℃(伴有分解)。微溶于冷水,易溶于热水,不溶于乙醇。水溶液呈酸性。空气中稳定。具强还原性。受热时分解出有毒烟气。蒸气与空气会形成爆炸性混合物。有毒!为人类可疑致癌物。用于制造偶氮二甲酰胺、偶氮二异丁腈及无水肼、异菸肼、呋喃西林、长效磺胺等。农业上用作杀虫剂、灭菌剂。也用作橡胶及塑料发泡剂。化学分析中用于由碲中分离钋等。可在高锰酸钾存在下,由尿素、次氯酸钠、液碱反应生成水合肼,再与硫酸反应制得。

硫酸铝 aluminium sulfate 有无水物 $Al_2(SO_4)_3 \cdot 18H_2O$ 及 16、18、27 等多种水合物存在。其中较稳定的是十八水合物及无水物。过饱和溶液在常温下结晶的是无色单斜晶系的十八水合物,呈片状、粒状或粉状,相对密度 1.69(17℃),溶于水、酸及碱,不溶于乙醇,水溶液呈酸性,250℃时失去全部结晶水成有光泽的无水物。无水硫酸铝为白色结晶性粉末,相对密度 2.71,770℃时分解成三氧化铝及氧化铝。用于制造铝盐、铵明矾、钾明矾、泡沫灭火剂、色淀颜料等。也用作工业水处理的絮凝剂及混凝剂,纸张施胶剂,鞣革剂,媒染剂,除臭脱色剂,油脂澄清剂、固色剂及收敛剂等。由硫酸分解铝土矿而得。或由氢氧化铝与硫酸反应制得。

硫酸铝铵 aluminium ammonium sulfate $AlNH_4(SO_4)_2 \cdot 12H_2O$ 又名铵矾、铵明矾。无色透明正八面体结晶或白色颗粒,味涩带微甜。相对密度 1.645。熔点 94.5℃。溶于水、甘油及稀酸。不溶于乙醇。水溶液呈酸性。93℃时能溶于自身的结晶水中,200℃时完全脱水成为无水物。无水硫酸铝铵又称枯矾或烧明矾,为白色粉末,相对密度 2.45,溶于水,不溶于乙醇。用作水处理絮凝剂、纸张施胶上浆剂、媒染剂、着色剂、收敛剂、利尿剂、淀粉浆糊防腐剂、食品添加剂等。高纯硫酸铝铵可用于制造激光晶体、人造宝石、高压钠灯等。由氢氧化铝与硫酸反应后,再加入硫酸铵反应而得。

硫酸铝钠 aluminium sodium sulfate $AlNa(SO_4)_2 \cdot 12H_2O$ 又名钠明矾、钠矾、铝钠矾。无色立方晶系或单斜晶系结晶或粉末。有咸涩味。相对密度 1.6754。熔点 61℃(溶于自身结晶水)。折射率 1.4388。易溶于水,不溶于乙醇。空气中易风化。加热时失去结晶水而成无水物。无水硫酸铝钠缓慢溶于水,不溶于乙醇。遇碳酸氢钠易放出二氧化碳。用于制造颜料、陶瓷、也用作媒染剂、净水剂及用于鞣革、医药等。食品级硫酸铝钠可用作膨松剂、中和剂、缓冲剂,以及用于砂糖精制。由硫酸铝溶液与硫酸钠或氯化钠反应制得。

硫酸锰 manganous sulfate $MnSO_4$ 又名硫酸亚锰,有无水物及 1、2、3、4、5、6、7 等水合物。结晶时控制温度可制得不同的水合物。常见为一水合物和四水合物。一水硫酸锰($MnSO_4 \cdot H_2O$)又名锰矾,为红色单斜晶系结晶。相对密度 2.45。易溶于水,不溶于乙醇。200℃以上开始失去结晶水,700℃时成为无水盐,850℃时分解并生成 SO_3、SO_2 或 O_2;四水硫酸锰($MnSO_4 \cdot 4H_2O$)为粉红色单斜晶系结晶。相对密度 2.107。易溶于水,不溶于乙醇。54℃时溶于自身结晶水中,280℃时失水成无水物。无水硫酸锰为白色正交晶系结晶。相对密度 3.25。熔点 700℃。850℃分解。溶于水,微溶于乙醇,不溶于乙醚。用于制造其他锰盐,含锰催化剂、医药、陶瓷等。也用作油漆催干剂、媒染剂、饲料添加剂、营养增补剂(锰强化剂)等。由硫酸与碳酸锰或二氧化锰反应制得。

硫酸锰铵 ammonium manganese sulfate $(NH_4)_2SO_4 \cdot MnSO_4 \cdot 6H_2O$ 又名硫酸铵锰。浅粉红色单斜晶系结晶或粉末。相对密度1.837(18℃)。溶于水。加热至75～85℃失去部分结晶水。赤热时硫酸铵全部分解释出。在潮湿空气中会潮解。工业上用于织物整理,也用作织物及木材阻燃添加剂、含锰催化剂、微量分析试剂等。农业上用作微量元素肥料,适用于浸种、拌种及根外追肥。由硫酸铵与硫酸锰溶液反应制得。

硫酸镍 nickel sulfate $NiSO_4 \cdot 6H_2O$ 又名镍矾。硫酸镍存在多种水合物 $NiSO_4 \cdot nH_2O(n=1,2,4,6,7)$。常用的有六水合物、七水合物及无水物。低于31.5℃的结晶为七水合物,31.5℃以上的结晶物为六水合物。商品以六水合物为主。280℃时成为无水物。无水硫酸镍为黄绿色立方晶系结晶,相对密度3.68,熔点848℃(分解),溶于水,不溶于乙醇、乙醚。六水硫酸镍有α及β两种变体。α型为蓝色四方晶系结晶,β型为绿色单斜晶系结晶。相对密度2.07。53.5℃时α型转变为β型,280℃时成为无水硫酸镍,溶于水、甲醇、乙醇。七水硫酸镍又称碧矾,为绿色斜方晶系结晶,相对密度1.948,熔点99℃,31.5℃时转变为α型六水硫酸镍,53.5℃时变为β型六水硫酸镍,溶于水、甲醇、乙醇。与有机物接触可引起燃烧或爆炸。有毒!用于制造其他镍盐、镍镉电池、油脂加氢催化剂、硬质合金等,也用作镀镉、镀锌的添加剂、还原染料的媒染剂等。由金属镍与少量硝酸一起溶于硫酸中反应制得。

硫酸羟胺 hydroxylamine sulfate $H_8N_2O_6S$ 又名羟胺硫酸盐、硫酸胲。无色或白色单斜晶系结晶。工业品为水溶液。相对密度1.204。熔点170℃(分解)。溶于冷水、乙醇、甲醇。可燃。遇热能分解形成有爆炸性及腐蚀性的烟雾。8%的硫酸羟胺水溶液加热至90℃即会产生爆炸性分解。为强还原剂,能将金、银及汞的化合物还原成相应的单质元素。用于合成己内酰胺、磺胺药、维生素B_6、B_{12}等,也用于制造杀虫剂、除草剂。还用作聚合催化剂、胶片显影剂、橡胶硫化剂、油脂精制的除臭脱色剂等。由甲乙酮、硫酸及氨反应制得。

硫酸氢钠 sodium bisulfate $NaHSO_4 \cdot H_2O$ 又名酸式硫酸钠、一水硫酸氢钠。无色单斜晶系结晶。相对密度2.103(13.5℃)。熔点58.54℃。溶于水,水溶液呈强酸性。遇醇则分解成硫酸钠及游离硫酸。加热失去结晶水成无水物,继续加热分解成焦硫酸钠。无水硫酸氢钠为三斜晶系透明状结晶,相对密度2.435(13℃),溶于水,微溶于乙醇,不溶于液氨。400℃时分解成硫酸钠。用于制造硫酸盐、钠矾等。也用作酸性染料助染剂、矿物助熔剂、工业清洗剂、土壤改良剂、医用消毒剂等。分析化学中用硫酸氢钠熔融难溶物质,并可清洗白金器皿上的不溶物。由硫酸与无水芒硝反应制得。

硫酸软骨素 chondroitin sulfate 为动物软骨组织中提取的酸性黏多糖。其中的单糖主要为 D-葡萄糖醛酸和 2-氨基-2-脱氧-D-半乳糖,且有等量的乙酰基和硫酸基。硫酸软骨素有 A、B、C 三种,其化学成分和连接方式各有不同。硫酸软骨素 A 由 D-葡萄糖醛酸和乙酰氨基半乳糖-4-硫酸酯组成;硫酸软骨素 B 由 L-艾杜糖醛酸和乙酰氨基半乳糖-4-硫酸酯组成;硫酸软骨素 C 由 D-葡萄糖醛酸和乙酰氨基半乳糖-6-硫酸酯组成。存在于软骨、结缔组织、筋腱、心瓣膜、皮肤及唾液中。硫酸软骨素的钠盐为吸湿性白色粉末,无臭,略有咸味。易溶于水而成黏性溶液,不溶于乙醇、丙酮、乙酸,对热稳定。具有澄清脂质提高机体解毒功能、利尿和镇痛等作用,可用于治疗某些神经性头痛、关节痛、偏头痛和动脉硬化症等。也可用于治疗链霉素引起的听觉障碍及肝炎辅助治疗。用于化妆品膏霜、乳液及护发产品中,具有保持皮肤、头发水分,滋润皮肤的作用。由猪喉(鼻)软骨中分离提取而得。

硫酸铁 ferric sulfate $Fe_2(SO_4)_3$ 又名硫酸高铁。白色至浅黄色六方晶系结晶或粉末。易潮解。相对密度 3.097(18℃)。熔点 480℃,并分解成 Fe_2O_3 及 SO_3。溶于水,微溶于乙醇,不溶于丙酮。在含水溶液中会逐渐水解。从水溶液中结晶得到的硫酸铁有 3、6、7、9、10、12 等水合物,其中九水硫酸铁为黄色结晶,相对密度 2.1,极易溶于水,加热至 480℃分解。用于制造其他铁盐、铁矾、含铁催化剂及颜料等。也用作水处理的净水絮凝剂及污泥处理剂、土壤改良剂、气体净化剂、媒染剂、不锈钢及铜件酸洗剂、铝质器件蚀刻剂、杀生剂等。由三氧化二铁与沸腾的硫酸反应制得。

硫酸锌 zinc sulfate $ZnSO_4 \cdot 7H_2O$ 又名锌矾、皓矾。无色斜方晶系棱柱状结晶。相对密度 1.957。熔点 100℃。易溶于水,微溶于乙醇、甘油,不溶于丙酮,水溶液呈酸性,有收敛性。缓慢加热时,39℃转变为六水合物。快速加热时,50℃溶于自身结晶水中,70~100℃转变为一水合物,280℃时成无水物。740℃分解成氧化锌及三氧化硫。无水硫酸锌为无色斜方晶系结晶,相对密度 3.54,熔点 1200℃。溶于水、甲醇,微溶于乙醇。用于制造锌钡白、其他锌化合物、涂料、乳白玻璃等。也用作缓蚀剂、硫化促进剂、织物媒染剂、木材及皮革保存剂、化肥催化剂。医药上用作催吐剂,化妆品中作为阳离子收敛剂用于收敛性化妆水。食品级硫酸锌用作锌强化剂。由锌或氧化锌与硫酸反应制得。

硫酸纤维素 cellulose sulfate 又名纤维素硫酸酯。是纤维素无机酸酯中的一种纤维素酯化衍生物。可溶于水,溶液呈强碱性。遇钠、钾及胺盐呈水溶性,遇钙、钡等重金属盐则为水不溶性。是一种不稳定的游离酸的酯,易分解而生成硫酸。在有机溶剂中也不稳定,硫酸基被水解而使纤维素再生。可用作乳化剂、织物尺寸稳定剂、印染剂等。可由精制棉脱水、混酸酯化、酒精溶解、乙酸根凝胶等过程制得。

硫酸亚铁 ferrous sulfate 又名绿矾、铁矾。有无水物及1、4、5、7水合物等多种，市售品多为七水合物，为浅蓝绿色单斜晶系结晶或结晶性颗料。相对密度1.898。熔点64℃。加热至56.6℃时失去三分子结晶水，60～90℃时失去六分子结晶水，300℃时成为无水物。无水硫酸亚铁为白色粉末，相对密度3.4，强热时则分解为$(FeO)_2SO_4$及SO_2。硫酸亚铁易溶于水，溶于甲醇、甘油，不溶于乙醇。是有还原性的酸性盐，其酸性比硫酸铝及硫酸锌要弱，用于制造磁性氧化铁、氧化铁红及铁蓝颜料、聚合硫酸铁、有机合成催化剂等。也用作净水剂、木材防腐剂、饲料添加剂、果蔬发色剂、铁质营养增补剂及收敛剂等。由铁屑与硫酸反应制得。

硫酸亚铁铵 ammonium ferrous sulfate $FeSO_4 \cdot (NH_4)_2SO_4 \cdot 6H_2O$ 又名莫尔盐。浅蓝绿色透明单斜晶系结晶。相对密度1.864。100～110℃时脱水成为无水盐。溶于水，不溶于乙醇。常温下较其他铁盐稳定，见光会分解。将莫尔盐的溶液酸化可较长时间保持稳定。用于制造有机合成催化剂、印刷铅字版镀层及电镀、制药、冶金等。在定量分析中用于标定MnO_4^-、$Cr_2O_7^{2-}$、Ce^{4+}等离子。由硫酸亚铁、硫酸铵与硫酸反应制得。

硫酸氧钒 vanadium oxysulfate 又名$VOSO_4 \cdot 2H_2O$ 硫酸氧化钒。蓝色结晶性粉末。除二水合物外，还存在三水合物，溶于水。有还原性。能与硫酸铵或碱金属硫酸盐生成复盐。用作苯胺黑合成催化剂，也用作媒染剂、还原剂、陶瓷及玻璃着色剂等。高毒！吸入粉尘或误服会中毒。可在二氧化硫溶液中，将已溶解于硫酸中的五氧化二钒用阴极还原制得。

硫酸酯盐型表面活性剂 sulfate surfactant 通式为（Ⅰ）的阴离子型表面活性剂，分子中含有酯和盐的结构。是用醇将硫酸部分酯化后再用碱中和制得。常用的有烷基醇硫酸酯钠盐、蓖麻油硫酸酯钠盐、仲烷基醇硫酸酯钠盐等。一般都易溶于水，耐盐及耐钙镁等金属离子，但不耐温。有良好的分散、润湿、乳化、起泡、柔软等性能。用作乳化剂、渗透剂、润湿剂、润滑剂等。

（R＝烃基，M＝金属离子）（Ⅰ）

硫糖铝 sucralfate 又名胃溃宁、胃笑、胃康宁、蔗糖硫酸酯碱式铝盐。白色或类白色粉末。不溶于水、乙醇、稀酸。几乎无臭、无味，有引湿性。一种胃

$(R=SO_3[Al_2(OH)_3])$

黏膜保护剂。在胃内能与胃蛋白酶配位,形成配合物,抑制此酶分解蛋白质,并与胃黏膜的黏蛋白配位形成保护膜,覆盖于溃疡面,有利于黏膜再生和溃疡愈合。还具有抗酸作用。用于治疗胃、十二指肠溃疡。以 α-甲基吡啶、氯磺酸、蔗糖、铝屑等为原料制得。

硫酰氯 sulfuryl chloride SO_2Cl_2 又名磺酰氯、二氯化硫酰。无色或黄色液体。在空气中微发烟,有强烈刺激性臭味。相对密度 1.6674。熔点 54.1℃。沸点 69.1℃。折射率 1.4437。蒸气相对密度 4.65。溶于冰乙酸、苯、甲苯、乙醚等。常温下稳定,遇水逐渐分解,并水解生成盐酸和硫酸。高温时分解成氯和二氧化硫。可与许多无机及有机化合物反应,是 SO_2、Br_2、I_2 等的溶剂。遇潮时对多数金属有腐蚀性,遇可燃物会着火。对皮肤及呼吸道有强腐蚀性及刺激性。用作有机合成氯化剂、氯磺化剂、催化剂及溶剂等。用于制造医药、农药、染料及表面活性剂等。由二氧化硫与氯气在活性炭催化剂作用下反应制得。

硫辛酸 thioctic acid 又名二硫辛酸、肝健灵、5-(1,2-二噻茂烷-3-基)戊酸。白色结晶。存在旋光异构体。右旋体:熔点 46～48℃;左旋体:熔点 45～47.5℃;外消旋体:熔点 60～61℃,沸点 160～165℃。几乎不溶于水,均溶于脂类溶剂。天然品为右旋体,存在于肝脏、心脏、肾脏等及辅酶中。一种脂溶性维生素,用于急慢性肝炎、肝硬化、脂肪肝等的治疗。合成品由己二酸经单乙酯化、酰氯化、与乙烯加成、还原、氯化、环合、水解等反应制得。

硫乙拉嗪 thiethylperazine 又名吐来抗、吐立抗。白色或黄白色结晶性粉末,无臭。熔点 188～190℃(分解)。微溶于水、乙醇,不溶于乙醚、苯。一种吩噻嗪类抗精神病药,在体内分解释放出哌普嗪而产生作用,对慢性精神病有明显改善作用。本品也有显著止吐作用,对全身麻醉、晕动病及放射治疗引起的恶心、呕吐等也有效。由硝基苯经溴化、还原、重氮化、置换、乙基化、缩合、环合等反应制得。

硫转移剂 sulfur transforming agent 又名硫转移助剂、硫转移催化剂。添加在催化裂化催化剂系统中,用以吸附在再生器中产生的硫氧化物(SO_x),并形成硫酸盐,再在反应器中还原为硫化物,硫化物在汽提段中水解生成硫化氢,从而降低再生烟气中硫化物排放。根据硫转移剂物态的不同,可分为固体和液体两类。而按与裂化催化剂结合方式不同,可分为两类:一类是催化裂化催化剂本身就含有硫转移活性组分的双功能催化剂;另一类是以添加剂的形式添加到催化裂化催化剂中。而以后者使用更为普遍。中国产品牌号有 CE-011、DSA、LRS、RFS-C、LST-1 等。其主要组成为氧化镁、氧化铝、镧化合物、尖晶石、分子筛等。

六氟化硫 sulfur hexafluoride SF_6 无色、无臭、无味。不可燃气体,相对密度 6.602。液体相对密度 1.88(-50.5℃)。固体相对密度 2.863(-195.2℃)。升华温度 -63.9℃。临界温度 45.6℃。临界压力 3.759MPa。化学性质稳定,在

500℃以上对热仍很稳定,不分解。微溶于水、乙醇、乙醚,溶于氢氧化钾。在低温和加压下变成液态,冷冻后成白色固体,在压力下熔融。有很高的介电强度及良好的灭弧性能。药理上被认为是无毒的惰性气体,但在商品中如混入一氟化硫、四氟化硫及五氟化硫等有毒气体时,则会引起中毒!用作高压开关的灭弧材料,大容量变压器及高压电缆的绝缘介质,粒子加速器及避雷器的绝缘材料。也用作等离子蚀刻剂、冶炼镁及合金的防氧化剂,从矿井煤尘中置换氧的反吸附剂,以及替代氟里昂作制冷剂等。由氟与硫蒸气直接反应制得。

六甲基二硅脲 1,3-bis(trimethylsilyl) urea 又名1,3-双(三甲基甲硅烷基)脲,简称BSU。白色针状结晶。熔点231～232℃

$$\underset{\underset{CH_3}{|}}{\overset{\overset{CH_3}{|}}{H_3C-Si}}-NH-\overset{O}{\overset{\|}{C}}-NH-\underset{\underset{CH_3}{|}}{\overset{\overset{CH_3}{|}}{Si-CH_3}}$$

(分解)。溶于水。用作有机合成及医药合成的硅烷化保护基给予体,用于含 $-OH$、$-COOH$、$-NH$、$-SH$ 等基团化合物的保护,提高被保护化合物的稳定性及在非极性溶剂中的溶解性。如在合成头孢立新抗生素中加入 BSU 时,不仅能保护反应中产生的羧基,同时能在较缓和的条件下水解成羧酸。可由三甲基氯硅烷与氨反应后再与尿素缩合制得。

六甲基磷酰三胺 hexamethy phosphoric triamide 又名光稳定剂 HPT。

$$\begin{array}{c}(CH_3)_2N\\(CH_3)_2N-P=O\\(CH_3)_2N\end{array}$$

无色至淡黄色透明液体,略具腥涩味。相对密度 1.0253～1.0257。熔点 2～7℃。沸点 105～107℃(1.466kPa)。折射率 1.4582～1.4589。溶于水、乙醇、丙酮、苯及二硫化碳等。能与常用增塑剂混溶。用作聚氯乙烯、聚偏氯乙烯、聚苯硫醚、聚酰胺及聚氨酯等的光稳定剂,有良好的耐候性、耐寒性。也用作丙烯本体聚合用助催化剂及乙丙橡胶加工助剂,聚苯硫醚聚合的高沸点极性溶剂。由二甲胺、三氯氧磷与氨反应制得。

六甲氧基甲基三聚氰胺树脂 hexa(methoxy methyl) melamine 又名树脂整理剂 CH、ME、EHMM,六羟树脂。淡黄色黏稠液体。甲氧基≥5%。固含量≥95%。游离甲醛≤1.0%。部分溶于水,溶于甲醇、乙醇。与醇酸、丙烯酸、环氧树脂、聚酯等有良好混溶性。用作棉、毛丝、麻等织物的防缩防皱整理剂。也用作丙烯酸酯类多元共聚乳液的交联剂、涂料印花交联剂、绢网印花横贡缎耐久性电光整理剂等。由三聚氰胺与甲醛经羟甲基化,再经甲醇醚化及缩聚制得。

六氢苯酐 hexahydrophthalic anhydride

又名六氢邻苯二甲酸酐。有顺、反两种异构体。反式不稳定,加热至 210～220℃ 转变为顺式。商品多为顺式,为无色透明黏稠性液体或玻璃状固体。相对密度 1.19(40℃)。熔点 34.7℃。沸点 158℃(2.27kPa),不溶于水,与苯、甲苯丙酮、氯仿等混溶,微溶于石油醚。有吸湿性。有毒！对皮肤及黏膜有强刺激性。用作环氧树脂固化剂,在 50~60℃ 就易与环氧树脂混合,并在短时间即可完全固化。也用作氯桥酸酐和四氢苯酐的共溶固化剂、醇酸树脂改性剂,以及用于制造增塑剂、驱虫药等。由四氢苯酐催化加氢制得。

六偏磷酸钠 sodium hexametaphosphate $(NaPO_3)_6$ 又名格来汉氏盐(Graham's salt)、偏磷酸钠玻璃体。是偏磷酸钠 $(NaPO_3)$ 聚合体的一种,为 Na_2O/P_2O_5 摩尔比接近1的玻璃状长链聚磷酸盐。透明玻璃片状粉末或白色粒状晶体。相对密度 2.484。熔点约 616℃（分解）。易溶于水,不溶于有机溶剂,在温水、酸或碱溶液中易水解成正磷酸盐。吸湿性强,吸湿后呈胶状。能螯合 Ca^{2+}、Mg^{2+}、Fe^{3+} 等金属离子而形成可溶性螯合物。有胶体保护能力。用作锅炉及工业用水软水剂、循环冷却水处理剂、缓蚀剂、浮选助剂、防锈剂、洗涤助剂、稳定剂及食品品质改良剂等。由磷酸二氢钠经高温聚合制得。

六溴苯 hexabromobenzene 又名全溴代苯。白色至淡黄色粉末。理论溴含量 86.9%。熔点 320~326℃。分解温度 340℃。5% 热失重温度 265℃。不溶于水、稀盐酸,微溶于乙醇、乙醚,溶于苯、氯仿、石油醚。用作添加型阻燃剂,耐火焰及自熄效果好。适用于聚乙烯、聚丙烯、聚苯乙烯、聚氨酯、聚氯乙烯、聚碳酸酯等。在铁或铝催化剂存在下,由苯与溴反应制得。

六溴环十二烷 hexabromocyclododecane 又名 1,2,5,6,9,10-六溴环十二烷。白色结晶粉末。溴含量 74.7%。相对密度 2.36。熔点 198~208℃。5% 热失重温度 280℃。不溶于水,溶于甲醇、乙醇、丙酮、苯及苯乙烯单体等。低毒。用作添加型溴系阻燃剂,常用于聚丙烯、聚苯乙烯泡沫塑料的阻燃。也用于聚乙烯、聚碳酸酯、不饱和聚酯的阻燃。还用于涤纶织物及涂料、胶黏剂等的阻燃。可单独使用,也可与硼酸锌、氧化锑等阻燃剂并用。由丁二烯进行三聚反应后,再经溴化反应制得。

六亚甲基二胺四亚甲基膦酸 hexamethylene diamine tetramethylene phosphonic acid

白色粉末。稍溶于水,溶于沸水。1% 水溶液的 pH 值 <2。能与强碱形成易溶于水的盐,常用的为钠盐与铵盐。其钠盐为淡黄色液体,相对密度约 1.3,浓度（以膦酸计）25% 的钠盐的 pH 值为 6~8。具有良好的抗水解性及螯合金属离子的性能。是一种阴极型缓蚀剂。水处理中主要用来阻抑硫酸钙和硫酸钡垢。

也用作重金属离子螯合剂、钻井泥浆分散剂及洗涤助剂等。以己二胺、亚磷酸及甲醛等为原料制得。

六亚甲基二异氰酸酯 hexamethylene diisocyanate 又名1,6-己二异氰酸酯,简称HDI。

OCN(CH$_2$)$_6$NCO

无色至淡黄色透明液体,稍有臭味。相对密度1.047。熔点$-67℃$。沸点$225℃$。闪点$140℃$。折射率1.4530(25℃)。不溶于水,遇水缓慢分解,有碱时分解加快。溶于苯、氯仿、己烷等。化学性质活泼,能与醇、酸、胺等反应。有铜、铁等金属氯化物存在时易聚合。光稳定性较好。可燃。毒性大!对呼吸道、黏膜有强刺激性。主要用于制造聚氨酯涂料,也用作干性醇酸树脂的交联剂。由1,6-己二酸与光气反应后再经脱氯化氢而得。

六亚甲基四胺 hexamethylene tetramine

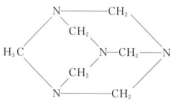

又名乌洛托品、1,3,5,7-四氮杂金刚烷、促进剂H。无色有光泽结晶或白色粉末。略有甜味。相对密度1.27(25℃)。230℃升华,263℃以上部分分解。高于330℃分解,并产生氰化氢,更高温度下分解为甲烷、氢和氧。吸湿性强,可燃。溶于水、无水乙醇、氯仿、液氨,微溶于苯、丙酮,难溶于乙醚,不溶于石油醚。在弱酸溶液中分解为氨及甲醛。可与多种无机酸形成配位化合物。与有机酸反应生成盐。中等毒性,能引起皮炎或皮肤湿疹。用作酚醛及脲醛树脂固化剂、天然橡胶及丁苯橡胶等的弱硫化促进剂、织物防缩整理剂、塑料发泡剂、亚氯酸钠漂白活化剂、消毒杀菌剂、利尿剂、催化剂、防腐剂及金属分析试剂等。由40%甲醛溶液与氨水缩合反应制得。

龙胆根提取物 gentain root extract

(Ⅰ)龙胆酸　(Ⅱ)龙胆黄素

(Ⅲ)龙胆苦苷

淡黄色至黄褐色液体或粉末。含有呈强烈苦味的糖苷类,其主要苦味成分是(Ⅰ)(龙胆酸)、(Ⅱ)(龙胆黄素)及(Ⅲ)(龙胆苦苷),还含有酯类物质、果胶及酶等。对唾液和胃液的分泌有促进作用。主要用作食品抗氧化剂及苦味剂。用于焙烤食品、含醇饮料、糖果等。由龙胆科草本植物的根茎用乙醇萃取、浓缩制得。

龙胆酸 gentisinic acid 又名2,5-二羟基苯酸、5-羟水杨酸。从水中析出的为白色针状或棱形结晶。熔点204～205℃。有升华性。溶于水、乙醇、乙醚及碱液,不溶于苯、氯仿、二硫化碳,遇 Fe^{3+} 变蓝色。天然存在于植物龙胆中,也是展开青霉、多孔菌等微生物的代谢产物。用作苦味剂。其钠盐,即龙胆酸钠用作解热镇痛药物。可由水杨酸与过二硫酸钾经氧化反应制得。或由龙胆根茎经溶剂浸提后分离而得。

芦丁 rutin 又名维生素 P、路丁、

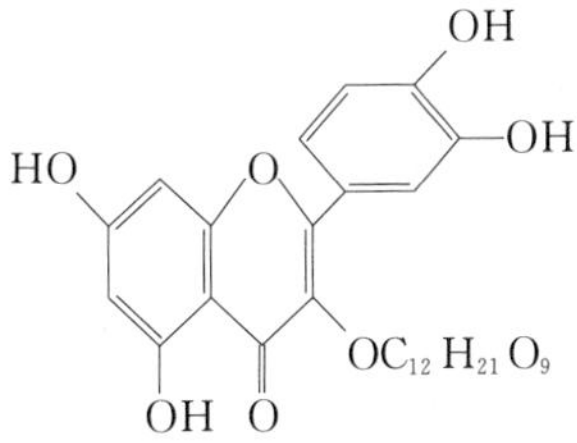

芸香叶苷。天然存在于芸香叶、烟叶、番茄、橙皮等内,槐花米和荞麦花内含量尤多。淡黄色或淡绿色针状结晶或粉末。受光会变暗。通常含三分子结晶水,95~97℃时失去二分子结晶水,在 110℃、1.33kPa 下干燥 12h 成无水物。无水物 125℃ 变成棕色,195~197℃ 变成柔韧可塑性。易吸湿。几乎不溶于水、乙醚、苯、氯仿及石油醚。溶于吡啶、碱液,微溶于乙醇、丙酮。芦丁可降低毛细管通透性和脆性。用于防治高血压、脑溢血、糖尿病视网膜出血及出血性紫癜等。也用作食用抗氧化剂及营养增强剂、制造防晒、增白型化妆品等。由槐树花蕾或苦荞麦叶经碱提取、酸沉淀提取分离而得。

芦氟沙星 rufloxacin 又名 9-氟-2,

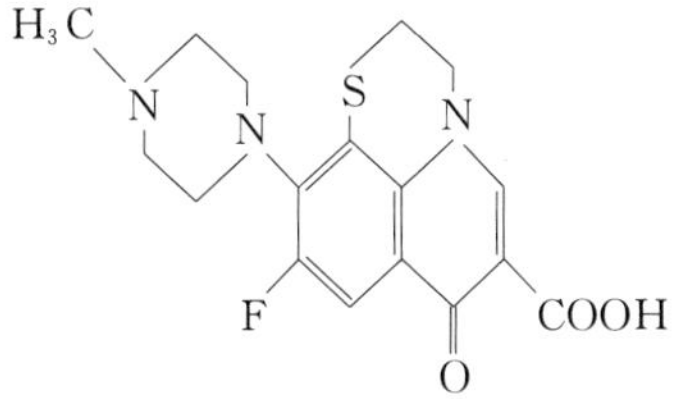

3-二氢-10-(4-甲基-1-哌嗪基)-7-氧代-7H-吡啶并[1,2,3-de]-1,4-苯并噻嗪-6-羧酸。白色结晶。其盐酸盐又名卡力赛乎。熔点 322~324℃。溶于水,一种第三代喹诺酮类抗菌药。具有生物利用度高、半衰期长且组织渗透强的特点。用于治疗呼吸道、泌尿道、肠道及皮肤软组织感染。以 2,3,4,5-四氟苯甲酸、N-甲基哌嗪、N,N-二甲基甲酰胺二甲醇等为原料制得。

颅通定 rotundine 白色或微黄色结

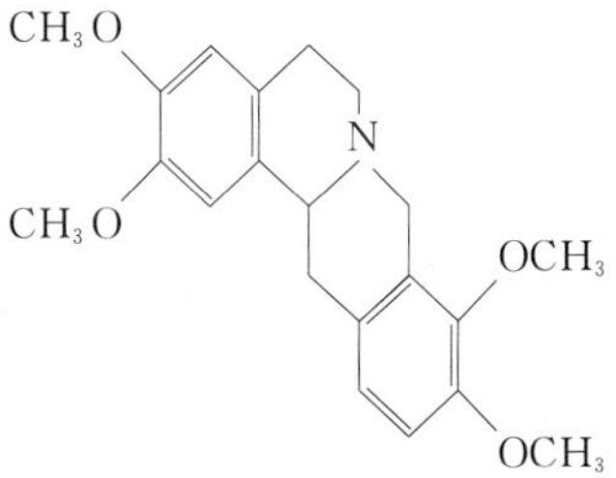

晶性粉末,无臭,无味。熔点 147~149℃。遇光或受热易变黄。不溶于水,微溶于乙醇、乙醚,溶于氯仿,易溶于稀硫酸。其硫酸盐溶于水,熔点 140~143℃。具有镇痛、镇静及催眠作用。用于治疗胃及十二指肠溃疡、神经性疼痛、紧张性失眠、痉挛性咳嗽及痛经等。由千金藤或圆叶千金藤的根块用溶剂萃取制得。

卤化银感光材料 silver halide photographic material 以卤化银为光敏物质所制成的感光材料。卤化银包括氯化银、溴化银及碘化银等，是感光材料中的光敏性物质，在光的作用下发生分解反应。卤化银以颗粒直径为 $0.02\sim2.0\mu m$ 的大小的微晶体形式悬浮在明胶溶液中，制成感光乳剂。将感光乳剂均匀涂布在支持体上，并在乳剂层上涂以保护膜，即为卤化银感光材料。按支持体不同，分为胶片、干版和照相纸；按成像色调不同，分为黑白感光材料和彩色感光材料；按感光特性差别，分为负性、正性及反转感光材料。

铝粉浆 aluminium paste 又名铝浆、铝银浆、闪光浆。一种含铝粉约为65%的糊状物。利用银白色鳞片状铝粉具有遮盖力强、对紫外线有反射性、对光不透明、对太阳照射的热能有散热作用，以及耐候、防腐性好等特性，将铝粉与煤油、硬脂酸等一起制成铝粉浆，可以减少铝粉飞扬污染及施工不便等缺点。用于制造防锈、防腐涂料、装饰性涂料及耐高温涂料。漆膜有良好的银白色金属光泽及装饰性、平整性。广泛用于槽车、槽罐、船底及取暖设备的表面涂装。

铝鞣剂 aluminium tanning agent $Al(OH)_2Cl$ 一种皮革复鞣材料。一种含蒙囿剂的高碱度的氯化铝或硫酸铝盐。无色透明液体。$AlCl_3$ 含量 $>18\%$。盐基度 $>70\%$，由于铝配合物正电性比铬配合物强，易快速沉集于革的外层，因而可使复鞣革纤维坚实性好，粒面细致紧密、平滑，革身延伸性降低、硬度增加。使坯粒面有较好磨革性能，尤适用于各类磨面革、绒面革的复鞣。但由于与胶原结合不牢，易脱鞣，多作为铬鞣、醛鞣的辅助鞣剂，与铬鞣剂结合使用，可帮助皮革对铬的吸收，减少铬用量，并使染色后的革颜色均匀。一般以硫酸铝、铝明矾、氯化铝或铝末等原料制得。

铝酸钙 calcium aluminate $3CaO\cdot Al_2O_3\cdot 6H_2O$ 无色或白色球形结晶粉末。相对密度2.49。折射率1.605。加热至250℃时开始脱水，300℃开始分解并放出结晶水，700~800℃时分解，放入水中也发生分解。无水铝酸钙（$Ca_3Al_2O_6$ 或 $3CaO\cdot Al_2O_3$）为白色立方晶系结晶，相对密度3.038。加热至1535℃分解，不溶于水，溶于酸。用于制造混凝土速凝胶。也用作合成橡胶、纸张及合成树脂等的阻燃剂等。由铝酸钠与氯化钙、氢氧化钙反应制得。

铝酸钠 sodium aluminate $NaAlO_2$ 又名偏铝酸钠。白色颗料或无定形粉末。相对密度1.58。熔点1650℃。Al_2O_3 含量 $34\%\sim38.5\%$。极易溶于水，不溶于醇，水溶液呈碱性。有吸湿性，能渐渐吸收水分而变成氢氧化铝。向其中加入碱或带氢氧根很多的有机物可使其保持稳定。用作软水剂、缓蚀剂、混凝土速凝剂、织物印染剂、纸张上浆剂、胭脂红色成色剂，也用于制造肥皂、玻璃、洗涤剂、染料及氧化铝催化剂或载体等。由铝钒土与苛性钠溶液经高压溶出成铝酸钠溶液后，再经过滤、蒸发而制得。

铝酸酯偶联剂 aluminate coupling agent 白色至淡黄色蜡状固体或液体。熔点 $60\sim90℃$。热分解温度约 300℃。商品牌号有 DL-411A、DL-411AF、DL-411D、DL-411DF 等。不溶于水，溶于苯、丙酮、乙酸乙酯、汽油及松节油等。用作聚乙烯、聚丙烯、聚氯乙烯、聚氨酯及环氧树脂等聚合物复合材料的偶联剂。适用的填充料有轻质碳酸钙、滑石粉、石墨粉及铝粉等。也用于低极性涂料、玻璃钢、层压制品、油墨、防水材料及阻燃剂等复合制品。

绿氧 green oxygen 一种新型造纸蒸煮助剂，是一种高分子合成材料。具有氧化性及表面活性。在蒸煮过程中具有很强的润湿、渗透能力，可促进烧碱迅速将表面润湿并渗透到内部，可加速脱木素速度，阻止碳水化合物的剥皮反应，使纸浆得率提高。同时还能与金属离子发生螯合作用，屏蔽金属离子，使浆料颜色变浅，提高纸浆白度。在烧碱法和硫酸盐法蒸煮中加入 0.05% 绿氧即可显著提高纸浆得率。而且它不同于蒽醌类化合物，不含致癌物质，可自动生物降解，不造成环境污染。

氯胺-T chloramine-T 白色结晶粉末，

有轻微氯气臭味。有效成分（氯胺-T）≥80%。有效氯含量 24%～26%。熔点 $167\sim170℃$（分解）。易溶于水，溶于乙醇、甘油，不溶于苯、乙醚。在空气中会缓慢分解失去氯而成黄色。水溶液缓冲至 pH 值为 9 时稳定。无水物加热至 $170\sim180℃$ 时会爆炸。酸性介质中剧烈分解而放出氧气。是一种广谱消毒剂，对细菌繁殖体、病毒、真菌孢子及细菌芽孢都有杀灭作用。但毒性较次氯酸盐轻，作用温和而持久。用作饮用水、游泳池水、运输工具、医疗器械、化妆品生产车间、家具、玩具及公共场所等的杀菌消毒剂。也可用作纤维漂白剂。由对甲苯磺酰氯经胺化反应生成磺酸胺后，再经次氯酸钠氧化制得。

氯贝丁酯 clofibrate 又名安妥明、冠心平、2-(4-氯苯氧基)-2-甲基丙烯酸乙酯。无色或淡黄色液体，有特殊微臭。沸点 $148\sim150℃$。不溶于水，溶于乙醇、丙酮、苯氯仿，为贝特类降血脂药，通过激活脂蛋白酯酶，使甘油三酯分解为甘油和脂肪酸。主要降低甘油三酯水平，对胆固醇降低也有一定作用。但尽量避免与他汀类降脂药同用。由苯酚与丙酮、氯仿缩合后再经氯化、酯化而制得。

5-氯化苯并三氮唑　5-chlorobenzotriazole

白色至浅黄色结晶。熔点 156℃。溶于苯、二甲苯、二甲基甲酰胺。在水中溶解度较小,但可溶解出氢离子,随着温度升高,溶解度会增大。用作高效金属缓蚀剂,其防锈效果大于苯并三氮唑,广泛用于防止海水对铜的腐蚀。由苯并噻唑或 2-巯基苯并噻唑直接氯化制得。

氯苯基甲基硅油　chloro-phenyl methyl silicone　无色或淡黄色透明液体。凝固点在 $-70℃$ 以下。闪点 $>180℃$。酸值 <0.1 mgKOH/g。使用温度范围 $-70\sim150℃$,短期可达 175℃。具有良好的耐热性、润滑性及抗磨性能,化学稳定性好。用作高、低温仪表油,适用于航空计时仪器、微型伺服马达轴承、陀螺仪马达轴承及陀螺仪平座等润滑。加入改性添加剂后也能用作飞机用液压油及宇宙飞行器上的传感器油。由二甲基二氯硅烷、五氯苯基甲基二氯硅烷与三甲基一氯硅烷进行共水解后,再由浓硫酸催化调聚反应制得。

氯苯那敏　chlorphenamine　又名扑尔敏、氯屈米通、马来酸氯苯那敏。白色结晶性粉末。无臭,味苦。熔点 $131\sim135℃$。有升华性。易溶于水、乙醇、氯仿,微溶于乙醚、苯。为组胺 H_1 受体拮抗剂,有中等度的中枢神经抑制作用、抗胆碱作用。用于治疗枯草热、荨麻疹、过敏性疾病、结膜炎等。也用于多种复方制剂及化妆品。由于易致中枢兴奋,可诱发癫痫,故癫痫病人禁用。

氯苯扎利　lobenzarit　又名 N-(2-羧基苯基)-2-氨基-4-氯苯甲酸。白色固体。熔点 $>306℃$。其二钠盐为白色粉末。无臭,略有咸味。熔点 388℃(分解)。稍易溶于水,难溶于甲醇。一种邻氨基苯甲酸类非甾体消炎药,用于治疗风湿性关节炎、类风湿关节炎及骨性关节炎等。由 2,4-二氯苯甲酸、邻氨基苯甲酸在催化剂存在下反应制得。

氯吡醇　clopidol　又名氯吡多、克球多、2,6-二甲基-3,5-二氯-4-羟基吡啶。白色结晶性粉末。无臭,无味。熔点 $>$

320℃。不溶于水,微溶于甲醇,易溶于酸及碱液。对光、热稳定。用作饲料添加剂及抗球虫药。用于防治鸡球虫病和卡氏白细胞原虫病,尤用于防治雏鸡、雏火鸡、羔羊和犊牛的球虫病,并能提高饲料利用率,对鸡的生长、发育及产蛋有促进作用。由2,6-二甲基-4-羟基吡啶与氯气反应制得。

氯铂酸 chloroplatinic acid 又名铂氢酸。$H_2PtCl_6 \cdot 6H_2O$ 红棕色或棕黄色结晶。在湿空气中潮解。相对密度2.431。熔点60℃。易溶于水、醇、醚。加热至110℃部分分解。150℃时开始生成金属铂,360℃时生成四氯化铂,并释出氯化氢气体。灼烧时生成海绵铂,用于制造含铂化合物、贵金属铂催化剂及海绵铂等,也用于生物碱沉淀、镀铂及制造不灭墨水等。由王水溶解金属铂后再经蒸发结晶制得。

氯醋共聚树脂涂料 vinylchloride-vinylacetate copolymer coatings 以氯乙烯-乙酸乙烯酯共聚树脂为主要成膜物质的溶剂型涂料。氯乙烯中加入一定量乙酸乙烯酯单体共聚,可使聚合物柔韧性增加、溶解性改善,较易与增塑剂及其他树脂相容。所得氯醋共聚物无色、无味、耐水、耐油、耐化学腐蚀,气体、液体渗透性小,不易延燃,坚韧耐磨。所制涂料附着力优于过氯乙烯漆,可用作金属卷带、食品包装、纸张、织物及塑料制品等的表面涂料,木器清漆,船舶及海洋设备涂料,化工防腐蚀涂料等。

氯氮平 clozapine 又名氯扎平、8-氯-11-(4-甲基-1-派嗪基)-5H-二苯并[b,e][1,4]二氮杂䓬。淡黄色结晶性粉末。无臭、无味。熔点183～184℃。难溶于水,溶于乙醇,略溶于异丙醇,易溶于氯仿。为广谱抗精神病药。作用于脑边缘系的多巴胺受体,调节多巴胺与D_1受体和D_2受体的结合功能。还能与许多非多巴胺的受体相结合。用于急慢性精神分裂症、躁狂症,尤适用于难治疗的精神分裂症。毒副作用主要是粒细胞减少症,但锥体外系副作用低,长期用药有成瘾性。以4-氯-2-硝基苯胺为原料经多步反应制得。

氯氮䓬 chlordiazepoxide 又名利眠宁、盐酸氯氮䓬。淡黄色结晶性粉末。无臭、味苦。熔点239～243℃。微溶于水,溶于乙醚、氯仿、二氯甲烷等。其盐酸盐为白色结晶状粉末。熔点213℃。易溶于水。一种苯二氮䓬类镇静催眠药。为弱安定药,只有镇静、抗焦虑、抗惊厥及肌肉松弛作用,口服吸收较慢,4h才能达到浓度高峰。主要用于治疗焦虑症、强迫性神经官能症、神经衰弱失眠及高血压等。长期应用可引起蓄积。可由对氯苯胺经缩合、肟化、环合及扩环等反应制得。

氯丁胶乳 chloroprene rubber latex 又名氯丁二烯胶乳。是由氯丁二烯经乳液聚合制得的均聚橡胶胶乳。室温下是流动性液体,冷至10℃以下,黏度上升。0℃以下胶乳即冻结,乳化剂破坏。一旦凝固时加温也不能恢复到原来的胶乳状态。添加防冻剂如甘油等有效,但温度下降,黏度上升,操作困难,所以,储存温度应在0~25℃范围内。氯丁胶乳分为通用胶乳和特种胶乳两类。通用胶乳为均聚物、阴离子、凝胶型;特种胶乳有凝胶型和溶胶型,包括与丙烯腈、苯乙烯和甲基丙烯酸等的共聚物以及用阳离子季铵盐稳定的阳离子胶乳。氯丁胶乳的耐油、耐溶剂、耐臭氧、耐日光及耐屈挠龟裂等性能均优于天然胶乳。广泛用于黏胶纤维、胶黏剂、涂料、纸张处理、胶乳沥青及浸渍制品等领域。

氯丁橡胶胶黏剂 polychloroprene adhesive 以氯丁橡胶为基料的合成胶黏剂。是合成橡胶胶黏剂中产量最大、用途最广的品种,分为溶液型、乳液型及无溶剂液体型三类。而以溶液型用量最大,是由氯丁橡胶、金属氧化物、树脂、防老剂、溶剂填充剂、交联剂及促进剂等配制而成。所用氯丁橡胶品种以LDJ-240、LDJ-241为最常用。其他如LDJ-120、LDJ-231、LDJ-211等也能用于配制胶黏剂,但粘接强度不如前两种。氯丁橡胶具有良好的耐臭氧、耐水、耐化学试剂、耐油、耐老化等性能。粘接强度高,胶层柔韧,可以配成单组分,使用方便;缺点是耐热及耐寒性差,储存稳定性不好、易分层及胶凝。可用于金属、玻璃、陶瓷、橡胶、皮革、人造革、织物、木材和石棉等不同材料的粘接。

氯丁橡胶密封胶 polychloroprene sealant 以氯丁橡胶为黏料的密封胶。氯丁橡胶多用于制造干性剥离型密封胶。用作密封胶料的氯丁橡胶有高相对分子质量固体橡胶、低相对分子质量液体橡胶及带活性端基的液体橡胶等类型。相应的密封胶品种有:①固体氯丁橡胶密封胶。是将固体氯丁橡胶溶于乙酸乙酯等溶剂后加入改性剂(如酚醛树脂)及其他助剂调制而成。②液体氯丁橡胶密封胶。所用液体氯丁橡胶分为两种,一种是氯丁低相对分子质量聚合物,分子末端不带活性官能团,也称氯丁调聚物。另一种是聚合物分子两端带有活性官能团如羧基、羟基等的液体氯丁胶,属于"遥爪"预聚物。③软氯丁橡胶密封胶。是将氯丁二烯在甲苯-环己烷混合溶剂中用硫黄调节剂进行溶液聚合制得的高塑性、柔软的软氯丁橡胶为密封胶的黏料,再加入促进剂、防老剂等助剂调制而成。可用于化工管路、减速器、机床、螺纹及汽车挡风玻璃等的密封。

氯氟氰菊酯 lambda-cyhalothrin 又名

$$\underset{Cl}{\overset{CF_3}{C}}=CH-\underset{\underset{CH_3}{|}}{\overset{}{C}}\underset{\underset{CH_3}{|}}{\overset{}{C}}-\overset{CO-O}{}-\underset{\underset{H}{|}}{\overset{CN}{C}}-\underset{}{\bigcirc}-O-\bigcirc$$

三氟氯氰菊酯、功夫菊酯、α-氰基-3-苯氧基苄基-3-(α-氯-3,3,3-三氯-1-丙烯基)-2,2-二甲基丙烷羧酸酯（一对异构体混合物）。白色结晶或粉末。熔点 49.2℃。蒸气压 $2×10^{-7}$ Pa(20℃)。不溶于水,溶于乙醇、乙醚、丙酮、苯等多数有机溶剂。常温及酸性介质中稳定,遇碱易分解。中等毒性。大鼠经口 LD50 为 56～482mg/kg。为拟除虫菊酯类杀虫剂,对害虫有胃毒、触杀及驱避作用。用于防治玉米、大麦、烟草、棉花及蔬菜等作物上的鳞翅目、鞘翅目等害虫,也用于防治蚊蝇及地表害虫,可以贲亭酸甲酯、三氯三氟乙烷、亚硫酰氯及间苯氧基苯甲醛等为原料制得。

氯化铵 ammonium chloride NH_4Cl 又名硇砂、电盐。无色立方晶系结晶或粉末。无臭。味咸凉而微苦。有 α、β、γ 三种构型。－30.5℃ 以下是 γ 型,184.3～－30.5℃ 为 β 型,184.3℃ 以上为 α 型。相对密度 1.526(17℃)。在 100℃时开始显著挥发。337.8℃时离解为 NH_3 及 HCl,遇冷后又重新化合生成氯化铵。易溶于水,溶于甘油、液氨,难溶于乙醇,不溶于乙醚、丙酮。水溶液呈酸性反应。遇强酸或强碱分解,对金属有腐蚀性。用于制造铵盐、干电池、蓄电池、染色助剂、洗涤剂,也用作化肥、金属焊接助剂、利尿剂及祛痰药。食品工业用作酵母养料、面团发酵调节剂等。可由硫酸铵与氯化钠反应制得。

氯化钯 palladium chloride $PaCl_2$ 又名二氯化钯。棕红色至红色正交晶系结晶。易潮解。相对密度 4.08(18℃)。熔点 675～680℃。不溶于水,溶于盐酸、乙醇、丙酮。不溶于浓硝酸,溶于稀硝酸,易溶于稀盐酸生成氯亚钯酸。能被氢气和一氧化碳还原为钯。其溶液遇氢气、乙烯及其他还原性气体褪色,同时析出金属钯。氯化钯也存在二水合物,为棕色至黑红色棱柱状结晶,溶于水、盐酸、丙酮。工业上使用的氯化钯常为二水合物($PaCl_2·2H_2O$)。是制备含钯催化剂及其他钯化合物的主要原料。钯催化剂常用于加氢、脱氢、氧化、重整等反应,也用于镀钯、照相、瓷器等领域。无水氯化钯可由钯粉与氯气直接反应制得。其二水合物可先由金属钯制成氯亚钯酸,再经加热浓缩、分解制得。

氯化钡 barium chloride $BaCl_2·2H_2O$ 有无水物、一水合物及二水合物。常见者为二水氯化钡。无色单斜晶系结晶。相对密度 3.097(24℃)。折射率 1.629。加热至 102℃时失去一个结晶水成一水合物,200℃时成无水氯化钡。无水氯化钡又分为 α

型和β型。α型为无色单斜晶系结晶,相对密度3.856(24℃),在925℃时转化成β型;β型为无色立方晶系结晶,相对密度3.917,熔点960℃,沸点1560℃。无水氯化钡易吸湿成为二水氯化钡。溶于水,微溶于盐酸、硝酸,不溶于乙醇、丙酮、乙酸乙酯。高毒!误服会中毒。用于制造各种钡盐、色淀、颜料、杀虫剂、人造丝消光剂、火柴等,也用于鞣革、铝精炼、制药、钢铁热处理及用作渗碳剂等。由硫化钡溶液与盐酸反应制得。

氯化二乙基铝 diethylaluminium chloride $(C_2H_5)_2AlCl$ 又名一氯二乙基铝、二基氯化铝。无色透明液体。相对密度0.958(25℃)。熔点-50℃。沸点208℃。溶于汽油、芳烃等有机溶剂。遇水激烈反应,能引起爆炸。遇空气自燃,并释出有毒的腐蚀性烟雾。应在干燥氮气中保存。用己烷或汽油配制成15%~20%溶液时使用较为安全。与皮肤接触会引起化学性烧伤。用作丙烯聚合的助催化剂,与钛系催化剂配合使用可制取高等规度聚丙烯。也用作芳烃加氢催化剂及制造避孕药的中间体。可由氯乙烷与铝粉在活化剂碘存在下反应,生成倍半乙基氯化铝,再与金属钠或氯化钠作用而得。

氯化钙 calcium chloride $CaCl_2 \cdot 2H_2O$ 有无水物、二水合物及六水合物等。商品以二水合物为主,又称冰钙、雪种、白色立方晶系结晶,有苦咸味及吸湿性,相对密度1.835。易溶于水、乙醇,加热至175℃时失水成一水合物。200~300℃时失水成吸湿性极强的无水氯化钙,其熔点782℃,沸点>1600℃,易溶于水而放出大量的热,也溶于乙醇、丙酮、乙酸等。100g水加入氯化钙30.4g时,水溶液的冰点为-49.8℃。用作冷冻剂、灭火剂、木材防腐剂、汽车防冻液添加剂、水性胶黏剂防冻剂等。无水氯化钙用作气体干燥剂、脱水剂、混凝土防水剂及早强剂、织物阻燃剂、融雪剂等。由碳酸钙与盐酸反应制得六水合物,加热至45℃生成二水合物。

氯化钴 cobaltous chloride $CoCl_2 \cdot 6H_2O$ 又名氯化亚钴、二氯化钴。红色单斜晶系结晶。相对密度1.924(25℃)。熔点86℃。常温下稳定,遇热变成蓝色,在潮湿空气中冷却又变为红色。加热至110~120℃时脱水成无水氯化钴,为蓝色六方结晶,相对密度3.356,熔点724℃(氯化氢气体中),沸点1049℃,易吸收水分而成六水合物。易溶于水,溶于乙醇、丙酮、甘油,微溶于乙醚。有毒!用作油漆催干剂、陶瓷着色剂、变色硅胶的干湿指示剂、有机合成催化剂、啤酒泡沫稳定剂、饮料添加剂等,也用于电镀及制造显影墨水、试纸等。由金属钴或氧化钴与盐酸反应制得。

氯化钾 potassium chloride KCl 无色立方晶系结晶或粉末。无臭,味咸。相对密度1.984。熔点770℃。沸点1500℃(升华)。折射率1.490。易溶于水,微溶于乙醇,稍溶于甘油,不溶于浓盐酸、乙醚、无水乙醇及丙酮。与钠盐常起复分解反应生成新的钠盐。有吸湿性,易结块。用于制造氢氧化钾、硝酸钾、硫酸钾等钾盐。染料工业中用于生产 G 盐、活性染料。也用作消烟剂、助催化剂、利尿剂、混凝土早强剂。食品工业中用作营养增补剂、胶凝剂、代盐剂及酵母食料等。由水溶性钾盐矿石及海水、盐湖水等含钾原料经浮选法或溶解法加工制得。

氯化镧 lanthanum chloride $LaCl_3 \cdot 6H_2O$ 白色带微绿色六方晶系结晶。熔点 70℃。易潮解。易溶于水,并稍有水解,水溶液呈酸性。溶于乙醇、甲酸及磷酸三丁酯,稍溶于乙醚、四氢呋喃及二氧六环。加热时部分水解,生成氯氧化镧,500℃ 以上时生成氧化镧。在氯化铵存在下于 150℃ 脱水,生成无水氯化镧。也存在七水合物 ($LaCl_3 \cdot 7H_2O$),为白色三斜晶系结晶,熔点 91℃(分解),在氯化氢中加热即生成无水氯化镧,其相对密度 3.84,熔点 800℃,沸点 1000℃。用于制造石油裂化稀土 Y 型分子筛催化剂、汽车尾气净化催化剂、有机合成催化剂及储氢合成材料等。医药上也用作抗血凝及抗动脉硬化药物。可由提取铈后的混合轻稀土溶液经萃取镧后再经氨中和、盐酸溶解、结晶而制得。

氯化锂 lithium chloride LiCl 又名无水氯化锂。白色立方晶系结晶或粉末。相对密度 2.068(25℃)。熔点 605℃。沸点 1325～1360℃。折射率 1.662。易吸湿潮解。溶于水、乙醇、乙醚、丙酮、吡啶等。水溶液呈微酸性。溶于水后部分发生水解,可形成 1,2,3,5 等多种水合物,而常温下只能制得一水合物 ($LiCl \cdot H_2O$) 及二水合物 ($LiCl \cdot 2H_2O$)。一水合物为立方晶系结晶,相对密度 1.78,溶于水及无机酸。在 98℃ 时失去结晶水或无水氯化锂。低毒。用于制造金属锂、低温干电池、焰火、焊药、特种水泥等。也用作空调除湿剂、制冷剂、铝的焊接剂等。由碳酸锂或氢氧化锂与盐酸反应制得。

氯化硫硫化植物油 sulfur chloride vulcanized vegetable oil 又名白油膏、冷法油膏。白色松散性固体。相对密度 1.0～1.36。丙酮抽出物 ≤0.5%。不溶于水,溶于芳烃、氯化烃溶剂。用作橡胶软化剂,其作用与硫化植物油相同,但对硫化胶物理-机械性能降低较大,故用量不宜过多。由于色浅,可用于浅色胶料中。由精制菜子油与氯化硫反应制得。

氯化铝 aluminium chloride $AlCl_3$ 又名三氯化铝、无水氯化铝,无色或白色立方晶系结晶或粉末。工业品因含铁、氯等杂质而呈黄、灰、绿或棕色。相对密度 2.44。熔点 186～196℃(0.533MPa)。沸点 170.4℃(41kPa)。易溶于水,水溶液呈酸性,并生成 $AlCl_3 \cdot 6H_2O$。也溶于乙醇、乙醚、氯仿。极易潮解。用于制造医药、染料、香料、洗涤剂及硫酸纸,也用作石油化工及有机合成的酸催化剂。

用作混凝土防水剂时,能与水泥水化生成的氢氧化钙作用,生成具有胶凝性的氢氧化铝,并进一步反应生成有膨胀性的水化氯铝酸盐,因而提高水泥密实性并具有抗渗性。由金属铝直接氯化,或由氯化氢与氧化铝反应而得。

氯化铝钛 titanium aluminium chloride Ti_3AlCl_{12} 微细粉末。商品总钛含量23%～25%,总氯70%～72%,总铝4%～5%。$TiCl_4 \leqslant 0.5\%$。与水发生反应。溶于醇、醚及稀盐酸等,有毒!用作丙烯聚合催化剂的主活性组分。由四氯化钛与铝反应后,经振动磨活化、气流分级、筛分制得。

氯化镁 magnesium chloride 又名六水氯化镁、结晶氯化镁、卤片。$MgCl_2 \cdot 6H_2O$ 纯品为白色易潮解的单斜晶体,有苦咸味。相对密度1.56,熔点118℃,同时分解。溶于水、乙醇,水溶液呈中性。具有吸水性及耐火阻燃性。也是一种强电解质,能使蛋白质凝固。氯化镁水合物种类较多,常温以六水氯化镁较为稳定。用于制造金属镁、氧化镁、镁盐、含镁催化剂,也用作冷库的冷冻介质、水泥防冻剂、融雪剂、木材防火剂、耐火材料黏合剂、蛋白质凝固剂、饲料添加剂。医药用六水氯化镁可供配制人工肾透析液、消毒药水、酪类胶等。由海水制溴后含氯化镁母液经蒸发浓缩、结晶、分离制得。

氯化镍 nickel chloride 绿色或草绿色单斜棱柱状结晶。$NiCl_2 \cdot 6H_2O$ 相对密度1.921。熔点80℃。易溶于水、乙醇。水溶液呈微酸性。干燥空气中易风化,潮湿空气中易潮解。与饱和溶液共存的水合物,29℃以上为四水合物,64℃以上为二水合物。加热至140℃以上时失去全部结晶水而成无水氯化镍,为黄色鳞状晶体或粉末,相对密度3.55,973℃升华,熔点1001℃(封管内),溶于水、乙醇、乙二醇及氨水等。用于制造含镍催化剂、镍盐、防腐剂、显影墨水、干电池等。无水氯化镍可用作防毒面具的氨吸收剂。由硫酸镍或氢氧化镍与盐酸反应制得。

氯化-2-羟丙基三甲基铵化淀粉醚(中含氮量) cationic starch (medium nitrogen content) 又名阳离子淀粉(中含氮量)、季铵化淀粉。一种阳离子表面活性剂。外观为白色粉末。含氮量0.35%～0.38%。取代度$\geqslant 0.025$。pH值6～7。易溶于水,不溶于乙醚、丙酮等有机溶剂。用作造纸、印染、化工、采油、食品等工业废水及污水处理的高分子絮凝剂,可降低COD、BOD负荷。也用作造纸中性施胶剂的稳定剂、乳化剂、分散剂,替代造纸用羧甲基纤维素及干酪素。还用于糖汁净化、矿物浮选等领域。由盐酸三甲胺与环氧氯丙烷反应制得阳离子化试剂后,再在催化剂存在下,与淀粉反应制得。

氯化氢中乙炔加氢催化剂 catalyst for acetylene hydrogenation in hydrogen chloride 一种流化床乙烯氧氯化制氯乙烯工艺过程的原料气精制催化剂。用于将来自氯乙烯精馏单元的氯化氢中的微量乙炔经加氢方法加以除去,除去炔烃的氯化氢再送至氧氯化反应器进行乙烯氧氯化反应。加氢采用固定床反应器,反应温度 123～175℃,反应压力 0.4～0.5MPa。所用催化剂中国产品牌号有 BC-2-003、DA-001。外观为淡粉色圆柱或小球状,钯含量约 0.20%,载体为 α-Al_2O_3。经催化加氢后氯化氢中的乙炔约 50% 转化为乙烯,其余转化为乙烷。通过加氢除乙炔,可提高乙烯氧氯化主催化剂的乙烯转化率并延长主催化剂使用寿命。由特制氧化铝载体浸渍氯化钯溶液后,经干燥、焙烧制得。

氯化石蜡-42 chlorinated paraffin-42 又名氯烃-42。是固体石蜡经深度氯化制成含氯量为 40%～44% 的氯化石蜡,具有与聚氯乙烯类似的结构。外观为浅黄色黏稠液体。相对密度 1.16(25℃)。凝固点 -30℃。不溶于水、乙醇,溶于矿物油及多数有机溶剂。不燃、不皂化、无毒、无腐蚀性。用作聚氯乙烯的辅助增塑剂,挥发性小,阻燃性及电绝缘性好,成本低,能赋予制品一定的光泽及拉伸强度。主要用于电缆料、地板料、软管及人造革等。也用作润滑油增稠剂、石油产品抗凝剂及增黏剂、金属切削润滑冷却液、皮革加脂剂、油漆稳定剂及塑料阻燃剂等。由精制石蜡经氯化后制得。

氯化石蜡-52 chlorinated paraffin-52 又名氯烃-52。淡琥珀色黏稠液体。相对密度 1.235～1.255(25℃)。凝固点低于 -30℃。折射率 1.505～1.515。不溶于水,微溶于乙醇,易溶于醚、酮及苯等有机溶剂。热分解温度高于 140℃。不燃。低毒。用作聚氯乙烯的辅助增量增塑剂,其性能优于氯化石蜡-42。增塑效率高,对主增塑剂的取代量大。主要用于电缆料、地板料、软管、压延板材、塑料鞋及塑料门窗等制品。也可用于制造食品包装材料,还用作水果防护乳剂、木材及纸张浸渍剂、润滑油抗极压添加剂、玻璃密封剂等。由精重液体石蜡经氯化反应制得。

氯化石蜡-70 chlorinated paraffin-70 又名氯蜡-70、氯烃-70。白色至淡黄色树脂状粉末。相对密度 1.65～1.70。软化点 95～105℃。折射率 1.56～1.58。氯含量约 70%。不溶于水及低级醇类,溶于丙酮、苯、甲乙酮及矿物油。常温下不与水、氧化剂及稀碱液起反应,是添加型氯系阻燃剂的主要品种,具有氯含量高、挥发性小,润滑、增韧、增黏、抗静电及阻燃效果持久等特点。适用于聚烯烃、聚氯乙烯、聚苯乙烯及 ABS 树脂等热塑性或热固性树脂。也用作天然及合成橡胶、涂料的阻燃剂,木材防腐剂、防虫剂,润滑油抗磨添加剂等。以 C_{24} 的石蜡为原料,经水悬浮氯化法制得。

氯化铈 Cerous chloride 又名三氯化铈、氯化亚铈。白色至淡黄色六方晶系结晶。$CeCl_3·6H_2O$ 熔点 96℃。易潮解,易溶于水,并发生少量水解。溶于乙醇、甲酸、磷酸三丁酯,稍溶于乙醚、二氧六环。加热至 220℃ 时成无水物。无水氯化铈的相对密度3.92,熔点848℃,沸点1727℃。氯化铈也存在七水合物($CeCl_3 \cdot 7H_2O$),为无色柱状结晶或粉末,具吸湿性,易溶于水、乙醇,溶于丙酮,加热脱水成无水氯化铈。用于制造石油裂化催化剂、有机合成催化剂、铈化合物及医治糖尿病药物等,也用作织物染色展开剂、皮革助鞣剂等。由粗氢氧化铈用硝酸溶解后,再经磷酸三丁酯-液体石蜡萃取、结晶制得。

氯化铜 cupric chloride $CuCl_2 \cdot 2H_2O$ 又名氯化高铜、二水氯化铜。蓝绿色单斜晶系结晶或粉末。相对密度2.54。在潮湿空气中易潮解,干燥空气中易风化。易溶于水,溶于乙醇和氯化铵溶液,微溶于丙酮、乙醚。110℃时失去结晶水而成无水氯化铜,为棕黄色结晶粉末,相对密度3.054,熔点498℃,沸点993℃,并分解为氯化亚铜($CuCl$)。氯化铜水溶液重结晶时,15℃以下得四水合物,15~25.7℃得三水合物,26~42℃得二水合物,42℃以上得一水合物。遇湿时,对铁、铜、不锈钢等金属有腐蚀作用。用于制造氧氯化反应的催化剂,也用作脱硫剂、脱臭剂、木材防腐剂、净水消毒剂、电镀添加剂、农用杀虫剂、玻璃着色剂及饲料添加剂等。由氧化铜或碳酸铜与盐酸反应制得。

氯化锌 zinc chloride $ZnCl_2$ 又名锌氯粉。无色立方晶系结晶或白色粉末。有α、β两种晶型。相对密度2.905。熔点283℃。沸点732℃。赤热时升华为针状结晶。易溶于水、甲醇、乙醚、甘油,不溶于液氨。水溶液水解则生成羟基氯化锌[$Zn(OH)Cl$],并呈酸性。能生成多种水合物。高温时能溶解金属氧化物,俗称焊药水,也具溶解纤维的特性。有强腐蚀性及毒性,用于制造电池、医药、农药、颜料、活性炭等。也用作催化剂、脱水剂、缩合剂、阻燃剂、媒染剂、增重剂。在水处理领域用作污水处理剂、防蚀剂及冷却水处理杀生剂等。

氯化稀土 rare earth chloride $RECl_3 \cdot 6H_2O$ 是氯化稀土、氯化重稀土及氯化轻稀土的总称。通常为浅红色或略带白色的块状结晶,无明显机械杂质,都含有一定的水分,在水中都有较大的溶解度,并随温度升高而增加。溶于水后溶液呈酸性。空气中易潮解。受热分解生成稀土氯氧化物。用于制造镧、钕、铕、镨、镝、钬等稀土金属及混合稀土金属,也用作石油裂化催化剂及冶炼合金钢的添加剂等。由混合稀土溶液经溶剂萃取、分离、浓缩、结晶而制得。

氯化锡 stannic chloride $SnCl_4$ 又名四氯化锡、氯化高锡。无色发烟液体。相对密度2.226。熔点-33℃。沸点114.1℃。溶于水并放出大量的热。也溶于乙醇、苯、二硫化碳、松节油及煤油等,水溶液会因水解而产生沉淀。遇湿空气会吸水生成三水合物,进一步吸水生成五、八、九等水合物。其中五水合物($SnCl_4 \cdot 5H_2O$)为白色晶体,熔点56℃,

易溶于水、乙醇等。氯化锡能与醇、醚、酮、醛、酯、羧酸、胺及不饱和烃等有机化合物进行反应。与氨反应生成复盐，与碱金属反应生成锡酸盐。在低温下能吸收大量氯气，同时体积膨胀、冰点下降。与碱性物质混合时易引起爆炸。有水时对多数金属有腐蚀性。用于制造有机锡化合物、阳离子聚合催化剂、感光纸、发光涂料、染料、色淀颜料等。也用作媒染剂、还原剂、润滑油添加剂、塑料稳定剂、香味保持剂及霉菌抑制剂等。由锡片或二氧化锡与氯气反应制得。

氯化橡胶胶黏剂 chlorinated rubber adhesive 一种改性天然橡胶胶黏剂。是天然橡胶经氯化后所得白色粉末状氯化橡胶溶于芳烃或氯烃等有机溶剂而制得的胶黏剂。具有优良的耐化学腐蚀性、良好黏附性及储存稳定性。可用于粘接极性橡胶和金属，其胶膜耐酸、碱及海水，但不耐油类及芳烃。如在氯化橡胶中加入酚醛、醇酸树脂、改性剂（如芳香族亚硝基化合物）及增塑剂等改性，可提高胶黏剂的黏附性能，用于非极性橡胶与金属的粘接。此外，氯化橡胶还可用作氯丁及丁腈橡胶胶黏剂的改性剂，提高胶接强度及高温蠕变性能。

氯化溴 bromine chloride BrCl 又名溴化氯。一种卤素互化物。深红色气体或液体，有挥发性。熔点 -54 ℃。沸点约 5℃。10℃ 时分解并放出氯气和溴。气体相对密度 4.1，不稳定，溶于水时分解生成氯离子和溴离子。溶于乙醚、乙酸、二硫化碳及四氯化碳等。具强氧化性，能与多数金属或非金属剧烈反应生成相应的卤化物。遇强氧化剂及易燃物会引起着火。对铁、镍及多数合金有腐蚀性。用作水及废水处理的消毒剂及杀菌剂。与使用氯相比，具有杀菌速度快、适用 pH 值范围宽及有效残留浓度比氯低等特点。而且对鱼类的毒害作用也较小。由气态氯与气态溴反应，液态氯与液态溴反应，即可制得相应的气态或液态产品。

氯化亚汞 mercurous chloride HgCl 又名一氯化汞、甘汞。白色四方晶系结晶。相对密度 7.15。熔点 320℃。384℃ 升华。在日光下会逐渐分解成氯化汞及汞而变黑。不溶于水、乙醇、乙醚，微溶于热硝酸、盐酸，溶于硝酸汞溶液。在沸腾时能溶于盐酸、氯化铵溶液及碱溶液，生成汞和氯化汞。有毒！用于制造甘汞电极、焰火、医药，也用作农用杀虫剂、防腐剂及测定钯和锆的试剂。由氯化汞溶液与二氧化硫反应制得。

氯化亚锡 stannous chloride $SnCl_2 \cdot 2H_2O$ 又名二氯化锡。无色或白色单斜晶系针状结晶。相对密度 2.71（15.5℃）。熔点 37.7℃。溶于少于其质量的水中，在多于其质量的水中则生成不溶性碱式盐。易溶于浓盐酸，溶于乙醇、冰乙酸、酒石酸溶液。与碱反应生成水和氧化物沉淀，碱过量时生成可溶性的亚锡酸盐。加热到熔点时分解为盐酸及碱式盐。110℃ 时失去结晶水成为无水物（$SnCl_2$）。无水物为白色或半透明晶体,相对密度3.95,熔点246℃,沸点623℃,溶于乙醇、乙醚。在水中会水解而产生白色氢氧化亚锡沉淀,有还原性,易被空气中的氧氧化而生成不溶性氢氧化物。其溶液与皮肤接触能引起湿疹。用作还原剂、媒染剂、漂白剂、香料稳定剂、硫化活性剂、催化剂及脱水剂等。由金属锡与盐酸反应制得。

氯化银 silver chloride AgCl 白色立方晶系结晶,见光色泽变暗,故通常为灰白色。相对密度5.56。熔点455℃。沸点1550℃。折射率2.071。难溶于水,溶于氨水、浓盐酸、硫代硫酸钠溶液。不溶于乙醇及稀酸。在有机物或水存在下,与水接触会分解变黑。有毒!具有光导性及电导性。用于制造照相底片、感光纸等感光材料,是卤化银感光乳剂的主要组分。也用于镀银及制造医药制剂。氯化银晶体能透红外线,故可用于制造透红外线的光学窗口、棱镜等。由硝酸银与氯化钠或盐酸反应制得。

氯化硬脂酰胺乙基二乙基苄基铵 stearyl amidoethyl diethyl benzyl ammonium chloride 又名色必明BCH、柔软剂BCH。属阳离子表面活性剂。白色结晶。活性物含量≥98%。溶于水。有较强的表面活性及起泡力,但无净洗力。用作柔软剂、润湿剂、固色剂、抗静电剂等。与阴离子纤维作用能形成吸附膜,对阴离子染料结合牢固,产生固色效果。对碱性染料则有缓染作用,而对黏胶长丝、短纤维有柔软和增艳作用。由N,N-二乙基乙二胺与硬脂酰氯经酰基化反应后再与氯化苄反应制得。

氯化油酰胺丙基-2,3-二羟丙基二甲基铵 oleoylamido-propyl-2,3-dihydroxypropyl dimethyl ammonium chloride 又名油酰胺丙基-2,3-二羟丙基二甲基氯化铵、多功能调理剂AC。属阳离子表面活性剂。具有调理、乳化、增黏、柔软等功能。对头发及皮肤有较好调理性,有护发护肤双重功能。用于配制二合一香波。与阴离子表面活性剂配合使用,不影响发泡性。对皮肤有明显柔软、光滑作用。由油酸及N,N-二甲基丙二胺经酰胺化生成油酰胺丙基二甲胺后,再与3-氯-1,2-丙二醇反应制得。

氯化脂肪油 chlorinated fatty oil 清澈透明液体。相对密度1.34(15.6℃)。闪点204℃。氯含量57.0%。中和值6.0mgKOH/g。赛氏黏度40000s(37.8℃)。用作润滑油极压润滑剂,在钢材深拉操作中具有良好的黏附性及极压性,起到润湿和增加膜强度的作用。也有一定的防腐蚀性,能减少由于HCl、水及潮湿环境而引起的斑痕,尤适用于不锈钢的深拉操作。由动物或植物油氯化制得。

氯化猪油 chloro lard oil 棕红色油状液体,为硫酸化或磺化的氯化猪油脂肪酸酯的混合物。含油量≥75%。pH值7.5~8.5。有良好的耐光、耐氧化性能,凝固点、塑性好,具有优良的加脂性能。适用于高档革制品的加脂,可赋予皮革动物脂的滋润、柔软及丰满感、丝光感。由猪油经氯化、磺化及酯交换等工序制得。

氯磺丙脲 chlorpropamide 又名特必胰、对氯苯磺酰丙脲。白色结晶粉末,

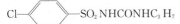

味略苦。熔点 125～130℃。不溶于水,溶于乙醇,易溶于氯仿及碱液,为第一代口服磺酰脲类降糖药。主要选择性地作用于胰岛 β-细胞,促进胰岛的分泌,使血糖降低。用于糖尿病,作用强而持久。以对氯苯磺酸钠为原料制得。

氯磺化聚乙烯密封胶 chlorosulfonated polyethylene sealant 是以氯磺化聚乙烯为黏料的密封胶。可分为二液型和一液型两种类型。一液型(单组分)在施工上较方便,但容易发生凝胶而不能久藏和储运。通常以二液型产品使用。密封胶中除氯磺化聚乙烯橡胶作基料外,常添加硬化剂氧化铅、氧化铅-氧化镁、环氧树脂、苯甲酸及有机磺酸盐等。这类密封胶的特点是耐候性、耐碱性、耐氧化性、耐紫外线性及高温性能好。缺点是硬化后会产生收缩,储存稳定性较差。用于汽车焊缝、玻璃钢雷达天线罩、扣式电池及酸碱储槽等的粘接密封。

氯磺化聚乙烯橡胶胶黏剂 chlorosulfonated polyethylene rubber adhesive 以氯磺化聚乙烯为基料的胶黏剂。氯磺化聚乙烯是由高压聚乙烯的四氯化碳溶液通以氯气和二氧化硫反应制得。由于分子结构中引入了活性氯磺酰基,也改善了聚乙烯的极性状态,使聚合物对极性和非极性材料都有粘接力。其硫化产品耐臭氧、耐氧、耐热老化性和抗氧化性等都优于不饱和橡胶,脆性温度可达 -62℃。耐热老化性仅次于硅橡胶和氟橡胶。耐臭氧性超过丁基橡胶,而与聚丙烯酸酯、氟橡胶及硅橡胶相接近。耐水性、耐油性及介电性等也优良。可用于除硅、氟橡胶外几乎所有天然橡胶和合成橡胶的粘接,以及这些橡胶与金属的粘接。

氯磺酸 chlorosulfonic acid HSO_3Cl 又名氯(化)硫酸。无色或淡黄色油状液体,有刺激性臭味。相对密度 1.753。熔点 -81～-80℃。沸点 151～152℃(分解)。175℃以上分解为硫酸和硫酰氯。遇水及湿气剧烈反应,分解成硫酸和氯化氢。溶于氯仿、二氯乙烷、乙酸及三氯乙酸等。不溶于二硫化碳、四氯化碳。是含有相当弱的 S—Cl 键的强酸。与烃、醇、酚、胺等反应,生成氯化物和有机衍生物。与强脱水剂(如 P_2O_5、SO_3)接触时,脱水生成焦硫酰氯、加热时生成硫酰氯、二氧化硫及氯气。有极强刺激性及腐蚀性。用作磺化剂、氯化剂,用于制造糖精、磺胺类药物、农药、染料中间体、塑料及合成洗涤剂等。也用作有机合成催化剂,军事上用作烟幕剂。由三氧化硫与氯化氢直接反应制得。

γ-氯甲基三甲氧基硅烷 γ-chloromethyltrimethoxysilane $Cl(CH_2)_3Si(OCH_3)_3$ 又名 A-143、Y-4351。无色透明液体。相对密度

1.077。沸点 192～196℃。折射率 1.4180(25℃)。闪点 88℃。不溶于水,溶于乙醇、乙醚、丙酮、苯及汽油等。在 pH 值为 4.0～4.5 的酸性水溶液中经搅拌可完全水解。用作环氧树脂、聚苯乙烯、聚酰胺、聚氨酯等聚合物体系复合材料的偶联剂。用其处理的玻璃纤维,可改善与聚合物的黏合性及润湿性。由三甲氧基硅烷与 γ-氯丙烯反应制得。

氯甲烷合成催化剂 chloromethane synthetic catalyst 用于气相甲醇法制氯甲烷催化剂。中国产品牌号 ATB-0638,为白色中孔条状,活性组分为 NiO、ZnO,载体为氧化铝。堆密度 $0.55\sim0.60$ g/mL,抗压强度 $\geqslant 3.0$ N/mm。在反应温度 260～290℃,空速 0.9 h^{-1} 的条件下,甲醇转化率为 98.55%,氯甲烷选择性为 99.2%。可由氧化镍、氧化锌与氢氧化铝等经混捏、成型,干燥及焙烧制得。

氯金酸 chloroauric acid 又名氯化金。$HAuCl_2 \cdot 4H_2O$ 金黄色或红黄色单斜晶体。相对密度 3.9。熔点 60℃。易溶于水、乙醇,溶于乙醚,微溶于三氯甲烷。见光出现黑色斑点,表面析出胶体金。加热到 120℃ 以上分解为氯化金。遇强热分解成金、氯、氯化氢。除四水合物外,氯金酸还存在三水合物。有吸湿性及腐蚀性。用于半导体及集成电路引线框架局部镀金、电子接插件及印刷线路板镀金等。也用于制造金溶胶催化剂、红色玻璃等。由王水溶解金后,与浓盐酸反应制得。

氯菌酸酐 chlorendic anhydride 又名氯桥酸酐、六氯内次甲基四氢苯酐。白色结晶粉末。相对密度 1.73。熔点 234～244℃。氯含量 57.4%。溶于丙酮、苯及亚麻籽油,微溶于四氯化碳、氯仿、己烷。遇水可水解成氯菌酸。吸湿性强。不燃。用作环氧树脂固化剂,固化物热变形温度 181～196℃。有优良的阻燃性及力学性能。也用作不饱和聚酯、聚氨酯及环氧树脂的反应型阻燃剂。由六氯环戊二烯与顺丁烯二酸酐反应制得。

氯喹 chloroquine 又名氯化喹啉、4-(4-二氨基-1-甲基丁氨基)-7-氯喹啉。白色结晶粉末。味苦。熔点 87～88℃。沸点 212～214℃。为治疗疟疾发作的首选药。对三日疟原虫、卵形疟原虫十分有效,对间日疟原虫也有疗效。是制造抗疟疾药磷酸氯喹的中间体,也可用于治疗风湿性疾病。由 4,7-二氯喹啉与 1-二乙氨基-4-氨基戊烷在苯酚存在下反应制得。

氯雷他定 loratadine 又名信敏汀、克敏能、开瑞坦、8-氯-6,11-二氢-11-Cl-乙氧羰基-4-亚哌啶基)-5H-苯并[5,6]-环庚并[1,2-b]吡啶。白色结晶。熔点134～136℃。难溶于水,溶于丙酮、甲苯、乙腈。一种第二代抗组胺药。用于治疗慢性荨麻疹、过敏性鼻炎、瘙痒性皮肤病及变态性关节炎等。以 1-甲基-4-氯吡啶、镁屑、3-[2-(3-氯苯基)乙基]-2-吡啶甲腈等为原料制得。

氯膦酸二钠 chlodronate disodium 又名骨膦、固令、德维。白色结晶。易溶于水,不溶于乙醚、苯、氯仿。用作钙代谢调节剂,用于治疗高钙血症、变形性骨炎。也可用于预防骨质疏松。以亚甲基二膦酸四异丙酯、次氯酸钠、氯屈膦酸等为原料制得。

氯霉素 chloramphenicol 又名左旋霉素、氯胺苯醇。白色或微黄色针状结晶。味苦。熔点 149～152℃。微溶于水,溶于乙醇、丙酮、甲醇,不溶于乙醚、苯、石油醚。对热稳定,在强碱或强酸性溶液中易发生水解。为广谱抗生素,通过抑制细菌的蛋白合成而起抑菌作用。对革兰阴性及阳性菌都有抑制作用。主要用于治疗伤寒、副伤寒、斑疹伤寒等,对百日咳、砂眼、结膜炎、眼睑炎、细菌性痢疾及尿感染等也有疗效。长期及多次应用可产生可逆性骨髓抑制、再生障碍性贫血等,因而限制其使用价值。以对硝基苯乙酮为原料经化学合成法制得。

氯美扎酮 chlormezanone 又名芬那露、氯甲噻酮。白色结晶性粉末,有微臭。熔点 116～118℃。微溶于水、乙醇,易溶于丙酮、氯仿,不溶于苯。一种弱安定药。具有镇静、安定和松弛肌肉的作用,用于抗焦虑、精神紧张恐惧、急性肌肉痉挛及扭伤等疾病引起的烦燥不眠等。但不宜与氯丙嗪、单胺氧化酶抑制剂等合用。由对甲苯胺经重氮化、氧化、缩合、环合及氧化等反应制得。

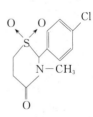

氯米芬 clomifene 又名克罗米芬、

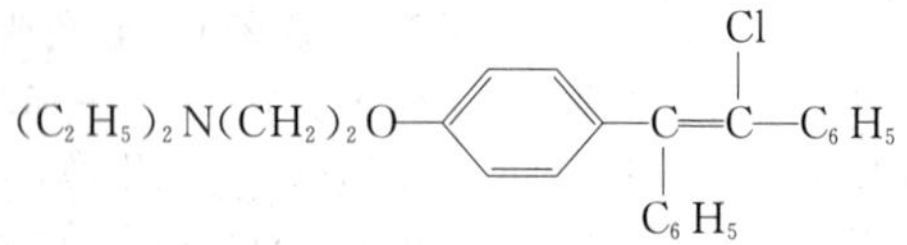

$$(C_2H_5)_2N(CH_2)_2O-\underset{}{\underset{}{C_6H_4}}-\underset{C_6H_5}{\overset{Cl}{C}}=C-C_6H_5$$

舒经芬、N,N-二乙基-2-[4-(1,2-二苯基-2-氯乙烯基)苯氧基]乙胺。其柠檬酸盐为白色或类白色粉末。无臭、无味。熔点 115～119℃。微溶于水、氯仿、乙醇，溶于甲醇，不溶于乙醚。有顺、反两种几何异构体，其反式异构体有抗雌激素活性，药用为两种异构体的混合物，反式异构体占 30%～50%。为抗雌激素药，用于月经紊乱、功能性子宫出血、药物引起的闭经及不孕症等妇科疾病。用于不孕症治疗，诱发排卵成功率高达 20%～80%。由对二乙氨基乙氧基二苯酮经加成、脱水、生成顺反异构体混合物，再经卤化、与柠檬酸成盐而得。

氯嘧黄隆 chlorimuron-ethyl 又名 2-

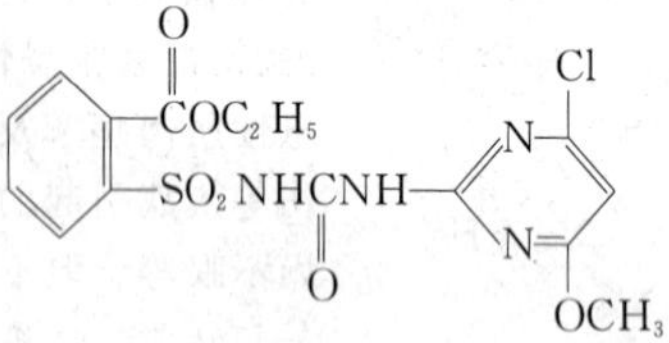

(结构式)

(4-氯-6-甲氧基嘧啶-2-基氨基甲酰氨基磺酰基)苯甲酸乙酯。无色结晶，熔点 185℃。难溶于水，不溶于酸，溶于碱、二氯甲烷。为磺酰脲类大豆田除草剂，通过根和芽吸收，迅速抑制敏感杂草生长，防除蓼、藜、反枝苋、龙葵、鬼针草等一年生和多年生阔叶杂草。由 4-氯-6-甲氧基-2-氨基嘧啶与 2-乙氧基羰基苯磺酰异氰酸酯反应制得。

氯尼达明 lonidamine 又名 1-(2,4-

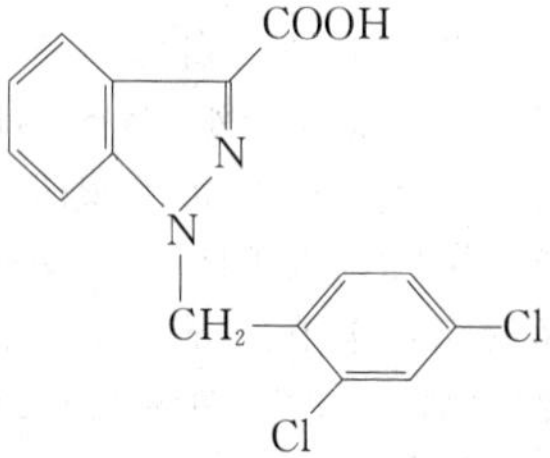

(结构式)

二氯苯甲基)-1H-吲唑-3-羧酸。白色结晶，熔点 207℃。溶于乙醇、氯仿、乙酸。一种抗肿瘤药，用于治疗肺癌、乳腺癌、前列腺癌及脑癌等，但抗肿瘤活性谱较窄。与高温治疗、放疗和其他细胞毒抗肿瘤药联合应用时疗效更好。由 1H-吲哚-3-羧酸与 2,4-二氯氯苄在碘化钾催化剂存在下缩合制得。

氯普噻吨 chlorprothixene 又名 N,N-

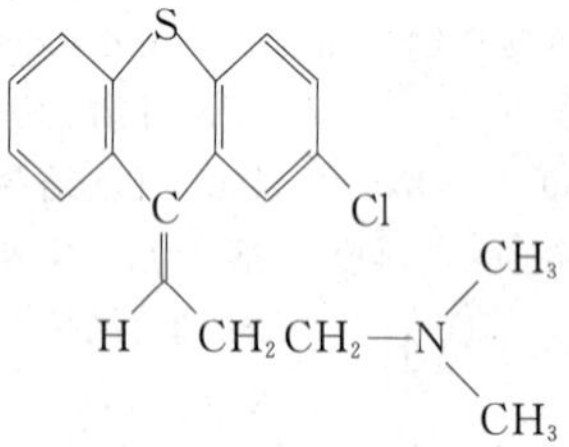

(结构式)

二甲胺-3-(2-氯-9H 亚噻吨基)-1-丙胺。淡黄色结晶性粉末。有氨臭味。熔点 97～98℃。不溶于水，溶于乙醇，易溶于乙醚、氯仿。呈碱性，能与盐酸成盐。室温时较稳定，光照及碱性条件会分解生成 2-氯噻吨和 2-氯噻吨酮。在紫外灯下其溶液显绿色。为噻吨类抗精神病药。通过阻断脑内神经突触后多巴胺受体而产生镇静作用。还可减少对脑干网状结构的直接刺激,对精神运动兴奋的病人能较快地控制兴奋和躁动,用于躁狂症治疗。也能抑制延脑化学感受区而具止吐作用。由氨基苯甲酸经重氮化、脱水环合等多步反应制得。

氯普唑仑 loprazolam mesylate 其甲磺酸盐=甲磺酸氯普唑仑为淡黄色固体。熔点 205～210℃。溶于甲醇、乙醚。一种中时效镇静催眠药,对中枢神经有抑制作用。主要用于失眠的短期治疗,兼有抗焦虑及镇静作用。由 N,N'-二环己基碳二亚胺、2-羧甲基亚氨基-5-邻氯苯基-3H-7-硝基-1,4-苯并二氮杂䓬、1-甲基派嗪等为反应制得。

3-氯-2-羟丙基三甲基氯化铵 3-chloro-2-hydroxy propyl trimethyl ammonium chloride 又名羟丙基季铵盐。白色

$$Cl-CH_2-\underset{\underset{OH}{|}}{CH}-CH_2N^+(CH_3)_3-Cl$$

至浅黄色结晶。易吸潮。熔点 193～196℃。溶于水,水溶液呈弱酸性。是一种阳离子反应试剂。用于制造阳离子淀粉、两性淀粉、阳离子纤维素、阳离子瓜尔胶、抗静电剂及印染助剂等。也用作钻井液页岩稳定剂,采油、注水的黏土防膨剂。由三甲胺与盐酸反应生成三甲胺盐酸盐后,再与环氧氯丙烷反应制得。

氯氰菊酯 cypermethrin 又名安绿宝、灭百可、兴棉隆。属拟除虫菊酯类杀虫剂。氯氰菊酯分子结构上有 3 个不对称碳原子,有 4 对外消旋体,共 8 个异构体,其中手性的三碳环上两个氢原子在同侧者称为顺式异构体,在异侧者称为反式异构体。其中顺式异构体较反式异构体毒力高,不同方法生产的氯氰菊酯,其各种异构体含量的比例不同,工业品中活性成分含量仅为 30%～45%,原药为黏稠的黄色或棕色半固体物质。难溶于水,溶于丙酮、二甲苯、乙醇、氯仿。中等毒性。对害虫有触杀及胃毒作用,无熏蒸及内吸作用,对防治鳞翅目、鞘翅目及双翅目害虫有效,用于防治玉米、棉花、大豆、蔬菜及果树等作物的害虫,也用于防治蚊、蝇、蟑螂等害虫及牲畜体外寄生虫。以二氯菊酸甲酯、间苯氧基苯甲醛、氰化钠及光气等为原料制得。

Z-氯氰菊酯 zeta-cypemethrin 又名

富锐。氯氰菊酯杀虫剂的一个品种。它含有4种异构体,且均互为非对映体,其中顺式与反式的比例为(45:55)～(55:45)。制剂为18.1%乳油,兑水喷雾用于防治蔬菜蚜虫、棉铃虫等。

氯沙坦 losartan 又名洛沙坦、芦沙坦。淡黄色结晶。熔点183.5～184.5℃。为中等强度的酸,能与钾离子成盐(氯沙坦钾)。为血管紧张素受体拮抗剂的药物,可以阻碍血管紧张素Ⅱ与受体的结合,阻断循环和局部组织中血管紧张素Ⅱ与受体的结合,阻断循环和局部组织中血管紧张素Ⅱ所致的动脉管收缩、交感神经兴奋和压力感受其敏感性增加等效应,强力和持久性地降低血压、使收缩压和舒张压均下降,用于治疗高血压,不良反应较少。由2′-四氮唑取代的联苯苄溴与取代的咪唑经烷基化制得。

氯鼠酮 chlorophacinone 又名氯敌鼠、鼠顿停、2-[2-(4-氯苯基)-2-苯基乙酰基]茚满-1,3-二酮。淡黄色结晶或粉末,无味。熔点130～140℃。不溶于水,微溶于乙醇、丙酮、植物油,溶于甲苯。其钠盐(称为氯鼠酮钠)稍溶于水,为第一代抗凝血杀鼠药,对鼠类的毒力较强,适口性较好,作用缓慢,杀鼠谱广,对家鼠和野鼠都有效。对人、畜高毒。由邻苯二甲酸二甲酯与1,1-苯基对氯苯基丙酮反应制得。

氯酸 chloric acid $HClO_3$ 常温下为无色或浅黄色液体,有类似硝酸的刺激性臭味。相对密度1.282(40%水溶液)。熔点-20℃。含量为30%以下时在冷水溶液中稳定,用水再度稀释后接近无色。加热至40℃以上时会放出ClO_2及Cl_2。减压下蒸发浓缩氯酸溶液时含量可达40%以上。易溶于水。水溶液呈强酸性。是强氧化剂,其氧化性随水溶液的pH值和温度的变化而变。能将SO_2氧化成硫酸。有强腐蚀性。用作有机合成氧化剂及制备丙烯腈的聚合催化剂。常为分析试剂,一般无商品出售。由氯酸钡与浓硫酸反应后经真空蒸发可制得40%的氯酸溶液。

氯酸铵 ammonium chlorate NH_4ClO_3 无色针状结晶,有刺激性臭味。相对密度1.8。易溶于水,微溶于乙醇。有氧化性,不稳定。遇震敏感。受热达102℃时发生爆炸性分解,故不能长期储存。遇有机物及易燃物会自燃。商品常为10%氯酸铵溶液,以降低其遇震敏感性。剧毒!是一种血液毒物。口服几克就可致死。粉尘对眼睛、黏膜有腐蚀性及刺激性。用作氧化剂、漂白剂,及制造炸药、雷管等。由氯酸钡或氯酸钾与硫酸铵经复分解反应制得。

氯酸钾 potassium chlorate KClO₄ 又名白药钾。无色单斜晶系片状结晶或粉末。味咸而凉。相对密度2.32。熔点360℃。沸点400℃（分解）。折射率1.409。加热至500℃时放出氧气，610℃时放出所有的氧，并生成氯化钾，易溶于水，水溶液呈酸性，微溶于乙醇、甘油及液氨，不溶于丙酮。在酸性溶液中有强氧化作用，并有氯酸形成。中性及碱性溶液中则无氧化特性。与C、S、P及有机物等混合时，只需稍微摩擦即可发生燃烧或爆炸。受阳光照射也会爆炸并生成亚氯酸盐，有毒！是一种血液毒物，内服2～3g即可致死。用于制造火柴、炸药、雷管等，也用作氧化剂、漂白剂、杀菌剂、防腐剂、媒染剂、除草剂等。由氯酸钠溶液与氯化钾经复分解反应制得。

氯酸镁 magnesium chlorate Mg(ClO₃)₂·6H₂O 白色斜方晶系针状或片状结晶。味苦。有强吸湿性。相对密度1.80(25℃)。熔点35℃（部分熔化并由六水盐转变为三水及四水盐）。约120℃时分解。易溶于水，微溶于乙醇、丙酮。比其他氯酸盐稳定，不易燃烧或爆炸，但与P、S及有机物混合时，经撞击时有发生燃烧或爆炸危险，有腐蚀性。用作小麦催熟剂、棉花收获前的脱叶剂及除莠剂、干燥剂等。也用于制药。由氯酸钠与氯化镁经复分解反应制得。

氯酸钠 sodium chlorate NaClO₃ 又名白药钠、氯酸碱。通常是无色或白色立方晶系晶体，介稳状态时为单斜晶系结晶。相对密度2.490(15℃)。熔点248～261℃。折射率1.515。300℃时开始分解释出氧。易溶于水，水溶液呈酸性。溶于甲醇、丙酮，微溶于乙醇、乙二醇、甘油及液氨。常温下稳定。有极强氧化性，受强热或与强酸接触时即发生爆炸，与磷、硫及有机物混合，受撞击即发生燃烧或爆炸。与盐酸、二氧化硫反应生成ClO₂。有毒！对皮肤、黏膜有强刺激性。用于制造二氧化氯、亚氯酸钠、氯酸钾、高氯酸盐及其他氯的含氧化合物，以及用于制造火柴、焰火、炸药、医药、油墨等。也用作氧化剂、漂白剂、除草剂、杀菌消毒剂及饲料添加剂等。由石灰乳与氯气及硫酸钠反应制得。

氯硝胺 dichloram 又名2,6-二氯-4-硝基苯胺。黄色叶状结晶。无臭，味苦。熔点195℃。可升华。难溶于水，微溶于丙酮、氯仿、乙酸乙酯，易溶于乙醇。对光、热稳定。低毒。用作农用杀菌剂，防治油菜菌核病，甘薯、黄瓜、烟草等灰霉僵腐病，西红柿、马铃薯晚疫病，小麦黑穗病，蚕豆花腐病

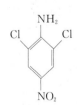

氯硝柳胺 niclosamide 又名灭绦灵、

血防-67、贝螺杀、N-(2-氯-4-硝基苯基)-5-氯代水杨酰胺。淡黄色或灰白色结晶或粉末。无臭、无味。熔点 228～232℃。难溶于水,微溶于乙醇、乙醚,溶于热乙醇、环己酮及碱液。一种驱绦药,能抑制虫体细胞内线粒体的氧化磷酸化作用,杀灭绦虫的头节及其近段,使绦虫从肠壁脱落而随粪便排出体外。是防治牛肉绦虫病、猪肉绦虫病及短膜壳虫病的有效药物。也用作灭钉螺药、杀软体动物剂。用于杀灭水螺、淡水钉螺及螺卵等。由 N-乙酰苯胺经硝化、氯化,再与 5-氯水杨酸缩合制得。

氯氧化锆 zirconium oxychloride 又名二氯氧化锆。白色或略带黄色的丝状或针状结晶。有刺激性气味及风化性。味涩。相对密度 1.91。熔点 400℃。易溶于水、乙醇、乙醚,微溶于盐酸,难溶于有机酸。水溶液呈酸性。150℃时失去 6 分子结晶水,210℃时成无水物,400℃时分解成 ZrO_2 及 $ZrCl_4$。高温下与水蒸气反应生成 ZrO_2 及 HCl。用于制造锆盐、二氧化锆、鞣剂、催化剂、润滑脂、人造宝石、功能陶瓷及耐火材料等,也用作油漆催干剂。由氢氧化锆与盐酸反应制得。

氯乙酸 chloroacetic acid $ClCH_2COOH$ 又名一氯乙酸、一氯醋酸。一种卤代酸。无色或淡黄色结晶。有刺激性气味。相对密度 1.4043(40℃)。沸点 187.85℃。折射率 1.4330(60℃)。有 $\alpha、\beta、\gamma、\delta$ 四种晶型,其熔点分别为 63℃、56.2℃、52.5℃ 及 42.75℃。工业品熔点 61～62℃。易溶于水、乙酸、乙醚、苯。酸性比乙酸强。分子中的 Cl 原子可被—OH、—SH、—CN、—NH_2 及—F 等基团所置换。有强腐蚀及刺激性。用于制造染料、农药、合成树脂等,医药上用于合成咖啡因、巴比妥、肾上腺素、维生素 B 等,也用作羧甲基化剂、金属浮选剂及色层分析试剂等。由冰乙酸与氯气在硫黄催化剂存在下反应制得。

氯乙酸钠 sodium monochloracetate $CH_2ClCOONa$ 又名一氯乙酸钠。白色粉末。无臭。熔点 200℃(分解)。溶于水,微溶于甲醇,不溶于乙醚、丙酮、苯、四氯化碳。与强酸作用产生一氯乙酸。不吸湿、不易燃。有毒!大鼠经口 LD50 为 76mg/kg。用于制造染料、药物、维生素、除草剂及羧甲基纤维素等,也可用作脱叶剂。可由一氯乙酸与氢氧化钠经中和反应制得。

氯乙烯及其共聚树脂胶黏剂 vinyl chloride and copolymer adhesive 系将氯乙烯的聚合物或共聚物如聚氯乙烯、

氯乙烯-乙酸乙烯酯共聚物、氯乙烯-顺丁烯二酸共聚物、氯乙烯-乙烯共聚物等溶于二氯甲烷、环己酮、四氢呋喃等溶剂中制得的胶黏剂。如聚氯乙烯胶黏剂、过氯乙烯胶黏剂、氯乙烯共聚树脂胶黏剂等。主要用于塑料和金属的粘接、聚氯乙烯板或薄膜的粘接、纤维素材料的粘接等。

氯原酸 chlorogenic acid 又名咖啡鞣酸。白色针状结晶,熔点208℃。稍溶于冷水,溶于热水,微溶于乙醇、甲醇、丙酮、乙醚。天然存在于杜仲科植物杜仲、葵花子、金银花花蕾等植物中。氯原酸有较强抗菌活性、抗诱变性,可预防多种肝、肾疾病,如降低非胰岛素依赖的葡萄糖排泄快。用于减肥制品可提高人体原本自有的正常脂肪消耗功能,减少局部脂肪堆积,达到减脂美肤效果。还可用于抗老化护肤乳液及染发助剂。可由葵花子榨油后的残渣经乙醇等溶剂萃取而得。

氯唑沙宗 chlorzoxazone 又名5-氯-2-苯并噁唑酮。白色结晶。熔点191～191.5℃。难溶于水,溶于甲醇、乙醇、异丙酮,易溶于氨水及碱液。为强效肌肉松弛药,用于急慢性软组织扭伤、肌痉挛等。也用作中间体用于合成农药、医药及染料等。由苯并噁唑酮在溶剂中氯化制得。

氯唑西林 cloxacillin 又名邻氯西林、氯唑青霉素钠、氯唑青。白色或结晶性粉末。微臭,味苦。熔点170℃(分解)。有引湿性。易溶于水,溶于乙醇,微溶于氯仿。为半合成青霉素,对金葡菌大多数菌株有杀菌作用。口服或肌注吸收较好,主要用于耐药金葡菌所致感染,如败血症、骨髓炎、心内膜炎、皮肤软组织感染、泌尿系感染及脑膜炎等疗效较好。对青霉素过敏者禁用。以青霉胺为原料制得。

卵黄高磷蛋白 phosvitin 一种磷蛋白,是自然界含磷最高的蛋白质,磷约占10%,主要以单磷酯化的形式与丝氨酸相连。相对分子质量 3.4×10^4。由 220 个氨基酸组成,其中丝氨酸占 55% 以上。为带光泽的白色粉末,无臭。易溶于水,不溶于乙醇、乙醚、丙酮等有机溶剂。有良好的保温、滋润、柔软等作用,能与各种化妆品原料配伍,可用作护肤品的保湿剂及营养剂,能保持皮肤角质层的水分。可单独或与氟化钠配合用于漱口水,能预防牙龈炎及阻止牙垢生成。也具有显著降低表面张力的作用,用于配制稳定的乳状液。可由脱脂鸡蛋黄或鸭蛋黄粉加入硫酸铵溶液后,经高速离心分离、精制制得。

卵磷脂 lecithin 又名磷脂酰胆碱、大豆(卵)磷脂、磷脂。浅黄色至棕色透明或半透明黏稠状液态物质,或为白色至浅棕色粉末或颗粒。无臭或略带坚果类气味。纯品不稳定。相对密度 1.0305(24℃)。熔点 150～200℃(分解)。部分溶于水,易成水合物。在强酸或强碱溶液中易分解。易溶于乙醚、石油醚、氯仿、苯。是一种天然两性表面活性剂,有良好的乳化性、润湿性及生理活性。广泛用作食品、医药、化妆品的乳化剂,水果保鲜剂,油墨、涂料及染料的分散剂等。用于各种护肤及护发化妆品中,有保持皮肤及头发滋润,防止皮肤干燥和使头发柔软等功效。可从大豆油下脚料提取,或从动物神经组织及脑部组织提取分离制得。

罗贝胍 robenidine 又名盐酸氯苯胍、氯苯胍盐酸盐。白色至淡黄色结晶性粉末。有特臭,味苦。熔点 286～290℃(分解)。难溶于水、乙醚,微溶于氯仿,稍溶于乙酸、乙醇。常温下稳定,遇光颜色变深。一种高效、低毒、抗鸡球虫病饲料添加剂。主要抑制球虫第一代裂殖体,也对第二代裂殖体和子孢子有抑制作用。对防治急性或慢性鸡、兔球虫病有良好效果,兼有促进生长及增重作用,但长期使用易产生抗药性。由对氯苯甲醛与 N,N'-二氨基胍盐酸盐缩合制得。

罗汉果提取物 Lo Han Kuo extract 又名罗汉果甜苷。一种三萜烯葡萄糖苷。主要功能成分是罗汉果甜苷 Ⅰ～Ⅵ。各种罗汉果甜苷之间的区别在于糖配体的不同。罗汉果是我国特有植物,广西特产,其提取物为淡黄色粉末至棕褐色浸膏,味极甜。甜度约为蔗糖的 300

(R′, R″ = 糖配体)

倍,有罗汉果特征风味,甜味接近白砂糖,稍有类似于甘草的后味。高纯度罗汉果甜苷的熔点为 197～201℃。易溶于水、乙醇。对光、热稳定。用作甜味剂。由罗汉果果实干燥粉碎后经溶剂萃取、浓缩制得。

罗沙替丁 roxatidine 又名哌芳替丁、乐卫顺、2-(乙酰氧基)-N-[3-[3-(1-哌啶基甲基)苯氧基]丙基]乙酰胺。白色结晶。熔点 59～60℃。其盐酸盐为白色结晶粉末,熔点 145～146℃。易溶于水,溶于乙醇,不溶于乙醚。一种抗胃酸、抗溃疡病药。为 H_2 受体拮抗剂,能竞争性抑制胃壁 H_2 受体,明显抑制基础胃酸和夜间胃酸分泌。用于治疗胃溃疡、十二指肠溃疡、吻合口溃疡及反流性食管炎等。以 3-3-(1-派啶甲基)苯氧基]丙胺、羟基乙酸、乙酸酐等为原料制得。

罗望子胶 tamarind gum 又名枸子胶。一种亲水性植物胶。带棕色的灰白色粉末。有微臭。少量油脂可使之结块并具有油脂味。主要成分为由半乳糖、木糖及葡萄糖以 1∶3∶4 的比例组成的中性多聚糖。易溶于热水,可分散于冷水,加热形成黏稠状液体,具有耐热、耐酸、耐盐的增稠作用,加糖则形成凝胶。凝胶能力是果胶的 2 倍。不溶于醇、醛、酸等有机溶剂,与甘油、蔗糖及亲水性胶互溶,食品工业中用作增稠剂、胶凝剂、黏合剂,用于冰淇淋、罐头、果冻、果酱、松蛋糕等食品。由豆科罗望子属植物的种子胚乳部分经干燥、粉碎、热水抽提、精制、干燥制得。

螺内酯 spironolactone 又名安体舒通、17-羟基-7α-乙酰硫基-3-氧-17α-孕-4-烯-21-羧酸-γ-内酯。淡黄白色结晶粉末。熔点 203～209℃(分解)。难溶于水,易溶于乙醇、氯仿。有旋光性。在空气中稳定。为盐皮质激素受体阻断药,具有保钾利尿作用。用于治疗高血压、水肿。但长期使用可致高血钾和低钠血症。以乙炔基-5-雄烯-3β,17β 二醇为原料,经格氏反应、选择性还原、矿酸处理、氧化等多步反应制得。

螺旋霉素 spiramycin 由链霉菌产生
$C_{43}H_{74}N_2O_{14}$(螺旋霉素Ⅰ)
$C_{45}H_{76}N_2O_{15}$(螺旋霉素Ⅱ)
$C_{46}H_{78}N_2O_{15}$(螺旋霉素Ⅲ)
的一种大环内酯类抗生素。产生菌所得

培养液以乙酸戊酯提取、逆流分溶可得到螺旋霉素Ⅰ、Ⅱ、Ⅲ三个组分。熔点依次为 134～137℃、130～133℃、128～131℃。混合物为白色至淡黄色结晶粉末,味苦。难溶于水,溶于甲醇、乙醇、丙酮、苯。在水溶液中稳定。其抗菌谱及作用机制与红霉素相似。对革兰阳性及阴性菌、立克次体、大型病毒有抗菌作用,但作用稍弱于红霉素。用于治疗肺炎、肠炎及呼吸系统传染病等。也用作治疗家禽用药。螺旋霉素经乙酰化得到的乙酰螺旋霉素,熔点 117～119℃,其性质较稳定,疗效更好。

螺佐呋酮 spizofurone 又名5-乙酰螺[苯并呋喃-2(3H)-1-环丙烷]-3-酮。白色结晶粉末。熔点102～104℃。难溶于水,微溶于乙醇、乙醚,溶于甲醇,易溶于丙酮、二氯甲烷。一种抗胃酸、抗溃疡药。能减少胃酸分泌,促进慢性胃溃疡愈合。由无水硝基苯与乙酰水杨酸甲酯在三氯化铝催化下反应后,再与 2-溴-γ-丁内酯、1,8-二氮杂十二环[5,4,0]-十一烯反应制得。

洛伐他汀 lovastatin 又名美降脂、脉温宁、美维诺林。白色结晶性粉末。熔点 174.5℃。不溶于水,略溶于甲醇、乙醇、异丙醇,易溶于丙酮、氯仿。储存时易发生氧化,为降血脂药,是一种无活性的前药,在体内水解为羟基酸衍生物成为羟甲戊二酰辅酶 A 还原酶的有效抑制剂,抑制胆固醇的合成。用于治疗高胆固醇血症。不良反应较轻。

洛美沙星 lomefloxacin 又名洛威、多龙、罗氟酸、(±)-1-乙基-6,8-二氟-1,4-二氢-7-(3-甲基-1-哌嗪基)-4-氧-3-喹啉羧酸。一种第三代喹诺酮类抗菌药,具有抗革兰阳性与阴性菌活性,对支原体、衣原体、军团菌及分枝菌有抗菌作用。用于因敏感菌引起的呼吸道感染、肠道感染、泌尿道感染、胆道感染、耳鼻喉和眼科感染及性传播疾病等。以三氟氨基苯与乙氧基亚甲基丙二酸二乙酯为原料制得。

洛哌丁胺 loperamide 又名易蒙停、氯苯哌酰胺、腹泻啶、4-(对氯苯基)-4-羟基-N,N-二甲基-二苯基-1-哌啶丁酰胺。一种抗腹泻药。临床上常用其盐酸盐，为白色至微黄色结晶性粉末。熔点222～223℃。难溶于水，溶于甲醇、乙醇、二氯甲烷、二甲基呋喃。用于控制各种急慢性腹泻，系作用于肠壁，干扰乙酰胆碱和前列腺素释放，增加肛门括约肌张力，抑制肠的蠕动。以2,2-二苯基-4-溴丁酸、氯化亚砜、二甲胺等为原料制得。

洛索洛芬 loxoprofen 又名氯索洛芬、

$$\underset{\underset{CH_3}{|}}{\text{环戊酮—}}\text{C}_6\text{H}_4\text{—CH—COOH}$$

乐松、α-甲基-4-[(2-氧代环戊基)甲基]苯乙酸。无色油状物。熔点108.5～111℃。沸点190～195℃(40Pa)。溶于乙醇。其钠盐为白色结晶性粉末，熔点197～199℃。一种苯丙酸类非甾体抗炎镇痛药。用于治疗风湿性关节炎、类风湿性关节炎、强直性脊椎炎及手术等引起的疼痛。以2-对溴甲苯基丙酸、2-乙氧羰基环戊酮等为原料制得。

落叶松鞣剂 larch extract 又名落叶松栲胶。一种植物鞣剂。暗红色粉状或块状物。鞣质＞57%。非鞣质＜38%。纯度＞60%。pH值4.5～5.5。易溶于水、乙醇、丙酮。用作皮革鞣剂，渗透性与结合力中上。与稀酸共煮沸生成暗红色的沉淀，受强酸或氧化作用时也能使分子缩合变大。与碱共热时碳-碳键不被破坏。适用于鞣制装具革、底革及羊皮。由落叶松树皮经粉碎、浸提、浓缩、干燥制得。

麻黄碱 phedrine 又名麻黄素、2-甲氨基-1-苯基-1-丙醇。无色蜡状固体或结晶颗粒。熔点40℃。沸点225℃。闪

$$\text{C}_6\text{H}_5\text{—}\underset{\underset{OH}{|}}{\text{CH}}\text{—}\underset{\underset{NHCH_3}{|}}{\text{CH}}\text{—CH}_3$$

点85℃。溶于水，水溶液呈碱性。易溶于乙醇、乙醚、氯仿。商品常为盐酸麻黄碱，为白色针状结晶或结晶性粉末。熔点218℃。易溶于水、乙醇，不溶于乙醚、氯仿。为拟肾上腺素药。能兴奋交感神经、松弛支气管平滑肌、收缩血管。用于治疗习惯性支气管哮喘，各种原因引起的鼻黏膜充血、肿胀引起的鼻塞、催眠药中毒、三叉神经痛及遗尿症等。可由植物麻黄中提取而得，也可经化学合成制得。前者提取的麻黄碱为左旋体，后者得到的是外消旋体。

马来松香 maleated rosin 又名马来酸酐加成物、强化松香，是顺酐与天然松香的加成产物。外观为红棕色或黄红色透明片状固体。软化点84～112℃。酸值＞170mgKOH/g。其中加成产物占50%以上，未反应的松香酸约35%，还有10%为中性物。普通松香的松香酸中只含1个羧基，而马来松香中含3个羧基，使羧基活性增强，能与多元醇反应生成酯。具有色浅、透明耐光、稳定性好、不结晶、软化点及酸值较高等特点。乳化后，在乳液中分散颗粒比普通松香胶小，是优良的纸张施胶剂。也用作胶黏剂、油漆的增黏剂、油墨的连接料，合成橡胶及绝缘材料的增塑剂和增强剂，混凝土的起泡剂、拔水剂等。由天然松

香与顺酐在190℃下反应制得。

马来酸-丙烯酸甲酯共聚物 maleic acid-methyl acrylate copolymer 又名马丙共聚物。一种非离子表面活性剂。外观为黄色至黄棕色黏稠液体。固含量≥50%。相对密度1.20。平均相对分子质量300～500。1%水溶液pH值2.0。溶于水、乙醇。具有良好的分散性及耐高温性能。用作水处理阻垢剂，具有抑制碳酸钙、硫酸钙、磷酸钙等结垢及分散悬浮物、泥沙等功能。适用于碱性水质的高温循环水、锅炉水等的阻垢。也用作钙皂分散剂、去污剂及无磷洗涤助剂等。可在过氧化苯甲酰存在下，由顺酐与丙烯酸甲酯反应制得。

马来酸二丁基锡 dibutyl tin maleate 又名顺丁烯二酸二丁基锡、二丁基马来酸锡。白色粉末。锡含量33%～34%。熔点108～113℃。不溶于水，微溶于苯、甲苯。有吸湿性及催泪性。有毒！用作聚氯乙烯热稳定剂，有优良的耐热性、耐候性及透明性，无硫化污染性。缺点是与树脂相容性差、易喷霜、加工时会起泡，因润滑性差，须与润滑剂并用。主要用于制造要求高软化点和高冲击强度的硬质透明制品。由氧化二正丁基锡与马来酸酐反应制得。

马来酸二辛酯 dioctyl maleate 又名马来酸二(2-乙基己基)酯、顺丁烯二酸二(2-乙基己基)酯，简称DOM。近似无色的清亮液体，微具气味。相对密度0.944（25℃）。熔点－50℃。沸点203℃（0.667kPa）。闪点180℃。不溶于水，溶于乙醇、丙酮、苯等。用作内增塑剂，可自聚，也可与氯乙烯、苯乙烯、丙烯酸酯、乙酸乙烯酯等共聚。共聚物具有优良的耐冲击性、抗静电性及电性能，可用于胶黏剂、涂料颜料固着剂、石油添加剂及纸张处理剂等，也用于制造表面活性剂、离子交换树脂等。低毒。由马来酸酐与2-乙基己醇经酯化反应制得。

马来酸二(正)丁酯 dibutyl maleate 又名顺丁烯二酸二(正)丁酯，简称DBM。无色透明油状液体。相对密度0.9964。凝固点－65～－80℃。沸点280℃。闪点141℃。不溶于水，溶于醇、醚、酮及芳香烃等多数有机溶剂。用作内增塑剂，用于聚氯乙烯可使制品柔软、光洁。可有效地增塑丙烯腈树脂、甲基丙烯酸树脂等难增塑树脂，其缺点是热挥发性较大。也可与氯乙烯、丙烯酸酯类等单体共聚，共聚物用于制取胶黏剂、涂料及薄膜等。还用作纸张处理剂、交联剂及润滑剂等。由马来酸酐与丁醇经酯化反应制得。

马来酸酐-苯乙烯磺酸共聚物 maleic anhydride-styrene sulfonic acid copolymer 一种低相对分子质量阴离子型聚电解质。相对分子质量 $500\sim10000$。黄褐色粉末。总固含量 $\geqslant 80\%$。pH 值（30%水溶液）$6.5\sim7.5$。溶于水，水溶液呈中性。热温性好，耐温达 $260℃$。用作钻井液降黏剂，具有优良的抗高温、抗盐、抗钙能力，适用于各种水基钻井液体系。也可用作油井水泥分散剂、高效水处理阻垢剂。由磺化苯乙烯与马来酸酐在过氯化二苯甲酰引发剂作用下聚合制得。

马来酸酐-丙烯酸共聚物 maleic anhydride-acrylic acid copolymer 一种阴离子型低相对分子质量共聚物。相对分子质量 $1000\sim5000$。黑褐色粉末。易吸潮。溶于水，水溶液呈酸性。具有好的分散、螯合能力。用作钻井液降黏剂，具有良好的抗粘土侵蚀性能。主要适用于海水钻井液体系。也可用作分散剂及助洗剂。由丙烯酸与马来酸酐在过硫酸盐引发剂存在下反应制得。

马来酸酐-乙酸乙烯酯共聚物 maleic anhydride-vinyl acetate copolymer 一种低相对分子质量阴离子聚电解质。棕黄色粉末。易吸潮。有效物含量 $\geqslant 90.0\%$。pH 值 $6\sim7$。降黏率 $\geqslant 70\%$。无毒。易溶于水，水溶液呈中性。有良好的热稳定性。$200℃$ 时仅出现微弱分解，$250℃$ 的热失重约 5.76%。用作耐温抗盐的不分散型高温、抗盐和不分散型的钻井液降黏剂，适用于淡水泥浆、盐水泥浆及饱和盐水泥浆。由顺丁烯二酸酐与氢氧化钠作用生成顺丁烯二酸单钠盐后，在过硫酸钾存在下与乙酸乙烯酯反应制得。

马洛替酯 malotilate 又名双硫茂酯、慢肝灵、1,3-二硫杂茂-2-亚基丙二酸二异丙酯。浅黄色结晶。熔点 $60.5℃$。不溶于水，溶于乙醚、苯、环己烷。一种保肝药。能激活肝功能，并能抑制肝纤

维化的进展。对慢性肝炎、肝硬化有明显的治疗效果。以丙二酸二异丙酯、二硫化碳、三氯乙烷为原料制得。

马尼地平 manidipine 又名($\pm$)-1,4-二氢-2,6-二甲基-4-间硝基苯基-3,5-吡啶二羧酸甲酯-2-(4-二苯甲基-1-哌嗪基)乙酯。淡黄色结晶。熔点 $125\sim128℃$。不溶于水，溶于乙醚。其盐酸盐有两种

晶型。α型盐酸马尼地平为黄色结晶，熔点157-163℃；β型盐酸马尼地平的熔点174～180℃。一水物熔点167～170℃。一种二氢吡啶类钙通道阻滞剂，能松弛血管平滑肌细胞，舒张血管而降压。用于治疗原发性高血压，对低肾素型高血压的降压效果尤为明显，并能改善尿酸代谢。

吗啉 morpholine 又名四氢化-1,4-噁嗪、吗啡啉、1,4-氧氮杂环己烷。无色油状液体。有氨的气味及强碱性。

相对密度0.9994。熔点-4.9℃。沸点128.9℃。闪点37.8℃。爆炸极限1.8%～11.2%。与水混溶，溶于甲醇、乙醇、乙醚、苯、松节油等。为二级胺，还同时具有无机酸及有机酸的性质。用于制造抗病毒药、有机磷农药、抗氧剂、增塑剂、吗啉脂肪酸盐等。也用作溶剂、硫化促进剂、锅炉炉内水处理的缓蚀剂、纸张防腐剂等。由二乙醇胺经硫酸脱水、闭环而制得。

2-(4'-吗啉基二硫代)苯并噻唑 2-(4'-morpholinyl-dithio)benzothiazole 又名促进剂MDB、促进剂DS。浅黄色粉末或颗粒，微具特殊气味及苦味。相对密度1.51。熔点123～135℃。易溶于氯仿，微溶于丙酮、二硫化碳，不溶于苯、乙醇及水。用作天然及合成橡胶的迟延性硫化促进剂。在胶料中易分散，几乎无污染性。与秋兰姆并用有迟延硫化的效能，故可用作秋兰姆的防焦剂。也用作橡胶硫化剂，单用时硫化速度慢，与少量秋兰姆或二硫代氨基甲酸盐促进剂并用，制品耐老化性优良。主要用于轮胎、胶鞋及海绵等制品。因有苦味，不适用于与食品接触的制品。由2-巯苯并噻唑与吗啉、一氯化硫在溶剂中反应制得。

N-(吗啉基硫代)邻苯二甲酰亚胺 N-(morpholinothio)phthalimide 又名防焦剂MTP。白色粉末。熔点＞180℃。不溶于水、丙酮、苯、四氯化碳，溶于甲醇、乙醇。用作天然及合成橡胶的防焦剂，兼有硫化作用。在含次磺酰胺类或噻唑类促进剂的硫黄硫化体系中，能延长焦烧时间，保持胶料良好的流动性。在用量较大或温度较高时，胶料也能硫化，但用量大时会产生喷霜现象。由吗啉基次磺酰氯与邻苯二甲酰亚胺经缩合反应制得。

麦迪霉素 midecamycin 又名美地霉素、米地加霉素。一种大环内酯类抗生素。白色结晶性粉末。无臭,味苦。熔点155~156℃。具弱碱性。难溶于水、石油醚。易溶于乙醇、甲醇、丙酮、氯仿,对热、光及温度均稳定。主要抗革兰阳性菌、支原体、立克次体,为非诱导耐药抗生素。对部分耐红霉素的金葡菌有抑制作用。用于敏感微生物所致的感染,如鼻咽炎、中耳炎、支气管炎、白喉、心内膜炎、皮肤软组织感染、风湿病等。由产生菌深层通气培养、溶剂萃取法提取。

麦角甾醇 ergosterol 又名麦角固醇。麦角和酵母中的一种重要甾醇。是一种重要的原维生素D,受紫外线照射能转化为维生素 D_2。无色晶体。相对密度1.04。熔点166℃。不溶于水,溶于乙醇、

乙醚、丙酮、氯仿等有机溶剂。有抗炎性及抗氧化性。用于护肤品,有保持皮肤柔滑、润湿及调理效能。麦角甾醇及其糖苷有乳化、润湿表面活性等作用,能稳定乳状液,持水性好,可用于干性皮肤的防治。用于发制品,有刺激生发作用。可由酵母菌生物合成,将酵母完全皂化后用有机溶剂萃取分离而得。

麦芽糊精 maltodextrin 又名水溶性糊精,是一种介于淀粉和淀粉糖之间的低水解度产品。以 D-葡萄糖为结构单元,以 α-1,4 键相聚合而成的多糖。白色粉末或颗粒,微吸水,无甜味或略有甜味。易溶于水或易分散于水中,也可以是澄清或混浊的水溶液,熔点约240℃(分解)。按葡萄糖当量值(DE值)不同,其性质有所差别。DE值为 $4\%\sim6\%$ 时,其组成全部是四糖以上的较大分子,DE值为 $9\%\sim12\%$ 时,糖组成以低分子糖类比例较多,无甜味;DE 为 $13\%\sim17\%$ 时,还原糖比例较低,甜度较低;DE 值为 $18\%\sim22\%$ 时,稍有甜味及吸潮性。用作食品成型剂、稳定剂、增稠剂等,造纸施胶剂,医药赋形剂及填充剂,牙膏增稠剂等。由玉米淀粉经 α 淀粉酶水解后精制而得。

麦芽糖醇 maltitol 由一分子葡萄糖和一分子山梨醇结合的二糖醇。纯品为白色粉末或颗粒。熔点146.5~147℃。商品常为含 70%麦芽糖醇的水溶液,为无色透明中性黏稠液体。易溶于水、乙酸。甜度约为蔗糖的 $85\%\sim90\%$,是糖醇中最具蔗糖味者。发热量相当于蔗糖的十分之一。难于发酵,食用时不致引起龋齿。人体内不被消化吸收,除肠内细菌可利用部分外,余者被排出体外。用作食品添加剂、保香剂、保湿剂、低热量甜味剂、药品包衣添加剂、牙膏用防龋齿甜味剂等。由淀粉经淀粉酶分解后再经催化加氢制得。

毛果芸香碱 pilocarpine 又名匹鲁卡品、乐青。由芸香料植物毛果芸香叶提取的一种生物碱，常用其硝酸盐。硝酸匹鲁卡品为无色结晶或白色结晶性粉末。无臭，味略苦。熔点 173～174℃（分解）。易溶于水，略溶于乙醇。遇光易变质，为拟胆碱药，能兴奋胆碱反应系统，有缩小瞳孔、降低眼压、促使胃肠及子宫收缩等作用，并有发汗和流涎等副作用。临床上主要用于缓解或消除青光眼的各种症状、缩瞳、降低眼压。

毛皮染料 fur dyes 又名氧化染料、乌尔尔。是在染槽中通过氧化作用而使兽皮毛层上色的一类染料。如毛皮棕 P、毛皮棕 EG、毛皮灰 AL、毛皮黑 D、毛皮黄棕 M、毛皮棕 NZ 等。这类染料是无色或带色泽的化合物，绝大多数为苯胺、苯酚和氨基酚类的衍生物，能被氧化成深色的醌类物质，从而使毛皮具有各种颜色。毛皮染料结构简单，大部分品种也是硫化染料和医药的中间体。

玫瑰醇 rhodinol 又名1-香茅醇、3,7-二甲基-7-辛烯-1-醇。无色油状液体。有令人愉快的玫瑰香气。相对密度0.860～0.880(25℃)。折射率1.463～1.473。不溶于水，溶于乙醇、乙醚等多数有机溶剂。天然存在于玫瑰油、玫瑰草油及柠檬桉油中。为醇类合成香料，用于玫瑰、草莓、可乐、香槟、柑橘、覆盆子等香精的调配。由香茅醛在三乙基铝催化剂存在下还原水解制得。

玫瑰油 rose oil 又名玫瑰花油、蔷薇花油。浅黄色或微带绿色澄清液体，有浓郁的新鲜玫瑰花香。主要成分为香茅醇、橙花醇、苯乙醇、香叶醇、里哪醇及这些醇的酯、肉桂醛、丙醛、柠檬醛、丁香酚、玫瑰醚等。不同品种及原料来源，其性质也有所不同。为植物类名贵天然香料，用于调配玫瑰香、百花香型花香香精，用于唇膏、冷霜、香波及香水类高档化妆品；也用于调配杏、桃、苹果等果香型香精，用于食品、烟草、饮料等。由蔷薇科植物玫瑰鲜花经水蒸气蒸馏或用挥发性溶剂提取而得。

媒介染料 mordant dyes 又名酸性媒介染料、铬媒染料、媒染染料。指经金属媒染剂（常用重铬酸钠或重铬酸钾）处理后，可提高染色品耐晒和耐皂洗牢度的酸性染料。其结构特征是在偶氮型染料中含有羟基、羧基，可在偶氮基的一端或两端。氧杂蒽或蒽醌型结构的染料含有羟基或羧基。羟基或羧基的存在，可保证与重铬酸盐形成金属螯合物。媒介染料主要用于蛋白质纤维的染色，也可用于聚酰胺纤维和铝表面着色。具有较高的耐晒牢度、耐皂洗牢度及耐缩绒牢度，但色光较暗。而经重铬酸盐处理的织物还可能发生色变现象。印染废水中含有的重金属离子也会给三废处理增加难度。

酶 enzyme 旧称酵素，是一类由生物体产生的具有高效和专一催化功能的复杂蛋白质。通常称为生物催化剂，所有生物新陈代谢的化学反应都是在酶的催化作用下进行的,一个酶分子在一分钟内能催化数百至数百万个底物分子的转化。酶通常根据其底物或其作用性质来命名,如蛋白酶作用于蛋白质,凝乳酶引起乳的凝固等;而按酶所催化的反应类型,可分为氧化还原酶、水解酶、转移酶、异构酶、裂合酶及连接酶等。酶具有选择性强,催化效率高,反应能在常温、常压、近中性的水溶液中进行等特点。但强酸、强碱、高温或某些重金属离子会使酶失去活性。酶的应用很广,如合成蛋白质、使淀粉转化为糖,在洗涤剂、食品和饲料工业都广泛使用。

酶解卵磷脂 enzymatically decomposed lecithin 白色至褐色粉末或颗粒,或淡黄色黏稠物,有特殊味道。主要成分是溶血卵磷脂及磷脂酸,并含有少量磷脂酰乙醇胺、磷脂酸肌醇及核糖磷脂酰丝氨酸等。酸值≤65mgKOH/g。丙酮不溶物≥40%。过氧化值≤10mg/kg。可分散于水中,易溶于油脂、脂肪酸。在空气中易氧化。用作食品乳化剂,适用于人造奶油、起酥油、蛋白酱、巧克力、鱼糜制品等。由大豆磷脂或蛋黄磷脂经酶解后经溶剂精制而得。

酶制剂 指从生物中提取出来的酶所制成的产品,种类很多,来源广泛。工业用酶制剂除一小部分直接来源于动、植物有关组织、器官外,大部分来自微生物和各种细菌及霉菌,将其经过适当的提取或分离、发酵、加工即可获得工业用酶制剂。酶制剂具有酶的催化特性,使用方便,比单纯的酶容易获得和使用。常用酶制剂有淀粉酶、蛋白酶、葡萄糖异构酶、果胶酶、中性脂肪酶、纤维素酶等。广泛应用于医药卫生、食品、制革、日用化工等领域。

霉克净 vinyzene 又名 10,10′-氧代二

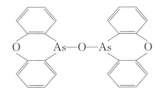

酚噁吡、防霉剂 75 号、菌霉净。白色至灰白色结晶或粉末。无臭。熔点 185～186℃。分解温度 300℃。几乎不溶于水,溶于氯仿、苯甲醇、壬醇、二甲基甲酰胺。在弱酸、弱碱中稳定,对紫外线不稳定。工业品常是以本品为活性物,以聚氯乙烯或聚乙酸乙烯酯为载体制成的复合聚合体。一种广谱抗菌剂,对细菌、霉菌、真菌及藻类微生物均有效。用作塑料、涂料、橡胶、造纸、织物、电线电缆、胶黏剂、鞋油、钻井泥浆等的防霉剂。由氯化酚噁吡与氢氧化钠反应制得。

美白祛斑剂 beautifying and whitening additives 又名皮肤增白剂,指能抑制黑色素的形成,以达到减退色素沉着的物质。脱色作用的机理是干扰色素的产生和色素颗粒的转移过程,具有这种性质的化合物可能的作用有:选择性地破坏黑色细胞、抑制黑色质粒形成和改变其结构、控制黑色素生成及酪氨酸酶的生物合成、干扰黑色质粒的迁移、增加角质细胞黑色质粒的降解、促进皮肤细胞再生和更新。目前在美白化妆品中添加的活性成分主要有:维生素 C 和维生素 E 及其衍生物、熊果苷、曲酸及其衍生物、α-羟基酸及其衍生物

及对苯二酚等。汞制剂及氢醌也曾被用作皮肤增白的活性物,但因其有较强刺激性及毒性,我国均已在祛斑美白化妆品中禁用。

美罗倍南 meropenem 又名倍能、海正美特、美平、美洛培南。无色粉末。一种4位上带有甲基的广谱碳青霉烯类抗生素。使用时不需并用酶抑制剂,对许多需氧菌及厌氧菌有很强杀菌作用,其作用达到甚至超过第三代头孢菌素类,而且具有血药浓度高、组织分布广等药代谢动力学特性。临床用于敏感菌所致的系统感染,包括脑膜炎和败血症等。以碳青霉烯与2-二甲氨基甲酰-4-巯基-1-(对硝基苄氧羰基)吡咯烷为原料制得。

美普他酚 meptazinol 又名甲氮䓬酚、消痛定。白色结晶。熔点127.5～133℃。溶于乙腈。其盐 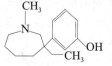 酸盐为白色固体,溶于水,不溶于乙腈、丙酮。一种消炎镇痛药。片剂适用于中度疼痛的短期治疗,针剂用于中至重度疼痛。以二异丙胺、N-甲基己内酰胺、四氢呋喃等为原料制得。

美沙拉嗪
见"5-氨基水杨酸"。

美沙酮 methadone 其盐酸盐又名盐酸美沙酮、美散酮、阿米酮、非那酮、4,4-二苯基-6-二甲氨基-3-庚酮。为白色结晶性粉末。无臭,味苦。熔点230～234℃。溶于水,易溶于乙醇、氯仿,不溶于乙醚、甘油。为强效镇痛药,镇痛作用比吗啡、哌替啶稍强,成瘾性也相应较小,适用于各种原因引起的疼痛,常作为依赖阿片病人的维持治疗药及晚期癌症止痛药。长期应用也会成瘾,由于有效剂量与中毒量较近,安全性小。由环氧丙烷经胺化、氯化、分离及格氏反应等过程制得。

美他环素 methacycline 又名甲烯土霉素。一种半合成四环素类抗生素,多用其盐酸盐。黄色结晶性粉末。无臭,味苦。易溶于水,微溶于乙醇,不溶于乙醚、氯仿。对光不稳定,不吸湿,室温稳定。抗菌谱及作用机制与四环素基本相同,但抗菌作用强于土霉素、四霉素,但不及多西环素、米诺环素。常用于治疗尿道、胆道及呼吸道等感染。以发酵产物土霉素为原料,经氯化、脱水、还原、转化而制得。

美西律 mexiletine 又名慢心律、脉律定。其盐酸盐为无色结晶性粉末，无臭。熔点203～205℃。溶于水，微溶于乙醇、丙酮，不溶于乙醚、乙酸乙酯。一种抗心律失常药，为钙通道阻滞剂、可降低心肌自律性，延长心肌不应期。对心脏抑制作用小，用于治疗急、慢性室性心律失常，心室纤颤及强心苷中毒引起的心律失常等。由2,6-二甲基苯酚经醚化，与盐酸羟胺缩合及氢化等过程制得。

蒙囿剂 masking agent 又名隐匿剂。皮革工业中指那些能与无机盐鞣剂配位并能改变其鞣革性能的物质。主要是一些有机酸及其钠盐、无机亚硫酸盐及磷酸盐等。其作用主要是使鞣制过程能温和地进行，鞣剂与裸皮的结合不很迅猛，因而鞣剂能渗透并均匀分布在皮内而不引起革粒面粗糙。同时还可提高鞣剂的耐碱能力。对于甲酸钠、乙酸钠等小分子蒙囿剂，一般是在鞣前加入鞣液中，而像苯二甲酸盐类大分子蒙囿剂一般可在鞣前、鞣中或鞣制末加入。

薄基邻氨基苯甲酸酯 menthyl anthranilate 又名邻氨基苯甲酸薄酯。淡黄色至深黄色黏稠液体，略带芳香味。相对密度1.020～1.060。闪点＞100℃。折射率1.5320～1.5520。不溶于水、甘油、50%丙酮溶液，溶于乙醇、异丙醇、白油、橄榄油等。常温下稳定。能吸收190～335mm波长的紫外线。用作紫外线吸收剂，用于化妆品防晒液。溶于一般化妆品用油类中易乳化而不会结晶析出。也用作紫外线UV-9的增溶剂。

薄氧基乙酸 menthoxyacetic acid 无色固体。相对密度1.020，熔点52～55℃。沸点163～164℃。折射率1.4672。溶于甲苯。用作有机合成的醇类拆分剂。通过与外消旋醇生成非对映体的酯进行分离。由薄荷醇与金属钠反应后再与氯乙酸反应生成薄氧基乙酸钠，再经酯化、蒸馏制得。

锰酸钾 potassium manganate K_2MnO_4 绿色至深绿色正交晶系结晶或粉末。外观虽与高锰酸钾有些相似，但其结构与铬酸钾及硫酸钾属同类型。相对密度5.18。熔点190℃（分解）。溶于水、氢氧化钾溶液。在酸性溶液中分解。在水及酸中可歧化成MnO_2及$KMnO_4$。在碱性溶液中较稳定。有强氧化性。浓溶液对皮肤、黏膜有腐蚀性。用作纤维漂白剂、水的杀菌剂、羊皮及羊毛媒染剂、氧化剂及用于油类精制。还用于印刷、照相、电池及油墨等行业。由软锰矿（MnO_2）与氢氧化钾混合熔融制得。

咪达普利 imidapril 又名依米普利、达爽。白色结晶。熔点139～140℃。其盐酸盐熔点214～216℃。溶于水。一种血管紧张素转换酶抑制剂的抗高血压前体药物。本身活性不高,但在水中可被水解为相应的二羧酸类活性化合物咪达普利拉。用于治疗高血压。

咪达唑仑 midazloam 又名咪安定、速眠安、多美康、8-氯-二氢-6-(2-氟苯基)-1-甲基-3H咪唑[1,4]苯丙二氮杂䓬。白色结晶。熔点142～145℃。不溶于水,溶于乙醚、甲苯。一种苯二氮䓬类镇静催眠药。临床常用其盐酸盐或马来酸盐。用于各种失眠症和睡眠节律障碍。由7-氯-5(2-氟苯基)-2-氨甲基-1,4-苯并二氮杂䓬二马来酸盐与原乙酸三乙酯反应制得。

咪唑 imidazole 又名1,3-二氮杂环戊二烯、1,3-二氮杂茂、1,3-二氮唑。单斜晶系棱柱状结晶。相对密度1.0303。熔点89～91℃。沸点257℃。闪点145℃。折射率1.4801(101℃)。易溶于水、乙醇,微溶于乙醚、苯、丙酮、氯仿、石油醚等。水溶液呈弱碱性。对热、氧化剂及还原剂稳定,分解温度500℃。与无机酸作用形成稳定的盐。存在于生物体的尿酸、咖啡碱及茶碱中,也是许多药物的组成成分。有毒。皮肤对其过敏。主要用作环氧树脂中温固化剂。医药上用于合成咪康唑、克霉唑、益康唑等药物。也用于制造农药、抗静电剂、摄影用药及用作橡胶硫化剂、金属表面处理剂、抗真菌剂等。由乙二醛经缩合、中和制得。

咪唑啉 imidazoline 又名1,2-二氮唑、间二氮杂环戊烯。无色菱形结晶。熔点90～91℃。沸点257℃。闪点145℃。易溶于水、乙醇、乙醚、吡啶,微溶于苯、甲苯、石油醚。呈微碱性。有毒。用作环氧树脂固化剂,钢铁有机缓蚀剂,医药上用于制取抗真菌药、低血糖治疗药及抗霉剂等。咪唑啉的衍生物是一种阳离子表面活性剂,广泛用作油气井及管道的缓蚀剂及乳化剂。可在催化剂存在下,由长链脂肪酸与多胺反应脱水形成五元环而制得。

咪唑啉季铵盐 IS-130 imidazoline quaternium IS-130 又名稠环芳烃季铵盐、油田中温缓蚀剂 IS-130。一种阳离子表面活性剂。外观为深棕色液体。相对密度0.9。能均匀分散于水、乙醇及酸中。有良好的缓蚀性,并有一定的杀菌、抑菌作用。用作油气井中温盐酸酸化作业的缓蚀剂,具有缓蚀效率高、用量少、无污染等特点。适用于含硫化氢的油气井,使用温度90~150℃,盐酸浓度20%~25%。由脂肪胺与脂肪酸经缩合反应生成咪唑啉后,再与季铵化剂反应制得。

咪唑啉季铵盐表面活性剂 imidazoline quaternium surfactants 一种阳离

$$\left[\begin{array}{c} \text{N} \\ \text{R—C} \\ \text{H}_3\text{C} \quad \text{CH}_2\text{CH}_2\text{NHCOR} \\ \text{N}^+ \end{array}\right] \text{CH}_3\text{OSO}_3^-$$

子表面活性剂。棕色液体,溶于水。有优异的乳化、去污、起泡、润湿等性能。用作缓蚀剂。对钢铁、铜、铝等多种金属有优良的缓蚀作用,广泛应用于酸洗、水处理、机加工、油田操作、防锈包装等行业。由油酸及二乙烯三胺在二甲苯溶剂中缩合生成咪唑啉后,再用硫酸二甲酯进行季铵化反应制得。

咪唑啉聚氧乙烯醚 imidazoline polyoxyethylene ether 棕红色液体。活

$$\text{CH}_3(\text{CH}_2)_7\text{CH}=\text{CH}(\text{CH}_2)_6\text{CH}_2$$
$$\begin{array}{c} \text{N} \quad \text{N} \end{array}$$
$$\text{HO}\!-\![\text{CH}_2\text{CH}_2\text{O}]_n\!-\!\text{NHCH}_2\text{CH}_2$$

性物含量≥20%。1%水溶液的pH值6~8。缓蚀率≥70%。溶于水。主要用作油田油井及集输管线的缓蚀剂,缓蚀效果好。也可用作防水处理及注水系统的阻垢剂。由咪唑啉与环氧乙烷反应制得。

咪唑啉磷酸盐 imidazoline phosphate

$$\begin{array}{c} \text{HOCH}_2\text{CH}_2\!-\!\text{N} \\ \text{R—C}=\text{N}^+\!-\!\text{CH}_2\text{CHCH}_2\text{OP—ONa} \\ \quad \quad \quad \quad \text{OH} \quad \text{O}^- \end{array}$$

又名2-烷基-1-羟乙基-3-羟丙基咪唑啉磷酸钠、咪唑啉型磷酸盐两性表面活性剂。黏稠状无色透明液体。溶于热水。对酸、碱及金属离子稳定,耐硬水性好,具有良好的乳化、发泡、去污及抗静电性能,并具有防腐杀菌功效。对皮肤无刺激性,生物降解性好。用作乳化剂、净洗剂、抗静电剂。广泛用于日化制品,尤适用于配制儿童及成人香波。也用于制备泡沫浴剂、金属表面清洗剂、柔软剂、润湿剂等。由烷基咪唑啉与2-羟基-3-氯丙磷酸酯钠反应制得。

2-咪唑啉酮 2-imidazolidinone 又名亚乙基脲、环亚乙基脲、乙烯脲。无色至微黄色针状结晶。熔点131℃。溶于水、甲醇、丁醇、丙酮、氯仿,难溶于乙醚。一种甲醛消除剂,用于去除经2D树脂、KB树脂、脲醛树脂、三聚氰胺甲醛树脂等整理后织物上残留的甲醛。也用于制造增塑剂、胶黏剂、喷漆等。由乙二胺、尿素及水进行缩合闭环反应制得。

咪唑啉阳离子化合物 imidazoline cationic compound 又名SX-1酸洗缓

蚀剂、盐酸酸洗缓蚀剂。一种阳离子表面活性剂,棕黄色透明液体。pH 值 5.5~7.0。常温下可以任何比例溶于水或盐酸中。溶于 10% 盐酸不浑浊、无沉淀。腐蚀速度(55℃、5h)≤2g/(m² · h)。具有无异味、低毒、使用方便等特点。用作盐酸清洗金属的缓蚀剂时,既能使金属耐腐蚀,又不影响水垢的清除和在酸液中溶解。由脂肪酸和多胺反应生成咪唑啉后,再用烷基化剂进行烷基化反应制得。

咪唑啉乙酸盐 imidazoline acetate

$$\left[\begin{array}{c} CH_3(CH_2)_7CH=CH(CH_2)_7 \\ NH_2CH_2CH_2 \end{array} \diagdown \underset{N^+H}{\overset{N}{\diagup}}\right] CH_3COO^-$$

乳白色黏稠液体。活性物含量≥35%。相对密度 0.95~1.05。易溶于水。1% 水溶液的 pH 值 9~10。为两性表面活性剂,在酸性溶液中呈阳离子性,在碱性溶液中呈阴离子性。可与阴离子、阳离子及非离子表面活性剂并用。对皮肤及眼睛有刺激性。用作水处理系统杀菌剂,兼有缓蚀、阻垢作用。如用于油田集输系统及污水处理的杀菌灭藻剂。由二亚乙基三胺与油酸反应后再与冰乙酸反应制得。

咪唑啉油酸盐 imidazoline oleate

一种极性基较强的大分子聚合物,黄褐色黏稠液体。平均相对分子质量 650~750。氮含量 3%~5%。酸值 40~50mgKOH/g。碱值 50~60mgKOH/g。不溶于水,溶于矿物油,用作金属热处理油的光亮剂,具有良好的清净分散性、油溶性及置换作用,在淬火油中能防止淬火工件表面炭黑积聚沉淀,提高淬火件表面光洁度,降低后续清洗除油难度,改善后续表面处理性能,避免电镀处理中出现灰色斑点。

咪唑烷基脲 imidazolidinyl urea 又名 N,N'-亚甲基-双[N'-(1-羟甲基-2,5-二氧-4-咪唑烷基)脲。白色粉末。无臭。熔点 110℃。易潮解,易溶于水、乙二醇、丙二醇、甘油,难溶于甲醇、乙醇、矿物油。是一种甲醛缓释剂,有广谱抗菌性,对革兰氏阳性菌及阴性菌都有较好抑杀效果。与尼泊金酯类配合使用,能有效地抑制大多数细菌、霉菌及酵母。用作化妆品高效、广谱防腐剂,尤适用于高级营养型化妆品,可用于膏露、乳液、香波、防晒霜、眼线笔及粉剂化妆品等。由烷基咪唑衍生物与甲醛反应制得。

咪唑烟酸 imazethapyr 又名灭草烟、

$$\text{C}_2\text{H}_5 \underset{\underset{H}{N}}{\overset{COOH}{\diagdown}} \underset{O}{\overset{CH_3}{\diagdown}} CH_3$$

咪草烟、百垄通、(RS)-5-乙基-2-(4-异丙基-4-甲基-5-氧代-2-咪唑啉-2-基)烟酸。纯品为无色结晶。工业品为黄棕色结晶,有刺激性气味。熔点172~175℃。蒸气压0.013MPa(60℃)。微溶于水、甲苯,溶于甲醇、丙酮、二氯甲烷。呈酸性。低毒。是咪唑啉酮类除草剂开发的第一个品种,但其选择性较差,基本上为灭生性除草剂,主要用于林地和非耕地除草,很少用于农田除草,能防除一年生和多年生的禾本科杂草、阔叶杂草、莎草科杂草以及木本植物。以草酸二乙酯、乙酸乙酯、正丁醛、氰化钠、甲基异丙基甲酮等为原料制得。

迷迭香提取物 rosemary extract 黄褐色粉末或褐色膏状体,有特殊药草香味。主要功能成分为鼠尾草酚、迷迭香酚、表迷迭香酚、异迷迭香酚、迷迭香酸及迷迭香二酚等,最主要的协同成分是熊果酸(含量约56%)。不溶于水,溶于乙醇、乙醚、丙酮及油脂。有良好的抗氧化、耐热及耐紫外线性能,用作食品抗氧化剂,常与维生素E配合使用,也用于卫生医药用品的加香,如发散剂、清肿膏等。由迷迭香的嫩茎、叶片用溶剂或超临界萃取制得。

醚化淀粉 etherified starch 指淀粉分子中的羟基与反应活性物质(如环氧乙烷,环氧丙烷、氯乙醇等)反应生成的淀粉取代基醚,包括羟烷基淀粉、羧甲基淀粉、阳离子淀粉等。由于淀粉的醚化作用提高了黏度稳定性,且在强碱性条件下醚键不易发生水解,从而广泛用于食品、医药、造纸、纺织及石油化工等行业。

醚菊酯 ethofenprox 又名多来宝、

$$\text{C}_2\text{H}_5\text{O}\diagdown\diagdown\underset{CH_3}{\overset{CH_3}{\diagdown C \diagdown}}CH_2OCH_2\diagdown\diagdown\diagdown$$

2-(4-乙氧基苯基)-2-甲基丙基-3-苯氧苄基醚。无色结晶。相对密度1.157(23℃)。熔点35~37.5℃。沸点208℃(0.719kPa)。蒸气压32mPa(100℃)。难溶于水,微溶于二甲苯、氯仿,溶于甲醇、乙醇,易溶于丙酮。低毒。为内吸性杀虫剂,具有触杀及胃毒作用,用于防治棉花、水稻、蔬菜及烟草害虫。由1-氯-2-(4-乙氧基苯基)-2-甲基丙烷与间苯氧基甲醇反应制得。

米糠蜡 rice bran wax 又名糠蜡。浅黄白色至浅棕色固体或硬质细小结晶,略有米的气味。所含酯类以C_{22}及C_{24}饱和脂肪酸和C_{28}及C_{30}饱和脂肪醇的酯为主,也含有少量的游离脂肪酸、游离醇及烃类。熔程75~80℃。皂化值75~120mgKOH/g。碘值≤20gI_2/100g。不溶于水,难溶于乙醇,溶于乙醚、苯、氯仿及甘油等。用作胶姆糖基的涂层剂及助嚼料,面包脱模剂,也可直接涂于食品表面作防潮剂,以及用于制造复写纸、鞋油等。由米糠毛油经压滤、皂化、干燥、洗涤制得,或由溶剂抽提制得。

米糠油二乙醇酰胺混合二元酸酯钠盐 rice bran oil type fatliquor 又名米糖油二乙醇酰胺酯钠盐、米糖油加脂剂。

$$RCON\begin{matrix}CH_2CH_2OH\\CH_2CH_2OOC(CH_2)_nCOONa\end{matrix}$$

($R=$米糠油烷基,$n=2\sim7$)

褐棕色黏稠状液体。油含量 60%～70%。在水中形成稳定乳液。10%溶液 pH 值 7～8。有良好的分散、渗透及加脂性能。用作皮革加脂剂,与皮纤维结合力好,填充性强,能使皮革丰满、柔软、毛孔紧密而赋予弹性。由米糠油在催化剂存在下,经酰胺化、酯化、成盐等过程制得。

米兰花油 aglaia odorata oil 又名树兰花油、树兰油、米仔兰花油。淡黄色至琥珀色油状液体。具有清甜米兰花香气,有似茉莉、茶叶的香韵。主要成分为石竹烯、里晒醇、壬醇、水芹烯、杜松醇、依兰烯、蛇麻烯等。相对密度 0.901～0.921。折射率 1.4875～1.5015。微溶于水,以 1:0.5 溶于 95% 乙醇中,也溶于乙醚、油脂。在 0℃下能析出微量细针状结晶,属植物型天然香料,广泛用于高档化妆品及香皂香精中,如茉莉、桂花、兰花、素心兰等型。也用于调配香皂、烟草及食品香精。由楝科植物米兰花的鲜花或干燥花朵经水蒸气蒸馏制得。

米力农 milrinone 又名米利酮、甲氰吡酮、1,6-二氢-2-甲基-6-氧-[3,4-双吡啶]-5-腈。淡黄色结晶。熔点＞300℃。溶于水、二甲基甲酰胺。一种非强心苷类正性肌力药,用于治疗充血性心力衰竭。通过增强心肌收缩力或降低心脏负荷达到治疗目的。低血压、心动过速患者慎用。心肌梗死急性期忌用。以 1-(4-吡啶基)丙酮、二甲基甲酰胺二甲基缩醛、乙腈等为原料制得。

米诺地尔 minoxidil 又名长压定、敏乐啶。白色结晶性粉末。无臭。熔点 270～273℃(分解)。不溶于水,微溶于乙醇、氯仿。一种降压药。可直接扩张周围血管,松弛血管平滑肌,扩张小动脉,呈现较久的降压作用。用于顽固性高血压、原发性或肾性高血压等,副作用有钠潴留、多毛症及引起心动过速等。由氰乙酸酯与硝酸胍缩合后,再经氯化、氧化及与六氢吡啶缩合制得。

米诺环素 minocycline 又名二甲胺

四环素、美满霉素。一种半合成四环素类广谱抗生素。黄色结晶性粉末,味苦,溶于水,微溶于有机溶剂。遇光不稳定。抗菌谱、抗菌机理与四环素相同,但抗菌作用强于金霉素、四环素、多西环素、美地环素。具有长效、速效的特点。主要用于青霉素、四环素耐药菌引起的泌尿系统、消化系统、呼吸系统及妇科感染性疾病的治疗。以发酵产品去甲基金霉素为原料,经硝化法或偶氮盐法制得。

米托蒽醌 mitoxantrone 又名米西宁、1,4-二羟基-5,8-双[[2-[(2-羟乙基)胺基]乙基]胺基]-9,10-蒽二酮。蓝黑色结晶。熔点 162～164℃。其盐酸盐熔点 203～205℃。溶于水。为广谱抗菌药,是细胞周期非特异性药物,能抑制肿瘤细胞 DNA 和 RNA 合成,抗肿瘤作用是阿霉素的 5 倍,心脏毒性较小。用于治疗晚期乳腺癌、非何杰金氏病淋巴瘤和成人急性非淋巴细胞白血病复发。由 1,4,5,8-四羟基蒽醌与 2-(2-氨基乙胺基)乙醇缩合制得。

米吐尔 metol 又名对甲氨基酚硫酸盐。无色结晶粉末。见光变灰色。熔点 260℃(分解)。溶于水,不溶于乙醇、乙醚。用作黑白感光材料的显影剂。能在中性、酸性或碱性溶液中显影,在碱性溶液中的显影作用较强。其显影特点是显出影像的速度快,但是影像显出后,影像的反差和密度上升较慢,得到的影调比较柔和,阴影部分的层次丰富。可由对甲氨基酚与硫酸反应成盐而得。

密封胶黏剂 sealant 又名密封胶、液体密封胶。指在常温下是黏稠液体、涂敷时具有流动性,能容易地填满两接合面之间的缝隙,干燥后形成均匀连续稳定的膜,能使连接部位得到密封的材料。它不腐蚀金属,在防止油、水、气等物质泄露的同时又能耐一定的温度及压力。品种很多。按化学成分分为橡胶型、树脂型、无机型及复合型密封胶;按应用范围分为嵌缝类、灌注类、包埋类、埋封类、浸渗类及锁固类密封胶;按强度分为结构类及非结构类密封胶;按固化特性分为化学反应固化及非化学反应固化密封胶;按涂膜特性分为不干性黏着型、半干性黏弹型、干性固化型、干性剥离型及粘接型密封胶。常用密封胶有环氧树脂、酚醛树脂、聚氨酯、有机硅、不饱和聚酯、聚硫橡胶及丙烯酸酯橡胶类密封胶等。广泛用于航空航天、汽车、建筑、机械、化工及电子等行业。

嘧菌胺 mepanipyrim 又名甲基嘧啶胺、N-(4-甲基-6-丙-1-炔基嘧啶-2-基)苯胺。白色结晶粉末。熔点132.8℃。蒸气压1.33mPa(20℃)。微溶于水,溶于乙醇、乙醚、丙酮、苯、氯仿。一种嘧啶胺类杀菌剂。有内吸及熏蒸作用。对苹果和梨上的黑星病菌,黄瓜、番茄、葡萄、草莓上的灰葡萄孢菌有杀灭作用。由苯胺、脱氢乙酸等原料制得。

眠纳多宁 melatonin 又名美拉托宁、褪黑素、松果体素、脑白金、N-乙酰基-5-甲氧基色胺。白色结晶。熔点116～118℃。溶于水、乙醇。一种吲哚类化合物,早期是从牛的松果体分离得到的一种激素,在给青蛙饲喂时,可使深色的蛙皮褪色而得名褪黑素。它具有催眠、镇静、镇痛及与脑功能相关的多种生理作用。临床上作为安眠药用于治疗各种睡眠障碍,尤用于航空时差及昼夜节律性睡眠失调。毒副作用较少。由4-甲氧基苯肼与4-氯丁醛经环化反应得到5-甲氧基色胺后再经乙酰化制得。

棉酚 gosspol 又名棉籽醇。淡黄至黄色针状或板状结晶。无臭、无味。熔点214℃(石油醚中结晶)、199℃(氯仿中结晶)。不溶于水,微溶于乙醇,溶于乙醚、丙酮、吡啶,难溶于苯、石油醚。呈酸性,具有抑制精子产生和活动的作用。医药上用作男用避孕药,也用于老年慢性气管炎的治疗。棉酚也具有弱抗氧化作用,可防止石油及橡胶制品氧化变质,也可用作阻聚剂。由毛棉油或棉籽生坯中提取而得。

棉隆 dazomet 又名3,5-二甲基-1,3,5-噻二嗪烷-2-硫酮。纯品为白色针状结晶(从苯中析出),几乎无臭。工业品为浅灰色粉末。熔点99.5℃(分解)。稍溶于水、乙醇、苯,易溶于丙酮、氯仿、二甲基甲酰胺,难溶于乙醚、四氯化碳。低毒。对皮肤无刺激作用。一种杀细菌及真菌药剂。农业上用于杀灭地下害虫、作物茎线虫及防治棉花枯黄萎病。也用作纸张、油漆、皮革、橡胶、合成树脂乳液的防霉剂,工业用水的杀菌除藻剂。由甲醛、甲胺与二硫化碳反应制得。

棉子糖 raffinose 又名蜜三糖。一种由半乳糖、葡萄糖和果糖所组成的三糖。白色至淡黄色针状结晶。一般带有3个结晶水,熔点80℃,100℃时失去结晶水,无水物熔点118~119℃。溶于水,极微溶于乙醇等极性溶剂,不溶于石油醚等非极性溶剂。有右旋光性,甜度为蔗糖的23%,加热至180℃时分解为蜜二糖及果糖。在酸性条件下,其热稳定性较好,在pH=3.5及90℃下,保持90min几乎无分解现象。棉子糖存在于多种植物中,尤其在棉子与桉树的干性分泌物中含量较高。有重要药理功效,具有抗血液病作用。也用作食品添加剂,用于各种饮料、乳制品及营养口服液。可由棉子油饼粕经溶剂抽提制得。

面粉处理剂 flour treating agent 是使面粉增白和提高焙烤制品质量的一类食品添加剂,包括面粉漂白剂、面粉增筋剂(如溴酸钾、偶氮甲酰胺)、面粉还原剂(如L-半胱氨酸盐酸盐)及面粉填充剂(如硫酸钙、磷酸钙)等。广泛使用的面粉漂白剂是过氧化苯甲酸,将它添加到面粉中在1~2天内就可完成对面粉的漂白作用,添加量纯品为33μg/g。它能使影响面粉色泽的胡萝卜素氧化褪色而漂白面粉,过氧化苯甲酸在许多国家容许使用,但由于其安全性,有些国家禁止使用或限量使用。

面漆 finish 又称末道漆、罩面漆。多层涂装时,涂于最上层的色漆或清漆。它涂在底漆上面,在整个涂层中发挥主要的装饰和保护作用。色漆中的罩面漆主要品种是磁漆。它要求能遮盖物面,改变物体颜色外观,需有较高遮盖力。一般使用遮盖力较强的颜料。磁漆可以制成有光、半光等品种,而以有光品种数量最多。磁漆的装饰、保护性能决定于所用成膜物质的种类,选用不同的成膜物质可制得不同性能的磁漆。颜料的品种也要根据磁漆的性能加以选择。罩面漆要求使用细度高的颜料。

灭多威 methomyl 又名乙肟威,灭多虫,O-[1-(甲硫基)乙醛肟]N-甲基氨基甲酸酯。白色结晶,稍有硫黄气味。相对密度1.2946(25℃)。熔点78~79℃。蒸气压6.7×10^{-2}Pa(25℃)。稍溶于水,溶于乙醇、异丙醇,易溶于甲醇、丙酮。中性或微酸性条件下稳定,碱性介质中易分解。一种高效、低残留氨基甲酸酯类杀虫剂。高毒!对害虫有胃毒、触杀及内吸作用。用于棉花、茶叶、果树、蔬菜、烟叶等作物,防治鳞翅目、鞘翅目、半翅目等害虫,如棉蚜、蓟马、黏虫、烟草卷叶虫等。由1-甲硫基乙醛肟与异氰酸甲酯反应制得。

灭生性除草剂
见"除草剂"。

灭瘟素 blasticidin-S 又名稻瘟散。是

$$\text{structure: cytosine-ribose with } \text{—NHCOCH}_2\text{CH(NH}_2\text{)CH}_2\text{—NC(NH)NH}_2 \text{ and —CH}_3, \text{—COOH groups}$$

从灰色产色链霉菌的代谢产物中分离而得的抗生素,成品常制成苄基氨基苯磺酸盐,为白色针状结晶,熔点 235～236℃(分解)。微溶于水、甲醇、丙酮,溶于乙酸。原药为灭瘟素苄基氨基苯磺酸盐(含有效成分 90%),为浅褐色结晶粉末,熔点 225～228℃。常温下稳定。通常制成乳液。具内吸杀菌作用。主要用于防治水稻稻瘟病、稻胡麻斑病、稻小粒菌核病,还具有抗病毒作用。

敏感膜 sensing membrane 又名刺激响应性膜。对外部的物理或化学条件的变化特别敏感的膜材料。分为温度敏感膜、光敏感膜、电场敏感膜、磁场敏感膜、pH 值敏感膜等。如温度敏感膜或 pH 值敏感膜是聚合物膜所处的温度或 pH 值发生变化时,膜的形状、渗透速率等性能随之发生变化的分离膜;电场或磁场敏感膜,是指聚合膜的使用特性因电场或磁场的变化而随之改变的分离膜。

明胶 gelatin 又名白明胶,动物明

$$\text{H}_2\text{N}-\underset{\underset{R}{|}}{\overset{\overset{COOH}{|}}{C}}-\text{H} \quad (R \text{ 为多肽大分子})$$

胶。是由动物的骨、生皮、肌腱及其他结缔组织的胶原蛋白经部分水解得到的水溶性蛋白质。相对分子质量 5 万～10 万。微黄色至黄色半透明带光泽的细粒或薄片。无臭,无味,无毒。相对密度 1.3～1.4。凝胶点 20～25℃。溶于热水、乙酸、甘油和尿素,不溶于乙醇、乙醚。在冷水中吸水膨胀至原来体积的 5～10 倍。按用途分为食用明胶、照相明胶及工业明胶。明胶是亲水性胶体。按其功能可将其用途分为两类,一类利用其胶体的保护作用而用作分散剂,可用于乳液聚合、生产氯乙烯、感光材料、制药及食品加工等;另一类利用其粘合能力,用作制造砂纸、铅笔、火柴等的黏合剂,纸张上光上浆剂,化妆品乳胶增稠剂及稳定剂,瓶口封口剂等。

魔酸
见"超强酸"。

魔芋粉 konjac flour 又名魔芋胶,魔芋甘露聚糖。是由甘露糖和葡萄糖以 β-1,4-糖苷键结合的高分子碳水化合物,在葡露聚糖的主链上大约 9～19 环上平均有一个乙酰基。外观为浅黄色至淡棕褐色粉末。平均相对分子质量 10 万～200 万。可分散于 pH 值为 4～7 的水中,形成高黏度溶液,加入适量碱液可形成凝胶。主要用作食品增稠剂、胶凝剂、成膜剂及乳化剂。也用作氧化铝载体等成型粘接剂。由蒟蒻属各种植物的块根干燥,粉碎制得。

茉莉净油 jasmine absolute 又名素馨净油。暗黄色至红橙色黏稠液体,具有强烈茉莉花香气。主要成分为乙酸苄酯、里哪醇、茉莉酮、吲哚、对甲酚、香叶醇、苯甲酸苄酯、萜品醇、丁香酚等。相对密度 $0.922\sim0.950$。折射率 $1.4807\sim1.490$。不溶于水,以 1:1 溶于 90% 乙醇中,也溶于乙醚、非挥发性油。属植物类天然香料。广泛用于各种香精尤其是香水和高级化妆品配方,能赋予天然感及柔和的花香底韵,是许多花香型香精的修饰剂,也用于果香型食用香精的调配。由木樨科植物茉莉花用石油醚浸提制取浸膏后用乙醇萃取制得。

茉莉醛 jasminal 又名 α-戊基肉桂醛、α-戊基-β-苯基丙烯醛、素馨醛。淡黄色至黄色油状液体。有强烈茉莉花、百合花香气。相对密度 $0.963\sim0.968(25℃)$。沸点 285℃。折射率 $1.555\sim1.559$。难溶于水、甘油,与乙醇、乙醚等多数有机溶剂混溶。属醛类合成香料,用于调配茉莉、丁香、风信子等花香型日化香精,用于各种化妆品、香皂、洗涤剂等。由正戊醛与肉桂醛在氢氧化钠存在下缩合制得。或由干馏得到的庚醛与苯甲醛缩合制得。

茉莉酮 jasmone 又名 3-甲基-2-(2-戊烯基)-2-环戊烯-1-酮。淡黄色至黄色油状物。有茉莉花香气,木香及柑橘香韵。相对密度 0.9437。沸点 $247\sim258℃$。折射率 1.4979。几乎不溶于水,溶于乙醇、乙醚及非挥发性油。属酮类合成香料,用于调配桃、柑橘等果香型及茉莉等花香型香精,用作高级茉莉系列化妆品的香基。主要由 γ-酮醛经环化、甲基化反应合成而得。也可由天然茉莉花精油分离制得。

茉莉酯 Jasmonyl lg 又名壬二醇二乙酸酯、4-乙酰基-3-戊基四氢呋喃。无色至微黄色液体,具茉莉花的强烈花香气。自然界未有存在的报道。相对密度 $0.964\sim0.970(25℃)$。折射率 $1.4410\sim1.4450$。闪点 93℃。微溶于水,溶于乙醇、乙醚及非挥发性油。属合成香料,广泛用作茉莉香的基质,用于日化香精,香皂、洗烫护理及空气清新剂等,能提高大多数香料的持久性。

没食子儿茶精 epigallocatechin 一种黄烷醇类化合物。常与鞣质共存于豆科植物中。可由茶叶或蔓胡颓子的皮为原料,由溶剂萃取、分离制得。为白色结晶。溶于水、乙醇，不溶于其他常用有机溶剂。有较强吸收紫外线及辐射射线的功能。对革兰氏阴性菌和链球菌有抑制性。用于口腔卫生用品可除牙垢和防龋齿。与 Fe^{3+}、Co^{2+} 等金属离子合用可作为发用染料，颜色为接近人正常发色的棕黑色，而且色泽自然。还可用作食品增甜剂。

没食子酸 gallic acid 又名 3,4,5-三羟基苯甲酸、五棓子酸。白色至淡黄色针状或棱柱状晶体，有绢丝光泽，味微酸。天然以鞣酸或酯的形式存在于五棓子、茶叶及槲树皮中。相对密度 1.694（60℃）。熔点 253℃（分解）。100～200℃时脱去结晶水。微溶于水，溶于乙醇、乙醚、甘油及热水，不溶于苯、石油醚。水溶液有收敛性及涩味，遇铁盐则生成蓝色沉淀，加热时脱羧成焦性没食子酸。用于制造没食子酸酯（或盐）、染料、药物等。也用作抗氧剂、防腐剂、鞣革剂、紫外线吸收剂、照相显影剂等。由单宁酸经碱性水解或酸性水解反应制得。

没食子酸丙酯 propyl gallate 又名五棓子酸丙酯、3,4,5-三羟苯甲酸丙酯。白色至浅褐色结晶粉末或乳白色针状结晶。微有苦味，但水溶液无味。熔点 146～150℃，150℃以上分解。遇铁、铜离子呈紫色或暗绿色。难溶于冷水、氯仿、脂肪，易溶于乙醇、乙醚、丙酮。是容许使用的油溶性食品抗氧剂。用作油脂、焙烤食品、干鱼、方便面、奶制品及果汁等的抗氧剂及防腐剂。与柠檬酸、酒石酸并用，可防止由金属离子引起的呈色作用。在浓硫酸催化下，由没食子酸与正丙醇经酯化反应制得。

没食子酸异戊酯 isoamyl gallate 白色至浅棕黄色结晶性固体。无臭，味微苦。熔点 140～145℃。不溶于水，溶于乙醇、乙醚、非挥发性油。对油脂有抗氧化性。遇铁离子颜色变深，用作食品抗氧化剂。由异戊醇没食子酸在催化剂存在下经酯化反应制得。

没食子酸月桂酯 lauryl gallate 又名没食子酸十二酯。白色至奶白色固体。无臭，味微苦。熔点 95～98℃。不溶于水，微溶于苯、氯仿，溶于乙醇、乙醚、丙酮及非挥发性油。具有抗油脂氧化的性能，用作食品抗氧化剂及防腐剂，与柠檬酸复配使用有增效作用。本品也是一种氧自由基清除剂，对血小板凝集有对抗作用，能扩张血管，对心血管疾病有治疗作用。由没食子酸与月桂醇在催化剂存在下经酯化反应制得。

没食子酸辛酯 octyl gallate 又名五棓子酸辛酯。白色至奶白色结晶粉末。熔点 $93.7 \sim 94.9 ℃$。微溶于水,易溶于乙醇、乙醚、丙二醇及植物油。对热稳定。用途与没食子酸丙酯相似,可单独用作食品抗氧剂,也可与其他没食子酸酯类及抗氧剂 BHA、BHT 等并用,以增强抗氧化效果。对无水油脂的抗氧化效果尤为优异,但不得用于奶制品。在萘磺酸催化下,由没食子酸与辛醇经酯化反应制得。

没药醇 bisabolol 一种倍半萜类化合物。天然存在于菊科植物中。可从母菊精油中分离而得,或由化学合成法制得。天然品为浅黄色油状液体,微溶于水,溶于乙醇。有抗炎,抗痉挛,抗出汗及镇静等作用。用于婴儿护肤品,对过敏性皮肤或儿童皮肤有保护作用,加入牙膏中可减少齿斑和牙龈过敏。也常用于防晒制品和调制烧伤或日晒伤油膏。

没药树脂 myrrh gum 黄色至红棕色块状或不规则圆珠形颗粒状固体,表面有光泽,具有甜的香木香脂香气及香苦口味,主要成分为蒎烯、莳烯、双戊烯、肉桂醛、间甲酚、枯茗醛、倍半萜烯及乙酸等。部分溶于水、乙醇、丙酮、苯。主要用作胶姆糖基础剂、被膜剂等,能使胶姆糖具有树脂似的口感,也用于提取精油和香树脂。纯净的树脂可用于饮料、糖果、汤料及焙烤食品。由没药树树皮分泌物经蒸馏除去低沸点物后,再用乙醇抽提制得。

没药油 myrrh oil 又名没药精油。浅黄色至浅橙色或琥珀色液体,具有柔和的膏香兼辛香木香,香气留长。主要成分为莳萝醛、间甲酚、丁香酚、苎烯、双戊烯及肉桂醛等。相对密度 $0.985 \sim 1.014$。折射率 $1.5190 \sim 1.5275$。不溶于水,以 $1:7$ 溶于 90% 乙醇中,也溶于乙醚、氯仿及非挥发性油。属植物型天然香料,主要用于调配花香型化妆品及皂用香精,也用于调配烟草、兴奋饮料及冰淇淋香精。医药上具有祛风、健胃、通经络及防腐等功效。由没药树胶经水蒸气蒸馏制得。

莫达非尼 modafinil 又名二苯甲基硫酰乙酰胺。白色粉末。熔点 $164 \sim 166 ℃$。难溶于水,溶于甲醇。一种作用于中枢神经系统具有提神醒脑作用的药物。主要用于治疗发作性睡眠症及自发性睡眠过度。以巯基乙酸乙酯、二苯甲基氯、二甲基甲酰胺及过氧化氢等为原料制得。

莫诺苯宗 monobenzone 又名4-苄氧基苯酚、氢醌-苄基醚。白色至灰白色结晶。熔点120～122℃。不溶于冷水,微溶于沸水,溶于乙醇、乙醚、苯。一种局部使用的脱色剂。常制成搽剂或软膏,用于治疗色素沉着过度症。它能阻止皮肤中黑色素的生成而不破坏皮肤中的黑色素细胞。由氢醌与氯苄在乙醇溶液中反应制得。

墨粉
见"色粉"。

母药
见"原药"。

木瓜蛋白酶 papain 一种来源于番木瓜的蛋白酶。白色至浅黄色无定形粉末或液体。溶于水、甘油,不溶于乙醚、乙醇、氯仿。是一种巯基蛋白酶,具有较广泛的专一性,能水解蛋白及低肽,对脂类及酰胺也有显著作用。商品酶制剂中含有木瓜蛋白酶、木瓜凝乳蛋白酶及溶菌酶。其水溶液为无色至淡黄色,微吸湿,有硫化氢臭味。最适pH值为5～8,最适温度65℃。易变性失活。用于肉类嫩化、蛋白质水解、啤酒防浑浊,制革工业中用于软化裸皮,医药上用于治疗水肿、炎症及除线虫等疾病。以低浓度加入个人清洁卫生用品或护肤品中,有利于清除蛋白污垢及老化组织,消除昆虫叮咬的痒疼感。与二硫苏糖醇配合作用可用作永久性脱毛剂。

木焦油 wood tar 又名杂酚油、木馏油。由木材干馏所得的副产物。黑褐色、黄色或几乎无色的油状液体,有酚样特殊臭味。含有酚类、有机酸及烃类,酚含量>65%。相对密度1.05～1.20。不溶于水,溶于乙醇、苯等常用有机溶剂,易溶于氢氧化钠溶液,难溶于氨水。有腐蚀性,对皮肤有刺激性。用作木材防腐蚀剂、矿物浮选剂、合成橡胶阻聚剂、乳液聚合反应终止剂。医药上用作蛀牙止痛及祛痰剂。由山毛榉或类似木材干馏制得。

木麻黄鞣剂 beef wood extract 又名木麻黄栲胶。一种植物鞣剂。粉状或块状物。鞣质>70%,非鞣质<26%。纯度>72%。pH值4.5～5.5。易溶于水、乙醇、丙酮。用作皮革鞣剂,渗透性中上,结合力较强,鞣液沉淀少。与稀酸共煮沸时生成暗红色的红粉沉淀,受强酸或氧化作用也能使分子缩合变大。与碱共热时,分子中碳—碳键不被破坏,适用于鞣制重革、装具革及羊夹里革。由木麻黄树皮经粉碎、浸提、浓缩、干燥制得。

木糖醇 xylitol 又名戊五醇、1,2,3,4,5-五羟基戊烷。$HOCH_2(CHOH)_3CH_2OH$ 单斜晶系或斜方晶系白色结晶或粉末。外形似白糖。几乎无臭,有清凉甜味。甜度0.65～1.0(视浓度而异,蔗糖为1.0)。相对密度1.52。熔点93～94.5℃。沸点215～217℃。溶于水,微溶于乙醇、甲醇。10%水溶液的pH值5～7。pH值3～8时稳定。天然存在于香蕉、胡萝卜、洋葱等中。木糖醇在体内代谢与胰岛素无关,但不影响糖元的合成,不会增加糖尿症病人的血糖值,可作为糖尿病人和防龋齿食品甜味剂。

但近期实验表明具有潜在致癌性,其应用受到一定限制。也用于制造表面活性剂、醇酸树脂、涂料等。还可以替代甘油用于日化及造纸行业。由玉米芯的水解产物经加氢制得。

木糖醇酐单硬脂酸酯 xylitan monostearate 又名乳化剂 LS-60M。一种非离子表面活性剂。淡黄色至棕黄色蜡状固体。酸值 ≤ 10mgKOH/g。皂化值 140～160mgKOH/g。羟值 210～250mgKOH/g。不溶于冷水,分散于热水中呈乳浊液。溶于热乙醇、苯。有良好的乳化、分散、发泡及消泡性能,用作油包水型(W/O)乳化剂。适用于医药、食品、日化等行业,也用作乳胶炸药的防水剂、增稠剂等。可在碱催化剂存在下,由木糖醇与硬脂酸经酯化反应制得。

木糖低聚糖 xylo-oligosaccharid 无色至浅棕色液体或白色固体。主要成分为2～7个木糖以 β-1,4-糖苷键相结合的二糖至七糖的混合物,其中木二糖约占40%。相对甜度约为40%,甜感与蔗糖相同。有良好的耐热、耐酸性。天然品存在于竹笋等中,以半纤维素(木聚糖)形式存在。在大肠内可由大肠内细菌将半纤维素分解成低聚木糖,再分解成木糖,最后分解成有机酸等低分子物质,但不能被消化吸收,属非消化性糖,具有调节胃肠功能、促进钙吸收的作用,且不会被龋齿菌所利用。以玉米芯、棉子壳、蔗渣等为原料,由内切 β-木聚糖酶酶解后经精制而得。

木犀草素 luteolin 又名藤黄菌素、黄示灵、3′,4′,5,7-四羟基黄酮。一水物为浅黄色针状结晶。熔点 328～330℃(分解)。在真空中升华。微溶于水,溶于碱介质成黄色溶液。天然存在于唇形科植物青兰的叶,豆科植物落花生果实的外壳中。其天然品已用于临床止咳、祛痰、消炎等治疗。除从青兰全草中提取外,也可用半合成或全合成的方法制得。

木质素 lignin 又名木素。存在于木本植物中的含有芳香环的高分子化合物。主要是由松柏醇、对香豆醇和芥子醇经酶脱氢聚合形成的芳香型高聚物。在植物组织中具有增强细胞壁及黏合纤维的作用。是植物细胞壁的主要组成部分,与纤维素及半纤维素一起形成植物骨架的主要成分。为褐色无定形粉末,不溶于水,溶于强碱及亚硫酸盐溶液。按组成不同,可分为愈创木醇木质素,愈创木醇-芥子醇木质素,愈创木醇-芥子醇-p-羟基苯木质素等类别。是一种价廉的化工原料,如木质素的磺化产物广泛用作螯合剂、鞣料、水质软化剂、石油钻井稳定剂等。木质素也可用作制备香兰素、香草酸的原料。

可由浓酸溶解植物纤维素及用碱提取木质素等方法制得。

木质素磺酸钙 calcium lignin sulfonate 又名木钙。一种阴离子表面活性剂。黄褐色粉末或深褐色黏稠液体。木质素磺酸钙含量50%~65%,pH值5.0~6.5。易溶于水。化学性质稳定。对皮肤无刺激性。有较好的分散性、润滑性。用作混凝土减水剂,可改善混凝土和易性,增加强度,节约用水量。适用于普通混凝土、大体积混凝土、水工混凝土、潜模施工用混凝土及防水混凝土等。本品因含有少量的糖会延长水泥的初凝及终凝时间,兼有缓凝作用。由亚硫酸盐纸浆废液经中和、发酵、浓缩等过程制得。

木质素磺酸镁 magnesium lignin sulfonate 又名木镁。一种阴离子表面活性剂。黄褐色粉末。木质素磺酸镁含量≥50%,pH值6。溶于水,具有较好的分散性能。对钢筋无腐蚀作用。用作混凝土减水剂,能改善混凝土的和易性,提高混凝土的流动性,改善混凝土的抗渗透性,减少用水量。适用于各种现浇或预制混凝土、大体积混凝土及钢筋混凝土等。由亚硫酸盐纸浆废液经中和、发酵、浓缩等过程制得。

木质素磺酸钠 sodium lignin sulfonate 又名木钠。一种阴离子表面活性剂。棕褐色液体或粉末。液体产品有效物含量25%~30%。固体粉末有效物含量50%~60%。pH值8~9(1%水溶液)。易溶于水、碱液。遇酸沉淀,对混凝土钢筋无锈蚀作用。用作混凝土减水剂,可改善混凝土和易性,增加强度及节约水泥用量。也用作石油钻井泥浆添加剂,可降低泥浆黏度及剪切力,控制钻井泥浆流动性,防止泥浆絮凝化。还可用作染料分散剂。由碱液制浆法所得造纸废液,经硫酸磺化,再经石灰乳中和制得。

钼酸 molybdic acid 又名一水钼酸。$H_2MoO_4 \cdot H_2O$ 白色或带黄色单斜晶系粒状结晶或粉末。工业品常会有少量钼酸铵。相对密度3.124(14℃)。加热至60~70℃时失去结晶水成无机物。灼烧则变为MoO_3。稍溶于水或强酸,溶于碱溶液、氨水、碱金属碳酸盐及过氧化氢溶液。常温下稳定。在强酸溶液中以钼酸盐形式存在。在强碱溶液及氨水中以钼酸盐形式存在。用于制造含钼催化剂、钼盐、三氧化钼、陶瓷釉料、蓝色颜料、涂料等。也用作金属电镀着色剂。由钼酸铵与硝酸酸化制得。

钼酸铵 ammonium molybdate $(NH_4)_6Mo_7O_{24} \cdot 4H_2O$ 无色至浅黄绿色单斜晶系柱状结晶。相对密度2.498。溶于水、酸及碱。在热水中分解。加热至90℃时失去一分子结晶水,190℃时分解为MoO_3、NH_3及H_2O。在缺乏空气条件下分解,则变为MoO_2。在空气中会风化,并放出部分氨。遇湿气或氢气会被还原,并分解为金属钼。钼酸铵的无水物$[(NH_4)_2MoO_4]$,亦称正钼酸铵,只存在于含过量氨的溶液中,在结晶和干燥过程中,易失去氨,结果使产品中含有量的钼酸。有毒!用于制造氧化、加氢、脱硫等有机合成催化剂。也用于制造金属钼、陶瓷釉料、颜料及其他钼化合物等。由三氧化钼与氨水反应,或由钼酸溶液与氢氧化铵反应制得。

钼酸钠 sodium molybdate 白色结晶粉末。有 α、β、γ、δ 四种晶型，各种晶型转化温度为：$\alpha \underset{}{\overset{619℃}{\rightleftharpoons}} \beta \underset{}{\overset{587℃}{\rightleftharpoons}} \gamma \underset{}{\overset{431℃}{\rightleftharpoons}} \delta$。$Na_2MoO_4 \cdot 2H_2O$ 在100℃或长时间加热时失去全部结晶水而成无水物。无水钼酸钠相对密度 3.28(18℃)。熔点 687℃。溶于水，不溶于丙酮。是一种弱氧化剂，在有氧或无氧环境下均有良好的缓蚀作用。有毒！用于制造颜料、染料、磷钼酸、磷钼酸钠及用作催化剂、饲料添加剂等，用作阳极氧化膜型缓蚀剂，可在阳极铁上形成 $Fe-MoO_4-Fe_2O_3$ 氧化物钝化膜而起缓蚀作用，用于热流密度高及局部过热的循环水系统。由钼精矿砂氧化焙烧生成的三氧化钼经碱液浸取制得。

钼酸锌 zinc molybdate 又名钼锌白。$ZnMoO_4$ 纯品为白色四方晶系结晶或粉末。熔点 700℃。微溶于水，溶于氨水、硝酸。工业品是以钼酸锌或碱式钼酸锌为主加入碳酸钙或碳酸钡、滑石粉组成的复合物。用于制造无毒防锈涂料及颜料，广泛用于各种面漆及底漆中。由于释放的钼酸离子吸附在金属表面与铁离子形成复合不溶物，从而起到防锈蚀作用。也用作搪瓷黏着力增强剂。由氧化锌与钼酸钠反应后加入碳酸钙经混合、焙烧制得。

纳布啡 nalbuphine 又名环丁甲羟氢吗啡、17-(环丁甲基)-4,5α 环氧-吗啡喃-3,6α,14-三醇。熔点 230.5℃。一种分子结构属 14-羟基吗啡类型的吗啡类中枢镇痛药，其阵痛作用与吗啡相似，但成瘾性及副作用比吗啡小得多。系由蒂巴因(又名二甲基吗啡)经双氧水氧化，引入 14 位羟基，先后除去 3 位和 17 位甲基，得到 14-羟基-7,8-二氢降吗啡酮后，在 17 位氮原子上引入环丁甲基，再经硼氢化钠还原 6 位羰基而制得。

纳迪克酸酐 Nadic anhydride 又名顺式-3,6-内亚甲基-1,2,3,6-四氢邻苯二甲酸酐、降冰片烯二酸酐。白色至微黄色结晶或粉末。相对

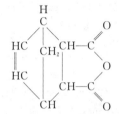

密度 1.417。熔点 163～165℃。受热升华。溶于乙醇、丙酮、苯、氯仿、乙酸乙酯，微溶于石油醚。遇水反应生成相应的酸。用于制造聚酯树脂、醇酸树脂、杀虫剂、杀菌剂等。也用作环氧树脂高温固化剂，脲醛树脂、三聚氰胺树脂及松脂等的改性剂，橡胶硫化调节剂，树脂增塑剂等。由顺丁烯二酸酐与环戊二烯经加成反应制得。

纳米材料 nanomaterials 是平均粒径在纳米量级(1～100nm)范围内的固体材料的总称。1nm 约为 5 个氢原子排列成线的长度。直径在 1～100nm 之间的颗粒称作纳米微粒。当物质被粉碎到纳米微粒时，所得纳米材料由于平均粒径小、比表面积大、表面原子多、表面能高，其性质会不同于单个原子或分子，也不同于普通的颗粒材料，不仅光、电、磁特性发生变化，而且具有辐射、吸收、催化、吸附、杀菌等许多新的特性，如小尺寸效应、量子尺寸效应、宏观量子隧道效应、表面和界面效应等。纳米材料的这

些特性,使其广泛应用于军事、医学、生物工程、纺织、化工、环保等领域,如化纤纺丝过程中加入碳钠米材料可纺出具有抗静电防微波性能的长丝纤维。

纳米二氧化硅 nano silicon dioxide 无定形白色超细粉末。SiO_2含量≥99.9%。表观密度$0.1477g/cm^3$。紧堆密度$0.2226g/cm^3$。平均粒径15~20nm。比表面积$155\sim645m^2/g$。微粒结构特殊,表面存在着不饱和的残键及不同键合状态的羟基,表明羟基含量达36%~48%。具有优异的光、电、热、力、磁、催化、反射、吸收等特殊功能,用作塑料、胶黏剂、涂料等的增强剂、特殊橡胶的补强剂、电子元件封装材料及催化剂、有机玻璃制品填充剂等。如白乳胶中加入纳米二氧化硅可显著提高剪切强度及耐水性。以四氯化硅为原料,常压微波纯氧等离子体作热源,经高温气相氧化制得。

纳米二氧化钛 nano titanium dioxide 分为金红石型纳米TiO_2及锐钛型纳米TiO_2两类。白色微细粉末。金红石型纳米TiO_2的粒径为20~30nm,比表面积$50\sim55m^2/g$;锐钛型纳米TiO_2粒径<80nm,比表面积$>90m^2/g$。纳米TiO_2晶体有十分奇异的表面结构,Ti原子缺少O原子的配位,从而使表面具有很高的活性,呈现特有的光催化活性、光电转换性及很强的屏蔽紫外线能力,受光照射时可产生反应活性很高的过氧负离子、氢氧自由基,而具有很强的氧化分解及杀菌抗菌能力。用作塑料、胶黏剂、涂料等耐候性增强剂、化妆品紫外线吸收剂,以及用于制造光催化剂、光敏材料、光电转换材料及废水处理剂等。由$TiCl_4$气相火焰法、$TiCl_4$氧气氧化法、钛醇盐直接裂解法等方法制得。

纳米复合材料 nanometer composite material 指由两种或两种以上的固相至少在一维以纳米级(1~100nm)复合而成的材料。其固相可以是非晶质、半晶质或晶质等,也可以是无机物或有机物,无机物通常是指陶瓷、金属等,有机物常指有机高分子材料。当纳米材料为分散相,有机聚合物为连续相时,就是聚合物基纳米复合材料。纳米复合材料品种很多,按形态分为粉体、膜材、型材;按用途分为催化剂、塑料、涂料、纤维、生物仿生材料、黏合剂与密封胶等;按性能可分为光电转化材料、光学材料、磁性材料及耐磨材料等;按基体材料分为由环氧树脂、不饱和树脂、丙烯酸树脂、聚烯烃树脂、聚酰胺等基体材料构成的纳米复合材料;按分散性组分可分为氧化物、硫化物、含氧酸盐、纳米片状黏土矿物等构成的纳米复合材料;按制备方法可分为填充纳米复合材料、插层纳米复合材料、杂化纳米复合材料等。

纳米复合生物材料 nanometer composite biological materials 指由纳米无机填充材料与有机聚合物基体为主体制得的仿生材料。所用纳米无机粉体有SiO_2粉体、羟基磷灰石等,聚合物基体是由一些诸如甲基丙烯酸甲酯、乙二醇二甲基丙烯酯等烯类单体聚合所得的聚合物。纳米复合生物材料主要用于牙齿替代材料和骨质仿生材料。如将由溶胶凝胶技术合成得到的聚丙烯酸酯-SiO_2纳米复合材料作为母料,加入双功能或三功能甲基丙烯酸酯、引发剂,按一定比例混合、铸模、热聚合成型,即可制得各种形态的纳米复合牙齿仿制品;将纳米晶体羟基磷灰石与聚酰胺 66、聚乳酸与聚乙二醇的嵌段共聚物,经溶液复合可制得复合骨替代材料。

纳米复合塑料 nanometer compsite plastics 指无机填充物以纳米尺寸分散在塑料基体中形成的纳米复合材料。所用无机填充物有炭黑、蒙脱土、云母、碳酸钙等,基体材料有聚乙烯、聚丙烯、聚丙烯酰胺、聚氯乙烯及尼龙等。由于分散性的纳米尺寸效应、大比表面积和强界面结合,纳米材料对塑料的复合效果具有以下特点:①可提高制品的强度、耐热性、尺寸稳定性及韧性;②改善塑料抗老化性,提高制品抗光辐射老化能力,延长塑料制品寿命;③赋予塑料功能性,如制备抗菌杀菌纳米复合塑料、抗静电纳米复合塑料、自清洁纳米复合塑料等。

纳米复合涂料 nanometer composite coatings 指将纳米粉体用于涂料中所制得的一类具有抗辐射、耐老化、难剥离或具有某些特殊功能的涂料。可分为纳米改性涂料及纳米结构涂料。前者是利用纳米粒子的某些功能对现有涂料进行改性,以提高涂料性能;后者是使用某些特殊工艺制备的涂料,其中某种特别组分的细度在纳米级。纳米复合涂料可用于制备军事隐形涂料、抗静电涂料、抗菌涂料、电磁涂料、红外线吸收涂料、电绝缘涂料、空气净化涂料及自修复涂料等功能性涂料。

纳米复合纤维 nanometer composite fibre 指将纳米材料应用于合成纤维中所制得的纳米复合纤维。其制造方法主要有:①复合纤维母料法。即将纳米粉体与有机聚合物共混形成复合纤维母料,再按一定比例将这种母料与纺丝原料混合纺丝得到纳米复合纤维。②涂覆法。是在纤维表面涂覆含有纳米粉体的黏合剂,但所用黏合剂应使纳米粉体在纤维表面有良好的附着性和稳定性。③合成纤维母料法。是在纳米粉体存在下进行纤维原料的原位合成,形成包覆有纳米粒子的纤维大分子,构成纳米复合的合成纤维母料,最后在纺丝时加入一定比例合成纤维母料制得纳米复合纤维。如以 SiO_2、ZnO_2、TiO_2 等纳米粉体用于合成纤维所制得的纳米复合纤维,具有良好的抗老化、抗菌杀菌及保健等功能,可用于制成杀菌、防雷、除臭、抗紫外线辐射的内衣和服装,以及军工用抗辐射功能性制品。

纳米复合橡胶 nanometer composite rubber 指由连续相橡胶基体和分散相尺寸在 1~100nm 的无机粒子构成的复合材料。能分散在橡胶基体中的无机纳米粒子主要有:剥离的黏土、金属氧化物及非金属纳米粒子、金属硫化物纳米粒子及金属离子聚体等。这类橡胶具有优良的力学性能、电性能、阻燃性、耐老化性及加工性能等。可用于制备高性能防水卷材、运动场地材料、气密性轮胎等。纳米复合橡胶的制备方法主要有纳米粉体材料对橡胶体的填充法、橡胶体对黏土的插层法、原位形成纳米的溶胶、凝胶法等。

纳米复合阻燃材料 nanometer composite fire-retardant materials 指将传统的无机阻燃剂纳米化,经表面改性制成的高效阻燃剂。纳米材料粒径超细,经表面处理后活性极大,燃烧时的热分解速度加快、吸热能力增强,从而降低材料表面温度。如以纳米级 Sb_2O_3 用于聚烯烃材料时,燃烧时,其超细纳米颗粒能覆盖在聚烯烃凝聚相的表面,促进碳化层形成,在燃烧源和基材间形成不燃性屏障,起到隔离阻燃作用。

纳米碳酸钙 nano calcium carbonate 白色微细粉末。相对密度 2.6~2.7。平均粒径 15~30nm。比表面积约 $60m^2/g$。pH 值 8.7~9.5。白度>90。有很高的表面活性及表面结合能。用作塑料、涂料、油墨、胶黏剂等的增强材料,能均匀分散在聚合物基体中,显著提高制品的拉伸强度及冲击强度;用于胶黏剂,可显著提高粘接强度、耐热性、阻燃性;用作硅橡胶的补强剂,可避免用白炭黑等因基团造成对制品的性能影响,提高热稳定性。本品对聚丙烯有异相成核及促进结晶成长的作用,有利于提高聚丙烯的力学性能。可在普通轻质碳酸钙生产工艺中,控制反应条件制得不同晶型及粒径的制品。

纳米氧化铝 nano aluminium oxide 白色微细粉末,分为 α-Al_2O_3 及 γ-Al_2O_3 两种晶型。相对密度 3.9~4.0。表观密度 0.3~0.6g/cm^3。比表面积 200~400m^2/g。Al_2O_3 含量≥99.9%。pH 值 7~8。具有优良的热稳定性、化学稳定性、耐高温性、耐老化性。分散性及与聚合物相容性都较好。用作塑料及环氧树脂胶黏剂的增强剂,可显著提高制品的力学强度和韧性。也用作催化剂、催化剂载体、吸附剂及用于制造功能陶瓷材料。以硝酸铝及柠檬酸铵等为原料,经溶胶-凝胶法制得。

纳米氧化锌 nano zinc oxide 白色六方结晶或球形粒子。ZnO 含量≥99%。相对密度 5.6。平均粒径≤30nm。比表面积≥60m^2/g。不溶于水、乙醇,溶于酸、碱及氯化铵溶液。有很高的化学活性及特异的催化性能,还具有抗红外线、紫外线及杀菌功能。用作胶黏剂的增强、增韧剂,橡胶补强剂,催化剂等。也用于人造纤维改性,制造抗紫外线辐射、抗红外线功能纤维。采用以无机盐为前驱物的溶胶-凝胶法或等离子熔融法制得。

纳曲酮 naltrexone 又名纳屈酮、(5α)-17-(环丙基甲基)-4,5-环氧-3,14-二羟基吗啡喃-6-酮。白色结晶。熔点 168~170℃。其盐酸盐熔点 274~276℃。难溶于水,溶于丙酮、氯仿。一种外源性阿片类物质的药效阻断剂。临床用于防止阿片成瘾者戒毒后复吸、酒精成瘾者戒酒。具有口服有效、作用时间长、毒副作用少等特点。以蒂巴因为起始原料,制成 14-羟基-7,8-二氢降吗啡酮后,在 17 位氮原子上引入环丙甲基,再经还原而得。

奈达铂 ndaplatin 又名鲁贝、奥先达、泉铂、顺式乙醇酸-二氨合铂(Ⅱ)。白色粉末。溶于水。一种铂类配合物,为广谱抗癌药。作用机制与顺铂相同,通过与

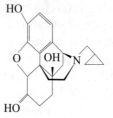

肿瘤细胞的 DNA 碱基结合,阻碍 DNA 复制而发挥其抗肿瘤作用。临床用于治疗头颈部癌,小细胞肺癌、非小细胞肺癌、食管癌、膀胱癌、卵巢癌、子宫颈癌等。

奈多罗米钠 nedocromil sodium 又名 9-乙基-6,9-二氢-4,6-二氧代-10-丙基-4H-吡喃并[3,2-g]喹啉-2,8-二羧酸二钠盐。淡黄色粉末。熔点 298~300℃(分解)。一种过敏介质阻释剂的平喘药。其作用是稳定肥大细胞膜,防止其脱颗粒,从而抑制组胺、5-羟色胺、慢反应物等过敏介质的释放。主要用于轻中度慢性哮喘、过敏性支气管哮喘及各种刺激引起的哮喘等。以 4-乙氨基-3-丙基-2-羟基苯乙酮、丁炔二酸二甲酯、多聚磷酸、草酸二乙酯等为原料制得。

奈韦拉平 nevirapine 又名维乐命、11-环丙基-4-甲基-5,11-二氢-6H 二吡啶并〔1,4〕二氮杂䓬-6-酮。白色结晶。熔点 247~249℃。微溶于水,易溶于强酸溶液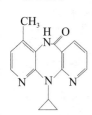。为抗艾滋病毒药物。用于治疗艾滋病及艾滋病相关综合征。本品的长期疗效尚不清楚,因未显示可以减少 HIV(人免疫缺陷病毒)传染给他人的危险性,但用于预防 HIV 母婴传播,其作用已被证实是安全有效的。由 2-氨基-4-甲基吡啶经硝化、重氮化、水解、卤化、还原,与 2-氯代烟酰氯缩合后,再与环丙胺反应制得。

耐低温胶黏剂 low temperature adhesive 又名超低温胶黏剂。指在 ≤-100℃ 的低温条件下使用并具有足够强度的一类胶黏剂,与一般胶黏剂只能经受±60℃的环境温度相比较,这类胶黏剂除了要求有一定的常温粘接强度及工作性能外,还必须在深冷环境中保持足够的韧性、耐腐蚀及密封性。耐低温胶黏剂按结构可分为聚氨酯类、环氧类、聚硅氧烷及杂环高分子等类型。其中应用较多的是聚氨酯及环氧类胶黏剂。耐低温酯氨酯胶黏剂在-250℃左右也能保持较高的剥离强度,但本身内聚强度不高,只能用作非结构胶使用。耐低温环氧类胶黏剂有多种类型,通常是与丁腈橡胶、尼龙、酚醛树脂及有机硅树脂等改性而成,在低温环境中有良好的抗蠕变、抗溶剂、抗潮湿性及粘接强度。应用于航空、航天、核能及超导技术等领域。

耐碱胶黏剂 alkali-resistant adhesive 指能抵抗碱性介质腐蚀,并具有优良粘接强度的一类胶黏剂。一般由合成树脂、增塑剂、固化剂及填料等组分调制而得。根据所用耐碱树脂的性质,可分为以呋喃树脂、二甲苯树脂、氯磺化聚乙烯及以环氧树脂等为主的耐碱胶黏剂。其中呋喃树脂具有优良的耐碱及耐热性能,但对基材表面粘接性差,固化后收缩率高,故常用环氧、酚醛、三聚氰氨甲醛树脂等改性来克服其缺点。用于炼油、化工、建筑及其他耐碱性介质的构件粘接。

耐碱双氧水稳定剂 KRD-3　alkali-resisting stabilizer of hydrogen peroxide KRD-3　又名稳定剂 KRD-3。一种有机酸盐的多组分复配物。外观为白色粒状固体。密度 1.03。1% 水溶液的 pH 值 8～9。水中溶解度 $>30g/L$。放置 24h 的分解率不超过 10%。用于棉、涤棉煮漂合一和退煮漂合一的工艺，尤适用于强碱浴中双氧水冷轧堆一步法工艺。能通过螯合、萃取、吸附、悬浮、分散等综合作用，有效地控制双氧水的分解速度。

耐磨涂料　rub resistant coatings　用以保护材料不被磨损的涂料。它与润滑涂料不同之处在于，耐磨涂料不一定要求较低的摩擦系数，但应具有较好的耐磨性。其所用基料与润滑涂料相同，如环氧、酚醛、聚酰胺及有机硅等树脂。但所用颜涂料是一些高硬度的磨料，如刚玉、石英、金刚砂、碳化硼、三氧化二铬等。耐磨涂料主要用于机械的抗磨性保护，如水轮发电机组的叶片、直升飞机的自动倾斜仪等的保护涂装。

耐热胶黏剂　heat-resistant adhesive　又名耐高温胶黏剂。指在特定条件（温度、时间及介质）下能保持设计所要求的胶接强度的胶黏剂。其耐热性是由充分固化后的胶黏剂本身的物理耐热性及化学耐热性所决定。物理耐热性是指材料在高温下的热机械性能，如脆化温度、玻璃化温度及黏流温度等；化学耐热性是指胶黏剂在空气中的热氧化稳定性。但关于胶黏剂耐热性评价标准及分类方法至今尚无明确定论。一般认为属于下列情况者可称作耐热胶黏剂：①在 121～176℃下长期使用（1～5 年），或在 204～232℃下使用 20000～40000h；②在 260～371℃下使用 200～1000h；③在 371～427℃下使用 24～200h；④在 538～816℃下使用 2～10min。也有将 204℃下可使用 1000h 以上者称为耐热胶黏剂。品种很多，按化学结构可分为有机高分子系及无机高分子系。前者又分为环氧类、有机硅类及杂环高分子类（如聚酰亚胺、聚苯并咪唑），后者又分为磷酸盐、硅酸盐、陶瓷胶、金属胶等。主要用于宇航、飞机及电子工业等领域。

耐热涂料　heat-resistant coatings　指在温度 200℃以上，涂膜不变色、不脱落，仍能保持适当的物理机械性能的涂料。可分为有机耐热涂料和无机耐热涂料两大类。有机耐热涂料有有机硅耐热涂料、有机氟耐热涂料及有机钛耐热涂料等；无机耐热涂料有硅酸盐耐热涂料、磷酸盐耐热涂料、硅溶胶耐热涂料及硅酸乙酯耐热涂料等。耐热涂料广泛用于烟囱、高温炉、石油裂解设备、热交换器、高温蒸汽管道、发动机排气管等部位的涂装。其中又以有机硅耐热涂料及无机耐热涂料的应用广泛。

耐晒黄 G　light fast yellow G　又名

$H_3C- \underset{}{\underset{NO_2}{\bigcirc}} -N=N-\underset{COCH_3}{\underset{|}{CH}}COHN-\bigcirc$

汉沙黄 G、颜料黄 G。淡黄色疏松粉末。熔点 256℃。耐热温度 150～160℃。吸油量约 40%。耐晒性 6～7 级。不溶于水，微溶于乙醇、丙酮、苯。遇浓硫酸成金黄色，稀释后成黄色沉淀。遇浓盐酸为红色溶液。遇稀硝酸及稀碱液不变色。用作塑料、橡胶、涂料、高级耐光油墨、印花色浆及文教用品等的黄色着色剂。长时间以来用作油墨的标准黄色。具有色泽鲜艳、着色力较高、耐热性及耐晒性较好的特点。但耐酸、碱性及耐溶剂性较差。由邻硝基对甲苯胺重氮化后，与乙酸基乙酰苯胺经偶合反应制得。

耐晒黄 3G light fast yellow 3G 又名

$$Cl-\underset{NO_2}{\underset{|}{C_6H_3}}-N=N-\underset{COCH_3}{\underset{|}{CH}}-COHN-C_6H_5$$

汉沙黄 3G、颜料黄 3G。淡黄色粉末。熔点 250℃。耐热温度不超过 130℃。耐晒性 5～6 级。遇浓硫酸为深黄色，稀释后成黄色沉淀。遇浓硝酸、浓盐酸、稀碱液均不变化。主要用于油漆（空气自干漆、乳胶漆、硝基漆）、油墨的着色。也用作塑料、橡胶、纸张、印刷色浆的着色剂。色泽鲜艳、着色力较高、耐光性较好，但耐热性及耐溶剂性较差。由邻硝基对甲苯胺经重氮化后，与双乙酰苯胺进行偶合反应制得。

耐晒黄 10G light fast yellow 10G

$$Cl-\underset{NO_2}{\underset{|}{C_6H_3}}-N=N-\underset{COCH_3}{\underset{|}{CH}}-COHN-\underset{Cl}{C_6H_4}$$

又名汉沙黄 10G、颜料黄 10G。带绿光的黄色粉末。熔点 258℃。耐热温度低于 180℃。吸油量 45%～55%。耐晒性 5～6 级。不溶于水，微溶于乙醇、苯、丙酮。遇浓硫酸呈黄色，稀释后为淡黄色。遇浓硝酸、浓盐酸及碱液色泽不变。用作涂料、油墨、塑料、文教用品等的黄色着色剂。其性能与耐晒黄 G 相似。有优良的耐光牢度、良好的耐酸碱及耐热性。但不适用于橡胶制品的着色。由邻硝基对甲苯胺重氮化后，再与邻氯双乙酰苯胺进行偶合反应制得。

1-萘胺 1-naphthylamine 又名 α-萘胺、甲萘胺。白色或无色针状结晶，露置于空气中逐渐变成浅红色及褐色。相对密度 1.131(25℃)。熔点 50℃。沸点 301℃，闪点 157℃。折射率 1.6703(51℃)。微溶于水，溶于乙醇、乙醚、丙酮及苯等。受热释出有毒气体。吸入蒸气或粉尘会引起中毒。有致癌性。用于制造直接染料、分散染料、酸性染料、橡胶防老剂、抗氧剂等，也用作农药及医药中间体。由精萘用硫酸硝酸混酸硝化而得。

2-萘胺 2-naphthylamine 又名β-萘胺、乙萘胺。白色至浅红色片状结晶，有光泽。相对密度1.061(98℃)。

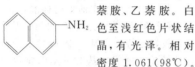

熔点111～113℃。沸点306.1℃。折射率1.6493(98.4℃)。不溶于冷水、溶于热水、乙醇、乙醚、丙酮。水溶液有蓝色荧光。受热释出有毒气体。吸入蒸气或粉尘会引起中毒。有致癌性。用于制造偶氮染料、酞菁染料、抗氧剂、防老剂等。由2-萘酚在亚硫酸铵溶液中与氨反应制得。

萘丁美酮 nabumetone 又名萘普酮、

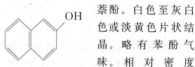

瑞力芬、4-(6-甲氧基-2-萘亚甲基)-2-丁酮。白色结晶。熔点80～81℃。溶于乙醇。一种长效抗炎镇痛药，其抗炎镇痛作用优于萘普生，且药效长，副作用小。用于风湿性关节炎、类风湿性关节炎、骨性关节炎、软组织损伤等的消炎镇痛。也用于痛风急性发作。以6-甲氧基-2-萘甲醛、乙酰乙酸苄酯等为原料制得。

1-萘酚 1-naphthol 又名α-萘酚、甲萘酚。白色至浅黄色单斜晶系针状结晶。略有苯酚气味。相对密度1.095(98.7℃)。熔点96℃。沸点278～280℃。折射率

1.6224(99℃)。微溶于水、四氯化碳，溶于乙醇、乙醚、苯及碱溶液，暴露于日光中，颜色变暗。能升华，可随水蒸气挥发。有毒！蒸气对眼睛、黏膜等有刺激性。用于制造染料、医药、农药、香料及橡胶防老剂等。也用作矿物油及植物油的抗氧剂、荧光指示剂。由1-萘胺经稀硫酸水解后经分离制得。

2-萘酚 2-naphthol 又名β-萘酚、乙萘酚。白色至灰白色或淡黄色片状结晶。略有苯酚气味。相对密度1.28。熔点123～124℃。沸点285～286℃(升华)。闪点160.6℃。难溶于水、四氯化碳、石油醚，溶于乙醇、乙醚、甘油及碱液。暴露于日光中颜色变深，加热升华。有毒！蒸气对黏膜及皮肤等有强刺激性及腐蚀性。有致癌性。用于制造染料、有机颜料、防老剂、医药、香料、农药、食用色素、防霉剂等。由萘经硫酸磺化、水解、中和、碱熔及酸化而得。

2-萘酚甲酚甲醛缩合物磺酸盐
见"分散剂SS"。

2-萘酚类颜料 2-naphthol pigment 以2-萘酚为偶合组分且色谱主要为橙色和红色的颜料。从化学结构上看，也属于单偶氮颜料，为将其与黄色、橙色的单偶氮颜料相区分，而将其归类为2-萘酚类颜料，它们的耐晒牢度、耐溶剂性能和耐迁移性能都较好，但不耐碱。主要用于需要较高耐晒牢度的涂料。典型品种有甲苯胺红、氯代对位红等。

萘呋胺 naftidrofuryl 又名萘呋氨酯、

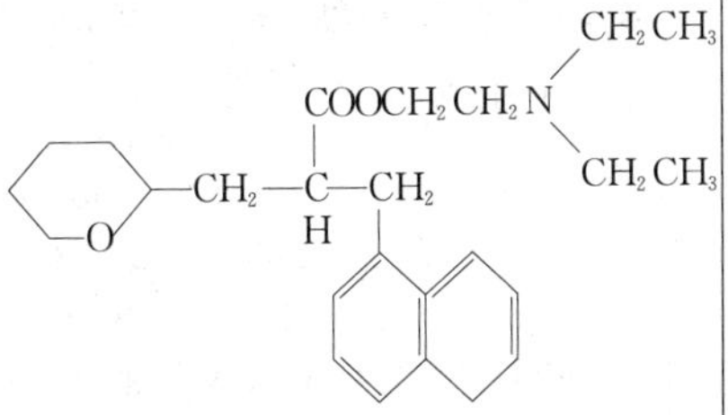

3-(1-萘基)-2-四氢糠基丙酸-2-二乙氨基乙酯。油状液体。沸点 190℃(66.7Pa)。其草酸盐(草酸萘呋胺)的熔点 110～111℃,溶于水。一种脑血管病用药。为脑代谢增强剂,用于脑血管或周围血管循环障碍等疾病。其血管扩张作用比烟酸强,增加脑血流量的作用较罂粟碱缓慢而持久。以糠醛、丙二酸二酯、二乙氨基乙醇、α-氯甲基萘等为原料制得。

萘磺酸甲醛缩聚物钠盐
见"分散剂 PD"。

萘磺酸左丙氧芬 levopropoxyphene napsylate 又名 α-l-1,2-二苯基-3-甲基-4-

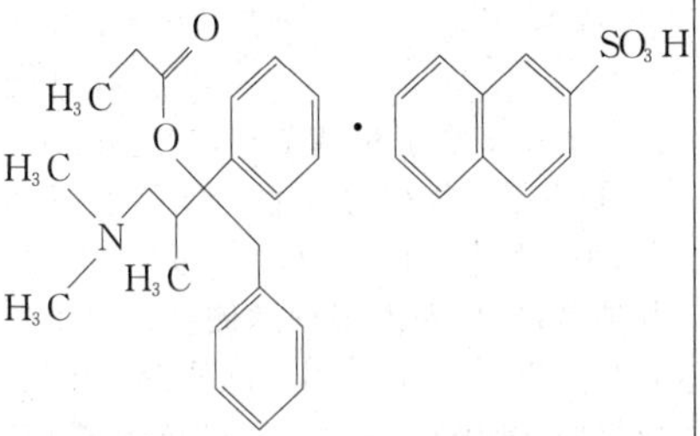

二甲氨基-2-丁醇丙酸酯-2-萘磺酸盐。白色结晶。熔点 160～162℃。不溶于水,溶于乙醇、甲苯。一种非成瘾性中枢镇咳药,用于治疗各种病因引起的咳嗽。

以苯丙酮、盐酸甲胺、多聚甲醛、β-萘磺酸钠等为原料制得。

萘莫司他 natamostat 又名萘莫他

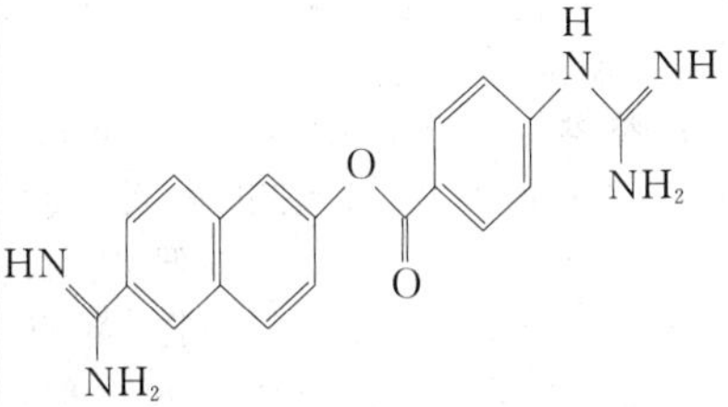

特、对胍基苯甲酸-6-脒基-2-萘酯。一种合成的蛋白酶抑制剂。常用其二甲磺酸盐($C_{19}H_{17}N_5O_2 \cdot 2CH_3SO_3H$)。为白色结晶性粉末,无臭,味苦。熔点 217～220℃。易溶于水,难溶于甲醇、乙醇,不溶于乙醚、丙酮、氯仿。临床用于急性胰腺炎、慢性胰腺炎的急性恶化,手术后急性胰腺炎、胰管造影后的急性胰腺炎等的治疗。由 6-脒基-2-萘酚甲磺酸盐与对胍基苯甲酰氯盐酸盐、甲磺酸反应制得。

萘普生 naproxen 又名消痛灵、希

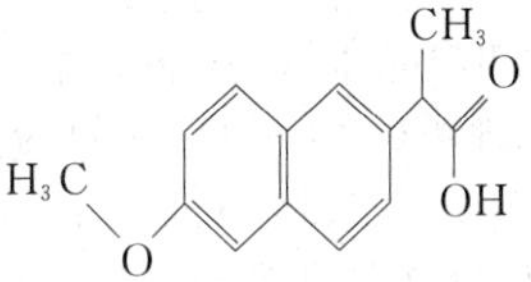

普生、甲基-甲氧基萘乙酸。白色或类白色结晶性粉末。熔点 153～158℃。不溶于水,略溶于乙醚,溶于乙醇。遇光会变色。为非甾体抗炎药。生物活性是阿司匹林的 12 倍,布洛奇的 3～4 倍,但比吲哚美辛低,仅为其 1/300。口服迅速完全,部分以原型从尿中排出,部分以葡

萄糖醛酸结合物形式从尿中排出。用于风湿性关节炎、类风湿性关节炎、风湿性脊椎炎等疾病。由6-甲氧基萘与丙酰氯经酰化、溴代、缩酮化、重排、水解、拆分等反应制得。

萘替芬 naftifine 又名 N-甲基-N-(3-苯基烯丙基)-1-萘甲胺。无色黏稠油状物。沸点162~167℃(2.0Pa)。其盐酸盐（盐酸萘替芬）的熔点177℃,易溶于水。一种外用抗真菌药,用于皮肤、指(趾)甲等真菌感染。其疗效优于克霉唑、美康唑等药物。以 N-甲基-1-萘甲胺、苯乙酮、多聚甲醛为原料制得。

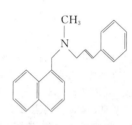

萘氧化制苯酐催化剂 catalyst for naphthalene oxidation to phthalic anhydride 一种用于流化床萘空气氧化制邻苯二甲酸酐(即苯酐)催化剂。外观为黄绿色细颗粒,以 V_2O_5、K_2O 为活性组分,以硅胶为载体,V_2O_5 含量 7%~9%。K_2O 含量 9.8%~12.6%。堆密度 0.7~0.8g/mL。比表面积 120~180m²/g。游离酸 5%~7%。在反应温度345℃,萘/空气(摩尔比)2.3、空塔线速度0.08m/s的反应条件下,催化剂负荷萘70g/(L·h),苯酐收率≥80%。由特制硅胶载体浸渍活性组分溶液后,经干燥、活化制得。

1-萘乙酸 1-naphthyl acetic acid 又名α-萘乙酸。白色针状结晶或结晶性粉末。无臭。熔点 134.5~135.5℃。沸点285℃。微溶于冷水。溶于热水、乙醇、苯及碱液。商品多数为其钠盐、钾盐及铵盐等,溶于水,常配成水溶液使用。可燃。受热放出有毒气体。对皮肤、黏膜有刺激作用,对中枢神经有麻痹作用。用作植物生长调节剂,对水稻、小麦及蔬菜作物浸种,可促进生长、早熟,提高产量。也用于防止棉桃及果实脱落。医药上用于制造鼻眼净等药物。可在催化剂作用下,由精萘与氯乙酸反应制得。

1-萘乙酸甲酯 methyl 1-naphthylacetate 淡黄色油状液体。相对密度1.142。沸点 162~165℃(1.47kPa)。折射率 1.5961。溶于乙醚、丙酮、苯。有毒,对皮肤、黏膜有刺激性。用作植物生长调节剂,广泛用于马铃薯、小麦、薄荷等作物。能抑制马铃薯、小麦发芽,提高薄荷油产量。用于处理烟草,可代替人工摘除侧枝。甜菜在收获前喷洒本品溶液,可降低糖分损失,减少储存期腐烂。由1-氯甲基萘、纯碱、甲醇与一氧化碳在催化剂存在下反应制得。

楠叶油 machilus leaf oil 又名云南楠叶油。淡黄色至黄棕色液体,具有脂蜡香,稍带甜香与膏香,气质稍浓闷。主要成分为蒎烯、里哪醇、乙酸芳樟酯、莰烯等。相对密度 0.9233。折射率 1.4966。属植物型天然香料。用于调配香皂、化妆品日化香精,多用于重香型香精,如晚香玉、玫瑰麝香型,亦可用作修饰剂,少量用于轻香型香精,如玫瑰百花型等。由樟科植物红楠的鲜叶经水蒸气蒸馏制得。

脑白金
见"眠纳多宁"。

内墙乳胶漆 internal wall emulsion paint 由合成树脂乳液、颜料、填料、助剂及水配制而成的乳胶漆。以水为分散介质,具有安全、环保、涂膜透气性好、施工方便等特点。是室内墙面和顶棚装饰的首选材料。其主要产品有乙酸乙烯酯乳胶漆、乙烯-乙酸乙烯酯乳胶漆、酯丙乳胶漆及苯丙乳胶漆等。根据光泽不同,内墙乳胶漆还可分为平光内墙乳胶漆、丝光内墙乳胶漆、半光内墙乳胶漆及有光内墙乳胶漆等。

内润滑剂
见"润滑剂"。

内吸剂 systemic insecticide 又名内吸性杀虫剂。具有内吸作用的杀虫剂。药剂施到作物的根、茎、叶或种子上时,可被作物吸收到体内,并随着植株体液传导到植株各部位,促使危害某部位的害虫中毒死亡,同时药剂可在植物体内储存一定时间又不妨碍作物的生长发育。大部分药剂的传导方式是由下向上传(向顶性传导),如乐果、甲拌磷、克百威等均为从下向上传;而草胺威则可双向传导。内吸剂使用方便,适用于防治藏在隐蔽处的害虫,特别适合于防治刺吸式口器的害虫,如棉红蜘蛛、蚜虫等。一般对天敌的影响较少。

内吸性除草剂
见"除草剂"。

β-内酰胺类抗生素 β-lactam antibiotics 指分子中含有由4个原子组成的β-内酰胺环的抗生素,是应用最广、用量最大的一类抗生素。内酰胺环是这类抗生素发挥生物活性的必需基团,在和细菌作用时,β-内酰胺环开环与细菌发生酰化作用,抵制细菌生长。临床上,β-内酰胺类抗生素常见的药物基本结构有青霉素类、头孢菌素类、碳青霉烯类、头霉素类、单环β-内酰胺类。各种β-内酰胺类抗生素的作用机制均相似,都能抑制胞壁黏肽合成酶,即青霉素结合蛋白,从而阻止细菌细胞壁黏肽合成(黏肽是细菌细胞壁的主要成分,为一些具有网状结构的含糖多肽),使细胞壁缺损,菌体膨胀裂解死亡。由于人体细胞没有细胞壁,药物对人体细胞不起作用,故这类药物的毒性很小。

内增塑剂 internal plasticizer 按增塑剂加入到聚合物中的方式可将其分为内增塑剂及外增塑剂。内增塑剂是在聚合过程中加入并能起增塑作用的第二单体,它含有能通过化学反应增塑聚合物的化学基团来改善聚合物的增塑性能。如氯乙烯与乙酸乙烯酯共聚而成的树脂,比氯乙烯均聚物更加柔软。但内增塑剂的使用温度较窄,仅用于可挠曲的塑料制品中。外增塑剂是通过物理混合方法加入到聚合物中,通常是高沸点、较难挥发的有机液体或低熔点固体,多数是酯类化合物，与聚合物不起反应，温度升高时和聚合物的作用主要是溶胀作用，并与聚合物形成一种固溶体。一般所说的增塑剂主要指外增塑剂，其使用方便、应用范围广，缺点是外增塑剂易迁移或产生挥发而损失。

尼泊金丙酯

见"对羟基苯甲酸丙酯"。

尼泊金丁酯

见"对羟基苯甲酸丁酯"。

尼泊金庚酯

见"对羟基苯甲酸庚酯"。

尼泊金甲酯

见"对羟基苯甲酸甲酯"。

尼泊金乙酯

见"对羟基苯甲酸乙酯"。

尼伐地平 nilvadipine 又名尼瓦地平、2-氰基-1,4-二氢-6-甲基-4-(3-硝基苯基)-3,5-吡啶二羧酸-5-异丙基-3-甲酯。黄色结晶性粉末。熔点 148～150℃。不溶于水，难溶于乙醇、乙醚，溶于甲醇，易溶于丙酮、氯仿。一种二氢吡啶类钙通道阻滞剂。能选择性抑制细胞外钙离子内流而影响细胞功能，具有舒张血管降压作用。用于治疗原发性高血压，并具有抗心绞痛及抗动脉硬化作用。以二甲氧基乙酸甲酯、乙酸甲酯、间硝基苯甲醛等为原料制得。

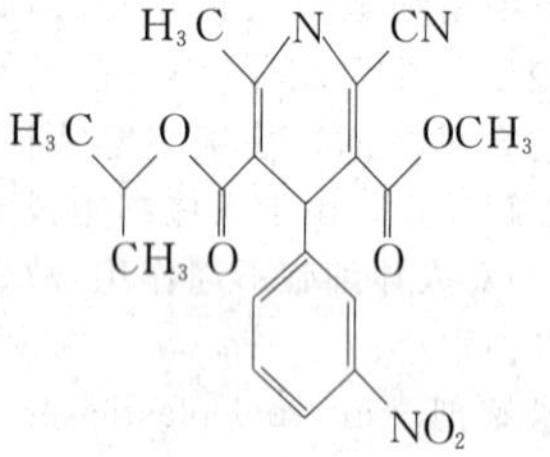

尼卡巴嗪 nicarbazin 又名球虫净。一种由 4,4'-二硝基二苯基脲与 4,6-二甲基-2-羟嘧啶的复合物。黄色至黄绿色粉末。无臭，稍有异味。熔点 265～275℃（分解）。不溶于水、乙醇、乙醚、氯仿，稍溶于二甲基甲酰胺。用作饲料添加剂及抗鸡球虫病药物。拌和于鸡饲料中，能有效预防肉鸡和火鸡球虫病的发生。但气温高达 40℃时使用本品会增加雏鸡死亡率，通常禁用于产蛋鸡群。由对硝基苯胺与尿素缩合制得的 4,4-二硝基二苯基脲与由乙酰丙酮和尿素形成的 4,6-二甲基-2-羟基嘧啶的盐酸盐复合制得。

尼卡地平 nicardipine 又名硝苯苄

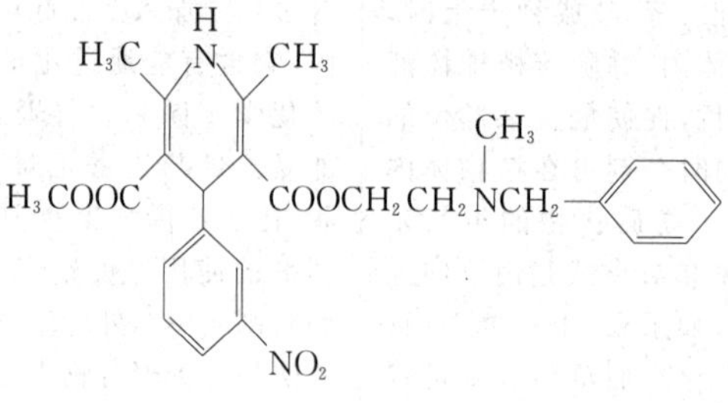

啶、硝苯苄胺啶、佩尔、1,4-二氢-2,6-二甲基-4-间硝基苯基-3,5-吡啶二羧酸甲基-2-(甲基苯甲氨)乙基酯。其盐酸盐(盐酸尼卡地平)为黄绿色结晶性粉末。自甲醇/丙酮中析出的结晶可分离出 α 及 β 两种晶型。α 晶型盐酸尼卡地平熔点 168～170℃，β 晶型盐酸尼卡地平熔点 179～181℃。无臭，稍有苦味。不溶于水，溶于甲醇、氯仿。为一种二氢吡啶类钙离子拮抗剂。能松弛血管平滑肌细胞，舒张血管而降压，在整体条件下不抑制心脏，适用于高血压、冠脉痉挛、心肌梗死、脑血管病等。以间硝基苯甲醛、乙酰乙酸氯乙酯、氨基巴豆酸甲酯及苄甲胺等为原料制得。

尼可刹米 nikethmide 又名可拉明、二乙烟酰胺。白色至淡黄色油状液体或结晶。微有特异香气，味微苦。相对密度 1.058～1.066。熔点 22～24℃。有引湿性。与水混溶，易溶于乙醇、乙醚、丙酮、氯仿。为中枢兴奋药。直接兴奋延脑，增加每分钟通气量，提高呼吸中枢对 CO_2 的敏感性，对大脑皮质、血管运动中枢和脊髓也有弱的兴奋作用。用于各种中枢性呼吸抑制，包括肺源性心脏病、中枢抑制药中毒、煤气中毒及溺水等。大剂量可引起血压升高、心悸、肌僵直甚至惊厥。由烟酸经氯化、缩合而制得。

尼可占替诺 xanthinol nicotinate 又名烟酸占替诺、脑脉康、麦全冬定、左诺、7-[2-羟基-3-[(2-羟乙基)甲氨基]丁丙基]丁茶碱烟酸盐。白色结晶。熔点 180℃。溶于水、乙醇。一种脑血管病用药。为周围血管扩张剂。用于缺血性脑血管病、外周血栓闭塞性脉管炎、静脉炎、脑手术后遗症、脑外伤及手足发绀等患者。以环氧氯丙烷、N-甲基乙醇胺、茶碱、烟酸等为原料制得。

尼龙改性环氧胶黏剂 nylon modified epoxy resin adhesive 一种由环氧树脂、尼龙、溶剂、固化剂及填料等配制而成的复合型结构胶黏剂。所用尼龙有两类：一类是三元、四元混合聚酰胺共聚体或两种以上不同结构尼龙的低熔点混融物，如三元混合尼龙是由己内酰胺、己二胺己二酸盐及乙二胺癸二酸盐三者缩合而成；第二类是羟甲基尼龙。在实际配方中，尼龙与环氧树脂可在较宽的范围内变化。这时胶黏剂具有优良的剪切强度、剥离强度及耐疲劳性能，但耐水性及耐湿老化性能较差。用于粘接铝合金、钢、不锈钢、黄铜等。也用于一些金属与非金属材料的粘接。

尼鲁米特 nilutamide 又名5,5-二甲基-3-[4-硝基-3-(三氟甲基)苯基]-2,4-咪唑烷二酮。白色结晶。熔点149℃。不溶于水，溶于乙醇、氯仿、二氯甲烷。一种非甾体抗雄激素药，用于已转移的前列腺癌，可与手术或化学去势并合使用。以 3-三氟甲基-4-硝基苯基异氰酸酯、四氢呋喃、三乙胺、2-氨基-2-氰基丙烷等为原料制得。

尼美舒利 nimesulide 又名力美松、先禾克、美舒宁、4-硝基-2-苯氧基甲烷磺酰苯胺。淡棕黄色结晶。熔点 143～144.5℃。不溶于水，溶于乙醇、热甲醇。一种非甾体抗炎镇痛药。用于抗风湿及中度疼痛，也用于呼吸道炎症、痛经及手术痛。具有生物利用度高、抗炎作用强等特点。以 2-苯氧基苯胺、甲磺酰氯、(2-苯氧基)甲磺酰苯胺等为原料制得。

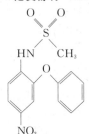

尼莫地平 nimodipine 又名尼莫同、尼达尔、尼莫地平-普利、硝苯吡酯、1,4-二氢-2,6-二甲基-4-(3-硝基苯基)-3,5-吡啶二羧酸-2-甲氧乙基-1-甲基乙基酯。白色结晶。熔点 125℃。溶于乙醇。一种周围血管扩张药及脑血管病用药。为钙通道阻滞剂，对脑血管有选择性作用。用于治疗脑血管疾病及蛛网膜下腔出血。以乙酰乙酸甲氧基乙酯、间硝基苯甲醛、β-氨基巴豆酸异丙酯等为原料制得。

尼纳尔
见"烷基醇酰胺"。

尼群地平 nitrendipine 又名硝苯乙吡啶、舒麦特、1,4-二氢-2,6-二甲基-4-(3-硝基苯基)-3,5-吡啶二羧酸甲酯乙酯。黄色结晶性粉末。熔点158℃。溶于乙醇。一种二氢吡啶类钙离子拮抗剂，能有效地抑制血管平滑肌钙离子内流，具有降低血压作用，还能降低心肌耗氧量，对缺血性心肌有保护作用。临床用于高血压及冠心病的治疗。由β-氨基巴豆酸甲酯与2-(3-硝基亚苄基)乙酰乙酸乙酯反应制得。

尼素地平 nisoldipine 又名欣雪平、尼尔欣、1,4-二氢-2,6-二甲基-4-(2-硝基苯基)-3,5-吡啶二羧酸甲基异丁基酯。白色结晶。熔点 151～152℃。不溶于水，溶于乙醇。一种二氢吡啶类钙通道阻滞剂，能选择性抑制细胞外钙离子内流，松弛血管平滑肌细胞，舒张血管而降压。其作用比硝苯啶强而持久。用于治疗高血压及心绞痛等。以邻硝基苯甲醛、乙酰乙酸甲酯、氨基巴豆酸异丁酯等为原料制得。

尼扎替丁 nizatidine 又名爱希、妮

$$\underset{CH_3}{\overset{CH_3}{\rightarrow}}N-CH_2 \underset{S}{\overset{N}{\rightleftarrows}} CH_2SCH_2CH_2NHCNHCH_3 \atop CHNO_2$$

停、N-[-2-[[2-(二甲氨基甲基)-4-噻唑基]甲硫基]乙基]-N'-甲基-2-硝基-1,1-乙烯二胺。白色结晶。熔点 130～132℃，微溶于水、异丙醇，不溶于苯，溶于甲醇，易溶于氯仿。一种 H_2 受体拮抗剂。能竞争性抑制胃壁 H_2 受体，明显抑制基础胃酸和夜间胃酸分泌。用于治疗胃及十二指肠溃疡、反流性食管炎、卓-艾综合征等。由 N-(2-巯乙基)-N'-甲基-2-硝基-1,1-乙烯二胺与 2-二甲氨基甲基-4-氯甲基噻唑盐酸盐反应制得。

拟除虫菊酯杀虫剂 synthetic pyrethroids insecticide 改变天然除虫菊素化学结构衍生的仿生合成类杀虫剂。第一个人工合成的拟除虫菊酯——丙烯菊酯于 1949 年商品化。拟除虫菊酯杀虫剂的特点有：①高效。杀虫效力比常用杀虫剂高 1～2 个数量级，速效性好，击倒力强。②广谱。对农林、园艺、卫生、畜牧、仓库等多种害虫，包括刺吸式口器和咀嚼式口器的害虫均有防治效果。③低毒。对人畜毒性一般比有机磷及氨基甲酸酯杀虫剂低。④低残留。在自然界易分解，残留低，不易污染环境。⑤多数品种无内吸和熏蒸作用，因此喷药要求均匀。⑥大部分品种对水生生物有毒，对天敌选择性差，害虫易产生抗药性。主要品种有丙烯菊酯、溴氰菊酯、氰戊菊酯、氯菊酯、氯氰菊酯、氟氰戊菊酯、溴氟菊酯等。

黏度指数改进剂 viscosity index improver 指用于提高润滑油黏度指数和改善黏温性质的添加剂。多为分子构造很长，相对分子质量很大的油溶性高分子化合物。在较高温度时，分子呈线卷伸展，流体力学体积增大，导致油品分子的内摩擦增加，其黏度增大；在较低温度下，则相反，流体力学体积变小，使油品分子内摩擦和黏度减小，由此改进油品的黏温性能。同时还具有降低燃料消耗，维持低油耗及提高低温启动性的作用。用黏度指数改进剂调成的稠化型内燃机油、液压油及齿轮油等，具有良好的黏温性能，黏温曲线平滑，可同时满足多黏度级别要求。常用的有聚异丁烯、聚甲基丙烯酸酯、乙烯-丙烯共聚物、聚丁基乙烯基醚等。

黏多糖 mucosaccharide 由氨基己糖与单糖或葡萄糖醛酸组成的二糖单位重复聚位而成的长链状直链多糖。为结缔组织、软骨、细胞间质、黏液等重要组成成分，常与蛋白质结合为黏蛋白。黏多糖中含有乙酰基和硫酸基团。各种腺体分泌出来的起润滑作用的黏液富含多糖,它在组织成长和再生过程中、在受精过程中以及机体与许多传染原(细菌、病毒)的相互作用上都起着重要作用。也与保护、减少摩擦以及维持细胞环境的相对稳定等生理功能有关。一般分为酸性黏多糖及中性黏多糖两类,前者如透明质酸、硫酸软骨素、硫酸黏液素、硫酸角质素等,后者如血型物质。化妆品中已开始应用的有透明质酸和硫酸软骨素。

黏附剂 adherence agent 提高润滑油脂黏附在金属表面能力的一种添加剂。其主要作用是改进润滑油脂在工作表面的滞留时间,减少润滑油脂的流失和飞溅,从而降低润滑油脂的损耗。主要是一些高分子化合物,如聚烯烃、聚异丁烯等,一般用在链条润滑油、开式齿轮油及导轨油等中。

黏土载银抗菌剂 clay carrier Ag anti-bacteria agent 指将一定浓度的银配合物溶液与一定量黏土(包括高岭土、蒙脱土、蛭石、海泡石、伊利石等)混合、离子交换、洗涤干燥制得的银黏土无机抗菌剂。用它可以制造抗菌塑料、抗菌纤维及抗菌陶瓷等,如将它添加到聚苯乙烯、聚酰亚胺、ABS树脂中,即可制成相应的抗菌材料。使用时,当银离子接触微生物时,可与微生物体内蛋白质上的巯基(—SH)发生反应,使蛋白质结构破坏,造成微生物死亡或产生功能障碍。由于银离子负载在缓释性黏土载体上可逐渐释放,而发挥持久的抗菌效果,而且使用安全。

5′-鸟苷酸 5′-guanylic acid 又名5′-鸟嘌呤核苷酸、鸟苷一磷酸。无色晶体或白色结晶性粉末。无臭,有特殊滋味。熔点190～200℃(分解)。难溶于冷水,溶于热水。有强烈增鲜作用,用于配制"强力味精"。加入牛乳中,可使组成接近人乳,有增强婴幼儿对细菌性疾病抵抗能力的作用;用于化妆品可防治光老化皮肤中基质金属蛋白酶增高,防止皮肤老化。也用作饲料添加剂。由葡萄糖制得鸟苷后,再经磷酸化制得。

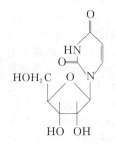

尿苷 uridine 又名尿核苷、尿嘧啶核苷。是尿苷酸的组成成分,也是生物体中核糖核酸及一些辅酶的构成成分。天然存在于灵芝、冬虫夏草、北柴胡、马鹿茸等中。为白色结晶性粉末或针状结晶,微辣或微甜。熔点165℃。溶于水,微溶于稀乙醇,不溶于无水乙醇。具有促进心肌细胞代谢、加速蛋白质及核酸生物合成,提高机体抗体水平等作用。用于巨型红细胞喷血及脑血管疾病等治疗。用尿苷的磷酸二钠盐

尿黑酸 gentisic acid 又名 2,5-二羟基苯乙酸。无色棱柱状或片状结晶。熔点 152～154℃。溶于水、乙醇、乙醚、橄榄油，不溶于苯、氯仿。与水、酸或碱溶液共沸时会脱羧。尿黑酸是人体内生物代谢的一个中间产物。当酪氨酸代谢中缺乏尿黑酸氧化酶时，尿黑酸不能进一步被代谢，可致患者尿液中含有尿黑酸，在碱性条件下暴露于空气后，即可氧化并聚合成类似黑色素的物质使尿显黑色。尿黑酸常用作止痛药及治风湿病药。它与凝风酸缩合成的凝血酸酰尿黑酸，有促进皮肤新陈代谢和增强皮肤弹性的功能，用于护肤化妆品有润肤功能。

尿激酶 urokinase 又名尿活素，是由人肾小管上皮细胞产生的一种丝氨酸蛋白酶，可由人尿提取制得。为白色非结晶状粉末，易溶于水。稀溶液性状不稳定，且不得用酸性溶液稀释。药用尿激酶为白色冻干制品，水溶液在 4℃ 下稳定 3 天，一般需现用现配，是一种蛋白水解酶，可用作高效血栓溶解剂，尚有扩张血管作用。主要用于治疗急性心肌梗塞、不稳定性心绞痛、脑栓塞、肺栓塞、系统性红斑狼疮等，也用于治疗癌症、眼部炎症、外伤性组织水肿等。

尿刊酸 urocanic acid 又名咪唑丙烯

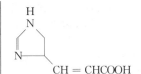

酸。是动物体内组氨酸分解后的产物，在人尿和皮肤分泌物中都有存在。无色柱状结晶。易结合 2 分子结晶水，100℃ 时失水，231℃ 分解。溶于热水、热丙酮，不溶于乙醇、乙醚。尿刊酸及其衍生物如盐或酯无毒，对人体无刺激性。可强烈吸收紫外线，对紫外线 B 区的吸收更强，是紫外 B 区的有效光屏蔽剂。可用于配制防晒剂。加入发乳中可防止阳光暴晒引起的头发褪色及损害。与磷脂、维生素 E 配伍对皮肤有保湿调理作用。可由微生物的 L-组氨酸解氨酶作用下由组氨酸脱氨制得。

尿囊素 allantoin 又名 2,5-二氧代-

$$H_2N-NH-CH-NH$$
$$\quad\quad\ | \quad\quad\quad |$$
$$\quad\ O=C \quad\quad C=O$$
$$\quad\quad\quad\ \backslash\ N\ /$$
$$\quad\quad\quad\quad |$$
$$\quad\quad\quad\quad H$$

4-咪唑烷基脲、1-脲基间二氮杂戊烷二酮-2,4。白色至类白色结晶性粉末。无臭，无味。熔点 238～240℃（分解）。易溶于热水、热醇，微溶于冷水、乙醇，不溶于乙醚、氯仿，溶于稀氢氧化钠溶液。干燥空气中稳定。长时间煮沸或在强碱中则被破坏。具有杀菌防腐作用及刺激健康组织生长和使伤口迅速愈合的功效，对皮肤无副作用。用作化妆品防腐剂及改善皮肤性质的活性成分，具有软化角质蛋白，促进肌肤、毛发最外层的吸水能力，保护头发减少断裂，减少角化皲裂等功效。医药上用于医治创伤和配制治疗湿疹软膏。农业上用作植物生长促进剂。由甲醇钠与二氯乙酸反应制得二甲氧基乙酸钠,再与盐酸反应制得酰基乙酸后与尿素反应制得。

尿酸 uric acid 又名 2,6,8-三羟基嘌呤。存在酮型和烯醇型互变异构,主要以酮式存在。白色结晶或结晶性粉末。不溶于水、乙醇、乙醚,溶于热浓硫酸、甘油及碱液。加热至 400℃ 以上分解放出氢氰酸而不熔化,热的浓盐酸亦将其分解为氨、CO_2 及甘氨酸。尿酸是鸟类和爬行动物体内核酸代谢的最终产物,人类尿中也含少量尿酸。尿酸在体内积聚,可引起痛风症,尿酸及其衍生物对皮肤无副作用,用于化妆品具有保湿、治疗皮肤功能失调等作用;由于有抗氧化性,能延缓皮肤老化和防止皮肤癌。用于护发品可抑制头屑发生。还用作合成辅酶 ATP(三磷酸腺苷)的原料。由鸟粪经碱性溶液抽提后,再以酸中和分离制得。

尿酸酶 uricase 又名尿酸氧化酶。是哺乳动物体内氧化尿酸而生成尿囊素的氧化酶。酶中含铜。为浅棕绿色晶体或微小透明片晶。最适 pH 值 9.25。不溶于水。人和灵长类动物不含这种酶。尿酸酶可与氧化发用染料配合染发,而不使用氧化剂双氧水,染色在室温下进行,因而可避免对发丝的伤害。其作用的染发染料主要含酚羟基化合物和苯胺类化合物,可生成颜色合适的前体。多与尿酸配伍,尿酸有活化尿酸酶的作用,所产生的尿囊素有护发效果。尿酸酶也能用于气溶胶,使固发及染发一步完成。

γ-脲基丙基三乙氧基硅烷 γ-ureido-propyltriethoxy silane 又名 A-1160

$$H_2N-\overset{\overset{O}{\|}}{C}-NH(CH_2)_3Si(OC_2H_5)_3$$

硅烷偶联剂。无色至浅黄色透明液体。相对密度 0.91。折射率 1.386。溶于苯、丙酮、四氯化碳、乙酸乙酯等。是一种含酰胺基的硅烷偶联剂,适用于环氧树脂、酚醛树脂、聚苯乙烯、三聚氰胺树脂、聚氯乙烯及聚碳酸酯等制造复合材料,可提高制品的机械强度。由 γ-胺基丙基三乙氧基硅烷与氨基甲酸乙酯反应制得。

脲酶 urease 又名尿素酶。一种水解酶,能催化分解尿素。白色结晶性粉末或冻干粉。溶于水,不溶于乙醇、乙醚、丙酮。脲酶结晶首次从刀豆粉中提取得到。商品有结晶的冷冻干燥品或冷冻干燥制品。有高度专一性,只能催化水解尿素生成氨和二氧化碳,而对其他任何尿素的衍生物都不具催化水解能力。临床常用作诊断酶,用于测定血液及尿中的脲。食品工业用于测定豆浆脲酶活性,了解豆浆中皂素是否被破坏。农业上可用于检定尿素利用率。由刀豆粉或大豆粉经溶剂萃取、过滤、离心、重结晶而制得。

脲醛树脂 urea formaldehyde resin 又名尿素甲醛树脂、脲甲醛树脂。氨基树脂的一种。分为液态树脂及粉状树脂。液态树脂为乳白色或浅棕色黏稠液体,水溶性较好、耐光照和耐老化,常温和加热时都很快固化。但储存过久时会逐渐变稠,甚至成为凝胶而失去效用;粉状树脂是喷雾干燥制品,溶于水,在常温下或加热下均能很快固化,加水溶解后即可同液状树脂一样使用。具有良好的耐光性、耐油性和抗霉性。用于制造涂料、胶黏剂、织物防皱整理剂、模塑料及层压塑料等。

脲醛树脂胶黏剂 urea formaldehyde resin adhesive 以脲醛树脂为基料的热固性胶黏剂。按形态分为:①液状脲醛树脂胶黏剂。是由尿素与甲醛以摩尔比 1:(1.2~2.0),在碱性液化剂存在下,经加热生成的黏稠液体树脂。粘接时还需加入酸性固化剂(如氯化铵)。这种胶不稳定,储存期过长会变稠,甚至凝结失效。②粉状脲醛树脂胶黏剂。是由液体树脂经喷雾干燥制成,储存期长,使用时加入适量水和助剂即可调制成胶液,便于包装运输。③膜状脲醛树脂胶黏剂。是将纸张浸渍于脲醛树脂胶液中,经干燥后成胶膜纸。脲醛树脂胶黏剂具有胶合强度高、固化快、耐水及耐热性好等特点。缺点是固化收缩率较大,易产生裂缝,使用时会散发甲醛气味。主要用于木制品,如刨花板、胶合板、细工木板及中密度纤维板等的生产。

脲醛树脂鞣剂 urea formaldehyde tanning agent 氨基树脂鞣剂的一种。常温下脲和甲醛在中性或微碱性介质中反应时,按二者摩尔比不同,可能生成一羟甲基脲(脲:甲醛=1:1)、二羟甲基脲(脲:甲醛=1:2)和四羟甲基脲(脲:甲醛=1:4)。制革生产中,主要使用二羟甲基脲和一羟甲基脲的混合物作为鞣剂。先用此混合物浸渍脱灰裸皮,然后酸化,使其在皮内发生缩合,从而产生鞣制作用。这类鞣剂价格低廉,鞣制的皮革颜色浅淡、耐酸、耐碱、耐光,不影响阴离子染料着色。其缺点是吸水快而多,在 160℃ 下短时间干燥不易除去,且在存放过程中会产生甲醛。因此常将脲醛树脂鞣剂醚化改性后使用。

宁乳 33 号 emulsifier 33# 又名苯乙

烯基苯酚甲醛树脂环氧乙烷环氧丙烷嵌段共聚醚。一种非离子表面活性剂。黄色或棕黄色黏稠性液体。相对密度 1.07～1.09(20℃)。pH 值 5～7。浊点 74～78℃(1%水溶液)。HLB 值 13.5～14.5。在水中不电离,水溶液呈中性或胶冻状态。对酸碱及金属盐溶液稳定。有良好的乳化、分散性及表面活性。用作农药乳化剂及工业乳化剂。由苯酚、苯乙烯催化缩合后与甲醛液聚生成苯乙烯苯酚甲醛缩合物,再与环氧乙烷、环氧丙烷聚合制得,与宁乳 33 号性质、用途及制备方法相似的商品还有宁乳 34 号。

宁乳 37 号 emulsifier 37# 又名苯乙烯基苯酚甲醛树脂聚氧乙烯醚。一种非离子表面活性剂。黄色或棕黄色黏稠液体。在水中不电离,水溶液呈中性分子或胶冻状态。相对密度 1.09～1.13(20℃)。pH 值 5～7。浊点 78～82℃(1%水溶液)。HLB 值 14～15。对酸碱及金属盐溶液稳定,有较强的乳化、分散及表面活性。用作农药乳化剂及工业表面活性剂,也用作电镀助剂。由苯乙烯、苯酚催化缩合后与甲醛缩聚生成苯乙烯苯酚甲醛缩合物,再与环氧乙烷聚合制得。与宁乳 37 号性质、用途及制法相似的商品还有宁乳 700 号。

柠檬桉油 citriodora oil 又名柠檬桉叶油、香桉叶油。无色至淡黄色透明油状液体。有强烈柠檬芳香味及类似香茅油的青滋草香。主要成分为香茅醛、香茅醇、乙酸香茅酯、里哪醇、蒎烯、桉叶素等。相对密度 0.858～0.877。折射率 1.4511～1.4681。难溶于水、甘油,以 1:2 溶于 80%乙醇中,属植物型天然香料,用于提取香茅醛、香茅醇,并进一步合成羟基香茅醛、乙酸香茅酯、薄荷脑、四氢香叶醇等。也用于调配皂用、洗涤剂、喷雾剂及化妆品香精,还可用于配制十滴水及清凉油等药用产品。由桃金娘科植物柠檬桉树的枝叶经水蒸气蒸馏制得。

柠檬草油 lemon grass oil 又名香茅油、枫茅油。淡黄色至琥珀色液体,有强烈青甜柠檬果香及药草香气。主要成分为柠檬醛、香叶醇、香茅醇、月桂烯、双戊烯、蒎烯、桉叶素等。相对密度 0.869～0.894(25℃)。折射率 1.483～1.489。不溶于水、甘油,与邻苯二甲酸二乙酯、甲酸苄酯及非挥发性油等混溶。属植物型天然香料。主要用于提取柠檬醛,并进一步合成紫罗兰酮、维生素 A 等。也用于调配低档紫罗兰型、桂花型、玫瑰型等日化香精。由禾本科植物柠檬草或枫茅草的全草经水蒸气蒸馏制得。

柠檬铬黄

见"铬酸铅"。

柠檬黄 tartrazine 又名酒石黄。橙

$$NaO_3S-\text{C}_6H_4-N=N-\underset{\underset{\text{C}_6H_4-SO_3Na}{|}}{\underset{HO}{\text{C}}}\underset{N}{\overset{COONa}{|}}$$

黄色无臭粉末或颗粒,易溶于水并呈黄色。最大吸收波长(428 ± 2)nm。溶于甘油、丙二醇,微溶于乙醇,难溶于其他有机溶剂及油脂。耐热及耐光性较好,在柠檬醛、酒石酸中稳定,遇碱液稍变红,还原时褪色。是着色剂中最稳定的一种,可与其他着色剂复配使用。是食用黄色素中使用最广泛的品种之一。用于果味水、果味粉、汽水、配制酒、糖果、罐头等的着色。也用于药品、化妆品的着色。还可用于色淀制造。由双羟基酒石酸钠与苯肼对磺酸缩合制得。

柠檬醛 citral 又名3,7-二甲基-2,

$$\alpha\text{-柠檬醛} \qquad \beta\text{-柠檬醛}$$

6-辛二烯醛。无环单萜类化合物,有顺反两种异构体。α-柠檬醛又称牻牛儿醛;β-柠檬醛又称橙花醛。通常以混合物的形式存在于自然界。为无色或淡黄色液体,有强烈柠檬香气,特有的苦甜味道。混合物相对密度 $0.885\sim0.890$。沸点 $228\sim229℃$。闪点 $92℃$。折射率 $1.486\sim1.490$。不溶于水、甘油,溶于乙醇、丙酮、乙酸乙酯。用作香料,用于配制果香型食用香精及花香型日化香精。也用作防腐剂、杀驱昆虫剂及合成维生素 A、紫罗兰酮的原料。由山苍子油、柠檬草油、桉叶油等天然香料分馏制得。

柠檬酸 citric acid 又名枸橼酸、2-羟基丙烷-1,2,3-三羧酸。有两种形式:从热的浓水溶液中析出的半透明无水晶体是

$$\begin{array}{c} CH_2COOH \\ HO-C-COOH \\ CH_2COOH \end{array}$$

无水物,相对密度 $1.665(18℃)$,熔点 $153℃$,折射率 $1.493\sim1.509$;从冷水溶液中析出的半透明无色晶体是一水物,相对密度 $1.542(18℃)$,熔点 $100℃$,在 $75℃$开始软化,加热至 $40\sim50℃$,开始脱水而成无水物,继续加热则熔融。溶于水、乙醇、乙醚,不溶于苯、氯仿,是强有机酸,对碳钢有强腐蚀性,遇强氧化剂可被氧化成草酸。用于制造柠檬酸盐、甘油酯、药物等,也用作酸味剂、螯合剂、防垢剂、收敛剂、金属清洗剂、烟草增香剂等。可从植物原料中提取,或由糖进行柠檬酸发酵制得。

柠檬酸钙 calcium citrate 又名枸橼

$$\left[\begin{array}{c} CH_2COO^- \\ HO-C-COO^- \\ CH_2COO^- \end{array}\right]_2 3Ca^{2+}\cdot 4H_2O$$

酸钙。白色针状结晶或粉末。无臭，略有特殊味道。理论钙含量 21.08%。稍有吸湿性，难溶于水，极微溶于乙醇。130℃时失去 2 个分子结晶水，185℃时成无水物，用作钙强化剂、螯合剂、缓冲剂、组织凝固剂等。可用于谷类及其制品、饮料等。也用于制造其他柠檬酸盐。由柠檬酸与石灰或碳酸钙反应制得。

柠檬酸钠 sodium citrate 又名柠檬

$$\begin{array}{c} CH_2COONa \\ | \\ HO-C-COONa \quad \cdot 2H_2O \\ | \\ CH_2COONa \end{array}$$

酸三钠。白色立方晶系结晶或颗粒粉末，有清凉咸辣味。溶于水，易溶于热水，微溶于乙醇。5% 水溶液的 pH 值 7.6～7.8。150℃失去结晶水成无水物。用作洗涤助剂，可替代三聚磷酸钠用于洗涤剂中。与柠檬酸可组成较强的 pH 值缓冲剂，具有保持较稳定 pH 值范围的能力，因而在某些不适合 pH 值大范围变动的清洗场合有独到之处。对 Ca^{2+}、Mg^{2+} 及其他金属离子有一定螯合能力，对 Fe^{2+} 的螯合清洗能力比三聚磷酸钠更强。也用作无毒电镀的络合剂及缓冲剂。食品工业中用作酸味剂、稳定剂、调味剂等。由柠檬酸用碳酸钠或氢氧化钠中和而制得。

柠檬酸三乙酯 triethyl citrate 又名枸

$$\begin{array}{c} CH_2COOC_2H_5 \\ | \\ HO-C-COOC_2H_5 \\ | \\ CH_2COOC_2H_5 \end{array}$$

橼酸三乙酯。无色透明液体，微具气味。相对密度 1.136（25℃）。凝固点 −55℃。沸点 294℃，闪点 155℃。折射率 1.4405（25℃）。微溶于水，溶于乙醇、丙酮、苯等多数有机溶剂，难溶于矿物油。用作乙烯基树脂及纤维素树脂等的增塑剂，溶解能力强，耐光性好，在油脂中不易溶解。可用于耐油脂的配方中，也适用于涂料、合成橡胶，还具有较好的耐霉菌繁殖性。也用作塑料增韧剂、溶剂、防沫剂等。无毒。可用于食品包装、医疗器械、儿童玩具及个人卫生用品。由柠檬酸与乙醇经酯化反应制得。

柠檬烯

见"苧烯"。

柠檬酸三(正)丁酯 tri-n-butyl citrate

$$\begin{array}{c} CH_2COOC_4H_9 \\ | \\ HO-C-COOC_4H_9 \\ | \\ CH_2COOC_4H_9 \end{array}$$

又名枸橼酸三（正）丁酯。无色或微黄色油状液体，微具气味。相对密度 1.045～1.049。凝固点 −20℃。沸点 170℃（0.133kPa）。闪点 185℃。折射率 1.4453。不溶于水，溶于甲醇、丙酮、苯、矿物油、植物油。在沸水中不水解。用作聚氯乙烯、乙烯基树脂及纤维素树脂的增塑剂，增塑效率高，挥发性小，有良好的耐光、耐寒及耐水性，并有抗霉菌性及药理安全性。无毒。可用于食品包装材料、医疗卫生制品、儿童玩具等。但本品的电绝缘性较差、电击穿压力低，在电气方面应用受到限制。也用作溶剂、泡沫去除剂、乙烯基胶乳的乳化剂、聚偏二氯乙烯稳定剂等。由柠檬酸与正丁醇经酯化反应制得。

柠檬油 lemon oil 又名柠檬精油。

绿黄色至黄色澄清液体,具清鲜柠檬果香气。主要成分为柠檬醛、辛醛、癸醛、蒎烯、月桂烯、里哪醇、乙酸香叶酯、乙酸橙花酯等。相对密度 $0.849\sim0.858$。折射率 $1.474\sim1.476$。空气中易氧化。易溶于乙醇、乙醚。属植物类天然香料,主要用于柠檬汁头香、柠檬饮料及饮料用白柠檬增香,也用于花露水、香皂等日化香精的调配。由芸香料植物柠檬果皮经水蒸气蒸馏制得。

凝胶 gel 性质介于液体和固体之间的一种特殊形式的分散体系。通常认为它是由液体与高分子网络所组成,由于两者之间的亲和性,液体被高分子网路所封闭而失去流动性。因此,凝胶能像固体一样显示一定的形状,是一种区别于通常的工程材料的"软湿"材料,不能像工程材料一样承受较高的压力,但也具有一定的弹性、强度、屈服值等。根据凝胶中封闭液体不同,分为水凝胶及有机凝胶;按含液量多少,可分为冻胶及干凝胶。凝固的血液、动物胶冻等的含液量可达 90%,属于冻胶;硅胶、干明胶等属于干凝胶。按其性质,分为弹性凝胶及脆性凝胶,弹性凝胶是当失去液体后,体积显著减小,而当重新吸收液体时,体积又会重新膨胀,如明胶等;脆性凝胶是当失去或重新吸收液体时,形状和体积都不改变,如硅胶等。凝胶在药物释放体系、分离膜、催化及生物材料等方面都有广泛的应用。

凝血酶 thrombase 又名凝血酵素。一种丝氨酸蛋白酶类,是机体凝血系统中的天然成分,由前体凝血酶原经凝血酶原激活物激活而成,相对分子质量为335800,由牛血或猪血中提取的凝血酶为白色或类白色冻干块状物或粉末。在 $2\sim8℃$ 下储存稳定。干粉易溶于水,不溶于有机溶剂,在 0.9% 的氯化钠溶液中显浑浊,其水溶液在室温下 8h 即失活,故应现用现配。遇热、稀酸、碱及金属离子等活力下降。凝血酶使纤维蛋白原成为纤维蛋白,促使血凝固。口服或局部外用于止血,还用于配制生发水,具有刺激生发功能。

牛磺酸 taurine 又名氨基乙磺酸、牛胆碱。是人体一种非必须氨基酸,主要分布于中枢神经系统、肝、心脏、骨骼肌及视网膜等组织中。白色结晶或结晶性粉末。无臭,味微酸。熔点 $300℃$。易溶于水,不溶于乙醇、乙醚、丙酮。对酸、碱、热均稳定。牛磺酸在肝中与胆汁合成牛黄胆酸,并能促进胆汁的分泌和吸收,有利于婴儿大脑发育、神经传导、视觉机能完善、钙的吸收及脂类物质的消化吸收。医药及食品工业用作营养强化剂,用于调制奶粉、营养或保健饮料。也用作利胆保肝药,有解热、抗炎、强心、降压、降血糖等作用。由牛的胆汁水解提取而得。

$NH_2CH_2CH_2SO_3H$

牛至油 origanum oil 又名香菇油、皮萨草油。黄红至深棕红色液体,具有似百里香的辛辣芳香香气。主要成分为香芹酚、百里香酚、蒎烯、戊醇、双戊烯、乙酸龙脑酯等。相对密度 $0.935\sim0.960$($25℃$)。折射率 $1.5020\sim1.5080$。以 1∶2 溶于 70% 乙醇中,不溶于甘油,溶于丙二醇及多数非挥发性油。为植物型天然香料,主要用作香辛料,用于调味料。由芳香植物牛至开花时的全草经水蒸气蒸馏制得。

农乳 100 号　pesticide emulsifier 100[#]　又名农药乳化剂 100 号、烷基苯

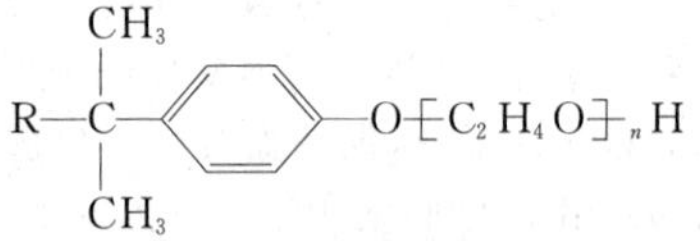

$$R-\underset{\underset{CH_3}{|}}{\overset{\overset{CH_3}{|}}{C}}-\!\!\left\langle\!\!\bigcirc\!\!\right\rangle\!\!-O \!\!+\!\! C_2H_4O\!\!\xrightarrow{}_n\!\! H$$

（R=C_8 或 C_9 烷基；$n=15$）

基聚氧乙烯醚。一种非离子表面活性剂。聚合度 n 低的产品为黄色或橙黄色油状液体,n 高的产品为黄棕色或白色蜡状固体或半流动膏状物。溶于多种常用溶剂。在水中不电离。耐酸、耐碱。受高温或与氧化剂接触会分解。有良好的乳化、分散性能。用作农药乳化剂,也可用作金属净洗剂及脱脂剂,熔模精铸的润滑剂、渗透剂等。由苯酚、叠合汽油及环氧乙烷经烷基化、缩聚制得。

农乳 300 号　pesticide emulsifier 300[#]

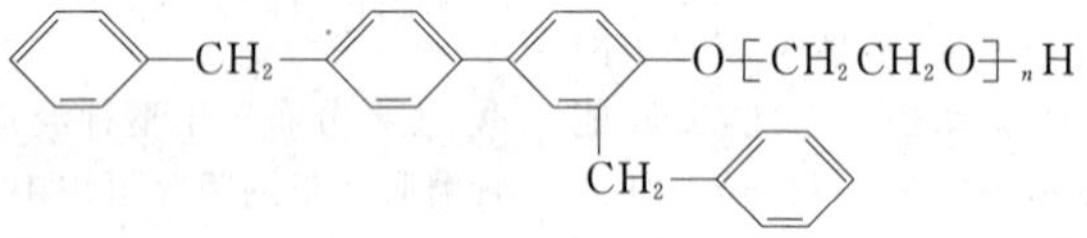

[结构式：二苄基联苯基聚氧乙烯醚]

（$n=10\sim20$）

又名农药乳化剂 300 号、二苄基联苯基聚氧乙烯醚。一种非离子表面活性剂。聚合度 n 低的产品为黄褐色油状液体,n 高的为黄棕色半流动状软膏或蜡状固体。pH 值 5~7（1% 水溶液）。易溶于水、乙醇、苯、甲苯、甲基萘等。耐酸、耐碱。受高温或遇氧化剂会分解。有良好的分散及乳化性能。用作农药乳化剂,也可与其他乳化剂混用配制农药乳剂。由苯基苯酚、氯苄、环氧乙烷等,在锌粉存在下缩聚制得。

农乳 500 号

见"十二烷基磺酸钙"。

农乳 600 号　pesticide emulsifier 600[#]　又名农药乳化剂 600 号、苯乙烯

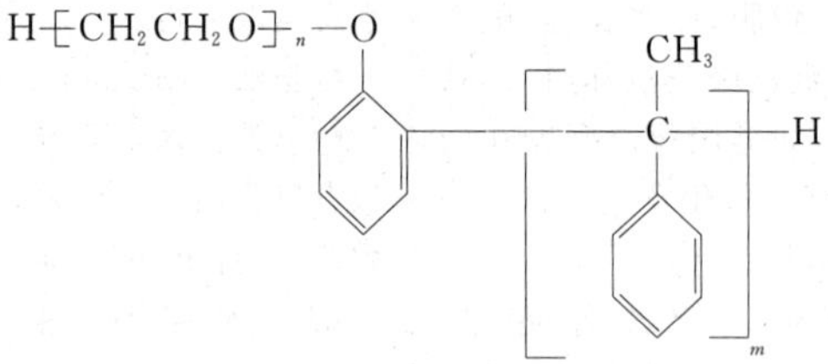

[结构式：苯乙烯基苯酚聚氧乙烯醚]

（$m=1\sim3$；$n=10\sim25$）

基苯酚聚氧乙烯醚。一种非离子表面活性剂。浅黄色或橙黄色油状液体。pH值5～7(1％水溶液)。易溶于水及多数有机溶剂。在水中不电离。在酸、碱溶液中稳定。受高温或遇氧化剂会分解。具有优良的乳化及分散性。乳化能力优于农乳100号、300号及700号。与农乳500号并用有协同效应,可减少乳化剂用量。除用作农药乳化剂外也可用作织物匀染剂。由苯酚与苯乙烯在催化剂存在下缩合后,再与环氧乙烷反应制得。

农乳 700 号 pesticide emulsifier 700$^{\#}$ 又名农药乳化剂700号、烷基酚

$$O(CHCH_2O)_n-HO(CHCH_2O)_n-H$$

(此处为结构式,含两个苯环通过CH_2相连,各带R取代基)

$(R=C_8\sim C_9$烷基$; n=30\sim 80; m=2\sim 4)$

甲醛树脂聚氧乙烯醚。一种非离子表面活性剂。淡黄色或橙黄色油状液体,低温时呈半流动状。pH值5～7(1％水溶液)。易溶于水、乙醇、苯、甲苯。具有良好的乳化性、分散性及增溶性。用作有机磷、有机氯农药乳油的乳化剂及乳化性能调节剂。也用作可湿性粉剂的悬浮剂及胶悬乳的助剂。由烷基苯酚、环氧乙烷及甲醛在碱性催化剂存在下经缩聚反应制得。

农乳 1600 号 pesticide emulsifier 1600$^{\#}$ 又名农药乳化剂1600号、苯乙

$$[CH_3-HC-]_p\ O(CH_2CH_2O)_n(CH_2CHCH_3O)_mH$$

烯苯基聚氧乙烯聚氧丙烯醚。一种非离子表面活性剂。黄色至橙黄色油状液体。pH值5～7。浊点73～79℃。折射率1.4829～1.4920。易溶于水、乙醇、苯、二甲苯及甲萘,对酸碱稳定。具有优良的乳化、分散及润湿性能,乳化稳定性好。用作有机氯等农药乳化剂,与农乳500复配有增效作用。也用作一般工业乳化剂。由苯乙烯与苯酚反应生成苯乙烯基苯酚后,再与环氧乙烷、环氧丙烷反应制得。

农乳 2000 号 pesticide emulsifier 2000$^{\#}$ 又名农药乳化剂2000号、烷基

$$C_9H_{19}-\!\!\!\left\langle\!\!\!\bigcirc\!\!\!\right\rangle\!\!\!-O\!-\!\!\left[CH_2CH_2O\right]_{\!6}\!\!-\!\!\underset{\underset{\underset{O}{\overset{\|}{C}}-ONa}{\overset{|}{\underset{|}{CHSO_3Na}}}}{\overset{\overset{O}{\|}}{C}}\!-\!CH_2$$

酚聚氧乙烯醚磺化琥珀酸酯。淡黄色半流动至流动液体。活性物含量30％左右。pH值5～7。溶于热水及多数常用溶剂。具有良好的分散、润湿、悬浮、发泡及去污等性能。用作农药可湿性粉剂、胶囊剂及水剂的助剂。也用作涂料、印染、金属加工及工业洗涤的助剂。由烷基酚与环氧乙烷先缩合制成烷基酚聚氧乙烯醚，再经丁二酸酐酯化、亚硫酸氢钠磺化后制得。

农药 pesticides 指具有预防、消灭或者控制危害农业、林业的病、虫、草、鼠和其他有害生物及能调节植物、昆虫生长的化学合成或者来源于生物、其他天然物质的一种或者几种物质的混合物及其制剂。以下几类药剂不属于农药：①用于养殖业防治动物体内外病、虫的药剂属兽药；②为农作物提供常量、微量元素促进植物生长的化学品属肥料；③用于加工食品防腐的称防腐剂，属于食品添加剂；④用于杀灭人或畜禽生活环境中的细菌、病毒等有害微生物的药剂属卫生消毒剂。农药品种很多，按来源，可分为有机、无机、微生物及植物性农药等；按防治对象，分为杀虫剂、杀菌剂、杀螨剂、杀线虫剂、除草剂、植物生长调节剂等；按加工剂型可分为粉剂、乳剂、乳油、水剂、糊剂、颗粒剂、熏蒸剂等。一般毒性都较大，对人畜有不同程度的毒性。

农药掺合剂 pesticide compatibility agent 又名农药配伍剂、偶合剂。一类有助于农药化学品，包括化学农药及农药化肥、农药微量元素、农药化肥微量元素之间的相容性物质。其基本作用是解决农药制剂加工，包括混剂、农药化肥复合制剂、农药微量元素复合制剂、农药桶混应用技术、农药化肥联用技术中的相容性问题。可分为制剂配方用和喷施联用两大类。后者主要解决喷液相容性及稳定性问题，防止喷雾液污浊、絮凝沉降、分层结晶等问题。不同用途的掺合剂其组成有所不同。但绝大多数是农药表面活性剂的复配物，更多的是同类表面活性剂的复配物，并以阴离子为常用，只有少数非离子/阴离子复配物，如烷基酚聚氧乙烯醚磷酸酯，单酯、双酯及混合物。

农药喷雾助剂 adjuvants for spraying 指农药喷雾施药或类似应用技术中使用的助剂总称。其作用主要有：①促进叶面和/或害虫的润湿；②改善喷雾液蒸发速度；③调整喷雾液和沉降物的pH值；④改进喷雾沉降物的耐气候性及均匀性；⑤解决混合物的相容性，降低漂移性；⑥提高作物的安全性。喷雾助剂种类很多,大致分为以下几类:①活性助剂,包括表面活性剂、润湿剂、渗透剂及无药害的各种油类;②喷雾改良助剂,包括粘接剂、展着剂、成膜剂、发泡剂、增稠剂等;③实用性改良助剂,包括乳化剂、分散剂、稳定剂、助溶剂、偶合剂、掺合剂、缓冲剂及抗泡剂等。

农药乳化剂 pesticide emulsifier 是制备农药乳状液并赋予它具有最低稳定度所用的物质,是决定乳油质量必不可少的组分。应具有以下基本性能:①乳化性能好,适用农药品种多,用量较少;②与原药、溶剂及其他组分有良好互溶性,低温时不分层或析出结晶;③对水质硬度、水温及稀释液的有效成分等有较强适应能力,配制的乳状液稳定性好;④黏度低、流动性好、闪点较高,使用安全;⑤有两年及两年以上的有效期。农药乳化剂有非离子、阴离子、阳离子及两性离子四大类,常用的是前两类。主要品种有,烷基酚聚氧乙烯(或聚氧丙烯)醚、苄基酚聚氧乙烯醚、苯乙烯基酚聚氧乙烯醚、蓖麻油聚氧乙烯醚、烷基苯磺酸盐、丁二酸酯磺酸盐等。

农药乳化剂 56 系列 pesticide emulsifier 56 sieres 又名农药乳化剂 56 型。是由农乳 500 号、农乳 600 号及溶剂二甲苯和乙醇以不同的比例调配制得。商品牌号有农药乳化剂 $56-1^{\#}$、$56-2^{\#}$、$56-3^{\#}$、$56-4^{\#}$、$56-5^{\#}$、$56-6^{\#}$ 及 $56-7^{\#}$ 等。外观为透明液体。活性物含量 58%~62%。pH 值 5~7(1%水溶液)。主要用作农药乳化剂,适用于有机磷、有机氯农药或杀虫剂配制乳油及其混合乳油。

农药乳化剂 600# 系列 pesticide emulsifier 600# sieres 又名苯乙烯苯酚聚氧乙烯醚系列,一种非离子表面活性剂,是由苯乙烯苯酚和环氧乙烷在催化剂存在下缩合制得,控制不同工艺条件可制得不同性能的产品。商品牌号有农药乳化剂 600# A、600# B、600# C、600# D、600# E 等。外观为淡黄色液体或淡黄至棕色固体。固含量≥98%。pH 值 5~7(1%水溶液)。浊点 75~100℃。溶于水、乙醇、甲苯、二甲苯、甲基萘等。具有优良的乳化、分散及润湿等作用,并有一定去污能力。用作水包油型(O/N)乳化剂,适用于有机磷、有机氯农药配制乳油及其混合乳油,也用作涤纶高温匀染剂。

农药渗透剂 CT-901 主剂

见"N-乙醇基十二烷基苯磺酸盐"。

农药稳定剂 pesticide stabilizer 指能防止及延缓农药制剂在储存过程中有效成分分解或物理性能劣化的助剂。主要品种分为:①表面活性剂及以此为基础的稳定剂。化学结构上又可分为有机磷酸酯及其他类型表面活性剂稳定剂。可用作有机磷粉剂、拟除虫菊酯、氨基甲酸酯等农药的稳定剂。②溶剂稳定剂。主要有芳香烃溶剂、醇类、醇醚及酯类等类稳定剂,用于乳油、溶液剂、静电喷雾制剂等液体农药制剂的稳定。③其他稳定剂。主要有环氧化植物油、脂肪酸酯环氧化物及其衍生物等。主要用作各种乳油的稳定剂。

农药助剂 pesticide adjuvants 在农药制剂中除有效成分外的各种辅助材料的统称。助剂本身一般无生物活性,主要用于改善制剂的理化性质,最大限度地发挥药效及有助于安全施药。而在某些情况下,助剂对药效的发挥会起决定性作用,没有农药助剂的参与,农药就无法加工和应用。种类较多,按其用途,常用农药助剂有填充剂(填料或载体)、溶剂、助溶剂、润湿剂、乳化剂、分散剂、黏着剂、稳定剂、增效剂、着色剂、安全剂及其他等。

农药展着剂 agricultural spreader 一种农药喷雾助剂。是在给定体积时,能增加液体在固体上或另一液体上的覆盖面积的物质。通用展着剂主要由活性组分、溶剂、水和其他添加剂等组成。对农药展着剂的基本性能要求是:①能赋予喷雾药液必要的润湿、渗透、黏着、成膜、悬浮等表面活性性能;②喷雾液能在处理对象上展布均匀、扩散性好,从而可减少农药流失和浪费;③对固体剂型的喷雾液(如悬浮液),展着剂应赋予或有助良好的乳化分散性和悬浮性;④溶解性良好,各种水质下足够稳定,适应水温范围宽,对作物无毒害;⑤化学稳定性好,闪点较高,流动性好,无异臭;⑥对人、畜毒性低,对鱼毒也属最低等级。

农用杀菌剂 agricultural fungicide 指在一定剂量或浓度下,具有杀死植物病原菌或抑制其生长萌发的农药。按作用方式和机制分为:①保护性杀菌剂。是在植物感病前施用,抑制病原孢子萌发或杀死萌发的病原孢子,以保护植物免受病原菌侵染危害的杀菌剂,如石硫合剂、五氯酚钠、波尔多液等。②治疗性杀菌剂。当病原菌侵入农作物或已使作物感病后,施用可抑制病原菌发展,使植物恢复健康,如多菌灵、苯菌灵、三唑酮等。③抗病毒剂。可以纯化病毒和抑制病毒DNA的复制而达到消灭和降低病毒数量的药剂,如十二烷基硫酸钠对病毒的外壳有钝化作用,病毒唑可以抑制病毒的DNA。④土壤消毒剂。采用沟施、灌浇、翻混等方法,对带病土壤进行药剂处理,使土壤中的病原菌得以抑制,以免作物受害,如甲基立枯磷、敌克松、威百亩等。

浓染剂 deeping agent 能加快染料上染率或提高表观颜色深度的一些物质。其作用随所含组成而异。一般对染料有直接作用并能吸附在纤维上;或在纤维表面形成溶剂层,增大染料在纤维表面的浓度,从而提高染料的扩散速度及上染率;某些浓染剂还含有可起染色载体作用的组分,染色时能加快染料向纤维内扩散,提高上染率。常用浓染剂有聚氧乙烯衍生物及尿素衍生物等,主要用于分散染料对涤纶纤维及其织物的染色及印花。

诺氟沙星 norfloxacin 又名氟哌酸、

1-乙基-6-氟-4-氧代-1,4-二氢-7-(1-哌嗪基)-3-喹啉羧酸。类白色结晶性粉末。无臭,味微苦。熔点218~224℃。微溶于水、乙醇,易溶于盐酸、乙酸及碱液。易吸湿形成半水合物。遇光色变深。为第三代喹诺酮类药物,抗菌谱广,用于治疗膀胱炎、肾盂肾炎等尿路感染,肠道感染,淋病及细菌感染性皮肤病等。诺氟沙星易和金属离子如钙、镁、锌等形成螯合物,对妇女、老人和儿童会引起缺钙、贫血、缺锌等副作用,老人、儿童不宜多用。由3-氯-4-氟苯胺与乙氧亚甲基丙二酸二乙酯缩合后,再经成环、乙基化、水解、与哌嗪缩合制得。

诺西肽 nosiheptide 淡黄色至淡黄褐色结晶性粉末。熔点 310~320℃。不溶于水,微溶于甲醇、乙醇,溶于氯仿、二氧六环、吡啶,易溶于环己烷,一种含硫多肽类饲用抗生素,可阻止微生物中的蛋白质合成。可用于畜、禽及水产。饲喂猪、鸡,可提高饲料转化率,促进增重。毒性较小,对小白鼠及大鼠的口服 LD_{50} 均大于 10g/kg。由链霉菌发酵、培养后取固体,再经有机溶剂提取、浓缩、洗涤、干燥而制得。

偶氮二甲酸钡 barium azodicarboxylate 亮黄色粉末,相对密度 1.67。不溶于水及一般有机溶剂。分解温度 240~250℃。分解时产生氮气、二氧化碳、一氧化碳及碳酸钡等,发气量 170~175mL/g。

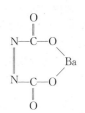

受潮时会水解,用作塑料高温发泡剂,温度低时不提前发泡,加工安全性好。适用于软化点高的聚合物。尤适用于聚丙烯、尼龙、硬质及半硬质聚氯乙烯、ABS树脂等的发泡。

偶氮二甲酸二异丙酯 diisopropyl azodiformate 橙色油状液体。熔点 2.4℃。沸点 76℃(33.3Pa)。不溶于水,溶于丙酮、氯仿。分解温度 240℃。使用铅盐、有机锡合物、镉皂等热稳定剂可使其活化,降低分解温度。在 100~200℃ 内的发气量为 200~350mL/g。用作塑料发泡剂,适用于聚烯烃、聚氯乙烯等。在塑料中易分散,泡孔结构均匀致密,分解物无臭、无色、不污染。可制得开孔或闭孔泡沫体。由氯代甲酸异丙酯与水合肼缩合后再经氯气氧化制得。

偶氮二甲酰胺 azodicarbonamide

又名发泡剂 AC。橘黄色结晶粉末。无毒,无臭。相对密度 1.65~1.66。熔点 180℃。分解温度 190~205℃。难溶于水,不溶于乙醇、汽油、苯,溶于碱、二甲基亚砜。室温下稳定,不易燃,着火时能自行熄灭。但在 120℃ 以上时因分解产生大量气体,在密闭容器中易发生爆炸。发气量为 250~300mL/g。产气主要是 $N_2(65\%)$、$CO(32\%)$,还含少量 CO_2 及氨。分解残渣为脲唑、联二脲及三聚氰酸等。广泛用作有机高效发泡剂,可常压或加压发泡,适用于聚烯烃、聚氯乙烯、ABS树脂、天然及合成橡胶。也用作小麦粉处理剂及焙烤食品快速发酵剂。由联二脲与氯气反应制得。

偶氮二异丁腈 azobisisobutyronitrile

$$H_3C-\underset{\underset{CN}{|}}{\overset{\overset{CH_3}{|}}{C}}-N=N-\underset{\underset{CN}{|}}{\overset{\overset{CH_3}{|}}{C}}-CH_3$$

又名 2,2′-二氰基-2,2′-偶氮丙烷、2,2′-偶氮双(2-甲基丙腈),简称 AIBN、ABIN。白色针状结晶或粉末。相对密度 1.10。熔点＞102℃。加热至 70℃ 时会放出氮及含—$(CH_3)_2CCN$ 基的氧化物。100～107℃ 时急剧分解,放出氮及对人体有毒的有机腈化合物,同时引起燃烧、爆炸。不溶于水,略溶于乙醇,溶于甲醇,易溶于热乙醇,溶于丙酮时会发生爆炸。是最常用的偶氮类引发剂,分解活化能为 125.5kJ/mol。一般在 45～65℃ 下使用。有毒。在动物的血、肝、脑等组织内代谢成氰氢酸。用作氯乙烯、丙烯腈、乙酸乙烯酯的聚合引发剂,合成及天然橡胶、合成树脂的发泡剂,有机合成及农药的中间体。由水合肼与丙酮氰醇反应制成二异丁腈肼后,再经液氯氧化脱氢而制得。

偶氮二异庚腈 azobisisoheptonitrile

$$(CH_3)_2CHCH_2-\underset{\underset{CN}{|}}{\overset{\overset{CH_3}{|}}{C}}-N=N-\underset{\underset{CN}{|}}{\overset{\overset{CH_3}{|}}{C}}-CH_2CH(CH_3)_2$$

又名 2,2′-偶氮二(2,4-二甲基)戊腈,简称 ABVN。白色菱形片状结晶。相对密度 0.991～0.997。有顺式、反式两种异构体,其熔点分别为 55～57℃ 和 74～76℃。商品中顺、反两种异构体的混合比例为 45∶55。不溶于水,溶于醇、醚及二甲基甲酰胺等溶剂。为易燃、易爆的有毒物质,遇热或光则产生分解,并放出氮气及含氰自由基。52℃ 时分解。30℃ 下储存 15 天也会分解失效。故储存或运输温度宜限于 15℃。用作氯乙烯、丙烯腈、乙酸乙烯酯及甲基丙烯酸甲酯等单体聚合引发剂,也用作天然或合成橡胶、塑料等的发泡剂。由水合肼与甲基异丁基酮反应生成己酮连氮,再与氰化氢反应制成二异庚腈肼后,经氯气氧化而制得。

偶氮染料 azo dyes 分子结构中含有偶氮基(—N=N—)的染料。是品种最多,应用最广的一类合成染料。有酸性、碱性、中性、酸性络合、媒染、直接、活性、分散和阳离子染料等。根据所含偶氮基数目,可分为单偶氮染料、双偶氮染料及多偶氮染料等;根据溶解度可分为可溶于水的偶氮染料及不溶性偶氮染料。广泛用于各类纤维的染色及印花,也用于纸张、皮革、木材、羽毛等的染色及油基、塑料、食品等的着色。可由偶氮化及偶合等过程制得。

偶氮色淀类颜料 azo lakes pigment 分子中含有羧酸基或磺酸基的偶氮染料。在碱性的水介质中是可溶性化合物,它们并不能作颜料使用。但如这些分子与碱土金属或金属锰的化合物作用后会转化成既在水中不溶又在有机溶剂中不溶的羧酸盐或磺酸盐后,就可作为颜料使用。这类颜料就称为色淀颜料。按偶氮化合物的结构或颜色，可分为黄色色淀颜料、β-萘酚色淀颜料、2,3-酸类色淀颜料、色酚 AS 类色淀颜料、含磺酸基的萘系色淀颜料等。这类颜料的色谱主要为黄色和红色，耐晒牢度、耐溶剂性能和耐迁移性能中等。主要用作印刷油墨及涂料的色料。

偶氮双氰基戊酸　4,4′-azobis(4-cyanovaleric acid)　白色结晶。熔点 118～

$$HOOCCH_2CH_2\underset{\underset{CH_3}{|}}{\overset{\overset{CN}{|}}{C}}-N=N-\underset{\underset{CH_3}{|}}{\overset{\overset{CN}{|}}{C}}CH_2CH_2COOH$$

125℃（分解）。不溶于水，溶于丙酮、苯、氯仿。半衰期 10h（水中）。为自由基聚合反应的引发剂。与五氯化磷反应生成 4,4′-偶氮双氰基戊酸酰氯，然后与 N,N-二甲基苄醇反应形成偶氮苄酯。用于苯乙烯聚合。偶氮苄酯引发剂末端存在 N,N-二甲基苄基，在氧化还原体系中，分步进行乙烯基单体的聚合以得到嵌段共聚物。由乙酰丙酸、硫酸肼和氰化钾反应制得。

偶氮缩合颜料　azo condenzation pigment　由两个含羧酸基团的单偶氮颜料通过一个二元芳胺缩合制得的颜料。色谱较广，从绿光很强的黄色到蓝光红色或紫色直至棕色。有较高的着色强度，尤其是黄色品种有很高的耐醇、脂肪烃和芳香烃性能，但在酯和酮类溶剂中不太耐渗色。被《染料索引》登录的主要品种有：C.I. 颜料黄 93、94、95、128、166，C.I. 颜料橙 31，C.I. 颜料红 144、166、214、220、221、242，C.I. 颜料棕 23。偶氮缩合颜料生产过程复杂，价格较高，主要用于高档制品着色，如高档塑料制品、合成纤维原液着色、高档印刷油墨、轿车面漆等。

偶氮颜料　azo pigment　发色团中含有一个以上偶氮基（—N=N—）的一类水不溶性有机颜料。主要分为：单偶氮黄色和橙色颜料，双偶氮颜料，萘酚类颜料，色酚 AS 类颜料，偶氮色淀类颜料，苯并咪唑酮颜料，偶氮缩合颜料及金属配位颜料等。偶氮颜料色谱较广，柠檬黄-黄-橙-红-紫-蓝的各种色相的品种具全，一般以黄、橙、红色为主。由于色光鲜艳，着色力强，价格低廉，制造工艺简单，常用于油墨、油漆、纤维、纸张、皮革及橡胶等着色。以取代的芳香伯胺重氮化合物与不同取代的乙酰基乙酰芳胺，吡唑啉酮，萘酚，萘酰胺衍生物等为原料，经偶合反应制得。

偶联剂　coupling agent　凡能使两种不同材料或分子发生偶联作用的物质都可称作偶联剂。通常是一类具有两性结构的物质，它的分子中的一部分基团可与无机物表面的化学基团反应，形成牢固的化学键，另一部分基团则有亲有机物的性质，可与有机分子反应或产生物理缠绕，从而促进无机物和有机物之间的界面结合，将两种结构与性质不同的材料牢固结合起来。按化学结构分，大致可分为硅烷系，钛酸酯系，铝酸酯系，铬络合物系及其他高级脂肪酸、醇、酯等几类。工业上常用的是硅烷系及钛酸酯系。选用偶联剂的基本原则是：酸性无机填充剂或填料，应使用含碱性官能团的偶联剂，碱性无机填充剂应使用含酸性官能团的偶联剂。此外，还需要根据有机金属种类、基料组合的特定化学结构以及制品所要求的最终性能做出选择。

帕米膦酸 pamidronic acid 又名阿可达、博宁、3-氨基-1-羟基亚丙基-1,1-二膦酸。其二钠盐（帕米膦酸钠）为白色结晶。易溶于水、甲醇，难溶于氯仿、二氯甲烷。一种双膦酸盐类钙代谢调节剂。可以与羟磷灰石结合而抑制羟磷灰石的溶解，抑制骨的再吸收。临床用于恶性高血钙症、佩吉特氏病、正常血钙的骨质溶解性转移、特发性骨质疏松症。以 β-丙氨酸、亚膦酸、一氯化苯等为原料制得。

L-哌啶酸 L-pipecolic acid 又名派可酸。一种非蛋白质类的植物氨基酸。天然存在于生姜、木鳖子及刺葵植物中。无色结晶。易溶于水，溶于乙醇，不溶于乙醚、丙酮。用作染发助剂，能促进芳香醛、硝基类染料在头发上的着色牢度，并减轻它们对发质的损害，尤适用于靛红类染料。用于护肤化妆品中有增湿、减少细纹的功效。

哌拉西林 piperacillin 又名氧哌嗪青霉素钠。一种广谱低毒的第三代半合成青霉素。白色结晶性粉末。熔点183~185℃（分解）。易溶于水，溶于乙醇，难溶于丙酮、氯仿。抗菌谱广于现有的抗生素，药理性能优良，毒副作用低。主要用于绿脓杆菌、大肠杆菌、流感杆菌及淋球菌等敏感菌所致败血症，亚急性心膜炎，呼吸道，胆道及泌尿道感染等。由 β-羟乙胺经溴化、胺化、缩合、酰氯化，再与6-氨基青霉烷酸缩合制得。

哌嗪 piperazine 又名六氢吡嗪。白色针状或叶片状结晶。有胺的臭气及咸味。有无水哌嗪及六水哌嗪，商品多为六水哌嗪。熔点106℃（无水物），44℃（六水合物）。沸点145~146℃（无水物），125~130℃（六水合物）。呈碱性，溶于水、乙醇、甘油，不溶于乙醚。易从空气中吸收二氧化碳。低毒。用于制造乳化剂、抗氧剂、防腐剂、表面活性剂及塑料加工助剂。也用作金属缓蚀剂，用于钢、铁在强酸性介质及油田回注水处理系统的缓蚀，尤对盐酸、硫酸、硫化氢引起的腐蚀有较好缓蚀效果。还用作驱肠虫药，用于治疗肠道胆道蛔虫病。由对二氮杂苯还原制得。

哌唑嗪 prazoin 又名脉宁平、降压新、

1-(4-氨基-6,7-二甲氧基-2-喹唑啉基)-4-(2-呋喃甲酰)哌嗪。白色至类白色结晶性粉末。无臭,无味。不溶于水,微溶于乙醇。为选择性 α_1 受体阻断剂。能选择性阻断外周 α_1 受体,抑制交感神经递质对血管平滑剂的作用,使血管扩张,血压下降,降压时很少发生反射性心动过速。适用于中度高血压及并发肾功能障碍的患者。由邻氨基苯甲酸及氰酸钠反应缩合形成 1,3-二羟基喹唑啉,再经氯代、氨解等反应制得。

泮托拉唑 pantoprazole 类白色结晶。

熔点 139～140℃(分解)。其钠盐为白色至类白色结晶,分解温度>130℃。溶于水。一种质子泵抑制剂,是目前应用中作用最强的抑制胃酸分泌的药物之一。用于急性十二指肠和胃溃疡、中至重度反流性食管炎的治疗。在疗效、稳定性及对壁细胞的选择性方面比兰索拉唑更好,配伍应用面广。

抛射剂 injection agent 依靠压缩或液化的气体将有效的组分从容器内推压出来的动力气体称为抛射剂或喷射剂。是气雾剂产品的动力源及重要组成部分。气雾剂产品必须借助于抛射剂的动力才能喷射出来而实现其使用效能。可分为压缩液化气体及单纯压缩气体两类。前者又分为卤代烃(如氟氯烷烃、氢氟烃)、烃类(如丙烷、异丁烷、戊烷等)及醚类(如二甲醚),后者主要有二氧化碳、氮气及压缩空气等。其中氟氯烷烃曾是早期使用最多的抛射剂,由于它对大气臭氧层有破坏作用,已严格限制使用。

泡敌 MPE paodi MPE 又名甘油聚氧

$$C_3H_8O_3(C_3H_6O)_m(C_2H_4O)_n$$

丙烯聚氧乙烯醚,消泡剂 MPE。一种非离子表面活性剂。外观为淡黄色透明油状液体。相对分子质量 3000～6000。浊点 12～17℃。羟值 40～56 mgKOH/g。低温下溶于水,高于浊点温度时在水中成分散状。具有优良的消泡、抑泡作用。用作青霉素、四环素、井岗霉素、链霉素及味精等发酵过程的消泡剂。消泡效率高于消泡剂 GP、GPE,而且毒性小,并能提高发酵单位。在催化剂存在下,由甘油与环氧丙烷和环氧乙烷共聚制得。

泡沫硅橡胶 foam silicone rubber 是以缩合型的羟基封端的硅生胶为基料,羟基合氢硅油为发泡剂,乙烯基铂配合物等为催化剂,在室温下发泡硫化制得的带孔海绵状弹性体。硫化前呈液态,可用作灌封材料。硫化后的泡沫硅橡胶有较高的热稳定性及耐低温性,可在 -150～-60℃ 下长期使用,并具有良好的绝热性、绝缘性、耐潮性、高频抗震性。用作各种电子元件、仪器仪表的封装材料,具有防潮、防腐蚀及防震等作用。医学上可用作矫形外科的填充、修补材料。还可用作绝热夹层的填充材料及密封材料等。

泡沫软化改性剂 foam softening agent 也称软化剂，主要用于软质聚氨酯泡沫塑料的生产，是在较高化学发泡剂水的用量下具有软化效果的泡沫添加剂。通常是一些含特殊聚醚的复合物。溶于水，它可在配方中使用较多的水和较少的发泡剂，得以用稍多的水发泡，减轻因大水量发泡形成脲基的增加使泡沫"僵硬"的副作用，使泡沫保持柔软效果。

泡沫稳定剂 foam stabilizer 又称匀泡剂，是可以稳定泡沫结构及改进发泡质量的一类助剂。它可以增加各组分的互溶性，起着乳化泡沫物料，降低发泡物料的表面张力，使之可产生大量小气泡并控制小气泡分布均匀，自动修复孔壁的薄弱处，使之不破泡，达到稳定泡沫和调节泡孔的作用。泡沫稳定剂属于表面活性剂一类。有非硅系化合物及有机硅化合物两类。主要品种有多元醇、磺化脂肪酸、一些非离子表面活性剂及有机硅等。如聚氨酯泡沫塑料广泛采用的泡沫稳定剂多属于聚醚改性有机硅表面活性剂。

泡沫稳定剂 AK 系列 foam stabilizer AK series AK 系列泡沫稳定剂组成物主要为聚醚改性有机硅表面活性剂（俗称"硅油"），其结构有多种。AK 系列硬泡硅油的商品牌号有 AK-8801～8810，AK-158,168,338 等，相对密度 $1.02 \sim 1.09$，黏度 $400 \sim 1600 mPa \cdot s$ 不等；AK 系列软泡和高回弹硅油的商品牌号有 AK-6601,6603,7700,7701,7703,7705,7706 等，相对密度 $0.92 \sim 1.04$。可用于聚氨酯不同硬泡、软泡及高回弹泡沫发泡体系，用于制造冰箱或冰柜隔热材料，保温管材及汽车座垫等。

泡沫稳定剂 YAP-1、YAP-3 foam stabilizer YAP-1、YAP-3 一种甲基丙烯酸酯类聚合物。外观为淡黄色黏稠性透明液体。相对密度 $0.896 \sim 0.980$。YAP-1 的组成物主要为甲基丙烯酸异丁酯，折射率 $1.4450 \sim 1.500(25℃)$，黏度 $0.6 \sim 1.2 Pa \cdot s$，YAP-3 的组成物主要为甲基丙烯酸异丁酯聚合物，折射率 $1.468 \sim 1.481(25℃)$，黏度 $0.3 \sim 0.9 Pa \cdot s$。不溶于水，溶于乙醇、乙醚、乙酸乙酯。用作泡沫稳定剂，常与发泡促进剂 YA-220 及 YA-230 并用。用于高填充塑料糊的发泡，制得泡孔匀细而无塌陷的高发泡制品，主要适用于聚氯乙烯发泡制品。

泡丝剂 soaking agent 浸泡生丝用的加工助剂。具有润湿、柔软及乳化作用。能去除部分丝胶，使丝条柔软光滑，有利于加捻和织造时减少断头，并具有抗静电功能。商品多为非离子表面活性剂的复配物以及由白油和柔软剂组成的乳化物等。

喷射剂
见"抛射剂"

硼表面活性剂 boron-containing surfactant 又名有机硼表面活性剂。一种特种表面活性剂。通常是一种半极性化合物，由具有邻近羟基的多元醇、低碳醇的磷酸三酯和某些脂肪酸合成。主要包括油溶性的硼酸双甘酯的脂肪酸酯，以及在它结构中引入聚氧乙烯链段，以提高它的水溶性所得到的聚氧乙烯硼酸双甘酯的脂肪酸酯。沸点都很高，不挥发，高温下极稳定,但能水解。有良好的表面活性及抗菌性能。主要用作润滑油和水溶性无水液体的稳定剂、极压剂、防滴雾剂、防蚀剂及抗静电剂等。

硼化丁二酰亚胺 modified succinimide through boronation 又名无灰耐温分散剂硼化 T151。一种特种非离子型表面活性剂。黏稠性液体。具有优良的抗氧化性及热稳定性。对酸性燃烧物有一定增溶能力。其抗氧化性及热稳定性优于单烯基丁二酰亚胺。用作润滑油添加剂及汽油机机油无灰清净分散剂。含量 4% 时具有较强抗磨性。与其他添加剂复合使用,可改善油品性能。由单烯基丁二酰亚胺与硼酸反应制得。

硼化锆 zirconium boride ZrB_2 又名二硼化铬。灰色六方晶系结晶或粉末。有金属性。相对密度 6.17。熔点 3245℃。莫氏硬度 8.0。不溶于水。与酸反应释出 H_2。与浓硫酸和硝酸发生氧化还原反应。与氟反应生成 ZrF_4。良好的耐高温腐蚀性、耐震性、耐磨性及导电性。是耐高温的耐火材料中抗氧化性最强者。用于制造陶瓷、高温设备、切削刀具、耐磨部件、加热元件、电极及高频感应电炉等。由金属锆与硼在高温下直接反应制得,或由二氧化锆、氧化硼与碳反应制得。

硼化铬 chromium boride CrB 银色斜方晶系结晶粉末。相对密度 6.17。熔点 2760℃。不溶于水,溶于熔融过氧化钠。对盐酸、硝酸、硫酸、氢氟酸及碱溶液都稳定。但在高温下易被氧化。除 CrB 外,还有 Cr_2B、CrB_2、Cr_3B_2 及 Cr_3B_4 等形态,而以 CrB 为常见,具有硬度高、耐磨性及耐腐蚀性强等特点。用于制造陶瓷、硼玻璃。也用于喷涂金属及陶瓷表面,以形成耐磨、耐蚀保护膜。还用于喷制半导体膜及用作 Cr-Mo 的结合剂。由三氧化二铬与硼在电炉中经高温反应制得。

硼化钼 molybdenum boride Mo_2B、MoB、MoB_2 有多种结构形式。Mo_2B 为正方晶系结晶,相对密度 9.26,熔点 2000℃,莫氏硬度 8～9,显微硬度 163MPa;MoB 为正方晶系结晶,相对密度 8.65,熔点 2180℃,莫氏硬度 8,显微硬度 154MPa;MoB_2 为斜方晶系结晶,相对密度 7.12,熔点 2100℃,显微硬度 126MPa。均是一类难溶、难熔的固体,具有类金属的导电性,用于制造陶瓷、切削工具、耐磨薄膜。也用作电子用钨、喷铝、钽合金的添加剂,以及用作半导体薄膜喷涂材料。由氧化硼与氧化钼在炭存在下经高温还原制得。

硼化钛 titanium boride TiB_2 又名二硼化钛,灰色六方晶系结晶或粉末。相对密度 4.52。熔点 2900℃。莫氏硬度 9。电阻率 $28.4\mu\Omega\cdot cm(20℃)$。不溶于水,溶于王水,在盐酸及氢氟酸中稳定。有良好的抗热及耐氧化性。在空气中抗氧化温度可达 1000℃。可与 TiC、SiC、TiN 等组成复合材料,用于制造高强度切削刀具、火箭喷管、装甲防护材料、密封元件、磨料、铝电解槽阴极材料等,也是 Fe、Ni、Cu、Cr 等材料的强化剂。由硼和钛经高温固相反应制得。

硼化钨 tungsten boride WB、W_2B、WB_2、W_2B_5 有多种结构形式。WB 为黑色或灰色四方晶系结晶(1900℃转变

为正交晶系),相对密度15.2,熔点2660℃;W_2B为黑色粉末,相对密度16.0,熔点2670℃;WB_2为银色固体,相对密度10.77,熔点约2900℃;W_2B_5为耐火固体,相对密度11.0,熔点2365℃。均不溶于水,溶于王水及浓酸。具有金属导电性。呈化学惰性,室温下不被氧化。和单质氟剧烈反应,与碳共热生成碳化物。用于制造陶瓷、耐火材料、半导体薄膜及用于耐磨部件的喷涂。由硼与钨按不同化学配比在高温下反应制得。

硼氢化钾 potassium borohydride KBH_4 又名四氢硼钾、钾硼氢。白色立方晶系结晶。相对密度1.178。熔点500℃(分解)。折射率1.494。易溶于水,溶于液氨,微溶于甲醇、乙醇,难溶于乙醚、苯。在空气中及碱性介质中稳定,酸性介质中迅速分解,并释出氢气。水溶液加热至100℃时,也能完全释放出氢。遇水会释出氢气,遇明火会燃烧。是一种还原剂,用途与硼氢化钠相似,常用作醛类、酮类及酰氯类等有机化合物的还原剂。也用作塑料及橡胶发泡剂,但因价高易爆,应用不广,主要用于以水为介质的发泡加工体系中。由硼氢化钠与氢氧化钾反应制得。

硼氢化钠 sodium borohydride $NaBH_4$ 又名四氢硼酸钠、钠硼氢。白色立方晶系晶体或粉末。相对密度1.074。400℃开始分解,550℃时立即分解为氢及二硼烷。吸湿性强。易溶于水、甲醇,溶于吡啶、液氨,微溶于四氢呋喃,不溶于乙醇、苯。在碱性溶液中稳定,在酸性水溶液中会完全分解,遇潮湿空气、水、酸等能释出易燃的氢气而引起燃烧。商品常为淡黄色碱性溶液。用作醛类、酮类、酰氯类等有机化合物的还原剂,塑料及橡胶发泡剂,乙烯聚合催化剂,双氢链霉素的氢化剂,纸张及纤维等的色调改进剂,含汞废水处理剂等。也用于制造硼烷、硼氢化钾。由硼酸甲酯与氢化钠反应制得。

硼砂 borax $Na_2B_4O_7 \cdot 10H_2O$ 又名四硼酸钠、十水四硼酸钠。白色结晶性粉末或无色半透明晶体。无臭,味咸。相对密度1.73。在空气中缓慢风化,60℃失去8分子结晶水,320℃失去全部结晶水。无水硼砂的相对密度2.367,熔点741℃,沸点1575℃(分解)。稍溶于水,易溶于热水、甘油,微溶于乙醇、四氯化碳。水溶液呈碱性。无毒。但口服对人体有害,大量用于制造玻璃。也用作金属焊接剂、洗涤助剂、木材防腐剂、医用消毒剂、烟草干燥剂、除草剂,以及制造硼酸及各种硼化物等。由浓碱液或硫酸分解硼镁矿而制得。

硼酸 boric acid H_3BO_3 又名正硼酸。是氧化硼的水合物($B_2O_3 \cdot 3H_2O$)。为无色微带珍珠光泽的鳞片状三斜晶体或白色粉末。无臭,手感滑腻,味微酸而带甜味。相对密度1.435(15℃)。熔点170℃,同时分解。加热依次脱水,100℃时失水成偏硼酸,140~160℃时生成焦硼酸,300℃时成硼酸酐。溶于水、甘油、乙醇,酸性很弱,而在加入甘露醇或甘油时可增强其酸性,其水溶液有杀菌作用。对人体有毒,内服影响消化器官、神经中枢及肝脏等,严重时会死亡。用于制造硼化物、硼酸盐、玻璃、玻璃纤维,也用作木材防腐剂、消毒剂、收敛剂、防霉剂、催化剂、助熔剂、淀粉胶增黏剂等。由硼镁矿粉用硫酸分解后经精制而得，或由硼砂与硫酸反应制得。

硼酸铝晶须 aluminium borate whisker 一种极细的单结晶，工业品晶须为 $9Al_2O_3 \cdot 2B_2O_3$，含 Al_2O_3 86.8%。外观为白色针状。相对密度 2.93。熔点 1440℃。晶须直径 $0.5\sim1.0\mu m$，长度 $10\sim30\mu m$。比表面积 $2.0\sim2.5m^2/g$。拉伸强度 7840MPa。弹性模量 320GPa。耐热温度 1200℃。具有优良的力学强度、耐热性、耐化学药品性、电绝缘性及中子吸收性，用作增强及热绝缘材料，用于工程塑料、环氧胶黏剂、涂料等制品，用于镁、铝合金复合化可提高力学强度及耐磨性，也用于制造陶瓷及耐火材料制品。由无水硫酸铝、硼酸及助熔剂混合后经高温熔融反应制得。

硼酸三丁酯 tributyl borate 又名硼酸丁酯。无色透明液体。$(C_4H_9O)_3B$ 相对密度 0.8583。熔点 $-70℃$。沸点 232℃。闪点 93℃。折射率 1.4096。不溶于水，遇水迅速分解生成丁醇及硼酸。溶于甲醇、四氯化碳、乙酰丙酮等有机溶剂。易燃，蒸气有刺激性。用于制造有机硼化合物、半导体元件及高纯硼等，也用作润滑油极压抗磨添加剂。具有良好的极压抗磨性、热氧化安定性及高温抗腐蚀性。与其他添加剂复合，可调制中、重负荷车辆齿轮油、工业齿轮油及某些机械加工用油。由正丁醇与硼酸反应制得。

硼酸锌 zinc borate 白色流动性结晶粉末。相对密度 2.69。$2ZnO \cdot 3B_2O_3 \cdot 3 \cdot 5H_2O$ 熔点 980℃。折射率 1.58。300℃ 以上开始失去结晶水。不溶于水及乙醇、苯等一般有机溶剂，溶于氨水并形成配合物盐。有良好的分散性及热稳定性。既具有阻燃性，又能消烟。用作添加型阻燃剂，具有抑烟、成炭、阻燃及防止生成熔滴等功效。常与氧化锑复合添加到聚氯乙烯、氯丁橡胶、卤化聚酯、氯化聚乙烯等含卤树脂中。或与卤素的其他阻燃剂(如氯化石蜡)并用，用于其他不含卤素树脂的阻燃，也用作氢氧化铝助燃剂的增效剂、涂料防霉剂、织物防水剂及杀菌剂，以及用于制造药品、陶瓷釉等。由氧化锌或氢氧化锌与硼酸反应制得。

硼纤维 boron fiber 一种低密度无机纤维，是钨丝表面包覆硼元素的复合材料纤维。常以 B/W 纤维来表示。相对密度 2.62。熔点 1260℃。工业上制得的硼纤维的弹性模量为 400GPa，抗张强度 $3\sim40$GPa，连续工作温度上限 370℃，如在表面再涂以 $2\sim6\mu m$ 厚的碳化硅或碳化硼阻隔层，耐温可达 600℃。硼纤维的活性高，与其他材料复合时键合牢固。主要用作复合材料的增强剂，加到塑料、陶瓷或金属中制成复合材料，用于制造航空轻质结构件、体育用品等。其相对密度只有钢材的 1/4，其增强塑料的压缩强度可比玻纤增强塑料高 25% 以上。采用化学气相沉积法，在炽热钨丝上用氢气还原三氯化硼而制得。

膨胀剂 expanding admixture 能使混凝土在水化过程中产生一定的体积膨胀，并在有约束条件下产生适宜自应力的外加剂。混凝土在浇筑硬化过程中由于化学减缩、干缩及冷缩等原因，会产生约为自身体积的 0.04%～0.06% 的收缩，收缩会引起开裂、渗漏及坍塌等危害。掺入硼化剂是解决混凝土开裂的有效措施之一,它依靠本身的化学反应或与水泥其他成分反应,在水化期产生可控膨胀,以补偿混凝土的收缩。按化学成分不同,膨胀剂可分为硫铝酸盐系、石灰系、铁粉系、氧化镁型及复合型膨胀剂等。

膨胀型防火涂料
见"防火涂料"。

膨胀型阻燃涂料
见"防火涂料"。

皮革防绞剂 leather anti-kink agent 防止皮革在湿操作中打绞、折叠和撕裂的物质。使用防绞剂可以减少革面擦伤、克服染色色花、提高皮革等级,并可提高设备利用率,在小液比下进行操作。常用防绞剂是石蜡、合成蜡等高分子蜡剂、有机硅化合物、硬脂酸盐、无机高分子材料及一些复合物。

皮革防水剂 leather water repellent 赋予皮革防水功能的物质。未经防水的皮革在潮湿环境中,易吸湿使皮革制品发霉、干板及变形,进而影响皮革的强度、耐用性及美感。经防水剂处理的皮革可扩大皮革使用环境,适合潮湿环境下使用。根据作用机理不同,皮革防水剂分为:①疏水型防水剂。主要包括油类防水剂、脂肪酸金属盐配合物、有机硅、有机氟及高分子蜡乳液等。②亲水型防水剂。又称动态防水剂。如长链烯基琥珀酸、长链脂肪族二元酸等油包水型乳化油。③多功能防水剂。又称结合型/反应型防水剂。是集复鞣、加脂、防水等性能的多功能复合材料,一般具有两亲结构,疏水剂中羧基与皮胶原中的 Cr^{3+} 结合后,产生复鞣功能,而长链亲油基又使它具有一定的加脂性。

皮革化学品 leather chemicals 指除原料皮以外的制革生产用化工材料。一般可分为8大类:①基本化工材料,如酸、碱、盐、氧化剂、还原剂等;②酶制剂,如氧化还原酶、转移酶、水解酶、裂解酶、异构酶及合成酶;③表面活性剂,包括阴离子、非离子及两性型表面活性剂;④皮革助剂,主要有填充剂、蒙囿剂、防霉剂、防腐剂、防水剂、防污剂等;⑤鞣剂及复鞣剂;⑥染料,包括酸性染料、直接染料、碱性染料、活性染料及金属配位染料;⑦加脂剂,包括天然油脂化学加工产品、合成加脂剂、复合型和功能性加脂剂;⑧涂饰剂,主要由成膜材料、着色剂、涂饰助剂及溶剂等组成。在上述化学品中,皮革助剂、鞣剂及复合鞣剂、加脂剂及涂饰剂仅限于皮革加工应用,故又将它们称为制革专业化学品,属于皮革化学品的狭义范围。

皮革加脂剂 leather fatliquor 又称润滑加脂材料。是用于皮革加脂的化学品。皮革加脂是将一定量的加脂材料引入已鞣制的皮革中,使其在皮胶原纤维界面形成油膜,起加脂的润滑作用,防止胶原纤维的粘接,赋予皮革良好的耐弯折性、韧性、弹性、柔软性、疏水性和延伸性,提高革的强度与丰满性。按所用原料不同,加脂剂可分为天然油脂化学加工产品、合成加脂剂、复合型加脂剂、功能性加脂剂;而按主要成分的离子性可分为阴离子型、阳离子型、两性离子型及非离子型加脂剂等。

皮革浸灰助剂 leather liming assistant 指为提高制革浸灰(脱毛)效果,消除或弥补传统浸灰方法缺陷与不足的浸灰添加剂,传统浸灰方法是用石灰和硫化碱处理原皮,具有材料易得、价廉、脱毛效率高、皮纤维膨胀松散等优点;缺点是浸灰时间长、纤维分散度不均衡、污染严重等。浸灰助剂具有减少硫化物用量、促进脱毛作用、缩短浸灰时间、提高成革柔软性及丰满度等特点,已成为浸灰过程中不可缺少的材料。其主要成分有表面活性剂、石灰增溶剂、灰乳悬浮稳定剂、有机硫化物、有机胺、酶制剂及保护胶体类物质等。商品如浸灰剂 F、浸灰增效剂 T、浸灰助剂 HS、增效浸灰助剂 LH、有机浸灰剂 P 等。

皮革浸水助剂 leather soaking assistant 制革过程是经各种化学、物理及机械作用,使生皮最终成为革的过程,生皮的化学处理过程大多是在水介质中进行。浸水是制革的首道湿加工工序,原料皮浸水好坏与程度会直接影响成革的质量。用于促进浸水过程和提高浸水效果的化工材料即为浸水助剂。按浸水要求及作用机理分为碱性材料、酸性材料、中性盐、表面活性剂类、酶制剂及杀菌防腐剂等类别。碱性材料(如 Na_2CO_3)、酸性材料(如乙酸)及中性盐(如 NaCl)等的作用是生皮容易充水或吸水,达到快速浸水的目的。表面活性剂的加入可降低水的表面张力,使水分快速进入皮内;酶制剂能使胶原纤维松散,促进水向皮内渗透;杀菌防腐剂可抑制浸水过程中细菌等微生物的生长和繁殖。

皮革喷涂染料 leather spray dyes 皮革制品喷涂着色的中性染料。其化学结构均系钴、铬或铁与偶氮染料的 1∶2 配合物。微溶于水,而易溶于乙二醇、乙醚、乙醇及二甲基甲酰胺等有机溶剂。品种有皮革喷涂红 GL、皮革喷涂黄 GL、皮革喷涂蓝 RL、皮革喷涂棕 RG、皮革喷涂橙 2RL、皮革喷涂黑 RL 等。可用于猪皮、牛皮、羊皮等天然革及苯胺革的喷涂着色。

皮革鞣剂 leather tanning agent 将生皮转变为皮革的过程称为鞣制。用于鞣制的将生皮变为革的化学材料称为鞣剂。鞣制是鞣剂分子向皮内渗透并与生皮胶原分子结合进行化学交联,增加皮蛋白质结构的稳定性,从而减少湿皮的压缩变形和干燥时的收缩程度,提高胶原纤维的抗张强度,增加纤维结构的多孔性等。鞣剂种类很多,可分为无机鞣剂、有机鞣剂及无机与有机结合或配位化合物鞣剂。无机盐鞣剂主要有铬鞣剂、铝鞣剂、锆鞣剂、铁鞣剂、钛鞣剂、硅鞣剂等;有机化合物鞣剂主要有植物鞣剂、芳香族合成鞣剂、树脂鞣剂、醛鞣剂及油鞣剂等。

皮革填充剂 leather packing agent 指能使成革丰满、紧实、不松面、富有弹性、部位差减小、强度增加的物质。主要是树脂乳液或其他填充材料(如尿素、双氰胺、钛白粉、栲胶、革屑水解物、填充性油脂或蜡等)。较好的填充剂是丙烯酸树脂及聚氨酯。填充方式分为:①干填充。也称刷填充,即用软毛刷沾填充液于皮革表面的填充方式。其特点是填充剂利用率高,解决松面能力强,缺点是劳动强度大、效率低。②湿填充。即在转鼓内进行的填充方式。特点是操作方便、皮革手感好，但填充剂利用率低，对消除皮革部位差的作用不明显。

皮革涂饰剂 leather finishing 用于皮革涂饰操作的化学材料。皮革涂饰是美化皮革外观质量的操作，是在干燥和整理后的皮革表面施涂一层有色或无色的天然或合成高分子薄膜的过程，并辅以磨、压、摔、抛等机械加工，掩饰原料皮原有的或加工中造成的伤残缺陷，以提高涂层乃至皮革的质量。涂饰剂主要由膜剂、着色剂、涂饰助剂和溶剂组成。成膜剂主要为蛋白质、丙烯酸树脂、丁二烯树脂、聚氨酯及硝化纤维等；涂饰助剂有消光剂、滑爽剂、蜡剂、柔软剂、增塑剂、渗透剂、流平剂及填料等。

皮革脱脂剂 leather degreasing agent 用于原料皮脱脂操作的化学材料。含脂肪不多的原皮，一般通过浸灰、酶处理即可除去大部分脂肪，而对猪皮、绵羊皮等多脂原料如不进行脱脂，在鞣制后易产生油斑及染色不匀。化学脱脂法主要是利用脱脂剂皂化或水解脂肪而得以脱除。脱脂剂大致可分为：①碱性脱脂剂，如 Na_2CO_3、$NaOH$、常用的是 Na_2CO_3；②表面活性剂，如平平加等；③溶剂，如煤油、石油、醚等；④脂肪酶。溶剂脱脂能力强，但是污染严重、成本高，现已很少使用。一般所用脱脂剂主要是以表面活性剂及其复配物为主要成分的产品。

皮胶 skin glue 一种以脊椎动物的皮为基质的动物胶，是蛋白质胶黏剂的一种，属于硬蛋白胶。将脊椎动物的皮用石灰浆浸渍，以将脂肪和杂质等溶解出来，然后水洗、中和，再用温水浸泡，或在水中加热蒸煮，则皮中所含蛋白质逐渐溶于水中变成胶液，经浓缩、冷却、干燥后即制得成品胶。为提高胶的耐水性，可适量加入甲醛、乌洛托品、三聚甲醛、重铬酸钾等，使用时先在冷水中浸泡至溶胀时，隔水加热溶解即可涂胶施工，适用于木材、金属、织物、家具、乐器、体育用品等粘接，也用于制造砂轮、砂纸及织物上浆剂。

匹莫苯 pimobendan 又名 4,5-二氢-6-[2-(4-甲氧苯基)-1H-苯并咪唑-5-基]-5-甲基-3(2H)-哒嗪酮。黄色固体。熔点 240~242℃（分解）。其盐酸盐为黄色结晶，熔点 311℃（分解）。溶于水。一种磷酸二酯酶抑制剂和钙敏化剂，具有增强肌肉收缩力和血管舒张的作用。用作强心药，用于治疗急性及轻中度慢性心力衰竭。以 N,N-二甲基甲酰胺、乙酰苯胺、3-氯-2-甲基丙酰氯等为原料制得。

片状银粉 flake silver powder 又名光亮银粉。指银粉颗粒的形状为片状，化学成分、平均尺寸和密度符合有关规定的银粉。其颜色为灰白色、带有金属光泽。按平均尺寸不同，国家标准(GB/T 1774—1995)将片状银粉分为 3 类，其牌号分别为：FAgL－1、FAgL－2、FAgL－3。FAgL－1 主要性质为：银含量≥99.95、平均尺寸≤6.0μm、松堆密度 1.2～1.7g/mL；FAgL－2：银含量≥99.95%、平均尺寸≤

$5.0\mu m$,松堆密度 $1.6\sim2.2g/mL$。主要用于制造电子文件及含银催化剂,也用于首饰、电镀。片状银粉一般采用化学法形成颗粒,再用物理研磨成片制取。

偏苯三酸三辛酯 trioctyl trimellitate 又名偏苯三酸三(2-乙基己基)酯、增塑剂 TOTM。无色至淡黄色透明黏稠液体,微具气味。相对密度 0.990。凝固点 $-35℃$。沸点 $283℃(400Pa)$。闪点 $>245℃$。折射率 $1.4832(25℃)$。不溶于水,溶于醚、酮、芳香烃等多数有机溶剂。用作聚氯乙烯、氯乙烯共聚物、聚甲基丙烯酸甲酯及硝酸纤维素等的耐热性及耐久性增塑剂,具有耐热性、电绝缘性、低温柔软性及加工性能好等特点,水中迁移性极小。耐高温特性超过聚酯增塑剂,但耐油性不及聚酯增塑剂。适用于制造电线电缆、板材、密封垫、薄膜及婴儿衬裤等。低毒。由偏苯三酸酐与2-乙基己醇经酯化反应制得。

偏苯三酸三异癸酯 triisodecyl trimellitate 微具气味的油状液体。相对密度 $0.969(25℃)$。凝固点 $-37℃$。闪点 $>271℃$。折射率 $1.4830(25℃)$。不溶于水,溶于醚、酮、芳烃等溶剂。用作聚氯乙烯、氯乙烯共聚物的耐热性增塑剂。性能及应用与偏苯三酸三辛酯类似,耐热性、耐久性及耐挥发性均较好,耐迁移性优于邻苯二甲酸酯及己二酸酯。用于聚碳酸酯增塑,可加快其结晶速度。由偏苯三酸酐与异癸醇经酯化反应制得。

偏苯三酸三异辛酯 triisooctyl trimellitate 偏苯三酸三辛酯的异构体。透明油状液体,微具气味。相对密度 0.9896。凝固点 $-45℃$(凝胶)。沸点 $290℃(0.667kPa)$。闪点大于 $260℃$。折射率 $1.4852(25℃)$。不溶于水,溶于醚、酮、芳烃等多数有机溶剂。用作聚氯乙烯、氯乙烯共聚物、硝基纤维素、聚甲基丙烯酸甲酯等的耐热性增塑剂。性能与用途与偏苯三酸三辛酯类似。由偏苯三酸酐与异辛醇经酯化反应制得。

偏钒酸铵 ammonium metavanadate NH_4VO_3 无色或淡黄色斜方晶系结晶。相对密度 2.326。熔点 $200℃$。微溶于冷水,溶于热水、氨水,稍溶于热的乙醇及乙醚,真空中 $135℃$ 时开始分解生成 V_2O_5,超过 $210℃$ 时形成钒的低价氧化物 V_2O_3。剧烈加热时,部分氨会残留于晶体中,造成分解不完全。空气中灼烧时生成 V_2O_5。有氧化性。高毒!误服能引起呕吐、腹泻,并引起神经系统、血液循环等变化。用于制造钒催化剂、颜料、陶瓷色釉、高纯五氧化二钒及其他钒酸盐,也用作油墨催干剂、媒染剂等。由偏钒酸钠与硝酸铵反应制得。

偏钒酸钠 sodium metavanadate $NaVO_3$ 又名钒酸钠。白色或浅黄色单

斜晶系棱柱状结晶。相对密度2.79。熔点630℃。微溶于水,溶解度随温度升高而增大,易溶于热水。不溶于乙醇、乙醚。高毒!粉尘刺激眼睛、黏膜及皮肤。用于制造钒催化剂、钒合金。也用作油漆催干剂、织物媒染剂、腐蚀抑制剂及用于植物接种等。由五氧化二钒溶于烧碱溶液后,经浓缩结晶制得。

偏磷酸钾 potassium metaphosphate KPO_3 或 $(KPO_3)_n$ 无色至白色玻璃块片状或白色纤维状结晶粉末。相对密度2.392。熔点807℃。沸点1320℃。易溶于稀无机酸,溶于碱金属盐的水溶液,缓慢溶于水,不溶于乙醇。水溶液呈碱性,对碱金属离子有很强的螯合能力,是聚合磷酸盐中螯合能力最强者。用作软化剂、金属离子螯合剂、食品改良剂及用于合成染料、药品等。由磷酸与氯化钾经热分解反应制得,或由磷酸二氢钾脱水聚合制得。聚合的偏磷酸钾,因聚合时间及温度不同,所得聚合度也不同。工业品多数为三偏磷酸钾及六偏磷酸钾的混合物。

偏磷酸铝 aluminium metaphosphate $Al(PO_3)_3$ 白色细粒或粉末。相对密度2.779。熔点1537℃。不溶于水、无机酸,溶于浓热碱溶液。水溶液呈碱性。用于制造釉药、特种玻璃、陶瓷、高温绝缘水泥。也用作造纸用颜料、催化剂、助熔剂、绝缘胶黏剂、塑料阻燃剂等。由氢氧化铝溶于磷酸后,再经蒸发、高温加热制得。

偏磷酸钠 sodium metaphosphate $(NaPO_3)_n$ 一种由二个螺旋形方向相反、轴线公用的长链偏磷酸盐$(NaPO_3)$组成的高相对分子质量聚磷酸钠,Na_2O/P_2O_5比约为1.0。为无色透明结晶或白色粉末。溶于水及无机酸,不溶于乙醇等有机溶剂。水溶液呈碱性,用于锅炉水的软化及对某些重金属的分离提纯。食品工业用作乳化剂、螯合剂及组织改良剂。由磷酸二氢钠高温熔融聚合制得。

偏氯乙烯胶乳 polyvinylidene chloride latex 偏氯乙烯的均聚物工业价值不大。偏氯乙烯胶乳主要是偏氯乙烯与氯乙烯、丙烯腈、各种烷基丙烯酸酯和甲基丙烯酸酯的共聚物。是由半连续聚合法制得。胶乳总固体含量约为55%。粒径100~250nm。成膜温度8~80℃。胶乳粒径越小,最低成膜温度就越低。这类胶乳可以有结晶态和非结晶态两种。利用这一性能,可以使其在湿态时是非晶态、而具良好的成膜性能,而在施用后转化为晶态,使其具有平滑的性能。偏氯乙烯胶乳有良好的耐化学药品、耐氧、耐水蒸气渗透性、耐水性及不燃性。广泛用于涂料、防潮纸、薄膜、水泥养护及合成纤维等领域。

偏硼酸钡 barium metaborate 白色斜方晶系结晶粉末。相对密度3.25~3.35。$BaB_2O_4 \cdot nH_2O$ 熔点1060℃。折射率1.55~1.60。微溶于水,溶于无机酸。具有优良的分散性及耐高温性,并有防污、防锈、防霉、阻燃、抗粉化等性能。偏硼酸钡也存在多种水合物$[Ba(BO_2)_2 \cdot nH_2O]$。用作添加型阻燃剂,阻燃效能不及氧化锑,但因价廉,可作为氧化锑类阻燃剂的部分代用品,与含卤阻燃剂并用有协同效应。适用于聚氯乙烯、不饱和聚酯、聚氨酯、丙烯酸树脂等。也用作防锈涂料,用于底漆、面漆,还用作陶瓷、橡胶、纸张等的白色颜料。由硫化钡、硼砂及硅酸钠反应制得。

偏硼酸钙 calcium metaborate 有 2、4、6 等水合物及无水物等多种形式。$CaO \cdot B_2O_3 \cdot xH_2O (x=2,4,6)$ 六水偏硼酸钙加热至 101~102℃ 时失去两分子水成二水偏硼酸钙,360℃ 时再失去两分子结晶水而成冰偏硼酸钙。其中四水偏硼酸钙为白色结晶性粉末,具有 $Ca[B(OH)_4]_2$ 的结构,相对密度 1.86,熔点 1154℃。溶于热水及无机酸,水溶液呈碱性。用于制造无碱玻璃、玻璃纤维,性能优于硼酸。也用于制造防锈及防火涂料、催化剂、防冻剂,以及用作润滑油减摩擦添加剂、防腐剂、杀菌剂等。由硼酸与氢氧化钙反应制得。

偏硼酸钠 sodium metaborate 无色三斜晶系结晶。$NaBO_2 \cdot 4H_2O$ 相对密度 1.743。熔点 53.5℃。沸点 120℃。易溶于水,不溶于乙醇。水溶液呈碱性。在空气中会吸收 CO_2 而生成硼砂及碳酸钠。干燥脱水可制得二水合物($NaBO_2 \cdot 2H_2O$),为无色三斜晶系结晶,相对密度 1.905(25℃),加热至 200℃ 以上时脱水生成无水偏硼酸钠($NaBO_2$),为无色六方晶系结晶,相对密度 2.46,熔点 966℃,沸点 1434℃。用于制造过硼酸钠、硼砂等硼化物。也用作阻燃剂、防腐剂、洗涤助剂、照相药剂、农用除莠剂等。由硼酸与氢氧化钠反应制得。

偏钛酸 metatitanic acid 又名钛酸、水合二氧化钛。白色粉末。H_2TiO_3 是生产钛白粉的中间品。用硫酸法制得的偏钛酸是锐钛型晶体。加热脱水后可制得锐钛型钛白粉。不溶于水、无机酸及碱,溶于 10% 硫酸与 3% 过氧化氢的混合液。用于制造二氧化钛、硫酸钛、含钛催化剂。也用作媒染剂、化学纤维消光剂、海水提铀的吸附剂等。由钛铁矿用硫酸分解制得硫酸氧钛后经水解制得。

偏钨酸铵 ammonium metatungstate $(NH_4)_6H_2W_{12}O_{40} \cdot nH_2O$ 无色至白色结晶性粉末。相对密度 4.0。极易溶于水,水溶液呈酸性。不溶于乙醇。在 200~300℃ 时失去结晶水而生成稳定的无水物 $[(NH_4)_6H_2W_{12}O_{40}]$。温度高于 300℃ 则分解为三氧化钨黄色粉末。高温焙烧热分解时,不杂留其他金属杂质而可获得高纯物。用于制造加氢裂化润滑油加氢催化剂及其他含钨催化剂,单晶钨丝,钨合金,防腐蚀液等。由仲钨酸铵与硝酸反应制得,或由钨酸与氨反应制得。

漂白活化剂 bleaching activator 指能促使漂白剂释放出有效成分,提高漂白作用及漂白速度的助剂。如对过氧化氢而言碱性条件可提高其漂白速度,根据纤维类别,可以选择烧碱、纯碱等作漂白活化剂;在酸性介质中过氧化氢十分稳定,不发生漂白作用,这时如加入能与过氧化氢化合生成过酸的化合物,如羧酸酐、羧酰氯、羧酸酯等作活化剂,就可使过氧化氢在酸性条件下发生漂白作用。酰化物用作过氧化氢的活化剂已越来越受到重视,其中有磷酸的酰化物、亚磷酸酰化物、碳酸酰化物、酰化酰胺、四乙酰基乙二胺等。

漂白剂 bleaching agent 漂白一般指除去纤维纺织材料和纸浆等中所含有色物质的过程。漂白剂即为用于除去纺织纤维材料及纸浆等中所含有色物质的药剂。在食品工业中,漂白剂是使食品中的有色物质发生分解或转变为无色物质,免于产生褐变而加入的添加剂。漂白剂主要分为氧化性漂白剂及还原性漂白剂两大类。氧化性漂白剂又可分为含氧漂白剂及含氯漂白剂两类。含氧漂白剂含过氧化氢或在使用时能释放出过氧化氢,常用的有双氧水、过碳酸钠、过硼酸钠、过硫酸钠、过氧羧酸等;含氯漂白剂主要有次氯酸钠、氯胺丁、二氧化氯、氯代异氰尿酸盐、氯代正磷酸盐等。还原性漂白剂主要有连二亚硫酸盐、四硼氢化物、二氧化硫、保险粉等。

漂白稳定剂 bleaching stabilizer 在漂白浴中能提高漂白剂稳定性而又不影响漂白效果的一类助剂。如外界条件对漂白时双氧水的分解影响较大,双氧水的过早分解,不仅会造成漂液失效,而且会损伤纤维。因此,为控制双氧水在漂白过程中的分解及避免纤维损伤,常需加入稳定剂。稳定剂分为无机物和有机物两类,无机稳定剂有硅酸钠、磷酸盐、硼酸盐及镁盐等,而以硅酸钠应用最广;有机稳定剂主要是一类螯合物,如乙二胺四乙酸二镁、乙二胺四亚甲基膦酸、二亚乙基三胺五亚甲基膦酸等。近期开发的商品中还加入阴离子、非离子表面活性剂,它们不仅具有渗透、柔软等作用,还具有稳定双氧水的功效。

漂白助剂 bleaching assistant 指能控制漂白剂分解速度、提高漂白剂作用,使漂白剂作用充分、完全的一类添加剂。如在漂白过程中,使用含有自由基抑制剂(如过氧化物酶)的漂白催化剂,能减少对纤维及染料的损害。漂白助剂包括漂白稳定剂、漂白活化剂、漂白催化剂及润湿剂、渗透剂、防腐蚀剂等。

漂粉精 bleaching powder concentrate

$$3Ca(OCl)_2 \cdot 2Ca(OH)_2 \cdot 2H_2O \text{ 或}$$
$$Ca(OCl)_2 \cdot 2H_2O \cdot CaCl_2$$

又名高效漂白粉。漂粉精的主要成分为次氯酸钙,是次氯酸钙、氢氧化钙及氧化钙的混合物,其次氯酸钙的含量比漂白粉要高,即有效氯含量高。我国规定有效氯含量大于55%的称为漂粉精,其中有效氯含量大于65%的为优级品,大于60%的为一级品,大于55%的为合格品。外观为白色粉末。易溶于水,并放出大量热和初生态氧。加热急剧分解可引起爆炸。与油类及有机物反应能引起燃烧。稳定性比漂白粉高,常温保存210d只分解1.87%,储存一年后,有效氯含量降低6.6%。主要用于棉织物、化纤、淀粉、纸浆等的漂白,也可用于饮用水、游泳池水、医疗设备的消毒,还用于制造氯化苦、氯仿等。由石灰加水配制成含氢氧化钙的石灰乳,再与氯气反应制得。

嘌呤 purine 又名四氮杂茚。由一个嘧啶环与一个咪唑环稠合而成的稠杂环化合物。无色针状结晶。熔点216～217℃。易溶于水、热乙醇,微溶于丙酮,不溶于乙醚、氯仿。水溶液对石蕊呈中性。与酸或碱都能形成盐。嘌呤是人体中的重要生命物质，也是遗传物质——基因的基础成分。它来自饮食提供和体内合成，食物中除谷物、水果外，都含有嘌呤类化合物，如动物胰脏、沙丁鱼、茶碱、咖啡因等均为嘌呤类化合物，当人的嘌呤代谢紊乱，产生过多尿酸，血中的尿酸浓度超过正常饱和浓度，便会沉积在关节、结缔组织和肾脏，引起局部无菌性炎症，造成急性关节炎发作，这就是痛风。嘌呤可由尿酸制得，有些可用作药物，如咖啡因是中枢神经兴奋药。

平版印刷油墨 planographic ink 又名平印油墨，具有一定黏性而用于平版印刷的油墨。大部分是氧化结膜干燥的。平版是印刷部分与非印刷部分基本上处于一平面上的印刷版，主要分胶印、石印和珂罗版印刷三类。其中以胶印为最主要。它是将印版上墨后经中间橡皮辊筒转印的胶版进行印刷。在印刷过程中，它要在几乎是一个平面的印版上，利用油、水相斥的原理，制出印刷的图文部分（即亲油吸墨部分）和非印刷的空白部分（即亲水疏油部分）。按承印物种类，可分为单张纸油墨和卷筒纸油墨。前者是快干型氧化结膜油墨，油墨先渗进承印物内，而后通过氧化结膜干燥；后者是以渗透干燥为主，要求油墨的流变性能适应高速印刷的要求。

平平加
见"脂肪醇聚氧乙烯(n)醚"。

平光剂
见"消光剂"。

平平加 O peregal O 又名匀染剂 O、$C_{16\sim18}H_{33\sim37}O(CH_2CH_2O)_{25\sim30}H$

乳化剂 O。一种非离子表面活性剂。乳白色至微黄色膏状物或白色粉状物。浊点 92～96℃（1％水溶液）。pH 值 5～7（1％水溶液）。羟值 30～50mgKOH/g。钙皂分散力＞30g。易溶于水、乙醇。冷水中的溶解度比热水中大。对硬水及酸碱均稳定。具有良好的乳化、分散、渗透等性能。可与除阴离子表面活性剂外的其他表面活性剂并用，主要用于纺织工业，用作织物匀染剂、原毛净洗剂、印花防染剂、防静电剂、剥色剂等。也用作水包油型（O/W）乳化剂，用于乳胶、润滑油、石油钻井液及矿物油等的乳化。可在碱催化剂存在下，由脂肪醇与环氧乙烷聚合制得。

平平加 O－10
见"$C_{12\sim18}$脂肪醇聚氧乙烯(10)醚。"

平平加 O－15
见"$C_{12\sim18}$脂肪醇聚氧乙烯(15)醚。"

平平加 O－20
见"$C_{12\sim18}$脂肪醇聚氧乙烯(20)醚。"

平平加 O－25
见"$C_{12\sim18}$脂肪醇聚氧乙烯(25)醚。"

平平加 O－30
见"$C_{12\sim18}$脂肪醇聚氧乙烯(30)醚。"

平平加 O－35
见"$C_{12\sim18}$脂肪醇聚氧乙烯(35)醚。"

苹果酸 malic acid 又名羟基丁二酸。
$$HOOCCH(OH)CH_2COOH$$
分子结构中有一个不对称碳原子，故有 L-苹果酸、D-苹果酸及 DL-苹果酸三种异构体。无色或白色结晶，有特殊酸味。常见的 L-苹果酸广泛存在于不成熟的苹果、樱桃等果实中。相对密度 1.595。

熔点100℃。约140℃分解。易溶于水、甲醇、乙醇、丙酮，不溶于苯。分子结构中含有一个羟基及两个羧基，故具有二元酸、一元醇及羟基酸的特征性反应，生成酰胺、酯及酰氯等。广泛用于医药食品、日化等行业，用作酸化剂、螯合剂、消臭剂、防锈剂、除垢剂及驱虫剂等。由顺丁烯二酸经加热或催化水合制得，或由淀粉发酵制得。

泼尼松 prednisone 又名强的松、去氢可的松。白色至类白色结晶性粉末。无臭，略有苦味。熔点233～235℃（分解）。不溶于水，稍溶于乙醇，极微溶于甲醇，略溶于氯仿。一种肾上腺皮质激素药。用于治疗各种急性严重感染、过敏、胶原性疾病（如红斑狼疮）、风湿或类风湿病、严重支气管哮喘、肾病综合征等。可以氢化可的松为原料，用简单节杆菌等发酵处理而制得。

破胶剂 gel breaker 能将冻胶交联结构破坏的物质。冻胶是由聚合物溶液转变而来的一种整体失去流动性的体系，可在油井调剖、堵水、酸化、压裂中使用。破胶剂大致有三类：①过氧化物，如过氧化氢、过硫酸钾、过乙酸等，系通过氧化降解破胶；②潜在酸（水解产酸的物质，如酯类）及潜在螯合物（水解产螯合剂的物质，如二元酸酯、二元酰胺），通过水解降解破胶；③酶，如α-淀粉酶、纤维酶等，也是通过水解降解破胶。可以通过控制化学反应速率或通过控制冻胶与破胶剂混合时间的方法，控制破胶时间，使冻胶液化而易于排出。

破乳剂 demulsifier 指能消除乳状液稳定化条件，使分散的液滴聚结、分层的一类助剂。乳状液最后变成油水两相分离状态的过程称为破乳。破乳方法通常有三种：①机械法。常用的是离心分离法，是利用油、水密度不同，在离心力作用下，促进排液过程而使乳状液破坏。②物理法。包括电沉降法、超声波法、强制过滤法、吸附分离法等。③化学法。是通过加入一种化学物质来改变乳状液的界面膜性质，使之变得不稳定而发生破乳，加入的化学物质则称为破乳剂。在原油开采和集输用化学剂中，破乳剂的用量最大。早期的破乳剂是以油脂为原料，合成磺酸盐、硫酸酯盐是典型的表面活性剂；第二代破乳剂是用石化产品合成原料生产的表面活性剂，如脂肪醇聚氧乙烯醚、斯盘类、吐温类等；近期开发的第三代破乳剂是一类特殊表面活性剂及各种均聚物，如环氧乙烷、环氧丙烷嵌段共聚物，聚醚类交联聚合物，丙烯酸聚合物，聚磷酸酯，有机硅聚氧乙烯聚氧丙烯醚等。

破乳剂AE系列 demulsifier AE series

$$R_2N(CH_2CH_2N)_pCH_2CH_2NR_2$$
$$(R=(C_2H_4O)_m(C_3H_6O)_nH)$$

又名多乙烯多胺聚氧乙烯聚氧丙烯醚。一种水溶性非离子表面活性剂。外观为黄色至棕黄色黏稠性液体。相对分子质量 2000～4000。系列产品包括 10 余种产品。主要用作油品原油低温破乳脱水、炼油厂原油脱盐。其亲水性比破乳剂 AP 系列更强。使用时将本品先稀释至一定浓度，然后用泵注入输油干线端点或注入联合站管线中与含水原油一起进入脱水罐进行破乳脱水。可在氢氧化钠催化剂存在下，由多乙烯多胺与环氧乙烷反应后再与环氧丙烷进行缩聚反应制得。

破乳剂 AF 系列　demulsifier AF series

$$\left[HOCH_2 - \underset{R}{\underset{|}{\overset{OM}{\overset{|}{\bigcirc}}}} - CH_2OCH_2 - \underset{R}{\underset{|}{\overset{OM}{\overset{|}{\bigcirc}}}} - CH_2OH \right]_p$$

$$[M = (C_2H_4O)_m(C_3H_6O)_nH]$$

又名烷基酚甲醛树脂聚氧乙烯聚氧丙烯醚。一种非离子表面活性剂，外观为棕黄色透明黏稠液体。溶于水、乙醇及油类。系列产品有 AF2036、AF3125、AF6231、AF8422、AF8425 等。相对分子质量 400～2000。色度（铂-钴）＜500 号。羟值＜50mgKOH/g。熔点 20～30℃。用于原油低温脱水、脱盐、降黏、防蜡及冷输等。具有脱盐效率高、脱水速度快等特点。在氢氧化钠存在下，由烷基酚甲醛树脂与环氧乙烷、环氧丙烷反应制得。

破乳剂 AP　demulsifier AP　又名多烯多胺聚氧乙烯聚氧丙烯共聚物。浅黄色至黄色油状液体。凝固点 －10～15℃。浊点 20～25℃（1％水溶液）。羟值 40～60mgKOH/g。pH 值 8～10。易溶于水。水溶液呈微碱性。用作原油破乳剂。适用于油包水型原油乳状液脱水，具有脱水速度快、脱水率高的特点。由多亚乙基多胺为起始剂，在催化剂存在下，与环氧丙烷、环氧乙烷反应制得。

破乳剂 AR 系列　demulsifier AR series

$$\left[HOCH_2 - \underset{R}{\underset{|}{\overset{OM}{\overset{|}{\bigcirc}}}} - CH_2OCH_2 - \underset{R}{\underset{|}{\overset{OM}{\overset{|}{\bigcirc}}}} - CH_2OH \right]_p$$

$$[M = (C_3H_6O)_m(C_2H_4O)_nH]$$

又名烷基酚甲醛树脂聚氧丙烯聚氧乙烯醚。一种非离子表面活性剂。外观为浅黄色黏稠性液体。相对分子质量1000～3000。相对密度0.93～0.95。色度(铂钴)<500号。羟值60～80mgKOH/g。pH值9～11。倾点−57℃。溶于水及油类。系列产品有AR16、AR26、AR36、AR46、AR48等。用作油溶性或水溶性破乳剂。适用于油包水型(W/O)原油的低温脱水,具有破乳温度低、脱水速度快等特点。也用作炼油厂原油水洗、脱盐后的破乳,兼有降凝、降黏及防蜡作用。在碱催化剂存在下,由酚醛树脂先后与环氧丙烷及环氧乙烷反应制得。

破乳剂BH系列 demulsifier BH series 又名聚氧丙烯聚氧乙烯脂肪醇醚。一种非离子表面活性剂,外观为浅黄色黏稠性液体。系列产品有BH-202、BH-311、BH-2026等。固含量≥33。pH值6～8。凝固点−15～−20℃。有水溶性及油溶性的不同产品。用作破乳剂,适用于油田原油(包括蜡质原油、稠油等)破乳脱水,炼油厂原油水洗、脱盐,并兼有降黏作用。可直接使用,或稀释后注入输油干线端部或注入联合站脱水管线中进行破乳脱水。可在氢氧化钾催化剂存在下,由脂肪醇依次与环氧乙烷、环氧丙烷经嵌段共聚制得。

破乳剂BP系列 demulsifier BP series 又名聚氧丙烯聚氧乙烯丙二醇醚、

$$\begin{array}{l} CH_3 \\ | \\ CHO(C_2H_4O)_m(C_3H_6O)_nH \\ | \\ CH_2O(C_2H_4O)_m(C_3H_6O)_nH \end{array}$$

丙二醇聚氧丙烯聚氧乙烯醚。一种非离子表面活性剂。系列产品有BP28、BP64、BP121、BP160、BP2030、BP2040、BP2050、BP2070等。外观为黄色至棕黄色黏稠性液体。相对密度0.9～1.0。浊点<55℃。羟值<44mgKOH/g。色度(铂-钴)≤300号。pH值6～8。溶于水,用作破乳剂,适用于炼油厂原油水洗、电脱盐后脱水破乳。也用于制取低泡洗衣粉、纤维油剂、金属切削液及净洗液,还用作消泡剂、匀染剂、金属萃取剂等。可在碱催化剂存在下,由丙二醇与环氧乙烷及环氧丙烷反应制得。

破乳剂DQ-125 demulsifier DQ-125

$$\begin{array}{c} R \qquad\qquad\qquad\qquad R \\ \diagdown \qquad\qquad | \qquad\qquad \diagup \\ N(CH_2CH_2N)_pCH_2CH_2N \\ \diagup \qquad\qquad | \qquad\qquad \diagdown \\ R \qquad\qquad R \qquad\qquad R \end{array}$$

$(R=(C_3H_6O)_m(C_2H_4O)_nH)$

又名多乙烯多胺聚氧丙烯聚氧乙烯醚。一种非离子表面活性剂。外观为黄色至棕黄色黏稠性液体。相对密度1.02。凝固点35℃。浊点22℃。pH值10。黏度98.4mPa·s(50℃)。溶于水、乙醇。遇水成乳状液,可与水以任意比例混合。产品以乙醇或甲醇为溶剂。用作破乳剂,适用于油田石蜡基原油的破乳脱水、脱盐及降黏。可在碱催化剂存在下,由多乙烯多胺依次与环氧丙烷、环氧乙烷经嵌段共聚制得。

破乳剂EG-2530B demulsifier EG-2530B 又名二甘醇聚氧乙烯聚氧丙烯醚。

$$\begin{array}{l} CH_2CH_2O(EO)_m(PO)_nH \\ \diagup \\ O \\ \diagdown \\ CH_2CH_2O(EO)_m(PO)_nH \end{array}$$

一种非离子表面活性剂。溶于水及油类。是一种新型原油破乳剂。用作油田原油破乳脱水，脱水温度 40～45℃，残水 2.5%。具有脱水温度低、脱水速率快、残水低、使用方便等特点。以二甘醇为起始原料，在催化剂存在下依次与环氧乙烷及环氧丙烷经嵌段共聚制得。

破乳剂 M-501 demulsifier M-501

$$\begin{array}{l} CH_2O(C_3H_6O)_{m_1}(C_2H_4O)_{n_1}H \\ | \\ CHO(C_3H_6O)_{m_2}(C_2H_4O)_{n_2}H \\ | \\ CH_2O(C_3H_6O)_{m_3}(C_2H_4O)_{n_3}H \end{array}$$

又名聚氧乙烯聚氧丙烯甘油醚。一种非离子表面活性剂。外观为棕色液体。有效物含量≥33%。黏度 100～200mPa·s。pH 值 7.0。不溶于水，溶于乙醚、苯等。可燃。用作破乳剂，适用于油田原油脱水、脱盐。脱水速度快，兼有降黏作用，加入油井中，可避免油井堵塞。在氢氧化钠存在下，由甘油依次与环氧丙烷、环氧乙烷反应后，加入有机溶剂调配到有效物含量为 33% 即为成品。

破乳剂 M-502 demulsifier M-502

$$\begin{array}{l} CH_2O(C_2H_4O)_{m_1}(C_3H_6O)_{n_1}H \\ | \\ CHO(C_2H_4O)_{m_2}(C_3H_6O)_{n_2}H \\ | \\ CH_2O(C_2H_4O)_{m_3}(C_3H_6O)_{n_3}H \end{array}$$

又名聚氧丙烯聚氧乙烯甘油醚。一种非离子表面活性剂。外观为浅棕色液体。有效物含量≥35%。黏度 120～130mPa·s。pH 值 7.0。脱水率≥98%。不溶于水，溶于乙醚、苯等。有毒！用作破乳剂，适用于油田原油脱水、脱盐。脱水速度快，适应面广。加入油井中，能降低原油黏度，防止油井堵塞。在氢氧化钠催化剂存在下，由甘油先与环氧乙烷缩聚，再与环氧丙烷缩聚，反应后加入溶剂调配成有效物含量为 35% 即为成品。

破乳剂 N-220 系列 demulsifier N-220 series 又名聚氧乙烯聚氧丙烯丙二醇

$$\begin{array}{l} CH_2O(C_3H_6O)_{m_1}(C_2H_4O)_{n_1}H \\ | \\ CHO(C_3H_6O)_{m_2}(C_2H_4O)_{n_2}H \\ | \\ CH_3 \end{array}$$

醚。一种非离子表面活性剂。外观为黏稠性蜡状物。系列产品有 N-22040、N-22064、N-22070 等。其相对分子质量为 2240～4000，羟值为 40～50mgKOH/g。不溶于水，溶于苯、乙醚等溶剂。有毒！用作破乳剂，适用于油田原油破乳脱水及炼油厂原油脱盐。N-22070 还可用作稀有金属萃取剂。在氢氧化钠催化剂存在下，由丙二醇先后与环氧丙烷及环氧乙烷反应制得。

破乳剂 PE 系列 demulsifier PE series

$$\begin{array}{l} CH_3 \\ | \\ CHO(C_3H_6O)_m(C_2H_4O)_nH \\ | \\ CH_2O(C_3H_6O)_m(C_2H_4O)_nH \end{array}$$

又名二羟基聚氧丙烯聚氧乙烯醚、二羟基聚醚。一种非离子表面活性剂。外观为浅黄色至黄色黏稠状膏体或固体。系列产品有 PE-2040、PE-2070、PE-22040、PE-22064、PE-22070 等。色度（铂-钴）≤300 号。羟值＜50mgKOH/g。溶于水、乙醇。成品通常含 35% 乙醇或甲醇溶剂。有毒！用作破乳剂，适用于油田原油破乳脱水及炼油厂原油脱盐。PE-22070 还可用作稀有金属萃取剂。可在氢氧化钾催化剂存在下，由多元醇依次与环氧乙烷、环氧丙烷经嵌段共聚反应制得。

破乳剂 PPG demulsifier PPG 又名

$$\text{HO}\text{—}[\text{CH}_2\text{CH}_2\text{CH}_2\text{O}]_m\text{—}\overset{\text{O}}{\overset{\|}{\text{C}}}\text{—NH}\text{—}\underset{}{\overset{\text{CH}_3}{\underset{}{\bigcirc}}}\text{—NH}\text{—}\overset{\text{O}}{\overset{\|}{\text{C}}}\text{—}[\text{OCH}_2\text{CH}_2\text{CH}_2]_n\text{—OH}$$

PPG型聚氨酯原油破乳剂。一种非离子表面活性剂。外观为乳白色至黄色黏稠性液体。pH值7~9。羟值≤50mgKOH/g。不溶于水，溶于油类。有毒！用作油包水型(W/O)原油乳状液的破乳脱水，具有脱水效率高、脱水速度快及适应性强等特点，使用时先用甲苯将本品稀释至一定浓度后，用泵注入输油管线端点或注入联合站脱水罐进口管线中，与含水原油一起进入脱水罐进行破乳脱水。由聚丙二醇与甲苯二异氰酸酯在二甲苯溶剂中经缩聚反应制得。

破乳剂PR-23
见"聚氧乙烯聚氧丙烯丙二醇醚"。

破乳剂SAP系列 demulsifier SAP series 又名聚氧丙烯聚氧乙烯多乙烯多胺

$$\text{RO}\underset{\text{OR}}{\overset{\text{CH}_3}{\underset{|}{\overset{|}{\text{Si}}}}}\text{—O}\underset{\text{OR}}{\overset{\text{CH}_3}{\underset{|}{\overset{|}{\text{—Si—O}}}}}\underset{m-a}{\text{—}}\underset{\text{OC}_2\text{H}_5}{\overset{\text{CH}_3}{\underset{|}{\overset{|}{\text{—Si—O}}}}}\underset{a}{\text{—}}\underset{\text{CH}_3}{\overset{\text{CH}_3}{\underset{|}{\overset{|}{\text{—Si—O}}}}}\underset{n}{\text{—}}\underset{\text{CH}_3}{\overset{\text{CH}_3}{\underset{|}{\overset{|}{\text{—Si—OR}}}}}$$

（R为聚氧丙烯聚氧乙烯多乙烯多胺醚基）

醚硅氧烷共聚物、多乙烯多胺聚氧乙烯聚氧丙烯与硅油的缩合物。一种非离子表面活性剂。外观为浅黄色液体。系列产品有SAP-91、SAP-116、SAP-1187、SAP-2187等。有效物含量≥66%。浊点6~18℃。pH值约7.0。脱水率＞95%。溶于水。有毒！主要用作油田原油破乳脱水、脱盐。具有低温脱水速率外、出水清等特点。在辛酸亚锡催化剂作用下，由聚氧丙烯聚氧乙烯多胺醚与硅油聚合制得。

破乳剂SP系列 demulsifier SP series
$C_{18}H_{37}O(C_2H_4O)_m(C_3H_6O)_n(C_2H_4O)_p$ 又名十八醇聚氧丙烯聚氧乙烯醚、聚氧丙烯聚氧乙烯十八醇醚。一种非离子表面活性剂。外观为浅黄色至褐色黏稠状透明液体。相对密度0.90~0.95。色度（铂-钴）≤300号。羟值56~58mgKOH/g。凝固点低于-45℃。易溶于水而呈乳白状液体，也溶于乙醇、乙醚、苯、四氯化碳。系列产品有SP-149、SP-159、SP-169、SP-179、SP-313等。有毒！用作油田原油破乳脱水，兼有减黏、防蜡等作用。加入油井中可降低原油黏度，避免油井堵塞。也可用于重油脱水。在氢氧化钠催化剂存在下，由$C_{8\sim18}$醇依次与环氧乙烷及环氧丙烷反应制得。

破乳剂 SPX－8603 demulsifier SPX－8603 又名 SPX－8603 聚氨酯破乳剂。一种非离子表面活性剂。外观为浅黄色至棕黄色黏稠性液体。pH 值 7～9。羟值 ≤ 50mgKOH/g。脱水率 ≥ 90%。不溶于水，溶于苯、二甲苯等有机溶剂。有毒！用作油田原油破乳脱水，脱水效率高、脱水速度快。使用时先用甲苯将本品稀释至一定浓度后，再用泵注入输油干线端点或注入联合站脱水罐进口管线中，与含水原油一起进入脱水罐进行破乳脱水。可在氢氧化钾催化剂存在下，由丙二醇依次与环氧丙烷、环氧乙烷反应制成嵌段共聚物后，再与甲苯二异氰酸反应制得。

破乳剂 ST 系列 demulsifier ST series 又名酚醛胺聚氧丙烯聚氧乙烯醚、聚氧丙烯聚氧乙烯醚胺醚。一种非离子表面活性剂。外观为浅黄色至黄色透明液体。系列产品有 ST－12、ST－13、ST－14 等。羟值 < 50mgKOH/g。色度（铂-钴）号 < 500 号。溶于水及油类。有毒！用作油田原油低温脱水、脱盐，兼有降黏、防腐等作用。可在氢氧化钾催化剂存在下，由酚醛树脂依次与环氧丙烷、环氧乙烷反应制得。

调整原料配比及稀释度，可得到不同型号的产品。

破乳剂 TA 系列 demulsifier TA series 又名酚胺型聚氧丙烯聚氧乙烯醚。

$$\underset{R}{\underset{|}{\overset{OM}{\underset{|}{\bigcirc}}}}\text{—}[A-B-M]_n$$

$$\begin{bmatrix} R = C_{10}H_{21} \sim C_{13}H_{27} \text{ 烷基} \\ M = (C_3H_6O)_a(C_2H_4O)_bH \\ A = \text{有机醛};B-\text{有机胺}; \\ n = 1 \sim 3 \end{bmatrix}$$

一种非离子表面活性剂。外观为浅黄色透明液体。系列产品有 TA1031、TA5031 等，分为水溶性及油溶性两种产品。商品常加有 35% 溶剂。羟值 ≤ 45mgKOH/g。凝固点 10～23℃。有毒！用作油田原油破乳脱水及炼油厂原油脱盐。脱水率 > 90%。具有破乳温度低、出水速率快、冬季流动性好等特点。可在催化剂存在下，由酚胺依次与环氧丙烷、环氧乙烷反应制得。

破乳剂 ZP 8801 demulsifier ZP 8801

$$HOCH_2CH_2CH_2O\text{—}[CH_2CH_2O]_n\text{—}[\underset{\underset{CH_3}{|}}{CH_2CH_2O}]_mH$$

又名丙二醇聚氧乙烯聚氧丙烯共聚物。一种非离子表面活性剂。浅黄色至棕色黏稠液体。凝固点 ≤ －30℃。浊点 4～8℃。HLB 值 11～13。pH 值 7～9。羟值 ≤ 45mgKOH/g。脱水率 ≥ 90%。易溶于水。用作原油破乳剂，适用于油包水型原油乳状液的脱水，具有脱水速度快、脱水率高的特点。以丙二醇（或乙二醇）为起始剂，在催化剂存在下与环氧丙烷及环氧乙烷反应制得。

破乳剂酚醛 3111 demulsifier phenolaldehyde 3111 又名烷基酚醛树脂聚氧

丙烯聚氧乙烯醚、酚醛 3111。一种非离子表面活性剂。外观为淡黄色至棕黄色黏稠液体。相对密度 0.9～1.05。固含量 63%～67%。羟值≤50mgKOH/g。色度（铂-钴）号≤300 号。凝固点 20～40℃。溶于水及油类。有毒！用作油田及炼油厂原油破乳脱水。尤对地温高的油田原油脱水更为有效。可在氢氧化钾催化剂存在下，由酚醛树脂依次与环氧乙烷、环氧丙烷反应制得嵌段共聚物，再用甲醇稀释至固含量为 65% 即制得本品。

扑尔敏

见"氯苯那敏"。

葡聚糖酶 dextranase 又名右旋糖酐酶。一种能切割右旋糖酐分子中 α-1,6-糖苷键的水解酶。存在于某些微生物及动物的组织中。可由青霉、曲霉、枯草芽孢杆菌、球形节杆菌等发酵制取。最适 pH 为 5～6.5，最适作用温度 40～50℃。不耐热，在 60℃ 受热数分钟即会失活。易受重金属（如 $FeCl_3$、钴离子）抑制。它可将不溶于水的高分子黏性葡聚糖催化分解为低黏度的异麦芽糖和异麦芽三糖。在制糖工业中可缩短蔗汁的澄清和结晶时间。加入牙膏、漱口水中可抑制不溶性葡聚糖生成、分解牙垢、预防龋齿。还可加至含糖饮料中，制取防龋齿食品。

葡立见

"氨基葡萄糖"。

葡萄糖淀粉酶 glucoamylase 又名淀粉葡萄糖苷酶、糖化（淀粉）酶、γ-淀粉酶。淀粉酶的一种，能从淀粉分子的非还原性末端依次切断 α-1,4 葡萄糖苷键，逐个生成葡萄糖；也能分解支链淀粉中分枝点的 α-1,6 葡萄糖苷键。按其对淀粉的分解率可分为两类：一类是以根霉来源为代表，分解率达 100%；另一类以曲霉来源为代表，分解率为 80%。不论那种类型，都能 100% 分解麦芽糖、潘糖及低分子糊精，几乎不能分解异麦芽糖。常用的生产菌是霉菌，用于生产酒精、酒类、淀粉糖等，也用于其他淀粉质原料糖化等。

葡萄糖酸 gluconic acid 又名右旋葡

$$HOOC-\underset{\underset{H}{|}}{\overset{\overset{OH}{|}}{C}}-\underset{\underset{OH}{|}}{\overset{\overset{H}{|}}{C}}-\underset{\underset{H}{|}}{\overset{\overset{OH}{|}}{C}}-\underset{\underset{H}{|}}{\overset{\overset{OH}{|}}{C}}-CH_2OH$$

萄糖酸、葡糖酸。无色结晶或粉末，略有酸味。熔点 131℃。微溶于乙醇，不溶于乙醚及多数常用溶剂。溶于水，并转化为 γ-葡萄糖酸内酯和 δ-葡萄糖酸内酯的平衡混合物溶液。市售品常为 50%～52% 的溶液，呈琥珀色，微有醋的气味。用于制作葡萄糖酸盐、葡萄糖酸内酯，以及配制洗瓶剂、防锈剂、铝材蚀刻剂等。也用作混凝土缓凝剂及油井水泥分散缓凝剂，分子结构中存在六个配位原子，可与水泥中 Ca^{2+} 形成螯合物，其缓凝效果优于其他羟基酸。由葡萄糖经空气氧化法或生物发酵法制得。

葡萄糖酸钙 calcium gluconate 白色结晶或颗粒状粉末。无臭，无味。熔点 201℃（分解）。易溶于沸水，略溶于冷水，不溶于乙醇、乙醚、苯。水溶液呈中性。用作螯合剂、缓冲剂、固化剂及食品营养增补剂等。也用作混凝土缓凝剂及油井水泥分散缓凝剂，分子结构中的羟基及羧基易吸附在水泥水化物的晶核上,从而对水化物结晶转化过程起延缓作用。由淀粉经水解、发酵、石灰乳中和制得。

葡萄糖酸钾 potassium gluconate 白色或黄白色结晶性粉末或颗粒。无臭,稍有苦味。易溶于水、甘油,难溶于乙醇,不溶于乙醚、丙酮。空气中稳定,加热至180℃分解。食品工业中用作营养增补剂、螯合剂及缓冲剂等。由葡萄糖酸与氢氧化钾或碳酸钾经中和反应制得。

葡萄糖酸锰 manganese gluconate 浅粉红色粉末。易溶于热水,微溶于乙醇,不溶于乙醚。产品有无水物及二水合物,用喷雾干燥制得的为无水物,由结晶所得的为二水合物。食品工业用作锰强化营养增补剂。用于乳制品及婴幼儿配方食品。由葡萄糖酸与氢氧化锰反应制得,或由葡萄糖酸内酯与硫酸锰反应制得。

葡萄糖酸镁 magnesium gluconate 白色至灰色细粉或颗粒,为无水物、二水合物或两者之混合物。无臭。易溶于水,微溶于乙醇,不溶于乙醚。理论含镁量为5.39%。用作食品镁强化剂,用于乳制品、婴幼儿配方食品等。也是人体补镁及心血管疾病的治疗药,与硫酸镁相比,具有口感好、低毒及易被人体吸收的特点。也用作缓冲剂、面团调节剂等。由葡萄糖酸与氢氧化镁或碳酸镁反应制得。

葡萄糖酸钠 sodium gluconate 白色或浅黄色结晶粉末或微细颗粒。易溶于水,微溶于乙醇,不溶于乙醚、苯。水溶液刚煮沸时稳定。对碱金属离子有螯合作用。用作螯合剂、电镀添加剂、食品营养增补剂。洗涤剂制备中,可替代三聚磷酸钠作助洗剂。也用作混凝土缓凝剂及油井水泥分散缓凝剂,能与Ca^{2+}、Mg^{2+}等碱金属离子形成配合物而产生缓凝作用。由葡萄糖发酵后经碱中和制得。

葡萄糖酸-δ-内酯 glucono-δ-lactone

$$HOCH_2CH(CHOH)_3C=O$$
$$\underline{\qquad\qquad O \qquad\qquad}$$

又名葡萄糖酸内酯。是葡萄糖酸脱除一个分子水后形成的内酯化合物。白色结晶或粉末。几乎无臭或略带气味。味先甜后酸。相对密度1.760。约于153℃分解。易溶于水,并缓慢水解,形成葡萄糖酸及δ-内酯和γ-内酯的平衡状态。不溶于乙醚,稍溶于乙醇。新配制的1%水溶液的pH值为3.6,2h后pH值变为2.5。无毒。用作果汁饮料酸味剂、豆腐凝固剂、蛋糕及面包膨松剂、pH值调节剂、螯合剂等。也用作化妆品中维生素稳定剂、牙膏除牙垢添加剂、显影剂等。由葡萄糖酸溶液中加入葡萄糖酸-δ-内酯晶种后,经浓缩、结晶、分离制得。

葡萄糖酸铜 copper gluconate 淡蓝色粉末。易溶于水,极难溶于乙醇,不溶于乙醚。水溶液呈微酸性。食品工业中用作铜强化营养增补剂,用于乳制品及婴幼儿配方食品。由葡萄糖酸与氧化铜反应制得,或由葡萄糖酸钙与硫酸铜反应制得。

葡萄糖酸锌 zinc gluconate 白色或近白色颗粒或结晶性粉末。除无水物外,也有含三个结晶水的产品。易溶于水,难溶于乙醇,不溶于乙醚、丙酮。高温时分解。食品工业中用作锌强化营养增补剂,可用于代乳品中。也用作补锌药,其生物利用度为硫酸锌的1.6倍,对消化道刺激性比硫酸锌小。由葡萄糖酸或葡萄糖酸内酯与锌盐反应制得。

葡萄糖酸亚铁 ferrous gluconate 灰黄色或浅黄绿色结晶性粉末或颗粒。有类似焦糖的气味。理论含铁量12%。易溶于水,极难溶于乙醇,不溶于乙醚。5%水溶液呈酸性。用作营养强化剂,用于谷类粉、乳制品、饼干、糖果等,也用于食用橄榄油,以稳定其油氧化变黑的颜色。由葡萄糖酸与还原铁反应制得,或由葡萄糖酸钡与硫酸亚铁反应而得。

葡萄糖氧化酶 glucose oxidase 又名 β-D-葡萄糖氧化还原酶,简称 GOD。一种能氧化葡萄糖生成葡萄糖酸的氧化还原酶,对 β-D-葡萄糖有很高的专一性,而对己糖、戊糖或双糖无氧化作用。白色至浅黄色粉末或淡棕色液体。易溶于水,不溶于乙醇、乙醚、甘油及氯仿。60%甲醇或50%丙酮溶液可使其沉淀。最适反应 pH 值为5.6,在 pH 值4.8~6.2时稳定,最适温度30~40℃。在 pH 值>8或 pH 值<0.2时均会失活。广泛用作抗氧化剂及用于生产葡萄糖酸。果汁、啤酒及罐头等食品中加入适量GOD 可有效地脱除氧气,减少或避免发生浑浊、沉淀及变色等现象。加入牙膏配方中,可加强口腔唾液中的自然防护机制,抑制引起龋齿的细菌繁殖和酸的产生。可由青霉菌或黑曲霉提取而得。

葡萄糖异构酶 glucose isomerase 又名木糖异构酶。是可将木糖、葡萄糖、核糖等醛糖转化为相应酮糖的异构酶。能催化 D-葡萄糖发生异构化反应,将其转变为果糖,因工业生产利用此种异构化反应,故一般转为葡萄糖异构化酶。相对分子质量8万~20万(因菌种而异),最适反应 pH 值6.5~8.0,在碱性 pH 值范围内稳定,最适温度65~80℃。Ag^+、Cu^{2+}、Ni^{2+}、Hg^{2+}、Zn^{2+}、Ca^{2+}、Fe^{3+}、Al^{3+} 等金属离子及山梨糖醇、木糖醇等,对酶活力有不同程度的抑制,而适当的 Mg^{2+} 及 Co^{2+} 的存在可以消除或减轻上述金属离子和糖醇的危害。主要用于生产果葡糖浆及果糖淀粉糖浆。许多微生物都能产生葡萄糖异构酶,常用的是放线菌的链霉菌、乳杆菌、假单胞菌等。

普伐他汀钠 pravastatin sodium 又名普百乐镇、富利他之。白色结晶,熔点145~146℃。为 HMG-C₀A 还原酶(3-羟基-3-甲基戊二酰辅酶)竞争性抑制剂,可抑制胆固醇的生物合成。用于高胆固醇血症和家族性高脂胆固醇血症。降胆固醇作用与洛伐他丁相似,口服吸收迅速,血浆浓度与剂量呈依赖关系,主要经胆汁随粪便排泄。由梨头霉属微生物发酵液经提取、分离制得。

普拉洛芬 pranoprofen 又名普南扑灵。白色结晶性粉末。熔点 183~183.5℃。不溶于水,溶于二氯甲烷、三氯甲烷。一种非甾体抗炎药。通过抑制环氧化酶活性而使前列腺素的生成减少,减轻组织的炎症反应,主要用于外眼及眼前节炎症的对症治疗。以苯并吡喃吡叮、多聚甲醛、二甲基甲酰胺等为原料制得。

普拉西坦 pramiracetam 又名 N-[2-(N,N-二异丙氨基)乙基]-2-氧-1-吡咯烷乙酰胺。无色结晶。熔点 162~164℃。其一水合物熔点 47~48℃。一种脑功能改善药,用于治疗早期退化性痴呆及轻至中度阿尔茨海默氏早老性痴呆。由吡咯烷酮乙酸乙酯、N,N-二异丙基乙二胺在甲苯溶液中反应制得。

普鲁本辛 probanthine 又名溴丙胺太林、溴化 N-甲基-N-(1-甲基乙基)-N-[2-(9H-呫吨-9-基-甲酰氧基)乙基]-2-丙铵。白色或类白色结晶性粉末。无臭,味极苦。熔点 157~164℃(分解)。易溶于水、乙醇、氯仿,不溶于乙醚。为合成抗胆碱液,有较强外周抗胆碱、抗毒蕈碱样作用,也有弱的神经节阻断作用,对胃肠道平滑肌具有选择性,抑制胃肠平滑肌的作用较强,对汗液、唾液及胃液分泌也有不同程度的抑制作用。用于治疗胃及十二指肠溃疡、胃炎、幽门痉挛、胰腺炎、结肠痉挛、妊娠呕吐及多汗等。由呫吨醇经氰化、水解、酯化及季铵化等反应制得。

普罗布考 probucol 又名畅泰、丙丁酚、之乐、4,4'-[(1-甲基亚乙基)二硫]双[2,6-二(1,1-二甲基乙基)苯酚]。白色结晶。熔点 124.5~126℃。难溶于水,溶于丙酮、苯。一种治疗原发性高胆固醇血症的药物。具有阻滞动脉粥样硬化病的发展、促使动脉粥样硬化病变消退的效应。有较强降低胆固醇的作用,但对甘油三酯无影响。本品也是一种脂溶性抗氧化剂,易进入机体内的各类脂蛋白,防止脂蛋白氧化、变性,减少血脂生成。以 2,6-二叔丁基苯酚、氯磺酸、硫磺等为原料制得。

普罗卡因胺 procainamide 又名普罗

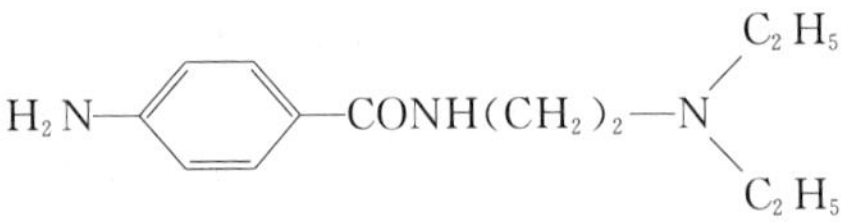

$$H_2N-\bigcirc-CONH(CH_2)_2-N\begin{smallmatrix}C_2H_5\\C_2H_5\end{smallmatrix}$$

卡因酰胺。其盐酸盐为白色至淡黄色结晶性粉末。无臭,有引湿性。熔点165～169℃。易溶于水、乙醇,微溶于氯仿,难溶于乙醚、苯。一种抗心律失常药,主要通过降低心肌细胞膜对 Na^+ 通透性,也降低 K^+ 和 Ca^{2+} 通透性,从而起到抑制心肌收缩力,降低心肌兴奋性、自律性和抑制冲动的传导等。用于治疗阵发性心动过速、房颤、房扑和早博等。服后有恶心、呕吐、厌食等副作用。用于纠正房颤、房扑时应先给饱和量的洋地黄类药物,控制心率在70～80次以后,再用本药。由对硝基苯甲酰氯与二乙氨基乙胺经缩合、氢化、成盐而制得。

普罗帕酮 propafenone 又名心率平、

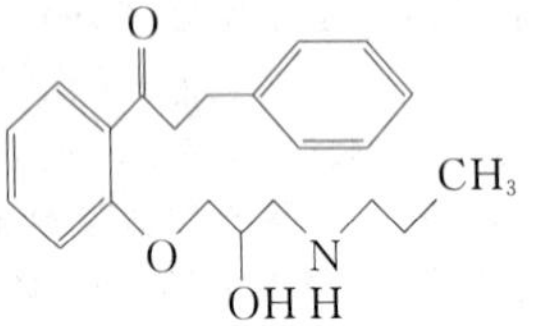

1-[2-[羟基-3-(丙胺基)丙氧基]苯基]-3-苯基-1-丙酮。白色结晶。无臭,味苦。熔点171～174℃。溶于热水、乙醇、四氯化碳,略溶于冷水,不溶于乙醚。为抗心律失常药,用于预防或治疗室上性和室性心律失常。以苯甲酸乙酯为起始原料,经重排、与苯甲醛反应、氢化、与环氧氯丙烷反应等过程制得。

普萘洛尔 propranolol 又名心得安、

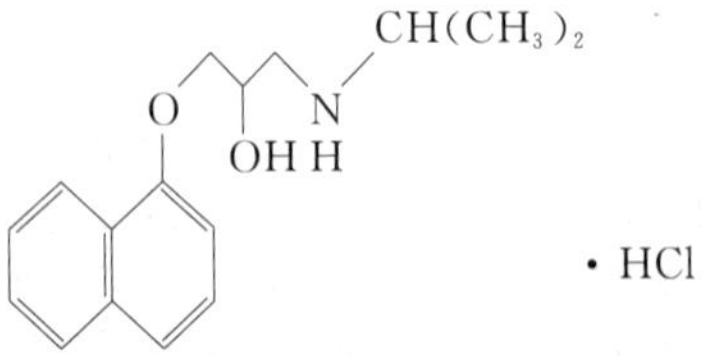

萘心安、盐酸普萘洛尔、1-异丙氨基-3-(1-萘氧基)-2-丙醇盐酸盐。白色至类白色结晶性粉末。无臭,味微甜后苦。熔点161～165℃。溶于水、乙醇,微溶于氯仿。1%水溶液 pH 值为 5.0～6.5。为 β 受体阻断剂。可使心率减慢,心肌收缩力减弱,心输出量减少,心肌耗氧量下降。能降低心肌自律性,还可使血压下降。用于治疗心绞痛、心律失常、充血性心力衰竭,对心输出量高的高血压治疗尤为适宜。由 α-萘酚与氯化环氧丙烷反应后,再经异丙胺胺化、成盐后制得。

七氟烷 sevenflurane 又名七氟醚、七氟异丙甲醚。无色透明液体。相对密度1.505。沸点58.5℃。蒸气压 2.67×10^4 Pa (25℃)。难溶于水,溶于醇、醚。化学性质稳定,不燃。一种氟代烃类吸入性全身麻醉药。用于各种手术的全身麻醉。具有麻醉作用强,血中溶解度低,诱导期低,苏醒快,对呼吸道无刺激性,肝、肾毒性较小等特点。由六氟异丙醇、多聚甲

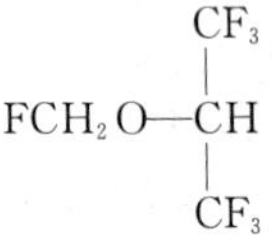

醛及氟化氢等反应制得。

七水硫酸镁 magnesium heptahydrate 又名泻盐、苦盐、硫酸镁。无色或白色斜方晶系针状或棱状结晶或粉末。$MgSO_4 \cdot 7H_2O$ 有清凉苦咸味。相对密度 1.68。折射率 1.433。易溶于水,缓慢溶于甘油,微溶于乙醇。水溶液呈中性。高于 48℃ 时失去一分子结晶水而成为六水合物。67.5℃ 时溶于自身结晶水中,同时析出一水硫酸镁。加热至 70℃ 时失去四分子结晶水,100℃ 时失去五分子结晶水,120℃ 时失去六分子结晶水,200℃ 时成为无水物。无水硫酸镁为白色或灰白色粉末,相对密度 2.66,熔点 1124℃,折射率 1.56。在空气中加热至 450℃ 时转变成碱式硫酸镁,加热至熔点时分解为 MgO、SO_2、SO_3 及 O_2。七水硫酸镁按用途分为医药级、食品级、工业级、肥料级、饲料级。用于制造镁盐、催化剂、陶瓷等。也用作塑料阻燃剂、饲料添加剂、水泥助凝剂、洗涤助剂、染料镇定剂、牙膏稳定剂、营养增补剂及增味剂等。由氧化镁或氢氧化镁与硫酸反应制得。

漆酶 laccase 一种糖蛋白类的氧化酶。能使对苯二酚等酚类物质脱氧,氧化成对苯二醌等醌类物质,广泛存在于植物和真菌中,漆树及棉花、松树、变色多孔菌中都存在有漆酶。不同来源的漆酶其相对分子质量有较大差别。漆酶具有广泛的作用底物,可氧化的底物包括酚类及其衍生物、芳胺及其衍生物、芳香羧酸及其衍生物等,可将它们氧化成有色物质。此性质可用于染发制品,在染发剂中可用作色素的发展剂,如配制能使灰发逐渐变黑的乌发摩丝。也可用于红茶制造,促进单宁等物质氧化,产生红茶所特有的色素及香味。逐渐促进漆的干燥,用于制造快干漆。可由漆树漆液中分离制得。

漆树酸 anacardic acid 是一类 2-羟基-6-烷基苯甲酸衍生物的总称。烷基为 15 个碳的不饱和直链,有单烯、二烯、三烯及顺反等多种异构体。广泛存在于漆树属植物的各个部分,可以漆树果壳油用溶剂萃取制得。为软蜡状固体或油状物质。从丙酮中结晶的漆树酸,熔点 34～37℃,溶于水、乙醇、乙醚及碱液中,漆树酸对链球菌、放线菌等有抗菌作用,用于口腔卫生制品有抑制牙周炎及防龋齿作用。由于具有抑制酪氨酸酶活性的作用,用于护肤品可在一定程度上延缓黑色素生成,达到增白效果。

齐墩果酸 oleandic acid 又名土当归

酸。白色结晶性粉末。无臭、无味。几乎不溶于水,微溶于乙醇、氯仿,溶于乙醚、丙酮。是一种五环三萜类化合物,以游离体及配糖体形式存在于多种植物中。具有强心、利尿、消炎、降血脂、降血糖以及增强免疫等作用。临床上用于治疗肺炎、菌痢、传染性急性黄疸型肝炎、泌尿系统感染、牙周炎等。由榽木根皮粉碎后经溶剂抽提制得。或由生产女贞子糖浆的药渣中萃取而得。

齐多夫定 zidovudine 又名叠氮胸苷、立妥威、3′-叠氮基-2′,3′-双脱氧胸腺嘧啶核苷。白色针状结晶。无臭。难溶于水,易溶于乙醇。为美国食品及药物管理局(FDA)批准的第一个用于艾滋病及其相关症状治疗的核苷类逆转录酶抑制剂,多采用联合用药。用药后可使患者存活期延长12~30个月,体重增加,并发感染减少,血清中的HIV(人免疫缺陷病毒)核心蛋白减少,但停药后又可回升,故需终身服药。主要毒副作用为骨髓抑制,且易产生耐药性。以脱氧胸腺嘧啶为起始原料,在三苯基膦、对甲氧基苯甲酸及偶氮二甲酸二乙酯作用下生成氧桥物中间体,再经叠氮化反应制得。

奇通红 Kiton red 一种激光染料。红色结晶性固体,吸收峰值为568nm,荧光发射峰值在545nm,激光发射峰值在620nm,激光转换效率为42%。具有互变异构特性,并随溶液pH值不同而改变其平衡,酸性溶液中倾向于烯醇式结构,而在碱性溶液中则倾向于酮式结构。有效激发波长>100nm。可适用于多种泵浦器得到有效激发。可以8-羟基久洛尼克、邻苯二甲酸酐、间苯二酚等为原料制得。

歧化松香 disproportionated rosin 是在催化剂存在下,松香部分被氧化、部分被还原,即发生歧化反应的产物。为脱氢松香酸、二氢松香酸及四氢松香酸的混合物。为淡黄色有玻璃光泽的硬脆固体。相对密度1.067。软化点≥70℃。沸点265℃(2kPa)。闪点210℃。燃点480~500℃。折射率1.5400(28℃)。难溶于水,易溶于乙醇、苯、甲醛、松节油、汽油等。空气中不易氧化。溶剂中不结晶,其他物性与松香基本相同。主要用于制造钾皂、钠皂。也用作热熔胶、压敏胶的增黏剂,橡胶乳化剂及增塑剂,电器绝缘材料及高级造纸胶料的配料等。由松香碎粉在钯-碳催化剂存在下经歧化反应制得。

气溶胶
见"气雾剂"。

气雾剂 aerosol preparation 又称气溶胶。是将具有特定用途的液体或固体的细小微粒散布于空气中的一种胶态分散体系,或是依靠压缩空气或液化气体的压力将容器中的内容物喷出的一种喷射系统,因气雾剂特定的使用方式、活性组分多样化及配方功能化,使气雾剂广泛用于日常生活、美容护肤、医药保健、工农业及旅游交通等行业。按使用场所和使用对象可将气雾剂分为家庭用气雾剂(如杀虫气雾剂)、美容护肤用气雾剂(如喷发胶)、医药用气雾剂(如中药气雾剂)、工业用气雾剂(如防锈气雾剂)、交通工具气雾剂(如化油器清洗剂)及其他气雾剂。通常,气雾剂是由灌状容器、阀门、有效成分、添加剂及抛射剂(加压物质)等所组成。

气相白炭黑 fumed silica SiO_2 又名气相二氧化硅、轻质二氧化硅。SiO_2含量99.8%以上的白色超细粒子,无定形球形颗粒。相对密度约2.2,表观密度$2.05g/cm^3$。比表面积$150\sim380m^2/g$。折射率1.45。不溶于水及普通酸,溶于苛性碱及氢氟酸,吸湿性强。具有增稠性、触变性、补强性及吸附性。在水或多元醇中,增稠作用最好在pH值为$4\sim9$的范围内,在非极性溶剂中有最大的增稠效应,用作橡胶补强剂,补强效果超过任何一种白色补强剂。也用作油墨、涂料及胶黏剂等的增稠剂及稳定剂,涂料消光剂,药物赋形剂,塑料薄膜防粘接的开口剂,催化剂载体等。以四氯化硅与氢气为原料,经高温气相水解制得。

汽车尾气净化催化剂 automobile exhaust purification catalyst 汽车尾气净化技术是利用汽车尾气自身的温度和组成,通过安装在净化器中的催化剂的催化作用,使尾气中的污染物CO、NO_x及碳氢化合物转化为无害的CO_2、H_2O与N_2后再排出。催化剂主要由载体、涂层及活性组分三部分组成。载体主要采用蜂窝状整体式,其基质分为堇青石陶瓷及金属两类。蜂窝状整体堇青石载体常为$\phi 125mm\times 85mm$的圆柱体或$\phi 145mm\times 80mm\times 128mm$的椭圆柱体,也可与催化转化器的壳体形状匹配,制成三角形或四角形等。金属载体常采用不锈钢或Fe-Cr-Al合金;载体壁上需要涂上一层多孔物质,以提高载体比表面积及负载活性组分,涂层物质常为Al_2O_3与SiO_2、MgO、CeO_2、ZrO_2、BaO、CaO等氧化物的复合物。活性组分分为贵金属及非贵金属两类:贵金属催化剂以Pt、Pa、Rn为主活性组分,以铈、镧等稀土元素为助剂;非贵金属催化剂是以非贵金属(Co、Ni、Mn、Cu等)及稀土氧化物为主活性组分。为节省贵金属用量,还有部分贵金属型催化剂。

汽油无碱脱臭催化剂 gasoline alkali-free deodorizing catalyst 一种专用转化汽油中硫醇的催化剂。主要用于总含硫量较低的催化轻汽油无碱脱臭工艺中,实现无碱渣排放。也可用于汽油碱洗后,博士试验(一种检验汽油产品中是否含有硫化氢和硫醇的试验方法)仍不合格的汽油净化。在催化剂作用下,可在常温下将硫醇含量不合格的汽油净化成博士试验合格的汽油。产品牌号YHS-216 为 $\phi 2\times(5\sim15)$ mm 的黑色条状,堆密度 $0.9\sim1.3$ g/mL,抗压强度 $\geqslant50$ N/cm。在操作温度 $30\sim45$ ℃、压力 $0.1\sim2.0$ MPa、空速 $1\sim1.5$ h^{-1} 的条件下,进口油含硫醇 $(15\sim150)\times10^{-6}$,净化后油中含硫醇博士试验合格。

汽油辛烷值增进剂 gasoline octane number improver 又名汽油辛烷值助剂。一种以 ZSM-5 分子筛为主活性组分,以白土为载体的微球。平均粒径一般为 $65\sim78\mu$m,Al_2O_3 含量、孔体积及比表面积随不同产品牌号而异。中国产品牌号有 CHO-1、CHO-2、CHO-3、CHO-4 及 CA-1 等。用于流化催化裂化装置,用作催化裂化主催化剂的助剂,添加量为主催化剂的 10%~15%。通过在 ZSM-5 沸石上的择形催化、异构化、抑制氢转移等反应,选择裂化汽油或液化气馏分中的直链、低辛烷值烷烃或烯烃,从而有效地提高汽油的辛烷值,相应增加液态烃的产率。由活性组分、载体经成胶、喷雾干燥、洗涤、过滤、干燥而制得。

前脱丙烷前加氢催化剂 front-end depropanization front-end hydrogenation catalyst 用于裂解气中碳三以下馏分未经分离甲烷、氢,即进行加氢除炔烃工艺过程所用催化剂。中国产品牌号有 BCH-21。外观为 $\phi 2.5\sim5$ mm 的土黄色球状或齿球状。活性组分为 Pd,载体为 Al_2O_3,堆密度 $0.7\sim0.9$ g/mL,抗压强度 $\geqslant40$ N/粒。反应工艺条件为:反应器入口温度 $25\sim100$ ℃,出口温度 $65\sim130$ ℃,反应压力 $0.69\sim2.6$ MPa,体积空速 $3000\sim6000$ h^{-1}。催化剂具有加氢选择性好、绿油生产量少、操作稳定性高等特点。由特制氧化铝载体浸渍钯及其他助剂溶液后,再经干燥、焙烧制得。

潜热储能材料
见"相转变材料"。

浅铬黄
见"铬酸铅"。

浅色松香脂 low color rosin ester 由松香酸、海松酸与甲醇、乙二醇、二聚乙二醇及甘油等经酯化反应生成的产物,主要成分为松香甲酯、氢化松香甲酯、松香乙二醇酯、氢化松香乙二醇酯及松香甘油酯等。软化点(环球法)$\geqslant$85 ℃。酸值 $\leqslant$10mgKOH/g。不溶于水,部分溶解于乙醇,溶于丙酮、苯、乙酸乙酯等。用作橡胶及塑料制品增塑剂。用于胶黏剂、涂料及油漆涂料时,能提高制品抗水性及涂膜光泽,并提高抗氧化性能,也可用作树脂漆的溶剂和香精的定香剂。

强化松香施胶剂 fortified rosin size 一种造纸浆内施胶剂。浅黄色或白色细小颗粒。总固体物含量 $\geqslant$95%。马来酸酐加合物含量 $\geqslant$10%。易溶于 60~80 ℃热水。2% 水溶液 pH 值 9~10。用作施胶剂,可直接制成乳状液,乳液稳定性好,放置数月不发生沉淀。可在打浆时,将施胶剂混合于纸浆内,使纤维吸附胶质,能免去熬胶、化胶工序。由松香加热融化与马来酸酐反应制得强化松香,再经碱液皂化、喷雾干燥制得。

强力霉素

见"多西环素"。

羟苯磺酸钙 calcium dobesilate 又名多

$$\left[\begin{array}{c} \text{OH} \\ \diagup \\ \text{HO} \qquad \text{SO}_3^- \end{array} \right]_2 \text{Ca}^{2+}$$

贝斯、导升明、安多明。无色结晶状粉末。熔点＞300℃（分解）。易溶于水、乙醇，不溶于乙醚、丙酮、苯、氯仿。暴露在空气中颜色变粉红色。为血管扩张药，具有直接扩张周围血管的作用。用于心力衰竭、动脉硬化、静脉疾病、心肌梗塞及心脏淋巴循环失调等疾病的治疗。由对苯二酚、硫酸及碳酸钙反应制得。

羟丙基淀粉 hydroxypropyl starch 又名羟丙基淀粉醚。是由淀粉与环氧丙烷在碱性催化剂存在下反应制得。白色粉末。无臭，无味。具有亲水性。由于引入羟丙基使淀粉分子间的氢键减弱，在水中易于膨胀及糊化。糊化温度随取代度增加而降低，取代度 0.4 增至 1.0，在冷水中分散好，更高取代度的产品在醇中溶解度增大，糊液透明，流动性好，凝沉性弱，有良好的黏度稳定性，在常温下放置 120h，黏度不发生变化。其凝胶对冻融稳定，对酸、碱、电解质及氧化剂也较稳定，用作经纱上浆剂、纸张施胶剂、食品增稠剂及稳定剂、药片崩解剂、钻井泥浆添加剂及黏合剂等。

羟丙基二淀粉甘油酯 hydroxypropyl distarch glycerol 又名羟丙基甘油二淀

$$\begin{array}{c} \text{CH}_2\text{—O—淀粉—O—CH—CH}_2\text{OH} \\ | \qquad\qquad\qquad\qquad\qquad | \\ \text{CHOH} \qquad\qquad\qquad\quad \text{CH}_3 \\ | \\ \text{CH}_2\text{—O—淀粉—O—CH—CH}_2\text{OH} \\ \qquad\qquad\qquad\qquad\quad | \\ \qquad\qquad\qquad\qquad\quad \text{CH}_3 \end{array}$$

粉。一种醚化淀粉。白色粉末。具有较强的亲水性及丰富的网络结构，吸水膨胀后仍具有良好的水分包藏能力和良好的黏液特性。主要用作食品增稠剂及乳化剂。可替代明胶用于冰激凌，提高稳定性，不致析水和结晶。由淀粉乳在碱性条件下与环氧丙烷进行醚化后，再与环氧氯丙烷进行交联制得。

羟丙基二淀粉磷酸酯 hydroxypropyl distarch phosphate 又名羟丙基磷酸双

$$\text{羟丙基淀粉—O—} \overset{\text{O}}{\underset{\text{ONa}}{\overset{\|}{\text{P}}}} \text{—O—羟丙基淀粉}$$

淀粉。一种变性淀粉。白色粉末。无臭，无味。易溶于水，不溶于有机溶剂。与原淀粉比较，其膨润性、透明度都显著提高。主要用作食品添加剂，用作增稠剂、稳定剂、粘接剂。也可代替果胶或部分代替琼胶生产果冻。由淀粉与环氧丙烷在碱性催化剂作用下进行醚化后，再与磷酸化交联剂进行酯化反应制得。

羟丙基瓜尔胶 hydroxypropyl guar 白色至淡黄色粉末。无臭，无味。主要化学成分为半乳甘露聚糖，数均相对分子质量 25×10^4，取代度 0.36～0.60。不溶于醇、醚、酮等有机溶剂，易溶于水。1%水溶液黏度≥220mPa·s，水溶液在常温或 pH 值 2.0～12.0 的范围内较稳定。加热至 70℃以上,黏度急剧下降,遇强氧化剂会发生降解,能与硼、钛、锆等多种金属元素或其化合物进行配位而形成凝胶体。与瓜尔胶原粉比较,具有残渣含量低、溶胀溶解速度快、胶液稳定性好、耐盐能力强等特点,是一种性能优异的压裂液稠化剂。可在相转移催化剂存在下,由瓜尔胶粉与环氧丙烷在碱性条件下进行醚化制得。

羟丙基甲基纤维素 hydroxypropyl methyl cellulose 白色粉末或疏松纤维状。是一种非离子型纤维素混合醚。羟丙基含量 5%～8%,甲氧基含量 26%～28%。黏度 40～60Pa·s(2%,20℃)。溶于一般有机溶剂,难溶于水,在水中溶胀形成透明胶体溶液,也可与其他水溶性高分子化合物混用,形成均匀、透明、黏度更高的溶液。有良好的成膜性、表面活性及特殊热凝胶化性质。用作分散剂、乳化剂、增稠剂、悬浮剂、黏合剂等,广泛用于合成树脂、食品、造纸、化妆品等行业。医药上用作肠溶性薄膜包衣材料及缓释骨架材料。由碱性纤维素分别与环氧丙烷和氯甲烷反应制得。

羟丙基羧甲基田菁胶 hydroxypropyl carboxy-methyl sesbania 一种非离子和轻度阴离子型的双重衍生物。淡褐黄色粉末。无臭,无味。易吸潮。不溶于水及多数有机溶剂。在水中易分解溶解,水不溶物含量 4%～12.2%。水溶胶黏度 53～110mPa·s。水溶液易与两性金属(或非金属)组成含氧酸阴离子的盐交联成冻胶,与高价金属阳离子也可轻度交联。与羟丙基田菁胶相比,其水不溶物更低,水溶速度更快,但水溶液黏度显著降低。可用作速溶性压裂稠化剂。以环氧丙烷为主醚化剂、一氯乙酸为副醚化剂、乙醇或异丙醇为分散剂,对田菁粉在碱性条件下进行醚化制得。主醚化取代度 0.4～0.8,副醚化取代度 0.02～0.06。

羟丙基田菁胶 hydroxypropyl sesbania 淡黄色或灰白色粉末。无臭,无味。不溶于醇、醚、酮等有机溶剂。遇水溶胀后缓慢溶于水中,形成高黏度溶液。1% 水溶液黏度 $\geqslant$100mPa·s。胶液在 pH 值 2.0～10.0 时稳定,pH 值大于 12 时,黏度明显下降。温度升高,黏度下降。降温时黏度又会发生可逆变化。与普通田菁胶比较,具有溶解速度快、胶液稳定性好、耐温高等特点。是一种性能优异的压裂液稠化剂。由田菁胶粉与环氧丙烷在催化剂存在下经醚化反应制得。

羟丙基纤维素 hydroxypropyl cellulose

$$\underset{}{\vdash}C_6H_7O_2(OCH_2\overset{CH_3}{\overset{|}{C}}HOH)_x(OH)_{3-x}\underset{}{\dashv}_n$$

(x 为取代度,n 为聚合度)

白色或淡黄色粉末。无臭,无味。在水中可膨胀。不溶于乙醇、乙醚、丙酮。在甲醇中产生白色絮状沉淀。可溶解于 10% 氢氧化钠溶液中呈黏性液体。是一种热塑性物质,可制成模压和挤压制品,浓溶液可制成液晶,有良好的增稠、乳化、黏合、成膜、分散及悬浮等性能,并具有良好的抗生物降解性。可用于替代甲基纤维素及其他一些纤维素醚,用于食品、纺织、造纸、日化等领域。用作药物赋形剂时,具有成型性好、抗霉变性强、人体吸收性好等特点。由精制棉绒浸渍氢氧化钠溶液碱化所得纤维素,与环氧丙烷经醚化反应制得。

2-羟基-4-苄氧基二苯甲酮 2-hydroxy-4-benzyloxy-benzophenone 又名紫外线吸收剂UV-13。浅黄色结晶粉末。熔点118～120℃。不溶于水,溶于醇、醚、酮等有机溶剂。挥发性小。低毒。与多数树脂有较好的相容性。用作乙烯基树脂、纤维素树脂及聚酯等的紫外线吸收剂,有良好的光、热稳定剂。可在纯碱及碘化钾存在下,由2,4-二羟基二苯甲酮与氯化苄反应制得。

2-(2′-羟基-3′,5′-二叔丁基苯基)-5-氯代苯并三唑 2-(2′-hydroxy-3′,5′-di-*tert*-butylphenyl)-5-chlorobenzotriazole 又名紫外线吸收剂UV-327。淡黄色结晶粉末。相对密度1.20。熔点152～156℃。不溶于水,微溶于乙醇、丙酮,溶于苯、乙酸乙酯、环己酮等。能强烈吸收波长为300～400nm的紫外线。与多数树脂相容性好。用作聚氯乙烯、聚丙烯、聚苯乙烯、聚氨酯、聚甲醛及ABS树脂等的光稳定剂,具有挥发性低、耐抽出等特点。与抗氧剂及其他光稳定剂并用有协同作用。以对氯邻硝基苯胺、亚硝酸钠及2,4-二叔丁基苯酚等为原料制得。

2-(2′-羟基-3′,5′-二叔戊基苯基)苯并三唑 2-(2′-hydroxy-3′,5′-di-*tert*-pentylphenyl)benzotriazole 又名紫外线吸收剂UV-328。白色至淡黄色粉末。相对密度0.91。熔点81℃。不溶于水,微溶于甲醇、乙醇,稍溶于丙酮,溶于甲苯、甲乙酮、环己烷等。能有效地吸收波长为270～380nm的紫外线,最大吸收波长为345nm。与多数树脂的相容性好。用作乙烯基树脂、纤维素树脂、ABS树脂及环氧树脂等的紫外线吸收剂,挥发性低、耐洗涤。由邻硝基苯胺与2,4-二叔戊基苯酚经重氮化、偶合、还原等反应制得。

L-羟基脯氨酸 L-hydroxy-proline 白色片状结晶或结晶性粉末。熔点274℃(分解)。易溶于水,微溶于乙醇,不溶于乙醚、丁醇,是胶原蛋白中的重要组成成分,分子中环上的羟基能与蛋白质的羧基或氨基形成氢键,具有强化三股螺旋坚固性的作用。用于护肤品有滋润皮肤和调理作用,可用于治疗阳光晒伤和灼伤;用于发水,有刺激生发作用;与维生素E合用有抗皱防老化作用。食品工业中用作营养强化剂及增味剂,用于果汁、清凉饮料及保健饮料中。由明胶、骨胶、干酪素等经盐酸水解、分离精制而得。

羟基固化型聚氨酯涂料 hydroxyl-curing polyurethane coatings 一种双组分涂料。是以含异氰酸酯基(—NCO)的加成物或预聚物为A组分,含羟基(—OH)的聚醚、聚酯、环氧树脂和丙烯酸树脂等为B组分,二者分开包装,使用时按一定比例混合而成,通过—NCO与—OH的反应而固化成膜。为了加速固化,常加入适量如辛酸锌、二丁基二月桂酸锡等催化剂。按A、B组分的类型及配比不同,可制得一系列涂料产品,广泛用于金属、木材、塑料、水泥、橡胶、机床、车辆、家电等的装饰涂装及石油化工设备、管道等的防腐涂装。

羟基硅油乳液 hydroxy silicone oil emulsion 一种羟基封端的高相对分子

$$HO-\underset{\underset{CH_3}{|}}{\overset{\overset{CH_3}{|}}{Si}}-O-[\underset{\underset{CH_3}{|}}{\overset{\overset{CH_3}{|}}{Si}}-O]_n-[\underset{\underset{R}{|}}{\overset{\overset{CH_3}{|}}{Si}}-O]_m-\underset{\underset{CH_3}{|}}{\overset{\overset{CH_3}{|}}{Si}}-R$$

质量聚硅氧烷乳液。白色至奶白色乳状液。pH值6~8。是由八甲基环四硅氧烷单体(简称D_4)经氢氧化钾开环、水解后,以表面活性剂为乳化剂,在催化剂存在下进行乳液聚合制得。根据所采用表面活性剂不同可分为阳离子、阴离子、非离子及复合离子等几种类型的乳液。主要用作织物整理剂,除赋予织物以优良疏水性外,也可改善织物手感,提高回弹性,还可用作脱模剂、润滑剂及柔软剂等。

2-羟基-3-磺酸基丙基淀粉 2-hydroxy-3-propyl sodium sulfonate starch 一种含磺酸基团的淀粉醚。微黄色粉末。活性物含量$\geqslant 85\%$。溶于水,水溶液呈弱碱性。用作钻井液降滤失剂,能有效地降低淡水泥浆、盐水泥浆和饱和盐水泥浆的滤失量,并具有较好的抗盐及抗钙、抗污染能力。由淀粉经氢氧化钠糊化后,与3-氯-2-羟基丙磺酸钠反应制得。

羟基化磷脂 hydroxylated lecithin 浅黄色至黄色粉末或颗粒,有特殊气味。碘值60~80gI_2/100g。酸值$\leqslant 38$mgKOH/g。过氧化值$\leqslant 50$meq/kg。丙酮不溶物$\geqslant 95\%$。部分溶于水及乙醇。比一般磷脂易分散于水中形成乳液。易溶于植物油。用作食品乳化剂、品质改良剂、脱模剂等。由天然磷脂经过氧化氢、乳酸及氢氧化钠羟基化后,再经丙酮脱脂制得。

2-羟基-2-甲基苯丙酮 2-hydroxy-2-methyl propiophenone 又名α-羟基-α-甲基苯丙酮。无色透明液体。相对密度1.077。沸点102~103℃(0.533kPa)。折射率1.5330。不溶于水,溶于醚、酮、芳烃等有机溶剂。也易与树脂混溶。属α-羟烷基芳基酮类光敏剂。具有热稳定性好、引发效率高、耐黄变性能优良等特点。用作制造紫外线光固化油墨、胶黏剂及涂料等的光敏剂,常用于聚酯、丙烯酸酯类光敏胶,也可用于水性紫外线光固化体系。由异丙基苯基酮经相转移催化羟化而制得。

2-(2-羟基-5-甲基苯基)苯并三唑 2-(2-hydroxy-5-methylphenyl)benzotriazole 又名紫外线吸收剂 UV-P。无色或淡黄色结晶粉末。相对密度1.51。熔点131～132℃。沸点225℃(1.33kPa)。微溶于水,溶于乙醇、丙酮、苯及汽油。能溶于碱生成黄色盐,加酸后则再沉淀析出。能吸收波长270～350nm的紫外线,而几乎不吸收可见光。热稳定性好,对酸、碱、氧化剂及还原剂均比较稳定。用作聚氯乙烯、聚酯、环氧树脂及乙酸纤维素等合成树脂及化妆品防晒剂的紫外线吸收剂。以邻硝基苯胺、亚硝酸钠及对甲基苯酚钠等为原料制得。

2-羟基-4-甲氧基二苯甲酮 2-hydroxy4-methoxy denzopheone 又名紫外线吸收剂 UV-9。浅黄色粉末。相对密度1.324。熔点62～66℃。沸点156～160℃(0.667kPa)。不溶于水,难溶于乙醇、正己烷,溶于苯、丙酮、甲乙酮及乙酸乙酯等,对光、热稳定,200℃不分解,能吸收380nm以下的紫外线,但不吸收可见光。与极性油类配伍良好,与非极性油类配伍性差。用作橡胶、乙烯基树脂、ABS树脂及聚酯等的光稳定剂,适用于浅色制品。也用作化妆品防晒液、防晒霜、唇膏等的紫外线吸收剂及涂料的防紫外线剂。以间苯二酚、硫酸二甲酯及苯甲酰氯等为原料制得。

2-羟基-4-甲氧基-二苯甲酮-5-磺酸 2-hydroxy-4-methoxybenzophenone-5-sulfonic acid 白色至淡黄色结晶性粉末。无臭。熔点>100℃。易溶于水、丙二醇,稍溶于乙醇、异丙醇、甘油,不溶于白油。为水溶性紫外线吸收剂,能吸收波长290～400nm的紫外线,而不吸收可见光。低毒。用作化妆品紫外线吸收剂,用于香波、染发剂、油膏、乳液等制品,主要用于水溶性产品配方。也用作乙酸乙烯酯、丙烯酸酯等聚合物乳液的光稳定剂。由2-羟基-4-甲氧基二苯甲酮经硫酸磺化制得。

8-羟基喹啉 8-hydrocyquinoline 又名8-羟基氮杂茂、喹啉醇。

白色结晶粉末。有酚味。见光变黑。熔点76.5℃。沸点266.6℃。几乎不溶于水、乙醚,易溶于乙醇、丙酮、苯、氯仿、矿物油。对金黄色葡萄球菌、大肠杆菌等有强杀灭作用。作为医药中间体,用于制造抗滴虫、螺旋体、阿米巴原虫药物氯碘喹啉、双碘唑啉、克泻痢宁等药品。也用作木材、竹制品、塑料及包装盒等的防霉剂,金属螯合剂,RNA合成抑制剂等。由邻氨基苯酚与甘油经环化反应制得。

羟基磷灰石载银抗菌剂 hydroxyl apatite carrier Ag anti-bacteria agent 指由有菌活性的银化合物与羟基磷灰石[通式为 $Ca_{10}(PO_4)_6(OH)_2$]混匀后,经高温焙烧,使银转变为金属态所制得的无机羟基磷灰石载银抗菌剂。具有不溶解、不挥发、耐高温、使用过程中不变色、安全性好、抗菌效率高等特点。将它加入塑料、陶瓷中,可以制取抗菌塑料、抗菌陶瓷等。参见"沸石载银抗菌剂"。

2-羟基膦酰基乙酸 2-hydroxy phosphonoacetic acid 又名膦酰基羟基乙酸。白色晶体。熔点 165~167℃。与水混溶。商品常为棕黑色液体。有效物含量 47%~53%。相对密度 1.3~1.4。熔点低于-40℃。沸点 101~103℃。能与水、甲醇或氢氧化钠溶液混溶。遇氧化剂能缓慢分解。有强腐蚀性。用作黑色金属的阴极型缓蚀剂,尤适用于低硬、低碱度、强腐蚀性水质,有极强的缓蚀作用,与二价离子有较强螯合作用,可用作金属离子稳定剂,有效地稳定水中的 Fe^{2+}、Fe^{3+}、Al^{3+}、Mn^{2+} 等,减少结垢及腐蚀。与锌盐并用有协同缓蚀作用。由二羟基乙酸与亚磷酸反应制得。

2-羟基-3-木质素亚丙基三甲基氯化铵 2-hydroxy-3-lignin-propylene trimethyl ammonium chloride 又名LN-25型木质素铵阳离子表面活性剂。褐色黏稠性液体。pH值 10~10.5。易溶于酸性溶液,具有良好的乳化、润湿及分散等性能。用作沥青乳化剂,制得的乳化沥青路面可比热沥青路面节约沥青 15% 左右,也用作土壤改良剂及沙土固化剂等。由造纸废液的木质素与环氧丙烷、三甲胺等反应制得。

羟基脲 hydroxyurea 又名氨甲酰基胺。白色或类白色针状结晶。无臭,无味。熔点 133~136℃(分解)。易溶于水、热乙醇,微溶于乙醇,不溶于乙醚。为核苷酸还原酶抑制剂,主要用于治疗慢性粒细胞白血病。对黑色素瘤、胃肠道癌、乳腺癌、肺癌、肾癌、膀胱癌及甲状腺癌等也有一定疗效。也可用于治疗顽固性银屑病和脓疱性银屑病。由氨基甲酸乙酯与氨水、盐酸等经缩合反应制得。

2-羟基-4-十二烷氧基二苯甲酮 2-hydroxy-4-dodecyloxylbenzophenone 浅黄色片状结晶性固体。无臭。松堆密度 $0.49g/cm^3$。熔点 44~49℃。不

溶于水,微溶于乙醇,溶于丙酮、苯、己烷及邻苯二甲酸二辛酯。能强烈吸收波长为280～340nm的紫外线,与聚烯烃有良好相容性,用作聚乙烯、聚丙烯、聚苯乙烯及聚氯乙烯等的紫外线吸收剂,着色性小,无污染性,也用作涂料光稳定剂。由间苯二酚与苯甲酸缩合制得2,4-二羟基二苯甲酮后,再与十二烷基溴缩合而成。

2-(2-羟基-5-叔辛基苯基)苯并三唑 2-(2-hydroxy-5-*tert*-octylphenyl) benzotriazole 又名紫外线吸收剂UV－5411。

白色粉末。相对密度1.18。熔点101～106℃。300℃以下不分解。不溶于水、乙二醇,微溶于乙醇,溶于苯、乙酸乙酯及苯乙烯等。能有效吸收波长为270～380nm的紫外线,吸收峰为345nm(乙醇中)。用作聚酯、硬聚氯乙烯、聚苯乙烯、聚甲基丙烯酸甲酯、ABS树脂等的高效光稳定剂,挥发性低,初期着色性小,尤适用于透明制品及高温加工的工程塑料。由邻硝基苯胺、对叔辛基苯酚经重氮化、偶合、还原等反应制得。

***α*-羟基酸** *α*-hydroxy acids 又名水果酸,指由水果提取出的有机酸的总称。包括羟基乙酸、乳酸、苹果酸、酒石酸、柠檬酸、甘油酸、抗坏血酸、葡萄糖酸、丙酮酸等,这些有机酸的共同特点是分子结构中α位置上有羟基或酮基,故称为α-羟基酸或酮酸。水果酸能激励皮肤内聚葡萄胺和其他胞间基质的生物合成,使皮内形成毛细管网络,增强皮肤的保水能力,皮肤可显得更丰满而减少细小皱纹。故一些水果可用作美白化妆品的美白活性成分。

羟基喜树碱 hydroxy camptothecine 一种生物碱,黄色棱柱状结晶。熔点266～267℃。不溶于水,微溶于甲醇、吡啶、氯仿等有机溶剂,稍溶于乙酸、二甲基甲酰胺。溶液有荧光。有抗碱作用及抗病毒作用。与喜树碱相比,毒性低、抗癌谱广。主要用于食道、胃、肝癌、头颈部肿瘤和白血病的治疗。由乔木喜树的根、皮或果实经溶剂萃取制得。

4-羟基香豆素 4-hydroxycoumarin 又名2-羟基-2*H*-1-苯并吡喃-2-酮。淡黄色针状结晶。熔点213～214℃。溶于热水,易溶于乙醇、乙醚。与三氯化铁作用呈棕色。医药上用于制备双香豆素、香豆素乙酯、抗凝风药等;农药工业用于制造杀鼠灵、氯杀鼠灵、克杀鼠、杀鼠萘等杀鼠药。羟基香豆素也是一种合成香料,稀释后有似干的稻草及烟草气息。由乙酰水杨酸甲酯环合制得。

4-羟基-3-硝基苯胂酸 4-hydroxy-3-nitrophenyl arsenic acid 又名3-硝基-4-羟基苯胂酸。浅黄色针状或片状结晶。熔点>300℃。微溶于冷水。溶于沸水,易溶于甲醇、乙醇、乙酸及碱液,不溶于乙醚。用作动物饲料添加剂,有促进生长及增强动物抗病能力。医药上用于合成新胂丸纳明、乙酰胂胺等,也用作检定锗的试剂,由对羟基苯胂酸经硝化制得。

羟基亚乙基二膦酸 hydroxy ethylidene diphosphonic acid 又名羟基乙烷二膦酸。纯品为白色无定形结晶粉末。纯度97%～98%时,熔点196～198℃。与水混溶。溶于甲醇、乙醇。商品一般为50%～62%的无色至淡黄色透明水溶液。由于在水中可离解4个氢离子和多个酸根离子,离解后的负离子可和水中Ca^{2+}、Mg^{2+}等金属离子生成稳定的六元环络合物,是一种兼具缓蚀、阻垢性能的螯合剂及水处理剂。缓蚀率约为无机聚磷酸盐的4倍,适用作锅炉注水、空调水、油田注水及循环冷却水的缓蚀阻垢剂。也用作无氰电镀络合剂、金属清洗剂、过氧化物稳定剂等。由三氯化磷与冰乙酸反应生成乙酰氯,再与亚磷酸反应制得。

12-羟基硬脂酸 12-hydroxystearic acid
$CH_3(CH_2)_5CH(OH)(CH_2)_{10}COOH$
白色片状或针状结晶或粉末。熔点82～93℃。不溶于水,溶于乙醇、乙醚、丙酮、苯等。用作聚氯乙烯润滑剂及抗粘连剂,不影响制品透明性,并有防止离析结垢效果。低毒,可用于食品包装材料。也用于制备其他润滑脂及用于有机合成。由蓖麻油经加压氢化、皂化、酸解等反应制得。

2-羟基-4-正辛氧基二苯甲酮 2-hydroxy-4-*n*-octyloxybenzophenone 又名紫外线吸收剂UV-531。白色至浅黄色结晶粉末。相对密度1.160。熔点48～49℃。不溶于水,微溶于二氯乙烷,稍溶于乙醇,溶于苯、丙酮、正己烷等。能强烈吸收波长为300～375nm的紫外线。挥发性小。低毒。与多数树脂相容性好。广泛用作聚烯烃、各种塑料及涂料的光稳定剂。单独使用不变色,与酚类抗氧剂、受阻胺类光稳定剂并用有协同效应。也用作防晒化妆品的紫外线吸收剂。由2,4-二羟基二苯甲酮与1-溴代正辛烷反应制得。

N-羟甲基丙烯酰胺 N-hydroxy methyl acrylamide 白色结晶粉末。相
$CH_2=CHCONHCH_2OH$

对密度 1.185(23℃)。熔点 75℃。对亲水性溶剂都有一定溶解度，而不溶于烃、卤代烃等疏水性溶剂，溶于水、乙醇、丙烯酸甲酯等，难溶于芳烃、氯仿。当水溶液有酸存在时，加热会聚合成不溶的树脂，存放时间过长也能自聚，使其不能使用。分子结构中含有与羰基共轭的双键和富有反应性的羟甲基，双键可与一些含烯键单体共聚而引入羟甲基，仅加热即可交联。广泛用作交联性单体，用于合成树脂、丙烯酸酯类乳液聚合、涂料及纤维改性等，制造乳液胶黏剂、皮革处理剂、防水剂、阻燃剂等。由丙烯酰胺与多聚甲醛反应制得。

羟甲基硬脂酰胺 hydroxymethyl stearoylamide 又名 N-羟甲基十八烷酰胺，柔软剂 MS-20。白色粉末。熔点>107℃。碘值≤2gI$_2$/100g。酸值≤1mgKOH/g。几乎不溶于苯及醇类。在酸性条件下或熔点以上温度时分解，释出甲醛并生成亚甲基双硬脂酰胺。用作纤维柔软剂，用于棉、黏胶、涤纶及混纺织物的柔软整理，也用作纸张疏水剂、热固性树脂用的润滑剂、防水剂等。由硬脂酰胺在碱性催化剂存在下，与甲醛反应制得。

$C_{17}H_{35}CONHCH_2OH$

羟乙基淀粉 hydroxyethyl starch 又名羟乙基淀粉醚。为淀粉分子中的羟基与环氧乙烷反应生成的非离子淀粉醚。白色粉末。无臭，无味。具有亲水性，高取代度产品可溶于冷水。1%水溶液的 pH 值为 6.5～7.0。糊化温度 54.5℃。糊液透明度高，流动性好，凝沉性弱，稳定性高，透明度优于氧化淀粉。在低温下存放或冷冻再融化，重复多次，仍能保持原有的胶体结构。盐或硬水对糊液的稳定性无影响。糊的成膜性好，柔软平滑。用作纤维经纱上浆剂、织物抗皱整理剂、印花糊料、纸张表面施胶及涂布剂、瓦楞纸黏合剂、片剂崩解剂、钻井添加剂及血浆增稠剂等。

淀粉-OCH_2CH_2OH

β-羟乙基间苯二胺 β-hydroxyethyl-m-phenyldiamine 又名固化剂3号。浅黄色至黄色黏稠液体。溶于水、乙醇。与环氧树脂相容性好，吸湿性比乙二胺、二乙烯三胺略高，黏性较乙二胺大，挥发性及毒性比乙二胺小。主要用作环氧树脂室温固化剂，固化物电性能优良，化学稳定性好，机械强度及热变形温度较高。由环氧乙烷与间苯二胺反应制得。

羟乙基十五烷基咪唑啉甜菜碱 hydroethyl pentadecyl imidazoline betaine

又名羟乙基棕榈酸咪唑啉甜菜碱。属两性表面活性剂。白色膏状物。固含量 38%～42%。pH 值 7.5～8.5。易溶于水。具有良好的发泡性,泡沫高度165mm。有较强去污、洗涤性能,抗硬化能力强。对皮肤和眼睛的刺激性低,可生物降解。用于配制洗发香波、化妆品净洗调理剂。也用作相转移催化剂。由棕榈酸与羟乙基乙二胺经缩合、烷基化反应制得。

羟乙基纤维素 hydroxyethyl cellulose

$[C_6H_7O_2(OCH_2CH_2OH)_x(OH)_{3-x}]_n$

(x 为取代度,n 为聚合度)

白色或淡黄色纤维状或粉末固体。无臭,无味。不同取代度的产品有不同的黏度和性能。一般分为碱溶性和水溶性两类。取代度 x 为 $0.05 \sim 0.5$ 时,溶于碱水溶液;x 为 $0.2 \sim 0.9$ 时,为碱溶性;$x \geqslant 1.0$ 时为水溶性。是一种非离子型表面活性剂,在冷水和热水中均能溶解并形成假塑胶溶液。在 pH=$2 \sim 12$ 范围内稳定。应用最广的是 x 为 $1.3 \sim 1.5$ 的水溶性制品,具有增稠、悬浮、乳化、分散、保水、黏合等作用。用作分散剂、增稠剂、乳化剂、胶体保护剂、黏合剂等,广泛用于涂料、油墨、染料、农药、轻工、医药及采矿等领域。由碱纤维与环氧乙烷反应制得。

羟乙基纤维素乙基醚 ethyl hydroxyethyl cellulose 又名乙基羟乙基纤维素。白色至浅黄色或浅灰白色颗粒或细粉。无臭,无味。氧乙烯基($-OCH_2CH_2-$)含量 $10\% \sim 38\%$,乙氧基($-OC_2H_5-$)含量 $7\% \sim 19\%$。有吸湿性。在水中溶胀成透明至半透明黏性胶体溶液。不溶于沸水及乙醇。溶于含乙醇的脂肪烃溶剂。可燃。有良好的分散、增稠性能。用于制造薄膜及用作乳化剂、增稠剂、稳定剂等。由环氧乙烷、氯乙烷、碱与纤维素反应后精制而得。

N-羟乙基乙二胺 N-hydroxyethyl ethylenediamine 又名 β-羟乙基乙二胺、固

$H_2N(CH_2)_2NH(CH_2)_2OH$

化剂 1 号。无色至淡黄色黏稠液体,有胺类臭味。相对密度 1.030。沸点 $238 \sim 240$℃(204kPa)。闪点 129℃。折射率 1.4861。与水、乙醇混溶,微溶于乙醚。呈强碱性,易吸湿,低毒。用作环氧树脂室温固化剂,固化速度比乙二胺慢。也用于制造合成树脂、表面活化剂、洗涤剂、化妆品及润滑油添加剂。由环氧乙烷与乙二胺反应制得。

鞘磷脂酶 sphingomyelinase 一种能分解鞘磷脂的水解酶。鞘磷脂是生物膜的重要构件之一,富含于神经胶质细胞和红细胞中。它由鞘氨醇、脂肪酸和磷酸胆碱所组成。鞘氨醇在体内易与脂肪酸生成神经酰胺,而鞘磷脂酶能将鞘磷脂水解成神经酰胺和磷酸胆碱。神经酰胺是一种内源性调节剂。化妆品中使用鞘磷脂酶,可提高皮质层内神经酰胺的水平。它也是一种平衡皮肤保湿保温性能的酶,对皮肤有较好滋润作用。鞘磷脂酶在人体肝脏、胎盘及尿液中均有存在。可由发酵法从乳酸菌类制得。

茄替胶 ghatti gum 又名印度树胶。白色至浅褐色粉末。无臭或微臭。主要成分为高分子酸性多糖类。由 L-阿拉伯糖、D-半乳糖、D-甘露糖、D-木糖及 D-葡糖醛酸等组成,相对分子质量约 2 万。

溶于水,不溶于90%乙醇,溶于5倍量的水时形成高黏度胶体。水溶液一般呈酸性。其黏度在中性时高,酸性或碱性时低。黏度比阿拉伯胶大,但黏着性较小。有优良的乳化性及缓冲性。可用作增稠剂、稳定剂、乳化剂及被膜剂。也用作阿拉伯胶的替代品,主要用于冰淇淋、乳化香精、香肠等。由君子科或榆绿木属植物树杆所渗出黏液采集后,经干燥、粉碎制得。

芹菜酮 celery ketone 又名3-甲基-5-丙基-2-环己烯-酮。

淡黄色至黄色液体。自然界尚未报道其存在。相对密度0.9276。沸点242～248℃。闪点110℃。不溶于水、甘油,溶于乙醇、乙醚、非挥发性油。属酮类合成香料,具有草香和辛香香气,芹菜香韵。用于调配香皂、清洁用品、美容用品及洗烫护理等香精。用作醛式素心兰及馥奇的修饰剂等。由丁醛与乙酸酯在叔胺存在下反应后,经脱水及脱去酯基后制得。

青储饲料添加剂 silage feed additives 青储饲料是为了使青饲料保持养分,减少养分散失在青储容器中经乳酸菌发酵或用化学制剂调制保存的饲料。现代青储技术中最重要的方法之一是采用青储饲料添加剂,它可以抑制有害微生物的活动,防止饲料霉烂,减少有效成分及养分流失,提高营养价值。品种较多,大致分为4类:①发酵促进剂,可促进乳酸发酵,如乳酸菌接种等;②发酵抑制剂,可抑制微生物生长,如有机酸及其盐类、无机酸等;③腐败抑制剂,可抑制好气性腐败菌,防止饲料腐败,如丙酸、丁酸、乙酸、异戊酸等;④营养性添加剂,如尿素、氨、磷酰脲、食盐、石灰石、硫酸钠等。

青蒿素 arteannuin 又名黄花蒿素、

黄蒿素。一种倍半萜过氧化物。白色针状结晶。熔点156～157℃。难溶于水。溶于甲醇、乙醇。易溶于丙酮、氯仿、乙酸乙酯。为一种高效、速效抗疟药。用于恶性疟,对脑型疟有卓效。对血吸虫也有杀灭作用。青蒿素是目前用于临床的各种抗疟药中起效最快的一种,缺点是口服活性低、半衰期短、复发率较高。由菊科植物黄花蒿叶粉经溶剂萃取制得。

青霉素G penicillin G 又名苄青霉素、苄基青霉素钠盐、青霉素。临床上常用的一种青霉素。白色结晶性粉末。无臭或微有特异性臭。熔点215℃(分解)。易溶于水,溶于乙醇,不溶于脂肪油或液体石蜡。结晶很稳定,室温保持数年活性不变。遇酸、碱、氧化剂、青霉素酶等均能使青霉素的 β 内酰胺环打开而失效。其水溶液在室温下放置易失效。主要抗革兰阳性菌、革兰阴性球菌、嗜血杆菌属、致病螺旋体等。因不耐酸且不耐酶,口服吸收差,只能注射给药。其抗菌药效以国际单位(U)表示,一个国际单位等于 $0.6\mu g$ 的纯结晶青霉素钠盐的抗菌活性。临床上用于敏感细菌引起的各种感染性疾病,如气管炎、肺炎、脑膜炎、丹毒、化脓性扁桃体炎、腥红热、败血症、白喉、啉病、梅毒及放线菌病等。

氢碘酸 hydroiodic acid 又名碘化氢溶液。无色或微黄色液体。有氧存在时会氧化而游离出碘而呈黄色至褐色。商品氢碘酸有 57%HI(相对密度 1.70,沸点 170℃)、47%HI(相对密度 1.5)及 10%HI(相对密度 1.1)等,有些商品含有 1.5%磷酸作稳定剂。是一种强酸,有很强的还原作用,能与许多金属形成碘化物。可溶解碘。与水、乙醇混溶。本身不燃,但与氧、钾、硝酸及氯酸钾等会发生激烈反应。有强腐蚀性。气体或蒸气能刺激眼睛和呼吸系统,液体能灼伤皮肤。用于制造碘化物、医药、染料、香料等。也用作金属酸洗剂、乙醇改性剂、集成电路蚀刻剂及通用试剂。由碘与红磷反应经蒸馏而得。

氢化蓖麻油 hydrocastor oil 又名蓖麻硬化油。白色或灰白色硬固体或细粉。溶点 82～87℃,因氢化程度而异。在有机溶剂中溶胀,但不溶解。在非极性和低极性涂料系统中,如以烃类为溶剂的中油、长油醇酸树脂涂料中溶胀时,分子之间形成凝胶结构,从而会使涂料产生触变性及增稠性。在极性涂料体系中会发生溶解,因而增稠性较差。用作涂料触变剂、防沉淀剂及增稠剂,适合制造原浆涂料。也用于制造肥皂及表面活性剂氢化蓖麻油聚氧乙烯醚等。由蓖麻油催化加氢制得。

氢化钙 calcium hydride CaH_2 无色斜方晶系结晶。工业品因含杂质常为灰色块状。相对密度 1.902。熔点 1000℃。600℃ 开始分解。常温下不与干燥的氧、氮、氯反应,高温下则可反应分别生成 CaO、Ca_3N_2、$CaCl_2$。不溶于乙醚、二硫化碳等有机溶剂。潮湿空气中易生成氢氧化钙。遇水或乙醇激烈反应并放出氢气。$1gCaH_2$ 可释放出 1L氢气,故可用作便携式氢源。加热至 600～1000℃ 时,可将铬、铌等氧化物还原,其对金属氧化物的还原作用比氰化钠、氢化锂更强。用作有机化合物的脱水、加氢及缩合剂,氢气发生剂。用作干燥剂其干燥效果优于五氧化二磷。也用于粉末冶金,由铌、锆等金属氧化物制取相应的金属粉末。由金属钙与氢气反应制得。

氢化锆 zirconium hydride ZrH_2 灰黑色至黑色金属粉末。四方晶系。相对密度 5.6。空气中稳定,一般情况下不与水及弱酸反应,易溶于 1%～5%的氢氟酸。遇氧化剂及强酸剧烈反应。100℃ 开始分解,270～600℃ 时会起火燃烧,并发出耀眼的亮光。加热抽真空时能可逆地失去所有的氢而成为金属。

为强还原剂。用作制造铁合金时的脱氧剂及脱硫剂、真空管吸气剂、金属陶瓷黏合剂、氢气发生剂、助熔剂、核反应堆的减速材料等。也用于制造焰火、照明弹及雷管等。由高纯金属锆与氢气反应制得。

氢化甲基纳迪克酸酐 hydrogenated methyl Nadic anhydride 一种甲基纳迪克酸酐的氢化产物。淡黄色液体。相对密度1.238。黏度30mPa·s(25℃)。熔点低于0℃。有较高的耐热性。用作环氧树脂胶黏剂的耐热固化剂。固化双酚A型环氧树脂玻璃化温度162℃,是液体酸酐固化剂中最高者,能耐长期热老化,耐热时间是甲基纳迪克酸酐的1.5倍。由甲基纳迪克酸酐经催化加氢而得。

氢化可的松 hydrocortisone 又名皮质醇。白色结晶性粉末。无臭,无味。熔点217～222℃(分解)。不溶于水、乙醇,微溶于氯仿,略溶于乙醚、丙酮。为肾上腺皮质激素药,用于肾上腺功能不全所引起的疾病、类风湿性关节炎、风湿性发热、严重气管哮喘及过敏状态、脑膜炎及肺炎等严重感染引起的中毒症状等。以17α-羟基黄体酮为原料制得。

氢化锂 lithium hydride LiH 无色透明立方晶系结晶或粉末。见光色泽变暗而成灰色。相对密度0.78(25℃)。熔点688.7℃。700℃开始分解成锂和氢。溶于乙醚,不溶于苯、甲苯。遇水分解成氢气和氢氧化锂。常温下不与氧、氯及氯化氢等反应,高温下则会反应并生成相应的氧化物及氯化物。也能与乙醇、四氯化碳、液氨等反应。是强还原剂。在湿空气中会自燃,遇热及氧化剂有燃烧或爆炸危险,有毒!用作合成酯、胺、腈等有机化合物的选择性还原剂。也用作氢气发生剂、缩合剂、干燥剂及用于制造氢化铝锂等。由熔融锂与氢气反应制得。

氢化铝 aluminium hydride AlH_3 无色至白色六方晶系结晶或粉末。易溶于四氢呋喃,与乙醚形成加合物而微溶于乙醚,遇水、湿气或酸类会发生剧烈反应并释出氢气。对热不稳定,加热至150～200℃即分解,并放出氢气。遇光及乙醇也会发生分解,为强还原剂,粉尘对呼吸道、黏膜及眼睛有刺激作用。用作有机合成还原剂、聚合催化剂、氢气发生剂。也用于塑料化学电镀的镀层。由氢化铝锂与三氯化铝在惰性气氛下反应制得。

氢化铝锂 lithium aluminium hydride LiAlH₄ 又名四氢化铝锂。无色至灰色单斜晶系结晶或粉末。相对密度0.917。熔点约120℃。125℃分解,生成铝、氢及氢化锂。溶于乙醚、四氢呋喃、二甲基熔纤剂,微溶于正丁醇,极难溶于烃类、二噁烷。遇水及乙醇激烈反应,并放出氢气。干燥空气中及常温下稳定,在潮湿空气中会迅速分解而放出氢气。长期存放会自发分解。研磨时会着火。与强氧化剂接触会引起爆炸。用作有机合成反应的强还原剂,如将含氧不饱和基团还原成相应的醇,将硝基还原成氨基,还原炔键为烯键等。也用于制造医药、香料及用作火箭燃料添加剂等。由氢化锂与氯化铝反应制得。

氢化钠 sodium hydride NaH 纯品为无色立方晶系结晶。市售品是以微细粉末拌和矿物油的浆状物。为灰白色,遇湿空气能自燃。相对密度1.396。230℃以上易燃烧生成氧化钠。加热至420℃分解为氢气及金属钠。不溶于有机溶剂、液氨,溶于熔融氢氧化钠、钾钠合金。高温下可与卤素、CO_2及SO_2等反应,还原性极强,可从金属氧化物、氯化物中将金属游离出来。干燥空气中稳定。加热或接触水或酸类能发生放热反应,并可引起着火。用作有机合成还原剂,如醚的合成,酯、羧酸等有机物的烷基化、酰化等。也用作烯烃聚合催化剂、金属表面钝化剂、干燥剂及制造金属氢化物等。由金属钠与氢气在惰性溶剂中反应而得。

氢化葡萄糖浆 hydrogenated glucose syrups 无色黏稠性透明液体。主要成分为麦芽糖醇(50%～90%)、山梨糖醇(2%～8%)、麦芽三糖醇(5%～25%)等氢化多聚糖。有甜味。易溶于水,难溶于乙醇。有很强吸湿性。主要用作食品甜味剂、保温剂、稳定剂、组织改良剂及填充剂等。由淀粉乳水解制得的葡萄糖浆,在镍催化剂存在下经催化加氢制得。

氢化松香 hydrogenated rosin 一种改性松香,是松香中松香酸的共轭双键在催化剂作用下部分或全部被氢所饱和的产物。部分为氢所饱和的松香称氢化松香或二氢松香,全部为氢所饱和的称四氢松香或全氢松香。氢化松香为无定形透明固体。相对密度1.045。软化点76～77℃。闪点203℃。折射率1.5270。不溶于水,溶于苯、丙酮、植物油、松节油及石油烃。由于加氢降低了松香的不饱和度,使松香色浅、脆性减小、抗氧化性及溶解性提高、初黏性及粘接性改善。用作溶剂胶、热熔胶及压敏胶的增黏剂,橡胶的软化剂、增塑剂及增强剂,口香糖的咀嚼剂等,也用于制造氢化松香皂、防水剂、油墨及油漆等。由熔融松香在钯碳催化剂存在下加氢而得。

氢化松香甘油酯 hydrogenated ester gum 又名氢化酯胶。浅黄色透明粒状或片状固体。相对密度1.06～1.070。软化点80～90℃。不溶

$$CH_2—O—CO—C_{19}H_{31}$$
$$CH—O—CO—C_{19}H_{31}$$
$$CH_2—O—CO—C_{19}H_{31}$$

于水、乙醇,溶于乙醚、丙酮、苯、氯仿、乙酸乙酯及橘子油。与普通松香比较,耐候性及抗氧化性提高。无毒。用作热熔胶及压敏胶的增黏剂,也用作乳化剂、稳定剂、胶姆糖基础剂。由氢化松香与甘油酯经酯化反应制得。

氢化松香季戊四醇酯 pentaerythritol ester of hydrogenated rosin 浅黄色粒状或片状透明固体。软化点 95～180℃。酸值 ≤ 20mgKOH/g。黏度 3000mPa·s(140℃)。不溶于水、乙醇,溶于甲苯、丙酮、氯仿、乙酸乙酯、松节油及溶剂汽油等。与普通松香比较,具有更好的黏合性、抗氧化性及耐候性,用作压敏胶及溶剂型胶黏剂的增黏剂,也用作乳化剂、稳定剂。由氢化松香与季戊四醇经酯化反应制得。

氢化松香甲酯 methanol ester of hydrogenated rosin 又名液体松香树脂、SJ-30 液体树脂。淡黄色黏稠性液体。酸值 8～16mgKOH/g。黏度 4.0～4.8Pa·s(25℃)。不溶于水,溶于甲醇、乙醇、丙酮、甲苯、氯仿、乙酸乙酯等。与丙烯酸树脂、聚氯乙烯、氯丁橡胶等有良好的相容性。可燃。用作热熔胶、压敏胶及 SBS 溶剂型胶黏剂的增黏剂,可提高制品的耐低温性及粘接强度。也用作乳化剂、稳定剂。由氢化松香与甲醇经酯化反应制得。

氢化羊毛脂 hydrogenated lanolin 由羊毛脂经氢化制得的产物。白色至淡黄色蜡状半固体,略带轻微气味,熔点 45～53℃。不同羊毛脂原料,其氢化产物的性能有所差别。其大致组成为:二元醇 48%～62%,一元醇 18%～30%、甾醇 2%～4%、碳水化合物 10%～15%。不溶于水,稍溶于乙醇,溶于苯、甲苯、丙酮及矿物油。与羊毛脂相比,具有稳定性高、色浅、气味低、不黏、吸水性好等特点。对皮肤的渗透性比羊毛脂好,易被皮肤所吸收。有较好的柔软、润湿及润滑功能,可替代羊毛脂用于要求味淡、色浅、耐氧化的各类化妆品。也用作药物基质及织物、皮革柔软剂。可在催化剂存在下,由精制羊毛脂经氢化反应制得。

氢醌双(2-羟乙基)醚 hydroquinone bis(2-hydroxyethyl)ether 又名对苯二

HOCH₂CH₂O—⬡—OCH₂CH₂OH

酚二羟乙基醚。白色到灰白色片状或粉状固体。有吸湿性。松堆密度 0.51g/cm³。熔点 98～102℃。沸点 185～200℃。溶于水,微溶于丙酮、乙醇,无毒性及刺激作用。主要用作聚氨酯弹性体的扩链剂,是一种对称的芳香族二醇扩链剂,可提高聚氨酯弹性体的刚性及热稳定性。也用作混炼型、浇注型、热塑型聚氨酯弹性体的交联剂,可提高制品的稳定性、耐热性及回弹性。在催化剂存在下,由对苯二酚与环氧乙烷反应制得。

氢氯噻嗪 hydrochlorothiazide 又名双氢克尿塞、6-氯-3,4-二氢-2H-1,2,4-苯并噻二嗪-7-磺酰胺-1,1-二氧化物。

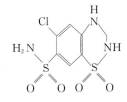

白色结晶。无臭,略带苦味。易溶于氨水、碱液、丙酮,略溶于甲醇、乙醇,难溶于乙酸、氯仿。具酸性。对光、热稳定。为噻嗪类利尿药,通过竞争性抑制Na^+-Cl^-协转运的Cl^-结合部位而利尿,不引起体位性低血压。用于治疗高血压及水、电解质滞留性疾病,如腹水。由间氯苯胺与氯磺酸经氯磺化、氨化、与甲醛缩合而制得。

氢溴酸 hydrobromic acid HBr 是溴化氢气体的水溶液,为无色或微黄色透明液体。在126℃时蒸馏出的氢溴酸的相对密度1.49,含量47.5%。熔点−86.6℃。沸点−66.7℃。露置于空气及日光中,因溴游离,色渐变暗。浓溶液在空气中发烟。与水、乙醇或乙酸混溶,易溶于氯苯。是一种强酸,除铂、金和钽等金属外,对其他金属皆腐蚀,并生成金属溴化合物。也具强还原性,能被空气中的氧及氧化剂还原为元素溴。与碱反应生成溴化物。与胺反应生成氢溴酸盐。其蒸气与空气能形成爆炸性混合物。用于制造各种无机及有机溴化物、染料、香料、阻燃剂等。也用作还原剂、芳香族化合物的烷基化剂。医药上用于制造麻醉剂、镇静剂。由溴化氢导入冷水中吸收而得。

氢溴酸东莨菪碱
见"东莨菪碱"。

氢氧化铋 bismuth hydroxide $Bi(OH)_2$ 白色至浅黄色无定形粉末。相对密度4.962(15℃)。加热至100℃时失去一分子水而生成黄色偏氢氧化铋[BiO(OH)]。450℃分解脱水而生成三氧化二铋。不溶于水及碱溶液,易溶于酸。用适量酸胶溶时可制得胶状物。用于制造铋盐、三氧化二铋、含铋催化剂等。也用于核糖核酸水解、从受辐射的铀中分离钚,以及用作芦丁及栎精的吸收剂。由硝酸铋与氢氧化钠反应制得。

氢氧化钴 cobaltous hydroxide $Co(OH)_2$ 又名氢氧化亚钴。玫瑰红色正交晶系结晶或粉末。相对密度3.597(15℃)。无明显熔点。受热分解生成Co_2O_3。不溶于水、碱液,溶于酸、氨水及铵盐溶液。化学性质不稳定,能被空气或氧化剂氧化成CoO(OH)。与部分有机酸反应生成相应的钴盐。真空中加热到168℃时,失水成为氧化亚钴。人体大剂量接触时,能抑制酶的活性,影响碳水化合物代谢功能。用于制造钴盐、含钴催化剂。也用作油漆催干剂、搪瓷及玻璃着色剂、电解法生产双氧水分解剂等。由金属钴与盐酸反应生成氯化钴,再与氢氧化钠反应制得。

氢氧化锂 lithium hydroxide LiOH 白色单斜晶系结晶。相对密度1.45。熔点450℃。沸点924℃(分解)。溶于水,微溶于乙醇。在水溶液中为强碱,在空气中吸湿或在水溶液中结晶时得到一水合物($LiOH·H_2O$)。市售品多为一水氢氧化锂,相对密度1.51,熔点680℃,在100℃以上失去结晶水。溶于水,微溶于酸、醇,不溶于醚。有潮解性,能吸收空气中的二氧化碳而形成碳酸锂,腐蚀性与氢氧化钠相似。用于制造锂盐、碱性蓄电池、锂基润滑脂、含锂催化剂。焙烧后的固体氢氧化锂可用作宇航、潜艇等的二氧化碳吸收剂。由氢氧化钡与硫酸锂反应制得。

氢氧化铝 aluminium hydroxide $Al(OH)_3$ 又名水合氧化铝、氧化铝水合物。氢氧化铝是三水氧化铝 $Al(OH)_3$ 与一水氧化铝 $AlO(OH)$ 的统称。工业品大多指三水氧化铝。为白色单斜晶体或结晶性粉末。相对密度 2.42。熔点 300℃（失水）。不溶于水、乙醇，溶于无机酸及氢氧化钠溶液。在不同温度下焙烧可获得不同晶态的 Al_2O_3，500℃形成活性氧化铝（γ-Al_2O_3），1200℃形成刚玉（α-Al_2O_3）。氢氧化铝是典型的两性氢氧化物，作为碱，它能和酸反应生成铝盐，如与硫酸反应生成硫酸铝；作为酸，又能和强碱（如 NaOH）反应生成偏铝酸钠。用于制造各种铝盐、搪瓷、陶瓷、干燥剂、吸附剂、催化剂及载体、媒染剂等。也用作牙膏摩擦剂、油墨增稠剂、塑料阻燃剂、溃疡病制酸剂等。由硫酸铝与碳酸氢铵经复分解反应制得。

氢氧化铈 ceric hydroxide 又名水合氧化铈。淡黄色或棕黄色粉末。$Ce(OH)_4$ 或 $CeO_2 \cdot 2H_2O$ 不溶于水、碱液及稀无机酸，溶于浓无机酸并生成相应的盐，也溶于碳酸铵溶液。有吸湿性，能吸收空气中 CO_2 而生成碳酸铈。也存在三价铈的氢氧化物[$Ce(OH)_3$]，但不稳定，在空气中会缓慢氧化转变成四价铈的氢氧化物。用于制造稀土发光材料、汽车尾气净化催化剂、富铈硅铁合金、特种玻璃、搪瓷及铈盐等。也用作聚氯乙烯塑料稳定剂、油漆催干剂、抛光剂、电镀添加剂及玻璃脱色剂等。由混合型稀土矿经焙烧、酸浸出、萃取、分离、干燥而制得。

氢氧化锶 strontium hydroxide $Sr(OH)_2 \cdot 8H_2O$ 无色正方晶系板状或柱状结晶。相对密度 1.90。在干燥空气中失去 7 分子结晶水，100℃时失去全部结晶水而成无水氢氧化锶。其相对密度 3.625，熔点 395℃，701℃失水变成二氧化锶。氢氧化锶溶于热水，微溶于冷水，水溶液呈碱性，在空气中会吸收二氧化碳成碳酸锶，溶于酸生成相应的盐。用于制造锶盐、氧化锶、油漆催干剂。也用于甜菜糖精制及从糖蜜中分离蔗糖等。由硝酸锶与氢氧化钠反应制得。

氢氧化铜 cupric hydroxide $Cu(OH)_2$ 常为 0.2～2μm 的针状粒子组成的浅蓝色结晶粉末。相对密度 3.368。不溶于水，溶于氨水、稀酸及氰化钠溶液。为一种不溶性碱，稍具两性。在浓碱中可生成 $Cu(OH)_4^{2-}$。在热水中会分解。加热至 60～80℃时色泽变暗，80～90℃时分解成灰黑色的氧化铜。也能被多种有机物还原。有毒！用于制造铜盐、颜料、媒染剂、催化剂及船底防污漆等。也用作农用杀菌剂、纸张杀菌剂等。由硫酸铜或碱式碳酸铜与氢氧化钠反应制得。

轻油蒸汽转化催化剂 naphtha steam reforming catalyst 轻油或石脑油是最轻质石油馏分，转化用的轻油干点 ≤220℃。本催化剂用于促进轻油与水蒸气的转化反应。转化后生成的气体除含

有 H_2、CO 及 CO_2 外,还含有 CH_4,故需再进行第二段转化除去 CH_4。催化剂品种较多,产品牌号有 CN-14、UPR-01、Z402、Z403H、Z405G、Z409、Z417、Z418、Z419 等。一般是以 NiO 为活性组分,并加入适量 MgO 助剂,载体为 Al_2O_3。可用共沉淀或浸渍法制造。CN-14 催化剂主要用于轻油转化制富甲烷的气体,可用作干点较高的轻油制富甲烷预转化催化剂或制城市煤气的催化剂;其他牌号催化剂可用于合成氨厂、炼油厂及甲醇厂的制氢装置。

轻质馏分油加氢精制催化剂 light fraction hydrofining catalyst 球形或三叶草形催化剂。主活性组分为 Mo、Ni、Co、W 等,载体为 Al_2O_3。堆密度 0.75~0.85。中国产品牌号有 FDS-4A、FH-40A、FH-40H、FH-40C 等,适用于高硫石脑油、直馏煤油等加氢精制,脱除有机硫、有机氧、有机氮等杂质,生产重整原料、航空煤油等。具有加氢脱硫、脱氮活性高,选择性和再生性能好,装填堆比小及氢耗低等特点。由特制载体浸渍金属活性组分溶液后,经干燥、焙烧制得。

清净分散剂 detergent dispersant 一类兼具有清净性和分散性能的发动机润滑油添加剂。早期广为应用的清净分散剂为含有金属的磺酸盐、烷基酚盐、硫代膦酸盐及烷基水杨酸盐,称它们为金属清净分散剂。其后发展了一种不含金属的添加剂。它具有优良的分散性能,为区别于前者,称其为无灰分散剂。无灰分散剂在内燃机油中的作用优异,其主要功能是分散作用。而清净剂和分散剂在润滑油中的作用是有区别的,故目前将清净分散剂分为清净剂及分散剂两大类。分散剂也是现代润滑剂的五大添加剂(清净剂、分散剂、黏度指数改进剂、抗磨添加剂及抗氧剂)之一。

清净剂 detergent additive 现代润滑剂的五大添加剂之一,具有防止或抑制润滑油在发动机运转下因高温氧化变质而生成沉积物的性能。一般与分散剂、抗氧抗腐剂复合,用于内燃机油(汽油机油、柴油机油、天然气发动机油、铁路车用机油、二冲程汽油机油、拖拉机发动机油及船用发动机油等),具有酸中和、洗涤、分散及增溶等作用。属于长烷基链有机酸(或酚)的金属盐类的油溶性表面活性剂,主要品种有磺酸盐、硫代膦酸盐、烷基酚盐和硫化烷基酚盐、烷基水杨酸盐及环烷酸盐等。这几类清净剂的最初应用都是中性盐,而伴随高功率增压柴油机的日益增多及含硫燃料的增加,各种清净剂开始向碱式盐及高碱性盐方向发展,而尤以高碱性产品占多数。

氰化钙 calcium cyanide $Ca(CN)_2$ 纯品为无色正交晶系结晶或粉末。一般因含杂质而呈灰色或灰黑色。熔点 >350℃(分解)。在湿空气中分解并释出有毒的氰化氢气体。溶于水及弱酸(如碳酸),并分解放出氰化氢气体。与氯酸盐或亚硝酸钠等混合受撞击能引起爆炸。剧毒!用于从矿石中提取金、银等贵重金属,以及用作电镀组分及制造其他氰化物。也用作粮食种子熏蒸杀虫剂、配制灭蚂蚁及鼹鼠的制剂等。由氰氨化钙与碳化高温下反应制得。

氰化钾 potassium cyanide KCN 无色立方晶系结晶或白色易潮解颗粒状粉末或片状物。相对密度1.52。熔点634.5℃。沸点1496℃。溶于水、甘油、甲醇，微溶于乙醚。水溶液呈碱性。能溶解多种金属，并生成相应的氰基配位物。在空气中会吸收水及CO_2，并分解放出苦杏仁味的氰化氢。赤热时与CO_2反应生成氰酸钾及CO。与酸反应放出氰化氢。与氯化剂接触受撞击时可发生爆炸，熔融物可腐蚀石英及玻璃。剧毒！粘于皮肤受伤处或经口进入体内可导致死亡。用于制造有机氰化物、丙烯腈、杀虫剂、烟熏剂、催化剂、照相定影剂及医药中间体等。也用于石印、电镀及提取金、银等金属。由氢氰酸与氢氧化钾反应制得。

氰化纳 sodium cyanide NaCN 无色立方晶系结晶。工业品为白色或微灰色颗粒或粉末。有微弱苦杏仁味。相对密度1.596。熔点563.7℃。沸点1496℃。折射率1.452。溶于水、液氨，微溶于乙醇，水溶液因氰根水解而呈强碱性。易与酸反应放出剧毒的氰化氢气体。Fe、Cu、Zn、Co、Ag、Ni等金属溶于氰化钠溶液，并生成相应的氰化物。与氯酸盐或亚硝酸钠混合受撞击时会发生爆炸。剧毒！用于制造氰化物、氢氰酸、染料、医药中间体、丁腈橡胶等，也用作催化剂、还原剂、媒染剂、钢铁淬火剂，以及用于有色金属选矿、电镀及制造玻璃等。由丙烯氨氧化制丙烯腈的副产物氰化氢经氧氧化钠吸收制得。

氰化亚金钾 potassium aurocyanide $KAu(CN)_2$ 又名氰化金钾、氰化金酸钾。无色或白色正交晶系晶体或粉末。相对密度3.45。熔点200℃。易溶于水，微溶于乙醚。易吸湿受潮。剧毒！是镀金及合金工艺中十分重要的化学试剂，广泛用于电子元器件、印刷线路板、航空电器元件及高级饰品镀金等，其纯度直接影响镀层的质量和镀液使用寿命。有电解法、雷酸金法及直接氰化法等制法，其中雷酸金法是传统生产方法。是将金粉用王水溶解后加入氨水，使雷酸金($Au_2O_3·4NH_3$)沉淀后，再与氰化钾反应制得。

氰化亚铜 cuprous cyanide CuCN 白色或暗绿色单斜晶系棱柱状结晶或粉末。相对密度2.92。熔点473℃（氮气中）。加热至沸点分解。不溶于水、乙醇和冷的稀酸，微溶于液氨，溶于氨水、铵盐溶液、浓盐酸及氰化钾溶液。遇硝酸及稀盐酸分解，并释出氰化氢气体。溶于氰化钠、氰化铵时生成氰铜配合物，也可与多种金属离子形成配合物。高于130℃时能自燃。剧毒！毒性与氢氰酸相近。用于电镀铜及合金。也用于制造船用防污涂料、杀虫剂、聚合催化剂。医药上用作抗结核药及其他制剂。由氯化亚铜与氰化钠反应制得。

氰化银钾 potassium silver cyanide $KAg(CN)_2$ 又名银氰化钾、氰化钾银。无色或白色立方晶系晶体或粉末。相对密度2.36。折射率1.625。溶于水、乙醇，不溶于酸类。对光敏感，遇酸会生成氢氰酸及相应的银化合物。剧毒！是镀银及合金工艺中的重要银盐，在镀银行业中已逐步取代早先使用的硝酸银、氯化银及碳酸银等银盐，用于电子元器件、工艺品及饰品的镀银。有电解法、中间产物法及直接法等制备方法。电解法是以高纯银为阳极，在纯 KCN 溶液中直接熔解转变成 $KAg(CN)_2$。

α-氰基丙烯酸甲酯 methyl α-cyanoacrylate

$$CH_2=C\underset{\underset{CN}{|}}{\overset{\overset{O}{\|}}{-C}}-OCH_3$$

常温下为无色透明液体，有刺激性气味。相对密度 1.1044。沸点 55℃（0.392kPa）。折射率 1.4459～1.4517。不溶于水，溶于丙酮、苯、甲苯、乙酸乙酯等有机溶剂。能在常温下迅速聚合，快速固化。一般用作瞬干胶及聚合物单体。胶黏剂可用于皮肤手术切口和新鲜伤口的黏合，也用于小零件的粘接、修补或固定。由氰基乙酸甲酯与甲醛缩合成聚 α-氰基丙烯酸甲酯后，再经解聚而得。

α-氰基丙烯酸酯 α-cyanoacrylate

$$CH_2=C\underset{\underset{CN}{|}}{-}COOR$$

又名 α-氰化丙烯酸酯。可看作是甲基丙烯酸酯上的甲基被氰基（—CN）取代的一种单体。已合成出甲基、乙基、丙基、丁基、戊基、庚基等烷基的单体。工业常用的是 α-氰基丙烯酸甲酯及乙酯，多数 α-氰基丙烯酸酯在常温下为无色透明液体，具有刺激性气味。不溶于水，溶于丙酮、苯、甲苯、甲乙酮等溶剂。这类单体可在高温、紫外光或过氧化物存在下加热进行自由基聚合，或在常温及弱碱存在下进行快速负离子聚合。单体加入增塑剂、稳定剂即可配成瞬间胶黏剂。储存时需加入阻聚剂。可由氰乙酸酯与甲醛在碱催化下缩合制得低聚物，再经解聚制成 α-氰基丙烯酸酯。

α-氰基丙烯酸酯胶黏剂 α-cyanoacrylate adhesive 又名瞬干胶。由 α-氰基丙烯酸酯单体、增塑剂、增稠剂及稳定剂配制的一种快速固化的胶黏剂，所用单体主要是胶接强度较高的 α-氰基丙烯酸甲酯及乙酯（代号 502）。所用增塑剂为邻苯二甲酸二丁酯及二辛酯。增稠剂为聚甲基丙烯酸甲酯、聚丙烯酸酯及纤维素衍生物等。因单体易发生聚合，故必须加入适量的二氧化硫及对苯二酚以防止发生阴离子聚合作用及游离基聚合作用。使用时，胶黏剂中的单体能在微量水、弱碱或光、热的作用下迅速聚合，数秒至数分钟即可基本固化。胶接强度高，能黏接多种材料。适用贵金属、装饰品、仪器仪表等各种金属及非金属材料的粘接，但粘接层的抗冲击性、耐水性及耐热性较差。不适用于大面积或间隙较大场合的粘接。

氰熔体 cyanide fusant 又名黑色氰化盐、氰化黑。纯品为白色晶体。工业品为黑色片状、块状或粉状物。$Ca(CN)_2 \cdot NaCN$ 相对密度 1.8～1.9。系多种固体熔融后的混合物。主要含氰化钙、氰化钠。还含有少量氢氰化钙、碳酸钙、氯化钠、氯氨化钙及碳等杂质。加热至 350℃ 开始分解，450～800℃ 时分解成氰氢化钙及碳。与酸反应生成氰化氢。剧毒！对皮肤、黏膜有强刺激及腐蚀性。用于制造氰化钠、黄血盐、赤血盐等氰化物,贵金属的湿法合金,钢的表面渗氮或渗碳处理,以及用于农业浸种、杀虫、杀鼠、仓库消毒等。由氰氨化钙、碳及食盐在高温炉中混合熔融制得。

氰酸 cyanic acid 含有氰基(—CN)的有机酸,常是两种异构体的平衡混合物:

$$H-O-C\equiv N \rightleftharpoons O=C=N-H$$
  正氰酸   异氰酸

这两种氰酸都未曾分离出来。但其酯类有两种形式。即正氰酸酯及异氰酸酯。正氰酸酯极易聚合及水解,难以获得纯品。所以普通氰酸的酯都是异氰酸酯。氰酸可由氰尿酸加热分解制得,是有挥发性及腐蚀性的液体。沸点23.6℃。熔点-86℃。其水溶液显强酸性。水解时生成NH_3及CO_2,快速加热能引起爆炸。不稳定,易聚合成三聚氰酸和三聚异氰酸。

氰酸钾 potassium cyanate KOCN 无色或白色四方晶系结晶。相对密度2.05。熔点315℃。700~900℃时分解,并生成氰化钾、碳酸钾及CO_2等。易溶于水,微溶于乙醇。在水分存在下,加热生成碳酸钾、尿素及碳酸铵。有毒!用于制造杀虫剂、除草剂、医药、染料等。也用作金属渗氮热处理剂、塑料添加剂等。由尿素与氢氧化钾反应制得。

氰酸钠 sodium cyanate NaOCN 无色或白色针状结晶。相对密度1.893。熔点550℃(分解)。干燥状态稳定。在铁存在下,灼烧至600℃时,分解为氰化钠、碳酸钠、二氧化碳和氮气。易溶于水,微溶于液氨、苯、乙醇、乙醚等溶剂。在热水中易水解,生成尿素、碳酸钠及碳酸铵。与酸作用同时生成异氰酸。有毒!用于制造医药、染料、表面活性剂、发泡剂。也用作热处理的渗碳氮剂及氮化处理剂,合成树脂的交联剂及改质剂。农药工业中用于合成杀虫剂灭幼脲的中间体对氯苯基脲。由尿素与碳酸钠混合加热制得。

氰戊菊酯 fenvalerate 又名速灭杀丁、杀灭菊酯、(R、S)-2-(4-氯苯基)-3-甲基丁酸(R、S)-α-氰基-3-苯氧基苄基酯。纯品为淡黄色透明油状液体。相对密度1.175。折射率1.5655(21.5℃)。蒸气压$373×10^{-7}$Pa(25℃)。工业品为黄色或棕色油状液体。不溶于水,易溶于乙醇、甲醇、二甲苯、丙酮,稍溶于汽油。对光及热稳定,150℃以上逐渐分解,在酸性介质中稳定,遇碱易分解。为广谱、高效拟除虫菊酯类杀虫剂。中等毒性。对害虫有胃毒及触杀作用,无内吸传导及熏蒸作用。对棉花、蔬菜、果树、烟草、大豆、花卉上多种害虫有防治作用,但对螨类、蚧类及盲蝽象的防治效果很差。按国家规定不得用于茶叶。由异丙基对氯苯乙酰氯、苯氧基苯甲醛及氰化钠反应制得。

S-氰戊菊酯 esfenvalerate 又名顺式

$$\text{结构式:} \quad \underset{\text{Cl}}{\text{(4-氯苯基)}}-\overset{\text{O}}{\text{C}}-\overset{\text{O}}{\text{O}}-\underset{\text{H}}{\overset{\text{CN}}{\text{C}}}-\text{(3-苯氧基苯基)}$$

氰戊菊酯、高效氰戊菊酯、来福灵、(S)-α-氰基-3-苯氧苄基(S)-2-(4-氯苯基)-3-甲基丁酸酯。氰戊菊酯的一种异构体。原药为褐色黏稠液体,在23℃为固体。纯品为无色晶体。熔点59～60.2℃。相对密度1.26(26℃)。蒸气压0.067mPa(25℃)。难溶于水,微溶于乙烷、甲醇,溶于丙酮、氯仿、乙酸乙酯、二甲基亚砜。低毒。其药效特点、作用机理及防治对象与氯戊菊酯相同,而且杀虫效力约为氰戊菊酯的4倍。以菊酸为原料拆分并将R-酸消旋后得S-酸,再经酰氯化、缩合及异构化制得。

氰乙基纤维素 cyanoethyl cellulose

$$[C_6H_7O_2(OC_2H_4CN)_x(OH)_{3-x}]_n$$
($x=$取代度,$n=$聚合度)

白色纤维状固体。相对密度1.1～1.2。含氮量12.2%～12.8%。其性能随氰乙基取代度大小而异。取代度为0.2～0.3时,有良好的耐热降解性及碱溶性;取代度为0.7～1.0时,有水熔性,比纯纤维素有更高的耐热、耐酸降解性和着色性、耐磨性;取代度为2.6～2.8时,不溶于水及碱液,溶于有机溶剂,并具有特殊电性能。高取代度的产品具有高的介电常数。用于制造高介电漆膜、高介电薄膜电容器、高介电塑料套管,以及在特种光源中用作介质等。由纤维素与丙烯腈在稀碱液存在下,经氰乙基化反应制得。

庆大霉素 qingdamicin 又名正泰霉素、艮泰霉素。由小单孢菌产生的一种氨基糖苷类抗生素。其硫酸盐为白色至类白色结晶性粉末。无臭。熔点218～237℃。易溶于水,不溶于乙醇、乙醚、丙酮。对光、热、空气和pH值变化均稳定。为广谱杀菌型抗生素,与卡那霉素抗菌谱相似。对革兰阳性、阴性菌及某些立克次体、绿脓杆菌有较强杀菌作用。金葡萄对本品高度敏感。用于敏感菌所致败血症、呼吸系统感染、胆道感染、泌尿道感染和烧伤感染等。也用于一般细菌性感染疾病。不良反应主要为耳毒性,用量大可发生肾毒性。

琼脂 agar 又名琼胶、冻粉、洋菜。一种由琼脂糖和琼脂果胶组成的混合物,主要成分为聚半乳糖苷。半透明白色至浅黄色薄膜带状或粒状、粉状。口感黏滑,有胶质感。不溶于冷水,溶于沸水。由醇析制得不经干燥的琼脂,可溶于25℃水中。在冷水中可吸收20倍水分而膨胀。并具有韧性,干燥后则失去韧性而变脆。是一种新水性胶体,凝球温度一般为 32～39℃。根据其浓度和相对分子质量不同,熔融温度为 60～97℃。在中性 pH 值范围内,可与大多数多糖类的树脂和蛋白质配位。本身无营养价值,因其溶液具有胶凝性及凝胶稳定性,用作胶凝剂、稳定剂、增稠剂、成膜剂、润滑剂、絮凝剂、分散剂等。用于医药、化妆品、食品及日化等行业。由海藻原料经水洗、碱泡、酸煮、过滤、干燥等过程制得。

秋水仙碱 colchicine 又名秋水仙素。

由水析出的为淡黄色结晶或粉末。在潮湿或受热时,有青草气味。味苦。遇光色变深。熔点 142～150℃。由乙酸乙烯酯结晶的为淡黄色针状晶体,熔点 155～157℃。微溶于水、乙醚,易溶于乙醇、氯仿,不溶于石油醚。用于医药,为抗肿瘤及抗痛风药,用于治疗乳腺癌、急性痛风,对胃癌、食管癌及肺癌也有一定疗效。本品毒性较大,长期用药可产生骨髓抑制,胃肠道反应是严重中毒的前兆,症状出现应立即停药。由山百合科植物丽江山慈姑的球茎及种子经溶剂萃取制得。

γ-巯丙基三甲氧基硅烷 γ-thiopropyl trimethoxysilane 又名 γ-硫醇基丙基三甲氧基硅烷、KH-590、A-189。

$HS(CH_2)_3Si(OCH_3)_3$

无色至微黄色透明液体,有特殊气味。沸点 212℃。闪点 88℃(闭杯)。折射率 1.440(25℃)。不溶于水,溶于丙酮、苯、四氯化碳、汽油等。在酸性或碱性溶液中发生水解。用作环氧树脂、酚醛树脂及聚烯烃等增强塑料的偶联剂。也用作乙丙橡胶、丁苯橡胶、丁腈橡胶等硫黄硫化的橡胶,以及聚氨酯、环氧树脂等胶黏剂的偶联剂。由 γ-巯基丙基及三氯硅烷与甲醇经醇解反应制得。

2-巯基苯并咪唑
见"防老剂 MB"。

2-巯基苯并噻唑 2-mercaptobenzothiazole

又名 2-硫醇基苯并噻唑、促进剂 M。浅黄色单斜晶系针状或片状结晶。有微臭。相对密度 1.42。熔点 180～181℃(工业品 170～175℃)。不溶于水、汽油,溶于乙醇、乙醚、苯、氯仿及碱溶液。用作天然及合成橡胶的通用型硫化促进剂,具有硫化速度快、硫化平坦性宽等特点。在胶料中易分散、不污染,但有苦味,不适用于与食品接触的制品,主要用于内胎、轮胎、胶鞋及胶带等。也用作氯丁胶和无硫硫化体系的硫化延缓剂及抗焦烧剂、农药杀菌剂、金属腐蚀抑制剂、润滑油添加剂、照相防晕剂等。由苯胺与硫黄、二硫化碳经缩合反应制得。

2-巯基苯并噻唑环己铵盐 cyclohexylamine salt of 2-mercaptobenzothiazole

$$\left[\begin{array}{c}\text{benzothiazole-2-thiolate}\end{array}\right]^{-} \left[H_2N-CH\begin{array}{c}CH_2-CH_2\\CH_2-CH_2\end{array}CH_2\right]^{+}$$

又名2-硫醇基苯并噻唑环己胺盐、促进剂MH。灰白色或淡黄色粉末。有苦味及胺味。相对密度1.28。熔点>150℃。易溶于水、乙醇，溶于丙酮，难溶于汽油、苯。有吸湿性。用作天然及合成橡胶、胶乳的超硫化促进剂。在干胶中的硫化促进效能高，硫化速度与秋兰姆相近，但胶料的焦烧倾向大。也用作第二促进剂与促进剂M及DM并用，提高硫化胶的拉伸强度。由于水中溶解度大，主要用于胶乳制品、胶浆及胶布等。由于有苦味，不宜用于与食物或口腔接触的制品。由2-巯基苯并噻唑与环己胺反应制得。

2-巯基苯并噻唑钠盐 2-mercaptobenzothiazole sodium 又名2-硫醇基苯并噻唑钠盐。有特殊气味及苦味。淡黄色鳞片状结晶。相对密度1.25(25℃)。熔点>280℃。溶于水、乙醇、乙二醇，微溶于苯、甲苯，不溶于粗汽油、二硫化碳。用作金属缓蚀剂，对非铁金属具有优良的防腐和钝化作用，能抑制铜或铜合金的腐蚀，以及与铜或铜合金同体系的铝的腐蚀，广泛用于防冻剂、冷却剂及切削油等含水体系的化工产品中；也用作天然或合成胶乳的硫化促进剂，适用于自然硫化胶浆和热水硫化制品，硫化胶的物性及耐老化性能好。由2-硫醇基苯并噻唑与氢氧化钠反应制得。

2-巯基苯并噻唑锌盐 2-mercaptobenzothiazole zinc 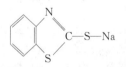 又名2-硫醇基苯并噻唑锌盐。促进剂MZ、促进ZMBT。浅白色至浅黄色粉末。无臭，味微苦。相对密度1.65～1.72。200℃以上时不经熔融分解。不溶于水、汽油，但在水中易分散。微溶于苯、乙醇、四氯化碳、二氯乙烷，溶于丙酮，遇强酸或强碱时分解。用作天然橡胶、通用合成橡胶及胶乳的硫化促进剂，在胶料中不污染、不变色，还能提高橡胶和金属的黏合强度，也是胶乳的重要热敏剂。但因有苦味，不适用于与食品接触的制品。用于制造胶乳制品、海绵制品及胶鞋等。由2-巯基苯并噻唑与氢氧化钠反应生成钠盐后，再与硫酸锌反应制得。

3-巯基-1,2-丙二醇 3-mercapto-1,2-propanediol 又名硫代甘油。无色透明液体。有强吸湿性。相对密度1.295。沸点118℃(0.67kPa)。折射率1.5260。微溶于水，易溶于乙醇，不溶于乙醚。用于制造卷发

$$\begin{array}{c}CH_2OH\\|\\CHOH\\|\\CH_2SH\end{array}$$

剂、毛发整形剂、脱毛剂及医药等。也用作丙烯腈等聚合稳定剂、环氧涂料聚合调节剂、聚氯乙烯热稳定剂及溶剂等。以环氧氯丙烷与硫氢化钾为原料制得。

巯基蛋白酶 thiolxidase 一种氧化酶。存在于鸡蛋蛋白质中。含有丙氨酸、谷氨酸、天冬氨酸、甘氨酸、亮氨酸、精氨酸、缬氨酸等十余种氨基酸。在40℃以下有很好的稳定性,最佳pH值为6.5,在用碱性过强的洗发精、过多的烫、染和漂发,过多的日光暴晒所引起的头发纤维中多肽链上键的断裂,尤其是二硫键断裂引起的头发鳞片的剥落、头发分叉等现象上,巯基蛋白酶具有使断裂键重新组合的作用。加入发制品可恢复和调理损伤的头发。加入食品中还能消除牛奶的焦味。由鸡蛋蛋白经均质、离心分离、洗脱、沉析、过滤等过程制得。

巯基改性硅油 mercapto-modified silicone 由含巯基的硅烷或二硅氧烷与二甲基硅氧烷聚合制得的产品,为非离子表面活性剂,有良好的润滑及防粘性。是脱模剂及防粘隔离剂的优良材料。将本品,或本品与乙烯基硅油的混合物,涂于纸张或薄膜上,然后用光或电子来固化,所形成的有机硅薄膜可用作标签或胶黏带等的防粘隔离层。烫发剂中加入本品可赋予头发耐湿性、耐久性,使发型固定。涂料中加入本品可赋予抗凝结性。用本品处理羊毛制品可赋予牢固的防缩性。

2-巯基乙醇 2-mercaptoethanol
$HSCH_2CH_2OH$ 又名硫醇基乙醇、硫代乙二醇、2-羟基乙硫醇。无色易流体,有硫醇的特臭。相对密度1.1143。熔点<100℃。沸点137~138℃(98.9 kPa)。折射率1.4995。闪点73℃。与水、乙醇、乙醚、苯等混溶。水溶液在空气中氧化成二氧化物。在碱及盐酸中易分解。用于制造医药、农药、染料、照相化学品等。也用作氯乙烯、丙烯腈等的调聚剂,聚合物交联剂及固化剂,食品包装用塑料的添加剂等。由环氧乙烷与硫氢化钠反应制得。

巯基乙酸 mercaptoacetic acid 又名
$HSCH_2COOH$ 硫代乙醇酸、氢硫基乙酸。无色至淡黄色透明胶体。相对密度1.3253。熔点-16.5℃。沸点123℃(3.87kPa)。折射率1.5030。与水、乙醇、乙醚、苯、氯仿等混溶。有强烈令人不愉快的气味。在空气中迅速氧化,有Mn^{2+}、Fe^{3+}、Cu^{2+}等存在能加速其氧化。水溶液在空气中氧化成二硫化物。在碱液及盐酸中易发生分解。分子结构中含有羧酸基及巯基,用途十分广泛。可用于制造卷发剂、脱毛剂、金属表面处理剂。还用作聚氯乙烯稳定剂、聚合反应催化剂、纤维改性剂、羊毛处理剂、聚丙烯加工的结晶成核剂、润滑油添加剂、石油钻探的缓蚀剂等。由氯乙酸与硫氢化钠反应制得。

巯嘌呤 mercaptopurine 又名乐疾宁、6-巯基嘌呤。微黄色结晶性粉末。味微甜。熔点313~314℃(分解)。微溶于水,稍溶于沸水,不溶于乙醇、乙醚,易溶于碱性水溶液。一种抗嘌呤类药物。在体内先结合核糖再磷酸化阻断次黄嘌呤核苷酸转变为腺嘌呤苷酸及鸟嘌呤核苷酸,从而抑制DNA和RNA的合成,使癌细胞不能增殖,同时亦抑制嘌呤合成的早期阶段。用于治疗急性白血病,尤对儿童白血病疗效较好。对绒毛膜上皮癌及恶性葡萄胎也有一定疗效。由4,5-二氨基-6-羟基嘧啶与甲醛缩合制得次黄嘌呤后,再在吡啶中由五硫化磷转变为巯嘌呤。

曲克芦丁 troxerutin 又名福尔通、维脑路通、托克芦丁、维生素 P4、7,3′,4′-三[O-(2-羟乙基)]芦丁。黄色粉末。熔点 181℃。溶于水,不溶于乙醇、甲醇、乙醚、苯、氯仿。一种脑血管病用药。用于治疗闭塞性脑血管病、血栓性静脉炎、中心视网膜炎等。以芦丁、吡啶、环氧乙烷等为原料制得。

曲马多 tramadol 又名反苯胺醇、反式-($\pm$)-2-[(二甲氨基)甲基]-1-(3-甲氧基苯基)环己醇。其盐酸盐又名曲马朵、舒敏、奇曼丁、马伯龙。白色结晶。熔点 180～181℃。溶于水。一种弱镇痛药。具有吗啡样作用的环己烷衍生物,为 μ 阿片受体激动剂。是一种中枢性镇痛药,对呼吸抑制性作用低,短时间应用时成隐性小。适用于中等度疼痛,常用于晚期癌症的止痛。仅限于单次使用,避免长期应用。由环己酮、二甲胺盐酸盐、间溴苯甲醚等为原料制得。

曲马唑嗪 trimazosin 又名 4-(4-氨

基-6,7,8-三甲氧基-2-喹唑啉基)-1-哌嗪羧酸-2-羟基-2-甲基丙基酯。白色结晶。熔点 158~159℃。不溶于水，溶于丙酮、氯仿。其盐酸盐水合物为白色结晶。熔点 166~169℃。溶于水、乙醇。一种中枢性降压药。为 α_1 受体拮抗剂，具有强烈的血管扩张作用。适用于中度高血压并发肾功能障碍的患者。以 2-氯-4-氨基-6,7,8-三甲氧基喹唑啉、哌嗪-1-羧酸-2-甲基丙烯酯等为原料制得。

曲尼司特 tranilast 又名利贝、利喘平、肉桂氨茴酸。淡黄色结晶。熔点 211~213℃。不溶于水、苯，溶于乙醇、丙酮、氯仿、吡啶，易溶于二甲基呋喃。一种抗变态反应治疗药。可抑制磷酸二酯酶，使细胞内环磷苷水平升高，抑制 Ca^{2+} 进入细胞内，增加细胞膜稳定性，从而抑制颗粒膜与浆膜的融合，阻止过敏介质的释放。用于治疗支气管哮喘、变应性鼻炎、特应性皮炎等过敏性疾病。以 3,4-二甲氧基肉桂酸、氯化亚砜、邻氨苯甲酸等为原料制得。

曲匹布通 trepibutone 又名舒胆通、胆灵、三乙氧苯酸丙酸。白色针状结晶。熔点 150~151℃。不溶于水，溶于甲醇，易溶于氯仿。一种利胆药。可选择性松弛胆道平滑肌，抑制胆道口括约肌收缩，解痉止痛。也能促进胆汁和胰液的分泌，改善食欲、消除腹胀。由甲酸铵或甲酰胺与水合肼反应制得。

曲酸 kozic acid 又名 2-羟甲基-5-羟基-γ-吡喃酮。一种米曲霉、黄曲霉等微生物代谢产物。无色针状结晶。熔点 153~154℃。易溶于水、乙醇、丙酮，微溶于乙醚、乙酸乙酯、氯仿及吡啶。曲酸及其衍生物对酪氨酸酶有强烈抑制作用。一定浓度的曲酸有抗菌性，可用作食品及化妆品的防腐剂；曲酸有强烈吸收紫外线能力，能显著抑制黑色素细胞的活性，能治疗和防治皮肤色斑的形成。用于化妆品有增白、祛屑、润肤等作用。还用于制造增香型麦芽酚及杀虫剂等。由淀粉或糖蜜经发酵、分离制得。

曲昔匹特 troxipide 又名舒奇、殊奇、曲昔派特、(±)-3,4,5-三甲氧基-N-3-哌啶基苯甲酸胺。白色针状结晶。熔点 179~181.5℃。难溶于水、溶于乙醇、乙腈，不溶于乙醚。一种抗胃酸、抗溃疡病药。能在胃黏膜上形成一层保护膜,促进溃疡愈合。用于治疗消化性溃疡、消化道出血、慢性胃炎。以 3-氨基吡啶、吡啶、3,4,5-三甲氧基苯甲酰氯等为原料制得。

驱避剂 repellent 能驱避昆虫使其不敢接近的药剂。本身无毒,但由于其具有某种特殊气味或颜色,施药后可使昆虫或害虫不愿接近或远避。一般毒性较低,副作用小。有些品种可直接施用于人体皮肤表面,或施布在居室等人群频繁活动场所,以防止蚊蝇等害虫及老鼠的危害,常见的驱避剂有驱蚊胺、驱虫霜、驱鼠剂等。

取代二(亚苄基)山梨醇 substituted dibenzylidene sorbitol 又名成核剂 TM-3。白色结晶性粉末。熔点约 250℃。不溶于水、甲醇、乙醇、芳烃、环烷烃等。对多数溶剂有凝胶化作用。无毒。可用于食品包装材料。是一种混合取代二(亚苄基)山梨醇类有机熔融型成核剂,主要用于聚丙烯树脂的增透及增亮,成核效率高,物理机械性能优良,在聚乙烯中也有使用,但效果不如在聚丙烯中显著。热稳定性比成核剂 TM-2 为高,不引起制品变色泛黄。也用作油墨、涂料等的黏度调节剂,可在酸性催化剂存在下,由不同取代度的苯甲醛混合物与山梨醇经醇醛缩合反应制得。

去甲万古霉素 demethyl vancomycin 一种糖肽类抗生素,是由放线菌万 23 号的培养液分离得到的 N[56] 去甲万古霉素,其中含少量万古霉素,其抗菌活性高于万古霉素。其盐酸盐为棕色粉末。无臭,味苦。易溶于水,微溶于甲醇,不溶于乙醚、丙酮。5％水溶液 pH 值 2.8～4.5。可被多种金属离子沉淀。对革兰阳性菌、杆菌均有强抗菌作用,对多数革兰阴性菌无作用,主要用于耐甲氧西林的金葡萄、表皮葡萄球菌、肠球菌所致的病症,如败血症、肺炎、骨髓炎、心内膜炎等。口服对难辨梭菌所致伪膜性肠炎疗效极佳。

去氢甲睾丸素 methandrostenolone

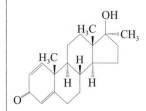

又名大力补、17α-甲基-17β-羟基-1,4-雄甾二烯-3-酮。白色结晶。熔点 163～164℃,不溶于水,溶于苯、石油醚、乙二醇二甲醚。一种甲基睾丸素的衍生物。能增加氨基酸合成蛋白质,抑制氨基酸分解为脲,并伴有钙、钾、磷等的储留。作为蛋白同化激素,临床上用于治疗骨质疏松症、肌肉萎缩及再生障碍性贫血等。由甲基睾丸素、对硝基苯酚、2,3-二氯-5,6-二氰苯醌反应制得。

全氟辛酸 perfluorocaprylic acid $C_7F_{15}COOH$ 白色结晶。熔点 53℃。沸点 189～191℃。微溶于水,呈强酸性,与强氧化剂及还原剂不起反应,有较高界面活性。与纯碱反应生成盐,与伯醇、仲醇反应生成酯。加热至 250℃ 时分解,并放出有毒气体。用作四氟乙烯乳液聚合及氟橡胶生产的分散剂及乳化剂,金属表面蚀刻添加剂,其钠盐是高效金属净洗剂。与氨水反应制得的全氟辛酸铵是乳液法生产聚氯乙烯的分散剂。也用于制造含氟阴离子表面活性剂。由辛酰氯与无水氟化氢经电解制得。

醛鞣剂 aldehyde tanning agent 以醛类物质及其衍生物为主要成分的鞣剂。醛类与蛋白质有较强的交联作用。而醛类中,只有甲醛、丙烯醛及含2～5个碳原子的二醛及双醛淀粉具有良好的鞣性。其中又以丙烯醛及戊二醛最优,其次为甲醛、乙二醛、丁二醛、双醛淀粉,而丙二醛、己二醛较差。丙烯醛由于易挥发、不稳定、刺激性及毒性强,难以实用化。常用的醛鞣剂有甲醛、戊二醛、改性戊二醛、糖醛、双醛淀粉及噁唑烷鞣剂等。醛鞣剂鞣制的革色泽洁白,耐汗、耐光,并可单独用于毛皮鞣制。

炔雌醇 ethinylestradiol 又名乙炔雌二醇、信可止。白色至奶白色结晶性粉末。熔点181～186℃,不溶于水,溶于乙醇、乙醚、丙酮、氯仿。一种甾体雌激素,有抑制排卵而避孕的作用,口服有效,强度是雌二醇的15～20倍,常用作女性避孕药的配伍成分,也可用于月经紊乱、闭经、绝经期综合征等。以19-羟甲基二酮为原料,经生物转化成雌酚酮后,再经炔化制得。

炔诺酮 norethisterone 又名妇康、17β-羟基-19-去甲-17α-孕甾-4-烯-20-炔-3-酮。白色或乳白色结晶性粉末。无臭,味微苦。熔点202～208℃。不溶于水,微溶于乙醇、溶于氯仿。为孕激素药,能抑制垂体释放黄体化激素和促卵泡成熟激素。抑制排卵作用比黄体酮强,有弱的雄激素和雌激素活性。用于治疗功能性子宫出血、痛经、子宫内膜异位症等。以醋酸去氢表雄酮为原料制得。

炔诺孕 norgestrel 又名18-甲基炔诺酮、甲炔诺酮、高诺酮。白色结晶性粉末。无臭。熔点204～212℃。不溶于水,微溶于甲醇,溶于丙酮、氯仿。一种短效避孕药。孕激素作用强,约为炔诺酮的5～10倍,并有弱的雄激素和雌激素活性。临床主要与炔雄醇组成复方制剂用于短效避孕。可由全合成法制得。

炔氧甲基季铵盐 propynyloxymethyl hexadecyl dibenzyl ammonium chloride

$$\left[\begin{array}{c} \text{OCH}_2\text{C}\equiv\text{CH} \\ | \\ \text{CH}_2 \\ | \\ \text{C}_6\text{H}_5\text{—CH}_2\text{—N}^+\text{—CH}_2\text{—C}_6\text{H}_5 \\ | \\ \text{C}_6\text{H}_{13} \end{array} \right] \text{Cl}^-$$

又名丙炔氧甲基十六烷基二苄基氯化铵。棕红色液体。活性物含量≥20%，1%水溶液 pH 值 6～8。缓蚀率≥70%。阻垢率≥90%，一种高效缓蚀剂。主要用作油井、集输管线缓蚀剂，油水井酸化缓蚀剂，化工设备、锅炉及热交换器等的酸洗缓蚀剂。在同样条件下，其用量低于其他类型的酸性介质缓蚀剂。由多聚甲醛、丙炔醇及正己胺反应制得炔氧基甲胺后，再与氯化苄反应制得。

群青 ultramarine blue 又名云青、佛青、洋蓝。一种半透明的蓝色颜料，$Na_{6\sim 8}Al_{4\sim 6}Si_6O_{24}S_{2\sim 4}$ 大致是含有多硫化钠而具有特殊结构的硅酸铝。根据配方与操作工艺不同，群青有一系列化学成分和颜色不同的化合物。如绿色群青 $Na_8Al_6Si_6S_2O_{24}$（少硫少硅）、蓝色群青 $Na_7Al_6Si_6S_2O_{24}$（少硫少硅）、蓝色群青 $Na_8Al_6Si_6S_4O_{24}$（多硫少硅）、蓝色群青 $Na_6Al_6Si_6O_{20}$（多硫多硅）等。群青是蓝色颜料中颜色最鲜艳者，带有红光。耐热及耐光性良好。耐碱性优良，但遇酸易分解变色。不溶于水、有机溶剂。用作塑料、橡胶、油墨、搪瓷、涂料、文教用品及水泥等蓝色着色剂。也用于纸张、肥皂、淀粉、浆纱及白色制品等中消除黄光，使白色更为鲜艳。化妆品中也用作眼黛、眉笔等的色素。由陶土、硫酸钠、硫黄、碳酸钠、木炭、硅藻土等原料经混合、焙烧、浸渍、研磨、粉碎、筛分等工序制得。

染发剂 hair dyes 染发早期的含义是将白色或红色的毛发染黑，目前已有使黑发漂白脱色，染成红褐色、棕色等深浅不同颜色的染发剂，根据颜色持续的时间，现代染发剂可分为暂时性染发剂、半永久性染发剂和永久性染发剂。而按照剂型可分为乳膏型、凝胶型、摩丝、粉剂、染发条、喷雾剂、染发香波或润丝等。市售染发剂制品大都为氧化型的永久性染发剂。理想的染发剂应具有如下特性：①使用安全，不对人体健康造成危害（包括致突变性、致癌性和致畸变性）；②稳定性好，染在头发上的颜色应对空气、阳光及出汗等稳定，不会变色或很快退色；③与其他头发处理剂（如发油、香波、定型剂等）有良好配伍性；④能在头发上染上各种自然美观的色调，但又不会对头皮染色；⑤着染所需时间短，使用方便，在有效期内不变质失效。参见"永久性染发剂"。

染料 dyes 能使纤维、塑料或其他物质染上色泽的一类有机化合物。染料分子中通常含有发色团（如偶氮基、硝基、羰基等）和助色团（如氨基、羟基、甲基、磺酸基等），当光线射入后发生选择性吸收，并反射出一定波长的光线，从而显示出颜色。染色时染料分子通过吸附、溶解、扩散等多种物理或化学处理,使染液转移到被染物上使其染色。种类很多,按来源不同,分为天然及合成染料;按应用方法和应用对象,分为酸性染料、直接染料、中性染料、碱性染料、媒染染料、还原染料、活性染料、分散染料、阳离子染料、冰染染料、硫化染料及氧化染料等;按化学结构不同,分为偶氮染料、靛系染料、蒽醌染料、硝基染料等。天然染料主要以动植物为原料制得。合成染料则以煤及石油制品(如苯、甲苯、萘、蒽、苯酚)等为原料制得。合成染料品种多、色谱全、光泽鲜艳,耐洗耐晒,广泛用于纺织、皮革、造纸、塑料、橡胶等行业。

染料移除剂 hair dye removers 指用于除去头发上染料的一类物质。在染发色调不合适而需改变色调,或在使用金属染料时,需更换其他类型染料时,可使用染料移除剂来除去原先的染料。不同染料所需染料移除剂也不相同。按功能及作用机理可将染料移除剂分为3类:①利用物理作用使附在头发上的染料松脱或溶解而将其除去,如由月桂醇醚硫酸酯钠盐配制的香波可除去暂时性染发剂,焗油处理可除去植物染料和金属染料;②利用与染发剂形成可溶配合物使染料移除,如在磺化油中添加柠檬酸或其盐类,可将金属染料形成可溶性配合物从而被除去;③将染料转变为无色化合物,如用连二硫酸钠还原剂可将染料还原成无色形式,可移除氧化性染料而不损伤头发;④使染料降解破坏,如用过氧化氢、过硫酸盐等氧化剂使永久性染料降解而被除去。

热处理保护涂料 heat treatment protecting coatings 是用于各种金属热处理工序的涂料总称。按用途分为以空气为介质的防氧化防脱碳热处理保护涂料和以化学物质为介质的化学热处理保护涂料两大类。前者主要用于金属的淬火和退火热处理过程的保护,防止金属在高温下氧化和脱碳,以提高金属的强度和消除局部应力等;后者主要应用于在提高金属硬度和耐腐蚀性能时进行化学热处理时的局部保护。按需要渗入的元素不同,又分为防渗碳、防渗氮、防渗硼、防渗铝、防渗硫及防氰化保护涂料等。热处理保护涂料一般由黏合剂、玻璃陶瓷等填料、助剂及溶剂等组成,一般是一次性使用,涂有保护涂料的金属,经加热、保温、冷却后,涂层即自行脱落。

热固性树脂胶黏剂 thermosetting resin adhesive 以热固性树脂为基料的合成胶黏剂,它的相对分子质量小,分子中含有反应性强的基因,通过加热、催化剂或两者结合固化成不溶不熔的物质,其特点是胶液易扩散渗透,胶膜有较好的耐蠕变性及耐热性,粘接强度高;缺点是初始粘接力小,固化时需加压,固化时易发生内应力和体积收缩,使胶接强度下降,为此需加入填料来弥补这些缺陷。主要品种有环氧、酚醛、脲醛、三聚氰胺、不饱和聚酯、聚酰亚胺、聚氨酯、聚苯并咪唑等树脂胶黏剂。

热固性油墨 thermosetting ink 又名塑溶油墨、塑胶油墨、树脂油墨等。需加热才能固化的油墨。主要由树脂、增塑剂、色料及添加剂组成。用于纺织品印花加工具有图像清晰度高、还原性好等特点。印刷时不塞网,但必须采用红外线加热,温度为 140～160℃,时间 40～90s 才能完全固化。对于高遮盖力的热固性油墨,颜色更鲜艳、用料更省、色浆含量高,可用于跑台生产方式,配合传送带或跑台进行焙烘,生产效率高。

热敏剂 heat sensitizer 又名热敏化剂,对热敏感的一类物质。如具有一定相对分子质量范围的聚丙二醇或功能性聚有机硅氧烷,在常温下可保持良好的稳定性,但在受热到一定温度时便会迅速凝固。常用于天然橡胶或合成胶乳的配制。如氯化锌与氨水配制成的锌铵配合物、聚乙烯甲基醚等在加热条件下能使胶乳进行胶凝。

热熔胶 hot melting adhesive 又名热熔胶黏剂。指在室温下呈固态、加热熔融成液态,涂布、润湿被黏物后,经压合、冷却,在几秒钟内完成胶接的胶黏剂。一般是由热塑性聚合物、增黏剂、增塑剂、抗氧剂、填料等组成。是一种不含水或溶剂,100%固含量的胶黏剂。主要品种有乙烯-乙酸乙烯酯共聚树脂类热熔胶、聚乙烯及乙烯共聚物热熔胶、聚丙烯热熔胶、聚酯热熔胶、聚酰胺热熔胶、聚氨酯热熔胶及苯乙烯类热熔胶等。热熔胶具有固化快、低公害、生产效率高、节能、用途广、使用方便等特点。缺点是耐热性稍差、粘接强度不是太高,需配备热熔涂胶器等。主要用于包装、电气、建筑、书籍装订、服装、胶合板等领域。

热熔型压敏胶黏剂 hot-melt type pressure sensitive adhesive 是以热塑性聚合物为基料的胶黏剂,它兼有热熔和压敏双重特性,在溶融状态下涂布,冷却硬化后施加轻压便能快速粘接,同时它又能较易地剥离,不污染被粘接表面,一般是由聚合物、增黏剂、增塑剂、抗氧剂及填料等组成。所用热塑性聚合物主要有 2 类:一类是乙烯-乙酸乙烯酯共聚物;另一类是 SBS 及 SIS 热塑性弹性体、聚丙烯酸酯弹性体。相应的产品有乙烯-乙酸乙烯酯热熔压敏胶、SBS(或SIS)热熔压敏胶、聚丙烯酸酯热熔压敏胶等。与其他胶黏剂比较,热熔压敏胶具有生产方便、无溶剂、无污染、储存时间长、使用简单等特点,广泛用于包装、医疗卫生、书籍装订、尿布、标签、表面保护膜及制鞋等方面。

热塑性树脂胶黏剂 thermoplastic adhesive 又名热塑性高分子胶黏剂。是以线型热塑性树脂为基料的合成胶黏剂。由于线型聚合物不产生交联,易配制成溶液或加热呈熔融状态,可以溶液状、乳液状或熔融状进行粘接。具有初始粘接力及柔韧性好、耐冲击性优良、稳定性好等特点,但也存在耐热、耐溶剂性较差、胶接强度相对较低的缺点,一般受热到 65℃ 时会软化,0℃ 以下易变脆。按胶黏剂形态可分为固体型(主要为热熔胶)、溶液型、乳液型及单体型(系低分子化合物)。常用的热塑性树脂有聚烯烃、聚乙酸乙烯酯及其共聚物、聚丙烯酸酯、聚氯乙烯及过氯乙烯、热塑性聚酰胺、聚酯和聚氨酯、聚乙烯醇缩醛类等。

热塑性弹性体 thermoplastic elastomer 又名热塑性橡胶。是一类常温下具有硫化橡胶的高弹性和高强度,高温下又具有热塑性塑料加工工艺特点的合成材料。它既类似于橡胶,又很像塑料,是介于橡胶和塑料之间的强韧性聚合物。品种很多，按构成成分，分为聚烯烃型、聚氨酯型、聚酯型、聚苯乙烯型等；按物理交联形式分为聚集相型、氢键型和结晶型三类。聚集相型以各种苯乙烯/二烯的三嵌段共聚物为代表，聚氨酯型则属于氢键型，结晶型包括聚酯和聚烯烃型等。按高分子链结构，可分为嵌段共聚物、接枝共聚物、含离子键共聚物及硫化橡胶共混物等。用于制造压敏胶黏剂、热熔胶、橡胶制品、韧性零部件及进行塑料改性等。

SBS 热塑性弹性体 SBS thermoplastic elastomer 又名苯乙烯-丁二烯-苯乙烯热塑性弹性体，简称 SBS。白色或微黄色颗粒。相对密度 0.92～0.95。是一类常温下显示橡胶弹性，高温下又能塑化成型的合成材料，分为星型结构和线型结构两种。如 Y-802、Y-805 牌号为星型结构，能提高强度及耐磨性能；如 Y-792 为线型结构，能提高柔软性及断裂伸长率。SBS 具有优良的耐热老化、耐臭氧、耐紫外线及耐屈挠性，有较好的弹性及电绝缘性，但耐溶剂性较差。溶于苯、环己烷、甲乙酮、二氯乙烷等，不溶于水、乙醇及溶剂汽油。用于制造热熔胶、压敏胶、改性沥青、涂料、医疗器具、各种鞋底等，也用作聚烯烃材料的冲击改性剂、丙烯酸酯快固结构胶的增韧剂。由丁二烯、苯乙烯经溶液阴离子聚合或嵌段共聚制得。

SEBS 热塑性弹性体 SEBS thermoplastic elastomer 又名苯乙烯-乙烯/丁烯-苯乙烯热塑性弹性体，简称 SEBS。它是由特种线型 SBS 在催化剂存在下经适度定向加氢，而使聚丁二烯链段氢化成聚乙链段和聚丁烯链段而制得。由于不含易氧化断裂的双键，耐老化性能提高，拉伸强度比加氢前有显著提高，刚性也较强。可用于生产耐老化性好的接触型胶黏剂、压敏胶黏剂、热熔胶、建筑密封胶等。

SEPS 热塑性弹性体 SEPS thermoplastic elastomer 又名苯乙烯-乙烯/丙烯-苯乙烯热塑性弹性体，简称 SEPS。它是由线型 SIS 在催化剂存在下经适度定向加氢而使聚异戊二烯链段氢化成聚乙烯和聚丙烯链段而制得。由于 SEPS 分子链中双键甚少或消失，故对光、氧、臭氧的耐老化性能明显提高，刚性增强，模量较高。可用于生产耐老化性能好的胶黏剂、压敏胶、热熔胶、建筑密封胶等。

SIS 热塑性弹性体 SIS thermoplastic elastomer 又名苯乙烯-异戊二烯-苯乙烯热塑性弹性体，简称 SIS。为苯乙烯-异戊二烯-苯乙烯三嵌段共聚物。有线型和星型结构之分。星型结构比线型结构更为规整，所制得产品的粘接性（初黏性、持黏性及剥离强度）也都优于线型结构的产品。与 SBS 相比较，SIS 的相分离更为明显，熔融黏度比 SBS 更低，但由于 SIS 中间嵌段聚异戊二烯结构上具有甲基侧链的特性，使它具有很好的内聚力和优良的粘接性能。用于制造热熔胶、交联压敏胶、溶剂型胶黏剂及涂料等，也用作塑料及沥青改性剂。可在引发剂存在下，由苯乙烯与异戊二烯聚合制得。

热稳定剂 heat stabilizer 指在聚合物及其他高分子材料加工时所用的一类助剂。它能防止这些物质在加工、使用和储存过程中因受热发生降解、交联、变色和老化,以达到延长使用时间和保护制品质量的目的,由于聚氯乙烯的热稳定性问题十分突出,通常所说的热稳定剂主要是指聚氯乙烯及氯乙烯共聚物所使用的一类稳定剂。常用的热稳定剂可分为铅类、金属皂类、有机锡类、有机锑类、稀土类及复合型热稳定剂等。好的热稳定剂除应具有优良的耐热性外,还应与聚合物相容性好、挥发性小、不升华、不迁移、不易被水或溶剂抽出,易于加工、无毒、无臭、不污染、价格低廉等。

热致变色色素 thermochromic colorant 指在特定温度下由于结构变化而发生可逆性颜色变化的一些物质。如 Cu_2HgI_4 在常温下是红色,69.6℃变为暗紫色,70.6℃成为黑色,适当改变配比还能调节变色温度。分无机及有机两类。无机热致变色色素,如碘化汞、偏钒酸铵[$(NH_4)_3VO_3$]等,可用于电器设备发热部位的安全界限指示、加热器件表面温度分布的测定等;有机热致变色色素主要有三芳甲烷类热致变色染料、荧烷类热致变色染料、螺吡喃类热致变色染料、吩噁嗪和吩噻嗪类染料等。可用于丝网印刷、凹版印刷等印刷制品及各种标签、包装物、日用品、玩具等需要随温度变色的场合。

热致变色油墨 thermochromism ink 受热会发生变色的油墨。通常受热温度达到50℃以上时消色,降温时又可恢复到原先颜色,变色材料功能的关键技术是微胶囊化技术,是将变色物质制成微胶囊粒子,然后与连结料配制成油墨。也可分为可逆变色及不可逆变色两类,根据变色温度及组成不同,又有许多品种。主要用于测温、早期疾病诊断、装饰以及防伪技术等方面。

人工牛黄 artificial bezoar 参照天然牛黄化学成分按一定比例配制成具有天然牛黄疗效的代用品。天然牛黄是牛在病理状态下,在其胆囊或胆管内形成的结石干燥品,其主要成分是胆汁酸、胆红素、胆固醇、氨基酸及微量元素等。人工牛黄组成为:胆红素 0.7%～0.8%、胆固醇 2.0%、牛羊胆酸 12.5%、α-猪脱氧胆酸 15%、硫酸镁 1.5%、硫酸亚铁 0.5%、淀粉加至 100%。制造时先将胆红素溶于少量有机溶剂中,再加入其他成分混匀、干燥、过筛即得。

人工麝香 artificial musk 又名人造

（葵子麝香） （二甲苯麝香）

麝香。按麝香的化学成分或香气经化学合成或人工配制而成的具有麝香功能的制品。人工配制的麝香是由氨基酸、大环酮(如麝香酮、麝香吡啶、麝香吡喃等)、内酯、甾体化合物及少量无机盐等调配而得,其所用成分品种很多,调配方法各异。用作定香剂及协调剂,用于调配高档化妆品用香精。

人尿促性腺激素 human menopausal gonadotropin 白色或灰白色粉末。一种兼有促卵泡激素(FSH)和促黄体生成激素(LH)活性的糖蛋白,是由 α 及 β 两种亚基组成,两者以非共价键结合,糖占15%～30%,主要是果糖、己糖和氨基己糖。可溶于水。具有促进卵巢类固醇激素分泌,促进排卵和黄体生成,促进睾酮分泌及精子生长等功能。临床上用于治疗原发性精子缺少症和促性腺激素低下性闭经、无排卵等不育症。还可治疗习惯性流产及新生儿先天异常等疾病,绝经妇女由于雌性激素和孕激素缺乏,分泌大量 FSH 及 LH,故可由绝经妇女尿中提取而得。

人参皂苷 ginsenoside 是人参的主要成分。人参根含总皂苷约4%。须根中含量较主根高。是十余种以上皂苷的混合物,而以人参皂苷二醇、人参皂苷三醇为主要成分。人参的药用价值主要决定于所含皂苷含量,而以白参、花旗参、朝鲜人参的人参皂苷质量最好。人参皂苷为白色或淡黄色无定形粉末,一般含 2~4 个糖基,溶于甲醇、乙醇、热丙酮,稍溶于氯仿、乙酸乙酯,有旋光性。有扩张末梢血管、增加血流量、促进纤维类细胞增强、抗疲劳及增强免疫等作用。用于护肤品可防止皮肤老化,用于护发制品,对防治灰发有疗效。可以人参的茎、花、叶等为原料用溶剂萃取分离制得。

人造胶乳 artificial latex 指不通过乳液聚合制造的胶乳。是将溶液聚合得到的高聚物经乳化再分散而制得。分为以下几种制法:①溶液乳化法。是将高聚物溶于有机溶剂中制成溶液,再向溶液中一边加水边乳化的方法。所制乳液又可分为:不经相转变过程制备的乳液、溶剂与水不相容时所制备的乳液、高聚物与水有互容性的乳液、高聚物再分散性乳液等。②直接(熔融)乳化法。不用溶剂,而将高聚物一边熔融或在混炼机中混炼,一边添加少量水,经搅拌乳化制成乳液。③粉末再乳化法。是先将树脂乳液中的水分除去制成粉末状树脂,使用时加水使其恢复至原来的乳液。这样制得的乳液也称作粉末乳液。人造胶乳可用于浸渍织物、纸表面涂层、胶黏剂、地板抛光等。

壬苯醇醚 nonoxynol 又名壬苯醇醚-9、安乐迷、维丝芳、爱侣、医药级壬基酚聚氧乙烯(9)醚。

$C_9H_{19}\!-\!\!\left\langle\right\rangle\!\!-\!O\!\!-\!\!(CH_2CH_2O)_9\!\!-\!\!H$

无色透明液体。浊点55～61℃。1%水溶液 pH 值 6.0～7.5。溶于水、乙醇。一种非离子表面活性剂。医药上用作外用避孕药,通过改变精子的细胞渗透性,从而杀死精子或使其失去活力无法进入宫颈口,达到不能受精的目的。工业上也用作纺织染色助剂、脱脂剂、渗透剂、清洗剂等。由壬基酚与环氧乙炔烷在催化剂存在下缩合制得。

壬二酸 nonandioic acid 又名杜鹃花酸。无色或浅黄色单斜晶系针状或片状结晶或粉末。

HOOC(CH$_2$)$_7$COOH

相对密度 1.225(25℃)。熔点 106.5℃。沸点 226℃(1.33kPa)。折射率 1.4303(111℃)。320～340℃发生羧酸分解,360℃以上部分生成无水物。易溶于热水、醇及热苯,微溶于水、醚及冷苯。用于制造壬二酸酯类、增塑剂、醇酸树脂、香料等。也用作聚合物改性剂。壬二酸有抗菌性,可用作食品及化妆品防腐剂,又可用于口腔卫生用品防治龋齿。

壬二酸二辛酯 dioctyl azelate 又名壬二酸二(2-乙基己酯),简称 DOZ。近乎无色透明液体。

$$\text{COOCH}_2\text{CH(CH}_2)_3\text{CH}_3 \atop \overset{|}{\text{C}_2\text{H}_5}$$
$$(\text{CH}_2)_7$$
$$\text{COOCH}_2\text{CH(CH}_2)_3\text{CH}_3 \atop \overset{|}{\text{C}_2\text{H}_5}$$

相对密度 0.917(25℃)。熔点 $-65℃$。沸点 237℃(0.667 kPa)。闪点 227 ℃。不溶于水,溶于醇、醚、酮等有机溶剂。用作乙烯基树脂、纤维素树脂等的耐寒增塑剂,具有沸点低、黏度小、耐久性及耐光性好等特点,适用于人造革、薄膜、电线电缆等制品,可赋予制品良好的低温性能。也可单独或与其他增塑剂配合用作合成橡胶的增塑剂。低毒。可用于食品包装材料。由壬二酸与2-乙基己醇反应制得。

壬二酸二异辛酯 diisooctyl azelate 简称 DIOZ。无色透明液体。

$$\text{COO—C}_8\text{H}_{17}$$
$$(\text{CH}_2)_7$$
$$\text{COO—C}_8\text{H}_{17}$$

相对密度 0.918~0.920。熔点 $-68℃$。沸点 225~244℃(0.533Pa)。闪点 213~219℃。不溶于水,溶于醇、醚、酮、苯等多数有机溶剂。用作乙烯基树脂、纤维素树脂及合成橡胶等的耐寒性增塑剂,性能与壬二酸二辛酯相似。适用于压延薄膜、软管、片材、挤塑制品及增塑糊等。具有优良的低温性能、耐水抽出性及光稳定性。由壬二酸与异辛醇经酯化反应制得。

壬基苯氧基乙酸 nonyl phenoxy acetic acid 琥珀色透明液体。相对密度

$$\text{C}_9\text{H}_{19}\!\!-\!\!\bigcirc\!\!-\!\!\text{O—CH}_2\!\!-\!\!\text{COOH}$$

1.03。闪点>130℃。黏度 1750mm²/s。不溶于水,溶于矿物油及常用有机溶剂。有较好的抗乳化性及一定的水置换性。用作润滑油、润滑脂及燃料油的腐蚀抑制剂。因加入润滑油中会影响润滑油的酸值,其使用受到一定的限制。

壬基酚 nonyl phenol 又名壬基苯酚。

$$\text{HO}\!\!-\!\!\bigcirc\!\!-\!\!\underset{\underset{\text{CH}_3}{|}}{\overset{\overset{\text{CH}_3}{|}}{\text{C}}}\!\!-\!\!\text{CH}_2\!\!-\!\!\underset{\underset{\text{CH}_3}{|}}{\overset{\overset{\text{CH}_3}{|}}{\text{C}}}\!\!-\!\!\text{CH}_2\text{CH}_3$$

淡黄色黏稠性液体,略有苯酚气味。商品是多种异构体的混合物。相对密度 0.953。熔点 1℃。沸点 293~297℃。闪点 148.9℃。折射率 1.5110(27℃)。低温下形成透明玻璃状液体,但不析出结晶。不溶于水及冷碱液,微溶于低沸点烷烃、石油醚,溶于乙醇、乙醚、丙酮、氯仿。暴露于空气中因氧化而颜色变深。具有酚类化学性质。与环氧乙烷缩合生成壬基酚聚氧乙烯醚;与硫酸或磷酸反应,分别生成硫酸酯或磷酸酯。有毒!用作多异氰酸酯胶黏剂的助催化剂、环氧树脂固化促进剂。也用于制造非离子表面活性剂、增塑剂、防腐剂、树脂改性剂及防腐剂等。以壬烯和苯酚为原料经烷基化反应制得。

壬基酚聚氧乙烯(4)醚 nonyl phenol polyoxyethylene(4) ether 又名聚氧乙

$$\text{C}_9\text{H}_{19}\!\!-\!\!\bigcirc\!\!-\!\!\text{O(CH}_2\text{CH}_2\text{O})_4\text{H}$$

烯(4)壬基苯基醚、NPE-4、TX-4。一种非离子表面活性剂。无色或微黄色透明油状液体。活性物含量＞99%。pH值5.0～7.0(1%水溶液)。HLB值8.8。易溶于油及有机溶剂。对硬水、无机酸碱及有机酸、还原剂及氧化剂都较稳定。具有良好的分散、乳化、润湿等性能。用作纺织油剂、金属脱脂剂、聚合乳化剂、净洗剂、分散剂及果树杀螨剂等。可在碱催化剂或高效非碱催化剂存在下，由1mol 壬基酚与4mol 环氧乙烷缩聚制得。

壬基酚聚氧乙烯(7)醚 nonyl phenol polyoxyethylene(7) ehter 又名聚氧乙

$$C_9H_{19} - \phenyl - O(CH_2CH_2O)_7H$$

烯(7)壬基苯基醚、NPE-7、TX-7。一种非离子表面活性剂。无色或淡黄色透明液体。活性物含量＞99%。pH值5～7(1%水溶液)。易溶于水。对无机酸碱、硬水及一般氧化剂或还原剂均较稳定。具有优良的乳化、分散、净洗等性能。用作纺织油剂、匀染剂、聚合乳化剂、金属脱脂剂、废纸脱墨剂、净洗剂、分散剂等。在碱催化剂存在下，由1mol 壬基酚与7mol 环氧乙烷缩聚制得。

壬基酚聚氧乙烯(8)醚 nonyl phenol polyoxyethylene(8) ether 又名聚氧乙

$$C_9H_{19} - \phenyl - O(CH_2CH_2O)_8H$$

烯(8)壬基苯基醚、NPE-8、TX-7。一种非离子表面活性剂。无色透明油状液体。活性物含量＞99%。浊点29～35℃(1%水溶液)。pH值6～7.5(1%水溶液)。易溶于水。对酸、碱及金属盐均稳定。具有优良的润湿、乳化、增溶、分散等性能。用作增溶剂、分散剂、乳化剂，用于纺织、印染、制革、造纸及日化等行业。也广泛用作净洗剂、金属脱脂剂、废纸脱墨剂等。可在碱催化剂存在下，由1mol 壬基酚与8mol 环氧乙烷缩聚制得。

壬基酚聚氧乙烯(9)醚 nonyl phenol polyoxyethylene(9) ether 又名聚氧乙

$$C_9H_{19} - \phenyl - O(CH_2CH_2O)_9H$$

烯(9)壬基苯基醚、NPE-9、TX-9。一种非离子表面活性剂。无色透明液体。活性物含量＞99%。pH值6.0～7.5(1%水溶液)。易溶于水。对硬水、酸碱及金属盐都稳定。具有优良的乳化、分散、润湿及匀染等性能。用作纤维柔软剂、织物匀染剂、农药及医药乳化剂、抗静电剂、金属净洗剂及分散剂等。在碱催化剂存在下，由1mol 壬基酚与9mol 环氧乙烷缩聚制得。

壬基酚聚氧乙烯(10)醚 nonyl phenol polyoxyethylene(10) ether 又名聚氧乙

$$C_9H_{19} - \phenyl - O(CH_2CH_2O)_{10}H$$

烯(10)壬基苯基醚、NPE-10、TX-10。一种非离子表面活性剂。无色透明油状液体。相对密度1.05～1.07。熔点7～8℃。活性物含量＞99%。pH值6.0～7.5(1%水溶液)。HLB值10.4～16.5。溶于水及丙酮、甲醇。对无机酸碱、硬水及一般氧化剂或还原剂均较稳定。具有优良的乳化、分散、润湿及洗涤等性能。用于配制医药及农药乳化剂、家用洗涤剂、金属脱脂剂、无水洗涤剂、公共设施消毒杀菌剂、消泡剂、防锈剂等。可在碱催化剂作用下,由 1mol 壬基酚与 10mol 环氧乙烷缩聚制得。

壬基酚聚氧乙烯(15)醚 nonyl plenol polyoxyethylene(15) ether 又名

$$C_9H_{19}\text{—}\langle\bigcirc\rangle\text{—}O(CH_2CH_2O)_{15}H$$

聚氧乙烯(15)壬基苯基醚、NPE-15、TX-15。一种非离子表面活性剂。白色膏状物。活性物含量＞99%。1% 水溶液的 pH 值 6.0～7.5。易溶于水。对硬水、无机酸碱及有机酸、一般氧化物或还原剂均较稳定。具有优良的乳化、分散、润湿、渗透等性能。用于配制餐具及硬表面洗涤剂、洗瓶剂、金属脱脂剂、染料及颜料分散剂、矿物浮选剂、增溶剂、消泡剂等。在碱催化剂存在下,由 1mol 壬基酚与 15mol 环氧乙烷缩聚制得。

壬基酚聚氧乙烯(40)醚 nonyl phenol polyoxyethylene(40) ether 又名

$$C_9H_{19}\text{—}\langle\bigcirc\rangle\text{—}O(CH_2CH_2O)_{40}H$$

氧乙烯(40)壬基苯基醚、NPE-40、TX-40。一种非离子表面活性剂。白色蜡状固体。活性物含量＞99%。浊点＞100℃。pH 值 6～7(1% 水溶液)。易溶于水。对无机酸碱及有机酸、硬水、一般氧化物或还原剂均较稳定。具有优良的乳化、分散、渗透、润湿等性能。对眼及皮肤有刺激性。用于工业及聚合乳化剂、渗透剂、增溶剂、净洗剂及降黏剂等。在碱催化剂存在下,由 1mol 壬基酚与 40mol 环氧乙烷缩聚制得。

壬基酚聚氧乙烯醚丙烯酸酯 polyoxyethylene nonylphenyl ether acrylate

$$C_9H_{19}\text{—}\langle\bigcirc\rangle\text{—}O(CH_2CH_2O)_{10}OCCH=CH_2$$

又名反应性乳化剂 NPEAA。一种非离子表面活性剂。黄色透明液体。活性物含量＞99%。酸值＜5mgKOH/g。黏度 0.13～0.16Pa·s。具有良好的乳化、分散性能。用作反应性乳化剂,尤适用于丙烯酸乳液聚合,可提高乳液稳定性。乳液成膜后可显著提高粘接性、耐热性及耐候性,适用作皮革涂饰的成膜材料。可在催化剂存在下,由壬基酚聚氧乙烯醚与丙烯酸反应制得。

壬基酚聚氧乙烯(12)醚磷酸单酯 polyoxyethylene (12) nonylphenyl ether monophosphate 一种阴离子表面活性

$$C_9H_{19}\text{—}\langle\bigcirc\rangle\text{—}O(CH_2CH_2O)_nPO_3H$$
$$(n=12)$$

剂。无色透明液体。有效成分≥99%。浊点 81～87℃。羟值 72～78 mgKOH/g。pH 值 6～7.5(1% 水溶液)。溶于水。不怕硬水、强酸及强碱。有较广的 HLB 值可调性,具有优良的乳化、分散、增溶、去污等性能。用作润湿剂、增溶剂、乳化剂、净洗剂等,广泛用于印染、洗涤剂、农药、制革、造纸等行业。在碱催化剂存在下,由壬基酚聚氧乙烯醚与五氧化二磷经酯化反应制得。

壬基酚聚氧乙烯醚硫酸钠 sodium nonylphenol polyoxyethylene ether sulfate

C_9H_{19}—⟨ ⟩—O—$[CH_2CH_2O]_{10}$—SO_3Na

又名聚氧乙烯壬基酚醚硫酸钠、表面活性剂 NPES。一种阴离子表面活性剂。琥珀色的透明液体。活性物含量≥35%。1%水溶液的 pH 值 8～9。溶于水，较一般阴离子表面活性剂更具亲水性。有良好的渗透及去油污性能。对皮肤刺激性小，对眼睛稍有刺激性。可生物降解。用作洗涤剂、乳化剂、分散剂、润湿剂等。用于配制纺织油剂、染色助剂、矿物浮选剂、润滑剂等。由壬基酚聚氧乙烯醚用三氧化硫磺化成壬基酚聚氧乙烯醚硫酸酯后,用氢氧化钠中和而得。

壬基酚聚氧乙烯醚硫酸三乙醇胺盐 nonyl phenol polyexyethylene ether sulfate triethanolamine salt 又名壬基酚聚氧乙烯醚硫酸胺盐。一种阴离子表面活性剂。无色透明液体。活性物含量≥55%。相对密度 1.065。黏度 0.1Pa·s。溶于水,不溶于苯、丙酮、乙醚。具有优良的乳化、分散、渗透等性能,用作乳液聚合及印染用乳化剂。也用作硬表面洗涤剂、分散剂、润滑剂。由壬基酚聚氧乙烯醚与三氧化硫反应生成壬基酚聚氧乙烯醚磺酸,再与三乙醇胺反应制得。

绒促性素 chorionic gonadotropin 又名绒毛膜促性腺激素。白色或类白色粉末。溶于水,不溶于乙醇、乙醚、丙酮。一种肽类激素药物。用于功能性子宫出血、黄体功能不足、男性性功能减退、隐睾症、先兆流产或习惯性流产等疾病治疗,绒促性素主要由胎盘滋养液外层细胞合成,妇女怀孕后 2～3 周,即可在尿中测得。可收集新鲜的孕妇尿液(妊娠期 3～5 个月的孕尿最好)经过滤、提取而得。

溶剂型聚丙烯酸酯压敏胶 solvent type polyacrylate pressure sensitive adhesive 分为非交联型及交联型。非交联型聚丙烯酸酯压敏胶是各种丙烯酸酯单体在有机溶剂中进行自由基共聚制得的黏稠溶液,固含量 30%～50%。胶层无色透明,对各种塑料膜基材的涂布性及密着性优良,初黏性及剥离强度较高。适于制造各种一般性压敏胶黏带、压敏标签。缺点是持黏力及耐溶剂性不好,不适合制造重包装、捆扎等要求持黏力高及耐热、耐溶剂的压敏胶制品。交联型压敏胶的制法是先用溶液聚合法制得带有各种反应性基团的丙烯酸酯共聚物溶液,然后加入适量交联剂溶液,混匀后即得单组分交联型压敏胶。如单组分胶液的室温储存期少于 6 个月,就需将丙烯酸酯共聚物溶液和交联剂溶液单独包装,成为双组分胶液的产品形式。通过交联能显著提高聚丙烯酸酯压敏胶液的持黏力、耐热性和耐溶剂性能。

溶剂型涂料 solvent based coatings 以有机溶剂为稀释剂的涂料。溶剂是用来溶解或分散成膜物质以便于施工,并在涂膜形成过程中挥发掉的液体,溶剂对树脂的溶解能力、涂膜的性能和外观等都有很大的影响,目前使用的主要是混合溶剂。涂料涂布后,溶剂会从涂膜中挥发到大气中,不残留溶剂。几乎所有溶剂均被美国环境保护署(EPA)列为光化学活性的挥发性有机化合物,美国国会把某些常用溶剂列为危险空气污染物。目前国内销售的涂料大部分还是溶剂型的,在生产和涂装过程中都有大量有机溶剂释放而造成污染。作为发展方向,应大力开发水性涂料、无溶剂涂料及粉末涂料等。

溶剂型橡胶压敏胶 solvent type rubber pressure sensitive adhesive 橡胶型压敏胶黏剂的一类。是由橡胶弹性体、增黏剂、软化剂、防老剂、填充剂、着色剂等按一定配比在有机溶剂中溶解混合制成。工业上常用制法有两种:一种是先将固体块状生橡胶切成小块并在炼胶机上塑炼、调整相对分子质量后再切成碎片,经有机溶剂溶解,并混入增黏剂及其他添加剂,搅匀后用溶剂调节到所需黏度和固含量而成;另一种是先将固体橡胶弹性体切成小块,经塑炼后直接混入增黏剂及其他添加剂进行混炼,再将混炼胶料切碎后在溶解釜中用溶剂溶解并混合均匀即成。广泛用于制造各种包装、办公事务用、电气绝缘、标签、医用等压敏胶黏带。

溶解型防污漆 dissolve leaching antifouling pain 应用最广泛的一种船底防污漆。由基料、毒料、颜料及辅料等组成。基料有松香、沥青、氯化橡胶及树脂等,毒料有氧化亚铜、氧化汞及滴滴涕等,颜料有氧化锌、铁红、滑石粉等,辅料有铜皂、氢化蓖麻油等。当干漆膜浸于海水时,通过微溶于海水中的松香或沥青缓慢地溶解而不断暴露出新鲜的漆膜表面,使毒料粒子与海水接触而溶解释放,用以抵抗或杀死企图留在漆膜上的海洋生物孢子或幼虫,防止海洋生物在船底附着孳生,直到漆膜耗尽为止。其有效期与漆膜厚度成正比,含氧化亚铜为 25% 的防污漆,涂二道,其有效期一般为 1 年左右。

溶菌酶 lysozyme 又名胞壁质酶、球蛋白 G。由新鲜鸡蛋清中分离制得的一种能分解黏多糖的酶制品。白色或微白色结晶性或无定形粉末。无臭,味甜。易溶于水,不溶于乙醚、丙酮。酸性溶液中稳定,遇碱易被破坏。最适 pH 值为 6.6。耐热至 55℃ 时活性不被破坏,溶菌酶可参与黏多糖代谢,能使细菌的细胞膜成分——多糖类水解,其结果表现为溶菌现象。具有杀菌、抗病毒、止血、消肿、镇痛及加快组织恢复等功能。常与氯离子结合成为溶菌酶氯化物,用作抗菌剂,在口腔卫生品中用于预防各种牙病,也用于医药及化妆品等。

溶血磷脂 lysophospholipids 又名溶血磷酸甘油酯。是由各种磷脂失去一个脂肪酸基团所形成的磷脂的统称。有溶血磷脂酰胆碱、溶血磷脂酰乙醇胺

$$\begin{array}{c} O \\ \| \\ H_2C-O-C-R \\ HO-CH \quad O \\ \| \\ H_2C-O-P-O-X \\ | \\ OH \end{array}$$

(R=脂肪酸残基;X=丝氨酸、胆碱乙醇胺等)

等。因它们对红细胞有强烈的溶血活性而得名。可由天然磷脂用磷脂酶部分水解而制得。溶血磷脂对杂菌液显示广谱抗菌性,其调制的水包油(O/W)型乳化体系有良好的抗酸、抗盐及抗高温性能,

用于护肤品,有改善细胞通透性、加速皮肤新陈代谢功效。用于香波,有改善头发发质及易于梳理等特性。

溶液型有机硅隔离剂 solution silicone release agent 有机硅隔离剂的一种,是由有机硅聚合物、交联剂及交联催化剂中加入芳香烃和脂肪烃的混合溶剂组成。一般是现配现用。为延长使用期,还在溶液中加入延长剂甲乙酮、异丙醇等。为加快涂布速度及降低固化温度,有时加入交联促进剂(高级脂肪酸的锌盐或铅盐)。这类隔离剂主要用于涂布双面上浆厚白牛皮纸、沥青纸和聚乙烯涂布纸、玻璃纸、各种金属箔及聚乙烯、聚丙烯、聚酯薄膜等,制造各种类型的隔离纸和隔离膜。

柔软剂 SG 系列
见"脂肪酸聚氧乙烯酯 SG 系列"。

柔软整理剂 softening agent 又名柔软剂。能使织物有滑爽、柔软、丰满手感的助剂。其作用是由于柔软剂吸附在纤维表面,防止纤维与纤维直接接触,减少织物组分之间的摩擦和阻力,以达到手感柔软、滑爽,穿着舒适的效果。柔软剂很少是单一化学结构的物质,多是由几种组分复配制得,按组成分为 3 类:①表面活性剂型柔软剂。其中主要为阳离子型柔软剂,它与天然或合成纤维都有较强结合力,耐温耐洗涤,可使织物获得优良的柔软效果。②反应性柔软剂。又称活性柔软剂,是分子中含有能与纤维素纤维的羟基发生反应形成酯键或醚键共价结合的一类柔软剂。如乙烯亚胺类衍生物、羟甲基硬脂酰胺等制成的柔软剂。③其他非表面活性柔软剂,如有机硅树脂乳液等。

柔性版印刷油墨 flexographic ink 凸印油墨的一种。具有黏度低、干燥快的特点,是一种接近牛顿流体的液体型油墨。油墨的干燥主要靠溶剂挥发来完成,在纸张上的干燥有一部分是由于油墨对纸张的渗透来实现的。按溶剂类型可分为水型、醇型和混合溶剂型油墨等三种类型。由于油墨连结料通常含有几种树脂,因此很少只用一种溶剂来制作油墨。所用溶剂主要是乙醇、正丙醇、异丙醇等低碳醇,这些醇类常与少量乙二醇醚、酮类或酯类混合,以达到最佳的树脂溶解性、合适的干燥性和黏度。

鞣花酸 ellagic acid 又名楉原、联二没食子酸内酯。纯品为乳白色结晶,熔点 $>360℃$(分解);不纯物为白色或浅黄色粉末结晶或液体。微溶于水、乙醇。鞣花酸分子结构含 4 个酚羟基,具有弱酸性,能溶于碱性水溶液及苯、乙酸乙烯酯等。有良好的抗氧化及耐热性能。主要用作食品抗氧化剂,常与维生素 E、维生素 C 或没食子酸等混合使用。以五倍子、菱角果实及蓝桉叶子等为原料经溶剂萃取制得。

鞣剂
见"皮革鞣剂"。

鞣酸
见"单宁"。

肉豆蔻醛 myristic aldehyde 又名十四醛。无色至微黄色液体。相对密度 $0.825\sim0.835$。熔点 $20.5℃$。沸点 $260℃$。天然存在于金橘皮、生姜、花生等精油中,具有强烈的脂肪气味及类似鸢尾样的香气。不溶于水及多数常用有机溶剂。以 1:1 溶于 80% 乙醇。易发生聚合,生成白色无定形固体,在 $65℃$ 时可熔融。属醛类合成香料,主要用于调配鸢尾香、紫罗兰香等日用香精及脂肪酸香味料、牛奶香韵食品、水果香型等食品香精。由肉豆蔻酸甲酯经还原、氧化反应制得。

$CH_3(CH_2)_{12}CHO$

肉豆蔻酸 myristic acid 又名十四(烷)酸。一种饱和高级脂肪酸。白色蜡状固体或结晶。以甘油酯的形式存在于肉豆蔻油、棕榈油及椰子油等植物油脂中。相对密度 $0.8439(80℃)$。熔点 $58℃$。沸点 $199℃(2.13\ kPa)$。折射率 $1.4273(70℃)$。酸值 $242\sim247$ mg KOH/g,碘值 $\leqslant 0.5gI_2/100g$。不溶于水,溶于无水乙醇、甲醇、乙醚、苯及石油醚等。用于制造肉豆蔻酸酯(或盐)、表面活性剂、增塑剂、香料等。由十四醇氧化脱氢制得,或由椰子油或其他动植物油脂经皂化、中和制得。

$CH_3(CH_2)_{12}COOH$

肉豆蔻酸甲酯 methyl myristate 又名十四烷酸甲酯,无色油状液体或白色蜡状固体。有蜂蜜样气味。相对密度 0.855。熔点 $18℃$。沸点 $323℃$。折射率 1.4362。不溶于水,与乙醇、乙醚、丙酮、苯等混溶。用于调配食用香精及日化香精,也用于生产脂肪醇、表面活性剂等。由肉豆蔻酸与甲醇在硫酸存在下直接酯化制得。

$CH_3(CH_2)_{12}COOCH_3$

肉豆蔻酸异丙酯 isopropyl myristate 又名十四烷酸异丙酯。无色油状液体。有极微油脂气味。相对密度 $0.849(25℃)$。熔点 $-3℃$。$190℃$ 以上分解。折射率 $1.432(25℃)$。闪点 $152℃$。不溶于水及甘油,溶于丙酮、苯、氯仿等,与植物油混溶。性质稳定,不易水解及酸败。无毒。化妆品中用作高级油性原料及吸留性皮肤柔润剂、香水定香剂。医药上用作分散剂及药膏基质,也用作硝酸纤维素及乙基纤维素的增塑剂。由肉豆蔻酸与异丙醇经酯化反应制得。

$$C_{13}H_{27}\overset{O}{\overset{\|}{C}}-OCH(CH_3)_2$$

肉豆蔻油 nutmeg oil 又名玉果油。无色至淡黄色液体。具有浓郁青甜香气味和滋味。遇光颜色变深。主要成分为蒎烯、莰烯、双戊烯、肉豆蔻醚、丁香酚、香叶醇、香茅醇、龙脑、樟脑等。相对密度 $0.965\sim0.975$。折射率 1.462。以 1:3 溶于 90% 乙醇中,难溶于冷乙醇,不溶于丙二醇、甘油,溶于乙醚、氯仿及非挥发性油。属植物型天然香料。主要用于牙膏、烟草、酒用香精,常与其他香辛料或精油配合使用,也用于熏香及皂用香精。还可用作理气健胃中药。由肉豆蔻科常绿乔木肉豆蔻的成熟果实经水蒸气蒸馏制得。

肉桂醇 cinnamic alcohol 又名苯基丙烯醇、桂醇。有顺式及反式两种异构

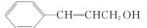

体,天然品为反式异构体,存在于苏合香、风信子及肉桂汁的精油中。合成品也多为反式异构体,为无色或微黄色针状结晶,有香脂香气。相对密度1.0440。熔点33℃。沸点257.5℃。闪点126℃。折射率1.5819。熔点常随纯度及制法的不同而异。溶于水、甘油、乙醇、乙醚及常用有机溶剂。暴露于空气中逐渐氧化成肉桂醛。用以调制食用香精及日化香精,也用作有机合成中间体。由肉桂醛在异丙醇铝催化剂存在下还原制得。或由植物精油分离而得。

肉桂醛 cinnamic aldehyde 又名3-苯基丙烯醛、桂醛。无色到淡黄色油状液体。有强烈桂皮样香气。天然存在于肉桂油、风信子等精油中。相对密度1.0497。熔点-7.5℃。沸点253℃(部分分解)。闪点50℃。折射率1.6195。微溶于水,溶于乙醇、乙醚、氯仿、植物油,不溶于石油醚。暴露于空气中易氧化成肉桂酸。储存时常加入丁香酚作抗氧剂。易燃。有毒!溅入眼睛中,严重时会导致失明。用于配制食用香精及日化香精,也用于烟用香精及用于制造杀菌剂、防腐剂等。由苯甲醛与甲醛在碱性溶液中缩合制得,或由肉桂油、桂皮油中分离而得。

肉桂酸 cinnamic acid 又名桂皮酸、苯基丙烯酸。$C_6H_5CH=CHCOOH$ 一种不饱和脂肪酸,以游离或酯的形式存在于桂皮、凤仙花等的精油中。有顺、反两种异构体,反式较顺式稳定,商品多为反式异构体。为白色单斜棱柱状结晶,微有桂皮香气。相对密度1.248(4℃)。熔点133℃。沸点300℃。极微溶于水,易溶于乙醚、丙酮、苯及油类,溶于乙醇、甲醇、石油醚。氧化时生成苯甲酸。用于制造肉桂酸酯及调配食用香精,医药上用于制造抗冠心病药物心可定等,也用作杀菌剂、防腐剂、聚氯乙烯树脂热稳定剂及植物生长调节剂等。由苯甲酸与乙酸酐反应制得。

肉桂油 cassia oil 又名桂油、桂皮油。黄色至红褐色油状液体。具有肉桂皮的辛香气。主要成分为肉桂醛、水芹烯、桉叶油素、樟脑、里哪醇、石竹烯、香味醇、肉桂醇、蒎烯等。相对密度1.052~1.070。折射率1.600~1.614。不溶于水、甘油、矿物油,以1:3溶于70%乙醇中,也溶于冰乙酸、乙醚、氯仿。属植物型天然香料,用于调配烟草、饮料、酒、牙膏及薰香香精。也用于提取肉桂醛,并进一步合成肉桂酸及肉桂酸酯等合成香料。由樟科植物肉桂的树皮和枝叶经水蒸气蒸馏制得。

L-肉碱 L-carnitine 又名肉毒碱、维生素B_T、康胃素。是存在于动物肌肉中的季铵盐类生物碱,人工合成的肉碱为外消旋型,从动物肌肉、牛乳中提取的为L-型化合物。白色晶体或透明状细粉,略有特殊腥味,有强吸湿性。易溶于水、乙醇及碱液,不溶于丙酮。196～200℃时熔化并分解。商品常为盐酸盐的形式。肉碱在生物体内的功能是将脂肪酰基转运通过线粒体膜,有利于脂肪酸氧化供能,是脂肪氧化及分解促进剂。用于化妆品对皮肤有调理作用,加入发水中有助于消除头屑,医药上用于降低血脂及治疗心血管疾病,也用作饲料添加剂。由牛奶中提取,或由微生物发酵法制得。

乳氟禾草灵 lactofen 又名 O-[5-(2-氯-α,α,α 三氟对甲苯氧基)2-硝基苯甲酰]-DL-乳酸乙酯。棕色固体。微溶于水,溶于氯仿、乙腈。一种二苯醚类除草剂。破坏细胞膜而使杂草干枯死亡,落入土壤中的药剂易被土壤中微生物分解。适用于大豆、花生、棉花、马铃薯、水稻、葡萄及观赏植物园田防除阔叶草。由 3-[2-氯-4-(三氟甲基)苯氧基]苯甲酸、硝酸、氯丙酸乙酯等原料制得。

乳化硅油 emulsified silicone oil 是以聚二甲基硅氧烷为主要成分经乳化后的产物。乳白色黏稠状液体。相对密度 0.98～1.02。pH 值 5～8。无臭,无毒。不挥发。对金属无腐蚀性。不溶于水、乙醇、甲醇,可分散于水中,溶于苯、氯仿。为亲油性表面活性剂,表面张力小,耐热、耐氧化。用作味精发酵及药物生产过程中的消泡剂及豆浆消泡剂。也用于制造护肤、护发制品,以及用作食品、医药生产中的润滑剂、脱模剂等。由聚二甲基硅氧烷与气相白炭黑混碾成硅脂后,再配入聚乙烯醇、吐温-80、去离子水及充分搅拌乳化后制得。

乳化剂 emulsifying agent 指在分子中同时含有亲水基团和亲油基团,能使互不相溶的液体形成稳定乳状液的一类物质。乳化剂能降低液体间的界面张力,使互不相溶的液体易于乳化,分散相以细微液滴形式(粒径在 0.1 到几十 μm 之间)均匀稳定地分布于连续相中,种类很多,大致可分为表面活性剂、高分子型化合物、天然产物类及固体粉末类等四大类。其中以表面活性剂类乳化剂最常用,按其亲水基团的性质又可分为离子型及非离子型两类,其中离子型又可分为阳离子型、阴离子型、两性离子型三类。乳化技术广泛用于食品、日化、纺织、印染、涂料、医药、农药等行业。

乳化剂 7501

见"硬脂酸"甘露(糖)醇酐酯

乳化剂 A105 emulsifier A 105 又名 $RCOO(CH_2CH_2O)_nH$ 脂肪酸聚氧乙烯醚。一种非离子表面活性剂。红棕色油状液体。皂化值≥95mgKOH/g。酸值≤2mgKOH/g。HLB值6~7。溶于热乙醇、苯、热油，不溶于水，分散于水中成乳浊液。具有优良的乳化、分散性能，能与各类表面活性剂混用。是一种油包水型(W/O)乳化剂，适用于各种植物油、矿物油等的乳化。常用作农药及油墨乳化剂，用于油墨乳化，可提高油墨润滑流动性及成品光彩。由脂肪酸与环氧乙烷在碱催化剂存在下缩聚制得。

乳化剂 AH

见"油酸三乙醇胺酯"。

乳化剂 DPE

见"十二烷基酚聚氧乙烯醚"。

乳化剂 EL 系列 emulsifier EL series 又名蓖麻油聚氧乙烯(n)醚。一类非离子表面活性剂。根据聚氧乙烯相对分子质量不同而有多种产品牌号，如乳化剂 EL-10、EL-20、EL-25、EL-30、EL-35、EL-40、EL-50、EL-54、EL-65 等。外观为淡黄色黏稠液体，低温时凝固成膏状物，加热后恢复原状，性能不变。易溶于水，溶于油脂、蜡、脂肪酸及多种有机溶剂。耐硬水、酸碱及无机盐，但遇强碱会水解。产品中相对分子质量较小者适用作润湿剂、渗透剂；相对分子质量大者用作乳化剂、分散剂、增溶剂及洗涤剂等。适用于医药、印染、农药、纺织、日化、造纸、油墨、采油等行业。由蓖麻油与不同分子数的环氧乙烷在催化剂存在下缩聚制得。

乳化剂 4H

见"单硬脂酸三乙醇胺酯"。

乳化剂 LAE-9

见"聚氧乙烯月桂酸酯"。

乳化剂 LS-60M

见"木糖醇酐单硬脂酸酯"。

乳化剂 OPE-3

见"辛基酚聚氧乙烯(3)醚"。

乳化剂 OPE-4

见"$C_{8~9}$烷基酚聚氧乙烯(4)醚"。

乳化剂 OPE-6

见"辛基酚聚氧乙烯(6)醚"。

乳化剂 OPE-7

见"$C_{8~9}$烷基酚聚氧乙烯(7)醚"。

乳化剂 OPE-8

见"$C_{8~9}$烷基酚聚氧乙烯(8)醚"。

乳化剂 OPE-9

见"$C_{8~9}$烷基酚聚氧乙烯(9)醚"。

乳化剂 OPE-10

见"辛基酚聚氧乙烯(10)醚"。

乳化剂 OPE-12

见"$C_{8~9}$烷基酚聚氧乙烯(12)醚"。

乳化剂 OPE-13

见"$C_{8~9}$烷基酚聚氧乙烯(13)醚"。

乳化剂 OPE-14

见"$C_{8~9}$烷基酚聚氧乙烯(14)醚"。

乳化剂 OPE-15

见"$C_{8~9}$烷基酚聚氧乙烯(15)醚"。

乳化剂 OPE-18

见"$C_{8~9}$烷基酚聚氧乙烯(18)醚"。

乳化剂 OPE-20

见"辛基酚聚氧乙烯(20)醚"。

乳化剂 OPE-30

见"辛基酚聚氧乙烯(30)醚"。

乳化剂 SI
见"烷基磷酸酯钾盐"。

乳化剂 SAS
见"仲烷基硫酸钠"。

乳化松香施胶剂 emulsified rosin size 又名高分散松香胶乳、分散松香施胶剂。是由松香与马来酸酐的加成产物经乳化后的产品。外观为白色或浅黄色乳液。相对密度 1.03～1.05。固含量 38%～50%。胶粒平均粒径≤0.5μm。可用冷水稀释,属阴离子型浆内施胶剂。主要用作造纸施胶剂,可代替传统的皂化松香施胶剂或强化松香施胶剂,使用方便,可大幅度降低松香用量和明矾用量。

乳剂 emulsion 农药及医药剂型的一种。可分为油包水型(W/O)及水包油型(O/W)乳剂。油包水型乳剂是以有机溶液为连续相、农药(或医药)的悬浮液为分散相的非均相液剂;水包油型乳剂是以农药(或医药)的有机溶液为分散相,水为连续相的非均相液剂。

乳胶漆 emulsion paint 合成树脂乳胶漆的简称。是以合成树脂乳液为基料,以水为分散介质,加入颜料、填料和助剂经一定工艺过程制成的涂料。主要品种有丙烯酸乳胶漆、乙酸乙烯酯乳胶漆、丙烯酸-乙酸乙烯酯共聚物乳胶漆、苯乙烯-丙烯酸共取物乳胶漆等。具有安全、环保,施工方便,透气性好,耐水性好,可辊涂、刷涂、喷涂施工等特点。缺点是施工温度要在 5℃以上,运输及储存温度要在 0℃以上,干燥成膜受温度及湿度的影响较大。除用作建筑涂料,用于涂刷灰泥、砖墙、混凝土表面外,也用于金属防锈、木器装饰、减振降噪阻尼等方面。

乳清酸 orotic acid 又名4-羧基嘧啶、维生素 B_{13}。哺乳动物的皮肤、血液、细胞液及乳汁中都有存在。白色结晶性粉末。无臭,味酸。熔点 345℃(分解)。难溶于冷水,溶于

沸水,微溶于乙醇及一般有机溶剂,遇碱溶解并生成盐类。为核酸嘧啶碱基生物合成的前体,参与某些辅酶的合成,可促进肝细胞再生及造血功能,为维生素类药。适用于高胆固醇症、高尿酸症、慢性肝炎及肝硬化等,也可用作营养强化剂及抗贫血药。与维生素 A 及 B_{12} 配合使用可预防皮肤色素沉积,具有防晒及抗老化作用。加入指甲油中可治疗指甲发育和生长不良,并防止灰指甲;用于护发素中可抑制脱发。由牛奶制取乳糖后的副产物中提制而得。

乳酸 lactic acid $CH_3CHOHCOOH$ 又名2-羟基丙酸、丙醇酸。一种羟基酸,最早是由酸牛奶中获得,故名乳酸。因分子中有一个不对称原子,所以有两种旋光异构体及一种外消旋体。市售品均为外消旋体DL-乳酸,为无色或白色结晶或浅黄色糖浆状,有吸湿性,无臭,有酸味。相对密度 1.2060(25℃)。熔点 18℃。沸点 122℃(2kPa)。折射率 1.4392。溶于水、乙醇,微溶于乙醚,不溶于氯仿。与醇作用生成乳酸酯。加热至250℃以上时生成乙醛,放出二氧化碳和水。无毒。用于制造乳酸盐、乳酸酯等,也用作酸味剂、收敛剂、含漱剂、增

香剂、防腐剂等。由淀粉、牛乳等发酵制得，或由亚硫酸盐纸浆废液制得。

乳酸铝 aluminum lactate 白色结晶性粉末。易溶于水，几乎不溶于乙醇、乙醚、氯仿。
$$\left[\begin{array}{c} CH_3-CH-COO \\ | \\ OH \end{array} \right]_3 Al$$
用于制造牙膏、化妆品、洗涤剂、发胶、灭火剂、陶瓷及耐火铸模等。医药上用于治疗硅沉着病及用作收敛药品和溶解结石的螯合剂等。由乳酸与异丙基氧化铝或氯化铝反应制得。

乳酸锌 zinc lactate 白色结晶性粉末，
$$\left[\begin{array}{c} CH_3-CH-COO \\ | \\ OH \end{array} \right]_2 Zn \cdot 3H_2O$$
无臭，味微苦。易溶于水，微溶于乙醇，不溶于丙酮、氯仿、苯。水溶液呈微酸性。加热到100℃时失去结晶水，无水物熔点280℃。用作营养强化剂及增补剂、缓冲剂，也用于制造医药。由乳酸与氢氧化锌或氧化锌反应制得。

乳糖酶 lactase 又名β-半乳糖苷酶。能将乳糖分解为大致等量的葡萄糖和半乳糖以及少量聚半乳糖的水解酶。白色至浅黄色粉末。无臭，微甜。有吸湿性。溶于水，不溶于乙醇、丙酮。不同来源的乳糖酶的最适pH值为4.0~7.5不等。最适作用温度37~50℃。在人的胃和肠液内易失活，与牛奶共存时较稳定。用于食品工业，能防止炼乳、冰淇淋中乳糖结晶析出；用于乳品中，可使低溶解度的乳糖转变为较甜的、溶解度较大的单糖（葡萄糖及半乳糖）；一些婴儿因肠内缺乏乳糖分解酶而导致喂食牛奶后腹泻，牛奶中加入乳糖酶能分解乳糖而可防止婴儿腹泻。可由制干酪时所得的乳清中提取而得。

乳液聚合分散剂PR emulsion polymerization dispersant PR 又名分散剂PR。棕色粉末。活性物含量≥87%。硫酸钠含量≤5%。含水量≤5%。pH值8~10。溶于水，不溶于一般有机溶剂。具有优异的分散及乳化性能。用作氯丁、丁苯胶乳液聚合的分散剂及助乳化剂。具有胶乳稳定性好，聚合速度适中，不受脱氯、酸化等工艺条件影响的特点，用氯磺酸或三氧化硫将苯磺化后，与甲醛缩聚制得苯磺酸甲醛缩聚物后，再经氢氧化钠中和制得。

乳液胶黏剂 emulsion adhesive 又名乳液型水基胶黏剂。是以合成胶乳或合成乳液为成膜材料的水基胶黏剂。品种有氯丁二烯、丁二烯与苯乙烯、丁二烯与丙烯腈等乳液聚合得到的合成橡胶胶乳及乙酸乙烯酯、丙烯酸、氯乙烯等乳液聚合得到的合成树脂乳液。也包括固体橡胶或合成树脂经乳化或分散所制得的水性分散液，如丁基胶。这类胶黏剂是以水为介质，安全、环保、施工方便。广泛用于无纺布、包装材料、地毯背衬、墙纸粘贴、书籍装订、塑料贴合及人造板等的粘接以及制造压敏胶带等。

乳液稳定剂 emulsion stabilizer 能与乳化剂协同作用，使乳液保持稳定的一类物质。具有扩大乳化剂乳化范围、使乳液增稠、增强乳液液滴的电荷、减弱液滴相互接触和凝聚、增大液滴表面吸附层厚度和强度等作用。主要品种有：①天然高分子化合物，如明胶、田菁胶、阿拉伯树胶等；②合成高分子化合物，如聚乙烯醇、聚乙烯吡咯烷酮、羧甲基纤维素；③醇、醚类化合物，如乙二醇、异丙醇、三乙醇胺、二甘醇乙醚等；④无机化合物，如玻璃、膨润土等。

乳液型聚丙烯酸酯压敏胶 emulsion type polyacrylate pressure sensitive adhesive 是由各种丙烯酸单体经自由基共聚制得的乳状聚合物。聚合体系包括：水、单体、表面活性剂、引发剂、缓冲剂等。其单体的组成视乳液压敏胶的不同用途可作种种变化。这类压敏胶的优点是：安全、无公害，合成操作简单、聚合时间短，容易制成高浓度、低黏度的压敏胶，聚合物的相对分子质量较高；其缺点是耐水性、电性能差，干燥速度慢，能量消耗高，以及表面张力高、涂布性能不如溶剂型聚丙烯酸酯压敏胶。而从安全、环保上考虑，这类压敏胶是近年来发展较快的品种，目前主要用于制造包装胶黏带及压敏性标签等。

乳油 emulsifiable concentrates 农药剂型的一种，一种可用水稀释乳化的均相液体制剂。是由杀虫剂原药、有机溶剂、乳化剂、稳定剂及增效剂等配制而成的透明油状液体，加水稀释就成为乳剂。乳油中有机溶剂对于昆虫和植物表面的蜡质层有良好的溶解及黏附作用，乳化剂具有较好的润湿及渗透作用，因此乳油能充分发挥农药的效果，具有较长的残效期和耐雨水冲刷能力，是农药剂型中的主要剂型。品种很多，如敌百虫40%乳油、氯氰菊酯5%乳油等，但从发展趋势看，乳油含有大量有机溶剂，易造成环境污染及浪费，应尽量减少这类剂型。

软化剂 softening agent 又称橡胶软化剂。指在橡胶加工过程中能改善其加工性能和使用性能而加入的一种操作配合剂或助剂。按其对聚合物所起的作用，软化剂与增塑剂有些相似，而增塑剂主要用于塑料，并着重对聚合物材料物理力学性能的影响，而软化剂则多来源于天然性物质，几乎全部用于橡胶或橡胶型胶黏剂及密封剂，可以增强胶料的柔软性及塑性，降低胶料黏度和混合时的温度，改善混合性，提高硫化胶拉伸强度、伸长率及耐磨性。按作用方式可分为化学软化剂及物理软化剂，常用的是物理软化剂，种类很多，按其来源可分为石油系软化剂（如环烷油、石蜡）、煤焦油系软化剂（如古马隆树脂、煤沥青）、脂肪油系软化剂（如植物油、硬脂酸）及松油系软化剂（如松焦油、松香妥尔油）。

L-108 软泡硅油 foam stabilizer for polyurethune foam L-108 又名聚醚、硅酮共聚物。淡黄色黏稠液体。相对密度$1.02 \sim 1.04$。黏度$1000 \sim 2000$ mPa·s（25℃）。折射率$1.450 \sim 1.460$。用作泡沫稳定剂，适用于软质聚氨酯泡沫制品。具有增加各组分互溶性，乳化泡沫物料，降低发泡物表面张力的特点，制品泡孔均匀、回弹性好。由聚醚、硅酮等为原料反应制得。

软皮白油 softening leather oil 又名软皮白油加脂剂。一种硫酸化蓖麻油、硫酸化菜籽油及高速机油的混合物。含油量$\geqslant 75\%$。黄色油状液体。pH值$6.5 \sim 7.5$。遇水呈乳白色稳定乳液。属阴离子加脂剂，有良好的渗透性及乳化加脂性。适用于各种轻革的乳液加脂，可使皮革柔软丰满、油润性好。由莱油、蓖麻油分别进行硫酸化、盐洗、中和后，再混入高速机油制成。

软药 soft drug 一类本身具有治疗活性，在体内以可预料和可控方式代谢成无毒和无药理活性的代谢产物的药物。通常是为了降低药物的毒副作用，在原药分子中引入极易代谢失活的部位（称为软部位），使药物在体内产生活性后，按预知的代谢方式（如酶水解）及可控速率转变为无毒无活性的代谢产物。如醋酸氢化可的松是肾上腺皮质激素，口服给药易产生严重副作用，如在3位酮基上引入3-螺四氢噻唑甲酸丁酯，形成无活性的前药型软药，使大部分药物集中结合在局部的炎症皮肤中，持续缓慢释放活性成分，使活性与毒性得到分离。

润版液 dampening solution 又名润湿液。平版印刷中，对印版空白表面有良好吸收附和铺展能力的液体。润版液的作用有：①在印液的空白部分形成排斥油墨的水膜，从而抗拒图文上的油墨向空白部分扩张，防止脏版；②降低印版表面的温度；③增加印刷过程中被破坏的亲水层，维持印版空白部分的亲水性能。一般由水、磷酸、无机盐、亲水胶体及表面活性物质所组成。按使用配方不同，分为：①普通型润版液。由清水、无机弱酸（或盐）及亲水胶体等组成。主要适用于球磨砂目型号金属版基的平凹版和蛋白版，也可用于PS版。②酒精型润版液，主要成分为酒精，并加入适量磷酸及亲水胶体。酒精含量一般为10%～30%。是目前广为使用的润版液。③非离子型表面活性剂润版液。是以2080或6501非离子表面活性剂为主要成分，加入适量磷酸、磷酸二氢铵及硝酸铵等配制而成，具有润湿能力好、表面张力低的特点，适合于PS版。

润滑剂 lubricant 润滑剂可广义地定义为能减少物体表面间摩擦和磨损的物质。机械行业是指用以润滑、冷却和密封机械的摩擦部分的物质，如机械油、润滑脂等。在聚合物或塑料加工行业，是指能增加物料流动性、润滑性或提高模塑件脱模作用的一种添加剂。按润滑剂作用机理，可分为内部润滑作用及外部润滑作用，分别用于克服内摩擦及外摩擦，因而相应地称为内润滑剂及外润滑剂。内润滑剂与聚合物有一定相容性，能降低聚合物的熔体黏度，提高其流动性；外润滑剂是一种界面润滑剂，与聚合物的相容性差，是通过附着在熔融聚合物表面及加工设备的表面而形成润滑剂分子层，起着润滑层的作用。按润滑剂的化学结构，可分为烃类润滑剂（如石蜡、聚乙烯蜡）、脂肪酸类润滑剂（如硬脂酸、软脂酸）、金属皂类润滑剂（如硬脂酸钙）、酯类润滑剂（如硬脂酸甘油酯）、酰胺类润滑剂（如硬脂酰胺）及醇类润滑剂（如硬脂醇）等。

润滑涂料 lubricant coatings 在不宜采用润滑油或润滑脂的场合，为降低运动摩擦力所采用具有润滑作用的涂料。主要由基料、固体润滑剂、添加剂及溶剂等组成。按所用基料分为无机和有机润滑涂料两类。前者有硅酸盐、磷酸盐及陶瓷类型。后者有醇酸、环氧、酚醛、有机硅、聚酯、聚芳砜、聚苯硫醚等类型;而按所用固体润滑剂可分为石墨型、二硫化铜型、聚四氟乙烯型、混合型及其他型等。使用温度低于200℃时,可采用醇酸树脂、环氧树脂、有机硅等为基料。超过200℃时,应使用聚四氟乙烯、聚酰亚胺、聚苯硫醚等为基料。在800～1000℃时,则应采用硅酸盐、磷酸盐等作为基料。润滑涂料用于导弹、自动武器及人造卫星、宇宙飞船上的仪器设备的润滑。

润滑油加氢脱蜡催化剂 hydrodewaxing catalyst for lube oil 又名润滑油临氢降凝催化剂。中国产品牌号有3715、3731、3792、3902等。催化剂活性组分为W、Mo、Ni等金属,以改性ZSM-5分子筛等为催化剂载体及裂化组分。催化剂能选择性地从润滑油馏分混合烃中,将高熔点石蜡或是裂解生成的低分子烷烃从原料中除去,或是异构成低凝点异构石蜡烃而使凝点降低,同时又尽量保留润滑油的理想组分不被破坏。3715适用于润滑油料的加氢处理,3731适合于在两段法润滑油临氢降凝的第二段使用,3792在两段法临氢降凝的第一段或第二段均可使用;3902是3702的更新换代产品,具有更高的催化活性及选择性,常用于两段法临氢降凝的第二段。由特制的载体浸渍金属活性组分后,再经干燥、焙烧制得。

润湿剂 wetting agent 润湿从广义上讲是固体表面上一种液体被另一种流体所取代的过程。而通常所说的润湿主要是指固体表面上的气体被液体所取代,水或水溶液是尤为常用的液体。润湿剂又称渗透剂,是指能使固体物料更易被水或其他液体浸湿的物质。通常是一类表面活性剂,即当其分子被吸附到固体界面上时,使固液界面张力降低,从而润湿过程能自发地进行。如水有相当高的界面张力(72.6mN/m),不易润湿固体表面,如在水中加入少量润湿剂,不仅可降低水的表面张力,还能降低水和固体的界面张力,使水能在固体表面自行润湿。常用润湿剂有土耳其红油、烷基硫酸盐、脂肪酸酰胺、烷基磺酸盐、脂肪酸缩合物等。广泛用于纺织、造纸、印染、制革、制药、农药及日化等行业。

若丹明101 yhodamine 101 深紫色结晶。熔点320～325℃。在乙醇中的吸收光谱λ_{max}为568nm,荧光光谱为620nm,调谐范围为590～650nm,最大激光波长为630nm,能量转换效率为46%。一种常用激光染料,染料激光调谐输出范围为540～700nm。可与多种泵浦光源相匹配,并随泵浦源不同,激光输出调谐范围也有所不同。可以8-羟基久洛尼定、邻苯二甲酸酐、氯化锌等为原料制得。

撒滴剂 spreading preparation 农药剂型的一种。直接在水田中撒施的液态制剂。将它直接撒入水中后,能够很快地扩散,在水面形成药膜或水体中形成药层,被作物或杂草吸收而起作用,具有功效高、用药省、防治效果好的特点。缺点是需要在有保水能力的水田使用,而且用药成本较高。如恶草灵撒滴剂、杀虫双撒滴剂等。

塞克硝唑 secnidazole 又名明捷、赛他乐、沙巴克、甲硝乙醇咪唑。白色结晶。熔点76℃。不溶于水,溶于苯、甲苯。一种抗滴虫病药,用于治疗阴道滴虫病、男性滴虫寄生及贾第虫病等。由2-甲基-5-硝基咪唑与环氧丙烷反应制得。

塞利洛尔 celiprolol 又名二乙脲心安、塞利心安、3-[3-乙酰-4-(3-叔丁氨基-2-羟基丙氧(基)苯基)]-1,1′-二乙基脲。白色结晶性粉末。熔点110~112℃。其盐酸盐熔点197~200℃(分解)。溶于水、甲醇,微溶于乙醇、氯仿。为选择性α受体阻滞剂,有内在拟交感活性。作用为普萘洛尔的0.3~1.0倍。用于治疗高血压、心绞痛,尤适用于有心力衰竭、慢性阻塞性呼吸道疾病及糖尿病患者。以对氨基苯乙醚、N,N-二乙基氯甲酰胺等为原料制得。

塞来昔布 celecoxib 又名塞利昔布、西乐葆、4-[5-(4-甲基苯基)-3-三氟四基-1H-吡咯-1-基]苯磺酰胺。白色至浅黄色粉末。熔点160~163℃。不溶于水,溶于甲醇、乙醇、二甲亚砜等。为非甾体抗炎药,用于治疗急性或慢性骨性关节炎、类风湿关节炎、骨关节炎等引起的疼痛。由4-甲基苯乙酮与三氟乙酸甲酯反应后再与4-氨基磺酰苯肼缩合制得。

塞替派 thiotepa 又名三胺硫磷、噻替派。白色鳞片状结晶或结晶性粉末,无臭。熔点52~57℃。易溶于水、乙醇、乙醚、丙酮、氯仿。一种抗肿瘤药。其化学结构中含有活泼的烷化基团,能作用于DNA,使DNA烷化,影响DNA的复制和蛋白质合成,最后导致细胞组成变异,细胞分裂、死亡。为细胞周期非特异性药物。对卵巢癌、乳腺癌有较好疗效。对消化道癌、宫颈癌、甲状腺癌、肺癌及黑色素瘤等也有一定疗效。可在三乙胺存在下,由硫氯化磷与乙烯亚胺缩合制得。

噻苯咪唑 thiabendazole 又名噻菌灵、涕必灵、噻苯达唑、2-(4-噻唑基)苯并咪唑。白色或浅灰色结晶性粉末。无臭,无味。熔点 307~312℃(分解)。216~217℃ 开始升华。难溶于水、乙醇,微溶于苯、丙酮,溶于甲苯、二甲基亚砜。对酸、碱、紫外线及热均较稳定。在碱性溶液中会缓慢分解。为广谱、高效、具有内吸性的杀菌剂及驱虫剂,杀菌效力持续时间长。用作涂料、塑料薄膜、皮革、纺织品等的防霉剂。也用作水果防霉、保鲜剂,对因绿霉引起的水果腐烂有较好防治效果。也可用于包装食品,防止食品发霉。由 4-噻唑甲酰胺与邻苯二胺在多磷酸存在下反应制得。

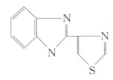

噻洛芬酸 tiaprofenic acid 又名苯噻丙酸、安得返、异噻酮布洛芬、5-苯酰-α-甲基-2-噻吩乙酸。白色固体。熔点 96℃。溶于水、乙醇。一种芳基丙酸类抗炎镇痛药。用于治疗风湿性关节炎、类风湿性关节炎、痛风急性发作等。以噻吩、乙酸酐、氯乙酸乙酯等为原料制得。

噻氯匹定 ticlopidine 又名氯苄匹定、抵克立德、5-(2-氯苄基)-4,5,6,7-四氢噻吩并[3,2,-c]吡啶。浅黄色固体。熔点 190℃。其盐酸盐又名泰禄达、抵克立得,熔点 206~207℃。易溶于水,溶于乙醇、氯仿。一种抗血小板药。可抑制血栓形成并有一定的解聚作用。用于治疗血栓闭塞性脉管炎、闭塞性动脉硬化等循环障碍及血管手术和体外循环产生的血栓。以 2-噻吩乙胺、甲醛、三乙胺、乙腈等为原料制得。

噻吗洛尔 timolol 又名噻吗心安、青眼露、1-(叔丁氨基)-3-[(4-吗啉基-1,2,5-噻二唑-3-基)氧]-2-丙醇。白色结晶性粉末。熔点 199~203℃。易溶于冰乙酸,溶于甲醇、水,略溶于乙醇,微溶于氯仿、丙酮,不溶于乙醚。临床应用的有马来酸盐及硝酸盐。为强效非选择性 β 受体阻断剂,其作用比普萘洛尔强 8 倍以上。用于治疗心绞痛和高血压。本品还能减少眼房水生成,降低眼内压,可用于治疗青光眼。由 3-氯-4-吗啉基-1,5,5-噻二唑与噁唑烷衍生物经缩合、水解、成盐制得。

噻螨酮 hexythiazox 又名尼索朗、反-5-(4-氯苯基)-N-环己基-4-甲基-氧化噻唑烷酮-3-羧酰胺。白色结晶。熔点 105.5℃。蒸气压 $3.39×10^{-6}$ Pa。微溶于水,溶于丙酮、二甲苯、乙腈、氯仿。低毒。

农用杀螨剂,对叶螨、全爪螨有较高杀螨活性。与有机磷杀虫剂、三氯杀螨醇等无交互抗性,对捕食螨及益虫安全。由 4,5-反式噻唑烷酮与异氰酸环己酯反应制得。

噻嗪酮 burprofezin 又名扑虱灵、

$$\text{结构式}$$

优乐得、稻虱净、2-叔丁基亚氨基-3-异丙基-5-苯基-3,4,5,6-四氢-2H-1,3,5,-噻二嗪-4-酮。白色结晶性粉末。熔点 104.5~105.5℃。相对密度 1.18。蒸气压 1.25MPa(25℃)。微溶于水,溶于乙醇,易溶于苯、甲苯、氯仿。对酸、碱、热及光稳定。低毒。为高效、高选择性、非杀生性昆虫生长调节剂,用于防治水稻、蔬菜、果树、茶树等的飞虱、叶蝉、诱螨、温室粉虱、长白蚧、介壳虫等作物害虫。对昆虫天敌及访花昆虫安全。由 N-甲基苯胺与甲酸、氯气反应后再与 N-叔丁基-N-异丙基硫脲反应制得。

赛庚啶 cyproheptadine hydrochloride

$$\text{结构式}$$

又名盐酸赛庚啶、1-甲基-4(5H-二苯并[a,d]环庚三烯-5-亚基)哌啶盐酸盐倍半水合物。白色或微黄色结晶性粉末。无臭,味微苦。熔点 252.6~253.6 ℃(分解)。微溶于水,易溶于甲醇,略溶于乙醇,不溶于乙醚。为组胺 H1 受体拮抗剂,作用强于氯苯那敏、异丙嗪,并有轻中度抗 5-羟色胺及抗胆碱作用。用于治疗荨麻疹、湿疹、过敏性和接触性皮炎、皮肤瘙痒、过敏性鼻炎、支气管哮喘等。对偏头痛、肾上腺皮质功能亢进症及肢端肥大症等也有治疗作用。由苯乙酸与邻苯二酸酐反应后,经水解、还原、脱水、氢化、环合等多步反应制得。

三苯基铋 triphenyl bismuth $(C_6H_5)_3Bi$ 褐色晶体(乙醇中析出)。相对密度 1.585。熔点 78.5℃。不溶于水,微溶于乙醇,溶于乙醚、丙酮,易溶于氯仿。易被氯、溴氧化为三苯基二氯化铋或三苯基二溴化铋。用作甲醛聚合反应催化剂,乙烯聚合成环辛四烯的催化剂,含硝酸酯增塑的聚醚推进剂的固化催化剂,也用作合成树脂固化剂、聚环氧化物的熟化剂等。由三溴化铋与苯基氯化镁在甲苯中反应制得。

三苯基甲烷三异氰酸酯 triphenyl-methane-4-4′-4″-triisocyanate 又名JQ-1

$$\text{结构式}$$

胶、列克纳胶、4,4′,4″-三苯甲烷三异氰酸酯。纯品为固体,熔点 89~90℃。易溶于苯、氯苯、氯代烃等溶剂。商品常配制成氯苯溶液出售,为紫红色微带蓝色的液体。在氯苯溶液中含量为 20%。氯苯不溶物≤0.1%。黏合强度(橡胶与钢)0.4MPa。主要用于制取胶黏剂,用于橡胶与金属、铝、塑料、纤维等的粘接。由对氯基苯甲醛与苯胺缩合制成的三(4-氨基苯基)甲烷(副品红)与光气反应制得。

三苯基膦 triphenyl phosphine $(C_6H_5)_3P$ 又名三苯膦。无色片状或柱状晶体,或白色松散性粉末。相对密度1.194。熔点80.5℃。沸点>360℃(在惰性气体中)。闪点180℃。易溶于乙醚,溶于苯、丙酮、氯仿,稍溶于乙醇。几乎不溶于水。空气中稳定。遇明火燃烧。有毒!对皮肤有轻微刺激性。用作环氧树脂固化促进剂,主要用于半导体元件封装的模塑料。也用作聚合反应引发剂,端羧基液体丁腈橡胶与环氧树脂预反应的催化剂,有机微量分析测定磷的标准样品。也是许多过渡金属的配位体,以及用于合成磷酸盐及其他磷化合物。由苯基溴化镁与三氯化磷反应制得,或由酚钠与三氯化磷反应而得。

三苯基氯化锡 triphenyltin chloride

$$C_6H_5-\underset{\underset{C_6H_5}{|}}{\overset{\overset{C_6H_5}{|}}{Sn}}-Cl$$

白色结晶。熔点大于100℃。不溶于水,溶于乙醇、乙醚、丙酮、苯等有机溶剂。遇光易分解。遇碱易水解生成三苯基锡氢氧化物。有毒!对皮肤、黏膜及眼睛有刺激性。用作合成树脂或塑料的防霉剂。通过抑制细胞中线粒体的氧化磷酸化,从而抑制三磷酸腺苷的活性而致效。对黑曲霉、黄曲霉、橘青霉等霉菌有抑制作用。也用于防治甜菜、烟草、苹果等的霉病。由金属钠在二甲苯中分散后与氯苯及四氯化锡生成四苯基锡,经水解再与四氯化锡反应制得。

三苯基䏲 triphenyl stibine 又名三苯锑、三苯䏲。无色晶体。相对密度1.4343(25℃)。熔点53℃。沸点377℃。不溶于水,微溶于乙醇,溶于苯、丙酮、氯仿。用作烯烃聚合的助催化剂、聚合反应抑制剂、润滑油添加剂。也用于合成三溴三苯基锑阻燃剂。由三氯化锑与溴苯在金属镁粉存在下反应制得。

三丁基䏲 tributyl stibine $(C_4H_9)_3Sb$ 又名三丁基锑。无色液体。沸点133~134℃(1.86 kPa)。不溶于水,溶于乙醇、乙醚、丙酮、苯等多数有机溶剂。在苯中与硫或硒回流加热分别生成$(C_4H_9)_3SbS$和$(C_4H_9)_3SbSe$。用作对苯二酸酯及间苯二酸酯的酯基转移作用催化剂。由三氯化锑与丁基溴化镁在乙醚或异辛烷溶剂中反应制得。

1,3,5-三(二甲氨基丙基)六氢三嗪 1,3,5-tris(dimethylaminopropyl)hexahydro-s-triazine 又名三(二甲氨基丙基)六氢三嗪,简称三嗪。无色至淡黄色透明状液体,几乎无味。相对密度0.92~0.95。熔点-59℃。沸点255℃。闪点153℃(开杯)。蒸气压13Pa(21℃)。黏度26~33mPa·s(25℃)。易溶于水,水溶液呈碱性。用作聚氨酯、聚异氰尿酸酯三聚反应催化剂。一般与其他催化剂并用,用于聚氨酯硬泡沫层压板材、聚异氰尿酸酯硬泡沫塑料板材的生产以及模塑用硬泡沫塑料、喷涂用硬泡沫塑料的生产。也适用于制造微孔聚氨酯弹性体及高回弹泡沫塑料制品。

2,4,6-三(二甲氨基甲基)苯酚 2,4,6-tris(dimethylaminomethyl)phenol 又

$$(CH_3)_2NH_2C-\underset{CH_2N(CH_3)_2}{\underset{|}{C_6H_2}}-OH \cdot CH_2N(CH_3)_2$$

名554固化剂。无色或浅黄色透明液体。有氨臭气味,相对密度0.974。沸点250℃。闪点160℃。折射率1.514(25℃)。不溶于水,微溶于热水,溶于乙醇、乙醚、丙酮、苯。为具有羟基及叔胺基的液态酚,是高沸点的低毒物质,其蒸气对皮肤有刺激作用。用作热固性环氧树脂的固化剂及固化促进剂,其他树脂的固化促进剂,涂料的固化剂,层压板材料密封剂及胶黏剂的固化促进剂。在聚氨基甲酸酯合成中用作催化剂。由苯

酚、二甲胺及甲醛经脱水缩合反应制得。

三(2,4-二叔丁基苯基)亚磷酸酯
见"抗氧剂168"。

三(2,3-二溴丙基)异氰尿酸酯 tri(2,3-dibromopropyl)isocyanurate 白色

$$\begin{array}{c}O\\\parallel\\Br\quad C\quad Br\\|\quad /\ \backslash\quad|\\BrCH_2CHCH_2-N\quad N-CH_2CHCH_2Br\\|\quad\quad|\\O=C\quad C=O\\\backslash\ /\\N\\|\\CH_2CHCH_2Br\\|\\Br\end{array}$$

结晶粉末。溴含量约66%。相对密度2.50。熔点100~110℃。分解温度不低于220℃。5%热失重温度265℃。不溶于水、烷烃,溶于酮、芳烃及卤化烃。是一种溴系添加型阻燃剂。具有阻燃效能好、挥发性小、耐光、耐水解等特点。与聚合物相容性好,适用于聚氯乙烯、聚烯烃、聚氨酯、不饱和聚酯等树脂及化纤、合成橡胶等的阻燃。由三烯基异氰脲酸酯溴化而得。

三(二辛基焦磷酰氧基)钛酸异丙酯 isopropyl tri(dioctylpyrophosphate)titanate 又名TTOPP-38-S 钛酸偶联剂。

$$H_3C-\underset{CH_3}{\underset{|}{CH}}-O-Ti\left[O-\underset{OH}{\underset{\parallel}{\overset{O}{P}}}-O-\underset{}{\overset{O}{\underset{\parallel}{P}}}\underset{O-C_8H_{17}}{\overset{O-C_8H_{17}}{\diagup}}\right]_3$$

无色至淡黄色半透明黏稠液体。相对密度1.095。闪点150℃。分解温度210℃。折射率1.4660。不溶于水,溶于丙酮、苯、二硫化碳、石油醚等。不易水解。用作聚氯乙烯、聚烯烃、聚酰胺及合成橡胶等聚合物复合材料的偶联剂,适用的无机填料有滑石粉、钛白粉、碳酸钙及石英粉等。对无机填料有较好润湿性,可提高填充物的填充量。由钛酸四异丙酯与焦磷酸二异辛酯反应制得。

三芳(基)甲烷类颜料 triaryl methane dyes 甲烷上的三个氢原子被芳香环或萘环取代后形成的颜料。实际上,用作颜料的三芳甲烷化合物是一类阳离子化合物,且在三个芳香环中至少有两个带有胺基(或取代胺基)。在这种阳离子型的化合物中引入磺酸基团后,因能溶于水,可作为染料用于棉、丝或羊毛等纤维的染色。所谓三芳甲烷类颜料主要是由三芳甲烷类碱性染料和酸性染料制成的色淀,它们与磷钨酸或磷钼酸盐形成的色淀大多是蓝色及紫色,也有红色品种。如C.I.紫3、27、39,C.I.颜料1、2、9、10、14、62等。这类颜料色彩鲜艳、透明度较好、着色力强,但耐晒性稍差。主要用于油墨、文教用品等的着色,也用于涂料及化妆品等的着色。

三氟化硼 boron trifluoride BF_3 无色不燃也不助燃的气体,有窒息性。气体相对密度2.99。液体相对密度1.57(100.4℃)。固体相对密度1.87(-130℃)。熔点-128℃。沸点-101℃。临界温度-12.25℃。临界压力4.985MPa。溶于冷水、苯、三氯甲烷、浓硫酸、二硫化碳。遇潮湿空气生成浓密的白烟,化学性质活泼,是一种电子供给体,能与含O、N、S原子的分子结合而形成配位化合物。也可以共价键方式与各类有机或无机化合物相结合。高温下与氢反应生成硼。受热时产生高毒性氟化氢气体。用作烷基化、聚合、酰化、异构化、硝化、磺化等有机合成催化剂,有"万能催化剂"之称。也用于制备元素硼、卤化硼、硼烷及其他硼化合物,还用作环氧树脂固化剂。由硼砂与氢氟酸反应后,再与发烟硫酸作用制得。

三氟化硼-单乙胺配合物 boron trifluoride-monoethylamine complex

$$F-\overset{\underset{|}{F}}{\underset{|}{B}}:\overset{\underset{|}{H}}{\underset{|}{N}}-CH_2CH_3$$

又称三氟化硼-单乙胺。白色至淡黄色结晶。相对密度1.38。熔点87~89℃。155℃时快速分解生成三氟化硼及乙胺。乙胺可与环氧树脂起固化反应,三氟化硼则有促进环氧树脂固化的作用。可用作环氧树脂潜伏性固化剂,使用寿命长,固化物有优良的耐热性及电性能,热变形温度170℃,适用于小型耐热性浇铸件、层压制品及粉体涂装等。也用作4,4'-二氨基二苯砜固化剂的促进剂。本品吸湿性强,放置于潮湿空气中会水解液化,从而失去固化效果。由三氟化硼-乙醚络合物与乙胺反应制得。

三氟化硼-丁醚配合物 boron trifluoride-butyl ether complex 又名三氟化硼-丁醚配合物。淡黄色透明液体。有特殊臭味。

$$C_4H_9-O-C_4H_9:B\overset{\underset{|}{F}}{\underset{|}{\overset{|}{F}}}$$

相对密度1.10。沸点73~75℃(4.38 kPa)。遇光及热易分解,湿空气中因吸湿而产生白色烟雾。易燃。有毒!对皮肤、织物均有腐蚀性。用作醇醛缩合、烯醛缩合、聚合及羰基加成等反应催化剂及实验室试剂。由硼酸、发烟硫酸及萤石粉混合加热所生成的三氟化硼经丁醚吸收、减压蒸馏制得。

三氟化硼-乙醚配合物 boron trifloride-ethyl ether complex $(C_2H_5)_2O \cdot BF_3$ 无色或微黄色发烟液体。相对密度1.3572。熔点$-60.4℃$。沸点$125.5℃$。闪点$63.9℃$。折射率1.4447。遇湿气或水迅速分解出易燃的二甲醚气体及有毒氟化物。遇高热或明火会引起燃烧或爆炸。与氧化铝接触发生剧烈反应。对皮肤、黏膜有强腐蚀性。用作烷基化、乙酰化、缩合、聚合等有机合成的催化剂,环氧树脂固化剂。也用于制造硼氢高能燃料。由硫酸、硼酸及萤石粉共热产生的氟化硼与乙醚反应制得。

三氟化硼-乙酸配合物 boron trifluoride-acetic acid complex $2CH_3COOH \cdot BF_3$ 又名三氟化硼乙酸。白色结晶状固体或液体。商品常含三氟化硼约40%,为灰黄色至棕色液体。相对密度1.36。熔点$23℃$。沸点$142\sim145℃$。折射率1.3691。能与硫酸混溶。遇水分解并释出有毒气体。在潮湿空气中冒烟,受热分解释出三氟化硼。可燃。有毒!用作烷基化、酰化、聚合等有机合成催化剂。也用作实验试剂。由硼酸、发烟硫酸及萤石粉混合加热所产生的三氟化硼经乙酸吸收、精馏后制得。

三氟三氯乙烷 trifluorotrichloroethane 又名三氯三氟乙烷、氟利昂-113。无色无味透明液体。相对密度1.4635(25℃)。凝固点$-36.4℃$。沸点$47.6℃$。折射率1.3557(25℃)。不溶于水,溶于有机溶剂。化学稳定性好,有不燃性。用作干洗剂的溶剂,脱脂力相对较低,但具有选择性溶解性能,对矿物质油垢溶解性好而又不伤塑料、橡胶,对金属材料也无腐蚀性。其最大危害是对大气臭氧层的破坏,正逐渐被禁用。也用作制冷剂、发泡剂、萃取剂等。由六氯乙烷在五氯化锑催化下与氟化氢反应制得。

三氟羧草醚 acifluorfen 又名5-[2-氯-4-(三氟甲基)苯氧基]-2-硝基苯甲酸。灰白色固体。熔点$151.5\sim157℃$。其钠盐为白色粉末,熔点$124\sim125℃$。能溶于水,为含氟二苯醚类除草剂,具有杀草谱广、持效期短、用药量少等特点。用于防治大豆、花生、棉花、蔬菜、果树等作物的马齿草、鸭趾草、铁苋菜、栗木草等杂草。以3,4-二氯三氟甲苯及羟基苯甲酸等为原料制得。

三氟乙酸 trifluoroacetic acid CF_3COOH 又名三氟醋酸。无色发烟液体。有刺激性气味及挥发性。相对密度1.4890。熔点$-15.3℃$。沸点$72.4℃$。折射率1.489。与水、甲醇、乙醇、乙醚、苯、氯代烷烃等混溶。能溶解多种脂肪酸、聚酯及蛋白质等。对热稳定,加热至400℃不分解。在水中发生离子化而呈强酸性。不被酸及碱水解。为非氧化性强酸,酸性比乙酸强5倍。能形成稳定的金属盐类及酯类。用作酯化、缩合及贝克曼重排等有机合成催化剂。也是合成含氟有机化合物的重要中间体及含氟高分子材料的重要原料，以及用于制造医药、农药、染料及合成多肽等。由乙酸乙酯电解氟化制得。

三硅酸镁 magnesium trisilicate $2MgO \cdot 3SiO_2 \cdot 5H_2O$ 一种组成不定的含水硅酸镁。常见结晶为五水合物。所含 $MgO>20\%$，$SiO_2>45\%$。相对密度2.2。为无臭无味的白色粉末。不溶于水、乙醇。遇无机酸易分解。与硫酸作用生成硫酸镁及二氧化硅。用作脱色剂、脱臭剂，以及用于制造陶瓷、橡胶等。医药上用作制酸药物，能中和胃酸和保护溃疡面，用于治疗胃及十二指肠溃疡病及胃酸过多症。还用作食品抗结剂、被膜剂及助滤剂等。以菱苦土、硫酸、水玻璃、烧碱为原料经酸解、复分解反应制得。

三光气 triphosgene 又名双(三氯甲基)碳酸酯、固体光气。

$$Cl_3COCOCCl_3 \\ \parallel \\ O$$

白色结晶。相对密度1.78。熔点 $81\sim83℃$。沸点 $203\sim206℃$。溶于苯、乙烷、氯仿、二氯甲烷、四氢呋喃，对热稳定，在蒸馏温度 $206℃$ 下也仅有极少量分解。三光气于1880年首次合成，作为剧毒光气的替代物，其应用在迅速拓展。在农药领域，三光气与醇反应得到氯甲酸酯，进一步可制得氨基甲酸酯类农药。还用于制造除草剂、苯甲酰脲类杀虫剂等；医药上用于合成抗溃疡药、安眠药及抗高血压药等；在高分子及有机合成领域，可用于制造 $4,4'$-二苯氧基二苯甲酮、一元或多元异氰酸酯等。由碳酸二甲酯与氯气在引发剂存在下反应制得。

三(癸酰基)钛酸异丙酯 isopropyl tridecanoyl titanate 又名异丙基三(癸酰基)钛酸酯、KHT-108。红棕色液体。

$$(CH_3)_2CH-O-Ti[O-C-(CH_2)_8CH_3]_3 \\ \qquad\qquad\qquad\qquad\quad \parallel \\ \qquad\qquad\qquad\qquad\quad O$$

相对密度 $0.98\sim0.99$。闪点 $176℃$。分解温度 $250℃$。不溶于水，溶于丙酮、苯、石油醚、四氯化碳等。用作以碳酸钙为填料的钙塑制品的偶联剂，适用于聚丙烯、环氧树脂、酚醛树脂等。可增加碳酸钙在树脂中的填充量，降低加工黏度，提高制品的耐冲击强度。用于黏合剂中可提高与无机基材的粘接性能。由钛酸四异丙酯与癸酸反应制得。

三环唑 tricyclazole 又名5-甲基-1,2,4-三唑并(3,4-b)苯并噻唑。纯品为白色针状结晶。无臭。熔点 $187\sim188℃$。蒸气压 2.66×10^{-7} Pa($25℃$)。微溶于水，溶于氯仿。对热、光稳定。工业品为浅黄色结晶固体，熔点 $160℃$。有毒！对皮肤及眼睛有刺激性。一种高效、低毒、残效期长的内吸杀菌剂，能被水稻根、茎、叶迅速地吸收，并输送到稻株各部，对水稻稻瘟病有特殊防效，防治效果显著优于稻瘟灵、克瘟散等杀菌剂。由甲酸与4-甲基-2-肼基苯并噻唑经环化而得。

三甲胺 trimethyl amine $(CH_3)_3N$ 无色气体。有鱼腥气味。相对密度0.632。熔点 $-117.2℃$。沸点 $2.9℃$。闪点 $-6.67℃$(闭杯)。爆炸极限 $2.0\%\sim11.6\%$。溶于水、乙醇、乙醚、苯、氯仿等。水溶液呈碱性。反应性能活泼，与无机或有机酸、重金属、氯化物等生成盐或配盐。加热至 380～400℃时发生热解,先生成甲胺、甲烷等,后生成大量的氮、乙烷及氢。商品 40%三甲胺水溶液的相对密度 0.827(15.5℃),沸点 26℃。用于制造表面活性剂、离子交换树脂、医药、香料及饮料添加剂等,也用作缩聚催化剂、燃气加臭警报剂等。由氨与甲醇在催化剂存在下反应制得。

三甲基苄基氯化铵 trimethylbenzyl ammonium chloride 又名苄基三甲氯化

$$\underset{\text{}}{\text{C}_6\text{H}_5}-\text{CH}_2-\overset{\text{CH}_3}{\underset{\text{CH}_3}{\text{N}^+}}-\text{CH}_3 \cdot \text{Cl}^-$$

铵。无色结晶,易潮解。低于 135℃时稳定,13℃以上分解为三甲胺及氯化苄。易溶于水、乙醇、异丙醇,微溶于磷酸二丁酯、苯二甲酸二丁酯,不溶于乙醚。商品常为 60%水溶液,相对密度 1.07。具有良好的渗透、增溶及乳化等性能。一种阳离子表面活性剂。用作相转移催化剂、阻聚剂、乳化剂、纤维素溶剂等。由氯苄与三甲胺在甲苯中回流制得。

三甲基苄基氢氧化铵 trimethylbenzyl ammonium hydroxide 又名苄基

$$\underset{\text{}}{\text{C}_6\text{H}_5}-\text{CH}_2-\overset{\text{CH}_3}{\underset{\text{CH}_3}{\text{N}^+}}-\text{CH}_3 \cdot \text{OH}^-$$

三甲基氢氧化铵。无色至红棕色液体。商品活性物浓度≥40%。相对密度为 0.924～0.449(甲醇溶液中)和 1.06(水溶液中)。闪点 15℃(甲醇溶液中)。溶于水、甲醇、乙醇。具有强碱性。对皮肤及黏膜有强刺激性。一种阳离子表面活性剂。用作相转移催化剂、极谱分析试剂等。

三甲基丙烯酸铝 aluminium trimethacrylate 又名甲基丙烯酸铝。白色

$$\text{H}_2\text{C}=\overset{\text{CH}_3}{\underset{}{\text{C}}}-\overset{\text{O}}{\underset{}{\text{C}}}-\text{O}-\text{Al}\begin{matrix}\text{O}\ \ \text{CH}_3\\|\ \ \ \ \ |\\ \text{O}-\text{C}-\text{C}=\text{CH}_2\\ \\ \text{O}-\text{C}-\text{C}=\text{CH}_2\\|\ \ \ \ \ |\\ \text{O}\ \ \text{CH}_3\end{matrix}$$

粉末。溶于水。用作橡胶、塑料的助交联剂、皮革加工助剂。由甲基丙烯酸与氢氧化铝反应制得。

三甲基丙烯酸三羟甲基丙烷酯 timethylol propane trimethacrylate 又名三

$$\text{H}_3\text{C}-\text{CH}_2-\text{C}\begin{matrix}\text{CH}_2-\text{OOC}-\overset{\text{CH}_3}{\underset{}{\text{C}}}=\text{CH}_2\\ \text{CH}_2-\text{OOC}-\overset{\text{CH}_3}{\underset{}{\text{C}}}=\text{CH}_2\\ \text{CH}_2-\text{OOC}-\overset{\text{CH}_3}{\underset{}{\text{C}}}=\text{CH}_2\end{matrix}$$

羟甲基丙烷三甲基丙烯酸酯。淡黄色透明黏稠液体。相对密度 1.067。沸点 185℃(0.67 kPa)。闪点＞150℃。折射率 1.4690(25℃)。不溶于水,溶于醇、醚、酮等有机溶剂。可燃。用作交联剂的商品形式常为本品与硅酸盐的共混物,外观为灰白色粉末。用作顺丁橡胶、乙丙橡胶、丁基橡胶等合成橡胶的助交联剂或交联剂,混炼时有增塑作用,交联时有增硬作用。也用作辐射交联敏化剂、树脂改性剂等,用于制造胶黏剂、涂料、塑料溶胶等。由甲基丙烯酸与三羟

甲基丙烷经酯反应制得。

2,2,4-三甲基-1,2-二氢喹啉聚合体 见"防老剂 RD"。

三甲基己二胺 trimethylhexamethylenediamine 又名三甲基六亚甲基二胺。

$$NH_2CH_2-\underset{\underset{CH_3}{|}}{\overset{\overset{CH_3}{|}}{C}}-CH_2-CH(CH_2)_2NH_2$$

无色液体。相对密度 0.867。熔点 −80℃。沸点 323℃。溶于水。主要用作环氧树脂固化剂,固化速度快,使用寿命长。常为 2,2,4-三甲基己二胺与 2,4,4-三甲基己二胺的等量混合物。主要用于电气零件的浇铸及涂料等。固化物热变形温度 105℃,耐化学药品性及耐光泽性较好。由 2,2,4-三甲基己二胺催化还原制得。

三甲基铝 trimethyl aluminium 无色液体或固体。

$$\underset{H_3C}{\overset{H_3C}{\diagdown}}Al\cdot Al\underset{CH_3}{\overset{CH_3}{\diagup}}$$

70℃时以二聚体存在。相对密度 0.748(25℃)。熔点 15.4℃。沸点 130℃。折射率 1.432(12℃)。溶于乙醚、饱和烃等有机溶剂,在苯中呈二聚体。与空气接触而燃烧。遇水爆炸,生成氢氧化铝、甲烷。与醇、卤素、酸、胺反应强烈。有毒!用作烯烃聚合催化剂的组分和有机合成的甲基化试剂,用于制造甲基硅氧烷,以及用作引火燃料等。由二甲基氯化铝与钠反应制得。

1,1,3-三(2-甲基-4-羟基-5-叔丁基苯基)丁烷 "见抗氧剂 CA"。

三甲基羟乙基丙二胺 trimethylhydroxyethyl propylenediamine

$$\underset{CH_3}{\overset{H_3C}{\diagdown}}N-\underset{CH_3}{\overset{}{N}}-OH$$

又名 N-甲基-N-(二氨基丙基)氨基乙醇。无色至淡黄色液体。有氨的气味。相对密度 0.92。沸点 238℃。闪点 95℃。蒸气压 <800Pa(21℃)。黏度 12 mPa·s。溶于水、乙醇。可燃。低毒。用作生产聚氨酯型泡沫塑料的反应型低烟雾平衡性叔胺催化剂。可用于模塑泡沫塑料、包装用半硬泡沫塑料等的生产。

三甲基羟乙基乙二胺 trimethylhydroxyethyl ethylenediamine 无色至

$$\underset{CH_3}{\overset{H_3C}{\diagdown}}N-CH_2-CH_2-\underset{CH_3}{\overset{}{N}}-OH$$

淡黄色液体。相对密度 0.905(25℃)。熔点 <−20℃。沸点 207℃。闪点 88℃。蒸气压 100 Pa(20℃)。黏度 5~7mPa·s。易溶于水、乙醇。可燃,低毒。用作生产聚氨酯型泡沫塑料的反应型发泡催化剂。可用于聚醚型聚氨酯软块泡沫、模塑泡沫、硬泡沫或半硬泡沫等泡沫塑料的生产。尤适用于生产汽车用泡沫塑料。

三甲基䏲 trimethyl stibine $(CH_3)_3Sb$ 又名三甲基锑。无色液体。相对密度 1.523(15℃)。熔点 −87.5℃。沸点 80.6℃。折射率 1.420(150℃)。不溶于水、乙醇,溶于乙醚、二硫化碳。在

空气中易氧化,并可能着火。与氧、硫、卤素化合分别生成氧化物、硫化物及卤化物。与溴或碘甲烷反应分别生成三甲基二溴化锑或四甲基碘化锑。用作乙烯基单体聚合催化剂、内燃机燃料添加剂、分析试剂等。由三氯化锑与甲基碘化镁在乙醚溶液中于$-20℃$下反应制得。

2,2,4-三甲基-1,3-戊二醇单异丁酸酯 2,2,4-trimethyl-1,3-pentanediol monoisobutyrate 又名异丁酸2,2,4-三甲基3-羟

$$CH_3CHCHCH(CH_3)_2CH_2OOCCHCH_3$$
$$\quad\quad| \quad\quad\quad\quad\quad\quad\quad\quad\quad\quad |$$
$$\quad CH_3OH \quad\quad\quad\quad\quad\quad\quad CH_3$$

基戊酯、醇酯-12、XH6-003乳胶漆成膜助剂。无色透明液体。有特殊气味。相对密度0.947。熔点$-50℃$。沸点$244℃$。闪点$120℃$。折射率1.4423。相对挥发速率0.048(水为31)。不溶于水,溶于苯、丙酮、二甲苯。有良好的水解稳定性。用作乳胶漆成膜助剂,可降低最低成膜温度,可在高pH值乳胶漆中使用,在冬天的低温下也能形成完好的漆膜,提高冻融稳定性。用于不饱和聚酯具有良好的粘接性。由三甲基戊二醇与异丁酸在催化剂存在下经酯化反应制得。

三碱式硫酸铅 tribasic lead sulfate $3PbO \cdot PbSO_4 \cdot H_2O$ 又名三盐基硫酸铅。白色或微黄色粉末。味甜。相对密度6.4。熔点$820℃$。折射率2.1。$200℃$以上开始失去结晶水。吸湿状态下受光照变色分解。不溶于水及有机溶剂,溶于碱类、热浓盐酸、硝酸及乙酸钠溶液。有良好的耐热性、电绝缘性,吸收氯化氢能力较强,耐光性及加工性也较好。有毒!用作聚氯乙烯热稳定剂,用于制造不透明聚氯乙烯硬板、硬管、注塑品及人造革等,不能用于食品包装材料。因有硫化污染性,应避免与硫化物配合使用。也用作涂料的颜料。在乙酸催化下,由氧化铅与硫酸反应制得。

三碱式马来酸铅 tribasic lead maleate

$$\begin{array}{c} O \\ \| \\ HC-C-O-Pb-O-Pb \\ \| \quad\quad\quad\quad\quad\quad\quad\quad\quad\quad \backslash \\ \quad\quad\quad\quad\quad\quad\quad\quad\quad\quad\quad O \cdot H_2O \\ \| \quad\quad\quad\quad\quad\quad\quad\quad\quad\quad / \\ HC-C-O-Pb-O-Pb \\ \| \\ O \end{array}$$

又名三盐基马来酸铅、三碱式顺丁烯二酸铅。微黄色细软粉末。相对密度6.0。折射率2.08。不溶于水,溶于硝酸、乙酸。有毒!无可燃性及腐蚀性。用作聚氯乙烯热稳定剂,具有酸接受体功能及屏蔽紫外线作用。其分子结构中的共轭双键,可与树脂脱氯化氢后形成的共轭聚烯结构发生双烯加成反应,而有抑制着色作用。用作氯磺化聚乙烯橡胶的硫化剂、稳定剂,含氯橡胶的交联剂等。在乙酸存在下,由马来酸酐与氧化铅反应制得。

三聚磷酸钾 potassium tripolyphosphate $K_5P_3O_{10}$ 又名三磷酸钾。白色结晶性粉末或颗粒。相对密度2.54。熔点$620\sim640℃$。易溶于水,水溶液呈碱性,并会逐渐生成正磷酸盐。1%水溶液的pH值$9.2\sim10.1$。与金属离子有良好的配位能力。是优良的金属配位

物。用于制造重垢液体洗涤剂、锅炉软水剂、金属表面处理剂。也用作涂料分散剂、金属离子螯合剂。食品工业中用作乳化剂、组织改进剂等。由碳酸钾或氢氧化钾与缩聚磷酸经聚合反应制得。

三聚磷酸铝 aluminium tripolyphosphate 又名三聚磷酸二氢铝、聚磷酸铝。

$$\text{HO}-\overset{\overset{\displaystyle O}{\|}}{\underset{\underset{\displaystyle O}{|}}{P}}-O-\overset{\overset{\displaystyle O}{\|}}{\underset{\underset{\displaystyle O}{|}}{P}}-O-\overset{\overset{\displaystyle O}{\|}}{P}-\text{OH}$$
$$\text{Al}$$

白色固体粉末。加热至 $100\sim150℃$ 时失去结晶水,$500\sim550℃$ 时转化为 $\beta\text{-}Al(PO_3)_3$。微溶于水。属弱酸型固体酸。对碱金属离子、铵离子等有交换能力,对氨、胺、酸性气体有选择性吸收能力。用作缓蚀剂,主要用于涂料中作无毒防锈颜料,适用于环氧树脂、醇酸树脂等各种基料,其缓蚀机理是溶解后生成的三聚磷酸根离子与阳极反应生成的 Fe^{2+} 形成不溶性沉淀,并牢固地附着在阳极上使阳极极化。也用作催化剂、硬化剂、脱臭剂及制造耐火材料等。由磷酸与三氧化二铝经缩合反应制得。

三聚磷酸钠 sodium tripolyphosphate $Na_5P_3O_{10}$ 又名磷酸五钠、三磷酸钠。一种链状缩合磷酸盐。白色结晶粉末。相对密度 2.49。熔点 662℃。易溶于水,水溶液呈碱性。由于制取方法不同,又存在Ⅰ型(高温型)及Ⅱ型(低温型)两种变体。Ⅰ型较Ⅱ型稳定,吸湿性大,水解速度快,在 417℃ 时Ⅱ型转变为Ⅰ型。水溶液水解时,生成正磷酸盐或焦磷酸盐,对碱土金属及重金属离子有络合作用,能软化水及进行离子交换,可使悬浮液变成溶液,对油脂有乳化性,对洗涤液有缓冲性能。用作软水剂、洗涤剂、助洗剂、pH值调节剂、水基涂料分散剂、肥皂增效剂、玉米淀粉胶黏剂的交联剂,也用作食品改良剂,用于肉类罐头、饮料等。由磷酸氢二钠与磷酸二氢钠充分混合后经加热反应制得。

三聚氰胺 melamine 又名蜜胺、氰尿酰胺、2,4,6-三氨基均三嗪。白色棱柱状结晶或粉末。相对密度 1.573。熔点 354℃(分解)。折射率 1.8721。常压下超过 150℃ 时表现出升华性,升华温度 300℃,稍溶于水、乙二醇、甘油,微溶于乙醇,不溶于乙醚、苯、四氯化碳。遇酸、碱会缓慢水解,与无机酸反应生成盐。低毒。主要用于生产三聚氰胺-甲醛树脂、医药、染料、农药及含氮聚合物多元醇等,也用作添加型阻燃剂,用于聚氨酯泡沫塑料阻燃,还用作丙烯酸乳液外加交联剂、鞣革剂及制造三聚氰胺盐阻燃剂。由尿素催化分散后经缩合制得。

三聚氰胺甲醛树脂 melamine-formaldehyde resin 又名三聚氰胺树脂、蜜胺甲醛树脂、三羟甲基三聚氰胺。氨基树脂的一种。白色粉末或颗粒。相对密度 1.5。熔点 $156\sim157℃$。难溶于冷水,溶于 80℃ 热水及稀酸,不溶于乙醇、乙醚、苯等。其水溶液不稳定,在酸碱介质中易产生分子间聚合,酸性溶液久置不用也会逐渐变成凝胶状。在 100℃ 下长时间加热时,能凝聚成不可逆的胶体。用作羧基胶乳硫化剂,酚醛树脂及脲醛树脂的改性剂,纸张湿强剂,织物整理剂。也用于制造胶黏剂、水性涂料等。由三聚氰胺与甲醛在中性或碱性介质中缩聚制得。

三聚氰胺尿酸酯 melamine cyanurate 又名氰尿酸三聚氰胺。白色结晶粉末。无味。呈弱酸性。相对密度1.70。分解温度350℃。不溶于水,溶于乙醇、甲醛等有机溶剂。化学性质稳定,不燃。用作添加型阻燃剂,其热稳定性优于三聚氰胺,在320℃下仍保持稳定。常用作高效阻燃剂及润滑剂,用于操作温度较高的聚合物,如聚酰胺等。以三聚氰胺及氰尿酸为原料制得。

三聚氰胺树脂胶黏剂 memelamine resin adhesive 又名蜜胺树脂胶黏剂。由三聚氰胺与甲醛以1∶3摩尔比,在中性或弱碱性条件下,于80℃反应生成的无色透明黏稠液体。这种胶具有较高化学活性,因此固化快,在不加固化剂时也可加热固化或常温固化。与脲醛树脂胶相比,用三聚氰胺树脂胶制成的产品,具有更好的耐磨性及硬度,而且耐沸水性、耐化学药品性和电绝缘性都较好。缺点是固化后的胶层脆、易破裂。加入乙醇或聚乙烯醇等改性的三聚氰胺树脂胶,由于价格较高,一般用于制造塑料贴面板,用于家具、车辆、建筑、船舶等方面。

三聚氰胺树酯鞣剂 melamine resin tanning agent 氨基树脂鞣剂的一种。三聚氰胺分子中所含的三个对称的氨基,在中性或微碱性条件下均能与甲醛发生羟基化反应,生成一羟甲基到六羟甲基的混合物。在制革工业中,三羟甲基三聚氰胺及其衍生物是应用最广的三聚氰胺树脂鞣剂。鞣制时先用三羟甲基三聚氰胺浸渍裸皮,再在酸性介质中略微提高温度,使三羟甲基三聚氰胺在皮内缩聚成不溶于水的树脂。这类鞣剂用于皮革初鞣时皮革色白、丰满、耐光。它与其他鞣剂的配位性好,如与植物鞣剂结合使用,能促进植物鞣质的吸收和渗透,提高革的耐磨性和耐候性。

三聚氰胺三烯丙酯 triallyl cyanurate 又名交联剂TAC、交联剂T。无色透明液体或白色结晶。相对密度1.113(30℃)。熔点26~28℃。沸点120℃(0.667 kPa)。闪点110℃。加热至140℃时发生自聚。不溶于水,溶于乙醇、乙醚、丙酮、芳烃及氯化烃。具有交联改性、内增塑及助硫化等功能。可燃。有毒!用作不饱和聚酯、聚烯烃、聚氯乙烯、苯乙烯、丙烯酸酯及离子交换树脂等的高效交联剂,橡胶助硫化剂,聚烯烃辐射交联的光敏剂等,也用作厌氧胶的单体。由三聚氰酸与烯丙醇经酯化反应制得。

三(磷酸二辛酯)钛酸异丙酯 isopropyl tri(dioctyl phosphate) titanate 又名 $(CH_3)_2—CH—O—Ti[O—P(—O—C_8H_{17})_2]_3$
$\|$
O
异丙基三(磷酸二辛酯)钛酸酯、KHT-202。淡黄色油状液体。相对密度1.096。熔点-1℃。闪点166℃。分解温度371℃。不溶于水,溶于丙酮、苯、石油醚等。用作聚乙烯、软质聚氯乙烯、聚苯乙烯、聚甲醛、环氧树脂及ABS树脂等聚合物复合材料的偶联剂,可提高钛白粉、碳酸钙等无机填充物的填充量,尤其对钛白粉的分散十分有效,也可提高铁蓝在聚乙烯基料中的分散性。由钛酸四异丙酯与磷酸二异辛酯反应制得。

三磷酸腺苷 见"腺苷三磷酸"。

三硫化二砷 arsenic trisulfide As_2S_3 又名硫化亚砷、黄色硫化砷、雌黄。红色单斜晶系结晶,粉末为黄色。天然产物为雌黄。相对密度3.461。熔点300~320℃。沸点707℃。易发生玻璃化。不溶于水、酸(在硝酸中分解),溶于苛性碱及纯碱溶液,缓慢溶于热盐酸。与氯反应生成三氯化砷及氯硫化物。可被氯水、溴水氧化而成砷酸。在新沉淀出的As_2S_3中加入大量的水,则变成黄色胶体溶液。用于制造砷化合物、瓷釉、颜料、玻璃、油布及医药制剂等。由三氧化二砷与硫黄混合加热制得。

2,4,5-三氯苯酚 2,4,5-trichlorophenol

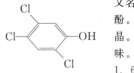

又名2,4,5-三氯酚。无色针状结晶。有酚的气味。相对密度1.678(25℃)。熔点68℃。沸点253℃(升华)。微溶于水,易溶于乙醇、乙醚、甲醇、丙酮、苯,溶于石油醚、四氯化碳。有毒!蒸气有强烈刺激性及腐蚀性。用于制造染料、杀虫剂、表面活性剂等,也用作木材、皮革、橡胶、聚乙酸乙烯酯胶乳、人造纤维等的防腐剂及杀菌剂。工业循环冷却水中,用于控制水中藻类、真菌、细菌及工业黏泥的杀菌防腐剂。由1,2,4,5-四氯苯在氢氧化钠溶液中水解制得。

三氯硅烷 trichlorosilane 又名硅氯仿、三氯甲硅烷。无色透明液体。有刺激性臭味。空气中会强烈发烟。相对密度1.344。熔点-126.5℃。沸点33℃。闪点-14℃。折射率1.3983(25℃)。蒸气相对密度4.7。爆炸极限7%~83%。溶于苯、氯仿、二硫化碳、乙醚等。遇水或水蒸气分解,并产生氯化氢烟雾。遇高热释出有毒的氯化物。遇氧化剂会燃烧。有毒!用于制造有机硅材料、单晶硅、光通信用高纯石英纤维等。由硅粉与干燥氯化氢反应制得。

三氯化铬 chromium trichloride $CrCl_3$ 又名氯化铬。单斜晶系紫色片状结晶。相对密度2.757(15℃)。熔点1150℃。1300℃升华。微溶于热水,不溶于冷水、乙醇、乙醚、丙酮及二硫化碳,溶于乙酸甲酯。与水长时间沸腾时成为绿色溶液。空气中灼烧时生成 Cr_2O_3。三氯化铬有多种水合物,仅六水合物 $CrCl_3 \cdot 6H_2O$ 有工业价值,其相对密度 1.76,熔点 83℃,溶于水,极易潮解,83℃溶于自身结晶水中。用于制造铬盐、颜料、染料等。也用作催化剂、媒染剂、鞣革剂、酸化压裂液增稠剂及堵水调剖剂的交联剂等。由三氧化二铬与碳粉混合后于高温下通氯气反应制得。

三氯化磷 phosphorus trichloride PCl_3 又名氯化磷、氯化亚磷。无色澄清液体。有刺激性臭味。含微量黄磷时颜色带黄而混浊。潮湿空气中迅速分解,生成亚磷酸及氯化氢。相对密度 1.574(21℃)。熔点 −112℃。沸点 76℃。折射率 1.520(15.4℃)。蒸气相对密度 4.75。溶于苯、氯仿、乙醚、四氯化碳。遇水及乙醇发生分解反应。化学性质活泼,易与氯、硫、氧等发生加成反应分别生成氯化磷、三氯硫磷及三氯氧磷等。与有机物接触能燃烧。有毒及腐蚀性。用于制造敌敌畏、敌百虫、稻瘟净等有机磷农药,以及制造三氯氧磷、亚磷酸酯、增塑剂、染料中间体、医药、香料等。也用作催化剂、氯化剂。由氯气与黄磷反应制得。

三氯化铑 rhodium trichloride $RhCl_3$ 红色结晶或粉末。不溶于水、王水及酸。加热到 440℃以上分解为氯气及铑。800℃时升华。其三水合物 ($RhCl_3 \cdot 3H_2O$) 为红色晶体,易溶于水、乙醇,在干燥 HCl 气流中将其加热至 180℃时,分解得到能溶于水的无水 $RhCl_3$。高于 180℃时三水合物分解得到不溶于水的无水 $RhCl_3$。$RhCl_3 \cdot 3H_2O$ 是最常见的铑化合物,也是制备其他铑化合物及铑催化剂最重要的原料,其本身也用作加氢、氧化等反应的催化剂。由铑与氯气在 300℃下反应可制得无水三氯化铑。

三氯化硼 boron trichloride BCl_3 又名氯化硼。无色带有强烈窒息性臭味的气体或液体。气体相对密度 4.07。液体相对密度 1.35(12℃)。临界温度 128.8℃。临界压力 3.9MPa。溶于乙醇、丙酮。遇水发生爆炸分解,生成氯化氢及硼酸或偏硼酸。化学性质活泼,与金属氯化物、非金属氯化物及氢化物都能形成配位化合物。与碱金属和碱土金属元素作用,先生成元素硼,再进一步形成相应的硼化物。有毒!用于制造高纯硼、氮化硼、硼烷、有机合成催化剂。也用作金属表面处理剂、电路蚀刻剂。硅酸盐分解助溶剂等。由三氧化二硼与炭混合后,再在高温下与氯气反应制得。

三氯化钛 titanium trichloride $TiCl_3$ 又名氯化亚钛。存在两种变体。一种是紫色或褐色结晶,它又有 α、γ、δ 三种晶型;另一种是棕色结晶,为 β 晶型。α-$TiCl_3$ 为有层状结构的紫色六方晶体;γ-$TiCl_3$ 为有层状结构的紫色三方晶体;δ-$TiCl_3$ 是由 α-$TiCl_3$ 或 γ-$TiCl_3$ 晶体经长时间研磨而得的紫色晶体,晶体结构是 α 型及 γ 型的混合型;β-$TiCl_3$ 为有纤维状结构的褐色晶体,属六方晶系。三氯化钛的相对密度为 2.64。沸点 450℃。在 425~440℃下升华,500℃以上分解。溶于乙醇、盐酸,微溶于氯仿,不溶于乙醚、苯。遇水及空气立即分解,生成氯化氢和钛的氧化物、氢氧化物及氯氧化物等。三氯化钛还存在四、六水合物。用作乙烯、丙烯及 α-烯烃聚合的催化剂。不同晶格类型、比表面积、结晶度及颗粒度等对所得高聚物产品性质影响很大。如 α-TiCl₃ 的定向作用好，制得聚丙烯等规度为 85%～90%。三氯化钛也用作还原剂及比色测定试剂。可由 TiCl₄ 还原制得，采用不同的还原方法可制得不同的变体。

三氯甲苯 trichlorotoluene 又名苯基氯仿、三氯苄。无色到淡黄色液体。有特殊刺激性臭味。相对密度 1.372。熔点 −5℃。沸点 221℃。闪点 97℃。折射率 1.5580。爆炸极限 2.1%～5.6%。不溶于水，遇水或碱液时生成苯甲酸，溶于乙醇、乙醚、苯等。在空气中发烟。遇光或潮湿时分解。可燃。有毒！吸入或与皮肤接触均易引起中毒。用于制造苯甲酰氯、光稳定剂、三苯基甲烷染料、蒽醌系染料等。也用于非离子型植物胶与两性金属含氧酸盐交联的冻胶压裂液中，与过硫酸盐配合使用，用作破胶剂。可在三氯化磷存在下，由甲苯与氯反应制得。

N-三氯甲基硫代-N-苯基磺酰胺 N-trichloromethylthio-N-phenylsulfamide

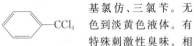

又名防焦剂 E。白色粉末。相对密度 1.68。熔点约 110℃。不溶于水，溶于丙酮、苯、乙醚及乙酸乙酯等。用作天然及合成橡胶防焦剂。防焦烧效能约为 N-环己基硫代邻苯二甲酰亚胺的 60%，但价格较低，不污染，不着色。高温混炼时不发泡，并可改善胶料的流动性。在含次磺酰胺类促进剂的胶料中，能提高交联度，并对已有轻微焦烧的胶料有复原作用。适用于浅色制品。

三氯硫磷 phosphorus sulfochloride PSCl₃ 又名硫代磷酰氯。无色透明易发烟液体。有强烈刺激性气味及催泪作用。相对密度 1.668。熔点 −35℃。沸点 125℃。折射率 1.635(25℃)。蒸气相对密度 5.86。溶于苯、三氯化磷、二硫化碳、四氯化碳等。与冷水作用缓慢水解。遇热水快速水解生成氯化氢、硫化氢及磷酸。具有酰氯的化学性质，对醇基、酚基均能酰化，与甲醇、乙醇激烈反应生成氯化物。遇潮时对多数金属有腐蚀性。对呼吸道、眼睛及黏膜有强腐蚀性及刺激性。用于制造甲基对硫磷、二甲基硫代磷酰氯、甲胺磷、倍胺磷等有机磷农药及中间体。也用于合成有机磷化合物。由三氯化磷与硫黄在三氯化铝催化剂存在下反应制得。

三氯氧钒 vanadium oxytrichloride VOCl₃ 又名三氯氧化钒。柠檬黄色透明液体。相对密度 1.811(32℃)。熔点 −78.9℃。沸点 127.2℃。折射率 1.63(27℃)。蒸气压 1333·2Pa(12℃)。遇潮湿空气产生红烟，并分解成微粉红色矾酸和盐酸。溶于冷水并水解。溶于乙醇、乙醚、乙酸等有机溶剂。是一种非离子型溶剂，可溶解大多数非金属。易与 CCl₄、TiCl₄、SnCl₄ 等卤化物及多种碳氢化合物相混溶。也可与极性较强的溶剂迅速反应而生成加合物。用作烯烃聚合催化剂及橡胶合成催化剂,也用于制造其他钒化合物及用作溶剂。由 V_2O_5 与盐酸或氯化亚砜反应制得。

三氯氧磷 phosphorus oxytrichloride $POCl_3$ 又名氧氯化磷、磷酰氯。纯品为无色透明强发烟液体。工业品中因溶有氯气或五氧化二磷而呈红黄色。相对密度 1.675。熔点 2℃。沸点 105.3℃。折射率 1.460(25℃)。蒸气相对密度 5.3。有强烈的刺激性及特殊臭味。与潮湿空气接触时迅速水解,生成磷酸与氯化氢。遇水及醇分解并放出大量热及氯化氢。也易被酸分解。挥发出的气体有强刺激性及腐蚀性。用于制造有机磷酸酯、有机磷农药、染料中间体、增塑剂、阻燃剂、磷酸酯表面活性剂及长效磺胺等。也用作铜矿提取剂、有机合成及有机酸酐的氯化剂、催化剂等。由三氯化磷加水通氯气再经蒸馏制得。

三(2-氯乙基)亚磷酸酯 tris(2-chloroethyl) phosphite

$$\begin{matrix} ClCH_2CH_2O \\ ClCH_2CH_2O—P \\ ClCH_2CH_2O \end{matrix}$$

无色至淡黄色油状液体。相对密度 1.328。沸点 112～115℃(267Pa)。折射率 1.4870。闪点 190℃。不溶于水,溶于丙酮、苯、氯仿。用作阻燃剂及热稳定剂。分子结构含磷、氯阻燃元素,阻燃性好,水解稳定性高。用于聚氯乙烯、橡胶及涂料等的阻燃。也用于制造农药乙烯利、阻燃剂四(β-氯乙基)亚乙基二磷酸酯。由环氧乙烷与三氯化磷反应制得。

1,1,1-三氯乙烷 1,1,1-trichloroethane

$$H—\underset{\underset{H}{|}}{\overset{\overset{H}{|}}{C}}—\underset{\underset{Cl}{|}}{\overset{\overset{Cl}{|}}{C}}—Cl$$

又名甲基氯仿。无色透明液体。相对密度 1.3492。熔点 －33℃。沸点 74℃。微溶于水,与丙酮、甲醇、乙醚、苯、四氯化碳等混溶。能溶解脂肪、蜡、润滑油等。干燥的三氯乙烷对常用金属无腐蚀性,但对铝和铝合金的作用强烈。有水存在时,因分解出氯化氢而有腐蚀性。商品常加有稳定剂。具有不燃性。用作织物干洗剂、金属脱脂剂、油类及橡胶等的溶剂、染料及香料的萃取剂、气溶胶烟雾剂、灭火剂、麻醉剂等,也用于制造杀虫剂。由乙烷或乙烯直接氯化制得。

1,1,2-三氯乙烷 1,1,2-trichloroethane $CH_2ClCHCl_2$ 无色透明液体,有类似氯仿气味。相对密度 1.4416。熔点 －36.5℃。沸点 113.5℃。折射率 1.4706。微溶于水,与乙醇、乙醚、三氯甲烷、二硫化碳等混溶。能溶解蜡、油脂、橡胶、天然树脂及乙基纤维素等。干燥时稳定,在潮湿空气中及光照下,会释放出氯化氢而有较大腐蚀性。高温下裂解生成二氯乙烯及氯化氢。毒性比 1,1,1-三氯乙烷强。蒸气有麻醉性。用作织物干洗剂、金属脱脂剂、萃取剂、麻醉剂等。由 1,2-二氯乙烷经氯化制得。

三氯乙酸 trichloroacetic acid CCl_3COOH 又名三氯醋酸。无色结晶。熔点 57.5℃。相对密度 1.6299(60℃)。沸点 196～197.5℃。折射率 1.4590(65℃)。蒸气压 0.133kPa(51℃)。溶于水、乙醇、乙醚。在浓碱溶液中水解生成甲酸,在稀碱溶液中水解为三氯甲烷及二氧化碳。受热分解出有毒气体。有强腐蚀性。能刺激皮肤引起灼伤。医药上用作除疣剂、收敛剂及鼻部局部治疗药。也用作蛋白质沉淀剂,显微镜样品的固定药等。还用于制造农药、医药等。由乙酸氯化生成一氯乙酸母液,再经深度催化氯化制得。

三氯乙烯 trichloroethylenc $CHCl=CCl_2$ 无色透明油状液体。有类似氯仿气味。相对密度1.4949。熔点-86.4℃。沸点87℃。闪点32.2℃。微溶于水,与乙醇、乙醚、汽油、丙酮等混溶。也能溶解蜡、油脂及天然树脂等。但稳定性较差,易被氧化,生成光气、一氧化碳及盐酸。工业品常加入微量酚类作稳定剂。有水分存在时,因分解放出酸性物质而腐蚀金属。金属铝,特别是铝粉,能促使不含稳定剂的三氯乙烯分解,发生强烈的爆炸分解及炭化,并放出氯化氢。有毒!属蓄积性麻醉剂。早期用作织物干洗剂,且对染料无褪色作用,由于对三醋酸纤维素有一定损害作用,现已很少用。也用作溶剂、萃取剂、金属脱脂剂、涂料稀释剂、脱漆剂、农药熏蒸剂、麻醉剂等。可在催化剂存在下,由乙烯或乙炔氯化制得。

三氯异氰尿酸 trichlorinated isocyanuric acid 又名强氯精。白色结晶粉末。有刺鼻性气味。理论有效氯含量91.54%,工业品为90%。有粉状及粒状两种产品。熔点225~230℃(分解)。25℃时在水中熔解度为1.2%。1%水溶液的pH值2.7~3.3。溶于水时发生水解,游离出次氯酸,故有漂白、杀菌作用。是新一代的广谱、高效消毒杀菌剂、漂白剂及防腐剂。稳定性好,使用后无残留气味及残余物。用作纺织品及家用洗衣的漂白剂,工业水处理的杀菌灭藻剂,饮用水、餐具、食品生产装置及粪便净化池排水等的消毒剂,羊毛防缩剂及橡胶氯化剂。由尿酸加热缩合生成氰尿酸后,再与氯气反应制得。

三氯蔗糖 trichlorosucrose 是蔗糖分子羟基被氯取代生成的4,1′,6′-三氯半乳蔗糖酯。白色结晶或粉末。易溶于水、乙醇、甲醇。甜味与蔗糖相似,但甜度却为蔗糖的600倍。在甜感的呈现速度、甜味持续时间及后味等方面均接近于蔗糖。但在人体内吸收率很低。对代谢无不良影响,大部分能排出体外,也无龋齿性,不能被口腔微生物所代谢,可用作非营养性强力甜味剂,适用于所有食品。由蔗糖经烷基化、乙酰化、氯化及水解等反应制得。

三偏磷酸钠 sodium trimetaphosphate $Na_3P_3O_9$ 又名偏磷酸钠。白色结晶粉末。相对密度2.476。熔点627.6℃。易溶于水。有多种晶型。溶于水后都可获得相同的一水合物及六水合物。可与过氧化氢生成复合物$Na_3P_3O_9 \cdot H_2O$,当有少量重金属离子存在时,可促进复合物分解。是一种强酸强碱的盐类,在化学上无缓冲作用和螯合能力,本身也无洗涤功能,但在碱性溶液中,三偏磷酸钠几乎定量地被水解成三聚磷酸钠。用于生产洗衣粉、洗涤剂的助剂,也用作干燥漂白剂、淀粉改性剂、果汁防混浊剂及稳定剂等。由五氧化二磷与碳酸钠反应制得。

2,4,6-三(2-羟基-4-丁氧基苯基)-1,3,5-三嗪 2,4,6-tris(2-hydroxy-4-butoxyphenyl)-1,3,5-triazine 又名紫外线吸收剂三嗪-5、三嗪-5。淡黄色粉末。工业品是羟基部分丁氧基化和全丁氧基化产物的混合物,三嗪-5 含量>60%,熔点 210～220℃。纯品熔点 165～166℃。不溶于水,微溶于丁醇,溶于六甲基磷酰三胺、热的二甲基甲酰胺。能吸收波长为 280～360nm 的紫外线。光稳定性优于常用紫外线吸收剂,但与树脂相容性较差。因也会吸收部分可见光,故有一定着色性。用作聚氯乙烯、聚乙烯、聚甲醛、聚酯及氯化聚醚等的紫外线吸收剂,也用作乳液、涂料等的光稳定剂。以三聚氯氰、间苯二酚及溴丁烷等为原料制得。

三羟甲基丙烷 trimethylolpropane $CH_3CH_2C(CH_2OH)_3$ 又名 2-乙基-2-羟甲基-1,3-丙二醇。白色或半透明片状结晶。相对密度 1.0889。熔点 61℃。沸点 295℃。闪点 180℃。折射率 1.4716(70℃)。溶于水、乙醇、甘油,稍溶于丙酮、乙酸乙酯,微溶于乙醚、氯仿。有强吸湿性,有类似甘油的化学性质。与有机酸反应生成单酯或多酯,与醛、酮反应生成缩醛或缩酮。可燃。微毒。用于制造聚氨酯树脂、醇酸树脂及高档涂料,分子结构中二个羟基有同等反应性,能提高树脂的坚固性及耐水解性。也用于制造高级润滑剂、增塑剂、表面活性剂、油墨反应型稀释剂。在聚氨酯领域中用作扩链剂、固化剂及交联剂等。在碱性催化剂存在下,由正丁醛与甲醛缩合制得。

三羟甲基丙烷三丙烯酸酯 trimethylol propane triacrylate 浅黄色至黄色

透明液体。相对密度 1.114。折射率 1.4740。皂化值＞545 mgKOH/g。不溶于水,溶于苯、丙酮。用作多官能丙烯酸酯高活性稀释剂。本品因双键数量多、固化快,用于紫外线光固化涂料、油墨时,能提高涂膜机械性能、弹性模量、硬度及耐溶剂性能。由三羟甲基丙烷与丙烯酸经酯化反应制得。

三羟乙基甲基季铵甲基硫酸盐
见"抗静电剂 TM"。

1,3,5-三羟乙基均三嗪 1,3,5-tri-hydroxyethyl *sym*-triazine 淡黄色至橙色透明液体。相对密度 1.06～1.12(25℃)。有效物含量 50%。1% 水溶液 pH 值 9.5～11.5。黏度 10～25mm²/s。溶于水、醇及油水体系。用作工业杀菌防霉剂,具有广谱、高效、杀菌、抑菌,对哺乳动物低毒等特点,能有效抑制霉菌、酵母菌的生长。用于金属切削液中能防止因微生物繁殖而引起发臭及 pH 值下降。可单独使用或与其他活性组分结合使用,尤适用于加工流体的长期保存。缺点是因存在少量游离甲醛,在环保及使用安全性上有所限制。

三十烷醇 triacontanol 白色鳞片状结晶。熔点 88℃。$CH_3(CH_2)_{28}CH_2OH$ 相对密度 0.777(95℃)。难溶于水、冷乙醇,溶于乙醚、氯仿、三氯甲烷、热苯。对光、热及碱液均较稳定。用作植物生长调节剂,对水稻、棉花、麦类、大豆、玉米、高粱、甜菜、花生、烟草、花卉、果树、甘蔗均有较大幅度增产效果。可与多菌灵、杀虫双等杀虫剂混用。由吗啉与环十二酮经酰化、还原制得。

2,4,6-三叔丁基苯酚 2,4,6-tri-*tert*-butyl phenol 又名 2,4,6-三特丁基苯酚、抗氧剂 246。白色或微黄色粉末。相对密度 0.864。熔点 129～135℃。沸点 277～278℃。不溶于水,溶于乙醇、丙酮、乙醚及烃类溶剂。用作聚烯烃、聚苯乙烯抗氧剂,具有不污染、不变色等特点,抗氧化性能与抗氧剂 264 接近。也用作天然及合成橡胶的防老剂,主要用于白色及浅色制品。还用作有机合成原料及农药乳化剂等。是以苯酚及异丁烯为原料制造对叔丁基苯酚的联产品,经精馏分离制得。

三($C_{8\sim10}$烷基)甲基氯化铵 methyl tri ($C_{8\sim10}$ alkyl)ammonium chloride 又名辛/癸烷基甲基氯化铵。黄色透明液体。商品活性物含量有 50% 及 75% 两种。溶于水、乙醇及异丙醇水溶液。10% 水溶液的 pH 值为 5～9。具有良好的渗透、润湿、乳化、分散等性能。对皮肤及眼睛有一定刺激性。一种阳离子表面活性剂。用作相转移催化剂、金属萃取剂、杀菌剂及分散剂等。由三辛/癸烷基铵与氯甲烷经季铵化反应制得。

三($C_{9\sim11}$烷基)甲基氯化铵 methyl tri($C_{9\sim11}$alkyl)ammonium chloride 又

$$\begin{bmatrix} C_{9\sim11}H_{19\sim23} & C_{9\sim11}H_{19\sim23} \\ & N & \\ C_{9\sim11}H_{19\sim23} & CH_3 \end{bmatrix}^+ Cl^-$$

名甲基三($C_{9\sim11}$烷基)氯化铵。棕黄色蜡状物。熔点>35℃。易溶于水、乙醇、异丙醇。具有良好的渗透、杀菌及抗静电等性能。对皮肤有一定刺激性。一种阳离子表面活性剂。用作相转移催化剂、杀菌剂。在碱性介质中是铀的优良萃取剂,在其他介质中可用作钍、钚、铼、金、锆、钼、钒、铝等的萃取剂。由三($C_{9\sim11}$烷基)胺与氯甲烷经季铵化反应制得。

三(1,2,2,6,6-五甲基-4-哌啶基)亚磷酸酯 tris(1,2,2,6,6-pentamethyl-4-piperidinyl) phosphite 又名光稳定剂

$$\begin{bmatrix} & & H_3C & CH_3 \\ P-O- & & & N-CH_3 \\ & & H_3C & CH_3 \end{bmatrix}_3$$

GW-540。白色结晶粉末。熔点122~124℃。有效氮含量7.8%。难溶于水,易溶于丙酮、苯、氯仿、乙酸乙酯等。一种受阻胺类光稳定剂。本身并不吸收紫外线,但可捕获聚合物因光氧化或降解产生的活性自由基,抑制光氧化链式反应的进行,使制品免遭紫外线破坏。其光稳定的效能比一般紫外线吸收剂高2~4倍,还具有较好的抗热老化性能。用作聚乙烯、聚丙烯及聚苯乙烯等合成树脂的光稳定剂,尤适用于农用薄膜。以四甲基哌啶-4-醇、甲醛及三氯化磷等为原料制得。

三相相转移催化剂 triphase phase transfer catalyst 又名三相催化剂。指将可溶性相转移催化剂固载到高分子载体上,制得既不溶于水、又不溶于有机溶剂的固载化相转移催化剂。如将季铵盐与强碱型阴离子交换树脂键合,冠醚、聚乙二醇和季鏻盐作为侧链末端交联在聚苯乙烯上所得到的催化剂。因这类催化剂与可溶性相转移催化剂相比多一个催化剂固相(树脂相),故使其具有不溶于水、酸、碱及有机溶剂,反应结束后可回收重复使用,挥发性小等特点。所用载体除聚苯乙烯外,还可用氯化聚乙烯、硅胶、氧化铝、稀土及微孔玻璃等。

三效催化剂 three-way catalyst 又名三效尾气净化催化剂。能同时净化汽车尾气中的一氧化碳(CO)、烃(HC)及氮氧化物(NO_x)等有害气体的催化剂。CO及HC是汽油燃烧完全产物,NO_x是在燃烧阶段由空气中的氧与氮在高温下反应产生的。在催化剂作用下,可使NO_x还原,使CO及HC氧化成CO_2和HO_2。催化剂的主要活性组分为Pt、Rh,载体为整体式圆形或椭圆形的蜂窝陶瓷。Pt的作用主要是使CO及HC氧化,Rh的作用是使NO_x还原。催化剂的总体性能是由Pt、Rh的协同作用来实现。除了Pt、Rh外,

Pd 及稀土元素也广泛用于三效催化剂中。

三辛基甲基氯化铵　trioctyl methyl ammonium chloride

$$\begin{bmatrix} & C_8H_{17} & CH_3 & \\ & \diagdown & \diagup & \\ & N & & \\ & \diagup & \diagdown & \\ & C_8H_{17} & C_8H_{17} & \end{bmatrix}^+ Cl^-$$

黄色透明液体。商品活性物含量有 50% 及 75% 两种。溶于水、乙醇、异丙醇。10% 水溶液的 pH 值为 5～9。对皮肤及眼睛有一定刺激性。一种阳离子表面活性剂。具有良好的渗透、润湿、增溶等性质。用作相转移催化剂、金属萃取剂及杀菌剂等。由二辛基甲胺与氯化辛烷经季铵化反应制得。

2,4,6-三溴苯酚　2,4,6-tribromophenol

(structure: phenol with Br at 2,4,6 positions, OH)

白色至灰白色粉末或片状结晶。溴含量≥71.8%。相对密度 2.55。熔点 95～96℃。沸点 244℃。几乎不溶于水，溶于乙醇、乙醚、丙酮、甲苯。其钠盐或钾盐溶于水。低毒。用作反应型阻燃剂。适用于环氧树脂、酚醛树脂及聚碳酸酯等，在加工温度下具有良好的热稳定性。也用作聚氨酯的添加型阻燃剂及制备其他阻燃剂的中间体。由苯酚在有机溶剂中溴化制得。

三溴新戊醇　tribromoneopentyl alcohol

$$HO-CH_2-\underset{\underset{CH_2Br}{|}}{\overset{\overset{CH_2Br}{|}}{C}}-CH_2-Br$$

白色至灰白色结晶或粉末。相对密度 2.28。熔点 67～69℃。溴含量 73.8%。5% 热失重温度 180℃。微溶于水，溶于汽油、正庚烷，易溶于乙醇、苯、甲苯。用作反应型阻燃剂。具有溴含量高、阻燃效率高、热稳定性好、不迁移、耐水解等特点，适用于聚氨酯泡沫塑料。也用作高相对分子质量溴-磷阻燃剂的反应性中间体。由新戊醇溴化制得。

三溴氧磷　phosphorus oxybromide

$POBr_3$　又名氧溴化磷、溴化磷酰、磷酰溴。无色至淡橙色针状结晶或固体。有刺激性臭味。相对密度 2.822。熔点 56℃。沸点 193℃。不溶于水，在水中会缓慢水解成磷酸及溴化氢。溶于浓硫酸、苯、乙醚、二硫化碳及氯仿等。遇潮时对多数金属有腐蚀性，毒性与三氯氧磷相似，对皮肤、黏膜及眼睛有强刺激性。用作有机合成溴化剂、中间体及用于制造溴系塑料阻燃剂等。由三氯氧磷与溴化氢在催化剂存在下反应制得。

三亚乙基二胺　triethylenediamine

$$\begin{matrix} & CH_2-CH_2 & \\ & \diagup \quad\quad \diagdown & \\ N & -CH_2-CH_2- & N \\ & \diagdown \quad\quad \diagup & \\ & CH_2-CH_2 & \end{matrix}$$

又名三乙烯二胺、1,4-二氮杂双环[2,2,2]辛烷。有无水和六结晶水两种产品。微有氨的气味。纯品为无色或白色结晶状固体。晶体的相对密度 1.14(28℃)。熔点 154～159℃。沸点 174℃。闪点约 60℃。蒸气压 533 Pa (50℃)。溶于水、乙醇、乙醚、丙酮、苯、甲乙酮等。用作聚氨酯泡沫塑料的凝胶催化剂，广泛用于生产各种聚氨酯类泡沫塑料、涂料及弹性体等。也用作环氧树脂固化催化剂、丙烯腈聚合催化剂、乙烯聚合催化剂、六氢吡啶等农药生产的引发剂、石油添加剂等。可在催化剂存在下由乙二胺气相脱水杂环化而得。

三亚乙基四胺 triethylenetetramine $NH_2C_2H_4NHC_2H_4NHC_2H_4NH_2$ 又名三乙烯四胺。淡黄色黏性液体。有氨气味。相对密度 0.9818。熔点 12℃。沸点 266～267℃。闪点 135℃。溶于水、乙醇,微溶于乙醚。水溶液呈强碱性,与酸作用生成相应的盐。能与酸性氧化物、酸酐、醛、酮及卤代烃反应。在空气中易吸收水分和二氧化碳。对铝、锌、铜及其合金有腐蚀性。用于制造离子交换树脂、表面活性剂、聚酰胺树脂等,也用作环氧树脂固化剂、气体净化剂、金属螯合剂、去垢剂、燃料油清净分散剂、无氰电镀扩散剂等。由二氯乙烷与氨水反应制得。

三氧化二铋 bismuth trioxide Bi_2O_3 又名氧化铋。有 $\alpha、\beta、\delta$ 三种变体。α 型为黄色斜方晶系结晶,相对密度 8.9,熔点 820℃,沸点 1890℃;δ 型为黑色立方系结晶,相对密度 8.2,在 704℃时转变为 α 型;β 型为亮黄色四方晶系结晶,相对密度 8.55,熔点 860℃。不溶于水,溶于强酸及含甘油的浓碱液。与无机酸反应生盐。在氢气或氨中加热时能还原成金属铋。与 CaO、BaO 及 PbO 等熔融时形成相应的复合物。用于制造红玻璃、陶瓷、药物、铋化合物、防火纸及光电元件等。也用作聚烯烃及聚氯乙烯等的阻燃剂。由硝酸铋或碱式碳酸铋灼烧制得。

三氧化二铬 dichromium trioxide Cr_2O_3 又名氧化铬、氧化铬绿。深绿色六方晶系或三方晶系结晶。有金属光泽。相对密度 5.21。熔点 2435℃。沸点 4000℃。硬度仅次于金刚石。有半导体性。35℃以下为反铁磁性。不溶于水、乙醇,微溶于酸,溶于强碱及热的碱金属溴酸盐溶液。对光、湿气、硫化氢及二氧化硫均较稳定,是铬最稳定的氧化物。有高的遮盖力及耐溶剂性能。是一种高级绿色颜料,用作塑料、搪瓷、玻璃、人造革、建材等的绿色着色剂,也用于制造耐候性涂料、印刷钞票的专用油墨、绿色抛光膏等。有毒!由重铬酸钾或重铬酸钠与硫黄混合后经焙烧制得。

三氧化二镍 nickel sesquioxide Ni_2O_3 又名氧化高镍、黑色氧化镍。带光泽的黑色块状物或粉末。相对密度 4.83。加热至 600℃时分解成 NiO 及氧。不溶于水,难溶于冷酸,溶于氨水。溶于热盐酸时放出氧气。与浓硝酸或浓硫酸反应产生氧气。为强氧化剂。用于制造镍粉、蓄电池、磁性材料、含镍催化剂。也用作钾玻璃的脱色剂、陶瓷及搪瓷的着色剂。与氧化锌、氧化铁并用可制造 Ni-Zn 铁氧体,它可用于制造滤波器、天线、磁带录音及录像机头等的磁头。由硝酸镍、碳酸镍或氢氧化镍缓慢加热分解制得。

三氧化二砷 arsenic sesquioxide As_2O_3 又名亚砷酐、亚砷酸酐、砒霜。白色结晶或粉末。无臭,无味。工业品含杂质略呈红色、灰色或黄色。As_2O_3 有三种变体。常温稳定型为立方晶系八面体结晶,相对密度 3.87,193℃升华。加热至 220℃以上,转变成高温稳定型,为单斜晶系针状结晶,相对密度 4.0,熔点 315℃,沸点 465℃。无定形体的相对密度 3.865。立方晶系及单斜晶系晶体可溶于乙醇、酸类及碱类;无定形体可溶于碱类,但不溶于乙醇。一般工业品是以立方晶系为主或为三者的混合物。剧毒!成人口服致死量为 70～180 mg/kg。遇火会产生剧毒气体。接触其粉尘及烟雾会出现"砷皮疹"的过敏性皮炎。用于制造金属砷、砷化物、陶瓷、颜料等。也用作农药、杀虫剂、杀鼠剂、除草剂、医药、媒染剂、脱硫剂、还原剂及玻璃着色剂等。由雄黄矿经氧化焙烧制得。

三氧化二锑 antimony trioxide Sb_2O_3 又名氧化亚锑、锑白、亚锑酐。有立方晶型及斜方晶型两种晶型。立方晶体的相对密度 5.19,572℃ 转变为斜方晶体;斜方晶体为白色至灰色粉末,相对密度 5.67,熔点 656℃,沸点 1425℃,折射率 2.087～2.35,加热变为黄色,冷却后又变为白色。为两性化合物。不溶于水,难溶于乙醇、稀硫酸,溶于浓硫酸、盐酸、浓硝酸、浓碱。天然矿物有锑华及方锑矿。有毒!用于制造锑盐、药物、玻璃、搪瓷、颜料及含锑催化剂。作为添加型阻燃剂,适用于塑料、合成橡胶、纸张、涂料等,也用作媒染剂、着色剂等。由辉锑矿(Sb_2S_3)经高温煅烧氧化制得。

三氧化铬 chromium trioxide CrO_3 又名铬酸酐。暗红色斜方晶系结晶。工业品常为紫红色片状物。相对密度2.7。熔点 197℃。加热至 200～250℃ 时分解放出氧,并生成介于 CrO_3 和 Cr_2O_3 间的中间化合物。极易溶于水、乙醇、乙醚,溶于硫酸、强酸。有强氧化性,可分解硫化氢。与还原剂、有机物等接触会引起着火或爆炸。与氯化氢反应会生成有毒的 CrO_2Cl_2。用于制造金属铬、锌铬黄及其他铬化合物,也用于陶瓷上釉、玻璃着色、鞣革、电镀、木材防腐、油和乙炔的精制。用作有机合成催化剂、氧化剂及羊毛织物染色的媒染剂等。由重铬酸钠与浓硫酸反应制得。

三氧化钼 molybdenum trioxide MoO_3 又名钼酸酐、无水钼酸。白色粉末。为斜方晶系层状结晶。受热变黄。相对密度 4.692。熔点 795℃。沸点 1155℃(升华)。微溶于水,易溶于烧碱、纯碱及氨的溶液,并生成钼酸盐。也溶于硫酸、硝酸、盐酸。三氧化钼存在两种水合物。一水合物($MoO_3 \cdot H_2O$)是在温度低于 60℃ 时生成的 α 变体钼酸;二水合物($MoO_3 \cdot 2H_2O$)是在温度高于 60℃ 时生成的 β 变体钼酸。二者均溶于水,并分别在 220℃ 及 115℃ 时失水,变成无水三氧化钼。有毒!用于制造金属钼、钼化合物、瓷釉颜料、含钼催化剂及医药等,也用作塑料添加型阻燃剂,与含卤阻燃剂并用有协同效应。由辉钼精矿粉煅烧或由硫化钼或钼酸铵经焙烧制得。

三氧化钨 tungsten trioxide WO_3 又名钨酸酐。淡黄色斜方晶系结晶。加热时变为深橙黄色,熔融时呈绿色。相对密度 7.16。熔点 1473℃。850℃ 时升华。在 700～1000℃ 时易被氢、一氧化碳还原成金属钨。常温及在空气中稳定。是钨的氧化物中最稳定的。微溶于水,溶于氨水、液碱,并生成相应的钨酸盐。不溶于除氢氟酸以外的无机酸。加热时与氯反应生成氯氧化钨($WOCl_4$)。

用于制造钨、钨丝、硬质合金、钨催化剂、光学玻璃等。也用作塑料及木材阻燃剂、陶瓷着色剂等。由钨酸加热脱水制得。

1,3,5-三氧杂环己烷 1,3,5-trioxacyclohexane 又名三聚甲醛、1,3,5-三氧六环、三噁烷。白色结晶。有氯仿样气味。相对密度1.17(65℃)。熔点64℃。沸点114.5℃。闪点45℃。溶于水、乙醇、乙醚、氯仿及二硫化碳等。受热易分解成甲醛,能升华,其蒸气易燃。有毒!用作干洗剂稳定剂,可减少卤化烃干洗溶剂在水存下对干洗设备的腐蚀作用。也用作消毒剂及制造聚甲醛。可在硫酸催化下由甲醛聚合制得。

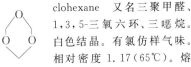

三(一缩二丙二醇)亚磷酸酯 tris(dipropyleneglycol)phosphite 无色透明

P(OCHCH$_2$OCH$_2$CH—OH)
　　|　　　　|
　　CH$_3$　　CH$_3$

液体。相对密度1.09～1.13。沸点145℃(1.33 kPa)。折射率1.460～1.465(25℃)。黏度42.2mPa·s(38℃)。易溶于水,并发生水解。溶于多元醇及多数普通溶剂。低毒。是一种含磷多羟基的反应型阻燃剂,主要用于火焰复合用聚氨酯软泡的阻燃,对许多聚合物也是一种有效的热、色及黏度稳定剂。也可用于聚氨酯硬泡的阻燃。由一缩二丙二醇与三氯化磷反应制得。

三乙胺 triethylamine (C$_2$H$_5$)$_3$N 又名N,N-二乙基乙胺。无色透明油状液体,有强烈氨臭味。相对密度0.7275。熔点－114.7℃。沸点89.6℃。闪点－6.7℃。折射率1.4003。爆炸极限1.2%～8.0%。

易燃。空气中微发烟。在18.7℃以下时可与水混溶,高于此温度仅微溶于水。易溶于丙酮、氯仿、苯,溶于乙醇、乙醚。用作光气法合成聚碳酸酯的催化剂、合成聚氨酯泡沫塑料催化剂。也用作阴离子型水性聚氨酯体系的中和成盐剂、橡胶硫化促进剂、四氯乙烯阻聚剂、搪瓷抗硬化剂、涂料防凝剂、高能燃料添加剂等。是制造医药、农药、表面活性剂、离子交换树脂等的原料。由乙醇、氢气、氨气在催化剂存在下反应制得。

三乙醇胺 triethanolamine 又名三羟乙基胺、氨基三乙醇。N(CH$_2$CH$_2$OH)$_3$ 无色至淡黄色透明黏稠液体。微有氨味。低温时成为无色至淡黄色立方晶系晶体。相对密度1.1242。熔点20～21℃。沸点335.4℃。闪点185℃。折射率1.4852。易溶于水、乙醇、丙醇、甘油及乙二醇等,微溶于苯、乙醚。水溶液呈碱性。有吸湿性,能吸收CO$_2$及H$_2$S等酸性气体。对混凝土有明显的低温早强作用。可燃。蒸气有毒!用于制造表面活性剂、洗涤剂等。也用作橡胶硫化活化剂、混凝土防冻剂、润滑油抗腐蚀添加剂、酸性气体吸收剂。在化妆品配方中用于与脂肪酸中和成皂,与硫酸化脂肪酸中和成胺盐。由环氧乙烷与氨经缩合反应制得。

三乙基铋 triethyl bismuth (C$_2$H$_5$)$_3$Bi 无色液体,有令人厌恶的气味。相对密度1.82。沸点107℃(10.5kPa)。不溶于水,溶于乙醇、乙醚、苯等有机溶剂。空气中会燃烧,加热至150℃时会发生爆炸,与溴作用生成二乙基溴化铋。

有毒!用作氯乙烯聚合反应的共催化剂及合成树脂固化剂。由三氯化铋与乙基溴化镁反应制得。

三乙基镓 triethylgallium $(C_2H_5)_3Ga$ 无色液体。熔点$-82.3℃$。相对密度1.0586。沸点142.6℃。溶于乙醚、苯、甲苯、丙酮等有机溶剂。遇水释放出一分子乙烷。在蒸气或烃的溶液中呈单体,在苯中为二聚体。在空气中会燃烧。用作烯烃聚合催化剂及金属有机化学气相沉积。由三氯化镓或三溴化镓与三乙基铝反应制得。

三乙基铝 triethyl aluminium 无色$(C_2H_5)_3Al$ 透明液体。相对密度0.835。熔点$-50℃$。沸点194℃。闪点$-18.33℃$。$120\sim125℃$开始分解。蒸气压0.13 kPa。在空气中自燃,遇水分解成氢氧化铝。与苯、二甲苯、丙酮、汽油等混溶。为强还原剂,与氧化剂反应激烈。接触空气或湿气会冒烟自燃。对呼吸道及眼结膜有强刺激及腐蚀作用。需用氮气保护、压力容器包装,储存温度不超过30℃。用作烯烃聚合的助催化剂,与四氯化钛形成齐格勒催化剂。也用作生产仲醇、叔醇的催化剂,以及用于气相涂铝,制备其他有机金属化合物等。由乙烯、氢和铝粉在压热器内反应制得。

三乙基䂳 triethyl stibine $(C_2H_5)_3Sb$ 又名三乙锑。无色液体。相对密度1.324(16℃)。熔点$<-29℃$。沸点159.5℃。不溶于水,溶于乙醇、乙醚、苯等。在空气中自燃,在水中会爆炸。与金属作用生成配合物。与溴作用生成三乙基二溴化锑。有高毒性及腐蚀性。用作乙烯基单体聚合催化剂及有机合成催化剂。可在乙醚中,由三氯化锑与乙基溴化镁或乙基碘化镁反应制得。

三乙酸纤维素 cellulose triacetate 又名
$$\pm C_6H_7O_2(OCOCH_3)_x(OH)_{3-x}\mp_n$$
$$(x=2.78\sim2.90)$$
三醋酸纤维素。白色小颗粒状或细条状固体。结合乙酸值 $60.1\%\sim61.2\%$。无臭、无味。相对密度约1.33。溶于三氯甲烷、冰乙酸、四氯乙烷及液态二氧化硫等。在丙酮中溶胀。对光稳定,加热至300℃时开始熔融,并伴有分解。在弱酸及油脂中稳定,在强酸和碱中易分解为纤维素。具有良好的可塑性、成膜性及可纺性。用于制造电影胶片、X射线胶片、反渗透膜、人造纤维素及电绝缘材料等。可在硫酸催化下,由乙酸酐将纤维素酯化生成三乙酸纤维素,再水解至所需酯化度制得。

三乙烯二胺
见"三亚乙基二胺"。

三乙烯四胺
见"三亚乙基四胺"。

三乙氧基铝 triethoxy aluminium

$$Al \begin{matrix} -OC_2H_5 \\ -OC_2H_5 \\ -OC_2H_5 \end{matrix}$$

白色玻璃状固体。熔点140℃。沸点200℃。在空气中会自燃。遇水会发生爆炸,与酸、醇等剧烈反应。用作聚合反应催化剂,也用作从醛类化合物和醇解二酮类化合物制备醚的催化剂。由高纯乙醇与高纯铝粉反应后经减压精馏制得。

三异丙醇胺 triisopropyl amine $[CH_3CH(OH)CH_2]_3N$ 白色结晶性固体。有氨的气味。相对密度2.9908。

熔点 45℃。沸点 306℃。闪点 271℃。与水、乙醇混溶,溶于多数常用有机溶剂。水溶液呈碱性,有吸湿性。用于制造不饱和聚酯树脂、织物柔软剂、洗涤剂、肥皂等。也用作酸性气体吸收剂、抗氧剂、防锈剂、切削冷却剂、混凝土早强剂、油类或蜡类乳化剂等。由环氧丙烷与氨反应制得异丙醇胺、二异丙醇胺及三异丙醇胺后,经分离精制而得。

三异丁基铝 triisobutyl aluminium $[(CH_3)_2CHCH_2]_3Al$ 无色透明液体或白色块状及粉末。相对密度 0.7876。熔点 -5.6℃。沸点 212℃。折射率 1.4494。闪点 <0℃。蒸气压 0.133 kPa (47℃)。约 50℃ 开始分解。性质十分活泼。遇空气自燃。遇水、醇、氨、酸等剧烈反应并放出易燃气体及大量热。遇高温急剧分解。高毒!对皮肤、呼吸道、黏膜有腐蚀及刺激作用。需储存于干燥、阴凉处,并用氮气保护。用作烯烃聚合、聚丁二烯橡胶聚合催化剂。也用作喷气发动机引火系统高能燃料、还原剂及有机金属化合物合成的中间体。由异丁烯、铝粉及氢气反应制得。

三油酰基钛酸异丙酯 isopropyltrioleoyl titanate 又名 OL-T951 钛酸酯偶联剂。红棕色油状液体。相对密度 0.8945。闪点 197℃。黏度 0.0396Pa·s。不溶于水,溶于丙酮、苯、氯仿、汽油及石油醚等。是一种单烷氧基钛酸酯偶联剂。可用作聚乙烯、聚丙烯等聚烯烃增强塑料的偶联剂,对硅灰石、碳酸钙等无机填料有较好的润湿性,可提高制品的尺寸稳定性及抗冲击强度,提高制品表面光泽性。由钛酸异丙酯与油酸反应制得。

三正丁基铝 tributyl aluminium 又名三丁基铝。室温下以二聚体 $Al(CH_2CH_2CH_2CH_3)_3$ $[Al(CH_2CH_2CH_2CH_3)_3]_2$ 存在。相对密度 0.823。熔点 -27℃。沸点 120℃ (0.27 kPa)。溶于乙醚、苯、甲苯、乙烷等有机溶剂。在空气中自燃,遇水会爆炸。在苯中二聚体解离。与酸、卤素、醇、胺类会发生剧烈反应,并释出易燃性气体。用作齐格勒-纳塔烯烃聚合催化剂组分和不对称烷基合成试剂等。由丁烯、铝粉及氢气反应制得。

伞形酸 umbellic acid 有顺、反两种异构体。天然提取物为顺式伞形酸,化学合成的为反式伞形酸。天然存在于茶叶、苦荞麦等植物中。反式伞形酸为白色鳞片状结晶。熔点 166~167.5℃。微溶于水,溶于热水、乙醇、乙酸乙酯等。伞形酸及其酯类对酪氨酸酶有抑制作用,用于护肤化妆品,具有增白亮肤的作用。可由干燥茶叶末用溶剂萃取而得,也可由化学合成法制得。

桑葚红 mulberry red 一种由桑葚果

(R=糖基)

实中提取的花青素糖苷。为紫红色黏稠液体。pH 值≤3.0。易溶于水及低浓度乙醇。色泽随 pH 值而变化。酸性条件下呈紫红色，且稳定；碱性条件下呈蓝紫色；中性条件呈紫色。用作食品及纸张着色剂。由桑葚果实经溶剂萃取制得。

桑色素　morin　又名桑黄素。一种黄酮类衍生物。为淡黄色至黄色针状结晶或无定形粉末。熔点 285～299℃（分解）。有无水物、一水合物、二水合物几种形式存在。微溶于热水、碱液，溶于乙醇，微溶于乙醚、乙酸。碱性条件下呈强烈的黄色，遇铁离子变色。天然存在于桑树根茎中。对金黄色葡萄球菌有较强抗菌作用，也有很强抗氧化性。可用作食品、药品及化妆品的抗氧化剂。也对酪氨酸酶有较强抑制作用，可用于增白型化妆品。也用作铝、锆、铋的配位指示剂。由桑树根茎经溶剂萃取制得。

桑树皮提取物　mulberry bark extract　淡黄色至褐色液体、膏状物或粉末，略有苦味。主要成分是酮类衍生物、黄酮类化合物及单宁等。溶于水、乙醇、丙酮等。主要组分的分子结构中含有酚羟基，因此在碱性条件下的稳定性较差，且遇 Fe^{3+} 变色。它对细菌生长及繁殖有抑制作用，可用作食品保鲜剂，延长食品保存期限，使用条件为中性至弱酸性。由桑树根茎皮用溶剂（水、乙醇、丙醇等）萃取、浓缩制得。

L-色氨酸　L-tryptophan　又名 β-吲哚基丙氨酸。人体必需氨基酸之一。广泛存在于生物界，以石榴及香菇中含量较高。白色至黄白色叶片状结晶或粉末。稍有苦味。熔点 289℃（分解）。微溶于水，溶于热水、热乙醇、稀酸及稀碱。在碱液中较稳定，强酸中分解。与其他氨基酸、糖类共存时易分解，光照会着色。具有良好的抗氧化及抗紫外线作用。皮肤蛋白质中色氨酸的减少会导致皮肤免疫功能下降。化妆品中加入色氨，可防止皮肤色素沉着，增加皮肤光泽；医药上用于安神药及保健品，也用于制造生理活性剂；还可用作饲料添加剂。以葡萄糖为碳源，添加前体邻氨基苯甲酸或吲哚进行培养，将前体转化为 L-氨基酸。

色淀
见"有机着色剂。"

色酚　Naphthol　又名纳夫妥、打底剂。是不溶性偶氮染料的偶合组分。印染时用作打底剂。与色基的重氮化合物在纤维上进行偶合反应，形成不溶于水的偶氮染料而固着在纤维上。常用色酚有 3 类：① 2,3-酸及其衍生物，是染红、蓝、紫、橙、酱色的主要打底剂；② 染黑、棕、墨绿色的打底剂，含氧芴、苯并咔唑或蒽环结构；③ 染黄色的打底剂，含酰基乙酰胺基。

色酚 AS　naphthol AS　①又名2-羟基-3-萘甲酰苯胺、纳夫妥 AS。米黄色或浅红色粉末。熔点243～244℃。不溶于水,微溶于乙醇,溶于热硝基苯。溶于烧碱溶液呈黄色。由2,3-酸与苯胺、氯苯在三氯化磷存在下缩合制得。②色酚系列颜料商品名称。是指颜料分子中以色酚 AS 及其衍生物为偶合组分的颜料。品种很多,主要有色酚 AS-BO、色酚 AS-BS、色酚 AS-BT、色酚 AS-D、色酚 AS-E、色酚 AS-G、色酚 AS-ITR、色酚 AS-KN、色酚 AS-LB、色酚 AS-OL、色酚 AS-PH、色酚 AS-RL、色酚 AS-SG、色酚 AS-SW、色酚 AS-VL 等。色谱有黄、橙、红、紫酱、洋红、棕和紫色等。它们的耐晒牢度、耐溶剂性能和耐迁移性中等。主要用于各种工艺的印刷油墨及涂料着色,也用于棉的染色。

(R=为苯基), 结构式含 OH、R、CONH

色粉　toner　又名墨粉。平均粒径约为10μm 的有机粉体。主要成分是高分子树脂、着色剂(炭黑、染料、颜料)、磁性载体(如氧化铁)及润滑剂(如滑石粉)。主要用于电子显像技术成像的设备中,如复印机、激光打印机、激光传真机等。主要是利用摩擦带电的原理来成像,分带负电型和带正电型两种。色粉是绝缘的,通过摩擦产生静电荷。所带电荷由添加的电荷控制剂来调节。正型电荷控制剂有碱性染料、二甲氨基安替比林、氨基硅烷等;负型电荷控制剂有金属配位染料、脂肪酸皂、环烷酸金属盐等。

色浆　colourant　溶于水、溶剂或漆基中的浓颜料分散体或浆状物。有水性色浆及通用型色浆等。水性色浆是以颜料、润湿剂、分散剂、消泡剂、防腐剂、水溶性低挥发有机溶剂和水等制成;通用型色浆,具有较高的稳定性和批次之间的一致性,可适应自动调色的需要。同时与多数涂料体系有良好的混溶性和着色性。色浆的专业生产使乳胶漆及涂料配漆过程简化,环境卫生改善,产品质量提高。也使建筑涂料零售业发生巨大变革,由于有了通用色浆,零售商仅需库存12～16种色浆和2～3种待着色的基础漆,就能为客户提供上千种颜色。

色漆　coloured painl　又称着色涂料,是颜料分散在漆料中制得的液体涂料。包括调和漆、厚漆、磁漆等。涂布于物体表面上可转变成坚硬不透明固体膜(涂膜、涂层),起装饰、保护作用。色漆的成膜物质有天然或合成树脂、改性油脂,所用颜料有钛白、锌钡白、炭黑、铁蓝、铬黄等。所用助剂有分散剂、防沉剂、催干剂、表面调整剂等。此外,为了使涂料容易分散和施工还要加入适量溶剂。

色素　colouring matter　在可见光部分有选择吸收的物质。一般指本身具有强烈色泽,并和其他物质接触时,能使其着色的物质。有天然的、合成的及人造的。可分为两类:① 染料,能溶于水或油,按来源分为天然及合成染料,② 颜料,不溶于水或油的粉末状物质。

色素炭黑　colour carbon black　一种黑色颜料,主要成分是元素碳,表面含有O、H、S 等元素,是由准石黑微晶构成。

外观为纯黑或灰黑粉末,颗粒近似球形。按原料及制备工艺不同,分为高色素炭黑、中色素炭黑及普通色素炭黑等规格,每种规格又可分为不同等级。化学性质稳定,不溶于水、酸、碱及有机溶剂。耐光、耐候、耐化学品的性能极佳,有极高的着色力及遮盖力。用作橡胶、塑料、油墨、纸张、皮革等的着色剂。也用作食用黑色色素及化妆品的黑色颜料。由烃类经不完全燃烧、裂解或过氧化后处理而得。

杀虫剂 insecticide 农业上用作毒杀害虫保护农作物正常生长的药剂。种类很多,按其对生物的作用机制可分为胃毒杀虫剂、触杀剂、熏蒸剂、内吸杀虫剂等;按化学组成可分为无机杀虫剂、有机杀虫剂及植物杀虫剂等。其中有机杀虫剂又可分为有机磷杀虫剂、有机氯杀虫剂、有机硫杀虫剂、有机氟杀虫剂、氨基甲酸酯杀虫剂、拟除虫菊酯杀虫剂等。国家明令禁止使用的杀虫剂有:六六六、滴滴涕、毒杀芬、艾氏剂、狄氏剂、杀虫脒、砷、铅类、甲胺磷、甲基对硫磷、对硫磷、久效磷、磷胺等;在蔬菜、果树、茶叶、中草药材上不得使用的杀虫剂有:甲拌磷、甲基异柳磷、特丁硫磷、甲基硫环磷、治螟磷、内吸磷、硫环磷、蝇毒磷、地虫硫磷、氯唑磷、克百威、涕灭威等。氰戊菊酯不得用于茶树上,特丁硫磷、氧乐果不得用于甘蓝上。

杀虫双 shachong shuang 又名1,3-双硫代磺酸钠基-2-二甲胺基丙烷(二水合物)。纯品为白色结晶。熔点169～171℃(分解)。有吸湿性。易溶于水,溶于甲醇、热乙醇,不溶于乙醚、苯、乙酸乙酯。水溶液呈碱性。常温下稳定。遇强酸、强碱分解。一种广谱、高效、低毒的沙蚕毒素类杀虫剂,对害虫有胃毒、触杀作用,兼有内吸及杀卵作用。可通过阻断昆虫神经传导,使害虫麻痹、拒食而死。用于防治水稻螟虫、稻蝗、菜青虫、柑橘潜叶蛾、玉米螟、蓟马等害虫,但对棉花有药害。可由3-氯丙烯、二甲胺及硫化硫酸钠等原料制得。

$$\text{CHSSO}_3\text{Na}$$
$$(\text{CH}_3)_2\text{N}—\text{CH} \quad \cdot 2\text{H}_2\text{O}$$
$$\text{CH}_2\text{SSO}_3\text{Na}$$

杀虫畏 tetrachloroinphos 又名2-氯-1-(2,4,5-三氯苯基)乙烯基二甲基磷酸酯。白色结晶。熔点97～98℃。蒸气压5.6×10^{-6} Pa(20℃)。微溶于水,溶于二甲苯、氯仿。一种有机磷杀虫剂,以触杀为主。具有高效、低毒的特点。用于粮、棉、茶、果、蔬菜及林业等作物,对鳞翅目、双翅目、鞘翅目等害虫有较强杀灭作用,而对温血动物的毒性较低。也可用于防治仓储粮的害虫。以1,2,4-三氯苯、二氯乙酰、五氯苯乙酮、亚磷酸三甲酯等为原料制得。

杀菌剂 fungicide 指用以杀灭和(或)抑制生物生长的制剂。使用范围可分为农业、医学及工业三个领域。农用杀菌剂主要包括农药、兽药及相关的品种;医用杀菌剂主要为药物及消毒剂;

而其他杀菌剂基本上可归结为工业杀菌剂的范畴。农副产品加工中使用的防腐剂、防霉剂、消毒剂及医学上使用的防腐剂一般也属于工业杀菌剂。农用杀菌剂及医用杀菌剂的攻击靶物包括病毒、类病毒、立克氏体在内的所有微生物类群,工业杀菌剂的目标微生物主要为真菌、细菌、酵母、放线菌几大类群中的腐生细菌。工业杀菌剂品种多、数量大。按来源可分为天然或化学杀菌剂;按化学结构分为无机及有机杀菌剂;按理化性质分为水溶性及非水溶性杀菌剂,酸性、中和和碱性杀菌剂,耐热性和非耐热性杀菌剂;按应用对象分为食品、皮革、化妆品防腐剂,涂料防霉剂,纺织品抗菌剂;而按使用目的可分为消毒剂、防腐剂、防霉剂、抗菌剂及工业杀菌剂等五类。

杀铃脲 triflumuron 又名杀虫隆、杀虫脲、氟幼灵、2-氯-N-[[[4-(三氟甲氧基)苯基]氨基]羰基]苯甲酰胺。白色粉末。熔点 198℃。蒸气压 40nPa(20℃)。难溶于水,微溶于甲苯、二氯甲烷。在中性及酸性介质中稳定,碱性介质中会水解。一种苯甲酰脲类杀虫剂,是幼虫几丁质合成抑制剂,作用缓慢,无内吸作用,主要是触杀作用。可有效地防治玉米、棉花、森林、蔬菜、果树及大豆等作物上的鳞翅目、双翅目、鞘翅目等害虫。由对氨基苯基三氟甲醚与邻氯苯甲酰基异氰酸酯反应制得。

杀卵剂 ovocide 能毒杀虫卵的药剂。药剂与虫卵接触后,进入卵内降低卵的孵化率,或直接进入卵壳使幼虫及虫胚中毒死亡,或使卵壳变性导致幼虫不能顺利孵出。如灭多威、硫双威等可使卵壳内的胚胎中毒;石灰硫磺合剂可使卵壳变干,胚胎干死;一些油剂可阻碍蚊卵、叶面醇、苹果小卷蛾卵的呼吸,累积有毒代谢物使其中毒死亡。而单独应用的杀卵剂则较少。

杀螨剂 miticide 对植物的主要虫害蛛形网中的螨类有毒杀作用的药剂,如三氯杀螨醇、溴螨酯、哒螨灵、四螨嗪、三唑锡、双甲脒、噻螨酮等。它们对害螨均有较强触杀作用。而能毒杀螨卵的杀螨剂有时也称作杀卵剂,如噻螨酮、杀螨酯等。

杀螟丹 cartap 又名巴丹、派丹,1,3-二(氨基甲酰硫)-2-二甲基氨基丙烷盐酸盐。无色柱状晶体。溶于水,微溶于甲醇、丙酮、氯仿。对酸稳定,遇碱不稳定。中等毒性。大鼠经口 LD$_{50}$ 325～345mg/kg。是沙蚕毒素类杀虫剂第一个商品化品种。对害虫具有胃毒和触杀作用,并有一定内吸及杀卵作用。是神经传导阻断剂,进入虫体内转变成沙蚕毒素而杀虫。主要用于水稻、蔬菜、果树、茶树等作物,因对水稻螟虫有特效而得名"杀螟丹"。由氯丙烯与二甲胺胺化,再经氯化和硫氰化制得。

杀扑磷 methidathion 又名速扑杀、

速蚜克、甲噻硫磷。无色晶体。相对密度 1.495。熔点 39～40℃。沸点 130℃ (0.13Pa)。蒸气压 186 mPa(20℃)。微溶于水,易溶于乙醇、丙酮、苯、二甲苯。在中性及微酸性环境中稳定。一种广谱有机磷杀虫剂,有触杀及胃毒作用,能渗入植物组织中,有效地防治咀嚼口器和刺吸口器害虫,对介壳虫有特效。但对人、鱼、畜、蜜蜂有毒,使用时应注意安全。以 O,O-二甲基二硫代磷酸酯、2-甲基-1,3,4-噻二唑-5-酮为原料制得。

杀软体动物剂 molluscacide 专门用于防治螺、蜗牛、蛞蝓等软体动物的药剂。它主要通过刺激害虫的口器或麻痹害虫的神经来杀死或产生对害虫的拒食作用。如杀螺胺乙醇胺盐(又名螺灭杀),具有胃毒作用,对螺卵、血吸虫尾蚴等有强力杀灭作用,可用于防治水稻福寿螺、杀灭钉螺等;四聚乙醛(又名蜗牛敌)对蜗牛、福寿螺等软体动物有很强胃毒作用及触杀作用。

杀鼠剂 rodenticide 又名毒鼠剂。防治害鼠等啮齿类的药剂。按作用方式分为:①胃毒剂。通过取食进入消化系统而使鼠类中毒致死的药剂。一般用量低、适口性及杀鼠效果好,对人畜安全,如敌鼠钠、氯鼠酮、杀鼠醚及肉毒素等。②熏蒸杀鼠剂。经呼吸系统吸入有毒气体而毒杀鼠类的药剂,如氯化苦、溴甲烷、磷化锌等。其优点是不受鼠类聚集行动影响,作用快,无二次毒性。缺点是用量大,施药时防护条件要求高。③驱鼠剂及诱鼠剂。驱赶或诱集而不直接毒杀鼠类的药剂。如福美双处理种子、苗木可避免鼠危害,但特效期不长。放线菌酮可刺激啮齿动物的味觉神经而对其有驱避作用。④不育剂,也称化学绝育剂。通过药物作用使雌鼠或雄鼠不育而降低其出生率,达到防治目的。雌鼠绝育剂有多种甾体激素,雄鼠绝育剂有氯代丙二醇、呋喃旦啶等。

杀鼠灵 warfarin 又名灭鼠灵、3-(α-丙酮基苄基)-4-羟基香豆素。无色至浅褐色结晶性粉末。无味。熔点 159～161℃。不溶于水、苯、环已烷,溶于甲醇、乙醇、异丙醇,易溶于丙酮、二噁烷。为第一代抗凝血杀鼠剂。对鼠毒力强,适口性好,老鼠吃药后因出血而行动艰难,仍然来取食,灭鼠效果很佳。但杀鼠作用缓慢,一般在投药饵后第三天发现死鼠。主要用于灭家鼠,对家畜毒性较低。由苄基丙酮与4-羟基香豆素反应制得。

杀鼠醚 coumatetralyl 又名杀鼠迷、杀鼠萘、4-羟基-3-(1,2,3,4-四氢-1-萘基)香豆素。黄色至白色结晶性粉末。熔点 172～176℃。不溶于水,微溶于苯,乙醚,溶于丙酮、乙醇、二噁烷及碱液。不水解,阳光下可分解。为第一代抗凝血杀鼠剂,急性和慢性毒力均强于杀鼠灵,适口性也优于杀鼠灵。配制的毒饵带有香蕉味,对鼠有一定引诱作用,对多种鼠类均有杀灭效果。由1,2,3,4-四氢化萘与4-羟基香豆素反应制得。

杀线虫剂 nematocide 对植物线虫有高效杀灭作用的药剂。由于植物线虫是一种主要存在于地下危害植物根部的蠕虫,所以一般的杀线虫剂是毒性高,使用量大,而且具有适当的沸点、蒸气压、不会与土壤强烈结合的物质。常用的杀线虫剂有涕灭威、克百威、克线丹等,熏蒸剂有溴甲烷、氯化苦、棉隆必杀灭等。这类药剂大多同时具有杀虫的作用或同时具有灭生性。

沙蚕毒素杀虫剂 nereistoxins insecticide 沙蚕毒素是从水生动物异足素沙蚕等体内分离得到的对害虫有很强毒杀作用的液体物质。沸点212～213℃。而按沙蚕毒素的化学结构,仿生合成出一系列可用作农用杀虫剂的沙蚕毒素类似物,如杀螟丹、杀虫双、杀虫单、杀虫环、杀虫磺等。这类杀虫剂具有广谱、低毒、低残留、对多种害虫有触杀及胃毒作用的特点。它与有机磷、氨基甲酸酯、拟除虫菊酯等杀虫剂同属神经毒剂,但作用机制不同。它使害虫的神经对外来刺激不产生反应,在取食药剂后,虫体很快呆滞不动或麻痹。虫体逐渐软化、瘫痪,直至死亡。与有机磷、氨基甲酸酯、拟除虫菊酯等杀虫剂也无交互抗性问题,但对家蚕杀伤力强,且残效期长。在蚕桑产区使用这类杀虫剂要严防污染桑叶、蚕具。

沙丁胺醇 salbutamel 又名万托林、

$$HOH_2C\text{-}C_6H_3(OH)\text{-}CHCH_2NHC(CH_3)_3 \cdot \frac{1}{2}H_2SO_4$$
(OH on CHCH₂; HO on ring)

舒喘灵、硫酸沙丁胺醇、1-(4-羟基-3-羟甲基苯基)-2(叔丁氨基)乙醇硫酸盐。白色或近白色结晶性粉末。熔点151～155℃(分解)。易溶于水,微溶于乙醇,不溶于乙醚、氯仿。为选择性 β_2 受体激动剂。能选择性激动支气管平滑肌的 β_2 受体,有明显的支气管舒张作用,较异丙肾上腺素强10倍以上,且作用持久。对心脏的 β_1 受体激动作用较弱,增加心率的作用仅为异丙肾上腺素的1/7。主要用于治疗喘息型支气管炎、支气管哮喘、肺气肿患者的支气管痉挛等。不良反应有四肢骨骼肌震颤、颈部面肌肉震颤等。以对羟基苯乙酮为原料,经氯甲基化、溴化、缩合、水解、氢解等多步反应制得。

沙棘油 hippophae rhamnoides oil 淡黄色至棕红色透明液体,具有沙棘气味。相对密度0.899～0.928。折射率1.465～1.477。皂化值180～210 mgKOH/g。酸值≤15 mgKOH/g。不

溶于水,溶于乙醇、乙醚、氯仿等非极性溶剂和油脂。主要成分为亚油酸、γ-亚麻酸等不饱和脂肪酸、植物甾醇、磷脂、维生素 E、磷脂、黄酮及类胡萝卜素等。富含生物活性物质,具有调节血脂、抗血栓形成及抗辐射等作用。可用于医药、保健品。是治疗烧伤的高效制剂,对营养性溃疡、射线溃疡、口腔炎、胃溃疡及皮肤干燥病等均有明显疗效。由胡颓子科沙棘属植物的果实或种子经水蒸气蒸馏制得。

砂壁状涂料　sand textured coatings　涂膜饰面具有像砂壁样外观的建筑涂料,是由基料、不同粒径的砂粒、颜料、填料等为骨架,加入助剂和水配制而成。多用作外墙涂料,参见"真石漆"。

山苍子油　litsea cubeba oil　又名木姜子油。浅黄色至黄色油状液体,有新鲜的柠檬果香。主要成分为柠檬醛（60%～80%）、香茅醛、里哪醇、莰烯、甲基庚烯酮、苧烯、橙花醇等。相对密度 $0.882 \sim 0.905$。折射率 $1.4810 \sim 1.488$。以 1∶1 溶于 80%乙醇中,也溶于乙醚、氯仿。主要用于提取柠檬醛及进一步合成紫罗兰酮。也用于调配花香型日化香精及果香型食品香精。精制山苍子油常用作柠檬香精的修饰剂,以增加果香的新鲜感。由樟科木姜子属植物山苍子树的果实经水蒸气蒸馏或用压榨法制得。

山达树脂　sandarac resin　又名白松树脂。淡黄色粉末,或具有玻璃状断面、质脆的半透明固体。有树脂香气。熔点 $135 \sim 145℃$。软化点 100℃。不溶于水,微溶于挥发油,溶于乙醇、乙醚及热碱液。食品工业用作胶姆基础剂、脱模剂及食品被膜剂,用于可可制品、水果糖等,也用于调配低档日化香精。由白松科植物白松树干的分泌物经溶剂抽提后精制而得。

山梗碱　lobeline　又名山梗烷醇酮、

$$C_6H_5CHCH_2\ \underset{OH}{}\ \underset{CH_3}{N}\ CH_2CC_6H_5\underset{O}{}$$

山梗菜碱。一种含六氢吡啶的生物碱。白色针状结晶（乙醇中）。熔点 $130 \sim 131℃$。紫外吸收特征波长为 245nm、280nm。微溶于水、石油醚,溶于热乙醇、乙醚、苯及氯仿等。山梗碱及其盐酸盐为中枢神经兴奋剂,用于新生儿窒息、一氧化碳中毒引起的窒息、白喉引起的呼吸衰弱等。外用有刺激活血作用,用作化妆品亮肤剂,可增加皮肤光泽。用自晒黑制品,能提高对较长波长光线的吸收,增加皮肤晒黑效果。用于以戒烟为目的肤用贴敷剂有抑制吸烟欲望的效果。以 2,5-二甲基吡啶和苯甲醛为原料合成而得。或由桔梗科植物山梗菜全草用溶剂萃取、分离而得。

山胡椒油　lindera glauca leaf oil　淡黄色挥发性液体,具有胡椒所特有的辛香。主要成分为罗靳烯、桉叶醇、黄樟油素、莰烯、蒎烯、乙酸冰片酯等。相对密度 $0.873 \sim 0.916$。折射率 $1.486 \sim 1.499$。不溶于水,微溶于甘油,溶于多数非挥发性油、矿物油及丙二醇。属植物型天然香料,用于调配日化香精,医药上具有明显的平喘、止咳作用。其种子油可用于制造肥皂及润滑剂。由山胡椒叶经水蒸气蒸馏制得。

山莨菪碱 anisodaminum 含六氢吡啶环系的生物碱。白色结晶或结晶性粉末。无臭、味苦。有吸湿性。熔点 62~64℃。溶于水、乙醇、氯仿。在苯中可与一分子苯形成无色针状复合结晶,在空气中放置时可释放出苯。其药品形式通常为氢溴酸盐,熔点为 162~163℃。易溶于水、乙醇,溶于丙酮。用于治疗中毒性休克、脑血栓、脑血管痉挛、眩晕病、突发性耳聋及眼底疾患。用矮莨菪粗粉溶剂萃取而得。

山梨醇 sorbitol 又名山梨糖醇。$HOCH_2(CHOH)_4CH_2OH$ 无色针状结晶或粉末。无臭。天然存在于苹果、梨及烟草等中。相对密度 1.489。熔点 110~112℃(无水物)、75℃(一水合物),沸点 295℃(0.467kPa)。易溶于水、热乙醇,溶于甲醇、乙酸。有甜味及吸湿性,甜度均为蔗糖的 60%,化学性质稳定,不易受空气氧化,能螯合各种金属离子。进入人体内能代谢,属营养性甜味剂,参与果糖代谢途径,对血糖值和尿糖不产生影响,可作为糖尿病人的甜味剂。用于制造斯盘类表面活性剂、增塑剂、醇酸树脂、涂料及维生素 C 等。也用作增稠剂、赋形剂、保湿剂、甜味剂及防锈剂等。由 D-葡萄糖催化加氢制得。或以淀粉、麦芽糖等为原料经分解、还原制得。

山梨醇酐倍半油酸酯 sorbitan sesquioleate 又名失水山梨醇倍半油酸酯、斯盘-83。一种非离子表面活性剂。琥珀色至棕褐色油状液体。酸值<12mgKOH/g。皂化值 150~170mgKOH/g。HLB 值 3.7。稍溶于乙醇、异丙醇、矿物油、棉籽油。不溶于水,分散于水中成乳浊液,有良好的乳化、分散、润湿等性能。用作乳化剂、增溶剂、柔软剂、稳定剂、消泡剂及抗静电剂等。适用于医药、农药、化妆品、涂料、纺织、制革等行业。由山梨醇酐与油酸反应制得。

山梨醇酐单硬脂酸酯 sorbitan monostearate 又名失水山梨醇单硬脂酸酯、斯盘-60。一种非离子型表面活性剂。

淡黄色至棕黄色蜡状物,微有脂肪气味。相对密度 0.98～1.03。熔点 52～54℃。闪点 232℃。HLB 值 4.5～5.2。不溶于水,溶于热乙醇、含氯有机溶剂及苯。分散于热水中呈乳状液。有优良的乳化力及分散力。易生物降解。用于医药、轻工、纺织、农药、涂料及化妆品等行业,用作乳化剂、分散剂、增溶剂、稳定剂、洗涤剂、柔软剂、抗静电剂等。也用作添加型流滴剂,用于农用薄膜及食品包装材料。由山梨醇脱水后再与硬脂酸反应制得。

山梨醇酐单油酸酯 sorbitan monooleate 又名失水山梨醇单油酸酯、斯

$$\text{HO} \overset{\displaystyle \text{O} \quad \text{CH}_2\text{OCO}(\text{CH}_2)_7\text{CH}=\text{CH}(\text{CH}_2)_7\text{CH}_3}{\underset{\text{OH}}{\bigcirc}} \text{OH}$$

盘-80。一种非离子型表面活性剂。琥珀色至棕色黏稠状的油状物。相对密度 0.994～1.029。熔点 10～12℃。闪点 210℃。HLB 值 4.3～5.0。不溶于水,溶于低碳醇、氯化烃、植物油及热有机溶剂。具有优良的乳化力及分散力。用于医药、轻工、涂料、纺织、采油及化妆品等行业,用作水/油型乳化剂、分散剂、助溶剂、增塑剂、润滑剂、纺织油剂、增稠剂、防锈剂、抗静电剂及钻井加重泥浆乳化剂等。也用作内添加型流滴剂,用于聚氯乙烯及聚烯烃等食品包装薄膜。由山梨醇脱水后与油酸反应制得。

山梨醇酐单月桂酸酯 sorbitan monolaurate 又名失水山梨醇单月桂酸

$$\text{HO} \overset{\displaystyle \text{O} \quad \text{CH}_2\text{OCO}(\text{CH}_2)_9\text{CH}_3}{\underset{\text{OH}}{\bigcirc}} \text{OH}$$

酯、斯盘-20。一种非离子型表面活性剂。琥珀色油状液体。相对密度 0.99～1.09。熔点 14～16℃。闪点 198℃。HLB 值 6.8～8.6。不溶于水,溶于乙醇、丙酮、二甲苯及热油。分散于水中呈半乳状溶液。具有优良的乳化能力及分散力,易生物降解。用于医药、纺织、轻工及化妆品等行业,用作水/油型乳化剂、润湿剂、增溶剂、润滑剂、分散剂、防锈剂及洗涤剂等。也用作内添加型流滴剂,用于农用薄膜及食品包装薄膜。由山梨醇与月桂酸经酯化反应及脱水制得。

山梨醇酐单棕榈酸酯 sorbitan monopalmitate 又名失水山梨醇单棕榈酸

$$\text{HO} \overset{\displaystyle \text{O} \quad \text{CH}_2\text{OCO}(\text{CH}_2)_{14}\text{CH}_3}{\underset{\text{OH}}{\bigcirc}} \text{OH}$$

酯、斯盘-40。一种非离子型表面活性剂。淡黄色至黄褐色蜡状物,微有脂肪气味。相对密度 1.0～1.05。熔点 42～48℃。闪点 214℃。HLB 值 5.3～6.7。不溶于水,微溶于液体石蜡,溶于乙醇、

丙酮、苯及热油。分散于热水中呈半乳状溶液,具有优良的乳化能力及分散力,易生物降解。用于医药、轻工、纺织、金属加工及化妆品等行业,用作乳化剂、增溶剂、分散剂、防锈剂、柔软剂、洗涤剂、增稠剂、抗静电剂及防黏剂等。也用作内添加型流滴剂,用于农用及食品包装薄膜。由山梨醇酐与棕榈酸进行酯化反应制得。

山梨醇酐三硬脂酸酯 sorbitan tristearate 又名失水山梨醇三硬脂酸酯、斯盘-65。一种非离子表面活性剂。黄色蜡状固体。相对密度1.001。熔点50~56℃。酸值<15mgKOH/g。皂化值170~190mgKOH/g。HLB值2.1。稍溶于二甲苯、异丙醇,不溶于水,分散于水中呈乳浊液,具有优良的乳化、分散、润湿及去污性能。用作乳化剂、分散剂、稳定剂、抗静电剂、防锈剂、洗涤剂及增稠剂等。适用于化妆品、医药、涂料、纺织、制革、农药等行业。由山梨醇酐与硬脂酸经酯化反应制得。

山梨醇酐三油酸酯 sorbitan trioleate 又名失水山梨醇三油酸酯、斯盘-85。一种非离子表面活性剂。琥珀色至棕褐色油状液体。相对密度0.90~1.0。熔点10℃。酸值<15 mgKOH/g。皂化值165~185 mgKOH/g。HLB值1.8。稍溶于异丙醇、二甲苯、矿物油,微溶于水,在水中分散成乳浊液。有良好的乳化、分散、润湿及去污性能。用作乳化剂、分散剂、增溶剂、增稠剂、稳定剂、润滑剂等,适用于医药、日化、纺织、制革、涂料、农药等行业。由山梨醇酐与油酸经酯化反应制得。

山梨酸 sorbic acid 又名2,4-己二烯
$CH_3CH=CHCH=CHCOOH$
酸、花楸酸。无色针状结晶或白色粉末。能升华。相对密度1.204(19℃)。熔点132~135℃。沸点228℃(分解)。微溶于水,溶于乙醇、丙酮、异丙醇、乙酸等。饱和水溶液的pH值3.6。对光、热稳定。空气中长时间放置时会氧化而着色,用于制造山梨酸盐、增塑剂、医药及橡胶助剂等。食品工业用作防腐剂,也用于化妆品、医药品、动物饲料及包装材料等的防腐。可在氯化锌催化剂存在下,由乙烯酮与巴豆醛反应制得。

山梨酸钾 potassium sorbate 又名2,
$CH_3CH=CHCH=CHCOOK$
4-己二烯酸钾。无色至浅黄色鳞片状结晶或粉末。无臭或稍具臭味。相对密度1.363(25℃)。熔点270℃(分解)。易溶于水。1%水溶液的pH值7~8。空气中不稳定,会因氧化而着色,与山梨酸一样,属酸性防腐剂,在中性条件下效能很低。毒性较低。主要用作食品防腐剂。也用于化妆品防腐及饲料防霉,有很强的抑制腐败菌和霉菌作用。由山梨酸与氢氧化钾反应制得。

山梨酸乙酯 ethyl sorbate 无色至淡
$CH_3CH=CHCH=CHCOOC_2H_5$
黄色液体。相对密度0.956。沸点

195.5℃。闪点 69℃。折射率 1.4940。稍溶于水,溶于丙酮、苯、氯仿及油脂。本品有独特的香味,并对病毒、细菌、真菌、寄生虫等病源微生物有灭活作用。可用于食用香精及日化香精的调配,用作食品防腐剂、保鲜剂、医药添加剂等。在农业上可用作禽畜及鸡鸭种蛋的消毒剂。山梨酸乙酯对农药有增效减毒作用,能增强农药活性基团的活性,提高农药的杀螨杀虫效果。还能促进农药分解,缩短农药残留时间,降低农药毒性。由山梨酰氯与无水乙醇反应制得。

山嵛酸 behenic acid 又名二十二(碳)烷酸、扁油酸、嵛树酸。无色针状结晶或蜡状固体。相对密度0.8221(100℃)。熔点79.95℃。沸点306℃(7.99kPa)。折射率1.4270 (100℃)。微溶于水、乙醇、乙醚,溶于苯、氯仿。为高级脂肪酸,天然多以甘油酯形式存在于硬化菜油、花生油、菜籽油等中。用作食品及化妆品添加剂、墨水及燃料油添加剂,也用于制造表面活性剂、润滑剂,还用作医药杀真菌剂、香皂的乳化剂及胶凝剂等。由芥酸经加氢饱和制得。

$CH_3(CH_2)_{20}COOH$

山楂酸 maslinic acid 一种五环三萜类化合物。天然存在于山楂果、枇杷叶

等中。无色粉末。微溶于水,溶于甲醇、乙醇及碱液等。具有抗炎、抗菌、抗组胺及抑制黑色素活性等作用。食品工业用作防腐剂。用于护肤品有抑制黑色素活性作用。用于发制品能刺激头发生长。医药上有清热、镇咳去痰的作用。可由橄榄果用乙醇萃取、浓缩、分离等过程制得。

杉木油 sanmon oil 无色至淡黄色油状液体,具有似乙酸冰片酯的特征香气。主要成分为杉木脑、蒎烯、苧烯、松油醇、冰片、柏木烯等。相对密度0.957～0.962。折射率1.4932～1.4999。酯值21～27mgKOH/g。酸值1.1mgKOH/g。以1∶1溶于80%乙醇。也溶于乙醚、非挥发性油。杉木油所含结晶体称作杉木脑,杉木脑香气浓烈,常被单离后用作定香剂,所得残余油还可用于皂用香精。由杉科松木属植物杉木的树枝及叶经水蒸气蒸馏制得。

上光油 polishing oil 一种无色、透明或半透明油墨。在印品上涂上上光油,既可保护印品墨膜表面,提高墨膜耐磨性、耐化学药品性及耐水防潮性,又可增加印品光泽,防止蹭脏或粘连。品种很多。根据不同印刷方式及不同干燥机理,可分为氧化聚合干燥型、紫外线固化型、溶剂型、热固型及水基型等。如氧化聚合干燥型上光油用于平印或凸印,常选用无色、软点高、成膜结实而有光泽的树脂。如顺丁烯二酸树脂、酚醛树脂、氢化松香酯等作为连结料,并加入亚麻油、脱水蓖麻油等干性油。

烧蚀涂料 ablative coatings 又名消蚀涂料、烧蚀隔热涂料。一种比耐热涂料能在更高温度及更苛刻的条件下完成

保护要求的涂料。所谓烧蚀,又称为消蚀,是由于高温高速气流作用,引起材料的热解、熔化、升华、气化和辐射等复杂的加热和传质过程中,在这个过程中由于表层材料不断消耗带走大量热能,而由周围环境所输入的热能通过多种机制进行吸收、隔热和消耗。烧蚀涂料是在受热后通过自身烧蚀带走热量,在一定时间内使热量难以传向底材,从而起到隔热保护作用。具有烧蚀作用的成膜物质有二氧化硅纤维增强的热固型酚醛树脂、聚甲基丙烯酸甲酯、聚己内酰胺等。烧蚀涂料主要用于远程高速飞行器、宇宙飞船、导弹等。

砷化氢 arsenic hydride AsH_3 又名胂、砷烷、砷化三氢。无色可燃性气体,有大蒜气味。相对密度 3.48(0℃)。熔点 $-116℃$。沸点 $-62.5℃$。爆炸极限 4%~75%。溶于水。微溶于乙醇及碱液。水溶液呈中性。遇光时潮湿的砷化氢即迅速沉淀出发光的黑色砷。加热至 230℃ 时分解成氢和砷。点火即产生白烟变成亚砷酸和水。与氯、溴等反应分别生成三氯化砷和三溴化砷。有还原性,可将硝酸银水溶液还原而析出银。剧毒!溶血性很强。吸入 $250×10^{-6}$ 砷化氢气体即可致死。用于制造含砷化合物。电子工业用作各种硅掺杂工艺的砷源,包括离子注入化学气相沉积,以及与某些元素形成半导体。由锌粉与砷蒸气反应生成砷化锌后,再与稀硫酸反应制得。

砷酸 arsenic acid $H_3AsO_4 \cdot \frac{1}{2}HO_2$ 又名正砷酸、原砷酸。五价砷的含氧酸。无色至白色斜方晶系半透明细小板状结晶或粉末,有潮解性,易变成液体。相对密度 2~2.5。熔点 35.5℃。在 $-30℃$ 析出结晶时,则得到 $H_3AsO_4 \cdot 2H_2O$(或 $As_2O_5 \cdot 7H_2O$)。易溶于水、乙醇、甘油及碱液,不溶于氨。加热至 160℃ 时失去结晶水,300℃ 以上变成 As_2O_3。溶于水而呈酸性。接触金属时会散发出剧毒的砷化氢。剧毒!用于制造无机或有机砷酸盐、有机颜料、杀虫剂、玻璃及药品等。由三氧化二砷与硝酸在催化剂存在下反应制得。

肾上腺受体阻滞剂 adrenoceptor blockers 一类选择性与肾上腺素受体结合,本身还产生或较少产生拟肾上腺素作用,却妨碍了递质去甲肾上腺素和肾上腺素受体激动药与受体结合,从而产生抗肾上腺素作用的药物。可分为 3 类:①β-受体阻滞剂。通过阻滞 β-肾上腺素受体而减慢心率,使心排血量降低、血压降低。如普萘洛尔、噻吗洛尔、比索洛尔、美托洛尔等。用于治疗高血压、心绞痛、心律失常等。②α-受体阻滞剂。通过选择性阻滞血管平滑肌突触后膜的 α-肾上腺素受体,舒张小动脉、小静脉,降低外周阻力,使血压下降,降压作用快而强,且很少发生反射性心动过速。如哌唑嗪、多沙唑嗪、特拉唑嗪等。适用于中度高血压及并发肾功能障碍的患者。③α、β-受体阻滞剂,为兼有 α 和 β 受体阻滞剂的药物,典型药物为拉贝洛尔。用于治疗轻度至重度高血压,对高血压的疗效比单纯 β-受体阻滞剂为佳,但可引起体位性低血压、眩晕、心动过缓、乏力等不良反应。

肾上腺素 epinephrine 又名副肾素、

HO—C₆H₃(OH)—CHCH₂NHCH₃

副肾碱。白色或类白色结晶性粉末。无臭，味稍苦。熔点 206~212℃（分解）。难溶于水，不溶于乙醇、乙醚、氯仿、碱液及脂肪油。其盐酸盐熔点 157℃，酒石酸盐熔点 147~154℃。在中性或碱性水溶液中不稳定。为肾上腺素受体激动药，具内源性活性，能兴奋心脏、收缩血管、松弛支气管平滑肌。用于过敏性休克、心博骤停急救、控制支气管哮喘急性发作等。与局部麻醉药合用可延长作用时间，并减少中毒危险。由于遇碱性肠液能分解，故口服无效。临床上使用的为盐酸盐或酒石酸盐注射液。可由邻苯二酚与氯乙酸经氯乙酰化、胺化、氢化及拆分等反应制得。

渗透剂
见"润湿剂"。

渗透剂 1108 penetrant 1108 又名环氧乙烷环氧丙烷嵌段共聚物。一种非离子型表面活性剂。油状液体。固含量 $>98\%$。渗透力 $<30s$。溶于水、乙醇。具有优良的润湿、渗透、乳化、分散等性能。起泡性小。用作润湿剂、渗透剂、乳化剂，适用于纺织、印染、制革、金属清洗及洗涤等行业。在碱催化剂存在下，由环氧乙烷与环氧丙烷经加成反应制得。

渗透剂 BX penetrant BX 又名拉开粉 BN、拉开粉 BNS、拉开粉 BX、4,8-二丁基萘磺酸钠。一种阴离子型表面活性剂。米白色粉末。有效物含量 60% ~ 65%。1% 水溶液 pH 值 7~8.5。渗透力 $\geq 100\%$（与标准品比）。易溶于水，耐硬水、无机盐及一般酸碱。加热至 100℃ 时不熔化而炭化。有优良的润湿、渗透、乳化及起泡性能。加入少量食盐能提高渗透力，遇铅、铁、锌等盐类会发生沉淀。可与阴离子及非离子型助剂并用，但不能与阳离子染料或助剂混用。用作润湿剂、渗透剂、助染剂、分散剂，主要用于纺织、印染等行业。也用作橡胶软化剂，合成树脂解乳化剂、农药助剂等。以精萘、硫酸、丁醇等为原料经缩合、磺化、中和等过程制得。

渗透剂 JFC 系列 penetrant JFC sieries
$RO(CH_2CH_2O)_nH$ （$n=2$~6）
又名脂肪醇聚氧乙烯醚。一类非离子型表面活性剂。不同生产厂有不同的牌号，如渗透剂 JFC-1、JFC-2、JFC-3、JFC-4、JFC-6、JFC-X 等。常温下为淡黄色透明液体。浊点 40~50℃。渗透时间 6~8s。易溶于水，1% 水溶液 pH 值 6~8。具有很强的渗透、润湿、分散性能，并有一定的乳化、洗涤作用。耐硬水、重金属盐及酸碱。无刺激性。用作润湿剂、渗透剂，主要用作纺织、印染及氯化等工序的渗透剂。也用作化纤织物精炼，制革时干板皮快速浸水及脱酯、加油用渗透剂。由脂肪醇与环氧乙烷在催化剂存在下缩合制得。

渗透剂 M penetrant M 又名渗透剂 BS、渗透剂 5881-D。是由拉开粉、烷基硫酸钠等多种渗透剂及有机溶剂等复配制成的一种混合物，属阴离子型表面活性剂,深棕色黏稠性液体。活性物含量≥18%。pH 值 7~7.5。渗透力≥95%(与标准品比)。与水混溶,水溶液具极强的润湿力及渗透性。耐硬水及碱,不耐强酸。能与阴离子型及非离子型助剂并用,但不能与阳离子型助剂混用。用作润湿剂、渗透剂、分散剂等。适用于印染、纺织、制革、造纸等行业。如用作染料助溶剂、棉布煮炼及染色助剂、干皮浸水助剂,以及替代土耳其红油用作润湿剂等。由拉开粉、烷基硫酸钠及磷酸氢二钠混合加盐溶解后加入松节油制得。

渗透剂 S penetrant S 又名琥珀酸二仲辛酯磺酸钠。

$$\begin{array}{l} SO_3Na \\ | \\ CHCOOCH(CH_3)C_6H_{13} \\ | \\ CH_2COOCH(CH_3)C_6H_{13} \end{array}$$

一种阴离子型表面活性剂。无色至淡黄色液体。相对密度 1.02~1.08。闪点 91~95℃。渗透时间 4~5s。表面张力 $(26~29)×10^{-3}$ N/m(0.1%水溶液)。溶于水及苯、四氯化碳、乙醇、丙酮等,具有优良的润湿、渗透、分散及去污等性能。用作润湿剂、渗透剂、乳化剂等,适用于纺织、印染、制革及胶黏剂等行业。也用于配制抗静电剂、显影剂等。在催化剂存在下,由仲辛醇与顺酐反应后再经碱中和、磺化制得。

渗透剂 T penetrant T 又名磺化琥珀酸二仲辛酯钠盐、顺丁烯二酸二仲辛酯

$$\begin{array}{c} CH_3 \quad O \\ | \quad \| \\ H_3C-(CH_2)_5-CH-O-C-CH-NaO_3S \\ | \\ H_3C-(CH_2)_5-CH-O-C-CH_2 \\ | \quad \| \\ CH_3 \quad O \end{array}$$

磺酸钠、快速渗透剂 T。一种阴离子型表面活性剂。淡黄色至棕色黏稠液体。pH 值 6.5~7(1%水溶液)。渗透时间≤120s(35℃)。溶于冷水,易溶于 90℃ 热水。润湿性、乳化性及起泡性均很好,但不耐强酸、强碱、重金属盐及还原剂。是一种高效渗透剂,适用于棉、麻、黏胶及混纺制品处理,处理后的织物不经煮炼即可直接漂白染色,印染后织物手感柔软。也用作农药润湿剂、油田钻井用解卡剂主组分。在甲苯磺酸催化下,由顺酐与仲辛醇经酯化、碱中和及磺化制得。

生漆 raw lacquer 又名天然漆、中国大漆、土漆。我国特产之一。是漆树的生理分泌物,为乳白色至黄色黏性液体。主要成分是漆酚(含量达 30%~70%)、漆酶、树胶质和水。漆酚是生漆的主要成膜物质,溶于有机溶剂,不溶于水。含量越高,生漆的质量越好;漆酶是生漆中的含氮物质,内含有铜、锰等元素。不溶于有机溶剂及水,但能使漆酚氧化、聚合,形成涂膜;树胶质是一种多糖类化合物,含量为 3.5%~9%。其含量多少会影响生漆的稠度;水分含量达 20%~40%,含水分少的生漆质量好。生漆开始主要用作抗大气和耐土壤腐蚀的涂料,坚固耐久,保光性好,但漆膜坚硬而脆,柔韧性和冲击强度较差,光照下易老化、失光。主要用于涂装竹木制品、工艺品、漆布等。近来经大漆改性的涂料也用于海底电缆、交通运输、石油化工设备等领域。

生物表面活性剂 biosurfactant 具有表面活性剂性能的天然物质或由微生物、植物或动物产生的具有表面活性剂

性能的物质。如卵磷脂、海藻糖脂、鼠类糖脂等。生物表面活性剂具有特定的结构,亲水基团一般是氨基酸或多肽、阴离子或阳离子、寡糖、二糖或多糖。亲油基团一般是一种或几种脂肪酸的烃链。按化学结构,可将生物表面活性剂分为糖脂、脂肪酸和磷脂、脂肽和脂蛋白、多聚生物表面活性剂、特殊生物表面活性剂等五大类,而以糖脂类分布广而应用最多。可从生物体内提取,也可由发酵法、酶法等方法制得。具有能降低表面或界面张力、润湿、乳化、发泡、渗透等性能,安全、无毒、易生物降解,广泛用于采油、化妆品、食品、医药、农业等领域。

生物催化剂 biocatalyst 包括生物酶、催化抗体及整细胞,通常所说生物催化剂实际指的是酶。酶是由生物体产生的具有催化功能的蛋白质,生物催化剂比一般化学催化剂更有效、专一性更强。如酶的转化数每秒能大于或等于100000,而从均相和多相催化剂所观察到的只有 $0.01\sim 1s^{-1}$。生物催化剂还具有反应条件温和、活性易调节控制等优点,但易受外界条件影响而变性失活,目前只有少量生物催化剂有商业应用,如在已知的4000多种酶中,只有400多种可由商业提供,而其中也只有40多种左右已在工业上使用。尽管生物催化剂的应用前景十分看好,但仍有许多实际问题有待解决。

生物碱 alkaloids 一类存在于生物体(主要是植物)内的含氮有机化合物,有类似碱的性质,与酸作用生成盐。简单的生物碱含有C、H、N等元素,复杂的则含有O。它们是由不同的氨基酸或生物胺衍化而来,都有复杂的环状结构,氮原子在环内,具有光学活性。在植物中生物碱大多是以与有机酸结合成盐的形式存在,个别是与无机酸结合成盐,也有少数因碱性很弱而为游离状态,或与糖结合成苷。生物碱味苦,毒性都较高,在医学上有很强的药理作用。如小檗碱有广泛的抗菌性,对溶血链球菌、金黄色葡萄球菌、真菌有强抑菌作用。种类很多,有多种分类方法,大致可分为:甾类、麦角类、吲哚类、烟草类、吡啶类、吗啡类、萝芙木类、托品烷类、嘌呤类。水不溶性生物碱可用非极性溶剂提取。水溶性生物碱可用沉淀试剂使其生成不溶性复盐,再从水提取液中析出。

生物降解聚合物 biodegradable polymer 又名生物降解高分子材料。指在生物或生物化学作用过程中或生物环境中可发生降解的高分子。降解过程除生物化学作用外,还有生物物理作用,当微生物侵蚀聚合物后,由于细胞增大,致使聚合力发生机械性破坏,降解成聚合物碎片。聚合物生物降解性与结构的关系大致为:①具有侧链的化合物难降解,直链高分子比支链高分子易于生物降解;②有不饱和结构的化合物难降解,脂肪族高分子比芳香族高分子易于生物降解;③柔软的链结构易被生物降解,有规晶态结构阻碍生物降解;④宽相对分子质量分布的聚合物、低相对分子质量的低聚合物易于降解,聚烯烃、聚苯乙烯等加聚高分子难于生物降解;⑤非晶态聚合物比晶态聚合物易于降解;⑥酯键、肽键易于生物降解,环状化合物难于降解；⑦含有亲水性基团的高分子比疏水性高分子易于生物降解。生物降解聚合物很多，按降解机理及破裂形式可分为完全生物降解聚合物和生物破坏性聚合物。

生物农药 biological pesticide 又名生物源农药、生态化农药。指直接利用自然界有益生物，或以某些生物中获得的具有杀虫、防病毒作用的物质。按其来源及性质可分为：①直接利用生物产生的天然活性物质，经提取加工作为农药，如烟碱、鱼藤精（酮）；②鉴定生物产生的天然活性物质的化学结构后用人工合成的农药；或以天然活性物质作先导化合物的模型，经仿生合成的农药，如从除虫菊素衍生开发的拟除虫菊酯类；③直接利用生物活体作为受药，如将天敌昆虫通过商品化繁殖、施放起到防治害虫的作用。生物农药的不少品种具有靶标的专一选择性，使用后对人畜及非靶标生物相对安全，在环境中易降解，对生态影响较小，比化学合成农药更适合在现代农业的有害生物综合防治中应用。

生物烷化剂
见"烷化剂"。

η生育酚 η-tocopherol 又名3,4-二氢-2,7-二甲基-2-(4,8,12-三甲基三癸基)-$2H$-1-苯并吡喃-6-醇。淡黄色油状物。几乎无臭。不溶于水，溶于乙醇、乙醚、丙酮。一种从大米中分离的天然化合物，为维生素 E 的异构体。有较强抗氧化作用。可作为天然抗氧化剂，用于食品及医药。化学法合成是以 2-甲苯-1,4-环己二酮为原料，与叶绿醛缩合生成 5-甲基-2-(3,7,11,15-四甲基-2-十六烷烯基)-1,4-苯二酚，再在三氟乙酸中环合而制得。

生长促进剂
见"植物生长调节剂"。

生长抑制剂
见"植物生长调节剂"。

声光材料 sono-optical material 声光效应是由超声波（弹性波）使某些介质的光学性质（如折射率）发生周期性变化，形成折射率光栅，并使通过折射率光栅的光发生衍射，从而使光的传播方向、频率和强度发生改变的一种物理计算效应。具有声光效应的称为声光材料。声光材料在超声波场作用下形成光学各向异性，利用声光材料可实现对光波的控制，广泛用于调制器、滤波器、偏转器及移频器等，并在信息技术中有新的应用。多数在可见光波段的声光器件所用的声光材料为声光晶体，如二氧化碲（TeO_2）、钼酸铅（$PbMoO_4$）、硅酸铋（$Bi_{12}SiO_{20}$）、锗酸铋（$Bi_{12}GeO_{20}$）。

施胶剂 sizing agent 使纸张具有一定抗水性能，不易为水或水溶液所浸润的添加剂。分为二类：①浆内施胶剂。施胶剂添加于纸浆中，以起到施胶作用。常用品种有松香皂化胶、强化松香胶、分散松香酸、硬脂酸胺石蜡胶、石油树脂施胶剂、烷基烯酮二聚物乳液等。②表面施胶剂。用于纸张的表面施胶，改进纸张表面强度，减轻掉粉、掉毛等现象。主要品种有改性淀粉类（如氧化淀粉、交联淀粉）、改性纤维素类（如羧甲基纤维素)、合成高分子类(如聚乙烯醇、聚丙烯酸酯)、天然高分子类(如明胶、壳聚糖)及蜡乳液等。

湿固化聚氨酯类涂料 wet cured polyurethane coatings 由异氰酯和含羟基化合物(如蓖麻油、聚酯、聚醚、环氧树脂等)的预聚物为漆基制得的涂料。通过分子中所含活泼的—NCO端基与空气中的水分作用而固化成膜。由于涂膜中含有大量脲键和脲基甲酸酯键,因而涂膜耐磨、耐化学腐蚀、耐特种润滑油、防原子弹辐射,其附着力、耐水性及柔软性都较好。由于是湿气固化,可在高温环境下使用,是地下工程和洞穴中常用的防腐蚀涂料品种之一。其缺点是配制色漆困难,储存期短,固化受湿度影响,冬季施工困难。

十八烷胺 octadecylamine 又名硬脂胺。$CH_3(CH_2)_{16}CH_2NH_2$ 白色蜡状结晶或颗粒。相对密度 0.8618。熔点 52.9℃。沸点 349℃。折射率 1.4522。难溶于水,溶于乙醇、乙醚、苯,易溶于氯仿。呈碱性,与无机酸或有机酸反应生成盐。用于制造十八烷基季铵盐、表面活性剂、抗静电剂、沥青乳化剂、阳离子润滑脂的稠化剂等。也用作织物柔软剂、矿物浮选剂、彩色胶片成色剂、杀菌剂及金属缓冲剂等。由硬脂酸氨化、催化氢化制得。

十八醇 stearyl alcohol 又名硬脂醇、十八(碳)醇。$CH_3(CH_2)_{16}CH_2OH$ 白色蜡状具有香味的小片晶体。相对密度 0.8123(59℃)。熔点 58.5℃。沸点 210.5℃(2 kPa)。天然存在于动物脂、棉花蜡、鲸蜡及海豚油中。不溶于水,溶于乙醇、乙醚、矿物油。与浓硫酸起磺化作用。用于制造表面活性剂、织物柔软剂、皮革软化剂、消泡剂、矿物浮选剂等。化妆品生产上用于增稠乳剂,能调节制品的稠度及软化点,也用作聚氯乙烯润滑剂,具有良好的内润滑作用。在催化剂存在下,由硬脂酸加氢还原制得。

十八烷胺乙酸盐 octadecylamine acetate $C_{18}H_{37}NH_2 \cdot CH_3COOH$ 一种阳离子表面活性剂。白色固体。中和值 98%~102%。易溶于水,不溶于醚、烃等有机溶剂。有优良的表面活性及强吸湿性。用作化肥防结块剂,钾矿、菱镁矿、铅锌矿等的浮选剂,抗静电剂,润滑剂,钢铁防锈剂等。在酸性介质中用作乳化剂、分散剂等。由十八烷基胺与乙酸反应制得。

十八烷基二甲基苄基氯化铵 octadecyl dimethyl benzyl ammonium chloride

$$\left[C_{18}H_{37}-\overset{\overset{\displaystyle CH_3}{|}}{\underset{\underset{\displaystyle CH_3}{|}}{N^+}}-CH_2-\!\!\bigcirc\!\! \right] Cl^-$$

又名氯化十八烷基二甲基苄基铵。白色至淡黄色固体。熔化后为黏稠状液体。微有氯化苄的气味。相对密度 0.9(25℃)。熔点 57℃(含两个结晶水)。闪点 17.8℃。溶于水、乙醇。商品有活性物含量为 90%、85%、80%、75%、40%、30%等的异丙醇水溶液。为阳离子表面活性剂,具有良好的柔软、润湿、抗静电及杀菌性能,对皮肤及眼睛有刺激性,用作织物润湿剂、匀染剂及柔软剂,塑料抗静电剂,工业循环水杀菌剂及缓蚀剂、润滑脂稠化剂、医用杀菌剂等。由十八烷基二甲基叔胺与氯化苄经季铵化反应制得。

十八烷基三甲基氯化铵 octadecyl trimethyl ammonium chloride 又名氯化十八烷基三甲基铵、1831。$[C_{18}H_{37}N(CH_3)_3]^+Cl^-$ 一种阳离子表面活性剂。白色至淡黄色液体或固体。活性物含量有33%~37%、50%、68%、70%、80%等,其余为乙醇和水。相对密度0.88~0.90。pH值6.5~8.5(1%水溶液)。HLB值15.7。易溶于水、乙醇。具有优良的乳化、分散、渗透、柔软、抗静电及杀菌等性能。耐酸、耐碱、耐热、耐光。可生物降解。对皮肤及眼睛有刺激性。用作合成橡胶、硅油、沥青及油脂乳化剂,织物柔软剂及抗静电剂,金属清洗剂,相转移催化剂,工业用水杀菌剂,絮凝剂等。由十八烷基二甲胺与氯甲烷在碱催化下反应制得。

十八烷基异氰酸酯 octadecyl isocyanate $CH_3(CH_2)_{17}NCO$ 无色至淡黄色液体。相对密度0.847。熔点10~20℃。沸点170℃(0.266 kPa)。闪点180℃。折射率1.450。水解氯不大于0.2%。不溶于水,易溶于苯、丙酮、氯仿等有机溶剂。易燃。有毒!用于制造纺织助剂、柔软剂、合成树脂及润滑油聚脲稠化剂等,也用于防水织物的表面处理。由十八烷基胺在氯苯中与光气反应生成十八烷基胺酰氯后,再经热分解、减压蒸馏制得。

十二醇聚氧乙烯醚(3)硫酸钠 sodium polyoxyethylene(3)lauryl ether sulfate $C_{12}H_{25}O(CH_2CH_2O)_3SO_3Na$ 又名十二烷基聚氧乙烯醚硫酸酯钠盐、磺化平平加、维油一号。一种阴离子表面活性剂。棕红色油状液体。酒精不溶物≤2%。结合硫≥5%。溶于水、酒精,不溶于丙酮、苯。有良好的洗涤性能,泡沫丰富,对合成纤维有平滑、柔软及抗静电等作用。用作洗涤剂的主活性物,适用于配制洗衣粉、餐洗剂、香波、织物净洗剂、纤维油剂等。由月桂醇与环氧乙烷缩合生成月桂醇聚氧乙烯醚后,再与浓硫酸进行硫酸化反应制得。

十二硫醇

见"月桂硫醇"。

十二烷基胺乙酸盐 dodecyl amine acetate $C_{12}H_{25}NH_2 \cdot CH_3COOH$ 一种阳离子表面活性剂。不挥发的无臭白色固体。易溶于水,不溶于醚、烃等有机溶剂。加热时在达到熔化温度前就开始分解。有优良的表面活性,能显著降低水的表面张力。在酸性介质中用作乳化剂、分散剂、润滑剂、矿物浮选剂等。也用作化肥防结块剂。由十二烷基胺与乙酸反应制得。

十二烷基苯磺酸铵 ammonium dodecyl benzene salfonate 淡黄色透明液体。

$$C_{12}H_{25}\text{—}\bigcirc\text{—}SO_3 \cdot N \begin{matrix} CH_2CH_2OH \\ CH_2CH_2OH \\ CH_2CH_2OH \end{matrix}$$

活性物含量42%～45%。pH值7～8。HLB值8～10。易溶于水。为阴离子型表面活性剂,亲水性强。可用作水包油型及油包水型乳化剂或油基解卡液乳化剂,用于提高油田老井采油率。可耐

$$C_{12}H_{25}-\bigcirc-SO_3Na$$

种阴离子表面活性剂。白色至黄色固体。纯品在空气中吸湿后成粉状块。60%乙醇溶液呈橙黄色或棕色。难溶于水,稍溶于苯、甲苯,易溶于乙醇、甲醇。具有优良的乳化、分散性能,不纯物有易燃、易爆性。主要用作有机氯、有机磷及除草剂等农药的乳化剂。也用作工业乳化剂、分散剂及混凝土引气剂。以苯、α-烯烃为原料,经缩合、磺化、碱中和而制得。

十二烷基苯磺酸钠 sodium dodecyl benzene sulfonate 一种阴离子表面活性剂。无色透明黏稠液体或白色至淡

$$C_{12}H_{25}-\bigcirc-SO_3Na$$

黄色粉末。液体产品的相对密度1.04,熔点低于0℃,黏度250 mPa·s,pH值6～7.5。固体产品的表观密度0.5～0.65g/cm³,熔点5℃,闪点93.2℃,浊点0℃(1%水溶液)。溶于水。耐无机酸及有机酸、稀碱。可生物降解。具有良好的乳化、分散、增溶、净洗等性能。用作合成洗涤剂、天然与合成胶乳分散剂、丙烯酸乳液聚合乳化剂、光敏树脂助溶剂、混凝土引气剂及渗透剂等。由苯经烷基化、磺化及碱中和等过程制得。

十二烷基苯磺酸三乙醇胺 triethanol 180℃以上高温。也可用作碳酸氢铵肥料的防结块剂。由十二烷基苯磺酸与三乙醇胺经缩合反应制得。

十二烷基苯磺酸钙 calcium dodecyl benzene sulfonate 又名农乳500号。一

$$C_{12}H_{25}-\bigcirc-SO_3-Ca-SO_3-\bigcirc-C_{12}H_{25}$$

dodecyl benzene sulfonate 一种阴离子

$$\left(C_{12}H_{25}-\bigcirc-SO_2OCH_2CH_2\right)_3N$$

表面活性剂。无色液体。有效物含量42%～45%。pH值7.5。溶于水,不溶于一般有机溶剂。有很强的乳化能力,发泡性小。用作水包油(O/W)型乳化剂。用于油田油基解卡液的乳化剂可提高油田老井的采油率。也用作工业乳化剂及碳酸氢铵防结块添加组分。由十二烷基苯磺酸与三乙醇胺经缩合反应制得。

十二烷基丙基甜菜碱 lauryl propyl betaine

$$C_{11}H_{23}CONH(CH_2)_3N^+(CH_3)_2CH_2COO^-$$

又名月桂酰丙基甜菜碱、CAB-12。无色或淡黄色透明液体。活性物含量28%～32%。pH值5～9(5%异丙醇溶液或10%水溶液)。溶于水。耐硬水及酸碱。在酸性介质中呈阳离子性,在碱性介质中呈阴离子性,对金属有缓蚀性能。用作乳化剂、分散剂、发泡剂、净洗剂等,用于配制成人香波、婴儿洗涤用品、染色助剂、金属加工助剂、防锈剂及杀菌剂等。由月桂酸与二甲基丙二胺反应制得月桂酰胺丙基二甲胺,再与氯乙酸钠反应制得。

十二烷基二甲基苄基氯化铵 dodecyl dimethyl benzyl ammonium chloride

$$\left[C_{12}H_{25}N(CH_3)_2CH_2-\text{C}_6H_4-\right]^+ Cl^-$$

又名氯化十二烷基二甲基苄基铵、洁尔灭、匀染剂 1227。无色至浅黄色固体。熔点 42℃。工业品是含 44%~46% 活性物的水溶液，无色或浅黄色黏稠液体，有芳香气味。与水互溶，1% 水溶液呈中性，溶于乙醇、丙酮，微溶于苯，不溶于乙醚。化学稳定性好，耐热、耐光。具有良好的乳化、柔软、洗涤、调理、抗静电及消毒杀菌性能，用作阳离子表面活性剂、相转移催化剂、工业冷却水杀生剂、微生物黏泥和污垢剥离剂、油田注水杀菌剂等。由十二烷基二甲叔胺与氯化苄经季铵化反应制得。

十二烷基二甲基苄基溴化铵 dodecyl dimethyl benzyl ammonium bromide

$$\left[C_{12}H_{25}N(CH_3)_2CH_2-\text{C}_6H_4-\right]^+ Br^-$$

溴化十二烷基二甲基苄基胺、苯扎溴铵、新洁尔灭。无色至浅黄色黏稠液体或固体。纯品熔点 41℃。相对密度 0.96~0.98。具有强杀菌作用，杀菌能力为苯酚的 300~400 倍，也具有良好的分散、乳化、柔软、抗静电等性能。毒性很小，对皮肤及眼睛无刺激性。用作乳化剂、增溶剂、去垢剂、胶泥剥离剂等，也用作广谱性杀生剂及水处理杀菌灭藻剂。常配制成 1∶1000 的稀释溶液，用作医疗消毒防腐剂。由溴十二烷与二甲基苄基胺反应制得。

十二烷基二甲基甜菜碱 dodecyl dimethyl betaine 又名 BS-12。无色至浅黄色透明液体。属两性表面活性剂，

$$C_{12}H_{25}-N^+-(CH_3)_2CH_2COO^-$$

由季铵盐阳离子部分及羧酸盐阴离子部分构成。因其结构与天然物质甜菜碱相似，故得名。相对密度 1.03。活性物含量 28%~32%。pH 值 6.5~7.5。易溶于水。有较强抗硬水性及优良的分散、抗静电及杀菌等性能。可与各类表面活性剂配伍，生物降解性好，对金属有缓蚀作用。用于配制洗发香波、液体洗涤剂、纤维柔软剂、匀染剂、抗静电剂及杀菌灭藻剂等。也用作油田集输系统、污水处理系统及循环冷却水系统的杀菌灭藻剂。由氯乙酸钠与十二烷基二甲基叔胺反应制得。

十二烷基酚聚氧乙烯醚 dodecyl phenol polyoxyethylene ether 又名匀染剂 DPE。

$$C_{12}H_{25}-\text{C}_6H_4-O(CH_2CH_2O)_nH$$

乳化剂 DPE。一种非离子表面活性剂。黄棕色膏状物。固含量 48%~52%。1% 水溶液的 pH 值 5~7。浊点 175~185℃（1% 水溶液）。溶于水。耐硬水、耐酸碱。具有优良的乳化、增溶、分散等性能。用作增溶剂、乳化剂、净洗剂等，用于农药、医药、日化、印染等行业，如用作染料增溶剂、原油乳化剂、扩散匀染剂及增溶助剂等。由十二烷基酚与环氧乙烷在碱催化剂存在下缩聚制得。

十二烷基苷 dodecyl polyglucoside

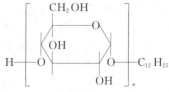

又名十二烷基葡萄糖苷。一种新型非离

子表面活性剂。黄色液状或膏状物。活性物含量 $48\%\sim52\%$。溶于水。10%溶液 pH 值 $5\sim7$。HLB 值 $14\sim16$。具有表面活性高、配合性好、泡沫丰富而稳定、无毒无刺激性、生物降解性好等特点。用作主剂,用于配制各种民用洗涤用品、化妆品、工业清洗剂等。也用作分散剂、乳化剂,用于食品、医药、农药等行业。由丁醇与葡萄糖经糖苷化反应后,再与十二碳醇进行醇交换反应制得。

十二烷基硫酸二乙醇胺盐 diethanolamine dodecyl sulfate 又名月桂基硫酸 $C_{12}H_{25}OSO_3H\cdot N(CH_2CH_2OH)_2$ 二乙醇胺盐。一种阴离子表面活性剂。淡黄色液体。有效物含量 $39\%\sim41\%$。pH 值 $5.5\sim7$。溶于水,不溶于一般有机溶剂。具有发泡力大、洗净力强、乳化性好等特点,对皮肤的刺激性较小,用作药物、化妆品膏霜等的乳化剂,洗发香波基质,纺织油剂及胶合剂,液体洗涤剂及分散润湿剂等。由月桂醇经发烟硫酸磺化后经二乙醇胺中和制得。

十二烷基硫酸钠 sodium dodecyl sulfate

$$\left[CH_3-(CH_2)_{10}-CH_2-O-\overset{\overset{O}{\|}}{\underset{\underset{O}{\|}}{S}}-O\right]^- Na^+$$

又名月桂基硫酸钠、月桂醇硫酸钠、发泡粉 K_{12}。一种阴离子表面活性剂。白色至淡黄色粉末。相对密度 1.07(20℃)。熔点 $>200℃$。HLB 值 40。易溶于水,微溶于乙醇,不溶于乙醚、氯仿。1%水溶液的 pH 值 $7.0\sim10$。在弱酸性水溶液及高温水中有水解趋向,高于 120℃ 时分解。生物降解性好,对皮肤及眼睛有低度刺激性。具有良好的乳化、分散、去污、起泡等性能,产生的泡沫细而丰满。用作乳化剂、发泡剂、润湿剂、分散剂、渗透剂及洗涤剂等,适用于纺织、农药、制革及日化等行业。是牙膏主要发泡剂,也用于制造泡沫灭火剂、脱模剂等。由月桂醇经磺化、碱中和而制得。

十二烷基三丁基氯化鏻 dodecyl tributyl phosphonium chloride 又名季

$$\left[C_{12}H_{25}-\overset{\overset{C_4H_9}{|}}{\underset{\underset{C_4H_9}{|}}{P^+}}-C_4H_9\right]Cl^-$$

鏻盐杀菌剂 DTPC。一种阳离子表面活性剂。无色结晶固体。溶于水。为非氧化型杀菌剂,对革兰氏阴性及阳性菌、霉菌及藻类都有抑杀作用,具有广谱、高效、低药量、低发泡、低毒、强污泥剥离及缓蚀阻垢等性能。也可与季铵盐、甲醛等杀菌剂并用。还可用作阻燃剂、催化剂及钻孔油添加剂等。由 1-氯代十二烷与三丁基膦反应制得。

十二烷基三甲基氯化铵 dodecyl trimethyl ammonium chlorid 又名氯化十二烷基三甲基铵、
$[C_{12}H_{25}N(CH_3)_3]^+Cl^-$
1231。一种阳离子表面活性剂。浅黄色透明胶状液体。活性物含量有 30%、33%及 50%三种。相对密度 0.980。熔点 $-15℃$(33%)、$-10.5℃$(50%)。HLB 值 17.1。溶于水、乙醇及异丙醇水溶液。1%水溶液的 pH 值 $6\sim8$。耐酸、耐碱、耐热、耐光。具有良好的乳化、渗透、抗静电及杀菌性能。一种油包水型(W/O)乳化剂,用作乳液聚合、抗高温泥浆的乳化剂。也用作纤维柔软剂、抗静电剂、絮凝剂、润湿剂、分散剂、冷却水杀菌灭藻剂等。在碱性催化剂存在下,由十二烷基二甲基叔胺与氯甲烷反应制得。

N-十二烷基双季铵盐 N-dodecyl propylenediamine diquaternium chloride

$$\left[C_{12}H_{25}-\overset{\overset{\displaystyle CH_3}{\mid}}{\underset{\underset{\displaystyle CH_3}{\mid}}{N^+}}-CH_2CH_2CH_2-\overset{\overset{\displaystyle CH_3}{\mid}}{\underset{\underset{\displaystyle CH_3}{\mid}}{N^+}}-CH_3 \right] \cdot 2Cl^-$$

又名 N-十二烷基亚丙基二胺双氯化铵。一种阳离子表面活性剂。灰白色软膏。稍溶于水。能吸附在金属、塑料、织物及矿物表面而形成较强的氢键,具有较强的乳化及分散能力。用作沥青及工业乳化剂、矿石浮选剂、纤维整理剂、金属加工助剂及吸附剂等。由 N-十二烷基丙腈催化加氢制得 N-十二烷基亚丙基二胺后,再与氯甲烷反应制得。

十二烯基丁二酸 dodecylene succinic acid 又名 746 防锈添加剂。棕色或琥珀色

$$C_{10}H_{21}-\overset{\overset{\displaystyle CH_2}{\parallel}}{C}-CH-COOH \\ \phantom{C_{10}H_{21}-C-}CH_2-COOH$$

黏稠液体。不溶于水,溶于烃类溶剂。呈弱酸性。在油中稳定。遇水不乳化、不分解、不起泡,有良好的缓蚀性能。用作油溶性缓蚀剂。分子结构中有憎水长链烃基及对金属有很强吸附能力的极性基团,有优良的缓蚀性能,广泛用作内燃机油、仪表油、齿轮油及液压油的防锈添加剂。对紫铜抗海水腐蚀性比用石油磺酸好,而对钢铁抗盐水腐蚀能力稍差,常与石油磺酸盐并用,可强化缓蚀效果。由丙烯四聚体与顺酐经热聚反应制得。

十二烯基丁二酸酐 dodecylene succinic anhydride 又名十二烯基琥珀酸酐。淡黄色透明黏稠液体。相对密度 1.002(25℃)。

$$C_{12}H_{23}-HC-\overset{\overset{\displaystyle O}{\parallel}}{\underset{\underset{\displaystyle O}{\parallel}}{C}}\!\!\diagdown\!\!\!\!\diagup\!\!\!\! O \\ \phantom{C_{12}H_{23}-}H_2C-C$$

沸点 180～182℃(0.667 kPa)。闪点 178℃。折射率 1.477(25℃)。工业品多为多种异构体的混合物。不溶于水,溶于丙酮、苯、氯仿及石油醚。低毒。用作环氧树脂固化剂,与树脂相容性好,适用期长,固化物热变形温度 66～76℃。与其他酸酐并用可提高固化物耐热性及耐化学药品性,主要用于浇铸及层压制品。

十六胺 hexadecylamine 又名鲸蜡胺。

$$CH_3(CH_2)_{14}CH_2NH_2$$

白色片状结晶或粉末。相对密度 0.8129。熔点 46.7℃。沸点 322℃。折射率 1.4496。难溶于水,溶于乙醇、乙醚、苯。水溶液呈碱性。与盐酸及乙酸反应可生成相应的盐酸盐及乙酸盐。盐酸盐分解温度 148～166℃。乙酸盐熔点 74℃。用于制造表面活性剂、合成树

脂及杀菌剂等，也用作织物柔软剂、矿物浮选剂、颜料分散剂、塑料抗静电剂，还用作循环冷却水系统、冷凝水系统及低压锅炉给水等的缓蚀剂。由棕榈酸通氨制成十六醇，再经催化加氢制得。

十六醇乳酸酯 cetyl lactate 又名乳酸十六醇酯。$CH_3CHOHCOO(CH_2)_{30}CH_3$ 白色至浅黄色软固体。相对密度 $0.839\sim0.905$。熔点 $37\sim44℃$。酸值 $\leqslant 2mgKOH/g$。皂化值 $165\sim180mgKOH/g$。不溶于水，易溶于醇、醚。与皮肤相容性好。用作固态香精、化妆品油性组分及油溶性医药添加剂的增溶剂。由乳酸及十六醇在催化剂存在下反应制得。

十六～十八烷基二羟乙基甜菜碱 $C_{16\sim18}$ alkyl dihydroxyethyl betaine 又名 $C_{16\sim18}$ 胺聚氧乙烯(2)醚甜菜碱。

$$C_{10\sim18}H_{33\sim37}-\overset{\underset{|}{CH_2CH_2OH}}{\underset{\underset{|}{CH_2CH_2OH}}{N^+}}-CH_2COO^-$$

浅黄色黏稠液体。属两性表面活性剂。活性物含量 $19\%\sim23\%$。氯化钠含量 $4\%\sim5\%$。5%水溶液 pH 值 $4\sim6$。易溶于水。对酸碱稳定，具有良好的发泡、去污、增稠、抗静电及杀菌性能，对皮肤刺激性小。用作去污剂、增稠剂、发泡剂、润湿剂、泡沫稳定剂等。广泛用于制造洗涤剂、洗发香波、护发素及浴液等。由 $C_{16}\sim C_{18}$ 烷基伯胺在碱催化下与环氧乙烷反应生成脂肪胺聚氧乙烯醚，再与氯乙酸钠经季铵化反应制得。

十六(烷)醇
见"鲸蜡醇"。

十六烷基二甲基苄基溴化铵 hexadecyl dimethyl benzyl ammonium bromide

$$\left[C_{16}H_{33}-\overset{\underset{|}{CH_3}}{\underset{\underset{|}{CH_3}}{N^+}}-CH_2-\!\!\!\left\langle\!\!\!\bigcirc\!\!\!\right\rangle\right]Br^-$$

又名溴化十六烷基二甲基苄基铵。淡黄色固体。活性物含量 $43\%\sim47\%$。溶于水、乙醇、异丙醇。为阳离子表面活性剂，具有良好的分散、匀染、杀菌、消毒等功能。用作织物匀染剂、工业循环冷却水杀菌灭藻剂、硬表面消毒及去臭剂等。用于杀菌消毒时，具有抗菌谱广、穿透力强、作用快、毒性低等特点。由十六烷基二甲基叔胺与溴化苄经季铵化反应制得。

十六烷基三甲基氯化铵 hexadecyl trimethyl ammonium chloride 又名十六烷基三甲基铵、1631。$[C_{16}H_{33}N(CH_3)_3]^+Cl^-$ 一种阳离子表面活性剂。无色或淡黄色液体、膏体或固体。活性物含量 45%以下为液体，活性物含量＞50%为软膏体及固体，相对密度 $0.88\sim0.98$。熔点 $161℃$。HLB 值 15.8。易溶于热水及醇类。1%水溶液的 pH 值 $7\sim8$。耐酸、耐碱、耐热、耐光。有良好的表面活性、乳化性、抗静电性及杀菌防霉作用。可与其他类型表面活性剂并用，生物降解性好。用作沥青及硅油乳化剂、乳胶防黏剂、皮革及纤维柔软剂、金属缓蚀剂、抗静电剂、香波及护发素调理剂等。在碱催化剂存在下，由十六烷基二甲基叔胺与氯甲烷反应制得。

N-十六烷基双季铵盐 N-hexadecyl diquaternium salt 又名 N-十六烷基亚

$$\left[\mathrm{C_{16}H_{33}}-\underset{\underset{\mathrm{CH_3}}{|}}{\overset{\overset{\mathrm{CH_3}}{|}}{\mathrm{N^+}}}-\mathrm{CH_2CH_2CH_2}-\underset{\underset{\mathrm{CH_3}}{|}}{\overset{\overset{\mathrm{CH_3}}{|}}{\mathrm{N^+}}}-\mathrm{CH_3} \right] \cdot 2\mathrm{Cl^-}$$

丙基二胺双氯化铵。一种阳离子表面活性剂。灰白色软膏。难溶于水。在塑料、金属、织物、矿石上具有较强的成键及吸附能力。具有较强的乳化、润湿、分散等性能。用作沥青乳化剂、矿物浮选剂、织物整理剂及金属加工助剂等。与非离子及两性表面活性剂并用有协同效应。由N-十六烷基丙腈催化加氢制得N-十六烷基亚丙基二胺后,再与氯甲烷反应制得。

十七烯基咪唑啉丁二酸盐 seventeen alkenyl imidazoline succinate 又名防锈

$$\mathrm{C_{17}H_{33}C}\underset{\underset{\mathrm{CH_2-CH_2-NH_2}}{\mathrm{N-CH}}}{\overset{\mathrm{N=CH_2}}{|}} \cdot \mathrm{C_{12}H_{23}}-\underset{\underset{\mathrm{CH_2-COOH}}{|}}{\mathrm{CH}}-\mathrm{COOH}$$

剂 T703。棕红色油状液体。酸值30~35 mgKOH/g。碱性氮0.8%~2.0%。不溶于水,溶于矿物油。用作润滑油防锈剂,对黑色金属及有色金属(铝、铜及其合金)有较好的防锈能力,并对其他防锈剂有助溶作用。适宜调制各种防锈封合油、防锈润滑两用油、防锈油脂、工序防锈油等。也用作有色金属防锈剂苯三氮唑的助溶剂。由二乙烯三胺、油酸胺化缩合后与烯基丁二酸中和制得。

十三烷基硬脂酸酯 tridecyl sterate 一种专用于铝金属切削及研磨的脂肪酸酯。黄色清澈液体。相对密度0.86 (15.6℃)。闪点227℃。倾点4.4℃。中和值2.0 mgKOH/g。赛氏黏度95s (37.8℃)。属油溶性,但可加入至水溶油、半合成液及全合成液配方中,提高配方的极压性及润滑性。主要适用于铝罐冲压操作,也可用于线拉伸、磨光、铝研磨等加工过程。

十四醇 tetradecanol 又名肉豆蔻醇。$\mathrm{CH_3(CH_2)_{12}CH_2OH}$ 白色片状固体。相对密度0.8236 (36℃)。熔点38.3℃。沸点263.2℃。闪点104.5℃。几乎不溶于水,与醚混溶,部分溶于乙醚。具有高级醇的反应性,在催化剂作用下与酸反应生成酯。用于制造表面活性剂、增塑剂、橡塑加工助剂、香料、润滑油添加剂及十四烷基硫醇等。由十四碳酸经催化加氢制得。也可由鲸蜡皂化的副产物回收而得。

十四烷基二甲基苄基氯化铵 tetradecyl dimethyl benzyl ammonium chloride

$$\left[\begin{array}{c} CH_3 \\ C_{14}H_{29}-N^+-CH_2-\!\!\!\bigcirc\!\!\! \\ CH_3 \end{array} \right] Cl^-$$

又名氯化十四烷基二甲基苄基铵。活性物含量为 85% 以上的为呈白色至淡黄色结晶性粉末。含两个结晶水的产品熔点为 63℃。活性物含量为 30%、45%、75% 的产品为无色或淡黄色液体。略有苦杏仁味。pH 值 6~9（10% 水溶液）。溶于水、乙醇、异丙醇。为阳离子表面活性剂。用作织物柔软剂、抗静电剂、工业循环冷却水杀菌灭藻剂、油田回注水及游泳池水杀菌剂、食品加工设备及餐具消毒剂等。由十四烷基二甲基叔胺与氯化苄反应制得。

十四烷基二甲基苄基溴化铵 tetradecyl dimethyl benzyl ammonium bromide

$$\left[\begin{array}{c} CH_3 \\ C_{14}H_{29}-N^+-CH_2-\!\!\!\bigcirc\!\!\! \\ CH_3 \end{array} \right] Br^-$$

又名溴化十四烷基二甲基苄基铵。无色透明液体。活性物含量 43%~47%。pH 值 6~8（10% 水溶液）。溶于水、乙醇。为阳离子表面活性剂，具有良好的分散、匀染、杀菌、清洁及黏泥剥离作用。用作织物匀染剂、工业循环冷却水杀菌灭藻剂、污垢及黏泥剥离剂、医疗器械及皮肤消毒剂、硬表面清洁消毒剂等。由十四烷基二甲基叔胺与溴化苄经季铵化反应制得。

十四烷基聚氧乙烯(5)醚琥珀酸单酯磺酸钠 polyoxyethylene(5)tetradecyl ether monoester α-sulfosuccinate disodium

$$\begin{array}{l} CH_2-CO(OCH_2CH_2)_5OC_{14}H_{29} \\ CH-COONa \\ | \\ SO_3Na \end{array}$$

又名 α-磺基琥珀酸聚氧乙烯(5)十四烷基醚单酯二钠盐。一种阴离子型表面活性剂。透明液体。溶于水，对硬水稳定。具有优良的润湿性、分散性及乳化性。对皮肤及毛发的刺激性小，能完全生物降解。用作润湿剂、分散剂、乳化剂，适用于印染、日用化工等行业。由十四醇与环氧乙烷经乙氧基化后，与顺酐反应，再经亚硫酸钠磺化制得。

十四烷基三丁基氯化鳞 tetradecyl tributyl phosphonium chloride 又名杀

$$\left[\begin{array}{c} C_4H_9 \\ C_{14}H_{29}-P^+-C_4H_9 \\ C_4H_9 \end{array} \right] Cl^-$$

菌剂 JN979。无色结晶固体。溶于水。为阳离子表面活性剂。是一种非氧化性杀菌剂，对异养菌、铁细菌、硫酸盐还原菌等都有抑杀作用。用作工业循环冷却水系统杀菌剂，具有广谱、高效、低药量、低发泡、低毒、适用 pH 值范围广等特点，兼有缓蚀、阻垢及污泥剥离作用。也用作阻燃剂、催化剂。由 1-氯代十四烷与三丁基膦反应制得。

十四(烷)酸 tetradecanoic acid
$CH_3(CH_2)_{12}COOH$ 又名肉豆蔻酸,正十四碳酸。白色蜡状固体或结晶。以甘油酯形式存在于肉豆蔻油、棕榈油等植物油中。相对密度 0.8439（80℃）。熔点 58℃。沸点 250.5℃（13.3kPa）。折射率 1.4273

(70℃)。不溶于水,溶于无水乙醇、甲醇、乙醚、石油醚、苯及氯仿等。用于制造肉豆蔻酸酯(或盐)、表面活性剂、香料、增塑剂。可由椰子油或其他动物油脂经皂化、中和制得。

十溴联苯醚 decabromodiphenyl oxide

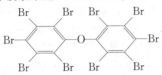

又名十溴二苯醚、阻燃剂 FR-10,简称 DBDPO。白色至淡黄色结晶粉末。理论溴含量 83.3%。相对密度 3.25。熔点 304~309℃。分解温度 425℃。5%热失重温度为 320℃。不溶于水及醇、醚、酮、脂肪烃等,微溶于氯苯、二溴乙烯。广泛使用的添加型溴系阻燃剂,具有溴含量高、热稳定性好、阻燃效能高等特点,几乎可用于任何树脂或塑料,也可用于橡胶、纤维、涂料及胶黏剂等的阻燃。由于有较强的抗放射能力,故可用于原子能电站的塑胶电线。主要缺点是耐光、耐候性略差,制品易变黄。在三氯化铝催化剂存在下,由二苯醚与溴反应制得。

10-十一碳烯酸 10-undecenoic acid $CH_2=CH(CH_2)_8COOH$ 又名 10-十一烯酸。无色至浅黄色油状液体,或无色至乳白色片状结晶性固体。有水果特殊香味。天然存在于圆柏及罗汉柏精油中。相对密度 0.9075(25℃)。熔点 24.5℃。沸点 275℃。闪点 148℃。折射率 1.4464。微溶于水,与乙醇、乙醚、丙酮、苯等混溶。用于制造 γ-十二内酯、壬醛、麝香酮等合成香料以及增塑剂、表面活性剂等,也用作抗真菌药和治疗皮肤霉菌病药物。由蓖麻油与甲醇经酯交换反应得到蓖麻油酸甲酯后经高温裂解、分离制得。

十一烷基咪唑啉磷酸盐 undecyl imidazoline phosphate 又名 1-羟乙基-2-十一烷基-2-咪唑啉-(2-羟基-3-氯丙基)磷酸酯。一种两性咪唑啉类表面活性剂。淡黄色透明黏稠性液体。有良好的分散、起泡、乳化、去污及抗静电性能。对酸碱离子不敏感,性能温和,对皮肤及眼睛刺激性小。主要用于配制无刺激性的香波,有良好的调理性能,也可用做洗涤剂的去污、起泡及乳化组分。由月桂酸、羟乙基乙二胺反应生成十一烷基咪唑啉后,再与由环氧氯丙烷和磷酸氢二钠反应制得的二(2-羟基-3-氯丙基)磷酸钠反应制得。

γ-十一烷酸内酯 γ-undecalactone 又名桃醛、γ-庚基丁内酯、γ-十一内酯。无色至浅黄色黏稠液体,有强烈果香气,稀释后有桃的香气。天然存在于桃、杏等水果及水解大豆蛋白中。相对密度 0.9494。沸点 247℃。折射率 1.4506。闪点 137℃。不溶于水、甘油，溶于乙醇、乙醚、丙酮、乙酸乙酯等。是常用内酯类香料之一。用于调制果香型食用香精及花香型日化香精。由十一碳烯酸与 80％硫酸(1∶1)在 80℃左右共热制得。

石蜡加氢精制催化剂 paraffin hydrofining catalyst 以 W、Mo、Ni 等为活性组分，以氧化铝为载体的三叶草形催化剂。中国产品牌号有 FV-10、FV-20、CH-12 等。堆密度 $0.82 \sim 1.0$ g/mL。孔体积 $0.3 \sim 0.34$ mL/g。比表面积 $100 \sim 160$ m^2/g。适用于全炼蜡、半炼蜡、微晶蜡等加氢精制，生产精制蜡、白油。催化剂具有孔体积大、比表面积高、加氢脱色和芳烃饱和活性好等特点。由特种载体浸渍各种金属活性组分及助剂后，经干燥、焙烧制得。

石栗子油 kukui nut oil 取自主产于夏威夷、澳洲、菲律宾等地的石栗核的植物油，干核含油质量分数为 $57\% \sim 69\%$。为淡黄色至橙色油状液体。相对密度 $0.920 \sim 0.930$。折射率 $1.466 \sim 1.467(25℃)$。熔点约 -15℃。不溶于水、甘油、丙二醇、山梨醇等，溶于矿物油、豆油、肉豆蔻酸异丙酯等。其脂肪酸组成为：油酸 19.8%、亚油酸 41.8%、亚麻酸 28.9%、棕榈油酸 0.1%、硬脂酸 0.3%、棕榈酸 6.4%。石栗子油对皮肤渗透力强，易被皮肤吸收，具有软化皮肤、舒缓晒斑及减轻刺激等作用。用于护肤品，对表皮烧伤、皮肤龟裂、伤口愈合等有较好恢复作用，也用于配制防晒膏霜、乳液、香波及沐浴露等。

石墨粉 graphite powder 又名黑铅粉。由天然石墨制得的铁黑色至深钢灰色粉末。粒径 $1.5 \sim 30 \mu$m。可污染手指成灰黑色。熔点 $>3500℃$。沸点 4200℃。能导电。不溶于水，化学性质不活泼，与酸、碱不易起作用。在空气或氧气中强热会缓慢燃烧，变成二氧化碳。具有良好的润滑性、导热导电性、可塑性及高温热稳定性。用于制造电刷、电极、坩埚、密封圈、热交换器、反应器内衬、铅笔芯、催化剂载体及导电涂料等。也用作脱模剂、润滑剂、涂料减摩剂等。由鳞片石墨加盐酸并经氢氟酸钝化后，再经干燥、筛分而得。

石蒜碱 lycorine 无色棱柱状结晶。熔点 $275 \sim 280℃$（分解）。具碱性。难溶于水及碱液，微溶于乙醇、氯仿及石油醚，易溶于酸性水溶液。商品常为其盐酸盐，其盐酸盐晶体为长针状结晶，熔点 217℃（分解）。有较强生理活性，用作祛痰药、解热药及治疗阿米巴痢疾。大剂量有催吐作用。由石蒜科植物的鳞茎经溶剂萃取制得。

石油化工催化剂 catalyst for petrochemical industry 各种石油化工工艺过程中使用的催化剂。按反应类别分类有加氢、脱氢、氧化、裂解、异构化、烷基化、芳构化、羰基化、水合、卤化、聚合等众多催化剂。石油化工产品涉及的化学反应,其类型多种多样,一些反应在热力学上可行,但反应速度较慢或主副反应竞争激烈,要使它们成为工业生产过程并取得经济效益,最有效的办法是使用催化剂。选择性能优良的催化剂,不但能缓和操作条件、增加产量和提高产品性能,还可降低生产成本减少三废排放。

石油磺酸钡 petroleum sulfonic barium

$$R-SO_3 \diagdown \atop R-SO_3 \diagup Ba \quad (R=烷基)$$

又名油溶性磺酸钡、防锈剂701、石油添加剂T701。一种阴离子表面活性剂。外观为棕褐色半透明稠状液体或半固体。磺酸钡含量45%～55%。钡含量6%～7.5%。pH值7～8。平均相对分子质量>1000。不溶于水,溶于油类。用作金属缓蚀剂,具有优良的抗湿热、抗盐雾、抗盐水等性能,对多种金属有缓蚀及防锈性能,适用于调制各种防锈脂及防锈油,如配制置换型防锈油、封存用油、润滑防锈两用油及工序间防锈油等。由粗磺酸钠经脱色、脱油后与氯化钡水溶液经复分解反应制得。

石油磺酸钠 petroleum sulfonic sodium

$RSO_3Na \quad (R=C_{14}\sim C_{18}烷基)$

又名石油皂、烷基磺酸钠。一种阴离子表面活性剂。棕黄色或棕红色油状液体。矿油含量≤50%。磺酸钠含量≥50%。pH值7～8。具有较强的乳化、润湿及亲水性能,并具有一定防锈能力,用作乳化剂、润湿剂、渗透剂及防锈剂等,适用于农药、造纸、油墨、制革等行业。也用于制造切削乳化油、矿物浮选剂及石油产品防锈添加剂等。由精制润滑油馏分经硫酸磺化、碱中和而制得。

石油磺酸盐 petroleum sulfonate 由硫酸精制石油馏分所得副产物石油磺酸所制成的盐。先由芳烃含量高的石油馏分用磺化剂(如SO_3)磺化,再用碱中和而得,由于石油馏分、磺化条件及所用碱不同,可制得多种石油磺酸盐。按碱值来分,有中性或低碱值石油磺酸盐、中碱值石油磺酸盐和高碱性石油磺酸盐;按金属的种类分为磺酸钙盐、磺酸镁盐、磺酸钾盐、磺酸钠盐、磺酸钡盐、磺酸铅盐等。石油磺酸钠、钾、铵等可用作乳化剂、缓蚀剂、驱油剂及润湿剂等;石油磺酸钙、钡、镁等可用作防锈剂、润滑油添加剂、发动机油清净剂等;石油磺酸铅可用作润滑脂极压添加剂等。

石油炼制催化剂 petroleum refining catalyst 又名炼油催化剂,或石油加工催化剂。主要指催化裂化、催化重整、加氢裂化、加氢精制、烷基化、异构化、降凝等石油二次加工工艺过程所使用的催化剂。品种很多,性能各异。其主要用于油品转化及油品精制。油品转化是指将一种油品催化转化为另一种不同的油品;油品精制是指通过催化转化在原料油品分子中添加另外一种分子而获得质量更好的油品。石油炼制工业的发展,实质上得益于一些高效催化剂的发展。所以,催化剂是现代炼油工业的核心。

C_5石油树脂 C_5 petroleum resin 又名碳五树脂、脂肪烃树脂。淡黄色或浅棕色片状或固体,平均相对分子质量400～2000。相对密度0.97～1.07。软化点70～140℃。折射率1.512。不溶于水,溶于丙酮、苯、乙酸乙酯、溶剂汽油、松节油等。具有良好的粘接性、耐水性及耐酸碱性。与萜烯树脂、酚醛树脂、天然及合成橡胶的相容性好,与丁苯橡胶相容性更好。可燃。无毒。用作热熔胶、压敏胶、热熔路标漆、橡胶型胶黏剂的增黏剂,油墨连接料及展色剂,橡胶改性剂,纸张施胶剂及疏水剂等。在三氯化铝催化剂存在下,由C_5馏分聚合制得。

C_9石油树脂 C_9 petroleum resin 又名芳烃石油树脂。常温下呈玻璃态的热塑性固体,呈淡黄色至浅棕色,有脆性。平均相对分子质量 500~1000。相对密度 0.97~1.06。软化点 40~140℃。玻璃化温度 81℃。折射率 1.512。不溶于水、乙醇,溶于丙酮、苯、甲乙酮、二氯乙烷及干性油等。耐水性、耐酸碱性、耐侯性较好,但极性大,粘接性差、脆性大。与醇酸树脂、松香、酚醛树脂、丁苯橡胶等的相容性好,而与天然橡胶相容性差。可燃。无毒。用作热熔胶、压敏胶及橡胶型胶黏剂的增黏剂,干性油改性剂,油墨展色剂及连接料,橡胶增塑剂及增强剂以及用于制造乳化沥青涂料等。由石油中C_9馏分在三氯化铝催化剂存在下聚合制得。

石竹素 oleanol 又名齐墩果酸。一种 β-香树脂醇型皂苷。天然存在于木樨科植物齐墩果叶及刺五加等植物中。白色针状结晶(乙醇中)。无臭,无味。熔点 310℃。紫外吸收特征波长为 207nm。不溶于水,溶于甲醇、乙醇、丙酮。有抗炎、抗菌、镇静、降血脂、抑汗、利尿等作用。临床上用于治疗急性黄疸型肝炎、慢性病毒性肝炎。外用可抑汗和减弱体臭。与磷脂结合成的脂质体可治疗皮肤湿疹。用于发制品有减少灰发和促进头发生长的作用。可由废弃葡萄皮经水解、浓缩、脱色、沉淀、结晶等过程制得。

β-石竹烯 β-caryophyllene 又名䔄草烯。无色至淡黄色油状液体,具淡的薄荷香及丁香的气味。天然存在于柠檬、圆柚、柑橘类水果、胡桃、可可等中。相对密度 0.9075(15℃)。沸点 256℃(1.013kPa)。折射率 1.5030(15℃)。主要用作辛香调和剂,用于调配丁香、胡椒、木香等香味料及口腔卫生香精。由丁香叶油、丁香茎油、肉桂叶油等分离制得。

食品被膜剂 food coating agent 又名食品涂釉剂、上光剂或表面装饰剂。是一种覆盖在食物的表面后能形成薄膜的物质。通常涂布在食品表面,起保质、保鲜、上光、防止水分蒸发等作用。如用于果蔬表面,可防止微生物侵入及抑制水分蒸发。糖果涂膜后,不仅外观光亮、美观,还可防止粘连。我国容许使用的被膜剂共8种,即紫胶(虫胶)、石蜡、白油、吗啉脂肪酸盐(果蜡)、松香季戊四醇酯、二甲基聚硅氧烷、巴西棕榈蜡等,其中紫胶、石蜡、巴西棕榈蜡为天然产品。近来也有在被膜剂中加入某些防腐剂、抗氧化剂等制成复合型的被膜剂。

食品代盐剂 food salt substitutes
用于代替食盐的一种食品添加剂。咸味是饮食不可缺的基本的味。食盐是最普通的咸味剂,也是唯一有重要生理作用的味制剂。但研究发现,过量食盐的摄入与高血压、高血脂症、糖尿病及癌症的发病率有相关性,并已证明是钠离子影响这些疾病。为严格限制食盐的摄入量,就需要有非食盐类咸味剂,我国《食品添加剂使用卫生标准》容许使用的代盐剂是氯化钾。钾是一种能保持血压平稳的重要元素。但氯化钾食后口中会有一种令人非常难受的"金属味"残留,使人下次不愿意尝加氯化钾的食品。但加入L-赖氨酸有屏蔽氯化钾金属苦味的效果,而且它还是一种对人体有益的氨基酸。

食品防腐剂 food preservatives 指一类加入食品中能防止或延缓食品腐败的食品添加剂,其本质是一类具有抑制微生物增殖或杀死微生物的化合物。食品工业上用的杀菌剂与防腐剂的区别是前者能在短时间内杀死微生物,主要起杀菌作用,而多数防腐剂并不能在短时间内杀死微生物,主要是起抑菌作用。防腐剂的来源有天然和合成,而以合成的商业化应用最多。化学防腐剂又分无机及有机防腐剂。无机防腐剂有亚硫酸及其盐类、二氧化碳、亚硝酸盐类、游离氯等;有机防腐剂如苯甲酸及其盐类、山梨酸及其盐类、丙酸及其盐类、对羟基苯甲酸酯类、乳酸等。

食品护色剂 food colour fixing agent
又名食品发色剂。是非色素性的化学物质,是能与食品中呈色物质作用,使之在食品加工、保存过程中不致分解、破坏,呈现良好色泽的物质。护色剂主要用于肉制品,也可用于果蔬的护色。例如,在茄子等蔬菜上使用硫酸亚铁,它与茄子中的植物色素结合出现诱人的青绿色。普通食品常用的护色剂有亚硝酸钠、亚硝酸钾、硝酸钠、硝酸钾等。如亚硝酸钠能与肉类中的色素肌红蛋白和血红蛋白作用生成鲜艳红色的亚硝基肌红蛋白和亚硝基血红蛋白,使肉制品保持稳定的鲜红色。但由于安全性的原因,绿色食品中禁用亚硝酸盐及硝酸盐,即使在普通食品加工中的婴幼儿食品中也不得加入。

食品抗结剂 food anticaking agent
又名食品抗结块剂。是用来防止颗粒或粉状食品聚集结块,保持其松散或自由流动的物质。具有颗粒细微、松散多孔、表面积大、吸附力强,易吸附导致形成结块的水分、油脂等特点。品种虽然不少,我国容许使用的抗结剂主要有亚铁氰化钾、硅铝酸钠、磷酸三钙、二氧化硅及微晶纤维素等。

食品抗氧化剂 food antioxidant 指能延迟或阻碍因氧化作用而引起食品变质的物质。抗氧化剂不仅能防止或阻止食物由空气的氧化作用而引起的氧化腐败,对油、脂肪、油溶性维生素及其他天然组分起保护作用,还能延缓由于食品的氧化而产生的各种不利变化,如肉及肉制品的褪色、水果和蔬菜的褐变等。按溶解性分为油溶性及水溶性抗氧化剂;按来源分为天然及人工合成抗氧化剂;按作用机理分为自由基吸收剂、金属离子螯合剂、氧清除剂、紫外线吸收剂、过氧化物分解剂及单线态氧淬灭剂等。常用食品抗氧化剂有丁基羟基茴香醚、二丁基羟基甲苯、乙氧基喹啉、L-抗坏血酸及维生素E等。

食品凝固剂 food firming agent 是使食品结构稳定或使食品组织不变,增强黏性固形物的一类食品添加剂。主要用于豆制品生产和果蔬深加工以及凝胶食品的制造等。如利用氯化钙使可溶性果胶成为凝胶状不溶性果胶凝钙,以保证果蔬加工制品的脆度和硬度;豆腐生产中用盐卤、硫酸钙等蛋白凝固剂以达到固化的目的。凝固剂分为无机类和有机类凝固剂两类。我国容许使用的品种有硫酸钙、氯化钙、氯化镁、丙二醇、乙二胺四乙酸二钠、柠檬酸亚锡二钠、葡萄糖酸-δ-内酯及不溶性聚乙烯吡咯烷酮等。

食品漂白剂 food bleaching agent 指能破坏或抑制食品中的发色因素,使色素褪色,使有色物质分解为无色物质,或者避免食品褐变的一类添加剂。按作用机理分为:①还原性漂白剂,如亚硫酸钠、低亚硫酸钠、焦亚硫酸钠盐或钾盐、亚硫酸氢钠及二氧化硫等;②氧化型漂白剂,如漂白粉、二氧化氮、过氧化氢、高锰酸钾、亚氯酸钠、过氧化苯酰及臭氧等。漂白剂除可改善食品色泽外,还具有抑菌、抗氧化、改善面团结构等作用。但由于漂白剂在食品中的残留及对部分营养素的破坏或毒性等问题,使用时应严格控制使用量并关注国家新的有关规定。

食品乳化剂 food emulsifying agent 是食品加工中使互不相溶的液体(如油与水)形成稳定乳浊液的添加剂。乳浊液的类型可以分为水包油型(O/W)和油包水型(W/O),在一定条件下两者可发生相的转变,乳化剂分子是由亲油基团和亲水基团共同构成。按其所带电荷性质分为阳离子型、阴离子型、两性离子型及非离子型乳化剂;按其来源可分为天然和人工合成乳化剂;按在食品中应用目的或功能又分为破乳剂、起泡剂、消泡剂、润湿剂及增溶剂等。常用天然乳化剂有大豆磷脂、酪蛋白酸钠等;合成乳化剂有甘油脂肪酸酯、蔗糖脂肪酸酯、硬脂酰乳酸钙、山梨醇酐脂肪酸酯、聚氧乙烯山梨醇酐单硬脂酸酯等。

食品水分保持剂 food water retention agent 指有助于保持食品中水分稳定的物质。一般是指用于肉类及水产品加工中增强其水分稳定性和有较高持水性的磷酸盐类,如磷酸三钠、三聚磷酸钠、焦磷酸钠等。添加后可减少肉、禽制品加工过程中原汁流失、增加持水性、改善风味、提高出品率,防止鱼类冷藏时蛋白质变性、保持嫩度、减少冻融损失,增加方便食品的复水性等。但磷酸盐的使用有效性与许多条件有关(如加入量、温度、pH值、加工工艺),使用时应慎重。

食品疏松剂 food bulking agent 又名食品膨松剂,是在糕点、饼干、面包、馒头等以小麦粉为主的焙烤食品制作过程中,使其体积膨胀与结构疏松的食品添加剂。它不仅可提高食品感官质量,也有利于食品消化吸收。当面坯烘焙加工时,由膨松剂产生的气体受热膨胀使面坯起发膨松并形成多孔组织结构,膨松剂可分为:①碱性膨松剂,如碳酸氢钠、碳酸氢铵、碳酸氢钾及轻质磷酸钙等。碳酸氢钠受热分解时除产生 CO_2 外,还会残留碳酸钠而呈碱性,使制品发黄。②酸性膨松剂。如硫酸铝钾、硫酸铝铵、磷酸氢钙。一般不单独使用,主要用作复合膨松剂的酸性组分。③复合膨松剂。又称发酵粉、发泡粉。多为碳酸氢钠与酸性物质等成分的混合物。④生物膨松剂,主要指酵母。

食品酸味剂 food acid condiment
能赋予食品酸味为主要特征的一类食品添加剂。其主要功能有:①赋予食品酸味、促进消化及吸收作用,改善食品风味;②防腐杀菌作用;③辅助抗氧化及螯合金属离子作用;④控制食品酸碱性并起缓冲作用;⑤使碳酸盐分解产生 CO_2 等。主要品种有柠檬酸、乙酸、乳酸、苹果酸、酒石酸、富马酸及磷酸等。用于饮料、果汁、糖果、水果罐头等食品的加工生产。

食品添加剂 food additives 指为改善食品品质和色、香、味,以及防腐和加工工艺的需要而加入食品中的化学合成或者天然物质。根据其来源、功能、安全性评价等不同的分类标准有多种分类方法。按来源可分为天然食品添加剂及化学合成食品添加剂两大类。天然食品添加剂是指利用动植物或微生物的代谢产物等为原料,经提取所获得的天然物质。化学合成食品添加剂是指利用氧化、还原、缩合、聚合、成盐等各种化学反应制备的物质,其中又可分为一般化学合成品及人工合成天然等同物。按作用功能分类,我国《食品添加剂使用卫生标准》将食品添加剂分为23类,每类添加剂中包含的种类不同,少则几种,多则达千种。总数达1500多种。食品添加剂的使用原则是:①不对人体产生任何健康危害;②不应掩盖食品本身或加工过程中的质量缺陷;③不应以掩盖食品腐败变质或以掺杂、掺假、伪造为目的而使用食品添加剂;④不应降低食品本身的营养价值;⑤在达到预期效果情况下,尽可能降低在食品中的用量。

食品甜味剂 food sweetening agent
以赋予食品甜味为主要目的的食品添加剂。分为天然甜味剂和人工合成甜味剂。天然甜味剂包括糖的衍生物和非糖天然甜味剂,如蔗糖、果糖、葡萄糖、麦芽糖、甜叶菊糖苷及甘草等;人工合成甜味剂是采用化学合成、改性等技术制得的人工甜味剂,常用的有糖精、糖精钠、环己基氨基磺酸钠、天门冬酰苯丙氨酸甲酯等。人工合成甜味剂是具有甜味但属非糖类的化学物质,其甜度比蔗糖高十至几百倍,不具任何营养价值。

食品鲜味剂 food flavor enhancer
又名食品增味剂、风味增强剂。是补充或增强食品原有风味的一类食品添加剂,种类很多。按来源分为动物性、植物性、微生物及化学合成鲜味剂;按化学成分分为氨基酸类、核苷酸类、正羧酸类鲜味剂等。鲜味是食品原料本身所具有的或经加热分解产生的部分氨基酸、核苷酸、酰胺、三甲基胺、肽、有机酸等物质对味蕾所产生的感觉。鲜味需在咸味存在时，方能显现其味道，故鲜味剂多与咸味调味品及其他调味品共同组成复合物。最常用的鲜味剂是谷氨酸钠（俗称味精）。鸟苷酸、肌苷酸、核苷酸及它们的钠、钾、钙盐类，也都具有很强的增鲜作用。

食品香精 food flavorings 指通过酶解、发酵、热反应、调香等方法中的一种或几种制备的、具有一定香型的、可以直接添加到食品中的、含有多种香成分的混合物。其主要原料是食品香料。品种很多。按香味物质来源分为调和型、反应型、发酵型、酶解型及脂肪氧化型食品香精；按香型可分为水果香型、坚果香型、乳香型、肉香型、烤香型、蔬菜香型、酒香型、花香型等食品香精；按剂型可分为液体（水溶性、油溶性、乳化食品香精）、膏状及粉末食品香精；按用途分为焙烤、肉制品、奶制品、糖果、软饮料食品香精和酒用香精。食品香精与食用香精的内涵不同。食用香精包括食品香精，同时还包括可以直接入口的牙膏用香精、药品香精、餐具和水果用洗涤剂香精及烟用香精等。

食品香料 food flavorant 指那些具有香味并对人体安全的、用来制造食品香精的单一有机化合物或混合物，是食品香精的有效成分。其中的单一有机化合物一般称为单体香精（如肉桂醛、香兰素）。混合物主要有精油（如肉桂油）、油树脂（如生姜油树脂等）和酊剂（如香荚兰酊等）。传统的辛香料（如花椒、桂皮）也属于食品香料的范畴。食品香料一般不直接用于食品，而是调制成食品香精以后再添加到食品中。按其来源可分为天然食品香料和合成食品香料。天然香料成分复杂，它又可分为动物性和植物性香料，而以植物性香料使用较多。合成香料按官能团分类，可分为醇类、酯类、内酯类、醛类、烃类、醚类及氰类香料等，品种很多。

食品消泡剂 food defoaming agent 指在食品加工过程中降低表面张力、消除泡沫的物质。大致分为两类：一类能消除已产生的气泡，称破泡剂，它是直接加到形成的泡沫上使之破灭的添加剂，如乙醇、山梨糖醇酐脂肪酸酯、聚氧乙烯山梨糖醇酐脂肪酸酯及天然油脂；另一类则能抑制气泡的形成，称抑泡剂，如乳化硅油、聚醚，它是在发泡前预先加入以阻止发泡的添加剂。有效的消泡剂既能迅速破泡，又能在相当长的时间内抑制泡沫形成。食品工业所用消泡剂，除要考虑其破泡抑泡能力外，还必须安全无毒。容许使用的有乳化硅油、高碳醇脂肪酸酯复合物、聚氧乙烯聚氧丙烯季戊四醇醚、聚氧乙烯聚氧丙烯甘油醚、聚氧乙烯聚氧丙烯胺醚等。

食品营养强化剂 food nutrition fortifiers 指为增强营养成分而加入食品中的天然的或人工合成的属于天然营养素范围的食品添加剂。容许使用的营养强化剂有100多种，主要有维生素类、无机盐类、氨基酸及含氮化合物类。食品强化的目的在于：①平衡天然食品中某些营养素的不足，补偿食品加工中营养素的损失；②保证人体在各生长发育阶段及各种环境条件下获得全面的营养；

③增补人体对天然营养素的需要,防治由于缺乏某种营养素导致的疾病。强化的方法有:食品原料中加入、加工过程中添加、在成品中加入、采用物理化学强化及生化强化法等。

食品增稠剂 food thickeners 是一种能改善食品的物理特性,增加食品的黏稠度或形成凝胶,赋予食品黏润、适宜的口感,并且具有提高乳化状和悬浮状稳定性作用的物质。都是一些亲水性高分子化合物,易产生水化作用,有持水性。故又称作水溶胶、食品胶等。按其来源分为天然和化学合成两类。天然增稠剂大多是由植物、海藻或微生物提取的多糖类物质,如阿拉伯胶、卡拉胶、果胶、甲壳素、田菁胶等。化学合成增稠剂有羧甲基纤维素钠、海藻酸丙二醇酯、羟丙基淀粉、甲基纤维素、淀粉磷酸酯钠等。

食品着色剂 food colorants 又名食品色素、食用染料。是以食品着色为主要目的一类食品添加剂。常用品种有60多种,按来源分为:①食品合成着色剂。也称食品合成色素,是以苯、甲苯、萘等化工原料,经磺化、硝化、卤化、偶氮化等一系列反应制得的有机着色剂,具有着色力强、色泽鲜艳、不易褪色、成本低等特点,但其安全性较低,按其化学结构又可分为偶氮类色素(如苋菜红、胭脂红、柠檬黄等)及非偶氮类色素(如赤藓红、亮蓝、靛蓝等)。②食品天然着色剂。也称食品天然色素。是指从动植物和微生物中提取的着色剂。按其来源分为植物色素(如甜菜红、姜黄、叶绿素)、动物色素(如紫胶红、胭脂虫红等)及微生物类(如红曲红)。天然色素的色泽自然、无毒性,但存在着着色力弱、稳定性差、成本高等缺点。

食品助色剂 food colour auxiliary agent 又名食品护色助剂。指本身并无发色功能,但与护色剂配合使用可以明显提高发色效果,同时可降低护色剂的用量而提高其安全性的一类物质。常用品种有抗坏血酸、异抗坏血酸、烟酰胺、二酪蛋白、酪朊酸钠等。如抗坏血酸及其钠盐等还原性物质既可防止肉类中的肌红蛋白氧化,还可将氧化型褐红色高铁肌红蛋白还原为鲜红色的还原型肌红蛋白。既助发色,又能防止因氧化而使肉类变质。

示温涂料 temperature indicating coatings 又名变色漆。是以颜色(或外观)变化来指示物体表面温度及温度分布的特种涂料,分为:①可逆型示温涂料。漆膜受热至一定温度即发生色变,冷却时颜色又恢复到原状。②不可逆型示温涂料。当温度降到原来温度后,漆膜不能恢复原来颜色。涂料主要由变色颜料、基料、稀释剂及其他添加剂组成。常用可逆示温颜料是钴、镍盐与六亚甲基四胺组成的带结晶水的复合盐类。示温涂料监测温度方便、简单,特别适用于一般温度计无法测定的场合,如连续运转的部件、复杂构件及大面积表面等的温度测量。

示温油墨 thermoindicator ink 随温度变化而发生颜色变化的功能性油墨。内含因温度而变色的物质(示温材料),色彩变化鲜明。示温油墨的特点是能将自选的黄、橙、红、紫、蓝、绿、黑等色中的任意颜色和在 $-30\sim80\,°C$ 温度范围内的任意温度自由地组合起来使用,颜色的变化范围宽,变色灵敏度较高。分为不可逆型和可逆型。不可逆型示温油墨是温度复原后不能回到原来的颜色,如显示经过蒸汽高温灭菌后变色的蒸汽灭菌指示油墨;可逆型示温油墨是温度复原后仍可回到原来颜色,目前实用的有以金属配盐(如汞、银等的碘化物或它们的配盐)作原料制成的油墨、以胆甾醇型液晶制成的液晶油墨及温改变色油墨3类。

手感剂 feeling agent 一种皮革涂饰助剂。用于调节涂层触感(丝绒感、油感、蜡感、滑感、黏感、滞感、涩感等)的添加剂。主要有:①蜡感剂,是以天然蜡或合成蜡为原料的蜡乳液或它们的有机溶剂分散剂。用于顶层涂饰后,革面产生滋润性的蜡感或腻滑兼具的手感或吸汗性,以满足一些皮感的手感要求。②滑爽剂,是一些含有机硅树脂的乳液或熔点高、硬度高的蜡乳液,用于顶层涂饰中,能使革具有滑爽的感觉。③柔软剂,是以各类表面活性剂及有机硅为主要成分的乳液,能赋予涂层舒适、手感柔软,减小皮纤维之间和皮革与人体间阻力的作用。

瘦肉精
见"克仑特罗"。

䓬侧素 thujaplicin 又名罗汉柏提取物。由罗汉柏提取的䓬侧素有 α、β、γ 三种异构体,三者的熔点分别为 82℃、52℃、82℃。其混合物为白色至淡黄色结晶或结晶性粉末,有罗汉柏特有的香味,不溶于水,易溶于乙醇、乙酸乙酯及碱液。罗汉柏提取物有很强的杀菌能力,对细菌、霉菌、酵母等均有很好的抑制效果,耐热及耐酸碱性优良。由于分子结构上含有酚羟基,遇多数金属离子能变色。主要用作食品防腐剂。由罗汉柏根茎皮经干燥、粉碎后溶剂萃取制得。

叔丁酚醛树脂 tert-butyl phenol-farmaldehyde resin 又名叔丁酚醛增黏剂、204 树脂。黄色至绿褐色粉状或块状物。软化点 120~157℃。不溶于水,溶于苯、甲苯、丙酮、氯仿、松节油等。与天然及合成橡胶有较好相容性。有较好的耐热、耐酸碱及增黏性能。无毒。用作天然及合成橡胶的增黏剂及增塑剂,可改善胶料自黏性,提高胶料的抗热老化和物理机械性能,尤适用于丁苯、丁腈及顺丁橡胶等制品。也用作溶剂型胶黏剂的增黏剂。由叔丁基酚与甲醛经缩合反应制得。

N-叔丁基-2-苯并噻唑次磺酰胺 N-tert-butyl-2-benzothiazyl sulfenamide 又名促进剂 NS、促进剂 BBS、TBBS。灰白色至淡黄色粉末或粒状物。相对密度 1.26~1.32。熔点>104℃。不溶于水、稀酸及稀碱溶液,微溶于汽油,溶于苯、丙酮、乙醇、四氯化碳。用作天然橡胶、丁苯橡胶、异戊橡胶及天然橡胶的再生胶的延迟性硫化促进剂。具有焦烧时间长、耐热性好及硫化时间短的特点。尤适合于高温混炼及含碱性较高的油炉法炭黑胶料。可单独使用,也可与秋兰姆、胍类促进剂并用。用于制造轮胎、胶鞋、胶管及挤出制品。不适用于与食品接触的制品。由2-硫基苯并噻唑的钠盐与叔丁胺在次氯酸钠存在下缩合制得。

叔丁基对苯二酚 tert-butylhydroquinone 又名叔丁基氢醌、特丁基对苯二醌。白色至浅黄色结晶粉末。有特殊气味。熔点126.5~128.5℃。沸点300℃。难溶于水,溶于乙醇、丙二醇、乙酸乙酯及植物油。遇光或碱性条件下可呈粉红色,对热稳定,用作食用油脂、油炸食品、方便面、饼干、罐头、腌肉制品等的抗氧剂。与柠檬酸、抗坏血酸棕榈酸酯并用,对食用植物油有很强抗氧化作用。在磷酸催化下,由氢醌与叔丁醇反应制得。

2-叔丁基-4,6-二硝基苯酚 2-tert-butyl-4,6-dinitrophenol 黄褐色固体。熔点127~129℃。不溶于水,溶于丙酮、苯、四氯化碳。为多元酚类阻聚剂,兼有抗氧化性,用作苯乙烯、氯乙烯等单体的阻聚剂及聚苯乙烯、纤维素树脂等的抗氧剂,早期也用作农用杀虫剂及除草剂。由邻叔丁基苯酚经直接硝化制得。

叔丁基过氧化氢 tert-butyl hydroperoxide $(CH_3)_3COOH$ 又名特丁基过氧化氢、过氧化氢叔丁基,简称 TBHP。常温下为无色液体。熔点-3℃。沸点111℃。自催化分解温度88~93℃。理论活性氧含量17.78%。不溶于水,溶于醇、醚等多数有机溶剂及氢氧化钠溶液。有强氧化性,遇高温、撞击会有燃烧及爆炸危险。用作聚合反应的自由基引发剂,常在高于100℃时使用。也用作厌氧胶和丙烯酸酯结构胶的引发剂,不饱和聚酯、马来酰胺树酯等的高温固化交联引发剂。由双氧水、硫酸及叔丁醇在氢氧化钠存在下反应制得。

2-(3-叔丁基-2-羟基-5-甲基苯基)-5-氯苯并三唑 2-(3-tert-butyl-2-hydroxy-5-methylphenyl)-5-chlorobenzotriazole 又名紫外线吸收剂 UV-326。淡黄色结晶粉末。熔点140~141℃。燃点435℃。不溶于水、乙醇,微溶于丙酮、乙酸乙酯、石油醚,溶于苯、甲苯、苯乙烯。能吸收波长为270~380nm 的紫外线。与多种树脂相容性好。低毒。用作乙烯基树脂、不饱和聚酯、ABS 树脂、聚氨酯、环氧树脂及纤维素树脂等的光稳定剂,兼有抗氧作用,在碱性条件下不变黄,耐热性好。但因吸收紫外线的波长较长,制品会有轻微着色。以2-硝基-5-氯苯胺、亚硝酸钠及2-叔丁基对甲酚等为原料制得。

叔十二硫醇 tert-dodecyl mercaptan $(CH_3)_2CSH(CH_2)_8CH_3$ 无色至微黄色或灰黄色液

体。有特殊气味。相对密度 0.8450 (26℃)。熔点 -7℃。沸点 165～166℃ (5.19kPa)。不溶于水,溶于乙醇、乙醚、苯、丙酮及汽油等。有毒!蒸气对皮肤及黏膜有刺激性。用作合成树脂及合成橡胶的聚合反应相对分子质量调节剂,聚烯烃及聚氯乙烯的稳定剂及抗氧剂,润滑油添加剂,油井酸化剂等。也用于制造杀虫剂及表面活性剂等。在催化剂存在下,由丙烯四聚得到的十二烯与硫化氢反应制得。

叔戊醇 *tert*-amyl alcohol 又名2-甲基-2-丁醇。$(CH_3)_2C(OH)CH_2CH_3$。无色透明易燃液体。有特殊气味。相对密度 0.8090。熔点 -11.9℃。沸点 101.9℃。折射率 1.4052。微溶于水、丙酮、苯等,与乙醇、乙醚、甘油及氯仿等混溶,能溶解石蜡、硬脂酸及虫胶等。中等毒性!对眼睛、鼻黏膜、呼吸道有刺激性。用作干洗剂的稳定剂,可减少卤代烃干洗剂及干洗设备的腐蚀作用,兼有抗再沉积性,也用作溶剂、矿物浮选剂、润滑油添加剂,以及用于制造医药、香料、农药及增塑剂等。由丙酮与乙炔反应后再经加氢、精馏而得。

舒必利 sulpiride 又名止呕灵、*N*-[甲基-(1-乙基-2-吡咯烷基)]-2-甲氧基-5-(氨基磺酰基)-苯甲酰胺。白色结晶性粉末。无臭,味苦。熔点 177～180℃(分解)。难溶于水,微溶于乙醇、丙酮、氯仿,易溶于冰乙酸及氢氧化钠溶液。能使湿润的红色石蕊试纸变蓝。为抗精神病药及止吐药。分子结构中具有手性碳,故存在光学异构体,左旋体具有抗精神病活性,临床使用外消旋体。其作用机理是对多巴胺 D_2 受体有选择性阻断作用。用于治疗幻觉、妄想、精神错乱等,并用于呕吐、胃及十二指肠溃疡。止吐作用是氯丙嗪的 166 倍。其优点是很少有锥体外系副作用。

舒芬太尼 sufentanil 又名噻哌苯胺。

白色固体。熔点 93～96℃。溶于乙醚。其柠檬酸盐又名舒芬尼,白色结晶,易溶于水、乙醇,不溶于乙醚、氯仿。一种哌啶类合成镇痛药,其镇痛效果比芬太尼强,且起效快,对心血管系统影响小。临床用于麻醉铺助镇痛、麻醉诱导和维持用药。但本品可导致吗啡样依赖性,属控制药物。以 2-(2-噻吩)溴乙烷、*N*-[4-甲氧甲基-4-哌啶基]-*N*-苯基丙酰胺、三乙胺等为原料制得。

舒洛芬 suprofen 又名噻布洛芬、噻酮布洛芬、α-甲基-4-(2-噻吩基羰基)苯乙酸。白色至淡黄色粉末。熔点124.3℃。不溶于水、己烷,易溶于甲醇、乙醇、丙酮、氯仿,溶于乙酰。一种芳基丙酸类抗炎镇痛药。用于轻度或中度肌骨疼痛、手术后疼痛、齿科术后疼痛、骨关节炎或类风湿性关节炎、痛经等。其镇痛作用为扑热息痛的50倍,为可待因的5倍。抗炎作用与消炎痛相似,具有口服易吸收、镇痛作用快、并能抑制炎症的红疹、水肿等特点。由噻吩甲酰氯与卤代苯经酰化、亲核取代、水解等反应制得。

树脂改性沥青涂料 resin-modified bituminous coatings 在沥青中加入酚醛树脂、松香、松香甘油酯、松香钙脂、环氧树脂、聚氨酯等树脂制得的一类沥青涂料。树脂的加入可提高涂料的光泽和硬度,耐水性也较好,但仍较脆,不耐日晒。和毒料配合可制成船底防污涂料,尤其和环氧树脂或聚氨酯并用,可用作特种耐水、防腐蚀涂料。参见"沥青涂料"。

树脂和油改性沥青涂料 resin and oli modified bituminous coatings 一种由天然或石油沥青中加入树脂(松香甘油酯、酚醛树脂、氨基树脂等)及干性油改性所制得的沥青涂料。其涂层在柔韧性、附着力、机械强度、耐候性等方面均比树脂干性沥青涂料及干性油改性沥青涂料要强得多,耐候性是沥青涂料中最好的。尤其是经过高温烘干,涂膜坚牢、耐磨、机械强度好、保光性强,多用于自行车、缝纫机及户外钢结构等作装饰保护性涂层。参见"沥青涂料"。

树脂控制剂 resin controller 为减少纸浆中树脂(包括萜烯及萜烯类化合物、脂肪酸及脂肪酸酯等)给制浆造纸带来危害的一类制浆助剂。主要有滑石粉、硫酸铅、表面活性剂(壬基酚聚氧乙烯醚、辛基酚聚氧乙烯醚、十二烷基苄基二甲基氯化铵等)、螯合剂(乙二胺四乙酸、二亚乙基三胺五乙酸、六偏磷酸纳等)及助留剂(聚丙烯酰胺、聚氧乙烯醚)。

树脂鞣剂 resin tanning agent 一种皮革复鞣材料。是分子中含有能与皮胶原发生相互作用的官能团的有机大分子或高分子化合物。通常具有较宽的相对分子质量分布,其相对分子质量从几百到十几万,都有良好的水溶性,储存稳定性一般在一年以上。根据制备树脂鞣剂所用主要原料不同,可分为氨基树脂鞣剂、乙烯基类聚合物鞣剂、聚氨酯鞣剂及环氧树脂鞣剂等。树脂鞣剂可利用其自身的体积效应合理地填充在皮胶原纤维束的间隙,使革坯丰满,手感适中,并使革坯的机械性能和感官性能得到改善。

树脂整理剂 resin finishing agent 能使织物具有防缩、防皱、防水、防污、硬挺等特种性能的树脂。对织物树脂整理后的效果可分为防缩防皱、洗可穿和耐久性压烫三类。防缩防皱整理只赋予织物干防缩防皱性能,现主要用于黏胶纤维织物整理;洗可穿整理既赋予织物干防缩防皱性能,又有良好的湿防缩防皱性能,洗涤后不经熨烫即可穿着;耐久性压烫整理可赋予织物和成衣平整、挺括和永久性褶裥效果。树脂整理剂是由多种组分复配制得,主要成分是树脂初缩体或反应性交联剂,辅助成分有催化剂、渗透剂、柔软剂、热塑性树脂乳液等。所用树脂有尿素-甲醛树脂、硫脲-甲醛树脂、三聚氰胺-甲醛树脂等热固性树脂;反应性交联剂有乙二醇缩醛、二缩水甘油醚化合物、双羟乙基砜等。

树脂整理剂 CH
见"六甲氧基甲基三聚氰胺树脂"

1,4-双(苯乙烯基)苯 1,4-distyryl benzene 又名 4,4′-二苯基二苯乙烯。浅

$$\underset{}{\bigcirc}-CH=CH-\underset{}{\bigcirc}-CH=CH-\underset{}{\bigcirc}$$

黄色片状结晶,熔点 268～268.5℃。一种功能性色素。是优良的有机荧光物质,可用作有机闪烁剂、荧光增白剂、激光染料。如将本品配制成浓度为 1.6×10^{-3} mol/L 的甲苯溶液,在钕玻璃激光器中,它的激发波长为 411nm 及 417nm,激光转换效率为 7.5%。可以二氯苄、三苯基膦、苯甲醛等为原料制得。

双变性淀粉 double modified starch

磷酸淀粉—O—CH$_2$—CH—CH$_2$N$^+$(CH$_3$)$_2$Cl$^-$
　　　　　　　　　|
　　　　　　　　 OH

指在同一淀粉分子上既接上阴离子,又接上阳离子等两种离子反应基团的淀粉。如磷酸淀粉酯在碱催化剂存在下与醚化剂氯化-3-氯-2-羟丙基三甲基铵反应所生成的淀粉衍生物侧链上既有磷酸根离子,又有季铵阳离子,表现为两性离子性质,产品为白色粉末,糊化温度 60～70℃,2% 糊液的 pH 值为 6.5～7.0。糊液稳定性好。用作纸浆添加剂,比阳离子淀粉及阴离子淀粉更有高的助留率,并有一定增强作用。

双丙酮丙烯酰胺 diacetone acrylamide 又名 N-(1,1-二甲基-3-氧代丁基)丙烯酰胺。白色至微黄色片状结晶。相对密度 0.998(60℃)。熔点 56.5～57℃。沸点 120℃(1.07kPa)。闪点 110℃。溶于水、甲醇、乙醇、丙酮、苯,不溶于正庚烷、石油醚。易自聚,也易与丙烯酸等单体进行共聚。其共聚物用于制造水处理阻垢剂、耐温抗盐的钻井液滤失剂及聚合物驱油剂、油井水泥降滤失剂等。也用于制造涂料、油墨及日用化学品等。由丙酮及丙烯腈在催化剂存在下反应制得。

双(对叔丁基苯氧基)磷酸钠 sodium bis(4-tert-butyl phenoxy)phosphate 又

$$H_3C-\underset{\underset{CH_3}{|}}{\overset{\overset{CH_3}{|}}{C}}-\underset{}{\bigcirc}-O-\underset{\underset{}{|}}{\overset{\overset{O}{\|}}{P}}-ONa$$
　　　　　　　　　　　　　　　　　　　　$_2$

名成核剂 NA-10。白色结晶粉末。熔点 >150℃。不溶于水、苯、丙酮、氯仿及环己烷等,微溶于乙醇,溶于甲醇。200℃ 及 300℃ 时的热失重分别为 2% 及 20%。无毒。可用于食品包装材料。为芳香磷酸盐有机成核剂的基本品种,用于聚丙烯树脂,可提高制品透明性、刚性、弯曲模量及热变形温度,在高温加工条件下不产生异味及变色。但与基础树脂相容性较差,不易分散,成核效率一般,多用于聚丙烯的增刚改性。以对叔丁基苯酚、三氯氧磷及乙酸等为原料制得。

1,1′-双[(二苯基膦)甲基]二茂铁 1,1′-bis[(diphenyl phosphino)methyl]ferrocene 白色针状结晶。不溶于水,溶于苯、环己烷。

$$\text{Fe}\begin{cases}\text{CH}_2\text{—P—Ph}_2\\ \text{CH}_2\text{—P—Ph}_2\end{cases}$$

是一种双齿型膦配体,用作氢甲酰化反应催化剂,对氢甲酰化反应有很高活性及选择性。以三苯基膦、二茂铁、环己烷等为原料制得。

双(二甲氨基乙基)醚 bis(2-dimethylaminoethyl)ether 又名二[2-(N,N-$(CH_3)_2NCH_2CH_2OCH_2CH_2N(CH_3)_2$ 二甲氨基乙基)]醚。无色至淡黄色透明液体。相对密度 0.85(25℃)。熔点 <-70℃。沸点 189℃。折射率 1.436。闪点 64～66℃。蒸气压 37Pa(24℃),与水混溶,水溶液呈碱性。用作生产聚氨酯泡沫的胺类催化剂,对发泡反应有很高的催化活性及选择性。主要用于软质聚醚型聚氨酯泡沫塑料及包装用硬泡沫塑料生产,尤用于生产高回弹、半硬泡沫塑料及低密度泡沫塑料。具有催化活性高、用量少、可控制发泡上升和凝胶时间等特点。由二甲基乙醇胺与二甲氨基-2-氯乙烷反应制得。

双二十烷基二甲基氯化铵 dieicosyl dimethyl ammonium chloride 一种阳离

$$\left[C_{20}H_{41}-\overset{\overset{\displaystyle CH_3}{|}}{\underset{\underset{\displaystyle C_{20}H_{41}}{|}}{N^+}}-CH_3\right]Cl^-$$

子表面活性剂。白色膏糊状物。活性物含量≥24%。5%水溶液 pH 值<9。分散于水中,溶于异丙醇等有机溶剂,有良好的杀菌、洗涤、柔软、抗静电等性能。用作织物及纤维的柔软剂、抗静电剂,油气井的绝氧杀菌剂,膨润土改性剂,水处理杀菌杀藻剂,化妆品添加剂等。由双二十烷基叔胺与氯甲烷经季铵化反应制得。

双(3,5-二叔丁基-4-羟基苄基膦酸单乙酯)镍 nickel(3,5-di-*tert*-butyl-4-hydroxybenzylmonoethyl)phosphonate

$$\left[\begin{array}{c}(CH_3)_3C\\ HO-\!\!\!\left\langle\ \right\rangle\!\!\!-CH_2-\overset{\overset{\displaystyle O}{\|}}{\underset{\underset{\displaystyle OC_2H_5}{|}}{P}}-O^-\\ (CH_3)_3C\end{array}\right]_2 Ni\cdot xH_2O$$

又名光稳定剂 2002。粉末状固体,依含水量不同而呈淡黄色或淡绿色。熔点 180～200℃。微溶于水,易溶于乙醇、丙酮、苯等常用溶剂。与多数聚合物有较好相容性。用作乙烯基树脂、聚酯、聚酰胺、丁苯橡胶等合成树脂、橡胶及纤维的光稳定剂及抗氧剂,具有光稳定及热氧化稳定性高、耐抽出、着色性小等特点,对聚丙烯纤维兼有助染及阻燃作用。以二叔丁基苯酚、甲醛、二甲胺、磷酸二乙酯及氯化镍等为原料制得。

双(3,5-二叔丁基-4-羟基苄基)硫醚 bis(3,5-di-*tert*-4-hydroxybenzyl)sulfide

$$\text{HO}-\underset{\underset{\text{C(CH}_3)_3}{|}}{\overset{\overset{\text{C(CH}_3)_3}{|}}{\bigcirc}}-\text{CH}_2-\text{S}-\text{CH}_2-\underset{\underset{\text{C(CH}_3)_3}{|}}{\overset{\overset{\text{C(CH}_3)_3}{|}}{\bigcirc}}-\text{OH}$$

白色结晶粉末。熔点 141～142℃。不溶于水,微溶于甲醇、乙醇,溶于丙酮、苯等。无毒。是一种硫酚类抗氧剂,具有耐热性好、挥发性小、不污染等特点。适用于聚烯烃、聚苯乙烯等热塑性树脂。也用作合成橡胶、胶乳的防老剂。与紫外线吸收剂 UV-531、UV-327 并用有较好协同效应,提高制品的热稳定性及耐候性。由 2,6-二叔丁基苯酚、甲醛及硫化钠经缩合反应制得。

双(2,3-二溴丙基)反丁烯二酸酯 bis(2,3-dibromopropyl)fumarate 又名阻

$$\underset{\underset{\text{Br}}{|}}{\text{BrCH}_2\text{CHCH}_2\text{OOC}-\text{CH}}\\\overset{\|}{\text{HC}-\text{COOCH}_2\overset{\overset{\text{Br}}{|}}{\text{CHCH}_2\text{Br}}}$$

燃剂 FP-2。白色结晶粉末。溴含量>62%。熔点 65～68℃。分解温度不低于 220℃。不溶于水,溶于乙醇、丙酮、甲苯。有毒!用作反应型阻燃剂,适用于不饱和聚酯、ABS 树脂,具有良好的阻燃性能。也用作添加型阻燃剂,适用于聚丙烯、聚苯乙烯泡沫塑料及氯磺化聚乙烯等。由二溴丙醇与顺丁烯二酸酐反应制得。

双酚 A bisphenol A 又名 2,2-双酚

$$\text{HO}-\bigcirc-\underset{\underset{\text{CH}_3}{|}}{\overset{\overset{\text{CH}_3}{|}}{\text{C}}}-\bigcirc-\text{OH}$$

基丙烷、2,2-双(4-羟苯基)丙烷。白色针状或片状结晶。稍有苯酚气味。相对密度 1.195。熔点 155～158℃。沸点 250～252℃(1.73kPa)。闪点 79℃。难溶于水、苯,微溶于四氯化碳,溶于乙醇、乙醚、丙酮及碱液。化学性质与酚相似,可被烃化、磺化、硝化、卤化及羰基化等。低毒。可燃。用作橡胶防老剂、聚氯乙烯热稳定剂、紫外线吸收剂、塑料抗氧剂、环氧树脂固化促进剂等,大量用于生产环氧树脂、聚碳酸酯、聚砜、聚酰亚胺、聚芳砜及阻燃剂等。在硫酸或盐酸存在下,由苯酚与丙酮反应制得。

双酚 A 型环氧树脂 bisphenol A epoxy resin 又名通用环氧树脂、E 型环氧树脂、双酚 A 二缩水甘油醚。是环氧树脂中最主要品种。黄色至琥珀色透明黏性液体或固体。不溶于水、乙醇、乙醚,易溶于丙酮、苯、甲苯、酯类等溶剂。生产上,将平均相对分子质量为 300～700,聚合度 $n<2$,软化点低于 50℃的液体产品称为低相对分子质量环氧树脂(也称软树脂);而将相对分子质量>1000,聚合度 $n>2$,软化点高于 60℃的固体产品称为高相对分子质量环氧树脂(硬树脂)。对金属、木材、陶瓷、玻璃等都有很强粘接力。固化产品具有无毒无味、粘接强度高、耐化学药品性优良、电

绝缘性好等特点。缺点是脆性较大,抗剥离强度低。高相对分子质量环氧树脂主要用于防腐或绝缘涂料,低相对分子质量环氧树脂主要用于制造胶黏剂及塑料。由双酚A与环氧氯丙烷在碱催化剂存在下反应制得。

双酚F bisphenol F 又名4,4′-二羟基二苯甲烷。白色至浅黄色叶片状或针状结晶。相对密度1.18(25℃)。熔点158~160℃。沸点242℃(2.0kPa)。闪点232℃。折射率1.5762(25℃)。难溶于水,溶于乙醇、乙醚、丙酮及碱液。会升华,暴露于日光下会使颜色变深。可燃。低毒。用于制造液体或低黏度环氧树脂、聚碳酸酯、聚酯、酚醛树脂、阻燃剂、抗氧剂及表面活性剂等。由苯酚与甲醛在硫酸或盐酸存在下反应制得。

双酚F型环氧树脂 bisphenol F epoxy resin 又名双酚F二缩水甘油醚。是在碱催化剂存在下,由双酚F与环氧氯丙烷反应制得的高分子化合物。为无色至淡黄色透明黏稠液体。化学结构与双酚A型环氧树脂相近,但其黏度不到后者的1/3。用作涂料时有较好的操作工艺性。固化物热变形温度92~96℃。除耐热性稍低于双酚A型环氧树脂外,耐腐蚀及耐冲击性均优于后者。可采用浇铸、喷涂、浸渍、包封、涂覆等方法施工。可用于制造无溶剂固体涂料、铸塑及层压材料、灌封材料等,也用于制造低黏度、流动性好及快速固化胶黏剂、半导体导电胶等。

双酚S bisphenol S 又名4,4′-二羟基二苯砜。白色针状结晶。相对密度1.366(15℃)。熔点249℃。难溶于水、苯、氯仿,易溶于甲醇、乙醚、丙酮、乙酸、乙酯等。化学性质稳定。有较好的耐热、耐光及耐氧化性能,低毒。用于制造染料、工程塑料、助燃剂、表面活性剂、环氧树脂固化剂、酚醛树脂固化促进剂及鞣革剂等。由苯酚与硫酸反应后经脱水制得。

双酚S型环氧树脂 bisphenol S epoxy resin 又名双酚S二缩水甘油醚。分为低相对分子质量及高相对分子质量两种产品。低相对分子质量产品的环氧当量为185~195,软化点165~168℃;高相对分子质量产品的环氧当量为300,软化点91℃。其固化物的热变形温度及热稳定性较双酚A型环氧树脂有较大提高。加入固化剂后凝胶速度快,固化物有较好的尺寸稳定性及耐化学药品性,对玻璃纤维有较好润湿性,可用浇铸、层压、模塑及粉末涂覆等方法施工。用于制造高温结构胶黏剂、粉末涂料、浇铸料及层合制品等。低相对分子质量产品由双酚S与环氧氯丙烷在碱性介质中反应制得,如再与双酚S反应,即可制得高相对分子质量产品。

双癸基二甲基氯化铵 didecyl dimethyl ammonium chloride 又名氯化双癸基二甲基铵。淡黄色至水白色透明液体。相对密度0.890~0.927。闪点30℃。10%水溶液

pH值6～9。溶于水、丙酮,易溶于苯。对皮肤及眼睛有刺激性。为阳离子表面活性剂,有良好的分散、杀菌性能。用作工业循环冷却水、油田注水等的杀菌灭藻剂,其杀菌效果优于十二烷基二甲基苄基氯化铵。也可与其他杀生剂、分散剂、阻垢剂等同时使用,但不能与阴离子表面活性剂并用,也用作毛织品防蛀剂,民用或医用消毒剂及杀菌剂。由氯代癸烷与甲胺在催化剂存在下反应制得双癸基甲基叔胺后,再与氯甲烷反应制得。

双癸基二甲基溴化铵 didecyl dimethyl ammonium bromide 又名溴化双癸基二甲基铵。淡黄色透明液体。活性物含量68%～72%。溶于水、乙醇、异丙醇、丙酮。10%水溶液pH值6～9。为阳离子表面活性剂,有良好的分散、抗静电及杀菌性能。用作塑料抗静电剂、工业循环冷却水及油田注水后杀菌灭藻剂、污水处理絮凝剂等。由溴甲烷与双癸基甲基胺经季铵化反应制得。

双环戊二烯石油树脂 dicyclopentadiene petroleum resin 又名环烷烃树脂、DCPD石油树脂。淡黄色至浅棕色粒状或块状物。相对密度1.02～1.04。软化点100～140℃。酸值≤1.5mgKOH/g。不溶于水,溶于丙酮、苯、乙醇乙酯、溶剂汽油及松节油等。可燃。无毒。用作热熔胶、压敏胶的增黏剂,油墨连接料,橡胶增强剂等。具有与橡胶及合成树脂相容性好、热稳定性高等特点。由双环戊二烯在催化剂存在下聚合制得。

双季铵盐 TS-826 bisquaternium salt TS-826 又名杀菌剂TS-826。一种季铵盐类阳离子表面活性剂。具有极好的水溶性及表面活性。用作工业循环冷却水及油注水的杀菌灭藻剂。除了具有较好的杀菌活性外,还具有投药量少、药剂特效时间长、对菌藻清洗及剥离效果好等特点,对异养菌、硫酸盐还原菌及铁细菌均具有良好的杀灭效果。也可用作塑料、皮革、纸张、涂料、胶黏剂等的防霉杀菌剂。由长碳链叔胺与卤代醚在催化剂存在下反应制得。

双季铵盐杀菌剂 BQN 系列 biquaternium salt bactericide BQN series

$$\left[\begin{array}{c} CH_3 \\ | \\ R-N^+-CH_2CH_2OCH_2CH_2-N^+-R \\ | \\ CH_3 \end{array} \begin{array}{c} CH_3 \\ | \\ \\ | \\ CH_3 \end{array}\right] 2X^-$$

$(R=C_{10\sim18}H_{21\sim37}, X=Cl、Br、I)$

又名双十～十八烷基二甲基乙基铵。一类季铵盐类阳离子表面活性剂。商品有BQN-1、BQN-2、BQN-3等。BQN-1为白色固体,易溶于水,对硫酸盐还原菌有较强杀菌能力;BQN-2为黄色固体,溶于水,对硫酸盐还原菌有较强杀菌能力,并兼有缓蚀作用;BQN-3为黏稠状液体,易溶于水,除对硫酸盐还原菌有杀菌作用外,在中性含氧污水体系中,对碳钢有一定缓蚀作用。BQN系列主要用作油田回注污水系统的缓蚀杀菌剂,可与其他药剂交替使用,不但能抑制硫酸盐还原菌产生抗药性,而且由于其高效杀菌能力,能降低单位体积水处理成本。由 $C_{10\sim18}$ 烷基叔胺与二氯乙烷经季铵化反应制得。

双季戊四醇酯 bispentaerythritol ester 简称 PCB。双季戊四醇酯包括醚型及酯型两大类,均为淡黄色黏稠油状液体。相对密度 0.985～1.050。凝固点-50℃(酯型)。闪点>265℃。折射率1.4450～1.4580。不溶于水。溶于醇、苯、矿物油等。用作乙烯基树脂、纤维素树脂、聚甲基丙烯酸酯等的增塑剂,具有耐热、耐迁移、耐老化、耐挥发及电性能好等特点,但耐低温差较差。主要用于制造耐高温电缆及耐高温电绝缘材料。用作聚氯乙烯增塑剂,可满足105℃级聚氯乙烯电缆料的要求。酯型双季戊四醇酯由于挥发度低、黏度高、电绝缘性好,也可用作高级润滑油、电绝缘油及导热油。醚双季戊四醇酯是由季戊四醇副产物双季戊四醇与 $C_5\sim C_7$ 脂肪酸反应制得;酯型双季戊四醇酯是由季戊四醇、己二醇及 $C_5\sim C_8$ 脂肪酸经酯化反应制得。

双(NN'-甲基-丁基亚甲基)二乙烯三胺 bis(NN'-methyl-butylmethylene)diethylene triamine 又名酮亚胺。淡黄色液体,有氨味。黏度25～30mPa·s。溶于乙醇、乙醚、丙酮、苯等。室温不稳定。遇水会分解。主要用作环氧树脂潜伏性固化剂,尤适用于潮湿或水下固化。也用作单组分聚酯胶黏剂的固化剂。由二亚乙基三胺与甲基异丁基酮反应制得。

双氯芬酸钠 diclofenac sodium 又名双氯灭痛、扶他林、2-[(2,6-二氯苯基)氨基]苯乙酸钠。白色或类白色结晶性粉末。无臭。略溶于水,易溶于乙醇。1%水溶液pH值0.5～7.5。有很强的抗炎、镇痛和解热作用,镇痛活性为吲哚美辛的6倍,阿司匹林的40倍。解热作用为吲哚美辛的2倍,阿司匹林的35倍。药效强、不良反应少、剂量小、个体差异小,是世界上使用最广的非甾体抗炎药之一。主要用于类风湿性关节炎、神经炎、红斑狼疮及癌症和手术后疼痛,以及各种原因引起的发热。由2,6-二氯二苯胺与氯乙酰氯缩合后经水解制得。

双氯酚 dichlorphene 又名菌霉净、防霉酚。纯品为白色或无色结晶性固体。无臭。熔点178°。工业品为棕色粉末。相对密度1.4～1.5。不溶于水,溶于乙醇、乙醚、丙酮,微溶于石油醚。易溶于碱溶液中形成盐。商品常制成含量为30%的水合胶悬剂。用作木材、涂料、胶黏剂、人造革、浆料及织物的防霉剂,农用杀虫剂,人体驱虫剂等。也用作石化、炼油、化肥、造纸等工业循环水的杀生剂。对多种霉菌、细菌和酵母菌有良好的抑制效果。并对水中的异养菌、硫酸盐还原菌、铁细菌及藻类也有杀灭效果。低毒。由对氯苯酚与甲醛在硫酸催化剂存在下反应制得。

双偶氮颜料 bisazd pigment 分子中含有两个偶氮基(—N=N—)的颜料。在颜料分子中导入两个偶氮基一般有两种方法:一是以二元芳胺加重氮盐(如3,3′-二氯联苯胺)与偶合组分(如乙酰乙酰苯胺及其衍生物或吡唑啉酮及其衍生物)偶合;二是以一元芳胺的重氮盐与二元芳胺(如双乙酰乙酰苯胺及其衍生物或双吡唑啉酮及其衍生物)偶合。按化学结构可分为三类:①由联苯胺衍生物为重氮组分合成的联苯胺系颜料;②由吡啶酮衍生物为偶合组分合成的联苯胺系颜料;③由双乙酰基乙酰芳胺衍生物为偶合组分合成的联苯胺系颜料。这类颜料生产工艺较复杂,色谱有黄、橙及红色。耐溶剂性及耐迁移性较好,耐晒牢度不太理想。主要用于一般品质的印刷油墨及塑料,较少用于涂料。典型品种有联苯胺黄 G。

N,N'-双(2-羟乙基)乙二胺 N,N'-bis(2-hydroxyethyl)ethylene diamine HOCH$_2$CH$_2$NHCH$_2$CH$_2$NHCH$_2$CH$_2$OH 又名固化剂2号。浅黄色至黄色黏稠液体。有胺类臭味。溶于水、乙醇。易吸湿。与环氧树脂相容性好,黏度较乙二胺高,挥发性比乙二胺小,毒性约为乙二胺的1/6。主要用作环氧树脂固化剂,室温固化,用于黏合剂、耐腐蚀材料及防潮包装材料等,能增强固化物的韧性及抗冲击性能。由环氧乙烷与乙二胺反应制得。

双氰胺 dicyandiamide 又名氰基胍。

$$H_2N-C-NH-C\equiv N$$
$$\|$$
$$NH$$

白色棱柱状或片状结晶。相对密度 1.4041 (25℃)。熔点 210~212℃。稍溶于水、乙醇、丙酮,难溶于苯、乙醚,易溶于液氨。水溶液接近中性。干燥时稳定,加热至熔点时生成三聚氰胺,在酸性条件下加热生成咪基脲,在碱性条件下加热生成氰基脲。不燃。低毒。用于制造三聚氰胺树脂、磺胺类药物、胍盐、胶黏剂等。也用作环氧树脂固化剂、橡胶硫化促进剂、皮革鞣剂、淀粉流动性促进剂、染料固色剂、玻璃纤维润滑剂及纸张阻燃剂等。由石灰氮水解、脱钙,再在碱性条件下聚合而得。

双氰胺树脂鞣剂 dicyandiamide resin tanning agent 由双氰胺与甲醛以1:3.5~5(摩尔比)混合后,在微碱性条件下缩合制得的树脂。根据双氰胺和甲醛缩合时摩尔比不同,可获得阳离子、阴离子及非离子鞣剂。可用于铬鞣革的预鞣和复鞣。如在铬鞣前,用这种鞣剂处理脱灰软化后的裸皮、代替浸酸后进行无机盐铬鞣,可提高成革的面积得率,缩短鞣制时间,成革丰满、紧实、部位差小;用于铬鞣革的复鞣时,能明显增加皮革粒面的致密性,改善皮革手感。

双醛淀粉 dialdehyde starch 又名过碘酸氧化淀粉。是以淀粉为原料,用高碘酸氧化制得的

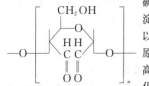

一种氧化淀粉。其制备是利用淀粉结构单元中的邻二醇结构可以与过碘酸反应,使葡萄糖基的 C_2 与 C_3 间的化学键断开并生成两个醛基。用作纸张表面施胶剂,可提高纸张的干湿温度,在聚氯乙烯薄膜及人造革生产中用作离型纸离型剂的反渗透剂,医药上可用作消炎药及尿素氮的吸附剂,制革工业中用作预鞣及复鞣剂,还可用作棉纤维交联剂及水泥缓凝剂等。

双乳酸双异丙基钛酸铵 ammonium di(2-hydroxy-propanoic acid) diisopropyl titanate 棕褐色略带黏性液体。相对密度 $\geqslant 1.0$。与水混溶,不溶于醚、酮等有机溶剂,略溶于乙醇、甲醇。在弱酸性至弱碱性条件下,可与结构单元上含有顺式邻位羟基的水溶性高聚物进行交联,故可用作压裂液交联剂,对稠化剂溶液进行交联,形成高黏度压裂液,$140℃$、$170 s^{-1}$ 下剪切 2h 压裂液黏度 $\geqslant 80 MPa \cdot s$。制得的交联冻胶使用温度可达 $140℃$。由异丙醇与四氯化钛反应制得四异丙醇钛酸酯后与乳酸反应制得。

双三丁基氧化锡 bis(tributyl)tin oxide

$$C_4H_9\text{—}Sn(C_4H_9)_2\text{—}O\text{—}Sn(C_4H_9)_2\text{—}C_4H_9$$

又名三丁基氧化锡。微黄色液体。相对密度 $1.17(25℃)$。溶点低于 $-45℃$。沸点 $180℃$ $(0.267kPa)$。闪点高于 $100℃$。折射率 1.8472。不溶于水,溶于乙醇、乙醚、丙酮等常用有机溶剂。有毒!吞咽或皮肤吸收均会引起中毒!为有机锡杀生剂,对杀死腐烂木材中的微生物和防止因真菌而产生黏泥十分有效。工业循环冷却水及油田回注水中用作杀菌剂,也用于制造船舶防腐涂料、木材防腐剂、农用熏蒸杀菌剂及有机锡合成树脂等。由四氯化锡与氯丁烷反应生成三丁基氯化锡后,再与氢氧化钠反应制得。

双(2,2,4-三甲基-1,3-戊二醇单异丁酸)己二酸酯 bis(2,2,4-trimethyl-1,3-pentanediol monoisobutyrate)adipate

$$(CH_3)_2CHCH(CH_3)_2CCH_2OCOCH_2C(CH_3)_2CHCH(CH_3)_2$$
$$\qquad\qquad O=CCH(CH_3)_2 \qquad\qquad O=CCH(CH_3)_2$$

无色透明液体。相对密度 1.01。熔点 $-34℃$。闪点 $236℃$。折射率 1.4528 $(25℃)$。酸值 $< 5gKOH/g$。黏度 $144mm^2/s(185℃)$。不溶于水,溶于苯、二甲苯、丙酮。有良好的耐沸水及耐水解性能。与聚氯乙烯、苯乙烯、硝酸纤维素、乙基纤维素、酚醛树脂等有良好相容性。用作乙烯基树脂尤其是增塑糊的永久性主增塑剂。用其生产的薄膜、片材、增塑糊的性能良好。广泛用于汽车内部

装饰、家具、防雨用具、电线电缆包皮等。

双(2,4,6-三氯苯基)草酸酯 bis(2,4,6-trichlorophenyl)oxalate 白色结晶。熔点190~192℃。不溶于水,溶于苯、甲苯、氯仿。一种化学冷光材料,可用于制造化学冷光源,用于井下及水下作业、军事等领域,具有无放射性污染、无热效应、无电磁辐射等特点。由2,4,6-三氯苯酚与草酰氯反应制得。

1,2-双(2,4,6-三溴苯氧基)乙烷 1,2-bis(2,4,6-tribromophenoxy)ethane 又名阻燃剂FP-3B。白色结晶粉末。理论溴含量约69.7%。相对密度2.58。熔点223~225℃。热分解温度高于290℃,热失重为5%的温度290℃。不溶于水、乙醇、丙酮,溶于热苯、甲苯等。一种添加型溴系阻燃剂,具有热稳定性好,耐光、耐酸碱性及电绝缘性强等特点。适用于聚烯烃、聚苯乙烯、聚酯及ABS树脂等热塑性或热固性塑料。尤适用于浅色及艳色制品,以及在加工过程中对释出微量酸性气体敏感的塑料制品。由环氧乙烷与苯酚反应生成二苯氧基乙烷,再经溴化制得。

双三乙醇胺双异丙基钛酸酯 ditriethanolamine diisopropyl titanate 又名三乙醇胺异丙基钛酸酯、三乙醇胺钛酸异丙酯。琥珀色至红棕色液体。具有酯和有机溶剂气味。相对密度1.06。黏度90mPa·s。溶于水及醇、酮等有机溶剂,略溶于低分子醇类。可用作压裂液交联剂。如用作植物胶稠化剂的交联剂时,将植物胶浓度调为0.4%~1.0%,本品用量0.05%~0.1%,进行交联时,140℃、170s^{-1}下剪切2h压裂液黏度≥80mPa·s。所得交联冻胶耐温可达150~180℃。由异丙醇与四氯化钛反应制得四异丙醇钛酸酯后与三乙醇胺反应制得。

双十八烷基二甲基氯化铵 dioctadecyl dimethyl ammonium chloride 又名氯化双十八烷基二甲铵。白色或微黄色膏状物或固体。相对密度0.85~0.87(37.8℃)。活性物含量74%~77%。HLB值9.7。1%水溶液pH值8~9。微溶于水,溶于异丙醇。一种阳离子表面活性剂,有良好的乳化、分散、抗静电及防腐蚀性能。与阳离子、阴离子及非离子表面活性剂有良好配伍性。用作织物柔软剂及抗静电剂、沥青乳化剂、矿物浮选剂、塑料抗静电剂、膨润土改性剂及洗涤助剂等。由双十八烷基叔胺与氯甲烷经季铵化反应制得。

双十八烷基甲基叔胺 dioctadecyl methyl amine $(C_{18}H_{37})_2NCH_3$ 又名 N-甲基二(十八)胺。常温下为蜡状固体。熔点47~49℃。沸点252~259℃(6.7Pa)。不溶于水,溶于乙醇、乙醚、苯、四氯化碳等有机溶剂。主要用于制造双十八烷基二甲基氯化铵表面活性剂,也用于制造织物柔软剂、抗静电剂、矿物浮选剂、防结块剂及防水剂等。由十八醇与甲胺反应制得。

双十二烷基二甲基氯化铵 didodecyl dimethyl ammonium chloride $[(C_{12}H_{25})_2N(CH_3)_2]^+Cl^-$ 又名双十二烷基二甲基氯化铵。一种阳离子表面活性剂。无色至浅黄色液体或膏状体。活性物含量有50%、75%、90%等。相对密度0.86。微溶于水,溶于醇、液氨、二甲基甲酰胺等极性溶剂。5%溶液pH值5~7.5。耐酸、耐碱、耐热、耐光。有良好的分散、乳化、渗透、抗静电及抗菌性能。用作沥青乳化剂、胶乳稳定剂及乳化剂、矿物浮选剂、织物柔软剂、黏泥防粘剂、抗静电剂、杀菌消毒剂及污水处理絮凝剂等。在碱催化剂存在下,由双十二烷基仲胺与氯甲烷经季铵化反应制得。

双十二烷基甲基叔胺 didodecyl methyl amine $(C_{12}H_{25})_2NCH_3$ 又名 N-甲基二(十二烷)胺。无色至浅黄色透明液体或固体。叔胺胺值135~153mg/g。叔胺含量>90%。不溶于水,溶于乙醇、乙醚等常用有机溶剂。具有有机胺的通性。具碱性。对皮肤、黏膜有中等刺激作用。用于合成阳离子表面活性剂、洗涤剂等,也用作纺织品抗静电剂、防腐剂等。由十二醇与甲胺反应制得。

双十六胺 dihexadecyl amine 无色结晶性固体。相对密度0.83。熔点67℃。沸点231℃(0.133kPa)。微溶于水,溶于乙醇、乙醚、苯、氯仿。对皮肤、黏膜及眼睛有刺激及腐蚀性。用作杀菌消毒剂、颜料分散剂、农药乳化剂、矿物浮选剂、油品添加剂、洗涤助剂、油田及工业水处理缓蚀剂,以及用于制造抗静电剂、表面活性剂等。可在催化剂存在下,由高级醇与氨反应制得。

$HN\diagdown^{C_{16}H_{33}}_{C_{16}H_{33}}$

双十六烷基二甲基氯化铵 dihexadecyl dimethyl ammonium chloride 一种阳离子表面活性剂。白色膏状物。活性物含量70%~75%。

$\left[\begin{array}{c}C_{16}H_{33}\ \ \ \ CH_3\\ \diagdown\ \ /\\ N^+\\ /\ \ \diagdown\\ C_{16}H_{33}\ \ \ \ CH_3\end{array}\right]Cl^-$

10%水溶液pH值5~9。微溶于水,溶于异丙醇。具有良好的乳化、抗静电及柔软等性能。用作织物柔软整理剂、抗静电剂、沥青乳化剂等,也用于化妆品、洗涤用品及三次采油等领域。由双十六烷基甲胺与氯甲烷经季铵化反应制得。

双十四烷基二甲基氯化铵 ditetradecyl dimethyl ammonium chloride 一种阳离子表面活性剂。白色或微黄色膏状物。微溶于水。活性物含量70%~75%。10%水

$\left[\begin{array}{c}C_{14}H_{29}\ \ \ \ CH_3\\ \diagdown\ \ /\\ N^+\\ /\ \ \diagdown\\ C_{14}H_{29}\ \ \ \ CH_3\end{array}\right]Cl^-$

溶液 pH 值 5~9。有良好的分散、抗静电及防腐蚀作用。用作消菌消毒剂,适用于公共场所、家禽饲养业。也用作织物抗静电剂及柔软剂、矿物浮选剂、沥青乳化剂等。由双十四烷基甲胺与氯甲烷经季铵化反应制得。

双水杨酸双酚 A 酯 bisphenol A disalicylate 又名 4,4′-亚异丙基双酚双水杨酸酯、紫外线吸收剂 BAD。白色无臭粉末。熔点 158~161℃。不溶于水、乙醇,易溶于苯、甲苯、氯苯及石油醚。可吸收 350nm 以下的紫外线,并对大气中的氧也有稳定作用。用作聚乙烯、聚丙烯及聚氯乙烯等的光稳定剂,与树脂相容性及光稳定性都较好。用于农膜时能有效地吸收对植物有害的短波紫外线(<315nm),而透过对植物生长有利的长波紫外线。由水杨酰氯与双酚 A 反应制得。

双(2,2,6,6-四甲基哌啶基)癸二酸酯 bis(2,2,6,6-tetramethyl-4-piperidyl)sebacate 又名光稳定剂 770、受阻胺 770。

无色或微黄色结晶粉末。熔点 81~85℃。难溶于水,溶于丙酮、甲醇、苯、氯仿及乙酸乙酯等。有效氮含量 5.83%。能吸收波长为 290~400nm 的紫外线。用作聚烯烃、聚苯乙烯及 ABS 树脂等的光稳定剂,光稳定效果优于一般紫外线吸收剂及猝灭剂。与抗氧剂并用有协同效应,并可提高耐热性。但因相对分子质量小,挥发性大,耐抽出性差,宜用于厚制品。以丙酮、氨及癸二酸二甲酯等为原料制得。

双(1,2,2,6,6-五甲基-4-哌啶基)癸二酸酯 bis(1,2,2,6,6-pentamethyl-4-piperidinyl)sebacate 又名光稳定剂 GW-

508。无色至浅黄色黏稠液体。沸点 220～222℃（26.6Pa）。有效氮含量 5.5%。242℃时的热失重为 10%，全失重温度为 333℃。难溶于水，易溶于乙醇、苯、四氯化碳、乙酸乙酯等。用作光稳定剂,适用于聚乙烯、聚丙烯、聚苯乙烯及 ABS 树脂等。也用作聚酯涂料的光稳定剂。

双烯基丁二酰亚胺 bisolefin succinimide 又名双丁二酰亚胺、双聚

$$R-CH-C(=O)-N(CH_2CH_2NH)_nCH_2CH_2N-C(=O)-CH-R$$
$$| \quad CH_2-C(=O) \qquad (=O)C-CH_2 \quad |$$

（R=聚异丁烯，n=2～3）

异丁烯丁二酰亚胺。属非离子型表面活性剂。按生产厂不同分为 T-152、T-154、T-154A 等牌号产品。外观为黏稠性透明液体。相对密度 0.89～0.953。闪点 ≥170℃。氮含量 1.13%～1.35%。碱值 15～30mgKOH/g。运动黏度 130～250mm^2/s(100℃)。用作增压柴油机机油及高档内燃机机油的分散剂及清净剂,具有优良的抑制低温油泥及高温积炭生成能力。用于调制中、高档汽油机油和柴油机油,也用于高碱性船用汽缸油。由低分子聚异丁烯与马来酸酐在氯气作用下生成烯基丁二酸酐,再与多烯多胺反应制得。

双辛基二甲基溴化铵 dioctyl dimethyl ammonium bromide 又名溴化双辛基二甲基铵。淡黄色液体。微溶于水,溶于乙醇、异丙醇。对皮肤及眼睛有刺激性。为阳离子表面活性剂,有良好的杀菌性能。用作工业循环水、油田注水、游泳池水等的杀剂,对硫酸盐还原菌、腐生菌有很高的杀灭率。杀菌效果优于十二烷基二甲基苄基氯化铵。也用作硬表面消毒剂及清洗剂。由正辛醇与溴化钠在催化剂存在下反应生成正溴化辛烷后,与二甲胺反应制得。

双辛基甲基氯化铵 dioctyl dimethyl ammonium chloride 又名氯化双辛基二甲基铵、二甲基双辛基氯化铵。无色至淡黄色液体。商品有 50%、80% 的乙醇水溶液。微溶于水,溶于乙醇、异丙醇。10% 水溶液的 pH 值 5～9。对皮肤有腐蚀性。有良好的杀菌、抗静电等性能。为阳离子表面活性剂。用作塑料抗静电剂、毛织物防蛀剂、工业循环水或油田水的杀菌剂、硬表面消毒剂及清洗剂等。由氯代辛烷与甲胺反应制得双辛基甲基叔胺后与氯甲烷反应制得。

双氧水
见"过氧化氢"。

双氧水漂白稳定剂 S hydrogen peroxide stabilizer S 又名氧漂稳定剂 S。一种由阴离子、非离子脂肪酸衍生物组成的乳化液。外观为白色乳液。相对密度 $1.02\sim1.04$。固含量 $8\%\sim12\%$。pH 值 $7\sim8$。易分散于水中。用于棉及其混纺织物的双氧水漂白工艺。能有效地控制双氧水分解速度。与硅酸钠相比，设备清洁无硅垢，漂白后的织物手感好、白度高、纤维损伤少。由多种脂肪酸衍生物按一定配比复配、乳化制得。

双氧威 fenoxycarb 又名 2-(4-苯氧基苯氧基)乙基氨基甲酸酯。无色结晶。熔点 $53\sim54℃$。蒸气压 0.0078MPa（20℃）。稍溶于水，溶于乙醚、丙酮、甲醇、异丙醇、氯仿。对光稳定。一种昆虫生长调节剂。对多数昆虫呈现强烈保幼激素活性，可使卵不孵化，抑制成虫期变态及幼虫期的蜕皮，造成幼虫后期或蛹期死亡。具有杀虫谱广、持效期长的特点。可用于防治鳞翅目害虫和果树、棉花、橄榄及观赏植物上吮吸式口器害虫。以对苯氧基苯酚、2-氯乙基氨基甲酸乙酯为原料制得。

双乙酸钠 sodium diacetata 又名二乙酸钠、双乙酸氢钠。为乙酸钠和乙酸的分子复合物，由短氢键相螯合。纯品为白色吸湿性粉末，有乙酸气味。极易溶于水，并放出 42.25% 乙酸。10% 水溶液的 pH 值为 $4.5\sim5.0$。加热至 150℃ 以上分解，散发出烟气及刺激性酸味。可燃。用作防腐剂、防霉剂、保鲜剂及螯合剂等。双乙酸钠在生物体内最终代谢产物是 CO_2 及水，对人及生态环境无不良作用。可用于所有粮食作物的防腐、防霉及保鲜。还可用于啤酒生产中大麦芽防霉、防腐及保鲜，对面包的霉菌及发霉时表面长白毛的细菌有明显抑制作用。由 2mol 乙酸用 0.5mol 碳酸钠中和后经浓缩、精制而得。

双硬脂酸甘油酯 glycerine distearate 又名甘油双硬脂酸酯、双甘酯。属非离子表面活性剂。白色至微黄色固体。纯度 $\geqslant 85\%$。游离脂肪酸 $\leqslant 2.5\%$。碘值 $\leqslant 3.0 gI_2/100g$。不溶于水。溶于乙醚、植物油、矿物油。用作油包水型（W/O）乳化剂。主要用作食品乳化剂及稳定剂，适用于高档化妆品、食品及药品等。由甘油与硬脂酸经酯化反应、精制而得。

双硬脂酸铝 aluminium distearate 又名二硬脂酸羟基铝、二(十八酸)铝。白色至微黄色粉末。微具特殊气味。相对密度 1.009。熔点 145℃。不溶于水、醇、丙酮，溶于苯、碱液及松节油。遇强酸分解成硬脂酸及相应的铝盐。低毒。用作聚氯乙烯热稳定剂，适用于不透明制品，可用于与食品接触的制品。也用作金属防锈剂，织物及建筑材料防水剂,油墨及涂料增稠剂、乳化剂等。由硬脂酸与氢氧化钠皂化后,再与硫酸铝反应制得。

双组分聚氨酯涂料 two-component polyurethane coatings 一组分为带 NCO 基的异氰酸酯组分(简称甲组分),另一组分为带 OH 基组分(简称乙组分)。施工时先将甲、乙组分按规定比例混合,利用 NCO 基和 OH 基团生成聚氨酯,为了促进涂膜快干,常使用少量催化剂作为第三组分或将催化剂预先加入乙组分中。在各种类型聚氨酯涂料中,双组分涂料的品种最多、产量最大、应用最广,它既可室温固化,亦可低温固化。

双组分涂料 two-component coatings 俗称2K涂料。将涂料中活性较大的组分分为两个小组分,如成膜物质与固化剂或交联剂,成膜物质与活性颜料等分开包装,使用时再按规定比例调配在一起的涂料。常见的双组分涂料有双组分聚氨酯涂料、双组分环氧树脂涂料等。双组分涂料从调和时起,即开始反应而渐渐固化,如在一定时间不用,就会变质。除双组分包装外,还有三组分、四组分包装等涂料。

水飞蓟素 silymarin 又名西利马灵、利肝隆。白色结晶性粉末。无臭,味微苦。有吸湿性,熔点 167℃。比施光度 +11°(丙酮)。加热至 180°左右开始分解。难溶于水、氯仿,微溶于甲醇、乙醇,溶于丙酮、乙酸乙酯、苯,易溶于碱液。具有较强保肝作用,用于治疗急性及慢性肝炎、脂肪肝、肝硬变、胆囊炎、胆结石、酒精中毒及催眠药中毒等。由菊科植物的水飞蓟的果实经溶剂萃取制得。

水分散涂料
见"水性涂料"。

水果酸
见"α-羟基酸"。

水合肼 hydrazine hydrate $N_2H_4 \cdot H_2O$ 又名水合联氨。无色透明发烟性液体,有氨的气味。相对密度 1.032(21℃)。熔点 -40℃。沸点 118.5℃(98.7kPa)。闪点 72℃。折射率 1.4284。与水、乙醇混溶。不溶于乙醚、氯仿。具有强还原性,强碱性及强渗透性。遇氧化剂会引起燃烧或爆炸。剧毒!用作高压锅炉用水除氧剂,除去水中溶解氧。也可将锅炉中铁锈(氧化铁)中的氧还原为水,并使锈层形成硬的磁性氧化铁层,阻止锅炉锈蚀。也用作废水处理的脱卤剂。

水化白油 hydrated white oil 黄棕色油状液体。主要成分为磺化油脂。含油量≥85%。30℃以上呈透明状。40℃时可与任意量水形成稳定的乳化液,pH 值 7~8.5。主要用于毛麻工业生产精纺绒线,可增加羊毛弹性,使毛条通过精梳机时,增加强度并起润滑作用。也用作丝绸柔软剂,金属切削冷却润滑剂及防锈剂。由菜油经硫酸磺化、碱中和后,再加入白油、乙醇混合制得。

水基胶黏剂 water-based adhesive 又名水性胶黏剂。简称水基胶、水性胶。指能分散或能溶解于水中的成膜材料制成的胶黏剂。成膜材料一般都是有机聚合物。现有水基胶黏剂并非都是100%无溶剂的,也会含有少量挥发性有机化合物作为水性介质助剂,以控制黏度或流动性等。水基胶黏剂分为以下几类:①水溶液型水基胶黏剂。又可分为天然或改性天然高分子水溶液(如淀粉、糊精类胶黏剂)、合成聚合物水溶液(如聚乙烯醇)。②水分散型或乳液型水基胶黏剂。又可分为合成树脂胶乳(如聚乙酸乙烯酯、聚丙烯酸酯胶乳)及合成橡胶胶乳(如丁苯、丁腈橡胶胶乳等)。③固体橡胶或树脂经乳化或分散所得到的水性分散液,如水基再生胶或丁基胶等。④其他。如水基聚氨酯以及一些无机黏合剂。水基胶黏剂适用于金属、玻璃、木材、纸张、纤维、皮革等材料的粘接。

水基涂料

见"水性涂料"。

水解聚丙烯腈铵盐 hydrolyzed ammonium polyacrylonitrile 黄褐色粉末。铵含量$\geqslant 7.0\%$。溶于水,水溶液呈中性。主要用作钻井液处理剂,具有良好的降滤失性能及降黏能力,能有效防止井壁坍塌。适用于两性离子型及阴离子型钻井液体系。由腈纶废丝经高温高压水解后,经喷雾干燥制得。

水解聚丙烯腈钙盐 Ca-hydrolyzed polyacrylonitrile 是由聚丙烯腈废料在氧化钙存在下,经高温水解、交联而制得的聚合物。灰白色粉末。pH值$\leqslant 12$。溶于水。用作钻井液降滤失剂,并有较强的抗盐、抗钙能力。主要用于低固相聚合物钻井液体系。在淡水钻井液及海水钻井液中都有良好的降滤失效果。

水解聚丙烯腈钾铵盐 hydrolyzed potassium ammonium polyacrylonitrile 灰褐色固体粉末。水解度$\geqslant 50$。1%水溶液pH值$7\sim 9$。易溶于水,水溶液呈弱碱性。主要用作钻井液页岩抑制剂。也可用作钻井液降滤失剂及降黏剂。有良好的防塌能力和维护钻井液胶体稳定性的能力。适用于两性离子型和阴离子型钻井液体系。由腈纶废丝经氢氧化钾高温水解制得。

水解聚丙烯腈钾盐 hydrolyzed potassium polyacrylonitrile 一种阴离子型聚合物。灰褐色粉末。有效物含量$\geqslant 70\%$。水解度60%。1%水溶液pH值$11\sim 12$。溶于水,水溶液呈碱性。用作钻井液处理剂,具有良好的降滤失性能,并能有效防止井壁坍塌。适用于各种两性离子或阴离子型钻井体系。由腈纶废丝用氢氧化钾水解制得。

水解聚丙烯腈钠盐 Na-hydrolyzed polyacrylonitrile 一种由聚丙烯腈废丝经碱水解制得的阴离子聚合物。灰白色粉末。相对密度$1.14\sim 1.15$。易溶于水,水溶液呈弱碱性。主要用作钻井液降滤失剂。分子链上含有$-CONH_2$、$-COO^-$、$-CN$等基团,因而有较强耐温抗盐能力。对淡水钻井液有增黏作用,而对含盐钻井液则有降黏作用。

水解马来酸酐 hydrolyzed polymaleic anhydride 又名水解聚顺丁烯二酸酐。一种非离子表面活性剂。棕黄色透明液体。相对密度1.18。固含量$\geqslant 48\%$。1%水溶液

pH 值 2～3。易溶于水。具有良好的分散、阻垢、缓蚀等性能。用作工业冷却水系统、低压锅炉、海水淡化闪蒸装置等的阻垢缓蚀剂。耐高温性能突出,在175℃介质中长期使用不影响阻垢效果。由马来酸酐在过氧化二苯甲酰引发剂存在下聚合制得聚马来酸酐后,再经水解制得。

水芹烯 phellandrene 有 α-、β-水芹烯两种异构体。天然存在于茴香油、桉树油、肉桂叶油等中,主要以 α-水芹烯为主。由于两者的沸

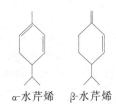

α-水芹烯　　β-水芹烯

点几乎相同。商品水芹烯是以 α-水芹烯为主的混合物。为无色至淡黄色油状液体,有柑橘样香气。不溶于水、甘油,溶于乙醇、乙醚等有机溶剂。相对密度 0.845～0.849。沸点 175～176℃。折射率 1.471～1.477。用于调制柑橘、胡椒及热带香味料等果香型食品香精及皂用香精。由含水芹烯的植物精油分离而得。

水溶胶型聚丙烯酸酯压敏胶 hydrosol type polyacrylate pressure sensitive adhesive 将一定配比的各种丙烯酸酯单体(其中至少有一种是亲水性的酸性官能团单体,如丙烯酸、甲基丙烯酸)经本体、溶液、乳液或悬浮共聚方法制得的只含少量或不含有机溶剂的共聚物,用氨水或氢氧化钠溶液将共聚物的羧基部分中和,再用水稀释至一定黏度,所得乳白色半透明水溶胶,即可用作压敏胶。这类压敏胶黏剂以水为介质,但不使用乳化剂,既避免了溶液型压敏胶污染环境的缺点,又可使聚合物的平均粒径比相应的乳液聚合物小。因此,其耐水性、粘接力及涂布性能要比乳液压敏胶好些。但因聚合时不用或少用溶剂,使得聚合物黏度大、不易操作,最终压敏胶的黏度也会较大,并影响其储存安定性,这些缺点致使其难以较快发展。

水溶性氨基树脂 water soluble amino resin 氨基树脂的一种。无色透明黏性液体。固含量 40%～50%。可与水无限混溶。具有较高活性,加入固化剂可用于高温下快速固化,固化产品耐热、耐水、耐溶剂、硬度也较高。用作水溶性聚氨酯胶黏剂及丙烯酸乳液的交联剂,可提高耐水性及强度。也用于织物纸张等的防缩防皱处理,如配制硬挺树脂胶黏剂制造服装衬布。由尿素、硫脲及三聚氰胺与甲醛共聚后再经部分甲醚化制得。

水溶性硅油 water soluble silicon oil 又名聚醚改性有机硅油。一种非离子表面活性剂。外观为淡黄色透明油状液体。相对密度 1.04～1.08。黏度 3000～5000mPa·s。溶于水、醚类、酮类、芳烃及卤代烃。具有消泡、润滑、柔软等性能。用作消泡剂,适用于 50℃ 以上的环境。也用作涂料及人造革涂布的流平剂、柔软剂、高档和毛油及化妆品调理剂。由二甲基硅油与环氧乙烷-环氧丙烷聚醚共聚反应制得。

水溶性树脂 water soluble resin 能溶于水的一类树脂。主要用于制造水性涂料、胶黏剂及用作增稠剂、分散剂、乳化剂及包衣等各种助剂。如聚乙烯醇、

聚环氧乙烷、水溶性丙烯酸酯、聚 N-乙烯吡咯烷酮、低相对分子质量的脲醛树脂和三聚氰胺甲醛树脂等。合成水溶性树脂的基本原理,是向聚合物的大分子链上引入一定量的强亲水基团如—COOH、—OH、—NH$_2$、=SO$_3$H、—CH$_2$OH、—$\overset{O}{\overset{\|}{C}}$—NH$_2$ 等,但上述亲水性基团还不足以使树脂完全溶于水,有时还须以中和成盐的形式获得水溶性。如水性脲醛树脂、水性酚醛树脂即是采用这种方法制得。虽然水溶性树脂溶于水主要由于分子链上带有亲水性基团,但树脂结构、引进的基团、相对分子质量及其分布、中和剂形式等都会影响其水溶性及稳定性。

水溶性涂料 见"水性涂料"。

水溶液胶黏剂 aqueous adhesive 又名水溶液型水基胶黏剂。以可溶于水的高分子物质为基料的水性胶。可分为:①天然或改性天然高分子的水溶液。如以某些改性淀粉或糊精、纤维素及蛋白质类为成膜材料的水性胶。②合成聚合物水溶液。主要品种有聚乙烯醇、聚丙烯酰胺、聚环氧乙烷、异丁烯-马来酸酐共聚物、聚乙烯基吡咯烷酮等为成膜材料的水性胶。这类胶黏剂以水为介质,无毒、不燃,使用安全、施工方便。但粘接强度不高,耐介质性较差。主要用于木材、纸张、皮革、织物等多孔性吸水材料的粘接。

水乳型防水涂料 aqueous emulsion type water-proof coatings 又名防水乳胶漆。以合成树脂乳液为基料、以水为分散介质的防水涂料。能在基层上形成无接缝的防水涂膜,具有良好附着力、延伸性及一定透气性。主要品种有:①丙烯酸防水乳胶漆。是以丙烯酸共聚物或纯丙烯酸乳液为成膜物质的防水涂料,具有优良的耐候性、耐热性及耐紫外线性能,涂膜在-30~80℃范围内性能变化不大。②硅橡胶防水涂料。是以硅橡胶乳液和其他高分子聚合物乳液的复合物为主要成膜物质,具有良好的抗渗性、成膜性、耐水性、弹性和耐高低温性。③JS防水涂料。是以丙烯酸乳液、EVA乳液及水泥为基料加入颜填料、助剂配制而成的双组分防水涂料,具有有机及无机材料的双重性质,有良好的粘接性、抗渗性及抗压强度。④氯丁胶乳沥青防水涂料,是由阳离子型氯丁橡胶及阳离子型沥青乳液并加入稳定剂配制而得的防水涂料,有良好的弹性、抗渗性及耐水性。

水乳型有机硅隔离剂 aqueous emulsion type silicone release agent 有机硅隔离剂的一种。是在有机硅聚合物及交联剂混合物中,加入乳化剂水溶液经高速搅匀后先制成有机硅乳液,使用前再调入催化剂、增稠剂、消泡剂、润湿剂等即制成水乳型有机硅隔离剂。可用于涂布机加工牛皮纸、玻璃纸、玻璃纸复合的牛皮纸、聚乙烯涂布纸等。由于润湿问题,很少用于涂布塑料薄膜类基材。尤适用于制压敏胶转移涂布工艺所用的涂布纸。与溶液型有机硅隔离剂比较,其优点是没有环境污染及火灾危险、能耗低;缺点是隔离性能不稳定并易老化、应用范围窄。

水乳液型橡胶压敏胶黏剂 aqueous emulsion type rubber pressure sensitive adhesive 橡胶型压敏胶黏剂的一类。是以水为分散介质、各种橡胶胶乳为主体材料,与增黏剂乳液、抗氧剂及其他添加剂所配制而成。具有不使用有机溶剂、不污染环境、乳液黏度随固含量变化小、胶乳中橡胶聚合物的相对分子质量较高、耐候性也较好等特点。但压敏胶制品的初黏力、黏合力低于溶剂型压敏胶制品。目前在牛皮纸胶黏带、压敏胶黏标签及一些纸基压敏胶制品上已有较多应用,但应用不如溶剂型压敏胶广泛。

水下胶黏剂 underwater adhesive 又名吸水胶黏剂。指能在水中进行粘接及固化的胶黏剂。基于水中粘接的特殊环境,水下胶黏剂应具有以下性能:①胶黏剂遇水后能在固化前保持稳定,不被水破坏或与水混溶,并具有适当的黏度,以保持良好的初黏性;②能在水中对被黏物表面有效地浸润和固化;③具有一定的表面活性作用,能将被黏物表面上的水分子转换出去或与其混溶;④固化后有足够的粘接强度及良好的耐水稳定性。水下胶黏剂一般由树脂基料、固化剂、表面活性剂及填料等组成。按主体树脂不同,分为环氧树脂型、聚氨酯型及环氧丙烯酸酯型三大类,而以环氧树脂型应用最广。主要用于水坝、隧道、人防工程、地下建筑、潮湿环境的粘接堵漏,也用于在水中粘接钢板与钢板、钢板与帆布等。

水性凹版油墨 water-based intaglio ink 以水为溶剂的凹版印刷油墨。主要组成为连结料树脂、色料、挥发物(水、有机溶剂)及助剂(分散剂、消泡剂等)。所用树脂主要为碱溶性树脂(如苯乙烯-丙烯酸树脂)及乳液型树脂(如丙烯酸乳液)。所用色料主要为耐碱性强,在水中分散性较好的无机及有机颜料,如钛白粉、炭黑、立索尔宝红、联苯胺黄、酞菁蓝等。水性凹版油墨具有以下特点:①无刺激味、不易燃易爆、符合环保要求;②印刷文字清晰、网点完整、发色性强;③能适应快速印刷要求,不扣版、不透印、不扩散,尤适用于食品包装凹版印刷用。

水性酚醛树脂胶黏剂
见"酚醛树脂胶黏剂"。

水性聚氨酯胶黏剂 water-based polyurethane adhesive 指聚氨酯溶于水或分散于水中而形成的胶黏剂。按其外观和粒径可分为3类:聚氨酯水溶液(粒径<$0.001\mu m$,外观透明)、聚氨酯分散液(粒径$0.001\sim0.1\mu m$,外观半透明)、聚氨酯乳液(粒径>$0.1\mu m$,外观白浊)。与目前广为应用的溶剂型聚氨酯胶黏剂比较,水性聚氨酯胶黏剂具有以水为介质、不燃、不污染环境、节能、操作方便等特点。但目前还存在干燥速度慢、对非极性基材润湿性差、初黏性低及耐水性较差等缺点。用于制造胶合板、复合塑料薄膜、织物层压制品及人造革、织物及汽车装饰材料等的粘接。

水性涂料 water-based coatings 又名水基涂料,是以水为溶剂或分散介质的涂料。又可分为水溶性涂料和水分散涂料。水溶性涂料是由水溶性树脂、颜料及填料组成的涂料。包括水溶性自干或低温烘干涂料、水性浸渍漆、阳极或阴极电泳漆、无机高分子涂料等。可采用刷涂、浸涂、滚涂、喷涂等方法涂装。具有省资源、低污染、成本低、无火灾危险等特点,缺点是稳定性较差,对水敏感的被涂物(纸张、木材等)在应用上受到限制。水分散涂料包括乳胶涂料、强制乳化型涂料、水溶胶涂料、水性粉末悬胶涂料、水厚浆涂料、多彩花纹饰面涂料及有机无机复合涂料等。其中又以乳胶涂料应用较广。

水性油墨 water-based ink 又名水基油墨,简称水墨。是以水为溶剂制成的油墨。由水性高分子树脂或乳液、有机颜料、溶剂(主要是水)和必要的助剂经物理化学过程调制而得。所用水性连结料分为胶态分散体、乳液聚合物及水溶性聚合物等三类,目前主要采用水溶性树脂连结料,如聚丙烯酸酯及聚丙烯酰胺等。水溶性油墨已广泛用于铜版纸、白板纸、瓦楞纸和塑料薄膜的印刷,可以采用柔版、凹版、网孔版方式印刷。由于用水代替了传统油墨中的有机溶剂,因而可用水稀释,用水洗版,操作方便,更为环保和安全。

水悬剂
见"悬浮剂"。

水杨醛 salicyl aldehyde 无色透明油状液体。有杏仁香气,并带有苯酚气味,高度稀释后有药草香气。相对密度 1.1669。熔点 $-7℃$。沸点 196.5℃。闪点 79℃。折射率 1.5735。微溶于水,溶于丙酮、苯,与乙醇、乙醚混溶。能随水蒸气挥发。遇三氯化铁呈紫色,与硫酸反应呈橙色,与金属离子生成螯合物,还原时生成水杨醇。低毒。用于制造香料、医药、农药,也用作抗氧剂、防腐剂、电镀光亮剂、工业循环冷却水及油田回注水处理的杀生剂。由苯酚、氯仿在氢氧化钠溶液中反应制得。

水杨酸 salicylic acid 又名邻羟基苯甲酸。白色针状结晶或单斜结晶。天然品以酯的形式存在于郁金香、紫罗兰等植物中。相对密度 1.443。熔点 159℃。沸点 211℃(2.66kPa)。折射率 1.565。76℃升华。难溶于水,溶于沸水、乙醇、苯、松节油等,易溶于丙酮、丁醇。水溶液呈酸性。空气中稳定,遇光照颜色变深,遇铁离子变成紫红色的螯合物。常压下快速加热时,分解为苯酚和二氧化碳。有较强防腐作用及解热镇痛作用,因其毒性较大,常用其钠盐和衍生物。用于制造水杨酸酯、水杨酸盐、医药、染料等,也用作家料防腐剂、消毒剂、防紫外线剂、橡胶胶浆的防焦剂、环氧树脂固化促进剂等。由苯酚钠与二氧化碳反应生成水杨酸钠盐后再经硫酸酸化而得。

水杨酸苯酯 phenyl salicylate 又名邻羟基苯甲酸苯酯、光稳定剂 NL-1。白色斜方晶系结晶粉末。有芳香味。相对密度 1.2614。熔点 42℃。沸点 172~173℃(1.6kPa)。难溶于水,微溶于甘油,溶于乙醇、甲苯,易溶于乙醚、四氯化碳、吡啶。能吸收 290～330nm 的紫外线。低毒。是最早应用的紫外线吸收剂,用作乙烯基树脂、纤维素树脂、聚氨酯及调和漆等的光稳定剂,医药防腐剂,花露水定香剂及用于配制香料,还用于防晒化妆品,可滤去部分紫外线。可在硫酸催化下,由水杨酸与苯酚反应制得。

水杨酸对叔丁基苯酯 *p-tert*-butyl phenyl salicylate 又名 2-羟基苯甲酸-4-叔丁基苯酯、紫外线吸收剂 TBS。白色结晶粉末,略具气味。熔点 62～64℃。微溶于水,溶于甲乙酮、甲苯、乙酸乙酯及溶剂汽油等。能吸收波长范围 290～330nm 的紫外线。低毒。用作聚氯乙烯、聚乙烯、ABS 树脂、纤维素树脂及聚氨酯漆等的光稳定剂。光稳定效能好,但在光激发下,会发生分子重排而使制品带黄色。也用于调制香料。在磷酰氯存在下,由水杨酸与对叔丁基苯酚反应制得。

水杨酸咪唑 imidazole salicylate 又名施力灵、2-羟基苯甲酸咪唑。白色结晶性粉末。熔点 123～124℃。易溶于水。一种非甾体抗炎镇痛药,具有解热、消炎、镇痛作用,用于感冒发热、头痛、神经痛等。由水杨酸与咪唑在甲醇中反应成盐、浓缩、结晶制得。

水杨酸铅 lead salicate 又名邻羟基苯甲酸铅。白色至微具红色粉末。相对密度 2.3。折射率 1.78。氧化铅含量 46.8%。不溶于水、醇、醚,溶于乙酸。有毒! 用作聚氯乙烯热稳定剂,兼有螯合铁离子的作用。分子结构中的水杨酸基团有防止氧化及吸收紫外线的作用。光稳定性比二碱式亚磷酸铅好,而热稳定性则不如三碱式硫酸铅。主要用于石棉填充的聚氯乙烯建材,如屋面料等,与磷酸三甲酯增塑剂并用,可显著提高稳定效果。由水杨酸与乙酸铅反应制得。

水杨酸(2-乙基己基)酯 2-ethyl hexyl salicylate 又名 2-乙基己基水杨酸酯、水杨酸异辛酯、中科 POS-Ⅱ型防晒剂。无色至淡黄色透明液体。沸点 138～148℃(0.133～0.266kPa)。折射率 1.4997。不溶于水,溶于乙醇、苯、丙酮。能有效地吸收日光中的紫外线。挥发性小。日化工业中用作紫外线吸收剂,用于配制防晒霜、防晒乳液及唇膏。香波中加入 0.05% 时可防止褪色。也用作塑料、橡胶、涂料及油墨等的光稳定剂。医学上用作光感皮炎的治疗剂。在催化剂存在下,由水杨酸与异辛醇反应制得。

水杨酰胺 salicylamide 又名邻羟基苯酰胺、2-羟基苯甲酰胺。白色或微粉红色结晶体粉末。略有苦味。熔点140℃。微溶于冷水,易溶于热水、乙醇、乙醚。28℃时饱和水溶液的pH值约为5。一种解热镇痛药。具有副作用小,对胃肠道几乎无刺激性的特点。也用于制造邻乙氧基苯酰胺(即止痛灵)。由水杨酸甲酯与氨水反应制得。

水杨酰苯胺 salicylanilide 又名N-苯基水杨酰胺、防霉胺。白色至微黄色片状结晶。无臭。熔点135.8~136.2℃。稍有挥发性。微溶于水。易溶于乙醇、乙醚、氯仿等有机溶剂。其钠盐溶于水。空气中稳定,遇光时颜色变深。一种工业防霉剂,能杀死或抑制一般霉菌及细菌,抑制霉菌能力稍弱于多菌灵,但能杀死在相对湿度大的条件下生长的毛霉、交链孢霉、根霉等。对人、畜低毒。主要用于包装材料、皮革制品、电气材料等的防霉。其钠盐可用于羊毛、塑料、橡胶制品、涂料、黏合剂等的防霉。由水杨酸与苯胺在三氯化磷催化剂作用下反应制得。

顺铂 cisplatin 又名顺氯氨铂、顺二

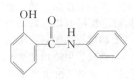

氨二氯络铂。亮黄色或橙黄色结晶性粉末。无臭。熔点270℃(分解)。微溶于水,略溶于二甲基甲酰胺,不溶于乙醇,易溶于二甲基亚砜。是第一个用于临床的抗肿瘤金属铂配合物。其作用机理是使肿瘤细胞DNA复制停止,阻碍细胞分裂。反式铂配合物则无此作用。顺铂抗癌谱广,用作晚期卵巢癌、膀胱癌、头颈部鳞癌、骨肉瘤、神经母细胞瘤等的联合化疗成分之一。严重的恶心、呕吐为其主要限制性毒性,也常见骨髓抑制及听神经毒性。由四氯铂酸二钾与氯化钾、乙酸铵配位制得。

顺铂二醋酸盐 cisplatin diacetate 白色至淡黄色固体状结

晶。可溶于水。顺铂具有广谱抗肿瘤活性,用于治疗膀胱癌、前列腺癌、肺癌、乳腺癌、恶性淋巴瘤和白血病等。是公认为治疗睾丸癌和卵巢癌的一线药物。但顺铂的水溶性差,缓解期短,并伴有严重的肾脏毒性。本品既保留了顺铂广谱、广效的抗肿瘤活性,又具有良好的水溶性,是治疗睾丸癌、卵巢癌的有效药物。由顺铂用双氧水氧化后再经酰化制得。

顺丁烯二酸酐 maleic anhydride 又名顺酐、马来(酸)酐。斜方晶系白色针状或片状结晶。相对密度1.48。熔点52.8℃。沸点202℃。闪点110℃。

易升华。溶于热水生成顺丁二烯二酸,溶于乙醇并生成酯,也溶于丙酮、乙醚、苯,微溶于石油醚。化学性质活泼,能进行加氢、加成、水合、异构化、脱羧及聚合等反应,易与苯乙烯、氯乙烯等单体进行

共聚,也可进行均聚。有毒!对皮肤、黏膜有刺激性。用于制造不饱和聚酯、醇酸树脂、γ-丁内酯、增塑剂、医药、农药等,也用作环氧树脂固化剂、造纸施胶剂、润滑油降凝剂、油墨添加剂、水质稳定剂等。由苯或丁烷、丁烯催化氧化制得。

顺氯氨铂
见"顺铂"。

顺式氯氰菊酯　alpha-type methrin

$$\underset{Cl}{\overset{Cl}{>}}C=CH-\underset{}{\overset{H_3C\ \ CH_3}{\underset{}{>\!\!<}}}-\underset{O}{\overset{}{C}}-O-\underset{CN}{\overset{}{C}}H-\!\!\!\bigcirc\!\!-O-\!\!\!\bigcirc$$

又名高顺氯氰菊酯、高效顺式氯氰菊酯、高效灭百可、高效安绿宝、百事达、快杀敌。它是把含有4种顺式异构体的氯氰菊酯中的两种低效体或无效体分离掉,而获得仅含两种高效顺式异构体1∶1的混合物。制剂有乳油、可湿性制剂、悬浮剂(卫生害虫用)等,其应用范围、防治对象、作用机理与氯氰菊酯相同,但杀虫效力为氯氰菊酯的1～3倍,而对人畜毒性比氯氰菊酯高2～3倍,使用时更应注意安全。

L-丝氨酸　L-serine　又名L-2-氨基-3-羟基丙酸。一种中性氨基酸,为蛋白质组成氨基

$$\underset{}{\overset{NH_2}{\underset{}{|}}}$$
HOOCCHCH₂OH

酸之一。无色单斜棱柱状或片状结晶。无臭,味甜。熔点223～228℃(分解)。溶于水,不溶于乙醇、乙醚、丙酮。在pH值为9的水溶液中外消旋化。在热稀碱溶液中会分解。结构中因存在羟基,具有较强保湿能力,可用作皮肤滋润剂;医药上用作氨基酸类营养剂;还用于制备组织培养基及用于生化研究。由蚕丝等丝氨酸含量较高的蛋白质水解后再分离、精制而得。

丝蛋白　sericin　蚕茧丝中蛋白质的主要成分。其所含氨基酸主要为甘氨酸、丝氨酸及丙氨酸。象牙色粉末。易溶于水、乙醇。加热易分解。经加工制成的微细粉末也称为**丝素**。有良好的渗透、保湿、滋润等作用,易为皮肤及头发所吸收,为化妆品调理剂,用于护肤及护发类化妆品,有防止皮肤龟裂、抑制皮肤黑色素合成的作用。丝蛋白的另一类制品是丝的部分水解液(也称为丝肽水溶液),是常用的保湿剂、调理剂及营养剂。用于护发剂,能使头发保持光泽,易于梳理、防止发梢分叉。

丝素　silk element　又名桑蚕丝素、丝蛋白。是由桑蚕丝加工制得的一种高分子蛋白质,含有多种氨基酸。白色粉末。有轻微气味。白度70～75度。pH值6.5～7.5。总氮量16%～19%。对热稳定,在100℃下能保持5h。细腻滑爽、保湿性及透气性好,附着力强,无刺激性,与人体皮肤有良好的亲和力,并具有吸收紫外线、抗辐射等作用。用于制备各类美容化妆品,如防晒霜、高级爽身

粉、痱子粉等,也用于肥皂及牙膏等中。由蚕丝用酸、碱处理后精制而得。

丝肽 silk peptide 是天然丝中的丝蛋白在适当条件下水解获得的降解产物,主要成分为氨基酸及多肽。为具有微香的淡黄色澄清液体。无异味。与水、稀酒精及各类表面活性剂均有良好的相容性。相对分子质量约300~5000。pH值5~7。可抑制酪氨酸酶的活性,从而抑制皮肤黑色素的生成。所含多种氨基酸易为表皮细胞所吸收,可促进细胞新陈代谢,能使皮肤、头发富有光泽,增加弹性。用于护肤化妆品,具有保湿、增白、改善皮肤感观功能。用于发用产品,具有护发、柔软及增加弹性的作用。由桑蚕丝蛋白经水解、精制而得。

丝网印刷油墨 silk screen printing ink 用于丝网印刷的油墨。丝网印刷是将丝网紧绷于网框上,并在丝网上制成堵塞非图文部分网孔的模板,利用刮刀的刮压,将网板上的油墨,从图文处的网孔漏印到承印物上。它对各类油墨均有良好的适应性,水性、油性、液状及粉状油墨均可用,甚至油漆也可使用。根据承印物不同,丝网印刷油墨可选用不同的树脂和溶剂,主要有以下几种类型:①塑料薄膜用网印油墨。属于热风干燥的挥发干燥油墨,黏度比凹版和柔性版油墨要高些。②金属、玻璃用网印油墨。为氧化结膜干燥型油墨,常用两液反应型油墨,利用化学性质不同的两个组分在印刷前充分混合,印刷后发生高分子聚合而干燥结膜。③纸张用网印油墨,有挥发干燥型及氧化聚合干燥型油墨,而以前者为主。④织物用网印油墨。多为水性油墨或各类水性涂料印浆等,以自然干燥为主。除上述类型外,还有木材用、皮革专用及印刷线路板油墨等。

司帕沙星 sparfloxacin 又名司氟沙星、司巴乐、5-氨基-1-环丙基-6,8-二氟-7(3,5-二甲基-1-哌嗪基)-1,4-二氢-4-氧代-3-喹啉羧酸。白色结晶。熔点266~269℃。溶于水、氨水。一种第三代喹诺酮类抗菌药,具有抗革兰阳性及阴性菌的活性,对支原体、衣原体、军团菌及分枝杆菌也有很强抗菌作用,并优于环丙沙星、氧氟沙星。用于上述敏感菌引起的感染。由2,3,4,5-四氟苯甲酸经硝化、还原及与二甲基哌嗪缩合等反应制得。

司他夫定 stavudine 又名司坦夫定、赛瑞特、沙之、2,3'-二脱氢-3'-脱氧胸(腺嘧啶脱氧核)苷。白色结晶。熔点165~166℃。溶于乙醇、苯。一种抗艾滋病病毒药物。为人免疫缺陷病毒感染的一种逆转录酶抑制剂。用于治疗受艾滋病毒感染的儿童、成人及艾滋病和与艾滋病有关的综合征患者。由 $3',5'$-二甲烷磺酰胸苷在碱液中形成 1-(2-脱氧-3,5-环氧-β-D-苏式-呋喃戊糖基)胸腺嘧啶后,再与叔丁醇钾作用开环而制得。

斯盘-20
见"山梨醇酐单月桂酸酯"。

斯盘-40
见"山梨醇酐单棕榈酸酯"。

斯盘-60
见"山梨醇酐单硬脂酸酯"。

斯盘-65
见"山梨醇酐三硬脂酸酯"。

斯盘-80
见"山梨醇酐单油酸酯"。

斯盘-83
见"山梨醇酐倍半油酸酯"。

斯盘-85
见"山梨醇酐三油酸酯"。

锶铬黄 strontium chrome yellow $SrCrO_4$ 又名锶黄、801柠檬锶铬黄。一种主要成分为铬酸锶的柠檬黄色粉末。三氧化铬含量≥40%。耐温性高达400℃,耐晒性4～5级,耐酸性及耐碱性3级。无油渗性、耐有机溶剂、防锈性能好,但着色力弱、耐光性稍差。主要用于制造高效防锈涂料、高温涂料,尤适用于配制轻金属的防护底漆,也用于塑料、橡胶的着色。由铬酸钠、硝酸锶溶液反应生成沉淀而制得。

四苯基铅 tetraphenyl lead $(C_6H_5)_4Pb$ 从二甲苯中析出的为白色针状结晶。熔点227.7℃。沸点240℃(2kPa)。不溶于水,溶于正丙胺、乙硫醚,易溶于苯、氯仿、二硫化碳、乙醇、乙醚、乙酸及粗汽油。加热至270℃以上分解为铅和联苯。有毒!用作烯烃聚合及氯磺化反应的催化剂,聚氯乙烯、硝酸纤维素及喷气燃料的热稳定剂,以及环氧树脂固化剂等。可在碘代苯催化剂存在下,由四氯化铅与苯基锂反应制得。

四苯基锡 tetraphenyl tin $(C_6H_5)_4Sn$ 无色晶体。相对密度1.49(0℃)。熔点225～228℃。沸点>420°。闪点110℃。不溶于水、石油醚,微溶于乙醇、乙醚、甲苯,溶于热苯、吡啶、氯仿、四氯化碳等。极毒!可燃。用作烯烃、交酯聚合催化剂及煤加氢催化剂。也用作聚氯乙烯、三乙酸纤维素、硅酮等的稳定剂,燃料添加剂,润滑油防老剂和抗磨剂,木材防护剂,防虫蛀剂等。由四氯化锡与苯基氯化镁在四氢呋喃中反应制得。

四丁基胺二(甲基苯二硫)络镍 tetrabutyl ammonium bis(4-methyl-1,2-benzenedithiolato)nickelate 绿色粉末。熔点149～151℃。溶于乙醇、二氯甲烷。一种红外线吸收剂。添加于聚乙烯、聚酯、聚丙烯、聚氯乙烯、聚碳酸酯等材料中,或涂覆于这些合成树脂表面,可加工制成具有红外吸收功能的遮光屏或太阳镜。还可用于涂料、染料等领域。以乙氧基钠、甲基邻苯二硫酚、氯化镍、四正丁基溴化铵等为原料制得。如将氯化镍用氯化钴或氯化铜替代,也可按同法制取四丁基铵二(甲基苯二硫)络钴或四丁基铵二

(甲基苯二硫)铬铜等红外线吸收剂。

四丁基氯化铵 tetrabutyl ammonium chloride 白色至淡黄色晶体。有氨的气味。

$$\left[C_4H_9-\overset{\overset{C_4H_9}{|}}{\underset{\underset{C_4H_9}{|}}{N^+}}-C_4H_9 \right] Cl^-$$

纯度≥99%。相对密度1.05(25℃)。熔点83~86℃。溶于水。对眼睛、皮肤及呼吸道有刺激作用。需在氮气保护下密闭容器中储存。一种季铵型离子液体。用作催化反应介质、催化剂、化学反应溶剂、极谱分析试剂以及有机合成中间体。由三丁胺与氯丁烷反应制得。

四丁基氯化鏻 tetrabutyl phosphonium chloride 无色至淡黄色液体。纯度≥99%。熔点62~66℃。易燃。有毒

$$\left[C_4H_9-\overset{\overset{C_4H_9}{|}}{\underset{\underset{C_4H_9}{|}}{P^+}}-C_4H_9 \right] Cl^-$$

及致癌性。对眼睛、皮肤及呼吸道有刺激性。需在氮气保护下密闭储存。一种季铵型离子液体。用作催化反应的介质及催化剂,化学反应溶剂,有机合成试剂等。由三丁基膦与氯丁烷反应制得。

四丁基溴化铵 tetrabutyl ammonium bromide 白色片状或颗粒状晶体。熔点

$$\left[C_4H_9-\overset{\overset{C_4H_9}{|}}{\underset{\underset{C_4H_9}{|}}{N^+}}-C_4H_9 \right] Br^-$$

100℃。沸点102℃。易溶于水、乙醇、乙醚、丙酮、氯仿,微溶于苯。有潮解性。对眼睛、皮肤及呼吸道有刺激作用。一种季铵型离子液体。用作催化反应介质、催化剂、化学反应溶剂、有机合成中间体、极谱分析及离子对试剂,用于合成舒他西林、巴氨西林等药物。由三丁胺与溴丁烷反应制得。

四丁基溴化鏻 tetrabutyl phosphonium bromide 白色晶体。纯度≥98%。

$$\left[C_4H_9-\overset{\overset{C_4H_9}{|}}{\underset{\underset{C_4H_9}{|}}{P^+}}-C_4H_9 \right] Br^-$$

熔点99~104℃。闪点290℃。易溶于水。与皮肤接触有毒。对眼睛、皮肤及呼吸道有刺激作用。需在氮气保护下密闭储存。一种季铵型离子液体。用作催化反应的介质及催化剂、化学反应溶剂、有机合成试剂等。由三丁基膦与溴丁烷反应制得。

四氟化锆 zirconium tetrafluoride ZrF_4 又名氟化锆。无色透明单斜晶系结晶。相对密度4.6。微溶于水及氢氟酸,不溶于乙醇、乙醚、丙酮等有机溶剂。在50℃以上的热水中会发生水解。600℃以上发生升华。有毒!用于制造金属锆、锆合金、光学玻璃及红外光导纤维中的波导玻璃、石油裂化催化剂、烃化催化剂等。由氢氟酸与硝酸锆反应制得,或由四氯化锆与氟化氢反应制得。

四氟化硅 silicon tetrafluoride SiF_4 无色带有刺激气味的窒息性气体。有强吸湿性。在潮湿空气中水解生成硅酸及氟化氢,形成有腐蚀性的白色烟雾。相对密度3.57(15℃,气体)、1.59(-80℃,液体)、2.145(-195℃,固体)。熔点-90.2℃(175.6kPa)。沸点-75℃(125.4kPa)。临界温度-14.5℃。临界

压力3.713MPa。溶于硝酸、无水乙醇、乙醚。与金属铝加热反应则生成SiAl与氟化物的混合物。与$AlCl_3$在高温下反应生成$SiCl_4$。有水存在时，与无水氢氟酸反应生成氟硅酸。剧毒！用于制造氟硅酸、氟化铝、有机硅化合物、太阳能电池、光导纤维及无定形硅膜等。也用作氟化剂、有机合成催化剂、熏蒸剂、混凝土硬化剂、硅化钽蚀刻剂等。由氢氟酸与二氧化硅反应制得。

1,1,2,2-四氟乙烷 1,1,2,2-tetrafluoroethane 简称HFC-134a。一种新型氢氟烃，含量99.8%，氯化氟化物$\leq 1000 \times 10^{-6}$，不饱和有机物$\leq 20 \times 10^{-6}$，水分$\leq 10 \times 10^{-4}$。化学性质稳定，不易燃，对常用溶剂呈惰性，对热和水解稳定。用作氟利昂替代品。用于医用气雾剂，使用性能与氟利昂-12相似。与各种药剂配伍较好。能在大气层下层被紫外线分解，对大气中臭氧无影响，是一种较有应用前途的抛射剂。由三氯乙烯与氟化氢经催化氟化制得。

四环素 tetracycline 一种四环素类广谱抗菌素。主要用其盐酸盐。盐酸四环素为黄色结晶性粉末。无臭，味苦。有引湿性。在碱性溶液中易破坏失效。溶于水，微溶于乙醇，不溶于乙醚、氯仿。对革兰阳性菌、阴性菌、立克次体、支原体、原虫均有抑菌作用，高浓度时有杀菌效果。主要用于敏感菌引起的感染，如支原体肺炎、鹦鹉热、霍乱、回归热、破伤风、肺炎、尿道感染等。也可用于畜禽疾病治疗及促进动物生长。由金色链霉菌发酵液提取分离制得。

四环素类抗生素 tetracylines antibiotics 一类具有丁省(萘并萘)结构的广谱抗生素。属酸碱两性化合物，在酸性条件下极不稳定。高温和碱可促进其分解。这类抗生素结构相似，其母环都是四环素。按其来源和抗菌性质可分为两类：第一类为从链霉菌属不同菌株直接发酵而得，其代表品种有四环素、土霉素、金霉素等；第二类为半合成四环素，代表品种有多西环素、美他环素、米诺环素等。这类抗生素的作用机制主要是抑制细菌肽链的增长和蛋白质合成，并可引起细菌细胞膜通透性改变，从而抑制DNA的复制。其抗菌谱广，除对常见的革兰阳性与阴性致病菌有抑菌作用外，对支原体、立克次体、非典型分枝杆菌和阿米巴原虫亦有抑菌作用，但由于细菌耐药严重而不良反应较多，在抗菌感染中的治疗地位逐渐下降。临床主要用于治疗对四环素类抗生素敏感的非典型性病菌引起的感染，如衣原体感染、立克次体病、支原体肺炎及回归热等。

四甲基丙二胺 tetramethylpropylene diamine 无色至浅黄色透明液体。商品纯度≥98.0%。相对密度0.78(25℃)。沸点145℃。闪点32℃。折射率1.4905。蒸气压532Pa(21℃)。与水、乙醇、乙醚等混溶。用作聚氨酯泡沫塑料及微孔弹性体生产的催化剂,环氧树脂固化催化剂等。

N,N,N',N'-四甲基对苯二胺 N,N,N',N'-tetramethyl-p-phenyldiamine 无色或微黄色片状结晶。熔点51~52℃。沸点260℃。易溶于水,微溶于冷水,极易溶于乙醇、乙醚、氯仿及石油醚。有强挥发性,易升华。有毒。用作催化剂、抗静电剂、显影助剂及电子给予体等。也用作锅炉水除氧剂,能迅速与水中溶解氧反应而将氧除去,除氧能力优于对苯二酚。由对苯二胺与氯乙酸反应生成苯基二亚氨基四乙酸,再经脱羧反应制得。

四甲基己二胺 tetramethylhexanediamine $(CH_3)_2N(CH_2)_6N(CH_3)_2$ 无色至淡黄色透明状液体,有氨的气味。易燃。有毒!相对密度0.80。熔点-46℃。沸点198~216℃。闪点81℃。黏度1mPa·s(25℃)。溶于水,水溶液呈碱性。用作聚氨酯泡沫塑料生产的胺类催化剂,可用于生产各种聚氨酯泡沫塑料。是一种发泡/凝胶平衡型催化剂,尤适用于生产聚氨酯硬泡沫塑料,能改善泡沫流动性。

四甲基氯化鳞 tetramethyl phosphonium chloride 又名季鳞盐、四甲基鳞氯化物。无色结晶性固体。沸点400℃(103kPa)。闪点300℃。溶于水。50%水溶液的商品的相对密度0.95。分解温度高于300℃。pH值7~8。低毒。对皮肤及眼睛有刺激性。是一种具有缓蚀、阻垢及杀菌性能的多功能水处理药剂。对革兰氏阴性及阳性菌、霉菌及藻类均有杀抑作用。可在pH2~12的范围内使用,而且对鱼类毒性很低,易生物降解,不污染环境。由三甲基膦与氯甲烷反应制得。

四甲基铅 tetramethyl lead $(CH_3)_4Pb$ 无色液体。相对密度1.9952。熔点-30.2℃。沸点110℃。折射率1.5128。蒸气压3.2kPa(20℃)。不溶于水,溶于乙醇、乙醚、丙酮、汽油、苯等。250℃以上开始分解,生成金属铅及自由基。能与活泼金属、卤素及氧化剂等发生电子转移反应。用作汽油抗爆剂,效果不如四乙基铅,但沸点低、热安定性好,与四乙基铅合用可改善铅在油中的分布性及使用效果。尤适用于富含芳烃的汽油。也用作烯烃聚合催化剂及白蚁防治剂等。有毒!可经皮肤吸收而中毒!由铅钠合金与氯甲烷在催化剂作用下制得。

四甲基亚氨基二丙胺 tetramethyliminobispropyl amine 又名双(3-二甲基丙氨基)胺。$(CH_3)_2N(CH_2)_3NH(CH_2)_3N(CH_3)_2$ 无色透明液体。有鱼腥样气味。相对密度0.84。熔点-75℃。沸点220℃。闪点88℃(闭杯)。黏度3~5mPa·s。蒸气压365Pa(21℃)。溶

于水,水溶液呈碱性。用作聚氨酯催化剂,是一种促进表面固化的反应型催化剂,适用于模塑软泡沫、半硬泡沫及聚醚型聚氨酯软块泡沫等泡沫塑料的生产,也用作有机中间体。

四甲基乙二胺 tetramethylethylene diamine

$(CH_3)_2NCH_2CH_2N(CH_3)_2$

又名 N,N,N',N'-四甲基乙基二胺、1,2-双(二甲氨基)乙烷。无色至淡黄色透明液体。商品纯度≥97.0%。相对密度0.7765(25℃)。熔点-55.1℃。沸点120~122℃。折射率1.4170(25℃)。闪点16℃。蒸气压665Pa(20℃)。能与水及多数有机溶剂混溶。是聚氨酯反应的中等活性催化剂,以催化发泡反应为主,也用于平衡整体发泡及凝胶反应。可用于聚氨酯热模塑软泡沫、半硬泡沫及硬泡沫等泡沫塑料的生产,也用作三亚乙基二胺的辅助催化剂及生化试剂。

四氯对苯醌 tetrachloro-p-benzoquinone

又名四氯代醌、氯醌。金黄色片状或柱状结晶。相对密度1.67。熔点290℃。溶于氢氧化钠溶液及醚类,微溶于醇、苯,不溶于水、汽油,难溶于氯仿、四氯化碳。储存稳定。用作丁基橡胶无硫硫化剂,与对醌二肟并用可提高硫化胶的拉伸强度及定伸强度。也用作天然橡胶秋兰姆硫化体系的活性剂,提高硫化速度。但不宜用于白色或浅色制品。还用于制造农药、杀虫剂及测定pH值的标准电极。由2,3,6-三氯苯酚进行氧化、氯化制得。

四氯甘脲 tetrachloroglycoluril

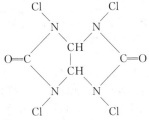

末状固体。有氯的臭味。有效氯含量≥95.0%,游离氯含量10%~20%。熔点180℃。280℃以上分解。常温下稳定,受热或暴露于空气中会缓慢分解。25℃时水中溶解度77mg/L。饱和水溶液的pH值4.6。溶于丙酮、甲酰胺、乙酸乙酯。低毒。用作漂白剂、卫生洗涤剂。也用于污水、游泳池水消毒杀菌,食品厂、化妆品厂及制药厂等容器消毒。由乙二醛二脲与氯气反应制得。

四氯化硅 silicon tetrachloride 又名$SiCl_4$ 四氯硅烷。无色透明易发烟液体,有窒息性气味。相对密度1.483。熔点-20℃。沸点57.6℃。折射率1.4121。溶于苯、氯仿、二硫化碳、四氯化碳等。遇水剧烈水解生成硅酸和氯化氢。在湿空气中会水解生成硅酸和氯化氢,遇醇也会分解,释出氯化氢。化学性质活泼。与氢反应生成三氯甲硅烷。与胺、氨迅速反应生成氮化硅聚合物。与苯酚反应生成硅酸酯。在干燥空气或氧气中加热生成氯氧化硅。有水存在时可腐蚀大多数金属。对皮肤、眼睛及呼吸道有强腐蚀性及刺激性,用于制造高分散性硅胶、有机硅油、硅树脂、硅橡胶、硅酸酯等硅化合物及高纯硅。也用作军用烟幕剂、铸造脱模剂,以及用于制造石英

四氯化钛 titanium tetrachloride TiCl$_4$ 无色或淡黄色液体。相对密度1.726。熔点－30℃。沸点136.4℃。溶于乙醇、稀盐酸、氢氟酸等。遇水分解生成难溶的羟基氯化物及氢氧化物。化学性质不稳定。在潮湿空气中分解成TiO$_2$及HCl。与碱金属、碱土金属反应时被还原成Ti、TiCl$_3$及TiO$_2$。在300～400℃下与水蒸气反应生成TiO$_2$。在900～1100℃下与氧反应可制得纯TiO$_2$（钛白粉）。遇沸水可剧烈反应生成盐酸及偏钛酸。与三乙基铝反应生成组成可变的混合卤化物，即所谓齐格勒催化剂。与醇类反应生成钛酸酯。有毒！用于制造金属钛、钛白粉、钛酸盐、乙烯聚合催化剂等，也用作合成纤维防水剂、媒染剂、酸化压裂液增稠剂、堵水-调剖剂的交联剂、烟幕剂及溶剂等。由二氧化钛与氯气在碳存在下反应制得。

四氯化碳 carbon tetrachloride 又名四氯甲烷。无色透明液体。有特殊芳香气味。相对密度1.5940。熔点－22.95℃。沸点76.75℃。折射率1.4604。微溶于水，与醇、醚、二硫化碳及氯代烃等混溶，能溶解油脂、生胶及润滑油等。常温干燥时稳定，有湿气存在时，逐渐分解成光气及氯化氢。一般情况下对酸、碱稳定，但与发烟硫酸反应生成光气，与活性高的金属（如钠、钾、锂、镁等）接触时会发生爆炸反应。有水存在时，对铁、镍等有腐蚀作用。麻醉性比氯仿小，而对心、肝、肾的毒性强，为氯代烷烃中毒性最强者。曾用作干洗剂，但因毒性较大现已少用。也用作溶剂、制冷剂、浸出剂及用于制造医药、农药、氟利昂及三氯甲烷等。由甲烷与氯气经高温热裂化制得。

四氯邻苯二甲酸二辛酯 dioctyl tetrachlorophthalate 又名四氯邻苯二甲酸二(2-乙基己基)酯，简称DOTCP。无色至褐色透明油状液体。相对密度1.176～1.182(25℃)。不溶于水，能与醇、醚、酮混溶。最高使用温度180℃。用作聚氯乙烯及聚苯乙烯等乙烯基树脂的阻燃增塑剂。具有增塑及阻燃双重功能，并具有良好的光、热稳定性，优良的电性能及低挥发性。由四氯邻苯二甲酸酐与辛醇经酯化反应制得。

四氯邻苯二甲酸酐 tetrachlorophthalic anhydride 又名四氯苯酐。无色针状结晶或粉末。无气味及吸湿性。熔点255～257℃。沸点371℃。能升华。不溶于冷水，溶于热水并分解成四氯苯二甲酸。难溶于乙醚，溶于二氧六环。用作反应型助燃剂，可用于环氧树脂、聚酯，但阻燃效果不如四溴苯酐，也用于制造增塑剂、染料、医药及防火涂料等。由邻苯二甲酸酐氯化制得。

四氯双酚 A tetrachlorobisphenol A

$$\text{HO}-\underset{\underset{\text{Cl}}{|}}{\overset{\overset{\text{Cl}}{|}}{\text{C}_6\text{H}_2}}-\underset{\underset{\text{CH}_3}{|}}{\overset{\overset{\text{CH}_3}{|}}{\text{C}}}-\underset{\underset{\text{Cl}}{|}}{\overset{\overset{\text{Cl}}{|}}{\text{C}_6\text{H}_2}}-\text{OH}$$

又名 4,4′-异亚丙基(2,6-二氯苯酚)。白色固体。熔点 134～136℃。不溶于水,溶于丙酮、乙醇、苯、氯仿、乙酸及碱液。一种氯系阻燃剂。既可用作反应型阻燃剂,用于环氧树脂、不饱和树脂、酚醛树脂。可作为添加型阻燃剂,用于抗冲聚苯乙烯、ABS 树脂等的阻燃,制品有阻燃性及自熄性。也用作橡胶、纤维等的阻燃剂。由双酚 A 与氯气在液化剂存在下反应制得。

四(2-氯乙基)-2,2-二氯甲基-1,3-亚丙基二磷酸酯 tetra(2-chloroethyl)-2, 2-bis (chloromethyl)-1, 3-propylene diphosphate 淡黄色透明液体。磷含量

$$\begin{array}{c}\text{Cl(CH}_2)_2\text{O}\\ \text{Cl(CH}_2)_2\text{O}\end{array}\!\!\!\overset{\text{O}}{\underset{}{\text{P}}}\!\!-\text{OCH}_2\!-\!\underset{\underset{\text{CH}_2\text{Cl}}{|}}{\overset{\overset{\text{CH}_2\text{Cl}}{|}}{\text{C}}}\!-\!\text{CH}_2\text{O}\!-\!\overset{\text{O}}{\underset{}{\text{P}}}\!\!\begin{array}{c}\text{O(CH}_2)_2\text{Cl}\\ \text{O(CH}_2)_2\text{Cl}\end{array}$$

10.6%～10.8%。氯含量 35.5%～36.5%。相对密度 1.47～1.50。闪点 >190℃。分解温度>200℃。折射率 1.489～1.495(25℃)。黏度 1900～2200mPa·s(25℃)。不溶于水,溶于一般有机溶剂。一种高含氯添加型阻燃剂,具有阻燃效能高、迁移性小、热稳定性好等特点。主要用于软质聚氨酯泡沫的阻燃,制造汽车内饰件及家具制品,也可用于硬质聚氨酯泡沫,与反应型阻燃剂并用阻燃效果更佳。以季戊四醇、三氯化磷、氯气及环氧乙烷等为原料制得。

四(2-氯乙基)二亚乙基醚二磷酸酯 tetra(2-chloroethyl) ethylene oxyethylene diphosphate 又名四(2-氯乙基)乙氧乙

$$\begin{array}{c}\text{Cl(CH}_2)_2\text{O}\\ \text{Cl(CH}_2)_2\text{O}\end{array}\!\!\!\overset{\text{O}}{\underset{}{\text{P}}}\!\!-\text{O(CH}_2)_2\text{O(CH}_2)_2\text{O}\!-\!\overset{\text{O}}{\underset{}{\text{P}}}\!\!\begin{array}{c}\text{O(CH}_2)_2\text{Cl}\\ \text{O(CH}_2)_2\text{Cl}\end{array}$$

基二磷酸酯。无色至淡黄色油状透明液体。相对密度 1.40～1.50。闪点 >190℃。分解温度>200℃。折射率 1.480。磷含量≥12.5%。氯含量≥27.5%。黏度 200～400mPa·s。不溶于水,溶于一般有机溶剂。用作添加型阻燃剂,具有阻燃持久性好、迁移性小、水解稳定性高等特点。主要用于聚氨酯软泡的阻燃,制造汽车内饰件及家具制品。以三氯氧磷、环氧乙烷及乙二醇

等为原料制得。

四氯乙烯 tetrachloroethylene 又名全氯乙烯。无色透明液体。有类似醚样气味。相对密度1.6226。熔点-22.3℃。沸点121.2℃。微溶于水,与乙醇、乙醚、苯、四氯化碳等混溶,也能溶解脂肪、天然树脂、橡胶、焦油及油类,不溶于甘油。不可燃。无空气及水分存在时,加热至500℃仍很稳定。在空气中加热时则热解生成一氧化碳、光气和氯。长时间在光、空气中或有水存在时,会逐渐分解成三氯乙醛和光气。商品中常加入少量酚类稳定剂。是目前应用最广的干洗剂,可使油脂、脂肪类物质很好地溶解,而且性能稳定,不易水解,毒性较小,不易使染料褪色,但吸入蒸气或口服均能引起中毒。也用作金属清洗剂、橡胶及油墨溶剂、脱漆剂、烟幕剂、动植物油脂萃取剂、驱虫剂,以及用于合成三氯乙酸及其他有机中间体。可由乙烯氯化或氧氯化制得。$Cl_2C=CCl_2$

四螨嗪 clofentezine 又名3,6-双(2-氯苯基)-1,2,4,5-四嗪。品红色结晶。熔点182~186℃。蒸气压130nPa(25℃)。难溶于水,稍溶于乙醇、苯、己烷,溶于氯仿。对热、光及空气稳定。一种高效、低毒杀螨剂,对螨及其幼虫有较好防治效果。主要用于防治棉花、蔬菜、果树及观赏植物上的螨类。对捕食性螨及益虫无影响。由2-氯苯甲酰氯与二氮烯反应后,再依次与五氯化磷、水合肼反应制得。

四硼酸钾 potassium tetraborate 又名 $K_2B_4O_7·xH_2O$ $(x=4,5)$ 名硼酸钾、焦硼酸钾、水合四硼酸钾。白色结晶粉末。相对密度1.94(25℃)。熔点约780℃。溶于水,微溶于乙醇,水溶液呈碱性。四水合物($K_2B_4O_7·4H_2O$)加热至75~100℃时,失去1/5的结晶水,200℃时失去三分子结晶水,350℃时失去全部结晶水而成无水物。纯的四水合物在空气中不吸湿,即使干燥至25℃时仍然稳定,故可用作测定酸的浓度的标准物质。也用作焊接助熔剂、抗磨润滑添加剂、木材防腐剂、消毒剂及酪蛋白溶剂等。由硼酸与碳酸钾或氢氧化钾反应制得。

四(4-羟基-3,5-二叔丁基苯基丙酸)季戊四醇酯

见"抗氧剂1010"。

四氢苯酐 tetrahydrophthalic anhydride 又名四氢邻苯二甲酸酐。有顺、反两种异构体,商品多为顺式。白色片状结晶。相对密度1.201(105℃)。熔点120℃。沸点195℃(6.66kPa)。闪点157℃(闭杯)。溶于苯、甲苯、丙酮、四氯化碳,微溶于乙醚、石油醚。与水接触生成酸。可燃。低毒。用于制造农药、增塑剂、表面活性剂、润滑油添加剂、纤维处理剂等。也用作环氧树脂固化剂、醇酸树脂改性用单体等。由顺丁烯二酸酐与丁二烯反应制得。

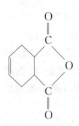

四氢化硅 silicon tetrahydride SiH_4

又名甲硅烷。无色易燃气体。有令人厌恶的臭味。相对密度 0.68(-185℃,液体)。蒸气相对密度 1.1。熔点 -185℃。沸点 -111.9℃。临界温度 -4℃。爆炸极限 1.37%～100%。遇水缓慢水解。不溶于乙醇、乙醚、苯、氯仿等。400℃时分解为硅及氢气。遇卤素及氧化剂剧烈反应。有毒! 用于化学气相沉积,制造 SiO_2 膜、Si_3N_4 膜、生长多晶硅隔离膜,以及异质或同质的硅外延片、光导通信纤维等。也用作激光器介质、离子注入源等。由 $SiCl_4$ 氢化生成 $SiHCl_3$ 后,再在催化剂作用下歧化成 SiH_4。

四氢邻苯二甲酸二辛酯 dioctyl tetrahydrophthalate 又名四氢邻苯二甲酸二(2-乙基己基)酯,简称 DOTHP。无色至浅黄色油状液体。相对密度 0.969。熔点 -53℃。沸点 216℃(0.667kPa)。闪点 202℃。不溶于水,溶于醇、酮、苯、氯代烃等多数有机溶剂。其他性质与邻苯二甲酸二辛酯类似。用作聚氯乙烯、乙烯基树脂及纤维素衍生物的增塑剂,用于压延、挤塑、模塑制品及增塑糊,既适用于透明制品,也适用于着色制品。与其他邻苯二甲酸酯相比,具有良好的耐寒性及电性能,耐水抽出,挥发性低。低毒。由顺丁烯二酸酐与丁二烯经双烯加成、酯化而制得。

四氢帕马丁 tetrahydropalmatine

又名消旋四氢马丁、消旋延胡索乙素、四氢棕榈碱。白色结晶性粉末。熔点 140～143℃。不溶于水,略溶于乙醇、乙醚,易溶于稀硫酸。遇光或受热易变黄。其盐酸盐为针状结晶(甲醇中)。熔点 215～216℃。一种镇静止痛药。对吸毒者及戒毒者有良好的缓解毒瘾发生作用,无成瘾性。对胃肠道及肝胆系统疾病引起的疼痛也有较好镇痛疗效。天然存在于罂粟科植物延胡索等的块茎中,可萃取而得。也可以巴马汀为原料,用硼氢化钾为还原剂经还原而得。

四(三苯基膦)合钯 tetrakis (triphenyl phosphine) palladium $[(C_6H_5)_3P]_4Pd$ 黄色晶体。熔点 100～105℃。115℃分解。不溶于水,微溶于丙酮、乙腈、四氢呋喃,溶于二氯甲烷、乙醇、氯仿,易溶于苯、甲苯。其苯溶液能迅速吸收氧,并生成不溶的绿色含氧配合物。在空气中短时间内稳定,但不久会变成橙色。用作三苯基膦及异腈类物质氧化为膦氧化物及异氰酰反应、烯烃加氢及低聚反应、有机卤化物缩合及偶联反应、有机硅烷和锡烷的羰基化反应、氢化硅烷化反应等有机合成的催化剂。由二氯化钯与三苯基膦在二甲基亚砜中反应,再经水合肼还原制得。

四(三苯基膦)合铂 tetrakis(triphenylphosphine) platinum $[(C_6H_5)_3P]_4Pt$ 淡黄色粉末。加热至 118～120℃时分解成红色液体,在真空中加热至 159～160℃时熔化成黄色液体。不溶于水,溶于苯并离解为三(三苯基膦)合铂。当将其苯溶液置于空气中时,因氧及 CO_2 的作用会缓慢地析出白色粉状碳酸基双(三苯基膦)合铂。与四氯化碳反应可生成顺式二氯双(三苯基膦)合铂。也能与 O_2、CO、CS_2、H_2S、SO_2、酸类、氯代烯烃、碘代甲烷等反应,生成各种铂(Ⅱ)或铂(0)的配合物或化合物。用作烯烃的氢化硅烷化、烯烃异构化、羰基化、氢化、有机汞化合物氧化等反应的催化剂,也用于制造其他铂化合物。可在氢氧化钾乙醇溶液中,用联氨还原四氯合铂(Ⅱ)酸钾的三苯基膦化合物而得。

四溴苯酐 tetrabromophthalic anhydride 又名四溴邻苯二甲酸酐。淡黄色结晶或结晶性粉末。溴含量 68.9%。相对密度 2.91。熔点 276～280℃,开始分解温度 400℃。不溶于水、脂肪烃溶剂,微溶于氯仿、丙酮、二甲苯,溶于硝基苯、二甲基甲酰胺。有毒! 用作阻燃剂。作为反应型阻燃剂,适用于环氧树脂、聚碳酸酯、不饱和及饱和聚酯;作为添加型阻燃剂,适用于聚烯烃、ABS 树脂及聚乙酸乙烯酯等。还兼有抗静电作用。也用作制备酰亚胺及某些酯的中间体。在催化剂存在下,由苯酐与溴反应制得。

四溴双酚 A tetrabromo bisphenol A

又名 4,4′-异亚丙基双(2,6-二溴苯酚)。白色或灰白色粉末或粒状固体。溴含量 57～58%。熔点 179～181℃。沸点 316℃(分解)。开始分解温度 240℃。不溶于水,溶于乙醇、丙酮、苯、冰乙酸及液碱。一种溴系阻燃剂,既可用作反应型阻燃剂,用于环氧及酚醛树脂、聚氨酯、聚碳酸酯等的阻燃;也可用作添加型阻燃剂,用于聚苯乙烯、苯乙烯-丙烯腈共聚物、ABS 树脂等的阻燃。制品有良好的阻燃性及自熄性。也用作橡胶、纸张、合成纤维等的阻燃剂。是合成四溴双酚 A 双(羟乙氧基)醚、八溴醚等的中间体。由双酚 A 经室温溴化后通入氯气制得。

四溴双酚 S tetrabromo bisphenol S

又名 4,4′-二羟基-3,3′,5,5′-四溴二苯基砜。白色结晶性粉末。溴含量 56.5%。熔点 289～292℃。微溶于水,溶于甲醇、乙醇、丙酮、四氯化碳及液碱。热稳定性比四溴双酚 A 好,但毒性较大。用作阻燃剂,应用范围与四溴双酚 A 相似。作反应型阻燃剂时,可用于环氧树脂、聚碳酸酯、聚氨酯及不饱和聚酯等;用作添加型阻燃剂时,适用于聚烯烃、聚苯乙烯、丙烯酸树脂及 ABS 树脂等。由硫酸与苯酚反应生成双酚 S 后,再经溴化反应制得。

四溴双酚 A 双(2,3-二溴丙基)醚 tetrabromo bisphenol A bis(2,3-dibromopropyl) ether 又名 2,2-双[4-(2,3-

$$\text{BrCH}_2\text{CHCH}_2\text{O} - \underset{\underset{\text{Br}}{|}}{\overset{\overset{\text{Br}}{|}}{\text{C}_6\text{H}_2}} - \underset{\text{CH}_3}{\overset{\text{CH}_3}{\underset{|}{\overset{|}{\text{C}}}}} - \underset{\underset{\text{Br}}{|}}{\overset{\overset{\text{Br}}{|}}{\text{C}_6\text{H}_2}} - \text{OCH}_2\text{CHCH}_2\text{Br}$$

二溴丙氧基)-3,5-二溴苯基]丙烷、八溴醚。白色至淡黄色粉末。熔点 85～105℃。分解温度 270℃。理论溴含量 67.7%。不溶于水、乙醇,溶于丙酮、苯、甲乙酮、三氯甲烷。是一种添加型溴系阻燃剂,具有相对分子质量大、挥发性小、与树脂相容性好的特点,用作聚烯烃、聚苯乙烯、聚氯乙烯、ABS 树脂及橡胶的阻燃剂。用于聚丙烯中可使加工时不发生烟雾及臭味、不发生变色等现象。由四溴双酚 A 与烯丙基氯反应生成四溴双酚 A 双(烯丙基)醚后,再经溴化后制得。

四溴双酚 A 双(羟乙氧基)醚 tetrabromo bisphenol A bis(hydroxy ethoxy) ether 又名异亚丙基双[3,5-二溴-4-(2-羟

$$\text{HOCH}_2\text{CH}_2\text{O} - \underset{\underset{\text{Br}}{|}}{\overset{\overset{\text{Br}}{|}}{\text{C}_6\text{H}_2}} - \underset{\text{CH}_3}{\overset{\text{CH}_3}{\underset{|}{\overset{|}{\text{C}}}}} - \underset{\underset{\text{Br}}{|}}{\overset{\overset{\text{Br}}{|}}{\text{C}_6\text{H}_2}} - \text{OCH}_2\text{CH}_2\text{OH}$$

乙氧基)苯]。白色粉末。理论溴含量 50.6%。熔点 113～119℃。不溶于水,溶于丙酮、苯。5% 热失重温度为 322℃。用作反应型阻燃剂,具有热稳定性好、挥发性小等特点。适用于环氧树脂、聚氨酯、聚酯树脂及纤维等的阻燃,也用作 ABS 树脂的添加型阻燃剂。由四溴双酚 A、环氧乙烷及氢氧化钾反应制得。

四溴双酚 A 双(烯丙基)醚 tetrabromo bisphenol A bisallyl ether 又名四

$$\text{CH}_2=\text{CHCH}_2\text{O} - \underset{\underset{\text{Br}}{|}}{\overset{\overset{\text{Br}}{|}}{\text{C}_6\text{H}_2}} - \underset{\text{CH}_3}{\overset{\text{CH}_3}{\underset{|}{\overset{|}{\text{C}}}}} - \underset{\underset{\text{Br}}{|}}{\overset{\overset{\text{Br}}{|}}{\text{C}_6\text{H}_2}} - \text{OCH}_2\text{CH}=\text{CH}_2$$

溴醚。白色至淡黄色结晶性粉末。溴含量$\geq 51\%$。熔点$110\sim 125℃$。起始分解温度$\geq 190℃$。不溶于水,溶于氯代烃、氯苯。用作反应型阻燃剂,具有阻燃效能高、挥发性小等特点。适用于聚乙烯、聚丙烯、发泡聚苯乙烯、不饱和聚酯等塑料的阻燃。也用作橡胶及聚氨酯的添加型阻燃剂。由四溴双酚A与氯丙烯反应制得。

四亚甲基二砜四胺 tetramethylene disulfotetramine 又名四亚甲基四胺二砜、四二四、浸鼠命、毒鼠强。白色粉末。无味。分解温度$255\sim 260℃$。不溶于水,不溶于乙醇、甲醇。性质稳定。极毒!大鼠径口$LD_{50}0.1\sim 0.3mg/kg$。一种高毒杀鼠剂。由于无味,鼠类对它的接受性好,曾用于疫区灭鼠。由于中毒事件频繁发生,毒鼠强已是国家明文禁止使用的杀鼠剂。但本品经浓硝酸硝解后,可生成3,7-二硝基-1,3,5,7-四氮杂-2,6-二硫杂双环[3,3,1]-壬烷-2,6二砜,是一种高密度的单质炸药。

四亚乙基五胺 tetraethylene pentamine $H_2N(CH_2CH_2NH)_3CH_2CH_2NH_2$ 又名四乙烯五胺。淡黄色至橘黄色黏稠液体。有氨味。相对密度0.9980。熔点$-30℃$。沸点$333℃$。闪点$163℃$。溶于水、乙醇,不溶于乙醚、苯。有吸湿性,能吸收空气中的水分及二氧化碳。受热分解放出乙二胺及二乙烯三胺。呈碱性,与酸作用生成相应的盐。可燃。有毒!对皮肤、黏膜及呼吸道有刺激性。用于制造阳离子交换树脂、聚酰胺树脂、橡胶硫化促进剂等,也用作环氧树脂固化剂、气体净化剂、原油破乳剂、润滑油添加剂等。由二氯乙烷与氨水反应制得。

四氧化三钴 tricobalt tetraoxide Co_3O_4 又名一氧化钴合三氧化二钴。灰色或黑色粉末。与Fe_3O_4相似而具有光晶石型结构,是CoO及Co_2O_3非化学计量的混合物。相对密度6.11。熔点$947℃$(分解)。加热至900℃以上时会失去氧变成CoO。不溶于水,缓慢溶于无机酸。易在高温下被CO、H_2及C还原成金属盐。用于制造钴盐、瓷釉、瓷壳、电子陶瓷、含钴催化剂等,也用于锂离子电池正极材料。由碳酸钴、硝酸钴在空气中于$500\sim 890℃$下加热分解制得。

四氧化三锰 trimanganese tetraoxide Mn_3O_4 又名氧化锰。棕黑色四方晶系结晶粉末或固体。具有斜尖晶石型体心立方晶格结构。相对密度4.718。熔点$1705℃$。不溶于水,溶于盐酸并放出氢气。和浓硫酸反应生成$MnSO_4$和O_2。用于制造软磁铁氧体、锰-锌铁氧体,主要用作各种电感元件,如天线、变压器、滤波器、录音及录像机头等的磁芯。也用于制造陶瓷及玻璃着色剂、防腐涂料及光学玻璃等。由金属锰或MnO_2在空气中灼烧制得。

四氧化三铅 lead tetraoxide Pb_3O_4 又名红丹、铅丹。橘黄至橘红色鳞片状晶体或无定形重质粉末。为PbO与PbO_2的混合物。相对密度$9.1\sim 9.5$。$500\sim 530℃$时分解成一氧化铅及氧。不溶于水、乙醇,溶于热碱溶液、硝酸、冰乙酸。有较高的抗腐蚀及防锈性能,遮盖力强。暴露于空气中时,因生成碳酸铅而有变白现象。有氧化性。与硫化氢作用生成黑色的硫化铅。用于制造光学玻璃、陶瓷、搪瓷、蓄电池、压电元件、染料。也用作缓蚀剂,用于防锈漆作铅系防锈颜料。还用作橡胶制品着色剂及有机合成氧化剂。由金属铅熔融磨粉、焙烧成一氧化铅后再在空气流中强热制得。

四乙基溴化铵　tetraethylammonium bromide　白色结晶。相对密度1.388

$$CH_3CH_2-\underset{\underset{CH_2CH_3}{|}}{\overset{\overset{CH_2CH_3}{|}}{N}}-CH_2CH_3 \cdot Br$$

(25℃)。溶于水、乙醇、丙酮、三氯甲烷，微溶于苯。10%水溶液的pH值约为6.5。加热至95℃时在28h内pH值不变。一种阴离子表面活性剂，有良好的乳化、分散、润湿等功能。用作乳化剂、分散剂、相转移催化剂及极谱分析试剂等。由溴乙烷与三乙胺在催化剂存在下反应制得。

四乙酰乙二胺　tetraacetyl ethylene diamine　白色粉末。有轻微乙酸气味。

$$\underset{CH_3-\underset{\underset{O}{\|}}{C}}{}\underset{}{N-CH_2CH_2-N}\underset{}{\overset{\overset{O}{\|}}{C}-CH_3}$$

表观密度560g/L。熔点152℃。燃点425℃。溶于水。常温下稳定。易生物降解。用作过硼酸钠、过碳酸钠等的漂白活化剂。适用于重垢洗衣粉、餐具洗涤剂、液体洗涤剂、牙齿清洁剂、消毒清洁剂及纸张、织物的漂白。可明显提高漂白活性，阻止污垢转移，促进茶渍、咖啡、果汁等污垢的去除，兼有杀菌及消毒作用。由乙二胺与乙酸反应制得二乙酰乙二胺后，再与乙酸酐反应制得。

饲料保存剂　feed preservative　又名饲料保藏剂。指能防止饲料在储存过程中质量下降的一类饲料添加剂。大致分为：①抗氧化剂，如二丁基羟基甲苯、丁羟基茴香醚、乙氧喹、五倍子酸等；②防霉剂，如丙酸、山梨酸、丙酸钙、苯甲酸钠、脱氢乙酸；③青储饲料添加剂，如甲酸、尿素、甲醛等。

饲料风味添加剂　feed flavors　指用于改善饲料适口性、增进动物食欲的非营养性饲料添加剂。一般由嗅觉刺激部分(香味剂)、味觉刺激部分(调味剂)及辅助成分组成。凡国家批准作为食品添加剂的香料物质均可用作饲用香味剂，常用的有茴香油、甘草精、橙油、柠檬醛、丁酸乙酯等；所用调味剂包括甜味剂、酸味剂、鲜味剂、咸味剂及辣味剂等，应根据动物的喜好而选择；辅助成分有固定剂、抗氧化剂、表面活性剂、抗结块剂及缓冲剂载体等。饲料风味剂种类很多，有多用型、专用型，有液体的、固体的或粉体的。要根据不同畜禽类别、年龄及生长阶段选择不同种类的风味剂。

饲料粘接剂　feed binding agent　又称颗粒饲料制粒添加剂。用于制造畜禽及水产用颗粒饲料的一种助剂。颗粒饲料具有畜禽采食量高、适口性好、活性成分不易流失、生产时粉尘少、有利于保存及运输等特点，发展很快。凡无毒、无不良气味、有较强粘接作用、来源广、成本低的物质都可用作饲料粘接剂。大致分为：①天然产物粘接剂，包括含淀粉多的植物种籽和块根加工物(如玉米粉、马铃薯粉)、灌木及植物的分泌物质(如金合欢胶、黄原胶、蚕豆胶)、动植物蛋白类

(如蛋清蛋白、谷胚)、海藻的黏性物质(如海藻酸钠)及天然矿物质(如膨润土);②化学合成物质,如羧甲基纤维素、聚丙烯酸钠、尿素-甲醛缩合物等。

饲料添加剂 feed additives 指为提高饲料利用率,保证或改善饲料品质,满足饲养动物的营养需要,促进动物生长,保障饲养动物健康而向饲料中添加少量的或微量的营养性或非营养性的物质。种类繁多,大致可分为营养性添加剂(如维生素、微量元素、氨基酸、非蛋白氮)及非营养性添加剂(包括生长促进剂、驱虫保健剂、饲料品质改良剂、饲料保藏剂及中草药添加剂)两大类。具体主要有:①强化与补充饲料中营养素作用,使配合饲料组成更加全面;②起到预防动物疫病、增强免疫功能作用;③提高饲料利用效率,促进动物生长及繁殖率;④改善或提高饲料品质,增加饲料风味与色泽,减少加工、储藏过程中的营养物质损失;⑤改善动物产品质量。

饲料增色剂 feed pigmenter 指能改善禽蛋卵黄、肉鸡外皮色泽等动物产品感观的饲料添加剂。其作用有:①通过饲料中添加色素,使其转移到畜产品中去,使产品更为鲜艳;②改善饲料色泽,提高饲料的感观性状,刺激畜禽食欲,常用于宠物饲料中。增色剂按来源分为天然和化学合成两类。天然增色剂主要来自自然界各种蓝、红、绿、紫等深色植物或某些动物体和一些菌体。主要品种有金盏菊、苜蓿草粉、刺槐叶粉、红花和朝天红、银合欢、红辣椒粉及藻粉等;人工合成增色剂主要是类胡萝卜素的各种衍生物,如 β-胡萝卜素、叶黄素、辣椒红、柠檬黄素、虾青素等。由于增色剂是由饲料转移到畜产品中去的,最终会被人们所食用,故饲料用增色剂必须是对人类无毒无害的。

松焦油 pine tar 又名松馏油。是由松根、松枝干馏得到的深褐色至黑色黏稠液体或半固体。有特殊气味。是高分子碳氢化合物的混合物,主要成分是愈创木酚、甲酚、苯酚、邻乙基苯酚、松香酸、松酯及松节油等。相对密度 1.03~1.07。沸点 240~400℃。微溶于水,溶于乙醇、乙醚、丙酮、氯仿及氢氧化钠溶液。用作橡胶通用软化剂,能增加胶料的塑性及黏性,改善炭黑的分散性。也用作橡胶的脱硫软化剂、木材及医用防腐剂、矿物浮选剂,以及制造油毡、油漆等。由松根、松枝密闭加热干馏而得。

松蕈酸 agaricic acid 又名十六烷基柠檬酸。一种 α-羟基酸。白色结晶。熔点142℃。溶于热水、热的冰乙酸及碱液,微溶于冷水、乙醚、氯仿。对胶原蛋白酶有抑制作用,可显著降低皮层内酸溶性胶原蛋白和水溶性蛋白的交联,这两种胶原蛋白的交联会降低皮层持水能力。与其他 α-羟基酸类似,松蕈酸用于护肤化妆品,有亮肤除皱作用。它还有抗菌性,对汗液中细菌的繁殖有抑制作用,可用于抑汗和除臭制品。松蕈酸主要存在于一些蔬菜中,如由香菇果实用溶剂萃取后经分离可得。

松香 rosin 又名熟松香、脂松香。为树脂胶松香、木蒸松香和妥尔油松香三种松香的总称。是由松树分泌的黏稠物加工制得的天然树脂，主要成分为树脂酸，占90％左右。外观为淡黄色至褐红色透明脆性固体。相对密度1.05～1.10。熔点110～135℃。软化点70～80℃。闪点216℃。沸点300℃(65Pa)。玻璃化温度30～38℃。不溶于水，易溶于乙醇、丙酮、苯、松节油及碱溶液。由于结构中含有双键和羧基，可通过氧化、氢化、聚合、加成、异构化等反应进行改性。松香的黏性较好，尤其是快黏性、低温黏性及压敏性很好，但内聚力较差。对光、热、氧不安定，易产生变色及粉化现象。用作热熔胶、压敏胶、油墨等的增黏剂，纸张施胶剂，橡胶乳化剂，混凝土起泡剂，以及用于制造肥皂、松香脂等。由松脂蒸馏除去松节油而得，或从造纸木浆的蒸煮液中回收而得。

松香胺聚氧乙烯(n)醚 polyoxythylene(n) rosin amine ether 又名聚氧乙烯(n)松香胺醚。一种非离子表面活性剂。黄色黏稠性液体。不溶于水，溶于乙醇、丙酮、苯。具有优良的缓蚀、去垢及乳化性能。用作金属酸洗缓蚀剂及化工管路阻垢缓蚀剂，防蚀效果优良。也用作杀虫剂、除藻剂、润滑剂、木材防腐剂、矿物浮选剂、光学拆分剂，以及用于制造油溶性或醇溶性染料。由脱氢枞胺与环氧乙烷经乙氧基化反应制得。

松香甘油酯 glycerine resin 又名甘油松香酯、酯胶、甘油硬脂。淡黄色无定形块状或粒状透明固体。相对密度1.080～1.090。软化点>80℃。酸值<10mgKOH/g。不溶于水，溶于芳烃及松节油，难溶于乙醇。空气中氧化，粉末易自燃。与普通松香比较，酸值显著降低，脆性及黏性减小，耐候性提高。用作胶黏剂的增黏剂，也用作乳化剂、胶姆糖基础剂，以及用于制造硝基喷漆、油漆及油墨等。由松香与甘油在氧化锌催化剂存在下经酯化反应制得。

松香改性酚醛树脂 rosin modified phenolic resin 改性油溶性酚醛树脂的一种。是由热固性酚醛缩合物与松香反应后，经多元醇酯化制得的红棕色透明固体树脂。一般缩合物占总量的5％～30％。它的软化点比松香高40～50℃，油溶性好。根据酚醛缩合物中所用酚的品种和酚与醛的比例、缩合物与松香的比例，以及所用多元醇的品种酯化程度的不同，可制得多种类型的松香改性酚醛树脂，如210树脂、2112树脂、2116树脂、2118树脂、2119树脂、2210树脂等。均有良好的油溶性，溶于苯、甲苯、二氯乙烷、乙酸乙酯、松节油及植物油等。用作胶黏剂的增黏剂、油墨连接料等，也用于制造松香改性的酚醛清漆、瓷漆及底漆等。由酚醛树脂浆与熔化的松香反应后,再与多元醇经酯化反应制得。

松香季戊四醇酯 rosin pentaerythritor resin 又名季戊四醇松香酯、145树脂。

$$C_{19}H_{29}COOCH_2-\overset{\overset{\displaystyle CH_2OOCH_{29}C_{19}}{|}}{\underset{\underset{\displaystyle CH_2OOCH_{29}C_{19}}{|}}{C}}-CH_2OOCH_{29}C_{19}$$

淡黄色粒状、块状或片状透明固体。相对密度 $1.06\sim1.09$。软化点 $102\sim115℃$。酸值 $15\sim25mgKOH/g$。折射率 $1.5440(25℃)$。不溶于水及醇类,溶于苯、丙酮、氯仿、乙酸乙酯、松节油及植物油。具有色浅、黏附性强、抗氧化性好等特点。用作胶黏剂的增黏剂、油墨连接料及制造醇酸清漆、蜡纸等。食品工业中用作胶姆糖基础剂、被膜剂及果蔬保鲜剂等。由松香与季戊四醇经酯化反应制得。

松香胶 rosin size 松香不溶于水,而能与纯碱或烧碱发生皂化反应生成松香酸钠,其生成的胶料称为松香胶。根据皂化用碱量及所含游离松香数量不同,可分为:①中性胶。松香全部皂化,不含游离松香,生成的松香酸钠在溶液中呈分子状态,并呈褐色,故又称褐色胶。②白色胶。含游离松香 $20\%\sim30\%$,胶液呈酸性。③高游离松香胶。含游离松香 $70\%\sim90\%$,由于不稳定,通常加入干酪素或动物胶作胶体稳定剂,以防止松香颗粒凝聚。松香胶常用作纸和纸板的施胶剂,其中以白色胶应用最多。

松香热聚物引气剂 rosin polymer air entrainer 又名松香热聚物。稍带透明状胶状物。溶于水。用作混凝土引气剂时,能使混凝土内部产生无数小气泡,增加水泥浆体积和减少砂石之间的摩擦力,改善混凝土的混合性能并减少拌和用水量,提高混凝土抗冻融循环的能力,对钢筋无腐蚀作用。适用于有冻融及抗渗要求的混凝土,如浇灌配筋较密的构体、水工结构、建筑基础、公路路面及商品混凝土等。由松香、苯酚、硫酸经加热缩聚后再经氢氧化钠处理而得。

松香酸 abietic acid 一种三环二萜类化合物。微黄至黄红色透明、硬脆而有松脂气味的片状晶体或粉末。相对密度 1.067。熔点 $172\sim175℃$。沸点 $300℃(666Pa)$。闪点 $216℃$。折射率 1.5430。不溶于冷水,微溶于热水,易溶于乙醇、乙醚、丙酮、汽油、松节油及稀碱液。用于制造松香酸酯类涂料、胶黏剂、油墨、润滑剂等。用于药用牙膏可预防牙周炎。与维生素 E 复配、以橄榄油作溶剂可用于治疗严重烧伤及银屑病。由松脂加热熔融后经水蒸气蒸馏制得。

松香酸钙 calcium abietata 又名松香酸钙皂。淡黄色至黄棕色黏稠物或粉状物。软化点 $138\sim145℃$。钙含量 $1.9\%\sim2.20\%$。酸值$<90mgKOH/g$。不溶于水,溶于苯、二甲苯、乙酸乙酯及 200 号溶剂汽油,微溶于乙醇。商品多为二甲苯或 200 号溶剂汽油的溶液。有良好的分散、乳化性能。主要用作油漆

助催干剂,用在磁漆中能促进颜料分散,也用作油墨添加剂。由松香用碱皂化后,再与氯化钙反应制得。

松香酸钠 sodium abietata 又名松香酸钠皂。一种阴离子表面活性剂。白色粉末。固含量≥95%。1%水溶液的pH值7~8。溶于水,有良好的乳化、润湿、分散及起泡性能。主要用于制造肥皂、洗涤剂。也用作橡胶乳化剂、钻井液润滑解卡剂、油田生产井堵水剂。由松香与氢氧化钠或纯碱反应制得。

松香皂引气剂 rosin soap air entrainer 主要成分为改性松香酸皂。棕色膏状物或深棕色液体。易溶于水,是一种憎水性表面活性剂,能降低水的表面张力和表面能。用作混凝土引气剂时,使混凝土在拌合过程中形成大量气泡,显著改善砂浆和易性,提高混凝土的抗冻性、抗渗性和抗侵蚀性,而对凝结时间无影响,对钢筋无腐蚀性,适用于砌筑砂浆及抹面砂浆,也适用于道路、大坝、港口等混凝土工程。由松香粉碎后放置至颜色略加深时,与80~100℃的热碱液经皂化反应制得。

松香酯涂料 rosin ester coatings 松香酯是由松香酸与多元醇制得的一系列树脂。将松香酯和干性植物油(桐油、亚麻油、梓油)经热炼后制得漆料,再加入颜料、催干剂及溶剂所制成的涂料即为松香酯涂料。可分为清漆、磁漆、底漆、腻子等。其成膜物质主要是干性油和松香酯,其中干性油赋予漆膜柔韧性,松香酯则赋予漆膜以硬度、光泽、快干性和附着力。属于低档涂料品种,主要用于涂装木材、家具、门窗及钢铁表面等。

松针油 pine needle oil 又名针叶油、松叶油。无色或淡黄色液体。具有松节油香气,并具清凉的松、杉针叶的气味。主要成分为乙酸冰片酯、蒎烯、莰烯、月桂烯、癸醛、十二醛、水芹烯、檀香烯等。相对密度0.857~0.885。折射率1.4730~1.4785。以1:6溶于90%乙醇中,也溶于乙醚、非挥发性油。为植物型天然香料。主要用于配制香皂、浴液、空气清新剂、剃须后制品、除臭剂及喷雾消毒剂等香精。由红松的针叶经水蒸气蒸馏制得。

L-苏氨酸 L-threonine 又名L-α-氨基-β-羟基丁酸。人体必需氨基酸之一。白色斜方晶系结晶或粉末。无臭,味微甜。熔点262~263℃(分解),易溶于水,不溶于乙醇、乙醚、氯仿。高温下遇稀酸则分解。用作食品强化剂、氨基酸输液和复合氨基酸制剂,可促进生长发育及抗脂肪肝。也用作饲料添加剂。用作化妆品营养添加剂,可缓冲其他化学药剂对皮肤的刺激,并有调理头发的作用,加入冷烫液中可减少断发及脱发现象。由蛋白质水解、精制而得,或由发酵法制得。

$$CH_2CH(OH)CH(NH_2)COOH$$

苏木精 hematoxylin 又名苏木素。

白色或微黄色结晶,遇光变红。熔点100~120℃。微溶于冷水、乙醚,溶于热水、热乙醇、碱液、甘油及硼砂溶液。紫外特征吸收波长为292nm。易被氧化成醌式结构。有抗炎、抗菌作用，对膜病毒有灭活作用。在金属离子参与下，可用作氧化型染发剂，发色随金属离子不同可呈棕、黑、黄、红等多种，着色牢，不刺激头皮。也可用于蚕丝、皮革染色及棉布印花、墨水制造。用于护肤品能抑制黑色素细胞活性，阻止面部色斑生成。由豆科植物洋苏木用溶剂萃取、分离而得，或由化学合成法制得。

苏木色素 sappan wood color 苏木色素的主要成分是（Ⅰ）（又称为苏方木素或巴西红木红）为橙黄色结晶。熔点130℃（分解）。可溶于醇、醚及碱液，不溶于烃类溶剂。其水溶液呈红色，色泽随pH值而变化，pH<3时为黄色，pH为3~5时为橙黄色，pH为5~7时为橙红色，pH>7时为红紫色。酸性条件下对热和光稳定。用作纸张或食品着色剂。由苏木芯材经溶剂萃取制得。

苏云金杆菌 bacillus thuringiensis 又名敌宝、快来顺。由昆虫病原细菌苏云金杆菌的发酵液提取的微生物杀虫剂。可制成粉剂、悬浮剂。对农、林、果树的鳞翅目害虫和松毛虫有良好防治效果，尤适用于无公害蔬菜种植，不污染环境。苏云金杆菌在培养繁殖中产生的杀虫活性物质有伴孢晶体、芽孢、β-外毒素、苏云金素、卵磷脂酶C等。其中伴孢晶体是由一种或几种蛋白质组成，当其进入昆虫消化道后被肠蛋白酶水解释放出活性毒素而使昆虫致死。而β-外毒素是一种腺嘌呤核苷酸，可干扰虫体激素发育，导致昆虫畸形死亡。苏云金杆菌对人畜安全，对作物无药害，不伤害蜜蜂和其他益虫。也能与多数杀虫剂、杀菌剂混用。

速凝剂 shotcrete admixture 能使混凝土迅速凝结硬化的外加剂。与缓凝剂相反，它能使混凝土在很短时间内硬化，利用这种性能，广泛应用于喷射混凝土、灌浆止水混凝土及抢修补强工程。种类很多，主要分为：①铝氧熟料、碳酸盐系。其速凝成分为铝氧熟料、生石灰及碳酸钠。②铝氧熟料、明矾石系。它是由铝矾土、芒硝经高温煅烧成为硫铝酸盐熟料后，再掺入一定量的生石灰、氧化锌等研磨而成。③水玻璃系。它是以硅酸钠或硅酸钾为主要成分的液体状产品。其速凝作用是由于硅酸钠与水泥水化反应中的氢氧化钙反应，生成氢氧化钠、硅酸钙及二氧化硅溶胶，从而促进水泥水化及凝结硬化。

速溶高相对分子质量聚丙烯酸钠 quick dissolving high molecular weght sodium polyacrylate 一种阴离子表面活性剂。外观为白色粉末。有效物含量≥95%。相对分子质量≥3000万。残留单体≤0.5%。溶解时间≤0.5h。易溶于水，不溶于一般有机溶剂。用作工业给水、工业废水净化处理的高分子絮凝剂，尤适用作电解制

$$-\!\!\left[CH_2-CH\right]\!\!_n^-$$
$$|$$
$$COONa$$

碱时盐水精制用絮凝剂。在水溶液中能离解出钠正离子,分子链上则生成带负电荷的羧基负离子,对带异号电荷的胶体颗粒有电荷中和作用,使得胶体体系脱稳,促使其凝聚成大块絮体而沉降。也用作分散剂、成膜剂、阻垢剂等。由丙烯酸钠用氢氧化钠中和至 pH 值为 10.5～11 后,加入引发剂、阻聚剂等在一定温度下聚合制得。

速溶硅酸钠 sodium silicate rapid-soluble $Na_2O \cdot 2\sim3.3SiO_2 \cdot xH_2O$
白色粉状颗粒。固含量($SiO_2 + Na_2O$)85%～90%。摩尔比(SiO_2/Na_2O) 2～3.3。白度≥75。溶于水、稀碱液。水溶液呈碱性。性能与液体水玻璃相似,具有良好的悬浮力、乳化力、润湿力及泡沫稳定作用,并具有较强的 pH 值缓冲作用。易吸湿结块,浓溶液对皮肤及织物有腐蚀性,用作洗涤助剂,用于制造洗衣粉及工业或民用洗涤剂。也用作耐火材料及焊条发粉黏合剂,石油开采及隧道堵孔剂、加固剂,耐酸水泥粘接剂等。由浓度为 20%～30% 的液体水玻璃经喷雾干燥制得。

速溶偏硅酸钠 instant soluble sodium metasilicate Na_2SiO_3 又名速溶层状偏硅酸钠。白色流动性粉末。易吸湿。表观密度 0.4～0.9g/cm³。熔点 1089℃。总含碱量(以 Na_2O 计)≥42%。易溶于水。水溶液呈碱性。分子结构形态呈正六面体,并以 β 型层状为主,对 Ca^{2+} 及 Mg^{2+} 的结合交换能力较水合偏硅酸钠及普通无水偏硅酸钠高,且交换过程迅速彻底,还具有较好的 pH 值缓冲能力。与阴离子、非离子表面活性剂有较好协同作用,且与释氧漂白剂的配伍性好。用作洗涤助剂,用于生产低磷或无磷洗衣粉、洗衣膏及液体洗涤剂,具有良好的去污、分散、乳化及硬水软化等作用。也可用于油井化学灌浆、皮革加工、矿物浮选、水质净化及木材防腐等领域。由泡花碱与氢氧化钠反应后经结晶、脱水、造粒、干燥等过程制得。

塑化剂 plasticizer 特种陶瓷生产中,可使瘠性坯料具有可塑性的添加剂。传统陶瓷生产因坯料中含有黏土,本身就具可塑性,可无需另加塑化剂。特种陶瓷生产大都采用瘠性化工原料作坯料,缺乏可塑性。成型之前需在坯料中加入塑化剂使坯料具有可塑性。塑化剂分为无机及有机塑化剂两类。通常是由粘接剂、增塑剂及溶剂三种物质组成。粘接剂起到粘接粉料的作用,常用的有聚乙烯醇、甲基纤维素、石蜡等;增塑剂可溶于粘接剂中使其易于流动,分为无机增塑剂(如水玻璃、黏土、磷酸铝等)及有机增塑剂(如甘油、邻苯二甲酸二丁酯、草酸等);溶剂能溶解粘接剂和增塑剂并能和坯料组成胶状物质,通常有水、乙醇、丙酮、苯、乙酸乙酯等。

塑解剂 depolymerized agent 又称塑炼促进剂或化学增塑剂。是指通过化学作用增强生胶塑炼效果、缩减塑炼时间的物质。按作用机理存在两种方式:一种是塑解剂自由基夺取橡胶分子上的氢原子而形成橡胶自由基,从而引发橡胶的自动氧化降解反应,使其相对分子质量降低,塑性增加;另一种是塑解剂分解生成的自由基与橡胶断裂所生成的自由基反应,从而破坏其活性,不能再相互结合,也使相对分子质量降低而塑性增加。按化学结构,塑解剂主要有硫酚衍生物及芳香族二硫化物两种类型。硫酚衍生物(如五氯硫酚)有良好的低温塑解效能,尤其当芳环上存在烷基或卤素取代基时,塑解作用更强,但因有恶臭及毒性,已很少单独使用;芳香族二硫化物塑解剂的臭味较小,低温塑解效能比硫酚类差,但高温塑解效能较高,宜用于120℃以上高温塑炼场合。在选用塑解剂时要考虑到适用性强、塑解效能高、易分散、无毒、无味、不污染,实际上,目前所能用的塑解剂还很难达到上述全部要求。由于在橡胶中的作用机理相似,一些塑解剂往往也可用作废旧橡胶的再生活化剂。

塑料红 B plastic red B 黄光红色粉末。耐热温度200℃。耐晒性7～8级。溶于水、乙醇。主要用作塑料及涂料制品的红色着色剂。有良好的耐热及耐晒性。也用于合成纤维原液的着色。用于聚氯乙烯时无迁移现象。由苊四甲酸酐与对氨基苯乙醚经缩合反应制得。

塑料棕 plastic brown 又名7125塑料棕、复合永固棕。黄棕色粉末。耐热温度180℃。耐晒性4～5级。吸油量15%～25%。主要用作塑料制品的棕色着色剂。具有良好的耐热及耐晒性。由3,3′-二氯联苯胺经重氮化后,与邻甲氧基双乙酰基苯胺及2-羟基-3-萘甲酸偶合,加入氧化铁红后再与氯化钡成盐制得。

酸变性淀粉 acid conversion starch 又名酸解淀粉或酸处理淀粉。在糊化温度下用低浓度硫酸或盐酸处理的淀粉。白色粉末,与原淀粉比较,黏度低,能配制高浓度糊液;含水分较少,干燥快、黏合快,胶黏力强,适合于成膜性及黏附性要求较高的行业,如经纱上浆、纸袋黏合、纸板制造等。但薄膜强度稍低于原淀粉。也用作食品增稠剂、稳定剂及填充剂等。由浓度为36%～40%的淀粉乳在35～60℃的温度下与稀盐酸($\leqslant 7.0\%$)或硫酸($\leqslant 2.0\%$)反应制得。

酸化用化学剂
见"油气开采用化学剂"。

酸性黏多糖
见"黏多糖"。

酸性染料 acid dyes 在酸性染浴中染色的染料。是一类含有磺酸基、羧酸基和羟基等可溶性基团的阴离子染料。常以水溶性钠盐形式使用,在酸性染浴中能与蛋白质纤维分子中的氨基以离子键相结合而染着。按化学结构不同,有偶氮型、蒽醌型、三苯甲烷型、亚硝基型、吡唑啉酮型、金属配位型等;按染浴酸性强弱及染色性能,分为强酸性染料、弱酸性染料及酸性配位染料等。强酸性染料又称匀染性染料。弱酸性染料的匀染性差,但耐洗牢度较好。酸性配位染料是染分子与金属原子以1:1配位组成,需在强酸浴中进行染色,故又称强酸染料。酸性染料广泛用于散毛、呢绒、毛条、毛线、蚕丝、锦纶、纸张、皮革及金属等染色,也可用于墨水、化妆品及肥皂的着色,以及制备有机颜料的中间体。

羧基丁苯胶乳 carboxylated styrene-butadiene rubber latex 是在丁苯共聚

物中引入各种羧酸作为第三单体而制得的胶乳。所用羧酸有丙烯酸、甲基丙烯酸和衣康酸等。羧基功能赋予高聚物某些特性,如可以用其他功能单体交联、提高聚合物极性和粘接强度等。根据苯乙烯含量不同,分为:①低苯乙烯含量的羧基丁苯酸乳。结合苯乙烯在30%以下,形成的胶膜柔软而易伸张。主要用于制造无纺布、优质帆布、绒头地毯的背衬胶。②中高苯乙烯含量的羧基丁苯胶乳。结合苯乙烯含量60%~70%,形成的胶膜硬韧,用于制造涂料、地毯及造纸。③高苯乙烯含量的羧基丁苯胶乳。结合苯乙烯含量75%~90%。室温下不能成膜,可用作软胶乳的硬化配合料。④羧基丁苯海绵用胶乳。苯乙烯含量35%~40%,总固含量为53%~58%,黏度较高。用于制造压缩变形小的海绵及地毯海绵背衬。

羧基丁腈胶乳 carboxylated acrylonitrile butadiene rubber latex 乳白色液体。是丁二烯、丙烯腈与少量第三单体共聚制得的分子链带羧基侧基的胶乳。相对密度0.991~1.050。总固含量>45%。丙烯腈结合量>32%。pH值7.5~10.0。分子主链中由于引入了羧基活性反应基团,其粘接性优于未羧化的丁腈胶乳,同时改善了与其他高分子材料的相容性,也可与金属氧化物或硫黄进行交联反应。用作水性酚醛树脂胶黏剂的增韧剂、无纺布黏合剂,以及用于制造胶乳浸渍制品及耐油手套等。在引发剂及乳化剂存在下,由丁二烯、丙烯腈及丙烯酸共聚制得。

羧基橡胶胶黏剂 carboxylated rubber adhesive 以含羧基橡胶为基料的合成胶黏剂。是由烯烃或二烯烃与含羧基的烯类单体(如丙烯酸、甲基丙烯酸等)共聚而制得,也可将含羧基的单体与丁苯、氯丁、聚丁二烯、天然等橡胶的溶液或乳液混合并反应来制备。由于羧基的引入,提高了橡胶的黏附性能,尤以羧基丁腈橡胶胶黏剂的应用最广。羧基橡胶胶黏剂一般采用氧化锌等多价金属氧化物作为硫化剂,使其与羧基作用而硫化。配制溶剂常用甲乙酮、苯及氯代烃等。多以胶乳形式使用。用于橡胶与金属、橡胶与纤维、织物、皮革、纸张等材料的粘接。

羧基液体丁腈橡胶 liquid carboxylated nitrile rubber 淡黄色黏稠液体。相对密度0.96。丙烯腈结合量30%~35%。丙烯酸结合量4%~8%。不溶于水,与甲乙酮、氯苯、乙酸乙酯等混溶。与环氧树脂、酚醛树脂及多数橡胶有较好相容性。有较好的耐热性及耐油性。用作环氧树脂、酚醛树脂等的增韧剂,能降低脆性、增大韧性、提高粘接部位的承载强度。也用作热固性塑料加工改性剂。在阴离子乳化剂存在下,由丁二烯、丙烯腈及丙烯酸经乳液共聚反应制得。

羧甲基淀粉钠 sodium carboxymethyl starch 又名羧甲基淀粉醚、淀粉甘醇酸钠。白色至微黄色粉末。无臭,无味。难溶于酸和有机溶剂,易溶于水而成胶体。具有吸湿性。由于所用淀粉及其处理方法不同,取代度不同,所得产品的黏度也不同。吸水性优于羧甲基纤维素,溶于水膨胀体积可达原先体积的200~300倍,具有优良的增稠、糊化、保水、乳化、成膜等性能,且不易腐败霉变。用作钻井液降失剂、压裂液稠化剂、污水处理絮凝剂及离子交换剂、纤维上浆剂、牙膏增稠剂、涂料及陶瓷黏合剂、纸张表面施胶剂、内墙涂料的平滑剂、食品增稠剂及稳定剂、药片崩解剂等。由淀粉与一氯乙酸在氢氧化钠存在下经醚化反应制得。

羧甲基葡萄糖 carboxymethyl gluconate 一种葡萄糖改性产品，外观为橘黄色粉末。pH值8~9。易溶于水。具有良好的分散性及抗温能力。用作油井水泥分散缓凝剂，由于表面活性作用，在固-液界面产生吸附，分子结构中的羟基在水泥颗粒表面形成不稳定的配合物，阻碍水泥水化过程进行，从而起到缓凝作用。也用于蛋白质分离。由葡萄糖、氯乙酸、氢氧化钠在60~90℃下缩聚制得。

羧甲基羟丙基瓜尔胶 carboxymethyl hydroxypropyl guar 淡黄色粉末。无臭，无味。不溶于多数有机溶剂。在水中易分散溶解。水溶液黏度196~243mPa·s。水不溶物含量1.5%~4.0%。是一种阴离子型和非离子型的双重衍生物。其水溶液在酸性条件下易与高价金属阳离子交联而形成冻胶，如与磷酸铝、氧氯化锆可进行交联；在碱性条件下也能与两性金属（或金属）组成含氧酸阴离子的盐交联成冻胶，如与硼酸盐或钛酸盐交联。与羟丙基瓜尔胶比较，具有水不溶物减少、水溶解速度加快、防腐储存性能改善等特点，但水溶性黏度也较低。可使用不同的交联剂，配制成高、中、低温的水冻胶，用作压裂液稠化剂。可以一氯乙酸为主醚化剂、环氧丙烷为副醚化剂，在碱性条件下由瓜尔胶进行醚化反应制得。

羧甲基氰乙基纤维素 carboxymethyl cyanoethyl cellulose 微红色粉末。氰乙基

$$\left[\begin{array}{c}CH_2OR^1\\ \diagup O\\ OH\\ OH\end{array}\diagdown O \diagup\begin{array}{c}CH_2OR^2\\ \diagup O\\ OH\\ OH\end{array}\diagdown O\right]_n$$

(R^1=CH_2COOH, R^2=CH_2CH_2CN) 取代度≥0.6。2%水溶液黏度≤650mPa·s。一种羧甲基纤维素的改性产物。其黏度、热分解温度及溶解速度比羧甲基纤维素有显著提高。主要用作高温、高矿化度泥浆的降滤失剂，适用于各种水基泥浆体系。由丙烯腈与羧甲基纤维素反应制得。

羧甲基田菁胶 carboxymethyl sesbamia 又名羧甲基钠盐田菁胶、钠羧甲基田菁胶。淡黄色粉末。无臭。易吸潮。不溶于一般有机溶剂。在水中呈分散溶解。水溶胶黏度130~260mPa·s。与田菁胶相比，黏度增高，耐温性能更好。在酸性条件下，水溶胶易与高价金属阳离子的盐交联成冻胶；在碱性条件下，也可与两性非金属组成的含氧酸阴离子的盐交联。是一种性能良好的水溶液增稠剂，其水溶胶或水冻胶可用作浅井、中深井的压裂液稠化剂。以一氯乙酸为醚化剂、异丙醇为分散剂，使田菁胶在碱性条件下进行醚化反应制得。

羧甲基纤维素 carboxymethyl cellulose 一种阴离子型纤维素。通常所用的是它的钠盐，也有用铵盐、铝盐等。纯品为白色或乳白色纤维状粉末或颗粒。无臭，无味。溶于水，不溶于酸、甲醇、乙醇、苯。溶解度主要取决于聚合度和取代度，取代度大于0.4即为水溶性。溶于水后形成一定黏度的胶体溶液，溶液黏

度随浓度增加而迅速增大。有良好的乳化、分散能力,能乳化油、蜡。可用作水包油型(O/W)及油包水型(W/O)乳化剂,广泛用于医药、日化、食品、涂料、造纸、采油等行业,用作乳化剂、增稠剂、稳定剂、成膜剂、上浆剂等。由碱纤维素与氯乙酸反应制得。

羧甲基纤维素-丙烯腈接枝共聚物 carboxymethyl cellulose acrylonitrile graft copolymer 微黄色粉末。接枝率65%~75%。有良好的吸水性能。吸水率为:去离子水3200g/g,0.9%氯化钠水溶液1000g/g。保水率91%。主要用作工业及日用化工的吸水材料,也用于水泥混凝土养护及工业脱水。由羧甲基纤维素与氢氧化钠作用得到的凝胶状液体,在硝酸铈铵存在下与丙烯腈反应制得。

羧甲基纤维素-丙烯酸接枝共聚物 carboxymethyl cellulose acrylic acid graft copolymer 微黄色粉末。含水率≤7%。pH值7~8。有良好的吸水性能。吸水率:吸水1600~2000g/g,吸0.9%氯化钠水溶液130g/g。吸血80~130g/g,吸尿60~80g/g。主要用于制造工业及医药吸水材料,如吸水纤维、吸水布、吸水染色布、卫生巾、尿布及薄膜等。在引发剂过硫酸铵及保护胶体聚乙烯醇存在下,由羧甲基纤维素与丙烯酸经接枝共聚反应制得。

羧甲基纤维素钙 calcium carboxymethyl cellulose 白色或淡黄色粉末或纤维状。无臭,无味。几乎不溶于水,吸水后溶胀数倍。对热、光、微生物均稳定。水分散悬浮液呈微酸性。具有良好的分散、增稠、悬浮作用。用作食品分散剂、增稠剂、粘接剂、溃散剂等。如用于汤粉成型,溶解时因水膨润作用,可促进分散及溃散。对可可粉、速溶咖啡、粉末清凉饮料等粉状食品,有促进水中分散及溶解效果。由羧甲基纤维素钠水溶液与氢氧化钙作用制得。

羧甲基纤维素胶 carboxymethyl cellulose glue 又名化学浆糊,一种水基纤维素类胶黏剂。是以羧甲基纤维素为基质,加入适量水调制而成,胶液透明性好、固化速度快,有良好的耐高低温性能,既可室温粘接,也可加热趁热粘接。用作皮革防皱褾糊胶、壁纸粘贴胶(糊)、造纸胶黏剂、无纺布粘接剂、铸模型砂粘接剂、颜料与填料增稠剂及稳定剂等。

羧甲基纤维素钠 carboxymethyl cellulose sodium 又名碱纤维素、纤维胶。白色至乳白色纤维状粉末或颗粒。无臭,无味。溶于水生成有一定稳定性的黏性溶液。溶解度取决于聚合度及取代度。取代度为0.4~1.2的产品能溶于水而形成透明黏性溶液,呈中性或微弱酸性;取代度大于1.2的产品能溶于有机溶剂。商品按不同使用要求,可分为高黏度、特高黏度、中黏度及低黏度等类型。用作食品增稠剂及稳定剂、纸张施胶剂、织物上浆剂、石油钻井泥浆稳定剂、药片包衣剂、污垢防再沉积剂等。由碱纤维素与氯乙酸钠反应制得。

羧甲司坦 carbocisteine 又名羧甲半胱氨酸、强利痰灵。白色结晶。熔点204~207℃。溶于水。一种祛痰药。为黏液稀化剂,可裂解痰中黏性物质,促进低黏度黏蛋白分泌,有利于痰液排出。用于慢性支气管炎、支气管哮喘等疾病

$$HOOC-CH_2-S-CH_2-CH-COOH$$
$$|$$
$$NH_2$$

引起的痰液黏稠、咳痰困难和痰阻塞气管等的治疗。由L-半胱氨酸盐与氯乙酸反应制得。

羧酸改性硅油 carboxylic acid modified silicone 由丙烯酸或甲基丙烯酸与含Si—H的硅油起加成反应的产品。或由含卤化烷基的硅油和二元酸的单碱金属盐[如$HOOC(CH_2)_2COONa$]进行脱盐反应所制得。属非离子表面活性剂。有良好的化学反应性和极性。当与氨基改性硅油配合使用作织物处理剂时,牢度好,洗涤时不易脱落,能赋予织物柔软、平滑性。在磁带黏合剂中加入本品,可减轻磁带与磁头的摩擦阻力,提高磁带使用寿命。也用于配制汽车抛光剂。

羧酸盐型表面活性剂 carboxylate surfactant 通式为RCOOM的阴离子表面活性剂,式中R为烃基,M为金属离子。如硬脂酸钠、油酸钠、环烷酸钠、脂肪酸钾皂、硬脂酰乳酸钠、月桂酸钾、N-月桂酰肌氨酸钠等。具有乳化、分散、润湿、去污等性能。广泛用于工业洗涤、纺织、印染、皮革、三次采油等领域,用作乳化剂、分散剂、发泡剂、去污剂等。

缩二脲 biuret 又名氨基甲酰脲、二缩脲。白色针状结晶或粉末。无臭,无味。有吸湿性。溶点190℃(分解),受高热时热解成三聚氰胺。溶于水、乙酸,微溶于乙醚。用作反刍动物的饲料添加剂、农药及长效肥料的抗结块剂、泡沫塑料及海绵胶生产的发泡剂等。由尿素缩合制得。

$$H_2NCNHCNH_2 \quad (O,O)$$

缩聚染料 polycondensation dyes 分子中含有硫代硫酸基(—SSO_3Na)的一类暂溶性染料。染色时,染料受硫化钠或硫脲的作用,生成二硫醚而使两个以上的染料分子缩聚成不溶性的大分子而聚集于纤维间,获得一定的坚牢度。在《染料索引》中称作缩聚硫化染料。可染棉、麻、黏胶、羊毛、锦纶、腈纶和涤纶织物等。有良好的水溶性,染色时,可与活性染料、分散染料及冰染染料等拼混使用。但因色谱不配套,色泽主要是翠蓝和黄,其应用受限。

γ-缩水甘油醚氧丙基三甲氧基硅烷 γ-glycidoxypropyltrimethoxysilane 又名

$$CH_2\text{—}CHCH_2O(CH_2)_3Si(OCH_3)_3$$
$$\diagdown O \diagup$$

γ-环氧丙氧基丙基三甲氧基硅烷、KH-560硅烷偶联剂。无色至微黄色透明液体。相对密度1.069。沸点290℃。闪点111℃。折射率1.427。不溶于水,溶于丙酮、苯、乙酸乙酯、四氯化碳。在pH值为3.0~4.0的酸性水溶液中完全溶解。用作增强塑料的偶联剂,既适用于不饱和聚酯、环氧树脂、三聚氰胺等热固性树脂,也适用于聚烯烃、聚氯乙烯、聚碳酸酯等热塑性树脂。可显著提高制品的机械强度及耐水性。也用作乙丙橡胶、天然橡胶及密封胶、胶黏剂、涂料等的偶联剂。由γ-缩水甘油醚氧丙基三氯硅烷与甲醇反应制得。

索吗啶 thaumatin 又名索马甜、非洲竹芋甜素、奇迹蛋白。是天然的甜味蛋白之一。系从非洲竹芋的成熟果实中提取的高分子化合物,具有不含组氨酸的蛋白质结构。其功能性成分是索吗啶Ⅰ及索吗啶Ⅱ。外观为白色至奶油色无定形粉末。无臭。带有爽口甜味,无异味。易溶于水,不溶于丙酮。对酸和热较稳定。甜味为蔗糖的 2500～3000 倍,甜味持久而爽快。在高浓度食盐溶液中甜度降低。加热可发生蛋白质变性而失去甜味,与丹宁结合亦会失去甜味。用作无热量的甜味剂,宜与碳水化合物类甜味剂配合使用。由非洲竹芋果实的假种皮经水抽提后用超滤除去低分子物质、精制而得。

他克林 tacrine 又名 1,2,3,4-四氢-9-吖啶胺、9-氨基-1,2,3,4-四氢吖啶。微黄色结晶。熔点 183～184℃。其盐酸盐为黄色针状结晶,熔点 283～284℃。溶于水,1.5% 水溶液的 pH 值为 4.5～6.0。一种改善脑循环及脑代谢激活药物。能可逆性抑制胆碱酯酶活性,增加脑神经突触间隙的乙酰胆碱浓度,改善阿尔茨海默病患者的认知功能。用于治疗阿尔茨海默病及其他因素导致的记忆障碍。以邻氨基苯甲腈、环己酮等为原料制得。

他克莫司 tacrolimus 又名普乐可复、藤霉素、FK-506。无色柱状结晶。熔点 127～129℃。难溶于水,溶于甲醇、乙醇、丙酮、氯仿。室温时稳定。一种免疫功能调节药。为钙调磷酸酶抑制剂。能抑制钙调磷酸酶的活性,从而抑制 T 细胞核因子脱磷酸作用,阻止其进入细胞核,抑制相关因子的转录而使 T 细胞对特异性抗原的刺激不产生应答。临床用于器官移植的抗排异反应,尤适用于肝移植,但肾毒性较强。由发酵法制取。

塔格糖 tagatose 又名万寿菊。属于果糖类的酮糖。存在于部分乙酰化的酸性多糖中,牛奶及奶酪中也有存在。白色结晶。味微甜。熔点 133～135℃。溶于水,不溶于乙醇、乙醚、苯及氯仿。塔格糖不会被牙齿致垢菌(如链球菌、放线菌)及其菌落中伴生菌如梭杆菌等所消化,而且能阻止齿垢在齿面的累积和堆聚,还具有预防牙周炎及龋齿发生等作用。可用于配制除垢牙膏。可由奶酪生产中产生的废水提取而得,或由半乳糖制取。

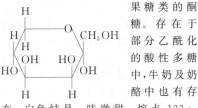

胎盘水解液 placenta hydrolysate 由人体胎盘或羊胎盘水解制得的淡黄色液体。无异味。含有多种激素、细胞生成素、磷脂、多糖及微量元素等。氨基酸含量≥1.5%。蛋白质含量≤1.0%。pH 值 5.5～7.0。具有促进机体新陈代谢、增强血液循环、抑制黑色素生成及保湿等作用。可用作营养性生物活性添加剂,用于护肤及护发化妆品中,具有保湿、防皱、祛斑、营养皮肤及防秃美发等作用。

太阳能选择吸收涂料 solar energy selective absorptive coatings 对可见光波段发射率接近于零,红外光波段发射率接近于1,能对太阳能作选择性吸收的一种功能性涂料。涂料采光涂层由颜料和粘接剂组成。所用颜料有硒硫化镉、铂黑、铁－锰－铜氧化物等;所用粘接剂有聚丙烯酸酯、聚氨酯、有机硅树脂、磷酸盐、钛酸盐等,要求与颜料相容性好、附着力强、对 $0.3\sim 30\mu m$ 的辐射是透明或反射的。适用于温度要求不高($<80℃$)的太阳能集热器的涂装。

肽类抗生素 peptide antibiotics 又名多肽类抗生素。是含多种氨基酸经肽键缩合而成的一类抗生素。绝大多数由细菌、放线菌产生,极少是真菌代谢产物。其特征是:①相对分子质量是在 $300\sim 1500$ 之间,远小于蛋白质的相对分子质量;②常含有一些非蛋白质氨基酸,如D-氨基酸、β-氨基酸,而很少含有动植物中常见的氨基酸;③化学结构多数为环状结构;④通常不能被动植物的蛋白酶所水解,遇碱则降解。按构成及形态,肽类抗生素可分为线状肽、环状肽、环状线状肽、酯肽、含内酯环的肽、糖肽、高分子肽等。具有抗细菌、真菌、病毒、螺旋体及原虫等作用。其作用机制多为作用于DNA的合成系统,如与DNA结合,切断DNA链、作用于DNA有关的酶,以及对活细胞的作用等。这类抗生素的毒性一般较大,主要会引起神经毒性症状和对肾脏的毒害作用。临床上使用的抗微生物肽类抗生素主要是多黏菌素类、糖肽类及环肽类等。

肽类激素 peptide hormone 具有激素活性的多肽激素和蛋白质激素的总称。多肽激素与蛋白质激素两者无明显界限,一般人为地将相对分子质量高于5000的称为蛋白质激素。肽类激素按其分泌的器官及生理功能可分为下丘脑调节激素、垂体激素、甲状腺及甲状旁腺激素、胰腺激素、胃肠道激素、降钙素、胸腺素等。肽类激素可用脏器为原料提取或用全合成法制得,大相对分子质量的蛋白质激素则主要依靠天然来源。肽类激素在调节机体生理平衡、保持器官正常功能、维持人类生殖能力等生理和药理作用方面具有重要作用。多肽激素药物在胃肠道中难以吸收,且受酶的作用而失活,一般不能口服给药。

钛白粉
见"二氧化钛"。

钛鞣剂 titanium tanning agent 以钛化合物为主要成分的皮革复鞣材料。碱式硫酸钛、碱式氯化钛、碱式草酸钛等均有鞣性。而以硫酸氧钛铵 $[(NH_4)_2TiO(SO_4)_2 \cdot H_2O]$ 作鞣剂的效果最好。它是以含 TiO_2 的钛盐溶液加入硫酸及硫酸铵,在一定温度及浓度条件下反应而成。为具有四面体结晶的白色粉末。易溶于水。在无机鞣剂中,钛鞣剂的鞣革性能在铬、锆之后。钛鞣革色白、柔软、丰满、有弹性、革身紧实,成革纵向、横向延伸率相仿,耐光、耐洗,收缩温度可达 $95\sim 97℃$。主要缺点是钛盐的价格较高、鞣液配制困难,故应用及发展较慢。

钛酸钡 barium titanate $BaTiO_3$ 又名偏钛酸钡。白色或浅灰色粉末。有多种晶体结构,其中最常见的是四方晶体。相对密度6.017。熔点1625℃。溶于浓硫酸及氢氟酸,微溶于稀酸,不溶于水及碱液。是一种重要的铁电体,在低于120℃时具有铁电性质。通常可与钛酸盐、锆酸盐及锡酸盐等混合而形成固溶体,可使钛酸钡制品的介电性能在宽范围内进行变化。作为介电材料可用于制造电容量大的微型电容器。由于其显著的压电性能,可用于制造非线性元件、介质放大器、计算机的记忆元件等。以钛酸钡为主晶相的陶瓷可用于导弹、水下声钠、微波器、振动探测仪等方面。由四氯化钛和氯化钡混合溶液用草酸沉淀后制得。

钛酸钙 calcium titanate $CaTiO_3$ 又名偏钛酸钙。无色或黄色立方晶系或斜方晶系晶体。相对密度4.10。熔点1975℃。难溶于水。在热的浓硫酸及盐酸中分解。在碱金属酸式硫酸盐或硫酸铵中熔化时也发生分解。受高热分解时会放出有毒的含钙和钛的烟雾。钛酸钙是一种高介电常数的材料。可单独或与钛酸钡及其他碱土金属锆酸盐混合制造高介电常数陶瓷。也用于制造单晶、高频仪器的基本导电元件及用作钛酸钡压电陶瓷的添加剂。由二氧化钛与氧化钙经高温固相反应制得。

钛酸钾 potassium titanate K_2TiO_3 又名偏钛酸钾。白色粉状或块状固体。相对密度3.1。熔点792～805℃。易潮解。在潮湿空气中放置24h后由于吸湿而水解成 $TiO_2 \cdot nH_2O$。在水中会因水解而使溶液呈碱性。用作电镀铜、宇宙探测的绝缘材料、电焊条焊药等。钛酸钾纤维具有优良的化学稳定性及良好的耐磨性、隔热性,可用作塑料、橡胶、陶瓷及低熔点合金的增强材料或绝热材料。由碳酸钾与二氧化钛经高温固相反应制得。

钛酸钾晶须 potassium titanate whisker 白色针状单晶纤维。相对密度3.3。熔点1300～1350℃。晶须直径0.2～1.0μm,长度20～80μm。热膨胀系数6.8×10^{-6}/℃。拉伸强度70MPa。弹性模量280GPa。具有优良的力学性能、耐热性、电绝缘性、耐磨性及红外波反射性。用作工程塑料的增强剂,可提高塑料耐热性、机械强度及尺寸稳定性。也用作绝热及导电材料及制作汽车制动离合器等摩擦材料。由碳酸钾与二氧化钛经混合、成型及高温烧成而制得。

钛酸钾晶须载银抗菌剂 potassium titanate whisker carrier Ag anti-bacteria agent 一类无机复合抗菌剂,以碳酸钾、二氧化钛按一定比例混合、成型后于600～1200℃下焙烧,冷却后可制得钛酸钾晶须,其组成一般为 $K_2O \cdot nTiO_2$。其中$n=4$的晶须具有良好的阳离子交换能力,与含银金属盐进行离子交换,即可制得钛酸钾晶须载银抗菌剂。是一种优良的无机抗菌材料,对黑曲霉菌、大肠杆菌、金黄色葡萄球菌均有优良的杀灭作用,使用安全。用于制造抗菌塑料、抗菌陶瓷等。尤当加入塑料中时,可提高塑料制品的弯曲强度、拉伸强度、抗冲击性能等。

钛酸锂 lithium titanate Li_2TiO_3 又名偏钛酸锂。白色粉末。相对密度3.42。熔点>1520℃。不溶于水,溶于盐酸、浓硫酸及氢氟酸。有很强的助熔性,在钛酸盐基质的陶瓷绝缘体中,可用作助熔剂。在搪瓷制造中,加入约2%的钛酸锂,可提高钛白搪瓷面釉的乳白性,同时可降低烧成温度。由于在充放电过程中不发生体积变化,被誉为"零应变材料",可用作二次电池材料。由偏钛酸与氢氧化锂反应制得。

钛酸铝 aluminium titanate 又名偏钛Al_2TiO_5 或 $Al_2O_3·TiO_2$ 酸铝。白色无定形粉末或单斜晶系结晶。相对密度3.73。熔点1860℃。加热至800~1300℃时分解成二氧化钛及氧化铝,高于1300℃时又结合成钛酸铝。不溶于水,溶于硝酸、盐酸等强无机酸。具有良好的热稳定性、耐热冲击性及低热膨胀等特点。用于制造耐高温陶瓷、喷嘴、热电偶保护管、高温坩埚及排气管、快速匣钵等,也用作玻璃、陶瓷胶黏剂等。由二氧化钛与氢氧化铝经高温固相反应制得。

钛酸铅 lead titanate $PbTiO_3$ 又名偏钛酸铅。黄色四方或立方晶系结晶。相对密度7.52。低于490℃时为四方晶系的铁电体,高于490℃时为立方晶系晶体。难溶于水,溶于盐酸、硝酸、氢氟酸,并分别生成氯化铅、硝酸铅、氟化铅及二氧化钛,是一种性能优良的高频用压电材料,具有较高的居里温度及较低的介电常数。用于制造高频陶瓷滤波器、压电器、传感器,以及丙烯与氧化氮反应制丙烯腈的催化剂。也用于开关型正温度系数热敏电阻器的居里温度调整剂及涂料配方中的颜料成分。由一氧化铅与二氧化钛高温固相反应制得。

钛酸锶 strontium titanata $SrTiO_3$ 又名偏钛酸锶。白色立方晶系晶体。相对密度5.11。熔点2080℃。不溶于水、碱液,溶于浓盐酸、硝酸及氢氟酸。是一种具有高介电常数及高折射率的材料。在较低温度下,具有比钛酸钙稍高的介电常数温度系数。可用于制造高电压、大容量的陶瓷电容器、晶界电容器、压敏电阻、多功能传感器。钛酸锶单晶可用于制造光学材料及人造宝石等。由碳酸锶与二氧化钛经高温固相反应制得。

钛酸四丁酯 tetrabutyl titanate 又名四丁氧基钛。无色至淡黄色透明液体。相对密度0.966。沸点310~314℃。闪点76.7℃。折射率1.486。低于-55℃时呈玻璃状固体。溶于多数有机溶剂,不溶于酮类。遇水分解。易燃。低毒。用作高强度聚酯漆改性剂、耐高温涂料添加剂、环氧树脂胶黏剂的偶联剂、油墨热稳定剂及黏合剂、橡胶型胶黏剂的稳定剂、医用胶黏剂及缩合反应催化剂等。以四氯化钛、正丁醇及氨为原料在甲苯中反应制得。

$$\begin{array}{c} C_4H_9O \quad\quad OC_4H_9 \\ \diagdown \quad \diagup \\ Ti \\ \diagup \quad \diagdown \\ C_4H_9O \quad\quad OC_4H_9 \end{array}$$

钛酸四乙酯 tetraethyl titanate 又名钛酸乙酯、四乙氧基钛。无色至淡黄色油状液体。相对密度1.107

$$\begin{array}{c} C_2H_5O \quad\quad OC_2H_5 \\ \diagdown \quad \diagup \\ Ti \\ \diagup \quad \diagdown \\ C_2H_5O \quad\quad OC_2H_5 \end{array}$$

(25℃)。熔点40℃。沸点133～135℃(6.67kPa)。折射率1.5082(25℃)。溶于乙醇、乙醚、苯、氯仿等有机溶剂。遇水迅速分解。易燃。低毒。用作聚对苯二甲酸、二丙酯合成等有机反应催化剂、交联剂等,也用于有机合成酯交换反应。由四氯化钛、乙醇及液氨经酯化反应制得。

钛酸四异丙酯 tetraisopropyl titanate 又名异丙氧基钛、四异丙氧基钛。无色至淡黄色液体。在潮湿空气中发烟。相对密度0.945。熔点14.8℃。沸点220℃。折射率1.4602。溶于无水乙醇、乙醚、苯、氯仿等有机溶剂。遇水迅速分解。对潮气敏感,与潮气接触会产生易燃的异丙酯及氧化钛水合物。用作聚酯及酯类增塑剂合成催化剂、聚合反应催化剂、非水体系交联剂等。也用于制造金属与橡胶、金属与塑料等的胶黏剂。可在氨存在下,由四氯化钛与异丙醇反应制得。

钛酸四正丙酯 tetra-*n*-propyl titanate 又名钛酸正丙酯、四丙氧基钛。淡黄色油状液体。相对密度1.033。沸点170℃(400Pa)。折射率1.4986。闪点42℃。溶于乙醇、乙醚、苯等多数有机溶剂。遇水或在空气中迅速吸潮分解。易燃。有毒!用作酯类增塑剂合成催化剂,也用于酯交换反应。由四氯化钛、丙醇及液氨经酯化反应制得。

钛铁木质素磺酸盐 titanic iron lignosulfonate 又名无铬降黏剂。黑色粉末。pH值(1%水溶液)7～9。降黏率≥75%。易吸潮。溶于水,水溶液呈弱碱性。是木质素磺酸的钛铁配合物,属阴离子型无铬钻井液降黏剂。无毒、无污染。用作钻井液降黏剂,具有良好降黏效果,抗盐达饱和,抗温大于150℃。适用于高pH值的泥浆体系,不适用于不分散低固相抑制性泥浆体系。由钛铁矿粉的硫酸浸出液与木质素磺酸盐反应制得。

酞菁 phthalocyanine 又名酞花青。具有类似卟啉环结构的一类深色化合物。曾作为有最高牢度的蓝色至混色颜料而得到发展。以后又衍生出优异性能的酞菁染料。根据是否含有金属元素,可分为金属酞菁及不含金属酞菁。如含铜、铁、钴、铂等金属的酞菁中,金属与四个氮原子中的两个氮原子以原子键结合,与另外两个氮原子以配价键结合而形成稳定的金属酞菁,即使用浓硫酸处理,金属也不脱掉。酞菁分子中的四个苯环易进行取代或磺化反应。金属酞菁可由邻苯二甲腈或邻苯二甲酸酐与金属盐共热制得。

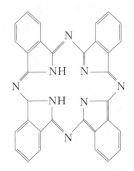

酞菁蓝 phthalocyanine blue 又名酞

菁蓝 B、4352 酞菁蓝。红蓝色粉末。耐热温度 200℃。耐晒性 7～8 级。吸油量 35%～45%。不溶于水、乙醇及烃类。在浓硫酸中呈橄榄绿,稀释后成蓝色沉淀。为酞菁有机颜料。广泛用作印花色浆、纸浆、文教用品、油墨、塑料、橡胶等蓝色着色剂。色泽鲜艳、着色力强、耐热性及耐晒性优良、分散性及研磨性好。因在芳香烃溶剂中会发生晶型变化,故很少用于涂料着色。在钼酸铵、氯化亚铜、三氯苯存在下,由苯酐与尿素缩合制得。

酞菁蓝 BS phthalocyanine bule BS

又名稳定型酞菁蓝 BS。艳蓝色粉末。在化学成分上是铜钛菁与少量一氯代铜酞菁的混合物,晶胞中含有不对称的一氯代铜酞菁分子。可抑制晶型变化,故称为稳定型酞菁蓝染料。耐热温度 200℃。耐晒性 7～8 级。吸油量 30%～40%。广泛用作各种涂料、包装材料、塑料及文教用品等的蓝色着色剂。着色力强,有优良的耐晒牢度、耐迁移牢度、耐热及耐溶剂性、抗结晶性等。也可用于丙纶、涤纶、尼龙等纤维原液的着色。在氯化亚铜、钼酸铵及三氯苯存在下,由苯酐与尿素缩合,经低度氯化制得 α-氯铜酞菁蓝后,与酞菁蓝 BX 拼混制得。

酞菁蓝 BX phthalocyanine blue BX 化学式 $C_{32}H_{16}CuN_8$。一种不稳定的 α 型酞菁有机颜料。为鲜艳的绿光蓝色粉末。不溶于水、乙醇及烃类,溶于浓硫酸。主要用作油墨、颜料、橡胶、乳胶漆、文教用品、合成纤维原浆、漆布、人造革等的蓝色着色剂。色泽鲜艳、着色力强,耐热、耐晒及耐酸碱性优良,易分散及加工研磨。但遇非极性有机溶剂易发生晶粒增大,失去颜料性能,因而不宜用于涂料着色。由苯酐、尿素在氯化亚铜存在下缩合后,再经酸溶、碱处理制得。

酞菁绿 G phthalocyanine green G $Cl_{14\sim16}$

又名多氯代铜酞菁,5319酞菁绿。深蓝色粉末。耐热温度200℃。耐晒性7级。吸油量35%～45%。不溶于水及一般有机溶剂。在浓硫酸中为橄榄绿色,稀释后成绿色沉淀,属于氯代铜酞菁不褪色颜料品种。耐晒牢度、耐气候牢度、耐热稳定性及耐溶剂性都十分优异,胜于酞菁蓝颜料,但着色力稍差,可用于颜料所能应用的所有领域,如涂料、油墨、塑料、皮革、合成纤维原浆、文教用品、日用化学品等的着色。在三氯化铝与氯化钠、铜酞菁、氯化亚铜共熔后,再经氯化制得。

酞菁染料 phthalocyanine dyes 具有酞菁结构的一类染料。分为含有铜、钴、镍、锌等金属和不含金属两类。大都为蓝色或绿色,具有鲜艳的色光和优良的色牢度,主要用于棉、蚕丝、麻及黏胶等的染色和印花。由酞菁衍生的染料有直接染料、还原染料、硫化染料、活性染料及特殊水溶性染料等。多数是由颜料酞菁进一步加工制得的。如铜酞菁经磺化可制得直接染料,钴酞菁的磺酸钠盐是一种还原染料,在酞菁分子中引入各种活性基团可制得活性染料。

酞菁素 phthalocyanine intermediate 能在纤维上生成酞菁颜料的有机化合物。是能在纤维素纤维上直接合成酞菁颜料进行染色和印花的商品染料。使用时需使用专用助剂一起配制成染液,浸轧在棉布上,通过高温焙烘生成铜酞菁,可得到鲜艳的蓝、绿色,各项牢度均较好。所用助剂有酞菁素助剂BSK、BSM、K_2、SB、SS等。

酞菁颜料 phthalocyanine pigment 分子结构中含有酞菁结构的有机颜料。在600～700nm有强的吸收,色谱主要为蓝色到绿光蓝色。具有色泽鲜艳、着色力强,耐候、耐热、耐溶剂性优良等特点,广泛应用于涂料、油墨、塑料的着色及纤维原浆的着色。也用于催化、半导体、电子照相及光能转换等特殊用途。其中包括4种改性产品:①铜酞菁(酞菁蓝),是酞菁颜料最主要的品种,有多种晶型,常用的是α型和β型;②氯化铜酞菁,绿色,分子结构中有15～16个氯原子取代的生成物;③磺化铜酞菁,绿色,呈水溶性,其中2个氢原子被磺酸基($-SO_3H$)取代;④无金属酞菁,蓝绿色。

弹性蛋白 elastin 动物结缔组织尤其是腱和动脉的弹性组织中的一种硬蛋白。是弹性纤维的主要成分。为水不溶性、高交叉度的水解蛋白,也不溶于稀酸、稀碱及盐溶液。其氨基酸组成中约95%是非极性氨基酸,如甘氨酸、丙氨酸、脯氨酸及缬氨酸等,其中甘氨酸占30%以上,脯氨酸占10%。从动物体内也能提取出可溶性原弹性蛋白,认为是弹性纤维中弹性蛋白的前体。可溶性弹性蛋白为淡黄色纤维状粉末,在紫外线下有浅蓝色荧光,水溶液干后为一弹性膜。化妆品用弹性蛋白相对分子质量为$(3～4)×10^4$,含氮量为12.5%。弹性蛋白对皮肤的亲合性比胶原蛋白要强,也易被头发毛孔吸收。可用于配制营养性抗皱霜、面膜及洗发水。由牛颈部韧带经氯化钠抽提、丙酮脱脂及精制处理可提取不溶性弹性蛋白。将其用乙酸及胃蛋白酶消化处理及分离提纯可制得可溶性弹性蛋白。

弹性蛋白酶 elastase 又名胰肽酶E、弹性酶。由哺乳动物胰脏中提取的一种肽链内切酶,不含辅基和金属离子。为一种单纯的蛋白酶。是由240个氨基酸残基组成的单一肽链,分子内有4对二硫键,在pH=5时,分子呈球形,内有两个α-螺旋区。为白色或淡灰色结晶性粉末。有吸湿性。相对分子质量25900。溶于水。最适pH值8.1～8.8。在4～6℃,pH值5～10时,酶活力可维持几天,冻干粉在5℃以下可保持5～12个月。遇强酸即失活。除能催化水解弹性蛋白外,还能水解纤维蛋白和血红蛋白等。能改善血清和组织中的异常脂质代谢,阻止胆固醇在体内合成,促进中性脂肪和脂蛋白特别是低密度脂蛋的代谢。临床上主要用于治疗高血脂症,防止动脉粥样硬化症。对于心绞痛、脂肪肝等也有一定疗效。用于护肤品可防止皮肤过度角质化,减轻皱纹和防止粉刺生成。由猪胰脏提取或由微生物发酵制得。

弹性乳胶漆 elastic emulsion paint 是以低玻璃化温度的合成树脂乳液为主要成膜物质,加入颜料、填料、助剂和水调制的乳胶漆。选用在使用温度范围内具有弹性的合成树脂乳液是弹性乳胶漆的核心,它把乳胶漆的各组分粘接在一起,形成一层有弹性的薄膜,可选用的合成树脂有聚丙烯酸丁酯、聚丙烯酸丙酯等,通常也加入适量聚氯乙烯。主要作建筑涂料,能遮盖墙体的毛细裂缝和防止混凝土碳化。

檀香醇 santalol 又名檀香脑、白檀

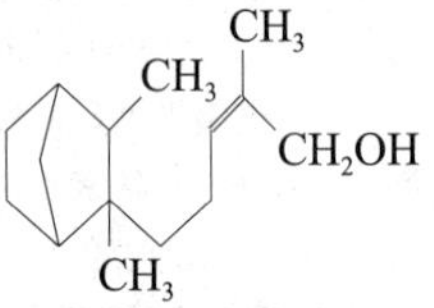

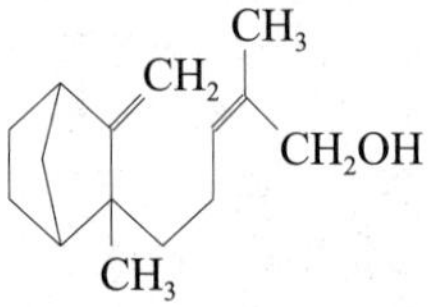

油萜醇。有α-体及β-体两种异构体。通常是以三环倍半萜醇(α-体)和双环倍半萜醇(β-体)的混合形式直接使用。为无色至淡黄色黏稠液体。有檀香木香气。相对密度0.971～0.973(25℃)。沸点302℃。折射率1.504～1.509。不溶于水、甘油,易溶于乙醇、丙酮、异丙醇等有机溶剂。用作香料定香剂,用于烘烤食品、软饮料、糖果、调味品等。由檀香木油分离而得。

檀香油 sandal wood oil 又名白檀油、东印度檀香油。无色至黄绿色油状液体。有柔和的木香、微弱的玫瑰香、药草香。天然存在于檀香木中,主要成分为檀香醇、檀香酮、檀烯、檀香烯、檀烯醇等。属植物类天然香料,是东方香型香精的重要基体香料,用于檀香、玫瑰檀香、素心兰、龙涎香等香精的调配。也用作定香剂及调配烟用香精、熏香香料等。由檀香料植物檀香木的根、枝或芯木经水蒸气蒸馏制得。

炭黑 carbon black 又名烟黑。外

观疏松的纯黑或灰黑色细粉,颗粒近似于球形,料径在 10～500μm 之间。主要成分是元素碳,表面含有少量氧、氢、硫等元素。许多粒子常熔结或聚结成三维键的枝杈或纤维状聚合体。化学性质稳定,不溶于水、酸、碱及有机溶剂。耐光、耐候及耐化学品的性能极佳,有极高的着色力及遮盖力,几乎可全部吸收可见光,强烈地反射紫外光,也有较大的比表面积及较好的导电性能,空气中燃烧变成二氧化碳。按生产方法分为炉黑、槽黑及热裂黑三类;按用途及使用特点分为橡胶用炭黑、色素炭黑及导电炭黑等。用作橡胶补强剂及着色剂,赋予制品良好的强度、耐磨性、耐撕裂性、耐油性、耐热性及耐寒性等。也用作油墨、涂料、纸张等的着色剂,皮革涂饰剂,塑料光屏蔽剂,也是制造眼黛、眉笔等化妆品的原料。以天然气、焦炉气或高芳烃油为原料经不完全燃烧或热解而制得。

炭膜 carbon membrane 一种无机分离膜。是由聚丙烯腈、聚酰亚胺、煤沥青等高分子含碳物质经高温炭化所形成的膜。可分为非支撑炭膜及支持炭膜两大类。非支撑炭膜易脆而实用困难,支撑炭膜是经多次聚合体沉积炭化所形成的膜。按形式可分为平板膜、管状膜、毛细管状膜及中空膜等。制取方法有涂覆法、活化法及化学气相沉积法等。炭膜具有耐高温、化学稳定性好、机械强度高、孔径均匀等特点,因而具有高选择性、高渗透性及高分离能力。可用于气体分离、深冷分离等膜过程。

炭素材料 carbon material 指选用有机碳质物料或石墨作为主要固体原料,辅以其他原料,经过特定生产工艺过程制得的无机非金属新型材料。可分为以下 4 类:①石墨制品类,包括各种石墨电极、石墨块及石墨阳极;②炭制品类,包括铝电解用炭块、电炉炭块、炭电极、炭阳极及炭电阻棒等;③炭糊类,包括阳极糊、电极糊、密闭糊、粗缝糊、细缝糊等;④特种石墨制品,包括核石墨、细结构石墨及高纯石墨等。炭素材料具有质量轻,导电传热、高温强度高、耐热震性、耐腐蚀性及润滑性能好等特点,广泛用于冶金、化工、航空航天、交通、原子能及生物工程各部门,用作工程结构材料、高温材料、导电材料、抗磨材料及生物工程材料等。

碳铂
见"卡铂"。

碳二馏分选择加氢催化剂 catalyst for selective hydrogenation of C_2 fractions 碳二馏分选择加氢分为前加氢及后加氢。前加氢是在气体分离之前先将裂解气脱除 CO_2、H_2S 等酸性气体再加氢;后加氢是先将裂解气中的氢、甲烷等轻质馏分分离,再对 C_2 馏分进行加氢。我国引进的乙烯装置都采用后加氢催化剂。中国产品牌号有 BC-1-037、BC-2-037、BC-H-20A、BC-H-20B 等。外观为 $\phi 2.5～5.0$mm 的土黄色小球。主活性组分为 Pd、载体为 $\alpha\text{-}Al_2O_3$。由硝酸法或碳化法制备的氧化铝载体浸渍活性组分 Pd 溶液后,经干燥、焙烧制得。

碳化锆 zirconium carbide ZrC 灰色或暗灰色立方晶系结晶,有金属光泽。相对密度 6.73。熔点 3540℃。沸点 5100℃。莫氏硬度 8～9。不溶于盐酸,溶于热浓硫酸、含硝酸的氢氟酸。与 TiC、NbC 及 TaC 等可生成固溶体。高温下在空气中易被氧化生成 ZrO_2。也能与氯气在高温下反应生成 $ZrCl_2$。粉末在高温下能自燃,也易被氧化剂分解。有导电性。用于制造耐热合金、精细及耐高温陶瓷、切削工具、高温导电体、灯丝、磨料、高温耐火材料及其他锆盐等。由锆英石在电弧炉中用碳还原而制得。

碳化铬 chromium carbide Cr_3C_2 灰白色或灰色斜方晶系结晶或粉末。有金属光泽。相对密度 6.68。熔点 1890℃。沸点 3800℃。不溶于水,溶于盐酸。有优良的高温抗氧化性,在 1100℃下加热 4h 不发生氧化,是金属碳化物中耐高温氧化性最优者,也具有良好的耐酸、耐碱性能。用于制造碳化硅陶瓷及抗磨耗薄膜。将碳化铬作为熔喷材料使在陶瓷或金属表面形成熔喷覆膜,可赋予材料优良的耐热、耐磨、耐蚀等性能。广泛用于石油化工机械部件及飞机发动机上,也用于制精密标准块规、轴承、密封垫等材料。由金属铬粉或氧化铬粉与炭粉混合后,在还原气氛中高温烧结制得。

碳化硅 silicon carbide SiC 又名金刚砂。有数十种晶型。常见为 α 及 β 型。α-SiC 为六方晶系结晶,纯品为无色透明晶体,相对密度 3.06~3.20,熔点 >2700℃。β-SiC 为低温稳定型,为绿色至蓝黑色六方结晶,硬度 9~9.75,加热至 2100℃时向 α-SiC 转变。不溶于水、酸,溶于熔融碱。不同介质中,其化学稳定性相差很大。热空气、氯气、碱金属氧化物、氧化铜、水玻璃等在高温下都对碳化硅有侵蚀作用。是一种高硬度磨料,也具有半导体性能,用于制造砂轮、砂布、抛光粉、研磨膏及精细陶瓷、激光器、火箭喷嘴、加热炉内滑道、窑具及碳硅棒电热元件等。由石英砂、焦炭、锯末等在电弧炉中加热反应制得。

碳化硅纤维 silicon carbide fibre 一种硅含量约 59%、碳含量约 30% 的非氧化物纤维。相对密度 2.55。纤维直径 10~15μm。抗拉强度 2.5~3.0GPa。弹性模量 180~200GPa。比氧化物纤维轻,具有优良的耐热及耐氧化性,可在 1000℃ 的空气中长期使用。还具有导热系数小、耐药品性好、有电波透过性能等特点。容易加工成连续长纤织物。用作陶瓷、金属、环氧树脂等复合材料的增强剂及电波吸收材料,用于发动机叶片、飞机刹车片、齿轮箱和机身结构材料、热屏蔽材料等。由碳化硅在氮气中于 1600℃下加热制得。

碳化铝 aluminium carbide Al_4C_3 黄色至绿色六方晶系结晶或粉末。相对密度 2.36。熔点 2100℃。2200℃以上分解。遇水反应生成 $Al(OH)_3$ 及甲烷。不溶于丙酮、冷的发烟硝酸,但可被稀硝酸分解。与浓盐酸缓慢作用生成氯化铝。100℃时可被熔融的氢氧化钾所分解。因与水接触会产生甲烷气体,遇热或明火会引起着火或爆炸。用于制造氮化铝、有机合成催化剂,也用作甲烷化发生剂、还原金属氧化剂等。由焦炭与氧化铝在电炉中燃烧制得。

碳化铌 niobium carbide NbC 灰紫色或黑绿色立方晶系结晶或粉末。有紫色金属光泽。相对密度 7.7。熔点

3490℃。沸点 4300℃。硬度超过刚玉。有超导性,临界温度为 14K。不溶于水、盐酸、硫酸、硝酸,溶于氢氟酸与硝酸的混合物。1000～1100℃ 以下稳定,1100℃以上氧化成五氧化二铌,在 NH_3 及 N_2 中加热生成氮化铌,和 Nb_3N、NiN 生成固溶体。与碳化钨、碳化钽等配合使用,可制得超级硬质合金。也用作其他碳化物硬质合金的添加剂,以及用于制造紫色人造宝石。由五氧化二铌与炭黑在高温及真空中反应制得。

碳化硼 boron carbide B_4C 又名一碳化四硼。灰黑色至黑色六方晶系结晶或粉末。相对密度 2.50～2.52。熔点 2350℃。沸点 >3500℃。硬度仅次于金刚石及立方氮化硼。不溶于水、酸,溶于熔融碱。在空气中加热至 900～1000℃ 会氧化生成 B_2O_3。在氧气中加热至 1000℃ 时,缓慢氧化成 B_2O_3 及 CO_2。化学性质十分稳定,与酸、碱不起反应,但在 1250℃ 时会被氢气侵蚀。在硝酸存在下用烧碱、纯碱熔融时,易分解制成溶液。耐磨耗性强。具有较大的热中子俘获截面,对中子吸收能力大,并具有半导体导电性。用作磨料,用于宝石、硬质合金等硬质材料的磨削、钻孔、精密抛光等,也用于制造喷嘴、轴承瓦、熔炉部件、高温陶瓷元件,还可用于制造核反应堆的防护材料及控制元件、辐射防护屏等。可由石墨粉、煤粉及硼酸等混匀后在 1700～2300℃ 下经碳化反应制得。

碳化钛 titanium carbide TiC 灰白色或浅灰色立方晶系结晶或粉末。有金属光泽。具有氯化钠型晶体结构。相对密度 4.93。熔点 3160℃。沸点 4820℃。硬度大于 9。不溶于水,有很高的化学稳定性。与盐酸、硫酸几乎不发生反应。溶于王水、硝酸、氢氟酸及碱性氧化物溶液。高温下在空气中易氧化。在 1500℃ 以上的氨气氛中加热会转变成氮化钛。可被氯气侵蚀。具有优良的耐热冲击性及耐磨性能。用于制造硬质合金、刀具、喷气发动机桨叶、喷嘴、耐磨轴承、半导体耐磨薄膜及特种耐火材料等。由二氧化钛与炭黑在氢气流中于高温下反应制得。

碳化钽 tantalum carbide TaC 浅褐色至深褐色六方晶系结晶或粉末。不含氮化物或氧化物的纯晶体呈金色。相对密度 13.9。熔点 3880℃。沸点 4780℃。莫氏硬度大于 9。不溶于水,微溶于硫酸、氢氟酸。溶于氢氟酸及硝酸的混合酸,并引起分解。性质稳定。1100℃以上才会迅速氧化成 Ta_2O_5。在 NH_3 及 N_2 中加热生成 TaN。易和 NbC、HfC、ZrC、VC、TiC 等形成类质同晶混合物。有良好的导电性。用于制造高温陶瓷。与碳化钨、碳化铍结合,可以制造硬质合金及高速切削工具。也用于粉末冶金、化学气相沉积。碳化钽的烧结体呈金黄色,可用作手表及工艺品的装饰。由五氧化二钽与炭黑在氢气流中高温还原制得。

碳化钨 tungsten carbide WC、W_2C WC 为灰色或黑色六方晶系结晶或粉末。相对密度 15.7。熔点 2940℃(并分解)。沸点 6000℃。莫氏硬度大于 9.0。显微硬度 1200～2500N/mm²。不溶于水及酸,溶于王水。电导率为纯钨的

40%。W_2C 为灰绿色或黑色六方晶系结晶或粉末。相对密度 17.15。熔点 2860℃。沸点 6000℃。显微硬度约 $3000N/mm^2$。不溶于水。微溶于一般无机酸,溶于硝酸及盐酸的混合酸。在 500℃ 氧气中能完全被氧化,室温时的电导率为纯钨的 7%。用于制造高温陶瓷材料、切削工具、耐磨部件、熔炼坩埚、模具、耐磨半导体薄膜等。由金属钨粉与炭黑在氢气流中经高温反应制得。

碳青霉烯类抗生素 carbapenems antibiotics 一类含碳青霉烯环的新型 β-内酰胺类抗生素,起源于从链霉菌发酵液中分离得到的沙纳霉素。它与青霉素类抗生素在结构上的差别,在于噻唑环上硫原子被亚甲基的碳原子取代。这类药物是目前抗菌谱最广的抗生素,如亚胺培南、帕尼培南、美罗培南等,它们对革兰阳性菌、革兰阴性菌、需氧菌、厌氧菌均有很强的抗菌作用,尤对铜绿假单胞菌作用显著,有良好的抗 β-内酰胺酶性质,对葡萄球菌有效,对因产酶而对青霉素类、头孢菌素类耐药的病菌有效。适用于混合感染、由敏感菌所致的系统感染,包括脑膜炎、败血症等,但本类药物只有在危重感染且引起感染的细菌对其他一些常用的抗菌药已耐药的情况下才使用。用药前应做细菌敏感试验。

碳三馏分选择加氢催化剂 catalyst for selective hydrogenation of C_3 fractions 采用液相加氢工艺,对碳三馏分中的炔烃及二烯烃进行选择加氢的催化剂。主活性组分为贵金属钯,载体为氧化铝。中国产品牌号有 BC-L-80、BC-L-83 等。外观为 $\phi2.0\sim5.0mm$ 的浅土黄色小球。堆密度 $0.85\sim0.98g/cm^3$。孔体积 $0.32\sim0.45mL/g$。比表面积 $5\sim30m^2/g$。抗压强度 $>40N/$粒。其中 BC-L-80 用于双段床液相加氢工艺,BC-L-83 用于单段床液相加氢工艺。具有活性高、选择性好、聚合物生成量少、使用寿命长等特点。由特制球形氧化铝载体浸渍氯化钯溶液后,经干燥、高温分解活化制得。

碳四馏分选择加氢催化剂 catalyst for selective hydrogenation of C_4 fractions 用于选择加氢除去来自炼厂气或石油裂解制乙烯副产品的碳四馏分中的炔烃(乙基乙炔、乙烯基乙炔及甲基乙炔等)的催化剂。产品有双金属催化剂及多金属催化剂。双金属催化剂以 Pd 为主活性组分,并加入第二种金属 Pb 为助催化剂,载体为 Al_2O_3。这种催化剂的加氢活性较高,但选择性不太好。多金属催化剂是在双金属催化剂基础上添加第三种或多种金属作助催化剂,使多种金属组分在载体表面上高度分散,形成配位键合,从而提高催化剂的选择性。在 $30\sim55℃,0.6\sim0.8MPa$、氢炔比为 6 的条件下,剩余炔烃含量 $<1.5\times10^{-5}$,丁二烯选择性 $>95\%$。由特制氧化铝载体浸渍金属活性组分溶液后,再经干燥、焙烧制得。

碳酸钡 barium carbonate $BaCO_3$ 又名沉淀碳酸钡。白色结晶粉末。有 $\alpha、\beta、\gamma$ 三种晶态。在 811℃ 以下为 α 型,属斜方晶系,相对密度 4.43。811℃ 以上为 β 型,属六方晶系。在 982℃ 以上为 γ 型,属立方晶系。工业品为白色粉末。几乎不溶于冷水,微溶于含 CO_2 的水溶液,溶于稀盐酸、硝酸及铵盐溶液,不溶于乙醇。与硫酸反应生成白色硫酸钡沉淀。1450℃时分解为氧化钡和 CO_2。有毒!天然矿物称重晶石。用于制造光学玻璃、耐热器皿、钢铁渗碳、金属表面处理、焊条、颜料、焰火及其他钡盐等,也用作搪瓷助熔剂、净水剂、杀鼠剂及绝缘材料等。由二氧化碳通入硫化钡溶液经碳化反应制得。

碳酸钙晶须 calcium carbonate whisker 粒子呈针状或纤维状的白色粉末。碳酸钙含量>98%。相对密度 2.8~2.9。晶须直径 0.1~0.4μm,长度 20~30μm。比表面积 $7m^2/g$。吸油值 5mL/g。几乎不溶于水及醇,溶于稀酸溶液,并放出 CO_2。在空气中稳定,高于 820℃时分解生成氧化钙和 CO_2。用作聚烯烃等塑料的增强材料,可提高制品抗冲击强度和抗弯强度,使制品表面有优异的平滑性,适用于制造汽车及家用电器零部件,也用作胶黏剂及涂料等的增强、增韧剂。在预先加入针状碳酸钙晶种及磷酸系化合物的氢氧化钙浆液中,通入 CO_2 进行气液反应制得。

碳酸钴 cobaltous carbonate $CoCO_3$ 又名碳酸亚钴。红色单斜晶系结晶或粉末。相对密度 4.13。不溶于水、氨水、乙醇,溶于热无机酸,并放出二氧化碳,也溶于乙醚、二硫化碳及磷酸铵溶液。在空气中或在弱氧化剂存在下则逐渐氧化成碳酸高钴。在真空中加热至 350℃或在空气中加热至 400℃,生成氧化钴,并放出 CO_2。有毒!用于制造钴盐、钴催化剂、选矿剂、示温剂、伪装涂料及微量元素肥料等,也用作陶瓷着色剂。由硫酸钴与碳酸氢钠反应制得。

碳酸环己胺 cyclohexylamine carbonate $(C_6H_{11}NH_2)_2 \cdot H_2CO_3$ 白色粉末,有氨的气味。熔点 110.5~111.5℃。蒸气压 53.33Pa(25℃)。易溶于水及常用有机溶剂。水溶液呈强碱性,有挥发性。无毒。用作钢铁气相缓蚀剂,对铝、钢上镀铬,黄铜上锡焊,钢上镀锌、锡等均有良好的防蚀作用。由于蒸气压高,故诱导期短,有效防锈距离大,抗二氧化硫腐蚀性好。能阻止已生锈的钢铁继续侵蚀。除用于一般机械零件防锈外,也可用于设备停用期的防护。用它保存武器,有 10 年的防护期。

碳酸锂 lithium carbonate Li_2CO_3 无色单斜晶系结晶或白色粉末。相对密度 2.11。熔点 723℃。618℃开始分解。1310℃分解成氧化锂及二氧化碳。微溶于水,溶于酸,不溶于乙醇、丙酮。水溶液呈碱性。在空气中稳定。在其溶液中通入 CO_2 可使其转变成碳酸氢锂溶液,加热时放出 CO_2,又产生碳酸锂沉淀。用于制造金属锂、可溶性钾盐、荧光粉、合成橡胶、含锰催化剂、光学级单晶等,也用作搪瓷炉料助熔剂。医药上用作抗狂躁剂治疗狂躁型抑郁症及精神分裂症等。由硫酸锂溶液与碳酸钠经复分解反应制得。

碳酸锰 manganese carbonate $MnCO_3$ 又名碳酸亚锰、锰白。白色至淡红色三方晶系结晶或无定形粉末。相对密度 3.70(晶体)、3.125(无定形)。不溶于水,稍溶于含二氧化碳的水,溶于稀无机酸。与水共沸时水解。在沸腾的氢氧化钾中生成氢氧化锰。受潮时易氧化,形

成 Mn_2O_3 而逐渐变为棕黑色。加热至 100℃时分解成 MnO 及 CO_2。300℃以上时则分解出 CO_2 及 CO,空气中加热生成Mn_3O_4,氧气中加热则生成 Mn_2O_3。用于制造软磁铁氧体、瓷釉色料、电焊条敷料、锰盐、医药制品等,也用作油漆催干剂、脱硫剂、催化剂、磷化处理剂等。由碳酸氢铵与硫酸锰反应制得。

碳酸镍 nickel carbonate $NiCO_3$ 有无水物、三水合物及六水合物。无水碳酸镍为浅绿色斜方晶系结晶或粉末。相对密度 4.39。加热至 300℃以上分解为氧化镍及 CO_2,几乎不溶于水、浓盐酸及硝酸,溶于稀酸、氨水及含 CO_2 的白水中。六水碳酸镍($NiCO_3 \cdot 6H_2O$)为浅绿色结晶,受热脱水后成无水物。用于制造玻璃、陶瓷、催化剂及其他镍化合物。由硫酸镍与碳酸钠经复分解反应可制得无水碳酸镍。

碳酸氢钾 potassium bicarbonate $KHCO_3$ 又名酸式碳酸钾、重碳酸钾。无色透明单斜晶系柱状结晶。无臭,味咸。相对密度 2.17。折射率 1.482。溶于水。因水解而呈弱碱性。难溶于乙醇。100℃开始分解为 K_2CO_3、CO_2 及 H_2O。200℃时失去 CO_2 及 H_2O,生成碳酸钾,用于制造碳酸钾、乙酸钾、亚砷酸钾等钾盐。也用于化学品灭火剂。食品级碳酸氢钾可用于软饮料,焙烤食品时用作碱性剂、膨松剂等。由碳酸钾的饱和溶液通入二氧化碳酸化而制得。

碳酸氢钠 sodium bicarbonate $NaHCO_3$ 又名小苏打、重碳酸钠、焙碱。白色粉末或不透明单斜晶系细微结晶,味凉而微涩。相对密度 2.159。溶于水,不溶于乙醇,水溶液呈弱碱性。遇湿气会放出二氧化碳而变为倍半碳酸钠($Na_2CO_3 \cdot NaHCO_3 \cdot 2H_2O$)。受热分解生成碳酸钠和二氧化碳。遇酸立即水解成盐和水,并放出二氧化碳,遇碱生成纯碱和水。应用广泛。印染工业用作印花固色剂、助染剂、染整后处理剂;塑料和橡胶加工用作发泡助剂、橡胶海绵发孔配合剂;铸造工业用作助熔剂及成型助剂;食品工业用作发酵剂、膨松剂、抑酸剂及饮料中二氧化碳发生剂;化妆品制造中用作缓冲剂及酸度调节剂等;还用作脱脂剂、洗涤剂、泡沫灭火剂等。由食盐溶液与氨水混合后通入二氧化碳反应制得,或由碳酸钠溶液吸收二氧化碳制得。

碳酸锶 strontium carbonate $SrCO_3$ 无色斜方晶系结晶或白色粉末。相对密度 3.62。熔点 1497℃(CO_2 气中)。加热至 1340℃分解成氧化锶及 CO_2。难溶于水,溶于含 CO_2 的水中,微溶于氨水、碳酸铵溶液,易溶于酸,不溶于乙醇。与过热水蒸气作用生成氢氧化锶并放出 CO_2。与氯化铵共煮沸时转变成氯化锶。天然矿物为菱锶矿,用于制造锶盐、颜料、特种玻璃、荧光玻璃、焰火、催化剂及电磁材料等。用于瓷釉时,可减少瓷釉针孔、提高瓷釉硬度及透明度。也用于金属锌电解液及糖的精制。由硝酸锶与纯碱经复分解反应制得。

碳酸乙烯酯 ethylene carbonate 又名 1,3-二氧杂环戊酮、碳酸亚乙基酯。无色针状结晶。相对密度 1.3232。熔点 38.5~39℃。沸点 237℃。折射率 1.4213(25℃)。闪点 152℃(闭杯)。溶于水、乙醇、苯、氯仿。能溶解硝酸纤维素、乙酸纤维素、丙烯酸树脂等。对氯化铁、氯化汞及重金属氯化物有较好溶解性。易燃。对皮肤及眼睛有刺激作用。为优良溶剂,用作纤维整理剂,橡胶及塑料的加工助剂及发泡剂,合成润滑剂的稳定剂,环氧乙烷吸收剂及水玻璃系浆料等。也用于合成乙二醇、碳酸二甲酯等产品。由碳酸二乙酯与乙二醇环合制得。

碳纤维 carbon fiber 一种高强度、高模量、耐高温、碳含量高于90%的无机高分子纤维,其中碳含量大于99.9%的称为石墨化纤维。是以聚丙烯腈、沥青、聚乙烯醇、聚氯乙烯、黏胶等不熔或经处理后变为不熔的纤维作为前驱体,在惰性气体保护下于高温裂解成为纤维状的碳素材料而制得。按制法分为有机前驱体碳纤维和气相生长碳纤维;按有机前驱体不同,分为聚丙烯腈基、沥青基及黏胶基碳纤维;按处理温度及气氛介质,分为石墨化纤维(2000~3000℃)、碳纤维(800~1600℃)及活性碳纤维(700~1000℃);按力学性能分为通用型及高性能碳纤维。综合而言,其相对密度1.6~2.15,拉伸强度1~4.5GPa,弹性模量100~700GPa以上。广泛用于制造质地强而轻、耐高温、耐辐射、耐腐蚀的复合材料,如制造空间飞行器、海空军器材、鱼竿、高尔夫球棒、滑雪板、汽车配件及人造骨骼等。

羰基硫水解催化剂 carbonyl sulfide hydrolysis catalyst 又名氧硫化碳水解催化剂。羰基硫(COS)广泛存在于石油馏分或由煤制得的炼厂气、水煤气和半水煤气、合成氨和甲醇原料气、煤制纯CO气及石灰窑气中。它的存在会引起多种催化剂中毒。COS呈中性或弱酸性,难以用一般的湿法或干法等脱硫方法直接脱除。但可用水解方法使其先转化为H_2S,然后用氧化锌等精脱硫剂吸收除去。这类催化剂品种较多,产品牌号有T503、T504、T907、T909、TGH-2、TGH-3、SN-4、851、852、CNS-1、QSI-01、TPSN-4等。主要成分是氧化钾、氧化铝等,添加适量助剂。可由氧化铝载体浸渍碱液后,经干燥、焙烧制得。

糖醇 polyols 一种多元醇,因可用相应的单糖还原制得,故称糖醇。如葡萄糖还原生成山梨醇、果糖还原生成甘露醇、麦芽糖还原生成麦芽糖醇等。自然界的水果蔬菜中均含有少量糖醇,由于含量低,提取不经济,工业上主要由相应的糖经催化还原制取糖醇,包括木糖醇、山梨醇、麦芽糖醇、甘露醇等。由于糖醇具有某些生理活性,因而是糖尿病人食品、防龋齿食品等的重要原料,一些无糖食品即是以某些糖醇代替蔗糖或葡萄糖的甜食品。除此以外,也广泛应用于医疗、表面活性剂、日化等行业。

糖蛋白 glycoprotein 以中性糖如葡萄糖、半乳糖、甘露糖等与蛋白质结合而成的一种结合蛋白质。存在于皮肤、软骨、黏液、血液及其他结缔组织中,如黏液中的黏蛋白、卵清蛋白及某些酶和蛋白激素等都是糖蛋白,按其来源,来自动物的称为动物糖蛋白,可从牛乳、胃黏液、细菌等中提取;来自植物的称为植物糖蛋白,可从植物根茎中提取。糖蛋白的结构与膜蛋白相似,可较容易地进入或通过膜蛋白进入体液,故有的糖蛋白具有生物催化和激素功能,可用于治疗皮肤失调、皮屑过多及制造生发护发制品。如制备改善皮肤干燥的润肤霜、与维生素 H 等配伍制备营养发乳等。

糖钙缓凝减水剂 candy calcareous retarding water reducer 一种由废蜜经与石灰乳化制得的混凝土缓凝减水剂。外观为棕黄色粉状物。pH 值 11~13。废蜜和石灰乳反应生成蔗糖化钙配合物及单糖化钙配合物。掺入混凝土后,这类物质中的羟基吸附部分水化产物,使水化物结晶过程受阻而起延缓作用,兼有缓凝及减水作用。适用于泵送混凝土、大体积混凝土,以及滑模工程的施工,可推迟水化热峰出现时间,减少混凝土内外温差,延长混凝土凝结时间,抑制坍落度损失。由糖蜜与石灰乳反应后经低温烘干、粉碎而制得。

糖钙减水剂 candy calcareous water reducing admixture 由制糖工业的废蜜与石灰乳反应制得的一种混凝土减水剂。存在于废蜜中的糖主要是蔗糖和单糖,经与石灰乳反应可生成蔗糖化钙配合物和单糖化钙配合物。外观为棕黄色粉末,pH 值 11~13,易溶于任何硬度的水中。无毒,无腐蚀性。用于混凝土时,主体组成物所具有的固一液界面活性作用,能吸附在水泥颗粒上,形成溶剂化吸附层,破坏水泥的絮状结构,改善混凝土的和易性,提高抗渗性,并减少水泥用量。适用于大体积混凝土、泵送混凝土、滑模施工混凝土及夏季施工混凝土等。

糖胶树胶 chicle gum 又名人心果树胶乳。一种由人心果树采集的天然树胶,主要成分为聚异戊二烯、三萜烯及甾醇类物质。含天然橡胶 10%~15%,树脂 35%~55%。白色或棕色固体,质硬而易碎。软化点 32.2℃。常温时为有弹性和可塑性的树枝状物质,加热时成糖浆状黏稠体。不溶于水,溶于乙醇、乙醚等多数有机溶剂,常温下不易氧化,主要用作胶姆糖基础剂。由山榄科植物人心果树或钱铁子树提取的凝固胶乳蒸去部分水分制得。

糖精 saccharin 又名邻苯甲酰磺酰亚胺、1,1-二氧-2,3-二氢-3-氧苯并[d]异噻唑。白色单斜结晶。无营养甜味剂,约为蔗糖甜度的300倍。相对密度 0.828。熔点 228~230℃。微溶于水、乙醚、氯仿,溶于乙酸乙酯、苯、乙醇等。0.35%的水溶液 pH 值为2。氮原子上的氢有一定酸性,能转变成可溶性钠盐或钙盐。糖精钠即水溶性糖精,在水中离解出来的阴离子有极强的甜味,但分子状态却无甜味而反有苦味,故高浓度的水溶液亦有苦味,在酸性介质中加热,甜味也消失。糖精动物致癌为阳性,大量摄入会引起血小板减少而造成急性大出血,并损害肝、肾。主要用作食品甜味剂,也用于牙膏、化妆品及香烟等制品。还用作厌氧胶的固化促进剂及不饱和聚酯的固化促进剂,配制复合型氧化还原引发剂等。由邻甲苯磺酸氯化成邻甲苯磺酰氯后再经氨处理及氧化制得。

糖蜜尿素 molasses urea 一种非反

刍动物蛋白氮饲料添加剂。是以糖蜜为介质,将以尿素为主的其他成分混入其中而成的一种液体浓缩饲料,除使用多种废糖蜜(如蔗糖、甜菜、高粱等废糖蜜)外,还加入矿物质、微量元素及维生素等,因而具有更高的饲养价值。它不直接用于饲喂反刍动物,其主要用途是在饲料厂为反刍动物生产全价日粮配合饲料时作为一种尿素强化高蛋白预混合浓缩饲料,按配方需要适量加入,以生产出蛋白质和矿物质平衡的全价日粮饲料。

糖原 glycongen 又名动物淀粉、肝糖。是由葡萄吡喃糖组成的带有支链的高分子多糖。主要存在于肝和肌肉内,是营养储存物质。昆虫及低等植物中也有多量存在。白色粉末,有甜味。溶于水呈乳白色,不溶于乙醇、乙醚。遇碘呈棕至紫色。相对分子质量 $2.7 \times 10^5 \sim 3.5 \times 10^5$。有很强生理功能,肝脏中的糖原可分解葡萄糖进入血液,供组织使用,肌肉中的糖原为肌肉收缩所需能量的能源。用于护肤化妆品,可作为营养剂及保湿剂,使皮肤感觉柔滑,防止皮肤老化。由动物肝脏或肌肉经溶剂萃取制得。

糖脂 glycolipid 又名糖苷脂。含糖类物质的复合酯类的总称。不溶于水,溶于有机溶剂,为自然界中一类在细胞膜上承担物质和能量传递的具有重要生理活性的物质。是发酵法生产生物表面活性剂的一大品种,如分枝杆菌可生产海藻糖脂、假丝酵母可生产鼠李糖酯、槐糖脂,乳杆菌可生产二糖基二甘油酯。糖脂类物质具有两亲结构,能降低水的表面张力形成胶束,具有去污、乳化、分散、润湿、起泡、杀菌、抗静电等多种功能,作为生物表面活性剂,可用于食品、医药、化妆品、造纸等行业。

烫发剂 permanent wave agent 指将天然直发或卷曲的头发改变为另一种发型的化合物。市售烫发剂为两剂型,按烫发温度分为温热烫发剂和冷烫剂。习惯上分为 5 类:碱性烫发液、缓冲碱性烫发液、放热烫发液、酸性烫发液和亚硫酸盐烫发液等。烫发剂主要由 2 类化合物组成,一类是具有还原作用的,能切断头发二硫键的还原剂;另一类是具有氧化中和作用的定型(卷曲或拉直)剂。所用还原剂主要为巯基乙酸,由于其分子两端为巯基和羧基而具有还原性和较强酸性,它可切断头发二硫键,将胱氨酸还原成半胱氨酸,使头发柔软易弯曲;所用定型剂主要为过氧化氢、四硼酸钠。此外,为使毛发溶胀松软,增强卷发与拉直效果,还加入氨水、三乙醇胺等碱剂。

桃胶 peach gum 又名扁桃胶。白色至灰白色粉末。主要成分为高相对分子质量多糖类及钙、钾、镁盐等。一般由 D-半乳糖、L-阿拉伯糖、鼠李糖、D-葡萄糖醛酸等组成。溶于水,不溶于乙醇、乙醚及植物油。食品工业中用作增稠剂、稳定剂,主要用于冰淇淋等,也可用作胶黏剂,加水调配后,用于纸张及木材的粘接。由桃树或扁桃树干和树枝上的树胶采集后经处理而得。

陶瓷膜 ceramic membrane 以氧化铝、二氧化硅、莫来石等多孔陶瓷材料制成的具有分离功能的半透膜,有管式、平板式、多通道式等。如管式陶瓷膜由管内部的细粒层和外部的支持层构成,细粒层承受过滤作用,支持层的孔径扩大,便于滤液顺利通过,同时也担负支持膜整体强度的作用。可在 1000℃ 以上、10MPa 以下和较宽的 pH 值范围内操作。陶瓷膜具有耐酸碱、抗腐蚀及耐高温等特性,可用于微滤、超滤及纳滤。尤在高温气体分离及新型反应器研制上具有巨大应用潜力。

陶瓷添加剂 ceramic additives 在陶瓷工业生产中为满足工艺要求和性能需要所添加的化学添加剂的总称。按其状态分为固体颗粒或粉体和液态流体两类;按其使用领域可分为传统陶瓷工业用和新型陶瓷工业用;按其化学组成分为无机和有机高分子两类;按使用时分散介质不同分为水系和有机溶剂系;按其使用功能不同,分为分散剂,稀释剂,粘接剂,润湿剂,表面活性剂,除泡剂,防腐剂,干燥和烧成、烧结助剂等。不同添加剂有不同的作用,包括稀释、减水、缓凝、促凝、塑化、粘接、悬浮、除泡、平整、防腐、润湿、粉体表面改性、助磨及促进干燥、烧结等多种作用,在各个工序中起到提高产品质量、降低能耗等作用。

陶瓷纤维 ceramic fiber 以氧化铝及二氧化硅为主要成分的无机纤维。Al_2O_3 含量 43%~54%,SiO_2 含量 43%~54%,还含少量 TiO_2、Fe_2O_3、CaO、Na_2O、K_2O 等。纤维直径 2~5μm,长度 20~150mm,具有优良的耐热性、化学稳定性、耐腐蚀性、绝热性及电绝缘性,热膨胀系数较小,吸声性好。强度与玻璃纤维相当,熔融温度 1700~1930℃。最高使用温度 1100~1500℃,能耐水及多数化学药品的侵蚀,但不耐浓碱及氢氟酸,用作塑料、胶黏剂等的耐高温、耐蚀增强材料,也用作热绝缘材料及过滤材料。用陶瓷纤维制成的毡是喷气发动机、内燃机等的消音器材料。由氧化铝、硅石、高岭土等在 2000℃ 以上高温熔融后,经高速气流吹散使其纤维化而制得。

特比萘芬 terbinafine 又名兰美抒、疗霉舒、6,6-二甲基-2-庚烯-4-炔基)-N-甲基-1-萘甲胺。其盐酸盐为白色结晶(异丙醇-乙醚中)。熔点 195~198℃。溶于水。一种烯丙胺类抗真菌药。用于絮状表皮癣菌、小孢子菌、毛癣菌等引起的皮肤、头发和指(趾)甲感染,各种癣菌、念珠菌、酵母菌等引起的皮肤感染。由 N-甲基-N-烯丙基-1-萘甲胺与叔丁基锡-3,3-二甲基丁炔反应制得。

特非那定 terfenadine 又名丁苯哌

拿醇、叔哌丁醇、敏迪、α-[4-(1,1-二甲基乙基)苯基]-4-(羟基二苯基甲基)-1-哌啶丁醇。白色结晶粉末。熔点146.5~148.5℃。不溶于水，微溶于乙醇、甲醇。第二代 H_1 抗组胺药。抗组胺作用强而持久，无明显镇静、抗胆碱作用。用于治疗过敏性鼻炎、过敏性结膜炎及皮肤过敏性疾病等。以 α,α-二苯基-4-哌啶甲醇、4′-叔丁基-4-氯苯丁酮等为原料制得。

特拉唑嗪 terazosin 又名高特灵、降压宁、马沙尼、1-(4-氨基-6,7-二甲氧基-2-喹唑啉基)-4-[(四氢-2-呋喃基)甲酰]哌嗪。白色结晶。熔点272.6~274℃，溶于水、甲醇，不溶于己烷。其盐酸盐为白色结晶粉末，熔点271~274℃，易溶于水。一种抗高血压药物。为选择性 $α_1$ 受体阻滞剂。能通过降低总外周血管阻力，使血压下降，而心排血量无明显变化，并较少引起心动过速的副作用。用于治疗原发性轻、中度高血压。由4-氨基-2-氯-6,7-二甲氧基喹唑啉与 N-四氢呋喃-2-甲酰哌嗪缩合制得。

特种表面活性剂 special surfactant 具有特殊化学结构并有特殊性能的一类表面活性剂。主要有氟表面活性剂、硅表面活性剂、高分子表面活性剂、含硼表面活性剂、亚砜表面活性剂、叔胺氧化物类表面活性剂、冠醚大环化合物类表面活性剂、生物表面活性剂、氨基酸表面活性剂等。通常表面活性剂的疏水基是由碳氢链组成，而氟表面活性剂的疏水基主要由碳、氟两种元素组成，氟原子部分或全部代替碳氢链中的氢原子后，表面活性剂的性质（如化学稳定性、耐热性等）会发生许多变化。

特种胶黏剂 special adhesive 指具有特殊性能，用于特殊材料及特殊场合，能满足特殊要求的一类胶黏剂。品种很多，包括：耐高温、耐低温胶黏剂，密封胶黏剂，导电、导磁、导热胶黏剂，光敏胶黏剂，医用胶黏剂，应变胶黏剂，水下胶黏剂，真空胶黏剂，点焊胶黏剂及耐碱胶黏剂等。广泛用于航空、航天、电子、电器、船舶、车辆、石油化工及医学等领域。

特种天然胶乳 special natural rubber latex 为改善天然胶乳性质而采用特种方法制得的天然胶乳。可分为：①羟胺改性胶乳。是在刚离心出的浓缩胶乳中加入0.15%的硫酸羟胺或盐酸羟胺制得，可降低定伸应力。②预硫化胶乳。是将离心浓缩胶乳与硫化体系助剂配合，经预硫化使胶粒达到所要求的交联度，可提高产品稳定性。③天甲胶乳。是在胶乳状态下将甲基丙烯酸酯接到天然橡胶上得到的胶乳，可用以改善浸渍制品的耐撕裂性能。④耐冻胶乳。是在离心浓缩乳中加入0.2%水杨酸钠与0.25%的月桂酰胺作稳定剂制得，可提高胶乳的抗冻性能。⑤肼-甲醛胶乳。是在高氨胶乳中加入肼-甲醛树脂改性剂制得，可提高胶乳补强效果。⑥阳离子胶乳。是在天然胶乳中加入适量十六烷基三甲基溴化铵等阳离子表面活性剂制得。可用于带阴电荷的织物浸渍,提高黏附力。⑦环氧化胶乳。天然胶乳的环氧化可以获得丁基橡胶的气密性、丁腈橡胶的耐油性等。参见"天然胶乳"。

特种涂料 special coatings 指供特种用途的表面涂装材料。除具有一般涂料的性能之外,还具有防污、防辐射、导电、示温、阻尼、伪装等一些特殊性能。品种很多,按所用基料性质分为有机型、无机型、有机-无机复合型;按作用原理分为耐热性涂料、光敏性涂料、力学性能可变涂料、电学性能可变涂料,具生物效应性涂料等。特种涂料多是在配方中加入有相应功能的颜料或添加剂制得的。如飞机隐身涂料是在成膜物质中加入磁性氧化铁来实现的。广泛应用于国防军工、航空航天、海洋运输、勘探及尖端科学技术等领域。

锑酸钠 sodium antimonate 又名焦锑酸钠。$NaSb(OH)_6$ 或 $NaSbO_3 \cdot 3H_2O$。白色粉末或颗粒,因生产工艺不同而有粒状或等轴结晶。在高温下十分稳定,在1427℃以下一般不分解。微溶水、乙醇,在水中会水解成胶体状。溶于酒石酸、浓硫酸,不溶于稀无机酸、稀碱液及乙酸。有毒!用作塑料制品、环氧树脂及织物的阻燃剂,玻璃生产中用作澄清剂及脱色剂,搪瓷生产中用作乳浊剂,还用作聚酯聚合的催化剂、陶瓷着色剂、酸化压裂液增稠剂、堵水-调剖剂的交联剂等。由金属锑或三氧化二锑与过量的硝酸钠加热氧化制得。

提高采收率化学剂 increase recovery efficiency chemicals 通过改变油层中油、水、气、岩石、蜡晶、沥青等相态及它们之间的界面性质,以提高原油采收率的化学剂。主要有表面活性剂、助表面活性剂、碱剂、高温起泡剂、流度控制剂、牺牲剂、增溶剂及稠化剂等。

体质颜料 extender pigment 又称非遮盖性颜料。白色或稍带颜色的、折射率小于1.7的颜料。在涂料、橡胶及塑料中用作着色剂或填料。用于涂料时,可作为色漆的组分以调节色漆的性能,如平光光泽、增大涂膜厚度,改善成膜性和施工性,并能降低涂料成本。主要品种有碳酸钙、硫酸钡、重晶石粉、滑石粉、白炭黑、沉淀硫酸镁及云母粉等。

替米哌隆 timiperone 又名4-[4-(2,3-二氢-2-硫代-1H-苯并咪唑-1-基)-1-哌啶基]-1-(4-氟苯基)-1-丁酮。白色结晶。熔点201～203℃。难溶于水,溶于丙酮、氯仿。一种丁酰苯脲类抗精神病药,其抗精神病的作用强而椎体外系或运动系统的副作用小。用于治疗精神分裂症。以氟苯、4-氯丁酰氯、4-氨基吡啶、邻氯硝基苯等为原料制得。

替尼达普 tenidap 又名5-氯-2,3-二

氢-2-氧代-3-(2-噻吩羰基)吲哚-1-甲酰胺。白色结晶。熔点 230℃(分解)。溶于丙酮。其钠盐熔点 237~238℃,溶于水。一种抗炎镇痛药,用于治疗风湿性、类风湿性关节炎、骨性关节炎等。以 5-氯-2,3-二氢吲哚-2-酮、吡啶、氯甲酸甲酯、N-甲基吗啉等为原料制得。

替诺昔康 tenoxicam 又名噻吩昔康、4-羟基-2-甲基-N-吡啶-2H-噻吩并[2,3-e]-1,2-噻嗪-3-碳酰胺-1,1-二氧化物。白色结晶。熔点 209~213℃(分解)。溶于乙醇、二甲基亚砜,难溶于丙酮、氯仿。一种抗炎镇痛药。用于治疗关节炎、肩周炎、脊椎炎等。具有口服吸收迅速、起效快、半衰期长(约 57h)的特点。由 3-甲氧羰基-4-羟基-2-甲基-2H-噻吩并[2,3-e]-1,2-噻嗪-1,1-二氧化物与 2-氨基吡啶反应制得。

替硝唑 tinidazole

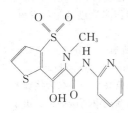

又名替你净、快眼净、砜硝净、甲硝磺酰咪唑、1-[2-(乙基磺酰基)乙基]-2-甲基-5-硝基咪唑。白色针状结晶。熔点 127~128℃。溶于乙醇。一种硝基咪唑类抗菌药。对厌氧菌有效,对需氧菌无效。与甲硝唑相比,血药浓度高、脑脊液内浓度高、作用持续时间长。用于厌氧菌感染、阴道滴虫病、预防手术后厌氧菌感染等。以甲硝唑、液溴、三氯化磷等为原料制得。

天冬氨酸 aspartic acid 又名氨基丁二酸、天门冬氨酸。一种酸性氨基酸,广泛存在于各种动植物蛋白中。白色斜方晶系板状结晶或粉末。无臭,味酸。熔点 269~271℃。难溶于冷水,易溶于热水,溶于酸、碱及食盐水,不溶于乙醇、乙醚。对光、热较稳定。有抗氧化性,可阻止不饱和脂肪酸氧化。在药品及化妆品中用作维生素 E 的稳定剂,用于香波,易被头发吸收,提高抗静电性及梳理性;医药上用作营养增补剂、氨解毒剂;食品工业中用作鲜味剂及甜味剂;天冬氨酸的钾盐、镁盐用于治疗肝胆疾病、心律失常及消除疲劳。由微生物酶转化富马酸而制得。

天冬氨酰苯丙氨酸甲酯 aspartyl phenylalanine methyl ester 又名甜味素、阿斯巴甜、天苯二肽。白色结晶性粉末。熔点 245~247℃。微溶于水(1.0%,25℃),难溶于乙醇,不溶于油脂。有强烈甜味,其稀溶液的甜度约为蔗糖的 100~200 倍。甜味与砂糖接近,有凉爽感,无苦味和金属味。在低温和 pH 值

3~5时比较稳定。0.8%水溶液的 pH 值约 4.5~6.0。受高温时，结构破坏而使甜度下降，甚至甜味消失。由于不产生热量，可用作甜味剂，用于糖尿病、高血压、肥胖症、心血管症的低糖、低热量食品。由天冬氨酸与苯丙氨酸甲酯缩合制得。

天冬蛋白酶 aspartic proteinase 一种蛋白质水解酶。在动植物体内均有存在，动物体内以乳汁中为多。其相对分子质量及性质依来源不同而异。哺乳动物体内的蛋白酶很难水解苯丙氨酸-脯氨酸和酪氨酸-脯氨酸之间的肽键，而天冬蛋白酶能水解蛋白质中这两类肽键。故将天冬蛋白酶与其他蛋白酶(如胰蛋白酶)配合用于洗面粉中，有显著清除蛋白质污垢的性能。而一些植物提取物，如天门冬、胡萝卜、米糠等的萃取物可增强天冬蛋白酶的活性。可由新鲜土豆叶经粉碎、离心滤出清液、沉析、分离而制得。

L-天冬酰胺 L-asparagine 又名 α-氨基丁二酸一酰胺、天门冬酰胺。

$$H_2NCH-CH_2CH_2CONH_2$$
$$|$$
$$COOH$$

白色斜方晶系结晶或粉末。略有甜味。相对密度 1.543(一水合物，15℃)。熔点 234~236℃(分解)。溶于水，不溶于乙醇、乙醚、丙酮，遇碱水解成天冬氨酸。医药上用于配制氨基酸输液、破伤风菌培养剂，食品工业用作营养强化剂及增味剂，还用作铁盐稳定剂及用于轻化工、环保等领域。由 L-天冬氨酸经酯化、氨解而制得。或由羽扇豆水解提取液分离而得。

天冬酰胺酶 asparaginase 又名 L-天门冬酰胺酶。一种酰胺水解酶。能专一地催化 L-天冬酰胺水解形成 L-天冬氨酸和氨。存在于细菌、霉菌、酵母等微生物及某些植物中。纯酶相对分子质量 130000~140000。白色结晶性粉末。易溶于水，不溶于乙醇、丙酮、苯。微有吸湿性，对热稳定。最适 pH 值 8.5，最适作用温度 37℃。是一种对肿瘤细胞有选择性抑制的药物，用于治疗急性淋巴性白血病，对淋巴肉瘤、单核细胞白血病及慢性髓细胞性白血病的急性发作等也有治疗作用。由玉米浆经微生物发酵、分离制得。

天甲橡胶胶黏剂 methyl methacrylate grafted natural rubber adhesive 一种改性天然橡胶胶黏剂。是在天然橡胶上接枝聚甲基丙烯酸甲酯所制得。由于其分子链上既有极性的聚甲基丙烯酸酯，又有非极性的橡胶烃分子，因而可用于粘接不同表面性质的物体，分为胶乳型及溶剂型两类胶黏剂。而以胶乳型使用最多，其中含甲基丙烯酸甲酯为 30%~45%。用于天然或合成橡胶与聚氯乙烯、皮革、金属及织物的粘接，更多用于制鞋和轮胎方面，如鞋底与鞋面，即皮革与聚氯乙烯的粘接。

天然表面活性剂 natural surfactant 来自动物、植物或矿物的表面活性剂。如各种树胶(阿拉伯胶、西黄蓍胶、桃胶、果胶等)、明胶、皂苷、卵磷脂、琼脂、海藻酸钠、羊毛脂、酪蛋白等。一般为复杂的高分子有机化合物。由于其亲水性较强,故能形成水包油型(O/W)乳浊液。乳化能力有大有小,但降低表面张力的能力较小。但这类物质都有较大的黏度,有利于提高乳浊液的稳定性。由于易被霉菌及细菌污染而引起变质,使用时常需添加适量的防腐剂。

天然气一段蒸汽转化催化剂 primary natural gas steam reforming catalyst 烃类蒸汽转化催化剂的一种。主要用于以甲烷为主的饱和烃(天然气、油田气、焦炉气中的 CH_4、C_2H_6 等)与水蒸气反应,转化成含 H_2、CO 的气体,以作为制取合成氨、合成甲醇以及其他一碳化学品和工业氢气等的原料气。催化剂一般以 $Ni(NO_3)_2$ 为活性组分,以 Al_2O_3 为载体并加入适量助剂。品种很多,产品牌号有 CN-16、CN-23、Z102、Z103、Z107、Z108、Z109-1Y、2Y、Z110-Y、Z111-Y、Z112-1Q、Z112-2Q、Z412W、Z413W 等。在正常操作条件下,可使转化后气体中的残余甲烷含量低于或等于13%。如需进一步降低甲烷含量,则需进行二段转化。不同牌号催化剂可采用沉淀法、浸渍法或混合法等不同方法制得。

天然染料 见"有机着色剂"。

天然树脂涂料 natural resin coatings 以天然树脂为主要成膜物质的涂料。所用天然树脂有松香、虫胶、生漆及沥青树脂等。松香及其衍生物的涂料、松香酯涂料、大漆、纯沥青涂料等都属于天然树脂涂料,这类涂料曾是工业及民用上广为使用的涂料品种。由于其使用性能不如各种合成树脂涂料,其应用已逐渐减少。

天然橡胶胶乳 natural rubber latex 由橡胶树割胶流出的乳白色流动液体,外观像牛奶。其成分和胶体结构随树种、地域及气候等条件而异。未加任何物质的新鲜胶乳中,橡胶烃含量为 20%～40%,其余为少量非橡胶组分和水。非橡胶组分中有蛋白质、糖类、类脂及无机物等,它们部分与橡胶粒子形成复合结构,部分溶解于乳清中或形成非橡胶粒子。胶粒呈球形,平均粒径为 $0.5\mu m$ 左右,约 40% 的粒径在 $0.2\mu m$ 以上,大部分粒径小于 $0.2\mu m$。新鲜胶乳的相对密度约在 0.96～0.98 之间,35% 的新鲜胶乳的黏度约 $12\sim15 mPa \cdot s$。在受到机械、化学物质、热等外来因素作用下,胶乳的胶体体系会受到破坏而胶凝或凝固。为防止自然凝固,胶乳采集后应立刻加入适量保存剂氨以保证胶乳的稳定性。主要用于海绵制品、压出制品及浸渍制品等。参见"通用天然胶乳"、"特种天然胶乳"。

甜菜碱 betaine 又名三甲基甘氨酸、三甲胺乙内脂。主要存在于甜菜根、枸杞的根皮等中。鳞状

$$H_3C-\overset{\overset{CH_3}{|}}{\underset{\underset{CH_3}{|}}{N^+}}-CH_2COO^-$$

或菱状结晶,有甜味及吸湿性,熔点 293℃(分解)。溶于水、甲醇、乙醇,微溶于乙醚。在浓氢氧化钾中生成三甲胺。甜菜碱盐酸盐为单斜结晶(乙醇中),溶于水、乙醇。具有抗肿瘤作用,医疗上用

作保肝剂。也用作焊接的助熔剂。在化妆品中，广泛用作膏霜、发水及美容皂等的保湿剂。由甜菜制糖母液中回收、或由三甲胺与氯乙酸反应制得。

甜蜜素 cyclamate sodium 又名环己基氨基磺酸钠。白色结晶或结晶性粉末。

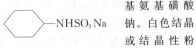

无臭。分解温度280℃。易溶于水，难溶于乙醇，不溶于乙醚、氯仿。10%水溶液的pH值6.5。对热、光、酸及碱均较稳定。一种合成甜味剂，其稀溶液的甜度约为蔗糖的30倍。其甜味持续时间较长，风味良好，不带异味，但浓度高时有一定后苦味，常与糖精钠及甜味素等混合使用。约有40多个国家（包括我国）容许用作食品添加剂，但仍有少数国家（如美国）对其安全性有怀疑，仍然禁用。由氨基磺酸钠与环己胺反应制得。

甜味素
见"天冬氨酰苯丙氨酸甲酯"。

甜叶菊苷 stevioside 又名糖菊苷、甜茶素、斯替维苷。是从菊科植物甜叶菊的叶茎中提取的糖苷。白色或微黄色粉末。味清凉甘甜。熔点198～202℃。比旋光度－39.3°(5.7% H_2O)。水中溶解度约为0.12%。微溶于乙醇。易吸湿。甜度约为蔗糖300倍，是天然甜味剂中最接近蔗糖的一种。其甜味纯正，残留时间长，有轻快凉爽感。对其他甜味剂有改善和增强作用，在酸性及碱性条件下都较稳定。在pH>9或pH<3时，长时间加热至100℃以上会使之分解，为不产生热量的食品甜味剂，是糖尿病、肥胖病患者的良好天然甜味剂。除用作蔗糖、甘草苷的增甜剂外，还可与柠檬酸复配，改善甜味，主要用于苦味饮料、碳酸饮料及腌制品等。在护肤品中加入可预防和治疗痤疮。

甜叶菊苷A型 rebaudioside A 是甜叶菊中另一种多量存在的有效成分，也属甾醇型糖苷。白色至淡黄色粉末。熔点242～244℃。呈甜味，溶于水、甲醇。具有表面活性剂性质、能稳定乳状液，制品手感良好。可用作食品的甜味剂。用于护肤品可减少皮肤接触性皮炎，有抑制过敏的效果。可由甜叶菊地上部分经干燥后粉碎至40目以上，再用溶剂萃取分离制得。

填充剂 filling agent 又称填充料、填料。一般指加工制品中作为组分以改变制品性能或降低成本的固体物料，加于橡胶中常称作补强剂，如白炭黑、炭黑、碳酸钙等，用以提高硫化胶的耐磨性、撕裂强度、拉伸强度等。填充剂是塑料助剂中应用最广、消耗量最大的品种，用以降低成本，改善刚性、耐热性及尺寸稳定性等。胶黏剂及涂料中加入填充剂具有增稠、着色、补强、阻燃等功能。此外，在造纸、皮革、农药等行业也广泛使用填充剂。填充剂种类繁多，按化学组成分为无机及有机填充剂；按来源分为矿物性、植物性及合成填充剂；按外观形状分为粒状、粉状、薄片状、微球、中空微珠等；按动能可分为增量性、补强性、导电性、着色性、阻燃性、耐热性、耐候性及抗粘连性填充剂等。常用填充剂有碳酸钙、滑石粉、陶土、石膏粉、硅灰石粉、方解石粉、高岭土、重晶石粉等。

填充纳米复合材料 filled nanometer composite materials 纳米复合材料的一类。指无机纳米组分以粉体形式分散在聚合物基体中形成的复合材料。如纳米碳酸钙填充复合材料、纳米炭黑填充复合材料、纳米二氧化碳复合材料等。这类材料的制备方法有：①固-固混合分散法，即将经改性的固态纳米粉体与聚合物粉体经直接混合制得；②液-固混合分散法，即将纳米材料先制成有机悬浮体(如将聚乙烯加到纳米银/二甲苯的悬浮体中)，再将这种悬浮体与固相高分子材料混合，经充分分散制得纳米复合材料；③液-液混合分散法，即将纳米材料制成有机悬浮体，再与高分子溶液混合后制取纳米复合材料，如将纳米银粒子的氯仿/丙酮悬浮体加到环氧树脂溶液中，用氨的衍生物作固化剂，可制得 Ag/环氧树脂的纳米复合材料；④固-液混合分散法，即将固体纳米材料与高分子溶液混合制取纳米复合材料，如将纳米 $CrSi_2$ 粒子加至丙烯腈-苯乙烯共聚物的四氢呋喃溶液中，经分散制得包覆高分子材料的纳米晶体。

调墨油 printer's varnish 油墨行业中将亚麻油经加热后由小分子聚合成大分子的黏性油称作调墨油。系属于干性油连接料，用于油墨的制造，也可在油墨的使用过程中用于调节油墨的黏度、色度等印刷适性。衡量调墨油优劣的标准是颜色与酸值。颜色越浅的产品，质量越好；酸值过高表示聚合物分子中的羧酸基含量较高，亲水性较强，则印刷时会遇到润版药水而乳化，造成脏版，还可能与颜料产生胶化作用而使油墨成块。而适宜的高酸值可提高对颜料的润湿性，有助于提高上版性能，适宜酸值应为5～15。

萜品醇 terpinol 又名松油醇。有 α、β、γ 三种异构体。自然界以游离状态存在的主要是 α-萜品醇。合成的萜品醇是 α、β、γ 三者的混合物(主要为 α-萜品醇)。无色至浅黄色黏稠液体或低熔点透明结晶，具紫丁香样气味。相对密度0.936～0.941(25℃)。熔点 35～41℃。沸点 214～224℃。折射率1.4825～1.4850。微溶于水、甘油，溶于乙醇、乙醚、苯、矿物油，对酸不稳定，加热时易脱水。用于配制日化香精，也用于制药、油墨、农药、印染助剂及配制溶剂等。由松节油分离得到的 α-蒎烯与硫酸反应制得。

萜烯-苯乙烯树脂 terpene-styrene resin 一种苯乙烯改性的萜烯树脂。水白色脆性透明状固体。软化点 70～120℃。不溶于水、乙醇、甲醇，溶于苯、乙酸乙酯、松节油及溶剂汽油等。具有耐酸、耐碱、电绝缘性及耐辐射性好等特点。与天然及合成橡胶、乙酸乙烯酯-乙烯共聚树脂等相容性好。可燃。无毒。用作热熔胶、压敏胶及溶剂型胶黏剂等的增黏剂,具有初黏力强的特点。由柠檬烯与苯乙烯经催化缩聚反应制得。

萜烯-酚醛树脂 terpene phenolic formaldehyde resin 一类改性萜烯树脂,由

$$\underset{C_{10}H_{17}}{\overset{OH}{\bigcirc}} -CH_2- \underset{C_{10}H_{17}}{\overset{OH}{\bigcirc}}$$

不同的萜烯树脂及酚醛树脂可制得不同性能的萜烯-酚醛树脂。为淡黄色块状、片状或粒状固体。软化点130～150℃。不溶于水、乙醇,用于甲苯、丁醇、溶剂汽油,部分溶于丙酮、乙酸乙酯。与丁苯、氯丁橡胶等有较好的相容性。可燃。无毒。用作压敏胶及氯丁橡胶等的增黏剂。与萜烯树脂并用时,可提高压敏胶的剥离强度及持黏力,并有较好耐老化性能。在浓硫酸催化剂存在下,由苯酚、甲醛及松节油反应制得。

萜烯酚树脂 terpene hydrocarbon and phenolic resin 一种用苯酚改性的萜烯树脂。外观为棕黄色块状脆性固体。相对密度0.91～1.027。软化点80～148℃。黏度1126mPa·s(150℃)。不溶于水,溶于酮类、芳烃及酯类等有机溶剂。具有耐氧化性好、黏合力及内聚力强、耐热、耐老化,与橡胶及合成树脂相容性好等特点。无毒。用作热熔胶、压敏胶的增黏剂,油墨连接料及展色剂,橡胶增稠剂及增强剂等。在三氟化硼或盐酸催化剂存在下,由α-蒎烯与苯酚反应制得。

萜烯树脂 terpene resin 又名聚萜烯

$$\underset{}{\left[-CH_2-\underset{}{\bigcirc}-\underset{CH_3}{\overset{CH_3}{\underset{|}{C}}}-\right]_n}$$

树脂。是松节油中的蒎烯在三氯化铝催化剂作用下聚合制得的产物。分α萜烯树脂及β-萜烯树脂。以马尾松松节油为原料生产的为α-萜烯树脂;以分馏松节油中的β-蒎烯为原料生产的为β-萜烯树脂。萜烯树脂为相对分子质量650～1250的热塑性树脂,为淡黄色黏稠液体至透明脆性固体。相对密度0.9～1.0。软化点80～130℃。玻璃化温度73～94℃。难溶于水,溶于苯、乙醚、石油醚、汽油、松节油等。化学性质稳定、耐热、耐光、不结晶。与天然及合成橡胶、橡胶类弹性体都有很好相容性。用作溶剂型压敏胶、纸塑覆膜胶、热熔胶等的增黏剂,橡胶增稠剂,纸张及织物上浆剂,油墨连接料,胶姆糖胶基的咀嚼剂,抗坏血酸的防潮剂等。

铁黑
见"氧化铁黑"。

铁红
见"氧化铁红"。

铁黄
见"氧化铁黄"。

铁蓝 iron blue 又名普鲁士蓝、华蓝。一种深色颜料。成分不同,产品的颜色也不同,从带同色闪光的暗蓝色到亮红色。主要成分为亚铁氰化铁$Fe_4[Fe(CN)_6]_3·xH_2O$。相对密度1.8～1.9。不溶于水、乙醇,溶于酸和碱。加热至170～180℃时失去结晶水

并开始分解，200～200℃时便会燃烧并放出氢氰酸。用于塑料着色，具有着色力强、透明性及耐光性好的特点，但因耐热性较差，仅适用于低温下加工的制品。也用于橡胶、油漆、油墨、纸张、蜡笔等的着色。由亚铁氰化钠与硫酸亚铁作用后经氧化而得。

铁锰脱硫剂 iron-manganese desulfurizer 以 Fe_2O_3 及 MnO_2 为主要组分，并添加适量 ZnO、MgO 作促进剂的脱硫剂。属转化吸收型脱硫剂，有极强的热分解有机硫的能力。有机硫经脱硫剂热分解后，立即被 Mn_2O_3 及 Fe_2O_3 所吸收，而且反应生成的 MnS 也具有热分解及加氢分解有机硫的能力。在不加 H_2 的条件下，MnS 可将 RSH、RSSR'、CS_2 等有机硫分解成烃类及 H_2S，而 H_2S 则被脱硫剂组分所吸收。脱硫剂产品牌号有 MF-1、MF-2、LS-1、T313 等。适用于以天然气、炼厂气、焦炉气为原料的合成氨厂、甲醇厂的转化吸收脱硫，可脱除噻吩以外的各种硫化物，脱硫精度达 $0.1×10^{-6}$。

铁钼加氢精制催化剂 Fe-Mo hydrofining catalyst 淡黄色圆柱体。活性组分为 Fe、Mo，载体为 Al_2O_3。堆密度 0.7～0.8g/mL，孔体积约 0.4mL/g，比表面积约 $160m^2/g$。中国产品牌号为 3733。用于润滑油加氢精制，也用于焦炉气、城市煤气加氢脱硫。具有良好的加氢脱硫能力及活性稳定性。由氧化铝载体分二次浸渍 Fe、Mo 金属活性组分溶液后，再经干燥、焙烧制得。

铁氰化钾 potassium ferricyanide $K_3Fe(CN)_6$ 又名赤血盐、赤血盐钾、六氰合铁酸钾。红色单斜晶系结晶或粉末。相对密度 1.845（25℃）。折射率 1.5660。溶于水、丙酮，不溶于乙醇、液氨。常温下稳定。水溶液受光及碱作用易分解。加热时分解，并产生剧毒的氰化钾和氰。在碱性溶液中有强氧化作用。遇亚铁盐溶液生成深蓝色滕氏蓝沉淀，但遇高铁盐呈红色。用于制造颜料、医药，印刷制版，照相洗印，彩色电影胶片氧化及漂白，晒蓝图纸上的敏感涂层等。也用作阻聚剂、钢铁渗碳剂、矿物浮选剂、电镀及蚀刻剂，以及用于制革、制造密封胶等。由亚铁氰化钾饱和溶液电解氧化制得。

铁氰化钠 sodium ferricyanide $Na_3Fe(CN)_6 \cdot H_2O$ 又名赤血盐钠。红宝石色结晶体。溶于水，不溶于乙醇。有潮解性。遇酸分解并放出剧毒的氰化氢气体。遇高铁盐反应呈淡褐色，与二价铁离子反应生成蓝色沉淀。用于电影胶片的氧化、漂白、着色、照相制版，替代铁氰化钾用于颜料、晒蓝图。也可代替亚铁氰化钠用于苯胺染色，以及用作氧化剂、钢铁渗碳剂等。由氯气氧化亚铁氰化钠水溶液制得。

铁鞣剂 iron tanning agent 以铁化合物为主要成分的皮革复鞣材料。铁盐有 2 价及 3 价，只有 3 价铁才有鞣制作用，鞣制所用铁盐有三氯化铁（$FeCl_3 \cdot 6H_2O$）、硝酸高铁[$Fe(NO_3)_3 \cdot 9H_2O$]、硫酸高铁[$Fe_2(SO_4)_3 \cdot 12H_2O$]及铁钾矾[$KFe(SO_4)_2 \cdot 12H_2O$]等。其中使用最多的是硫酸高铁及铁钾矾。铁鞣剂具有原料来源方便、价格便宜、对环境污染小等特点，但铁鞣革的最大特点是不耐储存，储存过程中，铁鞣革会逐渐变脆。

其原因是与胶原结合的铁盐会在革中水分的作用下逐渐水解并释放出酸,生成的酸又使皮胶原水解,从而使革脆裂。

铁棕 见"氧化铁棕"。

烃类二段蒸汽转化催化剂 secondary hydrocarbon steam reforming catalyst 天然气、炼厂气、轻油等烃类一段转化后,一段出口气仍有约10%的甲烷,为使其进一步转化为氢而需进行二段水蒸气转化,经二段转化后气体中残余甲烷含量可降至0.5%以下。本催化剂主要用于合成氨厂或制氢厂的二段水蒸气转化,品种较多,产品牌号有CN-17、CN-20、CZ-4、CZ-5、Z203、Z203-1、Z204、Z205、Z206等。一般是以NiO为主活性组分,以适量碱或碱土金属为助催化剂,以Al_2O_3为载体。可用沉淀法或浸渍法制得。这类催化剂的转化性能与一段转化相近,但二段转化温度高达1000~1200℃,运转不正常时可达1400℃以上。因此二段催化剂要比一段催化剂更耐高温。

烃类有机废气处理催化剂 catalyst for hydrocarbon effluent gas treatment 一种通过催化燃烧法处理烃类有机废气的催化剂。产品牌号有FCC-1、2314、3188等。是以过渡金属及碱土金属氧化物(如Ca、Ba、Mg、Fe等氧化物)为催化剂活性组分,以蜂窝状陶瓷基质为催化剂载体,通过各氧化物之间存在的结构或电子调变作用,达到对烃类有机废气进行深度氧化反应,使其转化为无害物质。可用于油墨印刷、漆包线绝缘层加工、自行车及缝纫机等涂漆、化工涂料生产等操作过程中废气的处理,消除有机溶剂等挥发性气体的污染。可由特制蜂窝状载体浸渍活性组分溶液后,经干燥、焙烧制得。

烃类蒸汽转化催化剂 hydrocarbon steam conversation catalyst 烃类蒸汽转化过程是在常压或加压条件下,由天然气、油田气、石油加工炼厂气和石脑油(轻油)等烃类化合物与水蒸气在催化剂存在下转化成含H_2、CO、CO_2等气体的混合原料气的过程。混合原料气可用作制造氢气、合成氨原料气、城市煤气及一碳化学品合成原料气的初始原料。烃类蒸气转化过程所用催化剂有:预转化催化剂、天然气一段转化催化剂、烃类二段转化催化剂、轻油转化催化剂、炼厂气转化催化剂、乙炔尾气转化催化剂等。

通用天然胶乳 general purpose natural rubber latex 指由常规方法浓缩得到的商品胶乳。可分为:①离心浓缩胶乳。又可分为高氨离心胶乳(含氨0.7%)及低氨离心胶乳。这类胶乳由于有生产过程短、浓度易控制、纯度高、黏度小等特点,其产量占商品天然胶乳总量的90%以上。②膏化浓缩胶乳。又有高氨型及低氨型两种。这种浓缩胶乳干胶含量高(可达64%以上),但质量难以控制,黏度及非橡胶物质含量均较高。③蒸发法浓缩胶乳。分高浓度标准蒸浓胶乳和低浓度标准蒸浓胶乳两种。前者浓度为73%,呈糊状,后者浓度为68%或稍低,黏度较低。这类胶乳浓度高、制品收缩小、黏合力较大、化学稳定性高,适用于填料较多的制品和涂胶制品,参见"天然胶乳"。

酮咯酸氨丁三醇 ketorolac tromethamine 又名5-苯甲酰-2,3-二氢-1H-吡咯并[1,2-α]吡咯-1-羧酸-2-氨基-2-(羟甲基)-1,3-丙二醇盐。白色结晶性粉末。熔点163～165℃。易溶于水,不溶于乙醚、丙酮。一种非甾体抗炎药。镇痛活性是阿司匹林的800倍,也优于消炎痛及萘普生。由酮咯酸与氨基丁三醇反应制得。

酮洛芬 ketoprofen 又名酮基布洛芬、优布芬、优洛芬、3-苯甲酰基-α-甲基苯乙酸。白色结晶。熔点94℃。微溶于水,溶于乙醚、丙酮、乙醇、氯仿、乙酸乙酯。一种芳丙酸类抗炎镇痛药。用于抗风湿、轻中度疼痛,也用于痛风急性发作。以3-甲基二苯酮、溴、对苯二酚等为原料制得。

酮醛树脂 ketone-aldehyde resin 又名醛酮树脂。是在碱性催化剂存在下,由环己酮与甲醛反应制得的缩聚产品。淡黄色透明状固体。相对密度1.14～1.19。软化点98～108℃。酸值≤1 mg KOH/g。玻璃化温度50～75℃。不溶于水,微溶于环己烷,溶于乙醇、丙酮、苯、氯仿、异丙醇及乙酸乙酯等。具有优良的耐候性、耐化学药品性及黏附力强的特点,与许多合成树脂有良好的相容性。主要用作热熔胶、溶剂型胶黏剂及压敏胶的增黏剂,可提高制品粘接性及硬度。

酮色林 ketanserin 又名3-[2-[4-[(4-氟苯甲酰基)-1-哌啶基]乙基]-2,4][1H,3H]-喹唑啉二酮。白色结晶。熔点227～335℃。不溶于水,难溶于乙醇,溶于二甲基呋喃、4-甲基-2-戊酮。为抗高血压药。用于控制轻、中度高血压,或控制急性高血压发作。对老年高血压及严重心力衰竭也有治疗作用。以氯乙基喹唑啉二酮、4-(4-氟苯甲酰基)哌啶盐酸盐、4-甲基-2-戊酮等为原料制得。

桶混剂
见"混剂"。

头孢氨苄 cephalexin 又名先锋霉素

Ⅳ、头孢立新。白色至微黄色结晶粉末,微臭。味苦。熔点 169~170℃。微溶于水,难溶于有机溶剂。是第一个合成的口服头孢菌素。对酸及青霉素酶均稳定,其抗菌谱及适应症均与头孢噻吩相似,但作用弱于后者,用于较轻感染。用药后常见有恶心、呕吐、头痛、食欲不振等不良反应。可由固定化大肠杆菌进行酶缩合制得,或以青霉素 G 为原料用化学合成法制得。

头孢菌素类抗生素 cephalosporins 又名先锋霉素类抗生素。是以发酵法制得的头孢菌素 C 的母核 7-氨基头孢霉烷酸(简称 7-ACA)为起始物,经半合成法制得的一类抗生素。具有抗菌谱广、耐酸、耐某些细菌产生的 β-内酰胺酶、副作用少等特点,其发展速度已超过半合成青霉素,成为十分重要的一类抗生素药物。按其抗菌作用特点及临床应用不同,分为第一代头孢菌素(如头孢唑啉、头孢噻吩)、第二代头孢菌素(如头孢孟多、头孢呋辛)、第三代头孢菌素(如头孢噻肟、头孢他啶、头孢曲松)、第四代头孢菌素(如头孢匹罗)等。

头孢硫脒 cefathiamidine 又名先锋霉素 18 号、硫脒头孢菌素。我国首先创制的一种半合成广谱头孢菌素。白色至类白色结晶粉末。无臭。易溶于水,微溶于乙醇,难溶于丙酮、氯仿、乙醚。抗金葡菌的活性较强,对肠球菌属的作用优于头孢噻啶与青霉素 G。对其他革兰阳性球菌与杆菌有良好抗菌活性,对革兰阴性菌中的流感杆菌、脑膜炎球菌作用较强。治疗以金葡菌为主的各种感染,如呼吸系统感染、泌尿系统感染、败血症、骨髓炎、肝脓肿等。

头孢哌酮 cefoperazone 又名头孢氧哌唑。其钠盐为头孢派酮钠,又名先锋必、头孢必、金邦必、欣达宁、先抗等。白色或类白色结晶性粉末。无臭。易溶于水。有引湿性。属第三代注射用头孢菌素。抗菌谱广,对革兰阴性菌及铜绿假单胞杆菌活性强。但对革兰阳性菌的活性比第一代差。适用于敏感菌引起的呼吸系统感染、泌尿道感染、脑膜炎、腹膜炎、败血症、皮肤及软组织感染等。但本品可导致低凝血酶原血症或出血,合用维生素 K 可预防。

头孢羟氨苄 cefadroxil 又名羟氨苄头

孢菌素。半合成的第一代头孢菌素。白色至类白色粉末。熔点 197℃（分解）。溶于水,不溶于乙醚、氯仿。抗菌谱类似于头孢噻吩,而抗菌活性远比后者弱,而与头孢氨苄相似,对金葡菌、链球菌、肺炎球菌、肺炎杆菌、痢疾杆菌、大肠杆菌及沙门氏菌属等有抗菌活性。主要用于泌尿道感染、呼吸道感染,疗效较好。可由酶法缩合制得。

头孢曲松 ceftriaxone 又名罗氏芬、安塞隆、头孢三嗪。其钠盐为白色结晶性粉末。熔点>155℃（分解）。溶于水。为第三代头孢菌素,对革兰阳性菌的作用较第一、二代弱,对革兰阴性菌有很强抗菌活性,并具有良好渗透性,可渗入炎症脑脊液中。用于抗感染。以 7-氨基头孢烷酸为原料制得。

头孢噻吩 cefalotin 又名头孢菌素Ⅰ、先锋霉素Ⅰ、噻孢霉素。一种半合成广谱头孢菌素。白色结晶性粉末。无臭。具吸湿性。易溶于水、甲醇,微溶于乙醇,不溶于其他有机溶剂。水溶液低温时稳定。主要抗革兰阳性菌,如溶血性链球菌、肺炎球菌、金葡菌等。用于治疗耐青霉素细菌所引起的各种感染,如心内膜炎、败血症及呼吸道、尿道、胆道感染等。由酰氯法将 2-乙酰噻吩与 7-氨基头孢烷酸缩合,以乙酸丁酯提取后加乙酸钠结晶制得。

头孢噻肟 cefotaxime 又名头孢氨噻

肟、头孢氨噻、氨噻肟头孢菌素钠。第三代半合成肟型头孢菌素。白色粉末。熔点162～163℃（分解）。易溶于水。稀溶液无色或微黄色，浓度较高时呈灰黄色。药物变质时呈棕黄色或棕色。对革兰阴性菌的抗菌活性高于第一、第二代头孢菌素。对绿脓杆菌作用优于羧苄青霉素，对多数厌氧菌有杀灭作用。对金葡菌的抗菌活性稍低于第一代头孢菌素，对链球菌、肺炎球菌抗菌作用好。主要用于敏感菌所致呼吸系统感染、泌尿系统感染、皮肤及软组织感染、烧伤和骨关节感染等。由7-氨基头孢霉烷酸与氨噻肟酸合成制得。

头孢他美酯 cefetamet pivoxil 又名安塞他美、特普欣、康迈欣、盐酸头孢他美匹伏酯。其盐酸盐为白色至淡黄色结晶粉末。无臭或稍有特异性气味，味苦。不溶于水、乙醚，易溶于乙醇、甲醇、二甲基甲酰胺。为第三代经口头孢菌素。对于除金葡球菌及绿脓假单孢菌之外的所有革兰阳性菌和阴性菌均有抗菌活性。口服后在胃肠道酯酶作用下水解，生成有抗菌活性的游离酸，即头孢他美，用于革兰阳性菌及阴性菌感染引起的肺炎、败血症等。由7-氨基-3-甲基-3-头孢烯-4-羧酸与氨噻肟乙酰氯缩合、水解、酯化制得。

头孢唑啉钠 cefazolin sodium 又名先锋霉素Ⅴ。一种半合成广谱头孢菌素。白色至微黄色粉末。无臭。熔点185～186℃。溶于水，微溶于甲醇、乙醇，不溶于丙酮、氯仿。干燥时稳定，水溶液不太稳定。抗菌谱与适应症与头孢噻吩相似，对革兰阳性菌弱于后者，而对革兰阴性菌比后者要强，尤对肺类杆菌有效。对肺炎球菌作用仅次于青霉素，而优于其他抗生素。适用于敏感菌所致的呼吸道、泌尿生殖系、肝胆系统、皮肤软组织及五官感染等,并广泛应用于外科术后感染。以发酵产生的头孢菌素 C 为原料,经化学合成制得。

头发漂白剂 hair bleaches 能使头发颜色漂白或变浅的制品。主要是以美容化妆为目的。其作用有二:一是使头发的颜色比天然色调浅;二是为改变头发色调。先使头发颜色变浅,然后染上所需色调。漂白过程是头发的黑色素在氧化剂作用下发生不可逆的物理化学变化,形成浅色化合物,而且头发的角蛋白链间的键也会受到破坏,从而会造成头发损伤并变粗糙、湿强度下降。头发漂白剂有水剂、乳液、膏剂及粉剂等。水剂主要含过氧化氢、稳定剂及酸度调节剂;乳液主要含过氧化氢、稳定剂及赋形剂;粉剂主要含过硫酸盐、过硼酸钠、增稠剂、表面活性剂及填充剂等。

透明质酸 hyaluronic acid 又名玻璃

$$\left[\begin{array}{c}\text{COOH}\\\text{O}\\\text{OH}\\\text{OH}\end{array}\;\begin{array}{c}\text{CH}_2\text{OH}\\\text{O}\\\text{OH}\\\text{HNCOCH}_3\end{array}\right]_n$$

糖醛酸、玻璃酸。是由(1→3)-2-乙酰氨基-2-脱氧-β-D-葡萄糖-(1→4)-D-β-D-葡萄糖醛酸的双糖重复单位所组成的一种高聚物,相对分子质量 5 万～800 万。为絮状白色或本色无定形粉末。无臭,无味。有吸湿性。溶于水,不溶于有机溶剂。是细胞间基质中存在的重要成分。其水溶液具有高黏度,涂抹于皮肤表面时,会形成透明黏弹性薄膜,具有变软、平滑及滑润感觉。有优良保水作用。对皮肤无刺激性及不良反应。用于配制各类护肤膏霜、乳液、眼用啫哩及香波等。具有滋润皮肤、延缓皮肤老化、防止皮肤皲裂等作用。也用于眼科白内障手术。可由鸡冠、脐带等提取制得。因制备高纯度透明质酸较难,市售品一般不是纯品,含有多肽和蛋白质,组成也有差异。

透明质酸酶 hyaluronidase 又名玻璃酸酶。一种由哺乳动物(牛、羊等)睾丸中提取或由微生物发酵制得的糖苷内切酶。能催化透明质酸和结缔组织的某些酸性黏多糖的糖苷键的水解。按来源分为三类:①睾丸型玻璃酸酶,主要来源于动物睾丸、蛇毒;②水蛭玻璃酸酶,来源于水蛭的唾液腺;③细菌玻璃酸酶。为白色或淡黄色粉末。无臭。易溶于水,不溶于乙醇、乙醚、丙酮。最适 pH 值 4.0～7.5。液态常温可稳定 24h,5℃ 以下可稳定一周。100℃加热 30 min 失活。是一种药物扩散剂,能加速肌肉和皮下注射药物的吸收,减轻注射部位疼痛,加速细胞内外物质的扩散,有利于促进手术及创伤后局部水肿及血肿的消散。还可用于肠粘连的治疗以及制造减肥产品。由牛、羊的睾丸提取而得。

凸版印刷油墨 typographic ink 又名凸印油墨。用于凸版印印刷的黏稠油墨。凸版是印刷部分凸出于非印刷部分的印刷版。包括铅印印刷、照相凸版印刷和轮转印刷。按使用对象，分为铅印油墨、铜牌油墨、新闻轮转油墨、书籍轮转油墨、铅印彩色油墨等。油墨的干燥方式包括渗透干燥、氧化结膜干燥及挥发干燥等。

涂层整理剂 coating finishing agent 又名织物涂层整理胶黏剂。能在织物表面形成一层或多层薄而均匀的高分子膜的物质。织物涂层整理加工是将胶黏剂通过涂层设备均匀地涂敷在织物表面，并形成均匀的紧贴薄膜涂层，从而改变织物的外观和使用性能的一种操作工艺。涂层具有补强、增韧、防水、防污、抗静电及阻燃等功能。所用胶黏剂分为热固性树脂及热塑性树脂两类，并根据需要加入交联剂、引发剂、增稠剂及颜填料等。可用的热固性树脂有脲醛树脂、三聚氰胺甲醛树脂、环氧树脂等；所用热塑性树脂有聚乙烯、聚丙烯酸酯、聚乙酸乙烯酯、聚乙烯醇缩丁醛、天然与合成橡胶、有机硅树脂等。

涂覆绝缘漆 coating insulating varnish 借助于涂刷或喷涂工作表面，使其形成连续均匀的漆膜，而起到保护作用的绝缘漆。分为覆盖漆、硅钢片漆、漆包线漆及防电晕漆等。覆盖漆有醇酸树脂型、环氧酯型及有机硅型等，用于涂覆经浸渍处理的线圈和绝缘零部件，使其形成绝缘护层；硅钢片漆有油性漆、醇酸漆、环氧酚醛漆、有机硅漆及聚酰亚胺漆等。主要用于涂覆硅钢片，以降低铁芯的涡流损耗，增强耐腐蚀能力；漆包线漆有油酸漆、聚乙烯醇缩醛漆、聚酯漆、聚酰亚胺漆、聚酰胺酰亚胺漆等。主要用于导线的涂覆绝缘，除了具有一般绝缘性能外，还应有更好的弹性及附着力。

涂料 coatings 旧称油漆。是一种涂覆在物体表面并能形成牢固附着的连续薄膜的配套性工程材料。早期的涂料是以油脂和天然树脂为原料。目前，各种高分子合成树脂已广泛用作涂料的原料。涂料的主要作用是装饰和保护，可使各种制品有各种鲜艳色泽并免受大气、水分等的侵蚀。涂料的第三个作用是标志，如涂料醒目的颜色可制备各种标志牌及道路分离线。此外，涂料还赋予物体一些特殊功能，如导电、导磁涂料，温控涂料，防辐射涂料等。涂料品种繁多，按其有否颜料可分为清漆、色漆等；按其形态可分为水性、溶剂型、粉末、高固体分及无溶剂涂料；按其用途可分为建筑涂料、汽车漆、飞机蒙皮漆、木器漆等；按其施工方法可分为喷漆、浸漆、烘漆、电泳漆等；按其施工工序可分为底漆、腻子、二道漆、面漆、罩光漆等；按其效果可分为绝缘漆、防锈漆、防污漆及防腐蚀漆等。不论涂料的形态如何，基本上是由成膜物（油脂或树脂）、溶剂（或水）、颜料（或填料）及助剂四部分所组成。

涂料色浆 pigment printing paste 指由颗粒细腻的颜料、乳化剂、吸湿剂及水组成的有色浆料。通常是由颜料与表面活性剂及甘油等调和后，经磨细轧制、用水稀释制得。所用颜料有无机颜料和有机颜料，而有机颜料还包括荧光树脂颜料。广泛用于涂料印花和涂料染色，也可用于皮革着色和内墙涂料等。如涂料印染时所使用的浆料包括涂料色浆、胶黏剂、乳化浆、增稠剂等组分。

涂料印花交联剂 coating printing crosslinker 涂料印花助剂的一种。在涂料印花中，交联剂也称作架桥剂或固色剂，其主要作用是提高胶黏剂的固着能力，降低胶黏剂的焙烘温度和时间。所用交联剂主要是具有活泼多官能团的化合物，如甲醛和二羟甲基脲化合物、己二胺和环氧氯丙烷的缩合物等，交联剂与胶黏剂之间的交联反应是在大分子之间进行的缩合反应。由于交联剂及胶黏剂的品种很多，涂料印花中所使用的交联剂品种、用量及加入方法等都要根据所使用胶黏剂的品种及性质进行认真选择。

涂料印花胶黏剂 coating printing adhesives 在涂料印花工艺中，能使颜料色浆黏着在纤维表面而成膜的物质。早期的胶黏剂是不能交联的高分子成膜聚合物，呈线状结构，大分子之间无化学键相连；随后发展的是交联型，即在共聚物分子中含有活性基，在加热时能与纤维上的羟基等形成共价键，使原线型大分子变为网状，成膜性能有所提高；以后又在胶黏剂组分中引进可自身交联的活性单体，通过自身缩合形成交联，提高织物印牢度；近期又开发出用紫外线电子束进行低温烘固的自交联胶黏剂。目前广为使用的胶黏剂大都是以丙烯酸酯类、丁二烯、丙烯腈、苯乙烯等为主要单体制备而得的乳液，固含量在 $30\% \sim 50\%$ 左右。

涂料印花助剂 coating printing agent 织物涂料印花时所用各种助剂的总称。使用不溶于水的有色物质，加入高分子聚合物作为粘接材料，将其黏附于织物上而达到着色目的的印花方法称为涂料印花。它具有色谱齐全、色泽鲜艳、花纹清晰、减少污水排放等特点。所用涂料印花浆是多种组分的混合物，除去颜料色浆外，主要包括胶黏剂、增稠剂、交联剂等，同时还含有乳化剂、柔软剂、分散剂、附着促进剂、水分保留剂及消泡剂等。

涂料印花增稠剂 coating printing thickener 涂料印花助剂的一种，是具有使色浆增稠、促进黏合及乳化等作用的物质。早期使用的是海藻酸钠、淀粉醚等天然胶类。因固含量高、手感粗硬而逐渐被合成增稠剂所替代。合成增稠剂分为非离子型及阴离子型两类。非离子型大多为聚乙二醇醚类衍生物。产品适应性好、对电解质不敏感，但增稠效果不如阴离子型，对印花牢度有影响，阴离子型主要有丙烯酸系及马来酸系两类，固含量低，增稠效果好，并能提高印花织物的得色量，缺点是对电解质有些敏感。

土耳其红油 Turkey red oil 又名太

$$CH_3(CH_2)_5—CH—CH_2—CH=CH(CH_2)_7COONa$$
$$|$$
$$OSO_3Na$$

古油、磺化蓖麻油、渗透油CTH。一种阳离子型表面活性剂。黄色至棕色稠厚油状透明液体。含油量40%～70%。磺化基含量≥1.8%。pH值7.0～8.5。易溶于水。耐硬水、耐酸。具有良好的乳化、扩散、润湿等作用。用作润湿剂、分散剂、乳化剂、柔软剂、消泡剂等。用于染料调浆,能促使染料在印花浆内充分溶解,提高印花给色均匀性;用于棉织物柔软加工能改善手感,提高光泽性。由蓖麻油与硫酸反应后经中和制得。

吐纳麝香 tonalide 又名7-乙酰基-1,1,3,4,4,6-六甲基-1,2,3,4-四氢萘。白色结晶。

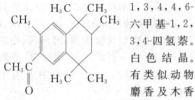

有类似动物麝香及木香香气。熔点56～57℃。沸点144℃(0.2kPa)。不溶于水,溶于乙醇、乙醚、丙酮。一种高级人工合成麝香,与万山麝香互为异构体。对酸、碱稳定,阳光下不变色。用作香料,用于调配东方香型、花香型等日用香精,用于化妆品、香皂、洗涤剂等。也用作烟用香精。由1,1,3,4,4,6-六甲基萘满在三氯化铝存在下,与乙酰氯反应制得。

吐温
见"聚氧乙烯山梨醇酐脂肪酸酯"。
吐温-20
见"聚氧乙烯(20)山梨醇酐单月桂酸酯。"
吐温-21
见"聚氧乙烯(4)山梨醇酐单月桂酸酯。"
吐温-40
见"聚氧乙烯(20)山梨醇酐单棕榈酸酯。"
吐温-60
见"聚氧乙烯(20)山梨醇酐单硬脂酸酯。"
吐温-61
见"聚氧乙烯(4)山梨醇酐单硬脂酸酯。"
吐温-65
见"聚氧乙烯(20)山梨醇酐三硬脂酸酯。"
吐温-80
见"聚氧乙烯(20)山梨醇酐单油酸酯。"
吐温-81
见"聚氧乙烯(5)山梨醇酐单油酸酯。"
吐温-85
见"聚氧乙烯(20)山梨醇酐三油酸酯。"
褪黑素
见"眠纳多宁"。
托瑞米芬 toremifene 又名拓瑞米芬、法乐通、枢瑞、氯三苯氧胺、(Z)-2-[4-(4-氯-1,2-二苯基-1-丁烯基)苯氧基-N,N-二甲基乙胺]。白色结晶。熔点108～110℃。其柠檬酸盐熔点160～162℃。

不溶于水,易溶于甲苯、氯仿。一种激素类抗肿瘤药。能与雌激素受体结合而抑制内源性雌激素。用于治疗乳腺癌,对绝经后、雌激素受体阳性妇女的疗效较好。以苯甲酸苯酯、无水三氯化铝、2-氯-1-二甲氨基乙烷盐酸盐等为原料制得。

脱臭催化剂 deodorizing catalyst
用于炼厂轻型及重型污油罐呼吸孔、含硫含氨污水罐、焦化冷焦水罐、碱渣尾气处理装置等部位恶臭治理的催化剂。它能吸收硫化氢,并将低分子硫醇转化成二硫化物,从而消除恶臭污染。产品牌号 YHS-217 为 $\phi 3\times(5\sim 15)$mm 的黑色条,主活性组分是含铁复合金属氧化物。堆密度 $0.8\sim 1.05$ g/mL。抗压强度 $\geqslant 100$ N/cm。在操作温度 $-10\sim 150$℃、空速 $\leqslant 300 h^{-1}$ 的条件下,硫醇转化率 $\geqslant 95\%$,穿透硫容 $\geqslant 15\%$。

脱氯剂 dechlorinating agent 用于脱除天然气、合成气、氢气、氮气、气态烃及石脑油等工业原料中氯化氢的一类助剂或催化剂。按处理原料性质不同分为气相原料脱氯剂及液相原料脱氯剂;按使用温度分为中温及常温脱氯剂;按反应机理分为物理吸附剂及化学吸收剂。物理吸附剂常采用活性炭、活性氧化铝、分子筛等比表面积大的材料,它们的内部孔道的极性较高,对极性很强的氯化氢分子就可从非极性分子的含氢气体中有效吸附分离出,但脱氯的净化度和氯容受到一定限制;化学吸收剂以 Cu、Zn、Na、Ca 等金属氧化物为活性组分,可通过所含碱性的,或与氯有较强亲和力的金属氧化物,与氯化氢反应生成稳定的金属氯化物而将氯脱除,品种较多,产品牌号有 ET 系列、KT 系列、T406～T409、T410Q、YHC-231、JX-5A、JX-5B、JX-5B-2 等。对性能好的脱氯剂,脱氯净化度可达 99% 以上,但化学吸收剂不能吸收有机氯。

脱毛剂
见"化学脱毛剂。"

脱模剂 release agent 又称脱模润滑剂或离模润滑剂。是一种防止金属铸件、模压制品或层合制品与模具或镜面板粘连,使其易于剥离,并赋予制品以光滑表面,且提高其美观,而在模具或镜面板上涂覆的一类物质,是一种特殊性能的润滑剂。大致分为无机物、有机物及高聚物三类。无机物脱模剂有石墨粉、二硫化钼、滑石粉等,常用于铝合金等金属铸件脱模;有机物脱膜剂有石蜡、脂肪酸、脂肪酸皂及乙二醇等,也常作润滑剂使用;高聚物脱模剂主要有硅油、硅树脂、聚乙烯醇、乙酸纤维素及氟塑料粉末等,其中又以有机硅最为重要。

脱氢催化剂 dehydrogenation catalyst 用于脱除合成尿素用 CO_2 原料气中所含氢的催化剂。在合成尿素的 CO_2 原料之中,一般含 $0.4\%\sim 1.5\%$ 的 H_2,为防止设备腐蚀又加入一定量的 O_2。氢和氧经高压洗涤器浓缩后,遇静电摩擦等情况可能引起爆炸,因此必须将 CO_2 气中的 H_2 脱除。脱氢催化剂以 Pd 或 Pt 为活性组分,以 Si、Al 或 Ca 等的氧化物为载体。为灰色或深褐色球。产品牌号有 DH-2、HT-1、TH-1、5061HO、YHH-236 等。在反应温度 $100\sim 220$℃、反应压力常压～15MPa 条件下,脱氢精度能达到 $<10\times 10^{-6}$。这类催化

剂使用时,硫化物的存在会引起催化剂中毒,故使用脱氢催化剂时,原料气中总硫含量应小于 2 mg/m³。可由特制载体浸渍贵金属溶液后,经干燥、焙烧制得。

N-脱氢松香基季铵盐 N-dehydrogenated rosin based quaternium 一种阳离子表面活性剂。白色结晶。活性物含量95%～98%。溶于水。用作金属缓蚀剂,能在金属表面形成致密而稳定的吸附膜,对金属有良好缓蚀作用。如缓蚀剂浓度为 0.2%时,对 A_3 钢缓蚀率达到98.9%。耐蚀效果优于苯并三氮唑及乌洛托品。适用于冷却水系统的防蚀。

脱氢乙酸 dehydroacetic acid 又名去氢醋酸、3-乙酰基-6-甲基-2H-吡喃-2,4-(3H)-二酮、甲基乙酰基吡喃酮。白色或浅黄色结晶粉末。无臭。有弱酸性,熔点 109～110℃。沸点 270℃。极难溶于水,溶于乙醇、甲醇、丙酮及苛性碱水溶液。加热时可随水蒸气一起蒸发,在热强碱中易破坏。是一种低毒广谱杀菌剂,在酸性及微酸性条件下,对霉菌、酵母菌、革兰氏杆菌都有抑制作用,对霉菌和酵母菌的抗菌能力是苯甲酸钠的2～10倍,用作涂料、颜料膏、合成乳液、皮革制品、棉织品、橡胶制品及化妆品等的防腐、防霉剂。由于本品水溶性差,一般多用其钠盐,即脱氢乙酸钠。可在碱催化剂存在下,由双乙烯酮缩合制得。

脱砷剂 dearsenifing agent 专门用于脱除反应物原料中的砷化物的一类催化剂。催化剂一般是以 Ca、Ni、Mn、Pd 等金属氧化物为活性组分,并添加适量助剂,以氧化铝或钛铝氧化物为载体。产品牌号很多。EAS-10 脱砷剂以氧化铝为活性组分,用于含炔烃物料砷化物的脱除;PAS-10 脱砷剂以过渡金属氧化物为活性组分,用于丙烯等物料中砷化氢的脱除;STAS-2 常温脱砷剂用于石脑油等重整原料中的砷化氢和烷基砷化物的脱除;TAS-02 用于含硫水煤气、半水煤气中较高浓度砷化物的脱除;TAS-03 及 YHA-281 脱砷剂用于催化重整、乙烯裂解原料油或汽油等油品中砷化物的脱除。

脱水蓖麻油 dehydration castor oil 蓖麻油的脱水改性产品。淡黄色黏稠状液体。不溶于水。蓖麻油脱水后,羟基减少,双键增加,乙酰值下降,其不饱和度较原蓖麻油高,在空气中能干燥成树脂状固体膜。主要用于代替桐油制造干性油漆。在喷漆中加入少量本品,可起到增塑作用。也用于制造调和漆、防水布及用作生产 C_{21} 二元酸及二聚酸的原料。可在硫酸氢钠催化剂存在下经高温脱水制得。

脱糖木质素磺酸钠 desugar sodium lignin sulfonate 一种线状高分子化合物,属阴离子表面活性剂。外观为黄褐色或棕色固体。pH值 8.5～9.0。溶于任何硬度的硬水。化学稳定性好,具有良好的分散、润滑等性能。用作混凝土减水剂,可改善混凝土和易性、增加强度、节约水泥用量。因经过脱糖处理,其缓凝作用比高糖木钠要小。也用作印染扩散剂及橡胶耐磨剂。由亚硫酸盐纸浆废液经脱糖、转化制得脱糖木质素磺酸钠,再经中和、浓缩、喷粉而制得。

脱糖缩合木质素磺酸钠 见"分散剂 M 系列。"

脱氧剂 deoxygen agent 又名脱氧催化剂。多数工业原料之中,均存在含量低于 0.5% 的氧,氧会使一些催化剂中毒。脱氧剂既可以脱除氢气、氮气、乙烯、合成气及气态烃等气体中的微量氧,也可以脱除液态烃中的微量氧。脱氧反应过程为 O_2 与 H_2 或 CO 在脱氧剂上反应生成 H_2O 或 CO_2。品种较多,可分为贵金属系及非贵金属系。贵金属系脱氧剂是将贵金属 Pd、Pt 等负载在 Al、Si、Ti 等金属氧化物上制得。产品牌号有 T201、TO-3、105、GH-802、GH-803 等。非贵金属系又可分为铜系、镍系、锰系等。是由非贵金属(Cu、Mg、Mn 等)氧化物负载在氧化铝、氧化镁或硅胶等载体上制得。产品牌号有:铜系 T-601、TO-01、O603、C15 等;镍系 BH-1、BH-2、BH-3、BH-5、TO-2 等;锰系 YHO-235。

脱叶灵 thidiazuron 又名赛苯隆、1-苯基-3-(1,2,3-噻二唑-5-基)脲。无色结晶。熔点 210.5～212.5℃(分

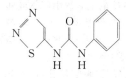

解)。蒸气压 4nPa(25℃)。难溶于水、乙酸乙酯,微溶于甲醇、丙酮、环己酮,溶于二甲基亚砜。室温下稳定。一种脲类植物生长调节剂,具有细胞激动素活性。用于棉花脱叶。叶子脱落时仍呈绿色,是由于在棉花茎与叶之间形成天然的离层。也可用于大豆、花生等作物防除稗草、狗尾草、看麦娘等杂草。以水合肼、碳酸二乙酯、氯乙醛等为原料制得。

妥尔油 tall oil 又称松浆油、纸浆浮油。棕色油状液体。相对密度 1.0～1.04。皂化值 142～185mgKOH/g。酸值 130mgKOH/g。不溶于水。是造纸厂用松木为原料以硫酸盐法制木浆产生的废液中分离出的副产物,系各种脂肪酸及树脂酸的混合物。可直接用作橡胶软化剂及选矿浮选剂,经氧化改性制得的精妥尔油是优良的橡胶再生脱硫化剂,适用于水法和油法再生橡胶加工。也用于制造肥皂、润滑剂、油墨、油漆等。由硫酸盐法制木浆的蒸发废液经浓缩、洗皂、分离及硫酸化反应制得。

妥尔油沥青磺酸钠 sodium tall oil pitch sulfonate 棕黑色粉末。属阴离子表面活性剂。有效物含量≥90%。硫酸钠含量≤5%。细度(通过 60 目筛)≥95%。润滑系数≤0.11。溶于水,部分溶于柴油。主要用作水基钻井液润滑剂,对稳定泥页岩、巩固井壁、减少高温高压滤失量有一定效果。由妥尔油用发烟硫酸或三氧化二硫磺化、中和而制得。

妥卡尼 tocainide 又名妥卡胺、室安卡因、托卡胺、2-氨基-N-(2,6-二甲基苯基)丙酰胺。白色结晶性粉末。熔点约 165℃。其盐酸盐为白色结晶,熔点 246～247℃。易溶于水,溶于乙醇,微溶于乙醚。一种抗心律失常药物。作用机制与多卡因相似,用于治疗室性早搏。其优点是无明显负性肌力作用,致心律失常作用小,也比较安全,易被肝脏代谢破

坏。以2,6-二甲苯胺、2-溴代丙酰氯等为原料制得。

妥洛特罗 tulobuterol 又名喘舒、叔丁氯喘通、2-氯-α-[[(1,1-二甲基乙基)氨基]-甲基]苯甲醇。其盐酐型又名博息迪、息克平。白色结晶粉末。熔点161～163℃。溶于水、乙醇、甲醇、氯仿，微溶于丙酮，难溶于苯，不溶于乙醚。一种平喘药。为选择性支气管平滑肌β_2受体激动剂。用于支气管哮喘、喘息性支气管炎、急慢性支气管炎等治疗。以邻氯苯乙酮、冰乙酸、溴等为原料制得。

外墙乳胶漆 outer wall emulsion paint 又名合成树脂乳液外墙涂料。是以合成树脂乳液为主要成膜物质，加入颜料、填料、助剂及水等配制而成。按所使用乳液不同分为：硅丙乳胶漆、聚氨酯丙烯酸乳胶漆、纯丙乳胶漆、醋丙乳胶漆、醋叔乳胶漆等；按涂膜光泽不同可分为平光外墙乳胶漆、丝光外墙乳胶漆、半光外墙乳胶漆、有光外墙乳胶漆及高光外墙乳胶漆等；按质感不同，可分为薄质外墙乳胶漆、厚质外墙乳胶漆、饰纹外墙乳胶漆及砂壁状外墙乳胶漆等。外墙乳胶漆是目前广为使用的一种外墙涂料，它具有安全、环保，以水为分散介质，施工方便，可刷涂、辊涂、喷涂等特点，主要缺点是最低成膜温度高，通常必须在5℃以上施工才能保证质量。

外润滑剂
见"润滑剂"。

外增塑剂
见"内增塑剂"。

完全生物降解聚合物 complete biodegradable polymer 指在生物或生物化学作用过程中或生物环境中可发生完全降解的聚合物。按其来源可分为：①天然高分子聚合物及其衍生物，如纤维素及其衍生物、热塑性淀粉、甲壳质素、脱乙酰壳多糖等；②微生物合成高分子聚合物，如聚乳酸等生物酯、脂肪族聚酯等；③化学合成高分子聚合物，如聚乙二醇、聚乙烯醇及其衍生物、聚氨酯及其改性物等。这类聚合物的生物降解过程大致为：①聚合物表面被微生物黏附，其黏附方式受聚合物表面张力、结构、多孔性及温湿度等影响；②在微生物分泌的酶的作用下，通过水解及氧化等反应将高分子断裂成低相对分子质量的碎片；③微生物吸收或消耗低相对分子质量碎片，经过代谢最终形成CO_2、H_2O及生物量。

烷化剂 alkylating agent 又名生物烷化剂。一种使用最早的抗肿瘤药物，它能在体内形成缺电子活泼中间体或其他具有活泼的亲电性基团的化合物，进而与生物大分子（主要是DNA，或是RNA及某些酶类）中含有富电子的基团（如氨基、羟基、羧基、磷酸基等）发生共价结合，使其丧失活性或使DNA分子发生断裂。按化学结构，烷化剂可分为氮芥类、亚乙基亚胺类、磺酸酯及多元醇类、亚硝基脲类、三嗪和肼类等。烷化剂属细胞毒类药物，在抑制和毒害增生活跃的肿瘤细胞的同时，对其他增生较快的正常细胞，如骨髓细胞、毛发细胞、生殖细胞及肠上皮细胞等也同时产生抑制作用,因而会产生恶心、呕吐、脱发及骨髓抑制等多种严重副反应。

烷基苯酚苯酯二磺酸钠　见"分散剂 DAS"。

烷基吡嗪合成催化剂　alkyl pyrazine synthetic catalyst　2-甲基吡嗪、2,3-二甲基吡嗪及 2,3,5-三甲基吡嗪等烷基吡嗪类化合物是一种食用及烟用香料,也是医药及农药中间体。本催化剂用于气相催化合成烷基吡嗪类化合物。中国产品牌号有 HB33。外观为 $\phi 3.5\sim 4.5\text{mm}$ 的灰色条状物。主活性组分为氧化铜、氧化锌,载体为氧化铝。堆密度 $1.0\sim 1.2\text{g/mL}$。经向抗压强度 $\geqslant 70\text{N/cm}$。在反应温度 $350\sim 390℃$、空速 $0.8\sim 1.3\text{h}^{-1}$、常压条件下,2-甲基吡嗪、2,3-二甲基吡嗪、2,3,5-三甲基吡嗪的收率可达 70% 以上,2,5-二甲基吡嗪及 2,6-二甲基吡嗪混合物收率可达 60% 以上。可由活性组分、助剂及载体等材料经混捏、成型、干燥及焙烧制得。

烷基醇酰胺　alkylol amide　又名脂肪酸二乙醇胺。 $\text{RCN(CH}_2\text{CH}_2\text{OH)}_2$（R 为 $C_{12}\sim C_{14}$ 烷基）

脂肪酰二乙醇胺。是重要的一类非离子表面活性剂。商品名称尼纳尔(Ninol)。是由各种脂肪酸和不同烷醇胺制得。胺可用一乙醇胺、二乙醇胺及异丙醇胺等。常见品种有椰子油单乙醇酰胺、椰子油二乙醇酰胺、月桂酸二乙醇酰胺等。均为淡黄色至琥珀色黏稠液体。与其他非离子表面活性剂不同之处是它没有浊点。其主要特性是:脱脂力强、洗净力高,而且浓度越高,脱脂力越强;悬浮污垢和防止污垢再沉积力强,稳泡性好,而且泡沫丰富、细腻、持久;有使水溶液增稠特性,对纤维吸附性强,洗后手感好;还具有一定抗静电作用。广泛用于配制洗涤剂、脱脂剂、防锈剂、增稠剂、柔软剂、乳化剂稳定剂等。

烷基二苯胺　alkyl diphenylamine　浅黄

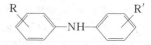

色透明液体。相对密度 $0.90\sim 0.995$。闪点 $>170℃$。碱值 $152\sim 172$ mgKOH/g。氮含量 $3.8\%\sim 5.0\%$。不溶于水,溶于基础油。用作润滑油无灰型抗氧剂,有优良的高温抗氧性及油溶性。可与其他类型功能性添加剂复配使用,与酚类抗氧剂复配使用有增效作用。能有效地控制油品黏度增长和减少沉积物生成量。用于调制高档通用内燃机油、透平油、导热油、液压油和润滑脂等。

烷基二甲基季铵盐　alkyl dimethyl quaternary ammonium salt　又名双鲸 FN7326。室温下为微黄色膏状物。活性物含量 $48\%\sim 52\%$。pH 值 $6\sim 8$(1% 水溶液)。易溶于水、乙醇。为季铵盐型阳离子表面活性剂。具有广谱、高效、低毒、耐硬水、使用 pH 值范围宽、生物降解性好等特点。用作石油化工、冶金、制药等工业循环水的杀菌灭藻剂。杀菌率可达 99% 以上。也用作污泥剥离剂,对管道污垢有良好剥离作用。由烷基甲基胺与氯甲烷在催化剂存在下经季铵化反应制得。

烷基酚聚氧乙烯(n)醚　alkylphenol polyoxyethyleme(n) ether　又名烷基苯

R—〈〉—O—(CH$_2$CH$_2$O)nH

(R 为烷基,$n=1\sim 30$)

基聚氧乙烯(n)醚、酚醚。非离子表面活性剂的一大类。商品代号为OPE、NPE、OP、TX等。是由烷基酚与环氧乙烷加成聚合制得。常用烷基酚有辛(烷)基酚、壬(烷)基酚及十二烷基酚等。常温下为淡黄色黏稠液体或膏状体。因不含酯键,化学性质稳定,能耐硬水、强酸及强碱,遇次氯酸盐、过氧化物等氧化剂也不易氧化。其性质随分子结构中的烷基及环氧乙烷加入量而异。$n<8$时为油溶性;$n>8$时易溶于水,当溶解度达50%~60%时,黏度增加,并可形成凝胶体;$n<10$时,呈透明液体;$n>10$时,外观黏度增大,直至形成固状物。具有极强的乳化、渗透、去污、增溶等性能,但生物降解性稍差。

$C_{8~9}$烷基酚聚氧乙烯(4)醚 $C_{8~9}$ alkyl phenol polyoxyethylene(4) ether 又名乳化剂 OPE-4、OP-4、TX-4。一种非离子表面活性剂。淡黄色至黄色油状液体。相对密度1.031。熔点$-40℃$。活性物含量$>99\%$。pH值5~7(1%水溶液)。HLB值5。易溶于油及有机溶剂,在水中呈分散状态。具有分散、渗透、乳化及去污性能。为油包水型(W/O)乳化剂,适用于纺织、印染、农药、医药、橡胶及有机合成等行业,也用作分散剂、增溶剂。在碱催化剂存在下,由1 mol $C_{8~9}$烷基酚与4 mol环氧乙烷缩聚制得。

$C_{8~9}$烷基酚聚氧乙烯(7)醚 $C_{8~9}$ alkyl phenol polyoxyethylene(7) ether 又名乳化剂 OPE-7、OP-7。一种非离子表面活性剂。淡黄色至黄色油状液体。pH值5~7(1%水溶液)。HLB值12。溶于油及常用有机溶剂。在水中呈分散状态。具有较好的乳化及分散性。用作工业乳化剂及清洗剂、阳离子染料的匀染剂、聚丙烯腈染前染后的洗涤剂及皂煮剂等。在碱催化剂存在下,由1 mol 烷基基酚与7 mol 环氧乙烷缩聚制得。

$C_{8~9}$烷基酚聚氧乙烯(8)醚 $C_{8~9}$ alkyl phenol polyoxyethylene(8) ether 又名乳化剂 OPE-8、OP-8。一种非离子表面活性剂。黄色至棕黄色黏稠液体。pH值5~7(1%水溶液)。浊点30~35℃(1%水溶液)。溶于油及一般有机溶剂。在水溶液呈中性分子或胶冻状态。对酸碱及金属类稳定。用作水包油型(O/W)乳化剂、织物净洗剂及匀染剂、工业洗涤助、纸浆脱树脂剂及农药乳化剂等。在碱催化剂存在下,由1 mol $C_{8~9}$烷基酚与8 mol 环氧乙烷缩聚制得。

$C_{8~9}$烷基酚聚氧乙烯(9)醚 $C_{8~9}$ alkyl phenol polyoxyethylene(9) ether 又名乳化剂 OPE-9、OP-9。一种非离子表面活性剂。淡黄色黏稠液体。浊点50℃(1%水溶液)。溶于水。对酸碱、硬水、一般氧化剂及还原剂均较稳定。具有良好的乳化、分散及去污能力。用作农药乳化剂、染色匀染剂、金属脱脂剂、工业清洗剂等。由1 mol $C_{8~9}$烷基酚与9 mol 环氧乙烷缩聚制得。

$C_{8\sim9}$烷基酚聚氧乙烯(12)醚 $C_{8\sim9}$ alkyl phenol polyoxyethylene(12)ether

$$C_{8\sim9}H_{17\sim19}\text{—}\langle\text{benzene}\rangle\text{—}O(CH_2CH_2O)_{12}H$$

又名乳化剂 OPE-12、OP-12。一种非离子表面活性剂。淡黄色黏稠液体。浊点76℃(1%水溶液)。溶于水。对酸碱、硬水、金属盐、一般氧化剂或还原剂均较稳定。具有良好的乳化、分散及去污能力。用作染料分散剂及匀染剂、工业清洗剂、金属脱脂剂等。在碱催化剂存在下,由 1 mol $C_{8\sim9}$烷基酚与 12 mol 环氧乙烷缩聚制得。

$C_{8\sim9}$烷基酚聚氧乙烯(13)醚 $C_{8\sim9}$ alkyl phenol polyoxyethylene(13) ether

$$C_{8\sim9}H_{17\sim19}\text{—}\langle\text{benzene}\rangle\text{—}O(CH_2CH_2O)_{13}H$$

又名乳化剂 OPE-13、OP-13。一种非离子表面活性剂。黄色至棕黄色黏稠液体。pH 值 5~7(1%水溶液)。浊点 70~80℃(1%水溶液)。溶于油及一般有机溶剂,在水溶液中呈中性分子或胶冻状态而不发生离子离解。对硬水、酸碱及金属盐稳定。具有良好的乳化、分散及去污能力。用作农药及工业乳化剂,织物洗涤剂、金属脱脂剂及润湿剂等。在碱催化剂存在下,由 1 mol $C_{8\sim9}$烷基酚与 13 mol 环氧乙烷缩聚制得。

$C_{8\sim9}$烷基酚聚氧乙烯(14)醚 $C_{8\sim9}$ alkyl phenol polyoxyethylene(14) ether

$$C_{8\sim9}H_{17\sim19}\text{—}\langle\text{benzene}\rangle\text{—}O(CH_2CH_2O)_{14}H$$

又名乳化剂 OPE-14、OP-14。一种非离子表面活性剂。黄色或棕黄色黏稠液体。pH 值 5~7(1%水溶渡)。浊点>90℃(1%水溶液)。溶于油及一般有机溶剂。在水溶液中呈中性分子或胶冻状态,而不发生离子离解。具有优良的乳化、分散及去污性能。用作农药及工业乳化剂、织物净洗剂、金属脱脂剂、工业洗涤剂等。在碱催化剂存在下,由 1 mol $C_{8\sim9}$烷基酚与 14 mol 氧乙烷缩聚制得。

$C_{8\sim9}$烷基酚聚氧乙烯(15)醚 $C_{8\sim9}$ alkyl phenol polyoxyethylene(15) ether

$$C_{8\sim9}H_{17\sim19}\text{—}\langle\text{benzene}\rangle\text{—}O(CH_2CH_2O)_{15}H$$

又名乳化剂 OPE-15、OP-15。一种非离子表面活性剂。黄色至橙黄色流动或半流动膏状物。相对密度 1.062(40℃)。pH 值 5~7(1%水溶液)。HLB 值 15。溶于水而呈透明状液体。对酸碱及金属盐稳定。具有优良的乳化、去污及分散等性能,用作水包油型(O/W)乳化剂。用于配制工业净洗剂、矿物浮选剂、熔模精铸润湿剂、原油乳化剂及防蜡剂、化妆品膏霜乳化剂及渗透剂等。在碱催化剂存在下,由 1 mol $C_{8\sim9}$烷基酚与 15 mol 环氧乙烷缩聚制得。

$C_{8\sim9}$烷基酚聚氧乙烯(18)醚 $C_{8\sim9}$ alkyl phenol polyoxyethylene(18) ether

$$C_{8\sim9}H_{17\sim19}\text{—}\langle\text{benzene}\rangle\text{—}O(CH_2CH_2O)_{18}H$$

又名乳化剂 OPE-18、OP-18。一种非离子表面活性剂。浅棕色膏状物。pH 值 5~7(1%水溶液)。易溶于水。对酸碱及金属盐稳定。具有良好的乳化、润湿、分散等性能。用作特殊油品乳化剂、合成胶乳稳定剂、高浓度电解质湿润剂及工业乳化剂等。在碱催化剂存在下,由 1 mol $C_{8\sim9}$ 烷基酚与 18 mol 环氧乙烷缩聚制得。

烷基酚盐 alkyl phenate 润滑油清净剂的一类,有烷基酚钙及烷基酚钡等,以烷基酚钙应用最多。早期用作润滑油清净剂的烷基酚盐是正盐,随着各种高功率柴油机的发展及高硫劣质燃料的应用,逐渐向高碱性方向发展。高碱性的硫化烷基酚盐,除具有较好的清净性和酸中和能力外,还具有较好的抗氧、抗腐及抗磨性能。广泛应用于各种内燃机油中,特别是用于增压柴油机油中来减少活塞顶环槽的积炭,也用于船用气缸油。硫化烷基酚盐可由十二烷基酚、稀释油、磺酸钙、硫黄粉、碱土金属化合物(如氧化钙)及促进剂等在一定温度下反应制得。

$[R-C_6H_4-O]_2Ca$ (烷基酚钙)

烷基磺酸苯酯 phenyl alkyl sulfonate 又名 T-50 石油酯、十二~十八烷基苯磺酸酯。淡黄色油状透明液体。相对密度 $1.03\sim1.06$。凝固点低于 $-10℃$。沸点 $211\sim279℃$(1.33 kPa)。闪点 $200\sim220℃$。折射率 $1.494\sim1.500$。不溶于水,溶于醚、酮、芳香烃等多数有机溶剂。用作聚氯乙烯、氯乙烯共聚物、硝酸纤维素及橡胶的增塑剂。常与邻苯二甲酸二辛酯并用以改善加工性能。用于制造薄膜、食品包装膜、一次性使用袋、游泳池衬膜、防护塑料板材、鞋底、人造革及电缆料等。本品与异氰酸酯不起反应,可用于冲洗聚氨酯加工设备,也用于制造表面活性剂。由 $C_{12}\sim C_{18}$ 的重液体石蜡用硫酸和氯气进行磺酰氯化后,再与苯酚反应制得。

$RSO_3-C_6H_4$ ($R=C_{12}H_{25}\sim C_{18}H_{37}$)

烷基磺酸钠 alkylsulfonate 又名表面活性剂 AS。一种阴离子表面活性剂。棕黄色透明液体。有效成分 $24\%\sim26\%$。相对密度 $1.094\sim1.096$。易溶于水。对碱、弱酸、硬水都较稳定。具有良好的乳化、分散、增溶等性能。用作乳化剂、匀染剂、柔软剂、矿物浮选剂等。适用于纺织、印染、制革、造纸、塑料、橡胶等行业,由液氯、二氧化硫、重蜡油经氯磺酰化后,再经皂化、脱油而制得。

$R-SO_3Na$($R=$烷基)

烷基聚葡萄糖苷 alkyl polyglucoside

(聚合度 $x=1.1\sim3$; $n=8\sim16$)

一种糖苷类化合物,外观与组成有关,有棕色硬蜡状固体、琥珀色玻璃状固体、浅灰色黏性液体、奶油色固体粉末等。商品多为 $50\%\sim70\%$ 黏性水溶液或膏状物。易溶于水、乙二醇及吡啶。水中溶解度随烷基链的增加而降低,随聚合度增加而升高。具有良好的表面活性及强碱耐受性,其表面活性随烷基链增加而增高,发泡力则随水的硬度增加而下降。

化学稳定性好,易生物降解,对皮肤无刺激性。用作食品乳化剂、消泡剂、织物匀染剂、柔软剂、牙膏杀菌剂、化妆品保湿剂、润滑剂等,也用于配制洗涤剂。由天然葡萄糖与长链脂肪醇经酯交换反应或苷化反应制得。

烷基磷酸咪唑啉盐 alkyl phosphate imidazoline salt 又名 T-708 防锈剂。一

$$\left[(C_{12}H_{24}O)_2 P \begin{array}{c} O \\ OH \end{array} \right] \quad C_{17}H_{23}-C \begin{array}{c} N-CH_2 \\ N-CH_2 \end{array}$$
$$C_2H_4NHC_2H_4NHC_2H_4NH_2$$

种两性表面活性剂。棕色黏稠性液体。磷含量>3%。氮含量>7%。呈碱性。不溶于水,溶于油类。用作金属缓蚀剂,在湿热条件下,对钢铁、铸铁、铜、镁及铜合金等均有较好的缓蚀性能,也有酸中和和抗盐雾性及一定的极压性能,可用于配制对多种金属均有效的防锈油,如用于发动机内、外封存防锈油,仪表防锈润滑两用油等。先由十二醇与五氧化二磷反应制成脂肪醇磷酸酯,另由油酸与四乙烯五胺反应生成 2-十七烯基-N-三乙烯三胺咪唑啉,两者再经中和反应制得本品。

烷基磷酸酯二乙醇胺盐
见"抗静电剂 P"。

烷基磷酸酯钾盐 potassium alkyl phosphate slat 又名乳化剂 S_1、HR-S_1 型乳化剂。一种阴离子表面活性剂。白色糊状液体。有效物含量 48%～52%。总磷量(以 P_2O_5 计)10.5%～11.5%。pH 值 7.5～8.5。易溶于温水。在 pH<4 的酸性溶液中难溶,具有良好的乳化性及分散性。对皮肤无刺激性。用作水包油型(O/W)乳化剂,适用于制备化妆品膏、霜及乳液,也用于制造洗发香波、家用洗涤剂等。由脂肪醇与五氧化

磷经磷酸酯化后再经中和制得。

烷基水杨酸盐 alkyl salicylate 一种

$$R \begin{array}{c} O \\ \diagup \\ \diagdown \end{array} \begin{array}{c} O \\ \| \\ C \end{array} \begin{array}{c} \\ \\ \end{array} M \cdot H \quad (M=金属)$$
$$R \begin{array}{c} O \\ \diagup \\ \diagdown \end{array} \begin{array}{c} \\ C \\ \| \\ O \end{array}$$

(碱性烷基水杨酸盐)

含羟基的芳香羧酸盐,润滑油清净剂的一类。有钙盐、钡盐、锌盐及镁盐等,而以钙盐应用较广。用作清净剂的烷基水杨酸盐,初期是用正盐,以后逐渐向碱性盐方向发展,有低碱值、中碱值及高碱值产品。钙盐的最高碱值达 280mgKOH/g。其清净性好、中和能力强、高温下稳定,并有一定的抗氧化及抗腐蚀性能。与其他添加剂复合适用于各种汽柴油机油。由烷基酚与氢氧化钠反应生成烷基酚钠,再通入 CO_2 羧基化,所得水杨酸钠混合液再经酸化、金属化及分离后制得烷基水杨酸盐。

烷基烯酮二聚体 alkyl ketene dimer

$$\begin{array}{c} RO \\ \diagdown C=C \diagup \\ \diagup \diagdown \\ H C=O \\ \diagup \diagdown \\ H R \end{array}$$

($R=C_{14}\sim C_{12}$ 脂肪烷基)含少量的油酸、棕榈酸及肉豆蔻酸,熔点为 $44\sim48℃$。不溶于水,溶于乙醇、苯、三氯甲烷等。主要用于制造纸张施胶剂,常配制成固含量为 $10\%\sim25\%$ 的乳液,颗粒粒径 $0.5\sim2.0\mu m$,呈阳离子性。可由硬脂酰氯在三乙胺催化作用下经缩合脱酰而制得。

万艾可
见"西地那非"。

万古霉素 vancomycin 又名凡古霉素。由东方链霉菌培养液中提取的一种糖肽抗生素。游离碱为无色结晶。具两性性质。其盐酸盐为淡棕色粉末。无臭,味苦。易溶于水,微溶于甲醇,不溶于乙醚、丙酮。中性及酸性溶液中稳定,碱性溶液中不稳定。在溶液中能被多种金属盐类沉淀。抗菌谱窄,主要对革兰阳性菌有效。为治疗耐甲氧西林金葡菌感染的首选药,用于治疗败血症、肺炎、心内膜炎等。也用于经其他药物治疗无效的肠球菌、草绿色链球菌所致的心内膜炎。副作用有听力减退及肾损害等。

微胶囊化红磷 micro gelating capsule red phosphorus 又名包覆红磷阻燃剂。紫红色流动性粉末。表观密度 $0.20\sim0.21g/cm^3$。红磷含量≥85%。燃点不低于 300℃。红磷粒度 $5\sim10\mu m$。pH 值(5%水悬浮液)$9.5\sim10.0$。与树脂及橡胶相容性好,电性能优良。是一种高效、低烟、无卤、无毒的添加型阻燃剂,阻燃效果达到 UL94V-O 级。采用包覆技术制成的本品,可降低红磷活性、避免红磷吸湿、提高与树脂的相容性及耐火温度,适用于环氧树脂、酚醛树脂、不饱和树脂、乙丙橡胶及顺丁橡胶等制品。由氢氧化铝或非卤阻燃剂包覆红磷制得。

微胶囊化聚磷酸铵 micro gelating capsule ammonium polyphosphate 白色微细粉末。相对密度约 1.90。磷含量 $27\%\sim30\%$。氮含量 $15.5\%\sim20\%$。平均粒径 $15\sim20\mu m$。pH 值 $6.5\sim9.0$(10%水悬浮液)。几乎不溶于水。具有比聚磷酸铵更好的流动性及分散性,水悬浮液黏度更低。但在 300℃ 以上时热稳定性较差。用作添加型阻燃剂。应用范围与聚磷酸铵相同,但阻燃效能更高。由三聚氰胺微胶囊包覆聚磷酸铵制得。

微胶囊剂 microcapsule agent 又名微囊剂,农药剂型之一。是利用微胶囊技术将杀虫剂有效成分包含在微胶囊中的一种制剂。它由芯料与包料组成。芯料为农药的颗粒或液滴,包料为惰性聚合物或其他成膜材料。粒度一般为 $5\sim200\mu m$,多数为 $10\sim30\mu m$,也有的小于 $0.2\mu m$,大至数 mm。包料层可以为单层或多层结构,厚度为 $0.2\mu m$ 至数 μm。芯料可以是单核或多至数万个的多核。微胶囊剂的毒性低、持效期长,有效成分通过微胶囊缓慢地释出,降低毒副作用及刺激性味道,并减少农药受外界气、湿、光等环境条件的影响,也便于储存及使用。

微胶囊结构油墨 microcapsule structure ink 采用微胶囊技术的一类油墨,如香味油墨是将油墨的香料微胶囊化,并分散在水性连结料中制成的油墨。微胶囊是一种具有聚合物壁壳的微型容器或包装物,能包封和保护其囊心内的物质微粒。囊壁是由无缝的、坚固的薄膜所构成,微胶囊化过程是先将被包覆的物料分细,然后再以这些细粒为核心,使聚合物或膜封料在其上沉积、涂层。被包覆物与囊壁为分离的两相,前者称为心、核、填充物,后者称为皮、外壳保护膜。微胶囊可为球形、粒形、肾形、谷粒形、絮状或块状。大小一般为 $5\sim200\mu m$,囊壁厚度一般为 $0.2\mu m$ 至几微米。微胶囊既可包封固体粉末,又可包封液体材料,采用特殊方法还可包封气体。如用微胶囊包封发泡剂可制取发泡油墨,包封变色材料可制取热致变色油墨。

微晶纤维素 microcrystaline cellulose

$(n\approx110)$

又名纤维素胶。一种结构类似海绵的多孔、有塑性纤维素。是将不溶于水的植物纤维素经水解除去 α-纤维素组织上的非晶体部分,得到 β-1,4-葡萄糖基结合的直链式多糖类,聚合度一般小于 4000 个葡萄糖分子。外观为白色至灰白色细小结晶性粉末。无臭,无味。不溶于水、稀酸、稀碱和一般有机溶剂,溶于浓硫酸及氧化锌溶液。可吸水胀润。130℃以下烘烤不变质。熔点 260~270℃(焦化)。水分散液呈触变性。在食感、外观、组织等方面均接近脂肪,又是膳食纤维,故可替代脂肪用于减肥食品,也用作增稠剂、稳定剂、絮凝剂、分散剂、黏合剂、赋形剂、崩解剂、悬浮剂等,适用于医药、食品、化妆品及洗涤剂等行业。由高纯纸浆经酸解、水洗、喷雾干燥而制得。

微滤膜 microfiltration membrane 膜孔径范围在 $0.1\sim10\mu m$ 的分离膜。孔积率约为 70%,孔密度约为 10^9 个/cm^2。主要用于压力驱动分离过程,操作压力为 $69\sim2071Pa$。工业上主要用于含水溶液的消毒脱菌和脱除各种溶液中的悬浮性微粒,适用于浓度约为 10% 的溶液处理。其分离机理为机械滤除,而透过选择性主要决定于膜孔径大小。制造微滤膜的方法有烧结法、致密膜法及相转化法等。

微乳剂 micro emulsion 农药的一种剂型。又称可溶性乳油。是以水为连续相,有效成分及少量溶剂为非连续相构成的透明或半透明的液体剂型。微乳剂中的粒子大小在 $0.001\sim0.1\mu m$,肉眼难以观察到粒子的存在,它可以溶解在水中,形成透明或半透明的分散体系。因其粒子超细,容易穿透害虫和植物的表皮,农药效果可得到充分发挥。同时因以水为主要溶剂,有机溶剂用量大大减少,可减轻有机溶剂的一些副作用,如刺激性气味、药害、水果上蜡质溶解等。是液态农药剂型的发展方向之一。但由于水分的大量存在,也会影响农药的稳定性,在水中易分散的药剂不宜加工成微乳剂。

微生物聚酯 microbial polyester

$$\left[-OCHCH_2-\overset{\overset{O}{\|}}{C}- \right]_n$$
$$\begin{bmatrix} R=-(CH_2)_x-CH_3, \\ x=0\sim8 \text{ 或更大} \end{bmatrix}$$

一类微生物合成的脂肪族聚酯。它们是作为生命体的碳和能源的储备物质积聚在细胞内。许多微生物在合适条件下都有合成聚酯的能力。例如,以发酵工艺为基础,用淀粉水解产物作为培养基生产的微生物聚酯已有多种商品市售,其中最具代表性的是聚 β 羟基丁酸酯,它是细胞和藻类的储能产物,又可用作降解型热塑性塑料,最终的降解产物为 CO_2 及 H_2O。

微生物絮凝剂 microbial coagulant 由具有絮凝作用的微生物制得的絮凝剂。是利用微生物技术通过微生物的发酵、抽提和精制而得的一大类大分子物质。主要有糖蛋白、多糖、蛋白质及纤维素等。虽然它们的性质各异,但均能快速絮凝各种颗粒物质,在废水脱色和食品工业废水的再生利用等方面有良好效果。由于具有可生物降解性,克服了铝盐、丙烯酰胺等絮凝剂的毒性问题,安全可靠,对环境无二次污染。

微生物源农药 microbial pesticide 生物源农药的一种。主要包括两大类:①农用抗生素。是由抗生素发酵产生的具有农药功能的次生代谢产物,它们都具有明确分子结构的化学物质。如用于防治真菌病害的有井冈霉素、春雷霉素、灭瘟素等,用于防治细菌病害的有链霉素、土霉素等。②活体微生物农药。是利用有害生物的病原微生物活体作为农药,以大量繁殖其活体并加工制成剂来应用,而其作用实质是生物防治。按病原微生物分类有真菌杀虫剂、细菌杀虫剂、病毒杀虫剂、微孢子原虫杀虫剂、真菌除草剂等。

微纤维化纤维素 microfibrillated cellulose 悬浊态白色黏液,或低黏度白色湿棉絮状分散体。为天然纤维素分散而成的细束。不溶于水、乙醇。在水中呈悬浊分散,2%分散液 pH 值 5~8。重金属含量(以 Pb 计)$\leqslant 20\mu g/g$。砷(以 As_2O_3 计)$\leqslant 4.0\mu g/g$。具有优良的增稠、乳化、保水及分散能力,能改善保形性及离形性。用作食品增稠剂、胶凝剂、粘接剂及稳定剂等,主要用于沙司、咖喱、蛋黄酱及调味汁等。由天然木材或棉花等纤维制成纸浆纤维并分散于水中,再经高压均质处理制得。

维拉帕米 verapamil 又名异博定、

异博停、戊脉安、凡拉帕米。淡黄色油状物。沸点 243～246℃(1.3Pa)。不溶于水,易溶于甲醇、乙醇、丙酮、氯仿。其盐酸盐熔点 138.5～140.5℃,溶于水。其 1% 水溶液的 pH 值为 5.25。一种抗心律失常药,为钙通道阻滞剂。用于阵发性室上性心动过速、心房扑动、心房颤动、房性早搏等患者。以甲氧基苯酚为原料制得。

维生素 vitamins 旧称维他命。生物维持其生命正常代谢过程的微量有机物质。通常人体自身不能合成或合成的量不足以供机体需要,而必需由外界(主要由食物)供给。维生素不提供人体所需能量,也不是机体细胞的组成成分,其主要生理功能是通过作为辅酶的成分,调节和控制机体的代谢过程,缺乏时会导致疾病。维生素种类很多,化学结构及生理功能各不相同,通常按其溶解性质分为脂溶性维生素及水溶性维生素两类。脂溶性维生素能溶于脂肪,主要有维生素 A 类、D 类、E 类及 K 类;水溶性维生素能溶于水,主要有 B 族维生素和维生素 C。B 族维生素有 B_1、B_2、B_6、B_{12}、烟酸、泛酸、叶酸、生物素等。人和动物缺乏维生素时不能正常生长,并发生特异的维生素缺乏症,所以,维生素已成为一类常用的药物。

维生素 B_1 vitamin B_1 又名硫胺素、盐酸硫胺、氯化-4-甲基-3-[(2-甲基-4-氨基-5-嘧啶基)甲基]-5-(2-羟基乙基)噻唑鎓盐酸盐。白色结晶或结晶性粉末。味苦。熔点 246～250℃。易溶于水,微溶于乙醇,不溶于乙醚、苯。广泛存在于谷物、蔬菜、牛乳、鸡蛋等食物中。在酸性水溶液中较稳定,碱性溶液中极易分散。本品被机体吸收后,转变为有生物活性的硫胺焦磷酸酯,是脱羧酶的辅酶的组成部分,参与维持正常的糖代谢及神经、心脏系统的功能。缺乏时可导致神经系统及心血管系统的生理紊乱,如神经炎、食欲不振、营养不良、心脏功能障碍等。也用作食品维生素添加剂、化妆品添加剂及饲料添加剂等。以丙烯腈、甲酸乙酯及甲酸钠等为原料制得。

维生素 B_2 vitamin B_2 又名核黄素、乙种维生素二。黄色至橙黄色结晶性粉末。微臭,味苦。熔点 280℃(分解)。微溶于水,稍溶于乙醇,不溶于乙醚,易溶于稀碱液及氯化钠溶液。饱和水溶液的 pH 值为 6,广泛存在于酵母、小米、大豆、花生、绿叶菜等食物中。在人体内参与许多氧化还原过程及蛋白质代谢,缺乏时引起口角炎、唇炎、脂溢性皮炎及毛发脱落等症状。食品中用作小麦、乳制品、面等的营养强化剂;饲料添加剂中维生素 B_2 缺乏时,会降低饲料利用率,动物生长缓慢;化妆品中用作营养性助剂,可协助粉刺的预防和治疗,促进毛发生长。

维生素 B_6 vitamin B_6 又名吡哆辛、

$$\underset{H_3C}{\underset{HO}{\bigg|}} \underset{N}{\overset{CH_2OH}{\bigcap}} CH_2OH \cdot HCl$$

吡哆醇、4,5-二羟甲基-2-甲基吡啶-3-醇盐酸盐。这类维生素还包括吡哆醛、吡哆胺两种衍生物,它们也有维生素 B_6 的作用,在体内可相互转化,但作为药品则专指吡哆醇。白色至淡黄色结晶或结晶性粉末。无臭,有酸苦味及升华性。熔点 $205\sim209℃$(分解)。易溶于水,略溶于乙醇,难溶于乙醚、氯仿。天然存在于蔬菜、谷粒、鱼及脂肪中。在机体内形成具有生物活性的磷酸吡哆醛和磷酸吡哆胺,并以辅酶形式参与氨基酸的转氨基、脱羧和消旋过程。缺乏维生素 B_6 可产生呕吐、中枢神经兴奋等。用于治疗放射治疗引起的恶心、妊娠呕吐及癫皮病等。也用作食品营养强化剂及饲料添加剂等。以氯乙酸、甲醇及甲醇钠等为原料制得。

维生素 B_{12} vitamin B_{12} 又名氰钴胺、钴胺素。是所有维生素中结构最复杂的一种,是一类含钴的类咕啉,钴原子位于咕啉环中心,可以不同的基团结合,形成不同的维生素 B_{12},如氰钴胺素(即药用维生素 B_{12})、羟钴胺素、甲钴胺素和 $5'$-脱氧腺苷钴铵素等,后两者是维生素 B_{12} 的活性形式,也是血液中存在的主要形式。暗红色针状结晶。无臭,无味,易吸湿。无一定熔点,$210\sim220℃$ 时变黑,$300℃$ 时开始分解。微溶于水,溶于甲醇、乙醇,不溶于乙醚、丙酮。对热、酸及碱稳定,对氧及光敏感。广泛存在于动物组织如肝、肌肉及奶、蛋黄中。是生物合成核酸和蛋白质所必需的物质,在脂及糖代谢中起重要作用,缺乏时可引起恶性贫血。但肠内细菌能合成维生素 B_{12},一般不易发生缺乏。医药上用作抗恶性贫血药,也用作食品营养强化剂应用于谷类食品。用作饲料添加剂,对畜禽营养性贫血及寄生虫性贫血症有治疗作用。由制造庆大霉素的下脚料中提取,或由丙酸菌发酵而得。

维生素 C vitamin C 又名抗坏血酸、(R)-5-$[(S)$-1,2-二羟乙基]-3,4-二羟基-$5H$-呋喃-2-酮。天然存在于新鲜水果和蔬菜中。其结构是一个含 6 碳原子的酸性多羟基化合物,其中有 2 个手性碳原子,故有 4 个异构体,而以 L-(+)抗坏血酸的活性最高。白色至浅黄色结晶或粉末。无臭,有酸味。熔点 $190\sim192℃$。溶于水,微溶于乙醇,不溶于乙醚、氯仿。在无氧条件下可脱水和水解,并聚合呈色,故在储存时颜色加深。在腌渍或烹调过程中都易破坏。在体内能促进胶原蛋白和黏多糖合成,本身又构成氧化还原体系参加生物氧化还原反应,可帮助酶将胆固醇转化为胆酸而排泄,可降低毛细管的脆性,增加机体抵抗力。也是一种自由基清除剂,通过逐级供给电子以达到清除 O_2^-、OH·、R· 及 RCO· 等自由基。是维持人体健康不可缺少的物质。用于防治坏血病、肝脏疾病,预防冠心病,也用作食品营养强化剂、抗氧剂及化妆品添加剂。由山梨醇经发酵、提取制得。

维生素 E vitamin E 又名生育酚。是包括一组在化学结构上与生育酚和生育酚三烯有关系的化合物,有α-、β-、γ-、δ-生育酚和α-、β-、γ-、δ-三烯生育酚等。广泛分布于植物组织中。其中α-维生素E最丰富而又具代表性,其生理活性是β-及γ-维生素E的2倍,是δ-维生素E的100倍。药物、食品及饲料用维生素E制备均以α-体为基础。α-维生素E的结构如上所示。淡黄色油状液体。基本无臭无味。熔点 2.5～3.5℃。沸点 200～220℃(13.3Pa)。几乎不溶于水,易溶于醇、醚及植物油,有消除自由基的能力及抗氧化作用,是油脂的天然抗氧化剂,抗氧化活性比合成的酚类抗氧剂要强。广泛用于医药、食品、化妆品及饲料行业。塑料工业中也用作聚烯烃的主抗氧剂。由1,2,4-三甲苯经磺化、硝化、还原、氧化等反应制得。

维生素 H　vitamin H　又名生物素、辅酶R。是B族维生素之一。白色针状结晶。熔点 232～233℃。微溶于冷水,溶于乙醇及热稀碱液,不溶于丙酮、苯、氯仿。常温下稳定,遇强碱或氧化剂易分解。水溶液易长霉菌。天然存在于动物肝、肾以及酵母、真菌中。正常情况下,人体肠道细菌能自行合成。是糖、蛋白质和脂肪的中间代谢的一种辅酶,参与许多羧化反应。与维生素 B_2、B_6、A 及烟酸有相辅相成的作用。临床用于治疗婴儿脱屑性红皮病、脂溢性皮炎等。用于基础化妆品,可保护皮肤及防止发炎。用作饲料添加剂具有预防皮肤病、促进脂类代谢的作用。以半胱氨酸为原料经化学合成法,或由生物发酵法制得。

维生素 P
见"芦丁"。

维生素 A 醋酸酯　vitamin A acetate　又名全反式-3,7-二甲基-9-(2,6,6-三甲基-1-环己烯基-1)-2,4,6,8-壬四烯-1-醇-醋酸酯。微黄色结晶或结晶性粉末。熔点 56～60℃。不溶于水,溶于乙醚、氯仿、脂肪及油中。空气中易氧化,遇光易变质。本品 0.000344mg 被定义为1个国际单位的维生素A。在体内本品被酶水解生成维生素A,再氧化成视黄醛,视黄醛与视蛋白结合成视紫红质,作为感受弱光的视色素,以维持弱光中人的视觉,缺乏时出现夜盲症。维生素A还具有诱导控制上皮组织分化和生长作用,缺乏时出现干眼症、牙周溢脓等,此外,还是骨骼生长、维持睾丸和卵巢功能、胚胎发育等必需的物质。由 β-紫罗兰酮为原料经多步反应制得。

维生素A类　vitamins A　维生素 A_1、A_2 及其衍生物的统称。维生素 A_1 又称视黄醇,是1913年从海鱼的鱼肝油中提取而得;维生素 A_2 比 A_1 多一个双键,即3-脱氢维生素A,是从淡水鱼中分离而得,两者的结构式如下:

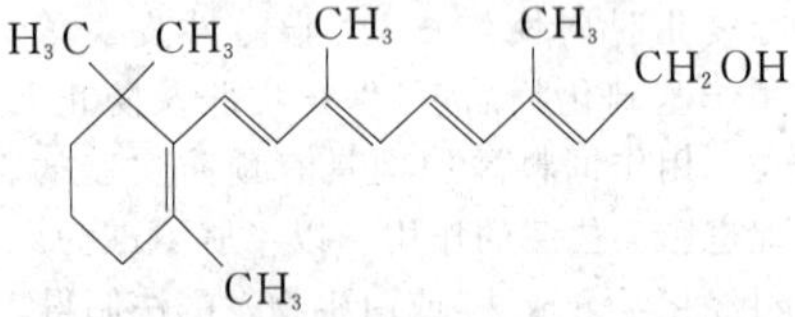

维生素 A_1

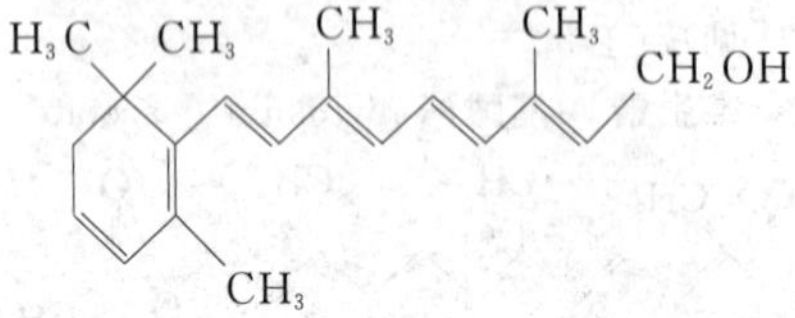

维生素 A_2

维生素A的结构可分为环己烯和共轭壬四烯侧链两部分,维生素 A_1 和维生素 A_2 的共轭壬四烯侧链的构型为全反式。自然界还存在一些维生素A的顺式异构体(如6-顺式视黄醇),但其活性均不及反式的维生素 A_1、A_2。维生素A参与体内许多氧化还原反应,是人眼视网膜的杆状细胞感光物质——视紫红质的生物合成前体,缺乏时会因视紫红质的不足而患夜盲症。缺乏维生素A时,还可发生干眼症、角膜软化症及皮肤粗糙等。

维生素D类　vitamins D　一类抗佝

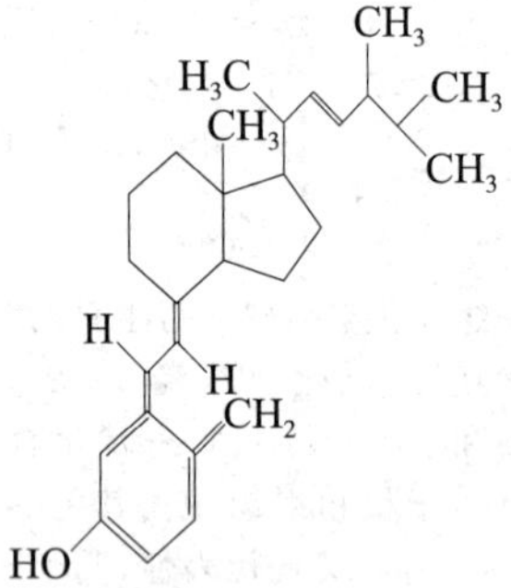

维生素 D_2

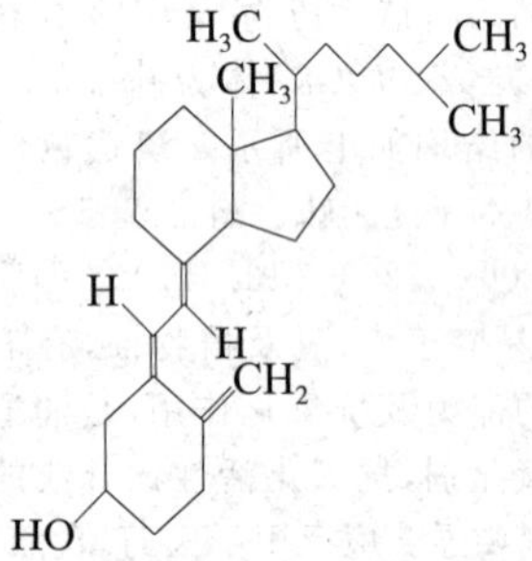

维生素 D_3

偻病维生素的总称。重要的有维生素 D_2、维生素 D_3,分别可从麦角甾醇和7-去氢胆固醇经紫外光照射后转化得到,故又分别称作麦角骨化醇及胆骨化醇。维生素 D_3 在人体内可合成,人体皮肤中含7-去氢胆固醇,经紫外线照射后转化成维生素 D_3,是人体维生素D的主要来源。而维生素D需在肝脏代谢为骨化二醇,然后再经肾脏代谢为骨化三醇,才具有调整钙磷代谢的活性。维生素D的效价为1mg维生素 D_3 相当于40000国际单位(IV)。成人平均需400IV,孕妇和儿童的需求量较高。缺乏时,儿童得佝偻症,出现骨骼畸形、骨骼疏松等;成人骨骼疼痛、软弱无力等。

维生素 K 类 vitamins K 一类有萘醌结构、具凝血作用的化合物的总称。因其具抗凝血作用(Koagulations,德文),命名为维生素 K。其基本结构为 2-甲基-1,4-萘醌,C_3 上带有不同的侧链。

维生素 K_1 为含一个双键的植醇基,维生素 K_2 的侧链为数量不等的异戊二烯单位构成,依其侧链碳数多少,分别称作维生素 $K_2(20)$、$K_2(30)$、$K_2(35)$。维生素 K_1、K_2 是天然存在的维生素,存在于猪肝、蛋黄及各种绿色蔬菜中。由人工合成的维生素 K_3、K_4 也具有 K_1、K_2 的生物活性。维生素 K 在肝脏内参与合成凝血酶原,还促进血浆凝血因子Ⅷ、Ⅸ、Ⅹ的合成,缺乏时将导致凝血酶原和上述凝血因子的减少。临床上用于防治因维生素 K 缺乏所致的出血病,如新生儿出血、长期口服抗生素所致的出血症等。

维生素 A 酸 tretinoin 又名维甲酸、维 A 酸、全反视黄酸、全反式-3,7-二甲基-9-(2,6,6-三甲基-1-环己烯基)-2,4,6,8-壬四烯酸。黄色或淡橙色结晶性粉末。纯品熔点 180～182℃。易溶于甲醇、乙醇、丙酮、氯仿。遇水聚合变质。对热、光不稳定。本品是维生素 A 的活性代谢物,与维生素 A 的药理相似,主要影响骨的生长和上皮组织代谢。用于治疗寻常痤疮、扁平疣、黏膜白斑、毛发红糠症、毛囊角化症等。在癌症的预防和治疗上也有一定疗效。由维生素醋酸酯经水解后,用氧化银氧化制得。

维生素 A 油 vitamin A oil 由新鲜鱼类肝脏、幽门垂提取的脂肪油或其浓缩物。主要成分为维生素 A 脂肪酸酯。浅黄色至微红橙色液体，或微黄色结晶与油的混合物。有特异的鱼腥臭。酸值 $\leqslant 2.0$ mg KOH/g。不溶于水、甘油，微溶于乙醇，与乙醚、丙酮、氯仿及非挥发性油混溶。空气中易氧化，受光易变质，易被脂肪氧化酶分解。用作营养强化剂，用于强化香肠、人造奶油、乳制品、面包、果汁粉及饼干等食品。

伪装涂料 camouflage coatings 专用于军事等设备上具有伪装功能的涂料。它具有隐真示假的方式使探测或识别部队器材、装备和设施的可能性减少到最低限度。可分为防红外线伪装涂料、保护迷彩涂料、多色迷彩涂料及防雷达涂料等。颜料在伪装涂料中起着重要作用，但单一颜料难以满足伪装要求，常采用多种颜料的组合来实现伪装。而各组分颜料对混合体光谱反射率影响的程度又取决于各组分颜料的特性（如着色力、细度、光散射吸收能力）。此外，为了避免镜面反射，一般采用无光漆以免暴露目标。至于防雷达涂料，是借助涂膜干扰或吸收雷达波而实现的。

卫生整理剂 sanitation finishing agent 织物后整理助剂的一种。是在不使纺织品原有性质发生显著变化的前提下，提高其抗微生物能力，杜绝病菌传播媒介，最终使纺织品在一定时间内保持有效卫生状态的一类助剂。它包括防雾剂、抗菌剂、防臭剂及香味整理剂等。常用卫生整理剂有无机和有机金属化合物、酚类化合物、阳离子表面活性剂、苯酰胺化合物、烷基化合物等。选用卫生整理剂的主要原则是：无色、无臭、无毒，对皮肤无刺激，不使纺织品脆化变色，用量少而效果持久。

味精
见"谷氨酸钠"。

胃胺 aminopentamide sulfate 又名

$$NH_2-C-C-CH_2-CH-N(CH_3)_2 \cdot \frac{1}{2} H_2SO_4$$
（含 CH_3 及苯基取代基）

胃安、氨基五酰胺硫酸盐。白色结晶性粉末。无臭，味酸苦带涩。熔点 $182\sim 183℃$。易溶于水、乙醇，微溶于氯仿，不溶于乙醚。抗胆碱液，能减少胃液分泌及消化道的蠕动。用于治疗胃酸过多、溃疡病、幽门痉挛、急性胃炎等。可由氰苄经溴化、缩合、水解、成盐等制得。

胃蛋白酶 pepsin 从动物胃黏膜中提取的一种酸性蛋白酶。为多种蛋白水解酶的混合物,含有胃蛋白酶、组织蛋白酶及胶原酶等,能分解蛋白质中由芳族氨基酸或酸性氨基酸所形成的肽键。故能催化酪蛋白、球蛋白、动物的角及指甲、植物蛋白等的水解。白色或淡黄色粉末。有微臭,味略酸带咸味。相对分子质量34500左右。溶于水,水溶液呈酸性,难溶于乙醇、乙醚及氯仿。有吸湿性。在强酸性溶液中稳定,最适pH值1.5~2.0。其水溶液加热至70℃以上或pH值6.2以上开始失活。用作助消化药,常用于因蛋白性食物过多引起的消化不良、病后恢复期的消化机能减退,以及慢性萎缩性胃炎、胃癌、恶性贫血所引起的胃蛋白酶等缺乏。也用作饲料添加剂,提高饲料转化率。由猪胃黏膜提取而得。

胃毒剂 stomach insecticide 又名胃毒杀虫剂。药剂随食物通过害虫口器食入后,在肠液中溶解或者被肠壁细胞吸收后到达致毒部位,致害虫中毒死亡。如敌百虫、除虫脲、砷酸钠等。适合于防治咀嚼式口器的害虫,如蝗虫、地老虎等;也可防治虹吸式和舐吸式口器害虫,如蝇类、蛾类等,而对刺吸式口器害虫的防治效果较差。

胃膜素 gastrin mucin 又名胃黏膜素、胃黏蛋白。由猪胃黏膜中提取的一种以黏蛋白为主要成分的抗胃酸糖蛋白。与酸较长时间作用,会分解为蛋白质和多糖组分,其多糖组分含葡萄糖醛酸、甘露糖、乙酰氨基葡萄糖及乙酰氨基半乳糖等。淡黄色至淡灰黄色粉末或颗粒。pH值3~6。遇水溶胀为黏浆。它能在胃内壁形成黏状膜,覆盖在溃疡面上,阻止溃疡创面消化性侵蚀,预防溃疡发生。可用于治疗胃、十二脂肠溃疡和胃酸过多等疾病。

温控涂料 temperature-controlling coatings 一种具有温控作用的特殊涂料。一些航天器或宇宙飞船会经历-200~100℃的长时间轨道飞行环境,而其中某些结构或设备会难以承受如此恶劣的温度变化。利用温控涂料涂覆航天器表面来改变其热物理性质,就可在辐射热交换中有效地控制物体的温度。由温控涂料涂装的涂层即为温控涂层或热控涂层。通过这种涂层与导热及隔热材料的协同作用,可使内部仪表的工作温度都不超过或不低于容许操作温度。温控涂料采用的漆基有烷基封端的甲基硅树脂及室温硫化的甲基橡胶等。

温敏性凝胶 temperatare sensitive gel 一种智能材料。是能响应温度变化而发生溶胀或收缩的智能凝胶,分为高温收缩型及低温收缩型两类。聚异丙基丙烯酰胺是典型的高温收缩型凝胶,低温时,凝胶在水中溶胀,大分子链水合而伸展,当升至一定温度时,凝胶发生急剧脱水作用,由于侧链疏水基团的相互作用,大分子链聚集而收缩;聚丙烯酸与聚N,N-二甲基丙烯酰胺所形成的凝胶是典型的低温收缩型凝胶,在低温时,胶网络内形成氢键,体积收缩,在高温时氢链解离,凝胶溶胀。温敏性凝胶可望用于控制酶活性、智能药物释放载体、分子构象记忆元件及温度调控的生物偶联物等。

文拉法辛 venlafaxine 又名文拉法新、万拉法新。1-[2-(二甲氨基)-1-(4-甲氧基苯)乙基]环己醇。其盐酸盐又名博乐欣、怡诺思。白色固体。熔点 215~217℃。溶于水。一种抗抑郁药。能提高脑内 5-羟色胺、去甲肾上腺素浓度,加强其生理功能,从而产生抗抑郁作用。用于治疗各种类型的抑郁症,具有口服吸收迅速、见效快的特点。半衰期为 7h。约有 56% 的原药及其代谢物由尿排出。以对甲氧基苯乙酸、氯化亚砜、二甲胺等为原料制得。

蚊蝇醚 pxriproxyfen 又名 2-[1-甲基-2-(4-苯氧基苯氧基)乙氧基]吡啶。淡黄色液体。放置数日后得结晶体。熔点 49.7℃。蒸气压 0.29MPa(20℃)。溶于甲醇、己烷、二甲苯。一种高效杀虫剂,为保幼激素类型的几丁质合成抑制剂,具有较强杀卵作用。主要用于防治蚊、蝇、蚤、蜚蠊等公共卫生害虫。对防治甘薯粉虱及介壳虫也有很强杀灭活性。以对羟基二苯醚、1-氯丙基-2-醇为原料制得。

乌索酸 ursolic acid 又名熊果酸。天然存在于杜鹃花科熊果的叶和果实中。白色针状结晶(乙醇中)。不溶于水、石油醚,微溶于乙醚、苯、氯仿,溶于甲醇、乙醇、吡啶、丁酮。有抗菌、抗炎、安定及抗癌作用。外用可抑制皮肤癌发生率,其酯或盐对消淡皮肤斑点或雀斑色泽有作用。用于口腔卫生用品可防治牙病和龋齿,用于香波能调理头发和抑制头屑。由鼠尾草叶用丙酮萃取、分离制得。

乌头酸 aconitic acid 又名 1,2,3-丙烯三羧酸、蓍草酸。从水中析出者为无色至浅黄色叶片状结晶。有微弱香气。沸点 198~199℃。易溶于水、乙醇,微溶于乙醚。天然存在于甜菜根茎及甘蔗中。用作食品增味剂、香料,也用于合成次甲基丁二酸及制造增塑剂等。由蔗糖生产生成的废糖蜜,经钙盐沉淀后分离制得。

钨酸 tungstic acid H_2WO_4 有黄色钨酸($WO_3 \cdot H_2O$)及白色钨酸($WO_3 \cdot nH_2O$)两种类型。白色钨酸是一种组成不定的胶态沉淀物,经长时煮沸可转化成黄色钨酸。黄色钨酸为斜方晶系结晶或粉末。相对密度 5.5。沸点 1473℃。100℃开始脱水,500℃以上脱水生成 WO_3。不溶于冷水及多数无机酸,微溶于热水,溶于碱、氨水及氢氟酸。用于制造钨粉、钨丝、偏钨酸盐、硬质合金、钨催化剂、含钨杂多酸盐。也用作陶瓷着色剂、阻燃剂、印染助剂及润滑剂等。由黑钨精矿石经碱处理得到钨酸钨溶液后,再与氯化钙溶液反应制得。

钨酸钙 calcium tungstate $CaWO_4$ 又名白钨。白色四方晶系结晶或粉末。相对密度 6.062。熔点 1580℃。硬度 4.5～5.0。溶于水及氯化铵溶液,不溶于乙醇。能被硝酸或盐酸分解为黄色钨酸。也能被熔融碳酸钠分解为钨酸钠。是一种自激活荧光材料,在电子束、X 射线或 253.7nm 紫外光激发下能有效地发射蓝色荧光。用于制造荧光灯、荧光屏、荧光涂料、日光灯、硬质合金、钨化合物等。也用于 X 射线照相。由钨酸与氧化钙或碳酸钙反应制得。

钨酸镁 magnesium tungstate $MgWO_4$ 白色单斜晶系柱状结晶或粉末。相对密度 5.66。不溶于水、乙醇,溶于无机酸。在热浓硝酸中分解。是一种自激活荧光材料。在 X 射线或 253.7nm 紫外光激发下可产生蓝白色荧光,量子效率可达到 96%。用于制造荧光灯、荧光屏、荧光涂料、日光灯及含镁催化剂等。由三氧化钨与碳酸镁经高温灼烧制得。

无定形硅铝催化裂化催化剂 amorphous Si-Al catalytic cracking catalyst 又名低铝硅酸铝催化剂。主要组成为非结晶结构的硅酸铝。用于催化裂化过程。具有强酸性中心。是较早使用的催化裂化催化剂。活性较活性白土型天然硅酸铝催化剂高 2～3 倍,但不如分子筛催化剂。由于活性不太高、稳定性不太好,只适用于流化床催化裂化装置中。也可与其他高活性催化裂化催化剂混合使用。国内产品牌号有 LWC-11、CDW-2 及 2 号(裂化催化剂)等。由硅酸钠与硫酸铝按比例配成溶液,经成胶、老化、喷雾成型、洗涤、干燥而制成。

无纺布胶黏剂 nonwoven cloth adhesive 又名无纺织物胶黏剂。用于生产薄型无纺布、无纺热熔衬、无纺布服装衬、无纺绝缘布、无纺农作物防护布及合成革等的专用胶黏剂。品种很多,按化学组成分为聚丙烯酸酯类、乙烯-丙烯酸酯类、聚苯乙烯-丁二烯类、聚乙烯-乙酸乙烯类、淀粉及改性淀粉类;按外观形态及使用方式分为溶液胶、乳液胶、热熔胶与水性胶等;按使用目的分为空气过滤用胶、人造革基布用胶、服装里芯用胶、汽车室内装潢用胶、服装内衬用胶、绝缘布胶、墙布胶及医用一次性使用胶等。其中又以乳液型无纺布胶黏剂的综合性能最好、用量最大、产品种类最多。主要品种有聚乙酸乙烯酯类、聚丙烯酸酯类、聚氯乙烯及合成橡胶胶乳等。

无花果蛋白酶 ficus proteinase 一种植物来源的蛋白酶,能水解蛋白质和某些肽以及酰胺和酯类。也是一种巯基蛋白酶。相对分子质量 25000～26000。白色至浅黄色或奶油色粉末。有吸湿性,溶于水呈浅棕色至深棕色溶液,不溶于乙醇、乙醚等常用有机溶剂。最适作用 pH 值 5.7,最适作用温度 65℃。其水溶液可使明胶、凝固蛋白、干酪素及肉等水解,并有消化蛔虫、鞭虫等寄生虫卵的作用。食品工业上用于肉类嫩化、啤酒抗寒及干酪制造的乳液凝固剂等;医药上用于驱除蛔虫等。由桑科植物无花果树的胶乳或果实乳汁经盐析制得。

无花果叶精油 fig leaf extract 又名无花果叶提取物。淡黄色油状物,有无花果的香气。主要由精油及脂肪酸组成,所含成分有乙醛、二甲基乙缩醛、乙酸乙酯、丙酸乙酯、香叶醇等,还含有补骨脂素、佛手苷内酯、呋喃香豆素及 β 谷甾醇等具有抗癌作用的成分。几乎不溶于水、难溶于乙醇,溶于丙酮、氯仿。耐热及耐光性好,有抑制微生物繁殖的作用。用作药用及烟用香料,也用作食品保鲜剂。由无花果叶子干燥粉碎后,用水蒸气蒸馏制得。

无灰分散剂 ashless dispersant 不含金属,燃烧后基本无灰的润滑油添加剂之一。有丁二酰亚胺型、酯型和酚醛胺型等,而以丁二酰亚胺型为主流。其化学结构由亲油基、极性基和连接部分组成,在润滑油中极易形成胶团,使它对液态的初期氧化产物有极强增溶作用,并对积炭、烟灰等固态微粒有良好胶溶分散性。能有效保证内燃机油的低温分散性能,解决汽油机油的低温油泥问题。特别是与金属清净剂复合后有增效作用,既提高了润滑油质量,又降低了添加剂加入量。参见"丁二烯亚胺型分散剂"。

无机分离膜 inorganic separation membrane 又名无机膜。由各种无机材料制成的具有分离功能的半透膜。种类很多,有金属膜、金属氧化物膜、多孔玻璃膜、陶瓷膜、沸石膜及合金膜等。按结构可分为多孔膜、致密膜及复合膜。具有结构稳定、耐高温、耐高压、耐酸碱及有机溶剂、孔径均一、易进行化学清洗、使用寿命长、易于实现电催化及电化学催化等特点。主要缺点是脆而缺乏弹性、不易加工、需特殊构型和组装体系,成本较高。

无机高分子絮凝剂 inorganic polymer coagulant 能使胶体絮凝的无机高分子物质。包括聚合硫酸铝、聚合硫酸铁等聚铁、聚铝以及一些复合改性的产物,如聚硅铝(铁)、聚磷铝(铁)等。分子结构中存在多羟基配离子,以 OH^- 为架桥形成多核配离子,从而变成巨大的无机高分子化合物。相对分子质量高达 $1×10^5$。上述配离子能强烈吸附胶体微粒,通过黏附、架桥和交联作用,从而促使胶体凝集,最后形成絮状混凝沉淀。有比无机小分子絮凝剂(如硫酸铝、氯化铁等)有更强的絮凝效果和能力。广泛用于各种工业用水、工业废水及生活污水等处理。

无机抗菌剂
见"杀菌剂"。

无机胶黏剂 inorganic adhesive 以无机化合物为基料的一类胶黏剂。按化学组成分为硅酸盐、磷酸盐、氧化物、硫酸盐、硼酸盐等多种类型;按固化机理可分为热熔型、空气干燥型、水硬型及化学反应型胶黏剂。与有机胶黏剂比较,无机胶黏剂具有不燃烧、耐高温、耐久性好、原料易得、施工方便等特点。缺点是耐水、耐酸碱性较差，脆性较大，粘接强度较低。主要用于玻璃、陶器、金属、石料等硬性材料的胶接及机械的制造或维修。

无机密封胶 inorganic sealant 以无机材料作黏料的一类密封胶黏剂。常用品种有：①气干型无机胶。主要指水玻璃胶，分子结构为 NaO⋯Si(OH)$_2$OSi(OH)$_2$OSi(OH)$_2$ONa。这种结构组成使它有一定的黏度，其中大量的—OH 或 O$^-$ 负离子使它对木材、金属等极性材料有一定黏附力。②水固型无机胶。主要指各种水泥及石膏，一般与水发生化学反应而固化成型。③熔融型无机胶。主要指低熔点玻璃、金属焊料及金属陶瓷等，粉碎成细粉，使用时调成糊状涂在接合面上，经高温熔融而达到密封作用。④反应型无机密封胶。是由黏料、固化剂、骨架材料、固化促进剂及分散剂等配制而成，常用黏料有硅酸盐、磷酸盐、缩聚磷酸盐等，骨架材料有二氧化硅、氧化铝、碳化锆等，固化剂有氧化锌、氧化钙、氢氧化镁及乙二醇缩甲醛等。黏料在粘接时与固化剂发生中和、脱盐、缩合等反应而达到固化密封。无机密封胶耐高温、强度高，广泛用于灯头、发热体、热电偶及汽车尾气处理催化剂的粘接、固定及密封等。

无机耐热胶黏剂 inorganic heat-resistant adhesive 以无机盐为基料的耐热胶黏剂。可在 500～1800℃ 的高温下使用。缺点是内聚强度低、脆性大、粘接性较差、耐水性较低。主要分为：①磷酸盐胶黏剂，由磷酸、多磷酸、酸式磷酸盐、金属氢氧化物等组成。②硅酸盐胶黏剂，是由水玻璃及各种金属氧化物、磷酸盐、高岭土等及少量增稠剂配制而成。③陶瓷胶黏剂，是由氧化镁、氧化锌、氧化锆、氧化铝、碱金属氢氧化物及硼酸等在高温下熔融成熔料，经冷却、粉碎成细粉后，加入 30% 水及少量水溶性聚合物增稠剂、填料等后配制而成。最高使用温度可达 3000℃，主要用于金属与陶瓷或玻璃等的粘接。④金属胶黏剂，是由液体金属混合物——低溶合金，如汞、铟等或其混合物及难熔金属粉末（如铜、钨等）配制而成。最高使用温度可达 1000℃，但制造成本较高。

无机着色剂 inorganic colorant 主要成分为无机物的着色剂。是应用最广、用量最大的一类着色剂。通常是金属的氧化物、硫化物、硫酸盐、铬酸盐、钼酸盐等盐类以及炭黑、天然矿物性颜料（如朱砂、红土、雄黄、铜绿等）。它不溶于普通溶剂，具有优良的光热稳定性及遮盖性。广泛用于塑料、橡胶、皮革、纸张、搪瓷、涂料、玻璃、油墨及水泥等的着色。

无溶剂涂料 solventless coatings 以活性溶剂作为溶解介质的涂料。由合成树脂、固化剂和带有活性的溶剂（又称活性稀释剂）配制而成。如环氧树脂溶于缩水甘油醚制得的环氧树脂涂料，将不饱和聚酯树脂溶于苯乙烯制成的不饱和聚酯涂料都属于无溶剂涂料。在涂装成膜过程中，活性溶剂与树脂反应交联，成为涂膜的组分，所有组分除很少量挥发外，都固化成膜。与溶剂型涂料比较，其特点是每层可涂得厚膜，提高工效；固化时无溶剂挥发，形成无孔涂层；有优良的防腐蚀性能,并可减少污染。

无溶剂型有机硅隔离剂 solventless silicon release agent 有机硅隔离剂的一种。是由带≡Si—CH=CH$_2$基团的有机硅聚合物、带≡Si—H基团的有机硅树脂(交联剂)、金属铂或铑的化合物(交联催化剂)、防黏调节剂、交联促进剂等混合制成。商品常以双组分形式供应。交联催化剂、有机硅聚合物、防黏调节剂等混合在一起包装,而交联剂单独包装。使用时再根据需要调配出具有不同性能的隔离剂。主要用于涂布两面上浆的超级压光牛皮纸,并用三辊或四辊照相雕刻凹印涂布器进行涂布。这类隔离剂因需使用贵金属催化剂、固化温度也较高,其应用受到限制。

无水偏硅酸钠 sodium metasilicate anhydrous Na$_2$SiO$_3$ 白色结晶性粉末或颗粒。相对密度2.614。熔点1089℃。易溶于水及稀碱液。不溶于醇、酸及盐溶液。露置于空气中易吸湿潮解。具有悬浮、分散、润湿、去垢、渗透及乳化等性能。也有较强的pH值缓冲能力。浓溶液对皮肤及织物有腐蚀作用。用作洗涤剂的助洗剂,用于制备浓缩洗衣粉、自动洗碗粉、工业洗涤剂及金属清洗剂等。能保持洗衣粉的松散、易流动等特性,并对金属、餐具、洗衣机或其他硬壳面有抗腐蚀作用。也用于纸浆漂白、废纸脱墨、纺织品脱浆及脱硫及食品加工设备等清洗。由工业水玻璃与烧碱反应后经喷雾干燥造粒制得。

五氟丙烷 pentafluoropropane 又名CF$_3$CH$_2$CHF$_2$ 1,1,1,3,3-五氟丙烷。无色透明液体。易挥发。相对密度1.32。熔点-160℃。沸点15.3℃。蒸气相对密度4.6(空气=1)。不溶于水,溶于醇、醚。不可燃。低毒。一种替代氟利昂的第三代发泡剂,用于硬质聚氨酯泡沫塑料。具有与多元醇相容性好、所发硬泡性能好的特点。由于本品沸点较低,可改善发泡过程泡沫料的流动性。

五氟丁烷 pentafluorobutane 又名CF$_3$CH$_2$CF$_2$CH$_3$ 1,1,1,3,3-五氟丁烷。无色挥发性液体。有轻微醚味。相对密度1.27。熔点-35℃。沸点40.2℃。闪点不低于-27℃。蒸气相对密度5.7(空气=1)。可燃。蒸气与空气形成爆炸性混合物,爆炸极限3.6%~13.3%(体积)。低毒。一种替代氟利昂及氯氟烃化合物的第三代发泡剂。主要用于塑料泡沫,特别是硬质聚氨酯泡沫塑料的发泡剂。是目前臭氧损耗潜能(ODP值)为零的所有氢氟烃化合物发泡剂产品唯一沸点高于25℃的液态发泡剂。

五甲基二亚丙基三胺 pentamethyldipropylene triamine 又名双(二甲氨基(CH$_3$)$_2$N(CH$_2$)$_3$N(CH$_2$)$_3$N(CH$_3$)$_2$
$\qquad\qquad\qquad\qquad\;\;|$
$\qquad\qquad\qquad\qquad$CH$_3$
丙基)甲胺、五甲基二丙烯三胺。无色至淡黄色液体。有鱼腥样气味。相对密度0.83。沸点227℃。闪点98℃。蒸气压545Pa(21℃)。黏度约3mPa·s(25℃)。溶于水,水溶液呈碱性。用作生产聚氨酯的胺类催化剂。其催化活性与五甲基二亚乙基三胺相似。是一种低气味、发泡/凝胶平衡型催化剂。可用于聚氨酯硬泡沫、聚醚型聚氨酯软泡沫等泡沫塑料的生产,发泡速度快、发泡开孔性较好。也用作聚氨酯涂料及聚氨酯胶黏剂的固化剂。

五甲基二亚乙基三胺 pentamethyldiethylene triamine 又名 N,N,N',N''-五甲基二乙烯三胺。

$$\underset{CH_3}{\overset{CH_3}{\text{NCH}_2\text{CH}_2}}\underset{}{\overset{CH_3}{\text{NCH}_2\text{CH}_2\text{N}}}\underset{CH_3}{\overset{CH_3}{}}$$

无色至淡黄色透明液体。商品纯度一般为98%。相对密度0.8302~0.8306。熔点<-20℃。沸点196~201℃。折射率1.4435。闪点72℃(闭环)。爆炸极限1.1%~5.6%。一种聚氨酯反应的高活性催化剂,以催化发泡反应为主,也用于平衡整体发泡及凝胶反应。广泛用于生产各种聚氨酯硬泡塑料,可单独使用,也可与其他催化剂并用。可用作生产聚醚型聚氨酯软块泡沫塑料和模塑泡沫塑料的催化剂,以及用作聚氨酯硬泡沫塑料的辅助催化剂。

五硫化二磷 phosphorus pentasulfide P_2S_5 又名五硫化磷、硫化磷。浅黄色至黄绿色斜方晶系结晶。有硫化氢的臭味。相对密度2.09(17℃)。熔点286~290℃。沸点513~515℃。燃点300℃。有强吸湿性,遇水和空气能分解成硫化氢和磷酸。溶于苛性碱溶液生成硫代硫酸钠。与酸接触会放出硫化氢气体。受摩擦易着火。燃烧后生成 P_2O_5 和 SO_2。与硝酸盐、氯酸盐、高锰酸盐等氧化剂接触或混合能形成爆炸性混合物。误服或吸入粉尘中毒。用于制造含硫或含磷化合物、有机磷农药、安全火柴、表面活性剂及维生素制剂等。也用作高级润滑油漆加剂、矿物浮选剂、橡胶硫化辅剂等。由硫黄与黄磷经熔融反应制得。

五硫化二砷 arsenic pentasulfide As_2S_5 又名五硫化砷。橙色玻璃状固体或棕黄色粉末。加热至200℃时软化,高于500℃时分解为 As_2S_3 及硫黄。难溶于水,溶于碱溶液、硝酸,不溶于乙醇、二硫化碳及盐酸。在硫化钠溶液中生成硫化砷酸钠而溶解。在水中煮沸时分解成 As_2S_3 及 As_2O_3。有毒!用于制造玻璃、颜料、焰火等。As_2S_5 的薄片可用于光的过滤。由五氧化二砷盐酸溶液通入硫化氢而制得。

五硫化二锑 antimony pentasulfide Sb_2S_5 又名硫化锑、锑红、金黄硫。橙黄色至橙红色无定形粉末。相对密度4.12。熔点75℃,并分解为 Sb_2S_3 及 S。空气中易自燃。不溶于水、乙醇,溶于浓盐酸并放出硫化氢。溶于碱金属硫化物溶液生成硫化锑酸盐。也溶于氢氧化钠溶液。有毒!用于制造火柴、红色颜料、涂料、焰火及橡胶的着色。由五价锑酸盐的浓盐酸溶液通入硫化氢而制得。

五氯苯酚 pentachlorophenol 又名五氯酚。白色粉末或针状结晶。相对密度1.978(22℃)。工业品常为暗色絮状体或灰褐色颗粒。熔点191℃。沸点309~310℃(100.5kPa)。300℃以上分解成六氯代苯及八氯二苯二氧醚。易溶于醇、醚,溶于冷石油醚,几乎不溶于水。中等毒性！可经口、皮肤和呼吸道吸收而引起人畜中毒。用作木材、塑料、涂料、皮革胶黏剂、浆糊、纸张、橡胶、纤维等的防腐、防霉剂。是酚类中应用最广的工业杀菌剂，对真菌、白蚁、钉螺等都有杀灭功能。也用作稻田除草剂、工业循环冷却水杀菌灭藻剂等。但因毒性较大，易污染环境，某些领域已限制使用。由六氯苯用碱水解生成五氯酚钠后，再经盐酸酸化制得。

五氯酚钠 sodium pentacholrophenolate 又名五氯苯酚钠。白色针状或鳞片状结晶。相对密度1.97。熔点170～174℃。沸点310℃。工业品为灰色或淡红色鳞片状结晶，有刺激性臭味，加热至310℃以上时分解。溶于水、甲醇、乙醇、苯、丙酮及稀碱液等，微溶于烃类溶剂。用作杀菌防腐剂。它能吸附在微生物的细胞壁上，再扩散到细胞结构中，在细胞膜内生成一种胶态溶液，同时使蛋白质沉淀而起到杀生作用。用作木材、皮革、纸浆、涂料等的防腐剂，也用作除草剂、循环冷却水杀生剂及用于杀灭钉螺、蚂蟥等软体动物。但因其毒性较大，而且不易生物降解，其应用受到限制。由三氯苯与氯气反应生成六氯苯后，再与氢氧化钠反应制得。

五氯化磷 phosphorus pentachloride PCl_5 又名过氯化磷。白色或淡黄色四方晶系结晶或粉末。相对密度2.12。熔点166.8（122.5kPa）。未达熔点时，约160℃升华，并有部分分解。300℃开始分解为氯和三氯化磷。溶于苯、二硫化碳、四氯化碳、酰氯等。遇水分解、与醇反应生成相应的氯代烷。在潮湿空气中发生不稳定水解生成磷酸和氯化氢，并产生白烟和刺激性气体。与有机物、可燃物接触会引起燃烧。毒性比三氯化磷更强。用于制造磷酰氯、氯化磷腈、维生素B_1、盐酸普罗卡因、果胶素、染料、表面活性剂等。也用作有机合成氯化剂、催化剂、脱水剂等。由氯气与三氯化磷反应制得。

五氯硫酚 pentachlorothiophenol 灰白色至灰黄色粉末。有松节油气味。相对密度1.83。熔点200～210℃。不溶于水，微溶于苯、四氯化碳。易氧化。有毒！用作天然橡胶、丁苯橡胶、丁基橡胶、异戊橡胶等的塑解剂，在很宽温度范围内都有很高的塑解效能，操作安全。在100～180℃温度范围内能充分发挥其塑解作用，但当加入硫黄后，化学塑解作用即终止。还具有分散性好、无污染，对硫化胶性能无影响等特点。也用作再生橡胶的再生活化剂。由六氯苯与硫氢化钠反应制得。

五氯硫酚锌盐 zinc salt of pentachlorothiophenol 灰白色粉末。无臭。相对密度2.3。335～340℃熔融并分解。溶于水、苯、四氯化碳、乙酸乙酯、汽油等。用作天然橡胶、丁苯橡胶、顺丁橡胶及异戊橡胶等的塑解剂。对高温塑炼及低温塑炼都有较好促进作用。加入硫黄后塑解作用终止。对硫化胶性能无影响,不污染、不变色,可用于艳色或浅色制品。也可用作天然橡胶的再生活化剂。由六氯苯与二硫化钠反应生成五氯硫酚钠盐后,再与硫酸锌反应制得。

五羟黄酮 quercetin 又名栎精、槲皮黄素,3,3′,4′,5,7-五羟基黄酮。一种重要植物黄素。熔点 316～318℃。易升华。微溶于水、乙醚,溶于乙醇、丙酮、乙酸。天然以糖苷形式存在于玉米、栎皮、荞麦等茎皮及果实中。如栎皮苷具有抗病毒及增强心肌收缩的作用。口腔卫生用品中用作抑菌剂。利用其强吸收紫外线性能,可用于制造防晒化妆品。也用作印染及发用染料。可由 2,4,6-三羟基-α-甲氧苯乙酮及 2-甲氧基-4-苄氧基苯甲酸酐在三乙胺存在下,于乙醇中加热回流、用乙酸与盐酸去苄基、用氢碘酸去甲基而制得。

五水偏硅酸钠 sodium metasilicate pentahydrate 白色或无色单斜晶系结晶 $Na_2SiO_3 \cdot 5H_2O$ 颗粒或粉末。相对密度 0.7～1.0。熔点 71.5～74.5℃。玻璃化温度-8℃。易溶于水、稀碱液,不溶于醇、酸。1%水溶液的 pH 值 12.4。易吸湿潮解。有很强的去油污、乳化、分散、润湿、渗透性及 pH 值缓冲能力。在水溶液中形成胶体。对水泥、灰浆有防水、胶凝作用。对金属有防腐作用。对塑料、纸张、橡胶、木材等有阻燃作用。用于生产低磷或无磷洗衣粉、液体洗涤剂等,与表面活性剂有良好的配伍性。也用于配制木材防腐剂、锅炉除垢剂、水质净化剂、水泥快速凝固剂、水基不燃锻造润滑剂、防火漆及防腐涂料等。由液体泡花碱与烧碱反应后经造粒、干燥制得。

五水四硼酸钠 sodium tetraborate pentahydrate 又名五水硼砂。无色立方 $Na_2B_4O_7 \cdot 5H_2O$ 晶系或六方晶系结晶。相对密度 1.815。熔点 120℃(并失去一分子水)。折射率 1.46。加热至 122℃时失去全部结晶水而成无水物。其他性质参见"硼砂"。用途与硼砂基本相同。可作为硼砂的代用品,用于制造特种玻璃、搪瓷及其他硼化物。也用作木材防腐剂、土壤杀虫剂、消毒剂、助熔剂等。由硼砂在干燥空气中脱水制得。

五羰基铁 pentacarbonyl iron $Fe(CO)_5$ 黄色至深红色黏稠液体。相对密度 1.453。熔点-20～-19.5℃。沸点 102.8℃。闪点 15℃。加热至 180℃分解为 Fe 及 CO_2。在空气中能自燃,并生成 Fe_2O_3。遇光分解成 $Fe_2(CO)_9$ 及 CO。不溶于水、液氨,易溶于苯、乙醚、丙酮。与浓硝酸及浓硫酸作用分别生成三价和二价铁盐。与适量氯水或溴水反应可生成 $Fe(CO)_4X_2$(X = Cl 或 Br)。$Fe(CO)_5$ 的碱性溶液可用于硝基苯制苯胺、轻质汽油制苯偶姻、乙炔制乙烯等还原反应。也用作异构化反应、不饱和脂肪酸加氢反应及聚合反应等催化剂,汽油抗爆燃剂,以及制造高纯铁粉、磨蚀材料、磁性材料等。由铁粉与一氧化碳在高温高压下反应制得。

五溴二苯醚 pentabromodiphenyl oxide

Br_x—⌬—O—⌬—Br_y

$(x+y=5)$

又名五溴联苯醚。琥珀色高黏度液体。溴含量69%～72%。相对密度2.3。熔点 $-7 \sim -3$℃。沸点≥200℃(分解)。5%热失重温度214℃。不溶于水,微溶于甲醇,与甲苯、甲乙酮、多元醇等混溶。低毒。用作添加型阻燃剂,阻燃效能高、热稳定性好,适用于环氧树脂、酚醛树脂、聚苯乙烯、聚乙烯、聚氨酯及聚氯乙烯等,也用于胶黏剂、涂料等的阻燃。与含卤磷酸酯并用时,尤适用于软质聚氨酯泡沫塑料,具有抗焦化特性。由联苯醚溴化制得。

五氧化二钒 vanadium pentoxide V_2O_5 又名钒酸酐。橙红色或红棕色斜方晶系针状结晶。相对密度3.357(18℃)。熔点670℃。折射率1.46。微溶于水,水溶液中易成胶态,呈黄色并呈酸性。易溶于无机强酸和碱液,不溶于乙醇、二硫化碳。溶于碱生成钒酸盐。加热至700℃以上会蒸发。700～1125℃能可逆地失去氧,这一现象可解释 V_2O_5 的催化特征。化学性质不稳定,易被还原成低价氧化物。为两性氧化物,酸性为主。是具有中等强度的氧化剂,可与许多还原剂反应生成 VO_2、V_2O_3、VO 及金属V,毒性比 V_2O_5、VCl_3、金属钒及钒酸等更强。用作催化氧化催化剂、陶瓷助熔剂、玻璃着色剂等,也用于制造钒化合物、瓷釉、染料、涂料及医药制剂等。由偏钒酸铵热分解制得。

五氧化二锑 antimony pentoxide Sb_2O_5 又名锑酐。白色或浅黄色立方晶系粉末。相对密度3.78。380℃时失去一个原子氧转变成 Sb_2O_4,约900℃时生成 Sb_2O_3。微溶于水,缓慢地溶于热强碱及浓盐酸。溶于氢氧化钾生成锑酸盐,其水合物组成不确定的凝胶状沉淀,称为锑酸、胶体五氧化二锑或五氧化二锑溶胶,为无臭无味乳白色溶胶状液体,Sb_2O_5 含量30%～45%,干燥后可制得高分散性的极细白色粉末。五氧化二锑用于制造锑酸盐、含锑催化剂及其他锑化合物,也用作陶瓷颜料或着色剂。胶体五氧化二锑是一种新阻燃剂,具有毒性低、阻燃效果好、使用后不凝聚、不沉淀等特点。广泛用作塑料、涂料、纸张及橡胶制品的阻燃剂及各种织物的阻燃整理。由浓硝酸与金属锑粉反应制得。或由五氯化锑水解后经干燥制得。

1,5-戊二醇 1,5-pentanediol 又名1,5-二羟基戊烷、五亚甲基二醇。无色油状黏稠液体。相对密度0.994。熔点 -18℃。沸点239℃。闪点125℃。折射率1.4494。与水、乙醇、丙酮、乙酸乙酯混溶,溶于乙醚,不溶于烃类溶剂。具有二元醇的通性,加热脱水生成环醚。是一种含奇数碳原子的二伯羟基化合物,用于合成香料、药物、增塑剂。聚氨酯生产中用作扩链剂及用于合成特殊的聚酯,还用作乳胶漆、油墨的溶剂或基材润湿

$HOCH_2CH_2CH_2CH_2CH_2OH$

剂。由5-羟基戊醛催化加氢制得。或由环戊二烯得到环氧戊烯醛后再经催化加氢而得。

戊二醛 glutaraldehyde 又名1,3-二甲酰基丙烷、五碳双缩醛。OHC—(CH$_2$)$_3$—CHO 带有特殊气味的无色或浅黄色油状透明液体。相对密度1.106。熔点-14℃。沸点188℃(分解)。折射率1.4338(25℃)。难溶于冷水,易溶于热水及乙醇、乙醚等有机溶剂。具有醛类的典型化学性质,纯品易被空气氧化或发生聚合。市售品戊二醛的含量为25%~50%,是无色或蛋黄色油状液体。可以任意比例与水或醇混溶。低毒。对皮肤及黏膜有一定刺激性。是一种广谱、速效化学杀菌剂,对细菌、病毒、分支杆菌、霉菌、细菌芽孢均有杀灭效果。可用于化妆品防腐。也用于纺织及造纸工业,用作交联剂及固化剂。由乙烯基乙醚与丙烯醛在催化剂存在下反应生成2-乙氧基-3,4-二氢吡喃后,再经盐酸水解制得。

戊二酸二辛酯 dioctyl glutarate 简称 DOG。
H$_{17}$C$_8$OCCH$_2$CH$_2$CH$_2$COC$_8$H$_{17}$
     ‖   ‖
     O   O
油状液体。相对密度0.927~0.933。闪点>185℃。酸值≤0.2mg KOH/g。不溶于水,溶于醇、醚、酮、苯及氯代烃类溶剂。用作聚氯乙烯增塑剂,具有增塑效率高、耐寒性、耐老化性及热稳定性好等特点,适用于制造聚氯乙烯软制品,如薄膜、人造革、电线电缆等;用于塑溶胶时,初期黏度低、黏度稳定性好。无毒。可用于食品包装材料。由戊二酸与辛醇经酯化反应制得。

戊二酸二异癸酯 diisodecyl glutarate
     O   O
     ‖   ‖
H$_{21}$C$_{10}$OCCH$_2$CH$_2$CH$_2$COC$_{10}$H$_{21}$
简称DIDG。黑色油状液体。相对密度0.919(25℃)。熔点-65℃。闪点205℃。不溶于水,溶于醇、醚、酮、苯等有机溶剂。用作聚氯乙烯、氯乙烯共聚物、纤维素衍生物及合成橡胶等的低温增塑剂,具有优良的耐寒性、耐热性,加工性能好,可赋予制品良好的低温柔性及耐热老化性。由戊二酸与异癸酯经酯化反应制得。

戊二酸酐 glutaric anhydride 又名胶酸酐。白色针状结晶。相对密度1.429。熔点56.5℃。沸点287℃。蒸气压1.33kPa(148℃)。

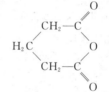

溶于乙醇、乙醚、四氯化碳及四氢呋喃等。遇水生成戊二酸。有毒!主要用作环氧树脂固化剂,除单独使用外,一般和其他酸酐配合使用。固化物性能类似于固化剂六氢苯酐,热变形温度126~156℃。由戊二酸高温脱水制得。

戊烷 pentane 无色透明液体,微有薄荷香味。CH$_3$(CH$_2$)$_3$CH$_3$ 相对密度0.6262。熔点-129.7℃。沸点36.1℃。闪点-40℃。折射率1.3575。蒸气与空气形成爆炸性混合物,爆炸极限1.5%~7.8%(体积)。不溶于水,溶于乙醇、与乙醚、烃类及油类混溶。用作可发性聚苯乙烯高效发泡剂,与环戊烷混用可用作聚氨酯发泡剂。也用作气雾剂抛射剂,常与其他低级烷烃(如丙烷、丁烷等)混合使用。还用作分子筛脱蜡的吸附剂、液态空气的润滑剂、麻醉剂,以及与2-甲基丁烷一起用作汽车燃料等。由油田轻质烃分离而得。

西苯唑啉 cibenzoline 其琥珀酸酯为白色结晶。熔点165℃。难溶于水,溶于乙醚、异丙醇、氯仿。为抗心律失常药物,用于治疗阵发性心动过速、心房颤动、早搏及各种室性心律失常。以二苯基重氮甲烷、丙烯腈等为原料制得。

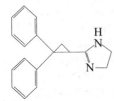

西地那非 sildenafil 又名万艾可、伟哥。无色结晶。熔点192～193℃。1998年美国食品和药物管理局批准上市的一种壮阳药物,为美国辉瑞公司专利产品。临床上用于男性勃起功能障碍。

西氯他宁 cicletanine 其盐酸盐为白色结晶。熔点219～228℃。不溶于水,溶于乙醚、丙酮。为利尿药,可以降低血容量和静脉回流量,减少心排出量,使外周血管阻力下降而降低血压。主要用于治疗高血压疾病。由2-甲基-3-羟基-4,5-二甲基吡啶与丙酮反应后,经氧化、与对溴氯苯反应制得。

西马特罗 cimaterol 白色固体。熔点159～161℃。不溶于水,溶于甲醇、异丙醇、乙酸乙酯。用作饲料添加剂,使用量仅需饲料总质量的百万分之几。具有促进动物生长的作用,能使猪、牛、羊、家兔等家畜的瘦肉增加。但无激素样作用,动物体内也无残留。以α-溴代-3-氰基-4-氨基苯乙酮、异丙胺及硼氢化钠等为原料制得。

西咪替丁 cimetidine 又名泰胃美、甲氰咪胍、N-氰基-N'-甲基-N''-[2-[[(5-甲基-1H-咪唑-4-基)甲基]硫代]乙基]胍。白色结晶性粉末。熔点139～143℃。无臭,味苦。微溶于水,溶于乙醇,易溶于稀盐酸。为组胺 H_2 受体拮抗剂,减少组胺 H_2 效应及胃液分泌,能间接抑制胃泌素及胆碱神经兴奋剂所产生的组胺效应。用于治疗胃及十二指肠溃疡、出血性胃炎、反应性食管炎等。因有抑制雄激素作用,长期应用可引起男性轻微性功能障碍及乳房发育,妇女溢乳等。由咪唑甲硫基乙胺与氰基甲硫脲缩合制得。

西诺沙星 cinoxacin 又名1-乙基-6,7-亚甲二氧基-4(1H)-氧代喹啉-3-羧酸。白色结晶。熔点261～262℃。溶于水。为第二代喹诺酮抗菌药,对革兰阴性菌及阳性菌、绿脓杆菌均有较强抗菌活性。耐药性低、毒副作用较小。用于治疗泌尿道感染、肠道感染及耳鼻喉感染等。由3,4-亚甲二氧基苯胺经重氮化、与氰乙酸乙酯缩合、乙基化等反应制得。

西司他丁 cilastatin 其钠盐为灰白色至黄白色固体。易溶于水、甲醇。为肾肽酶抑制剂。临床上常与碳青霉烯类抗生素亚胺培南合并使用,能保护亚胺培南在肾脏中不被肾肽酶破坏,同时也阻止亚胺培南进入肾小管上皮组织,因而减少亚胺培南排泄,并减轻药物的肾毒性。特别适用于多种菌联合感染以及需氧菌和厌氧菌的混合感染。由7-溴-2-氧代庚酸,与二甲基环丙烷甲酰胺经加成、脱水后与半胱氨酸反应制得。

西替考马 centchroman 又名森可曼、反-1-[2-[4-(7-甲氧基-2,2-二甲基-3-苯基-4-苯并二氢吡喃基)苯氧基]乙基]吡咯烷。白色结晶。熔点99～101℃。不溶于水,溶于乙醇、丙酮、甲醇、氯仿,微溶于盐酸。为非甾体结构女用经口避孕药,具有安全可行、毒副作用小的特点。每周一次服药即可达到避孕效果。并可用作事后避孕药。以苯乙酸、2,4-二羟基苯甲醛、苯乙酸等为原料制得。

西替利嗪 cetirzine 又名仙特敏、[2-[4-[(4-氯苯基)苯基甲基]-1-派嗪基]乙氧基]乙酸。白色结晶。熔点110～115℃。其盐酸盐熔点225℃。溶于水。为第二代 H_1 抗组胺药,其特点是选择性拮抗外周 H_1 受体,对中枢神经系统的穿透性差,镇静作用弱。用于治疗急慢性荨麻疹、过敏性鼻炎、过敏引起的瘙痒及哮喘、枯草热等。由1-[(4-氯苯基)苯甲基]派嗪先后与氯乙醇、氯乙酸反应制得。

吸附树脂 absorption resin 一种具

有立体结构的多孔性海绵状的热固性聚合物,是选择适当的单体合成出来的非极性到极性的有不同表面特性的高分子吸附剂。属非离子型高分子吸附树脂。外观为白色球形颗粒。按化学结构可分为:①非极性吸附树脂。在分子水平上不存在正负相对集中的极性基团,如二乙烯苯交联的聚苯乙烯大孔树脂。它主要通过范德华力从水溶液中吸附具有一定疏水性的物质。②中极性吸附树脂,树脂内存在像酯基一样的极性基团,并有一定的极性,如交联聚丙烯酸甲酯。它从水中吸附物质,除范德华力外,氢键也起作用。③强极性吸附树脂。树脂内含有如吡啶基、氨基等强的极性基团,如聚丙烯酰胺树脂。它对吸附质的吸附主要通过氢键作用和偶极-偶极相互作用。吸附树脂具有化学性能稳定、吸附选择性强、不受无机物影响、再生方便等特点。广泛用于糖类脱色、抗生素提取分离、中药制剂纯化及环境保护等领域。

吸入性麻醉药 inhalation anesthetics 又名挥发性麻醉药。一类化学性质不活泼的气体或易挥发性液体。如氧化亚氮、乙醚、氯仿、氟烷、甲氧氟烷、七氟烷等。当这些药物与一定比例的空气或氧混合后,由呼吸进入肺道,扩散进入血液,再分布至神经组织而发挥麻醉作用。麻醉深度与血液中麻醉药的气体分压有关。调节吸入麻醉气体的分压可加深或减浅麻醉。

吸水性树脂 absorbent resin 一种能在瞬间吸收水分并膨润成凝胶状的树脂。其吸水能力可达自身质量的数百倍至上千倍。故又名高吸水性树脂。由水溶性高分子通过适度交联而制得。在水中由于高分子电解质的离子的相斥作用使分子扩张,而交联和氢键则限制了分子的扩张,结果将水分子封闭在高分子网络内,产生吸水性及保水性。品种很多。按制品形状分为粉末状、纤维状及膜状等。按原料来源分为:①淀粉系,如淀粉接枝丙烯腈、淀粉接枝丙烯酰胺;②纤维素系,如纤维素或羧甲基纤维素接枝丙烯酸盐;③合成树脂系,如聚丙烯酸盐、聚丙烯酰胺及聚乙烯醇-丙烯酸接枝共聚物等。广泛用作土壤保水剂、增稠剂、保鲜剂及制造纸尿布、改性农用薄膜等。

吸血纤维 blood absorbent fiber 又名显微吸血片。是一种具有亲水性接枝链的纤维素与一种或几种阳离子性聚电解质相交联而成的纤维状吸血剂。化学结构较复杂,产品外观为厚度 $0.5\sim2.0$ mm 的棱状或三角形状纸浆片,其纤维结构呈无规状,可根据需要变更外形尺寸及密度。吸液量/(g/g):血液$\geqslant 14$,生理盐水$\geqslant 15$,蒸馏水$\geqslant 16$;吸液速度/(cm/s):血液$\leqslant 2.5$,生理盐水$\leqslant 2.5$,蒸馏水$\leqslant 2.5$;保液率$\geqslant 40\%$。表观密度 $0.20\sim 0.30$ g/cm^3。是专为显微手术制造的吸血非织造物或纸片,吸血效果好、湿态强度高,如用作眼科、神经外科、骨外科、整形外科、妇科等显微手术的吸血材料。由短纤维纤维素与水溶性乙烯基单体共聚,再亲水化后与未改性纤维素混合,加入一种或几种阳离子聚电解质相交联而得。

息斯敏
见"阿司咪唑"。

烯丙基磺酸钠 sodium allylsulfonate $CH_2=CH-CH_2SO_3Na$ 一种阴离子表面活性剂。白色粉末状结晶。活性物含量≥85%。易潮解。溶于水、乙醇，不溶于苯。水溶液呈弱碱性，受热时易聚合。干燥产品对热较稳定，可自聚，也可与丙烯酸、丙烯腈、丙烯酰胺等单体进行共聚，其共聚物可用作水处理阻垢分散剂、热交换器阻垢剂、冷却水系统缓蚀剂及金属表面处理剂等。也可用作镀银辅助光亮剂、矿物浮选剂等。由烯丙基氯与亚硫酸钠反应制得。

烯丙尼定 alinidine 又名 N-(2,6-二氯苯基)-4,5-二氢-N-2-丙烯基-1H-咪唑-2-胺。白色结晶。熔点130~131℃。其氢溴酸盐熔点193~194℃。可溶于水。为心脏疾病用药，主要用于治疗心绞痛、心肌梗死及心力衰竭等。由可乐定与烯丙基溴反应制得。

烯虫磷 propetamphos 又名巴胺磷、(E)1-甲基乙基-3-[[(乙氨基)甲氧基膦基硫基]氧基]-2-丁烯酯。淡黄色油状液体。相对密度1.1294。沸点87~89℃(6.67Pa)。折射率1.495。微溶于水，溶于多数有机溶剂。对光、热稳定。一种硫代磷酰胺类杀虫剂。具触杀及胃毒作用。主要用于防治蟑螂、苍蝇和蚊子等卫生害虫，也用于防治家畜体外寄生螨类。由硫代磷酰氯、3-羟基丁烯酸异丙酯反应后再与甲醇、乙胺缩合制得。

烯烃叠合催化剂 olefine polymerization catalyst 烯烃叠合是指由2~3个分子的混合烯烃结合成较大分子烯烃的过程，所用催化剂称为烯烃叠合催化剂。中国产品牌号有609型、Z-4及SKP型等。609型催化剂主要成分为磷酸及硅藻土，自由酸(P_2O_5)含量为13%~16%，总磷量为58%~60%，反应压力为3MPa，反应温度为210℃；Z-4型催化剂为高硅沸石，主要成分为SiO_2及Al_2O_3，反应温度为300~380℃，反应压力为0.1~2MPa，原料C_3、C_4烯烃约为54%，烯烃平均转化率≥70%；SKP型催化剂也为高硅沸石，主要活性组分为AF-5沸石，堆密度0.72 g/mL，比表面积302 m²/g，反应温度320~400℃，烯烃转化率80%~90%。以上催化剂可用于以热裂化、催化裂化和焦化等装置的副产炼厂气为原料，不经分离直接进行叠合工艺过程，生产高辛烷值汽油调和组分或其他特定用途的石化产品。

α-烯烃磺酸盐 α-olefin sulfonate 用磺化剂（如SO_3等）将α-烯烃磺化，再经碱中和制得的磺酸盐型表面活性剂，如重α-烯基磺酸钠、烯丙基磺酸钠等。主

烯酰吗啉 dimethomorph 又名安克、4-[3-(4-氯苯基)-3-(3,4-二甲氧基苯基)丙烯酰]吗啉。无色晶体。熔点127～148℃。不溶于水，溶于丙酮、环己酮，易溶于二氯甲烷。为吗啉类农用杀菌剂，分子结构中含有吗啉环，内吸性强，根部施药可被吸收并输导至植株的各部位，叶面喷洒可渗入叶片内部。杀菌作用方式独特，主要是影响病原菌细胞壁分子结构的重排，干扰细胞壁聚合体的组装，从而使菌体死亡。是防治霜霉属、疫霉属等卵菌类病害的优良杀菌剂，能有效防治马铃薯、番茄的晚疫病、黄瓜、葡萄的霜霉病等。以二甲氧基苯为原料制得。

烯效唑 uniconazole 又名(E)-(RS)-1-(4-氯苯基)-4,4-二甲基-2-(1H-1,2,4-三唑-1-基)戊-1-烯-3-醇。纯品为白色结晶，熔点162～163℃。工业品为无色结晶性固体，熔点147～164℃，相对密度1.28(21.5℃)。蒸气压8.9mPa(20℃)。不溶于水，溶于丙酮、甲醇、氯仿。常温下稳定，在紫外线照射下易分解，一种广谱、高效、低毒的三唑类植物生长调节剂。其主要生物学效应有抑制顶端生长优势、矮化植株、促进根系生长、增强光合效果，同时具有提高作物抗逆能力的作用。如用于水稻，能降低植株高度、抗倒伏、增加分蘖等。由三唑烯酮用硼氢化钾还原制得。

硒 selenium Se 稀散元素之一，周期表第Ⅳ主族元素。带金属光泽的准金属。红色或灰色粉末。有6种同素异形体，其中晶形有三种：α-单斜晶、β-单斜晶及灰色六方晶。以六方晶最稳定，相对密度4.81(20℃, 405.2kPa)，熔点220.5℃；红色无定形体，相对密度4.26～4.28，熔点220.5℃，沸点685℃。其他两种无定形体是黑色玻璃状硒和胶体硒。不溶于水、醇、盐酸及稀硫酸，溶于硝酸、二硫化碳、苛性碱、浓硫酸。空气中加热生成二氧化硒。与各种非金属和金属作用生成硒化物。能导电，光照时导电度升高，暗后又恢复。是光导电材料和光敏材料，用于摇控器、光度计、整流器、太阳能电池、计算机磁鼓。也用作橡胶助硫化剂、润滑油稳定剂、墨水颜料。有毒！由二氧化硫还原亚硒酸制得。或在电解精制铜时的硒沉积泥中分出。

硒酸 selenic acid H_2SeO_4 无色或白色正交晶系针状结晶。相对密度

2.9508（15℃）。熔点58℃。沸点260℃。沸点以上分解为二氧化硒、氧及水。极易吸湿。为二价强酸，有强氧化性及脱水功能。易溶于水，溶于硫酸，不溶于氨。在乙醇中分解。存在四种水合物，210℃失去结晶水。易被甲酸、草酸、氢溴酸、氢碘酸及某些金属还原成硒。有强腐蚀性及刺激性。误服会中毒！用于制造硒酸盐、药物。也用作贵金属电镀时减少裂纹的助剂，还用于鉴别甲醇和乙醇，用过氧化氢氧化亚硒酸或电解亚硒酸溶液制得。

硒酸钠 sodium selenate $Na_2SeO_4 \cdot 10H_2O$ 无色单斜晶系结晶。相对密度1.603～1.620。熔点32℃，并逐渐失去结晶水而成无水物。无水硒酸钠（Na_2SeO_4）为白色结晶粉末，与硫酸钠为同晶型，相对密度3.213（17℃），熔点720℃。溶于水，在空气中稳定。剧毒！误服或吸入会中毒，并损伤肾及肝脏。也能经皮肤吸收而中毒。用作氧化剂、玻璃脱色剂，也用作农用杀虫剂，驱除草木的壁虱、蚜虫和线虫。加入电镀液中可改善抗腐蚀性。由硒酸与氢氧化钠或碳酸钠反应制得。

稀土复合磷酸盐载银抗菌剂 rare earth added phosphate carrier Ag antibacteria agent 一种无机复合抗菌剂。稀土元素具有抗菌消炎功能，并已用于医学临床。在银复合磷酸盐抗菌剂中加入铈等稀土元素，可以有效抑制银离子的氧化及团聚，增强材料抗菌性能。如在含银0.5%的复合磷酸盐中加入1.0%的铈，对细菌4h杀抑率可达到99.9%。制取时，先将碳酸钙、氧化锌、氢氧化铝等粉料与磷酸反应，制得的浆加入稀土及含银抗菌组分，经球磨、中和、过滤、干燥即得本品。将本品以3%～5%的比例加入陶器原料或混凝土中，经研磨、干燥、焙烧可制得抗菌卫生陶瓷或抗菌建筑材料。

锡酸钾 potassium stannate $K_2SnO_3 \cdot 3H_2O$ 又名三水锡酸钾。无色六方晶系结晶或白色粉末。相对密度3.197。易溶于水，不溶于乙醇、丙酮，稍溶于氢氧化钾。暴露于空气中易吸收二氧化碳而变成氢氧化锡及碳酸钾，加热至140℃时失去结晶水而成无水锡酸钾。主要用于以锡代银、以锡铜合金镀层代镍镀层。是电镀工业中一种换代精细化工产品，如用于汽车零部件、电子产品、食品盒等的电镀，镀件有较高的表面光洁度。也用作织物媒染剂、增重剂，以及用于玻璃、陶瓷等。由硝酸、氢氧化钾与金属锡反应制得。

锡酸钠 sodium stannate $Na_2SnO_3 \cdot 3H_2O$ 又名三水锡酸钠。无色六方晶系结晶或白色粉末。溶于水，不溶于乙醇、丙酮。水溶液呈碱性。长期放置空气中会吸收二氧化碳变成碳酸钠及氢氧化锡。加热至140℃时，失去三分子结晶水而成无水锡酸钠。用于镀锡、镀铜、锡铝合金电镀及制造陶瓷、玻璃，也用作织物阻燃剂、增重剂及媒染剂等。由精锡、氢氧化钠及硝酸钠反应制得。

锡酸锌 zinc stannate $ZnSnO_3$ 白

色结晶粉末。不溶于水。加热至400℃以上时分解成氧化锌及二氧化锡。锡酸锌也存在四水合物（$ZnSnO_3 \cdot 4H_2O$）。是一种新型阻燃剂。对多数聚合物有良好的阻燃抑烟性能。作为无机阻燃剂用于聚氨酯及不饱和聚酯树脂等的阻燃，具有发烟量少，并可提高制品机械性能的特点。也用作陶瓷电容器的添加剂，可提高电容器在高温下的介电强度。由氧化锌与二氧化锡在高温下经固相反应制得。

洗必泰乙酸盐 chlorhexidine acetas

$$C_6H_{12}\begin{cases} NHC-NH-C-NH-\text{苯环}-Cl \\ NHC-NH-C-NH-\text{苯环}-Cl \end{cases} \cdot 2CH_3COOH$$

（结构式中亚胺基为 NH）

又名氯己定、乙酸双氯苯双胍己烷、1,6-双（对氯苯双胍-己烷）二乙酸盐。白色结晶粉末。无臭，味苦。熔点154～155℃。加热至260～262℃时分解。稍溶于水，溶于乙醇。本品的水溶液及醇溶液都有较好杀菌作用，能杀灭革兰氏阳性与阴性的细菌繁殖体和真菌，而且毒性低、刺激性小，对人体无副作用。用作房间、家具、餐具、食品机械及工厂环境的消毒剂。含洗必泰的牙膏或漱口液对防止口腔感染有效。本品的乙醇溶液可用于制备消毒擦手纸巾。由洗必泰盐酸盐与氢氧化钠反应生成洗必泰游离碱后与乙酸反应制得。

洗涤剂酶 detergent enzyme 指添加于洗涤剂配方中的酶制剂。如能分解淀粉的淀粉酶，能分解脂肪的脂肪酶，能分解蛋白质的蛋白酶，能分解纤维素的纤维素酶等。这些酶都是一类水解酶，对淀粉、脂肪、蛋白质、纤维素等有机物的分解有催化作用，能促进这些有机污垢降解为溶于水或经过表面活性剂增溶后而溶解于水的小碎片，从而被清洗去除。在不同类型的洗涤剂中，应根据去除污垢的类型来选择不同的酶制剂。用于清洗剂的酶应具有以下基本要求：①有高的酶活性；②在洗涤温度下稳定、不变质；③在洗涤液的pH值范围内保持高活性，不与酸或碱反应；④与洗涤剂的其他组分有良好的配伍性及相容性，不发生副反应。

喜树碱 camptothecin 一种喹啉族生物碱。浅黄色粉末。熔点264～266℃（分解）。见光易变质，稍有吸湿性。难溶于水，微溶于乙醇、吡啶、氯仿。其乙醇溶液显紫蓝色荧光。遇浓硫酸显黄绿色，水稀释后有绿色荧光。不易与酸形成盐。可抑制DNA聚合酶而干扰DNA的合成，也可直接破坏DNA及与DNA结合使DNA易受内切酶的攻击。有抗癌作用，对各种动物肿瘤有明显抑制作用，并具抗病毒作用。用于胃癌、膀胱癌、肝癌的治疗，但毒性较大。由喜树果实或树根经溶剂萃取制得。

细胞色素C cytochrome C 又名细胞色素丙。是由牛、猪、马心或酵母分离提取的含铁卟啉的结合蛋白质。铁卟啉和蛋白质的比例为1:1。每分子含一个铁原子,铁含量占相对分子质量的0.43%。蛋白质中以赖氨酸为主的碱性氨基酸含量较多。猪心细胞色素C的相对分子质量为12200,酵母细胞色素C的相对分子质量为13000。由猪或牛心提取的细胞色素C为深红色溶液,易溶于水,水溶液呈碱性。其氧化型水溶液呈深红色,还原型水溶液呈桃红色。对热和酸稳定。它是生物氧化的重要电子传递体。通常外源性细胞色素C不能进入健康细胞,而在缺氧时,细胞膜的通透性增加,细胞色素C便能进入细胞及线粒体内,增强细胞的氧化。故可作为细胞呼吸激活剂,用于组织缺氧的急救和辅助治疗。适用于由脑缺氧、心肌缺氧及其他组织缺氧引起的一系列症状。还可用于促进受损肝细胞再生和骨髓造血功能的修复。以新鲜猪心或新鲜酵母为原料提取而得。

虾青素 astaxanthin 又名3,3′-二羟基-β,β'-胡萝卜素-4,4′-二酮。紫红色叶片状结晶性粉末。熔点216℃。不溶于水,溶于氯仿、吡啶及植物油,微溶于乙醇、甲醇、石油醚。易受光、热、氧化物的作用而变质。用作抗氧化剂,能清除体内由紫外线照射产生的自由基,抗氧化功能优于胡萝卜素、玉米黄素等其他类胡萝卜素。也用作脂溶性色素,具有艳丽的红色,用于食品保鲜、保色。化妆品工业用于制造防晒制品、唇膏及口红等。还用作三文鱼饲料添加剂及红球藻保护剂等。由红发夫酵母的培养液提取而得。

先锋霉素类抗生素
见"头孢菌素类抗生素"。

纤维素胶黏剂 cellulose adhesive 以纤维素为黏料的胶黏剂。纤维素是构成植物细胞壁的主要成分,为直链结构,不溶于水,可酯化及醚化。可作胶黏剂的纤维素醚类衍生物主要有甲基纤维素、乙基纤维素、羟甲基纤维素和乙基纤维素等;可作胶黏剂的纤维素酯类衍生物主要有硝酸纤维素和乙酸纤维素等。纤维素酯类通常用以制造有机溶剂基胶黏剂,而纤维素醚类则可制成水基纤维素类胶黏剂。可用于皮革、纸张、纺织印花、卷烟、制药等行业作胶黏剂及增稠剂等。

纤维素酶 cellulase 又名β-1,4-葡聚糖葡萄糖苷水解酶。是将纤维素水解成葡萄糖的一类酶的总称。它不是单种酶,而是主要由内切葡聚糖酶、纤维二糖水解酶和β-葡萄糖苷酶等三种酶所组成。在适当条件下,它们协同作用,将纤维素分解成纤维糊精、纤维寡糖、纤维二糖及葡萄糖。相对分子质量4500~75000,最适反应温度40~60℃,pH值4~5。用于加酶洗衣粉及液体洗涤剂,可使织物表面的微纤维水解而清除,使其恢复光泽和平滑。也能将农副产品的工业废料等纤维素材转化为糖和蛋白质。在石油工业中,纤维素酶能破坏胶质,并能将封井用的胶质及强力纤维破坏,避免启封突然性及原油突然喷出造成失控或火灾,还广泛用于酿造、食品加工、医药及饲料等行业。可由黑曲霉或木霉进行培养,然后将发酵液用盐析法将其沉淀、精制而得。

纤维素涂料 cellulosic coatings 又名纤维素漆。是以纤维素酯或醚为主要成膜物质的溶剂型涂料。包括硝酸纤维素涂料、乙酸丁酸纤维素涂料及乙基纤维素涂料等。涂膜靠溶剂挥发干燥,干燥迅速、涂膜光泽较好,坚硬耐磨,可用于金属、木材、皮革、织物等物件的装饰。由腻子、底漆、面漆、罩面漆等自成一个体系,品种较多。曾是广为使用的装饰性能较好的涂料。但这类涂料需消耗大量有毒溶剂,涂膜的耐水性及耐溶剂性也不够好。随着合成树脂涂料的发展,其发展受到限制。

纤维素系高吸水树脂 cellulose hygroscopicity resin 一种纤维素与丙烯酸的接枝共聚物。白色粉末。吸盐水倍数(0.9%氯化钠溶液)90~100 g/g,吸水倍数 800~900 g/g。具有优良的吸水性能,耐盐性高,而溶解度仅为15%~20%。但吸水倍数随水中金属离子含量增大而下降。可用作医疗医药行业及生理卫生用品的吸水材料。具有原料来源广、价格低廉的特点。由天然纤维素与丙烯酸在引发剂存在下经接枝共聚制得。

纤维素衍生物 cellulose derivatives 指纤维素的羟基基团一部分或全部被酯化、醚化或接枝共聚而形成的一系列化合物,可分为纤维素酯、纤维素醚和纤维素接枝共聚物。纤维素酯可分为无机酸酯(如硝酸纤维素酯)及有机酸酯(如乙酸纤维素、乙酸丁酸纤维素);纤维素醚按其取代基结构可分为离子型(如羧甲基纤维素)及非离子型(如甲基纤维素、羟乙基纤维素);纤维素接枝共聚物按其接枝单体性质又可分为多种类型。纤维素酯主要用于配制清漆、制造香烟过滤嘴、电影胶片等;纤维素醚具有优良增稠、乳化、成膜性能,广泛用于涂料、油田、纺织、食品等行业;纤维素接枝共聚物主要用于制造超强吸水材料。

$N-C_{12\sim18}$酰基谷氨酸钠 sodium $N-C_{12\sim18}$ acyl glutamate 一种阴离子表面活性剂。
$$NaOOCCH_2CH_2CH_cOONa$$
$$|$$
$$NHCOC_{12\sim18}H_{25\sim37}$$
乳白色至淡黄色粉末,活性物含量>85%。熔点94~98℃。游离脂肪含量6.5%。溶于水。具有优良的乳化、润湿性能。泡沫适中,洗涤力强,耐硬水性好,对皮肤温和、无刺激性,生物降解性优良。用作起泡乳化剂、洗涤剂、润湿剂、柔软剂、化纤油剂、染色助剂及金属防锈剂等。由L-谷氨酸与氢氧化钠反应生成 L-谷氨酸钠盐后,再与$C_{12\sim18}$酸酰氯经酯化反应制得。

N-酰基肌氨酸 N-acyl sarcosine 黄色至棕色液体。相对密度0.96。闪点>130℃。

$$\begin{matrix} & O & & \\ & \| & & \\ R-C-N-CH_2-COOH \\ & | & \\ & CH_3 & \end{matrix}$$

黏度 350 mm²/s。不溶于水,溶于矿物油及常用有机溶剂。用作润滑油防锈剂,对金属铜有良好的腐蚀抑制性。也用作润滑脂及燃料油的腐蚀抑制剂。与咪唑啉衍生物复配使用,有增效作用。

显影剂 developing agent 使感光材料经曝光后产生的潜影变为可见影像的药剂。通常是一种能将银离子还原成金属银的还原剂。按化学组成分为无机显影剂(如两价铁的硫酸盐)及有机显影剂(如米吐尔、对苯二酚、菲尼酮等)。但目前几乎都采用有机显影剂。显影剂常与其他助剂配制成显影液后使用。由于显影剂在水溶液中,尤其是碱性水溶液中易被氧化而变为深棕色,不仅失去显影活性,还会污染乳剂层,通常加入亚硫酸钠作为保护剂。

腺苷 adenosine 又名腺嘌呤核苷。是动物体内重要的生化代谢物质,在植物中也广泛存在。白色丝状结晶(甲醇中)。稍有咸苦味。熔点 234～235℃。真空中加热至110℃失去结晶水。溶于水,难溶于乙醇,几乎不溶于有机溶剂。紫外最大吸收波长261nm。腺苷能干扰病毒核酸的合成,是中药抗病毒的活性成分,具有抗菌、抗炎及促进冠状血管血量的作用,临床上用作血管舒张剂。用于发制品有刺激毛发生长及抑制头皮屑生成的作用。用于护肤品,有预防白癜风及牛皮癣等的功效。可由山麦冬块根用溶剂萃取、分离制得,或由发酵法制取。

腺苷三磷酸 adenosine triphosphate 又名三磷酸腺苷,简称 ATP。是腺苷中核糖的第五位羟基与三个相连的磷酸根结合形成的化合物。具有辅酶样性质,在所有活细胞中都有存在。末端两个焦磷酸键形成或分解时有较大的能量变化,是生物体内能量利用和储存中心,被称为是细胞能量剂。ATP 二钠盐为白色粉末,有吸湿性,对热不稳定,易溶于水。用于治疗肌肉萎缩、肝炎、肾炎及脑动脉硬化等。ATP 也能显著改善皮肤的弹性的紧密度,防止皮肤组织松弛。用于护肤品,可减弱皮肤皮脂分泌的异常化,改善油性皮肤外观,改善肌肤弹性。可由生物体合成,或从尿酸开始经多步合成而得。

相容剂 compatibility agent 又称增容剂、助容剂。是指借助于分子间的键合力,使不相容的两种高分子材料在共混加工过程中结合在一起,从而形成相容共混体系的一类化合物。是一种新颖塑料助剂。它与偶联剂的区别是:偶联剂主要用于无机材料和有机材料之间,而相容剂则主要用于有机材料之间。相容剂的作用是:①增大共混物两相界面,减少两相的界面张力;②使分散相粒径变小,并能在反复加工中保持其分散性;

③防止同相组分的接近或结合。相容剂按相对分子质量大小,可分为低分子相容剂和高分子相容剂;按结构分,相容剂主要为共聚物,按共聚结构可分为嵌段共聚物和接枝共聚物两类;按作用特征,相容剂可分为非反应型相容剂和反应型相容剂,前者多为嵌段共聚物、接枝共聚物或无规共聚物,后者是指分子上带有能和共混体系中某种高分子基体发生反应的活性官能基团(如酸酐、羟基、环氧基),与共混组分形成化学键或氢键,从而起到相容化作用的物质。

相转变材料 phase change materials 又名潜热储能材料。物质有固、液、气三态。相转变是指它们之间在一定的温度、压力下可以相互转化的现象。按相转变方式,相转变材料有固-液、固-固、固-气及液-气相转变材料四种。固-气及液-气相转变材料在相转变过程中有大量气体存在,使材料的体积变化太大,实际应用很少。常用的多为固-固相转变材料及固-液相转变材料。按材料的化学成分,又可分为无机、有机及复合相转变材料。无机相转变材料主要有结晶水合盐、熔融盐及金属合金等;有机相转变材料主要有石蜡、羧酸、多元醇及酯类等;复合相转变材料有高密度聚乙烯、聚乙二醇以及高分子与有机或无机相转变材料复合形成的形状稳定相转变材料等,相转变材料特别适用于温度的调控及用于相转变储能。

相转移催化剂 phase transfer catalyst 相转移反应中所用的催化剂。所谓相转移催化是一种克服非均相体系溶解性差的有机合成新方法。是通过加入催化剂量的第三种物质(即相转移催化剂)或采用具有特殊性质的反应物,使一种反应物从一相转移到另一相中,并与后一相中的另一反应物起反应,从而变非均相反应为均相反应。常用相转移催化剂有:①𬭸盐类,如季铵盐、季鏻盐、季锑盐、季铳盐等;②聚醚,如链状聚乙二醇及其醚(开链聚醚);③冠醚及环糊精;④杂多酸;⑤三相相转移催化剂等。相转移催化剂可用于烷基化、置换、氧化、缩合、加成、酰基化、酯化及偶联等有机合成反应。

香豆胶乳 sorva 白色至灰色块状物。主要成分为乙酸香树素、顺式聚异间戊二烯等三萜类树脂及天然橡胶。加热时呈黏性树脂状物。不溶于水及冷乙醇,部分溶于热乙醇、乙醚,溶于热的油脂。主要用作胶姆糖基础剂及被膜剂。由夹竹桃科植物香豆树树干上采集的胶乳经热水洗涤、除去水溶性物质后,再脱水精制而得。

香豆素 coumarin 又名1,2-苯并吡喃酮、天然存在于黑香豆及桂皮油、薰衣草油等中。白色针状或片状结晶。具有强烈草香味和辛香味,稀释后似干的稻草、坚果和烟草气息。相对密度0.935。熔点69~71℃。沸点约301℃。闪点151℃。不溶于冷水,溶于热水、乙醇,易溶于乙醚、苯及碱液。可燃。有毒。属内酯类合成香料,用于配制薰衣草、素心兰、馥奇等花香型日化香精。禁用作食用香料。也用作塑料及油墨增香剂、电镀添加剂。由水杨醛及乙酸酐在乙酸钾催化剂存在下反应制得。

香豆素-1 coumarin-1 又名7-二乙氨基-4-甲基香豆素、香豆素-47。白色针状结晶。熔点72～75℃。不溶于水,溶于乙醇、乙醚、乙二醇及酸性溶液。一种激光染料,属蓝绿光波段。紫外吸收波长 λ_{max} 为373nm,激光中心波长 λ 为460nm,激光调谐范围 λ 为440～560nm。其溶液显蓝色荧光,稳定性较好。用于以闪光灯、红宝石、氩离子、氮分子等为泵浦光源的可调谐染料激光器。由间二乙氨基苯酚与乙酰乙酸乙酯经缩合反应制得。

香豆素-4 coumarin-4 又名7-羟基-4-甲基香豆素、香豆素450A。白色针状结晶。熔点194～195℃。不溶于冷水,微溶于乙醚、氯仿,溶于乙醇、丙酮、冰乙酸。在乙醇或甲醇水溶液中呈蓝色荧光。一种激光染料。紫外吸收波长 λ_{max} 为324nm,激光中心波长 λ 为450nm,激光调谐范围 λ 为440～560nm。用于以闪光灯、红宝石、氩离子、氮分子等为泵浦光源的可调谐染料激光器。由间苯二酚与乙酰乙酸乙酯经缩合反应制得。

香豆素-6 coumarin-6 又名3-(2-苯并噻唑)-7-二乙氨基香豆素。橙色针状结晶。熔点203～205℃。不溶于水,溶于乙醇、乙二醇、甲醇、苯乙醇等。其溶液呈绿色荧光。一种激光染料。紫外吸收波长 λ_{max} 为458nm,激光中心波长 λ 为540nm,激光调谐范围 λ 为520～560nm。用于以闪光灯、氩离子、氮分子等为泵浦光源的可调谐染料激光器。以间二乙氨基苯酚、二甲基甲酰胺、间氨基苯硫酚等为原料制得。

香豆素-102 coumarin-102 又名2,3,5,6-1H,4H-四氢-8-甲基喹嗪并[7,9a1-gh]香豆素。淡黄色针状结晶。熔点151～153℃。微溶于水,溶于乙醇、乙二醇、甲醇、氯仿。其溶液呈绿色荧光。一种激光染料。用于闪光灯、红宝石、氩离子、氮分子等为泵浦光源的可调谐染料激光器。以间氨基苯甲醚、乙酰乙酸乙酯、溴氯丙烷等为原料制得。

香豆素-120 coumarin-120 又名7-氨基-4-甲基香豆素、香豆素-440。黄色结晶性粉末。熔点224～225℃,微溶于水,溶于甲醇、乙醇、乙二醇等。

其溶液呈紫色荧光。一种激光染料。紫外吸收波长 λ_{max} 为354nm，激光中心波长 λ 为440nm，激光调谐范围 λ 为420~460nm。适用于以闪光灯、氩离子、氮分子等为泵浦光源的可调谐染料激光器。以间乙酰氨基苯酚与乙酰乙酸乙酯、盐酸等为原料制得。

香豆素-151 coumarin-151 又名7-氨基-4-三氟甲基香豆素。黄色片状结晶。熔点219~220℃。

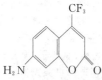

不溶于水，溶于醇类。溶液呈绿黄色荧光。一种激光染料，最大吸收光谱 λ_{max} 为381nm。由于分子结构中引入 CF_3 代替 CH_3，与一般香豆素激光染料比较，调谐范围变宽，能量转换效率增高，抗光解能力提高。适用于水下电视、水下通信、监视及测距等方面应用。以三氟乙酰乙酸乙酯、间苯二酚、无水氯化锌等为原料制得。

香豆素类激光染料 coumrins laser dyes 香豆素类染料有很好的荧光效率，是使用较广的激光染料，其输出激光范围为420~570nm。常见的香豆素激光染料有香豆素、香豆素4、香豆素6、香豆素7、香豆素120、香豆系138、香豆素152、香豆素153、香豆素311、香豆素314、香豆素334、香豆素337、香豆素343等，这类激光染料的结构如下。其中，

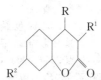

$R = Cl、Br、CN$ 或 OH；$R^1 =$ 芳基及杂环基；$R^2 = Cl、Br、CN$ 或 $N(CH_3)_2$。可用于光化学、疾病诊断、环保检测及彩色全息照射等领域。

香豆酮-茚树脂 coumarone-indene resin 又名苯并呋喃-茚树脂、库马龙树脂。由煤焦油中所含少量的香豆酮和茚聚合所得的热塑性树脂。外观为浅黄色至深褐色透明黏稠液体或暗褐色无定形固体。液体树脂的相对密度1.05~1.07；固体树脂质硬而脆，相对密度1.07~1.135，软化点80~100℃，玻璃化温度56℃。不溶水及低级醇，溶于醚、酮、酯、氯代烃、硝基苯等。耐水性、耐酸碱性优良，绝缘性好，呈中性反应，但耐光性较差。无毒。用作天然及合成橡胶软化剂和增黏剂，SBS溶剂型胶黏剂及氯丁密封胶的增黏剂，油墨连接料，纸张施胶剂，混凝土涂层剂，再生橡胶的再生剂，以及用于制造地板漆、电绝缘料等。以160~190℃煤焦油馏分为原料，经催化聚合制得。

香附油 cyperus oil 又名香附子油、莎草油。琥珀色或棕黄色稠厚液体。具有浓烈干木香和药香，味微辛。主要成分为香附烯、香附醇及香附酮等。相对密度0.96~0.99。折射率1.498~1.528。稍溶于乙醇，溶于乙醚、非挥发性油。属植物型天然香料，少量用于化妆品香精及酒用香精，用于香皂会导致变色。医药上有理气、调经、止痛的作用。由莎草科植物香附子的根茎经水蒸气蒸馏制得。

香根油 vetiver oil 又名香根草油、岩兰草油。棕色至红棕色黏稠液体。具有甜的木香兼药草香味。主要成分为岩兰草烯、岩兰草醇、岩兰草酮、苯甲酸、杜

松烯、棕榈酸等。相对密度 $0.992\sim1.042$。折射率 $1.521\sim1.531$。为植物型天然香料。主要用于配制素心兰、木香、葡萄、桃等香型的香水、香皂及卫生用品香精。也用于提取岩兰草醇。由岩兰草干草根经水蒸气蒸馏制得。

香菇多糖 lentinan 主要成分为甘露糖苷肽的葡萄糖低聚物。平均相对分子质量 5×10^5。多糖部分以甘露糖为主,尚有葡萄糖、木糖、半乳糖、阿拉伯糖等,肽链由天门冬氨酸、丝氨酸、组氨酸、谷氨酸等 18 种氨基酸组成。白色粉末状固体,易吸湿。微溶于水,不溶于乙醇、丙酮,溶于碱液。对热及光稳定。具有抗辐射、抗肿瘤、降低胆固醇、抑制转氨酶活性和血小板凝集的作用。医药上用于慢性乙型病毒性肝炎、原发性肝癌及免疫功能低下的老年病治疗。香菇多糖的衍生物可作为治疗艾滋病的药物。由香菇粉碎、浸提、酶解、浓缩、乙醇沉淀、洗涤、干燥等过程制得。

香兰素 vanillin 又名 3-甲氧基-4-羟基苯甲醛。白色至淡黄色针状结晶。有强烈而又独特的香荚兰豆的香气。天然存在于香荚兰豆、丁香油及安息香脂中。相对密度 1.056。熔点 $77\sim83$℃。沸点 $284\sim285$℃。微溶于水,溶于热水,易溶于乙醇、乙醚、苯、氯仿等。易被空气氧化,遇光分解,遇碱变色。可燃。低毒。用作香料,主要用于调制糖果、巧克力、饮料、冰淇淋、酒精及烟用香精。也用作定香剂、橡胶防臭剂、电镀光泽剂等。由邻甲氧基苯酚与乙醛缩合后,再经酸化、脱羧反应制得。或由硫酸盐木浆造纸废液中所含木质磺酸盐经碱性高温水解后,再经氧化制得。

香茅醛 citronellal 又名 3,7-二甲基-6-辛烯醛。有 α-型(Ⅱ)及 β-型(Ⅰ)两种异构体。通常所指香茅醛即指(Ⅰ),它又有左旋体、右旋体及外消旋体三种旋光异构体。无色至淡黄色油状液体。具柠檬、香茅及玫瑰香味。相对密度 $0.850\sim0.860$。沸点 $204\sim206$℃。折射率 $1.446\sim1.456$。不溶于水、甘油,溶于乙醇、丙酮、乙酸乙酯等常用有机溶剂。天然存在于香茅油、柠檬、橘子等中。在酸性介质中易重排而变成薄荷脑。用作香料,用于调制果香型食用香精及花香型日化香精,也用作化妆品的定香剂、调和剂。由香茅油等植物精油分离制得。或由柠檬醛加氢而得。

香茅油 citronella oil 又名香草油。浅黄色至棕黄色液体。有香茅草香气,香气强烈而持久。主要成分为香茅醛、香茅醇、香叶醇、柠檬醛、丁香酚等。相对密度 $0.885\sim0.900$。折射率 $1.468\sim1.480$。属天然植物香料,可直接用于加香制品,如洗衣皂、洗涤剂、清洁剂、地蜡等,医药上用作驱蚊剂、杀虫剂原料。也用于分离香茅醛、香叶醇,以进一步合成玫瑰醇、薄荷脑及羟基香茅醇等。由禾本科植物香茅草的鲜草或干草经水蒸气蒸馏制得。

香芹酚 carvacrol 又名2-甲基-5-异丙基苯酚、香荆酚。无色至浅黄色油状液体。有类似苯酚的刺激性气味及焦苦气。露置于空气中会因氧化而颜色变深。相对密度0.974。熔点0.5~1℃。沸点236~237℃。折射率1.5210。不溶于水,溶于乙醇、乙醚、丙酮、乙酸乙酯。天然存在于百里香油、樟脑油、枯茗籽、香桃木等中。属酚类合成香料,用于调配牙膏、牙粉、口腔用品、香烟等日化香精,也用于调配冰淇淋等食用香精。由对甲基异丙基苯经磺化、碱溶制得。也可由牛至油用碱处理后再用溶剂萃取制得。

香芹酮 carvone 又名1-甲基-4-异丙烯基-6-环己烯-2-酮。有左旋体及右旋体两种旋光异构体,以左旋体为常见。无色至浅黄色液体。有黄蒿子香气。天然存在于柑橘、莳萝、葡萄等中。相对密度0.9608。沸点230~231℃。闪点88℃。难溶于水、甘油,溶于乙醇、乙醚、非挥发性油。属酮类合成香料,主要用作花香型香料的调和剂、清凉助促剂,也用作口服保健品助促剂。由苧烯与亚硝基氯反应,再经脱氯化氢、水解制得。也可由留兰香精油分离而得。

香树油 amyris oil 又名脂檀油。淡黄色黏稠状透明液体,具有檀香木的香气。主要成分为石竹烯、杜松烯、糠醛、蓝烷醇等。不溶于水及甘油,以1:3溶于80%乙醇,或以1:1溶于90%乙醇,溶于等量的丙二醇中,也溶于多数非挥发性油及矿物油。相对密度0.946~0.978。折射率1.5035~1.5120。属植物型天然香料。主要用于调配香皂、化妆品等日化香精,也用于烟用及食品香精。由芸香科植物香树木经破碎后用水蒸气蒸馏制得。

香味油墨 flavor ink 是将油性香料微胶囊化,并分散在水性连结料中制成的油墨,印刷干燥后,用指甲或硬质物摩擦印刷部分,微胶囊被破坏,便散发出香味。主要由树脂连结料、色料、助剂和香料微胶囊所组成。其中香料胶囊约占0.2%。胶囊壁材具有疏油性及一定抗氧化能力,并易溶于水。香味油墨印刷广泛用于诸如杂志、广告、传单、贺卡、日历、化妆品等集视觉、嗅觉效果于一体的包装装潢类印刷品上。

香叶醇 geraniol 又名牻牛儿醇、反式-3,7-二甲基-2,6-辛二烯-1-醇。有α、β两种异构体,商品常为两者的混合物。无色至黄色油状液体。有温和的玫瑰香气。相对密度0.889。熔点-15℃。沸点229~230℃。折射率1.4766。微溶于水,溶于乙醇、乙醚、矿物油及植物油。用作香料,用于调制化妆品、香皂及室内芳香剂用香精,食品用果香香精,入药用于抗菌和驱虫,对治疗慢性支气管炎也有一定疗效。由柠檬醛经催化还原反应制得。

香叶油 geranium oil 又名牻牛儿油。淡黄色至黄绿色液体。有玫瑰香叶的清新香气。主要成分为香茅醇、香叶醇、里哪醇、薄荷醇及松油醇等。相对密度 0.8837～0.8889。折射率 1.4621～1.4680。不溶于水、甘油,溶于氯仿、植物油。对强酸不稳定,在碱性介质中所含香味醇酯及香茅醇酯会部分皂化,是一种植物类天然香料,用于配制化妆品及皂用香精,也可用于调制食品及卷烟香精。由草本植物香味天竹葵的茎叶经水蒸气蒸馏制得。

橡胶胶黏剂 rubber adhesive 是以橡胶为黏料配制而成的胶黏剂。它具有优良的弹性,适于柔软的或热膨胀系数相差很大的材料,如橡胶与橡胶、橡胶与金属、塑料、织物、皮革、木材等材料之间的黏接。分为结构型及非结构型胶黏剂两大类。结构型胶黏剂又分为溶剂胶液型和胶膜胶带型;非结构型胶黏剂又分为溶剂型、压敏胶膜胶带型、水乳胶液型。按橡胶胶料组成,分为天然橡胶和合成胶黏剂两大类。天然橡胶胶黏剂主要是硫化天然橡胶和氯化天然橡胶配制的胶黏剂。它有优良的弹性、黏附性、电绝缘性及耐低温性,但耐油和耐溶剂性较差,不耐高温和易老化;合成胶黏剂是以合成橡胶为黏料配制的胶黏剂,由于综合性能优良,应用广泛,常用品种有氯丁橡胶、丁腈橡胶、丁苯橡胶、聚硫橡胶、硅橡胶胶黏剂等,其中又以氯丁橡胶胶黏剂最为重要。

橡胶软化剂
见"软化剂"。

橡胶树种子油 Hevea seed oil 又名橡胶种子油。一种半干性油。淡黄色油状,澄清液体,具有橡胶种子的独特风味。主要成分为油酸(约 24%)、亚油酸(约 36%)、亚麻油酸(约 20%)、棕榈酸(约 8.5%)及硬脂酸(约 8.5%)等。相对密度 0.9199。折射率 1.4760。碘值 132 gI_2/100g。酸值≤0.47 mgKOH/g。用于制皂、油漆及制取工业脂肪酸,也可用作食用油及医药保健用油。由成熟橡胶树种子用压榨或浸提法提得毛油后,再经精制而得。

橡胶塑料黄 rubber-plastic yellow

$$\left[\begin{array}{c} Cl \\ \end{array} \underset{NHCOCH}{\overset{COCH_3}{}} N=N \begin{array}{c} Cl \\ \end{array} \right]_2$$

带绿光的黄色粉末。耐热温度约 180℃。耐晒性 5～6 级。吸油量 45%～55%。不溶于水,微溶于乙醇。主要用作橡胶及塑料的黄色着色剂。也可用于油墨、涂料及文教用品等的着色。着色力强,并有较好的耐热性及耐晒坚牢度。由 3,3′-二氯联苯胺双重氮化后,与邻氯双乙酰苯胺偶合制得。

橡胶涂料 rubber coatings 以天然橡胶或合成橡胶及其衍生物为主要成膜物质的涂料。天然橡胶因相对分子质量高、溶解性差、成膜过程干燥,需经过处理。用于制造涂料的处理后的天然橡胶有氯化橡胶、环化橡胶等;用于制造涂料的合成橡胶有丁苯橡胶、聚硫橡胶、丁腈橡胶、氯磺化聚乙烯橡胶及氯丁橡胶等。橡胶涂料具有附着力强、韧性好、耐水及耐有机溶剂、耐磨性及抗老化性能优良等特点。主要用于涂装船舶、化工设备、水闸、建筑物及交通工具表面,起防腐保护作用。

橡胶型压敏胶黏剂 rubber type pressure sensitive adhesive 是由橡胶弹性体、增黏剂、软化剂、防老剂、填料等配制而成的一类压敏胶黏剂。所用弹性体有天然橡胶、丁苯橡胶、异丁烯橡胶、丁基橡胶、硅橡胶、氯丁橡胶、丁苯热塑性弹性体(SBS)、苯乙烯-异丁烯热塑性弹性体(SIS)等,所用增黏剂有松香、改性松香、萜烯树脂及石油树脂等。可分为溶剂型、乳液型、交联型及压延型橡胶型压敏胶黏剂。这类压敏胶具有黏附力强、耐低温性能好、价格低廉等优点,但因橡胶弹性体中还存在未反应的双键,即使加入防老剂,耐光及耐热老化性能也较差。主要用于包装、电绝缘、粘接、标签、医用等压敏胶带的制造。

橡椀鞣剂 valonea extract 又名橡椀栲胶。一种植物鞣剂。粉状或块状物。鞣质 68%~71%。非鞣质 26%~31%。纯度 69%~73%。pH 值 3.5~4.2。易溶于水、乙醇、丙酮。与水或稀酸共煮沸或受鞣酸酶的作用,则会水解成简单产物。用作皮革鞣剂,渗透速度中上,结合尚好,沉淀较多,制成的革暗黑,质地坚实,主要用于鞣制底革。也用作钻井泥浆稀释剂及水处理剂。由橡椀经粉碎、浸提、浓缩、干燥制得。

消毒剂 disinfectant 指能杀灭无生命物体上病原微生物的制剂。残效期一般较短。它不同于抗生素,其在防病中的主要作用是将病原微生物消灭于人体之外,切断传染病的传播途径。按作用水平,消毒剂可分为灭菌剂、高效消毒剂、中效消毒剂及低效消毒剂;按化学性质不同,可分为单质类消毒剂(如氯、溴、碘等)、含氯消毒剂(如漂白粉、漂粉精、次氯酸钠等)、过氧化物类消毒剂(如过氧乙酸、过氧化氢等)、醛类消毒剂(如甲醛、戊二醛等)、醇类消毒剂(如乙醇、异丙醇等)、酚类消毒剂(如甲酚、苯酚等)、含碘消毒剂(如碘酊、碘伏等)、其他消毒剂(如高锰酸钾、环氧乙烷、硝酸银等)。

消光补伤剂
见"补伤剂"。

消光剂 TYS 系列 flatting agent TYS series 又名 TYS 系列消光粉。主要成分为微米级二氧化硅,按平均粒径及比表面积不同而有多种产品牌号,如 TYS-100、TYS-100B、TYS-100W、TYS-120、TYS-140、TYS-200、TYS-220 等。SiO_2 含量 $\geqslant 99\%$。平均粒径 $3\sim 6\mu m$。吸油值 $250\sim 300$ g/100g。主要用作涂料消光剂,具有分散性、消光性、透明性、悬浮性好及涂膜平滑、抗划伤、耐磨损等特点。其中 TYS-100、100W 适用于木器漆、工业漆及溶剂漆等;TYS-100W 适用于水性涂料;TYS-120 及 TYS-220 适用于透明木器清漆、高档家具涂料、皮革涂料、汽车配件涂料及薄膜型涂料;TYS-140 适用于一般工业涂料及木器涂料;TYS-200 适用于木器、工业涂料、卷钢涂料及紫外光固化涂料等。

消光剂 (1) flatting agent (2) delustering agent (1) 又名平光剂。能使涂料表面光泽明显降低的物质,大致分为无机和有机两类。无机类主要是一些体质颜料,如二氧化硅、氢氧化铝、蒙脱土、碳酸钙及石棉粉等;有机类消光剂又可分为金属皂类及合成蜡。金属皂类包括硬脂酸铝及脂肪酸锌等,合成蜡主要为聚乙烯蜡。使用消光剂能使漆膜表面产生预期粗糙度,从而明显地降低其表面光泽。(2) 指能消除或减弱化学纤维或其织物光泽度的一类助剂。因纤维具有不同的折射率,因而能减少其对光的反射力。一般是用粒度极细的白色颜料,如二氧化钛、氧化锌、硫酸钡等。根据纤维消光度的不同,分为消光纤维(或称无光纤维、半消光纤维。)

消光剂 SD 系列 flatting agent SD series 又名 SD 系列消光剂。主要成分为微米级二氧化硅。又可分为 SD-4 系列及 SD-5 系列。SD-4 系列主要成分为微米级二氧化硅,按粒径大小不同又可分为 SD-430、SD-440、SD-430L、SD-440L 等品种,SiO_2 含量≥98%,平均粒径 5～8μm,白度≥95,不溶于水、一般酸碱及有机溶剂,适用作溶剂型油漆、色漆、家具涂料及皮革涂料等的消光剂;SD-5 系列主要成分为微米级二氧化硅气凝胶,按粒径大小不同又可分为 SD-520、SD-530、SD-538、SD-540 等品种,平均粒径 6～10μm,白度≥94。而 SD-520L、SD-530L、SD-538L、SD-540L 则是用有机物包覆的二氧化硅微粒,平均粒径 6～10μm,SiO_2 含量≥99%,白度≥94,适用作各种类型溶剂涂料的消光剂,漆膜具有优良的耐磨性及抗划伤性。

消光剂 XG 系列 flatting agent XG series 又名 XG 系列消光剂。为具有不同组成的消光剂系列产品。XG603-1A、XG603-2A 的主要组成为多元酸和环状脒生成的盐,外观为白色粉末,固含量≥98.5%,熔程分别为 222～227℃、240～250℃,均可用作环氧粉末涂料的消光固化剂。XG603-5A 主要成分为多元酸和有机胺生成的盐,白色粉末,固含量≥98.5%,熔程 190～210℃,用作环氧树脂粉末涂料的消光固化剂。XG605-1A 的主要组分为金属有机配合物,浅黄色粉末,固含量≥98.5%,熔程 192～197℃,用于环氧、环氧/聚酯、羧烷基酰胺型粉末涂料的消光,可制备具有砂纹、皱纹等美术型的粉末涂料,并具有明显的促进固化作用。XG605W 的主要组成为蜡类,淡黄色颗粒,固含量≥98.5%,软化点 100～120℃,闪点高于200℃,用作环氧、环氧/聚酯粉末涂料的消光剂,可使涂膜光泽下降 30%～60%。

消泡剂 anti-foaming agent 又名抗泡剂、防沫剂。指能降低水、溶液、悬浮液等的表面张力、防止泡沫生成或使已有泡沫减少或消灭的物质。常以微粒形式渗入到泡沫体系中,当产生泡沫时,消泡剂微粒立即破坏气泡的弹性膜,抑制泡沫产生。如泡沫已产生,消泡剂会捕获泡沫表面的憎水链端,并迅速铺展成薄的双膜层,经进一步扩散取代原泡沫的膜壁,会因应力不平衡而使泡沫破裂。消泡剂种类很多,大致有油脂类(如蓖麻油、亚麻子油)、脂肪酸类(如硬脂酸、油酸)、酯类(如磷酸酯、磺酸酯)、醇类(如辛醇、聚丙二醇)、醚类(如脂肪醇聚氧乙烯醚)、胺类(如油胺、二戊胺)、酰胺类(如聚酰胺)、金属皂类(如硬脂酸铝、羊毛脂)、聚硅氧烷类(如二甲基硅氧烷硅酮)、有机极性化合物类(如聚乙二醇脂肪酸酯)及其他类(如二氧化硅)。

消泡剂 BAPE
见"二异丙醇胺聚氧丙烯聚氧乙烯醚"。

消泡剂 GP
见"聚氧丙烯甘油醚"。

消泡剂 GPE
见"聚氧丙烯聚氧乙烯甘油醚"。

消泡剂 MPE
见"泡敌 MPE"。

消泡剂 XD-4000
见"聚氧乙烯聚丙烯单丁基醚"。

消蚀涂料
见"烧蚀涂料"。

硝苯地平 nifedipine 又名硝苯吡啶、心痛定、1,4-二氢-2,6-二甲基-4-(2-硝基苯基)-吡啶-3,5-二羧酸二甲酯。黄色结晶性粉末。无臭,无味。熔点 172~174℃。不溶于水,微溶于乙醇、甲醇,易溶于氯仿、丙酮,为钙离子拮抗剂,能选择性抑制细胞外钙离子内流,而影响细胞功能,有很强扩血管作用,其降压作用与剂量相关,不减少心输出量,不引起体位性低血压和水钠滞留。用于治疗高血压、心律失常、心肌缺血性疾病、慢性心功能不全等。不良反应较轻,如有头痛、心悸、口干等。以邻硝基苯甲醛为原料,与二分子乙酰乙酸甲酯和过量氨水在甲醇中回流而制得。

硝呋肼 nifurzide 又名 5-硝基-2-噻吩羧酸[3-(5-硝基-2-呋喃基)-2-亚丙烯基]酰肼。黄色结晶性粉末。熔点235~236℃。不溶于水,易溶于乙醚、氯仿、丙酮、二甲基甲酰胺。一种抗菌药,主要用于治疗肠炎、菌痢、尿道炎及尿路感染等疾病。以 5-硝基-2-氯甲基噻吩、乙酸、无水肼、无水四氧呋喃等为原料制得。

硝呋烯腙 nitrovin 又名 1,5-双-(5-

硝基-2-呋喃)-1,4-戊二烯-3-酮脒基腙。暗紫色结晶。熔点 217℃（分解）。其盐酸盐为橙色粉末，熔点 280℃（分解）。溶于乙醇、二甲基亚砜、甲苯、氯仿、吡啶。微溶于水、乙醚。大鼠口服 $LD_{50} > 10g/kg$。一种畜禽生长促进剂，具有促进生长、提高饲料转化率的作用。用本品拌饲，对猪、羔羊、肉鸡均有促进生长作用。由 5-硝基糠醛在氯化锌存在下与丙酮、碳酸氨基胍缩合制得。

硝基苯加氢制苯胺催化剂 catalyst for nitrobenzene hydrogenation to aniline 苯胺是重要的有机化工原料。硝基苯加氢制苯胺分为流化床及固定床两种。中国产品牌号有 NC101、NC102。NC101 催化剂为以 CuO 为活性组分，SiO_2 为载体的天蓝色微球形，堆密度 $0.4\sim0.8$g/mL。孔体积约 0.6mL/g。比表面积约 $350m^2/g$。用于流化床气相催化加氢工艺，反应温度为 $250\sim290℃$，反应压力为常压~0.2MPa，空速为 $0.15\sim0.45h^{-1}$；NC102 催化剂的活性组分为 Cu，载体为 Al_2O_3，外观为黑色圆柱体，堆密度 $1.1\sim1.4$ g/mL，孔体积 $0.1\sim0.3$mL/g，用于固定床催化加氢工艺，反应温度为 $180\sim270℃$，反应压力为常压~0.5MPa，空速为 $0.2\sim0.8h^{-1}$。NC101 催化剂由硅胶-活性组分溶液经喷雾干燥制得，NC102 催化剂采用浸渍法制得。

硝基胍 nitroguanidine 白色针状或棱形结晶。相对密度 1.715。熔点 $234\sim239℃$。分解温度 $235\sim240℃$。发气量 $280\sim310$mL/g。溶于热水、硫酸和碱液，微溶于冷水、乙醇、丙酮，几乎不溶于乙醚。有毒！易爆。属尿素衍生物有机发泡剂，适用于高软化点的聚烯烃，尤用作线型聚乙烯及聚丙烯的发泡剂。经还原可制得氨基胍，可用于制心绞痛药物乐可安等。还用于制造无烟火药及炸药等。由硝酸胍经浓硫酸脱水制得。

$H_2NCONH—NO_2$

硝基脲 nitrourea 白色结晶粉末。空气中分解温度 $158\sim159℃$。石蜡烃中分解温度 129℃。发气量 380mL/g，与有机碱混用在 100℃ 以下即可发生分解，生成二氧化碳、一氧化碳、氨及水蒸气。微溶于水，溶于乙醇、乙醚、丙酮、乙酸。有爆炸性，对撞击及加热敏感。用作聚烯烃、聚氯乙烯、环氧树脂等热塑性及热固性塑料的发泡剂，与脂肪胺并用，可制造泡沫环氧树脂灌封料的发泡剂，也用于制造氰酸钾及用于有机合成。由尿素与硝酸生成硝酸脲后，再用浓硫酸脱水制得。

5-硝基愈创木酚钠 5-nitroguaiacol sodium salt 橙红色片状结晶。熔点 $104\sim106℃$。沸点 $110\sim112℃$（0.133kPa）。溶于水。一种植物生长调节剂，能迅速渗透至植物组织内，促进植物萌芽、长根、生长和结果。由愈创木酚与乙酐反应生成乙酰愈创木酚后，再经硝化、水解制得。

硝酸钙 calcium nitrate 又名钙硝石。$Ca(NO_3)_2 \cdot 4H_2O$ 硝酸钙有一水、二水、三水及四水等四种水合物。常温下四水物最稳定，为无色透明单斜晶系结晶。它又有 α 及 β 两种变体。α 型的相对密度 1.896,熔点 42.7℃;β 型的相对密度 1.82,熔点 39.7℃。易溶于水、乙醇、丙酮、液氨。空气中易潮解,150℃时完全脱水成无水物。硝酸钙水溶液密度为 $1.36g/cm^3$ 时的冰点为 -21.6℃。用于制造硝酸盐、炸药、焰火、吸水剂、白炽灯罩等,也用作冷冻剂、橡胶乳液絮凝剂及酸性土壤的速效肥料等。由碳酸钙或氢氧化钙中和稀硝酸制得。

硝酸甘油 nitroglycerin 又名硝化甘油、三硝酸甘油酯。浅黄色无臭带甜味油状液体。

$$\begin{array}{c} CH_2-NO_3 \\ | \\ CH-NO_3 \\ | \\ CH_2-NO_3 \end{array}$$

沸点 145℃。低温时凝固为两种固体形式,一种为稳定的双棱形晶体,熔点 13.2℃;另一种为不稳定的三斜晶型,熔点 2.2℃,可转变为稳定的晶型。稍溶于水,易溶于乙醇。因具爆炸性,不宜以纯品放置或运输。医药上用作抗心绞痛药,具有舒张血管和松弛平滑肌的作用。在舌下含服时能通过口腔黏膜吸收,直接进入人体循环可避免首过效应,血药浓度很快达峰值,1~2min 起效,半衰期约 42min。由丙三醇硝化制得。

硝酸锆 zirconium nitrate 白色板状结晶性粉末。易溶 $Zr(NO_3)_4 \cdot 5H_2O$ 于水,溶于乙醇。100℃时会升华分解。硝酸锆也存在二水合物 $[Zr(NO_3)_4 \cdot 2H_2O]$,它在空气中稳定,加热时逐渐分解成多种中间产物,300℃时分解为 ZrO_2。无水硝酸锆 $[Zr(NO_3)_4]$ 可由 $ZrCl_4$ 与 N_2O_5 反应制得,它在 140℃时分解生成 $Zr(NO_3)_4 \cdot (N_2O_5)$。用于制造锆盐、四氟化硅、含锆催化剂、汽灯纱罩等。也用作高分子化合物的硬化剂。由硝酸与氢氧化锆或四氯化锆反应制得。

硝酸镉 cadmium nitrate 无色透 $Cd(NO_3)_2 \cdot 4H_2O$ 明状正交晶系柱状或针状结晶。相对密度 2.455(17℃)。熔点 59.4℃。沸点 132℃。易潮解。加热至 70~80℃时成无水物。无水硝酸镉为立方晶系晶体。熔点 350℃,并分解生成氧化镉及氧化氮。易溶于水、乙醇、液氨、乙酸,不溶于浓硝酸。也存在 2、4、9 等多种水合物,常温下溶液中析出的是四水硝酸镉,为强氧化剂,与还原剂、可燃物、硫、磷等混合受撞击时会着火或爆炸。为可疑致癌物。用于制造镉盐、氧化镉、含镉催化剂、蓄电池、玻璃及搪瓷着色剂、照相乳剂、含镉药剂等。由金属镉与稀硝酸反应制得。

硝酸钴 cobaltous nitrate 有三水、六 $Co(NO_3)_2 \cdot 6H_2O$ 水及九水等化合物。常温下以六水硝酸钴最稳定。为红色单斜晶系柱状晶。相对密度 1.87(25℃)。熔点 55~56℃。折射率 1.52。55℃失去三分子结晶水而成三水合物。高于 74℃时分解为一氧化钴并释出氧化氮气体。易溶于水、乙醇,微溶于氨水,溶于丙酮、乙酸甲酯。水溶液为红色。在潮湿空气中会潮解。有氧化性。与有机物、还原剂及硫、磷等混合时受撞击有着火危险。用于制造环烷酸钴、钴颜料、含钴催化剂、隐显墨水、染发药水、维生素 B_{12} 等。也用作陶瓷着色剂、氰化物中毒的解毒剂等。由硝酸与金属钴反应制得。

硝酸钾 potassium nitrate KNO_3

又名硝石、钾硝。无色透明斜方晶系或三方晶系结晶,或白色粉末。有咸味。相对密度2.109(16℃)。熔点334℃。折射率1.335。400℃时分解生成亚硝酸钾,并放出氧气。继续加热则生成氧化钾,并放出氮氧化物。易溶于水、甘油及氨水,不溶于乙醇、乙醚。为强氧化剂,与可燃物、有机物、硫黄、碳粉等接触受撞击则有着火或爆炸危险。用于制造火药、火柴、墨水、焰火、玻璃、陶瓷等。也用作选矿剂、催化剂、烟草处理剂、食品发色剂、抗微生物剂、防腐剂等。由硝酸钠与氯化钾经复分解反应制得。

硝酸铝 aluminium nitrate $Al(NO_3)_3 \cdot 9H_2O$ 有多种水合物,商品为九水合物。九水硝酸铝为无色至淡紫色斜方晶系结晶。相对密度1.6835。熔点73.5℃。折射率1.540。易溶于水、乙醇、丙酮、二硫化碳。水溶液呈酸性。加热至73.5℃时成八水合物,115℃时成六水合物。135℃时分解成碱式盐$[Al(NO_3)_3 \cdot 3Al(OH)_3 \cdot \frac{5}{2}H_2O]$。200℃时分解成氧化铝。有强氧化性。与有机物、可燃物接触受撞击易着火或爆炸。用于制造有机铝盐、有机合成催化剂、氧化铝载体等,也用作织物媒染剂、鞣革剂、硝化剂、缓蚀剂。在溶液萃取法回收核燃料时用作盐析剂。由氢氧化铝与硝酸反应制得。

硝酸锰 manganese nitrate $Mn(NO_3)_2$ 又名硝酸亚锰。有4、6水合物及无水物等。商品多为四水合物及六水合物。四水硝酸锰为玫瑰红色单斜晶系结晶,相对密度1.82,熔点25.8℃。沸点129.4℃,极易溶于水,溶于乙醇;六水硝酸锰为粉红色单斜晶系结晶,相对密度1.82,熔点25.3℃,沸点129℃,极易溶于水,溶于乙醇,160～200℃时分解成二氧化锰及氧化氮。无水硝酸锰为无色单斜晶系结晶,相对密度1.536,溶于水,乙腈,不溶于乙醚。加热分解成二氧化锰及二氧化氮。商品硝酸锰常为50%～70%的硝酸锰溶液,为浅粉红色至玫瑰红色液体,溶于水、乙醇。具有氧化性。用于制造二氧化锰及铁氧体。也用作陶瓷着色剂、金属磷化剂、有机合成催化剂及用于银的微量分析。由碳酸锰与硝酸反应制得。

硝酸镁 magnesium nitrate $Mg(NO_3)_2 \cdot 6H_2O$ 有1、2、3、6、9五种水合物。常温下以六水合物最稳定,商品也多为六水硫酸镁。为无色单斜晶系结晶。相对密度1.6363(25℃)。熔点89℃。95℃开始分解,并脱水生成$Mg(NO_3)_2 \cdot 4Mg(OH)_2$等碱式盐。400℃时完全分解成氧化镁,并放出氧化氮气体。易溶于水,溶于甲醇、液氨,微溶于乙醇。水溶液呈中性。与乙醇反应可生成$Mg(NO_3)_2 \cdot 3C_2H_5OH$。有强氧化性,与有机物、磷、硫黄等混合有引起着火及爆炸危险,受高热放出有毒气体。用于制造其他镁盐、硝酸盐炸药、焰火、含镁催化剂,也用作浓硝酸脱水剂、小麦灰化剂及净水剂等。由氧化镁或氢氧化镁与硝酸反应制得。

硝酸钠 sodium nitrate $NaNO_3$ 又名智利硝石、发蓝粉。无色透明立方晶系结晶或白色粉末。相对密度2.261。熔点306.6℃。折射率1.587。380℃开始分解,生成亚硝酸钠并放出氧气。易溶于水、液氨,微溶于乙醇、吡啶,不溶于乙醚。易吸湿潮解。为氧化剂,与有机物接触易引起燃烧或爆炸,与亚硫酸氢钠共热时会爆炸。用于制造硝酸盐、火药、焰火、染料、颜料、玻璃等。也用作助熔剂、澄清剂、电镀黑铬发黑剂、黑色金属发蓝剂、香烟助燃剂。医药上用作青霉素培养基。食品级硝酸钠可用作肉制品发色剂及防腐剂,在细菌作用下可转变成亚硝酸钠,从而起到发色作用及防止肉类变质。由稀硝酸生产排放的含NO及NO_2尾气用碱溶液吸收制得。

硝酸镍 nickelous nitrate $Ni(NO_3)_2 \cdot 6H_2O$ 有3、6、9等水合物。商品常为六水合物。六水硝酸镍为青绿色单斜晶系板状结晶。相对密度2.05。熔点56.7℃。沸点136.7℃。在56.7℃时脱水成三水合物,95℃则变成无水盐。高于110℃时分解成碱式盐,继续加热生成棕黑色Ni_2O_3及绿色氧化亚镍的混合物。在-3℃以下结晶为$Ni(NO_3)_2 \cdot 9H_2O$。易溶于水,溶于氨水、乙二醇,微溶于乙二醇、丙酮。与氨会生成配合物。与有机物及氧化物接触易引起着火。高温时释出有毒氧化氮气体。用于制造镍盐、含镍催化剂、颜料、蓄电池及染发水等,也用于陶瓷着色及电镀。由金属镍与硝酸反应制得。

硝酸铈 cerous nitrate $Ce(NO_3)_3 \cdot 6H_2O$ 无色或白色单斜晶系粒状结晶。含微量镧、镨及钕时呈红色。相对密度4.377。熔点96℃。溶于水、乙醇、丙酮、乙醚等。空气中易潮解,加热至150℃时失去三分子结晶水。200℃时开始分解,并放出O_2、NO、NO_2。450℃时生成二氧化铈。与碱金属或碱土金属硝酸盐可形成复盐。用于制造铈盐、石油化工及汽车尾气净化催化剂、光致发光材料、光学玻璃、稀土玻璃闪烁体等,也用作汽灯纱罩添加剂及配制治疗烧伤药物等。由粗氢氧化铈溶于硝酸后经萃取、分离、干燥制得。

硝酸铁 ferric nitrate $Fe(NO_3)_3 \cdot 9H_2O$ 又名硝酸高铁。无色至淡黄色单斜晶系结晶。易潮解。相对密度1.684。熔点47.2℃。加热至125℃时分解。易溶于水,溶于乙醇、丙酮,微溶于浓硝酸。水溶液易被紫外线分解成硝酸亚铁和氧气。有氧化性。与硫化氢反应生成硝酸铁、硝酸及硫。与氨水反应生成硝酸铵及氢氧化铁。受高温时释出氧化氮气体。与可燃物、有机物、硫黄、磷等混合受撞击时有着火或爆炸危险。用于制造颜料、含铁催化剂、医药制剂等,也用作氧化剂、织物媒染剂、铜盐色剂、放射物质吸收剂及金属表面处理剂等。由氧化铁与浓硝酸反应制得。

硝酸尾气净化催化剂 catalyst for nitric acid exhaust purification 以选择性还原法脱除硝酸尾气及其他排放气中NO_x的催化剂。用催化方法处理含NO_x废气,可分为非选择性催化还原法及选择性催化还原法两种。而以氨作为还原剂选择性催化还原NO_x是目前处理硝酸尾气的主要工艺。所用催化剂分为贵金属及非贵金属催化剂两类。产品牌号 1226 为贵金属催化剂,为 $\phi 2.5\sim 3\mathrm{mm}$ 小球,含 Pt0.3%,以 Al_2O_3 为载体;非贵金属催化剂产品牌号有 8209、XW101 等,为 $\phi 3\sim 6\mathrm{mm}$ 的小球或圆柱体,活性组分为 CuO、MnO,并加有适量助剂,以 Al_2O_3 为载体。

硝酸纤维素 cellulose nitrate 又名纤维素硝酸酯、硝化棉、火棉。
$$[C_6H_7O_2(ONO_2)_x(OH)_{3-x}]_n$$
($x=$酯化度,$n=$聚合度)
无色或微黄色纤维状固体。无臭、无味。是纤维素的—OH 基被硝酸酯化成—ONO_2 的产物。相对密度 $1.54\sim 1.71$。易燃、易爆。爆炸温度 $180\sim 190℃$。爆炸热 $3557.7\sim 6063\mathrm{kJ/kg}$。纤维素的三个羟基可全部或部分被硝酸硝化。按酯化度不同,可得到含氮量不同的一硝酸纤维素(含氮 6.75%)、二硝酸纤维素(含氮 11.11%)及三硝酸纤维素(含氮 14.14%)。含氮量不同,其溶解性、安定性及用途也有不同。用于制造乒乓球、清漆、人造革、医用胶棉、炸药、烟火、纸张防水涂层等。由脱脂棉短绒经硫酸和硝酸混酸酸化而得。

硝酸纤维素涂料 nitrocellulose coatings 又名硝基漆。以硝酸纤维素为主要成膜物质的热塑性涂料。包括清漆、磁漆、底漆、绝缘漆等,由于一般用喷涂施工,故又俗称喷漆。除硝酸纤维素外,还加有机溶剂、改性树脂、增塑剂及颜填料等。靠溶剂挥发成膜,干燥速度快,涂层光泽好、坚硬耐磨、可以擦蜡打光,用于涂装金属、木材、皮革等物件表面,有较好的装饰作用。曾是汽车工业早期常用的快干涂料。但因其所含溶剂量大、成本高,汽车用涂料逐渐由合成树脂涂料所取代。

硝酸氧铋 bismuth oxynitrate $BiONO_3$ 又名次硝酸铋、碱式硝酸铋。白色微细粉末,易吸潮。相对密度 4.93。熔点 260℃,并分解为三氧化二铋及氧化氮。不溶于水、乙醇,溶于稀盐酸、稀硫酸、硝酸。有毒! 用于制造陶瓷、玻璃、医药制品,用于陶瓷中,可使瓷釉发出珍珠光泽。喷涂在吹制的玻璃制品上可得到乳白玻璃制品。也用作烫伤药、防腐剂、收敛剂、除臭剂及色谱分析试剂等。由金属铋或氧化铋与硝酸反应制得。

硝酸异山梨酯 isosorbide dinitrate 又名消心痛、二硝酸山梨醇、硝酸脱水山梨醇酯。白色结晶性粉末。无臭。熔点 $68\sim 72℃$。难溶于水,溶于乙醚、丙酮,稍溶于乙醇。为长效抗心绞痛药,具有冠状动脉扩张作用,用于心绞痛、冠状循环功能不全、充血性心力衰竭、心肌梗死等的预防。由山梨醇经消除,再与发烟硝酸酯化制得。

硝西泮 nitrazepam 又名硝基安定、舒定、消虑苯、益脑静、1,3-二氢-7-硝基-5-苯基-$2H$-1,4-苯并二氮杂䓬-2-酮。淡黄色片状结晶。无臭,无味。熔点 $226\sim 229℃$(分解)。不溶于水、乙醚、苯,溶于乙醇、丙酮、氯仿。一种苯二氮䓬类镇静催眠药。用于抗焦虑、镇静、抗癫痫。其催眠作用比地西泮强，接近自然催眠。以 2-氨基-5-硝基二苯酮、氯乙酰氯、六亚甲基四胺等为原料制得。

小檗碱 berbine 又名黄连素。由黄连、三颗针等植物提取的生物碱。由乙醚中得到的为黄色针状结晶。熔点 145℃。缓慢溶于水。其盐酸盐为亮黄色结晶或粉末。无臭，味极苦。溶于水，易溶于沸水，不溶于乙醇、乙醚及氯仿。属抗感染植物药制剂。用于治疗菌痢、百日咳、猩红热、小儿肺炎、各种急性化脓性感染、化脓性中耳炎及急性外眼炎症等病症。用作发用染料，与金属离子组合可得多种色泽，并能控制头发的气息。由三颗针提取，或由黄樟油素异构化、氧化生成胡椒醛后，再经多步合成而得。

小麦麸纤维 wheat bran fiber 淡黄色粉末、颗粒或片状。主要成分为纤维素（23%）、半纤维素（65%）、水溶性多糖（约 5%）及少量微量元素。其中总纤维含量≥76%，蛋白质≤8%，脂肪≤6%，总糖（以还原糖计）≤0.5%。不溶于水，有较强吸水性，吸水率约 4 mL/g，吸水后体积膨胀率达 400%。用于保健食品，具有调节肠胃功能、降低血糖等作用。也用于制造果味胶质软糖。由小麦制粉所得到的未处理麸皮，经清洗、脱脂、杀菌等工序制得。

L-缬氨酸 L-valine 又名 L-2-氨基异戊酸。
$(CH_3)_2CHCH(NH_2)COOH$
一种营养必需氨基酸。白色单斜晶系片状结晶。无臭，有特殊苦味。相对密度1.23。熔点 315℃（封闭毛细管）。溶于水，不溶于冷乙醇、乙醚及丙酮。对热、光及空气稳定。医药上用作氨基酸药物及营养增补剂；用于化妆品有营养和调理皮肤的功能，用于香波有减少头屑的作用。以葡萄糖、尿素、无机盐等为培养基经发酵、精制而得。

缬草油 valerian oil 又名缬草香精油。淡黄色至黄棕色油状液体，有似木香、草药香的特殊芳香气味。主要成分为乙酸冰片酯（46%～51%）、莰烯、蒎烯、柠檬烯、松油醇、异戊酸、缬草酮等。相对密度 0.9572～0.9670。折射率 1.4596～1.5021。闪点 123℃。难溶于水，以 1：1.5 溶于 90% 乙醇，也溶于乙醚、氯仿。长时间放置或遇空气时色泽变深，并变得黏稠。具有驱风、兴奋、镇痉的作用。属植物型天然香料，尤用于调配高级烟用香精，也可用于调配日化及食用香精。由败酱科植物缬草的新鲜根茎经水蒸气蒸馏制得。

心乐宁 moprolol 又名愈酚心安、甲氧苯心胺、1-(2-甲氧基苯氧基)-3-[(1-甲基乙基)氨基]-2-丙醇。白色结晶。熔点82～83℃。溶于石油醚。其盐酸盐熔点110～112℃。一种抗心律失常药。通过改变心肌电生理,使异常的心律恢复正常。主要用于治疗室性早搏、室性心动过速及室上性心律失常等。以愈创木酚、环氧氯丙烷、异丙胺等为原料制得。

辛醇 octyl alcohol 又名1-辛醇、正辛醇。无色透明油状液体,有芳香气味。相对密度0.8239。熔点-16.7℃。沸点195℃。闪点81℃。折射率1.428～1.431。几乎不溶于水,与乙醇、乙醚及氯仿混溶。主要用于生产邻苯二甲酸酯类及脂肪族二元酸酯类增塑剂,也用作乳液聚合消泡剂、萃取剂、防冻剂、润滑油添加剂。是我国容许使用的食用香料,用以配制菠菜、椰子、巧克力、桃子及柑橘类香精。可在钴催化剂存在下,以庚烯为原料经羰基合成法制得。

CH$_3$(CH$_2$)$_6$CH$_2$OH

辛醇磷酸酯钠盐 sodium octyl phosphate 无色至淡黄色液体。工业品常为单酯与双酯的混合物。10%水溶液pH值6～8。一种阴离子表面活性剂。具有优良的水溶性、丰富细腻的泡沫,优良的乳化、分散、润湿及洗涤性,还具有良好的抗静电、润滑及抗硬水性。用作化纤、塑料抗静电剂、金属切削润滑剂、防锈剂、农药及皮革加脂乳化剂等。由辛醇与五氧化二磷反应制得,通过调节两者的摩尔比,可获得单酯及双酯含量不同的产品。

β-辛基吡喃葡萄糖苷 β-octylglucopyranoside 白色固体。不溶于水,溶于石油醚、乙酸乙酯。一种非离子表面活性剂。它能溶解绝大多数膜蛋白而保持其中酶的活性,本身既具有高度生物降解性又具有易透析除去的特点。可用作分子生物学及基础医学研究的特殊溶剂。由五乙酰葡萄糖、正辛醇在催化剂作用下反应制得。

辛基丁基二苯胺 octyl butyl diphenylamine 黄色至红棕色澄清液体。相对密度0.97。闪点>185℃。黏度>280mm^2/s(40℃)。氮含量4.5%。微溶于水,溶于矿物油及酯类,用作润滑油抗氧剂,可有效延长油品使用寿命,控制由于氧化引起的黏度升高。可用于调制偶而会与食品接触的润滑油、矿物油基工业润滑油、合成工业润滑油及润滑脂、发动机油等。以二苯胺及烯烃为原料经烷基化反应制得。

辛基酚聚氧乙烯(3)醚 octyl pnenol polyoxyethylene(3) ether 又名乳化剂OPE-3、OP-3。一种非离子表面活性剂。无色或微黄色透明油状液体。有芳香气味,相对密度约1.03。熔点-26℃。活性物含量>99%。HLB值4～5。pH值

8.0~8.5(1%水溶液)。溶于乙醇、二甲苯、煤油、溶剂汽油等。难溶于水,但可分散于水中。对酸、碱及稀的还原或氧化剂溶液稳定。具有良好的乳化、分散、去污、润湿等性能。低毒。用作聚合乳化剂、纺织油剂、农用喷雾油剂、脱酯剂、干洗剂、果树杀螨剂、化妆品膏霜乳化剂等。在碱催化剂存在下,由1 mol 辛基酚与3 mol 环氧乙烷缩聚制得。

辛基酚聚氧乙烯(6)醚 octyl phenol polyoxyethylene (6) ether 又名乳化剂 C_8H_{17}——O(CH$_2$CH$_2$O)$_6$H OPE-6、OP-6。一种非离子表面活性剂。浅黄色至黄色黏稠液体。pH值6~8(1%水溶液)。HLB值10.9。溶于油及一般有机溶液。在水溶液中呈中性分子或胶冻状态,不发生离子离解。有良好的分散及乳化作用。在酸、碱及金属盐溶液中稳定,用作农药及医药乳化剂、织物洗涤剂、金属清洗剂、分散剂、塑料传送带抗静电剂等。可在碱催化剂存在下,由1 mol 辛基酚与6 mol 环氧乙烷缩聚制得。

辛基酚聚氧乙烯(10)醚 octyl phenol polyoxyethylene (10) ether 又名乳化剂 C_8H_{17}——O(CH$_2$CH$_2$O)$_{10}$H OPE-10、OP-10。一种非离子表面活性剂。棕黄色黏稠液体或膏状物。相对密度1.062。熔点7℃。pH值6~7(1%水溶液)。HLB值14.5。溶于水,水溶液是透明状,在冷水中溶解度比在热水中大。对硬水、酸碱、一般氧化剂及还原剂稳定。有优良的乳化、分散、润湿、匀染等性能。对棉、毛、麻等纤维有一定亲和力。可与阳离子、阴离子及其他非离子型表面活性剂配伍。用作匀染剂、润湿剂、洗涤剂、渗透剂、乳化剂、去脂剂等,广泛用于医药、农药、炼油、纺织、制革、涂料及日化等行业。在催化剂存在下,由1 mol 辛基酚与10 mol 环氧乙烷缩聚制得。

辛基酚聚氧乙烯(20)醚 octyl phenol polyoxyethylene (20) ether 又名乳化剂 C_8H_{17}——O(CH$_2$CH$_2$O)$_{20}$H OPE-20、OP-20。一种非离子表面活性剂。浅黄色蜡状固体。浊点≥80℃。pH值6~7(1%水溶液)。HLB值16。易溶于水。耐温、耐硬水,对酸、碱及金属盐较稳定。具有优良的乳化、润湿、增溶、分散等性能。用作农药及医药乳化剂、合成胶乳稳定剂、染料及颜料分散剂、金属清洗剂、增溶剂、渗透剂等。在碱催化剂或非碱高效催化剂存在下,由1mol 辛基酚与20mol 环氧乙烷缩聚制得。

辛基酚聚氧乙烯(30)醚 octyl phenol polyoxyethylene (30) ether 又名乳化剂 C_8H_{17}——O(CH$_2$CH$_2$O)$_{30}$H OPE-30、OP-30。一种非离子表面活性剂。白色蜡状固体。相对密度1.072(40℃)。浊点111~117℃。pH值5~7(1%水溶液)。HLB值17.1~18.2。溶于热水。耐温、耐硬水,对酸碱及金属盐稳定。具有良好的分散、乳化、增溶、润湿等性能,用于配制油田防蜡剂及破乳剂,工业清洗剂及乳化剂,增溶剂等。在碱催化剂存在下,由 1 mol 辛基酚与 30 mol 环氧乙烷缩聚制得。

辛基酚醛树脂 octyl-phenol formaldehyde resin 又名辛基酚醛增黏剂、203 树脂。浅黄色至琥珀色粒状或脆性固体。相对密度 1.04。软化点 86～100℃。酸值 42～65 mgKOH/g。不溶于水、乙醇,溶于甲苯、丙酮、二氯乙烷、乙酸乙酯、溶剂汽油及松节油等。有较好的耐热及耐碱性能。用作溶剂型橡胶胶黏剂的增黏剂、丁基橡胶的硫化剂,天然及合成橡胶的增黏剂及增塑剂。广泛用于轮胎、运输带及其他橡胶制品,也是树脂增黏剂的优良品种之一。由辛基酚与甲醛经缩聚反应制得。

辛酸 caprylic acid 又名羊脂酸。无色油状液体。低温时为白色片状结晶,稍有烧焦的气味,稀释后有水果样香气。天然存在于豆蔻、苹果、酒花等中。
$CH_3(CH_2)_6COOH$
相对密度 0.9106。熔点 16.5℃。沸点 239℃。闪点 132℃。折射率 1.428。微溶于水,溶于乙醇、乙醚、氯仿、乙酸乙酯等有机溶剂。可燃。低毒。用于制造香料、医药、染料、增塑剂等。也用作杀虫剂、防霉剂、防锈剂、消泡剂、润滑脂添加剂、黏度调节剂等。由辛醛催化氧化制得,或由正己基丙二酸加热脱羧而得。

辛酸三丁胺 octylic acid tributyl amine 浅黄色清亮液体。有氨味。稍溶于水,溶于醇及油类。有毒!对皮肤及眼睛有刺激及腐蚀性。用作黑色金属气相缓蚀剂,能吸附在金属表面上形成致密的化学吸附膜,产生良好的缓蚀效果。也可用于制造防锈纸等防锈缓蚀用品,还用作医药中间体。由三丁胺与辛酸反应制得。

辛酸亚锡 stannous caprylate 又名2-乙基己酸亚锡、异辛酸亚锡。淡黄色油状液体。相对密度 1.23～1.27。熔点 －20℃。闪点 142℃。折射率 1.490～1.501。黏度 <500 mPa·s (20℃)。不溶于水,溶于多元醇及多数有机溶剂。用作聚氨酯泡沫塑料合成催化剂,主要用于软质块状聚醚型聚氨酯泡沫生产。也用作聚氨酯弹性体、涂料及常温下硫化硅橡胶的催化剂、环氧树脂催化型固化剂、聚氨酯橡胶的引发交联剂等。由2-乙基己酸钠与氯化亚锡反应制得。

辛烯基琥珀酸淀粉钠 starch sodium octenylsuccinate 一种变性淀粉。白色乳胶体。黏度稳定,具有良好的耐热、耐酸碱性能。辛烯基琥珀酸基的取代度 $\leq 3\%$。具有疏水亲油性,主要用作食品添加剂。用作色拉调味汁、果酱、布丁及汤类罐头等的增稠剂。也可代替阿拉伯胶用作乳浊液稳定剂。由淀粉与辛烯基琥珀酸酐经酯化反应制得。

锌钡白 lithopone $ZnS \cdot BaSO_4$ 又名立德粉。为硫酸钡、硫化锌和少量氧化锌的混合物。根据硫化锌含量可分为若干等级。ZnS含量可为20%～60%。我国规定ZnS含量为30%。白色粉末。相对密度4.136～4.39。折射率1.70～2.25。不溶于水，遇稀酸分解，并产生硫化氢。在碱溶液中稳定。空气中易氧化，在日光下长时间曝晒时颜色变黑，移至暗处又可变成白色。用作白色颜料，遮盖力仅次于钛白粉而优于氧化锌。遮盖力随ZnS含量增加而提高。大量用于油漆工业。也用于塑料、橡胶、纸张、皮革、搪瓷、油墨等的着色。可由重晶石粉还原制得的硫化钡与硫酸锌溶液，经复分解反应制得。

锌铬黄 zinc chrome yellow 又名锌黄、碱式铬酸锌。
$4ZnO \cdot CrO_3 \cdot 3H_2O$ 或
$4ZnO \cdot 4CrO_3 \cdot K_2O \cdot 3H_2O$
一种含铬酸锌($ZnCrO_4$)的淡黄色颜料。相对密度3.9。颜色由亮黄色至柠檬黄。不含K_2O的产品，其吸油量大，着色力及遮盖力却弱；反之，颜色鲜艳，吸油量少。耐光性随CrO_3含量增加而上升。着色力与遮盖力低于铅铬黄，但耐光性较好。能部分溶解于水，易溶于酸和碱液，加热至150℃不分解变色。主要用于制造防锈底漆及用作涂料、塑料、油墨、绘画等的黄色着色剂。也用作戏剧表演的化妆颜料。由重铬酸钾与氧化锌在盐酸存在下反应制得。

新霉素 neomycin 由弗氏链霉菌等放线菌产生的氨基糖苷类抗生素复合物的统称。含A、B、C三种组分，A：[C_{12} H_{26} O_6 N_4]，B及C：[C_{23} H_{46} O_{13} N_6]。主要成分是B。三种组分均为碱性，A为白色针状结晶，B和C为白色无定形粉末。其硫酸盐为白色或类白色结晶性粉末。无臭。易溶于水，微溶于乙醇，不溶于乙醚、丙酮、氯仿。抗菌谱与卡那霉素相似，对金葡菌、口喉杆菌和炭疽杆菌作用好。在碱性环境中的抗菌作用较在酸性环境中强。主要用于肠道感染、皮肤感染及术前准备用。因毒性大，不供注射，只供口服或局部应用。长期口服会引起肠道黏膜萎缩性变化，从而导致吸收不良。在兽医临床上用于防治革兰阴性菌和阳性菌所引起的感染，对细菌性肠炎疗效较好。新霉素也有促进生长和提高饲料利用率的作用，用于仔猪、雏鸡及犊牛中。

新戊二醇 neopentyl glycol 又名2,2-二甲基-1,3-丙二醇、季戊二醇。
$HOCH_2C(CH_3)_2CH_2OH$
无色针状结晶。无臭、有吸湿性。相对密度1.11(25℃)。熔点127℃。沸点208℃。闪点129℃。升华温度210℃。易溶于水，溶于丙酮、甲乙酮、甲苯，与乙醇、乙醚混溶。化学性质较同碳数的二元醇更为活泼。低毒。对皮肤刺激性较小。用于制造不饱和聚酯、醇酸树脂、增塑剂、阻燃剂及高级合成润滑剂等。在聚氨酯工业用于生产聚酯多元醇及用作聚氨酯扩链剂，含新戊二醇的聚氨酯具有优良的水解稳定性、较低的玻璃化温度及熔点、优良的热和紫外光稳定性。由异丁醛与甲醛反应后再经加氢制得。

新戊基多元醇脂肪酸酯 pentaerythritol fatty acidate 一种润滑油油性添加

$$\begin{array}{c}CH_3CH_2\quad CH_2OOCR\\\diagdown\;\;/\\C\\/\;\;\diagdown\\RCOOCH_2\quad CH_2OOCR\end{array}$$

剂。淡黄色透明液体。相对密度约0.91(15.6℃)。闪点220～270℃。运动黏度15～220mm²/s(40℃)。凝点0～-40℃。按不同黏度等级有多种产品牌号。有良好的高温润滑性、低温流动性,与金属的亲和力强,可生物降解。用作矿物油及聚α-烯烃油的添加组分,能显著改善油品的润滑性能;用作金属加工液的添加组分,特别是铝加工时,能明显降低摩擦系数并有防锈作用;用作化纤纺丝油剂的添加组分能改善润滑性及抗静电性等。也可用于调制高档内燃机油、齿轮油及压缩机油等。

新洋茉莉醛 helional 又名胡椒基丙醛、2-甲基-3-(3,4-二氧亚甲基苯基)丙醛。无色至淡黄色液体。相对密度1.162。沸点134～135℃(0.399kPa)。折射率1.5320～1.5350。闪点126℃。与多数有机溶剂混溶。一种有甜的花香调的合成香料,既具紫丁香、仙客来等的香气,又具新鲜甜瓜样的水果香气。自然界不存在。可配制花香、粉香、琼花香型等高级香精。适用于化妆品、洗涤剂、肥皂等的加香。由洋茉莉醛、丙醛在稀碱存在下经羟醛缩合、还原制得。

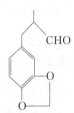

形状记忆材料 shape memory material 指具有初始形状的制品,在一定的条件下改变其初始形状并固定后,通过改变温度、pH值及电场力等外界条件,又可恢复其初始形状的材料。主要包括形状记忆合金、形状记忆陶瓷及形状记忆高分子等。在智能材料结构中,形状记忆材料可以用作控制器件、医用材料、印刷材料及报警器等,不仅可以作为传感元件,也可作为驱动元件。相对于形状记忆合金,形状记忆高分子不仅具有大的形变量,赋形容易,形状响应温度易于调整,而且具有保温、不锈蚀、可印刷、绝缘性好、质轻、价廉等特点。但其形状记忆效应是单向的(只能记忆高温时的形状),而不像形状记忆合金其效应是双向的(可同时记忆高温和低温时的形状)。在医疗及日常用品方面的应用发展很快。参见"形状记忆高分子"。

形状记忆高分子 shape memory polymer 形状记忆材料的一种。根据其形状恢复原理,形状记忆高分子可分为:①热致形状记忆高分子。指在室温以上一定温度变形,并能在室温固定形变且长期存放,当再升温至某一特定温度时,制件能迅速恢复其形状的高聚物,如聚氨酯、苯乙烯-丁二烯共聚物等,可用于体育用品、坐垫、包装、报警器等领域。②电致形状记忆高分子。是指热致形状高分子与导电性物质(如导电炭黑)的复合材料,通过电流产生的热量使体系温度升高,使复合材料的形状恢复,可用于电子集束管、电磁波屏蔽材料等;③光致形状记忆高分子。是将某些特定的光色基团引入高分子中,当紫外线照射时,就会发生光异构化反应,表现为光致形变,光照停止时,材料又回复原状。如含螺苯并吡喃结构的高聚物,可用作印刷及光记录材料。④化学感应形状记忆高分子。是利用材料周围的介质性质（如pH值）的变化来激发材料变形和形状恢复，如聚丙烯酰胺、聚乙烯醇和聚丙烯酸混合物薄膜等，可用于蛋白质或酶的分离膜等。

形状稳定相转变材料 shape-stabilized phase change materials 通过物理共混等方法对相转变材料改性而制得的一类储能材料。所用相变材料一般为石蜡、无机水合盐、聚乙二醇及多元醇等。通过微胶囊技术在相转变材料微粒表面包覆一层性能稳定的高分子膜，从而构成具有核壳结构的复合相转变材料。在相转变过程，内核发生固-相转变，而外层的高分子膜仍保持固态。所形成的微胶囊壁薄（$0.2\sim10\mu m$），从而可提高相转变材料的热传递和使用效率，强化相转变材料的传热性能。由微胶囊包封的相转变材料可以装在容器中作为储能材料单独作用，也可以与聚合物复合制成相转变纤维和塑料，应用于建筑物、设备和生活用品的温度调节控制。参见"相转变材料"。

P型分子筛 P type molecular sieve $Na_2O \cdot Al_2O_3 \cdot (2\sim5)SiO_2 \cdot xH_2O$ 又名P型沸石、沸石MAP。白色立方晶系或四方晶系结晶粉末。细孔尺寸为$0.31nm \times 0.44nm$及$0.28nm \times 0.49nm$。平均颗粒$1\mu m$。不溶于水及有机溶剂，溶于强酸、强碱。与4A分子筛比较，P型分子筛的Ca^{2+}交换速度快，结合Ca^{2+}的容量高，能提供更大的软化水能力。并具有吸油性高，对漂白剂稳定，与硅酸盐相容性好等特点。是一种无磷洗涤助剂代用品，可用于制造低磷或无磷洗衣粉、洗衣膏等。也用于石油化工、医药、环保等领域用作吸附剂、干燥剂等。以偏铝酸钠、水玻璃、氢氧化钠等为原料经成胶、晶化、过滤、洗涤、干燥而制得。

杏核油 apricot kernol oil 又名桃仁油。淡黄色油状液体。相对密度$0.912\sim0.916(25℃)$。折射率$1.462\sim1.465$。熔点低于$-10℃$。不溶于水，稍溶于乙醇，溶于乙醚、氯仿及轻质矿物油。其脂肪酸组成为：油酸$60\%\sim79\%$，亚油酸$18\%\sim32\%$，饱和脂肪酸$2\%\sim7.8\%$，亚麻酸及其他高不饱和脂肪酸约3.6%。并富含维生素E。是一种润肤剂，用于护肤制品，能赋予皮肤柔软、润滑和弹性。也有润湿剂作用，可减少水分通过表皮过分损失。可取自含油质量分数为$40\%\sim50\%$的杏树的干果仁。

杏仁油 almond oil 又名甜杏仁油。精制杏仁油为无色透明油状液体，有特殊芳香气味。相对密度$0.913\sim0.916$($25℃$)。折射率$1.463\sim1.466(40℃)$。不溶于水，稍溶于乙醇，溶于乙醚、氯仿及轻质矿物油。约在$-18℃$冻凝。其脂肪酸组成为：油酸77%，亚油酸17.3%，棕榈酸4.5%，肉豆蔻酸1.2%。杏仁油不易变质，有较好的保存性。对皮肤有润肤作用，可代替橄榄油用于发油、按摩油、润肤油和润肤膏中。但也有报道，杏仁油对咽喉有刺激作用。可取自含油质量分数约为50%的甜杏的干果仁。

胸腺素F_5 thymosin F_5 由胸腺分泌的对细胞免疫具有多种功能的一类多肽或蛋白质激素的总称。按提取中纯化工序,依次分别称为第 1～8 个组分。第 5 组分称为胸腺素 F_5,或称雄腺素 5,是由 40～50 种多肽组成的混合物,相对分子质量为 1600～15000,等电点为 3.5～9.5。它又可分为 3 个区域:α 区包括等电点低于 5.0 的组分;β 区为等电点在 5～7 间的组分;γ 区则指等电点大于 7.0 者。对分离得到的多肽进行免疫性测定,有活性的称为胸腺素(如胸腺素 α_1),无活性者称为多肽(如多肽 β_1)。胸腺素对热稳定,短时间加热至 80℃ 其活性不降低。胸腺素能促进 T 细胞分化成熟。诱导前 T 细胞(淋巴干细胞)转化为 T 细胞,并进而分化成为有特殊功能的 T 细胞亚群,从而调整机体的免疫功能。作为免疫增强剂,用于治疗胸腺发育不全综合症、复发性口疮、麻风重症感染等疾病。也可延缓某些老年病的发生和发展。由小牛、猪胸腺提取而得。

雄激素 androgen 是促进雄性及第二性征发育的甾类激素。它还具有蛋白同化作用,能促使蛋白质的合成代谢作用,使肌肉发达,体重增加。从结构上看它是一组含 19 碳的类固醇化合物。包括睾酮、雄酮、雄烯二酮及脱氢异雄酮等。其中睾酮又名睾丸素,是能促进雄性器官和性征发育成熟、增强机体合成代谢的最主要雄激性。雄激素类药物包括天然雄激素及合成雄激素化合物,后者如甲睾酮、丙酸睾酮、十一酸睾酮、去氢甲睾酮等。可用于男性雄激素缺乏症、再外生障碍性贫血、月经过多或子宫肌瘤等的治疗。

熊果苷 arbutin 又名氢醌-β-D-吡喃葡糖苷。针状结晶(热乙酸乙酯中)。熔点 195～198℃。溶于水、乙醇。不溶于非极性溶剂。易吸湿。遇稀酸会水解,生成氢醌及葡萄糖。天然存在于虎耳草科植物虎耳草、杜鹃花科植物越橘及乌饭树等中。是一种酪氨酸酶抑制剂,能阻断多巴及多巴醌的合成,从而抑制黑素生成。可治疗由紫外线诱因的各种皮肤色素沉着。也用作利尿剂、泌尿系统抗感染药、彩色摄影显影稳定剂等。可植物中提取或用化学合成制得。

休菌清 tektamer 38 又名溴菌清、炭特灵、1,2-二溴-2,4-二氰基丁烷。白色结晶或淡黄色晶体。无刺激味。熔点 52.5～54.5℃。难溶于水,溶于乙醇、乙醚、苯等有机溶剂。用作工业防霉杀菌剂,通过对菌体内有机成分进行氧化分解,抑制细胞膜功能而致效。用作水性涂料、胶黏剂、乳胶、纺织品、橡胶、纸张、电影胶片等的防霉剂、防腐剂。也用作工业循环水的灭藻剂及农用杀菌剂。由丙烯腈二聚制得 2-亚甲基戊二腈后,再与溴进行加成反应制得。

修饰剂 modifier ①又名变调剂。在香精中用以修饰主体香气、变化香精格调的香气成分。能使香精的香气变得别具风韵,并能突出个性。通常由主香剂不同韵调的香料所组成。②又名改性剂。陶瓷色料合成的一种添加剂。它可以改变和改善色料的使用特性，但不改变也不影响色料的晶体结构，起到助色、调色、补色及表面改性等作用。有 Al_2O_3、Fe_2O_3、In_2O_3、SnO_2、ZnO、CaO、SrO 等，应根据不同色料添加相应的修饰剂。

溴 bromine Br_2 又名溴素。棕红色发烟液体。相对密度 3.119。熔点 $-7.3℃$。沸点 $58.78℃$。折射率 1.647。在 $-7.3℃$ 时固化为带有金属光泽的黄色物质。常温时挥发，生成有窒息性气味的红棕色蒸气。微溶于水，易溶于乙醇、苯、氯仿及煤油等，也溶于盐酸、氢溴酸及溴化物溶液。化学性质与氯相近但稍弱。几乎能与所有元素起反应生成相应的化合物。与碳氢化合物反应可取代氢而生成氢溴酸。为强氧化剂。本身不易燃，但接触棉、草类有机物时会着火。对多数金属有腐蚀性。接触甲烷、硫黄、磷、钠、钾及金属粉末有着火危险。液态溴对皮肤有灼烧作用。用于生产溴化钠、溴化钾、含溴药品等无机或有机溴化物。农业上用于制造杀虫剂、植物生长激素。也用作饮用水消毒剂、氧化剂、漂白剂及生产阻燃剂、制冷剂、汽油抗震剂等。可将海水用硫酸酸化后通入氯气，用空气将游离溴吹出后经吸收、蒸馏制得。

溴苯腈 bromoxynil 又名 3,5-二溴-4-羟基苯基氰。无色固体。无臭。熔点 $194\sim 195℃$。$135℃$ 开始升华。蒸气压 $6.67\times 10^{-3}Pa(25℃)$。难溶于水，溶于甲醇、丙酮、四氢呋喃。化学性质稳定，无腐蚀性。中等毒性。为接触性除草剂，用于麦类、玉米、高粱、亚麻等作物田，防治阔叶杂草、猪毛菜、麦家公、田旋花、苋、麦瓶草等。由 4-羟基苯腈经溴化制得。

溴丙胺太林 propantheline bromide

又名普鲁本辛、丙胺太林、N-甲基-N-(1-甲基乙基)-N-[2-(9H-呫吨-9-基甲酰氧基)乙基]-2-丙胺。白色或类白色结晶性粉末。无臭，味极苦。熔点 $157\sim 164℃$（分解）。微有引湿性。易溶于水、乙醇、氯仿，不溶于乙醚。一种胃肠解痉药，具有胃肠道选择性，抑制胃肠道平滑肌的作用强而持久。适用于胃及十二指肠溃疡、胃炎、幽门痉挛、胰腺炎、结肠痉挛、妊娠呕吐及多汗等。由邻苯氧基苯甲酸经脱水、还原、氰化、水解、脱水酯化、季铵化而制得。

α-溴代肉桂醛 α-bromocinnamaldehyde

又名 α-溴代-β-苯基-2-丙烯醛、α-溴代丙烯醛。纯品为白色针状结晶,相对密度 1.492,熔点 72～73℃,沸点 148～149℃。工业品为淡黄至褐色粉末,熔点 71～72℃,分解温度 230～240℃。难溶于水,溶于乙醇、乙醚等有机溶剂。常温下稳定,不吸潮,无氧化及水解作用。是一种可挥发的高效防霉、除臭、除虫剂,能杀死多种霉菌、细菌及酵母菌。适用于光学仪器、乐器、工艺美术品、纺织品、皮革、塑料、橡胶及化妆品等的杀菌防霉。也用于食品及水果防霉保鲜,人体除臭,工业循环水杀菌灭藻,润滑油及汽油防腐等。由肉桂醛与溴在乙酸介质中反应后,再用碳酸钾脱去溴化氢制得。

溴敌隆 bromadiolone 又名溴敌鼠、乐万通、3-[3-[4-溴-(1,1-联苯)-4-基]-3-羟基-1-苯丙基]-4-羟基-2H-1-苯并吡喃-2-酮。白色至黄色结晶或粉末。熔点 200～210℃。难溶于水、乙醚、正己烷,微溶于乙酸乙酯、氯仿,溶于乙醇、丙酮、二甲基亚砜。为第二代抗凝血杀鼠剂,具有胃毒作用强、杀鼠谱广、适口性好等特点。对杀灭草原、农田、林区多种家野鼠及对第一代抗凝血剂产生抗性的老鼠均有较强杀灭效果。对人高毒!由对溴苯经乙酰化、查尔酮缩合、4-羟基香豆素缩合、还原、水解制得。

溴化铵 ammonium bromide NH_4Br 无色四方晶系棱形结晶或白色粉末。具有氯化铯结构。味咸。相对密度 2.429。沸点 235℃(真空中)。540℃升华。折射率 1.712。在空气中轻微分解,析出少量溴而颜色变黄。易溶于水、乙醇,微溶于乙醚。水溶液呈中性或弱酸性。能被浓硫酸、高锰酸钾等强氧化剂氧化而游离出溴。其中溴离子可被氟、氯所取代。与硝酸银反应能生成黄色溴化银沉淀。用于制造感光乳剂、照相胶片等。也用作木材阻燃剂及石版印刷。医药上用作镇静剂。由溴素与液氨反应制得。

溴化钙 calcium bromide $CaBr_2$ 有无水物、二水合物及六水合物等。白色颗粒或无色斜方晶系针状结晶。味咸而苦。无水溴化钙的相对密度 3.353(25℃),熔点 730℃,沸点 806～812℃;六水溴化钙的相对密度 2.295(25℃),熔点 38℃,沸点 149℃。吸湿性极强。易溶于水,水溶液为中性或微酸性。溶于酸、乙醇及丙酮,微溶于液氨、甲醇,不溶于乙醚、氯仿。与碱金属卤化物会形成复盐。用于制造溴化铵等其他溴化物、光敏纸、制冷剂、灭火剂、化学切割液等,也用于石油钻井。医药上用作神经中枢抑制药,有镇静作用。由氢溴酸与石灰乳反应制得。

溴化钾 potassium bromide KBr 又名钾溴。无色立方晶系结晶或白色粉末。味咸而苦。见光易变黄。相对密度2.749(25℃)。熔点730℃。沸点1435℃。折射率1.559。易溶于水、甘油,微溶于乙醇、丙酮。水溶液呈中性。其溴离子可被氟、氯所取代。与硝酸银反应生成黄色溴化银沉淀,也可被溴酸钾氧化生成游离的溴。用于制造感光胶片显影剂、调色剂、彩色照片漂白剂、底片加厚剂,以及用于石印、雕刻及制造特种肥皂,医药上用作镇静剂。由尿素的氢氧化钾溶液与溴反应制得。

溴化锂 lithium bromide LiBr 白色立方晶系结晶或粉末。相对密度3.464(25℃)。熔点547℃。沸点1265℃。折射率1.784。易溶于水、乙醇。水溶液呈碱性。溶于乙醇、甲醇、丙酮、乙二醇,微溶于吡啶。能形成熔点各不相同的一水、二水、三水及五水合物,也可与氨或胺形成一系列加成化合物。与溴化铜、溴化高汞等反应可形成可溶性盐。极易吸湿潮解。用作有机合成中卤化氢脱除剂、有机纤维膨胀剂、水蒸气吸收剂。医药上用作催眠剂及镇静剂,以及用于感光材料及锂电池的电解质。由氢氧化锂与氢溴酸经中和反应制得。

溴化铝 aluminium bromide $AlBr_3$ 又名三溴化铝。无色至黄红色单斜晶系结晶或粉末。相对密度3.01(25℃)。熔点97.5℃。沸点256℃(升华)。在湿空气中易水解而发出白烟。溶于乙醇、乙醚、苯及二硫化碳等。溶于水放出大量热。与K、Na等混合时能形成爆炸性混合物,受撞击能引起爆炸。有毒!吸入或误服会中毒!用作溴化剂、有机合成烷基化剂及异构化催化剂、橡胶热软化剂,以及用于制造氢化铝钾等。由溴素与铝反应制得。

溴化钠 sodium bromide NaBr 又名钠溴。无色立方晶体或白色颗粒状粉末。味咸而微苦。会吸湿结块,但不潮解。有无水物及二水合物。无水溴化物的相对密度为3.2023(25℃),熔点747℃,沸点1390℃;二水合物为无色单斜晶体,相对密度2.176(25℃),加热至51℃时失去结晶水。易溶于水、氨水,微溶于乙醇。水溶液呈中性。其中的溴离子可被氟、氯所取代。与稀硫酸反应生成溴化氢。在酸性条件下可被氧化而游离出溴。日光下也易被空气氧化。用于制造溴化银感光剂及洗涤剂等,也用作合成香料、医药及染料时的溴化剂,医药上用作利尿剂及镇静剂。用氢溴酸与氢氧化钠中和反应制得。

溴化氢 hydrogen bromide HBr 无色气体,有令人厌恶的窒息性臭味。在湿空气中发烟。熔点-86.8℃。沸点-66.7℃。临界温度89.9℃。临界压力8.4MPa。易溶于水,1体积水可溶解600体积HBr。其水溶液即为氢溴酸,是强酸。溴化氢纯品在空气中稳定,遇光及受热易被氧化而游离出溴。本身不燃,但与金属能发生反应并放出氢气。高毒!对呼吸道、眼睛有强刺激性。用于制造无机及有机溴化物、医药、香料、染料等。也用作还原剂、烷基化反应催化剂。由氢与溴在催化剂存在下反应制得。

溴化氰 bromine cyanide BrCN 又名氰化溴。无色或白色立方晶系针状结晶。常温下挥发并具恶臭。相对密度2.015。熔点52℃。沸点61.4℃。易溶于水、乙醇、乙醚、苯等。与碱反应生成氰酸盐及溴化物。完全干燥的溴化氢可在干燥器内放数日。有不纯物存在时会快速分解,并能引起爆炸。对多数金属有腐蚀性。剧毒!吸入粉尘或误服会中毒。用于制造氰化物、军用毒气。也用作杀菌剂、提炼金的氰化剂、选择性水解蛋白质肽链的试剂等。由氰化钠与溴素作用制得。

溴化锌 zinc bromide $ZnBr_2$ 无色斜方晶系结晶或白色粉末。相对密度4.219(4℃)。熔点394℃。沸点690℃(分解)。折射率1.5452。易溶于水、乙醇,溶于乙醚、丙酮。水溶液呈酸性。加热时可被氢还原成 Zn,和氧反应生成溴氧化物,和氟反应生成 ZnF_2,和氨反应形成氨合物。79%溴化锌水溶液的相对密度为2.54,与一般混凝土相当。耐辐射稳定性好。油田化学中用作石油钻井液的加重剂,可提高采油率。也用作橡胶着色剂、合成纤维后处理剂、高能电池的电解质,以及用于核技术防辐射及制备照相乳剂。

溴化银 silver bromide AgBr 浅黄色粉末。吸收部分可见光时颜色变黑。相对密度6.47。熔点432℃。沸点700℃(分解)。折射率2.253。不溶于水、乙醇及多数酸中。易溶于碱金属的氰化物溶液、硫代硫酸钠溶液,溶于氨水。在浓硝酸银溶液中可形成 $[Ag_2Br]^+$,在碱金属溴化物溶液中可形成 $[AgBr_2]^-$、$[AgBr_3]^{2-}$ 及 $[AgBr_4]^{3-}$ 等配离子,而使其溶解度相应增大。由于溴化银的感光速率较好,常用于制造照相底片及印相纸。也是卤化银感光乳剂的主要组分。还用于电镀及铷的微量分析。由硝酸银与溴化铵或溴化钠反应制得。

溴甲阿托品 atropine methylbromide

$$\left[\bigcirc \text{—}^+N(CH_3)_2 \text{—} O\text{—}CO\text{—}\underset{CH_2OH}{CH}\text{—}\bigcirc \right] Br^-$$

又名溴化甲基阿托品、胃疡平。白色结晶性粉末。无臭,味苦。熔点221～224℃。易溶于水,微溶于乙醇,不溶于乙醚、氯仿。碱性条件下易分解,遇光易分解变质,一种抗胆碱药。其作用与阿托品相似。具有抑制胃酸分泌及解除胃肠痉挛的作用。用于治疗胃及十二脂肠溃疡、胃肠炎及胃酸过多等症状。由硫酸阿托品经季铵化制得。

溴甲基对叔辛基酚醛树酯 bromomethyl-p-tert-octyl phenol formaldelyde resin 又名溴甲基羟甲基对叔辛基苯酚甲醛树脂、201树脂。黄色至红棕色透明块状或粒状物。相对密度1.06。软化点75～90℃。溴含量≤4.0%。不溶于水,溶于乙醚、丙酮、苯、氯仿、溶剂汽油及松节油等。用作压敏胶的增黏剂及交联剂,有良好的耐老化性、耐臭氧化及

溴联苯杀鼠萘

见"溴鼠灵"。

溴氯二甲基海因 bromochlorodimethyl hydantoin 又名3-溴-1-氯-5,5-二甲基乙内酰脲、溴氯海因。纯品为白色粉末,有氯的气味。微溶于水,溶于苯、氯仿、二氯乙烷等有机溶剂,加热至160℃时分解,并产生刺激性浓烟,易吸湿而部分水解。遇水时不断释出 Br^- 及 Cl^-,并生成次溴酸及次氯酸,它仍能将微生物体内的生物酶氧化分解而使其失活,从而具有很强的杀菌能力。高浓度时,对人的皮肤及眼睛有强刺激性及腐蚀性。用于工业水处理及游泳池水、医院、家居及公共环境等的卫生消毒,也用于花卉、种子消毒杀菌及水果保鲜。由5,5-二甲基海因与碱反应生成钠盐后,再与氯气及溴素反应制得。

溴氰菊酯 deltamethrin 又名敌杀死、凯索灵、粮虫克、α-氰基-3-苯氧基苄基(1R,3R)-3-(2,2-二溴乙烯基)-2,2-甲基环烷羧酸酯。纯品为白色针状结晶。相对密度 1.157(23℃),熔点 101~102℃,蒸气压 $0.2×10^{-8}$ Pa(25℃)。工业品为白色结晶性粉末,熔点 98~101℃。不溶于水,溶于苯、二甲苯、丙酮、环己烷、二甲基甲酰胺。在光及酸性介质中稳定,遇碱易发生皂化反应而分解。为广谱、高活性拟除虫菊酯类杀虫剂,中等毒性。对害虫有触杀及胃毒作用,并有一定拒食及驱避作用,但无内吸及熏蒸活性。对多种作物的蚜虫、食叶害虫及钻蛀性害虫都有防治效果,对螨类、介壳虫、盲蝽等无效。制剂有乳油、粉剂、悬浮剂等。由顺式右旋二溴菊酰氯、α-氰基间苯氧基苯甲醇及吡啶反应制得。

溴杀灵 bromethalin 又名 N-甲基-2,4-二硝基-N-(2,4,6-三溴苯基)-6-(三氟甲基)苯胺。淡黄色固体。熔点150~151℃。不溶于水,溶于丙酮、苯、二甲苯、氯仿。剧毒! 一种广谱、高效杀鼠药,用于防治草原、林地、农田等场所的害鼠。鼠食毒饵后,通过阻断神经传导、使害鼠中毒麻痹而死亡。以 2-氯-3,5-二硝基三氯甲苯为原料,经与苯胺偶联、甲基化、溴化而制得。

溴鼠灵 brodifacoum 又名溴鼠隆、溴联苯杀鼠萘、大隆、3-[3-[4′-溴-1,1′-联苯-4-基]-[1,2,3,4-四氢-1-萘基]-4-羟基香豆素。白色至浅黄褐色粉末。熔点 228~232℃。蒸气压 < 0.13mPa(25℃)。难溶于水、苯。为第二代抗凝血杀鼠剂,兼有速效性和缓效性杀鼠剂的特点,其毒力为杀鼠灵的 137 倍。能防治多种家鼠及野鼠。其缺点是对非靶标动物、人、畜、禽,特别是鸡、狗、猪很危险,其二次中毒的危险性也比第一代抗凝血杀鼠剂大,有些国家已禁止在城市使用。以 1-溴-3-(4′-溴联苯-4-基)-1,2,3,4 四氢萘和 4-羟基香豆素为原料制得。

溴酸 bromic acid $HBrO_3$ 无色或淡黄色液体,有刺激性臭味。相对密度 1.12(15%溶液)。仅存在于溶液中。置于室温下转变为黄色。除极稀的溶液外,极不稳定。在暗处为稳定溶液。100℃时分解。极易溶于水。为强酸(但比氯酸弱)。在酸中是强氧化剂,可将 S、HCl 等氧化。用于制造医药、染料,也用作氧化剂及通用试剂。由溴酸钡用硫酸分解制得。

溴酸钾 potassium bromate $KBrO_3$ 无色或白色三方晶系菱形结晶或颗粒。相对密度 3.27(17.5℃)。熔点 434℃。370℃ 时开始分解生成溴化钾和氧。溶于水,微溶于乙醇,不溶于丙酮。常温下稳定。具强氧化性,其水溶液为强氧化剂。与有机物、硫化物等还原性物质混合时,受撞击会发生爆炸。用作氧化剂、羊毛漂白处理剂。在 180℃ 干燥后可用作氧化还原滴定的标准物及氧化剂。在酸性溶液中被还原为 Br^-。标准电极电位为 1.44V,可直接滴定 Sn^{2+}、As^{2+} 等还原剂。食品级溴酸钾可用作小麦粉处理剂、面团质量改进剂,其氧化性可使面粉增白。鉴于发现溴酸钾有一定致癌性,一些国家已开始用其他添加剂替代。由溴化钾水溶液电解氧化或将溴蒸气通入氢氧化钾溶液中制得。

溴酸钠 sodium bromate $NaBrO_3$ 白色或无色立方晶系结晶或粉末。相对密度 3.339(17.5℃)。熔点 381℃,同时分解成溴化钠和氧。折射率 1.594。溶于水,不溶于乙醇、丙酮。水溶液呈中性,是一种强氧化剂,与有机物、还原剂、硫化物、磷等混合时,有形成爆炸性混合物的危险。吸入本品会出现眩晕、恶心、呕吐等症状。用作氧化剂、溴素发生剂、羊毛整理剂、头发冷烫剂、测定酚的试剂等。与溴化钠并用可用作金的溶解剂,也用于制造其他溴化物。由溴酸钡与碳酸钠经复分解反应制得。

β-溴-β-硝基苯乙烯 β-bromo-β-nitrostyrene 又名 2-溴-2-硝基苯乙烯。

黄色粉末。相对密度1.018。熔点 67～68℃。闪点54.4℃。难溶于水，遇水会快速水解。低毒。工业循环冷却水及造纸水中用作杀菌灭藻剂。在油田注水中用作杀生剂,用作杀生剂时具有致效高且易解毒等特点。与季铵盐复配使用，可协同作用防止黏泥的活性,也用作金属切削油乳液、涂料、胶乳及化妆品润肤剂的防腐杀菌剂,纸浆抗真菌剂。由1,2-二溴-1-硝基-2-苯基乙烷在氢氧化钠溶液中脱溴化氢制得。

2-溴-2-硝基-1,3-丙二醇 2-bromo-2-nitro-1,3-propandiol 又名布罗波尔、溴硝丙二醇。白色至淡黄色粉末或结晶。无臭,无味。熔点128～132℃。易溶于水及极性有机溶剂,难溶于油类。酸性条件下稳定。中性及碱性条件下会分解成甲醛和溴化物。光照下变为棕色。是一种广谱高效防腐剂,对细菌的抑制力要比对霉菌和酵母强。可在很广的pH值范围内使用。用作化妆品、药品、皮革及兽药等的防腐、防霉剂。也用于洗涤剂、织物处理剂的防霉处理及工业冷却水杀菌处理。还可用于棉花拌种,以防治因黄单孢菌引起的棉花角斑病。由硝基甲烷、甲醛、氯化钙及氢氧化钠所制成的混合溶液,与含二氯乙烷的溴反应制得。

絮凝剂 flocculants 凡是用来将水溶液中的溶质、胶体或悬浮物粒子凝聚成絮状物沉淀的物质都称作絮凝剂。而在工业水处理中,则将混凝沉降过程的水处理剂统称为絮凝剂。品种很多,按照化合物的类型可分为无机、有机及微生物絮凝剂三类。无机絮凝剂又可分为铝系(如硫酸铝、聚合氯化铝)、铁系(如硫酸亚铁、三氯化铁)、其他类(如聚硅硫酸铝、钙盐)。在这些无机絮凝剂中又分为低分子及高分子絮凝剂;有机絮凝剂分为合成有机高分子絮凝剂及天然高分子絮凝剂。合成有机高分子絮凝剂按其官能团性质又可分为阳离子、阴离子及非离子型三种,其中又以聚丙烯酰胺系列应用最广。阳离子聚丙烯酰胺主要用于水处理,阴离子聚丙烯酰胺主要用于造纸、水处理,而两性聚丙烯酰胺主要用于污泥脱水处理。微生物絮凝剂包括直接利用微生物细胞的絮凝剂(如某些细菌、酵母)、利用微生物细胞壁提取物的絮凝剂(如甘露糖醇)、利用微生物细胞代谢产物的絮凝剂(如多肽、多糖等)。

悬浮分散剂 suspension dispersing agent 悬浮聚合过程中加入的,为防止单体液滴和聚合物液滴发生粘接的物质。主要分为无机及有机分散剂两类。无机分散剂为不溶于水的无机盐,如碳酸钙、高岭土、滑石粉及硫酸钙等,主要通过附着于液滴表面起到机械隔离作用而防止液滴黏聚;有机分散剂主要是一些溶于水的有机高分子化合物,如明胶、甲基纤维素及淀粉等,主要通过吸附于液滴表面而形成溶剂化层,从而起到胶体保护作用。

悬浮剂 suspension concentrate 农药剂型的一种。是将固体的原药分散在水或油中得到的悬浊状液体制剂。悬浮剂的粒子直径一般在 $0.5\sim5\mu m$,而以 $2\sim3\mu m$ 居多。由于粒子细,能充分发挥农药效果,性能上优于可湿性粉剂,同时在残效期和耐水冲刷方面优于乳油。大多数悬浮剂是以水为分散剂,故又名水悬剂。它是将固体原药加入适当的润湿剂、分散助悬剂、增黏剂、防冻剂及水等配制而成;而以矿物油或有机溶剂为分散介质(连续相)的悬浮剂称为油悬剂。悬浮剂的加工过程较为复杂,一般需通过砂磨机研磨制成。

悬浮稳定剂 suspension stabilize agent 用于陶瓷釉浆中,对釉浆具有稠化作用并防止釉浆沉淀的添加剂。釉料主要由瘠性原料组成,各种原料的性能差别很大,悬浮稳定性较差,不加悬浮稳定剂,釉浆很易产生沉淀分层。传统使用的悬浮稳定剂主要是氯化钠、氯化铵、硼酸盐及有机酸如乙酸等。新型商品悬浮稳定剂具有很强的缓冲作用,对釉料无作用,如羧甲基纤维素、海藻酸钠、聚酰胺、聚丙烯酸钠等。它们在水中分散形成胶体,但又不起泡,即使釉浆中含有密度较大的组分(如刚玉粉),也能保持良好的悬浮稳定性。

选择性除草剂
见"除草剂"。

雪松叶油 cedar leaf oil 又名侧柏叶油。无色至淡黄色液体。具有橡胶樟脑气息及鼠尾草香气。主要成分为侧柏酮、侧柏素、冰片、蒎烯及乙酸丁酯等。相对密度 $0.910\sim0.920(25℃)$。折射率 $1.456\sim1.459$。几乎不溶于水、甘油,以 1:3 溶于70%乙醇,溶于乙醚及多数非挥发性油、矿物油。属植物型天然香料,用于调配香水、香皂、化妆品等日化香精,也少量用于食品香精。由柏科植物金钟柏的枝、叶经水蒸气蒸馏制得。

血卟啉 hematoporphyrin 又名1,3,5,8-四甲基-2,4-二(α-羟乙基)卟酚-6,7-二丙酸。红褐色结晶性粉末,不溶于水,难溶于乙醚、氯仿,易溶于甲醇、乙醇,溶于酸性或碱性溶液。对酸碱稳定,对强氧化剂不稳定。在稀酸溶液中为樱桃红色,在紫外光下可见红色荧光。用于制造光化和光动力学诊治恶性肿瘤的光敏剂,临床上用于癌症的治疗。以血红素为原料制得。

血管紧张素转换酶抑制剂 angiotensin convering enzyme inhibitors 简称ACEI。一类抗高血压药物。血管紧张素Ⅱ是体内最强的缩血管物质,且能促进醛固酮分泌,导致水、钠潴留及促进细胞肥大、增生,并与高血压及心肌肥厚等疾病的形成有关。ACEI 能减少血管紧张素Ⅱ生成,并减少舒张血管的缓激肽水解,引起血管舒张,血压下降,还具有改善心功能的作用。这类药物有卡托普利、贝那普利、依那普利、地拉普利、西那普利、培多普利等。用于治疗高血压、充血性心力衰竭、心肌梗死及糖尿病、肾病等。不良反应有干咳、头晕、头痛、皮疹、呕吐、血钾过多、味觉障碍及蛋白尿等。

血管舒缓素 callicrein 又名激肽释放酶、保妥丁。一种含唾液酸的糖蛋白。

广泛存在于人或哺乳动物的组织和分泌物中,如胰腺、唾液腺、肠壁、十二指肠液及尿液中含量较丰富。白色或灰白色粉末。易溶于水及稀乙醇,不溶于浓乙醇及常用有机溶剂。对热、强酸、强碱及氧化剂均不稳定。干燥粉末在-20℃下保存数日而不失活。是一种内切蛋白水解酶,能专一性地作用于蛋白质底物激肽原而释放出激肽。有血管舒张作用,可用于治疗脑血管痉挛、闭塞性动脉内膜炎、闭塞性血管炎、原发性高血压、眼底出血和视网膜血流障碍等各种疾病。由新鲜猪胰脏提取制得。

血红素 heme 又名亚铁原卟啉。是原卟啉Ⅸ的Fe^{2+}复合物,为高等动物血液、肌肉中的红色血素,存在于红细胞中,与蛋白质结合成复合蛋白质,即血红蛋白(H_b)或肌红蛋白(M_b)。H_b是运输氧气和部分二氧化碳的载体,是维持血液pH值恒定的缓冲物质。血红素结晶呈蓝黑色。不溶于水,溶于碱性水溶液,部分溶解于冰乙酸,易溶于稀氨水。制药工业中,血红素可作为半合成胆红素的原料及用于制备抗癌药及补血剂。食品工业中可替代亚硝酸盐发色剂及人工合成色素。以牛血或猪血或血粉为原料提取而得。

血胶 blood glue 又称血粉胶。是以血粉为基质的蛋白质胶黏剂的一种。血粉由经脱纤的动物血液,在加入防腐剂后干燥而得。血粉有两种:一种是经喷雾干燥或离心干燥法制得,呈细粉末状;另一种是用盘式干燥法制得,呈鳞片状结晶。前者质量为优,故一般都采用细粉末血粉。配制时,用适量水浸泡血粉,然后在搅拌下加入石灰乳、硅酸钠、碳酸钠等成胶剂混匀后即制得,蛋白质含量一般为10%~15%。血胶的耐水性比豆胶和干酪素胶好,胶合强度是蛋白质类胶中最好的。一般采用热压胶合。用于胶合板、刨花板和细木工板制造。血胶的主要缺点是固化后胶层较硬,颜色深黑,并有特异臭味,易受菌类腐蚀。

血纤维蛋白胶黏剂 tibrin adhesive 以血纤维蛋白为基料的生物型胶黏剂。主要成分是:浓缩血纤维蛋白原、凝血酶、血液凝固第Ⅷ因子、Ca^{2+}、抑肽酶等。一般分为A、B两组分:A组分为含有6.4%血纤维蛋白原的溶液,是胶的主体部分;B组分为凝血酶、氯化钙、抑肽酶的混合液。主要用于:①创伤部位止血;②神经、胰、血管的粘接、缝合补强;③骨折片的固定;④创伤敷盖材料;⑤整形外科死腔充填材料等。这类胶是利用二次止血原理的生理功能性胶黏剂,其特点是粘接不受血小板减少等血液凝固障碍的影响,粘接速度快,同组织亲和性好,可适度吸收;缺点是粘接强度不高,又系血液制剂,唯恐病毒感染,因人血制剂带来肝炎之虞。

熏蒸剂 fumigant 又名熏蒸杀虫剂。指在常温下能变成蒸气而毒杀害虫或害菌的药剂。有气体、液体及固体三类。气体物质如 HCN、CH_3Br、PH_3、SO_2、Cl_2、NH_3、H_2S、SO_2F_2 及 CO_2 等；液体物质有二溴乙烷、二氯乙烷、四氯化碳、二硫化碳、丙烯腈、环氧丙烷、三氯乙腈、敌敌畏、甲拌磷等；固体物质有萘、樟脑、对二氯苯、磷化铝、多聚甲醛等。熏蒸剂可经由害虫的呼吸系统，如气孔（气门）进入虫体内，使害虫中毒死亡。某些药剂在一般气温下具有较高的蒸气压，易挥发成有毒气体或经过化学反应而产生有毒气体而侵入害虫内，适合于在密闭的环境中使用，防治隐蔽性较大的害虫。

压裂液用化学剂
见"油气开采用化学剂"。

压敏标签 pressure sensitive label 俗称不干胶标签纸。是一种特殊压敏胶黏制品。通常在其表面上印刷有各种图案及文字，主要起广告宣传、品种识别、信息提示及装饰等作用。它是由纸、塑料薄膜或金属箔等柔性材料经涂布、印刷及模切等工艺制作而成。大致可分为：①普通压敏标签，如价格标签、品名标签等，是由压敏胶、商标纸（基材）及单面防粘纸组成；②防伪标签，是一类具有防伪功能的压敏标签，粘贴之后如将其再剥离时，基材会发生破坏，从而达到防伪目的；③热活化型压敏标签，是在加热时才具有压敏黏性的制品，主要用于药品、化妆品及食品等的包装；④冷冻型压敏标签，由于冷冻食品的普及，要求有良好的耐低温特性。

压敏胶带 pressure sensitive adhesive tape 又名压敏胶胶黏带。是将压敏胶均匀涂布在基材上，卷取成带状卷筒而制成的压敏胶制品。包装、办公用胶黏带是压敏胶制品中产量最大品种。基材有布、纸、玻璃纸、塑料薄膜如聚乙烯、聚丙烯、聚氯乙烯、聚酯等。使用最多的是双向拉伸聚丙烯薄膜，大致可分为包装用胶黏带、文化及办公用胶黏带、医疗用压敏胶胶黏带、电器绝缘胶黏带、涂装用胶黏带、双面胶黏带及特种胶黏带等。广泛用于工业各领域。

压敏胶基材 pressure-sensitive adhesive substrate 基材是支撑压敏胶黏剂的材料。要求具有较好的机械强度、较小的伸缩性、厚度均匀及能被压敏胶润湿等。常用基材有：①纸类基材，包括牛皮纸、浸渍纸（又称饱和纸，原纸经橡胶或树脂的溶剂或乳液浸透后制成）、和纸（又称日本纸）及合成纸；②布类基材，包括棉布、醋酸纤维布、玻璃布、无纺布、合成纤维布等；③塑料薄膜类基材，包括赛璐玢（玻璃纸）薄膜、聚氯乙烯薄膜、聚酯薄膜、聚乙烯薄膜、聚丙烯薄膜、聚酰亚胺薄膜、醋酸纤维素薄膜等；④其他类基材，包括金属箔、橡胶薄片、泡沫材料片、丝和塑料薄膜的复合材料片等。

压敏胶黏剂 pressure-sensitive adhesive 又名压力敏感型胶黏剂，简称压敏胶，俗称不干胶。是一类无需借助于溶剂或热，只需施加轻度指压，即能与被粘物粘接的胶黏剂。种类很多，按主体成分分为：①弹性体型压敏胶，按所用弹性体又分为天然橡胶压敏胶、合成橡胶和再生橡胶压敏胶、热塑性弹性体压敏胶；

②树脂型压敏胶,按所用树脂可分为丙烯酸酯压敏胶、有机硅及其他树脂(聚氨酯、聚氯乙烯等)压敏胶。按压敏胶的形态可分为溶剂型、乳液型、水溶液型、热熔型及压延型压敏胶等。按压敏胶主体聚合物是否交联则可分为交联型和非交联型压敏胶。交联型压敏胶按交联方式又可分为热交联型、室温交联型、光交联型及辐射交联型压敏胶等。压敏胶一般不直接使用于被粘物的粘接,而是通过将其涂布在各种基材上制成压敏胶制品上,然后再应用于被粘物的粘接。常用压敏胶制品有压敏胶黏带、压敏胶黏标签纸、压敏胶黏片三大类。

压敏胶制品 pressure-sensitive adhesive product 以压敏胶黏剂为黏料的制品。品种很多。按用途可分为工业用压敏胶黏制品、压敏胶标签及医疗用压敏胶黏制品。它们都是由各种纸品、塑料薄膜、纺织品等基材和压敏胶、底涂剂、防黏剂及隔离纸等组成。而工业用压敏胶黏制品又可分为捆扎、固定和办公事务用压敏胶黏带包装、表面保护和装饰用压敏胶黏片材、电气绝缘用压敏胶黏带。主要用于纸箱、袋、行李、邮件等的密封、捆扎,金属和塑料管等物品捆扎,金属、塑料、车辆、仪表等表面装饰及保护,电线、家电等的绝缘包扎、固定等;压敏胶标签主要用于商品标牌、广告、药品等;医疗用压敏胶黏制品主要用于医药橡皮膏、各种膏药等。

压延型橡胶压敏胶 calendering type rubber pressure sensitive adhesive 橡胶型压敏胶的一类。是将无溶剂的、100%固体成分的压敏胶黏剂在压延辊组合装置压力下压延成均匀的薄胶膜或薄胶片,然后将它们粘贴复合在织布、聚乙烯薄膜等基材上所制得的压敏胶黏带制品。由于这类制品所消耗的胶黏剂较多,多数压延型压敏胶是以再生橡胶为主体配制而成。为了提高持黏力及流动性,需加入较多的软化剂、增黏剂及补强填料。这类压敏胶主要用于涂布加工基材强度较大和压敏胶层较厚的压敏胶制品,如布基医用橡皮膏和防腐用胶黏带等。

牙科胶黏剂 dental adhesive 指用于修复牙质缺损部位的粘接材料。对牙用胶黏剂的性能要求是:①能耐受$5.85MPa$以上的咬合压力;②能耐受唾液的侵袭;③能耐受因吃冷热食物、饮料所引起的温度变化($4\sim60℃$);④长期使用不易脱落。按用途不同,常用品种有:①磷酸锌水泥,主要成分为ZnO、MgO、磷酸,主要用于镶嵌、过渡及齿冠的粘接,作为暂时填补或防止对齿髓刺激的内装材料;②羧酸盐水泥,主要成分为ZnO,MgO,聚丙烯酸酯,主要用作修补材料;③丁子香水泥,主要成分为ZnO、丁子香酚,用于暂时性根管的填补、临时固定等;④硅酸水泥,主要成分为铝硅酸盐、磷酸,用于门齿填补等;⑤玻璃离子聚合物,主要成分为铝硅酸盐、聚丙烯酸酯,用于内装、粘接或填补;⑥氰基丙烯酸烷基酯,主要成分为有机玻璃粉、α氰基丙烯酸酯,用作粘接、填补材料;⑦丙烯酸双酯,主要成分为双酚A二甲基丙烯酸乙二醇酯、甲基丙烯酸,用作预防填补材料;⑧甲基丙烯酸酯,主要成分为有机玻璃粉、三丁基硼、甲基丙烯酸甲酯，用作预防填补材料。

亚氨基二亚甲基二膦酸 iminodimethylene diphosphonic acid 无色至淡黄色液体。易溶于水，不溶于多数有机溶剂。对水中多种金属离子有螯合能力。有腐蚀性。用作金属离子的螯合剂，能抑制沉淀生成和阻止水垢形成，并具有缓蚀性能。可用作冷却水、锅炉水及油田水处理的缓蚀剂及阻垢剂。由碳酸铵、甲醛、三氯化磷反应制得。

亚甲基丁二酸-苯乙烯磺酸钠共聚物 methylene succinic acid and styrene sodium sulfonate copolymer 淡黄色透明水溶液。总固含量30%。pH值3~4。溶于水。分子结构中含有羧基，对碳酸盐垢有强分散作用。耐热性好，可在高温等恶劣条件下使用。用作水处理阻垢剂、缓蚀剂、分散剂等。由亚甲基丁二烯与苯乙烯磺酸钠在过硫酸铵引发剂作用下反应制得。

亚甲基丁二酸-丙烯醇共聚物 methylene succinic acid and propenol copolymer 淡黄色透明水溶液。总固含量30%。pH值3~4。溶于水。分子结构中含有羧基，对碳酸盐垢有强分散作用。耐热性好，可在高温等恶劣条件下使用。用作分散剂、阻垢剂、缓蚀剂等，用于低压锅炉、集中采暖、宾馆空调及各类循环冷却水系统。也可与有机膦酸盐复配使用。由亚甲基丁二酸与丙烯醇在过硫酸铵引发剂作用下反应制得。

亚甲基丁二酸-丙烯基磺酸钠共聚物 methylene succinic acid and acryl sodium sulfonate copolymer 淡黄色透明水溶液。总固含量30%。pH值3~4。溶于水。分子结构中含有羧基。对碳酸盐垢有较强分散作用。耐热性好，可在300℃的高温下使用。用作阻垢剂、缓蚀剂、分散剂等，用于低压锅炉、集中采暖、宾馆空调等各类循环冷却水系统。也可与有机膦酸盐复配使用，具有协同作用。由亚甲基丁二酸与丙烯基磺酸钠在过硫酸铵引发剂作用下反应制得。

亚甲基丁二酸-丙烯酸-2-羟丙酯共聚物 methylene succinic acid and 2-hydroxy propyl acrylate copolymer 无色

$$\mathrm{-[CH_2-\underset{\underset{COOH}{|}}{\overset{\overset{COOH}{|}}{C}}]_m-[CH_2-\underset{\underset{O-CH_2-CHCH_3}{|}}{\overset{\overset{}{|}}{CH}}]_n-}$$
$$\overset{}{C=O}\overset{OH}{}$$

至淡黄色透明水溶液。总固含量30%。pH 值3～4。溶于水。分子结构中含有羧基。对金属离子有较强螯合作用。对碳酸垢的抑垢性能比聚丙烯酸强,对磷酸钙、磷酸锌、氢氧化锌及铁氧化物等都具有较好的抑制和分散作用。用作循环冷却水处理的阻垢分散剂、缓蚀剂等。由亚甲基丁二酸与丙烯酸-2-羟丙酯在过硫酸铵引发剂存在下反应制得。

亚甲基丁二酸-2-丙烯酰基-2-甲基丙基膦酸共聚物 methylene succinic acid and 2-acryloylamino 2-methyl propyl phosphonic acid copolymer 水白色至淡

$$\mathrm{-[\underset{\underset{COOH}{|}}{\overset{\overset{COOH}{|}}{C}}-CH_2]_m-[CH-CH_2]_n-}$$
$$\underset{\underset{O=P(OH)_2}{|}}{\underset{\underset{CH_2}{|}}{\underset{\underset{C(CH_3)_2}{|}}{\underset{\underset{NH}{|}}{\overset{\overset{}{|}}{C=O}}}}}$$

黄色透明水溶液。总固含量30%。pH 值2～3。溶于水,分子结构中含有羧酸根,对Ca^{2+}、Mg^{2+}等离子具有螯合作用。而膦酸基又具有缓蚀阻垢性能。是一种多功能水处理剂,用作水处理阻垢剂、缓蚀剂、絮凝剂等。由亚甲基丁二酸与2-丙烯酰基-2-甲基丙基膦酸在过硫酸铵引发剂作用下反应制得。

亚甲基丁二酸反丁烯二酸共聚物 methylene succinic acid and fumaric acid copolymer 无色至淡黄色透明水溶液。

$$\mathrm{-[CH_2-\underset{\underset{COOH}{|}}{\overset{\overset{COOH}{|}}{\underset{\underset{CH_2}{|}}{C}}}]_m-[\overset{\overset{COOH}{|}}{CH}-\overset{\overset{}{|}}{\underset{\underset{COOH}{|}}{CH}}]_n-}$$

总固含量30%。pH 值2～3。溶于水。分子结构中含有多个羧基,对碳酸盐垢有很强分散作用。耐热性好。可在300℃高温下使用。用作水处理阻垢剂、缓蚀剂、分散剂等。由亚甲基丁二酸与反丁烯二酸在过硫酸铵引发剂作用下反应制得。

亚甲基双苄基萘磺酸钠盐
见"分散剂 CNF"。

亚甲基双丙烯酰胺 methylene bis (acrylamide) 白色至微黄色结晶或粉末。$CH_2=CHCONHCH_2NHCOCH=CH_2$ 相对密度 1.325(30℃)。熔点185℃(分解)。溶于水、乙醇、丙酮,微溶于苯。有毒!对眼睛、黏膜及皮肤具有一定刺激作用。用于制造不溶性树脂、吸水性材料、油田压裂液、堵水灌浆材料、胶黏剂、涂料等。可在硫酸存在下,由丙烯腈与甲醛反应生成亚甲基双丙烯酰胺硫酸盐后,再经氨中和制得。

亚甲基双(二丁基二硫代氨基甲酸酯)
methylene bis(dibutyl dithiocarbamate)

$$\begin{array}{c} R \\ \diagdown \\ N-C-S-CH_2-S-C-N \\ \diagup \quad \| \qquad \qquad \| \quad \diagdown \\ R \quad S \qquad \qquad S \quad R \end{array}$$

棕色黏稠性液体。相对密度 1.054。闪点 180℃。运动黏度 370 mm^2/s。硫含量 30%。氮含量 5.0%。不溶于水,溶于合成基础油及多数常用溶剂。用作润滑油脂无灰极压抗磨剂,具有良好的抗极压、耐磨、抗氧化及抗乳化性能。可单独或与其他添加剂匹配使用。适用于调配汽轮机油、液压油、工业齿轮油等。

$4,4'$-亚甲基双(2,6-二叔丁基苯酚) 见"抗氧剂 702"。

$2,2'$-亚甲基双(4,6-二叔丁基苯氧基)磷酸铝盐 $2,2'$-methylene bis(4,6-di-*tert*-butyl phenoxy)phosphate aluminium salt 又名成核剂 NA-21。白色结晶性粉末。不溶于水、丙酮、苯、氯仿,溶于甲醇。为第三代芳基磷酸酯盐类有机分散型成核剂,是由多种组分复配而成的组合物,主要成分是 $2,2'$-亚甲基双(4,6-二叔丁基苯氧基)磷酸铝的碱式盐。无毒。可用于食品包装材料。用于各类聚丙烯树脂的成核改性。具有熔点低、成核效率高、易分散、无气味、不沉析等特点,可显著改善制品的透明性、刚性及抗蠕变性等。以 $2,2'$-亚甲基双(4,6-二叔丁基)苯酚、三氯氧磷等为原料制得。

亚甲基双(2,4-二叔丁基苯氧基)磷酸钠 methylene bis(2,4-di-*tert*-butyl phenoxy) phosphate sodium 又名成核剂 NA-11。白色结晶性粉末。熔点高于 400℃。不溶于水、丙酮、苯、氯仿,溶于乙醇,易溶于甲醇。432℃及 450℃下的热失重分别为 10% 及 50%。无毒。可用于食品包装材料。为第二代芳基磷酸酯类有机分散型成核剂,适用于聚丙烯树脂成核改性,具有热稳定性好、成核效率高等特点。缺点是分散性较差,制品表面易产生疵点。以亚甲基双(2,4-二叔丁基)苯酚及三氯氧磷等为原料制得。

$2,2'$-亚甲基双(4-甲基-6-叔丁基苯酚) 见"抗氧剂 2246"。

亚甲基双硫氰酸酯 methylene bis-thiocyanate 又名二硫氰酸亚甲基酯。

$$H_2C \diagup^{SCN}_{SCN}$$

无色至浅黄色针状结晶。有恶臭和刺激味。熔点 102~104℃。闪点 53℃。几乎不溶于水。溶于丙酮、二氧六环、二甲基甲酰胺及 N-甲基吡咯烷酮等。光照下会变色。100℃以下稳定。是一种广谱高效杀菌剂。用于工业循环水处理以及包装纸、皮革、木材、竹器、浆糊、涂料、墨水等的防霉防腐。对循环冷却水系统生长的铁细菌、异养菌及硫酸盐还原菌有较强杀灭效果,而且药效时间长、经水解后的化合物毒性低,对缓阻剂及阻垢剂等药剂无干扰作用,常用于排放限制严格的造纸厂和那些主要问题是控制黏泥细菌的冷却水系统。由二氯甲烷与硫氰化钠在乙醇水介质中反应制得。

亚甲基双磺酸钠 见"分散剂 NNO"。

亚甲基双硬脂酰胺 methylene bis-stearamide 又名亚甲基双十八烷酰胺。

$CH_2(NHCOC_{17}H_{35})_2$ 白色至微黄色蜡状固体或粉末。熔点 138~143℃。闪点 243℃。燃点

250℃。不溶于水,溶于乙醇、苯、丙酮、乙酸乙酯及石油醚等。可燃。低毒。用作各种合成树脂加工时的润滑剂、颜料分散剂、橡胶及铸造用脱模剂、油漆防水剂、橡胶上光剂及电绝缘材料等。由硬脂酰胺经酰胺化后再与甲醛反应制得。

亚磷酸 phosphorous acid H_3PO_3 磷的含氧酸。有正亚磷酸(H_3PO_3)、焦亚磷酸($H_4P_2O_5$)及偏亚磷酸(HPO_2)三种。常指比较稳定的正亚磷酸。无色或略呈淡黄色针状结晶,有大蒜样气味。相对密度1.651(21.2℃)。熔点73.6℃。沸点200℃,同时分解成磷酸及磷化氢。在空气中缓慢氧化成磷酸。易溶于水、乙醇。酸性比磷酸强。有强还原性,可使溶液中银盐还原而析出金属银。与浓硫酸反应可生成正磷酸及二氧化硫。快速加热时生成少量红磷及氢气。有强吸湿性及潮解性,对皮肤有腐蚀作用。用于制造亚磷酸锌等亚磷酸盐、有机磷农药、塑料稳定剂,也用作还原剂、尼龙的抗氧剂、润滑油添加剂、清凉饮料的酸味剂等。由三氯化磷水解制得。

亚磷酸二正丁酯 di-n-butyl phosphite

$$\begin{array}{c} CH_3(CH_2)_3O \\ \diagdown \\ P \\ \diagup \quad \diagdown \\ CH_3(CH_2)_3O \quad H \end{array} \begin{array}{c} O \end{array}$$

无色透明液体。相对密度0.986(25℃)。沸点95℃(0.133kPa)。闪点49℃。折射率1.4226(25℃)。磷含量14.5%~16.0%。酸值10mg KOH/g。不溶于水,易溶于醇、醚、酯等有机溶剂。用作润滑油极压抗磨剂,有较强的极压抗磨性,配伍性能好。可配制双曲线齿轮油、工业及车辆齿轮油、切削油及其他油品。用作汽油添加剂、聚丙烯抗氧剂及阻燃剂等,也用于制药及合成香料。由三氯化磷与正丁醇反应制得。

亚磷酸三苯酯 triphenyl phosphite

$$\begin{array}{c} C_6H_5-O \\ C_6H_5-O-P \\ C_6H_5-O \end{array}$$

又名三苯氧基磷。无色微带酚臭的透明液体,有刺激性。相对密度1.1844。熔点22~24℃。沸点360℃。闪点222℃。折射率1.590(25℃)。不溶于水,溶于乙醇、乙醚、丙酮、苯及氯仿等。低毒。用作聚氯乙烯、聚丙烯、聚苯乙烯、聚酯、环氧树脂及合成橡胶等的辅助抗氧剂及热稳定剂,并在各种聚氯乙烯制品中起螯合作用,抑制其颜色变化,保持透明性。与卤素阻燃剂并用,兼具有抗氧及阻燃作用。也用于制造亚磷酸三甲酯、醇酸树脂等。由三氯化磷与苯酚反应制得。

亚磷酸三甲酯 trimethyl phosphite

$$\begin{array}{c} CH_3O \\ CH_3O-P \\ CH_3O \end{array}$$

无色透明液体。有刺激性气味。相对密度1.044~1.064。沸点108~108.5℃。闪点38℃。折射率1.4076。pH值6~8。不溶于水,溶于乙醇、乙醚、苯。遇水易分解成亚磷酸二甲酯。热稳定性较差,空气中易氧化。可燃。是一种重要有机磷及农药中间体,用于生产农药敌敌畏、久效磷、速灭磷、杀虫畏、百治磷等。也用作塑料、化纤及木材的阻燃剂,聚合催化剂及涂料添加剂等。以三氯化磷、甲醇为主要原料,用有机磷为缚酸剂,经叔胺-氨法合成制得。

亚磷酸三(壬基苯基)酯 tris(nonylphenyl)phosphite 又名抗氧剂TNP、防老

$$\left[C_9H_{19}-\!\!\!\bigcirc\!\!\!-O \right]_3 P$$

剂 TNP。浅黄色或琥珀色透明液体。相对密度 0.982～0.992。熔点 <−5℃。沸点 530～540℃。折射率 1.520～1.526(25℃)。不溶于水,溶于乙醇、丙酮、苯、氯仿等。一种通用型抗氧剂,适用于乙烯基树脂、聚酯、ABS 树脂等,具有耐热氧化、不污染、无臭、毒性小等特点。与酚类抗氧剂并用有协同效应。也用作天然及合成橡胶、胶乳的防老剂,尤适用于丁苯橡胶作不变色稳定剂。由壬基酚与三氯化磷反应制得。

亚磷酸三乙酯 triethyl phosphite

$$P \begin{array}{l} -OC_2H_5 \\ -OC_2H_5 \\ -OC_2H_5 \end{array}$$

无色透明液体。相对密度 0.963。沸点 156.6℃。闪点 54.4℃。折射率 1.4133。不溶于水,遇水会逐渐水解成亚磷酸二乙酯,酸性介质中会加速水解。易溶于乙醇、乙醚、丙酮及苯等。易燃。有毒。用作丙烯、聚氯乙烯、聚酰胺、聚酯及纤维素树脂等的抗氧剂、增塑剂及热稳定剂等,具有不着色、不污染等特点。用于制造荧光增白剂、防锈剂及农药等。也是魏悌希-霍纳反应的重要试剂。由无水乙醇、三氯化磷及液氨反应制得。

亚磷酸双酚 A 酯 bisphenol A phosphite

$$\left[HO-\!\!\!\bigcirc\!\!\!-\overset{CH_3}{\underset{CH_3}{C}}-\!\!\!\bigcirc\!\!\!-O \right]_3 P$$

又名亚磷酸三双酚 A 酯。暗灰色松香样块状透明固体。质脆,易研磨成粉末。含磷 3.8%～4.1%。熔点 63～74℃。不溶于水,溶于乙醇、乙醚、丙酮、苯及乙酸乙酯等。用作聚乙烯、聚丙烯、聚氯乙烯及聚碳酸酯等热塑性塑料及合成纤维的抗氧剂及热稳定剂,具有耐热性好、耐水洗等特点。在乙醚存在下,由双酚 A 与三氯化磷反应制得。

亚硫酸化鱼油 sulfited fish oil 棕红色稠厚液体。主要成分为羟基亚硫酸化鱼油。pH 值 5.5～6.5。属阴离子型加脂剂。对酸、碱、盐等电解质稳定,适用 pH 值范围广。有良好的渗透性、乳化稳定性。适用于各种革的加脂,制别是软革加脂,能均匀地分散于革内,使成革丰满、柔软而富有弹性。可在催化剂存在下,使鱼油与亚硫酸氢钠反应,对鱼油的双键进行磺酸根加成,生成含羟基亚硫酸鱼油。

亚硫酸化植物油 sulfited vegetable oil 棕红色油状液体。主要成分为羟基亚硫酸植物油。相对密度 1.210。pH 值 5.5～6.0。有效成分≥80%。不溶于水。易与水形成乳液,在 pH 3～10 范围内稳定。属阴离子型加脂剂,具有优良的加脂性能,可在酸、盐溶液中加脂使用,专用于皮革加脂。可在催化剂存在下,由植物油与焦亚硫酸钠反应,在脂肪酸碳链上引入磺酸基和羟基,生成含羟基亚硫酸植物油。

亚硫酸钾 potassium sulfite 又名二水亚硫酸钾。白色单斜晶系结晶或粉末。 $K_2SO_4 \cdot 2H_2O$ 无臭。易溶于水,微溶于乙醇。水溶液呈碱性。空气中会缓慢氧化成硫酸盐。遇稀酸分解并放出二氧化硫,加热脱水成无水亚硫酸钾,继续加热则分解。有强还原性。用于制造医药制剂、照相药剂,也用作还原剂、漂白剂、防腐剂。食品级亚硫酸钾用作速冻法炸土豆、速冻龙虾等的抗氧化剂、防腐剂等。由二氧化硫通入氢氧化钾或碳酸钾溶液中制得。

亚硫酸金钾 gold potassium sulfite $K_3Au(SO_3)_2$ 又名亚硫酸钾金。金黄色结晶颗粒。易溶于水,不溶于乙醇。在适当的酸度条件下(pH=8～16),结构中的 SO_3^{2-} 可定量地将 Au(Ⅲ) 转变为 Au(Ⅰ),并生成稳定的 $[Au(SO_3)_2]^{3-}$ 配合物。按这种作用机理,亚硫酸金钾可替代氰化物进行镀金。用于铜、镍、银基材的电子元件、景泰蓝饰品、眼镜架等直接镀金,也可与其他元素的电镀液配合作用,镀出不同 K 金值的含金镀层。相应的亚硫酸金盐,如亚硫酸金钠、亚硫酸金铵等也具有同样作用。

亚硫酸钠 sodium sulfite Na_2SO_3 白色六方棱柱形结晶或粉末。相对密度 2.633(15℃)。加热至红热而分解。溶于水、甘油,微溶于乙醇,不溶于液氨。水溶液呈碱性。有强还原性,能夺去其他物质中的氧。与硫反应生成硫代硫酸钠。与强酸反应生成相应的盐并放出二氧化硫。亚硫酸钠也存在七水合物($Na_2SO_3 \cdot 7H_2O$),为无色单斜结晶或粉末。相对密度 1.539(15℃)。加热至 50℃时溶于自身结晶水中,同时析出无水物。150℃时失去结晶水,并分解生成硫化钠及硫酸钠。用作纤维漂白剂、锅炉水及油田注水的除氧剂、显影剂、乳液聚合链调节剂、黏胶纤维稳定剂、啤酒瓶杀菌剂、玻璃镜子和石版雕刻剂,以及用于制造脲醛树脂合成催化剂、硫代硫酸钠等。食品级亚硫酸钠可用作食品漂白剂、疏松剂、抗氧剂等。由碱溶液吸收 SO_2 后经碱中和制得。

亚硫酸氢铵 ammonium hydrogen sulfite NH_4HSO_3 又名重亚硫酸铵、酸式亚硫酸铵。白色结晶粉末。相对密度 2.03。熔点 150℃(氮气中升华)。溶于水、乙醇。遇热分解。商品常为亚硫酸铵溶液,淡黄至黄褐色液体,略有二氧化硫气味,相对密度 1.30(50％溶液)。有还原性。空气中不稳定,易氧化成硫酸盐。用于制造保险粉、吊白块、液态二氧化硫、己内酰胺、皮革合成鞣料及染料等。也用作还原剂、防腐剂、青储饲料保鲜剂、锅炉水及油田注水系统的除氧剂等。由氨水吸收硫酸生产尾气的二氧化硫制得。

亚硫酸氢钾 potassium hydrogen sulfite $KHSO_3$ 又名重亚硫酸钾、酸式亚硫酸钾。白色结晶粉末。有二氧化硫臭味。易溶于水,不溶于乙醇。熔点 190℃(同时分解)。空气中不稳定,放出二氧化硫,并逐渐氧化为硫酸盐。遇无机酸分解产生二氧化硫。有还原性。用于制造二氧化硫、亚硫酸及其盐类。也用作有机合成还原剂、织物纤维及稻草的漂白剂、杀菌剂、防腐剂等。由二氧化硫通入碳酸钾溶液制得。

亚硫酸氢钠 sodium hydrogen sulfite $NaHSO_3$ 又名重亚硫酸钠、重硫氧。无色或白色单斜晶系结晶或粉末,微有二氧化硫恶臭。相对密度 1.48。折射率 1.526。加热则分解。易溶于水,不溶于乙醇、丙酮。水溶液呈酸性。空气中不稳定,会放出二氧化硫,并逐渐氧化成硫酸盐。亚硫酸钠与焦亚硫酸钠($Na_2S_2O_5$)呈可逆反应,失水时生成焦亚硫酸钠,焦亚硫酸钠吸水又变成亚硫酸氢钠。工业品常为此二者的混合物。有强还原性。用作工业用水及锅炉水除氧剂,废水处理还原剂及杀菌剂,纤维漂白后的脱氯剂,鱼油磺化剂,烤胶助溶剂等。食品工业中用作抗氧化剂、防腐剂、蔬菜脱水剂及保存剂等。由碳酸钠或碳酸氢钠溶液中通入二氧化硫制得。

亚硫酰氯 thionyl chloride $SOCl_2$ 又名氯化亚砜、氯氧化硫、二氯氧硫。无色至淡黄色液体。有刺激性气味。在空气中发烟。相对密度1.655(10℃)。熔点-105℃。沸点78.8℃。折射率1.527(10℃)。蒸气相对密度4.1。与苯、氯仿、四氯化碳等混溶。遇水分解成亚硫酸和盐酸,加热至140℃以上时,分解成氯气、二氧化硫和一氯化硫。500℃以上完全分解。与有机物反应生成酸酐或氯化物。与磺酸反应生成磺酰氯。不燃。毒性比亚硫酸大,受潮时对多数金属有腐蚀性。液体或蒸气均对皮肤、黏膜及眼睛有强腐蚀性及刺激性。用于制造医药、农药、染料、颜料、彩色软片、有机酸酐等。也用作有机合成的氯化剂、氯磺化剂、氯烷基化剂、催化剂及脱水剂等。由二氯化硫用三氧化硫氧化而得。

亚氯酸钠 sodium chlorite $NaClO_2$ 白色晶体或结晶性粉末,因常含二氧化氯而呈黄绿色。商品除无水物外,还有含三分子水的晶体及水溶液。低于37.4℃时,从水溶液析出三水合物。无水物性质稳定,加热至380℃尚不分解,而三水物加热至180～200℃即分解成氯酸钠和氯化钠。亚氯酸钠易溶于水。在碱性介质中稳定。在酸性溶液中会分解产生二氧化氯气体。为强氧化剂,与有机物及硫黄混合并撞击或研磨时会发生爆炸。对皮肤、黏膜有刺激性。用作纸张、糖、麦杆、油脂、虫胶、蜡、棉及合成纤维的漂白剂,也用于皮革脱毛、下水道水的杀菌、饮水净化及焦炉气中微量一氧化碳的净化等。由二氧化氯、过氧化氢及氢氧化钠反应制得。

α-亚麻酸 α-linoleinic acid 又名9、12、

$$H_3C \diagdown_{15} \diagdown_{12} \diagdown_9 (CH_2)_6COOH$$

15-十八碳三烯酸、亚麻酸。含3个环键的不饱和脂肪酸。以甘油酯的形式存在于大麻籽油、亚麻籽油及紫苏油等中。无色至淡黄色油液。相对密度0.916。熔点-11℃。沸点230℃(2.27kPa)。折射率1.480。不溶于水,溶于乙醇、乙醚等多数有机溶剂。置于空气中易氧化聚合而成坚硬膜层,加热易聚合。为人体必需的不饱和脂肪酸之一,具有降低血清胆固醇、甘油三酯和低密度脂蛋白,降低血液黏度,防止血栓形成等作用。用作营养增补剂,对预防高血脂、高血压及糖尿病有一定作用。由油酸去饱和制得亚油酸后再经脱氢酶作用制得。

γ-亚麻酸 γ-linolenic acid 又名全顺

$$H_3C(CH_2)_3 \diagdown_{12} \diagdown_9 \diagdown_6 (CH_2)_3COOH$$

式-6,9,12-十八碳三烯酸。α-亚麻酸的异构体。一种不饱和脂肪酸。天然存在于亚麻油、黑加仑籽油、月见草油等中，母乳中亦含有少量。无色或淡黄色油液。不溶于水、乙醇，溶于乙醚、丙酮、苯等有机溶剂。碘值 273.5 gI_2/100g。遇空气易氧化而形成坚硬膜层。为人体合成花生四烯酸和前列腺素的前体物质。具有降低血清胆固醇、调节血脂、抑制血小板集聚的作用，是优良的抗氧剂及自由基防护剂。用于护肤品，能提高皮肤的水合度和弹性，增加血液流通和细胞新陈代谢。用在生发酊中可消除头屑，刺激头发生长和赋予头发光泽，用于牙膏中可防止牙病。由月见草油经皂化后用正己烷提取而得。

亚麻籽胶 linseed gum 一种由L-鼠李糖、D-木糖、D-半乳糖等碳水化合物组成的多聚糖。黄色至棕黄色膏状物。蛋白质含量 10%～15%。果胶酸含量≤15%。溶于水，1%水溶液pH值6～7。具有良好的增稠、胶凝性能，与蛋白质反应起乳化作用。主要用作食品增稠剂、胶凝剂、乳化剂及发泡剂等。由亚麻种子胚乳用水浸提后浓缩制得。

亚砷酸钠 sodium arsenite $NaAsO_2$ 又名偏亚砷酸钠。白色结晶或灰白色粉末。相对密度1.87。熔点615℃。溶于水，微溶于乙醇。水溶液呈碱性。有潮解性，会吸收空气中的 CO_2 而分解。本身不可燃，但遇氧化剂会发生放热反应。剧毒！为人类致癌阳性物。工业品常是由亚砷酸钠与氧化铝组成。为警惕其毒性，工业品都染上蓝色以便储存及施用时引起注意。用作除草剂、杀虫剂、皮革防腐剂、有机合成催化剂及制造消毒用含砷肥皂。医药上也作为含砷药物治疗某些鳞状皮肤病。由三氧化二砷溶于氢氧化钠或碳酸钠溶液中经煮沸后浓缩、干燥制得。

亚铁氰化钾 potassium ferrocyanide $K_4Fe(CN)_6 \cdot 3H_2O$ 又名黄血盐、黄血盐钾。柠檬黄色单斜晶系结晶。相对密度1.853(17℃)。折射率1.5772。溶于水、丙酮，不溶于乙醇、乙醚及液氨。水溶液呈中性。加热至70℃时失去结晶水，180℃时生成白色无水物。强热时分解放出氮气，并生成氰化钾及碳化铁。水溶液遇光分解为氢氧化铁，遇卤素过氯化物形成赤血盐钾，遇铁盐溶液或高价铁生成普鲁士蓝沉淀。与亚铁氰化钠类似，亦按一般毒物处理。用于制造颜料、赤血盐钾、印染助剂、炸药、医药、油漆等，也用于雕刻、石印、钢铁热处理。由氰熔体与硫酸亚铁反应所得配合物与氯化钾反应制得亚铁氰化钾钙复盐后，再用碳酸钠脱钙制得。

亚铁氰化钠 sodium ferrocyanide $Na_4Fe(CN)_6 \cdot 10H_2O$ 又名黄血盐钠。柠檬黄色单斜晶系结晶。相对密度1.458。折射率1.5436。溶于水，不溶于乙醇。干燥空气中易风化。加热至50℃以上开始脱水。81.5℃时生成无水物。435℃时分解放出氮气，并生成氰化钠及碳化铁。本身虽无毒性，但遇酸会分解生成极毒的氢氰酸，遇碳酸钾等碱性物质则生成剧毒的氰化钾，因此亦按一般毒物处理。与硝酸银反应生成乳白色的 $Ag_4Fe(CN)_6$

沉淀。与硫酸亚铁反应生成 $Fe_2[Fe(CN)_6]$ 沉淀,继而氧化成普鲁士蓝。在氧化剂作用下氧化成铁氰化钠。用于制造蓝色颜料、蓝色晒图纸、赤血盐等。也用于鞣革、钢铁、渗碳、印染、金属表面防腐及用作食盐抗结剂。由氰化钠与硫酸亚铁反应制得。

亚硒酸 selenious acid H_2SeO_3 无色或白色六方晶系柱状结晶。相对密度 3.004(25℃)。熔点 70℃(分解)。易溶于水、乙醇,不溶于氨。有潮解性。在干燥空气中会发生风化而生成二氧化硒。能升华,加热至 100℃ 时分解而生成二氧化硒。为中强酸及中强氧化剂,能被臭氧、过氧化氢及氯等强氧化剂氧化成硒酸。也能被亚硫酸、氢碘酸、次亚氯酸钠等还原剂还原成硒。有毒!用于制造亚硒酸盐。也用作氧化剂、生物碱试剂,沉淀钛、锆和从铝及稀土元素中分离锆等。由二氧化硒溶于热水后经蒸发结晶制得。

亚硒酸钠 sodium selenite 白色针状 $Na_2SeO_3 \cdot 5H_2O$ 结晶或粉末。熔点 710℃。溶于水,不溶于乙醇。在空气中稳定。干燥空气中易发生风化而脱水。40℃ 时即失去结晶水而成无水亚硒酸钠 (Na_2SeO_3)。具有氧化性。在过氧化氢、高锰酸钾等强氧化剂存在下,易被有机酸还原。剧毒!用于制造红色玻璃、瓷釉。也用作检验生物碱、种子发芽的试剂。医学上用于防治克山病(一种地方病)。由亚硒酸与碳酸钠反应制得。

N-亚硝基二苯胺 N-nitrosodiphenylamine

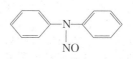

又名防焦剂 NA、高级阻聚剂 N-NO。黄色至棕色粉末或片晶。相对密度 1.24。熔点 66.5℃。分解温度 200℃。不溶于水,微溶于乙醇、汽油,溶于乙醇、乙醚、苯、丙酮、四氯化碳、二硫化碳。可燃。易氧化,粉尘与空气的混合物遇明火有爆炸危险。有毒!对皮肤、眼睛及上呼吸道有刺激性。用作氯丁橡胶高效阻聚剂、天然及合成橡胶的防焦烧剂、硫化延迟剂、有轻微焦烧的胶料的再塑化剂,也用于制造杀虫剂、消毒剂、橡胶防老剂等。由二苯胺及亚硝酸钠反应制得。

亚硝酸二环己胺 dicyclohexylamine nitrite 无色至淡黄色结晶粉末。溶于

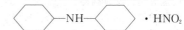

水、乙醇、甲醇,不溶于乙醚、苯。加热至 175℃ 时分解并放出氨气。在酸性或碱性介质中会分解。有毒!蒸气对眼睛及皮肤有刺激性。用作黑色金属的气相缓蚀剂,能在金属表面形成致密而稳定的化学吸附膜,产生良好的缓蚀效果。广泛用于汽车、内燃机、机械零部件及军工武器等的防蚀。由磷酸及二环己胺反应生成磷酸二环己胺,再与亚硝酸钠反应制得。

亚硝酸二异丙胺 diisopropyl amine nitrite $(C_3H_7)_2NH \cdot HNO_2$ 无色结晶或粉末。溶于水、异丙醇、乙二醇,易溶于乙醇、甲醇,不溶于苯。微毒。用作钢铁的液相或气相防蚀剂,以及镀铬、镀镍、镀锡等金属的缓蚀剂。是一种阳极

型缓蚀剂,可使钢、铁及铜、锌等合金钝化,形成膜,从而抑制金属腐蚀。也可用作闭式水系统的缓蚀剂,以及用于木材、皮革、橡胶等的防蚀。由亚硝酸钠、甲醇及二异丙胺反应制得。

亚硝酸钙 calcium nitrite $Ca(NO_3)_2 \cdot H_2O$ 白色至淡黄色结晶,有潮解性。相对密度 2.23(34℃)。溶于水及乙醇溶液。加热分解并释出氧化氮气体。有氧化性,与有机物、还原剂、硫黄、磷等混合时,经撞击、摩擦能引起着火或爆炸。有毒!误服或吸入其粉尘会引起中毒。亚硝酸钙水溶液密度为 1.42 g/cm^3 时的冰点为 $-28.2℃$。用作混凝土防冻阻锈剂、水泥硬化促进剂、润滑油腐蚀抑制剂及乳化剂及重油洗涤剂等。由亚硝酸钠与氯化钙或氢氧化钙反应制得。

亚硝酸钾 potassium nitrite KNO_2 白色至微黄色单斜晶系棱柱状结晶。相对密度 1.915。熔点 440℃。350℃开始分解生成氧化钾,并放出氧化氮气体。易溶于水、液氨,微溶于乙醇,不溶于丙酮。在湿空气中可缓慢变成硝酸钾。被稀酸分解生成亚硝酸酐。有氧化性,如遇高锰酸钾等强氧化剂则呈还原性。根据还原剂不同,可以被还原成 NO、N_2O、N_2、NH_3 或 NH_4OH 等。与铵盐或氰化物混合会爆炸,有毒!用于制造苯胺染料、偶氮染料、医药、农药等,在钛白搪瓷制造中用作抗撕裂剂及颜色稳定剂,还用作血管扩张剂、肉类制品发色剂等。由硝酸钾与亚硝酸钠经复分解反应制得。

亚硝酸钠 sodium nitrite $NaNO_2$ 又名亚钠。纯品为无色或白色吸湿性斜方晶体。通常为微黄色粒状物或粉末。无臭而稍有咸味。相对密度 2.168。熔点 271℃。有潮解性。易溶于水,微溶于乙醇、乙醚。加热至 230℃ 以上分解,并放出氧气、氧化氮并生成氧化钠。毒性很大,有致癌性,大量经口摄入可出现恶心、呕吐、发绀、昏迷等症状。用于制造硝基化合物、染料、农药,也用作印花显色剂、重氮化剂、电镀缓蚀剂、棉麻漂白剂、混凝土防冻剂及早强剂等。食品级亚硝酸钠用作肉类制品发色剂、防腐剂,它能与肉类中的肌红蛋白形成红色的亚硝基血红蛋白,从而起到发色作用,但因能形成致癌物亚硝胺,用量应严格控制。由于亚硝酸钠的外观及滋味与食盐相似,须严防误用,以免中毒。由氨氧化生产硝酸时排出的一氧化氮和二氧化氮尾气,用碳酸钠水溶液吸收制得。

亚硝酰氯 nitrosyl choloride $NOCl$ 又名氧氯化氮、氯化亚硝酰。黄色气体或红褐色液体。有刺激性恶臭味。相对密度 1.25(液体)。熔点 $-64.5℃$。沸点 $-5.5℃$。蒸气相对密度 2.5。溶于发烟硫酸,遇水则分解。为强氧化剂,与丙酮、铝接触会激烈反应。不燃。对钢铁有腐蚀性。对皮肤、黏膜、呼吸道有强腐蚀性及刺激性。用于制造表面活性剂、催化剂,也用作有机合成氯化剂。由二氧化氮与氯化钾反应,或由亚硝酸钠与浓盐酸反应制得。

亚溴酸钠 sodium bromite $NaBrO_2$ 纯品为黄色结晶。易溶于水。遇光、热、酸及金属(铁、铜、锌等)极易分解。工业品多为柠檬黄色的碱性溶液,pH 值13~14,含亚溴酸钠可达 170 g/L 以上。相对密度 1.45~1.47。低温下稳定。在 0℃

时可长时间不分解,常温下会逐渐分解为白色溴化钠晶体,与酸及有机物接触会发生分解,并产生原子态氧。在酸性溶液中存在溴离子时,则分解而游离出溴素。纺织工业中用作高效氧化退浆剂、纤维上浆剂、漂白剂,具有退浆快、不损伤纤维及手感好等特点。造纸工业用于纸张、浆料处理及漂白。也用作还原染料氧化发色剂。由次溴酸钠经歧化反应制得。

亚叶酸钙 calcium folinate 又名甲酰叶钙、安曲希、氢叶酸钙、5-甲酰四氢叶酸钙。灰白色至微黄色无定形粉末。无臭。易溶于水及碱液,不溶于乙醇、乙醚。为抗贫血药,用于治疗巨幼红细胞性贫血。也用作解毒药,用于叶酸拮抗剂中毒。由硼氢化钾将叶酸还原后,再经酰化、成盐制得。

亚乙基二胺四亚甲基膦酸 ethylene dinitrilo-tetramethylene phosphonic acid 又名乙二胺四亚甲基膦酸。白色结晶。熔点 215～217℃。通常为一水合物,在高于 125℃ 时失去结晶水。难溶于水,沸水中溶解度约为 10%。因其溶解度小,商品常以钠盐形式出售。其钠盐为黄色透明黏稠液体。相对密度 1.3～1.4。能与水混溶。对重金属离子有螯合作用。是一种阴极型缓蚀剂,其缓蚀率比无机聚磷酸高 7 倍左右。能阻抑碳酸钙垢、磷酸钙垢、硫酸钡垢及氧化铁垢等,适用作循环水冷却系统、低压锅炉水处理及油田注水等的缓蚀阻垢,也用作印染软化剂、钻井泥浆分散剂、无氰电镀络合剂、洗涤剂助剂等。由甲醛、乙二胺及三氯化磷反应制得。

亚乙基硫脲 ethylene thiourea 又名乙烯基硫脲、2-硫醇基咪唑啉、促进剂 NA-22。白色至微黄色结晶性粉末。有微弱氨臭,味苦。相对密度

1.41~1.45。熔点203~204℃。微溶于冷水,溶于热水、乙醇、乙二醇,不溶于乙醚、苯、石油醚、汽油。可燃。中等毒性。用作氯丁橡胶、氯磺化聚乙烯橡胶、丙烯酸酯类橡胶等的硫化促进剂,在胶料中易分散、不污染、不变色,也是W型和GN型氯丁橡胶的专用促进剂。用于制造农药、抗氧剂、染料、医药,以及用作电镀辅助光亮剂等。由乙二胺与二硫化碳反应生成亚乙基二硫代氨基甲酸盐后,再与乙酸进行环化反应制得。

N,N'-亚乙基双芥酸酰胺 N,N'-ethylenebiserucamide 淡黄色蜡状粉末或粒状物。熔点125~126℃。不溶于水。常温下难溶于乙醇、丙酮、苯、四氯化碳。溶于热乙醇。可燃。具有润滑、脱模、抗粘接、抗静电和促进颜料分散、提高制品表面光泽等多种功能,用作合成树脂加工润滑剂、脱模剂、抗静电剂、颜料分散剂,低密度聚乙烯增塑剂,橡胶上光剂等。由芥酸与乙二胺反应制得。

N,N'-亚乙基双硬脂酰胺 N,N'-ethylene bisstearamide 白色至浅黄色粉

$$C_{17}H_{35}-\overset{O}{\underset{\|}{C}}-NH-CH_2CH_2-NH-\overset{O}{\underset{\|}{C}}-C_{17}H_{35}$$

末或粒状物。相对密度0.98。熔点142~144℃。闪点285℃。不溶于水,常温下不溶于乙醇、丙酮,溶于热的芳烃及氯代烃,但溶液冷却时会析出沉淀或产生凝胶。粉状物在高于80℃时有可湿性。用作塑料润滑剂,有较好的内、外润滑作用,还兼有抗静电性能,适用于乙烯基树脂、氨基树脂、ABS树脂等。也用作胶黏剂及蜡制品的防结块剂、橡胶表面增光剂,黏度调节剂,脱模剂,染料及颜料分散剂等。由硬脂酰氯与乙二胺反应制得。

亚油酸 linoleic acid 又名十八碳-9,

$$CH_3(CH_2)_4CH=CHCH_2CH=CH(CH_2)_7COOH$$

12-二烯酸。纯品为无色液体,工业品为淡黄色液体。天然以甘油酯的形式存在于许多动植物油脂中,熔点−5℃。沸点224℃(1.33kPa)。折射率1.4699。酸值≥195 mgKOH/g。碘值≥148gI$_2$/100g。不溶于水,溶于多数有机溶剂。置于空气中易氧化及聚合,经催化氢化变成硬脂酸。主要用于生产油漆、油墨,也用于制造聚酯、聚酰胺、聚脲及表面活性剂等。亚油酸也是人体必需脂肪酸之一,具有调节血脂、降低血清胆固醇的作用。也用作治疗动脉粥样硬化药物(如脉通)的原料。用作化妆品营养性助剂,具有保湿、抗过敏等作用,加入肥皂中,有预防昆虫叮咬作用。由植物油(如豆油)经皂化、酸化制得混合脂肪酸后经分离精制而得。

亚油酸乙酯 ethyl linoleate 又名十八碳-9,12-二烯酸乙酯。无色至浅黄色油状液体。相对密度0.8865。沸点212℃(1.6kPa)。折射率1.4675。碘值>153gI$_2$/100g。酯值180~185mg KOH/g。不溶于水,溶于乙醇、乙醚。与油类、脂肪族溶剂及二甲基甲酰胺等混溶。用于制造降胆固醇及血脂的药物。由亚油酸与乙醇在硫酸催化剂存在下反应制得。

烟剂 smoke generator 又名熏烟剂。农药的一种剂型。是药剂呈固体微粒状态扩散分布在空气中的剂型。由一种或多种药剂与氧化剂（氯酸钾、硝酸钾）、助燃剂（淀粉、木炭粉、锯屑）等混合加工制成。直接点燃时，药剂受热挥发而呈气溶胶状态悬浮于空气中，害虫接触后中毒死亡。按用途和有效成分不同，分为杀虫、杀菌、杀鼠、消臭等烟剂。由于烟剂在空间分布均匀，在林间、果园、仓库、室内、温室、大棚等环境中使用有特殊意义。

烟碱 nicotine 又名3-(1-甲基-2-吡咯烷基)吡啶。俗称尼古丁，是烟草中含量最多的吡啶型生物碱。有三种异构体，天然的是左旋体。自然界中以苹果酸或柠檬酸盐的形式存在。无色至微黄色油状液体。有吡啶的臭味及焦辣味。相对密度 1.0094。熔点 -79℃。沸点 246.7℃（99.3kPa）。折射率 1.5282。易溶于热水、乙醇、丙酮、氯仿。与金属离子或酸作用生成盐。氧化时生成烟酸。有毒！对动物主要作用于神经节，有先兴奋后麻痹的作用。早期用于制造烟酸，后用作农用杀虫剂及卷烟添加剂。20世纪90年代国外开发了以烟碱为主要成分的戒烟药，成为烟碱重要用途。也用作医药、食品及饲料添加剂。由制烟废料用水蒸气蒸馏提取制得。

烟酸 nicotinic acid 又名尼克酸、3-吡啶甲酸、维生素 PP。B 族维生素的一种。无色或白色针状结晶或粉末。无臭，略有酸味。天然存在于米糠、酵母、动物肝脏及花生等中。相对密度 1.473。熔点 236.6℃。难溶于冷水，易溶于沸水、沸乙醇、碱液，不溶于乙醚。有升华性，空气中稳定，与酸反应生成季铵盐，与重金属反应生成难溶于水的盐。其衍生物烟酰胺是生物氧化中重要的辅酶的组成部分。为脂质氨基酸、蛋白、嘌呤代谢、组织呼吸的氧化作用和糖原分解所必需。能促进细胞新陈代谢功能，并有扩张血管、降血脂的作用。用作周围血管扩张药，用于治疗糙皮病、血管性偏头痛、脑动脉血栓、中心性视网膜脉络膜炎、高脂血症等。由 2-甲基-5-乙基吡啶或 3-甲基吡啶用硝酸液相氧化制得。

烟酸肌醇 inositol niacinate 又名烟肌酯、烟酸肌醇酯、六烟酸肌醇酯。白色结晶、熔点 254.3～254.9℃。不溶于水，溶于稀酸。为周围血管扩张药。用于治疗高脂血症、脑血管疾病、冠心病、末梢血管障碍性疾病等。在体内水解为烟酸及肌醇而起作用，为一温和的血管扩张剂。由烟酰氯与肌醇在吡啶存在下缩合制得。

烟酰胺 nicotinamide 又名 3-吡啶甲酰胺、维生素 B_5。天然存在于米糠沸点150℃(0.067Pa)。折射率1.4661。易溶于水、乙醇,溶于甘油,微溶于乙醚、苯。遇无机酸或碱,并加热时则发生水解,生成烟酸。烟酰胺与烟酸统称为维生素PP。在生物体内是生物氧化过程中的重要的辅酶(辅酶Ⅰ和辅酶Ⅱ)的组成部分。在氧化过程中,作为氢的供体或受体,起着传递氢的作用。用于防治糙皮病、舌炎、冠心病、病毒性心肌炎、风湿性心脏病等。可由3-甲基吡啶经氨氧化制得。

及动物内脏。白色至微黄色结晶性粉末。无臭、无味。相对密度1.40(25℃)。熔点128～131℃。

岩白菜宁 bergenin 又名岩白菜素、佛手配质、矮茶素。白色针状结晶或结晶性粉末。系香豆精类化合物。熔点236～240℃。易溶于水,溶于乙醇。遇光和受热逐渐变色。从水中析出的为含一分子结晶水的结晶,熔点140℃。微溶于水,溶于乙醇。具有抗菌、消炎、止咳、抗结核等作用,常用作镇咳祛痰药。由植物岩白菜经溶剂萃取制得。

岩蔷薇油 labdanum oil 俗称赖百当油。金黄色黏稠状液体,久储时变为暗褐色。具有强烈的香脂香气及特征草药香气,稀释后有龙涎香香气。主要成分为蒎烯、莰烯、月桂烯、苯甲醛、苯乙酮、丁香酚、水芹烯等。相对密度0.905～0.993。折射率1.492～1.451。不溶于水、甘油,以1∶0.51溶于90%乙醇,也溶于乙醚、非挥发性油及矿物油。为植物型天然香料,广泛用于调配香水、香皂及化妆品香精,也用于熏香及烟用香精。由半日花科灌木岩蔷薇的枝叶经水蒸气蒸馏制得。

岩芹酸 petroselinic acid 又名6-十八(碳)烯酸。一种不饱和脂肪酸,在缴形科植物欧芹籽中有多量存在。白色片状结晶(石油醚中)。熔点29.5～30.1℃。沸点237～238℃。不溶于水,溶于乙醚,微溶于甲醇、己烷、乙酸乙酯。除具有长链脂肪酸的一般性能外,对还原酶有抑制作用,用于护发制品中,经皮渗透性好,易于被头发吸收,可刺激头发生长,发丝的柔润性及梳理性好。还对过敏皮肤有缓解作用。

盐酸阿米替林 amitriptyline hydrochloride 又名阿米替林盐酸盐、N,N-二甲基-3-(10,11-二氢-5H-二苯并[a,d]环庚三烯-5-亚基)-1-丙胺盐酸盐。白色结晶性粉末。无臭,味苦,有烧灼感。熔点195～199℃。易溶于水、乙醇、氯仿,不溶于乙醚。对光敏感,易氧化变成黄色。水溶液不稳定,易为金属离子催化降解。为临床常用的三环类抗抑郁药,适用于各种抑郁症治疗,尤对内因性精神抑郁症治疗较好,而且不良反应少。由β-苯乙基苯甲酸经环合,再与二甲胺基氯丙烷加成,经脱水、成盐而制得。

盐酸氨溴索 ambroxol hydrochloride 又名兰苏、沐舒痰、沐舒坦、贝莱、反-4-[(2-氨基-3,5-二溴苯甲基)氨基]环己醇盐酸盐。白色结晶粉末。熔点233~234.5℃(分解)。溶于水。一种常用祛痰药,为溴己新的活性代谢产物,能促进肺表面活性物质及气道液体分泌,促进黏痰溶解,增加支气管黏膜纤毛运动,祛痰作用明显超过溴己新。由2-氨基-3,5-二溴苯甲酸甲酯、水合肼、甲烷磺酰氯等反应制得。

盐酸吡硫醇 pyritinol dihydrochloride 又名脑复新、威司青。白色粉末。无臭,味苦酸。熔点184℃。易溶于水,微溶于乙醇、丙酮。一种改善脑循环及脑代谢激活药物。为维生素B_6的衍生物。能促进脑组织对葡萄糖和氨基酸的代谢,调节脑血流量,尤其是增加颈动脉血流量。临床用于脑血管功能不全引起的智能损害(如记忆力和注意力减退)、脑外伤和脑炎后遗症、脑震荡后遗症、脑血管硬化及老年痴呆性精神病等。以吡多辛(维生素B_6)、氯化亚砜、二甲基甲酰胺等为原料制得。

盐酸吡酮洛芬 piketoprofen hydrochloride 又名3-苯甲酰基-α-甲基-N-(4-甲基-2-吡啶基)苯乙酰胺盐酸盐。无色结晶。熔点180~182℃。溶于水,不溶于乙醇。其游离碱(吡酮洛芬)为油状物,不溶于水,溶于乙醇。一种外用消炎镇痛药。用于关节炎、关节痛、类风湿性肌炎及腰痛等的止痛。以酮基布洛芬、氯化亚砜、2-氨基-4-甲基吡啶等为原料制得。

盐酸丙卡特罗 procaterol hydrochloride 又名曼普特、美喘清、盐酸异丙喹喘宁。灰白色结晶粉末。熔点193~197℃(分解)。溶于甲醇,微溶于乙醇,不溶于丙酮、乙醚、苯。一种平喘药。为选择性支气管平滑肌 β_2 受体激动剂,同时有抗过敏作用。用于支气管哮喘、喘息性支气管炎、过敏源诱发的哮喘症状。以 8-羟基喹诺酮、α-溴代丁酰溴、异丙胺等为原料制得。

$\cdot \mathrm{HCl} \cdot \frac{1}{2} \mathrm{H}_2\mathrm{O}$

盐酸布那唑嗪 bunazosin hydrochlorlde 又名迪坦妥。白色结晶。熔点 280～282℃。易溶于水、甲醇,微溶于乙醇。为 α 受体阻滞剂,可选择性阻断外周 α_1 受体,抑制交感神经递质对血管平滑肌的作用,使血管扩张、血压下降。用于治疗原发性高血压、肾性高血压、嗜铬细胞瘤引起的高血压等。以 4-氨基-6,7-二甲氧基喹唑啉为原料制得。

盐酸氮芥 chlormethinum 又名恩比兴、氮芥盐酸盐。白色或类白色结晶粉末。熔点 109～111℃。易溶于水,溶于乙醇,水溶液不稳定易发生分解。一种抗肿瘤药物。进入人体后,通过分子内成环作用,形成高度活泼的乙烯亚胺离子,与核酸、蛋白质的亲核基团进行烷基化作用,可与 DNA 形成交叉联结,抑制细胞的核分裂,具有较强的细胞毒作用,对癌细胞和正常细胞有相似的杀伤活性。主要用于恶性淋巴瘤、慢性粒细胞白血病和蕈样肉芽肿以及肺癌,对未分化癌疗效快而好。对卵巢癌、乳腺癌、绒癌、前列腺癌、鼻咽癌等也有一定疗效。由甲胺与环氧乙烷反应生成双(β-羟乙基)甲胺后,再经氯化亚砜氯化制得。

盐酸地匹福林 dipivefrine hydrochloride 又名 2,2-二甲基丙酸-4-[1-羟基-2-(甲氨基)乙基]-1,2-苯酯。类白色结晶性粉末。无臭,味苦。熔点 158～159℃。易溶于水、甲醇、乙醇。为肾上腺素受体激动剂,用于治疗开角型青光眼,局部用药的作用机制为增加房水外流和抑制房水形成,从而使眼压降低。但闭角型青光眼禁用。以 α-氯-3,4-二羟基苯乙酮、甲胺为原料制得。

盐酸多巴胺 dopamine hydrochloride 又名 4-(2-氨基乙基)-1,2-苯二酚盐酸盐。白色至类白色有光泽结晶。无臭,味微苦。熔点 234～249℃。易溶于水,微溶于乙醇,难溶于乙醚、氯仿。遇光渐变色。为拟肾上腺素药物,对外周血管有轻微收缩作用,对肾脏、肠系膜及冠状血管表现为扩张作用。是一种选择性血管扩张药,常用于急性心肌梗死、创伤、肾功能衰竭及心脏手术等引起的休克。口服无效。由香兰醛与硝基甲烷缩合、锌汞齐还原、去甲基、盐酸水解等反应制得。

盐酸二氟沙星 difloxacin hydrochloride 又名6-氟-1-(4-氟苯基)-1,4-二氢-

7-(4-甲基-哌嗪基)-4-氧化-3-喹啉羧酸盐酸盐。白色结晶。熔点>275℃。溶于水。为喹诺酮类抗菌药,对革兰阳性菌和阴性菌、厌氧菌、支原体、衣原体等均有较强抗菌活性。用于治疗敏感菌引起的泌尿道、肠道感染、皮肤软组织感染等。以2,4-二氯氟苯、甲基哌嗪等为原料制得。

盐酸二甲双胍 metformin hydrochloride 又名甲福明、立克糖、格华止、N,N-二亚氨二碳亚氨肼。白色结晶。

熔点232℃。溶于水、95%乙醇,不溶于乙醚、氯仿。一种双胍类口服降糖药,主要通过减少葡萄糖的吸收,增加葡萄糖的利用,使血糖降低。适用于糖尿病,尤适于肥胖型糖尿病患者。由双氰胺、二甲胺盐酸盐反应制得。

盐酸甲氟喹 mefloquine hydrochloride 又名美化喹宁、α-2-哌啶基-2,8-双

(三氟甲基)-4-喹啉甲醇盐酸盐。白色结晶。熔点259～260℃(分解)。难溶于水,溶于乙醇、乙酸乙酯、氯仿。一种喹啉甲醇类抗疟疾药,用于控制良性疟的复发和良性疟及恶性疟的传播。以四氢呋喃、二(三氟甲基)喹啉-4-羧酸钠等为原料制得。

盐酸利达胺 lidamidine hydrochloride 又名1-(2,6-二甲基苯基)-3-(甲基

脒基)脲盐酸盐。白色粉末。熔点154～197℃。易溶于水、甲醇、乙醇,微溶于氯仿。一种止泻药。用于治疗非病原所致的大肠炎、节段性肠炎、结肠炎、溃疡性直肠炎所引起的腹泻。也用于改善胃肠运动机能障碍患者的大便次数及大便量。以硫酸甲基胍、四氢呋喃、2,6-二甲基异氰酸酯等为原料制得。

盐酸氯丙嗪 chlorpromazine hydrochloride 又名冬眠灵、氯丙嗪、N,N-二甲基-2-氯-10H-吩噻嗪-10-丙胺盐酸盐。白色至乳白色结晶性粉末。微臭,味极苦。有吸湿性。熔点 194～198℃。易溶于水、乙醇、氯仿,不溶于乙醚、苯。水溶液呈酸性。为吩噻嗪类抗精神病药,是中枢多巴胺受体的阻断剂。可抑制脑干网状结构的上行激活系统,故有很强镇静作用。也可影响延脑的呕吐中枢活动,故有抑制呕吐作用。主要用于治疗精神分裂和躁狂症及各种原因引起的呕吐等。副作用有帕金森综合征,不能静坐或运动障碍。由 2-氯吩噻嗪与氯二甲胺基丙烷缩合后经成盐而得。

盐酸洛菲西定 lofexidine hydrochloride 又名盐酸压定、2-[1-(2,6-氯苯氧基)乙基]-2-咪唑啉盐酸盐。白色结晶。熔点 221～223℃。易溶于水、乙醇,稍溶于异丙醇,难溶于乙醚。一种作用于中枢的 α-肾上腺受体激动剂,用于治疗高血压及鸦片戒断。以 2-(2,6-二氯苯氧基)丙腈、氯仿、乙二胺等为原料制得。

盐酸莫西赛利 moxisylyte hydrochloride 又名 4-[2-(二甲基氨基)乙氧基]-2-甲基-5-(1-甲基乙基)苯酚乙酸酯盐酸盐。白色针状结晶。熔点 208～210℃。一种周围血管扩张药。主要通过扩张小血管平滑肌,从而改善脑部血液循环。用于脑血管或周围血管循环障碍的一些疾病。以 4-[2-二甲氨基乙氧基]-2-甲基-5-异丙基酚、氯苯、乙酰氯等为原料制得。

盐酸尼莫司汀 nimustine hydrochloride 又名宁得郎、宁得明、亚伯丁、N'-[(4-氨基-2-甲基-5-嘧啶基)甲基]-N-(2氯乙基)-N亚硝基脲盐酸盐。白色至微黄色结晶性粉末。溶于甲醇,微溶于乙醇、丁醇,不溶于乙醚、苯、氯仿。见光渐变为黄色,在湿气中缓慢分解。一种抗肿瘤药,可进入脑组织。用于治疗脑肿瘤、黑色素瘤、慢性粒细胞白血病等。由对硝基苯基-N-(2-氯乙基)-N-亚硝基氨基甲酸酯与 2-甲基-4-氨基-5-氨甲基嘧啶反应制得。

盐酸哌替啶 pethidine hydrochloride 又名度冷丁、杜冷丁、地露美、1-甲基-4-苯基-4-哌啶甲酸乙酯盐酸盐。白色结晶性粉末。无臭、味微苦。熔点185～189℃。易溶于水、乙醇,溶于氯仿,不溶于乙醚。易吸潮,遇光易变黄。一种强效镇痛药,镇痛作用为吗啡的 1/10,作用持续时间较短,用于各种创伤性疼痛及平滑肌痉挛引起的内脏剧痛,也可用于麻醉前给药以起镇痛作用。不良反应与吗啡相比较轻。与吗啡的等效剂量也可抑制呼吸,可引起欣快感,有成瘾性,不宜长期使用。可由苯乙腈经缩合、水解、酯化、成盐等反应制得。

盐酸羟胺 hydroxylamine hydrochloride $NH_2OH \cdot HCl$ 又名氯化羟胺、盐酸胲。无色针状结晶。相对密度1.67(17℃)。熔点151℃。常温下会逐渐分解。溶于冷水、乙醇、甲醇、甘油。吸湿性很强。有腐蚀性,遇高温有爆炸危险。用作还原剂、显像剂及有机合成和制药原料。也用作氯丁橡胶的聚合终止剂。

盐酸左旋咪唑 levamisol hydrochloride 又名左旋咪唑。白色或微黄色结晶性粉末。无臭、味苦。熔点223～230℃。比旋光度 $-120°\sim -127°$。极易溶于水,易溶于乙醇,微溶于氯仿、丙酮。一种免疫调节剂。能促进有免疫缺陷或免疫抑制者恢复其免疫防御功能,对正常免疫机能的影响不显著。临床上常用于肺癌、乳腺癌手术后和急性白血病化疗后的辅助治疗。也是一种低毒广谱驱虫药,对钩虫、蛲虫有明显抗虫作用,能使蛔虫肌肉麻痹后,随粪便排出体外。以苯乙酮为原料,经氯化、与氨基噻唑啉缩合、还原、成盐等步骤制得。

颜料 pigment 一种有装饰和保护作用的有色微细状物质。不溶于水、油及树脂等介质中。通常以分散状态应用于涂料、油墨、塑料、橡胶、造纸及纺织等制品中,使这类制品呈现出颜色。按来源分为天然颜料(如朱砂、雄黄、铜绿、靛青等)及合成颜料(如钛白、锌钡白、铁红等);按其组成分为无机颜料(如铅铬黄、铁蓝等)及有机颜料(如酞菁蓝、喹吖啶酮等);按其化学结构,有机颜料分为偶氮颜料、酞菁颜料、多环颜料、芳甲烷系颜料等,无机颜料有铁系、铬系、铅系、锌系、磷酸盐系、酮酸盐系、硼酸盐系颜料等;按其功能,分为着色颜料、防锈颜料、体质颜料及特种颜料等;而按颜色,分为白色、黑色、黄色、红色、绿色、棕色、蓝色颜料等。

颜料膏 pigment paste 又名色膏、皮浆。是以颜料为主,配合黏合剂、油料(一般为硫酸化油)制成的皮革涂饰着色剂。黏合剂为酪素、羧甲基纤维素或合成树脂,其作用是使颜料和其他组分保持悬浮状态;硫酸化油则起润湿、增塑作用,使颜料分布均匀。颜料膏成膜性较差,不能单独使用,必须和成膜剂配成色浆后才能使用。颜料含量高,遮盖力强,能使革面着色并遮盖表面伤残,整饰后皮革光亮、色泽鲜艳、透气性好,用于各种皮革的着色、修饰。普通颜料膏的黏合剂以干酪素为主,且颜料膏颗粒较粗(粒径一般在 1μm 以上)且分布较宽,致使皮革涂层较厚,细腻感差。现已有无酪素或低酪素颜料膏、超精细度颜料膏、高细度颜料膏等产品,不使用甲醛固定,污染少。

颜料艳红 6B pigment brilliant red 6B 又名立索尔宝红 A6B、洋红 6B。蓝光红色粉末。耐热温度 150℃,耐晒性 4~5 级,吸油量 43%~80%。不溶于乙

$$\left[H_3C-\underset{SO_3^-}{\underset{|}{\bigcirc}}-N=N-\underset{HO}{\underset{|}{\bigcirc\bigcirc}}-COO^- \right]_2 Ca^{2+}$$

醇,溶于热水呈黄光红色。遇浓硫酸为品红色,稀释后呈品红色沉淀。其水溶液遇盐酸为棕红色沉淀。遇氢氧化钠为棕色,属色淀有机颜料。主要用作胶印油墨的红色着色剂,在油墨中流动性好,并具有良好的稳定性,耐晒牢度中等。也可用于塑料薄印花及塑料、橡胶制品等的着色。由对甲苯胺邻磺酸经重氮化后,与 2-苯酚-3-甲酸偶合,再经钙盐沉淀制得。

颜料紫酱 BLC pigment bordeaux BLC 又名紫酱 BLC、色淀紫酱 BLC。深紫色粉末,耐热温度 180℃。耐晒性 5~6 级,吸油量 50%~60%。微溶于水。

$$\left[\underset{SO_3}{\underset{|}{\bigcirc\bigcirc}}-\underset{OH}{\underset{|}{\bigcirc}}-N=N-\bigcirc\bigcirc \right]_2 Ca^{2+}$$

于浓硫酸中呈蓝色,稀释后为红色沉淀。遇浓硝酸为橙棕色溶液。其水溶液遇浓盐酸呈蓝光红色沉淀。遇氢氧化钠稍黄。为色淀有机颜料。用作塑料、涂料、油墨、橡胶、人造革及文教用品等的紫色着色剂。具有色光鲜艳、着色力强、耐热及耐晒性好、质地细腻及分散性好等特点。由 1-苯胺经重氮化,与 1-苯酚-5-磺酸偶合后再经钙盐沉淀制得。

掩蔽剂 masking agent ①又名蒙面剂。皮革鞣制过程中,在铬鞣或其他金属鞣剂鞣制时,利用某些酸根阴离子能透入配合物内界,取代其中部分水分子或酸根离子并与中心离子配位,以改变鞣剂配合物原先组成和性质,使其具有一定耐碱能力,不易沉淀,达到均匀鞣制目的的一种添加剂。通常是一类有机酸盐,如甲酸钠、乙酸钠、柠檬酸钠等。②化学分析中能与干扰离子作用,从而减少干扰离子在溶液中浓度的试剂。如在配位滴定中,为提高配位滴定的选择性,用加入掩蔽剂的方法降低干扰物的浓度,使其不发生干扰。所用掩蔽剂通常是沉淀剂、配位剂、氧化剂及还原

剂等。

厌氧胶黏剂 anaerobic adhesive 又名厌氧胶。一种在空气(氧气)存在时以液体状态长期储存,一旦隔绝空气即会迅速固化的胶黏剂。一种单包装胶液,是以甲基丙烯酸酯为主体,配以改性树脂、引发剂、促进剂、阻聚剂、增稠剂及染料等组成。常用单体有多缩乙二醇二甲基丙烯酸酯、甲基丙烯酸羟乙酯或羟丙酯、多元醇甲基丙烯酸酯等。所用引发剂有异丙苯过氧化氢、叔丁基过氧化氢等。常用促进剂有二甲基苯胺、三乙胺等。厌氧胶按用途分为:①密封厌氧胶。$0.1 \sim 500 Pa \cdot s$ 低黏度的厌氧胶用于管线密封,多孔铸件及粉末冶金制件的浸渗密封。黏度较大的厌氧胶用于轴套及螺丝密封。②锁固厌氧胶。用于轴、轴承、轴瓦等的连接压力装配,防止螺丝松动、锁紧螺栓、固定垫片等。③结构厌氧胶。可通过光固化用于结构部件受力部位的粘接。

羊毛脂 lanolin 纯羊毛脂是黄色半透明黏稠性软膏状或半固体,有羊膻气味。相对密度 0.9242(40℃)。熔点 $38 \sim 42℃$。皂化值 $90 \sim 105 mgKOH/g$。碘值 $18 \sim 36 mgKOH/g$。是由甾醇、脂肪醇和三萜烯醇与高级脂肪酸组成的酯,与人体皮肤有很好的亲和力而无刺激性。不溶于水,稍溶于乙醚、四氯化碳,溶于 3:10 的氯仿-三氯乙烷混合溶剂。与水混合时,可逐渐吸附相当自身重量 2 倍的水分而成软膏状。它对许多物质和金属材料有黏附性,能形成表面膜起保护作用。用作油包水型(W/O)乳化剂,制得的乳液有很好的润肤作用。也用于配制防锈油、润滑脂、皮革加脂剂、纤维油剂、医用软膏、化妆品及油墨等,还用于制造羊毛醇、氢化羊毛脂等羊毛脂衍生物。由粗羊毛洗液经漂白、溶剂处理等精制而得。

羊毛脂镁皂 lanolin acid magnesium soap 棕褐色均匀固体,性脆。镁含量 $2\% \sim 3\%$。水分 $< 2\%$。滴点高于 70℃。加热至 55℃ 时成为均匀透明油状物。不溶于水,溶于苯、氯仿及油类溶剂。具有良好的抗湿热、抗大气腐蚀性,但抗盐雾性较差。用作油溶性金属缓蚀剂及润滑油添加剂。对钢、铁、铜、铝等多种金属均有良好的缓蚀性能。由羊毛脂经氢氧化钠皂化后,再用硫酸镁进行置换反应制得。

阳离子表面活性剂 cationic surfactant 在水溶液中解离后由阳离子部分起活性作用的一类表面活性剂。绝大多数是含氮有机化合物,少数是含磷或含硫有机化合物。其中以季铵盐用途最大,如十二烷基二甲基苄基溴化铵、十六烷基三甲基溴化铵、十八烷基二甲基苄基氯化铵等。阳离子表面活性剂的水溶液通常呈酸性,其表面活性基团的阳电荷,对带有负电荷的物质如纺织物、塑料、金属、玻璃等有很强吸附性,一般用作杀菌消毒剂、柔软剂、防腐剂、防锈剂、抗静电剂等。除在配制发用化妆品中用作调理剂,以及配制一些具有消毒杀菌作用的特殊洗涤剂外,一般洗涤制品用量较少。

阳离子淀粉 cationic starch 是一类淀粉衍生物,系由淀粉与阳离子试剂反应制得。阳离子淀粉品种繁多,大致可分为四类：①叔胺烷基醚；②鎓类淀粉醚（包括季铵、鏻、锍衍生物）；③伯或仲胺烷基醚；④杂类（如亚胺等淀粉醚）。其中以季铵淀粉醚的阳离子性较强，其发展及应用更为普遍。外观为白色粉末。与原淀粉相比较，具有糊化温度低、糊液清澈、流动性好、糊黏度稳定等特点。由于带正电荷，对有负电荷的纤维素具有亲和力。它在纤维与矿物质填充剂和涂料之间可起到离子桥的作用。用作纸张表面施胶剂、纱及人造纤维上浆剂、离子交换剂、乳化剂、破乳剂、分散剂等。也是带负电荷的无机悬浮物的优良絮凝剂，对无机矿泥、煤粉、硅粉、污泥、纤维等都能使其絮凝沉降。

阳离子-非离子表面活性剂 cationic-noionic surfactants 活性作用部分带阳离子和非离子性质的两性表面活性剂。参见"两性表面活性剂"。

阳离子改性水解聚丙烯腈钾盐 cationic K-hydrolyzed polyacrylonitrile 淡黄色流动性粉末。pH值$7\sim9$。易溶于水，水溶液呈弱碱性。为含部分阳离子基团的水解聚丙烯腈钾盐。与水解聚丙烯腈钾盐比较，由于分子链上含有阳离子基团，改善了产品的防塌性能。用作水基钻井液降滤失剂，兼有降黏及抗盐、抗钙能力。能有效降低淡水、盐水、海水和饱和盐水泥浆的滤失量，并具有防塌作用。由聚丙烯腈丝经氢氧化钾水解后与三甲胺反应制得。

阳离子聚丙烯酰胺 cationic polyacrylamide 一种阳离子表面活性剂，产品有无色至淡黄色黏稠液体、胶体、白色颗粒粉末多种。不同生产厂有不同的产品牌号。相对分子质量50万~1500万。游离丙烯酰胺<0.5%。易溶于水，不溶于乙醇、丙酮等有机溶剂。广泛用于造纸、石化、印染、食品等行业，用作纸张干强剂及助滤剂、成膜剂、增稠剂、分散剂、阻垢剂等。水处理中用作絮凝剂，利用分子结构中的酰胺基与水中的悬浮物或胶体粒子亲和、吸附，形成氢键的特性，使之在被吸附的粒子间形成交联，产生絮团而沉降。由非离子聚丙酰胺与甲醛及二甲胺反应制得。

$$\left[\text{CH}_2-\underset{\underset{\text{CONH}_2}{|}}{\text{CH}}\right]$$

阳离子聚丙烯酰胺共聚物絮凝剂 cationic polyacrylamide copolymer flocculant 又名高效阳离子高分子絮凝剂DMC共聚物。一种阳离子表面活性剂。外观为固体粉末。固含量87%~92%。相对分子质量400万~1000万。溶解速度30~60min。易溶于水。无毒。用作工业废水及生活用水处理的絮凝剂，适用于造纸、印染、洗煤的废水处理及污水处理厂的污泥脱水。在适宜采用聚合物驱油的油田区域注入本品，可提高原油采收率。由甲基丙烯酸甲酯与二甲基乙醇胺酯反应制成叔胺后，与氯甲烷反应制得氯化甲基丙烯酰氧乙基三甲胺，再与丙烯酰胺经共聚物反应制得。

$$\left[\text{CH}_2-\underset{\underset{\text{CONH}-\text{CH}_2-\text{N}-\text{R}}{|}}{\text{CH}}\right]_m \quad \text{R}$$

阳离子聚合物SJR-400 cationic polymer SJR-400 又名阳离子纤维素聚合

$$\text{R-CH}_2\text{CH}_2\text{R}'\text{N}(\text{CH}_3)_3\text{Cl}$$

(R＝纤维素；R′＝烷基)

物 JR-400、阳离子纤维素醚 CHEC、聚纤维素醚季铵盐。氯化羟乙基纤维素季铵盐。白色至微黄色粉末。为高相对分子质量阳离子纤维素聚合物。含氮量 $1.3\%\sim1.9\%$。1% 水溶液 pH 值 $4.5\sim7.5$。2% 水溶液黏度 $100\sim600\text{mPa}\cdot\text{s}$。溶于水,呈胶体状,也溶于乙醇水溶液。具有增稠、柔软、抗静电及调理作用。可与各类表面活性剂配合使用,无毒、无刺激性。用作增稠剂、柔软剂、调理剂,广泛用于洗发香波、洗面奶、剃须膏、防晒霜、润肤液及护发素等的配制。由羟乙基纤维素与氯化缩水甘油基三甲铵经季铵化反应制得。

阳离子染料 cationic dyes 在水溶液中能解离生成阳离子色素的染料。碱性染料的一种。是腈纶(聚丙烯腈)纤维染色的专用染料。在水溶液中生成带有阳电荷的有色离子(䥁离子)和阴离子,阳离子与腈纶中第三单体的酸性基团结合而使纤维染色。根据阳电荷在染料分子中的位置分为定域型(隔离型)及移域型(共轭型)。定域型染料的阳电荷固定在季铵盐的氮原子上,其耐热、耐晒及耐酸碱的稳定性好,但给色量稍低,不十分鲜艳,多为偶氮及蒽醌结构;移域型染料的阳电荷在共轭范围内震荡,其色彩鲜艳,上染率高,但耐晒牢度稍差。阳离子染料对腈纶纤维的亲和力强,结合牢固,一经染上后,染料分子就难以从染色浓度高处向染色浓度低处迁移,易造成染色不匀,且难以修补,因此在染色时常加入缓染剂,并严格控制升温速度。

阳离子乳化剂 SPP-200 cationic emulsifier SPP-200 又名磷酸酯型阳离子乳化剂 SPP-200。一种阳离子表面活性剂,其酸碱度与人体皮肤的酸碱度相接近,

$$\left[\text{R—CONH(CH}_2)_3\overset{\overset{\displaystyle CH_3}{|}}{\underset{\underset{\displaystyle CH_3}{|}}{N^+}}\text{—CH}_2\underset{\underset{\displaystyle OH}{|}}{C}HCH_2O\text{—}\overset{\overset{\displaystyle O}{\|}}{P}\right]\cdot 3Cl^-$$

$(R=C_{12}\sim C_{18})$

对皮肤及眼睛刺激性很小,单独使用即可达到很强的乳化能力及润湿性能。主要用作化妆品膏、霜、蜜等的乳化剂,制品稳定性好。由 $C_{12\sim18}$ 脂肪酸与二甲丙二胺经酰胺化反应制得二甲基丙二胺脂肪酸酰胺,再经烷基化、磷酸酯化制得。

阳离子型皮革加脂剂 cationic leather fatliquor 是由阳离子表面活性剂与矿物油、动植物油及其改性物等加脂材料经复配制成的一类加脂剂。如阳离子油、合成阳离子加脂剂等。这类加脂剂对阳离子性的铬鞣革有良好渗透性,加脂后皮革表面不显油腻感。主要用于皮革的二次加脂,皮革经染色加脂后革表面呈阴离子性,再用阳离子加脂剂进行加脂,可使油脂沉积在粒面层并起固色作用。特别是绒面革手感好,丝光效应强。

杨梅苷 myricitrin 又名杨梅(树皮)苷。苍黄色结晶。熔点 $187\sim190℃$(乙醇中析出)。略溶于水及无水乙醇。含 1 个结晶水的晶体的熔点为 $194\sim$

197℃。天然存在于杨梅科植物杨梅的树皮中。具有兴奋心脏、升高血压、收缩血管及消炎利胆等作用。也用作抗氧化剂。由黑杨梅的树皮、叶子用水、乙醇提取后再精制而得。

杨梅黄酮 myricetin 又名3,5,7,3′,4′,5′,-六羟黄酮。黄色针状结晶(稀乙醇中)。熔点 357～360℃。微溶于沸水,溶于乙醇,难溶于氯仿。紫外吸收特征波长为 255nm,375nm。苯环上有邻三羟基结构,因此有很强的抗炎、祛痰及抗皮肤癌等作用。用于口腔卫生用品中可防止龋齿。用于防晒制品能强烈吸收紫外线,对皮肤有调理作用。也是较好的面用抗过敏剂。以杨梅树皮经溶剂萃取、分离制得。

杨梅鞣剂 bayberry extract 又名杨梅栲胶。一种杨梅树皮提取物的植物鞣剂。粉状或块状物。鞣质＞70%,非鞣质＜27%。pH 值 4.5～5.5。易溶于水、乙醇、丙酮。用作皮革鞣剂,适用于鞣制底革、夹里革、装具革等。具有渗透快、与皮胶原结合力强、鞣液沉淀少等特点。由杨梅树皮经粉碎、浸提、浓缩、干燥制得。

洋地黄毒苷 digitoxin 又名狄吉妥辛、地黄毒。白色至类白色结晶性粉末。无臭,味苦。熔点 256～257℃。不溶于水,微溶于乙醇、乙醚,稍溶于氯仿。其作用与地高辛相同,能加强心肌收缩力,减慢心率,抑制心脏传导。其特点是作用开始慢而持久,适用于慢性心功能不全患者长期服用。由紫花洋地黄叶中提取分离制得。

4,4′-氧代双苯磺酰肼 4,4′-oxybis(benzenesulfonyl hydrazide) 又名发泡剂 OBSH。白色至淡黄色结晶粉末。相

NH_2NHSO_2-〔苯环〕-O-〔苯环〕-SO_2NHNH_2

对密度 1.52。分解温度 150～160℃。树脂中分解温度为 120～140℃。分解时放出氧气及水蒸气。发气量 125mL/g。分解残渣为具有硫醇盐气味的不挥发性聚合物。微溶于温水、乙醇,不溶于苯及汽油,溶于乙醚、二乙胺。低毒。是应用最广的有机磺酰肼类发泡剂,有万能发泡剂之称。用作聚烯烃、聚氧乙烯、ABS 树脂、合成橡胶及橡胶与合成树脂共混物的发泡剂,泡孔结构微细均匀,尤适用于制造聚乙烯发泡电线电缆绝缘材料、微孔聚氧乙烯泡沫体及各种泡沫塑料。由二苯醚经氯磺酸氯化后,再与水合肼缩合制得。

氧氟沙星 ofloxacin 又名氟嗪酸、

泰利必妥、奥复星、9-氟-2,3-二氢-3-甲基-10-(4-甲基-1-哌嗪基)-7-氧-7H-吡啶并[1,2,3-de]-1,4-苯并噁嗪-6-羧酸。无色针状结晶。熔点 250～257℃（分解）。溶于甲醇、乙醇。一种第三代喹诺酮类抗菌药。可抑制细菌的 DNA 回旋酶而发挥抗菌作用。对需氧性革兰阳性及阴性菌，一部分厌氧菌、军团菌、支原体、衣原体等均具有抑制作用。用于治疗敏感菌引起的呼吸道及泌尿道感染、皮肤感染、性传播疾病、胆囊及胆道感染、牙科感染等。以 2,3-二氟-6-硝基苯酚、氯丙酮、双乙氧基亚甲基丙二酸二乙酯、4-甲基哌嗪等为原料制得。

氧化胺 amine oxide 又名氧化叔胺。淡黄色黏稠液体。其性质根据烷基碳链长度不同而有所差别。分子结构中存在有半极性键，易溶于水、乙醇等极性溶剂，微溶于非极性有机溶剂。

$$R-\underset{\underset{CH_3}{|}}{\overset{\overset{CH_3}{|}}{N}}\to O$$

（R＝C_{12}～C_{18}烷基）

其水溶液随 pH 值的不同，氧化胺可以分别呈非离子或阳离子特性。在 pH 值＞7 的中性至碱性范围内，显示非离子特性；在 pH 值＜7 的酸性溶液中，呈阳离子特性，且酸性越强，阳离子特性越突出。在 R＝C_{10}～C_{16} 时，氧化胺呈现较好的表面活性；R＜C_{10} 时，失去表面活性；R＞C_{16} 时，则由于溶解度限制使表面活性下降。氧化胺具有良好的发泡性、调理性及抗静电性。在化妆品中用作保湿剂、乳化剂、增稠剂及杀菌防腐剂等。可由叔胺与过氧化氢反应制得。

氧化钡 barium oxide BaO 无色立方或六角形结晶。相对密度：立方形为 5.72，六角形为 5.32。熔点 1923℃。沸点 2000℃。工业品为白色或灰色粉末，并含有少量硅酸钡、碳酸钡等杂质。溶于酸，不溶于丙酮、氨水，易溶于碱金属的氯化物或硫酸盐的熔融液中。与水反应生成氢氧化钡。露置于空气中会与水和 CO_2 反应生成氢氧化钡和碳酸钡。溶于乙醇、甲醇生成钡的醇化物。用于制造过氧化钡、钡盐、陶瓷、玻璃。也用作高级润滑油添加剂、脱水剂、助熔剂及用于甜菜糖精炼。由高纯硝酸钡在 1000～1050℃下煅烧制得。

氧化淀粉 oxidized starch 淀粉在酸、碱或中性条件下与氧化剂作用制得的产品。白色或微黄色粉末，是应用最广的变性淀粉。所用氧化剂分为酸性氧化剂（如硝酸、高锰酸盐、过氧化氢）、碱性氧化剂（碱性次卤酸盐、碱性过硫酸盐等）及中性氧化剂（如溴、碘等）。与原淀粉比较，氧化淀粉具有色浅、糊化温度低、流动性好、糊液黏度低、稳定性高、成膜性好、粘结力强等特点。采用不同氧化工艺及原淀粉则可制得性能各异的产品。用作食品增稠剂、经纱上浆剂、表面施胶剂、瓦楞纸黏合剂、明胶增硬剂、纤维交联剂等。

氧化高钴 cobaltic oxide Co_2O_3 又名三氧化二钴。黑灰色六方晶系或正交晶系结晶。相对密度 5.18。熔点 895℃（分解）。不溶于水、乙醇，溶于热盐酸或热稀硫酸，并相应地放出氯气或氧气。125℃时可被氢还原成 Co_3O_4，200℃时被还原成 CoO，250℃时被还原成金属钴，600℃时分解成 Co_3O_4 及 O_2，更高温

度时转化为 $4CoO·Co_2O_3$，最后转变成 CoO。用于制造钴盐、含钴催化剂等。也用作搪瓷、玻璃釉料的颜料，是玻璃很强的着色剂，其含量即使少到十万分之一也能产生明显的色泽。还用作其他补色的脱色剂及制造磁性材料。由碳酸钴或氢氧化钴在隔绝空气下灼烧制得。

氧化汞红 mercuric oxide red HgO 又名一氧化汞、红降汞。橙红或鲜红色带光泽结晶性粉末，六方晶系或单斜晶系。相对密度11.68。暴露于空气中会分解成汞和氧。加热至400℃时变成黑色，冷却时又变为红色。500℃时分解成汞和氧，为两性氧化物，以碱性为主，几乎不溶于水，溶于稀盐酸、稀硝酸，不溶于乙醇、乙醚、丙酮。与氯反应生成氯化汞，与双氧水反应生成 HgO_2。也可被氢还原成金属汞。接触有机物有着火危险。剧毒！用于制造其他汞盐、含汞催化剂、陶瓷着色剂及医药制剂。也用作杀菌剂、防霉剂、防腐剂、干电池去极剂等。由硝酸亚汞加热熔融、热分解生成黄色氧化汞后再加热至300℃以上就变成红色氧化汞。

氧化聚乙烯蜡 oxidized polyethylene wax 简称 OPE 蜡。一种聚乙烯低聚物的部分氧化产物。白色或淡黄色粉末或粒状物。软化点101℃。常温下不溶于多数有机溶剂，溶于芳烃及氯代烃。分子链上带有一定数量的羧基和羟基，显示出一定的极性，与聚烯烃、聚氧乙烯及聚乙酸乙烯酯的相容性好。有优良的化学稳定性及电性能。用作聚乙烯树脂的内、外润滑剂，在树脂中的分散性及相容性优于聚乙烯蜡。也用于制造色母粒、功能母料及降解塑料加工用分散剂。在 C_8~C_{18} 脂肪酸金属皂存在下，由聚乙烯蜡经高温空气或氧气氧化制得。

氧化镧 lanthanum oxide La_2O_3 白色六方晶系结晶或无定形粉末。相对密度6.51。熔点2315℃。沸点4200℃。折射率6.514(25℃)。微溶于水，溶解度随 pH 值增大而减少。不溶于碱溶液，溶于多数无机酸并生成相应的盐类。具吸湿性，露置于空气中易吸收 CO_2 及 H_2O，逐渐变成碳酸镧。用于制造汽车尾气净化催化剂、石油化工催化剂。掺入 CdO 可催化 CO 氧化反应；掺入 Pd 可催化 CO 与 H_2 反应制甲醇。也用于制造人造宝石、光学玻璃、特种合金、光导纤维及耐火材料等。由氢氧化镧或镧的硝酸盐、草酸盐经高温灼烧制得。

氧化铝 alumina Al_2O_3 又名三氧化二铝、铝氧。是煅烧氢氧化铝的脱水产物。各种氢氧化铝热分解形成一系列同质异晶体（主要是氧原子和铝原子在空间堆叠方式及含水量不同），目前为止，已知有9种晶型（χ-、β-、γ-、δ-、κ-、θ-、ρ-、η-、α-Al_2O_3）。当加热温度超过1000℃时，都转变为稳定的产物 α-Al_2O_3，属三方晶系，相对密度3.965，熔点2045℃，沸点2980℃。Al_2O_3 是一种两性化合物，不溶于水，微溶于强酸及强碱溶液，并能被氢氟酸及硫酸氢钾侵蚀。天然 α-Al_2O_3 又称为刚玉。γ-Al_2O_3 由于具有特殊的孔结构及酸性功能，广泛用于催化剂领域作催化剂或载体，故通常又将 γ-Al_2O_3 专称为活性氧化铝。也用于制造陶瓷、磨料、切削工具、人造宝石、高铝耐火砖等。可由工业氢氧化铝高温焙烧制得。

氧化铝纤维 alumina fiber 一种主要成分为氧化铝的多晶质无机纤维,主晶型可呈 γ、δ、θ、α 型氧化铝,纤维直径 $3\sim10\mu m$,纤维长度 $>50\mu m$。相对密度约 3.9。熔点 $>2000℃$。最高使用温度 $1500\sim1700℃$,长期使用温度 $1300\sim1400℃$。平均拉伸强度 1.38GPa,弹性模量 379GPa。具有耐热性强、化学稳定性及耐腐蚀性好、加热收缩率低、与金属融合性好等特点。缺点是脆性及密度较大。用作增强及热绝缘材料,用于制造纤维增强金属。也用作密封及填充材料、催化剂载体、窑炉衬里等。由聚铝氧烷溶液经干法纺丝制成有机铝化合物纤维后,再经煅烧制得。

氧化硼 boron oxide B_2O_3 又名三氧化二硼、硼酐。无色六方晶体或玻璃状结晶或粉末。无臭,无味。相对密度 2.46(六方晶体)、$1.80\sim1.84$(玻璃态)。熔点约 450℃(六方晶体)。沸点约 1860℃。折射率 1.464(14.4℃)。晶体氧化硼微溶于冷水,溶于热水。玻璃态氧化硼溶于 5 份沸水。溶于酸、甘油、乙醇。有强吸湿性,在空气中能迅速吸水成硼酸。热稳定性好,加热至 600℃ 时变成高黏度液体。高温时可被碱金属或铝等还原成单体硼。用于制造硼、硼化合物、耐热玻璃、陶瓷、特种合金钢、高能燃料等,也用作半导体材料的掺杂剂、有机合成催化剂、涂料阻燃剂、瓷釉助熔剂等。由硼酸加热脱水制得。

氧化镨 praseodymium oxide Pr_6O_{11} 黑色或棕黄色单斜晶系结晶或粉末。相对密度 6.88。熔点 2042℃。不溶于水,溶于酸并生成相应的盐类。有吸湿性。能吸收空气中 CO_2 及水生成碱式盐。有良好的导电性,600℃ 时的导电性是 Pr_2O_3 的 1×10^8 倍。用于制造金属谱、人造宝石、永磁合金、变色镜片、汽车尾气净化催化剂、磁光材料及稀土陶瓷闪烁体等。由氯化稀土溶液经溶剂萃取、分离、干燥、灼烧制得。

氧化铅 lead oxide PbO 又名黄丹、密陀僧、一氧化铅。有 α、β 两种晶型。α-PbO 又名密陀僧,为红黄色四方晶系结晶或粉末,相对密度 9.53,熔点 888℃,沸点 1535℃;β-PbO 又名黄丹,为黄色斜方晶系结晶,相对密度 8.7,熔点 900℃。两者的转变温度在 $475\sim483℃$ 间,常温下将 β-PbO 研磨也可转变成 α-PbO。属两性化合物,以碱性为主。不溶于水、乙醇,溶于硝酸、乙酸、液碱及氯化铵、氯化铅溶液。在空气中能缓慢吸收 CO_2。加热至 $200\sim500℃$ 时变成 Pb_3O_4,温度再高时则又变成 PbO。能与甘油发生硬化反应。剧毒!误服或长期吸入会造成铅中毒,大鼠腹腔 LD_{50} 为 450mg/kg。用于制造铅盐、蓄电池极板、油漆催干剂、塑料稳定剂、杀虫剂、颜料、陶瓷釉料、助熔剂、铅皂及特种玻璃等。可由金属铅熔融造粒后,再经焙烧氧化制得,或由方铅矿石经精选后在空气中焙烧而得。

氧化十八烷基二甲基胺 dimethyl cetadecyl amine oxide 又名十八叔胺氧化物、十八烷基二甲基氧化胺、OA-18。一种两性表面活性剂。白色糊状物。活性物含量 $24\%\sim26\%$。易溶于水

$$C_{18}H_{37}-\underset{\underset{CH_3}{|}}{\overset{\overset{CH_3}{|}}{N}}\rightarrow O$$

及极性有机溶剂,微溶于非极性有机溶剂。在水溶液中显示非离子或阳离子特性;在 pH>7 的碱性溶液中呈非离子性;在 pH<3 的酸性溶液中呈阳离子性。手感温和,对皮肤无刺激性,有乳化、分散、增稠、杀菌等性能。用作乳化剂、分散剂、增稠剂、抗静电剂等,适用于配制餐具洗涤剂、化妆品膏霜、洗发香波、增稠漂白剂及印染助剂等。由十八胺基二甲胺与双氧水反应制得。

氧化十二烷基二甲基胺 dodecyl dimethyl amine oxide 又名十二烷基氧化胺、十二烷基二甲基氧化胺。属两性表面活性剂。无色或浅黄色透明液体,活性物含量 29%~31%。5% 水溶液 pH 值 7~8。相对密度 0.98。易溶于水及极性有机溶剂,微溶于非极性有机溶剂。在 pH 值>7 的水溶液中,主要以非离子形式存在;pH 值<7 时,呈阳离子性。具有优良的洗涤性能,泡沫丰富而稳定。主要用作餐具洗涤剂、工业液体漂白剂,也用作香波调理剂、化纤抗静电剂、乙烯聚合引发剂、造纸稳泡剂等。由十二烷基二甲基胺和双氧水反应制得。

$$C_{12}H_{25}-\overset{CH_3}{\underset{CH_3}{N}}\to O$$

氧化石蜡皂 paraffin soap oxidated RCOONa 是由皂蜡氧化制得的一种阴离子表面活性剂。总脂肪物含量 34%~40%。游离碱<1%。不皂化物≤5%。常温下呈固体,能在水中形成胶体溶液。具有盐的一般性质。用作铁矿、磷矿、稀土矿等矿物浮选剂,也用于生产泡沫混凝土。在高锰酸钾存在下,由皂化蜡经氧化、皂化、分离及热处理而制得。

氧化石油脂钡皂 oxidized petrolatum barium soap 又名 743 钡皂。氧化石油脂皂类的一种。外观为棕褐色膏状物。钡含量≥8%。水分≤0.03%。具有良好的油溶性、成膜性、抗湿热及抗大气腐蚀性。用作黑色金属及有色金属缓蚀剂,用于配制防锈脂、防锈油,适用于军工机械、炮弹、枪支、机床及配件等的防锈。也可用作溶剂稀释型防锈油的成膜剂,在封存油中常与磺酸盐缓蚀剂并用。在高锰酸钾催化剂存在下,由皂化蜡经氧化、钡化反应后经精制制得。

氧化铈 ceric oxide CeO_2 又名二氧化铈、氧化高铈。浅黄色立方晶系结晶或粉末。加热时呈柠檬黄色。相对密度 7.65。熔点 2400℃。不溶于水及碱液,溶于浓硫酸生成硫酸铈。也不溶于盐酸、硝酸,但如在硝酸中加入少量过氧化氢及氟离子,则可促使氧化铈溶解。在空气中能吸收 CO_2 而生成碱式碳酸盐,和其他金属氧化物作用可生成复合氧化物。用于制造石油化工催化剂、汽车尾气催化剂、煤气灯白炽罩、X 射线用荧光屏、储氢材料及光学玻璃等。也用作玻璃脱色剂、眼镜透镜的防反射剂等。由草酸铈或硝酸铈灼烧制得。

氧化铁黑 iron oxide black Fe_3O_4 又名铁黑、四氧化三铁、黑色氧化铁。是氧化铁(Fe_2O_3)及氧化亚铁(FeO)的加成物。一般氧化铁含量为 74%~82%,氧化亚铁为 18%~26%。黑色或黑红色粉末。相对密度 5.18。熔点 1594℃。高温受热易被氧化,100℃时变成红色氧化铁,200~300℃时形成 γ 型三氧化二铁。不溶于水,溶于浓酸、热强酸。耐一切碱类,具有强磁性及饱和的蓝光黑色,遮盖力及着色力很强,但不及炭黑,耐光、耐候性好,无油渗性及水渗性。用于制造防锈漆、底漆、磁性涂料及磁性材料,也是油墨、水彩、油彩等的黑色颜料。食品级铁黑可用作食用黑色素及用作化妆品着色。可由硫酸亚铁溶液加碱氧化制得。

氧化铁红 iron oxide red Fe_2O_3 又名铁红、氧化铁、三氧化二铁。橙红至紫红色三方晶系粉末。有天然产品和人工合成两种。天然产品由赤铁矿加工而成,含杂质多;合成法又分为干法及湿法两种,制得的产品纯度高、粉粒细腻。相对密度 $5 \sim 5.25$。熔点约 $1565℃$(分解)。不溶于水、溶于盐酸、硫酸,微溶于硝酸及乙醇。对光、热及碱稳定,有较好的分散性、遮盖力及着色性。对紫外线有较强的不穿透性,也无油渗及水渗性。用作涂料、油漆及建筑材料的红色颜料,也用作橡胶、塑料、人造革、玻璃等的着色剂。食品级铁红可用于食品及化妆品的着色。天然氧化铁红是由纯度 85% 或更高的氧化铁矿石,经细磨后分离制得;干法合成铁红是由硫酸亚铁或氧化铁黄经高温煅烧而得;湿法合成铁红是由金属铁加酸反应后再经空气氧化制得,按用酸不同,又分为硫酸法、硝酸法及盐酸法等。

氧化铁黄 iron oxide yellow $Fe_2O_3 \cdot xH_2O$ 又名铁黄、含水三氧化二铁。一种针状晶形的氧化铁水合物,随制法及水合程度不同,其结构形态有较大区别。常为一水合物 $Fe_2O_3 \cdot H_2O$ 或 $FeOOH$,故又称羟基铁黄,色光从柠檬黄到橙黄。相对密度 $2.4 \sim 4.0$。熔点 $350 \sim 400℃$。不溶于水、碱液、乙醇,微溶于稀酸,溶于浓盐酸。有较高的着色力、遮盖力及耐候、耐碱性,但不耐高温、不耐酸。加热至 $150℃$ 时开始脱去结晶水,逐渐转变成氧化铁红,用于制造氧化铁红、氧化铁黑等其他氧化铁系颜料。也作油漆、水彩、橡胶、油墨、皮革、陶瓷及人造大理石的着色剂。食品级铁黄可用作食用黄色素及化妆品着色。可由铁屑与硫酸反应生成硫酸亚铁后再在氢氧化钠存在下通空气氧化制得。

氧化铁脱硫剂 iron oxide desulfurizer 以 $Fe_2O_3 \cdot H_2O$ 或 Fe_3O_3 为活性组分的脱硫剂。氧化铁脱硫是一种古老的干式脱硫法,早先用于城市煤气净化,近期已成为化肥催化剂中用量增长最快的品种。具有节能、价廉、使用方便等特点。常温($20 \sim 40℃$)及低温($120 \sim 140℃$)条件下,氧化铁脱硫剂是以 $Fe_2O_3 \cdot H_2O$ 的形态,与 H_2S 反应生成 FeS_2,然后与氧反应析出硫黄;中温($250 \sim 350℃$)条件下脱硫剂为 Fe_2O_3 形态,使用前还原成 Fe_3O_4,吸收 H_2S 后成 FeS 或 FeS_2。另一类用于 $150 \sim 180℃$ 条件下,其形态为 $Na_2CO_3 \cdot Fe_2O_3$,有机硫被水解后再被氧化,最终被 Na_2CO_3 吸收成不可再生的 Na_2SO_4。在高温($>500℃$)条件下,脱硫剂则为负载金属铁或铁酸盐的形态,用活性金属铁进行脱硫,品种很多,产品牌号有 EF-2、EF-3、LA-1-1、CT-L3、SN-2、ST801、SW、T501、T502、TC-15、TG2~5、TG-F 等。广泛用于小型合成氨厂碳化气脱硫,也用于联醇气脱硫和石油化工厂、城市煤气等含硫气体的脱硫。

氧化铁棕 iron oxide brown $Fe_2O_3 \cdot Fe_3O_4$ 又名铁棕,棕色粉末。是氧化铁红(Fe_2O_3)及氧化铁黑(Fe_3O_4)的加成物。三氧化二铁含量(以干品计)≥85%。不溶于水、乙醇、乙醚,溶于热的强酸。具有优良的颜料性能,着色力及遮盖力都很高,耐碱性及耐光性均良好,无油渗性及水渗性。用途与氧化铁红相似。可由氧化铁红和氧化铁黑经机械混合制得,需要时也可加入少量氧化铁黄。

氧化铜 cupric oxide CuO 黑色单斜晶系结晶或无定形结晶性粉末。相对密度6.3~6.49。熔点1326℃。1105℃能离解生成氧化亚铜(Cu_2O),并放出氧气。不溶于水、乙醇,溶于各种酸、氨水、铵盐溶液及氯化钾溶液。高温下易被H_2、CO、C及负电性极强的金属(如Zn、Fe、Ni等)还原成金属铜。有毒!用于制造铜盐、焰火、颜料、人造宝石、黑色搪瓷、铜红玻璃及杀菌剂等,也用作油类脱硫剂、电池去极剂、有机合成催化剂。由铜粉在空气中高温氧化制得。

氧化铜无机胶黏剂 cupric oxide inorganic adhesive 一种双组分无机胶黏剂。是由浓磷酸、氧化铝及氧化铜粉组成。双包装,现场调制使用,甲组分为黑色略带银灰光泽的细粉,溶于酸碱溶液,不溶于水。乙组分为澄明溶剂。通常取甲组分4~5g和乙组分1mL,置于易散热的铜板上拌和成拉丝的胶浆用于粘接。涂胶粘接后,可在60℃下放置数小时使之固化,或将胶接件放于室温放置几天自然固化,固化物主要组成为$Cu_3(PO_4)_2 \cdot 3H_2O$及未反应的CuO结晶。用于车刀、铣刀、钻头接杆、精密量具等的粘接和修复,也用于气缸、各种壳体、缸盖裂纹、缺陷的修复,尤对轴套的粘接有很高的压剪强度。

氧化锌 zinc oxide ZnO 又名锌氧粉、锌白、锌华。用直接法生产的为白色六方晶体,间接法生产的为微黄色无定形粉末。多数为前者。前者相对密度5.606;熔点1975℃;1800℃升华。无定形相对密度5.47。氧化锌系两性氧化物。溶于酸、碱金属氢氧化物、氨水、氯化铵溶液,不溶于水、乙醇。与无机酸及强碱均起反应,加热变黄,冷却后又变白。不被氢气还原。氧化锌无味、无毒,但吸入其粉尘较多时,可引起"锌热"症,产生高烧、恶心、乏力等症状,但烧退后一般无后遗症。用作天然及合成橡胶、胶乳的硫化活性剂,有时也用作补强剂及着色剂,是橡胶工业最重要的无机硫化活性剂,广泛用于各类橡胶制品。也是吸收紫外线的白色颜料,用于涂料、油墨、陶瓷、染料等行业,化妆品中用于粉类产品。医药上用于制造软膏、锌糊及防腐药,也用作聚烯烃塑料的光稳定剂。由电解锌锭直接空气高温氧化制得,或由优质锌矿粉用无烟煤粉在高温下还原冶炼,再经空气氧化而得。

氧化锌晶须 zinc oxide whisker 一种具有三维空间结构的立体四针状单晶,白色纤维状疏松粉末。相对密度5.7~5.8,针状体晶须直径0.1~10μm,长度10~300μm,电阻率7.14Ω·cm,拉伸强度12GPa,弹性模量35GPa,热膨胀系数4×10^{-6}/℃。具有优良的力学性能、抗静电性、吸声性、紫外线吸收性、电磁波防护功能及广谱抗菌防藻性能。用作环氧树脂增强剂，具有增强、增韧、抗老化及抗静电作用。与银离子复合，可制得具有优异抗菌性能的无机抗菌剂，用于制造抗菌塑料及抗菌纤维。将锌粉预氧化使表面覆盖有氧化膜后再经加热至 1000℃而制得。

氧化锌晶须载银抗菌剂 zinc oxide whisker carrier Ag anti-bacteria agent 一种由氧化锌晶须与银离子复合制得的无机抗菌剂。氧化锌晶须是一种可以生长成四针状结构的微单晶纤维，晶须的种类部位相当部分达到纳米级，具有特殊的表面效用及高氧化活性。在 1700℃以下不发生变化。与银离子复合制得的抗菌剂，对金黄色葡萄球菌、大肠杆菌、沙门氏菌、白色念球菌等常见的有害细菌、真菌、霉菌及藻类都有较强的抑制和杀灭作用。广泛用于制造抗菌塑料、抗菌纤维及其他抗菌制品。如将本品与塑料粒子混合造粒制得的塑料母料（抗菌剂含量 20%～40%），与要加工的塑料混合后，经挤出、注塑可制得各种抗菌塑料制品。

氧化锌脱硫剂 zinc oxide desalfurizer 以氧化锌为主要活性组分，或适量添加 Al_2O_3 等其他助剂的脱硫剂。为一种转化吸收型固体脱硫剂。对硫化氢的净化度高，可使气体中总硫含量降至 0.1×10^{-6}（体积分数）以下。品种牌号很多。TZS-1 用于脱硫及甲烷化、低温变换催化剂、甲醇合成用铜催化剂的保护剂；TZS-2 用作合成气、油田气、天然气、乙炔气及轻油等的精制脱硫；TZS-3 用于低温条件下脱除各种气态、液态原料中的硫化物及羰基硫；TZS-4 用于催化水解液相丙烯中微量羰基硫、二硫化碳等有机硫，也用于脱除氯化物、氰化物中的 CO_2；TP305 适用于石脑油、天然气、合成气、变换气等原料气（油）脱除硫化氢。

氧化锌脱硫剂（高温型） zinc oxide desulfurizer（high temperature type） 以 ZnO 为主要活性组分，适量添加 CuO、Al_2O_3、MnO_2、MgO 等为促进剂，以矾土水泥或纤维素为粘接剂，并适量加入造孔剂制成的一类脱硫剂。可用于 300～400℃高温下进行脱硫净化。品种较多，产品牌号有 T303、T304、T305、T306、T312、T304-1、CT-304、CT-305、JX-4C、KT-3、NCT-305 等。适用于天然气、油田气、炼厂气、轻油等的脱硫，以及制氢、合成氨、合成有机化工产品等工业原料气的脱硫净化，还可用作低温变换及甲烷化催化剂的保护剂。

氧化锌脱硫剂（中、低温型） zinc oxide desulfurizer（medium、low temperature type） 以 ZnO 为主要组分，适量添加 CuO、MgO、MnO_2 及 Al_2O_3 等为促进剂，并适量加入造孔剂的脱硫剂。可用于中温（200～250℃）、低温（80～120℃）及常温下进行脱硫净化，可使气体中总硫含量降至 0.1×10^{-6}（体积分数）以下。品种较多，产品牌号有 T302Q、T307、T308、T-22、CT307、KT310、KT311、JX-4A、NCT310、QTS-01 等。适用于合成气、油田气、炼厂气、煤气等气、液物料中的硫化氢的脱除。

氧化亚铜 cuprous oxide Cu_2O 又名一氧化二铜。棕红色或暗红色立方晶系结晶。相对密度 6.0。熔点 1235℃。

1800℃时离解成金属铜,并放出氧气。不溶于水、乙醇,溶于盐酸、氨水、硫酸,微溶于硝酸。干燥空气中稳定,在湿空气中会逐渐氧化成黑色氧化铜。易被H_2、CO还原成金属铜。红热时也能被对氧亲和势强的元素(如 Al、Zn、Fe)还原成铜。用于制造铜盐、含铜催化剂、整流器、船底防污漆,也用作陶瓷及玻璃着色剂、杀菌剂。与氧化钴、氧化铁并用可用于生产蓝色或绿色玻璃。与二氧化锡并用可制造名贵的釉下彩陶瓷制品,可以铜为电极电解食盐水制得。

氧化银 silver oxide Ag_2O 棕黑色立方晶系结晶或粉末。相对密度 7.143 (16.6℃)。熔点 230℃。受日光照射会逐渐分解成银和氧。250℃时分解加剧。高于300℃时迅速分解为银和氧。能吸收空气中的CO_2。难溶于水、乙醇,溶于氨水、硝酸及氰化钾溶液。有碱存在时,甲醛水溶液能使其还原为金属银。有氧化作用,与可燃性有机物混合时摩擦能引起燃烧。用于制造其他银化合物、银催化剂、扣式氧化银电池、医药制剂、玻璃着色剂等。也用作有机合成氧化剂、饮用水净化剂、防腐剂及电子元件的表面银涂层。由硝酸银溶液与氢氧化钠反应制得。

氧化铕 europium oxide Eu_2O_3 又名三氧化二铕。白色略带玫瑰红色的结晶性粉末,有体心立方结构。相对密度7.42。熔点3510℃。不溶于水及碱液。溶于多数无机酸(氢氟酸及磷酸除外)并生成相应的盐。有吸湿性,能吸收空气中的CO_2生成碱式碳酸盐。与其他金属氧化物可以相互作用生成复合氧化物。用于制造 X 射线增感屏及荧光灯用的荧光粉,彩色电视机,核反应堆控制材料,防辐射玻璃及光导纤维等。以处理混合稀土矿所得的氯化稀土溶液为原料,经萃取、干燥、灼烧制得。

N-氧联二亚乙基-2-苯并噻唑次磺酰胺 N-oxydiethylene-2-benzothiazole sulfenamide 又名 2-(4-吗啉基硫代)苯

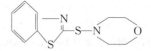

并噻唑、促进剂 NOBS。淡黄色至棕色结晶粉末或颗粒。稍有气味及苦味。相对密度 1.34~1.40。熔点 80~90℃。不溶于水,微溶于汽油,溶于乙醇、苯、乙酸乙酯,易溶于丙酮及二氯甲烷。遇热分解。可燃。低毒。对眼睛及皮肤有刺激性。用作天然橡胶、丁苯橡胶、顺丁橡胶等的迟延性促进剂。尤适用于含细粒子碱性炉法炭黑的胶料,在胶料中易分散、不喷霜,硫化胶防老化性及力学性能优良。主要用于制造轮胎、胶鞋、胶带及电缆等制品。不适用于与食物接触的制品。由 2-巯基苯并噻唑与吗啉反应后,再经次氯酸钠氧化而得。

N-氧联二亚乙基硫代氨基甲酰-N'-氧联二亚乙基次磺酰胺 N-oxydiethylene thiocarbamyl-N'-oxydiethylene sulfenamide 又名促进剂 OTOS。白色结晶粉末。相对密度 1.40。熔点>135℃。不溶于水。溶于苯、乙醇、乙醚、氯仿等。用作天然橡胶、丁苯橡胶、顺丁橡胶及乙丙橡胶等的迟延性硫化促进剂。焦烧时间长、加工安全性高,适用于高温硫化。可单独使用。如硫化温度低于 140℃

时,可与 2-巯基苯并噻唑、二硫化二苯并噻唑等并用,以提高其硫化活性。用于制造轮胎、胶带、胶管等制品。由吗啉与次氯酸钠反应生成氯代吗啉后再与二硫化碳反应而得。

$$\underset{\underset{CH_2-CH_2}{CH_2-CH_2}}{O}N-\overset{S}{\underset{\|}{C}}-S-N\underset{\underset{CH_2-CH_2}{CH_2-CH_2}}{O}$$

氧氯化铋 bismuth cxychloride BiClO 又名氯化氧铋、氯氧化铋。无色正方晶系结晶,有珍珠光泽。相对密度7.76。熔点218℃。沸点416℃。微溶于水,溶于乙醇、盐酸、硝酸等。加热至700℃以上时分解而生成三氯化铋。与碘化钾溶液反应生成红棕色或暗棕色沉淀的氧碘化铋。用作收敛剂、防腐剂等。在制造眼睑、指甲油等化妆品时用作白色颜料,也用于制造人造珍珠、干电池阴极及用作塑料添加剂等。由三氧化二铋的盐酸水溶液水解制得。

氧氯化锑 antimony oxychloride SbOCl 又名氯化锑铣、氯氧化锑。白色单斜晶系结晶。不溶于冷水、乙醇、乙醚、苯,溶于热水、盐酸、酒石酸及二硫化碳。190℃时开始分解释出 $SbCl_3$。320℃以上时完全分解,生成 Sb_2O_3 及 $SbCl_3$。有良好的阻燃性。用于制造锑盐、医药制剂。也用作聚烯烃、聚氯乙烯、聚苯乙烯等塑料及织物、涂料等的阻燃剂,阻燃效果优于 Sb_2O_3、$NbSb(OH)_6$ 等锑系阻燃剂,具有降低色料用量及提高透明度等特点。与卤素阻燃剂并用有协同作用。由三氯化锑水解制得。

氧漂稳定剂 102 102 type hydrogen peroxide stabilizer 又名稳定剂102。是以有机多元膦酸盐为主体的复合物,属阴离子型。外观为红棕色黏稠液体。相对密度1.2~1.3。pH 值4.0。配合量≥110mg/g。溶于低碱度水溶液中。在酸性或碱性溶液中不易分解或水解。无毒。用于采用双氧水漂白织物的浸漂、轧漂工艺及碱液中含碱量不太高的漂白工艺。对双氧水有稳定作用,对丝光纤维无脆损作用。可与氧漂剂混用,但不可与直接染料同浴,也禁忌与金属离子接触。

氧漂稳定剂 106 106 type hydrogen peroxide stabilizer 又名稳定剂106。为棕色透明液体,是以有机多元膦酸盐为主体的复合物,属阴离子型。相对密度1.1~1.2。固含量≥20%。pH 值3.5~4.5。溶于水。耐酸、碱性较好,在高碱度下对双氧水也有较好稳定作用。用于印染行业的各类氧漂工艺,适用于浸漂、轧漂工艺及碱氧一浴法。对丝光纤维无其他稳定剂那种脆损作用。因其是非硅稳定剂,因而无硅垢,但稳定效果不及水玻璃,故常与水玻璃混用。使用时应避免与金属离子接触。

氧漂稳定剂 A type-A hydrogen peroxide stabilizer 又名稳定剂A。一种脂肪酸镁盐的阴离子表面活性剂。外观为乳白色分散液。相对密度1.05~1.07。固

$$Mg\underset{OOCC_{17}H_{35}}{\overset{OOCC_{17}H_{35}}{\diagdown}}$$

含量11%～13%。pH值7.0。分解率≤30%。易溶于水,有良好的稳定性。用于棉及混纺织物的双氧水漂白工艺,使用方便,稳定效果好,无硅垢,漂后织物手感柔软,纤维损伤小。但要避免与铁离子接触。由硬脂酸与氢氧化钠中和反应后,再与硫酸镁反应制得。

氧漂稳定剂 OS type OS hydrogen peroxide stabilizer 一种由有机螯合物与无机螯合物按一定配比复合制得的阴离子型稳定剂。外观为黄色液体。1%水溶液的pH值10～11。可与水任意混溶。主要用作双氧水漂白工艺的稳定剂,可以直接加入漂白液中,能有效地控制冷轧堆氧漂白工艺和高温漂白工艺中双氧水的分解速率。与金属离子有很强的螯合能力,可使金属离子失去催化分解双氧水的能力,提高双氧水漂白能力。

椰油胺 coconut amine RNH_2(R=椰油基) 又名椰子油伯胺。浅黄色液体。相对密度0.804(25℃)。熔点16℃。闪点112℃。燃点132℃。碘值≤$12gI_2$/100g。溶于乙醇、甲醇、丙酮、甲苯、煤油等常用有机溶剂。为有机碱,对皮肤及黏膜有中等刺激作用。用于制造表面活性剂(如椰油基三甲基氯化铵、椰油胺聚氧乙烯醚等)、染料、油墨等,也用作乳化剂、分散剂、防腐剂及杀菌剂等。由椰子油在酸性条件下水解制得椰油酸后,再与氨、氢气反应制得。

椰油醇 coconut fatty alcohol 又名 $C_nH_{2n+1}OH$ ($n=8\sim18$) $C_8\sim C_{18}$正构伯醇。椰子油加工时所得长链$C_8\sim C_{18}$醇。有时也称洗涤剂醇。无色或淡黄色液体或固体。稍有气味。相对密度0.83(25℃)。凝固点16～22℃。酸值≤1mgKOH/g。羟值270～310mgKOH/g。皂化值≤4mgKOH/g。难溶于水,溶于乙醇、乙醚、丙酮等常用有机溶剂,具有高级伯醇的反应性,在催化剂存在下与酸作用生成酯。主要用于制造表面活性剂、洗涤剂、增塑剂、纤维油剂、润滑剂、香料等。由椰子油加氢制伯醇的副产物分离制得。

椰油基单乙醇酰胺聚氧乙烯醚磷酸酯 coconut oil alkyl monoethanolamide polyoxyethylene ether phosphate 又名

$$RCON(CH_2CH_2OH)(CH_2CH_2O)_n\underset{\underset{OH}{|}}{\overset{\overset{O}{\|}}{P}}-OH$$

椰油烷醇酰胺醚磷酸酯。淡黄色黏稠液体。属阴离子表面活性剂。有效成分68%～70%。pH值2～3。具有良好的分散、乳化、增溶、缓蚀、螯合等性能,对皮肤刺激性小,对化纤织物有显著抗静电性能。用于制造香波、浴液、牙膏等,也用作织物抗静电剂、金属防锈剂、干洗液乳化剂等。由椰子油脂肪酸与单乙醇胺经酰胺化反应生成椰油基单乙醇酰胺后,再经乙氧基化、磷酸酯化反应制得。

椰油羟乙基磺酸钠 sodium coco-hydroxy ethyl sulfonate 白色片状固体。属椰油羟乙基磺酸钠与硬脂酸混配的两性表面活性剂。有效物含量≥60%。椰油酸含量≥10%。硬脂酸含量≤25%。具有良好的发泡、去污性能。在硬水和浓电解质溶液中具有良好的钙皂分散性,湿润性好,易生物降解。主要用作洗面奶发泡剂,能产生浓密的奶油状泡沫,且不受硬水影响。也用于制造婴幼儿及低刺激性肥皂。以椰子油脂肪酸为原料制成椰油羟乙基硫酸钠后,再调配适量硬脂酸制得。

椰油酸单乙醇酰胺磷酸酯钾盐 potassium coconut oil fatty acid monoethanolamide phosphate 又名椰油烷醇酰胺磷酸酯钾盐,属阴离子表面活性剂。黏稠状液体。固形物含量$58\%\sim62\%$,钙皂分散率$29\%\sim31\%$。有良好的分散、乳化、起泡性。泡沫适中,钙皂分散力强。用作分散剂、乳化剂、防锈剂、抗静电剂及化纤油剂等。由椰油酸甲醇与单乙醇胺反应生成椰油酸单乙醇酰胺后,经磷酸酯化、碱中和而制得。

椰油酰胺丙基甜菜碱 cocoalkanonoylamido propyl betaine 又名椰油烷基酰胺丙基甜菜碱。属两性表面活性剂。无色至浅黄色液体。活性物含量$28\%\sim32\%$。1%水溶液pH值$6\sim8$。溶于水。在酸性介质中显示阳离子性质,在碱性介质中显示阴离子性质,在中性介质中显示非离子性质。具有良好的发泡、乳化、分散、润湿及杀菌性能。对皮肤刺激性小。与其他表面活性剂配位性好。用于配制香波、婴儿洗涤用品、洗面奶、浴液等。也用作润湿剂、乳化剂、抗静电剂及增稠剂等。由椰子油与N,N-二甲基丙二胺在碱催化下缩合后,再与氯乙酸钠反应制得。

椰油酰二乙醇胺氧化胺 diethanol cocoalkanol-amide oxide 又名GD-4501

$$RCON\rightarrow O \begin{matrix} CH_2CH_2OH \\ | \\ \\ | \\ CH_2CH_2OH \end{matrix} \quad (R=椰油烷基\ C_{8\sim18})$$

椰油酰二乙醇胺氧化胺。属两性表面活性剂。微黄色透明液体。氧化胺含量$29\%\sim31\%$。1%水溶液pH值$6\sim8$。具有优良的发泡、增黏、调理及抗静电性能。泡沫丰富稠密,对阴离子表面活性剂有明显增稠作用。对皮肤刺激性小。主要用于配制洗发香波、浴用品、洗面奶等洗涤用品。由椰油二乙醇酰胺经双氧水氧化制得。

N-椰油酰基-L-谷氨酸钠 sodium N-cocoyl-L-glutamate 一种阴离子表面活

$$\underset{RCO-NH}{HOOCCH_2CH_2CHCOONa} \quad (R=C_{8\sim18})$$

性剂。白色至浅黄色粉末。溶于水。1%水溶液的pH值$5\sim7$。具有良好的分散、去污、乳化、发泡性能。对皮肤及眼睛作用温和,易生物降解,耐硬水,化学稳定性好。用于制造香波、膏霜乳液类化妆品、浴液、香皂、牙膏等,也用作纺织、造纸、化工等行业的清洗剂、润湿分散剂等。由椰子油脂肪酰氯与谷氨酸钠反应制得。

椰子油酰胺磺基琥珀酸单酯二钠盐 monoester coconut acid salfosuccinate disodium

$$\underset{SO_3Na}{NaOOC-CH_2CH-COOR} \quad (R=椰子油酰基)$$

又名212阴离子表面活性剂。无色至微黄色透明液体。活性物含量$\geqslant 29\%$。5%水溶液pH值$6.0\sim7.5$。具有优良的分散、乳化、发泡、增溶等性能。泡沫丰富稳定,对皮肤无刺激性。用于配制香波、浴液、剃须膏、洗手液等。也用于制备硬表面及地毯、玻璃等工业清洗剂。由椰子油脂肪酸经酰胺化、酯化、磺化等反应制得。

椰子油(脂肪)酸 coconut oil fatty acid $CH_3(CH_2)_{10}COOH$ 微黄色透明液体,凝固时呈白色固体。熔点22～27℃。酸值263～275mgKOH/g。碘值9～13gI$_2$/100g。pH值(水抽出物)6.5～7。微溶于水,溶于乙醇、乙醚、苯、汽油等有机溶剂。用于制造化纤或纺织油剂、润滑剂、浮选剂、化妆品基质原料、液体洗涤剂及油田化学品等。由天然椰子油经水解、蒸馏、脱色而制得。

野麦敌 diallate 又名N,N-二异丙基硫羟氨基甲酸-S-2,3-二氯烯丙酯。琥珀色液体。为顺式及反式异构体的混合物。微溶于水,溶于乙醇、乙醚、丙酮、苯等。中等毒性,为硫代氨基甲酸酯类选择性除草剂,有内吸性。主要用于防除小麦、大麦、黑麦、马铃薯、青稞、大豆、油菜等作物田的野燕麦。以三氯丙烷、氧硫化碳等为原料制得。

野麦枯 difenzoquat 又名野燕枯,1,2-二甲基-3,5-二苯基吡唑硫酸甲酯。白色粉末,相对密度1.13。熔点150～160℃。蒸气压1.33×10^{-5}Pa(20℃)。易溶于水,微溶于乙醇、乙二醇,不溶于石油醚。对热、光及酸性介质稳定,遇碱易分解。为选择性苗后茎叶处理剂,主要用于小麦、大麦和黑麦田防除野燕麦,也用于油菜、亚麻等作物除草。中等毒性。在正常剂量下对小麦安全。以苯乙酮、苯甲醛、水合肼、硫酸二甲酯及硫黄等为原料制得。

野麦畏 triallate 又名燕麦畏、阿畏达,N,N-二异丙基硫羟氨基甲酸-S-2,3,3-三氯烯丙酯。一种硫代氨基甲酸酯类麦田除草剂。纯品为无色至淡黄色固体。熔点29～30℃。沸点136℃(133.3Pa)。折射率1.544(18℃)。蒸气压0.016Pa(25℃)。工业品为琥珀色液体。难溶于水,溶于丙酮、苯、三乙胺等。低毒。适用于麦类、大豆、油菜、亚麻等作物地防除野燕麦、毒麦、香麦娘等禾科草。有内吸性,被杂草茅鞘吸收并传导,影响细胞的有丝分裂和蛋白质合成,而使杂草不能出土而死亡。以1,3-二氯丙烯、二异丙胺、氧硫化碳等为原料制得。

叶黄素 lutein 又名胡萝卜醇。一类羟基类胡萝卜素的衍生物。主要与叶绿素、胡萝卜素共存于绿色植物的花和叶中。也含于一些微生物藻中。橙黄色粉末、浆状或深黄色液体。有弱的似干草气味。不溶于水,溶于乙醇、丙酮、己烷及油脂。有较好的耐热、耐光性。但温度高于150℃时不稳定。叶黄素是眼睛中黄斑的主要成分,对紫外线有过滤作用。可预防视网膜黄斑老化、缓解老年视力衰退、保护由日光、电脑所发射的紫外线所导致对视力的伤害作用。还可防止低密度脂蛋白被氧化,调节血脂。也用于食品着色、添加于禽饲料中,使禽蛋黄增进黄色。叶黄素有8种异构体,难以人工合成,通常由苜蓿或睡莲科植物莲的叶子经皂化除去叶绿素后,用溶剂抽提而得。

叶酸 folic acid 又名维生素 B_c、维生素 M、蝶酰谷氨酸。结构上由 2-氨基-4-羟基-6-甲基蝶啶、对氨基苯甲酸及 L-谷氨酸三部分组成。其中前两者合在一起被称作蝶酸。叶酸族维生素还包括 6-羟基嘌呤、蝶酸、p-甲酰蝶酸等蝶啶衍生物,而有药用价值的是本品。为黄橙色针状结晶。无臭,无味。微溶于水,不溶于脂肪溶剂。在酸性溶液中不耐热,在水溶液中易被光破坏。天然存在于绿色蔬菜、酵母、肝脏等中。在体内叶酸经还原反应形成的四氢叶酸,作为一碳化合物的载体,以辅酶的形式参与蛋白质和核酸的代谢过程。叶酸也是骨髓红细胞成熟和分裂所必需的物质。临床上用于治疗巨幼红细胞贫血、血小板减少等症。也用作食品及饲料添加剂。可由肝脏浸出液提取,或用化学合成法制得。

叶甜素 phyllodulcin 又名叶甘素、甘茶(叶)素。白色针状结晶。熔点 105～110℃。溶于水,易溶于乙醇。味极甜,甜度约为蔗糖的 600～800 倍,为糖精的 2 倍。在蔗糖中加入 1%,可使甜度提高 3 倍。对热、酸较稳定。用作食品无营养甜味剂兼有防腐作用。由兔耳科植物甘茶叶经发酵、干燥、溶剂抽提制得。

页岩抑制剂 shale inhibitors 又名防塌剂。具有抑制页岩水化、膨胀、分散,起稳定井壁作用的一类处理剂。用于钻井液,能保护井壁、封堵裂缝、防止剥落性坍塌,并兼有降滤失及降黏作用。

品种较多,有沥青类、钾盐腐殖酸类、聚合物类、硅酸盐类、铵盐、钾盐类等。常用品种有氧化沥青、磺化沥青、腐殖酸盐、聚丙烯酸钠、环氧氯丙烷二甲胺缩合物及渣油等。

液化气脱硫剂 liquefied gas desulfurizing agent 用于液化气无碱脱硫组合工艺的一种脱硫剂。由两种催化剂匹配使用,达到液化气硫醇转化及精脱 H_2S 和 COS 的目的。产品牌号有 YHC-224、YHS-214。是以复合金属氧化物为主活性组分,并添加适量助剂制成。使用时先由 YHC-224 将液化气中的 COS 水解为 H_2S,将硫醇转化为硫化物,然后由 YHS-214 催化剂将 H_2S 脱除。YHS-224 还可单独用于脱除天然气、合成气、炼厂气等原料中的 H_2S。

液晶 liquid crystal "液体晶体"的简称。即在一定温度范围内呈现于液相和固相之间的中间相的有机化合物,是一种物质的中介状态。在这种状态下,分子排列及运动有特殊的取向及规律,当温度高于液晶相温度上限时,液晶就转变成各向同性的普通透明液体。如温度低于液晶相温度的下限,液晶转变为普通晶体,并失去流动性。一般分为热致液晶和溶致液晶两类。热致液晶又可分为近晶型、向列型及胆甾型三种。近晶型液晶为分子排列呈层状的二维空间结构;向列型液晶是常用的液晶显示材料;胆甾型液晶的化学组成为胆甾醇的羟酸酯和卤素衍生物(如壬酸胆甾醇),可用于温度指示、医疗诊断、无损探伤等。溶致液晶是由符合一定结构的化合物与溶剂组成,在不同浓度下呈现球状、层状、圆柱状等,常具有亲水基和憎水基的双亲分子结构,如多肽、磷酸酯、洗涤剂等。生物膜与溶致液晶有关,对仿生学研究有重要作用。

液晶油墨 liquid crystal ink 一种以墨层中的液晶感温,引起有序排列分子方向的改变,有选择地反射特定波长(可见光吸收其他波长光的光学特性呈现色粉变化)的特种油墨。液晶是在一定温度范围内呈现于液相和固相之间的中间相的有机化合物,它不能直接加入连结料中来制取油墨,为保证显色效果,需将液晶包覆在微球状胶囊里,再与连接料混合制成所谓"微球囊"型油墨,对微胶囊的要求是,不仅能顺利通过印制液,还必须具有永久的坚固性。配制液晶油墨的主要成分是液晶、微胶囊用材料、连结料及助剂等,它不加任何颜料,是一种透明油墨,用于电子计算器、时间表示装置、电视机等领域。

液态无机抗菌剂 liquid inorganic anti-bacteria agent 是利用某些带有晶格结构的无机氧化物为载体,将具有抗菌功能的硝酸盐、硫酸盐、乙酸盐等金属盐中的抗菌金属离子(如 Ag^+、Cu^{2+}、Zn^{2+} 等)析出并负载在其晶格内制成无机抗菌原液用颗粒。使用时,再将抗菌金属离子与水、乙醇结合,制成不同浓度的抗菌原液。其主要成分是无机硅氧化物,有效成分是水溶性金属盐。这类抗菌剂不仅抗菌、灭藻效果优异,而且可避免粉状抗菌剂用于制造抗菌溶液所产生的沉淀现象,保存、运输及使用都十分方便。用于洗涤液、洗手液、纺织品整理液、宠物用喷洗液、空调用喷雾液等日化产品的抗菌灭藻。对大肠杆菌、金黄色葡萄球菌、淡水藻等均有很强杀灭作用。

液体丁腈橡胶 liquid nitrile rubber 浅黄色至棕褐色黏稠液体。相对分子质量 1500～4000。黏度 8～20Pa·s（40℃）。根据丙烯腈结合量不同而有多种商品牌号,不溶于水,溶于甲乙酮、氯仿、二硫化碳等。与环氧树脂、酚醛树脂及其他橡胶有良好的相容性。硫化后有较强的耐油性及回弹性。用作环氧树脂及酚醛树脂的增韧剂,可配制成粘接力强、回弹性好的胶黏剂。也用作热固性塑料加工改性剂、橡胶的不抽出性专用增塑剂等。由丁二烯与丙烯腈经乳液共聚制得。

液体二氧化碳 liquid carbon dioxide CO_2 二氧化碳常温常压下为无色无臭气体,略有酸味。相对密度 1.529（空气=1）。熔点 $-56.6℃$（$5.27×10^3$ Pa）。沸点 $-78.5℃$（升华）。易溶于水成碳酸,在加压下易被液化成二氧化碳。液体二氧化碳相对密度 1.101（$-37℃$）,自由蒸发时吸收大量的热,部分凝成雪花状固体。也可压缩、冷却成白色固体（干冰）。无可燃性也无助燃性,用作制冷剂、防腐剂、蔬菜保鲜剂、啤酒及饮料添加剂、低温超临界萃取剂等。也用作软质及硬质聚氨酯泡沫塑料的发泡剂。由煅烧石灰石制得,或由葡萄糖等发酵的副产物制得。

液体聚丁二烯橡胶 liquid polybutadient rubber 红色透明液体。相对密度 0.89～0.91。黏度 2.5～15Pa·s,不溶于水,溶于甲乙酮、氯仿等。具有较好的耐老化性及耐低温性。与环氧树脂及多数橡胶有较好的相容性。用作环氧树脂增韧剂,可降低制品脆性,增大韧性,提高承载强度。也用作涂料或橡胶改性剂、压裂液的油溶性增稠降阻剂、灌封材料及涂料涂层等。在催化剂存在下,由丁二烯溶液聚合或乳液聚合制得。

液体聚合物胶黏剂 liquid polymer adhesive 以液体聚合物为基料,加入固化剂或交联剂及其他助剂配制而成的一类合成胶黏剂。所谓液体聚合物是指相对分子质量在 500～10000 的黏稠性液体,品种很多。以橡胶来说,按主链成分分为丁腈、丁苯、聚丁二烯、聚异戊二烯等；按官能团种类有羧基、羟基、环氧基、脲烷基、巯基等；按所带活性基团位置又可分为官能团在分子链上（如液体丁二烯-丙烯酸共聚物）和处于橡胶分子链的两端而形成遥爪聚合物（如端羧基液体丁腈共聚物等）。常见液体聚合物胶黏剂品种有液体丁腈共聚物胶黏剂、液体聚丁二烯胶黏剂、液态聚硫橡胶胶黏剂等。它们各自都又有多种商品牌号。广泛用于金属与金属、金属与复合材料、铁轨、建筑材料及电子仪器中元件间的粘接,也用作密封胶。

液体聚硫橡胶 liquid polysulfide rubber 又名多硫代多硫醇聚合物。琥珀色至暗棕色透明黏稠液体。有特殊臭味。相对密度 1.13～1.31（25℃）。闪点 235℃。玻璃化温度 $-76～-40℃$,脆性温度 $-65～-55℃$,有优良的耐油、耐溶剂、耐臭氧、耐紫外线及耐海水等性能。透气率低,对各种材料的黏合力好。无毒。对皮肤无刺激性,大量接触时会引起嗅觉混乱。与环氧树脂相容性好。

用作环氧树脂及聚氨酯增韧剂,火箭固体推进剂黏合剂,建筑密封剂,也用于复合玻璃密封、牙科印模材料及防腐材料等。由二氯烷烃与多硫化钠经缩聚、脱硫、酸化凝聚等工艺过程制得。

液体聚硫橡胶密封胶 liquid polysulfide rubber sealant 以相对分子质量在 1000～5000 的带各种端基(如羟基、巯基、多胺、酰胺、卤素等)的液体聚硫橡胶为基料的密封胶。常用固化剂有氧化锌、过氧化铅、过氧化锰、铬酸盐及异丙苯过氧化氢等。为了提高粘接强度,常加入液体环氧树脂、酚醛树脂、聚丙烯酸酯及聚乙酸乙烯酯等作增黏剂。一般是三组分或两组分,也有吸收空气中水分进行硫化的单组分。密封胶具有良好的耐油、耐溶剂、耐老化、耐低温挠曲及耐冲击等性能。适用于内部介质压力较低或需经常折卸的接合部件的密封、灌注密封材料、汽车挡风玻璃密封等。

液体密封垫料 liquid seal gasket 指用密封胶形成代替固体垫圈以防止泄漏的一种密封材料。其特点是气密性好、耐压高,对金属表面有良好充填性和粘接性,可在 2.0MPa 压力下使用不产生界面泄漏,而且耐油、耐水、耐汽油等介质,也耐机械冲击和振动。按涂敷后膜的性状,液体密封垫料可分为干性可剥型、干性附着型、不干性黏型及半干性黏弹型等四种类型,使用时先将接合面预处理,除去油污、灰尘、锈斑等。涂胶厚度为 0.06～0.10mm,溶剂挥发时间为4～8min,干性可剥型为2～4min,干性附着型至不粘手即可,不干性黏型不受时间的限定。广泛用于压缩机、机床、油泵、阀门、仪器仪表等的密封。

液体膜 liquid membrane 又名液态膜、液相膜、界面膜。指处在液体和气体或液体和液体的相界面而具半透性的膜。按其结构和形态分为:①乳化型液体膜。如在含有表面活性剂的水/油/水型(W/O/W)乳状液中,油相即为液体膜;在油/水/油型(O/W/O)乳状液中,水相即为液体膜,这种乳化液体膜实质上是一种带孔的微胶囊膜,膜的分离过程是胶囊内外物质透过膜的物质传递过程。②支撑型液体膜。是在多孔型固体支撑物上形成的液体膜,膜材料具有两亲性分子,亲水性一端伸向水相,另一端则吸附在固体分离膜层。其功能是液体膜和固体膜的复合作用,可改变分离膜的透过性及选择性。③动态形成液体膜。是将成膜材料直接加入被分离溶液中,过滤时成膜材料因不能通过固体多孔材料,而在多孔材料与分离溶液的界面形成的液体分离膜。如在盐溶液中加入微量聚氧乙烯甲醚进行脱盐时,就可在超细滤膜上形成动态液体膜,两亲性化合物聚氧乙烯甲醚的加入改变了水的透过性,从而加快脱盐效率。

一硫化四甲基秋兰姆 tetramethyl thiuram monosulfide 又名双(二甲基硫

$$(CH_3)_2N-\overset{\overset{\displaystyle \|}{S}}{C}-S-\overset{\overset{\displaystyle \|}{S}}{C}-N(CH_3)_2$$

代氨基甲酰基)硫化物、促进剂 TMTM、促进剂 TS。淡黄色至黄色结晶粉末。无臭,无味。相对密度 1.37～1.40。熔点 103～114℃。不溶于水,难溶于汽油,微溶于乙醇、乙醚,溶于苯、甲苯、丙酮。长期储存或与强酸一起加热会分解。用作天然橡胶、二烯类合成橡胶、三元乙丙橡胶等的超硫化促进剂。具有难焦烧、安全性高、硫黄用量少、硫化平坦性宽等特点。一般不单独使用,大多以第二促进剂与胍类、噻唑类等促进剂并用,以增加其活性。用于制造轮胎、胶管、鞋类及彩色制品。也用作噻唑类和次磺酰胺类促进剂的活性剂。由二硫化四甲基秋兰姆加入氰化钠脱硫后而得。

一氯丙酮 monochloroacetone CH_3COCH_2Cl 又名氯丙酮。无色液体。有极强刺激臭味。易燃。相对密度 1.162(16℃)。熔点 $-44.5℃$。沸点 119℃,折射率 1.435。闪点 27℃。溶于水,与乙醇、乙醚、氯仿等混溶。能与多种有机化合物形成共沸物。受热或日光照射下能分解出催泪性极强的气体。误服、吸入易中毒。大鼠经口 LD_{50} 为 50mg/kg。商品一般含 0.5% 碳酸钙作稳定剂。用于制造医药、香料、染料中间体、杀虫剂等,也用作抗氧剂、酶活化剂的中间体、干燥剂、乙烯基型感光树脂的偶联剂等。可在碳酸钙存在下由丙酮氯化制得,或由丙酮水溶液经催化氯化制得。

一氯化碘 iodine monochloride ICl 又名氯化碘。棕红色油状液体或黑色结晶。有氯和碘的气味。有 α、β 两种形态。α-型为黑色针状结晶,常温下稳定,光照下为红宝石色,相对密度 3.816,熔点 27.2℃。β-型为黑色片状,不稳定,光照下为红棕色,相对密度 3.24(34℃),熔点 13.9℃,沸点 97℃(分解)。溶于乙醇、乙醚、二硫化碳及乙酸。与水激烈反应,分解为碘酸及氯化氢。具强氧化性。与有机物如木屑、棉花接触会燃烧,受潮时对多数金属有腐蚀性。误服会中毒。用于制造农药增产灵、催化剂等,也用作强氧化剂及用于碘值测定。可由碘加入液氯中反应而得。

一氯化硫 sulfur chloride S_2Cl_2 又名二氯化二硫。红黄色或深黄色油状液体。纯品无色。工业品 S_2Cl_2 含量大于 95%。有窒息性恶臭。空气中强烈发烟。液体相对密度 1.678。熔点 $-80℃$。沸点 136.8℃。蒸气相对密度 4.66。溶于乙醇、乙醚、苯、二硫化碳及乙酸乙酯。遇水分解为 S、SO_2 及 HCl 而发烟。常温下稳定,100℃ 分解为 Cl 及 S,300℃ 时完全分解。与金属氧化物或硫化物反应生成金属氯化物,用氯气饱和可生成 SCl_2 及 SCl_4。常温下干燥的一氯化硫对铜和铁无腐蚀性,含水时则腐蚀性极强。遇高温、明火及氧化剂有着火的危险。其蒸气能催泪。高毒! 对鼻、咽喉、眼睛等有强刺激性及腐蚀性,用作橡胶低温硫化剂、织物整理剂、金及银等贵金属萃取剂、石油添加剂、软木硬化剂等。也用于制造硫化油、军用毒气等。由干燥氯气通入液态硫中制得,或由氯气与二硫化碳合成四氯化碳时的副产物中回收而得。

一氯杀螨砜 sulphenone 又名氯苯砜、杀螨砜、4-氯苯基一苯基砜。纯品为无色结晶。稍带芳香味。存在两种异构体,熔点分别为 90℃ 及 94℃。不溶于水,溶于丙酮、苯、异丙醇、四氯化碳等。常温下对酸、碱、氧化剂及还原剂都很稳定。商品常含 80% 对氯苯基一苯基砜及20%类似物。可加工成可湿性粉剂、浓缩乳剂及粉剂使用。农业上用作杀螨剂,用于防治棉花、蔬菜、果树等作物的各种螨虫。低毒。大鼠经口 LD_{50} 为 $1430\sim3650mg/kg$。可由对氯苯磺酸经氯磺化、缩合而制得。

一水硫酸镁 magnesium sulfate monohydrate $MgSO_4 \cdot H_2O$ 又名硫镁矾、水镁矾、一水镁。无色单斜晶系棱柱状结晶。相对密度 2.66。有潮解性,加热至 $320\sim300℃$ 时脱水生成无水硫酸镁。易溶于水,微溶于甘油、乙醇,不溶于丙酮、乙酸。用于制造其他镁盐、火柴、陶瓷、炸药等,也用作印染吸碱剂,棉及丝的加重剂,塑料阻燃剂。医药上用于制造泻药、抗惊厥药等。也用作家畜补充镁的饲料添加剂及优质农肥。可由浓硫酸与煅烧菱镁矿(苦土粉)直接反应制得。或由海盐苦卤提取氯化钾后的副产物高温盐经热溶浸出后再经分离、干燥制得。也可由硫酸与氯化镁反应制得七水硫酸镁后再经干燥制得。

一缩二丙二醇 dipropylene glycol $CH_3CH(OH)CH_2OCH_2CH(OH)CH_3$ 又名二丙二醇、缩水二丙二醇。无色无味透明液体。相对密度 1.0252。熔点 $-40℃$。沸点 232℃。闪点 137.8℃。折射率 1.439(25℃)。具有醇的一般化学性质。与酸酐作用生成酯,与氯代烃作用生成醚。可燃。毒性及刺激性都很小。大鼠经口 LD_{50} 14800mg/kg。主要用作硝酸纤维素、乙酸纤维素及虫胶清漆等的溶剂。也是诸多香精香料的理想溶剂。还用于制造增塑剂、表面活性剂、不饱和聚酯树脂及熏蒸剂等。可在硫酸存在下,由1,2-丙二醇与环氧丙烷缩合制得。

一缩二丙二醇一丁醚 dipropylene glycol monobutyl ether 无色透明黏稠 $HOC_3H_6OC_3H_6OC_4H_9$ 液体。稍有气味。相对密度 0.918(25℃)。熔点 $-70℃$。沸点 231℃。闪点 112.7℃。折射率 1.4280。蒸气相对密度1.57(空气=1)。稍溶于水。能溶解油脂、天然树脂。低毒。蒸气对皮肤及眼睛有刺激性。用作涂料、油墨、染料等的溶剂、稀释剂,也用作清洗剂。可由1,2-环氧丙烷水合生成一缩二丙二醇后,再与正丁醇反应制得。

一缩二丙二醇一乙醚 dipropylene glycol monoethyl ether 无色透明黏稠 $HOC_3H_6OC_3H_6OC_2H_5$ 液体。相对密度 0.930。沸点 197.8℃。闪点 91℃。折射率 1.419(25℃)。可燃。与水混溶。能溶解油脂、天然橡胶、乙基纤维素等。低毒。用作涂料、油墨及染料等的溶剂、稀释剂。也用于配制切削油。可由1,2-环氧丙烷水合生成一缩二丙二醇后,再与乙醇反应制得。或在催化剂存在下,由1,2-环氧丙烷与乙醇反应而得。

一氧化氮 nitrogen monoxide NO 无色气体。液体为蓝色,固体为蓝色单斜晶系。气体相对密度 1.04。液体相对密度 $1.269(-250℃)$。熔点 $-163.6℃$。沸点 $-151.74℃$。微溶于水及乙醇。20℃下,100体积水可溶解4.6体积的NO。溶于二硫化碳及硫酸亚铁溶液。不助燃。在空气中可氧化生成红棕色的二氧化氮。在大气中,一氧化氮是有害气体,会破坏臭氧层,造成酸雨。在人体中,一氧化氮能容易地穿过生物膜,氧化外来物质,在受控的小剂量下,却是对人体有益的成分,具有舒张血管的作用,使血液流通顺畅,从而降低高血压。同时还能增进免疫功能、传递性兴奋信息,帮助大脑学习和记忆,一氧化氮在水溶液中能被二氧化硫还原成氧化二氮,进而易与氧反应生成二氧化氮。也可作为配位体,生成亚硝基配合物。工业上用铂催化剂使空气将氨氧化生成一氧化氮,再进一步氧化为二氧化氮后,用水吸收即可制得硝酸。在实验室,用稀硝酸与铜反应可制得一氧化氮。氧和氮通过电弧在4000℃下反应也可制得。

一氧化二氮 dinitrogen monoxide N_2O 又名氧化亚氮、笑气。无色无臭微有甜味气体。液化后成为无色液体。低温时为无色立方系结晶。气体相对密度1.52。液体相对密度1.22(−89℃)。熔点−90.8℃。沸点−88.5℃。稍溶于水,溶于乙醇、乙醚、浓硫酸。不与水、酸、碱反应,也不被氧气氧化,加热至500℃时明显分解成氮和氧,900℃时完全分解。具有助燃性,遇乙醚、乙烯等易燃气体能起助燃作用。加热其与氢、氨、CO或某些易燃物质的混合物可引起爆炸。有麻醉作用,人吸入后可引起兴奋并发笑,故称笑气。长期吸入高浓度的气体有窒息危险。电子工业中用于二氧化硅气相沉积等工艺,医药上用作麻醉剂,食品级一氧化二氮可作为气溶胶用于搅奶油压力包装,还用作防腐剂、制冷剂及制造火箭燃料。可由硝酸铵热分解制得,或由氨与空气催化氧化生成的 N_2O 气体经精制而得。

一氧化钴 cobaltous oxide CoO 又名氧化钴。灰棕色至粉红色立方晶系或六方晶系结晶。相对密度6.45。熔点1785~1805℃。不溶于水、乙醚及氨水。溶于酸和强碱溶液。室温及900℃以上稳定,300~900℃时转化成 Co_3O_4,常温时能吸收空气中的氧,颜色逐渐加深,吸氧量多时变成黑色。易被一氧化碳还原成钴。高温下可与 SiO_2、Al_2O_3 及ZnO等反应生成多种复合物。常用作瓷坯或瓷釉着色剂,可获得不同的蓝色,也用于制造钴蓝、有色玻璃、钴催化剂等,还用作油漆催干剂、饲料添加剂等。可由金属钴经硝酸酸溶后转化成碳酸钴,再经灼烧制得,或将金属钴粉加热至900℃以上制得。

一氧化硅 silicon monoxide SiO 棕黑色立方晶系结晶或黄土色无定形不透明粉末。相对密度2.24。熔点大于1707℃。沸点1880℃。不溶于水及一般无机酸。溶于稀氢氟酸及硝酸的混酸,也溶于热的碱溶液。在空气中加热处理时,由黄土色转变成白色。在氧气中能燃烧。室温下可被氧化成二氧化硅。是热、电的良好绝缘体,红热下亦不导电。用于制造精细陶瓷、光学玻璃、半导体材料、催化剂,也用于金属喷涂等。在1300℃的真空条件下用硅粉还原 SiO_2 而制得。

一氧化氯 chlorine monoxide Cl_2O 又名氧化二氯。常温下为棕黄色气体。在−100~15℃范围内,压力超过其蒸气压时,可被凝缩成红褐色液体。熔点−120.6℃。沸点2℃。易溶于水成次氯酸溶液。气态一氧化氯很不稳定,在3.8℃时可逐渐分解成氯和氧,在光作用下加速分解,并可由于火花或加热而引起爆炸。液态一氧化氯对撞击十分敏感,可由撞击而引起爆炸性分解。由于一氧化氯不稳定,难以作为商品出售,一般为现配现用。用作纸浆及织物漂白剂、杀菌剂,以及用于制备氯代异氰尿酸及制造高效次氯酸钙的中间体。可由浓次氯酸用无水硝酸钙或五氧化二磷脱水制得,或用湿空气稀释的氯气与纯碱反应而得。

一氧化锰 manganous oxide MnO 又名氧化亚锰。绿色立方晶系结晶或粉末。相对密度 $5.43\sim5.46$。熔点1650℃。不溶于水及有机溶剂,溶于无机酸。在热浓氯化铵溶液中生成氯化锰及氨。空气中加热易转变成 MnO_2 及 Mn_3O_4 等高价氧化物。在水蒸气中赤热时生成氢、二氧化锰及两价锰化合物。与硫共热可生成二氧化硫及硫氧化物。是一种碱性氧化物。无毒。用于制造陶瓷、玻璃、干电池、医药制剂、有机合成催化剂、微量元素肥料。也是计算机存储器磁心铁氧体的一种主要组分。可由软锰矿(MnO_2)或二氧化锰在还原剂碳存在下,经还原煅烧而制得。

一氧化镍 nickel monoxide NiO 又名氧化亚镍、绿色氧化镍。绿黑色立方晶系结晶或粉末。相对密度6.67。熔点 $1984\sim1998$℃。受热时颜色变黄。400℃时因吸收空气中的氧而变成 Ni_2O_3。加热至600℃时又还原成NiO。不溶于水,溶于硫酸、硝酸及氨水。一氧化镍偶尔存在于天然的绿镍矿中,一般由碳酸镍或氢氧化镍灼烧分解制得。低温煅烧制得的 NiO 具有化学活性,高于1000℃煅烧制得的产品活性小且溶解度降低。用于制造镍盐、镍合金、含镍催化剂、蓄电池、磁性材料、电子元件等,也用作陶瓷着色剂。通常可由镍盐经高温焙烧、粉碎而制得。

一氧化钛 titanium monoxide TiO 金黄色有光泽固体。相对密度4.96。熔点1760℃。沸点3227℃。有 α 及 β 两种变体。α-TiO 在低于991℃时稳定;β-TiO 在高于991℃时稳定。不溶于水,溶于稀盐酸。在高温高真空中易挥发,冷凝物为棕色或棕红色。有导电性,电导性随温度升高而降低。用于制造遮光性胶卷、乙烯聚合催化剂、黑色化妆品及电子产品等。可由金属钛、二氧化钛在高温下经固相反应制得。或由二氧化钛在高温下于氢气流中还原制得。

一氧化碳 carbon monoxide CO 无色无臭气体,为碳的不完全氧化产物。气体密度 $1.145g/cm^3$。熔点 -205℃。沸点 -191.5℃。自燃点610℃。气体比空气轻,在空气中燃烧时为蓝色火焰。与空气混合能形成爆炸性混合物,爆炸极限 $12.5\%\sim74\%$。微溶于水,溶于乙醇、苯、乙酸及氯仿等。不易液化及固化。室温时稳定,$400\sim700$℃或稍低温度时在催化剂作用下发生歧化反应生成碳和二氧化碳。为强还原剂,高温下可还原各种重金属氧化物,与过渡金属能生成各种羰基化合物。与氯气反应生成极毒的光气。是煤气或水煤气的主要成分。易燃。遇明火、高热或撞击的火花能引起着火或爆炸。吸入大量一氧化碳会立即发生意识丧失。一氧化碳与血红蛋白的结合能力比氧气强 210 倍,当空气中一氧化碳浓度达 0.1% 时,将引起中毒。用于制造甲醇、乙醇、乙酸、甲酸钠等化工原料,以及合成光气、羰基化合物、丙酮等。由焦炭或煤不完全燃烧而得,或由煤气或水煤气中分出。

一氧化碳低温变换催化剂 CO low temperature shift catalyst 又名低变催化剂。串联在一氧化碳中(高)温变换催化剂之后使用的催化剂。经中(高)温变换后的出口气体中仍含 3%～4% 的 CO,经 180～200℃ 的低温变换,可使 CO 含量降至 0.2%～0.4%,从而可提高 H_2 的产率或 NH_3 的产率,减轻后续净化工序的负担。现已成为烃类原料制氨的典型工艺,用于以天然气或轻油为原料的大型合成氨厂和部分中小型合成氨厂。催化剂品种很多,产品牌号有 B202、B203、B204、B205、B206、RSB-A、RSB-Q、CB-2、CB-5 等。主活性组分都是 Cu,并加有 ZnO、Al_2O_3、Cr_2O_3 等助剂。可分为 Cu-Zn-Al 及 Cu-Zn-Cr 两类三元体系。但因 Cr_2O_3 比 Al_2O_3 价格高,且对人体有害,故目前应用的多数为 Cu-Zn-Al 系催化剂。可由铜盐、锌盐与碱液经共沉淀后,在料浆中加入 $Al(OH)_3$ 经干燥、成盐、焙烧制得。

一氧化碳宽温(耐硫)变换催化剂 CO sulfur resistant shift catalyst 又名宽变催化剂、一氧化碳耐硫变换催化剂。烃类蒸气转化催化剂的一类。主要用于以重油或渣油为原料的大型合成氨厂和制氨装置中的 CO 变换过程。这些原料的含硫量高,而一般铁铬变换催化剂只能耐有限的硫。采用本催化剂可不预先脱硫,而将脱硫过程与脱 CO 过程同时进行。既可简化工艺,又可节省蒸汽。催化剂品种很多,产品牌号有 B301、B301Q、B302Q、B303Q、BS-90、BS-91、CB-5、HB-301、NCBC、QCS 系列等。可分为 Co-Mo-K 系及 Co-Mo-Mg 系两类。前者大多用于以重油或煤为原料,变换压力低于 3MPa 的合成氨厂;后者主要适用于变换压力高于 3MPa 的合成氨厂。可由混碾法及浸渍法制得。

一氧化碳中(高)温变换催化剂 CO medium(high) temperature shift catalyst 又名中变催化剂。一氧化碳变换是烃-水蒸气转化制氢过程之一。在催化剂作用下,先将混合气中的一氧化碳与水蒸气进一步反应变换成 CO_2 和 H_2,然后用碱液吸收将 CO_2 除去。根据所适用的温度范围,CO 变换催化剂分为中温、低温及宽温三类。中温变换催化剂也称为高温变换催化剂,品种很多,工业牌号有 B110-2、B111～B121、FB122、FB123、BM-1、BX、DGB、HNB-5 等。大多是以氧化铁为主要活性组分,以 Cr_2O_3 为主要助剂的铁铬系催化剂,有些品种还添加 K_2O、CaO、MgO 或 Al_2O_3 等助剂。操作温度多数在 300～500℃ 范围,通过变换反应可将大部分 CO 转化成 H_2 及 CO_2,出口气体中 CO 含量为 3% 左右。

一氧化碳助燃剂 carbon monoxide combustion promoter 又名流化催化裂化再生过程中的 CO 助燃剂。添加于催化裂化催化剂再生过程中的少量助剂。可起到催化一氧化碳氧化的作用,即 CO 经催化燃烧转化为 CO_2,从而使再生烟气中CO含量降低,并清除催化剂上的积炭,改善催化剂的活性及选择性。中国产品牌号有Ⅰ系列、CZ、RC、KM、高强度5号等。活性组分主要为Pt或Pd,载体为Al_2O_3或SiO_2-Al_2O_3。粒度主要为80μm以下。孔体积 $0.2\sim0.3mL/g$。比表面积 $50\sim200m^2/g$。使用时与主催化剂一起流化,少量加入即可促进烧焦完全,并使再生器密相段中的CO迅速转化为CO_2。可由氧化铝载体浸渍一定浓度的活性组分溶液而制得。

一叶萩碱 securinine 吡啶衍生物类生物碱之一。淡黄色菱形结晶。熔点 $142\sim143℃$。易溶于乙醇、氯仿,较难溶于水、丙酮、乙醚及石油醚。冷水中,能与无机酸、有机酸结合成结晶性盐。盐酸盐熔点230℃,硝酸盐为白色或淡黄色结晶或粉末,熔点 $208\sim214℃$(分解)。对中枢神经特别是脊髓具有明显的兴奋作用,可用于治疗急性脊髓白质炎、再生障碍性贫血、头晕、耳鸣及小儿麻痹后遗症等。可由大戟科植物——一叶萩中分离而得,或用1,4-二噁螺[4,5]癸烷-6-烯为原料经多步合成制得。

一乙醇胺 ethanolamine $NH_2CH_2CH_2OH$ 又名乙醇胺、2-氨基乙醇。无色黏稠液体。有氨味和强碱性。相对密度1.018。熔点10.5℃。沸点170.5℃。闪点93℃。折射率1.4541。与水、甲醇、乙醇及丙酮混溶,微溶于乙醚、四氯化碳。水溶液呈碱性。有极强的吸湿性,能吸收酸性气体,加热后又可将吸收的气体释放。有乳化及起泡作用。能与无机酸和有机酸生成盐类,与酸酐作用生成酯,其氨基中的氢原子可被酰卤、卤代烷等置换。可燃。遇明火、高温有燃烧的危险。蒸气有毒。口服损害口腔和消化道。急性毒性:大鼠经口LD_{50} 2050mg/kg。用于制造医药、农药、染料中间体及表面活性剂等,也用作乳化剂、增塑剂、橡胶硫化剂、印染增白剂、织物防蛀剂、二氧化碳吸收剂、石油添加剂,以及除去天然气和石油气中的酸性气体等。可由氨与环氧乙烷反应后经精馏、分离而制得。

一乙酸纤维素 cellulose monoacetate 又名一醋酸纤维素。白色小颗粒或纤维状碎粉。结合乙酸值 $44\%\sim48\%$。无臭,无味。相对密度 $1.26\sim1.34$。溶于冰乙酸、氯仿、丙酮与水的混合物。260℃开始熔融,并伴有分解。有良好的热塑性,不易燃烧,主要用于制造乙酸纤维素过滤膜及用于合成药物肠衣的原料苯二甲酸乙酸纤维素,也用作印刷制版及电影胶片片基的铜带流延机上的表面胶化镜层等。由三乙酸纤维素脱去部分乙酸而达到预定取代度而制得。

伊索拉定 irsogladine 又名一格定、

2,4-二氨基-6-(2,5-二氯苯基)-1,3,5-三嗪。其马来酸盐又名盖世龙,为白色结晶。熔点205℃(分解)。溶于甲醇。一种胃黏膜保护剂。通过增加胃黏膜上皮内的环磷腺苷的含量,强化胃黏膜上皮间的联结,增加黏膜的血流量,促进黏膜再生。用于治疗胃及十二指肠溃疡、糜烂性胃炎等,具有毒性低、副作用小等特

伊索昔康 isoxicam 又名异噁唑酰胺、4-羟基-2-甲基-N-(5-甲基-3-异噁唑基)-$2H$-1,2-苯并噻嗪-3-碳酰胺-1,1-二

氧化物。白色结晶。熔点 265～271℃（分解）。不溶于水，溶于二甲苯、二氧六环。为抗炎镇痛药，用于风湿性关节炎、骨性关节炎的治疗。由 4-羟基-2-甲基-$2H$-苯并异噻嗪-3-羧酸乙酯与 3-氨基-5-甲基异噁唑反应制得。

衣康酸 itaconic acid 又名亚甲基丁

$$CH_2 = C-COOH$$
$$\quad\quad\quad | $$
$$\quad\quad CH_2COOH$$

二酸。一种不饱和二羧酸。无色吸湿性棱柱状结晶。有特殊气味。相对密度 1.632。熔点 167～168℃（分解）。溶于水、乙醇、丙酮及三氯甲烷，微溶于苯、氯仿、乙醚、二硫化碳及石油醚。可以自身聚合，也可与丙烯酸酯类、丙烯腈、苯乙烯等进行共聚。蒸气有毒！过热易分解。与亚硫酰二氯反应生成衣康酸酐。用于制造腈纶、合成树脂、离子交换树脂、增塑剂等。也用作酸味剂、金属螯合剂、锅炉除垢剂等。由淀粉、葡萄等发酵、分离制得。

衣兰油 ylang ylang oil 又名衣兰衣兰油、依兰油。淡黄色至深黄色液体。有温和的清鲜衣兰花香。主要成分为里哪醇、松油醇、香叶醇、石竹烯、丁香酚、乙酸苄酯、香叶醇等。相对密度 0.946～0.982。折射率 1.498～1.5080。以 1:0.5 溶于 90％乙醇，也溶于乙醚、非挥发性油。属植物类天然香料。广泛用于调配高档香水、香皂及化妆品等日化香精，也用于泡泡糖、焙烤食品、什锦水果糖等食品加香。由番荔枝科植物衣兰衣兰树的鲜花经水蒸气蒸馏制得。

医用高分子材料 biomedical polymer 用于人体生理系统疾病的诊断、治疗、修复或替换生物体组织或器官，增进或恢复其功能的高分子材料。品种很多。按来源分为天然医用高分子材料（如胶原、明胶、纤维素、黏多糖等）、人工合成医用高分子材料（如硅橡胶、聚酯等）、天然生物组织与器官；按材料在生物环境中的生物化学反应水平，分为生物惰性、生物活性及生物吸收高分子材料；按生物医学用途分为硬组织相容性高分子材料（用于骨骼、关节等的修复及替代材料）、软组织相容性高分子材料（用于皮肤、食道等的替代与修复）、血液相容性高分子材料（用于血液净化膜、分离膜）、高分子药物和药物缓释材料及其他医用高分子材料；按与机体组织连接性分为长期植入材料（如人工关节）、短期植入材料（如透析器）、体内体外连通用材料（如心脏起搏器的导线、插管等）及一次性使用医疗用品材料等。

医用胶黏剂 medical adhesive 主要指用于外科手术及止血等方面的合成

树脂胶黏剂。广义上讲,牙科用无机及有机胶黏剂也属于医用胶黏剂。医用胶黏剂必须是对人体无毒,不产生剧烈的炎症反应、过敏反应,不能有致癌、致畸、致突变作用,能胶接水润湿的表面,使用方便,固化速度快。用于软组织粘接的有α-氰基丙烯酸烷基酯系、有机硅系、聚甲基丙烯酸羟乙酯系、明胶系、血浆系、火棉胶系等;用于硬组织粘接的有甲基丙烯酸酯系、环氧系、聚氨酯系、聚羧酸系等。根据使用目的不同,医用胶黏剂主要分为:代替缝合、止血、血管或气管等组织吻合、缺损组织补修物的固定等。

依立替康 irinotecan 又名7-乙基-10-[4-(1-哌啶基)-1-哌啶基]羰基氧代喜树碱、CPT-11。灰黄色粉末。熔点258.5℃(三水合物)。难溶于水。一种作用于DNA拓扑异构酶的抗肿瘤药物,临床上用其盐酸盐。在体内(主要是肝脏)经代谢而起作用,属前体药物,主要用于小细胞和非小细胞肺癌、结肠癌、卵巢癌、子宫癌、恶性淋巴瘤等的治疗。以喜树碱为原料制得。

依那普利 enalapril 又名益亚利、悦宁定、怡那林、苯丁酯丙脯酸。其马来酸盐(马来酸依那普利)为白色至类白色结晶性粉末。熔点143～144.5℃。难溶于水、乙醇,微溶于甲醇。为抗高血压的前体药物,进入体内水解成活性成分依那普利拉而起作用,其降压效果明确、副作用小、长期用药不产生耐受性,其作用比卡托普利强10倍。用于治疗高血压和顽固性严重充血性心力衰竭。由α-酮基苯丁酸乙酯与L-丙氨酰-L-脯氨酸盐酸盐反应制得。

依诺昔酮 enoximone 又名腈甲米醇、依诺他宾、1,3-二氢-4-甲基-5-[4-甲硫基苯甲酰基]-2H-咪唑-2-酮。白色针状结晶。熔点255～258℃。不溶于水。为磷酸二酯酶抑制剂,用于充血性心力衰竭的治疗,通过增强心肌收缩力或降低心脏负荷达到治疗目的。其作用机理与非强心苷类正性肌力药氨力农相似,但作用优于氨力农。由对甲硫基苯甲酸与4-甲基咪唑酮经傅-克反应制得。

依帕司他 epalrestat 又名唐林、伊衡、5-[1Z,2E]-2-甲基-3-苯基-2-丙烯亚基]-4-氧代-2-硫代-3-噻唑烷乙酸。黄色至橙色结晶性粉末。熔点210～217℃。不溶于水,难溶于乙醇、乙醚、丙酮、氯仿,易溶于四氢呋喃。一种醛糖还原酶抑制剂,对人体晶状体、坐骨神经和红细胞中的山梨醇积聚有抑制作用。醛糖还原酶在哺乳动物内催化葡萄糖向山梨醇的转化,这是糖尿病后遗症如白内障和神经疾病的主要原因。醛糖还原酶抑制剂可有效抑制糖尿病人许多器官中山梨醇含量的异常升高,可作为糖尿病后遗症的防治药。由3-羧甲基绕丹宁和α-甲基肉桂醛反应制得。

依普黄酮 ipriflavone 又名安体芬、

力拉、固苏桉、7-异丙氧基异黄酮。白色至黄白色结晶或结晶性粉末。无臭,无味。熔点 115～117℃。不溶于水,稍溶于甲醇、乙酸,溶于丙酮、乙酸乙酯、乙腈。一种抗骨质疏松药,可显著抑制骨密度、骨强度及甲状腺钙素的下降,还可促进甲状腺钙素分泌、抑制破骨细胞等作用。用作动物饲料添加剂,有增加体重的作用。以间苯二酚、苯乙腈为起始原料,经缩合、醚化、环合而制得。

依他尼酸 etacrynic acid 又名利尿酸、2,3-二氯-4-(2-亚甲基乙酰)苯氧乙酸。白色结晶性粉末。无臭,味微苦涩。熔点 121～125℃。不溶于水,易溶于乙醇、乙醚。为中等强度酸,在水溶液中不稳定。为强效利尿药,用于治疗急性肺水肿、肾性水肿、肝硬化腹水、肝癌腹水、脑水肿及充血性心力衰竭等。由 2,3-二氯苯甲酸与丁酰氯缩合,再经与氯乙酸甲酯进行烷基化反应,最后与甲醛缩合制得。

依托红霉素 erythromycin estolate 又名十二烷基硫酸丙酰基红霉素、红霉素丙酸酯十二烷基硫酸盐、无味红霉素。白色结晶性粉末。无臭,无味。熔点 132～138℃(分解)。难溶于水,易溶于乙醇、乙醚、氯仿。对酸稳定。作用机制及抗菌谱与红霉素相同。对胃酸稳定,吸收好,血药浓度高,由胆汁排泄。用途与红霉素相同,主要用于儿童。肝毒性较红霉素大。由红霉素盐经酯化、成盐及置换反应制得。

依托咪酯 etomidate 又名乙咪酯、甲苄咪唑、嘧羧酯、R-1-(1-苯乙基)-1H-咪唑-5-羧酯乙酯。白色固体。熔点 67℃。难溶于水,溶于乙醇、甲醇、丙酮、氯仿、异丙醚。一种静脉全麻药,经静脉注射给药后,迅速地分布于脑组织及代谢器官。给药 20s 后即产生麻醉作用,持续时间可达 5min。对呼吸和循环系统的影响比硫喷妥钠小。临床上用于诱导麻醉。由甲基苄胺与氯乙酸乙酯经缩合、甲酰化、环合而制得。

伊昔苯酮 exifone 又名 2,3,3′,4,4′,5′-六羟基二苯酮。黄色针状结晶。熔点 272～273℃。不溶于水,溶于乙醇、丙酮、氯仿。一种智能改善药,能有效清除自由基。作为思维增强剂,可用于早老性痴呆症、老年性记忆功能衰退、早期轻症帕金森病及帕金森综合征等。由没食子酸与连苯三酚在无水氯化锌存在下反应制得。

胰蛋白酶 trypsin 从动物胰脏中提取的一种蛋白酶。是一种内切肽酶,可水解碱性氨基酸的羧基所形成的肽键,并能水解酰胺和酯类。白色或类白色结晶性粉末。溶于水,不溶于乙醇、乙醚、甘油、丙酮。干燥时在室温下稳定。最适pH值8～9。水溶液对热不稳定,在室温下3h会失去75%活性,在热溶液中加盐则发生沉淀。医药上用作消炎剂及消化剂,用于消除创伤性溃疡、血肿、渗出物、坏血组织,促进肉芽组织生长;也用于治疗支气管扩张及毒蛇咬伤等,并可用于测定蛋白质的化学结构。以牛、羊胰脏为原料提取而得。

胰岛素 insulin 由动物胰脏中胰岛的β-细胞所产生的一种蛋白激素。相对分子质量5734。由51个氨基酸组成A、B两条肽链。A链含21个氨基酸残基,B链含30个氨基酸残基。两条肽链由2个二硫键相连。为白色或类白色结晶粉末。熔点233℃(分解)。不溶于水、乙醇、乙醚,溶于稀酸、稀碱及稀乙醇。在pH值为2～4的水溶液中较稳定,在碱性介质中易破坏,加热易变性。还原剂及多数重金属离子(锌、钴、镍、银除外)能使其失活。胰岛素能促进葡萄糖的运输,降低血液中葡萄糖浓度,缺少胰岛素时,血中葡萄糖浓度增高,出现糖尿病症状。用作降血糖药,可用于胰岛素依赖型糖尿病,也可用于非胰岛素依赖型糖尿病及严重感染、外伤、大手术等应急情况和糖尿病酮症酸中毒等。胰岛素能被体内蛋白水解酶水解而失去活性,故一般只能注射给药,而且在血液和组织中也能被酶水解,药效时间较短。由牛、猪等胰脏提取也可用遗传工程技术用大肠杆菌生产胰岛素。

胰激肽原酶 kallidinogenase 在血浆、胎盘及人尿中存在的一种蛋白质水解酶。可从人尿或用发酵法提取。为类白色冻干粉。相对分子质量30000。溶于水。纯品干燥存放于-20℃,可放置数天。在pH值为7～9.5时,20℃时至少能稳定5h。最适pH值为8.2～8.7。胰激肽原酶在生物体内能将各种相对分子质量的激肽原水解为激肽,激肽具有强烈的扩张血管和致痛作用,能促使末梢血管扩张、血流量增大。加入护肤化妆品中,可提高皮肤血管血液循环、增进角质层合成能力、预防皮肤粗糙、改善皮肤弹性。

胰加漂 T
见"N-甲基-N-油酰氨基乙基磺酸钠"。

胰酶 pancreatin 又名胰腺酶、胰酵素。系自猪、羊或牛中提取的多种酶的混合物。主要为胰蛋白酶、糜蛋白酶、多种肽酶、淀粉酶及脂肪酶等。外观为类白色或微带黄色的粉末。微臭。部分溶于水,水溶液在pH值为2～3时稳定,在pH6以上不稳定,Ca^{2+}的存在可提高其稳定性。部分溶于低浓度乙醇溶液,不溶于乙醇、丙醇及乙醚等有机溶剂。胰蛋白酶可催化蛋白质水解生成蛋白胨及其衍生物;胰淀粉酶可水解淀粉生成糊精、麦芽寡糖和麦芽糖,胰脂肪酶能水解脂肪生成甘油和脂肪酸。胰酶制剂为胰酶的肠溶片。可用作助消化药,用于消化不良。在制药中,胰酶也用于脱毛、软化等。

胰凝乳蛋白酶 chymotrypsin 又名糜蛋白酶。是由牛、猪胰提取而得的一种肽链内切酶,其酶原激活后可形成α、β、γ等多种胰凝乳蛋白酶。白色或微黄色结晶性无定形粉末。相对分子质量

25000。最适 pH 值 8。Ca^{2+} 是激活剂，有机磷化合物、重金属离子等都是酶活性抑制剂。易溶于水，不溶于有机溶剂。10%水溶液的 pH 值约为 3。干态时稳定，水溶液中易失活。可作为蛋白分解酶，用于手术后创口或创伤愈合、抗炎及防止局部积血、乳房手术后局部肿胀及鼻炎等；对眼球睫状韧带有选择性松懈作用，用于白内障摘除，可避免膜破裂和视网膜损伤；用于护肤化妆品，对皮肤有抗炎、清疮及去屑作用。还可用于癌细胞诊断。可从新鲜牛胰脏中提取而得。

乙胺 ethylamine $CH_3CH_2NH_2$ 又名一乙胺、氨基乙烷。常温下为无色气体，冷却或加压时易液化。有氨的气味。可燃。相对密度 0.6829。熔点 −80.6℃。沸点 15.6℃。闪点 −17.8℃（闭杯）。在空气中 555℃ 自燃。蒸气与空气形成爆炸性混合物，爆炸极限 3.5%～14%。溶于水、乙醇、乙醚及多种有机溶剂。水溶液呈碱性。对光不稳定，在 140～200℃ 时经紫外线照射，分解生成氢、氨、甲烷及乙烷等。与无机酸反应生成可溶性盐。与光气反应生成碳酰氯。具有一般胺化合物的毒性，强烈刺激皮肤及黏膜。急性毒性：大鼠经口 LD_{50} 400mg/kg。用于制造除草剂、染料、表面活性剂、离子交换树脂、抗氧剂及医药等，也用作油脂萃取剂、溶剂、选矿剂、乳化剂、洗涤剂等。可在催化剂存在下，由乙醇与液氨反应制得。或由乙醛、氢气及氨反应生成一乙胺、二乙胺及三乙胺，再经分离而得一乙胺。

乙胺丁醇 ethylaminebutol hydrochloride 又名乙二胺二丁醇、盐酸乙胺丁醇。白色结晶性粉末。几乎无臭。熔点 199～

$$CH_3CH_2\underset{\underset{CH_2OH}{|}}{CH}NHCH_2-CH_2NH\underset{\underset{CH_2OH}{|}}{CH}CH_2CH_3 \cdot 2HCl$$

204℃（分解）。易溶于水，微溶于乙醇、氯仿，不溶于乙醚。有引湿性。为抗结核药，主要用于对异烟肼、链霉素有耐药性的结核杆菌引起的各型肺结核及肺外结核。可单用，但多与异烟肼、链霉素其他抗结核药合并应用治疗各种类型结核病。由 2-氨基丁醇经拆分，再与二氯乙烷缩合制得。

乙苯脱氢制苯乙烯催化剂 catalyst for ethyl benzene dehydrogenation to styrene 又名乙苯脱氢催化剂。一种铁基催化剂，以 Fe_2O_3 为催化剂的主要活性组分，以少量比氧化铁更难还原的金属氧化物（如 Mg、Cr、Ce、Mo、W、Ca 等）作为结构稳定剂，而以少量的碱金属或碱土金属氧化物作为助催化剂（常用 K_2O）。K_2O 的作用主要是中和催化剂的酸性和减少反应中的炭沉积。中国产品牌号有 GS 系列、NCY 系列及 XH 系列等。外形有圆柱体、拉西环形、三叶草形等。含铁量一般为 70%～90%，含 K_2O 为 10%～20%。由硫酸亚铁等含铁组分及助剂经溶解、沉淀、水洗、过滤、干燥、成型、焙烧等工序制得。

N-乙醇基十二烷基苯磺酸盐 N-ethanol dodecyl benzene sulfonate 又名农药渗透剂 CT-901 主剂。一种阴离子型表面活性剂。常温下为液体，相对密度 0.9360。凝固点 ≤20℃。沸点 ≥

85℃。黏度 10.8mPa·s(20℃)。溶于水,具有优良的润湿性及分散性。用作农药润湿剂及渗透剂,与氧乐果、杀灭菊酯、磷菊酯等农药复配,用于防止棉蚜、棉铃虫、烟蚜等,增效值达 15%～38.4%。降低农药用量 15%时,仍可获得与原标准药量相同的防治效果。

乙醇气相胺化制乙胺催化剂 catalyst for ethanol gas phase amination to ethylamine 乙胺生产法有乙醇气相胺化法、氯乙烷法及乙醛氢化氨法等。本催化剂用于乙醇气相胺化制乙胺。产品牌号 Bry-07。外观为 $\phi3\sim6mm$ 球形,活性组分 Co,载体 Al_2O_3。堆密度 $0.8\sim0.9g/mL$。孔体积 $0.2\sim0.3mL/g$。比表面积 $150\sim200m^2/g$。在一定反应条件下,乙醇转化率≥98%,乙胺选择性≥70%,改变反应条件,可调节一乙胺、二乙胺及三乙胺的比例。可由特制载体浸渍钴盐等活性组分,经干燥、焙烧制得。

乙醇酸 glycolic acid $HOCH_2COOH$ 又名羟基乙酸、甘醇酸。最简单的醇酸。纯品为无色针状或片状结晶。有吸湿性及潮解性。相对密度 1.49(25℃)。熔点 80℃。沸点 100℃(分解)。闪点 300℃。溶于水、甲醇、乙醇、丙酮,微溶于乙醚,不溶于烃类。工业品为浓度 70%水溶液,系淡蓝色液体,具有类似烧焦糖的气味。是一种较强的酸,有轻微毒性。用作含羧基纤维素织物的交联催化剂、偶合剂,也用于制造乙二醇、乙醇酸薄荷酯、染料、皮革、金属螯合剂、胶黏剂等。由氯乙酸与氢氧化钠反应制得。

乙醇脱水制乙烯催化剂 catalyst for ethanol dehydrating to ethylene 又名酒精脱水制乙烯催化剂。用于固定床乙醇脱水制乙烯催化剂。可分为活性氧化铝及沸石系两大类。氧化铝系中国产品牌号有 JT-Ⅱ、NC1301、BC-2-004 等,为 $\phi3\sim4mm$ 的白色圆柱体或小球。堆密度 $0.6\sim0.9g/mL$。孔体积 $0.2\sim0.4mL/g$。在反应温度 $200\sim400℃$,常压条件下,乙醇转化率≥99.5%,乙烯选择性≥97%。沸石系催化剂牌号有 NKC·03型,为 $\phi3mm\times(5\sim10)mm$ 或 $\phi2\sim4mm$ 小球。堆密度 $0.55\sim0.62g/mL$,孔体积 $0.55\sim0.65mL/g$。在 $60\sim360℃$,乙醇液空速≥$0.8h^{-1}$ 的反应条件下,乙醇转换率 96%～99%,乙烯选择性 97%～99%。沸石系催化剂的转化率几乎不受乙醇水含量影响,而氧化铝系催化剂当乙醇水含量超过 30%后,其转换率会显著下降。

1,2-乙二胺 ethylenediamine $H_2NCH_2CH_2NH_2$ 又名 1,2-二氨基乙烷。无色透明黏稠性液体,有氨气味。相对密度 0.8995。熔点 10.7℃。沸点 117℃。闪点 43℃(闭杯)。在空气中放置时吸湿,或吸收二氧化碳生成白色氨基甲酸盐。溶于水、乙醇,微溶于乙醚、苯。水溶液呈碱性。能溶解各种染料、树脂、虫胶及纤维素等。可燃。低毒。蒸气对黏膜及皮肤有刺激性。与无机酸反应生成溶于水的盐,与羧酸、酰卤反应生成酰胺,也能磺酰化生成磺酰胺。用于制造农药、医药、表面活性剂、离子交换树脂、染料、橡胶硫化促进剂等,也用作环氧树脂固化剂、电镀光亮剂、金属螯合剂、除垢剂、酸性气体净化剂、润滑油稳定剂、焊接助熔剂等。由 1,2-二氯乙烷与氨反应制得。

乙二醇(单)丁醚 ethylene glycol monobutyl ether 又名2-丁氧基乙醇、
$$HOCH_2CH_2O(CH_2)_3CH_3$$
丁基溶纤剂。无色透明易燃液体。相对密度0.9015。沸点171℃。闪点61℃(闭杯)。相对蒸发速率约8(水为31)。与水、乙醇、乙醚、苯、氯仿混溶。溶于矿物油。遇明火、高热及强氧化剂有燃烧危险。爆炸极限1.1%~10.6%。是树脂、硝酸纤维素、油溶性染料等的优良溶剂。也用作乳胶漆成膜剂、农药分散剂、纤维润湿剂、金属清洗剂、医药萃取剂,以及用于制造增塑剂、表面活性剂等。由正丁醇与环氧乙烷在催化剂存在下反应制得。

乙二醇(单)己醚 ethylene glycol monohexyl ether 又名己基溶纤剂。无色液体。相对密度0.8887。沸点208.1℃。闪点91℃。折射率1.4290。相对挥发速率0.8~1.05(水为31)。微溶于水,水在本品中的溶解度18.8%。溶于丙酮、苯、甲苯等有机溶剂。能溶解乙基纤维素,但不能溶解乙酸纤维素、聚乙酸乙烯酯及聚甲基丙烯酸甲酯等。用作乳胶漆的成膜助剂或基料,可降低最低成膜温度,也用作稀释剂及高沸点溶剂。由环氧乙烷与己醇在催化剂存在下反应制得。

$$\begin{array}{c} CH_2OC_6H_5 \\ | \\ CH_2OH \end{array}$$

乙二胺四亚甲基磺酸钠 ethylenediamine tetramethylene sulfonic sodium 一种无磷水处理剂。淡黄色结晶或固体,

$$\begin{array}{cc} NaO_3SH_2C & CH_2SO_3Na \\ \diagdown \diagup \\ NCH_2CH_2N \\ \diagup \diagdown \\ NaO_3SH_2C & CH_2SO_3Na \end{array}$$

属阴离子表面活性剂。溶于水。用作水处理阻垢剂,分子结构中含有多个磺酸基,能螯合多个金属离子,具有良好的阻碳酸钙及磷酸钙垢效能,阻垢性能优于有机膦酸。也可与其他阻垢分散剂复配使用,增强阻垢作用。适用于工业循环冷却水、锅炉水及印染用水等的防垢处理。由羟甲基磺酸钠与乙二胺经缩合反应制得。

乙二胺四亚甲基膦酸钠 ethylenediamine tetramethylene phosphonic acid sodium 黄色透明黏稠液体。活性组分含量28%~30%。相对密度1.3~1.4。

$$\begin{array}{cc} Na_2O_3P-CH_2 & CH_2-PO_3Na_2 \\ \diagdown \diagup \\ N-CH_2-CH_2-N \\ \diagup \diagdown \\ Na_2O_3P-CH_2 & CH_2-PO_3Na_2 \end{array}$$

能与水混溶。热稳定性好,在200℃以下有较好的阻垢作用。用作螯合剂,用于羧基丁苯胶乳生产时螯合铁、钙等有害金属离子;也用作阻垢缓蚀剂,可以不按化学当量与金属离子螯合剂形成立体结构的黏性聚合物,松散地分散在水中破坏钙垢的正常结晶,与聚马来酸酐复配可大大降低结垢速度,还可清除老垢。以甲醛、乙二胺、三氯化膦等为原料制得。

乙二胺四乙酸 ethylenediamine tetraacetic acid 又名乙底酸、亚乙基二次

氨基四乙酸,简称 EDTA。无色结晶粉末。无臭、无味。熔点 240℃(分解)。微

$$HOOCH_2C \diagdown NCH_2CH_2N \diagup CH_2COOH$$
$$HOOCH_2C \diagup \diagdown CH_2COOH$$

溶于水,不溶于乙醇及普通有机溶剂,溶于氢氧化钠和氨溶液,也溶于二甲基甲酰胺和浓度超过 5% 的无机酸,微溶于热水。与碱金属氢氧化物中和时,生成溶于水的盐类。本品不如其金属盐稳定,加热至 150℃ 时易发生脱羧。对人体无毒,但在人体内不分解,能络合人体内的微量金属元素而排出体外,从而引起缺钙、低血压及肾功能障碍等。用于制造乙二胺四乙酸二钠(四钠)及钙、镁、铜、锰、锌等盐类,也用作螯合剂、络合剂、染色助剂、脱硝催化剂、血液抗凝剂、聚合引发剂、金属处理剂等。由氯乙酸、乙二胺及碳酸钠等反应制得。

乙二胺四乙酸二钠 ethylenediamine tetraacetic acid disodium 又名乙底酸二钠盐,简称 EDTA 二钠盐。白色结晶颗粒或白色至近白色结晶性粉末。易溶于水,不溶于乙醇、乙醚。5% 水溶液的 pH 值为 4～6。与碱金属和某些重金属能络合生成稳定的盐类。用作螯合剂、抗氧剂及防腐剂等。用于锅炉化学清洗时,对钙、镁、铁等结垢离子有螯合作用,溶垢效率高。也用作漂白定影剂、化妆品添加剂、纤维处理剂及染色助剂等。由乙二胺四乙酸与氢氧化钠反应制得。

乙二醇单硬脂酸酯 ethylene glycol monostearate 又名硬脂酸乙二酯。一种

$$HOCH_2CH_2OOCC_{17}H_{35}$$

非离子表面活性剂。白色至奶油色固体或薄片。熔点 56～58℃。皂化值 180～188mgKOH/g。酸值<4mgKOH/g。碘值<0.5gI$_2$/100g。HLB 值 2.4。不溶于水,可分散于水中。溶于乙醇、乙醚、甲苯及矿物油。具有乳化、分散、消泡、增溶等性能。在纺织、日化、制药、金属加工、化妆品等行业用作增溶剂、乳化剂、分散剂、柔软剂、抗静电剂等,也用作纸浆消泡剂、洗发香波及沐浴液等的珠光剂。由乙二醇与硬脂酸经酯化反应制得。

乙二醇丁醚乙酸酯 ethylene glycol monobutyl ether acetate 又名乙酸-2-丁

$$CH_3COOCH_2CH_2OC_4H_9$$

氧基乙酯、丁基溶纤剂乙酸酯。无色液体。有特臭。相对密度 0.9422(20℃)。熔点 -63℃。沸点 192℃。折射率 1.4200。不溶于水,溶于羟类及多数常用溶剂。能溶解乙基及乙酸纤维素、聚苯乙烯、聚乙酸乙烯酯、聚甲基丙烯酸甲酯等。用作涂料溶剂,广泛用于轿车漆、飞机漆、电视机漆及冰箱漆等,也用作皮革、织物及印刷的染色溶剂及胶黏剂稀释剂。由乙氧基乙醇与丁酐反应制得。

乙二醇二甲醚 ethylene glycol dimethyl ether 又名 1,2-二甲氧基乙烷。无

$$CH_3OCH_2CH_2OCH_3$$

色液体。有醚样气味。相对密度 0.8628。熔点 -58℃。沸点 82～84℃。闪点 4.5℃。折射率 1.3796。溶于水及羟类溶剂。是多种树脂的良溶剂,对各种纤维素有很好的溶解性,被称为二甲基溶纤剂。低毒。具有刺激及麻醉作用。易燃。遇高温及明火易发生燃烧或爆炸。用作硝化纤维素、树脂、涂料、油类等的溶剂,也用作医药抽提剂、橡胶聚

合的相对分子质量调节剂、纤维及皮革匀染剂、润滑油添加剂及渗透剂、图片印刷平调剂等。在三氟化硼乙醚络合物存在下,由环氧乙烷与二甲醚反应制得。或由乙二醇单甲醚与金属钠、氯甲烷反应而得。

乙二醇葡萄糖苷 ethylene glycol glucoside 无色无臭固体。有 α、β 两种

$$\text{结构式}$$

异构体。α-异构体的熔点 150～151℃,旋光度+137.5°;β-异构体的熔点 137～138℃,旋光度-30.4°。溶于水,微溶于乙醇。稍有甜味。在干燥条件下有较强持水能力。对酸、碱有较高稳定性。用于制造聚醚、聚氨酯泡沫塑料、醇酸树脂、非离子表面活性剂,也用作润肤霜、香波等的保湿剂。由淀粉与乙二醇在酸催化剂存在下经糖基转移反应制得。

乙二醇葡萄糖苷硬脂酸酯 ethylene glycol glucoside stearate 一种非离子表面活性剂。白色固体。熔点 59～62℃。羟值 237mgKOH/g。酸值 ≤ 1.5mgKOH/g。皂化值 141mgKOH/g。不溶于水。有良好的分散、乳化性能。无毒无害。生物降解性好。用作食品、医药及化妆品乳化剂。其亲水性优于斯盘类表面活性剂,用于油包水型(W/O)乳化剂时,乳化力比单甘酯强。由硬脂酸甲酯与乙二醇葡萄糖苷经酯化反应制得。分子式:$[HOCH_2CH_2(C_6H_{11}O_6)]OCC_{17}H_{35}$

乙二醇乙醚乙酸酯 ethylene glycol monoethyl ether acetate 又名乙酸-2-乙氧基乙酯、乙基溶纤剂乙酸酯。无色液体,有愉快的酯类香味。相对密度 0.9730。熔点-61.7℃。沸点 156℃。折射率 1.4055。微溶于水,与芳烃等多种有机溶剂混溶,能溶解油脂、松香、纤维素树脂、聚氯乙烯、聚苯乙烯、酚醛树脂及氯化橡胶等。易燃。有毒。有生育致畸作用。用作防冻剂、胶黏剂稀释剂、纤维素及树脂的中沸点溶剂、油漆剥离剂等。由乙二醇单乙醚与乙酐反应制得,或由环氧乙烷与乙酸乙酯反应制得。分子式:$CH_3COOCH_2CH_2OCH_2CH_3$

乙二醛 glyoxal OHC-CHO 无色或淡黄色结晶。易吸湿潮解。相对密度 1.14。熔点 15℃。沸点 50.4。折射率 1.3826。易溶于水及乙醇、乙醚等常用溶剂。化学性质活泼,氧化时生成甲酸,也易聚合生成白色树脂状固体。纯品不稳定。商品常为浓度 30%～40% 的水溶液,含单分子乙二醛,呈弱酸性,为无色或浅黄色透明液体。有中等毒性,强烈刺激黏膜及皮肤。因易与氨、硫化氢、胺等反应而使之无臭化,可用作除臭剂。也用作纤维素及淀粉交联膜、水基油井压裂液的杀菌剂、织物防缩抗皱整理剂、鞣革剂、土壤固化剂,以及用于制造医药、染料等。由乙二醇催化氧化或乙醛经硝酸氧化而得。

N,N-乙基苯基二硫代氨基甲酸锌 zinc N-ethyl-N'-phenyl dithiocarbamate 又名促进剂 PX。白色至黄色粉末。无

$$\text{结构式}$$

臭,无味。相对密度1.05。熔点205℃。不溶于水、乙醇、丙酮、四氯化碳,微溶于苯、汽油,溶于热苯、热氯仿。用作天然橡胶、丁苯橡胶、丁基橡胶、乙丙橡胶等的超硫化促进剂,抗焦烧性能好,操作安全性高,特别适用于胶乳硫化,是胶乳工业常用硫化促进剂之一。用于制造透明制品、彩色制品、胶乳海绵,以及与食品接触的橡胶制品、胶布和医疗用品等。由 N-乙基苯胺、二硫化碳及氨水反应生成 N-乙基-N-苯基二硫代氨基甲酸铵后,再与硫酸锌反应制得。

1-乙基吡啶溴盐 1-ethylpyridinium bromide 又名溴化1-乙基吡啶鎓。白色晶体。熔点 117～121℃。纯度 ≥98.0%。对眼睛、皮肤及呼吸系统有刺激作用。一种吡啶型离子液体。用作化学反应溶剂、催化剂及催化介质、离子液体合成等。由吡啶与溴乙烷反应后精制而得。

乙基大蒜素 ethyl ethylthiosulfonate

$$H_3C-CH_2-\overset{O}{\underset{\|}{S}}-S-CH_2-CH_3$$

又名乙基硫代亚磺酸乙酯、乙蒜素。无色或微黄色油状透明液体,有大蒜臭味。易挥发。相对密度1.104。沸点56℃(26.7Pa)。折射率1.5120。稍溶于水,溶于乙醇、乙醚、苯、氯仿等。对酸稳定,对碱不稳定。接触空气易氧化,加热至130～140℃时分解。商品有10%乙酸溶液(抗菌剂401)及80%乳油(抗菌剂402)。用作工业水处理用杀菌剂,是靠分子结构中的—S—S—键与微生物细胞中含硫物质作用,抑制菌体正常代谢而导致菌体细胞死亡。本品能生物降解,不造成环境污染,但因其挥发产生难闻气味,其使用受到限制。也用于防治农业植物霉曲病害。由二硫化钠与氯乙烷反应生成二乙基二硫化物后再经硝酸氧化制得。

1-乙基-3,3-二甲基螺{吲哚啉-2,3′-[3H]-萘[2,1-B](1,4)噁嗪} 1-ethyl-3,3-dimethyl spiro{indolino-3,3′-[3H]-naphth[2,1-B](1,4) oxazine} 黄色晶体。熔点150～151℃。不溶于水,溶于醇类、苯、氯仿。一种噁嗪类光致变色材料。在有机溶剂或聚合物中,经紫外光照射,开环变成蓝色部花菁,而用可见光照射或加热,又可逆变成无色化合物。利用这种光致变色特性,可用于制造调光玻璃,各种记录、记忆、显示材料,涂料,装饰品及衣料等。以吲哚啉、1-亚硝基-2-萘酚等为原料制得。

乙基硅油 ethylsiloxane fluid 又名聚二乙基硅氧烷液体、二乙基硅油。无色至浅黄色透明液体。相对密度 $0.95\sim1.05$。熔点低于 $-70℃$。闪点 $265℃$。pH 值 $5\sim7$。不溶于水,溶于乙醚、甲苯、氯仿,与矿物油混溶。具有黏温系数小,防水性好、耐化学腐蚀及优良的润滑性及介电性能。无毒。用作橡胶及塑料加工脱模剂、消泡剂、抛光剂、精密仪器仪表油、液压油及电绝缘材料等。由二乙基二乙氧基硅烷与三乙基乙氧硅烷经水解、调聚而制得。

乙基含氢硅油 ethyl hydrogen polysiloxane fluid 又名乙基含氢聚硅氧烷液

$$C_2H_5\text{—}Si(C_2H_5)(C_2H_5)\text{—}O\text{—}[Si(C_2H_5)(H)\text{—}O]_n\text{—}Si(C_2H_5)(C_2H_5)\text{—}C_2H_5$$

体。无色或淡黄色透明液体。相对密度 $1.010\sim1.030$。折射率 $1.423\sim1.427$。pH 值 $6\sim7$。分子结构中含有活泼氢原子,可在金属盐类催化剂作用下交联成膜,具有优良的疏水防潮性,并具有表面张力及黏温系数小、挥发性及压缩率低、电绝缘性好等特点。无毒。用作塑料及橡胶加工脱模剂、润滑油添加剂、热载体等,也用于织物、皮革、纸张、玻璃及建材等的拒水、防黏、防潮等处理。由三乙基硅氧烷与二乙基硅氧烷经水解、调聚而制得。

2-乙基己基对甲氧基肉桂酸酯 2-ethylnexyl-*p*-methoxycinnamate 又名

$$CH_3O\text{—}\langle\text{—}\rangle\text{—}CH\text{=}CH\text{—}COOCH_2CHC_4H_9(C_2H_5)$$

对甲氧基肉桂酸辛酯。无色至淡黄色透明液体。基本无味。相对密度 $1.008\sim1.013$。熔点低于 $-10℃$。沸点 $216℃$ $(0.133kPa)$。闪点 $>100℃$。折射率 $1.542\sim1.548$。不溶于水、稀乙醇、丙二醇、甘油,溶于乙醇、异丙醇、白油、橄榄油。低毒。用作化妆品紫外线吸收剂。易溶于化妆品的油性原料,与化妆品基质、添加剂及活性物配伍性好,色浅、黏度低,便于使用。用于防晒膏霜、乳液、唇膏等护肤品。将对甲苯磺酸加入辛醇和茴香醚、丙二酸、吡啶的混合物中经酯化反应制得。

2-乙基己基磷酸单-2-乙基己酯 2-ethylhexylphosphoric acid mono-2-ethyl hexyl ester 黄色液体。不溶于水,溶于

$$C_4H_9CH(C_2H_5)CH_2\text{—}P(\text{=}O)(OH)\text{—}OCH_2CHC_4H_9(C_2H_5)$$

乙醇、石油醚、丙酮及煤油等。为非离子表面活性剂,具有增溶、分散等性能,是一种高效有机膦萃取剂,用于镍-钴、铜-锌的分离,稀土金属分离提纯等。也用于制造抗磨剂。由亚磷酸双(2-乙基己)酯在乙醇钠存在下与一氯代 2-乙基己烷缩合后,再经盐酸水解制得。

2-乙基己酸 2-ethyl hexanoic acid
$$CH_3(CH_2)_2CH(C_2H_5)COOH$$
又名丁基乙基乙酸、异辛酸。无色油状液体。微有臭气及甜味。相对密度 0.9031 $(25℃)$。熔点 $-8.3℃$。沸点 $227.6℃$。折射率 1.4252。微溶于冷水、乙醇,溶于热水、乙醚、丙酮、苯、乙酸等。低毒。主要用于制造 2-乙基己酸的金属锰、铅、钴、锌、锆盐,能制得含有 $99\%\sim100\%$ 的高浓度金属皂。用作涂料催干剂及聚氯乙烯的热稳定剂,也用于制造 2-乙基己酸酯

2-乙基己酸钠 sodium 2-ethylhexanoate 浅黄色透明液体。不溶于水,溶于

$$CH_3(CH_2)_3\underset{\underset{CH_2CH_3}{|}}{C}HCOONa$$

丙酮、苯、二甲苯及溶剂油等。用作油漆、油墨催干剂,聚合反应催化剂,高分子材料交联剂,塑料制品热稳定剂,润滑油及燃料油添加剂,氨苄羧苄青霉素的成盐剂等。用本品作助燃剂的油漆,其稳定性、透明度、色泽、气味等均优于用环烷酸盐作催干剂的制品。由2-乙基己酸在乙酸丁酯溶剂中与氢氧化钠反应制得。

2-乙基己酸铅 lead 2-ethylhexanoate $[CH_3(CH_2)_3CH(C_2H_5)COO]_2Pb$ 又名异辛酸铅。淡黄色黏稠液体。相对密度 $0.99\sim1.01$。含铅量 $36.5\%\sim37.5\%$。商品常加入一定量增塑剂配成适当浓度的溶液使用。有毒!用作聚氨酯催化剂,可在聚氨酯塑胶跑道铺装等施工中使用,也用作各种气干型油漆催干剂,具有色泽浅、气味小、催干效率高、漆膜光亮等特点。还用作聚氯乙烯热稳定剂,提高产品的热合性及印刷性。由乙基己酸与氢氧化铅反应制得。

2-乙基-4-甲基咪唑 2-ethyl-4-methylimidazole 室温下为淡黄色油状液体,低温下为白色结晶。相对密度 0.975 $(15℃)$。熔点 $45℃$。沸点 $154℃$ $(1.33kPa)$。闪点 $137℃$。折射率 $1.4995(45℃)$。呈弱碱性。溶于水、乙醇、丙酮。用作环氧树脂固化剂。固化物热变形温度 $150\sim170℃$。耐热氧化性、耐药品性及耐酸性均优于间苯二胺固化剂。用于浇涛、层压及浸渍等制品以及涂料胶黏剂,也用作双氰胺及酸酐固化剂的促进剂。由1,2-丙二胺与丙氰缩合后再经催化脱氢制得。

乙基膦酸二乙酯 diethyl ethylphosphonate 又名膦酸乙基二乙酯。无色至淡黄色透明液体。相对密度 $1.020\sim1.030$。沸点 $198\sim200℃$。闪点$>200℃$。折射率 $1.412\sim1.418$。黏度 $1.5mPa·s(25℃)$。与水及多数有机溶剂混溶。一种不含卤素的添加型阻燃剂。具有化学稳定性好、阻燃效率高等特点。阻燃效能是磷酸三甲苯酯的 $1.5\sim2$ 倍,适用于各种硬质聚氨酯泡沫塑料。它也是一种降黏剂,可改善水发泡硬泡及聚酯型硬泡体系的操作性。由三氯化磷与乙醇反应制得亚磷酸三乙酯后再经重排反应制得。

2-乙基咪唑 2-ethylimidazole 又名2-基-1,3-氮杂茂。白色至淡黄色结晶粉末。熔点 $61\sim66℃$。沸点 $270\sim275℃$。溶于水、乙醇、丙酮。有毒!皮肤对其过敏。用作环氧树脂中温固化剂,固化物耐热性及力学性能优良,用途与2-甲基

咪唑相似。可在催化剂存在下,由咪唑与溴乙烷反应制得。

乙基纤维素 ethyl cellulose 又名纤维素乙醚。白色至浅灰色纤维或粉粒。无臭,无味。质坚韧而具可塑性。其性质随乙氧基含量而定。商品的乙氧基含量为47%～48%。相对密度1.07～1.18。软化点100～130℃。不溶于水,溶于乙醇、苯、苯酮,可与树脂、蜡、油及增塑剂等混溶。耐酸、耐碱、耐盐。在-40℃下仍保持较好的弹性、电绝缘性及机械强度。在阳光下会氧化分解。用作悬浮聚合分散剂,洗涤剂及乳膏剂等的增稠剂及分散剂,医药上用作成膜剂、包衣材料、黏合剂及缓释材料。也用于制造涂料、耐寒塑料、无线电器件壳体及装饰件等。用氢氧化钠将纤维素溶解后,再与氯乙烷反应制得。

乙基纤维素丙烯酸接枝共聚物 ethyl cellulose acrylic acid copolymer 白色至

纤维素—[CH$_2$—CH]$_n$—H
         |
         COOH

浅黄色粉末。有良好的吸水性能。吸水率为100g/g。吸盐水速率为10min吸20.4mL。吸水倍数随水中金属离子含量增加而下降。主要用于医药及工业用吸水材料、吸水纤维及吸水布等。在过硫酸钾引发剂及 N,N-亚甲基双丙烯酰胺交联剂存在下,由乙基纤维素与丙烯酸经接枝共聚反应制得。

乙基乙二胺 ethylethylenediamine
CH$_3$CH$_2$NHCH$_2$CH$_2$NH$_2$
无色至微黄色液体。相对密度0.837。沸点128～130℃。折射率1.4385。闪点10℃。溶于水、醇,不溶于苯。呈碱性。易燃。医药上用于合成抗生素哌拉西林钠,纺织工业用于制造纤维表面活性剂、乳化剂,也用于染料、电镀及用作溶剂。由乙二胺与溴乙烷反应制得。

4-乙基愈创木酚 4-ethylgnaiacol 又名4-乙基邻甲氧基苯酚。无色油状液体。具辛香口味。相对密度1.061～1.064(25℃)。沸点234～236℃。闪点107℃。折射率1.525～1.530。几乎不溶于水,与乙醇、乙醚及非挥发油混溶。用作香料,用于调制花香型日化香精及果香型食品香精。可由木焦油中分离而得,或以愈创木酚为原料经化学合成制得。

乙硼烷 diborane B$_2$H$_6$ 又名二硼烷、硼乙烷。无色气体。有令人恶心的烟火味。相对密度0.447(液体,-122℃)、0.577(固体,-183℃)。熔点-165.5℃。沸点-92.5℃。蒸气相对密度0.95。闪点-90℃。自燃点37.8～51.5℃。气体与空气形成爆炸性混合物,爆炸极限0.9%～98%。化学性质活泼,在潮湿空气中能自燃。遇水分解,释出氢并生成硼酸。溶于浓硫酸、氨水。是一种强还原剂,能与强氧化剂反应,如与卤素反应生成卤化硼。高毒!蒸气刺激皮肤、眼睛,严重时可致皮肤坏死。急性中毒可引起呼吸困难、肺水肿,甚至死亡。用于制造 B$_4$H$_{10}$～B$_6$H$_{10}$等高元硼烷、高纯硼单晶、火箭高能燃料,也用作半导体的掺杂源。可由四氢硼酸钾与磷酸反应制得。也可在三氯化铝催化剂存在下,用铝和氢还原三氧化二硼而制得。

乙羟肟酸乙酯 ethyl acetohydroximate

$$\underset{CH_3COC_2H_5}{\overset{NOH}{\|}}$$

无色固体。熔点 $25\sim30℃$。沸点 $55\sim58℃$ $(0.799kPa)$。闪点 $76℃$。折射率 1.4340。溶于乙醚。用作有机合成的反应试剂。在本品的氧原子上先进行芳化,再经高氯酸水解所得到的 O-$(2,4$-二硝基苯基)羟胺,是一种优良的胺化试剂,可用于各类含仲氮及负碳离子化合物的胺化反应。由乙腈和乙醇的混合液与氯化氢反应生成乙亚胺酸乙酯盐酸盐后,再与盐酸羟胺反应制得。

乙炔加氢催化剂 ethyne hydrotreating catalyst 用于天然气制乙炔的乙炔尾气、电石炉气和焦炉气等富含一氧化碳工业废气的加氢转化过程。对气体中的乙炔、乙烯和氧等杂质具有较高的加氢转化能力。也可用于氢气、氮气及二氧化碳和各种合成气中氧或氢的深度脱除。产品牌号JT101,为 $\phi2.7\sim3.3mm$ 的浅红色条状,堆密度 $0.55\sim0.70g/mL$。在反应温度 $100\sim200℃$、压力 $0.1\sim4.0MPa$、空速 $3000\sim5000h^{-1}$ 的条件下,处理前原料气:乙炔 $\leqslant0.40\%$(体积)、乙烯 $\leqslant0.41\%$(体积)、氧 $\leqslant0.45\%$(体积),处理后原料气:乙炔 $\leqslant5\times10^{-6}$(体积)、乙烯 $\leqslant1500\times10^{-6}$(体积)、氧 $\leqslant0.1\%$(体积)。可由特制载体浸渍活性组分溶液后,经干燥、焙烧制得。

乙炔炭黑 acetylene carbon black 又名乙炔黑。黑色极细粉末。含碳量 $>99.5\%$。表观密度 $0.02\sim0.03$。平均粒径 $30\sim45nm$。比表面积 $55\sim70m^2/g$。pH 值 $5\sim7$。吸碘值 $>80gI_2/kg$。电阻率极低。具有优良的导电性及导热性,也具有防静电效能。用作橡胶补强剂、填料,用于制造耐热橡胶衬垫、鞋底、导电橡胶制品及低温胶带;用作抗静电剂,用于制造防静电橡胶制品和塑料制品;也用于制造干电池、无线电元件等。将乙炔气通入 $800\sim1200℃$ 裂解炉中裂解制得。

乙炔与甲醛缩合制1,4-丁炔二醇催化剂 catalyst for acetylene and formaldehyde condensation to 1,4-butynediol 一种用于乙炔与甲醛缩合制1,4-丁炔二醇的铜铋催化剂。外观为 $\phi4\sim6mm$ 黑色球形。活性组分为铜,助催化剂为铋,载体为 SiO_2。使用时,在甲醛存在下铜与乙炔反应形成乙炔铜。因此,该催化剂的实际组成是乙炔铜与乙炔形成的配合物 $CuC_2\cdot C_2H_2$。由于乙炔铜的高活性,常使乙炔聚合生成聚炔物质,有爆炸危险。所以催化剂中加入少量铋,作为生成聚炔的抑制剂。催化剂可在 $180℃$、常压的条件下使用。由特制氧化铝载体浸渍铜及铋活性组分溶液后,再经干燥,焙烧制得。

乙水杨胺 ethenzamide 又名止痛灵,邻乙氧基苯甲酰胺。无臭,无味。白色至类白色结晶性粉末。熔点 $132\sim134℃$。难溶于水、乙醚,易溶于乙醇、丙酮、氯仿。为解热镇痛药,其药理作用机理是抑制环氧化酶的活性,进而阻止前列腺素的合成,呈现解热、镇痛、抗血小板聚集作用。其镇痛效力为水杨酰胺的2.3倍,为阿司匹林的7.5倍。用于治疗头痛、神经痛、风湿痛及伤风感冒等。由水杨酰胺经乙基化制得。

乙酸 acetic acid CH_3COOH 又名醋酸。无色透明液体。有刺激性气味。是醋的重要成分。无水物相对密度0.049。沸点118℃。熔点16.6℃。折射率1.3716。可与水、乙醇、乙醚、甘油、甲苯混溶,不溶于二硫化碳。无水乙酸在低温凝固成冰状,俗称冰醋酸。普通乙酸约含乙酸36%。是一种弱酸,但能与碱起中和作用而生成乙酸盐,也能与醇类发生酯化反应而生成各种酯类。乙酸蒸气极易着火,与空气混合物的爆炸范围为4%~17%。低浓度无毒,高浓度有强腐蚀性。用于合成乙酸盐、乙酸酯及制造乙酸纤维素、医药、染料、农药等,也用作酸味剂、杀菌剂、消毒剂及溶剂等。在催化剂存在下,由乙醛氧化制得,或由甲醇与一氧化碳反应而得。

乙酸冰片酯 bornyl acetate 又名乙酸龙脑酯。有左旋体、右旋体及外消旋体三种光学异构体。商品多为左旋体及右旋体。27℃以上为无色透明液体,低于27℃时为微细结晶或白色固体。有松叶及草药的青香气,有甜味。天然存在于针叶油、胡荽子油等中。相对密度0.981~0.985。熔点27.7℃。沸点225~226℃。折射率1.4620~1.4655。难溶于水、甘油、丙二醇,溶于乙醇、乙醚、矿物油及非挥发性油。属酯类合成香料,用于调配食用香精及日化香精,也用作纤维素溶剂级增塑剂。由冰片与乙酸经酯化反应制得,也可由松叶油蒸馏分离而得。

乙酸丁酸纤维素 cellulose acetate-butyrate 又名醋酸丁酸纤维素。白色絮状或颗粒状物。相对密度1.2。分子结构中除含有羟基及乙酸基外,还含有丁酰基,其性质随羟基、乙酰基及丁酰基的比例不同而变化。商品按丁酰基含量不同而分为多种型号,如CAB-15、CAB-35、CAB-45、CAB-55等,随着丁酰基含量增多,溶解度、柔韧性、抗湿性等性能随之提高,而耐油性、抗拉强度、硬度、熔点及密度则下降。丁酰基含量低的产品只溶于较低相对分子质量的酮类、酯类及氯代烃类等溶剂,丁酰基含量较高的产品,能溶于大范围的酯、醚、醇及氯代烃类溶剂。用于制造各种用途的塑料制品、装饰性涂料、透明金属清漆、热封胶黏剂、纸张热敏涂料、电影胶片基等,也用作聚氨酯及环氧粉末涂料的流平剂。由精制纤维素与乙酸酐、丁酸酐反应制得。

乙酸钙 calcium acetate 又名醋酸钙。$(CH_3COO)_2Ca \cdot H_2O$ 有一水合物、二水合物及无水物几种,通常以一水合物存在。白色针状结晶或微细疏松粉末。微有乙酸的气味,味微苦。相对密度1.50。理论含钙量为22.7%。易溶于水,微溶于乙醇,溶于酸。易吸湿。160℃时分解成碳酸钙及丙酮。用作钙强化剂、螯合剂、缓冲剂、稳定剂、增香剂及抑霉剂等。可用于谷类及其制品、饮料,也用于制造其他乙酸盐。由乙酸与碳酸钙或氢氧化钙反应制得。

乙酸钠 sodium acetate CH_3COONa

又名醋酸钠。有无水乙酸钠及乙酸钠三水合物两种。无水乙酸钠为白色结晶性粉末,具吸湿性,相对密度1.53,熔点324℃。折射率1.464。三水合物($NaC_2H_3O_2 \cdot 3H_2O$)为透明结晶体,熔点58℃,相对密度1.45,于123℃时脱水成无水物。溶于水,微溶于乙醇。在热空气中,易风化。用于制造乙酸酯类、乙酐、氯乙酸、肉桂酸等,也用作媒染剂、缓冲剂、肉类防腐剂、油基压裂液添加剂等。由乙酸钙与纯碱经复分解反应制得。

乙酸肉桂酯 cinnamyl acetate 又名3-苯基-2-丙烯-1-醇-乙酸酯、乙酸苯丙烯酯。无色至淡黄色透明液体。有类似玫瑰和岩兰草香气。天然存在于桂皮中。相对密度1.0567。沸点265℃。折射率1.5425。闪点110℃。不溶于水、甘油,与乙醇、乙醚、氯仿及多数非挥发性油品混溶。为酯类合成香料,用于调配茉莉、紫丁香等花香型日化香精及葡萄、杏等果香型食用香精。由乙酸与肉桂醇在催化剂存在下反应制得。

乙酸松油脂 terpinyl acetate 又名乙

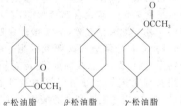

α-松油脂　　β-松油脂　　γ-松油脂

酸萜品酯、1-萜烯-8-醇乙酸酯。无色油状液体。有持久香柠檬样香气。有α、β、γ三种异构体,天然品只有α-体。存在于松针油、柚树油、橙皮油等中。商品多为合成品。相对密度0.953～0.962(25℃)。熔点-50℃。沸点220℃。折射率1.4640～1.4670。不溶于水,微溶于甘油,溶于乙醇、丙二醇、矿物油。性质稳定,不易水解。用于调制薰衣草、古龙、松针、柠檬等香型化妆品用香精及皂用香精,也用作室内芳香剂及除臭剂,以及用作芳樟醇和乙酸芳樟酯的代用品。由乙酸与松节油经酯化反应制得。

乙酸香叶酯 geranyl acetate 又名2,6-二甲基-2,6-辛二烯-8-醇-乙酸酯。无色至微黄色透明液体。有幽雅的薰衣草及香柠檬的香气。天然存在于香叶、杏仁、肉豆蔻等精油中。相对密度0.900～0.914(25℃)。沸点242～245℃(分解)。折射率1.4655。闪点104℃。不溶于水、甘油,微溶于丙二醇,溶于乙醇、乙醚及非挥发性油。属酯类合成香料。用于调制杏、桃、柠檬等果香型食用香精及玫瑰、桂花等化香型日化香精。由香叶醇与乙酸经酯化反应制得。

乙酸乙烯酯 vinyl acetate 又名醋酸乙烯酯。$CH_3COOCH=CH_2$ 无色透明液体,有甜的醚样香味。相对密度0.9317。熔点-93.2℃。沸点72.7℃。闪点-1.1℃。折射率1.3959。爆炸极限2.6%～13.4%。微溶于水,溶于醇、醚、芳烃等多数有机溶剂。光照下能自聚。在引发剂存在下,易与丙烯酸、苯乙烯、氯乙烯等单体进行共聚。有毒性、麻醉性及刺激性,高浓度蒸气可引起口腔发炎、眼睛出现红点等。用于制造聚乙烯醇、EVA 树脂、VAE 乳液、胶黏剂、涂料、食品包袋薄膜、口香糖基料等。由乙烯、乙酸及氧气在催化剂存在下经气相反应制得。

乙酸乙烯酯-四氯化碳调聚物 telomer of vinyl acetate and carbon tetrachloride 又名甲醛阻聚剂、甲醛稳定剂。淡黄色固体粉末。堆密度 $0.35 \sim 0.75$。黏均相对分子质量 $600 \sim 2500$。软化点(钢球法)$60℃$。pH 值 $6.2 \sim 7.0$。含氯量 $7\% \sim 12\%$。化学性质稳定,无腐蚀性,不助燃,不爆炸。用作阻聚剂,用于低温下储存或运输甲醛水溶液。以乙酸乙烯酯与四氯化碳为原料,经聚合、酸解、甲醛缩醛化及碱中和等步骤制得。

乙酸异丁酸蔗糖酯 sucrose acetate isobutyrate 又名二乙酸四异丁酸蔗糖酯、蔗糖乙酸异丁酸酯。无色至淡黄色黏稠液体。无特殊气味。沸点约 $288℃$。折射率 1.4540。皂化值 $524 \sim 540 mgKOH/g$。酸值 $\leqslant 0.2 mgKOH/g$。不溶于水,易溶于乙醇、丙酮、酯类等多数有机溶剂。主要用作食品稳定剂、相对密度调整剂、无醇饮料混浊剂等。由蔗糖先与乙酸进行乙酰化反应后,再与异丁酸甲酯经酯交换反应制得。

乙蒜素
见"乙基大蒜素"。

乙羧氟草醚 fluoroglycofen 深琥珀色固体。熔点 $65℃$。蒸气压 $<133 Pa$($25℃$)。难溶于水,溶于乙醇、乙醚、丙酮等多数有机溶剂。大鼠经口 LD_{50} $1500 mg/kg$。一种触杀型二苯醚类除草剂。采用喷雾或撒毒土进行芽前或芽后早期处理。药剂通过胚芽鞘、中胚轴进入杂草体内,经根部吸收较少。通常在有光照条件下才能发挥除草活性,可防除小麦、大麦、大豆和稻田阔叶杂草和禾本科杂草。以 3,4-二氯三氟甲苯与 5-氟-2-硝基苯甲酸甲酯为原料制得。

乙烷三甲酸 1,1,2-ethanetricarboxylic acid 又名 1,1,2-乙三酸。白色固体。溶于水,不溶于乙醚、丙酮、苯。一种含有多个羧基的小分子羧酸类化合物,其特殊结构使其在有机合成中广泛应用,如制备维生素 E 类衍生物,乙烷三甲酸的铂配合物已作为抗癌药用于临床。还用于合成氨基酸、感光材料、磁性材料等。由顺丁烯二酸与三氯锗烷在酸性条件下加成制得三氯锗丁二酸后,再经水解制得。

乙烯基类聚合物鞣剂 vinyl polymer tanning agent 由含有碳-碳双键的单体经自由基聚合反应制得的聚合物,主要分为丙烯酸树脂鞣剂、苯乙烯-马来酸酐共聚物鞣剂、丙烯酸-马来酸酐衍生物共聚物鞣剂及聚乙烯醇鞣剂。这类鞣剂都具有较好的水分散性,不易在革纤维上形成薄膜,但能与胶原子链发生交联结合而形成网状结构,并能以其官能基与胶原发生反应,使鞣剂具有很好的填充性、匀染性,可使皮革丰满、柔软,耐光及耐老化性得到改善。其中又以丙烯酸树脂鞣剂应用最广。

乙烯基三甲氧基硅烷 vinyltrimethoxysilane 又名A-171硅烷偶联剂。
$$CH_2=CHSi(OCH_3)_3$$
无色或淡黄色透明液体。有酯的气味。相对密度0.965。沸点122℃。折射率1.3924。能与醇类、醚类及苯混溶。不溶于水,遇水缓慢水解,生成相应的硅醇。是一种通用型硅烷偶联剂,适用于聚烯烃树脂、丙烯酸树脂、不饱和聚酯。用于玻璃纤维表面憎水处理及树脂层压制品的表面处理。可与多种不饱和单体共聚,是硅橡胶与金属或织物粘接的良好促进剂,也可用作聚乙烯交联剂,用于电线电缆制造。由乙烯基三氯硅烷与甲醇经醇解反应制得。

乙烯基三(β-甲氧乙氧基)硅烷 vinyltris (β-methoxyethoxy) silane 又
$$CH_2=CHSi(OCH_2CH_2OCH_3)_3$$
名A-172硅烷偶联剂。无色至淡黄色透明液体。有酯的香味。相对密度1.034。沸点285℃。闪点64℃(闭杯)。折射率1.4271(25℃)。溶于甲醇、乙醇、苯、丙酮、汽油,不溶于水,在酸性水溶液中水解而溶于水。用作不饱和聚酯、丙烯酸树脂、聚丙烯、交联聚乙烯、醇酸树脂、环氧树脂及有机硅树脂等玻纤增强塑料或填充塑料生产的偶联剂。用它处理的玻璃纤维可提高增强塑料的机械强度、耐水性及电性能,也用作乙丙橡胶、含硅涂料及胶黏剂等的偶联剂。由乙烯基三氯硅烷与乙二醇单甲醚经醇解反应制得。

乙烯基三氯硅烷 vinyltrichlorsilane
$$CH_2=CHSiCl_3$$
又名A-150硅烷偶联剂。一种含氯和乙烯基的硅烷偶联剂。无色透明液体。相对密度1.265。熔点-95℃。沸点91~93℃。折射率1.4320(25℃)。溶于苯及醚、酮等多数有机溶剂。遇水激烈水解而游离出盐酸,也能与醇发生反应。为降低水解度,配制水溶液时可使用水与丙酮或甲苯的混合溶剂。易发生聚合。适用于玻璃纤维表面处理和增强塑料层压品的处理,改善纤维与丙烯酸树脂、环氧树脂及聚酯等的黏合性,提高制品的机械强度、耐热性及防御性能,也用作橡胶用填料二氧化碳的偶联剂及含氯树脂改性剂,合成乙烯基系列有机硅偶联剂及其他有机硅产品的原料。由氯乙烯与三氯氢硅反应制得。

乙烯基三乙酰氧基硅烷 vinyltriacetoxysilane 无色透明液体。相对密度
$$CH_2=CHSi(O-CO-CH_3)_3$$
0.894。沸点160.5℃,折射率1.3961。溶于甲醇、乙醇、异丙醇、甲苯、丙酮等,不溶于水,遇水水解生成相应的硅醇。在空气中遇湿气也会缓慢水解生成相应的硅醇。是一种含乙烯基的硅烷偶联剂,经其处理的玻璃纤维适用于聚酯层压塑料,制品的压缩强度及弯曲强度都较高,也可用作乙丙橡胶及顺丁橡胶的偶联剂,以及用于制备其他有机硅化合物。

乙烯基三乙氧基硅烷 vinyltriethoxysilane 又名三乙氧基乙烯基硅烷、A-
$$CH_2=CHSi(OC_2H_5)_3$$

151硅烷偶联剂。无色透明液体。相对密度0.894。沸点160.5℃。闪点54℃。折射率(25℃)。不溶于水。在pH值为3.0~3.5时,经激烈搅拌,可溶于水,并水解成相应的硅醇及乙醇。溶于醇、酮、酯及苯等溶剂。是一种含乙烯基的通用型硅烷偶联剂,用于玻璃纤维处理,可改善丙烯酸树脂、不饱和聚酯、聚乙烯及聚丙烯等与玻璃纤维的粘接、浸润性能。也用作顺丁橡胶、硅橡胶填充料的偶联剂,以及用作无线电零件的绝缘、防潮处理。由乙烯基三氯硅烷与乙醇经醇解反应制得。

乙烯基树脂涂料 vinyl coatings 以乙烯基树脂为主要成膜物质的涂料。乙烯基树脂的单体都具有基础结构 $CH_2=CRX$,R 为氢或烷基,X 为其他基团,经过聚合反应后,生成各种树脂,大部分乙烯基树脂涂料属挥发性漆,具有快速自干的特点,品种较多,如氯醋共聚树脂涂料、聚氯乙烯树脂涂料、偏二氯乙烯共聚树脂涂料、氯化聚烯烃涂料、聚乙烯醇缩甲醛涂料等。

乙烯加氢催化剂 ethylene hydrotreating catalyst 用于天然气制乙炔的乙炔尾气、电石炉气和焦炉气等富含一氧化碳工业废气的加氢转化过程。对气体中的乙烯及氧等杂质有较高加氢转化能力。也适用于氢气、氮气中氧的脱除。产品牌号 JT-201 为 $\phi5\times(4\sim5)$mm 的黑色圆柱体,活性组分为氧化铜、氧化铝,堆密度 1.4~1.7g/mL。可由各活性组分经混碾、成型、焙烧制得。

乙烯利 ethephon $C_2H_6ClO_3P$ 又名2-氯乙基膦酸。从苯中析出的纯品为无色针状结晶,熔点 74~75℃。有吸湿性。易溶于水、乙醇、丙酮、乙二醇,难溶于苯,不溶于石油醚。水溶液呈强酸性。当 pH 小于 3.5 时较稳定,pH 大于 3.5 时会逐渐分解,并放出乙烯。芒果、木瓜等热带水果在成熟过程中都会产生乙烯,有加速果实成熟的作用。乙烯利溶于水后,也会散发出乙烯气体,对果实、叶片等有催熟作用,故可用作植物生长调节剂,用于催熟桃、杏、柿、香蕉等水果,以及烟叶落黄、茶叶催花、柑橘着色等,也用于安息香、大漆及天然橡胶等增产。由于乙烯的催熟过程是一种复杂的植物生理生化反应过程,不是化学作用过程,不产生任何对人体有毒害的物质。可由环氧乙烷与三氯化磷反应先制得亚磷酸三乙基酯,再经加热使其发生异构化后再经酸解而制得。

乙烯气相氧化制乙酸乙烯酯催化剂 catalyst for ethylene acetoxylation to vinyl acetate 一种采用固定床用气相法合成乙酸乙酯的催化剂。中国产品牌号有 CT-20,主活性组分为 Pd-Au,助催化剂为乙酸钾,载体为硅胶,外观为 $\phi4\sim5.8$mm 的灰黑色圆球。堆密度 0.48~0.51g/mL。孔体积 0.80~0.95mL/g。比表面积 160~190m²/g。抗压强度≥50N/粒。由特制载体浸渍氯钯酸及氯金酸混合液,经干燥、洗涤、还原制得半成品,再浸含钾组分,经干燥制得成品。

乙烯水合制乙醇催化剂 ethylene hydrating to ethanol catalyst 又名乙烯水合制酒精催化剂。用于乙烯直接气相水合法制乙醇的催化剂。以磷酸为主活性组分,以硅藻土为催化剂载体,外观为球形或圆柱形。游离磷酸含量 45%～50%，SiO_2 含量 42%～47%，Al_2O_3 含量 1%～1.5%。堆密度 1.6～0.9g/mL。抗压强度 >4.91MPa（圆柱形）。由精选天然硅藻土经酸洗、煅烧处理制得载体后，再经 55%～65% 的磷酸溶液浸渍、干燥制得。

乙烯脱一氧化碳催化剂 catalyst for removing carbon monoxide from ethylene 在聚乙烯装置中用于脱除乙烯中微量一氧化碳，以确保后续乙烯聚合催化剂的活性。产品牌号为 NCY-1070，外观为 $\phi(4.8～5.2)mm \times (3.8～5.5)mm$ 的黑色或灰黑色圆柱，主要活性组分为 CuO、ZnO。堆密度 1.3～1.7g/mL。比表面积 20～35m^2/g。可在 110～140℃、常压～3MPa、空速 1000～3000h^{-1} 操作条件下使用。也可用于脱除丙烯中的微量一氧化碳。由铜盐、锌盐溶液经沉淀、洗涤、过滤、干燥、成型、焙烧制得。

乙烯氧化制环氧乙烷银催化剂 silver catalyst for ethylene oxidation to epoxyethane 一种乙烯直接氧化法制环氧乙烷的催化剂。可用于氧气法氧化工艺或空气法氧化工艺。中国产品牌号有 CHC-Ⅰ、SPI-Ⅱ、YS 系列等。均以银为催化剂的主活性组分，以 α-Al_2O_3 为催化剂载体，并加入钡、钯、锌、钨等为助催化剂，以提高银分散度、避免银粒子烧结。外形有中空圆柱形及环形等。可用特殊制备方法制得 α-Al_2O_3 载体后，先浸渍银化合物及其他助剂溶液后，再经干燥、焙烧而制得。

乙烯氧氯化制 1,2-二氯乙烷催化剂 catalyst for ethylene oxychlorination to 1,2-dichloroethane 1,2-二氯乙烷主要用于生产氯乙烯单体，进而生产聚氯乙烯树脂。乙烯氧氯化是工业生产 1,2-二氯乙烷的主要方法，它以乙烯、氯化氢和空气（或氧气）为原料，以氯化铜为催化剂活性组分，以 Al_2O_3 为载体，在流化床或固定床中反应制得。国内流化床用乙烯氧氯化催化剂的中国产品牌号有 BC-2-001、LH-01、BC-2-002 及 LH-02，其中 BC-2-001 用于空气法乙烯氧氯化工艺。BC-2-001、LH-01 为黄色微球，采用先制备氧化铝微球载体后，再浸渍氯化铜溶液制得；LH-02、BC-2-002 为绿色微球，采用氯化铜溶液与氧化铝溶胶经共沉淀制得。

乙烯-乙酸乙烯酯共聚乳液 ethylene-vinyl acetate copolymerization emulsion 简称 EVA 乳液。由乙烯与乙酸乙烯酯单体在引发剂存在下共聚制得的乳液。因聚乙酸乙烯酯乳液耐水性、耐碱性及光老化性差，不加增塑剂时玻璃化温度较高，乙烯有很强的内增塑性，与乙烯共聚后可显著提高其性能。EVA 乳液成膜温度低、成膜性好、其膜柔软，并且有较好的耐水性、耐碱性、耐候性及耐沾污性。商品乳液含乙烯为 12%～20%，聚合物的玻璃化温度在 0～10℃ 之间。是共聚乳液的大宗品种，用于制造层压胶、包装胶、涂料等，也可直接用于粘接木材、皮草、纸张、织物等。

乙烯-乙酸乙烯酯共聚热熔胶 ethylene-vinyl acetate copolymer hot melting adhesive 又名 EVA 热熔胶。以乙烯-乙酸乙烯酯共聚体为基料，加入增黏剂、增塑剂、抗氧剂及填充剂等配制而成。

乙酸乙烯酯在乙烯-乙酸乙烯酯共聚物中的含量通常为20%～30%。EVA热熔胶是目前应用最广、用量最大的热熔胶品种。具有优良的胶接性、耐候性、耐寒性、柔软性及加热流动性。缺点是粘接强度低、不耐热、不耐脂肪油等。主要应用于强度要求不高的场合,如用于纸盒、纸箱粘接、书籍装订、无纺布制作、塑料铭牌粘贴、木工封边等,一般不能用作结构用胶,但与耐热性较好的羧基化合物如马来酸酐等共聚,可改善其高温性能。

乙烯-乙酸乙烯酯共聚物 ethylene-vinyl acetate copolymer 又名EVA树脂。一类具有类似橡胶弹性的热塑性树脂。外观为白色至淡黄色粉状或粒状物。相对密度0.92～0.95。脆性温度低于－70℃。加工温度180～220℃。热分解温度220～230℃。折射率1.480～1.510。EVA树脂的主要用途是胶黏剂、吹塑、电线电缆、膜制品。其应用与树脂中乙酸乙烯酯(VAC)含量有关。如VAC含量10%～20%的EVA可制成透明度好、耐冲击韧性好、透气性低的薄膜;VAC含量在20%～40%时,有良好的黏合性,用于制造热熔胶;VAC含量在12%～16%时,可制造高倍率、独立气泡型的泡沫塑料;而VAC含量在65%～90%时为乳液,用于纸张、纤维等的胶黏剂。以乙烯及乙酸乙烯酯为原料,采用乳液聚合法、溶液聚合法、悬浮聚合法及本体聚合法等工艺制得。

N-乙酰苯胺 N-acetoaniline 又名退热冰。白色有光泽鳞片状结晶或粉末。稍有苯胺气味。相对密度1.2195(15℃)。熔点114～116℃。沸点305℃,约在95℃开始挥发。微溶于水,溶于热水、甘油、乙醇、乙醚、丙酮,不溶于石油醚。呈弱碱性,遇酸或碱性水溶液易分解为苯胺或乙酸。可燃。受高热分解出有毒气体。吸入蒸气或经皮肤吸收均可引起中毒,能抑制中枢神经系统及生成高铁血红蛋白。用于制造磺胺类药物、兽药、农药、染料及合成樟脑等。医药上用作退热剂、止痛剂及防腐剂。也用作过氧化氢的漂白稳定剂。由苯胺与冰乙酸经乙酰化反应制得。

乙酰丙酸 acetylpropionic acid 又名$CH_3COCH_2CH_2COOH$左旋糖酸。白色片状结晶。相对密度1.1335。熔点37.2℃。沸点139～140℃(1kPa)。折射率1.4396。有吸湿性。易溶于水、乙醇、乙醚,不溶于四氯化碳、汽油、煤油。长时间加热会失水成为γ-内酯,化学性质活泼,易进行酯化、卤化、加氢、脱氢、缩合等反应。用于制造合成树脂、香料、涂料、表面活性剂及润滑油等,医药上用于消炎痛果糖酸钙等药物的合成,其低级酯可用作食用香精和烟草香精。由甘蔗渣、玉米芯等生产糖醛后的纤维素渣经加压水解制得。

乙酰丙酮 acetylacetone 又名2,4-$CH_3COCH_2COCH_3$戊二酮、二乙酰基甲烷。无色至浅黄色透明液体。有酯的气味。通常为醇式及酮式两种互变异构体的混合物。有可燃性。相对密度0.9753。熔点－23℃。沸点140.5℃。闪点41℃。溶于水、乙醇、乙醚、苯、丙酮。易被水分解为乙酸和丙酮,化学性质活泼,能和金属氢氧化物、乙酸盐、碳酸盐形成配合物,与钠反应放出氢气而生成乙酰丙酮钠。中等毒性,对皮肤、黏膜有刺激性。用作钴、铁、镍等金属离子的螯合剂、润滑油及燃料油添加剂,乙酸纤维素、油墨、染料等的溶剂,树脂交联剂,油漆催干剂及催化剂等。由乙酸乙酯与丙酮反应制得。

乙酰胆碱 acetylcholine 是由乙酰辅

$$H_3C-\overset{\overset{O}{\|}}{C}-O-CH_2-CH_2-\overset{+}{N}-(CH_3)_3$$

酶 A 和胆碱在胆碱乙酰基转移酶的催化下合成的胆碱乙酰化衍生物。是绝大多数传出神经纤维(交感神经、副交感节前神经及节后神经、运动神经)的递质。在动物体内,参与水解突触以及神经突触与肌肉间的信号传递;在植物体内发挥着类似激素的调节作用,参与植物体内电波传递和原生质收缩,调节胞膜对离子的透性。但乙酰胆碱在体内易被乙酰胆碱酯酶水解而失活,故不能作为药物使用。拟胆碱药则是一类具有与乙酰胆碱相似作用的药物。按作用机制不同,分为直接作用于胆碱受体的拟胆碱药和通过抑制内源性乙酰胆碱的水解反应而发挥间接作用的乙酰胆碱酯酶抑制剂。常用药物有卡巴胆碱、毛果芸香碱、安贝氯铵、溴新斯的明等。

乙酰化单硬脂酸甘油酯 acetyl glycerine monostearate 一种非离子表面活性剂。熔点范围 29~50℃。白度 45.2~61.5。不溶

$$\begin{array}{l} C_{17}H_{35}COOCH_2 \\ \quad | \\ \quad CHOH \\ \quad | \\ \quad CH_2OCOCH_3 \end{array}$$

于水。主要用作煮糖用表面活性剂,可降低糖膏及糖蜜黏度及表面张力,强化对流,提高结晶速率,缩短煮糖时间,减少积垢。也用作食品添加剂,起保鲜和改善口感作用,还可代替白油、蜂蜡用于制备化妆品。由单硬脂酸甘油酯经乙酰化反应制得。

乙酰化二淀粉甘油酯 acetylated distarch glycerol 白色粉末。无臭,无味。溶于水,不溶于乙醇、乙醚、氯仿。可用

$$\begin{array}{l} CH_2-O-\text{淀粉}-\overset{\overset{O}{\|}}{C}-CH_3 \\ \quad | \\ CHOH \\ \quad | \\ CH_2-O-\text{淀粉}-\overset{\overset{O}{\|}}{C}-CH_3 \end{array}$$

作食品增稠剂、乳化剂、稳定剂等。由乙酐、甘油与淀粉经酯化反应制得。

乙酰化二淀粉己二酸酯 acetylated distarch adipate 又名乙酰化己二酸双

$$\begin{array}{c} \text{淀粉}-\overset{\overset{O}{\|}}{C}-(CH_2)_4-\overset{\overset{O}{\|}}{C}-\text{淀粉} \\ | \\ O \\ | \\ C=O \\ | \\ CH_3 \end{array} \quad \begin{array}{c} \\ \\ O \\ | \\ C=O \\ | \\ CH_3 \end{array}$$

淀粉。一种变性淀粉。白色至类白色粉末。无臭,无味。不溶于水、乙醇。遇碘变红棕色。与原淀粉比较,糊化温度降低、冻融稳定性提高、抗老化性增强、糊凝析性变弱。主要用作食品添加剂,用作增稠剂、稳定剂、黏结剂及填充剂等。由乙酸酐和己二酸酐与淀粉经酯化反应制得。

乙酰化二淀粉磷酸酯 acetylated distarch phosphate 一种变性淀粉。白色粉末。无臭,无味。易溶于水,不溶于有机溶剂。与原淀粉比较,溶解度、膨润性及透明度显著提高,老化性降低,冻融性改善,并具抗热、抗酸能力。主要用于食品增稠剂、乳化剂及稳定剂等,如用于午餐肉和火腿肠可提高保水性,增加肉的嫩度。由三偏磷酸钠或磷酰氯与乙酸酐和淀粉经酯化、交联反应后精制而得。

乙酰磺胺酸钾 acesulfame potassium

又名安赛蜜、6-甲基-3,4-二氢-1,2,3-氧硫氮杂环-4-酮-2,2-二氧化物钾盐。白色菱形柱状结晶。无臭。熔点174℃。易溶于水,难溶于乙醇、丙酮。对热、酸均稳定,易吸潮。为高强度甜味剂,甜度约为蔗糖的 200 倍,甜味感觉快,味觉不延留。与甜蜜素、甜味素共用时,会产生明显协同作用,但与糖精的协同增效作用较小。可作为甜味剂用于食品、饮料、医药品及口腔制品。常和山梨糖醇等合用,用于糖尿病人食品。以氨基磺酸、双乙烯酮、三乙胺及三氧化硫等为原料制得。

2-乙酰基-5-甲基呋喃 2-acetyl-5-methylfuran 又名甲基-5-甲基-2-呋喃基酮。淡黄色液体,相对密度 1.066。沸点 100～101℃(3.3kPa)。闪点 80℃。折射率 1.5130。不溶于水,溶于乙醇、丙酮。天然存在于啤酒、咖啡及烘烤的榛子中。属天然香料,具有强烈甜香、坚果及焦糖样香气,用作食物香料,用于可可、坚果、面包及咖啡等香精的调配。以 2-甲基呋喃为原料经酰化反应制得。

乙酰螺旋霉素
见"螺旋霉素"

乙酰柠檬酸三乙酯 acetyl triethyl citrate 又名柠檬酸乙酰三乙酯。无色油状液体。相对密度 1.135～1.139(25℃)。凝固点 -50℃。沸点 132℃(0.133kPa)。闪点 187℃。折射率 1.4386

$$CH_3COO-\overset{\displaystyle CH_2COOC_2H_5}{\underset{\displaystyle CH_2COOC_2H_5}{C}}-COOC_2H_5$$

(25℃)。难溶于水。高温下长时间受热能水解。溶于丙酮、苯、醚等多数有机溶剂。主要用作纤维素树脂的溶剂型增塑剂、氯乙烯共聚物的辅助增塑剂。由于沸点高、挥发性小、耐水解,用其生产的制品挠曲性小,制得的油漆稳定性好。也用作绷带、发胶及合成橡胶的增塑剂,聚氯乙烯的稳定剂,可生物降解的纸质疏水胶黏剂配料等。毒性比乙酰柠檬酸三丁酯稍高,可用于食品包装材料及头发喷雾剂。由柠檬酸三乙酯与乙酸酐反应制得。

乙酰柠檬酸三正丁酯 tri-*n*-butyl acetocitrate 又名柠檬酸乙酰三正丁酯。无

$$CH_3COO-\overset{\displaystyle CH_2COOC_4H_9}{\underset{\displaystyle CH_2COOC_4H_9}{C}}-COOC_4H_9$$

色清亮油状液体。相对密度 1.046(25℃)。凝固点 -80℃。沸点 173℃。闪点 204℃。折射率 1.4408(25.5℃)。不溶于水,高度耐水解,在沸水中煮 6h

也不水解,溶于乙醇、苯、丙酮、矿物油。是柠檬酸酯类增塑剂应用最广的品种,用作聚乙酸乙烯酯、聚苯乙烯、氯乙烯-乙酸乙烯酯共聚物、氯乙烯-偏氯乙烯共聚物、聚乙烯等的增塑剂,有良好的耐热、耐寒、耐光及耐水等性能。用于薄膜、板材、食品包装容器、儿童玩具及纤维素涂料等制品。也用作聚偏二氯乙烯稳定剂,粘接薄膜与金属的胶黏剂的改性剂,乙烯基胶乳的乳化剂等。由柠檬酸三丁酯与乙酸酐反应制得。

乙酰砷胺 acetarsol 又名阿西太松、羟基乙酰氨基苯胂酸。白色至微黄色粉末。无臭。熔点 240~250℃(分解)。微溶于冷水,不溶于乙醇、稀酸,溶于热水、苛性碱溶液、磷酸碱溶液。常温下稳定。一种消毒药,有杀灭滴虫作用。用于治疗阴道鞭毛滴虫病。由 3-硝基-4-羟基苯胂酸经还原、乙酰化反应制得。

乙酰水杨酸 acetylsalicylic acid 又名阿司匹林。白色针状结晶或结晶性粉末。无臭或微带乙酸臭。味微酸。相对密度 1.35。熔点 135~138℃。微溶于水、无水乙醇,易溶于乙醇溶液,溶于乙醚、氯仿,溶于碱溶液并伴有分解。在潮湿空气中会缓慢分解成水杨酸和乙酸。用作天然及合成橡胶防焦剂,不变色、不污染,并能改善操作安全性。用于制造地板、胶料等制品,尤适用于模型硫化制品。医药上用作解热镇痛药,并有防止血栓作用,还用于合成抗炎松、扑炎痛等药物。由水杨酸与乙酸酐经酰化反应制得。

乙酰唑胺 acetazolamide 又名醋唑磺胺、醋氮酰胺、5-乙酰胺基-1,3,4-噻二唑-2-磺酰胺。白色针状结晶或结晶性末。熔点 258~259℃。无臭,味微苦。微溶于水、乙醇,易溶于氨水、碱液,不溶于乙醚、氯仿。呈弱酸性。为非典型磺胺衍生物,是一种利尿药。其抑制碳酸酐酶的能力是磺胺类药物的 1000 倍。利尿作用虽较磺胺强 2~3 倍,但其利尿作用还是较弱,加之增加 HCO_3 的排出会造成代谢性酸血症,目前很少单独作为利尿药使用。但乙酰唑胺有使房水生成减少的作用,可降低青光眼病人的眼内压,主要用于治疗青光眼。由 2-乙酰氨基-5-巯基-1,3,4-噻二唑经乙酸化、氯化、氨解制得。

乙氧氟草醚 oxyfluorfen 又名 2-氯-1-(3-乙氧基-4-硝基苯氧基)-4-(三氟甲基)苯。橙色结晶性固体。熔点 83~84℃。不溶于水,溶于乙醇、乙醚、丙酮、苯等多数有机溶剂。一种二苯醚类除草剂,为原卟啉原氧化酶抑制剂。为触杀型除草剂,适用于移栽稻、陆稻、玉米、大豆、花生、棉花、果园等防除一年生双子叶杂草,如稗草、牛毛草、狗尾草等,药剂主要通过胚芽鞘、中胚轴进入杂草体内。一般在有光照射下才能发挥活性。最好在傍晚施药,经一夜杂草吸收了药剂,第二天再经日光照射,药效更好。由4-三氟甲基邻二氯苯、间苯二酚经醚化、乙基化及硝化反应而制得。

乙氧基化甲基葡萄糖苷 ethoxylated methyl glucoside 一种非离子表面活性剂。浅黄色液体。几乎无臭。酸值≤1.5mgKOH/g。碘值≤1.0gI_2/100g。皂化值≤1.5mgKOH/g。溶于水、95%乙醇、丙二醇及氯仿等,不溶于油脂。具有润湿、调理、稳泡及润滑等作用。在膏霜、乳液类化妆品中用作保湿剂、润滑剂,发用化妆品中用作调理剂,也用作肥皂添加剂,具有增加泡沫及防止开裂的作用。由甲基葡萄糖苷与环氧乙烷经乙氧基化反应制得。

乙氧基化氢化羊毛脂 ethoxylated hydrogenated lanolin 又名聚氧乙烯氢化羊毛脂、氢化羊毛脂聚氧乙烯醚。一种非离子表面活性剂。主要成分为氢化羊毛脂的乙氧基化产物。白色至淡黄色透明蜡状物。略带轻微气味。浊点(10% NaCl)82~92℃。羟值40~50mgKOH/g。皂化值<8mgKOH/g。酸值<1mgKOH/g。易溶于水、丙酮、醇水混合物,稍溶于矿物油。在水中溶解透明、不黏腻、稳定性好。是一种水包油型(O/W)乳化剂,具有较强的乳化、润湿、增溶等性能。广泛用于制造香波、香皂、发胶、气溶胶、冷烫水及膏霜类化妆品。也用作医药、香精增溶剂。用于洗发制品,有助于改善阳离子表面活性剂引起的头发蓬松现象。由精制羊毛脂氢化后,与环氧乙烷催化缩聚制得。

乙氧基化羊毛脂 ethoxylated lanolin 又名聚氧乙烯羊毛脂、羊毛脂聚氧乙烯醚、水溶性羊毛脂。属非离子表面活性剂。浅黄色至黄棕色、软蜡状至硬蜡状固体。稍有特异气味。溶于水、40%乙醇及无水乙醇,不溶于白油。其亲水性随环氧乙烷加成数的增加而增加。对酸、碱、电解质的稳定性高,与羊毛脂相比,既保持原有的护肤、润肤、保湿等性能,又具有水溶性及无黏腻感。用作水包油型(O/W)乳液乳化剂、增溶剂、润湿剂等,用于制造香波、香皂、泡沫浴液及护肤膏霜等。也用作染发脱色剂、烫发剂,可减少药物对发根的刺激,还可用作树脂增塑剂及粉体分散剂等。由环氧乙烷与羊毛脂在催化剂存在下缩聚而得。

6-乙氧基-2,2,4-三甲基-1,1-二氢化喹啉
见"防火剂AW"。

异阿魏酸 isoferulic acid 又名3-羟

$CH_3O-\underset{\underset{HO}{|}}{\bigcirc}-CH=CH-COOH$

基-4-甲氧基肉桂酸、橘皮酸。阿魏酸的异构体。是北升麻、根茎、田旋衣中的主要药效成分,在植物界普遍存在。白色针状结晶。熔点228℃。难溶于冷水,溶于热水、乙醇、乙酸乙酯,稍溶于乙醚,不溶于石油醚。紫外吸收特征波长为325nm。有广谱抗菌性,可用作食品、化妆品及药物等的抗菌剂。也用作防晒剂,对阳光晒黑型皮肤有增白效果。用于护发素,可促进皮质中黑色素颗粒的生成。可以北升麻为原料用溶剂抽提制得,或由化学合成法制得。

异丙胺 isopropylamine $(CH_3)_2CHNH_2$ 又名2-丙胺、2-氨基丙烷。无色透明液体。有氨的气味及挥发性。相对密度0.6886。熔点$-95.2℃$。沸点33℃。能与水、乙醇、乙醚等混溶,溶于芳烃、脂肪烃、矿物油及液体石蜡。呈强碱性。对皮肤及黏膜有刺激性。用于制造农药、医药、染料、表面活性剂等,也用作橡胶硫化促进剂、脱毛剂、消泡剂、水处理剂、金属缓蚀剂等。由异丙醇与氨反应,或由丙酮与氨及氢气反应制得。

异丙胺合成催化剂 isopropylamine synthetic catalyst 生产异丙胺的方法有异丙醇法及丙酮法等。本催化剂用于丙酮法制异丙胺工艺。在一定条件下,丙酮、氨和氢气通过催化剂作用制得异丙胺。催化剂产品牌号E-101。外观为$\phi 3.8mm \times (4\sim 6)mm$条。活性组分为Ni,载体为$Al_2O_3$。堆密度$0.9\sim 1.0g/mL$。孔体积$0.4\sim 0.6mL/g$。比表面积$80\sim 90m^2/g$。在一定反应条件下,丙酮转化率$\geqslant 99\%$,异丙胺选择性$\geqslant 90\%$,控制原料配比,可调节一异丙胺及二异丙胺的生成比例。可由特制氧化铝载体浸渍活性组分镍盐溶液,再经干燥、焙烘制得。

异丙苯催化脱氢催化剂 catalyst for cumene catalytic dehydrogenation 用于异丙苯催化脱氢制α-甲基苯乙烯。外观为$\phi(3\sim 4)mm \times (5\sim 15)mm$的圆柱体。主活性组分为$Fe_2O_3$,并添加适量Cr、K等助催化剂。堆密度$1.2\sim 1.4g/mL$。比表面积$2\sim 4m^2/g$。抗压强度$\geqslant 12MPa$。在反应温度$610\sim 620℃$,空速$1.0\sim 10.5h^{-1}$的操作条件下,以异丙苯为原料,单程转化率达75%左右,选择性为95%左右。精馏后α-甲基苯乙烯纯度可达99%以上。可由含铁活性组分及其他助剂成分经溶解、沉淀、水洗、过滤、干燥、成型、焙烧而制得。

N-异丙基-N-苯基对苯二胺
见"防老剂IPPD"。

异丙基黄原酸钠 sodium isopropyl xanthate 又名促进剂SIP。白色至淡

$$\begin{matrix} H_3C \\ \diagdown \\ CH-O-\underset{\underset{S}{\parallel}}{C}-S-Na \\ \diagup \\ H_3C \end{matrix}$$

黄色结晶粉末。略有不愉快气味。相对密度$1.10\sim 1.40$。熔点126℃。分解温度150℃。溶于水、二硫化碳,微溶于乙醇、丙酮,难溶于汽油、苯、氯仿。有吸湿性。对皮肤、黏膜及呼吸道有刺激性。用作天然橡胶、丁苯橡胶及胶乳的常温硫化促进剂。也是一种水溶性超硫化促进剂,硫化速度快,但焦烧倾向很大。主要用于制造薄壁浸渍制品、胶乳制品、胶浆及腻子等。配用氧化锌时活性会进一步提高。也用作矿物浮选剂、湿法冶金沉淀剂及除草剂等。由异丙醇、二硫化碳在氢氧化钠溶液中反应制得。

异丙氧基三异辛酰基钛酸酯 isopropoxytriisooctyloyl titanate 又名钛$(CH_3)_2CHO-Ti[O-\underset{\underset{O}{\parallel}}{C}(CH_2)_4CH(CH_3)_2]_3$
酸酯偶联剂TC-1。棕红色液体。相对密度$0.90\sim 0.93$。闪点$>100℃$。分解

温度 210℃。遇水易分解。溶于苯、甲苯、四氯化碳、二硫化碳、石油醚等。用作聚烯烃、聚氯乙烯等增强塑料的偶联剂，能大幅度提高制品中碳酸钙等填料的填充量，适用于挤出、压缩等制品。也

$$(CH_3)_2CHO-Ti[OCOCH(CH_2)_{14}CH_3]_3$$
$$\quad\quad\quad\quad\quad\quad\quad\quad\quad\quad\quad\quad\quad |$$
$$\quad\quad\quad\quad\quad\quad\quad\quad\quad\quad\quad\quad CH_3$$

色油状液体，遇冷析出固体，温热即可熔化。相对密度 0.9897。熔点－20.6℃。分解温度 204℃。闪点 179℃。不溶于水，溶于丙酮、苯、二硫化碳、石油醚等。用作聚乙烯、聚丙烯、聚氨酯、聚氯乙烯、环氧树脂等增强塑料的偶联剂，也用作合成橡胶的偶联剂。对玻璃纤维、碳酸钙、石墨粉等填料有较好的润湿性及分散性，可提高制品的冲击强度及加工性能。由钛酸四异丙酯与脂肪酸反应制得。

异噁草松 clomazone 又名异噁草酮,2-(2-氯苄基)-4,4-二甲基异噁唑-3-酮。淡棕色黏稠液体。相对密度 1.192。微溶于水，易溶于丙酮、甲醇、甲苯、氯仿、二氯甲烷、环己酮。对酸、碱稳定。为选择性芽前除草剂，适用于大豆、花生、烟草、甘蔗等作物田防除一年生禾本科杂草和阔叶杂草。可通过根、幼芽吸收，向上传导到植株各部位，抑制叶绿素合成，使萌芽出土的杂草，因无色素，在短期内死亡。以邻氯苯甲醛为原料用作涂料、油漆等的加工助剂。由钛酸异丙酯与脂肪酸反应制得。

异丙氧基三异硬脂酰基钛酸酯 isopropoxytriisostearoyl titanate 又名三异硬脂酰基钛酸异丙酯、TC-101。红棕色油状液体，遇冷析出固体，温热即可熔化。制得。

异佛尔酮二胺 isophorone diamine 又名 3-氨甲基-3,5,5-三甲基环己胺。无色至淡黄色透明液体。略有氨味。相对密度 0.920～0.925。熔点 10℃。沸点 247℃。闪点 110℃。折射率 1.4646。低毒。对皮肤有一定刺激性。用作环氧树脂固化剂，适用于无溶剂漆、涂料、浇铸树脂及可注入密封剂等。也用作封闭式单组分聚氨酯胶黏剂的潜性固化剂及水性聚氨酯胶黏剂的扩链剂。由丙酮缩合成异佛尔酮后与腈加成制得异佛尔酮腈，再经氢还原及胺化制得。

异黄樟油素 isosafrole 又名异黄樟脑、3,4-亚甲二氧基-1-丙烯基苯。无色油状液体。有茴香味。商品多为顺式及反式异构体的混合物。相对密度 1.117～1.120。沸点 253℃。折射率 1.576。难溶于水，易溶于乙醇、乙醚、苯、丙酮等。主要用于配制皂用香精。由黄樟油素经加热异构化、蒸馏而得。

异抗坏血酸 erythorbic acid 又名异维生素 C。是 L-抗坏血酸的立体异构体。

$$O=C-C=C-C-C-CH_2OH$$
$$\quad\ \ |\quad\ \ |\ \ \ |\ \ |\quad\ |$$
$$\quad\ OH\ OH\ H\ H\ OH$$

白色至微黄色结晶或粉末。无臭,味酸。熔点 172℃(分解)。易溶于水,溶于乙醇、丙酮,不溶于乙醚、苯。1%水溶液的 pH 值为 7。有强氧化性及抗氧化作用。在空气中会缓慢氧化而变黑。遇光则缓慢着色并分解。商品常以其钠盐出售。用作抗氧剂、防腐剂、饲料添加剂。也用作锅炉水、工业循环用水等的除氧剂,能与水中溶解氧反应生成脱氢抗坏血酸而将氧除去。由荧光极毛杆菌使葡萄糖通气发酵制得 α-酮葡萄糖酸钙,再经酯化及烯醇化制得。

L-异亮氨酸 L-isoleucine 又名 L-异白氨酸,2-甲基-3-甲基戊酸。白色小片

$$CH_3CH_2-CH-CH-COOH$$
$$\qquad\qquad\ \ |\quad\ \ |$$
$$\qquad\qquad CH_3\ NH_2$$

结晶或结晶性粉末。无臭,味苦。168～170℃升华,约 284℃熔化并分解。溶于水、稀无机酸及碱液,微溶于热乙醇,不溶于冷乙醇、乙醚。医药上用作氨基酸制剂成分,食品工业用作营养强化剂,用于各种强化食品,但过量食用,与亮氨酸可产生拮抗作用而影响发育。也用于细菌及组织培养。以糖、氨、D-苏氨酸为原料经发酵、分离制得。

异麦芽低聚糖 isomalto-oligosaccharide 又名分枝低聚糖。无色透明黏稠性浆状液体或白色粉末。主要成分为葡萄糖、麦芽糖、异麦芽二糖、异麦芽四糖及潘糖等。根据生产时酶解作用不同,各种组分的含量会有较大差异。相对甜度 40%～50%。有良好的耐热、耐酸及保湿性,并有较强的抑菌防腐作用,难发酵。具有调整肠内菌群比例、抗龋齿、减少粪便中有害发酵物等作用。由于热值低、难消化吸收,适于肥胖及糖尿病患者作为甜味剂。但因含有一定量的葡萄糖,其功效不如低聚木糖或果糖。由麦芽糖经葡萄糖苷转移酶解后经精制而得。

异氰酸酯 isocyanate 异氰酸的各种酯的总称,种类很多。按异氰酸酯分子中所含异氰酸酯基(—NCO)的个数,分为单异氰酸酯和多异氰酸酯,前者分子中只含一个异氰酸酯基,后者分子中含有两个或两以上的异氰酸酯基;而按异氰酸酯基(—NCO)与碳原子连接的部位,又可分为芳香族异氰酸酯(如甲苯二异氰酸酯)、脂肪族异氰酸酯(如六亚甲基二异氰酸酯)、芳脂族异氰酸酯(如苯二甲基二异氰酸酯)及脂环族二异氰酸酯(如氢化甲苯二异氰酸酯)。异氰酸酯常为有不愉快气味的液体。与水反应生成伯胺,与氨或胺反应生成脲,与醇反应生成氨基甲酸酯,与聚酯和聚醚反应可制得聚氨酯树脂。

异噻唑啉酮 4-isothiazolin-3-one

又名凯松 CG、卡松。一种有机硫化合物。工业品为 5-氯-2-甲基-4-异噻唑啉-3-酮和 2-甲基-4-异噻唑啉-3-酮的混合物。两者的熔点分别为 54～55℃及 48～

50℃。外观为浅黄色或蓝绿色透明溶液。相对密度 1.02～1.32。pH 值 2.0～4.4。溶于水、低碳醇及亲水性有机溶剂。有腐蚀性。一种高效工业水处理杀生剂,它能断开微生物细胞中的蛋白质键,从而抑制细菌呼吸和三磷酸腺苷的合成,导致微生物死亡。也广泛用作化妆品、工业洗涤剂、水性涂料、纸张、金属切削油及文物等的防腐、防霉剂。由丙烯酸甲酯与多硫化钠反应生成二硫代二丙酸二甲酯后,与甲胺反应生成二甲基二硫代二丙酰胺,再与氯气反应制得。

异戊醇 isopentyl alcohol 又名 2-甲
$(CH_3)_2CHCH_2CH_2OH$
基-1-丁醇、异丁基甲醇。无色透明液体。有刺激性臭味。易燃。相对密度 0.8094。熔点 －117.2℃。沸点 131℃。闪点 52℃(闭杯)。折射率 1.4070。爆炸极限 1.2%～9.0%。微溶于水,溶于丙酮、甲苯。与乙醚、苯、汽油、氯仿等混溶。与浓硫酸反应生成异戊烯。对眼睛、呼吸器官等有刺激性,用于制造香料、医药、摄影药剂、炸药等。也用作矿物浮选剂、油井压裂液消泡剂的复配组分。可从杂醇油中分离而得。

6-(异戊烯基氨基)嘌呤 6-(isopentenylamino) purine 又名 6-(3-甲基-2-丁烯基氨基)嘌呤。白色粉状固体。熔点 213～215℃。不溶于水,溶于乙醇。本品具有植物激动素作用,可诱导植物愈伤组织中细胞分裂素氧化酶的活性,有效地促进愈伤组织的生长。用作植物生长调节剂,用于粮食及经济植物、观赏花卉的花药培养和单倍体育种。由腺嘌呤盐酸盐与 1-氨基-3-甲基-丁烯反应制得。

异辛醇 isooctyl alcohol 又名 2-乙
$CH_3(CH_2)_3CHCH_2OH$
     $|$
     C_2H_5
基己醇。无色透明液体。有特殊气味。相对密度 0.834。熔点 －70℃。沸点 184.7℃。折射率 1.4316。闪点 81.1℃。微溶于水,溶于乙醇、乙醚等多数有机溶剂,能溶解橡胶、树脂、蜡及动植物油。大量用于制备邻苯二甲酸酯类及脂肪族二元酸酯类增塑剂,也用于合成抗氧化剂、润滑剂、高效耐碱渗透剂、洗涤剂,还用作白乳胶及各类水基钻井液的消泡剂、萃取剂、造纸助剂及溶剂等。在镍催化剂存在下,由 2-乙基己醛催化加氢制得。

异辛酸钙 calcium isooctanate 又名
$[CH_3(CH_2)_3CH(C_2H_5)COO]_2Ca$
2-乙基己酸钙。浅黄色透明液体。闪点高于 30℃。不溶于水,溶于苯、丙酮、溶剂汽油等。无毒。用作油漆及油墨等的助催干剂。与环烷酸钙相比,具有色泽浅、气味小、储存稳定性好等特点,是环烷酸钙的升级产品。可用于浅色涂料,常与钴、锰、铅等主催干剂配合使用,不仅可加速干燥,还可平衡底干与表干,消除起皱。由 2-乙基己酸钠与氯化钙反应制得。

异辛酸钴 cobalt isooctanoate 又名

$[CH_3(CH_2)_3CH(C_2H_5)COO]_2Co$
2-乙基己酸钴。红紫色黏性液体。相对密度 $0.86\sim0.91$。闪点不低于 $30℃$。不溶于水,溶于丙酮、苯及 200 号溶剂汽油。可燃。有毒!用作不饱和聚酯胶黏剂的固化促进剂,油漆及油墨的主催干剂,聚氯乙烯的热稳定剂。由异辛酸与氢氧化钴反应制得。

异辛酸锰 manganese isooctanate
$[CH_3(CH_2)_3CH(C_2H_5)COO]_2Mn$
又名 2-乙基己酸锰。浅黄色至棕褐色黏稠状透明液体。不溶于水,溶于丙酮、苯、200 号溶剂汽油。用作油漆及油墨等催干剂,是环烷酸锰的升级替代产品,具有气味小、催干效果及储存稳定性好等特点,主要用于各种气干型涂料的制造。一般与钴皂、铅皂等配合使用。由 2-乙基己酸钠与锰盐反应制得。

异辛酸铅 lead isooctanate 又名 2-乙基己酸铅。$[CH_3(CH_2)_3CH(C_2H_5)COO]_2Pb$ 淡黄色至红棕色黏稠性透明液体。不溶于水,溶于丙酮、苯、甲苯及溶剂汽油。有毒!用作油漆及油墨等的聚合性催干剂。与环烷酸铅相比,具有色泽浅、气味小、金属含量高、储存稳定性好等特点。是环烷酸铅的升级产品,可用于浅色涂料中,主要用于气干型涂料。由 2-乙基己酸钠与铅盐反应制得。

异辛酸铈 cerium isooctanate 又名
$[CH_3(CH_2)_3CH(C_2H_5)COO]_3Ce$
2-乙基己酸铈。淡黄色透明油状液体。不溶于水,溶于丙酮、苯、溶剂汽油。用作油漆、油墨等的辅助催干剂。具有色泽浅、酸值及相对分子质量稳定等特点。与钴、锰、铅等主催干剂配合使用,能保持漆膜具有较长的开放时间以使其彻底干燥。也是良好的涂料或颜料分散剂。由 2-乙基己酸钠与铈盐反应制得。

异辛酸稀土 rare earth isooctanate
$[CH_3(CH_2)_3CH(C_2H_5)COO^-]_nRe^{n+}$
又名 2-乙基己酸稀土。一种由镧、铈、钇等异辛酸盐为主的混合物。外观为淡黄色透明液体。不溶于水,溶于丙酮、苯、溶剂汽油等。一种新型涂料催干剂,与环烷酸稀土相比,具有气味小、色泽浅、催干效果及储存稳定性好等特点,是环烷酸稀土的升级换代产品。主要用于醇酸清漆、磁漆等气干型涂料。用于浅色涂料,可提高漆膜光泽、附着力、耐水性、耐汽油性并改善底干效果。由氯化轻稀土金属与 2-乙基己酸经皂化、络合反应制得。

异辛酸锌 zinc isooctanoate 又名 2-
$[CH_3(CH_2)_3CH(C_2H_5)COO]_2Zn$
乙基己酸锌。淡黄色透明液体。闪点不低于 $180℃$。不溶于水,溶于苯、丙酮、氯仿及溶剂汽油等常用有机溶剂。用作不饱和聚酯胶黏剂的固化促进剂、聚氨酯胶黏剂的固化剂。用作油漆、油墨的助催干时,常与钴、锰、铅等主催干剂配合使用。也用作聚氯乙烯的热稳定剂。由异辛酸与氧化锌反应制得。

异辛酸(氧)锆 zirconium isooctanate
$[CH_3(CH_2)_3CH(C_2H_5)COO]_2ZrO$
又名 2-乙基己酸(氧)锆。淡黄色透明液体。不溶于水,溶于丙酮、苯、甲苯、溶剂汽油等。一种低毒、新型的配位型涂料催干剂。能与羟基或其他极性基团生成大相对分子质量的配位络合物,与钴催干剂配合使用可有效地提高钴的催干性。主要用于各类气干型浅色、无毒涂料的制造,尤适用于中高档涂料。由 2-乙基己酸钠与氯化锆反应制得。

异烟肼 isoniazid 又名雷米封、4-吡啶甲酰肼。无色或白色结晶性粉末。无臭,味微苦后甜。熔点 170~173℃。易溶于水,微溶于乙醇。遇光渐变质,

微量金属离子可使异烟肼溶液变色,具还原性,能在酸性条件下,被溴、碘等氧化剂氧化而生成异烟酸,并放出氮气。为抗结核药,对结核杆菌有强大抑菌、杀菌作用,也能作用于细胞内的杆菌。毒性小、口服易吸收、穿透性强,用于各种肺结核的进展期、溶解播散期、吸收好转期。也用于治疗结核性脑膜炎、百日咳、麦粒肿等。由异烟酸与水合肼缩合制得。

异吲哚啉酮系颜料 isoindorinone pigment 分子结构中含有(I)所示结构的颜料。当 $X^1=2H, X^2=O$ 时,上述构造就称作异吲哚啉酮,它可看成是氮甲川类化合物。这类颜料的色谱范围广,从黄色、橙色至红色、棕色,而有商业价值的品种其色谱为绿光黄色和红光黄色。不溶于多数有机溶剂,有良好的耐

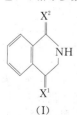

溶解、耐氧化还原、耐热、耐候及耐迁移性。品种有 C.I. 颜料黄 109、110、173,C.I. 颜料橙 61 等。主要用于高级油墨、塑料、汽车漆及合成纤维原液的着色。

异吲哚啉系颜料 isoindoline pigment 分子结构中含有(I)所示构造的颜料,当 $X^1, X^2=2H$(或=C)时,上述构造称作异吲哚啉,它可看成是甲川类化合物。

它是比异吲哚啉酮还要新一些的颜料,品种有 C.I. 颜料黄 139、185,C.I. 颜料橙 66、69,C.I. 颜料红 260 等。不溶于多数有机溶剂。主要为绿光黄色及红光黄色。有优良的耐光、耐候、耐热及耐迁移性。广泛用于塑料、树脂、油墨的着色,制备高档工业漆及汽车漆。

抑灌膦 fosamine 又名调节膦、蔓草

$$CH_3CH_2O-\underset{ONH_4}{\underset{|}{P}}(=O)-\underset{}{\overset{O}{C}}-NH_2$$

膦、乙基氨基甲酸膦酸铵。白色结晶。熔点 175℃。相对密度 1.33,蒸气压 5.32×10^{-7} kPa(25℃)。易溶于水,溶于甲醇,稍溶于乙醇、二甲基甲酸胺,难溶于苯、丙酮。能被酸、强碱及钙镁盐分解,加热至 80℃ 开始分解并释放出氨。一种多用途、高效、低毒、对环境无污染的植物生长调节剂及杂草防除剂。还可作化学修剪剂,具有整枝、矮化、增糖、防寒、保鲜等作用。以亚磷酸三乙酯、氯甲酸甲酯及氯水等为原料制得。

抑霉唑 imazalil 又名烯菌灵、1-[2-(2,4-二氯苯基)-2-(2-丙烯氧基)乙基]-1H-咪唑。亮黄色至棕色油状液体。相对密度 1.2429(23℃)。折射率 1.5643。

蒸气压 $9.3\mu Pa(20℃)$。微溶于水，易溶于乙醇、丙酮、苯。对热稳定。其硫酸盐为浅黄色粉末，易溶于水、乙醇。一种内吸性杀菌剂，对人畜毒性低。是优良的果蔬防腐保鲜剂，对柑橘、香蕉、苹果、瓜类尤为有效，对抗多菌灵、噻菌灵的青绿霉菌有特效。由 $2,2',4'$-三氯苯乙酮经异丙酮还原、与咪唑混合、再与氯丙烯反应制得。

抑肽酶 aprotinin 又名胰蛋白酶抑制剂。是由牛腮腺、牛肺等中提取而得的碱性多肽。含 58 个氨基酸。白色至微黄色粉末。无臭。溶于水。有可透析性。对热、酸及碱都很稳定，在烯酸中加热至 100℃ 仍稳定，遇碱液则变性。本身不是酶，但能与多种蛋白酶的活性中心竞争一个赖氨酸基而抑制其活性，对胰蛋白酶、胰凝乳蛋白酶、溶血纤维蛋白酶、凝血酶以及各种组织或血浆激肽释放酶有广谱抑制作用，可用于治疗急性胰腺炎，并对皮肤疾患、烧伤休克及产后大出血等有较好疗效。可从牛胰脏或肺组织中提取。

抑芽丹 maleic hydrazide 又名马来酰肼、青鲜素、顺丁烯二酸酰肼、1,2-二氢-3,6-哒嗪二酮。白色结晶。相对密度 $1.60(25℃)$。熔点 $296\sim 298℃$（分解）。不易挥发。难溶于水、乙醇，微溶于丙酮、二甲苯，溶于乙酸、二乙酸铵。其钠盐、钾盐及铵盐等易溶于水。对中性、酸性及碱性介质均稳定。对氧化剂不稳定。遇强酸分解。是一种暂时性植物生长调节剂及选择性除草剂。药剂可通过叶面角质进入植物，降低光合作用，抑制芽的生长。低毒。可防止马铃薯、洋葱、大蒜、萝卜储藏的发芽，并有抑制作物生长延长开花的作用。也可用于草地、公园等非耕地除草。由顺丁烯二酸酐与水合肼反应制得。

抑制剂 inhibitor ①又名阻化剂，指能抑制或缓和某些化学反应的物质。品种很多，应用很广。如橡胶、塑料、油脂工业中使用的抗氧剂、抑泡剂、缓蚀剂、高分子化合物的阻聚剂，催化反应的负催化剂等，极少量的抑制剂可使不需要的或可能引起不良后果的化学变化抑制在最低限度。如食用油脂中加入微量没食子酸正丙酯，即可有效地防止油脂酸败。②可使酶分子催化活性下降甚至丧失的物质。品种也很多，对生物体有剧毒的物质，多数也为酶的抑制剂，如重金属离子（Hg^{2+}、Ag^+ 等）、有机磷农药、氰化物、一些麻醉剂等。当生物体内某一种酶的活性被抑制，就会使代谢失常，引起某种疾病。如氰化物抑制细胞色素氧化酶的活性。

易分散颜料 shear-sensitive pigment 又名调入颜料。一种以低分子聚合物与颜料颗粒结合成的粉状着色物质。一般含有较高的颜料组分，并含有一种或多种表面活性剂。所用低分子聚合物可以是几种组成。主要用于涂料或塑料的着色。使用时,低分子聚合物迅速溶解于高分子聚合物中,使颜料颗粒很易分散于涂料基料或塑料中,比使用色浆更为方便,而且储存稳定性也较好。

益多酯 etofylline clofibrate 又名羟乙基茶碱安妥明、洛尼特、多利平脂、特调脂。白色结晶。熔点 133～135℃。不溶于 pH 值为 2～7.8 的水,也不溶于冷乙醇,溶于热乙醇、丙酮、氯仿。为调节血脂药,具有预防动脉粥样硬化、减少心脑血管疾病的作用,主要用于治疗Ⅱ～Ⅲ型高脂血症。由 7-羟乙基茶碱与 2-(4-氯苯氧基)-2-甲基丙酸在对甲苯磺酸存在下反应制得。

益生素 probiotic 又名促生素、生菌剂、微生态制剂、生菌饲料添加剂。指能用来促进生物体微生态平衡的那些有益微生物或者其发酵产物,品种很多。按使用目的分为:①饲料益生素添加剂。用于提高动物的生产性能,提高饲料利用率以及维护动物机体健康。②医用益生素。主要用于治疗腹泻、肠炎、消化不良等消化疾病。按益生菌的微生物制剂分为:①由细菌制成的益生素,如地衣芽孢杆菌、双歧杆菌、乳杆菌、乳链球菌;②由真菌制成的益生素,如啤酒酵母、黑曲霉。按益生菌的种类数又可分为单一菌制剂及复合菌制剂。

阴离子表面活性剂 anionic surfactant 在水溶液中解离后由阴离子部分起活性作用的一类表面活性剂。主要有脂肪醇硫酸盐、醇醚硫酸盐、烷基磺酸盐、烷基琥珀酸酯、烷基和醇醚磷酸酯等类别。一般都具有良好的渗透、润湿、乳化、分散、增溶、起泡、去污等作用。是产量最大、应用最广的一类表面活性剂,广泛用作润湿剂、分散剂、乳化剂、匀染剂、净洗剂、原油破乳剂、抗静电剂等。但因其毒性及溶血作用,在医疗制剂中很少应用。

阴离子淀粉 anionic starch 由酯化或醚化反应生成的带有阴电荷的一类阴离子淀粉。其阴电荷的强弱由阴离子取代基所决定。白色或微黄色粉末。由于带有阴电荷,使淀粉容易分散及溶解,糊液的稳定性提高。糊液黏度与所用原淀粉种类及改性条件有关。用作酸性造纸的增强剂、助留助滤剂、表面施胶剂,涂布加工纸涂料及瓦楞纸胶黏剂。与聚乙烯醇适量配合可用作纸钞上浆剂,也用作水处理剂及水泥添加剂等。在催化剂存在下,由淀粉与含阴离子基团的化学试剂(如磷酸盐、羧酸盐及琥珀酸盐等)反应制得。

阴离子-非离子表面活性剂 anionic-nonionic surfactant 活性作用部分带阴离子和非离子性质的两性表面活性剂。参见"两性表面活性剂"。

阴离子聚丙烯酰胺 anionic polyacrylamide 一种阴离子表面活性剂。外观为无色至微黄色黏稠液体。相对分子质量从数万至几百万。根据相对分子质量不同而有多种商品牌号。易溶于水,不溶于乙醇、丙酮、苯等有机溶剂。无毒。用作纸张干强剂、助滤剂、分散剂等。也是一种有机高分子絮凝剂,适用于造纸、选煤、石油开采、印染等工业废水及生活污水处理。具有絮凝颗粒大、沉降及滤水速度快、固形物回收率或去除率高等特点。由非离子聚丙烯酰胺在碱的作用下水解制得。

阴离子-阳离子表面活性剂 anionic-cationic surfactant 活性作用部分带阴离子和阳离子性质的两性表面活性剂。参见"两性表面活性剂"。

阴离子型聚丙烯酸铵盐水溶液 anionic PAM aquous liquid 属阴离子型表面活性剂。淡黄色或浅褐色液体。固含量38%~42%。pH值6~8。黏度>30mPa·s。溶于水、乙二醇、丙二醇及醇类。具有优良的分散性。能吸附在各种颜料表面并产生静电排斥力,使分散颜料具有长久的稳定性。主要用作颜料分散剂,适用于铁黄、立德粉、钛白粉、酞菁蓝等无机颜料,其优良的耐水性尤适用于外墙涂料。用于乳胶漆可提高涂膜的光泽及耐擦洗性。在引发剂存在下,由丙烯酸乳液聚合后再经氨水中和制得。

阴离子型皮革加脂剂 anionic leather fatliquor 皮革加脂剂的主要品种。是在动、植物油或长链烷烃类化合物的分子内引入阴离子亲水基团,以提高天然油脂及烃类化合物在水中的分散(乳化)性及渗透性的一类加脂剂。其商品很多,大致分为以下几类:①硫酸化油。油脂经硫酸化的产物,即在油脂中引入硫酸酯基($-OS_3OH$)使其赋于亲水性能。常见品种有硫酸化蓖麻油、硫酸化菜籽油、改性菜油加脂剂、改性棉籽油加脂剂、软皮白油等。②亚硫酸化油。是油脂氧化后再引入磺酸基($-SO_3^-$)使其成为有乳化性的加脂剂,如亚硫酸化鱼油、亚硫化蓖麻油、亚硫化羊毛脂等。③磺氯化油。油脂或液蜡经过氯化、磺化制成的加脂剂,如合成牛蹄油、氯化猪油。④脂肪酰胺。由动植物油脂肪酸与乙醇胺反应,引入羟基、羧基、磺酸基的产物,如一些合成加脂剂就属于此类。⑤复合加脂剂。由油脂、矿物油与阴离子型乳化剂复配的加脂剂,多根据需要复配制成。

银浆 silver slurry 一种均匀的超细银颗粒或银化合物的悬浮物,或由助熔剂、胶黏剂、溶剂等组成的有机胶体混合物。按其用途可分为导电浆料、电阻浆料、玻璃包装浆料、太阳能电池用浆料等;按银浆中贵金属的种类可分为单组分纯银浆和含其他贵金属的多组分银浆;按含银物质种类可分为氧化银浆、分子银浆和银粉银浆等;按银浆的烧结或固化温度,可分为低温、中温、高温及高温银浆。广泛用于制造电容器、电位器、电阻器、压电陶瓷材料等。银浆一般由导电物质(如银粉、氧化银粉、硝酸银、碳酸银等)、成膜物质(如硝化纤维)、改性物质(如松香、硼酸铅)及溶剂等组成,可根据银浆的性质及用途不同而加以配制。

银杏酚酸 ginkgolic acid 又名白果

$$\text{HO}-\underset{\text{COOH}}{\underset{|}{\bigcirc}}-(CH_2)_7-CH=CH-(CH_2)_5CH_3$$

酸。针状结晶(石油醚中)。熔点 41～42℃。溶于热水、乙醇。天然存在于银杏科植物银杏的外皮中。有较强抑菌剂杀菌作用,对大肠杆菌、酵母菌、金黄色葡萄球菌、枯草杆菌、绿脓杆菌、痢疾杆菌及多种真菌均有抑菌活性。有抗过敏及消炎作用。

银杏黄素 ginkgetin 一种双黄酮化合物。天然存在于银杏叶中。黄色针状结晶。不溶于水,溶于乙醇、甲醇。紫外吸收特征波长 212nm、335nm(乙醇中)。具有降低血清胆固醇的作用,能使磷脂和胆固醇的比例趋于正常,用于治疗心绞痛、高血压等,也有抗菌及促进血液循环作用,治疗脑血管供血不足及血管老化所致疾病。用于发制品能刺激毛发生长,加入护肤用品有活血调理功能。由银杏叶粉碎后用溶剂萃取、分离制得。

银杏内酯 B ginkgolide B 一种具有抗哮喘作用的强血小板活化因子受体拮抗剂。熔点约 300℃(分解)。天然存在于银杏科植物银杏叶中。可由人工栽培的银杏叶用溶剂萃取、分离制得。临床上用于预防和治疗过敏性哮喘,也可望用于休克、烧伤、中风、移植排斥等治疗。

银杏叶提取物 ginkgo biloba leaves extract 从银杏科植物银杏的叶子用溶剂(如已醇、丙酮等)提取、分离得到的提取物的总称。其主要成分包括双黄酮、黄酮苷元、黄酮菓糖苷、黄酮三糖苷、桂皮酰黄酮、原花青色素、儿茶素单宁、银杏内酯 A、B、C、J、M、甾体苷类、有机酸、银杏酸、聚异戊醇类及非黄酮类等。其中有些是有害成分,如银杏酸可使皮肤粗糙、过敏等,应在精制过程中除去。银杏叶提制物的干制品为茶褐色粉末,有苦味和气味,易溶于水,难溶于乙醇。对光稳定,具有改善血液循环、调节血脂、扩大毛细血管、抗衰老、抗脑水肿、抑制齿垢及抗菌等作用。临床上还用于治疗脑部血管、外周血管、冠状血管障碍疾病及其后遗症。也用于护肤及营养头发等日化制品。

银朱 R vermilion R 又名永固红 R、3106 颜料银朱 R。红色粉末。色光呈黄光红。耐热温度 100℃。耐晒性 6～7 级。吸油量 25%～35%。不溶于水,微溶于乙醇、丙酮、苯。在浓硫酸中为蓝光品红色,稀释后成黄光红色沉淀。在浓硝酸中为艳朱红色。在稀氢氧化钠溶液中不变色。着色力及遮盖力都较强。用作油漆、油墨、塑料、橡胶、涂料、色浆、纸张及日用化妆品的红色着色剂。也用作清洗剂、鞋油、地板蜡、文教用品等的着色。由邻氯对硝基苯胺经重氮化后,与 2-萘酚偶合而得。

引发剂 initiator 又称聚合引发剂,是容易产生自由基或离子的活性种来引发链式聚合(链反应)的物质。由于使用量少而又能使大量单体在较温和条件下反应,故又视作催化剂或聚合催化剂。种类很多,常用自由基型引发剂有过氧化物类、偶氮化合物类、氧化-还原体系类。过氧化物类引发剂具有过氧链结构—O—O—,加热后分解生成两个自由基,它又可分为有机过氧化物引发剂及无机过氧化物引发剂。有机过氧化物引发剂又可分为酰过氧化物(如过氧化苯甲酰)、氢过氧化物(如叔丁基过氧化氢)、烷基过氧化物(如过氧化二异丙苯)、酮类过氧化物(如过氧化环己酮)、酯类过氧化物(如过氧化苯甲酸叔丁酯)及二碳酸酯过氧化物(如过氧化二碳酸二异丙酯)等。无机过氧化物主要是过硫酸盐,最常用的是过硫酸铵及过硫酸钾。

引气剂 air entraining admixture 一种能使混凝土在搅拌过程中产生大量微小气泡,从而改善新拌混凝土的工作性,并改善硬化混凝土耐久性的外加剂。属于表面活性剂一类物质,根据其水溶液的性质,分为阴离子型、非离子型、阳离子型。实际应用的引气剂主要是阴离子型,根据化学成分主要有松香类、烷芳基磺酸盐、磺化木质素盐、石油酸盐、蛋白质物质和盐类、脂肪酸和树脂酸及其盐类。引气剂一般较少单独使用,常与减水剂复配制成引气减水剂,兼有引气用减水作用。

HPS 引气剂 HPS type air entrainer 一种混凝土高效引气剂。主要组成为醇胺类的多元共聚物。外观为浅褐色黏稠性液体,无任何水不溶物或沉淀物。相对密度 1.02。易溶于水。有很高的热稳定性。掺入混凝土时,生成的气泡细密、稳定,混凝土和易性好、抗渗抗冻融性强。对钢筋无腐蚀性。与其他高效减水剂、缓凝剂配合使用时,不像松香类引气剂会产生沉淀、絮状物等。适用于配制抗冻、抗渗要求的制品、泵送混凝土及大体积混凝土等。

引气减水剂 air entraining and water reducing admixture 兼有引气和减水功能的混凝土外加剂,在引气、改善和易性、减少泌水和沉降、提高混凝土耐久性及抗侵蚀能力上具有引气剂的性能。其最大特点是在提高混凝土含气量的同时,不降低混凝土后期强度,有效地控制混凝土的坍落度。常用品种有改性木质素磺酸盐类、聚烷基芳基硫酸盐类、由各类引气剂与减水剂复配制成的复合剂。

AE 引气减水剂 AE type air entrained water reducer 一种混凝土减水剂,主要组分为松香热聚物并辅以多元胺及水泥活性激发物。外观为粉末物。能溶于水。对新拌混凝土和砂浆中的原材料有较大润湿作用,可促进水泥水化,使水泥中的水化产物结晶发育完整致密,提高混凝土的抗冻、抗渗性能。根据掺量不同,产品又分为 A、B、C 三种型号。适用于配制有耐久、抗渗、减水和增强要求的混凝土。由松香、苯酚及硫酸按一定配比经高温缩聚反应制得。

BLY 引气减水剂 BLY type air entrained water reducer 一种混凝土减水剂,主要成分为羟基羧酸盐。外观为棕色粉末。溶于水。掺入混凝土时,具有引气、改善和易性、减少泌水和沉降、提高混凝土耐久性等功能,并能较长时间保持坍落度,对钢筋无腐蚀作用。适用于配制有抗冻、抗渗要求的水工、港口混凝土,以及大流态、大体积、泵送混凝土等。

引诱剂 lure agent 各种引诱物质的总称,其中以食饵引诱物质应用最多,如捕杀蟑螂的毒饵等。引诱剂一般包括两类:①非特异性物质。昆虫为了自身生存,会利用各种器官,如视觉、味觉、触角以及附节等选择最优的外界条件,延续生命与繁殖后代,对某些气味有趋向性。有引诱的化学物质,在自然界多为能产生气味而弥散空间的有机物,如诱集棉铃虫产卵的嫩玉米丝提取液。②特异性物质。主要是昆虫信息素,包括性信息素、警报信息素、聚集信息素、产卵信息素、有性引诱作用的信息素,普遍存在于昆虫中,通过活体提取或人工合成这些物质,可引诱雄虫进行灭杀;蚊子在产卵时,会产生产卵信息素,使产卵集中。

吲达品 indalpine 又名 3-[2-(4-哌啶)乙基]-1H-吲哚。白色结晶性粉末。熔点 159℃。易溶于热水,溶于乙醇。一种抗抑郁药,为选择性 5-羟色胺再摄取抑制剂,用于各种抑郁症和其他伴随焦虑的患者。但不能与单胺氧化酶抑制剂合用。由吲哚、乙酸、4-乙烯基哌啶反应制得。

吲哚布芬 indobufen 又名(±)-4-(1,3-二氢-1-氧代-2H-异吲哚啉-2-基)乙基苯乙酸。白色结晶性粉末。熔点 182~184℃。不溶于水,溶于乙醇、石油醚、氯仿。一种抗凝血药,通过干扰凝血过程的某些环节而起到阻止血液凝固的作用,防止血栓形成。以 2-(4-硝基苯基)丁酸、苯酐、乙酸等为原料制得。

吲哚红 indole red 又名 3,3′-双(N-烷基-2-甲基吲哚)苯并呋喃酮。淡黄色粉末。R 为 C_2H_5、C_4H_9 及 C_8H_{17} 的熔点分别为 231~233℃、168.5~169.5℃及 80~90℃。遇酸极易发色,呈鲜艳品红色,具有发色速度快、发色密度大、发色后耐光度好的特点。用作压热敏纸的红色成色剂,主要用于中性纸。以苯肼、丙酮、硫酸二烷酯及邻苯二甲酸酐等为原料制得。

吲哚洛尔 pindolol 又名吲哚心安、心得静。白色至淡黄色结晶性粉末。略有特异臭。熔点 168~172℃。不溶于水、苯,略溶于甲醇、乙醇,易溶于冰乙酸。一种抗高血压药。为 β 受体阻滞剂,对 β_1 和 β_2 受体都有阻滞作用,作用比普萘洛尔强 6~15 倍。副作用可见乏力、嗜睡、头晕、失眠、恶心等。以间苯二酚为起始原料,经部分氢化、缩合、环合、氨解、脱羧、脱氢芳香化等过程制得。

吲哚美辛 indometacin 又名消炎痛,2-甲基-1-(4-氯苯甲酰基)-5-甲氧基-1H-吲哚-3-乙酸。白色或微黄色结晶性粉末。无臭,无味。熔点 158~162℃。不溶于水,略溶于甲醇、乙醚、氯仿,溶于丙酮。对光敏感,强酸及强碱条件下会水解,为解热、镇痛、抗炎药,对缓解炎症疼痛明显,是最强的前列腺素合成酶抑制剂之一。因副作用较大,主要作为对水杨酸类有耐受性、疗效不显著时的代替药物,也可用于急性痛风和炎症发热。由对甲氧基苯胺经重氮化、成盐、还原等多步合成制得。

吲唑乙酯 ethychiozate 又名 5-氯-1H-吲唑-3-乙酸乙酯。无色结晶。熔点 75.7~77.6℃。不溶于水,溶于苯、石油醚。一种植物生长调节剂,具有生长活性,被叶和茎吸收后,在植物体内代谢由酯变为酸而起生理作用。能诱导产生内源乙烯,促进离层形成。用于柑橘、苹果、梨等蔬果,具有催熟、促进果实增厚、增加糖和氨基酸、防止果皮炸裂等作用。以 5-氯-2-硝基苯甲醛、甲酸铵等为原料制得。

隐匿剂
见"蒙面剂"。

印刷用胶黏剂 printing adhesives 用于覆膜、装订、烫箔等加工工艺所用胶黏剂。按胶黏剂主体性质,分为无机胶黏剂及有机胶黏剂。其中又以有机胶黏剂应用广泛,它又可分为天然胶黏剂及合成胶黏剂。常用天然胶黏剂分为淀粉系(如糊精)、蛋白系(如骨胶、虫胶)、天然树脂系(如松香、树脂)、天然橡胶系(如胶乳)及沥青系胶黏剂等;合成胶黏剂又可分为合成树脂型、合成橡胶型及复合型等。常用的有乙烯乙酸乙酯共聚树脂类胶黏剂、聚酯及聚丙烯酸树脂类胶黏剂、聚氨酯树脂类胶黏剂、丁苯及丁基橡胶胶黏剂、聚乙烯醇胶黏剂及 EVA 热熔胶等。

应变胶黏剂 strain adhesive 又名应变胶。是指制作应变片基底所用的胶黏剂(基底胶)和粘贴各类应变片所用的胶黏剂(贴片胶)。所谓应变片是非电量电测中的重要转换元件,能将力的变化转变为电阻变化,从而测量形变和力的大小。应变片必须用应变胶将其粘贴在被测件表面上,而且要求应变胶固化后有一定的强度、刚度、弹性、绝缘性、线膨胀系数和吸湿率等,对试件、应变片无腐蚀作用,并能准确传递应变。品种较多,按使用温度分为室温、中温、高温及超低温应变胶;按使用环境分为水下、地下、地面、真空、高压、高辐射、高磁场等应变胶。通常按应变胶基料的化学成分分为硝化纤维素应变胶、氰基丙烯酸酯类应变胶、不饱和聚酯类应变胶、环氧树脂类应变胶、酚醛树脂类应变胶、聚乙烯醇缩醛改性酚醛应变胶、有机硅树脂类应变胶、硅酸盐或磷酸盐类应变胶等。

罂粟碱 papaverine 又名帕帕非林、1-[(3,4-二甲氧基苯基)甲基]-6,7-二甲氧基异喹啉。棱柱状结晶。熔点147℃。相对密度1.337。不溶于水,微溶于氯仿、四氯化碳,溶于热苯、丙酮、冰乙酸。其盐酸盐熔点220～225℃,稍溶于水,不溶于乙醚,溶于乙醇、氯仿。是从罂粟科植物或夹竹桃科植物蛇根木中提取分离的生物碱,有扩张小血管平滑肌的作用,临床用于治疗脑血栓、肺拴塞等。

荧光橙 ROR-4 fluorescence orange ROR-4 橘红色粉末。耐热温度300℃,耐晒性6级。荧光色泽为红色橙色。不溶于水,微溶于有机溶剂。在空气中稳定,用作聚苯乙烯、有机玻璃、聚烯烃、ABS树脂及硬质聚氯乙烯等塑料制品的着色剂。具有良好的耐热性、耐酸性及耐碱性。由邻苯二胺与苯并噻唑缩合制得。

荧光粉 phosphor 在一定激发条件下能发荧光的无机粉末材料。按激发方式不同,可分为电致发光荧光粉、光致发光荧光粉、阴极射线致发光荧光粉及放射线致发光荧光粉等。通常由基质材料、敏化剂、激活剂、共激活剂及其他助剂等调制而成。

荧光红 6B fluorescence red 6B 暗红色粉末。不溶于水,溶于有机溶剂,在空气中稳定。主要用作聚氯乙烯、聚偏氯乙烯、有机玻璃及ABS树脂等塑料的红色着色剂,但不适用于聚烯烃塑料的着色。由苯并噻吨与邻苯二胺经缩合反应制得。

荧光黄 G1003 fluorescence yellow G1003 黄色粉末。耐热温度250℃。耐晒性5～6级。荧光色泽为绿色黄色。不溶于水,微溶于乙醇、丙酮等有机溶剂。在空气中稳定。用作聚苯乙烯、有机玻璃、ABS树脂及硬质聚氯乙烯等塑料制品的黄色着色剂,但不适用于聚烯烃塑料着色。由对苯二甲醛与马尿酸经缩合反应制得。

[化学结构式]

荧光黄 YG-51 fluorescece yellow YG-51 橘黄色粉末。耐热温度 300 ℃。耐晒性 6~7 级。不溶于水,微溶于乙醇、丙酮等有机溶剂。荧光色泽为绿光黄色,有良好的耐酸性及耐碱性。在空气中稳定,用作聚苯乙烯、有机玻璃、聚烯烃塑料、ABS 树脂及硬质聚氯乙烯等塑料制品的着色。由苯并呋吨与环己胺经缩合反应制得。

荧光染料 fluorescent dyes 能发出荧光的染料。能吸收紫外光及可见光,并能将紫外光转变为波长较长的可见光而反射出来。它们大多是含有苯环或杂环并带有共轭双键的有机化合物,如荧光黄、荧光胺、酸性曙红及某些分散染料等。多数为碱性染料,日晒牢度较低。荧光染料大多具有闪光的鲜艳色彩,除用于纤维织物及纸张的印染及增艳,改进这些商品外观外,也用作某些特种标志。

荧光塑料 fluorescent plastics 含有荧光颜料的一类发光塑料,是由荧光颜料均匀分散于塑料中制得,它在日光或紫外光激发下能发出波长较长的可见光。所用荧光颜料主要成分是锌、钙、锶、镉等的硫化物、氧化物、硅酸盐等,并加入微量铜、锰等激发剂,经特殊处理而显示不同的颜色。如 ZnS-Cu 为绿色,ZnS-Ag 为紫色,ZnS-Mu 为黄色。荧光塑料常用于制造广告、装饰品、工艺品及日用品等。

荧光涂料 fluorescent coatings 含荧光颜料的涂料。由成膜物质、荧光颜料、溶剂及助剂等组成。所含荧光颜料能吸收来自光谱中蓝光部分或紫外光部分的能量,再以较长波长光的形式发射能量而发出荧光。当撤去激发光源时,荧光也就消失。用于包装、广告及各种标志的涂装。

荧光颜料 fluorescent pigment 不溶于介质而带有荧光的有色物质,分为无机荧光颜料及有机荧光颜料。无机荧光颜料又称为夜光颜料。是指某些金属,如锌、钙、锶等的硫化物经特殊处理后,能吸收日光并将光能储存起来,在暗处又重新释放出能量而发光,在夜间可显示不同颜色,如 ZnS 即为典型的夜光颜料;有机荧光颜料是一类在光激发后可发出荧光的有机颜料,激发光源可以是日光或紫外光。受日光激发的荧光颜料一般由水溶性荧光染料溶于树脂中制得,色彩艳丽,但耐晒、耐热牢度较差。受紫外光激发的荧光颜料大多为水不溶性有机化合物,如分散荧光红 S、分散荧光黄 D 等,其色彩并不十分艳丽,而当以低浓度溶于底物时,即可呈现耀眼的荧光。荧光颜料广泛用于装饰品、包装材料、特种标志及广告等领域。

荧光油墨 fluorescence ink 以荧光颜料作为着色料制成的油墨。其特点是:当外来光照射时,能吸收一定形态的能量,激发分子,以低频可见光形式将吸收的能量释放出来,从而产生不同色相和鲜艳夺目的荧光现象。当光停止照射后,荧光现象立即消失。荧光油墨适用于纸张类和聚乙烯薄膜的印刷,在广告装潢、道路标志、织物、标牌、年卡和包装等方面广泛应用,但纸张白度、印刷顺序及是否使用催干剂等因素都会影响荧光油墨使用效果。

荧光增白剂 fluorescent whitener 简称增白剂或白色染料。是一类无色或浅色的有机化合物,它吸收人肉眼看不见的紫外光,然后再发射出人肉眼可见的蓝紫色荧光。如在微微发黄的底物上加入这种可发射蓝紫色荧光的物质,就会将人肉眼见到的黄色"遮盖"起来,呈现出悦目的白色。荧光增白剂起初主要用于纺织品的印染行业。如今,纸张、皮革、洗涤剂、防伪印刷等都使用荧光增白剂,其中第一用户是洗涤剂,其次是纸张,纺织品位于第三。荧光增白剂按母体结构大致可分为碳环类,三嗪基氨基二苯乙烯类,二苯乙烯-三氮唑类,苯并噁唑类,呋喃、苯并呋喃和苯并咪唑类,1,3-二苯基吡唑啉类,香豆素类,萘酰胺类和杂类九类。

荧光增白剂 31 fluorescent whitening agent 31 一种具有双三嗪基二苯乙烯衍生物结构的阴离子型化合物。淡黄色粉末。荧光色调为青光。溶于 50 倍量的 100℃ 热水或 1000 倍 25℃ 的水中。与硅酸盐、纯碱、硫酸盐、酶制剂等阴离子、非离子助剂有良好配伍性,可提高增白效果。与阴离子染料并用有增艳作用,但不能与阳离子染料或助剂混用。本品用量过大时,被染物会泛黄。微毒。主要用于洗衣粉、肥皂及纸张等的增白。对棉织物、纤维素纤维及聚乙烯醇纤维等也有增白作用。由三聚氰胺、盐酸、4,4'-二氨基二苯乙烯二磺酸钠缩合后与苯胺、间氯苯胺二次缩合,再与乙醇胺三次缩合制得。

荧光增白剂 AD fluorescent whitening agent AD 又名腈纶增白剂 AD、1-对甲磺酰苯基-3-对氯苯基吡唑啉。淡黄色粉末或带绿光的淡黄色细针状结晶。熔点 183~184℃。不溶于水、甲苯、正丁醇,微溶于乙二醇单乙醚,溶于热的乙二醇单乙醚。主要用作合成纤维等的增白剂,使纤维色泽更为明亮。由对氯代-β-吗啉基丙酰苯盐酸盐与对甲磺酰苯肼盐酸盐在乙二醇单乙醚中缩合制得。

荧光增白剂 CBS-X fluorscent whitening agent CBS-X 一种具有 4,4'-双二苯乙烯衍生物结构的阴离子型化合物。黄棕色细颗粒或淡黄色粉末。溶于水。纯水中最大吸收波长为349nm。低毒。易生物降解。具有耐氯漂剂、氧漂剂及在强酸强碱介质中稳定性好的特点。大量用作洗衣粉、液体洗涤剂及肥皂的增白剂,能显著改善其外观,增加白度,并适合于低温增白,也可用作织物柔软剂。由联苯经氯甲基化制得4,4'-二氯甲基联苯后与亚磷酸三乙酯反应,再与邻甲酰基苯磺酸钠缩合制得。

荧光增白剂 DCB fluorescent whitening agent DCB 又名腈纶增白剂 DCB、1-对氨基磺酰苯基-3-对氯苯基吡唑啉。淡黄色至米黄色细粉,带有微红紫色荧光。熔点224～226℃。难溶于水,能均匀分散于水中而形成稳定的悬浮液。溶于乙醚、乙二醇、二甲基甲酰胺等有机溶剂。有良好的耐酸碱性能。主要用作白色腈纶纤维的增白和浅色纤维的增艳。可在三氯化铝催化剂作用下,由氯苯与β-氯丙酰氯反应生成4-氯苯基-β-氯丙酮,再与对磺酰氨基苯肼缩合制得。

荧光增白剂 DT fluorescent whitening agent DT 又名涤纶增白剂 DT、聚酯增白剂 DT、涤纶增白剂 ERN,1,2-二(5-甲基-2-苯丙噁唑基)乙烯。淡黄色或乳白色悬浮浆状体或分散液。呈中性。在紫外光线下能发出青紫色荧光。不溶于水,溶于乙醇、二甲基甲酰胺。耐热温度180～200℃。不耐强酸强碱。主要用作涤纶纤维、聚酰胺纤维、醋酸纤维等合成纤维及棉、毛、混纺织物等的漂白。也用于退浆、氧化性漂白,具有良好的耐晒牢度及耐洗牢度。还可用于聚丙烯、聚氯乙烯、聚苯乙烯等塑料的增白。可在硼酸存在下,由苹果酸与邻氨基对甲苯酚加热缩合、闭环制得。

荧光增白剂 EBF fluorescent whitening agent EBF 又名涤纶增白剂 EBF。带有蓝色荧光的浅黄色粉末。熔点218～219℃。可在水中以任何比例分散。耐硬水、耐酸、耐碱。耐晒牢度可达7～8级。氧化漂白性稳定。主要用于涤纶及其与棉、毛混纺织物的增白,锦纶、醋酸纤维织物的增白。与荧光增白剂 DT 并用有增效增白作用。还可用于聚烯烃塑料、有机玻璃、ABS 树脂及涂料的增白。由邻氨基苯酚与氯乙酰氯反应生成 2-氯甲基苯并噻唑,再与硫化钠作用生成双(苯并噻唑-2-甲基)硫醚后,与乙二醛缩合制得。

荧光增白剂 ER　fluorescent whitening agent ER　又名涤纶增白剂 ER。黄绿色粉状结晶。熔点 229~231℃。不溶

[结构式：邻位-CN取代的苯基-CH=CH-对苯基-CH=CH-邻位-CN取代的苯基]

于水,溶于多数常用有机溶剂。化学性质稳定,有良好的耐高温性及耐晒性。用于聚酯纤维、涤/棉混纺织物及涤纶织物的增白、增艳,对聚乙烯、聚丙烯等塑料制品也有很好的增白增艳效果。由邻氰基苄基氯与亚磷酸反应后,再与对苯二甲醛反应制得。

荧光色调呈蓝色。不溶于水、正己烷,难溶于甲醇、苯、乙酸乙酯,溶于二甲基甲酰胺、氯仿。用作塑料、合成纤维及橡胶等的增白。在尼龙纤维中有很高的耐晒牢度。在塑料中的耐晒牢度取决于底物及添加剂性质及用量。也可用于纸张、涂料及棉麻等的增白。

荧光增白剂 FP　fluorescent whitening agent FP　黄白色粉末。熔点 216~222℃。

[结构式：邻-OCH₃取代的苯基-CH=CH-对苯基(二聚)]

荧光增白剂 JD-3　fluorescent whitening agent JD-3　一种具有三嗪基二苯乙烯衍生物结构的阴离子型化合物。淡黄色粉末。溶于热水或 80 倍以上的水中,也溶于十二烷基硫酸钠、三乙醇胺与水的

[结构式：邻-Cl苯基-NH-三嗪环(NHCH₂CHOH取代)-NH-苯基(SO₃Na, CH=取代),二聚]

混合溶液。溶液呈亮黄色。用于中性或微碱性条件下,棉、麻、人造纤维等纺织品的增白。也用于洗衣粉、肥皂、纸张等的增白。由 4,4′-二氨基二苯乙烯二磺酸依次与三聚氯氰、邻氯苯胺及乙醇胺缩合制得。

荧光增白剂 KCB　fluorescent whitening gent KCB　黄绿色结晶粉末。熔点 210~212℃。荧光色调呈蓝色。不溶于水,溶于常用有机溶剂。一种通用型塑料用荧

光增白剂,耐迁移性能好。可用于各种塑料、塑料薄膜、EVA 发泡塑料、橡胶制

[结构式：双苯并恶唑-萘基衍生物]

品等的增白增艳。在塑料中的耐晒牢度取决于底物、添加剂的性质及用量。也可用于涂料、天然漆的增白。

荧光增白剂 KSN　fluorescent whitening agent KSN　黄色粉末。熔点260～310℃。不溶于水。与各种塑料有良好的相容性。广泛用作聚酯树脂及各种塑料的荧光增白剂，可用于薄膜、注射成型和挤压成型材料中。增白强度高、用量少，并有优良的耐晒性及耐热性。也可用于聚丙烯腈纤维及聚酰胺纤维等的增白。

荧光增白剂 OB　fluorescent whitening agent OB　亮黄绿色结晶粉末。熔点198～200℃。难溶于水，溶于常用有机溶剂及矿物油、蜡。最大吸收波长为37.4nm。具有蓝色的荧光色调。有优良的耐热性、耐日晒牢度及化学稳定性。是一种通用型荧光增白剂。可用于热塑性树脂、油墨、光固化涂料、油类、脂肪、泡沫人造革及蜡等增白。由邻氨基对叔丁基苯酚与2,5-噻吩二羧酸在三氯苯中混合后，加入三氯化磷及催化剂硼酸，升温反应制得。

荧光增白剂 OB-1　fluorescent whitening agent OB-1　又名2,2-(4,4-二苯乙烯基)双苯并噻唑。黄色结晶粉末。熔点358～359℃。难溶于一般有机溶剂。主要用于涤纶树脂原料的增白，也可用于聚氯乙烯等塑料的增白。有良好的耐热性及耐久性。由对氰基氯苄与邻氨基苯酚在酸性介质中缩合制得2-(4′-氯甲基苯基)苯并噻唑，经与亚磷酸三乙酯反应后，再与2-(4′-甲酰基苯基)苯并噻唑缩合制得。

荧光增白剂 PEB　fluorescent whitening PEB 又名塑料荧光增白剂 PEB。一种香豆满酮型荧光增白剂。黄褐色粉末，带有青光荧光。不溶于水、乙醚、石油醚，溶于苯、丙酮、氯仿、乙醇、乙酸等。在170℃下短时间不分解。主要用于赛璐珞白料、聚氯乙烯、醋酸纤维素等白料的增白和色料的增艳。也用于聚苯乙烯、聚酯、聚乙烯及聚丙烯等塑料的增白。可在乙醇存在下，由2-萘酚、氢氧化钠及氯仿反应制得 2-羟基-1-萘甲醛,再在乙酐存在下与丙二酸二乙酯反应而得。

$$\left[\underset{}{\bigcirc}-NHCONH-\underset{SO_3Na}{\bigcirc}-CH= \right]_2$$

2%水溶液澄清。主要用作纤维、纸张、白底印花及浅色纤维的增白。加入感光材料乳剂层或相纸中,可提高照片非影像区的白度,产生增白、增光效应。由二氨基芪二磺酸钠盐与异氰酸苯酯缩合制得。

荧光增白剂 R fluorescent whitening agent R 淡黄色至黄色粉末。溶于水。

荧光增白剂 VBA fluorescent whitening agent VBA 又名耐酸增白剂 VBA。

$$X-\underset{N}{\overset{N}{\bigcirc}}-NH-\underset{SO_3Na}{\bigcirc}-CH=CH-\underset{SO_3Na}{\bigcirc}-NH-\underset{N}{\overset{N}{\bigcirc}}-X$$

[X 为 NHC$_6$H$_5$ 基团,Y 为 (HOH$_4$C$_2$)$_2$N]

一种具有二苯乙烯三嗪结构的阴离子型化合物。淡黄色粉末。荧光色调呈蓝色微紫。溶于水,水溶液带紫光。具有良好的耐氯、耐酸性能。主要用于棉和黏胶制品的增白、针织内衣的增白,可防止汗渍泛黄。能与树脂整理剂同浴使用。也用于防白浆、洗衣粉、感光纸及漂白羊毛等的增白。由二氨基芪二磺酸分别与三聚氯氰、二磺酸苯酚及乙醇胺缩合制得。

荧光增白剂 VBL fluorescent whitening agent VBL 又名荧光增白剂 BSL、增

$$\left[\underset{}{\bigcirc}-NH-\underset{\underset{NHCH_2CH_2OH}{N}}{\overset{N}{\bigcirc}}-NH-\underset{SO_3Na}{\bigcirc}-CH= \right]_2$$

白剂 VBL。一种具有双三嗪基二苯乙烯衍生物结构的阴离子型化合物。淡黄色粉末,色光为青光微紫。溶于 80 倍量以上的软水中。在 pH 值为 6~11 的溶液中稳定。不耐铁、铜等金属离子。可与阴离子及非离子型表面活性剂并用,也可与直接染料、酸性染料并用,但不能与阳离子型表面活性剂或阳离子染料同浴混用。有优良的匀染性及渗染性,主要用于纤维素类织物及纸浆增白、浅色纤维素织物增艳,以及拔染印花白底增白。也可用于塑料、涂料等制品,使其具有荧光感。还用于合成洗涤剂及肥皂中以增加被洗涤物的白度。先由三聚氯氰与 4,4′-二氨基二苯乙烯磺酸钠缩合,然后与苯胺进行二次缩合,最后经与乙醇胺缩合制得。

荧光增白剂 VBU fluorescent whitening agent VBU 又名耐酸增白剂 VBU。淡黄色粉末。色光为青光微紫。溶于水。属阴离子型表面活性剂,可与阴离子或非离子型表面活性剂、阴离子染料等并用。有较好的耐酸碱及耐氯性能。适用于白色针织内衣的增白,防止汗渍

$$\left[NaO_3S-\underset{}{\bigcirc}-NH-\underset{N(C_2H_5)_2}{\underset{\|}{\bigvee}}-NH-\underset{CH=}{\overset{SO_3Na}{\bigcirc}} \right]_2$$

泛黄。也用于纸张、照相底片、感光胶片、合成洗涤剂及洗衣粉等的增白。由二氨基芪二磺酸钠盐、三聚氯氰先缩合后,再分别与对氨基苯磺酸、二乙胺缩合制得。

荧光增白剂 WG fluorescent whitening agent WG 又名羊毛增白剂 WG。

[结构式:芳基吡唑啉-SO₃Na]

一种具有芳基吡唑啉磺酸盐衍生物结构的阴离子型化合物。浅黄绿色粉末。荧光色调的绿蓝色。易溶于乙醇、氯仿等。耐一般硬水,对酸稳定,对铁、铜离子敏感。能与阴离子及非离子型染料及表面活性剂并用。但不能与阳离子染料及表面活性剂并用。主要用于羊毛纤维及羊毛织物的漂白、增艳,也用于聚酰胺及丝绸等蛋白纤维的增白、增艳。由对磺酸基苯肼盐酸盐与 β-氯代苯丙酮缩合制得。

荧光增白剂 WJM fluorescent whitening agent WJM 淡黄色结晶性粉末。易溶于乙醇、氯仿等有机溶剂。在溶剂中呈蓝紫色荧光。主要用于羊毛织物的增白整理,增白、增艳效果最强。增白效果优于荧光增白剂 WS。可在催化剂氯化锌存在下,由间羟基-N,N-二乙基苯胺与 β-氰基环戊亚胺反应制得。

[结构式:$(C_2H_5)_2N$-稠环-O-NH]

荧光增白剂 WS fluorescent whitening agent WS 淡黄色粉末。溶于 80 倍

[结构式:$(C_2H_5)_2N$-香豆素-CH_3]

量水中。耐硬水,耐酸不耐碱,不耐氯漂,对还原剂稳定。阴离子型,可与阴离子或非离子型表面活性剂并用,但不能与阳离子型表面活性剂混用。主要用于真丝绸的增白、增艳。也能用于羊毛织物、人造丝及棉布的增白。由 N,N-二乙基间氨基苯酚与乙酰乙酸乙酯缩合制得。

营养补充剂 nutrition sapplements 指以补充维生素、矿物质等而不以提供能量为目的产品。其作用是补充膳食供给的不足,预防营养缺乏和降低发生某

些退行性疾病的危险性。多采用片剂、胶囊、冲剂等形式,诸如鱼肝油、多种维生素和矿物质复合片剂。钙制剂等也都属于营养补充剂。营养补充剂大致经历5个发展阶段:①第一代营养补充剂,是用基本化学元素经简单加工制得,常以药品销售,主要用于治疗营养素缺乏症,因杂质多、纯度低,对肝、肾有损害;②第二代营养补充剂,纯度提高、杂质减少、加工工艺较复杂,如国外的罗氏维生素、国内的金施尔康、黄金搭档等;③第三代营养补充剂,是在第二代产品基础上加入天然植物浓缩素,更利于吸收利用,如安利的纽崔莱系列产品;④第四代营养补充剂,是在第三代产品基础上加入高科技手段,如矿物质采用螯合方式;④最新一代营养增补剂,是以满足细胞营养需求而开发的产品,能保证人体细胞获得所需营养物质,以行使修复、再生及抵御氧化侵害等功能。

硬药 hard drug 与软药相反。硬药是指在体内不能被代谢,直接从胆汁或者由肾排泄的药物,或者是不易代谢,需经过多步氧化或其他反应而失活的药物。硬药可以解决药物代谢产生毒性产物的问题,使用安全。而在实际药物开发中,由于体内酶的作用很强,真正开发成功的硬药数量有限。只有亲水或疏水性极强的化合物,或由于功能基的位阻较大而不易代谢的化合物,才有可能成为硬药。参见"软药"。

硬脂酸 stearic acid 又名十八(烷)酸、脂蜡酸。
$$CH_3(CH_2)_{16}COOH$$
纯品为带有光泽的白色柔软小片。相对密度 0.9408。熔点 69～71℃。沸点 383℃。折射率 1.4299 (80℃)。工业品为白色或微黄色颗粒,微有牛油样气味,为硬脂酸与棕榈酸的混合物,并含有少量油酸。极微溶于冷水,易溶于苯、甲苯、二硫化碳、氯仿,溶于乙醇、丙酮。工业品分为一级品(或200型,旧称三压硬脂酸)、二级品(或400型,旧称二压硬脂酸)及三级品(或800型,旧称一压硬脂酸)。一级品及二级品为白色蜡状固体,三级品为淡黄色蜡状固体。是一种有机酸,与碱作用生成硬脂酸钠(一种肥皂)。用于制造硬脂酸酯及硬脂酸盐。也用作乳化剂、润滑剂、增塑剂、脱模剂、硫化活性剂等,是制造化妆品、冷霜、雪花膏等的主要原料。由棉籽油、棕榈油等氢化制得的硬化油或牛脂在分解剂存在下水解而得。

硬脂酸钡 barium stearate 又名十八酸钡。
$$(C_{17}H_{35}COO)_2Ba$$
白色微细粉末。相对密度 1.145。熔点＞220℃。工业品微带黄色,熔点稍低。不溶于水,溶于热乙醇、苯、甲苯及非极性溶剂。在有机溶剂中加热溶解后遇冷变成胶状物。遇强酸分解为硬脂酸及相应的钡盐。有吸湿性。极毒!用作聚氯乙烯耐光耐热稳定剂,是碱土金属硬脂酸盐中长期热稳定性最佳者。主要用于透明性薄膜、薄片及人造革、硬管等,不能用于接触食品的制品,也用作橡胶软化剂、塑料加工高温润滑剂及脱模剂等。由硬脂酸钠与氯化钡反应制得。

硬脂酸丁酯 butyl stearate 又名十八烷酸丁酯、硬脂酸正丁酯。
$$C_{17}H_{35}COOC_4H_9$$
无色或淡黄

色油状液体或结晶。微具脂肪味。相对密度 0.855～0.862。熔点 27.5℃。沸点 343℃。折射率 1.4418(25℃)。难溶于水,微溶于甘油、甲醇,溶于丙酮、苯、氯仿、植物油、矿物油。用作聚氯乙烯、聚苯乙烯等的内润滑剂,乙基纤维素及硝基纤维素的增塑剂,合成橡胶的脱模剂,用于涂料时可改善涂料的光泽,化妆品制备上用作渗透剂、柔润剂。还用作混凝土防湿剂,皮革上光剂、消泡剂等。由硬脂酸与丁醇在硫酸催化剂存在下反应制得。

硬脂酸钙 calcium stearate 又名十八酸钙。$(C_{17}H_{35}COO)_2Ca$。白色至微黄色粉末。相对密度 1.035。熔点 179～180℃。不溶于水,微溶于热乙醇,溶于热苯、甲苯、松节油。遇强酸反应分解成硬脂酸和相应的钙盐。400℃时缓慢分解。市售硬脂酸钙是硬脂酸钙与棕榈酸钙的混合物,相对密度 1.08,熔点 148～155℃。可燃。基本无毒。用作聚氯乙烯的热稳定剂及润滑剂、织物防水剂、油漆平光剂、塑料脱模剂、润滑脂增稠剂、增塑剂、食品抗结剂、化妆品香粉润滑分散剂等。由硬脂酸钠与氯化钙或氧化钙反应制得。

硬脂酸甘露(糖)醇酐酯 mannitol stearate 又名乳化剂 7501。一种非离子表面活性剂。

$$CH_2-(CH_2O)_2-CH-HCOOC_{17}H_{35}CH_2OH$$
$$\underset{O}{}$$

浅黄色或奶油色片状物。相对密度 0.98～1.02。熔点 59～61℃。皂化值 140～160mgKOH/g。游离硬脂酸≤4%。HLB 值 5.5。溶于热乙醇、苯及氯代烃,微溶于乙醚、石油醚,不溶于水,分散于热水中成乳浊液。具有良好的乳化、分散、润湿、渗透等性能。用作乳化剂,适用于医药、食品及化妆品等行业。也用作纺丝油剂、分散剂、润湿剂及抗静电剂等。由硬脂酸与甘露醇酐在催化剂存在下反应制得。

硬脂酸镉 cadmium stearate 又名十八酸镉。$(C_{17}H_{35}COO)_2Ca$。白色微细粉末。相对密度 1.28。熔点 103～110℃。工业品微带黄色,熔点稍低。不溶于水,溶于热乙醇、苯、甲苯及松节油等。遇强酸分解为硬脂酸及相应的镉盐。在有机溶剂中加热溶解后遇冷成为胶状物。有吸湿性。可燃。高毒!用作聚氯乙烯树脂耐热稳定剂,在光稳定性、透明性及抑制着色性方面是皂类稳定剂中最好的品种,主要用于半硬质或硬质压延片材、软质透明制品。不能用于接触食品的制品。也用作橡胶制品的润滑剂及软化剂。由硬脂酸钠与硫酸镉经复分解反应制得。

硬脂酸类消泡剂 stearic acid defoamer 有光泽白色柔软细片,微带脂肪
$$CH_3(CH_2)_{16}COOH$$
味。相对密度 0.9408。熔点 70℃。沸点 383℃。皂化值 206～211mgKOH/g。酸值 205～211mgKOH/g。不溶于水,溶于乙醇、丙酮、苯,易溶于乙醚、氯仿、二硫化碳、四氯化碳。能降低水溶液、悬浮液的表面张力,起消泡、抑泡作用。用作聚苯乙烯生产过程中后处理的消泡剂,也用作橡胶软化剂、织物防水剂及打光剂、油漆平光剂、化妆品乳化剂及金属

防锈剂等。由硬化油、牛脂或羊脂等在水解剂和硫酸存在下水解、蒸馏、精制等而制得。

硬脂酸锂 lithium stearate 又名十八
$$CH_3(CH_2)_{16}COOLi$$
酸锂。白色微细粉末。相对密度1.025。熔点220℃。氯化锂含量5.3%～5.6%。难溶于水、乙醇、乙醚，溶于酮类、碱液、松节油。无毒。用作聚氯乙烯耐高温热稳定剂，可作铅皂、镉皂及钡皂的无毒替代品。与邻苯二甲酸酯类、磷酸酯类增塑剂配合使用，制品不发生白雾，透明性好，适用于透明制品。也用作塑料加工润滑剂、橡胶软化剂等。由氢氧化锂水溶液与硬脂酸反应制得。

硬脂酸铝 aluminium stearate 又名
$$(C_{17}H_{35}COO)_3Al$$
十八酸铝。白色微细粉末。相对密度1.070。熔点115℃。工业品为黄白色，熔点稍低。不溶于水，微溶于乙醇，溶于苯、碱液、矿物油及松节油等。遇强酸分解为硬脂酸及相应的铝盐。在有机溶剂中加热溶解冷却后成胶冻状。无毒。用作聚氯乙烯及氯乙烯共聚物的热稳定剂，性能与硬脂酸锌相似，可用于食品包装材料。也用作塑料加工润滑剂、油漆催干剂、织物防水剂、水基钻井液消泡剂、涂料防沉淀剂等。由硬脂酸钠与硫酸铝经复分解反应制得。

硬脂酸铅 lead stearate 又名十八酸
$$(C_{17}H_{35}COO)_2Pb$$
铅。白色至微黄色粉末。相对密度1.323。熔点105～112℃。不溶于水，溶于热的乙醇、乙醚，微溶于松节油、邻苯二甲酸丁酯。遇强酸分解成硬脂酸和相应的盐。有机溶剂中加热后遇冷变成胶状物。有吸湿性。极毒！用作聚氯乙烯的热稳定剂及润滑剂，主要用于不透明的硬质及软质制品。也用作油漆平光剂、水基钻井液消泡剂、润滑脂的增稠剂。由硬脂酸钠与乙酸铅反应制得。

硬脂酸镁 magnesium stearate 又名
$$(C_{17}H_{35}COO)_2Mg$$
十八酸镁。白色轻质粉末或块状。有清香气味及滑腻感。工业品含少量油酸及7%的氧化镁。相对密度1.028(纯品)、1.07(工业品)。熔点88.5℃(纯品)、132℃(工业品)。微溶于水，溶于热乙醇。遇强酸分解成硬脂酸及相应的镁盐。有吸湿性。低毒。用作聚氯乙烯树脂热稳定剂、塑料制品脱模剂、外光滑剂、油漆平光剂。药品级硬脂酸镁用作药品脱模剂、食品抗结块剂及乳化剂，还用作制造化妆品扑粉的原料。由硬脂酸钠与硫酸镁进行复分解反应制得。

硬脂酸铜 copper stearate 又名十八
$$(C_{17}H_{33}COO)_2Cu$$
酸铜。暗蓝色或蓝绿色无定形粉末。熔点约250℃。不溶于水、乙醇、乙醚、丙酮，溶于热苯、甲苯、吡啶、氯仿、四氯化碳及松节油等。遇强酸分解为硬脂酸及相应的铜盐。用作叔胺生产的催化剂、防污涂料的防污杀菌剂、石膏像着色剂等。由硬脂酸钠与硫酸铜反应制得。

硬脂酸锌 zinc stearate 又名十八酸
$$(C_{17}H_{35}COO)_2Zn$$
锌。纯品为白色微细粉末。有愉快气味。相对密度1.095。熔点120～130℃。工业品微带黄色，有滑腻感。不溶于水、乙醇、乙醚，溶于热乙醇、苯及松节油。遇强酸分解成硬脂酸及相应的盐。有机溶剂中加热溶解后遇冷成胶状物。有吸湿性。无毒。用作聚氯乙烯无毒热稳定剂,主要用于软制品。也用作塑料加工润滑剂及脱模剂,橡胶软化剂

$$C_{17}H_{35}COOCH_2CH(C_2H_5)CH_2CH_2CH_3$$

十八酸异辛酯、硬脂酸-2-乙基己酯。无色至浅黄色透明液体。不溶于水、甘油、丙二醇,溶于乙醇、丙酮、蓖麻油、矿物油。浊点 $<10℃$。折射率 $1.4480\sim1.4500$。酸值 <1.5mgKOH/g。皂化值 $145\sim155$mgKOH/g。具有良好的触变性、铺展性、分散性及滑爽性。与皮肤相容性好。用作乳液及膏霜类化妆品的油溶性物料的增溶剂,也用作上光剂、润滑剂等。由硬脂酸与异辛醇在酸性催化剂存在下反应制得。

硬脂酰胺 stearamide 又名十八酰胺。
$$CH_3(CH_2)_{16}CONH_2$$

活性物含量 $24\%\sim26\%$。pH 值 $3\sim5$。易溶于水、乙醇。有良好的乳化、发泡及抗静电性能。主要用作香波调理剂,有优良的调理润滑性。可与各种类型表面活性剂相溶而不降低系统的泡沫。用于香波,湿梳性及干梳性较好,表面有柔滑感。由硬脂酸与 N,N-二甲基丙二胺经酰胺化反应后,再与乳酸进行季铵化反应制得。

N-硬脂酰基-L-谷氨酸钠 sodium N-stearoyl-L-glutamate 一种阴离子表面活性剂。白色粉末状固体。活性物含量

及隔离剂,涂料防沉淀剂,油漆及搪瓷平光剂,硫化催化剂活化剂,以及用于制造化妆品粉饼、香粉等。由硬脂酸钠与硫酸锌经复分解反应制得。

硬脂酸异辛酯 isooctyl stearate 又名胺。白色至淡黄色叶片状结晶或粉末。相对密度 0.96。熔点 108.5℃。沸点 250℃(1.599kPa)。不溶于水,难溶于乙醇,溶于热乙醇、乙醚、氯仿。与石蜡混溶。用作颜料及染料分散剂,石蜡乳化稳定剂,聚烯烃的爽滑剂及薄膜抗粘连剂,纤维防水剂,聚氯乙烯、聚苯乙烯、天然或合成橡胶等加工的脱模剂及润滑剂,化妆品添加剂等。由硬脂酸与氨反应制得。

硬脂酰胺丙基二甲胺乳酸盐 stearyl amido propyl dimethylamine lactate 一种阳离子表面活性剂。黄色黏稠性液体。

$$C_{17}H_{35}CONHCH_2CH_2CH_2N(CH_3) \cdot CH_3CHCOOH$$
$$|\ |$$
$$CH_3\ \ \ \ \ \ \ \ \ \ \ \ \ \ \ \ \ OH$$

$$HOOCCH_2CH_2CHCOONa$$
$$|$$
$$NH-COC_{17}H_{35}$$

$\geqslant 93\%$。溶于水,1% 水溶液的 pH 值 $5\sim7$。具有良好的分散、润湿、去污、乳化等性能。钙皂分散性好、耐硬水。对皮肤作用温和、生物降解性好。用于制造膏霜、乳液类化妆品、香皂、药皂,也用于制造膏状及粉状洗涤剂。由硬脂酰氯与谷氨酸钠反应制得。

硬脂酰氯 stearoyl chloride 又名十
$$CH_3(CH_2)_{16}COCL$$
八(碳)酰氯。无色至微黄色油状液体或

结晶型固体。相对密度 0.915。熔点 23℃。沸点 174℃(0.267kPa)。闪点＞112℃。折射率 1.4525。遇水、乙醇及氨水时发生反应。溶于烃及醚类溶剂。可燃。有毒及腐蚀性。用作有机合成酰化剂及彩色电影胶片成色剂的中间体，也用于制造酰胺和酸酐。由硬脂酸与光气反应制得。

硬脂酰乳酸钙 calcium stearoyl lactylate 一种阴离子表面活性剂。白色至
$$[C_{17}H_{35}COOCH(CH_3)COO]_2Ca$$
淡黄色粉末或薄片状、块状固体。有淡的焦糖气味。熔点 44～51℃。难溶于水，微溶于热水，易溶于乙醇、丙酮、氯仿。加热时溶于植物油、猪油、起酥油，但冷时析出。属疏水性乳化剂，宜用作油包水(W/O)型乳化剂，HLB 值为 5.1。具有热敏感性及水解敏感性。在酸、碱和分解酶作用下会发生分解，生成脂肪酸、乳酸或其盐。在人体内能被脂肪酶分解为乳酸和硬脂酸。用作食品乳化剂、起泡剂及面包品质改良剂等，也用作化妆品乳化、分散剂。由乳酸与硬脂酸、碳酸钙反应制得。

硬脂酰乳酸钠 sodium stearoyl lactylate 一种阴离子表面活性剂。白色至
$$C_{17}H_{35}COOCH(CH_3)COONa$$
浅黄色粉末或脆性固体。有轻微焦糖气味。熔点 39～43℃。易吸湿性结块。可分散于水及甘油中并形成凝胶。溶于热的乙醇、异丙醇、大豆油、猪油及石蜡油等，但不溶于上述冷的物料。有乳化及稳定性能，是水包油(O/W)型乳化剂。能与蛋白质发生强烈反应，也能与直链淀粉反应生成不溶性复合物，从而抑制老化并保持烘烤食品的新鲜度，对人体无毒。用作食品乳化剂、稳定剂、起泡剂、烘烤食品改进剂，也用作化妆品乳化剂、增稠剂等。可在氢氧化钠存在下，由硬脂酸与乳酸反应制得。

永固橙 G permanent orange G 又名永固橘黄 G、坚牢橙 G。黄橙色粉末。熔点 332℃。耐热温度 140℃。耐晒性 5

级。吸油量 45%～55%。不溶于水。在浓硫酸中呈蓝光大红色，稀释后成橙色沉淀。在浓硝酸中为棕光大红色。为偶氮有机颜料。用作油漆、油墨、橡胶、涂料印花浆、皮革、彩色颜料等的着色剂。呈艳丽的黄光橙色，着色力强，耐溶剂性较好。也可酌情用于聚烯烃、聚氯乙烯、环氧树脂及酚醛树脂等的着色。由 3,3'-二氯联苯胺经双重氮化后，与 1-苯基-3-甲基-5-吡唑酮偶合制得。

永固橙 HSL permanent orange HSL 又名永固橙 HR。橙色粉末。耐热温度 200℃。耐晒性 7～8 级。吸油量 ≤50%。一种橙色苯并咪唑酮型高级偶氮颜料。具有优异的耐晒牢度、耐候性、耐溶剂性及耐迁移性，并有较好的透明度。也是橙色系列颜料的标准品。用作油墨、涂料、塑料、橡胶及合成纤维原液等

的橙色着色剂。由对氯邻硝基苯胺经重氮化后,与5-双乙酰胺基苯并咪唑偶合制得。

$$\text{Cl}-\underset{\underset{NO_2}{|}}{C_6H_3}-N=N-\underset{\underset{CONH-}{|}}{CH}-\overset{\overset{COCH_3}{|}}{}\cdots$$

(5-双乙酰胺基苯并咪唑酮基)

永固红 2BL permanent red 2BL 又名耐晒红 LR、耐晒深红 BBM。红色粉末。耐热温度 180℃。耐晒性 6~7 级。吸油量≤55%。不溶于水、乙醇。于浓硫酸中呈紫红色,稀释后呈蓝光红色沉淀。遇浓氢氧化钠为红色。用作油墨、涂料、塑料及文教用品等的红色着色剂。具有耐酸碱性、耐晒性及耐热性优良等特点。由 2-氨基-4-氯-5-甲基苯磺酸经重氮化后,与 2-萘酚-3-甲酸偶合,再与氯化锰成盐而制得。

永固红 F4R permanent red F4R 又名永久红 F4R、3149 颜料永固红 F4R。红色粉末。耐热温度 90℃。耐晒性 5 级。吸油量 45%~55%。在浓硫酸中为黄光大红色,稀释后呈大红色沉淀。在浓硝酸中为蓝光大红色,在氢氧化钠中不变色。主要用作纸张、油墨、油彩、粉笔、铅笔、火漆及化妆品等的红色着色剂。也可用于塑料、橡胶及人造革等制品的着色。色泽鲜艳,耐酸性较好,但耐碱性及耐热性较差。由 2-甲基-5-硝基苯胺经重氮化后,与色酚 AS-E 偶合制得。

永固红 F5R permanent red F5R 又名耐晒艳红 BBC、耐晒红 LB。紫红色粉末。耐热温度 170~180℃。耐晒性 6~7 级。不溶于水、乙醇。遇浓硫酸为紫红色,稀释后呈蓝光红色沉淀。遇浓硝酸呈棕红色。遇氢氧化钠溶液呈红色。为色淀有机颜料。用作油墨、塑料、橡胶、涂料及文教用品等的红色着色剂。具有着色力强、耐光、耐氧化、耐酸及耐

$$\left[\begin{array}{c}\text{H}_3\text{C}\underset{\text{Cl}}{\underset{|}{\bigcirc}}\overset{\text{SO}_3^-}{\overset{|}{}}-\text{N}=\text{N}-\underset{}{\overset{\text{HO COO}^-}{\bigcirc\!\bigcirc}}\right]\text{Ca}^{2+}$$

溶剂性均较好的特点。由 2-氨基-4-氯-5-甲基苯磺酸经重氮化后,与 2-萘酚-3-甲酸偶合,再经钙盐沉淀制得。

永固黄 G　permanent yellow G　又名 1114 永固黄 2GS。带绿光的黄色粉末。耐热温度 200℃。耐晒性 6 及。吸油量 ≤55%。为偶氮有机颜料。用作塑料、橡胶、涂料、油墨及聚氨酯合成革等

$$\left[\underset{}{\overset{\text{OCH}_3}{\bigcirc}}-\text{NHCOCH}\underset{}{\overset{\text{COCH}_2}{|}}-\text{N}=\text{N}-\underset{}{\overset{\text{Cl}}{\bigcirc}}\right]_2$$

的黄色着色剂。具有色泽鲜艳光亮、着色力好、透明性高、迁移性小等特点,并有良好的耐热、耐晒、耐酸碱及耐水性。

由 3,3′-二氯联苯胺经重氮化后,与邻甲基双乙酰苯胺偶合制得。

永固黄 GG　permanent yellow GG

$$\left[\underset{}{\overset{\text{OCH}_3}{\bigcirc}}-\text{NHCOCH}\underset{}{\overset{\text{COCH}_3}{|}}-\text{N}=\text{N}-\underset{}{\overset{\text{Cl}}{\bigcirc}}\right]_2$$

又名 1137 永固黄 GG。黄色粉末。耐热温度 180℃。耐晒性 6～7 级。吸油量 45%～55%。不溶于水、亚麻籽油,溶于丁醇、二甲苯等有机溶剂,为偶氮有机颜料。用作涂料、塑料、涂料印花浆、文教用品等的黄色着色剂,尤用于调制高级透明油墨及各种包装印刷油墨。色泽鲜艳,透明性、耐光性及耐热性均较好,在塑料中有荧光,但稍有迁移性。由 3,3′-二氯联苯胺用亚硝酸钠双重氮化后,再与邻甲氧基双乙酰苯胺偶合制得。

永固黄 GR　permanent yellow GR

$$\left[\underset{\text{Cl}}{\overset{\text{Cl}}{\bigcirc}}-\text{N}=\text{N}-\text{CH}\underset{\text{COCH}_3}{\overset{|}{}}-\text{CONH}-\underset{}{\overset{\text{H}_3\text{C}}{\bigcirc}}\right]_2$$

又名 6203 永固黄。黄色粉末。熔点 325℃。耐热温度 200℃。耐晒性 6～7 级。吸油量 40%～50%。用作塑料、橡胶、涂料、油墨及文教用品等的黄色着色剂。耐热及耐晒性良好。耐碱性强,耐酸性一般,无油渗及水渗现象。由 2,5-二氯苯胺经重氮化后,再与色酚 AS-G 偶合制得。

永固黄 HR　permanent yellow HR 又名联苯胺磺 HR。带红光的黄色粉末。耐热温度 200℃。耐晒性 7～8 级。吸油量 45%～55%。不溶于水,溶于甲

$$\left[\begin{array}{c} \text{Cl}-\underset{\underset{\text{CH}_3\text{O}}{|}}{\overset{\overset{\text{OCH}_3}{|}}{\bigcirc}}-\text{NHCOCH}-\text{N}=\text{N}-\underset{}{\overset{\overset{\text{COCH}_3}{|}}{\bigcirc}}-\overset{\text{Cl}}{\bigcirc} \end{array} \right]_2$$

苯、二甲苯等有机溶剂。为偶氮有机颜料。是红光黄色颜料的标准品。遮盖力强,耐晒牢度高,有良好的耐热及耐溶剂性,并有较好的耐再涂性。用作油墨、塑料、印染色浆、文教用品等的黄色着色剂。涂料工业用于调制透明漆、金属漆、乳胶漆、修补漆及其他高级工业漆。由 3,3′-二氯联苯胺经亚硝酸钠双重氮化后,与色酚 AS-IRG 偶合制得。

永固枣红 FRR　permanent bordeaux FRR　又名永固枣红 F2R。蓝光红色粉末。熔点 292℃。耐热温度 140℃。耐晒性 7～8 级。在浓硫酸中为红紫色,稀释后成红色沉淀。在浓硝酸中为大红色溶液。在氢氧化钠溶液中不变色。是一种重要的偶氮枣红色颜料。用作油墨、

油漆、塑料、涂料印花浆、文教用品等的枣红色着色剂,耐晒牢度及遮盖力均较强。由 2-甲基-4-硝基苯胺经重氮化后,与色酚 AS-D 偶合制得。

永固紫 RL　permanent violet RL　又名塑料紫 RL。深绿光紫色粉末。耐热温度 200℃。耐晒性 7～8 级。吸油量 38%。色光鲜艳、着色力强。具有优良的耐热性及耐晒性,迁移性小。用作塑料、橡胶、涂料、油墨等的紫色着色剂,也用于合成纤维的原浆着色。由 N-乙基咔唑经混酸硝化、硫化钠还原后,再与四氯苯醌缩合后闭环氧化制得。

永久性染发剂　permanent hair dyes　又名持久性染发剂、氧化型染发剂。它不含有一般所说的染料,而含染料中间体和偶合剂或改性剂。中间体和偶合剂进入头发皮质后,发生氧化及偶合反应,形成较大染料分子而被封闭在头发纤维内,由于染料中间体和偶合剂的种类及

含量比例不同,而组合成不同色调,使头发染上不同颜色。所用染料中间体主要有对苯二胺、对氨基苯酚、邻苯二胺、邻氨基苯酚等;偶合剂或称改性剂,是一类芳香化合物,常用者有间苯二酚、2-甲基间苯二酚、1-萘酚、1,5-二羟基萘、4-氯间苯二酚等。对苯二胺是染黑发的常用染料中间体,它有较强的致敏性,对皮肤甚至对整个机体均可致敏,其致敏作用主要是由在体内生成的苯醌二亚胺引起的。在应用浓度下,某些人可能因其接触而过敏。但对它不过敏的人,在容许浓度下,含对苯二胺的染发剂是安全的。我国《化妆品卫生规范》(2002年版)化妆品组分中限用物质表中规定对苯二胺用作染发用氧化着色剂最大容许浓度为6%(以自由基计)。

优托品 eutropine 白色片状结晶或

$$\left[CH_3CH_2\underset{\underset{CH_3}{|}}{\overset{\overset{C_6H_5}{|}}{CHCHCOOCH_2}}CH_2\underset{\underset{CH_3}{|}}{\overset{\overset{CH_3}{|}}{N^+}}-C_2H_5 \right] Br^-$$

结晶性粉末。味苦,有特异臭。熔点100～101℃。易溶于水、乙醇、甲醇、丙酮,难溶于乙醚、苯。有引湿性。一种抗胆碱药。作用与阿托品相似,但副作用较小。用于治疗胃绞痛、胃肠痉挛、痛经、子宫痉挛等。解痉作用优于阿托品。由苄基氯经缩合、醇解、成盐等反应制得。

油醇 oleyl alcohol 又名顺-9-十八烯醇。$CH_3(CH_2)_7CH=CH(CH_2)_7CH_2OH$ 无色或淡黄色油状液体。天然存在于鱼油中。相对密度0.8489。熔点6～7℃。沸点205～210℃(2.0kPa)。折射率1.4606。不溶于水,溶于乙醇、乙醚。加热时有刺激性烟味。商品油醇一般为 C_{16}～C_{18} 不饱和脂肪醇的混合物。用于制造增塑剂、洗涤剂、织物滑柔剂、消泡剂等,也用于制造发油、发膏、唇膏等化妆品。对皮肤渗透性好,能赋予皮肤平滑、柔软和清新感,使用时不黏易分散,对皮肤无不良作用。可在金属钠存在下,由油酸乙酯与无水乙醇反应制得。

油罐内壁防腐涂料 oil tank inner wall anti-corrosion coatings 指用于延缓或抑制石油储罐内壁腐蚀的涂料,油罐内壁主要是电化学腐蚀。早期使用的防腐涂料是红丹亚麻仁涂料、沥青涂料、酚醛涂料、乙烯树脂涂料等。随着涂料工业的发展及高性能合成树脂的不断出现,防腐涂料主要采用有较好耐油性的合成树脂为成模物质,加入耐蚀性无机材料(如玻璃粉、氯化锌等)及助剂配制而成。常用的有环氧树脂涂料、聚氨酯涂料、玻璃片涂料、无机富锌涂料等。

油剂 finishing oil 指毛、丝、麻、合成纤维生产加工中,使纤维顺利通过纺丝、拉伸、纺纱、织造等工序的一类助剂。其中合成纤维因吸湿性低并具有疏水性,摩擦时易产生静电,加工困难。使用合纤油剂能在纤维表面形成油膜,赋予纤维平滑、柔软性,消除静电积累,提高纤维可纺性。含纤油剂可分为短纤维油剂和长丝油剂两大类。短纤维油剂又可分为纺丝油剂和纺纱油剂;长丝油剂分为纺丝拉伸油剂、变形丝油剂和后加工油剂。如按合成纤维品种分类,可分为涤纶、锦纶、丙纶、维纶及腈纶油剂等。合纤油剂一般由平滑剂(又称润滑剂,如白油、锭子油等)、抗静电组分、集束组分及乳化剂等组成,而抗静电剂、集束剂、乳化剂等都是由表面活性剂所组成。

油井水泥外加剂
见"钻井用化学剂"。

油墨 printing ink 是在印刷过程中被转移到承印物上、形成有色图文的印刷材料。系由作为分散相的色料和作为连续相的连结料组成的一种稳定的粗分散系统,色料赋予油墨颜色,连结料提供必要的转移传递性能和干燥性能。同时还加入适量添加剂,用以改善油墨的适印性。品种很多,按印刷版型可分为凸版油墨、平版油墨、凹版油墨、网孔版油墨及专用油墨等;按干燥方式可分为氧化干燥型、渗透干燥型、挥发干燥型、凝固干燥型及紫外线干燥型油墨;按产品用途可分为铜版油墨、书版油墨、印铁油墨、塑料油墨、玻璃油墨、复写油墨等;按产品特性可分为树脂油墨、亮光油墨、光敏油墨、磁性油墨、安全油墨、荧光油墨、导电油墨、防伪油墨、标准油墨、香味油墨及抗菌油墨等。各种油墨性质不同,其配方及生产工艺等也有不同。其中,色彩性能、流动性能、干燥性能等是最基本而需注意的性能要求。

油墨冲淡剂 ink thinner 又名撤淡剂。冲淡油墨颜色的添加剂。它能降低油墨的颜色强度,而基本不改变油墨的黏性以及其他流变性能和印刷性能等。油脂型油墨的冲淡剂一般为透明油,是由氢氧化铝和干性植物油连结料分散轧制而成的浆状透明体;树脂型油墨的冲淡剂则是由树脂、植物油、高沸点煤油、凝胶剂和蜡等炼制而成。不论哪一种类型的冲淡剂,都要求具有一定的身骨、干燥性和印刷适应性等。

油墨防干剂 ink anti-drying agent 又名反干燥剂、反氧化剂。延缓油墨中干性油氧化聚合的物质。主要为防止催干性强的颜料(如铁蓝、铬黄等)在轧制时因结膜而难以轧细,或避免油墨存放时表面因空气氧化而结皮干涸。所用防干剂都是强还原剂,如对苯二酚、邻苯二酚等,最常用的是2,6-二叔丁基-4-甲基苯酚。它们能优先被氧化,从而延缓干性油的氧化过程。

油墨防脏剂 ink antipinhole agent 又名蹭脏剂。能防止印刷时印品上的油墨蹭脏到另一张印品背面上的助剂。它也可防止成堆的印品粘在一起。使用防脏剂的方法大多采用喷雾法,它又可分为喷粉和喷液体两种方法。喷粉法所用防脏剂有淀粉、沉淀碳酸钙、二氧化硅、方解石粉及细颗粒的蜡等;喷液体法是喷快固连结料。这类防脏剂的一相是固体,另一相是液体,喷到纸上后,被纸选择吸收,溶剂部分立即与黏的组分作用而与颜色一起形成防蹭脏性。

油墨反胶化剂 ink antigelling agent 能使胶态的油墨恢复流变性能的物质。油墨的胶化变稠,通常是由于碱性颜料与酸值较高或含有游离脂肪酸的连结料反应成皂,或是连结料本身聚合度过高,使用的连结料不恰当,连结料中树脂和油脂的混溶性不良等因素所造成。反胶化剂主要有松脂酸、亚麻油脂肪酸、顺丁烯二酸、高酸值的顺丁烯二酸酐树脂及加萘酸金属盐等。这些物质具有较高的酸值,有良好的解胶凝作用及解皂化作用。

油墨干燥剂 ink drier 又名催干剂,简称燥油。是油墨十分重要的一类助剂。主要是钴、锰、铅等金属的有机酸皂类。常用干燥剂品种有:①钴催干剂。是氧化型干燥剂,催干能力很强。常见的钴催干剂是环烷酸钴,是一种紫色浆状体,使用时常用200号汽油稀释成含钴3%的溶液,适宜与铅催干剂配合使用,使表面平衡干燥。②锰催干剂。也是氧化型干燥剂。常见品种为环烷酸锰,是一种暗红色溶液,含锰3%。其促进油膜表面干燥能力不及钴催干剂迅速,而有利于底层的干燥。③铅催干剂。是聚合型催干剂。能促进油膜底层干燥。但氧化催干能力差,一般与钴、锰催干剂配合使用。常见品种也是环烷酸铅,使用时用200号溶剂油稀释成含铅15%的溶液。

油墨减黏剂 ink viscosity reducing agent 又名撤黏剂。减低油墨黏性而不改变其流动性的物质。主要有铝盐、亚麻油、低黏度醇酸树脂、石蜡油等。如采用精炼亚麻仁油和高沸点煤油为主体,加入合成树脂、凝胶剂及蜡制成半凝状制品供使用。用于亮光油墨和树脂油墨,既能减低黏性,又能保持原墨的固着速度、光泽和油墨的其他特性。

油墨连结料 ink connecting material 又名调墨油。是油墨的主要组成之一,为有一定黏度的流体介质。其功能是:生产时连结颜料及填充料等固体物质,使其均匀地分散成油墨;使用时又能使颜料均匀地转移并牢固附着在承印物上。故又称为展色剂、载定剂及黏结剂。主要成分是油(植物油、矿物油)、树脂、溶剂及辅助材料(如蜡、铝皂)。油墨的黏度、流动性、干燥性、转移性、抗水性、亮光度及固着性等性能主要由连结料所决定。按所用原料来源不同,分为油型、树脂型、溶剂型及水型连结料。按干燥方式不同,分为渗透型干燥的连结料、氧化结膜干燥的连结料及挥发型干燥的连结料等。

油墨色料 ink color material 油墨中使用的有色材料。主要是颗粒极细的颜料和染料,颜料一般不溶于水,也不溶于连结料,在溶液中大部分成悬浮状态;染料一般都溶于连结料中。所用颜料分为有机颜料、无机颜料和填充料。有机颜料包括偶氮颜料、酞菁颜料及色淀颜料。常用无机颜料是炭黑、铁蓝、钛白粉、铬黄、锌钡白及金属颜料。常用填充料是碳酸钙、氢氧化铝及硫酸钡等。与颜料相比,染料的用量要少于颜料,常用的有酸性染料、碱性染料、油溶染料、分散染料等。

油墨助剂 ink auxiliary 用以改善油墨性能、调节油墨适印性的一类添加剂。主要有干燥剂、防干剂、减黏剂、稀释剂、增稠剂、增塑剂、冲淡剂、反胶化剂、防脏剂、表面活性剂、消泡剂、防针孔剂、防腐剂、紫外线吸收剂、发泡剂及香料等。

油品脱砷剂 oil dearsenic catalyst 用于常温下脱除石脑油、汽油、柴油、煤油、乙烯裂解等原料中砷化物的催化剂。中国产品牌号有 TAS-15、JT-2B 等。TAS-15 脱砷剂为 $\phi 2.7\sim 3.3mm$ 的黑色条状物,堆密度 $0.55\sim 0.65g/mL$,以 Ca 为活性组分,以活性炭为载体,并添加适量助剂,具有砷化物脱除率高、适应性强、机械强度好等特点;JT-2B 脱砷剂以 Vi 为活性组分,以氧化铝为载体,也添加有适量助剂。主要用于催化重整、乙烯裂解原料中砷化物的脱除,也可用于以石脑油为原料的合成氨厂的脱砷净化及炼厂油品精制过程的脱砷净化。可由特制载体浸渍活性组分及助剂溶液后,再经干燥、焙烧制得。

油气开采用化学剂 oil-gas mining chemicals 油气开采用化学剂按用途分为:①酸化用化学剂,是在酸化过程中,在所用酸化液中加入的除酸化剂(盐酸等)之外的其他化学剂。其作用是用于抑制酸化液对施工设备及管线的腐蚀,减轻酸化过程中对地层产生的伤害,并提高酸化效率。包括缓蚀剂、助排剂、乳化剂、防乳化剂、起泡剂、降滤失剂、铁稳定剂、缓速剂、暂堵剂、稠化剂和防淤渣剂等。②压裂用化学剂。在压裂过程中为提高压裂液综合性能、满足压裂工艺对压裂液的要求、提高压裂效果的化学剂。包括破胶剂、缓蚀剂、助排剂、交联剂、黏土稳定剂、减阻剂、防乳化剂、起泡剂、降滤失剂、pH 控制剂、暂堵剂、增黏剂、杀菌剂及支撑剂等。③采油用其他化学剂。除酸化及压裂作业之外的用于油、气、水井增产、增注等采油作业中所用化学剂。包括解堵剂、黏土稳定剂、防蜡剂、清蜡剂、调剖剂、降凝剂、防沙剂和堵水剂等。

油气集输用化学剂 oil-gas gathering and transportation chemicals 指从井口开始,将原油、天然气通过输送、集中、初步加工,一直到矿场油库的油气集输过程中,用于保证油气质量、生产过程安全和降低能耗等所用化学剂。主要有缓蚀剂、破乳剂、减阻剂、乳化剂、流动改进剂、天然气净化剂、水合物抑制剂、防蜡剂、管道清洗剂、降凝剂、抑泡剂和起泡剂等。

油溶绿 601 oil green 601 又名塑料绿 601。蓝黑色粉末。耐热温度 240～300℃。不溶于水,溶于苯、氯苯、二甲苯、氯仿等有机溶剂。在浓硫酸中呈蓝色,用水稀释后呈蓝绿色深沉。主要用作硬质聚氯乙烯、聚苯乙烯、ABS 树脂、环氧树脂等多数塑料的绿色着色剂,具有耐热性的特点,也可用于涤纶纤维原浆的着色。由 1,4-二羟基蒽醌与对甲苯胺缩合制得。

油酸 oleic acid 又名顺式十八碳-9-烯酸、十八烯酸。$CH_3(CH_2)_7CH=CH(CH_2)_7COOH$ 无色透明油状液体。暴露于空气中颜色加深,有像猪油的气味。以甘油脂的形式天然存于动植物油脂中。相对密度 0.8905。熔点 13.4℃。沸点 223℃(1.33kPa)。闪点 372℃。不溶于水,溶于苯、氯仿,与甲醇、乙醇、氯仿及油类混溶。加热至 80～100℃ 分解。用硝酸及亚硫酸等处理时可转变为反油酸,催化氢化时变为硬脂酸。用于制造肥皂、润滑剂、化纤油剂、油酸酯类、增塑剂、矿物浮选剂、农药乳化剂、化妆品基质等,也用作钻井泥浆润滑解卡剂。由动植物油脂水解后,经热压和固体脂肪酸分离后精制而得。

油酸丁酯 batyl oleate 浅黄色油状 $CH_3(CH_2)_7CH=CH(CH_2)_7COOC_4H_9$ 透明液体(低于 12℃ 时呈不透明状态),微有脂肪气味。相对密度 0.8704(15℃)。凝固点低于 －15℃。沸点 227～228℃(2kPa)。闪点 193℃。折射率 1.4480(25℃)。不溶于水,与乙醇、乙醚、苯、矿物油及植物油混溶。用作乙烯基树脂、纤维素树脂的耐寒性辅助增塑剂及合成橡胶低温用增塑剂。挥发性介于邻苯二甲酸辛酯及邻苯二甲酸丁酯之间,黏度低,热稳定性及耐水性好。也用作溶剂型涂料增塑剂、石油加工设备防腐剂、高聚物交联剂、防水剂、机械油添加剂,以及用于制造表面活性剂及环氧树脂固化剂等。由油酸与丁醇经酯化反应制得。

油酸二乙醇胺 oleic diethanolamide $CH_3(CH_2)_7CH=CH(CH_2)_7CN(CH_2CH_2OH)_2$
$\quad\quad\quad\quad\quad\quad\quad\quad\quad\quad\quad\quad\ \|$
$\quad\quad\quad\quad\quad\quad\quad\quad\quad\quad\quad\quad\ O$
又名油酰二乙醇胺。褐色黏稠性液体。稍有气味。相对密度 0.922～0.958。熔点＜10℃。酸值 12～16mgKOH/g。10％水分散液 pH 值 9.3～10.4。溶于甘油、矿物油、天然油脂及多数有机溶剂。分散于水中。对盐稳定。属阴离子表面活性剂。有良好的分散、润湿、乳化、去污、抗静电等性能。用作油包水型(W/O)乳化剂、锅炉清洗剂、防锈分散剂、聚合物材料抗静电剂、重垢洗涤剂等。由油酸与二乙醇胺反应制得。

油酸聚氧乙烯(n)酯 polyoxyethylene (n) oleate 一种非离子表面活性剂。根据 $C_{17}H_{33}COO(CH_2CH_2O)_nH$ 聚合度 n 不同,有多种产品牌号,如油酸聚氧乙烯(4)酯、油酸聚氧乙烯(6)酯、油酸聚氧乙烯(8)酯、油酸聚氯乙烯(15)酯、油酸聚氧乙烯(20)酯等。外观为琥珀色至棕褐色液体。活性物含量≥98％,pH 值 5～7(1％水溶液)。具有良好的乳化、分散、润湿等性能。用作乳化剂,适用于化妆品、医药、食品、造纸、纺织、农药等行业,也用作胶乳分散剂、脱脂剂、匀染剂、润滑剂、海上溢油处理剂等。由油酸与环氧乙烷在催化剂存在下缩合制得。

油酸钠皂 sodium oleate 又名油酸 $CH_3(CH_2)_7CH=CH(CH_2)_7COONa$ 钠、油酸皂。近白色或浅黄色结晶或粉末。有类似牛油的气味。熔点 232～235℃。易溶于水,溶于热醇,不溶于乙醚及苯。空气中会缓慢氧化而使颜色变深。水溶液因水解而呈碱性。具有一般盐的性质,在水中能完全离解为离子,加入无机强酸后又可以使盐重新变为羧酸游离出来。为阴离子表面活性剂,与硬水中所含的钙、镁盐类能生成不溶性的钙、镁皂而沉淀。在非矿化水中起乳化、润湿、起泡及洗涤作用。用作水基润滑添加剂,用于水基切削液、防锈剂等,也用作织物防水剂及水果被膜剂。由动植物油脂经氢氧化钠皂化制得。

油酸三异丙醇胺酯 triisopropanolamine oleate 又名三异丙醇胺单油酸酯。褐色黏稠状液体。溶于油类。溶于水呈分散状态。是一种阳离子表面活性剂,具有较强的乳化及分散性能。用作农药及工业乳化剂、洗涤剂、染料的黏料及酞菁颜料等后加工助剂。也用作润湿剂、分散剂、金属净洗剂。由油酸与三异丙醇胺为原料,经选择性酯化反应制得。

油酸四氢呋喃甲酯 tetrahydrofurfuryl oleat 又名油酸四氢糠酯。无色至黄色

$$C_{17}H_{33}\overset{\overset{O}{\|}}{C}-O-CH_2-\bigcirc$$

油状液体。微具脂肪气味。相对密度0.923(25℃)。熔点 −30℃。沸点240℃(0.67kPa)。闪点213℃。折射率1.4620。不溶于水,溶于甲醇、乙醇、丙酮、烃类溶剂及植物油等。与聚氯乙烯、聚苯乙烯、乙基纤维素及聚乙酸乙烯酯等相容。用作聚氯乙烯耐寒辅助性增塑剂、天然及合成橡胶的低温增塑剂、工程塑料热加工助剂等。由油酸与四氢糠醇在硫酸催化剂存在下反应制得。

油酸乙二醇酯 ethylene glycol oleate 又名403油性剂。红棕色至褐色油状液

$$HOCH_2CH_2O\overset{\overset{O}{\|}}{C}(CH_2)_7CH=CH(CH_2)_7CH_3$$

体。闪点≤160℃。酸值≤50mgKOH/g。破乳时间≤30min(82℃)。不溶于水,溶于丙酮、苯、氯仿等。有良好的抗氧化、抗乳化及防锈性能。主要用于调制工业齿轮油、导轨油、液压传动油、蜗轮蜗杆油等。与其他添加剂有较好相容性。由油酸与乙二醇在催化剂作用下反应制得。

油酸正丁酯硫酸酯钠盐 sodium butyl oleate sulfate 又名锦油一号、磺化

$$CH_3(CH_2)_8\underset{\underset{OSO_3Na}{|}}{CH}(CH_2)_7COOC_4H_9$$

油 AH。一种阴离子表面活性剂。棕红色透明油状液体。pH值6.7~7.2。碘值≤8gI$_2$/100g。易溶于水。耐热性好。遇酸、碱会分解,对铁有腐蚀性,具有渗透、润湿、分散、乳化、洗涤等性能。对纤维具有平滑作用,用作锦纶长丝及短纤维纺丝油剂,也用作印染润湿剂、柔软剂等。由油酸、正丁醇、硫酸经酯化反应、碱中和而制得。

油田化学品 oil field chemicals 指在石油勘探、钻采、集输和注水等所有工艺过程中所用的各类化学剂,主要包括矿物产品、无机及有机产品、天然材料和高分子合成材料等。按用途可分为:①通用化学剂。主要包括聚合物、黏土稳定剂及表面活性剂等;②钻井用化学剂,又可分为钻井液处理剂(如杀菌剂、缓蚀剂、除钙剂、消泡剂、降滤失剂等)及油井水泥外加剂(如促凝剂、减阻剂、防气窜剂、加重剂等);③油气开采用化学剂,可分为酸化用化学剂(如缓蚀剂、乳化剂、助排剂等)、压裂用化学剂(如破胶剂、交联剂、防乳化剂等)及采油用其他化学剂等;④提高采收率化学剂(如高温起泡剂、流度控制剂等);⑤油气集输用化学剂(如减阻剂、流动改进剂、降凝剂等);⑥油田水处理用化学剂(如黏土稳定剂、浮选剂、絮凝剂、除垢剂等)。

油田水处理用化学剂 oil field water treatment chemicals 用于保证注水井

向油层注水质量、提高油田开发速度、提高采收率、减少设备腐蚀的化学剂。主要有杀菌剂、缓蚀剂、黏土稳定剂、助滤剂、浮选剂、絮凝剂、除油剂、除氧剂、除垢剂及防垢剂等。

油田通用化学品 oil field general chemicals 指同一种化学剂可适用于钻井、采油、集输和水处理等各施工过程中的化学品。如羧甲基纤维素、聚丙烯酰胺等,用作钻井液处理剂可起到增黏、降滤失及絮凝等作用;用于酸化压裂液中可作为稠化剂。通用化学品主要包括聚合物、黏土稳定剂及各类表面活性剂等。

油酰氨基(多肽)羧酸钠
见"雷米邦 A"。

油酰胺 oleamide 又名油酸酰胺、9-十八碳烯胺。$CH_3(CH_2)_7CH=CH(CH_2)_7CONH_2$ 白色粒状、片状固体或粉末。相对密度 0.921。熔点 68~76℃。闪点 210℃。溶融物带有淡褐色。不溶于水,溶于乙醇、乙醚、丙酮。对热、光及氧稳定。用作合成树脂的润滑剂及塑料脱模剂。尤适用作聚烯烃、聚酰胺等塑料的爽滑剂、防黏剂,改善注塑成型和挤塑成型的加工操作性。还具有抗静电效果,可减少制品表面附积灰尘。也用作纤维柔软剂及防水剂,油墨防沉淀剂及抗粘连剂,金属防锈剂及染料分散剂等。由油酸与氨反应制得。

油酰胺基丙基甜菜碱 oleamidopropyl betaine 淡黄色透明液体。活性物含里 24%~26%。游离胺 2%。10% 水溶液 pH 值 5~9。属两性表面活性剂。有良好的洗涤调理、抗静电及杀菌作用。与阴离子、阳离子、非离子及其他两性表面活性剂相容性好。用于配制高黏度香波、浴剂及凝胶产品,有良好的调理性及柔软性。由油酸与 N,N-二甲基二丙胺经酰胺化后,再与氯乙酸钠反应制得。

$$C_{17}H_{33}CONH(CH_2)_3N^+—CH_2COO^-$$
$$|$$
$$CH_3$$
$$|$$
$$CH_3$$

N-油酰肌氨酸钠 sodium N-oleoyl sarcosinate 一种阴离子表面活性剂。浅
$$C_{17}H_{33}C—NCH_2COONa$$
$$\|\quad\;\;|$$
$$O\quad CH_3$$
黄色低黏性透明液体。有机胺含量 $\geqslant$ 25%。氯化钠含量 $\leqslant$ 5%。1% 水溶液 pH 值 7~8。易溶于水。有良好的润湿、渗透、乳化、去污及抗静电性能。在弱酸、中性、碱性及硬水等溶液中稳定。对皮肤作用温和、生物降解性好。用作油田污水处理和回注系统缓蚀剂、香波去污发泡剂、毛织物及地毯清洗剂、矿物浮选剂、润滑油防锈剂等。由肌氨酸钠在碱催化剂存在下与油酰氯反应制得。

N-油酰肌氨酸十八烷胺盐 N-octadecane amine oleoyl sarcosinate 又名高
$$C_{17}H_{33}CONCH_2COOHC_{18}H_{37}NH_2$$
效油溶性缓蚀剂 T711。一种阳离子表面活性剂。淡黄至黄色蜡状固体,加热熔化成为琥珀色油状液体。不溶于水,溶于油类及苯、甲苯等有机溶剂。有优良的抗湿热性、抗盐雾性。是一种阳极型缓蚀剂,能和金属离子发生螯合吸附,在金属表面形成单分子层的螯合被膜,产生良好的缓蚀效果。适用于循环冷却水、锅炉水处理。也用作油溶性防锈添

加剂,用作军工封存油、机械防锈油、溶剂型防锈油、食品机械的缓蚀油组分。由油酸氯与肌氨酸反应生成油酰肌氨酸,再经十八胺中和制得。

N-油酰基-N'-N'-二乙基乙二胺盐酸盐 N-oleoyl-N',N'-diethyl ethylenediamine hydrochloride 又名色必明 CH。$C_{17}H_{33}CONH(CH_2)_2N(C_2H_5)_2 \cdot HCl$ 棕色液体。属阳离子表面活性剂。易溶于水,水溶液呈中性。对酸稳定,对碱不稳定。具有良好的润湿、乳化、柔软及发泡性能。用作纤维润湿剂、柔软剂及固色剂等。用于直接染料染色织物处理时,可提高湿处理强度,而对耐光牢度无影响。由油酰氯与 N,N-二乙基乙二胺反应生成叔胺后用盐酸成盐制得。

油性剂 见"载荷添加剂"。

油悬剂 见"悬浮剂"。

油脂涂料 oil coatings 是以桐油、亚麻油、梓油等干性油为主要成膜物质的一类涂料,主要有清油、厚漆、油性调和漆及防锈漆等类别。其特点是易于生产、涂刷性好、涂膜柔韧。但涂膜干燥慢、膜软、耐酸碱与有机溶剂性差,耐水性及机械性能也较差,不能打磨抛光。主要用于建筑、维修和要求不高的工程。将干性油经精制、高温熬炼,使产生氧化、聚合或加成等反应,而使其相对分子质量增加、黏度增大,这样制得的精炼油称为厚油,加入催干剂就得到清油(亦称熟油)。用厚油和颜料、填料研磨得到的涂料称为厚漆,如再加入溶剂可制成油性调和漆和磁漆。

柚苷 naringin 又名柚皮苷。一种由葡萄糖、鼠李糖及柚配质构成的复合体。白色至浅黄色结晶性粉末。由水中析出者,含 6~8 个结晶水,熔点 83℃。110℃时失去部分结晶水成二水合物,其熔点为 171℃。微溶于水,溶于热水、乙醇、丙酮及碱液。结构中存在酚羟基,其水溶液呈弱酸性。柚苷味极苦,甚于奎宁,用水稀释 5 万倍仍有苦感,苦味阈值为 0.002%。将其水解加氢,得柚苷二氢查尔酮,则为甜味物质,其甜度较蔗糖高 150 倍。用作食品添加剂,作为苦味剂用于饮料,也用于胶姆糖。用于护肤品可防止皮肤老化,抵制老年色斑生成。由柑橘类果实葡萄柚、夏柑等果实的皮用溶剂提取而得。

柚柑鞣剂 shaddock extract 又名柚柑栲胶、油柑栲胶。一种植物鞣剂。粉状或块状物。鞣质>70%。非鞣质<27%。纯度>72%。pH 值 4.5~5.5。易溶于水、乙醇、丙酮。用作皮革鞣剂,具有鞣制渗透快,结合好,成革颜色柚黄,色调发灰。适用于鞣制底革、装具革等。由柚柑树皮经粉碎、浸提、浓缩、干燥制得。

有机氟涂料 fluorocarbon polymer coatings 以有机氟聚合物(聚四氟乙烯、聚三氟氯乙烯、聚偏氟乙烯等)为成膜物的涂料。具有以下特点:①耐热及耐寒性好,可在 100~250℃下长期使用,在 -80~-195℃的低温仍保持柔韧性;②有优良的耐氧化及耐腐蚀性能,能耐有机溶剂浸泡;③优良的耐候性及极低的吸水率;④摩擦系数低,不黏附,不湿润,本身不燃。一般采用喷涂的方法涂装,有时还需在喷涂之后进行烧结或淬火处理。用于食品加工机械、反应釜、换热器、阀门、泵类及烹调用具(如不粘锅)等的涂装。

有机分离膜 organic separation membrane 又名有机膜,以有机高分子材料制成的具有分离功能的半透膜。有管膜、平板膜、中空纤维膜等形式,所用材料主要有纤维素衍生物(硝酸纤维素、乙基纤维素等)、聚砜类(双酚 A 型聚砜、聚芳醚砜等)、聚酰胺类(脂肪族或芳香族聚酰胺)、聚酰亚胺类(脂肪族二酸聚酰亚胺、全芳香聚酰亚胺等)、聚酯类(聚对苯二甲酸丁二醇酯、聚碳酸酯)、聚烯烃类(聚乙烯、聚丙烯等)、乙烯类聚合物(聚丙烯腈、聚氯乙烯等)、含硅聚合物(聚二甲基硅氧烷)、含氟聚合物(聚四氟乙烯、聚偏氟乙烯等)、甲壳素类(脱乙酰壳聚糖、甲壳胺等)。

有机高分子絮凝剂 organic polymer coagulant 具有絮凝作用的一类高分子物质。分为天然及人工合成两大类。天然有机高分子絮凝剂主要包括淀粉衍生物、纤维素衍生物、甲壳素衍生物及海藻酸钠等。它们基本无毒,易生物降解,不造成二次污染;人工合成有机高分子絮凝剂按所带基团能否解离及解离后所带离子的电性,可分为阴离子、阳离子、非离子及两性离子型高分子絮凝剂。这类絮凝剂具有 pH 适用范围广、用量少、受盐类及环境因素影响小、处理效果好等特点,广泛用于水处理领域。常用品种有聚丙烯酰胺、聚丙烯酸钠、聚氧化乙烯、聚二烯丙基二甲基氯化铵、聚苯乙烯磺酸钠、聚羟基丙基甲基氯化铵等。

有机硅 organosilicon 又称有机硅化合物。指分子结构中含有 C—Si 键的有机化合物。其结构与有机碳化物类似,但有机硅分子中的 Si—Si 原子键,只有单键,不存在双键或叁键。有机硅的简单类型有卤代硅烷(如 CH_3SiCl_3)、硅醚[如$(CH_3)_3$Si-O-Si$(CH_3)_3$]、硅醇[如$(CH_3)_3$SiOH]等。这些化合物在一定反应条件下可以进行聚合,并具有耐水、耐热和良好的电绝缘性。可用于制造硅油、硅树脂、硅橡胶及各种有机硅材料等。

有机硅防水剂 silicone waterproof agent 是以甲基聚硅氧烷、乙基苯硅氧烷、苯基聚硅氧烷、硅烷基羟基硅氧烷等含活性基的硅氧烷为基料,辅以乳化剂、盐类及水等配制而成的白色乳液。用作建筑防水剂时,由于具有憎水性,可直接渗入混凝土或泥砂浆中,产生独立、均匀分散的微气泡,阻断孔道,使气孔和毛细孔内表面有憎水性,从而提高抗渗性。也可直接喷涂在混凝土或其他防水层表面,产生化学结合,形成牢固的憎水性表面层。也可用作纸张防水剂,使纸张滑爽、防缩、耐磨而不影响其透水性。

有机硅改性丙烯酸乳液 silicone modified acrylic emulsion 简称硅丙乳液,是在丙烯酸聚合物主链上引入带烷氧基的硅氧烷或聚硅氧烷,从而将有机硅的耐高温性、耐候性、耐化学品性、低表面能、拒水性及较好耐沾污性等和丙烯酸类聚合物的高保色性、柔韧性及价格适宜等相结合,使乳液兼具有机和无机的特性。由于聚合时,硅氧烷在水相中易发生水解、缩聚,特别是当有机硅氧烷单体含量较大时,水解和缩聚会影响含乙烯基有机硅氧烷和丙烯酸类单体的共聚,因此,硅丙乳液中的有机硅含量一般低于聚合物总量的 10%。用于制造乳胶漆、皮革涂饰剂等,具有良好的耐沾污性、耐久性及拒水透气性等。

有机硅隔离剂 silicone release agent 又名有机硅防黏剂、硅酮防黏剂。以活性有机硅聚合物、交联剂及交联催化剂等混合组成的隔离纸用防黏剂。根据交联体系不同分为缩合型和加成型两类。缩合型有机硅隔离剂的活性聚合物是硅醇为端基的二甲基聚硅氧烷。交联剂是含硅氢键的有机硅树脂,一般由三甲基氯硅烷和二甲基二氯硅烷水解制得。常用的交联催化剂是二乙酸二丁基锡酯;加成型有机硅隔离剂的主体聚合物是由甲基乙烯基二氯硅烷、二甲基乙烯基氯硅烷和二甲基二氯硅烷水解共缩聚而得的带乙烯基的二甲基聚硅氧烷。在金属铂或铑化合物的催化下与上述含硅氢键的交联剂进行硅氢加成反应而交联固化。而按外观形态,有机硅隔离剂又可分为溶液型、水乳液型和 100% 固体的无溶剂型。参阅"隔离纸"。

有机硅扩散泵油 silicone diffusion pump fluid 又名聚甲基苯基硅氧烷。一种低相对分子质量的甲基苯基硅油。无色透明油状液体。相对密度 $1.06\sim 1.10(25℃)$。凝固点 $-14\sim -60℃$。闪点 $>243℃$。极限真空度 $<6.67\times 10^{-6}$ Pa。具有优良的抗氧性、耐热性及抗辐射性能,蒸气压很低、化学稳定性好、无毒、无腐蚀性,是一种理想的高真空扩散泵油。与石油类扩散泵油比较,使用寿命长,可在 250℃ 下长期使用。用于显像管、电子显微镜、真空冶炼等需要真空及超高真空系统,也用作高温热载体及仪表传递液。由甲基苯基乙氧基硅烷经水解缩聚制得甲基苯基硅氧烷初缩聚体,再经催化调聚反应制得。

有机硅绝缘涂料 silicone insulating coatings 以有机硅树脂或改性有机硅树脂等为主要成膜物质的涂料。这类涂料的耐热等级是 180℃,属于 H 级绝缘材料。它可和云母、玻璃丝、玻璃布等耐热绝缘材料配合使用,具有优良的电绝缘性能及耐热性,并具有耐潮湿、耐酸碱、耐辐射、耐氧化等性能。但耐溶剂性能、机械强度及粘接性能较差,但可加入少量环氧树脂或聚酯进行改善。按用途又可分为有机硅黏合绝缘漆、有机硅绝缘浸渍漆、有机硅绝缘覆盖漆、有机硅硅钢片绝缘漆、电讯元件用有机硅绝缘漆等。除此以外,还有一些专用有机硅绝缘涂料,如有机硅防潮绝缘涂料、有机硅阻燃型绝缘涂料等。

有机硅聚合物
见"聚硅氧烷"。

有机硅密封胶 silicone sealant 是以有机硅树脂或硅橡胶为黏料的一类密封胶。所用有机硅树脂是未固化的硅树脂,为一种多官能度低聚硅氧烷,制法与硅油相同,常与环氧树脂、酚醛树脂及聚酯树脂反应制成改性树脂。所用有机硅橡胶主要指分子链端带有官能团的链状低聚硅氧烷,常用作室温硫化硅橡胶密封胶的黏料,也是多数有机硅密封胶的黏料。所用助剂有交联剂、催化剂、补强填充剂等。有机硅密封胶的耐高温、耐低温、耐腐蚀及耐辐照性能好,并具有优良的电绝缘性、防水性及耐候性,可粘接金属、塑料、玻璃、橡胶等,广泛用于航空、航天、电子、汽车、建筑及医疗等方面的密封与粘接。

有机硅耐候涂料 silicone weatherproof coatings 以有机硅树脂或改性有机硅树脂等为主要成膜物质的、对大气腐蚀有很强抵抗力的涂料。如有机硅改性醇酸树脂涂料、有机硅改性聚酯涂料、有机硅改性丙烯酸酯树脂涂料等。主要为烘干型涂料,用于金属板材、建筑用预涂装金属板、铝质屋面板等的涂装,具有优越的耐候性、保光性、保色性,不易褪色、粉化,涂膜坚韧、耐磨,户外耐候可多达数年,仍可不需重涂。

有机硅耐热涂料 silicone heat-resistant coatings 是以有机硅为基料加入金属粉、耐热颜填料及玻璃料等配制而成的涂料。具有良好的耐热性、耐水性、电绝缘性和机械性能,可耐 $300\sim700℃$,而纯有机硅清漆可耐 $200\sim250℃$ 。有机硅耐热涂料的配制主要根据使用条件来选择有机硅树脂和颜填料,只受高温作用的耐热涂料,一般用纯有机硅树脂配制使其具较高耐热性,要求耐油、耐磨的高温涂料如航空用耐热涂料多采用环氧改性有机硅树脂。要求防潮和电绝缘的耐热涂料多采用聚酯改性有机硅树脂。户外钢铁使用的高温防腐涂料多采用有机硅锌粉底漆,它对钢铁表面有电化学保护作用。采用铝粉为填料的有机硅漆可耐热到 $500℃$ 。

有机硅泡沫稳定剂 JSY-3022 polysiloxane foam stabilizer JSY-3022 又名匀泡剂。淡黄色透明液体。相对密度 $1.046\sim1.048$ 。折射率 $1.4445\sim1.4460$ 。黏度 $800\sim950$ mPa·s($25℃$)。用作泡沫稳定剂,适用于硬质聚氨酯泡沫生产,具有较好的匀泡性,制品泡孔匀细。在铂催化剂存在下,由含氢硅油与不饱和聚醚反应制得。

有机硅树脂
见"硅树脂"。

有机硅树脂涂料 silicone resin coatings 以有机硅树脂或有机硅改性的醇酸、环氧、丙烯酸酯、聚氨酯及聚酯为主要成膜物质的涂料。品种有有机硅耐热涂料、有机硅耐候涂料、有机硅绝缘涂料、有机硅消融防热涂料、有机硅脱模涂料、有机硅温控涂料及其他专用涂料等。

有机硅脱模涂料 silicone release coatings 防止橡胶、塑料或其他材料在成型过程中与模具黏着的涂料。与矿物油、石蜡、脂肪酸及滑石粉等常用脱模剂比较,有机硅涂模涂料抗氧化性和化学稳定性好,受热时不易挥发或分解,与多数高分子材料不粘结、不互溶,对产品无副作用,使用安全。其成模物质主要是硅油、硅树脂及硅橡胶,是一种半永久性脱模剂,涂于模具表面烘干后形成硅树脂膜,可连续使用数十次至数百次。

有机硅消泡剂 silicone antifoamer 以有机硅为主要成分的消泡剂。按其物理形态分为纯硅油、硅油溶液、硅油混合物(硅膏)和硅油乳液等类型。纯硅油型消泡剂是使用表面张力小的聚二甲基硅氧烷。主要用于电机油、变速器油等润滑油及采油、裂化或裂化烃重质油制造石油焦的过程;硅油溶液型消泡剂是将硅油与汽油、煤油、乙醚等溶剂按一定比例混合制得。这类消泡剂很少以商品出售,而是用户根据需要自行配制。硅膏型消泡剂是由硅油与一定比例的 SiO_2、Al_2O_3 等细粉经捏炼制得。硅油乳液型消泡剂是由硅油、乳化剂及增稠剂经混合研磨而制得,广泛用于石油、化工、印染、造纸等行业。

有机硅压敏胶 silicone pressure sensitive adhesive 是由有机硅橡胶、有机硅树脂、缩合催化剂和交联剂、填料、有机溶剂及其他添加剂等配制而成的一类压敏胶。所用硅橡胶主要是二甲基硅橡胶及甲基乙烯基硅橡胶。硅树脂是作为增黏剂使用的,常用的有甲基三氯硅烷、二甲基二氯硅烷、苯基三氯硅烷等。大量使用的有机硅压敏胶是溶剂型。它具有优良的耐热、耐水、耐候、耐湿、耐紫外线性能,电性能好,并能粘结表面张力较低的材料,如聚四氟乙烯、聚四氟乙烯涂塑物质及有机硅涂布织物等,工业上最大应用领域是印刷线路板的制造。

有机磷杀虫剂 organophosphorus insecticide 指磷酸的酯类或酰胺类化合物,常见的有磷酸酯、硫代磷酸酯、膦酸酯及硫代膦酸酯等,这类杀虫剂的绝大多数品种兼有杀螨作用,故也称杀虫杀螨剂。常见品种有丙溴磷、三唑磷、辛硫磷、氯胺磷、喹硫磷、二嗪磷、毒死蜱、二溴磷、伏杀硫磷、地虫硫磷等。有机磷杀虫剂品种多、性能差别大,总体看具有以下特点:①对害虫毒力强,高于有机氯杀虫剂,高于或相当于氨基甲酸酯类杀虫剂,但低于拟除虫菊酯类杀虫剂;②杀虫谱有宽有窄,可防治多种农业害虫、卫生害虫及畜禽害虫,有的品种有很强选择性;③杀虫作用方式多样,有触杀、胃杀、熏蒸等,有的品种有内吸及内渗作用;④毒性差异大,有低毒、高毒及剧毒等不同品种;⑤在一般防虫使用浓度下对作物无药害,害虫抗药性也发展较慢;⑥一般在气温较高时,表现出较高杀虫效力,即称其为正温度系数药剂;⑦易降解成无毒物质,对环境污染小,在植物体内可代谢降解而解毒,在动物体内易代谢降解而排出体外,对人无蓄积毒性。

有机硫加氢转化催化剂 organic sulfide hydrogenation catalyst 一种以 Co、Mo 为活性组分,以 TiO_2-Al_2O_3 为载体的浅蓝色圆柱体形催化剂,中国产品牌号有 NCT202-2。外形尺寸为 $\phi 3mm \times (4\sim 10)mm$。堆密度 $0.75\sim 0.85g/mL$。孔体积 $0.3\sim 0.5mL/g$。比表面积约 $200m^2/g$。适用于轻油、油田气、炼厂气及天然气等各种烃类中有机硫的加氢转化,先使各种有机硫加氢转化为硫化氢,再用氧化锌脱硫剂吸附去除。由特制的 Al_2O_3 与 TiO_2 混捏、挤条制成圆柱体载体后,再浸渍活性组分溶液、干燥、焙烧而制得。

有机硫水解硫黄回收催化剂 sulfur recovery catalyst for organic sulfide hydrolysis 能对有机硫(如 COS 等)水解的催化剂。产品牌号有 JX-6B、YHG-223 等。活性组分为 Al_2O_3,并加入适量助剂,外观为 $\phi(3\sim 6)mm$ 白色至淡黄色小球。堆密度 $0.65\sim 0.80g/mL$。具有良好的有机硫消解活性、脱氧性、抗硫酸盐性及活性稳定性。用于天然气净化厂、炼厂及其他领域的硫黄回收装置以回收硫黄。可单独使用,也可与其他硫回收催化剂并用。

有机氯杀虫剂 organochlorine insecticide 一类主要由苯、环戊二烯、莰烯等为原料合成的含氯原子的杀虫剂。是发现及应用最早的人工合成杀虫剂。滴滴涕、六六六是典型代表,在防治农林、卫生害虫上发挥过重大作用。由于这类杀虫剂的化学性质稳定,应用后在农产品、食品及环境中残留量过高,并能通过生物链浓缩,对人畜产生慢性毒害,残留药剂进入牛奶或人奶中,则对婴儿健康产生潜在危害,以及对鸟类等动物的慢性毒害等问题,自20世纪70年代以后,滴滴涕、六六六、艾氏剂、狄氏剂等主要有机氯杀虫剂品种相继被禁用,目前仅有少数品种,如甲氧滴滴涕、三氯杀虫酯、硫丹等尚在应用。

有机耐热胶黏剂 organic heat-resistant adhesive 以有机高分子材料为基料的耐高温胶黏剂。这类胶黏剂有优良的粘接性能,但耐热及耐老化性不如无机耐热胶黏剂。使用温度高于500℃时粘接强度会显著下降,主要分为:①环氧胶黏剂,具有粘接强度高、综合性能好的特点,对于单包装体系又分为氨苯砜固化体系、酸酐固化体系及环氧酚醛胶黏剂等,一般最高使用温度为300℃左右。②有机硅胶黏剂,是以聚有机硅氧烷及其改性体为基料的耐热胶黏剂,通常加入瓷粉、玻璃粉等填料提高其耐热性。这类胶黏剂短期可在500℃左右使用,瞬间使用温度可达1000℃左右。③杂环聚合物胶黏剂。是以聚苯并咪唑、聚酰亚胺、聚喹噁啉及聚苯基喹噁啉等杂环聚合物为基料的耐热胶黏剂。具有良好的耐高低温、耐热老化、耐油、耐水及耐疲劳等性能。短期使用温度可达540℃左右,瞬间可用至800~1000℃。缺点是固化条件苛刻,需在高温高压下长时间加热才能充分固化。主要用于高温结构件中不锈钢、钛合金等的粘接。

有机膨润土 organobentonite 是在一定条件下用各种阳离子表面活性剂处理膨润土所得的产物,系采用优质钠基膨润土与鎓盐(如季铵盐)充分作用后,利用蒙脱石晶格间的Na^+和有机阳离子进行交换反应形成的亲有机系化合物。能以极薄的片状分散于有机溶剂中,并通过层间端部与端部的氢键,形成三维网状结构,从而发挥增稠、触变等功效。在各种有机介质中通过溶剂化作用,产生溶胀而分散。其外观为灰白色粉末。相对密度1.70。在有机溶剂中具有很强的膨胀性和胶化能力,比普通膨润土有更好的增稠、分散、流变改性等作用。用作涂料、溶剂型胶黏剂、油墨等的增稠剂及防沉淀剂,杀菌洗涤剂的杀菌添加剂,钙离子沉积剂。油田钻井中用于配制油包水乳化泥浆及油田解卡泥浆,以及用于制造膨润土润滑脂等。由天然钠基或钙基膨润土经提纯、季铵化反应制得。

有机鞣剂 organic tanning agent 是植物鞣剂、合成鞣剂的化学分类总称。植物鞣剂是从植物的茎、皮、根、叶或果实中用水浸提出的能将生皮鞣制成革的有机化合物,主要成分是含多元酚和羧基的有机物质,是重革的主鞣剂。合成鞣剂包括脂肪族醛鞣剂、芳香族合成鞣剂及树脂鞣剂等,品种较多,性能独特,可赋予皮革一些特性,通常用于复鞣式结合鞣。

有机钛聚合物涂料 organotitanium polymer coating 以有机钛聚合物为成膜物的涂料。常用的有机钛聚合物是正钛酸丁酯的缩聚物。由这种聚合物改性树脂、铝粉等配制的涂料,有优良的耐高温、耐候及耐腐蚀性,其耐温可达到500℃。可用于火箭、航空器及其他耐高温器件的涂装。

有机颜料 organic pigment 具有鲜艳色彩和高着色力的有机化合物。品种繁多。按色谱不同,分为黄、橙、红、紫、棕、蓝、绿色颜料;按颜料的功能性,分为普通颜料、荧光颜料、珠光颜料及变色颜料等;按应用对象,分涂料专用、油墨专用、塑料专用、化妆品专用颜料等;按颜料分子化学结构,分为偶氮颜料、酞菁类颜料、杂环与稠环酮类颜料、其他颜料等。有机颜料是以不溶性微细粒子应用于各种不同性能的被着色物体中,颜料粒子最终以晶体颗粒分散于固体材料,如涂料层、印墨膜以及合成树脂塑料中。除普通干粉外,还有多种商品形态,如干粉颜料、滤饼、挤水转相色膏、流动分散体、浓缩色膏、树脂结合物或预分散体、塑料浓缩物、色母料、表面处理的粉体或膏状物等,广泛应用于涂料、油墨、塑料、日化等领域。

有机云母钛珠光颜料 organic mica-titanium dioxide pearl pigment 采用有机染料或颜料对云母钛进行表面着色所制得的珠光颜料。着色方法有:①将云母钛珠光颜料与有机染料或颜料拼混,使其均匀分散在染料或颜料中;②以云母钛为基体,通入气体四氯化钛,经蒸汽-沉积方法,使生成的二氧化钛沉积在晶体表面上;③将有机染料借助于铝盐、钙盐在云母钛表面上沉淀;或是将云母钛分散于一定浓度的染料水溶液中,滴加 $CuCl_2$ 溶液进行色淀化反应,获得有色珠光颜料。与一般云母钛珠光颜料比较,有机云母钛珠光颜料的色泽更鲜艳,着色强度更好,但耐候性及耐水洗牢度较差。

有机着色剂 organic colorant 着色剂的一大类,包括有机颜料及染料,有机颜料是从染料派生的一个分支,能用作颜料的有机染料有两种类型:一是不溶于水的不溶性染料(如偶氮染料),可直接用作颜料;二是深沉色料,即将溶于水的染料转化成不溶于水的盐类沉淀后用作颜料,简称为"色淀"。通常为有机染料的钡盐、钙盐或磷钼钨酸盐的为沉淀,不溶于一般有机溶剂,着色力强,色泽鲜艳,主要用于橡胶、塑料的着色及制造油墨。染料的来源有天然和合成的两大类。天然染料主要以植物或动物为原料,经萃取分离而制得,如靛蓝、姜黄素、胭脂红等。合成染料则以煤焦油或石油制品(苯、甲苯、苯酚、萘、蒽等)作为基本原料而合成,其品种众多、色谱齐全,大多光泽鲜艳、耐洗、耐晒,较天然染料为优。目前常用的染料几乎全都是合成染料。

诱虫烯 muscalure 又名顺-二十三

碳-9-烯。浅黄色油状液体。相对密度 0.806。沸点 300℃。折射率 1.4530。一种早期从雌性家蝇表面和排泄物中分离出的一种性引诱剂，其结构为 (Z)-9-二十三烯。现已可用合成法制得。本品对家蝇有极大引诱活性，对蚊、蟑螂等也有一定引诱作用。与杀虫剂（如敌敌畏、灭多威）混配使用可用于防治蚊、蝇。以二十三烯酮、水合肼、二甘醇等为原料制得。

鱼胶 fish glue 是以鱼皮为基质的动物胶，是蛋白质胶黏剂的一种，鱼皮来源主要为黄鱼鱼皮或鳕鱼鱼皮。制造方法与皮胶及骨胶相似，但鱼胶呈液态或冻胶状，因分子末端有羧基、羟基或氨基，极易溶于水，使用方便。可直接施工使用，为改善其脆性，可加入适量乙二醇、甘油等作增塑剂；为改进其耐水性，可加入硫酸铝、硫酸镁、甲醛等；加入香料及杀菌剂可防止其霉变。鱼胶的粘接力较好，适用于木材、皮革、玻璃、陶瓷、纸张及金属等粘接。

鱼藤酮 retenone 又名鱼藤精。由

鱼藤植物和梭果豆属植物的根，经细磨和有机溶剂提取而得的杀虫剂。红棕色透明液体。主要成分是鱼藤酮，为选择性杀虫剂，有胃毒及触杀作用。用于防治棉花、果树、蔬菜、烟草、茶树等多种害虫。对人畜毒性中等，但进入血液则剧毒。对鱼、猪也剧毒。但施用后易分解、无残留、在农产品中也无不良气味残留，故尤宜用于防治蔬菜害虫。

鱼油酸丁酯磺酸钠 emulsified fish oil 又名乳化鱼油。一种阴离子表面活

$$RCH-CH(CH_2)_nCOOH$$
$$\quad H \quad\; OSO_3Na$$

性剂。棕红至棕黄色油状液体。稍有鱼腥味。含油量 $\geqslant 75\%$。10% 水溶液的 pH 值 7~8。遇水乳化，具有良好的渗透性及乳化性。主要用于皮革加脂，与革结合性好，能使皮革柔软、富有弹性、久置不变értek。由鱼油经碱皂化、硫酸酸解、丁醇酯化及磺酸化而制得。

玉米素 zeatin 又名反式玉米素、N^6-

$$NHCH_2-\overset{H}{\underset{}{C}}=\overset{CH_3}{\underset{}{C}}-CH_2OH$$

异戊烯腺嘌呤。一种细胞分裂激素，是天然细胞激动素之一，存在于玉米胚胎中。可由甜玉米种子或椰汁分离提取而得。目前多采用合成法制取。为白色粉末。熔点 207~208℃。难溶于水、乙醇，溶于稀盐酸及稀碱液。紫外最大吸收波长为 212nm、270nm。用于细胞、组织培养。农业上用于植物生长调节。也有强烈抗炎性，能加速损伤组织的愈合，适用于粉刺的治疗和预防。

玉米纤维 corn fiber 乳白色粉末,无异味。主要成分为纤维素(25%)、半纤维素(70%)、木质素(5%)。根据膳食纤维含量不同,分为不同规格。pH 值 5~7。蛋白质含量≤1.0%。水分≤7.0%。灰分≤3.0%。主要用于保健食品。具有调节血脂、控制血糖升高等作用,并有缩短肠内容物的通过时间、改善便秘等功效。由玉米淀粉加工时的下脚玉米皮经枯草芽孢杆菌α-淀粉酶及少量蛋白酶酶解制得。

育发剂 hair culture agent 指能有助于毛发生长、减少脱发和断发的一类物质。它具有增强头皮毛根血液循环、改善毛囊的营养供给,并兼有抗菌、消炎及抵制皮脂与雄激素过度分泌的生理作用。大致分为以下三类:①天然植物及中草药,如葡萄籽油及一些中草药(何首乌、当归、银杏、芦荟等),芫青科属的斑蝥,其主要有效成分斑蝥素,具有局部刺激毛囊、毛乳头,促进新陈代谢的作用;②化学合成品,如盐酸奎宁、泛醇、樟脑、维生素 B_6、烟酸苄酯、1,5-二甲基 2-环己酚、阿魏酸、赤霉酸及生物素等;③生物工程制品,如由多种生长因子复合物组成的修复因子 FCP,它可促进毛发再生。

育亨宾 yohimbine 一种吲哚类生物碱。用稀乙醇重结晶得到的无色菱形针状结晶。熔点 235~237℃。紫外最大吸收波长为 226nm、280nm、291nm。难溶于水,微溶于乙醚,溶于乙醇、苯、氯仿。曾用于治疗心绞痛和动脉硬化。外用时可使皮肤局部血液流通加快而能赋予皮肤暖感,可在浴用品中使用。用于护肤品有抑制酪氨酸酶活性、预防因紫外线照射所引起的皮肤黑化、增加皮肤保湿能力的作用。由茜草科山杆麻属植物、育亨宾属植物、长春化属植物等用溶剂萃取、分离制得。

愈创醇 guaiol 又名黄兰醇。一种二环倍半萜类化合物。天然存在于桃金娘科植物柠檬桉的叶及樟科植物的枝叶中。无色三角棱锥形结晶。有木香香气;熔点 91℃。沸点 288℃。不溶于水,溶于乙醇。有抗菌、驱虫、减少蚊虫叮咬的作用。可用作香皂、香波、洗手液等的抗菌剂。与增白剂配合用于护肤品。有深层增白的作用。还可用于调制木香精。可由蓝丝柏的茎枝用二氧化碳超临界萃取制得。

愈创木酚

见"邻甲氧基苯酚"。

愈创木酚甘油醚 guaiacol glycerol ether 又名 3-(邻甲氧基苯氧基)-1,2-丙二醇。白色块状结晶或粉末。无臭。熔点 78~79℃。溶于水、甘油、丙二醇、氯仿,部分溶于苯,不溶于石油醚,易溶于乙醇。具有平喘,祛痰作用。用作祛痰药,用于治疗慢性气管炎、肺脓肿等疾病的多痰咳嗽。由愈创木酚钠盐与一氯丙二醇在催化剂存在下缩合制得。

愈创木油 guaiac wood oil 黄色至黄绿色黏稠液体或浅琥珀色半固体物质。室温低时会凝固。具有柔和、似茶玫瑰略带紫罗兰香气,有时稍带烟熏气,香气持久。主要成分为愈创木酚、愈创木醇、布藜醇等。相对密度 $0.967\sim0.983$。折射率 $1.5040\sim1.5080$。不溶于水、甘油,以$(1:2)\sim(1:6.5)$溶于70%乙醇中。属植物型天然香料,是较价廉的天然定香剂和修饰剂,用于调配木香、月季香、紫罗兰等花香型日化香精,也可用于饮料、烘烤食品等食用香精。医药上也用作消毒剂。由蒺藜科植物南美布藜木、愈创木的芯木经水蒸气蒸馏制得。

愈创树脂 guaiac resin 一种天然树脂,为红褐色或带绿褐色的无定形颗粒或块状固体,破碎面呈玻璃状,小碎片呈透明,粉末会在空气中逐渐变成暗棕色。具有香脂气味,并稍带辛辣味。相对密度1.20。熔点 $85\sim90℃$。不溶于水,溶于乙醇、乙醚、丙酮及碱性溶液,难溶于苯、二硫化碳。食品工业用作胶姆糖基础剂、酪乳及脂肪等的抗氧化剂及防腐剂,也用于制药及制造清漆。由愈创树的芯材经粉碎后用溶剂抽提制得。

原药 bulk pharmaceuticals 农药的一种剂型。指工厂生产出来的、未经过加工的产品。经初步加工,还需要进一步加工才可以使用的产品,则称为母药(母液、母粉)。原药一般需要加工后才能很好发挥它的作用和效果,仅少数品种可以直接使用,如敌百虫。但直接使用的效果往往不如加工后的效果更好。

月桂醇 lauryl alcohol 又名十二(烷)醇。
$$CH(CH_2)_{10}CH_2OH$$
常温下为无色或淡黄色油状液体。有微弱椰子油的香味。相对密度0.8309。熔点 $23.9℃$。沸点 $259℃$。闪点 $96℃$。折射率1.4428。不溶于水,溶于乙醇、乙醚。在催化剂存在下,与酸起酯化反应。能氧化成醛和酸,用硫酸或氯磺酸可使其硫酸化。也可脱水成相应的烯烃。用于制造增塑剂、表面活性剂、化纤油剂、皮革加工助剂、农药、润滑剂等,也用于调制香精。由椰子油催化加氢制得。

月桂醇聚氧乙烯醚硫酸三乙醇铵盐 lauryl polyoxyethylene ether triethanol amine sulfate 又名十二烷基聚氧乙烯
$$C_{12}H_{25}O \text{—} [CH_2CH_2O]_n SO_3 HN(CH_2CH_2OH)_3$$
醚硫酸三乙醇胺盐。属阴离子表面活性剂。水白色液体。总固含量 $39\%\sim41\%$。pH值 $7\sim8$。不皂化物 $\leqslant 2\%$。具有优良的分散、润湿、乳化、增溶等性能。用于制造香波、洗涤剂、化纤油剂、工业净洗剂等。由月桂醇与环氧乙烷经乙氧基化、硫酸化、三乙醇胺中和而制得。

月桂氮䓬酮 laurocapram 又名1-正十二烷基氮杂环庚-2-酮、阿佐恩、氮酮。无色透明液体。相对密度0.91。熔点 $-7℃$。沸点 $160℃(6.7kPa)$。折射率

[结构式: N-十二烷基己内酰胺，含 $(CH_2)_8CH_3$ 侧链]

1.4701。不溶于水，与多数有机溶剂混溶。化学性质稳定。一种高效渗透促进剂。用于配制高渗透性农药制剂，可显著提高药液渗透及浸润展着能力，增强杀灭病虫效果；医药及化妆品上，可用作药用辅助增效剂，促进机体对活性成分的吸收利用；在印染、皮革行业，可用作染色增强剂，提高匀染、固色效果。由己内酰胺与溴代十二烷在催化剂作用下制得。

月桂基羧甲基钠型咪唑啉乙酸盐 sodium laulylcarboxymethylimidazolino acetate 又名十二烷基羧甲基钠型咪唑啉乙酸盐。一种两性表面活性剂。琥珀

[结构式: $C_{11}H_{23}-C(OH)=N-CH_2-N^+(CH_2CH_2OCH_2COONa)(CH_2COONa)$，咪唑啉环结构]

色透明液体。固含量 39%～41%（或 49%～51%）。NaCl 含量 6%～8%（或 9%～10%）。pH 值 8～9(1% 水溶液)。溶于水、乙醇。在酸性溶液中呈阳离子性。在 pH 值为 6～8 的溶液中呈两性。对皮肤刺激性小。有优良的发泡及乳化性能。用作乳化剂、发泡剂及抗静电剂等。尤适用于配制非刺激性婴儿香波、成人香泡及护肤清洁剂。也用于配制家用洗涤剂及工业净洗剂。由月桂酸与羟乙基乙二胺反应制得咪唑啉中间体后，与一氯乙酸钠反应制得。

月桂酸 lauric acid 又名十二(烷)酸、

$$CH_3(CH_2)_{10}COOH$$

正十二碳酸。一种长链饱和脂肪酸。以甘油酯的形式存在于月桂、椰子果实中。无色针状结晶或粉末。相对密度 0.8679(50℃)。熔点 44℃。沸点 160～165℃（2.66kPa）。折射率 1.4304(50℃)。不溶于水，微溶于丙酮、石油醚，易溶于乙醇、乙醚、苯。与浓硫酸起硫酸化作用。用于制造各种类型表面活性剂、醇酸树脂、化纤油剂、杀虫剂、合成香料及化妆品等。也用作塑料及橡胶加工润滑剂，具有较好的内、外润滑作用。由天然植物油（如椰子油、棕榈核仁油）经皂化或高温高压下分解而制得。

月桂酸单乙醇酰胺 lauroyl monoethanol amide 又名月桂酰单乙醇胺。一种

$$CH_3(CH_2)_{10}CONHCH_2CH_2OH$$

非离子表面活性剂。淡黄色片状固体。有轻微气味。相对密度 1.01。熔点 80～84℃。酸值<4mgKOH/g。微溶于水，分散于煤油、白油、天然油脂及苯等溶剂。具有良好的发泡、稳泡、去污、润湿、分散等性能，钙皂分散性好。用于制备护发素、香波、洗手液、干洗剂等日化用品。也用于制造织物及皮革清洗剂、抛光蜡、润滑切削剂、农用喷雾油剂等。由月桂酸甲酯与单乙醇胺在催化剂存在下缩合制得。

月桂酸二乙醇酰胺(1∶1型) lauroyldiethanol amide,1∶1 type 又名十

$CH_3(CH_2)_{10}CON(CH_2CH_2OH)_2$

二酸二乙醇酰胺(1∶1型)。白色至微黄色固体或轻度黏稠液体。相对密度0.99~1.03。熔点40~44℃。难溶于水,分散于水中。与其他表面活性剂调配时易溶于水,溶于乙醇、丙酮、氯仿、聚乙二醇及多数油脂。1%水溶液pH值9~11。属非离子表面活性剂。具有优良的起泡、渗透、净洗、稳定及增黏性能。可生物降解,用作洗涤剂、乳化剂、润湿剂、分散剂、柔软剂、增稠剂等,广泛用于日化、纺织、制革、石油加工等行业。由等摩尔数的月桂酸与二乙醇胺反应制得。

月桂酸二乙醇酰胺(1∶2)型 lauroyl-diethanolamide,1∶2 type 又名

$C_{11}H_{23}CON(CH_2CH_2OH)_2 \cdot HN(CH_2CH_2OH)_2$

十二酸二乙醇酰胺(1∶2型)、JHZ-110烷醇酰胺。稻草色蜡状物。活性物含量≥70%。酸值20~26mgKOH/g。1.0%水溶液pH值9.5~11.8。溶于水。具有优良的发泡、稳泡、去污、增稠、防锈及抗静电性能。可生物降解。用作洗涤剂、乳化剂、润湿剂、分散剂、柔软剂、增溶剂、防锈剂及抗静电剂等,用于日化、制革、选矿、印染、石油加工等领域。由1 mol月桂酸与2 mol二乙醇胺在碱催化剂存在下缩合制得。

月桂酸甲酯 methyl laurate 又名

$CH_3(CH_2)_{10}COOCH_3$

二酸甲酯。无色油状液体。相对密度0.8702。熔点5.2℃。沸点262℃。折射率1.4319。不溶于水,溶于甲醇、氯仿,与乙醇、乙醚、丙酮、苯等混溶。天然存在于香蕉、苹果、草莓中,用于食用香精及日化香精等的调配,如调制奶油、椰子、蘑菇及白脱香精等。由十二烷酸与甲醇在硫酸存在下反应制得。

月桂酸钾 potassium laurate 又名

$CH_3(CH_2)_{10}COOK$

二酸钾。无色或淡黄色结晶或粉末。熔点240~244℃。易溶于水、乙醇,在有机溶剂及电解质溶液中的溶解性质与硬脂酸钠基本相同,因易吸湿,月桂酸钾一般以淡黄色浆状物存在。水溶液的pH值≥8.5。对人体皮肤有较强脱脂作用及一定刺激性。主要用于制造人体清洁制剂,常与其他脂肪酸钾盐形成组成各异的混合物,构成清洁主体,如浆状皮肤清洗液或洗发香波等。也用作化妆品乳化剂。由椰子油和棕榈仁油经碱液皂化制得,或由月桂酸与氢氧化钾反应而得。

月桂烯 myrcene 又名3-亚甲基-7-甲基-1,6-辛二烯。无色至淡黄色油状液体。具有愉快的甜香脂气味。相对密度0.789~0.793。沸点166~168℃。折射率1.466~1.471。不溶于水,溶于乙醇、乙醚、乙酸乙酯、石油醚。天然存在于肉桂油、柏木油、松节油等中。为烃类合成香料,用于调配消臭剂等香精。也用于合成里哪醇、香叶醇、香茅醇、橙花醇及紫罗兰酮等多种香料。由β-蒎烯经热分解制得。或由黄栌叶蒸馏液分离制得。

N-月桂酰基谷氨酸双十八(烷)醇酯 N-lauroyl glutanminic acid diester 又名N-月桂酰基谷氨酸二酯。白色固体。

$$C_{18}H_{37}OOCCH_2CHCH_2COOC_{18}H_{37}$$
$$C_{11}H_{23}CONH$$

熔点64～66℃。酸值≤9.3mgKOH/g。溶于无水己醇、植物油,部分溶于液体石蜡。能分散于水中。属非离子表面活性剂,油溶性好,对皮肤刺激性小,易生物降解。用作油包水型(W/O)乳化剂,适用于配制香脂、发乳、雪花膏、婴儿油等日化制品。由 N-月桂酰基谷氨酸在催化剂存在下与十八醇进行酯化反应制得。

N-月桂酰基肌氨酸钠 sodium N-lauroyl sarcosinate 又名 N-十二酰基肌

$$CH_3(CH_2)_{10}\overset{O}{\overset{\|}{C}}N-CH_2COONa$$
$$\underset{CH_3}{|}$$

氨酸钠。一种阴离子型表面活性剂。白色结晶。溶于水、乙醇。耐硬水。有优良的润湿、分散、增溶、乳化、净洗等功能,并具有抗菌、抗静电、抗蚀特性。其润湿性优于脂肪醇聚氧乙烯醚,发泡性优于十二烷基硫酸钠。用作发泡剂、润湿剂、乳化剂、分散剂及缓蚀剂等。适用于农药复配、矿物浮选、石油开采、金属加工、生物制药,以及用于牙膏、香波、泡沫浴、洗面奶等日化制品。由月桂酸与肌氨酸经酰化、胺化、成盐等反应制得。

N-月桂酰-L-天冬氨酸钠 sodium N-lauroyl-L-aspartate 一种阴离子表面活
$$NaOOCCH_2-CHNHCOC_{11}H_{23}$$
$$\underset{COONa}{|}$$

性剂。浅黄色粉末。易溶于水。具有优良的起泡性、泡沫稳定性及表面活性。对皮肤刺激性小、易生物降解,用作洗涤剂、乳化剂、起泡剂、织物润湿剂、香波及护肤霜的分散剂等。复配使用时,能防止十二烷基硫酸钠对皮肤的刺激作用,提高肥皂抗硬水性,使头发、织物柔软。由天冬氨酸用碱皂化后与月桂酰氯反应制得。

月桂油 laurel leaf oil 又名月桂叶油。无色至淡黄色液体。有特殊的辛香、清凉香气,略有樟脑味,主要成分为桉叶素、里哪樟、松油醇、蒎烯、芍烯等。相对密度 0.905～0.929。折射率 1.465～1.470。不溶于水、甘油,溶于乙醚、氯仿、邻苯二甲酸二乙酯及非挥发性油。溶于矿物油及丙二醇中会产生云雾状物。为植物类天然香料,主要用于调配皂用清新型及药用香精。也用作香辛料,用于调味。由樟科植物月桂树叶经水蒸气蒸馏而制得。

云母钛珠光颜料 mica-titanium dioxide pearl pigment 又名钛云母珠光颜料。是在鳞片状云母晶体的表面涂以适当厚度的二氧化钛或二氧化钛与其他氧化物,制得具有珠光光泽的颜料。有金色、银色、玉色、天蓝色、紫色、浅红色及干涉色等多种商品,广泛用于化妆品、塑料、油墨、造纸、皮革等行业。将二氧化钛均匀地沉积在云母晶体表面上的"镀钛"方法有3种:①加减"镀钛法"。先将四氯化钛溶液加到云母的水悬浮体中,滴加碱液中和所生成的盐酸,在 pH 值 2～2.5 下,使生成的偏钛酸沉积于云母表面上。②缓冲"镀钛"法。用缓冲剂(如酒石酸或氧化钴等)代替①法中的碱液进行中和反应,使生成的水合二氧化钛均匀沉积在云母表面上。③加热水解"镀钛"法。采用硫酸钛或硫酸氧钛代替碱液或缓冲剂,使在沸腾酸性介质中水解的偏钛酸沉积在云母表面上。

云母氧化铁 mica iron oxide $\alpha\text{-}Fe_2O_3$ 又名天然云铁颜料。一种用天然云母铁矿石制成的无机红色颜料。由于呈云母状而得名。主要成分是 Fe_2O_3。为黑紫色片状结晶粉末。商品分为灰色及红褐色。相对密度 4.7～4.9。颗粒直径可达 5～100μm,是一种较粗的颜料。由于结构中薄片紧密排列,有物理性的阻隔作用,对阳光有反射性。可以代替红丹用作防锈漆的颜料,制得的防锈漆具有较强的防锈性及抗水渗透性,主要用于户外防锈涂料。由云母铁矿石经粉碎、水漂、干燥制得。

匀泡剂
见"泡沫稳定剂"。

匀染剂 leveling agent 在纺织品染色过程中,能使染料在被染物上达到均匀染色目的而使用的助剂,其作用是能使染料缓慢地被纤维吸附,当染色不均匀时,使深色部分染料向浅色部分移动,最后达到匀染。按应用纤维种类,可分为天然纤维用、锦纶用、腈纶用、涤纶用及混纺用匀染剂等。而按作用机理分为纤维亲和性匀染剂和染料亲和性匀染剂两类。纤维亲和性匀染剂对纤维的亲和力大于染料对纤维的亲和力,如季铵盐类阳离子表面活性剂、含磺酸基的阴离子表面活性剂属于此类;染料亲和性匀染剂对染料的亲和力大于染料对纤维的亲和力,高级醇聚氧乙烯醚、烷基苯酚聚氧乙烯醚等非离子表面活性剂等属于此类。

匀染剂 1227
见"十二烷基二甲基苄基氯化铵"。

芸苔素内酯 brassinolide 又名油菜素内酯、24-表-芸苔素内酯。一种由油菜花粉用溶剂萃取制得的甾醇类化合物,具有植物生长调节作用。原药为白色结晶性粉末。熔点 256～258℃。有效成分≥95%。微溶于水,溶于甲醇、乙醇、丙酮、四氢呋喃。具有增加植物的营养体生长和促进受精等作用,对小麦、玉米、水稻、甘蔗、甜菜及叶菜类等有增产效果。

杂醇油 fusel oil 无色至淡黄色油状液体,有挥发性。具有威士忌酒精香气。主要成分为戊醇、异戊醇、己醇、丁醇、丙醇、甲醇及乙醇等。相对密度 0.811～0.832。折射率 1.405～1.410。沸点 128～130℃。不溶于水,与乙醇、乙醚、丙酮、苯及汽油等混溶,能溶解松香、樟脑、虫胶、染料、生物碱、天然橡胶等。蒸气有麻醉性。用作溶剂、浮选剂、萃取剂及燃料等,也可用于提取异戊醇。精制杂醇油也可用于食品酒类香精。由发酵法生产酒精的副产物经精馏精制而得。

杂多酸 heteropoly acid 是由两种或两种以上无机含氧酸缩合而成的复杂多元酸的总称。如 $H_3[PMo_{12}O_{40}]$、$H_3[PW_{12}O_{40}]$、$H_4[PMo_{11}VO_{40}]$ 等。其相对分子质量可高达4000，也可以是一种特殊的多核配合物。杂多酸盐是金属离子或有机胺类化合物取代杂多酸分子中的氢离子所生成的盐。而杂多酸化合物则是指杂多酸及其盐类。在杂多酸化合物中，其中心原子（或称杂原子，如P、Si、Co等）所形成的四面体和配位原子（或称多酸原子，如Mo、W、V）所形成的八面体通过氧原子配位桥链组成有笼形结构的大分子。杂多酸（盐）大多易溶于水及一般有机溶剂，通常也有大量结晶水。在碱性水溶液中极不稳定，能逐级水解。杂多酸无论是固体或液体都是强酸，其酸性比组成元素相同氧化态的简单酸的酸性要强。杂多酸可用作酸催化剂、氧化还原催化剂及具氧化还原或酸碱催化的双功能催化剂。也用于制造光催化材料、离子交换剂、阻燃剂、吸附分离剂等。

杂多酸催化剂 heteropoly acid catalyst 杂多酸或杂多酸盐是一种多功能催化新材料。用于有机合成的催化剂，主要为Keggin结构[由12个 MO_6（M=Mo、W）八面体围绕一个 PO_4 四面体构成]的钼和钨的杂多酸（盐）。它们有很高的催化活性，并具有酸性及氧化还原性。可用于均相及多相反应，甚至用作相转移催化剂。如用于催化烯烃的水合和加成反应、醇类脱水反应、二甲苯异构化反应、甲醇合成甲基叔丁醚反应、甲苯烷基化反应、烯烃和芳烃的液相氧化反应、甲基丙烯醛氧化反应等。杂多酸结构简单、结构明确，一些催化性能可在杂阴离子的分子水平上表征，从分子水平上研究催化作用。还可负载于活性炭、硅藻土、硅胶等多孔材料上制成负载型催化剂，实现均相催化剂的多相化。

杂多纳米复合材料 hybrid nanometer composite materials 纳米复合材料的一类。指通过溶胶-凝胶技术合成的以无机组分为分散相的纳米复合材料。它可以是纳米微粒在聚合物基体中原位形成的复合材料，或是纳米微粒与聚合体同时原位形式的复合材料。如 SiO_2—杂化纳米复合材料、SiO_2—聚硅氧烷杂化纳米复合材料、SiO_2—橡胶杂化纳米复合材料、SiO_2—聚酰亚胺杂化纳米复合材料、SiO_2—环氧树脂杂化纳米复合材料、TiO_2—聚丙烯酸酯杂化纳米复合材料、Al_2O_3—聚乙烯醇缩丁醛杂化纳米复合材料等。这类材料可用于航空航天、机械、电器、电子、化工及催化剂等领域。

杂环聚合物胶黏剂 heterocyclic polymer adhesive 以杂环聚合物为基料的一类胶黏剂。杂环聚合物是聚合物链中有一个杂原子环的聚合物。具有良好的耐高温性能和热氧化稳定性。能用作耐热胶黏剂的杂环聚合物品种较多，有聚酰亚胺、聚苯并咪唑、聚苯并噻唑、聚喹噁啉、聚苯并噁唑、聚三唑、聚三嗪、聚吡唑等。但综合性能较好，并具有一定加工性和胶接强度的主要是聚酰亚胺类，其次是聚苯并咪唑和聚喹噁啉类。品种有聚酰亚胺胶黏剂、聚苯并咪唑胶黏剂、聚喹噁啉及聚苯基喹噁啉胶黏剂等。其中聚酰亚胺胶黏剂可在370～390℃下长期工作，短时间使用温度可达500℃。

主要用于航空、航天、电子、冷车及机械加工等耐高温部件或材料的粘接。

甾醇 sterol 又名固醇。甾体核上具有羟基的化合物。分子结构由4个环组成,在第3位上有1个羟基,在第17位上有一个分支的碳氢链。分为植物甾醇及动物甾醇。植物甾醇为白色结晶状粉末,是数种甾醇的混合物,主要有谷甾醇、豆甾醇、苯油甾醇等。它们多为植物细胞的重要组分,广泛存在于植物界;动物甾醇主要以胆甾醇、胆酸等形式存在,存在于动物器官内,如动物脊髓及脑中含有丰富的胆甾醇;羊毛脂中含5%～10%胆甾醇。近年来,由于甾体激素类药物的迅速发展,动物甾醇及植物甾醇成为甾体药物工业的一种天然资源。各种甾醇也作为天然活性成分而用于化妆品。

甾体激素 steroid hormone 又名类固醇激素。含有环戊烷并多氢菲(甾环)母核的激素的总称,包括雄激素、雌激素、孕激素及肾上腺皮质激素等。是维持生命、调节机体物质代谢、细胞发育分化、促进性器官发育、维持生殖的重要活性物质。当体内甾体激素水平低下或缺乏时,会出现一系列症状,影响生活质量及丧失生殖力。甾体激素药物能用于治疗多种疾病。如雌激素促进和维持女性生殖器官和副性征的发育。主要用于治疗更年期综合征、卵巢功能不全、闭经、晚期乳腺癌、放射病及骨质疏松症,还用作女性避孕药物的配伍成分。

载荷添加剂 load-carrying additive 石油添加剂的一类。指加在润滑油中为减少摩擦和磨损、防止烧结的各种添加剂的统称。主要分为油性剂及极压抗磨剂。凡是能使润滑油在摩擦表面上形成定向吸附膜而改善摩擦性能、起润滑作用的化合物均可视作油性剂,有动-植物油、脂肪酸酯,醇及硫化脂肪等。极压抗磨剂主要是含硫、磷、氯的有机极性化合物,它们在高的压力下不能在金属表面形成较牢固的化合物膜,熔点比金属低,当金属因摩擦点受压而温度升高时,这层化合物就熔化,生成光滑的表面,减少金属表面的摩擦及磨损。主要有有机氯化物、有机硫化物、有机磷化物、金属盐及其他等。

载银无机-有机抗菌剂 carrier Ag inorganic-organic anti-bacteria agent 是以层状金属氧化物为母体,利用层间插入反应(即客体材料在插入母体的同时仍保持母体的层状结构,而且插入是可逆的),将银配合物或其他有机抗菌剂置于层间而制得的抗菌材料。有机抗菌剂具有灭菌速度快,能有效地杀抑霉菌。缺点是化学稳定性差,不耐热,高温时会丧失抗菌功能,无机抗菌剂耐热性高,但在光或某些物质存在的环境中因金属被还原,会使制品表面变色。本品则能弥补有机抗菌剂及无机抗菌剂的不足,发挥各自的长处,用于制备抗菌塑料、抗菌涂料,对金黄色葡萄球菌、大肠杆菌、真菌、霉菌等都有较强抑制和杀灭作用。

暂溶性染料 tempory soluble dyes 指含有水溶性基团的可溶于水的酞菁颜料。将它印刷到织物上后,在碱性介质中,使水溶性基团脱落而生成不溶性的酞菁颜料。印花时与乙酸、尿素和淀粉打浆,经汽蒸(或焙烘)或碱固定,使颜料分解沉积于纤维上。品种很少。主要用于棉布印花,日晒牢度较高,但摩擦牢度较差。

早强剂 hardening accelerator 指掺入砂浆或混凝土中能加速砂浆或混凝土硬化,提高早期强度的外加剂。提高混凝土早期强度可采用以下三种途径:①使用特别水泥,因其价格及生产量受限,不能普遍采用;②改进混凝土施工及养护方法,如热拌混凝土、蒸养处理;③使用早强型外加剂,是一种成本较低而又简单易行的方法。早强剂按其化学成分可分为无机盐类、有机物类及复合型早强剂三类。无机盐类早强剂常用的有氯化物、硫酸盐、硝酸盐、碳酸盐及铬酸盐等;有机物类早强剂主要是低级有机酸盐(如甲酸钙、乙酸钠)、甲醇、乙二醇、三乙醇胺、三异丙醇胺及尿素等。复合型早强剂可以是无机盐类与有机物类、无机盐类与无机盐类、有机物类与有机物类之间的复合。其中又以三乙醇胺与无机盐类复合的早强剂应用最广。

藻蓝素 phycoyanobilin 又名藻胆青素。蓝色粉末状固体。难溶于水,易溶于甲醇、苯、氯仿。对光、热不稳定,受光照易转变为紫红色。是一种开链的四吡咯化合物,多与蛋白质通过硫醚链结合在一起。为颜色鲜艳的天然蓝色素,是吸收光能和传递激发的光合色素。其溶液不发荧光,但与锌离子结合形成荧光盐配合物。一般不单独作蓝色色素使用,多与其他天然色素并用于饮料、果汁等中。由蓝藻提取的藻胆蛋白,再用甲醇解离其硫醚键后制得。

皂苷 saponin 又名皂草苷、皂角苷、皂素。广泛存在于植物界的一类特殊的苷类,因它的水溶液经振摇后能产生大量肥皂样泡沫而得名。许多中草药如人参、远志、甘草、柴胡等的主要有效成分都是皂苷。皂苷由皂苷元和糖、糖醛酸或其他有机酸所组成,组成皂苷的糖有葡萄糖、半乳糖、鼠李糖、阿拉伯糖等。按已知皂苷元的分子结构不同,将皂苷分为三萜皂苷和甾体皂苷两大类,而以前者分布广、种类多;而按化学性质不同,皂苷又可分为酸性皂苷和中性皂苷两类,前者在苷元上带有羧基,后者则不带有羧基。皂苷多为白色或乳白色无定形粉末,味苦而辛辣,对黏膜有刺激性。多数溶于水、甲醇、稀乙醇,易溶于热水、热乙醇,不溶于乙醚、苯等极性小的溶剂。可被酸或酶水解。皂苷对心脏有刺激作用,又是很强的溶血剂。可用于制造药物、激素、肥皂、洗涤剂等。也用作乳化剂、起泡剂、抗菌剂、分散剂及化妆品添加剂等。

造纸化学品 paper making chemicals 造纸工业是以植物纤维为主要原料的化学加工工业,其生产过程需加入许多化学品,基本上分为两类:一类属于基本化工原料,如烧碱、氯气、硫化钠、次氯酸钙、矾土等;另一类则属于添加量较少的化学品,根据造纸工艺过程可分为制浆用化学品(如蒸煮助剂、消泡剂、脱墨剂、漂白助剂等)、抄纸化学品(如浆内施胶剂、表面施胶剂、增湿强剂、干强剂、助留助滤剂等)及纸加工化学品(如涂布胶乳、防黏剂、隔离剂、阻燃剂等)。这类化学品大多属于精细化学品范畴,具有用量少、附加值高、生产技术要求高、功能性强等,可称为造纸(专用)化学品,其中用量在 1‰～2‰ 的化学品也称为造纸助剂。

增产胺 2-(3,4-dichlorophenyloxy)triethylamine 又名 2-(3,4-二氯苯氧基)

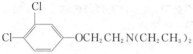

三乙基胺。黄色液体。沸点 134～136℃(120Pa)。不溶于水,用作植物生长调节剂,它能通过叶面喷施,迅速渗入植物体内,促进营养物质输送至花蕾的生长点,促进叶绿素形成,能使大豆、棉花、甜菜等多种作物增产,也能促进银胶菊中橡胶的积累,使橡胶产量增加。以3,4-二氯苯酚为原料制得。

增产灵 4-iodophenoxy acetic acid 又名 4-碘苯氧乙酸。纯为白色针状结晶。熔点 154～156℃。工业品为橙黄色晶体,稍带碘臭味。难溶于冷水,溶于乙醇、乙醚、丙酮、氯仿。用作植物生长调节剂,可用于水稻、棉花、小麦、小豆、甘薯等的催熟成长。由苯氧基乙酸与一氯化碘反应制得。

增产素 4-bromophenoxy acetic acid

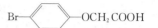

又名对溴苯氧乙酸。白色棱柱状结晶。熔点 161～162℃。难溶于水,溶于乙醇、乙醚、丙酮、苯。用作植物生长调节剂,主要用于水稻、小麦、玉米、大麻、地瓜等作物的催熟成长。由苯氧乙酸经溴化制得。

增稠剂 thickening agent 又称胶凝剂。用于食品时又称糊料或食品胶。指能溶解或分散在水中,使液体黏度增大并具有流变性的一类助剂。广泛应用于食品、涂料、化妆品、洗涤剂、涂料、医药、油墨等行业。增稠剂大多属于亲水性高分子化合物,按来源分为动物类、植物类、矿物类、合成类或半合成类,一般可分为天然和合成两大类。天然品大多数是从含多糖类黏性物质的植物及海藻类制取,如阿拉伯胶、淀粉、糊精、果胶、明胶、琼脂、角叉胶、黄蓍胶、多糖类衍生物以及膨润土、硅藻土等;合成品有甲基纤维素、羧甲基纤维素、干酪素、淀粉衍生物、聚丙烯酸钠、聚氧化乙烯、聚乙烯醇、聚乙烯吡咯烷酮、低相对分子质量聚乙烯蜡、气相白炭黑等。

增光剂 optical brightener 指能降低漆膜表面粗糙度而增加光的直射、反射的物质。其作用与消光剂正好相反。因此,凡能改进涂膜表面平整度和光洁度的助剂都有增光的作用,如润湿分散剂促进颜料良好分散,是提高成膜后高光泽的重要条件;流平剂改进表面平整度,提高涂膜光泽。有机硅体系物质,可改进表面张力、流平性,也有增光作用。

增黏剂 tackifier 指能增加或改善天然或合成橡胶、胶黏剂、胶乳、油墨、上胶浆、涂料等的表面黏性、柔韧性及操作性的一类物质。是相对分子质量为几百至几千,软化点为 60~150℃ 的一类无定形热塑性聚合物的总称。其玻璃化温度高于室温,所以在常温下是固体,加热熔融,冷却后又变回固体。种类很多,按其来源可分为天然树脂及合成树脂两类。天然树脂主要有松香、松香衍生物、萜烯树脂、萜烯-苯酚树脂、氢化萜烯树脂等;合成树脂包括石油树脂、二甲苯树脂、香豆酮-茚树脂、烷基酚醛树脂等。选用增黏剂时主要考虑它与主体聚合物的相容性、产品的涂布方式及增黏剂本身的特性。所选用的增黏剂不仅本身应有很强的黏附性,增黏效果持久,而且不影响产品的工艺性能及使用性能。

增强剂 reinforming agent 又称增强材料。是指加入到塑料、密封材料、胶黏剂等复合材料中能大幅改善其物理-机械性能的一类物质。品种很多,大致可分为纤维类(包括无机纤维,如玻璃纤维、石棉纤维、碳纤维;有机纤维,如聚乙烯纤维、聚酯纤维;金属纤维,如硼纤维、钛纤维)、晶须(如氧化钴晶须、碳化硅晶须)、无机纳米材料(如纳米碳酸钙、纳米二氧化硅)、复合增强材料(如玻璃纤维/碳纤维、合成纤维/云母)、特殊粉状及片状填料及其他(如云母、滑石粉、氧化铝薄片、氯化橡胶、合成乳液等)。塑料的增强往往通过表面处理使增强剂与合成树脂的粘接强度提高,所用表面处理方法有:偶联处理、酸洗处理、表面浸渍等。

增韧剂 flexibilizer 指能赋予聚合物材料更好韧性的物质。一般将用于塑料改性的增韧剂也称为冲击改性剂,而用于胶黏剂的增韧剂是指能增加胶黏剂膜层柔韧性的物质。按增韧剂在材料中的存在方式可分为非活性增韧剂及活性增韧剂。前者分子无活性基团,不参与反应,一般为常用的增塑剂;后者分子中带有活性基团,能参与反应,常为高分子化合物。在环氧或酚醛树脂中加入适量增韧剂能降低脆性、增大韧性、提高粘接部位强度。所用增韧剂一般能与树脂混溶,含有活性基团,可参与树脂的固化反应。可分为橡胶型、树脂型及其他类型增韧剂,其中橡胶型增韧剂是开发较早的一类增韧剂。

增溶剂 solubilizing agent 有机物质(如乙苯)很难溶于水,但如加入少量表面活性剂,可显著增加其溶解度,这种现象就称为增溶,能产生增溶作用的表面活性剂称为增溶剂,被增溶的有机物称为被增溶物或增溶溶解质。广义上,增溶剂包括具有助溶性的表面活性剂和助溶剂等。常用的增溶剂有苯、甲苯、二甲苯、异丙苯等的磺酸盐、水杨酸盐、硫氰酸盐等。用作反应介质、结晶介质、电化介质、选择性提取剂等,如用于油溶性维生素及激素的制取。

增塑剂 plasticizer 指能使高分子化合物或高分子材料增加塑性的物质。塑料及橡胶工业中常指能增加加工成型时的可塑性和流动性能,并使成品具有柔韧性的有机物质;涂料及胶黏剂工业中,指能增加涂料、胶黏剂的流动性并使涂层、黏合层具有柔韧性等的物质。增塑作用是由于增塑剂分子插入到高分子聚合物的分子链之间,使聚合物分子链间的引力削弱,从而增加分子链的移动性和柔软性,降低聚合物的结晶性。使用增塑剂可以降低熔体黏度、玻璃化转变温度和产品的弹性模量,但不会改变被增塑材料的基本化学特性。增塑剂品种很多,有上千种之多,它们都是高沸点、低挥发度,与高分子聚合物相容性好而又不发生化学反应的小分子物质。按化学结构分为：邻苯二甲酸酯类、脂肪族二元酸酯类、磷酸酯类、环氧化合物类、聚酯类、含氯化合物类、多元醇类、脂肪酸酯类、苯多酸酯类及其他类。

增塑剂 79
见"邻苯二甲酸二($C_{72}\sim C_9$)酯"。

增塑剂 BBP
见"邻苯二甲酸丁苄酯"。

增塑剂 BMP
见"邻苯二甲酸丁十四酯"。

增塑剂 BOP
见"邻苯二甲丁辛酯"。

增塑剂 COP
见"邻苯二甲酸仲辛·异辛酯"。

增塑剂 DAP
见"邻苯二甲酸二烯丙酯"。

增塑剂 DBEP
见"邻苯二甲酸二丁氧基乙酯"。

增塑剂 DBP
见"邻苯二甲酸二苄酯"。

增塑剂 DCHP
见"邻苯二甲酸二环己酯"。

增塑剂 DCP
见"邻苯二甲酸二仲辛酯"。

增塑剂 DDP
见"邻苯二甲酸二癸酯"。

增塑剂 DEP
见"邻苯二甲酸二乙酯"。

增塑剂 DHP
见"邻苯二甲酸二庚酯"。

增塑剂 DIBP
见"邻苯二甲酸二异丁酯"。

增塑剂 DIDP
见"邻苯二甲酸二异癸酯"。

增塑剂 DINP
见"邻苯二甲酸二异壬酯"。

增塑剂 DIOP
见"邻苯二甲酸二异辛酯"。

增塑剂 DMEP
见"邻苯二甲酸二甲氧基乙酯"。

增塑剂 DMP
见"邻苯二甲酸二甲酯"。

增塑剂 D-n-HP
见"邻苯二甲酸二正己酯"。

增塑剂 DNP
见"邻苯二甲酸二壬酯"。

增塑剂 DOIP
见"间苯二甲酸二辛酯"。

增塑剂 DOP
见"邻苯二甲酸二辛酯"。

增塑剂 DOTP
见"对苯二甲酸二辛酯"。

增塑剂 DPP
见"邻苯二甲酸二苯酯"。

增塑剂 DTDP
见"邻苯二甲酸二(十三)酯"。

增塑剂 DUP
见"邻苯二甲酸二(十一)酯"。

增塑剂 n-DOP

见"邻苯二甲酸二正辛酯"。

增塑剂色浆 plasticizer printing paste 由细颗粒颜料与增塑剂及其他助剂配制成的色浆。所用增塑剂品种较多,常用的是邻苯二甲酸二丁酯、邻苯二甲酸二辛酯等。根据不同的颜料及增塑剂可配制成多种色浆。凡需加入增塑剂的塑料均可选用这类增塑剂色浆作为着色剂,也可直接加入至需用增塑剂的涂料配方中。

增效胺 MGK 264 又名 N-(2-乙基己基)-8,9,10-三原冰片-5-烯-2,3-二羧酰亚胺。淡黄色液体。有苦味。相对密度1.050。熔点低于20℃。沸点158℃(0.267kPa)。折射率1.4985。几乎不溶于水,溶于乙醚、苯、氯仿、煤油、柴油等,对光、热稳定,在 pH 值6~8时不水解。用作农药增效剂,对除虫菊素、丙烯菊酯及鱼藤酮等杀虫剂有增效作用。也用作稳定剂,可延长除虫菊素、丙烯菊酯等在制剂中的活性寿命。还可用作六六六及滴滴涕等的溶剂。低毒。由顺丁烯二酸酐与环戊二烯缩合后,再与2-乙基己胺反应制得。

增效环 piperonyl cyclonene 又名 3-己基-5-(1,3-苯并二氧环戊烯-5-基)环己-2-烯酮(Ⅰ)、3-己基-6-乙氧甲酰基-5-(1,3-苯并二氧环戊烯-5-基)环己-2-烯酮(Ⅱ)。Ⅰ为白色结晶,熔点50℃;Ⅱ为浅色黏稠油状物,在-30℃不结晶,蒸馏时则分解。工业品为带红色的浓稠油状液体,含Ⅰ及Ⅱ共约80%。相对密度1.09~1.20。不溶于水、链烷烃、二氯二氟甲烷。用作拟除虫菊酯、除虫菊素、鱼藤酮等农药的增效剂。用于家庭、粮仓、食品库房等的杀虫。对昆虫及哺乳动物基本无毒。由己基-3,4-亚甲二氧基苯乙烯酮与乙酰乙酸乙酯经缩合反应制得。

增效剂 synergistic agent 本身无生物活性,但与某种农药或杀虫剂混合使用时能大幅度提高其药效的助剂。其作用机理是:①增效剂能与昆虫体内多功能氧化酶结合,使其受抑制,而氧化酶对杀虫剂起着主要代谢、降解作用,抵制氧化酶后,就可减少杀虫剂的代谢与降解,迅速到达靶部位,起到增效作用;②增效剂是昆虫体内水解酶的抑制剂,可降低杀虫剂的水解代谢,从而增加杀虫效果。应用最早的增效剂是从芝麻油中提取的芝麻素、芝麻灵等。合成增效剂品种很多,常用的有增效醚、增效砜、烷基胺、酰胺类化合物、有机磷酸酯、氨基甲酸酯类化合物及八氯二丙醚等。

增效剂 GY-1 synergist GY-1 又名聚醚多元醇脂肪酸酯、特效引、增效乳油。纯品为浅棕色透明油状液体。沸点110~

120℃。pH 值 3～5。不溶于水,溶于苯、甲苯、酮、醚等有机溶剂。可与农药乳化剂混溶。对光、热及酸稳定。用作农药增效剂,与农药杀虫剂混用可用于防治蚜虫、红蜘蛛、棉铃虫及稻螟等害虫,除虫菊酯类、有机磷及氨基甲酸酯等杀虫剂中加本品 6%～10% 时,可使这些杀虫剂毒力提高 5～10 倍,击倒速度提高 8～20 倍,但不能与碱性农药混用。可在酸性催化剂存在下,由脂肪酸盐与聚醚多元醇反应制得。

增效磷 O,O-diethyl-O-phenylphosphorothioate 又名 O,O 二乙基-O-苯基硫代磷酸酯。纯品为无色透明液体。相对密度 1.01。沸点 120～122℃(0.399kPa)。折射率 1.135。不溶于水,溶于苯、乙醚、丙酮等。原药为淡黄色至棕色油状液体,有效物含量≥90%。商品为有效物含量 40% 的乳油,是一种广谱增效剂。与拟除虫菊酯、有机磷等不同农药复配可用于防治农业害虫,如蚜虫、红蜘蛛、玉米象、蝇等。增效磷在生物体内,1 周可代谢排出,无残留、无积累。但不能单独使用,而是与不同杀虫剂混合用于农业及居室害虫的防治,有毒。由 O,O 二乙基硫代磷酰氯与酚钠反应制得。

增效醚 piperonyl butoxide 又名氧化胡椒基丁醚、5-[2-(2-丁氧乙氧基)乙基甲基]-6-丙基-2,3-苯并噁茂。纯品为无色液体。原药及工业品为淡黄色油状物。有效成分≥85%。相对密度 1.05～1.07 (25℃)。沸点 180℃(0.133kPa)。闪点 171℃。折射率 1.4976。不溶于水,溶于乙醚、苯、丙酮、汽油、煤油等。对光、弱碱、弱酸及紫外线稳定。用作农药增效剂,能提高除虫菊素、多种拟除虫菊酯、氨基甲酸酯类杀虫剂的杀虫活性。对杀螟硫磷、敌敌畏、三氯杀虫酯等也有增效作用。由黄樟素经催化加氢、氯甲基化及醚化而制得。

增效酯 propyl isome 又名 5,6,7,8-四氢-7-甲基萘并[2,3,-d]-1,3-二氧环戊烯-5,6 二羧酸二丙酯。红棕色黏稠液体。相对密度 1.14。沸点 170～175℃(0.133kPa)。折射率 1.5113。不溶于水,溶于乙醇、乙醚、丙酮、苯及煤油等。对热稳定,在强碱性介质中分解。用作农药增效剂,能提高拟除虫菊酯、除虫菊素、鱼藤酮等杀虫剂的杀虫活性,也用于防治家庭居室害虫及食品包装车间害虫。有毒!由异黄樟素与顺丁烯二酸二正丙酯反应制得。

扎罗特罗 xamoterol 又名(±-N-[2-[2-羟基-3-(4-羟basic苯氧基)丙基]氨基]乙基-4-吗啉羰酰胺。其富马酸盐为白色结晶。熔点 168～169℃。微溶于水,溶于乙醇。一种拟肾上腺素药。能选择性作用于心脏 $β_1$ 受体,使心脏兴奋。当交感神经功能低下时,可产生正性肌力和正性频率作用,而当交感神经功能亢进时,则产生负性肌力作用,因而具有双重作用。临床用于伴有心肌梗塞的心力衰竭,尤适用于哮喘及疲劳症状使活动受限的患者。以对苄氧基苯酚、环氧氯丙烷、吗啉等为原料制得。

樟脑油 camphor oil 又名樟树油、樟脑原油。无色、淡黄色、棕色或深蓝色的液体。有樟脑油本身的香气,主要成分为龙脑、桉叶素、黄樟素、松油醇、香茅醇、甲酚、莰烯、樟脑等。相对密度 0.915~0.960。折射率 1.460~1.480。闪点 47~52℃。不溶于水、甘油,溶于乙醇、乙醚等多数有机溶剂。用于提取白樟油、红樟油、蓝樟油等,并进一步加工成洋茉莉醛香料。也用作防腐剂、消毒剂及油漆、染料的溶剂。由樟树的根、干或叶用水蒸气蒸馏制得。

照相明胶 photograph gelatin 卤化银照相乳剂的分散体和黏合剂,是感光乳剂的重要组成部分。明胶具有保护作用,它能使卤化银晶体均匀稳定地分散在介质中,而不会相互碰撞和聚集而沉降出来;明胶有凝聚作用,可利用这一性质制备高银量的浓缩乳剂;明胶吸水可发生膨胀,在乳剂制备中,有利于水洗,在显影加工中,有利于药液渗透,与乳剂层发生反应。通常是以新鲜牛骨为原料,经溶剂或热水脱脂、浸酸、漂白、萃取、浓缩等工序制得。

遮蔽功能油墨 prime ink 一种在装饰件制造过程中,起掩蔽保护作用的油墨。由成膜树脂、增韧剂、稳定剂、溶剂及颜料等组成。成膜树脂主要采用含氯量 65% 以上的中高黏度过氯乙烯树脂,该树脂膜层具有韧性、弹性、耐侯性及耐酸碱腐蚀性。为改进过氯乙烯膜层的韧性,常采用苯二甲酸二丁酯作增韧剂。这类油墨主要用于中间加工,起临时遮蔽保护作用,完成使命后即剥下,对颜色要求不太严格。如用于机械喷砂,可提高喷砂装饰效果。也可用于铝表面砂面腐蚀、铝板多色氧化着色及彩票印刷等。

蔗糖八乙酸酯 sucrose octaacetate 又名蔗糖八醋酸酯。白色结晶性粉末。相对密度 1.28。熔点 78~85℃。沸点 260℃(0.133kPa),约 285℃ 以上分解。难溶于水,溶于乙醇,易溶于苯、甲苯、丙酮。一种非离子表面活性剂。食品工业用作苦味添加剂、发泡剂、糖果压片润滑剂及黏度调节剂等;医药工业用作分散剂、增溶剂、增稠剂、稳定剂等;日化工业用作乳化剂、油脂防沉淀剂、清洁剂等。还用作纸张浸渍剂、合成树脂增塑剂、烟草添加剂,以及防治儿童吮吸拇指和咬指甲病症。由蔗糖与乙酐在无水乙酸钠催化下,经乙酰化反应制得。

蔗糖硬脂酸酯 sucrose stearate 白色至黄褐色粉末、块状或无色至微黄色黏稠树脂状物。无臭,无味。属非离子表面活性剂。酸值≤5mgKOH/g。游离蔗糖≤50mg/kg。主要用作食品乳化剂,也用于日化、医药、纤维加工及塑料等行业,用作乳化剂、分散剂及展着剂等。由硬脂酸甲酯与蔗糖在碱性催化剂存在下经酯交换反应制得。

珍珠粉 pearl powder 又名真珠粉。白色或微黄色粉末。主要成分为碳酸钙(约 91.72%),还含有壳角蛋白(约 5.94%)、水分(2.23%),并含有少量牛磺酸、微量元素及一些氨基酸。粒度有80目、100目及500目等。1%水溶液的pH值6.5~7。具有收敛生肌、消炎、促进组织再生、激活三磷酸腺苷酶等作用。用作化妆品营养添加剂,具有护肤、防皱、增白、消除黑斑等作用。也用于医药,有养颜、清热、安神的功效。由淡水珍珠或贝壳的珍珠属制成粉末而得。因结晶态不易被上皮细胞所吸收,常制成珍珠水解液制品。

真空胶黏剂 vacuum adhesive 指用于真空系统中各不同部件的连接和密封的一类胶黏剂。它既具有良好的粘接强度,又有很好的真空密封和耐压作用。可分为无机及有机真空胶黏剂两类。无机胶黏剂如玻璃、水泥、氯化银等,具有很高耐热性,但需在高温下进行粘接;有机胶黏剂按所用基料,分为环氧树脂真空胶黏剂、有机硅真空胶黏剂、丙烯酸酯类真空厌氧胶黏剂、聚酰亚胺真空胶黏剂等。除了真空树脂胶黏剂外,另一类用于真空封接的有机材料是真空封蜡,它在加热时软化,室温下又变硬,可用于临时性封接金属、玻璃、陶瓷、塑料等部件,也可临时密封对温度要求不高的接头或漏气孔。

真石漆 marble figure paint 又名仿石漆、石头漆,砂壁状涂料的一种。属于合成树脂乳液砂壁状建筑涂料。通常是以合成树脂乳液为基料,以不同粒径的彩色砂、花岗岩和填料等为骨架,加入助剂和水配制而成。通过喷涂,在建筑表面形成酷似大理石、花岗岩等天然石材质感的涂层,给人以返归自然的感觉。真石漆涂层系统一般由封阔底漆、真石漆和罩面清漆所组成,封闭底漆的作用是增强真石漆与基层的附着力,降低基层吸水性。真石漆是形成图案和立体感,罩面漆具有拒水透气、抗污染、防霉防紫外线辐射等作用。

整体式催化剂 见"规整结构催化剂"。

整体式催化剂载体 见"规整式催化剂载体"。

正丁基黄原酸钠 sodium n-butyl xanthate 又名促进剂SBX。淡黄色或浅灰

$$CH_3(CH_2)_3-O-\overset{S}{\underset{\|}{C}}-S-Na$$

色粉末或棒粒状物。易溶于水,难溶于苯、氯仿。用作天然橡胶、丁苯橡胶、丁腈橡胶、异戊橡胶及胶乳等的硫化促进剂。促进性能与异丙基黄原酸钠相似。也用作多金属硫化矿的浮选剂及湿法冶金沉淀剂。可在碱性条件下,由正丁醇与二硫化碳反应制得。

正丁基黄原酸锌 zinc n-butyl xanthate 又名促进剂ZBX。白色至淡黄

$$[CH_3(CH_2)_3-O-\overset{S}{\underset{\|}{C}}-S]_2Zn$$

色粉末。有特殊臭味。相对密度1.56。熔点≥105℃。不溶于水、汽油,微溶于

丙酮,稍溶于苯、乙醇、二氯乙烷。受热分解。储存中会有缓慢分解倾向。用作天然橡胶、丁苯橡胶、氯丁橡胶、异戊橡胶、再生胶及胶乳等的超硫化促进剂。常与碱性促进剂并用进行自然硫化,尤适用于以氯丁橡胶为基材的黏合剂。与二苄胺和一苄胺的混合物并用可用作低温超硫化促进剂。由正丁醇与二硫化碳反应制得正丁基黄原酸钠后,再与锌盐反应制得。

正丁醛苯胺缩合物 butyraldehyde aniline condensate 又名促进剂808、防

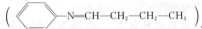

老剂BA。棕红色至琥珀色黏稠液体。有芳香气味。相对密度0.94～0.98。闪点135℃。不溶于水,溶于乙醇、苯、氯仿、汽油等。隔绝空气时储藏稳定。商品也有的为淡黄色至黄褐色粉末。相对密度约1.32。用作天然及合成橡胶、胶乳等的超硫化促进剂。硫化临界温度120℃。在胶料中易分散,硫化胶柔软性好,耐老化性及抗撕裂性优良。适用于含再生胶的胶料和硬质胶,不适用于氯丁橡胶。也用作丙烯酸酯胶黏剂的固化促进剂。由苯胺及丁醛经缩合反应制得。

正丁烷氧化制顺酐催化剂 catalyst for *n*-butane oxidation to maleic anhydride 生产顺酐的方法有苯氧化法、丁烯氧化法及正丁烷氧化法。苯氧化法存在环境问题,新建厂一般不采用此法;丁烯氧化法存在丁烯原料较贵问题,发展较慢。正丁烷氧化法由于正丁烷来源丰富、价格便宜,发展较快,所用催化剂为V-P-O体系,以V、P氧化物为主要活性组分,以SiO_2为载体。催化剂为$\phi 2\times 5mm$圆柱形。堆密度1.16g/mL。孔体积0.21mL/g。比表面积$22m^2/g$。在反应温度为390～460℃、空速1600～$3000h^{-1}$的条件下,丁烷转化率>70%,顺酐质量收率>80%。但目前该催化剂还处于模拟工业装置试验阶段,由活性组分经沉淀、过滤、干燥、水热处理后,加助剂进行成型、干燥制得成品。

正锆酸四乙酰丙酮酯 tetraacetylacetone zirconate 又名乙酰丙酮锆酸酯。$Zr[CH_3COCH=C(CH_3)O]_4$ 微黄色透明液体。相对密度≥1.0。溶于水及乙醇、乙醚、氯仿等有机溶剂。可用作压裂液交联剂。如用作植物胶稠化剂的交联剂时,将植物胶浓度调为0.4%～1.0%,本品用量为0.05%～1.0%,进行交联时,140℃、$175s^{-1}$下剪切2h压裂液黏度≥80mPa·s。所得交联冻胶耐温可达150～180℃。由乙酰丙酮与四氯化锆反应制得。

正十二硫醇 *n*-dodecyl mercaptan 又 $CH_3(CH_2)_{10}CH_2SH$ 名正十二烷硫醇。无色至淡黄色黏稠液体。有特殊气味。相对密度0.8450。熔点-7.5℃。沸点143℃(2kPa)。折射率1.4589。不溶于水,溶于甲醇、乙醇、乙醚、苯及汽油。工业品常是几种同分异构体的混合物,馏程200～235℃。有毒!蒸气对皮肤及黏膜有刺激性。用作合成树脂、合成橡胶及胶黏剂等乳液聚合的相对分子质量调节剂、金属防腐剂、润滑油添加剂等。也用于制造杀虫剂、医药及表面活性剂等。由丙烯四聚得

到的十二烯与硫化氢反应制得。

支持体 support 感光材料中负载感光层和磁记录材料中负载磁性层的底材。按材料性质分为：①纸基，如涂塑纸基、钡底纸基等。②片基，是由高分子化合物制成的薄膜，分为纤维素酯片基和聚酯片基。纤维素酯片基中常用的是三乙酸纤维素酯片基，聚酯片基中常用的是聚对苯二甲酸乙二醇酯片基（涤纶片基）和聚碳酸酯片基。③玻璃板。

芝麻素 sesamin 又名芝麻脂素、增效敏。天然存在于五加科植物无梗五加的根、玄参科植物毛泡桐等植物中。有两种旋光异构体。d-型为针状结晶（乙醇中），熔点 122～123℃；dl-型熔点 125～126℃。几乎不溶于水、碱性溶液及盐酸，易溶于苯、氯仿、丙酮及乙酸等。用作农药增效剂。对拟除虫菊酯有增效作用。对流感病毒、结核杆菌等有抑制作用。由芝麻油提取而得。

织物涂层整理胶黏剂
见"涂层整理剂"。

织物整理剂 textile finishing agent 用于织物整理的一大类助剂。广义的织物整理包括织物离开织机后为改善和提高织物质量所经过的全部加工过程，因而纺织厂的织物修补及印染加工的全过程都属于整理的范畴。而狭义的织物整理，仅指染色和印花以后的加工过程，又称作织物后整理。其目的是通过物理或化学的加工改进织物外观与内在质量，提高服用性能或赋予某些特殊功能，如防皱、防缩、防霉防菌、抗静电、阻燃及防油污等。后整理工艺对于改善织物品质、提高产品附加值、增强市场竞争力具有十分重要的作用。后整理助剂品种很多，主要有树脂整理剂、柔软整理剂、防水整理剂、抗静电整理剂、阻燃整理剂及卫生整理剂等类别。

脂多糖 lipolysaccharide 由脂类和糖类组成的多糖物质。如由棕榈酸、硬脂酸等高碳脂肪酸与多糖形成的活性物。种类很多，结构复杂。一般由外层专一性低聚糖链、中心多糖链和脂类三部分组成。常构成革兰氏阴性菌细胞壁的成分。故可由革兰氏阴性菌的外膜用含酚水溶液萃取制得。脂多糖毒性都较强，抗肿瘤谱较广，包括对化学性致癌所产生的肿瘤也有效。医药上用作抗肿瘤活性药物，有很强抗炎及抗菌性。也用于防治因皮脂腺分泌过多而产生粉刺的化妆品。脂多糖还具表面活性，可用作乳状液的稳定剂。

脂肪胺聚氧乙烯醚磺基琥珀酸单酯二钠盐 polyoxyethylene fatty amine ether sulfo succinic acid monoester disodium salt 又名丁二酸单（烷胺基聚氧乙烯醚）酯磺酸钠、农药助剂-2号。一种阴离子型表面活性剂。淡黄色透明液体。

$$\begin{array}{c} R \\ | \\ H(OCH_2CH_2)_nN(CH_2CH_2O)_mOC-CH_2 \\ | \\ NaOOC-CH \\ | \\ SO_3Na \end{array}$$

活性组分含量29%～31%。pH值6～7。溶于水。具有优良的润湿性、分散性及乳化性。用作农药润湿剂、渗透剂及分散剂。适用于可湿性粉剂、水剂、胶悬剂等。能增大药剂表面张力及接触角，延长药剂滞留时间，减少药液损失。也是农药草甘膦的专用助剂。以脂肪胺、顺酐、环氧乙烷及亚硫酸钠等为原料，经乙氧基化、酯化、磺化等过程制得。

脂肪醇聚氧乙烯(n)醚 fatty alcohol polyoxyethylene(n)ether 又名乙氧基化
$$RO\!-\!(CH_2CH_2O)_n\!-\!H$$
(R为C_{12}或C_{12}～C_{18}烷基；n为环氧乙烷加成数1,2,3……)
脂肪醇、平平加、AEO-(n)。是非离子型表面活性剂的一大类。由于羟基上的氢原子是一个活泼氢，环氧乙烷又是极易取代氢原子的化合物，因而很易聚合成醚。C_{12}脂肪与环氧乙烷的加成物，俗称AEO，而C_{12}～C_{18}混合脂肪醇与环氧乙烷的加成物俗称平平加。分子中的亲水基团不是一种离子，而是聚氧乙醚链[-(OCH$_2$CH$_2$)$_n$OH]。链中的氧原子和羟基都有与水分子生成氢键的能力，使水溶性增强，而且稳定性较好，对硬水、酸碱都很稳定，生物降解性好。有良好的润湿、乳化、分散、增溶、去污、匀染等性能。广泛用作乳化剂、净洗剂、匀染剂、润滑剂、渗透剂、发泡剂等。其外观随生产原料及工艺的不同而异，可以是蜡状物或液体。当R和n不同时，其性能也有所差别。

C_{12}脂肪醇聚氧乙烯(3)醚 C_{12} fatty alcohol polyoxyethylene(3) ether 又名
$$C_{12}H_{25}O(CH_2CH_2O)_3H$$
AEO-3、乳化剂MOA-3。一种非离子型表面活性剂。淡黄色油状物。相对密度0.925～0.940。熔点5～6℃。HLB值6～7。活性物含量＞99%。1%水溶液的pH值6～8。易溶于油及其他极性溶剂。具有良好的乳化、润滑、分散、去污等性能，耐硬水、酸碱都较稳定。用作油包水型(W/O)乳化剂、润湿剂、脱脂剂、纤维匀染剂、发泡剂等，用以配制化妆品乳液、膏霜及各类洗涤剂。可在碱催化剂存在下，由1mol C_{12}脂肪醇和3mol 环氧乙烷经缩合反应制得。

C_{12}脂肪醇聚氧乙烯(4)醚 C_{12} fatty alcohol polyoxyethylene(4) ether 又名
$$C_{12}H_{25}O(CH_2CH_2O)_4H$$
AEO-4、乳化剂MOA-4。一种非离子型表面活性剂。淡黄色油状物。相对密度0.950。活性物含量＞99%。1%水溶液pH值5～7。易溶于油及极性溶剂，在水中呈分散状。具有良好的乳化、分散、润湿、去污等性能，用作水包油型(O/W)或油包水型(W/O)乳化剂、化纤纺丝油剂、消泡剂、碳酸氢铵添加剂、油田近井地带处理剂等。由1mol C_{12}脂肪醇与4mol 环氧乙烷经缩合反应制得。

C_{12}脂肪醇聚氧乙烯(7)醚 C_{12} fatty alcohol polyoxyethylene(7) ether 又名AEO-7、乳化剂MOA-7。一种非离子型
$$C_{12}H_{25}O(CH_2CH_2O)_7H$$
表面活性剂。乳白色至浅黄色油状物。相对密度0.950～0.960。闪点＞190℃。活性物含量＞99.5%。1%水溶液的pH值5～7。HLB值8～10。易溶于水。具有良好的乳化、分散、润湿及洗涤性能。用于配制工业乳化剂及清洗

剂、羊毛脱脂剂、家用洗涤剂、织物净洗剂及匀染剂等。由 1mol C_{12} 脂肪醇与 7mol 环氧乙烷在碱催化下缩合制得。

C_{12} 脂肪醇聚氧乙烯(8)醚 C_{12} fatty alcohol polyoxyethylene(8) ether 又名
$$C_{12}H_{25}O(CH_2CH_2O)_8H$$
AEO-8、乳化剂 MOA-8。一种非离子型表面活性剂。乳白色至微黄色膏状物。相对密度 0.965。熔点 25～28℃。HLB 值 13～14.4%。1% 水溶液 pH 值为 6.5～7.5。易溶于水。具有优良的乳化、分散、润湿及净洗等性能。用于配制工业及蜡类乳化剂、羊毛脱脂剂、纺织油剂、树脂整理助剂及净洗剂等。由 1mol C_{12} 脂肪醇与 8mol 环氧乙烷在碱催化下宿合制得。

C_{12} 脂肪醇聚氧乙烯(9)醚 C_{12} fatty alcohol polyoxyethylene(9) ether 又名
$$C_{12}H_{25}O(CH_2CH_2O)_9H$$
AEO-9、乳化剂 MOA-9。一种非离子型表面活性剂。乳白色至微黄色膏状物。活性物含量>99%。1% 水溶液的 pH 值 5～7。HLB 值 13.6。易溶于水。具有良好的乳化、分散、润湿等性能。用于配制工业乳化剂、羊毛净洗剂、织物匀染剂及清洗剂、脱脂剂、金属清洗剂等。它对棉纤维及聚酯等有较强去污力,但起泡性及稳泡性较差,适用于配制中低泡机用洗涤剂。由 1mol C_{12} 脂肪醇与 9mol 环氧乙烷在碱催化下缩合制得。

$C_{12\sim18}$ 脂肪醇聚氧乙烯(10)醚 $C_{12\sim18}$ fatty alcohol polyoxyethylene(10) ether
$$C_{12\sim18}H_{25\sim37}O(CH_2CH_2O)_{10}H$$
又名平平加 O-10。一种非离子型表面活性剂。淡黄色油状液体或糊状物。相对密度 1.003。浊点 60～70℃。1% 水溶液 pH 值为 5～7。HLB 值 14.1～14.7。易溶于水。具有良好的乳化、润湿、分散、去污等性能。对硬水、酸碱都很稳定。生物降解性好。用于配制工业及家用洗涤剂、金属清洗剂、纺织及纤维油剂,也用作乳化剂、匀染剂及剥色剂等。由 1mol $C_{12\sim18}$ 脂肪醇与 10mol 环氧乙烷在碱催化下缩聚而得。

$C_{12\sim18}$ 脂肪醇聚氧乙烯(15)醚 $C_{12\sim18}$ fatty alcohol polyoxythylene(15) ether
$$C_{12\sim18}H_{25\sim37}O(CH_2CH_2O)_{15}H$$
又名平平加 O-15。一种非离子型表面活性剂。乳白色膏状物或固体。相对密度 1.005。熔点 32～35℃。pH 值 6～7(1% 水溶液)。HLB 值 14.5。溶于水。具有优良的乳化、润湿、分散、去污及抗硬水性能,生物降解性好。用作润湿剂、分散剂、洗涤剂、乳化剂、匀染剂等,适用于纺织、制革、农药、造纸、油墨、化肥及金属加工等行业。由 1mol $C_{12\sim18}$ 脂肪醇与 15mol 环氧乙烷在碱催化下缩聚制得。

$C_{12\sim18}$ 脂肪醇聚氧乙烯(20)醚 $C_{12\sim18}$ fatty alcohol polyoxythylene(20) ether
$$C_{12\sim18}H_{25\sim37}O(CH_2CH_2O)_{20}H$$
又名平平加 O-20。一种非离子型表面活性剂。白色至微黄色蜡状固体。浊点 >100℃。HLB 值 15～16.5。易溶于水。1% 水溶液 pH7～8。10% 水溶液在 25℃时澄清透明,遇冷凝冻。在硬水、酸、碱液中都较稳定。具有良好的乳化润湿、分散、去污等性能。用作织物匀染剂、纤维纺丝油剂、石油钻井液乳化剂、剥色剂等,常用作石蜡、硬脂酸、润滑油等的乳化剂及工业洗涤剂。由 1mol $C_{12\sim18}$ 脂肪醇与 20mol 环氧乙烷在碱催化下缩聚制得。

$C_{12\sim18}$脂肪醇聚氧乙烯(25)醚 $C_{12\sim18}$ fatty alcohol polyoxythylene(25) ether 又名平平加 O-25。一种非离子型表面
$$C_{12\sim18}H_{25\sim37}O(CH_2CH_2O)_{25}H$$
活性剂。乳白色至淡黄色固体。1% 水溶液 pH 值 5～7。HLB 值 14.5。易溶于水。对硬水、酸碱都较稳定。具有优良的乳化、净洗、渗透、润湿及匀染等性能,生物降解性好。印染工业用作匀染剂及缓染剂,农业上用作浸种用渗透剂及农药润湿剂,也用作金属清洗剂、乳化剂、分散剂等。由 1mol $C_{12\sim18}$ 醇与 25mol 环氧乙烷在碱催化下缩聚制得。

$C_{12\sim18}$脂肪醇聚氧乙烯(30)醚 $C_{12\sim18}$ fatty alcohol polyoxythylene(30) ether
$$C_{12\sim18}H_{25\sim37}O(CH_2CH_2O)_{30}H$$
又名平平加 O-30。一种非离子型表面活性剂。乳白色片状物,有蜡样光泽。固含量≥98%。浊点 98～100℃(10% $CaCl_2$)。pH 值 5～7(1% 水溶液)。溶于水,对硬水、酸碱很稳定。具有良好的润湿、分散、乳化及净洗等性能,用作润湿剂、分散剂、匀染剂、乳化剂、洗涤剂等,适用于纺织、制革、造纸、农药、制药等工业。也用作乳液聚合的乳化剂。在碱催化剂存在下,由 1mol $C_{12\sim18}$ 醇与 30mol 与环氧乙烷缩聚制得。

$C_{12\sim18}$脂肪醇聚氧乙烯(35)醚 $C_{12\sim18}$ fatty alcohol polyoxythylene(35) ether
$$C_{12\sim18}H_{25\sim37}O(CH_2CH_2O)_{35}H$$
又名平平加 O-35。一种非离子型表面活性剂。乳白色膏状物。浊点≥88℃。扩散率≥95%。溶于水,1%水溶液 pH 值 6.5～7.5。耐硬水、酸碱、具有良好的乳化、扩散、润湿、匀染、净洗等性能。纺织及印染工业中用作匀染剂、染整前处理剂及后处理剂、纤维纺丝油剂。也用作工业乳化分散剂、高分子聚合乳化剂、润湿剂等。在碱催化剂存在下,由 1mol $C_{12\sim18}$ 脂肪醇与 35mol 环氧乙烷缩聚制得。

脂肪醇聚氧乙烯醚磺基琥珀酸单酯二钠盐 disodium monopolyoxyethylene alkyl ether sulfosuccinate 又名脂肪醇
$$RO(CH_2CH_2O)_nOCCH_2\text{-}CH(SO_3Na)_2$$
醚磺化琥珀酸酯钠盐。无色至微黄色透明液体。属阴离子表面活性剂。活性物 28%～32%。1% 水溶液 pH 值 5～7。具有优良的分散、乳化、增溶、起泡、洗涤及匀染性能,对皮肤刺激性低、生物降解性好。用于配制香波、奶液、浴液、婴儿洗涤用品、餐洗剂、硬表面洗涤剂及工业洗涤剂等,也用作匀染剂、涂料乳化剂等。由脂肪醇环氧乙烷在碱性催化剂存在下反应后,再与马来酸酐、亚硫酸钠反应制得。

脂肪醇聚氧乙烯(30)醚甲基硅烷
见"分散剂 WA"。

脂肪醇聚氧乙烯醚磷酸钾盐
见"抗静电剂 AEP"。

脂肪醇聚氧乙烯醚磷酸酯钠盐 polyoxyethylene fatty alcohol sodium phosphate 淡黄色黏稠性液体。属阴离

$$RO\text{—}(CH_2CH_2O)_n\text{—}\underset{\underset{OH}{|}}{\overset{\overset{O}{\|}}{P}}\text{—}ONa$$

$(R=C_8, C_{12\sim14}; n=0,3,5,7,9)$

子表面活性剂。活性物含量≥96%。pH值1～3。易溶于水。具有优良的洗涤、乳化、润滑、柔软及抗静电性能。泡沫丰富细腻、抗硬化性好。用作工业清洗剂、颜料分散剂、油井钻井泥浆润滑分散剂、纺织油剂等。由脂肪醇聚氧乙烯醚与五氧化二磷经酯化反应,再经碱中和而得。

C_{12}脂肪醇聚氧乙烯醚硫酸铵 C_{12} fatty alcohol polyoxyethylene ether monoammonium sulfate 一种阴离子表面
$$RO\!\!+\!\!CH_2CH_2O\!\!+\!\!_nSO_3NH_4$$
活性剂。活性物含量≥24%。pH值6～7(1%水溶液)。易溶于水,不溶于一般有机溶剂。具有良好的乳化、分散、去污等性能,对皮肤无刺激性。用作配制液体洗涤剂的乳化剂、起泡剂,也用于配制高级洗发香波、餐具洗涤剂、泡沫浴剂及化妆品等。由脂肪醇聚氧乙烯醚经三氧化硫酯化成脂肪醇聚氧乙烯醚硫酸酯后,经氨水中和制得。

C_{12}～C_{14}脂肪醇硫酸铵 ammonium C_{12}～C_{14} fatty alcohol sulfate 一种阴离子表面活
$$C_{12\sim14}H_{25\sim29}OSO_3NH_4$$
性剂。淡黄色液体。活性物含量≥26。pH值6～7。溶于水。具有良好的润湿、去污、乳化、发泡等性能,对皮肤刺激性小,生物降解性好。用于制造家庭清洁剂、香波、浴液等,也用作纺织助剂及聚合用乳化剂等。由C_{12}～C_{14}脂肪醇在催化剂存在下与SO_3反应生成C_{12}～C_{14}脂肪醇硫酸酯后,再用氨水中和而得。

$C_{13\sim14}$脂肪醇硫酸钠
见"发泡剂K_{14}"。

脂肪酶 lipase 是水解脂肪分子中甘油酯键的一类酶的总称。是一种糖蛋白,糖含量2%～15%,主要成分是甘露糖。相对分子质量2万～6万。天然存在于动物胰脏、油料作物种子及各种微生物中。其分解酯键的方式为:先分解各个分子的α-酯键,再依次分解β-酯键及γ-酯键;或是将一个分子的酯键全分解后,再分解其他分子的酯键。由于酶的底物脂肪与水不互溶,酶反应是在油-水界面进行,其反应速度受油-水界面所支配,而表面活性剂对脂肪酶的作用有影响。根据酶的来源可分为胰脏脂肪酶、植物脂肪酶及微生物脂肪酶等。使用较多的是微生物脂肪酶。易溶于水,不溶于乙醇。最适反应温度38～45℃,pH值3.5～7.5。用于皮革、绢纺、明胶等的脱脂、乳制品增香、油脂水解制脂肪酸等,用于加酶洗衣粉及液体洗涤剂,可去除含脂肪的污渍。可由柱状假丝酵母经培养、发酵、盐化、沉淀、透析、结晶制得。

脂肪酸单乙醇酰胺磺基琥珀酸单酯二钠盐 fatty acid monoethanolamine sulfosuccinate disodium salt 又名烷醇酰
$$RCONHCH_2CH_2OOCCH_2\!\!-\!\!CH\!\!-\!\!COONa$$
$$|$$
$$SO_3Na$$
胺琥珀酸酯。一种阴离子表面活性剂。淡黄色糊状或膏状物。活性物含量33%～37%。1%水溶液pH值5～7。易溶于水。具有优良的发泡、润湿及钙皂分散能力。对皮肤刺激性小、表面张力低,用于配制香波、洗手液、餐具洗涤剂及皮肤清洁剂等,尤适用于婴幼儿香波,也用作石油钻井高温发泡剂、乳液聚合用乳化剂、织物洗涤剂等。由脂肪酸单乙醇酰胺与顺酐经酯化反应生成脂肪酸单乙醇酰胺琥珀酸酯,再用亚硫酸氢钠磺化制得。

脂肪酸单乙醇酰胺聚氧乙烯醚硫酸盐 fatty acid alkyl monoethanol amide polyoxyethylene sulfate 淡黄色透明液
$$RCON(CH_2CH_2OH)(CH_2CH_2O)_nSO_3M$$
$$(M=Na, K)$$
体。活性物含量 30%～35%。属阴离子表面活性剂。溶于水。1%溶液 pH 值 6～8。有优良的发泡、乳化、去污能力,泡沫丰富稳定,毒性小,易生物降解,钙皂分散力强。用于制造香波、餐洗剂、洗手液等,常用于"二合一"洗涤用品。与阳离子表面活性剂复配使用不产生复盐,能提高发泡能力,对头发有调理作用。由脂肪酸单乙醇胺反应制成脂肪醇单乙醇酰胺后,再经乙氧基化、硫酸化及碱中和而制得。

脂肪酸加氢制脂肪醇催化剂 catalyst for aliphatic acid hydrogenation to aliphatic alcohol 用于高级脂肪酸或其酯经催化加氢制造高碳醇的催化剂。中国产品牌号有 NC31-01、NC31-02。催化剂活性组分为氧化铜及铬酸铜的复合物,外观为灰黑色圆柱体。堆密度 1.2～1.6g/mL。在 180～260℃、10～25MPa、空速 $0.05～0.3h^{-1}$ 的反应条件下,催化剂具有良好的活性、选择性及稳定性。可由铜及其他活性组分经溶解、沉淀、过滤、洗涤、干燥、成型等过程而制得。

脂肪酸甲酯磺酸钠 fatty acid methyl ester sulfonate sodium 又名表面活性
$$\begin{matrix} RCOOCH_3 & (R=C_{17}H_{34}) \\ | \\ SO_3Na \end{matrix}$$
剂 MES。一种阴离子表面活性剂。浅黄色糊状物。流动点 60℃。闪点 149℃。微溶于水。有良好的润湿性、分散性、净洗性、钙皂分散力及抗硬水能力,生物降解性好。用作润湿剂、分散剂、洗涤剂、矿物浮选剂、皮革脱脂剂、脱墨剂,适用于印染、制革、颜料、农药、选矿、油田化学等领域。也是洗涤剂的有效活性物,制取有磷或无磷洗涤剂。由脂肪酸或天然油脂经酯化、磺化及碱中和制得。

脂肪酸聚氧乙烯醚
见"乳化剂 A105"

脂肪酸聚氧乙烯酯 SG 系列 polyoxyethylene stearate SG series 又
$$RCOO(CH_2CH_2O)nH$$
名柔软剂 SG 系列。一种非离子表面活性剂。外观为米黄色膏状体或稠厚液体。商品 SG-6、SG-10、SG-20 的皂化值分别为 80～95、60～85、44～52 mgKOH/g, HLB 值分别为 16、10、12。溶于水呈分散液,不在水中电离。溶于乙醇、乙醚、丙酮、甲苯等有机溶剂,可与各类表面活性剂混用。具有良好的柔软、润湿、润滑等性能。主要用作柔软剂及润滑剂,是腈纶、涤纶等纺丝油剂的主要组分。也用作光学研磨膏增稠剂、化妆品油膏添加剂等。由硬脂酸与环氧乙烷在碱性条件下经缩合、酸中和、双氧水脱色而制得。

脂肪酸蔗糖酯 sucrose fatty acid ester 又名蔗糖脂肪酸酯、蔗糖酯。以蔗糖的 OH 基为亲水基,脂肪酸的碳链部分为亲油基的一种非离子表面活性剂。所用脂肪酸可以是硬脂酸、油酸、棕榈酸等高级脂肪酸,也可以是乙酸、异丁酸等低级脂肪酸。按所用脂肪酸及酯化度的不同,其外观为白色至黄色粉末状、蜡状或块状固体,或为无色至微黄色黏稠状液体。无臭或有微臭。有良好的分散、乳化及润湿性能。微溶于水,溶于乙醇。用作食品乳化剂,可用于肉制品、乳化香精、清凉饮料、果酱等,也用于鸡蛋、苹果、橘子等的保鲜。由脂肪酸与蔗糖经酯化反应制得。

脂肪族醚多硫化物 aliphatic ether polysulfide 又名硫化剂VA-7。浅灰色液体。稍有硫醇气味。相对密度1.42~1.47。26.7℃时黏度5~10Pa·s。总硫量48%~52%。pH值6~8。不溶于水,溶于醚、苯等有机溶剂。用作天然橡胶、丁腈橡胶、丁苯橡胶及不饱和橡胶的硫化剂。在橡胶中易分散。硫化效率比硫黄高,用于制造电线电缆,也用作制造白色胎侧胶料的硫化剂。由氯乙醇、甲醛在二氯甲烷溶剂中缩合得到的单体,与多硫化钠反应而得。

$$\text{〔}C_2H_4-O-CH_2-O-CH_2-S-S-S-S\text{〕}_n$$

脂环族环氧树脂 cycloaliphatic epoxy resin 又名脂环族二环氧化物。分子中含有脂环,环氧基直接连在脂环上的环氧树脂。主要品种有二氧化乙烯基环己烯、二氧化双环戊二烯、二氧化二戊烯、二氧化双环戊基醚、二氧化双环戊二烯乙二醇醚、二甲基代二氧化乙烯基环己烯等。与一般环氧树脂的分子结构中的环氧基都是以环氧丙基醚连接在苯核和脂肪烃上相比较,脂环族环氧树脂因特殊分子结构而具有热稳定性及耐紫外线性好、树脂黏度低等特点。但所用固化剂多为酸酐类,部分产品固化后的树脂韧性较差。主要用作浇铸料、绝缘固封料、玻璃纤维增强材料、耐热透明材料、胶黏剂等,也用作树脂改性剂及增塑剂、油品添加剂等。由不饱和脂环化合物用过氧化物经环氧化制得。

直接染料 direct dyes 对纤维染色时,不需媒染剂处理而可直接上染的染料。绝大部分是双偶氮和三偶氮型染料,也有四偶氮型染料。按其化学结构中的主要成分,有联苯胺型、二苯乙烯型、苯甲酰替苯胺型、尿素型、均三嗪型及酞菁型等。按应用方式,分为一般直接染料、直接耐晒染料、直接铜盐染料及直接重氮染料等。色谱齐全、应用简便、成本低廉,广泛用于纤维素及蛋白质纤维的印染,如棉、黏胶、麻、丝、羊毛及锦纶等的染色。染纤维素纤维时,一般在中性或弱碱性染浴中进行,染蛋白质纤维时,一般在中性或弱酸性浴中进行。

pH值响应性凝胶 pH value responsive gel 又名pH值敏感性凝胶。指其体积能随环境pH值、离子强度而变化的高分子凝胶。在凝胶大分子中具有离子解离基团(如羧基、氨基),其网络结构和电荷密度能承受介质的pH值变化,并对凝胶网络的渗透压产生影响。如用戊二醛使壳聚糖($CS-NH_2$)上的氨基交联,再和聚丙二醇聚醚形成半互穿聚合物网络。在碱性条件时,网络形成氢键,使大分子链缩合,凝胶溶胀度显著降低;在酸性条件时,壳聚糖结构单元上的氨基质子化,氢键被破坏,导致凝胶溶胀度增大,从而使凝胶网络的行为对pH敏感。利用这一原理制成的 pH 值响应微囊膜可用于药物控制释放,使药物释放做到定点、定时、定量控制。也可用于蛋白质的控制释放。

植酸 phytic acid 又名肌醇六磷酸、六磷酸环己六醇酯。广泛存在于植物中的有机磷酸化合物,谷物及油料中含量约占干重的 1%～3%。一般以钙、镁的复盐植物钙镁(又称菲汀)形式分布于植物体中。浅黄色至淡褐色浆状液体。易溶于水、含水乙醇、丙酮、甘油,难溶于无水乙醇、苯。受热易分解。在无机酸中水解生成肌醇及磷酸,显强酸性,能与金属离子螯合成白色不溶性金属盐。广泛用作螯合剂、抗氧剂、酸味剂、水软化剂及保鲜剂等。酒类中加入微量植酸,可除去钙、铁、铜及其他重金属;日化工业中用作除垢剂,除去便池尿垢、器具油垢;染发剂中加入植酸可防止头屑生成,并有抗菌止痒作用。还用作双氧水稳定剂、聚合釜防黏剂、燃料油防爆剂等。由米糠经酸泡、碱中和、离子交换、脱色及浓缩等过程制得。

植酸钙镁 phytin 又名菲丁、肌醇六磷酸酯钙镁盐。白色粉末。无臭。不溶于水及碱液,溶于硝酸、盐酸、硫酸。一种营养补充剂,具有促进新陈代谢、增进食欲、助长发育等作用,适用于神经衰弱、软骨病、贫血、佝偻病、癔病及血管张力减退等患者。由玉米用亚硫酸溶液浸取后精制而得,也可由工业植酸钙用盐酸浸取后精制而得。

植酸酶 phylase 一种能将植酸分解成肌醇单磷酸至肌醇五磷酸的酶。通常以植酸盐的形式存在于植物体中,如饼粕、玉米、芝麻、糠麸等中。黄褐色粉状物,具有发酵香味。相对分子质量约 20000。酶活力 500～600u/mg。最适 pH 值 2.5～5.5,最适作用温度 55℃。植酸酶能将植酸分解为肌盐和无机盐,提高人和动物对植物性营养物质的利用率及畜禽抗病防病能力,解除植酸的抗营养作用和对淀粉酶的抑制。用作饲料添加剂可提高矿物元素和蛋白质的营养作用,使植物有机磷有效利用,提高饲料转化率。以米糠为主要原料,配以麸皮、营养盐等发酵、分离制得。

植物鞣剂
见"栲胶"。

植物生长调节剂 plant growth regulator 能调节控制植物生长发育的药剂。它们可以调控植物的营养生长和生殖生长过程。按作用性质又可分为促进生长及抑制生长两类。生长促进剂可分为:①生长素类。促进细胞分裂、伸长和分化,延迟器官脱落,可形成无籽果实,如吲哚乙酸、2,4-滴。②赤霉酸类。促进细胞伸长、开花、打破休眠等,如赤霉酸、氯吡脲等。③细胞分裂素类。促进细胞分裂,保持地上部分绿色,延缓衰老,如玉米素、二苯脲等。④油菜素内酯。能促进植物生长,增加营养体收获量,提高座率,促进果实膨大,增加粒重等。生长抑制剂又可分为:①生长素传导抑制剂。能抑制顶端优势,促进侧枝侧叶生长,如氯芬醇。②生长延缓剂。抑制茎的顶端分生组织活动,延缓生长,如矮壮素、多效唑等;还有在施药一定时间后,植物又可恢复顶端生长,如马来酰肼。③乙烯释放剂。促进果实成熟、衰老和营养器官脱落,如乙烯利。④脱落酸。可促进植物的叶子和果实脱实的物质,如脱叶脲。

植物源农药 plant pesticide 生物源农药的一类,是利用植物资源开发的农药,按性能划分为:①植物毒素,使植物产生对有害生物有毒杀作用的次生代谢物,如具有杀虫作用的烟碱、除虫菊素;②植物源昆虫激素,如从藿香蓟属植物中提取的早熟素具有抗昆虫保幼激素功能;③植物内源激素,植物产生的能调节自身生长发育过程的非营养性的微量活性物质,如生长酸、脱落酸,它们有特定生理功能;④拒食剂,植物产生的能抑制某些昆虫味觉感受器而阻止其取食的活性物质,如从柑桔种子提取的类柠檬苦素;⑤引诱剂和驱避剂,植物产生的对某些昆虫有引诱或驱避作用的活性物质,如香茅油可驱避蚊虫,丁香油可引诱东方果蝇;⑥绝育剂,植物产生的对昆虫有绝育作用的活性物质,如从印度昌蒲提取的β-细辛脑能阻止雌虫卵巢发育;⑦增效素,如芝麻油中的芝麻素对菊酯类杀虫剂有增效作用;⑧植物防卫素,由感病植物自身诱导产生的抗菌活性物质等。

植物甾醇 phytosterds 又名植物固醇。从植物油脂中提取得到的甾醇如不加分离时统称为植物甾醇。是数种甾醇的混合物,主要为谷甾醇、豆甾醇、菜油甾醇、菜籽甾醇等,有上述共同的结构式。植物甾醇多为植物细胞的重要组分,其中各单体的含量随来源有很大不同,性能和应用也与所含单体相似。一般为白色结晶性粉末。不溶于水、酸、碱,常温下微溶于乙醇、丙酮,溶于乙醚、氯仿、石油醚等。能防止动脉粥样硬化和用于皮肤营养和保护,也用作织物柔软剂、汽油乳化剂、颜料分散剂等。主要从植物油脂精炼的脱臭馏出物中用乙醚、乙醇等溶剂提取而得。

酯化淀粉 esterified starch 指淀粉的羟基被无机酸及有机酸酯化而得到的淀粉衍生物。可分为淀粉无机酸酯及淀粉有机酸酯两类。淀粉无机酸酯主要品种有淀粉磷酸酯、淀粉硝酸酯、淀粉硫酸酯及淀粉黄原酸酯;淀粉有机酸酯的品种较多,常用品种有淀粉乙酸酯、淀粉乙酸乙烯酯、淀粉乙酰丙酸酯、淀粉顺丁烯二酸酯、淀粉琥珀酸酯、淀粉邻氨基苯甲酸酯等。

制鞋用胶黏剂 shoe adhesive 现代

制鞋工序中各种胶黏剂的总称。鞋部件很多,对胶种的要求各异,所用胶种很多。按被粘对象分为粘底胶、绷帮胶、扳边胶、衬里胶、合布胶、包头胶、包跟胶、围条胶、勾心胶、鞋垫胶等;按固化方式分为常温固化胶、加热固化胶、反应固化胶等;按使用方式分为溶液胶、乳液胶、热熔胶,热熔胶按外观又可分为胶粉、胶条、胶片等;按主要组成分为橡胶型胶(如氯丁胶、丁腈胶)、接枝胶(如接枝氯丁胶、接枝天然胶)、聚氨酯胶、SBS胶、聚烯烃类胶(如聚乙酸乙烯酯溶液胶、聚丙烯酸酯胶)、淀粉胶及其他胶(如羧甲基纤维素胶、皮胶等)。使用较多、要求较高的鞋用胶主要有粘底胶、绷帮胶、合布胶,其中要求最高的是粘底胶,大量使用的是溶剂型氯丁胶和聚氨酯胶。

质子泵抑制剂 proton pump inhibitor 目前临床应用中作用最强的抑制胃酸分泌的一类药物。质子(H^+)的产生是细胞进行代谢活动的基础。质子泵是细胞内参加H^+转运的一种ATP酶,有多种类型,如$H^+/K^+\cdot$ATP是胃组织中的质子泵,它能使胃组织中pH值维持在1~2左右,以利于食物消化。质子泵药物吸收后,浓集于胃黏膜壁细胞,在酸性环境中活化为有效成分,与质子泵(如$H^+/K^+\cdot$ATP)特异性结合,使其不可逆失活,从而抑制了它的泌酸功能,直到新的质子产生,壁细胞才能恢复泌酸功能,一般抑酸作用可维持到24h。这类药物有奥美拉唑、兰索拉唑、泮托拉唑、雷贝拉唑等,用于治疗胃十二指肠溃疡、消化性溃疡出血、返流性食管炎等。

致癌性染料 carcinogenic dyes 指能对人体或动物体引起肿瘤或癌变作用的染料。具有致癌性染料为少数,不同染料的致癌性也不同。染料产生致癌性的原因有多种,一种是在某些条件下裂解产生具有致癌作用的化学物质,如某些偶氮染料在还原条件下会分解产生致癌芳香胺;另一种是染料本身直接与人体或动物长时间接触而引起癌变。属第一种原因产生致癌性的染料较多,而属于第二种原因的致癌性染料较少,目前已知的有C.I.分散黄3,C.I.分散蓝1、C.I.直接红28,C.I.直接蓝6,C.I.直接黑38,C.I.碱性红9,C.I.酸性红26、C.I.酸性紫49,C.I.溶剂黄1,C.I.溶剂黄,C.I.碱性黄2,C.I.溶剂黄34等。

致密膜 dense membrane 又名密度膜。在膜分离技术中通常将孔径小于1nm的膜称为致密膜。所用材料有镍、铂及其合金的金属片等。其传质和分离机理是溶解-扩散原理。即在膜上游的溶质(溶液中)分子或气体分子(吸附)溶解于高分子膜界面,按扩散定律通过膜层,在下游界面脱溶。溶解速率取决于该温度下小分子在膜中的溶解度,而扩散率则按Fick扩散定律进行。致密膜可用相转化法制得,可用于高纯氢气分离及加氢、脱氢等高温催化反应。

智能材料 smart materials 是模仿生命系统能感知环境变化并能实时地改变自身的一种或多种性能参数,作出所期望的、能与变化后的环境相适应的复合材料。它来自于功能材料,利用功能材料做成传感器及驱动器,再借助现代信息技术对感知的信息进行处理并将指令反馈给驱动器,从而做出灵敏、恰当的为根细胞分裂的必需物质,能促使细胞伸长、扩大,促进染色体脱氧核糖核酸的合成,并能促进不定根的生成,花、芽、果实等的发育。天然的茁长素一般从胡萝卜的根茎中提取,有多种结构,较多的化合物为 β 吲哚乙酸和 β 苯氧基乙酸的衍生物,一般与氨基酸或蛋白质相连。合成法制得的是茁长素的一些初级产品。茁长素能促进皮肤细胞分裂活性,促进皮层细胞生长,用于护肤品可刺激皮肤磷脂的合成,有抗衰老作用。

着色剂 colourant 加入塑料、橡胶、涂料、油墨、化纤、织物、陶瓷、玻璃、水泥等物质中,可改变这些物质固有颜色的添加物质称为着色剂。可分为染料及颜料两大类。两者的主要区别是溶解性不同,染料可溶于水、油、有机溶剂。分子内常含有发色基团和助色基团。由于染料的耐热、耐光及耐溶剂性较差,加工中易分解,主要用于各种纺织纤维的印染,较少应用于塑料、橡胶、油墨、涂料等;颜料是不溶于水、油及有机溶剂的有色或白色物质。通常有适当的遮盖力及着色力、高的分散度、鲜明的颜色和对光的稳定性。按化学组成可分为无机颜料及有机颜料。按组成分类,着色剂可分为无机着色剂、有机着色剂、荧光增白剂及珠光剂等。

着色颜料 colouring pigment 赋予涂料的涂膜所需颜色和遮盖力,并可增强涂膜耐磨性、耐候性等性能的颜料。包括白色颜料(如钛白、锌钡白)、红色颜料(如铁红、甲苯胺红)、黄色颜料(如铬黄、铁黄)、绿色颜料(如氧化铬绿、酞菁绿)、蓝色颜料(如铁蓝、群青)、紫色颜料(如甲苯胺紫红)、黑色颜料(如炭黑、铁黑)、金属颜料(铝粉、铜粉)。

紫草素 shikonin 又名紫草醌、紫草宁、紫草红色素。紫褐色片状晶体或黏稠状浸膏。熔点 147～149℃。不溶于水,溶于乙醚、甘油、乙醇、苯及植物油。在油脂中呈鲜红色,在酸性溶液中呈红色,在碱性溶液中呈蓝色。遇铁离子呈深紫色,遇铅离子呈蓝色。具有抗菌、消炎、解毒等作用。医药上用于治疗肝炎、肝硬化、扁平疣、银屑病及湿疹等。含本品的牙膏可防治牙龈炎及龋齿。也用作油脂、香料及罐头等的紫红色色素。由紫草科植物紫草的根用溶剂萃取而得。

紫胶 shellac 又名虫胶、洋干漆。是一种天然树脂,是寄生于豆科或桑科植物上的紫胶虫吸食和消化树汁后,在树脂上留下的分泌物,采集加工制得的产品即为紫胶。粗制品呈紫红色,经精制后成黄色或棕色的紫胶片和白色的白虫胶。主要成分为紫胶桐酸、紫胶酸、虫蜡酸及少量棕榈酸、肉豆蔻酸等。熔点 115～120℃。不溶于水,溶于乙醇、乙醚、氨水、松节油及碱液。微溶于烃类和酯类。紫胶片的酒精溶液常用作木器底漆,也用于金属、陶瓷、火柴头等的胶接;白虫胶可用作食品涂层剂(主要为糖果)、涂釉剂、饮料浑浊剂等。紫胶还用于医药、造纸、油墨、绝缘材料等。

紫杉醇 taxol 又名紫杉酚。三环二萜类衍生物。白色结晶或无定形粉末。熔点 213～216℃（分解）。难溶于水。溶于丙酮、氯仿。天然存在于红豆杉属植物中。有抗癌作用。它能与微管蛋白结合，促进微管蛋白聚合装配成微管二聚体，从而抑制细胞微管解聚，阻止细胞快速繁殖。对治疗转移性卵巢癌及乳腺癌有显著疗效，也用于治疗小细胞和非小细胞肺癌、宫颈癌、抗化疗白血病等。可由红豆杉中直接萃取分离，或用细菌培养法及全合成方法制得。

紫苏亭 perillartine 又名紫苏糖、紫苏素、1,8-对䓛二烯-7-肟。白色晶体。熔点 97～101℃。难溶于水，溶于乙醇。具有特殊清甜香气。其甜度为蔗糖的 2000 倍，为糖精的 10 倍。可用作一种无热量、不参与体内代谢的甜味剂，用于饮料、糕点等食品中。目前主要用作卷烟添加剂，可增加烟草香气、抑制杂气，吸味得到改善，使余味醇和而舒适。由紫苏醛与羟胺反应后再经脱水制得。

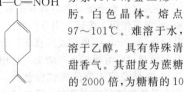

紫苏醛 perillaldehyde 无色至淡黄色油状液体。具有紫苏和枯茗样的香气。

相对密度 0.965～0.975。沸点 237℃。闪点 9.5℃。折射率 1.504～1.510。难溶于水，溶于乙醇、苯、氯仿及植物油。天然存在于紫苏油、橙油、薄荷、红茶等中，用作香料，用于调配果香型食用香精及花香型日化香精。也用于制造紫苏亭甜味素。由紫苏全草经水蒸气蒸馏得到紫苏油，再经精馏而得。

紫外线固化油墨 ultraviolet curing ink 又名紫外线干燥油墨。是利用一定波长的紫外光光线照射，引起油墨内连结料发生交联反应而进行干燥，从液态转变成固态而完成固化的油墨。具有不需要热源、不含溶剂、不污染空气、固化时间短、干燥速度快、印品墨膜结实等特点。由环氧树脂或聚酯-丙烯酸酯共聚树脂、紫外线光敏剂、交联剂、阻聚剂等组成的连结料，与颜料研磨制得。可制成凸版、凹版、网孔板及平版等各类油墨。能在纸、塑料、陶瓷等各种承印物上印刷，但成本较高。

紫外线显色油墨 ultraviolet color ink 指在太阳光或一般照明下只能见到乳白色，而当照射紫外线时，能发出鲜明荧光的油墨。显色材料用的是无机荧光物质，将其分散到适当的连结料中，即可制成油墨。可分为溶剂型和水溶型两种，标准色有绿、黄、橙、红、粉、紫、蓝、白色等，混合后可调配出更多种颜色。主要用于显示广告牌、显示器、施工标志、舞台设备等，也可用于文具、玩具、服装、防伪标记及工业用显示设备等。

紫外线吸收剂 ultraviolet absorber 光稳定剂的主要品种，它能强烈而有选择性地吸收对聚合物敏感的紫外线，并将其以热能或无害的低辐射能释放出或消耗掉，从而抑制紫外线的危害作用。紫外线吸收剂按结构可分为水杨酸酯类、二苯甲酮类及苯并三唑类。水杨酸酯类紫外线吸收剂含有酚基芳酯结构，吸光后分子内部发生重排而产生二苯甲反应,当外部刺激消除后又能迅速恢复到初始状态。这种集传感器、驱动器和控制系统于一体的智能材料,体现了生物的特有属性,如人们模仿生物组织所具有的传感、处理和执行功能,将功能高分子材料发展成为智能高分子材料。目前研究较多的智能材料有智能凝胶、无机智能结构材料、智能药物释放体系、自适应材料、智能光电子材料等。其应用将涉及信息、生命科学、宇宙、海洋科学等领域。

中草药饲料添加剂 Chinese medicinal feed additives 指用作饲料添加剂的一类中草药。它具有许多营养成分和生物活性,兼有营养性和药性的双重作用,既可防病,又可使畜体提高生产机能,调节机体的免疫机能。同时要求在畜体内残留低或不残留,不产生抗药性。能用作饲料添加剂的中草药很多,可分为植物、矿物及动物三类。以植物类用量最大,如麦芽、松针、山楂、陈皮等;矿物类主要有芒硝、麦饭石、雄黄等;动物类所占比例较少,如牡蛎、蚯蚓、乌贼骨等。

中堆比催化裂化催化剂 medium gravity catalytic cracking catalyst 粒度主要为<80μm的微球形催化剂。活性组分为稀土Y型或氢型分子筛、载体为凝胶黏合高岭土基质。Al_2O_3含量19%~28%。孔体积0.4~0.6mL/g。比表面积≥220m²/g。催化剂具有中等堆密度。中国产品牌号有CC-14、CC-15、LCS-TB、LCS-7C等。适用于全蜡油进料或掺混部分渣油的流化催化裂化装置。由活性组分及载体基质材料以一定比例混合成胶、喷雾干燥、洗涤、过滤、干燥而制得。

中铬黄
见"铬酸铅"。

中和剂 neutralization agent 又称pH调节剂、酸度调节剂、缓冲剂。是酸(或酸式盐)与碱(碱式盐)相互作用调节pH的物质。中和作用是酸和碱相互作用生成盐和水的反应,其实质是酸电离产生的氢离子和碱电离产生的氢氧根离子结合生成了难电离的水。中和作用的应用十分广泛,在酸催化反应、有机合成、油脂及淀粉水解、乳液聚合、树脂固化、食品保鲜、胶乳储存、化妆品膏霜制造、印染及油田水基冻胶压裂液配制等过程都有十分重要的影响。常用中和剂有甲酸、乙酸、柠檬酸、盐酸、硫酸、硝酸、氨基磺酸及氢氧化钠、氢氧化钾、碳酸钠、碳酸氢钠、氨水及乙醇胺等。

中性染料 neutral dyes 在中性或弱酸性(乙酸)染浴中染色的染料。主要是由两个偶氮染料与一个铬或钴原子等按1∶2配位所形成的金属配位染料。配位的两个染料可以是相同的(对称型)或不相同的(不对称型),在偶氮基的部位带有两个可供配位的羟基、羧基或氨基,并含有磺酰胺基、甲砜基等水溶性基团,因而可溶于水。由于这类染料在应用上与酸性染料有相似之处,在《染料索引》中将其列为酸性染料类。国内也称作酸性NM型染料,主要用于羊毛、蚕丝、锦纶、维纶与皮革的染色,耐晒及耐湿处理牢度优异,但色泽不够鲜艳,多用于染黑、灰等深色。

种衣剂 powder for drug seed treatment 用于作物种子处理包衣的制剂。

是指在干燥或润湿状态的植物种子外,用含有黏结剂的农药或肥料等组合物包覆,使之形成具有一定功能和包覆强度的保护膜,此过程称为种子包衣,而把包在种子外的原组合物称为种衣剂。种子包衣可以改善种子的外观,使易于播种、计量和保存。不含有成膜物质的拌种用药剂则称之为拌种剂,例如3911乳油;用于浸泡种子的则称为浸种剂。种衣剂有液体型、悬浮型和可湿性粉剂等,而以前二者为主。按种衣剂作用作物不同,可分为旱田及水田用种衣剂;按种衣剂制备使用时间的不同,分为预结合型和现制现用型等。

仲丁威 fenobucarb 又名巴沙、速丁威、丁苯威、邻仲丁基苯基甲基氨基甲酸酯。无色晶体。难溶于水,易溶于甲醇、

CH₃NHCOO—C₆H₄—CH(CH₃)C₂H₅

苯、丙酮、氯仿、二甲醚等。室温下稳定。遇强酸或强碱易分解。中等毒性。为氨基甲酸酯杀虫剂,对害虫有强触杀作用,并兼有一定胃毒作用。主要用于防治水稻、棉花等害虫。对叶蝉、飞虱有特效。对棉蚜、棉铃虫、稻螟、缨翅目害虫等也有效。产品有20%、25%、50%乳油,以及供制蚊香原料的80%乳油等。由2-异丁基苯酚与甲基异氰酸酯反应制得。

仲烷基硫酸钠 sec-alkyl sodium sulfate 又名乳化剂SAS。一种阴离子表

$$CH_3 + CH_2 \}_m - CH + CH_2 \}_n CH_3$$
$$\qquad\qquad\quad OSO_3Na$$

$(m+n=10\sim14)$

面活性剂。淡黄色至琥珀色黏稠液体。活性物含量30%~90%。相对密度1.04~1.08。pH值8.5~9.0(1%水溶液)。HLB值12.2~13.7。易溶于水。对硬水、酸碱及次氯酸钠等稳定,可耐300℃高温。用作乳化剂及分散剂,适用于纺织、制革、日化等行业。也用作重垢洗涤剂活性物、润湿剂、渗透剂等。由烯烃经浓硫酸酯化后再经碱中和而制得。

仲钨酸铵 ammonium paratungstate 又名钨酸铵。白色结晶粉末或片状结

$(NH_4)_{10}W_{12}O_{41} \cdot 11H_2O$ 或
$(NH_4)_{10}W_{12}O_{41} \cdot 5H_2O$

晶。相对密度2.3。溶于水,不溶于乙醇。在酸、碱中分解。空气中加热,低于100℃时开始脱除部分氨分子,强热时脱去全部氨分子及结晶水,并转变成三氧化钨黄色粉末。与过氧化氢反应可生成可溶性过氧钨酸盐。用于制造高纯三氧化钨、金属钨、磷钨酸铵、含钨催化剂、碳化钨等。由钨酸与氨水反应制得。

重氮氨基苯 diazoaminobenzene 又

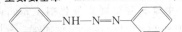

名偶氮氨基苯、三氮二苯。金黄色有光泽鳞片状结晶。有特殊气味。相对密度1.17。熔点96~98℃。快速加热至熔点以上或加热至150℃会发生爆炸。不溶于水,溶于乙醇、乙醚,易在天然橡胶及氯丁橡胶中溶解。遇酸性介质时在较低温度下也会分解。用作聚氯乙烯及其共聚物、聚乙烯、聚苯乙烯、环氧树脂、酚醛树脂、生胶及橡胶等的发泡剂,尤适用作硬质泡沫橡胶发泡剂,也用作染料中

间体、二烯烃聚合引发剂及生胶硫化促进剂。由苯胺与亚硝酸钠反应制得。

重铬酸铵 ammonium bichromate $(NH_4)_2Cr_2O_7$ 又名红矾铵。橙红色单斜晶系针状或片状结晶。有金属光泽。相对密度2.155(25℃)。溶于水、乙醇，不溶于丙酮。加热至170～185℃分解并放出氧气，225～240℃分解成Cr_2O_3并放热。为光敏性物质，曝光后能还原为三价铬。是强氧化剂，与有机物混合受撞击时有着火或爆炸危险，有毒！用于制造染料、釉料、催化剂、焰火、香料，以及实验室制纯氮气体。主要用于凹版印刷的照相制版、配制显影液及石印显影。也用作媒染剂、鞣革剂、橡胶发泡剂等。由重铬酸钠与氯化铵反应制得。

重铬酸钾 potassium bichromate $K_2Cr_2O_7$ 又名红矾钾。橙红色三斜晶系板状结晶。相对密度2.676(25℃)。熔点398℃。有α、β、γ三种变体，常温下是稳定的变体α。269℃转变为变体γ，体积增大5.2%。冷却至常温为稳定的变体β，加热至255℃时又转变为变体γ，体积减少0.1%。610℃时分解，并放出氧气。微溶于冷水，溶于热水，不溶于乙醇。为强氧化剂。溶于硫酸的混合溶液称为洗液，可溶解油脂。毒性与重铬酸钠相似。用于制造铬盐、颜料、火柴、炸药、瓷釉、香料等，也用作媒染剂、鞣革剂、氧化剂及催化剂及制造金星玻璃、绿色玻璃等。由重铬酸钠与氯化钾反应制得。

重铬酸钠 sodium bichromate $Na_2Cr_2O_7·2H_2O$ 又名红矾钠。橙红色单斜晶系结晶。相对密度2.438。易溶于水，不溶于醇。加热至86.4℃时失去结晶水成为无水物。无水重铬酸钠为橙色单斜晶系棱柱状或针状结晶，相对密度2.52(13℃)。熔点356.7℃。400℃时分解而放出氧气。生成铬酸钠及三氧化铬。易潮解。有氧化性及腐蚀性，有致癌性。用于制造颜料、药物、火药及用作鞣革剂、媒染剂、防腐剂等，也用作循环冷却水系统缓蚀剂，能在金属表面形成一种致密的氧化膜，对碳钢有良好的腐蚀作用。由铬铁矿、纯碱及白云石混合焙烧生成铬酸钠，再经硫酸处理而得。

重烷基苯磺酸钠 sodium heavy alkyl benzene sulfonate 一种阴离子表面活

R—〈 〉—SO_3Na（R-烷基）

性剂。红色透明黏稠性液体。活性物含量>35%。矿物油含量<60%。不溶于水，溶于矿物油及乙醚、苯、甲苯、丙酮。具有一定亲油性，并具有良好的亲水性。乳化性很强，并具一定润滑性及防锈性，用作乳化剂，适用于配制乳化油、切削液、液压传动液、内燃机冷却液等，也用于配制防锈油及润滑剂。由重烷基苯经发烟硫酸磺化、碱中和制得。

重油催化裂化催化剂 heavy oil catalytic cracking catalyst 重油催化裂化可加工重瓦斯油、常压重油、焦化或减黏裂化的重油等多种原料油。其产品包括气体（干气和液化石油气）、汽油、轻柴油及油浆等。对重油催化裂化催化剂的要求是：缩短接触时间、采用两段再生、使用高速进料喷嘴、降低焦炭以提高转化率和处理能力、抗重金属污染的能力。

我国生产和使用的催化剂已有 20 多个品种，如 CHZ-3、CHZ-4、MLC-500、-597、-2300、3300，LANET-35、LANET-35BC 等，按活性组分沸石的类型分类，包括稀土 Y 型沸石和超稳 Y 型沸石，其中 DASY、SRNY 和 REUSY 是主要的超稳 Y 型沸石。

重质馏分油加氢精制催化剂 heavy distillate hydrofining catalyst 三叶草形催化剂。主要组成为 Mo-Ni-P 氧化铅，堆密度 $0.30\sim0.36$ g/mL。比表面积 $\geqslant 165$ m^2/g。抗压强度 $\geqslant 18$ N/mm。中国产品牌号 3996。主要用于重质油加氢裂化一段串联加氢裂化过程的预精制段。也用于焦化蜡油加氢处理和中压加氢改质等工艺过程，用于除去加氢进料馏分中的含氮化合物，防止加氢裂化催化剂的酸性组分中毒而引起活性下降。由特制氧化铝载体侵渍 Mo-Ni-P 溶液，再经干燥、焙烧而制得。

重质碳酸镁 heavy magnesium carbonate xMgCO$_3$·yMg(OH)$_2$·2H$_2$O 又名医药用碳酸镁。一种碳酸镁与氢氧化镁的混合物。氧化镁含量为 $40\%\sim43.5\%$。白色颗粒状粉末。无臭，无毒。几乎不溶于水、乙醇，但能使水显弱碱性。遇稀酸泡沸溶解，并放出 CO$_2$。加热至 300℃ 分解，放出 CO$_2$ 及 H$_2$O，生成 MgO。在空气中稳定。有良好的流动性及分散性。用于制造颜料、牙膏、保温材料、阻燃剂、化妆品等。医学上用作抗酸药，用于治疗胃病、十二指肠溃疡等，也用作饲料添加剂。以菱镁矿、碳酸氢铵、硫酸等为原料经煅烧中和、干燥等过程制得。

珠光剂 pearlescing agent 又称珠光颜料。一种能呈现珍珠光泽、彩虹效应及金属闪光的半透明颜料。它是由较高折射率的物质所构成的，在低折射率的环境介质中起干涉滤光片作用。这些滤色片将某一合适角度的到达不同折射率材料界面间的入射光分为补色的反射光和透射光两部分。这种效应与肥皂泡、溢出的油类及珍珠的颜色是相同的，故将珠光剂均匀分布于塑料制品中就会产生珍珠样的晶莹闪光。按来源可分为天然珠光剂及合成珠光剂两类。天然珠光剂是由带鱼等的鱼鳞制得的晶体材料，其化学组成为鸟嘌呤和 6-羟基嘌呤的混合物。合成珠光剂有碱式碳酸铅、酰氯化铋、酸性砷酸铅等，还有一种是以片状云母粉为基底，在表面用化学方法覆盖一层其他材料的覆盖云母珠光颜料。

珠光油墨 pearlescent ink 由珠光颜料分散在连结料中制成的油墨。墨膜本色的颜色与珠光颜料的显色产生反射而形成类似于珍珠般光泽效果，珠光油墨由连结料、珠光颜料、溶剂及助剂等复配制得。所用连结料有醇酸树脂、聚酰胺树脂、丙烯酸酯树脂、苯丙橡胶及环氧树脂等。所用珠光颜料有天然角鳞片、氧氯化铋、二氧化钛包覆云母等。承印物一般为纸张、纺织品和塑料。印品具有珍珠光泽，色相安详逸静、高贵文雅，适用于各种印刷中。

猪脱氧胆酸 hyodeoxycholic acid 又名 3,6-二羟基胆烷酸、异脱氧胆酸。自猪胆汁提取的一种次级胆汁酸。白色结晶性粉末。无臭或微腥，味微苦。熔点 $190\sim201$℃。难溶于水，微溶于乙醚、丙酮、苯、乙酸乙酯,易溶于乙醇、冰乙酸。可作为降血脂药,能降低血中胆固醇及甘油三脂,抑制胆酸形成及溶解脂肪,适用于高血脂症及动脉粥样硬化症。也适用于治疗胆囊炎、胆石症及其他阻塞性胆汁淤积,治疗肝胆疫病引起的消化不良。还对百日咳杆菌、白喉杆菌、金黄色葡萄球菌有一定抑菌作用。

竹子提取物 bamboo extract 由植物竹子提取的树脂状固体或黏稠液体,呈褐色或墨绿色。包括淡竹提取物、刚竹提取物及龟甲竹提取物等,主要成分大多为叶绿素A及B、脱镁叶绿素、2,6-二甲基-1,4-对苯醌及β-胡萝卜素等。难溶于水,溶于乙醇、乙醚、乙酸乙酯、氯仿等有机溶剂。具有抗氧化作用及抑制微生物繁殖的功能。用作食用绿色素及食品保鲜剂。由干燥竹皮或竹叶经粉碎后用乙醇萃取、浓缩制得。

主增塑剂 primary plasticizer 按增塑剂与聚合物的相容性,可将增塑剂分为主增塑剂及辅助增塑剂。凡能与聚合物在合理的范围完全相容的增塑剂(一般在质量比率达1:1混合时不析出)称主增塑剂,可以单独使用。主增塑剂不仅能进入聚合物分子链的无定形区,也能插入分子链的部分结晶区,因而不会发生渗出而形成液膜,也不会喷霜而形成表面结晶;辅助增塑剂也称次增塑剂,是与聚合物相容性较差的增塑剂,其分子只能进入聚合物分子的无定形区而不能插入结晶区,单独使用时就会使加工制品产生渗出或喷霜,一般只能与主增塑剂混合使用,以代替部分主增塑剂。但主增塑剂与辅助增塑剂也是相对的,只是在聚合物确定后才有意义,也取决于浓度和环境条件的不同。

助燃剂 combustion improver ①又名燃烧促进剂。指添加于燃料油中,可使燃料油燃烧所需的活化能降低、自燃点下降、燃烧速度加快的一类添加剂。多为油溶性有机金属化合物,如环烷酸铜、环烷酸铅、环烷酸钴、辛酸锰、磺酸镍等。以极少量加入燃料油中,起催化氧化作用,明显提高燃烧效果,减少NO_x、SO_2等烟气产生。②石油催化裂化催化剂再生用添加剂。通常为铂金属负载在硅酸铝载体上,以少量混入催化剂中,再生时可促使烧焦完全和一氧化碳转化为二氧化碳。

助拔剂 leucotrope 又名咬白剂。能在拔染印花过程中消除胚布上一部分原有颜色而形成白色或较浅颜色花纹的物质。常用助拔剂有助拔剂O、助拔剂W。助拔剂O的化学组成为苯基二甲苄基氯化铵,灰绿色粉末,用作还原染料拔染印花的助拔剂。助拔剂 W 的化学组成为氯化对磺酸苄基间磺酸苯基二甲铵钙盐，为淡黄色粉末，能与还原染料隐色体醚化成水溶性或碱溶性化合物而被洗去，增进雕白粉的拔染效果。蒽醌是氧化还原催化剂，也有助拔作用，在催化过程中，蒽醌首先还原成氢蒽醌，再使底色破坏而本身被氧化成蒽醌，使还原作用的速度加快。

助留剂 retention aid 在造纸过程中具有留着细小纤维和填料功能的一类添加剂。主要用于抄纸和施胶工艺。按物性和来源分为三类：①无机物助留剂，主要有明矾、聚合氯化铝及氯化钙等，而以明矾应用最广；②天然有机聚合物，主要有淀粉、动物胶、植物胶等，更多采用其改性产品，如阳离子淀粉；③合成有机聚合物，主要有聚丙烯酰胺、聚乙烯亚胺、聚氧化乙烯、聚二烯丙基二甲基氯化铵、聚酰胺多胺-环氧氯丙烷等。

助滤剂 filter aid ①化工过滤操作中，用以降低过滤阻力、提高过滤速度的一些粉粒状物质。常用的有硅藻土、活性炭、珍珠岩、氧化镁、炉渣、纸粕、锯屑、活性白土等，使用时可在滤机的滤布面上预涂一层助滤剂，也可将助滤剂按一定比例混合于滤浆中一起进行过滤。②在造纸的抄纸过程中用于改善纸页脱水功能的化学助剂。常用品种包括电荷中和剂（明矾、聚合氯化铝）、阳离子聚合电解质（聚乙烯亚胺、阳离子淀粉、阳离子瓜尔胶、聚酰胺多胺、阳离子聚丙烯酰胺）及酶类（纤维素酶和半纤维素酶）。使用助滤剂可提高纸机生产速度、改善纸页成型、降低干燥部的蒸汽消耗。

助凝剂 coagulant aids 水处理中为提高混凝效果而添加的辅助药剂。其作用是加速混凝过程、加强粘结架桥作用，加大凝集颗粒的密度，使其快速沉淀。按作用性质，可分为调节或改善絮凝条件的药剂和改善絮体结构的高分子助凝剂。前者有碳酸钠、液氯、硅酸钠、次氯酸钙等；后者有海藻酸钠、聚丙烯酰胺及骨胶等。

助鞣剂 tanning aid 自身无鞣性，但能与其他皮革鞣剂一起参与鞣制反应，并改变原有鞣剂的基本性能及一些鞣制特征，进而改进工艺条件、改善皮革品质的添加剂，通常是一些含多元羧基、氨基、羟基或萘基的高分子化合物。商品如 PAT-84 助鞣剂、DAPC 助鞣剂、HM-I 助鞣剂、助鞣剂 F、助鞣剂 BL 等。它们对皮革有较好的亲和力，与常用鞣剂均有反应，能增强鞣剂的鞣制作用，提高鞣剂在革内的结合量，使革增厚及丰满。

助溶剂 cosolvent 能增加其他物质的溶解力或提高溶解速度的物质，如乳胶漆中加入乙二醇、丙二醇、200 号溶剂油等助溶剂时，能软化或溶解乳胶微粒，协同成膜助剂促进乳胶漆成膜。这些助溶剂的表面张力及冰点较水低，从而提高对颜料和基层的润湿能力，提高乳胶漆的低温稳定性和防冻能力。助溶剂的功能与许多因素有关，如极性、HLB 值、挥发速率等。

助熔剂 flux 指能降低其他物质的熔化、液化或软化温度的物质，如生长单晶时，将反应物溶解于低熔点助熔剂中，使其形成饱和溶液，待反应结束后，加晶种用缓冷法制得单晶。选择适当的助熔剂是制备难熔化合物及在熔点附近易分解、易挥发的化合物的关键。如用硼酸盐作助熔剂可制取 SiO_2 和难熔硅酸盐的单晶。按化学性质可分为酸性助熔剂（以二氧化硅及氧化硼为主要组分）、碱性助熔剂（以碱金属或碱土金属氧化物为主要组分）及中性助熔剂（以氧化铝或萤石为主要组分）。需要注意的是，不同助熔剂所起助熔作用的温度范围可能不同，有的在低温时活泼，可起助熔作用，但在高温时易挥发；有的在适当温度下才起助熔作用，但在低温时几乎不起化学变化，甚至可能是反助熔剂；有的则必须与其他助熔剂配合才能起助熔作用。

助洗剂 builder 在洗涤剂商品中，除表面活性剂（活性物）外，还需要加入各种添加剂以提高洗涤效果及商品价值。这些添加剂称为洗涤助剂或助洗剂。助洗剂本身的去污力较小，或根本无去污能力，但加入洗涤剂后，可显著提高洗涤性能，或使表面活性剂的配合量降低。故又可称其为洗涤强化剂或去污增强剂，是洗涤剂中不可缺少的组分。品种很多，按其性质可分为无机助洗剂及有机助洗剂两大类。无机助洗剂主要有磷酸盐、碳酸盐、硅酸盐、硼酸盐、4A 沸石、中性盐及其他无机助洗剂；有机助洗剂主要有各种类型的增稠剂、泡沫稳定剂、螯合剂、抗再沉积剂、防霉剂、荧光增白剂、抗静电剂等。它们在洗涤剂中的用量比无机助洗剂要少得多，但其作用各异，其重要性并不亚于无机助洗剂。

苧烯 limonene 又名柠檬烯、1,8-萜二烯、1-甲基-4-异丙烯基环己烯。一种单萜烯。无色至淡黄色液体。有柠檬香味。天然存在于橙、柠檬、圆柚、肉豆蔻及松节油等中。有左旋体、右旋体、外消旋体三种光学异构体。不溶于水，与乙醇等多数有机溶剂混溶，也能溶解松香、蜡、醇酸树脂等。用作香料，可用于调配柠檬、橙子、可乐等食用香精及日化香精；用于生发酊剂能促进头发生长及减少头屑；用作涂料溶剂时可防止漆膜结皮及初期硬化；也用作香料油类分散剂、颜料润湿剂、橡胶脱硫剂及用于合成香芹酮等。由橘皮油、松叶油等分馏制得，或在樟脑油加工过程中从副产物回收而得。

柱晶白霉素 lencomycin 又名北里霉素、吉他霉素。由北里链霉菌代谢物分离得到的大环内酯类抗生素。是一种多组分的抗生素复合物。产生菌所得培养液以乙酸丁酯提取，分离可得到 A、B 两部分，再以离子交换树脂或逆流分溶法又可分成 $A_1 \sim A_9$、$B_1 \sim B_4$、U、V 等多种组分，其中 A_1（化学式为 $C_{40}H_{67}NO_{14}$）为主要组分。为白色或微黄色结晶性粉末。A_3 即交沙霉素。柱晶白霉素的抗菌谱与红霉素相似。对革兰阳性菌、若干阴性菌、螺旋体、支原体、立克次体有杀菌作用，对耐药金葡菌比青霉素、红霉素、四环素有效，不产生诱导耐药，毒性低。主要用于青霉素、红霉素、氯霉素、四环素等耐药菌引起的感染性疾病如肺炎及其他呼吸系统、泌尿系统、胆道系统感染、败血症等的治疗。也用作饲料添加剂，能促进猪鸡生长，提高饲料利用率。

专用涂料 proprietary coatings 指

某一类物品或为满足某领域特殊要求专用的涂料分支。如飞机蒙皮涂料、防核辐射涂料、交通标志涂料、罐头涂料及汽车涂料等。专用涂料在配方设计中除满足涂料一般性能外,又加入了满足特定性能或功能要求的添加剂。如罐头涂料是专用于涂敷罐头包装金属筒内部的涂料,除要求有优良耐水性外,还应满足饮用卫生要求;交通标志涂料要求色彩鲜艳、反光性好、便于夜间标识,配方设计不仅考虑漆膜的户外耐老化性,还需加入玻璃微珠、荧光粉等反光性发光材料。

转光剂 light conversion agent 转光剂是应现代高效优质农业的需要,为充分利用太阳能,提倡绿色食品而发展的一种新型塑料助剂。多为含有发生中心的稀土离子或含有 π 电子的有机类物质,受激后可产生低能级的电子跃迁,激发出不同波长荧光,激发波段较宽(在 400~600nm 之间),并有多个明显激发峰,发射光谱恰好与叶绿素吸收光谱相一致,故可将对作物产生不利的近紫外光及对作物光合作用影响不大的染光转换成有效光成分(如红光或橙光),改善作物光照条件,加大光合作用程度,促进作物生长。转光剂属于光致发光材料,按发光性质可分为红光剂、蓝光剂、红蓝复合剂;按转光性质分为:绿转红、紫外转蓝、紫外转红;按材料性质分为:稀土无机化合物、稀土有机配合物及有机荧光颜料。而将一定转光剂添加到聚乙烯农膜中制成的转光膜是一种新型功能性农膜。

转化型涂料 convertible coatings 涂装成膜后不可逆转变成不溶于原溶解它的溶剂的一类涂料,涂料的固化交联是由氧化、热交联或催化固化所引起。天然树脂、沥青、醇酸树脂、酚醛树脂、聚酯树脂、氨基醇酸树脂、丙烯酸树脂、聚氨酯树脂、环氧树脂及有机硅树脂涂料中,除热塑性丙烯酸树脂涂料和热塑性聚氨酯涂料外,其他上述涂料均是转化型涂料。

茁霉多糖 pullulan 又名出芽短梗孢糖、芽霉菌黏多糖。微生物产生的一种黏多糖。主要是由麦芽三糖重复地以 α-1,6 糖苷键连接的线型高分子多糖类化合物。相对分子质量 4 万~200 万,一般商品的相对分子质量约为 20 万。白色至淡黄色结晶性粉末。无臭,无味。易溶于水及二甲基甲酰胺,不溶于醇、醚及油类。水溶液具有良好的黏着性、造膜性、纺丝性及成型性,其黏稠性与阿拉伯胶相似。具有优良的耐酸、耐盐及耐热性能,水溶液在金属板上干燥后形成的薄膜对氧、氮的阻气性强,易形成水溶性的可食薄膜。用作食品增稠剂、稳定剂、被膜剂及改良剂等,也用于医药、化妆品、涂料、黏合剂、烟草加工等的增稠剂、成型剂,还用于制造粒状肥料。可通过培养不完全菌——出芽茁霉等菌体,再经分离而得。

茁长素 auxin 又名植物生长素。植物细胞内普遍存在的一类促进生长的植物激素。微量存在于各种植物的根部,

(R=氨基酸或蛋白质)

酮结构,从而起到较强的光稳定效果。也可通过酚羟基与酯羰基之间的相互作用吸收和释放能量达到耐光的目的。二苯甲酮类紫外线吸收剂是目前应用最广的品种,其作用机理是基于结构中的分子内氢键构成了一个螯合环,吸收紫外线后,分子发生振动、氢键破裂,螯合环打开,从而将紫外光能以热能形式释放出;苯并三唑类紫外线吸收剂的光稳定作用机理与二苯甲酮类相似,其产量也仅次之。

紫外线吸收剂 BAD

见"见双水杨酸双酚 A 酯。"

紫外线吸收剂 RMB

见"间苯二酚单苯甲酸酯"。

紫外线吸收剂 TBS

见"水杨酸对叔丁基苯酚"

紫外线吸收剂 UV-0

见"2,4-二羟基二苯甲酮"。

紫外线吸收剂 UV-9

见"2-羟基-4-甲氧基二苯甲酮"。

紫外线吸收剂 UV-13

见"2-羟基-4-苄氧基二苯甲酮"。

紫外线吸收剂 UV-24

见"2,2-二羟基-4-甲氧基二苯甲酮"。

紫外线吸收剂 UV-326

见"2-(3-叔丁基-2-羟基-5-甲基苯基)-5-氯苯并三唑"。

紫外线吸收剂 UV-327

见"2-(2′-羟基-3′,5′-二叔丁基苯基)-5-氯代苯并三唑"

紫外线吸收剂 UV-328

见"2-(2′-羟基-3′,5′-二叔戊基苯基)苯并三唑"。

紫外线吸收剂 UV-531

见"2-羟基-4-正辛氧基二苯甲酮"。

紫外线吸收剂 UV-5411

见"2-(2-羟基-5-叔辛基苯基)苯并三唑"。

紫外线吸收剂 UV-P

见"2-(2-羟基-5-甲基苯基)苯并三唑"。

紫外线吸收剂三嗪-5

见"2,4,6 三(2-羟基-4-丁氧基苯基)-1,3,5-三嗪"。

自沉积漆 autodeposition paint 是以丁苯胶乳或丙烯酸系共聚胶乳为主要成分,并加有表面活性剂的一种特种乳胶漆。色漆加有水分散的颜料。涂装时先用无离子水稀释,并加入含有酸或氧化剂的活化剂,当金属表面接触这些酸性槽液时,由于酸的作用使金属表面溶出金属离子,如钢铁表面溶出的 Fe^{2+} 会与槽液中的氧化剂反应转变成 Fe^{3+}, Fe^{3+} 会使乳胶稳定性受到破坏,造成乳胶中的聚合物快速聚沉在金属表面。通过时间控制可以调节这种自泳涂层的厚度,采用自沉积漆涂装具有不含有机溶剂,涂层均匀且耐酸耐碱,涂膜有极好耐水性,不规则形状的部件都能均匀涂覆的特点,适用于金属建筑结构件、汽车部件等涂装。

自由基捕获剂 radical scavenger 光稳定剂的一种。指能通过捕获自由基、分解过氧化物、传递激发态能量等多种途径赋予聚合物以高度光稳定性的一类具有空间位阻效应的哌啶生物类光稳定剂,简称受阻胺类光稳定剂。它几乎不吸收紫外线,但光稳定效果却高出紫外线吸收剂的数倍。受阻胺类光稳定剂是以 2,2,6,6-四甲基哌啶为母体的一系列衍生物,由于有极有效的光稳定作用,是当前光稳定剂的主要发展品种。

棕榈蜡 carnauba wax 主要由 $C_{24}\sim C_{34}$ 直链脂肪酸酯、$C_{24}\sim C_{34}$ 直链羟基脂肪酸酯及 $C_{12}\sim C_{34}$ 桂酸脂肪酸酯等组成的黄色至深棕褐色固体。其中也含少量游离高级脂肪酸、高级烃和树脂。相对密度 0.97~0.976。熔点 72~78℃。折射率 1.453~1.460。皂化值 60~70mgKOH/g。酸值 18~26 mgKOH/g。不皂化物 30~42%。有良好的光泽及硬度。难溶于水,溶于酒精、溶剂汽油、苯等。溶融状态下不起泡。用于制造复写纸、地板蜡、鞋油等,也用作橡胶防老剂、润滑剂、脱模剂等。由棕榈果皮经溶剂浸渍、浓缩而制得。

棕榈酸异丙酯 isopropyl palmitate 又名十六烷酸异丙酯。无色至淡黄色油

$$C_{15}H_{31}\overset{O}{\overset{\|}{C}}-OCH(CH_3)_2$$

棕榈酸 palmitic acid 又名软脂酸、

$$CH_3(CH_2)_{14}COCH$$

十六(烷)酸、鲸蜡酸。一种饱和高级脂肪酸。白色带珠光的鳞片状结晶。以甘油酯的形式存在于动植物油脂中。相对密度 0.8388。熔点 63~64℃。沸点 271.5℃(13.3kPa)。折射率 1.4273(80℃)。不溶于水,微溶于冷乙醇,易溶于热乙醇、乙醚、丙酮、氯仿。用于制造表面活性剂、增塑剂、肥皂、织物柔软剂及洗涤剂等。也用作塑料加工润滑剂,有较好的内、外润滑作用,在非极性塑料中能很好地润湿金属表面。由棕榈油、米糠油或椰子油水解后,经减压分离出不饱和脂肪酸后再经重结晶制得。

棕榈酸氯霉素 chloramphenicol palmitate 又名无味氯霉素、D(-)苏-1-对

$$O_2N-\underset{}{\bigcirc}-\underset{OH}{\overset{NHCOCHCl_2}{\underset{|}{CH}}}-\underset{}{\overset{|}{CH}}CH_2O\overset{O}{\overset{\|}{C}}(CH_2)_{14}CH_3$$

硝基苯-2-二氯乙酰胺基-3-棕榈酰氯丙烷-1-醇。白色至微黄色粉状结晶。熔点 90℃。微溶于水、石油醚,溶于甲醇、乙醇、乙醚、苯。由于氯霉素味极苦,口服时易产生恶心、呕吐等副作用。制成高分子脂肪酸酯后即无苦味。疗效仍同氯霉素,用于伤寒、副伤寒、百日咳、细菌性痢疾、泌尿系统感染及腹膜炎等。由氯霉素与棕榈酰氯在吡啶作用下缩合制得。

状液体。相对密度 0.830~0.852(25℃)。熔点 8~15℃。沸点 212~214℃(2.66kPa)。闪点 188℃。折射率 1.425~1.445(25℃)。不溶于水、甘油、丙二醇,溶于丙酮、氯仿、乙醇、矿物油及棉籽油等。不易水解及酸败。与皮肤亲和性好,无刺激性。在护肤、护发产品中用作油剂及柔润剂,香精增溶剂。用于染发剂、防晒油中具有稳泡作用,也用作硝酸纤维素及乙基纤维素的增塑剂。由棕榈酸与异丙醇经酯化反应制得。

棕榈酰胺 palmitamide 无色至淡黄

$$CH_3(CH_2)_{14}CONH_2$$

色固体。熔点 106~107℃。沸点 235~

236℃(1.60kPa)。溶于乙醇、苯、氯仿。一种以植物乌桕籽为原料制取的表面活性剂,具有良好的乳化、分散、润湿等性能,可用于制造洗涤剂。可由乌桕籽提取的乌桕脂(含棕榈酸约65%,油酸约32%)经与甲醇钠反应制成棕榈酸甲酯,然后再经氨化制得棕榈酰胺。将未反应的棕榈酸甲酯与棕榈酰胺经蒸馏分离、结晶,即可制得纯度较高的棕榈酰胺。

棕榈酰氯 palmitoyl chloride 又名 $CH_3(CH_2)_{14}COCl$ 十六碳酰氯。无色油状液体。相对密度0.905。熔点11℃。沸点199℃(2.6kPa)。折射率1.4512。遇水及乙醇易水解,并析出棕榈酸。与乙醚、丙酮、苯等混溶,可燃。有毒和腐蚀性。为有机合成中间体,主要用于酰化及酯化反应,如制造氯霉素棕榈酸酯(无味氯霉素)等药物。由棕榈酸与氯化亚砜反应制得。

阻垢剂 scale inhibitor 又称防垢剂、抗垢剂,是指能抑制水中的水垢、污垢形成及防止设备结垢的一类助剂。广泛应用于工业循环冷却水、锅炉水及油田水等系统。阻垢剂按其作用原理可分为分散剂及螯合剂两类,分散剂常比一般胶体颗粒小得多,同时又是呈线型结构的一类物质。它通过防止生成晶核、干扰或阻止晶体产生、分散晶体微粒等方式,阻止无机盐垢生成。常用阻垢剂有天然高分子化合物(如单宁、木质素)、水溶性均聚物及其盐类(如聚丙烯酸及其盐类、聚丙烯酰胺等);螯合剂是一种化学药剂,结构中的N、O、S等原子能与金属结合成特殊的配价键,能与Ca^{2+}、Mg^{2+}、Fe^{3+}等金属离子进行螯合。这类阻垢剂又分为无机型及有机型。无机型主要是磷酸盐类(如三聚磷酸钠);有机型主要是一些含磷有机化合物(如多元醇膦酸酯、焦膦酸酯、氨基三亚甲基膦酸等)。有机膦酸由于化学稳定性好,不易水解和降解、缓蚀及阻蚀效果好,是目前应用最广的阻垢剂。

阻聚剂 inhibitor 为防止单体在精制、合成及储运等过程中发生自聚合反应而添加的物质称为阻聚剂(又称抑制剂、稳定剂)。阻聚剂能迅速与链自由基反应,使链式自由基停止反应,并与链自由基生成无引发活性的自由基或稳定的非自由基化合物。活性较弱的阻聚剂又称作缓聚剂。由于不同单体形成的大分子自由基活性不同,同一具有阻聚作用的化合物对不同单体的聚合可能成为缓聚剂或是阻聚剂。如硝基苯对苯乙烯聚合是缓聚剂,而对乙酸乙烯酯聚合则是阻聚剂。阻聚剂种类很多,一般分为自由基型和分子型两类。自由基型阻聚剂(如三苯基甲基自由基)本身是不能引发单体聚合的稳定自由基,但能与活性自由基偶合终止,它们的阻聚效果好,但制备困难;分子型阻聚剂分为有机物和无机物两类,包括多元酚类、醌类、芳胺类、芳香族硝基化合物、芳香族亚硝基化合物、含硫化合物及变价金属盐等。工业上多用分子型阻聚剂,常用的有对苯二酚、对叔丁基邻苯二酚等。

阻尼涂料 damping coatings 指能减弱振动、降低噪声的涂料。同时也具有一定的隔热、防油、防水、防腐及密封等性能。涂料的阻尼性能由聚合物基料的玻璃化转变温度的高低和宽窄所决定。

对于单组分阻尼涂料,基料中只有一种聚合物,也只有一个玻璃化转变温度。而多组分阻尼涂料的基料中有两种以上聚合物,它们的玻璃化温度彼此不同,并以适当的间隔递增或递减,因此阻尼适应区域较广,阻尼效果较好。而涂料中加入增塑剂及填料,能扩大阻尼涂料的使用温度范围。广泛用于民用建筑、交通和国防等领域。

阻燃剂 flame retardant 又称防火剂,是能保护塑料、橡胶、天然或合成纤维及涂料、木材等使之不着火或使火焰迟缓蔓延的助剂或药剂。燃烧可分为蒸发燃烧、分解燃烧及表面燃烧三种。天然或合成高分子材料不会挥发,因而分解燃烧居多。阻燃剂品种很多,按形态分为液体及固体阻燃剂;按化学性质分为无机及有机阻燃剂;按阻燃元素分为锑系、磷系、硼系、铝系、镁系、钼系、锆系、卤系、氮系等;按是否参与制品或高分子材料的化学反应,分为反应型阻燃剂、添加型阻燃剂及膨胀阻火涂料等三类。阻燃剂实现阻燃、降低燃烧程度、控制火焰传播速率的途径有:①涂覆暴露的表面以及减少氧的渗透,从而降低氧化反应速度;②形成大量不可燃气体以稀释氧的供应,并降低材料的温度;③释放出捕获燃烧反应中的·OH 的阻断剂,抑制自由基氧化反应;④催化热分解,产生固相产物(焦化层)或泡沫层,阻碍热传递进行。

阻燃剂 APP

见"聚磷酸铵"。

阻燃剂 FR-2

见"双(2,3-二溴丙基)反丁烯二酸酯"。

阻燃剂 FR-3B

见"1,2-双(2,4,6-三溴苯氧基)乙烷"。

阻燃剂 FR-10

见"十溴联苯醚"。

阻燃胶黏剂 flame retardant adhesive 能阻止燃烧或减缓燃烧速度、防止火情扩大的一类胶黏剂。一般是在以聚氨酯、环氧树脂、氯丁橡胶等为基体的胶黏剂中,加入反应型或添加型阻燃剂。所用反应型阻燃剂有卤代酸酐、含磷多元醇、卤代烷烃;添加型阻燃剂有含溴或含氯化合物、含磷化合物等。

阻燃涂料

见"防火涂料"。

阻燃整理剂 flame retardant finishing agent 对纤维或织物进行阻燃整理的助剂。提高纺织纤维阻燃性的方法主要有:一是添加型,即将阻燃剂与纺织原料混合或引入阻燃单体以形成阻燃纤维;二是后整理型,即用阻燃整理剂对纤维或织物进行阻燃整理。阻燃整理剂按化学组成分为无机及有机阻燃剂;按应用于纤维的种类分为棉用、羊毛用及合成纤维用阻燃剂;按整理物阻燃性能的耐久性则可分为非耐久性、半耐久性及永久性三类。非耐久性阻燃整理剂是水溶性的无机盐(如硼酸、硼砂、磷酸及其铵盐等),经整理的织物阻燃性能好,手感柔软,但不耐水洗;半耐久性阻燃整理剂有卤磷化合物、锑-钛配合物等,整理后的织物能经受有限次的水洗,不耐高温皂洗;耐久性阻燃整理剂有四羟甲基氯化鏻、四羟甲基氢氧化鏻、N-羟甲基丙烯酰胺磷酸酯等,整理的织物耐水洗

L-组氨酸 L-histidine 又名 L-2-氨基-

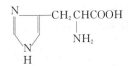

3-(4-咪唑基)丙酸。人体必需氨基酸。无色针状或片状结晶。无臭,味甜。277℃软化,287℃分解。溶于水,难溶于乙醇,不溶于乙醚。在生物体内,组氨酸大多位于重要酶的活性中心,在酶催化过程中能起质子供体或质子受体的作用。医药上用作氨基酸输液及综合氨基酸制剂的重要组分,食品工业中用作营养增补剂及增味剂,日化工业中用作牙膏抑菌剂、化妆品防晒剂等。由糖类发酵后分离、精制而得。

组胺受体拮抗剂 histamine receptor antagonists 又名抗组胺药。能在组胺受体上竞争性拮抗组胺作用的药物。组胺广泛分布在哺乳动物的组织中,是一种内源性生物活性物质,参与多种复杂的生理过程。内源性及外源性刺激均可引起组胺释放,使之与组胺受体相互作用。组胺受体有 H_1、H_2 和 H_3 等亚型。H_1 受体激活后,血管舒张、毛细血管渗透性增强,导致血浆渗出,局部组织红肿、支气管、胃肠平滑肌收缩等。H_1 受体选择性拮抗剂可用作抗过敏药;H_2 受体兴奋时促进胃酸分泌,还能兴奋心脏,抑制子宫收缩。H_2 受体选择性拮抗剂的作用表现为抑制胃酸分泌、保护胃黏膜、防治胃溃疡;H_3 受体在中枢和外周器官有重要生理功能,对心功能、胃酸分泌、过敏反应、睡眠、记忆等都有调节作用。H_3 受体拮抗剂的结构和作用与 H_2 受体拮抗剂大致相似。

钻井液 drilling fluid 在旋转钻井中使用的循环流体。在钻井作业和保护油气层上起到十分重要作用。钻井液是由多种材料制成的溶胶悬浮液。主要由水、膨润土、各种处理剂(如钻井液润滑剂、高温稳定剂、防塌处理剂、防卡处理剂等)、油(原油或轻质油)及气体(空气或天然气)等组成。按分散体系中的连续相,可分为水基钻井液(以水为连续相)和油基钻井液(以油为连续相)。而以水基钻井液(俗称泥浆)应用最广泛。随着技术进步,钻井液已从仅满足钻头钻进发展到适应各方面需求的钻井液体系,如具有快速钻井功能的低黏度、低摩擦、低固相的聚合物钻井液、防卡钻井液、针对岩石特点的防塌钻井液、钻盐岩层的饱和盐水钻井液、保护油气层的低密度水包油钻井液、防堵塞油气通道的油基钻井液及低压油气田用的泡沫钻井液等。

钻井液处理剂
见"钻井用化学剂"。

钻井用化学剂 drilling chemicals 分为钻井液处理剂及油井水泥外加剂。钻井液处理剂是指用于改善和稳定钻井液性能,或为满足钻井液某种性能而加的化学添加剂。主要包括杀菌剂、缓蚀剂、除钙剂、消泡剂、乳化剂、絮凝剂、起泡剂、降滤失剂、堵漏剂、润滑剂、解卡剂、pH调节剂、表面活性剂、页岩抑制剂、降黏剂、高温稳定剂、增黏剂及加重剂等。油井水泥外加剂是指对水泥性能的控制、调整,提高水泥石的综合性能,以满足各种类型井和复杂条件下的固井需要的化学剂。主要包括促凝剂、缓凝剂、消泡剂、减阻剂、降滤失剂、防气窜剂、减轻剂、防漏剂、增强剂和加重剂等。

左炔诺孕酮 levonorgestrel 又名 d-左炔诺孕酮、左旋甲炔诺酮、保仕婷。17α-乙炔基-17β-羟基-18-甲基雄甾-4-烯-3-酮。

白色或类白色结晶性粉末。无臭，无味。熔点 232～236℃。不溶于水，微溶于甲醇，溶于氯仿。为外用避孕药。在无避孕措施的性活动发生后 72h 内服用，不能用作长期避孕措施。以醋酸去氢表雄酮为原料制得。

左舒必利 levosulpiride 又名(S)-(一)-5-氨基磺酰-N-[(1-乙基-2-四氢吡咯基)甲基]-2-甲氧基苯甲酰胺。白色结晶。熔点 185～187℃。不溶于水，溶于乙醇、乙二醇。一种苯甲酰胺类抗精神病药，为舒必利的左旋体，与舒必利用途相同，但所用剂量及毒副作用更小。用于治疗妄想型、单纯型精神分裂症及慢性退缩和幻觉妄想病。以（一）-酒石酸、消旋体 1-乙基-2-氨基甲基四氢吡咯等为原料制得。

左旋丙哌嗪 levodropropizine 又名及舒、佐派欣、(S)-3-(4-苯基-1-哌嗪基)-1,2-丙二醇。白色粉末。熔点 98～100℃。溶于甲醇、乙醇、氯仿、二氯甲烷，难溶于丙酮。一种副作用较低、持效较长的镇咳祛痰药，能抑制咳嗽中枢，用于咳痰困难及镇咳。以异亚丙基甘油、吡啶、对甲苯磺酰氯等为原料制得。

左旋多巴 levodopa 又名左多巴、L-多巴。白色结晶性粉末。无臭，无味。

熔点 276～278℃（分解）。微溶于水，易溶于稀酸，不溶于乙醇、乙醚、氯仿。为拟多巴胺类抗帕金森病药。通过血脑屏障进入中枢后转化为多巴胺而发挥作用。用于治疗帕金森病、帕金森综合征。用药后能显著改善震颤麻痹症的肌肉强直和运动障碍等症状，但显效较慢。而对阻断中枢多巴胺受体的药物（如吩噻嗪类、利血平等）中毒所致的帕金森综合征无效。由 3-(3-羟基苯基)-L-丙氨酸经硝化、氢化、重氮化、置换等反应制得。

左氧氟沙星 levofloxacin 又名可乐必妥、利复星、来立信。黄色或灰黄色结晶性粉末。无臭，味苦。微溶于水、乙醇、甲醇、丙酮，易溶于冰乙酸。为第三代喹诺酮类药物，是氧氟沙星的光学异构体的左旋体，抗菌活性为氧氟沙星的2倍。主要用于革兰氏阴性菌所致的呼吸系统、泌尿系统、消化系统、生殖系统感染等，也可用于免疫损伤病人的预防感染，副作用较小。由2-羟基-3,4-二氟硝基苯与氯代丙酮反应后，经还原、环合、水解等多步反应制得。

唑螨酯 fenpyroxmate　又名杀螨王、霸螨灵、(E)-α-(1,3-二甲基-5-苯氧基吡唑-4-基亚甲基氨基氧)对甲苯甲酸叔丁酯。纯品为白色结晶性粉末。相对密度1.25。熔点101.5～102.4℃。蒸气压0.0075mPa(25℃)。难溶于水，溶于甲醇、丙酮，易溶于二氯甲烷、四氢呋喃。对酸、碱稳定。一种苯氧基吡唑类杀螨剂，对害螨有很强触杀作用，速效性好。用于防治多种作物上的红蜘蛛、锈螨、瘿螨等。但对鱼有毒，对蚕有拒食作用。由1,3-二甲基-5-苯氧基吡唑-4-甲醛肟、4-溴甲基苯甲酸甲酯反应制得。

主要参考文献

1. 朱洪法主编. 精细化工常用原材料手册. 北京:金盾出版社,1991
2. 朱洪法,朱玉霞主编. 工业助剂手册. 北京:金盾出版社,2007
3. 钱旭红,莫述诚主编. 现代精细化学化工产品技术大全. 北京:科学出版社,2001
4. 黄洪周主编. 中国表面活性剂总览. 北京:化学工业出版社,2003
5. 章思规,章伟编著. 精细化学品及中间体手册. 北京:化学工业出版社,2004
6. 朱洪法主编. 实用化工辞典. 北京:金盾出版社,2004
7. 天津化工研究设计院编. 无机精细化学品手册. 北京:化学工业出版社,2001
8. 朱洪法主编. 催化剂手册. 北京:金盾出版社,2008
9. 周学良主编. 精细化产品手册. 北京:化学工业出版社,2002
10. 谢文磊主编. 天然化工原料及产品手册. 北京:化学工业出版社,2004
11. 张光华编. 水处理化学品制备与应用指南. 北京:中国石化出版社,2003
12. 朱洪法,刘丽芝编著. 催化剂制备及应用技术. 北京:中国石化出版社,2011
13. 朱洪法,蒲延芳主编. 石油化工辞典. 北京:金盾出版社,2012
14. 尤启冬主编. 药物化学. 北京:化学工业出版社,2004
15. 李子东,李广宇,吉利,郝向杰编. 胶黏剂助剂. 北京:化学工业出版社,2005
16. 王中华,何焕杰,杨小华编著. 油田化学品实用手册. 北京:中国石化出版社,2004
17. 黄文轩编著. 润滑油添加剂应用指南. 北京:中国石化出版社,2003
18. 张广林,王国良主编. 炼油助剂应用手册. 北京:中国石化出版社,2003
19. 王先会编. 润滑油脂原料和设备实用手册. 北京:中国石化出版社,2007